Foundations of
Materials Science and Engineering

7th Edition

Smith
ashemi

스미스의

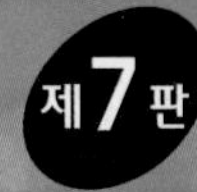

재료과학과 공학

김영만·김태희·노재승·문제도
방재철·이제욱·이준형·이호성
전용호·조경식·최병호 옮김

Foundations of Materials Science and Engineering, 7th Edition

1 2 3 4 5 6 7 8 9 10 SP 20 23

Original: Foundations of Materials Science and Engineering, 7th Edition. © 2023
By William Smith, Javad Hashemi
ISBN 978-1-26-072149-2

This authorized Korean translation edition is published by Sciplus Publishing Co., Ltd. in arrangement with McGraw-Hill Education Korea, Ltd. This edition is authorized for sale in the Republic of Korea.

This book is exclusively distributed by Sciplus Publishing Co., Ltd.

When ordering this title, please use 979-11-88731-38-1

Printed in Korea

옮긴이 머리말

Preface

인류에게 있어 재료와 공업은 함께 발전해왔다. 지금 인류는 산업혁명, 정보화 시대를 지나 새로운 세상을 열고 있다. 이러한 발전 추세에 필수적인 것이 새로운 재료의 발견과 공업적 응용이다. 인류의 미래는 에너지 문제, 환경 문제의 해결과 직결된다. 예를 들면 고효율· 친환경 에너지 소재의 개발은 인간의 생활, 산업뿐 아니라 국가의 경쟁력과도 관계된다. 최근 국내의 부품소재산업은 괄목할 만한 발전을 하였으나 핵심 소재는 여전히 외국에 의존도가 높다. 이러한 문제들을 근본적으로 해결하기 위해서는 재료분야에서 튼튼한 기초지식을 토대로 응용기술을 주도할 수 있는 창의적인 인재양성이 필요하다. 이 책이 이러한 역할을 하는 데 일조하기를 기대한다. “재료과학과 공학 제7판”은 미국의 Central Florida 대학교의 명예교수였다가 작고한 William F. Smith 교수와 텍사스 공과대학교의 Javad Hashemi 교수의 공동 저서인 “Foundations of Materials Science and Engineering” 제7판을 번역한 것이다. 제7판 책은 각 장이 시작할 때마다 학습 목표를 제시하고, 본문 중 적절한 곳에 예제 문제를 두었으며, 각 장이 끝나면 그 장의 내용 요약과 용어 정의가 주어져 있다. 학생들이 강의 내용 및 그 장의 내용을 체계적으로 이해할 수 있도록 구성되어 있으며, 스스로 심도 있는 학습을 할 수 있도록 기초, 응용 및 분석, 통합 평가로 분류하여 다양한 문제들을 제시하고 있는 것이 장점이고 특징이다. 부록에는 다양한 공업재료의 중요한 물성과 참고문헌 및 중요한 용어해설 모음이 첨부되어 있어 학생들이 공부하고 연구하는 데 도움이 될 것이다. 이 책을 번역하는 데 있어서 여러 가지 어려운 점이 있었으나 옮긴이들은 지은이의 뜻을 충분히 전달하기 위하여 많은 노력을 기울였다. 혹시 번역상의 미비한 점이나 잘못된 부분이 있다면 많은 지적과 조언 부탁드리며, 다음 기회에 올바른 번역이 되도록 하겠다. 끝으로 이 책이 재료공학, 기계공학, 화학공학, 전기전자공학, 건축공학 등을 공부하는 모든 공학도들에게 교육과 연구에 조금이라도 이바지할 수 있다면 보람으로 생각하겠다. 그리고 이 책이 출판되기까지 많은 도움을 주신 사이플러스 출판사 여러분의 노고에 깊은 감사를 드린다.

2023년 2월 3일
옮긴이 적음

스미스의 제7판
재료과학과 공학

지은이 머리말

Preface

재료과학과 공학이라는 과목은 모든 분야의 공학자와 과학자들에게 필수적인 과목이다. 최근 과학기술의 발전, 새로운 공업 분야의 발전과 공학 전문직업의 변화에 부합할 수 있도록 오늘날의 엔지니어는 재료와 관련된 문제에 대해 더 깊고 다양한 최신의 지식을 가져야 한다. 최소한 모든 이공계 학생들은 다양한 종류의 공업재료의 구조, 물성, 가공 및 성능에 대한 기본적인 지식을 가져야 한다. 이것이 일상적인 기초적 공학문제인 재료선정의 중요한 첫 번째 단계이다. 복잡한 시스템 설계자, 과학수사 분석가, 연구 개발 엔지니어와 과학자들은 동일한 주제라 할지라도 보다 과학적인 이해가 필요하다.

이에 따라 미래의 재료과학자 및 공학자들을 양성하기 위하여 *재료과학과 공학*(Foundations of Materials Science and Engineering)은 재료과학과 공학 분야에서 적절한 폭과 깊이를 가진 다양한 주제들로 구성되어 있다. 이 책의 장점은 재료과학(기초지식)의 핵심 개념에 초점을 맞춘 데 이어 재료선택과 공학(응용지식)에 과학적 원리를 적용한 데에 있다. 간결한 문장 설명, 관련성 및 고무적인 이미지, 자세한 예제, 전자 보충자료, 과제 문제 등을 통해 기초 및 응용개념이 통합되어 있다. 따라서 이 교재는 2학년 수준의 재료입문 과정뿐만 아니라 재료과학 및 공학의 수준 높은 과정 모두에 적합하다. 마지막으로, 제7판과 보충자료는 모든 학생들이 동일한 방법과 도구를 사용하여 학습하는 것이 아니라는 것을 잘 알고 있기에 다양한 학생들에게 적합한 학습 형태가 되도록 설계되었다.

매번 새로운 판에서, 우리는 재료과학의 근본적인 설명을 개선하고 보완하기 위하여 노력하였다. 그 결과, 제7판에서는 아래에 설명된 수많은 사항들을 개선하였다.

- **제1장.** 재료 선택에 있어 항상 중요한 환경적 고려사항에 대한 내용이 추가되었다. 재료선택 및 지속가능성을 위한 수명주기 분석(재생가능한 재료 및 재생 불가능한 재료)이 도입되었으며, 다음 판에서는 이 주제를 좀 더 확대하고자 한다.
- **제2장.** 다중 전자 원자에 대한 에너지 준위의 중요한 개념에 대해 자세히 설명하였다. 전자 차폐에 대한 효과적인 핵 전하 설명을 개념적으로 설명하였으며 전자와 관련된 에너지를 결정하는 데 사용되는 슬레이터의 규칙을 도입하였다.
- **제3장.** 브라베(Bravais) 격자, 단위 격자, 단위 격자의 대칭 정도, 모티프에 대해 보다 자세한 설명이 제시되었다.
- **제4장.** 깁스(Gibbs) 자유 에너지의 개념에 대하여 좀 더 자세히 설명하였으며 안정적인 응고를 위한 임계 반경의 도출을 개선하였다.
- **제5장.** 공공의 개수와 깁스 자유 에너지의 관계를 설명하였다. Fick의 제2법칙에 대한 이론적 기초와 전개가 설명되어 있다.
- **제6장.** 분해 전단응력의 개념에 대해 더 자세히 설명하였다.

- **제7장.** 재료의 취성 파괴에 대한 이해를 높이기 위하여 이론적 강도, 그리피스의 정리, 응력집중계수를 소개하였다. 응력확대계수의 개념을 소개하고 파괴 인성에 대하여 더 자세히 설명하였다.
- **제9장.** 특정 합금 원소가 철의 특성에 미치는 영향에 대해 논의하였다.
- 각 단원의 마지막에 있는 연습 문제는 강사가 학생에게 기대하는 학습·이해 수준에 따라 분류되어 있는데, 이것은 학생들과 강사들이 학습 목표와 기준을 설정하는 것을 돕기 위하여 Bloom의 분류법을 기반으로 분류하였다. 첫번째 분류는 지식과 이해의 문제이다. 이들 문제들은 학생들에게 가장 기본적인 수준의 정보 반영과 사실 인지 학습을 보여줄 것을 요구하고 있다. 대부분의 문제는 학생들에게 정의, 설명, 목록 작성, 이름 지정과 같은 작업을 수행하도록 요구한다. 두 번째 분류는 응용과 분석 문제이다. 이 그룹에서 학생들은 학습된 지식을 문제의 해결책에 적용하고, 개념증명, 계산 및 분석 등의 응용력을 요구하고 있다. 마지막으로, 세 번째 문제의 분류는 통합과 평가 문제이다. 이 분류의 문제에서는 학생들이 각 장에서 배운 것을 토대로 판단, 평가, 설계, 개발, 추정, 산정하기를 요구하며, 일반적으로 새로운 이해와 통합 능력을 요구한다. 이 분류는 난이도 수준을 대표하는 것이 아니라 단순한 인지 수준이 다름을 나타내는 것이다.
- 150개 이상의 새로운 문제가 개발되었으며, 대부분 통합과 평가 범주에 있다. 이러한 문제들은 학생들이 좀 더 깊이 생각하고 성찰적으로 생각하게 하기 위한 것이다. 이것은 강사가 더 높은 인지 영역에서 운영되는 엔지니어와 과학자를 훈련시키는 것을 돕기 위한 저자의 중요한 목표이다.
- 강사들의 PowerPoint® 강의는 다양한 장의 변경 사항에 따라 개선되었다. 이러한 상세하면서도 간결한 파워포인트 강의는 매우 상호작용적이며 기술적인 동영상, 문제 풀이를 위한 튜토리얼 및 가상 실험실 실험을 포함한다. 파워포인트 강의는 혁신적이고 분석적이며 상식 및 역동적인 학습자를 포함한 다양한 학습을 다루기 위해 고안되었다. 이것은 강사에게 훌륭한 수업 도구일 뿐만 아니라, 학생들도 주제에 흥미를 갖고 학습을 할 수 있도록 설계되었다. 이 과목의 강사는 이러한 PowerPoint 강의 프레젠테이션을 관찰하고 시연해 볼 것을 강력히 추천한다. 이것은 특히 이 교재를 처음 사용하는 강사들에게 도움이 될 수 있다.

강사 수업재료를 통해 사용할 수 있는 추가 자료는 애니메이션, 사용지침서 및 검색 가능한 재료 물성 데이터베이스가 있다

지은이 소개

About the Authors

자바드 하셰미(Javad Hashemi)는 플로리다 아틀랜틱 대학(Atlantic University)의 기계 공학과 교수이다. 하셰미 교수는 1988년 드렉셀 대학(Drexel University)에서 기계공학 박사학위를 취득하였다. 플로리다 아틀랜틱 대학교에 재직하기 전에는 텍사스 공과대학교(Texas Tech University) 기계공학과 교수 및 연구 부학장을 역임하였다. 이러한 경력 동안 하셰미 박사는 재료, 역학 및 생체역학 분야에서 50개 이상의 논문을 발표하였다. 그는 재료, 구조 분석, 설계, 생체역학에 대한 학부 및 대학원 수준의 과정을 가르쳤으며 다양한 실험을 겸비한 재료 실험실 과목을 개발하였다.

故 윌리엄 스미스(William F. Smith)는 플로리다주 올랜도에 있는 센트럴 플로리다(Central Florida) 대학교의 기계 및 항공우주 공학과 명예 교수였다. 그는 퍼듀 대학(Purdue University)에서 금속공학 석사 학위, 매사추세츠 공과대학(MIT)에서는 금속공학 박사 학위를 취득하였다. 캘리포니아주와 플로리다주에서 등기 기술사였던 스미스 박사는 학부와 대학원의 재료 과학과 공학 과정을 강의하였고 수년간 교과서를 활발하게 집필하였다. 그는 *엔지니어링 합금의 구조와 특성* 제2판(McGraw Hill, 1993)의 저자이기도 하다.

차례

Contents

제8장 상태도 • *261*

제9장 공업용 합금 • *297*

제10장 고분자 재료 • 365

제11장 세라믹스 • 431

제17장 생물학적 재료와 생체재료 • 669

제 1 장

재료과학과 공학 입문

(Courtesy of NASA.)

NASA에서 제안한 가장 흥미로운 임무 중 하나는 2030년대까지 화성으로의 인간 여행이다. 화성에 실제 인간이 존재함으로써 답할 수 있는 과학적 질문은 너무 많고 매우 흥미롭다. 3개의 NASA 궤도선과 2개의 활발한 탐사로봇으로 구성된 호송대가 이미 화성과 화성 주변에서 미래의 유인 탐사를 위한 길을 닦기 위해 붉은 행성(Red Planet)에 대한 더 많은 정보를 수집하고 있다. NASA 엔지니어들은 록히드 마틴과 같은 미국 항공우주 회사와 함께 오리온 우주선을 유인 화성 임무에 데려갈 우주 발사 시스템(Space Launch System) 로켓을 조립하고 있다. 오리온 우주선을 건조하고 그러한 임무를 완수하는 데 필요한 기술과 엔지니어링 지식을 생각해 보자. 다음은 NASA와 록히드 마틴이 우주선을 건조할 때 고려한 엔지니어링 및 재료 관련 문제 중 일부이다.

압력 테스트: “새장(birdcage)”이라고 불리는 오리온 캡슐에는 발사, 우주여행, 재진입 및 착륙 시 승무원에게 지구와 같은 대기환경을 제공하기 위하여 금속으로 용접된 기초구조로 되어 있다. 캡슐은 우주 비행사에게 생활공간을 제공하고 이륙 및 착륙 시 유지되는 하중을 견뎌야 한다. 구조가 여정에 필요한 최대 내부 압력을 견딜 수 있어야 한다는 것은 중요한 사항이다. 기초 구조에 적합한 금속은 무엇일까? 그것은 어떤 물성을 가져야 할까?

타일 접합: 재진입 중 오리온 우주선은 시속 25,000마일의 속도로 지구 대기권에 진입하게 되면 5000°F를 초과하는 매우 높은 온도에 노출될 것이다. 위에서 언급한 Orion의 “새장”은 그러한 높은 온도에서 올바로 작동할 수 없어 열로부터 보호할 수 있는 시스템이 필요하다. NASA는 열 차폐 외에도 캡슐을 보호하기 위해 약 1300개의 세라믹 타일을 사용할 것이다. 왜 세라믹 타일을 사용할까? 세라믹 타일은 어떠한 물성을 가졌기에 열 보호 시스템으로서 유용할까? 방열판은 무엇으로 만들어졌을까? 어떤 특성을 가져야 할까?

비행 시스템 및 하위 시스템: Orion이 작동하고 통신하려면 항공 전자 장치가 필요하다. 여기에는 전력 저장 및 분배, 열 제어 시스템, 객실 압력 모니터링, 통신 명령, 데이터 처리, 안내, 네비게이션 및 제어, 추진 및 컴퓨터가 포함된다. 이러한 작업에 필요한 수많은 센서와 액추에이터에는 첨단 전자 재료를 사용하여야 한다. 우주여행에서 전자 재료의 응용에는 어떠한 것이 있나? 이러한 재료가 임무의 성공에 중요한 이유는 무엇인가?

진동 테스트: Orion 우주선은 지구 대기와의 상호 작용으로 인해 진동이 발생하게 된다. 우주선이 이러한 진동을 견딜 수 있어야 하며 구조 및 전자 시스템을 포함한 모든 시스템은 극한 조건에서 작동하여야 한다. NASA는 두 개의 전자기 쉐이커를 사용하여 Orion 캡슐을 테스트하고 5 Mhz에서 500 Mhz 범위의 진동 주파수에 노출시켰다. 진동 감쇠를 위해 어떤 전략을 사용할 수 있을까? 진동을 줄이는 데 어떤 재료가 도움이 될까?

이것은 NASA와 Lockheed Martin 엔지니어들이 이 복잡한 시스템을 제조할 때 하는 질문, 테스트 및 고려 사항 중 일부일 뿐이다. 당신은 고려해야 할 다른 문제들을 생각할 수 있는가? 이러한 질문에 답하는 데 있어 재료 과학 및 공학의 역할은 무엇인가? ■

학습 목표

이 장을 마치면, 학생들은 다음을 설명할 수 있을 것이다.

1. 재료 과학 및 공학의 주제를 과학적인 체계로 설명한다.
2. 재료의 주요 분류를 예로 든다.
3. 각 재료군의 특색과 특징을 부여한다.
4. 각 그룹에서 다양한 재료의 이름을 댈 수 있다. 다른 유형의 재료에서 몇가지 응용예를 제시한다.
5. 재료에 대해 얼마나 알고 있는지, 얼마나 모르는지 평가한다.
6. 다양한 응용을 위한 재료 선택에서 재료 과학 및 공학의 중요성을 확립한다.

1.1 재료와 공학

인류, **재료**(materials), 그리고 공학은 시간의 경과와 함께 발전하여 왔고 앞으로도 계속 발전할 것이다. 인류는 동적 변화의 세계에 살고 있으며 재료도 예외는 아니다. 역사적으로 문명의 발전은 가공할 재료의 발달에 달려 있다. 역사 이전의 인간이 사용했던 재료는 석재, 목재, 뼈와 가죽 등으로 자연에서 얻을 수 있는 것에 국한되었다. 오랜 시간이 경과하면서 인간이 사용한 재료의 변화를 살펴보면 석기시대로부터 청동기시대, 철기시대를 거쳐서 왔다. 이러한 발전은 모든 곳에서 균등하게 일어나지 않았다는 것을 주목하라. 우리는 이것이 미시적 규모에 이르기까지 본질적으로 사실임을 알게 될 것이다. 오늘날에도 재료는 지각과 대기로부터 구할 수 있는 것에 한정된다(표 1.1). 웹스터 사전에 의하면, 재료는 무엇을 구성하거나 만드는 물질로 정의하고 있다. 이 정의는 비록 넓지만 공학적 응용의 관점에서 거의 모든 상황을 포함한다.

재료를 생산, 가공처리하여 완제품을 제조하는 것은 현대 경제의 큰 부분을 차지한다. 엔지니어는 대부분의 제품과 생산에 필요한 제조공정 시스템을 설계한다. 제품은 재료가 요구되므로 엔지니어는 재료의 내부구조와 성질에 대한 지식을 가져야 각 응용분야에 가장 적합한 재료를 선택할 수 있고 최상의 가공방법을 개발할 수 있다.

연구와 개발을 하는 엔지니어는 새로운 재료를 창조하거나 기존 재료의 특성을 개량하여야 한다. 설계 엔지니어는 새로운 제품과 시스템을 설계하고 창조하기 위하여 기존의 재료, 개선된 재료 또는 신재료를 사용한다. 설계 엔지니어는 설계를 함에 있어 연구과학자와 엔지니어에 의해 창조될 새로운 재료를 사용하여야 하는 문제와 흔히 부딪히게 된다.

예를 들어, 초음속 여객기 (X-planes)(그림 1.1)를 설계하는 NASA 엔지니어는 마하 12~25(공기 중 음속의 12~25배)의 높은 초음속 속도를 달성하기 위해 엔진 환경에서 1800°C를 초과하는 온도를 견딜 수 있는 고온 재료를 사용해야 한다. 또한 이러한 항공기는 더 친환경적이고(환경에 손상을 적게 주고 재생 가능) 더 안전하고 더

표 1.1 ➢ 지각과 대기중에 중량과 체적 백분율로 가장 많이 존재하는 원소

원소	지각에서의 중량 백분율
산소(O)	46.60
규소(실리콘, Si)	27.72
알루미늄(Al)	8.13
철(Fe)	5.00
칼슘(Ca)	3.63
나트륨(Na)	2.83
칼륨(K)	2.70
마그네슘(Mg)	2.09
합계	98.70
기체	**건조공기에서의 체적 백분율**
질소(N_2)	78.08
산소(O_2)	20.95
아르곤(Ar)	0.93
이산화탄소(CO_2)	0.03

그림 1.1 ➤ 나사의 X-플레인(X-plane)은 예비 설계 단계에 있으며 Quiet Supersonic Technology (QueSST)를 기반으로 제작될 예정이다. 새로운 설계의 주요 목표는 초음속 비행 중에도 기존 제트기보다 연료의 절반을 연소하고, 오염을 75% 줄이며, 소음을 줄이는 것이다.
(출처: NASA)

조용하게 비행함으로써 오늘날 사회의 요구를 충족해야 한다.

재료과학자와 엔지니어를 가장 많이 필요로 하는 다른 분야는 우주개발이다. *국제우주정거장*(International Space Station (ISS))을 설계 및 구성하고 *화성탐사로버*(Mars Exploration Rover (MER))가 우주 연구와 탐사의 임무를 성공적으로 수행하기 위해서는 재료과학자와 엔지니어의 절대 최상의 도움이 요구된다. 우주에서 27,000 km/h 속도로 이동하는 대형 연구실험실인 국제우주정거장 건설은 지구에서와는 매우 다른 환경에서도 기능할 수 있는 재료선택이 요구된다(그림 1.2). 재료는 이륙 순간에 탑재하중을 최소화하기 위하여 경량화되어야 한다. 외피는 조그마한 운석과 인공 파편조각과의 충돌로부터 보호되어야 한다. 약 103 kPa (1기압)의 내부 공기 압력은 모듈에 지속적으로 응력을 부과한다. 게다가 모듈은 발사시 큰 응력을 지탱하여야 한다. 화성탐사로버를 위한 재료 선택은 특히 밤의 온도가 낮게는 −96°C가 되는 환경에서 견뎌야 한다는 것을 고려하면 도전이다. 이러한 제약 및 기타 제약은 복잡한 시스템 설계에서 재료 선택의 한계에 도전하고 있다.

재료사용과 공학 설계는 항상 변화한다는 것을 기억하여야 한다. 이 변화는 계속 가속화된다. 어느 누구도 재료 설계와 사용에 대한 장기 예측을 할 수 없다. 1943년 미국에서는 성공한 사람들은 자가용 비행기를 소유할 것이라고 예측하였다. 그러나 그 예측은 빗나갔다. 그 당시 트랜지스터, 집적회로와 텔레비전(컬러와 고화질 포함)도 무시되었다. 30년 전만 해도, 사람들은 컴퓨터가 전화기 또는 냉장고처럼 흔한 가전제품이 될 것이라고 상상하지 못했다. 지금 우리도 우주여행이 상업화되고, 심지어 화성을 식민지화할 것이라고 믿기 어렵다. 그럼에도 불구하고, 과학과 공학은 우리가 달성하기 어려운 꿈을 현실로 실현시켜 줄 것이다.

새로운 재료의 탐색은 계속될 것이다. 재료 과학 및 공학의 새로운 발전으로 큰 혜택을 받고 일상 업무에 엄청난 수의 재료 전문가가 필요한 산업 분야는 항공 우주, 자동차, 생체재료, 화학, 전자, 에너지, 금속, 그리고 통신이다. 특정 재료에 대한 초점은 산업마다 크게 다르다. 예를 들어, 항공 우주 및 자동차 산업에서 초점은 주로 구조적인 것이며 기체 및 엔진 재료에 있다. 생체 재료 산업에서 초점은 생체 적합성(인체에서 생존할 수 있음)과 생물학적 재료 및 구성 요소의 합성에 있다. 화학 산업에서는 전통적인 화학 물질, 고분자 및 첨단 세라믹에 중점을 둔다. 전자 산업에서는 컴퓨터 및 상업용 전자 제품에 사용되는 재료가 중심이 된다. 에너지 산업에서는 화석 기반 및 재

그림 1.2 ➤ 국제 우주 정거장.
(출처: NASA)

표 1.2 > 선택된 산업에서 사용되는 첨단재료 및 그들의 요구되는 특성들

	산업							
요구되는 특성	항공우주	자동차	바이오 소재	화학	전기	에너지	금속	통신
가볍고 강함	✓	✓	✓					
고온저항	✓			✓		✓	✓	
내식성	✓	✓	✓	✓		✓	✓	
신속한 전환					✓	✓		✓
효율적인 공정	✓	✓	✓	✓	✓	✓	✓	✓
그물모양 성형	✓	✓	✓	✓	✓	✓	✓	✓
재활용		✓		✓			✓	
수명예측	✓	✓	✓	✓	✓	✓		✓
물성예측	✓	✓	✓	✓	✓	✓	✓	✓
재료 데이터베이스	✓	✓	✓	✓	✓	✓	✓	✓

출처: National Academy of Sciences.

생 에너지 추출에 사용되는 재료가 초점이다. 또한 각 산업은 그들의 재료에서 다른 특성을 탐색한다. 이러한 특성과 각 산업별 요구사항은 표 1.2와 같다.

최근에는 나노 재료분야가 세계적으로 과학자와 엔지니어들로부터 큰 주목을 받고 있다. 나노 재료가 가지고 있는 색다른 구조적, 화학적, 기계적 성질로 인하여 다양한 공업과 의료분야에 새롭고 흥미로운 응용 가능성을 제공하고 있다. 다양한 분야에 응용될 수 있는 새로운 재료, 개선된 재료와 공정이 엔지니어와 과학자에 의해 탐색된 예는 소수에 불과하다. 대부분의 경우 어제는 불가능하였던 것이 오늘은 현실로 된 것이다.

모든 공학분야의 엔지니어가 공업 재료의 기초지식과 응용지식을 갖고 있다면 더 효율적으로 업무를 수행할 수 있을 것이다. 이 책의 목적은 공업 재료의 내부구조, 물성, 가공 및 응용에 대한 개요를 제공하는 것이다. 공업 재료에 대한 정보의 양은 엄청나게 많지만 책으로 보여줄 수 있는 한계 때문에 소개되는 정보는 선택적일 수밖에 없다.

1.2 재료과학과 공학

재료과학(materials science)은 주로 재료의 내부구조, 특성과 가공에 대한 기초지식의 탐구에 관심이 있다. **재료공학**(materials engineering)은 주로 사회가 필요로 하거나 원하는 제품으로 재료를 변환할 수 있도록 재료의 기초지식 및 응용지식과 관련이 있다. *재료과학과 공학*이란 용어는 재료과학과 재료공학을 합친 것이며 이 책의 주제이다. 재료과학은 재료지식 스펙트럼의 기초지식을 목표로 하고, 재료공학은 응용지식을 목표로 하지만, 둘 사이에 경계선이 없다(그림 1.3).

그림 1.4는 기초과학(수학 포함), 재료과학과 공학, 그리고 기타 공학과의 관계를 나타내는 3개 원형도표이다. 기초과학은 가운데 원 내부 또는 도표의 중심에 위치하고, 다양한 공학 학문(기계, 전기, 토목, 화학 등)은 최외각 세 번째 원에 위치한다. 응용과학, 금속학, 세라믹과 고분자 과학은 두 번째 원에 위치한다. 재료과학과 공학이 기초과학(수학 포함)과 기타 공학 사이에서 재료지식의 교량역할을 하고 있다.

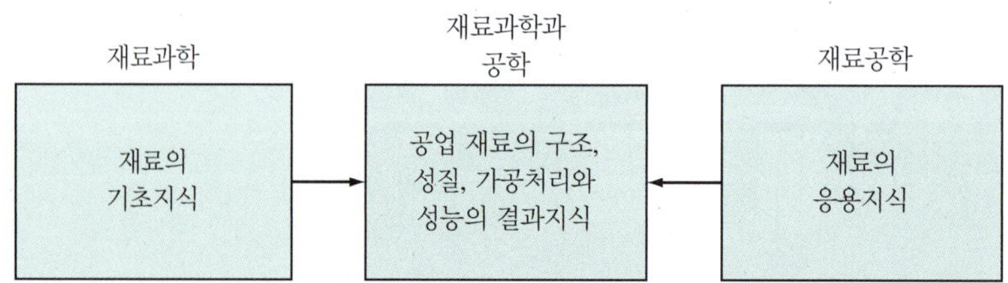

그림 1.3 > 재료지식 스펙트럼. 재료과학과 재료공학으로부터 조합한 재료의 지식을 이용하여 엔지니어는 재료를 사회의 요구에 따라 제품으로 전환한다.

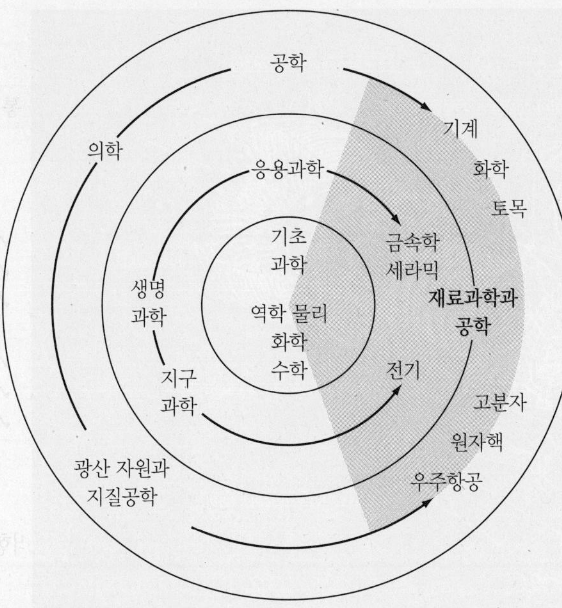

그림 1.4 ➤ 이 도형은 재료과학과 공학이 기초 과학과 기타 공학 사이에서 교량 역할을 하고 있음을 보여주고 있다.
(출처: National Academy of Sciences.)

1.3 재료의 종류

공업 재료는 편의상 3가지 종류의 재료, 즉 **금속 재료**(metallic materials), **고분자 재료**(polymeric materials)와 **세라믹 재료**(ceramic materials)로 분류된다. 이 장에서 우리는 그것들의 중요한 기계적, 전기적, 물리적 특성에 기초하여 그것들을 구별할 것이다. 다음 장에서는 이러한 재료의 내부 구조적 차이점을 공부할 것이다. 재료의 세 가지 주요 부류에 더하여, 우리는 엔지니어링 중요성이 큰 두 가지 가공처리 또는 응용 부류인 **복합 재료**(composite materials)와 **전자 재료**(electronic materials)도 살펴볼 것이다.

1.3.1 금속재료

금속 재료는 하나 또는 그 이상의 금속 원자들로 구성되는 무기물질이고 일부 비금속원소를 포함할 수 있다. 금속 원소의 예로는 철, 구리, 알루미늄, 니켈과 티타늄들이다. 탄소, 질소와 산소 등의 비금속원소들도 금속 재료에 함유될 수 있다. 금속은 원자들이 규칙적으로 배열된 결정구조를 가진다. 일반적으로 금속은 양호한 열 및 전기 도체이다. 대부분의 금속은 상온에서 비교적 강하고 연성을 가지며 고온에서도 높은 강도를 유지한다.

금속과 합금[1]은 보통 두 종류, 즉 철강과 주철처럼 다량의 철을 함유하는 **철금속과 합금**(ferrous metals and alloys), 그리고 철을 함유하지 않거나 비교적 아주 소량을 함유하는 **비철금속과 합금**(nonferrous metals and alloys)으로 나눠진다. 비철금속의 예로는 알루미늄, 구 리, 아연, 티타늄과 니켈이 있다. 철계 합금과 비철계 합금 사이를 확연히 구별하는 것은 다른 합금과 비교하여 철강과 주철이 상당히 높은 사용량과 생산량을 갖기 때문이다.

합금과 순수한 형태의 금속들은 우주항공, 생체의학, 반도체, 전자, 에너지, 토목구조와 수송을 포함한 다양한 산업에서 사용된다. 미국의 알루미늄, 구리, 아연과 마그네슘 등의 기초금속의 생산량은 미국 경제를 상당히 근사하게 따르는 것으로 예상된다. 예를 들어, 미국에서만 1차 금속 제품 제조 산업은 2014년에 약 2,800억 달러 상당의 제품을 유통했다. 철강 생산(총 1차 금속 유통의 41%)은 글로벌 경쟁과 늘 중요한 경제적 이유를 고려할 때 안정적이었다.

재료과학자와 엔지니어는 항상 기존 재료를 개선하고, 개선된 강도, 고온강도, 크리프(7.4절 참고), 피로(7.2절 참고) 특성을 가진 새로운 합금을 설계하고 생산하기 위하여 끊임없이 노력하고 있다. 기존 합금도 더 나은 화학, 조성제어와 가공 기술에 의해 개선될 수 있다. 예를 들면, 1961년 새롭게 개선된 니켈기반, 철-니켈-코발트기반 **초합금**(superalloys)이 항공기 가스터빈의 고압 터빈블레이드에 사용되고 있다. *초합금*이라고 불리는 것은 약 540

1 금속합금이란 두 가지 이상의 금속의 조합 또는 금속과 비금속을 조합한 것이다.

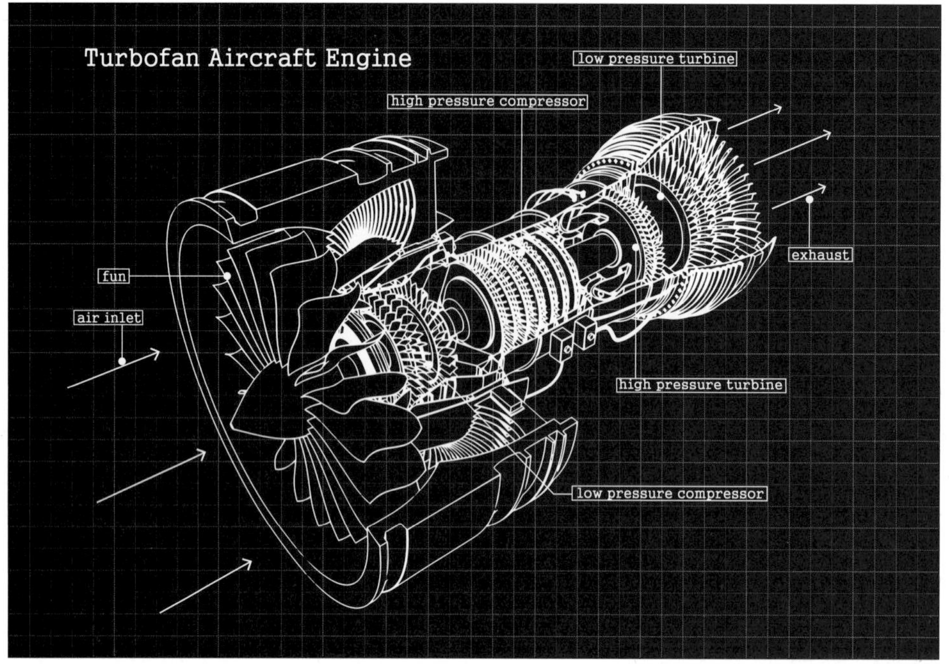

그림 1.5 ➤ 위의 상세도면에 나타난 항공기 터빈엔진(PW 4000-112″)은 주로 금속합금으로 제작되었다. 최신의 고온내열 고강도 니켈기반 합금을 사용하고 있다. 이 엔진은 작동 성능과 내구성을 향상시키기 위한 많은 최신의 검증된 기술이 사용되었는데, 여기에는 2세대 단결정 터빈 블레이드 재료, 분말 금속 디스크 및 개선된 전자식 통합 디지털 전자 제어가 포함된다.
(Andrii Stepaniuk/Shutterstock)

°C(1000 °F)의 고온과 고응력 수준에서 사용할 수 있게 개선된 성능 때문이다. 그림 1.5는 금속합금과 초합금으로 제작된 PW-4000 가스터빈엔진의 상세도를 보여주고 있다. 그림 1.6*a* 및 1.6*b*는 PW-4000과 유사한 가스터빈용 팬 블레이드와 압축기 블레이드를 보여준다. 팬 블레이드와 압축기 블레이드에 사용되는 금속은 작동 중에 발생하는 고온과 압력을 견딜 수 있어야 한다. 1980년까지 주조 기술이 개선되면서 방향성 응고 주상정 결정립(4.2절 참고)과 압축기 블레이드용 단결정 주조 니켈계 합금 및 팬 블레이드용 티타늄 합금이 생산되었다. 1990년대에는 단결정 방향성 응고 주조 합금이 많은 항공기 가스터빈에 표준이 되었다. 더 높은 운전온도에서 성능이 더욱 향상된 초합금이 항공기의 효율을 크게 개선하였다.

티타늄합금, 스테인리스강과 코발트기반 합금 등 많은 금속합금들이 정형외과용 이식물(임플란트), 심장밸브, 고정 장치와 뼈 나사 등으로 생체의학에 사용되고 있다. 이들 재료는 높은 강도, 강성과 생체친화성을 제공한다.

(*a*)

(*b*)

그림 1.6 ➤ (*a*) 가스 터빈 팬 블레이드 및 (*b*) PW-4000에 사용된 것과 유사한 가스 터빈 압축기 블레이드.
((*a*) Steve Mann/whitestone/123RF; (*b*) Miss Kanithar Aiumla-Or/Shutterstock)

생체친화성은 이 분야에 사용되는 재료가 매우 부식성인 인체 내부 환경에서도 효과적으로 손상되지 않아야 하기 때문에 중요하다.

게다가 연구자와 엔지니어들은 이들 재료의 더 나은 화학, 조성제어뿐 아니라 새로운 제조공정기술을 개선하는 데 집중하고 있다. 열간등압성형(11.4절 참고)과 등온 단조 등의 공정이 많은 합금의 피로수명을 개선하였다. 분말야금법(11.4절 참고)은 합금을 아주 저렴한 비용으로 제조하고 물성을 개선할 수 있기 때문에 앞으로도 많이 사용될 것이다.

1.3.2 고분자 재료

대부분의 고분자 재료는 유기물질(탄소를 포함하는 전구체)을 기초로 하는 긴 분자사슬 또는 망으로 구성된다. 구조적으로 대부분의 고분자 재료는 비정질이나, 일부는 결정질 영역과 비정질 영역으로 구성된다. 일반적으로 고분자 재료는 밀도가 낮으며 비교적 낮은 연화점 또는 분해 온도를 가진다. 고분자 재료의 강도와 연성은 낮은 강도, 높은 변형성(고무 밴드)에서 높은 강도, 낮은 변형성, 그리고 높은 내구성(타이어에 사용되는 가황 고무)까지 크게 다양하다. 대부분의 고분자 재료는 내부구조의 본성 때문에 불량한 전기도체이다. 일부 고분자 재료는 우수한 절연체이므로 전기 절연에 사용된다. 고분자 재료의 자주 언급되는 응용 분야로는 *디지털 비디오 디스크*(DVD)(그림 1.7*a*), 자동차 타이어, 그리고 신발 밑창(그림 1.7*b*)이 있다. 이러한 응용은 일상생활에서 고분자의 다양한 유용성과 중요성을 보여준다.

역사적으로, 플라스틱 소재는 1976년부터 2010년까지(그림 1.8*a*) 중량 기준으로 약 500%의 전체 성장과 함께 미국과 세계에서 가장 빠르게 성장하는 기초 소재였다. 플라스틱은 플라스틱이 적합하게 사용될 수 있는 자동차, 포장 및 건설 분야와 같은 대부분의 주요 대량 시장에서 금속, 유리 및 종이를 계속 대체하고 있다. 1970년부터 1990년까지 나일론과 같은 엔지니어링 플라스틱은 가격 면에서 금속과 경쟁력을 유지했었다(그림 1.8*b*).

고분자를 공급하는 산업은 다른 단일 고분자가 적합하지 않은 특정 응용 분야에 적합하도록 *합금* 또는 **블렌드**(blends)라고도 하는 고분자-고분자 혼합물의 개발에 점점 더 집중하고 있다. 블렌드는 잘 알려진 특성을 가진 기존 폴리머를 기반으로 생산되기 때문에 특정 응용 분야를 위해 새로운 단일 폴리머를 합성하는 것보다 개발 비용이 저렴하고 더 신뢰할 수 있다. 예를 들어, 엘라스토머(고변형 폴리머 유형)는 종종 재료의 충격 강도를 향상시키기 위해 다른 플라스틱과 혼합한다. 이러한 혼합물은 자동차 범퍼, 전동 공구 하우징, 스포츠 용품, 그리고 일반적으로 고무와 폴리우레탄의 조합으로 만들어진 많은 실내 트랙 시설에 사용되는 합성 부품에 중요한 응용 분야를 가지고 있다. 다양한 섬유와 충진재를 혼합하고 선명한 색상을 지닌 아크릴 코팅은 테니스 코트와 운동장의 코팅 재료로 사용된다. 또 다른 고분자 코팅 재료는 부식, 가혹한 화학 환경, 열 충격, 충격, 마모 및 마모에 대한 보호를

(*a*)

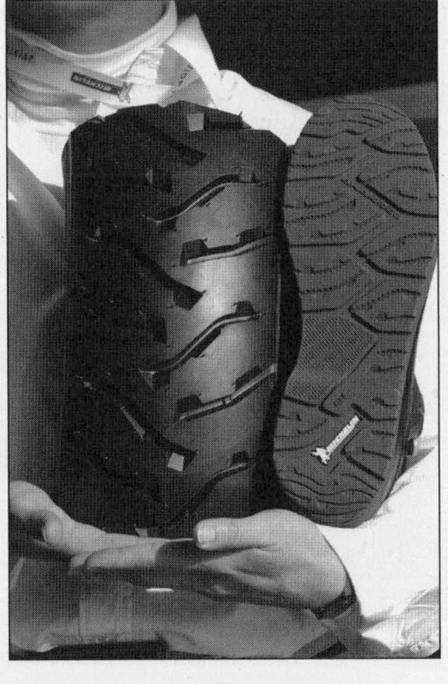

(*b*)

그림 1.7 ➤ (*a*) 플라스틱 수지 제조회사는 DVD 용 초순도, 고유동급 폴리카보네이트 플라스틱을 개발하고 있다. (*b*) 합성고무는 강도, 내구성, 열안정성으로 인해 타이어 구조에 많이 사용된다.
((*a*) PhotoDisc/Getty Images; (*b*) THIERRY ZOCCOLAN/AFP/Getty Images)

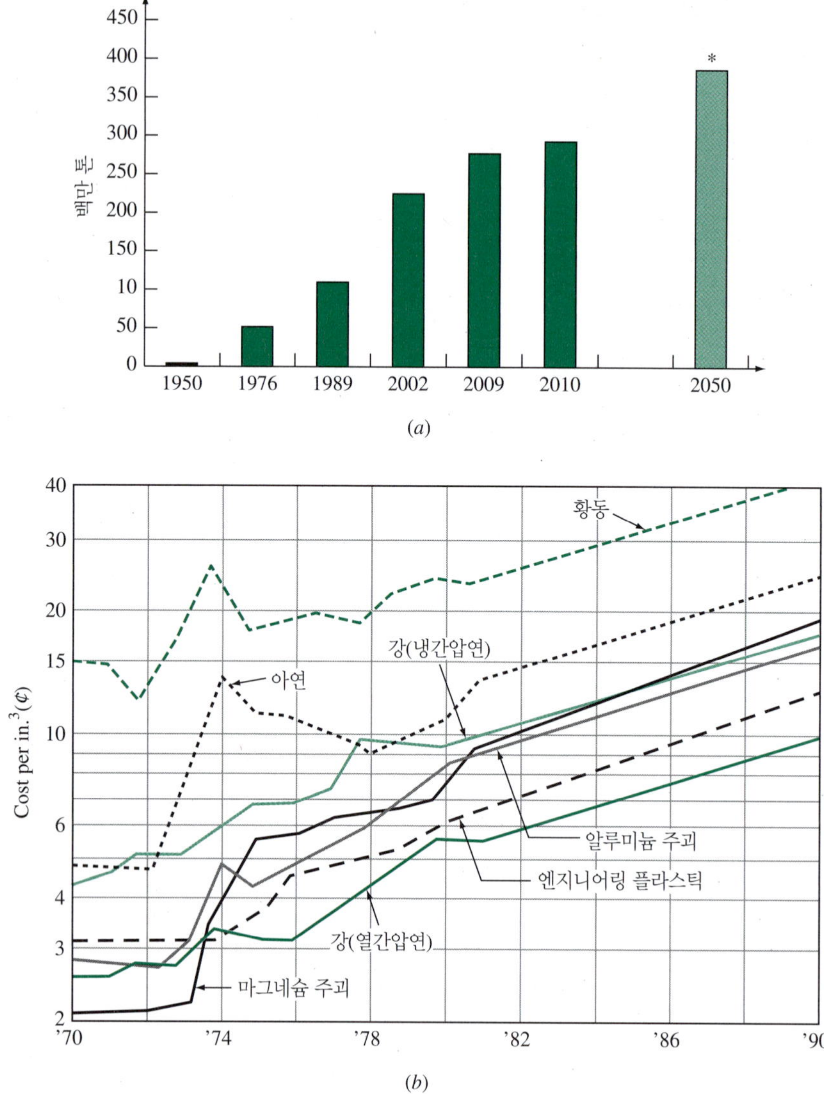

그림 1.8 ➤ (*a*) 연간 세계 플라스틱 생산량. 이 그림은 1977년에 약 5천만 톤에서 2010년에는 3억 톤을 약간 밑도는 양으로 증가한 것을 보여준다. 2050년까지 플라스틱의 예상 생산량은 3억 5천만 톤을 초과한다. (*b*) 1970년부터 1990년까지 일부 일반 금속 대비 엔지니어링 플라스틱 수지의 역사적 경쟁 비용. 엔지니어링 플라스틱은 냉간 압연된 강철 및 기타 금속과 경쟁력을 유지하고 있다.
((*a*) 출처: Algalita; (*b*) 출처: Modern Plastics, August 1982, p. 12, and new data, 1998.)

위해 여전히 사용되고 있다. 저렴한 비용과 다양한 응용 분야에 적합한 특성 때문에 새로운 폴리머 및 블렌드에 대한 탐색이 계속되고 있다.

1.3.3 세라믹 재료

세라믹 재료는 금속 원소와 비금속 원소가 화학적으로 결합하여 구성된 무기 재료이다. 세라믹 재료는 결정질이거나 비정질, 또는 이들 둘의 혼합이 될 수 있다. 세라믹 재료는 높은 경도와 고온강도를 가지나 취성(파괴 전 변형이 거의 없거나 전혀 없음)이 있다. 세라믹 재료는 (1) 주로 건축 및 제련 응용에 사용되는 유리, 점토 제품 및 내화물을 포함하는 전통 세라믹, 또는 (2) 제조업이나 자동차 산업의 고급 응용 분야에 사용되는 탄화규소 및 알루미나를 포함하는 첨단 엔지니어링 세라믹으로 분류할 수 있다. 공업적 응용 분야를 위한 세라믹 재료의 장점은 경량, 고강도 및 경도, 우수한 내열성 및 내마모성, 감소된 마찰 및 절연 특성 등이 포함된다. 세라믹은 높은 내열성 및 내마

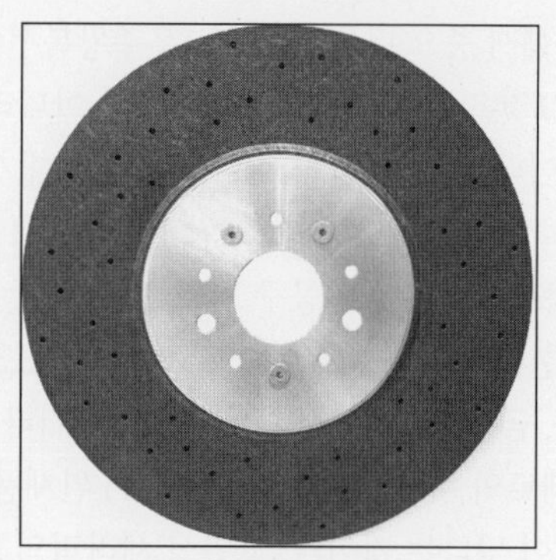

(*a*)

(*b*)

그림 1.9 ➤ (*a*) 첨단 응용 분야를 위한 엔지니어링 세라믹 재료의 예; 왼쪽 상단 이미지는 세라믹 보트 프로펠러를 보여주고 오른쪽 상단 이미지는 자동차 브레이크 디스크를 보여준다. (*b*) GE Aviation의 차세대 적응형 엔진 기술은 고응력, 고온 제트 엔진 환경에서 그 효과를 입증하기 위하여 첨단 엔지니어링 세라믹을 사용한다.
((*a*) Maximilian/Prisma/Dukas Presseagentur GmbH/Alamy Stock Photo; Philipus/Panther Media GmbH/Alamy Stock Photo; (*b*) Courtesy of GE Aviation)

모성과 함께 단열 특성을 가지고 있어 강철과 같은 금속의 열처리 및 용융을 위한 용광로 라이닝에 사용된다. 첨단 세라믹 부품들은 자동차 엔진, 제트 엔진(그림 1.9) 및 고성능 베어링(그림 1.10)과 같이 일반적으로 금속 전용으로 사용되던 응용 분야에 적용되고 있다.

타일 및 벽돌과 같은 전통적인 세라믹 재료의 역사적 성장률은 주로 미국과 세계의 건설 부문에 의해 주도되었다. 예를 들어, 세라믹 타일의 경우 세계 생산량이 2009년 86억 평방미터에서 2013년 119억 평방미터로 약 40% 증가하였다. 유리 및 첨단 세라믹의 전 세계 매출 성장은 전자(매출의 대부분), 광학, 의료 및 항공우주 산업의 응용 덕분에 2010년에 176억 달러에 이르렀다. 이러한 시장에서 세라믹 사용 추세는 5%에서 7%의 비율로 계속될 것으로 예상된다.

지난 수십 년 동안 물성이 개선된 완전히 새로운 산화물, 질화물 및 탄화물 세라믹 제품군이 생산되었다. *엔지니어링 세라믹*(engineering ceramics), *구조 세라믹*(structural ceramics) 또는 **첨단 세라믹**(advanced ceramics)이라고 하는 차세대 세라믹 재료는 강도가 더 높고 내마모 및 내부식성이 우수하며(고온에서도) 열충격(매우 높거나 매우 낮은 온도에 갑자기 노출됨에 따른)에 대한 내성이 향상되었다. 확립된 첨단 세라믹 재료 중에는 알루미나(산화물), 질화규소(질화물) 및 탄화규소(탄화물)가 있다.

그림 1.10 ➤ 티타늄과 질화탄소 피드스톡을 이용하여 분말 야금기술로 제조된 고성능 세라믹 볼베어링과 레이스.
(Editorial Image, LLC/Alamy Stock Photo)

첨단 세라믹의 우주항공에서 중요한 응용분야는 우주왕복선에 세라믹 타일을 사용하는 것이다. 세라믹 타일은 탄화규소로 만들어지는데 그것은 열 차폐 역할을 할 뿐만 아니라 열원을 제거하면 빠르게 정상 온도로 돌아갈 수 있는 능력이 뛰어나기 때문이다. 이들 세라믹 재료는 지구의 대기권으로 상승과 재진입시 생성되는 열로부터 우주왕복선의 알루미늄 내부 하부구조를 보호한다(그림 11.38 및 11.39 참고). 다양성, 중요성과 미래 성장을 시사하는 첨단 세라믹의 또 다른 응용분야는 절단공구 재료로 사용하는 것이다. 예를 들면, 높은 열충격 저항성과 파괴인성을 가진 질화규소는 탁월한 절단공구 재료이다.

세라믹 재료는 우주항공, 금속제조, 생체의학, 자동차와 기타 많은 산업에서 적용되고 있는 것처럼 그 응용분야는 사실 무한하다. 세라믹 재료의 주된 두 가지 단점은 (1) 완제품으로 가공이 어려워 가격이 비싸고, (2) 취성이 있고 금속에 비하여 파괴인성이 낮다는 것이다. 고인성 세라믹의 개발 기술이 더욱 발전한다면 이 재료의 공업적인 응용은 크게 증가할 것이다.

1.3.4 복합재료

복합재료는 두 개 또는 그 이상의 재료(상 또는 성분)를 통합하여 이루어진 하나의 재료로 정의할 수 있다. 각 성분은 본래의 성질을 유지하나 전반적으로 복합체는 이들 각각과는 다른 성질을 가진다. 대부분의 복합 재료는 선택한 충진재 또는 강화 재료와 원하는 특성 및 물성을 얻기 위하여 호환 가능한 수지 결합재로 구성된다. 일반적으로 구성 요소는 서로 용해되지 않기 때문에 계면을 물리적으로 구별할 수 있다. 복합 재료는 여러 종류가 있다. 가장 대표적인 종류 중 일부는 섬유질(기지가 섬유로 구성)과 미립자(기지가 입자로 구성)이다. 복합재료를 제조하기 위하여 보강재와 기지 재료를 다양하게 조합하여 제조한다. 예를 들면, 기지 재료는 알루미늄인 금속, 알루미나인 세라믹, 또는 에폭시인 고분자가 될 수 있다. 사용되는 기지의 종류에 따라 *금속기지 복합체*(metal matrix composite: MMC), *세라믹기지 복합체*(ceramic matrix composite: CMC), 또는 *고분자기지 복합체*(polymer matrix composite: PMC)로 분류될 수 있다. 섬유상 또는 입자상 재료도 이들 3가지 주요 재료에 탄소, 유리, 아라미드, 탄화규소 등을 선택할 수 있다. 복합체를 설계할 때 재료의 조합은 재료의 응용 분야와 재료가 사용될 환경에 크게 좌우된다.

특히 우주항공, 항공전자공학, 자동차, 토목구조와 스포츠용품 산업에서는 복합재료가 다수의 금속 구성부품을 대체하고 있다. 이들 재료의 사용은 앞으로 연평균 약 5%의 증가가 예상된다. 그 이유는 이들 재료의 고강도와 중량대비 강성(강성/중량 비) 때문이다. 일부 첨단 복합재료는 일부 구조용 합금 금속 정도의 강성과 강도를 가짐에도 밀도가 상당히 낮아 전체적인 중량이 감소하게 된다. 이러한 특색 때문에 구성부품의 중량이 특히 중요한 곳에서는 첨단 복합재료가 특히 매력적이다. 일반적으로, 세라믹 재료와 같이 대부분의 복합재료의 주된 단점은 취성과 낮은 파괴인성이다. 이들 단점 중 일부는 상황에 따라 적절하게 기지 재료를 선택하면 개선될 수 있다.

경량 첨단 복합 재료가 주로 사용되는 부분 중 하나는 항공 우주 산업이다(그림 1.11*a*). 예를 들어, 상업용 항공 우주 부문에서 복합재료의 사용은 보잉 787 및 에어버스 350과 같은 첨단 항공기에서 1990년대에 6% 정도였으나 2014년에는 50% 이상이 되었다. 항공우주용으로 사용되고 있는 2가지 탁월한 *신복합재료*(modern composite materials)는 폴리에스터 또는 에폭시 기지에 유리섬유 보강 재료와 에폭시 기지에 탄소섬유이다. 그림 1.11*b*는 C-17 수송기의 날개와 엔진에 사용되는 탄소섬유-에폭시 복합재료의 개략도이다. 이들 항공기를 제작하면서 얻은 새로운 비용 절감절차와 개량방법이 소개된 자료가 있다(Aviation Week & Space Technology, 1997년 6월 9일. p. 30 참고).

1.3.5 전자 재료

전자 재료는 생산량을 기준으로 주요 재료는 아니지만 첨단 공업기술에서는 아주 중요한 재료이다. 특히 휴대폰, 전자 칩, 집적 회로, 평판 디스플레이 및 사진 석판 인쇄(photo-lithographic printing)를 위한 반도체 산업의 전자 재료 응용은 이러한 재료 시장을 계속 주도할 것이다. 가장 중요한 전자 재료는 순수 실리콘(규소, Si)으로, 전기적 특성을 변화시키기 위하여 다양한 방법으로 개량된다. 복잡한 전자회로는 약 3/4 in.^{2} (1.90 cm^2, 그림 1.12) 크기의 실리콘칩으로 축소될 수 있다. 마이크로일렉트로닉스 디바이스로 인하여 통신위성, 첨단 컴퓨터, 계산기, 디지

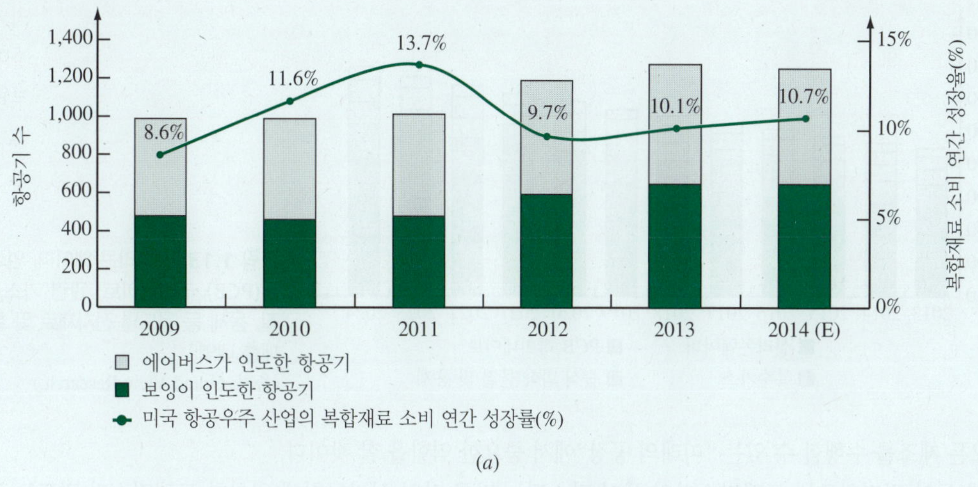

(*a*)

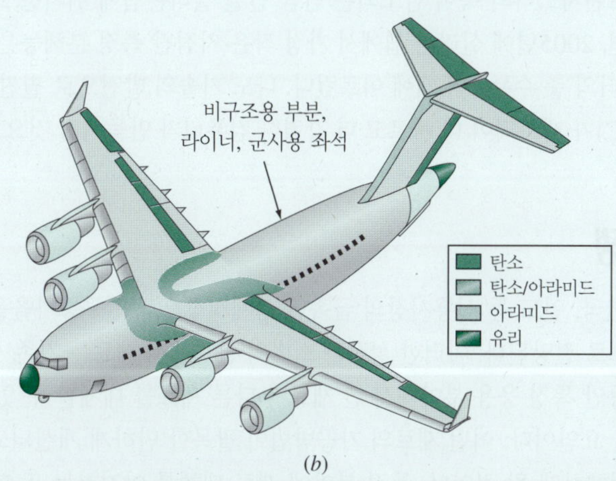

(*b*)

그림 1.11 ➤ (*a*) Airbus 및 Boeing 항공기에 사용되는 복합 재료의 연간 성장률. (*b*) 공군 C-17 수송기에 사용되는 다양한 복합 재료 부품의 개략도. 이 항공기는 날개길이가 50 m이고 6800 kg의 첨단 복합재료를 사용하고 있다.
((*a*) 출처: Composite Manufacturing Magazine, 2015; (*b*) 출처: Advanced Composites, May/June 1988, p. 53.)

그림 1.12 ➤ 최신 마이크로프로세서에는 Intel의 Pentium II 사진에 나타난 것처럼 아주 많은 수의 전기 출력 단자가 있다.
(IMP/Alamy Stock Photo)

털시계와 로봇 등의 신제품 생산이 가능하게 되었다(그림 1.13).

마이크로일렉트로닉스에서 실리콘과 고체 반도체 재료는 지난 수십 년 동안 눈부시게 성장하였으며 이러한 성장 패턴은 계속될 것이다. 전자 재료 및 관련된 화학 물질의 시장 규모는 2015년에 477억 달러로 보고되었다(그림 1.13). 이 성장은 2024년까지 700억 달러 수준으로 계속될 것으로 예상된다. 이 그림은 반도체 산업에서 주요 재료로서의 실리콘과 공정 재료로서의 화학 물질의 중요성을 보여준다. 실리콘 칩으로 만든 집적회로를 사용하는 컴퓨터 및 기타 산업용 장비의 영향은 매우 컸다. 현대 제조업에서 컴퓨터화된 로봇이 미치는 전체적인 효과는 아직 알 수 없을 정도로 매우 크다. 전자 재료는 의심할 여지없이 컴퓨터가 제어하는 공작 기계의 지원을 받는 로봇이

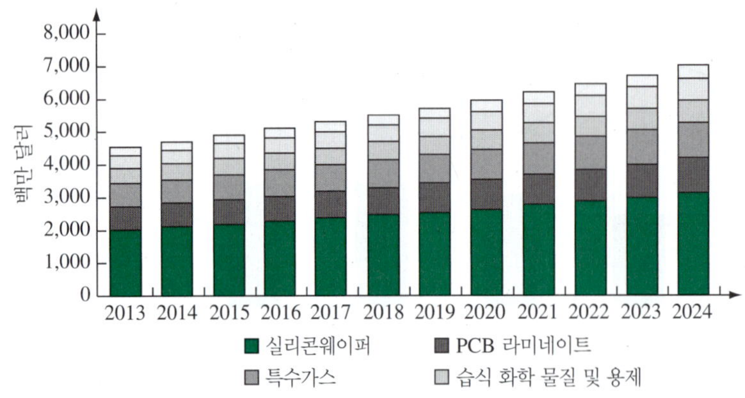

그림 1.13 ➤ 실리콘 웨이퍼, 인쇄회로기판(PCB) 라미네이트, 관련 가스, 화학물질, 용제 등 용도별 전자재료 및 화학산업 매출 내역.
(출처: Grand View Research.)

거의 모든 제조를 수행할 수 있는 "미래의 공장"에서 중요한 역할을 할 것이다.

수년 동안 집적회로는 트랜지스터의 폭이 감소되는 만큼 단일 실리콘칩에 위치한 트랜지스터 밀도는 점차 크게 제작되고 있다. 예를 들면, 2005년에 실리콘 칩에서 가장 작은 지점간 측정 분해능은 0.1 μm였다. 520 mm^{2}의 칩 크기에 인쇄된 트랜지스터의 총 수는 2억 개에 이르렀다. 나노 기술의 발전으로 훨씬 더 많은 수의 인쇄 소자가 포함된 더 작은 집적 회로(IC)가 제조되어 더 빠르고 더 강력한 컴퓨터가 만들어질 것으로 예상된다.

1.4 재료 간의 경쟁

세계 인구의 증가와 중국, 한국, 인도 등 신흥시장의 급속한 경제성장으로 인구증가율을 앞지르면서 모든 재료의 1인당 소비량은 증가할 것으로 전망된다. 이러한 성장과 소비의 환경에서 재료는 기존 시장과 새로운 시장을 놓고 서로 경쟁한다. 일정 기간 동안 특정 응용 분야에서 한 재료가 다른 재료를 대체할 수 있게 하는 많은 요인이 발생한다. 확실히 가격이 중요한 요인이다. 어떤 재료의 가공방법이 괄목할 만하게 개선되고 가격이 크게 하락한다면 이 재료가 기존의 재료를 대체하게 될 것이다. 특정 분야에 재료 대체를 야기하는 또 다른 인자는 특수한 물성을 가진 새로운 재료의 개발이다. 결과적으로 시간이 경과하면 재료의 용도도 변화한다. 결과적으로 일정 기간 동안 다양한 재료의 사용이 다른 비율로 변화한다. 예를 들어, 1961년부터 2012년까지 전세계 철강 소비량은 426%, 알루미늄 945%, 시멘트(세라믹 건축 자재) 1100%, 목재 160%, 고분자 및 플라스틱은 4800% 증가했다. 이처럼 다양하게 다른 증가율 수치는 모든 산업에서 재료 사용의 가파른 경쟁을 보여준다(금속 스프링은 플라스틱 스프링으로 대체; 금속 항공기 및 자동차 차체 부품은 플라스틱 및 복합재료로 대체; 주철 엔진은 알루미늄 합금 엔진으로 대체; 목재 테니스 라켓은 알루미늄 또는 고분자 복합재료로 대체 등)

그림 1.14*a*는 20세기와 21세기 초 동안의 원자재 생산의 역사적 성장을 그래프로 보여준다. 이 그림에서 시멘

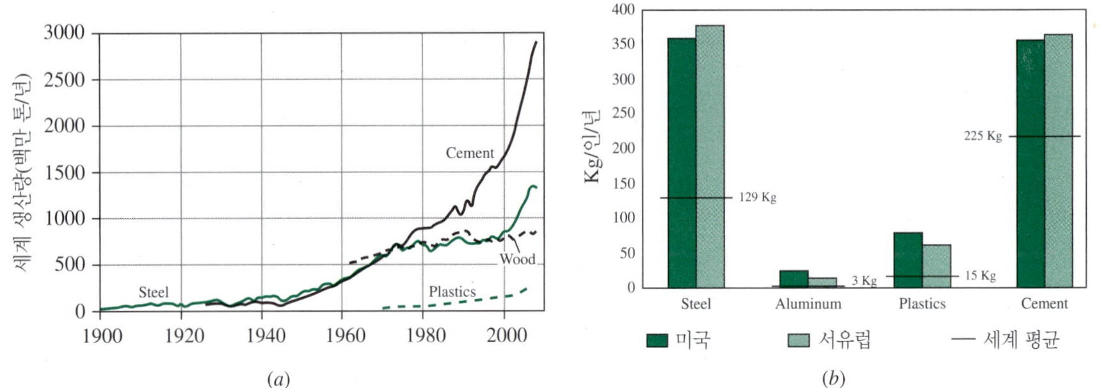

그림 1.14 ➤ (*a*) 중량(백만 톤) 기준으로 미국에서 생산되는 4대 재료의 경쟁. 시멘트와 고분자(플라스틱)의 생산이 급격히 증가한 것을 볼 수 있다. (*b*) 미국 및 서유럽에서 선택된 재료의 1인당 평균 사용량.
((*a*) 출처: J.P. Birat et al. Revue de Metallurgie 110, 95-129 (2013); (*b*) 출처: Grida.)

그림 1.15 ➤ 1997년 미국 자동차에 사용된 주요 재료의 중량 백분율 분석.

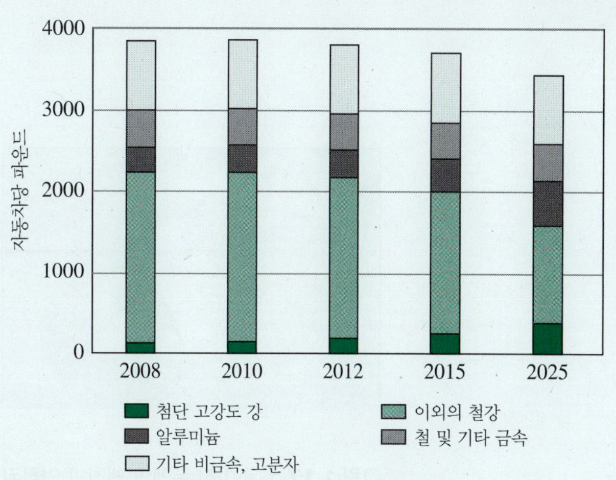

그림 1.16 ➤ 미국 자동차에서 재료의 사용과 예측. (출처: AG Metal Miner, 2013.)

트와 철강은 1970년대까지 거의 같은 속도로 성장했음을 보여준다. 그러나 건설의 필요성은 철강보다 훨씬 빠른 속도로 시멘트의 필요성을 가속화하였다. 목재 및 고분자/플라스틱은 1960년 이후 생산량이 눈에 띄게 증가하였다. 부피 기준으로 볼 때 고분자는 경량 소재이기 때문에 생산량 증가는 훨씬 더 인상적이다. 미국과 서유럽에서 철강, 알루미늄, 플라스틱 및 시멘트를 포함한 일부 선택된 재료의 1인당 평균 소비량은 그림 1.14*b*에 나타나 있다.

재료들 간의 경쟁은 미국 자동차의 구성에서 뚜렷하게 나타난다. 1970년 미국 자동차의 평균 무게는 1100 kg이었고 주철, 철강 및 기타 금속이 약 79%, 플라스틱 및 고무가 8%, 기타 재료(복합재료 및 세라믹)가 14%로 구성되었다. 2010년과 비교할 경우 평균 차량 중량은 1400 kg(대형차)이며 금속 약 61%, 플라스틱 및 고무 22%, 기타 재료 20%로 구성되었다. 따라서 1970~2010년 기간 동안 자동차에 사용된 금속의 비율은 감소하고 고분자의 비율은 증가했으며 기타 재료의 비율은 약간 증가했다. 또한, 1997년에 국내 미국 자동차의 무게는 평균 3248파운드(1476 kg)였으며 플라스틱이 그 중 약 7.4%를 차지했다(그림 1.15). 재료의 사용 경향은 더 많은 알루미늄, 더 진보된 고강도 철강, 덜 전통적인 철강 및 주철, 훨씬 더 많은 고분자 및 플라스틱으로 나타난다(그림 1.16).

특수 응용분야에서는 특정 재료만이 설계상 공업적 요건을 충족시킬 수 있는데, 이러한 재료는 비교적 비싸다. 예를 들면, 최신 제트엔진(그림 1.5)으로 작동하기 위해서는 고온 니켈기반 초합금이 요구된다. 그러나 이를 대체할 값싼 대체 재료가 없다. 비용은 엔지니어링 설계에서 중요한 요소이지만 사용된 재료도 성능 사양을 충족하여야 한다. 새로운 재료가 발견되고 새로운 공정이 개발되고 있기 때문에 기존의 재료를 다른 재료로 교체하는 작업은 앞으로도 계속될 것이다.

1.5 재료과학과 기술의 최근 발전과 미래 전망

최근 수십 년 동안 재료과학 분야의 미래를 잠재적으로 혁신할 수 있는 다수의 흥미롭고 창의적인 것이 있었다. 스마트 재료(마이크로미터 크기의 장치)와 나노재료는 모든 주요 산업에 결정적인 영향을 미칠 두 가지 범주의 재료이다.

1.5.1 스마트 재료

몇몇 스마트 재료는 이미 수년 전부터 존재해 있었고 여러 응용분야를 탐색하고 있다. 이 재료는 외부 환경적 자극(온도, 응력, 빛, 습도와 전기 및 자기장)을 감지하고, 물성(기계적, 전기적 또는 외관), 구조, 또는 기능의 변화에 반응하는 능력을 가지고 있다. 이러한 재료를 일반적으로 **스마트 재료**(smart materials)라고 한다. 스마트 재료를 사용하는 시스템은 센서와 액추에이터로 구성된다. 센서 구성부품은 환경의 변화를 탐지하고, 액추에이터 구성부품은 특정 기능 또는 반응을 수행한다. 예를 들면, 일부 스마트 재료는 온도, 빛의 강도, 또는 전류 변화에 노출되면

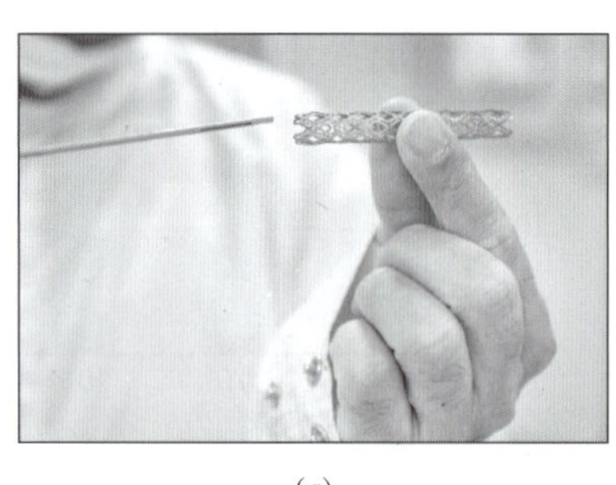
(*a*)

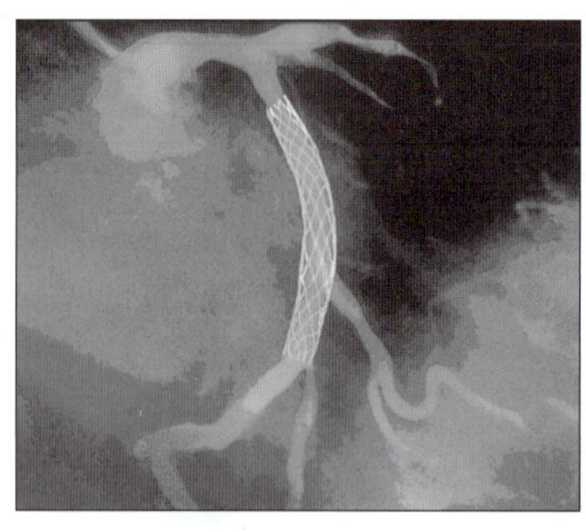
(*b*)

그림 1.17 ➢ 좁아진 동맥의 팽창과 약화된 동맥의 지탱에 사용되는 형상기억합금 스텐트: (*a*) 프로브에 있는 스텐트와 (*b*) 손상된 동맥을 지지하는 위치에 있는 스텐트.
((*a*) Czgur/Getty Images; (*b*) GJLP, CNRI/Science Source)

색상이 변화되거나 색깔을 나타낸다.

액추에이터로 기능하는 기술적으로 중요한 스마트 재료는 **형상기억합금**(shape-memory alloys)과 **압전 세라믹**(piezoelectric ceramics)이다. 형상기억합금이란 일단 변형된 것을 임계변 태온도 이상으로 온도를 상승시키면 원래 형상으로 되돌아가는 합금이다. 초기 형상으로 변화하는 것은 변태온도 이상에서 결정구조가 변화하기 때문이다. 형상기억합금의 생체의학 분야에서의 응용은 약한 동맥벽을 지지하거나 좁아진 동맥을 팽창시키는 스텐트(stent)이다(그림 1.17). 변형된 스텐트는 그림 1.17*a*와 같이 프로브를 이용하여 동맥의 적절한 위치로 먼저 이송된다. 스텐트는 온도가 체온으로 상승되면 원래 형상과 크기로 팽창한다(그림 1.17*b*). 비교를 위해 동맥을 팽창 또는 지탱하는 종래의 방법은 풍선을 이용하여 팽창하는 스테인리스 튜브를 사용하였다. 형상기억합금의 예로는 니켈-티타늄과 구리-아연-알루미늄이 있다.

액추에이터는 압전 재료로 만든다. 이 재료는 기계적 힘을 받으면 전기장을 형성한다. 역으로 외부 전기장이 변화하면 이 재료에서 기계적 반응이 일어난다. 이 재료는 액추에이터 반응을 통하여 구성부품에서 바람직하지 않는 진동을 감지하고 감소시키는 데 사용될 수 있다. 진동이 감지되면 진동의 영향에 반대로 대항하는 기계적 응답을 생성하기 위해 전류가 가해진다.

스마트 재료와 장치를 사용하여 감지, 통신 및 작동하는 마이크로미터 크기 시스템을 설계하고 개발하는 것을 고려해 보자. 이것이 바로 **마이크로전자기계 시스템**(microelectromechanical systems: MEMs)의 세계이다. 원래 MEMs는 일반적으로 **마이크로머신**(micromachines)이라고 알려진 것을 생산하기 위해 반도체 칩에 기술, 전자 재료 및 스마트 재료를 통합한 장치였다. 원래의 MEMs 장치는 집적 회로 기술을 사용하여 실리콘 칩에 미세 기계 요소를 제작했는데 MEMs는 센서 또는 액추에이터로 사용되었다. 그러나 오늘날 MEMs라는 용어는 모든 소형 장치로 확장된다. 오늘날에는 MEMs가 마이크로 펌프, 잠금 시스템, 모터, 거울 및 센서를 포함하여 매우 다양한 분야에 응용되고 있다. 예를 들어, MEMs는 자동차 에어백에 사용되어 감속도와 차량에 탑승한 사람의 크기를 모두 감지하고 적절한 속도로 에어백을 전개한다.

1.5.2 나노 재료

나노재료(nanomaterials)는 일반적으로 특징적인 길이 스케일(즉, 입자 지름, 결정립 크기, 층 두께 등)이 100 nm (1 nm = 10^{-9} m) 이하인 물질로 정의된다. 나노재료는 금속, 고분자, 세라믹, 전자재료, 또는 복합재료가 될 수 있다. 이러한 점에서 크기 100 nm 이하의 세라믹 분말 덩어리, 100 nm 이하의 결정립 크기를 가진 금속, 100 nm 이하의 두께를 가진 고분자 필름과 100 nm 이하의 지름을 가진 전자 케이블선 모두가 나노재료 또는 나노구조 재료이다. 마이크로 및 나노크기를 특징으로 하는 재료의 몇 가지 예를 그림 1.18에 나타내었다.

나노 스케일에서 물질의 특성은 분자나 원자 수준의 특성도 아니고 벌크 물질의 특성도 아니다. 지난 10년 동

그림 1.18 ➤ 재료의 다양한 마이크로 및 나노 특징. (*a*) 리튬 나노와이어의 주사전자현미경 이미지; (*b*) 바나듐 산화물 표면에 형성된 레이저에 의한 나노구조; (*c*) 반도체 표면에 레이저 에칭 및 절제된 티타늄 나노구조; (*d*) 물에서 레이저 절제에 의해 형성된 아연 나노입자.
((*a*) Science History Images/Alamy Stock Photo; (*b*) GEORGY SHAFEEV/SCIENCE PHOTO LIBRARY/Alamy Photo Stock; (*c*) GEORGY SHAFEEV/SCIENCE PHOTO LIBRARY/Alamy Stock Photo; (*d*) Georgy Shafeev/Shutterstock)

안 이 주제에 대하여 엄청난 양의 연구 개발 활동이 있었지만, 나노 물질에 대한 초기 연구는 1 마이크론(1마이크론 = 10^{-6} m = 10^3 nm) 크기보다 작은 입자를 생성하기 위해 화학 화염 용광로를 사용했던 1960년대로 거슬러 올라간다. 나노 재료의 초기 응용분야는 화학 촉매제와 색소였다. 금속학자들은 금속의 결정립 구조를 초미세(1마이크론 이하) 수준으로 미세화하면, 조립 입자(마이크론 크기) 벌크 금속에 비해 강도와 경도가 크게 증가한다는 사실을 항상 인지하고 있었다. 예를 들어, 나노구조의 순수 구리는 조립입자 구리보다 항복강도가 6배나 크다.

최근 이러한 물질에 대한 특별한 관심의 이유는 (1) 이러한 물질의 관찰 및 특성분석을 가능하게 하는 새로운 도구 및 (2) 연구자들이 이러한 물질을 보다 쉽고 더 높은 수율로 생산할 수 있도록 하는 나노구조 물질을 가공하고 합성하는 새로운 방법이 개발되었기 때문이다.

나노 물질의 미래 응용은 무한하며, 이러한 잠재력을 달성하는 데 있어 주요 장애물 중 하나는 이러한 물질을 효율적이고 저렴하게 생산할 수 있는 능력이다. 금속보다 더 나은 생체친화 특성, 더 우수한 강도 및 마모 특성을 가진 나노재료로 정형 및 치과용 임플란트를 제조하는 것을 생각해 보자. 그러한 재료 중 하나는 화학적으로 안정하고 생체 친화성이 좋은, 단단하고 내마모성 세라믹인 나노결정질 지르코니아(산화지르코늄)이다. 이 재료는 다공성 형태로 가공이 가능하며, 임플란트 소재로 사용 시 뼈가 기공 속으로 자랄 수 있어 보다 안정적인 고정이 가능하다. 현재 이 응용 분야에 사용되는 금속 합금은 이러한 상호 작용을 허용하지 않아 시간이 지남에 따라 종종 느슨해져서 추가 수술이 필요하다. 나노 물질은 또한 긁힘 및 환경 손상에 훨씬 더 강한 페인트 또는 코팅 재료를 생산하는 데 사용될 수 있다. 또한, 트랜지스터, 다이오드, 심지어 레이저와 같은 전자 소자도 나노와이어로 개발될 수 있다. 이러한 재료 과학의 발전은 엔지니어링 및 산업의 모든 영역에 기술적, 경제적 영향을 미칠 것이다.

매혹적이고 매우 흥미로운 재료과학 및 공학의 세계에 오신 것을 환영한다!

1.6 공학적 응용을 위한 재료선택

재료 엔지니어는 다양한 종류의 재료, 그들의 물성, 구조, 관련된 제조공정, 환경문제, 경제적 문제 등에 대한 지식을 가져야 한다. 고려하고 있는 구성부품이 복잡해지면 재료선택과 관계되는 분석과 인자도 복잡해진다. 자전거에서 프레임과 포크의 재료선택 문제를 생각해보자. 선택한 재료는 항복(영구변형) 또는 파괴 되지 않고 하중을 지지할 수 있도록 충분히 강해야 한다. 선택한 재료는 과도한 탄성변형과 피로 파손(반복된 하중)에 저항할 수 있는 강성을 가져야 한다. 재료의 내식성도 자전거 수명에 고려되어야 한다. 또한 자전거가 경주용으로 사용되는 경우 프레임의 무게가 중요하며, 가벼워야 한다. 이상의 요구조건들을 모두 만족시키는 재료에는 어떤 것이 있을까? 적절한 재료 선택 과정은 구성 요소인 강도, 강성, 무게 및 모양(형상 계수) 문제를 고려하고 재료 선택 차트를 활용하

그림 1.19 ➤ 경량, 고강성, 최대의 공기역학적 효율성을 위해 설계된 탄소 복합 재료로 만들어진 트랙 에어로 자전거.
(EnVogue_Photo/Alamy Stock Photo)

여 응용 분야에 가장 적합한 재료를 결정해야 한다. 자세한 선택 과정은 이 교과서의 범위를 벗어나지만 이 분야에 응용 가능한 다양한 재료 후보를 식별하는 것을 연습삼아 해 본다. 일부 알루미늄 합금, 티타늄 합금, 마그네슘 합금, 강철, 탄소섬유 강화 플라스틱(carbon fiber reinforced plastic: CFRP) 및 목재를 포함한 많은 재료가 고려대상인 강도, 강성 및 무게를 충족할 수 있다. 목재는 이 응용분야에 우수한 성질을 갖지만 프레임과 포크로 쉽게 성형할 수 없다. 더 분석해 보면 CFRP는 강하고, 강성이 있고, 중량이 가벼워서 프레임으로 가능하고, 또 내피로성 및 내식성도 있는 최선의 선택이다. 그러나 제조 공정은 비용이 많이 들어 결과적으로 이러한 자전거는 대부분 경주용 레이스에 사용된다. 그림 1.19의 자전거는 Rio 올림픽의 미국 선수들을 위해 설계되었다.

따라서 비용이 문제가 되면 첨단 복합재료는 최선의 선택이 아니다. 나머지 재료인 모든 금속 합금은 모두 적합하며 원하는 모양으로 제조하기가 비교적 용이하다. 비용이 주요 문제라면 철강이 가장 적합한 선택으로 떠오른다. 한편 더 가벼운 자전거 무게가 중요하다면 알루미늄 합금이 가장 적합한 소재로 떠오른다. 티타늄 및 마그네슘 합금은 알루미늄 및 강철 합금보다 비싸고 강철보다 가볍다. 그러나 그들은 알루미늄에 비하여 뚜렷한 장점을 제공하지 못한다.

1.7 재료 선택 시 환경 고려사항 – 수명 주기 분석

인구의 기하급수적인 증가, 기술의 발전, 세계 경제 성장을 위한 에너지원으로서 화석 연료의 광범위한 사용으로 인하여, 다양한 경제 부문(표 1.2 참고)에서 재료의 선택, 유용성 및 영향이 중요한 환경적 고려 사항이 되었다. 오늘날 사회의 주요 몸부림은 지속적인 경제 성장의 필요성과 사용 가능한 물질 자원의 환경 의식적이고 지속 가능한 사용 사이에 있다. 따라서 모든 제품 엔지니어는 재료 선택, 즉 환경을 위한 재료 선택의 추가 요소로 환경 영향을 고려하여야 한다.

이전 섹션에서 우리는 금속, 세라믹, 폴리머, 복합 재료 및 전자 재료의 5가지 범주에서 물성, 거동 및 응용에 따라 재료를 분류하였다. 그러나 환경 요인과 영향을 고려할 때 모든 재료를 재생 가능 및 재생 불가능의 두 가지 그룹으로 분류할 수 있다. *유기물 또는 바이오매스(biomass)라고도 하는 재생 가능한 재료는 목재, 면화 및 가죽을 포함한 살아있는 유기체에서 파생되는 재료이고, 반면에 무기물이라고도 불리는 재생 불가능한 재료는 금속, 세라믹, 전자 재료 및 가장 중요한 고분자와 같이 일반적으로 지각에서 전구체가 추출되는 재료이다.* 고분자는 대부분이 지구에서 추출한 원유의 파생물이기 때문에 재생 불가능한 것으로 간주된다. 환경적인 관점에서 재생 가능한 재료는 지속 가능하게 사용할 수 있기 때문에 매력적이다. 그러나 과도한 수확은 환경에 오랫동안 지속되는 영향을 끼칠 수 있다. 예를 들어, 목재 용도로 나무를 과잉 수확하면 일반적으로 오염, 생물 다양성 손실, 토지 변화 및 기후 위기로 이어질 수 있다(세계의 연간 목재 사용량은 그림 1.14 참고).

재생 불가능한 재료의 경우 엔지니어는 두 가지 중요한 요소를 고려해야 한다. 첫째, 지각에서 이용할 수 있는 물질 자원의 양이 한정되어 있기에 신중한 재활용 조치 및 고려 없이는 이러한 재료의 지속 가능성이 의심된다. 둘째, 이러한 물질의 추출 및 처리에는 에너지, 물 및 화학 물질의 사용이 필요하며, 이들 모두는 입자 및 화학 물질 오염 및 기후 변화를 포함하여 환경에 광범위한 영향을 미친다.

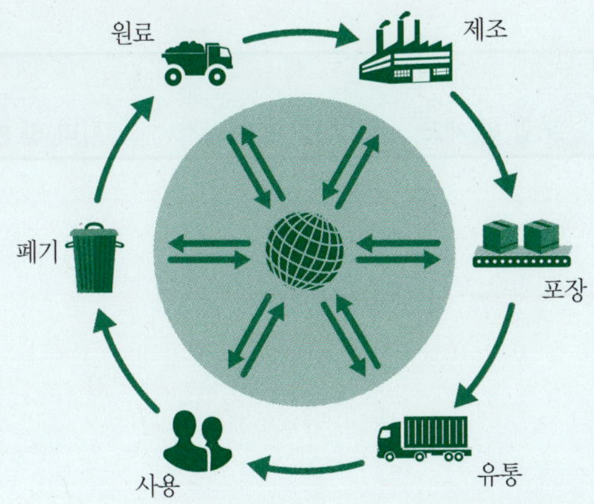

그림 1.20 ➤ 제품 개발에 사용되는 수명 주기 분석.
(출처: https://www.innovationservices.philips.com/news/life-cycle-assessment-finding-best-approach-company/)

지속 가능성을 달성하고 환경에 미치는 영향을 줄이기 위해 엔지니어와 제품 개발자는 설계 프로세스에서 그림 1.20에 나타낸, 다음의 *6가지 개별 단계*를 동시에 고려하는 **수명 주기 분석**(life cycle analysis)에 관여하여야 한다. *(1) 원자재 가용성 및 선택, (2) 재료 공정처리 및 제조, (3) 포장, (4) 운송/유통, (5) 활용, (6) 폐기 및 재활용 가능성*. 각 단계에서 내리는 결정은 상호 의존적이며 제품의 경제적, 환경적 영향 모두에 크게 영향을 받는다. 또한, 특히 1, 2, 3, 5단계뿐만 아니라 다른 단계에서도 재료 선택의 직접적인 역할은 이러한 것을 고려하는 것이 중요함을 일깨워준다.

수명 주기 분석의 예로, 나무 연필 제조업체의 경우를 생각해 보자. 연필을 생산하려면 제조업체는 목재, 알루미늄, 고무, 흑연 등의 원료가 필요하다. 연필도 플라스틱과 종이 재료로도 만들어진다. 연필은 다양한 장소에서 자주 사용되며, 수명은 사용 정도에 따라 몇 주에서 몇 달까지 다양하다. 아래에서는 종이 및 플라스틱 연필과 비교하여 나무 연필을 만드는 과정, 환경에 대한 영향 및 재활용 선택권을 검토하였다.

1단계와 2단계, 원료 및 가공에서, 연필심은 재생 불가능한 물질인 흑연으로 만들어지며, 이는 표면 또는 깊은 광산에서 추출된다. 연필심은 점토와 물과 혼합되며, 그런 다음 물을 짜내어 회색 슬러지를 만드는데 이를 2~3일에 걸쳐 건조시킨다. 굳은 슬러지를 가루로 만들고 다시 물과 섞어 부드러운 반죽을 만든다. 반죽은 금속 튜브를 통해 압출되어 막대를 생성한 다음 특정 크기(연필심)로 절단한다. 그런 다음 연필심을 1800°F (약 980°C)로 가열하여 매끄러운 표면으로 더 단단하게 만든다.

목재는 다양한 지역의 나무에서 얻는다. 많은 종류의 나무를 사용할 수 있지만 지속 가능성이 높은 삼나무를 주로 선택하여 사용한다.

3단계 제조(그림 1.21의 10단계 참고)에서 삼나무는 넓은 목판으로 절단된다. 목판의 길이는 연필의 길이와 같

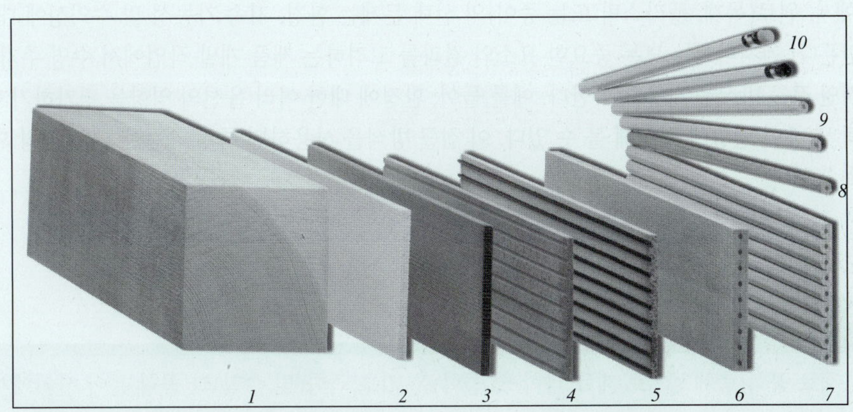

그림 1.21 ➤ 나무 연필을 제조하는 10단계.
(Calcedar)
(출처: https://7506gbs.wordpress.com/2014/10/31/practical-solutions-to-environmental-problems-how-pencils-are-made-module-6/

표 1.3 > 제품에 사용되는 재료의 수명주기 분석표

분석	원자재 획득	재료 공정		조립 및 제조	사용 및 서비스	처리 및 폐기
		대량 공정	조절된 재료공정			
비용						
가치/성능						
환경						
폐기물						
오염						
공기 오염						
소음 공해						
에너지 소비						
천연 자원						
생태계 영향						
경제적 영향						
사회문화적 영향						

으며, 너비는 연필 8자루와 같고 두께는 연필의 절반과 같다. 각 목판에는 8개의 균일한 간격의 얕은 홈이 길이를 따라 절단되고 연필심이 각 홈에 배치된다. 접착제를 표면에 바르고 동일한 홈이 있는 목판이 연필심을 캡슐화하는 접착제 위에 배치된다. 그런 다음 절단기를 사용하여 목판의 표면을 다듬고 연필의 육각형 표면을 형성한다. 그런 다음 절단기가 목판을 8개의 개별 연필로 나눈다.

지우개는 고무(천연 또는 합성)에 안료(색상용), 황(마찰가열 시 내열성), 부석(마모성) 및 오일(지우개를 부드럽게 함)을 혼합하여 제조한다. 혼합물을 가열하여 황을 가황(강화)시키고 형틀을 통해 압출하여 지우개 실린더를 형성한다. 실린더는 반복적으로 작은 지우개 플러그로 절단한다.

마지막 단계는 지우개를 연필에 연결하는 금속 고리를 추가하는 것이다. 이 금속 링은 페룰(ferrule)이라고 하는데, 일반적으로 알루미늄으로 만들어지며 연필 끝(약간의 접착제로)을 감싸 지우개가 제자리에 고정되도록 하는 역할을 한다. 그런 다음 연필을 칠하고 착색하고 배포 및 배송을 위해 포장한다(4단계 및 5단계).

간단한 연필의 제조에서 우리가 배우는 것은 이 간단한 제품조차도 나무를 자르고 담수를 사용하고(플라스틱 연필과 종이 연필은 각각 60%와 10% 더 많은 물을 사용) 화학약품을 사용하여 환경에 영향을 미친다는 것이다. 나무 연필을 만드는 데 사용되는 에너지는 종이 연필의 50%로 플라스틱 연필과 거의 같다. 나무 연필을 만들 때 방출되는 유해 배출물은 플라스틱 및 종이 연필과 비슷하다. 나무 연필은 플라스틱 및 종이 연필보다 유해 폐기물이 훨씬 적다. 연필로 만든 나무는 재활용 가능하고 지속 가능하며, 페룰은 완전히 재활용 가능하며 흑연과 지우개는 재활용할 수 없고 소모된다. 그러나 재활용 비용 때문에 연필은 재활용되지 않고 일반적으로 매립지에 버려진다(6단계).

최종 분석에서, 원료(목재, 플라스틱 또는 종이)의 선택 문제는 환경, 지속 가능성 및 수익성에 대한 영향에 상당한 차이를 만든다. 엔지니어는 모든 중요한 요소와 결과를 고려하는 제품 개발 작업에서 수명 주기 분석(표 1.3)과 같은 상식적인 접근 방식을 사용해야 한다. 예를 들어, 환경에 대한 여러 옵션의 영향을 평가하기 위해 표 1.3을 나무, 플라스틱 및 종이 연필에 적용해 볼 수 있다. 이 접근 방식을 사용하면 특정 제품에 대해 가장 환경 친화적인 재료를 선택할 수 있다.

1.8 요약

재료 과학 및 재료 공학(총체적으로 재료 과학 및 공학)은 기초 과학(및 수학)과 공학 분야 사이에서 재료 지식의 다리를 형성한다. 재료 과학은 주로 재료에 대한 기본 지식을 찾는 데 관심이 있는 반면 재료 공학은 주로 재료에 대한 응용 지식을 사용하는 데 관심이 있다.

재료의 세 가지 주요 유형은 금속, 고분자 및 세라믹 재료이다. 현대 엔지니어링 기술에 매우 중요한 두 가지 다른 유형의 재료는 복합 재료와 전자 재료이다. 이러한 모든 유형의 재료는 이 책에서 다룰 것이다. 마이크로미터 크기의 스마트 재료와 장치 및 나노 재료는 많은 산업 분야에서 새롭고 중요한 응용 분야를 가진 새로운 종류의 재료로 등장하고 있다.

재료는 기존 시장과 새로운 시장에서 서로 경쟁하므로 일부 응용 분야에서는 한 재료를 다른 재료로 교체하는 일이 발생된다. 원재료의 가용성, 제조원가, 신소재 및 제품의 공정 개발은 소재 사용의 변화를 일으키는 주요 요인이다. 마지막으로, 모든 엔지니어링 응용 분야에서 재료 선택은 항상 환경에 대한 잠재적 영향을 고려하여 이루어져야 한다. 엔지니어는 수명 주기 분석 및 지속 가능성 고려 사항을 통해 환경에 대한 부정적인 영향을 최소화하기 위해 항상 노력해야 한다.

1.9 용어 정의

1.1절

재료(materials): 어떤 것을 구성하거나 만드는 물질. *공업재료*(engineering materials)라는 용어는 때때로 기술 제품을 생산하는 데 사용되는 재료를 구체적으로 언급하는 데 사용된다. 이 두 용어 사이에는 뚜렷한 경계선이 없고 호환하여 사용된다.

1.2절

재료과학(materials science): 재료의 내부구조, 성질과 가공처리에 대한 기초지식의 탐구와 관련된 하나의 과학 학문분야.

재료공학(materials engineering): 재료에 대한 기초지식과 응용지식을 사용하여 재료를 사회의 요구 또는 필요에 따라 제품으로 전환하는 것과 관련된 하나의 공학 학문분야.

1.3절

금속 재료(metallic materials, **금속과 금속합금**): 높은 열적 및 전기 전도도가 특징인 무기 재료. 예들 들면 철, 강, 알루미늄과 구리.

고분자 재료(polymeric materials): 탄소, 수소, 산소, 질소와 같은 경량 원소의 긴 분자사슬 또는 망상구조로 구성되는 재료. 대부분 고분자 재료는 전기전도도가 낮다. 예를 들면, 폴리에틸렌과 폴리염화비닐(PVC).

세라믹 재료(ceramic materials): 금속과 비금속의 화합물로 구성된 재료. 세라믹 재료는 경(硬)하고 취약하다. 예를 들면, 점토제품, 유리, 압분과 치밀화된 순수 알루미늄 산화물.

복합재료(composite materials): 2개 또는 그 이상의 재료를 혼합한 재료. 예를 들면, 폴리에스터 또는 에폭시 기지에 유리섬유 보강 재료가 있다.

전자 재료(electronic materials): 전자공학, 특히 마이크로일렉트로닉스에 사용되는 재료. 예를 들면, 실리콘과 갈륨 비소화합물.

철계 금속과 합금(ferrous metals and alloys): 강과 주철처럼 철을 다량 함유하는 금속과 합금.

비철금속과 합금(nonferrous metals and alloys): 철을 함유하지 않거나 철을 비교적 소량 함유하는 금속과 합금. 비철금속의 예는 알루미늄, 구리, 아연, 티타늄과 니켈.

초합금(superalloys): 승온과 고응력에서 개선된 성능을 가진 금속합금.

블렌드(blends): 둘 또는 그 이상의 중합체의 혼합물로 중합체 합금(알로이)라고도 한다.

첨단 세라믹(advanced ceramics): 강도, 내식성과 열충격 성질이 개선된 신세대 세라믹으로, 공업용 또는 구조용 세라믹이라고도 한다.

1.5절

스마트 재료(smart materials): 외부 자극을 감지하고 반응하는 능력을 가진 재료.

형상기억합금(shape-memory alloys): 변형된 재료에 온도를 상승시키면 원래의 형상으로 되돌아갈 수 있는 재료.

압전 세라믹(piezoelectric ceramics): 기계적 힘을 받으면 전기장을 형성하는 재료.

마이크로전자기계시스템(microelectromechanical systems: MEMs): 센싱 그리고/또는 액추에이팅 기능을 이행하는 초소형화 디바이스.

마이크로머신(micromachine): 특수한 기능과 일을 수행하는 MEMs.

나노 재료(nanomaterials): 특정 길이 스케일이 100 nm 이하인 재료.

1.7절

수명 주기 분석(life cycle analysis): 디자인 공정에서 *(1) 원자재 가용성 및 선택, (2) 재료 공정처리 및 제조, (3) 포장, (4) 운송/유통, (5) 활용, (6) 폐기 및 재활용 가능성 등 6가지 개별 단계*를 동시에 고려하는 것.

1.10 연습 문제

*표시를 한 문제는 책 마지막에 답을 제공하였다.

■ 지식과 이해 문제

1.1 재료란 무엇인가? 일반적으로 접하는 8가지 공업재료를 나열하라.

1.2 공업재료의 주요 종류는 무엇인가?

1.3 공업재료의 다섯 가지 주요 종류에서 각각의 중요한 특성은 무엇인가?

1.4 복합 재료를 정의하라. 복합재료의 예를 들어라.

1.5 우주 응용 분야에 사용되는 구조 재료의 특성을 나열하라.

1.6 스마트 재료를 정의하라. 그러한 재료를 예로 들고 어떻게 응용되는지 예를 들어라.

1.7 MEMs란 무엇인가? MEMs의 예를 들어라.

1.8 나노물질이란 무엇인가? 기존의 일반적인 재료에 비해 나노물질을 사용하는 장점은 무엇인가?

1.9 니켈 기반 초합금은 항공기 터빈 엔진의 구조에 사용된다. 이 응용 분야에 적합하게 만드는 이 금속의 주요 특성은 무엇인가?

1.10 부엌에서 찾을 수 있는 물건 항목을 적어도 15개 나열하라. 각 물건의 구조를 형성하는데 사용된 재료의 종류를 자세히 구별하라.

1.11 학교 농구 코트에 사용된 모든 주요 구성 부품 목록을 나열하라. 각 주요 구성 부품에 대해 구조를 형성하는데 사용된 재료의 종류를 자세히 구별하라.

1.12 자동차의 주요 부품 목록을 나열하라(최소 15개 부품). 각 구성 부품에 대해 구조를 형성하는데 사용된 재료의 종류를 자세히 구별하라.

1.13 컴퓨터의 주요 구성 부품 목록을 나열하라(최소 10개 구성 부품). 각 구성 부품에 대해 구조를 형성하는데 사용된 재료의 종류를 자세히 구별하라.

1.14 강의실을 구성하는 주요 구성 요소(최소 10개)를 나열하라. 각 구성 요소에 대해 해당 구조에 사용된 재료의 종류를 자세히 구별하라.

1.15 "자동차"의 역사를 검색하고 자동차 구조에서 다양한 유형의 재료가 이 분야에서 수년 동안 어떻게 변해 왔는지 기록하라.

1.16 "바퀴"의 역사를 검색하고 이 구성 요소의 재료 사용이 어떻게 변화되었는지 기록하라.

1.17 "녹음 매체"의 역사를 검색하고 이 분야의 재료 사용이 수년에 걸쳐 어떻게 변했는지 기록하라.

1.18 "스포츠 트랙 재료"의 역사에 대해 검색하고 수년 동안 이 분야에서 재료의 사용이 어떻게 변했는지 기록하라.

■ 응용과 분석 문제

1.19 일부 제조 제품에서 일정 기간 동안 관찰한 재료 사용 변화를 나열하라. 일어난 변화에 대해 어떠한 이유를 제시할 수 있는가?

1.20 (a) OFHC 구리는 어떤 종류의 재료인가? (*b*) OFHC 구리의 바람직한 특성은 무엇인가? (*c*) 전력 산업에서 OFHC 구리의 용도는 무엇인가?

1.21 (*a*) PTFE는 어떤 종류의 재료에 속하는가? (*b*) 바람직한 특성은 무엇인가? (*c*) 조리기구 제조 산업에서의 응용은 무엇인가?

1.22 토목 엔지니어가 재료의 조성, 물성 및 가공공정에 대해 알아야 하는 이유는 무엇인가?

1.23 기계 엔지니어가 재료의 조성, 물성 및 가공공정에 대해 알아야 하는 이유는 무엇인가?

1.24 화학 엔지니어가 재료의 조성, 물성 및 가공공정에 대해 알아야 하는 이유는 무엇인가?

1.25 해양 엔지니어가 재료의 조성, 물성 및 가공공정에 대해 알아야 하는 이유는 무엇인가?

1.26 석유 엔지니어가 재료의 조성, 물성 및 가공공정에 대해 알아야 하는 이유는 무엇인가?

1.27 전기 엔지니어가 재료의 조성, 물성 및 가공공정에 대해 알아야 하는 이유는 무엇인가?

1.28 생물의학 엔지니어가 재료의 조성, 물성 및 가공공정에 대해 알아야 하는 이유는 무엇인가?

1.29 (*a*) **케블라**(kevlar)는 어떤 종류의 재료에 속하는가? (*b*) 그것의 바람직한 물성은 무엇인가? (*c*) 우주 산업에서 그 응용 분야는 무엇인가?

1.30 (*a*) **실리콘**(silicon)은 어떤 종류의 재료에 속하는가? (*b*) 그것의 바람직한 물성은 무엇인가? (*c*) 칩 제조 산업에서 응용은 무엇인가?

1.31 (*a*) **산화지르코늄**(zirconium oxide)은 어떤 종류의 재료에 속하는가? (*b*) 그것의 바람직한 물성은 무엇인가? (*c*) 제조 산업에서 그 응용 분야는 무엇인가?

■ 통합과 평가 문제

1.32 재료 사용 예측이 부정확하게 되는 요인은 무엇인가?

1.33 일반적인 가정의 구성 요소인 전구에서: (*a*) 이 물품의 다양한 중요 구성 요소를 식별하고, (*b*) 각 중요 구성 요소에서 선택된 재료를 알아내고, (*c*) 전구를 조립하는 데 사용할 과정을 설계하라.

1.34 (*a*) 산악자전거 프레임의 재료를 선택할 때 중요한 요소를 이야기하라. (*b*) 강철, 알루미늄 및 티타늄 합금은 모두 자전거 구조의 주요 금속으로 사용되었다. 각각의 주요 약점과 강점을 밝혀라. (*c*) 보다 현대적인 자전거는 고급 복합 재료로 만들어진다. 이유를 설명하고 자전거 구조에 사용되는 특정 합성물의 이름을 밝혀라.

1.35 (*a*) 보호용 스포츠 헬멧에 사용할 재료를 선택하는 중요한 기준을 밝혀라. (*b*) 이러한 기준을 충족하는 재료를 식별하라. (*c*) 단단한 금속 헬멧이 좋은 선택이 아닌 이유는 무엇인가?

1.36 이 장에서 했던 것처럼 재료를 여러 그룹으로 분류하는 것이 중요하거나 도움이 되는 이유는 무엇인가?

1.37 특정 응용 분야에는 상온 및 대기에서 매우 단단하고 내부식성이 있어야 하는 재료가 필요하다. 재료가 내충격성을 가지고 있는 경우 유리하지만 필수는 아니다. (*a*) 주요 요구 사항만 고려한다면 이 선택을 위해 어떤 종류의 재료를 탐색하겠는가? (*b*) 주요 요구 사항과 부수적인 요구 사항을 모두 고려한다면 어떤 종류의 재료를 탐색하겠는가? (*c*) 재료를 제안하라.

1.38 표지 이미지의 주제에서 재료 과학 및 공학이 얼마나 중요한지 가능한 한 많은 예를 제시하라.

1.39 인체 내부에 사용할 재료를 선택할 때 고려해야 할 주요 요소는 무엇인가?

1.40 테니스 스포츠에서 최적의 성능을 위해서는 라켓 표면과 손잡이는 매우 뻣뻣한(탄성 변형에 강한) 재질로 만들어져야 한다. 이것이 왜 중요한가?

1.41 공업 제품에 사용되는 재료를 환경 영향 측면에서 분류하라. 각 분류에 대해 왜 그렇게 지정하였는지 설명하고 구체적인 예를 제시하라.

1.42 라이프 사이클 분석이란 무엇인가?

1.43 자동차 펜더의 재료를 선택하는 경우를 생각해 보자. 수명 주기 분석가로서 가장 안전한 펜더 재료를 선택해야 하며 강철, 알루미늄 및 폴리카보네이트(PC/PBT)를 선택해야 한다. 수명 주기 분석에서 중요한 요소를 고려한 테이블을 만들고 가장 효과적이고 경제적이며 환경 친화적인 재료 선택을 제안하라.

1.44 컴퓨터 디스플레이의 수명 주기 분석에서 액정 디스플레이의 환경적 영향을 조사하라. 컴퓨터 디스플레이 제조업체는 환경 영향을 줄이기 위해 무엇을 할 수 있을까?

스미스의
제7판
재료과학과 공학

제2장

원자구조와 결합

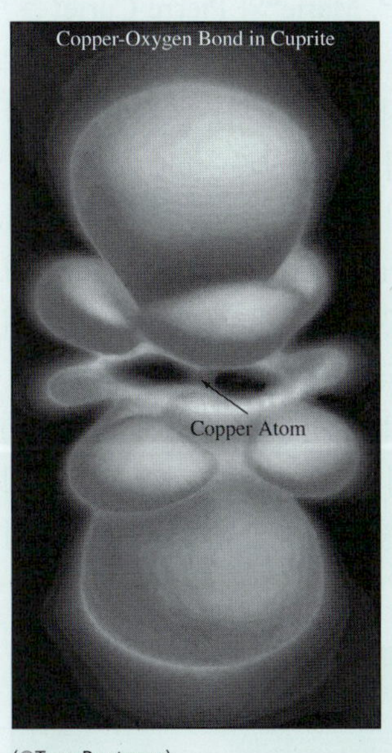

(©Tom Pantages)

원자궤도는 전자가 점유할 수 있는 공간상의 여러 점들을 통계적 확률로 나타낸 것이다. 궤도의 모양은 원자에 가장 인접한 전자궤도를 제외하고는 비 구형이다. 최근까지 실험적인 입증이 불가능했기 때문에, 이 궤도의 존재와 형태는 단지 상상만으로 짐작해 왔었다. 최근 들어 과학자들은 X-선 회절과 전자현미경 기술을 조합하여 이 궤도들의 3차원 영상을 만들어낼 수 있게 되었다. 이 장의 위 사진은 Cu_2O에서 Cu-O 결합 중 "d" 전자궤도 상태를 나타낸 것이다. 위에서 언급된 기술을 이용하여 산화구리의 결합을 이해함으로써, 연구원들은 산화구리가 가지는 고온초전도성의 본질을 더 가깝게 설명할 수 있다.[1] ■

학습 목표

이 장을 마치면, 학생들은 다음을 설명할 수 있을 것이다.

1. 원자의 본질과 구조뿐만 아니라 원자의 전자 구조도 설명할 수 있다.
2. 이온결합, 공유결합, 금속결합 등 여러 형태의 1차 결합에 대해 설명할 수 있다.
3. 탄소를 예를 들어 공유결합을 설명할 수 있다.
4. 여러 형태의 2차 결합을 설명하고 1차 결합과의 차이점을 설명할 수 있다.
5. 결합의 종류와 강도에 따라 여러 부류의 재료에 있어서 기계적 특성과 전기적 특성에 미치는 영향을 설명할 수 있다.
6. 재료 내에서 혼합된 결합을 설명할 수 있다.

1 www.aip.org/physnews/graphics/html/orbital.html

2.1 원자구조와 원자 내에서 발견되는 입자들

기원 전 5세기 그리스의 철학자 Democritus[2]는 물질은 궁극적으로 더 이상 쪼개거나 나눌 수 없는 *원자*(atomos 혹은 atoms)라 불리는 작은 입자로 구성되어 있다고 추정하였다. 이 개념은 17세기가 되어 Robert Boyle[3]이 원소가 다른 물체로 구성되지 않은 "단순체"로 구성되어 있다고 약 2200년 Democritus의 설명과 매우 유사한 주장을 하기 전까지 무려 2200년간 과학계에서 잊혀져 있었다. 19세기 초 원자론은 John Dalton[4]이 물질은 원자라 불리는 작은 입자로 구성되어 있고, 순수한 물질 내의 모든 원자는 크기, 모양, 질량과 화학적 성질이 같다'라는 물질의 기본 구성요소에 대해 정의하는 가설을 다시 주장하였다. 게다가 그는 한 순수한 물질의 원자는 다른 순수한 물질의 원자와 다르며, 이들이 특정한 비율로 결합하면 다른 화합물, 즉 **다중비율의 법칙**(law of multiple proportions)을 형성한다는 가설을 세웠다. 또 화학반응은 원자들의 분리, 결합 또는 재배열로 설명되며, 화학반응이 물질의 생성이나 파괴로 이어지지 않는다는 **질량보존의 법칙**(law of mass conservation)을 주장하였다. Dalton과 Boyle의 이러한 주장은 화학분야의 혁명을 촉발시켰다.

19세기말 프랑스의 Becquerel[5], Marie[6]와 Pierre Curie[7]는 방사능의 개념을 소개했다. 그들은 폴로늄(Po, Z = 84), 라듐(Ra, Z = 88)과 같이 새로 발견된 원소가 자발적으로 복사선을 방출하는 것을 발견하고, 이를 *방사능*(radioactivity)이라고 하였다. 방사선은 α(알파), β(베타), γ(감마) 선으로 구성되어 있는데, 이들 중 α와 β 입자는 모두 전하와 질량을 가졌으나, γ 입자의 질량과 전하는 감지되지 않았다고 한다. 여기서 이들이 얻은 결론은, 원자는 보다 작은 구성체 혹은 원자보다 작은 원자구성입자(subatomic)로 구성되어 있다는 것이다.

그림 2.1의 *음극선관*(cathode ray tube) 실험은 원자의 구성요소 또는 아원자(subatomic) 입자 중 하나를 식별하는 데 유용했다. 음극선관은 진공 내에 유리관으로 되어 있으며, 이 튜브의 끝에는 두 개의 금속판이 고전압원에 연결되어 있고, 음으로 하전된 전극(음극)에서 양으로 하전된 전극(양극)으로 이끌려가는 눈에 보이지 않는 광선을 방출하였다. 이 눈에 보이지 않는 관선을 *음극선*(cathode ray)이라 부르고, 이 음극선은 음전하를 띤 입자로서 음극선관 내의 원자로부터 직접 방출되었다. 음극선관 중심 부에 구멍을 만들어 눈에 보이지 않는 광선을 튜브의 끝까지 통과시켜 특수 코팅된 판(형광판)에 충돌하도록 하였더니 형광판에 작은 섬광이 나타났다(그림 2.1). 이러

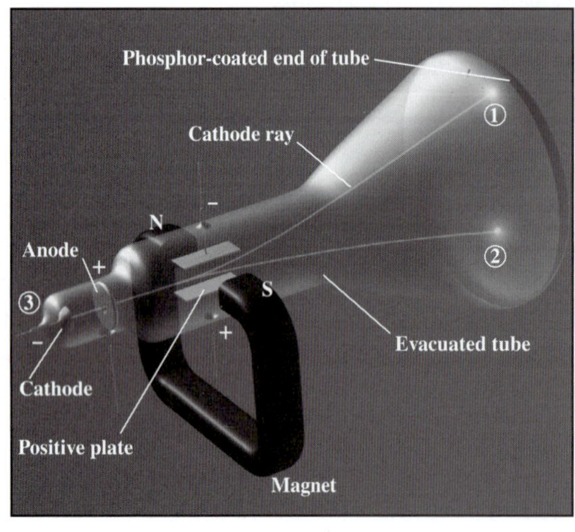

그림 2.1 ➤ 유리관, 양극, 음극, 편향판 및 형광 스크린으로 이루어진 음극선관.

2 Democritus (기원전 460~370). 수학, 광물과 식물, 천문학, 인식론, 윤리학 분야에 기여한 그리스의 유물론자 철학자.

3 Robert Boyle (1627~1691). 보일의 공식(물리학 및 열역학 분야에서 연구)화로 가장 잘 알려진 아일랜드 철학자, 화학자, 물리학자, 발명가.

4 John Dalton (1766~1844). 영국의 화학자, 기상학자, 물리학자.

5 Henri Becquerel (1852~1908). 프랑스의 물리학자이자 노벨상 수상자(1903).

6 Marie Curie (1867~1934). 폴란드(프랑스 국적) 물리학자 화학자, 노벨상 수상자(1903).

7 Pierre Curie (1859~1906). 프랑스의 물리학자이자 노벨상 수상자(1903); 마리 퀴리와 앙리 베크렐과 공유.

한 일련의 실험으로부터 Thompson[8]은 모든 물질의 원자들은 음으로 하전된 *전자*(electron)라고 불리는 작은 입자들로 구성되었음을 확인하였고, 이들 전자들은 전하에 대한 질량의 비율을 5.60×10^{-19} g/C임을 계산하였고, 여기서 C는 전하의 단위 *쿨롱*(Coulomb)이다. 이후 Robert Millikan[9]은 기름방울 실험에서 전자의 기본 전하량 또는 1개 전자(출처를 불문한)의 전하는 1.60×10^{-19} C임을 결정하였다. 전자의 경우, 이 전하량은 −1로 표시된다. 톰슨에 의해 측정된 전자의 전하에 대한 질량의 비율과 밀리칸에 의해 측정된 전자의 전하를 사용하여 전자 1개의 질량은 8.96×10^{-28} g으로 결정되었다. 음전하를 띤 전자가 존재한다는 증거에 근거하여, 원자가 전기적 중성을 유지하기 위해서는 같은 수의 양전하를 띤 아원자 입자를 포함해야 한다는 것을 추론하였다.

1910년 Thompson의 제자인 Ernest Rutherford[10]는 매우 얇은 금박을 양으로 하전된 α 입자로 충돌시켰더니, 많은 α 입자가 편향되지 않고 금박을 통과했고, 일부는 약간 편향되었으며, 일부는 크게 편향되든가 완전히 뒤로 튕겨 나오는 것을 발견하였다. 이 실험에서 대부분의 입자가 휘어지지 않고 통과하는 것을 근거로, (1) 원자의 대부분은 빈 공간으로 구성되어 있고(따라서 대부분의 입자는 편향 없이 통과한다), (2) 원자 중심부에 양으로 하전된 원자핵이 있기 때문이라고 추정하였다. 즉, 강하게 편향되거나 뒤로 튕겨 나온 α 입자는 원자 내 양으로 하전된 원자핵과 밀접하게 상호작용했을 것이라고 주장하였고, 핵에 양전하를 띤 입자를 *양성자*(protons)라고 불렀다. 그 후, 양성자는 전자와 같은 양(quantity)의 전하를 띠지만 부호는 반대로 (+) 전하를 가지며, 질량은 1.672×10^{-24} g(전자 질량의 1840배)이고, 양성자의 전하량은 +1로 표시한다고 결론을 내렸다.

마지막으로, 원자는 전기적으로 중성이기 때문에, 원자는 같은 수의 전자와 양성자를 가져야 한다. 그러나, 중성 원자는 양성자의 질량보다 더 큰 질량을 갖는데, 1932년 James Chadwick[11]은 원자 외부에서 고립된 *중성자*(neutron)가 있다는 최초의 증거를 제시하였고, 이들은 전하가 없고 질량이 양성자보다 약간 더 무거운 1.674×10^{-24} g인 것을 알았다. 표 2.1에 전자, 양성자, 중성자의 질량, 전하, 단위 전하를 표시하였다.

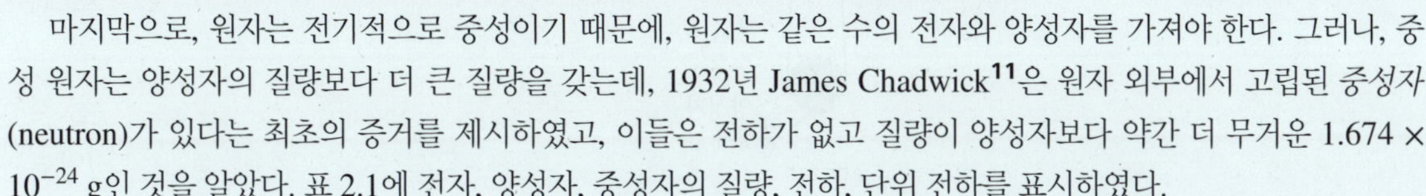

표 2.1 ➤ 양성자, 중성자, 전자 각각의 질량, 전하량, 단위 전하

입자	질량 (g)	전하	
		쿨롱 (C)	단위전하
전자	9.10939×10^{-28}	-1.60022×10^{-19}	−1
양성자	1.67262×10^{-24}	$+1.60022 \times 10^{-19}$	+1
중성자	1.67493×10^{-24}	0	0

원자 모델에 의하면, 전형적인 원자 반지름은 약 100 pm (1 picometer = 1×10^{-12} m)이며, 이 보다 훨씬 작은 핵의 반경은 5×10^{-3} pm이다. 만약 원자를 축구장 크기로 확대한다면, 그에 상응하는 핵의 크기는 구슬 1개 정도의 크기가 될 것이다. 전자는 핵으로부터 상당한 거리에 분산되어 있다고 보이며, 이를 *전하구름*(charge cloud)이라고 부른다. 그림 2.2에 원자 모델과 크기를 제시하였다.

원자(비슷하거나 서로 다른 원자간 일지라도) 사이의 상호작용을 연구할 때, 각 원자의 전자 분포는 매우 중요하다. 전자들(특히 가장 높은 에너지를 가진 최외각 전자)은 한 원자가 다른 원자와 결합할 때 반응의 크기 정도 혹은 원자와 원자 간의 결합 경향을 결정한다.

8 Joseph J. Thompson (1856~1940). 영국의 물리학자이자 노벨상 수상자(1906년).

9 Robert Millikan (1868~1953). 미국 물리학자(컬럼비아 대학교 첫 물리학 박사) 노벨상 수상자(1923).

10 Ernest Rutherford (1871~1937). 뉴질랜드 출신의 물리학자이자 노벨상 수상자(1908년).

11 James Chadwick (1891~1974). 영국의 물리학자이자 노벨상 수상자(1935)

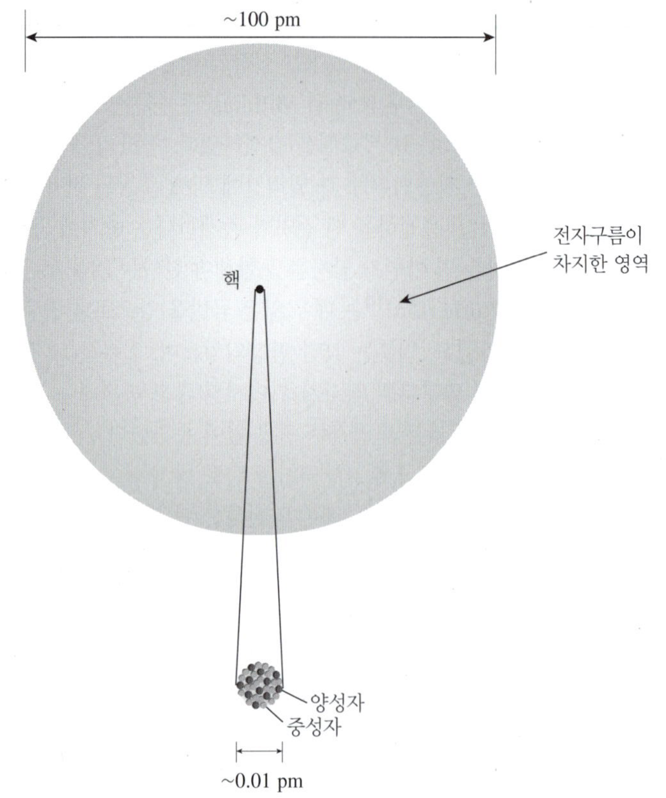

그림 2.2 ➤ 1개 원자의 상대적 크기와 양성자와 중성자로 이루어진 핵의 상대적 크기. 그림과는 달리 실제로 원자의 바깥 경계는 확실하게 정해져 있지 않다는 것에 유의하라.

2.2 원자번호, 질량수와 원자질량

2.2.1 원자번호와 질량수

20세기 초 각 원자는 핵 내에 특정한 수의 양성자를 갖고 있음을 발견하였으며, 이를 **원자번호**(atomic number, *Z*)라 불렀다. 각 원소는 그 원소를 정의하는 고유한 원자번호를 갖는다. 예를 들어, 6개의 양성자를 가진 원자는 정의에 의해 탄소(carbon) 원자이다.

중성원자에서 원자번호 또는 양성자의 수는 전하구름에 존재하는 전자의 수와 같으며, 원자 한 개의 질량, 원자질량은 **원자질량단위**(atomic mass unit, amu)로 표시된다. 1 amu는 6개의 양성자와 6개의 중성자로 된 탄소 원자질량의 1/12로 정의된다. 따라서, 1개의 중성자 또는 1개의 양성자의 질량은 1 amu에 매우 근접하며, 1개의 탄소 원소(12)의 원자질량은 12 amu이다.

질량수(mass number, *A*)는 한 원자의 핵 안에 있는 양성자와 중성자의 합이다. 가장 보편적인 상태의 중성자를 가지고 있지 않은 수소를 제외하고, 모든 핵은 양성자와 중성자를 모두 갖고 있다. 예를 들어, 탄소 원자의 질량수는 12(6개 양성자 + 6개 중성자)이다. 탄소 원자로 예시된 원자의 질량수(*A*)와 원자번호(*Z*)를 모두 표현하는 적절한 방법은 다음과 같다. 원자의 질량수(*A*)와 원자번호(*Z*)를 나타내는 방법은 아래와 같다.

$$^{A}_{Z}\text{C} \text{ 또는 } ^{12}_{6}\text{C}$$

원자의 기호로부터 양성자의 수를 알기 때문에 ^{12}C(또는 carbon-12)로 표시하는 것으로 충분하다고 여긴다. 예를 들면, I-131(^{131}I)의 중성자수를 구하려면 주기율표에서 I는 53번째 원소(53개 양성자)임을 알 수 있다. 중성자수는 78(131 − 53)임을 알 수 있다. 같은 원소의 모든 원자가 같은 수의 양성자를 가지나 반드시 같은 수의 중성자를 가지는 것은 아니다. 이러한 변화(원자번호는 같으나 질량수는 다른)를 **동위원소**(isotope)라 한다. 예를 들어, 수소는 3개의 동위원소를 갖는다. 즉, $^{1}_{1}$H (수소), $^{2}_{1}$H (중수소), $^{3}_{1}$H (3중 수소)가 여기에 해당된다.

이전의 논의를 바탕으로, 원자질량단위(amu)는 탄소 원자를 기준으로 한 원자의 상대적 질량을 알 수 있게 한다. 하지만 우리는 어떻게 한 원자의 질량을 그램 단위로 구할 수 있는가? ^{12}C의 12 g에 포함된 원자수는 6.02×10^{23}(이탈리아 과학자 Avogadro[12]의 이름을 따서 *Avogadro* 수라고 불림)개로 실험적으로 결정되었다. 이 수의 크기를 이해하기 위하여, 6.02×10^{23}개의 페니(1센트)를 전 세계인구(약 60억)에게 균등하게 배분할 수 있다면 한 명당 1조(10^{12}) 달러씩 받게 된다. 1**몰**(mole) 혹은 **그램 · 몰**(mol)은 6.02×10^{23}개 원자를 갖는 물질의 양으로 정의된다. 아보가드로 수는 원자질량단위 amu와 수적으로 같은 그램 단위의 질량을 만드는 데 필요한 원자수이다. 예를 들면, 한 개의 ^{12}C 원자는 12 amu의 원자 질량을 가지며, 1 mole의 ^{12}C는 12 g의 질량과 6.02×10^{23}개의 원자를 갖는다. 이 질량을 *상대적 원자질량*(atomic mass), *몰질량*(molar mass) 또는 *원자량*(atomic weight)이라 한다. 대부분의 교재에 실린 각 원소의 상대적 질량은 자연에 존재하는 그 원소의 동위원소의 함량을 고려한 평균 상대적 원자량임을 알아야 한다. 탄소의 상대적 원자질량은 12 g 대신에 12.01 g으로 보고되어 있다. 이는 ^{13}C (1.07% 함유)과 같은 탄소동위원소가 ^{12}C (98.93% 함유)보다 더 무겁기 때문이다.

예제 2.1

Fe의 대표적인 동위원소는

^{56}Fe (91.754%)/55.934 amu,

^{54}Fe (5.845%)/53.939 amu,

^{57}Fe (2.119%)/56.935 amu,

^{58}Fe (0.282%)/57.933 amu

풀이

a. Fe의 평균 원자질량(amu)를 계산하라.

$$[(91.754 \times 55.934) + (5.845 \times 53.939) + (56.935 \times 2.119) + (0.282 \times 57.933)]/100 = 55.8 \text{ amu(Fe 원자 1개의 질량)}$$

b. Fe의 상대원자질량을 구하라.

앞서 논의한 바와 같이, 상대원자질량은 평균원자질량 55.849 g과 숫자로는 같은 값을 갖는다. 이 값을 그림 2.3 주기율표에 기록된 값과 비교하라.

c. Fe 55.849 g에는 얼마나 많은 원자가 들어 있는가?

$$6.02 \times 10^{23} \text{ atoms}$$

d. Fe 1 g에는 얼마나 많은 원자가 들어 있는가?

$$1 \text{ g Fe} \times (1 \text{ mol Fe}/55.849 \text{ g Fe}) \times (6.02 \times 10^{23} \text{ atoms Fe}/ 1 \text{ mol Fe}) = 1.078 \times 10^{22} \text{ atoms of Fe}$$

e. Fe 원자 하나의 질량(g)은 얼마인가?

$$55.849 \text{ g} / 6.02 \times 10^{23} \text{ atoms} = 9.277 \times 10^{23} \text{ gram/atom.}$$

f. e항 답안에서 1 amu의 질량을 g으로 표시하면 얼마 정도인가? Fe의 평균 원자질량은 a항에서 55.846 amu이고, e항에서 g으로 나타내면 9.277×10^{-23} g이다. 그러므로, 1 amu의 질량(g)은 $9.277 \times 10^{-23}/55.846 = 1.661 \times 10^{-24}$ g이 된다.

12 Amedeo Avogadro (1776~1856). Italian scientist and professor of physics at the University of Turin.

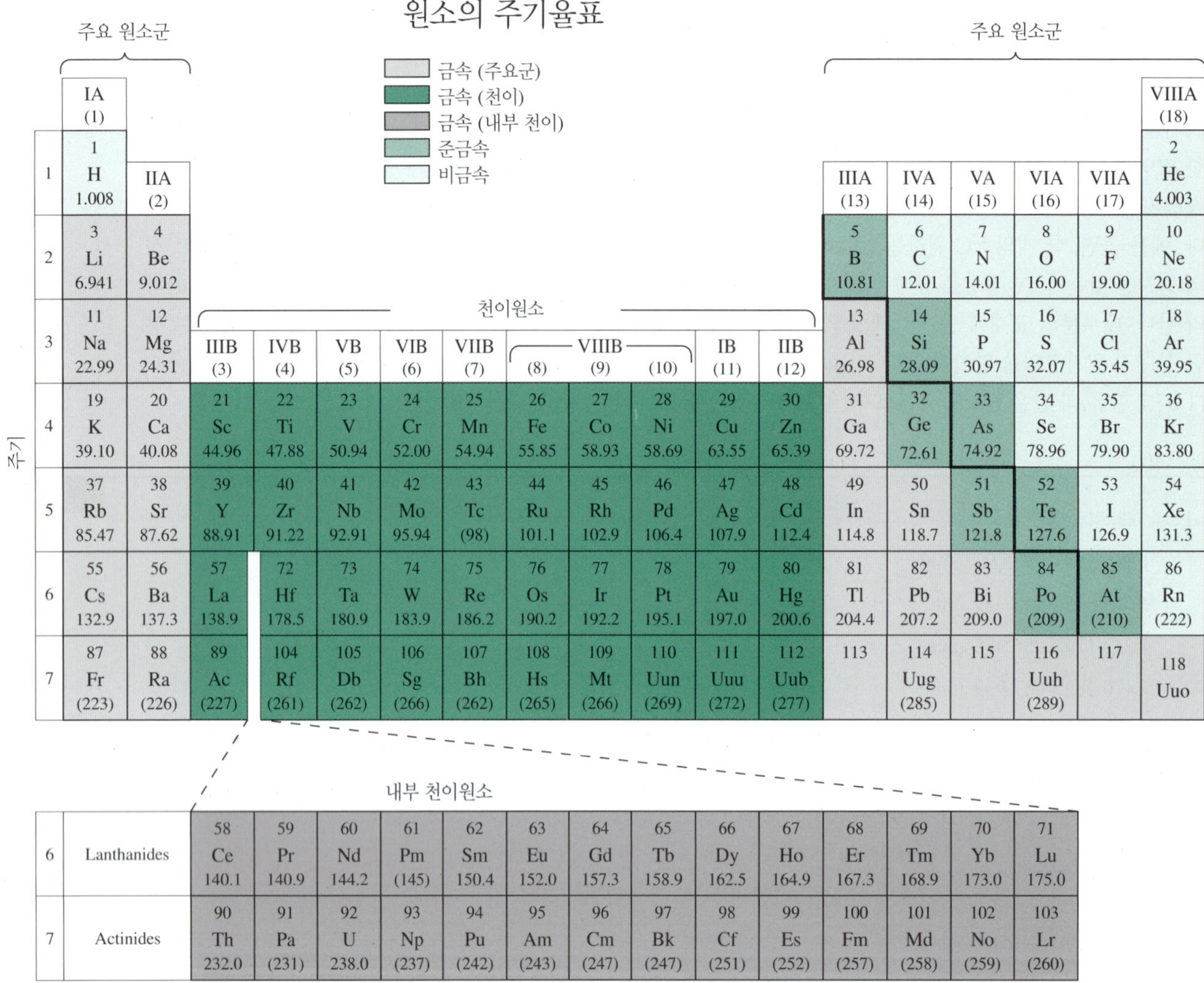

주기	IA (1)	IIA (2)	IIIB (3)	IVB (4)	VB (5)	VIB (6)	VIIB (7)	VIIIB (8)	VIIIB (9)	VIIIB (10)	IB (11)	IIB (12)	IIIA (13)	IVA (14)	VA (15)	VIA (16)	VIIA (17)	VIIIA (18)
1	1 H 1.008																	2 He 4.003
2	3 Li 6.941	4 Be 9.012											5 B 10.81	6 C 12.01	7 N 14.01	8 O 16.00	9 F 19.00	10 Ne 20.18
3	11 Na 22.99	12 Mg 24.31											13 Al 26.98	14 Si 28.09	15 P 30.97	16 S 32.07	17 Cl 35.45	18 Ar 39.95
4	19 K 39.10	20 Ca 40.08	21 Sc 44.96	22 Ti 47.88	23 V 50.94	24 Cr 52.00	25 Mn 54.94	26 Fe 55.85	27 Co 58.93	28 Ni 58.69	29 Cu 63.55	30 Zn 65.39	31 Ga 69.72	32 Ge 72.61	33 As 74.92	34 Se 78.96	35 Br 79.90	36 Kr 83.80
5	37 Rb 85.47	38 Sr 87.62	39 Y 88.91	40 Zr 91.22	41 Nb 92.91	42 Mo 95.94	43 Tc (98)	44 Ru 101.1	45 Rh 102.9	46 Pd 106.4	47 Ag 107.9	48 Cd 112.4	49 In 114.8	50 Sn 118.7	51 Sb 121.8	52 Te 127.6	53 I 126.9	54 Xe 131.3
6	55 Cs 132.9	56 Ba 137.3	57 La 138.9	72 Hf 178.5	73 Ta 180.9	74 W 183.9	75 Re 186.2	76 Os 190.2	77 Ir 192.2	78 Pt 195.1	79 Au 197.0	80 Hg 200.6	81 Tl 204.4	82 Pb 207.2	83 Bi 209.0	84 Po (209)	85 At (210)	86 Rn (222)
7	87 Fr (223)	88 Ra (226)	89 Ac (227)	104 Rf (261)	105 Db (262)	106 Sg (266)	107 Bh (262)	108 Hs (265)	109 Mt (266)	110 Uun (269)	111 Uuu (272)	112 Uub (277)	113	114 Uug (285)	115	116 Uuh (289)	117	118 Uuo

주기															
6	Lanthanides	58 Ce 140.1	59 Pr 140.9	60 Nd 144.2	61 Pm (145)	62 Sm 150.4	63 Eu 152.0	64 Gd 157.3	65 Tb 158.9	66 Dy 162.5	67 Ho 164.9	68 Er 167.3	69 Tm 168.9	70 Yb 173.0	71 Lu 175.0
7	Actinides	90 Th 232.0	91 Pa (231)	92 U 238.0	93 Np (237)	94 Pu (242)	95 Am (243)	96 Cm (247)	97 Bk (247)	98 Cf (251)	99 Es (252)	100 Fm (257)	101 Md (258)	102 No (259)	103 Lr (260)

그림 2.3 ➤ 갱신된 주기율표는 7개의 주기와 8개의 주요 그룹요소, 천이원소, 내부 천이원소들을 보여준다. 유의: 대부분의 원소들은 금속 또는 준금속(metalloid)으로 분류된다.

예제 2.2

Ni_xAl_y (x, y는 정수)라는 화학식으로 표시되는 금속간화합물(intermetallic compounds)이 42.04 wt% Ni과 57.96 wt% Al으로 이루어져 있다. Nickel Aluminide라고 불리는 이 화합물의 가장 간단한 화학식은 무엇인가?

풀이

먼저 이 화합물의 Ni과 Al의 몰 분율을 결정해야 한다. 100 g의 화합물이라 가정할 때, 424.04 g의 Ni과 57.96 g의 Al으로 이루어져 있다. 따라서,

$$\text{Ni의 몰 수는} = 42.04\text{ g Ni} \times (1\text{ mol Ni}/58.71\text{ g Ni}) = 0.7160\text{ mol}$$
$$\text{Al의 몰 수는} = 57.96\text{ g Al} \times (1\text{ mol Al}/26.98\text{ g Al}) = 2.148\text{ mol}$$
$$\text{Total} = 2.864\text{ mol}$$

따라서

$$\text{Ni의 몰 분율은} = 0.1760/2.864 = 0.25$$
$$\text{Al의 몰 분율은} = 2.148/2.864 = 0.75$$

다음은 Ni_xAl_y에서 x와 y를 0.25와 0.75로 각각 치환하면, $Ni_{0.25}Al_{0.75}$가 되는데, 이는 몰 분율에 의한 가장 간단한 화학식이다. 정수 단위로 이 화학식을 최소화시키면, 양쪽을 4배 곱하여 $NiAl_3$라는 간단한 화학식을 얻을 수 있다.

Mendeleev[13]는 *주기율표*(periodic table)를 처음으로 만들어 원소들을 정리하였다. 그는 원소들의 상대적 질량순으로 원소들을 가로 행(주기)으로 정리하고, 한 원소가 앞 열의 원소들 중 한 개와 비슷한 화학적 성질을 갖는 것을 발견하고 새로운 행을 만들기 시작했다. 표를 완성한 후, 같은 세로 열(족)에 있는 원소들이 서로 비슷한 화학적 성질을 갖고 있는 데 주의를 기울였다. 그는 주기율표의 세로 열(족)의 빈 공간에 당시 발견되지 않은 원소들(후에 Ga, Ge)에 주목하였고, 그 후에 발견된 이 원소들은 Mendeleev가 제안한 것과 유사한 성질을 나타내었다.

이후 과학자들은 상대적인 원자량 대신에 원자번호(Z)의 증가순으로 원소들을 배열하는 것이 주기성을 더 잘 나타낸다는 것을 알게 되었다. 이것은 원소의 성질은 주기성에 있어 원자번호의 함수라는 **화학적 주기법칙**(law of chemical periodicity)과 관련이 있다는 것을 의미한다. 원자번호(Z)를 기초로 한 새로운 주기율표가 Mosely[14]에 의해 개발되었다. 최신의 주기율표를 그림 2.3에 실었다. 각 원소의 가로 행을 *주기*(period)라 부르고(즉, 제1주기, 제2주기, ⋯. 제7주기), 각 원소의 세로 열을 *족*(group, 1A, 2A, ⋯ 8A족)이라고 부른다. 전이금속 및 내부전이금속(중금속)을 나타내었다. 원자번호가 위에 쓰인 화학기호로 나타내었다. 그 기호 밑에 원자질량단위(amu)로 나타낸 원자질량, 혹은 그램 단위의 상대적 몰질량이 표시되었다. 예를 들면, 주기율표에서 알루미늄은 13개 양성자($Z = 13$), 1몰 알루미늄은 26.98 g 질량(26.98 g/mol)을 가지며, 6.02×10^{23}개 원자를 함유한다. 지금까지 109개 원소가 발견되었고, 원자번호 1번의 수소에서 원자번호 109의 마이트네륨까지이다(다른 6개가 발견되었지만 아직 이름이 붙여지지 않았다).

2.3 원자의 전자구조

2.3.1 Planck의 양자이론과 전자기복사

1900년대 초 독일 과학자 Planck[15]는 원자나 분자가 **양자**(quanta)라고 하는 어떤 특정한 불연속적인 양의 에너지만을 방출한다는 것을 발견하였다. 이 전의 과학자들은 한 개의 원자로부터 어떠한 양(연속적)의 에너지도 방출될 수 있다고 믿었다. Max Planck의 *양자이론*(quantum theory)은 과학의 방향을 변화시켰다. 그의 발견을 이해하기 위하여 우리는 먼저 파동의 본질을 이해하여야 한다.

파동에는 물(액체)의 파동, 소리의 파동(음파), 빛의 파동(광파) 등 다양한 유형의 파동이 있다. 1873년 Maxwell[16]은 가시광선의 특성은 **전자기복사**(electromagnetic radiation)의 형태라고 주장하였다. 전자기복사에서 에너지는 전자파의 형태로 배출되고 전달된다. 전자파는 진공 속에서 빛의 속도 c, 3.00×10^8 m/sec로 이동한다.

다른 종류의 파동처럼 전자파의 중요한 특성은 파장(nm 혹은 10^{-9}m), 진동수(s^{-1} 혹은 Hz)와 속도(m/sec)이다. 파동의 속도 c는 그의 진동수 ν와 파장 λ는 다음과 같은 관계가 있다.

$$\nu = \frac{c}{\lambda} \tag{2.1}$$

라디오파, 마이크로웨이브파, 적외선, 가시광선, 자외선과 X-선, γ-선 등 다양한 전자파를 그림 2.4에 나타내었다. 이들 파동은 파장과 진동수가 서로 다르다. 예를 들면, 라디오 안테나는 긴 파장(10^{12} nm~1 km)과 낮은 진동수(10^6 Hz), 마이크로웨이브 오븐은 10^7 nm(라디오파보다 훨씬 짧은 파장)의 파장과 10^{11} Hz(라디오파보다 훨씬 높은 진동수)의 진동수를 만들어 낸다. 이파 장대를 더 감소시키고 진동수를 증가시키면 10^3 nm 파장과 10^{14} Hz

13 Dmitri I. Mendeleev (1834~1907). 러시아의 화학자 발명가.

14 Henry G.J. Moseley (1887~1915). 영국의 물리학자.

15 Max Karl Ernst Ludwig Planck (1858~1947). 독일의 물리학자이자 노벨상 수상자. 그의 박사과정 학생 중 세 명이 노벨상을 받았다.

16 James Clerk Maxwell (1831~1879). 스코틀랜드의 수학자이자 물리학자.

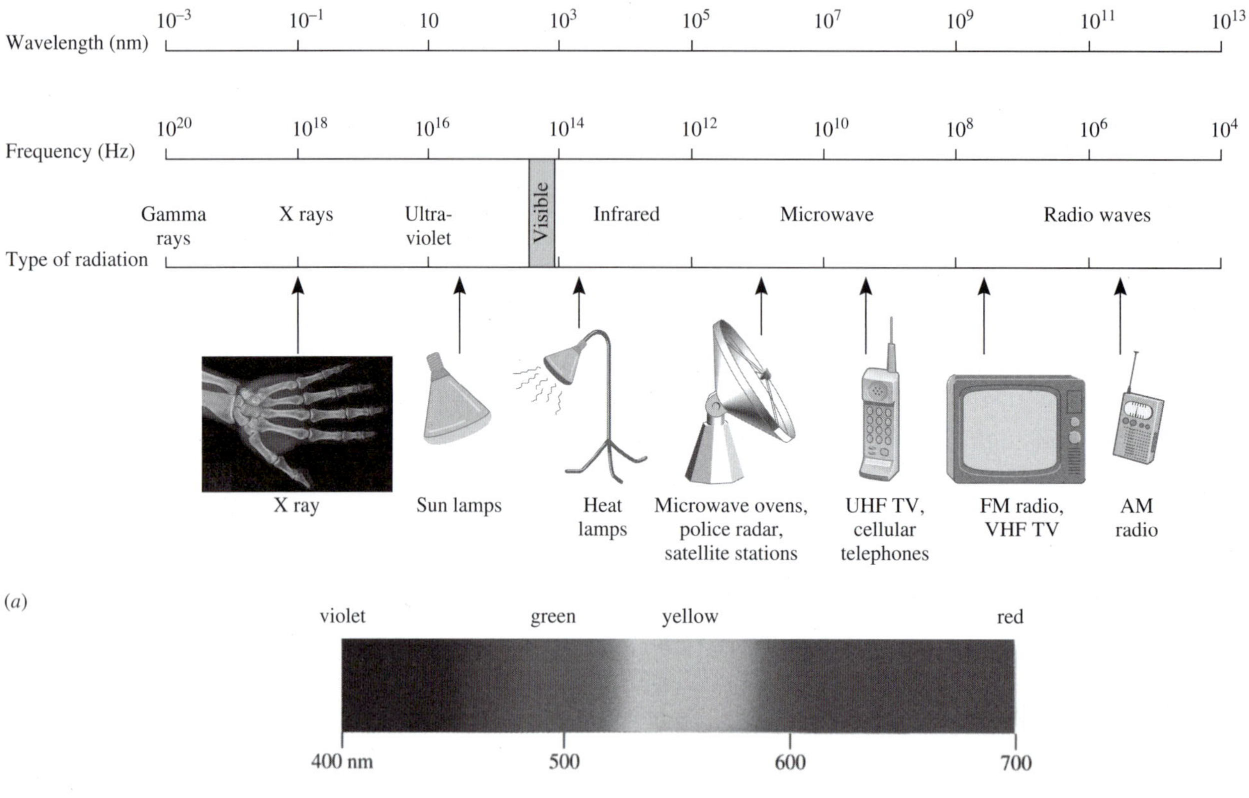

그림 2.4 ➤ 전자기 스펙트럼(단파장, 고주파, 감마선에서 장파장, 저주파수 라디오파까지 확장). (*a*) 전체 스펙트럼. (*b*) 가시광 스펙트럼.
(© Getty/RF.)

진동수를 갖는 적외선 영역을 만들 수 있는데, 우리가 흔히 사용하는 발열램프는 이 범위 내에 있다. 700 nm(붉은색)에서 400 nm(보라색)의 파장대의 복사선을 가시광선이라 부르고, 이보다 더 짧은 파장을 갖는 자외선(10 nm), X-선(0.1 nm), γ-선(0.001 nm)은 가시광선 범위보다 더 짧은 파장을 갖는다.

예를 들면, 텅스텐 필라멘트선을 가열하면, 텅스텐 원자는 우리에게 백색 가시광선으로 보이는 전자기 복사 형태의 에너지를 방출한다. Planck는 이 복사선과 관련된 원자로부터 방출된 에너지가 양자의 형태로 방출된다고 제안하였다. 한 개 양자의 에너지는 아래와 같은 방정식으로 표시된다. 여기서 h는 Planck 상수로서 6.63×10^{-34} Joule · sec이고, ν는 복사선의 진동수(Hz)이다.

$$E = h\nu \tag{2.2}$$

Planck에 의하면, 에너지는 언제나 $h\nu$의 정수 배로($1h\nu$, $2h\nu$, $3h\nu$, . . .) 방출되며 비정수 배로 예를 들면, 1.34 $h\nu$로는 결코 방출되지 않는다. 식 (2.2)는 복사선의 진동수가 증가함에 따라 에너지는 증가함을 보여준다. 그러므로 전자기 스펙트럼을 참고하면, γ-선은 X-선보다 큰 에너지를, X-선은 자외선보다 큰 에너지를 만든다.

식 (2.1)을 (2.2)에 대입하면 복사에너지를 복사선의 파장으로 계산할 수 있다.

$$E = \frac{hc}{\lambda} \tag{2.3}$$

2.3.2 수소 원자에 대한 Bohr 이론

1913년 Neils Bohr[17]는 당시 설명이 필요했었던 현상으로 여기된 수소 원자가 어떻게 특정 파장의 빛만을 흡수하

17 Neils Henrik Davis Bohr (1885~1962). 덴마크 물리학자이자 노벨상 수상자(1922).

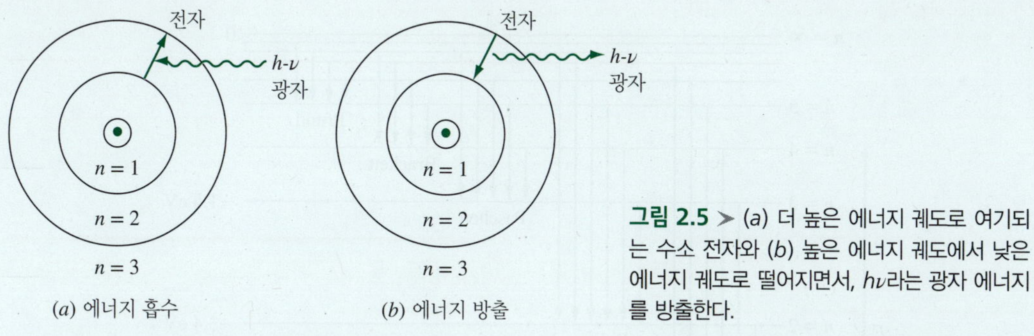

그림 2.5 ➤ (*a*) 더 높은 에너지 궤도로 여기되는 수소 전자와 (*b*) 높은 에너지 궤도에서 낮은 에너지 궤도로 떨어지면서, *hν*라는 광자 에너지를 방출한다.

고 방출하는지를 설명하는데 Planck의 양자이론을 이용하였다. 그는 전자는 불연속적인 특정 값의 각 운동량(속도 × 반경)을 가지고 핵 주위의 원형궤도를 따라 운동한다고 제안하였다. 그는 전자의 에너지가 원자핵으로부터 일정한 거리에 위치한 원형궤도에 전자가 위치하도록 하는 특정 에너지 준위의 값을 갖도록 제한된다고 제안하였다. 그는 이것을 전자의 *궤도*(orbit)라고 하였다. 만약 전자가 특정 양의 에너지를 잃든가 혹은 얻으면, 전자는 핵으로부터 특정 거리에 있는 다른 원형궤도로 궤도를 변경한다고 주장하였다(그림 2.5). Bohr의 모델에 따르면, 궤도의 값, 주양자수, $n = 1$에서 무한대의 정수값을 가질 수 있다. 전자의 에너지와 궤도의 크기는 n의 증가에 따라 증가한다. $n = 1$ 궤도는 가장 낮은 에너지 상태를 나타내며 따라서 핵에 가장 가깝다. 수소 전자의 정상 상태는 $n = 1$이며, 이를 바닥상태(또는 기저상태, ground state)라고 한다. 전자가 낮은 궤도, 예를 들어 바닥상태 $n = 1$에서 높은 여기상태 $n = 2$로 도약하려면 반드시 특정 양의 에너지가 흡수되어야 한다(그림 2.5). 반대로, 전자가 여기된 상태인 $n = 2$에서 바닥상태인 $n = 1$로 떨어질 때는, 여기에서 흡수한 에너지와 같은 양의 에너지가 방출되어야 한다. 앞서 기술한 바와 같이, 이 방출된 양자 에너지는 특정 파장과 진동수를 갖는 **광자**(photon)라 불리는 전자기복사(electromagnetic radiation) 형태이다.

Bohr는 양자수, n에 의존하는 수소 전자의 허용에너지를 결정하는 모델을 개발하였다(그림 2.6). 아래 방정식에 의한 에너지 준위만이 허용된다.

$$E = -2\pi^2 me^4/n^2\text{h}^2 = \frac{-13.6}{n^2} \qquad \textbf{(2.4)}$$

m과 e는 각각 전자의 질량과 전하이고, $1\text{ eV} = 1.60 \times 10^{-19}\text{ J}$이다. 여기서 음의 부호를 사용한 이유는, Bohr가 원자에서 $n =$ 무한대에서 운동에너지가 없는($E = 0$) 완전히 분리된 전자의 에너지를 0으로 정했기 때문이다. 그러므로, 더 낮은 궤도에 있는 전자의 에너지는 음의 값을 갖는다. Bohr의 식에 의하면, 바닥상태, $n = 1$에 있는 전자의 에너지는 -13.6 eV이다. 핵(nucleus) 으로부터 전자가 분리되기 위해서는 전자가 에너지를 흡수해야 하는데, 이를 위한 최소한의 에너지를 이온화 에너지(ionization energy)라 한다. n이 증가하면, 그 궤도에 있는 전자와 관련된 에너지 역시 증가한다(즉, 음의 수치가 감소함). $n = 2$일 경우를 예를 들면, 전자의 에너지 준위는 $-13.6/2^2$ 혹은 -3.4 eV이 된다.

Bohr의 이론은 전자가 궤도를 전이할 때, 방출되거나 흡수된 에너지의 양은 처음과 마지막 궤도 사이의 전자 에너지 차이에 있다는 것이다($\Delta E < 0$: 에너지 방출 시, $\Delta E > 0$: 에너지 흡수 시).

$$\Delta E = E_f - E_i = -13.6\,(1/n_f^2 - 1/n_i^2) \qquad \textbf{(2.5)}$$

여기서 f와 i는 각 각 전자의 마지막과 처음 상태를 의미한다. 예를 들면, 전자가 $n = 2$에서 $n = 1$로 전이할 경우, $\Delta E = E_2 - E_1 = -13.6\,(1/2^2 - 1/1^2) = 13.6 \times 0.75 = 10.2$ eV. 전자가 $n = 2$에서 $n = 1$으로 전이하면서 감소한 에너지 10.2 eV의 에너지를 갖는 광자를 방출한다는 것을 의미한다. 이 때, 이 광자의 파장을 계산하면 다음과 같다. $\lambda = hc/E = (6.63 \times 10^{-34}\text{ J}\cdot\text{s})\,(3.00 \times 10^8\text{ m/sec})/10.2\text{ eV}\,(1.6 \times 10^{-19}\text{ J/eV}) = 1.2 \times 10^{-7}$ m 또는 120 nm. 그림 2.4에서 이 파장은 자외선 영역에 있다는 것을 알 수 있다.

수소 전자의 여러 가지 가능성이 있는 전이와 수소의 방출 스펙트럼을 그림 2.6에 나타내었다. 이 그림에서 각각의 수평선들은 수소 전자의 주양자수 n에 따라 수소전자에 대해 허용 가능한 에너지 준위 또는 궤도를 나타낸다.

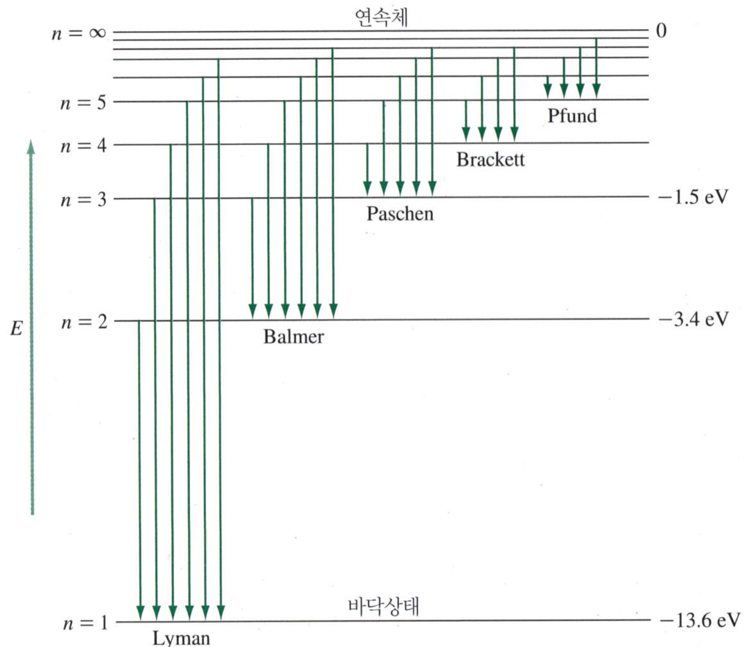

그림 2.6 ➤ 수소의 선 스펙트럼에 대한 에너지 준위 도표.
(출처: F.M. Miller, Chemistry: Structure and Dynamics, McGraw Hill, 1984, p. 141.)

가시광선 방출들은 모두 Balmer 계열에 속한다. Paschen과 Brackett 계열들은 적외선 방출에 해당되는 반면에 Lyman 계열은 자외선 방출에 해당된다.

예제 2.3

수소 원자는 $n = 3$인 상태에서 전자와 함께 존재하고 있다. 전자는 $n = 2$인 상태로 천이한다. (*a*) 광자가 방출하는 에너지를 계산하라. (*b*) 이때 광자의 진동수를 계산하라. (*c*) 파장을 계산하라. (*d*) 천이 과정에서 에너지를 방출하는가, 흡수하는가? (*e*) 어느 계열에 속하며 방출되는 광자는 어느 영역인가?

풀이

a. 광자가 방출하는 에너지는,

$$
\begin{aligned}
E &= \frac{-13.6\text{ eV}}{n^2} \\
\Delta E &= E_3 - E_2 \\
&= \frac{-13.6}{3^2} - \frac{-13.6}{2^2} = 1.89\text{ eV} \blacktriangleleft \\
&= 1.89\text{ eV} \times \frac{1.60 \times 10^{-19}\text{ J}}{\text{eV}} = 3.02 \times 10^{-19}\text{ J} \blacktriangleleft
\end{aligned}
\tag{2.3}
$$

b. 광자의 진동수는,

$$
\begin{gathered}
\Delta E = h\nu \\
\nu = \frac{\Delta E}{h} = \frac{3.02 \times 10^{-19}\text{ J}}{6.63 \times 10^{-34}\text{ J}\cdot\text{s}} \\
= 4.55 \times 10^{14}\text{ s}^{-1} = 4.55 \times 10^{14}\text{ Hz} \blacktriangleleft
\end{gathered}
$$

c. 광자의 파장은,

$$\Delta E = \frac{hc}{\lambda}$$

$$\lambda = \frac{hc}{\Delta E} = \frac{(6.63 \times 10^{-34}\,\mathrm{J \cdot s})(3.00 \times 10^{8}\,\mathrm{m/s})}{3.02 \times 10^{-19}\,\mathrm{J}}$$

또는

$$= 6.59 \times 10^{-7}\,\mathrm{m}$$

$$= 6.59 \times 10^{-7}\,\mathrm{m} \times \frac{1\,\mathrm{nm}}{10^{-9}\,\mathrm{m}} = 659\,\mathrm{nm}$$ ◀

d. 에너지는 양의 값으로 방출되며, 전자는 높은 궤도에서 낮은 궤도로 천이한다.

e. 이 방출은 Blamer 계열(그림 2.6)에 속하며, 적색 가시광 영역(그림 2.4)에 해당된다.

2.3.3 불확정성 원리와 Schrödinger 파동함수

Bohr의 모델은 수소와 같이 단순한 원자에 매우 잘 작용했지만, 더 복잡한 다전자(multielectron) 원자들의 거동을 설명하지 못하였으며, 해답이 없는 많은 의문들을 남겼다. 다음 두 가지의 발견 즉, 입자의 파동성과 불확정성 원리의 발견으로 원자의 거동을 더 명확하게 설명할 수 있게 되었다. 첫째는 de Broglie[18]가 주장한 것으로, 전자와 같은 미세물질의 입자들은 빛과 유사하게 입자성와 파동성의 성질을 동시에 가진다는 것이다. 그는 전자(혹은 다른 입자)의 파장(l)은 식 (2.6)을 이용하여 그 질량(m)과 속력(ν)을 곱한 값(전자의 운동량)으로 얻을 수 있다고 주장하였다.

$$\lambda = \frac{h}{m\nu} \tag{2.6}$$

그 후에 Werner Heisenberg[19]는 전자와 같은 입자의 정확한 위치와 정확한 운동량을 동시에 측정하는 것은 불가능하다는 **불확정성 원리**(uncertainty principle)를 제안하였다. 불확정성 원리는 수학적으로 식 (2.7)로 나타낸다. 여기서 h는 Planck 상수, Δx는 위치의 불확정성, Δu는 속력의 불확정성이다.

$$\Delta x \cdot m\Delta u \geq \frac{h}{4\pi} \tag{2.7}$$

Heisenberg의 추론은 어떤 측정을 시도하는 것은 전자의 속도와 위치를 변경시킬 것이라는 것이다. 또한 그는 전자의 고정된 "궤도"반지름에 대한 Bohr의 개념을 인정하지 않았다. 그는 우리가 할 수 있는 최선의 방법은 주어진 공간 안에서 주어진 에너지를 갖는 전자를 발견할 수 있는 확률만을 구할 수 있다는 것이다.

예제 2.4

de Broglie에 따라 모든 입자는 파동성과 입자성을 동시에 가진다고 한다면, 광속의 16.67% 속력을 갖는 전자와 질량이 0.142 kg이고 초속 42.91 m/s의 속도로 이동하는 야구공의 파장을 비교하라. 여기서 우리는 어떤 결론을 얻을 수 있는가?

풀이

식 (2.6)에 의하면, 입자의 파장을 계산하려면 입자의 질량과 속도를 먼저 구해야 한다. 따라서,

$$\lambda_{\text{electron}} = \frac{h}{m\nu} = \frac{6.62 \times 10^{-34}\,\mathrm{kg \cdot m^2/s}}{(9.11 \times 10^{-31}\,\mathrm{kg})(0.1667 \times 3.0 \times 10^{8}\,\mathrm{m/s})}$$

$$= 1.5 \times 10^{-10}\,\mathrm{m} = 0.15\,\mathrm{nm}$$

(원자직경은 약 0.1 nm)

$$\lambda_{\text{baseball}} = \frac{6.62 \times 10^{-34}\,\mathrm{kg \cdot m^2/s}}{(0.142\,\mathrm{kg})(42.91\,\mathrm{m/s})} = 1.08 \times 10^{-34}\,\mathrm{m}$$

$$= 1.08 \times 10^{-25}\,\mathrm{nm}$$

18 Louis Victor Pierre Raymond de Broglie (1892~1987). 프랑스 물리학자이며 노벨상 수상자(1929).

19 Werner Karl Heisenberg (1901~1976). 독일 물리학자이며 노벨상 수상자(1932).

야구공의 파장은 전자보다도 10^{24}배나 작아서 관측기가 어렵다. 일반적으로, 보통 크기의 입자들의 파장은 측정할 수 없을 정도로 너무 작은 값을 가지므로 그들의 파동성을 알기가 어렵다.

예제 2.5

예제 2.4에서, 야구공 속력 측정의 부확정도가 (*a*) 1%, (*b*) 2%라면 각 경우에서 이들의 위치의 불확정도는 얼마나 될까? 여기서 우리는 어떤 결론을 얻을 수 있는가?

풀이

식 (2.7)에 따라, 속도 측정의 부확정도는 (*a*)의 경우(0.01 × 42.91 m/s) = 0.43 m/s이며, (*b*)의 경우는 (0.02 × 42.91 m/s) = 0.86 m/s임을 계산할 수 있다.

a. 식 (2.7)은

$$\Delta x \geq \frac{h}{4\pi m \Delta u} \geq \frac{6.62 \times 10^{-34}\ \mathrm{kg \cdot m^2/s}}{4\pi(0.142\ \mathrm{kg})(0.43\ \mathrm{m/s})} \geq 8.62 \times 10^{-34}\ \mathrm{m}$$

b. 식 (2.7)은

$$\Delta x \geq \frac{h}{4\pi m \Delta u} \geq \frac{6.62 \times 10^{-34}\ \mathrm{kg \cdot m^2/s}}{4\pi(0.142\ \mathrm{kg})(0.86)} \geq 4.31 \times 10^{-34}\ \mathrm{m}$$

속도 측정의 불확정도가 증가할수록, 위치 측정의 불확정도는 감소하는 것을 알 수 있다.

Schrödinger[20]가 전자들의 거동을 설명하기 위하여 *파동방정식*(wave equation)을 사용하면서 이 문제는 거의 완전하게 이해될 수 있었다. 파동 방정식의 풀이는 파동함수, ψ (psi) 항으로 나타나는데, 파동함수의 제곱 ψ^2은 주어진 공간 영역에서 주어진 에너지 준위에 있는 전자를 발견할 수 있는 확률을 나타낸다. 이 확률을 **전자밀도**(electron density)라 하며, 점들의 배열(*전자구름*, electron cloud)로 구성된 그래프로 나타낼 수 있는데, 이 점들은 어느 특정 에너지 준위에 있는 전자의 가능한 위치를 나타낸다. 예를 들면, 그림 2.7*a*의 전자밀도 분포는 수소 원자의 바닥상태에 대한 것이다. 일반적인 모양은 앞서 Bohr의 제안과 유사한 구형이지만, Schrödinger의 모델에 의하면 전자는 핵에 대해 어떤 상대적인 위치에 존재할 수 있는 것으로 확연하게 다르다. 즉, 바닥상태에서 전자를 발견할 수 있는 가장 큰 확률은 핵에서 매우 가까운 위치 즉, 점의 밀도가 가장 높은 위치에 있다는 것으로, 핵에서 멀어진 위치에서는 그 전자를 발견할 확률은 감소한다는 것이다.

파동방정식을 풀면, 서로 다른 파동함수를 얻기 때문에 전자밀도 그래프가 만들어진다. 이 파동함수들을 **오비탈**(orbital)이라 부른다. 여기서 사용한 궤도(orbital)와 Bohr 모델에서 사용한 *궤도*(orbit)와는 개념에서 뚜렷한 차이가 있음을 유의해야 한다(이 용어들은 서로 교환하여 사용되어서는 안 된다). 오비탈은 전자밀도의 특징적인 분포 외에도 특징적인 에너지 준위를 갖는다.

주어진 에너지 준위에 있는 전자의 위치를 확률적으로 나타내는 다른 방법은 전자를 발견할 확률 90%를 갖는 구역인 경계표면(boundary surface)을 그 내부에 그리는 것이다. 바닥 상태에 있는 전자의 경우 반지름 100 pm의 구형 범위 내에서 전자를 발견할 수 있는 확률은 90%이다. 그림 2.7*b*에서 흑색 구형 라인은 전자밀도 분포도 대신에 **경계표면**(boundary surface)을 나타낸 것이다. 여기에서 기억할 것은 동일한 전자에 대해 전자를 100% 발견할 확률의 경계표면은 무한대로 클 것이란 점이다. 따라서, 전자를 발견할 확률이 가장 높은 위치는 그림 2.7*a*에서와 같이 핵에서 가장 가까운 곳이다. 그러나, 그림 2.7*c*에서 그 구형을 같은 폭의 얇은 동심위 단면껍질(concentric segment)로 나누어 보면 전자를 발견할 수 있는 *전체 확률*(total probability)은 핵에서가 아니고 핵에서 약간 떨어

20 Erwin Rudolf Josef Alexander Schrödinger (1887~1961). 오스트리아 물리학자이자 노벨상 수상자(1933).

진 곳이 될 것이다. *반경 확률*(radial probability)이라고 하는 전체 확률은 전자가 그 층의 부피에 대해 구면층에 있을 확률을 고려한다. 예를 들면, 핵에서 가까운 첫 번째 껍질에서는 전자 발견확률은 높지만 그 부피는 작다. 두 번째 껍질에서는 전자 발견확률은 첫 번째보다 작으나, 그 껍질의 부피는 훨씬 크다는 것으로 부피증가가 확률 감소보다 크다는 것을 알려준다. 그러므로, 전자 발견의 전체 확률은 두 번째 껍질에서 더 크다. 두 번째 껍질은 그림 2.7*c*에서 보듯이 핵으로부터 가까운 거리인 0.05 nm (50 pm)에 있다. 핵으로부터 멀어지면 껍질 부피의 증가보다 전자를 발견할 확률의 감소가 더 크기 때문에 부피 증가 효과는 핵에서 거리가 멀어질수록 약해진다.

높은 에너지 준위에 있는 전자의 경계표면 그림은 복잡하며, 구형만이 아니다. 이에 대해서는 다음에 상세히 설명한다.

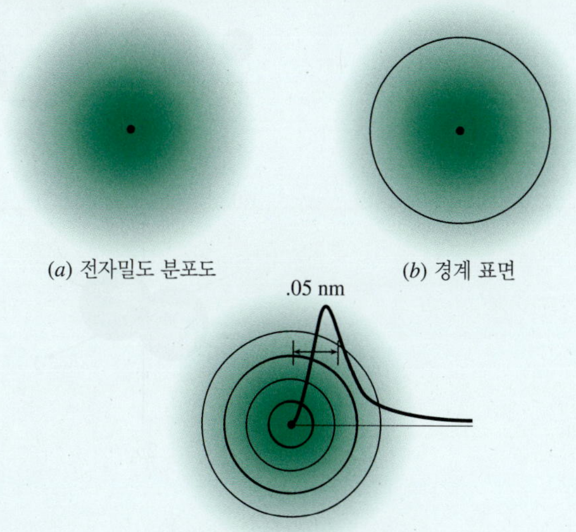

그림 2.7 ➤ (*a*) 바닥상태의 수소 전자밀도 분포도. (*b*) 90%의 전자밀도 경계 표면도, (*c*) 연속적인 구형 껍질과 반경에 따른 전자 발견 확률 분포(흑색 선).

2.3.4 양자수·에너지 준위와 원자궤도

Schrödinger와 여러 과학자들이 제안한 양자역학에서는, 원자 안에 있는 전자에너지·경계구역 혹은 전자전하구름과 스핀을 나타내기 위해서는 4가지의 *양자수*(quantum number)가 요구된다. 다시 말하면, 핵을 축으로 한 전자의 운동과 파생된 에너지는 n이라는 하나의 양자수에 의해서만 결정되는 것이 아니라, 4가지 양자수인 주양자수 n, 부양자수 ℓ, 자기양자수 m_ℓ, 그리고 전자스핀 양자수 m_s에 의해 결정된다.

주양자수 *n*: 주에너지 준위 또는 주껍질 **주양자수**(principal quantum number), n은 전자의 에너지 준위를 결정하는 데 가장 중요하다. n은 1 혹은 그이상의 자연수로 전자의 주에너지 준위를 결정한다. 각각의 주에너지 준위는 동일한 주양자수 값을 가진 부궤도(subshell)과 궤도의 집합을 나타내는 *껍질*(shell)이라고도 한다. n의 수가 커질수록 껍질은 핵에서 멀어지고 전자의 에너지도 증가하는데, 이는 핵에서 멀리 떨어져 있는 전자는 핵과 약하게 결합되어 있다는 것으로, 쉽게 이온화될 수 있다는 것을 의미한다. 또한, n의 수가 커질수록 핵에서 먼 곳에서 전자를 발견할 확률이 더 증가한다는 것을 알 수 있다.

부양자수 또는 오비탈 양자수, ℓ : 부궤도 두 번째 양자수인 부양자수(subsidiary or orbital quantum number), ℓ은 각 주에너지 준위(n) 내에 존재하는 준에너지 준위(subenergy level)를 나타낸다. $n = 1$ 때는 앞서 그림 2.7과 유사한 형태로 단 한 종류의 부껍질만이 있으며, $n = 2$ 때는 두 종류의 부껍질이 있다. 이와 같이 부껍질은 **오비탈 양자수**(orbital quantum number, ℓ)라고 부르기도 하며, 전자전하구름의 모양이나 오비탈의 경계구역은 이 부양자수, ℓ에 의하여 결정된다. 준에너지 준위를 나타내는 부양자수, ℓ은 정수 0 에서 $n - 1$까지 숫자로 표시하거나, 아래의 영문자로 표시하기도 한다.

사용 번호 $\ell = 0, 1, 2, 3, \ldots, n - 1$
사용 문자 $\ell = s, p, d, f, \ldots$

s, p, d, f의 전자의 준에너지 준위는 오비탈(orbital)이라고 하는데, 예를 들어 s나 p의 준에너지 준위의 궤도라 칭할 수 있다. 그러므로, $n = 1$이면 $\ell = s$, $n = 2$이면 $\ell = s$와 p, $n = 3$이면 $\ell = s, p, d$ 등으로 표기된다. 그러므로, 3s는 주에너지 준위 n은 3이고, 부껍질 ℓ은 s임을 나타낸다.

그림 2.8*a*에 도식된 s 부껍질은 $\ell = 0$으로서, n과 무관하게 언제나 구형으로, n이 커지면 그 구형의 크기가 커지며, 이는 전자가 핵으로부터 더 멀리 이동할 수 있음을 나타낸다.

그러나, p 부껍질($\ell = 1$)은 구형이 아니라, 실제로 그림 2.8*a*에서 보는 바와 같이, 그들은 핵의 양쪽에 두 개의 전자밀도가 둥글게 돌출된 모양을 가진 아령(dumbbell) 모양을 갖고 있다. 이들 부껍질 안에는 세 개의 p 오비탈이 있는데, 그들은 서로 다른 공간 배열을 하고 있으며 그 세 오비탈은 서로 직각을 이루고 있다. d 부껍질은 그림

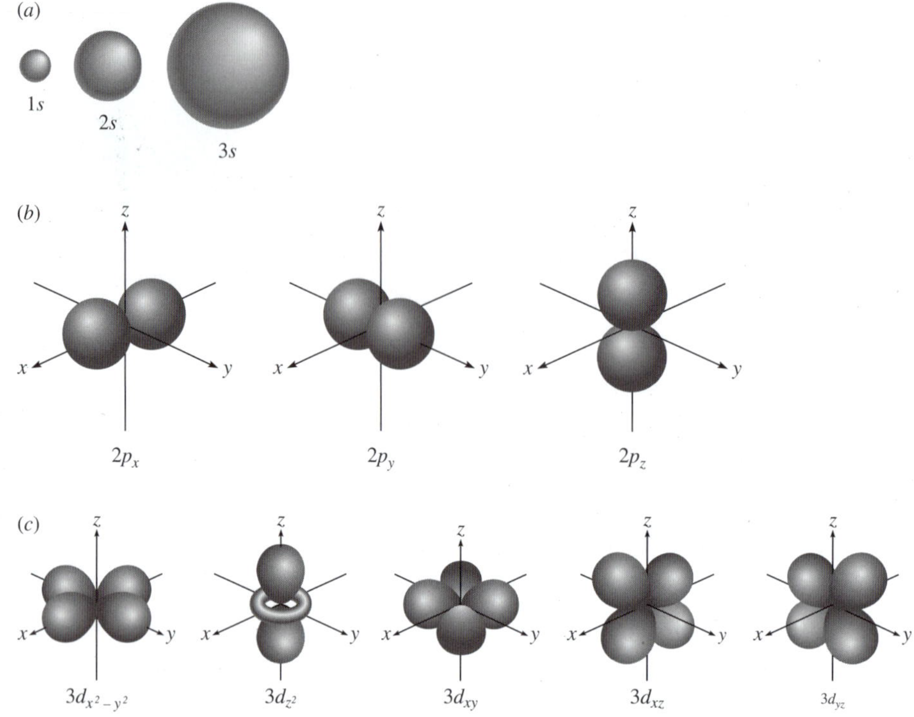

그림 2.8 ➤ 오비탈의 모양. (*a*) s, (*b*) p, (*c*) d 오비탈.

2.8*c*와 같이 모양이 약간 복잡한데, 실제로 전이금속의 이온화학에서 매우 중요한 역할을 한다.

자기양자수 m_ℓ ; 오비탈과 배열 **자기양자수**(magnetic quantum number) m_ℓ은 각 부껍질 안에서 또 다른 오비탈의 배열을 나타낸다. 자기양자수 m_ℓ은 각 부껍질 내에서의 오비탈의 공간배열(orienentation)을 정해 준다. 자기양자수 m_ℓ은 0을 포함한 $+\ell \sim -\ell$ 범위의 값을 갖는다. 예를 들면, $\ell = 0$ 또는 s이면 이에 해당하는 m_ℓ은 0이고, $\ell = 1$ 또는 p이면 그에 해당하는 m_ℓ은 −1, 0, +1이 된다. $\ell = 2$ 또는 d이면 그에 해당하는 m_ℓ은 −2, −1, 0, +1, +2가 된다. 그러므로, 모든 부껍질 안의 ℓ에는 이에 해당하는 $2\ell + 1$개의 오비탈이 존재하게 된다. s, p, d, f에는 각각의 부에너지 준위에 최대 1개 s, 3개 p, 5개 d와 7개의 f 오비탈이 존재하며, 주껍질(모든 이용 가능한 부껍질 포함) 내의 총 오비탈 숫자는 n^2개가 된다. 예를 들면, $n = 1$일 때는 1개 오비탈, $n = 2$일 때 4개 오비탈, $n = 3$일 때 9개 오비탈이 존재한다. 같은 부껍질 안에 존재하는 오비탈들은 같은 에너지 준위를 갖는다. s, p와 d 오비탈의 경계구역 도식을 그림 2.8에 나타내었다. 여기서 중요한 것은, *n*이 커질수록 경계구역이 커지며, 이는 *n*이 커질수록 원자핵에서 먼 거리에 있는 에너지 준위의 전자를 발견할 확률이 커진다는 것이다.

스핀양자수 m_s; 전자 스핀 He 원자($Z = 2$)에서 두 개의 전자는 첫 번째 주양자수($n = 1$), 같은 부양자수($\ell = 0$ 또는 s), 그리고 같은 자기양자수($m_\ell = 0$)를 갖는다. 그렇다면, 이 두 전자는 동일한 양자수를 가질 수 있는가? 한 원자 내에 존재하는 어떤 전자를 완전히 설명하는 데는 n, ℓ, m_ℓ의 세 양자수만으로는 충분하지 않으며, 네 번째 양자수인 **스핀양자수**(spin quantum number) m_s도 확인하여야 한다. 스핀 양자수는 전자의 에너지에 아주 작은 영향만을 주지만 반드시 정해져야 하며, 그 값은 $+\frac{1}{2}$ 또는 $-\frac{1}{2}$을 가질 수 있다. 답은 동일한 양자수를 갖지 못한다는 것이다. 한 축에서 스핀하는 이들 두 전자는 2가지 회전방향, 즉 시계방향과 반시계방향 가운데 하나씩을 택해야 한다. 다시 말하면, 두 전자가 한 궤도를 차지하게 된다면 이들은 서로 반대방향으로 스핀해야 하며, 이때 스핀양자수는 $+\frac{1}{2}$ 혹은 $-\frac{1}{2}$의 값을 갖는다. **파울리의 배타원리**(Pauli's exclusion principle)에 의하면, 두 개 이상의 전자가 한 원자의 같은 오비탈을 차지할 수 없으며, 그 두 전자는 반드시 반대방향의 스핀을 가져야 한다. 이는 한 원자 안에서 4개의 같은 양자수를 가진 전자는 절대로 존재할 수 없다는 것을 의미한다. 예를 들면, He 원자에서 양자역학 관점에서 두 전자가 구별되는 것은 한 전자의 스핀양자수 $m_s = \frac{1}{2}$이고, 다른 전자는 $m_s = -\frac{1}{2}$을 갖는다는 것이다. 허용되는 양자수 값의 요약은 표 2.2에 제시되어 있다.

표 2.2 > 전자의 양자수에 대한 허용값

n	주양자수	$n = 1, 2, 3, 4, \ldots$	모든 양의 정수
ℓ	부양자수	$\ell = 0, 1, 2, 3, \ldots, n-1$	ℓ의 n개의 허용값
m_ℓ	자기양자수	0을 포함한 $-\ell \sim +\ell$	$2\ell + 1$
m_s	스핀 양자수	$+\frac{1}{2}, -\frac{1}{2}$	2

표 2.3 > 주원자 껍질 내의 최대 전자수

껍질번호 n (주양자수)	각 껍질 내의 최대 전자수($2n^2$)	오비탈 내의 최대 전자수
1	$2(1^2) = 2$	s^2
2	$2(2^2) = 8$	s^2p^6
3	$2(3^2) = 18$	$s^2p^6d^{10}$
4	$2(4^2) = 32$	$s^2p^6d^{10}f^{14}$
5	$2(5^2) = 50$	$s^2p^6d^{10}f^{14}\ldots$
6	$2(6^2) = 72$	$s^2p^6\ldots$
7	$2(7^2) = 98$	$s^2\ldots$

1개의 단독 오비탈에는 전자 2개까지 허용될 수 있고, 각 주에너지 준위 n은 n^2개의 오비탈을 허용하므로, 각 주에너지 준위는 최대 $2n^2$개의 전자를 수용할 수 있다는 것이다. 예를 들어, $n = 2$인 주에너지 준위는 최대 $2(2)^2 = 8$개의 전자를 수용할 수 있는데, s 부껍질에 2개의 전자를 수용하고 세 가지의 오비탈을 갖는 p 부껍질에는 6개 전자를 수용할 수 있다는 것이다.

2.3.5 다전자 원자의 에너지 상태

지금까지 대부분의 논의는 주로 하나의 전자를 갖는 수소 원자와 관련된 것이다. 수소 원자의 단일 전자는 부양자수와 관계없이 다양한 주 에너지 준위로 여기될 수 있으며, 그 에너지 준위는 그 전자가 존재하는 주 껍질의 에너지 준위가 될 것이다. 즉, 수소 원자에서 단일 전자의 에너지 준위는 바로 주 궤도의 에너지준위와 일치하게 된다. 식 (2.4)와 (2.5)는 다양한 준위 또는 양자 상태에서 수소의 단일 전자와 관련된 에너지를 계산하는 데 사용된다. 그러나 2개 이상의 전자가 한 원자 안에 존재할 경우, 전자 간의 반발효과와 전자와 핵 사이의 정전기적 인력효과로 인하여 더 복잡한 에너지 상태들과 에너지 준위의 분리가 생긴다. 그러므로, 다전자 원자의 오비탈 에너지는 n 값(크기) 뿐만 아니라 그의 ℓ값(오비탈 모양)에도 의존한다.

따라서 식 (2.4)와 (2.5)는 다전자 원자의 전자 에너지 수준을 결정하는 데 유효하지 않을 것이다. 일반적으로, 다양한 전자와 관련된 에너지를 정확하게 결정하는 것은 불가능하다. 그러나 특정 다전자 원자에서 전자와 관련된 에너지는 식 (2.8)(식 (2.4)의 수정)을 사용하여 근사할 수 있다:

$$E = -13.6\,\frac{Z_{\text{eff}}^2}{n^2} \tag{2.8}$$

이 식에서, Z_{eff}는 유효 핵 전하(effective nuclear charge)이고, n은 고려대상인 전자의 주 양자수이다. 이 식에서 Z_{eff}는 핵과 전자 사이의 평균 전자 수인 S를 핵 내의 양성자 수인 Z에서 빼서 결정된다.

$$Z_{\text{eff}} = Z - S \tag{2.9}$$

평균 전자 수는 **슬레이터의 법칙**(Slater's rule)에 의해 결정된다. 다전자 원자의 경우, 전자껍질내 전자들이 핵전하의 일부를 가리는 가림 효과가 발생하여 전자가 실제로 느끼는 핵전하는 작게 된다. 이 법칙에서는 만약 전자가 주양자수 n을 가진 s 또는 p 궤도 내에 있다면, $n-1$ 에너지 준위의 전자는 S에 각각 0.85만큼 기여한다고 명시한다. 고려 중인 전자를 제외한 전자와 동일한 껍질에 있는 전자는 S에 각각 0.35만큼 기여한다. 다른 모든 낮은 에너지 수준($n-2$, $n-3$ 등)의 전자는 S에 1만큼 기여한다.

예를 들어 3개의 전자($1s^2$, $2s^1$)를 가진 리튬 원자의 경우 1s 준위의 두 전자는 동일한 E 값을 갖는다. 이러한 전자의 경우, $Z_{\text{eff}} = 3 - 1(0.35) = 2.65$, $n = 1$

$$E = -13.6\,\frac{(2.65)^2}{1^2} = -95.5\ \text{eV}$$

2s 전자의 경우, $Z_{eff} = 3 - 2(0.85) = 1.3$이며 E는 다음과 같이 결정된다.

$$E = -13.6\,\frac{(1.3)^2}{2^2} = -5.75\ \text{eV}$$

만약 고려 중인 전자가 d 또는 d 궤도 안에 있다면, 동일한 에너지 준위의 전자는 0.35만큼 기여하는 반면 다른 모든 낮은 에너지 준위의 전자는 S에 1만큼 기여한다. 고려중인 전자에 대해 더 높은 에너지 수준의 전자는 S에 기여하지 않는다.

예제 2.6

(*a*) 탄소의 2p 전자와 관련된 에너지를 계산하라. (*b*) 1s 전자와 관련된 에너지를 계산하라. (*c*) 2p 전자가 1s 전자의 빈자리를 채우기 위해 1s 에너지 준위로 떨어지면 어떠한 일이 발생하는지 설명하라. 이 전이와 관련된 에너지는 무엇인지 설명하라. 발광 파장은 얼마인가?

풀이

a. 탄소는 다전자 원자이기 때문에, 탄소의 2p 전자와 관련된 에너지를 계산하기 위해, 식 (2.8)과 (2.9)를 사용해야 한다.

$$E = -13.6\,\frac{Z_{eff}^2}{n^2}; \qquad Z_{eff} = Z - S$$

이 식에서 Z_{eff}는 슬레이터의 법칙을 사용하여 계산할 수 있다. 탄소의 양성자 수인 Z의 값은 6이다. 고려 중인 핵과 전자 사이의 평균 전자 수인 S의 값을 결정하기 위해, 전자 구조를 쓰면:

$1s^2$
$2s^2, 2p^2$

관심대상의 전자는 p 오비탈 $n = 2$에 있다. $n = 2$ 에너지 준위 내의 모든 전자는 S에 0.35만큼 기여한다. $n = 2$에서 고려되는 전자 외에 2p 궤도에 하나의 전자와 2s 궤도에 두 개의 전자를 더 가지고 있으며, 결과적으로 S 값에 3×0.35의 기여를 한다. 낮은 에너지 준위인 1s 준위에 있는 두 개의 전자는 S 값에 2×0.85만큼 기여할 것이다. 따라서 전체 S는 다음과 같이 계산된다:

$$S = \underset{2p}{(1 \times 0.35)} + \underset{2s}{(2 \times 0.35)} + \underset{1s}{(2 \times 0.85)} = 2.9$$

Z_{eff} 는 다음과 같이 계산된다:

$$Z_{eff} = Z - S = 6 - 2.9 = 3.1$$

E는 다음과 같이 계산된다:

$$E = -13.6\,\frac{Z_{eff}^2}{n^2} = -13.6\,\frac{3.1^2}{2^2} = 32.67\ \text{eV} = -5.23 \times 10^{-18}\ \text{J}$$

탄소 원자핵에서 최초의 2p 전자를 분리하기 위해서는 32.67 eV의 에너지가 인가되어야 한다.

b. $n = 1$인 1s 전자의 경우, 인접한 전자가 하나 있다. 따라서

$$S = (1 \times 0.35) = 0.35$$

$$Z_{eff} = Z - S = 6 - 0.35 = 5.65$$

$$E = -13.6\,\frac{Z_{eff}^2}{n^2} = -13.6\,\frac{5.65^2}{1^2} = 430.30\ \text{eV} = -68.84 \times 10^{-18}\ \text{J}$$

1s 전자를 원자핵에서 분리하는 것은 2p 전자보다 훨씬 어렵다.

c. 전자는 $n = 2$에서 $n = 1$ 에너지 준위로 전이된다. 이 과정에서 에너지는 전자기 복사의 광자 형태로 방출된다. 방출되는 에너지는 다음과 같이 계산할 수 있다:

$$\Delta E = E_{\text{final}} - E_{\text{initial}} = E_1 - E_2 = 47.05 \times 10^{-18} - 2.40 \times 10^{-18} = 44.65 \times 10^{-18}\ \text{J}$$

광자의 파장은 다음과 같이 계산된다:

$$\lambda = \frac{hc}{\Delta E} = \frac{(6.63 \times 10^{-34})(3.00 \times 10^{8})}{44.65 \times 10^{-18}} = 4.45 \times 10^{-9}\ \text{m 또는 } 4.45\ \text{nm}$$

발광 파장은 자외선 파장 범위이다.

뿐만 아니라, H 원자 내 1개의 단일전자와 이온화된 He 원자(He^+)에서의 단일전자를 고려하면 두 전자는 모두 1s 궤도에 존재한다. 그러나, H 원자의 핵에는 양성자가 1개만 있으나, He^+ 이온의 핵에는 2개의 양성자가 있다는 것을 유념하라. H 원자의 전자와 He^+ 이온 전자의 오비탈 에너지는 각각 −1311 kJ/mol과 −5250 kJ/mol이다. 이와 같이 2개의 양성자를 가진 핵의 강한 인력을 받는 He^+ 이온의 전자를 분리시키기가 더 어렵다. 다르게 표현하면, 원자핵의 전하가 높을수록 전자에 더 큰 인력이 작용하고, 전자의 에너지를 더 안정한 상태로 낮추어 주는데 이를 **핵전하 효과**(nucleus charge effect)라고 부른다.

이번에는 He 원자와 He^+ 이온을 비교해 보자. 이들은 핵 내 양성자 숫자는 2개로 동일하지만, 전자는 각각 두 개와 한 개씩이다. He 1s 전자의 오비탈 에너지는 −2372 kJ/mol이고, He^+ 이온의 1s 전자의 오비탈 에너지는 −5250 kJ/mol이다. He 원자에서 2개 전자 중 1개를 떼어내는 것이 He^+ 이온에서 단 한 개인 전자를 떼어내는 것보다 훨씬 용이하다. 이것은 He 내의 두 전자는 서로 밀어내고, 동시에 전자들이 핵과의 인력을 서로 차폐시키기 때문으로 설명되는데, 이를 **차폐효과**(shielding effect)라 부른다.

다음으로 바닥상태의 Li 원자(Z = 3)와 Li^{2+} 이온의 첫 번째 여기된 상태를 비교해 보자. 이들은 모두 +3의 핵전하를 가지며, Li은 2개의 1s 전자와 1개의 2s 전자를 갖는 반면에 Li^{2+}는 2s 준위(첫 번째 여기상태)로 여기된 1개 전자를 갖는다. 2s Li 전자와 2s Li^{2+} 전자의 오비탈 에너지는 각각 −520 kJ/mol과 −2954 kJ/mol이다. Li 원자에서 1개의 2s 전자를 떼어내는 것이 더 수월한데, 그 이유는 Li 원자 내부에 존재하는 1s 오비탈의 2개의 전자가 2s 오비탈에 존재하는 전자를 차폐하여 핵 사이의 인력을 (대부분의 시간 동안) 약하게 하기 때문이다. 반면에, Li^{2+}의 2s 전자 한 개는 1s 전자쌍이 없기 때문에 핵에 더 강하게 끌리게 된다. 그러므로, 내부준위에 있는 전자는 같은 부준위에 있는 전자보다 외부껍질에 있는 전자 들을 더 강하게 차폐하게 된다.

마지막으로, 바닥상태의 Li 원자와 그의 첫 번째 준위로 여기된 Li 원자를 비교해 보자. 바닥상태에 있는 Li 원자는 2s 외각전자를 가지는 반면, 여기된 Li 원자는 2p 오비탈에 외각전자를 갖는다. 2s 전자의 오비탈 에너지는 −520 kJ/mol이나, 2p 전자의 것은 −341 kJ/mol이다. 그러므로, 2p 오비탈은 2s 오비탈보다 높은 에너지 상태를 갖는다. 그 이유는 2s 전자는 2p 전자에 비하여 더 많은 시간을 핵 주변에 가까이 침투할 수 있어서 핵에 더 강하게 끌리게 되어 더 낮은 에너지를 갖는 안정한 상태가 되기 때문이다. 일반적으로, 다전자 원자에서 주어진 주껍질 n에서 ℓ 이 작아질수록 부껍질의 에너지는 더 낮아진다(즉, s < p < d < f).

위의 설명에서 보듯이, 다양한 정전기적 효과로 주에너지 준위 n은 그림 2.9와 같이 여러 개로 분리된 부에너지 준위, ℓ로 분할됨을 보여준다. 이 그림은 주에너지 준위와 부에너지 준위의 상대적인 순위를 보여준다. 예를 들면, 3p 부껍질의 전자들은 3s보다 높은 에너지를 가지며 3d보다는 낮은 에너지를 갖는다. 4s 부껍질은 3d 부껍질보다 높은 에너지를 갖는 것에 주의를 기울이기 바란다.

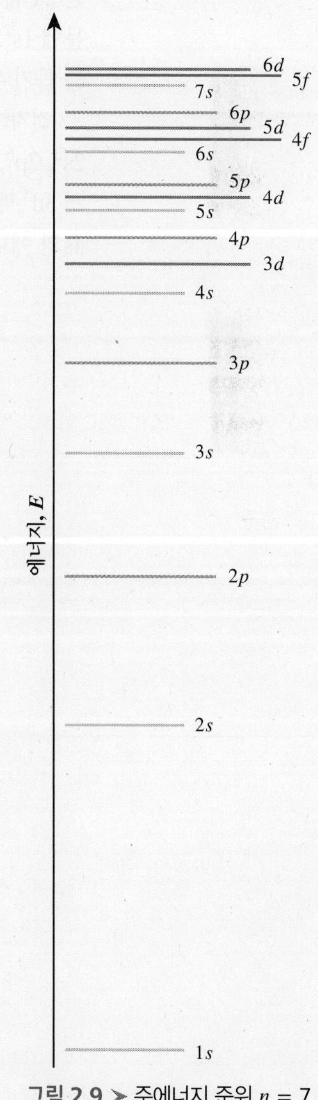

그림 2.9 ➤ 주에너지 준위 $n = 7$까지의 부에너지 준위의 상대적인 순위.

2.3.6 양자역학적 모형과 주기율표

주기율표에서 원소들은 그들의 바닥상태 전자배열에 의하여 분류된다. 그 결과, 특정 원소의 원자는(전자가 3개인 Li의 경우) 이전원소인 전자 2개를 가진 He 원소보다 1개의 전자를 더 가지고 있다. 이 전자들은 주에너지 껍질, 부에너지 껍질과 오비탈에서 발견된다. 하지만, 전자가 궤도를 채우는 특정한 순서를 어떻게 알 수 있을까? 전자들은 첫 번째로 가능한 주에너지 준위를 가장 먼저 채운다. 각 주에너지 준위에 배치될 수 있는 최대의 전자수는 표 2.3에 주어져 있다. 다음으로 주에너지 준위 내에서 전자들은 가장 낮은 에너지의 부껍질부터 우선적으로 채워진다. 즉, s 다음에 p, d 그리고 마지막에 f 순서로 채워진다. s, p, d, f 준에너지 준위들은 각각 최대 2, 6, 10, 14개의 전자를 허용한다. 각 부껍질 준위는 자신들의 에너지 준위를 갖는다. 각 부에너지 준위에 채워지는 순서는 그림 2.9에 주어져 있다.

전자가 *오비탈을 점유*(orbital occupancy)하는 것을 나타내는 데는 ① 전자배치(electron configuration)와 ② 오비탈 도표(orbital box diagram)라는 두 가지 형태가 있다.

전자배치 표기법은 주껍질 값 n을 쓰고, 그 다음에 부껍질을 나타내는 문자 ℓ의 기호를 쓰고, 마지막으로 부껍질에 들어가는 전자수를 위첨자로 적는 것으로 되어 있다. 예를 들어, 8개 전자를 갖는 산소(O)의 전자배치는 $1s^22s^22p^4$로 표시한다. 산소에서 2개 전자가 1s에 채워지면 6개 전자가 남는다. 그림 2.9에 의하여 6개 전자중 2개는 2s 궤도를 채우고($2s^2$), 나머지 4개는 2p 궤도를 채운다($2p^4$). 다음 원소인 불소(F)는 전자를 1개 더 가지기 때문에 $1s^22s^22p^5$로 나타내며, 직전 원소인 질소(N)는 산소보다 전자가 1개 적으므로 $1s^22s^22p^3$으로 표시된다. 이해를 돕기 위하여 주기율표 앞부분에 나오는 10개 원소의 전자구조를 표 2.4에 나타내었다.

전자 21개를 갖는 스칸디움(Sc) 원소를 생각해 보자. 에너지가 높아지는 순으로 처음 5개 에너지 준위는 $1s^2$, $2s^2$, $2p^6$, $3s^2$, $3p^6$이며 18개의 전자가 채워진다. 앞서 설명한 순서대로라면 남은 3개 전자는 3d 궤도에 채워지면서 $3d^3$ 배치를 가정할 수 있다. 그러나, 그림 2.9에 의하면 그 다음으로 채워질 오비탈은 3d가 아니고 4s이다. 이는 4s의 에너지 레벨이 3d보다 낮기 때문이며(내부 전자에 의한 핵의 차폐효과와 전자 침투효과 때문), 앞서 논의한

표 2.4 > 각 원자의 전자배치와 오비탈 도표

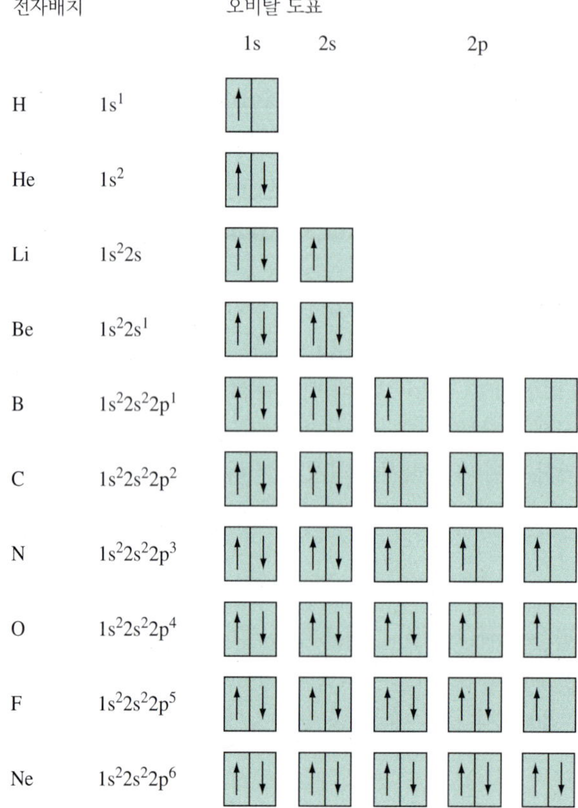

	전자배치	오비탈 도표 1s	2s	2p		
H	$1s^1$	↑				
He	$1s^2$	↑↓				
Li	$1s^22s$	↑↓	↑			
Be	$1s^22s^1$	↑↓	↑↓			
B	$1s^22s^22p^1$	↑↓	↑↓	↑		
C	$1s^22s^22p^2$	↑↓	↑↓	↑	↑	
N	$1s^22s^22p^3$	↑↓	↑↓	↑	↑	↑
O	$1s^22s^22p^4$	↑↓	↑↓	↑↓	↑	↑
F	$1s^22s^22p^5$	↑↓	↑↓	↑↓	↑↓	↑
Ne	$1s^22s^22p^6$	↑↓	↑↓	↑↓	↑↓	↑↓

바와 같이 가장 낮은 에너지 준위에 우선적으로 전자가 채워지기 때문이다. 따라서, 그 다음 두개의 전자(19번과 20번)는 4s 오비탈을 차지하고 마지막 전자(21번)는 3d 오비탈에 채워진다. Sc의 최종 배치는 채워진 순서에 따라 $1s^22s^22p^63s^23p^64s^23d^1$이지만, 주에너지 준위에 의한 배치로 $1s^22s^22p^63s^23p^63d^14s^2$ 배열도 허용된다. 내부 핵심 전자 $1s^22s^22p^63s^23p^6$는 불활성기체 아르곤(Ar)의 전자구조를 나타내기 때문에 Sc의 전자배치를 $[Ar]4s^23d^1$으로도 쓸 수 있다.

전자의 오비탈 점유를 오비탈 도표(orbital box diagram)로 표시할 수 있다. 오비탈 도표의 장점은 전자배치 기호와는 다르게 한 오비탈 내에서 전자의 스핀방향을 보여준다는 것이다. 주기율표의 첫 10개 원소의 오비탈 도표를 표 2.4에 나타내었다. 7개 전자를 갖는 산소(O)의 경우, 처음 2개의 전자는 먼저 최저 에너지 오비탈인 1s 오비탈에 쌍을 이룬 스핀 상태로 채워지고, 다음의 두 전자는 짝지은 스핀 상태로 2s (다음으로 낮은 에너지 오비탈) 오비탈에 채워진다. 그 다음의 3개의 전자는, 2p 오비탈에 같은 방향의 스핀을 하면서 무작위로 채워질 것이다(p 오비탈은 모두 같은 에너지 준위임). 전자가 p 궤도에 채워지는 것은 순서가 없을지라도 편의상 왼쪽 상자로부터 오른쪽으로 채워지는 것으로 보여준다. 마지막 1개 전자는 p 오비탈에 있는 3개의 전자 중 1개와 무작위로 짝을 짓는다. 이때 마지막 전자의 스핀은 p 오비탈 내의 3개 전자와 반대 방향의 스핀을 한다. 다시 말해서, 전자들은 한 쌍씩 3개의 p 오비탈을 채우지 않을 것이다. 산소보다 전자가 한 개 더 많은 8번 F 원소에서는 그 다음의 p 오비탈이 짝을 이루며, 마지막으로 산소보다 2개의 전자가 더 많은 9번 Ne 원소는 3개의 p 오비탈 모두 짝을 이룬다. 세 번째 주껍질의 5개 d 오비탈들은 각각이 동일한 방향의 스핀을 갖는 전자 1개로 채워진 후, 나머지 전자들은 하나씩 d 오비탈과 반대 스핀을 하면서 짝을 이룰 것이다.

예제 2.7

오비탈 도표를 이용하여 Ti 원자의 전자배열을 써라:

풀이

Ti는 22개의 전자를 갖는다. 그러므로 내부코어 전자배열로서 비활성기체 Ar 구조를 이용하면 $\mathbf{1s^22s^22p^63s^23p^6}$가 되어 18개를 채우고 4개의 전자가 남는다. 3p 오비탈이 채워지면, 그림 2.9에 따라 다음 순서의 오비탈은 3d가 아니라 4s가 된다. 이는 앞서 설명한 바와 같이, 4s 오비탈의 에너지 준위가 3d 오비탈보다 낮기 때문이다. 그 다음 두 개의 전자, 19번째와 20번째는 $4s^1$과 $4s^2$에 채워지게 된다. 마지막으로 남은 *21번째와 *22번째는 아래 그림에서와 같이 d 오비탈에 채워질 것이다. $[Ar]4s^23d^2$.

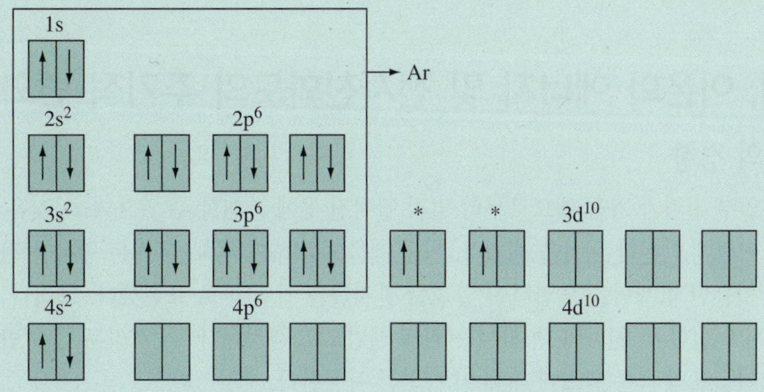

원소의 오비탈에 전자를 채우는 데에는 약간의 불규칙성이 존재하며, 모든 원소가 명시된 규칙을 정확히 따르는 것이 아니라는 점에 주의해야 한다. 예를 들어, 29개의 전자(Sc보다 8개 더 많은)를 갖는 Cu는 $[Ar]\ 3d^94s^2$의 전자구조를 갖는 것으로 예상되나 실제는 $[Ar]\ 3d^{10}4s^1$의 구조를 갖는다. 이러한 불규칙성의 원인은 아직까지 완전하게 규명되지 않았으나, 한 가지 설명은 Cu에 있어서 해당 3d와 4s 오비탈의 에너지 준위가 매우 가깝다는 것이다. Cr도 $[Ar]3d^54s^1$이라는 일반적인 전자 배치도를 따르지 않는 또 다른 원소이다. 그림 2.10에 있는 주기율표에서 이와 같이 일반적인 기준의 전자배치를 따르지 않는 일부 불규칙성이 관찰될 수 있다.

Main-Group Elements (*s* block) | Transition Elements (*d* block) | Main-Group Elements (*p* block)

Period number : highest occupied energy level

Period	1A (1) ns^1	2A (2) ns^2	3B (3)	4B (4)	5B (5)	6B (6)	7B (7)	8B (8)	8B (9)	8B (10)	1B (11)	2B (12)	3A (13) ns^2np^1	4A (14) ns^2np^2	5A (15) ns^2np^3	6A (16) ns^2np^4	7A (17) ns^2np^5	8A (18) ns^2np^6
1	1 **H** $1s^1$																	2 **He** $1s^2$
2	3 **Li** $2s^1$	4 **Be** $2s^2$											5 **B** $2s^22p^1$	6 **C** $2s^22p^2$	7 **N** $2s^22p^3$	8 **O** $2s^22p^4$	9 **F** $2s^22p^5$	10 **Ne** $2s^22p^6$
3	11 **Na** $3s^1$	12 **Mg** $3s^2$											13 **Al** $3s^23p^1$	14 **Si** $3s^23p^2$	15 **P** $3s^23p^3$	16 **S** $3s^23p^4$	17 **Cl** $3s^23p^5$	18 **Ar** $3s^23p^6$
4	19 **K** $4s^1$	20 **Ca** $4s^2$	21 **Sc** $4s^23d^1$	22 **Ti** $4s^23d^2$	23 **V** $4s^23d^3$	24 **Cr** $4s^13d^5$	25 **Mn** $4s^23d^5$	26 **Fe** $4s^23d^6$	27 **Co** $4s^23d^7$	28 **Ni** $4s^23d^8$	29 **Cu** $4s^13d^{10}$	30 **Zn** $4s^23d^{10}$	31 **Ga** $4s^24p^1$	32 **Ge** $4s^24p^2$	33 **As** $4s^24p^3$	34 **Se** $4s^24p^4$	35 **Br** $4s^24p^5$	36 **Kr** $4s^24p^6$
5	37 **Rb** $5s^1$	38 **Sr** $5s^2$	39 **Y** $5s^24d^1$	40 **Zr** $5s^24d^2$	41 **Nb** $5s^14d^4$	42 **Mo** $5s^14d^5$	43 **Tc** $5s^24d^5$	44 **Ru** $5s^14d^7$	45 **Rh** $5s^14d^8$	46 **Pd** $4d^{10}$	47 **Ag** $5s^14d^{10}$	48 **Cd** $5s^24d^{10}$	49 **In** $5s^25p^1$	50 **Sn** $5s^25p^2$	51 **Sb** $5s^25p^3$	52 **Te** $5s^25p^4$	53 **I** $5s^25p^5$	54 **Xe** $5s^25p^6$
6	55 **Cs** $6s^1$	56 **Ba** $6s^2$	57 **La*** $6s^25d^1$	72 **Hf** $6s^25d^2$	73 **Ta** $6s^25d^3$	74 **W** $6s^25d^4$	75 **Re** $6s^25d^5$	76 **Os** $6s^25d^6$	77 **Ir** $6s^25d^7$	78 **Pt** $6s^15d^9$	79 **Au** $6s^15d^{10}$	80 **Hg** $6s^25d^{10}$	81 **Tl** $6s^26p^1$	82 **Pb** $6s^26p^2$	83 **Bi** $6s^26p^3$	84 **Po** $6s^26p^4$	85 **At** $6s^26p^5$	86 **Rn** $6s^26p^6$
7	87 **Fr** $7s^1$	88 **Ra** $7s^2$	89 **Ac**** $7s^26d^1$	104 **Rf** $7s^26d^2$	105 **Db** $7s^26d^3$	106 **Sg** $7s^26d^4$	107 **Bh** $7s^26d^5$	108 **Hs** $7s^26d^6$	109 **Mt** $7s^26d^7$	110 **Ds** $7s^26d^8$	111 **Rg** $7s^26d^9$	112 $7s^26d^{10}$	113 $7s^27p^1$	114 $7s^27p^2$	115 $7s^27p^3$	116 $7s^27p^4$		

Inner Transition Elements (*f* block)

Period	Series														
6	*Lanthanides	58 **Ce** $6s^24f^15d^1$	59 **Pr** $6s^24f^3$	60 **Nd** $6s^24f^4$	61 **Pm** $6s^24f^5$	62 **Sm** $6s^24f^6$	63 **Eu** $6s^24f^7$	64 **Gd** $6s^24f^75d^1$	65 **Tb** $6s^24f^9$	66 **Dy** $6s^24f^{10}$	67 **Ho** $6s^24f^{11}$	68 **Er** $6s^24f^{12}$	69 **Tm** $6s^24f^{13}$	70 **Yb** $6s^24f^{14}$	71 **Lu** $6s^24f^{14}5d^1$
7	**Actinides	90 **Th** $7s^26d^2$	91 **Pa** $7s^25f^26d^1$	92 **U** $7s^25f^36d^1$	93 **Np** $7s^25f^46d^1$	94 **Pu** $7s^25f^6$	95 **Am** $7s^25f^7$	96 **Cm** $7s^25f^76d^1$	97 **Bk** $7s^25f^9$	98 **Cf** $7s^25f^{10}$	99 **Es** $7s^25f^{11}$	100 **Fm** $7s^25f^{12}$	101 **Md** $7s^25f^{13}$	102 **No** $7s^25f^{14}$	103 **Lr** $7s^25f^{14}6d^1$

그림 2.10 > 각 원소들의 바닥상태 전자배치를 보여주는 주기율표.

2.4 원자크기, 이온화 에너지 및 전자친화도의 주기적 변화

2.4.1 원자 크기의 경향

이전 절에서 우리는 일부 전자가 가끔 핵으로부터 멀리 떨어진 곳에 존재할 수 있으며, 이것은 원자의 절대적인 모양을 확립하는 것을 어렵게 만든다는 것을 배웠다. 이 문제를 해결하기 위해, 우리는 원자를 전자가 그들의 시간의 90% 동안 머무르는 확률반경 개념을 도입하여 일정한 반지름을 가진 구로 표현했다. 그러나 실제로 원자 크기는 원소의 고체 샘플에서 인접한 두 원자의 핵 사이 거리의 절반으로 결정된다. 이 거리는 **금속 반지름**(metallic radius)이라고도 하며 주기율표의 금속 원소에 대해 이 정의를 사용한다.

일반적으로 공유 분자를 형성하는 다른 원소들(Cl, O, N 등)의 경우, 원자 크기를 분자 내의 동일한 원자의 핵 사이 거리의 절반(**공유 반지름**(covalent radius)으로 불림)으로 정의한다. 따라서 원자의 크기는 인접한 이웃원자의 영향에 따라 달라지며, 물질마다 조금씩 다르다.

원자 크기는 전자분포에 직접적인 영향을 받으므로, 그 반경은 주기(period)와 족(group)에 따라 변한다. 일반적으로 원자 간에는 두 개의 상반되는 힘이 작용한다. 주양자수 n이 증가하면(즉, 주기율표에서 한 주기에서 다음 주기로 가면), 전자들은 핵으로부터 먼 거리에 있게 되므로 원자는 커진다. 그림 2.11에서 주기율표의 위에서 아래로 가면 일반적으로 원자가 커진다. 반면에 원자핵의 전하가 증가하면, 즉 주기의 오른쪽(양성자 증가)으로 가면,

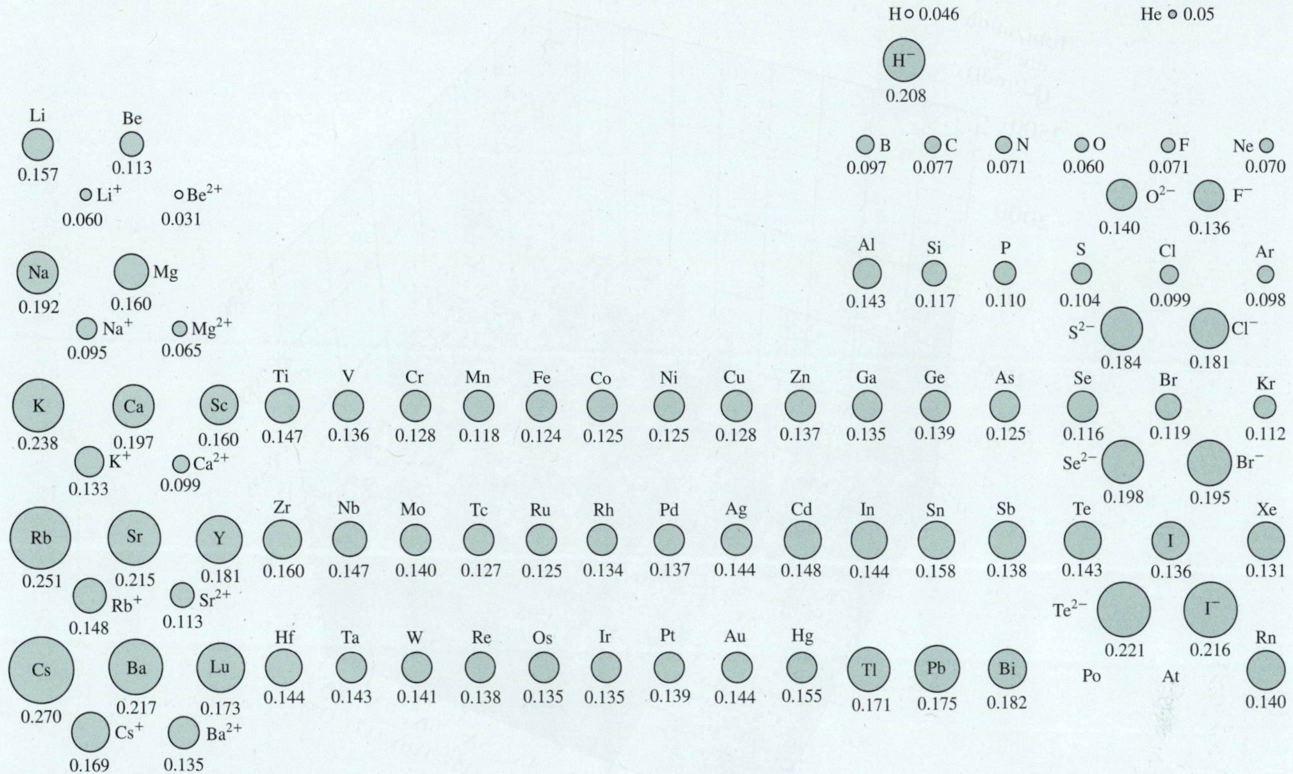

그림 2.11 ➤ 주기율표에서 원자들과 이온들의 크기(nm) 비교.

동영상

전자들은 핵에 더 강하게 끌리게 되고 이것은 원자의 크기를 축소시키는 경향이 있다. 그러므로, 원자크기는 이 두 가지 힘의 실질적인 영향에 따라 정해지며, 원자의 크기는 다른 원자와 물질의 특성에 영향을 주기 때문에 중요하다. 일반적인 추세는 원소 1A족부터 8A족에 이르기까지는 몇 개의 예외를 제외하고는 잘 적용되나, 전이원소(transition elements)에 대해서는 예측 가능성이 낮다.

2.4.2 이온화 에너지의 경향

원자로부터 전자 한 개를 떼어내는 데 필요한 에너지를 *이온화 에너지*(ionization energy, IE)라고 한다. 이를 위하여 에너지를 공급해야 하기 때문에 이온화 에너지는 언제나 양(+)의 값을 갖는다. 다전자 원자는 여러 개의 전자를 떼어낼 수 있으나, 최외각 전자 한 개를 떼어내는 데 필요한 에너지 즉, **1차 이온화 에너지**(first ionization energy), IE1는 원자의 화학반응성에 핵심적인 역할을 한다.

그림 2.12에서 보면, 1차 이온화 에너지는 일반적으로 원자크기에 대략적으로 반비례하는 경향을 보여준다. 그림 2.11과 2.12를 같이 비교해 보면, 원자크기와는 다르게 한 주기(period)에 걸쳐 오른쪽으로 이동할수록 이온화 에너지는 증가하고, 족(group)의 아래로 내려갈수록 이온화 에너지는 감소한다. 다시 말해, 주기율표의 주기에서 원자가 작아지면 핵과 전자간 인력은 더욱 증가하므로, 이들 전자를 떼어내기가 더 어려워지고, 이온화 에너지는 더욱 증가하게 된다. 따라서, 1A족과 2A족 원소들은 쉽게 이온화되고, 족의 아래 방향으로 내려가면서 원자가 커지면, 원자핵과 최외각 전자 간 거리가 멀어지고 그들 간의 인력도 감소하므로 외각전자의 이온화 에너지는 감소된다.

전자를 많이 가진 다전자 원자들은 첫 번째 외각전자가 제거되면, 두 번째 외각전자를 떼어내는 데 더 큰 에너지가 필요하므로 당연히 **2차 이온화 에너지**(second ionization energy), IE2는 IE1보다 더 크다. 외각전자가 모두 제거되고 내부전자만 남아 있으면 이 내부전자를 떼어내는 데는 매우 큰 에너지가 필요하다. 예를 들면, Li 원자는 1개의 $2s^1$ 외각전자와 2개의 내부전자 $1s^1$과 $1s^2$를 갖고 있는데, 외각의 1개 전자, $2s^1$을 제거하는 데 0.52 MJ/mole이 필요하지만, $1s^2$ 전자를 제거하는 데는 7.30 MJ/mole이 필요하고, $1s^1$ 전자를 제거하는 데는 11.81 MJ/

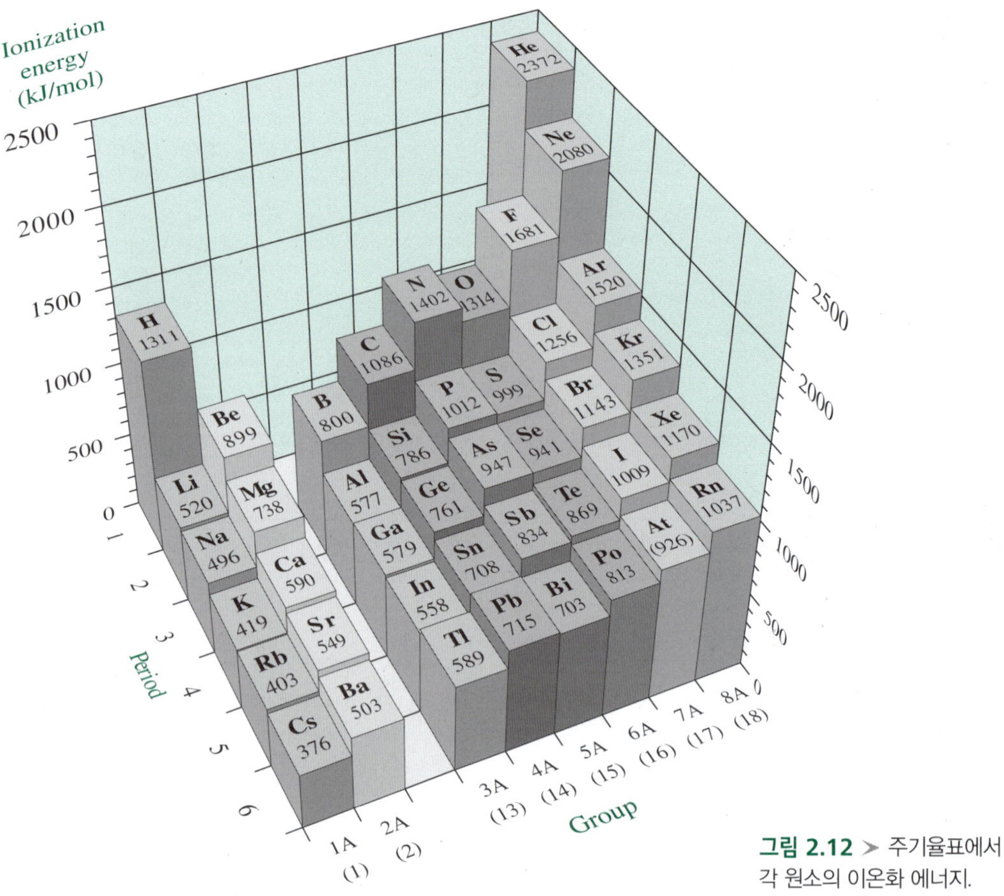

그림 2.12 ➤ 주기율표에서 각 원소의 이온화 에너지.

mole이 필요하다. 이와 같이 내부전자를 제거하는 데는 매우 높은 에너지가 요구되기 때문에 일반적인 화학반응에서는 내부전자를 제거하는 것까지 고려하지 않는다. 이온화 과정에서 원자가 내어 놓은 외각전자들의 숫자를 **양(+)의 산화수**(positive oxidation number)라 하며, 각 원소의 산화수를 그림 2.13에 나타내었다. 일부 원소는 둘 이상의 양의 산화수를 가질 수 있다는 것을 유념하라.

2.4.3 전자 친화도의 경향

최외각 전자를 쉽게 잃는 경향이 있는, 즉 1차 이온화 에너지가 낮은 1A족과 2A족과는 달리, 일부 원자들은 하나 또는 그 이상의 전자를 받아들이고 그 과정에서 에너지를 방출하는 경향이 있다. 이 특성을 **전자친화도**(electron affinity, EA)라 한다. 1차 이온화 에너지(IE1)처럼 *1차 전자친화도*(first electron affinity: EA1)가 있다. 이것은 원자가 첫 번째 전자를 받아들일 때 방출되는 에너지 변화(EA1)는 원자가 첫 번째의 전자를 잃을 때 방출하는 에너지(IE1)와는 반대 개념이다. 즉, 여기서는 에너지가 방출된다. 그림 2.13에서 보는 바와 같이, 이온화 에너지와 유사하게 전자친화도도 주기의 오른쪽으로 갈수록 증가하고(1개 전자를 받아들인 후 더 많은 에너지를 방출한다), 한 족(group)에서 아래로 내려 갈수록 감소한다. 따라서 6A족과 7A족은 일반적으로 가장 높은 전자친화도를 갖는다. 각 원소에 대하여 1개의 원자가 받아들일 수 있는 전자수를 **음(−)의 산화수**(negative oxidation number)라 한다. 그림 2.13에서 어떤 특정한 원소들은 양과 음의 산화수를 동시에 가질 수 있다는 점을 주의 깊게 살펴보기 바란다.

2.4.4 금속, 준금속과 비금속

일반적으로 1A족과 2A족 원자들은 낮은 이온화 에너지를 가지며 전자친화도가 거의 없거나 전혀 없다. 이들 원소를 **반응성 금속**(reactive metals, 간단히 금속)이라 부르는데, 이들 원자는 최외각 전자를 쉽게 잃어 버리는 경

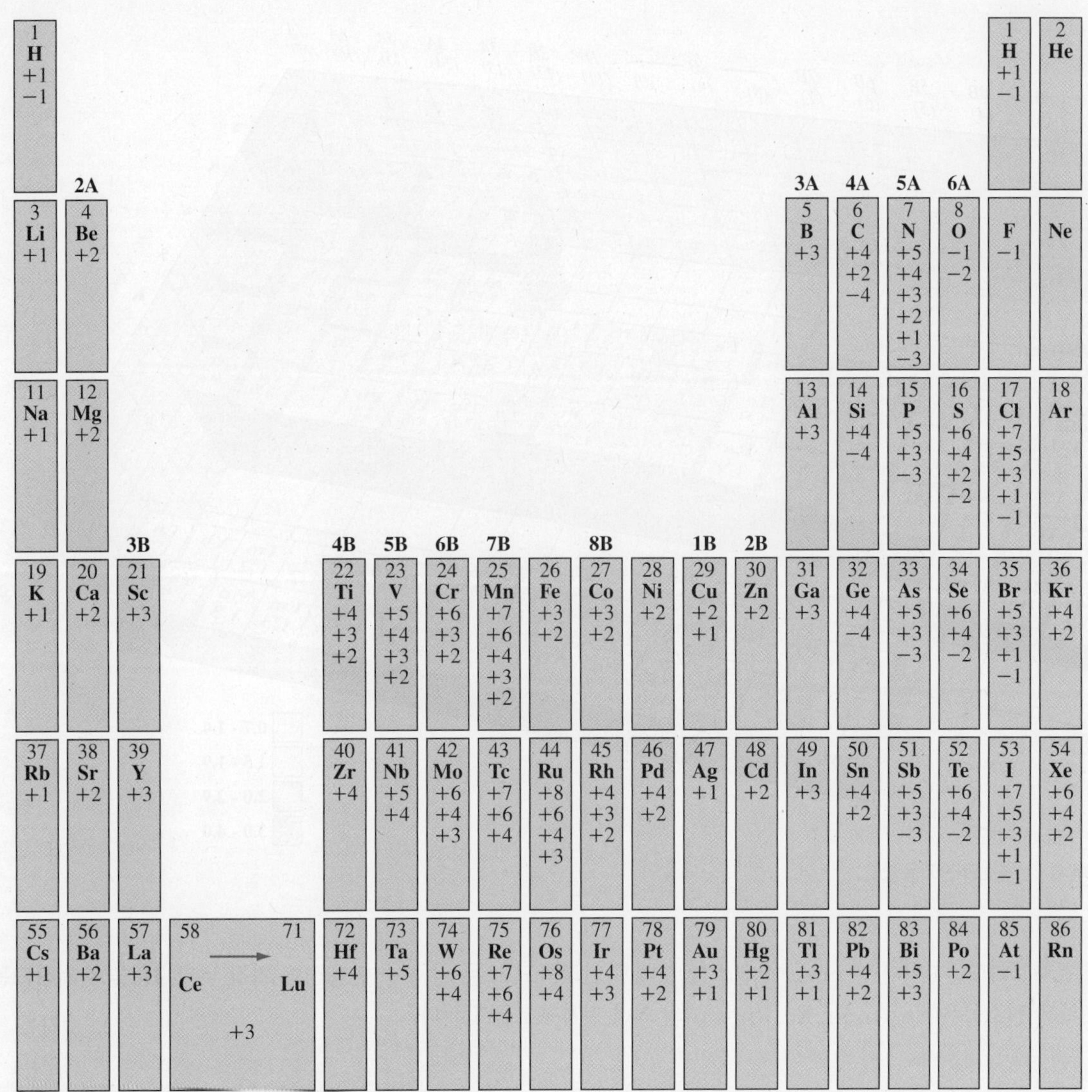

그림 2.13 ➤ 주기율표사의 위치에 연관한 각 원소의 산화수.
(R.E. Davis, K.D. Gailey, and K.W. Whitten, *Principles of Chemistry*, Saunders College Publishing,1984, p. 299.)

향이 있어 양이온(cations)(음전하를 띤 전자를 잃은 결과로 형성되는 양전하를 띤 이온)을 형성한다. 반면에, 6A족과 7A족 원소들은 높은 이온화 에너지와 매우 높은 전자친화도를 갖는다. 이 원소들은 **반응성 비금속**(reactive nonmetals, 간단히 비금속)이라고 부르고, 전기적으로 음성이다. 그들은 전자를 쉽게 받아들이는 경향을 가지고 있어 음이온(anions)(음전하를 띤 전자를 받아들인 결과로 형성되는 음전하를 띤 이온)을 형성한다.

3A족의 첫 원소인 붕소(B)는 금속 혹은 비금속의 성질을 띠는데, 이와 같은 원소들을 **준금속**(metalloids)이라 한다. 그 나머지 3A족 원소들은 모두 금속이다. 4A족의 첫 번째 원소인 탄소(C)와 다음의 실리콘(Si)와 게르마늄(Ge)은 모두 준금속이고, 나머지 주석(Sn)과 납(Pb)은 금속이다. 5A족에서 질소(N)와 인(P)은 비금속이고, 아르세닉(비소, As)과 안티몬(Sb)은 준금속이나 비스무스(Bi)는 금속이다. 이와 같이, 3A족, 4A족, 5A족에 속한 원소들은 다양한 성질을 보이나, 확실한 것은 족의 아래로 내려가면 금속성이 강하고, 주기의 오른쪽으로 갈수록 비금속성이 강하다는 것이다. 이러한 성질들은 원자가 전자를 자기 쪽으로 끌어당기는 정도를 나타내는 **전기 음성도**(electronegativity)라는 용어를 알면, 쉽게 이해될 수 있다(그림 2.14). 그림에서 각 원자의 전기음성도는 최소 0.8에서 최대 4.0까지의 값을 갖는다. 예측한대로, 비금속은 금속보다 더 전기적으로 음성인 반면에 준금속은 중간 정도의 전기음성도를 갖는다.

8A족 원자들은 불활성 기체(noble gases, inert gases)로 불리는데, 그들은 매우 큰 이온화 에너지를 갖고 있으

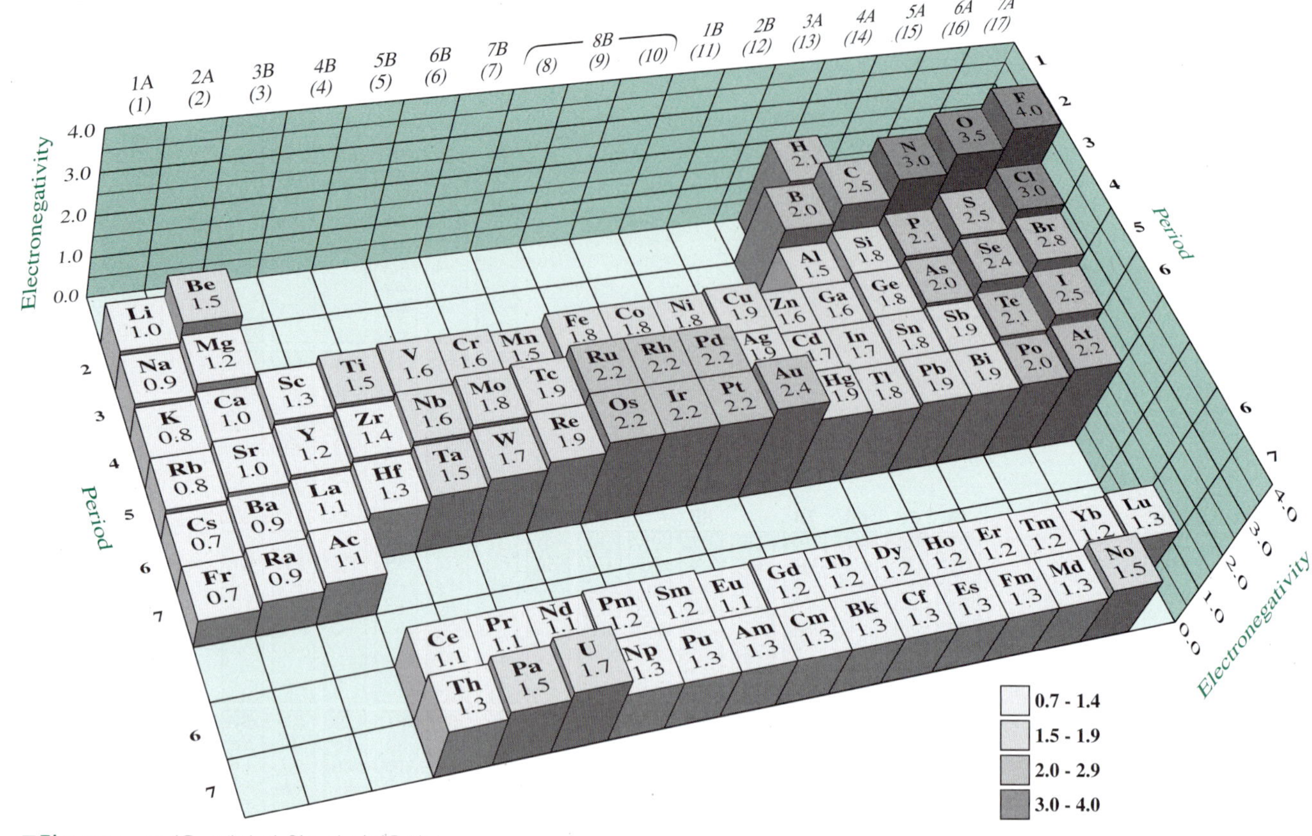

그림 2.14 ➤ 주기율표에서 각 원소의 전기음성도.

며 전자친화도는 0이다. 따라서, 이 원소들은 매우 안정하고 모든 원소 중 반응성이 가장 낮다. He을 제외하고는 이 족의 원소들은(Ne, Ar, Kr, Xe, Rn) s^2p^6의 외각 전자구조를 갖는다.

2.5 1차 결합

동영상

원자간의 결합을 형성하는 구동력(driving force)은 각 원자가 에너지적으로 가장 안정한 상태에 있기를 추구하기 때문이다. 서로 다른 원자와의 결합에서도 결합하는 각 원자들의 위치 에너지가 낮아지면서 더 안정한 상태가 된다. 이런 결합들을 **1차 결합**(primary bonds)이라 부르며 원자간에 매우 높은 결합력을 갖게 한다.

앞 절에서 원자의 거동과 특성, 예를 들어 원자크기, 이온화 에너지, 전자친화도는 원자의 전자구조, 핵과 전자 간의 상호인력뿐만 아니라 전자 사이의 반발력에 크게 의존하는 것으로 배웠다. 마찬가지로 물질의 거동과 특성은 원자들 사이의 결합의 종류와 결합 강도에 크게 의존한다. 다음 절에서는 기존 1, 2차 결합의 성격과 특성에 대해 논의할 것이다.

주기율표에서 원소들은 금속과 비금속으로 분류되고, 준금속은 금속 또는 비금속으로 거동할 수 있다. 두 종류의 원자 사이에는 (1) 금속–비금속, (2) 비금속–비금속, (3) 금속–금속의 세 가지 1차 결합의 조합이 가능하다.

2.5.1 이온결합

이온의 전기적 및 크기 인자 금속과 비금속은 전자전달과 이온결합을 통해 결합한다. **이온결합**(ionic bonds)은 매우 강한 양전하(금속) 원소와 매우 강한 음전하(비금속) 원소 간에 전자전달(electron transfer)에 의해 형성된다. 이온결합은 전기음성도(그림 2.14)의 차이가 큰 원자들 간에 관찰되는데, 대표적인 예를 들면, 1A족이나 2A

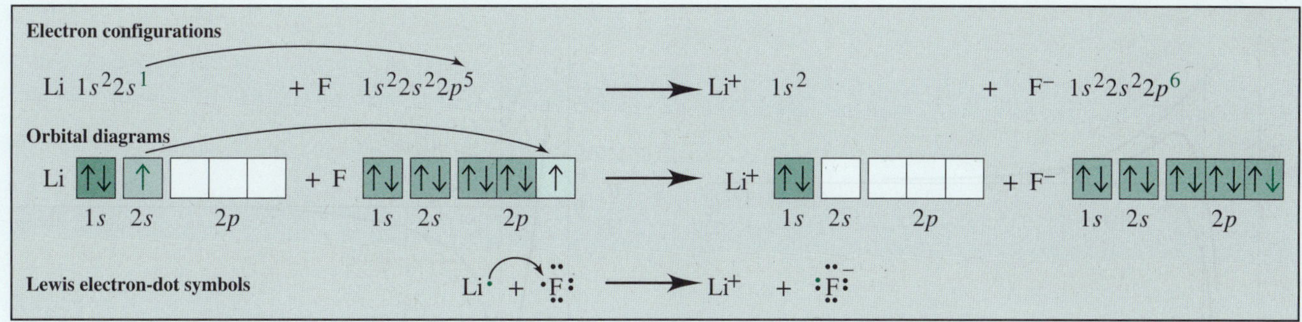

그림 2.15 ➤ Li과 F의 이온결합 과정. (*a*) 전자배치. (*b*) 오비탈 도표. (*c*) 전자점(electron-dot symbol) 모델.

족의 원자(반응성 금속)와 6A 혹은 7A족의 원자(반응성 비금속)의 결합이 있다. 강한 이온결합을 하고 있는 고체의 예로, 전기음성도가 1.0인 Li 원자와 전기음성도 4.0인 F 원자간 이온결합을 생각해 보자. Li 원자는 1개의 전자를 잃고 양이온 Li^+을 형성하는 과정에서 Li 원자 반지름, $r = 0.157$ nm에서 Li^+ 이온 반지름, $r = 0.060$ nm로 크게 감소한다. 이와 같이 반경이 작아지는 이유는 (1) 이온화된 후에 최외각 전자가 $n = 2$ 궤도가 아닌 $n = 1$ 궤도에만 존재하기 때문이고, (2) 양성(+)의 핵과 음성(−)의 전자전하구름 간의 균형이 사라지고, 핵은 전자에 더 강한 인력을 발휘하여 전자를 더 가까이 끌어당길 수 있기 때문이다. 이와 반대로, F 원자는 Li이 잃어버린 전자를 얻어 음이온 F^-를 형성한다. 이 과정에서 F 원소의 반지름은 $r = 0.071$ nm로부터 F^- 이온 $r = 0.136$ nm로 2배 가까이 증가한다. 그림 2.11에 나와 있는 바와 같이 일반적으로 금속 원자가 양이온이 되면 반경은 작아지고, 비금속 원자가 음이온이 되면 그의 반경은 커진다. 전자전달을 끝낸 Li은 최외각 전자배치는 $1s^2$이 되어 불활성 기체 He과 동일한 매우 안정된 전자구조를 갖는다. 이와 유사하게 F는 최외각 전자구조를 모두 채우고 불활성 기체 Ne과 동일한 매우 안정된 전자구조를 갖는다. 두 이온 간의 이와 같은 강한 정전기적 인력은 서로를 끌어당겨 강한 이온결합을 형성한다. Li과 F 사이의 이온결합 과정을 전자배치, 오비탈 도표, 전자점 모델은 그림 2.15에 쉽게 나타내었다.

결합력 반대로 대전된 1쌍의 이온(예: Na^+와 Cl^-)이 a라는 먼 거리에서 서로 접근한다고 생각해 보자(그림 2.16). 두 이온이 접근하면 서로 정전기력에 의해 끌릴 것이다. 즉, 한 이온의 핵이 상대방의 전자전하구름을 당길 것이며, 역으로도 생각할 수 있다. 이 경우 *이온간 거리*(interionic distance) a는 감소하고, 두 이온은 더 가까워진다. 두 이온이 더욱 더 서로 가까이 접근하면 두 전자전하구름은 오히려 서로 간에 반발력이 생기게 된다. 따라서, 이들 이온 사이의 인력과 반발력이 같아질 때 두 힘의 균형을 이루게 되는데, 이때 두 **이온 간의 평형거리**(equilibrium interionic distance)인 a_0 (즉, F_{net}가 0이 되는 위치)를 유지하면서 강한 이온 결합을 이루게 된다. 그림 2.16에 한 쌍의 이온에 대한 이온 상호 간의 힘과 이온 간 거리의 관계를 그래프로 나타냈다.

임의의 이온간 거리에서의 순 힘(net force)은 식 (2.10)에서 계산할 수 있는데,

$$F_{net} = \underbrace{-\frac{z_1 z_2 e^2}{4\pi\epsilon_0 a^2}}_{\text{인력}} - \underbrace{\frac{nb}{a^{n+1}}}_{\text{반발력}} \tag{2.10}$$

여기서 z_1과 z_2는 각 이온이 형성되면서 각 원자가 잃거나 얻은 전자의 수(서로 반대부호), b와 n은 상수, e는 전자의 전하, a는 이온간 거리, ϵ_0는 진공에서 유전율(8.85×10^{-12} $C^2/N \cdot m^2$)을 각각 나타낸다.

E_{net}는 식 (2.11)을 사용하여 결정할 수 있다. 평형 상태에서 이온결합이 형성될 때의 순수한 힘은 0이지만, 결합의 위치에너지는 가장 낮은 에너지인 E_{min}이 된다. 최소 에너지인 E_{min}은 식 (2.11)에 a_0을 대입하여 구할 수 있다. 그림 2.17과 같이 E_{min}은 음의 값을 갖는데 이것은 누군가가 그 결합을 끊으려면 E_{min}과 같은 양의 에너지를 소비해야 한다는 것을 나타낸다.

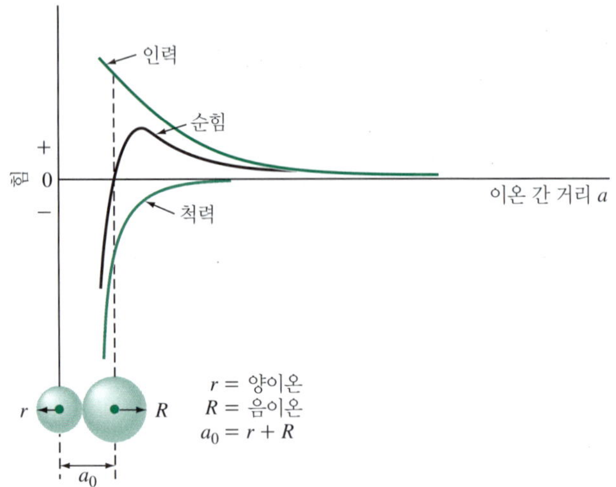

그림 2.16 ➤ 반대로 대전된 이온쌍에 대한 힘과 거리의 관계. 결합이 형성될 때 순 힘은 0이다.

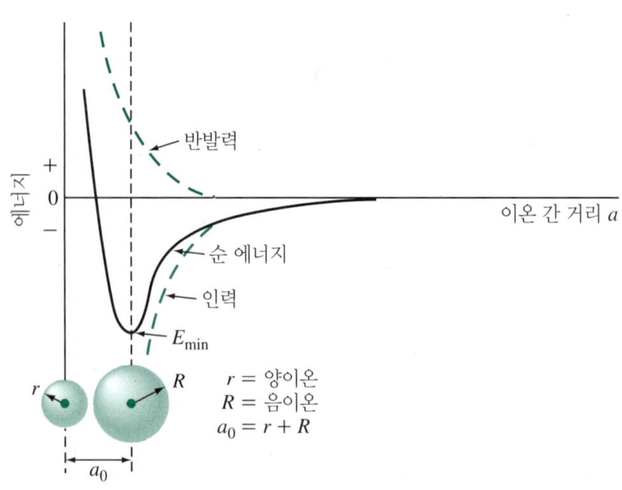

그림 2.17 ➤ 반대로 대전된 이온들 간의 거리에 따른 에너지의 변화. 결합이 형성될 때 순 에너지는 최소이다.

$$E_{\min} = \underbrace{\frac{z_1 z_2 e^2}{4\pi\epsilon_0 a}}_{\text{인력}} + \underbrace{\frac{b}{a^n}}_{\text{반발력}} \tag{2.11}$$

예제 2.8

Mg^{2+}와 S^{2-} 이온 쌍 사이의 인력은 1.49×10^{-9} N이라면 다음을 계산하라. (*a*) S^{2-} 이온의 반지름이 0.184 nm인 경우 이온 간 평형거리를 구하라. (*b*) Mg^{2+} 이온의 반지름을 nm로 계산하라.

풀이

Mg^{2+} 이온과 S^{2-} 이온 반지름의 합인 a_0의 값은 쿨롱의 법칙의 재배열된 형태인 식 (2.12)로부터 계산할 수 있다.

a.

$$a_0 = \sqrt{\frac{-Z_1 Z_2 e^2}{4\pi\,\epsilon_0\,F_{\text{attraction}}}} \tag{2.12}$$

$$Z_1 = +2 \text{ for } Mg^{2+} \qquad Z_2 = -2 \text{ for } S^{2-}$$

$$|e| = 1.60 \times 10^{-19}\,\text{C} \quad \epsilon_0 = 8.85 \times 10^{-12}\,\text{C}^2/(\text{N}\cdot\text{m}^2)$$

$$F_{\text{attractive}} = 1.49 \times 10^{-9}\,\text{N}$$

따라서

$$a_0 = \sqrt{\frac{-(2)(-2)(1.60 \times 10^{-19}\text{C})^2}{4\pi[8.85 \times 10^{-12}\,\text{C}^2/(\text{N}\cdot\text{m}^2)](1.49 \times 10^{-8}\text{N})}}$$

$$= 2.49 \times 10^{-10}\,\text{m} = 0.249\,\text{nm}$$

b.

$$a_0 = r_{Mg^{2+}} + r_{s^{2-}}$$

$$0.249\,\text{nm} = r_{Mg^{2+}} + 0.184\,\text{nm}$$

또는

$$r_{Mg^{2+}} = 0.065\,\text{nm}$$ ◀

예제 2.9

평형상태에 있는 Na^+($r = 0.095$ nm)와 Cl^-($r = 0.181$ nm) 이온 간의 반발력은 -3.02×10^{-9} N이다. (*a*) 식 (2.10)에 있는 반발력을 이용하여 상수 *b* 값을 계산하라. (*b*) $n = 9$라고 가정할 때, 결합 에너지 E_{min}을 계산하라.

풀이

a. NaCl 이온 쌍에서 상수 *b* 값은

$$F = -\frac{nb}{a^{n+1}}$$

Na^+Cl^- 이온 간의 척력은 -3.02×10^{-9} N이다. 따라서,

$$-3.20 \times 10^{-9}\ \text{N} = \frac{-9b}{(2.76 \times 10^{-10}\ \text{m})^{10}}$$

$$b = 8.59 \times 10^{-106}\ \text{N} \cdot \text{m}^{10} \blacktriangleleft$$

b. Na^+Cl^-이온 쌍의 위치에너지를 계산하기 위하여, 식 (2.11)을 사용한다.

$$E_{Na^+Cl^-} = \frac{+Z_1Z_2e^2}{4\pi\epsilon_0 a} + \frac{b}{a^n}$$

$$= \frac{(+1)(-1)(1.60 \times 10^{-19}\text{C})^2}{4\pi[8.85 \times 10^{-12}\text{C}^2/(\text{N} \cdot \text{m}^2)](2.76 \times 10^{-10}\text{m})} + \frac{8.59 \times 10^{-106}\ \text{N} \cdot \text{m}^{10}}{(2.76 \times 10^{-10}\ \text{m})^9}$$

$$= -8.34 \times 10^{-19}\text{J}^* + 0.92 \times 10^{-19}\ \text{J}^*$$

$$= -7.42 \times 10^{-19}\ \text{J} \blacktriangleleft$$

*1 J = 1 N · m

이온고체 내의 이온배열 이전 논의에서 우리는 한 쌍의 이온에 대한 이온결합에 관하여 논하였지만, 음이온은 모든 방향에서 양이온을 끌어당기고 가능한 한 많은 양이온과 결합한다. 또는 양이온은 모든 방향에서 음이온을 끌어당기고 가능한 한 많은 음이온과 결합한다. 이는 부분적으로 이온성 충전 배열을 결정하며, 이온성 고체의 3차원 구조가 형성되는 방식을 결정한다. 따라서 이온이 충전될 때 선호되는 방향(별도의 단일 분자가 존재하지 않음)이 없이 3차원적으로 반응하며, 결과적으로 이 결합을 *비방향성*(nondirectional) 결합이라고 한다.

음이온 주위에 충전할 수 있는 양이온의 수(충전 효율, packing efficiency)는 (1) 상대적인 크기와 (2) 전하 중성의 두 가지 요인에 의해 결정된다. CsCl과 NaCl 이온 고체를 생각해 보자. CsCl의 경우, 그림 2.18*a*와 같이 8개의 Cl^- 음이온($r = 0.181$ nm)이 중심 Cs^+ 양이온($r = 0.169$ nm) 주위에 모여 있다. 반대로 NaCl의 경우 6개의 Cl^- 음이온이 그림 2.18*b*와 같이 중심 Na^+ 양이온($r = 0.095$ nm) 주위에 충전한다. CsCl에서 음이온 r_{Cs^+}/r_{Cl^-}에 대한 양이온의 반지름의 비율은 0.169/0.181 = 0.93이다. NaCl에 대한 동일한 비율은 0.095/0.181 = 0.525이다. 따라서 양이온 대 음이온 반지름의 비율이 감소함에 따라, 더 적은 음이온이 양이온을 둘러쌀 수 있다.

전기적 중립성은 두 번째 요인이다. 예를 들어, NaCl 이온 고체에서, 모든 Na^+ 이온에 대해 전체 고체에는 하나의 Cl^- 이온이 있어야 한다. 그러나 CaF_2에서는 모든 Ca^{2+} 양이온에 대해 두 개의 F^- 음이온이 있어야 한다.

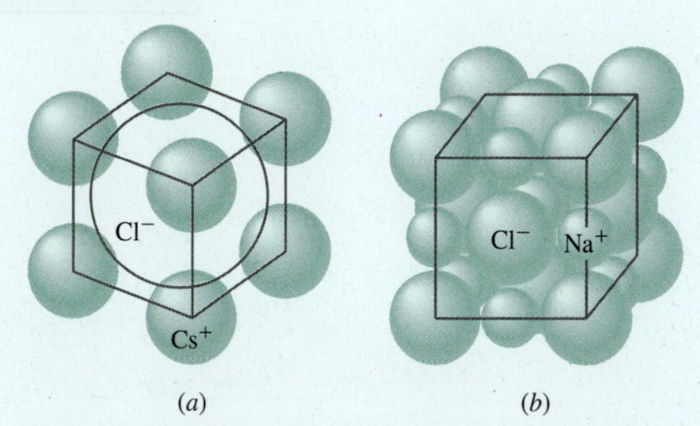

그림 2.18 ➤ 두 이온고체의 이온 충전배열: (*a*) CsCl (*b*) NaCl.

이온고체 내의 에너지 이온고체 형성 과정에 요구되는 에너지 관계를 이해하기 위하여 LiF 이온고체를 예를 들어 보자. LiF 이온고체 생성은 약 617 kJ/mol의 에너지를 방출한다. 다르게 표현하면, *LiF의 생성열*(heat of formation, 생성 엔탈피)은 $\Delta H° = -617$ kJ/mol이다. 이온화 단계에서 이온성 고체의 형성까지의 결합과정은 다음과 같이 5개 단계로 나눌 수 있으며,

이러한 단계 중 일부는 에너지 소비가 필요하다.

1단계: 고체 Li의 기체 Li ($1s^2 2s^1$)화: 이 단계를 승화 혹은 *원자화*(atomization)라고 하며, 약 161 kJ/mol의 에너지가 필요하다. $\Delta H^1 = +161$ kJ/mol.

2단계: F_2 분자를 F($1s^2 2s^2 2p^5$) 원자로 변환: 이 단계에서 79.5 kJ/mol이 필요하다. $\Delta H^2 = +79.5$ kJ/mol

3단계: Li의 $2s^1$ 전자를 제거하여 Li^+ 양이온을 형성하는 에너지: 이 단계에서 520 kJ/mol의 에너지가 필요하다. $\Delta H^3 = +520$ kJ/mol.

4단계: F 원자를 F^- 이온으로 음이온화하기 위한 전자의 전달: 이 과정에서 에너지는 방출된다. 따라서 에너지 변화는 음으로 지정되며 약 −328 kJ/mol, $\Delta H^4 = -328$ kJ/mol이 된다.

5단계: 기체 상태 이온들의 이온고체화: 양이온과 음이온 간의 정전기적 인력은 기체 이온 사이의 이온결합을 생성하여 3차원 고체를 형성한다. 이 과정과 관련된 에너지를 **격자 에너지**(lattice energy)라 하며 알려지지 않은 이 에너지 값을 구하고자 한다. $\Delta H^5 = ?$ kJ/mol

헤스 법칙(Hess law)에 의하면, LiF의 총 생성열은 각 단계에서 요구되는 형성열의 에너지 합과 같아야 한다. 즉, 식 (2.13)에 제시된 바와 같이,

$$\Delta H^0 = \Delta H^1 + \Delta H^2 + \Delta H^3 + \Delta H^4 + \Delta H^5 \qquad \textbf{(2.13)}$$

이 관계로부터 격자에너지의 크기는 $\Delta H^5 = \Delta H^0 - [\Delta H^1 + \Delta H^2 + \Delta H^3 + \Delta H^4] = -617$ kJ − [161 kJ + 79.5 kJ + 520 kJ − 328 kJ] = −1050 kJ이다. 이것은 1, 2, 3단계에서 에너지가 소비되지만 이온고체 형성단계(1050 kJ) 에서는 격자에너지가 더 많이 생성된다는 것을 의미한다. 다르게 표현하면, 1, 2, 3단계에서 소비된 에너지는 이온들이 고체를 형성하기 위하여 모이는 5단계에서 생성된 격자에너지에 의하여 초과해서 공급된다. 이는 원자들이 결합하면서 자신의 위치에너지를 낮춘다는 것을 확인시켜준다. 대표적인 이온고체의 격자에너지와 융점이 표 2.5에 실려 있다. 이 표를 검토하면, (1) 주기율표의 족에서 아래로 내려가거나 또는 이온의 크기가 증가하면 격자에너지는 감소하고, (2) 전하수가 많은 이온일 경우 격자에너지는 크게 증가한다.

이온결합과 재료의 물성 이온 고체들은 일반적으로 높은 융점을 갖는다. 표 2.5에 나타난 바와 같이 MgO는 가장 높은 3932 KJ/mol의 격자에너지를 가지며 2800°C라는 가장 높은 용융점을 갖는 것과 같이, 이온고체의 격자에너지가 증가하면 용융점은 높아진다. 또, 이온고체들은 일반적으로 경도가 높고(압흔이 안 생김), 강성이 크고(굽힘성과 탄성이 없음), 강하고(깨지기 어려움), 취성(변형이 거의 안됨)이 강하다. 이온고체들의 이러한 성질은 이온들을 서로 강하게 결합하게 하는 높은 정전기적 인력에 기인한다. 그림 2.18과 2.19에서 음이온과 양이온이 번갈아 교대로 위치하는 배열 방식을 주목해 보자. 만약 큰 힘이 이온고체에 가해지면 이온들의 위치가 변하여 같은

표 2.5 > 대표적인 이온고체의 격자에너지와 융점

이온성 고체	격자 에너지*		융점 (°C)
	kJ/mol	kcal/mol	
LiCl	829	198	613
NaCl	766	183	801
KCl	686	164	776
RbCl	670	160	715
CsCl	649	155	646
MgO	3932	940	2800
CaO	3583	846	2580
SrO	3311	791	2430
BaO	3127	747	1923

* 결합 형성 시 에너지가 방출되므로 모두 음(−)의 값을 갖는다.

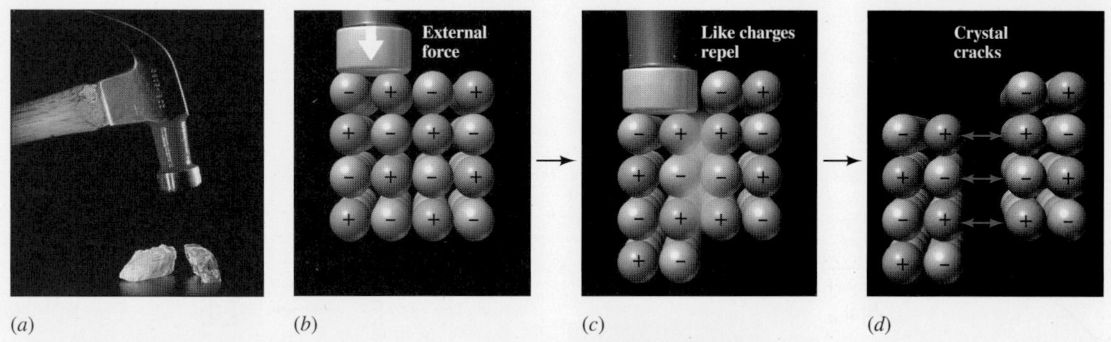

그림 2.19 ➤ 이온고체의 파괴 메카니즘. 외력 충격은 같은 종류의 이온들을 서로 근접하게 하여 이들 간에 큰 반발력이 생성되고, 이 반발력으로 이온고체는 쉽게 파괴된다.
(Stephen Frisch/McGraw Hill)

이온끼리 직접 대면하게 된다. 이때 큰 반발력이 생성되어 이 이온고체는 쉽게 파괴된다(그림 2.19).

일반적으로 이온고체는 전기를 잘 전달하지 않으므로 매우 우수한 절연체이다. 그 이유는 전자들은 결합 내부에 강하게 고정되어 있어 전자이동에 의한 전기전도에 참여할 수 없기 때문이다. 그러나, 이온 물질은 용융되거나 물에 녹으면, 이온성 물질이 되어 이온확산(이온의 이동)을 통하여 전기를 잘 통할 수 있다. 이는 이온고체 내에 이온들이 존재하고 있음을 보여주는 증거이기도 하다.

2.5.2 공유결합

동영상

전자쌍 공유와 결합도 **공유결합**(Covalent bonding)은 대부분의 비금속에서 전기음성도의 차이가 작은 원자들 간에 관찰되는데, 이들 비금속 원자들은 원자 사이에 전자를 국지적으로 공유하여 공유결합을 한다. 공유결합은 두 원자로 구성된 수소 분자에서부터 생체재료와 합성고분자에 이르기까지 자연계에서 가장 흔한 형태의 결합이다. 금속결합과 이온결합을 갖는 재료들도 공유결합을 부분적으로 갖고 있는 경우가 많다. 이온결합과 유사하게 공유결합도 강한 1차 결합이다.

먼저 두 수소 원자 사이의 공유결합을 생각해 보자. 첫째 수소 원자의 핵은 다른 수소 원자의 전자전하 구름을 끌어 당겨 원자들은 가깝게 접근한다. 그들이 가까워지면, 두 전자구름은 상호작용을 하여 두 원자는 두 전자를 공유한다. 원자들은 평형에 도달할 때까지 가까이 접근하며, 두 수소 원자는 그들의 전자를 서로 공유하는 공유결합을 형성하고, 그들의 외각 전자구조를 형성하여 그림 2.20*a* 같이 가장 낮은 에너지를 갖는 안정한 상태가 되고자 한다. 그림 2.20*b*에 나타낸 바와 같이 일정한 거리를 갖는 위치에서 인력은 반발력과 균형을 이룬다. 우리의 이해를 돕기 위하여 이 그림은 전자들이 고정된 위치에 그려졌으나, 실제 전자들은 앞서 배운 파동방정식과 불확정성 원리와 연계하면(앞의 그림 2.7 참고), 그림의 음영 영역 내의 어느 곳에도 위치할 수 있다.

원자 간의 공유결합은 *루이스의 전자점*(Lewis electron dot) 표시로 개략적으로 나타낼 수 있다. 그림 2.21에 F_2, O_2, N_2의 공유결합에 대한 루이스 전자점 표시를 나타내었다. 이 그림에서 결합에 사용된 전자쌍을 **공유전자쌍**(shared pair) 또는 **결합쌍**(bonding pair)이라 부르며 점의 쌍(pair of dot) 혹은 선(line)으로 나타낸다. 중요한 것은 원자들은 외각 전자구조(총 8개의 전자)가 완성될 때까지 필요한 전자쌍을 많이 가지려 한다. 따라서, F ($2s^22p^5$) 원자는 하나의 공유쌍을 형성하며, **단일결합**(bond order of one)을 한다. O ($2s^22p^4$) 원자는 두 개의 공유 쌍으로 이중결합(bond order of two)을 형성하며, N ($2s^22p^3$) 원자는 3개의 공유쌍으로 삼중결합(bond order of three)을 형성한다. 공유결합의 강도는 원자핵 사이의 인력의 크기와 공유 전자쌍의 수에 의존한다. 이 인력을 끊는 데 필요한 에너지를 **결합 에너지**(bond energy)라고 부르며, 이는 결합된 원자, 전자배치, 핵 전하, 원자 반지름에 따라 달라진다. 그러므로, 여러 결합들은 그들 자신의 고유한 결합 에너지를 가진다.

공유결합에 대한 루이스 점 표시와 다르게, 결합전자들은 원자 사이의 고정된 위치에만 머무르지 않는다는 점에 주목하는 것도 중요하다. 앞서 그림 2.20*b*에서 표시된 바와 같이 결합한 원자들 사이의 구역에서 이들 전자를 발견할 확률이 높다는 것이다. 이온결합과는 달리 공유결합은 *방향성*(directional)을 가지며, 분자의 모양은 루이

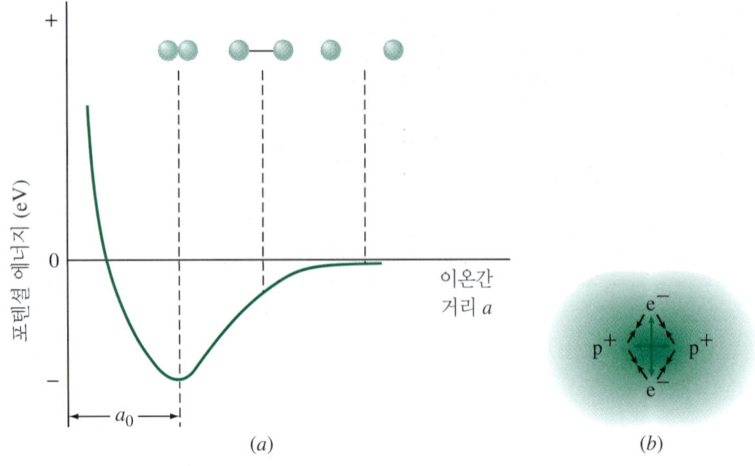

그림 2.20 ➤ 수소 원자간의 공유결합. (a) 포텐셜 에너지, (b) H_2 분자와 분자 내 힘을 나내는 도식. 실제 전자는 그림에서 어느 위치에나 존재한다. 그러나, 위 그림에서는 결합력의 설명이 용이하도록 특정 위치에 표기하였음.

:F̤̈· + ·F̤̈: ⟶ :F̤̈:F̤̈:	F—F	(a)
:Ö· + ·Ö: ⟶ :Ö::Ö:	O═O	(b)
:Ṅ· + ·Ṅ: ⟶ :N⋮⋮N:	N≡N	(c)

그림 2.21 ➤ 루이스 전자점 표시. (a) F_2 단일결합. (b) O_2, 2중결합. (c) N_2, 3중결합.

스점 표시와는 다르며, 대부분의 분자들은 복잡한 3차원의 모양을 가진다. 끝으로, 한 원자 주변의 원자수(또는 적층효율)는 결합차수에 의존한다.

결합길이, 결합차수와 결합 에너지 공유결합은 최소 에너지 지점에서 두 개의 결합된 원자핵 사이의 거리인 **결합길이**(bond length)를 갖는다. 결합차수, 결합길이, 결합 에너지 사이에는 밀접한 관계가 존재한다. 하나의 주어진 원자쌍에서 결합차수가 높을수록 결합길이는 감소하고, 결합길이가 감소함에 따라 결합 에너지는 증가할 것이다. 이는 핵과 다중 결합한 전자쌍 사이의 인력이 강하기 때문이다. 표 2.6에 주요 원자들의 결합차수에 따른 결합 에너지와 결합 길이를 나타내었다.

한 개의 원자에 여러 종류의 원자가 결합할 경우에서 결합길이와 결합 에너지와의 관계를 고려해 보자. 예를 들면, 결합길이의 크기는 C–I > C–Br > C–Cl 순서이다. 여기에서, C와 결합하는 원자의 직경이 커지면(직경: I > Br > Cl), 그들과의 결합길이는 따라서 커진다는 점을 주목해야 한다. 그러므로, 결합 에너지는 C–Cl에서 가장 크고, C–Br, C–I 순으로 작아진다.

비극성과 극성 공유결합 결합하는 원자들 간의 전기음성도 차이에 따라 공유결합은 극성(polar) 혹은 비극성(nonpolar)이 될 수도 있다. 비극성 공유결합의 예로는 H_2, F_2, N_2와 그 외 전기음성도가 비슷한 원자들 간의 공유결합에서 나타난다. 이러한 결합에서 결합전자의 공유는 원자간에 동일하며 따라서 *비극성*(nonpolar)이 된다. 반면에 HF에서와 같이 공유결합 원자간 전기음성도 차이가 증가하면, 결합전자를 공유하는 크기가 서로 같지 않게 된다(즉, 결합전자는 전기음성도가 큰 원자로 이동한다). 이러한 이유로 공유결합하는 원자들 사이의 전기음성도의 차이가 나는 경우에는 결합의 극성이 커져서 *극성 공유결합*(polar covalent bond)을 형성한다. 그 차이가 충분히 커지면 결합이 이온화되어 이온결합이 된다. 예를 들면, F_2는 비극성 공유결합을, HBr은 극성 공유결합을, HF는 강한 극성 공유결합을, NaF는 이온결합을 각각 갖는다.

탄소를 함유한 분자의 공유결합 공업재료 연구에서 탄소는 대부분 고분자 재료의 기본 원소로서 매우 중요하다. 바닥상태의 탄소 원자는 $1s^2 2s^2 2p^2$의 전자배열을 갖는다. 이 전자배열은 탄소가 반만 채워진 2p 오비탈 두 개를 갖고, *두 개의 공유결합*(two covalent bonds)을 하는 것으로 보인다. 그러나 대부분의 경우 탄소는 동일한 *4개의 공유결합*(four covalent bonds)을 한다. 이 4개의 탄소 공유결합은 *혼성화*(hybridization)라는 새로운 용어로 설명된다. 이들이 결합할 때, 2s의 전자 중 1개가 2p 오비탈로 여기되어 1개 s전자와 3개의 p전자의 오비탈을 혼성하여 그림 2.22와 같은 *4개의 같은* sp^3 **혼성 오비탈**(hybrid orbital)을 만든다. 탄소 오비탈의 혼성화 과정에서 1개의 2s 전자를 2p로 여기시키는 데 에너지가 필요하지만, 혼성화 결합 과정에서 전체 에너지가 낮아지는데, 이 감소되는 에너지 차이에서 상기 에너지는 충분이 보상되거나 남는다.

표 2.6 ➤ 다양한 공유결합에 대한 결합 에너지와 결합길이

결합	결합 에너지* kcal/mol	결합 에너지* kJ/mol	결합길이 (nm)
C—C	88	370	0.154
C═C	162	680	0.13
C≡C	213	890	0.12
C—H	104	435	0.11
C—N	73	305	0.15
C—O	86	360	0.14
C═O	128	535	0.12
C—F	108	450	0.14
C—Cl	81	340	0.18
O—H	119	500	0.10
O—O	52	220	0.15
O—Si	90	375	0.16
N—O	60	250	0.12
N—H	103	430	0.10
F—F	38	160	0.14
H—H	104	435	0.074

* 환경에 따라 에너지가 변하므로 개략적인 에너지 값이다. 결합 에너지는 음의 값으로 이는 에너지 방출을 의미한다.
출처: L.H Van Vlack, "*Elements of Materials Science*", 4th ed., Addison Wesley, 1980.

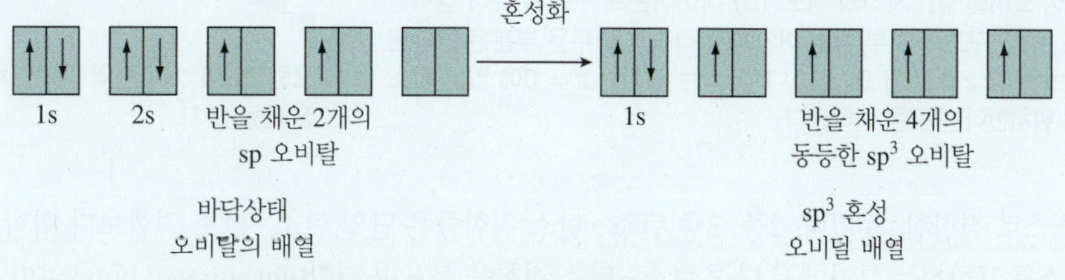

그림 2.22 ➤ 단일 공유결합 형성시 탄소 오비탈의 혼성화.

다이아몬드를 구성하는 탄소는 sp^3 정사면체(tetrahedral) 공유결합을 한다. 그림 2.23에서 4개의 혼성 오비탈은 정사면체의 모서리를 향해 대칭이 되도록 연결되어 있다. 다이아몬드 구조는 그림 2.23에서 보듯이 sp^3 정사면체 공유결합으로 된 거대한 네트웍을 이루고 있다. 이 같은 구조는 다이아몬드의 높은 경도와 강한 결합, 고융점을 갖는 이유를 잘 설명해 주고 있다. 다이아몬드는 711 kJ/mol(170 kcal/mol)의 결합 에너지와 3550°C의 융점을 가진다.

탄화수소화물의 공유결합 *탄화수소화물*(hydrocarbon)은 탄소와 수소만을 포함하는 공유결합 분자이다. 그림 2.24에서 가장 간단한 탄화수소화물은 탄소가 수소 원자와 4개의 sp^3 정사면체 공유결합을 한 메탄 분자이다. 메탄 분자 내 결합 에너지는 1650 kJ/mol(396 kcal/mol)로 비교적 높지만, 분자 간 결합 에너지는 약 8 kJ/mol(2 kcal/mol)로서 매우 낮다. 이와 같이 메탄 분자들은 매우 약하게 결합되어 있기 때문에 −183°C의 낮은 융점을 갖는다.

그림 2.25*a*는 단일 공유결합을 가짐으로써 휘발성이 강한 메탄, 에탄과(*n*−) 부탄의 구조식을 보여준다. 분자의 분자량이 증가함에 따라 분자의 화학적 안정성과 융점이 높아진다.

그림 2.25*b*에 에틸렌과 아세틸렌의 구조식에 나타난 것과 같이 탄소는 분자 내에서 2중 결합과 3중 결합을 형

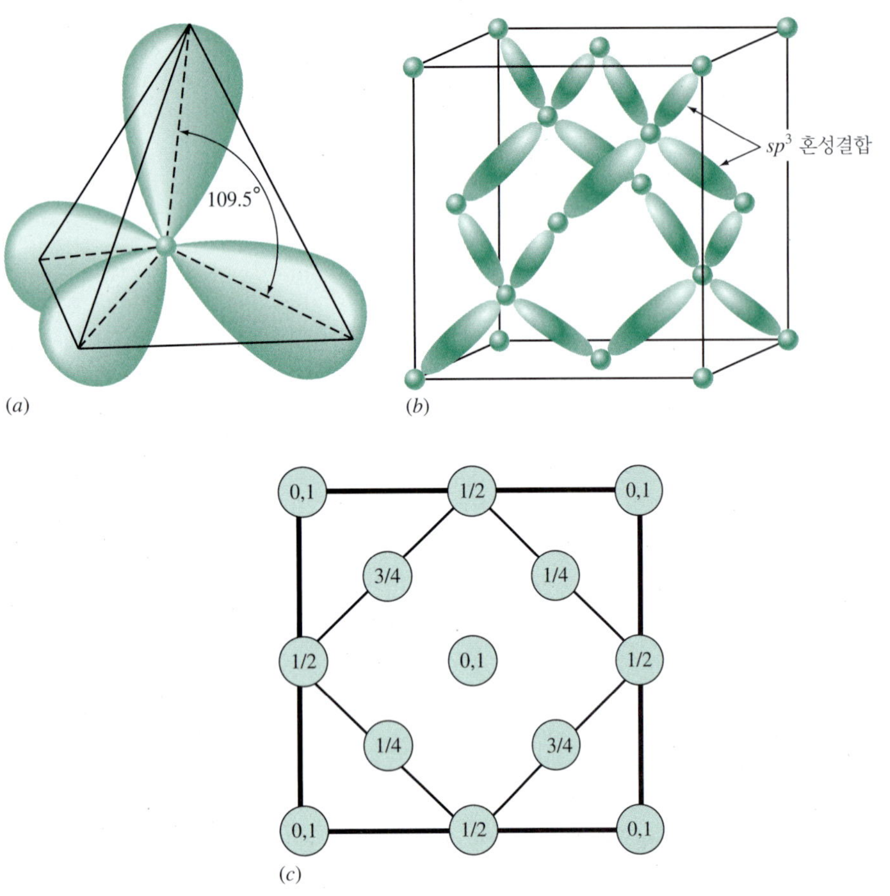

그림 2.23 ➤ (*a*) 탄소 원자에서 대칭된 혼성 오비탈 sp^3 사이의 각도. (*b*) 다이아몬드 구조와 같이 정사면체 sp^3 공유결합을 갖는 구조를 '다이아몬드 큐빅' 구조라고 부른다. 여기에서 각각의 어두운 부분은 공유된 전자쌍을 나타낸다. (*c*) 바닥 면에 나타낸 탄소 원자 *z*축 위치 표시 "0, 1"이라는 표기는 $z = 0$에 있는 탄소 원자 1개와 $z = 1$에 있는 탄소 원자가 각각 위치한다는 것을 나타낸다.

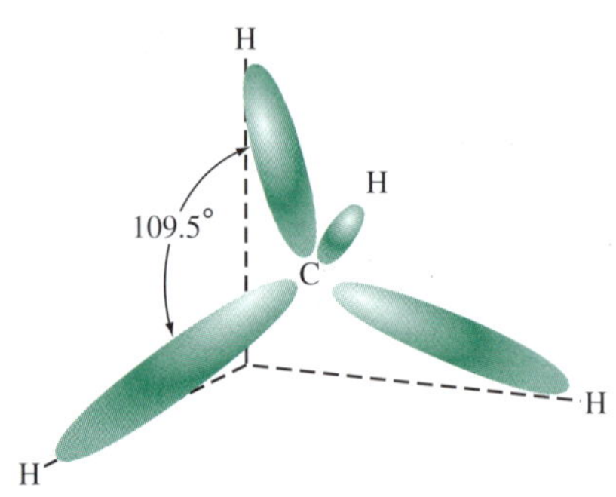

그림 2.24 ➤ 4개의 정사면체 sp^3 결합을 가진 메탄 분자.

성하기 위해 스스로 결합할 수 있다. 2중, 3중 탄소–탄소 결합들은 단일 탄소–탄소 결합보다 화학적으로 반응성이 더 높고, 탄소를 포함하는 분자에서 다중 탄소–탄소 결합을 *불포화 결합*(unsaturated bonds)이라고 한다.

일부 고분자재료 가운데 중요한 분자구조는 벤젠구조이다. 벤젠분자는 *벤젠고리*(benzene ring)라고 부르는 육각형 고리를 형성하는 탄소 원자로 C_6H_6의 화학조성을 갖는다(그림 2.26). 벤젠의 6개 수소 원자들은 그 고리 내의 6개 탄소 원자들과 단일결합으로 공유결합되어 있다. 그러나 고리 안에 있는 탄소 원자 간의 결합배열은 복잡하다. 각 탄소 원자는 4개의 공유결합을 이루는 데 필요한 조건을 만족시키는 가장 간단한 방법으로 고리 내 탄소 원자에 단일 결합과 2중 결합을 교대로 할당하여 배치하는 것이다(그림 2.26*a*). 이 구조는 외부의 수소 원자 표시를 생략함으로써 더욱 간단히 나타낼 수 있다(그림 2.26*b*). 벤젠에 대한 이 구조식은 벤젠의 결합배열을 명확히 나타내기 때문에 본 교재에서 사용될 것이다.

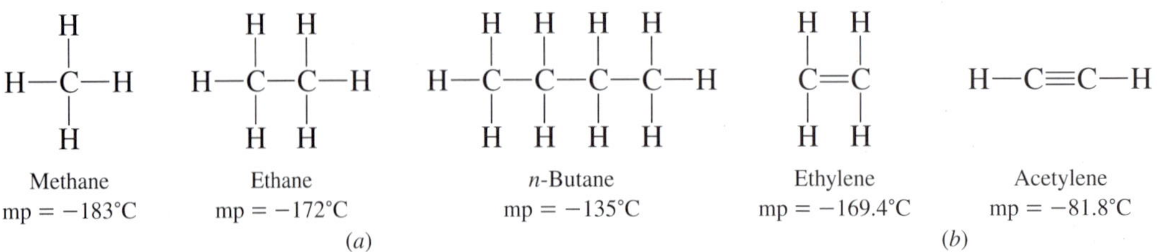

그림 2.25 ➤ 구조식. (*a*) 단일결합한 탄화수소화물. (*b*) 다중결합한 탄화수소화물.

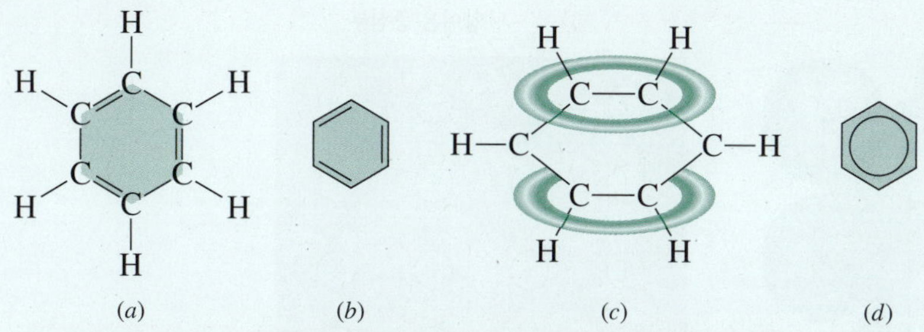

그림 2.26 ➤ 공유결합하고 있는 벤젠분자의 구조식의 표현. (*a*) 직선 결합 표기. (*b*) (*a*)의 단순화 표기. (*c*) 벤젠고리 내에 탄소–탄소 전자들이 비국지화된 결합배열로 표기. (*d*) (*c*)의 단순화 표기.

그러나, 실험 증거에 따르면 벤젠에는 정상적인 반응성 탄소–탄소간 2중 결합이 존재하지 않으며, 벤젠고리 내의 결합전자들은 비 국지화되어 있으며, 단일 탄소–탄소 결합과 이중 탄소–탄소 결합 사이의 화학 반응성 중간의 전체 결합 구조를 형성한다(그림 2.26*c*). 따라서, 대부분의 화학교재에서 벤젠구조를 나타내는데 그림 2.26*d*에서와 같이 육각형 내에 원을 그려 넣는 표기법을 사용하고 있다.

공유결합과 재료의 물성 대부분의 기체 분자, 액체 분자 및 저융점 고체 분자들은 공유 결합을 통해 형성된다. 또한 이들 물질들 사이에서 공통적인 것은 분자라는 것이다(분자들 간의 결합이 약함). 원자 등 사이의 공유결합은 매우 강하며 끊기가 어렵지만, 분자로 된 물질에서 분자들 사이의 결합은 약하여 쉽게 끊을 수 있다. 따라서 이러한 물질들은 매우 쉽게 끓거나 녹는다. 이들 결합의 성질에 관해서는 추후 설명할 것이다.

위에서 설명한 분자 재료와는 달리 **망상 공유결합 고체**(network covalent solids)라 불리는 일부 물질에서는 모든 결합이 공유결합으로 되어 있다. 이러한 물질에서 1개 원자 주변의 인근 원자수(배위수)는 원자의 공유결합수에 의존한다. 이와 같은 공유결합 고체의 대표적인 예로 석영(quartz)과 다이아몬드가 있는데, 석영의 특성은 석영 내 공유결합의 강도를 반영한다. 석영은 3차원 네트워크 망상조직에서 공유 결합을 통해 서로 연속적으로 연결된 Si와 O 원자(SiO_2)로 구성된다. 이 물질 내부에는 분자가 없다. 다이아몬드와 유사하게 석영은 경도가 크고 1550°C의 높은 융점을 가지고 있다. 망상조직 공유결합 고체의 높은 융점은 높은 공유결합 에너지와 공유결합이 실제적으로 얼마나 강한지를 반영하고 있다. 공유결합 재료는 망상 고체 형태뿐만 아니라 액체, 용융상태에서 전기전도성이 매우 낮다. 이는 전자들 모두 공유전자쌍으로 강하게 결합되어 있고 전하를 운반(전이)할 수 있는 이온이 없기 때문이다.

2.5.3 금속결합

2개의 고립된 금속 원자가 원자 간(Na_2) 강한 공유결합을 할지라도, 이 재료는 기체 상태일 것이고 Na_2 분자 사이의 결합은 약할 것이다. 그렇다면, "어떤 종류의 결합력이 고체 Na의 원자들을(혹은 다른 고체 금속) 함께 묶는가" 하는 의문이 생기게 된다. 용융상태의 금속이 응고하는 과정을 살펴보면, 금속 원자들은 조직적이고 반복적인 방식으로 서로 긴밀하게 결합하여 그들의 에너지를 낮추고, 더 안정한 상태의 고체 형태로 조밀하게 적층하여 **금속결합**(metallic bonds)을 만든다. Cu를 예로 들면, 각각의 구리 원자는 질서정연하게 원자 주변에 12개의 구리 원자가 배치된다(그림 2.27*a*). 이 과정에서 모든 원자들은 그들이 가지고 있는 원자가 전자(즉, 외각전자)가 "전자바다(sea of electrons)" 혹은 "전자전하구름(electron charge cloud)"를 형성하도록 하는 데 기여한다(그림 2.27*b*). 이들 가전자들은 특정한 지역에 모여 있는 것이 아니라, 전자전하구름 속에서 자유롭게 운동하면서 어느 특정한 원자에 속해 있지 않다. 이런 이유로 그들은 *자유전자*(free electron)라고 부른다. 그 원자핵들과 원자에 밀착한 내부궤도 전자들은 양이온 중심부를 형성한다(최외각 가전자를 잃었기 때문). 고체 금속에서 원자들을 함께 유지, 결합하는 것은 양이온 중심부(금속 양이온)과 전기적으로 음성을 띈 전자전하구름 사이의 인력 때문이다. 이를 *금속결합*(metallic bonding)이라 한다.

금속결합은 이온결합과 비슷하게 3차원적이며 특별한 결합방향이 없는 비방향성이다. 그러나 음이온이 관여

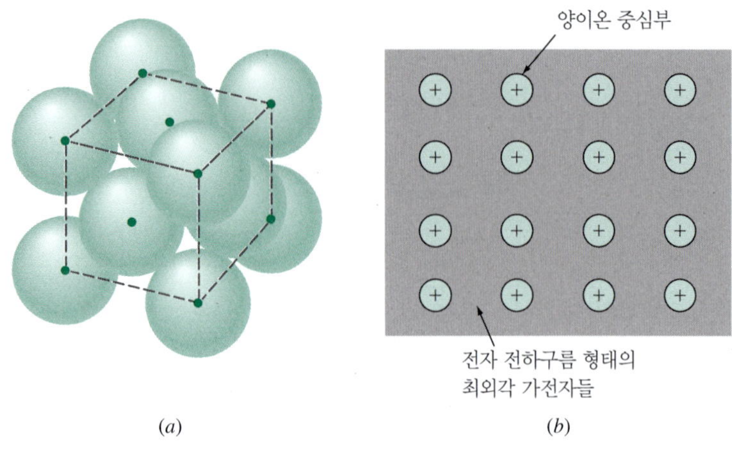

그림 2.27 ➤ (*a*) 금속 고체에서 구리 원자의 질서정연하고 효율적으로 충전된 구조. (*b*) 금속결합의 양이온 중심부와 주변의 전자 전하구름은 금속결합을 위한 모델이다.

하지 않기 때문에 전기적 중성의 제약이 없다. 또한 금속 양이온들은 이온 고체에서와 같이 견고하게 제자리에 고정되지 않는다. 방향성 공유결합과는 대조적으로 원자들 사이에는 국지화된 공유전자쌍이 없으므로 금속결합은 공유결합보다 약하다.

금속결합 재료의 물성 순수 금속의 융점은 적당히 높을 뿐인데 그것은 용융되는데 이온 중심부와 전자 전하구름 사이의 결합을 끊을 필요가 없기 때문이다. 그러므로, 평균적으로 이온성 물질과 공유망상 재료는 용해를 위해 결합을 끊어야 하기 때문에 대부분 금속보다 더 높은 융점을 갖는다. 금속의 결합 에너지와 용융점은 원자가 전자의 수와 금속결합의 백분율에 따라 크게 달라진다. 일반적으로 1A족(알카리 금속) 원소들은 1개의 원자가 전자를 가지기 때문에 거의 완전한 금속결합을 한다. 그 결과 2개의 원자가 전자와 더 높은 공유결합 비율을 갖는 2A족 원소보다 낮은 융점을 갖는다.

표 2.7에 전이금속을 포함한 제 4주기 원소의 외각전자 배열, 결합 에너지, 융점을 나타내었다. 금속 원자에서 원자가 전자수가 증가하면 양이온 중심부와 전자전하구름 간의 인력이 증가한다. 한 개의 원자가 전자를 가진 K ($4s^1$)의 융점은 63.5°C인 데 비하여, 두 개의 원자가 전자를 가진 Ca ($4s^2$)의 경우 융점은 상당히 높은 851°C가 되어 비교가 된다(표 2.7). 전이금속에 3d 전자가 채워지면 원자가 전자수가 증가하고 융점이 높아져 Cr ($3d^54s^1$)의

표 2.7 ➤ **주기율표에서 네 번째 주기 금속들의 결합 에너지, 전자배치와 용융온도**

원소	전자배치	결합 에너지		녹는점 (°C)
		kJ/mol	kcal/mol	
K	$4s^1$	89.6	21.4	63.5
Ca	$4s^2$	177	42.2	851
Sc	$3d^14s^2$	342	82	1397
Ti	$3d^24s^2$	473	113	1660
V	$3d^34s^2$	515	123	1730
Cr	$3d^54s^1$	398	95	1903
Mn	$3d^54s^2$	279	66.7	1244
Fe	$3d^64s^2$	418	99.8	1535
Co	$3d^74s^2$	383	91.4	1490
Ni	$3d^84s^2$	423	101	1455
Cu	$3d^{10}4s^1$	339	81.1	1083
Zn	$4s^2$	131	31.2	419
Ga	$4s^24p^1$	272	65	29.8
Ge	$4s^24p^2$	377	90	960

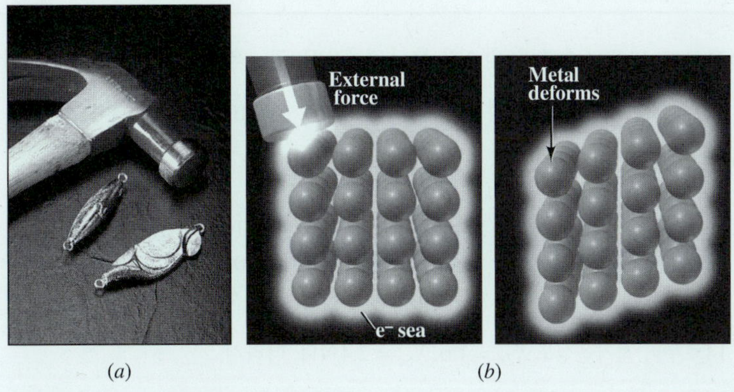

(a) (b)

그림 2.28 ➤ (a) 금속고체의 변형거동. (b) 외부 힘은 양이온들을 서로 미끄러지게 하여 많은 전성을 허용한다.
(Stephen Frisch/McGraw Hill)

경우 최대 1903°C의 융점을 갖는다. 전이금속의 결합 에너지와 융점의 증가는 공유결합 비율의 증가에 기인한다. 3d와 4s 오비탈이 가득 차면 융점은 다시 떨어지기 시작하는데 전이금속 중 가장 낮은 온도는 구리($3d^{10}4s^1$)의 경우 1083°C이다. Cu 다음 원소 Zn ($4s^2$) 원소의 융점은 419°C로 더 크게 낮아진다.

금속의 기계적 특성은 이온고체와 공유 망상고체의 특성과 크게 다르다. 특히 순수한 금속은 이온성 또는 공유결합성으로 연결된 물질보다 훨씬 더 전성(부드러움과 변형능력)이 있다. 사실 순수 금속은 그의 연성 때문에 구조재료로 사용되는 데 한계가 있다. 이는 외부 힘이 작용할 때 금속 내 이온들은 상대적으로 쉽게 서로 미끄러질 수 있기 때문이다(그림 2.28). 금속 내 이온 간 결합은 이온결합과 공유결합에 비하여 보다 낮은 에너지 수준에서 깨질 수 있다. 이 거동을 이온성 재료의 경우 그림 2.19에 나타낸 동작과 비교해 보라. 다음 장에서는 불순물의 합금화, 소성변형, 결정립 미세화와 열처리를 통하여 순수 금속의 강도를 현저하게 증가시킬 수 있는 방법에 대해 설명할 예정이다.

순수 금속의 주요 용도는 전기와 전자 응용 분야이다. 순수 금속은 원자가 전자의 비국지성 때문에 우수한 전기 전도체이다. 금속부품을 전지회로에 연결시키는 즉시, 각 원자의 전자들은 음전하 모두를 양전극 쪽으로 자유롭게 이동시킨다. 이는 원자가 전자가 원자핵에 의하여 강하게 고정되어 있는 이온성 또는 공유성 재료에서는 불가능하다. 금속은 또한 열 원자 진동이 금속을 통해 효율적으로 전달되기 때문에 열의 우수한 전도체이다.

2.5.4 혼합결합

원자 또는 이온들의 화학적 결합은 하나 이상의 1차 결합을 포함할 수 있으며, 2차 쌍극자 결합을 포함할 수도 있다. 1차 결합의 경우 (1) 이온−공유결합, (2) 금속−공유결합, (3) 금속−이온결합, (4) 이온−공유−금속결합의 조합이 있을 수 있다.

이온−공유 혼합결합 대부분의 공유결합 분자들은 약간의 이온결합을 가지고 있으며, 또한 이온결합 분자들도 약간의 공유결합을 가지고 있다. 공유결합의 부분적 이온결합 특성은 그림 2.14의 전기 음성도 개념으로 해석할 수 있다. 이온−공유 혼합결합에 관여하는 원소들의 전기음성도 차이가 클수록 결합의 이온성 비율이 커진다. Pauling은 화합물 AB에서 결합의 이온 특성 분율을 정하기 위하여 다음과 같은 식을 제안하였다.

$$\text{이온성 \%} = (1 - e^{(-1/4)(X_A - X_B)^2})(100\%) \qquad \textbf{(2.14)}$$

여기서, X_A와 X_B는 화합물에서 각각 A와 B 원자의 전기음성도이다.

많은 반도체 화합물은 혼합된 이온−공유 결합을 가지고 있다. 예를 들어, GaAs는 3~5족 화합물(주기율표에서 3A족 Ga과 5A족 As)이고 ZnS는 2~6족 화합물이다. 이들 화합물의 결합에서 이온성의 정도는 화합물 내 원자들의 전기음성도 차이가 증가할수록 증가한다. 따라서 2~6족 화합물의 전기 음성도 차이가 더 크기 때문에 2~6족 화합물은 3~5족 화합물보다 더 많은 이온성을 가질 것으로 예상된다. 예제 2.10은 이것을 설명한다.

예제 2.10

반도체 화합물인 3~5족 GaAs와 2~6족 ZnSe의 이온 특성 비율을 Pauling의 식을 이용하여 계산하라.

$$\text{이온성 \%} = (1 - e^{(-1/4)(X_A - X_B)^2})(100\%)$$

a. GaAs에서, 그림 2.14로부터 전기음성도 $X_{Ga} = 1.6$, $X_{As} = 2.0$이다. 따라서,

$$\begin{aligned}\text{이온성 \%} &= (1 - e^{(-1/4)(1.6-2.0)^2})(100\%)\\ &= (1 - e^{(-1/4)(-0.4)^2})(100\%)\\ &= (1 - 0.96)(100\%) = 4\%\end{aligned}$$

b. ZnSe에서, 그림 2.14로부터 전기음성도 $X_{Zn} = 1.6$, $X_{Se} = 2.4$이다. 따라서,

$$\begin{aligned}\text{이온성 \%} &= (1 - e^{(-1/4)(1.6-2.4)^2})(100\%)\\ &= (1 - e^{(-1/4)(-0.8)^2})(100\%)\\ &= (1 - 0.85)(100\%) = 15\%\end{aligned}$$

여기에서, 전기음성도가 다르기 때문에 2~6족 화합물에서 이온성 %가 증가하게 됨을 유념하라.

금속–공유 혼합결합 금속–공유 혼합결합은 흔히 일어난다. 예를 들면, 전이금속들은 dsp 결합 오비탈이 관여한 금속–공유 결합을 한다. 전이원소들의 높은 용융점은 금속–공유 혼합결합이 있기 때문이다. 또한 주기율표의 4A족에서 탄소(다이아몬드)는 순수 공유결합을 하고 있으며 Si와 Ge으로 가면서 일부 금속결합으로 점진적으로 변한다. Sn과 Pb는 주로 금속결합을 하고 있다.

금속–이온 혼합결합 금속간 화합물을 형성하는 원소에서 전기음성도 차이가 현저하게 크면 그 화합물 내에서 상당량의 전자전달(이온결합)이 있을 수 있다. 따라서 일부 금속간 화합물은 혼합 금속–이온 결합의 좋은 예이다. 전자의 전달은 $NaZn_{13}$과 같은 금속간 화합물에서 특히 중요하고, Al_9Co_3과 Fe_5Zn_{21} 화합물에서는 덜 중요하다. 이는 후자의 두 화합물 내 원자간 전기음성도 차이가 훨씬 적기 때문이다.

2.6 2차 결합

지금까지 우리는 원자들 사이의 1차 결합만을 고려하였고, 그것이 원자가 원자가 전자의 상호작용에 의존한다는 것을 보여주었다. 1차 원자결합의 구동력은 결합하는 전자들의 에너지가 낮아지는 것이다. **2차 결합**(Secondary bonds)은 1차 결합에 비하여 상대적으로 약하며 에너지는 약 4~42 KJ/mol(1~10 Kcal/mol)에 불과하다. 2차 결합의 구동력은 원자나 분자가 갖고 있는 전기쌍극자 간의 인력이다.

전기쌍극자 모멘트는 그림 2.29*a*에 나타낸 것과 같이 두 개의 동일한 전하와 반대의 전하가 분리될 때 생성된다. 전기 쌍극자는 원자나 분자 내에 양전하 중심과 음전하 중심이 서로 거리를 두고 떨어져 있을때 원자 또는 분자에서 생성된다(그림 2.29*b*).

원자나 분자의 쌍극자는 쌍극자 모멘트를 발생시킨다. *쌍극자 모멘트*(dipole moment)는 전하 값에 양전하와 음전하 사이의 거리를 곱한 값으로 정의한다.

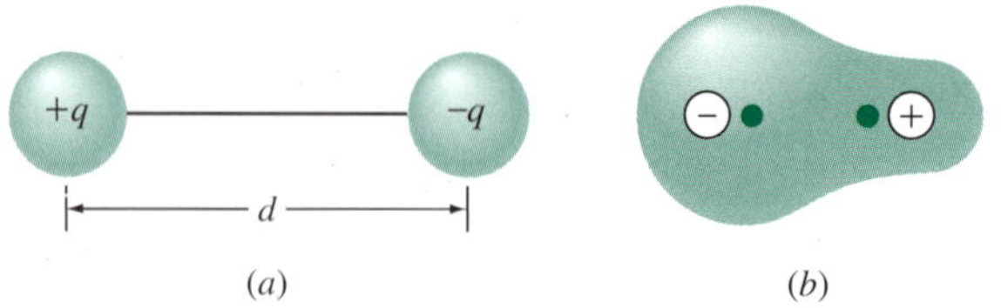

그림 2.29 ➤ (*a*) 전기 쌍극자, 쌍극자 모멘트는 *qd*이다. (*b*) 공유결합 분자의 전기쌍극자 모멘트.

$$\mu = qd \tag{2.15}$$

여기서 μ = 쌍극자 모멘트,
q = 전하량,
d = 전하 중심간 거리

원자나 분자의 쌍극자 모멘트를 쿨롱-미터(C·m) 또는 debye 단위로 나타내며, 1 debye = 3.34×10^{-30} C·m이다.

전기쌍극자는 정전기력(쿨롱)의 힘에 의하여 서로 작용하며, 따라서 쌍극자를 포함하는 원자나 분자는 이 힘에 의하여 서로 끌어당긴다. 2차 결합의 결합 에너지는 약하지만, 원자나 분자를 결합할 수 있는 유일한 결합일 때 매우 중요해진다.

일반적으로, 전기쌍극자를 포함하는 원자 또는 분자 사이의 2차 결합은 요동(fluctuating) 쌍극자와 영구(permanent) 쌍극자의 두 가지 주요 종류가 있다. 이러한 2차 쌍극자 결합들은 통칭하여 *반데르발스 결합 또는 힘*(van der Walls bonds (forces))이라 부른다.

매우 약한 2차 결합력은 최외각 전자껍질이 완전히 채워진(s^2의 He와 s^2p^6의 Ne, Ar, Kr, Xe, Rn) 원자나 불활성 기체 원소의 원자 사이에서 발생할 수 있다. 이러한 결합력은 이들 원자 내에 전자 전하의 비대칭적인 분포가 전기 쌍극자를 만들기 때문에 발생한다. 어떤 순간에도, 원자의 한쪽 면에 다른 쪽 면보다 더 많은 전자 전하가 있을 가능성이 높다(그림 2.30). 따라서 특정 원자에서 전자 전하 구름은 시간에 따라 변화하여 **요동쌍극자**(fluctuating dipol)를 생성한다. 근처에 있는 원자들 내 순간적으로 형성되는 요동쌍극자는 서로 끌어당겨 약한 원자간 비방향성 결합을 만들 수 있다. 특히 저온과 고압 분위기에서 불활성 기체의 액화와 응고현상은 요동쌍극자에 기인한 것이다. 대기압에서 불활성 기체의 융점과 끓는점이 표 2.8에 정리되어 있다. 불활성 기체의 원자 크기가 증가함에 따라 전자가 더 강한 쌍극자 모멘트를 생성할 수 있는 더 많은 자유를 가지기 때문에 더 강한 결합력으로 인해 녹는점과 끓는점도 증가한다는 것을 주목하라.

만약 분자들이 **영구쌍극자**(permanent dipole)를 포함한다면, 공유결합을 가진 분자들 사이에 약한 결합력이 생긴다. 예를 들어, 4개의 C–H결합들이 사면체 구조로 배열된 메탄 분자, CH_4(그림 2.24)는 4개의 C–H결합이 대칭을 이루고 있기 때문에 쌍극자 모멘트는 0이다. 이는 4개의 쌍극자 모멘트의 벡터의 합은 0이기 때문이다. 이와 대조적으로 염화메탄 분자, CH_3Cl은 3개의 C–H 결합과 1개의 C–Cl결합을 가진 비대칭 사면체 배열을 갖는데, 순 쌍극자 모멘트는 2.0 debye이다. 메탄의 수소 원자 한 개를 염소 원자 한 개로 대체하면, 메탄의 끓는점은 −128°C이나, 염화메탄이 되면 −14°C로 증가한다. 염화메탄의 끓는점이 훨씬 더 높은 것은 염화메탄 분자들 간의 영구 쌍극자의 결합력이 더 강하기 때문이다.

수소결합(hydrogen bond)은 극성 분자들 사이의 영구적인 쌍극자-쌍극자 간 상호작용의 특수한 경우이다. 수소결합은 수소원자를 포함하는 극성 결합인 O–H 또는 N–H가 전기음성도가 큰 O, N, F나 또는 Cl와 결합할 때 발생한다. 예를 들면, 물 분자인 H_2O는 1.84 debye의 영구쌍극자 모멘트를 갖고 있는데, 이유는 한 산소 원자에 대해 105°의 각도로 두 개의 수소 원자가 비대칭 구조를 형성하기 때문이다(그림 2.31*a*).

물 분자의 수소 원자 영역은 양전하 중심을 가지며, 산소 원자의 반대쪽 끝 영역은 음전하 중심을 갖는다(그림

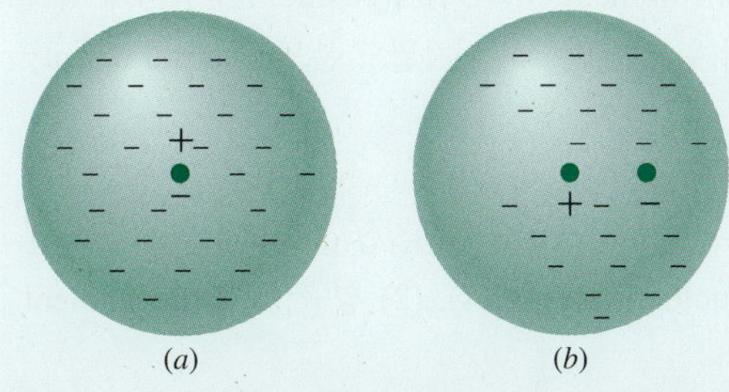

그림 2.30 ➤ 불활성 기체 원자의 전자 전하 분포. (*a*) 음전하 중심과 양전하 중심이 중심에 중첩되는 이상적인 대칭 전하 분포. (*b*) 요동 쌍극자를 만든 전자들의 실제 비대칭 분포.

표 2.8 ➤ 대기압 하에서의 불활성 기체의 융점과 끓는점

불활성 기체	융점 (°C)	끓는점 (°C)
Helium	−272.2	−268.9
Neon	−248.7	−245.9
Argon	−189.2	−185.7
Krypton	−157.0	−152.9
Xenon	−112.0	−107.1
Radon	−71.0	−61.8

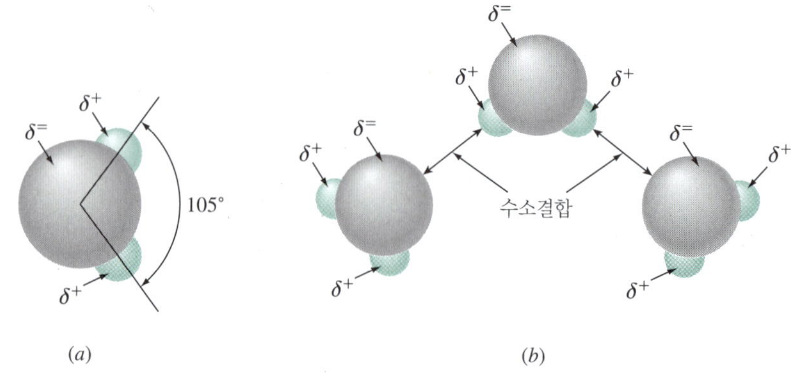

그림 2.31 ➤ (*a*) 물 분자의 영구쌍극자 특성. (*b*) 영구 쌍극자 인력에 의한 물 분자 간의 수소결합.

2.31*a*). 물 분자들 사이의 수소결합에서, 한 분자의 음전하 영역은 다른 분자의 양전하 영역으로 쿨롱 힘에 의해 끌어당긴다(그림 2.31*b*).

이와 같이, 액체 및 고체 물에서는 물 분자 사이에 상대적으로 강한 분자간 영구 쌍극자 힘(수소 결합)이 형성된다. 수소결합과 관련된 에너지는 약 29 kJ/mol (7 kcal/mol)인 것에 비하여 불활성 기체내 요동 쌍극자 힘의 경우 약 2~8 kJ/mol (0.5~2 kcal/mol)이다. 분자량에 비하여 물의 끓는점(100°C)이 유난히 높은 것은 수소결합의 영향 때문이다. 이와 같이 수소결합은 또한 몇몇 종류의 고분자 물질의 분자 사슬 사이의 결합을 강화하는 데 매우 중요한 역할을 한다.

2.7 요약

원자는 주로 3가지 기본 아원자 입자: *양성자*(protons), *중성자*(neutrons), *전자*(electrons)로 이루어져 있다. 전자는 원자의 거의 모든 질량을 차지하는 고밀도의 원자핵 주변에 다양한 밀도의 전자구름을 형성하고 있다고 생각된다. 높은 에너지를 갖는 외각전자들은 원자가 전자(valance electrons)이며, 각 원자의 화학반응성을 결정하는 매우 중요한 역할을 한다.

전자는 양자역학의 법칙(quantum mechanics)을 따르므로, 그 결과 전자의 에너지는 *양자화*(quantized)된다. 즉, 전자는 특정한 허용된 에너지 값만을 가질 수 있다는 것을 의미한다. 만약 전자가 자신의 에너지를 바꾼다면, 전자는 또 다른 새로운 허용된 에너지 준위를 갖게 된다. 이와 같은 에너지 전이에서 전자는 Planck의 $\Delta E = h\nu$라는 식에 따라 광자(photon)라는 에너지를 방출하거나 흡수한다. 여기에서 ν는 복사진동수(frequency of radiation)를 나타낸다. 각각의 전자는 4개의 양자수와 연관되어 있는데, 주양자수(principal quantum number) n, 부양자수(subsidiary quantum number) l, 자기양자수(magnetic quantum number) m_ℓ, 그리고 전자스핀 양자수(spin quantum number) m_s가 있다. Pauli의 배타원리(exclusion principle)에 따르면, *한 원자 내에 있는 어떤 2개의 전자도 4개의 양자수를 똑같이 가질 수 없다*라고 하였다. 전자는 동시에 Heisenberg의 불확정성 이론(uncertainty principle)을 따르는데, 이는 '한 전자의 운동량(momentum)과 위치(position)가 동시에 정확하게 결정될 수 없다'는 이론이다. 따라서 원자 내에서 전자의 위치는 반드시 전자밀도 분포(electron density distributions)에 의해서 고려되어야만 한다는 의미이다.

원자결합에는 두 가지의 주요한 형태가 있는데, (1) *강한 1차 결합*(strong primary bonds)과 (2) *약한 2차 결합*(weak secondary bonds)이다. 1차 결합은 다시 (1) *이온결합*(ionic), (2) *공유결합*(covalent), (3) *금속결합*(metallic)으로 나누어지며, 2차 결합은 (1) *요동쌍극자*(fluctuating dipoles), (2) *영구쌍극자*(permanent dipoles)로 세분된다.

이온결합(Ionic bonds)은 양전하 원자와 음전하 원자 간에 1개 이상의 전자의 전달에 의해서 이루어진다. 이온들은 정전기적인 쿨롱 힘에 의하여 고체 이온결정으로 결합되는데 *비방향성*(nondirectional)이다. 이온

의 크기(기하학적 인자)와 전기적 중성도는 이온들의 충전 배열을 결정하는 매우 중요한 요소이다. *공유결합*(Covalent bonds)은 반쪽 쌍으로 채워진 궤도가 하나의 쌍으로 전자를 공유함으로써 형성된다. 전자궤도 즉, 결합 오비탈(orbital)이 많이 중첩될수록 결합력은 더 강해진다. 공유결합은 결합 *방향성*(directional)을 가진다. *금속결합*(Metallic bonds)은 비편재화된 전자 전하구름의 형태로 원자가 전자의 상호 공유에 의해 금속 원자에 의해 형성된다. 일반적으로 원자가 전자 수가 적을수록 전자의 비편재화가 강해지게 되어 금속결합이 증가한다. *금속결합*(Metallic bonding)은 원자들의 집합체 내에서만 발생하고 결합방향은 *방향성이 없다*(nondirectional).

2차 결합(secondary bonds)은 원자나 분자 내에서 전기쌍극자의 정전기적 인력에 의해 형성된다. *요동쌍극자*(fluctuating dipoles)는 원자 내에서 전자 전하의 비대칭적 분포에 의하여 원자를 결합시킨다. 이러한 결합력은 불활성 기체의 액화 및 고체화에 중요한 역할을 한다. *영구쌍극자*(permanent dipoles) 결합은 물이나 탄화수소(hydrocarbon)와 같은 극성(polar)인 공유결합 분자의 결합에 중요한 역할을 한다.

혼합결합(mixed bonding)은 일반적으로 원자 간 또는 분자 간에 일어난다. 예를 들면, 티타늄이나 철과 같은 금속은 금속–공유 혼합결합을 가지고 있으며, 공유결합 화합물인 GaAs와 ZnSe는 어느 정도의 이온결합성 특성을 가지고 있으며, 금속 간 화합물인 $NaZn_{13}$은 금속결합과 이온결합이 혼합되어 있다. 일반적으로 결합은 원자나 분자 사이에서 일어나는데, 이것은 결합과정에 의해 이들의 에너지가 낮아지기 때문이다.

2.8 용어 정의

2.1절

배수비율의 법칙(law of multiple proportions): 원자들이 결합할 때 특정한 간단한 비율로 화합물을 형성한다.

질량보존의 법칙(law of mass conservation): 화학반응은 물질을 생성하거나 소멸하지 않는다.

2.2절

원자번호(atomic number, *Z*): 원소의 원자핵의 양성자수.

원자량 단위(atomic mass unit, amu): 탄소원자 질량의 1/12을 기준으로 한 질량 단위.

질량수(mass number, *A*): 한 원자의 핵 안에 있는 양성자수와 중성자수의 합.

동위원소(isotopes): 원자 번호는 같으나 질량수가 다른 원소.

몰(mole): 아보가드로 수 6.02×10^{23}개의 원자 혹은 분자를 갖는 물질의 양.

화학주기성 법칙(law of chemical periodicity): 원소의 성질은 주기적인 원자번호의 함수이다.

2.3절

양자(quanta): 원자나 분자에서 방출되는 특정 에너지의 최소량.

전자기복사(electromagnetic radiation): 전자기파의 형태로 방출 혹은 통과되는 에너지.

광자(photon): 파장과 진동수를 가지는 복사입자, 복사양자라고도 한다.

이온화에너지(ionization energy): 원자로부터 전자 1개를 분리시키는 데 요하는 에너지.

전자밀도(electron density): 주어진 공간 안의 에너지 준위에서 전자를 발견할 확률.

오비탈(궤도함수)(orbitals): 원자 내 전자의 파동함수, 전자밀도를 나타낼 수 있다.

경계표면(boundary surface): 전자밀도를 나타내는 그림으로 이 그림 안에서 전자 발견 확률은 90%이다.

주양자수(principal quantum number): 원자내 전자의 에너지 준위를 나타내는 양자수.

오비탈 양자수(부양자수)(orbital quantum number): 전자전하구름의 모양, 오비탈의 경계를 나타내는 수.

자기양자수(magnetic quantum number): 부껍질 내에 오비탈의 배열을 나타내는 수.

스핀양자수(spin quantum number): 전자스핀(자전)의 방향을 나타내는 수.

Pauli의 배타원리(Pauli's exclusion principle): 어떤 두 전자가 동일한 형태의 4가지 양자수를 가질 수 없다는 이론.

핵전하 효과(nucleus charge effect): 핵 전하가 클수록 핵-전자 인력이 커지고, 전하의 에너지는 낮아진다.

차폐효과(shielding effect): 여러 개의 전자가 있을 때 어떤 전자가 핵의 인력을 가로막는 현상.

2.4절

금속결합 반지름(metallic radius): 금속원소 간 결합길이의 반이 되는 거리.

공유결합 반지름(covalent radius): 같은 종류의 원자 간의 공유결합 길이의 반이 되는 거리.

1차 이온화 에너지(first ionization energy): 최외각 전자 1개를 제거하는 데 요하는 에너지.

2차 이온화 에너지(second ionization energy): 두 번째 최외각 전자를 제거하는 데 요하는 에너지.

양의 산화수(positive oxidation number): 원자가 화학반응에서 잃어버린 전자수.

전자친화도(electron affinity): 원자가 한 개 혹은 그 이상의 전자를 받아들이면서 에너지를 방출하는 경향.

음의 산화수(negative oxidation number): 원자가 화학반응에서 얻은 전자수.

반응성 금속(reactive metal): 작은 이온화 에너지와 거의 0에 가까운 전자친화도를 갖는 금속.

준금속(metalloids): 금속성과 비금속성을 지닌 원소.

전기음성도(electronegativity): 원자가 전자를 끌어당기는 정도를 나타내는 값(0.8~4.0).

헤스의 법칙(Hess Law): 이온고체 형성에서 전체 생성열은, 이온고체 형성의 5개 과정에서 각각의 생성열의 합과 같다.

2.5절

1차 결합(primary bonds): 원자간 강한 결합.

이온결합(ionic bonding): 금속과 비금속 또는 전기음성도의 차이가 큰 원자 간의 강한 1차 결합.

평형이온결합길이(equilibrium interionic distance): 양이온과 음이온의 결합길이.

격자에너지(lattice energy): 기체 상태의 이온들이 이온고체를 만들 때 에너지 변화.

공유결합(covalent bonding): 1차 결합의 한 가지로 전기음성도 차이가 작은 원자들 간에 주로 관찰되며 대부분 비금속 간에 많은 결합.

공유전자쌍(shared pair or Bonding pair): 공유결합에서 공유될 전자쌍.

결합차수(bond order): 두 원자 간 공유전자쌍 수(공유결합수).

결합 에너지(bond energy): 공유결합에서 핵과 공유전자쌍 사이의 인력을 끊어내는 데 필요한 에너지.

결합길이(bond length): 공유결합에서 결합된 두 원자핵 간의 거리.

혼성궤도(hybrid orbital): 2개 이상의 동등하지 않은 궤도가 합쳐져서 구성된 원자궤도로, 궤도재배치의 과정을 혼성화라 말한다.

네트웍 공유결합고체(network covalent solid): 전체가 공유결합으로 만들어진 고체.

금속결합(metallic bonds): 금속 응고 시 금속 원자들이 고밀도로 충전됨으로써 형성되는 1차 결합의 한 가지.

2.6절

2차 결합(secondary bond): 극성 또는 비극성 원자나 분자 간 인력에 의한 약한 결합.

요동쌍극자(fluctuating dipole): 전자구름의 순간적 비대칭으로 생기는 변하는 쌍극자.

영구쌍극자(permanent dipole): 분자 내에서 비대칭 구조에 의해 발생되는 안정된 쌍극자.

수소결합(hydrogen bond): 극성 분자 내의 수소와 전기음성도가 큰 O, N, F, Cl과의 극성 결합.

2.9 연습 문제

*표시를 한 문제는 책 마지막에 답을 제공하였다.

■ 지식과 이해 문제

2.1 다음 법칙을 기술하라. (*a*) 배수비율의 법칙, (*b*) 원자의 화학적 성질과 연관하여 질량보존의 법칙을 설명하라.

2.2 과학자들은 원자가 아원자들로 구성된 것을 어떻게 알아내었는지 설명하라.

2.3 전자의 존재를 어떻게 처음으로 입증했는가? 전자의 성질을 논하라.

2.4 양성자의 존재를 어떻게 처음으로 입증했는가? 양성자의 성질을 논하라.

2.5 양성자, 중성자와 전자와의 유사점과 차이점을 상세하게 비교하라.

2.6 Fe원자 1몰 질량은 55.85 g이다. 계산하지 말고 1개 Ti 원자의 질량을 amu 단위로 구하라.

2.7 1개 산소원자의 원자질량은 16.00 amu이다. 계산하지 않고 1몰 산소의 질량을 그램 단위로 구하라.

2.8 다음을 정의하라. (*a*) 원자번호, (*b*) 원자질량, (*c*) 원자질량단위(amu), (*d*) 질량수, (*e*) 동위원소, (*f*) 몰, (*g*) 상대 원자질량, (*h*) 평균 상대 원자질량, (*i*) 아보가드로 수.

2.9 화학주기성(chemical periodicity) 법칙을 설명하라.

2.10 가시광선의 성질은 무엇인가? 가시광선에서 어떻게 에너지가 방출되고 투과되는가?

2.11 (*a*) 파장이 증가하는 순으로 아래의 방출파들을 적어라: 마이크로오븐 방출파, 라디오파, 태양 등 방출, X-선 방출과 태양으로부터의 감마선 방출, (*b*) 진동수 순으로 상기 방출파들을 적어라. 가장 큰 에너지를 갖는 방출파는 무엇인가?

2.12 Bohr의 수소 원자 모델을 기술하라. 이 Bohr의 모델의 주요 약점은 무엇인가?

2.13 Z_{eff}에 대하여 설명하고 이것은 언제 사용되는가?

2.14 Slater의 법칙을 설명하라. 이 법칙은 전자 전이와 관련된 에너지 결정에 어떻게 적용되는가?

2.15 불확정성 원리를 기술하라. 이 원리는 Bohr의 원자모형과 어떻게 다른가?

2.16 아래 용어를 설명하고, 각 용어에 대한 그림을 그려라. (*a*) 전자밀도 그림, (*b*) 오비탈, (*c*) 경계표면표시, (*d*) 반경확률(radial probability)

2.17 모든 양자수의 이름을 들고 설명하라.

2.18 Pauli의 배타원리를 설명하라.

2.19 다음을 설명하라. (*a*) 핵전하 효과(nucleus charge effect), (*b*) 다전자원자의 차폐효과

2.20 다음 용어를 설명하라. (*a*) 금속결합반경, (*b*) 공유결합반경, (*c*) 1차 이온화 에너지, (*d*) 2차 이온 화 에너지, (*e*) 산화수, (*f*) 전자친화도, (*g*) 금속, (*h*) 비금속, (*i*) 준금속, (*j*) 전기음성도

2.21 3가지 1차 결합을 상세히 비교하라(각 결합에 대한 그림을 그려라). 이들 결합의 구동력을 설명하고, 원자들이 왜 결합하려는지 설명하라.

2.22 이온고체와 공유결합 고체에서 적층효율(인접원자 수)에 영향을 주는 인자를 설명하라. 고체의 각 유형에 대하여 한 개씩 예를 들라.

2.23 이온고체 형성의 5단계를 설명하라. 어느 단계에서 에너지를 흡수 또는 방출하는지를 설명하라.

2.24 다음을 설명하라. (*a*) Hess 법칙, (*b*) 격자에너지, (*c*) 생성열

2.25 다음을 설명하라. (*a*) 공유전자쌍, (*b*) 결합차수(bond order), (*c*) 결합 에너지, (*d*) 결합길이, (*e*) 극성과 비극성 공유결합, (*f*) 네트워크 공유결합 고체

2.26 탄소의 혼성궤도 형성과정을 오비탈 그림을 사용하여 설명하라.

2.27 다음과 같은 결합을 한 물질의 배타적인 성질(전기적, 기계적 등)을 기술하라. (*a*) 이온결합, (*b*) 공유결합, (*c*) 금속결합. 각각의 예가 되는 물질 1개씩을 들라.

2.28 2차 결합이란 무엇인가? 이 결합의 구동력은 무엇인가? 이런 결합을 한 물질의 예를 들라.

2.29 여러 종류의 혼합결합을 논하라.

2.30 아래 용어를 정의하라. (*a*) 쌍극자 모멘트, (*b*) 요동쌍극자, (*c*) 영구쌍극자, (*d*) 반데르 발스 결합, (*e*) 수소결합

■ 응용과 분석 문제

***2.31** 축구공의 직경은 약 0.279 m이고, 달의 직경은 3.476×10^6 m이다. 달의 표면을 축구공으로 덮을 때 얼마나 많은 축구공이 필요한지를 예측하라(달은 표면이 평탄한 구형으로 간주). 이 수를 아보가드로수와 비교하라. 당신의 결론은 무엇인가?

***2.32** 미화 25센트 동전은 Cu와 Ni의 합금이다. 각 동전은 0.00740몰 Ni과 0.886몰 Cu를 함유하고 있다. (*a*) 이 동전의 전체 질량은? (*b*) Ni와 Cu의 무게 백분율은?

2.33 은화는 92.5 wt% Ag와 7.5 wt% Cu를 함유한다. Cu는 강하고 내구성이 좋게 하도록 첨가되었다. 이 합금으로 만든 작은 수저의 무게는 100 g이다. 이 수저에 포함된 Ag와 Cu의 원자수를 계산하라.

***2.34** 질량번호 10 (10.0129 amu)와 11(11.0093 amu)인 B의 동위원소가 자연 중에 각각 19.91%와 80.09% 존재한다. (*a*) 평균 원자량을 구하라. (*b*) 상대적 원자질량(원자량)을 구하라. (*c*) 계산에서 얻은 값을 주기율표에 있는 값과 비교하라.

2.35 모넬합금은 30 wt%의 Cu와 70 wt% Ni로 구성되어 있다. 이 합금의 Cu와 Ni의 원자 백분율은 얼마인가?

***2.36** 15.68 wt% Mg와 84.32 wt% Al로 구성된 금속간 화합물의 화학식은 무엇인가?

2.37 100 g 물을 20°C에서 100°C까지 가열하는 데 33,440.0 J의 에너지가 필요하다. 마이크로웨이브 오븐(복사파장 $\lambda = 1.20$ cm)으로 가열 시, 마이크로웨이브 오븐은 얼마나 많은 광자를 방출해야 하는가?

2.38 위 문제에서, 이 가열을 위하여 (*a*) 자외선($\lambda = 1.0 \times 10^{-8}$ m), (*b*) 가시광선($\lambda = 5.0 \times 10^{-7}$ m)과 (*c*) 적외선($l = 1.0 \times 10^{-4}$ m)을 사용 시, 각각의 광자수를 구하라. 이 문제에서 어떤 중요한 결론을 얻었는가?

***2.39** 인간의 눈이 가시광선을 감지하려면 시신경이 최소 2.0×10^{-17} J 에너지에 노출되어야 한다. (*a*) 이를 위한 붉은 색($\lambda = 700$ nm)의 광자수를 구하라. (*b*) 추가 계산 없이, 시신경을 자극하기 위한 청색의 광자수는 많아야 하나 혹은 적어야 하나?

***2.40** 다음의 파장을 갖는 ray를 다음 물리적 대상물과 비교하여 각각 나타내라(예, 파장이 1 m인 광선은 대략 야구 방망이의 길이). (*a*) 치과용 광선, (*b*) 마이크로웨이브 오븐에서 방출되는 파, (*c*) 태양등에서 오는 파, (*d*) 가열램프에서 나오는 파, (*e*) FM 라디오파.

2.41 위 문제에서, 계산하지 말고 방사선 에너지가 증가하는 순서로 나열하라.

2.42 상용 X-선 발생기에서 안정된 금속인 Cu나 W은 높은 에너지 전자의 강한 광선에 노출된다. 이 전자들에 의해 금속 원자는 이온화 현상이 발생된다. 이 금속 원자가 다시 바닥상태에 이를 때 상응하는 에너지와 파장을 가진 X-선을 발생시킨다. 예를 들면, W원자는 고에너지 전자에 맞아서 K 껍질의 전자들 중 하나를 잃을 수도 있다. 이런 일이 일어났을 때 아마 W의 L 껍질에서 나온 다른 전자는 K 껍질의 빈 곳으로 떨어질 것이다. 만약 W에서 2p → 1s로 이동한다면, W K_α X-선이 나온다. 이 W K_α X-선은 0.02138 nm의 파장을 가지고 있다. 에너지와 주파수는 얼마인가?

2.43 식 (2.5)와 (2.8)의 차이점은 무엇인가?

***2.44** 다음 전자들에 대해 Z_{eff} 값을 계산하라. (*a*) Be의 2s 전자, (*b*) Mn의 3p 전자, (*c*) Ag의 4d 전자.

2.45 모든 Li 및 He 전자와 관련된 에너지 준위를 계하라. 값을 비교하고 결론을 도출하라.

2.46 수소 원자의 전자가 $n = 4$ 상태에 있다. 전자가 $n = 3$의 상태로 이동한다고 할 때, (*a*) 발산되는 광자의 에너지, (*b*) 진동수, (*c*) 파장(nm)을 계산하라.

***2.47** 수소 원자의 전자가 $n = 6$ 상태에 있다. 전자가 $n = 2$의 상태로 이동한다고 할 때, (*a*) 방출되는 광자의 에너지, (*b*) 진동수, (*c*) 파장(nm)을 계산하라.

2.48 예제 2.4와 2.5의 정보를 사용하여 속도의 불확정성이 1%일 때, 전자의 위치 불확정성을 결정하고자 한다. 전자 위치의 불확정성과 원자의 직경과 비교하라. 당신의 결론은 무엇인가?

2.49 문제 2.48의 반복으로, 속도의 불확정성이 2%라면 전자 위치의 불확정성을 구하라. 계산한 위치 불확정성을 문제 2.48와 비교하라. 당신의 결론은 무엇인가?

***2.50** 주양자수가 4인 경우 ℓ과 m_ℓ에 대해 가능한 다른 모든 양자수를 밝혀라.

2.51 아래 주어진 n과 ℓ의 짝에서 부준위 명칭과 가능한 m_ℓ값과 해당되는 오비탈을 적어라.

(*a*) $n = 1, \ell = 0$
(*b*) $n = 2, \ell = 1$
(*c*) $n = 3, \ell = 2$
(*d*) $n = 4, \ell = 3$

2.52 다음의 양자수 조합이 맞는지 결정하라.

(*a*) $n = 3, \ell = 0, m_\ell = +1$
(*b*) $n = 6, \ell = 2, m_\ell = -3$
(*c*) $n = 3, \ell = 3, m_\ell = -1$
(*d*) $n = 2, \ell = 1, m_\ell = +1$

2.53 각 열(*a*~*d*)에 1개가 틀렸다. 틀린 정보를 찾아내고 왜 틀렸는지 설명하라.

	n	ℓ	m_ℓ	Name
(*a*)	3	0	1	3s
(*b*)	2	1	−1	2s
(*c*)	3	1	+2	3d
(*d*)	3	3	0	4f

***2.54** Cl 원자의 3번째, 15번째, 17번째 전자들의 4개 양자수를 각각 구하라.

2.55 주어진 부분적(원자가 준위) 오비탈 그림을 기초로 바닥상태에 원자의 전자배열과 주기율표의 족을 결정하라. 어떤 원소인가?

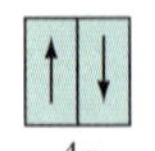
4*s*

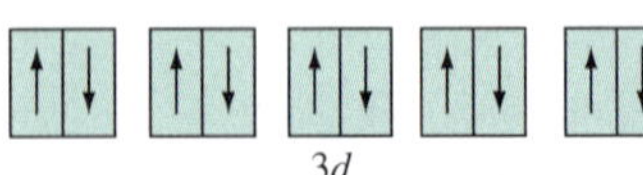
3*d*

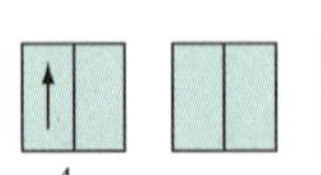
4*p*

2.56 spdf 표기법을 사용하여 다음 요소의 전자배열을 작성하라.

(*a*) 이트륨, (*b*) 하프늄, (*c*) 사마륨, (*d*) 레늄

2.57 spdf의 부호를 사용하여 다음 이온들의 전자배열을 작성하라.

(*a*) Cr^{2+}, Cr^{3+}, Cr^{6+}; (*b*) Mo^{3+}, Mo^{4+}, Mo^{6+}; (*c*) Se^{4+}, Se^{6+}, Se^{2-}

2.58 아래 원자들을 (*a*) 원자크기 증가 순으로, (*b*) 1차 이온화 에너지(IE1) 감소 순으로 적어라. 문제 답을 위하여 주기율표만 사용하라. 얻은 답을 그림 2.10, 2.11과 비교하라.

(*i*) K, Ca, Ga
(*ii*) Ca, Sr, Ba
(*iii*) I, Xe, Cs

2.59 아래 원자들을 (*a*) 원자크기가 증가하는 순으로, (*b*) 1차 이온화 에너지 감소 순으로 적어라. 문제 답을 위하여 주기율표만 사용하라. 여기서 얻은 답을 그림 2.10, 2.11과 비교하라.

(*i*) Ar, Li, F, O, Cs C
(*ii*) Sr, H, Ba, He, Mg, Cs

2.60 전자배치가 (*a*) $1s^22s^22p^6$와 (*b*) $1s^22s^22p^63s^1$인 두 원자의 1차 이온화 에너지는 2080 kJ/mol과 496 kJ/mol이다. 어느 전자배치도가 어느 1차 이온화 에너지(IE1)에 해당하는지 결정하고 그 이유를 적어라.

2.61 전자배치 (*a*) $[He]2s^2$, (*b*) $[Ne]3s^1$, (*c*) $[Ar]4s^1$, (*d*) $[He]2s^1$인 4원자의 1차 이온화 에너지는 496 kJ/mol, 419 kJ/mol, 520 kJ/mol, 899 kJ/mol이다. 어느 1차 이온화 에너지(IE1)가 어느 전자배치에 해당되는가를 결정하고 그 이유를 설명하라.

2.62 그림 2.15와 유사하게 (*a*) 오비탈 그림, (*b*) 루이스 기호를 이용하여 Na^+와 O^{2-} 이온들의 형성과 결합을 설명하라. 그 화합물의 화학식은 무엇인가?

***2.63** 서로 맞닿아 있는 Ba^{2+} 이온과 S^{2-} 이온 간의 인력을 계산하라. Ba^{2+} 이온의 이온 반지름은 0.143 nm이고 S^{2-} 이온의 이온 반지름은 0.174 nm이다.

2.64 문제 2.63에서 계산된 상수 b를 사용하여 $Ba^{2+}S^{2-}$ 이온쌍의 순위치에너지(net potential energy)를 계산하라. $n = 10.5$이다.

2.65 Cs^+ 이온과 I^- 이온 간의 인력은 2.83×10^{-9} N이고, Cs^+ 이온의 이온 반지름은 0.165 nm이다. I^- 이온의 이온 반지름을 nm로 계산하라.

***2.66** 아래의 각 결합쌍에서 어느 것이 더 큰 격자에너지를 갖는가? 당신의 의견을 말하라. 5개의 이온 고체 중 어느 것이 가장 높은 융점을 갖는가? 당신의 의견을 말하라.

(*a*) LiCl과 CsCl
(*b*) CsCl과 RbCl
(*c*) LiF와 MgO
(*d*) MgO와 CaO

***2.67** (*a*) 아래의 자료를 이용하여 NaF의 격자에너지를 구하라. (*b*) 이 계산에서 얻은 격자에너지는 이 물질에 대하여 무엇을 의미하는가?

(*i*) 고체 Na를 기체 Na로 변환하려면 109 kJ이 요구된다.
(*ii*) 기체 F_2를 2개의 단원자 F로 변환하기 위해서 243 kJ이 요구된다.
(*iii*) Na의 $3s^1$ 전자를 제거하여 Na^+ 이온의 형태로 만드는 데 496 kJ이 요구된다.

(*iv*) F에 전자 하나를 더하여 F^- 이온을 만드는 과정에 −349 kJ이 요구된다.

(*v*) 기체 NaF 형성에 −411 kJ이 요구된다(NaF의 생성열).

2.68 (*a*) 아래의 자료를 이용하여 NaCl의 격자에너지를 구하라. (*b*) 이 계산에서 얻은 격자에너지는 이 물질에 대하여 무엇을 의미하는가?

(*i*) 고체 Na를 기체 Na로 변환하려면 109 kJ가 필요하다.

(*ii*) 기체인 Cl_2를 두 개의 단원자인 Cl 원자로 변환하기 위해서는 121 kJ가 필요하다.

(*iii*) Na의 $3s^1$ 전자를 제거하기 위해 496 kJ가 필요하다(Na^+ 양이온 형태).

(*iv*) Cl에 전자를 추가하기 위한 −570 kJ의 에너지(에너지 방출).

(*v*) 기체 NaCl(NaCl 형성 열)을 형성하기 위한 −610 kJ의 에너지.

2.69 (*a*) 코발트의 3d 오비탈 내의 모든 전자와 관련된 에너지 준위를 계산하라. (*b*) 이 전자 중 하나가 2s 전자의 빈자리를 채우기 위해 더 낮은 에너지 준위로 떨어지면 어떻게 되는지 설명하라. (*c*) 이 전이와 관련된 에너지는 무엇인지 설명하라. (*d*) 발광 파장은 얼마인가? (*e*) 이 전자 중 하나가 2p 전자의 빈자리를 채우기 위해 낮은 에너지 수준으로 떨어지면 어떻게 되는지 설명하라. (*f*) 이 전이와 관련된 에너지는 무엇인지 설명하라. (*g*) 발광 파장은 얼마인가?

2.70 Ni의 3d 오비탈 내의 모든 전자와 관련된 에너지 준위를 계산하라. 이 전자들 중 하나가 2p 전자의 빈자리를 채우기 위해 더 낮은 에너지 준위로 떨어지면 어떻게 되는지 설명하라. 이 전이와 관련된 에너지는 무엇인지 설명하라. 발광 파장은 얼마인가?

2.71 아래에 있는 결합의 각 결합에서 결합차수를 정하고, 결합길이 순을 정하고, 결합의 세기 순을 정하고 설명하라(단 주기율표만 사용하라).

(*a*) S−F; S−Br; S−Cl

(*b*) C−C; C=C; C≡C

2.72 다음 공유결합 화합물에서 극성이 높은 순으로 적어라.

C−N; C−C; C−H; C−Br.

2.73 탄소 원자에 결합하여 sp^3, sp^2, sp 혼성을 나타내는 원자들의 수를 나열하라. 각각에 대하여 분자 내에 있는 원자들의 기하학적 배열을 나타내어라.

2.74 스칸디움(Cs, $Z = 21$)에서 Cu ($Z = 29$)까지 원소들의 전자배치와 그들의 융점 간에 상관관계가 있는가? (표 2.7 참고)

***2.75** 반도체 화합물 CdTe와 InP의 % 이온성을 비교하라.

■ 통합과 평가 문제

2.76 ^{39}K, ^{40}K, ^{41}K는 K의 세 가지 동위원소이다. 만일 ^{40}K가 가장 적게 존재한다면, 다른 어느 것이 가장 많이 존재하는가?

***2.77** 최근의 *주사전자현미경*(SEM)은 시편의 화학분석을 위해 에너지 산란 X-선 탐지기를 장착하고 있다. 이 X-선 분석은 SEM의 능력을 확장시킨 것인데, 이유는 영상을 구성하는 데 사용되는 전자가 시편에서 적절한 X-선을 만들어 낼 수 있기 때문이다. 전자선이 시편을 때릴 때 그 원소에 맞는 X-선이 만들어진다. 이런 X-선이 탐지되고, 잘 알려진 원소 특성 X-선의 파장으로부터 시편의 조성을 알아낸다. 예를 들면:

원소	K_α X-선의 파장
Cr	0.2291 nm
Mn	0.2103 nm
Fe	0.1937 nm
Co	0.1790 nm
Ni	0.1659 nm
Cu	0.1542 nm
Zn	0.1436 nm

어떤 합금이 SEM으로 분석되고 있다고 가정하자. 여기서 탐지된 3가지 다른 X-선 에너지 값이 7492, 5426, 6417 eV이라면, 어떤 원소가 이 시편에 존재하는가? 이런 합금을 무엇이라고 부르겠는가? (9장 참고)

2.78 2.5.1항에 따르면 금속과 비금속으로부터 단원자 이온을 형성하기 위해서는 에너지가 추가되어야 한다. 그러나, 우리는 관련된 원자들이 그들의 에너지를 낮추기를 원하기 때문에 일차 결합이 형성된다는 것을 알고 있다. 그렇다면 왜 이온성 화합물이 형성되는가?

2.79 불활성기체 Ne, Ar, Kr과 Xe 중 어느 것이 화학 반응성이 제일 강한가?

***2.80** Na의 융점은 89°C이고 K의 융점(63.5°C)보다 높다. 이것을 전자 구조의 차이로 설명할 수 있나?

***2.81** 원자번호 3, Li의 융점(180°C)은 원자번호 4, Be의 융점(1287°C)보다 매우 낮다. 전자구조의 차이점을 이용하여 설명하라.

2.82 K 금속의 융점은 63.5°C인 반면, Ti 금속의 융점은 1660°C이다. 융점에서 이런 큰 차이를 보이는 것을 어떻게 설명할 수 있는가?

2.83 카트리지 황동은 이원계 합금이다(70 wt% Cu와 30 wt% Zn). 이 합금에서 Cu와 Zn이 이루는 결합의 본질에 관해 논의하라.

2.84 이온화된 후, 왜 Na 이온은 Na 원자보다 더 작은가? 이온화된 후, 왜 염소 이온은 염소 원자보다 더 큰가?

2.85 1차 결합 형태에 무관하게 왜 원자들은 결합하려는 경향을 갖는가?

***2.86** 순수한 Al은 연성금속으로 낮은 인장강도 및 경도를 가진다. 반면에 산화물인 Al_2O_3(알루미나)는 아주 강하고 단단하며 취성을 가지는데, 이 차이를 결합의 측면에서 설명할 수 있는가?

2.87 흑연과 다이아몬드는 둘 다 탄소(C) 원자로 이루어져 있다. (*a*) 각각의 물리적 특성을 말하라. (*b*) 흑연과 다이아몬드의 융

용 사례를 한 가지씩 말하라. (*c*) 두 재료 모두 탄소로 만들어졌지만 이러한 특성의 차이를 보이는 이유는 무엇인가?

2.88 Si은 트랜지스터나 LED와 같은 집적회로 제조에 널리 쓰인다. 이때 종종 Si 웨이퍼 위에 산화물 박막(SiO_2)을 형성할 필요가 있다. (*a*) Si 기판과 산화물 박막의 특성 차이는 무엇인가? (*b*) Si 웨이퍼에 산화물 박막을 만드는 공정을 설계하라. (*c*) 원하는 특정 범위에만 산화물을 형성하는 공정을 설계하라.

2.89 금속의 높은 전기 및 열전도율은 금속 결합의 "전자가스" 모델로 어떻게 설명할 수 있는가? 연성?

2.90 불활성 기체 Ne 분자 안에서 요동쌍극자를 설명하라. 같은 불활성 기체인 Kr과 Xe 가운데 어느 것이 더 강한 쌍극자를 가지느냐? 또 그 이유는 무엇인가?

2.91 카본 테트라클로라이드(CCl_4)의 쌍극자 모멘트가 0이다. 이 분자 내에서 일어나는 C–Cl 결합배열은 우리에게 무엇을 말해 주는가?

2.92 메탄(CH_4)은 물(H_2O)보다 훨씬 낮은 끓는점을 가지고 있다. 이것을 두 물질 간의 분자 내에서의 결합관계를 이용하여 그 이유를 설명하라.

2.93 아래의 각 화합물의 결합상태가 근본적으로 금속, 공유, 이온, 반데르발스 혹은 수소결합인지 기술하라. (*a*) Ni, (*b*) ZrO_2, (*c*) graphite, (*d*) solid Kr, (*e*) Si, (*f*) BN, (*g*) SiC, (*h*) Fe_2O_3, (*i*) MgO, (*j*) W, (*k*) H_2O 분자 내 결합, (*l*) H_2O 분자들 간의 결합.

***2.94** 전구는 제조과정에서 전구 속의 공기를 빼내고 Ar 기체로 다시 채운다. 이 과정이 필요한 목적은 무엇인가?

2.95 스테인리스강은 많은 양의 Cr을 함유하는 내식금속이다. 어떻게 Cr이 금속을 부식에서 보호하는가?

2.96 로봇은 자동차산업에서 두 부품을 특성위치에 용접할 때 사용된다. 분명히, 로봇 팔의 끝부분은 정확한 용접을 하기 위해 세밀히 움직여야 한다. (*a*) 이 로봇 팔에 사용되는 재료를 선정하는 과정에서 어떤 인자가 반드시 고려되어야만 하는가? (*b*) 이 응용분야에 적합한 재료를 선택하라.

2.97 특정 응용분야에서 가볍고 절연체이며 어느 정도 유연성을 가지는 재료를 필요로 한다. (*a*) 어떤 종류의 재료를 선택할 것인가? (*b*) 결합의 관점에서 설명하라.

2.98 어떤 응용분야에서 전기적으로 부도체이고 매우 단단하고 가벼운 재료가 요구된다. (*a*) 어떤 종류의 재료를 선택할 것인가? (*b*) 결합의 관점에서 설명하라.

2.99 고체 칼륨과 고체 칼슘의 밀도는 0.862 g/cm^3와 1.554 g/cm^3이다. 개별 칼륨과 칼슘 원자의 질량을 비교하라. 당신의 의견은 무엇인가? 두 원소 사이의 고체 밀도의 차이를 어떻게 설명할 수 있나?

제3장

재료의 결정구조와 비정질구조

(a) (b) (c) (d) (e)

((a) McGraw Hill Education; (b) Doug Sherman/Geofile; (c) Zadiraka Evgenii/Shutterstock; (d) Florea Marius Catalin/iStock/Getty Images; (e) Source: James St. John)

고체는 결정질과 비정질 고체로 크게 나눌 수 있다. 결정질 고체는 그 원자, 분자 또는 이온의 질서정연한 배열로 인해 명확한 구조적 형태를 가진다. 금속은 결정질이며 명확한 구조적 형태를 가진 결정 또는 결정립들로 구성된다. 결정립은 작으며 금속의 불투명한 성질 때문에 선명하게 관찰할 수가 없다. 광물에서는 대부분이 반투명성이거나 투명성이므로 명확한 구조를 가진 결정질 모습을 선명하게 관찰할 수 있다. 위의 그림은 다음 몇 가지 광물의 결정성을 보여준다. (*a*) 하늘색을 띠는 천청석(celestite, $SrSO_4$), (*b*) 놋쇠 빛깔의 황색을 띠므로 '바보의 금'이라고도 불리는 황철광(pyrite, FeS_2), (*c*) 석영의 보라색 종류인 자수정(amethyst, SiO_2), (*d*) 암염으로 더 잘 알려진 할라이트(halite, NaCl). 반면에, 비정질 고체는 장범위 규칙성이 부족하거나 없으며 응고해도 결정질 고체가 가지는 대칭성과 규칙성을 가지지 않는다. 그 예는 (e) 비정질구조를 갖는 단백석(hyalite opal) 또는 유백유리(opal glass)이다. 대칭성과 명확한 결정 경계가 없는 것에 주목하라. ■

학습 목표

이 장을 마치면, 학생들은 다음을 설명할 수 있을 것이다.

1. 결정질과 비결정질(무정형) 재료가 무엇인지 설명할 수 있다.
2. 고체 내에서 원자와 이온이 공간적으로 어떻게 배열되는지 알고 고체를 형성하는 기본 구성요소를 밝힐 수 있다.
3. 고체 재료에서 원자구조와 결정구조의 차이를 설명할 수 있다.
4. 결정구조와 결정계를 구별할 수 있다.
5. 플라스틱은 왜 100% 결정질 구조가 아닌지 설명할 수 있다.
6. 재료에서 동질이형이나 동소체를 설명할 수 있다.
7. 체심입방구조를 갖는 금속과 면심입방구조를 갖는 금속의 밀도를 계산할 수 있다.
8. X-선 회절법을 이용하여 어떻게 재료를 분석하는지 설명할 수 있다.
9. 입방결정에서 원자의 위치, 방향지수 그리고 Miller 지수를 지정할 수 있다. 주요 금속의 세 가지 조밀충전구조를 명시할 수 있다. 조밀충전육방 결정구조의 Miller-Bravais 지수를 결정할 수 있다. 입방결정과 육방결정에서 결정방향과 결정면을 묘사할 수 있다.

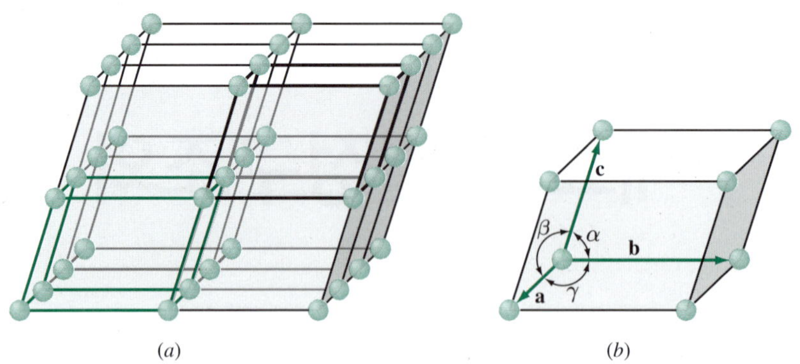

그림 3.1 > (a) 이상적인 결정질 고체의 공간격자. (b) 격자상수를 보여주는 단위격자.

3.1 공간격자와 단위격자

공업적으로 중요한 고체재료의 물리적 구조는 그 고체를 구성하는 원자, 이온 또는 분자의 배열과 그것들 사이의 결합력에 주로 의존한다. 고체의 원자 또는 이온이 3차원적으로 반복되는 형태로 배열되면, *장범위 규칙성*(long-range order)을 갖는 고체를 형성하며 *결정질 고체*(crystalline solid) 또는 *결정질 재료*(crystalline material)라고 한다. 결정질 재료의 예로는 금속, 합금, 그리고 세라믹 재료가 있다. 결정질 고체와 달리 그 구성 원자나 이온이 장범위, 주기적, 반복적인 배열을 하지 않고 *단범위 규칙성*(short-range order)만을 가지는 재료들도 있다. 이것은 바로 이웃한 원자나 분자 사이에서만 규칙성을 가진다는 의미이다. 한 예로서, 액체의 물은 분자 내에서 산소 원자 하나가 수소 원자 둘과 공유결합을 하는 단범위 규칙성을 가진다. 그러나 이들 각각의 분자가 약한 2차 결합을 통해 다른 분자들과 임의로 결합하면 이 규칙성은 사라진다. 단범위 규칙성만을 가지는 재료를 **비정질**(amorphous, 무정형) 또는 비결정질이라고 구분한다. 비정질 재료에 대한 더 상세한 정의와 예는 3.12절에 나타내었다.

결정질 고체 내의 원자배열은 3차원 망상구조에서 선의 교점에 원자가 위치하는 것으로 설명할 수 있다. 그러한 망상구조를 **공간격자**(space lattice)(그림 3.1*a*)라 하며, 점들의 무한한 3차원 배열이라 할 수 있다. 공간격자에서 각 점의 주위 환경이 동일하다면 각각의 점은 다른 점들과 정확히 같으며 이를 브라베격자(Bravais lattice)라 한다. 이상적인 **결정**(crystal)에서 어떤 주어진 점을 둘러싼 일군의 **격자점**(lattice points)들을 보면 결정격자 내의 다른 격자점 주위와 동일하다. 따라서 각각의 공간격자는 그림 3.1*a*의 굵은 선으로 나타낸 것과 같이 반복되는 **단위격자**(unit cell)에서 원자 위치를 명시하여 나타낼 수 있다. 단위격자는 결정의 특성을 유지하면서 가장 작게 나누어진 격자라고 생각할 수 있다. 원자군이 각각의 고체에 따라 특정한 배열을 하고 격자점에 위치하여 **모티프**(motif) 또는 **단위체**(basis)를 구성한다. 따라서 **결정구조**(crystal structure)는 격자와 단위체의 조합으로 정의할 수 있다. 원자들이 반드시 격자점에 위치해야만 하는 것은 아니라는 것에 유의하여야 한다. 단위격자의 크기와 모양은 단위격자의 한 꼭지점을 원점으로 하는 세 개의 격자벡터 **a**, **b**, **c**로 나타낼 수 있다(그림 3.1*b*). 여기서 축의 길이인 a, b, c와 축간 각인 α, β, γ는 단위격자의 *격자상수*(lattice constants)이다.

3.2 결정계와 Bravais 격자

축 길이와 축간 각에 특정한 값을 부여하여 여러 다른 형태의 단위격자를 만들어 낼 수 있다. 결정학자들은 모든 공간격자를 만들어 내기 위해서는 다른 형태의 7가지 단위격자만 있으면 된다는 것을 보여주었다. 이러한 결정계를 표 3.1에 나타내었다.

7개의 결정계 중 많은 결정계가 기본 단위격자로부터 변형된 형태를 가진다. A.J. Bravais[1]는 14개의 표준 단위격자로 가능한 모든 3차원 격자 망상구조를 나타낼 수 있음을 보였다. 이들 Bravais 격자를 그림 3.2에 나타내었다. 단위격자에는 4가지의 기본 형태 즉, (1) 단순(simple), (2) 체심(body-centered), (3) 면심(face-centered), (4)

1 August Bravais (1811~1863). 프랑스의 결정학자. 공간에서 14가지의 가능한 점들의 배열을 찾아내었다.

표 3.1 ➤ 결정계에 의한 공간격자 분류

결정계	축 길이와 축간 각	공간격자
입방정계(Cubic)	세 축이 같고 서로 직각 $a = b = c, \alpha = \beta = \gamma = 90°$	단순입방 체심입방 면심입방
정방정계(Tetragonal)	세 축이 서로 직각, 두 축은 같음 $a = b \neq c, \alpha = \beta = \gamma = 90°$	단순정방 체심정방
사방정계(Orthorhombic)	세 축이 다르고 서로 직각 $a \neq b \neq c, \alpha = \beta = \gamma = 90°$	단순사방 체심사방 저심사방 면심사방
삼방정계(Rhombohedral)	세 축이 같고 세 각이 같으나 직각은 아님 $a = b = c, \alpha = \beta = \gamma \neq 90°$	단순삼방
육방정계(Hexagonal)	두 축이 같고 120°로 만남, 세 번째 축은 직각 $a = b \neq c, \alpha = \beta = 90°, \gamma = 120°$	단순육방
단사정계(Monoclinic)	세 축이 다르고 한 각은 직각이 아님 $a \neq b \neq c, \alpha = \gamma = 90° \neq \beta$	단순단사 저심단사
삼사정계(Triclinic)	세 축과 세 각이 모두 다르고 직각이 아님 $a \neq b \neq c, \alpha \neq \beta \neq \gamma \neq 90°$	단순삼사

저심(base-centered)이 있다.

입방정계(cubic system)에는 3가지 형태의 단위격자 즉, 단순입방정, 체심입방정, 면심입방정이 있다. 사방정계(orthorhombic system)에는 4가지 형태가 모두 있다. 정방정계(tetragonal system)에는 단순과 체심의 2가지 형태만 있다. 면심정방정은 누락된 것처럼 보이지만 이는 네 개의 체심정방정으로 만들 수 있다. 단사정계(monoclinic system)는 단순과 저심 단위격자를 가지며, 삼방정계(rhombohedral system), 육방정계(hexagonal system), 삼사정계(triclinic system)는 단순 형태의 단위격자 하나씩만을 갖는다.

7가지의 다른 단위격자가 가능한 3차원 Bravais 격자 망상구조와 대조적으로 2차원 격자는 5가지의 다른 단위격자만 가능하다. 다시 말하면 어떤 Bravais 격자든지 지명된 단위격자 중 하나로 나타낼 수 있다. 여기에는 그림 3.3과 같이 정사각 단위격자, 직사각 단위격자, 육각 단위격자, 직사각체심 단위격자, 비스듬한(oblique) 단위격자 등이 있다. 단위격자가 되기 위한 유일한 조건은 반복되었을 때 온전한 격자를 형성할 수 있으면 된다는 것임을 기억하라. 또한 각 단위격자는 다른 정도의 대칭성을 가질 것이다. 정사각 단위격자는 최고의 대칭성을 가지고 비스듬한 단위격자는 대칭성을 가지지 않는다. 다수의 단위격자를 사용할 수 있는 경우에는 다음 인자를 고려해야 한다.

1. 원자를 가장 적게 수용하는 가장 작은 격자를 사용한다.
2. 각도가 90°나 120°에 가까운 격자를 사용한다.
3. 대칭성이 가장 높은 격자를 사용한다.

단위격자의 대칭성은 이동이나 회전의 관점에서 분석할 수 있다. 예를 들면, 그림 3.3*a*의 단위격자는 결정격자를 채우기 위해 수평 방향으로도 수직 방향으로도 이동할 수 있다. 따라서 이 단위격자는 2차원적인 평행이동 대칭성을 갖는다. 또한 격자는 4중-회전 대칭성을 갖는다. 이것은 단위격자를 $\frac{360}{4}$(90°)씩 몇 번을 회전해도 똑같이 일치하는 단위격자가 된다는 뜻이다. 결정격자에서는 전체 격자를 채우기 위해 다른 대칭성은 가능하지 않고 단지 2중, 3중, 4중, 6중 대칭성만 허용될 것이다.

Bravais 격자가 아닌 격자의 예는 그림 3.4의 일반적인 육각 격자이다. 이 격자는 각 격자점이 같은 환경을 갖지 않으므로 Bravais 격자가 아니다. 예를 들면, 그림 3.4*a*의 격자점 1은 우측에 2개의 격자점과 좌측에 1개의 격자점을 가진다. 반면에 격자점 2는 우측에 1개, 좌측에 2개를 갖는다. 그러나, 그림 3.4*b*에서 "x"로 표시한 지점을 밑에 있는 격자로 생각하고 양쪽의 두 원자를 모티프 또는 단위체로 생각하면 Bravais 격자를 얻을 수 있다. 즉, 모든 "x" 지점이 동일한 주위환경을 갖는다. Bravais 격자를 형성하기 위한 x형 격자점으로 만들어지는 단위격자를

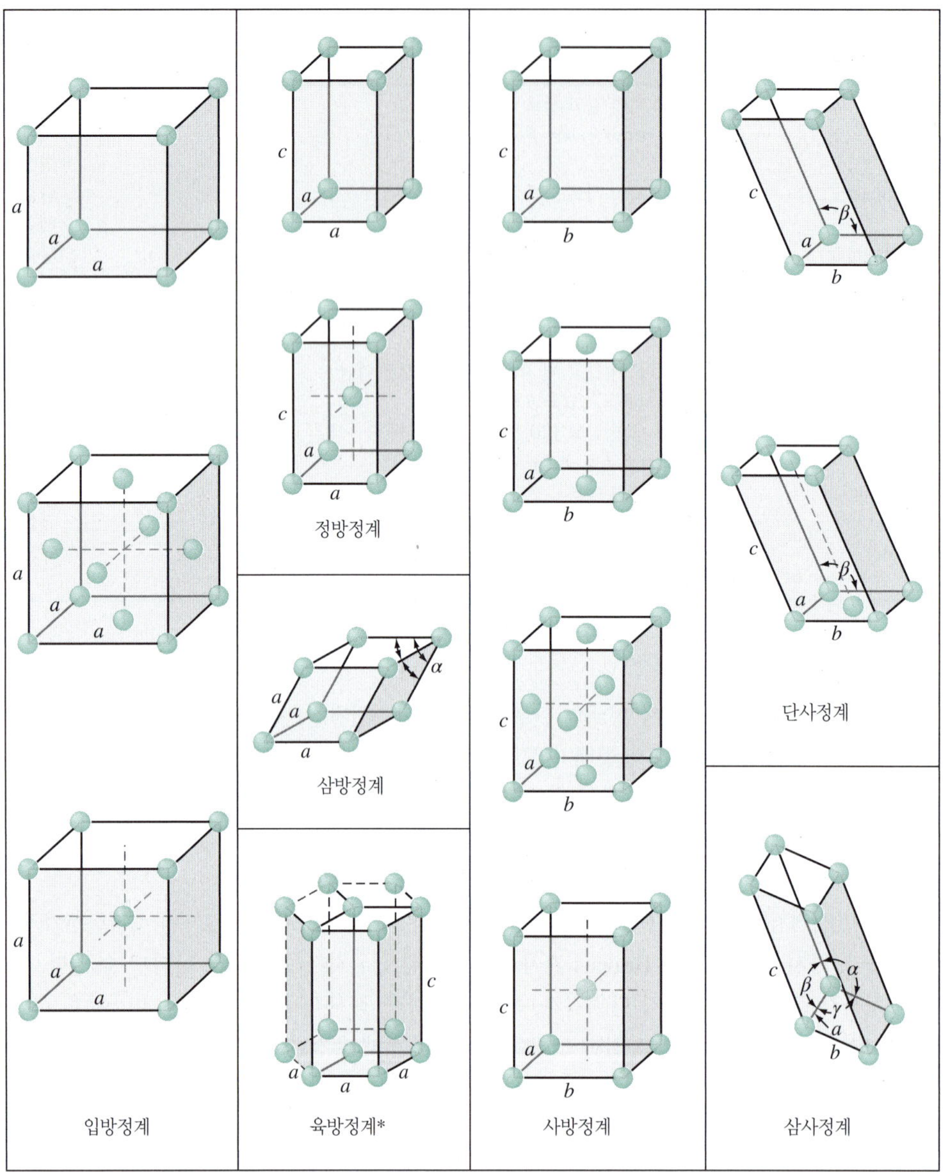

그림 3.2 ➤ 결정계에 따라 분류한 14개의 Bravais 단위격자. 점들은 격자점을 나타내며 면이나 꼭지점에 위치하여 다른 동일한 단위격자와 공유한다.
(출처: W.G. Moffatt, G.W. Pearsall, and J. Wulff, *The Structure and Properties of Materials*, vol. 1: "Structure", Willey, 1964, p. 47.)

그림 3.4*b*에 강조하여 표시하였다.

3.3 금속의 주요 결정구조

이 장에서는 단일 원소로 이루어진 금속의 주요 결정구조에 대하여 상세히 논의할 것이다. 대부분의 이온결합 및 공유결합 물질도 결정구조를 가지는데 이는 **11장**에서 상세하게 설명할 것이다.

대부분의 단일 금속(약 90%)은 응고할 때 결정화되어 3가지의 조밀하게 충전된 결정구조 즉, **체심입방정**(body-centered cubic, BCC) (그림 3.5*a*), **면심입방정**(face-centered cubic, FCC) (그림 3.5*b*), **조밀충전육방정**(hexagonal close-packed, HCP) (그림 3.5*c*)으로 결정화한다. HCP 구조는 그림 3.2의 단순육방정 결정구조를 더 조밀하게 변경한 것이다. 원자가 서로 가깝게 접근하고 더 단단하게 결합하면 에너지를 방출하기 때문에 대부분의 금속은 이러한 조밀충전 구조로 결정화한다. 따라서 조밀하게 충전된 결정구조가 더 낮고 더 안정한 에너지 상태

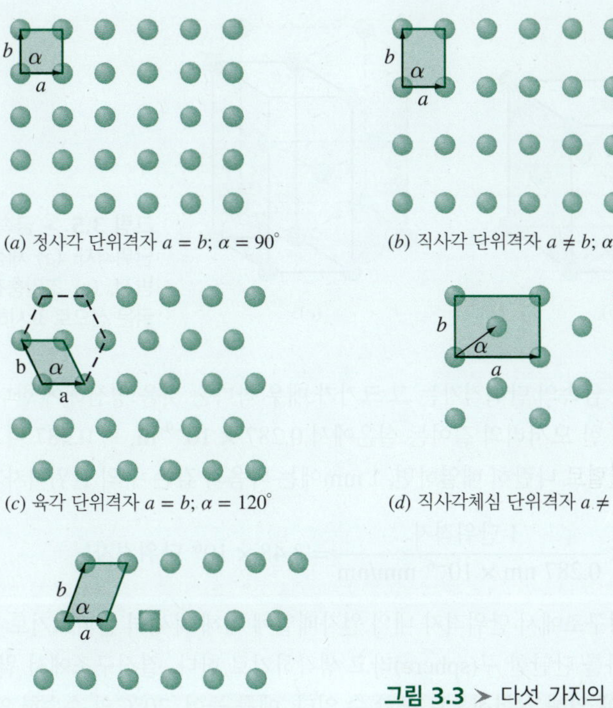

그림 3.3 ➤ 다섯 가지의 가능한 Bravais 2차원 단위격자. 어떠한 격자도 이 단위격자 중 하나로 표현할 수 있다.

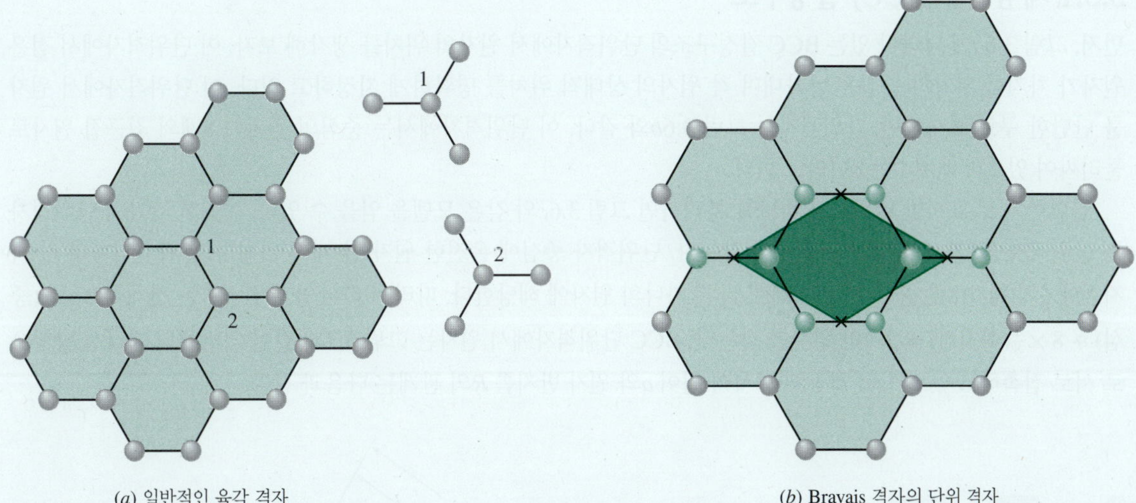

그림 3.4 ➤ (*a*) Bravais 격자가 아닌 일반적인 육각 격자. (*b*) "x"로 강조한 지점을 격자로 사용하고 각 x로 단위체를 형성하는 두 원자를 생각하면 격자는 Bravais 격자가 된다.

의 배열이다. 예를 들면, *단순입방정*(simple cubic, SC) 형태로 결정화하는 유일한 금속은 폴로늄(Po)이다. 그러나, SC 상태에서는 충전율이 낮으므로 폴로늄은 에너지 상태가 높고 불안정하여 융점이 254°C로 낮다.

앞에서 언급한 바와 같이 격자점과 모티프 또는 단위체가 짝을 이루면 결정구조가 성립한다. 기본적인 BCC와 FCC 그리고 Bravais 격자에서 모티프 또는 단위체는 각 격자점에 지정된 하나의 원자 즉, (0, 0, 0) 원자이다. HCP 결정에 대하여 보면 HCP 격자(그림 3.3*c*)는 Bravais 격자가 아니다. 그러나 단순육방 격자(비조밀충전, 그림 3.2)는 Bravais 격자에 속한다. 그림 3.4에서 논의한 것과 유사하게, HCP 결정을 형성하기 위해서는 육방 Bravais 격자 내의 각 격자점은 2-원자의 단위체 또는 모티프와 연결되어야 한다(3.3.3항에서 다룰 예정).

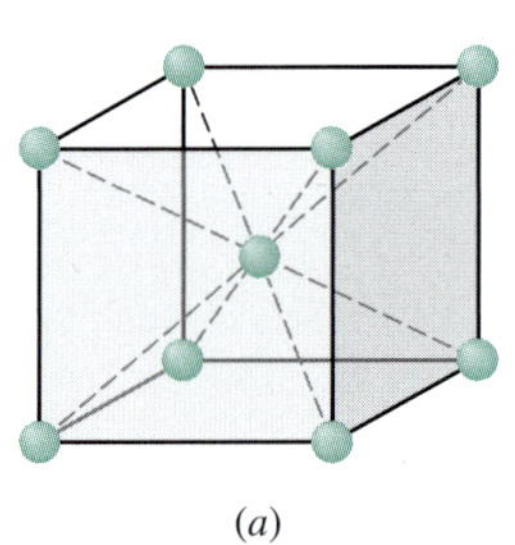
(a)

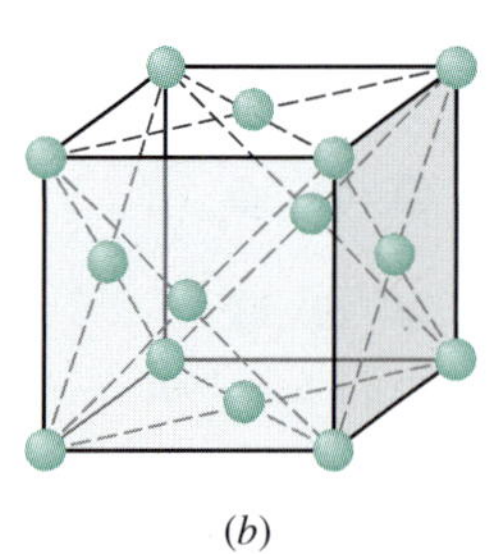
(b)

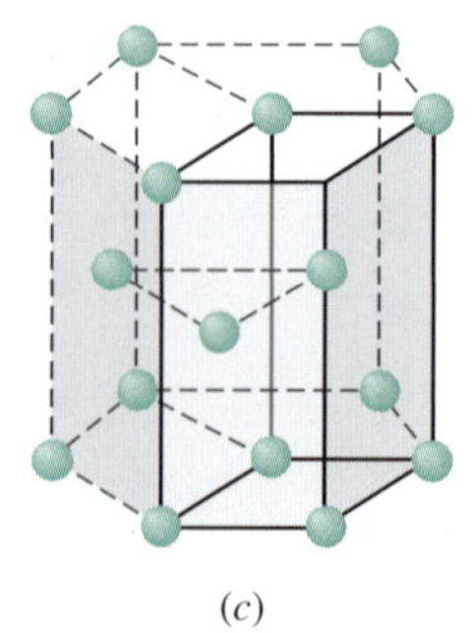
(c)

그림 3.5 ➤ 금속의 주요 결정구조와 단위격자: (*a*) 체심입방정, (*b*) 면심입방정, (*c*) 조밀충전육방정(단위격자는 굵은 선으로 표시하였다).

그림 3.5에 나타나 있는 결정질 금속의 단위격자는 그 크기가 매우 작다는 것을 명심해야 한다. 예를 들어, 체심입방정 구조의 철에서 단위격자의 한 모서리의 길이는 실온에서 0.287×10^{-9} m, 즉 0.287 나노미터(nm)이다.[2] 따라서 순수한 철의 단위격자를 일렬로 나란히 배열하면, 1 mm에는 다음과 같은 수의 단위격자가 있을 것이다.

$$1 \text{ mm} \times \frac{1 \text{ 단위격자}}{0.287 \text{ nm} \times 10^{-6} \text{ mm/nm}} = 3.48 \times 10^{6} \text{ 단위격자!}$$

이제부터 3개의 주요 금속 결정구조에서 단위격자 내의 원자배열에 대해 자세히 살펴보기로 하자. 비록 근사적이지만 이러한 결정구조 내의 원자를 단단한 구(sphere)라고 생각하기로 한다. 결정구조에서 원자들 사이의 거리(원자 간 거리)는 X-선 회절분석[3]에 의해 실험적으로 구할 수 있다. 예를 들어, 20°C의 순수한 알루미늄 조각에서 두 알루미늄 원자 간 거리는 0.286 nm이다. 알루미늄 금속에서 알루미늄 원자의 반지름은 원자 간 거리의 절반으로 간주하며 0.143 nm이다. 몇 가지 금속의 원자 반지름을 표 3.2에서 표 3.4에 나타내었다.

3.3.1 체심입방(BCC) 결정구조

동영상

먼저, 그림 3.6*a*에 나타나 있는 BCC 결정구조의 단위격자에서 원자의 위치를 생각해 보자. 이 단위격자에서 점은 원자가 차지할 위치의 중심을 나타내며 각 원자의 상대적 위치를 명확하게 지정하고 있다. 이 단위격자에서 원자를 단단한 구로 표시하면, 단위격자는 그림 3.6*b*와 같다. 이 단위격자에서는 중심의 원자가 8개의 최근접 원자로 둘러싸여 있으며 배위수는 8이라고 한다.

단단한 구로 표시한 단위격자 하나를 분리하면 그림 3.6*c*와 같은 모델을 얻을 수 있다. 이러한 각각의 단위격자는 단위격자당 2개에 해당하는 원자를 갖는다. 단위격자 중심에 온전한 원자 한 개가 위치하고, 단위격자의 각 꼭지점에 $\frac{1}{8}$의 원자(8분 공간)가 위치하여 다른 하나의 원자에 해당한다. 따라서 하나의 단위격자는 전체적으로 1(중심) + 8 × $\frac{1}{8}$(꼭지점) = 2개의 원자를 갖는다. BCC 단위격자에서 원자는 그림 3.7과 같이 입방체의 대각선 방향으로 서로 접촉하고 있으므로, 입방체 모서리 길이 *a*와 원자 반지름 *R*의 관계는 다음과 같다.

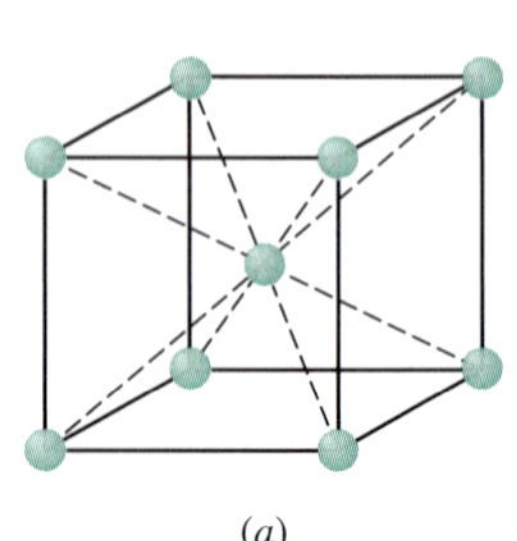
(a)

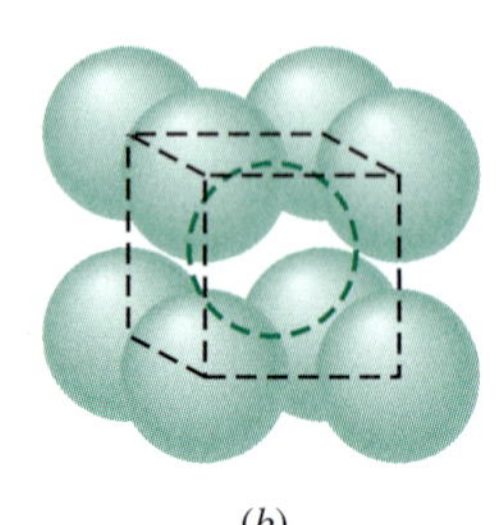
(b)

(c)

그림 3.6 ➤ BCC 단위격자: (*a*) 원자 위치로 나타낸 단위격자, (*b*) 단단한 구로 나타낸 단위격자, (*c*) 분리된 하나의 단위격자.

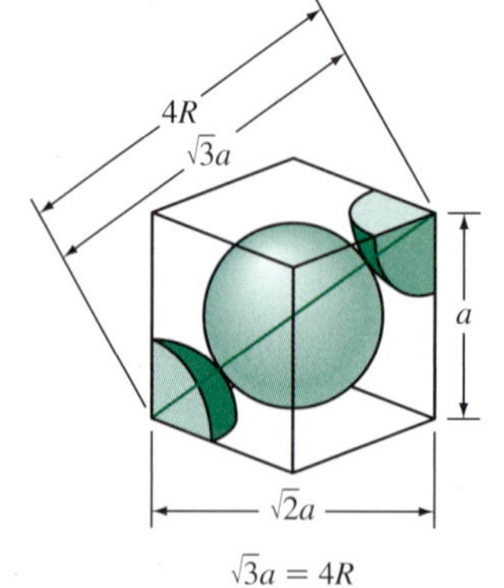

그림 3.7 ➤ BCC 단위격자에서 격자상수 *a*와 원자 반지름 *R*의 관계.

2 1 nanometer = 10^{-9} meter

3 X-선 회절분석의 원리는 3.11절에서 다룰 것이다.

$$\sqrt{3}a = 4R \quad \text{또는} \quad a = \frac{4R}{\sqrt{3}} \tag{3.1}$$

예제 3.1

20°C의 철은 BCC 구조를 가지며 원자 반지름이 0.124 nm이다. 철 단위격자의 입방체 모서리를 나타내는 격자상수 a를 계산하라.

풀이

그림 3.7로부터 BCC 단위격자의 원자는 입방체의 대각선 방향으로 접촉하고 있음을 알 수 있다. 따라서 a를 입방체의 모서리 길이라 하면,

$$\sqrt{3}a = 4R \tag{3.1}$$

이며 R은 철 원자의 반지름이다. 따라서, 모든 계산에서 세 자리의 유효숫자를 사용하면 해답은 ($\sqrt{3}$에 대해 세 자리의 유효숫자를 사용하라)

$$a = \frac{4R}{\sqrt{3}} = \frac{4(0.124 \text{ nm})}{\sqrt{3}} = 0.287 \text{ nm} \blacktriangleleft$$

BCC 단위격자의 원자를 구로 간주하면, 다음 식을 사용하여 **원자충전율**(atomic packing factor, APF)을 계산할 수 있다.

$$\text{원자충전율} = \frac{\text{단위격자 내 원자의 부피}}{\text{단위격자의 부피}} \tag{3.2}$$

이 식을 이용하여 계산한 BCC 단위격자(그림 3.6*c*)의 APF는 68%이었다(예제 3.2 참고). 즉, BCC 단위격자 부피의 68%를 원자가 차지하고 나머지 32%는 빈 공간으로 남는다. BCC 결정구조는 원자가 더 조밀하게 충전될 수 있기 때문에 조밀충전 구조가 아니다. 철, 크롬, 텅스텐, 몰리브덴, 바나듐 등과 같은 여러 금속이 실온에서 BCC 결정구조를 가진다. 표 3.2에 몇 가지 BCC 금속의 격자상수와 원자 반지름을 나타내었다.

표 3.2 ➢ 실온(20°C)에서 BCC 결정구조를 갖는 금속의 격자상수와 원자 반지름

금속	격자상수 a (nm)	원자 반지름 R* (nm)
크롬(Cr)	0.289	0.125
철(Fe)	0.287	0.124
몰리브덴(Mo)	0.315	0.136
포타슘(K)	0.533	0.231
소듐(Na)	0.429	0.186
탄탈룸(Ta)	0.330	0.143
텅스텐(W)	0.316	0.137
바나듐(V)	0.304	0.132

*식 (3.1), $R = \sqrt{3}\,a/4$을 이용하여 격자상수로부터 계산.

예제 3.2

BCC 단위격자의 원자충전율(APF)을 구하라. 원자는 단단한 구라고 가정한다.

풀이

$$\text{원자충전율} = \frac{\text{BCC 단위격자 내 원자의 부피}}{\text{BCC 단위격자의 부피}} \tag{3.2}$$

BCC 단위격자에는 원자 2개가 있으므로, 단위격자 내의 반지름이 R인 원자의 부피는

$$V_{\text{atoms}} = (2)\left(\frac{4}{3}\pi R^3\right) = 8.373\,R^3$$

이다. BCC 단위격자의 부피는

$$V_{\text{unit cell}} = a^3$$

이다. 여기서 a는 격자상수이다. 격자상수 a와 원자 반지름 R의 관계는 BCC 단위격자에서 원자가 입방체의 대각선 방향으로 서로 접촉하고 있음을 보여주는 그림 3.7로부터 구할 수 있다. 즉,

$$\sqrt{3}a = 4R \quad \text{또는} \quad a = \frac{4R}{\sqrt{3}} \tag{3.1}$$

이다. 따라서 단위격자의 부피는

$$V_{\text{unit cell}} = a^3 = 12.32\,R^3$$

이고, BCC 단위격자의 원자충전율은 다음과 같다.

$$\text{APF} = \frac{V_{\text{atoms}}/\text{unit cell}}{V_{\text{unit cell}}} = \frac{8.373\,R^3}{12.32\,R^3} = 0.6796 \approx 0.68 \blacktriangleleft$$

3.3.2 면심입방(FCC) 결정구조

다음은 그림 3.8a의 FCC 단위격자의 격자점을 생각해 보자. 이 단위격자 내에는 입방체의 각 꼭지점과 각 면의 중심에 하나씩 격자점이 있다. 그림 3.8b의 단단한 구 모델은 FCC 결정구조에서는 원자가 가능한 한 최대로 조밀하게 충전되어 있음을 보여준다. 그래서 조밀충전구조라고 한다. 이 조밀충전구조의 APF는 0.74로서 조밀충전구조가 아닌 BCC 구조의 0.68에 비해 크다.

그림 3.8c에 보인 것처럼 FCC 단위격자는 단위격자당 4개에 해당하는 원자를 갖는다. 8개의 각 꼭지점에 있는 8분 공간에 한 개에 해당하는 원자($8 \times \frac{1}{8} = 1$)가 있고, 입방체의 각 표면에 있는 절반 크기의 원자들이 원자 3개에 해당하여, 전체적으로 단위격자당 4개의 원자를 갖는다. FCC 단위격자 내의 원자는 그림 3.9에 나타낸 것처럼 입방체의 면 대각선을 가로질러 서로 접촉하고 있으며, 입방체의 모서리 길이 a와 원자 반지름 R의 관계는 다음과 같다.

$$\sqrt{2}a = 4R \quad \text{또는} \quad a = \frac{4R}{\sqrt{2}} \tag{3.3}$$

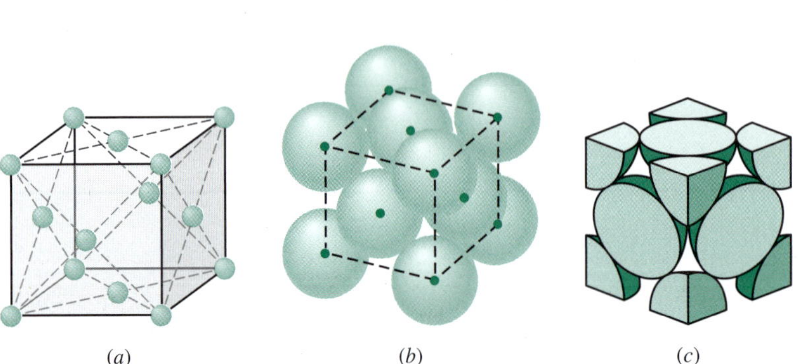

그림 3.8 ➤ FCC 단위격자: (a) 원자 위치로 나타낸 단위격자, (b) 단단한 구로 나타낸 단위격자, (c) 분리된 하나의 단위격자.

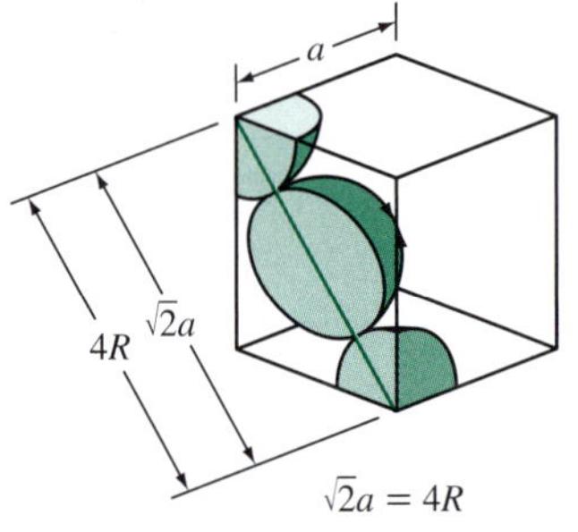

그림 3.9 ➤ FCC 단위격자에서 격자상수 a와 원자 반지름 R의 관계. 원자들이 면의 대각선을 따라 접촉하므로 $\sqrt{2}a = 4R$.

표 3.3 ➤ 실온(20°C)에서 FCC 결정구조를 갖는 금속의 격자상수와 원자 반지름

금속	격자상수 a (nm)	원자 반지름 R* (nm)
알루미늄(Al)	0.405	0.143
구리(Cu)	0.3615	0.128
금(Au)	0.408	0.144
납(Pb)	0.495	0.175
니켈(Ni)	0.352	0.125
백금(Pt)	0.393	0.139
은(Ag)	0.409	0.144

*식 (3.3), $R = \sqrt{2}a/4$을 이용하여 격자상수로부터 계산.

FCC 결정구조의 APF는 0.74로서 BCC 구조의 0.68보다 크다. 0.74의 원자충전율은 "구형 원자"로서 가능한 가장 조밀한 충전에 해당한다. 알루미늄, 구리, 납, 니켈 그리고 고온(912~1394°C)의 철과 같은 금속은 결정화하면 FCC 결정구조를 갖는다. 표 3.3에 몇 가지 FCC 금속의 격자상수와 원자 반지름을 나타내었다.

3.3.3 조밀충전육방(HCP) 결정구조

앞에서 언급한 바와 같이 그림 3.2에서 단순육방정은 Bravais 격자에 속한다. 하지만 APF가 너무 낮아서 금속은 단순육방 결정구조로는 결정화하지 않는다. 그럼에도 불구하고 일부 금속은 단순육방정이 조밀충전으로 변형된 형태로 결정화할 수 있다. 그래서, 세 번째 일반적인 금속의 결정구조는 그림 3.10*a*와 3.10*b*에 나타낸 조밀충전육방(HCP) 구조로서 단위격자의 내부에 원자들이 추가로 배치된 것을 주목하라. 중앙에 추가된 세 개의 격자점은 나머지 격자점들과는 인접 환경이 다르기 때문에 HCP 격자는 Bravais 격자가 아니다. 그러나 HCP 결정은 각 격자점에 연결된 2-원자 모티프 또는 단위체를 가지는 그림 3.2의 육방 Bravais 격자로 구분하기도 한다. 2-원자 모티프는 (0, 0, 0)과 $(\frac{2}{3}, \frac{1}{3}, \frac{1}{2})$에 위치한 원자로 구성된다. 각 Bravais 격자점은 같은 원자 쌍들과 연결되어 HCP 결정을 형성한다. 원자는 그림 3.10*b*의 HCP 구조를 형성하여 더 낮은 에너지와 더 안정한 상태를 가질 수 있다. HCP 결정구조의 APF는 0.74로서 FCC 결정구조의 APF와 같은 값이다. 이것은 두 구조에서 모두 가능한 한 조밀하게 원자가 충전되어 있기 때문이다. HCP와 FCC 결정구조에서 각 원자는 12개의 다른 원자로 둘러싸여 두 구조 모두 12의 배위수를 갖는다. FCC와 HCP 결정구조에서 원자 충전의 다른 점은 3.8절에서 논의할 것이다.

분리된 HCP 단위격자는 *원시격자*(primitive cell)라고도 하며 그림 3.10*c*에 나타내었다. 그림 3.10*c*에서 "1"로 표시한 위치의 원자들은 $\frac{1}{6}$의 원자를 제공한다. "2"로 표시한 위치의 원자들은 $\frac{1}{12}$의 원자를 제공한다.

따라서 단위격자의 8개의 꼭지점에 있는 원자들은 정확히 한 개의 원자에 해당한다$(4(\frac{1}{6}) + 4(\frac{1}{12}) = 1)$. "3"의 원자는 단위격자 내부의 중심에 위치하나 격자의 경계를 약간 넘어서는 영역까지 차지한다. 그러므로 HCP 단위격자의 총 원자수는 2(꼭지점의 한 원자와 중심의 한 원자)이다. 어떤 교재에서는 HCP 단위격자를 그림 3.10*a*로 나타내고 "큰 격자(larger cell)"라고 한다. 이런 경우, 단위격자는 6개의 원자를 가진다. 보통은 이것이 편리하며, 진정한 단위격자는 그림 3.10*c*의 짙은 선으로 나타낸 것이다. 결정방향이나 결정면을 나타낼 때는 이 책에서도 쉽게 이해하기 위해 원시격자 외에 큰 격자를 사용할 것이다.

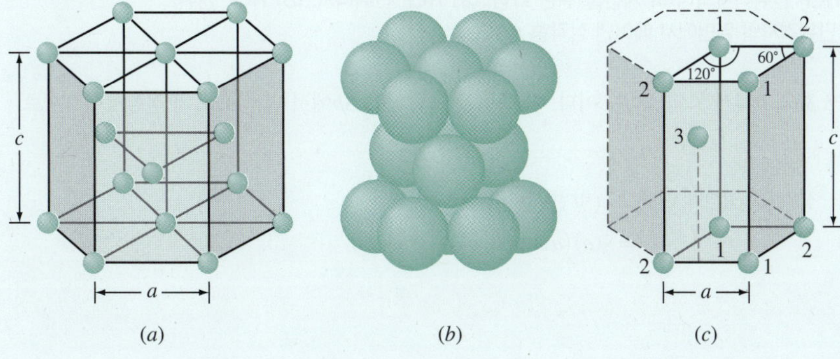

그림 3.10 ➤ HCP 결정구조: (*a*) 도식적인 결정구조, (*b*) 단단한 구 모델, (*c*) 분리된 단위격자 개략도.
(출처: F.M. Miller *Chemistry: Structure and Dynamics*, McGraw Hill, 1984, p. 296.)

표 3.4 ➤ 실온(20°C)에서 HCP 결정구조를 갖는 금속의 격자상수, 원자 반지름 및 c/a 비

금속	격자상수(nm)		원자 반지름 R (nm)	c/a 비	이상적인 값과의 % 편차
	a	c			
카드뮴(Cd)	0.2973	0.5618	0.149	1.890	+15.7
아연(Zn)	0.2665	0.4947	0.133	1.856	+13.6
이상적인 HCP				1.633	0
마그네슘(Mg)	0.3209	0.5209	0.160	1.623	−0.66
코발트(Co)	0.2507	0.4069	0.125	1.623	−0.66
지르코늄(Zr)	0.3231	0.5148	0.160	1.593	−2.45
티타늄(Ti)	0.2950	0.4683	0.147	1.587	−2.81
베릴륨(Be)	0.2286	0.3584	0.113	1.568	−3.98

HCP 결정구조에서 육각형 기둥의 높이 c와 그 밑면의 모서리 a의 비를 c/a *비*라고 한다(그림 3.10*a*). 동일한 크기의 구를 가능한 한 빈틈없이 채운다고 생각할 때 이상적인 HCP 결정구조의 c/a *비*는 1.633이다. 표 3.4에 몇 가지 중요한 HCP 금속과 c/a 비를 나타내었다. 목록에 있는 금속 중 카드뮴과 아연은 이상적인 값보다 큰 c/a 비를 갖는데, 이러한 구조에서 원자가 HCP 단위격자의 c축 방향을 따라 약간 신장된다는 것을 보여준다. 마그네슘, 코발트, 지르코늄, 티타늄, 베릴륨 등의 금속은 이상적인 값보다 작은 c/a 비를 갖는다. 그러므로 이들 금속에서는 원자가 c축 방향을 따라 약간 압축된다. 따라서 표 3.4에 나타낸 HCP 금속들은 이상적인 단단한 구 모델로부터 어느 정도의 편차를 갖는다.

예제 3.3

a. 아연 결정 단위격자의 부피를 계산하라. 순수한 아연은 격자상수가 a = 0.2665 nm, c = 0.4947 nm인 HCP 결정구조를 갖는다.

b. 큰 격자의 부피를 구하라.

풀이

아연의 HCP 단위격자의 부피는 단위격자의 밑면적을 계산하고, 그 높이를 곱하여 구할 수 있다(그림 EP3.3).

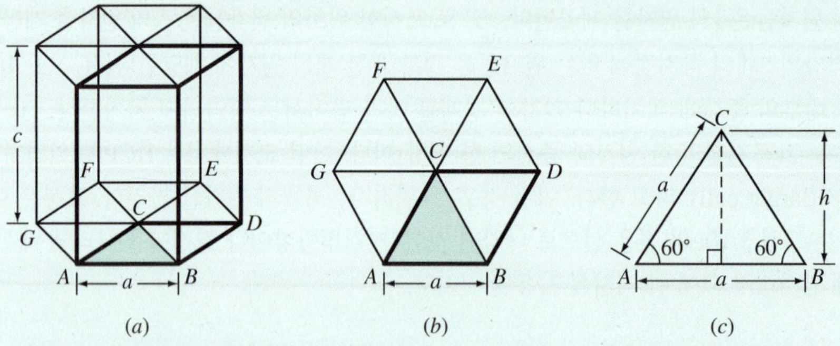

그림 EP3.3 ➤ HCP 단위격자의 부피 계산을 위한 그림. (*a*) HCP 단위격자. (*b*) HCP 단위격자의 밑면. (*c*) 단위격자의 밑면에서 떼어낸 삼각형 ABC.

a. 단위격자의 밑면적은 그림 EP3.3*a*와 *b*에서 영역 *ABDC*이다. 이 면적은 그림 EP3.3*b*에서 면적 *ABC*의 정삼각형 2개로 이루어진다. 그림 EP3.3*c*에서,

$$\text{삼각형 } ABC\text{의 면적} = \tfrac{1}{2}(\text{밑변})(\text{높이})$$
$$= \tfrac{1}{2}(a)(a \sin 60^\circ) = \tfrac{1}{2}a^2 \sin 60^\circ$$

그림 EP3.3*b*에서

$$\text{HCP 밑면의 전체 면적}, ABDC = (2)(\tfrac{1}{2}a^2 \sin 60^\circ) = a^2 \sin 60^\circ$$

그림 EP3.3*a*에서

$$\text{아연 HCP 단위격자의 부피} = (a^2 \sin 60^\circ)(c) = (0.2665\text{ nm})^2(0.8660)(0.4947\text{ nm}) = 0.03043\text{ nm}^3 \blacktriangleleft$$

b. 그림 EP3.3*a*에서,

$$\text{“큰” 아연 HCP 격자의 부피} = 3(\text{단위격자 또는 원시격자의 부피}) = 3(0.0304) = 0.09130\text{ nm}^3$$

3.4 입방단위격자의 원자 위치

입방단위격자 내에서 원자의 위치를 지정하기 위해 x, y, z 직교좌표축을 사용한다. 결정학에서 보통 $+x$ 축은 책의 지면에서 나오는 방향, $+y$ 축은 지면의 오른쪽 방향 그리고 $+z$ 축은 위쪽 방향이다(그림 3.11). 음의 방향은 각각의 반대이다.

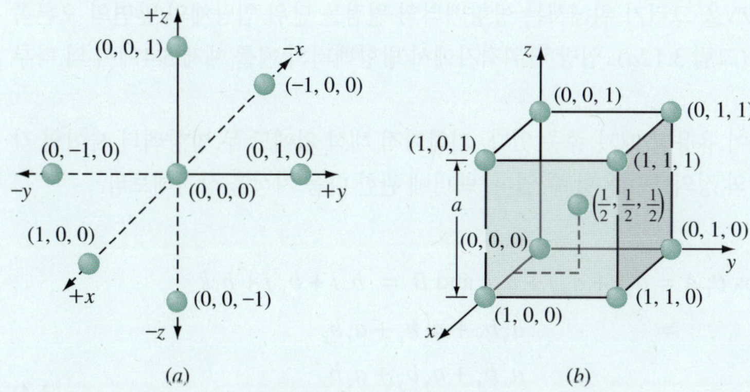

그림 3.11 ➤ (*a*) 입방단위격자에서 원자의 위치를 지정하기 위한 *x*, *y*, *z* 직교좌표축. (*b*) BCC 단위격자 내의 원자 위치.

단위격자 내의 원자 위치는 그림 3.11*a*에 나타낸 것처럼 x, y, z 축을 따라 단위거리로 지정한다. 예를 들면, BCC 단위격자 내의 원자들의 위치 좌표는 그림 3.11*b*에 나타낸 바와 같다. BCC 단위격자 내의 8개 꼭지점에 있는 원자의 위치는 다음과 같다.

$$(0, 0, 0)\ (1, 0, 0)\ (0, 1, 0)\ (0, 0, 1)$$
$$(1, 1, 1)\ (1, 1, 0)\ (1, 0, 1)\ (0, 1, 1)$$

BCC 단위격자에서 중심에 있는 원자의 위치 좌표는 $(\frac{1}{2}, \frac{1}{2}, \frac{1}{2})$이다. 때로는 간편하게 표시하기 위해 BCC 단위격자에서 단 두 원자의 위치인 (0, 0, 0)과 $(\frac{1}{2}, \frac{1}{2}, \frac{1}{2})$만을 표기하기도 한다. BCC 단위격자 내의 나머지 원자들의 위치는 이해할 수 있을 것이다. 같은 방법으로 FCC 단위격자 내의 원자의 위치도 지정할 수 있다.

3.5 입방단위격자의 방향

결정격자에서 특정한 방향을 언급할 필요가 종종 있다. 이것은 결정학적 방위에 따라 다양한 성질을 가지는 금속과 합금에서 특히 중요하다. *입방정에서, 결정학적* ***방향지수****(direction indices)는 그 방향벡터를 각 좌표축에 따라 분해하여 최소의 정수로 환산한 벡터 성분이다.*

Tutorial

입방단위격자에서 방향을 도식적으로 나타내기 위해, 입방단위격자의 한 꼭지점을 원점으로 하여 표면을 통과

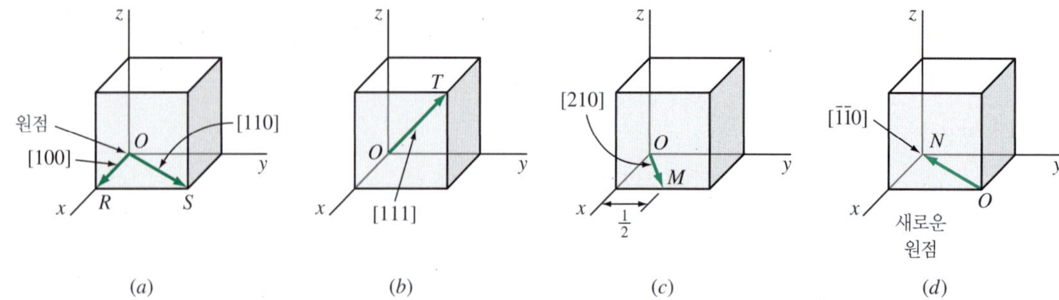

그림 3.12 > 입방단위격자의 몇 가지 방향.

해 나오는 방향벡터를 그린다(그림 3.12). 입방체 표면을 통과하는 지점의 좌표를 정수로 환산한 것이 방향지수이다. 방향지수는 대괄호에 구분 쉼표 없이 표시한다.

예를 들면, 그림 3.12*a*에서 방향벡터 *OR*이 입방체 표면을 통과하는 지점의 좌표는 (1, 0, 0)이고 방향벡터 *OR*의 방향지수는 [100]이다. 방향벡터 *OS* (그림 3.12*a*)의 위치 좌표는 (1, 1, 0)이므로 OS의 방향지수는 [110]이다. 방향벡터 *OT* (그림 3.12*b*)의 위치 좌표는 (1, 1, 1)이고, 따라서 *OT*의 방향지수는 [111]이다.

방향벡터 *OM* (그림 3.12*c*)의 위치 좌표는 $(1, \frac{1}{2}, 0)$인데, 방향벡터는 정수이어야 하므로 정수를 얻기 위해 이들 위치 좌표 값에 2를 곱해야 한다. 따라서, OM의 방향지수는 $2(1, \frac{1}{2}, 0) = [210]$이 된다. 벡터 *ON* (그림 3.12*d*)의 위치 좌표는 (−1, −1, 0)이다. 음의 방향지수는 지수 위에 막대(bar) 표시를 하여 나타낸다. 따라서 벡터 *ON*의 방향지수는 [$\bar{1}\bar{1}0$]이다. 입방정 내에 방향 *ON*을 그리기 위해서는 방향벡터의 원점을 단위 입방체의 앞면의 오른쪽 아래 꼭지점으로 이동해야 함에 유의하라(그림 3.12*d*). 입방 단위격자에서 방향벡터의 예를 예제 3.4에서 더 다루었다.

두 결정방향 사이의 각을 지정하는 것이 유용할 때가 종종 있다. 기하학적 해석 외에도 두 방향벡터 사이의 각을 결정하기 위해 벡터 내적(dot product)의 정의를 이용할 수 있다. 벡터에 관한 다음 지식을 상기해보라.
벡터 내적은

$$A \cdot B = \| A \| \, \| B \| \cos\theta; A = a_x i + a_y j + a_z k \text{ and } B = b_x i + b_y j + b_z k$$

$$A \cdot B = a_x b_x + a_y b_y + a_z b_z$$

따라서

$$\cos\theta = \frac{a_x b_x + a_y b_y + a_z b_z}{\| A \| \, \| B \|} \quad \textbf{(3.4)}$$

x, *y*, *z* 방향의 방향지수는 일반적으로 문자 *u*, *v*, *w*를 각각 사용하며 [*uvw*]로 표기한다. *모든 평행한 방향벡터가 같은 방향지수를 갖는다*는 것에 주목하는 것도 중요하다.

각 방향을 따라 원자의 간격이 같으면 방향은 *결정학적으로 동등하다*고 한다. 예를 들어 다음의 입방체 모서리 방향은 결정학적으로 동등한 방향이다.

$$[100], [010], [001], [0\bar{1}0], [00\bar{1}], [\bar{1}00] \equiv \langle 100 \rangle$$

동등한 방향은 *방향족 지수* 또는 *방향군 지수*라고 한다. ⟨100⟩으로 표기하는 것은 입방체의 모서리 방향을 집합적으로 지정할 때 사용된다. 다른 방향족으로는 입방체의 체대각선인 ⟨111⟩과 입방체의 면대각선인 ⟨110⟩이 있다.

예제 3.4

입방단위격자에서 다음의 방향벡터를 그려라.

a. [100]과 [110]

b. [112]

c. [$\bar{1}$10]

d. $[\bar{3}2\bar{1}]$

e. [100]과 [110] 사이의 각을 구하라.

f. [112]와 $[\bar{1}10]$ 사이의 각을 구하라.

풀이

a. [100] 방향에 대한 위치좌표는 (1, 0, 0)이다(그림 EP3.4*a*). [110] 방향에 대한 위치좌표는 (1, 1, 0)이다(그림 EP3.4*a*).

b. [112] 방향의 방향지수를 2로 나누면 위치좌표가 단위입방체 내에 위치할 수 있다. 따라서, 위치좌표는 $(\frac{1}{2}, \frac{1}{2}, 1)$이다(그림 EP3.4*b*).

c. $[\bar{1}10]$ 방향에 대한 위치좌표는 (−1, 1, 0)이다(그림 EP3.4*c*). 방향벡터의 원점을 입방체의 앞면 왼쪽 아래 꼭지점으로 이동해야 함에 유의하라.

d. 먼저 $[\bar{3}2\bar{1}]$ 방향의 모든 지수를 가장 큰 지수의 값인 3으로 나누면, 입방체 표면을 통과해 나가는 지점의 위치좌표의 값인 $-1, \frac{2}{3}, -\frac{1}{3}$을 얻을 수 있고, 그림 EP3.4*d*와 같이 나타낸다.

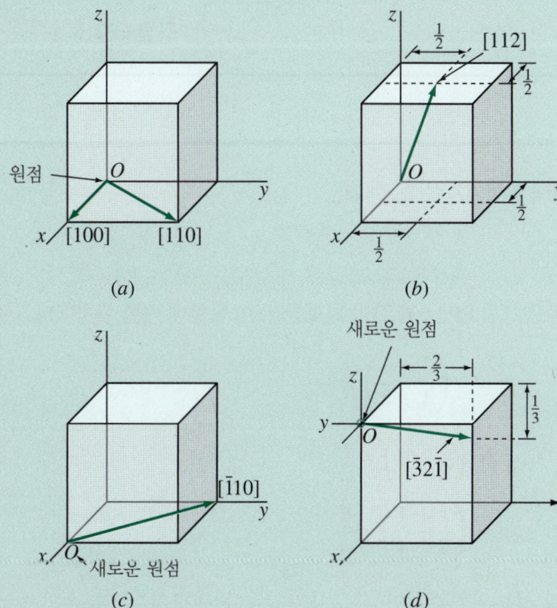

그림 EP3.4 ➤ 입방단위격자의 방향벡터.

e. [100]과 [110] 사이의 각은 식 (3.4)를 이용하여 다음과 같이 구할 수 있다.

$$\| \boldsymbol{A} \| = \sqrt{1^2 + 0^2 + 0^2} = 1$$

$$\| \boldsymbol{B} \| = \sqrt{1^2 + 1^2 + 0^2} = \sqrt{2}$$

$$\cos\theta = \frac{a_x b_x + a_y b_y + a_z b_z}{\| \boldsymbol{A} \| \| \boldsymbol{B} \|} = \frac{(1)(1) + (0)(1) + (0)(0)}{(1)\left(\sqrt{2}\right)} = \frac{1}{\sqrt{2}}$$

$$\theta = 45°$$

f. [112]과 $[\bar{1}10]$ 사이의 각은 식 (3.4)를 이용하여 다음과 같이 구할 수 있다.

$$\| \boldsymbol{A} \| = \sqrt{1^2 + 1^2 + 2^2} = \sqrt{6}$$

$$\| \boldsymbol{B} \| = \sqrt{-1^2 + 1^2 + 0^2} = \sqrt{2}$$

$$\cos\theta = \frac{a_x b_x + a_y b_y + a_z b_z}{\| \boldsymbol{A} \| \| \boldsymbol{B} \|} = \frac{(1)(-1) + (1)(1) + (2)(0)}{\left(\sqrt{6}\right)\left(\sqrt{2}\right)} = \frac{0}{\sqrt{12}}$$

$$\theta = 90°$$

예제 3.5

그림 EP3.5a에 보인 입방체의 방향지수를 결정하라.

풀이

평행한 방향은 동일한 방향지수를 갖는다. 따라서 방향벡터가 입방체를 벗어나지 않도록 유지하면서 벡터의 시점이 가장 가까운 꼭지점에 닿을 때까지 평행이동시킨다. 그러면, 이 경우에 앞면 왼쪽 위 꼭지점이 방향벡터의 새로운 원점이 된다(그림 EP3.5b). 이제 방향벡터가 단위입방체 표면을 통과해서 나가는 지점의 위치좌표를 결정할 수 있다. $x = -1$, $y = +1$, $z = -\frac{1}{6}$이므로 위치좌표는 $(-1, +1, -\frac{1}{6})$이다. 여기에 6을 곱하여 분수를 없애면 이 방향에 대한 방향지수는 $[\bar{6}6\bar{1}]$이다.

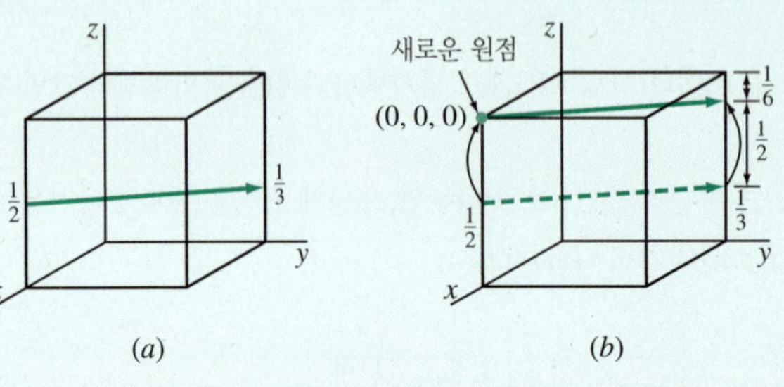

그림 EP3.5

예제 3.6

입방체에서 위치좌표 $\left(\frac{3}{4}, 0, \frac{1}{4}\right)$과 $\left(\frac{1}{4}, \frac{1}{2}, \frac{1}{2}\right)$ 사이의 방향지수를 결정하라.

풀이

먼저 단위입방체에서 방향벡터의 시점과 종점을 그림 EP3.6과 같이 지정한다. 이 방향에 대한 위치벡터의 각 성분은

$$x = -\left(\frac{3}{4} - \frac{1}{4}\right) = -\frac{1}{2}$$

$$y = \left(\frac{1}{2} - 0\right) = \frac{1}{2}$$

$$z = \left(\frac{1}{2} - \frac{1}{4}\right) = \frac{1}{4}$$

이다. 그러므로 이 방향에 대한 위치벡터의 각 성분은 분수값인 $-\frac{1}{2}, \frac{1}{2}, \frac{1}{4}$을 갖는다. 방향지수는 분수의 성분과 같은 비율을 가질 것이다. 위치벡터의 각 분수 성분에 4를 곱하여 같은 비율의 정수로 환산하면 방향지수 $[\bar{2}21]$을 얻는다.

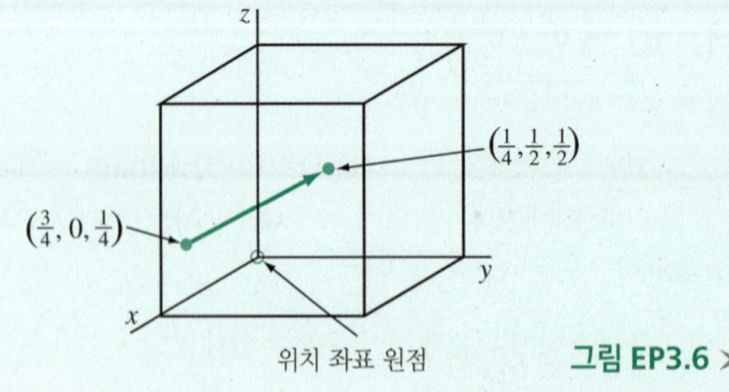

그림 EP3.6

3.6 입방단위격자의 결정면에 대한 Miller 지수

때때로 결정구조에서 원자의 특정한 공간격자 면을 언급할 필요가 있거나 결정격자에서 결정면이나 면군의 결정학적 방위에 대하여 알고 싶을 때가 있다. 입방 결정구조에서 결정면을 정하기 위해 *Miller 표기체계*(Miller notation system)[4]를 사용한다. **결정면의 Miller 지수**(Miller indices of a crystal plane)는 *입방 단위격자의 평행하지 않은 세 모서리를 결정학적 x, y, z 축으로 하고, 그 결정면이 각 축과 만나는 교점의 역수(분수를 없앤)*로 정의한다. 단위격자의 입방체 모서리는 단위길이를 나타내며 격자면과 만나는 교점은 이 단위길이의 수로 측정한다.

입방 결정면의 Miller 지수를 결정하는 순서는 다음과 같다.

1. (0, 0, 0)의 *원점을 통과하지 않는* 면을 선택한다.
2. 단위입방체의 결정학적 x, y, z 축이 그 면과 만나는 교점을 정한다. 이 교점은 분수가 될 수도 있다.
3. 이 교점들의 역수를 취한다.
4. 모든 수의 분수를 없애고 그 교점과 같은 비율을 갖는 *가장 작은* 수의 집합을 정한다. 이러한 숫자들이 결정학적 면의 Miller 지수이며 괄호 속에 구분 쉼표 없이 순서대로 표시한다. 일반적으로, Miller 지수는 (hkl)로 표기하는데 h, k, l은 각각 입방 결정면의 x, y, z 축에 대한 Miller 지수이다.

그림 3.13은 입방 결정구조에서 가장 중요한 세 가지의 결정학적 면을 나타내고 있다. 먼저, 그림 3.13*a*의 색칠된 결정면을 생각해 보자. 이 면은 x, y, z 축에 대해 각각 1, ∞, ∞의 교점을 가진다. Miller 지수를 구하기 위해 이들 교점의 역수를 취하면 1, 0, 0이 된다. 이 숫자들은 분수를 포함하지 않으므로 Miller 지수는 (100)이고, 일-영-영 면이라고 읽는다. 다음으로 그림 3.13*b*에 있는 두 번째 면을 생각해 보자. 이 면의 교점은 1, 1, ∞이다. 이것의 역수는 1, 1, 0이며 분수를 포함하지 않으므로 이 면의 Miller 지수는 (110)이다. 마지막으로 세 번째 면(그림 3.13*c*)의 교점은 1, 1, 1이며 Miller 지수는 (111)이다.

이제 교점이 $\frac{1}{3}$, $\frac{2}{3}$, 1인 그림 3.14의 입방 결정면을 생각해 보자. 이들 교점의 역수는 3, $\frac{3}{2}$, 1이다. 분수의 교점은 허용되지 않으므로 분수 $\frac{3}{2}$를 없애기 위해 이들 교점에 2를 곱해야 한다. 그러면 교점의 역수는 6, 3, 2가 되고 Miller 지수는 (632)이다. 입방 결정면에 대한 예를 예제 3.7에서 더 다루었다.

만일 결정면이 원점을 통과한다면 하나 또는 그 이상의 교점이 0이 되므로 면을 같은 단위격자 내의 동등한 위치로 옮겨야 하며 이 면은 원래의 면과 평행을 유지하여야 한다. 이것은 평행하면서 면간 거리가 같은 모든 면은 동일한 Miller 지수로 나타내기 때문에 가능하다.

결정계의 대칭 관계에 있는 동등한 격자면의 집합을 *면족*(planes of a family or form)이라고 하며, 이러한 대

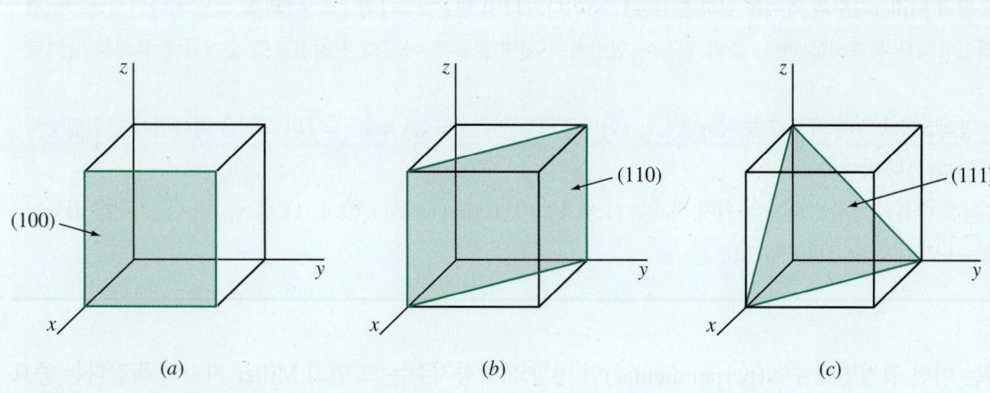

그림 3.13 ➤ 몇 가지 중요한 입방 결정면의 Miller 지수: (*a*) (100), (*b*) (110), (*c*) (111).

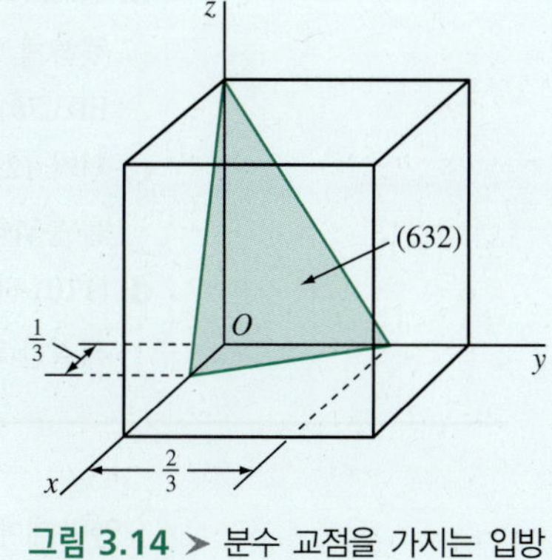

그림 3.14 ➤ 분수 교점을 가지는 입방 결정면(632).

4 William Hallowes Miller (1801~1880). 1839년에 “Treatises on Crystallography”을 발간한 영국의 결정학자. 그는 여기서 결정 모서리에 평행한 결정학적 기준 축과 역수의 지수를 사용하였다.

칭적인 면족의 지수는 면족 중 한 면의 지수를 $\{hkl\}$처럼 중괄호 안에 넣어 표시한다. 예를 들어, 입방정의 표면 (100), (010), (001)을 총칭하여 {100}으로 표기한 면족으로 나타낸다.

예제 3.7

입방 단위격자 내에 다음의 결정면을 그려라.

a. (101)

b. $(1\bar{1}0)$

c. (221)

d. BCC 원자 위치 단위격자 내의 (110) 면을 그리고, 이 면에 의해 중심이 잘리는 원자의 위치 좌표를 기록하라.

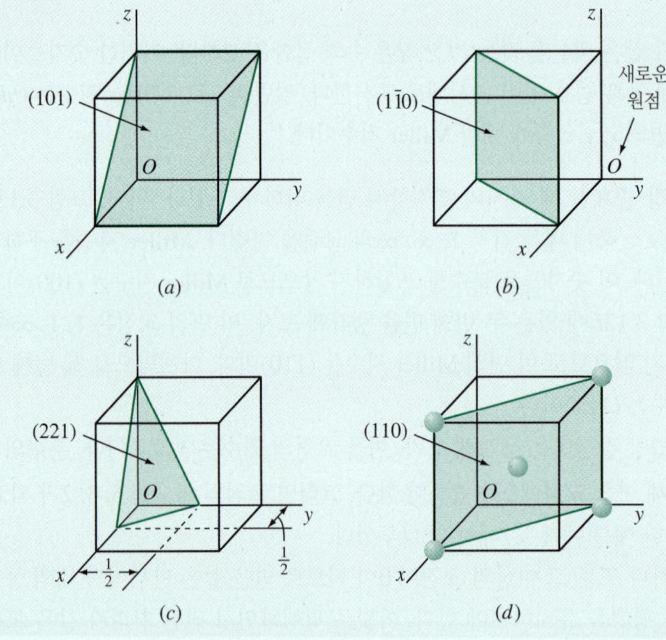

그림 EP3.7 몇 가지 주요 입방 결정면.

풀이

a. 먼저, (101) 면의 Miller 지수의 역수를 취하면 1, ∞, 1이다. (101) 면은 $x = 1$과 $z = 1$의 교점을 지나면서 y축에 평행하게 단위입방체를 통과해야 한다(그림 EP3.7*a*).

b. 먼저, $(1\bar{1}0)$ 면의 Miller지수의 역수를 취하면 1, −1, ∞이다. (110) 면은 $x = 1$과 $y = -1$의 교점을 지나면서 z축에 평행하게 단위입방체를 통과해야 한다. 축의 원점이 입방체의 뒷면 오른쪽 아래의 꼭지점으로 옮겨짐에 유의하라(그림 EP3.7*b*).

c. 먼저, (221) 면의 Miller 지수의 역수를 취하면 $\frac{1}{2}, \frac{1}{2}$, 1이다. (221) 면은 $x = \frac{1}{2}$, $y = \frac{1}{2}$, $z = 1$의 교점을 지나면서 단위입방체를 통과해야 한다(그림 EP3.7*c*).

d. (110) 면에 의해 중심이 잘리는 원자의 위치 좌표는 (1, 0, 0), (0, 1, 0), (1, 0, 1), (0, 1, 1), $(\frac{1}{2}, \frac{1}{2}, \frac{1}{2})$이다. 이러한 좌표는 색칠한 원으로 나타내었다(그림 EP3.7*d*).

입방계에서는 어떤 결정면에 *수직*(perpendicular)인 방향의 방향지수는 그 면의 Miller 지수와 똑같다는 중요한 관계가 있다. 이것은 *오직 입방정계에서만* 성립한다. 예를 들면, [100] 방향은 (100) 결정면에 대하여 *수직*이다.

입방 결정구조에서 같은 Miller 지수를 갖는 2개의 가장 가까운 평행한 면 사이의 *면간거리*(interplanar spacing)는 d_{hkl}로 나타내며, h, k, l은 그 면들의 Miller 지수이다. 이 간격은 선택한 하나의 면을 포함하는 원점으로부

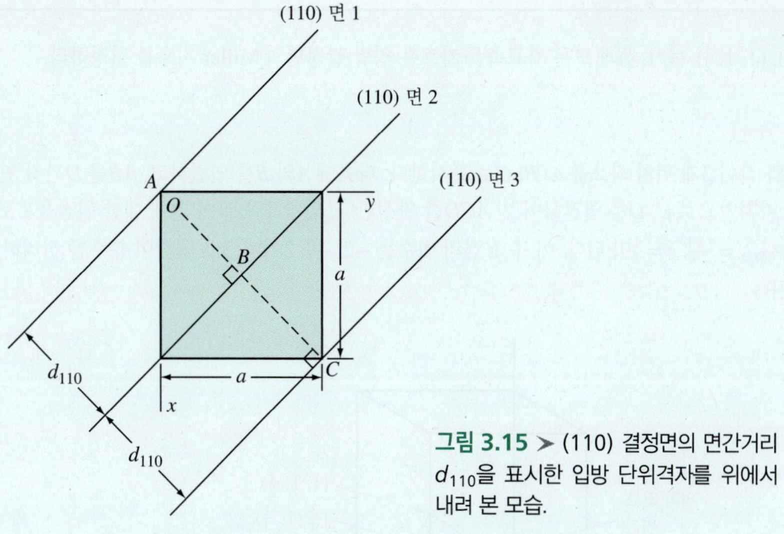

그림 3.15 ➤ (110) 결정면의 면간거리 d_{110}을 표시한 입방 단위격자를 위에서 내려 본 모습.

터 그 면에 가장 가까우면서 같은 지수를 가지는 다른 평행한 면까지의 거리를 나타낸다. 예를 들어, 그림 3.15에서 (110) 면 1과 2 사이의 거리 d_{110}은 AB이다. 마찬가지로 (110) 면 2와 3 사이의 거리 d_{110}은 그림 3.15의 길이 BC이다. 간단한 기하학으로부터 이것은 입방 결정구조에 대해 다음과 같이 나타낼 수 있다.

$$d_{hkl} = \frac{a}{\sqrt{h^2 + k^2 + l^2}} \tag{3.5}$$

여기서, d_{hkl} = Miller 지수가 h, k, l인 최인접 평행면 사이의 면간거리
a = 격자상수(단위입방체의 모서리)
h, k, l = 입방 결정면의 Miller 지수

예제 3.8

그림 EP3.8a에 나타낸 입방 결정면의 Miller 지수를 구하라.

풀이

먼저, 그림 EP3.8b와 같이 z축에 평행한 면을 y축을 따라 $\frac{1}{4}$만큼 이동시키면, 이 면은 x축을 입방체의 뒷면 오른쪽 아래의 새로운 원점으로부터 단위길이 지점에서 교차한다. 이제 이동된 면이 좌표축과 만나는 새로운 교점은 $(+1, -\frac{5}{12}, \infty)$이다. 다음에 이 교점의 역수를 취하면 $(1, -\frac{12}{5}, 0)$이. 마지막으로 분수를 없애서 이 면의 Miller 지수로 $(5\bar{12}0)$을 얻는다.

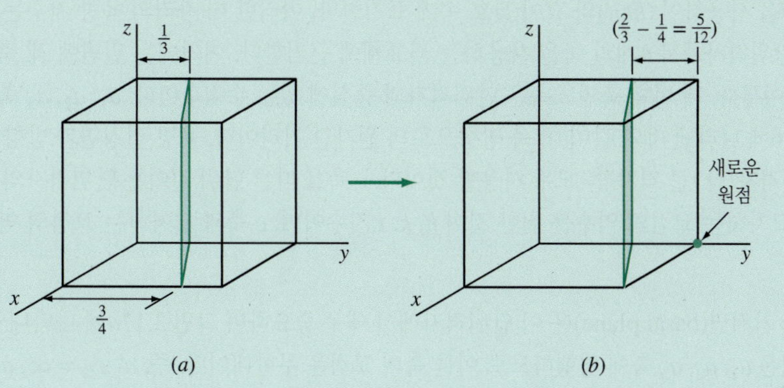

그림 EP3.8 ➤

예제 3.9

위치 좌표 $(1, \frac{1}{4}, 0)$, $(1, 1, \frac{1}{2})$, $(\frac{3}{4}, 1, \frac{1}{4})$과 모든 좌표축을 자르는 입방 결정면의 Miller 지수를 결정하라.

풀이

먼저, 그림 EP3.9와 같이 3개 위치 좌표를 A, B, C로 표시한다. 다음에 A와 B를 연결하고, AB를 D까지 연장한다. 그리고 A와 C를 연결한다. 마지막으로 C, D를 연결하여 면 ACD를 완성한다. 입방체에서 이 면에 대한 원점을 E로 취하면, 면 ACD의 축 교점은 $x = -\frac{1}{2}$, $y = -\frac{3}{4}$, $z = \frac{1}{2}$이 된다. 이 축 교점의 역수는 -2, $-\frac{4}{3}$, 2이며, 3을 곱하여 분수를 정리하면 이 면의 Miller 지수는 $(\overline{6}\overline{4}6)$ 이 된다.

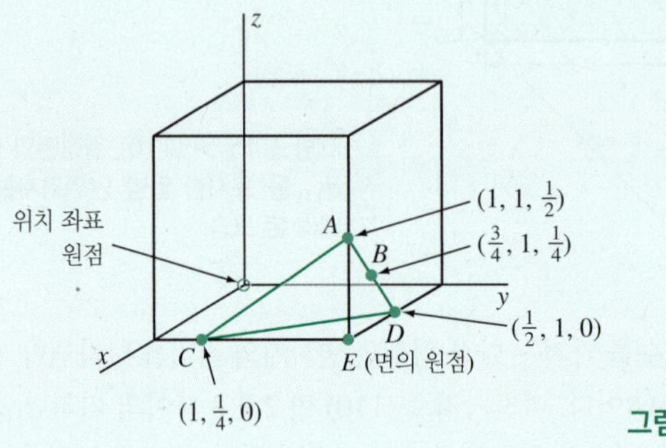

그림 EP3.9

예제 3.10

구리는 FCC 결정구조를 가지며 단위격자의 격자상수는 0.361 nm이다. 면간거리 d_{220}는 얼마인가?

풀이

$$d_{hkl} = \frac{a}{\sqrt{h^2 + k^2 + l^2}} = \frac{0.361 \text{ nm}}{\sqrt{(2)^2 + (2)^2 + (0)^2}} = 0.128 \text{ nm} \blacktriangleleft$$

3.7 육방결정구조의 결정면과 방향

3.7.1 HCP 단위격자의 결정면 지수

HCP 단위격자의 결정면은 3개보다는 4개의 지수를 사용하여 지정한다. HCP 결정면 지수는 *Miller-Bravais 지수*라고 하며, 문자 h, k, i, l을 사용하여 $(hkil)$와 같이 괄호 속에 표기한다. 이러한 네 자리의 육방 지수는 그림 3.16에 보인 것과 같이 HCP 단위격자에서 4개의 축을 사용하는 좌표계에 근거한다. 여기에는 밑면에 세 축 a_1, a_2 및 a_3가 있으며 서로 120°를 이룬다. 네 번째 축인 c 축은 단위격자의 중심에 있는 수직축이다. a_1, a_2, a_3 축 방향으로의 a 단위 길이는 그림 3.16에 나타낸 바와 같이 이 축 방향으로의 원자간 거리이다. 육방 결정면과 방향을 논할 때는 개념 설명을 위해 '단위격자'와 '큰 격자'를 모두 사용할 것이다. c 축을 따른 단위 길이는 단위격자의 높이이다. 결정면이 a_1, a_2, a_3 축과 교차하는 교점의 역수를 취한 것이 h, k, i 지수이며, c 축과 교차하는 교점의 역수를 취하여 지수 l을 결정한다.

기저면 HCP 단위격자의 기저면(basal plane)은 이 단위격자에서 매우 중요하며 그림 3.17a에 나타내었다. HCP 단위격자 윗부분의 기저면은 a_1, a_2, a_3 축에 평행하므로 이들 축의 교점은 무한대이다. 즉, $a_{1\text{교점}} = \infty$, $a_{2\text{교점}} = \infty$, $a_{3\text{교점}} = \infty$이다. 그러나 윗부분의 기저면이 c 축과 단위 거리에서 교차하므로, c 축의 교점은 1이다. 이러한 교점의 역수를 취하여 HCP 기저면의 Miller-Bravais 지수를 정한다. 즉, $h = 0$, $k = 0$, $i = 0$ 그리고 $l = 1$이 된다. 따라서 HCP 기저면은 (0001) 면이 되며 영-영-영-일 면이라고 읽는다.

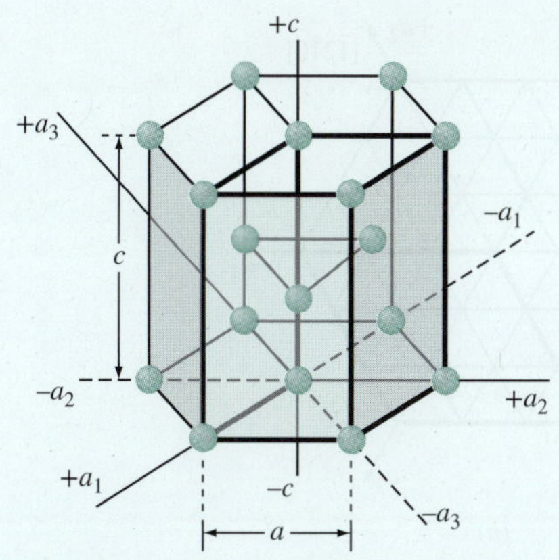

그림 3.16 ➤ HCP 결정구조의 네 좌표축(a_1, a_2, a_3, c).

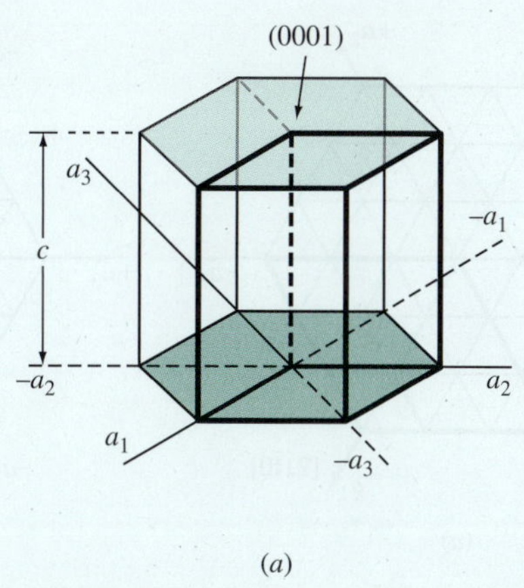

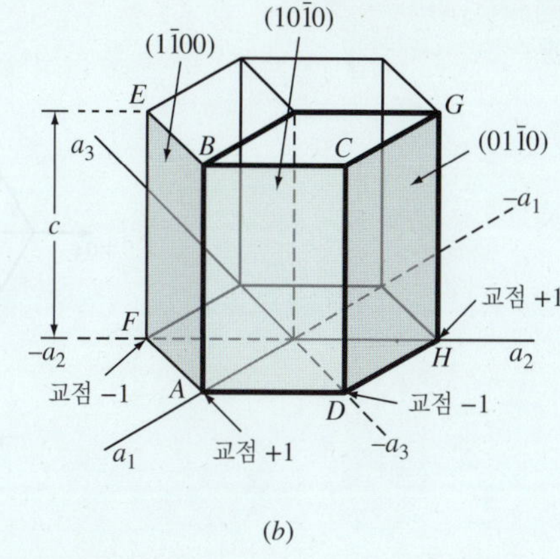

그림 3.17 ➤ 육방 결정면의 Miller-Bravais 지수: (*a*) 기저면, (*b*) 측면.

측면 같은 방법으로, 그림 3.17*b*의 앞쪽 측면(prism plane) *ABCD*의 교점은 $a_{1교점} = +1$, $a_{2교점} = \infty$, $a_{3교점} = -1$, 그리고 $c_{교점} = \infty$이다. 이들 교점의 역수를 취하면 $h = 1$, $k = 0$, $i = -1$ 그리고 $l = 0$, 즉 $(10\bar{1}0)$ 면이 된다. 마찬가지로, 그림 3.17*b*의 측면 *ABEF*의 지수는 $(1\bar{1}00)$이며, 면 *DCGH*의 지수는 $(01\bar{1}0)$이다. HCP의 모든 측면은 $\{10\bar{1}0\}$ 면족으로 총칭하여 지정할 수 있다.

$h + k = -i$이므로 때에 따라 HCP 면들은 (*hkl*) 3개의 지수만으로 나타내기도 한다. 그러나 HCP 단위격자의 육각 대칭을 보이기 위해 (*hkil*) 지수를 일반적으로 더 많이 사용하고 있다.

3.7.2 HCP 단위격자의 방향지수[5]

HCP 단위격자에서는 방향도 일반적으로 네 개의 지수 *u*, *v*, *t*, *w*로 나타내며 [*uvtw*]와 같이 대괄호 속에 표기한다. 지수 *u*, *v*, *t*는 각각 a_1, a_2, a_3 방향의 격자 벡터이고(그림 3.18), 지수 *w*는 *c* 방향의 격자 벡터이다. HCP 면지수와 방향지수의 일관성을 유지하기 위해 방향에 대해서도 $u + v = -t$ 관계를 인정한다.

이제 육방 단위격자에서 양의 기저축 방향인 a_1, a_2, a_3 방향에 대한 Miller-Bravais 지수를 결정해 보자. a_1 방향의 지수는 그림 3.18*a*에, a_2 방향의 지수는 그림 3.18*b*에, a_3 방향의 지수는 그림 3.18*c*에 나타내었다. a_3 방향과 *c* 방향이 합력을 이루는 방향을 표시할 필요가 있으면 그림 3.18*d*와 같이 나타낸다. 그림 3.18*e*에 단순 육방결정구조에서 윗부분 기저면의 양과 음의 방향을 정리하였다.

3.8 FCC, HCP 및 BCC 결정구조의 비교

3.8.1 FCC와 HCP 결정구조

앞서 강조한 바와 같이 HCP와 FCC 결정구조는 조밀충전구조이다. 즉, 그들의 원자를 근사적으로 구라고 생각하고 가능한 한 서로 조밀하게 충전하면 원자충전율은 0.74가 된다.[6] 그림 3.19*a*에 나타낸 FCC 결정구조의 (111) 면은 그림 3.19*b*에 나타낸 HCP 결정구조의 (0001) 면과 일치하는 충전배열을 한다. 그러나 HCP와 FCC 결정구조가 3차원적으로 똑같은 것은 아닌데, 이것은 그들의 원자면의 적층배열이 다르기 때문이다. 이것은 원자를 나타내는 단단한 구의 적층을 생각하면 잘 이해할 수 있다. 쉽게 생각해서 같은 크기의 구슬을 층층이 쌓아서 구슬 사이의 공간을 최소화하는 방법을 그려볼 수 있다.

먼저 그림 3.20*a*에서 *A* 면으로 표시한 조밀충전 원자면을 생각해 보자. 원자 간의 빈 공간 또는 공극의 형태가

5 HCP 단위격자의 방향지수는 재료 분야의 기초과정에서 보통은 다루지 않는 주제이나 여기서는 우수한 학생을 위해 포함하였다.

6 3.3절에서 강조한 것과 같이 HCP 구조에서는 원자들이 이상적인 것과 편차를 가진다. 어떤 HCP 금속에서는 원자가 *c* 축을 따라 신장하기도 하고 어떤 경우는 *c* 축을 따라 압축되기도 한다(표 3.4 참고).

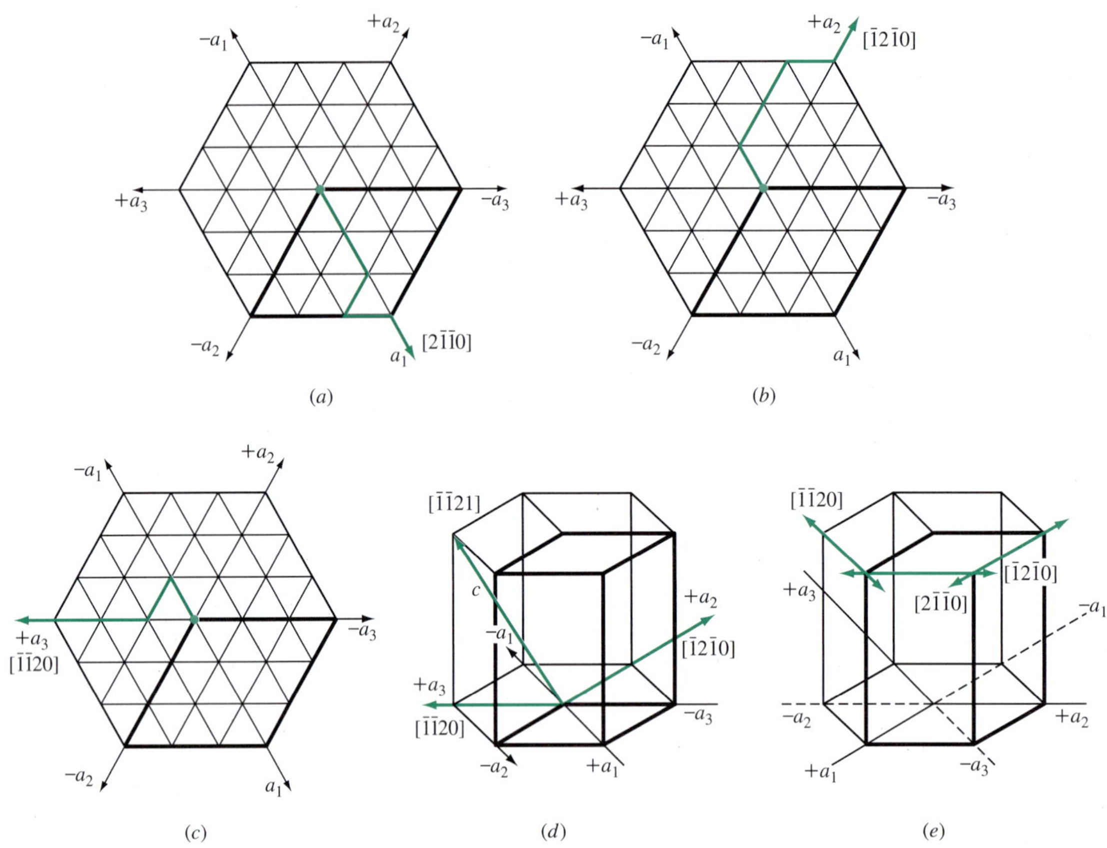

그림 3.18 ➤ 육방결정구조의 주요 방향에 대한 Miller-Bravais 지수: (*a*) 기저면의 $+a_1$ 축 방향, (*b*) 기저면의 a_2 축 방향, (*c*) 기저면의 $+a_3$ 축 방향, (*d*) *c* 축과 $+a_3$ 축이 합력을 이루는 방향. (*e*) 단순육방 결정구조에서 윗부분 기저면의 양과 음의 Miller-Bravais 방향을 표시하였다.

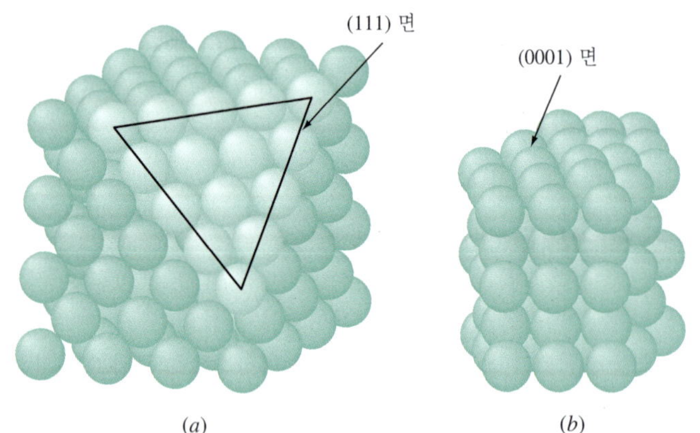

그림 3.19 ➤ (*a*) FCC 결정구조의 조밀충전 (111) 면과 (*b*) HCP 결정구조의 조밀충전 (0001) 면의 비교.
(출처: W.G. Moffatt, G.W. Pearsall, and J. Wulff, *The Structure and Properties of Materials*, vol. 1: "Structure", Willey, 1964, p. 51.)

두 종류가 있음을 주목하라. 지면에서 위를 향한 모양의 공극을 *a* 공극이라 하고 아래를 향한 모양의 공극을 *b* 공극이라 한다. 원자의 두 번째 면은 *a* 또는 *b* 공극 위에 위치하도록 하여 동일한 3차원적 구조를 만들 수 있다. 그림 3.20*b*와 같이 *B* 면을 *a* 공극 위에 놓는다. 그런 다음에 *B* 면 위에 세 번째 원자면을 놓아 조밀충전구조를 만들고자 할 때, 두 가지 형태의 조밀충전구조를 형성하는 것이 가능하다. 그 첫 번째는 세 번째 면의 원자가 *B* 면의 *b* 공극에 위치하는 것이다. 그러면 이 세 번째 면은 *A* 면의 원자 바로 위에 위치할 것이고, 따라서 또 다른 *A* 면이라 할 수 있을 것이다(그림 3.20*c*). 만일 계속해서 다음 원자면들이 이와 같은 적층배열을 한다면 3차원 구조의 적층 순서는 *ABABAB*. . . .로 표시될 수 있을 것이다. 이러한 순서로 적층하면 HCP 결정구조가 된다(그림 3.19*b*).

단순한 조밀충전구조를 형성할 수 있는 두 번째 방법은 세 번째 면이 *B* 면의 *a* 공극에 위치하는 것이다 (그림

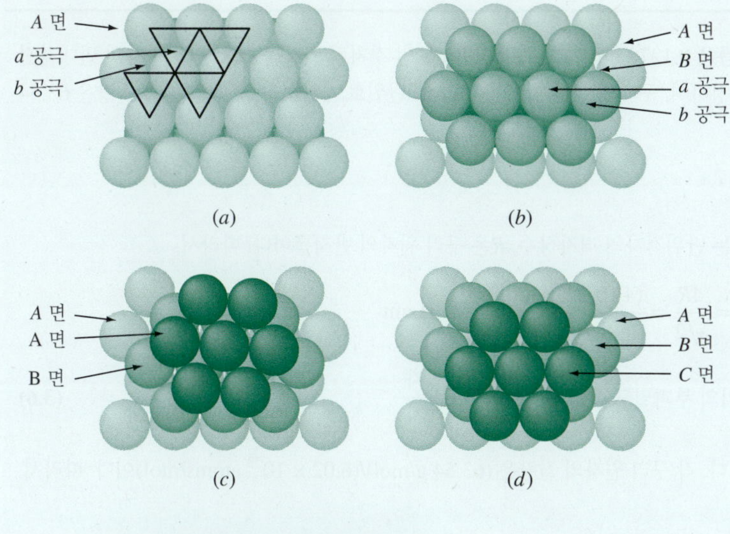

그림 3.20 ➤ 원자면의 적층에 따른 HCP와 FCC 결정구조의 형성. (*a*) *a* 공극과 *b* 공극을 가지는 *A* 면. (*b*) *A* 면의 *a* 공극에 위치하는 *B* 면. (*c*) *B* 면의 *b* 공극에 위치하는 세 번째 면으로 또 다른 *A* 면을 만들어 HCP 결정구조를 형성. (*d*) *B* 면의 *a* 공극에 위치하는 세 번째 면으로 새로운 *C* 면을 만들어 FCC 결정구조를 형성.
(출처: Ander, P.; Sonnessa, A.J., *Principles of Chemistry*, 1st ed.)

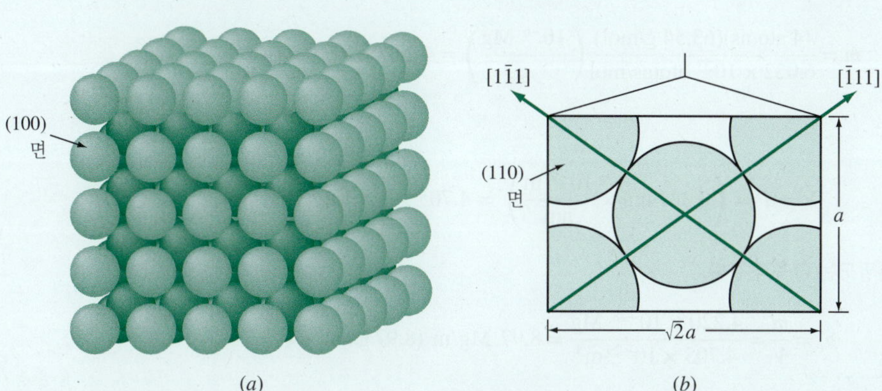

그림 3.21 ➤ BCC 결정구조의 결정면 비교: (*a*) (100) 면, (*b*) (110) 면. 조밀충전 구조는 아니나 대각선이 조밀충전 방향임을 주목하라.
(출처: W.G. Moffatt, G.W. Pearsall, and J. Wulff, *The Structure and Properties of Materials*, vol. 1: "Structure", Willey, 1964, p. 51.)

3.20*d*). 이 세 번째 면의 원자는 *B* 면이나 *A* 면의 원자 바로 위에 위치하는 것이 아니기 때문에 *C* 면이라고 표시한다. 결과적으로 이 조밀충전구조의 적층 순서는 *ABCABCABC*. . .로 표시하며 그림 3.19*a*의 FCC 구조를 만든다.

3.8.2 BCC 결정구조

BCC 구조는 조밀충전구조가 아니므로 FCC 구조의 {111} 면족이나 HCP 구조의 {0001} 면족과 같은 조밀충전면을 갖지 않는다. BCC 구조에서 가장 조밀하게 충전된 면은 그림 3.21*b*에 나타낸 (110) 면의 면족인 {110}이다. 그러나 BCC 구조에서 원자는 ⟨111⟩ 방향족인 입방체의 대각선 방향을 따라 조밀충전 방향을 갖는다.

3.9 단위격자의 부피밀도, 면밀도 및 선밀도 계산

3.9.1 부피밀도

금속 결정구조의 단위격자에 대해 원자의 단단한 구 모델과 X-선 회절분석으로 얻은 원자 반지름을 사용하면 금속의 **부피밀도**(volume density)는 다음 식으로 구할 수 있다.

$$\text{금속의 부피밀도} = \rho_v = \frac{\text{질량/단위격자}}{\text{부피/단위격자}} \tag{3.6}$$

예제 3.11에서 계산한 구리의 이론적인 밀도는 8.97 Mg/m^3 (8.97 g/cm^3)이다. 핸드북에 있는 구리의 실험밀도 값은 8.96 Mg/m^3 (8.96 g/cm^3)이다. 실험값이 약간 작은 것은 다양한 결함, 결정립의 불일치(결정립계), 측정 오차 등에 기인한다고 할 수 있다. 이러한 결정 결함은 4장에서 다룰 것이다. 원자가 완전한 구가 아니라는 것도 이러한 차이의 또 다른 이유가 될 것이다.

예제 3.11

구리는 FCC 결정구조를 가지며 원자 반지름은 0.1278 nm이다. 그림 3.9에 보인 것처럼 원자를 FCC 단위격자의 면대각선을 따라 서로 접촉하고 있는 단단한 구로 가정하여, 구리의 이론 밀도를 Mg/m^3 단위로 계산하라. 구리의 원자 질량은 63.54 g/mol이다.

풀이

FCC 단위격자에서 $\sqrt{2}a = 4R$이다. 여기서 a는 단위격자의 격자상수, R은 구리 원자의 반지름이다. 따라서,

$$a = \frac{4R}{\sqrt{2}} = \frac{(4)(0.1278\ \text{nm})}{\sqrt{2}} = 0.361\ \text{nm}$$

$$\text{구리의 부피밀도} = \rho_v = \frac{\text{질량/단위격자}}{\text{부피/단위격자}} \tag{3.6}$$

하나의 FCC 단위격자에는 4개의 원자가 있다. 각 구리 원자의 질량은 (63.54 g/mol)/(6.02×10^{23} atoms/mol)이다. 따라서, FCC 단위격자 내 구리 원자의 질량 m은

$$m = \frac{(4\ \text{atoms})(63.54\ \text{g/mol})}{6.022 \times 10^{23}\ \text{atoms/mol}} \left(\frac{10^{-6}\ \text{Mg}}{\text{g}}\right) = 4.220 \times 10^{-28}\ \text{Mg}$$

구리 단위격자의 부피 V는

$$V = a^3 = \left(0.361\ \text{nm} \times \frac{10^{-9}\ \text{m}}{\text{nm}}\right)^3 = 4.705 \times 10^{-29}\,\text{m}^3$$

이다. 따라서, 구리의 이론밀도는 다음과 같다.

$$\rho_v = \frac{m}{V} = \frac{4.220 \times 10^{-28}\ \text{Mg}}{4.705 \times 10^{-29}\,\text{m}^3} = 8.97\ \text{Mg/m}^3 (8.97\ \text{g/cm}^3)$$ ◀

3.9.2 원자 면밀도

여러 결정면에서 원자밀도를 구하는 것이 중요할 때가 종종 있다. 이를 위해 **원자 면밀도**(planar atomic density)를 다음 관계를 이용하여 구한다.

$$\text{원자 면밀도} = \rho_p = \frac{\text{선택된 면적에 의해 중심이 잘리는 원자의 수}}{\text{선택된 면적}} \tag{3.7}$$

편의상 이 계산에서 단위격자를 자르는 면의 면적이 보통 사용되며, 그 예로써 그림 3.22에 BCC 단위격자의 (110) 면을 나타내었다. 이 계산에서 한 개의 원자 면적으로 계수되려면 해당하는 면이 완전한 한 개 원자의 중심

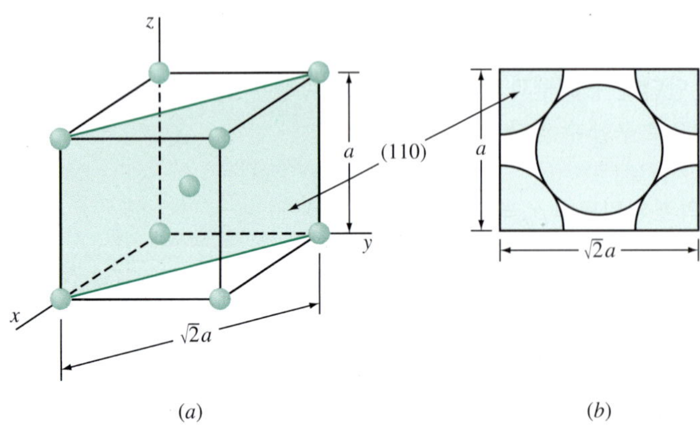

그림 3.22 ➤ (*a*) BCC 단위격자에서 (110) 면을 나타내는 원자 위치. (*b*) BCC 단위격자에서 (110) 면에 의해 잘린 원자 면적.

을 잘라야 한다. 예제 3.12에서 (110) 면은 5개 원자의 중심을 자르지만, 꼭지점에 있는 4개의 원자는 $\frac{1}{4}$씩만이 단위격자 내의 면적에 포함되므로 해당하는 원자수는 단지 2로 계산된다.

예제 3.12

BCC 구조의 α-철에 대해 (110) 면에서 원자 면밀도 ρ_p를 atoms/mm^2 단위로 계산하라. α-철의 격자상수는 0.287 nm이다.

풀이

$$\rho_p = \frac{\text{선택된 면적에 의해 중심이 잘리는 원자의 수}}{\text{선택된 면적}} \tag{3.7}$$

그림 3.22에서 BCC 단위격자 내부의 (110) 면에 의해 잘리는 원자의 수는 다음과 같다.

$$1 \text{ atom(중심)} + 4 \times \frac{1}{4} \text{ atoms(꼭지점)} = 2 \text{ atoms}$$

단위격자 내의 (110) 면에 의해 잘리는 면적(선택된 면적)은

$$\left(\sqrt{2}a\right)(a) = \sqrt{2}a^2$$

이다. 따라서, 원자 면밀도는 다음과 같다.

$$\rho_P = \frac{2 \text{ atoms}}{\sqrt{2}\,(0.287 \text{ nm})^2} = \frac{17.2 \text{ atoms}}{\text{nm}^2}$$
$$= \frac{17.2 \text{ atoms}}{\text{nm}^2} \times \frac{10^{12} \text{ nm}^2}{\text{mm}^2}$$
$$= 1.72 \times 10^{13} \text{ atoms/mm}^2 \blacktriangleleft$$

3.9.3 원자 선밀도

결정구조에서 여러 방향의 원자밀도를 구하는 것이 중요할 때도 종종 있다. 이를 위해 **원자 선밀도**(linear atomic density)를 다음과 같은 관계를 이용하여 구한다.

$$\text{원자 선밀도} = \rho_l = \frac{\text{해당 방향의 선택된 선의 길이에 의해 잘리는 원자 지름의 수}}{\text{선택된 선의 길이}} \tag{3.8}$$

특정한 방향을 따라 연속된 두 격자점 사이의 거리를 **반복 거리**(repeat distance)라고 부른다.

예제 3.13은 순수한 구리 결정격자의 [110] 방향에서 원자 선밀도를 어떻게 계산하는지 보여준다.

예제 3.13

구리 결정격자의 [110] 방향에서 원자 선밀도 ρ_l을 atoms/mm 단위로 계산하라. 구리의 결정구조는 FCC이고 격자상수는 0.361 nm이다.

풀이

[110] 방향에 의해 중심이 잘리는 원자를 그림 EP3.13에 나타내었다. 선택된 선의 길이는 FCC 단위격자에서 면 대각선의 길이에 해당하며 $\sqrt{2}\,a$이다. 이 길이에 의해 잘리는 원자 지름의 수는 $\frac{1}{2} + 1 + \frac{1}{2} = 2$이다. 따라서, 식 (3.8)을 이용하여 원자 선밀도를 다음과 같이 구할 수 있다.

$$\rho_l = \frac{2 \text{ atoms}}{\sqrt{2}\,a} = \frac{2 \text{ atoms}}{\sqrt{2}(0.361 \text{ nm})} = \frac{3.92 \text{ atoms}}{\text{nm}}$$

$$= \frac{3.92 \text{ atoms}}{\text{nm}} \times \frac{10^6 \text{ nm}}{\text{mm}}$$

$$= 3.92 \times 10^6 \text{ atoms/mm} ◀$$

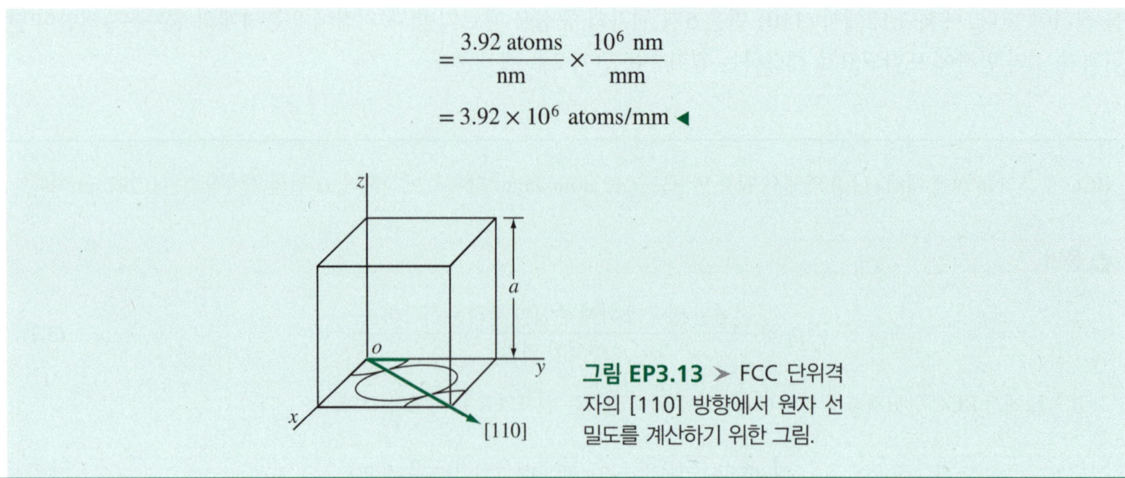

그림 EP3.13 ➤ FCC 단위격자의 [110] 방향에서 원자 선밀도를 계산하기 위한 그림.

3.10 동질이형 또는 동소체

많은 원소와 화합물들이 압력이나 온도가 다른 조건에서 하나 이상의 결정형태로 존재하며, 이러한 현상을 **동질이형**(polymorphism) 또는 *동소체*(allotropy)라고 한다. 철, 티타늄, 코발트와 같이 공업적으로 중요한 여러 금속들은 대기압에서 온도가 상승하면 동소변태를 겪는다. 표 3.5에는 동소변태를 일으켜 구조가 변화하는 몇 가지 금속을 나타내었다.

그림 3.23에 보인 것처럼 철은 실온에서부터 융점인 1539°C까지의 온도 범위에서 BCC와 FCC의 두 가지 결정구조로 존재한다. −273°C에서 912°C 사이에서는 알파(α)-철로 존재하며 BCC 결정구조를 가진다. 감마(γ)-철은 912°C부터 1394°C까지 존재하며 FCC 결정구조를 갖는다. 델타(δ)-철은 1394°C부터 철의 융점인 1539°C까지 존재한다. δ-철의 결정구조도 BCC이지만 α-철에 비해 격자상수가 크다.

표 3.5 ➤ 몇 가지 금속의 동소 결정형

금속	실온에서의 결정구조	다른 온도에서의 결정구조
Ca	FCC	BCC (>447°C)
Co	HCP	FCC (>427°C)
Hf	HCP	BCC (>1742°C)
Fe	BCC	FCC (912~1394°C)
		BCC (>1394°C)
Li	BCC	HCP (<−193°C)
Na	BCC	HCP (<−233°C)
Tl	HCP	BCC (>234°C)
Ti	HCP	BCC (>883°C)
Y	HCP	BCC (>1481°C)
Zr	HCP	BCC(>872°C)

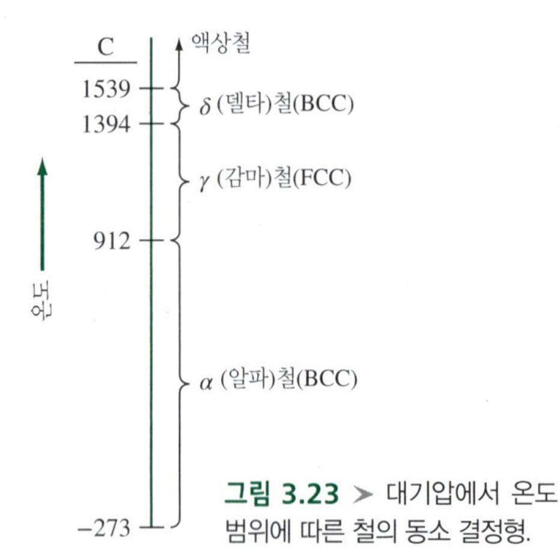

그림 3.23 ➤ 대기압에서 온도 범위에 따른 철의 동소 결정형.

예제 3.14

순수한 금속이 FCC 결정구조로부터 BCC 결정구조로 동소변태할 때 수반되는 이론적 부피 변화를 계산하라. 단단한 구의 원자모델로 가정하고 또 변태 전후에 원자의 부피는 변함이 없다고 가정한다.

풀이

FCC 결정구조의 단위격자에서는 그림 3.9와 같이 원자가 면대각선을 따라 접촉하고 있다. 그러므로,

$$\sqrt{2}a = 4R \quad \text{또는} \quad a = \frac{4R}{\sqrt{2}} \tag{3.3}$$

BCC 결정구조의 단위격자에서는 그림 3.7과 같이 원자가 체대각선을 따라 접촉하고 있다. 그러므로,

$$\sqrt{3}a = 4R \quad \text{또는} \quad a = \frac{4R}{\sqrt{3}} \tag{3.1}$$

이다. FCC 결정격자는 단위격자당 4개의 원자를 가지므로, 한 원자가 차지하는 부피는

$$V_{\mathrm{FCC}} = \frac{a^3}{4} = \left(\frac{4R}{\sqrt{2}}\right)^3\left(\frac{1}{4}\right) = 5.66R^3$$

이다. 또, BCC 결정격자는 단위격자당 2개의 원자를 가지므로, 한 원자가 차지하는 부피는

$$V_{\mathrm{BCC}} = \frac{a^3}{2} = \left(\frac{4R}{\sqrt{3}}\right)^3\left(\frac{1}{2}\right) = 6.16R^3$$

이다. 원자 반지름의 변화가 없다고 가정하면, FCC 결정구조에서 BCC 결정구조로 변태할 때 수반되는 부피 변화는 다음과 같다.

$$\frac{\Delta V}{V_{\mathrm{FCC}}} = \frac{V_{\mathrm{BCC}} - V_{\mathrm{FCC}}}{V_{\mathrm{FCC}}} = \left(\frac{6.16R^3 - 5.66R^3}{5.66R^3}\right)100\% = +8.83\% \blacktriangleleft$$

3.11 결정구조의 분석

결정구조에 대한 현대의 지식은 결정격자의 면간거리와 비슷한 파장의 X-선을 이용하는 X-선 회절 기술에 의해 주로 얻어진 것이다. 그러나 결정 내에서 X-선의 회절 거동을 논하기 전에 실험적인 목적에 사용되는 X-선을 어떻게 발생시키는지 살펴보겠다.

3.11.1 X-선 발생원

회절에 이용되는 X-선은 0.05~0.25 nm (0.5~2.5 Å) 범위의 파장을 갖는 전자기파이다. 이와 비교하면 가시광선의 파장은 600 nm (6000 Å) 정도이다. 회절 목적에 사용되는 X선을 발생시키기 위해서 약 35 kV의 전압이 필요하며 그림 3.24와 같이 진공 내에 설치된 음극과 양극 타겟 금속 사이에 이 전압을 가해준다. 음극의 텅스텐 필

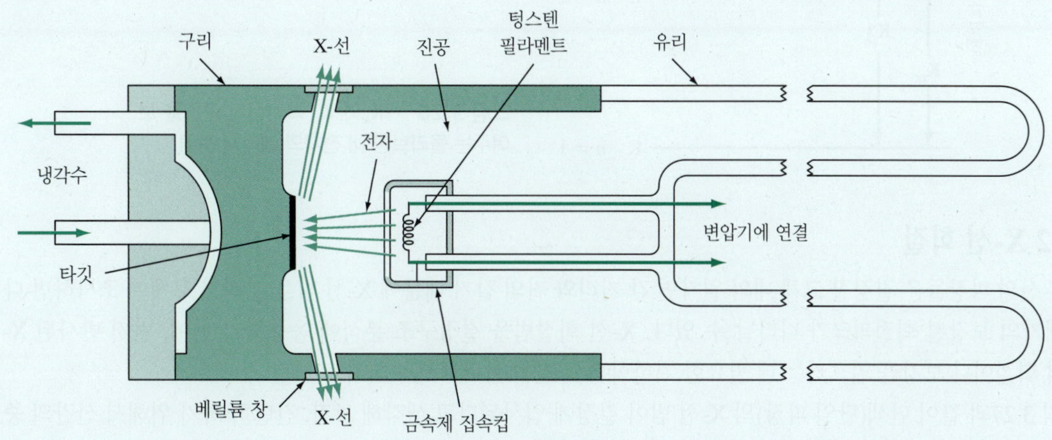

그림 3.24 ➤ 밀폐 필라멘트 X-선 관의 단면 모식도.
(출처: B.D. Cullity, *Elements of X-Ray Diffraction* 2nd ed., Addison-Wesley, 1978, p. 23.)

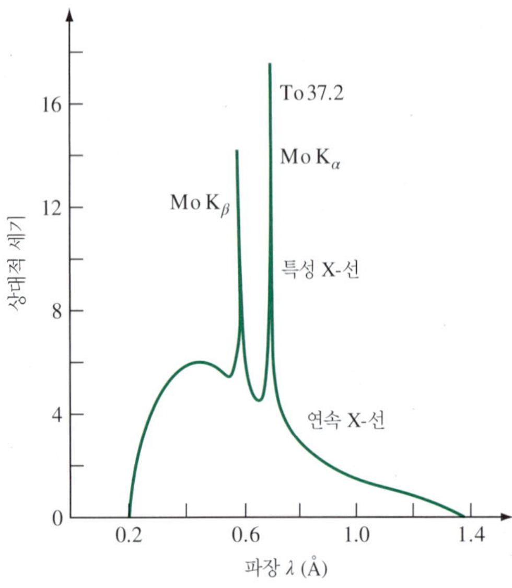

그림 3.25 ➤ 몰리브덴 금속을 타겟으로 사용하여 35 kV로 가동한 X-선 관에서 발생한 X-선 복사 스펙트럼.

라멘트가 가열되면 열전자방출 현상에 의해 전자가 튀어 나가고, 이 전자는 음극과 양극 사이에 걸린 큰 전위차에 의해 진공 중에서 가속되어 운동에너지를 얻게 된다. 전자가 타겟 금속(예를 들면, 몰리브덴)을 때리게 되면, X-선이 방출된다. 그러나 운동에너지의 대부분(약 98%)이 열로 전환되므로 타겟 금속을 외부에서 냉각시켜 주어야 한다.

그림 3.25는 몰리브덴 타겟을 사용하여 35 kV에서 방출된 X-선 스펙트럼을 나타낸 것이다. 이 스펙트럼을 보면 0.2~1.4 Å(0.02~0.14 nm) 정도의 파장 범위를 갖는 연속 X-선 스펙트럼과 K_α와 K_β라고 표시한 두 특성 스펙트럼의 스파이크(spike)가 나타난다. K_α와 K_β의 파장은 원소에 따라 특징적인 값을 갖는다. 몰리브덴의 경우에 K_α가 약 0.7 Å에서 나타난다. 특성 복사선이 나타나는 원인은 다음과 같이 설명할 수 있다. 먼저, K 전자($n = 1$ 껍질의 전자)가 타겟에 부딪힌 높은 에너지의 전자에 맞아서 들뜬상태가 된 원자로부터 방출된다. 다음에 잃어버린 K 전자를 대체하기 위해 더 높은 껍질($n = 2$ 또는 3)의 전자 중 일부가 낮은 에너지 준위로 떨어지면서 특정 파장의 에너지를 방출한다. 그림 3.26에 나타낸 것과 같이 L 껍질($n = 2$)에서 K 껍질($n = 1$)로 전자가 천이하면 K_α 복사선에 해당하는 파장의 에너지가 방출된다.

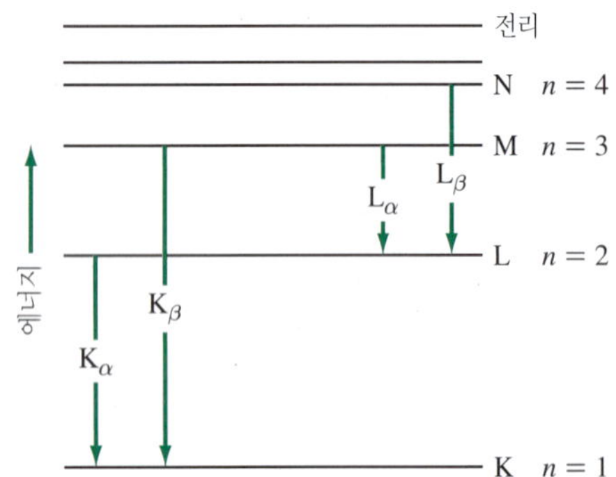

그림 3.26 ➤ K_α와 K_β 복사선의 근원을 보여주는 몰리브덴 내 전자의 에너지 준위.

3.11.2 X-선 회절

어떤 X-선의 파장들은 결정질 고체 내의 원자면 간 거리와 거의 같기 때문에 X-선 빔을 결정질 고체에 조사하면 다양한 세기의 보강된 회절피크가 나타날 수 있다. X-선 회절법을 결정구조 분석에 응용하기 전에, 먼저 반사된 X-선 빔의 회절이나 보강을 일으키는 데 필요한 기하학적 조건을 살펴보기로 하자.

그림 3.27과 같이 단색(단일 파장)의 X-선 빔이 결정에 입사된다고 생각해 보자. 간단히 하기 위해서 산란의 중

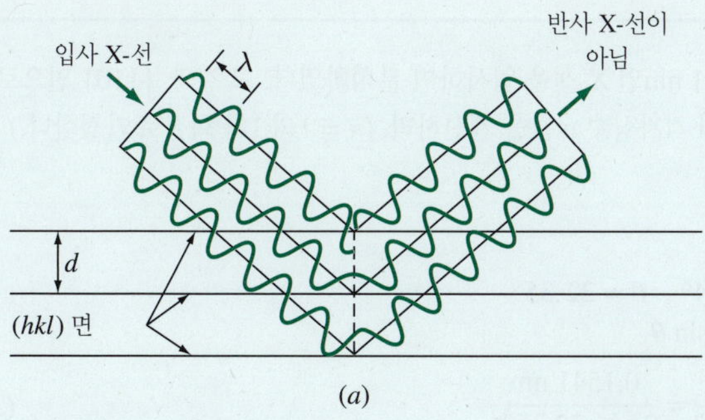

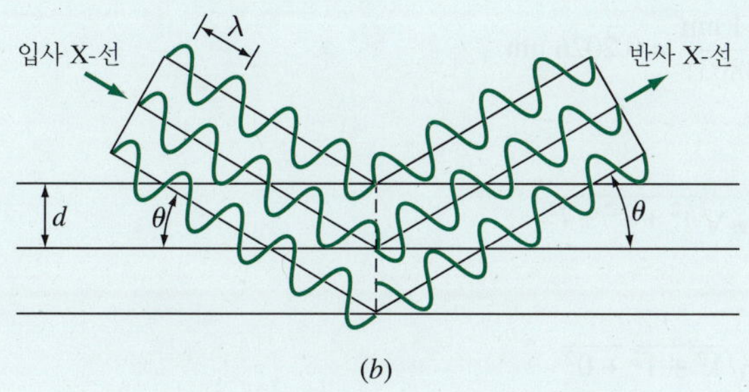

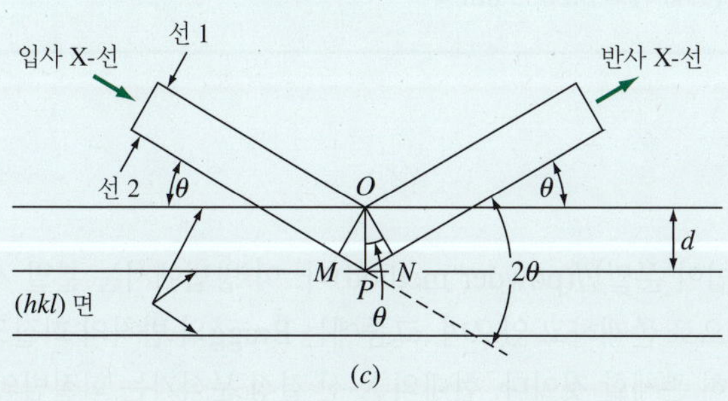

그림 3.27 ➤ 결정의 (*hkl*) 면에 의한 X-선 빔의 반사. (*a*) 임의의 입사각에서 반사 빔이 생성되는 것이 아니다. (*b*) Bragg 각(角) θ에서는 반사광들의 위상이 같아 서로 보강한다. (*c*) 파형이 생략되었을 뿐 (*b*)와 같다.
(출처: p. 201 in A.G. Guy and J.J. Hren, *Elements of Physical Metallurgy* 3rd ed., Addison-Wesley, 1974, p. 201.)

심이 되는 원자의 결정면이 입사된 X-선 빔을 반사하는 거울과 같은 역할을 한다고 간주하자. 그림 3.27에서 수평선은 Miller 지수가 (*hkl*)인 평행한 결정면의 집합을 나타낸다. 파장이 λ인 단일 파장의 X-선 빔을 이러한 면들의 집합에 어떤 각도로 입사할 때 여러 면에서 반사되어 나가는 빔의 파형들이 *다른 위상을 갖게 되면, 보강된 빔이 생기지 않는다*(그림 3.27*a*). 즉, 상쇄간섭을 일으킨다. 여러 결정면에서 반사되어 나가는 빔의 파형들이 같은 위상을 가지면 보강간섭을 일으켜 빔이 강화된다(그림 3.27*b*).

이제 그림 3.27*c*에서 입사되는 X-선 1과 2를 생각해 보자. 이 선들의 위상이 같기 위해서는 X-선 2의 경로에서 $MP + PN$인 추가의 경로가 파장 λ의 정수배가 되어야 한다. 즉,

$$n\lambda = MP + PN \tag{3.9}$$

여기서 $n = 1, 2, 3, \ldots$이며, 이를 *회절차수*(order of the diffraction)라고 한다. MP와 PN은 둘 다 $d_{hkl} \sin\theta$와 같으며 d_{hkl}은 (*hkl*) 결정면의 면간거리이다. 따라서 보강간섭이 일어나서 강한 회절 피크를 만들기 위한 조건은

$$n\lambda = 2\,d_{hkl}\sin\theta \tag{3.10}$$

이 되어야 한다. 이 식을 *Bragg의 법칙*(Bragg's law)[7]이라고 하며, 강화된 회절빔의 각도 상 위치들의 관계를 입사 X-선의 파장과 결정면의 면간거리 d_{hkl}로 보여준다. 대부분의 경우, 회절차수는 $n = 1$인 1차가 사용되고, 이 경우 Bragg의 법칙은 다음과 같은 형태가 된다.

$$\lambda = 2\,d_{hkl}\sin\theta \tag{3.11}$$

7 William Henry Bragg (1862~1942). X-선 결정학을 연구한 영국의 물리학자.

예제 3.15

BCC 철의 시료를 X-선 회절계에 넣고 파장이 $\lambda = 0.1541$ nm인 X-선을 입사하여 분석하였다. 그 결과, {110} 면으로부터의 회절은 $2\theta = 44.704°$의 각도에서 일어났다. BCC 철의 격자상수 a 값을 계산하라. ($n = 1$의 1차 회절로 가정한다.)

풀이

$$2\theta = 44.704° \quad \theta = 22.35°$$
$$\lambda = 2d_{hkl} \sin \theta$$
$$d_{110} = \frac{\lambda}{2 \sin \theta} = \frac{0.1541 \text{ nm}}{2(\sin 22.35°)} \tag{3.11}$$
$$= \frac{0.1541 \text{ nm}}{2(0.3803)} = 0.2026 \text{ nm}$$

식 (3.5)에서,

$$a = d_{hkl}\sqrt{h^2 + k^2 + l^2}$$

이다. 따라서,

$$a(\text{Fe}) = d_{110}\sqrt{1^2 + 1^2 + 0^2}$$
$$= (0.2026 \text{ nm})(1.414) = 0.2865 \text{ nm}$$ ◀

3.11.3 결정구조의 X-선 회절분석

X-선 회절분석의 분말법 가장 일반적인 X-선 회절법이 *분말법*(powder method)다. 이 방법에서는 분말 시료를 사용하는데, 분말 시료에는 많은 결정이 임의의 방향으로 존재하고 있으며, 그중에는 Bragg의 법칙의 회절조건을 만족하는 X-선 빔의 방향으로 정렬된 입자들이 분명히 존재할 것이다. 현대의 X-선 결정 분석기는 회절빔의 각도와 세기를 감지할 수 있는 계수기가 있는 X-선 회절계를 사용한다(그림 3.28). 2θ 값의 범위에서 계수기가 각도계[8] 둘레를 따라 시편과 동시에 움직일 때 기록장치가 자동으로 회절빔의 세기를 그리게 된다(그림 3.29). 그림 3.30은 순수한 금속 분말 시편의 회절 각도 2θ에 대한 회절빔의 세기를 나타낸 그림이다. 이 방법에서는 회절빔의 각도와 세기를 동시에 기록할 수 있다. 때때로 회절계 대신 필름을 넣은 분말 카메라가 사용되기도 하지만 이 방법은 훨씬 느리고 편의성이 떨어진다.

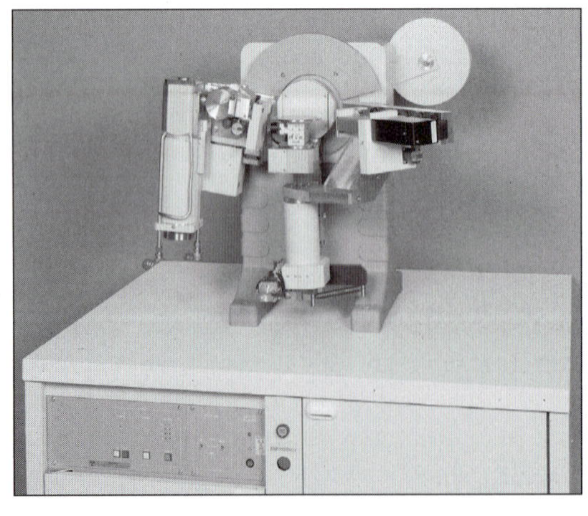

그림 3.28 ➤ X-선 회절분석기(X-선 차폐를 제거한 상태).
(Rigaku 제공)

8 각도계(goniometer)는 각도를 측정하는 기구이다.

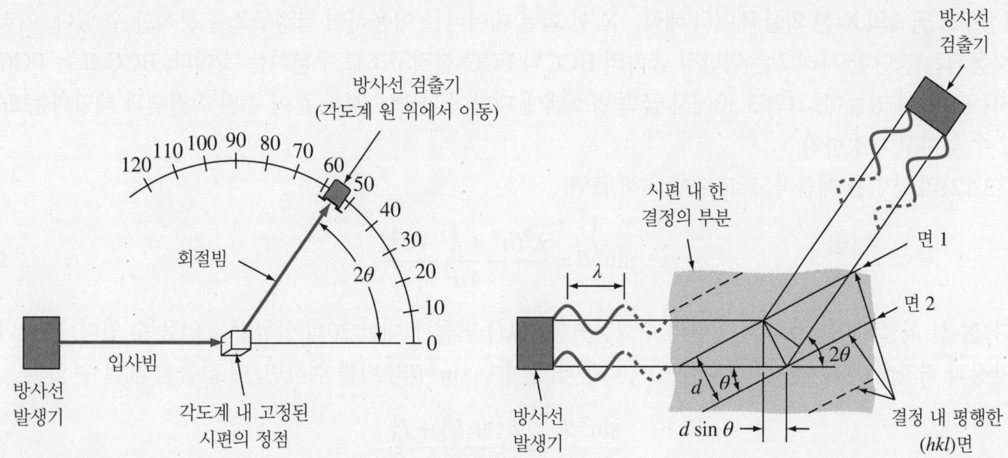

그림 3.29 ➤ 결정 분석의 회절계 방법과 회절조건의 모식도.
(출처: A.G. Guy, *Essentials of Materials Science*, McGraw Hill, 1976.)

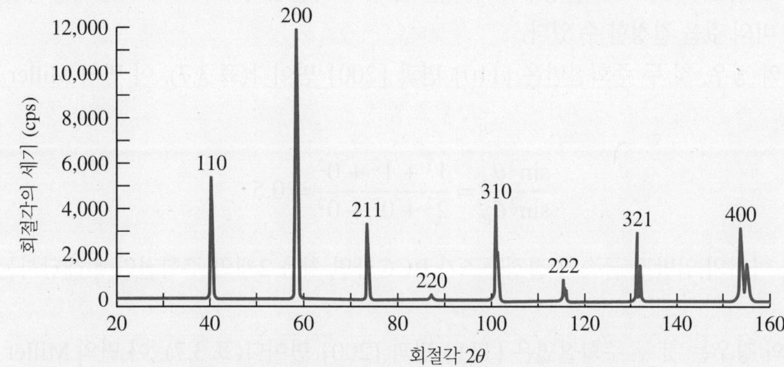

그림 3.30 ➤ 구리 방사선의 회절을 이용해서 얻은 텅스텐 시편의 회절각.
(출처: p. 208 in A.G. Guy and J.J. Hren, *Elements of Physical Metallurgy* 3rd ed., Addison-Wesley, 1974, p. 208.)

입방단위격자의 회절조건 X-선 회절법은 결정질 고체의 구조를 판정할 수 있게 해 준다. 대부분의 결정질 물질에 대한 X-선 회절 데이터를 해석하는 것은 복잡하고 이 책의 수준을 넘어서므로, 순수한 입방정 금속의 간단한 경우에 대해서만 생각해 보기로 한다. 입방 단위격자에 대한 X-선 회절 데이터의 분석은 식 (3.5),

$$d_{hkl} = \frac{a}{\sqrt{h^2 + k^2 + l^2}}$$

와 Bragg 식 $\lambda = 2d \sin \theta$를 결합하고 단순화하여, 다음 식으로 얻을 수 있다.

$$\lambda = \frac{2a \sin \theta}{\sqrt{h^2 + k^2 + l^2}} \quad \textbf{(3.12)}$$

이 식은 X-선 회절 데이터를 이용하여 입방 결정구조가 체심입방정인지 면심입방정인지 결정하는 데 사용할 수 있다. 다음은 이 방법에 대하여 설명한다.

식 (3.12)를 이용하여 X-선 회절 분석을 하려면 각 결정구조의 형태에서 어떤 결정면이 회절을 일으키는 면인지를 알아야 한다. 단순입방 격자의 경우는 모든 (*hkl*) 면에서 반사가 가능하다. 그러나, BCC 구조의 경우는 Miller 지수를 더한 합($h+k+l$)이 짝수인 면에서만 회절이 일어난다(표 3.6). 따라서, BCC 결정구조에서는 주된 회절면이 {110}, {200}, {211} 등이며 표 3.7에 나타내었다. FCC 결정구조에서의 주된 회절면은 Miller 지수가 모두 홀수이거나 모두 짝수인 면이다(0은 짝수로 간주한다). 따라서 FCC 결정구조의 경우 회절면은 {111}, {200}, {220} 등이며 표 3.7에 나타내었다.

입방결정구조 금속의 X-선 회절 데이터 해석 X-선 회절 데이터를 이용하여 결정구조를 분석할 수 있다. 이러한 분석이 사용되는 간단한 사례로는 입방정 금속의 BCC와 FCC 결정구조를 구분하는 것이다. BCC 또는 FCC 구조를 가지는 금속이 있는데, 그림 3.30에서 금속 텅스텐에 대하여 나타낸 것과 같이 주된 회절면과 해당하는 2θ 값을 결정할 수 있다고 가정하자.

식 (3.12)의 양변을 제곱하고 $\sin^2\theta$에 대해 풀면,

$$\sin^2\theta = \frac{\lambda^2(h^2+k^2+l^2)}{4a^2} \tag{3.13}$$

이 된다. X-선 회절 데이터로부터 일련의 주회절면인 $\{hkl\}$ 면들에 대한 2θ의 실험값을 얻을 수 있다. 입사되는 X-선의 파장과 격자상수 a는 둘 다 상수이므로, 다음과 같이 두 $\sin^2\theta$의 비를 취하면, 이 값들을 없앨 수 있다.

$$\frac{\sin^2\theta_A}{\sin^2\theta_B} = \frac{h_A^2+k_A^2+l_A^2}{h_B^2+k_B^2+l_B^2} \tag{3.14}$$

여기서 θ_A와 θ_B는 각각 주회절면 $\{h_Ak_Al_A\}$와 $\{h_Bk_Bl_B\}$에 관련된 2개의 회절각이다.

식 (3.14)와 표 3.7의 BCC와 FCC 결정구조에 대한 첫 두 주회절면의 Miller 지수를 사용하면 BCC와 FCC 두 구조에 대한 $\sin^2\theta$ 비의 값을 결정할 수 있다.

BCC 결정구조의 경우, 첫 두 주회절면은 {110} 면과 {200} 면이다(표 3.7). 이 면의 Miller 지수 $\{hkl\}$을 식 (3.14)에 넣으면,

$$\frac{\sin^2\theta_A}{\sin^2\theta_B} = \frac{1^2+1^2+0^2}{2^2+0^2+0^2} = 0.5 \tag{3.15}$$

이다. 따라서, 만일 미지의 입방정 금속의 결정구조가 BCC라면 처음 2개의 주회절면에 해당하는 $\sin^2\theta$ 비는 0.5가 될 것이다.

FCC 결정구조의 경우는 첫 두 주회절면은 {111} 면과 {200} 면이다(표 3.7). 이 면의 Miller 지수 $\{hkl\}$을 식 (3.14)에 대입하면,

$$\frac{\sin^2\theta_A}{\sin^2\theta_B} = \frac{1^2+1^2+1^2}{2^2+0^2+0^2} = 0.75 \tag{3.16}$$

표 3.6 ＞ 입방 결정에서 회절하는 $\{hkl\}$ 면을 결정하는 규칙

Bravais 격자	반사 있음	반사 없음
BCC	$(h + k + l)$ = 짝수	$(h + k + l)$ = 홀수
FCC	(h, k, l) 모두 홀수거나 모두 짝수	(h, k, l) 모두 홀수 또는 모두 짝수가 아님

표 3.7 ＞ BCC 및 FCC 격자에서 회절면의 Miller 지수

입방 결정면	$h^2+k^2+l^2$	합 $\Sigma[h^2+k^2+l^2]$	입방 회절면 $\{hkl\}$	
			FCC	BCC
{100}	$1^2+0^2+0^2$	1		
{110}	$1^2+1^2+0^2$	2	. . .	110
{111}	$1^2+1^2+1^2$	3	111	
{200}	$2^2+0^2+0^2$	4	200	200
{210}	$2^2+1^2+0^2$	5		
{211}	$2^2+1^2+1^2$	6	. . .	211
. . .		7		
{220}	$2^2+2^2+0^2$	8	220	220
{221}	$2^2+2^2+1^2$	9		
{310}	$3^2+1^2+0^2$	10	. . .	310

이다. 따라서, 만약 결정구조를 모르고 있는 입방정 금속이 FCC라면 첫 2개의 주회절면에 해당하는 $\sin^2\theta$ 비는 0.75가 될 것이다.

예제 3.16에서는 미지의 입방정 금속이 BCC인지 FCC인지를 결정하는 데에 식 (3.14)와 주회절면의 2θ 값에 대한 X-선 회절 실험 데이터를 사용한다. X-선 회절분석은 보통 예제 3.16보다는 훨씬 더 복잡하지만 같은 원리가 이용된다. 실험적 및 이론적 X-선 회절분석은 재료의 결정구조를 판정하는 데 이용되어 왔으며 앞으로도 계속될 것이다.

예제 3.16

BCC 또는 FCC 결정구조를 갖는 어떤 원소에 대한 X-선 회절분석 결과, 2θ 각도가 40°, 58°, 73°, 86.8°, 100.4°, 114.7°에서 회절피크를 보였다. 입사된 X-선 빔의 파장은 0.154 nm이었다.

a. 이 원소의 입방 결정구조를 판정하라.

b. 이 원소의 격자상수를 구하라.

c. 이 원소는 무엇인가?

풀이

a. *원소의 결정구조 판정*. 먼저, 회절각 2θ로부터 $\sin^2\theta$ 값을 계산한다.

2θ(deg)	θ(deg)	$\sin\theta$	$\sin^2\theta$
40	20	0.3420	0.1170
58	29	0.4848	0.2350
73	36.5	0.5948	0.3538
86.8	43.4	0.6871	0.4721
100.4	50.2	0.7683	0.5903
114.7	57.35	0.8420	0.7090

다음으로, 첫째와 둘째 회절각에 대한 $\sin^2\theta$ 값의 비를 계산한다.

$$\frac{\sin^2\theta}{\sin^2\theta} = \frac{0.117}{0.235} = 0.498 \approx 0.5$$

이 비가 ≈0.5이므로 결정구조는 BCC이다. 만약 비가 ≈0.75이면 결정구조는 FCC일 것이다.

b. *격자상수 구하기*. 식 (3.13)을 a^2에 대해 재정리하면,

$$a^2 = \frac{\lambda^2}{4}\frac{(h^2+k^2+l^2)}{\sin^2\theta} \tag{3.17}$$

또는,

$$a = \frac{\lambda}{2}\sqrt{\frac{h^2+k^2+l^2}{\sin^2\theta}} \tag{3.18}$$

이 된다. 식 (3.18)에서 BCC 결정구조의 첫째 주회절면인 {110} 면의 h, k, l Miller 지수 값으로 $h = 1$, $k = 1$, $l = 0$을 대입하고, 또 해당 $\sin^2\theta$ 값에 0.117, 입사빔의 파장 λ에 0.154 nm를 대입하면, 격자상수는 다음과 같이 계산할 수 있다.

$$a = \frac{0.154\text{ nm}}{2}\sqrt{\frac{1^2+1^2+0^2}{0.117}} = 0.318\text{ nm} ◀$$

c. *원소의 확인*. 이 원소는 격자상수가 0.316 nm이고 BCC 구조를 가지는 텅스텐이다.

3.12 비정질 재료

앞에서 논의한 대로 어떤 재료들은 원자 배열체계에 장범위 규칙성이 없으므로 비정질 또는 비결정질이라고 한다. 재료는 일반적으로 결정질 상태를 이루려는 경향이 있는데 이것이 가장 안정하고 가장 에너지가 낮은 상태이기 때문이라는 것에 주목할 필요가 있다. 그러나 비정질 재료의 원자들은 주기적인 배열의 형성을 방해하는 요인들 때문에 불규칙한 모양으로 결합한다. 따라서 결정질 고체 내의 원자들은 특정한 위치를 차지하는 반면에, 비정질 재료에서는 원자들이 임의의 공간적 위치를 차지한다. 그림 3.31에 규칙성(또는 불규칙성)의 정도를 명확하게 나타내었다.

대부분의 중합체, 유리 그리고 일부 금속들은 비정질 재료의 부류에 속한다. 중합체에서는 분자 간의 이차 결합은 응고 중에 방향이 같고 단단히 채워진 사슬이 형성되게 하지 않는다. 결과적으로 폴리염화비닐과 같은 중합체들은 그림 3.31*c*와 같이 엉클어져서 비정질 구조의 고체를 형성하는 길고 서로 얽힌 분자 사슬로 구성되어 있다. 폴리에틸렌과 같은 중합체들에서는 원자들이 재료 내의 일부 영역에서 좀 더 효율적이고 단단히 채워져 부분적으로 장범위 규칙성이 높아지게 한다. 그 결과, 이런 중합체들은 종종 **반결정질**(semicrystalline)로 분류된다. 반결정질 중합체에 대한 더 상세한 논의는 **10장**에서 할 것이다.

유리형성 산화물인 실리카(SiO_2)를 기반으로 하는 무기질 유리는 일반적으로 세라믹 재료(세라믹 유리)의 특성을 나타내며 비정질 구조를 가지는 재료의 또 다른 예이다. 이런 형태의 유리에서 분자를 형성하는 기본단위는 SiO_4^{4-} 사면체이다. 이 유리의 이상적인 구조를 그림 3.31*a*에 나타내었다. 모식도에서 Si–O 사면체가 꼭지점들끼리 결합하여 장범위 규칙성이 이루어지는 것을 보여준다. 이것의 액체상태에서는 점도가 크고 분자들의 유동성이 제한되어, 일반적으로 결정화가 느리게 일어난다. 그러므로 냉각속도를 적절하게 제어하면 결정구조의 형성을 억제하고 대신에 사면체들이 꼭지점끼리 결합하여 장범위 규칙성이 없는 망목을 형성할 수 있다(그림 3.31*b*).

중합체와 유리 외에 일부 금속들도 정밀하고 쉽게 도달하기 어려운 조건에서 비정질 구조(**금속 유리**)를 형성할 수 있다. 금속은 유리와 달리 용융상태에서 구성 요소들이 매우 작고 유동성이 있다. 따라서 금속에서 결정화가 일어나지 못하게 하는 것은 어렵다. 그러나 반금속인 Si와 B의 비율이 높은 78%Fe–9%Si–13%B와 같은 합금은 10^8 °C/s 이상의 냉각속도로 급속 응고하면 금속 유리를 형성할 수 있다. 이와 같이 냉각속도가 빠르면, 원자들은 결정구조를 형성할만한 충분한 시간을 전혀 갖지 못하고, 그 대신 비정질 구조의 금속을 형성한다. 즉 매우 무질서하게 된다. 이론적으로는 어떠한 결정질 금속이라도 용융상태로부터 충분히 빠른 속도로 냉각하면 비정질 구조를 형성할 수 있다.

비정질 재료들은 그 구조 때문에 뛰어난 특성들을 가진다. 예로써, 금속 유리는 결정질과 비교할 때 강도가 높고 부식특성이 좋으며, 자성을 가진다. 마지막으로 비정질 재료는 X-선 회절법으로 분석하였을 때 날카로운 회절 패턴을 보이지 않는 것에 유의하는 것이 중요하다. 이것은 원자배열의 규칙성과 주기성이 없기 때문이다. 다음의 장들에서 재료의 성질에 대한 구조의 역할에 대하여 상세히 설명할 것이다.

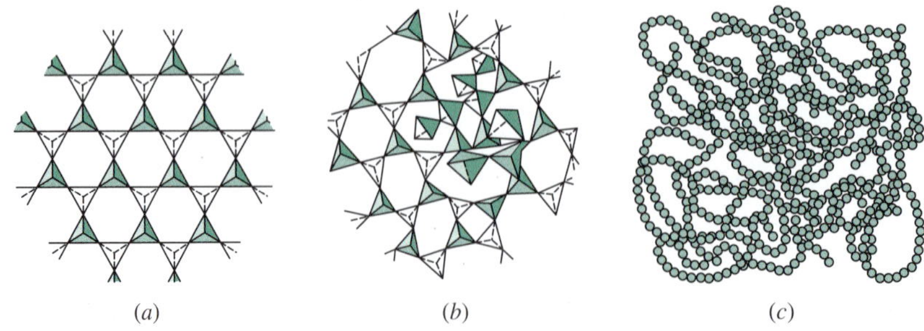

그림 3.31 ➤ 재료 내의 다양한 규칙성 정도를 나타낸 모식도: (*a*) 결정질 실리카의 장범위 규칙성, (*b*) 장범위 규칙성이 없는 실리카 유리, (*c*) 중합체의 비정질 구조.

3.13 요약

결정질 고체에서의 원자 배열은 *공간격자*라고 하는 망상구조의 선들로 나타낼 수 있다. 각각의 공간격자는 반복되는 *단위격자*에서 원자 위치를 지정하여 나타낼 수 있다. 결정구조는 공간격자와 *모티프* 또는 *단위체*로 구성된다. 대부분의 금속과 같은 결정질 재료는 원자 배열에 장범위 규칙성을 갖는다. 그러나 많은 중합체나 유리와 같은 일부 재료들은 단지 단범위 규칙성만을 가진다. 이러한 재료들을 반결정질 또는 비정질이라고 한다. 단위격자의 축 길이와 축간 각의 기하학에 기초한 7개의 결정계가 있다. 이들 7개의 결정계는 다시 단위격자 내 원자 위치의 배열에 따라 14개의 부격자(단위격자)를 가진다.

금속에서 가장 일반적인 결정구조의 단위격자는 *체심입방정*(BCC), *면심입방정*(FCC), *조밀충전 육방정*(HCP)(이것은 단순육방정 구조의 조밀한 변형임) 등이다.

입방결정에서의 *결정방향*은 각 성분 축에 따라 분해하고 가장 작은 정수로 환산하여 나타낸 벡터 성분이며, 이것을 [*uvw*]와 같이 표시한다. 방향족은 방향지수를 ⟨*uvw*⟩와 같이 뾰족한 각괄호로 나타낸다. 입방결정에서 *결정면*의 지수는 면이 축과 만나는 교점의 역수를 취하여(그리고 분수를 없앤다) (*hkl*)과 같이 표시한다. 입방결정면의 면족(또는 면군)은 {*hkl*}과 같이 중괄호로 나타낸다. 육방정의 결정면은 보통 4개의 지수 *h*, *k*, *i*, *l*로 표시하며 (*hkil*)과 같이 괄호를 사용하여 나타낸다. 이 지수들은 면이 육방 결정구조 단위격자의 a_1, a_2, a_3 및 c 축과 만나는 교점의 역수이다. 육방결정에서 결정방향은 4개의 축을 따라 분해하고 가장 작은 정수로 환산한 벡터 성분으로 [*uvtw*]와 같이 표시한다.

원자를 단단한 구로 가정한 모델을 사용하면, 단위격자에서 원자의 부피밀도, 면밀도 및 선밀도를 계산할 수 있다. 원자가 가능한 한 조밀하게 충전된 면을 조밀충전면이라 하고, 원자들이 가장 가깝게 접촉하고 있는 방향을 조밀충전방향이라고 한다. 각각 다른 결정구조의 원자충전율도 원자를 단단한 구로 가정한 모델로부터 구할 수 있다. 어떤 금속들은 온도와 압력의 범위가 달라지면 다른 결정구조를 가질 수 있는데, 이러한 현상을 *동질이형*이라고 한다.

결정질 고체의 결정구조는 X-선 회절분석 기술을 사용하여 측정할 수 있다. X-선은 *Bragg의 법칙*($n\lambda = 2d \sin \theta$) 조건을 만족할 때 결정 내에서 회절을 일으킨다. X-선 회절계와 *분말법*을 사용하여 많은 결정성 고체의 결정구조를 측정할 수 있다.

3.14 용어 정의

↘ 3.1절

비정질(amorphous): 원자의 배열에 장범위 규칙성이 없음.

공간격자(space lattice): 동일한 주변 환경을 갖는 점들의 3차원적 배열.

결정(crystal): 원자, 이온 또는 분자가 3차원적으로 반복되는 형태로 배열되어 이루어진 고체.

격자점(lattice point): 모든 점들이 동일한 주변 환경을 갖는 배열에서의 한 점.

단위격자(unit cell): 공간격자에서 간단한 반복 단위, 축 길이와 축간 각이 단위격자의 격자상수이다.

모티프 또는 단위체(motif or basis): 하나 이상의 원자로 구성되어 격자점에 위치하는 원자군

결정구조(crystal structure): 공간에서 원자나 이온의 규칙적인 3차원적 형태.

↘ 3.3절

체심입방(BCC) 단위격자(body-centered cubic unit cell): 한 원자가 가상적인 입방정의 꼭지점에 위치한 8개의 동일한 원자와 접촉하는 원자충전배열을 갖는 단위격자.

면심입방(FCC) 단위격자(face-centered cubic unit cell): 중심 원자를 12개의 원자가 둘러싸는 원자충전배열을 갖는 단위격자. FCC 결정구조에서 조밀충전면의 적층 순서는 *ABCABC*...이다.

조밀충전육방(HCP) 단위격자(hexagonal close-packed unit cell): 중심 원자를 12개의 동일한 원자가 둘러싸는 원자충진배열을 갖는 단위격자. HCP 결정구조에서 조밀충전면의 적층 순서는 ABABAB...이다.

원자충전율(APF)(atomic packing factor): 특정한 단위격자 내 원자의 부피를 단위격자의 부피로 나눈 값.

3.5절

입방결정에서의 방향지수(indices of direction in a cubic crystal): 입방 단위격자에서의 방향은 원점으로부터 그 단위격자의 표면을 통과하는 지점까지 연결된 벡터로 나타낸다. 단위격자의 면을 통과해 나가는 벡터의 위치 좌표(분수를 없앤)인 (x, y, z)가 방향지수이다. 이 지수들은 u, v, w로 표시하고, $[uvw]$와 같이 대괄호를 사용하여 표시한다. 음의 지수는 지수 위에 막대표시(bar)를 하여 나타낸다.

3.6절

입방결정에서의 면지수(Miller 지수)(indices for cubic crystal planes): 결정면과 단위 입방체의 x, y, z축과의 교점의 역수(분수를 없앤)를 그 면의 Miller 지수라고 한다. x, y, z축에 대한 값을 각각 h, k, l로 표시하고 (hkl)과 같이 괄호를 사용하여 표시한다. 선택한 결정면이 x, y, z축의 원점을 지나지 않아야 하는 것에 주목한다.

3.9절

부피밀도 ρ_v (volume density ρ_v): 단위부피당 질량; 단위로는 보통 Mg/m^3 또는 g/cm^3를 사용한다.

면밀도 ρ_p (planar density ρ_p): 선택된 면적에 의해 중심이 잘리는 원자들의 수를 그 선택된 면적으로 나눈 값.

선밀도 ρ_l (linear density ρ_l): 단위 입방체 내의 특정한 방향의 특정 길이의 선 위에 중심이 놓이는 원자의 수.

반복 거리(repeat distance): 특정한 방향을 따라 연속되는 두 격자점 사이의 거리.

3.10절

동질이형(polymorphism) (금속 관련): 두 가지 이상의 결정구조로 존재할 수 있는 금속의 특성. 예를 들어, 철은 온도에 따라 BCC 또는 FCC 결정구조를 가질 수 있다.

3.12절

반결정(semicrystalline): 비정질 영역에 결정질 영역이 분산된 재료, 예를 들면 일부 고분자.

금속유리(metallic glass): 비정질 구조의 원자 배열을 가진 금속

3.15 연습 문제

*표시를 한 문제는 책 마지막에 답을 제공하였다.

지식과 이해 문제

3.1 다음 용어를 정의하라: (*a*) 결정질 고체, (*b*) 장범위 규칙성, (*c*) 단범위 규칙성, (*d*) 비정질.

3.2 다음 용어를 정의하라: (*a*) 결정구조, (*b*) 공간격자, (*c*) 격자점, (*d*) 단위격자, (*e*) 모티프, (*f*) 격자상수.

3.3 14 Bravais 단위격자란 무엇인가?

3.4 2차원에서는 Bravais 격자가 존재할 수 있는가? 명칭을 쓰고 개략도를 그려라.

3.5 격자를 표현하는 데 복수의 단위격자가 사용될 수 있는 경우에, 적합한 단위격자를 선택하기 위해 고려할 인자는 무엇인가?

3.6 2차원에서의 다섯 가지 Bravais 격자에 대해 각각의 대칭성을 논하라. 예로서, x축과 y축에 대한 반사 모습은 대칭인가? 만약 단위격자를 특정한 각도만큼 회전시킨다면 정확히 일치하는 격자 환경을 얻게 될 것인가?

3.7 금속의 가장 일반적인 3가지 결정구조는 무엇인가? 이들 각 결정구조를 가지는 금속의 예를 5가지씩 들어라.

3.8 BCC 단위격자에 대하여, (*a*) 단위격자 내에 몇 개의 원자가 있는가? (*b*) 원자의 배위수는 얼마인가? (*c*) BCC 단위격자의 모서리 길이 a와 원자 반지름의 관계는? (*d*) 원자충전율은 얼마인가?

3.9 FCC 단위격자에 대하여, (*a*) 단위격자 내에 몇 개의 원자가 있는가? (*b*) 원자의 배위수는 얼마인가? (*c*) FCC 단위격자의 모서리 길이 a와 원자 반지름의 관계는? (*d*) 원자충전율은 얼마인가?

3.10 HCP 단위격자(원시격자로 생각함)에 대하여, (*a*) 단위격자 내에 몇 개의 원자가 있는가? (*b*) 원자의 배위수는 얼마인가? (*c*) 원자충전율은 얼마인가? (*d*) HCP 금속에서 이상적인 c/a 비는 얼마인가? (*d*) "큰" 격자에 대하여 (*a*)에서 (*c*)까지 반복하라.

3.11 입방 단위격자에서는 원자가 어떻게 위치하고 있는가?

***3.12** FCC 단위격자의 8개의 꼭지점과 6개의 면심에 있는 원자의 위치를 나열하라.

3.13 입방 단위격자에서 결정학적 방향지수는 어떻게 결정하는가?

3.14 결정학적 방향족이란 무엇을 말하는가? 그들을 총칭하여 표시하는 데 일반적으로 사용하는 기호는 무엇인가?

3.15 입방 단위격자에서 결정면의 Miller 지수는 어떻게 결정하는가? 그들을 표시하는 데는 일반적으로 어떤 기호를 사용하는가?

3.16 입방 결정면의 면족을 나타내는 데 사용되는 기호는 무엇인가?

3.17 HCP 단위격자에서 결정면은 어떻게 표시하는가?

3.18 HCP 결정면을 나타내는 데 사용하는 기호는 무엇인가?

3.19 (*a*) HCP 결정구조와 (*b*) FCC 결정구조의 조밀충전면에서 적층 배열의 차이는 무엇인가?

3.20 (*a*) BCC 구조, (*c*) FCC 구조, (*c*) HCP 구조에서 조밀충전 방향은 무엇인가?

3.21 (*a*) BCC 구조, (*b*) FCC 구조, (*c*) HCP 구조에서 조밀충전면을 밝히라.

3.22 금속에서 동질이형이란 무엇인가?

3.23 X-선이란 무엇이며 어떻게 발생하는가?

3.24 그림 P3.24에 보인 무한 2-D 구조의 단면을 생각한다. (*a*) 이것은 Bravais 격자인가? (*b*) 공간격자를 완전하게 이룰 수 있다고 확인할 수 있는 다른 2-D 단위격자는 몇 개인가? (*c*) 삼각형 단위격자는 타당한가? 설명하라.

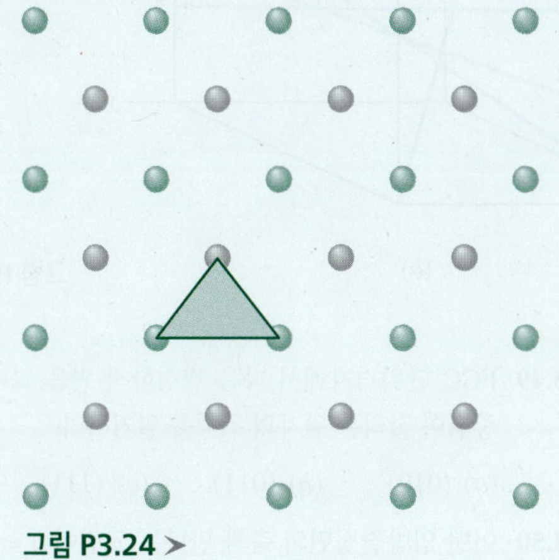

그림 P3.24 ➤

3.25 (*a*) 그림 P3.25의 격자는 Bravais 격자인가? 설명하라. (*b*) 그림 P3.25를 보면서, 어떤 방법으로든 이것을 Bravais 격자로 전환할 수 있는 방법이 있는가? Bravais 격자를 그려라.

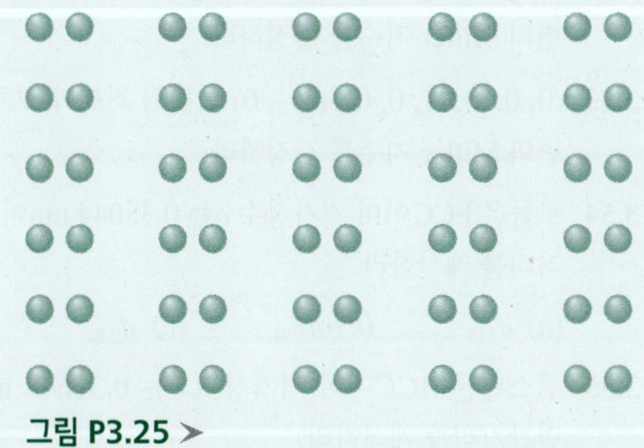

그림 P3.25 ➤

3.26 그림 P3.26의 격자는 두 다른 원자(원형과 정사각형)로 구성되어 있다. 이것은 Bravais 격자를 성립하는가? 어떻게 하면 이 격자를 Bravais 격자로 전환할 수 있는가?

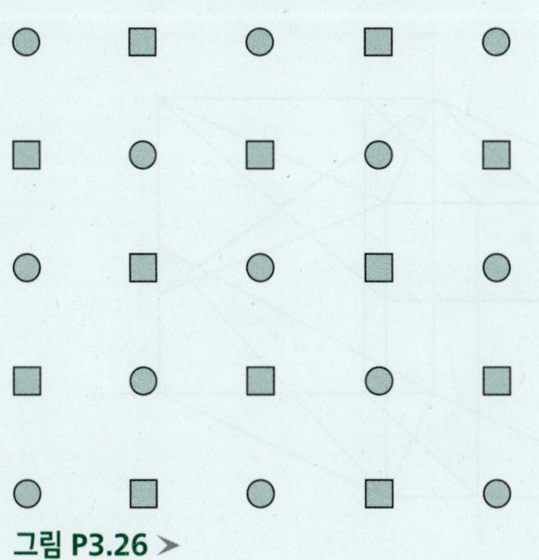

그림 P3.26 ➤

3.27 X-선 회절에 사용되는 X-선 관의 모식도를 그리고, 전자와 X-선의 경로를 표시하라.

3.28 특성 X-선 복사란 무엇인가? 그 근원은 무엇인가?

3.29 결정을 통해 반사된 X-선 빔의 보강간섭과 상쇄간섭을 구별하여 설명하라.

■ 응용과 분석 문제

3.30 텅스텐은 20°C에서 BCC이며 원자 반지름은 0.137 nm이다. (*a*) 격자상수 *a*를 nm 단위로 구하라. (*b*) 단위격자의 부피를 계산하라.

3.31 납은 FCC이며 원자 반지름은 0.175 nm이다. (*a*) 격자상수 *a*를 nm 단위로 구하라. (*b*) 단위격자의 부피를 nm^3 단위로 계산하라.

3.32 FCC 구조의 원자충전율이 0.74임을 증명하라.

***3.33** 코발트 결정구조의 단위격자(큰 격자를 사용) 부피를 nm^3 단위로 계산하라. 코발트는 20°C에서 HCP 구조이며 $a = 0.2507$ nm, $c = 0.4069$ nm이다.

***3.34** 두께가 0.05 mm이고 면적이 500 mm^2(1다임 면적의 약 3배)인 알루미늄 박편이 있다. 이 박편에는 얼마나 많은 단위격자가 있겠는가? 알루미늄의 밀도를 2.7 g/cm^3라고 하면 각 단위격자의 질량은 얼마인가?

3.35 BCC 단위격자에서 다음 방향을 그림으로 나타내고, 방향벡터에 의해 중심이 잘리는 원자의 위치 좌표를 열거하라. 각 방향에서 반복 거리를 격자상수로 구하라.

(*a*) [010] (*b*) [011] (*c*) [111]
(*d*) (*b*)의 방향과 (*c*)의 방향 사이의 각도를 구하라.

3.36 FCC 단위격자에서 다음의 방향벡터를 그림으로 나타내고, 방향벡터에 의해 중심이 잘리는 원자의 위치 좌표를 열거하라. 각 방향에서 반복 거리를 격자상수로 구하라.

(*a*) $[\bar{1}\bar{1}1]$ (*b*) $[10\bar{1}]$ (*c*) $[2\bar{1}\bar{1}]$ (*d*) $[\bar{1}3\bar{1}]$
(*e*) (*b*)의 방향과 (*d*)의 방향 사이의 각도를 구하라.

3.37 다음 입방 결정방향에 대한 방향벡터를 단위격자 내에 그려라.

(*a*) $[1\bar{1}\bar{2}]$ (*b*) $[1\bar{2}3]$ (*c*) $[\bar{3}31]$ (*d*) $[0\bar{2}1]$
(*e*) $[2\bar{1}2]$ (*f*) $[2\bar{3}3]$ (*g*) $[\bar{1}01]$ (*h*) $[12\bar{1}]$
(*i*) [321] (*j*) $[10\bar{3}]$ (*k*) $[1\bar{2}\bar{2}]$ (*l*) $[\bar{2}\bar{2}3]$

3.38 그림 P3.38의 단위입방체에 나타낸 방향의 지수를 결정하라.

***3.39** 어떤 방향벡터가 $(\frac{3}{4}, 0, \frac{1}{4})$ 지점에서 시작하여 $(\frac{1}{2}, 1, 0)$ 지점으로 단위입방체를 통과해 지나간다. 이 방향지수를 결정하라.

3.40 어떤 방향벡터가 $(1, 0, \frac{3}{4})$ 지점에서 시작하여 $(\frac{1}{4}, 1, \frac{1}{4})$ 지점으로 단위입방체를 통과해 지나간다. 이 방향지수를 결정하라.

3.41 단위입방체에서 $\langle 10\bar{3} \rangle$ 방향족은 무엇인가? 단위격자에 모든 방향을 그려라.

***3.42** 단위입방체에서 $\langle 111 \rangle$ 방향족은 무엇인가? BCC 단위격자에 모든 방향을 그려라. 이 방향들의 공통된 특성은 무엇인지 확

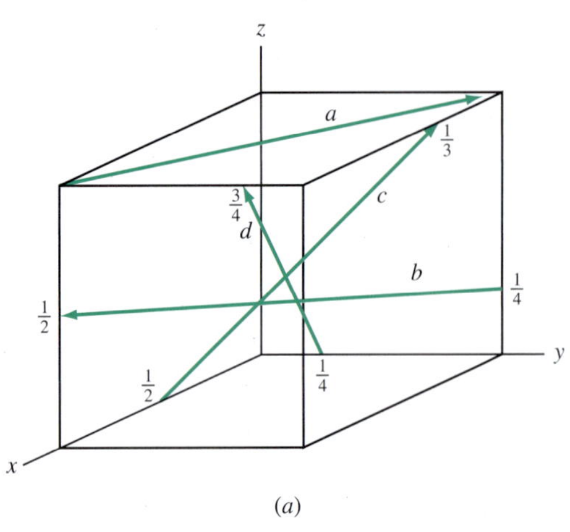

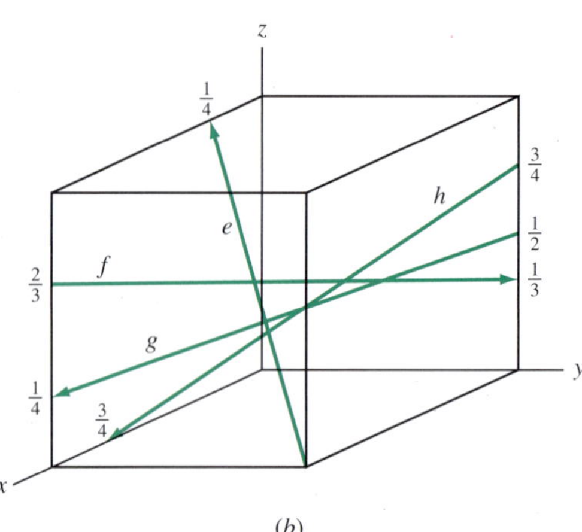

그림 P3.38

정할 수 있는가?.

3.43 입방 단위격자의 ⟨110⟩ 방향족 중 (111) 면에 놓이는 것은 어떤 방향인가? BCC 단위격자에 모두 그려라. 이 방향들의 공통된 특성은 무엇인가?

3.44 입방 단위격자의 ⟨111⟩ 방향족 중 (110) 면에 놓이는 것은 어떤 방향인가? 단위격자에 그 방향을 그려라. 이 방향들의 특별한 속성을 밝히라.

3.45 다음의 Miller 지수를 갖는 결정면을 단위입방체 내에 그려라.

(*a*) $(1\bar{1}\bar{1})$ (*b*) $(10\bar{2})$ (*c*) $(1\bar{2}\bar{1})$ (*d*) $(21\bar{3})$
(*e*) $(3\bar{2}1)$ (*f*) $(30\bar{2})$ (*g*) $(20\bar{1})$ (*h*) $(\bar{2}1\bar{2})$
(*i*) $(\bar{2}32)$ (*j*) $(13\bar{3})$ (*k*) $(3\bar{1}2)$ (*l*) $(\bar{3}3\bar{1})$

***3.46** 그림 P3.46에 나타낸 입방 결정면의 Miller 지수를 결정하라

3.47 입방정계에서 {100} 면족은 무엇인가? 그 면들을 BCC 단위격자에 그리고 그 면에 의해 중심이 잘리는 원자를 모두 보여라. 여러분의 결론은 무엇인가?

3.48 BCC 단위격자에서 다음 결정학적 면을 그리고, 각 면에 의해 중심이 잘리는 원자의 위치를 열거하라.

(*a*) (010) (*b*) (011) (*c*) (111)

3.49 FCC 단위격자에서 다음 결정학적 면을 그리고 각 면에 의해 중심이 잘리는 원자의 위치를 열거하라.

(*a*) (010) (*b*) (011) (*c*) (111)

3.50 어떤 입방결정면의 축과 만나는 교점이 $a = \frac{1}{3}$, $b = -\frac{2}{3}$, $c = \frac{1}{2}$일 때, 이 면의 Miller 지수는 무엇인가?

3.51 어떤 입방결정면의 축과 만나는 교점이 $a = -\frac{1}{2}$, $b = -\frac{1}{2}$, $c = \frac{2}{3}$일 때, 이 면의 Miller 지수는 무엇인가?

3.52 $(1, \frac{1}{2}, 1)$, $(\frac{1}{2}, 0, \frac{3}{4})$, $(1, 0, \frac{1}{2})$인 위치 좌표와 교차하는 입방결정면의 Miller 지수를 결정하라.

3.53 $(0, 0, \frac{1}{2})$, $(1, 0, 0)$, $(\frac{1}{2}, \frac{1}{4}, 0)$인 위치 좌표와 교차하는 입방결정면의 Miller 지수를 결정하라.

3.54 로듐은 FCC이며 격자상수 a는 0.38044 nm이다. 다음의 면간거리를 계산하라.

(*a*) d_{111} (*b*) d_{200} (*c*) d_{220}

***3.55** 텅스텐은 BCC이며 격자상수 a는 0.31648 nm이다. 다음의 면간거리를 계산하라.

(*a*) d_{110} (*b*) d_{220} (*c*) d_{310}

3.56 어떤 BCC 구조의 원소에서 d_{310} 면간거리가 0.1587 nm이다.

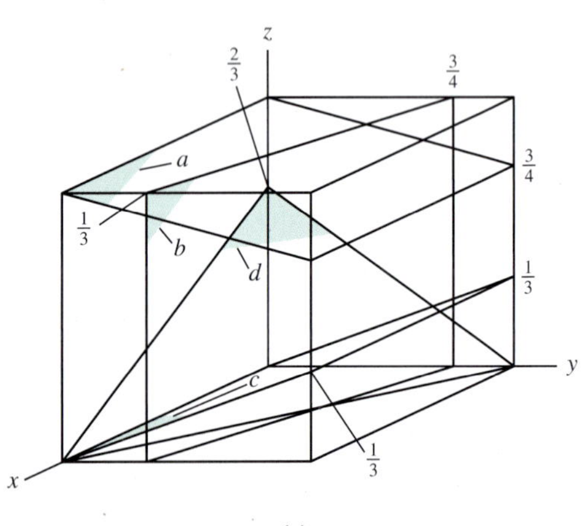

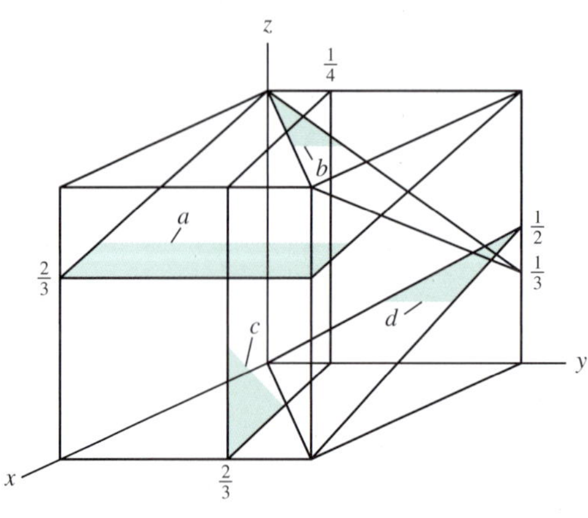

그림 P3.46

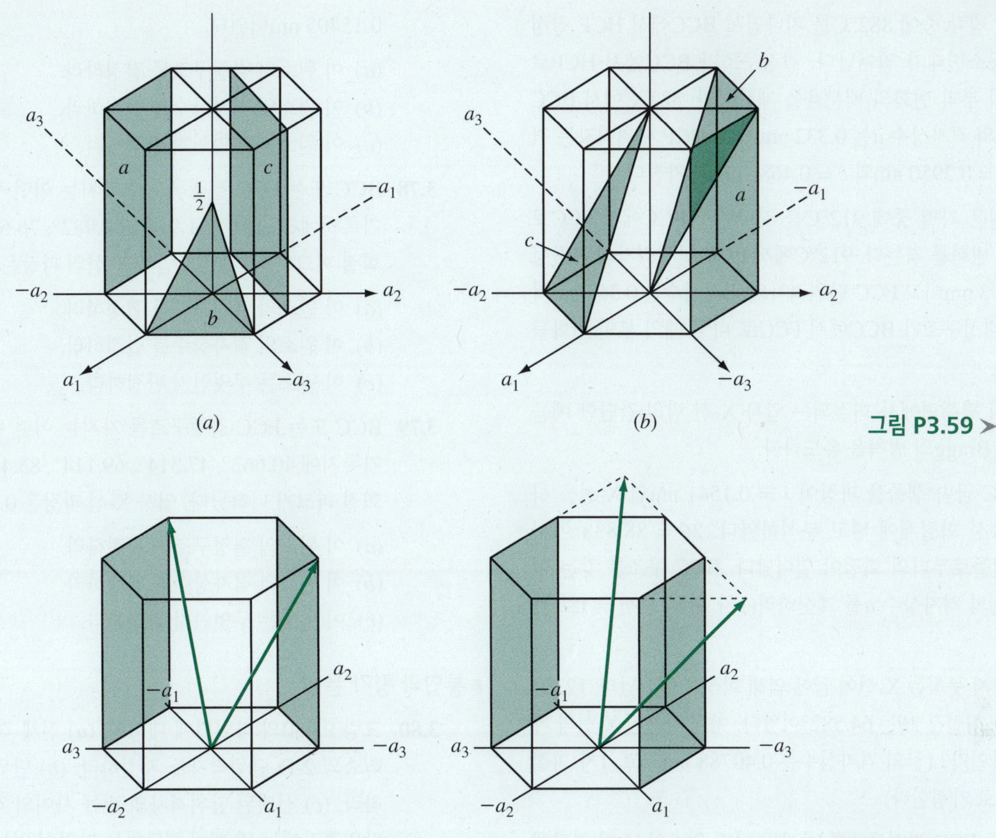

그림 P3.59 ➤

그림 P3.63 ➤

(*a*) 격자상수 *a*는 얼마인가? (*b*) 이 금속의 원자 반지름은 얼마인가? (*c*) 이 원소는 무엇이겠는가?

***3.57** 어떤 FCC 금속의 d_{422} 면간거리가 0.083397 nm이다. (*a*) 격자상수 a는 얼마인가? (*b*) 이 금속의 원자 반지름은 얼마인가? (*c*) 이 금속은 무엇이겠는가?

3.58 다음과 같은 Miller-Bravais 지수를 갖는 육방 결정면을 그려라.

(*a*) $(10\bar{1}1)$ (*b*) $(01\bar{1}1)$ (*c*) $(\bar{1}2\bar{1}0)$ (*d*) $(1\bar{2}12)$
(*e*) $(2\bar{1}\bar{1}1)$ (*f*) $(1\bar{1}01)$ (*g*) $(\bar{1}2\bar{1}2)$ (*h*) $(2\bar{2}00)$
(*i*) $(10\bar{1}2)$ (*j*) $(\bar{1}100)$ (*k*) $(\bar{2}111)$ (*l*) $(\bar{1}012)$

***3.59** 그림 P3.59에 나타낸 육방 결정면의 Miller-Bravais 방향지수를 결정하라.

3.60 $-a_1$, $-a_2$, $-a_3$ 방향의 Miller-Bravais 지수를 결정하라.

3.61 그림 3.18*d*에 표시한 것과 같이 아래 기저면의 중심에서 시작하여 윗 기저면의 여섯 끝점에서 멈추는 벡터의 Miller-Bravais 방향지수를 결정하라.

3.62 아래 기저면의 중심에서 출발하여 윗 기저면의 여섯 모서리 중간 지점으로 나가는 벡터들의 Miller-Bravais 방향지수를 결정하라.

***3.63** 그림 P3.63에 표시한 방향들의 Miller-Bravais 방향지수를 결정하라.

3.64 20°C에서 BCC 탄탈룸의 격자상수는 0.33026 nm이고 밀도는 16.6 g/cm^{3}이다. 상대 원자질량을 계산하라.

***3.65** 격자상수가 *a*가 0.39239 nm이고 원자질량이 195.09 g/mol인 FCC 백금의 밀도를 g/cm^3 단위로 계산하라.

3.66 격자상수가 0.28846 nm인 BCC 크롬에서 다음 결정면들의 원자 면밀도를 atoms/mm^2 단위로 계산하라. 계산값들을 비교하고 결론을 말하라.

(*a*) (100) (*b*) (110) (*c*) (111)

***3.67** 격자상수가 0.40788 nm인 FCC 금에서 다음 결정면들의 원자 면밀도를 atoms/mm^2 단위로 계산하라. 계산값들을 비교하고 결론을 말하라.

(*a*) (100) (*b*) (110) (*c*) (111)

***3.68** 격자상수 *a*가 0.22856 nm이고 *c*는 0.35832 nm인 HCP 베릴륨에서 (0001) 면의 원자 면밀도를 atoms/mm^2 단위로 계산하라. 이 결정면에 관해 어떤 의견을 말할 수 있는가?

3.69 격자상수가 0.3039 nm인 BCC 바나듐에서 다음 방향들의 원자 선밀도를 atoms/mm 단위로 계산하라. 또 각 방향을 따라 반복거리를 결정하라.

(*a*) [100] (*b*) [110] (*c*) [111]

***3.70** 격자상수가 0.38389 nm인 FCC 이리듐에서 다음 방향들의 원자 선밀도를 atoms/mm 단위로 계산하라. 또 각 방향을 따라 반복거리를 결정하라.

(*a*) [100] (*b*) [110] (*c*) [111]

***3.71** 티타늄은 냉각 중에 882°C를 지나면서 BCC에서 HCP 결정구조로 동소변태가 일어난다. 결정구조가 BCC에서 HCP로 바뀔 때의 부피 변화의 백분율을 계산하라. 882°C에서 BCC 단위격자의 격자상수 a는 0.332 nm이고, HCP 단위격자는 격자상수 $a = 0.2950$ nm와 $c = 0.4683$ nm를 가진다.

3.72 순수한 철은 가열 중에 912°C를 지나면서 BCC에서 FCC로 동질이형 변화를 겪는다. 912°C에서 BCC 단위격자의 격자상수는 0.293 nm이고 FCC 단위격자의 격자상수는 0.363 nm라고 하면 결정구조가 BCC에서 FCC로 바뀔 때의 부피 변화를 계산하라.

3.73 결정 내의 평행면에서 회절되는 입사 X-선 빔의 간단한 예를 이용하여 Bragg의 법칙을 유도하라.

***3.74** 어떤 BCC 금속 샘플을 파장이 $\lambda = 0.1541$ nm인 X-선을 사용하는 X선 회절계에 넣고 분석하였다. $2\theta = 88.838°$에서 {221} 면들로부터의 회절이 일어났다. BCC 구조를 갖는 이 원소 금속의 격자상수 a를 계산하라(1차 회절, 즉 $n = 1$로 가정한다).

3.75 파장을 알지 못하는 X-선이 금에 의해 회절이 일어났다. {220} 면에 대한 회절각 2θ는 64.582°이었다. 이때 사용된 X-선의 파장은 얼마인가? (금의 격자상수는 0.40788 nm이고, 1차 회절 즉, $n = 1$로 가정한다)

***3.76** BCC 또는 FCC 결정구조를 가지는 어떤 원소의 X-선 회절계 기록지에 41.069°, 47.782°, 69.879°, 84.396°의 2θ 각도에서 회절 피크가 나타났다. 입사 X-선의 파장은 0.15405 nm이었다. (International Centre for Diffraction Data에서 제공한 X-선 회절 데이터.)

(*a*) 이 원소의 결정구조를 결정하라.
(*b*) 이 원소의 격자상수를 결정하라.
(*c*) 이 원소는 무엇인지 판정하라.

***3.77** BCC 또는 FCC 결정구조를 가지는 어떤 원소의 X-선 회절계 기록지에 38.60°, 55.71°, 69.70°, 82.55°, 95.00°, 107.67°의 2θ 각도에서 회절 피크가 나타났다. 입사 X-선의 파장은 0.15405 nm이었다.

(*a*) 이 원소의 결정구조를 결정하라.
(*b*) 이 원소의 격자상수를 결정하라.
(*c*) 이 원소는 무엇인지 판정하라.

3.78 BCC 또는 FCC 결정구조를 가지는 어떤 원소의 x-선 회절계 기록지에 36.191°, 51.974°, 64.982°, 76.663°의 2θ 각도에서 회절 피크가 나타났다. 입사 X-선의 파장은 0.15405 nm이다.

(*a*) 이 원소의 결정구조를 결정하라.
(*b*) 이 원소의 격자상수를 결정하라.
(*c*) 이 원소는 무엇인지 판정하라.

3.79 BCC 또는 FCC 결정구조를 가지는 어떤 원소의 x-선 회절계 기록지에 40.663°, 47.314°, 69.114°, 83.448°의 2θ 각도에서 회절 피크가 나타났다. 입사 X-선 파장은 0.15405 nm이다.

(*a*) 이 원소의 결정구조를 결정하라.
(*b*) 이 원소의 격자상수를 결정하라.
(*c*) 이 원소는 무엇인지 판정하라.

■ 통합과 평가 문제

3.80 그림 P3.80의 타일면에 대하여, (*a*) 전체 격자를 덮을 수 있는 *최소의* 2-D 단위격자를 지정하라. (*b*) 단위격자의 치수를 구하라. (*c*) 선택된 단위격자의 변들 사이의 각을 구하라. (*d*) 각 단위격자에는 몇 개에 해당하는 타일이 있는가?

***3.81** 격자상수가 $a = b = 3$ nm, $c = 4$ nm인 정방정에서, 어떤 방향이 벡터 $\overline{T} = (6i + 12j + 8k)$로 주어진다. (*a*) 이 방향의 Miller 지수를 구하라. (그림 3.2 참고)

***3.82** 격자상수가 $a = 0.2$ nm, $b = 0.4$ nm, $c = 0.6$ nm, $\beta = 107°$인 단사정에서, (*a*) [110] 방향과 [010] 방향 사이의 각을 구하라. (*b*) [110] 방향과 [111] 방향 사이의 각을 구하라.

3.83 맞는지 틀리는지 말하라.

(*a*) (102) 면은 y축에 평행이다. (T-F)
(*b*) $(10\overline{1})$ 면에 대한 원점은 (0,0,0)에 있다. (T-F)

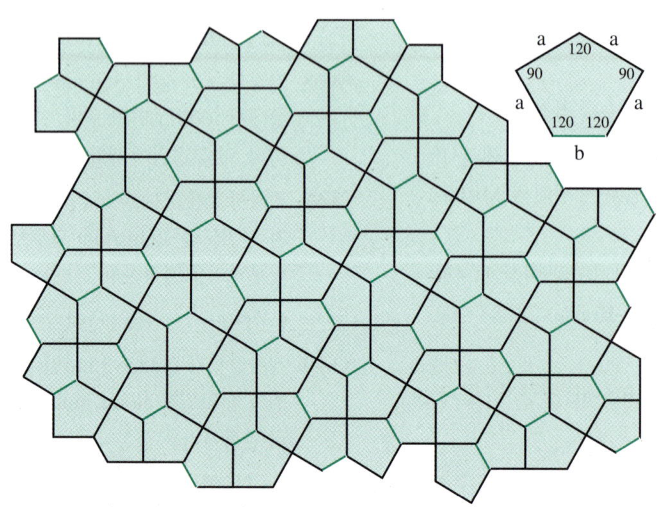

그림 P3.80

(*c*) $(10\bar{1})$ 면은 (101) 면과 수직이다. (T-F)

(*d*) $(\overline{111})$ 면을 단위격자 내에 그리면 이등변삼각형이다. (T-F)

(*e*) (112) 면과 $(\overline{112})$ 면은 평행이다. (T-F)

(*f*) $(14\bar{1})$ 면과 $(\overline{14}1)$ 면은 평행이다. (T-F)

(*g*) $(14\bar{1})$ 면과 $(\overline{14}1)$ 면은 같은 면족에 속한다. (T-F)

(*h*) $[1\overline{10}]$ 방향은 (001) 면에 놓인다. (T-F)

(*i*) [111] 방향은 (111) 면에 놓인다. (T-F)

(*j*) BCC 단위격자에서 중심 원자는 (002) 면에 놓인다. (T-F)

(*k*) BCC 단위격자에서 중심 원자는 (111) 면에 놓인다. (T-F)

(*l*) [210] 방향은 (210) 면과 수직이다. (T-F)

(*m*) $[\overline{14}1]$ 방향은 $(14\bar{1})$ 면과 수직이다. (T-F)

(*n*) 면 지수가 증가하면 평행한 면간거리 d_{hkl}은 감소한다. (T-F)

(*o*) 모든 (010) 면은 (020) 면과 같다. (T-F)

(*p*) 모든 (020) 면은 (010) 면과 같다. (T-F)

(*q*) X-선의 파장은 짧고 진동수는 크다. (T-F)

(*r*) X-선은 낮은 에너지의 전자기복사선이다. (T-F)

3.84 그림 P3.84에 있는 면의 올바른 지수는? 어떠한 계산도 하지 말 것.

(*i*) $(\bar{3}30)$ (*ii*) $(0\bar{3}1)$

(*iii*) $(\overline{33}1)$ (*iv*) 위의 셋은 아님.

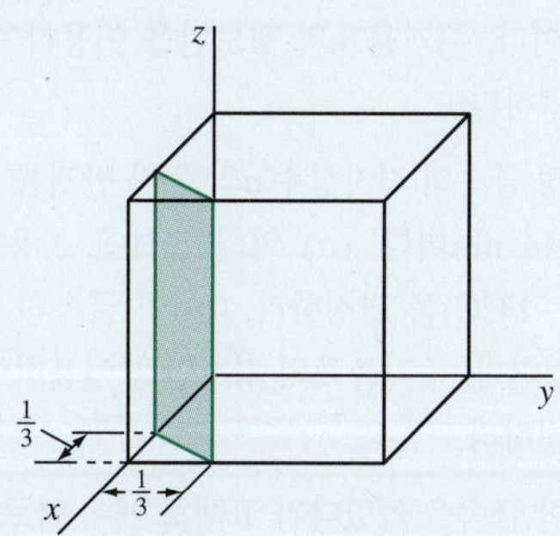

그림 P3.84 ➤

3.85 그림 P3.85에 있는 면의 올바른 지수는? 어떠한 계산도 하지 말 것.

(*i*) (101) (*ii*) $(\bar{1}10)$

(*iii*) $(\overline{11}0)$ (*iv*) 위의 셋은 아님.

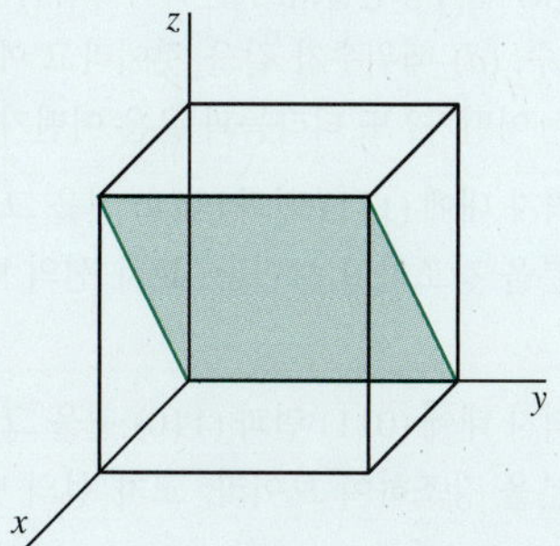

그림 P3.85 ➤

3.86 다음 중 어떤 방향이 그림 P3.86에 표시한 면에 놓이는가?

(*i*) [111] (*ii*) $[\bar{1}1\bar{1}]$

(*iii*) [101] (*iv*) 위의 셋 모두.

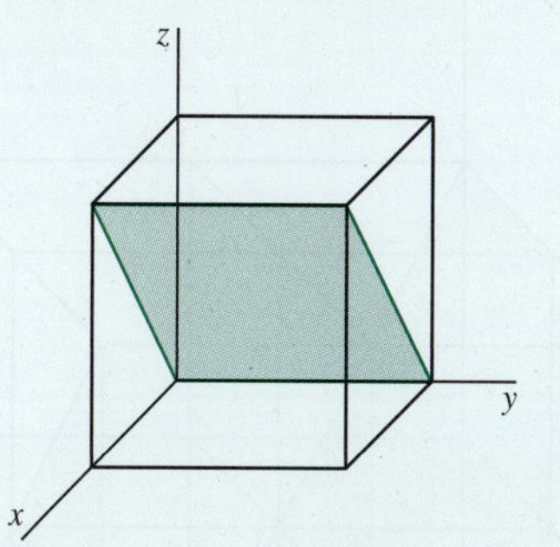

그림 P3.86 ➤

3.87 ⟨101⟩ 방향족 중 어떤 방향이 그림 P3.87에 표시한 면에 놓이는가?

(*i*) $[10\bar{1}]$ (*ii*) $[\bar{1}01]$ (*iii*) [110]

(*iv*) *i*과 *ii* (*v*) 위의 넷은 아님.

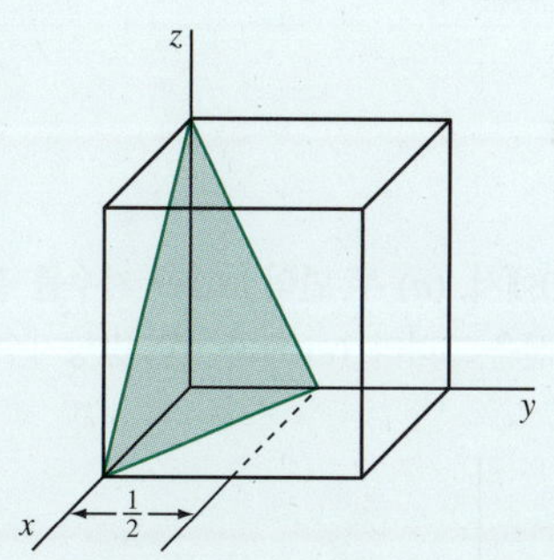

그림 P3.87 ➤

3.88 그림 P3.88에서, (*a*) 면 a, b, c의 Miller 지수를 결정하라. (*b*) 면 a와 b는 어디서 교차하는가? (*c*) 면 a와 c는 어디서 교차하는가?

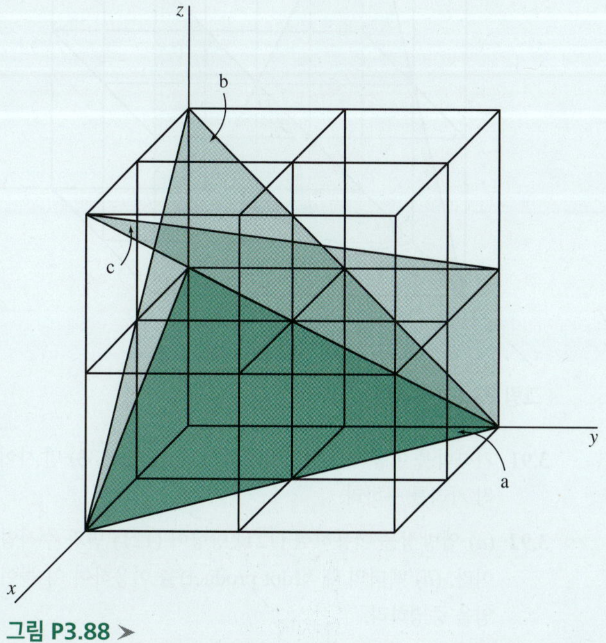

그림 P3.88 ➤

3.89 그림 P3.89에서, (*a*) 두 면의 Miller 지수를 결정하라. (*b*) 두 면이 교차하는 선을 그려라. (*c*) 교차 선의 방향지수를 결정하라.

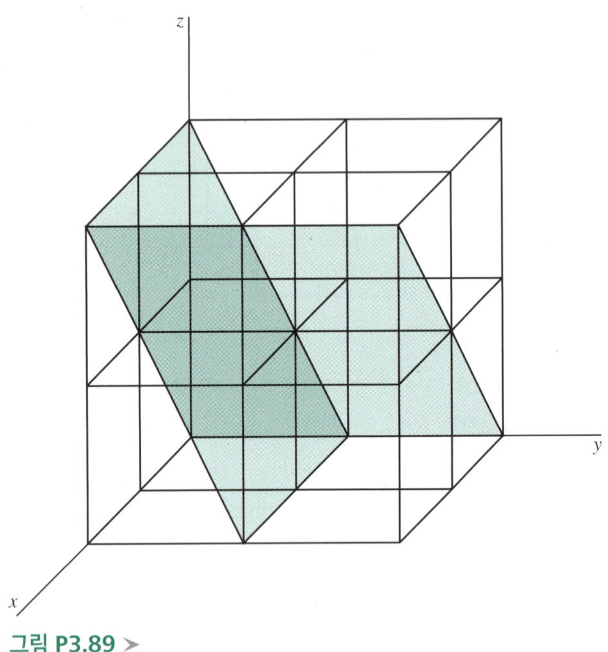

그림 P3.89 >

3.90 그림 P3.90에서, (*a*) 두 면의 Miller 지수를 결정하라. (*b*) 두 면의 교차 선을 그려라. (*c*) 교차 선의 방향지수를 결정하라.

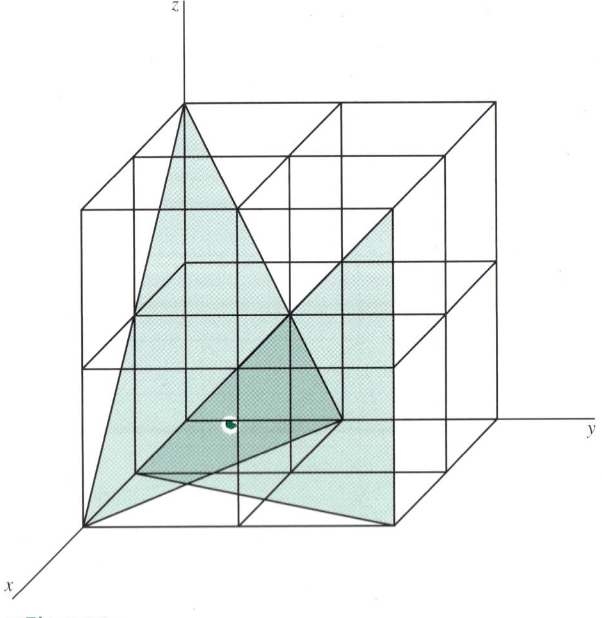

그림 P3.90 >

3.91 기하학을 이용하여 입방정에서 (111) 면과 (333) 면 사이의 수직 거리를 구하라.

3.92 (*a*) 입방정을 이용하여 $[\bar{1}21]$ 방향이 $(\bar{1}21)$ 면과 수직임을 보이라. (*b*) 벡터의 내적(dot product)을 이용하여 이 둘이 수직임을 증명하라.

***3.93** 표 3.1과 그림 3.2에서 단순 정방정 단위격자를 살펴보라. (*a*) {001} 면족에 속한 면을 결정하라. (*b*) {100} 면족에 속한 면을 결정하라.

3.94 격자상수가 a = 0.287 nm, b = 0.574 nm, c = 0.861 nm인 사방정에서 어떤 면이 x, y, z 축을 각각 0.287 nm, 0.287 nm, 0.861 nm 위치에서 교차한다. 이 면의 Miller 지수를 구하라.

3.95 어떤 사방정 단결정에서 한 면이 x, y, z 축을 $-3a$, $2b$, $1c$에서 교차한다(여기서 a, b, c는 격자상수). 이 면의 Miller 지수를 구하라.

3.96 (*a*) 알루미늄 원자 한 개의 질량과 은(Ag) 원자 한 개의 질량을 구하라.
(*b*) 계산 결과에 근거하여 밀도가 더 높은 원소를 예측하라.
(*c*) 각 원소의 이론 밀도를 구하라.
(*d*) 예측한 것과 계산한 결과는 일치하는가? 아니면 그 이유를 설명하라.

3.97 어떤 금속이 다른 두 결정상을 가진다고 가정한다. 첫 번째 상은 14.7 MPa 이상의 압력과 300°C 이상의 온도에서 존재하고 두 번째 상은 1400 MPa 이상의 압력과 900°C 이상의 온도에서 존재할 수 있다. 낮은 압력의 상은 BCC이고 다른 것은 FCC이다. 온도-압력 도표를 그리고 각 상의 영역을 지정하라.

3.98 입방정 금속인 니켈의 밀도는 8.908 g/cm^{3}이다. 결정구조는 FCC임을 증명하라. 단, 추가적인 정보로 r = 0.125 nm이고 상대원자질량은 58.69 g만 사용한다.

3.99 어떤 HCP 금속의 밀도가 8.85 g/cm^{3}이고 원자 반지름은 0.125 nm이다. 주기율표의 정보만을 이용하여 이 금속이 무엇인지 결정하라.

3.100 어떤 입방정 금속의 격자상수 a와 원자 반지름 r은 각각 0.409 nm와 0.144 nm이다. (*a*) 위의 정보를 이용하여 적층배열(BCC 또는 FCC)을 결정하라. (*b*) 이 금속의 밀도는 19.3 g/cm^{3}로 확정한다. 주기율표의 정보만을 이용하여 이 금속이 무엇인지 결정하라.

3.101 어떤 순수한 금속을 녹였다가 고체로 매우 빠르게 냉각하였다. 그다음에 이 고체를 가열하였는데 용융은 20°C 정도의 범위에 걸쳐서 일어났다. 그리고 녹은 금속을 천천히 냉각하여 고체를 형성하였다. 이 고체를 다시 가열하여 용융했는데 이번에는 특정한 온도에서 응고가 일어났다. 이것을 설명할 수 있겠는가?

3.102 철과 은의 (*a*) 원자충전율, (*b*) 단위격자의 부피, (*c*) 단위격자 당 원자의 수, (*d*) 배위수가 같을 것이라고 예상하는가? 금과 은의 경우는 어떤가? 또 티타늄과 은은 어떤가?

3.103 입방 단위격자 내에 (111) 면과 (011) 면을 그려라. 두 면이 교차하는 부분을 강조하여 보이라. 교차 선의 방향지수는 무엇인가?

3.104 입방 단위격자 내에 (011) 면과 (110) 면을 그려라. 두 면이 교차하는 부분을 강조하여 보이라. 교차 선의 방향지수는 무엇인가?

***3.105** 기하학을 이용하여 육방조밀충전 단위격자의 이상적인 *c/a* 비가 1.633임을 보이라(원자가 완전한 구일 때). *힌트*: 상부 기저면의 중심 원자가 HCP 단위격자의 중앙부에 있는 세 원자와 접촉하게 그린다. HCP 격자 내부의 세 원자의 중심을 서로 연결하고 기저면의 중심에 있는 원자와도 연결한다.

***3.106** 어떤 HCP 금속의 단위격자(큰 격자) 부피가 0.0913 nm^{3}이고 *c/a* 비는 1.856이라고 가정한다. (*a*) *c*와 *a*의 값을 구하라. (*b*) 원자 반지름 *R*을 구하라. (*c*) 이 금속이 아연이라고 한다면 뜻밖인가?

3.107 어떤 HCP 금속의 단위격자(큰 격자) 부피가 0.01060 nm^{3}이고 *c/a* 비는 1.587이라고 가정한다. (*a*) *c*와 *a*의 값을 구하라. (*b*) 원자 반지름 *R*을 구하라. (*c*) 이 금속이 티타늄이라고 한다면 계산된 *R*은 Ti의 그것과 일치하는가?

3.108 NaCl(이온성 물질)의 구조는 그림 2.18*b*에 있다. (*a*) 격자상수 *a*와 (*b*) 밀도를 구하라. *힌트*: NaCl은 이온성이므로 이온반지름 데이터를 사용하고 원자반지름에 주의하라.

3.109 파장이 0.1 nm인 X-선의 단일 광자에 대한 에너지를 줄(Joule) 단위로 계산하라. 이것을 헬륨의 일차 이온화에너지와 비교하라(그림 2.12 참고). 어떤 결론을 내겠는가?

3.110 토륨(Th) 원소에 파장이 1.47×10^{-10} m인 텅스텐(W) L_α 복사선을 비추었다. 처음 네 번째 반사각 θ를 구하라.

***3.111** 같은 진폭과 파장을 가지며 위상이 같은(coherent, 가간섭성) 단일 파장의 입사 X-선을 나타내는 두 파(wave)를 하나는 위에 하나는 아래에 도식적으로 나타내어라. 두 파를 중첩하라. 무엇을 관찰할 수 있는가? 이 현상을 무엇이라 하겠는가?

***3.112** 같은 진폭과 파장을 가지며 위상은 전혀 다른 단일 파장의 입사 X-선을 나타내는 두 파(wave)를 하나는 위에 하나는 아래에 도식적으로 나타내어라. 두 파를 중첩하라. 무엇을 관찰할 수 있는가? 이 현상을 무엇이라 하겠는가?

3.113 회절차수 $n = 2$인 (100) 면에 대한 Bragg 각 θ가 회절차수 $n = 1$인 (200) 면과 같다는 것을 증명하라.

3.114 어째서 BCC 금속과 FCC 금속의 X-선 회절에서 (001) 면의 반사는 관찰할 수 없는지 도식적으로 설명하라.

3.115 폴로늄(단결정)의 X-선 회절에서 최소의 $h^2 + k^2 + l^2$ 값을 갖는 회절 면족을 결정하라. 모든 면이 회절하고 있는가?

3.116 다음을 도식적으로 증명하라. (*a*) (100) 면은 4중(4-fold)-회전 대칭성을 갖는다. (*b*) (110) 면은 2중-회전 대칭성을 갖는다. (*c*) (111) 면은 3중-회전 대칭성을 갖는다. *힌트*: 4중-회전 대칭은 특정 면이 (360/4)도의 배수로 회전하면서 정확히 똑같은 형태를 유지할 수 있다는 의미이다.

3.117 이온성 고체인 CsI의 단위격자 구조는 그림 2.18*a*와 유사하다. (*a*) 충전율을 계산하라. (*b*) 이 충전율을 BCC 금속의 충전율과 비교하라. 차이가 있다면 설명하라.

3.118 철(912°C 이하)과 텅스텐은 둘 다 BCC 구조인데 원자반지름은 상당히 다르다. 그러나 원자충전율은 0.68로 같다. 어떻게 이럴 수 있는지 설명하라.

3.119 하나의 다이아몬드 입방구조(그림 2.23*b*와 *c* 참고) 내에는 8개의 원자가 있음을 증명하라. 격자 내에 원자들의 3차원 모식도를 그려라.

3.120 다이아몬드의 다이아몬드 입방구조의 격자상수는 0.357 nm이다. 다이아몬드는 준안정하며 이는 고온에서 흑연으로 바뀔 것을 의미한다. 만약 이렇게 바뀐다면 몇 %의 부피 변화가 일어나겠는가? (흑연의 밀도는 2.25 g/cm^{3}이다)

3.121 금에서 다음 방향을 따라 인접한 원자들의 중심 간 거리를 계산하라. (*a*) [100], (*b*) [101], (*c*) [111], (*d*) [102]. 이런 정보가 재료의 거동을 이해하는 데 왜 중요한지 생각해 보라.

***3.122** 텅스텐에서 다음 방향을 따라 인접한 원자들의 중심 간 거리를 계산하라. (*a*) [100], (*b*) [101], (*c*) [111], (*d*) [102]. 이런 정보가 재료의 거동을 이해하는 데 왜 중요한지 생각해 보라.

3.123 어떤 입방 결정의 한 면이 *x*축은 0.25에서, *y*축은 2에서 교차하고, *z*축과는 평행이다. 이 면에 대한 Miller 지수는 무엇인가? 입방체에 이 면을 그리고 기본적인 치수를 모두 나타내어라.

3.124 어떤 입방 결정의 한 면이 *x*축은 3에서, *y*축은 1에서, *z*축은 1에서 교차한다. 이 면에 대한 Miller 지수는 무엇인가? 입방체에 이 면을 그리고 기본 치수를 모두 나타내어라.

3.125 어떤 육방정의 한 면이 a_1축은 −1에서, a_2축은 1에서, *c*축은 무한에서 교차한다. 이 면에 대한 Miller 지수는 무엇인가? 육방 단위격자에 이 면을 그리고 기본 치수를 모두 나타내어라.

3.126 어떤 육방정의 한 면이 a_1축은 1에서, a_2축은 1에서, *c*축은 0.5에서 교차한다. 이 면에 대한 Miller 지수는 무엇인가? 육방 단위격자에 이 면을 그리고 기본 치수를 모두 나타내어라.

3.127 다음의 육방결정면을 하나도 그리지 말고, 어느 것이 실제의 결정면인지 아닌지 판정하라. (*a*) $(\bar{1}0\bar{1}0)$, (*b*) $(10\bar{1}0)$, (*c*) $(\bar{1}1\bar{1}0)$.

3.128 탄소 동소체의 이름을 아는 대로 말하고 그 결정구조에 대하여 논의하라.

3.129 고온(1000°C)에서 실리콘 웨이퍼 위에 질화알루미늄 박막을 증착할 때가 있다. 실리콘 결정은 열팽창계수와 격자상수가 질화알루미늄과 다르다. 이것이 문제를 발생하겠는가? 설명하라.

3.130 X-선 회절법을 이용하여 미지의 물질을 분석하고 있다. 그러나 회절 패턴이 너무 평평하다(명확한 피크가 나타나지 않음). (*a*) 이것은 이 물질에 관해 무엇을 알려주는가? (*b*) 이 물질이 무엇인지 판정하거나 경우의 수를 줄이기 위해 할 수 있는 분석은 어떤 것들이 있겠는가?

3.131 대부분의 고분자 재료와 일부 세라믹 유리들이 비정질 또는 반(半)결정질 구조를 가지는 이유를 일반적인 용어로 설명하라.

3.132 어떤 금속 합금은 매우 빠른 속도로 냉각하면 어떻게 하여 금속 유리가 형성되는지 설명하라.

스미스의
제7판
재료과학과 공학

제 4 장

응고와 결정 결함

(Science History Images/Alamy Stock Photo)

용융 합금을 주조할 때, 냉각이 일어나면서 주형의 벽에서 응고가 시작된다. 합금(순수한 금속과는 다르게)의 응고는 특정한 온도에서가 아니라 어떤 온도 범위에서 일어난다. 이 온도 범위에 있는 동안, 합금은 *수지상*(dendrite)(*나무모양*(treelike)을 의미) 조직이라고 불리는 나무모양과 같은 구조의 고체와 액체 금속으로 구성되는 반죽과 같은 형태를 가진다. 수지상 조직의 크기와 형상은 냉각속도에 의존한다. 결국에 이 3차원의 수지상 구조들 사이에 존재하는 액체 금속은 결정립 구조라고 불리는 완전한 고체 구조로 응고한다. 수지상 구조에 대한 연구는 중요하다. 이는 수지상 구조가 조성의 변화, 기공율 그리고 편석 등에 영향을 주어 금속 주조품의 물성에 영향을 미치기 때문이다. 그림은 알루미늄 호일에 성장시킨 금 나노 수지상의 3차원적인 구조를 보여준다. 그림에서 응고하는 동안에 형성된 수지상이 "숲"을 이루고 있는 모습을 볼 수 있다. ■

학습 목표

이 장을 마치면, 학생들은 다음을 설명할 수 있을 것이다.

1. 금속의 응고 과정에 관하여 균질핵생성과 불균질핵생성을 구별하여 설명할 수 있다.
2. 순수한 금속의 응고 과정에 포함되는 두 에너지를 설명하고, 액상에서 고상으로의 변태에 수반되는 총 자유에너지 변화에 관하여 수식으로 표현할 수 있다.

3. 등축정과 주상정을 구별하고 주상정에 대한 등축정의 장점을 설명할 수 있다.
4. 단결정과 다결정을 구별하고 그들의 기계적 성질이 다른 이유를 설명할 수 있다.
5. 여러 종류의 금속 고용체를 설명할 수 있으며 고용체와 합금의 차이를 설명할 수 있다.
6. 다양한 형태의 결정 결함을 분류할 수 있으며 결정질 재료의 기계적 및 전기적 성질에서 결함의 역할을 설명할 수 있다.
7. ASTM 결정립 크기 번호와 평균 결정립 지름을 결정할 수 있으며 결정질 재료의 거동에서 결정립 크기와 결정립계 밀도의 중요성을 설명할 수 있다.
8. 재료의 내부구조를 더 많이 이해하고 표면을 다양한 배율로 관찰하기 위해 광학현미경, SEM, TEM, HRTEM, AFM, STM 등을 사용하는 이유와 어떻게 사용하는지 알게 될 것이다.
9. 구조적인 응용을 위해 어째서 순수한 금속보다 합금이 더 우수한 재료인지 일반적인 용어로 설명할 수 있다.

4.1 금속의 응고

대부분의 금속은 용융한 후 주조하여 반제품 또는 완제품의 형태로 만들기 때문에 금속과 합금의 응고는 공업에서 중요한 공정이다. 그림 4.1은 반연속적[1]으로 주조한 대형 알루미늄 주괴이다. 이는 추가적인 가공을 거쳐 알루미늄 합금 판재로 제조될 것이다. 이것은 금속의 주조(응고) 공정이 때로는 대규모로 이루어지고 있음을 보여준다.

일반적으로 금속이나 합금의 응고는 다음과 같은 단계로 구분할 수 있다.

1. 용해한 금속 내에서 안정한 **핵**(nuclei)의 형성(핵생성) (그림 4.2*a*)
2. 핵이 결정으로 성장(그림 4.2*b*)하는 것과 결정립 구조(그림 4.2*c*)의 형성

그림 4.3에 니켈-몰리브덴 합금의 응고로 형성된 실제 결정립의 모양을 나타내었다. 금속이 응고한 후의 각 결정립들의 모양은 여러 인자에 의해 결정되는데 온도구배가 중요하다. 그림 4.3의 결정립은 성장이 모든 방향으로 거의 같기 때문에 등축(*equiaxed*)이다.

4.1.1 액체금속에서 안정한 핵의 형성

액체금속에서 고체 입자들의 핵생성이 일어나는 두 가지의 주된 메커니즘은 균질핵생성과 불균질핵생성이다.

균질핵생성 균질핵생성이 가장 단순한 경우이므로 먼저 고려한다. 액체금속에서 그 금속 자체가 핵생성에 필요한 원자를 제공할 때 **균질핵생성**(homogeneous nucleation)이 일어난다. 순수한 금속이 응고하는 경우를 생각해

그림 4.1 ➤ 주조 피트로부터 이송되는 알루미늄 합금의 거대한 반연속 주괴. 이런 형태의 주괴는 이어지는 열간 또는 냉간 압연을 거쳐 후판이나 박판으로 제조된다.
(Ivy Close Images/Alamy Stock Photo)

1 반연속 주괴는 금속의 응고가 진행됨에 따라 아래로 움직일 수 있는 바닥을 가진 주형(그림 4.10 참고)을 이용하여 용융 금속(예를 들어, 알루미늄이나 구리 합금)을 응고하여 제조한다. 제조한 주괴의 최대 길이는 주형 바닥이 내려갈 수 있는 피트 깊이에 따라 결정되므로 *반*(semi-)이라는 접두사를 사용한다.

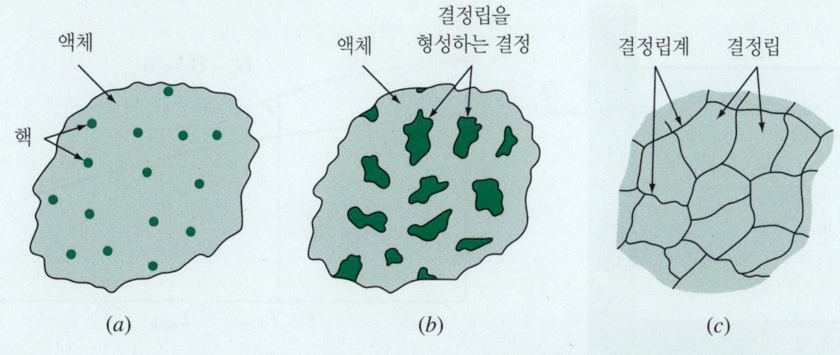

그림 4.2 ➤ 금속의 응고 단계를 나타내는 모식도: (*a*) 핵생성, (*b*) 결정으로의 핵성장, (*c*) 결정들의 상호연결에 의한 결정립 형성과 결합된 결정립계. 각 결정립은 임의의 방위를 가짐에 유의하라.

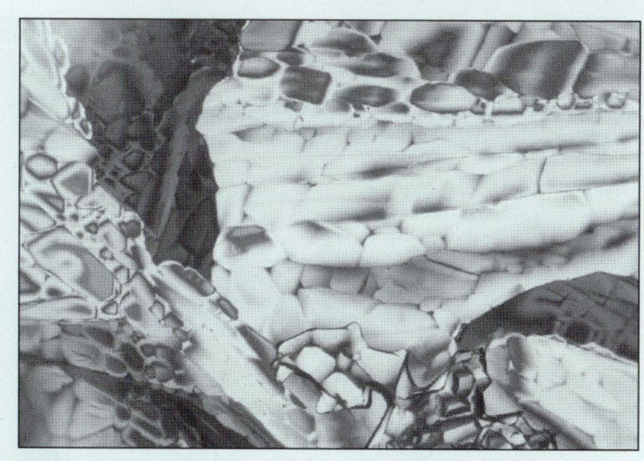

그림 4.3 ➤ 니켈-몰리브덴 합금의 등축정 결정립 50,000배 모습.
(Knut Niehus/Alamy Stock Photo)

보자. 순수한 액체금속이 그 평형 응고 온도 이하로 충분히 냉각될 때 느리게 움직이는 원자들이 서로 결합하여 수많은 균질핵이 생성된다. 균질핵생성이 일어나기 위해서는 보통 상당히 큰 과냉각도가 필요하며, 어떤 금속의 경우는 섭씨 수백 도가 되기도 한다(표 4.1 참고). 핵이 안정해져서 결정으로 성장할 수 있으려면 *임계크기*(critical size)에 도달해야 한다. 서로 결합된 원자들의 집단이 임계크기보다 작을 때 **씨눈**(embryo)이라 하며, 임계크기보다 큰 것을 *핵*(nucleus)이라고 한다. 이것들은 불안정하기 때문에 씨눈이 형성되고 형성된 씨눈이 원자진동에 의하여 용융 금속으로의 재용해되는 과정이 지속적으로 일어난다.

균질핵생성에 관련되는 에너지 그림 4.4에 나타낸 균질핵생성의 모식도를 보라. 여기에는 납과 같은 녹은 금속이 차가운 용기 안에 들어 있다. 액체금속이 융점 아래의 온도($T < T_{용융}$)로 냉각된다. 앞에서 설명한 바와 같이 이 온도에서 녹은 금속의 일부 원자들이 서로 결합하여 작은 고체의 구를 형성하며 이를 씨눈이라고 한다(그림 4.4 참고). 그러나 고체와 액상 간의 열전달로 인해 불안정한 씨눈은 용해할 수 있고 흔히 그렇다.

가장 중요한 문제는 어떤 조건에 있을 때 핵이 안정하게 성장하여 응고가 일어나느냐 하는 것이다. 이것에 대한 해결책을 찾기 위해서는 에너지 평형을 분석해야 한다. 여기서는 납을 예로 들지만, 어떤 물질이든지 액체와 고체는 자기들과 관련된 자유에너지를 가진다. 이를 깁스 자유에너지(Gibbs free energy), G라고 한다. 이 에너지는 일을 하는 데 사용할 수 있는 에너지라고 폭넓게 정의할 수도 있으며 온도의 함수이다. 온도의 함수로서 액체의 단위부피당 깁스 자유에너지(G_L)와 고체의 단위부피당 깁스 자유에너지(G_α)를 그림 4.5에 나타내었다. 주어진 온도에서 G 값이 가장 낮은 상이 가장 안정하다. 그러므로 $T_{용융}$ 아래에서는 고체 납이 더 안정하고, $T_{용융}$ 위에서는 액체 납이 더 안정하다. 두 곡선은 두 상이 평형상태에 있는 $T_{용융}$에서 교차한다.

응고 과정 중에 있는 순수한 금속의 균질핵생성에서는 전체적으로 다음의 에너지 변화가 포함된다. 즉, (1) 액체에서 고체로의 상전이에 의해 방출된 체적(또는 용적) 자유에너지와 (2) 응고된 입자의 새로운 표면을 형성하기 위해 필요한 표면에너지이다. 먼저 첫 번째 요소인 단위부피당 총 체적자유에너지 변화 ΔG_V를 집중해서 살펴보자. ΔG_V는 부수적인 두 가지 요소, 즉 (1) 새로운 고체의 형성에 의한 체적자유에너지 변화 ΔG_α에 더하여 (2) 액

표 4.1 ➤ 몇 가지 금속의 응고 온도, 용융열, 표면에너지 및 최대 과냉각도

금속	응고온도 °C	응고온도 K	용융열(J/cm³)	표면에너지(J/cm²)	최대과냉각도 측정값 (ΔT[°C])
Pb	327	600	280	33.3×10^{-7}	80
Al	660	933	1066	93×10^{-7}	130
Ag	962	1235	1097	126×10^{-7}	227
Cu	1083	1356	1826	177×10^{-7}	236
Ni	1453	1726	2660	255×10^{-7}	316
Fe	1535	1808	2098	204×10^{-7}	295
Pt	1772	2045	2160	240×10^{-7}	332

(출처: B. Chalmers, *Solidification of Metals*, Wiley, 1964.)

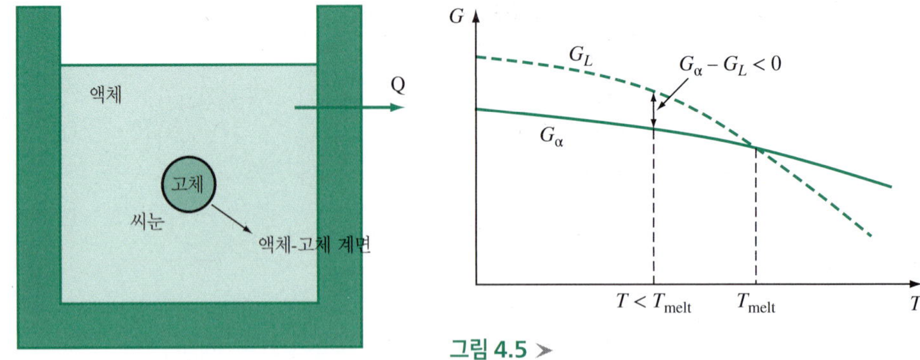

그림 4.4 ➤ 녹은 금속이 담긴 차가운 용기와 형성된 씨눈의 모식도

그림 4.5 ➤

체의 손실(일부 액체는 고체로 전이)에 기인한 자유에너지 변화 ΔG_L를 갖는다. 그러므로 ΔG_α는 더해지는 에너지이고 ΔG_L은 잃어버리는 에너지 또는 빼는 에너지이다. 따라서, ΔG_V는 다음과 같다고 할 수 있다.

$$\Delta G_V = \Delta G_\alpha - \Delta G_L \quad \textbf{(4.1)}$$

액체에서 고체로 상전이가 일어나는 동안 부피 변화가 없다고 가정하고 구의 부피에 관한 식을 적용하면 $\Delta G_\alpha = \frac{4}{3}\pi r^3 G_\alpha$이고 $\Delta G_L = \frac{4}{3}\pi r^3 G_L$이므로, 총 체적자유에너지 변화는 다음과 같다.

$$\Delta G_V = \frac{4}{3}\pi r^3 (G_\alpha - G_L) \quad \textbf{(4.2)}$$

그림 4.5에서 온도가 $T < T_{용융}$이면 $G_\alpha < G_L$이므로 $G_\alpha - G_L$ 값은 음이 될 것이다. 그러므로, 구의 크기와 상관없이 ΔG_V는 영(zero)보다 작다는 것이 분명하고, 안정한 고체를 형성하기 위해서는 자유에너지 감소가 있어야 한다는 것을 보여준다. 그러나 앞서 논의한 바와 같이, 이것은 씨눈이 불안정하여 종종 용해하는 경우는 아니다. 따라서 ΔG_V가 항상 음이 되는 것을 방해하는 지연에너지가 존재해야 한다는 결론을 내릴 수 있다. 고체 구가 형성되면 동시에 고체-액체 계면이 형성되거나 또는 표면도 동시에 형성된다는 것을 그림 4.4에서 볼 수 있다. 고체-액체 계면은 그것에 수반하는 단위면적당 에너지를 가지며 이를 *비자유표면에너지*(specific free surface energy), γ라고 한다. 식 (4.2)는 이 항을 포함하여 다시 써야 한다. 반지름 r인 구에 관하여 새로운 표면의 형성에 기인하여 더해지는 에너지는 $\Delta G_s = 4\pi r^2 \gamma$이다. 따라서, 총 자유에너지 ΔG_T는 다음과 같다.

$$\Delta G_T = \Delta G_V + \Delta G_s = (\Delta G_\alpha - \Delta G_L) + \Delta G_s = \frac{4}{3}\pi r^3 (G_\alpha - G_L) + 4\pi r^2 \gamma \quad \textbf{(4.3)}$$

식 (4.3)을 그림 4.6에 나타내었다. 그림에서 지연력 ΔG_s는 양의 값이고 초기에는 음수인 구동력 ΔG_V 크기의 절대값보다 더 큰 것을 알 수 있다. 이것은 씨눈이 바로 처음 형성되었을 때의 작은 r 값($r \lll 1$)에 대하여 식 (4.3)을 검토하면 쉽게 증명할 수 있다. r^3 항은 r^2 항보다 훨씬 작다. 따라서 양의 항이 음의 항을 압도하고 총자유에너지 ΔG_T는 증가하여 ($r = 0$과 $r = r^*$ 사이의 중간 곡선 참고) 결과적으로 재용융하고 불안정하게 된다. 그러나, r이 증가함에 따라 결국에는 임계값인 r^*에 도달할 것이고, r^*에서 r^3 항이 우위를 점하기 시작하여 ΔG_T의 최대값 ΔG^*에 (정확하게 r^*에서))도달하게 될 것이다. 일단 구의 반지름이 r^*을 넘어서면 총자유에너지가 감소하기 시작할 것이고 결과적으로 핵이 안정적으로 성장하여 전체가 응고할 가능성이 더 커지게 된다.

정리하면, 사실상 어떤 계는 에너지가 더 높은 상태에서 더 낮은 상태로 자발적으로 변화할 수 있다. 순수한 금속을 냉각하여 응고하는 경우를 생각해 보자. 만약 냉각하는 중에 형성된 고체입자(씨눈)의 반지름이 **임계반지름** r^*(critical radius of r^*)보다 작을 때는 씨눈이 재용해하면 계의 에너지는 낮아질 것이다. 반대로, 고체입자의 반지름이 r^*보다 크다면 이 입자들(씨눈)이 큰 입자나 결정으로 성장할 때 계의 에너지는 낮아질 것이다(그림 4.2*b*).

순수한 금속의 응고에 관한 임계핵의 크기, 표면 자유에너지, 체적 자유에너지 사이의 관계는 식 (4.3)을 미분하여 얻을 수 있다. 씨눈이나 핵의 반지름에 대한 총 자유에너지 곡선은, $r = r^*$일 때 최대값을 가지며 기울기 $d(\Delta G_T)/dr = 0$ 이므로, ΔG_T를 r에 대하여 미분하면 영이다. 즉,

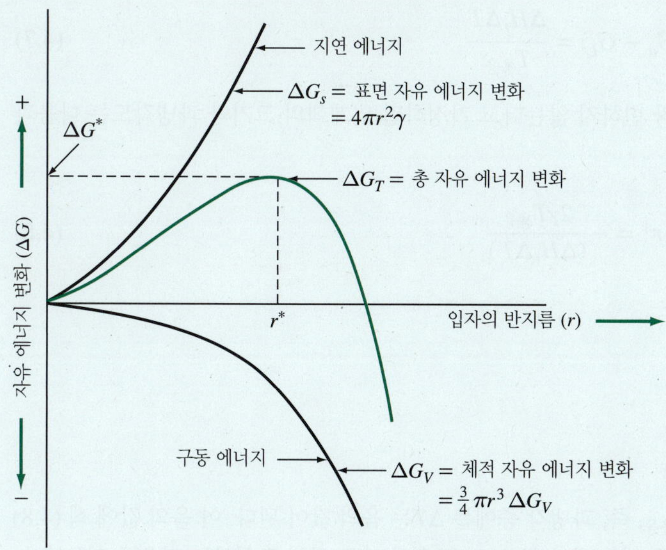

그림 4.6 ➤ 자유에너지 변화 ΔG와 순수한 금속의 응고 중에 형성되는 씨눈 또는 핵의 반지름의 관계. 입자의 반지름이 r^*보다 크면 핵은 안정하고 성장을 계속할 것이다.

$$d\frac{\Delta G_T}{dr} = \frac{d}{dr}\left(\frac{4}{3}\pi r^3 (G_\alpha - G_L) + 4\pi r^2 \gamma\right) = 0;\ r = r^* \tag{4.4}$$

$$\frac{12}{3}\pi r^{*2}(G_\alpha - G_L) + 8\pi r^* \gamma = 0 \tag{4.5}$$

$$r^* = -\frac{2\gamma}{(G_\alpha - G_L)} \tag{4.6}$$

이다.

식 (4.6)에서 분모 $(G_\alpha - G_L)$는 음의 값을 가진다(그림 4.5 참고). 따라서 r^*는 양이 된다는 것을 기억해야 한다. 또, 수식에서 전체적으로 r^*에 도달하게 하는 구동력은 $(G_\alpha - G_L)$ 값임을 알 수 있다.

임계반지름과 과냉각도의 관계 앞에서 금속의 평형 용융 온도 아래($T < T_{용융}$)에서 과냉각도 ΔT가 클수록 체적자유에너지 변화 ΔG_V가 크다고 했다. 그러나 표면에너지 ΔG_s가 기인하는 자유에너지 변화는 온도에 따라 크게 달라지지 않는다. 따라서, 앞에서 보여준 바와 같이 임계핵의 크기는 주로 ΔG_V에 의해 결정된다. 응고 온도 근처에서는 ΔT가 0에 가까우므로 임계핵의 크기는 무한대가 되어야 한다. 과냉각도가 증가함에 따라 임계핵 크기는 감소한다. 그림 4.7은 구리에 대한 임계핵 크기의 변화를 과냉각도의 함수로 나타낸 것이다. 표 4.1에서 균질핵생성에 대한 몇 가지 순수한 금속의 최대 과냉각도는 80°C에서 332°C 사이에 있는 것을 볼 수 있다. 구동력 $(G_\alpha - G_L)$는 다음 식으로 계산할 수 있다.

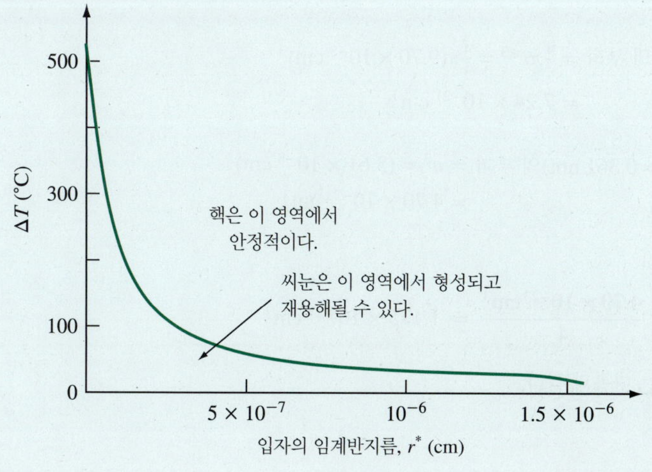

그림 4.7 ➤ 구리 핵의 임계 반지름과 과냉각도 ΔT의 관계
(출처: B. Chalmers, *Principles of Solidification*, Wiley, 1964.)

$$(G_\alpha - G_L) = \frac{\Delta H_f \Delta T}{T_{용융}} \tag{4.7}$$

식 (4.7)을 식 (4.6)에 치환하고, γ는 온도에 따라 변하지 않는다고 가정하면 임계핵의 크기와 과냉각도는 다음과 같은 관계를 가진다.

$$r^* = -\frac{2\gamma T_{용융}}{(\Delta H_f \Delta T)} \tag{4.8}$$

여기서, r^* = 핵의 임계반지름
γ = 표면 자유에너지
ΔH_f = 용융잠열
$\Delta T = T - T_{용융}$, 핵생성 시의 과냉각도
이다.

$\Delta T = T - T_{용융}$, 라는 정의에 의하면 $T < T_{용융}$, 즉, 과냉각 중에는 ΔT는 음의 값이 된다. 이 음의 값에 식 (4.8)에서 음의 값을 곱하므로 r^* 값은 양이 된다. 많은 자료에서 식 (4.8)을 음의 부호 없이 표현하는 경우가 있는데 이럴 때는 ΔT의 절대값을 사용해야 한다.

예제 4.1

a. 순수한 액체 구리가 응고할 때 형성되는 균질핵의 임계반지름을 cm 단위로 계산하라. 과냉온도는 1137K ΔT(과냉각도) $= 0.2T_{용융}$라고 가정하라.

b. 이 과냉각도에서 임계크기 핵 내의 원자수를 계산하라.

풀이

a. 핵의 임계반지름 계산

$$r^* = \frac{-2\gamma T_{용융}}{\Delta H_f \Delta T} \tag{4.8}$$

표 4.1의 $T_{용융}$을 사용하면,

$$\Delta T = T - T_{용융} = 1137 - (1083 + 273) = -219 \text{ K}$$

$$\gamma = 177 \times 10^{-7} \text{ J/cm}^2 \quad \Delta H_f = 1826 \text{ J/cm}^3 \quad T_{용융} = 1083^\circ\text{C} = 1356 \text{ K}$$

$$r^* = \frac{2(177 \times 10^{-7} \text{ J/cm}^2)(1356 \text{ K})}{(1826 \text{ J/cm}^3)(219 \text{ K})} = 12.0 \times 10^{-8} \text{ cm} \blacktriangleleft$$

b. 임계크기 핵 내의 원자수 계산

$$\text{임계크기 핵의 부피} = \tfrac{4}{3}\pi r^{*3} = \tfrac{4}{3}\pi(9.70 \times 10^{-8} \text{ cm})^3 = 7.24 \times 10^{-21} \text{ cm}^3$$

$$\text{구리 단위격자}(a = 0.361 \text{ nm})\text{의 부피} = a^3 = (3.61 \times 10^{-8} \text{ cm})^3 = 4.70 \times 10^{-23} \text{ cm}^3$$

FCC 단위격자당 4개의 원자가 있으므로

$$\text{부피/원자} = \frac{4.70 \times 10^{-23} \text{ cm}^3}{4} = 1.175 \times 10^{-23} \text{ cm}^3$$

그러므로 균핵생성의 임계핵 1개당 원자수는 다음과 같다.

$$\frac{\text{핵의 부피}}{\text{부피/원자}} = \frac{7.24 \times 10^{-21}\ \text{cm}^3}{1.175 \times 10^{-23}\ \text{cm}^3} = 616\text{원자}$$ ◀

불균질핵생성 **불균질핵생성**(heterogeneous nucleation)이란 용기, 불용성 불순물 또는 다른 구조적 재료 등의 표면에서 일어나는 핵생성으로, 이러한 표면은 액체 내에서 안정한 핵을 형성하기 위해 필요한 임계 자유에너지가 낮아지게 한다. 공업적인 주조공정에서는 큰 과냉각도가 일어나지 않고 대개 0.1°C에서 10°C 사이의 범위 내에 있기 때문에 균질핵생성이 일어날 수 없고 불균질핵생성이 일어난다.

불균질핵생성이 일어나려면 고체의 핵생성제(불순물 고체 또는 용기)는 액체금속에 젖어야 한다. 또한 액체는 핵생성제 표면에서 쉽게 응고해야 한다. 그림 4.8은 고체 금속과 핵생성제 사이에 작은 접촉각 θ를 형성하여, 응고하는 액체에 젖은 핵생성제(기판)의 모습을 보여준다. 이러한 물질에서는 안정한 핵을 형성하기 위한 표면에너지가 순수한 액체 그 자체에서 핵을 형성할 때(균질핵생성)보다 더 작기 때문에 핵생성제 표면에서 불균질핵생성이 일어난다. 불균질핵생성에 대한 표면에너지가 더 작으므로 안정한 핵을 형성하기 위해 필요한 총 자유에너지 변화가 작아질 것이고 핵의 임계크기도 더 작아질 것이다. 따라서 불균질핵생성에 의해 안정한 핵을 형성하는 데는 훨씬 작은 과냉각도가 필요하다.

4.1.2 액체금속에서 결정성장과 결정립 구조의 형성

금속이 응고할 때 안정한 핵이 형성되고 나면 이 핵은 그림 4.2*b*에 보인 것과 같이 결정으로 성장한다. 응고하는 각 결정에서 원자들은 본질적으로 규칙적인 형태로 배열하지만 각 결정의 방위는 서로 다르다(그림 4.2*b*). 금속의 응고가 최종적으로 완료될 때, 결정들은 다른 방위로 상호 결합하고 몇 개의 원자 거리에 걸쳐 방위의 변화가 일어나는 결정 경계를 형성한다(그림 4.2*c*). 응고한 금속이 많은 결정들을 포함하면 *다결정*(polycrystalline)이라고 한다. 응고한 금속에서 결정을 **결정립**(grain)이라고 하며 그들 사이의 계면을 *결정립계*(grain boundaries)라고 한다.

금속의 응고에 유효한 핵생성 위치의 수는 생성되는 고체 금속의 결정립 구조에 영향을 줄 것이다. 응고 중에 상대적으로 적은 수의 핵생성 자리들이 유효하게 작용하면 조대하거나 큰 결정립 구조가 형성될 것이다. 많은 수의 핵생성 자리들이 응고 중에 이용되면 미세한 결정립 구조가 얻어질 것이다. 거의 모든 공업용 금속과 합금은 미세한 결정립 구조로 주조되는데 이러한 구조가 최종 금속제품의 강도와 균일성 면에서 가장 바람직한 형태이기 때문이다.

비교적 순수한 금속을 *결정립 미세화제*[2]를 사용하지 않고 고정 주형을 이용하여 주조할 때, 보통 다음과 같은 주요한 두 종류의 결정립 구조가 생성된다.

1. 등축정(equiaxed grains)
2. 주상정(columnar grains)

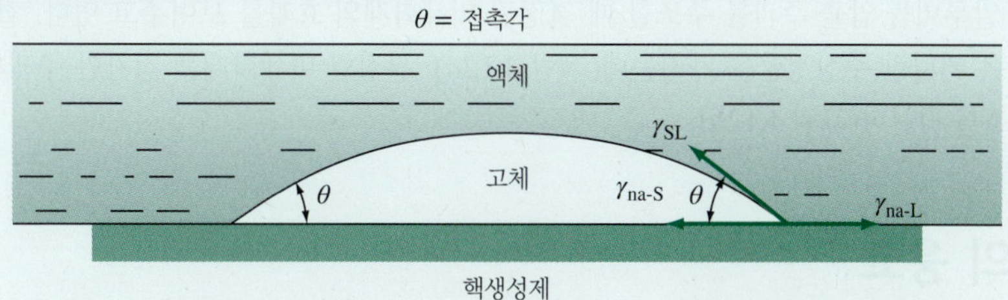

그림 4.8 ➤ 핵생성제 표면에서 고체의 불균질핵생성. na = 핵생성제, SL = 고체–액체, S = 고체, L = 액체, θ = 접촉각.
(출처: J.H. Brophy, R.M. Rose, and J. Wulff, *The Structure and Properties of Materials*, vol. II: "Thermodynamics of Structure," Wiley, 1964, p. 105.)

2 결정립 미세화제는 최종 결정립 구조에서 미세한 결정립을 얻기 위해 용융 금속에 첨가하는 물질이다.

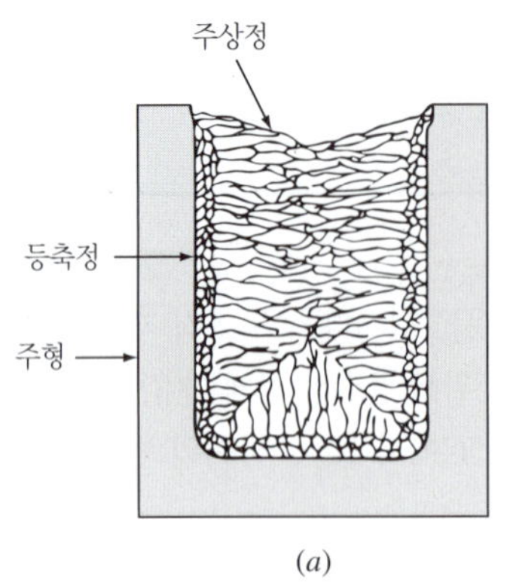

(a)

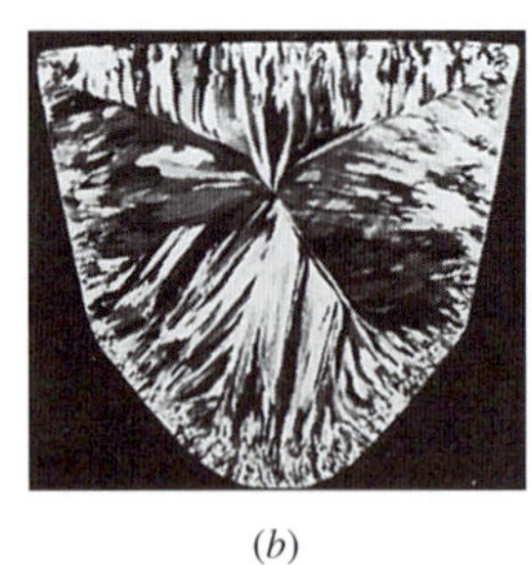

(b)

그림 4.9 ➤ (a) 차가운 주형을 사용하여 응고한 금속의 결정립 구조 모식도. (b) Properzi 법(휠과 벨트 방법)으로 주조한 1100 알루미늄 합금(99.0% Al) 주괴의 단면. 주상정은 일관되게 각 주형 면에 수직 방향으로 성장한 것에 주목하라.
((b): ASN International)

만일 액체금속에서 응고가 일어날 때 핵의 생성과 성장 조건들이 결정들을 모든 방향에서 거의 동일하게 성장시킬 수 있는 조건이라면 **등축정**(equiaxed grain)이 형성될 것이다. 그림 4.9에서 볼 수 있는 것처럼 등축정은 보통 차가운 주형 벽에 가까운 곳에서 발견된다. 주형 벽 근처의 큰 과냉각도가 응고하는 동안 등축정 구조를 형성하기 위한 필수조건인 비교적 높은 농도의 핵을 생성한다.

주상정(columnar grain)은 금속이 가파른 온도구배 하에서 상당히 천천히 응고할 때 생성되는 길고 얇은 조대한 결정립이다. 주상정이 형성될 때는 비교적 소수의 핵이 필요하다. 그림 4.9*a*에 등축정과 주상정을 나타내었다. 그림 4.9*b*에서 주목할 것은 주상정들이 주형 면에 수직으로 성장하였는데 이는 그 방향으로 큰 온도구배가 존재하기 때문이다.

4.1.3 공업 주조품의 결정립 구조

공업적으로 금속과 합금들은 다양한 형태로 주조된다. 만일 금속을 주조 후에 더 가공해야 한다면 먼저 간단한 모양의 대형 주조물을 만들고 이어서 반제품으로 가공한다. 예를 들면, 알루미늄 공업에서 후속 가공을 위해 먼저 만드는 주조물의 일반적인 형태는 직사각형 단면의 판형주괴(그림 4.1)와 원형 단면을 가진 압출[3]주괴이다. 어떤 경우에는 용융금속을 완전히 최종 형태로 주조하기도 하는데 예를 들면 특수 부품이 있다(그림 6.2 참고).

그림 4.1의 대형 알루미늄합금 판형주괴는 직접냉각 반연속주조 공정에 의해 주조된 것이다. 이 주조법에서는 하강할 수 있는 이동성 바닥을 가진 주형에 용융금속을 부어 주조하는데, 주형을 채운 후 주형 바닥을 천천히 하강한다(그림 4.10). 주형은 물상자를 이용하여 수냉하는데, 물을 주괴의 응고된 옆면에 분사하여 흘러내리게 한다. 이러한 방법으로 그림 4.1과 같이 약 4.57 m 길이의 대형 주괴를 연속적으로 주조할 수 있다. 철강산업에서 금속의 약 60%는 고정 주형에 의해 주조되고 나머지 40%는 그림 4.11과 같이 연속적으로 주조된다.

미세한 크기의 결정립을 가진 주괴를 얻기 위해서 보통은 주조하기 전에 액체금속에 결정립 미세화제를 첨가한다. 알루미늄 합금에 있어서는 티타늄, 붕소 또는 지르코늄과 같은 결정립 미세화 원소들을 주조공정 바로 전에 액체금속에 소량 첨가하는데 이들이 미세하게 분산되어 응고 중에 불균질 핵들로 작용하게 된다. 그림 4.12는 지름이 약 15 cm인 알루미늄 압출 주괴를 주조할 때 결정립 미세화제의 효과를 보여주고 있다. 결정립 미세화제가 없는 주괴의 단면은 커다란 주상정들을 가지는데(그림 4.12*a*), 결정립 미세화제를 첨가한 주괴의 단면은 미세한 등축정 결정립 구조를 갖는다(그림 4.12*b*).

4.2 단결정의 응고

거의 모든 공업용 결정질 재료는 수많은 결정들로 구성되어 있다. 따라서 **다결정질**(polycrystalline)이다. 반면에 단 하나의 결정으로 이루어진 것도 있으며 이러한 것들을 *단결정*(single crystal)이라고 한다. 예를 들면 고온 크리

3 *압출*(extrusion)이란 금속 주괴를 단면이 일정하고 길이가 긴 형태로 가공하기 위해 원하는 단면 형태의 틀이나 구멍을 통해 고체상태의 가소성 금속을 강제로 밀어내는 공정을 말한다.

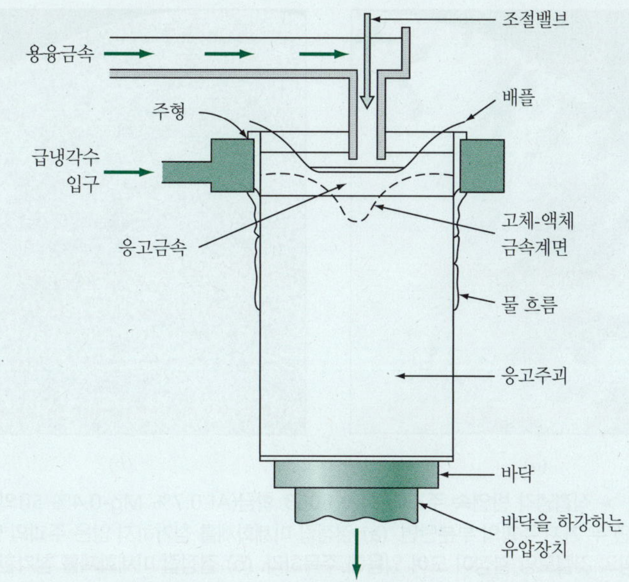

그림 4.10 ➤ 직접냉각 반연속 주조장치에서 주조되는 알루미늄합금 주괴의 모식도.

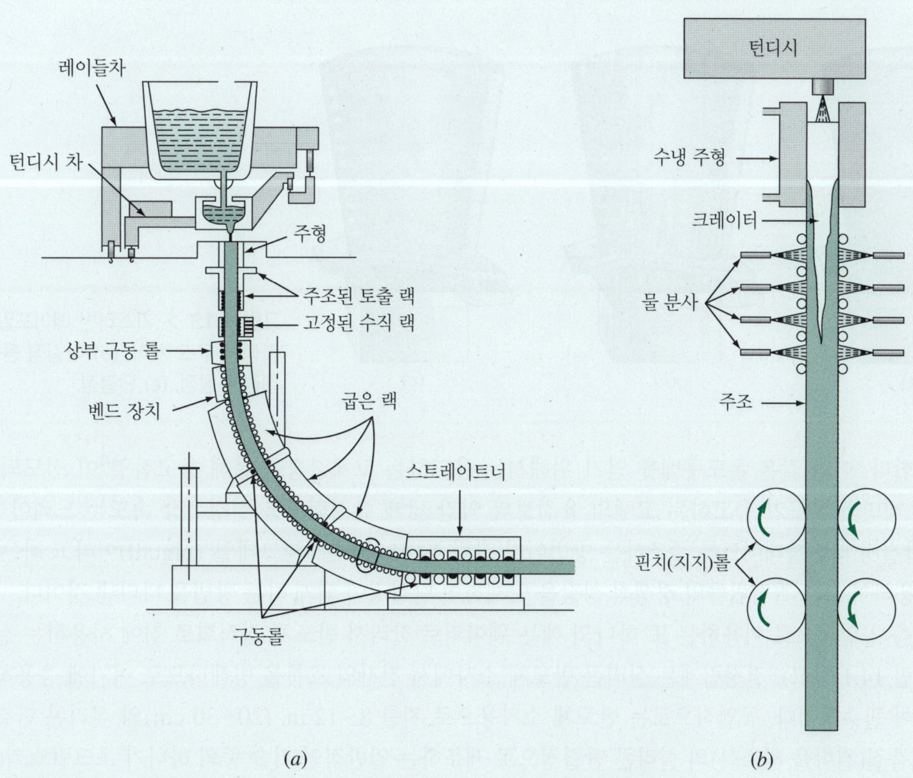

그림 4.11 ➤ 강괴의 연속주조. (*a*) 전체적인 설비구조. (*b*) 주형 장치의 상세도.
(출처: *Making, Shaping and Treating of Steel*, 10th ed., Association of Iron and Steel Engineers, 1985.)

프 저항성 가스터빈 블레이드가 있다. 절대온도로 금속의 융점의 절반 이상의 고온에서는 결정립계가 결정립 내부에 비해 더 약해지기 때문에, 똑같은 터빈 블레이드라 해도 단결정 터빈 블레이드는 등축정이나 주상정(그림 4.13 참고) 구조를 갖는 것들에 비해 고온에서 크리프 저항성이 더 우수하다.

단결정 성장에서는 단 하나의 핵만을 중심으로 응고가 일어나서 다른 결정들의 핵생성 및 성장은 일어나지 않아야 한다. 이를 위해서는 고체-액체 계면의 온도가 고체의 융점보다 약간 낮아야 하며 계면 밖의 액체의 온도는

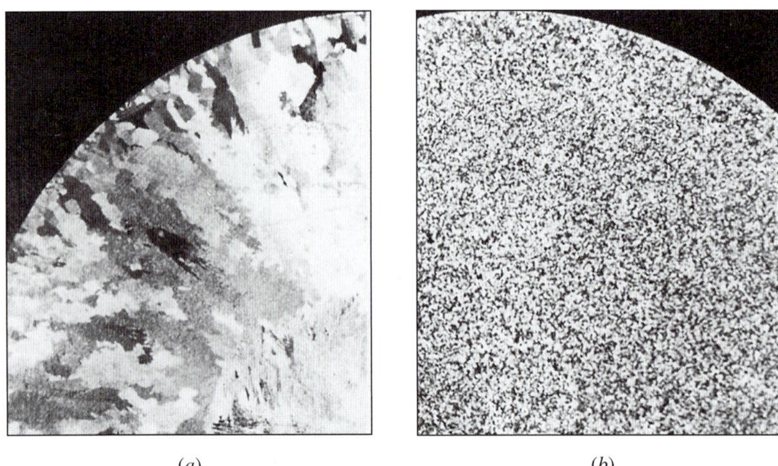

그림 4.12 ➤ 직접냉각 반연속 주조에 의한 6063 합금(Al-0.7% Mg-0.4% Si)의 지름이 약 15 cm인 두 가지 주괴의 부분단면. (*a*) 결정립 미세화제를 첨가하지 않은 주괴의 단면; 주상정과 중앙의 깃털모양 결정이 모여 있음에 주목하라. (*b*) 결정립 미세화제를 첨가한 주괴의 단면으로 미세한 등축정 구조를 보인다. (Tucker's reagent; 실제 크기)
((*a*-*b*) ASM International)

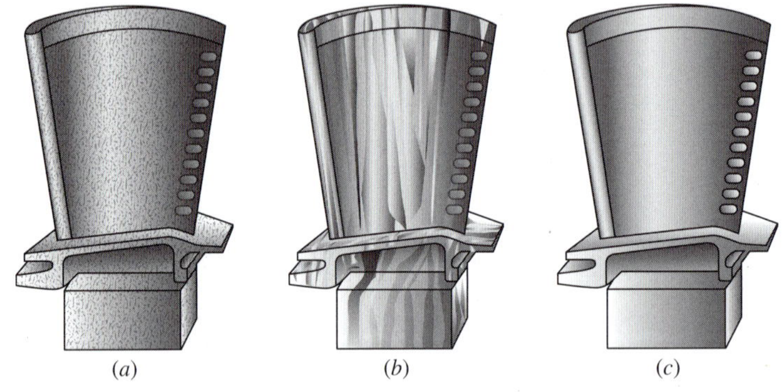

그림 4.13 ➤ 가스터빈 에어포일 블레이드의 결정립 구조 차이. (*a*) 다결정 등축정, (*b*) 다결정 주상정, (*c*) 단결정.

증가해야 한다. 이와 같은 온도구배를 얻기 위해서는 응고하는 고체결정을 통해 응고잠열[4]이 전도되어야 한다. 고체-액체 계면의 온도가 응고하는 고체의 융점보다 약간 낮게 유지되도록 결정성장 속도는 느려야 한다. 그림 4.14*a*는 단결정 터빈블레이드를 주조하는 방법이며 그림 4.14*b*와 *c*는 "피그테일"(pigtail)이라고 하는 단결정 선택기를 이용하여 다른 결정립들의 경쟁적 성장을 억제하여 단결정이 되게 하는 방법을 나타낸 것이다.

단결정을 공업적으로 이용하는 또 하나의 예는 웨이퍼로 잘라서 반도체 집적회로 칩에 사용하는 실리콘 단결정이다(그림 14.1 참고). 결정립계는 실리콘 반도체 소자에서 전자의 흐름을 방해하므로 여기에 응용하기 위해서는 단결정이 필수적이다. 공업적으로는 반도체 소자용으로 지름 8~12 in. (20~30 cm)의 실리콘 단결정을 성장시킨다. 고품질(결함을 최소화)의 실리콘 단결정으로 제조하는 일반적인 기술 중의 하나가 초크랄스키(Czochralski)법이다. 이 공정에서는 먼저 고순도의 다결정 실리콘을 무반응성 도가니에서 용융하고 융점 바로 위의 온도로 유지한다. 원하는 결정 방위를 가진 고품질의 실리콘 씨앗 결정을 회전시키면서 융액 속으로 내려가게 한다. 씨앗 결정의 표면 부분을 액체 속에서 녹여 외부의 변형된 영역을 제거하고 액체가 응고할 위치가 되는 표면이 생기도록 한다. 씨앗 결정을 계속해서 회전시키면서 융액으로부터 천천히 끌어 올린다. 융액으로부터 끌려 올라감에 따라 액체의 실리콘이 씨앗 결정에 부착되고 성장하여 씨앗 결정보다 지름이 훨씬 큰 실리콘 단결정이 만들어진다(그림 4.15). 이 공정을 이용하여 지름이 약 12 in. (≅30 cm)인 대구경의 단결정 실리콘 괴를 제조할 수 있다.

4 응고잠열은 금속이 응고할 때 방출하는 열에너지이다.

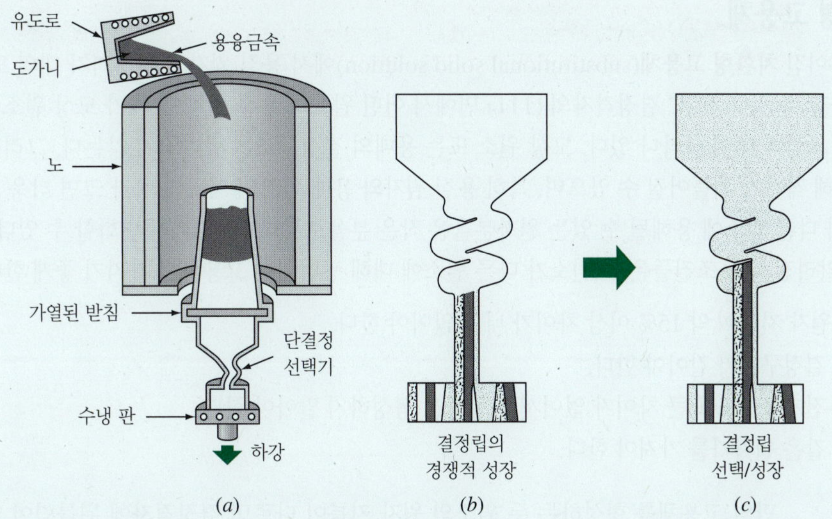

그림 4.14 ➤ (*a*) 단결정 가스터빈 에어포일 생산 공정 모식도. (*b*) 단결정 에어포일 제조를 위한 주조의 시작 부분. 응고 중에 단결정 선택기("피그테일") 아래에서 다른 결정립들의 경쟁적 성장이 보인다. (*c*) (*b*)와 같으나 응고 중에 단결정 선택기를 통해 단 하나의 결정립만 남아서 성장하는 것을 볼 수 있다.
(출처: Pratt and Whitney Co.)

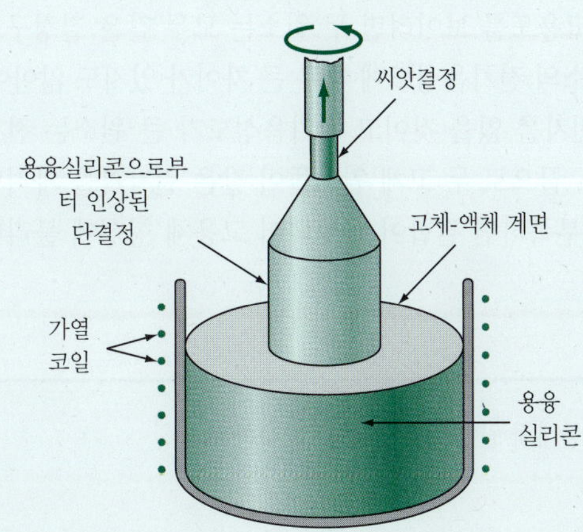

그림 4.15 ➤ 초크랄스키법에 의한 실리콘 단결정 형성.

4.3 금속고용체

금속을 순수하거나 거의 순수한 상태로 사용하는 일이 극히 드물기는 하지만 거의 순수한 형태로 사용되는 경우가 종종 있다. 예를 들면 순도 99.99%의 고순도 구리는 전기전도도가 매우 높아 전자부품의 배선에 사용된다. 고순도의 알루미늄(99.99% Al)(일명 *초순수 알루미늄*(super pure aluminum))은 금속 표면을 매우 광택있게 마무리할 수 있기 때문에 장식용으로 사용된다. 그러나, 대부분의 공업용 금속은 강도 증가, 내식성 증가 또는 다른 요구되는 물성들을 얻기 위해서 다른 금속 또는 비금속과 결합하여 사용한다.

금속합금(metal alloy) 또는 간단히 **합금**(alloy)은 둘 이상의 금속, 또는 금속(금속들)과 비금속(비금속들)의 혼합물이다. 본래 70 wt% Cu와 30 wt% Zn의 이원합금(두 종류의 금속)인 카트리지 황동과 같은 합금은 비교적 단순한 구조를 가질 수 있다. 반면에 합금은 극히 복잡해질 수도 있다. 예를 들면, 제트 엔진 부품으로 사용하는 니켈 기반 초합금인 인코넬 718과 같은 것은 명목상 조성이 약 10가지 원소로 이루어져 있다.

가장 단순한 형태의 합금은 고용체이다. **고용체**(solid solution)는 둘 이상의 원소로 구성되며 이들이 원자적으로 분산되어 단일 상(phase)의 구조를 이루는 *고체*(solid)이다. 일반적으로 고용체에는 *치환형*(substitutional)과 *침입형*(interstitial)의 두 종류가 있다.

4.3.1 치환형 고용체

두 원소로 이루어진 **치환형 고용체**(substitutional solid solution)에서 용질 원자는 결정격자 내의 모상(parent) 용매 원자를 치환할 수 있다. FCC 결정격자의 (111) 면에서 어떤 원소의 용질 원자 몇 개가 모상 원소의 용매 원자를 치환한 모습이 그림 4.16에 나타나 있다. 모상 원소 또는 용매의 결정구조는 달라지지 않는다. 그러나 용질 원자가 들어감으로 인해 격자가 뒤틀어질 수 있으며, 특히 용질 원자와 용매 원자의 지름의 차가 크면 더욱 그렇다.

어떤 원소가 다른 원소에 용해될 수 있는 원자분율은 작은 분율로부터 100%까지 변화할 수 있다. *Hume-Rothery 규칙*으로 알려진 다음 조건들은 한 원소가 다른 원소에 대해 광범위한 고용도를 가지기 좋게 한다.

1. 원소들의 원자 지름이 약 15% 이상 차이가 나지 않아야 한다.
2. 두 원소의 결정구조가 같아야 한다.
3. 두 원소의 전기음성도에 큰 차이가 없어서 화합물을 형성하지 말아야 한다.
4. 두 원소는 같은 원자가를 가져야 한다.

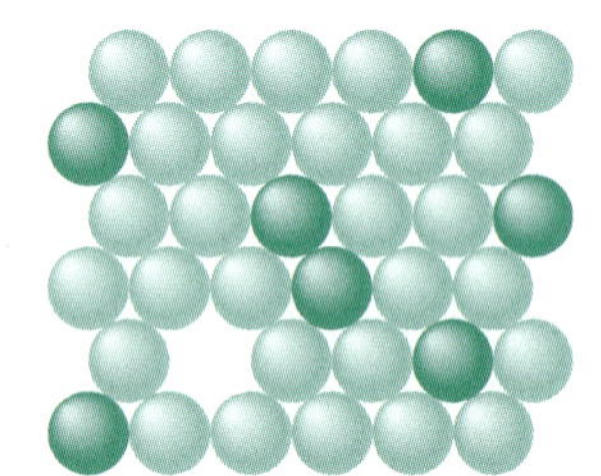

그림 4.16 ➤ 치환형 고용체. 짙은 원과 옅은 원은 각각 다른 종류의 원자이다. 원자면은 FCC 결정격자의 (111) 면이다.

만일 고용체를 형성하는 두 원소의 원자 지름이 다르면 결정격자에 뒤틀림이 일어날 것이다. 원자의 격자가 수용할 수 있는 수축 또는 팽창 범위는 한정되어 있으므로 같은 결정구조의 고용체를 유지할 수 있는 원자 지름의 차이에는 한계가 있다. 원자 지름이 약 15% 이상 차이가 날 때는 "크기 인자"가 광범위한 고용도를 갖는데 불리하게 된다.

만약 용질 원자와 용매 원자의 결정구조가 같다면 광범위한 고용도를 갖기에 유리하다. 만약 두 원소가 모든 비율에서 완전한 고용도를 보이려면 두 원소는 모두 같은 결정구조를 가져야 한다. 또한 고용체를 형성하는 두 원소의 전기음성도에 너무 큰 차이가 있지도 않아야 한다. 그렇지 않으면 전기양성도가 큰 원소는 전자를 잃을 것이고 전기음성도가 큰 원소는 전자를 얻어서 결과적으로 화합물이 형성될 것이다. 끝으로 두 고체 원소들이 같은 원자가를 가지면 고용도는 커질 것이다. 원자들 사이에 전자가 부족하면 결합이 잘못되어 고용체 형성에 불리한 조건을 초래한다.

예제 4.2

다음 표의 자료를 이용하여 구리에 대한 다음 원소들의 상대적 원자 고용도 값을 예측하라.

a. 아연 **d.** 니켈
b. 납 **e.** 알루미늄
c. 실리콘 **f.** 베릴리움

원소	원자 반지름(nm)	결정구조	전기음성도	원자가
구리	0.128	FCC	1.8	+2
아연	0.133	HCP	1.7	+2
납	0.175	FCC	1.6	+2, +4
실리콘	0.117	Diamond cubic	1.8	+4
니켈	0.125	FCC	1.8	+2
알루미늄	0.143	FCC	1.5	+3
베릴리움	0.114	HCP	1.5	+2

70~100%은 매우 높음, 30~70%은 높음, 10~30%는 중간, 1~10%는 낮음, 1% 미만은 매우 낮음의 척도를 사용하라.

풀이

Cu–Zn계에 대한 원자반경 차이의 계산은 다음과 같다.

$$\text{원자 반지름 차이} = \frac{\text{최종 반지름} - \text{처음 반지름}}{\text{처음 반지름}}(100\%)$$

$$= \frac{R_{Zn} - R_{Cu}}{R_{Cu}}(100\%) \tag{4.9}$$

$$= \frac{0.133 - 0.128}{0.128}(100\%) = +3.91\%$$

계	원자 반지름 차이(%)	전기음성도 차이	예측한 상대적 고용도	측정한 최대 고용도(at%)
Cu–Zn	+3.9	0.1	높음	38.3
Cu–Pb	+36.7	0.2	매우 낮음	0.1
Cu–Si	−8.6	0	중간	11.2
Cu–Ni	−2.3	0	매우 높음	100
Cu–Al	+11.7	0.3	중간	19.6
Cu–Be	−10.9	0.3	중간	16.4

예측은 주로 원자 반지름 차에 근거하여 계산할 수 있다. Cu–Si계의 경우에서는 결정구조가 다른 점이 중요하다. 이들 모든 계에 대해 전기음성도의 차는 매우 작다. 원자가는 알루미늄과 실리콘을 제외하며 모두 같다. 최종 분석에서 실험 데이터를 참고해야 한다.

4.3.2 침입형 고용체

침입형 고용체(interstitial solid solution)에서는 용질 원자(불순물 원자)가 용매 또는 모상 원자들 사이의 공간으로 들어간다. 이들 공간 또는 공극을 *침입형 자리*(interstices 또는 interstitial sites)라고 한다. 각각의 단위격자에 유용한 독특한 형태의 침입형 자리 또는 공극이 존재한다. 아래에 FCC와 BCC 단위격자 내에서 자주 나타나는 침입형 자리에 대해 설명한다.

침입형 자리 결정 내에 가능한 공극을 (1) 8개의 이웃 원자로 둘러싸인 입방체 공극(즉, 배위수는 8이며, BCC 또는 FCC 결정에서는 발생하지 않음), (2) 6개의 이웃으로 둘러싸인 팔면체 공극(배위수는 6), 그리고 (3) 4개의 이웃으로 둘러싸인 사면체 공극(배위수는 4)으로 분류할 수 있다.

조밀충전 구조인 FCC 단위격자에서, 그림 4.17*a*와 같이 면심의 원자들이 서로 연결되면 팔면체를 형성한다. 팔면체 공극은 위치 좌표가 (½, ½, ½)인 팔면체 중심에 짙은 회색 구로 표시하였다. 회색 구는 FCC 단위격자 내에서 여섯 개의 면심 원자에 의해 둘러싸이는 것에 주목하라. 이 중앙의 팔면체 공극 외에도 옅은 회색 구로 표시한 입방체 모서리의 가운데에 위치 좌표가 (0, ½, 0)인 12개의 다른 팔면체 자리가 있다. 입방체 모서리 공극은 인접한 단위격자와 공유하는데, 그림에는 표현하지 않았다.

FCC 단위격자 내부에는 사면체의 침입형 자리도 있다. 사면체 자리의 한 예를 그림 4.17*b*에 짙은 회색 구로 나

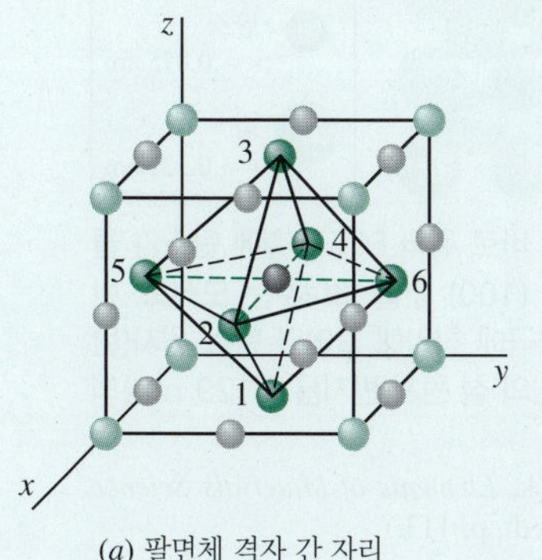

(*a*) 팔면체 격자 간 자리

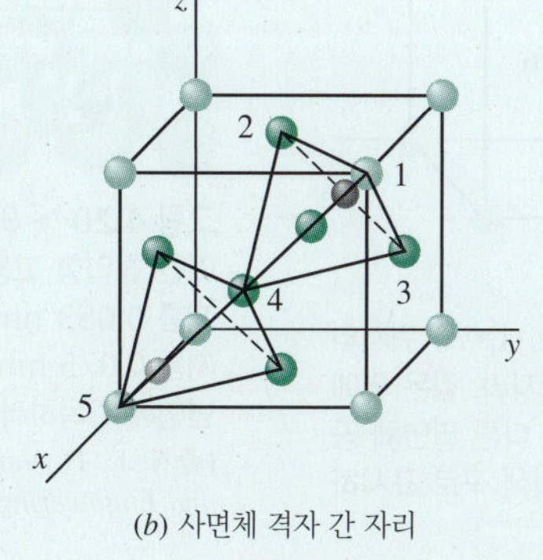

(*b*) 사면체 격자 간 자리

그림 4.17 ➤ (*a*) FCC 단위격자 내에서 (½, ½, ½) 위치의 짙은 회색 구와 (0, ½, 1) 위치와 동등한 옅은 회색 구로 표시한 팔면체 자리. (*b*) FCC 단위격자 내에서 (¾, ¾, ¾) 위치의 짙은 회색 구로 표시한 대표적인 사면체 자리와 (¾, ¼, ¼) 위치의 옅은 회색 구로 표시한 같은 사면체 자리.

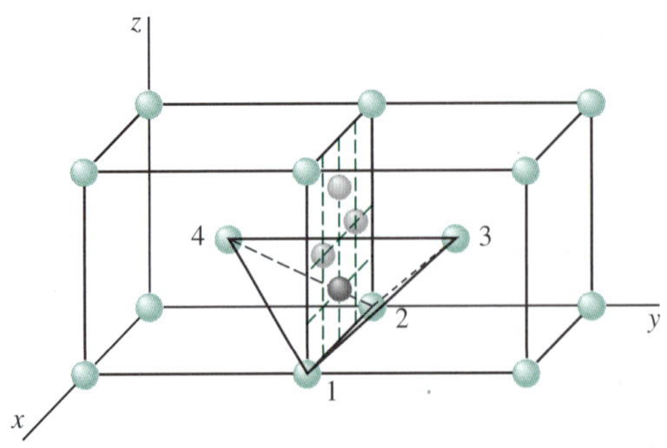

그림 4.18 ➤ BCC 단위격자 내에서 (½, 1, ¼) 위치의 짙은 회색 구로 표시한 대표적인 사면체 자리. 같은 면 위에 있는 다른 3개의 사면체 공극은 동등한 위치에 옅은 회색 구로 표시함.

타내었다. 회색 구가 4개의 원자 즉, 1개의 꼭지점 원자(1번 원자)와 3개의 면심 원자(2, 3, 4번 원자)로 둘러싸여 있음을 주목하라. 두 번째의 사면체 자리는 5번 꼭지점 원자와 연결된 옅은 회색 구로 표시하였다. 하나의 FCC 단위격자에는 이런 팔면체 자리가 각 꼭지점마다 위치좌표가 (¼, ¼, ¼)인 곳과 다른 동등한 위치에 하나씩 모두 8개가 있다(그림 4.17 참고). 이들 위치는 모두 해당 단위격자 내에 존재한다.

BCC 단위격자에서는 사면체 자리와 팔면체 자리가 모두 FCC 단위격자의 경우와는 상당히 다르다. 대표적인 사면체 침입형 공극을 그림 4.18에 짙은 회색 구로 나타내었다. 사면체 공극은 1번부터 4번까지 4개의 이웃 원자로 둘러싸여 있음을 주목하라. 이 공극은 좌표 (½, 1, ¼)의 위치에 있다. 다른 유사한 위치 3개가 그림에서 같은 면 위에 옅은 회색 구로 표시한 동등한 위치에 존재할 수 있다. 그러므로, 그림 4.18에서 보는 것과 같이 입방 단위격자에서 6개의 각 면에 4개의 사면체 공극을 가진다. 각 면에 있는 4개의 공극은 모두 인접한 단위격자와 공유한다.

BCC 단위격자에서 대표적인 팔면체 침입형 공극은 그림 4.19에 짙은 회색 구로 표시하였다. BCC 팔면체 공극은 1번에서 6번까지 6개의 이웃 원자로 둘러싸인 것을 주목하라. 이 공극은 (½, 1, ½) 위치에 있다. 다른 두 개의 유사한 자리는 그림 4.19에서 같은 면에 옅은 회색 구로 표시한 동등한 위치에 들어갈 수 있다. 그러므로 BCC 단위격자 내의 6개의 각 면은 1개의 팔면체 공극을 인접 단위격자와 공유한다. 또, 각 입방체 모서리의 중간에 옅은 회색 구로 표시한 12개의 팔면체 공극이 있다. 이들 입방체 모서리의 공극은 4개의 인접한 단위격자와 공유하게 된다.

침입형 고용체는 용질 원자 자신이 다양한 침입형 자리에 위치할 때 형성될 수 있다. 용질 원자는 침입형 공극의 크기보다 커야 하며 언제나 그렇다. 용질 원자가 침입형 공극보다 크기 때문에 격자 내에 국부적인 뒤틀림이 발행한다. 자신의 크기가 작아서 침입형 고용체를 형성할 수 있는 예는 수소, 탄소, 질소, 산소 등이다.

침입형 고용체의 중요한 예는 912°C에서 1394°C 사이의 온도 범위에서 안정한 FCC 구조를 갖는 γ-철에 탄소가 들어가서 형성된 고용체이다. γ-철의 원자 반지름은 0.129 nm이고 탄소의 원자 반지름은 0.075 nm이므로 원자 반지름의 차이는 42%이다. 그러나 이만한 차이에도 불구하고, 1148°C에서 탄소는 철의 틈새에 침입하여 최대 2.08%까지 용해되어 들어갈 수 있다. 그림 4.20은 γ-철 격자에서 탄소 원자 주위에 뒤틀림이 일어나는 것을 도식

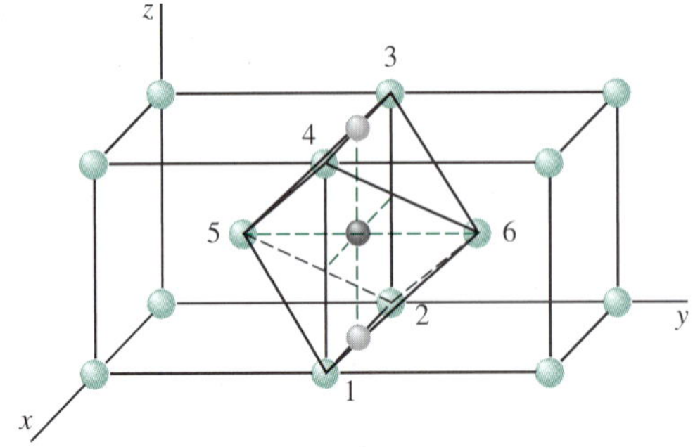

그림 4.19 ➤ BCC 단위격자 내에서 (½, 1, ½) 위치의 짙은 회색 구로 표시한 대표적인 팔면체 자리. 같은 면에서 입방체 모서리의 중간에 있는 두 개의 다른 팔면체 공극은 (½, 1, 0)과 동등한 위치에 옅은 회색 구로 표시하였다.

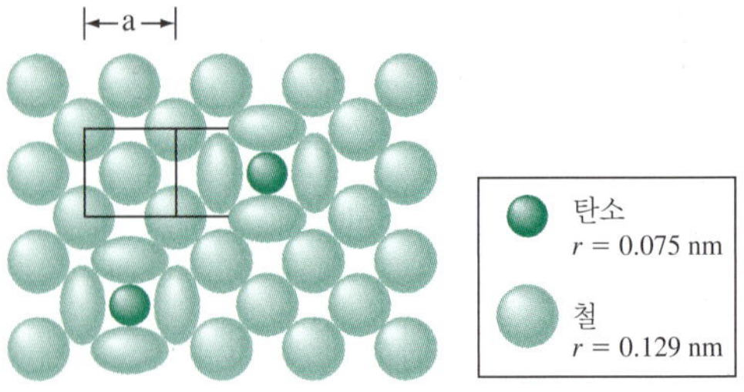

그림 4.20 ➤ 912°C 바로 위의 FCC γ-철에 탄소가 들어간 침입형 고용체의 (100) 면을 보여주는 모식도. 반지름 0.053 nm의 공극에 침입해 들어간 탄소 원자(반지름 0.075 nm) 주위의 철 원자(반지름 0.129 nm)의 변형에 주목하라.
(출처: L. H. Van Vlack, *Elements of Materials Science and Engineering*, 4th ed., p. 113.)

적으로 보여주고 있다.

FCC 구조의 γ-철에서 가장 큰 침입형 공극의 반지름은 0.053 nm인데(예제 4.3 참고), 탄소 원자의 반지름이 0.075 nm이기 때문에 γ-철에서 탄소의 최대 고용도가 단지 2.08%에 불과한 것은 놀라운 일이 아니다. BCC 구조의 α-철에서는 가장 큰 침입형 공극의 반지름이 겨우 0.036 nm이므로 727°C 바로 아래에서 탄소는 단지 0.025%만이 침입형으로 용해될 수 있다.

예제 4.3

FCC 구조의 γ-철 격자에서 가장 큰 침입형 공극의 반지름을 계산하라. FCC 격자에서 철 원자의 원자 반지름은 0.129 nm이고, 가장 큰 침입형 공극은 $(\frac{1}{2}, 0, 0)$, $(0, \frac{1}{2}, 0)$, $(0, 0, \frac{1}{2})$ 등의 위치에서 나타난다. 또, 주어진 침입형 자리의 종류를 밝혀라.

풀이

그림 EP4.3은 yz 면 상의 (100) FCC 격자면이다. 철 원자의 반지름을 R이라 하고 $(0, \frac{1}{2}, 0)$ 위치의 침입형 공극의 반지름을 r이라 하면, 그림 EP4.3에서,

$$2R + 2r = a \tag{4.10}$$

역시 그림 EP4.3에서,

$$(2R)^2 = \left(\frac{1}{2}a\right)^2 + \left(\frac{1}{2}a\right)^2 = \frac{1}{2}a^2 \tag{4.11}$$

이고, a에 대해 풀면 다음과 같다.

$$2R = \frac{1}{\sqrt{2}}a \quad \text{또는} \quad a = 2\sqrt{2}R \tag{4.12}$$

식 (4.10)과 (4.12)를 결합하면 다음과 같다.

$$\begin{aligned} 2R + 2r &= 2\sqrt{2}R \\ r &= (\sqrt{2} - 1)R = 0.414R \\ &= (0.414)(0.129\ \text{nm}) = 0.0534\ \text{nm} ◂ \end{aligned}$$

주어진 침입형 공극은 그림에 보인 면에서 바로 위에 1개, 바로 아래에 1개를 포함하여 4개의 인접 원자를 갖게 되어, 총 6개의 이웃 원자를 가지고 배위수가 6이다. 이 침입형 공극은 팔면체이다.

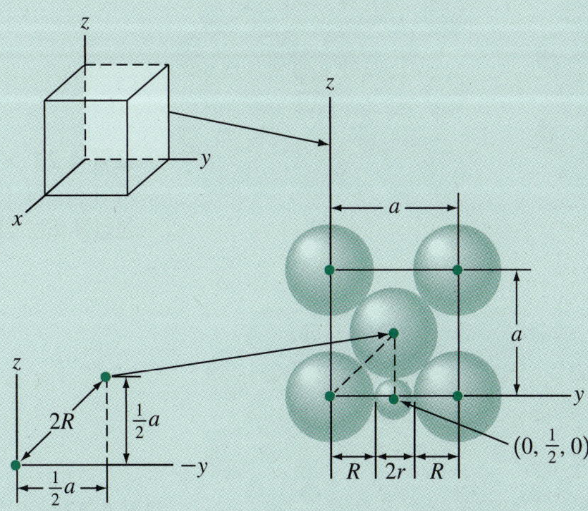

그림 EP4.3 ➤ $(0, \frac{1}{2}, 0)$ 위치 좌표에 침입형 원자를 가지는 FCC 격자의 (100) 면.

4.4 결정결함

현실적으로 결정은 전혀 완전하지 않으며 물리적 및 기계적 성질에 영향을 주는 여러 가지 유형의 불완전함과 결함을 포함한다. 그래서 합금의 냉간성형, 반도체의 전자전도, 합금에서 원자의 이동, 그리고 금속의 부식 등과 같은 재료의 여러 가지 중요한 공업적 성질에도 영향을 미친다.

결정격자의 결함은 그들의 기하학적 배열과 모양에 따라 분류된다. 그 세 가지의 주된 분류는 (1) 0차원 결함 또는 점결함, (2) 1차원 결함 또는 선결함(전위), 그리고 (3) 2차원 결함으로 외부 표면, 결정립계, 쌍정, 저각경계, 고각경계, 비틀림, 적층결함, 공극 그리고 석출물 등을 포함한다. 또한, 3차원 거시적 결함 또는 체적결함도 또한 포함될 수 있으며, 이 결함들의 예로는 기공, 균열 및 이물질 등이 있다.

4.4.1 점결함

가장 간단한 점결함은 공공으로서 어떤 원자 위치가 원자를 잃어버린 것을 말한다(그림 4.21*a*). **공공**(vacancy)은 응고 중에 생성될 수 있는데, 결정이 성장하는 동안의 국부적 교란에 의해 형성되거나 기존의 결정에서 원자 이동에 기인한 원자 재배열에 의해 형성된다. 금속에서 공공의 평형 농도가 약 10,000개의 원자 중에 한 개를 초과하는 일은 거의 없다. 공공은 금속에서 평형 결함이고, 공공의 형성에너지는 약 1 eV이다.

높은 온도에서 더 낮은 온도로 급속 냉각하거나 소성변형을 일으켜 공공을 유도하거나 중성자와 같은 강력한 입자를 충격하면 금속에 추가적인 공공이 생기게 할 수 있다. 이러한 비평형 공공은 서로 집합체를 이루는 경향이 있어서 2중 공공 또는 3중 공공이 형성되게 한다. 공공은 이웃하는 것들과 위치를 교환하여 이동할 수 있다. 이 과정은 고체상태에서 원자의 이동이나 확산에 중요하며 특히 원자의 이동도가 커지는 고온에서 더욱 그렇다.

결정 내에서 어떤 원자가 정상적인 위치에 있는 원자들 사이의 침입형 위치를 차지할 수 있다(그림 4.21*b*). 이런 유형의 점결함을 **자기침입형**(self-interstitial) 또는 **침입형 원자**(interstitialcy)라고 한다. 일반적으로 이러한 결함들은 구조적 뒤틀림을 발생하기 때문에 자연적으로는 형성되지 않으나 방사선 조사에 의해 가능할 수 있다.

이온결정에서의 점결함은 전기적 중성을 유지해야 하므로 금속에 비해 더 복잡하다. 이온결정에서 반대 전하를 가진 두 이온을 잃어버리면 **Schottky 결함**(Schottky imperfection)으로 알려진 양이온-음이온 2중 공공이 형성된다(그림 4.22). 만일 이온결정에서 양이온이 침입형 위치로 이동하면 정상적인 이온 위치에는 양이온 공공이

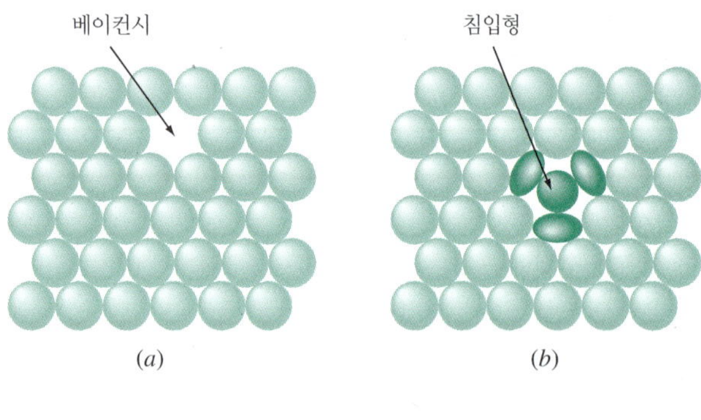

그림 4.21 ➤ 조밀충전 고체 금속 격자의 점결함. (*a*) 공공 점결함. (*b*) 자기 침입형 또는 침입형 원자.

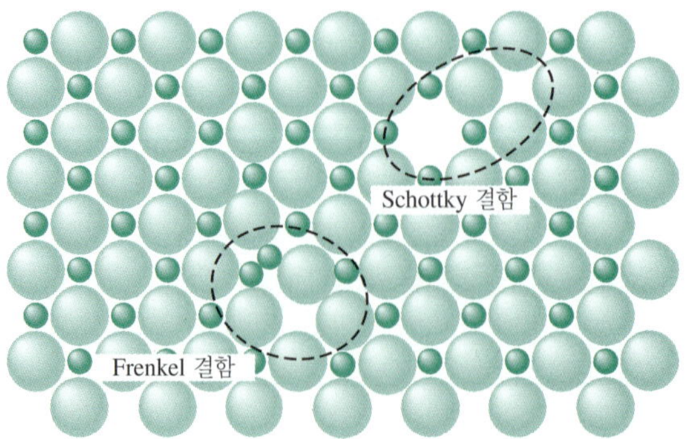

그림 4.22 ➤ 이온결정에서 Schottky 결함과 Frenkel 결함을 보여주는 이차원적 그림.
(출처: Wulff et al., *Structure and Properties of Materials*, Vol. I: "Structure," Wiley, 1964, p. 78.)

생성된다. 이러한 공공-침입형 원자의 쌍을 **Frenkel[5] 결함**(Frenkel imperfection)이라고 한다(그림 4.22). 이온결정에 이러한 결함들이 생기면 전기전도도가 증가한다.

치환형 또는 침입형 불순물 원자들도 역시 점결함이며 금속 또는 공유결합 결정에 존재할 수 있다. 예를 들면, 극히 적은 양의 치환형 불순물 원자가 전자소자용 순수한 실리콘의 전기전도도에 엄청나게 큰 영향을 미칠 수 있다. 이온결정에서 불순물 이온도 역시 점결함이다.

4.4.2 선결함(전위)

결정질 고체에서 선결함 또는 **전위**(dislocations)는 어떤 선 주변에 격자 뒤틀림의 집중을 유발하는 결함이다. 전위는 결정질 고체의 응고 과정에서 생성된다. 또한 결정질 고체의 영구변형 또는 소성변형, 공공의 응축 또는 고용체에서의 원자적 불일치 등에 의해서도 전위가 생성된다.

전위에는 *칼날형*(edge type)과 *나선형*(screw type)의 두 가지 주요 유형이 있다. 이 둘이 조합되면 *혼합전위*(mixed dislocation)가 되며 칼날형과 나선형의 요소들을 가진다. 칼날전위는 그림 4.23*a*와 같이 기호 ⊥ 바로 위에 원자의 잉여반면이 삽입되어 결정 내에 생성된다. 거꾸로 된 "T" 모양인 ⊥는 양의 칼날전위를 가리키며, 반면에 똑바로 된 "T" 모양의 T는 음의 칼날전위를 가리킨다.

전위 주위에 있는 원자의 변형 거리를 *슬립*(slip) 또는 *Burgers 벡터* **b**라고 하며 칼날전위 *선과 수직*(perpendicular)이다(그림 4.23*b*). 전위는 비평형 결함이며 전위 주위의 변형된 결정격자 영역에 에너지를 축적한다. 칼날전위는 잉여반면이 존재하는 영역에 압축변형을 가지며 원자의 잉여반면 아래의 영역에서는 인장변형을 가진다(그림 4.24*a*).

그림 4.25*a*와 같이 절단면에 의해 분리된 결함이 없는 결정의 영역에 전단응력이 위와 아래 방향으로 각각 작용하여 결함이 없는 결정에 나선전위가 형성될 수 있다. 이들 전단응력은 변형된 원자들의 나선형 경사 모양의 뒤틀린 결정격자 영역 또는 나선전위가 형성되게 한다(그림 4.25*b*). 뒤틀린 결정 영역은 범위가 명확하게 한정되지는 않으며 지름은 적어도 원자 몇 개의 크기이다. 에너지가 축적된 나선전위 주위에 전단변형 영역이 생성된다(그림 4.24*b*). 나선전위의 슬립 또는 Burgers 벡터는 그림 4.25*b*와 같이 전위선에 *평행*(parallel)이다.

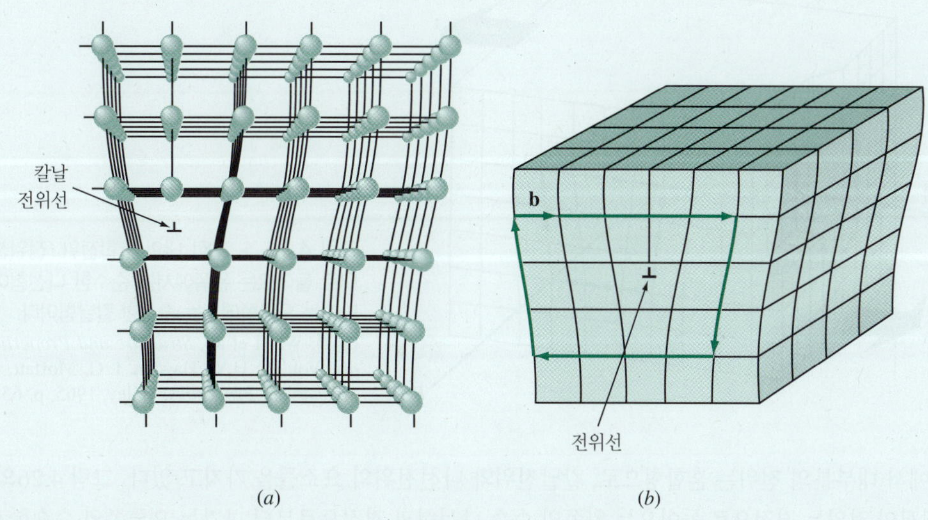

그림 4.23 ➤ (*a*) 결정격자에서 양의 칼날전위. 원자의 잉여반면이 끼어 들어간 거꾸로 된 "T"인 기호 ⊥의 바로 위 영역에 선결함이 생성된다.
(*b*) Burgers 벡터 또는 슬립 벡터 **b**의 방향을 나타내는 칼날전위.
((*a*) 출처: A.G. Guy, *Essentials of Materials Science*, McGraw Hill, 1976, p. 153. (*b*) 출처: Eisenstadt, M., *Introduction to Mechanical Properties of Materials: An Ecological Approach*, 1st ed., © 1971.)

5 Yakov Ilyich Frenkel (1894~1954). 결정의 결함을 연구한 러시아의 물리학자. 그의 이름이 이온결정에서 나타나는 결함인 공공-침입형 원자 쌍의 명칭에 붙여졌다.

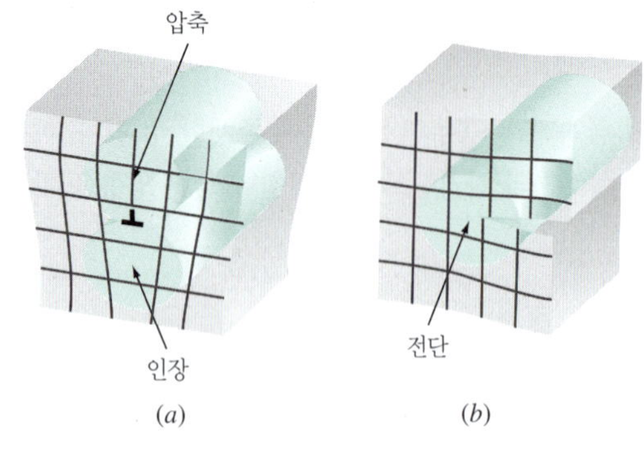

그림 4.24 ➤ 전위 주위의 변형영역: (*a*) 칼날전위, (*b*) 나선전위.
(출처: Wulff et al., *Structure and Properties of Materials*, Vol. III, H.W. Hayden, L.G. Moffatt, and J. Wulff, *Mechanical Behavior*, Wiley, 1965, p. 69.)

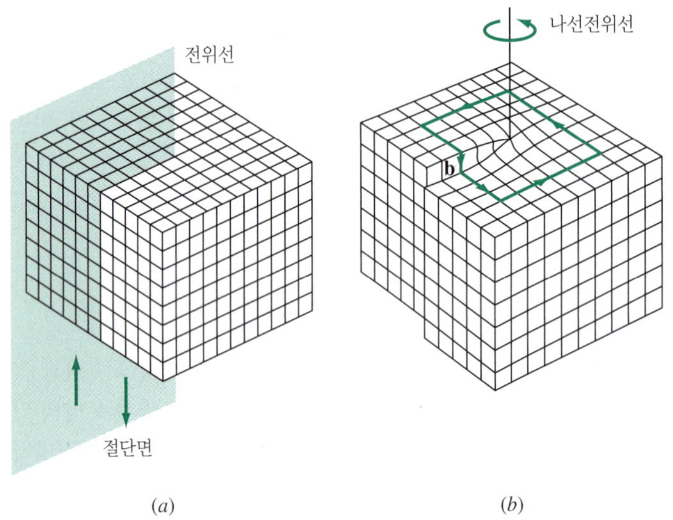

그림 4.25 ➤ 나선전위의 형성. (*a*) 결함이 없는 결정이 절단면에 의해 잘리고 위와 아래 방향의 전단응력이 절단면에 평행하게 작용하여 (*b*)와 같은 나선전위를 형성한다. (*b*) 나선전위에서 슬립 벡터 또는 Burgers 벡터 b가 전위선에 평행함을 보여준다.
(출처: Eisenstadt, M., *Introduction to Mechanical Properties of Materials: An Ecological Approach*, 1st ed., © 1971.)

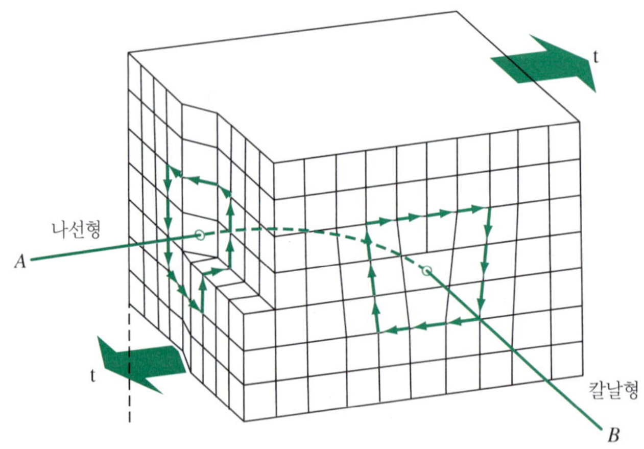

그림 4.26 ➤ 결정 내의 혼합전위. 전위선 *AB*는 결정 내로 들어오는 왼쪽에서는 순수한 나선형이고 결정에서 나가는 오른쪽에서는 순수한 칼날형이다.
(출처: Wulff et al., *Structure and Properties of Materials*, Vol. III, H.W. Hayden, L.G. Moffatt, and J. Wulff, *Mechanical Properties*, Wiley, 1965, p. 65.)

결정에서 대부분의 전위는 혼합형으로, 칼날전위와 나선전위의 요소들을 가지고 있다. 그림 4.26의 굽은 전위선 AB에서의 전위는 결정으로 들어오는 왼쪽의 순수 나선형과 결정으로부터 나가는 오른쪽의 순수한 칼날형으로 구성되어 있다. 결정 내부에서는 칼날형과 나선형의 요소들을 가진 혼합형이다.

4.4.3 면결함

면결함에는 외부표면, **결정립계**(grain boundaries), **쌍정**(twins), **저각경계**(low-angle boundaries), **고각경계**(high-angle boundaries), **비틀림**(twists), **적층결함**(stacking faults) 등이 포함된다. 어떠한 재료에서든지 자유표면이나 외부표면은 가장 흔한 형태의 면결함이다. 표면의 원자들은 한쪽만 다른 원자들과 결합하고 있으므로 외부

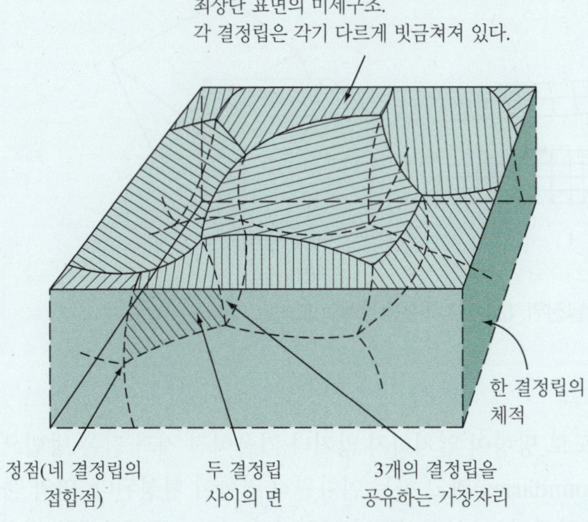

그림 4.27 ➤ 결정질 재료에서 내부의 삼차원적 연결에 대한 이차원적 미세구조의 관계를 나타내는 개략도. 전체 부피의 일부분과 한 결정립의 전체 면만을 나타내었다.
(출처: A.G. Guy, *Essentials of Materials Science*, McGraw-Hill, 1976.)

표면은 결함으로 생각한다. 그러므로 표면원자 주위의 이웃 원자 수는 더 적다. 결과적으로 이 원자들은 최적의 이웃 원자 수를 갖는 결정 내부의 원자들과 비교할 때 더 높은 수준의 에너지를 갖는다. 어떤 재료 표면의 원자가 가지는 높은 에너지는 표면에서 침식이나 주변 원소들과의 반응이 더 쉽게 일어나게 한다. 이러한 점이 재료의 거동에서 결함의 중요성을 더욱 설명해 준다.

결정립계는 다결정질 재료에서 다른 방위의 결정립(결정)들을 구분하는 면결함이다. 금속에서 결정립계는 응고 중에 다른 핵들로부터 형성된 결정들이 동시에 성장하여 서로 만날 때 생성된다(그림 4.2). 결정립계의 모양은 이웃 결정립들의 성장에 의한 제한으로 결정된다. 등축정에 가까운 구조의 결정립계 모습을 그림 4.27에 도식적으로 나타내었으며 실제 현미경 사진은 그림 4.3에 나타내었다.

결정립계 자체는 두 결정립 간의 좁은 영역으로서 폭은 원자 지름의 약 2~5배 정도이며 인접한 결정립 사이의 원자적 불일치 영역이다. 이러한 원자적 불일치로 인해 결정립계의 원자충전은 결정립 내부에 비해 낮다. 결정립계도 역시 결정립계 영역의 에너지를 증가시키는 변형된 위치에 약간의 원자들을 가진다.

결정립계는 더 높은 에너지와 보다 개방된 구조를 가지기 때문에 석출물의 핵생성과 성장이 더 잘 일어날 수 있다(9.5절 참고). 결정 내부보다 낮은 결정립계의 원자충전은 결정립계 영역에서 원자 확산이 더 빠르게 일어날 수 있게도 한다. 결정립계 영역에서는 전위의 이동을 어렵게 하기 때문에 상온에서 결정립계는 소성유동도 제한한다.

쌍정(twins)또는 *쌍정경계*(twin boundaries)는 이차원적 결함의 또 다른 예이다. 쌍정은 어떤 면이나 경계를 통해 거울에 비친 상과 같은 구조가 존재하는 영역으로 정의된다. 어떤 재료에 영구변형 또는 소성변형이 일어날 때 쌍정이 형성된다(*변형 쌍정*(deformation twin)). 변형된 결정에서 원자가 원래 위치로 돌아가는 재결정 과정에서도 쌍정경계가 나타날 수 있다(*어닐링 쌍정*(annealing twin)). 그러나 이는 일부 FCC 합금에서만 일어난다. 그림 4.28은 황동의 미세구조에 나타난 수많은 어닐링 쌍정의 모습을 보여주고 있다. 그 명칭에서 나타나는 바와 같이 쌍정경계는 쌍으로 형성된다. 전위와 유사하게 쌍정경계도 재료를 강화하는 경향이 있다. 쌍정경계에 대한 더

그림 4.28 ➤ 황동의 결정립 구조에서 쌍정경계.
(McGraw-Hill)

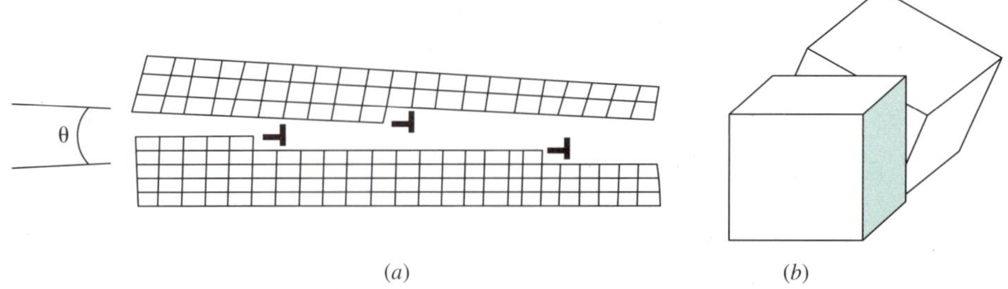

그림 4.29 ➤ (*a*) 저각경사경계를 형성하는 일련의 칼날전위. (*b*) 저각비틀림경계의 모식도

상세한 설명은 6.5.6항에서 다룰 것이다.

결정에서 일련의 칼날전위가 두 결정 영역이 작은 각도로 방향이 일치하지 않거나 기울어진 것과 같은 방법으로 정렬되면(그림 4.29*a*), *저각경사경계*(low-angle tilt boundaries)라고 하는 이차원적 결함이 형성된다. 만약 불일치 각도가 크면 고각경계(high-angle boundaries)라고 부른다. 나선전위들이 연결되어 저각비틀림경계를 생성할 때 비슷한 현상이 일어날 수 있다(그림 4.29*b*). 저각경계의 불일치 각도 θ는 일반적으로 10° 이하이다. 저각경계(경사 또는 비틀림)에서 전위밀도가 증가함에 따라 불일치 각도 θ는 커진다. 만일 θ가 20°를 넘으면 그 경계는 더 이상 저각경계는 아니지만 일반적인 결정립계로 간주한다. 전위나 쌍정과 마찬가지로 저각경계도 국부적인 격자 뒤틀림으로 인해 고에너지 영역이며 금속을 강화하는 경향이 있다.

3.8절에서, 원자면의 적층에 따라 FCC 또는 HCP 결정구조가 형성되는 것을 설명하였다. 적층 순서가 *ABABAB* . . .이면 HCP 결정구조가 형성되고 반면에 적층 순서가 *ABCABCABC* . . .이면 FCC 구조가 형성됨에 주목하였다. 때로는 결정질 재료가 성장할 때 공공 집합체의 붕괴 또는 전위의 상호작용이 있거나 하나 이상의 적층 원자면을 잃어버릴 수 있다. 그 결과로 *적층결함*(stacking fault)이나 *축적결함*(piling-up fault)이라고 하는 다른 이차원적 결함을 일으키게 된다. 적층결함 *ABCAB**AACB**ABC*와 *ABA**ABB**AB*는 각각 FCC와 HCP에서의 상징적인 예로서 굵게 표시한 면이 결함을 나타낸다. 적층결함도 역시 재료를 강화하는 경향이 있다.

일반적으로 말해서 여기서 논의한 이차원적 결함들 중에서 일반적으로 결정립계가 금속을 강화하는데 가장 효과적이라는 것을 기억하는 것이 중요하다. 하지만 적층결함, 쌍정경계, 저각경계 등도 역시 종종 유사한 목적을 만족시킨다. 이러한 결함들이 금속을 강화하는 경향을 갖는 이유는 6장에서 더 상세히 설명할 것이다.

4.4.4 부피결함

부피결함(volume defects) 또는 *삼차원적 결함*(three-dimentional defects)은 일군의 점결함들이 연결되어 삼차원적 공극이나 기공을 만들 때 형성된다. 반대로, 일군의 불순물 원자들이 결합하여 삼차원적 석출물을 형성하기도 한다. 부피결함의 크기는 수 나노미터에서 수 센티미터의 범위 또는 그 이상도 될 수 있다. 그런 결함들은 재료의 거동이나 성능에 매우 큰 효과 또는 영향을 준다. 마지막으로, 삼차원적 결함 또는 부피결함의 개념은 다결정질 재료 내의 비정질 영역까지 넓어질 수 있다. 그러한 재료들은 3장에서 간략하게 다루었으며 다음에 더 광범위하게 논할 것이다.

4.5 미세구조와 결함의 분석을 위한 실험방법

재료과학자와 공학자는 미세구조, 결함의 존재, 미량 성분에 의한 재료의 거동과, 특히 내부구조에 기인하는 특징이나 특성 등을 연구하고 이해하기 위해 다양한 기기들을 사용한다. 기기들을 이용하여 재료의 내부 조직과 구조에 관한 정보를 마이크로에서부터 나노 범위까지 다양한 크기로 밝혀낸다. 결정립의 구조, 결정립계, 다양한 미세상(phase), 선결함, 면결함 그리고 그들이 재료의 거동에 미치는 영향을 연구한다. 다음 절에서 재료의 내부와 표면의 특성을 알 수 있는 광학적 금속조직학, 주사전자현미경, 투과전자현미경, 고분해능 투과전자현미경 및 주사탐침현미경의 사용에 대하여 설명할 것이다.

4.5.1 광학적 금속조직학, ASTM 결정립 크기 및 입경 결정

광학적 금속조직학 기술은 재료의 형상과 내부조직을 마이크로미터 수준(약 2000×의 배율 수준)으로 연구하는 데 사용된다. 광학적 금속조직학 기술을 이용하면 결정립 크기, 결정립계, 다양한 상의 존재, 내부 손상 및 일부 결함들에 관한 정성적 및 정량적 정보를 얻을 수 있다. 이 방법에서는 먼저 정밀하고 다소 긴 공정을 거쳐 금속이나 세라믹과 같은 재료의 작은 시편을 준비한다. 준비 과정 중에 시편 표면의 큰 흠집과 얇은 소성변형 층을 제거하기 위한 여러 단계(보통 네 단계)의 표면 연삭을 거친다. 이어서 연삭 과정에서 생긴 미세한 흠을 제거하기 위해 몇 단계(보통 네 단계)에 걸쳐 연마한다. 연마 후 표면의 품질은 극히 중요하다. 일반적으로 연마 마지막 단계에서 흠이 없이 매끄럽고 거울 정도의 표면이 되어야 한다. 표면 요철을 최소화하기 위해 이러한 여러 단계가 필요하다. 그런 후에 표면을 화학적으로 에칭시킨다. 에칭 용액의 선택과 에칭 시간(시료와 에칭 용액의 접촉을 유지하는 시간)은 연구 대상인 재료에 기인하는 두 가지 핵심 요소이다. 결정립계의 원자들은 결정립 내부의 원자들에 비해 훨씬 더 빠른 속도로 에칭 용액에 의해 에칭된다. 이는 결정립계의 원자들은 충전이 효과적이지 못 해서 결정 내부의 원자에 비해 더 높은 에너지 상태를 갖기 때문이다. 결과적으로 에칭 용액은 결정립들의 경계를 따라 미세한 홈을 만든다. 이제 준비된 시편은 가시광선을 입사광으로 사용하는 금속현미경(도립현미경)으로 시험한다. 금속현미경을 그림 4.30에 도식적으로 나타내었다. 광학현미경에서 입사광에 노출되면 이러한 홈들은 나머지 결정립 재료만큼 빛을 강하게 반사하지 않는다(그림 4.31). 미세한 홈은 빛의 반사가 적기 때문에 어두운 선으로 관찰되며 결정립계를 나타낸다(그림 4.32). 부가적으로 불순물, 다른 상의 존재, 내부 결함 등도 에칭 용액과 서로 다르게 반응하여 시편 표면의 현미경 사진에 드러난다. 전체적으로 이 기술을 이용하여 재료에 관한 매우 많은 정성적 정보를 얻을 수 있다.

현미경 사진으로부터 정성적인 정보 외에 정량적인 정보도 일부 제한적으로 얻을 수 있다. 광학적 금속조직학 기술에 의하여 얻은 광학현미경 사진을 이용하면 재료의 결정립 크기와 평균 입경을 결정할 수 있다.

결정립 계면의 양이 금속의 여러 물성, 특히 강도에 큰 영향을 미치므로 다결정질 금속의 결정립 크기는 중요하다. 낮은 온도(융점의 절반 이하)에서 결정립계는 응력이 작용할 때 전위 이동을 억제하여 금속을 강화한다. 온도가 높아지면 결정립계의 미끄러짐이 발생하여 결정립계가 다결정질 금속에서 약한 영역이 될 수 있다.

결정립 크기를 측정하는 한 가지 방법은 *ASTM*(The American Society for Testing and Materials) 법으로서, **결정립 크기 번호**(grain-size number)를 다음과 같이 정의한다.

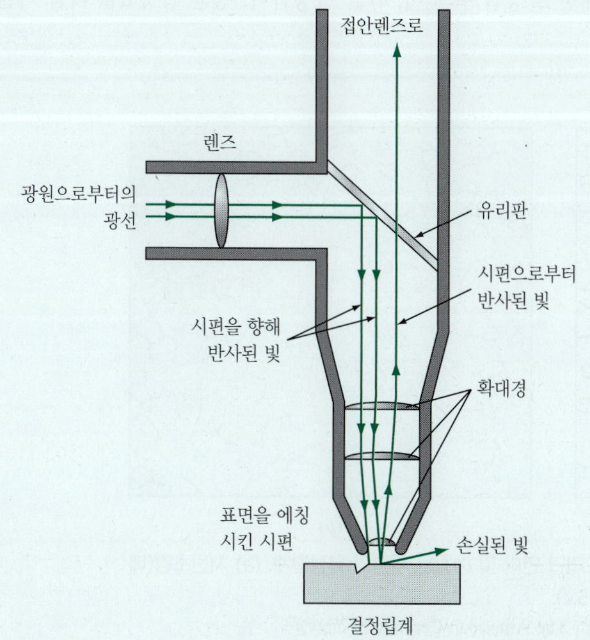

그림 4.30 ➤ 연마 및 에칭된 금속의 표면에서 빛이 어떻게 반사되는지 보여주는 모식도. 에칭되어 패인 결정립계의 불규칙한 표면은 빛을 반사하지 않는다.
(출처: M. Eisenstadt, *Mechanical Properties of Materials*, Macmillan, 1971, p. 126.)

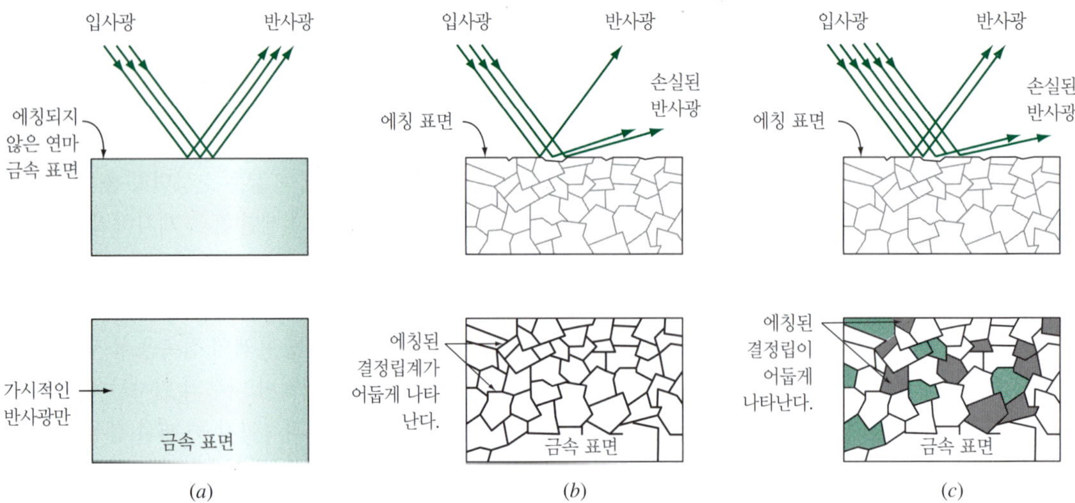

그림 4.31 ➤ 광학현미경으로 관찰한 연마한 금속 시편 표면의 미세구조에 미치는 에칭의 영향. (*a*) 연마만 한 조건에서는 미세구조가 관찰되지 않는다. (*b*) 에칭 후의 저탄소강 시편에서는 결정립계만이 화학적으로 심하게 에칭되어 광학적 미세구조에서 어두운 선으로 보인다. (*c*) 연마된 중탄소강에서는 에칭 후 미세구조에서 어두운(펄라이트) 영역과 밝은(페라이트) 영역이 관찰된다. 어두운 펄라이트 영역은 에칭 용액에 더 심하게 에칭되어 빛을 더 많이 반사하지 못한다.
(출처: Eisenstadt, M., *Introduction to Mechanical Properties of Materials: An Ecological Approach*, 1st ed., © 1971.)

$$N = 2^{n-1} \tag{4.13}$$

여기서 N은 연마 및 에칭한 표면에 대한 100× 배율 사진에서 제곱인치(in^2)당 결정립 수이고 n은 *ASTM 결정립 크기 번호*(ASTM grain-size number)고 하는 정수이다. 표 4.2에 100× 배율 사진에서 in^2 및 1× 배율 사진에서 mm^{2}당 결정립 수에 따른 결정립 크기 번호를 나타내었다. 그림 4.33은 몇 가지 저탄소강 시편의 결정립 크기 번호에 대한 결정립 크기를 비교하여 보여준다. 일반적으로 말해서 재료는 $n < 3$인 조대한 결정립, $4 < n < 6$인 중간 결정립, $7 < n < 9$인 미세 결정립, 그리고 $n > 10$인 초미세 결정립으로 분류할 수 있다.

재료의 결정립 크기를 측정하는 더 직접적인 방법은 실제 평균 입경을 결정하는 것이다. 이것은 현실적으로 결정립의 실제 크기에 대한 어떠한 직접적인 정보도 제공하지 않는 ASTM 결정립 크기 번호에 비해 분명히 유리하다. 이 방법에서는 특정한 배율로 현미경 사진을 촬영하고, 사진에 적당한 길이의 선을 긋는다. 그리고 이 선이 가로지르는 결정립의 수를 세어 실제 선의 길이에 대한 결정립 수의 비, n_L을 결정한다. 평균 입경 d를 다음 식을 이용하여 결정한다.

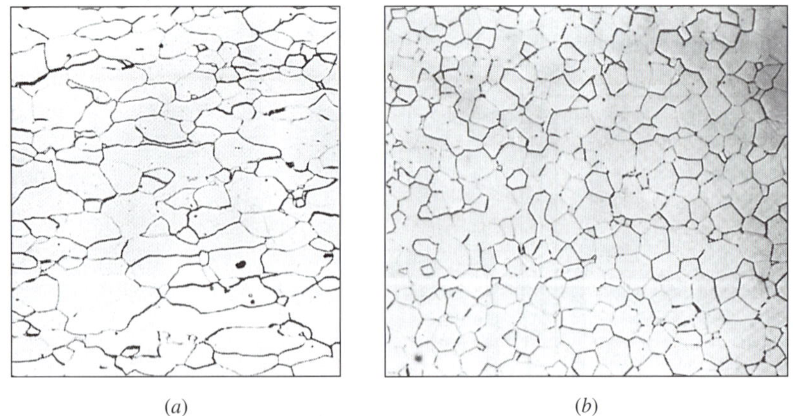

그림 4.32 ➤ 광학현미경 관찰에서 드러난 연마 및 에칭된 시편의 결정립계. (*a*) 저탄소강(배율 100×). (*b*) 산화마그네슘(배율 225×).
((*a*) ASM International, (*b*) Courtesy of The American Ceramic Society)

표 4.2 ➤ ASTM 결정립 크기

결정립 크기 번호	결정립 수: 1× 배율 사진에서 mm^2당	결정립 수: 100× 배율 사진에서 in^2당
1	15.5	1.0
2	31.0	2.0
3	62.0	4.0
4	124	8.0
5	248	16.0
6	496	32.0
7	992	64.0
8	1980	128
9	3970	256
10	7940	512

(출처: *Metals Handbook*, vol. 7, 8*th* ed., American Society for Metals, 1972, p. 4.)

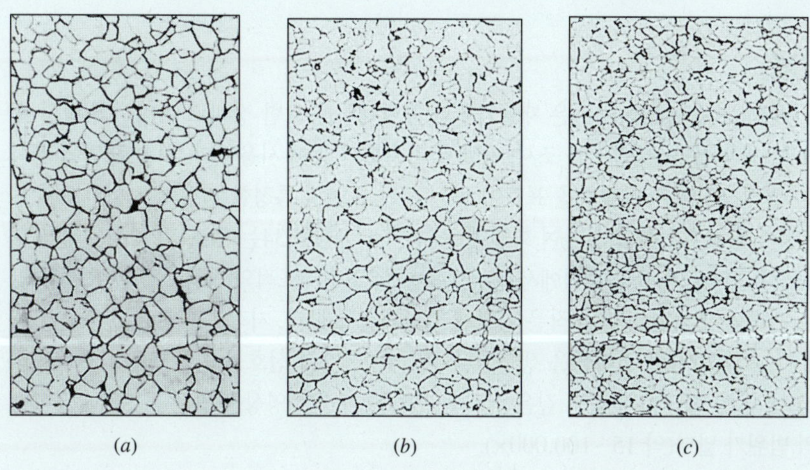

(*a*) (*b*) (*c*)

그림 4.33 ➤ 몇 가지 저탄소강의 ASTM 결정립 크기: (*a*) no. 7,(*b*) no. 8, (*c*) no. 9. (에칭 용액: 나이탈, 배율 100×.) ((*a-c*): ASM International)

$$d = C/(n_L M) \qquad \textbf{(4.14)}$$

여기서 C는 상수(일반적으로 $C = 1.5$)이고 M은 현미경 사진의 배율이다.

예제 4.4

ASTM 결정립 크기는 100× 배율의 현미경 사진으로부터 결정한다. in^2당 64개의 결정립이 있다면 이 금속의 ASTM 결정립 크기 번호는 무엇인가?

풀이

$$N = 2^{n-1}$$

여기서, $N = 100 \times$ 의 배율에서 in^2당 결정립 수

n = ASTM 결정립 크기 번호

따라서,

$$64 \text{ 결정립}/in^2 = 2^{n-1}$$
$$\log 64 = (n-1)(\log 2)$$
$$1.806 = (n-1)(0.301)$$
$$n = 7 ◀$$

예제 4.5

어떤 금속의 200 × 배율의 현미경 사진에서 in^2당 결정립 수가 60이라면, 이 금속의 ASTM 결정립 크기 번호는 무엇인가?

풀이

200×의 배율에서 in^2당 60개의 결정립이 있다면, 100×의 배율에서는 다음과 같다.

$$N = \left(\frac{200}{100}\right)^2 (60\ \text{결정립/in}^2) = 240 = 2^{n-1}$$

$$\log 240 = (n-1)(\log 2)$$

$$2.380 = (n-1)(0.301)$$

$$n = 8.91 ◂$$

in^2당 결정립 수를 고려하므로 배율 변화의 비는 제곱이 되어야 함에 유의하라.

4.5.2 주사전자현미경(SEM)

주사전자현미경(scanning electron microscope, SEM)은 재료과학과 공학에서 중요한 장비로서 미시적 형상 측정, 파괴 특성 규명, 미세구조 연구, 박막 평가, 표면오염 조사, 재료의 파손분석 등에 사용된다. 시편 표면에 가시광선을 입사하는 광학현미경과는 달리, SEM은 전자빔을 표적이 되는 시편 표면의 특정한 지점에 정밀하게 충돌시키고 표적 재료로부터 방출된 전자적 신호들을 수집하여 화면에 표시한다. 그림 4.34는 SEM의 작동원리를 도식적으로 나타낸 것이다. 기본적으로 전자총이 진공 칼럼에서 전자빔을 발생시키고 표적의 작은 지점에 초점을 맞추어 충돌하게 한다. 주사 코일은 전자빔이 시편 표면의 작은 영역에 주사되도록 한다. 저각 후방산란 전자들은 표면의 돌출 부분과 상호작용하여 이차[6] 후방산란 전자들을 생성한다. 이들은 전자적 신호를 만들고 광학현미경의 심도(10,000 배율에서 약 10 μm)에 비해 약 300배 정도 깊은 심도의 시야를 가지는 영상을 만든다. SEM 장비들의 해상도는 약 5 nm이며 배율의 범위가 넓다(약 15~100,000×).

SEM은 재료 분석에서 금속의 파단면 조사에 특히 유용하다. 그림 4.35는 입자 간 부식 파괴에 의한 파단면의 SEM 사진이다. 금속 결정립 표면의 윤곽이 얼마나 선명하고 심도가 깊은지 주목하라. SEM 파단면 사진은 파괴된 표면이 입자 간 파괴(결정립계를 따른 것)인지, 입자 내 파괴(결정립을 가로지른 것)인지 또는 이 둘의 혼합인지를 결정하는 데 이용된다. 일반적인 SEM을 사용하여 분석할 때 더 나은 해상도와 신호를 얻기 위해 시료를 보통 금이나 다른 중금속으로 코팅한다. 이것은 시료가 절연성 물질이면 더욱 중요하다. SEM에 X-선 분광기를 장착하면 시료의 구조에 관한 정성적 및 정량적 정보도 얻을 수 있다.

4.5.3 투과전자현미경(TEM)

투과전자현미경(transmission electron microscope, TEM)(그림 4.36)은 재료 내의 결함과 석출물(이차 상)을 연구하는 데 중요한 장비이다. 결함에 대해 알고 있는 것들은 순수하게 이론적인 것들이 많으며 나노미터 범위의 형상을 분석할 수 있는 TEM을 사용하지 않고는 결코 확인할 수가 없다.

전위와 같은 결함은 TEM 영상 화면에서 관찰할 수 있다. 시편 준비가 다소 기본적이고 쉬운 광학현미경이나 SEM과는 달리 TEM 분석을 위한 시편 준비는 복잡하고 고도의 전문 기기들이 있어야 한다. TEM 분석 시편은 작동 전압에 따라 두께가 수백 나노미터 이하여야 한다. 제대로 준비된 시편은 단지 얇기만 해서 되는 것이 아니고 표면이 평탄하고 평행해야 한다. 이를 위해서 방전가공(전도성 재료에 사용)이나 회전 와이어 절단기 등을 이용하여 벌크 재료에서 얇은 조각(3~0.5 mm)을 잘라낸다. 그리고 미세한 연마재를 사용한 밀링 또는 래핑 공정을 통해 시편의 양면을 평행하게 유지하면서 두께를 50 μm까지 줄인다. 시편을 최종 두께까지 얇게 만들기 위해 전해연마

6 이차 전자는 전자총에서 나온 일차 전자에 충돌한 후 표적 금속의 원자들로부터 튀어나온 전자들이다.

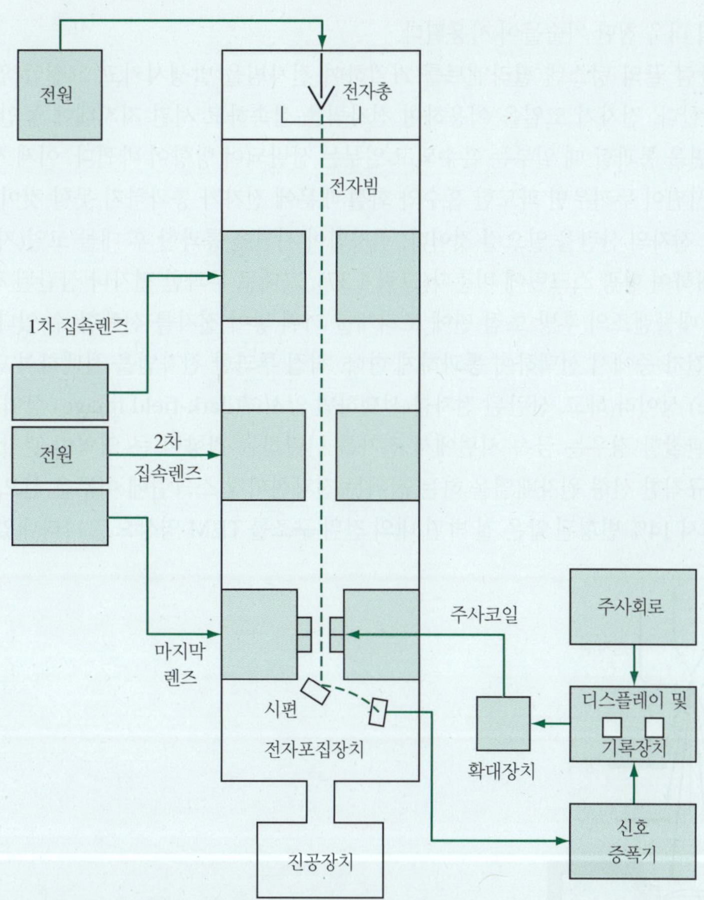

그림 4.34 ➤ 주사전자현미경의 기본설계 모식도.
(출처: V.A. Phillips, *Modern Metallographic Techniques and Their Applications*, Wiley, 1971, p. 425.)

그림 4.35 ➤ 304 스테인리스강 후벽관의 용접된 원주 부분에서 일어난 입자 간 부식 파괴에 의한 파단면의 SEM 사진. (배율 180×)
(ASM International)

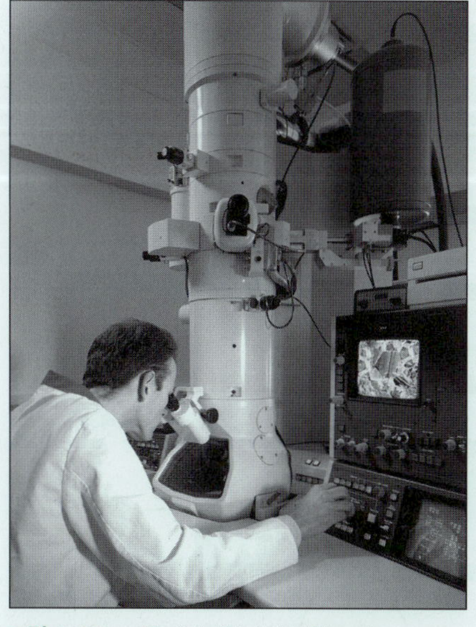

그림 4.36 ➤ 투과전자현미경 관찰 모습.
(Steve Allen/Brand X Pictures/Alamy Stock Photo)

또는 이온빔 연마 등의 더욱 첨단 기술들이 사용된다.

TEM에서 진공 칼럼 끝의 텅스텐 필라멘트를 가열하여 전자빔을 발생시키고 고전압(일반적으로 100~300 kV)을 이용하여 가속한다. 전자기 코일을 이용하여 전자빔을 집속하고 시편 지지대에 놓인 박막 시편을 통과하게 한다. 전자빔이 시편을 통과할 때 일부는 흡수되고 일부는 산란되어 방향이 바뀐다. 이제 시편의 두께가 중요하다는 것이 명백하다. 시편이 두꺼우면 과도한 흡수와 회절 때문에 전자가 통과하지 못할 것이다. 결정 내에서 원자 배열의 차이가 있으면 전자의 산란을 일으킬 것이다. 전자빔이 시편을 통과한 후 대물 코일(자기적 렌즈)을 이용하여 초점을 맞추고 확대하여 형광 스크린에 비춘다(그림 4.37). 그대로 투과한 전자나 산란된 전자 중에서 선택하여 영상을 만들 수 있다. 대물렌즈의 후방 초점 면에 조리개를 끼워 넣어 전자를 선택할 수 있다. 조리개를 조작하여 직접 전자 또는 산란 전자 중에서 선택하여 통과하게 한다. 직접 투과한 전자빔을 선택하여 만들어진 영상을 *명시야*(bright-field image) 상이라 하고, 산란된 전자를 선택하면 *암시야*(dark-field image) 상이 만들어진다.

명시야 방식으로 관찰할 경우는 금속 시편에서 전자를 산란하는 경향이 큰 영역이 관찰 스크린에 어둡게 보일 것이다. 따라서 불규칙한 선형 원자배열을 하는 전위는 전자현미경 스크린에 어두운 선으로 보일 것이다. 그림 4.38에 영하 195°C에서 14% 변형된 얇은 철 박편 내의 전위 구조를 TEM 영상으로 나타내었다.

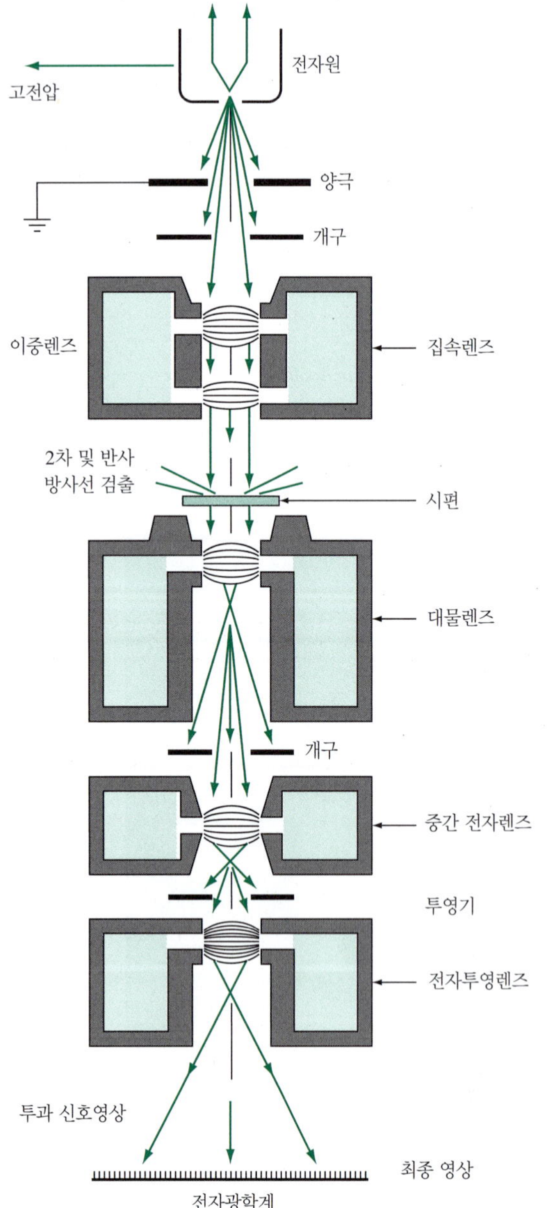

그림 4.37 ➤ 투과전자현미경의 전자 렌즈 시스템 구조의 모식도. 모든 렌즈는 작동 중에 진공 칼럼 내에 들어 있다. 전자총으로부터 최종적으로 비추어진 투과 영상까지 전자빔의 경로는 화살표로 표시하였다. 표시한 바와 같이 전자빔을 투과시킬 수 있을 만큼 충분히 얇은 시편을 집속 렌즈와 대물렌즈 사이에 놓는다.
(출처: L.E. Murr, *Electron and Ion Microscopy and Microanalysis*, Marcel Decker, 1982, p. 105.)

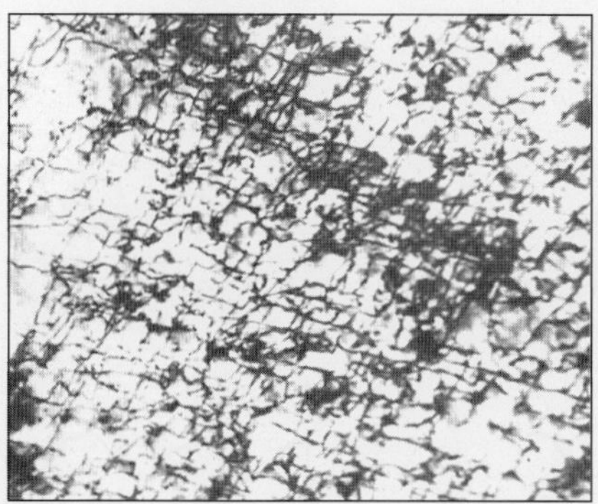

그림 4.38 ➤ 영하 195°C에서 14% 변형된 철의 전위 구조. 전위의 불규칙한 선형 원자배열을 따라 전자의 산란이 일어나므로 전위는 어두운 선으로 보인다. (박편; 배율 40,000×)
(ASM International)

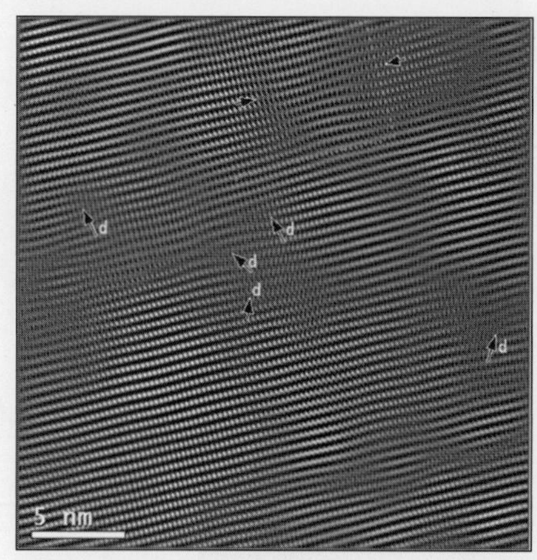

그림 4.39 ➤ AℓN의 원자적 구조에 대한 HRTEM 영상. 결함은 두 종류이다: (1) 화살표와 "d"로 표시한 전위, (2) 마주한 두 화살표로 나타낸 적층결함(그림의 윗부분).
(Courtesy of Dr. Jharna Chaudhuri)

4.5.4 고분해능 투과전자현미경(HRTEM)

결함과 결정구조의 분석에 사용되는 또 다른 중요한 장비는 **고분해능 투과전자현미경**(high-resolution transmission electron microscope, HRTEM)이다. 이 기기는 약 0.1 nm 정도의 분해능을 가지는데 이는 결정구조와 결함에 대하여 원자 수준의 관찰이 가능하게 해준다. 실리콘 단위격자의 격자상수 값인 0.543 nm가 HRTEM이 제공하는 분해능보다 5배 이상 크다는 것을 생각해 보면, 이 정도의 분해능이 결정구조에 관하여 어디까지 밝혀낼 수 있는가를 이해할 수 있을 것이다. 이 기술의 원리가 되는 기본적인 개념은 TEM의 그것과 유사하다. 그러나 시편의 두께가 10~15 nm 정도로 훨씬 더 얇아야 한다. 어떤 경우에는 결함을 수반하는 결정의 이차원적인 영상을 관찰하는 것이 가능하다. 이를 위해서는 박편을 기울여서 결정면의 낮은 지수 방향이 전자빔과 수직이 되게 한다(원자들은 전자빔에 대하여 서로의 바로 위에 위치한다). 회절 패턴은 전자에 대한 주기적 포텐셜을 이차원적으로 나타낸다. 대물렌즈를 이용하여 모든 회절빔과 1차 빔의 간섭이 다시 일어나면 주기적 포텐셜의 확대된 영상을 얻을 수 있다. 그림 4.39는 AℓN 박막 내의 몇몇 전위("d"로 표시)와 몇몇 적층결함(화살표로 표시)의 이미지를 보여준다. 사진에서 흐트러지지 않은 영역은 원자들이 주기적으로 정렬되어 있는 것이 선명하게 관찰된다(왼쪽 아래). 전위는 원자적 구조에 물결같은 모양을 일으킨다. 전위나 적층결함과 같은 결함의 결과로 원자적 구조의 흐트러짐을 명확히 볼 수 있다. HRTEM에서는 대물렌즈에 한계가 있어서 영상의 정확한 정량분석을 얻기가 쉽지 않으며 매우 주의해야 한다.

4.5.5 주사탐침현미경과 원자적 분석

주사터널링현미경(scanning tunneling microscopes, STMs)과 *원자힘현미경*(atomic force microscopes, AFMs)은 재료를 원자 수준으로 분석하고 형상을 관찰할 수 있는 최신 장비들이다. 이 장비들이나 이와 비슷한 능력이 있는 장비들을 모두 합해 *주사탐침현미경*(scanning probe microscopy, SPM)으로 분류한다. SPM은 표면 형상을 나노미터 이하의 규모까지 확대하여 원자 규모의 정밀사진으로 그려낼 수 있다. 이러한 장비들은 원자의 배열과 결함이 중요한 표면과학의 범위를 초월하여, 재료의 표면요철 분석이 필요한 계측학 분야, 각 원자나 분자의 위치를 조작하거나 새로운 나노 규모의 현상을 조사하는 나노기술 분야 등 과학의 많은 영역에서 중요하게 응용된다. 이제 이러한 장비들이 어떻게 작동하는지, 어떠한 정보를 제공하는지, 어디에 응용하는지에 대하여 알아보기로 한다.

주사터널링현미경 IBM 연구원인 G. Binnig과 H. Rohrer는 1980년대 초에 STM 기술을 개발하고 이 발명으로 1986년에 노벨 물리학상을 받았다. 이 기술에서는 전통적으로는 텅스텐, 니켈, 백금-이리듐, 금 등의 금속으로 만

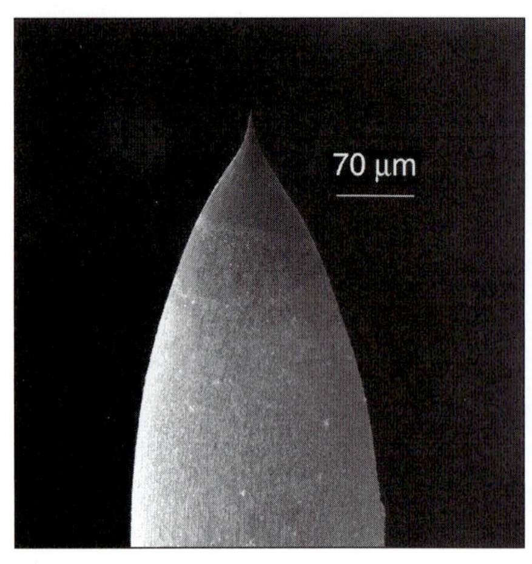

그림 4.40 ➤ 백금-이리듐 합금으로 만든 STM 팁. 팁은 화학에칭 방법으로 뾰족하게 만든다. (Image © Keysight Technologies. All Rights reserved.)

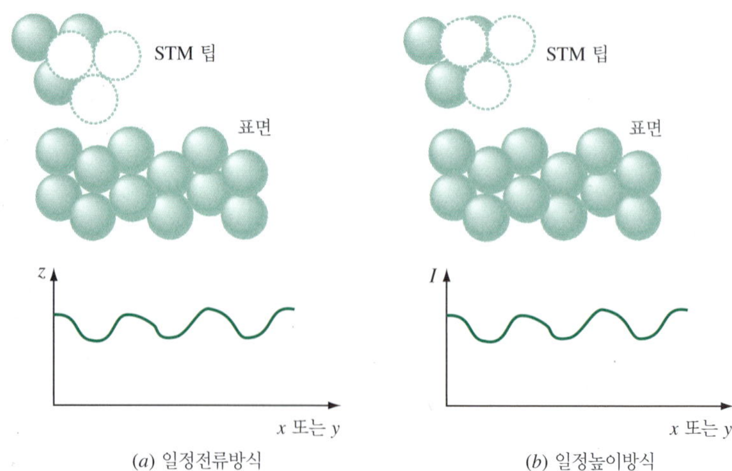

그림 4.41 ➤ STM 작동방식의 모식도. (*a*) 일정 전류를 유지하기 위해 팁의 *z* 좌표를 조정한다(*z* 조정값을 기록), (*b*) 일정 간격을 유지하기 위해 팁의 전류를 조정(전류 조정값을 기록).

든 매우 뾰족한 팁(그림 4.40)이 시편의 표면을 조사하는 탐침으로 사용되는데, 최근에는 탄소나노튜브(11.2.12항 참고)로 만든 것이 더 많이 사용된다.

먼저 팁을 시편 표면에서 원자 지름 정도의 거리(약 0.1~0.2 nm)에 위치시킨다. 이 정도로 가까우면 탐침 끝에 있는 원자의 전자구름은 시편 표면에 있는 원자의 전자구름과 상호작용을 한다. 이 지점에서 표면과 팁 사이를 가로질러 작은 전압을 인가하면 전자가 이 간격을 "통과(tunnel)"해 터널링이 일어나게 될 것이고, 따라서 작은 전류가 흐르고 이를 검출하고 측정할 수 있을 것이다. 일반적으로 시편 표면의 오염이나 산화를 피하기 위해 초고진공하에서 분석한다.

발생하는 전류는 팁과 표면의 간격에 극도로 민감하다. 간격이 조금만 변해도 검출되는 전류는 지수적으로 증가한다. 결과적으로 표면에 대한 팁의 위치가 조금(0.1 nm 이하)만 변해도 감지할 수 있다. 팁이 한 원자(원자의 전자구름) 바로 위에 위치하고 있을 때 전류의 크기를 측정한다. 팁을 원자에서 원자들 사이의 골짜기로 움직이면서 이 전류의 값을 같은 수준으로 유지한다(*일정 전류 방식*(constant-current mode))(그림 4.41*a*). 이 방법에서는 팁 정점의 수직적 위치를 조정하면서 분석한다. 팁의 전류 값을 유지하기 위해 팁을 조정하는 데 필요한 작은 움직임이 표면 형상을 그리는 데 이용된다. 팁과 표면 간의 상대적인 거리를 일정하게 유지하면서 전류 값의 변화를 측정하는 *일정 높이 방식*(constant-height mode)을 이용하여 표면을 그리기도 한다(그림 4.41*b*). STM에 의해 얻은 표면 형상 사진의 품질은 백금 표면의 STM 형상 사진에서 보는 것과 같이 인상적이다(그림 4.42).

명백하게 여기서 매우 중요한 것은 원자 규모의 해상도를 유지하기 위해서는 팁의 지름이 원자 한 개 정도가 되어야 한다는 것이다. 일반적인 금속 팁은 스캔하는 동안 쉽게 마모되고 손상을 입어 영상의 질이 떨어진다. 최근에는 지름이 1~수십 nm인 탄소나노튜브가 가느다란 구조와 강도를 가지므로 STM이나 AFM의 나노팁으로 사용

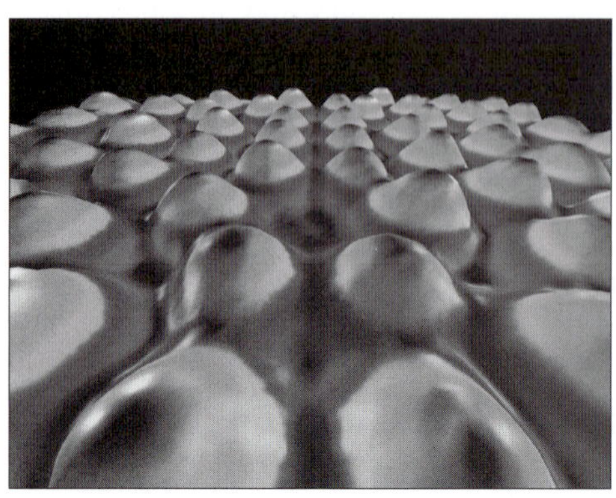

그림 4.42 ➤ 백금 표면의 탁월한 원자적 해상도를 보여주는 STM 영상. (Andrew Dunn/Alamy Stock Photo)

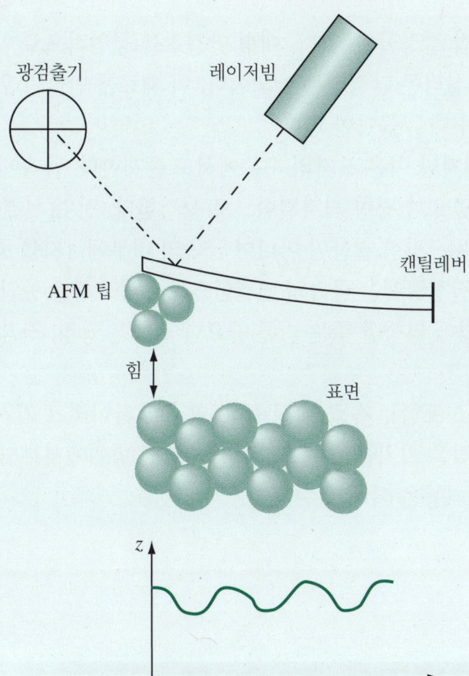

그림 4.43 ➤
기본적인 AFM 기술의 모식도.

되고 있다. 처음에는 STM이 형상 관찰을 목적으로 사용되었으며 재료의 결합 특성이나 물성에 대해 정량적으로 분석하지는 못했다. 장비의 기능이 미소 전류의 발생과 검출에 근거하기 때문에 금속이나 반도체와 같이 전기를 통하는 재료의 분석에만 사용할 수 있다. 그러나 연구진의 관심도가 높은 생체재료나 중합체와 같은 여러 재료들은 절연체이므로 이 기술을 이용하여 분석할 수 없다. 절연체는 AFM 기술을 이용하여 분석한다.

원자힘현미경 AFM은 시편 표면을 팁을 이용하여 탐색한다는 점에서 STM과 유사하다. 그러나 여기서는 팁이 작은 캔틸레버 끝에 붙어 있다. 팁이 시편 표면과 상호작용할 때 팁에 작용하는 힘(Van der Waals 힘)이 캔틸레버를 휘게 한다. 상호작용은 짧은 범위의 척력(*접촉방식 AFM* (contact-mode AFM))일 수도 있고, 또는 긴 범위의 인력(*비접촉방식 AFM* (non-contact-mode AFM))일 수도 있다. 캔틸레버의 편향도는 그림 4.43에서와 같이 설치한 레이저와 광검출기를 이용하여 측정한다. 편향도를 이용하여 팁에 작용하는 힘을 계산한다. 스캔하는 동안 힘을 일정한 수준으로 유지하면서(STM에서 일정 전류 방식과 유사함) 팁의 변위를 측정할 것이다. 표면의 형태를 이러한 미소 변위로부터 결정한다. STM과는 달리, AFM 방법은 팁을 통한 터널링 전류에 근거하지 않으며, 따라서 절연체를 포함하여 모든 재료에 적용할 수 있다. 이것이 앞서 개발된 STM에 대한 AFM의 주요 장점이다. 최근에는 자성이나 음향 등과 같은 다양한 화상 방식을 이용하는 AFM에 기반을 둔 다른 기술들이 많이 있다. 다양한 화상 방식의 AFM은 DNA 연구, 재료 내 부식의 실시간 감시, 중합체의 실시간 열처리, 고분자 코팅 기술 등과 같은 분야에 이용된다. 이러한 분석기술의 응용으로 위와 같은 분야에서 중요한 문제를 근본적으로 이해하는 데에 큰 진전을 가져왔다.

첨단 재료의 거동에 대하여 원자 수준으로 이해하게 된 것이 현재와 같이 발달한 고분해능 전자현미경의 기술 수준을 더욱 발전하게 하고, 이것이 신소재의 개발 기회를 제공한다. 전자현미경과 주사탐침현미경 기술은 매우 중요한 장비이며, 특히 나노기술과 나노소재 분야에서 더욱 그러할 것이다.

4.6 요약

대부분의 금속과 합금은 용융하고 주조하여 반제품 또는 완제품으로 제조한다. 금속이 주물 제품으로 응고하는 동안, 핵이 생성되고 결정립으로 성장하여 다결정질 결정립 구조의 금속 주조물로 응고한다. 대부분의 공업적 응용에 있어서 매우 작은 결정립 크기가 바람직하다. 결정립 크기는 ASTM 결정립 크기 번호 n을 사용하여 간접적으로 지정하거나 평균 결정립 지름을 계산해 직접 결정할 수 있다. 대형 단결정을 공업적으로 만드는 일은 드물다. 그러나 반도체 공업용으로 제조하는 대구경 실리콘 단결정은 예외이다. 이 재료를 만들기 위해서는 특수한 응고 조건들이 적용되어야 하며 실리콘은 순도가 매우 높아야 한다.

결정결함은 모든 실제 결정질 재료에 존재하며, 원자나 이온 크기의 수준에서도 존재한다. 금속에서 공공 또는 빈 원자 위치는 원자의 열적 진동으로 설명할 수 있으며 평형 격자결함으로 생각한다. 전위(선결함)는 금속 결정에서 나타나며 응고과정에서 많이 생성된다. 전위는 평형 결함이 아니며 금속의 내부에너지를 증가시킨다. 전위의 모습은 투과전자현미경으로 관찰할 수 있다. 결정립계는 금속의 면결함으로서 응고하는 동안 다른 방위를 갖는 결정들이 서로 만날 때 생성된다. 재료의 물성에 영향을 주는 다른 중요한 결함은 쌍정, 저각경계, 고각경계, 비틀림, 적층결함 그리고 석출물이다.

재료과학자와 공학자는 재료의 내부구조(결함구조 포함), 거동, 손상 등의 연구에 하이테크 기기를 사용한다. 광학현미경, SEM, TEM (HRTEM), SPM 등과 같은 기기들을 이용하여 거시적인 범위에서부터 나노 범위까지 재료를 분석한다. 이러한 기기들이 없이는 재료 거동을 이해할 수 없다.

4.7 용어 정의

4.1절

핵(nuclei): 상변화(예를 들면, 응고)에 의해 형성된 새로운 상의 작은 입자들로서 상변화가 완료될 때까지 성장할 수 있는 것.

균질핵생성(금속의 응고 관련)(Homogeneous nucleation): 순수한 금속에서 응고가 완료될 때까지 성장할 수 있는 매우 작은 영역의 새로운 고상(핵이라 함)의 형성. 순수한 균질 금속 자체가 핵을 만드는 원자들을 제공한다.

씨눈(embryo): 상변화(예를 들면, 응고)에 의해 형성된 새로운 상의 작은 입자들로서 임계크기가 아니며 재용해할 수 있다.

핵의 임계반지름 r^*(critical radius of nucleus): 핵생성에 의해 형성된 새로운 상의 입자가 안정된 핵으로 되기 위해서 가져야 하는 최소 반지름.

불균질핵생성(금속의 응고 관련)(heterogeneous nucleation): 고체 불순물과의 계면에서 매우 작은 영역의 새로운 고상(핵이라 함)의 형성. 이들 불순물은 특정 온도에서 안정된 고상 핵의 임계크기를 더 작게 한다.

결정립(grain): 다결정 집합체 내에서 하나의 단결정.

등축정(equiaxed grains): 모든 방향의 크기가 거의 같고 임의의 결정 방위를 가진 결정립.

주상정(columnar grains): 응고된 다결정 구조에서 길고 얇은 결정립. 이들 결정립은 응고 중에 열유동이 느리고 단일 축방향일 때 응고된 금속주괴의 내부에 형성된다.

4.2절

다결정 구조(polycrystalline structure): 많은 결정립들로 이루어진 결정질 조직.

4.3절

합금(alloy): 둘 이상의 금속 또는 금속(금속들)과 비금속(비금속들)의 혼합

고용체(solid solution): 둘 이상의 금속 또는 금속(들)과 비금속(들)의 단일상 원자혼합물인 합금.

치환형 고용체(substitutional solid solution): 한 원소의 용질 원자들이 다른 원소의 용매 원자들을 치환할 수 있는 고용체. 예를 들면, Cu–Ni 고용체에서, 구리 원자들은 고용체 결정격자의 니켈 원자들을 치환할 수 있다.

침입형 고용체(interstitial solid solution): 용질 원자들이 용매원자의 격자 사이의 틈새나 공극으로 들어가서 형성되는 고용체.

4.4절

공공(vacancy): 결정격자에서 어떤 원자 위치의 원자를 잃어버린 점결함.

침입형 원자[interstitialcy, 자기침입형(self-interstitial)]: 결정격자에서 모체격자의 원자와 같은 종류의 원자가 모체 원자들 사이의 틈새 위치에 존재하는 점결함.

Schottky 결함(Schottky imperfection): 이온결정에서 양이온 빈자리와 음이온 빈자리가 동시에 형성되는 점결함.

Frenkel 결함(Frenkel imperfection): 이온결정에서 양이온 빈자리와 침입형 양이온이 동시에 형성되는 점결함.

전위(dislocation): 어떤 선 주위에 격자 뒤틀림이 집중되는 결정결함. 전위 주위의 원자들의 변형거리를 슬립 또는 *Burgers 벡터* **b**라 한다. 칼날전위에서의 슬립벡터는 전위선에 수직인 반면에 나선전위에서의 슬립벡터는 전위선에 평행하다. 혼합전위는 칼날과 나선 성분 모두를 가진다.

결정립계(grain boundary): 다결정 집합체에서 다른 방위의 결정(결정립)들을 분리하는 면결함.

쌍정경계(twin bound): 결정구조가 거울에 비추어져 방위가 맞지 않는 상과 같은 면결함.

저각경계(경사)[low-angle boundary(tilt)]: 결정 내에서 작은 각도의 불일치를 형성하는 전위들의 배열.

고각경계(High-angle boundary): 결정 내에서 큰 각도의 불일치를 형성하는 전위들의 배열.

비틀림경계(twist boundary): 결정 내에 불일치를 형성하는 나선전위의 배열.

적층결함(stacking fault): 원자면의 잘못된(위치를 벗어난) 적층으로 인한 면결함.

4.5절

결정립 크기 번호(Grain-size number): 특정 배율에서 단위면적당 결정립들의 공칭(평균) 수.

주사전자현미경[Scanning electron microscope (SEM)]: 전자 충돌에 의해 재료의 표면을 매우 고배율로 관찰하는 데 이용되는 기기.

투과전자현미경[transmission electron microscopy (TEM)]: 재료의 박편을 투과한 전자에 의해 내부의 결함구조를 연구하는 데 사용되는 기기.

고분해능 투과전자현미경[high-resolution transmission electron microscopy (HRTEM)]: TEM을 이용한 기술이지만 매우 얇은 시편을 사용하여 대단히 높은 해상도를 갖는다.

주사탐침현미경법[scanning probe microscopy (SPM)]: STM이나 AFM과 같이 재료의 표면 형상을 원자 수준으로 관찰할 수 있는 현미경 기술.

4.8 연습 문제

*표시를 한 문제는 책 마지막에 답을 제공하였다.

■ 지식과 이해 문제

4.1 순수한 금속의 응고 과정을 핵생성과 결정성장의 관점에서 설명하고 그림으로 보여라.

4.2 순수한 금속의 응고에 대한 균질핵생성 과정을 정의하라.

4.3 순수한 금속의 응고에서, 변태에 관련되는 두 가지의 에너지는 무엇인가? 균질핵생성에 의해서 액체가 변태하여 변형이 없는 고체 핵을 형성하는 데 관련되는 총자유에너지 변화에 관한 식을 쓰라. 또 응고하는 동안 핵생성에 관련되는 에너지 변화를 그래프로 나타내어라.

4.4 금속의 응고에서 씨눈과 핵의 차이는 무엇인가? 응고 중인 입자의 임계반지름은 무엇인가?

4.5 응고하는 동안 과냉각도가 임계핵 크기에 어떻게 영향을 미치는가? 균질핵생성으로 가정하라.

4.6 순수한 금속의 응고에 대하여 균질핵생성과 불균질핵생성의 차이를 구별하여 설명하라.

4.7 고정식 개방주형에서 서냉하여 생산된 금속 주괴의 결정립 구조를 설명하라.

4.8 응고된 금속의 구조에서 등축정과 주상정의 차이를 설명하라.

4.9 어떻게 하면 주괴의 결정립 크기를 미세하게 할 수 있는가? 알루미늄합금 주괴의 결정립을 미세하게 하는 공업적인 방법은 무엇인가?

4.10 단결정을 만들기 위해서는 어떠한 특수기술을 사용하여야 하는가? 재료의 단결정과 다결정 구조의 다른 점을 마이크로/나노 규모의 모습뿐 아니라 성질에서의 차이도 최대한 많이 설명하라.

4.11 반도체 산업에서 사용하는 대구경 실리콘 단결정은 어떻게 만드는가?

4.12 금속 합금이란 무엇인가? 고용체란 무엇인가?

4.13 치환형 고용체와 침입형 고용체를 구별하여 설명하라.

4.14 한 원소가 다른 원소에 광범위한 고용도를 갖기 쉽게 하기 위한 조건(Hume-Rothery 규칙)은 무엇인가?

4.15 침입형 위치란 무엇인지 설명하고, 입방체 내에서 다양한 침입형 위치 종류의 명칭과 각각의 배위수를 말하라.

4.16 금속 격자에서 볼 수 있는 다음 형태의 점결함을 설명하고 그림으로 보여라: (*a*) 공공, (*b*) 이중 공공, (*c*) 침입형 원자.

4.17 결정격자에 존재할 수 있는 다음 결함들을 설명하고 그림으로 나타내어라: (*a*) Frenkel 결함, (*b*) Schottky 결함.

4.18 칼날전위와 나선전위를 설명하고 그림으로 나타내어라. 두 전위를 둘러싸고 있는 영역의 변형 형태는 무엇인가?

4.19 결정립계의 구조를 설명하라. 결정립계가 석출물들의 핵생성과 성장이 일어나기 쉬운 위치가 되는 이유는 무엇인가?

4.20 다음 면결함을 설명하고 그림으로 보여라: (*a*) 쌍정, (*b*) 저각경사경계, (*c*) 저각비틀림경계, (*d*) 외부 표면, (*e*) 적층결함. 또한, 각 결함에 대해 재료의 성질에 미치는 영향을 설명하라.

4.21 부피결함 또는 3차원 결함의 개념을 설명하라.

4.22 광학적 금속조직학 기술을 설명하라. 이 방법으로 알 수 있는 정성적 및 정량적 정보는 무엇인가? 이 방법으로는 어느 정도의 배율을 얻을 수 있는가?

4.23 결정립계를 광학현미경으로 쉽게 관찰할 수 있는 이유는 무엇인가?

4.24 다결정 재료의 결정립 크기를 ASTM 방법으로 어떻게 측정하는가?

4.25 결정립 크기의 다양한 범위를 설명하라. 어떤 금속에 대하여 이 범위들은 무엇을 말해주는가?

4.26 배율을 알고 있는 현미경 사진을 이용하여 금속의 평균 결정립 크기를 측정하는 방법을 설명하라.

4.27 주사전자현미경(SEM)은 무엇인가? 배율은 얼마까지 가능한가? 어떻게 작동되는가(모식도를 그리라)? 무슨 정보를 제공해주는가?

4.28 투과전자현미경(TEM)은 무엇인가? 어떻게 작동되는가(모식도를 그리라)? 이것으로 얻을 수 있는 치수 분해능 얼마인가? 무슨 정보를 제공해주는가?

4.29 고분해능 투과전자현미경(HRTEM)은 무엇인가? 어떻게 작동되는가(모식도를 그리라)? 이것으로 얻을 수 있는 치수 분해능 얼마인가? 무슨 정보를 제공해주는가?

4.30 주사터널링현미경(STM)을 설명하라. 작동방식은 무엇인가(모식도를 그리라)? 이것으로 식별할 수 있는 치수 해상도는 얼마인가? 무슨 정보를 얻을 수 있는가?

4.31 원자힘현미경(AFM)을 설명하라. 작동방식은 무엇인가(모식도를 그리라)? 이것으로 식별할 수 있는 치수는 얼마인가? 무슨 정보를 얻을 수 있는가?

■ 응용과 분석 문제

***4.32** 균질핵생성이 일어날 때 순수한 백금의 임계핵 크기(반지름)를 계산하라.

***4.33** 순수한 백금의 균질핵생성에 대하여 임계핵 내의 원자수를 계산하라.

4.34 균질핵생성이 일어날 때 순수한 철의 임계핵 크기(반지름)를 계산하라.

4.35 순수한 철의 균질핵생성에 대하여 임계핵 내의 원자수를 계산하라.

***4.36** (*a*) 솔트레이크시티 올림픽에서 우승자에게 수여한 금메달에 사용한 합금의 조성은 은이 92.0 at%, 구리가 7.5 at%, 금은 0.5 at%이다(금메달은 금도금임). 253 g의 메달에서 각 금속의 절대 질량을 결정하라. 다음에 대하여 같은 계산을 또 하라. (*b*) 은메달: 92.5 at%의 은과 7.5 at%의 구리, (*b*) 동메달: 90 at%의 구리와 10 at%의 주석.

4.37 그림 4.16은 치환형 고용체를 이루는 니켈(짙은색 구)과 구리(옅은색 구) 합금의 전체적인 원자 조성을 대표하는 모습이라고 가정하고, 다음을 구하라. (*a*) 전체 결정에서 각 원소의 at%, (*b*) at% 단위의 결합 밀도, (*c*) 각 금속의 wt%.

***4.38** (*a*) BCC 구조의 α-철 격자에서 가장 큰 침입형 공극의 반지름을 계산하라. 이 격자에서 철 원자의 반지름은 0.124 nm이고 가장 큰 침입형 공극은 $(\frac{1}{4}, \frac{1}{2}, 0)$, $(\frac{1}{2}, \frac{3}{4}, 0)$, $(\frac{3}{4}, \frac{1}{2}, 0)$, $(\frac{1}{2}, \frac{1}{4}, 0)$ 등의 위치에 형성된다. (*b*) 철 원자 1개가 이 침입형 공극을 차지한다면 인접하는 철 원자는 얼마나 되겠는가? 다른 말로 배위수는 얼마인가?

4.39 예제 4.3에서 탄소 원자 1개가 침입형 공극을 차지하고 있다면, 그것은 얼마나 많은 철 원자와 접촉하겠는가? 달리 말하면 배위수는 얼마인가?

***4.40** 평균적으로 단위격자 100개당 1개 이상의 공공을 가지는 알루미늄 격자를 생각하자. 밀도는 얼마가 되겠는가? 이것을 알루미늄의 이론밀도와 비교하라(완벽한 단위격자 모델을 사용하여 계산해야 함). 어떤 결론에 도달하는가?

***4.41** 어떤 금속의 100× 배율 현미경 사진에 in^2당 300개의 결정립이 있다면, ASTM 결정립 크기 번호는 얼마인가?

***4.42** 어떤 세라믹 재료의 200× 배율 현미경 사진에 in^2당 250개의 결정립이 있다면, 이 재료의 ASTM 결정립 크기 번호는 얼마인가?

4.43 그림 P4.43에 나타낸 저탄소강의 현미경 사진에서 결정립 수를 세어서 ASTM 결정립 크기 번호를 결정하라. 배율은 100×이다. n 값에 따라 결정립 크기를 조대, 중간, 미세, 초미세로 구분하라. 그림의 넓이는 직접 계산하라.

4.44 그림 P4.44에 나타낸 430 스테인리스강의 현미경 사진의 ASTM 결정립 크기 번호를 결정하라. 배율은 200×이다. n 값에 따라 결정립 크기를 조대, 중간, 미세, 초미세로 구분하라. 그림의 넓이는 직접 계산하라.

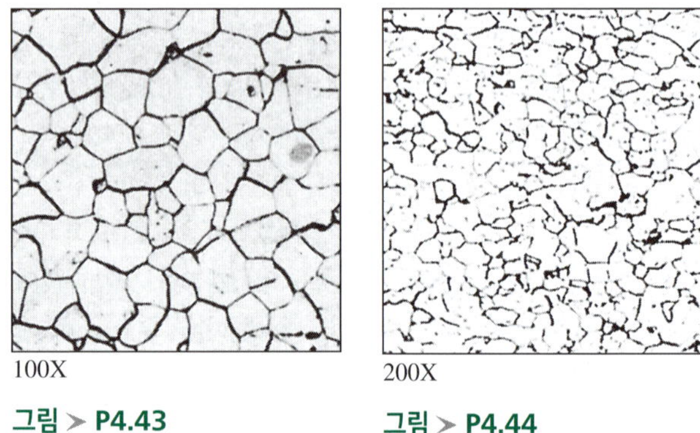

그림 > P4.43 (ASM International)

그림 > P4.44 (Courtesy of The American Ceramic Society)

***4.45** 문제 4.43의 결정립 구조에 대하여 평균 결정립 지름은 얼마가 되겠는가?

4.46 문제 4.44의 결정립 구조에 대하여 평균 결정립 지름은 얼마가 되겠는가?

■ 통합과 평가 문제

4.47 식 (4.6)에서 분모가 커지면 핵생성에 관하여 어떤 일이 일어날지 분석하라. 이 값이 변태에 미치는 영향을 설명하라.

4.48 식 (4.6)에서 핵생성에서 γ의 역할을 설명하라. γ가 커지면 무슨 일이 일어나는가?

4.49 식 (4.3)과 (4.6)을 사용하여 ΔG^*에 관한 식을 정의하라.

4.50 (*a*) 녹은 금속이 담긴 용기 내에서 모서리 길이가 a인 입방체 씨눈이 형성되는 경우에 대하여 식 (4.6)을 유도하라. (*b*) a^*를 식으로 정의하라. (*c*) 식 (4.6)을 참고하여 ΔG^*를 구하라. (*d*) ΔG^* 값을 구형의 씨눈에 대한 값과 비교하라.

4.51 총자유에너지의 변화 관점에서 ΔG_T 곡선(그림 4.6)의 영역들을 판정하라. 액체에서 고체로 안정하게 변태하는 것과 어떤 관계가 있는지 설명하라.

4.52 철 격자는 912°C에서 약간 낮은 온도보다 약간 높은 온도에서 탄소 원자를 침입형으로 받아들이기 더 쉽다. 예제 4.3과 문제 4.38의 결과를 이용하여 그 이유를 설명하라. (이 문제를 아직 풀지 않았다면 먼저 풀 것)

4.53 액체에서 고체로 변태가 일어나기 위해서는 총자유에너지 변화 ΔG_T가 음이 되어야 하는 이유를 물리학적으로 설명하라.

4.54 식 (4.8)에서 ΔT의 증가는 무엇을 알려주는지 응고 온도의 관점에서 설명하라. ΔT가 증가함에 따라 어떤 일이 일어나는지 설명하라.

4.55 식 (4.8)에서 $T_{용융}$이 r^*에 어떤 영향을 미치는지 설명하라.

***4.56** 표 4.1의 정보를 이용하여 최대과냉각도에서 철의 균질핵생성에 관한 임계핵 반지름 r^*와 ΔG_T의 최대값을 구하라.

4.57 (*a*) 알루미늄이 균질핵생성에 의해 응고할 때 1 nm의 임계핵 반지름을 원한다면 최대 과냉각도는 얼마가 되어야 하는가? 해답을 분석하라. (*b*) 응고 과정 중의 최대 자유에너지는 얼마인가? (*c*) 임계 크기의 핵에는 몇 개의 원자가 존재하겠는가?

4.58 높은 압력에서는 BCC와 FCC 중 어떤 결정구조가 될 가능성이 더 크다고 생각하는가? 설명하라.

4.59 녹은 금속에서 온도가 융점 아래로 내려가는 순간에 응고가 시작하지 않는 이유를 설명하라.

***4.60** γ-철과 은은 모두 FCC 결정구조를 가진다. 이 둘에 대하여 침입형 공극의 위치는 같을 것이다. 침입형 공극의 크기는 다르겠는가? 다르다면 은의 침입형 공극의 크기는 얼마인가? *힌트*: 예제 4.3.

4.61 대부분의 금속이 실제 응고할 때는 단지 작은 과냉각도만 필요한 이유를 설명하라.

4.62 그림 4.9에서 주형 벽에 가까운 결정립이 미세한 구조를 갖는 이유를 설명하라.

4.63 그림 4.9에서 일부 결정립들은 길고 원기둥 모양으로 성장하는 이유를 설명하라.

4.64 녹은 금속과 접촉하고 있는 주형의 단면을 생각한다. 만약 그림 P4.64와 같이 주형에 기하학적으로 잘못된 부분이 있다면 응고 과정에서 어떤 영향을 받을 것인가?

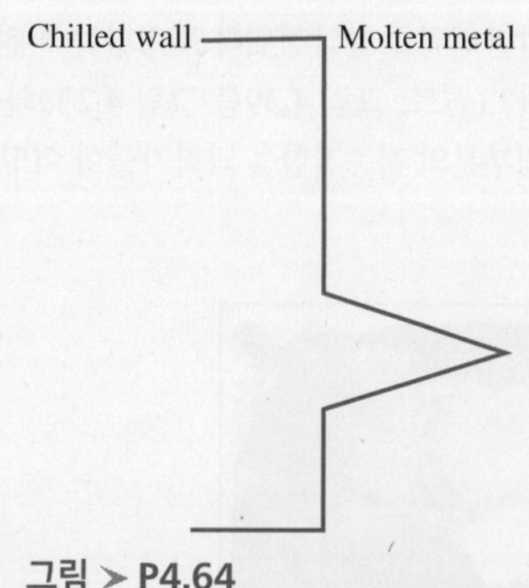

그림 ▸ P4.64

4.65 구리와 알루미늄의 금속 간 화합물에 대한 화학식은 Cu_2Al이다. 화학식에 따라 알루미늄의 원자 백분율은 정확히 33.33%가 되어야 한다(세 개의 원자 중 한 개는 알루미늄이어야 함). 그러나 실제로는 알루미늄이 31%~37% 범위에 있음을 알 수 있다. 이러한 불일치를 어떻게 설명하겠는가?

4.66 FCC 단위격자 내의 사면체 공극의 크기를 구하라.

4.67 BCC 단위격자 내의 팔면체 공극의 크기를 구하라.

4.68 BCC 단위격자 내의 사면체 공극의 크기를 구하라.

4.69 다음을 구하라. (*a*) 하나의 FCC 단위격자 내에 해당하는 팔면체 공극의 수, (*b*) 하나의 FCC 단위격자 내에 해당하는 사면체 공극의 수, (*c*) FCC 단위격자 내에 있는 하나의 원자에 해당하는 팔면체 공극과 사면체 공극 각각의 수.

4.70 다음을 구하라. (*a*) 하나의 BCC 단위격자 내에 해당하는 팔면체 공극의 수, (*b*) 하나의 BCC 단위격자 내에 해당하는 사면체 공극의 수, (*c*) BCC 단위격자 내에 있는 하나의 원자에 해당하는 팔면체 공극과 사면체 공극 각각의 수.

4.71 산화철, FeO는 Fe^{2+} 양이온과 O^{2-} 음이온으로 이루어진 이온성 화합물이다. 그러나 실제 사용되는 것에는 소수의 Fe^{3+} 양이온이 Fe^{2+} 양이온을 치환할 수 있다. 만약에 전부 치환된다면 화합물의 원자적 구조에 어떤 영향을 주겠는가? (이온성 화합물의 충전에 관한 2.5.1항을 참고하라.)

4.72 3장(예제 3.11)에서 구리의 이론밀도를 8.933 g/cm^{3}로 계산하였다. 부록 II를 참고하여 구리의 실험밀도를 구하라. 이 차이는 무엇 때문이라고 생각하는가?

4.73 다음의 원소 쌍들이 고용체 합금을 형성할 수 있다. 어떤 것이 치환형이 되고 어떤 것이 침입형이 될 것인지 예측하라. 그리고 근거를 제시하라.

(*a*) 구리와 주석(청동)
(*b*) 알루미늄과 실리콘
(*c*) 철과 질소
(*d*) 티타늄과 수소

***4.74** 아래 표의 자료를 사용하여 다음 원소의 알루미늄에 대한 상대적 고용도를 예측하라.

(*a*) 구리
(*b*) 망간
(*c*) 마그네슘
(*d*) 아연
(*e*) 실리콘

70~100%는 매우 높음, 30~70%는 높음, 10~30%는 중간, 1~10%는 낮음, <1%는 매우 낮음의 척도를 사용하라.

원소	원자 반지름(nm)	결정구조	전기음성도	원자가
알루미늄	0.143	FCC	1.5	+3
구리	0.128	FCC	1.8	+2
망간	0.112	Cubic	1.6	+2, +3, +6, +7
마그네슘	0.160	HCP	1.3	+2
아연	0.133	HCP	1.7	+2
실리콘	0.117	Diamond cubic	1.8	+4

4.75 아래 표의 자료를 사용하여 다음 원소의 철에 대한 상대적 원자 고용도를 예측하라.

(*a*) 니켈
(*b*) 크롬
(*c*) 몰리브덴
(*d*) 티타늄
(*e*) 망간

70~100%는 매우 높음, 30~70%는 높음, 10~30%는 중간, 1~10%는 낮음, <1%는 매우 낮음의 척도를 사용하라.

원소	원자 반지름(nm)	결정구조	전기음성도	원자가
철	0.124	BCC	1.7	+2, +3
니켈	0.125	FCC	1.8	+2
크롬	0.125	BCC	1.6	+2, +3, +6
몰리브덴	0.136	BCC	1.3	+3, +4, +6
티타늄	0.147	HCP	1.3	+2, +3, +4
망간	0.112	Cubic	1.6	+2, +3, +6, +7

4.76 Hume-Rothery 규칙에 의거하여, 계산하고 비교하여, 니켈에 대한 구리의 용해 한도에 관한 의견을 말하라.

***4.77** (*a*) 75 wt%의 구리-25 wt%의 니켈 합금의 밀도를 계산하라(부록 II의 밀도 사용). (*b*) 이 합금에 가장 가능한 결정구조는 무엇이 될 것인가? (*c*) 이 합금의 단위격자 내 원자의 질량을 그램으로 계산하라. (*d*) 이 합금의 격자상수를 계산하라.

4.78 화합물 FeO에서 각 원소의 이론적인 원자 백분율은 얼마인가? 각 원소의 해당 wt%는 얼마인가? 무엇이라고 결론을 내리겠는가?

4.79 은화는 약 93 wt%의 은과 7 wt%의 구리로 구성된다. 7 wt%의 구리를 첨가하여 얻을 수 있는 이점을 모든 방향에서 논하라. 이 합금은 어떤 종류의 고용체인가?

4.80 Schottky 또는 Frenkel 결함이 이온성 재료의 성질과 거동에 미치는 중요성이나 영향은 무엇인가?

***4.81** 금속현미경에서 배율이 2배로 증가하면 관찰하고 있는 면적의 크기에 어떤 일이 일어나는가(면적 배율)? 결정립 수를 셀 때는 어떤 일이 일어나는가?

4.82 어떤 용도로, 구리($n = 7$)와 연강($n = 4$) 중에서 더 큰 결정립 크기를 갖는 금속을 선택할 필요가 있다. (*a*) 어떤 것을 선택하겠는가? (*b*) 강도를 중요하게 생각한다면 어떤 합금을 선택하겠는가? 이유는? (*c*) 만약 고온에서 사용한다면 *b*의 답을 바꾸겠는가? 이유는?

4.83 그림 P4.83은 500× 배율의 SEM 사진으로 기어의 파단면을 보여준다. 이 사진에서 관찰할 수 있는 모든 형상을 설명하라. 평균 결정립 지름을 계산할 수 있는가($C = 1.5$라 가정)?

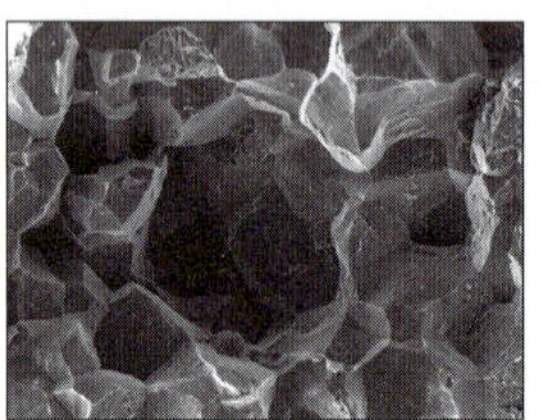

그림 P4.83 ≻
(Provided Courtesy of Metallurgical Technologies, Inc.- a Rimkus Company)

4.84 그림 P4.84는 주로 철과 소량(단지 0.18 wt%)의 탄소로 이루어진 1018 강의 광학현미경 사진 (200×)이다. 이 현미경 사진에서 관찰되는 모든 형상을 설명하라. 색상의 차이는 무엇을 말해준다고 생각하는가?

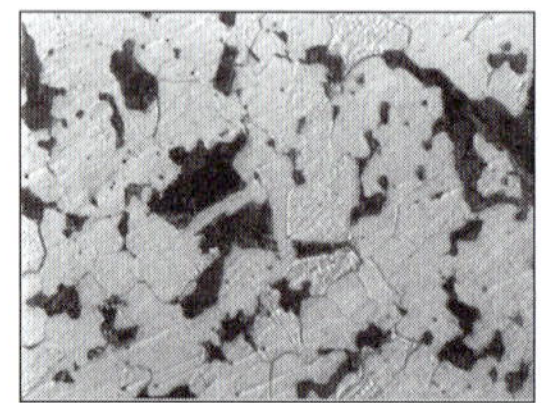

그림 P4.84 ≻
(Javad Hashemi)

4.85 그림 P4.85는 냉간가공한 알루미늄 합금의 구조를 보여주는 TEM 사진이다. 이 사진에서 관찰되는 모든 특징적 모습을 설명하라. 무슨 일이 일어났는지 추측하라.

4.86 어떤 원형 단면의 저탄소강 막대를 등축정의 결정립 구조로 주조하였다. 이것을 사용하기 위해서는 지름을 줄이고 결정립 치수는 막대의 세로축 방향으로 길게 늘여야 한다. 어떻게 하면 되겠는가?

4.87 그림 4.39에 A*ℓ*N의 HRTEM 이미지를 나타내었다. 그림에서 전위를 화살표와 글자 "d"로 강조하였다. 과학자들이 실제 칼날전위를 칼날전위라고 명명하게 된 이유를 밝힐 수 있겠는가? (*힌트*: 그림 4.39를 그림 4.23*a*와 비교하라) 그리고 사진 윗부분의 적층결함을 과학자들이 어떻게 알았는지 논하라.

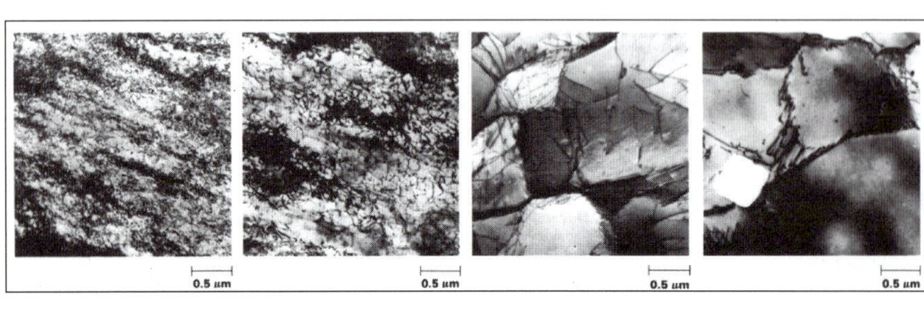

그림 P4.85 ≻
(ASM International)

제 5 장

고체의 열적 활성화 과정과 확산

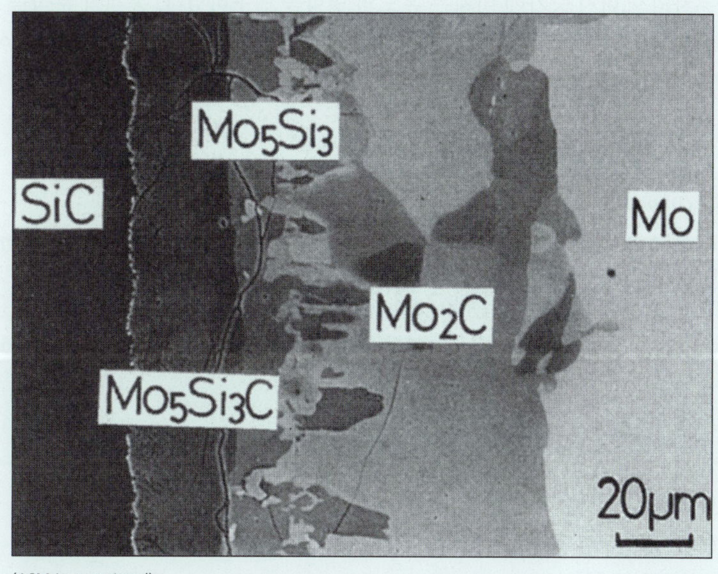

(ASM International)

자동차 엔진 구조물은 대개 금속과 세라믹스의 조합으로 만들어진다. 금속은 고강도와 연성을 부여하는 역할을 하며, 세라믹스는 고온 강도, 화학적 안정성 및 낮은 마모를 부여하는 역할을 한다. 많은 경우에 있어서 최상의 부품으로 사용되기 위해서는 금속 부품을 얇은 세라믹스 층에 접합할 경우가 있다. 이때 세라믹 층은 고온 부식성 분위기에서 내부 금속 부품을 보호하게 된다. 금속과 세라믹 부재를 함께 접합하는 한 가지 방법은 고상 접합(solid-state bonding)이다. 이때 공정 작업은 압력과 고온을 동시에 인가시키는 것을 기본으로 한다. 외부 가압에 의해 접합계면을 접촉케 하고, 높은 온도는 접촉계면을 가로질러 확산이 쉽게 되도록 한다. 사진에서는 몰리브덴(Mo) 금속에 탄화규소(SiC) 얇은 층을 1700°C의 접합 온도와 100 MPa의 압력으로 한 시간 동안 접합시켰을 때의 계면 미세구조를 보여주고 있다. Mo_2C(탄화물)와 Mo_5Si_3(규화물) 층으로 구성된 전이 영역이 존재하는 것을 주목하라. 이러한 화합물은 확산에 의해 형성되며 다양한 층 사이에서 강한 결합을 형성한다. ■

학습 목표

이 장을 마치면, 학생들은 다음을 설명할 수 있을 것이다.

1. 고체 상태의 원자 움직임을 포함하는 고체의 반응 속도를 Boltzmann의 관계에 근거하여 설명. 활성화 에너지 E^*의 개념 설명 및 주어진 온도에서 E^*보다 큰 에너지를 가지고 있는 원자나 분자의 분율 결정할 수 있다.
2. 반응속도에 미치는 온도의 효과를 Arrhenius 속도 방정식에 근거하여 설명할 수 있다.
3. 2가지 주요한 확산 기구를 설명할 수 있다.
4. 안정 상태와 불안정 상태 확산의 구별과 연관된 문제를 풀기 위한 Fick의 제1법칙과 제2법칙의 적용할 수 있다.
5. 확산 공정의 산업 응용에 대하여 설명할 수 있다.

5.1 고체의 반응속도

엔지니어링 재료의 생산과 활용에 관련된 다양한 공정은 원자가 고체 상태 내에서 이동하는 속도와 관련된다. 이러한 많은 공정에서 새로운 그리고 좀 더 안정된 원자의 배열이 되는 방향으로 고체 상태에서 원자의 자발적인 재배열이 일어난다. 미반응 상태에서 반응 상태로 이러한 반응이 진행하려면, 반응하는 원자가 활성화 에너지 장벽을 극복할 만한 충분한 에너지를 가져야 한다. 원자의 평균 에너지 이상으로 필요로 하는 부가적 에너지를 **활성화 에너지**(activation energy) ΔE^*라 하며, 대개 J/mol 또는 cal/mol로 측정된다. 그림 5.1은 열적으로 활성화시키는 고상 반응의 활성화 에너지를 보여주고 있다. Er(반응물의 에너지) $+\Delta E^*$(활성화 에너지)의 에너지 준위를 가지고 있는 원자는 자발적으로 반응하여, 반응 상태 Ep(생성물의 에너지)에 도달하기 위한 충분한 에너지를 가지고 있을 것이다. 그림 5.1에서 보이는 반응은 반응에 의해 에너지가 방출되기 때문에 발열 반응이다.

어느 특정 온도에서는 계 내의 일부 분자 또는 원자만이 활성화 에너지 준위 E^*에 도달하기에 충분한 에너지를 가지고 있을 것이다. 계의 온도가 증가함에 따라 더 많은 분자나 원자가 활성화 에너지 준위에 이를 것이다. Boltzmann은 기체 분자의 에너지 증가에 미치는 온도의 영향을 연구하였다. 통계적 분석을 기초로 한 Boltzmann의 결과에 의하면, 특정 절대온도 T에서 계의 모든 분자 또는 원자의 평균 에너지 E보다 큰 에너지 준위 E^*를 갖는 원자 또는 분자를 발견할 확률은 다음과 같다.

$$\text{확률} \propto e^{-(E^* - E)/kT} \tag{5.1}$$

여기서 k = Boltzmann 상수 $= 1.38 \times 10^{-23}$ J/(atom · K)이다.

계 내에서 E^*보다 훨씬 큰 에너지를 갖는 원자 또는 분자의 분율은 다음과 같이 쓸 수 있는데, 여기서 E^*는 임의의 원자 또는 분자가 가지고 있는 평균 에너지보다 훨씬 크다.

$$\frac{n}{N_{\text{total}}} = Ce^{-E^*/kT} \tag{5.2}$$

여기서 n = E^*보다 큰 에너지를 가진 분자 또는 원자의 수
N_{total} = 계에 존재하는 분자 또는 원자의 전체 수
k = Boltzmann 상수 $= 8.62 \times 10^{-5}$ eV/K
T = 온도, K
C = 상수

4.4절에서 결정구조는 완벽할 수 없고 다양한 유형의 결함(defect)이 항상 존재할 수 있다는 실상을 제시했다. 결함, 특히 공공(vacancy, 빈자리)이 존재하면, 반응속도 공정에서 중요한 역할을 한다. 실제로, 결정은 일정한 압력과 온도의 평형 상태에서 특정한 수의 공공을 반드시 형성하고 있다. 4.4절에서 Gibbs 자유 에너지 G에 대한 논의를 참고하면, 결정의 열역학적 평형 상태는 최소값 또는 최저값의 G를 갖는 것으로 정의된다. 단결정에서 평형

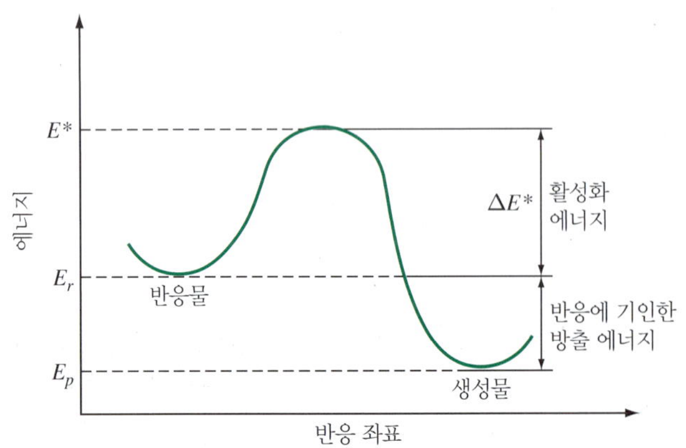

그림 5.1 > 미반응 상태에서 반응 상태로의 진행에 따른 반응 화학종의 에너지.

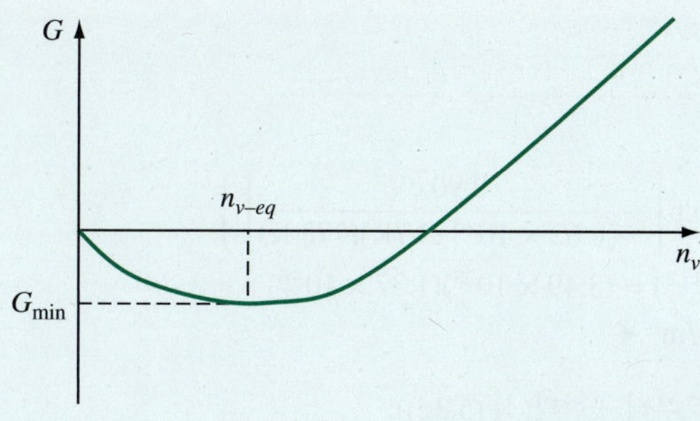

그림 5.2 ➤ Gibbs 자유 에너지 대 공공의 농도: 공공의 평형 농도는 최소의 Gibbs 자유 에너지일 때 일어남에 주목.

상태에 도달할 때까지 G 값이 감소할수록 공공의 수는 증가한다. 달리 표현하면, G가 최소가 되기 위해서는 그림 5.2와 같이 평형 농도를 가지는 공공(equilibrium concentration of vacancies) n_{v-eq}가 필요하다는 말이다.

특정 온도에서 금속 결정격자의 평형 상태에서의 공공의 수는 식 (5.2)와 비슷한 다음과 같은 관계로 표현할 수 있다.

$$\frac{n_v}{N} = Ce^{-E_v/kT} \tag{5.3}$$

여기서, n_v = 금속 입방미터당 공공의 수
N = 금속 입방미터당 전체 원자 자리의 수
E_v = 공공 형성 활성화 에너지(eV)
T = 절대온도(K)
k = Boltzmann 상수 = 8.62×10^{-5} eV/K
C = 상수

예제 5.1에서는, 500°C의 순수한 구리에 존재하는 공공의 평형 농도를 식 (5.3)을 사용하고 $C = 1$을 가정하여 계산하였다. 이러한 계산에 의하면, 원자 백만 개에 대해 대략 겨우 한 개의 공공만이 존재하고 있다.

예제 5.1

(*a*) 500°C에서 순수한 구리 입방미터당 평형 공공의 수와 (*b*) 500°C에서 순수 구리의 공공 분율을 계산하라. 순수한 구리의 공공 형성 에너지는 0.90 eV로 가정하라. $C = 1$인 식 (5.3)을 사용하라. (Boltzmann 상수 $k = 8.62 \times 10^{-5}$ eV/K)

풀이

a. 500°C에서 순수한 구리의 입방미터당 평형 공공의 수는

$$n_v = Ne^{-E_v/kT} \ (C = 1\text{로 가정}) \tag{5.3a}$$

여기서 n_v = 공공의 수/m³
N = 원자 자리의 수/m³
E_v = 500°C에서 순수한 구리의 공공 형성 에너지(eV)
k = Boltzmann 상수
T = 온도(K)

먼저 아래 식을 사용하여 N의 값을 결정한다.

$$N = \frac{N_0 \rho_{Cu}}{\text{Cu의 원자질량}} \tag{5.4}$$

여기서 N_0 = Avogadro 수이고 ρ_{Cu} = Cu의 밀도 = 8.96 Mg/m³이다. 따라서

$$N = \frac{6.02 \times 10^{23}\ \text{원자}}{\text{원자질량}} \times \frac{1}{63.54\ \text{g/원자질량}} \times \frac{8.96 \times 10^6\ \text{g}}{\text{m}^3}$$
$$= 8.49 \times 10^{28}\ \text{원자/m}^3$$

N, E_v, k 및 T 값을 식 (5.3a)에 치환하면,

$$\begin{aligned} n_v &= Ne^{-E_v/kT} \\ &= (8.49 \times 10^{28})\left\{\exp\left[-\frac{0.90 \text{ eV}}{(8.62 \times 10^{-5} \text{ eV/K})(773 \text{ K})}\right]\right\} \\ &= (8.49 \times 10^{28})(e^{-13.5}) = (8.49 \times 10^{28})(1.37 \times 10^{-6}) \\ &= 1.16 \times 10^{23} \text{ 공공/m}^3 \blacktriangleleft \end{aligned}$$

b. 500°C에서 순수한 구리의 공공 분율은 n_v/N 비율로부터 구한다(식 (5.3a)):

$$\begin{aligned} \frac{n_v}{N} &= \exp\left[-\frac{0.90 \text{ eV}}{(8.62 \times 10^{-5} \text{ eV/K})(773 \text{ K})}\right] \\ &= e^{-13.5} = 1.37 \times 10^{-6} \blacktriangleleft \end{aligned}$$

그러므로 10^6 원자 자리 중에 단지 1개의 공공만이 있다.

Arrhenius[1]는 기체에서 분자 에너지에 대한 Boltzmann 관계식과 비슷한 표현을 화학 반응속도에 미치는 온도의 영향에 대한 실험을 통하여 제시하였다. Arrhenius는 많은 화학 반응에서 반응속도가 온도함수로서 다음 관계식에 의해 표현할 수 있다는 것을 발견하였다.

$$\text{Arrhenius 속도 방정식:} \qquad \text{반응속도} = Ce^{-Q/RT} \tag{5.5}$$

여기서 Q = 활성화 에너지, J/mol 또는 cal/mol
R = 몰 기체상수
$= 8.314 \text{ J/(mol} \cdot \text{K)}$ 또는 $1.987 \text{ cal/(mol} \cdot \text{K)}$
T = 온도(K)
C = 속도 상수, 온도에 무관

액체와 고체에 적용할 때, 활성화 에너지는 대개 1몰 단위로, 즉 6.02×10^{23} 원자 또는 분자 단위로 표현한다. 이때의 활성화 에너지도 보통 기호 Q로 나타내며, J/mol 또는 cal/mol로 표현한다.

Boltzmann 식 (5.2)와 Arrhenius 식 (5.5)는 둘 다 많은 경우에 있어서 원자 또는 분자 사이의 반응속도가 활성화 에너지 E^* 이상의 에너지를 가지고 있는 반응 원자 또는 분자의 수에 의존한다는 것을 의미한다. 재료과학자와 공학자들이 특히 관심을 갖는 많은 고상 반응속도는 Arrhenius 속도 방정식을 따르고, 따라서 Arrhenius 식은 고상 반응속도 실험 데이터를 분석하는 데 종종 사용된다.

Arrhenius 식 (5.5)는 일반적으로 자연로그 형태로 재표현된다.

$$\ln \text{속도} = \ln C - \frac{Q}{RT} \tag{5.6}$$

이 식을 직선의 식으로 나타내면,

$$y = b + mx \tag{5.7}$$

여기서 b는 y 절편이고 m은 직선 기울기이다. 식 (5.6)의 ln 속도 항은 식 (5.7)의 y 항에 해당되고, 식 (5.6)의 ln C 항은 식 (5.7)의 b 항에 해당된다. 식 (5.6)의 $-Q/R$ 양은 식 (5.7)의 기울기 m에 해당된다. 그러므로 ln 속도 대 $1/T$을 그리면 기울기 $-Q/R$의 직선을 만든다.

Arrhenius 식 (5.5)는 아래와 같이 상용로그 형으로 다시 쓸 수 있다.

1 Svante August Arrhenius(1859~1927). 스웨덴의 물리화학자로, 근대 물리화학의 창시자 중의 한 사람이며 반응속도론을 연구하였다.

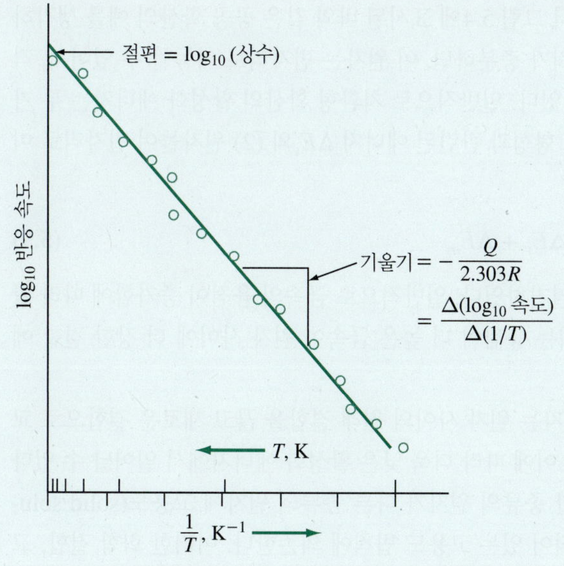

그림 5.3 ➤ 실험 속도 데이터의 일반적인 Arrhenius 도식.
(출처: Wulff et al., *Structure and Properties of Materials*, Vol. II, J. H. Brophy, R. M. Rose and J. Wulff, *Thermodynamics of Structure*, Wiley, 1966, p. 64.)

$$\log_{10} \text{속도} = \log_{10} C - \frac{Q}{2.303\,RT} \tag{5.8}$$

2.303은 자연로그에서 상용로그로의 변환 인자이다. 이 식은 역시 직선의 식이다. $\log_{10}$ 속도 대 $1/T$의 그래프를 그리면 그림 5.3과 같다.

그러므로 실험 데이터의 ln 반응속도 대 $1/T$의 그래프가 직선을 형성한다면, 공정에 관여한 활성화 에너지는 직선의 기울기로부터 계산할 수 있다. 나중에 원자의 확산과 순수한 원소 반도체의 전기전도도에 미치는 온도의 영향을 조사하기 위해 Arrhenius 식을 사용할 것이다.

5.2 고체 내의 원자 확산

5.2.1 일반적인 고체 내 확산

확산은 어떤 물질이 다른 물질을 통하여 이동하는 기구로 정의할 수 있다. 기체, 액체 및 고체 내의 원자들은 일정한 운동을 하며 일정한 시간에 걸쳐 이동한다. 기체에서의 원자 이동은 요리 냄새나 연기 입자가 빠르게 이동하는 것에서 알 수 있듯이 상대적으로 빠르다. 액체 내에서의 원자 이동은 액체인 물에서 염료의 이동에서 알 수 있듯이 일반적으로 기체에서보다 느리다. 고체에서 원자 이동은 평형 위치로 결합되어 있기 때문에 제한적이다. 그러나 고체에서 열 진동이 일어나면 몇몇 원자는 이동할 수 있게 된다. 금속과 합금에서 원자의 확산이 특히 중요한데, 이는 대부분 고상 반응이 원자 운동을 수반하기 때문이다. 고상 반응의 예로는 고용체로부터 2차상의 석출(9.5.1항) 및 냉간 가공된 금속의 재결정에서 새로운 결정의 핵생성과 성장(6.8절)이 있다.

5.2.2 확산 기구

결정질 격자에서 원자 확산에는 주된 기구가 2가지 있다: (1) *공공*(*vacancy*) 혹은 *치환형*(substitutional) *기구*, (2) *침입형*(interstitial) *기구*이다.

공공 혹은 치환형 확산 기구 원자가 열 진동에 의해 제공되는 활성화 에너지가 충분하고 격자에 원자가 이동하여 들어갈 수 있는 공공 또는 다른 결정 결함이 있는 경우, 원자는 결정격자 내에서 한 원자 자리로부터 다른 원자 자리로 이동할 수 있다. 금속과 합금에서 공공은 평형 결함이므로 항상 몇몇 원자는 **치환형 확산**(substitutional diffusion)이 일어날 수 있다. 금속의 온도가 증가함에 따라 더 많은 공공이 존재하고 더 많은 열에너지를 가용할 수 있으므로, 온도가 높을수록 확산 속도는 증가한다.

구리 결정격자 내에서 구리 원자가 이루는 (111) 면에서 그림 5.4에 표시된 바와 같은 공공 확산의 예를 생각하여 보자. 만일 공공 옆에 위치해 있는 원자의 활성화 에너지가 충분하면, 이 원자는 빈자리로 이동할 수 있어서, 격자 내 구리 원자의 **자기 확산**(self-diffusion)에 기여할 수 있다. 일반적으로 치환형 확산의 활성화 에너지는 두 가지 요소로 구성된다: 식 (5.9)에 나타낸 것처럼, (1) 공공의 형성과 관련된 에너지 ΔE_v와 (2) 원자들이 빈자리로 이동하는 데 관련된 에너지 ΔE_m이다.

$$Q_{\text{치환형 확산}} = \Delta E_v + \Delta E_m \tag{5.9}$$

표 5.1에는 일부 순수 금속의 자기 확산 활성화 에너지를 열거하였다. 일반적으로 금속의 융점이 증가함에 따라 활성화 에너지 또한 증가한다는 것에 주목하라. 이러한 관계는 융점이 더 높은 금속이 원자 사이에 더 강한 결합 에너지를 갖는 경향이 있기 때문에 성립한다.

자기 확산 혹은 치환형 고상 확산이 진행되는 동안, 원자는 원자 사이의 원래 결합을 끊고 새로운 결합으로 교체되어야 한다. 이러한 과정은 공공이 존재하면 촉진되며, 이에 따라 더욱 낮은 활성화 에너지에서 일어날 수 있다 (그림 5.4). 이러한 과정이 합금에서 일어나기 위해서는 한 종류의 원자가 다른 종류의 원자에 고용도(solid solubility)가 있어야만 한다. 따라서 이 과정은 4.3절에 열거되어 있는 고용도 법칙에 의존한다. 이러한 화학 결합, 고용도 및 다른 인자의 차이 때문에 치환형 확산 값은 반드시 실험적으로 구해야 한다. 세월이 흐름에 따라 이것의 측정이 좀 더 정확하게 이루어지며, 따라서 이들 값은 세월이 지남에 따라 변동될 수 있다.

확산의 측정에 대한 획기적인 발전은 Kirkendall 효과가 발견된 1940년대에 일어났다. 이 효과에서는 2원 확산쌍에서 확산 계면에 존재하는 표시자(marker)가 가장 빠르게 움직이는(빠른 확산) 화학종과 반대 방향으로 조금 움직이는 것을 보여주었다(그림 5.5*a*). 많은 논의 끝에 공공이 존재하면 이러한 현상이 가능하다고 결론지었다.

확산은 고용체에서 공공 기구에 의해 일어날 수도 있다. 원자 크기의 차이와 원자 간의 결합 에너지 차이는 확산속도에 영향을 미치는 인자이다.

침입형 확산 기구 결정격자 내의 원자의 **침입형 확산**(interstitial diffusion)은 기지 결정격자에서 어떤 원자도 영구적으로 변형시키지 않고 한 침입형 자리에 존재하는 원자가 다른 이웃한 침입형 자리로 이동할 때 일어난다(그림 5.6). 원자 사이의 틈새 공간(interstitial spaces)이 고유한 빈자리로 작용하기 때문에 침입형 확산에서는 (4.3.2항에서 논의된) 공공이 필요하지 않다는 점에 유의하는 것이 중요하다. 더욱이, 결정 내에는 침입형 확산을 할 만한 틈새 자리가 풍부하다. 따라서 침입형 확산의 활성화 에너지는 한 가지 요소로만 구성된다. 즉, 식 (5.10)에 나타낸 바와 같이 침입형 자리에서 이웃한 자리로 원자의 이동과 관련된 에너지 ΔE_m이다.

$$Q_{\text{침입형 확산}} = \Delta E_m \tag{5.10}$$

표 5.1 ➤ 일부 순수 금속과 비금속의 자기 확산 활성화 에너지

재료	융점(°C)	결정 구조	연구된 온도 범위(°C)	활성화 에너지 kJ/mol	활성화 에너지 kcal/mol
아연	419	HCP	240~418	91.6	21.9
알루미늄	660	FCC	400~610	165	39.5
구리	1083	FCC	700~990	196	46.9
니켈	1452	FCC	900~1200	293	70.1
α 철	1530	BCC	808~884	240	57.5
몰리브텐	2600	BCC	2155~2540	460	110
*실리콘	1414	Diamond Cubic	927~1377	483	115
**탄소(다이아몬드)	~4000(압력 의존)	Diamond Cubic	1800~2100	655	156

*출처: http://courses.ucsd.edu/jtalbot/MS201B/PRL81%3Dbracht.Si.pdf
**출처: http://journals.apa.org/prb/pdf/10.1103/PhysRevB.72.024108

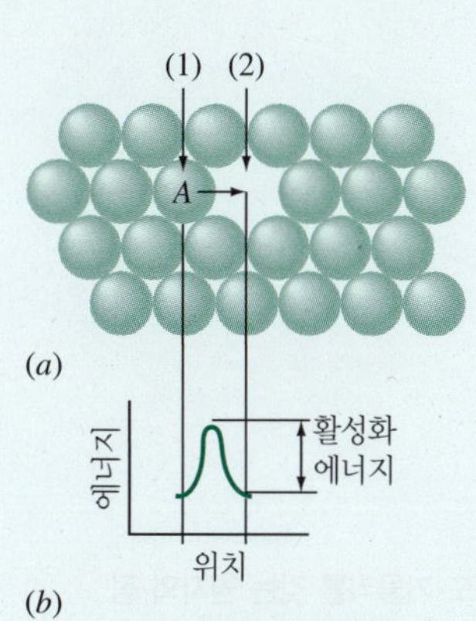

그림 5.4 ➤ 금속에서의 원자 이동에 관련한 활성화 에너지. (*a*) 구리 결정격자 (111) 면의 자리 1에 있는 구리 원자 A가 (*b*)에 나타낸 활성화 에너지를 극복할 만한 충분한 에너지가 주어지는 경우, 자리 2(공공 자리)로 확산.

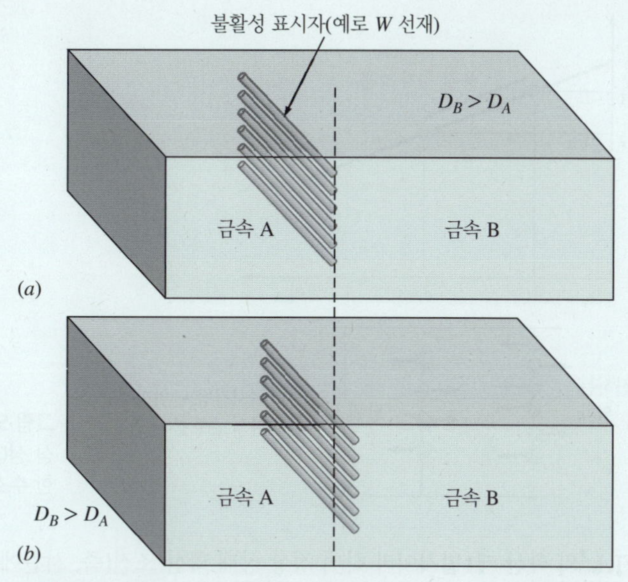

그림 5.5 ➤ Kirkendall 효과를 나타내는 실험. (*a*) 확산 실험의 초기 상태(t = 0). (*b*) t 시간 경과 후, 가장 빠르게 확산하는 화학종 *B*와 반대 방향으로 표시자가 움직임.

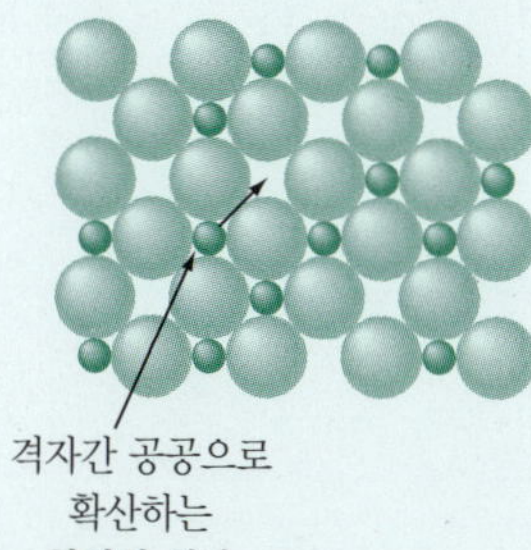

그림 5.6 ➤ 침입형 고용체의 모식도. 큰 원은 FCC 결정격자의 (100) 면에 있는 원자를 나타냄. 작고 짙은 원은 격자간 자리를 차지한 침입형 원자. 침입형 원자는 비어있는 이웃 격자간 자리로 이동할 수 있음. 침입형 확산과 관련한 활성화 에너지가 있음.

침입형 기구가 작동하려면 확산 원자의 크기가 기지 원자에 비해서 상대적으로 작아야만 한다. 수소, 산소, 질소, 탄소와 같이 작은 원자는 몇몇 금속 결정격자에 침입형으로 확산될 수 있다. 예를 들어 탄소는 BCC α 철과 FCC γ 철에 침입형으로 확산될 수 있다(그림 4.20 참고). 철에서 탄소가 침입형으로 확산되려면 탄소 원자는 철 기지 원자 사이로 우겨넣어야만 한다.

5.2.3 정상 상태 확산

그림 5.7에서와 같이 거리 x만큼 떨어진 지면에 수직한 2개의 평행 원자면 사이에서 x 방향으로 용질 원자의 확산을 생각해 보자. 일정 시간 동안 면 1에서의 원자 농도는 C_1이고 면 2에서의 농도는 C_2라고 가정하자. 즉 시간이 지남에 따라서도 이 계에 대한 이들 면에서의 용질 원자 농도는 변화되지 않는다. 이와 같은 확산 조건을 **정상 상태 조건**(steady-state condition)이라 한다. 이러한 유형의 확산은 비반응 기체가 금속 호일을 통해 확산할 때 일어난다. 예를 들어, 수소 기체가 팔라듐 호일을 사이에 두고 한쪽은 고압, 다른 쪽은 저압이 되어 수소 기체가 팔라듐 호일을 통하여 확산하는 경우 정상상태 확산 조건이 이루어진다.

그림 5.7에 표시된 확산 계에서 용질과 용매 원자 사이에 화학적 상호반응이 일어나지 않는다면, 면 1과 면 2 사이에 농도차가 발생하기 때문에 높은 농도에서 낮은 농도로의 원자 순흐름(net flow)이 일어날 것이다. 이러한 유형의 계에서 원자의 *유량*(flux) 또는 흐름은 다음 식으로 표현할 수 있다.

$$J = -D\frac{dC}{dx} \tag{5.11}$$

여기서 J = 원자 유량 또는 순흐름

D = **확산도**(diffusivity)(원자 전도도) 또는 *확산계수*(diffusion coefficient)라 하는 비례 상수

$\frac{dC}{dx}$ = 농도 기울기

음(−)의 부호는 확산이 높은 농도에서 낮은 농도로 진행되기 때문이며, 그림 5.7에서 음의 기울기로 표시된 것처럼, 농도 기울기 dC/dx는 음의 값이다. 따라서 방정식의 음수 기호는 양(+)의 열 유량 또는 양의 확산을 의미한다.

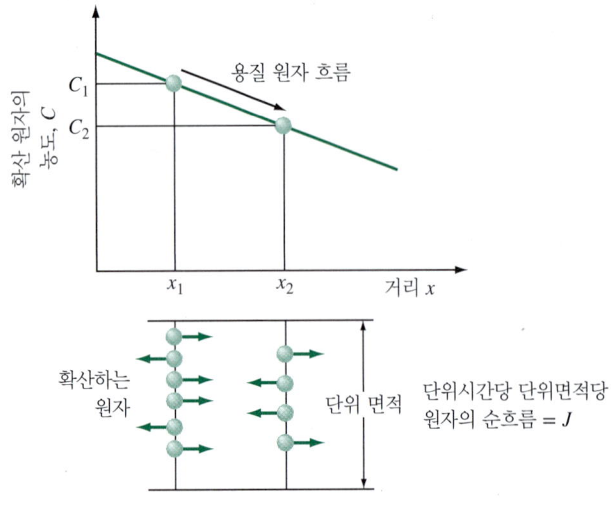

그림 5.7 ➤ 농도 기울기를 갖는 원자의 정상 상태 확산. 예로, 팔라듐 금속 호일을 통한 수소 기체의 확산.

이 식은 **Fick[2]의 확산 제1법칙**이라 하며 정상 상태 확산 조건(즉, 시간에 따라 계의 변화 없음)에서 원자 확산에 의한 원자의 순흐름은 확산계수 D에 확산 기울기 dC/dx를 곱한 것과 같다. 이 식에 대한 SI 단위는 다음과 같다.

$$J\left(\frac{\text{atoms}}{\text{m}^2\cdot\text{s}}\right)=D\left(\frac{\text{m}^2}{\text{s}}\right)\frac{dC}{dx}\left(\frac{\text{atoms}}{\text{m}^3}\times\frac{1}{\text{m}}\right) \tag{5.12}$$

표 5.2에는 침입형과 치환형 확산 계에서 몇몇 원자 확산계수 값을 열거하였다. 확산계수 값은 여러 변수에 의존하는데 그 중 다음 사항이 중요하다.

1. *확산 기구의 종류*. 확산이 침입형 또는 치환형인가에 따라서 확산계수에 영향을 미칠 것이다. 작은 원자는 더 큰 용매 원자들로 이루어진 결정격자에 침입형으로 확산할 수 있다. 예를 들어, 탄소는 BCC 또는 FCC 철 격자에 침입형으로 확산한다. 구리 원자는 알루미늄 용매 격자에서 치환형 확산을 하는데 이는 구리와 알루미늄 원자가 거의 같은 크기이기 때문이다.
2. *확산이 일어나는 온도*는 확산계수 값에 크게 영향을 미친다. 모든 계에 대해 500°C에서의 값과 1000°C에서의 값을 비교한 표 5.2에서 보이는 것처럼, 온도가 증가함에 따라 확산계수 역시 증가한다. 확산 계에서 확산계수에 미치는 온도의 효과는 5.4절에서 좀 더 논의할 것이다.
3. *용매 격자의 결정구조 종류*가 중요하다. 예를 들어 500°C에서 BCC 철에서 탄소의 확산계수는 10^{-12} m²/s이며, 이는 같은 온도의 FCC 철에서 탄소의 확산계수 5×10^{-15} m²/s보다 훨씬 크다. 이 차이는 FCC 결정구조의 원자 충전도가 0.74인 데에 비해 BCC 결정구조가 상대적으로 낮은 원자 충전도 0.68을 가지기 때문이다. 또한 철 원자 사이의 원자간 공간은 FCC 결정구조에서보다 BCC 결정구조가 더 넓으며, 따라서 탄소 원자는 FCC 구조보다 BCC 구조를 가진 철 원자 사이를 쉽게 확산할 수 있다.
4. 고체 상태 확산 영역에 *존재하는 결정 결함의 종류*도 중요하다. 보다 개방된 구조는 원자의 더 빠른 확산을 가능하게 한다. 예를 들어, 금속과 세라믹스에서 결정립계를 통한 확산은 결정립 기지 내에서의 확산보다 더 빠르게 일어난다. 과잉 공공(excess vacancy)은 금속과 합금에서 확산 속도를 증가시킬 것이다.
5. *확산하는 화학종의 농도*는 중요한데, 확산하는 용질 원자의 농도가 높을수록 확산계수에 영향을 줄 것이다. 고체 상태 확산의 이러한 양상은 매우 복잡하다.

5.2.4 비정상 상태 확산

조건이 시간에 따라 변하지 않는 정상 상태 확산은 엔지니어링 재료에서는 흔하게 발생하지 않는다. 대부분의 경

2 Adolf Eugen Fick(1829~1901): 독일의 생리학자로 처음으로 수학적 방정식을 사용하여 확산의 정성적인 기초를 확립하였다. 그의 연구 업적의 일부는 *Annals of Physics(Leipzig)*, **170**:59(1855)에 발표하였다.

표 5.2 ➤ 일부 용질-용매 확산계에 대한 500℃와 1000℃의 확산계수

용질	용매(기지 구조)	확산계수(m^2/s) 500°C (930°F)	확산계수(m^2/s) 1000°C (1830°F)
탄소	FCC 철	(5×10^{-15})*	3×10^{-11}
탄소	BCC 철	10^{-12}	(2×10^{-9})
철	FCC 철	(2×10^{-23})	2×10^{-16}
철	BCC 철	10^{-20}	(3×10^{-14})
니켈	FCC 철	10^{-23}	2×10^{-16}
망간	FCC 철	(3×10^{-24})	10^{-16}
아연	구리	4×10^{-18}	5×10^{-13}
구리	알루미늄	4×10^{-14}	10^{-10} M†
구리	구리	10^{-18}	2×10^{-13}
은	은(결정)	10^{-17}	10^{-12} M
은	은(결정립계)	10^{-11}	
탄소	HCP 티타늄	3×10^{-16}	(2×10^{-11})
알루미늄	알루미나(Al_2O_3)	1.6×10^{-35}	7.4×10^{-23}
산소	알루미나(Al_2O_3)	1.9×10^{-44}	1.5×10^{-27}
실리콘	실리콘	1.5×10^{-32}	2.4×10^{-20}
마그네슘	MgO	1.2×10^{-27}	7.16×10^{-19}
산소	MgO	2.4×10^{-32}	3.3×10^{-23}
니켈	MgO	4.0×10^{-23}	9.2×10^{-18}

*괄호는 상이 준안정함을 의미.
†M: 융점 이상의 온도이지만, 계산 값임.
(출처: L. H. Van Vlack, *Elements of Materials Science and Engineering*, 5th ed., Addison-Wesley, 1985.)

우 재료 내의 임의의 점에서 용질 원자의 농도가 시간에 따라 변하는 **비정상 상태 확산**(non-steady-state diffusion)이 발생한다. 예를 들어 강철 캠축의 표면으로 탄소가 확산되어 표면이 경화되는 경우, 확산 공정이 진행되어 시간이 지남에 따라 표면 아래 임의의 점에서 탄소 농도는 변할 것이다. 여기서, 우리는 단면적이 A인 원통의 축을 따라 간단한 1차원 물질 수지 분석(mass balance analysis)을 통해 **Fick의 확산 제2법칙**을 전개한다. 그림 5.8a에서 볼 수 있듯이, $x = 0$인 실린더의 표면이 확산 화학종에 노출되어 있다고 가정하자. 불순물이 표면으로 확산됨에 따라 그 농도는 시간과 위치의 함수로 변한다. 물질 수지 분석을 위해 점 1과 2 사이에 각각의 원통형 부피 미분 값을 고려하자. 확산이 $x = 0$에서 시작하기 때문에, 점 1에서 실린더로 확산하는 원자의 유량 J_1은 점 2에서 실린더를 떠나가는 원자의 유량 J_2보다 커야 한다. 따라서 일정 시간 Δt 동안 실린더 내부에는 질량의 순증가 Δm이 있어야 한다. 그리고 같은 기간 동안 실린더 부피에서 x 방향으로의 평균 농도 변화는 다음과 같이 정의될 수 있다.

$$\Delta C_x = \frac{\Delta m}{\Delta V} \tag{5.13}$$

그림 5.8에서 Δm과 ΔV에 대한 변수를 결정함으로써 식 (5.13)을 기초로 Fick의 제2법칙을 유도할 것이다. Fick의 제1법칙처럼 J의 단위는 단위 시간 t 및 단위 면적 A당 질량과 동일한 차원을 가진다는 것을 알고 있다. 결과적으로, 점 1에서 시간 Δt 동안 실린더로 들어가는 질량은 다음과 같이 표현할 수 있다.

$$m_1 = J_1 \Delta t \tag{5.14}$$

유사하게, 점 2에서 실린더를 떠나가는 총 질량은

$$m_2 = J_2 \Delta t \tag{5.15}$$

따라서

$$\Delta m = -(m_2 - m_1) = -(J_2 A \Delta t - J_1 A \Delta t) = -A \Delta t (J_2 - J_1) = -A \Delta t \Delta J \tag{5.16}$$

식 (5.16)을 식 (5.13)에 대입하면, $\Delta V = A \Delta x$임을 알 수 있고, 따라서 다음과 같이 된다.

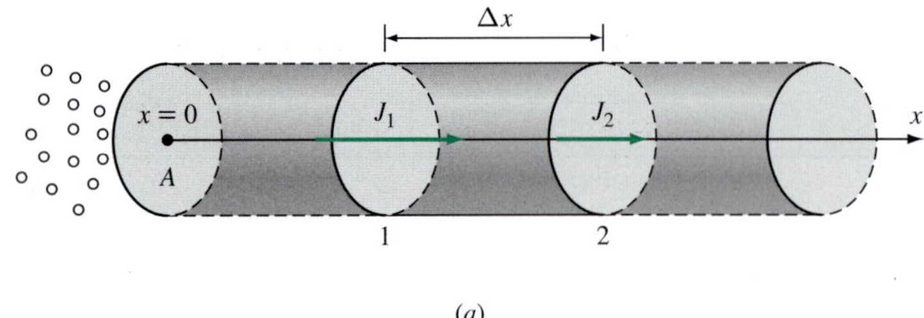

(a)

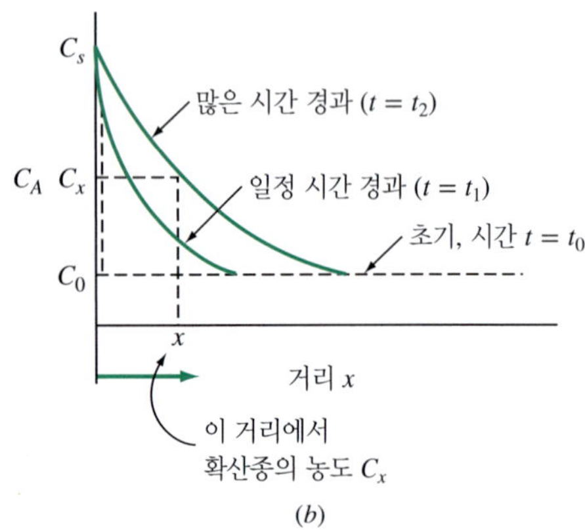

(b)

그림 5.8 ➤ 고체 속으로의 기체 *확산*. (*a*) 기체 원자가 $x = 0$인 표면에서 고체 속으로 확산하고 있음. 기체는 표면에서 일정한 원자 농도 C_s를 유지함. 표면 농도는 거리가 증가함에 따라 유량 J에 따라 감소함. (*b*) 고체의 x 방향에 따라 변화하는 여러 시간에서의 원소 A의 농도 분포. 확산이 시작되기 전에 고체는 C_0라 하는 원소 A의 균일 농도를 지니고 있음.

$$\Delta C_x = \frac{\Delta m}{\Delta V} = \frac{-A\Delta t\Delta J}{A\Delta x} \tag{5.17}$$

양변을 Δt로 나누고 방정식을 단순화하면 다음과 같이 된다.

$$\frac{\Delta C_x}{\Delta t} = -\frac{\Delta J}{\Delta x} \tag{5.18}$$

다음과 같이 방정식의 양변에 극한을 동시에 취할 수 있다.

$$\lim_{\Delta t \to 0}\left(\frac{\Delta C_x}{\Delta t}\right) = \lim_{\Delta x \to 0} -\left(\frac{\Delta J}{\Delta x}\right) \tag{5.19}$$

등호의 양쪽에 있는 식은 각각 방정식의 왼쪽에 있는 t와 오른쪽에 있는 x에 대한 도함수의 정의이며, 따라서 다음과 같이 유도된다.

$$\frac{dC_x}{dt} = -\frac{dJ}{dx} \tag{5.20}$$

이제 식 (5.11)에서 J에 대한 표현을 식 (5.20)으로 대체하여 C_x로만 표현한 Fick의 확산 제2법칙의 최종 형태에 도달할 수 있다.

$$\frac{dC_x}{dt} = -\frac{d}{dx}\left(-D\frac{dC_x}{dx}\right) = D\frac{d^2C_x}{dx^2} \tag{5.21}$$

이 법칙은 조성의 변화 속도가 확산계수에 농도 기울기의 변화율을 곱한 것과 같음을 나타낸다. 기체가 고체 속으로 확산해 가는 것에 대한 이 방정식의 특정한 풀이는 일부 엔지니어링 확산 공정에서 매우 중요하며 일부 실제 공업적인 확산 문제를 해결하는 데 사용될 것이다.

그림 5.8*a*에 나타낸 바와 같이, 기체 A가 고체 B로 확산해 들어가는 경우를 생각해 보자. 그림 5.8*b*의 시간 t_1과 t_2에 대해서 나타낸 바와 같이, 확산 시간이 증가함에 따라 x 방향의 임의의 점에서 용질 원자의 농도도 증가할 것이다.

표 5.3 ➤ 오차 함수 표

z	erf z	z	erf z	z	erf z	z	erf z
0	0	0.40	0.4284	0.85	0.7707	1.6	0.9763
0.025	0.0282	0.45	0.4755	0.90	0.7970	1.7	0.9838
0.05	0.0564	0.50	0.5205	0.95	0.8209	1.8	0.9891
0.10	0.1125	0.55	0.5633	1.0	0.8427	1.9	0.9928
0.15	0.1680	0.60	0.6039	1.1	0.8802	2.0	0.9953
0.20	0.2227	0.65	0.6420	1.2	0.9103	2.2	0.9981
0.25	0.2763	0.70	0.6778	1.3	0.9340	2.4	0.9993
0.30	0.3286	0.75	0.7112	1.4	0.9523	2.6	0.9998
0.35	0.3794	0.80	0.7421	1.5	0.9661	2.8	0.9999

(출처: R. A. Flinn and P.K. Trojan, *Engineering Materials and Their Applications*, 2nd ed., Houghton Mifflin, 1981, p. 137.)

만일 고체 B 안에서 기체 A의 확산계수가 위치에 무관하다면, Fick의 확산 제2법칙 (식 (5.21))의 풀이는 다음과 같다.

$$\frac{C_s - C_x}{C_s - C_0} = \text{erf}\left(\frac{x}{2\sqrt{Dt}}\right) \tag{5.22}$$

여기서 C_s = 표면으로 확산해 가는 기체 원소의 표면 농도
C_0 = 고체에서 원소의 초기 균일 농도
C_x = 시간 t에서 표면으로부터 거리 x에서의 원소 농도
x = 표면으로부터의 거리
D = 확산하는 용질 원소의 확산계수
t = 시간
ref는 오차 함수라고 하는 수학적 함수이다.

오차 함수(error function) erf는 약속한 정의에 의해 사용되는 수학적 함수이고, Fick의 제2법칙의 풀이에 사용된다. 오차 함수는 사인과 고사인에서와 같은 방식으로 기준 표에서 찾을 수 있다. 표 5.3은 오차 함수의 약식표이다.

5.3 확산 공정의 산업적 응용

많은 산업 제조 공정은 고체-상태 확산을 사용한다. 이 절에서는 다음 2 종류의 확산 공정, 즉 (1) 기체 침탄(carburizing)에 의한 강철의 표면 경화와 (2) 집적 전자 회로용 실리콘 웨이퍼(silicon wafer) 속으로의 불순물 도핑에 대해 고려할 것이다.

5.3.1 기체 침탄에 의한 강철의 표면 경화

기어 및 축과 같이 회전이나 미끄러짐이 많은 강철 부품은 마모 저항을 위한 경도가 높은 외부 표면과 파괴 저항을 위한 인성이 강한 내부 중심부를 가져야 한다. 침탄 강재 부품의 제조는 일반적으로 부품을 연질 상태에서 먼저 가공한 다음, 기체 침탄과 같은 표면 경화처리에 의해 표면층을 경화시킨다. 침탄강은 약 0.10~0.25% C를 갖는 저탄소강이다. 그러나 침탄강의 합금 함량은 강철이 사용될 용도에 따라 상당히 다를 수 있다. 몇 가지 일반적인 기체 침탄 부품이 그림 5.9에 나타나 있다.

기체 침탄 공정의 시작은 강철 부품을 메탄 또는 다른 탄화수소 기체를 포함하는 기체가 존재하는 약 927°C(1700°F)의 노(furnace) 속에 두는 것이다. 이와 같은 분위기에서 탄소는 부재의 표면으로 확산해 들어가

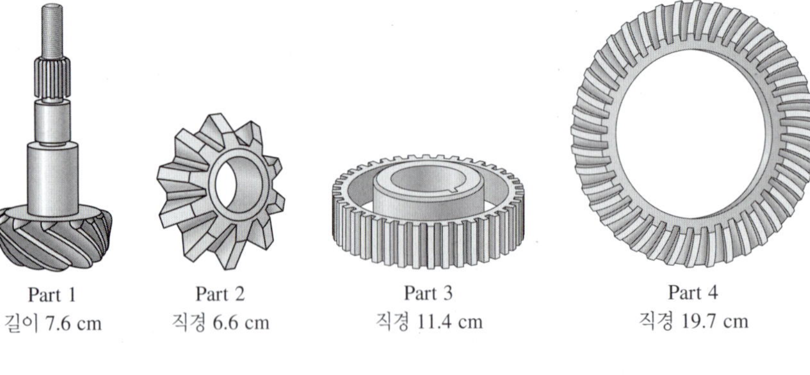

그림 5.9 ➤ 전형적인 기체 침탄 강철 부품.
(출처: *Metal Handbook*, vol. 2, "Heat Treating," 8th ed., American Society for Metals, 1964, p. 108, ASM International.)

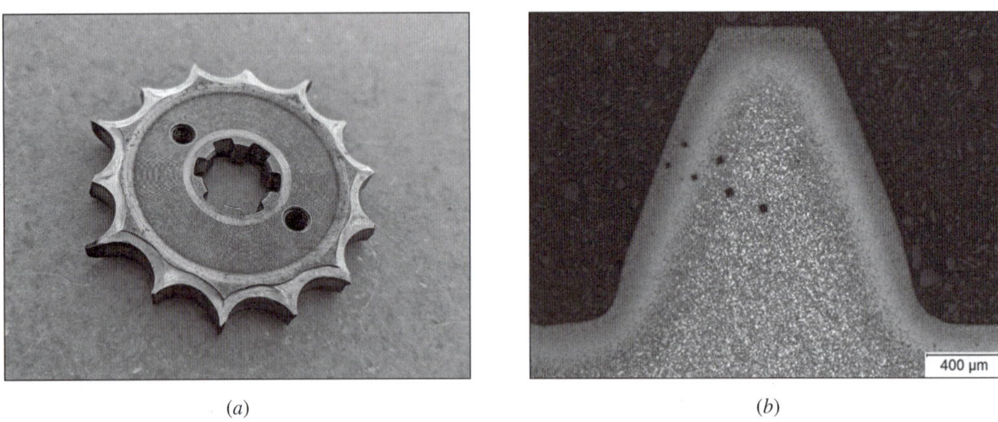

그림 5.10 ➤ (*a*) 기어 톱니 주변에 경화층이 보이는 강철 스포로킷의 단면. (*b*) 경화 기어중 하나의 톱니에서 영향을 받지 않은 내부와 경화된 표면층을 보여줌(검은 색 반점은 경도 측정 결과로 생성된 것임).
((*a*) thala bhula/Shutterstock, (*b*) Courtesy of American Testing Services)

고 후속 열처리를 하면, 예를 들어 그림 5.10에 나타낸 기어의 거시적 절단부의 검은 표면 영역과 같이 고탄소 강화 표면이 남게 된다. 그림 5.10*a* 스프로킷에서 경화된 표면의 두께는(침투된 깊이는 더 어두운 음영으로 나타남) 기어 톱니 주변에 변색되어 보여진다. 그림 5.10*b*에서는 기어 톱니 한 개의 단면에서 탄소 침투 깊이인 경화층을 보여준다.

그림 5.11은 20% CO 침탄 분위기로 1685°F(918°C)에서 침탄한 AISI 1022(0.22% C) 보통 탄소강 사각 시편의 일반적인 탄소 기울기를 보여주고 있다. 침탄 시간이 표면에서의 거리분포도에 비해 탄소 함량에 얼마나 큰 영향을 미치는지 주목하라. 예제 5.2와 5.3은 침탄되는 부품의 표면 아래 특정 깊이까지의 확산 시간 또는 탄소 함량과 같은 하나의 알려지지 않은 변수를 결정하는 데 확산 식 (5.21)이 어떻게 사용되는지를 보여준다.

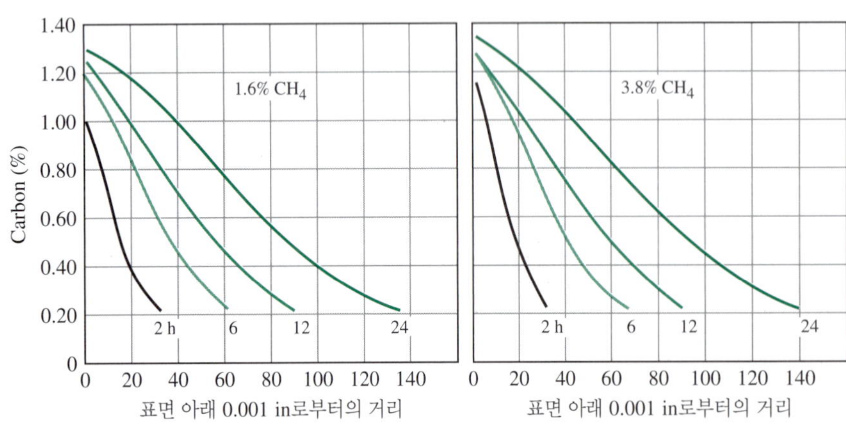

그림 5.11 ➤ 1.6%와 3.8%의 메탄(CH_4)이 첨가된 20% CO-40% H_2 기체로 918°C(1685°F)에서 침탄한 1022 강철 사각 시편에서의 탄소 농도 기울기.
(출처: *Metal Handbook*, vol. 2, "Heat Treating," 8th ed., American Society for Metals, 1964, p. 100.)

예제 5.2

927°C(1700°F)에서 1020 강철 기어의 기체 침탄을 생각해 보자. 표면 아래 0.50 mm에서 탄소 함량을 0.40%로 증가시키는 데 필요한 시간을 분단위로 계산하라. 표면의 탄소 함량이 0.90%이고 강철의 공칭 탄소 함량이 0.20%라고 가정하라.

$$D_{927°C} = 1.28 \times 10^{-11}\ m^2/s$$

풀이

$$\frac{C_s - C_x}{C_s - C_0} = \text{erf}\left(\frac{x}{2\sqrt{Dt}}\right) \tag{5.22}$$

$C_s = 0.90\%$ $\quad x = 0.5\ mm = 5.0 \times 10^{-4}\ m$

$C_0 = 0.20\%$ $\quad D_{927°C} = 1.28 \times 10^{-11}\ m^2/s$

$C_x = 0.40\%$ $\quad t = ?\ s$

이들 값을 식 (5.22)에 치환하면

$$\frac{0.90 - 0.40}{0.90 - 0.20} = \text{erf}\left[\frac{5.0 \times 10^{-4}\ m}{2\sqrt{(1.28 \times 10^{-11}\ m^2/s)(t)}}\right]$$

$$\frac{0.50}{0.70} = \text{erf}\left(\frac{69.88}{\sqrt{t}}\right) = 0.714$$

여기서

$$Z = \frac{69.88}{\sqrt{t}} \text{라 하면} \quad \text{erf } Z = 0.714$$

오차 함수(erf)가 0.714인 Z의 수가 필요하다. 표 5.3으로부터 이 수가 내삽에 의해 0.755가 되는 것을 알 수 있다.

$$\frac{0.7143 - 0.7112}{0.7421 - 0.7112} = \frac{x - 0.75}{0.80 - 0.75}$$

$$x - 0.75 = (0.1003)(0.05)$$

$$x = 0.75 + 0.005 = 0.755$$

erf Z	Z
0.7112	0.75
0.7143	x
0.7421	0.80

따라서

$$Z = \frac{69.88}{\sqrt{t}} = 0.755$$

$$\sqrt{t} = \frac{69.88}{0.755} = 92.6$$

$$t = 8567\ s = 143\ min$$ ◀

예제 5.3

예제 5.2에서와 같이 927°C(1700°F)에서 1020 강철 기어의 기체 침탄을 생각해 보자. 다만 이 문제에서는 5시간 침탄 후에 기어 표면 아래 0.50 mm에서의 *탄소 함량*을 계산하라. 기어 표면의 탄소 함량이 0.90%이고 강철의 공칭 탄소 함량이 0.20%라고 가정하라.

풀이

$$D_{927°C} = 1.28 \times 10^{-11}\ m^2/s$$

$$\frac{C_s - C_x}{C_s - C_0} = \text{erf}\left(\frac{x}{2\sqrt{Dt}}\right) \tag{5.22}$$

$C_s = 0.90\%$ $\quad x = 0.50mm = 5.0 \times 10^{-4}\ m$

$C_0 = 0.20\%$ $\quad D_{927°C} = 1.28 \times 10^{-11}\ m^2/s$

$C_x = ?\%$ $\quad t = 5\ h = 5\ h \times 3600\ s/h = 1.8 \times 10^4\ s$

$$\frac{0.90 - C_x}{0.90 - 0.20} = \text{erf}\left[\frac{5.0 \times 10^{-4}\text{ m}}{2\sqrt{(1.28 \times 10^{-11}\text{ m/s})(1.8 \times 10^4\text{ s})}}\right]$$

$$\frac{0.90 - C_x}{0.70} = \text{erf} = 0.521$$

$Z = 0.521$이라 하자. 0.521의 Z 값에 대하여 대응하는 오차 함수가 얼마인지 알 필요가 있다. 표 5.3으로부터 이 수를 정하기 위해서, 주어진 표와 같이 자료를 내삽해야 한다.

$$\frac{0.521 - 0.500}{0.550 - 0.500} = \frac{x - 0.5205}{0.5633 - 0.5205}$$

$$0.42 = \frac{x - 0.5205}{0.0428}$$

$$x - 0.5205 = (0.42)(0.0428)$$

$$x = 0.0180 + 0.5205$$

$$= 0.538$$

erf Z	Z
0.500	0.5205
0.521	x
0.550	0.5633

그러므로

$$\frac{0.90 - C_x}{0.70} = \text{erf } 0.521 = 0.538$$

$$C_x = 0.90 - (0.70)(0.538)$$

$$= 0.52\% \blacktriangleleft$$

1020 강철에 대해서 침탄 시간이 약 2.4에서 5시간으로 증가함에 따라, 기어 표면 아래 0.5 mm에서의 탄소 함량이 0.4%에서 0.52%로만 증가됨에 주목하라.

5.3.2 집적 회로용 실리콘 웨이퍼 속으로의 불순물 확산

전기 전도 특성을 변화시키기 위해 실리콘 웨이퍼로 불순물을 확산시키는 것은 현대 집적 전자회로 생산에서 중요한 단계이다. 실리콘 웨이퍼 속으로 불순물을 확산시키는 한 방법으로, 그림 5.12에서 도식적으로 보여주고 있는 바와 같이, 석영 튜브로 속에서 실리콘 표면을 약 1100°C 이상의 온도에서 적당한 불순물 증기에 노출시키는 것이다. 실리콘 표면에서 불순물 확산에 노출되지 않아야 할 부분은 반드시 은폐(masking)시키고 설계 기사가 전도도 변경을 위해 선택한 부분만으로 불순물이 확산되도록 해야 한다. 그림 5.13은 기사가 불순물을 확산하기 위해 관상로 안으로 실리콘 웨이퍼 격자 선반을 넣고 있는 것을 보여주고 있다.

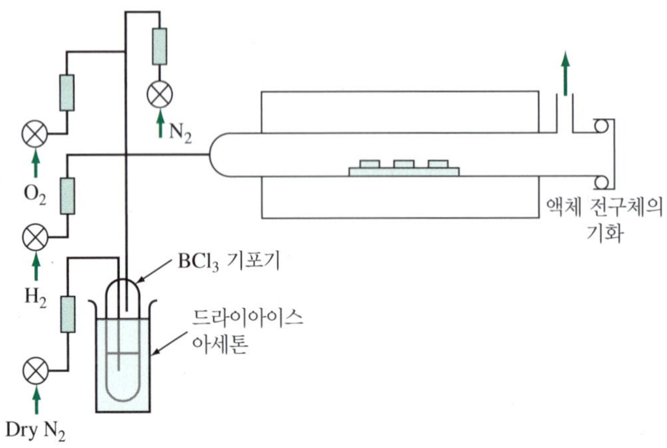

그림 5.12 ➤ 실리콘 웨이퍼 속으로 붕소를 확산시키는 확산 방법.
(출처: W. R. Runyan, *Silicon Semiconductor Technology*, McGrow-Hill, 1965.)

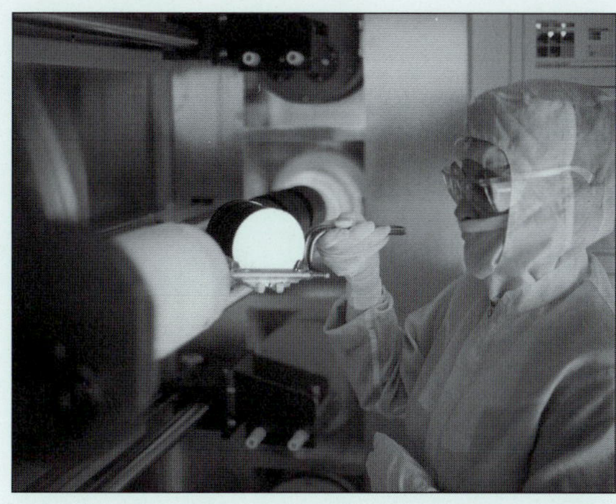

그림 5.13 ➤ 불순물을 확산시키기 위해 실리콘 웨이퍼 격자 선반을 관상로에 넣고 있는 모습.
(Photodisk/Getty Image)

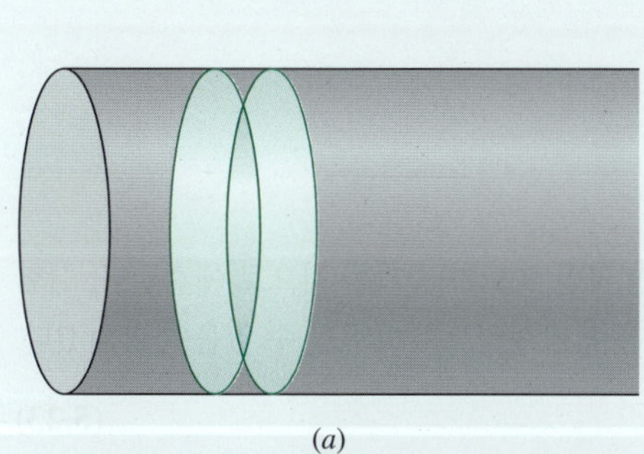

(*a*)

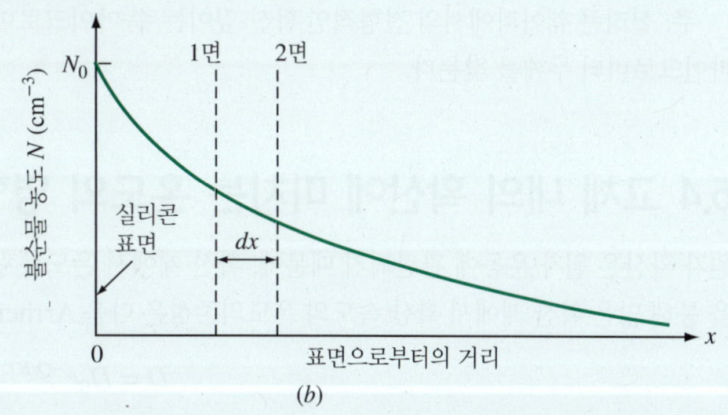

(*b*)

그림 5.14 ➤ 실리콘 웨이퍼의 한 면으로부터 불순물 확산. (*a*) 두께를 크게 과장한 실리콘 웨이퍼의 불순물 농도는 왼쪽 면에서 내부로 들어감에 따라 감소. (*b*) 불순물 분포를 도식적으로 표현한 그래프.
(출처: R. M. Warner, *Integrated Circuits*, McGraw-Hill, 1965, p. 70.)

실리콘 웨이퍼로 불순물이 확산하는 경우, 그림 5.14에 나타난 것처럼 침투 깊이가 증가함에 따라 실리콘 표면으로 확산되는 불순물의 농도는 감소한다. 확산 시간이 변화하면 그림 5.8에 정성적으로 표시된 것처럼 침투 깊이 분포도에 대한 불순물의 농도도 변경된다. 예제 5.4는 특정 농도 수준에서 확산 시간 또는 침투 깊이와 같은 하나의 알려지지 않은 변수를 정량적으로 결정하기 위해 식 (5.22)가 어떻게 사용될 수 있는지를 설명하고 있다.

예제 5.4

실리콘 웨이퍼 속으로 갈륨 불순물 확산을 생각해 보자. 원래 갈륨이 없는 실리콘 웨이퍼 속으로 갈륨이 1100°C에서 3시간 동안 확산될 경우, 표면의 농도가 10^{24} atoms/m^{3}인 경우 표면 아래에서 10^{22} atoms/m^{3}의 농도를 가지는 곳은 깊이가 얼마인가? 갈륨이 1100°C에서 실리콘으로 확산하는 경우 풀이는 다음과 같다.

풀이

$$D_{1100^\circ\text{C}} = 7.0 \times 10^{-17}\ \text{m}^2/\text{s}$$

$$\frac{C_s - C_x}{C_s - C_0} = \text{erf}\left(\frac{x}{2\sqrt{Dt}}\right) \tag{5.22}$$

$C_s = 10^{24}$ atoms/m^3 $\quad$ $x = ?\text{m}$ ($C_x = 10^{22}$ atoms/m^3 농도를 갖는 깊이)

$C_x = 10^{22}$ atoms/m^3 $\quad$ $D_{1100^\circ\text{C}} = 7.0 \times 10^{-17}\ \text{m}^2/\text{s}$

$C_0 = 0$ atoms/m^3 $\quad$ $t = 3\ \text{h} = 3\ \text{h} \times 3600\ \text{s/h} = 1.08 \times 10^4\ \text{s}$

이들 값을 식 (5.22)에 대입하면

$$\frac{10^{24}-10^{22}}{10^{24}-0}=\text{erf}\left[\frac{x}{2\sqrt{(7.0\times10^{-17}\text{ m}^2/\text{s})(1.08\times10^4\text{ s})}}\right]$$

$$1-0.01=\text{erf}\left(\frac{x}{1.74\times10^{-6}\text{ m}}\right)=0.99$$

$$Z=\frac{x}{1.74\times10^{-6}\text{ m}}\text{라 하면,}$$

$\text{erf }Z=0.99$이고 $Z=1.82$(표 5.3으로부터 내삽하면)

따라서

$$x=(Z)(1.74\times10^{-6}\text{ m})=(1.82)(1.74\times10^{-6}\text{ m})$$
$$=3.17\times10^{-6}\text{ m} ◀$$

주: 실리콘 웨이퍼에서의 전형적인 확산 깊이는 수 마이크로미터 정도(즉, 약 10^{-6} m)이며, 웨이퍼는 대개 수백 마이크로미터 두께를 갖는다.

5.4 고체 내의 확산에 미치는 온도의 영향

원자 확산은 원자 운동에 관련되기 때문에, 확산 계에서 온도를 높이면 확산 속도가 증가할 것으로 예견된다. 실험을 통해 많은 확산 계에서 확산 속도의 온도의존성은 다음 Arrhenius 유형 방정식으로 표현할 수 있음이 밝혀졌다.

$$D=D_0e^{-Q/RT} \tag{5.23}$$

여기서 D = 확산계수, m^2/s

D_0 = 방정식이 유효한 범위에서 온도에 무관한 비례상수, m^2/s

Q = 확산하는 화학종의 활성화 에너지, J/mol 또는 cal/mol

R = 몰 기체상수

= 8.314 J/(mol · K) 또는 1.987 cal/(mol · K)

T = 온도, K

예제 5.5는 D_0 값과 활성화 에너지 Q 값이 주어질 때 927°C에서 γ 철 내부로 확산하는 탄소의 확산계수를 결정하기 위해 식 (5.23)을 적용한다.

예제 5.5

927°C(1700°F)에서 γ 철(FCC) 내부로의 탄소 확산에 대하여 m^2/s 단위로 확산계수 D 값을 계산하라. $D_0=2.0\times10^{-5}$ m^2/s, $Q=142$ kJ/mol, $R=8.314$ J/(mol · K)를 사용하라.

풀이

$$\begin{aligned}D&=D_0e^{-Q/RT}\\&=(2.0\times10^{-5}\text{ m}^2/\text{s})\left\{\exp\frac{-142{,}000\text{ J/mol}}{[8.314\text{ J/(mol}\cdot\text{K)}](1200\text{ K})}\right\} \qquad (5.23)\\&=(2.0\times10^{-5}\text{ m}^2/\text{s})(e^{-14.23})\\&=(2.0\times10^{-5}\text{ m}^2/\text{s})(0.661\times10^{-6})\\&=1.32\times10^{-11}\text{ m}^2/\text{s} ◀\end{aligned}$$

확산 방정식 $D = D_0 e^{-Q/RT}$(식 (5.23))는 일반적인 Arrhenius 속도 방정식에 대해 식 (5.6)과 (5.8)에서 한 것처럼 로그 형식의 직선 방정식으로 쓸 수 있다.

$$\ln D = \ln D_0 - \frac{Q}{RT} \tag{5.24}$$

또는

$$\log_{10} D = \log_{10} D_0 - \frac{Q}{2.303RT} \tag{5.25}$$

만일 확산 계에 대한 확산계수 값이 두 온도에서 결정되는 경우, Q 값과 D_0 값은 식 (5.24) 유형과 비슷한 두 연립방정식을 풀어서 결정할 수 있다. 이 Q 값과 D_0 값을 식 (5.25)에 대입하면, 조사하는 온도 범위에 대해서 $\log_{10} D$ 대 $1/T$에 대한 일반식을 만들 수 있다. 예제 5.6은 두 온도에 대한 확산계수를 알고 있을 때, 이원 확산 계에 대한 활성화 에너지가 $D = D_0 e^{-Q/RT}$(식 (5.23)) 관계를 사용하여 어떻게 계산될 수 있는지를 보여준다.

표 5.4는 그림 5.15의 Arrhenius 확산계수 그래프를 만드는 데 사용되는 일부 금속 계에 대한 D_0 값과 Q 값을 열거하였다. 그림 5.16은 전자 산업에서 집적 회로를 제조하는 데 유용한 실리콘 속으로의 불순물 원소 확산에 대한 비슷한 그래프를 보여주고 있다.

표 5.4 ➤ 일부 금속계와 비금속계의 확산계수 데이터

용질	용매	D_0 (m^2/s)	Q	
			kJ/mol	kcal/mol
탄소	FCC 철	2.0×10^{-5}	142	34.0
탄소	BCC 철	22.0×10^{-5}	122	29.3
철	FCC 철	2.2×10^{-5}	268	64.0
철	BCC 철	20.0×10^{-5}	240	57.5
니켈	FCC 철	7.7×10^{-5}	280	67.0
망간	FCC 철	3.5×10^{-5}	282	67.5
아연	구리	3.4×10^{-5}	191	45.6
구리	알루미늄	1.5×10^{-5}	126	30.2
구리	구리	2.0×10^{-5}	197	47.1
은	은	4.0×10^{-5}	184	44.1
탄소	HCP 티타늄	51.0×10^{-5}	182	43.5
알루미늄	알루미나(Al_2O_3)	2.8×10^{-3}	477	114.0
산소	알루미나(Al_2O_3)	0.19	636	152.0
실리콘	실리콘	0.18	460	110.0
마그네슘	MgO	24.9×10^{-6}	330	79.0
산소	MgO	4.3×10^{-9}	344	82.1
니켈	MgO	1.8×10^{-9}	202	48.3

(출처: L. H. Van Vlack, *Elements of Materials Science and Engineering*, 5th ed., Addison-Wesley, 1985 and James Shackeford, *Materials Sciences for Engineering*, 6th Ed. Pearson, Prentice Hall.)

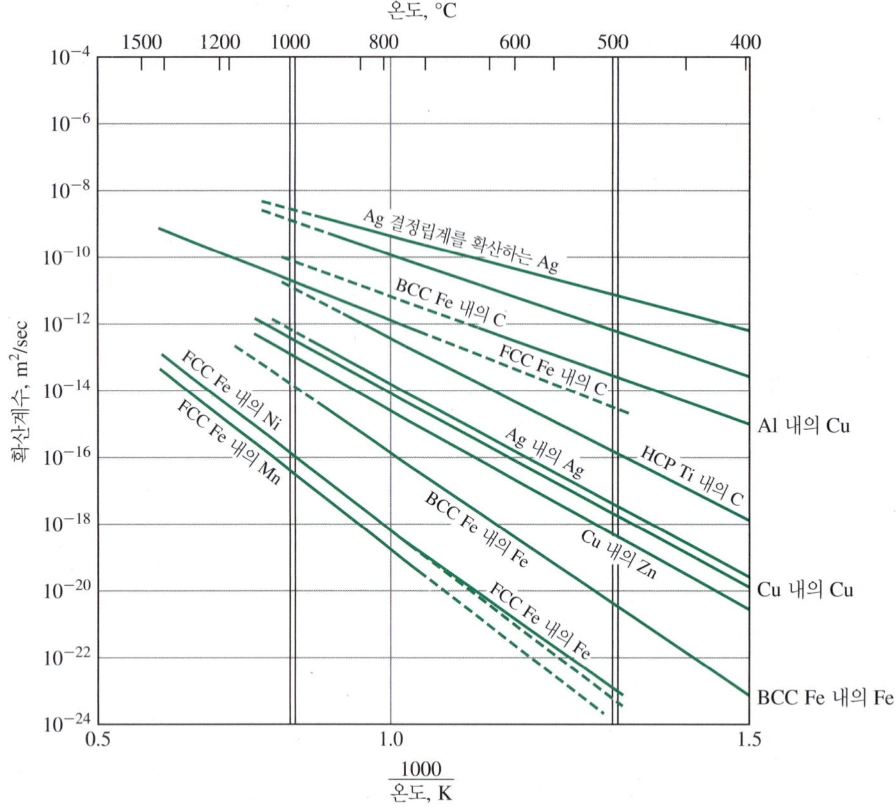

그림 5.15 > 일부 금속계 확산계수 데이타의 Arrhenius 도식.
(출처: L. H. Van Vlack, *Elements Materials Science Engineering*, 5th ed., 1985.)

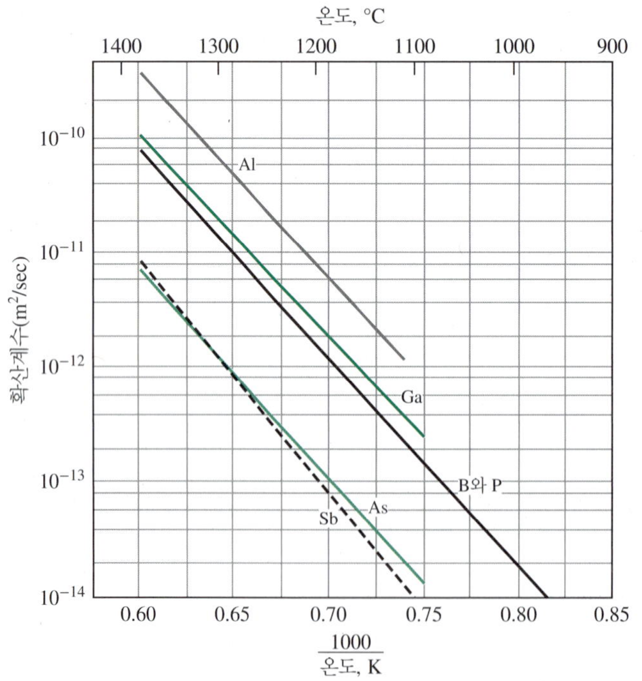

그림 5.16 > 실리콘에서 일부 불순물 원소의 온도 함수에 의한 확산계수.
(출처: C. S. Fuller and J. A. Ditzenberger, *J. Appl. Phys.*, **27**:544 (1956).)

예제 5.6

고체 은 금속 내에서 Ag 원자의 확산계수는 500°C에서 1.0×10^{-17} m^2/s이고, 1000°C에서 7.0×10^{-13} m^2/s이다. 500~1000°C 온도 범위에서 Ag 내의 Ag 확산에 대한 활성화 에너지(J/mol)를 계산하라.

풀이

식 (5.23), $T_2 = 1000°C + 273 = 1273$ K, $T_1 = 500°C + 273 = 773$ K, $R = 8.314$ J/(mol · K)를 이용하면,

$$\frac{D_{1000°C}}{D_{500°C}} = \frac{\exp(-Q/RT_2)}{\exp(-Q/RT_1)} = \exp\left[-\frac{Q}{R}\left(\frac{1}{T_2} - \frac{1}{T_1}\right)\right]$$

$$\frac{7.0 \times 10^{-13}}{1.0 \times 10^{-17}} = \exp\left\{-\frac{Q}{R}\left[\left(\frac{1}{1273K} - \frac{1}{773K}\right)\right]\right\}$$

$$\ln(7.0 \times 10^4) = -\frac{Q}{R}(7.855 \times 10^{-4} - 12.94 \times 10^{-4}) = \frac{Q}{8.314}(5.08 \times 10^{-4})$$

$$11.16 = Q\,(6.11 \times 10^{-5})$$

$$Q = 183{,}000 \text{ J/mol} = 183 \text{ kJ/mol}$$ ◂

5.5 요약

원자 확산은 금속 고체에서 주로 (1) 공공 또는 치환형 기구와 (2) 침입형 기구에 의해 일어난다. 공공 기구에서는 거의 같은 크기를 가진 원자가 빈 원자자리를 이용하여 한 위치로부터 다른 위치로 도약한다. 침입형 기구에서는 매우 작은 크기를 가진 원자가 모상 기지를 구성하는 커다란 원자 사이의 틈새 공간을 통하여 이동한다. Fick의 확산 제1법칙은 한 곳에서 다른 곳으로 이동하는 확산 화학종의 농도 차이 때문에 확산이 일어나며 정상 상태 조건(즉, 시간에 따라 변하지 않는 조건)에서 적용할 수 있다. Fick의 확산 제2법칙은 비정상 상태 조건(즉, 시간에 따라 확산하는 화학종의 농도가 변하는 조건)에 대해 적용할 수 있다. 이 책에서 Fick의 제2법칙은 고체 속으로의 기체 확산의 경우로 국한되었다. 확산 속도는 온도에 크게 의존하며, 이 의존성은 확산 속도의 척도인 확산계수 $D = D_0 e^{-Q/RT}$에 의해 표현된다. 확산 공정은 산업 현장에서 흔히 사용된다. 이 장에서는 강철의 표면 경화를 위한 확산 기체 침탄 공정과 집적 회로용 실리콘 웨이퍼 내부로의 조절된 양의 불순물 확산을 조사하였다.

5.6 용어 정의

5.1절

활성화 에너지(Activation energy): 열적 활성화 반응이 일어나기 위해서 평균 에너지 이상으로 요구되는 부가적 에너지

Arrhenius 속도 방정식: 온도와 활성화 에너지 장벽의 함수로서 반응속도를 나타내는 경험식

5.2절

치환형 확산(Substitutional diffusion): 용질과 용매 원자의 크기가 거의 같은 용매 격자에서 용질 원자의 이동. 공공이 존재하여 확산을 가능하게 함

자기 확산(Self-diffusion): 순수 재료에서 원자의 이동

침입형 확산(Interstitial diffusion): 기지 격자에서 침입형 원자의 이동

정상 상태 조건(Steady-state conditions): 확산 계에서 계의 서로 다른 위치에서 시간에 따라 확산 화학종의 농도 변화가 없음

확산계수(Diffusivity): 일정한 온도에서 고체 내의 확산 속도의 측정 값. 확산계수 D는 식 $D = D_0 e^{-Q/RT}$로 표현할 수 있으며, 여기서 Q는 활성화 에너지이고 T는 절대온도이며, D_0와 R은 상수

고체에서의 Fick의 확산 제1법칙: 확산 화학종의 유량은 일정한 온도에서 농도 기울기에 비례

비정상 상태 조건(Non-steady-state conditions): 확산 계에서 계의 서로 다른 위치에서 시간에 따라 확산 화학종의 농도가 변함

고체에서 Fick의 확산 제2법칙: 조성의 변화 속도는 일정한 온도에서 확산계수에 농도 기울기의 변화율을 곱한 것과 같음

5.7 연습 문제

*표시를 한 문제는 책 마지막에 답을 제공하였다.

■ 지식과 이해 문제

5.1 열적 활성화 과정은 무엇인가? 이 과정의 활성화 에너지는 무엇인가?

5.2 특정 온도에서 평형 상태에 있는 금속에 존재하는 공공의 수에 대한 방정식을 쓰고 각 항을 정의하라. 각 항의 단위를 제시하고 활성화 에너지에 대해서는 eV를 사용하라.

5.3 Arrhenius 속도 방정식을 (*a*) 지수 함수형과 (*b*) 상용 로그형으로 써라.

5.4 반응 속도 대 절대온도 역수의 log10형 Arrhenius 도식을 그리고 도식의 기울기를 표시하라.

5.5 고체 금속에서 치환형 및 침입형 확산 기구를 설명하라.

5.6 Fick의 확산 제1법칙에 대한 방정식을 쓰고 각 항을 SI 단위로 정의하라.

5.7 고체 금속 결정의 확산 속도에 영향을 미치는 인자들은 무엇인가?

5.8 고체에서 Fick의 확산 제2법칙에 대한 방정식을 쓰고 각 항을 정의하라.

5.9 고체 금속 결정격자 표면으로의 기체 확산에 대한 Fick의 제2법칙 방정식을 써라.

5.10 강철 부품에 대한 기체 침탄 공정을 기술하라. 강철 부품의 침탄화가 진행될 수 있는 이유는 무엇인가?

■ 응용과 분석 문제

***5.11** (*a*) 850°C에서 순수 구리의 입방미터당 공공의 평형 농도를 계산하라. 순수 구리의 공공 형성 에너지는 1.0 eV로 가정하라. (*b*) 800°C에서 공공의 분율은?

5.12 (*a*) 750°C에서 순수 은의 입방미터당 공공의 평형 농도를 계산하라. 순수한 은의 공공 형성 에너지는 1.10 eV로 가정하라. (*b*) 700°C에서 공공의 분율은?

***5.13** 500°C에서 구리에 아연이 들어간 고용체 내의 20 μm 떨어진 두 점 A와 B 사이의 아연 원자의 확산 유량을 결정하라. $C_A = 10^{26}$ atoms/m^3, $C_B = 10^{24}$ atoms/m^3.

5.14 500°C에서 알루미늄 용매 내의 10 μm 떨어진 지점 A에서 지점 B까지의 구리 용질 원자의 확산 유량은 4×10^{17} atoms/m^2/s이다. 두 지점 사이의 구리의 (*a*) 농도 기울기와 (*b*) 농도 값의 차이를 구하라.

***5.15** 1018 강철(0.18 wt% C) 기어가 927°C(1700°F)에서의 기체 침탄을 생각해 보자. 기어의 표면 아래 0.40 mm 되는 곳에서 탄소량을 0.35 wt%로 증가시키기 위해 필요한 시간을 계산하라. 기어 표면에서의 탄소량은 1.15 wt%이고, 침탄 전 기어의 공칭 탄소량은 0.18 wt%라고 가정하라. 927°C에서의 D(γ 철 중에서 C) = 1.28×10^{-11} m^2/s이다.

5.16 1022 강철(0.22 wt% C) 기어의 표면이 927°C(1700°F)에서 기체 침탄된다. 기어의 표면 아래 0.030 in 되는 곳에서 탄소량을 0.30 wt%로 증가시키기 위해 필요한 시간을 계산하라. 기어 표면에서 탄소량은 1.20 wt%라고 가정하라. 927°C에서의 D(γ 철 중에서 C) = 1.28×10^{-11} m^2/s이다.

5.17 1020 강철(0.20 wt% C)로 만든 기어가 927°C(1700°F)에서 기체 침탄된다. 4.0시간 침탄 후, 기어의 표면 아래 0.90 mm 위치에서의 탄소량을 계산하라. 기어 표면에서의 탄소량은 1.00 wt%라고 가정하라. 927°C에서의 D(γ 철 중에서 C) = 1.28×10^{-11} m^2/s이다.

***5.18** 1020 강철(0.20 wt% C)로 만든 기어가 927°C(1700°F)에서 기체 침탄된다. 7.0시간 침탄 후, 기어의 표면 아래 0.040 in 위치에서의 탄소량을 계산하라. 기어 표면에서의 탄소량 1.15 wt%라고 가정하라. 927°C에서의 D(γ 철 중에서 C) = 1.28×10^{-11} m^2/s이다.

***5.19** 1018 강철(0.18 wt% C)로 만든 기어의 표면이 927°C에서 기체 침탄된다. 표면 아래 1.00 mm에서의 탄소량이 0.35 wt%로 증가하는 데 필요한 시간을 계산하라. 기어 표면에서의 탄소량은 1.20 wt%라고 가정하라. 927°C에서의 D(γ 철 중에서 C) = 1.28×10^{-11} m^2/s이다.

5.20 1020 강철(0.20 wt% C)로 만든 기어가 927°C에서 기체 침탄된다. 8.0시간 침탄 후, 기어의 표면 아래 0.95 mm 위치에서의 탄소량을 계산하라. 기어 표면에서의 탄소량은 1.25 wt%라고 가정하라. 927°C에서의 D(γ 철 중에서 C) = 1.28×10^{-11} m^2/s이다.

5.21 1018 강철(0.18 wt % C)로 만든 기어가 927°C에서 기체 침탄된다. 만약 기체 침탄 시간이 7.5시간이면, 탄소량이 0.40 wt%로 되는 깊이는 몇 밀리미터인가? 기어 표면에서의 탄소량은 1.20 wt%라고 가정하라. 927°C에서의 D(γ 철 중에서 C) = 1.28×10^{-11} m^2/s이다.

***5.22** 붕소가 없는 실리콘의 두꺼운 조각 속으로 붕소가 1100°C에서 5시간 동안 확산해 들어간다면, 표면 농도가 10^{18} atoms/cm^{3}일 때 농도가 10^{17} atoms/cm^{3}이 되는 곳은 표면에서 깊이가 얼마나 되는가? 1100°C에서 실리콘에 확산하는 붕소의 $D = 4 \times 10^{-13}$ cm^2/s이다.

5.23 알루미늄이 없는 실리콘의 두꺼운 조각 속으로 알루미늄이 1100°C에서 6시간 동안 확산해 들어간다면, 표면 농도가 10^{18} atoms/cm^{3}일 때 농도가 10^{16} atoms/cm^{3}이 되는 곳은 표면에서 깊이가 얼마나 되는가? 1100°C에서 실리콘에 확산하는 알루미늄의 $D = 2 \times 10^{-12}$ cm^2/s이다.

5.24 인이 없는 실리콘의 두꺼운 조각 속으로 인이 1100°C에서 확

산되고 있다. 만일 인의 표면 농도가 1×10^{18} atoms/cm^3, 1 μm에서의 농도가 1×10^{15} atoms/cm^{3}라면 확산 소요 시간은 얼마나 되는가? 1100°C에서 Si로 확산하는 P의 $D = 3.0 \times 10^{-13}$ cm^2/s이다.

***5.25** 문제 5.24의 확산계수가 1.5×10^{-13} cm^2/s라면, 인의 농도가 1×10^{15} atoms/cm^{3}이 되는 깊이는 몇 마이크로미터인가?

5.26 비소가 없는 실리콘의 두꺼운 조각 속으로 비소가 1100°C에서 확산되고 있다. 만일 비소의 표면 농도가 5.0×10^{18} atoms/cm^3, 실리콘 표면으로부터 1.2 μm에서의 농도는 1.5×10^{16} atoms/cm^{3}라면 확산 소요 시간은 얼마나 되는가? 1100°C에서 Si에 확산하는 As의 $D = 3.0 \times 10^{-14}$ cm^2/s이다.)

5.27 1100°C에서 FCC 철 속으로의 니켈의 확산계수 D는 몇 m^2/s인지 계산하라. $D_0 = 7.7 \times 10^{-5}$ m^2/s, $Q = 280$ kJ/mol, $R = 8.314$ J/(mol · K)의 값을 사용하라.

5.28 700°C에서 HCP 티타늄 속으로의 탄소의 확산계수 D는 몇 m^2/s인지 계산하라. $D_0 = 5.10 \times 10^{-4}$ m^2/s, $Q = 182$ kJ/mol, $R = 8.314$ J/(mol · K)를 사용하라.

***5.29** 350°C에서 구리 속으로 아연이 확산될 때, 확산계수 D는 몇 m^2/s인지 계산하라. $D_0 = 3.4 \times 10^{-5}$ m^2/s, $Q = 191$ kJ/mol, $R = 8.314$ J/(mol · K)을 사용하라.

5.30 FCC 철 격자 속으로의 망간 원자의 확산계수는 1300°C에서 1.50×10^{-14} m^2/s이고, 400°C에서 1.50×10^{-15} m^2/s이다. 이 온도 범위에서 FCC 철 격자 속으로의 망간 원자의 확산에 대한 활성화 에너지를 J/mol로 계산하라. 이때 $R = 8.314$ J/(mol · K)이다.

***5.31** 알루미늄 격자 속으로의 구리 원자의 확산계수는 600°C에서 7.50×10^{-13} m^2/s이고, 400°C에서 2.5×10^{-15} m^2/s이다. 이 온도 범위에서 이 경우의 활성화 에너지를 J/mol로 계산하라. 이때 $R = 8.314$ J/(mol · K)이다.

5.32 BCC 철 격자에서 철 원자의 확산계수는 400°C에서 4.5×10^{-23} m^2/s이고, 800°C에서 5.9×10^{-16} m^2/s이다. 이 온도 범위에서 이 경우의 활성화 에너지를 J/mol로 계산하라. 이때 $R = 8.314$ J/(mol · K)이다.

■ 통합과 평가 문제

5.33 금속 A의 용융 온도는 금속 B보다 높다. 어느 금속에서 빈자리를 만들기 쉬운가? 이유는?

5.34 절대 영도에서 결정의 공공 농도는 얼마라고 생각하는가? 식 (5.3)을 사용하여 답을 확인할 수 있는가?

***5.35** 알루미늄의 (*a*) 상온 및 (*b*) 용융 온도 바로 아래에서 입방미터당 공공의 수를 결정하라. 결론은 무엇인가? $Ev = 0.9$ eV라고 가정하라.

5.36 700°C에서 순수 금속의 공공 분율은 59.4×10^{-6}이다. $C = 1$이라고 가정하고, 이 금속에서 공공을 생성하는 데 필요한 에너지를 결정하겠는가?

5.37 특정 금속에 대한 공공 분율 n_v/N은 상온에서 2.2×10^{-18}이고 1030°C에서 1.7×10^{-4}이다. 상수 C의 값은 알 수 없다. 이 금속에서 하나의 공공 생성과 관련된 에너지를 결정하라.

***5.38** 구리에서 하나의 공공을 형성하는 에너지는 0.9 eV이다. 500°C에서 이 고체에는 100만 원자당 1.37개의 빈자리가 있다. 어떤 온도에서 원자 1,000개당 고체의 공공 수를 1.37로 늘릴 수 있는가? 결론은 무엇인가?

5.39 식 (5.3)에서 볼츠만 상수 k를 보편적 기체 상수 R로 바꾸면, E_v의 정의가 어떻게 변하는가?

5.40 온도가 증가함에 따라 금속 전선에서 공공의 수가 증가한다는 것이 확인되었다. 이것이 전선의 부피에 어떤 영향을 주는가? 힌트: 완벽한 2D 결정의 6 × 6 개략도로 시작하고 결함을 도입하라. 결함을 생성하기 위해 다른 원자에서 분리된 원자는 어떻게 되는가?

5.41 표 5.1의 데이터를 사용하여, "금속"의 용융 온도에 대한 활성화 에너지를 그려라. 결론은 무엇인가?

5.42 (*a*) 상온에서 Ni의 입방미터당 공공 수를 결정하라(Ni에 대한 E_v는 1.4 eV임). (*b*) FCC 단위세포에서 원자당 사용 가능한 팔면체 간극 공극의 수를 결정하라(4.3.2항 참고). (*c*) 이 값을 비교하고 일반적으로 치환형 확산 속도와 침입형 확산 속도를 추측하라.

***5.43** 500°C에서 FCC 철(준안정) 시편 표면의 망간(Mn) 농도는 0.6 at%이다. 표면 아래 2 mm 거리에서의 농도는 0.1 atom%이다. 표면과 2 mm 깊이의 평면 사이에서의 Mn 원자 유량을 결정하라. *힌트*: 표 3.2의 정보를 이용하여 at%를 atoms/m^{3}로 전환하라.

5.44 Fe-1 wt% C 합금의 500°C에서 철 속으로의 탄소 확산을 생각해 보자. (*a*) Fe 합금에서 C의 at%를 결정하라. (*b*) Fe 원자당 사용 가능한 팔면체 공극의 수를 결정하라(4.3.2항 참고). (*c*) 이 합금에서 탄소로 채워진 팔면체 공극의 백분율을 결정하라.

5.45 Fe-1 wt% C 합금의 1000°C에서 철 속으로의 탄소 확산을 생각해 보자. (*a*) Fe 합금에서 C의 원자%를 결정하라. (*b*) Fe 원자당 사용 가능한 팔면체 공극의 수를 결정하가(4.3.2항 참고). (*c*) 이 합금에서 탄소로 채워진 팔면체 공극의 백분율을 결정하라.

5.46 1080 강철 기어 표면의 탄소 농도는 1000°C에서 0.8 wt%이다. 탄소 농도가 표면 농도에 영향을 받지 않는 표면 아래 25 μm 평면까지의 탄소 원자 유량을 결정하라. 힌트: 표 3.2의 정보를 이용하여 wt%를 atom/m^{3}로 전환하라.

5.47 구리-아연 합금(85 wt% Cu-10 wt% Zn)이 순수 구리와 확산쌍 계면으로 결합되어 있다. 그런 다음 이 확산쌍을 1000°C로 가열하였다. (*a*) 계면으로부터 2.5 mm 지점의 아연 농도가 0.2%에 도달하는 데 시간이 얼마나 걸리는가? (*b*) a에서 계산한 시간의 2배에서 같은 지점의 아연 농도는 얼마인가?

***5.48** 순수 니켈 막대 시편이 순수 철 막대 시편과 계면으로 결합되어 있다. 이 확산쌍을 1000°C로 가열하였다. (*a*) 계면으로부터 1.0 μm 지점의 니켈 농도가 0.1 wt%에 도달하는 데 시간이 얼마나 걸리는가? (*b*) 계면으로부터 1.0 μm 지점의 니켈 농도가 0.1 wt%에 도달하는 데 시간이 얼마나 걸리는가? (*c*) 2가지 답을 비교하면 무엇을 알 수 있는가?

5.49 표 5.1을 보고 나열된 금속 및 비금속에 대한 확산 기구를 제안하고 답을 정당화 해보라. 비금속 Si와 C의 자기 확산에 대한 활성화 에너지가 이 표의 금속보다 훨씬 높은 이유는 무엇인가?

5.50 그림 5.15에서 계산 없이 주어진 시스템에서 가장 높은 활성화 에너지와 가장 낮은 활성화 에너지를 식별할 수 있는가? 낮은 활성화 에너지와 비교하여 높은 활성화 에너지는 무엇을 의미하는가?

5.51 FCC 철에서 니켈 원자의 활성화 에너지는 280 kJ/mol이고 FCC 철에서 탄소 원자는 142 kJ/mol이다. (*a*) 철에서 니켈과 탄소의 상대적 확산은 무엇을 말하는가? (*b*) 왜 활성화 에너지가 그렇게 크게 차이가 나는지 설명할 수 있는가? (*c*) 142 kJ이 얼마나 많은 에너지인지 엔지니어나 과학자가 아닌 사람에게 정량적으로 설명하는 방법을 찾아보아라.

5.52 구리와 알루미늄의 용융 온도는 각각 1083°C와 657°C이다. 표 5.2를 이용하여 500°C에서 구리 속의 구리 확산계수와 알루미늄 속의 구리 확산계수를 비교하라. 커다란 차이가 존재하는 이유에 대해 설명할 수 있는가?

5.53 표 5.2에 보이는 바와 같이 BCC 철에서 철 원자의 자기 확산이 FCC 철에서 보다 상당히 높다. 이유를 설명하라.

5.54 ASTM 결정립 크기 4인 구리 내에서의 구리의 (자기 확산) 확산 속도가 ASTM 결정립 크기 8인 구리 내에서와 비교하여 높을지 낮을지 예측하라. 답에 대해 설명하라.

5.55 A 지점에서 금속 입자 표면의 확산 원자 농도는 C_A이다. A 지점에서 서브마이크론 거리 *d* 떨어져 있는 B 지점과 D 지점에서의 확산 원자의 농도는 0이다. 즉, $C_B = C_D = 0$이다. B 또는 D 중 어느 지점이 이웃에서의 확산 불순물 존재를 먼저 경험할 것인가? 이유는?

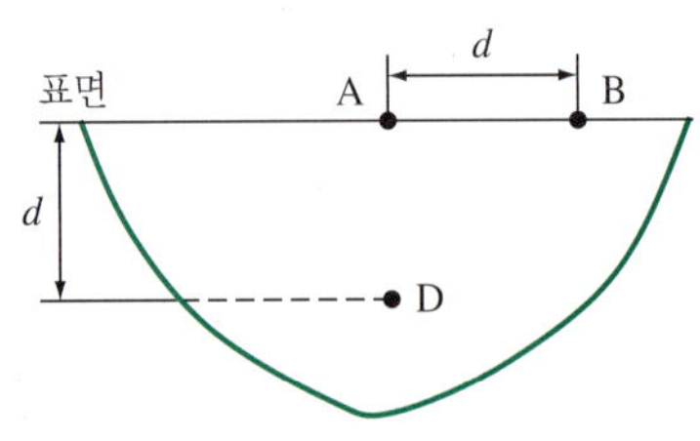

그림 P5.55

5.56 아래에 마이크로 스케일로 나타낸 기체 침탄 기어의 표면은 C_S의 불순물 농도를 갖는다. 초기 표면 아래 불순물 함량 C_0은 0이다. 결정립계와 존재하는 균열이 그림에 나와 있다. 확산 불순물이 표면 아래 거리 *x*에 도달한 후 확산의 양상을 그려보라.

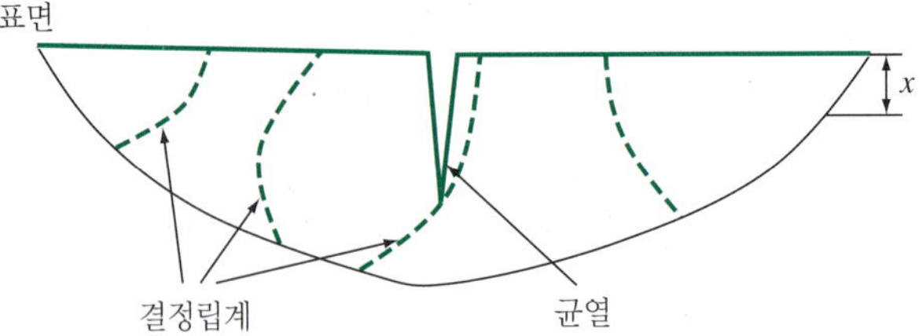

그림 P5.56

5.57 Fick의 제2법칙에서 Fick의 제1법칙을 유도하라.

5.58 1022 강철의 1.6%와 3.8% CH_4 분위기 기체 침탄 과정에서 다양한 시간에서의 농도 프로파일이 그림 5.11에 나와 있다. (*a*) 이 곡선을 사용하여 두 분위기에서 탄소의 초기 농도 C_0가 무엇인지 설명해라. (*b*) t = 12 h 곡선에서 농도 기울기는 *x*의 함수로 어떻게 변하는가? (c) 시간이 경과함에 따라 각 곡선에서 농도 기울기가 어떻게 변하는지 관찰할 수 있는가? 이에 대해 설명할 수 있는가?

5.59 표 5.3의 데이터를 사용하여, *Z* 값의 두 가지 범위에 대해 오차함수 *Z* 대 *Z*를 그려라. 곡선의 각 범위에 대해 적합도 R^2 값이 0.9를 초과해야 한다는 조건으로 최적 방정식을 결정하라. 결론은 무엇인가?

5.60 전위를 포함하는 순수 구리 시편 내에서 구리의 자기 확산 속도가 전위를 포함하지 않은 순수 구리 시편에서(4.4.2항의 전위 특성 참고)보다 낮다고 예상하는가? 답에 대해 설명해라.

5.61 NaCl에서 양이온(Na^+)의 활성화 에너지가 음이온(Cl^-)보다 높거나 혹은 낮다고 예상하는가? 이유는?

5.62 비정상 확산 공정이 온도나 시간에 좀 더 민감한가? 적절한 방정식을 사용하여 설명하라.

5.63 기체 침탄 공정에서 시간이 증가함에 따라 C_x의 농도가 증가됨을 방정식을 사용해서만 보여라.

5.64 철 합금 속으로 수소가 확산되면 재료는 상당히 취성을 띠어 파괴되기 쉬울 것이다. 강철에서의 수소의 활성화 에너지는 3.6 Kcal/mol이다. 강철의 수소 취성화(hydrogen embrittlement)(발생할 가능성이 매우 높은지)를 걱정해야 하는가? 설명해라.

5.65 그림 5.15에서 주어진 온도에서 은 결정립 내부에 있는 은의 확산계수와 결정립계를 따라가는 은의 확산계수를 비교하라. 결론은 무엇인가? 차이점을 어떻게 설명하나?

5.66 1100°C에서 FCC 철 속으로의 니켈 확산에 대한 확산계수 *D*를 초당 평방미터로 계산하라. $D_0 = 7.7 \times 10^{-5}$ cm²/s; Q = 280 kJ/mol; R = 8.314 J/(mol · K)를 사용해라.

5.67 그림 5.16은 알루미늄, 갈륨, 붕소, 비소 및 안티몬을 포함한 실리콘의 다양한 불순물 확산에 대한 온도 함수로서의 확산계수를 보여준다. 그림을 조사하여 어떤 불순물이 실리콘 격자를 통해 더 쉽게 확산되는지 결정할 수 있는가? 이유를 설명할 수 있는가?

제 6 장

금속의 기계적 성질 I

(Getty Images)

(Andrew Wakeford/Photodisc/Getty Images)

금속은 냉간 및 열간 조건 모두에서 다양한 금속의 성형과정을 통해 기능적 형상으로 가공된다. 아마도 금속 성형 공정에 대한 가장 중요한 예 중 하나가 자동차 부품(차체와 엔진 모두)의 제조일 것이다. 엔진 블록은 일반적으로 주철 또는 알루미늄 합금으로 제작되며, 실린더와 블록의 다른 개구부는 드릴링, 보링 및 태핑 작업으로 제조된다. 실린더 헤드는 알루미늄 합금으로 주조되고, 커넥팅 로드, 크랭크축 및 캠은 단조(때로는 주조됨)된 후 연마되며, 루프를 포함한 차체 패널, 트렁크 리드, 도어 및 측면 패널은 강판으로 스탬핑한 후 스폿 용접된다(왼쪽 그림). 부품을 생산하는 작업의 수가 증가함에 따라 부품 비용도 증가하므로 제조업체는 원가를 절감하기 위해 최소 작업 횟수와 최소 가공 및 연마를 추구하는 "최종형상근접 (Near Net Shape)" 제조 개념을 따른다. 이런 이유로, 베벨 기어 또는 유니버설 조인트와 같이 복잡하고 비대칭적인 모양의 자동차 부품은 바로 조립할 수 있을 수준으로 정밀하게 단조된다. ■

학습 목표

이 장을 마치면, 학생들은 다음을 설명할 수 있을 것이다.

1. 금속을 기능적 형태로 성형하는 데 사용되는 성형 작업을 기술할 수 있다. 주조 제품과 단조합금 제품을 구분할 수 있다. 열간 및 냉간 성형공정을 구분할 수 있다.
2. 진응력과 진변형률 및 공칭응력과 공칭변형률을 구분할 수 있다.
3. 탄성과 소성변형의 차이를 원자, 마이크로, 마크로 크기 개념에서 설명할 수 있다.
4. 수직응력과 수직변형률 및 전단응력과 전단변형률을 구분할 수 있다.
5. 인장시험이 무엇인지, 인장 시험을 수행하는 데 사용되는 기계 장치 및 이러한 시험에서 재료의 특성에 대한 어떤 정보를 추출할 수 있는지 설명할 수 있다.
6. 경도의 개념과 측정 방법을 설명하고, 여러 가지 경도 측정법에 대해 기술할 수 있다.
7. 단결정의 소성변형을 원자 크기에서 기술할 수 있다. 단결정에서의 슬립, 전위 및 쌍정 등의 개념과 소성변형에서 이들의 역할에 대해 기술할 수 있다.
8. 단결정의 BCC, FCC, HCP 결정구조에서 주요 슬립 계에 대해 기술할 수 있다.

9. 임계분해 전단응력을 결정하기 위한 Schmid 법칙 및 이의 적용에 대해 기술할 수 있다.
10. 다결정재료에서 소성변형 과정이 물성 및 결정립 구조에 미치는 영향에 대해 기술할 수 있다.
11. 결정립의 크기(Hall-Petch 식) 및 결정립계가 금속의 소성변형 및 물성에 미치는 영향에 대해 설명할 수 있다.
12. 금속에 사용되는 다양한 강화 방법에 대해 기술할 수 있다.
13. 어닐링(annealing) 열처리와 냉간 가공된 금속의 물성 및 미세조직에 미치는 영향에 대해 기술할 수 있다.
14. 금속의 초소성(superplastic) 거동에 대해 기술할 수 있다.
15. 나노 결정체 금속이 무엇이며, 어떤 장점을 가지고 있는지 기술할 수 있다.

6.1 금속의 합금과 제조공정

6.1.1 금속과 합금의 주조

대부분의 금속은 용해된 금속의 저장고 역할을 하는 용해로에서 먼저 금속을 용해함으로써 처리된다. 합금화 원소는 용융 금속에 첨가되어 다양한 합금 조성물을 제조할 수 있다. 예를 들어, 고체 마그네슘 금속을 용융 알루미늄에 첨가하고, 용융 후 알루미늄과 기계적으로 혼합하여 균일한 Al–Mg 합금 용융물을 제조할 수 있다. 용융된 Al–Mg 합금에서 산화물 불순물과 수소 가스를 제거한 후 그림 4.10과 같이 직접 냉각 반연속 주조 장치의 주형에 주입한다. 그림 4.1에 표시된 것과 같은 거대한 판(sheet)상 주괴(ingot)는 이러한 방식으로 생산된다. 다양한 단면의 주괴들도 이러한 방식으로 주조되는데, 예를 들어 압출 주괴는 원형 단면으로 주조된다.

주괴는 그 후 박판이나 후판과 같은 반제품을 제조하는 데 사용된다. 판상 주괴를 압연하여 두께를 줄임으로써 박판(sheet)[1]과 후판(plate)[2]으로 제조되며, 얇은 박판과 두꺼운 후판과 같이 두께에 따라 분류할 수 있다. 채널, 구조 형상 등의 압출 형상은 압출 주괴로 제조되고, 봉(막대)과 와이어는 선재용 주괴로 제조된다. 대형 주괴들의 열간 및 냉간 가공에 의해 금속의 상당한 영구/소성 변형을 통하여 제조된 모든 제품을 *단조 합금 제품*(wrought alloy products)이라고 한다. 금속의 구조 및 특성에 대한 영구/소성 변형의 영향은 6.5절과 6.6절에서 다룰 예정이다.

더 작은 규모에서, 용융 금속은 최종 제품의 형태인 주형으로 주조할 수 있으며, 일반적으로 약간의 기계가공과 기타 마무리 공정을 거쳐 최종 주조품을 얻는다. 이러한 방식으로 생산된 제품을 *주조제품*(cast product)이라고 하며, 이를 생산하는 데 사용된 합금을 *주조용 합금*(casting alloy)이라고 한다. 예를 들어, 자동차 엔진에 사용되는 피스톤은 일반적으로 용융금속을 영구강철주형에 주입하여 만들어진다. 그림 6.1은 주조물을 포함하는 영구주형의 모식도이다. 그림 6.2*a*는 작업자가 주물을 생산하기 위해 용융 금속을 영구주형에 주입하는 모습이며, 그

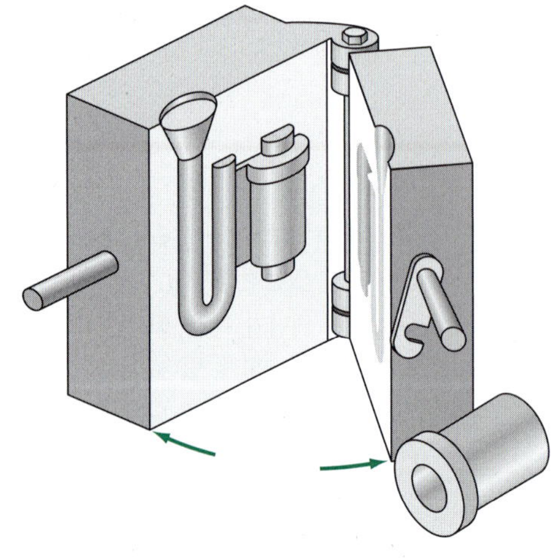

그림 6.1 ➤ 주물에 사용되는 영구 금형 주조. 주형의 왼쪽은 용탕 입구와 금속 코어를 보여주며 금형 앞의 그림은 완성된 주조품이다.
(출처: H. F. Taylor, M. C. Flemings, and J. Wulff, *Foundry Engineering*, Wiley, 1959, p. 58.)

1 이 책에서 박판은 두께 0.015~0.063 cm (0.006~0.025 in) 범위의 직각단면을 가진 압연제품을 말한다.
2 이 책에서 후판은 두께 0.635 cm (0.250 in) 이상의 직각단면을 가진 압연제품을 말한다.

(*a*)

(*b*)

(*c*)

그림 6.2 ➤ (*a*) 알루미늄 합금 부품의 영구 금형 주조. (*b*) 금형에서 꺼낸 주물품, (*c*) 주조품이 완성되어 사용할 수 있음.
((*a*) Cultura Creative/Alamy Stock Photo; (*b*) Ty Wright/Bloomberg/Getty Images; (*c*) DmyTo/Getty Images)

림 6.2*b*는 주형을 제거한 후의 주물이다. 그림 6.2*c*는 불필요한 부분을 절단한 후, 열처리, 기계가공을 거친 완성된 부품으로 즉시 장착해서 사용할 수 있는 제품이다.

6.1.2 금속과 합금의 열간, 냉간 압연

열간 및 냉간 압연은 금속과 합금을 제조하는 데 일반적으로 사용되는 방법이다. 균일한 단면을 가진 긴 길이의 금속판과 강판은 이러한 공정으로 생산할 수 있다.

판재용 주괴의 열간 압연 금속의 온도가 높을 때 압연 공정을 하면 압연을 통과할 때마다 두께를 더 크게 줄일 수 있기 때문에 판상 주괴는 **열간 압연**(hot rolling)을 먼저 수행한다. 열간 압연 전에 박판 및 후판 주괴는 고온으로 예열된다(금속의 재결정 온도에 따라 다름). 그러나 때때로 연속 주조기에서 잘라낸 평판 주괴를 직접 열간 압연할 때도 있다. 예열로에서 꺼낸 주괴는 일반적으로 가역방향으로 회전하는 압연기에서 열간 압연된다(그림 6.3).

열간 압연은 금속 평판의 온도가 너무 낮아서 연속 압연이 어려워질 때까지 계속된다. 그 후에 평판을 재가열하며, 보통 열간 압연된 스트립(strip)을 코일로 감을 수 있을 정도까지 압연을 계속한다. 대부분의 작업 규모가 큰 경우에는 그림 6.4의 강 스트립의 열간 압연에서와 같이 일련의 4단 압연기를 연속으로 사용하기도 한다.

금속판재의 냉간압연[3] 약간의 **냉간 압연**(cold rolling)이 포함될 수 있는 열간 압연 후, 금속의 코일은 일반적으로 열간 압연 작업 중에 발생한 냉간가공 효과를 제거하여 금속을 연화하는 **어닐링**(annealing)으로 알려진 재가열 처리를 수행한다. 일반적으로 냉간 압연은 상온에서 진행하며, 4단 압연기를 단독 또는 직렬로 사용한다(그림 6.5). 그림 6.6은 산업용 압연기에서 냉간 압연되고 있는 박판의 예이다.

3 냉간 압연은 금속의 재결정온도 이하에서 수행되며 금속의 변형 경화를 유발한다.

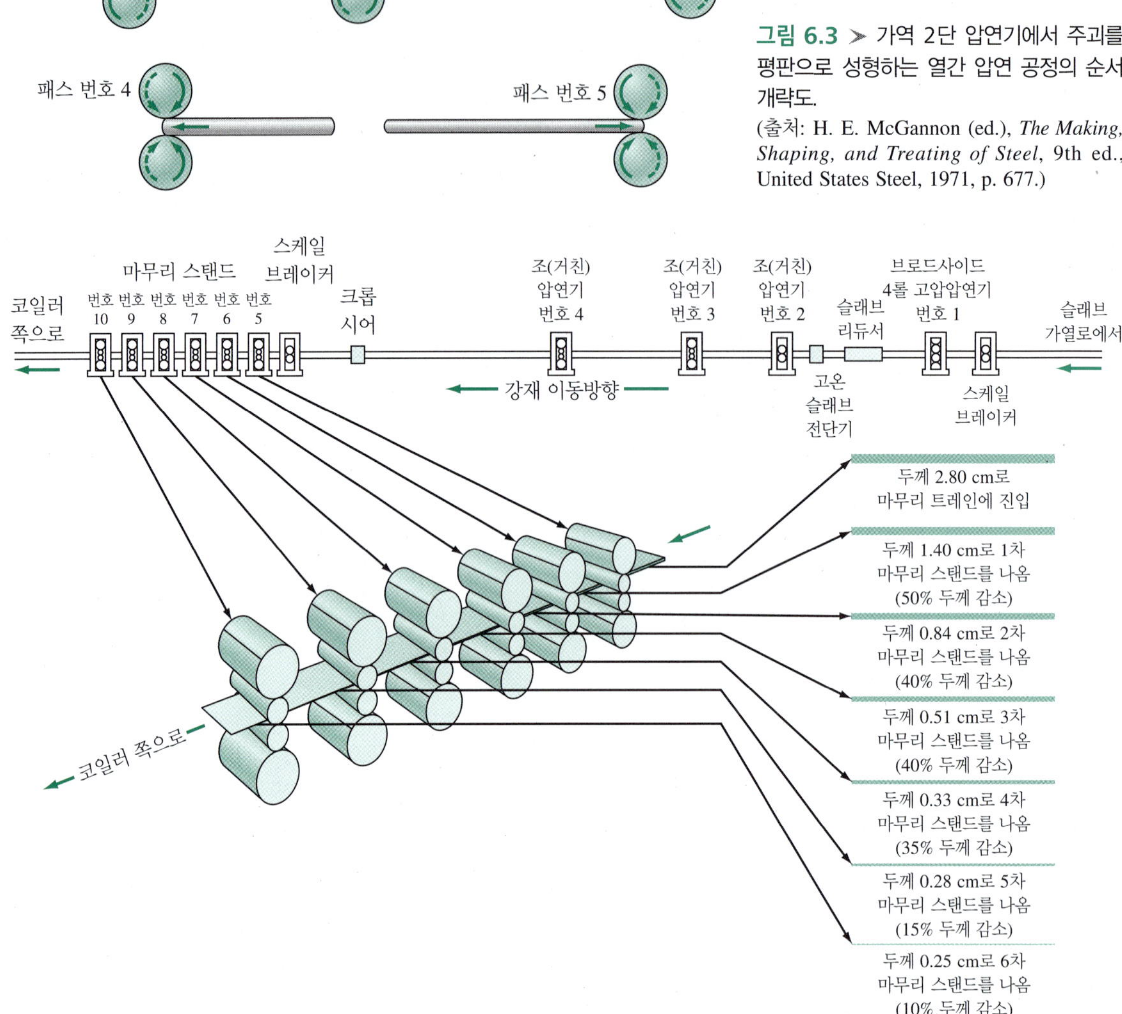

그림 6.3 ➤ 가역 2단 압연기에서 주괴를 평판으로 성형하는 열간 압연 공정의 순서 개략도.
(출처: H. E. McGannon (ed.), *The Making, Shaping, and Treating of Steel*, 9th ed., United States Steel, 1971, p. 677.)

그림 6.4 ➤ 4개의 조압연기와 6개의 사상압연기로 구성된 열간압연기의 마무리 압연공정에서 사용되는 일반적인 공정 당 두께 감소량. 도면은 축적과 다를 수 있음.
(출처: H. E. McGannon (ed.), *The Making, Shaping, and Treating of Steel*, 9th ed., United States Steel, 1971, p. 937.)

후판 또는 박판의 **% 냉간 단면 축소율**(percent cold reduction)은 다음과 같이 계산할 수 있다.

$$\% \text{ 냉간 단면축소율} = \frac{\text{초기 두께} - \text{최종 두께}}{\text{초기 두께}} \times 100\% \qquad \textbf{(6.1)}$$

예제 6.1

0.120에서 0.040 in로 냉간 압연한 알루미늄 박판 합금의 % 냉간 단면축소율을 계산하라.

풀이

$$\begin{aligned}\% \text{ 냉간 단면축소율} &= \frac{\text{초기 두께} - \text{최종 두께}}{\text{초기 두께}} \times 100\% \\ &= \frac{0.120 \text{ in.} - 0.040 \text{ in.}}{0.120 \text{ in.}} \times 100\% = \frac{0.080 \text{ in.}}{0.120 \text{ in.}} \times 100\% \\ &= 66.7\%\end{aligned}$$

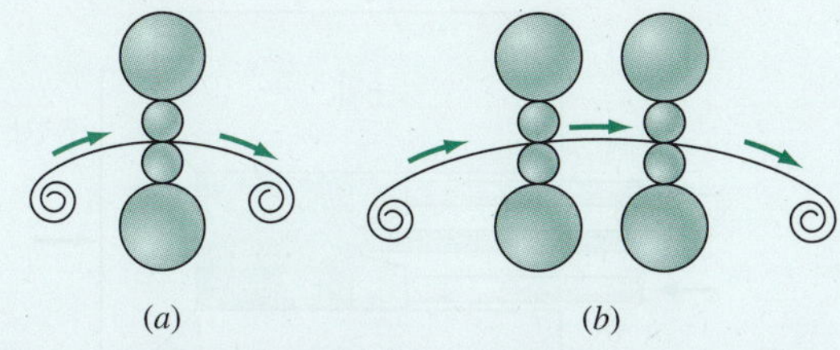

그림 6.5 ➤ 4단 압연기를 사용한 금속 강판의 냉간 압연 모식도: (*a*) 단일 압연기. (*b*) 직렬로 연결된 2개의 연속 압연기.

그림 6.6 ➤ 강재 박판의 냉간 압연. 이와 같은 압연기는 강판, 주석판 및 비철금속의 냉간압연에 사용된다.
(Sputnik/Alamy Stock Photo)

예제 6.2

70% Cu-30% Zn 합금판재를 20% 냉간 압연하여 두께가 3.00 mm가 되었다. 이 판재를 추가로 냉간압 연하여 2.00 mm가 되었다면, 총 냉간가공은 몇 %인가?

풀이

먼저 20%의 최초 냉간가공을 고려함으로써 판재의 초기 두께를 결정한다. x를 판재의 초기 두께라고 놓으면,

$$\frac{x - 3.00\ \text{mm}}{x} = 0.20$$

또는

$$x - 3.00\ \text{mm} = 0.20\,x$$
$$x = 3.75\ \text{mm}$$

판재의 초기 두께에서 최종 두께까지의 총 냉간가공 %는 다음과 같다.

$$\frac{3.75\ \text{mm} - 2.00\ \text{mm}}{3.75\ \text{mm}} = \frac{1.75\ \text{mm}}{3.75\ \text{mm}} = 0.466 \text{ 또는 } 46.6\%$$

6.1.3 금속과 합금의 압출

압출(extrusion)은 높은 압력 하에서 재료를 다이(die)의 개구부를 강제로 통과하여 단면적을 줄이는 소성 성형 공정이다(그림 6.7). 대부분 금속의 경우 압출 공정을 이용하여 원통형 막대 또는 속이 빈 튜브를 생산한다. 알루미늄, 구리 및 일부 합금과 같이 쉽게 압출 가능한 금속의 경우 불규칙한 단면을 가진 형상도 용이하게 생산할 수 있다. 대부분의 금속은 저온보다 고온에서 금속의 변형 저항이 낮기 때문에 고온상태에서 압출된다. 압출 시 압출 프레스 용기 내의 강재(billet)들은 램에 의해 다이를 강제로 통과하여 균일한 단면을 가진 긴 길이의 금속으로 연속적으로 변형되도록 한다.

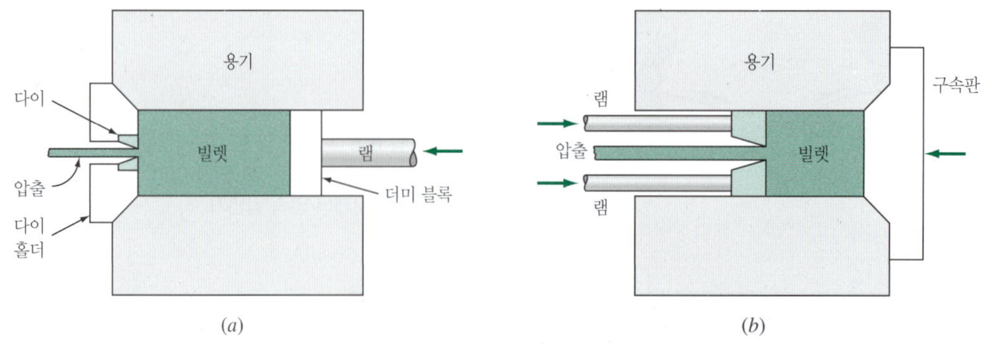

그림 6.7 ➤ 두 가지 기본유형의 금속 압출 공정. (*a*) 직접 압출 (*b*) 간접 압출.
(출처: G. Dieter, *Mechanical Metallurgy*, 2d ed., McGraw Hill, 1976, p. 639.)

압출 공정은 *직접 압출*(direct extrusion)과 *간접 압출*(indirect extrusion)로 구분된다. 직접 압출 시, 금속 강재는 압출 프레스의 용기에 넣고 램에 의해 다이를 통해 직접 압출된다(그림 6.7*a*). 간접 압출에서는 속이 빈 램이 다이를 고정하고, 압출 프레스 용기의 반대쪽 끝는 판으로 닫혀 있다(그림 6.7*b*). 간접 압출이 직접 압출 대비 마찰력이나 소요 동력은 낮지만, 간접 압출법인 속이 빈 램을 이용하여 적용할 수 있는 하중은 직접 압출 대비 제한적이다.

압출 공정은 주로 알루미늄, 구리 등의 저융점 비철금속과 이들의 합금의 봉 및 튜브형상과 단면이 불규칙한 형상의 제품을 제조하는 데 사용된다. 그러나 강력한 압출기와 유리와 같은 우수한 성능의 윤활제가 개발되어 일부 탄소강 및 스테인리스강도 열간 압출이 가능하게 되었다.

6.1.4 단조

단조(forging)는 금속을 유용한 모양으로 가공하는 또 다른 주요 방법이다. 단조 공정에서 금속을 해머로 두드리거나 눌러서 원하는 모양으로 제조한다. 대부분의 단조 작업은 고온 상태에서 수행되지만 경우에 따라 금속이 차가운 상태로 단조될 수도 있다. 단조 방법에는 크게 *해머 단조*(hammer forging)와 *프레스 단조*(press forging)의 두 가지 유형이 있다. 해머 단조에서는 금속 표면에 해머의 낙하에 의한 반복 타격력이, 프레스 단조에서는 서서히 증가하는 압축력이 작용한다(그림 6.8).

단조 공정은 또한 *개방형 다이 단조*(open-die forging)나 *폐쇄형 다이 단조*(closed-die forging)로 분류할 수 있다. 개방형 다이 단조는 두개의 평평한 다이 또는 V형 또는 반원형 공동과(그림 6.9) 같이 매우 단순한 모양을 가진 다이 사이에서 수행되며, 전기 증기 터빈 및 발전기용 강철 샤프트와 같은 대형 부품을 생산하는 데 특히 유용하다. 폐쇄형 다이 단조에서는 원하는 형상으로 제작된 상단 및 하단의 두 개의 다이 사이에 재료를 넣고 제조한다. 폐쇄형 다이 단조는 한 쌍의 다이 또는 다중 임프레션 다이(multiple-impression die)를 사용하여 작업하며, 다중 임프레션 다이를 사용하는 폐쇄형 단조의 예로 자동차의 커넥팅로드를 예로 들 수 있다(그림 6.10).

그림 6.8 ➤ 10,000톤 프레스가 가열된 강을 최종 제품과 가까운 모양으로 압착하는 동안 주괴를 제 위치에 거치하고 있는 대형 조종기.
(Paul Broadbent/Alamy Stock Photo)

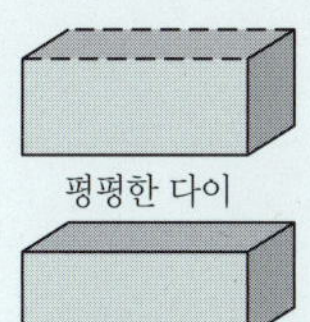

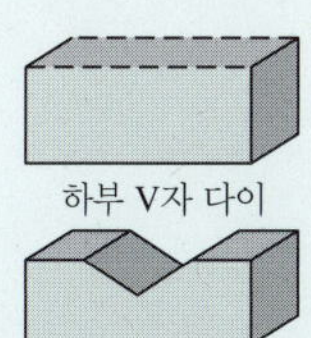

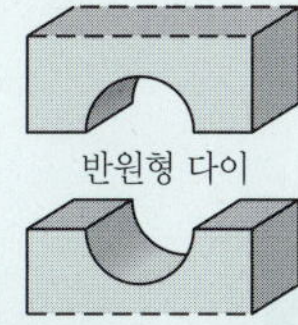

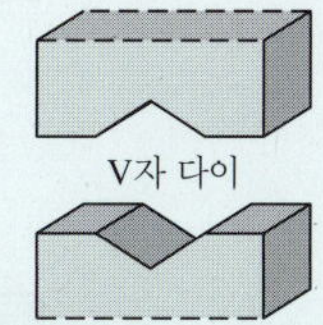

그림 6.9 ➤ 개방형 다이 단조의 기본 형태.
(출처: H. E. McGannon (ed.), *The Making, Shaping, and Treating of Steel*, 9th ed., United States Steel, 1971, p. 1045.)

(*a*)

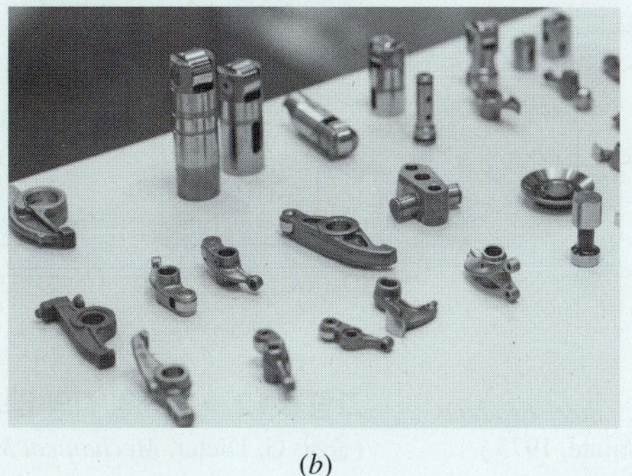
(*b*)

그림 6.10 ➤ (*a*) 부품 생산에 사용되는 폐쇄형 단조 다이 세트. (*b*) 단조 공정을 통해 제조된 다양한 부품.
((*a*) Karl F. Schöfmann/imageBROKER/Alamy Stock Photo; (*b*) Aumm graphixphoto/Shutterstock)

일반적으로 단조 공정은 기공률을 낮추고 내부 조직을 미세화 하여 금속의 조직의 향상이 필요한 불규칙한 형상의 제품을 제조하는 데 주로 사용된다. 예를 들어, 단조된 렌치는 단순히 모양을 제조한 주조 렌치보다 더 단단하고 부러질 가능성이 적다. 또한 단조는 일부 공구강과 같은 고합금 금속의 주조된 주괴조직을 분해하여 금속이 보다 균질하고 후속 작업 중에 균열이 덜 발생되도록 하는 데 사용되기도 한다.

6.1.5 기타 금속 성형 공정

다양한 2차 금속성형공정들은 이 책의 범위를 벗어나기 때문에 언급하지 않으나, *신선*(wire drawing)과 금속 박판의 *딥드로잉*(deep drawing)에 대해서는 간단히 소개하기로 한다.

신선은 중요한 금속성형법 중의 하나로서 봉재나 선재를, 한 개 또는 여러 개의 경사진 신선용 다이를 통해 뽑아내는 것이다(그림 6.11). 강선을 신선할 때에는 강철 케이싱 내부에 WC(탄화 텅스텐)로 만든 "니브(nib)"가 삽입된다. 강한 경질 탄화물은 강선의 단면 감소를 위한 내마모성 표면을 제공한다. 와이어로 당겨질 봉재나 선재의 표면을 깨끗하게 제조하기 위해서는 다이를 청결히 하고, 적절히 윤활하는 데 특별히 신경을 써야 한다. 신선 작업 중에 가공 경화되는 경우에는 때때로 중간 연화 열처리가 필요한 경우가 있다. 세부 공정은 신선되는 금속이나 합금의 종류, 최종 제품에서 요구되는 지름과 연화도(temper) 등에 따라 크게 달라진다.

예제 6.3

와이어 또는 금속 막대의 직경을 줄이기 위해 인발 공정으로 인한 % **냉간 단면축소율**은 다음과 같이 계산할 수 있다:

$$\%\ \text{냉간 단면 축소율} = \frac{\text{초기 단면적} - \text{최종 단면적}}{\text{초기 단면적}} \times 100\% \qquad \textbf{(6.2)}$$

어닐링한 구리선을 지름 1.27 mm (0.05 in)에서 0.813 mm (0.032 in)의 지름으로 냉간 신선 할 때 냉간 단면축소율을 계산하라.

풀이

$$\begin{aligned}\%\ \text{냉간 단면 축소율} &= \frac{\text{단면적의 변화량}}{\text{초기 면적}} \times 100\% \\ &= \frac{(\pi/4)(1.27\ \text{mm})^2 - (\pi/4)(0.813\ \text{mm})^2}{(\pi/4)(1.27\ \text{mm})^2} \times 100\% \qquad \textbf{(6.2)} \\ &= \left[1 - \frac{(0.813)^2}{(1.27)^2}\right](100\%) \\ &= (1 - 0.41)(100\%) = 59\%\ ◀\end{aligned}$$

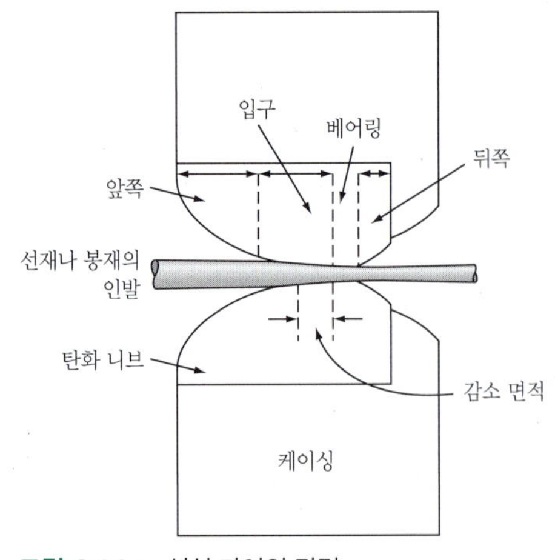

그림 6.11 ➤ 신선 다이의 단면.
(출처: "Wire and Rods, Alloy Steel," *Steel Products Manual*, American Iron and Steel Institute, 1975.)

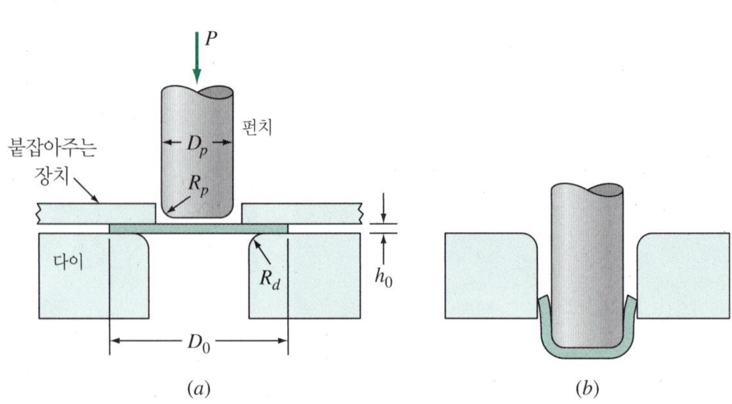

그림 6.12 ➤ 원통형 컵의 딥드로잉. (*a*) 드로잉 전. (*b*) 드로잉 후.
(출처: G. Dieter, *Mechanical Metallurgy*, 2d ed., McGraw Hill, 1976, p. 688.)

딥드로잉(deep drawing)은 또 다른 금속 성형 공정이며 평평한 금속박판을 컵 모양의 제품으로 만드는 금속성형법이다. 금속 블랭크(blank)를 성형 다이 위에 놓고 펀치로 다이에 압입한다(그림 6.12). 금속을 다이에 부드럽게 압착하여 주름이 없는 매끈한 금속 제품을 얻기 위하여 블랭크를 붙잡아주는 장치가 사용된다.

6.2 금속의 응력과 변형률

금속의 반제품 가공과 주조 제품을 가공하는 대부분의 주요 방법들에 대해 6.1절에서 간단히 살펴보았다. 이제 공학적인 응용 분야에서 강도 및 연성의 기계적 특성을 평가하는 방법을 알아보도록 하자.

6.2.1 탄성 및 소성 변형

금속 조각에 1축 인장력과 같은 모든 유형의 힘이 가해지면 금속변형이 발생한다. 힘이 제거되었을 때 금속이 회복되어 원래의 치수로 돌아가는 경우 금속은 **탄성 또는 회복 가능한 변형**(elastic or recoverable deformation)을 겪었다고 한다. 금속이 겪을 수 있는 탄성 또는 회복 가능한 변형의 양은 적다. 그 이유는 탄성 변형 중에 금속 원자의 모양이 왜곡되고 원래 위치에서 약간 벗어나지만 결합이 끊어지거나 원자가 새로운 위치로 이동할 정도는 아니기 때문이다. 따라서 탄성 변형된 금속에 가해지는 힘이 제거되면 금속 원자는 원래의 모양과 위치로 돌아가고 금속은 원래의 형태로 회복된다. 금속이 원래의 치수로 완전히 회복할 수 없을 정도로 변형되면 **소성변형 또는 영구변형**(plastic or permanent deformation)을 겪었다고 한다. 소성 변형 중에, 금속 원자 사이의 결합이 끊어지고, 원자가 원래의 위치에서 영구적으로 변위되어 새로운 위치를 차지하게 된다. 일부 금속이 파괴 없이 광범위하게 소성 변형될 수 있는 능력은 금속의 가장 유용한 공학적 특성 중 하나이다. 예를 들어, 강철의 광범위한 소성 변형성은 펜더, 후드 및 도어와 같은 자동차 부품을 금속파단 없이 기계적으로 성형할 수 있다(6장 오프닝 설명 참고).

금속 및 기타 재료의 탄성 또는 소성 변형은 힘이나 하중의 작용으로 생성된다. 이러한 하중은 인장력, 압축력, 전단력, 비틀림 또는 굽힘의 형태로 적용되며, 이러한 하중은 인장 응력, 압축 응력, 전단 응력을 포함하여 금속에 다양한 응력을 생성한다. 결국 이러한 응력은, 차례로, 변형률과 변형을 형성한다. 다음 장에서는 다양한 유형의 응력과 변형률 그리고 이를 알아내는 방법에 대해 확인해본다.

6.2.2 공칭응력과 공칭변형률

공칭응력 그림 6.13과 같이 길이 l_0 및 단면적이 A_0인 원통형 봉이 *1*축 인장력 F를 받고 있다고 하자. **공칭응력**(engineering stress) $\boldsymbol{\sigma}$는 정의에 의해 평균 1축 인장력 F를 초기 단면적 A_0로 나눈 것이다. F는 단면적에 수직이기 때문에, 이 응력은 수직응력이라고도 한다. 즉,

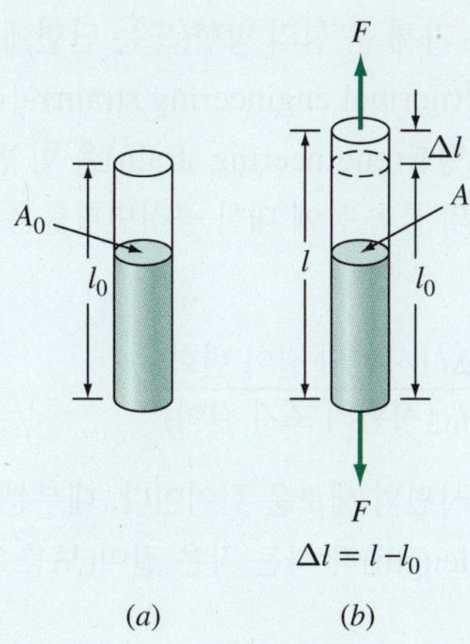

그림 6.13 ➤ 1축 인장력 F를 받고 있는 원통형 금속 봉의 연신, (a) 하중을 받지 않는 봉. (b) 1축 인장력 F에 의해 l_0에서 l 만큼 늘어난 봉.

$$\text{공칭응력}, \sigma\,(\text{수직응력}) = \frac{F\,(\text{평균 일축 인장력})}{A_0\,(\text{초기 단면적})} \tag{6.3}$$

공칭응력에서의 단위는 아래와 같다.

US 단위: 제곱인치당 pound force (lbf/in.^{2}, 혹은 psi);

lb_f = pounds force

SI 단위: 제곱미터당 뉴턴(N/m^2) 혹은 파스칼(Pa), 1 N/m^2 = 1 Pa

Pa와 psi의 환산계수는 다음과 같다.

$$1 \text{ psi} = 6.89 \times 10^3 \text{ Pa}$$
$$10^6 \text{ Pa} = 1 \text{ megapascal} = 1 \text{ MPa}$$
$$1000 \text{ psi} = 1 \text{ ksi} = 6.89 \text{ MPa}$$

예제 6.4

지름이 0.500 in인 알루미늄 봉에 2500 lbf의 힘이 작용할 때, 공칭응력을 psi 단위로 계산하라.

풀이

$$\sigma = \frac{\text{힘}}{\text{초기 단면적}} = \frac{F}{A_0}$$
$$= \frac{2500 \text{ lb}_f}{(\pi/4)(0.500 \text{ in.})^2} = 12{,}700 \text{ lb}_f/\text{in.}^2 \blacktriangleleft$$

예제 6.5

지름이 1.25 cm인 봉에 2500 kg의 질량이 매달려 있을때, 봉의 공칭응력을 MPa 단위로 계산하라.

풀이

봉에 작용하는 하중은 2500 kg 질량의 중력을 가지고 있다. SI 단위에서 막대에 작용하는 힘은 질량에 중력 가속도(9.81 m/s^2)를 곱한 것이다. 즉,

$$F = mg = (2500 \text{ kg})(9.81 \text{ m/s}^2) = 24{,}500 \text{ N}$$

봉의 지름 d = 1.25 cm = 0.0125 m이므로, 봉에 대한 공칭응력은 다음과 같다.

$$\sigma = \frac{F}{A_0} = \frac{F}{(\pi/4)(d^2)} = \frac{24{,}500 \text{ N}}{(\pi/4)(0.0125 \text{ m})^2}$$
$$= (2.00 \times 10^8 \text{ Pa})\left(\frac{1 \text{ MPa}}{10^6 \text{ Pa}}\right) = 200 \text{ MPa} \blacktriangleleft$$

공칭 변형률 그림 6.13과 같이 봉에 1축 인장력이 가해지면 봉은 가해 준 힘의 방향(또는 단면에 수직방향)으로 늘어나며, 봉의 전체 길이에 걸친 이러한 변위를 *수직 공칭 변형률*(normal engineering strain)이라 한다. 정의에 따르면, 금속 시편에 작용하는 1축 인장력에 의해 발생하는 **공칭변형률**(engineering strain)은 힘 방향으로 시편의 길이 변화를 시편의 초기 길이로 나눈 비율이다. 따라서 그림 6.13의 금속 봉에 대한 공칭변형률은 다음과 같이 쓸 수 있다.

$$\text{공칭변형률 } \epsilon \text{ (수직변형률)} = \frac{l - l_0}{l_0} = \frac{\Delta l \text{ (시편의 길이 변화)}}{l_0 \text{ (시편의 초기 길이)}} \quad \textbf{(6.4)}$$

여기서 l_0는 시편의 원래 길이이고 l은 1축 인장력에 의해 늘어난 시편의 새로운 길이이다. 대부분의 경우 공칭변형률은 훨씬 긴 시편(예를 들어, 20.3 cm) 내에서 표점거리(gage length)라 하는 작은 길이(보통 5.1 cm)를 사용하여 결정된다(예제 6.6 참고).

공칭변형률 ϵ의 단위는 다음과 같다.

U.S. 단위: in/in

SI 단위: m/m

따라서 공칭변형률은 *무차원 단위*(dimensionless units)이다. 산업현장에서는 흔히 공칭변형률을 % 변형률(percent strain)로 변환하여 사용한다.

$$\% \text{ 변형률} = \text{공칭변형률} \times 100\%$$

예제 6.6

폭 0.500 인치, 두께 0.040 인치, 길이 8 인치이고, 샘플의 중앙에 표점 거리가 2.00 인치인 상업용 순수 알루미늄 샘플을 변형시켜 표점거리가 2.65 인치로 늘었다(그림 6.14). 이때 수직공칭변형률과 % 연신율을 계산하라.

풀이

$$\text{공칭변형률 } \epsilon = \frac{l - l_0}{l_0} = \frac{2.65 \text{ in.} - 2.00 \text{ in.}}{2.00 \text{ in.}} = \frac{0.65 \text{ in.}}{2.00 \text{ in.}} = 0.325 \blacktriangleleft$$

$$\% \text{ 연산율} = 0.325 \times 100\% = 32.5\% \blacktriangleleft$$

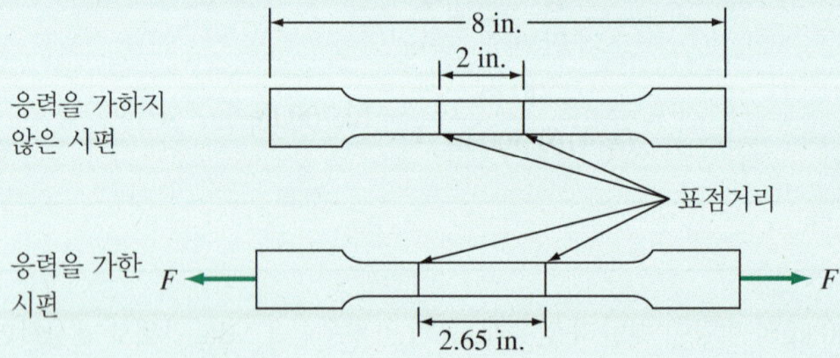

그림 6.14 > 시험 전 · 후의 판상 인장시편.

6.2.3 포아송비

금속의 길이 방향 탄성변형은 측면 방향의 치수 변화를 수반한다. 그림 6.15*b*에 나타난 것과 같이, 인장응력 σ_z에 의해 수직인장변형률 $+\epsilon_z$와 측면 수직압축변형률 $-\epsilon_x$와 $-\epsilon_y$가 생기게 된다. 등방성[4]거동의 경우 ϵ_x와 ϵ_y는 동일하다. 그 비율을 *포아송비*(Poisson's ratio)라고 한다. 이상적인 재료의 경우 $v = 0.5$이나 실제 재료의 경우 포아송비

4 *등방성*: 모든 축방향으로 물성을 측정할 때 모두 동일한 특성을 보이는 것

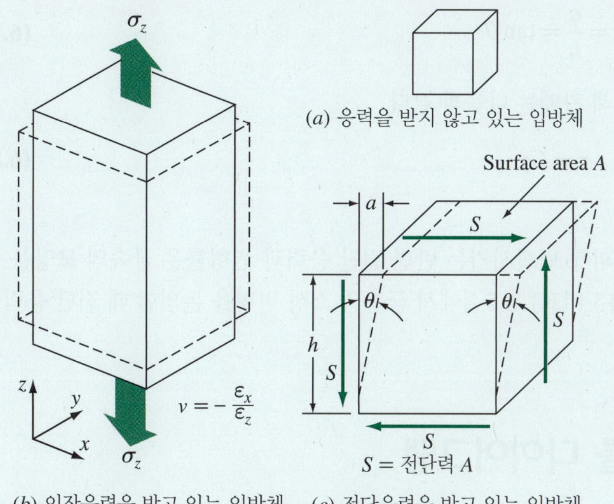

그림 6.15 ➤ (*a*) 응력을 받지 않는 입방체. (*b*) 인장응력을 받는 입방체. 인장 변형률과 수직인 측면 방향의 수축 변형률과의 비를 포아송비 *v*로 나타낸다. (*c*) 순수 전단력 *S*가 면적 *A*에 작용하고 있는 입방체. 이때의 전단응력 *τ*는 *S*/*A*와 같다.

표 6.1 ➤ **상온에서 등방성 재료의 탄성계수 값**

재료	탄성계수, 10^6 psi (GPa)	전단계수, 10^6 psi (GPa)	포아송 비
Aluminum alloys	10.5 (72.4)	4.0 (27.5)	0.31
Copper	16.0 (110)	6.0 (41.4)	0.33
Steel (plain carbon and low-alloy)	29.0 (200)	11.0 (75.8)	0.33
Stainless steel (18-8)	28.0 (193)	9.5 (65.6)	0.28
Titanium	17.0 (117)	6.5 (44.8)	0.31
Tungsten	58.0 (400)	22.8 (157)	0.27

(출처: G. Dieter, Mechanical Metallurgy, 3rd ed., McGraw Hill, 1986.)

는 대략 0.25~0.4이며, 평균 0.3 정도이다. 표 6.1에는 일부 금속 및 합금들의 *v*값이 나타나 있다.

$$v = -\frac{\epsilon\ (\text{측면 방향})}{\epsilon\ (\text{길이 방향})} = -\frac{\epsilon_x}{\epsilon_z} = -\frac{\epsilon_y}{\epsilon_z} \tag{6.5}$$

6.2.4 전단 응력과 전단 변형률

지금까지 수직 응력과 변형률이 발생하는 1축 인장 응력 하에서 금속과 합금의 탄성 및 소성변형에 대해 살펴보았다. 금속이 변형될 수 있는 또 다른 중요한 방법은 **전단응력**(shear stress)의 작용을 받는 것이다. 입방체에 작용하는 한 쌍의 전단응력(전단응력은 쌍으로 작용함)을 그림 6.15*c*에 나타내었는데, 여기서 면적 *A*에 전단력 *S*가 작용한다고 하면, 전단응력 *τ*는 전단력 *S*와 다음과 같은 관계가 있다.

$$\tau\ (\text{전단응력}) = \frac{S\ (\text{전단력})}{A\ (\text{전단력이 작용하는 면적})} \tag{6.6}$$

전단응력의 단위는 1축 수직 인장응력과 동일하다:

U.S. 단위: lb_f/in^2 또는 psi

SI 단위: N/m^2 또는 Pa (pascals)

전단변형률(shear strain) **γ**는 그림 6.15*c*에서 보는 바와 같이 전단변위량 *a*를 전단력이 작용하는 거리 *h*로 나눈 값으로 정의한다. 즉,

$$\gamma = \frac{a}{h} = \tan\theta \tag{6.7}$$

순수 탄성전단에서, 전단응력과 전단변형률과의 비례 관계는 다음과 같다.

$$\tau = G\gamma \tag{6.8}$$

여기서 G는 전단계수이다.

우리는 수직 응력과 변형률이 금속의 길이와 부피를 변화시키는 반면 전단 응력과 변형률은 금속의 모양을 변화시킨다는 것을 일반화할 수 있다(그림 6.13 및 6.15 비교). 6.5절에서 금속의 소성 변형을 논의할 때 전단 응력에 대해 다룰 예정이다.

6.3 인장시험과 공칭응력–변형률 다이어그램

인장시험(tensile test)은 금속과 합금의 강도와 강성을 평가하는 데 사용된다. 이 시험에서 금속 시편을 비교적 짧은 시간에 일정한 속도로 파손될 때까지 잡아당긴다. 그림 6.16은 최신 인장시험기의 사진이고, 그림 6.17은 시편의 인장시험 방법을 도식적으로 나타낸 것이다.

시험하는 시편에 작용하는 힘(하중)은 로드셀(load cell)에 의해 측정되며, 변형률은 시편에 부착된 신장계(extensometer)로부터 측정된다(그림 6.18). 데이터는 컴퓨터 조정 소프트웨어 패키지에 의해 수집된다.

인장시험용 시편은 여러 가지 형태가 있으나, 후판처럼 단면이 두꺼운 금속의 경우에는 흔히 지름 0.5인치(1.27 cm)의 봉상 시편을 사용하고(그림 6.19*a*), 박판처럼 단면이 얇은 경우에는 판상 시편을 사용한다(그림 6.19*b*). 인장시험에서 시편내의 표점거리로는 2인치(5.08 cm)를 가장 많이 사용한다.

인장시험 기록용지에서 얻은 하중 데이터는 공칭응력으로 변환할 수 있으며, 공칭응력 대 공칭변형률 그래프로 그려질 수 있다. 그림 6.20은 고강도 알루미늄합금의 **공칭응력–변형률 다이어그램**이다.

6.3.1 인장시험과 공칭응력–변형률 다이어그램에서 얻는 기계적 성질 데이터

금속과 합금의 기계적 성질은 공학적인 구조 설계를 위해 매우 중요하며, 공학 인장시험으로부터 얻을 수 있는 기계적 특성들은 다음과 같다.

그림 6.16 ➤ 최신 인장시험기. 시편에 가해지는 힘(하중)은 로드셀(loadcell)에 의해 측정되며, 변형률은 시편에 부착된 신장계(extensometer)로부터 측정된다. 데이터는 컴퓨터 소프트웨어에 의해 수집 및 분석된다.
(Sergey Ryzhov/Alamy Stock Photo)

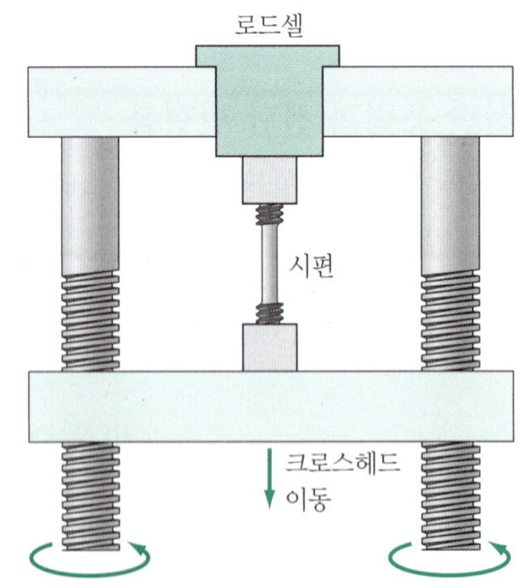

그림 6.17 ➤ 그림 6.16의 인장시험기의 작동 모식도. 그림 6.16에서는 크로스헤드가 위/아래로 움직인다는 것을 주목하라.
(출처: H. W. Hayden, W. G. Moffatt and J. Wulff, *The Structure and Properties of Materials*, vol. III, Mechanical Behavior, Wiley, 1965, Fig. 1.1, p. 2.)

그림 6.18 ➤ 인장시험 동안 시편의 변형률을 측정하기 위한 신장계의 확대 사진. 신장계는 작은 스프링 클램프에 의해 시편에 부착되어 있다.
(Mrs_ya/Shutterstock)

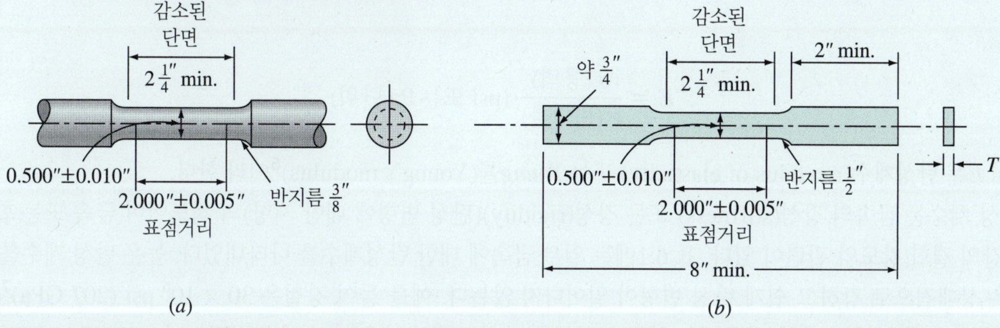

그림 6.19 ➤ 일반적으로 사용되는 인장시험편의 기하학적 형상의 예. (a) 표점거리 2인치의 표준 봉상 인장시험편. (b) 표점거리 2인치의 표준 직사각형 인장시험편.
(출처: H. E. McGannon (ed.), *The Making, Shaping, and Treating of Steel*, 9th ed., United States Steel, 1971, p. 1220.)

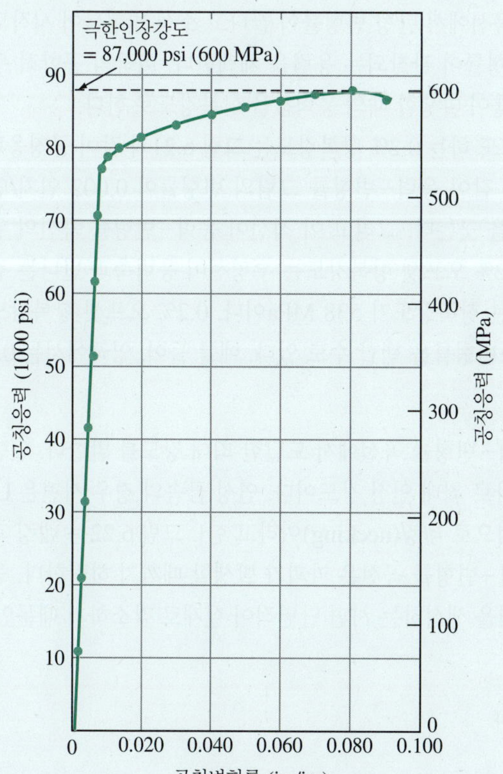

그림 6.20 ➤ 고강도 알루미늄합금 (7075-T6)의 일반적인 수직공칭응력–변형률 다이어그램. 시편은 ⅝ 인치 두께의 후판으로부터 직경 0.50 인치, 표점거리 2 인치가 되도록 제작되었다.
(출처: Aluminum Company of America.)

1. 탄성계수
2. 0.2% 오프셋 항복강도
3. 최대 인장강도
4. %파괴 연신율
5. %파괴 단면 감소율
6. 복원계수
7. 인성(정적)

탄성계수 인장시험 초기에 금속은 탄성적으로 변형한다. 즉, 시편에 가한 하중을 제거하면, 시편은 원래의 길이로 되돌아간다. 금속에서 최대 탄성변형은 적으며 보통 0.5% (0.005) 미만이다. 일반적으로 금속과 합금은 공칭응력–변형률 다이어그램의 탄성 영역에서 응력과 변형률 사이에 선형관계를 갖고 있는데, 이를 다음과 같은 Hooke의 법칙[5]으로 표시한다.

$$\sigma\,(\text{응력}) = E\epsilon\,(\text{변형률}) \tag{6.9}$$

또는

$$E = \frac{\sigma\,(\text{응력})}{\epsilon\,(\text{변형률})}\ (\text{psi 또는 Pa 단위})$$

여기서 E는 **탄성계수**(modulus of elasticity) 또는 *Young률*(Young's modulus)[6]이라 한다.

탄성 계수는 금속의 강성(stiffness) 또는 강성(rigidity)(탄성 변형에 대한 저항)의 척도이며 금속 또는 합금의 원자 간의 결합 강도와 관련이 있다. 표 6.1에는 일부 금속에 대한 탄성계수를 나타내었다. 높은 탄성 계수를 가진 금속은 상대적으로 강하고 쉽게 탄성 변형이 일어나지 않는다. 예를 들어 강철은 30×10^6 psi (207 GPa)[7]의 높은 탄성 계수 값을 갖는 반면, 알루미늄 합금은 약 $10{\sim}11 \times 10^6$의 낮은 탄성 계수를 갖는다. psi (69~76GPa). 응력–변형률 도표의 탄성 영역에서 탄성계수는 응력 증가에 따라 변하지 않는 것에 주목할 필요가 있다.

항복강도 **항복강도**(yield strength) (YS 또는 σ_y)는 금속 또는 합금이 상당한 소성변형을 나타내는 응력이므로, 공학적 구조 설계에서 매우 중요한 값이다. 응력–변형률 곡선에서 탄성 변형률이 끝나고 소성 변형률이 시작되는 명확한 지점이 없기 때문에, 항복강도는 특정량의 소성변형률이 관찰되는 응력을 채택한다. 미국의 공학적 구조 설계에서는 그림 6.21에 나타낸 바와 같이 0.2% 소성변형률이 발생할 때의 응력값을 항복강도로 한다.

0.2% 오프셋 항복강도(0.2% offset yield strength)라고도 하는 0.2% 항복강도는 그림 6.21과 같이 공칭응력–변형률 다이어그램에서 결정한다. 우선, 그림 6.21에서와 같이 응력–변형률 그림의 변형률이 0.002 인치/인치(m/m)인 점을 기준으로 탄성(선형)변형부에 평행한 직선을 긋는다. 그리고 이 직선이 응력–변형률 곡선의 위쪽 부분과 만나는 점에서 응력축을 향해 수평선을 긋는다. 0.2% 오프셋 항복강도는 수평선이 응력축과 만나는 점의 응력 값으로서, 그림 6.21의 응력–변형률 곡선의 경우에는 항복강도가 538 MPa이다. 0.2% 오프셋 항복강도는 임의로 택한 값이므로, 항복강도는 또 다른 작은 값의 영구변형률을 택할 수도 있다. 예를 들어, 영국에서는 0.1% 오프셋 항복강도를 널리 사용한다.

최대 인장강도 **최대 인장 강도**(UTS 또는 σ_u)는 공칭 응력–변형률 곡선에서 도달한 최대 강도를 말한다. 일반적으로 어떤 금속이 더 강한지 알고 싶을 때 비교되는 것이 바로 최대 인장 강도이다. 연성 금속의 경우 시편은 UTS 지점 주변에서 단면적의 국부적인 감소가 발생한다[일반적으로 *네킹*(necking)이라고 함]. 그림 6.22는 네킹 과정의 최종 단계를 보여준다. 네킹 과정이 시작되면 공칭 응력–변형률 곡선은 파괴가 발생할 때까지 하락한다. 공칭 응력–변형률 곡선의 하락 원인은 동일한 하중에서 큰 응력을 생성하는 시편 단면적이 실제로 감소하기 때문인 반

5 Robert Hooke(1635~1703) 고체의 탄성 거동을 연구한 영국 물리학자

6 Thomas Young(1773~1829) 영국 물리학자

7 SI 단위 G = giga = 10^9

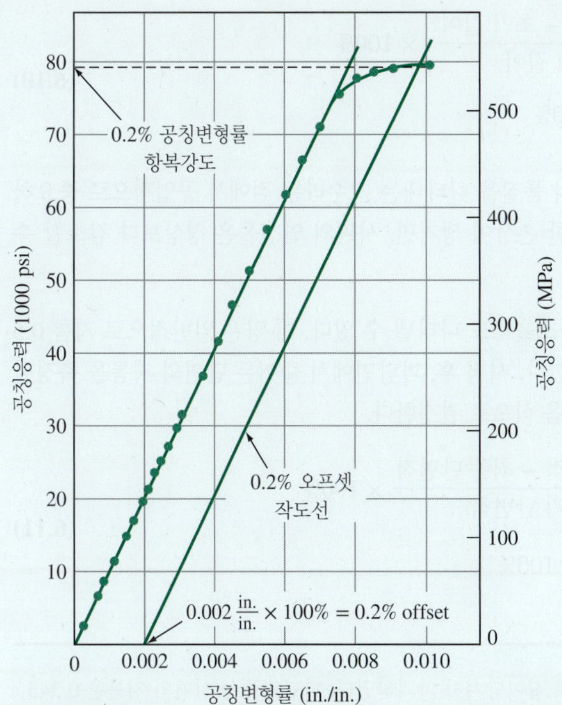

그림 6.21 ➤ 0.2% 오프셋 항복 강도를 보다 정확하게 결정하기 위해 그림 6.20의 엔지니어링 응력-변형 다이어그램의 변형축을 확장한 선형 부분.
(출처: Aluminum Company of America.)

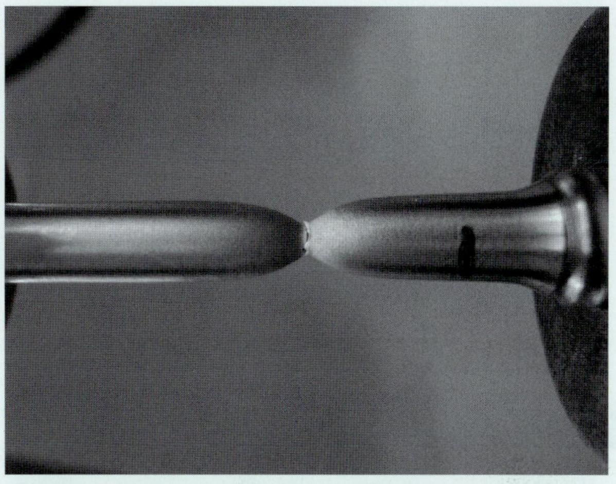

그림 6.22 ➤ 스테인레스 스틸 원형 시편의 네킹. 시편은 원래 균일한 원통형이었으나, 단일 인장력을 받은 후, 파괴 전 중간에서 단면이 감소하였다 ("넥 발생").
(G2MT Laboratories)

면, 공칭 응력은 시편의 원래 단면적을 사용하여 결정되기 때문이다. 즉, 시편에서의 응력은 파괴 응력까지 계속 증가한다. 공칭 응력-변형률 그래프에서 응력이 후반부에서 감소하는 것은 공칭 응력을 결정하기 위해 원래 단면적을 사용하기 때문이다. 금속의 연성이 더 높을수록 시편의 파단 전에 더 많은 넥이 생기므로 최대 응력을 초과하는 응력-변형률 곡선에서의 응력 감소가 더 커진다. 고강도 알루미늄 합금의 응력-변형률 곡선이 그림 6.20에 나타나 있으며, 이 재료의 연성이 상대적으로 낮기 때문에 최대 응력을 초과하는 응력의 감소는 크지 않다.

금속의 최대 인장강도는 응력-변형률 곡선의 최대점에서 응력축까지 수평선을 그려 결정된다. 이 선이 응력축과 교차하는 응력을 *최대 인장 강도*라고 하고 때로는 그냥 *인장 강도*라고 한다. 그림 6.20의 알루미늄 합금의 경우 최대 인장 강도는 600 MPa이다.

최대 인장강도는 이에 도달하기 전에 너무 많은 소성변형이 발생하기 때문에 연성 합금의 공학적 설계에는 많이 사용하지 않는다. 그러나 최대 인장강도를 사용하여 결함의 존재를 어느 정도 짐작할 수 있다. 금속에 기공이나 개재물이 있다면, 이러한 결함에 의해 최대 인장강도가 정상보다 적어지기 때문이다.

% 연신율 인장 시편이 시험 중에 연신되는 양에 의해 금속의 연성 값을 결정한다. 금속의 연성은 보통 2 인치 (5.1 cm)의 표점거리(그림 6.19)에서 시작한 *% 연신율*로 가장 일반적으로 나타낸다. 일반적으로 연성이 높을수록(금속의 변형 가능성이 높을수록) % 연신율이 높다. 예를 들어, 0.062 인치 (1.6 mm) 두께의 상업용 순수 알루미늄(합금 1100-0) 박판은 연성 상태에서 35%의 높은 % 연신율을 갖는 반면, 같은 두께의 고강도 알루미늄합금(7075-T6)은 완전히 단단한 상태에서 11%의 % 연신율을 갖는다.

앞에서 언급한 바와 같이, 인장시험 중에 신장계는 연속적으로 시편의 변형률을 측정한다. 그러나 파괴 후 시편의 % 연신율은 파괴된 양쪽 시편을 맞추어 캘리퍼스(calipers)로 최종 길이를 측정하여 결정할 수 있다. % 연신율은 다음 식으로 계산할 수 있다.

$$\% \text{ 연신율} = \frac{\text{최종 길이}^* - \text{초기 길이}^*}{\text{초기 길이}} \times 100\% = \frac{l - l_0}{l_0} \times 100\% \quad (6.10)$$

파괴 시 연신율은 연성의 척도로서 뿐만 아니라 금속의 품질을 나타내는 지수라는 점에서 공업적으로 중요하다. 금속에 기공 또는 개재물이 있거나 금속의 과열에 의한 손상이 생기면, 시편의 연신율은 정상보다 감소할 수 있다.

단면축소율 금속이나 합금의 *연성*(ductility)은 % 단면축소율로도 나타낼 수 있다. 이 양은 일반적으로 지름 0.5인치(12.7 mm)의 시편을 사용한 인장시험으로부터 측정한다. 시험 후, 파단면에서 줄어든 단면의 지름을 측정한다. 초기 지름과 최종 지름을 측정하여 % 단면축소율을 다음 식으로 결정한다.

$$\% \text{ 단면축소율} = \frac{\text{초기 단면적} - \text{최종 단면적}}{\text{초기 단면적}} \times 100\% = \frac{A_0 - A_f}{A_0} \times 100\% \quad (6.11)$$

예제 6.7

지름이 0.500인치인 1030 탄소강의 봉상 시편을 인장시험기로 잡아당겨서 파괴하였다. 파단면에서 시편의 지름은 0.343인치였다. 시편의 % 단면축소율을 계산하라.

풀이

$$\% \text{ 단면축소율} = \frac{A_0 - A_f}{A_0} \times 100\% = \left(1 - \frac{A_f}{A_0}\right)(100\%)$$
$$= \left[1 - \frac{(\pi/4)(0.343 \text{ in.})^2}{(\pi/4)(0.500 \text{ in.})^2}\right](100\%)$$
$$= (1 - 0.47)(100\%) = 53\% \blacktriangleleft$$

% 단면축소율은 % 연신율처럼 금속의 연성을 나타내는 척도이면서 금속의 품질을 나타내기도 한다. 금속시편에 개재물이나 기공이 있으면 % 단면축소율도 감소할 수 있다.

복원계수 *복원 계수*(modulus of resilience) U_r은 항복 직전에 부하가 가해진 재료가 흡수한 에너지의 양이다. 이 에너지는 부하가 제거되면 완전히 회복된다. 이 물성은 식 (6.12)를 사용하여 공칭 응력–변형률 그래프의 선형 탄성 부분 아래 영역을 계산하여 측정할 수 있다. 복원 계수의 단위는 단위 부피당 에너지로 표시된다. [J/m^3 또는 $N \cdot m/m^3$ ($lb \cdot in/in^3$) 또는 N/m^2 (lb/in^2)].

$$U_r = \frac{1}{2}\sigma_y \varepsilon_y \quad (6.12)$$

인성 *인성 계수*(modulus of toughness)는 강도와 연성 거동의 조합을 설명하는 데 사용된다. 강도 및 연성이 높은 재료는 강도 및/또는 연성이 낮은 재료보다 더 강하다. 인성 계수는 전체 응력–변형률 곡선 아래의 면적을 계산하여 구한다. 인성 계수는 인장 시험에서 샘플을 파단 하는데 필요한 단위 부피당 에너지의 양으로 정의할 수 있다. 연신율과 같이 면적 감소율은 금속 연성의 척도이며 품질의 지표이기도 하다. 금속 시편에 개재물 및/또는 다공성과 같은 결함이 있는 경우 면적 감소율이 감소할 수 있다.

* 초기 길이는 시험전에 시험편의 표점 사이 거리이다. 최종 길이는 시험을 마친 후 시편의 파단면을 맞춰 측정한 표점 사이의 거리이다(예제 6.6 참고).

예제 6.8

주어진 공칭 응력-변형률 다이어그램을 활용하여 복원 계수 Ur 및 인성을 구하라.

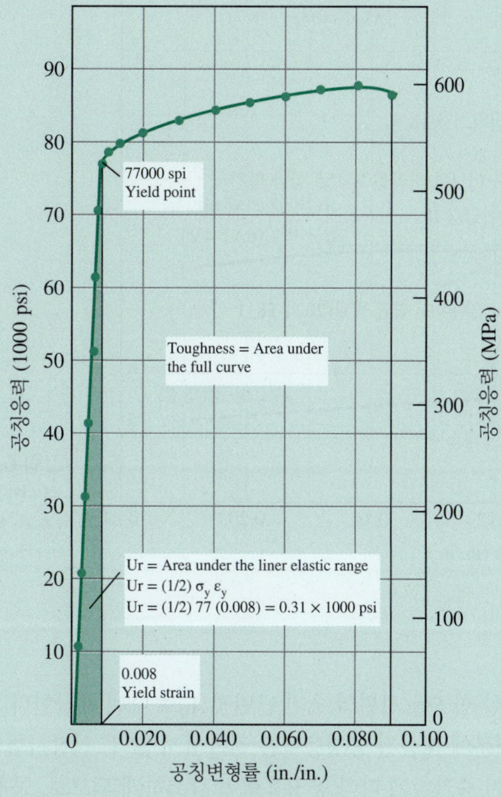

풀이

탄성 계수 U_r은 응력-변형률 다이어그램의 선형 탄성 범위 아래의 면적과 같으며, 이는 식 (6.12)로 판단할 수 있다. 앞의 다이어그램을 기반으로 항복 강도 σ_y는 77,000 psi로, 항복 변형률 ε_y는 0.008로 산정된다.

$$U_r = \frac{1}{2}\sigma_y \varepsilon_y = \frac{1}{2}(77,000\text{ psi})(0.008) = 0.3 \times 1000\text{ psi} = 300\text{ psi}$$

재료의 인성은 전체 응력-변형률 곡선 아래의 면적을 측정하여 판단할 수 있다. 응력-변형률 곡선 아래에 있는 사각형의 총수를 32개로 추산하고 각 사각형의 면적이 200 psi (10,000 × 0.02)임을 알면 전체 영역을 6400 psi로 산정할 수 있다.

따라서 재료의 총 면적 또는 인성은 **6700 psi 또는 (lb.in.)/in.^{3}** (300 + 6400)으로 산정되며, 이 값은 정적 인장력에서 샘플을 파단하는 데 필요한 단위 부피당 에너지의 양을 나타낸다.

연신율과 마찬가지로 면적 감소율은 금속의 연성을 측정하는 척도이며 품질의 지표이다. 금속 시편에 개재물 및/또는 기공과 같은 결함이 있는 경우 면적 감소율이 감소할 수 있다.

6.3.2 합금의 공칭응력-변형률 곡선 비교

그림 6.23은 일부 금속과 합금의 공칭응력-변형률 곡선을 보여주고 있다. 어떤 금속을 다른 금속이나 비금속과 합금을 만들거나 열처리를 하게 되면 금속의 인장강도와 연성에 큰 영향을 미칠 수 있으며, 그림 6.23의 응력-변형률 곡선에서 최대 인장강도(UTS)가 크게 변하는 것을 확인할 수 있다. 마그네슘 원소는 UTS가 35 ksi (1 ksi = 1000 psi)인 반면에, 수냉 및 700°F (370°C)에서 뜨임 열처리한(tempered) SAE 1340 강의 UTS는 240 ksi이다.

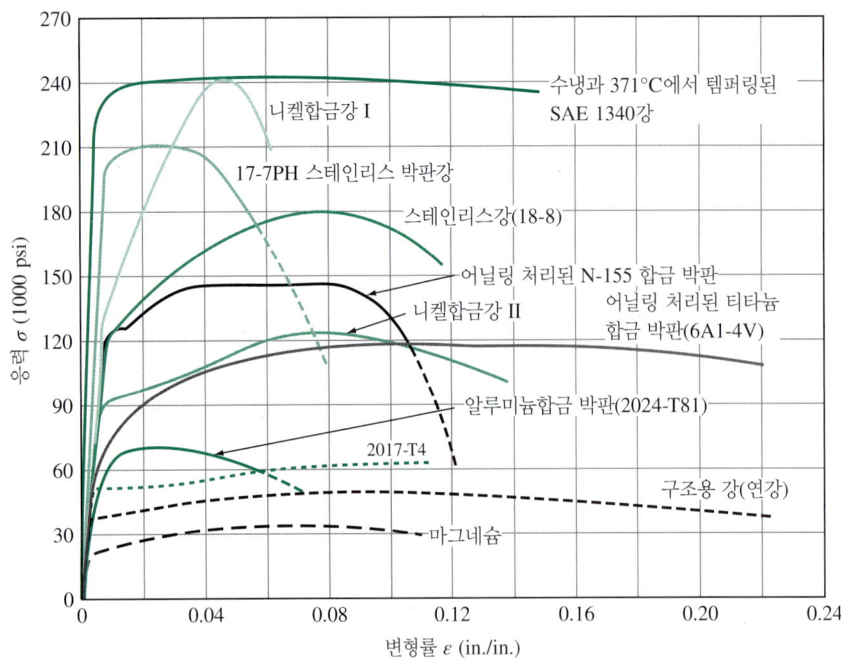

그림 6.23 ➤ 일부 금속과 합금들의 공칭응력-변형률 곡선 그래프.
(출처: Marin, *Mechanical Behavior of Engineering Materials*, 1st ed., 1962.)

6.3.3 진응력과 진변형률

공칭응력은 인장시험 시편에 가한 힘 F를 시편의 초기 단면적 A_0로 나눠 계산한다. 식 (6.3). 시편의 단면적은 인장시험 동안 지속적으로 변하기 때문에 계산된 공칭응력은 정확하지 않다. 인장시험중 시편의 단면 감소(네킹)가 발생한 후에는(그림 6.22) 변형률이 증가함에 따라 공칭응력이 감소하게 되므로, 공칭응력-변형률 곡선(그림 6.24)에서 최대 공칭응력이 발생하게 된다. 따라서 인장시험에서 네킹이 발생하면 진응력은 공칭응력보다 높으며, 진응력(true stress)과 진변형률(true strain)은 다음과 같이 정의한다.

$$\text{진응력 } \sigma_t = \frac{F\ (\text{시편에 작용한 힘})}{A_i\ (\text{시편의 순간 최소 단면적})} \tag{6.13}$$

$$\text{진변형률 } \epsilon_t = \int_{l_0}^{l_i} \frac{dl}{l} = \ln \frac{l_i}{l_0} \tag{6.14}$$

여기서 l_0는 시편의 원래 표점 거리이고, l_i는 시험 동안 순간적으로 늘어난 표점 거리이다. 만약 시험 동안 시편의 표점 거리 부분의 체적이 일정하다고 하면, $l_0A_0 = l_iA_i$ 또는 다음과 같이 정리할 수 있다.

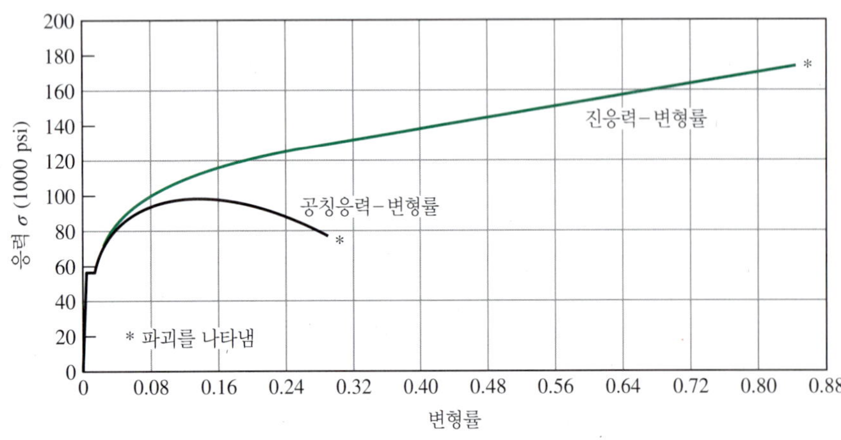

그림 6.24 ➤ 저탄소강에 대한 진응력-변형률 곡선과 공칭응력-변형률 곡선의 비교.
(출처: H. E. McGannon (ed.), *The Making, Shaping, and Treating of Steel*, 9th ed., United States Steel, 1971.)

$$\frac{l_i}{l_0} = \frac{A_0}{A_i} \qquad \text{그리고} \qquad \epsilon_t = \ln\frac{l_i}{l_0} = \ln\frac{A_0}{A_i} \tag{6.15}$$

그림 6.24는 저탄소강의 공칭응력–변형률과 진응력–변형률을 비교한 그림이다.

공학 설계에서는 파괴시의 진응력을 사용하지 않는데, 이는 항복 강도를 초과하는 순간에 재료의 소성변형이 시작되기 때문이다. 따라서 공학자들은 구조 설계시 적정 안전계수와 함께 0.2% 오프셋 항복 응력을 사용한다. 그러나 연구 목적으로는 진응력–변형률 곡선이 가끔 필요하기도 하다.

예제 6.9

다음 값을 갖는 저탄소강의 인장시험에 대한 공칭응력–공칭변형률과 진응력–진변형률을 비교하라.

시편에 적용된 하중: 17,000 lbf, 초기 시편의 직경: 0.500 인치
17,000 ibf 하중에서의 시편 직경: 0.472 인치

풀이

$$\text{초기 면적 } A_0 = \frac{\pi}{4}d^2 = \frac{\pi}{4}(0.500 \text{ in.})^2 = 0.196 \text{ in.}^2$$

$$\text{하중 하의 면적 } A_i = \frac{\pi}{4}(0.472 \text{ in.})^2 = 0.175 \text{ in.}^2$$

연산되고 있는 동안 체적의 변화가 없다고 가정하면, $A_0l_0 = A_il_i$ 또는 $l_i/l_0 = A_0/A_i$

$$\text{공칭응력} = \frac{F}{A_0} = \frac{17{,}000 \text{ lb}_f}{0.196 \text{ in.}^2} = 86{,}700 \text{ psi} \blacktriangleleft$$

$$\text{공칭변형률} = \frac{\Delta l}{l} = \frac{l_i - l_0}{l_0} = \frac{A_0}{A_i} - 1 = \frac{0.196 \text{ in.}^2}{0.175 \text{ in.}^2} - 1 = 0.12$$

$$\text{진응력} = \frac{F}{A_i} = \frac{17{,}000 \text{ lb}_f}{0.175 \text{ in.}^2} = 97{,}100 \text{ psi} \blacktriangleleft$$

$$\text{진변형률} = \ln\frac{l_i}{l_0} = \ln\frac{A_0}{A_i} = \ln\frac{0.196 \text{ in.}^2}{0.175 \text{ in.}^2} = \ln 1.12 = 0.113$$

6.4 경도 및 경도시험

경도(hardness)는 금속의 영구(소성)변형에 대한 저항의 척도이다. 금속의 경도는 금속 표면을 압입자(indenter)로 눌러서 측정한다. 보통 볼, 피라미드 또는 원추 형태인 압입자의 재료로는 시험되는 재료보다 훨씬 단단한 재료로 만들어진다. 예를 들면, 경화강, WC 또는 다이아몬드가 주로 압입자의 재료로 사용된다. 대부분의 표준 경도시험에서 압입자는 금속 시편 표면의 90° 방향에서 미리 정해진 하중으로 천천히 누르게 되며[그림 6.25*b*(2)], 압입 자국을 만든 후에 압입자를 표면에서 떼어 낸다[그림 6.25*b*(3)]. 실험적 경도치는 압입자에 의해 눌린 자국의 단면적이나 깊이를 근거로 계산되거나 다이얼(또는 수치 표시)을 읽어서 확인한다.

표 6.2는 Brinell, Vickers, Knoop 및 Rockwell의 4가지 일반적인 경도시험의 압입자 종류 및 자국 형태를 나타낸 것이다. 각 경도시험에서 경도치는 압입자의 모양과 인가한 하중에 따라 달라진다. 그림 6.25는 디지털 판독 디스플레이가 있는 최신 Rockwell 경도시험기이다.

금속의 경도는 소성변형의 용이성에 따라 다르다. 따라서 특정 금속의 경도와 강도 사이의 관계는 실험적으로 결정될 수 있다. 경도시험은 인장 시험보다 훨씬 간단하고 비파괴적일 수 있다(즉, 압입자의 조그만 압입 자국은 그 시험물체를 사용하는 데 크게 해가 되지 않을 수 있음). 이와 같은 이유로 경도시험은 산업 현장의 품질 관리를 위해 널리 사용된다.

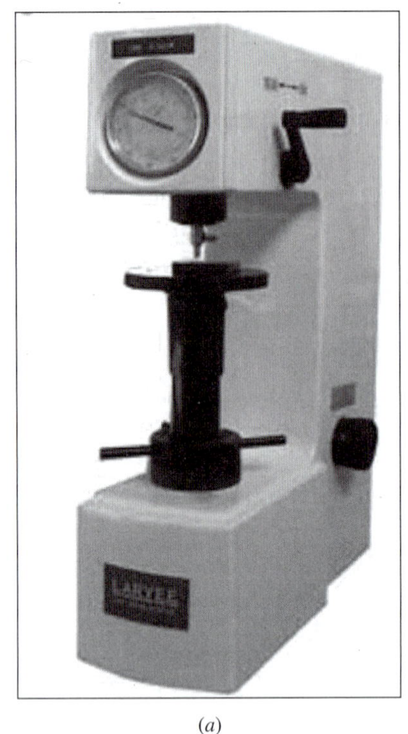

(a)

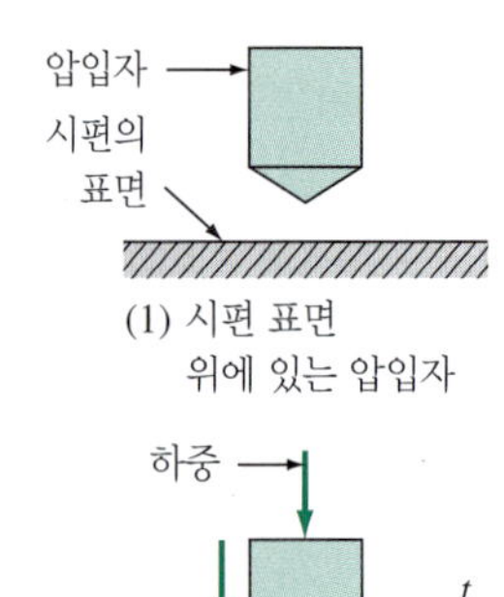

하중

t

(2) 정해진 하중하에서 압입자는 시편 표면을 접촉하고 관통한다.

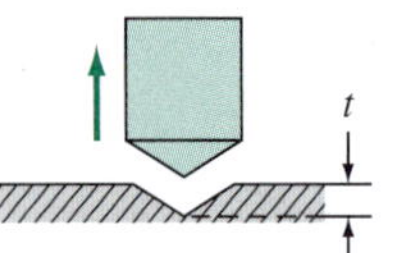

(3) 압입자국을 남기고 시편 표면에서 떨어지는 압입자

(b)

그림 6.25 ➤ (*a*) 로크웰 경도 시험기. (*b*) 다이아몬드 원추 압입자를 사용한 경도 측정 단계, 깊이 *t*가 재료의 경도를 결정하며, *t*값이 적을수록 경도가 더 크다. (Laryee)

표 6.2 ➤ **경도측정**

시험법	압입자	압입자국의 모양: 측면도	압입자국의 모양: 평면도	하중	경도치 공식
Brinell	10 mm 강구 또는 텅스텐 카바이드	D, d	d	P	$BHN = \dfrac{2P}{\pi D\left(D - \sqrt{D^2 - d^2}\right)}$
Vickers	피라미드형 다이아몬드	136°	d_1, d_1	P	$VHN = \dfrac{1.72P}{d_1^2}$
미세경도	피라미드형 다이아몬드	t; $l/b = 7.11$, $b/t = 4.00$	b, l	P	$KHN = \dfrac{14.2P}{l^2}$
Rockwell A, C, D	원추형 다이아몬드	120°, t			60 kg R_A =, 150 kg R_C =, 100 kg R_D = } $100 - 500t$
B, F, G	1.6 mm 지름의 강구				100 kg R_B =, 60 kg R_F =, 150 kg R_G =, 100 kg R_E = } $130 - 500t$
E	3.2 mm 지름의 강구	t			

(출처: H. W. Hayden, W. G. Moffatt, and J. Wulff, *The Structure and Properties of Materials*, vol. III, Wiley, 1965, p. 12.)

6.5 단결정금속의 소성변형

6.5.1 금속 결정 표면의 슬립띠와 슬립선

먼저, 아연 단결정 봉에 탄성한계 이상의 응력을 가해서 생기는 영구변형을 생각해 보자. 변형 후 아연 단결정을 살펴보면, 그 표면에서 **슬립띠**(slipbands, 그림 6.26*a*와 *b*)라 하는 계단형 무늬를 발견할 수 있다. 가상 HCP 금속 단결정의 슬립밴드는 그림 6.26*a*에 개략적으로 표시되어 있다. 슬립띠는 *슬립면*(slip plane)이라고 하는 특정한 결정면에서 금속 원자의 슬립이나 전단 변형에 의해 발생한다. 변형된 아연 단결정 표면에서는 슬립띠가 매우 뚜렷하게 형성 되는데, 이는 이러한 결정에서 **슬립**(slip)이 주로 HCP의 기저면을 따라서 일어나기 때문이다(그림 6.26*b*).

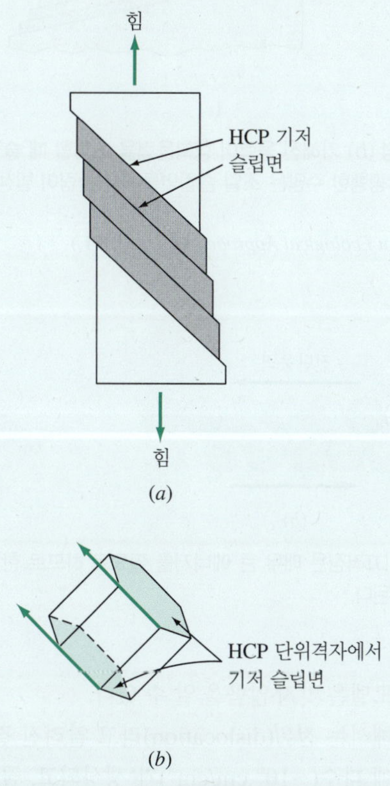

그림 6.26 ➤ 슬립 밴드를 나타내는 소성변형된 HCP 단결정 (*a*) HCP 기저 슬립면을 보여주는 측면 개략도, (*b*) 기저 슬립면을 보여주는 HCP 단위격자.

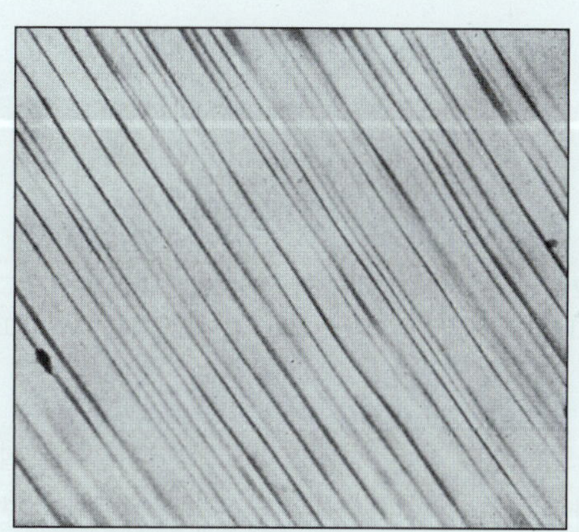

그림 6.27 ➤ 구리 단결정의 0.9% 변형 후 표면에 생긴 슬립띠 무늬. (배율: 100×.)
(Courtesy of American Institute of Mining, Metallurgical, and Petroleum Engineers)

구리와 알루미늄과 같이 연성의 FCC금속 단결정의 슬립은 여러 개의 슬립면에서 일어나게 되므로, 이러한 금속이 변형될 때 표면에 생기는 슬립띠 무늬는 좀 더 균일하다(그림 6.27). 금속의 슬립 표면을 높은 배율로 자세히 살펴보면, 슬립은 슬립띠 내의 여러 슬립면에서 일어난다는 것을 알 수 있다(그림 6.28). 이러한 미세한 계단 무늬를 *슬립선*(slip line)이라고 하는데, 이 슬립 선은 보통 50~500개 원자만큼의 간격을 갖는 데 반하여, 슬립띠는 약 10,000개 원자 직경 정도의 간격을 갖는다. 불행하게도 슬립띠와 슬립선의 용어는 종종 서로 혼동하여 사용되고 있다.

6.5.2 금속 결정에서 슬립기구에 의한 소성변형

그림 6.29는 완벽한 금속 결정에서 어떤 원자 블록이 다른 원자 블록 위에서 미끄러지는 상태를 도시하는 원자 모델이다. 이 모델을 사용하여 계산하면, 금속 결정의 강도는 관찰된 전단 강도보다 대략 1000~10,000배 이상 더

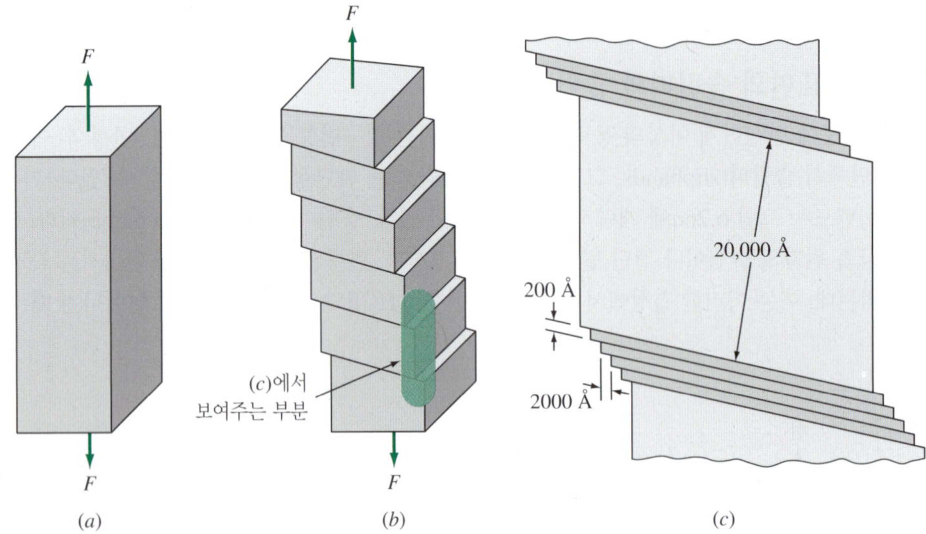

그림 6.28 ➤ 소성변형 동안 슬립띠의 형성. (*a*) 인장력을 받고 있는 단결정 (*b*) 가해진 응력이 항복응력을 초과할 때 슬립띠가 나타남. 결정 블록들이 서로 미끄러진다. (*c*) (*b*)의 음영 부분을 확대한 것. 서로 평행한 수많은 조밀 슬립면들에서 슬립이 발생된다. 이 지역을 슬립띠라 부르며 저배율에서는 선으로 나타난다.

(출처: Eisenstadt, M., *Introduction to Mechanical Properties of Materials: An Ecological Approach*,1st ed., 1971.)

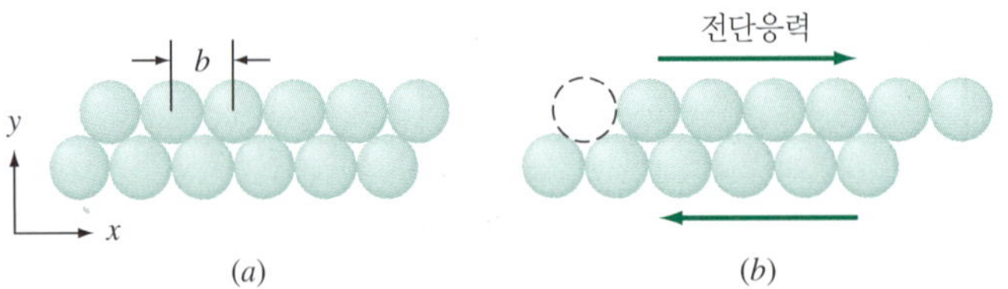

그림 6.29 ➤ 큰 금속 결정의 소성 전단변형에서 많은 원자 그룹들 간의 미끄러짐은 매우 큰 에너지를 필요로 하므로 한꺼번에 생기지 않고, 대신에 작은 에너지가 필요한 작은 원자그룹 간의 미끄러짐이 진행된다.

커야 하므로 실제 큰 금속 결정 내에서 원자 슬립을 설명하는 이 모델은 맞지 않음을 알 수 있다.

커다란 금속 결정이 관찰된 낮은 전단강도에서 변형하기 위해서는 *전위*(dislocation)라고 알려진 결정결함이 고밀도로 존재하여야 한다. 이러한 전위는 금속이 응고하는 중에 다수(~10^6 cm/cm^3)가 생성되고, 금속 결정이 변형되는 중에 더욱 더 많이 생성되어서, 큰 변형이 생긴 결정은 10^{12} cm/cm^3 정도의 전위밀도를 갖게 된다. 그림 6.30은 *칼날전위*(edge dislocation)가 낮은 *전단 응력*에서도 어떻게 단위 슬립을 만들 수 있는가를 도식적으로 나타낸 것이다. 어느 순간 작은 원자 그룹 사이에서만 서로 슬립이 일어나기 때문에, 이 과정에 의해 생기는 슬립은 비교적 낮은 응력으로도 가능하다.

전단응력을 받는 금속 결정에서의 전위 이동에 대한 유사 상황으로, 매우 넓은 마루 위에 놓여진 양탄자가 잔물결에 의해 이동하는 것을 상상해 볼 수 있다. 양탄자의 한쪽 끝을 잡아당기면 마루와 양탄자 사이의 마찰 때문에 이동하기 어려울 것이다. 그러나 양탄자 내에 잔물결을 만들면(금속 결정에서의 전위와 유사하게), 한 번에 한 단씩 양탄자 내의 잔물결을 밀어내면서 마루를 이동할 수 있다(그림 6.30*d*).

실제 결정체에서의 전위는 금속 박편에서 투과전자현미경(TEM)으로 관찰할 수 있는데, 현미경의 전자빔 투과 경로를 간섭하는 전위에서의 무질서한 원자 배열 때문에 선으로 나타난다. 그림 6.31은 기계적으로 압연된 니켈-알루미늄 합금에서 생성된 전위 그물망을 보여준다. 전위셀은 뚜렷하게 관찰할 수 있으며 합금에는 전위가 가득 있다.

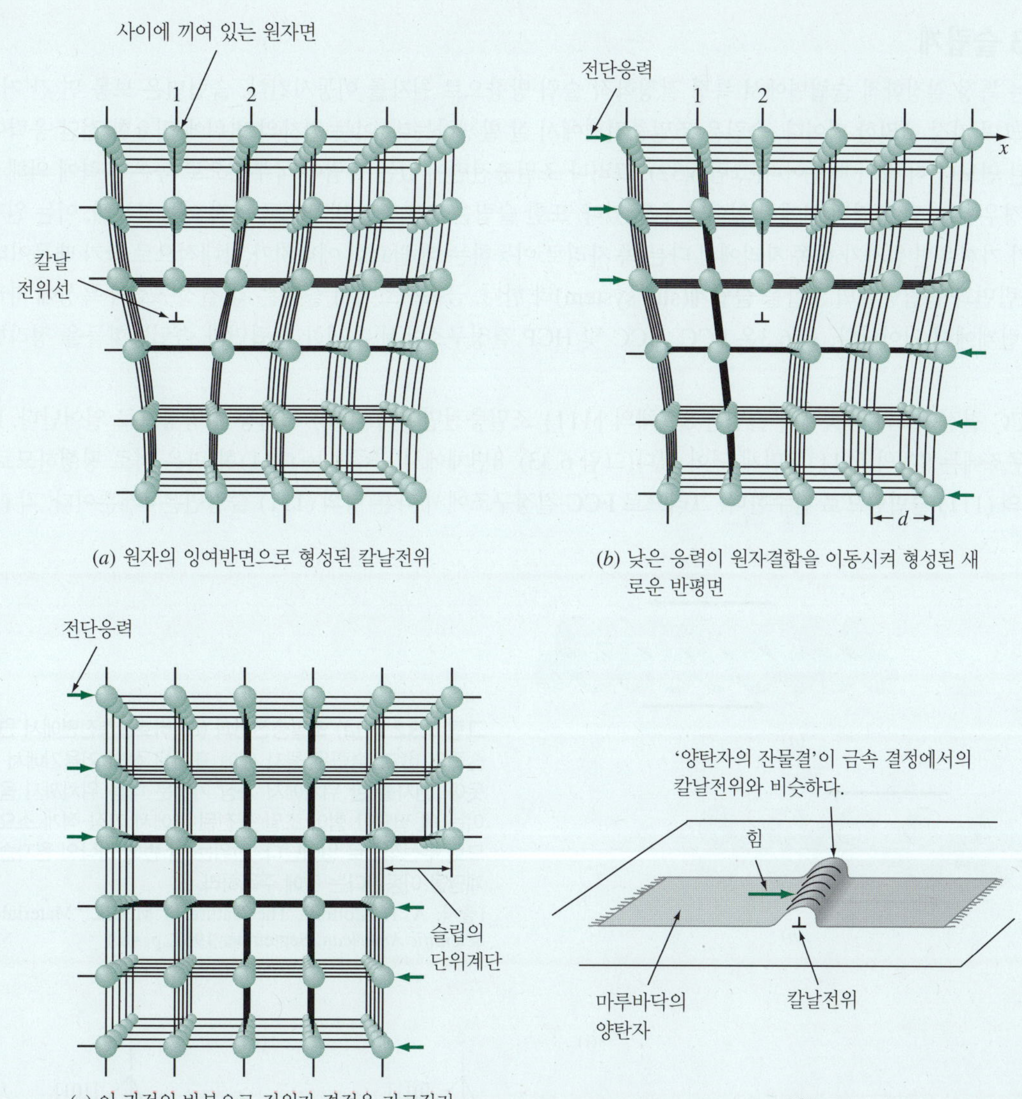

그림 6.30 ➤ 적은 전단 응력에 의해 어떻게 칼날 전위의 이동이 슬립의 단위 계단을 형성하는지를 보여주는 모식도. (*a*) 잉여의 원자 반쪽 평면으로 형성된 칼날 전위. (*b*) 적은 응력에 의한 원자결합의 이동으로 새로운 반평면이 형성된다. (*c*) 이 과정의 반복에 의해 전위가 결정을 가로질러 이동한다. 이 과정은 그림 6.28에 묘사된 것보다 적은 에너지가 필요하다. (*d*) "양탄자 내의 잔물결"과의 유사. 소성 변형 중의 금속 결정에서의 전위 이동은 마루에 놓여 있는 양탄자에 생긴 잔물결의 이동과 비슷한 양상이다. 두 경우 모두 적은 양의 상대적 이동은 전위 혹은 잔물결이 통과함으로써 생기게 되며, 따라서 이 과정은 비교적 적은 양의 에너지가 소모된다.
((*a–c*) 출처: A.G. Guy, *Essentials of Materials Science*, McGraw Hill, 1976, p. 153.)

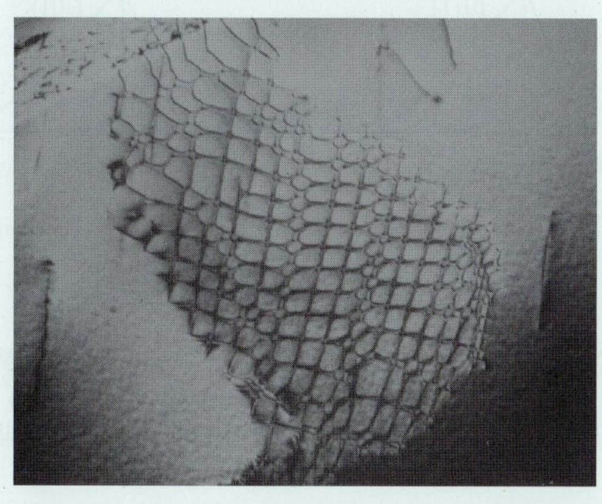

그림 6.31 ➤ 투과전자현미경에 의해 관찰된 기계적으로 압연된 니켈–알루미늄 합금 시편의 전위 셀 구조. 셀은 명확히 관찰되며, 전위로 가득 차 있다.
(I. Baker/Science Source)

6.5.3 슬립계

전위는 특정 결정학적 슬립면에서 특정 결정학적 슬립 방향으로 원자를 이동시킨다. 슬립면은 보통 면 간 거리가 가장 크며 가장 조밀한 면이다. 슬립은 조밀충전면에서 잘 발생하는데, 이는 원자의 변위에 필요한 전단 응력이 덜 충전된 면보다 더 작기 때문이다(그림 6.32). 그러나 조밀충전면에 있는 슬립이 국부적으로 높은 응력에 의해 억제되는 경우에는, 덜 충전된 면에서 일어날 수도 있다. 또한 슬립은 조밀충전 방향으로 먼저 이동하는데, 이는 원자 간 거리가 가까우면 원자가 한쪽 자리에서 다른 쪽 자리로 이동하는 데 필요한 에너지가 상대적으로 작기 때문이다.

슬립면과 슬립방향의 조합을 **슬립계**(slip system)라 한다. 금속구조에서 슬립은 각 결정구조의 특성에 따라 여러 슬립계에서 일어난다. 표 6.3은 FCC, BCC 및 HCP 결정구조에서 우세한 슬립면과 슬립방향들을 정리한 것이다.

FCC 결정구조의 금속에서 슬립은 8면체의 {111} 조밀충전면에서 $\langle 1\bar{1}0 \rangle$ 조밀충전 방향으로 일어난다. FCC 결정구조에는 8개의 {111} 8면체 면이 있다(그림 6.33). 8면체에서 마주보는 (111)형 면은 서로 평행하므로, 같은 형의 (111) 슬립면으로 간주한다. 그러므로 FCC 결정구조에서 다른 형의 (111) 슬립면은 4개뿐이다. 각 (111)

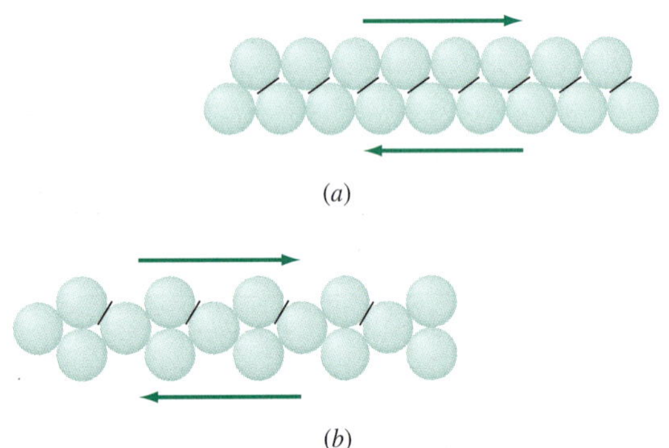

그림 6.32 ➤ (*a*) 조밀충전면과 (*b*) 비조밀충전면에서 원자 슬립의 비교. 슬립은 원자 위에 표시된 선의 기울기에서 보듯이, 원자를 한 위치에서 가장 가까운 다음 위치까지 움직이는 데 필요한 힘이 조밀 충전된 면에서 가장 적게 소요되므로 우선적으로 일어난다. 전위는 한 번에 하나의 원자슬립 계단을 이동한다는 것에 주목하라.
(출처: A. H. Cottrell, The Nature of Metals, "Materials," *Scientific American*, September 1967, p. 48.)

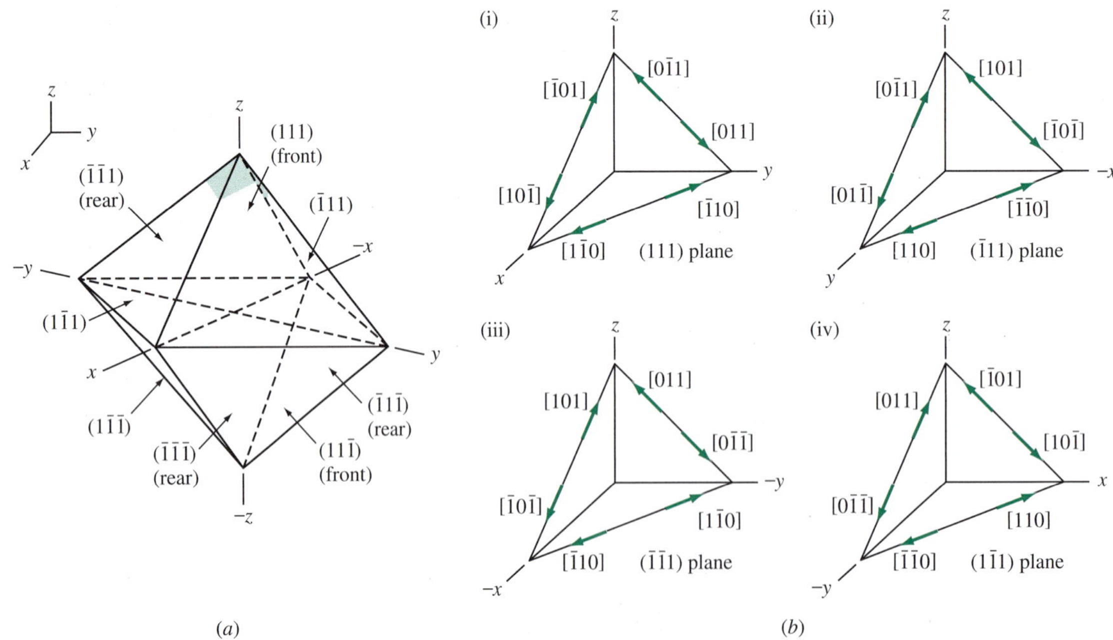

그림 6.33 ➤ FCC 결정구조의 슬립면과 슬립방향. (*a*) 서로 마주 보는 면들은 같은 슬립면이기 때문에, 8개의 {111} 8면체 면에서 4개만을 다른 슬립면으로 생각한다. (*b*) 반대 방향의 슬립은 동일한 슬립방향으로 생각하므로, 각 슬립면에는 3개의 $\langle 1\bar{1}0 \rangle$ 슬립방향이 있다. FCC 8면체 중 윗부분의 4개의 면에 대한 슬립방향이 나타나 있다. 따라서 FCC 결정구조에는 모두 12개의 슬립계를 제공하는 4개의 슬립면과 3개의 슬립방향이 있다.

형 면은 3개의 [1$\bar{1}$0] 형 슬립방향을 갖는다. 반대방향은 다른 슬립방향으로 생각하지 않는다. 따라서 FCC 격자에는 (4개 슬립면) X (3개 슬립방향) = (12개 슬립계)가 있다(표 6.3).

BCC 구조는 조밀충전 구조가 *아니어서* FCC 구조와 같이 가장 높은 원자충전면이 *없다*. {110} 면의 원자밀도가 가장 높아서 슬립은 보통 이 면에서 발생한다. 그러나 BCC 금속에서 슬립은 {112} 면과 {123} 면에서도 일어난다. BCC 구조에서 슬립면은 FCC 구조의 경우처럼 조밀하지 않으므로, BCC에서의 슬립은 FCC보다 더 높은 전단응력이 필요하다. BCC 금속에서의 슬립방향은 항상 ⟨$\bar{1}$11⟩ 방향이다. 6개의 (110)형 면에서 각각 2개의 [$\bar{1}$11]

표 6.3 ➤ 결정 구조에서 관찰된 슬립계

구조	슬립면	슬립방향	슬립계의 수
FCC: Cu, Al, Ni, Pb, Au, Ag, γFe, . . .	{111}	⟨1$\bar{1}$0⟩	4 × 3 = 12
BCC: αFe, W, Mo, β brass	{110}	⟨$\bar{1}$11⟩	6 × 2 = 12
αFe, Mo, W, Na	{211}	⟨$\bar{1}$11⟩	12 × 1 = 12
αFe, K	{321}	⟨$\bar{1}$11⟩	24 × 1 = 24
HCP: Cd, Zn, Mg, Ti, Be, . . .	{0001}	⟨11$\bar{2}$0⟩	1 × 3 = 3
Ti (prism planes)	{10$\bar{1}$0}	⟨11$\bar{2}$0⟩	3 × 1 = 3
Ti, Mg (pyramidal planes)	{10$\bar{1}$1}	⟨11$\bar{2}$0⟩	6 × 1 = 6

(출처: H. W. Hayden, W. G. Moffatt, and J. Wulff, *The Structure and Properties of Materials*, vol. III, Wiley, 1965, p. 100.)

방향으로 슬립이 일어나므로, $6 \times 2 = 12$ {110} $\langle\bar{1}11\rangle$ 슬립계가 있다.

HCP 구조에서는 (0001) 기저면이 가장 조밀충전된 면으로, 이는 Zn, Cd 및 Mg처럼 *c/a*비가 높은 HCP 금속에서의 일반적인 슬립면이 된다(표 6.3). 그러나 Ti, Zr 및 Be처럼 *c/a*비가 낮은 HCP 금속에서는 $\{10\bar{1}0\}$ 프리즘면과 $\{10\bar{1}1\}$ 피라미드 면에서도 자주 슬립이 일어난다. 모든 경우에 슬립방향은 $\langle11\bar{2}0\rangle$이다. HCP 금속은 슬립계의 수가 적어서 연성이 좋지 않다.

6.5.4 금속단결정에서의 임계분해 전단응력

순수 금속의 단결정에서 슬립을 일으키는 데 필요한 응력은 주로 금속의 결정 구조, 원자 결합의 특성, 변형될 때의 온도, 전단응력에 대해 형성된 슬립면 방향에 따라 달라진다. 슬립면에서 슬립방향으로 작용하는 전단응력이 *임계분해 전단응력*(critical resolved shear stress), τ_c라는 필요한 수준에 도달하면, 결정 내에서 슬립이 시작된다. 원래 이 값은 단결정의 항복응력이고, 응력-변형률 인장시험 곡선에 의해 결정되는 다결정금속이나 합금의 항복응력과 같다.

표 6.4에는 상온에서 몇몇 순수 금속의 단결정에 대한 임계분해 전단응력 값을 나타내었다. HCP 금속인 Zn, Cd 및 Mg은 0.18~0.77 MPa의 낮은 임계분해 전단응력을 갖는다. 반면에, HCP 금속인 Ti은 13.7 MPa의 매우 높은 τ_c 값을 갖는다. 이러한 것은 일부 금속결합과 혼합된 공유결합이 이런 높은 τ_c 값의 부분적인 원인일 것으로 믿어진다. Ag과 Cu와 같은 순수 FCC 금속은 그들의 슬립계가 많으므로 각각 0.48과 0.65 MPa의 낮은 τ_c 값을 갖는다.

6.5.5 Schmid의 법칙

원통형의 순수 금속 단결정에 작용하는 1축 응력과 이 원통 내의 슬립계에 발생하는 전단응력 사이에는 다음과 같은 관계가 있다. 그림 6.34와 같이 금속 원통에 1축 인장 응력 σ가 작용하고 있다. A_0는 축 하중 F에 직각인 면적이라 하고, A_1은 슬립면의 면적 또는 분해 전단력 F_r이 작용하는 전단면의 면적이라 하자. 각 ϕ와 λ를 정의함으로써 슬립면과 슬립의 방향을 규정할 수 있다. ϕ는 축 하중 F와 슬립면 면적 A_1의 법선 사이의 각이고, λ는 축방향 하중 F와 슬립 방향 사이의 각이다.

슬립계에서 전위가 움직이기 위해서는, 축 하중에 의해 슬립 방향으로 작용하는 분해 전단 응력의 강도가 충분

표 6.4 > 금속 단결정에서의 상온 슬립계와 임계분해 전단응력

금속	결정 구조	순도(%)	슬립면	슬립방향	임계전단응력 (MPa)
Zn	HCP	99.999	(0001)	$[11\bar{2}0]$	0.18
Mg	HCP	99.996	(0001)	[1120]	0.77
Cd	HCP	99.996	(0001)	$[11\bar{2}0]$	0.58
Ti	HCP	99.99	(1010)	$[11\bar{2}0]$	13.7
		99.9	(1010)	$[11\bar{2}0]$	90.1
Ag	FCC	99.99	(111)	$[1\bar{1}0]$	0.48
		99.97	(111)	$[1\bar{1}0]$	0.73
		99.93	(111)	$[1\bar{1}0]$	1.3
Cu	FCC	99.999	(111)	$[1\bar{1}0]$	0.65
		99.98	(111)	$[1\bar{1}0]$	0.94
Ni	FCC	99.8	(111)	$[1\bar{1}0]$	5.7
Fe	BCC	99.96	(110)	$[\bar{1}11]$	27.5
			(112)		
			(123)		
Mo	BCC	···	(110)	$[\bar{1}11]$	49.0

(출처: G. Dieter, *Mechanical Metallurgy*, 2nd ed., McGraw Hill, 1976, p. 129.)

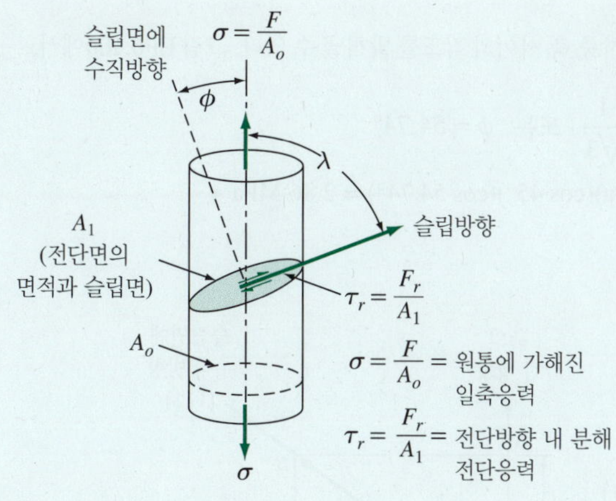

그림 6.34 ➤ 축응력 σ에 의해 분해 전단응력 τ_r이 생기며, 슬립면 A_1에서 슬립방향으로 전위를 이동시킨다.

해야 한다. 분해 전단응력은 다음과 같이 계산된다.

$$\tau_r = \frac{\text{분해 전단력}}{\text{전단면의 면적(슬립면의 면적)}} = \frac{F_r}{A_1} \tag{6.16}$$

분해 전단력 F_r은 힘 F와 $F_r = F \cos \lambda$ 관계가 있고, 슬립면(전단면)의 면적은 $A_1 = A_0/\cos \phi$가 된다. 전단력 $F \cos \lambda$를 전단면적 $A_0/\cos \phi$로 나눔으로써 다음 식을 얻는다.

$$\tau_r = \frac{F \cos \lambda}{A_0/\cos \phi} = \frac{F}{A_0} \cos \lambda \cos \phi = \sigma \cos \lambda \cos \phi \tag{6.17}$$

식 (6.17)을 *분해된 전단 응력 방정식*(resolved shear stress equation)이라고 한다. 주어진 ϕ 및 λ 값(또는 하중 축에 대한 슬립 평면의 특정 방향)에 대해 이 방정식을 분석하여 몇 가지 결론을 도출할 수 있다. (1) 분해된 전단 응력 τ_r은 일축으로 적용된 응력 σ에 비례한다. σ가 증가하면 τ_r도 증가한다. (2) 비례 계수는 곱 $\cos \phi \cos \lambda$이다. 이 상수는 ϕ와 λ가 45°에 도달할 때 최대값이 된다. (3) σ가 증가함에 따라 특정 값에서 단결정이 항복(yield)하기 시작하며, 이 값을 σ_y라고 한다(ϕ 및 λ가 변경되면 σ_y 값도 변경됨). (4) σ_y에서 분해 전단 응력 τ_r의 해당 값을 *임계 분해 전단 응력*(critical resolved shear stress), τ_c라고 한다. τ_c에서 슬립면과 슬립 방향으로 슬립이 시작되며, 단결정이 항복하게 된다. 주어진 재료에 대해 τ_c의 값은 ϕ 및 λ의 값과 무관하게 유지된다는 점에 유의하는 것이 중요하다. 따라서 주어진 금속에 대해 σ_y는 다른 ϕ 및 λ 값으로 인해 변경됨에도 τ_c는 모든 방향에 대해 동일하게 유지된다. 즉, τ_c는 재료의 특성으로 정의할 수 있으며, 이것을 *Schmid의 법칙*(Schmid's law)이라고 한다. 이제 슬립 시스템이 축 응력에 의해 작용할 때 분해 전단응력을 계산하는 문제의 예를 살펴보자.

예제 6.10

a. FCC 니켈 단결정에서 단위 셀의 [001] 방향으로 7.00 MPa의 응력이 가해지면 단위 셀의 (111) $[0\bar{1}1]$ 슬립 시스템에 대한 분해 전단 응력을 계산하라.

b. 주어진 평면에서 주어진 방향으로 슬립이 시작되는가?

c. 주어진 슬립 평면과 슬립 방향에서 슬립을 시작하려면 σ가 얼마나 증가해야 하는가?

d. 하중 축이 변경되어 다른 ϕ 및 λ가 발생하면 τ_c의 계산 값이 변경되는가?

풀이

a. 형상에 따라 적용된 응력과 슬립 방향 사이의 각도 λ는 그림 EP6.10*a*에서와 같이 45°이다. 정육면체 계에서 결정면에 대한 법선의 방향 지수는 결정면의 밀러 지수와 동일하다. 따라서 슬립면인 (111)면에 대한 법선은 [111] 방향이다. 이

정보와 식 (3.4)를 사용하여 슬립 평면에 수직인 축과 하중 축 사이의 각도를 밝혀낼 수 있다. 그림 EP6.10*b*에서,

$$\cos\phi = \frac{a}{\sqrt{3}\,a} = \frac{1}{\sqrt{3}} \quad \text{또는} \quad \phi = 54.74°$$

$$\tau_r = \sigma\cos\lambda\cos\phi = (7.00\text{ MPa})(\cos 45°)(\cos 54.74°) = 2.86\text{ MPa}$$ ◀

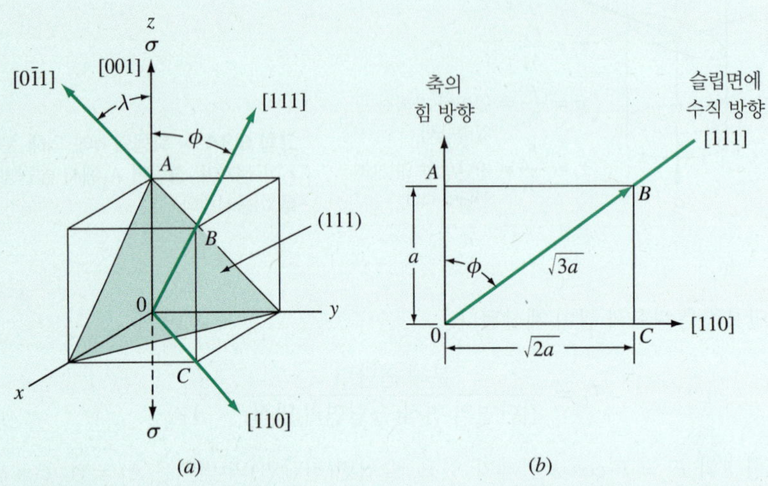

그림 EP6.10 ➤ FCC 단위 셀은 (111) [0$\bar{1}$1] 슬립 시스템에서 분해 전단 응력을 생성하는 [001] 인장 응력에 의해 작용.

b. 아니오, 계산된 τ_r 값은 표 6.4에서 니켈에 대한 임계 분해 전단 응력(τ_c = 5.70 MPa) 값보다 훨씬 낮다. 따라서 미끄러짐이나 항복은 발생되지 않는다.

c. σ에 대해 τ_c에 대해 식 (6.17)을 다시 쓰고 τ_c에 대해 5.70 MPa 사용하면,

$$\sigma = \frac{\tau_r}{\cos\phi\cos\lambda} = \frac{5.7\text{ MPa}}{\cos 45°\cos 54.74°} = 13.96\text{ MPa}$$

슬립을 시작하려면 σ가 13.96 MPa로 증가되어야 한다.

d. 아니오, Schmid의 법칙에 따르면 τ_c는 물질의 특성이며 ϕ 및 λ에 독립적이다. 그러나 σ_y는 ϕ 및 λ의 변화에 따라 달라진다.

6.5.6 쌍정

금속의 소성변형에서 나타날 수 있는 두번째로 중요한 변형기구는 **쌍정**(twinning)이다. 이 과정에서는 원자 격자의 일부분이 바로 옆의 변형되지 않은 격자와 거울상(mirror image)을 형성하도록 변형된다(그림 6.35). 금속 결정의 변형된 부분과 변형되지 않은 부분 사이의 대칭 결정면을 *쌍정면*(twinning plane)이라 한다. 슬립처럼 쌍정도 *쌍정방향*(twinning direction)이라는 특정한 방향으로 일어난다. 그러나 슬립에서는 슬립면의 한쪽 측면 원자는 모두 같은 거리를 이동하는 데 비해(그림 6.30), 쌍정에서는 쌍정면으로부터의 거리에 비례하여 이동한다(그림 6.35). 그림 6.36은 금속의 변형 후 표면에서 관찰되는 슬립과 쌍정 사이의 근본적인 차이점을 보여준다. 슬립은 일련의 계단(선)이 남는 데 비해(그림 6.36*a*), 쌍정은 결정의 변형된 부분이 작지만 뚜렷한 영역으로 남는다(그림 6.36*b*). 그림 6.37은 티타늄 금속 표면의 변형쌍정이다.

쌍정은 금속 결정의 전체 부피 중 일부분에서만 발생하므로, 쌍정에 의해 생길 수 있는 총 변형량은 작다. 그러나 변형에 대한 쌍정의 중요한 역할은 전단응력에 따라 유리한 방향으로 격자의 방향을 바꿈으로써 새로운 슬립계를 만들어 부가적인 슬립이 일어날 수 있게 한다는 것이다. 3가지의 중요한 금속 단위격자 구조(BCC, FCC, HCP) 중에서 쌍정은 슬립계의 수가 적은 HCP 구조에서 가장 중요하다. 그러나 쌍정의 도움이 있다 해도 아연과 마그네

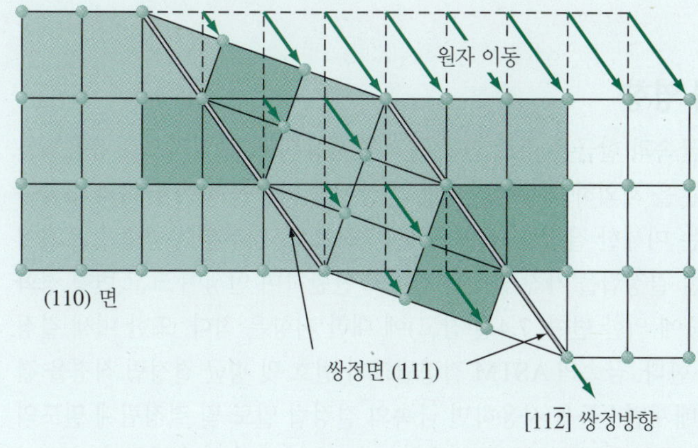

그림 6.35 ➤ FCC 격자에서 쌍정과정의 모식도.
(출처: H. W. Hayden, W. G. Moffatt and J. Wulff, *The Structure and Properties of Materials*, vol. III, Wiley, 1965, p. 111.)

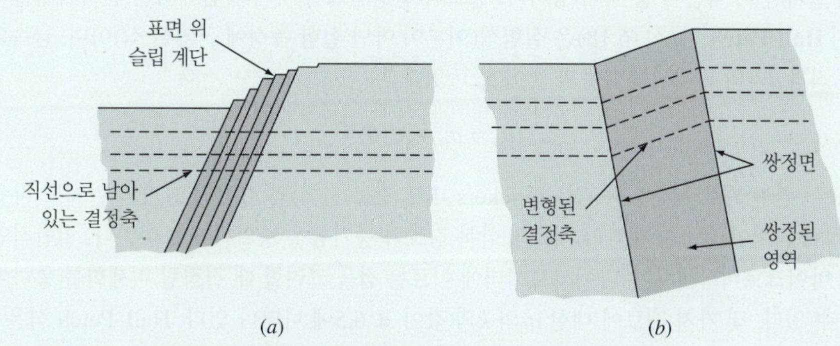

그림 6.36 ➤ (*a*) 슬립과 (*b*) 쌍정 후의 변형된 금속 표면의 개략도.

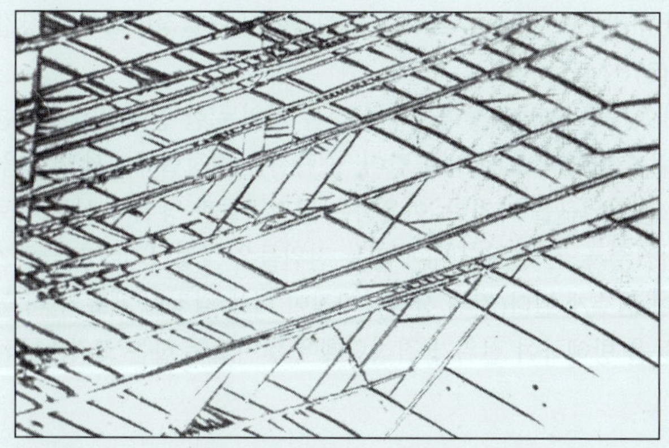

그림 6.37 ➤ 합금되지 않은(99.77%) 티타늄의 변형 쌍정. (배율: 150×.)
(Courtesy of American Institute of Mining, Metallurgical, and Petroleum Engineers

슘과 같은 HCP 금속은 보다 많은 슬립계를 가진 BCC와 FCC 금속보다 여전히 연성이 나쁘다.

변형쌍정은 HCP 금속의 경우 상온에서 관찰된다. 쌍정은 매우 낮은 온도에서 변형된 Fe, Mo, W, Ta 및 Cr과 같은 BCC 금속에서 찾아볼 수 있다. 또한 쌍정은 상온에서 매우 빠른 변형속도로 변형된 경우 BCC 금속 결정에서도 찾아볼 수 있다. FCC 금속에서는 변형쌍정이 잘 생기지 않는다. 그러나 응력이 충분히 크고 온도가 충분히 낮은 경우 일부 FCC 금속에서도 변형쌍정이 생길 수 있다. 예를 들어, 4 K에서 큰 응력을 받고 있는 구리 결정은 변형쌍정을 생성할 수 있다.

6.6 다결정금속의 소성변형

6.6.1 금속의 강도에 미치는 결정립계의 영향

거의 대부분의 공업용합금은 다결정이다. 단결정금속과 합금은 주로 연구 목적에 사용되고, 공업적으로 응용되는 경우는 드물다.[8] 결정립계는 약한 영역이 되는 고온을 제외하고는 전위 이동의 장애물 역할을 하여 금속과 합금을 강화한다. 강도가 중요한 대부분의 응용분야에서는 미세한 결정립 크기가 바람직하므로, 대부분의 금속은 조직이 미세하도록 가공한다. 일반적으로 상온에서 미세한 결정립을 가진 금속은 강하고 단단하며 인성이 크고 변형 경화되기도 쉽지만, 부식과 크리프(고온에서 일정 하중에 의한 변형; 7.4절 참고)에 대한 저항은 적다. 또한 미세 결정립은 재료를 균질하게 하고 등방성 거동을 보이게 한다. 금속의 ASTM 결정립크기 번호 및 평균 결정립 직경을 결정하는 방법은 4.5절에서 살펴보았다. 이와 같은 매개변수들을 사용하면 금속의 결정립 밀도 및 결정립계 밀도의 상대적인 비교가 가능하다. 따라서 동일한 합금으로 만들어진 두 부품의 경우, ASTM 결정립 크기 번호가 더 크거나 평균 결정립 크기가 더 작은 부품이 더 강하다. 강도와 결정립크기 사이의 관계식은 엔지니어들에게 매우 중요하다. 잘 알려진 **Hall-Petch 식**, 식 (6.18)은 실험식(이론이 아닌 실험 측정에 근거한 식)이며, 금속의 항복강도 σ_y와 평균 결정립 직경 d와의 관계식을 다음과 같이 쓰고 있다.[9]

$$\sigma_y = \sigma_0 + k/(d)^{1/2} \qquad \textbf{(6.18)}$$

여기에서 σ_0와 k는 관련 재료 상수이다. 경도(Vickers 미세 경도 시험)와 결정립 크기의 관계도 비슷한 효과가 있다. 이 식은 결정립 직경이 감소함에 따라 재료의 항복 강도가 증가함을 명확하게 보여준다. 일반적인 결정립 직경의 크기가 수백 마이크로미터에서 수 마이크로미터에 이르는 점을 고려할 때 결정립 미세화를 통하여 상당한 강도 변화를 기대할 수 있다. 몇 가지 재료에 대한 σ_0와 k의 값이 표 6.5에 나타나 있다. Hall–Petch 식은 (1) 매우 조대하거나 극히 미세한 결정립 크기일 때나 (2) 고온에서 사용되는 금속재료에서는 잘 적용하지 않는다는 것을 주목해야 한다.

그림 6.38은 상온에서 단결정 및 비합금 다결정 구리의 인장응력–변형률 곡선을 비교한 것이다. 모든 변형률에서 다결정 구리는 단결정 구리보다 강하다. 20%의 변형률에서 단결정구리의 인장강도는 8 ksi (55 MPa)인데 비해, 다결정구리는 40 ksi (276 MPa) 이다.

금속의 소성변형 도중에 특정한 슬립면을 따라 이동하는 전위는 한 결정립에서 다른 결정립으로 바로 직선 방향으로 진행할 수 없다. 그림 6.39에서 보는 바와 같이, 슬립선은 결정립계에서 방향을 바꾼다. 각 결정립은 자신이 선호하는 슬립면에 고유한 전위군을 가지며, 이웃하는 결정립들과 방위가 서로 다르다. 결정립 번호가 커질수록 또한 결정립 직경이 적어질수록, 각 결정립 내에 있는 전위들은 결정립계에 도달하기까지 더 작은 거리를 이동하게 되며, 결국 전위 이동이 멈추게 된다(전위 산적). 이것이 미세 결정립 재료가 더 높은 강도를 갖는 이유가 된다. 그림 6.40은 전위의 이동을 방해하여 전위가 결정립계에 쌓이도록 하는 고각(high-angle) 결정립계를 명확히 보여준다.

표 6.5 ➢ 몇 가지 재료의 Hall–Petch 관련 상수

	σ_0 (MPa)	k (MPa · m$^{1/2}$)
Cu	25	0.11
Ti	80	0.40
연강	70	0.74
Ni_3Al	300	1.70

8 가스터빈 엔진에서 높은 온도 및 응력에 의해 발생하는 결정립계의 균열을 막기 위해 단결정 터빈 블레이드가 개발되었다.

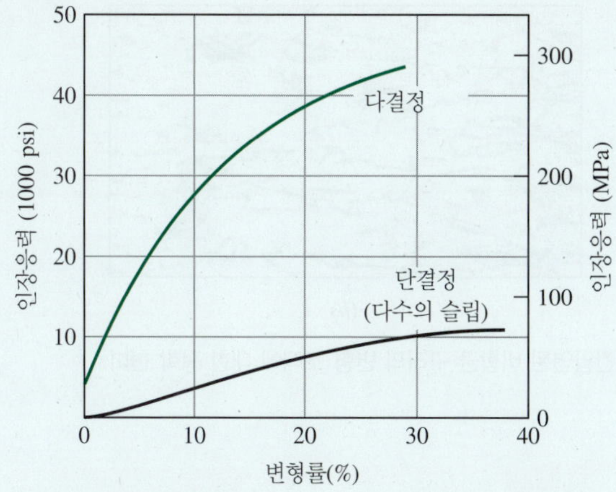

그림 6.38 ➤ 단결정 및 다결정 구리의 응력–변형률 곡선. 단결정은 다수의 슬립이 발생하며, 다결정은 모든 변형률에서 더 높은 강도를 갖는다.
(출처: M. Eisenstadt, *Introduction to Mechanical Properties of Materials*, Macmillan, 1971, p. 258.)

그림 6.39 ➤ 소성 변형된 다결정 구리. 슬립띠가 결정립 내에서는 평행이지만 결정립계를 가로지르며 불연속이 된다. (배율 60×.)
(Courtesy of Jixi Zhang)

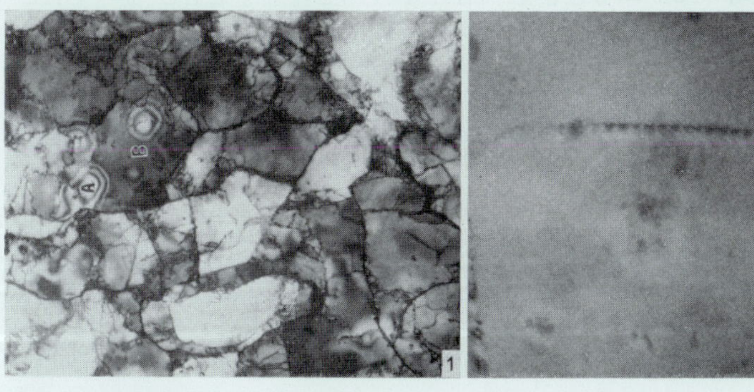

그림 6.40 ➤ 얇은 금박에서 투과전자현미경으로 관찰한 결정립계(왼쪽)에 쌓인 전위.
출처: Royaly Society
(Bookworm/Alamy Stock Photo)

6.6.2 결정립의 모양과 전위배열에 미치는 소성변형의 영향

소성변형에 따른 결정립 모양의 변화 등축 결정립 구조를 가진 비합금 구리의 어닐링된 시편[9]의 소성변형을 생각해보자. 냉간 소성변형에서 결정립은 전위의 생성, 이동, 재배열에 의해 서로 전단된다. 그림 6.41은 각각 30%와 50%의 단면축소율로 냉간압연된 비합금 구리시편의 미세 조직이다. 냉간압연의 증가에 따라 전위가 이동한 결과로서, 결정립이 압연방향으로 더 늘어나게 된다.

9 어닐링 조건에서의 시편은 소성변형 후 결정립들이 모든 방향으로 같은(등축) 구조를 갖도록 재가열된다.

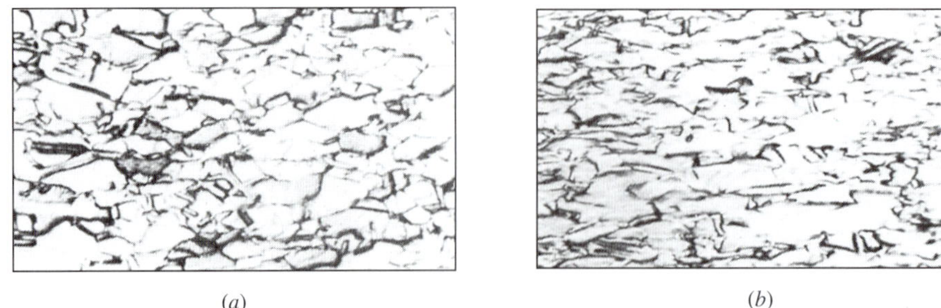

(a) (b)

그림 6.41 ➤ (*a*) 30% (*b*) 50%의 단면축소율로 냉간압연된 비합금 구리의 변형 조직에 대한 광학 현미경 사진. (배율 300×.)
((*a-b*): ASM International)

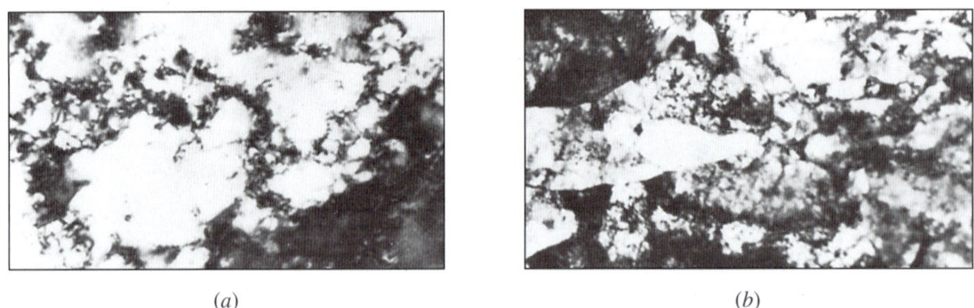

(a) (b)

그림 6.42 ➤ (*a*) 30% (*b*) 50%의 단면축소율로 냉간압연된 비합금 구리의 변형 조직에 대한 투과 전자 현미경 사진. 이 전자현미경 사진은 그림 6.41의 광학현미경 사진에 대응한다. (박편 시편, 배율 30,000×.)
((*a-b*): ASM International)

소성변형에 따른 전위배열의 변화 30% 소성변형 후 비합금 구리 시편에서의 전위는 세포와 같은 형상으로서, 세포의 중앙에서는 흠이 없는 배열을 이룬다(그림 6.42*a*). 50% 단면축소율로 냉간 소성변형이 증가하면, 세포구조는 더 조밀해지고 압연방향으로 늘어난다(그림 6.42*b*).

6.6.3 금속의 강도 증가에 미치는 냉간 소성변형의 영향

그림 6.42의 전자현미경 사진에서 보는 바와 같이, 전위밀도는 냉간가공의 증가에 따라 증가한다. 냉간 변형에 의해 전위밀도가 증가하는 명확한 기구에 대해서는 완전하게 밝혀지지 않았다. 냉간 변형에 의해 새로운 전위가 생기고, 새로 생긴 전위는 기존의 전위와 상호작용하게 된다. 변형에 따라 전위밀도가 증가하므로, 전위가 "전위의 숲(forest of dislocations)"을 통과하여 이동하는 것은 더욱 어려워져서, 냉간변형이 증가함에 따라 금속은 가공경화나 변형경화된다.

어닐링된 구리, 알루미늄, 철과 같은 연성이 좋은 금속이 상온에서 냉간 가공될 때, 앞에서 기술한 전위의 상호작용으로 인하여 변형 경화된다. 그림 6.43은 상온에서 비합금 구리를 30% 냉간가공함에 따라, 인장강도가 약 30 ksi (200 MPa)에서 45 ksi (320 MPa)까지 증가하는 것을 나타낸다. 그러나 그림 6.43에서 보는 바와 같이 인장강도의 증가에 따라 연신율(연성)은 감소한다. 30% 냉간 가공함에 따라 비 합금 구리의 연신율은 약 52%에서 10%까지 감소된다.

냉간가공(cold working)이나 **변형경화**(strain hardening)는 금속을 강화하는 가장 중요한 방법 중 하나이다. 예를 들어, 순수한 구리와 알루미늄은 이 방법만으로도 상당히 강화될 수 있다. 그러므로 냉간 신선된 비합금 구리선은 변형경화량을 조절하여(어떤 한계 내에서) 다른 강도를 만들 수 있다.

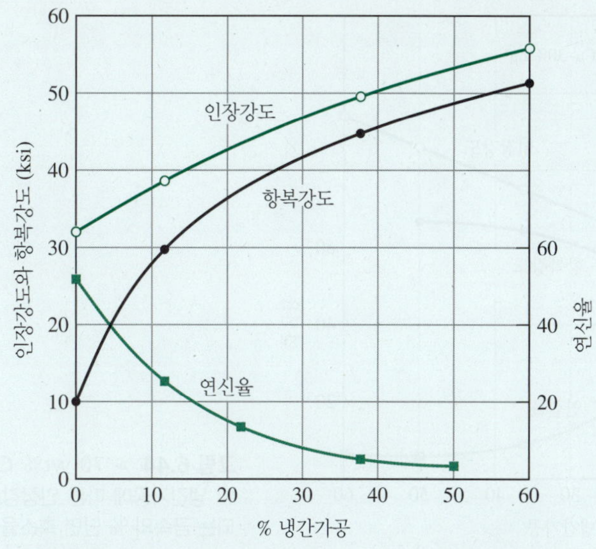

그림 6.43 ➤ 비합금 무산소 구리에서의 % 냉간가공에 따른 인장강도 및 연신율. 냉간가공은 가공되는 금속의 % 단면 축소율을 나타낸다.

예제 6.11

인장강도가 45 ksi (310 MPa))인 0.040 인치 두께의 무산소(oxygen-free) 구리판재를 생산하려고 한다. 몇 %의 냉간가공을 해야 하는가? 냉간압연 시작 두께는 얼마가 되어야 하는가?

풀이

그림 6.43에서 % 냉간가공은 25%가 되어야 한다. 따라서, 시작 두께는 다음과 같다.

$$\frac{x - 0.040 \text{ in.}}{x} = 0.25$$

$$x = 0.053 \text{ in.} \blacktriangleleft$$

6.7 금속의 고용강화

냉간가공 외에 금속의 강도를 향상시킬 수 있는 방법으로 **고용강화**(solid-solution strengthening)가 있다. 금속에 한 개 또는 여러 개의 원소를 첨가하여 고용체를 형성함으로써 강화할 수 있다. *치환형 고용체*(substitutional solid solution)와 *침입형 고용체*(interstitial solid solution)의 구조는 이미 4.3절에서 다루었으므로 복습을 위해 참고하도록 한다. 치환형(용질) 원자가 다른 금속(용매) 원자와 고체상태로 혼합될 때 각 용질 원자 주위에 응력장이 생긴다. 이 응력장은 전위와 상호작용하여 그 이동을 보다 어렵게 함으로써 고용체는 순수 금속보다 강하다.

고용강화에는 다음과 같은 2가지 중요한 인자가 있다.

1. *상대크기 인자*(relative-size factor). 용질과 용매 원자의 크기 차이에 의한 결정격자의 뒤틀림 때문에 고용강화의 양에 영향을 준다. 격자의 뒤틀림은 전위이동을 더 어렵게 하여 금속 고용체를 강화한다.
2. *단범위 규칙도*(short-range order). 원자를 혼합할 때 무질서한 고용체 형성은 드물고, 단범위 규칙도를 갖거나 같은 원자끼리 뭉친다. 그 결과로 전위 이동은 다른 결합구조들에 의해 방해를 받게 된다.

위의 인자 외에도 고용강화에 기여하는 몇 가지 다른 인자가 더 있으나, 이 책에서는 다루지 않겠다.

고용강화의 예로, 70 wt% Cu와 30 wt% Zn의 고용체 합금(카트리지 황동, cartridge brass)을 생각해 보자. 30% 냉간 가공한 비합금 구리의 인장강도는 약 48 ksi (330 MPa)이다(그림 6.43). 그러나, 30% 냉간 가공한 70 wt% Cu-30 wt% Zn합금의 인장강도는 약 72 ksi (500 MPa)이다(그림 6.44). 따라서, 이 경우에 고용강화로 구

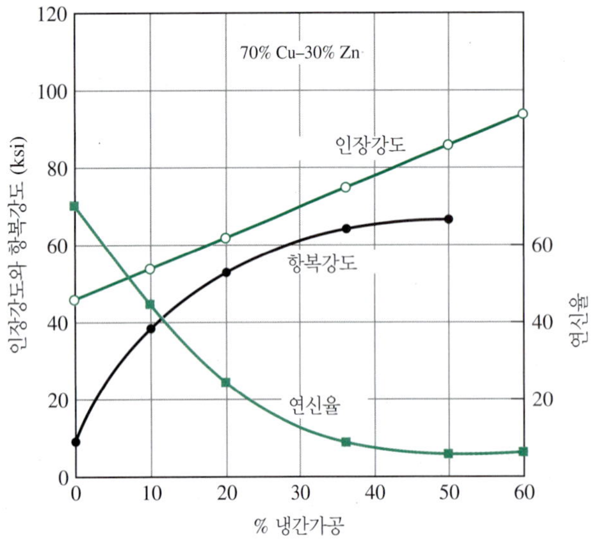

그림 6.44 ➢ 70 wt% Cu-30 wt% Zn의 합금에서의 % 냉간가공에 따른 인장강도 및 연신율. 냉간가공은 가공되는 금속의 % 단면 축소율을 나타낸다. 식 (6.2) 참고

리의 강도가 약 24 ksi (165 MPa) 정도 증가하였다. 반면에 30% 아연 첨가 및 30% 냉간 가공한 구리의 연성은 약 65%에서 10%까지 감소하였다(그림 6.44).

6.8 소성변형된 금속의 회복과 재결정

앞서 금속에 대한 소성변형이 기계적 성질 및 미세조직 형상에 미치는 영향에 대해 살펴보았다. 압연, 단조, 압출 등과 같은 금속 성형공정이 냉간 가공되었을 때 가공 재료는 많은 전위와 기타 결함 등을 갖게 되며 결정립들은 늘어나거나 변형된다. 그 결과로 가공된 금속은 훨씬 강해지지만 연성은 감소한다. 많은 경우에 냉간 가공된 금속에서 연성이 줄어드는 것은 바람직하지 않으며, 더 연한 금속이 필요하다. 이를 위해 냉간 가공된 금속은 로에서 가열된다. 금속이 오랜 시간 동안 충분히 높은 온도로 다시 가열되면, 냉간 가공된 금속의 조직은 (1) **회복**(recovery), (2) **재결정**(recrystallization), (3) **결정립 성장**(grain growth)이라는 일련의 변화를 겪는다. 그림 6.45는 온도 증

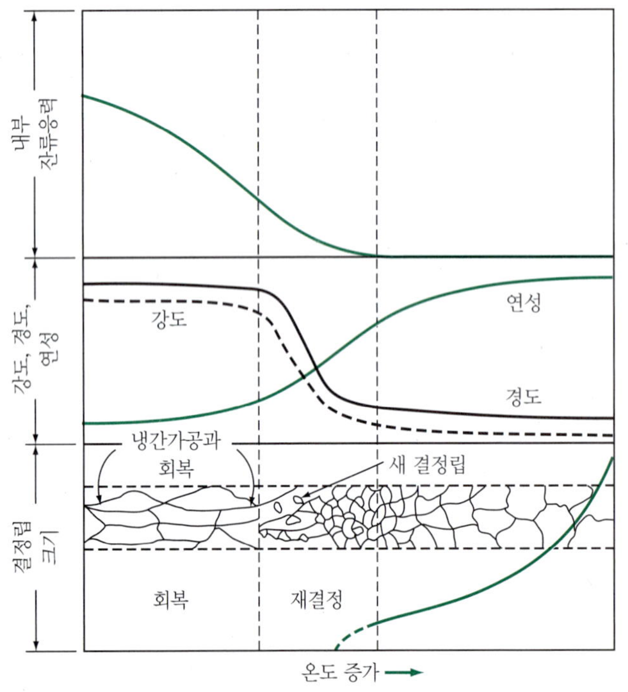

그림 6.45 ➢ 냉간 가공된 금속의 조직 및 기계적 성질에 미치는 어닐링의 영향.
(출처: Z. D. Jastrzebski, *The Nature and Properties of Engineering Materials*, 2nd ed., Wiley, 1976, p. 228.)

가에 따른 미세조직의 변화를 그에 상응하는 금속의 기계적 성질 변화와 함께 도식적으로 나타낸 것이다. 냉간 가공된 금속을 연화하는 이러한 재가열처리를 **어닐링**(annealing, **풀림**)이라 하고, 연화 정도에 따라 *부분 어닐*(partial anneal)*과 완전 어닐*(full anneal)이란 말을 사용하기도 한다. 심하게 냉간 가공된 금속조직에서 어떻게 변화가 생기는지를 좀 더 상세히 살펴보자.

6.8.1 재가열 전 심하게 냉간가공된 금속의 조직

금속이 심하게 냉간 가공될 때, 소성변형에 사용된 변형에너지의 대부분은 전위 혹은 점결함과 같은 다른 결함의 형태로 금속 내에 저장된다. 그러므로 변형 경화된 금속은 변형되지 않은 것보다 높은 내부에너지를 갖는다. 그림 6.46*a*는 85%의 단면축소율로 냉간 가공된 Al-0.8% Mg합금 박 판의 미세조직(100×)이다. 결정립이 압연 방향으로 크게 늘어나 있는 것에 주목하라. 고배율(20,000X)의 박편 투과전자현미경 사진(그림 6.47)에서 고전위 밀도의 세포벽으로 된 세포형 망 조직을 볼 수 있다. 완전히 냉간 가공된 금속의 전위밀도는 약 10^{12} 전위선/cm^2이 된다.

6.8.2 회복

냉간 가공된 금속을 재결정온도 바로 밑의 회복 온도 범위로 가열하면, 금속의 내부응력이 제거된다(그림 6.45). 회복 중에 충분한 열에너지가 공급되면, 보다 낮은 에너지 상태를 갖도록 전위가 재배열 된다(그림 6.48). 많은 냉간 가공된 금속(예를 들어, 순수한 알루미늄)의 회복에서 그림 6.48*b*처럼 소경각 결정립계를 가진 아결정립 조직이 형성된다. 이와 같은 회복과정은 *다각형화*(polygonization)라 불리우며, 이는 재결정에 선행하는 구조적 변형이다. 회복된 금속의 내부 에너지는 냉간 가공된 상태보다 더 낮아지는데, 이는 회복과정에 의해 많은 전위가 상쇄되거나 낮은 에너지 상태로 이동하기 때문이다. 회복 중에 냉간 가공된 금속의 강도는 약간 감소하지만, 그 연성은 일반적으로 크게 증가한다(그림 6.45).

(*a*)

(*b*)

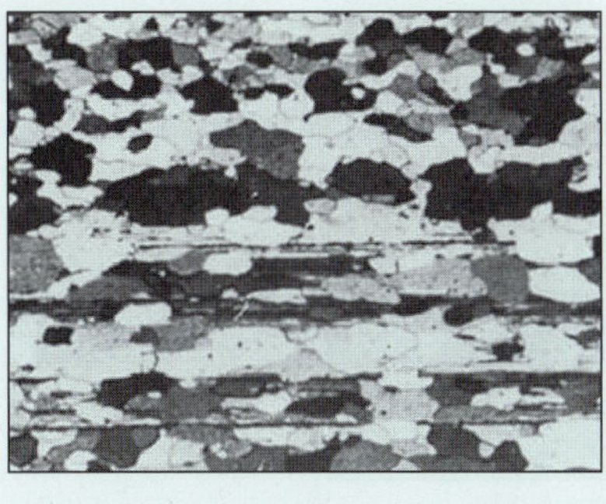

(*c*)

그림 6.46 ➤ 알루미늄합금 5657 (0.8% Mg) 박판의 85% 냉간압연과 후속 재가열한 후의 미세조직(편광 광학현미경 사진, 배율 100X). (*a*) 85% 냉간가공, 길이 방향 단면; 결정립이 크게 늘어나 있다. (*b*) 85% 냉간가공 및 302°C에서 1시간 동안 응력 제거; 조직은 재결정의 시작되고 있음을 보여주며, 이는 박판의 성형성을 좋게 한다. (*c*) 85% 냉간가공 및 316°C에서 1시간 동안 응력 제거. 조직은 재결정된 결정립들과 재결정되지 않은 결정립 띠를 보여준다.
((*a-c*): ASM International)

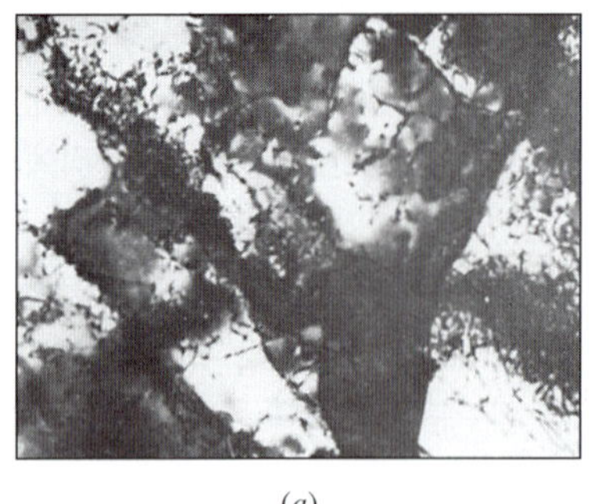

(a)

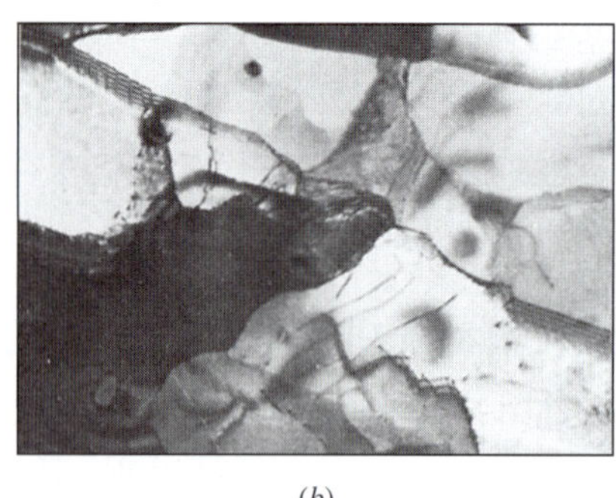

(b)

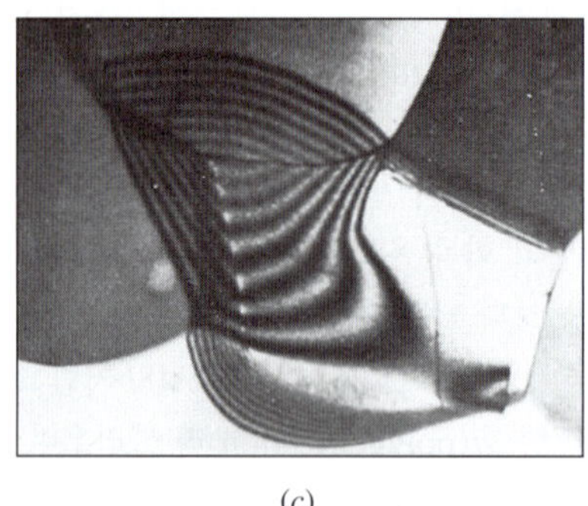

(c)

그림 6.47 ➢ 알루미늄합금 5657(0.8% Mg) 박판의 85% 냉간압연과 후속 재가열한 후의 미세조직(박편 투과전자현미경 사진, 배율 20,000X). (*a*) 85% 냉간가공; 많은 냉간가공에 의해 전위 엉킴(tangle)과 줄무늬 세포(아결정립) 등을 보여준다. (*b*) 85% 냉간가공 및 302°C에서 1시간 동안 응력 제거; 전위 망 및 다각형화에 의한 소경각 결정립계를 보여준다. (*c*) 85% 냉간가공 및 316°C에서 1시간 동안 응력 제거. 재결정된 조직과 약간의 아결정립 성장을 보여 준다.

((*a-c*): ASM International)

6.8.3 재결정

냉간가공된 금속을 충분히 높은 온도로 가열하면, 회복된 금속 조직 내에서 변형률이 없는 새로운 결정립이 생성되어 성장하기 시작하여(그림 6.46*b*) 재결정구조가 형성된다. 재결정이 일어나는 온도에서 충분히 오랜 시간이 경과되면, 냉간가공 조직은 그림 6.46*c*와 같이 완전히 새로운 재결정립 구조로 변화된다.

1차 재결정은 2개의 주요 기구, 즉 (1) 고립된 핵이 변형된 결정립 내에서 확장하거나(그림 6.49*a*) (2) 원래의 고각 결정립계가 보다 심하게 변형된 영역으로 이동하는 것에 의해 발생된다(그림 6.49*b*). 어느 경우나 이동하는 입계의 오목한 쪽 구조는 변형률이 없어서 비교적 내부 에너지가 낮은 반면에, 이동하는 계면의 볼록한 쪽 구조는

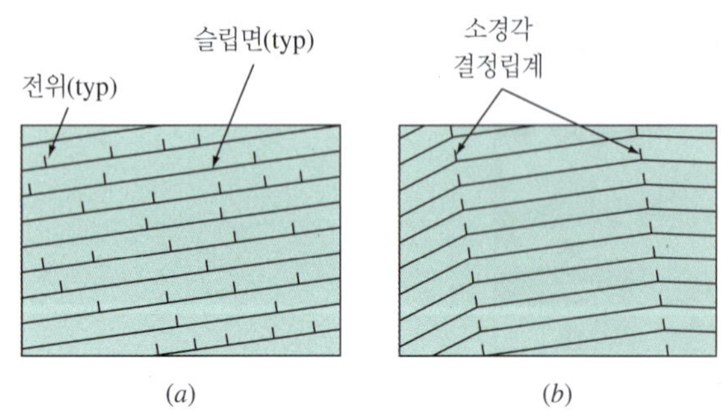

그림 6.48 ➢ 변형된 금속의 다각형화를 보여주는 개략도. (*a*) 변형금속 결정체의 슬립면에 집적된 전위. (*b*) 회복 열처리 후에 전위 이동에 의한 저각 결정립의 형성.

(출처: L. E. Tanner and I. S. Servi, *Metals Handbook, vol.* 8, 8th ed., American Society for Metals, 1973, p. 222.)

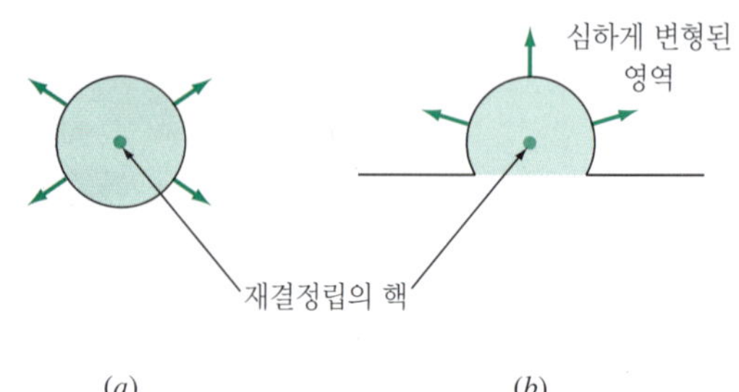

그림 6.49 ➢ 금속의 재결정 과정에서 재결정립 성장의 도식적 모델. (*a*) 고립된 핵이 변형된 결정립 내에서 확장. (*b*) 원래의 고각 결정립계가 보다 심하게 변형된 영역으로 이동.

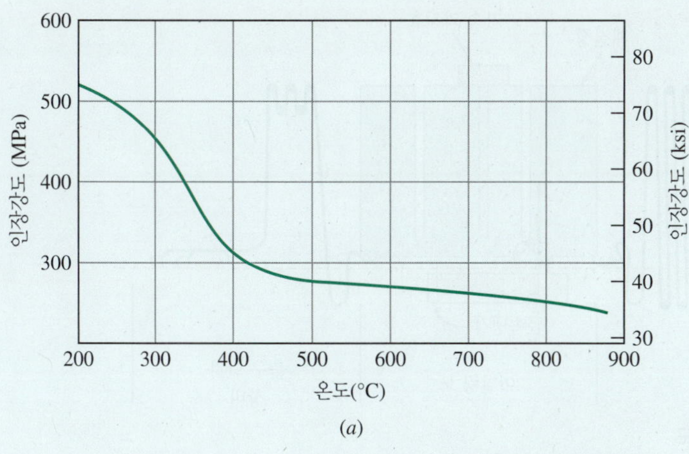

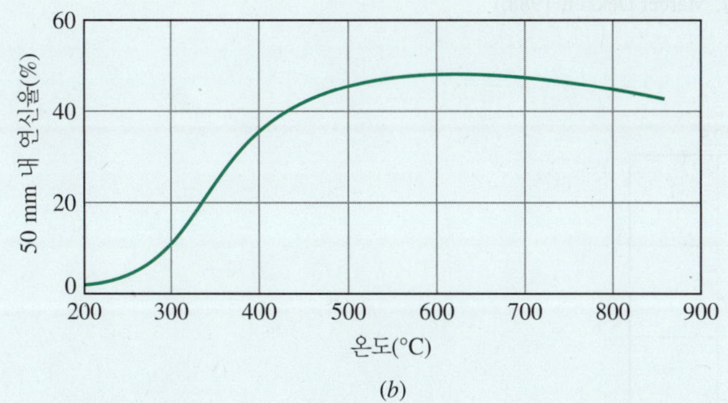

그림 6.50 ➤ 50% 냉간 압연된 85% Cu-15% Zn 황동 1 mm 두께 박 판의 (*a*) 인장강도 및. (*b*) 연신율에 미치는 어닐링 온도의 영향(어닐링 시간: 1 h).
(출처: *Metals Handbook*, vol. 2, 9th ed., American Society for Metals, 1979, p. 320.)

심하게 변형되어 있어서 높은 전위밀도와 내부에너지를 가지게 된다. 그러므로 결정립계는 입계의 곡률 중심에서 먼 쪽으로 이동한다. 따라서 1차 재결정에 의해 확장하는 새로운 결정립의 성장으로, 변형된 영역이 변형률이 없는 영역으로 바뀜으로써, 금속의 전체적인 내부에너지가 감소하게 된다.

금속에 재결정이 일어나도록 어닐링 처리를 진행하면, 냉간 가공된 금속의 인장강도는 크게 감소하는 반면에 그 연성은 증가한다. 예를 들어, 50% 단면축소율로 냉간 압연된 85% Cu-15% Zn 황동 0.040인치(1 mm) 두께의 박판을 400°C에서 1시간 동안 어닐링하면, 인장강도는 75 ksi에서 45 ksi (520 MPa에서 310 MPa)로 감소한다(그림 6.50*a*). 반면, 판의 연성은 어닐링 처리로 인해 3%에서 38%까지 증가한다(그림 6.50*b*). 그림 6.51은 박판 강재의 연속 어닐링 공정의 개요도이다.

금속과 합금의 재결정 과정에 영향을 주는 중요한 인자는 (1) 금속의 이전 변형량, (2) 온도, (3) 시간, (4) 초기 결정립 크기 및 (5) 금속과 합금의 조성이다. 금속의 재결정은 일정 온도 범위에서 일어나고, 그 범위는 위의 변수들과 어느 정도 관계가 있다. 따라서 순금속의 용융점과 같은 의미로 금속의 재결정 온도를 말할 수는 없다. 재결정 공정에 대해 다음과 같은 일반화가 가능하다.

1. 금속의 재결정이 가능하기 위해서는 최소 변형량 이상이 필요하다.
2. 변형량이 적을수록(최소값 이상), 재결정을 일으키는 데 필요한 온도는 높아진다.
3. 재결정시의 온도가 증가할수록 재결정을 완료하는 데 필요한 시간은 감소한다(그림 6.52).
4. 최종 결정립크기는 주로 변형량에 따라 달라진다. 변형량이 많을수록, 재결정을 위한 어닐링 온도는 낮아지며, 재결정립크기는 작아진다.
5. 초기 결정립도가 클수록 같은 재결정 온도를 얻는 데 필요한 변형량은 커진다.
6. 금속의 순도가 증가함에 따라 재결정 온도는 감소한다. 고용합금원소를 첨가하면, 재결정 온도는 항상 증가한다.

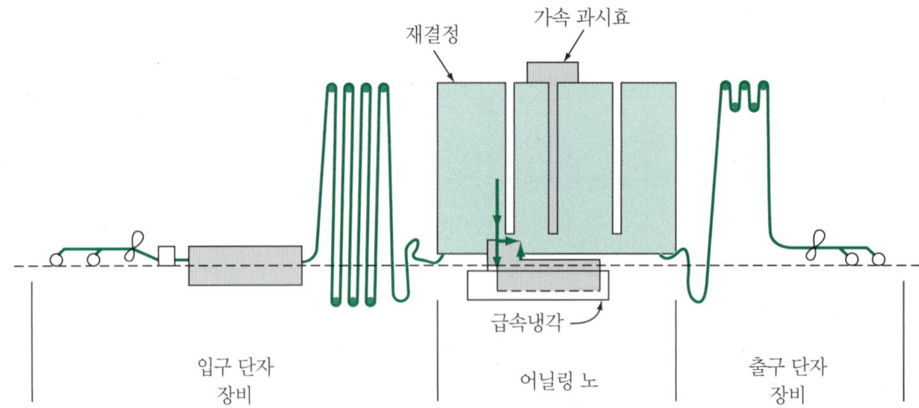

그림 6.51 ➤ 연속 어닐링 공정의 개략도.
(출처: W. L. Roberts, *Flat Processing of Steel*, Marcel Dekker, 1988.)

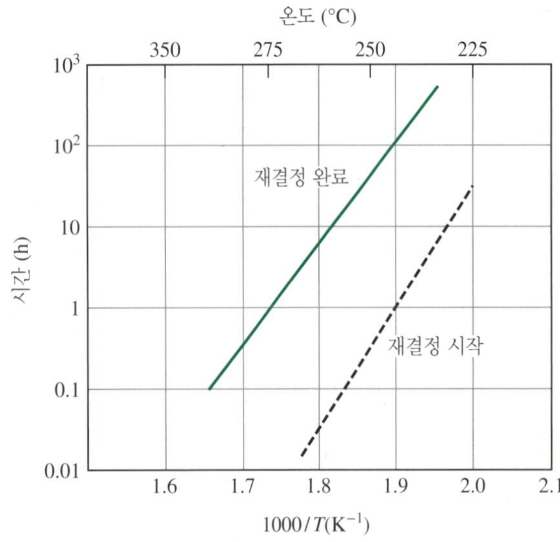

그림 6.52 ➤ 75% 냉간 가공된 99.0% Al의 재결정을 위한 시간-온도 관계. 실선은 재결정 완료, 점선은 재결정 시작을 나타내며, 이 합금의 재결정은 ln t 대 $1/T$ (K^{-1})의 Arrhenius형 관계식을 따른다.
(출처: *Aluminum*, vol. 1, American Society for Metals, 1967, p. 98.)

예제 6.12

구리 조각이 재결정하는 데 88°C에서 9.0×10^3분, 135°C에서 200분이 소요된다면, 이 과정의 활성화 에너지는 얼마인가? 과정은 Arrhenius 식을 따르고, 재결정 시간 = $Ce^{-Q/RT}$, $R = 8.314$ J/(mol · K), T는 절대온도로 가정하라.

풀이

$$t_1 = 9.0 \times 10^3 \text{ min};\ T_1 = 88°\text{C} + 273 = 361 \text{ K}$$
$$t_2 = 200 \text{ min};\ T_2 = 135°\text{C} + 273 = 408 \text{ K}$$
$$t_1 = Ce^{Q/RT_1} \quad \text{또는} \quad 9.0 \times 10^3 \text{ min} = Ce^{Q/R(361\text{ K})} \tag{6.19}$$
$$t_2 = Ce^{Q/RT_2} \quad \text{또는} \quad 200 \text{ min} = Ce^{Q/R(408\text{ K})} \tag{6.20}$$

방정식 (6.19)를 (6.20)으로 나누면

$$45 = \exp\left[\frac{Q}{8.314}\left(\frac{1}{361} - \frac{1}{408}\right)\right]$$
$$\ln 45 = \frac{Q}{8.314}(0.00277 - 0.00245) = 3.80$$
$$Q = \frac{3.80 \times 8.314}{0.000319} = 99{,}038 \text{ J/mol 또는 } 99.0 \text{ kJ/mol}$$ ◀

6.9 금속의 초소성

연성파괴 성향을 가진 금속이라도, 그림 6.23에서와 같이 미시적인 관점에서 자세히 관찰하면, 파단 전에 어느 정도의 소성변형이 생긴다는 것을 알 수 있다. 예를 들어 연강은 1축 인장 시험에서 파단될 때까지 22%의 연신율을 갖는다. 6.1절에서 설명한 바와 같이, 대부분의 금속 성형가공은 고온에서 행해지는데, 이는 금속의 연성을 증가시켜 더 많은 소성변형을 달성하기 위함이다. **초소성**(superplasticity)은 알루미늄이나 티타늄 합금들이 고온에서 서서히 하중이 가해질 때 2000% 정도까지 변형되는 경우를 말한다. 이 합금들도 상온에서 하중이 가해질 때는 초소성 거동을 보이지 않는다. 예를 들어, 어닐링된 Ti 합금(6Al–4V)은 상온에서 실시한 일반 인장시험에서는 파단 시까지 대략 12%의 연신율을 보인다. 똑같은 합금이 만약 고온(840~870°C)에서 매우 느린 속도(1.3×10^{-4} s^{-1})의 하중이 가해질 때는 750~1170%까지의 연신율을 보인다. 이와 같은 초소성을 얻기 위해서, 재료 및 하중 상태는 다음과 같은 조건을 만족해야 한다.

1. 매우 작은 결정립크기(5~10 μm)와 변형률 속도(strain-rate)에 매우 민감한 재료
2. 그 금속 용융점의 50%보다 더 높은 온도
3. 낮은 변형률 속도인 0.01~0.0001 s^{-1} 정도로 조절된 변형[10]

위와 같은 요구조건들은 모든 재료에서 쉽게 달성되지 않으므로, 모든 재료들이 초소성 거동을 보이지는 않는다. 대부분의 재료에서 초극세 결정립이라는 조건 (1)을 만족시키기가 매우 어렵다.[11]

초소성 거동은 복잡한 형상의 구조용 부품을 제작하는 데 매우 유용한 성질이다. 문제는 '이와 같이 엄청난 소성 변형량을 설명하는 변형기구가 무엇인가?'이다. 이전 절에서 상온에서의 하중에 따른 소성변형에서 전위의 역할과 전위 이동에 대해 논의하였다. 전위가 결정립을 가로질러 움직일 때 소성변형이 생기게 된다. 그런데, 결정립의 크기가 작아지면 전위의 이동은 점차 제약을 받게 되고 재료는 강화된다. 그러나, 초소성 거동을 보이는 재료를 현미경으로 관찰해 보면, 결정립 내에서의 전위 활동이 제약되어 있음을 알 수 있다. 이는 초소성 재료에서는 결정립계 미끄러짐(sliding)이나 결정립계 확산 등과 같은 다른 변형 기구들에 취약하다는 사실을 뒷받침한다. 즉, 고온에서의 매우 큰 변형률은 결정립계 간의 혹은 결정립 클러스터들의 슬라이딩이나 회전에 의해 축적된다는 것을 의미한다. 또한, 결정립계를 지나는 물질의 확산 이동에 따라 결정립의 형상이 점진적으로 변하면서 결정립계의 슬라이딩도 조절된다고 믿고 있다. 그림 6.53은 473K(200°C)의 온도와 다양한 변형률에서 Zn-22% Al 합금의 초소성 효과를 개략적으로 보여준다. 이러한 극도의 변형 수준을 달성하려면 입자가 상당한 슬라이딩 및 회전을 겪어야 한다는 것을 확인할 수 있다.

복잡한 부품의 제조를 위해 재료의 초소성 거동을 이용하는 많은 공정이 있다. 대표적으로, 초소성 재료가 가

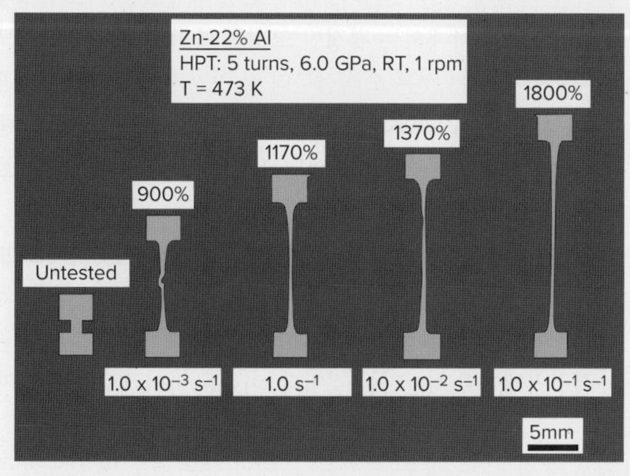

그림 6.53 ➤ Zn-22% Al 합금 인장 시험편의 초소성 변형. 다양한 변형률에서 900%를 초과하는 소성변형 수준을 주목하라. 반면, 금속의 정상적인 변형 수준은 거의 25%를 초과하지 않는다.

10 알루미늄합금에서는 높은 변형률 속도($>10^{-2}$ s^{-1})에서도 초소성이 보고되고 있다.

11 초극세 결정립을 만들기 위해 정적 및 동적 재결정, 기계적합금화 및 기타 방법 등을 사용한다.

(a)

(b)

그림 6.54 ➤ 블로우 몰딩(*b*low-molding)법을 사용한 초소성 알루미늄으로 만든 자동차 후드.
((*a-b*): Courtesy of Panoz Auto)

스 압력에 의해 강제로 변형되어 다이 모양을 취하는 블로우 성형(blow forming) 공정을 예로 들 수 있다. 그림 6.54는 블로우 성형 방법을 사용하여 초소성으로 성형된 알루미늄 합금으로 만든 자동차 후드를 보여준다. 또한 초소성 거동은 재료의 낭비를 최소화하여 구조 부품을 제조하기 위해 확산 결합(금속 결합 방법)과 함께 사용할 수 있다.

6.10 나노결정 금속

나노공학 및 나노구조재료의 개념은 1장에서 소개되었다. 길이가 100 nm보다 적은 모든 재료들은 *나노구조재*로 분류한다. 이 정의에 의해 평균 결정립 직경이 100 nm보다 적은 모든 금속들은 나노구조 혹은 나노결정체라 생각할 수 있다. 문제는 '**나노결정체 금속**(nanocrystalline metals)의 장점은 무엇인가?'이다. 금속학자들은 Hall–Petch 식 (식 (6.18))에서 증명하는 바와 같이 결정립크기를 줄여야만 더 경한, 더 강한, 더 강인한 금속을 만들 수 있다는 것을 항상 잘 알고 있었다. 또한, 어떤 재료는 초극세 결정립크기(나노결정체는 아니더라도)를 갖고 있을 때 특정한 온도 및 하중 속도에서 평상시의 변형량보다 훨씬 더 큰 소성변형이 가능하게 된다. 즉, 초소성을 갖게 된다는 것이다.

초미세 결정립크기에 따른 특성을 주목하고, 나노결정체 금속에 대한 Hall–Petch 식을 연계시키면, 매우 특수한 가능성을 예견할 수 있다. Hall–Petch 식에 의해 금속의 평균결정립 직경을 10 mm에서 10 μm로 줄이게 되면, 이 금속의 항복강도는 31배가 증가하게 된다. 이것이 가능할까? 나노결정체는 그 금속의 연성, 인성, 피로, 크리프에 어떤 영향을 줄까? 나노결정구조를 가진 대량의 금속을 어떻게 만들 것인가? 이와 같은 의문들은 나노결정체 분야에서의 연구 및 발전에 원동력이 된다. 따라서 금속 제조업 분야에서는 결정립 크기를 줄이거나 나노 크기의 2차 상을 분산시키면, 금속의 성질을 개선할 수 있는 잠재력이 있다는 것은 오래전부터 잘 알려져 있다. 다만, 실제로 나노결정체 금속($d < 100$ nm)을 제조하기 위한 금속 성형방법을 개발하는 것이 어려웠다. 최근 수십여 년 동안에 그러한 재료를 제조하기 위한 새로운 방법이 개발되었으며, 옛 기술들은 개선되고 있다. 따라서 이러한 재료들에 관한 연구는 매우 활발히 진행되고 있다.

결정립크기가 5 nm를 초과하는 나노결정체의 탄성계수는 마이크로 결정체의 탄성계수와 거의 비슷하다고 보고되고 있다. d가 5 nm보다 적은 경우에는 나노결정체 철과 같이 금속의 탄성 계수가 감소한다고 보고되었다. 왜 그러한 탄성계수의 저하가 발생하는지는 명확하지는 않다. 한 가지 가설은 그러한 작은 결정립에서는 대부분의 원자들이 결정립의 표면(결정립의 내부가 아닌 곳)에 즉, 결정립계에 위치한다는 것이다. 이것은 마이크로 결정체 재료에서 알려진 바와 완전히 반대되는 것이다.

이전에 논의하였듯이, 결정립크기의 감소에 따라 재료의 경도와 강도는 증가한다. 이와 같은 경도 및 강도의 증가는 보통의 결정립에서는 전위의 집적과 전위 이동 방해에 기인한다. 나노결 정체 재료에서 가장 많이 쓸 수 있는 데이터는 나노경도시험에서 얻는 경도 값에 근거한다. 이는 나노결정 구조재료의 인장시편은 제작하기가 매우 어렵기 때문일 것이다. 그러나 강도나 경도는 잘 연계되어 있으므로, 나노경도시험으로 대체한다고 볼 수 있다. 결정립크기가 대략 10 nm 정도로 감소하게 되면, 나노결정체의 경도는 큰 결정립 금속($d > 1\ \mu$m)의 경도와 비교할 때, 구리에서는 4~6배, 니켈에서는 6~8배 각각 증가한다고 한다. 이것은 상당한 크기의 증가이지만 Hall–Petch 식에서 예측할 수 있는 값에는 훨씬 못 미친다. 부가적으로, 아주 미세한 나노 결정립크기($d < 30$ nm) 에서는 '역(negative) Hall–Petch 효과', 즉 연화 기구의 작동을 의미하는 발표 데이터도 있다. 어떤 연구자들은 이와 같이 작은 결정립 수준에서는 전위의 이동이나 전위의 중첩 등과 같은 개념은 더 이상 적용될 수 없고, 결정립계 슬라이딩, 확산 등과 같은 다른 기구가 작동하는 것이 가능하다고 믿고 있다.

더 큰 나노 결정립 범위(50 nm $< d <$ 100 nm)에서는 마이크로 결정 금속에서와 같이 전위와 관련된 활동에 의해 좌우되는 반면에, 더 적은 나노 결정립 범위($d < 50$ nm)에서는 전위의 생성 및 이동과 같은 전위 역할이 현저히 감소한다는 주장이 제기되었다. 이와 같이 작은 결정립에서는 전위원(dislocation source)을 움직이게 하는 데 필요한 응력이 매우 커진다. 몇몇 실시간 고분해능 투과전자현미경(in situ HRTEM) 연구는 이와 같은 주장을 뒷받침하고 있다. 결국, 나노결정체 재료의 강화 및 변형 기구에 대해 아직까지 잘 규명되지 않았으며, 더 많은 이론적 및 실험적인 연구들이 필요하다고 하겠다. 다음 장에서는 이와 같은 재료들의 연성과 인성에 대해 논의할 것이다.

6.11 요약

금속과 합금은 다양한 제조 방법에 의해 여러 가지 형상으로 만들어진다. 가장 중요한 산업화된 공정들은 주조, 압연, 압출, 신선, 단조 및 딥드로잉(deep drawing) 등이다.

긴 금속 봉에 1축 응력을 가하면 이 금속은 처음엔 탄성적으로 변형하다가 나중엔 소성적으로 변형되며, 결국에는 영구적인 변형이 생기게 된다. 많은 공업적 설계를 위해서 엔지니어들은 금속이나 합금의 0.2% 오프셋 항복강도, 최대 인장강도, 연신율(연성) 등을 알고자 한다. 이러한 값들은 인장시험을 통한 공칭응력–변형률 그래프에서 얻어진다. 또한, 금속의 경도도 공학적으로 중요하며, 산업 현장에서 흔히 사용되는 경도는 Rockwell B와 C 및 Brinell (BHN) 등이다.

결정립크기는 어떤 금속의 성질에 직접적인 영향을 끼친다. 미세한 결정립을 가진 금속은 더 강화되며 더 균일한 성질들을 갖는다. 재료의 강도는 *Hall–Petch 식*이라 불리는 경험식에 의해 결정립 크기와 관련되어 있다. 나노 크기의 결정립을 갖는 금속(나노결정체 금속)들은 Hall–Petch 식에서 예측되듯 매우 높은 강도와 경도를 가질 것으로 예상된다.

금속이 냉간가공에 의해 소성변형되면 금속은 변형 경화되어 강도가 증가하는 반면 연성은 감소한다. 변형 경화는 금속을 어닐링 열처리함으로써 제거될 수 있다. 변형 경화된 금속을 융점 이하의 고온으로 서서히 가열하게 되면, 회복, 재결정 및 결정립 성장 등이 일어나 금속이 연화된다. 변형경화와 어닐링을 조합하면, 파단을 일으키지 않으면서 금속 단면의 두께 감소율을 크게 할 수 있다.

어떤 금속들은 고온에서 느린 하중속도로 변형이 되면, 1000~2000% 정도의 변형이 되는 초소성을 얻을 수 있다. 초소성을 얻기 위해서는 결정립은 극미세한 크기여야 한다. 금속의 소성변형은 대개 전위의 이동을 포함한 슬립과정에 의해 일어난다. 슬립은 보통 가장 조밀 충전된 면에서 가장 조밀한 방향으로 일어난다. 슬립면과 슬립방향의 조합을 슬립계라 한다. 슬립계의 수가 많은 금속은 슬립계의 수가 적은 금속보다 연성이 좋다. 슬립이 어려울 때 많은 금속은 쌍정에 의해 변형한다.

낮은 온도에서는 결정립계는 전위가 이동하는 데 장애물 역할을 하여 금속을 강화시킨다. 그러나 고온 변형 조건에서는 결정립계가 입계 미끄럼에 의해 약한 영역이 된다.

6.12 용어 정의

6.1절

금속의 열간가공(hot working of metals): 변형률(strain)이 없는 새로운 미세조직이 생성되는 온도(재결정 온도) 이상에서 금속과 합금의 영구변형.

금속의 냉간가공(cold working of metals): 변형률이 없이 새로운 미세조직이 생성되는 온도(재결정 온도)이하에서 금속과 합금의 영구변형. 냉간가공을 하면 금속은 가공 경화된다.

% 냉간 단면축소율(percent cold reduction):

$$\%\text{냉간 단면축소율} = \frac{\text{단면적 변화량}}{\text{초기 단면적}} \times 100\%$$

어닐링(annealing): 금속을 연화하는 열처리.

압출(extrusion): 재료를 고압으로 다이(die) 구멍을 통해 밀어 넣어 단면을 축소시키는 소성.

단조(forging): 금속을 해머나 압축기를 사용하여 유용한 형상으로 만드는 가공법.

신선(wire drawing): 선재를 하나 혹은 여러 개의 경사진 다이를 통해 원하는 단면적으로 뽑아내는 가공법.

딥드로잉(deep drawing): 금속 평판을 컵 모양의 형태로 만드는 성형공정.

6.2절

탄성변형(elastic deformation): 금속이 힘을 가한 상태에서는 변형되었다가 그 힘이 제거되면 원상태로 회복하는 경우에, 그 금속은 탄성 변형되었다고 한다.

공칭응력(engineering stress σ): 평균 단축방향의 힘을 초기 단면적으로 나눈 값($\sigma = F/A_0$).

공칭 변형률(engineering strain ϵ): 시편의 길이 변화를 시편의 초기 길이로 나눈 값($\epsilon = \Delta l/l_0$).

전단응력(shear stress τ): 전단력 S를 전단력이 작용하는 면적 A로 나눈 값($\tau = S/A$).

전단변형률(shear strain γ): 전단변위 a를 전단력이 작용하는 거리 h로 나눈 값($\gamma = a/h$).

6.3절

공칭응력-변형률 다이어그램(engineering stress-strain diagram): 공칭응력 대 공칭변형률의 실험적 그림. σ는 보통 y축에 ϵ는 x축에 그린다.

탄성계수(modulus of elasticity, E): 금속에 대한 공칭응력-변형률 다이어그램의 탄성 영역에서 응력을 변형률로 나눈 값($E = \sigma/\epsilon$).

항복강도(yield strength): 공업적 인장시험의 경우, 특정한 변형률에서의 응력. 미국에서는 0.2% 변형률에서의 응력을 항복강도로 한다.

최대인장강도(ultimate tensile strength: UTS): 공칭응력-변형률 다이어그램에서의 최대 응력.

6.4절

경도(hardness): 영구변형에 대한 재료저항의 척도.

6.5절

슬립(slip): 금속의 영구변형하는 중의 원자들 사이의 상대적 이동.

슬립띠(slipbands): 영구변형에 따른 슬립에 의해 금속표면에 나타나는 줄무늬.

슬립계(slip system): 슬립면과 슬립방향의 조합.

변형쌍정(deformation twinning): 일부 금속에서 어떤 조건하에서 일어나는 소성변형 과정. 이 과정에서 많은 원자들이 함께 변위되어 쌍정면을 경계로 거울상을 이루는 금속 결정격자의 영역을 형성한다.

6.6절

Hall-Petch 관계식(Hall-Petch relationship): 금속의 강도와 결정립크기의 관계를 표시하는 경험식.

가공경화(강화)[strain hardening (strengthening)]: 냉간가공에 의한 금속 또는 합금의 경화. 냉간가공 중에 전위의 증식과 상호작용으로 금속의 강도가 증가한다.

6.7절

고용경화(강화) solid-solution hardening (strengthening): 고용체를 형성하는 원소의 첨가에 의한 금속의 강화. 고용체에서 원자들의 크기와 전기적 특성이 다르면 금속격자를 통한 전위의 이동이 어렵다.

6.8절

어닐링(annealing): 냉간가공된 금속을 연화시키기 위한 열처리 공정.

회복(recovery): 잔류응력이 제거되고 낮은 에너지 전위배열을 형성하는 어닐링 공정의 첫 번째 단계 .

재결정(recrystallization): 새로운 결정들이 성장하기 시작하고 전위밀도는 현저히 감소되는 어닐링 공정의 두 번째 단계.

결정립 성장(grain growth): 새로운 결정립들이 등축 형태로 성장하기 시작하는 세 번째 단계.

6.9절

초소성(superplasticity): 어떤 금속이 고온 및 느린 하중속도에서 1000~2000%까지 소성변형되는 능력.

6.10절

나노결정체 금속(nanocrystalline metals): 결정립크기가 100 nm보다 적은 금속.

6.13 연습 문제

*표시를 한 문제는 책 마지막에 답을 제공하였다.

■ 지식과 이해 문제

6.1 (*a*) 금속 합금은 주조 공정으로 어떻게 만들어지는가? (*b*) 가공 합금 제품과 주조 합금 제품을 구별하라.

6.2 주조 금속판 주괴가 냉간 압연되지 않고 열간 압연을 먼저 하는 이유는 무엇인가?

6.3 열간 및 온간 압연 후 압연된 금속판에 어떤 열처리를 하는가? 그 목적은 무엇인가?

6.4 다음 압출 공정을 설명하라: (*a*) 직접 압출 (*b*) 간접 압출. 각 공정의 장점은 무엇인가?

6.5 단조 공정을 설명하라. 해머와 프레스 단조의 차이점은 무엇인가?

6.6 개방형 단조와 폐쇄형 단조의 차이점은 무엇인가? 각 공정에서 생산되는 금속 제품의 예를 들어라.

6.7 신선 과정을 설명하라. 들어오는 전선의 표면이 깨끗하고 윤활 처리되어 있는지 확인해야 하는 이유는 무엇인가?

6.8 탄성 변형과 소성 변형을 구별하라(도식 사용).

6.9 다음을 정의하라. (*a*) 공칭 응력 및 변형률 (*b*) 진응력 및 변형률 (*c*) 응력 및 변형률에 사용되는 미국 관습 및 SI 단위는 무엇인가? (*d*) 수직응력과 전단응력을 구별하라. (*e*) 수직 변형률과 전단 변형률을 구별하라.

6.10 다음을 정의하라. (*a*) 탄성 계수, (*b*) 항복 강도, (*c*) 최대 인장 강도, (*d*) 탄성 계수, (*e*) 인성, (*f*) 포아송 비 (*g*) 연성.

6.11 (*a*) 금속의 경도를 정의하라. (*b*) 경도 시험기는 재료의 경도를 어떻게 측정하는가?

6.12 (*a*) Brinell 경도 시험, (*b*) Rockwell C 경도 시험, (*c*) Rockwell B 경도 시험에 사용되는 압자의 종류는 무엇인가?

6.13 슬립밴드와 슬립라인은 무엇인가? 금속표면에 슬립밴드가 생기는 원인은 무엇인가?

6.14 금속이 파단 없이 소성 변형될 수 있도록 하는 슬립 메커니즘을 설명하라.

6.15 (*a*) 금속의 슬립이 일반적으로 가장 밀집된 평면에서 발생하는 이유는 무엇인가? (*b*) 금속에서 슬립이 일반적으로 가장 가까운 방향으로 발생하는 이유는 무엇인가?

6.16 (*a*) FCC 금속의 주요 슬립 평면과 슬립 방향은 무엇인가? (*b*) BCC 금속의 주요 슬립 평면과 슬립 방향은 무엇인가? (*c*) HCP 금속의 주요 슬립 평면과 슬립 방향은 무엇인가?

6.17 낮은 c/a 비율을 가진 HCP 금속의 기저면 외에 중요한 슬립면은 무엇인가?

6.18 순수 금속 단결정에 대한 임계 분해 전단 응력을 정의하라. 임계 분해 전단 응력이 초과되면 거시적 관점과 거동적 관점에서 어떤 현상이 생기는가?

6.19 일부 금속이 소성 변형될 때 발생하는 변형 쌍정 과정을 설명하라.

6.20 금속 소성 변형의 슬립 및 쌍정 메커니즘의 차이점은 무엇인가?

6.21 금속의 소성변형에서 슬립에 의한 금속의 변형에 대한 쌍정의 역할은 무엇인가?

6.22 결정립계는 어떤 메커니즘으로 금속을 강화하는가?

6.23 결정립계가 다결정질 금속에서 미끄러짐을 제한한다는 것을 보여주는 실험적 증거가 있는가?

6.24 (*a*) 원래의 등축 결정립 구조를 가진 합금 구리판을 30%와 50%의 단면축소율로 냉간 압연할 때 결정립 모양 변화를 설명하라. (*b*) 전위 세부구조는 어떻게 변하는가?

6.25 금속의 연성은 일반적으로 냉간 가공에 의해 어떤 영향을 받는가? 이유는 무엇인가?

6.26 (*a*) 고용 강화란 무엇인가? 두 가지 주요 유형을 설명하라. (*b*) 고용체 경화에 영향을 미치는 두 가지 중요한 요소는 무엇인가?

6.27 알루미늄이나 구리와 같은 냉간 가공된 금속판을 상온에서 융점 바로 아래의 온도로 가열될 때 발생하는 금속학적 세 가지 주요 단계는 무엇인가?

6.28 100배 확대한 광학 현미경으로 관찰한 심하게 냉간 가공된 Al-0.8% Mg 합금의 금속의 미세 구조를 설명하라(그림 6.46*a* 참고). 20,000배 확대한 동일한 물질의 미세구조를 기술하라(그림 6.47*a* 참고).

6.29 알루미늄과 같은 냉간 가공된 판금이 회복 열처리를 받을 때 미세조직의 변화를 설명하라.

6.30 냉간 가공된 금속을 회복이 일어나는 온도 범위로 가열하면 (*a*) 내부 잔류 응력, (*b*) 강도, (*c*) 연성 및 (*d*) 경도에 어떤 영향을 주는가?

6.31 알루미늄과 같은 냉간 가공된 금속판이 재결정 열처리를 할 때 미세조직은 어떻게 변화하는지 기술하라.

6.32 냉간 가공된 금속의 재결정 공정에 다음은 어떤 영향을 주는가? (*a*) 내부 잔류 응력, (*b*) 강도, (*c*) 연성 및 (*d*) 경도

6.33 1차 재결정이 일어날 수 있는 두 가지 주요 메커니즘을 설명하라.

6.34 금속의 재결정화 과정에 영향을 미치는 5가지 중요한 요소는 무엇인가?

6.35 다음에 대해서 일반화하라, (*a*) 변형 정도, (*b*) 온도, (*c*) 온도에서 가열 시간, (*d*) 최종 결정립 크기, (*e*) 금속의 순도?

6.36 초소성을 정의하고 초소성을 달성할 수 있는 조건을 나열하라. 이것이 왜 중요한가?

6.37 초소성에서 광범위한 소성 변형을 초래하는 주요 변형 메커니즘에 대해 설명하라.

6.38 나노결정질 재료가 더 강한 이유는 무엇인가? 전위 활동을 기반으로 답변하라.

■ 응용과 분석 문제

***6.39** 70% Cu-30% Zn 황동판의 두께가 0.0955 cm이다. 이를 30% 단면축소율로 냉간압연했다면 최종 두께는 얼마가 되는가?

6.40 알루미늄 합금 시트가 2.032 mm 두께로 30% 냉간 압연된다. 그런 다음 시트가 1.626 mm의 최종 두께로 냉간 압연되면 총 냉간 가공 비율은 얼마인가?

***6.41** 알루미늄 와이어를 직경 5.25 mm에서 직경 2.30 mm로 냉간 인발할 때 냉간 감소율을 계산하라.

6.42 황동 와이어는 직경 1.10 mm로 25% 냉간 인발된 후, 추가로 0.900 mm로 냉간 인발된다. 총 냉간 감소율은 얼마인가?

6.43 공칭 변형률과 연신율 사이의 관계는 무엇인가?

***6.44** 카트리지 황동 시트의 인장 시편은 단면적이 8.128 mm × 3.048 mm이고 게이지 길이가 50.8 mm이다. 실험 후 표점 길이가 59.69 mm가 되었다면 공칭 변형률은 얼마인가?

6.45 알루미늄 합금의 직경 12.827 mm 막대가 인장 시험에서 파손될 때까지 당겨진다. 파단된 표면에서 막대의 최종 직경이 11.176 mm인 경우 실험 중 발생한 면적의 백분율 감소는 얼마인가?

6.46 다음 공칭 변형률 데이터는 0.2% C 일반 탄소강에서 구했다. (*a*) 공칭 응력-변형률 곡선을 그려라. (*b*) 금속의 항복 강도를 추정하라. (*c*) 합금의 최대 인장 강도를 확인하라. (*d*) 파단 시 연신율을 확인하라. (*e*) 복원 계수를 추정하라. (*f*) 금속의 인성을 추정하라.

공칭응력 (ksi)	공칭변형률 (in./in.)	공칭응력 (ksi)	공칭변형률 (in./in.)
0	0	76	0.08
30	0.001	75	0.10
55	0.002	73	0.12
60	0.005	69	0.14
68	0.01	65	0.16
72	0.02	56	0.18
74	0.04	51	(파손) 0.19
75	0.06		

***6.47** 그림 6.23에서 SAE 1340과 열처리된 N-155 합금 시트의 인성을 추정하라. 탄성 계수가 가장 높은 재료는 무엇인가?

6.48 다음 공칭 응력-변형률 데이터는 0.2% C 일반 탄소강에 대한 인장 시험을 통해 확보하였다. (*a*) 이 데이터에 대한 공칭 응력-변형률 곡선을 그려라. (*b*) 이 강에 대한 0.2% 오프셋 항복 응력을 확인하라. (*c*) 이 강의 탄성 계수를 구하라. (*d*) 복원 계수를 추정하라. (이 데이터는 응력-변형률 곡선의 시작 부분만 제공함.)

공칭응력 (ksi)	공칭변형률 (in./in.)	공칭응력 (ksi)	공칭변형률 (in./in.)
0	0	60	0.0035
15	0.0005	66	0.004
30	0.001	70	0.006
40	0.0015	72	0.008
50	0.0020		

6.49 그림 6.23에서 각 금속에 대한 UTS를 추정하고 가장 큰 연성을 가진 재료를 확인하라.

***6.50** 직경 1.626 mm 알루미늄 합금 시편이 11340 kg의 하중을 받는다. 이 하중에서 막대의 직경이 12.446 mm이면 (*a*) 공칭응력 및 변형률, (*b*) 진응력 및 변형률을 구하라.

6.51 지름이 0.250 cm이고 길이가 20 cm인 막대에 5000 N의 무게가 가해졌다. 직경이 0.210 cm로 감소할 때, 이 하중에서의 (*a*) 공칭응력 및 변형률, (*b*) 진응력 및 변형률을 구하라.

***6.52** FCC 구리 단결정에 [001] 방향으로 75 MPa의 응력이 가해졌다. (*a*) (111) [101] 슬립 시스템에 작용하는 분해 전단 응력과 (*b*) (111) [110] 슬립 시스템에 작용하는 분해 전단 응력을 계산하라. (*c*) 표 6.4의 데이터를 사용하여 위의 시스템에서 슬립이 발생하는지 확인하라.

6.53 몰리브덴 BCC 단결정의 [001] 방향으로 55 MPa의 응력이 가해졌다. (*a*) (101) [$\bar{1}$11] 시스템에 작용하는 분해된 전단 응력과 (*b*) (110) [$\bar{1}$11] 시스템에 작용하는 분해된 전단 응력을 계산하라. (*c*) 표 6.4의 데이터를 사용하여 위의 시스템에서 슬립이 발생하는지 확인하라.

6.54 표 6.4에서 구리 단결정의 최고 항복 강도는 0.94 MPa로 확인할 수 있다. 동일한 금속이지만 다결정 형태의 항복 강도는 약 6 MPa로 확인되는데 그 차이점을 설명하라.

6.55 5.08 cm 금속 시편의 막대를 길이의 절반으로 압축할 때, 공칭 변형률 및 진변형률을 모두 구하고 값을 비교하고 설명하라.

***6.56** Hall-Petch 식을 사용하여 평균 입자 직경이 0.8 μm인 구리 시편의 항복 강도를 평균 입자 직경이 80 nm인 다른 구리 시편과 비교하라.

6.57 상업적으로 순수한 티타늄 시편의 강도는 140 MPa이다. Hall-Petch 식을 사용하여 평균 입자 직경을 추정하라.

6.58 알루미늄 합금의 평균 입자 직경은 14 μm이고 강도는 185 MPa이다. 평균 입자 직경이 50 μm인 동일한 합금의 강도는 140 MPa이다.
(*a*) 이 합금에 대한 Hall-Petch 방정식의 상수를 결정하라.
(*b*) 220 MPa의 강도를 원한다면 입자 크기를 얼마나 더 줄여야 하는가?

6.59 무산소 구리 막대는 345 MPa의 인장 강도와 6.35 mm의 최종

직경을 가져야 한다. (*a*) 막대는 어느 정도의 냉간 가공을 거쳐야 하는가(그림 6.43 참고)? (*b*) 막대의 초기 지름은 얼마여야 하는가?

***6.60** 70% Cu-30% Zn 황동 시트는 1.778에서 1.016 mm로 냉간 압연된다. (*a*) 냉간 가공 퍼센트를 계산하고 (*b*) 그림 6.44에서 인장 강도, 항복 강도 및 연신율을 추정하라.

6.61 70% Cu-30% Zn 황동 와이어는 직경 2.80 mm로 20% 냉간 인발된다. 그 후 2.45 mm의 직경으로 냉간 인발될 때 다음을 구하라. (*a*) 와이어의 총 냉간 가공 백분율. (*b*) 그림 6.44에서 와이어의 인장 및 항복 강도와 연신율을 구하라.

***6.62** 250°C에서 1100-H18 알루미늄 합금 판재를 50% 재결정하는 데 115시간이 걸리고 285°C에서 10시간이 걸린다면 이 공정의 활성화에너지를 kJ/mol로 구하라. Arrhenius 거동을 가정하라.

6.63 고순도 동판을 140°C에서 50% 재결정하는 데 12.0분이 걸리고 88°C에서 200분이 걸린다면 100°C에서 판재를 50% 재결정하는 데 몇 분이 소요되는가? Arrhenius 거동을 가정하라.

6.64 알루미늄 판을 250°C에서 완전히 재결정화하는 데 80시간이 걸리고 300°C에서 6시간이 걸리는 경우 이 공정의 활성화에너지를 kJ/mol로 구하라. Arrhenius 거동을 가정하라.

■ 통합과 평가 문제

6.65 대형 선박용 프로펠러는 어떻게 제조하는가? 이 용도로 사용하는 재료를 선정할 때 고려사항은 무엇인가?

6.66 금, 은 또는 기타 귀금속으로 많은 수의 부품을 만든다면 어떤 금속 성형 공정을 사용하고 그 이유는 무엇인가?

6.67 알루미늄 합금 7075-T6으로 만든 직경 20 mm, 길이 350 mm의 막대(특성을 평가하려면 그림 6.20 사용)가 항공기에 사용된다. 60 kN의 하중이 가해질 때 막대의 연신율을 결정하라. 이 연신율의 몇 퍼센트가 탄성인가? 막대는 어떤 하중에서 항복하는가? 시편이 파손되지 않고 견딜 수 있는 최대 하중은 얼마인가?

6.68 탄성 변형(팔의 위치 정확도에 중요)이 가장 작은 로봇 팔 구성을 위한 재료를 선택하고 무게가 중요한 기준이 아닌 경우 그림 6.23에 주어진 금속 중 어떤 것을 선택할 것인가? 이유는 무엇인가?

6.69 주철로 만든 두꺼운 원통형 쉘을 주조할 때, 응고가 튜브의 내벽에서 바깥쪽으로 일어나도록 주조 공정을 제어하고 외부 층이 응고됨에 따라 내부 층을 압축할 때 발생하는 압축응력이 어떠한 장점이 있는가?

6.70 같은 금속에서 같은 부피의 정육면체와 구를 주조할 때 어느 것이 더 빨리 굳어질까? 이유는 무엇인가?

***6.71** 알려지지 않은 금속 시편의 인장 시험에서 하중 대 변형 데이터는 아래와 같다. 미지의 금속에 대한 하중 변형 그래프를 그려라. (*a*) 항복이 발생하는 하중, (*b*) 곡선의 직선 부분의 기울기, (*c*) 최대 하중, (*d*) 파단 시 연신율, (*e*) 곡선의 선형 부분 아래의 에너지를 추정하라. 이 다이어그램을 통해 알려지지 않은 금속의 일반적인 재료 특성에 대해 설명하라.

하중 (kg)	연신율 (mm)	하중 (kg)	연신율 (mm)
		10433	4.064
1134	0.0508	9525	4.826
2222	0.1016	8278	3.048
5897	0.254	7824	5.588
8618	0.3556	6917	5.842 (파손)
9072	0.6604		
9571	1.524		
10070	2.794		

6.72 문제 6.71에서 시편의 단면적이 0.635 cm^2이고 게이지 길이가 2이면 미지의 금속에 대한 공칭 응력–변형률 다이어그램을 그려라. (*a*) 0.2% 오프셋 항복 강도, (*b*) 탄성 계수, (*c*) 최대 인장 강도, (*d*) 파단 시 연신율, (*e*) 복원 계수 및 (*f*) 인성을 구하라. 이 문제의 결과와 이전 문제의 결과 사이의 차이점은 무엇인가(이전 문제를 해결해야 함). 앞서 구한 물성 중 이 금속 합금의 종류를 식별하는 데 도움이 되는 물성은 무엇인가?

***6.73** 예제 6.8에서 시편이 85,000 psi의 수직 응력 작용을 받고 있다가 응력이 제거되었다. (*a*) 하중을 내리기 직전에 탄성 및 소성 변형률을 구하라. (*b*) 원래 게이지 길이가 5.08 cm였다면 하중을 제거한 후 시편의 길이는 얼마인가?

6.74 냉간단조나 형상압연을 이용하여 복잡한 형상을 제조할 때 항복강도, 인장강도, 연성 등의 기계적 물성은 제조된 부품의 위치와 방향에 따라 다르게 측정된다. (*a*) 미시적 관점에서 설명하라. (*b*) 이것은 열간 단조 또는 압연 중에도 발생하는가?

6.75 (*a*) 식 (6.15)의 전개에 대한 가정을 서술하라. (*b*) 식 (6.15)(또는 기본 가정)가 공칭 응력–변형률 곡선 전체에서 유효한가?

6.76 연성 금속에 대한 일반적인 공칭 응력–변형률 다이어그램을 그리고 곡선의 주요 강도 지점(항복, 최대 및 파괴 강도)을 표시하라. (*a*) 도식적으로, 시편에 항복점 바로 아래 수준의 하중을 가한 후 제거하면 어떻게 되는지 그려라. (*b*) 시편에 다시 하중을 부가하면 시편이 다르게 동작하는지 설명하라.

6.77 (*a*) 연성 금속에 대한 일반적인 공칭 응력–변형률 다이어그램을 그리고 곡선의 주요 강도 지점(항복, 최대 및 파괴 강도)을 표시하라. 도식적으로, 최대 인장 강도 지점 바로 아래에서 시편에 하중을 가한 다음 제거하면 어떻게 되는지 그려라. (*b*) 시편에 다시 하중을 부가하면 시편이 다르게 동작하는지 설명하라.

***6.78** (*a*) 진변형률과 공칭 변형률 간의 관계를 유도하라. (*힌트*: 공칭 변형률에 대한 표현으로 시작하라.) (*b*) 진응력과 공칭 변형률 사이의 관계를 도출하라. (*힌트*: $\sigma t = F/Ai = (F/Ao)(Ao/Ai)$로 시작.)

***6.79** 구리 합금의 공칭 항복 강도는 164.8 Mpa이고 탄성 계수는 110.3 GPa이다. (*a*) 항복 직전의 공칭 변형률을 구하라. (*b*)

그때의 진변형률은 무엇인가? 비교 설명하라.

6.80 문제 6.79의 합금의 경우, 공칭 최대 인장 강도는 267.5 MPa이고, 공칭 변형률은 0.18이다. 파괴 직전의 면적 감소는 34%로 측정되었다. (*a*) 공칭 최대 인장 강도에 해당하는 실제 응력과 (*b*) 파괴 직전의 실제 변형률을 구하라.

6.81 단면적이 6.858 cm^2이고 길이가 190.5 cm인 막대의 재료는 54431 kg의 축방향 하중에서 항복하지 않고 막대의 연신율이 2.667 mm 미만으로 유지되도록 선택해야 한다. (*a*) 이러한 조건을 충족하는 최소한 세 가지 다른 금속의 목록을 기술하라. (*b*) 비용이 문제인 경우 목록의 범위를 줄여라. (*c*) 부식이 문제인 경우 목록의 범위를 줄여라. 일반적인 합금의 특성과 비용에 대해서만 부록 I을 사용하라.

6.82 E, G, v, U_r 및 인성은 재료에 대해 무엇을 알려주는지 비공학도에게 각각의 물리적 의미를 설명하라.

6.83 원통형 부품은 단면적이 25% 감소할 때까지 장력이 가해진다(시편이 목이나 파단되지 않음). (*a*) 이 하중 수준에서 시편의 진변형률을 구하라 (*b*) 주어진 조건에서 시편의 단축응력을 계산한다면 진응력을 사용할 것인가, 공칭응력을 사용할 것인가? 계산을 통해 증명하라.

6.84 그림 6.20 및 6.21(자세한 내용은 그림 캡션 참고)을 참고하여 (*a*) 공학적 응력이 586 MPa에 도달할 때 알루미늄 시편의 길이(게이지 길이) 변화를 구하라. (*b*) 이 시점에서 시편의 하중을 천천히 제거한다면, 하중이 없는 상태에서의 시편 길이는 얼마인가? (하중 제거 곡선을 개략적으로 표시).

6.85 (*a*) 포아송 비의 정의를 사용하여 등방성 재료에 대해 음의 포아송 비를 갖는 것이 불가능하다는 것을 증명하라. (*b*) 물질이 음의 포아송 비를 갖는다는 것은 무엇을 의미하는가?

6.86 5.08 cm 정육면체의 강화 스테인리스강(합금 316)이 414 MPa의 인장 응력 하에서 z 방향을 따라 하중을 받는다. (*a*) 치수의 변화를 보여주는 하중 부여 전후의 입방체의 개략도를 그려라. (*b*) 큐브가 강화 알루미늄(합금 2024)으로 만들어졌다고 가정하고 설명하라. 관련 데이터는 그림 6.15*b*와 부록 I을 사용하라.

6.87 207 MPa의 전단 응력을 받는 2.54 cm 입방체의 강화 스테인리스강(합금 316)의 같은 면에 하중을 가할 때, 하중을 가하기 전과 후의 입방체 개략도를 그려 모양의 변화를 보여라. (G = 75.911 GPa, 그림 6.15*c* 사용)

***6.88** 로크웰 스케일을 사용하여 3가지 다른 금속 합금의 경도를 테스트한다. 금속 1은 60 R_B, 금속 2는 60 R_C, 금속 3은 60 R_F로 평가되었다. 이 값이 의미하는 것은 무엇인가? 경도가 약 60 R_C인 금속으로 만들어진 부품의 예를 들어라.

6.89 한 동료 학생이 "티타늄의 항복 강도는 얼마인가?"라고 질문했을 때 답변을 설명하라.

6.90 한 동료 학생이 "일반 탄소강의 탄성 계수는 얼마인가?"라고 질문했을 때 답변을 설명하라.

6.91 한 동료 학생이 "알루미늄의 경도는 얼마인가?"라고 질문했을 때 답변을 설명하라.

6.92 BCC 금속이 모두 동일한 수의 슬립 시스템을 가지고 있을 때 일반적으로 FCC 금속보다 더 높은 τ_c 값이 필요한 이유는 무엇인가?

6.93 식 (6.17)로 τ_r 대 σ의 그래프를 그릴 수 있다. (*a*) τ_r과 σ 사이에 어떤 관계가 있는가? (*b*) σ가 σ_y에 도달하면 τ_r은 어떻게 되는가?

6.94 FCC 단결정의 경우 하중축은 $[1\bar{1}3]$ 방향이다. 주어진 하중 축에 대해 다음 슬립 시스템 중 어느 것이 지배적인지 결정하라. (*a*) $(11\bar{1})[0\bar{1}1]$, (*b*) $(\bar{1}\bar{1}1)[1\bar{1}0]$, (*c*) $(111)[110]$? 계산된 τ_r의 음수 기호는 무엇을 나타내는가?

6.95 단결정 몰리브덴의 경우 하중축은 [113] 방향이다. 주어진 하중 축에 대해 다음 슬립 시스템 중 어느 것이 지배적인지 결정하라. (*a*) (110) $[\bar{1}11]$, (*b*) (112) $[11\bar{1}]$, 또는 (*c*) (123) $[1\bar{1}\bar{1}]$. 확인된 내용을 기술하라.

6.96 단결정 철(Fe)의 경우 하중 축은 [001] 방향이다. 주어진 하중 축에 대해 다음 슬립 시스템 중 어느 것이 지배적인지 결정하라. (*a*) (101) $[\bar{1}11]$, (*b*) (112) $[11\bar{1}]$, 또는 (*c*) (123) $[1\bar{1}\bar{1}]$ 확인된 내용을 기술하라

6.97 FCC 금속의 3개의 단결정은 다음 표와 같이 다양한 ϕ 및 λ 값에서 확인되었다. 항복이 발생한 해당 축 응력도 함께 표에서 확인할 수 있다. 각 시험에 대한 분해 전단응력의 임계값은 무엇인가?

Test sample	cos ϕ	cos λ	σ_y (MPa)
1	$\frac{1}{\sqrt{2}}$	$\frac{1}{\sqrt{3}}$	215.75
2	$\frac{2}{\sqrt{6}}$	$\frac{-1}{\sqrt{3}}$	229.02
3	$\frac{3}{\sqrt{14}}$	$\frac{-1}{\sqrt{3}}$	232.98

6.98 (*a*) BCC 단위 셀에서 (211) 슬립 평면을 그린다. (*b*) 평면을 양의 x 방향으로 ½ 단위만큼 이동하고 평면을 다시 그린다. (*c*) 중심이 평행 이동된 평면과 교차하는 원자를 확인하라. (*d*) 이 평면에 적절한 슬립 방향을 그린다. (*e*) 이 평면이 (110) 평면인 기본 평면과 비교하여 BCC 결정의 보조 슬립 평면인 이유는 무엇인가?

6.99 (*a*) BCC 단위 셀에서 (321) 슬립 평면을 그린다. (*b*) 평면을 양의 x 방향으로 ⅔ 단위만큼 이동하고 평면을 다시 그린다. (*c*) 중심이 평행 이동된 평면과 교차하는 원자를 식별하라. (*d*) 이 평면에 적절한 슬립 방향을 그린다. (*e*) 이 평면이 (110) 평면인 기본 평면과 비교하여 BCC 결정의 보조 슬립 평면인 이유는 무엇인가?

***6.100** 고순도 구리 단결정의 $[1\bar{1}0]$ 축에 적용되어야 하는 인장 응력을 결정하여 $(1\bar{1}\bar{1})[0\bar{1}1]$ 슬립 시스템에서 슬립을 발생시킨다.

결정에 대한 분해 전단 응력은 0.85 MPa이다.

6.101 단결정의 하중에서, (*a*) 최대 분해 전단 응력이 발생하는 각도 ϕ 및 λ를 결정하라. (*b*) 이 위치에서 분해 전단응력은 얼마인가(σ의 관점에서)?

6.102 (*a*) 단결정의 하중에서 0의 분해 전단응력을 발생시키기 위해 하중 축에 대한 결정 방향을 어떻게 정하는가? (*b*) 이것의 물리적 의미, 즉 이러한 조건에서 σ가 증가함에 따라 결정에 어떤 일이 발생하는가?

6.103 직경 5.08 cm의 황동 봉으로 시작하여 최소 항복강도 276 MPa와 최소 파단 연신율 40%를 갖는 직경 0.508 cm 봉을 가공하고자 한다(그림 6.44 참고). 제조를 위한 공정을 설계하라. *힌트*: 직경을 5.08 cm에서 1.524 cm로 직접 줄이는 것은 불가능하다.

6.104 강도와 연성을 동시에 향상시키는 것이 왜 어려운가?

6.105 주어진 용도에 대해 2.54 cm 직경의 구리 막대를 사용해야 한다. 다양한 단면의 구리 막대를 사용할 수 있지만 모든 막대는 69 MPa의 항복 강도로 완전히 어닐링된다. 재료는 항복 강도가 207 MPa 이상이고 연신율이 20.0% 이상이어야 한다. 예상 목표를 달성할 수 있는 프로세스를 설계하라(그림 6.43을 사용).

6.106 인장강도 데이터나 표를 참고하지 않고, 더 높은 인장강도가 선택 기준이라면 다음 대체 고용체 중 어느 것을 선택할 것인가?: Cu-30 wt% Zn 또는 Cu-30 wt% Ni? *힌트*: Cu, Ni 및 Zn의 용융 온도를 비교하라.

6.107 구리–니켈 치환 고용체 합금 Cu-40 wt% Ni 및 Ni-10 wt% Cu는 인장 강도가 유사하다. 인장 강도만 중요하다면 어떤 것을 선택하겠는가?

6.108 압연 공정에서 롤러 재료의 선택은 매우 중요하다. 열간 압연과 냉간 압연에 대한 지식을 바탕으로 롤러 재료는 어떤 특성을 가져야 하는가?

제 7 장

금속의 기계적 성질 II

(a)

(b)

((a) GL Archive/Alamy Stock Photo; (b) Ralph White/Corbis Documentary/Getty Images)

1912년 4월 12일 오후 11시 40분 타이타닉호는 첫 항해에서 커다란 빙산에 충돌하여 선체가 손상되고 앞부분에 있는 6개의 방수 격실이 파손되었다. 사고 당시의 해수 온도는 영하 −2°C였다. 이 사고로 인해 계속해서 밀려드는 해수로 선체는 침몰하였고 1,500명 이상의 비극적인 인명피해가 있었다.

*타이타닉호*는 1985년 9월 1일에 로버트 발라드(Robert Ballard)에 의해 해수면 3.7 km 아래의 해저 바닥에서 발견되었다. *타이타닉호*에 사용된 강재에 대해 실시된 야금학적 및 기계적 시험에 따르면, 이 강재의 연성-취성 천이온도는 길이방향은 32°C, 가로방향은 56°C였다. 이는 *타이타닉호*의 건조에 사용된 강재가 빙산에 충돌했을 때 매우 부서지기 쉬운 상태이었음을 의미한다. *타이타닉호* 강재의 미세조직 사진을 통해 페라이트 결정립(회색)과 펄라이트 구역(밝은 층상), MnS 입자(검은색)[1] 등을 확인할 수 있다. ■

학습 목표

이 장을 마치면, 학생들은 다음을 설명할 수 있을 것이다.

1. 금속의 파괴과정을 설명하고 연성 및 취성파괴를 구분할 수 있다.
2. 금속의 연성-취성 천이에 대해 설명할 수 있다. 어떤 종류의 금속이 연성-취성 천이가 쉽게 되는가?
3. 재료의 파괴 인성에 대해 정의하고, 인성 대신에 왜 파괴인성이 공학설계에 사용되는지를 설명할 수 있다.
4. 재료의 피로 하중 및 파괴에 대해 정의할 수 있다. 변동 응력의 특성을 규정하는 데 사용되는 파라미터를 기술할 수 있다. 재료의 피로 강도에 영향을 주는 인자들을 열거할 수 있다.
5. 크리프, 크리프 시험 및 응력 파단 시간을 결정하기 위한 라슨-밀러(Larsen-Miller) 파라미터에 대해 설명할 수 있다.
6. 왜 파손된 부품의 해석이 중요한지, 그리고 파손해석 과정이 어떤 단계를 거치는지 기술할 수 있다.
7. 나노 결정립 크기가 금속의 강도와 연성에 미치는 영향에 대해 설명할 수 있다.

1 www.tms.org/pubs/journals/JOM/9801/Felkins-9801.html#ToC6

이 장에서는 금속의 기계적 성질에 대한 공부를 계속할 것이다. 먼저 금속의 파괴에 대해 이야기하고, 이후 금속의 피로, 피로균열의 전파, 금속의 크리프(시간 의존 변형) 및 응력 파단에 대해 고려해본다. 또한, 금속 부품의 파괴에 관한 사례 연구를 확인하고, 마지막으로 나노 구조재료의 합성에 관한 향후 방향 및 이의 성질에 대해 논의한다.

7.1 금속의 파괴

설계를 위한 재료 선택, 새로운 부품의 개발 및 생산에 있어서 중요하게 고려해야 할 사항은 그 부품의 정상 사용 조건에서의 파손(failure)이다. 파손은 어떤 재료 또는 어떤 부품이 (1) 원래 주어진 기능을 수행, (2) 아직 작동이 되는 기능적 최소 요구사항을 만족, (3) 노후화된 후에도 안전하고 신뢰할 만큼 작동 등을 *할 수 없음*(inability)을 의미한다. 항복, 마모, 좌굴(탄성 불안정성), 부식, 파괴 등은 어떤 부품이 파손되어 버린 실례이다.

엔지니어들은 하중을 받고 있는 부품의 파괴 가능성과 이 파괴로 인해 발생할 생산성, 안정성 및 기타 경제적 문제 등에 대해 잘 알고 있다. 결과적으로 모든 설계, 제작 및 재료 엔지니어들은 부품 혹은 기계를 본질적으로 과도 설계함으로써 파괴의 가능성을 줄이고, 이에 대한 근거로 초기 해석에서 안전율(safety factor)을 사용한다. 압력용기의 설계 및 제작과 같은 다양한 공학 분야에는 여러 기관에서 작성한 코드(code) 및 표준(standard)들이 있는데, 이는 엔지니어나 제작자들이 반드시 준수해야 하는 것이다. 설계, 제작 및 기계나 부품을 위한 재료 선택 등에 있어서 이와 같은 엄격한 규칙을 무시하면 파손을 피할 수 없으며, 재산 또는 불행한 인명피해까지 야기할 수 있다. 모든 엔지니어들은 반드시 (1) 재료의 파괴 혹은 파손의 개념에 대해 잘 알고 있어야 하며, (2) 파손된 부품으로부터 파손의 원인에 대해 알아낼 수 있어야 한다. 대부분의 경우 과학자나 엔지니어들은 파손의 원인을 찾기 위해서 파손된 부품을 주의 깊게 분석한다. 그렇게 해서 얻어진 정보들은 설계나 제작 공정 및 재료의 합성 및 선택 등에 있어서 보완 혹은 개선을 통해 파손 가능성을 낮추거나 안전성을 향상시키는 데 사용된다. 엔지니어들은 금속, 세라믹, 복합재료, 폴리머 혹은 전자재료 등으로 설계된 부품의 파괴에 대해 주로 기계적 성능 측면에서 고려한다. 다가오는 섹션에서는 사용 중의 금속에서 발생할 수 있는 다양한 파괴 및 파손 형태에 대해 기술 할 것이다. 다음 장에서는 각종 기타 재료에서의 파괴 및 파손에 대해 논의할 것이다.

파괴(fracture)는 응력을 받고 있는 고체가 둘 또는 그 이상의 부분으로 분리되는 현상이다. 일반적으로 금속의 파괴는 연성(ductile)과 취성(brittle)으로 분류되지만, 2가지의 혼합형도 나타날 수 있다. **연성파괴**(ductile fracture)는 상당한 소성변형 후에 일어나고, 균열 전파가 느린 특성이 있다. 그림 7.1은 알루미늄 합금 시편에서 발생한 연성파괴의 예를 보여준다. 이에 비해 **취성파괴**(brittle fracture)는 보통 *벽개면*(cleavage plane)이라는 특정 결정면을 따라 진행하며, 균열 전파는 빠르다. 일반적으로 취성 파괴는 빠르게 진행되기 때문에 예측 불가능하며 큰 재앙으로 연결되지만, 연성파괴는 파손 전에 생기는 소성변형을 통해 미리 검출할 수도 있다. 일반적으로 정상적인 조건에서 취성 파괴는 BCC 및 HCP 금속에서 주로 발생하고 FCC 금속에서는 드물게 발생하며, FCC 금속은 대부분 연성 파괴가 일어난다고 할 수 있다.

7.1.1 연성파괴

금속의 연성파괴는 상당한 소성변형을 일으킨 후에 일어난다. 간단한 예를 들어, 봉(지름 1.27 cm) 형태의 인장 시편에 대한 연성파괴를 생각해 보자. 시편에 극한 인장강도를 초과하는 응력을 가한 후 충분히 유지하면 시편은 파괴된다. 이러한 연성파괴는 다음과 같은 3단계로 구분할 수 있다. 즉, (1) 시편이 가늘어진 목(neck)을 형성하고 목 부분에 공동(cavity)이 생긴다(그림 7.2*a*와 *b*). (2) 목 부분의 공동들이 결합하여 시편 중앙에 균열이 생기며, 가해진 응력의 수직 방향으로 시편의 표면을 향해 균열이 전파된다(그림 7.2*c*). (3) 균열이 표면에 접근하면 균열은 인장축에 대해 45° 방향으로 바뀌어 컵-원추(cup-and-cone) 파괴로 변한다(그림 7.2*d*와 *e*). 그림 7.3은 스프링강의 연성파괴를 보여주는 주사전자현미경 사진이며, 그림 7.4는 고순도 구리 시편의 변형 후 목 부분에 나타나는 내부 균열을 보인 것이다.

실제로 연성파괴는 취성파괴에 비해 발생빈도가 더 적으며, 주요 발생 원인은 부품에 작용하는 하중이 과다

그림 7.1 ➤ 알루미늄합금의 연성(컵-원추) 파괴. ((*a*) sciencephotos/Alamy Stock Photo; (*b*) sciencephotos/Alamy Stock Photo)

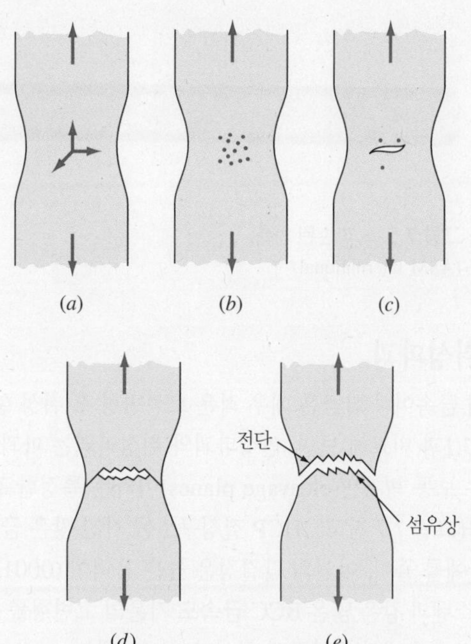

그림 7.2 ➤ 컵-원추 연성파괴 과정에서의 단계들 (출처: G. Dieter, *Mechanical Metallurgy*, 2nd ed., McGraw Hill, 1976, p. 278.)

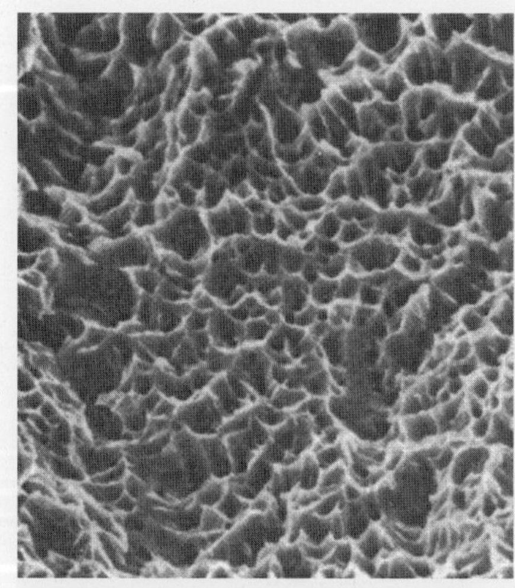

그림 7.3 ➤ 스프링강의 파괴에서 생성된 원추형 등축 딤플(dimple, 움폭 들어간 곳)을 보여주는 주사전자현미경 사진. 파괴 시 미소 공동의 결합에 의해 생성된 딤플들은 연성파괴임을 나타낸다. (ASM International)

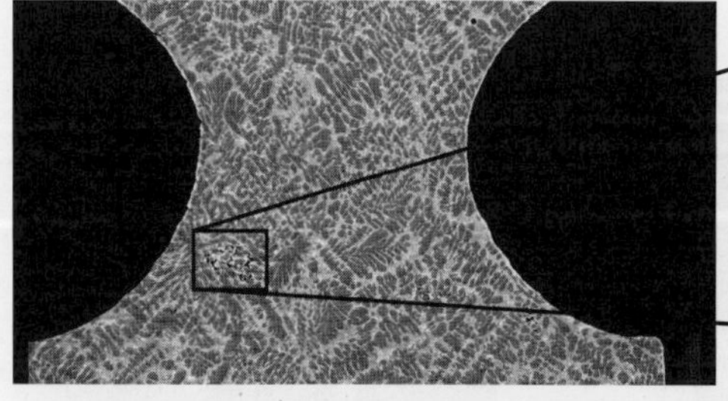
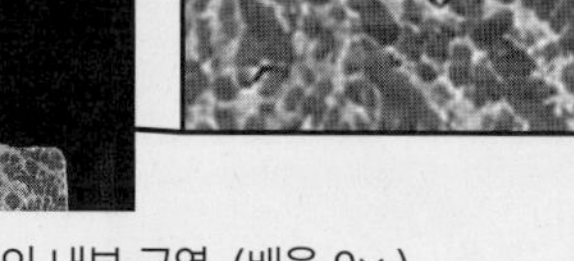

그림 7.4 ➤ 다결정 고순도 구리의 목 부분에서의 내부 균열. (배율 9×.) (Graphic by Tony Van Buuren/Critical Materials Institute, LLNL)

한 경우이다. 과다 하중은 (1) 재료 선택을 포함하여 전체적으로 부적합한 설계(언더 설계)이거나 (2) 부적절한 제작 (3) 오용(부품이 설계자가 허용하는 하중 이상으로 사용)한 경우에 발생한다. 그림 7.5는 연성파괴의 실례를 보여주는데, 차량의 뒤 차축이 비틀림 하중에 의해 심하게 뒤틀린 것(차축에 생긴 비틀림 마크)을 볼 수 있다. 공학적 해석을 통해 밝혀진 파손 원인은 잘못된 재료 선택이었다. 이 부품의 재료는 AISI S7 공구강으로서 경도치가 HRC 22~27 정도로 부적절하게 작은 값이었는데, 이 금속 부품의 요구 경도는 보통 열처리공정을 통해 달성될 수 있는 HRC 50 이상이었다(9장 참고).

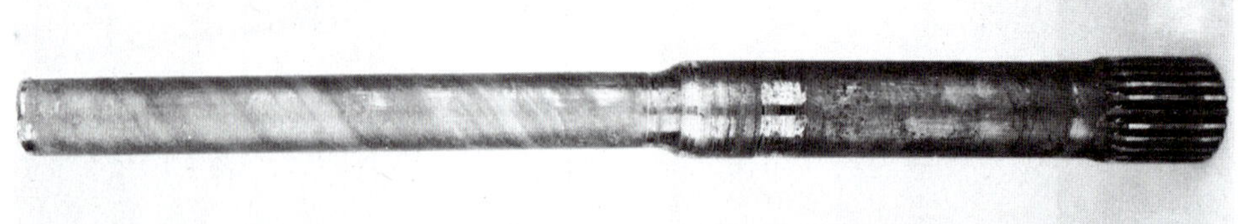

그림 7.5 ➢ 파손된 차축.
(ASM International)

7.1.2 취성파괴

대부분의 금속이나 합금은 매우 적은 소성변형 후 취성 형태로 파괴된다. 그림 7.6은 취성파괴된 인장시편으로, 이를 그림 7.1과 비교해 보면, 연성파괴와 취성파괴는 파괴 전의 변형과정에서 많은 차이점이 있음을 알 수 있다. 취성파괴는 보통 *벽개면*(cleavage planes)이라는 특정한 결정면을 따라 진행되며, 응력은 벽개면에 대해 수직으로 작용한다(그림 7.7 참고). HCP 결정구조를 가진 많은 금속들은 보통 제한된 수의 슬립면을 갖기 때문에 취성파괴를 한다. 예를 들어, 아연의 단결정은 높은 응력이 (0001) 면에 수직으로 작용할 때 취성파괴된다. 또한 α철, 몰리브덴, 텅스텐과 같은 많은 BCC 금속도 저온의 고변형률 속도에서는 취성파괴를 한다.

다결정 금속에서 대부분의 취성파괴는 **입내**(transgranular) 파괴, 즉 균열이 결정립의 기지 조직을 가로질러 전파한다. 하지만, 결정립계가 취약한 막을 가지고 있거나 결정립계 영역이 유해원소의 편석에 의해 취화되면, 결정립 경계에서 일어나는 **입계**(intergranular) 취성파괴가 발생할 수도 있다.

금속에서 취성파괴는 다음과 같은 3단계로 일어난다.

1. 소성변형에 의해 슬립면 상의 전위가 장애물에 집중된다.
2. 전위의 이동이 막힌 곳에서 전단응력이 커져, 결과적으로 미세균열 핵이 생성된다.
3. 추가적 응력이 미세균열을 전파시키고, 저장된 탄성변형 에너지도 균열의 전파에 기여한다.

대부분의 경우 취성파괴는 금속 내부에 결함들이 존재하기 때문에 발생한다. 이러한 결함들은 제조과정 중에 생기거나 사용 중에 생긴 것들이다. 겹침, 큰 개재물, 바람직하지 않은 결정립 유동, 나쁜 미세조직, 기공, 찢겨짐, 균열 등은 단조, 압연, 압출, 주물 등의 제작과정 중에 생길 수 있다. 피로균열, 수소 원자에 의한 취화(13.5.11항 참고), 부식 등은 결국 취성파괴를 유발한다. 결함 생성의 원인과는 별개로 취성파괴는 결함이 있는 위치(*응력 집*

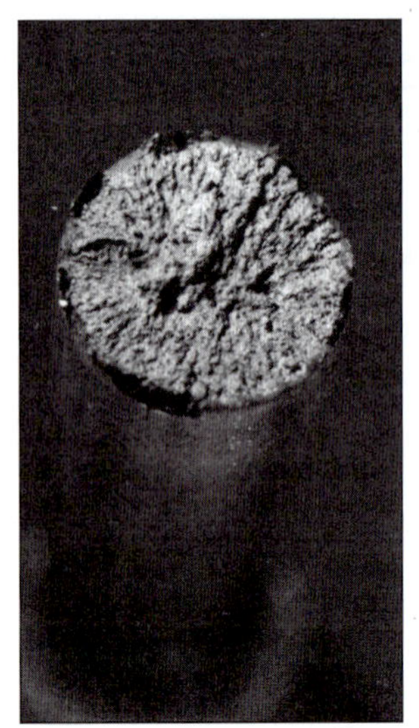

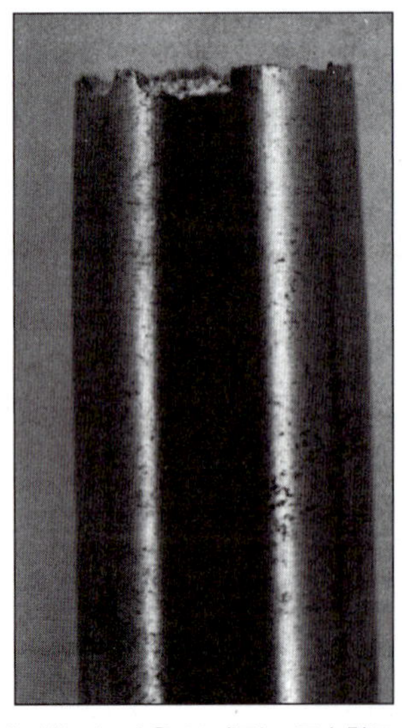

그림 7.6 ➢ 시편 중앙에서 퍼져나가는 방사형 능선(ridge)을 보여주는 금속합금의 취성파괴.
(ASM International)

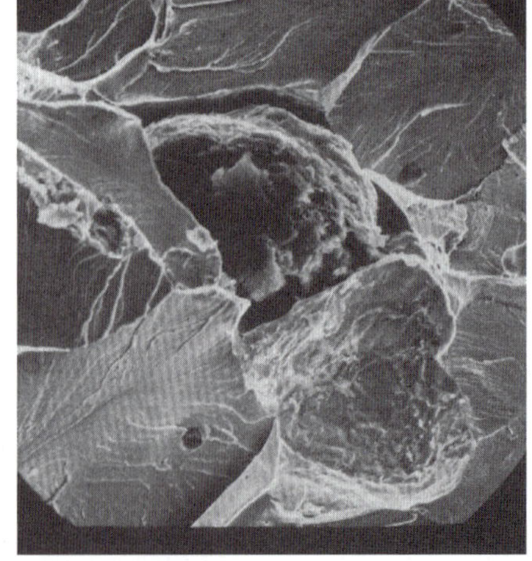

그림 7.7 ➢ 페라이트 연성 철의 취성 벽개 파괴.
(ASM International)

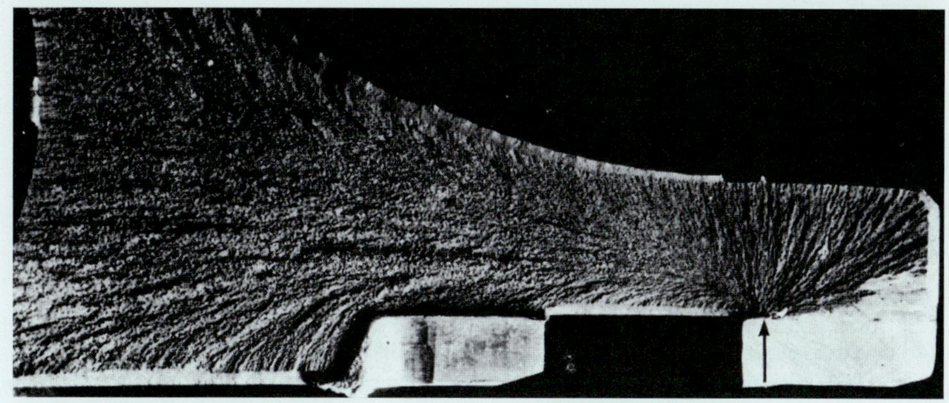

그림 7.8 ➤ 직각 코너에 의해 발생한 강재(4335) 스냅 링의 취성파괴.
(ASM International)

중원, stress riser)에서 시작한다. 비교적 연성 재료인 경우에도 저온 및 고변형률에서는 어떤 결함에서 취성파괴를 일으키게 할 수도 있다. 연성에서 취성으로 재료의 거동이 바뀌는 것을 **연성-취성 천이**(ductile-to-brittle transition: DBT)라 한다. 따라서 일반적인 연성 재료일지라도 상황에 따라 취성파괴될 수 있다. 그림 7.8은 스냅 링의 직각 모퉁이가 일종의 결함으로 작용하여 취성파괴를 발생시킨 것을 보여준다(그림의 화살표). 취성파괴 파단면에서 전형적으로 발견되는 취성파괴의 기점을 향해 생기는 *V형 형상*(chevron pattern)이 생긴 것을 알 수 있다.

7.1.3 인성과 충격시험

동적 또는 충격 인성(dynamic or impact toughness)(6.3절에서 측정한 정적 인성과 인성의 다른 측정)은 동적 하중 조건에서 파단되기 전에 재료가 흡수할 수 있는 에너지의 양을 측정한 것이다. 충격하중에 파괴되지 않고 견뎌내는 재료의 능력은 공업적으로 중요하다. 인성을 측정하는 간단한 방법 중에 충격시험기를 사용하는 것이 있다. 그림 7.9는 간단한 충격시험기이다. 그림 7.9의 윗부분에 표시한 것처럼 샤피(Charpy) V-노치시편을 기계의 평행

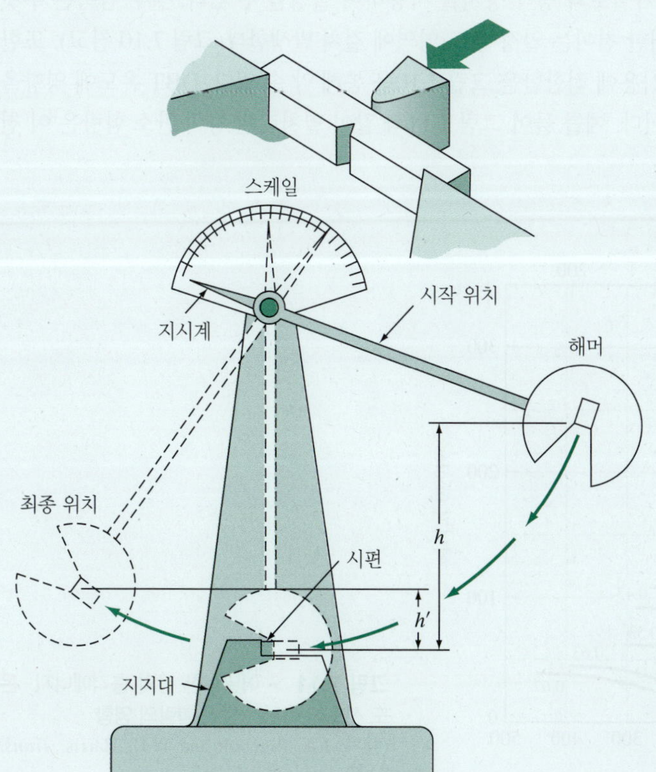

그림 7.9 ➤ 표준 충격시험기의 개략도.
(출처: H.W. Hayden, W.G. Moffatt, and J. Wulff, *The Structure and Properties of Materials*, vol. III, Wiley, 1965, p. 13.)

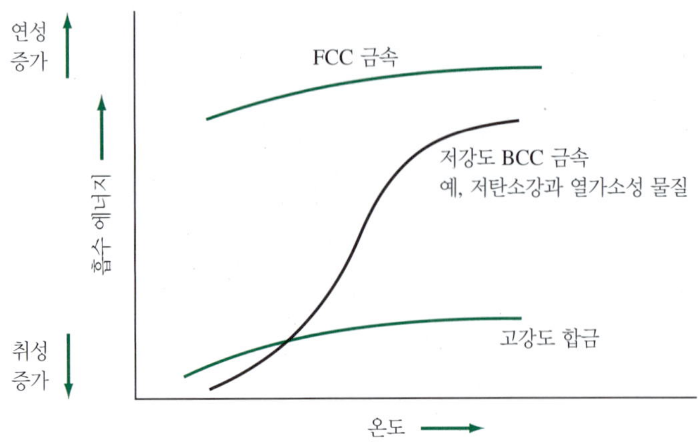

그림 7.10 ➤ 주요 재료의 충격에너지 흡수에 미치는 온도의 영향
(출처: G. Dieter, *Mechanical Metallurgy*, 2nd ed., McGraw Hill, 1976, p. 278.)

턱(parallel jaw) 위에 놓는다. 이 충격시험법에서는 정해진 높이에서 무거운 추를 낙하시켜 충돌시킴으로써 시편을 파괴시킨 후, 추의 질량과 추의 초기 및 최종 높이 차로부터 파괴에 의해 흡수된 에너지를 측정할 수 있다. 그림 7.10은 재료의 충격에너지에 미치는 온도의 상대적 영향을 보인 것이다.

다양한 재료는 노치의 존재에 따라 다르게 반응한다. 예를 들어, 티타늄 합금의 인성은 노치가 있으면 크게 감소하는 반면 강철 합금과 같은 다른 재료는 이에 덜 민감하다. 샤피 시험을 사용하여 노치 크기와 모양에 대한 다양한 재료의 동적 인성 민감도를 평가할 수 있다.

7.1.4 연성-취성 천이온도

위에서 언급한 바와 같이, 특정 조건에서 일부 금속의 파괴 저항이 연성에서 취성으로 현저한 차이가 발생하는 것을 관찰할 수 있다. 낮은 온도, 높은 응력 상태 및 빠른 하중 속도는 모두 연성 재료가 취성 방식으로 거동하는 원인이 될 수 있다. 그러나 일반적으로 하중 속도와 응력이 일정한 상태에서 온도가 이러한 천이를 설명하는 변수로 선택된다. 7.1.3항에서 논의된 충격 시험 장치는 재료의 연성 거동에서 취성 거동으로의 전환을 위한 온도 범위를 결정하는 데 사용할 수 있다. 샤피 시편의 온도는 가열로와 냉각 장치를 사용하여 설정할 수 있다. 일부 금속은 뚜렷한 DBT 온도를 보여주지만 대부분의 경우 이러한 천이는 일정 온도 영역에 걸쳐 발생한다(그림 7.10 참고). 또한 FCC 금속은 DBT 현상이 일어나지 않아 저온 사용에 적합함을 그림 7.10을 통해 알 수 있다. DBT 온도에 영향을 미치는 요인은 합금 조성, 열처리 및 가공 방법이다. 예를 들어 그림 7.11과 같이 열처리된 강의 탄소 함량은 이 천

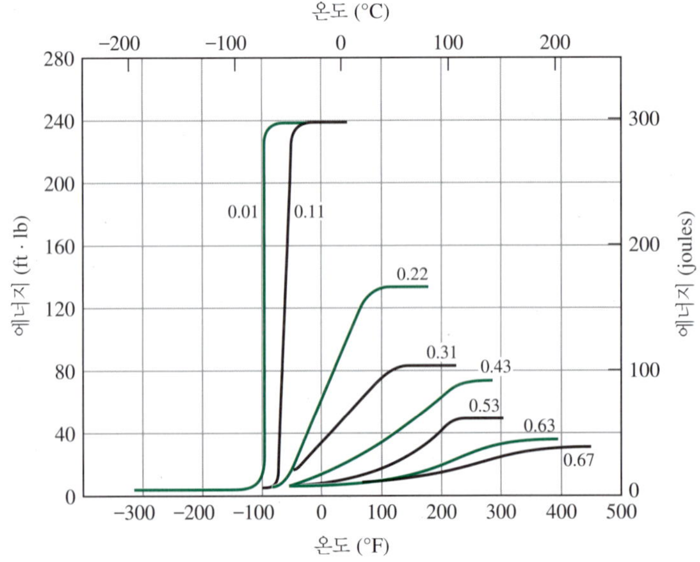

그림 7.11 ➤ 어닐링한 강의 충격에너지-온도 선도에 미치는 탄소 함량의 영향
(출처: J.A. Rinebolt and W.H. Harris, *Trans. ASM*, 43:1175(1951).)

이 온도 범위에 영향을 준다. 어닐링 한 저탄소강은 고탄소강보다 온도 천이 범위가 낮고, 좁다. 또한, 어닐링한 강의 탄소 함량이 증가함에 따라 취성이 커지고 파단 시 충격에 의해 흡수되는 에너지가 적다.

연성-취성 천이는 저온 환경에서 사용되는 부품의 재료 선정에 있어서 매우 중요한 고려 사항이다. 예를 들어, 차가운 물에서 운용되는 선박(이 장의 서두 참고) 혹은 극지방 해수에 있는 해양 플랫폼(offshore platform) 등은 특히 DBT에 취약하다. 따라서, 이와 같은 적용분야에 선택된 재료들은 사용 혹은 서비스 온도보다 훨씬 낮은 DBT 온도를 가져야 한다.

7.1.5 이론적 강도, 그리피스(Griffith) 정리 및 응력 집중 계수

일반적으로 물질에 가해지는 하중(또는 응력)은 원자 사이의 원자간 거리(a_0)를 증가시킨다. a_0의 증가는 내부 *탄성 변형*(elastic strain)의 형성을 초래한다(6.2.2항). 응력이 제거되면 변형률도 회복되므로 탄성 변형률이라는 용어가 사용된다. 추가로 응력이 부가되고 연성 재료인 경우 외력은 전위 및 슬립의 생성 및 이동을 통해 결국 영구 또는 소성 변형을 일으킨다(6.5절 참고). 에너지 균형의 관점에서, 적용된 하중 또는 응력에 의해 수행되는 일은 일반적으로 (1) 고체에 에너지를 저장하는 역할을 하는 탄성 변형이 발생하거나(이 에너지는 하중 제거시 회복 가능) (2) 전위의 형성 및 이동을 통한 소성 또는 영구 변형이 발생한다. 가해진 응력이 더 증가하면 결국 균열이 발생하여 새로운 표면이 형성된다. 재료의 거동은 파단이 어떻게 시작되고 어떻게 전파되는지에 중요한 역할을 한다. 예를 들어 취성 재료의 경우 소성 변형은 발생하지 않는데(앞서 설명한 (2)는 존재하지 않음). 이 상황에서 적용된 응력에 의해 수행된 일은 저장된 탄성 변형 에너지만 생성한다. 저장된 에너지가 임계값에 도달하면 *두 개*의 새로운 표면이 생성되어(소성 변형 없이) 파괴가 발생한다(7.1절 및 그림 7.2 참고). 파단된 표면과 관련된 에너지를 *단위 면적당 표면 에너지* γ_s(surface energy per unit area), (J/m^2 또는 in.lb/in^2)라고 한다. 따라서 취성 재료가 파단되기 위해서는 가해진 응력(또는 저장된 탄성 에너지)에 의해 수행된 작업이 $2\gamma_s$(각 파단면에 대해 하나씩)를 초과해야 하며 그렇지 않으면 파단이 발생하지 않는다.

$$\text{가해진 응력에 의한 일} = \text{저장된 탄성 변형 에너지} \geq 2\gamma_s \times (\text{파단 표면적}) \quad \textbf{(7.1)}$$

파괴가 발생하면 재료에 저장된 탄성 에너지의 일부가 회복되고(변형된 원자는 원래 위치로 되돌아감) 나머지는 표면 에너지를 증가시키기 위해 소비된다(새로운 표면 생성). 결함이 없는 본체의 기본 공식을 기반으로 이론적 강도는 식 (7.2)와 같다.

$$\sigma_{\text{이론}} = \sqrt{\frac{E\gamma_s}{a_0}} \quad \textbf{(7.2)}$$

여기서 E는 탄성 계수, γ_s는 표면 에너지, a_0는 변형되지 않은 원자의 원자간 간격이다. 이러한 모든 특성은 재료 특성 또는 상수이다. 이 방정식을 기반으로 다양한 취성 재료에 대한 γ_s 및 a_0 값을 대입하면 취성 금속의 *이론적 강도*(theoretical strength)는 $E/10$에서 추정될 수 있다. 그러나 실험 결과 추정된 $E/10$에 비해 취성 재료의 강도가 현저히 낮았다. 예를 들어, 취성 금속인 회주철의 탄성 계수가 83 GPa이고 이론적 추정에 따르면 이론 강도는 830 MPa이어야 하지만 실험 결과는 830 MPa보다 훨씬 낮은 152 MPa의 인장강도가 확인된다. 이 불일치의 원인은 Alan A. Griffith에 의해 밝혀졌다. Griffith는 다양한 크기의 균열이 있는 유리 시편에 대한 실험을 수행했으며 기존에 존재하는 결함이 유리의 강도에 부정적인 영향을 미친다는 것을 확인했다. 균열 크기가 클수록 강도 관점에서 부정적인 영향이 더 크다. 이후 Griffith는 100% 취성 재료(연성 없음)에서 파괴 응력을 결정하기 위해 다음 방정식을 제안했다.

$$\sigma_f = \sqrt{\frac{2E\gamma_s}{\pi a}} \quad \textbf{(7.3)}$$

여기서 a는 기존 균열 길이의 ½이다. 참고로 식 (7.2)와 (7.3)에 사용된 a_0의 차이점은 식 (7.2)의 경우 상수이지만 식 (7.3)은 변수이며 기존 균열의 크기에 따라 다르다. 따라서 식 (7.2)에서 재료의 기존 결함, 결함 및 균열의 존재를 무시함으로써, 이론적 강도가 과대평가된다. 연성 파단의 분석의 경우, 적용된 응력에 의해 수행된 작업의 일부

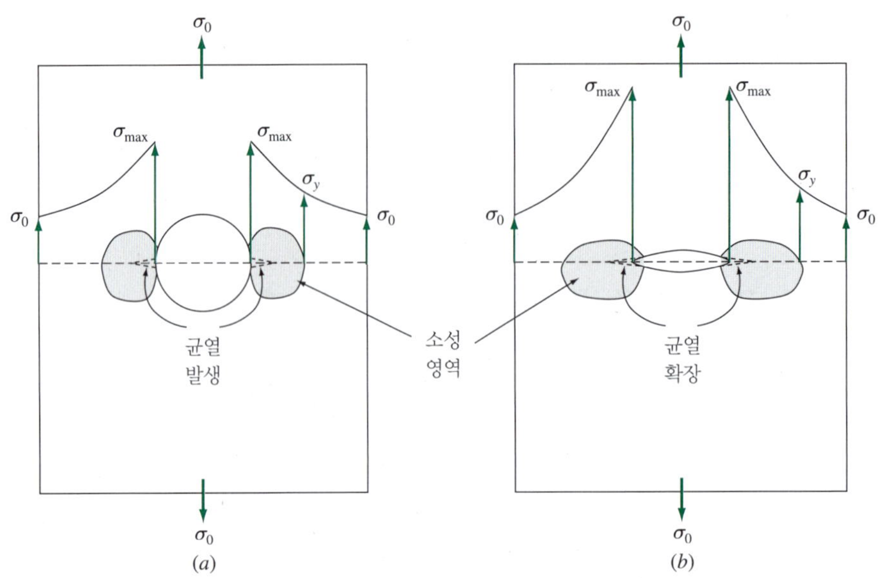

그림 7.12 ➤ 단축 인장 또는 모드 I 하중(개방 모드)에서 기존 결함 주변의 응력 분포. (*a*) 판에 천공된 구멍 주위의 응력 분포 및 (*b*) 판의 기존 균열 주위의 응력 분포

가 식 (7.3)에 표현된 것처럼 소성 변형의 형성으로 확장되기 때문에 식 (7.1)을 수정해야 한다.

$$\text{가해진 응력에 의한 일} = \text{저장된 탄성 변형 에너지} + \text{저장된 에너지는 전위}$$
$$\geq 2\gamma_s \times (\text{파단 표면적}) + \gamma_p \times (\text{소성 변형 부피}) \quad \textbf{(7.4)}$$

여기서 γ_p는 단위 체적당 소성 변형 에너지로 γ_s보다 훨씬 더 크다(금속의 경우 약 10,000배 더 큼). 이러한 이유로 연성 금속에서는 파단을 일으키는 것이 더 어렵고 가해지는 응력이 훨씬 커야 한다. 그러나 실제로는 연성 금속도 재료의 항복 강도 미만의 응력 수준에서 파손되는 경우가 많다. 여기에는 여러 가지 이유가 있을 수 있지만, 엄격하게 응력 분석의 관점에서 답은 기존 결함의 존재 또는 부품에 구멍과 키홈(keyways)을 뚫어야 하는 설계 고려 사항에 있다. 형상의 이러한 불연속은 불연속의 바로 옆(예: 날카로운 모서리 또는 균열 팁)에서 내부 응력의 국부적 증폭이 발생한다. 따라서 공칭 또는 원거리장 응력 σ_0가 재료의 항복 강도 σ_y보다 낮지만 천공된 구멍(그림 7.12) 또는 기존 균열(그림 7.12) 부근의 응력(최대 응력)은 공칭 응력보다 크고 항복 강도를 초과한다. 일반적으로 σ_{max}/σ_0 비율로 표시되는 응력의 증폭을 *응력 집중 계수*(stress concentration factor), K_α라고 하며, 그 값은 (1) 구성 요소의 기하학적 구조 및 (2) 결함의 모양 및 치수에 따라 다르다. 이러한 응력 집중 계수로 인해, 외부 관찰자는 항복 강도보다 훨씬 낮은 σ_0의 안전한 인가 응력만 관찰할 수 있지만 드릴 구멍의 가장자리에서 균열이 발생하고 기존 균열이 더 커질 수 있다(그림 7.12). 또한 연성 재료와 연성이 제한된 재료의 경우에도 재료의 항복 강도를 초과하는 국부 응력으로 인해 재료가 항복하는 탄성 영역이라고 하는 균열 팁 주변 영역이 있음을 쉽게 알 수 있다. 이러한 이유로 국부적 가소성을 무시하는 Griffith의 기준은 금속(대부분 연성이 있음)에 적용할 수 없으며, 유리 및 기타 세라믹과 같은 무연성 재료에 더 적합하다. 그러나 Griffith의 정리를 수정하여 금속에 적용할 수 있다. 다음 섹션에서는 이 수정 사항을 제시하고자 한다.

7.1.6 응력 확대 계수와 파괴 인성

앞서 논의한 바와 같이 금속 부품의 파괴는 일반적으로 부품 내 응력 집중이 가장 높은 위치에서 시작된다. 이 위치는 기존 기공 또는 균열이 존재하는 곳, 키홈이 가공된 곳 또는 드릴 가공이 되어 있는 홀일 수 있다. 일반적으로 모든 기하학적 불연속성은 국부적인 항복이 발생하고 소성 영역이 형성되는 응력 집중 부위가 될 수 있다. 이 소성 영역은 금속의 파괴에 중요한 역할을 한다. George R. Irwin은 균열 선단부 근처의 응력이 공칭 또는 원거리장 응력 σ_0과 균열 길이 a의 절반의 제곱근의 곱에 관련이 있다고 최초로 제안하였다. Irwin은 이것을 *응력 확대 계수*(Stress Intensity Factor), K_I이라고 정의하고 식 (7.5a)와 같이 나타내었다.

$$K_I = Y\sigma_0\sqrt{\pi a} \tag{7.5a}$$

K_I = 응력 확대 계수

σ_0 = 적용된 원거리장 응력 또는 공칭 응력

a = 모서리 균열 길이 또는 내부 균열 길이의 절반

Y = 차수 1의 무차원 기하학적 상수

아래 첨자 I("one"으로 발음)은 인장 응력으로 인해 균열이 열리는 모드 I 시험을 나타낸다(그림 7.14). 응력 강도 계수 K_I는 이전 장에서 제시된 응력 집중 계수 K_α와 혼동되어서는 안된다. 무차원 인자인 K_α는 다양한 결함 형상 주변의 응력 증폭을 측정하는 반면, SI 단위는 MPa $\sqrt{\text{m}}$ 또는 미국 관습 단위인 ksi $\sqrt{\text{in}}$인 K_I는 균열 선단 주변의 응력장을 결정하는 데 사용된다.

그림 7.14에서 주어진 기존 균열 길이 a에 대해 σ_0가 증가함에 따라 K_I값도 증가한다. 결국, 기존 균열이 확장되고 플레이트가 파손되는 임계값 K_I에 도달하게 된다. 이 값을 재료의 임계 응력 강도 계수 또는 *파괴 인성*(fracture toughness) K_{IC}이라고 한다. K_{IC}에 도달하는 응력을 파괴 응력 σ_f라고 하면, 식 (7.4)와 같이 표현할 수 있다.

$$K_{IC} = Y\sigma_f\sqrt{\pi a} \tag{7.5b}$$

파괴인성(K_{IC})은 실험적으로 결정되며, 재료 물성이다(표 7.1). 그림 7.13*a*는 컴팩트형 파괴인성 시험편의 개략도이다. K_{IC}에 대한 일정한 값을 얻으려면 시편의 기본 치수 B가 노치 깊이 치수 a에 비해 상대적으로 커야 소위 일반 변형 조건의 적용이 가능하다. 평면 변형률 조건은 시험하는 동안 노치 방향(즉, 그림 7.13*a*의 z 방향)으로 변형이 없어야 한다. 일반적으로 평면 변형률 조건은 $B = 2.5\left(\frac{K_{IC}}{\sigma_Y}\right)^2$일 때 나타난다. 파괴인성 시편은 기계 가공된 노치와 함께 3 mm 깊이의 피로균열(fatigue crack)을 생성하는데, 이는 노치 끝에 있는 피로균열에서 파괴가 시작될 수 있도록 하기 위함이다. 그림 7.13*b*는 실제로 빠른 파괴가 일어나고 있는 순간의 파괴인성 시험을 나타낸다.

고강도 알루미늄, 강, 티타늄합금 등과 같이 인성이나 연성이 취약한 재료를 사용하여 기계적 설계를 해야 할 때 재료의 파괴인성은 매우 유용하다. 표 7.1은 이와 같은 합금들의 K_{IC}값을 나타낸다. 파괴 전에 거의 소성변형이 없는 재료들은 상대적으로 낮은 K_{IC}값을 갖게 되며 좀 더 취성인 경향이 있고, 보다 높은 K_{IC}값을 갖는 것은 좀 더 연성이다. 파괴인성 값은 특정 설계 응력이 주어졌을 때(안전을 보장하기 위한 안전율도 고려되었을 경우) 취약한

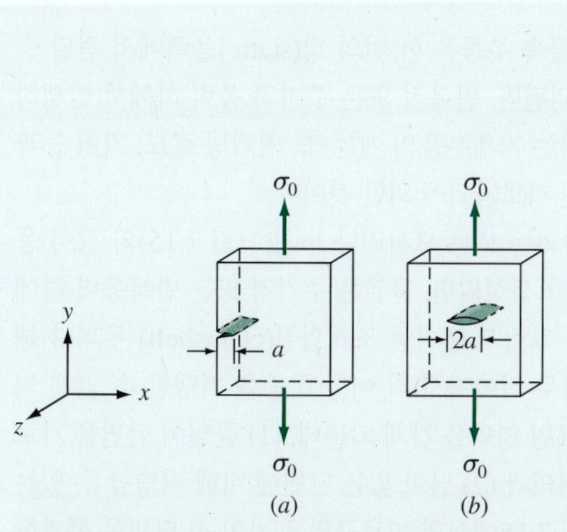

그림 7.13 ➤ 일축 인장 상태의 금속 합금 판 (*a*) 가장자리 균열 a, (*b*) 중심 균열 2*a*.

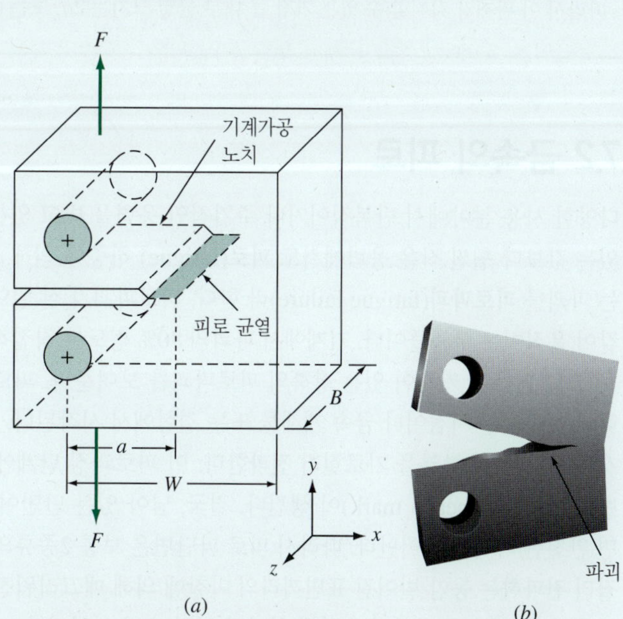

그림 7.14 ➤ 소형 시편과 일반 변형률 조건을 이용한 파괴 인성 시험. (*a*) 시편의 치수. (*b*) 피로하중 하에서 확장된 균열이 있는 시편의 개략도

표 7.1 ➤ 공학적 합금의 일반적인 파괴인성 값

재료	K_{IC} MPa$\sqrt{m}$	K_{IC} ksi$\sqrt{in.}$	$\sigma_{항복강도}$ MPa	$\sigma_{항복강도}$ ksi
알루미늄합금:				
2024-T851	26.4	24	455	66
7075-T651	24.2	22	495	72
7178-T651	23.1	21	570	83
티타늄합금:				
Ti-6A1-4V	55	50	1035	150
합금강:				
4340 (저합금강)	60.4	55	1515	220
17-7 pH (석출경화)	76.9	70	1435	208
350 머레이징강	55	50	1550	225

(출처: R.W. Herzberg, *Deformation and Fracture Mechanics of Engineering Materials*, 3rd ed., Wiley, 1989.)

연성을 가진 합금을 사용한 기계적 설계에서 허용 가능한 흠의 크기를 예측하는 데 이용될 수 있다. 예제 7.1은 이와 같은 설계방법의 예이다.

예제 7.1

어떤 공학설계에 사용되는 구조용 판재는 207 MPa (30 ksi)의 인장응력을 지탱할 수 있어야 한다. 만약 알루미늄 합금 2024-T851이 사용된다면, 이 재료가 지탱할 수 있는 가장 큰 내부 흠의 크기는 얼마인가($Y = 1$을 사용하라)?

풀이

$$K_{IC} = Y\sigma_f\sqrt{\pi a} \tag{7.2}$$

$Y = 1$, $K_{IC} = 26.4$ MPa$\sqrt{m}$ (표 7.1에서)을 이용하면 다음과 같다.

$$a = \frac{1}{\pi}\left(\frac{K_{IC}}{\sigma_f}\right)^2 = \frac{1}{\pi}\left(\frac{26.4\ \text{MPa}\sqrt{\text{m}}}{207\ \text{MPa}}\right)^2 = 0.00518\ \text{m} = 5.18\ \text{mm}$$

따라서 이 판재가 지지할 수 있는 가장 큰 내부 균열 크기는 $2a$, 또는 (2)(5.18 mm) = 10.36 mm이다.

7.2 금속의 피로

다양한 사용 분야에서 반복적이거나 주기적인 응력을 받고 있는 금속 부품은 한 번의 정(static)응력에서 견딜 수 있는 값보다 훨씬 작은 응력에서도 **피로**(fatigue) 하중에 의해 파괴된다. 반복적 또는 주기적 응력 하에서 발생하는 파괴를 **피로파괴**(fatigue failure)라 한다. 피로파괴가 잘 일어나는 기계부품의 예는 축, 커넥팅 로드, 기어 등과 같이 움직이는 부품들이다. 기계에서 파괴의 80% 정도는 직접적인 피로파괴에 의한 것이다.

그림 7.15는 키홈이 있는 강축의 피로파괴를 보여준다. 피로파괴는 보통 모서리나 노치(그림 7.15)와 같이 응력이 집중되는 지점이나 금속 개재물 또는 결함에서 시작된다. 일단 생성되면, 균열은 주기적 또는 반복응력 하에서 처음 생성된 부분을 가로질러 전파한다. 이 피로과정 단계에서 그림 7.15처럼 조개껍질(clamshell) 무늬나 해변의 물결자국(beach mark)이 생긴다. 결국, 남아 있는 단면이 너무 적어져서 더 이상 하중을 지탱할 수 없게 되면 완전한 파괴가 일어난다. 따라서 피로 파단면은 보통 2종류의 표면 영역을 갖게 되는데, (1) 균열이 단면을 가로질러 전파하는 동안 벌어진 표면끼리의 마찰에 의해 매끄러워진 영역과 (2) 남아 있는 단면에 비해 지탱할 수 있는 하중이 너무 커 생긴 파괴에 의해 형성된 거친 표면 영역이다. 그림 7.15에서의 피로균열은 거의 전 단면을 통과한 시점에서 최종 파괴에 이르렀음을 알 수 있다.

그림 7.15 ➤ 키홈이 있는 1040 강축(경도-록크웰 C 30)의 피로파단면 사진. 피로균열은 키 홈의 좌하부 모서리에서 시작하였고, 거의 전체 단면을 통과한 후에 최종 파단에 이르렀다. (배율 $1\frac{7}{8}\times$).
(ASM International)

재료의 **피로수명**(fatigue life)을 결정하는 시험방법들은 다양하다. 가장 많이 사용되는 소형 피로시험은 회전-보(rotating-beam) 시험으로서, 시편이 회전되면서 동일한 크기의 압축응력과 인장응력을 번갈아 받는 시험 방법이다(그림 7.16). 무어(Moore) 타입의 가역-굽힘(reversed- bending) 피로시험 시편은 그림 7.17과 같으며, 이 시편의 표면은 주의를 기울여 연마되며 시편 중앙 쪽으로 테이퍼가 주어져 있다. 그림 7.16과 같이 중앙부에 추(weight)를 설치한 시험 장비를 사용하여 이 시편을 시험할 때, 시편 중앙부의 응력상태는 그림 7.18에 과장해서 표시한 것처럼 아래쪽 표면은 인장, 위쪽 표면은 압축 응력상태가 된다. 이 시험에서 얻는 데이터는 파괴에 이르게 하는 응력 *S*를 파괴가 일어나는 사이클 수 *N*에 대해 그린 *SN* 곡선의 형태이다. 그림 7.19는 고탄소강과 고강도 알루미늄 합금에 대한 전형적인 *SN* 곡선이다. 알루미늄합금의 경우 사이클 수가 많아질수록 피로파괴에 이르게 하는 응력은 작아진다. 탄소강의 경우 먼저 사이클 수의 증가에 따라 피로강도가 감소하다가 그 후 사이클 수가 증가함에 따라 피로강도가 감소하지 않는 곡선인 '무릎'(knee)에서 수평화되어 수명이 무한함을 나타낸다. *SN* 곡선의 이 수평 부분을 *피로한도*(fatigue limit) 또는 *내구한도*(endurance limit)라 부른다. 내구 한계의 응력 아래에서는 시편이 무한 수명으로 간주될 확률이 50% 수준이며, 사이클 수에 관계없이 파괴는 발생하지 않을 것이다. 많은 철합금의 내구한도는 인장강도의 1/2 정도를 나타내고, 알루미늄합금과 같은 비철합금들은 *SN* 곡선에서 내구한도 또는 명확한 안정구간이 없으며, 인장강도의 1/3 정도로 낮은 피로 강도를 가질 수 있다.

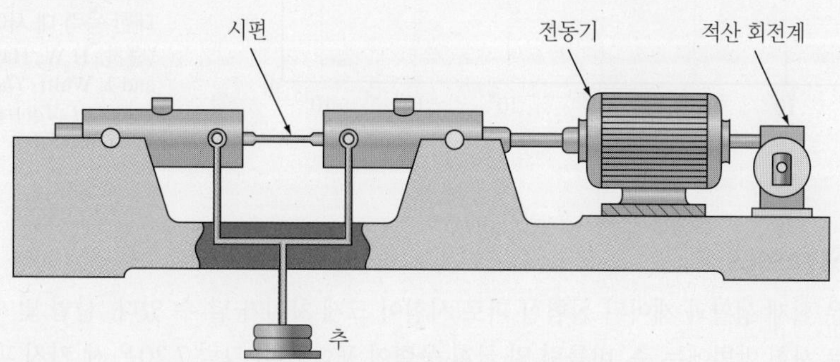

그림 7.16 ➤ R.R.Moore의 가역-굽힘 피로시험기의 개략도.
(출처: H.W. Hayden, W.G. Moffatt, and J. Wulff, *The Structure and Properties of Materials*, vol. III, Wiley, 1965, p. 15.)

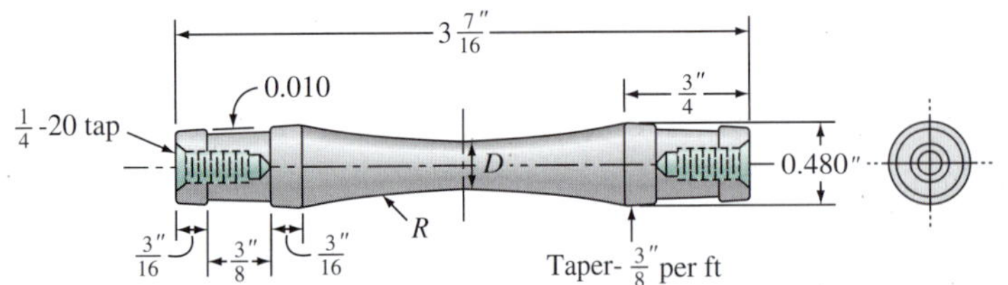

그림 7.17 ➤ 회전-보 피로시편의 개략도(무어 타입).
(출처: *Manual on Fatigue Testing*, American Society for Testing and Materials, 1949.)

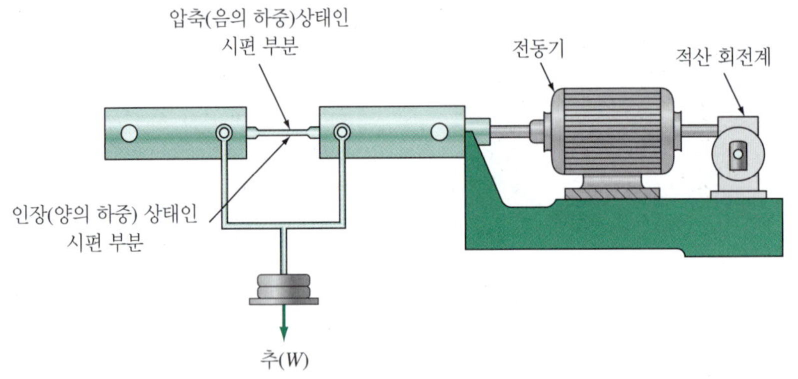

그림 7.18 ➤ 양의 인장력과 음의 압축력을 부여하기 위한 시편의 과도 굽힘
(출처: H.W. Hayden, W.G. Moffatt and J. Wulff, *The Structure and Properties of Materials*, vol. III, Wiley, 1965, p. 13.)

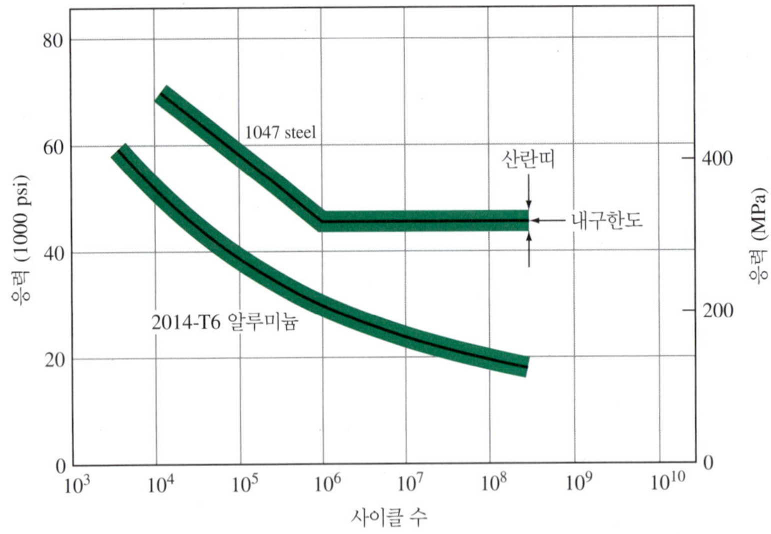

그림 7.19 ➤ 알루미늄 2014-T6합금과 중탄소강 1047의 피로파괴에 대한 응력 대 사이클 수(*SN*) 곡선
(출처: H.W. Hayden, W.G. Moffatt, and J. Wulff, *The Structure and Properties of Materials*, vol. III, Wiley, 1965, p. 15.)

7.2.1 Cyclic Stresses

적용된 피로 응력은 실제 생활과 제어된 실험실 피로 시험이 크게 차이가 날 수 있다. 산업 및 연구에서 사용되는 다양한 종류의 피로 시험 방법에는 축, 비틀림 및 굽힘 응력이 포함된다. 그림 7.20은 세 가지 피로 사이클 테스트에 대한 피로 응력 대 피로 사이클 수의 그래프이다. 그림 7.20*a*는 사인파 형태(최대 응력 σ_{max} = 최소 응력 σ_{min}의 음수)의 *완전히 가역된 응력 주기*(completely reversed stress cycle)에 대한 피로주기 대 응력의 그래프로 과부하 없이 일정한 속도로 작동하는 회전축에 의해 생성되는 전형적인 그래프이다. 그림 7.16에 표시된 R.R. Moore 역

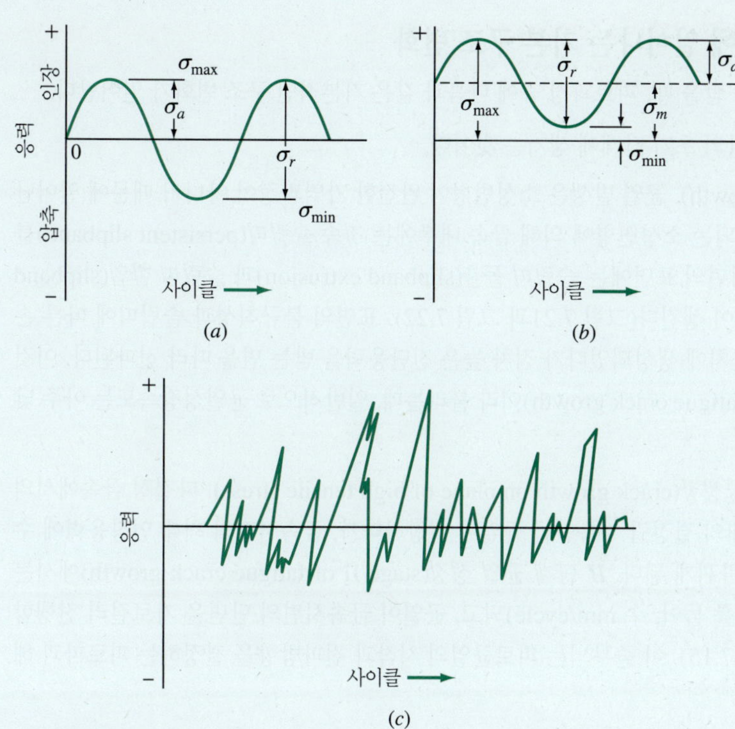

그림 7.20 ➤ 전형적인 피로 응력 사이클. (*a*) 완전 가역 응력 사이클. (*b*) 최대응력 σ_{max}와 최소응력 σ_{min}을 가진 반복응력 사이클. (*c*) 변동 응력 사이클.
(출처: J.A. Rinebolt and W.H. Harris, *Trans. ASM*, 43:1175 (1951)).

굽힘 피로 시험기에서 생성되는 응력 대 피로주기와 유사한 선도를 만든다. 이 피로 사이클에서 최대 및 최소 응력은 동일하다. 정의에 따라 인장 응력은 양수, 압축 응력은 음수로 간주되며 최대 응력이 가장 높은 값으로, 최소 응력은 가장 낮은 값으로 선정한다.

그림 7.20*b*는 최대 응력 σ_{max}와 최소 응력 σ_{min}이 모두 양(positive) 또는 인장일 수 있는 *반복응력 사이클*(repeated stress cycle)을 보여준다. 그러나 반복되는 스트레스 주기는 압축에서 반대부호를 가진 최대 또는 최소 응력을 가질 수 있고, 혹은 압축상태에서 둘 다 가질 수 있다. 마지막으로, 그림 7.20*c*와 같이 반복응력에서 진폭과 주파수가 임의로 변할 수 있다. 이 경우 응력 대 사이클의 다양한 *SN* 피로 그래프가 있을 수 있다.

변동하는 반복 응력을 규정하기 위한 몇 가지 변수들이 있는데, 가장 많이 사용되는 것들은 아래와 같다.

1. *평균응력*(Mean stress σ_m)은 피로주기에의 최대 최소응력의 대수적 평균이다.

$$\sigma_m = \frac{\sigma_{max} + \sigma_{min}}{2} \quad \textbf{(7.6)}$$

2. *응력범위*(Range of stress σ_r)는 σ_{max}와 σ_{min}의 차이다.

$$\sigma_r = \sigma_{max} - \sigma_{min} \quad \textbf{(7.7)}$$

3. *응력진폭*(Stress amplitude σ_a)은 응력 사이클의 절반이다.

$$\sigma_a = \frac{\sigma_r}{2} = \frac{\sigma_{max} - \sigma_{min}}{2} \quad \textbf{(7.8)}$$

4. *응력비*(Stress ratio R)는 최소와 최대응력의 비율이다.

$$R = \frac{\sigma_{min}}{\sigma_{max}} \quad \textbf{(7.9)}$$

7.2.2 연성금속에서 피로과정 중에 일어나는 기본 구조 변화

균질의 연성 금속시편이 주기적인 응력을 받을 때, 피로과정 중에 다음과 같은 기본적인 구조 변화가 일어난다.

1. *균열발생*(crack initiation). 피로손상의 초기 단계에 생기는 것이다.
2. *슬립띠 균열성장*(slipband crack growth). 균열 발생은 소성변형이 완전한 가역과정이 아니기 때문에 일어난다. 한쪽 방향과 반대 방향으로 교차되는 소성변형에 의해 금속 내부에는 *지속 슬립띠*(persistent slipband)를 따라 생기는 손상뿐만 아니라 금속시편의 표면에는 *슬립띠 돌출*(slipband extrusion)과 *슬립띠 함입*(slipband intrusion)이라는 표면 융기와 골 등이 생긴다(그림 7.21과 그림 7.22). 표면의 불규칙성과 슬립띠에 따른 손상에 의해, 균열은 표면 혹은 표면 근처에 생성되었다가 점차 높은 전단응력을 받는 면을 따라 전파된다. 이것을 *I 단계 피로균열 성장*(stage I of fatigue crack growth)이라 불리는데, 일반적으로 균열성장속도는 아주 낮다(예를 들어, 10^{-10} m/cycle).
3. 높은 *인장응력을 받는 면에서의 균열성장*(crack growth on plane of high tensile stress). 다결정 금속에서의 피로균열 성장 I 단계 과정에서 몇 개의 결정립 지름만큼 균열이 성장하다가, 금속시편의 최대 인장응력에 수직인 방향으로 균열의 진행방향이 바뀌게 된다. *II 단계 균열 성장*(stage II of fatigue crack growth)에서는 비교적 빠른 속도로 균열이 전파(예를 들어, 수 mm/cycle)되고, 균열이 금속시편의 단면을 가로질러 진행함에 따라 피로 줄무늬가 생긴다(그림 7.15). 이 줄무늬는 피로균열의 시작과 전파방향을 결정하는 피로파괴 해석에 유용하다.
4. *최종 연성파괴*(ultimate ductile failure). 결국 남아 있는 금속 단면이 작용 하중을 지탱할 수 없을 만큼 균열이 충분한 면적을 덮게 되면, 시편은 연성파괴에 의해 파괴된다.

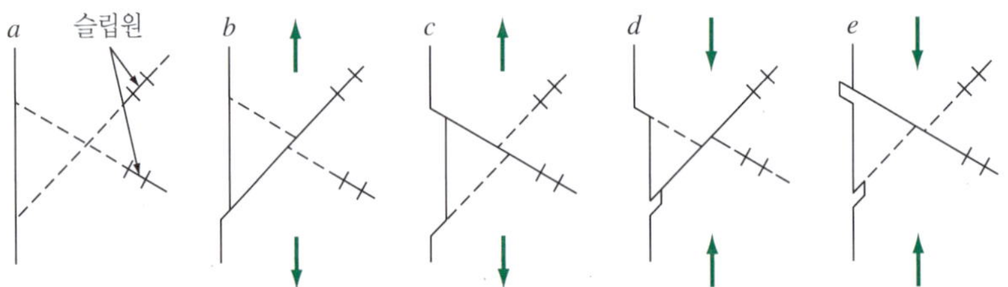

그림 7.21 ➤ 슬립띠의 돌출과 함입의 형성 기구.
(출처: A. H. Cottrell and D. Hull, *Proc. R. Soc. London*, 242A: 211-213 (1957).)

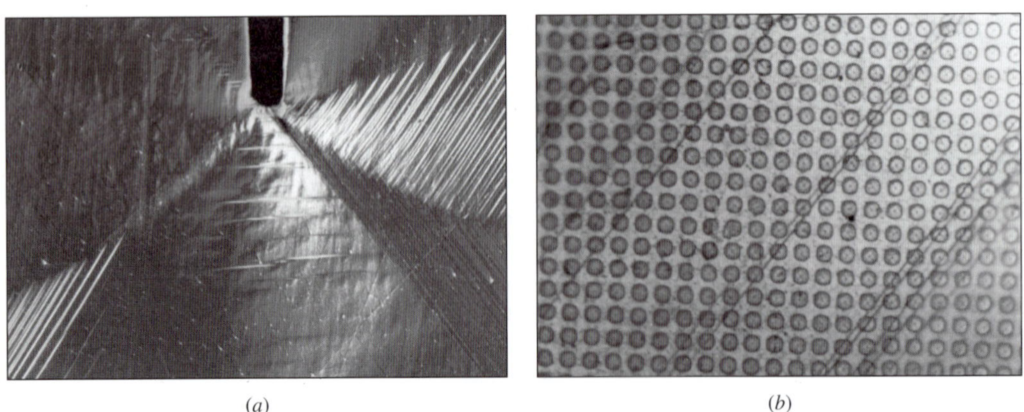

그림 7.22 ➤ (*a*) 단결정 구리에서의 지속 슬립띠. (*b*) 표면에 피복된 폴리머 점들이 슬립밴드(표면에 있는 검은 선들)에 의해 반으로 잘린 후 잘린 반쪽끼리의 상대적인 변위가 발생한다.
((*a-b*): Courtesy of Wendy C. Crone, University of Wisconsin.)

7.2.3 금속의 피로강도에 영향을 주는 주요 인자

금속이나 합금의 피로강도는 금속 자체의 화학조성보다 다른 인자들의 영향을 받는다. 이것들 중 가장 중요한 것은 다음과 같다.

1. *응력집중*(stress concentration). 노치, 구멍, 키홈 및 단면의 급격한 변화가 있는 곳과 같이 응력이 집중되는 곳이 있으면, 피로강도는 크게 감소한다. 예를 들어, 그림 7.15에서 피로파괴는 강축의 키홈에서 시작되었다. 가능한 응력 집중부를 피하는 설계를 통해 피로파괴를 최소화할 수 있다.
2. *표면거칠기*(surface roughness). 일반적으로 금속시편의 표면이 매끈할수록 피로강도는 높다. 거친 표면은 피로균열 형성을 쉽게 하는 응력 집중부를 만들어낸다.
3. *표면조건*(surface condition). 대부분의 피로파괴는 금속 표면에서 시작되므로 표면조건의 변화는 금속의 피로강도에 영향을 준다. 예를 들어, 침탄이나 질화와 같은 강의 표면경화처리는 피로수명을 증가시킨다. 반면에 탈탄은 열처리한 강의 표면을 연화시켜 피로수명을 감소시킨다. 금속표면에 압축성 잔류응력이 있어도 피로수명은 증가한다.
4. *환경*(environment). 부식성 분위기에서 금속이 주기적인 응력을 받으면, 화학적 침투가 피로 균열의 전파속도를 크게 가속시킨다. 금속에 대한 부식 침투와 주기적 응력의 조합을 *부식피로*(corrosion fatigue)라고 한다.

7.3 피로 균열 진전 속도

금속 및 합금에 대한 대부분의 고주기 피로(즉, $10^4 \sim 10^5$ 이상의 피로수명) 데이터들은, 그림 7.19의 *SN* 곡선과 같이 주어진 사이클 수에서 파손을 일으키는 데 필요한 명목상의 응력을 구하는데 국한되어 있다. 그러나 이 시험들은 평탄하거나 또는 노치를 가진 시편을 사용하게 되어, 피로균열 개시수명과 피로균열 전파수명을 구분하기가 어렵다. 그리하여 재료에 미리 내재된 결함이 있는 경우의 피로 수명을 측정하는 시험법들이 개발되었다.

재료 안에 있는 내재 결함이나 균열은 그 부품의 피로 수명 중에서 균열 발생 수명을 줄이거나 제거할 수 있다. 즉, 내재된 결함을 가지고 있는 부품의 피로 수명은 결함이 없는 것에 비해 매우 짧다. 이번 절에서는 재료의 피로 수명을 내재결함 및 반복되는 피로에 따른 응력상태 등과 연관시키는 식을 개발하고자 파괴역학의 접근 방법을 이용하고자 한다.

그림 7.23은 내재 균열을 가진 소형 금속 시험편에서 균열 성장 속도를 측정하기 위한 고주기 피로시험 장치이다. 이 장치에서 주기적인 피로는 수직 방향의 상하운동에 의해 이뤄지고, 피로 작용에 의해 균열이 더 열리고 진행됨에 따라 발생하는 전위(electrical potential)의 변화에 의해 균열 길이는 측정된다.

7.3.1 피로균열진전과 응력 및 균열길이 사이의 관계식

그림 7.23과 같은 시험장치에서 얻은 데이터를 사용하여, 작용 응력 사이클 수의 증가에 따라 피로균열길이가 어떻게 변하는지에 대해 정성적으로 고려해 보자. 이를 위해 그림 7.24*a*와 같이 측면에 기계 가공된 균열을 가진 몇 개의 시험편을 사용한다. 그리고 이 시험편들에 일정 진폭의 반복응력을 가해 응력 사이클 수에 따른 균열길이의 증가량을 측정한다. 그림 7.24*b*는 연강과 같은 특정 재료에서 2개의 크기가 서로 다른 반복응력이 가해질 때, 어떻게 응력 사이클 수에 따라 균열길이가 변하는지를 정성적으로 보여주고 있다.

그림 7.24*b*를 자세히 관찰하면 다음과 같은 것들을 알 수 있다.

1. 균열길이가 작을 때는 **균열진전속도**(fatigue crack growth rate) da/dN도 상대적으로 느리다.
2. 균열길이가 커질수록 균열진전속도 da/dN도 빨라진다.
3. 반복응력 σ의 크기가 증가하면 균열진전속도도 빨라진다.

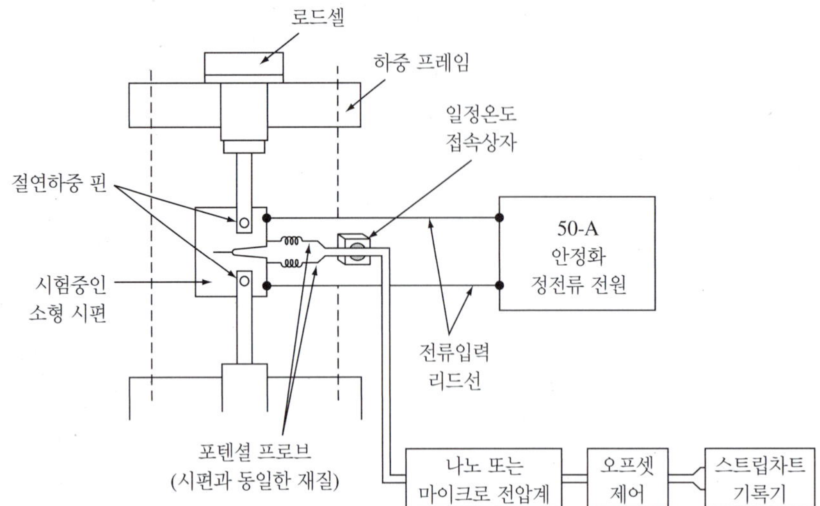

그림 7.23 ➤ 소형 시편의 고주기 피로시험에서의 직류 전위차 균열 측정시스템의 개략도.
(출처: *Metals Handbook*, vol. 8, 9th ed., American Society for Metals, 1985, p. 388.)

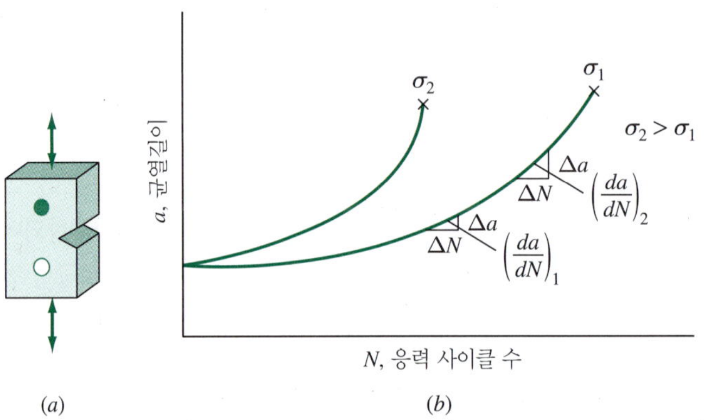

그림 7.24 ➤ (*a*) 주기적 응력 하에서 모서리 균열이 있는 박판 시험편.
(*b*) 응력 σ_1 및 σ_2 ($\sigma_2 > \sigma_1$)에 대한 균열길이와 응력 사이클 수의 관계.
(출처: H.W. Hayden, W.G. Moffatt, and J. Wulff, *The Structure and Properties of Materials*, vol. III, Wiley, 1965, p. 15.)

따라서 반복응력을 받고 있는 재료가 그림 7.24*b*에서와 같이 거동하는 경우에 균열진전속도는 아래와 같은 식으로 쓸 수 있다.

$$\frac{da}{dN} \propto f(\sigma, a) \tag{7.10}$$

따라서, "균열진전속도 da/dN은 작용반복응력 σ와 균열길이 a의 함수에 따라 변한다"라고 할 수 있다. 많은 연구를 통해 대부분의 재료에 대한 균열진전속도는 파괴역학에서 정의한 바와 같은 응력과 균열길이의 조합인 응력확대계수 K (모드 I)의 함수임이 확인되었다. 많은 공학 합금에서 균열진전속도는 미분형태 da/dN으로 표시되며, 일정 진폭의 피로 응력상태에서 응력확대계수의 범위 ΔK와 다음 식으로 쓸 수 있다.

$$\frac{da}{dN} = A\Delta K^m \tag{7.11}$$

여기서 da/dN = 피로균열진전속도, mm/cycle 혹은 in./cycle

ΔK = 응력확대계수범위 ($\Delta K = K_{max} - K_{min}$), MPa $\sqrt{m}$ 혹은 ksi $\sqrt{in.}$

A, m = 재료, 환경, 주기, 온도 및 응력비 등에 의해 결정되는 상수

식 (7.11)에서의 응력확대계수 K_I (mode I)는 파괴인성을 나타내는 K_{IC}와는 다르다. 따라서 최대 응력계수에서의 응력확대계수 $K_{max} = \sigma_{max}\sqrt{\pi a}$가 되며, 최소응력에서의 $\Delta K_{min} = \sigma_{min}\sqrt{\pi a}$가 된다. 응력확대계수 범위, ΔK(범위) = $K_{max} - K_{min} = \Delta K = \sigma_{max}\sqrt{\pi a} - \sigma_{min}\sqrt{\pi a} = \sigma_{range}\sqrt{\pi a}$. 응력확대계수는 압축응력에 대해 정의되지 않으므로, 만약 σ_{min}이 압축응력일 경우에 K_{min}은 0으로 정한다. 만약 기하학적 보정계수 Y가 있을 때에는 $\Delta K = \sigma_r\sqrt{\pi a}$가 $\Delta K = Y\sigma_r\sqrt{\pi a}$가 된다.

7.3.2 피로균열진전속도와 응력확대계수 범위 선도

일반적으로 피로균열길이와 응력확대계수 범위 데이터와의 그래프는 log 값을 사용하여 log da/dN과 log ΔK로 그려진다. 이는 log-log 그래프가 되면, 대부분의 경우 직선 혹은 직선에 가까운 형태로 그려지기 때문이다. 이와 같이 직선이 되는 근본적인 이유는 da/dN과 ΔK의 관계가 거의 $da/dN = A\Delta K^m$의 관계식을 따르기 때문이다. 만약 이 식의 양쪽을 log를 취하게 되면,

$$\log\frac{da}{dN} = \log(A\Delta K^m) \tag{7.12}$$

또는

$$\log\frac{da}{dN} = m\log\Delta K + \log A \tag{7.13}$$

이 되어, 직선에 대한 식 $y = mx + b$의 형태가 된다. 따라서, log da/dN과 log ΔK의 그래프는 기울기가 m인 직선이 된다.

그림 7.25는 ASTM A533 B1 강에 대한 피로시험에서 얻은 균열진전속도의 log값과 응력확대계수의 log값을 도시한 것이다. 이 그림은 3개의 영역으로 나뉘는데, 영역 1은 피로균열진전속도가 매우 느리고, 영역 2는 $da/dn = A\Delta K^m$와 같은 형태의 식이 되어 직선으로 표시되며, 영역 3은 급격한 불안정 균열진전이 발생되어 시편의 파손에 이르게 한다. 측정할 만한 균열진전이 없는 ΔK의 경계값을 *하한계 응력확대계수 범위*(stress-intensity factor range threshold) ΔK_{th}라 부른다. 이 임계값 이하에서는 균열진전이 생길 수 없다. 영역 2에서의 균열진전속도 da/dN의 지수 m은 보통 2.5에서 6 사이에서 정해진다.

7.3.3 피로수명 계산

특정재료를 사용하여 새로운 공학 부품을 설계할 때는, 그 부품의 피로수명에 대해 알아보는 게 바람직하다. 대부분의 경우, 파괴인성 데이터를 균열진전속도 데이터와 조합하여 얻어지는 식을 사용하여 피로수명을 예측할 수 있다.

피로수명을 계산하기 위한 관계식은 식 (7.11), $da/dN = A\Delta K^m$을 적분함으로써 얻어질 수 있다. 적분 구간은 초기 균열길이 a_0와 파괴에 이르게 하는 사이클 수 N_f에서의 임계균열길이 a_f이다. 우선, 식 (7.11)에서

$$\frac{da}{dN} = A\Delta K^m \tag{7.14}$$

그런데

$$\Delta K = Y\sigma\sqrt{\pi a} = Y\sigma\pi^{1/2}a^{1/2} \tag{7.15}$$

이므로 아래와 같이 정리할 수 있다.

$$\Delta K^m = Y^m\sigma^m\pi^{m/2}a^{m/2} \tag{7.16}$$

식 (7.16)의 $Y^m\sigma^m\pi^{m/2}a^{m/2}$을 식 (7.14)의 ΔK^m에 대입하면,

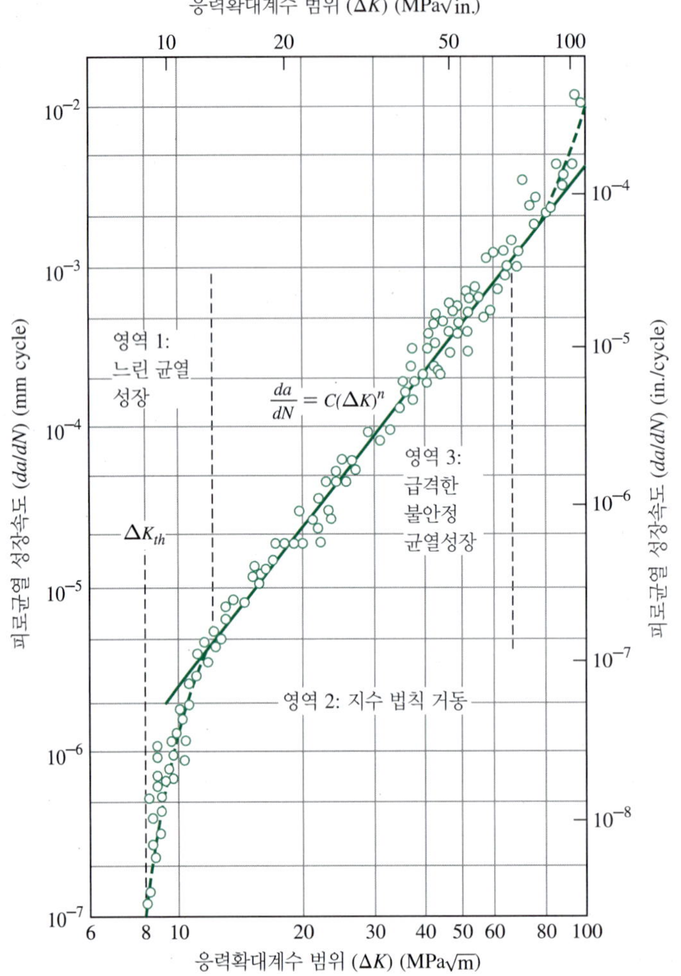

그림 7.25 ➤ ASTM A533 B1 강에 대한 피로균열진전 거동 [항복 강도 470 MPa (70 ksi), 시험조건 $R = 0.10$, 시험온도: 24°C].
(출처: *Manual on Fatigue Testing*, American Society for Testing and Materials, 1949.)

$$\frac{da}{dN} = A(Y\sigma\sqrt{\pi a})^m = A(Y^m\sigma^m\pi^{m/2}a^{m/2}) \tag{7.17}$$

식 (7.17)을 다시 정리한 후, 초기 균열길이 a_0에서 최종 균열길이 a_f, 그리고 피로 사이클 수 0에서 피로 파괴에 이르는 사이클 수 N_f까지를 다음과 같이 적분한다.

$$\int_{a_v}^{a_f} da = AY^m\sigma^m\pi^{m/2} \cdot a^{m/2}\int_0^{N_f} dN \tag{7.18}$$

그리고,

$$\int_0^{N_f} dN = \int_{a_v}^{a_f} \frac{da}{A\sigma^m\pi^{m/2}Y^m a^{m/2}} = \frac{1}{A\sigma^m\pi^{m/2}Y^m} \int_{a_v}^{a_f} \frac{da}{a^{m/2}} \tag{7.19}$$

다음 관계를 이용해서

$$\int a^n da = \frac{a^{n+1}}{n+1} + c \tag{7.20}$$

식 (7.19)를 적분하면

$$\int_0^{N_f} dN = N\Big|_0^{N_f} = N_f \qquad \textbf{(7.21a)}$$

가 되며, $n = -m/2$라 두면,

$$\frac{1}{A\sigma^m\pi^{m/2}Y^m}\int_{a_v}^{a_f}\frac{da}{a^{m/2}} = \frac{1}{A\sigma^m\pi^{m/2}Y^m}\left(\frac{a^{-(m/2)+1}}{-m/2+1}\right)\Bigg|_{a_0}^{a_f} \qquad \textbf{(7.21b)}$$

된다. 따라서,

$$N_f = \frac{a_f^{-(m/2)+1} - a_0^{-(m/2)+1}}{A\sigma^m\pi^{m/2}Y^m[-(m/2)+1]} \qquad m \neq 2 \qquad \textbf{(7.22)}$$

식 (7.22)에서 $m \neq 2$라 가정하였으며, 항상 그렇지는 않지만 Y는 균열길이와 무관하다고 가정하였다. 따라서 식 (7.22)는 부품의 피로수명에 대한 정확한 값이 될 수도 혹은 아닐 수도 있다. 따라서 $Y = f(a)$가 되는 일반 경우에는 N_f를 계산하기 위해서 Y값의 변화도 고려해야 한다. 즉, 미소 균열길이의 변화에 대한 ΔK와 ΔN의 값을 연속적으로 계산해야 한다.

예제 7.2

합금강 판재가 일정 진폭의 1축 피로 반복응력을 받고 있는 가운데, 최대 인장응력은 120 Mpa, 최대 압축응력은 30 MPa이다. 이 판재의 정적 성질인 항복강도는 1400 MPa, 파괴인성 KIC는 45 MPa $\sqrt{\text{m}}$이다. 만약 이 판재가 전 두께에 걸쳐 1.00 mm의 균일한 측면 균열을 가지고 있다면, 파괴에 이르게 되는 피로 사이클 수는 얼마가 되겠는가? 사용할 식은 da/dN (m/cycle) = $2.0 \times 10^{-12}\Delta K^3(\text{MPa}\sqrt{\text{m}})^3$이며 파괴인성 식의 Y는 1로 가정하라.

풀이

이 판재에 대한 균열진전속도에 관한 식은

$$\frac{da}{dN}\,(\text{m/cycle}) = 2.0 \times 10^{-12}\Delta K^3\left(\text{MPa}\sqrt{\text{m}}\right)^3$$

따라서, $A = 2.0 \times 10^{-12}$, $m = 3$, $\sigma_r = (120 - 0)$ MPa (압축응력은 무시되므로 0), $Y = 1$이 된다.

초기 균열길이 a_0는 1.00 mm이며, 최종 균열길이 a_f는 파괴인성 식에서 다음과 같이 주어진다.

$$a_f = \frac{1}{\pi}\left(\frac{K_{\text{IC}}}{\sigma_r}\right)^2 = \frac{1}{\pi}\left(\frac{45\ \text{MPa}\sqrt{\text{m}}}{120\ \text{MPa}}\right)^2 = 0.0449\ \text{m}$$

피로수명 N_f는 식 (7.22)에서 다음과 같이 결정된다.

$$\begin{aligned} N_f &= \frac{a_f^{-(m/2)+1} - a_0^{-(m/2)+1}}{[-(m/2)+1]A\sigma^m\pi^{m/2}Y^m} \qquad m \neq 2 \\ &= \frac{(0.0449\ \text{m})^{-(3/2)+1} - (0.001\ \text{m})^{-(3/2)+1}}{(-\frac{3}{2}+1)(2.0\times10^{-12})(120\ \text{MPa})^3(\pi)^{3/2}(1.00)^3} \\ &= \frac{-2}{(2\times10^{-12})(\pi^{3/2})(120)^3}\left(\frac{1}{\sqrt{0.0449}} - \frac{1}{\sqrt{0.001}}\right) \\ &= \frac{-2\times 26.88}{(2\times10^{-12})(5.56)(1.20)^3(10)^6} = 2.79\times10^6\ \text{cycles} \end{aligned}$$ ◀

7.4 금속의 크리프와 응력 파단

7.4.1 금속의 크리프

금속이나 합금이 일정 하중이나 일정 응력 하에서 오랜 시간에 걸쳐 점진적인 소성변형을 겪을 때, 이와 같은 *시간 의존성 변형률*(time-dependent strain)을 **크리프**(creep)라 한다. 금속과 합금의 크리프는 특히 고온에서의 공학 설계에 매우 중요하다. 예를 들어, 가스터빈 엔진의 터빈 날개(blade)용 합금을 선택할 때 기술자는 날개가 최대 허용 변형률에 도달하여 교체되기 전에 날개가 오랫동안 사용될 수 있도록 매우 낮은 **크리프 속도**(creep rate)를 가진 합금을 선택해야 한다. 고온에서 사용하는 공학적 설계의 경우 재료의 크리프는 사용 온도를 제한하는 인자가 된다.

절대융점의 절반인 $\frac{1}{2}T_M$ (고온 크리프, high-temperature creep) 이상의 온도에서 순수한 다결정 금속의 크리프 생각해보자. 더불어, 상당한 크리프 변형이 생길 수 있도록 충분히 큰 일정 하중을 받는 어닐링한 인장시편의 크리프 실험을 생각해 보자. 장시간에 걸친 시편의 길이 변화를 시간 증가에 따라 그린 *크리프 곡선*(creep curve)은 그림 7.26과 같다.

그림 7.26의 이상화된 크리프 곡선에서 보면, 초기에는 시편에 순간적으로 빠른 연신 변형률 ϵ_0가 생긴다. 이후 시편은 시간에 따라 변형률 속도가 감소하는 1차(primary) 크리프를 보인다. 크리프 곡선의 기울기($d\epsilon/dt$, or $\dot{\epsilon}$)를 *크리프 속도*(creep rate)라 한다. 따라서 1차 크리프 동안 크리프 속도는 시간에 따라 점차 감소한다. 1차 크리프 후 속도가 거의 일정한 2차(secondary) 크리프가 일어나는데, 이를 *정상상태 크리프*(steady-state creep)라고도 한다. 마지막으로, 파괴변형률까지 크리프 속도가 시간에 따라 빠르게 증가하는 3차(tertiary) 크리프가 일어난다. 크리프 곡선의 형태는 가해진 하중(응력)과 온도에 따라 달라진다. 응력과 온도가 높아질수록 크리프 속도는 증가한다.

1차 크리프 동안 금속은 가해진 하중을 지탱하면서 변형 경화되고, 더 이상의 변형 경화가 어려워짐에 따라 크리프 속도는 감소한다. 보다 고온(즉, 금속의 $0.5T_M$ 정도 이상)에서의 2차 크리프 동안에는 전위의 활발한 이동에 의한 회복 과정이 변형 경화에 역작용하게 되어 금속은 정상상태 속도로 계속 늘어나게(크리프) 된다(그림 7.26). 2차 크리프에서 크리프 곡선의 기울기($d\epsilon/dt = \dot{\epsilon}$)를 *최소 크리프 속도*(minimum creep rate)라고 한다. 2차 크리프 과정에서 금속이나 합금의 크리프 저항이 가장 높다. 마지막으로, 일정한 하중을 받는 시편의 3차 크리프에서 시편의 네킹(necking)과 결정립계에 생기는 기공의 형성 등에 의해 크리프 속도는 가속된다. 그림 7.27은 크리프 파괴가 일어난 304L 스테인리스강의 입계 균열이다.

보다 낮은 온도(즉, $0.4T_M$ 이하)와 작은 응력에서는, 금속은 1차 크리프를 보이지만 2차 크리프는 무시할 수 있

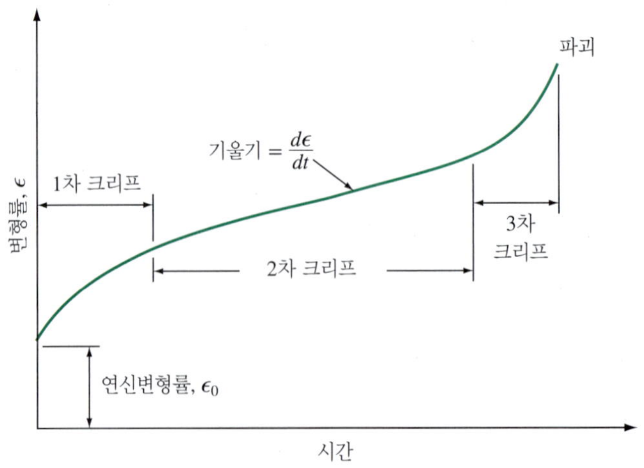

그림 7.26 ➤ 금속의 일반적인 크리프 곡선. 이 곡선은 일정 온도에서 일정 하중을 받고 있는 금속이나 합금의 시간에 따른 변형률의 변화를 나타낸다. 설계 엔지니어들에게는 2단계 크리프(직선 구간)가 가장 중요한데, 이 조건에서 가장 광범위하게 크리프가 일어나고 있기 때문이다.

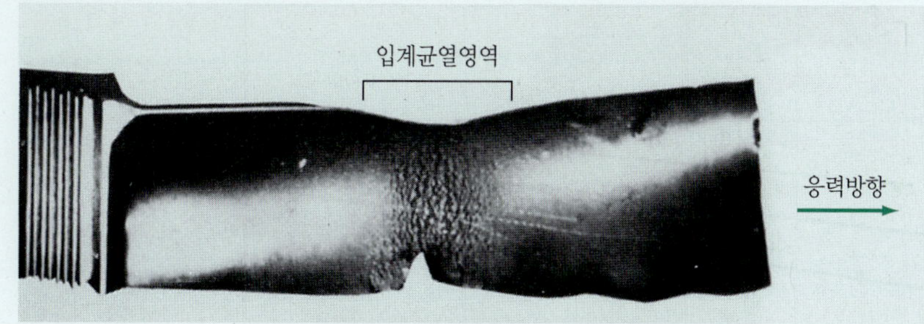

그림 7.27 ➤ 국부적 변형과 다수의 입계 균열들을 보여주는 제트 엔진 날개의 크리프 변형. (ASM International)

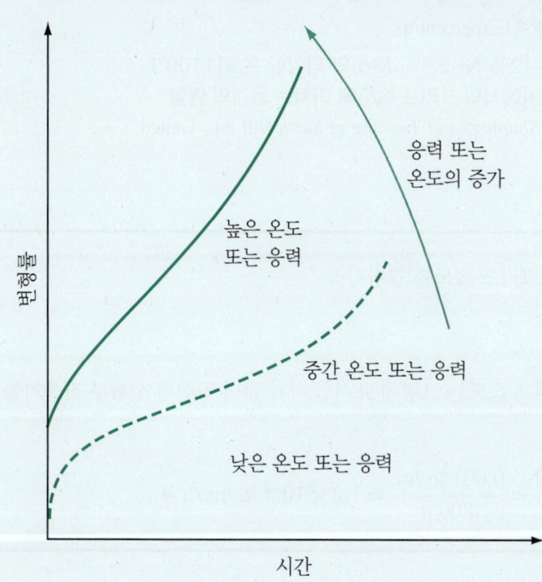

그림 7.28 ➤ 금속의 크리프 곡선 형상에 미치는 응력 증가의 영향(개략도). 응력의 증가에 따라 변형률 속도도 증가한다.

는데, 이는 온도가 너무 낮아 확산에 의한 회복 크리프가 일어나지 않기 때문이다. 그러나 금속에 대한 응력이 극한 인장강도보다 크다면, 금속은 보통 인장시험에서처럼 늘어난다. 일반적으로 크리프를 받는 금속에 대한 응력과 온도가 증가함에 따라 크리프 속도도 증가한다(그림 7.28).

7.4.2 크리프 시험

크리프 속도에 대한 응력의 영향은 크리프 시험으로 결정한다. 일정 온도에서 서로 다른 응력이거나 또는 일정 응력에서 서로 다른 온도 조건 등에서 다수의 크리프 시험이 수행되며, 그림 7.29에 보인 것과 같이 크리프 곡선이 그려진다. 그림 7.29에서 표시한 바와 같이 최소 크리프 속도나 2차 크리프에서의 기울기가 각 곡선에서 측정된다. 일반적인 크리프 강도의 기준은 주어진 온도에서 최소 10^{-5} %/h의 크리프 속도를 생성하는 응력이다. 그림 7.30에서 316 스테인리스강에 대해 최소 10^{-5} %/h의 크리프 속도를 생성하는 응력값은 외삽법을 이용해 도출할 수 있다.

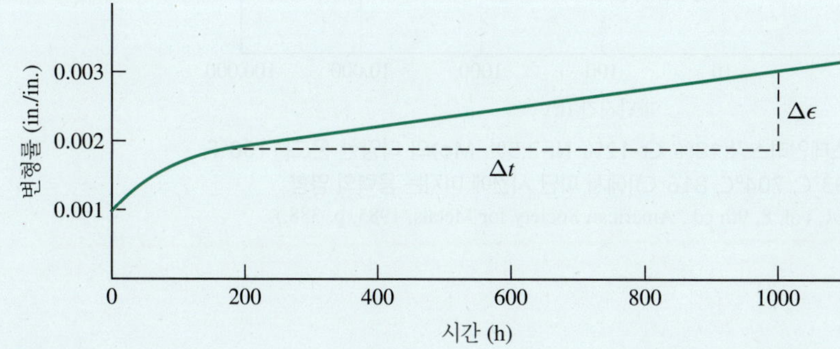

그림 7.29 ➤ 구리 합금의 크리프 곡선(시험조건: 225°C 및 230 MPa (33.4 ksi)). 곡선의 선형 부 기울기는 정상상태에서의 크리프 속도이다.
(출처: A.H. Cottrell and D. Hull, *Proc. R. Soc. London*, 242A: 211-213 (1957).)

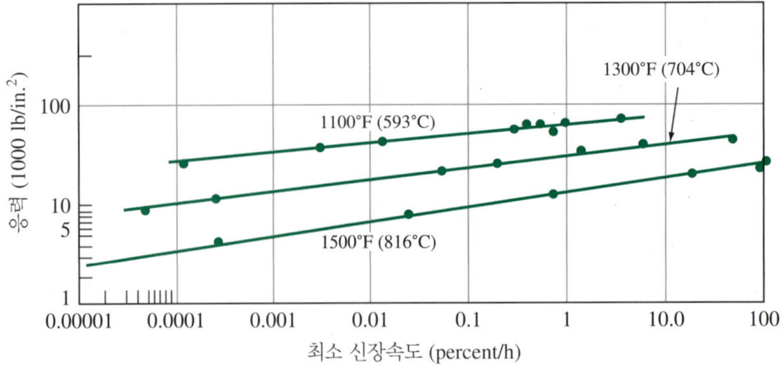

그림 7.30 ➤ 316 스테인리스강(18% Cr-12% Ni-2,5% Mo)의 다양한 온도[1100°F, 1300°F, 1500°F (593°C, 704°C, 816°C)]에서의 크리프 속도에 미치는 응력의 영향.
(출처: H.E. McGannon [ed.], *The Making, Shaping, and Treating of Steel*, 9th ed., United States Steel, 1971, p. 1256.)

예제 7.3

그림 7.29에 보이는 구리 합금의 크리프 곡선에서 정상상태 크리프 속도를 결정하라.

풀이

그림 7.29의 크리프 곡선에서 이 합금에 대한 정상 상태 크리프 속도는 그림에 표시한 바와 같이 곡선의 선형부 기울기를 구하여 얻는다. 따라서,

$$\text{크리프 속도} = \frac{\Delta\epsilon}{\Delta t} = \frac{0.0029 - 0.0019}{1000\text{ h} - 200\text{ h}} = \frac{0.001\text{ in./in.}}{800\text{ h}} = 1.2 \times 10^{-6}\text{ in./in./h} \blacktriangleleft$$

7.4.3 크리프-파단 시험

크리프-파단 시험(creep-rupture test) 또는 **응력-파단 시험**(stress-rupture test)은 하중이 높다는 것을 제외하고는 본질적으로 크리프 시험과 같으며, 시험은 시편이 파괴될 때까지 계속된다. 크리프-파단 시험 데이터는 그림 7.31과 같이 log 응력 대 log 파단 시간으로 그려진다. 일반적으로 가해진 응력과 온도가 증가함에 따라 응력파단이 일어나는 시간은 감소한다. 그림 7.31에서 관찰되는 기울기 변화는 재결정, 산화, 부식, 상변화와 같은 인자들에 의해 발생한 것이다.

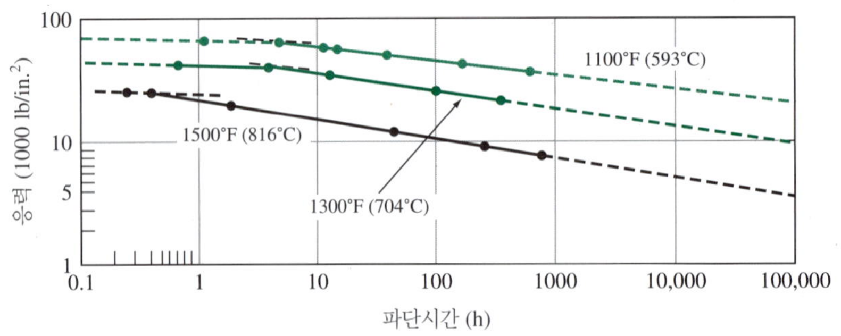

그림 7.31 ➤ 316 스테인리스강(18% Cr-12% Ni-2.5% Mo)의 다양한 온도[1100°F, 1300°F, 1500°F (593°C, 704°C, 816°C)]에서 파단 시간에 미치는 응력의 영향.
(출처: *Metals Handbook*, vol. 8, 9th ed., American Society for Metals, 1985, p. 388.)

7.5 크리프의 도식화 및 라슨-밀러 파라미터를 사용한 응력-파단 시간-온도 자료

고온에서의 크리프 저항 합금의 크리프-응력파단 데이터는 파단에 이르게 하는 log 응력과 log 파단 시간 및 온도의 조합으로 그려진다. 이와 같은 데이터를 표시하는 데 가장 일반적으로 사용되는 시간-온도 파라미터는 **라슨 밀러 파라미터**(Larsen-Miller (L. M.) Parameter)이며, 이의 일반 형태는 아래와 같다.

$$P(\text{L.M.}) = T[\log t_r + C] \tag{7.23}$$

여기서 T = 온도, K 또는 °R

t_r = 응력파단 시간, h

C = 상수, 일반적으로 20의 차수

켈빈-시간으로 표시하면, L.M. 파라미터는 다음과 같고

$$P(\text{L.M.}) = [T(°\text{C}) + 273][(20 + \log t_r)] \tag{7.24}$$

랜킨-시간으로 표시하면, 아래와 같이 표현된다.

$$P(\text{L.M.}) = [T(°\text{F}) + 460][(20 + \log t_r)] \tag{7.25}$$

L.M. 파라미터에 따르면, 어떤 재료에 대해 주어진 응력 값에서 응력파단에 이르게 하는 log 시간에 20을 더한 후 켈빈 혹은 랜킨 온도를 곱하면 일정한 값이 된다.

그림 7.32는 세 종류의 열처리된 고온용 크리프 저항합금의 파단에 이르게 하는 log 응력에 대한 L.M. 파라미터를 비교한 것이다. 만약 3가지 변수, 즉, 파단 시간, 응력 작용 온도 및 응력 중 2개를 알 수 있다면 L.M. 파라미터에 맞는 3번째 변수는 예제 7.4에서 예시한 바와 같이 log 응력과 L.M. 파라미터 도표로부터 도출될 수 있다.

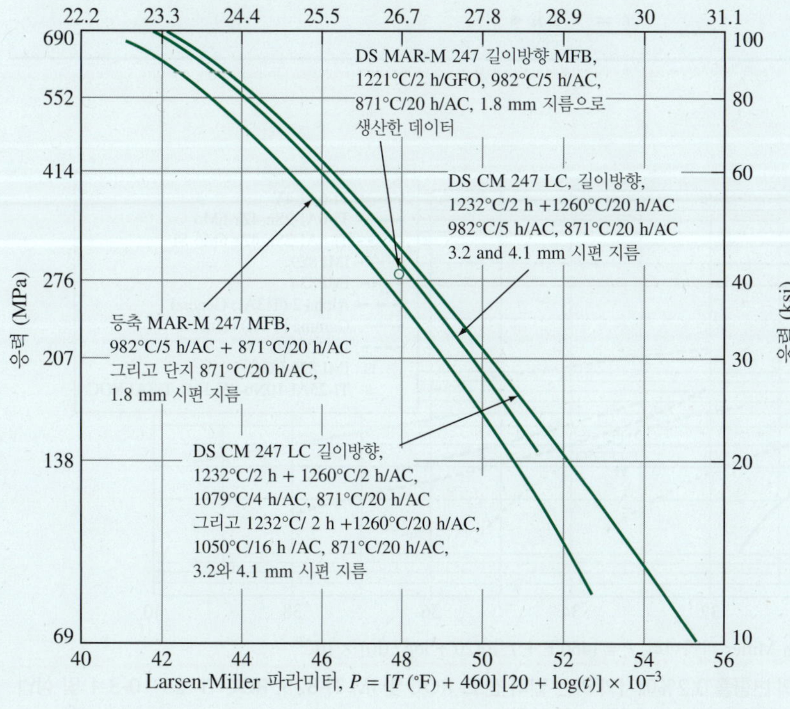

그림 7.32 ➤ 일방향 응고된(*d*irectionally solidified, DS) CM247 LC합금과 DS 등축 MAR-M 247합금의 라슨-밀러 응력 파단 강도 (MFB: 블레이드로부터 기계 가공, GFQ: 가스 팬–담금질, AC: 공기 냉각).
(출처: *Metals Handbook*, vol. 1, 10th ed., ASM International, 1990, p. 998.)

예제 7.4

응력 207 MPa (30 ksi)에서의 그림 7.32의 L.M. 파라미터를 사용하여 일방향 응고 합금 CM 247(가장 위쪽 그래프)의 980°C에서의 응력 파단 시간을 구하라.

풀이

그림 7.32로부터 응력 207 MPa에서의 L.M. 파라미터의 값은 27.8×10^3 K·h가 된다. 따라서,

$$P = T(K)(20 + \log t_r) \qquad T = 980°\text{C} + 273 = 1253\ \text{K}$$
$$27.8 \times 10^3 = 1253(20 + \log t_r)$$
$$\log t_r = 22.19 - 20 = 2.19$$
$$t_r = 155\ \text{h} \blacktriangleleft$$

특정 값의 크리프 변형률, 예를 들어 0.2% 변형률에서의 라슨-밀러 파라미터 그래프는 다양한 시간과 온도에서 응력의 변화에 따라 구해지며, 여러 타이타늄 합금에 대한 그림 7.33에서 보듯이, 이 재료들의 고온 크리프 성질을 비교하는 데 사용될 수 있다. 예제 7.5는 응력파단 시간, 크리프 시간, 크리프 온도 등이 log 응력과 L.M. 파라미터 그래프를 사용해서 어떻게 결정될 수 있는지를 보여준다.

예제 7.5

그림 7.33를 사용하여, 응력 40 ksi (276 MPa), 온도 1200°F (649°C)일 때, 감마(gamma) TiAl에서 0.2% 크리프 변형률이 생기는 데 필요한 시간을 계산하라.

풀이

그림 7.33에서 이 조건에 대한 P는 38,000이다. 따라서,

$$P = 38{,}000 = (1200 + 460)(\log t_{0.2\%} + 20)$$
$$22.89 = 20 + \log t$$
$$\log t = 2.89$$
$$t = 776\ \text{h} \blacktriangleleft$$

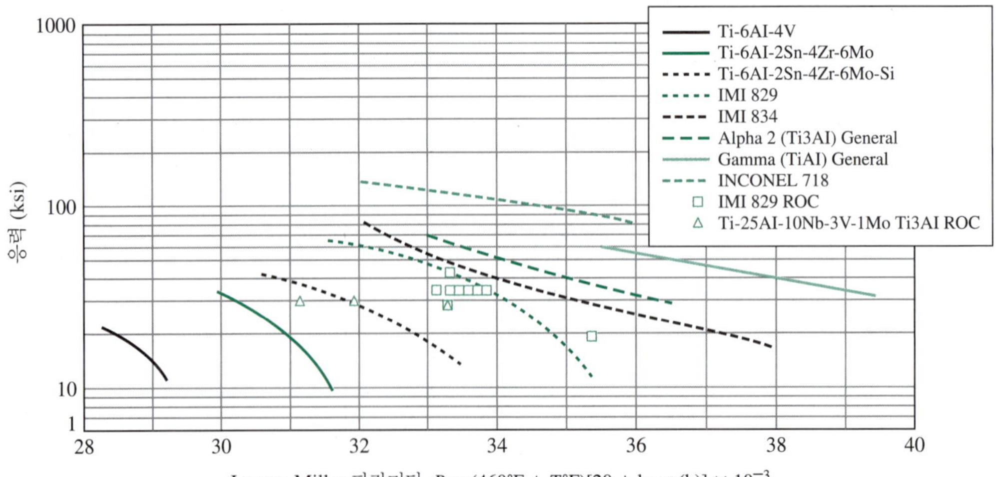

그림 7.33 > 다양한 타이타늄 합금들의 변형률 0.2%에서의 라슨-밀러 선도. ROC 및 IM Ti-829, ROC Ti- 25-10-3-1 및 상업적으로 중요한 몇몇 알파와 베타 합금들의 비교. ROC: 전방향 급속 압축(rapid omnidirectional compaction).
(출처: P. C. Paris et al., *Stress Analysis and Growth of Cracks*, STP513 ASTM, Philadelphia, 1972, pp. 141-176.)

7.6 금속 부품의 파손 사례연구

금속 부품들은 재료의 결함, 잘못된 설계 및 오용 등에 의해 피로 및 크리프 파괴에 따라 파손될 수 있다. 이와 같은 파손은 제작자들이 행하는 모델시험 중에 일어날 수도 있으며, 제품이 판매된 후 사용 중에 발생할 수도 있다. 어느 경우나 파손의 원인을 규명하기 위한 파손 분석을 수행하는 것은 당연하다. 전자의 경우는 파손의 원인에 대한 정보는 설계나 재료 선택을 개선하는 데 유용하게 사용되고, 후자의 경우는 제품의 신뢰성을 확보하는 데 중요하게 사용될 것이다. 어떤 경우든 엔지니어들은 그 분석을 수행하기 위해서는 재료의 기계적 거동에 대한 지식을 활용한다. 분석 자체는 증거들의 문서화 및 보존 등이 요구되는 과학적인 수사 과정이다. 그 일례로서 다음 사례 연구를 살펴보자.

파손 분석 과정의 첫 번째 단계는 그 부품의 기능, 사용자가 요구하는 규격, 파손이 일어나게 된 상황 등을 확인하는 것이다. 이 사례에서는 팬 동력보조 축을 항복 강도가 586 Mpa인 냉간 인발된 1040 혹은 1045강으로 만들도록 요구하고 있다. 이 축의 기대 수명은 6440 km로 예상되었으나, 3600 km의 사용 후에 그림 7.34와 같이 파손되었다.

일반적으로 조사는 파손된 부품의 시각적인 관찰에서부터 진행한다. 시각 관찰을 할 때에는 파단면에 추가적인 손상이 생기지 않도록 주의가 필요하다. 즉, 파단면끼리 짝을 맞추려고 해서는 절대로 안 되는데, 이는 추후 분석에 영향을 미칠 수 있는 표면 손상을 일으킬 수 있기 때문이다. 팬 동력축의 조사 결과 파단은 축 직경의 급격한 변화가 발생하는 부위의 필렛(fillet) 부근 두 점에서 시작되었다는 것을 확인할 수 있었다. 이 두 개의 시작점은 대략 180도만큼 떨어져 있다(그림 7.35). 이 파단면에 대한 시각적인 분석에 따라 조사자는 두 개의 시작점에서 최종 파괴가 일어난 축 중앙으로 파괴가 전파되었다고 결정하였다. 두 개의 시작점이 대칭이고 물결무늬가 표면에서 관

그림 7.34 ➤ 파손된 팬 축(인치 단위).
(ASM International)

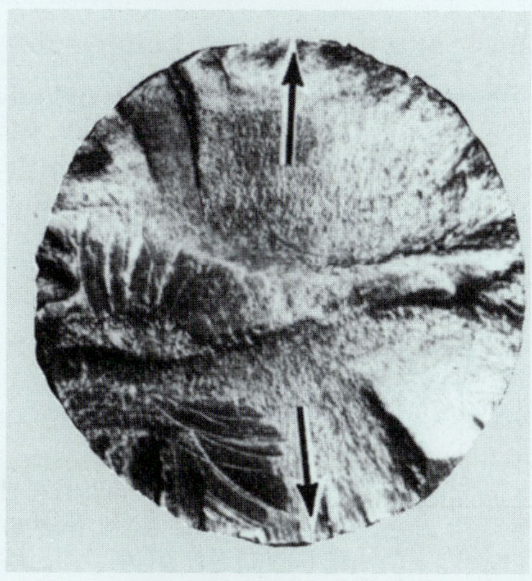

그림 7.35 ➤ 대칭적으로 위치한 파단 원점을 보여주는 파단면 사진. 최종 파단이 일어난 중앙부를 주목하라.
(ASM International)

찰되었기 때문에, 조사자는 파괴가 전형적인 가역 굽힘 피로라고 결론지었다. 주기적인 가역 굽힘과 급격한 필렛 반경(*응력 집중원*, stress riser)의 조합이 파단을 일으키게 한 것으로 예상했다.

시각적인 조사 및 모든 비파괴 검사들을 마무리한 후 파괴적인 시험까지도 수행된다. 예를 들면, 축 재료에 대한 화학적 조성시험을 하여 실제로 사용자가 요구한 1040강이었음을 밝혔다. 또한, 조사자들은 파단된 축의 중앙부로부터 인장시험편을 기계 가공할 수 있었다. 인장시험 결과 인장 및 항복강도는 각각 631 및 369 MPa이었고, 파단 시의 연신율은 27%였다. 이 축 재료의 항복강도(369 MPa)는 사용자가 요구한 것(586 MPa)보다 훨씬 낮았다. 추가적인 야금학적 조사에 의한 결정립 구조는 대부분 등축 상태이었다. 이전 6장에서 논의된 것으로 냉간 가공은 항복강도를 높이고 연성은 감소시키며, 결정립 구조는 등축이 아닌 신장된 형태가 되는 것을 기억해 보자. 낮은 항복강도, 비교적 높은 연성, 등축의 미세구조 특성 등은, 이 축의 제작에 사용된 1040강이 사용자가 요구한 바와 같이 냉간가공된 것이 아니라 분석 결과를 바탕으로 확인된 증거들은 이 재료가 열간압연된 것임을 예측할 수 있다.

열간 압연된 강(더 낮은 피로 한계를 갖는)의 사용과 필렛 부위의 응력 집중효과에 의해 가역 굽힘 파손에 이르게 된 것이다. 만약에 이 부품이 냉간 인발된 1040강(40% 정도 높은 피로 한계를 갖는)으로 만들었다면, 파단을 피할 수 있었거나 혹은 지연시켰을 것이다. 이 사례 연구는 어떤 부품의 성공적인 설계 및 사용을 위해서 재료의 성질, 공정 기술, 열처리 및 재료선택에 대한 엔지니어들의 지식이 매우 중요하다는 것을 보여 준다.

7.7 금속의 기계적 성능 향상을 위한 최근 연구와 향후 방향

이전 장에서 고강도, 고경도, 내마모성 향상과 같은 나노결정질 재료의 구조적으로 매력적인 일부 기능에 대해 간략하게 논의했다. 그러나 이러한 모든 개선 사항은 재료의 연성, 파괴 및 손상 내성이 특정 응용 분야에서 허용 가능한 수준을 만족하지 못할 경우 단순히 과학적인 일화일 뿐이라 평가된다. 다음 단락에서는 나노결정질 금속의 이러한 특성과 관련된 최신 지식과 발전에 대해 논의하고자 한다. 나노결정질 금속의 거동에 대한 정보는 매우 제한적이며, 미세결정질 금속에 필적하는 수준의 이해를 확립하기 위해서는 훨씬 더 많은 연구가 필요하다.

7.7.1 연성과 강도의 동시 향상

어닐링 처리되고 조대한 결정립을 가진 순동은 인장 연신율이 70%에 이르지만 항복 강도는 매우 낮다. 입자 크기가 30 nm 미만인 순동의 나노결정질 형태는 항복 강도가 상당히 높지만 인장 연신율 5% 미만이다. 이러한 경향이 구리 및 니켈과 같은 FCC 구조를 갖는 순수한 나노결정질 금속에서 전형적으로 나타나는 현상인 반면 BCC 및 HCP 나노결정질 금속에 대해서는 유사한 경향이 아직 확인되지 않았다. 그런데 나노결정질 코발트는 (HCP) 미세결정질 코발트와 유사한 인장신율을 보인다.

나노결정질 FCC 금속은 미세결정질 금속보다 훨씬 더 취성이 높으며, 그림 7.36에 개략적으로 설명되어 있다.

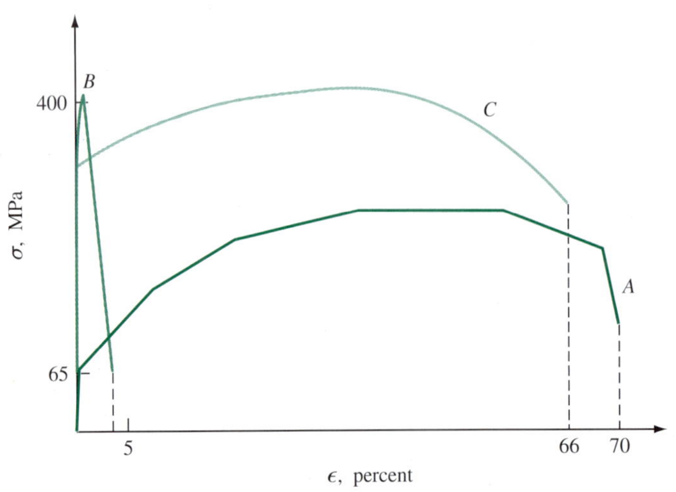

그림 7.36 ➤ 순수 구리의 응력 변형률 곡선. (곡선 *A*) 마이크로 결정체. (곡선 *B*) 나노 결정체. (곡선 *C*) 혼합 결정체.

그림 7.37 ➤ 마이크로, 극미세 및 나노크기 결정립이 혼합되어 있는 것을 보여주는 순수 구리의 TEM 현미경 사진.
(출처: Y.M. Wang, M.W. Chen, F. Zhou, E. Ma, Nature, vol. 419, Oct. 2002: Figure 3b.)

이 그림에서 곡선 *A*는 열처리된 마이크로 결정질 구리의 응력-변형 거동으로, 항복 강도는 약 65 MPa이고 연성은 약 70%이다. 곡선 *B*는 약 400 MPa의 향상된 항복 강도와 5% 미만의 연성을 갖는 나노 결정질 구리의 곡선을 나타낸다. 각 금속의 인성은 해당 응력-변형률 곡선 아래의 면적을 추정하여 결정할 수 있으며, 이 그림에서 나노결정 구리의 인성이 훨씬 더 낮다는 것을 확인할 수 있다. 연성 및 그에 따른 인성의 감소는 전단밴드라고 하는 국부적인 변형밴드의 형성 때문에 발생하는데, 나노입자에 전위활성이 없는 경우(극도로 작은 크기로 인해) 결정립이 일반적인 방식으로 변형되지 않고, 작은 전단밴드로 한정되어 나머지 결정립의 큰 변형 없이 결국 파괴된다. 결과적으로, 낮은 연성 때문에 인성이 감소하고 따라서 항복강도의 비약적인 증가 효과도 없어져 이와 같은 재료가 실제로 사용되는 경우는 거의 없게 되었다.

다행히 최근 미세결정질에 필적하는 연성을 가진 나노결정질 구리를 생산할 수 있었다. 이것은 액체 질소 온도에서 샘플의 일련의 냉간 압연 패스를 포함하는 복잡한 열기계 성형 프로세스를 통해 수행되며 각 패스 후 고도로 제어된 어닐링 공정을 거쳐 추가 냉각된다. 생성된 재료는 나노미터 및 초미세 입자의 매트릭스에 약 25% 마이크로미터 크기의 입자를 포함한다(그림 7.37).

액체 질소 온도에서의 냉간 압연 공정은 전위 밀도가 크게 형성되도록 한다. 낮은 온도는 전위의 회복을 방해하고 결과적으로 밀도가 상온에서 달성할 수 있는 수준 이상으로 증가한다. 이 단계에서 심하게 변형된 샘플은 나노결정질과 초미세 입자 구조가 혼합되어 정밀하게 제어된 조건에서 어닐링 된다. 어닐링 공정을 통해 일부 결정립의 재결정화 및 1~3 μm 범위의 결정립으로 성장한다(비정상적 결정립 성장(abnormal grain growth) 또는 2차 재결정화(secondary recrystallization)라고 함). 큰 결정립은 전위 및 쌍정 활동을 허용하여 재료에서 변형을 일으키는 반면 주로 나노크기 및 초미세 입자는 높은 항복 강도를 유지한다. 이 구리는 그림 7.36의 곡선 *C*에 의해 개략적으로 표시된 것처럼 높은 항복강도와 높은 연성 및 높은 인성을 모두 가지고 있다. 나노결정질 재료의 인성을 증가시킬 수 있는 이러한 새로운 열기계적 성형공정 외에도 다른 연구들을 통해 2상 나노결정질 재료의 합성이 연성과 인성을 향상시킬 수 있음을 확인하였다. 이러한 기술 발전은 다양한 분야에 나노물질의 응용을 활성화하는 데 중요하다.

7.7.2 나노 결정체 금속의 피로 거동

순수 니켈의 나노 결정체(4~20 nm), 극미세(300 nm) 및 마이크로 결정체 등에 대해 0인 응력비 *R* (0-인장-0) 및 사이클 주기 1 Hz의 조건에서 행한 기초 피로실험 결과, *SN* 피로 거동에 상당한 차이를 보임을 알 수 있었다. 마이크로 결정체 니켈과 비교할 때, 나노 결정체 및 극미세 결정체 니켈에서 내구한도(2백만 사이클에서 정의된)가 만족되는 인장응력 범위($\sigma_{max} - \sigma_{min}$)의 증가를 확인하였으며, 나노 결정체 니켈이 극미세 결정체 니켈보다 약간 큰 증가를 보여주었다. 그러나 위와 똑같은 결정립 크기의 니켈을 사용하여 측면 균열을 가진 시편에 대해 피로균열 진전 시험을 한 결과는 다른 경향을 보였다. 이 실험에서는 결정립이 작아짐에 따라 피로균열진전은 중간영역에서 증가됨을 보여주었다. 또한, 나노 결정체 재료에서 더 낮은 피로균열진전 임계값 K_{th}이 확인되었다. 종합적으로 나노크기의 결정립에서의 피로성능은 순기능 및 악영향이 동시에 일어나고 있음을 알 수 있다.

위와 같은 간단한 소개를 통해, 이 재료들의 거동을 이해하고 다양한 산업 분야에 사용하기 위해서는 수많은 연구가 더 필요하다고 하겠다. 이와 같은 새로운 재료에 대한 엄청난 기대는 그 해법을 찾기 위한 노력의 추진력이 되고 있다.

7.8 요약

사용 중인 금속부품의 파괴는 매우 중요하다. 어떤 부품에 사용할 재료를 선택하는 것은 원하지 않는 파손을 피하기 위한 중요한 단계이다. 금속파괴는 일반적으로 연성 혹은 취성으로 분류된다. 이는 간단한 정적인장시험을 통해서 쉽게 관찰할 수 있다. 연성파괴는 파손되기 전에 많은 소성변형을 동반하는 반면 취성은 파괴되기 전에 소성변형이 거의 없거나 전혀 나타나지 않아서 더 큰 문제가 된다. 어떤 경우에는 빠른 하중속도 또는 낮은 온도에서 원래 연성이었던 재료거동이 취성 형태로 바뀌는데, 이를 연성-취성 천이라 부른다. 따라서 낮은 온도에서 사용되는 부품을 위한 재료선택은 신중하게 이뤄져야 한다.

미소균열과 같은 결함들은 재료를 취약하게 하므로, 엔지니어들은 보다 안전한 부품을 설계하기 위해 흠이 미리 존재한다는 가정에 근거한 파괴인성 개념(파괴 역학)을 사용한다. 균열 선단에서의 응력확대계수 K의 개념은 균열 선단에서의 응력과 균열 길이가 결합된 영향을 표시하는 데 사용된다.

주기적인 혹은 반복적인 하중을 받고 있는 금속 부품의 파손은 피로 파괴라 하며, 이는 엔지니어들에게 매우 중요하다. 이의 중요성은 피로 파괴가 일어나는 응력값이 작다는 것, 재료 내부에 있는 손상이 숨겨져 있다는 것과 파괴가 갑자기 돌발적으로 생긴다는 것 때문이다. 고온에서 일정 하중을 받고 있을 때 발생하는 또 다른 형태의 파손은 크리프라 불리는데, 오랜 기간에 걸쳐 점진적으로 진행되는 소성변형이다. 엔지니어들은 그와 같은 파손에 대해 매우 잘 알고 있으며, 이를 방지하기 위해 높은 안전율을 적용한다.

엔지니어나 과학자들은 더 높은 강도, 더 좋은 연성, 더 큰 피로 저항 및 잘 파손되지 않는 새로운 재료를 항상 찾고 있다. 나노 결정체 재료들이 파괴에 대한 재료저항을 크게 향상시킬 수 있는 성질들이 조합되어 미래를 위한 재료로 선택될 수 있기를 기대한다. 그러나 이 목적을 달성하기 위해서는 많은 연구가 필요하다.

7.9 용어 정의

7.1 절

연성파괴(ductile fracture): 느린 균열전파의 특성을 갖는 파괴 형식. 금속의 연성파괴 표면은 섬유질 형상이며 거칠다.

취성파괴(brittle fracture): 빠른 균열전파의 특성을 갖는 파괴 형식. 금속의 취성파괴 표면은 결정립 형상이며 반듯하다.

입내파괴(transgranular fracture): 균열이 결정립의 기지 조직을 가로질러 전파하는 취성파괴의 형태.

입계파괴(intergranular fracture): 균열이 결정립계를 따라 전파하는 취성파괴의 형태.

연성취성천이(ductile to brittle transition: DBT): 온도가 낮을 때 재료의 연성 및 파괴 저항이 감소되어 취성으로 바뀌는 것.

단위 면적당 표면 에너지(surface energy per unit area, γ_s): 파괴의 결과로 생성된 표면과 관련된 에너지.

이론적 강도(theoretical strength): 기본 이론에 따라 결정되는 흠집 없는 본체(결함 없음)의 파괴 강도.

응력 집중 계수(stress concentration factor, K_α): 구성 요소의 형상 및 결함에 의해 영향을 받는 응력의 증폭, 원거리장 또는 공칭 응력 σ_{max}/σ_0에 대한 최대 응력의 비율로 표시.

응력 강도 계수(stress intensity factor, K_I): 공칭 또는 원거리 장 응력의 곱으로 균열 팁 근처의 응력을 결정하는 데 사용되는 계수 σ_0, 균열 길이 a의 절반의 제곱근.

파괴 인성(fracture toughness, K_{IC}): 기존 균열이 확장되고 플레이트가 파손되는 재료 특성인 응력 강도 계수의 임계값.

7.2절

피로(fatigue): 재료의 극한강도보다 최대값이 작은 반복응력에 의해 파괴되는 현상.

피로 파손(fatigue failure): 피로 파단을 겪는 시편이 두 부분으로 파손되거나 강성이 현저히 감소할 때 발생하는 파손.

피로 수명(fatigue life): 샘플이 파손되기 전에 지속되는 특정 특성의 응력 또는 변형 주기의 수.

7.3절

피로균열진전속도(fatigue crack growth rate *da/dN*): 일정한 진폭의 피로하중으로 인한 균열성장의 확장률.

7.4절

크리프(creep): 일정한 하중이나 응력을 받을 때 재료의 시간 종속적 변형.

크리프율(creep rate): 주어진 시간에서 크리프-시간 곡선의 기울기.

크리프(응력)-파단 강도(creep (stress)-rupture strength): 주어진 시간 및 특정 온도의 특정 환경에서 크리프(응력-파단) 시험에서 파괴를 일으키는 응력.

7.5절

라슨-밀러 파라미터(Larsen-Miller (L.M.) parameter): 크리프로 인한 응력 파열을 예측하는 데 사용되는 시간-온도 매개변수.

7.10 연습 문제

*표시를 한 문제는 책 마지막에 답을 제공하였다.

■ 지식과 이해 문제

7.1 금속의 연성 파괴 표면의 특성은 무엇인가?

7.2 금속의 연성 파괴의 세 단계를 설명하라.

7.3 금속의 취성파괴 표면의 특성은 무엇인가?

7.4 금속의 취성 파괴의 세 단계를 설명하라.

7.5 네킹이란? 일부 금속에서 발생하는 이유는 무엇인가?

7.6 갈매기 모양 패턴은 무엇을 나타내는가?

7.7 연성파괴가 취성파괴보다 실제로 덜 빈번한 이유는 무엇인가?

7.8 입계 파단과 입내 파단을 구별하여 설명하라.

7.9 샤피 V-노치 샘플을 사용하는 간단한 충격 시험을 설명하라.

7.10 표면 에너지가 무엇을 의미하는지 설명하라.

7.11 재료의 이론적 강도를 설명하라.

7.12 응력 집중 계수 K_α는 무엇인가?

7.13 응력강도계수, K_I는 무엇인가?

7.14 일반 탄소강의 탄소 함량은 연성에서 취성으로의 전이 온도 범위에 어떤 영향을 주는가?

7.15 금속 피로 파괴를 설명하라.

7.16 피로 파괴 표면에서 일반적으로 관찰되는 두 가지 표면 형상은 무엇인가?

7.17 피로 파괴는 일반적으로 금속의 어느 부위에서 발생하는가?

7.18 피로시험 *SN* 곡선이란 무엇이며, *SN* 곡선에 대한 데이터는 어떻게 확보하는가?

7.19 탄소강의 *SN* 곡선은 고강도 알루미늄 합금의 *SN* 곡선과 어떻게 다른가?

7.20 균일한 연성 금속이 주기적 응력 하에서 피로에 의해 파손될 때 발생하는 네 가지 기본 구조 변화를 설명하라.

7.21 금속의 피로 강도에 영향을 미치는 4가지 주요 요인을 설명하라.

7.22 금속의 크리프란 무엇인가?

7.23 금속의 크리프가 특별히 중요한 환경과 산업 조건은 무엇인가?

7.24 일정한 하중과 비교적 높은 온도에서 금속에 대한 일반적인 크리프 곡선을 그리고 3단계의 크리프를 모두 표시하라.

7.25 (*a*) 연성이 높은 금속, (*b*) 적당히 연성이 있는 금속, (*c*) 취성 금속에 대한 일반적인 공칭 응력-변형률 곡선을 그려라.

■ 응용과 분석 문제

***7.26** 유리섬유의 한 종류는 84.0 GPa의 탄성계수와 1.3 J/m^{2}의 표면에너지를 갖는다. 원자간 거리 a_0는 16.0 nm로 주어진다. (*a*) 유리의 이론적인 강도와 (*b*) 이것이 이론적인 강도의 탄성계수의 몇 퍼센트인지 결정하라.

***7.27** 탄성 계수가 90.0 GPa이고 표면 에너지가 1.05 J/m^{2}인 취성 재료의 원자간 거리를 결정하라. 이 재료의 이론적인 강도는 22.3 GPa이다.

***7.28** 단축 인장을 받는 7075-T751 알루미늄 합금의 두꺼운 판 내에 포함된 관통 균열에 대한 임계 균열 길이를 결정하라. 이 합금의 경우 $K_{IC} = 22.0$ ksi $\sqrt{\text{in.}}$이고 $\sigma_f = 82.0$ ksi. $Y = \sqrt{\pi}$라고 가정한다.

7.29 단축 인장 상태인 7150-T651 알루미늄 합금의 두꺼운 판에서 관통 균열에 대한 임계 균열 길이를 결정하라. 이 합금의 경우 $K_{IC} = 22.5$ MPa $\sqrt{\text{m}}$, $\sigma_f = 400$ MPa, $Y = \sqrt{\pi}$라고 가정한다.

7.30 설계 구성 요소의 재료에 대한 임계 응력 강도(K_{IC})는 20.0 ksi $\sqrt{\text{in.}}$이다. 부품에 0.10인치 길이의 내부 균열이 있는 경우 파손을 일으키는 인가 응력은 얼마인가? $Y = 1$이라고 가정한다.

7.31 (*a*) 항복강도의 3/4 및 (*b*) 항복강도의 1/2의 인가 응력에서 알루미늄 합금 7075-T651의 두꺼운 판재가 지지할 수 있는 내부 관통 균열의 최대 크기(mm)는 얼마인가? $Y = 1$이라고 가정한다.

***7.32** Ti-6Al-4V 합금 판에는 1.90 mm의 내부 관통 균열이 있다.

이 재료가 치명적인 파손 없이 견딜 수 있는 최대 응력(MPa)은 얼마인가? 내부 균열이 0.95 mm(*a* 부분의 절반)인 경우 최대 응력 얼마인가? $Y = \sqrt{\pi}$라고 가정한다.

7.33 방정식 $K_{IC} = \sigma_f \sqrt{\pi a}$를 사용하여 알루미늄 합금 7075-T651의 파괴 응력(MPa)-균열크기 *a* (mm)의 그래프를 균열크기 0.2 mm에서 2.0 mm 사이의 값에 대해 표시하라. 치명적인 파손을 일으킬 최소 크기의 표면 균열은 얼마인가?

***7.34** (*a*) 파괴 인성 $K_{IC} = 23.5$ MPa $\sqrt{\text{m}}$이고 응력이 300 MPa인 두꺼운 2024-T6 합금 판의 관통 균열에 대한 임계 균열 길이(mm)를 결정하라. (*b*) 적용된 응력이 150 MPa라고 가정하고 (*a*)를 반복하라. 두 답변을 비교하고 의견을 말하라. $Y = 1$이라고 가정한다.

***7.35** 피로 시험이 25 ksi (172 MPa)의 최대 응력과 −4.00 ksi (−27.6 MPa)의 최소 응력으로 수행된다. (*a*) 응력 범위, (*b*) 응력 진폭, (*c*) 평균 응력, (*d*) 응력 비율을 계산하라.

7.36 피로 시험이 17,500 psi (120 MPa)의 평균 응력과 24,000 psi (165 MPa)의 응력 진폭으로 수행된다. (*a*) 최대 및 최소 응력, (*b*) 응력 비율, (*c*) 응력 범위를 계산하라.

7.37 크고 평평한 판에 각각 120 및 35 MPa의 일정한 진폭 단축 반복 인장 및 압축 응력이 가해진다. 시험 전 가장 큰 표면 균열이 1.00 mm이고 판재의 일반 변형 파괴 인성이 35 MPa $\sqrt{\text{m}}$인 경우 파손까지의 주기로 판재의 피로 수명을 추정한다. 플레이트의 경우 $m = 3.5$, $A = 5.0 \times 10^{-12}$(MPa 및 m 단위), $Y = 1.3$이라고 가정한다.

***7.38** 문제 7.37 참고: 판에서 초기 및 임계 균열 길이가 각각 1.25 및 12 mm이고 피로 수명이 2.0×10^6 주기인 경우 이 수명을 생성할 최대 인장 응력(MPa)을 계산하라. $m = 3.0$, $A = 6.0 \times 10^{-13}$(MPa 및 m 단위), $Y = 1.20$이라고 가정한다.

7.39 문제 7.37 참고: 피로 수명이 최소 7.0×10^5 사이클이어야 하는 경우 최종 임계 표면 균열 길이를 계산하라. 초기 최대 모서리 표면 균열 길이는 1.80 mm, 최대 인장 응력은 160 MPa, $m = 1.8$, $A = 7.5 \times 10^{-13}$(MPa 및 m 단위), $Y = 1.25$라고 가정한다.

***7.40** 문제 7.37 참고: 피로 수명이 8.0×10^6 주기이고 최대 인장 응력이 145 MPa인 경우 임계 표면 모서리 균열을 계산하라. $m = 3.5$, $A = 4.0 \times 10^{-11}$(MPa 및 m 단위), 초기 균열(모서리)은 3.05 mm, $Y = 1.15$이다.

7.41 다음 크리프 데이터는 50 ksi 및 400°C에서 티타늄 합금 실험으로 구했다. 시간에 대한 크리프 변형률을 그래프로 그리고, 이 시험조건에서의 정상 상태 크리프 속도를 구하라.

변형률 (in./in.)	시간 (h)	변형률 (in./in.)	시간 (h)
0.010×10^{-2}	2	0.075×10^{-2}	80
0.030×10^{-2}	18	0.090×10^{-2}	120
0.050×10^{-2}	40	0.11×10^{-2}	160

***7.42** 등축 MAR-M 247 합금(그림 7.31)이 276 MPa의 응력을 받고 있을 때, 850°C에서 응력 파열 시간을 결정하라.

7.43 DS MAR-M 247 합금(그림 7.31)이 207 MPa의 응력을 받고 있을 때, 응력 파단 수명이 210시간일 때의 온도는 몇 °C 인가?

***7.44** DS CM 247 LC 합금(그림 7.32의 중간 그래프)이 960°C의 온도에 3년 동안 노출되면 파열 없이 사용할 수 있는 최대 응력은 얼마인가?

7.45 Ti-6Al-2Sn-4Zr-6Mo 합금은 138 MPa의 응력을 받고 있다. 0.2% 이하의 크리프 변형이 발생하지 않도록 500°C에서 이 재료를 얼마나 오래 사용할 수 있는가? 그림 7.33을 사용하라.

7.46 감마 티타늄 알루미나이드가 345 MPa의 응력을 받고 있다. 재료의 크리프 변형률을 0.2%로 제한할 경우 이 재료를 1100°F에서 얼마나 오래 사용할 수 있는가? 그림 7.33을 사용하라.

■ 통합과 평가 문제

7.47 네킹은 모든 금속에서 발생하는가?

7.48 3가지 다른 금속의 3가지 인장시편에 UTS보다 약간 큰 하중을 가한 후 제거하였다. 실험을 통해 어떤 결론을 내릴 수 있는가?

***7.49** 샤피 V-노치 시편은 그림 7.9의 충격시험기로 평가한다. 테스트에서 팔 길이 110 cm (받침점에서 충돌 지점까지 측정)의 10 kg 망치를 80°로 올린 다음 떨어뜨린다. (*a*) 이 지점에서 질량에 저장된 위치 에너지는 얼마인가? (*b*) 시편이 파단된 후 해머가 45°까지 올라갔다면 이때 위치에너지는 얼마인가? (*c*) 시편의 파괴에 소비된 에너지의 양은 얼마인가? (*힌트*: 위치 에너지 = 질량 × g × 높이.)

7.50 문제 7.49의 해머를 125°까지 올리고, V-Notch 시편이 파괴를 위해 200 J이 필요하다면, 해머를 얼마나 높이 올려야 하는가?

***7.51** 문제 7.26 (탄성 계수 $E = 84$ GPa, 표면 에너지 $\gamma_s = 1.3$ J/m², $a_0 = 16.0$ nm)에 주어진 특성을 가진 판유리 제조 시 약 2×10^{-6} m (2 μm)의 내부 균열이 쉽게 관찰된다. (*a*) Griffith의 이론을 사용하여 이 판유리의 파괴 강도를 결정하라. (*b*) 이것을 문제 7.26에서 구한 유리의 이론적 강도와 비교하라. (*c*) 비교 결과를 기술하라.

7.52 판에 길이 $2a$의 관통 균열이 있다(그림 7.13*b*와 유사). 재료의 파괴 인성은 26.4 MPa $\sqrt{\text{m}}$이고 항복 강도는 455 MPa이다. (*a*) 1 mm 간격으로 1~10 mm의 균열 길이 *a*를 가정하여 판의 파괴 강도를 결정하라. (*b*) *a* 부분에서 결정된 균열 길이에 대한 파괴 강도를 표시하라. (*c*) σ_f/σ_Y 대 균열 길이 *a*의 비율을 표시하라. (*d*) 파트 *b*와 *c*의 그림을 분석하여 어떤 결론을 도출할 수 있는가?

7.53 취성재료로 만들어진 부품의 경우, 다양한 중심 임계균열크기 $2a_c$에 대한 파괴응력 σ_f는 Griffith 방정식에 기초하여 계산되고 표 7.2에 제공된다. (*a*) a_c 대 σ_f의 그래프를 그려라. (*b*) 이 그림은 σ가 증가함에 따라 무엇을 확인할 수 있는가? (*c*) 이 그림을 사용하여 20 μm의 균열 크기가 성장하지 않는 응력을 추정하라 (*d*) 40 μm 길이의 균열이 존재하고 가해진 응력이 100

MPa인 경우 균열이 커지는가? (*e*) 75 MPa의 응력에 대한 임계 균열 크기를 추정하라.

표 7.2 ➤

σ_f (Pa)	a_c (m)
2.52E+08	1.00E−06
1.78E+08	2.00E−06
1.46E+08	3.00E−06
1.26E+08	4.00E−06
1.13E+08	5.00E−06
1.03E+08	6.00E−06
9.54E+07	7.00E−06
8.92E+07	8.00E−06
8.41E+07	9.00E−06
7.98E+07	1.00E−05
5.05E+07	2.50E−05
3.57E+07	5.00E−05
2.91E+07	7.50E−05
2.52E+07	1.00E−04

7.54 Griffith 방정식을 사용하여 $E = 75$ GPa 및 $\gamma_s = 1.2$ J/m^{2}인 취성 재료로 만들어진 부품에 대해 $2a_c$의 중심 균열이 있는 경우, (*a*) 표 7.2에 주어진 a_c 길이에서 파괴 응력을 결정하고 a_c-σ_f의 그래프를 그려라. (*b*) 위보다 25% 더 크지만 단위 면적당 표면 에너지는 동일한 두 번째 재료에 대해 *a* 부분을 반복한다. 부품 *a*와 동일한 그림에 두 번째 재료에 대한 a_c-σ_f의 그래프를 그려라. (*c*) 어떤 결론을 도출할 수 있는가?

7.55 Griffith 방정식을 사용하여 $E = 110$ GPa 및 $\gamma_s = 2.8$ J/m^{2}인 취성 재료로 제작된 부품에 $2a_c$의 중심 균열이 있는 경우, (*a*) 표 7.2의 주어진 a_c 길이에서 파괴 응력을 결정하고 a_c-σ_f 그래프를 그려라. (*b*) 탄성계수는 같지만 단위 면적당 표면 에너지가 25% 더 큰 두 번째 재료에 대해 *a* 부분을 반복하라. (*a*)에서 구한 그래프에 두 번째 재료에 대한 a_c-σ_f 그래프를 그려라. (*c*) 도출할 수 있는 결론은 무엇인가?

7.56 Griffith 방정식을 사용하여 $E = 110$ GPa 및 $\gamma_s = 2.8$ J/m^{2}인 취성 재료로 제작된 부품에 대해 표 7.3에 주어진 균열 길이와 함께, (*a*) 균열이 중심 관통이라고 가정하고 파괴 응력을 결정하라. a_c-σ_f 그래프를 그려라. (*b*) 균열이 모서리 균열이라고 가정하고 *a*를 반복하고, 부분 *a*와 동일한 그림에서 두 번째 경우에 대해 a_c-σ_f 그래프를 그려라. (*c*) 도출할 수 있는 결론은 무엇인가?

표 7.3 ➤

균열 길이 (m)
1.00E−06
2.00E−06
4.00E−06
8.00E−06
1.60E−05
3.20E−05
6.40E−05
1.28E−04

***7.57** 가압된 원통형 용기의 원주방향 응력 σ(후프 응력이라고도 함)은 방정식 $\sigma = Pr/t$로 계산되며, 여기서 *P*는 내부 압력, *r*은 용기 반경, *t*는 용기 두께이다. 직경이 91.44 cm, 두께가 6.35 mm, 내부 압력이 5000 psi인 용기의 경우 용기를 다음 재료로 만들었다. (*a*) Al 7178-T651, (*b*) 합금강(17-7 pH)? 도출할 수 있는 결론은 무엇인가? 속성은 표 6.1을 사용하라. ($Y = 1.0$을 사용하고 중심 균열 형상을 가정한다.)

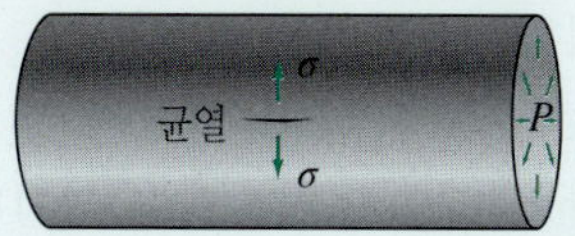

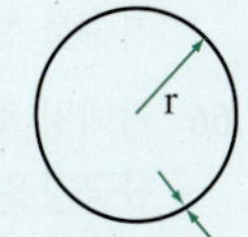

7.58 문제 7.57의 용기의 경우, 티타늄 합금(Ti-6Al-4V)으로 만들어진 용기를 생각해보라. (*a*) 기존 균열이 없는 경우 안전한 작동 압력은 얼마인가? (*b*) 길이 $a = 0.0635$ mm의 균열이 용기에서 검출된다면, 안전한 작동 압력은 얼마여야 하는가? (*c*) 길이 $a = 6.35$ mm의 균열이 검출된다면, 안전 작동 압력은 얼마여야 하는가? 결과를 분석하고 결론을 내려라. $Y = 1.0$을 사용하고 중심 균열 형상을 가정한다.

***7.59** 회사 A에서 사용하는 초음파 균열 감지기는 길이 $a = 0.20$인치 이상인 균열을 찾을 수 있다. 그림 7.13과 유사한 경량 판 부품을 설계 및 제조한 다음 기계를 사용하여 균열을 검사 진행한다. 부품에 가해지는 최대 단축 응력은 414 MPa이다. 구성 요소에 대한 금속 선택은 표 7.1에 나열된 Al 7178-T651, Ti-6Al-4V 또는 4340 강이다. (*a*) 부품의 제조를 위해 어떤 금속을 선택할 것인가? (*b*) 안전성과 무게를 모두 고려할 때 어떤 금속을 선택하겠는가? ($Y = 1.0$을 사용하고 중심 균열 형상을 가정한다.)

7.60 문제 7.59에서 모서리 균열 형상을 가정하여 단계를 반복한다. 문제 7.43에 대한 답을 비교하고 결론을 내려라.

7.61 문제 7.59에서 균열의 존재를 전혀 고려하지 않고 일축 응력 하에서의 항복만을 파손 기준으로 고려한다면, (*a*) 항복을 피하기 위해 어떤 금속을 선택하겠는가? (*b*) 항복을 피하고 가장 가벼운 금속을 선택한다면 어떤 것을 선택하겠는가? (표 7.1의 데이터 사용), 초기 균열이 없다고 가정하는 것이 안전한 설계 관행인가? 설명하라.

7.62 교량(및 기타 구조물) 검사에서 강철에 균열이 발견되면 엔지니어가 균열 선단 바로 앞에 작은 구멍을 뚫는 것이 일반적인 관행이다. 이것이 어떻게 도움이 될까?

7.63 차를 운전하는 동안 작은 자갈이 앞 유리창에 부딪히면 작은 균열이 발생한다. 이 작은 균열을 무시하고 사고 후 며칠 동안 계속 운전하면 어떻게 되는지 예측하라. 해결책을 제안할 수 있는가?

7.64 합금강판은 120 MPa의 인장응력을 받는다. 재료의 파괴인성은 45 MPa·m$^{1/2}$로 주어진다. (*a*) 판재가 정적 하중 조건($Y = 1$이라고 가정)에서 파손되지 않도록 하기 위해 임계 균열 길이를 결정하라. (*b*) 각각 120 MPa 및 30 MPa의 반복 인장/압축 응력이 작용하는 동일한 판을 고려한다. 주기적인 조건에서

정적 조건(파트 *a*)에서 임계 균열 길이의 50%에 도달하는 균열길이는 허용할 수 없는 것으로 간주한다. 부품이 3백만 주기 동안 안전하게 유지되어야 하는 경우 허용 가능한 최대 초기 균열 길이는 얼마인가?

7.65 방향성 응고 합금 CM 247로 만든 원통형 막대는 900°C의 온도에서 300시간 동안 10,000N 하중을 견뎌야 한다. 그림 7.32의 Larsen-Miller 플롯을 사용하여 횡단면에 대한 적절한 치수를 설계하라.

7.66 커넥팅 로드의 제조에는 1724 MPa까지 열처리 가능한 4340 합금강을 사용할 수 있다. 부품 제조에는 (1) 부품을 열처리하여 사용하는 방법과 (2) 열처리하여 표면을 연마하는 두 가지 옵션이 있다. 어떤 옵션을 사용하고 그 이유는 무엇인가?

7.67 항공기 제조에서 알루미늄 패널은 시트에 뚫린 구멍을 통해 함께 리벳으로 고정된다. 상온에서 구멍을 원하는 직경으로 소성 확장하는 것이 업계 관행이다(이는 구멍의 둘레에 압축 응력을 유발한다). (*a*) 이 프로세스가 사용되는 이유와 구조에 어떤 이점이 있는지 설명하라. (*b*) 냉간 팽창과정을 효과적이고 저렴하게 수행할 수 있는 시스템을 설계한다. (*c*) 냉간 팽창 과정에서 취해야 할 예방 조치는 무엇인가?

7.68 주화 재료를 선택할 때 고려하는 요소는 무엇인가? 이 분야에 적용가능한 재료들을 제안하라.

7.69 북극 지역의 구조용으로 알루미늄 합금, 스테인리스강 및 일반 저탄소강 합금(모두 적용에 적절한 강도를 제공함) 중에서 선택해야 한다면 무엇을 선택하겠는가? 이유는 무엇인가? (비용 문제는 고려사항이 아님.)

7.70 그림 P7.58에서 파손된 강관의 파손면을 조사한다. 이 파단을 어떻게 분류하겠는가? 파단이 어디서 시작되었는지 알 수 있는가? 어떻게 알 수 있는가?

7.71 그림 P7.59의 파단면을 조사하고 표면 특징의 차이점에 대해 논의한다. 각 파단의 유형과 특성을 식별할 수 있는가?

7.72 그림 P7.60의 부품은 고강도 강철 경주용 자동차 변속기 샤프트로, 주기적으로 비틀림과 약간의 굽힘 하중을 받는다. 그림 P7.60*a* 중 하나가 파손되었고, 그림 P7.60*b*는 샤프트 주변의 파단 경로를 확대한 이미지이며, 그림 P7.60*c*는 파손된 샤프트의 단면이다. 이 시각적 증거를 바탕으로 이 샤프트에 어떤 일이 일어났고 어디에서 파단이 시작되었는지 가능한 한 많이 추측하라. 특히, 그림 P7.60*c*에서 관찰한 내용을 나열하라.

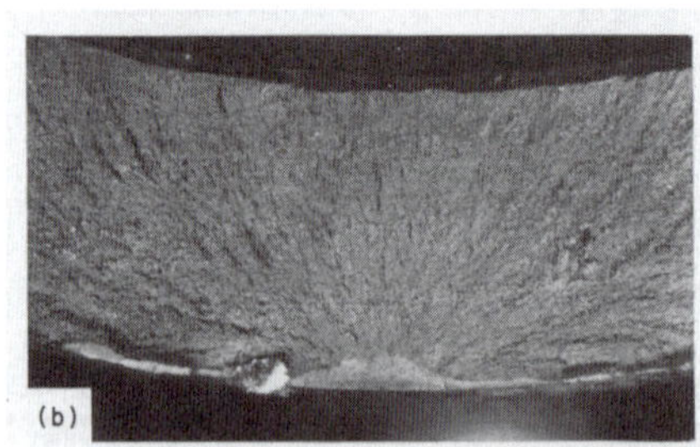

그림 P7.58 ➤
(ASM International)

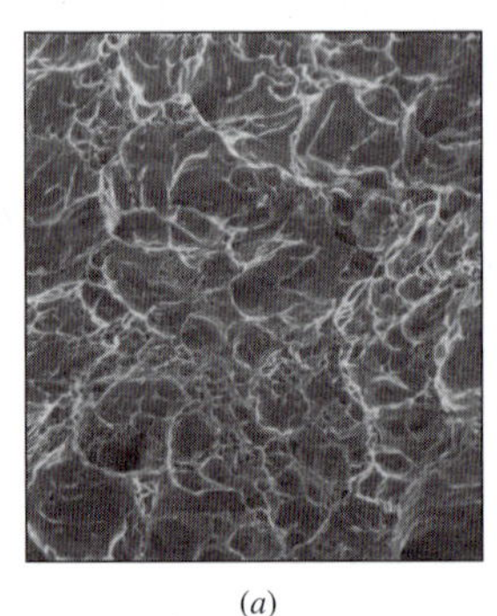

(*a*)

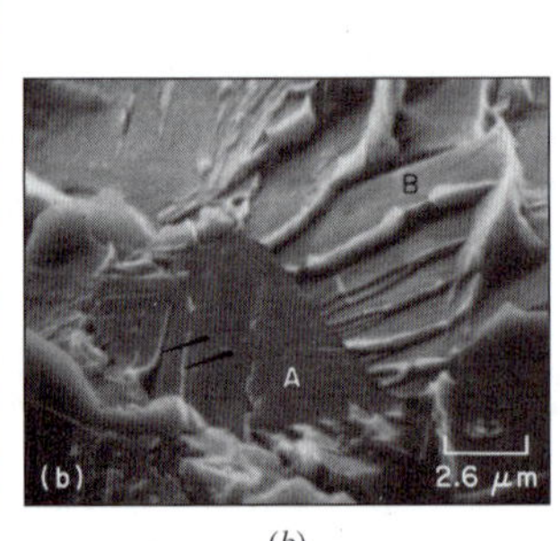

(*b*)

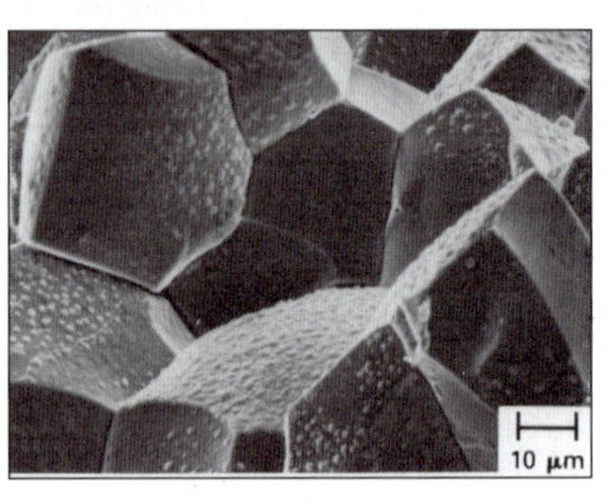

(*c*)

그림 P7.59 ➤
((*a*-*c*): ASM International)

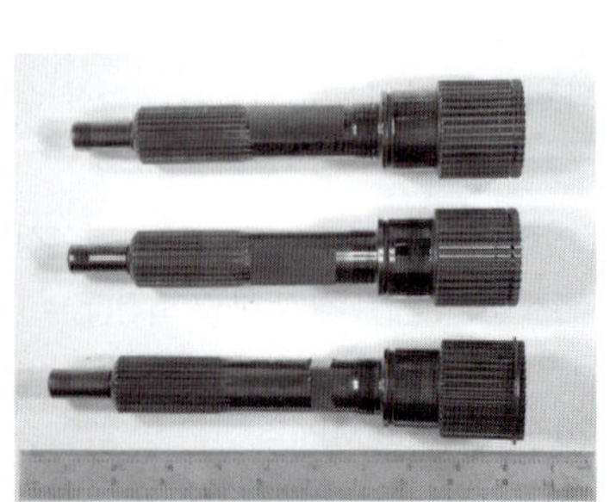

(*a*)

(*b*)

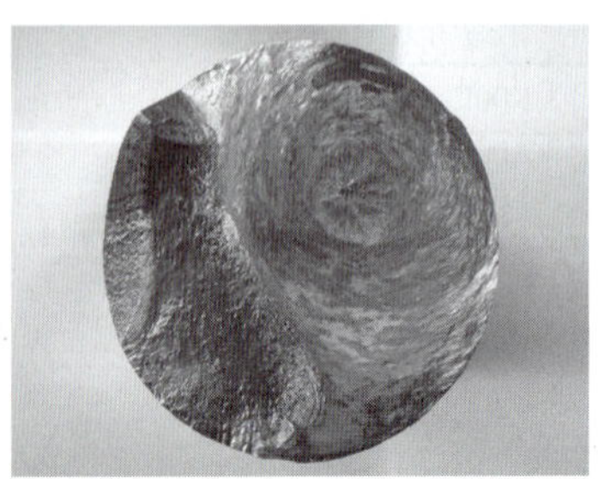

(*c*)

그림 P7.60 ➤
((*a*-*c*): Courtesy of Met-Tech)

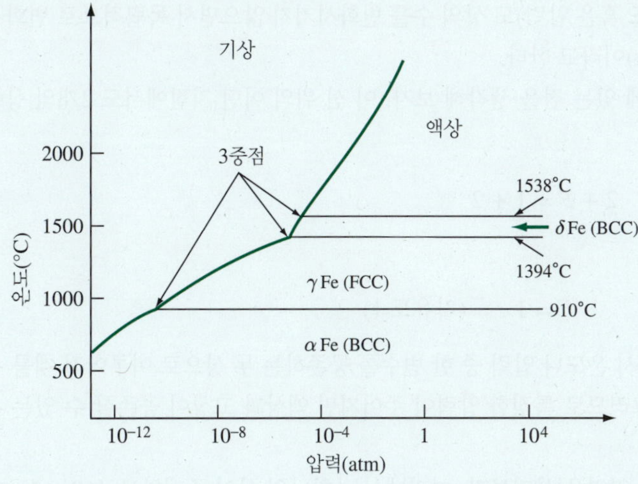

그림 8.2 ➤ 순수한 철의 대략적인 압력–온도 평형상태도.
(출처: W.G. Moffatt, G.W. Pearsall, and J. Wulff, *The Structure and Properties of Materials*, vol. 1: Structure, Wiley, 1964, p. 151.)

동영상

압력–온도 평형상태도는 다른 순수한 물질에 대해서도 그릴 수 있다. 예를 들면, 그림 8.2는 순수한 철의 압력–온도(*PT*) 평형상태도이다. 이 상태도의 주요 특징은 3개의 다른 *고상*(solid phase), 즉 α 철, γ 철, δ 철이 존재한다는 점이다. 알파철과 델타철의 결정구조가 BCC인 반면, 감마철은 FCC 구조를 갖는다. 고체 상태에서의 상경계는 고–액 상경계와 동일한 속성을 갖는다. 예를 들어, 평형상태하의 1기압 910°C에서는 알파철과 감마철이 존재할 수 있고, 910°C 이상에서는 단일상인 감마철만이, 그리고 910°C 이하에서는 단일상 알파철만이 존재할 수 있다(그림 8.2). 또한, 철의 압력–온도 평형상태도에는 서로 다른 3개의 상, 즉 (1) 액상, 기상 및 δ 철, (2) 기상, δ 철 및 γ 철, (3) 기상, γ 철 및 α 철 등이 공존하는 3개의 삼중점이 있다.

8.2 Gibbs의 상률

열역학적으로 J.W. Gibbs[2]는 주어진 계에서 평형상태로 공존할 수 있는 상의 수를 결정하는 식을 유도하였다. 이 식을 **Gibbs의 상률**(Gibbs phase rule)이라고 하며, 다음과 같이 나타낼 수 있다.

$$P + F = C + 2 \tag{8.1}$$

여기서 P = 주어진 계에서 공존하는 상의 수
C = 계 내의 **성분의 수**(number of component)
F = 자유도

보통 성분 C는 계 내의 원소, 화합물 또는 고용체이다. **자유도**(degree of freedom) F는 주어진 계의 평형상태에서 상의 수를 변화시키지 않고 독립적으로 변화시킬 수 있는 변수(예를 들면, 압력, 온도, 조성과 같은)의 수를 말한다.

Gibbs의 상률을 순수한 물의 압력–온도상태도(그림 8.1)에 적용시켜 생각해 보자. 3중점에서는 3개의 상이 평형상태에서 공존하게 되고, 이 경우는 단일성분 **계**(system)(물, H_2O)이므로, 자유도는 다음과 같이 계산할 수 있다.

$$P + F = C + 2$$
$$3 + F = 1 + 2$$

혹은

$$F = 0 \qquad (\text{자유도 } 0)$$

2 Josiah Willard Gibbs (1839~1903). 미국의 물리학자. 예일대의 물리학 교수였으며 다상계에 대한 상률 등 열역학 발전에 지대한 공헌을 하였다.

3개의 상이 공존하는 지점에서는 어떤 변수(온도 혹은 압력)도 상의 수를 변화시키지 않으면서 독립적으로 변화시킬 수 없으므로, 3중점을 *불변점*(invariant point)이라고 한다.

다음으로 그림 8.1의 액상–고상 응고선 위에 있는 점을 생각해 보자. 이 선 위의 어떤 지점에서도 2개의 상이 공존한다. 따라서 상률에 의해

$$2 + F = 1 + 2$$

혹은

$$F = 1 \qquad (\text{자유도 } 1)$$

이 결과로부터 자유도가 1임을 알 수 있고, 따라서 온도나 압력 중 한 변수를 공존하는 두 상으로 이루어진 계를 유지하면서 독립적으로 변화시킬 수 있게 된다. 그러므로 특정한 압력이 주어지면 액상과 고상이 공존할 수 있는 온도는 하나로 고정된다.

세 번째로 물의 압력–온도 상태도의 단일상 영역을 살펴보자. 여기에서는 하나의 상이 존재하므로($P = 1$), 이를 상률에 대입하면 다음과 같이 된다.

$$1 + F = 1 + 2$$

혹은

$$F = 2 \qquad (\text{자유도 } 2)$$

이 결과로부터 단일상 영역 내에서는 단일상을 유지하면서 2개의 변수(온도와 압력)를 독립적으로 변화시킬 수 있다는 것을 알 수 있다.

재료과학에서 이용되는 대부분의 2원계 상태도는 압력을 통상 1기압으로 일정하게 고정시키고 온도와 조성에 따른 변화를 나타내는 상태도이다. 이러한 경우에 2원계 상태도에 적용되는 방정식 (8.1*a*)와 같은 응고계의 상법칙을 얻는다.

$$P + F = C + 1 \tag{8.1a}$$

8.3 냉각곡선

냉각곡선은 순 금속 및 합금의 상변화온도를 결정하는 데 이용될 수 있다. **냉각곡선**(cooling curves)은 용융상태에서 응고되어 최종적으로 상온으로 냉각되고 있는 재료의 온도–시간의 기록에 의해 얻을 수 있다. 순금속에 대한 냉각곡선을 그림 8.3에 나타내었다. 만약 금속이 평형상태(서냉) 하에서 냉각된다면, 금속의 온도는 *AB*선을 따라 떨어진다. 용융점(응고온도)에서 응고는 시작되고, 냉각곡선은 평평해지며(수평선 *BC*, **정체기**(plateau) 또는 **열 정지구역**(region of thermal arrest)으로 불림) 응고가 완료될 때까지 평평하게 유지된다. *BC* 구역에서 금속은 고상과 액상이 혼합된 형태로 존재한다. *C* 점에 가까워지면 혼합물 내의 고체 무게분율은 응고가 완료될 때까지 증가한다. 몰드를 통해 빠져나가는 금속의 열손실과 응고되는 금속에 의해 공급되는 잠열이 균형을 이루어 온도는 일정하게 유지된다. 간단하게 설명하면, 완전하게 응고될 때까지 잠열은 혼합물의 응고온도를 유지시킨다. *C* 점에서 응고가 완료된 후 냉각곡선은 시간이 경과함에 따라 다시 떨어지는 현상을 보인다(*CD* 곡선).

4장의 순금속 응고에서 알아본 바와 같이 과냉도(응고온도 이하로 냉각)는 고체의 핵이 형성되는 데 필요하다. 그림 8.3에서 보여주는 바와 같이 과냉은 응고온도 이하로 떨어진 것으로 냉각곡선에 나타난다.

냉각곡선은 또한 금속의 고체상태의 상변화와 관련된 정보를 준다. 이러한 냉각곡선의 예로서 순수한 철을 들 수 있다. 대기압($P = 1$ atm)하에서의 순수한 철의 냉각곡선은 1538°C의 응고온도에서 δ *철*이라고 불리는 BCC 구조의 고온 고체상을 형성시킨다(그림 8.4). 더욱 냉각시키면 1394°C 근처에서 냉각곡선은 두 번째 수평선이 나타난다. 이 온도에서 BCC의 δ 철은 FCC의 γ *철*로 고상–고상 상변화가 일어나게 된다(동질 이상체 상변태, 3.10절 참고). 더욱 냉각시키면 910°C에서 두 번째 고상–고상 상변화가 일어난다. 이 상변화에서 FCC γ 철은 α 철로

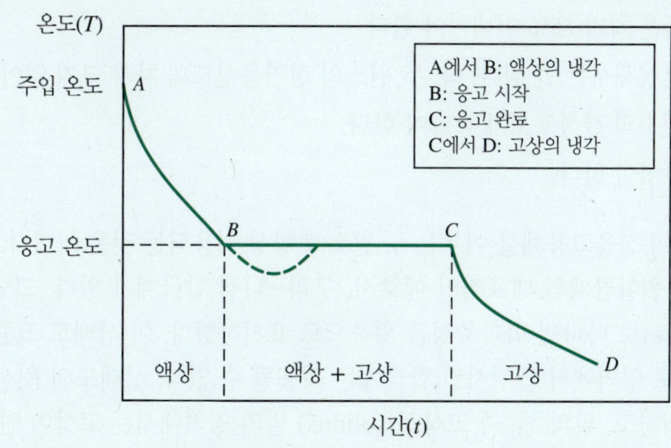

그림 8.3 ➤ 순금속의 냉각곡선.

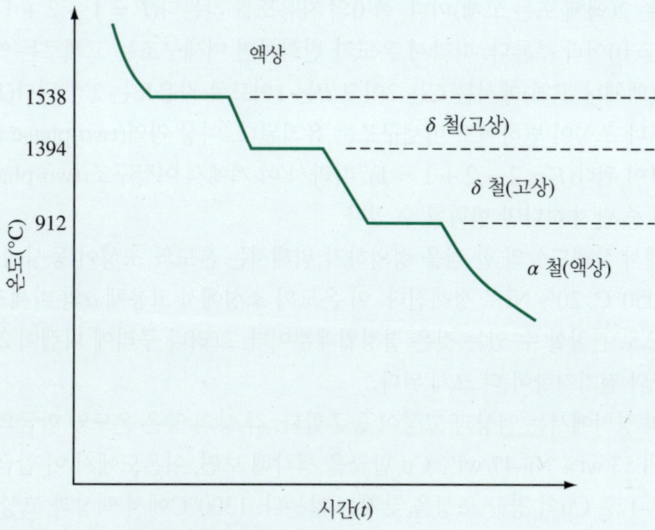

그림 8.4 ➤ 1기압에서의 순철의 냉각곡선.

불리는 BCC 구조로 다시 돌아간다. 이러한 고상–고상 상변화는 철강제조 산업에서 기술적으로 매우 중요한 의미를 가지며, 9장에서 다루게 될 것이다.

8.4 2원 전율고용 합금계

두 금속의 혼합물이나 합금에 대해 생각해 보기로 하자. 합금 내의 각 금속 원소는 독립된 성분으로 취급하기 때문에 두 금속의 합금은 *2원 합금*(binary alloy)이라고 하며, 2성분계를 이룬다. 따라서 순수한 구리는 단일 성분계이며, 구리와 니켈의 합금은 2성분계이다. 때로는 합금 내의 한 화합물을 구별된 성분으로 생각하기도 한다. 예를 들면, 철과 철탄화물로 구성된 탄소강을 2성분계로 생각하는 경우이다.

2원 합금계의 경우, 두 원소가 액상과 고상에서 완전히 고용되어 모든 조성 범위에 걸쳐 동일한 결정구조를 나타내게 되는데, 이를 **전율고용체 계**(isomorphous system)라고 한다. 두 원소가 전율고용체를 이루려면, Hume-Rothery[3]에 의해 만들어진 다음과 같은 Hume-Rothery 고용도 규칙 중 하나 혹은 그 이상의 조건을 만족해야 된다.

3 William Hume-Rothery (1899~1968). 영국의 야금학자로서 야금학 이론 및 실험에 큰 기여를 하였으며 오랫동안 합금거동을 연구하였다. 합금에서의 고체 용해도에 대한 그의 경험적 규칙은 그의 합금 설계를 기반으로 하였다.

1. 두 원소의 원자 반지름은 차가 15% 이내여야 한다.
2. 두 원소가 화합물을 형성해서는 안 된다. 즉, 두 원소의 전기음성도의 차가 크지 않아야 한다.
3. 고용체를 이루는 각 원소의 결정구조가 같아야 한다.
4. 두 원소의 원자가가 같아야 한다.

모든 Hume-Rothery 규칙이 전율고용체를 이루는 두 원소에 항상 적용되는 것은 아니다.

전율고용체를 이루는 2원합금계의 대표적인 예로서, 구리-니켈 합금계가 있다. 그림 8.5의 상태도는 온도를 종축으로, 무게 백분율(wt%)로 나타낸 화학조성을 횡축으로 표시하였다. 이 상태도 그림은 평형상태에서 서냉시켜 그린 것으로서, 응고온도 영역에서 급랭시킨 합금에는 적용될 수 없다. 상태도의 윗선, 즉 **액상선**(liquidus) 위의 영역에서는 액상이 안정하고, 밑의 선, 즉 **고상선**(solidus) 밑의 영역에서는 고상이 안정하다. 액상선과 고상선 사이의 영역은 액상과 고상이 공존하는 2상 영역이다.

Cu와 Ni의 이원 전율상태도에서, 순수 성분들의 융점에서 Gibbs의 상률($F = C - P + 1$)에 의하면 성분의 수 C는 1(Cu 또는 Ni)이고 P는 2(액체 또는 고체)이다. 즉 0의 자유도를 갖는다($F = 1 - 2 + 1 = 0$). 이러한 점들은 *불변점*(invariant point, $F = 0$)이라 부른다. 따라서 온도가 변화하면 미세구조는 고체로든 액체로든 변화될 것이다. 마찬가지로, 단상 영역(액체나 고체)에서는 C는 2이고 P는 1이므로 자유도는 2가 된다($F = 2 - 1 + 1 = 2$). 따라서 이 영역에서는 온도나 조성이 변하여도 미세구조는 유지된다. 이상 영역(two-phase region)에서 C는 2이고 P는 2이므로 자유도는 1이 된다($F = 2 - 2 + 1 = 1$). 따라서 이 계에서 이상구조(two-phase structure)를 유지하기 위해서는 온도나 조성 중 단지 하나만 변화될 수 있다.

고용체 α의 단상 영역에서 상태도상의 한 점을 정의하기 위해서는 온도와 조성이 동시에 정해져야 한다. 예를 들어, 그림 8.5의 점 a는 1050°C, 20% Ni로 정해진다. 이 온도와 조성에서 고용체 α의 미세조직은 순수한 금속과 동일하다. 즉, 광학현미경으로 관찰할 수 있는 것은 결정립계뿐이다. 그러나 구리에 니켈이 20% 고용된 합금이므로 순수한 구리보다는 강도와 전기저항이 더 크게 된다.

액상선과 고상선 사이의 영역에서는 액상과 고상이 공존한다. 각 상의 양은 온도와 합금의 조성에 따라 달라진다. 그림 8.5에서 1300°C의 53 wt% Ni–47 wt% Cu 합금을 생각해 보면, 이온도에서 이 합금은 고상과 액상이 공존하며, 그 조성은 53% Ni–47% Cu의 평균 조성을 갖지는 않는다. 1300°C에서 액상과 고상의 조성은 1300°C에서 수평한 *공액선*(tie line)을 그어서 액상선과 고상선과의 교점에서 다시 수직선을 그어 조성축과 만나는 점으로부터 구할 수 있다. 이런 방법으로 구하면 그림 8.5에서 보는 바와 같이 액상 조성(w_l)이 45 wt% Ni이고 고상 조성(w_s)이 58 wt% Ni이다.

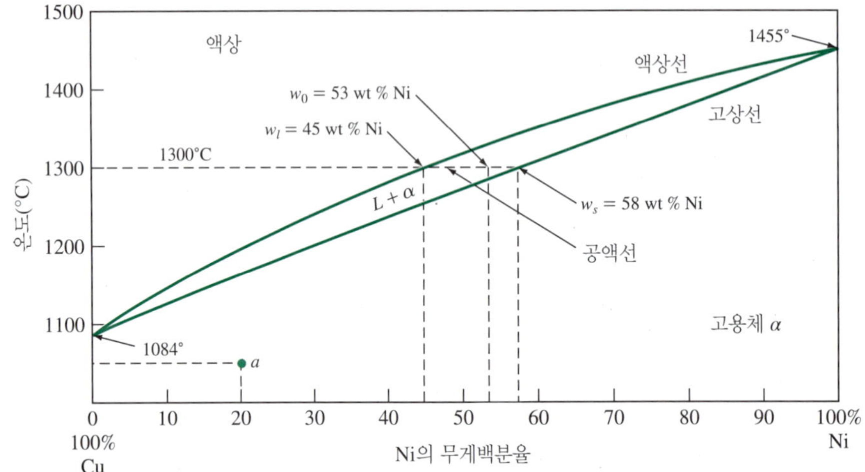

그림 8.5 ➤ 구리-니켈 상태도. 구리와 니켈은 완전 액체고용과 완전 고체고용을 한다. 구리-니켈 고용체는 고정된 온도에서라기보다 순금속처럼 전 범위에 걸쳐 용융된다.
(출처: Metals Handbook, vol. 8, 8th ed., American Society for Metals, 1973, p. 294.)

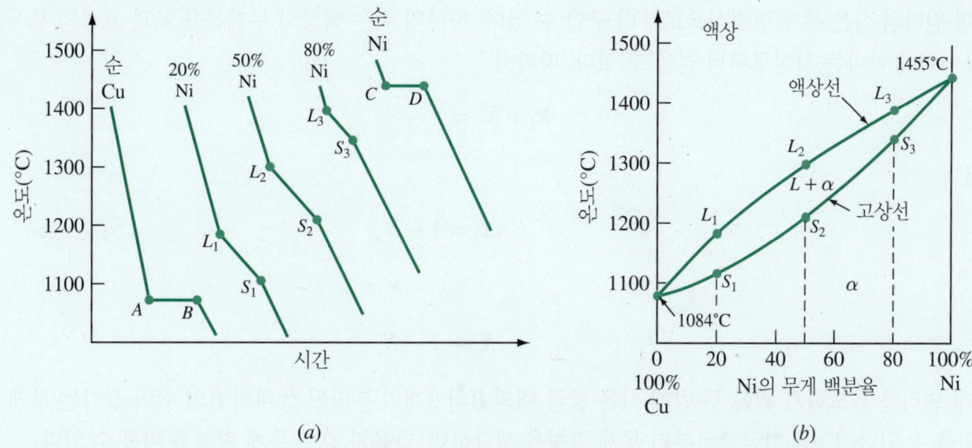

그림 8.6 ➤ 액체-고체 냉각곡선으로부터 작성된 구리-니켈 평형상태도. (a) 냉각곡선. (b) 평형상태도.
(출처: *Metals Handbook*, vol. 8, 8th ed., American Society for Metals, 1973, p. 294.)

전율고용체를 이루는 2원계 평형상태도는 그림 8.6의 Cu–Ni계의 경우와 같이 일련의 냉각곡선으로부터 그릴 수 있다. 앞에서 설명한 바와 같이 그림 8.6*a*에서 순수한 금속의 냉각곡선에는 *AB*와 *CD* 같은 수평선이 존재한다. 또한, 2원합금의 냉각곡선에서는 기울기의 변화가 생기는데, 이는 그 조성에서의 액상선과 고상선 온도와 일치한다. 그림 8.6*b*의 80% Cu–20% Ni, 50% Cu–50% Ni, 20% Cu–80% Ni 조성의 액상점 L_1, L_2, L_3는 그림 8.6*a*의 기울기가 변하는 점 L_1, L_2, L_3와 일치하고, 고상점 S_1, S_2, S_3도 상태도의 S_1, S_2, S_3와 일치한다. 좀 더 정확한 상태도를 그리려면 중간 조성에서의 냉각곡선을 더 많이 그리면 된다.

이질 동상계에서 금속합금의 냉각곡선은 순금속에서 보였던 정체기(냉각곡선의 수평선)가 나타나지 않는다. 대신 그림 8.6에 *L* 및 *S*로 나타낸 것과 같이 응고가 시작되는 점과 더 낮은 온도에서 응고가 끝나는 점이 나타난다. 그러므로 순금속과 다르게 합금은 온도 범위를 가지며 응고가 일어난다.

8.5 지렛대 원리

2원계 평형상태도에서 2상 영역 내의 상의 무게 백분율은 **지렛대 원리**(lever rule)를 이용해서 계산할 수 있다. 예를 들어, 그림 8.5의 Cu–Ni 2원계 평형상태도의 고-액 2상 공존구역 내의 특정 온도에서 액상과 고상의 조성(wt%)은 지렛대 원리로부터 구할 수 있다.

지렛대 원리의 식을 유도하기 위해 그림 8.7에 나타낸 바와 같이 전율고용체를 이루는 A, B 두 원소의 2원계 평형상태도를 생각해 보기로 하자. *x*는 생각하고자 하는 합금의 조성이고, A 속의 B의 무게분율을 w_0라 하자. 온도를 *T*에서 액상선의 점 *L*로부터 고상선의 점 *S*까지 **공액선**(tie line, *LS*)을 그으면 연결선 *LOS*를 형성한다. 온도 *T*에서 합금 *x*는 B의 무게분율이 w_l인 액상과 B의 무게분율이 w_s인 고상의 혼합물로 이루어져 있다.

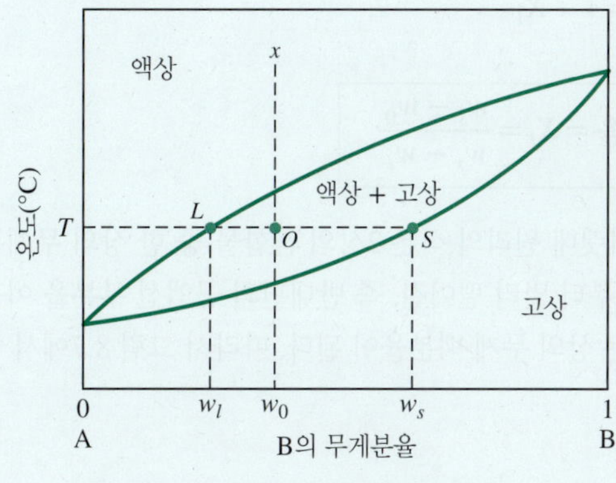

그림 8.7 ➤ 지렛대법칙을 유도하기 위해 A와 B의 두 금속이 서로 완전 용해되는 2원 상태도가 이용되고 있다. 온도 *T*에서 액상의 조성은 w_l이고 고상의 조성은 w_s이다.

지렛대 원리의 식은 무게 평형식으로부터 구할 수 있다. 하나의 식은 액상의 무게분율 X_l과 고상의 무게분율 X_s의 합이 1이어야 한다는 사실로부터 얻을 수 있다. 따라서

$$X_l + X_s = 1 \tag{8.2}$$

여기에서

$$X_l = 1 - X_s \tag{8.2a}$$

그리고,

$$X_s = 1 - X_l \tag{8.2b}$$

지렛대 원리를 유도하기 위한 두 번째 식은 합금 내의 B와 2개의 분리된 상내의 B의 합이 같다는 무게 평형으로부터 얻을 수 있다. 1 g의 합금으로부터 무게 평형을 생각하면, 다음과 같은 무게 평형을 이룰 수 있다.

2상 혼합물 내 B의 무게	=	액상 내 B의 무게	+	고상 내 B의 무게
2상 혼합물의 무게		액상의 무게		고상의 무게

$$\overbrace{(1\text{ g})(1)}\left(\frac{\%w_0}{100}\right) = \overbrace{(1\text{ g})(X_l)}\left(\frac{\%w_l}{100}\right) + \overbrace{(1\text{ g})(X_s)}\left(\frac{\%w_s}{100}\right) \tag{8.3}$$

- $(1\text{ g})(1)$: 상 혼합물의 무게분율; $\frac{\%w_0}{100}$: 상 혼합물 내 B의 평균 무게분율
- $(1\text{ g})(X_l)$: 액상의 무게분율; $\frac{\%w_l}{100}$: 액상 내 B의 무게분율
- $(1\text{ g})(X_s)$: 고상의 무게분율; $\frac{\%w_s}{100}$: 고상 내 B의 무게분율

따라서 $$w_0 = X_l w_l + X_s w_s \tag{8.4}$$

결합하면 $$X_l = 1 - X_s \tag{8.2a}$$

다음과 같이 된다. $$w_0 = (1 - X_s)\, w_l + X_s w_s$$

또는 $$w_0 = w_l - X_s w_l + X_s w_s$$

다시 쓰면, $X_s w_s - X_s w_l = w_0 - w_l$

$$\boxed{\text{고상의 무게분율} = X_s = \frac{w_0 - w_l}{w_s - w_l}} \tag{8.5}$$

이와 비슷하게 $$w_0 = X_l w_l + X_s w_s \tag{8.4}$$

결합하면 $$X_s = 1 - X_l \tag{8.2b}$$

다음과 같이 된다. $$\boxed{\text{액상의 무게분율} = X_l = \frac{w_s - w_0}{w_s - w_l}} \tag{8.6}$$

식 (8.5)와 (8.6)이 지렛대 원리의 식이다. 실제로 지렛대 원리의 식은 2상의 혼합물 중 한 상의 무게분율을 계산하는 데 이용되며, 무게분율을 구하고자 하는 상으로부터 멀리 떨어진, 즉 반대편의 공액선 부분을 이용해야 한다. 이 공액선 부분과 공액선 전체의 비가 구하고자 하는 상의 무게 백분율이 된다. 따라서 그림 8.7에서 액상의 무게분율은 *OS*/*LS*이고, 고상의 무게분율은 *LO*/*LS*이다.

무게 백분율은 무게분율에 100%를 곱해서 구할 수 있다. 예제 8.1은 특정 온도에서 2원합금의 무게 백분율을 결정하는 데 지렛대 원리를 어떻게 이용하는가를 보여주는 예이다.

예제 8.1

그림 EP8.1를 이용하여 지렛대 원리를 유도하라.

풀이

지렛대 원리를 유도하기 위하여 그림 EP8.1과 같이 두 원소 A와 B는 서로 완전하게 고용될 수 있는 이원 평형상태도를 고려해보자. x를 합금의 조성이라 하고 A 속에 있는 B의 무게분율을 w_0라고 하자. 온도 T에서 공액선 SOL을 그을 수 있다. 이 식으로부터,

액상의 무게분율은 다음과 같고,

$$\frac{w_0 - w_s}{w_l - w_s} = \frac{SO}{LS}$$

고상의 무게분율은 다음과 같다.

$$\frac{w_l - w_0}{w_l - w_s} = \frac{OL}{LS}$$

1200°C에서 이 문제는 예제 8.3에 설명되어 있다.

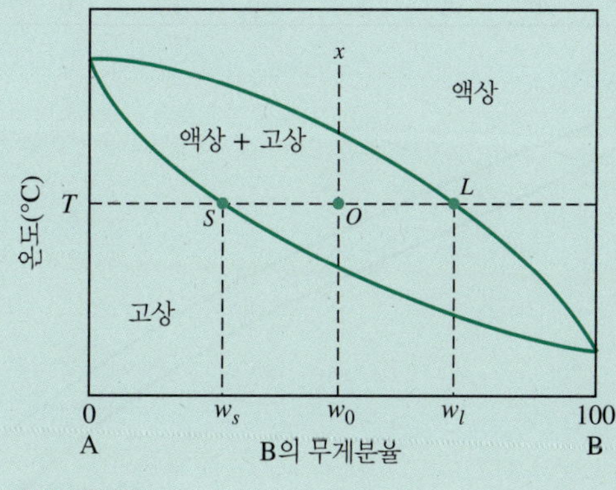

그림 EP8.1 ➤

예제 8.2

47 wt% Cu와 53 wt% Ni을 함유한 Cu–Ni 합금이 1300°C의 온도에 있을 때, 그림 8.5를 이용하여 다음 물음에 답하라.

a. 이 온도에서 액상과 고상 내 구리의 무게 백분율은 각각 얼마인가?

b. 이 합금의 액상과 고상의 무게분율은 각각 얼마인가?

풀이

a. 그림 8.5에서 1300°C 공액선을 그어 고상선, 액상선과의 교점을 구하면, 액상 내에는 55 wt% Cu, 고상 내에는 42 wt% Cu가 각각 포함되어 있음을 알 수 있다.

b. 그림 8.5의 1300°C 공액선상에서 지렛대 원리를 이용하면,

$$w_0 = 53 \text{ wt\% Ni} \qquad w_l = 45 \text{ wt\% Ni} \qquad w_s = 58 \text{ wt\% Ni}$$

$$\text{액상의 무게분율} = X_l = \frac{w_s - w_0}{w_s - w_l} = \frac{58 - 53}{58 - 45} = \frac{5}{13} = 0.38$$

$$\text{액상의 무게 백분율} = (0.38)(100\%) = 38\%$$

$$\text{고상의 무게분율} = X_s = X_s = \frac{w_0 - w_l}{w_s - w_l} = \frac{53-45}{58-45} = \frac{8}{13} = 0.62$$

$$\text{고상의 무게 백분율} = (0.62)(100\%) = 62\%$$

예제 8.3

그림 EP8.3에 있는 Ag–Pd 상태도에서, 1200°C의 온도 및 70 wt% Ag의 조성에서 액체와 고체의 %를 계산하라. 여기서 *액상내* Ag의 wt% = 74이고, 고상내 Ag의 wt% = 64이다.

풀이

$$Wt\%\ \text{액체} = \frac{70-64}{74-64} = \frac{6}{10} = 60\%$$

$$Wt\%\ \text{고체} = \frac{74-70}{74-64} = \frac{4}{10} = 40\%$$

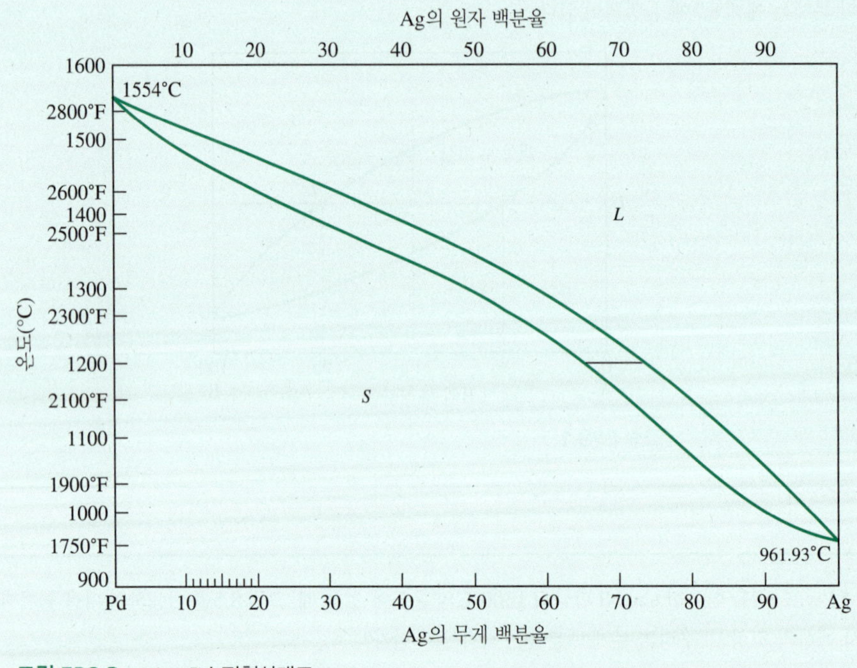

그림 EP8.3 > Ag–Pd 평형상태도.

8.6 합금의 비평형 응고

앞에서 기술한 Cu–Ni계의 상태도는 평형상태에 근접하여 매우 서서히 냉각시키는 조건하에서 그린 것이다. 즉, Cu–Ni 합금이 액상 + 고상의 2상 영역을 통해 냉각될 때, 온도가 감소함에 따라 고상과 액상의 조성이 고체 확산을 통해 연속적으로 변화되어가야만 한다. 고체상태 에서는 원자의 확산속도가 매우 느리므로 농도 기울기를 없애기 위해서는 매우 긴 시간이 필요하다. 따라서 서서히 응고된 합금의 주조상태의 미세조직은 화학조성이 다른 영역으로 인해 생기는 **유핵조직**(cored structure, 그림 8.8)을 갖는 것이 보통이다.

이러한 유핵조직이 어떻게 발생하는가를 알 수 있는 좋은 예로는 Cu–Ni 합금계가 있다. 온도 T_0에서 빠른 속도

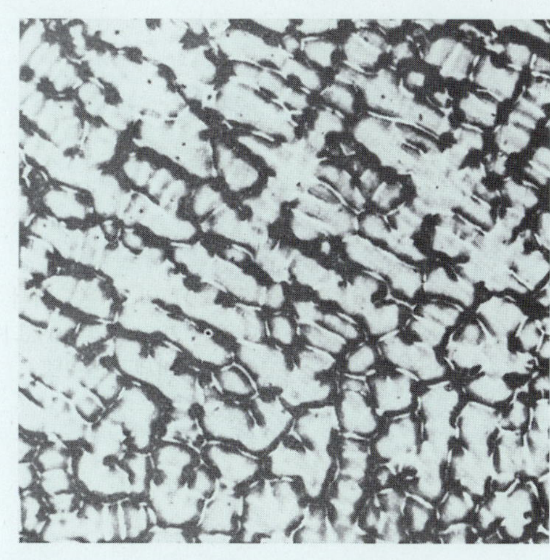

그림 8.8 ➤ 유핵구조를 보이는 주조상태의 70% 구리–30% 니켈합금의 미세구조. (William G. Moffatt 제공)

로 냉각시킨 70% Ni–30% Cu 합금을 생각해 보자(그림 8.9). 온도 T_1에서 첫 번째 고상이 나타나며, 그 조성은 α_1이다(그림 8.9). 온도 T_2까지 계속 급랭시키면 처음 응고된 고상의 조성이 크게 변화되지 않고 α_2 조성의 층이 생기게 된다. T_2에서의 전체적인 조성은 α_1과 α_2 사이의 어떤 점으로 될 것이며, 이를 α_2'이라고 하자. $\alpha_2'L_2$ 공액선이 α_2L_2보다 길기 때문에 동일한 온도에서 평형상태로 냉각된 합금의 경우보다는 급랭된 합금의 경우가 액상은 더 많게 되고, 고상은 더 적게 된다. 따라서 그 온도에서는 급랭으로 인해 응고가 지연된다.

온도가 T_3에서 T_4로 낮아짐에 따라 동일한 과정이 반복되며, 합금의 평균 조성은 *비평형 고상선*(nonequilibrium solidus)인 $\alpha_1\alpha_2'\alpha_3'$을 따라서 변화된다. 온도 T_6에서는 원래 조성이 30% Cu보다 구리의 양이 적은 고상이 생기게 되며, 온도 T_7에 이르러서야 평균 조성이 30% Cu가 되어 응고가 완료된다. 합금의 미세조직은 응고 중에 생성되는 유핵조직(그림 8.10)처럼 α_1에서 α_7'까지 조성이 다른 여러 영역으로 구성된다. 그림 8.8은 급냉시킨 70% Cu–30% Ni 합금의 유핵조직을 나타낸 것이다.

대부분의 주조조직은 어느 정도 유핵조직을 나타내며, 농도 기울기를 갖게 된다. 여러 경우에 있어 이 조직은 바람직하지 못하며, 특히 이 합금을 가공해야 할 경우 부적합하다. 유핵조직을 제거하기 위해서는 주괴와 주물의 고체 확산을 가속시킬 수 있는 온도까지 가열시키면 된다. 이과 정은 합금 내에 균질한 조직을 갖도록 하므로 **균질화**(homogenization)라고 한다. 균질화 열처리는 주조상태의 합금에 있는 저 융점 원소의 융점보다 낮은 온도에서

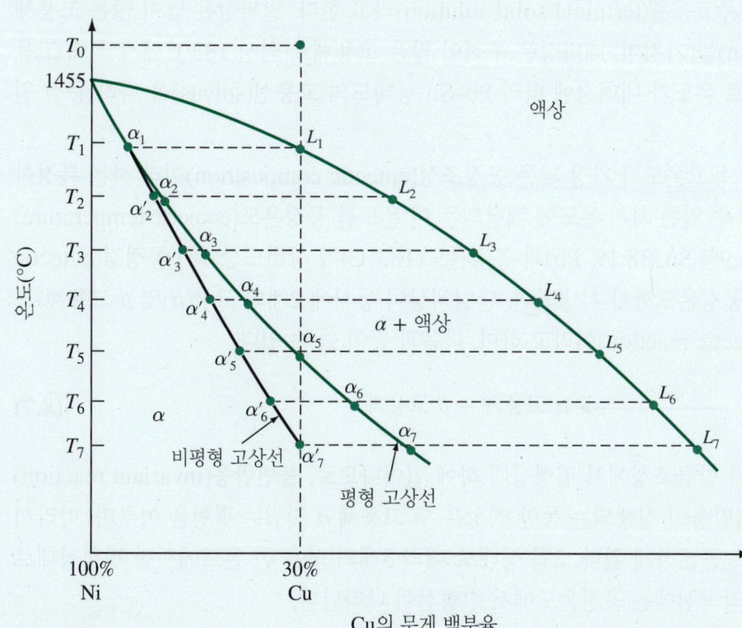

그림 8.9 ➤ 70% 구리–30% 니켈 합금의 비평형 응고. 비평형 고상선 α_1에서 α_7'을 주목하라. 이 합금은 T_7에서 비평형 고상선이 α_7'에 도달할 때까지 완전히 응고되지 않는다.

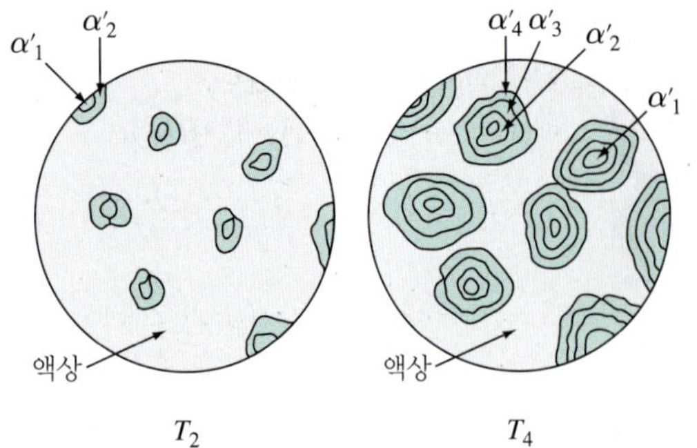

그림 8.10 ➤ 그림 8.9의 T_2와 T_4 온도에서 유핵구조의 발달을 보여주는 70%구리-30%니켈 합금의 비평형 응고에 대한 미세구조 모델.

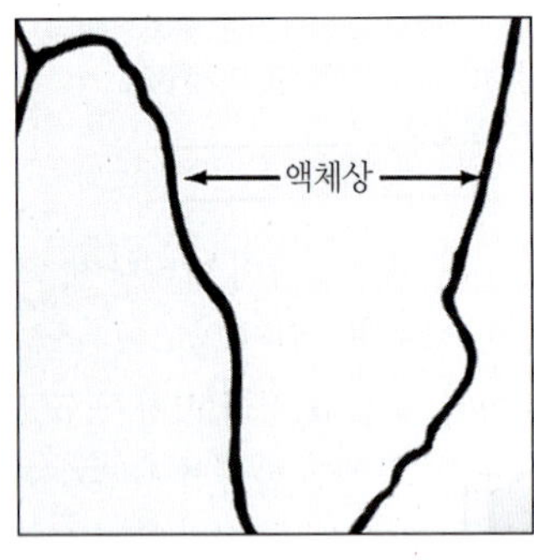

그림 8.11 ➤ 70%구리-30%니켈 합금의 액화 현상. 약간의 고상온도 이상으로 가열하면 용융이 바로 시작되고 (*a*)에서 보이는 것과 마찬가지로 액화된 구조가 생성된다. (*b*)에서 결정립계 영역은 약간 용융되어 있고, 계속된 냉각에 의해 용융된 지역은 구리성분이 많게 되고 결정립계가 폭넓은 어두운 선으로 나타난다.

실시해야 하며, 그렇지 않으면 용융이 일어난다. 앞에서 기술한 70% Ni 30% Cu 합금의 균질화 처리의 경우, 그림 8.9에 나타난 온도 T_7 바로 아래 온도에서 열처리를 해야 한다. 만일 합금이 과열되면, 국부적 용융 혹은 *용리현상*(liquation)이 일어나며, 액상이 결정립계를 따라 연속적인 막을 형성하게 되면 강도가 감소하게 되고, 이후의 가공에서 깨지기 쉽다. 그림 8.11은 70% Ni–30% Cu 합금의 미세조직에서 용리현상을 보여주고 있다.

8.7 2원 공정합금계

대부분의 2원합금계는 상호고용도가 제한된 성분을 갖는다. 그 예로서 Pb–Sn계가 있다(그림 8.12). Pb–Sn 상태도의 양쪽 끝에는 제한된 고용도를 갖는 영역이 있고, 이 영역에 존재하는 상을 알파상 및 베타상이라고 하며, 이 두 상은 상태도의 양끝에 존재하므로 *최종고용체*(terminal solid solution)라고 한다. 알파상은 납이 많은 고용체로 183°C에서 최대 고용도(19.2 wt% Sn)를 가지며, 베타상은 주석이 많은 고용체로 역시 183°C에서 최대 고용도(2.5 wt% Pb)를 갖는다. 183°C 이하로 온도가 내려감에 따라 Pb–Sn 상태도의 **고용선**(solvus)을 따라 용질 원자의 최대 고용도가 감소한다.

Pb–Sn같은 간단한 2원공정계에서는 응고온도가 가장 낮은 **공정조성**(eutectic composition)이라 하는 특정한 조성이 있다. 서냉시킬 때 액상이 존재할 수 있는 최저 온도에 해당되는 이 온도를 **공정온도**(eutectic temperature)라고 한다. Pb–Sn계에서는 공정조성(61.9% Sn, 38.1% Pb)과 공정온도(183°C)가 상태도상에서 **공정점**(eutectic point)을 결정한다. 공정조성의 액상이 공정온도까지 서냉되면, 단일액상이 동시에 2개의 고상(α 및 β 고용체)으로 바뀌게 된다. 이 변태를 **공정반응**(eutectic reaction)이라고 하며, 다음과 같이 쓸 수 있다.

$$\text{냉각} \xrightarrow[\text{냉각}]{\text{공정냉각온도}} \alpha\ \text{고용체} + \beta\ \text{고용체} \tag{8.7}$$

공정반응은 변할 수 없는 특정 온도와 합금조성에서 평형상태 하에 일어나므로, **불변반응**(invariant reaction)이라고 한다(Gibbs 자유도 $F = 0$). 공정반응이 진행되는 동안 액상은 두 고용체 α 및 β는 평형을 이루며, 따라서 공정반응 중에는 3개의 상이 평형상태로 공존하게 된다. 2원 상태도 내의 3개의 상은 한 온도에서만 평형상태로 존재할 수 있으므로, 공정조성합금의 냉각곡선에는 공정온도에서 수평선이 나타난다.

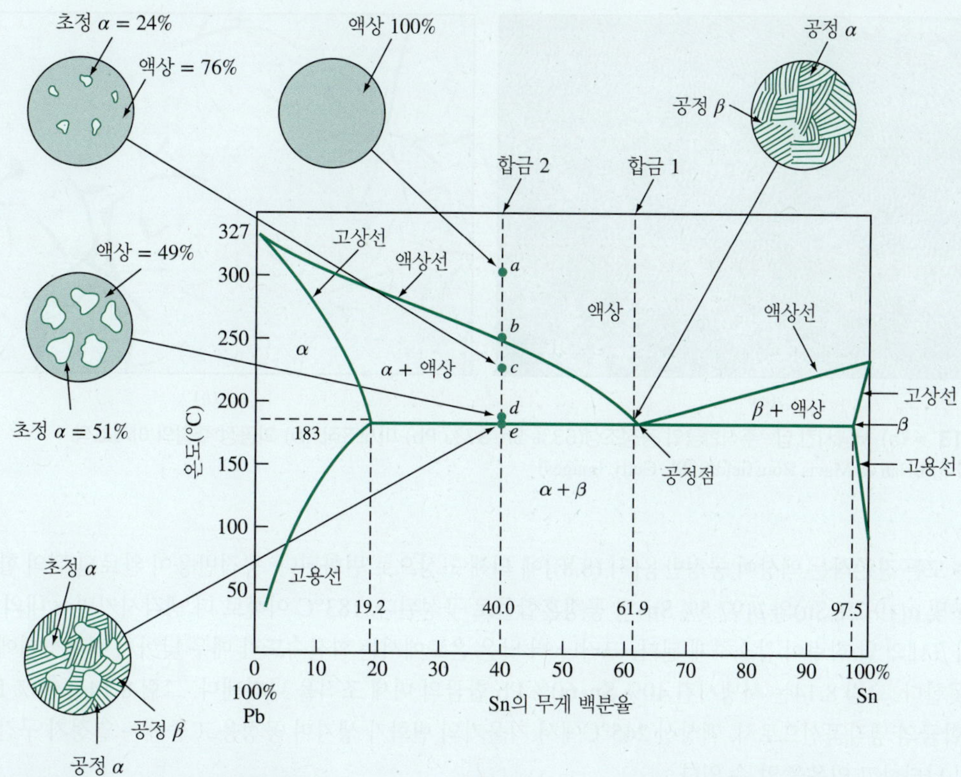

그림 8.12 ➤ 납-주석 평형상태도. 이 상태도는 각 최종상(α와 β)의 한정된 고용도로 규정되어 있다. 61.9% 주석 함량에 183°C에서 공정불변 반응은 이 계의 가장 중요한 부분이다. 공정점에서 α(19.2% 주석), β(97.5% 주석), 액상(61.9% 주석)이 공존한다.

공정조성의 Pb–Sn 합금의 서냉. 공정조성(61.9% Sn)의 Pb–Sn 합금(그림 8.12의 1번 합금)을 200°C에서 실온까지 서냉시키는 경우를 생각해 보자. 200°C에서 183°C까지의 냉각 중에는 합금이 액상으로 존재한다. 공정온도인 183°C에서 모든 액상은 공정반응에 의해 응고되고, 다음의 반응에 의해 α 고용체(19.2% Sn)와 β 고용체(97.5% Sn)의 공정혼합물을 형성한다.

$$\text{액상 (61.9\% Sn)} \xrightarrow[\text{냉각}]{183°\text{C}} \alpha \text{ (19.2\% Sn)} + \beta \text{ (97.5\% Sn)} \qquad \textbf{(8.8)}$$

공정반응이 완료된 후에 183°C로부터 실온에 이르기까지 냉각에 따라 α와 β 고용체 내에 있는 용질의 고용도는 용해도선에 의해 나타낸 바와 같이 감소하게 된다. 그러나 저온에서는 확산이 느리므로 이 과정이 평형에 도달되지 못하게 되어 그림 8.13*a*의 미세조직에서 보는 바와 같이 실온에서도 α와 β 고용체로 구분할 수 있다.

그림 8.13*b*에 표시된 회주철 합금과 같이 공정점 오른쪽에 있는 조성을 **과공정**(hypereutectic)이라 하며, al-si 합금과 같이 공정점의 왼쪽에 있는 조성을 **아공정**(hypoeutectic)이라 부른다.

60% Pb–40% Sn 합금의 서냉 다음으로 60% Pb–40% Sn 합금(그림 8.12의 2번 합금)을 액체 상태인 300°C로부터 실온까지 서냉시키는 경우를 생각해 보자. 300°C(점 *a*)에서 온도가 내려감에 따라 합금 내에는 액상선이 점 *b*(약 245°C)에서 수직선과 만날 때까지 액상으로 남아 있다. 이 온도에서 12% Sn을 함유한 α 고용체가 액상으로부터 석출하기 시작하여, 이런 형태의 합금에서 형성된 최초의 고상을 초정 α (primary or proeutectic α)라고 한다. 초정이란 용어는 후에 공정반응으로 생기는 α 상과 구별하기 위해 사용된다.

액상이 245°C부터 183°C 약간 위까지 상태도의 2상 영역(액상 + α)을 통해서 냉각됨에 따라(점 *b*와 *d*) 고상(α)의 조성은 고상선을 따라 245°C의 12% Sn으로부터 183°C의 19.2% Sn까지 변화되어간다. 마찬가지로, 액상의 조성은 245°C의 40% Sn으로부터 183°C의 61.9% Sn까지 변화된다. 이 조성 변화는 합금이 매우 천천히 냉각되고 농도 기울기를 동일하게 하는 원자 확산이 일어나기 때문에 가능하다. 공정온도(183°C)에

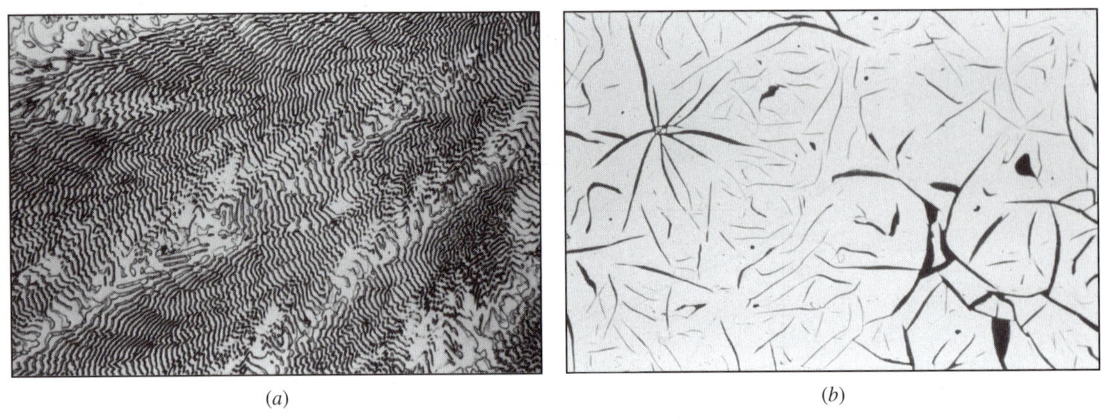

(a) (b)

그림 8.13 ➤ (a) 서냉시킨 납–주석합금의 공정조성(63% Sn–37% Pb) 미세조직. (b) 과공정 주철의 미세조직.
(출처: (a-b) Brian & Mavis Bousfield/SSPL/Getty Images)

서는 모든 잔존하는 액상이 공정반응[식 (8.8)]에 의해 고상으로 변화된다. 공정반응이 완료된 뒤의 합금은 초정 α 및 α(19.2% Sn)와 β(97.5% Sn)의 공정혼합물로 구성된다. 183°C 이하로 더 냉각시키면 α 내의 주석 함량과 β 내의 납 함량이 감소하게 된다. 그러나 더 낮은 온도에서는 확산속도가 매우 낮아서 평형상태에 도달하지 못한다. 그림 8.14는 서냉시킨 40% Sn–60% Pb 합금의 미세 조직을 나타낸다. 그림 8.14는 60% Pb–40% Sn 합금의 냉각곡선으로서, 액상선 245°C에서 기울기의 변화가 생기며 공정응고 중에는 열정지 구간인 수평선이 나타나고 있음을 알 수 있다.

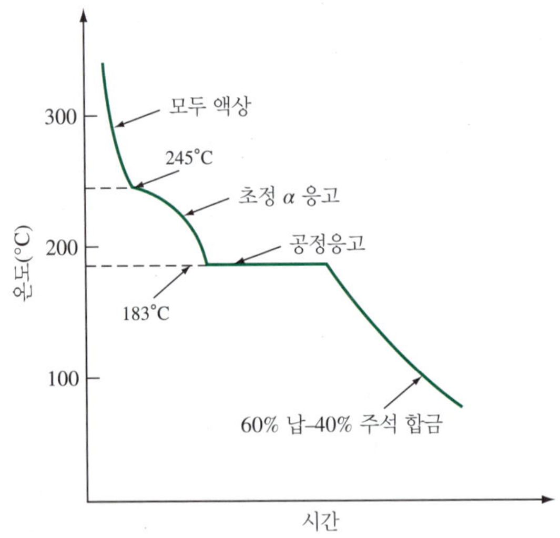

그림 8.14 ➤ 60% 납–40% 주석의 온도–시간 냉각곡선.

예제 8.4

그림 8.12의 Pb–Sn 상태도를 보고 다음 점들에서의 평형(이상적인) 응고에 대한 상을 분석하라.

a. 183°C(공정온도) 바로 아래의 공정조성일 때
b. 40% Sn, 230°C인 점 c
c. 40% Sn, 183°C + ΔT인 점 d
d. 40% Sn, 183°C − ΔT인 점 e

풀이

a. 183°C 바로 아래의 공정조성(61.9% Sn)에서:

존재하는 상:	알파	베타
상의 조성:	알파상 내에 19.2% Sn	베타상 내에 97.5% Sn
상의 양:	알파상의 무게 백분율*	베타상의 무게 백분율*
	$= \dfrac{97.5-61.9}{97.5-19.2}(100\%)$	$= \dfrac{61.9-19.2}{97.5-19.2}(100\%)$
	= 45.5%	= 54.5%

b. 40% Sn, 230°C인 점 c:

존재하는 상:	액상	알파
상의 조성:	액상 내의 48% Sn	알파상 내에 15% Sn
상의 양:	액상의 무게 백분율	알파상의 무게 백분율
	$= \dfrac{40-15}{48-15}(100\%)$	$= \dfrac{48-40}{48-15}(100\%)$
	= 76%	= 24%

c. 40% Sn, 183°C + ΔT인 점 d:

존재하는 상:	액상	알파
상의 조성:	액상 내의 61.9% Sn	알파상 내에 19.2% Sn
상의 양:	액상의 무게 백분율	알파상의 무게 백분율
	$= \dfrac{40-19.2}{61.9-19.2}(100\%)$	$= \dfrac{61.9-40}{61.9-19.2}(100\%)$
	= 49%	= 51%

d. 40% Sn, 183°C − ΔT인 점 e:

존재하는 상:	알파	베타
상의 조성:	알파상 내의 19.2% Sn	b상 내의 97.5% Sn
상의 양:	알파상의 무게 백분율	b상의 무게 백분율
	$= \dfrac{97.5-40}{97.5-19.2}(100\%)$	$= \dfrac{40-19.2}{97.5-19.2}(100\%)$
	= 73%	= 27%

* 지렛대 원리에서 어떤 상의 무게분율 계산은 전체 공액선에 대한 그 상의 반대편 공액선의 비로 구해야 한다.

예제 8.5

그림 8.12의 Pb–Sn 상태도를 참고하여 70% Pb–30% Sn 합금 1 kg을 300°C부터 서냉시킬 때 다음을 계산하라.

a. 250°C에서 액상과 초정 알파의 무게 백분율

b. 공정온도(183°C) 바로 위에서 액상과 초정 알파의 무게 백분율과 무게(kg)

c. 공정반응으로 생기는 알파와 베타의 무게(kg)

풀이

a. 그림 8.12으로부터 250°C에서:

$$\text{액상의 무게 백분율*} = \frac{30-12}{40-12}(100\%) = 64\% \blacktriangleleft$$

$$\text{초정 알파의 무게 백분율*} = \frac{40-30}{40-12}(100\%) = 36\% \blacktriangleleft$$

* 예제 8.4의 설명 참고.

b. 공정온도 바로 위인 183°C + Δ*T*에서의 액상과 초정 알파의 무게 백분율:

$$\text{액상의 무게 백분율} = \frac{30 - 19.2}{61.9 - 19.2}(100\%) = 25.3\% ◀$$

$$\text{초정 알파의 무게 백분율} = \alpha = \frac{61.9 - 30.0}{61.9 - 19.2}(100\%) = 74.7\% ◀$$

$$\text{액상의 무게} = 1\text{ kg} \times 0.253 = 0.253\text{ kg} ◀$$

$$\text{초정 알파의 무게} = 1\text{ kg} \times 0.747 = 0.747\text{ kg} ◀$$

c. 183°C − Δ*T*에서:

$$\text{알파상 전체의 무게 백분율(초정알파 + 공정알파)} = \frac{97.5 - 30}{97.5 - 19.2}(100\%) = 86.2\%$$

$$\text{베타상 전체의 무게 백분율(공정베타)} = \frac{30 - 19.2}{97.5 - 19.2}(100\%) = 13.8\%$$

$$\text{알파 전체의 무게} = 1\text{ kg} \times 0.862 = 0.862\text{ kg}$$

$$\text{베타 전체의 무게} = 1\text{ kg} \times 0.138 = 0.138\text{ kg}$$

초정 알파의 양은 공정반응 전후에 관계없이 일정하므로, 다음과 같이 된다.

$$\begin{aligned}\text{공정반응에 의해 생성된 알파의 무게} &= \text{알파 전체의 무게} - \text{초정 알파의 무게}\\ &= 0.862\text{ kg} - 0.747\text{ kg}\\ &= 0.115\text{ kg} ◀\end{aligned}$$

$$\begin{aligned}\text{공정반응에 의해 생성된 베타의 무게} &= \text{베타 전체의 무게}\\ &= 0.138\text{ kg} ◀\end{aligned}$$

예제 8.6

Pb–Sn 합금은 183°C − Δ*T*에서 64 wt% 초정 α와 36 wt% 공정 $\alpha + \beta$를 갖는다. 이 합금의 평균 조성을 계산하라(그림 8.12).

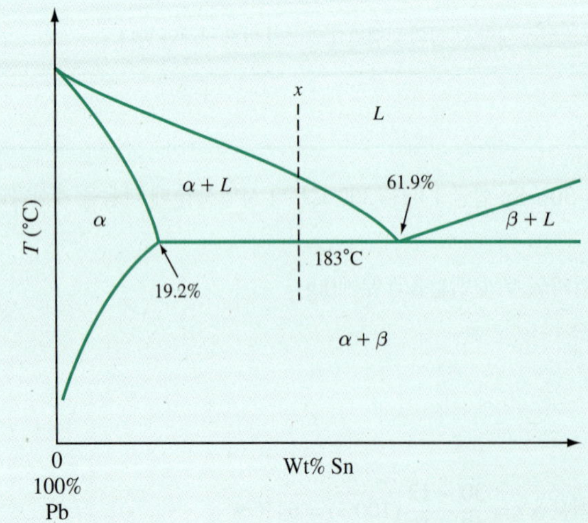

그림 EP8.6 ➤ 납-주석합금 상태도에서 납 주성분 쪽.

풀이

*x*를 미지 합금의 wt% Sn이라고 하자. 이 합금이 64 wt% 초정 α를 갖고 있으므로 아공정합금이며, *x*는 그림 EP8.6에 나타

난 바와 같이 19.2~61.9 wt% Sn 사이에 있을 것이다. 183°C + ΔT에서 그림 EP8.6와 지렛대 원리를 사용하여

$$\text{초정 } \alpha\text{의 \%} = \frac{61.9 - x}{61.9 - 19.2}(100\%) = 64\%$$

또는,

$$61.9 - x = 0.64(42.7) = 27.3$$
$$x = 34.6\%$$

따라서, 합금은 34.6% Sn과 65.4% Pb로 이루어져 있다. ◀ 초정 α의 %는 공정온도 바로 위 및 아래에서 같기 때문에, 공정온도 위에서 지렛대 원리를 사용하여 계산하였음을 주목하라.

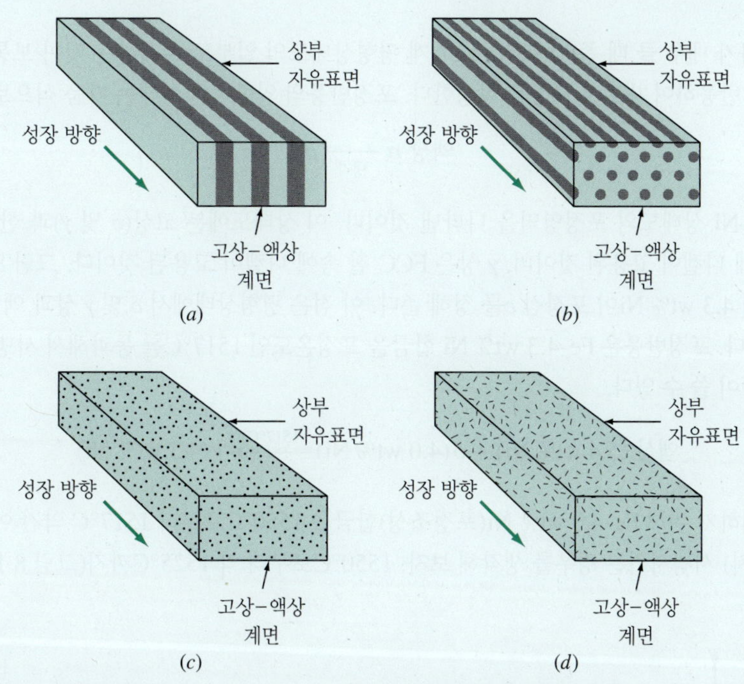

그림 8.15 ➤ 여러 공정구조의 도식적 예: (*a*) 층상. (*b*) 봉상. (*c*) 구상. (*d*) 침상.
(출처: W. C. Winegard, *An Introduction to the Solidification of Metals*, Institute of Metals, London, 1964.)

2원공정반응에서 두 고상($\alpha + \beta$)은 여러 형태를 가질 수 있다. 그림 8.15는 몇 가지 공정조직의 예를 도식적으로 나타낸 것이다. 생성되는 모양은 여러 가지 인자들에 의해 영향을 받으며, 가장 중요한 인자는 $\alpha - \beta$ 계면에서의 자유 에너지를 최소화시키는 것이다. 또한 두 상(α와 β)의 핵이 생성하고 성장하는 방법도 공정의 형태를 결정짓는 중요한 인자 가운데 하나이다. 예를 들어, 봉상과 판상의 공정은 특정한 방향으로 반복되는 핵생성을 필요로 하지 않은 경우에 형성된다. 그림 8.16에 Pb–Sn 공정반응으로 생긴 *층상 공정조직*(lamellar eutectic structure)의 예가 있다. 층상 공정조직은 매우 일반적인 공정조직이다. 그림 8.13a에는 Pb–Sn계에서 발견된 혼합 불규칙 공정조직이 나타나 있다.

8.8 2원 포정합금계

2원합금의 평형상태도에서 자주 나타나는 또 다른 유형의 반응이 **포정반응**(peritectic reaction)이다. 이 반응은 특

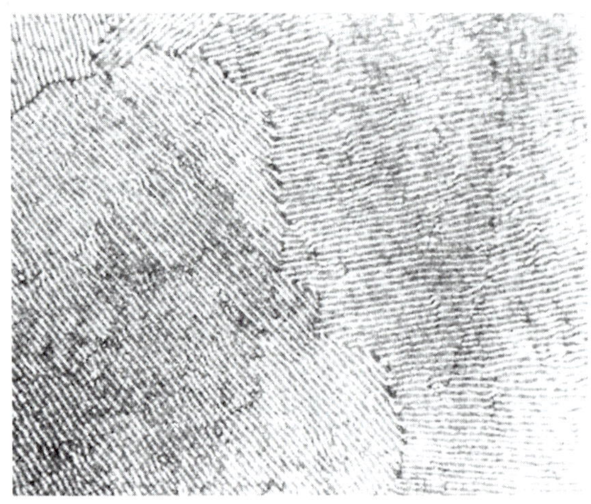

그림 8.16 ➤ 납-주석 공정반응에 의해 생성된 층상 공정구조.
(William G. Moffatt 제공)

히 두 성분의 융점차가 매우 클 때 좀 더 복잡한 2원계 평형상태도의 일부로 존재하는 것이 보통이다. 포정반응에서는 액상과 고상이 반응하여 새로운 고상을 형성한다. 포정반응의 일반적인 형태는 다음 식으로 나타낼 수 있다.

$$\text{액상}\ \alpha \xrightarrow[\text{냉각}]{} \beta \qquad \textbf{(8.9)}$$

그림 8.17은 Fe–Ni 상태도의 포정영역을 나타낸 것이다. 이 상태도에는 고상(δ 및 γ)과 한 액상이 존재한다. δ 상은 BCC 철 속에 니켈이 고용된 것이며, γ 상은 FCC 철 속에 니켈이 고용된 것이다. 그림 8.17에서 포정온도 1517°C와 포정조성 4.3 wt% Ni이 포정점 c를 정해 준다. 이 점은 평형상태에서 δ 및 γ 상과 액체 등 세 상이 공존하므로 변하지 않는다. 포정반응은 Fe–4.3 wt% Ni 합금을 포정온도인 1517°C를 통과해서 서냉시킬 때 일어난다. 이 반응은 다음과 같이 쓸 수 있다.

$$\text{액상}\ (5.4\ \text{wt\%}\ \text{Ni}) + \delta(4.0\ \text{wt\%}\ \text{Ni}) \xrightarrow[\text{냉각}]{1517°\text{C}} \gamma(4.3\ \text{wt\%}\ \text{Ni}) \qquad \textbf{(8.10)}$$

포정반응을 이해하기 위해 Fe–4.3 wt% Ni(포정조성)합금을 1550°C로부터 1517°C 약간 아래까지(그림 8.17의 점 a에서 점 c까지) 서냉시키는 경우를 생각해 보자. 1550°C로부터 약 1525°C까지(그림 8.17의 점 a부터 점 b

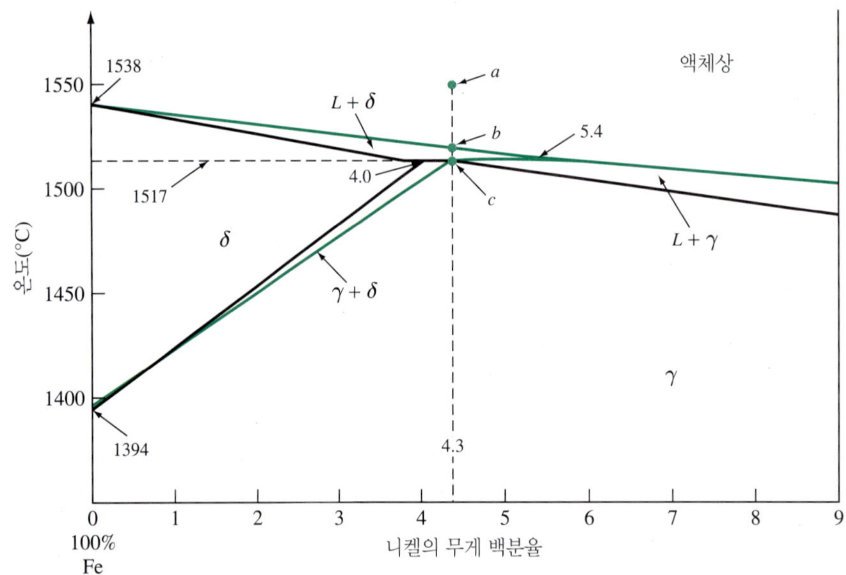

그림 8.17 ➤ 철-니켈 상태도에서 포정 영역. 포정점은 1517°C에서 4.3% 니켈에 위치하는 c 점이다.

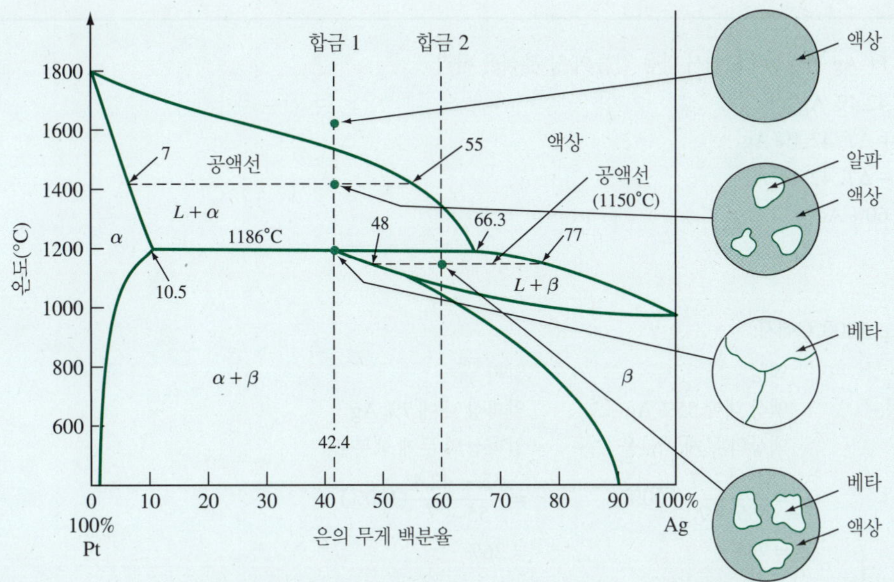

그림 8.18 ➤ 백금-은 상태도. 이 상태도에서 가장 중요한 부분은 1186°C에서 42.4% 은에 위치하는 포정불변반응이다. 이 포정점에서 액상(66.3% 은), 알파(10.5% 은), 베타(42.4% 은)가 공존한다.

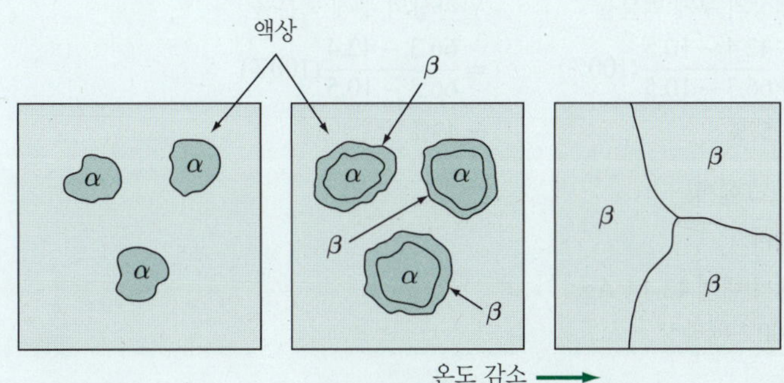

그림 8.19 ➤ 액상 + $\alpha \longrightarrow \beta$의 포정반응 발달과정 모식도.

까지)는 합금이 순수한 Fe 4.3% Ni의 액상으로 냉각된다. 그러다가 액상선과 약 1525°C(점 b)에서 만나게 되면, 고상 δ가 형성되기 시작한다. 점 c까지 계속 냉각시키면 더 많은 δ가 생성된다. 포정온도인 1517°C(점 c)에서는 4.0% Ni의 δ 상과 5.4% Ni의 액상이 평형상태에 있으며, 이 온도에서 모든 액상과 모든 δ 상이 반응해 새로운 고상인 γ 상(4.3% Ni)이 생성된다. 이 합금은 우리가 여기서는 다루지 않는 더 낮은 온도에서의 또 다른 상변화가 일어날 때까지 단상인 γ 고용체로 남아 있게 된다. 지렛대 원리는 공정반응에서처럼 포정반응에서도 마찬가지로 적용될 수 있다.

4.3% Ni보다 적게 니켈을 함유한 Fe–Ni 합금이 액상으로부터 액상 $+\delta$ 영역을 거쳐 서냉되면, 포정반응이 완료된 후에 과잉의 δ 상이 잔존하게 된다. 마찬가지로, 니켈 함량이 4.3% 이상 5.4% 이하인 합금의 경우도 $\delta+$ 액상 영역을 통해서 서냉시키면, 포정반응 완료 후에 과잉의 액상이 잔존하게 된다.

Ag–Pt 이원계 평형상태도는 단일 불변계 포정반응을 갖는 아주 좋은 예이다(그림 8.18). 이 계에서 포정반응($L + \alpha \rightarrow \beta$)은 42.4% Ag 및 1186°C에서 일어난다. 그림 8.19는 Pt–Ag계에서 포정반응이 등온적으로 어떻게 진행되어가는지 도식적으로 나타낸 것이다. 예제 8.7에서 상태도의 여러 점에서의 상 분석을 했다. 그러나 포정합금의 자연응고 중에 이 반응에 의해 생성된 고상을 통한 원자 확산이 매우 느리므로, 평형상태와는 많은 차이가 생기는 것이 보통이다.

예제 8.7

그림 8.18의 Pt–Ag 평형상태도에서 다음 점들의 상 분석을 하라.

a. 1400°C, 42.4% Ag
b. 1186°C + ΔT, 42.4% Ag
c. 1186°C − ΔT, 42.4% Ag
d. 1150°C, 60% Ag

풀이

a. 42.4% Ag, 1400°C에서:

존재하는 상:	액상	알파
상의 조성:	액상 내에 55% Ag	알파상 내에 7% Ag
상의 양:	액상의 무게 백분율	알파상의 무게 백분율
	$= \frac{42.4 - 7}{55 - 7}(100\%)$	$= \frac{55 - 42.4}{55 - 7}(100\%)$
	= 74%	= 26%

b. 42.4% Ag, 1186°C + ΔT에서:

존재하는 상:	액상	알파
상의 조성:	액상 내에 66.3% Ag	알파상 내에 10.5% Ag
상의 양:	액상의 무게 백분율	알파상의 무게 백분율
	$= \frac{42.4 - 10.5}{66.3 - 10.5}(100\%)$	$= \frac{66.3 - 42.4}{66.3 - 10.5}(100\%)$
	= 57%	= 43%

c. 42.4% Ag, 1186°C − ΔT에서:

존재하는 상:	베타
상의 조성:	베타 내에 42.4% Ag
상의 양:	100% 베타상

d. 60% Ag 및 1150°C에서:

존재하는 상:	액상	베타
상의 조성:	액상 내에 77% Ag	베타상 내에 48% Ag
상의 양:	액상의 무게 백분율	베타상의 무게 백분율
	$= \frac{60 - 48}{77 - 48}(100\%)$	$= \frac{77 - 60}{77 - 48}(100\%)$
	= 41%	= 59%

그림 8.19에 나타낸 바와 같이, 포정조성의 합금을 포정온도를 지나서 평형상태로 혹은 서냉시키면 모든 고상 알파는 모든 액상과 반응하여 새로운 고상 베타를 생성한다. 그러나 주조합금의 급랭의 경우는 *포위현상*(surrounding) 또는 *싸개현상*(encasement)이라고 하는 비평형 현상이 나타난다. $L + \alpha \rightarrow \beta$의 포정반응 중, 포정반응에 의해 생성된 베타상이 초정 알파를 둘러싸는 현상을 그림 8.20에 나타내었다. 생성된 베타상이 고상이고 고체확산은 상대적으로 느리므로 알파 주위에 생성된 베타 상은 확산장벽 역할을 하게 되어, 포정반응은 점점 진행속도가 느려진다. 따라서 포정형 합금이 급히 주조되면 초정 알파가 형성되는 동안 편석이 생기고(그림 8.21의 α_1에서 α_4'를 따라서), 포정반 응이 진행되는 동안 베타에 의해 유핵화된 알파가 둘러싸이게 된다. 그림 8.22는 이렇게 결합된 비평형 조직을 도식적으로 나타낸 것이다. 빠른 속도로 주조된 60% Ag–40% Pt합금의 미세조직이 그림 8.23이다. 이 조직은 유핵화된 알파와 그를 둘러싼 베타상을 보여주고 있다.

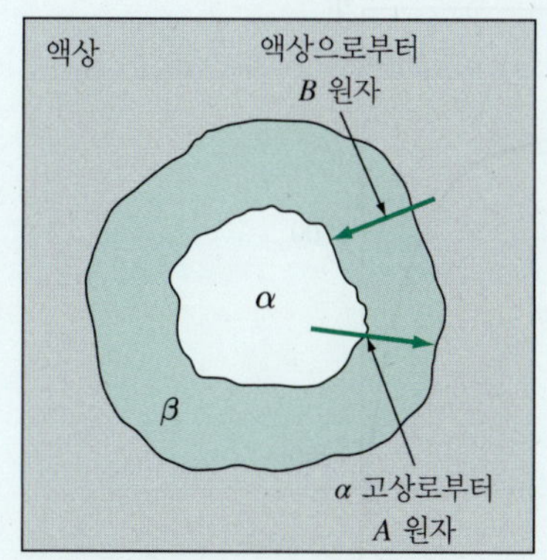

그림 8.20 ➤ 포정반응 중의 포위현상. 액상으로부터 알파상으로의 원자 확산속도가 느리므로 베타상이 알파상을 포위한다.

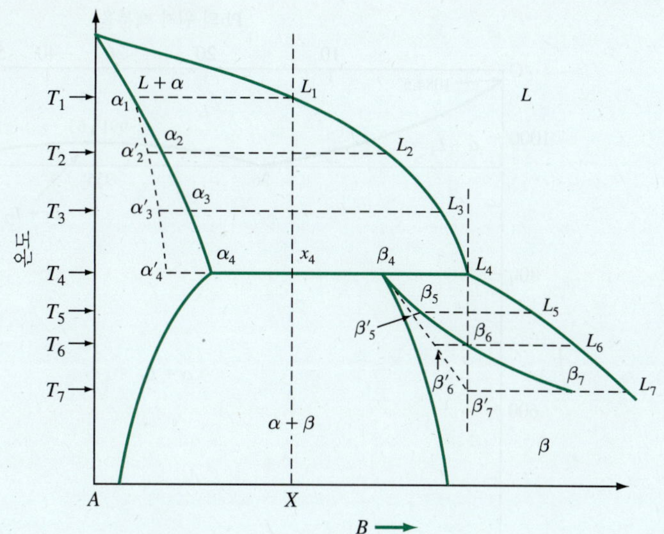

그림 8.21 ➤ 가정적인 2원 포정 상태도로서 자연냉각 중에 유핵현상이 어떻게 발생되는가를 설명하고 있다. 급냉에 의해 α_1에서 α'_4 및 α_4에서 α'_4의 비평형 고상이 생성되어 유핵 알파상 및 유핵 베타상이 생성된다. 또한 포정형태합금의 급냉 응고 중에 포위현상이 발생한다.
(출처: F. Rhines, *Phase Diagrams in Metallurgy*, McGraw-Hill, 1956, p. 86.)

8.9 2원 편정계

몇몇 2원계 평형상태도에서 나타나는 또 다른 3상 불변계 반응으로 **편정반응**(monotectic reaction)이 있는데, 이 반응에서는 다음 식과 같이 액상이 하나의 고상과 또 다른 액상으로 바뀐다.

$$L_1 \xrightarrow{\text{냉각}} \alpha + L_2 \tag{8.11}$$

특정 조성범위에 걸쳐 두 액상은 물속의 기름처럼 섞이지 않게 되어 개별적인 상으로 존재하기도 한다. 이런 유형의 반응은 그림 8.24에 나타낸 바와 같이 Cu–Pb계의 36% Pb, 955°C에서 일어난다. Cu–Pb 상태도는 326°C, 99.94% Pb에서 공정점을 가지며, 그 결과 실온에서 거의 순수한 납(0.007% Cu)과 구리(0.005% Pb)의 최종 고용체가 생성된다. 그림 8.25는 Cu–36% Pb 편정 주조 합금의 미세조직이다. 여기서 어두운 부분은 납이 많은 상이고, 밝은 부분은 구리 기지상이다.

납은 금속 가공 시 절삭된 금속 칩(chip)이 쉽게 떨어져 나가도록 연성을 충분히 감소시킴으로써 합금의 가공을 보다 용이하게 하기 위하여 여러 합금(예를 들면, Cu–Zn 황동)에 약 0.5% 정도까지 소량 첨가된다. 이렇게 납

그림 8.22 ➤ 포정합금에서 나타나는 포위현상 또는 싸개현상의 모식도. 유핵 초기 α의 잔여물은 작은 점선의 원을 중심으로 실선으로 표시되어 있다. 유핵 α를 싸고 있는 것은 포정조성의 β층이다. 잔여 공간은 유핵 β로 채워져 있으며, 점선의 곡선으로 나타나 있다.
(출처: F. Rhines, *Phase Diagrams in Metallurgy*, McGraw- Hill, 1956, p. 86.)

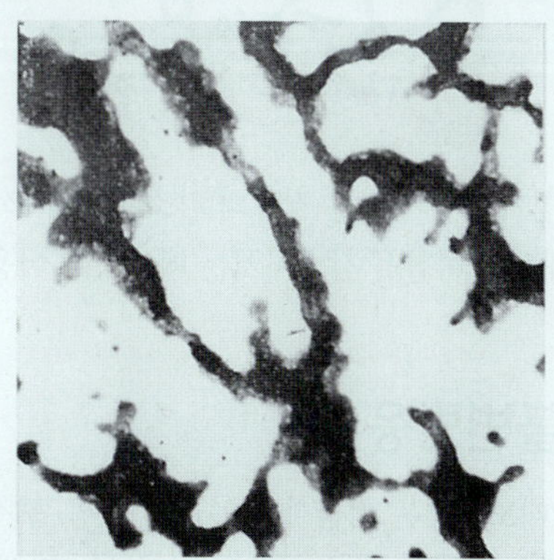

그림 8.23 ➤ 주조된 60% 은–40% 백금의 과포정합금. 하얗고 밝은 회색 부분이 잔여유핵 α이고 2색조의 어두운 부분은 β로써 외부는 포정조성이고 가장 어두운 중간 지역은 포정온도 이하에서 형성된 유핵 β이다. (배율 1000×.)
(McGraw-Hill)

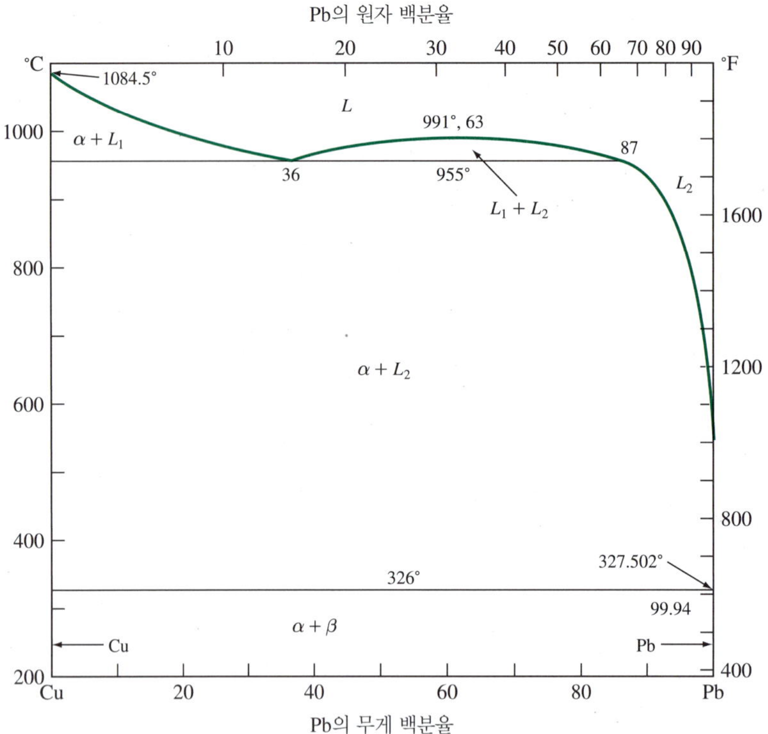

그림 8.24 ➤ 구리–납 상태도. 이 상태도의 가장 중요한 부분은 955°C에서 36% 납에 위치하는 편정 불변계 반응이다. 편정반응에서 α (100% 구리), L_1 (36% 납), L_2 (87% 납)가 공존한다. 구리와 납은 본질적으로 서로 용해하지 않는 것에 주목하라.
(출처: *Metals Handbook*, vol. 8; Metallography, Structures, and Phase Diagrams, 8th ed., American Society for Metals, 1973, p. 296.)

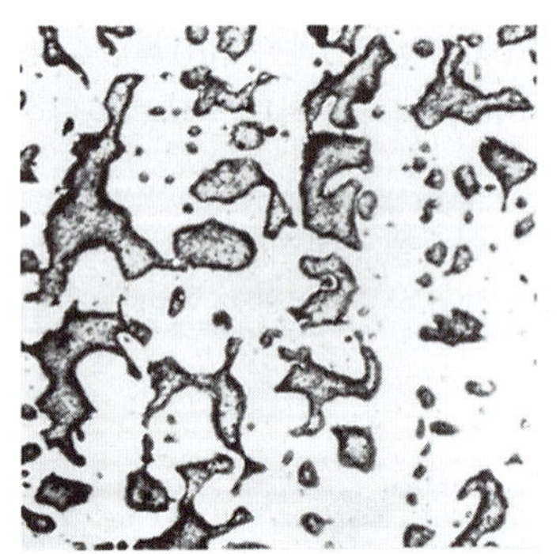

그림 8.25 ➤ 주조된 편정합금 구리–36% 납의 미세구조. 밝은 부분은 편정성분의 구리를 많이 함유한 기지이고, 어두운 부분은 납을 많이 함유한 부분이며 편정온도에서 L_2로 존재한다. (배율 100×.)
(McGraw-Hill)

을 약간 첨가해서 생기는 강도의 감소는 매우 적다. 납이 첨가된 합금은, 약간의 납이 베어링과 축 사이의 마멸 표면에 존재해서 마찰을 감소시키는 베어링에 이용된다.

8.10 불변반응

2원계 상태도에서는 지금까지 언급한 공정, 포정 및 편정의 3가지 불변반응이 자주 나타난다. 표 8.1은 이 반응들을 요약해 놓은 것으로서, 반응이 일어나는 점에서 상태도의 특징이 나타나 있다. 이 외 이원계 상태도에서 나타나는 또 다른 중요한 불변계 반응으로는 *공석반응*(eutectoid reaction)과 *포석반응*(peritectoid reaction)이 있다. 공정반응과 공석반응은 냉각 도중 두 고상이 하나의 상으로부터 생성된다는 점에서는 비슷하다. 그러나 공석반응의 경우는 분해되는 상이 고상인 반면, 공정반응에서는 액상이다. 포석반응에서는 한 고상이 액상과 반응해서 새로운 고상을 만드는 데 비해 포정반응에서는 두 고상이 반응하여 새로운 고상을 만든다. 포정과 포석반응이 공정과 공석반응의 역이 된다는 사실은 흥미로운 일이다. 반응하는 상의 조성과 온도는 위의 모든 불변계 반응의 경우에 일정하다. 즉, 상률에 의해 반응점에서 자유도가 0이 된다.

표 8.1 > 2원계 상태도에서 일어나는 3가지 상의 불변반응 형태

반응명	반응식	상태도 특성
공정	$L \xrightarrow{\text{냉각}} \alpha + \beta$	α L β
공석	$\alpha \xrightarrow{\text{냉각}} \beta + \gamma$	β α γ
포정	$\alpha + L \xrightarrow{\text{냉각}} \beta$	α β L
포석	$\alpha + \beta \xrightarrow{\text{냉각}} \gamma$	α γ β
편정	$L_1 \xrightarrow{\text{냉각}} \alpha + L_2$	α L_1 L_2

8.11 중간상과 화합물을 포함하는 상태도

이제까지 살펴본 상태도는 비교적 간단하고 존재하는 상의 수도 적으며, 하나의 불변계 반응만을 가지고 있는 것들이었다. 그러나 많은 평형상태도는 복잡하고 때로는 중간상이나 화합물을 갖는다. 상태도의 용어상 **최종상**(terminal phase)과 **중간상**(intermediate phase)의 2가지를 구분하는 것이 편리하다. 최종 고용체는 상태도의 양쪽 끝부분, 즉 순수한 성분 부근에 생기는 것이다. 그림 8.12의 Pb–Sn 상태도에서 α와 β 고용체가 그 예이다. 중간고용체는 상태도의 조성범위 내에서 생기며, 2상 영역에 의해 2원계 상태도에서 다른 상으로부터 분리된다. 그림 8.26의 Cu–Zn 상태도는 중간상과 최종상이 함께 나타난다. 이 계에서는 α 및 η는 최종상이고 β, γ, δ, ε은 중간상이다. Cu–Zn 상태도에는 5개의 포정반응이 있으며, 1개의 공석반응점이 δ 중간상 영역 아래에 존재한다.

중간상은 2원계 금속상태도에서만 나타나는 것이 아니라, 세라믹 재료인 Al_2O_3 SiO_2 상태도에서도 $3Al_2O_3 \cdot 2SiO_2$ 화합물을 포함하는 *멀라이트*(mullite)라고 하는 중간상이 나타난다(그림 8.27). 많은 내화 재료[4]는 Al_2O_3와 SiO_2를 주성분으로 한다. 이런 재료들에 대해서는 11장의 세라믹 재료에서 다루기로 한다.

두 금속 사이에서 생성되는 중간 화합물은 *금속간 화합물*(intermetallic compound 또는 inter metallic)이라고 부르는 결정 재료이다. 일반적으로 금속 간 화합물은 특정한 화학 결합물이거나 화학량론적(stoichiometric, 원자 함량이 고정된 비율로 되어 있음)이 된다. 그러나 많은 경우에 특정한 비율의 원자 치환은 화학량론이 잘 맞지 않게 만든다. 금속 간 화합물은 그림 EP8.8의 $TiNi_3$와 같이 화합물이 본래 화학량론적이어서 상태도에 하나의 수직선으로 나타나거나, 때때로 비양론적 특성을 갖는 화합물로써 상태도에 조성범위를 갖는 화합물도 나타나는 것도 있다(예를 들어, 그림 8.26의 β 고용체 속에서 Cu 원자를 Zn가 치환하는 경우 또는 Zn를 Cu가 치환하는 경우, 그리고 Cu–Zn의 γ 상). 거의 대부분의 금속 간 화합물은 금속-이온결합성 또는 금속-공유결합성의 혼합 결합 형태를 갖고 있다. 금속 간 화합물의 이온결합성 또는 공유결합성의 %는 함유된 원소들의 전기음성도의 차이에 의해 결정된다(2.4절 참고).

Mg–Ni 상태도에서는 중간 화합물 Mg_2Ni와 $MgNi_2$가 나타나는데, 이것들은 주로 금속결합을 하고 일정한 화학량론적(stoichiometries) 조성을 갖는다(그림 8.28). 금속간 화합물 $MgNi_2$는 *정융점 금속간 화합물*(congruently melting compound)이라고 하는데, 이것은 융점 바로 위까지 그 조성을 유지하기 때문이다. 반면에 Mg_2Ni는 *비정융점 금속간 화합물*(incongruently melting compound)이라고 하며, 이것은 가열 도중 761°C에서 포석반응으로 액상과 $MgNi_2$상으로 분해된다. 상태도에서 나타나는 중간 화합물의 다른 예로는 Fe_3C와 Mg_2Si가 있다. Fe_3C는 주로 금속결합적 특성을 가지나, Mg_2Si는 주로 공유결합을 하고 있다.

4 내화 재료는 열저항용 세라믹 재료를 말한다.

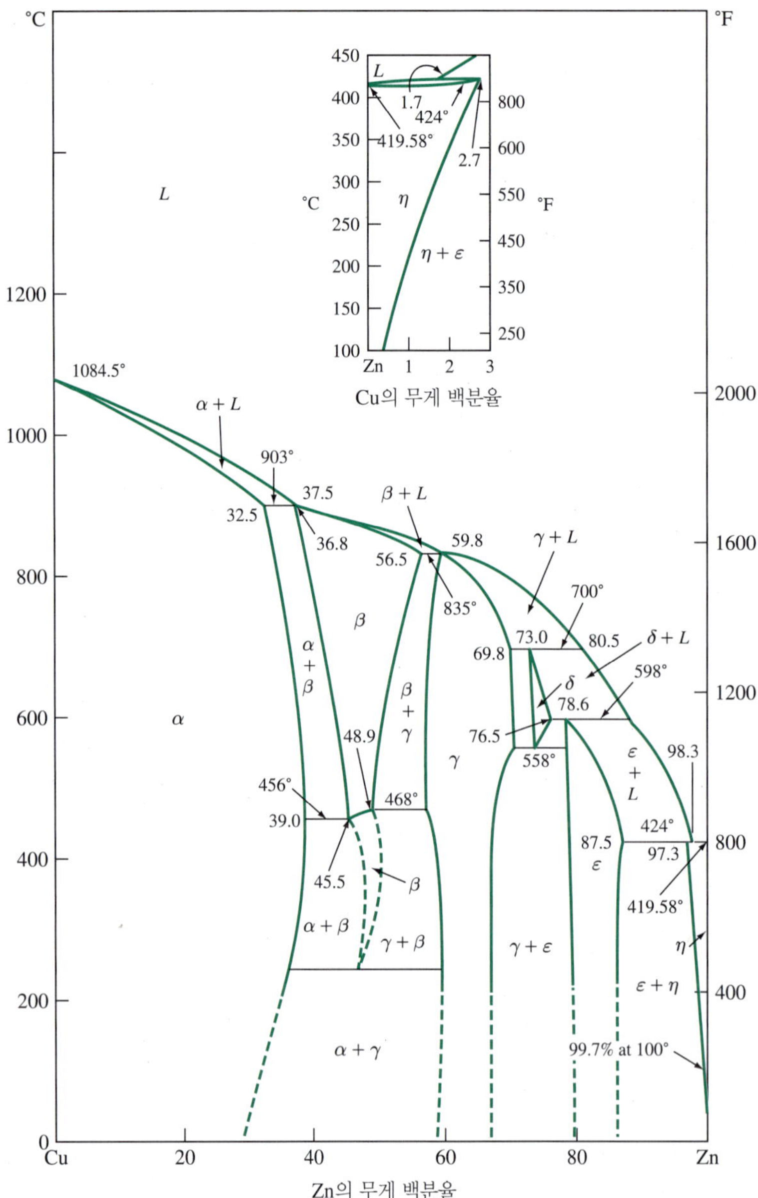

그림 8.26 ➤ 구리-아연 상태도. 이 상태도에는 최종상으로 α와 η가 있으며, 중간상으로는 β, γ, δ, ε가 있다. 5개의 불변 포정점과 1개의 공석점이 있다.

(출처: *Metals Handbook*, vol. 8; Metallography, Structures, and Phase Diagrams, 8th ed., American Society for Metals, 1973, p. 301.)

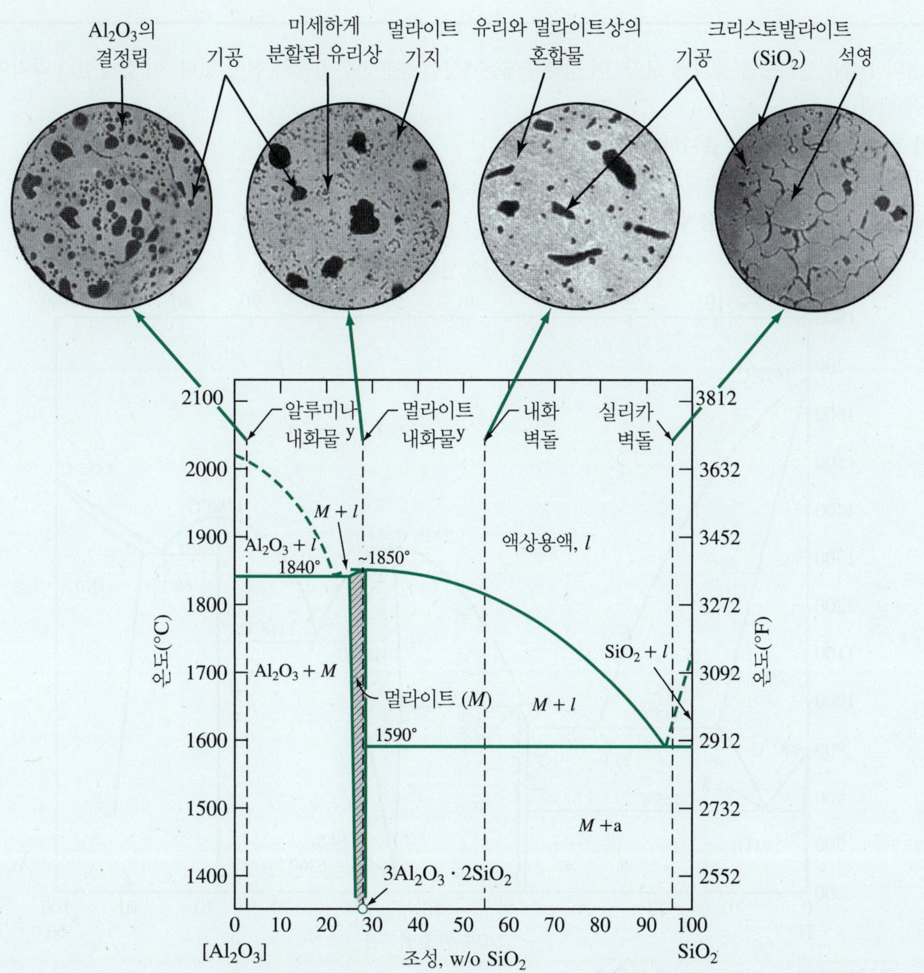

그림 8.27 ➤ 알루미나-실리카 상태도로서 멀라이트라는 중간상을 갖고 있다. 주성분으로 알루미나와 실리카를 갖고 있는 내화물의 전형적인 조성을 나타내고 있다.
(그래프 출처: A.G. Guy, *Essentials of Materials Science*, McGraw-Hill, 1976.)

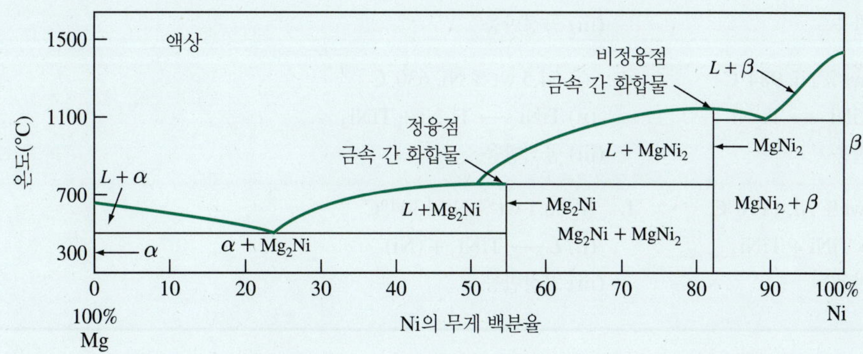

그림 8.28 ➤ 마그네슘-니켈 상태도. 이 상태도에는 2가지의 중간 화합물 Mg_2Ni 및 $MgNi_2$가 있다.
(출처: A.G. Guy, *Essentials of Materials Science*, McGraw-Hill, 1976.)

예제 8.8

그림 EP8.8의 Ti–Ni 상태도를 생각해 보자. 이 상태도에는 3상이 공존하는 6개의 점이 있다. 이 삼상점의 각각에 대하여, 다음 물음에 답하라.

a. 각 점의 조성(wt%)과 온도를 표시하라.

b. 각 점의 Ti–Ni합금이 서냉시 발생하는 불변계 반응을 기술하라.

c. 각 점에서 일어나는 불변계 반응 형태는 무엇인가?

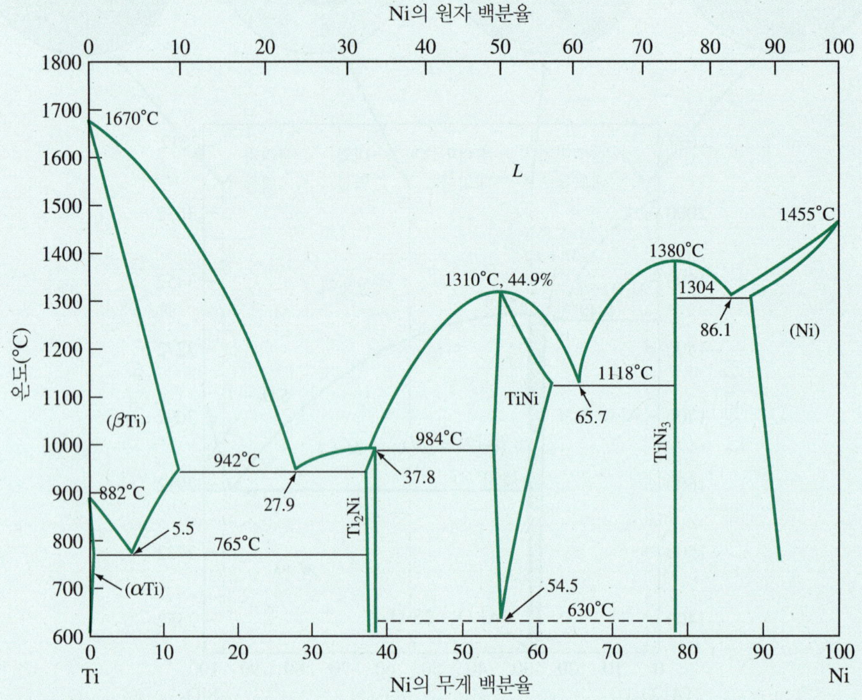

그림 EP8.8 ➤ 티타늄–니켈 상태도.
(출처: *Binary Alloy Phase Diagrams*, ASM Int., 1986, p.1768.)

풀이

a. (i) 5.5 wt % Ni, 765°C
(ii) (β Ti) ⟶ (α Ti) Ti_2Ni
(iii) 공석반응

b. (i) 27.9 wt % Ni, 942°C
(ii) L ⟶ (β Ti) Ti_2Ni
(iii) 공정반응

c. (i) 37.8 wt % Ni, 984°C
(ii) L + TiNi ⟶ Ti_2Ni
(iii) 포정반응

d. (i) 54.5 wt % Ni, 630°C
(ii) TiNi ⟶ Ti_2Ni + $TiNi_3$
(iii) 공석반응

e. (i) 65.7 wt % Ni, 1118°C
(ii) L ⟶ TiNi + $TiNi_3$
(iii) 공정반응

f. (i) 86.1 wt % Ni, 1304°C
(ii) L ⟶ $TiNi_3$ + (Ni)
(iii) 공정반응

8.12 3원계 상태도

이제까지 우리는 두 성분으로 구성된 2원계 상태도에 대해서만 생각해 보았다. 이제 3가지 성분이 존재하는 3원계 상태도에 대해 알아보기로 하자. 3원계 상태도의 조성은 보통 정삼각형을 기준으로 표시할 수 있다. 3원계의 조성은 순수한 조성을 꼭지점에 표시하고 2원계 합금의 조성 AB, BC, AC를 삼각형의 3변에 나타낸다. 그림 8.29는

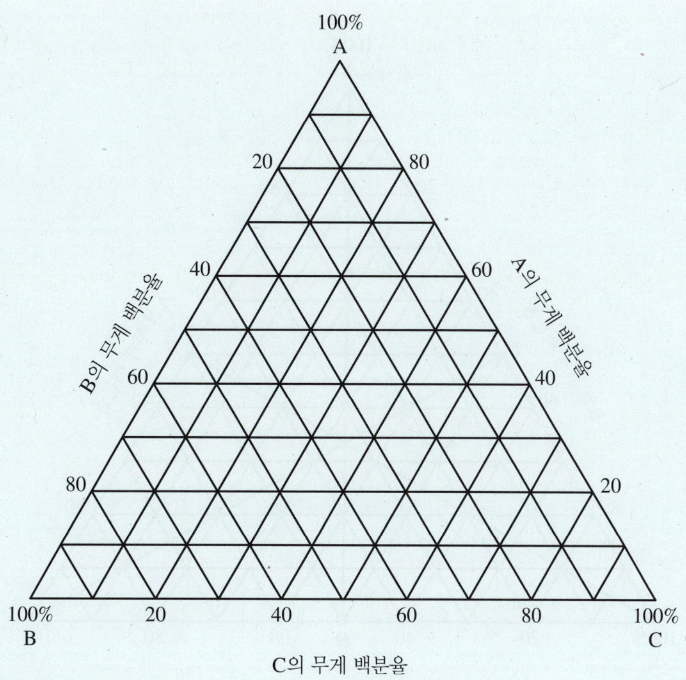

그림 8.29 ➤ 순성분 A, B, C의 3원계 상태도의 조성 삼각형.
(출처: Metals Handbook, vol. 8, 8th ed., American Society for Metals, 1973, p. 314.)

순수한 금속 A, B, C로 구성된 3원계 합금상태도의 조성 삼각형이다. 2원 합금 조성인 AB, BC, AC는 삼각형의 세 변에 존재하게 된다.

조성 삼각형과 함께 3원계 상태도는 1기압의 일정한 압력 하에서 그린다. 온도는 전체 상태도를 통해서 일정하게 그릴 수 있다. 이런 형태의 3원계 상태도를 *등온단면도*(isothermal section)라고 한다. 여러 조성의 합금이 온도가 변화함에 따라 어떻게 되는가를 보여주려면 조성 삼각형의 수직인 축에 온도를 나타내면 된다. 그러나 좀 더 일반적으로는 지형의 평면지도에 다른 고도를 나타내는 것과 마찬가지로 조성 삼각형에 등온선을 그려 넣는 방법이 이용된다.

그림 8.29에 나타나 있는 유형의 3원계 상태도상에 있는 점으로 나타낸 3원계 합금의 조성을 결정하는 방법을 생각해 보자. 그림 8.29에서 삼각형의 꼭지점 A는 100% A인 금속을 나타내고, 꼭지점 B는 100% B, 꼭지점 C는 100% C를 나타낸다. 합금 중의 순수한 금속 각각의 무게 백분율은 다음과 같이 결정한다. 순금속 꼭지점으로부터 마주보는 변에 수직선을 긋고, 수직선을 따라 변으로부터 꼭지점까지의 거리를 전체 선분의 백분율로 측정한다. 이 백분율이 합금에 포함되어 있는 그 꼭지점에 해당되는 순금속의 무게 백분율이다. 예제 8.9에서 이 과정을 좀 더 자세히 설명한다.

예제 8.9

그림 EP8.9에 나타낸 3원계 상태도에서 x점에 존재하는 3원 합금 ABC에 대해 금속 A, B, C의 무게 백분율을 구하라.

풀이

상태도로부터 각각의 순금속 조성을 결정함으로써 그림 EP8.9에 나타난 3원계 상태도의 한 점에서 조성을 결정할 수 있다. 그림 EP8.9의 x점에서의 %A를 결정하기 위해서는 먼저 꼭지점 A가 마주보는 변 위의 점 D에 수선 AD를 긋는다. AD의 전체 길이가 100% A의 등조성선 위에 있게 되며, 따라서 합금 내의 %A는 40%이다. 마찬가지 방법으로 선 BE를 긋고 합금 내의 B의 백분율을 구하면 역시 40%가 된다. 세 번째 선 CF를 긋고 합금 내의 C의 백분율을 구하면 20%이다. 따라서 x점에서의 3원합금의 조성은 40% A, 40% B, 20% C이다. 실제로는 두 성분의 백분율만 결정되면 나머지 하나는 100%에서 두 성분의 백분율의 합을 빼면 되므로, 모든 조성을 알 수 있게 된다.

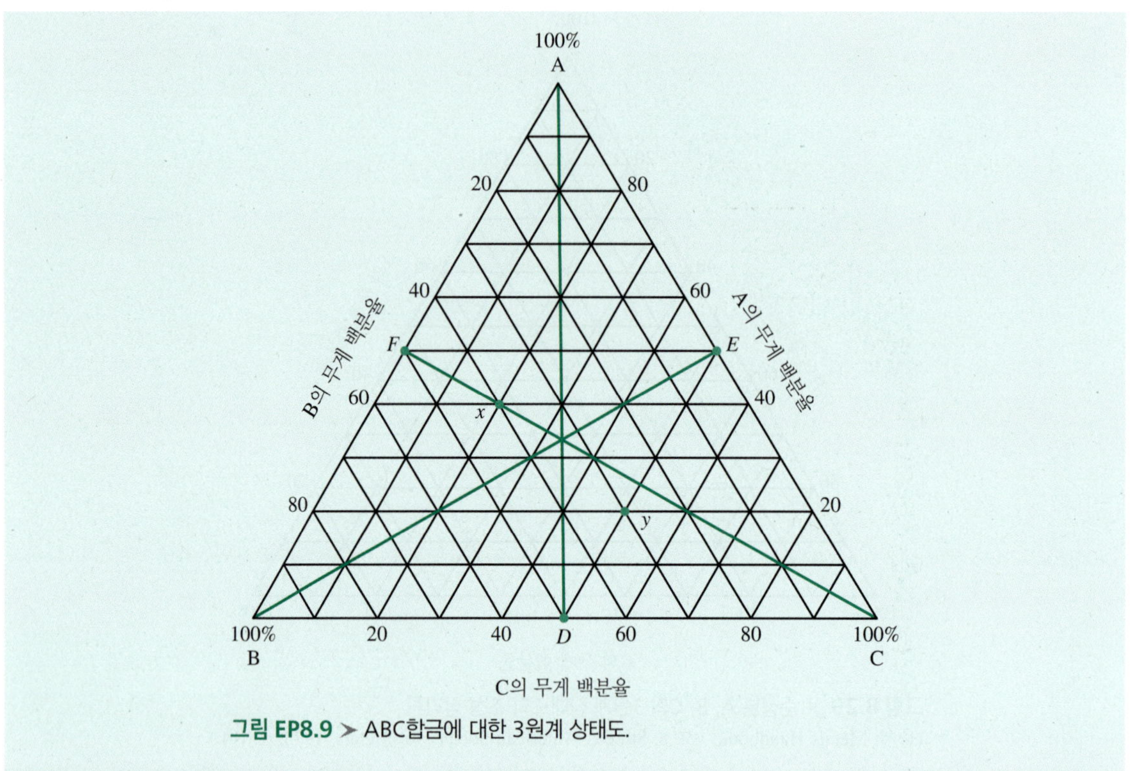

그림 EP8.9 ➤ ABC합금에 대한 3원계 상태도.

상업적으로 중요한 스테인리스강의 조성이 74% Fe, 18% Cr, 8% Ni이므로 Fe, Cr, Ni의 3원계 상태도가 중요하다. 그림 8.30은 Fe–Cr–Ni 3원계의 650°C (1202°F) 등온단면도를 나타낸 것이다.

3원계 상태도는 또한 세라믹 재료를 연구하는 데 중요하다. 그림 11.34는 실리카(silica)–루사이트(leucite)–멀라이트(mullite)계의 3원계 상태도를 나타낸 것이다.

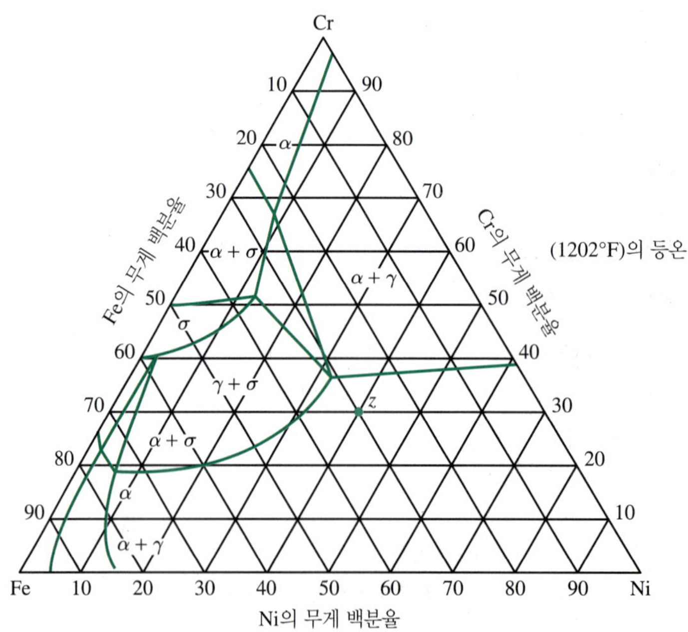

그림 8.30 ➤ Fe–Cr–Ni의 3원계 상태도에서 650°C의 등온단면도.
(출처: *Metals Handbook*, vol. 8, 8th ed., American Society for Metals, 1973, p. 425.)

8.13 요약

상태도는 여러 온도, 압력 및 조성에서 합금(혹은 세라믹)계 중에 어떤 상이 존재하는가를 도식적으로 나타낸 것이다. 상태도는 냉각곡선으로부터 수집된 정보를 통해서 만들어진다. 냉각곡선은 여러 조성의 합금에 대한 온도–시간 그래프로서 상변화 온도를 얻을 수 있다. 이 장에서는 온도–조성의 2원계 평형상 태도를 중점적으로 다루었으며, 이 상태도로부터 우리는 평형에 가까운 서냉 혹은 천천히 가열했을 때, 다른 조성과 온도에서 어느 상이 존재하는가를 알 수 있다. 이러한 상태도의 2상 영역에서, 상경계와 등온선의 교점은 상태도의 2상 영역에서 2상 각각의 화학조성을 나타낸다. 2상 영역에서의 각 상의 무게분율은 등온선(특정 온도에서의 공액선)을 따라 지렛대 원리로 정할 수 있다.

2원계 *전율고용체 평형상태도*에서는 2개의 성분이 고체상태에서 완전히 상호 고용되고, 따라서 하나의 고상만이 존재한다. 합금 혹은 세라믹의 2원계 평형상태도에서 평형상태의 3개의 상을 포함하는 *불변반응*이 종종 일어난다. 가장 흔한 반응으로는 다음과 같은 것들이 있다.

1. 공정반응: $L \longrightarrow \alpha + \beta$
2. 공석반응: $\alpha \longrightarrow \beta + \gamma$
3. 포정반응: $\alpha + L \longrightarrow \beta$
4. 포석반응: $\alpha + \beta \longrightarrow \gamma$
5. 편정반응: $L_1 \longrightarrow \alpha + L_2$

많은 2원계 평형상태도에는 중간상(들) 및 중간 화합물이 존재한다. 중간상은 어떤 조성범위를 갖는 반면에 중간 화합물은 단 하나의 조성을 갖는다. 만약 두 성분이 모두 금속이라면 중간 화합물은 *금속간 화합물*이라 부른다.

대부분 합금의 경우 급랭시키면 농도 기울기가 생겨서 유핵조직이 나타난다. 유핵조직은 합금 내의 융점이 가장 낮은 상의 융점 바로 아래에서 오랫동안 주조합금을 균질화함으로써 제거할 수 있다. 주조 합금이 약간만 과열되면 결정립계에서 용융이 생겨 *용리조직*이 생긴다. 이런 유형의 조직은 합금의 강도가 저하되고, 이후의 가공에서 깨질 염려가 있으므로 바람직하지 못하다.

8.14 용어 정의

8.1절

상(phase): 물리적으로 균질한 물질계의 구별되는 부분.

평형(equilibrium): 시간에 따른 거시적 변화가 나타나지 않을 때 그 계는 평형상태에 있다고 한다.

평형상태도(equilibrium phase diagram): 여러 상이 평형상태로 안정하게 존재하는 온도, 압력 및 조성을 도식적으로 나타낸 것으로서, 재료과학에서 가장 흔한 상태도는 온도–조성을 포함하는 상태도이다.

8.2절

계(system): 성질을 연구하기 위해 분리시킨 영역의 일부.

Gibbs의 상률(Gibbs phase rule): 평형상태에서 상의 수와 자유도의 합이 성분의 수 더하기 2와 같다는 식, 즉 $P + F = C + 2$이다.

자유도 *F*(degrees of freedom, *F*): 계의 상을 변화시키지 않고 독립적으로 변화시킬 수 있는 변수(온도, 압력및 조성)의 수.

상태도의 성분 수(number of components of a phase diagram): 상태도계를 이루는 원소 혹은 화합물의 수. 예를 들어, Fe–Fe_3C계는 2성분계이고, Fe–Ni계도 역시 2성분계이다.

8.3절

냉각곡선(cooling curve): 금속의 응고과정 중에 얻어지는 온도–조성의 도표. 이것은 온도가 하강할 때 상변화 정보를 제공해준다.

열 정지구간(thermal arrest): 순금속의 냉각곡선에서 시간이 변하여도 온도가 변화하지 않는(수평선) 구역이며, 이는 응고온도를 나타낸다.

8.4절

전율고용체 계(isomorphous system): 하나의 고상만이 존재하는 상태도, 즉 고상조직이 하나뿐인 경우이다.

액상선(liquidus): 평형 조건에서 액상이 응고되기 시작하는 온도.

고상선(solidus): 합금의 응고과정 중 마지막 액상이 응고되는 온도.

8.5절

지렛대법칙(lever rule): 평형상태가 잘 유지되었다면, 이 법칙으로 이원계상태도의 2상 영역에서 각 상의 무게분율을 계산할 수 있다.

공액선(tie line): 이원계상태도에서 두 상 사이의 특정 온도에서 그어진 수평선으로써 지렛대 법칙을 적용하는 데 이용된다. 수평조성선이 상경계와 만나는 공액선의 교점으로부터 수직선이 그려지며, 지렛대 법칙에 이용된다.

8.6절

유핵조직(cored structure): 금속의 빠른 냉각속도 또는 비평형 응고로 만들어진 미세구조의 일종.

균질화처리(homogenization): 원하지 않는 유핵조직을 제거하기 위한 열처리 방법.

8.7절

고용선(solvus): 이원계 공정상태도에서 등온액상 + 초정상의 고상경계 아래에 있는 상경계 및 고용체와 두 상 영역 사이의 상경계.

공정조성(eutectic composition): 공정온도에서 2개의 새로운 고상을 형성하는 액상의 조성.

공정온도(eutectic temperature): 공정반응이 일어나는 온도.

공정점(eutectic point): 공정조성과 공정온도로 정의되는 점.

공정반응(eutectic reaction, 2원계 상태도에서): 냉각 도중 모든 액상이 고상으로 등온적으로 변태되는 상변태.

아공정조성(hypoeutectic composition): 공정점의 왼쪽에 해당하는 조성.

과공정조성(hypereutectic composition): 공정점의 오른쪽에 해당하는 조성.

초기상(primary phase): 불변반응이 일어나는 온도 이상에서 형성된 고상으로 불변반응이 완료된 후에도 존재하는 상.

초정상(proeutectic phase): 공정온도 이상에서 형성된 상.

8.8절

포정반응(peritectic reaction, 2원계 상태도에서): 냉각 중 액상이 고상과 결합하여 새로운 상을 생성하는 상변태.

8.9절

편정반응(monotectic reaction, 2원계 상태도에서): 냉각 중 한 액상이 고상과 새로운 액상(처음 액상과는 조성이 다른)으로 변태하는 상변태.

8.10절

불변반응(invariant reactions): 고정된 온도와 조성에서 일어나는 반응으로서 자유도는 0이다.

8.11절

최종상(terminal phase): 한 성분이 다른 성분에 고용된 고용체로서 상영역의 한쪽 경계는 순수한 성분인 고용체.

중간상(intermediate phase): 최종상의 사이에서 조성범위를 갖는 상.

8.15 연습 문제

*표시를 한 문제는 책 마지막에 답을 제공하였다.

■ 지식과 이해 문제

8.1 다음을 정의하라. (*a*) 재료 내의 상, (*b*) 상태도

8.2 순수한 물의 압력-온도 평형상태도(그림 8.1)의 다음 조건에서는 어떤 상이 평형상태로 존재하는가? (*a*) 응고선상에서, (*b*) 기화선상에서, (*c*) 3중점에서

8.3 그림 8.2의 순철의 압력–온도 평형상태도에서는 3중점이 몇 개 존재하는가? 그리고 각 3중점에서 평형상태로 존재하는 상들은 무엇인가?

8.4 Gibbs의 상률을 쓰고, 각 용어를 정의하라. Gibbs 법칙은 일반적으로 무엇을 말하는가?

8.5 순수한 물의 압력–온도 평형상태도(그림 8.1)를 보고, 다음 물음에 답하라.

(*a*) 3중점에서는 자유도가 얼마인가?

(*b*) 응고선상의 점에서는 자유도가 얼마인가?

8.6 (*a*) 냉각곡선이란 무엇인가? (*b*) 냉각곡선으로부터 도출할 수 있는 정보는 무엇인가? (*c*) 순금속과 합금의 냉각곡선을 그려보고, 차이를 설명하라.

8.7 이원계 전율고용체 합금계란 무엇인가?

8.8 합금이란 무엇인가? 순수한 금속과 이 금속의 합금의 용융온도의 차이는 무엇인가?

8.9 한 원소의 다른 원소에의 고용도에 대한 4가지 Hume-Rothery 규칙은 무엇인가?

8.10 액상선과 고상선의 중요한 의미는 무엇인가? 이원계 전율고용체의 액상선과 고상선을 실험적으로 어떻게 결정하는 방법을 설명하라.

8.11 70% Cu–30% Ni 합금의 유핵조직이 형성되는 방법을 설명하라.

8.12 열처리에 의해 70% Cu–30% Ni 합금의 유핵조직을 제거하는 방법을 설명하라.

8.13 용리(liquation)란 용어가 의미하는 바를 설명하고, 어떻게 용리조직이 합금 내에 생성되는지, 그리고 어떻게 피할 수 있는지를 설명하라.

8.14 포정반응을 통해 급랭 응고된 합금에서 포위현상(surrounding)이 생기는 기구를 설명하라.

8.15 급냉 응고된 포정형 합금에서 편석과 포위현상이 일어날 수 있을지를 설명하라.

8.16 편정불변반응이란 무엇인가? Cu–Pb계 내의 편정반응은 공업적으로 어떤 면에서 중요한가?

8.17 다음 불변계 반응의 반응식을 쓰라. 공정, 공석, 편정, 편석. 2원계 상태도에서 불변 반응점에서의 자유도는 얼마인가?

8.18 공정반응과 공석반응은 어떤 점에서 유사한가? '*-oid*' 접미사의 의미는 무엇인가?

8.19 (*a*) 최종상과 (*b*) 중간상을 구별하라.

8.20 (*a*) 중간상과 (*b*) 중간 화합물을 구별하라.

8.21 정융점 화합물과 비정융점 화합물 사이의 차이점은 무엇인가?

■ 응용과 분석 문제

***8.22** 70 wt% Ni과 30 wt% Cu를 포함하는 합금의 경우(그림 8.5 참고), 다음 물음에 답하라.

a. 평형상태라고 가정하고, 1350°C에서 상분석을 하라. 상분석에는 다음의 것들이 포함된다.

i. 어떤 상이 존재하는가?
ii. 각 상의 화학조성은 무엇인가?
iii. 각 상의 존재량은 얼마인가?

b. 1500°C에서 위와 같은 상분석을 하라.

c. 원내에 위의 각 온도에서의 합금의 미세조직을 그려보라.

8.23 그림 P8.23의 Cu–Ag 2원 공정 평형상태도를 보고, 다음 온도에서 88 wt% Ag–12 wt% Cu합금의 상분석을 하라. (*a*) 1000°C, (*b*) 800°C, (*c*) 780°C + Δ*T*, (*d*) 780°C − Δ*T*. 상분석에는 다음의 것들이 포함된다.

i. 존재하는 상
ii. 상의 화학조성
iii. 각 상의 양
iv. 지름이 2 cm인 원에 미세 현미경 조직을 그려라.

8.24 40 wt% Cu–60 wt% Ag 합금 500 g을 1000°C로부터 780°C 바로 아래까지 서냉시킬 때(그림 P8.23 참고), 다음 물음에 답하라.

a. 850°C에서는 몇 g의 액상과 초정 알파가 존재하는가?

b. 780°C + Δ*T*에서 몇 g의 액상과 초정 알파가 존재하는가?

c. 780°C − Δ*T*에서 공정조직 내에 존재하는 알파의 양은 얼마인가?

d. 780°C − Δ*T*에서 공정조직 내에 존재하는 베타의 양은 얼마인가?

8.25 Pb–Sn 합금은 183°C − Δ*T*에서 60 wt% 초정 β와 60 wt% 공정 $\alpha + \beta$로 이루어진다. 이 합금의 평균 조성을 구하라(그림 8.12 참고).

8.26 Pb–Sn 합금은 50°C에서 40 wt% β와 60 wt% α를 갖는다. 이 합금에서 Pb와 Sn의 평균 조성은 얼마인가(그림 8.12 참고)?

***8.27** 30 wt% Pb–70 wt% Sn 합금이 250°C에서 27°C로 서냉된다(그림 8.12 참고). 다음 물음에 답하라.

a. 이 합금은 아공정인가 과공정인가?

b. 초기 고상형성조성은 무엇인가?

c. 183°C + Δ*T*에서 존재할 각 상의 조성과 양은 얼마인가?

d. 183°C − Δ*T*에서 존재할 각 상의 조성과 양은 얼마인가?

e. 실온에서 존재할 각 상의 조성과 양은 얼마인가?

8.28 그림 P8.28의 2원 포정 Ir–Os 상태도의 다음 온도에서 70 wt% Ir 30 wt% Os 합금의 상분석을 하라. (*a*) 2600°C, (*b*) 2665°C + Δ*T*, (*c*) 2665°C − Δ*T*. 상분석에는 다음의 것들이 포함된다.

i. 존재하는 상

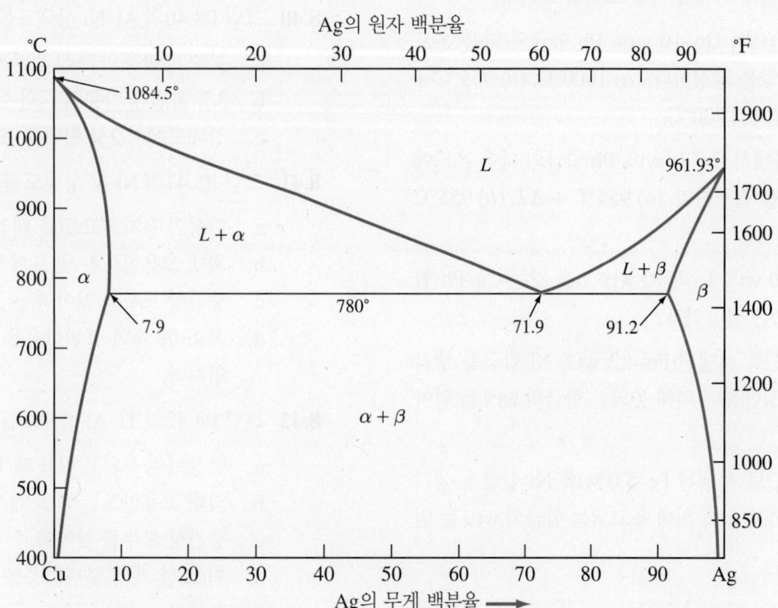

그림 P8.23 ➤ Cu–Ag 상태도.
(출처: *Metals Handbook*, vol. 8, 8th ed., American Society for Metals, 1973, p. 253)

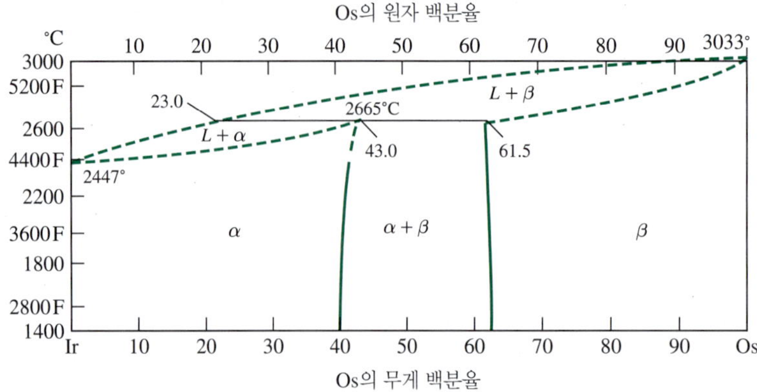

그림 P8.28 ➤ Ir–Os 상태도.
(출처: *Metals Handbook*, vol. 8, 8th ed., American Society for Metals, 1973, p. 425.)

ii. 상의 화학조성
iii. 각 상의 양
iv. 지름이 2 cm인 원에 미세 현미경 조직을 그려라.

8.29 그림 P8.28의 2원 포정 Ir–Os 상태도에서 40 wt% Ir–60 wt% Os 합금의 다음 온도에서의 상분석을 하라. (*a*) 2600°C, (*b*) 2665°C + ΔT, (*c*) 2665°C − ΔT, (*d*) 2800°C. 상분석에는 문제 8.27에 열거된 4가지 사항이 포함된다.

8.30 그림 P8.28의 2원 포정 Ir–Os 상태도의 다음 온도에서 70 wt% Ir–30 wt% Os 합금의 상분석을 하라. (*a*) 2600°C, (*b*) 2665°C + ΔT, (*c*) 2665°C − ΔT. 상분석에는 다음의 것들이 포함된다.

i. 존재하는 상
ii. 상의 화학조성
iii. 각 상의 양
iv. 지름이 2 cm인 원에 미세 현미경 조직을 그려라.

***8.31** Cu–Pb계(그림 8.24)에서 Cu–10 wt% Pb 합금의 다음 온도에서의 상의 조성과 양을 결정하라. (*a*) 1000°C, (*b*) 955°C + ΔT, (*c*) 955°C − ΔT, (*d*) 200°C.

8.32 Cu–Pb계(그림 8.24)에서 Cu–70 wt% Pb 합금의 다음 온도에서의 상의 조성과 양을 결정하라. (*a*) 955°C + ΔT, (*b*) 955°C − ΔT, (*c*) 200°C

8.33 955°C + ΔT에서 30 wt% L_1과 70 wt% α를 갖는 Cu–Pb 합금의 평균 조성(*wt*%)은 얼마인가?

8.34 1550°C에서 1450°C로 서냉된 Fe–4.2 wt% Ni 합금을 생각하자(그림 8.17). 포정반응에 의해 응되는 합금의 wt%는 얼마인가?

***8.35** 1550°C에서 1450°C로 서냉된 Fe–5.0 wt% Ni 합금을 생각하자(그림 8.17). 포정반응에 의해 응고되는 합금의 wt%는 얼마인가?

8.36 Fe–4.2 wt% Ni 합금의 1517°C + ΔT(그림 8.17)에서 나타나는 각 상의 wt%와 조성을 구하라.

8.37 포정반응 바로 아래 40 wt% δ 및 60 wt% γ 구조를 나타내는 Fe–Ni계(그림 8.17)에서 합금 wt%로 조성을 결정하라.

8.38 그림 8.26의 Cu–Zn 상태도에서 액상선 및 고상선을 표기하고, 모든 Zn의 임계 함량과 온도를 표기하라. 이 온도들 중에 금속-가공 공정에 중요한 온도가 있다. 그 이유는?

***8.39** 그림 8.26의 Cu–Zn 상태도를 생각하자.

a. 최종 고용상 α Cu에서의 Zn의 최대 고용도는 몇 wt%인가?
b. Cu–Zn 상태도에서 중간상을 결정하라.
c. Cu–Zn 상태도의 3상 불변계 반응의 다음 내용을 결정하라.
   i. 불변계 반응의 조성과 온도
   ii. 불변계 반응의 반응식
   iii. 불변계 반응의 이름

8.40 그림 P8.40의 Al–Ni 상태도를 생각하자.

a. 불변계 반응의 조성과 온도를 결정하라.
b. 3상 불변계 반응의 식과 이름을 써라.
c. 상태도에서 2상 영역을 표시하라.

8.41 그림 P8.41의 Ni–V 상태도를 생각하자.

a. 단상이 유지되고 있을 때 Ni 속에서 V의 최대 고용한도는?
b. 최대 고용한도는 몇 도에서 일어나는가?
c. 중간상 모두를 찾아라.
d. 최소 한 개의 불변반응을 찾고 이 반응에 대한 정보를 기입하라.

8.42 그림 P8.42의 Ti–Al 상태도를 생각하자.

a. 단상이 유지되고 있을 때 Ti 속에서 Al의 최대 고용한도는?
b. 최대 고용한도는 몇 도에서 일어나는가?
c. 중간상 모두를 찾아라.
d. 최소 한 개의 불변반응을 찾고 이 반응에 대한 정보를 기입하라.

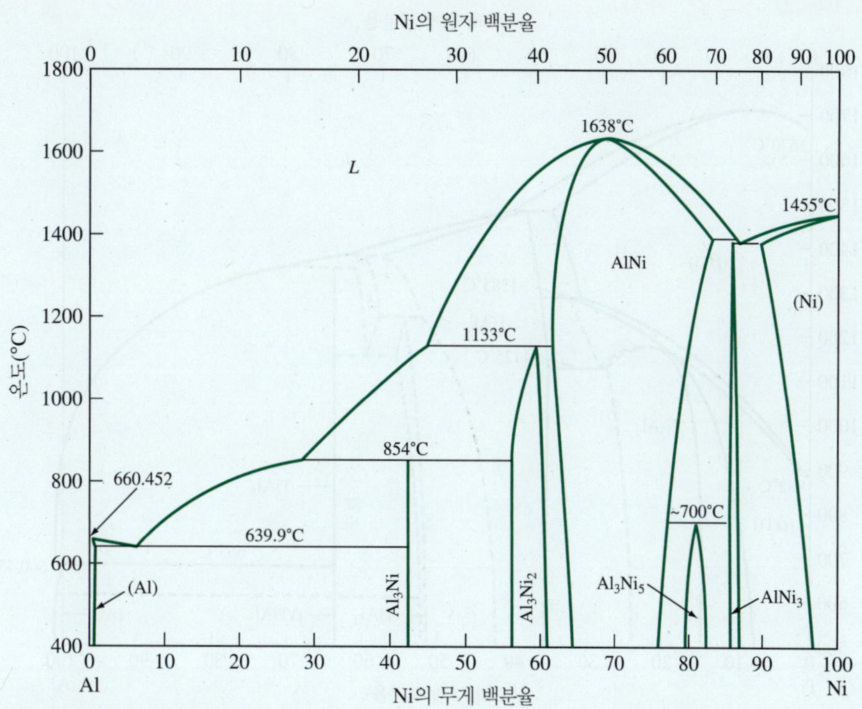

그림 P8.40 ➤ Al–Ni 상태도.
(출처: *Metals Handbook*, vol. 8, 8th ed., American Society for Metals, 1973, p. 253.)

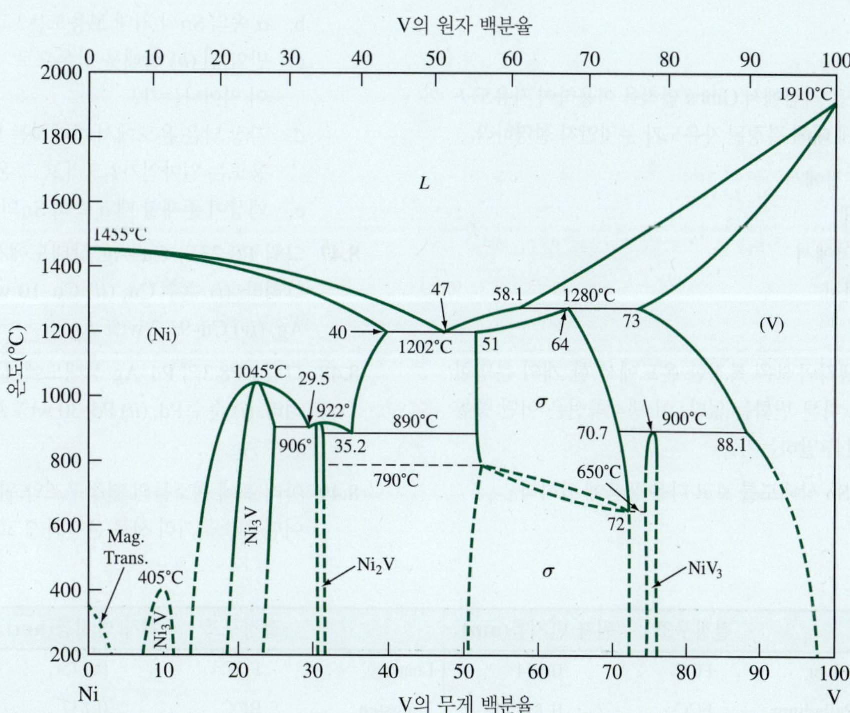

그림 P8.41 ➤ Ni–V 상태도.
(출처: *Metals Handbook*, vol. 8, 8th ed., American Society for Metals, 1973, p. 332.)

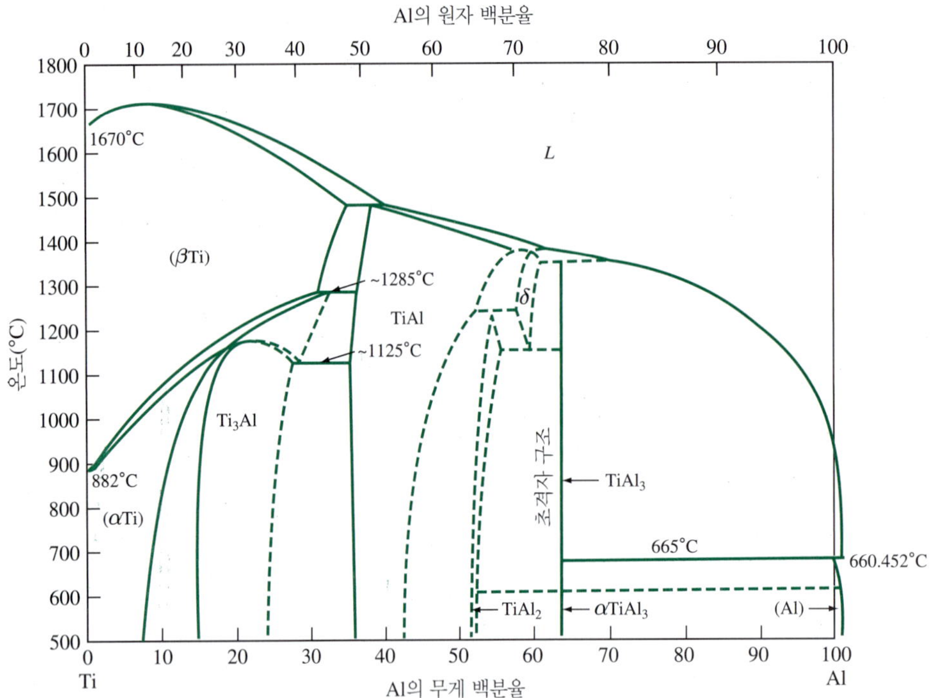

그림 P8.42 ➤ Ti–Al 상태도.
(출처: Binary Phase Diagrams, ASM Int., 1986, p. 142.)

8.43 그림 EP8.9에서 y점의 조성은 무엇인가?

■ 통합과 평가 문제

***8.44** 그림 8.12에서 다음 지점에서 Gibbs 법칙을 이용하여 자유도 F를 구하라. 각 점에 대해 결정된 자유도가 무엇인지 설명하라.

a. 순수 Sn의 융점에서
b. α상 영역에서
c. α + 액상 영역에서
d. $\alpha + \beta$ 영역에서
e. 공정점에서

8.45 미지의 금속의 냉각곡선은 특정한 온도에서 한 개의 분명한 수평선을 보이고 다른 변화는 없다. 이 냉각곡선은 어떤 종류의 금속이라는 것을 말하는가?

8.46 그림 8.12의 Pb–Sn 상태도를 보고 다음 물음에 답하라.

a. α와 β 상을 설명하라(원자구조를 포함하여 구체적으로).
b. α 속의 Sn의 최대 고용도는? 그 온도는?
c. 만약 위 (*b*) 상태를 상온으로 냉각시키면 α에서는 무슨 일이 일어나는가?
d. 가장 낮은 온도에서 존재하는 액상금속 속의 Sn의 최대 고용도는 얼마인가? 그리고 그 온도는?
e. 액상이 존재할 때 α 속의 Sn의 고용한도는?

8.47 그림 P8.23의 Cu–Ag 상태도에서 다음 합금의 냉각곡선을 그려라. (*i*) 순수 Cu, (*ii*) Cu–10 wt% Ag, (*iii*) Cu–71.9 wt% Ag, (*iv*) Cu–91.2 wt% Ag.

8.48 그림 EP8.3의 Pd–Ag 상태도에서 다음 합금의 냉각곡선을 그려라. (*i*) 순수 Pd, (*ii*) Pd–30 wt% Ag, (*iii*) Pd–70 wt% Ag, (*iv*) 순수 Ag.

8.49 아래 표에 원소들의 결정구조와 원자 반지름이 정리되어 있다. 어떤 원소들끼리 서로 온전하게 고용체를 형성할 수 있을까?

	결정구조	원자 반지름(nm)		결정구조	원자 반지름(nm)
Silver	FCC	0.144	Lead	FCC	0.175
Palladium	FCC	0.137	Tungsten	BCC	0.137
Copper	FCC	0.128	Rhodium	FCC	0.134
Gold	FCC	0.144	Platinum	FCC	0.138
Nickel	FCC	0.125	Tantalum	BCC	0.143
Aluminum	FCC	0.143	Potassium	BCC	0.231
Sodium	BCC	0.185	Molybdenum	BCC	0.136

8.50 두 원소끼리 전율고용체를 형성시킬 수 있는 이원계 상태도를 이용하여 2상 영역에서 각 상의 양을 결정하는 지렛대법칙을 유도하라.

8.51 그림 P8.40에 있는 Al–Ni 합금에서, 100 g의 Al에 몇 그램의 Ni이 합금되어야 640°C의 액상선을 갖는 합금이 제조될 수 있는가?

8.52 그림 P8.40에 있는 Al–10 wt% Ni 합금은 800°C에서 완전한 액상이 된다. 800°C에서, 이 합금에 고상을 형성시키지 않으면서 Ni을 첨가할 수 있는 최대 그램은 얼마인가?

8.53 그림 8.27의 Al_2O_3–SiO_2 상태도에서, Al_2O_3–55 wt% SiO_2의 조성에서 1900°C에서 1500°C로 100°C 구간마다 존재하는 상 비(*wt*%)를 구하라.

8.54 (*a*) 1200°C에서 완전히 고체상태가 되는 Cu–Ni 합금을 설계하라(그림 8.5 이용). (*b*) 1300°C에서는 완전히 용융되고 1200°C에서는 완전히 고체인 Cu–Ni 합금을 설계하라.

8.55 (*a*) 184°C에서 액상과 고상의 양이 50-50인 Pb–Sn 합금을 설계하라. (*b*) 100 g의 이 합금을 만들기 위하여 각각 몇 그램이 필요한가(그림 8.12 이용)?

8.56 Pb와 Sn이 비슷한 인장강도를 갖는다면, 가장 강한 합금을 주조하기 위한 합금을 설계하라. 그 합금을 선택한 이유를 설명하라(그림 8.12 이용).

***8.57** 그림 P8.57의 설탕-물 상태도에서, (*a*) 상온에서 물속에 몇 wt%의 설탕을 녹일 수 있나? 100°C의 물에는 몇 wt%의 설탕을 녹일 수 있는가?

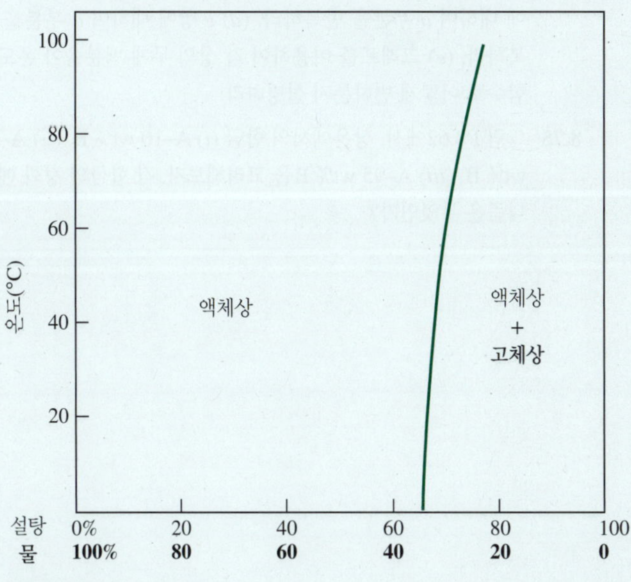

그림 P8.57 >

8.58 그림 P8.57에서 60 g의 물과 140 g의 설탕이 혼합되어 80°C에서 교반되면, (*a*) 이 결과는 단일상으로 되는가? 또는 혼합상이 되는가? (*b*) (*a*) 상태가 상온으로 천천히 냉각되면 용액 또는 혼합물은 어떻게 되겠는가?

8.59 그림 P8.57에서 30 g의 물과 170 g의 설탕이 혼합되어 30°C에서 교반되면, (*a*) 이 결과는 단일상으로 되는가? 또는 혼합상이 되는가? (*b*) 만약 이것이 혼합물이라면, 몇 g의 설탕이 고체로 존재할까? (*c*) 혼합물 속에 고체 및 용해된 상태로 존재하는 설탕의 g 수는?

8.60 80°C에서, 만약 설탕의 무게분율이 80%이면, (*a*) 어떤 상이 존재할까? (*b*) 각 상의 무게분율은? 물의 wt%는?

8.61 (*a*) 그림 P8.61의 상태도를 기초로 생각하면, 왜 빙판길에 소금을 뿌리는가? (*b*) 상태도를 기초로, 바닷물에서 거의 순수한 물을 생산할 수 있는 공정을 제안하라(3 wt% 소금).

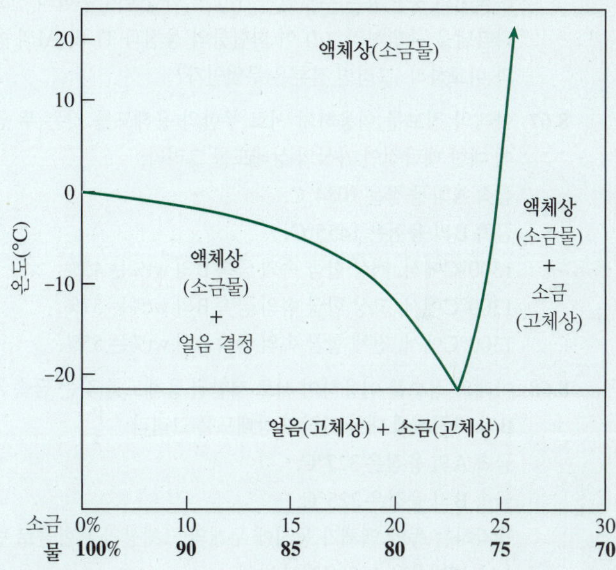

그림 P8.61 >

***8.62** 그림 P8.61에서, 5 wt% 소금물이 상온에서 −30°C로 온도가 떨어지면 어떤 일이 발생할지 설명하고, 가능한 상변화 및 각 상의 조성변화를 설명하라.

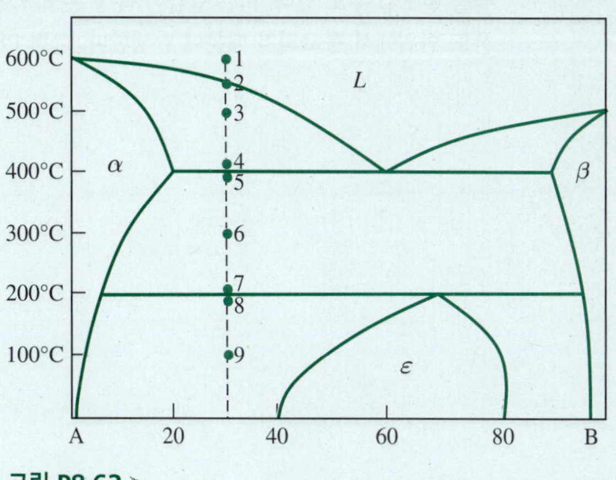

그림 P8.62 >

8.63 그림 P8.61에서, (*a*) 23 wt% 소금물이 상온에서 −30°C로 온도가 떨어지면 어떤 일이 발생할지 설명하고, 가능한 상변화 및 각 상의 조성변화를 설명하라. (*b*) 이 반응을 무엇이라 부르

는가? (*c*) 이 반응에 대한 변태식을 써라.

8.64 그림 P8.40를 이용하여, 854°C 이하에서 Al–43 wt% Ni의 합금은 어떤 상이 생성되나? 상태도에서 수직의 직선으로 나타난 이유는? 그 화합물은 Al_3Ni임을 증명하라. 이런 화합물을 무엇이라 부르는가?

8.65 그림 P8.40을 보면 금속간 화합물 Al_3Ni_2와 Al_3Ni_5가 영역을 갖는 반면에 Al_3Ni는 수직의 선으로 나타난다. 그 이유를 설명하라.

8.66 (*a*) 그림 P8.42의 Ti–Al 상태도에서, 1300°C 이하에서 Ti–63 wt% Al 합금은 어떤 상이 생성되나? (*b*) 그 조성의 합금에서 수직선의 중요성은 무엇인가? (*c*) 이 화합물이 수직의 선으로 나타남을 증명하라. (*d*) 이 화합물의 융점과 Ti 및 Al의 융점과 비교하라. 그러면 결론은 무엇인가?

8.67 아래의 정보를 이용하여 서로 무한의 용해도를 갖는 두 금속에 대한 대략적인 가상의 상태도를 그려라:
금속 A의 융점은 1084°C.
금속 B의 융점은 1455°C.
1300°C에서, 액상 합금 속의 금속 B의 wt%는 45%.
1300°C에서, 고상 합금 속의 금속 B의 wt%는 57%.
1300°C에서, 전체 합금 속의 금속 B의 wt%는 53%.

8.68 아래의 정보를 이용하여 서로 제한된 용해도를 갖는 금속 A와 B의 이원계에 대한 가상의 상태도를 그려라:
금속 A의 융점은 327°C.
금속 B의 융점은 225°C.
냉각하는 동안 액체가 동시에 두개의 고체상의 혼합물로 변하는 불변반응은 185°C에서 발생
불변반응점에서 합금은 62 wt%의 금속 A를 포함
185°C에서 금속 A 속의 금속 B의 양은 20 wt%
185°C에서 금속 B 속의 금속 A의 양은 2.5 wt%

8.69 액상 금속이 고체화되는 금속 주조에서, 주괴는 수축되고 균열을 일으킬 수도 있다. 이는 합금이 특정 온도가 아닌 다양한 온도 범위에서 응고되기 때문에 발생한다. 그림 P8.41의 Ni–V 합금을 주조하는 데 단지 수축에만 관심이 있다면 어떤 합금을 선택? 그 이유는?
(*i*) Ni–10 wt% V, (*ii*) Ni–30 wt% V, 혹은 (*iii*) Ni–80 wt% V.

8.70 Ni–15 wt% V로 만들어진 어떤 부품은 냉간 가공된다. 어닐링로가 ±30°C로 정밀하게 작동한다면 부품을 어닐링하는 데 사용할 수 있는 최대 온도는 얼마인가?

8.71 Cu–Ag 상태도에 대하여(그림 P8.23), 781°C에서 Cu–7.9 wt% Ag에서 Cu–71.9 wt% Ag 범위의 전체 합금 조성 사이에서의 L 상과 α 상의 조성을 논하라. 이 범위에서 L과 α의 조성은 어떻게 변하나? L 및 α 상의 분율은 어떻게 변하나?

8.72 그림 8.12의 Pb–40 wt% Sn 합금 상태도를 이용하여, (*a*) 다음 온도에서 α (*y*-축)의 무게 백분율–온도(*x*-축) 그래프를 그리고 α의 중량 백분률을 점으로 표기하라: (*i*) 300°C, (*ii*) 255°C (액상선 직하), (*iii*) 230°C, (*iv*) 184°C, (*v*) 182°C, (*vi*) 100°C (모든 표기점을 연결하라). (*b*) 액상에 대하여 *a* 부분을 반복하라. (*c*) β 상에 대하여 *a* 부분을 반복하라. (*d*) 그래프를 이용하여 각 상의 무게 백분율이 온도의 함수로 어떻게 변하는지 설명하라.

8.73 그림 P8.62은 가상의 이원계 상태도이다. (*a*) 각 영역에서의 상을 기입하라, (*b*) 최종상과 중간상을 기입하라. (*c*) 상태도의 각 점에서 금속 A의 중량백분률을 구하라. 그리고 (*d*) 가능한 불변반응을 기입하고 방정식을 작성하라.

8.74 그림 P8.62의 A–30 wt% B 합금에서, 점 1에서 9에 이르는 (*a*) α의 중량분률(*y*-축)–온도 (*x*-축) 그래프를 그려라(모든 표기점을 연결하라). (*b*) 액상에 대하여 *a* 부분을 반복하라. (*c*) β 상에 대하여 *a* 부분을 반복하라. (*d*) ε 상에 대하여 *a* 부분을 반복하라. (*e*) 그래프를 이용하여 각 상의 무게 백분율이 온도의 함수로 어떻게 변하는지 설명하라.

8.75 그림 P8.62에서, 상온에서의 합금 (*i*) A–10 wt% B, (*ii*) A–60 wt% B, (*iii*) A–95 wt% B을 고려해보자. 각 합금의 강화 메커니즘은 무엇인가?

제 9 장

공업용 합금

(a)

(b)

(c)

(Anton Veselov/Alamy Stock Photo; koi88/Alamy Stock Photo; photographer/Moment/Getty Images)

보통 탄소강, 합금강, 스테인리스강, 주철, 구리합금과 같은 금속합금은 다양한 기어 제조에 사용된다. 예를 들어, 크롬강은 자동차 변속기어에 사용되고, 크롬-몰리브덴강은 비행기 가스터빈 기어, 니켈-몰리브덴강은 대형 토사운반기에 사용되며, 일부 구리합금은 작은 하중을 받는 기어를 제조할 때 사용된다. 기어제조에 사용되는 금속과 제조방법의 선택은 기어의 크기, 재료에 걸리는 응력, 동력 요구량 및 동작되어지는 환경에 따라 결정되어진다. 위의 그림은 여러 산업에서 사용되고 있는 다양한 크기의 기어를 보여준다.[1] ■

학습 목표

이 장을 마치면, 학생들은 다음을 설명할 수 있을 것이다.

1. 제강공정과 강의 성분을 조절하는 공정을 설명할 수 있으며 보통 탄소강, 합금강, 주철, 스테인리스강의 차이점을 서술할 수 있다.
2. 모든 중요한 상, 반응공정, 미세조직을 나타내는 Fe-C 상태도를 그릴 수 있다.
3. 펄라이트와 마르텐사이트가 어떠한 것이고 이들의 기계적 성질의 차이, 미세구조의 차이 및 이 조직들이 어떻게 만들어지는지에 대하여 서술할 수 있다.
4. 등온 상태에서의 상변태와 연속냉각 상태에서의 상변태를 정의할 수 있다.
5. 어닐링, 노말라이징, 급냉, 템퍼링, 마르템퍼링, 오스템퍼링 공정들을 서술할 수 있다.
6. 보통 탄소강과 합금강의 종류와 강의 특성에 영향을 주는 다양한 합금 원소의 영향을 설명할 수 있다.
7. 알루미늄합금, 구리합금, 스테인리스 및 주철의 종류와 열처리 가능성, 미세 조직 및 일반적인 특성을 설명할 수 있다.
8. 금속 간 화합물, 형상기억합금, 비정질 합금의 중요성과 응용에 대해 설명할 수 있다.
9. 생의학용으로 사용되는 합금의 장단점을 서술할 수 있다.

1 http://www.textrompt.com/cgi-bin/products.cgi?prod=highspeed&group=spcl

9.1 철과 강의 제조

금속과 합금은 많은 유익한 공업적 특성을 가지고 있어 공업 설계에 광범위하게 응용되고 있다. 철과 철합금(주로 강)은 상대적으로 낮은 가격에도 좋은 강도, 인성 그리고 연성 특성의 조합으로 세계 금속생산의 약 90%를 차지한다. 여러 금속들은 여러 공업적 설계에 필요한 특수한 성질들을 갖고 있는데 이러한 금속들은 금속들 간의 가격을 비교분석 후 적용이 되어진다(표 9.1 참고).

표 9.1 ➤ 2001년 5월* 기준으로 현재 주요 금속의 가격($/lb)*

강†	0.27	니켈	2.74
알루미늄	0.67	주석	2.30
구리	0.76	티타늄‡	3.85
마그네슘	3.29	금	3108.00
아연	0.45	은	52.00
납	0.22		

* 금속의 가격은 시기에 따라 다르다.
† 열연보통탄소강판.
‡ 티타늄 스폰지. 대량 제품에 대한 가격

철을 기본으로 한 합금을 *철합금*(ferrous alloy)이라 하며, 철 이외의 다른 금속을 기본으로 한 합금을 *비철합금*(nonferrous alloys)이라 한다. 이 장에서는 몇 가지 중요한 철 및 비철합금의 제조공정, 구조 그리고 특성에 대해 논의하기로 한다. 이 장의 마지막 두 절에서 최신 합금과 이들 합금을 생의학 분야를 포함한 다양한 분야에서의 응용에 대하여 살펴본다.

9.1.1 용광로에서 선철의 제조

대부분의 철은 용광로(그림 9.1)를 이용하여 철광석으로부터 추출된다. 용광로 내에서 코크스(탄소)는 환원제의 역할을 하며 전형적인 다음의 반응에 따라 철산화물(주로 Fe_2O_3)을 환원하여 약 4%의 탄소와 다른 불순물을 포함

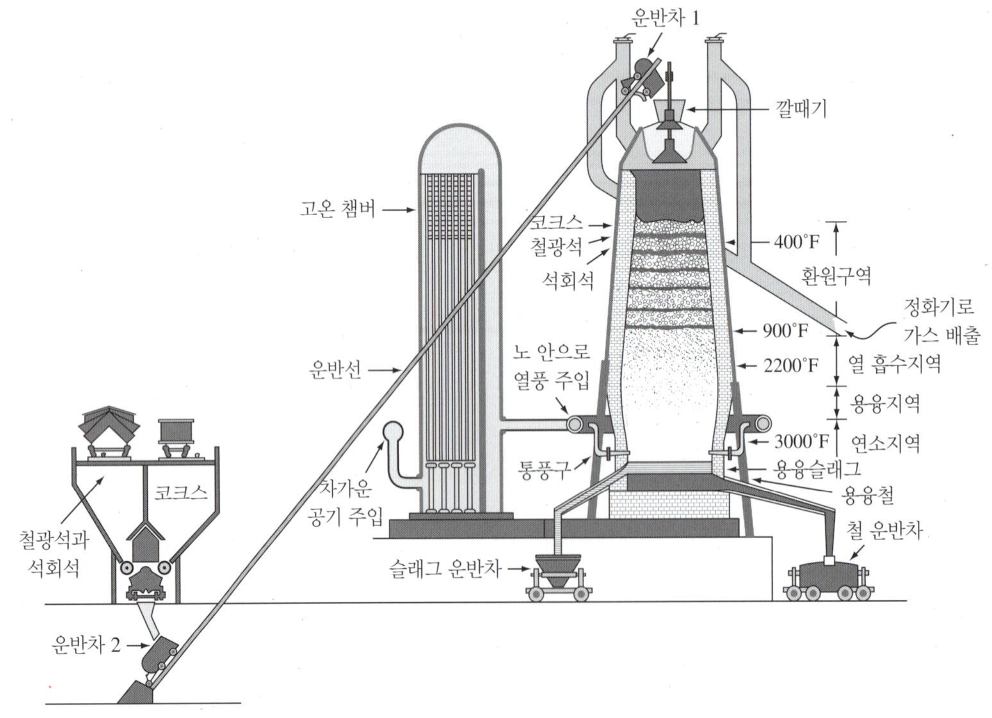

그림 9.1 ➤ 현대식 용광로의 일반적인 작업 단면도.
(출처: A.G. Guy, *Elements of Physical Metallurgy*, 2d ed., © 1959, Addison-Wesley, Fig. 2-5, p. 21.)

한 순 선철을 생산한다.

$$Fe_2O_3 + 3CO \longrightarrow 2Fe + 3CO_2$$

용광로에서의 선철은 용융상태로 제강용 노로 옮겨진다.

9.1.2 제강과 주요 강제품의 제조공정

보통 탄소강은 기본적으로 철과 최대 1.2%까지의 성분을 갖는 탄소와의 철합금이다. 그러나 대부분의 강은 0.5% 미만의 탄소를 함유하고 있다. 대부분의 강은 철 내의 탄소 함량이 요구하는 수준으로 감소될 때까지 선철 내의 탄소와 다른 불순물을 산화하여 만들게 된다.

선철을 강으로 전환하는 데 사용되는 가장 일반적인 공정은 염기성 산소법(basic-oxygen process)이다. 이 공정에서는 선철과 약 성분의 30% 정도까지 강 스크랩(scrap)이 통 모양의 내화벽돌로 라이닝된 전로에 장입되고, 이 안으로 산소 창(lance)이 삽입된다(그림 9.2). 산소 창을 통하여 공급된 순수한 산소는 용융 철과 반응하여 철산화물을 형성하게 된다. 그러면 강 내의 탄소는 철산화물과 반응하여 일산화탄소를 만들게 된다.

$$FeO + C \longrightarrow Fe + CO$$

산소 반응이 시작되기 바로 전에 조재제(slag-forming fluxes, 주로 석회석) 일정량이 주입된다. 대략적으로 22분 내에 이 공정을 통하여 황이나 인과 같은 불순물의 농도가 감소됨과 동시에 강의 탄소 함량은 급격하게 감소된다(그림 9.3).

용융강은 전로로부터 고정주형으로 주조되거나 긴 슬래브로 연속 주조되고, 이때 긴 슬래브는 주기적으로 (일정한 크기로) 절단하게 된다. 현재 대략 96%의 강이 연속 주조되고 4000개의 주괴로 개별 주조되고 있다. 하지만 강 원료의 절반 정도는 폐차나 오래된 장비와 같은 폐기된 강을 재생하여 제조한다.[2]

주조된 후, 강괴는 균열로(soaking pit, 그림 9.4)에서 가열되고 슬래브(slab), 빌렛(billet), 블룸(bloom) 등으로 열간 압연된다. 이 슬래브는 열간 그리고 냉간 압연되어 박판이나 후판으로 제조된다(그림 9.4, 그림 6.4에서 그림 6.6까지). 빌렛은 열간 그리고 냉간압연되어 막대, 봉, 선으로 되고, 블룸을 열간 그리고 냉간 압연되어 I형 빔과 레일과 같은 모양으로 제조된다. 그림 9.5는 원자재를 주요 강제품 형태로 만드는 주요 생산 공정단계를 요약한 흐름도이다.

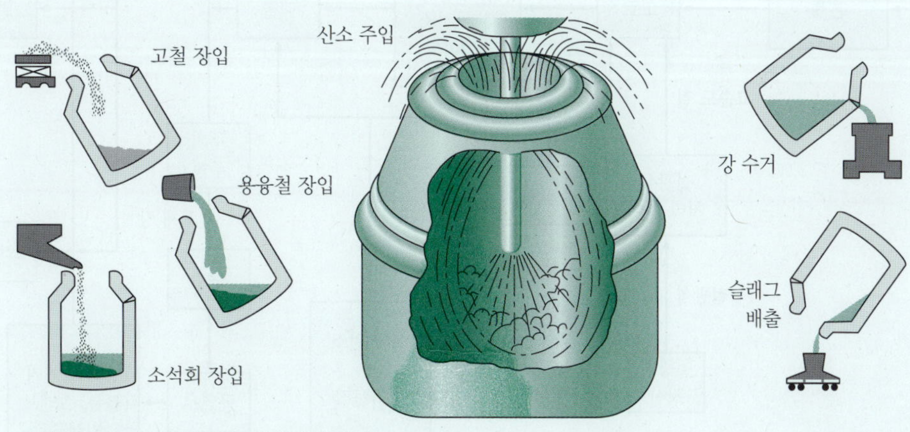

그림 9.2 ➤ 염기성 산소로 내에서의 제강.
(출처: Inland Steel.)

2 표 23, pp. 73-75, *Annual Statistical Report of the AI&SI.*

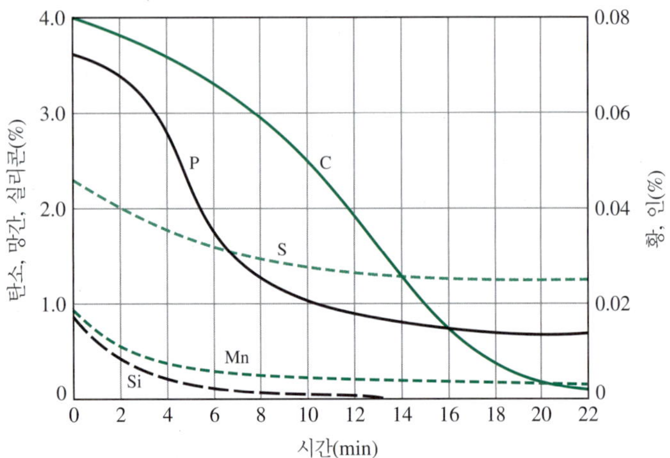

그림 9.3 ➤ 하향식(top-blown) 염기성 제강로에서 정련공정의 도식적인 표현.
(출처: H.E. McGannon (ed.), *The Making, Shaping, and Treating of Steel*, 9th ed., United States Steel, 1971, p. 494.)

그림 9.4 ➤ 강 스트립의 열간 압연. 이 사진은 뒷부분에 열간 조압연기와 앞부분에 6개의 마무리 열간압연기를 보여준다. 스트립강은 마지막 마무리 압연기 지지대를 빠져나오면서 수냉되고 있다.
(Jahangir Alam Onuchcha/Shutterstock).

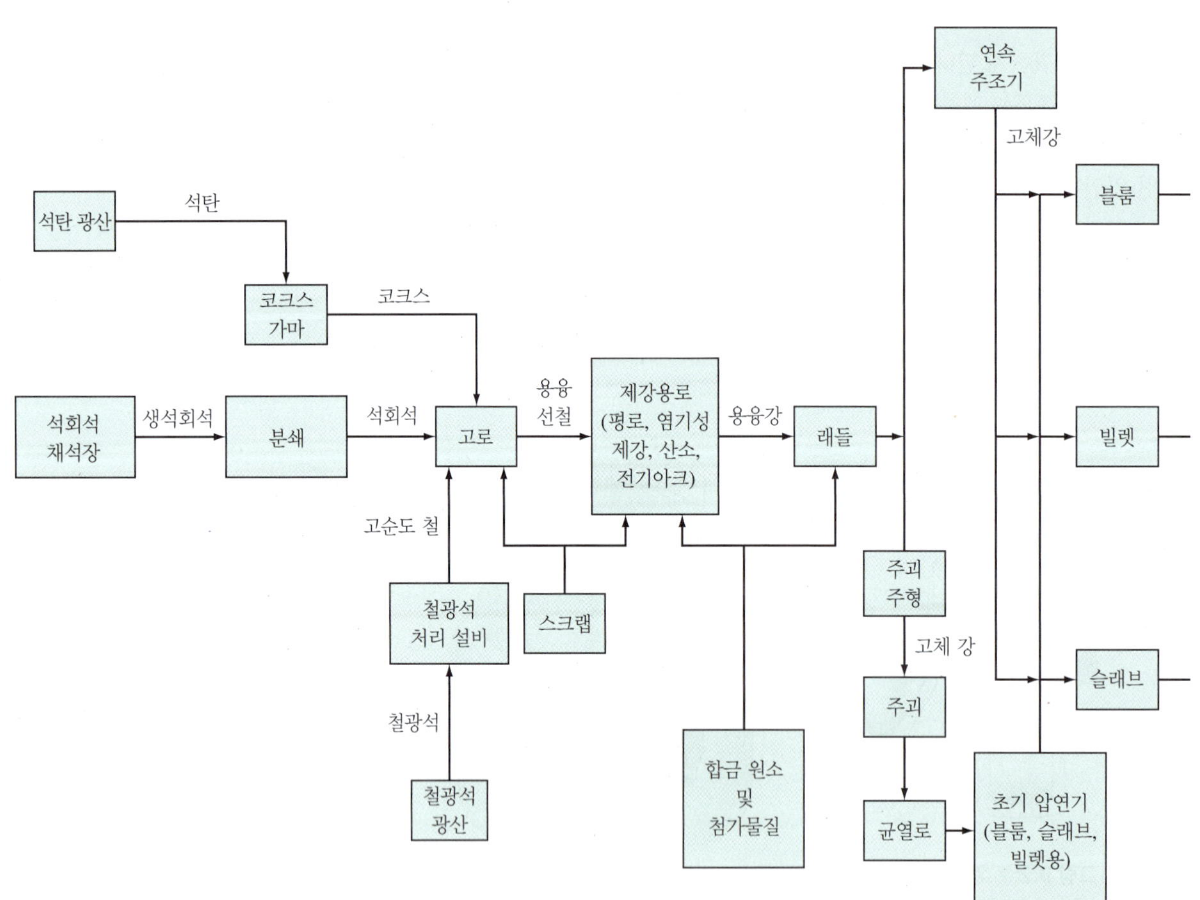

그림 9.5 ➤ 코팅된 제품을 제외하고 원료를 주요 제품 형태로 전환하는 주요 공정단계의 흐름도.
(출처: H.E. McGannon (ed.), *The Making, Shaping, and Treating of Steel*, 9th ed., United States Steel, 1971, p. 2.)

9.2 철-탄소계

매우 적은 양(약 0.03%)에서 1.2%의 탄소, 0.25~1.00% 망간, 그리고 소량의 다른 원소[3]들을 포함하고 있는 철-탄소합금을 *보통 탄소강*(plain carbon steel)이라 부른다. 그러나 이번 절에서는 이번 절의 목적상 보통 탄소강을 철-탄소의 2원계합금으로 취급할 것이며 다른 원소가 강에 미치는 영향에 대하여는 후반부의 절에서 다룰 것이다.

9.2.1 철-철탄화물 상태도

6.67%까지의 탄소를 함유한 조성을 갖는 Fe-C 이원계 합금을 여러 온도에서 서냉하였을 때 나타날 수 있는 상들이 그림 9.6의 Fe-Fe_3C 상태도에 나타나 있다. 이 상태도상에 나타난 철탄화물(Fe_3C)은 진정한 평형상이 아니기 때문에 이 상태도는 실제 평형 상태도는 아니다. 어떤 조건하에서는, 시멘타이트(cementite)라 불리는 Fe_3C는 더욱 안정상인 철과 탄소(흑연)로 분해된다. 그러나 대부분의 일반적인 실제 사용조건에서는 Fe_3C는 매우 안정적이고, 따라서 이 상을 평형상으로 다룰 수 있다.

9.2.2 Fe-Fe_3C 상태도에서 고상들

Fe-Fe_3C 상태도는 α 페라이트, 오오스테나이트(γ), 시멘타이트(Fe_3C), 그리고 δ 페라이트의 고상들을 포함하고 있다.

α 페라이트. 이 상은 BCC Fe 결정격자 내의 탄소의 침입형 고용체이다. Fe-Fe_3C 상태도에 나타난 것

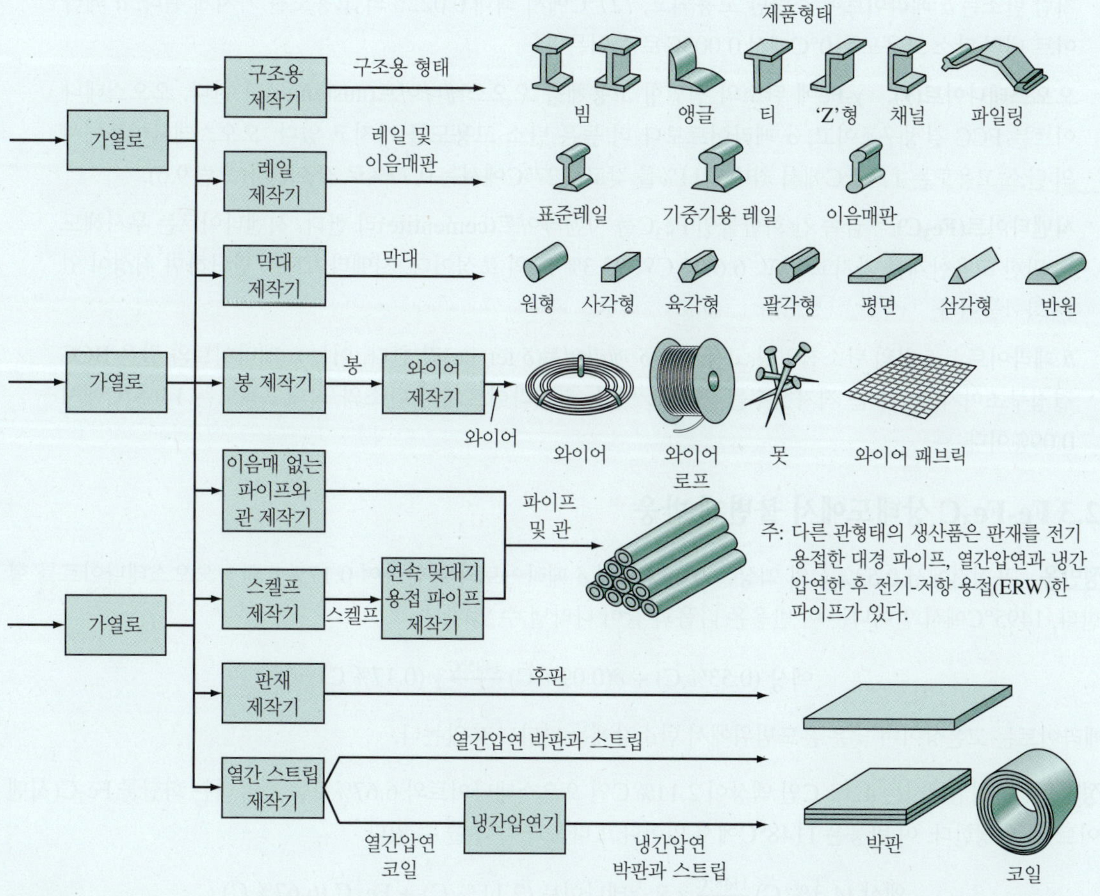

그림 9.5 ➤ *(계속)*

[3] 보통 탄소강은 또한 Si, P 및 S 등의 불순물을 포함한다.

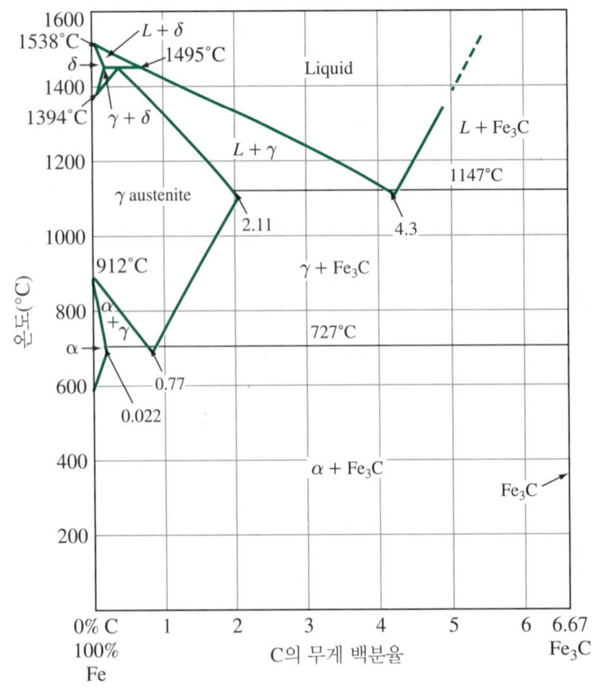

그림 9.6 > Fe–Fe_3C 상태도.

처럼 탄소는 α 페라이트에 소량만 고용되고, 727°C에서 최대 0.022%의 고용도를 가지게 된다. α 페라이트 내의 탄소 고용도는 0°C에서 0.005%로 줄어든다.

오오스테나이트(γ). γ-Fe에 탄소의 침입형 고용체를 *오오스테나이트*(austenite)라 한다. 오오스테나이트는 FCC 결정구조이고, α 페라이트보다 더 높은 탄소 고용도를 가지고 있다. 오오스테나이트에서의 탄소 고용도는 1148°C에서 최대 2.11%를 갖고, 727°C에서는 0.77%로 감소한다(그림 9.6).

시멘타이트(Fe_3C). 금속 간 화합물인 Fe_3C를 *시멘타이트*(cementite)라 한다. 시멘타이트는 무시해도 될 만한 고용한계를 가지고 있고, 6.67% C와 93.3% Fe의 조성이다. 시멘타이트는 단단하며 취성이 있는 화합물이다.

δ 페라이트. δ 철의 탄소침입형 고용체를 δ *페라이트*(δ ferrite)라 한다. 이는 α 페라이트와 같은 BCC 결정구조이지만, 더 큰 격자상수를 가지고 있다. δ 페라이트에서 탄소의 최대고용도는 1465°C에서 0.09%이다.

9.2.3 Fe-Fe_3C 상태도에서 불변계 반응

포정반응 포정점에서 0.53% C의 액상은 0.09% C의 δ 페라이트와 결합하여 0.17% C의 γ 오오스테나이트를 형성한다. 1495°C에서 일어나는 이 반응은 다음과 같이 나타낼 수 있다.

$$\text{액상 } (0.53\%\ C) + \delta(0.09\%\ C) \xrightarrow{1495°C} \gamma\ (0.17\%\ C)$$

δ 페라이트는 고온상이며 낮은 온도범위에서 탄소강에는 나타나지 않는다.

공정반응 공정점에서는 4.3% C인 액상이 2.11% C인 오오스테나이트와 6.67% C를 함유하는 화합물 Fe_3C(시멘타이트)를 형성한다. 이 반응은 1148°C에서 일어나고 다음과 같이 쓸 수 있다.

$$\text{액상 } (4.3\%\ C) \xrightarrow{1148°C} \gamma \text{ 오스테나이트 } (2.11\%\ C) + Fe_3C\ (6.67\%\ C)$$

이 공정반응은 탄소 함량이 매우 낮은 보통 탄소강에는 나타나지 않는다.

공석반응 공석점에서 0.77% C의 고상 오오스테나이트로부터 0.022% C인 α 페라이트와 6.67% C를 함유하는

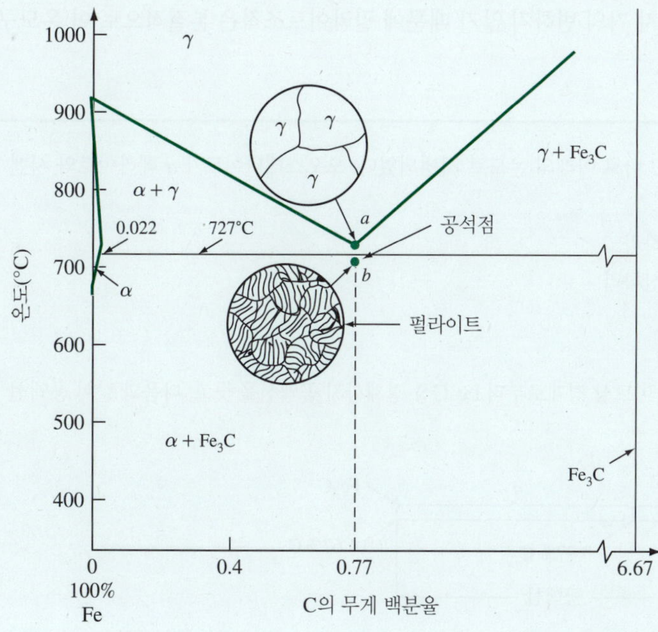

그림 9.7 ➤ 0.8% C 공석강의 서냉시 변태.
(출처: W.F. Smith, *Structure and Properties of Engineering Alloys*, 2d ed., McGraw Hill, 1993, p. 8.)

Fe_3C(시멘타이트)가 생성된다. 이 반응은 727°C에서 일어나며 다음과 같다.

$$\gamma \text{ 오스테나이트 } (0.77\%\ \text{C}) \xrightarrow{727^\circ\text{C}} \alpha \text{ 페라이트 } (0.022\%\ \text{C}) + \text{Fe}_3\text{C}\ (6.67\%\ \text{C})$$

이 공석반응은 완전한 고체상태에서 일어나며 보통 탄소강 열처리 중 일부 열처리에서 매우 중요하다.

0.77% C를 함유한 보통 탄소강을 **공석강**(eutectoid steel)이라 하는데, 그 이유는 이 조성의 오오스테나이트를 공석온도 이하로 서냉할 때 α 페라이트와 Fe_3C의 공석조직이 형성되기 때문이다. 탄소강이 0.77% C 이하를 함유하면 **아공석강**(hypoeutectiod steel)이라하며, 0.77% C 이상을 함유하면 **과공석강**(hypereutectoid steel)이라고 한다.

9.2.4 보통 탄소강의 서냉

공석 보통 탄소강 0.77% (공석) 탄소강 시편이 750°C로 가열되고 충분한 시간 동안 유지되면 이 구조는 균일한 오오스테나이트가 된다. 이 공정을 **오오스테나이트화 처리**(austenizing)이라 한다. 이 공석강이 공석온도 바로 이상까지 서냉되면 그림 9.7의 점 a에서처럼 오오스테나이트로 남아 있게 된다. 더 냉각하여 공석온도 혹은 그 이하로 냉각하게 되면 전체구조가 오오스테나이트에서 α 페라이트와 시멘타이트(Fe_3C)가 교대로 나타나는 층상구조로 변환하게 된다. 공석온도 바로 이하인 그림 9.7의 점 b에서의 층상구조가 그림 9.8에서처럼 나타난다. 이와같은 공석구조를 펄라이트(pearlite)라 하는데 이는 진주모(mother-of-pearl)와 닮았기 때문이다. α 페라이트와 Fe_3C의

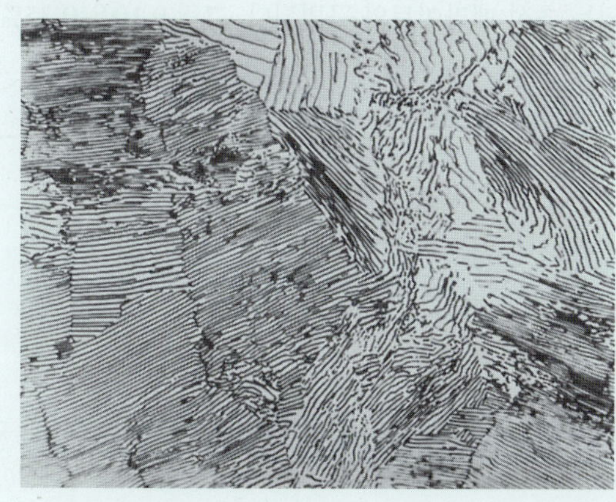

그림 9.8 ➤ 서냉된 공석강의 미세조직. 이 미세조직은 층상의 공석 펄라이트로 이루어져 있다. 부식된 어두운 상은 시멘타이트이고, 밝은 상은 페라이트이다. [부식액: 피크럴(picral); 배율 650×.]
(Courtesy of United States Steel Corporation)

탄소의 고용도는 727°C에서 상온에 이를 때까지 거의 변하지 않기 때문에 펄라이트조직은 본질적으로 이 온도구간에서 변하지 않는다.

예제 9.1

0.77% C의 공석 보통 탄소강이 750°C에서 727°C 바로 아래의 온도로 서냉되었다. 오오스테나이트가 α 페라이트와 시멘타이트로 완전히 변태한다고 가정하면,

a. 생성되는 공석 페라이트의 무게 백분율을 계산하라.

b. 생성되는 공석 시멘타이트의 무게 백분율을 계산하라.

풀이

그림 9.6을 참고하여, 727°C 바로 아래에서 α 페라이트상 경계로부터 Fe_3C상 경계까지 공액선을 긋고, 다음과 같이 공액선에서 0.77% C 조성을 표시하라.

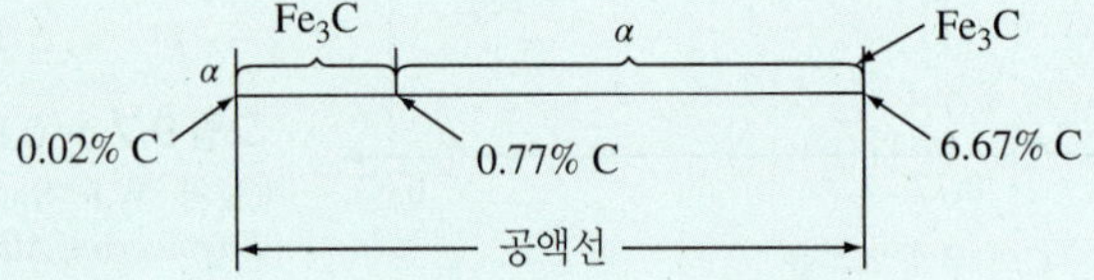

a. 페라이트의 무게 분율은 전체 공액선의 길이에 대한 0.77% C의 공액선 부분의 비로 계산될 수 있다, 100%를 곱하여 페라이트의 무게 백분율을 구하면:

$$\text{Wt\% 페라이트} = \frac{6.67 - 0.77}{6.67 - 0.02} \times 100\% = \frac{5.90}{6.65} \times 100\% = 88.7\% \blacktriangleleft$$

b. 시멘타이트의 무게 분율은 같은 방식으로 전체 공액선 길이에 대한 0.77% C의 왼쪽으로의 공액선 부분의 비를 사용하고, 100%를 곱하면:

$$\text{Wt\% 시멘타이트} = \frac{0.77 - 0.02}{6.67 - 0.02} \times 100\% = \frac{0.75}{6.65} \times 100\% = 11.3\% \blacktriangleleft$$

아공석 보통 탄소강 0.4% C 탄소강(아공석강) 시편을 약 900°C(그림 9.9의 점 *a*)까지 충분한 시간 동안 가열하면 그 조직은 균일한 오오스테나이트로 된다. 그리고 그림 9.9에서 온도 *b*(약 775°C)까지 서냉되면, **초석 페라이트**(proeutectoid ferrite)[4]가 대부분 오오스테나이트 결정립계에서 핵생성되고 성장하게 된다. 이 합금을 그림 9.9의 점 *b*에서 점 *c*까지 서냉하면 약 50%의 오오스테나이트가 변태될 때까지 초석 페라이트 생성량은 계속 증가한다. 이 강이 *b*에서 *c*까지 냉각되는 동안, 잔류하는 오오스테나이트의 탄소 함량은 0.4%에서 0.77%까지 증가할 것이다. 727°C에서 서냉조건이 계속 유지된다면, 잔류 오오스테나이트는 등온적으로 오오스테나이트 → 페라이트 + 시멘타이트라는 공석반응에 의하여 펄라이트로 변태하게 될 것이다. 펄라이트 내의 α 페라이트는 **공석 페라이트**(eutectoid ferrite)라 하고 727°C 이상에서 먼저 생성되는 초석 페라이트와 구별된다. 그림 9.10은 0.35% C인 아공석강 구조의 현미경 사진이며 오오스테나이트화되었다가 상온으로 서냉되었다.

예제 9.2

a. 0.40% C의 아공석 보통 탄소강이 940°C에서 727°C 바로 위의 온도로 서냉되었다.

i. 강 내에 존재하는 오오스테나이트의 무게 백분율을 계산하라.

ii. 강 내에 존재하는 초석 페라이트의 무게 백분율을 계산하라.

4 접두사 초(pro-)는 "먼저"라는 뜻으로 초석 페라이트라는 용어는 먼저 생성된 성분으로서, 냉각중 나중에 공석반응에 의해 생기는 공석 페라이트와 구분하기 위해서 사용한다.

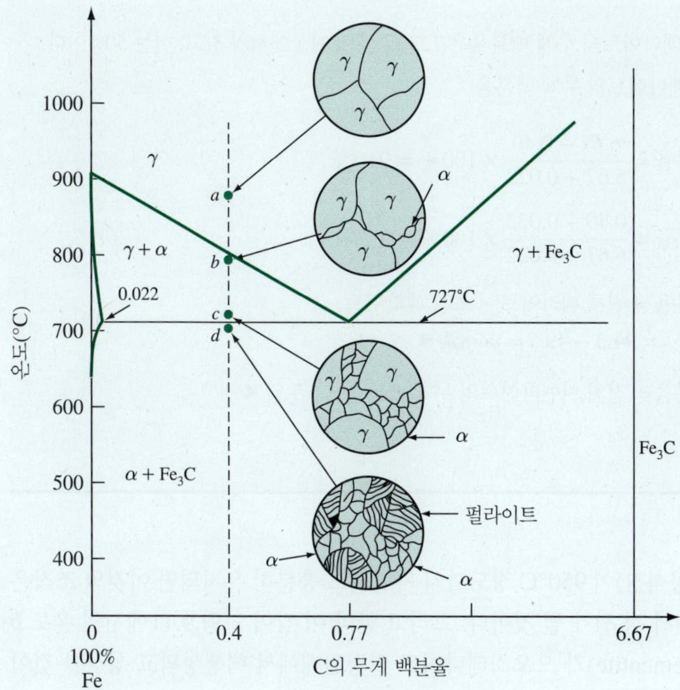

그림 9.9 ➤ 서냉에 의한 0.4% C 아공석 보통 탄소강의 변태.
(출처: W.F. Smith, *Structure and Properties of Engineering Alloys*, 2d ed., McGraw Hill, 1993, p. 10.)

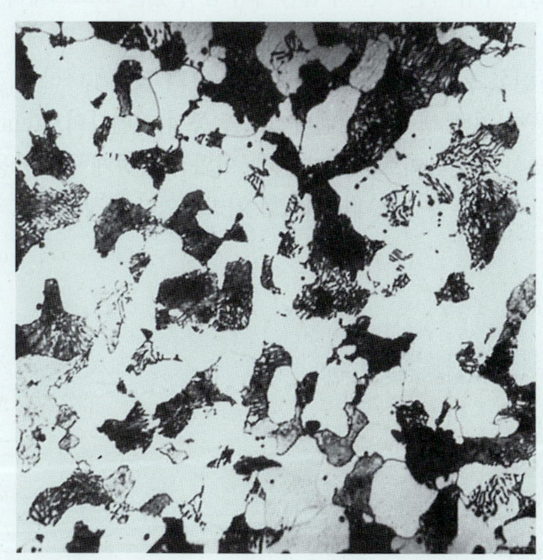

그림 9.10 ➤ 오오스테나이트 영역에서 서냉된 0.35% C 아공석 보통 탄소강의 미세구조. 밝은 부분은 초석 페라이트이고, 어두운 부분은 펄라이트이다. [부식액: 2% 나이탈(nital); 배율 500×.] (McGraw Hill)

b. 0.40% C의 아공석 보통 탄소강이 940°C에서 727°C 바로 아래의 온도로 서냉되었다.

i. 강 내에 존재하는 초석 페라이트의 무게 백분율을 계산하라.

ii. 강 내에 존재하는 공석 페라이트에서 공석 시멘타이트의 무게 백분율을 계산하라.

풀이

그림 9.6을 참고하여, 공액선을 사용하면:

a. i. 오오스테나이트의 무게 백분율 $= \dfrac{0.40 - 0.022}{0.77 - 0.022} \times 100\% = 50.5\%$ ◀

ii. 초석 페라이트의 무게 백분율 $= \dfrac{0.77 - 0.40}{0.77 - 0.022} \times 100\% = 49.5\%$ ◀

b. i. 727°C 바로 이하에서 강에 나타나는 초석 페라이트의 무게 백분율은 723°C 바로 이상에서와 같고, 이는 50%이다.

ii. 727°C 바로 이하에서 전체 페라이트와 시멘타이트의 무게 백분율

$$\text{전체 페라이트의 무게 백분율} = \frac{6.67 - 0.40}{6.67 - 0.022} \times 100\% = 94.3\%$$

$$\text{전체 시멘타이트의 무게 백분율} = \frac{0.40 - 0.022}{6.67 - 0.022} \times 100\% = 5.7\%$$

$$\text{공석 페라이트의 무게 백분율} = \text{전체 페라이트} - \text{초석 페라이트}$$
$$= 94.3 - 49.5 = 44.8\% \blacktriangleleft$$

$$\text{공석 시멘타이트의 무게 백분율} = \text{전체 시멘타이트의 무게 백분율} = 5.7\% \blacktriangleleft$$

(냉각중 초석 시멘타이트는 생성되지 않았다)

과공석 보통 탄소강 1.2% C 보통 탄소강(과공석강)이 950°C 정도까지 가열되고 충분히 유지되면 이것의 조직은 기본적으로 모두 오오스테나이트(그림 9.11에서 점 *a*)가 될 것이다. 그리고 만약 이 강이 그림 9.11에서의 온도 *b*로 서냉되면 **초석 시멘타이트**(proeutectoid cementite)가 오오스테나이트 결정립계에서 핵생성되고 성장할 것이다. 그림 9.11에서 점 *c*로 더욱 서냉하여 727°C에 도달하면, 더 많은 초석 시멘타이트가 오오스테나이트 결정립계에서 생성될 것이다. 서냉에 의해 평형에 근접하는 조건이 유지된다면 이 합금에서 남아 있는 오오스테나이트의 전체 탄소량은 1.2%에서 0.77%로 변화할 것이다.

727°C 온도 또는 바로 그 온도 이하로 더 냉각되면 잔류 오오스테나이트는 그림 9.11의 점 *d*에 나타난 것처럼, 공석반응에 의해 펄라이트로 변태할 것이다. 공석반응에 의해 생성된 시멘타이트를 **공석 시멘타이트**(eutectoid cementite)라 하고, 이는 727°C 이상에서 생성되는 초석 시멘타이트와 구별된다. 이와 유사하게 공석반응에 의해 형성되는 페라이트를 공석 페라이트라고 한다. 그림 9.12는 오오스테나이트화 처리하였다가 상온으로 서냉된 1.2% C 과공석강 구조의 현미경 사진이다.

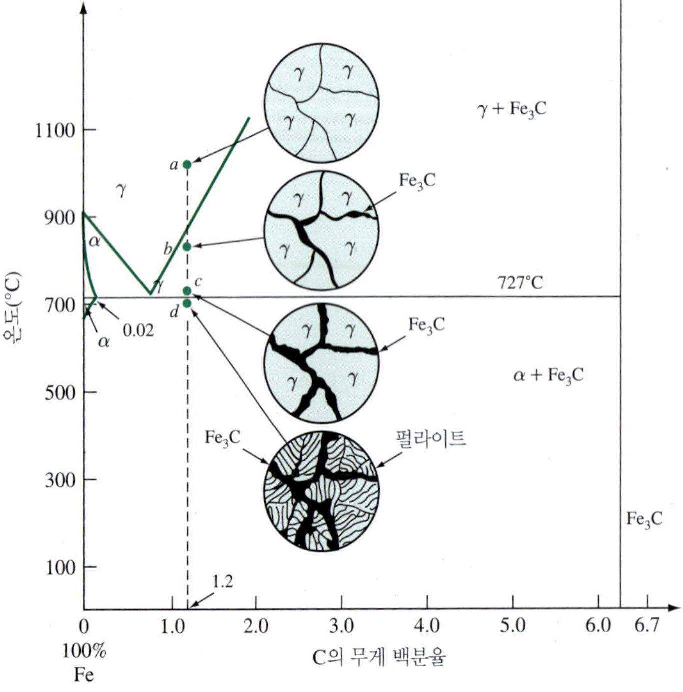

그림 9.11 ➤ 1.2% C 과공석 보통 탄소강의 서냉시 변태.
(출처: W.F. Smith, *Structure and Properties of Engineering Alloys*, 2d ed., McGraw Hill, 1993, p. 12.)

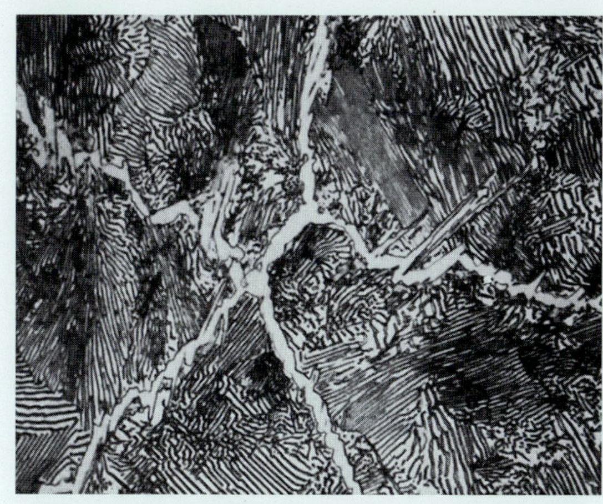

그림 9.12 ➤ 오오스테나이트 영역에서 상온으로 서냉한 1.2% C 과공석강의 미세구조. 이 조직에서, 초석 시멘타이트는 이전의 오오스테나이트 결정립계에서 형성된 밝은 부분으로 나타나 있다. 나머지 조직은 조대한 층상 펄라이트로 이루어져 있다. [부식액: 2% 피크럴 (picral); 배율 1000×.]
(Courtesy of United States Steel Corporation)

예제 9.3

오오스테나이트 영역에서 상온까지 서냉된 아공석 보통 탄소강이 9.1% 무게 백분율의 공석 페라이트를 포함하고 있다. 공석온도 바로 이하로 서냉하여 상온에 이를 때까지 미세조직에 어떤 변화도 없다고 가정할 때 이 강의 탄소 함량은 얼마인가?

풀이

아공석강의 C의 무게 백분율을 x라 하자. 여기서 공석 페라이트를 전체 페라이트와 초석 페라이트와 연결시키는 식을 이용할 수 있는데, 이것은

공석 페라이트 = 전체 페라이트 − 초석 페라이트

그림 EP9.3과 지렛대 원리를 이용하여, 다음의 식을 만들 수 있다.

$$\underset{\text{초석 페라이트}}{0.091} = \underset{\text{전체 페라이트}}{\frac{6.67 - x}{6.67 - 0.022}} - \underset{\text{공석 페라이트}}{\frac{0.77 - x}{0.77 - 0.022}} = \frac{6.67}{6.65} - \frac{x}{6.65} - \frac{0.77}{0.75} + \frac{x}{0.75}$$

혹은

$$1.33x - 0.150x = 0.091 - 1.003 + 1.026 = 0.114$$

$$x = \frac{0.114}{1.18} = 0.097\%\ \mathrm{C}$$ ◂

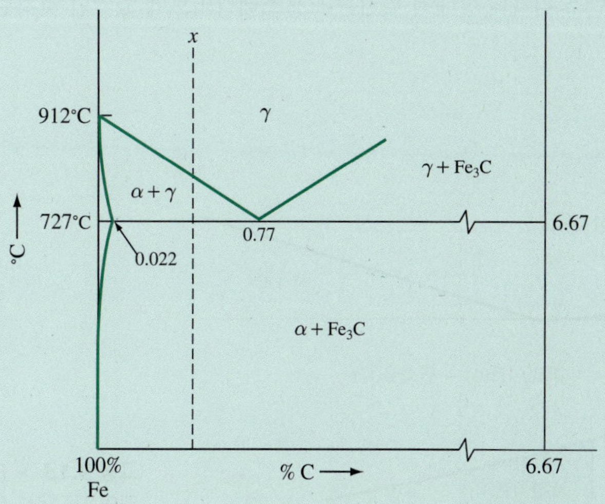

그림 EP9.3 ➤

9.3 보통 탄소강의 열처리

보통 탄소강의 가열과 냉각 방법을 변화시켜 다양하게 강의 여러 기계적 성질의 조합을 만들 수 있다. 이 절에서는 보통 탄소강의 몇 가지 중요한 열처리 과정에서 발생하는 조직과 성질의 변화를 알아보기로 한다.

9.3.1 마르텐사이트

급랭에 의한 Fe–C 마르텐사이트의 형성 오오스테나이트 조건에 있는 보통 탄소강을 수냉으로 급랭(quenching)하여 실온까지 급랭시키면 그 조직은 오오스테나이트에서 **마르텐사이트**(martensite)로 변태된다. 보통 탄소강에서 마르텐사이트는 준안정 상태로, BCC 또는 BCT 철(정방격자는 BCC Fe 단위격자의 약간의 뒤틀림에 의해 생긴다)의 과포화 침입형 탄소 고용체로 이루어져 있다. 냉각 중에 오오스테나이트에서 마르텐사이트로 변태가 시작되는 온도를 *마르텐사이트 변태 시작온도* M_s라 하고 변태가 끝나는 온도를 *마르텐사이트 변태 완료온도* M_f라고 한다. Fe-C 합금의 M_s 온도는 그림 9.13에 나타낸 바와 같이 탄소 함량이 증가할수록 감소한다.

Fe–C 마르텐사이트의 미세조직 보통 탄소강의 마르텐사이트 미세조직은 강의 탄소 함량에 따라 달라진다. 강이 0.6% C 미만을 함유한다면 이 마르텐사이트는 일정 *영역*(domain)에서 각기 다른, 그러나 한정된 방위만을 가지는 래스(laths) 영역으로 이루어져 있다. 이 래스 내의 구조는 매우 뒤틀려 있고 고농도 전위가 엉켜 있는 영역으로 이루어져 있다. 그림 9.14*a*는 Fe-0.2% C합금을 600×로 관찰한 *래스 마르텐사이트*(lath martensite)의 광학 현미경 사진이며, 그림 9.15는 이 합금을 60,000× 배율의 전자현미경을 통해 관찰한 래스 마르텐사이트의 미세조직이다.

Fe-C 마르텐사이트의 탄소 함량이 0.6% C 이상 증가하면 *판상 마르텐사이트*(plate martensite)라고 하는 다른 형태의 마르텐사이트가 형성되기 시작된다. 1% C 이상에서 Fe-C합금은 완전히 판상 마르텐사이트의 미세조직을 가진다. 그림 9.14*b*는 Fe-1.2% C합금을 600배의 배율로 관찰한 판상 마르텐사이트의 현미경 사진이다. 탄소 함량이 높은 조성의 Fe-C 마르텐사이트에서의 판상은 그 크기가 다양하고 그림 9.16에서 보이는 것처럼 평행한 쌍정의 미세구조를 가지고 있다. 이 판상은 변형되지 않은(잔류) 오오스테나이트에 의해 둘러싸이기도 한다. 약 0.6%에서 1%의 탄소 함량을 가지는 Fe-C 마르텐사이트는 래스와 판상의 2가지 형태의 미세조직을 가지고 있다.

원자적 관점에서의 Fe–C 마르텐사이트 구조 Fe-C합금 (보통 탄소강)의 오오스테나이트에서 마르텐사이트의 변태는 *무확산*(diffusionless) 변태이다. 그 이유는 변태가 매우 빨리 발생하여 원자가 서로 혼합되어 확산이 일어날 수 있는 시간적 여유가 없기 때문이다. 이는 마르텐사이트의 형성을 막는 열적 활성 에너지 장벽이 없는 것처럼 보인다. 또한 모상에서 어떠한 조성변화도 반응 후에는 발생하지 않고 각 원자는 원래 인접 원자를 유지하려는 경향을 가진다. 철 원자에 대한 탄소 원자의 상대적 위치는 오오스테나이트에 있었던 것처럼 마르텐사이트에서도 동일하다.

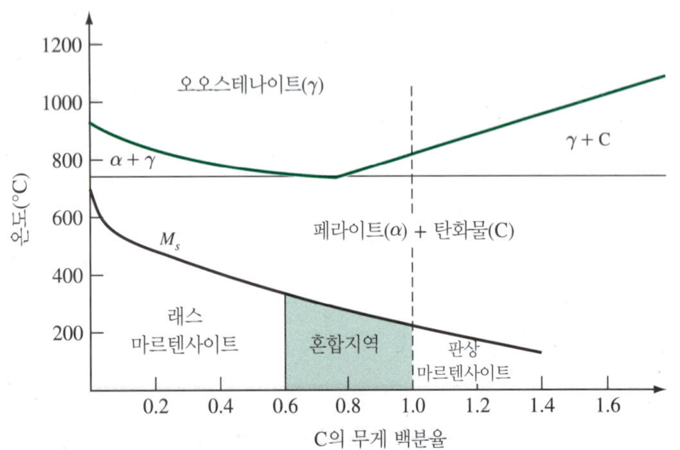

그림 9.13 ➢ Fe-C 합금에서 마르텐사이트 변태의 시작온도 M_s에 미치는 탄소 함량의 영향. (출처: A.R. Marder and G. Krauss, as presented in "*Hardenability Concepts with Applications to Steel*," AIME, *1978, p. 238.*)

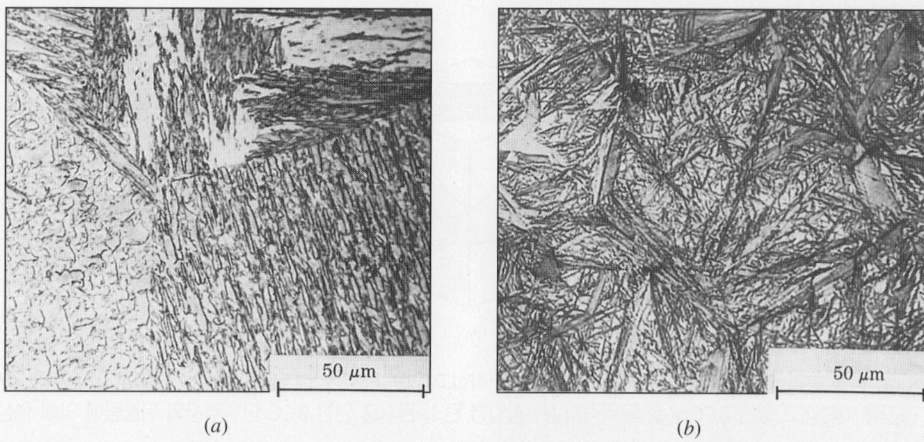

그림 9.14 ➤ 탄소강에서 마르텐사이트 구조에 미치는 탄소 함량의 영향: (*a*) 래스형태. (*b*) 판형태 [부식액: 아황산 나트륨(sodium bisulfite); 광학현미경].
((*a-b*): ©ASM International)

탄소 함량이 0.2% C보다 적은 Fe-C 마르텐사이트의 경우는 오오스테나이트가 BCC α 페라이트 조직으로 변태한다. Fe-C합금의 탄소 함량이 증가함에 따라, BCC구조는 뒤틀려져 BCT(body-centered tetragonal, 체심 정방격자) 결정구조로 변화된다. γ 철 FCC 결정구조에서 가장 큰 침입형 공간은 지름이 0.104 nm (그림 9.17*a*)인 반면, α 철 BCC구조에서 가장 큰 침입형 공간은 지름이 0.072 nm(그림 9.17*b*)이다. 탄소 원자의 지름이 0.154 nm이기 때문에 탄소 원자는 FCC γ 철 격자에서 최대한으로 침입형 고용체로 공간상에 존재할 수 있다. 0.2% C 이상의 Fe-C 마르텐사이트는 오오스테나이트에서 급랭하여 생성되고 BCC 격자에서 축소된 침입형 공간은 탄소 원자를 수용하기 위하여 BCC 단위격자의 C축을 비틀게 된다(그림 9.17*c*). 그림 9.18은 탄소 함량이 증가함에 따라 Fe-C 마르텐사이트 격자의 *c*축이 어떻게 증가하는가를 보여주고 있다.

Fe–C 마르텐사이트의 경도와 강도 Fe-C 마르텐사이트의 경도와 강도가 탄소 함량과 직접적으로 관련이 있으며,

그림 9.15 ➤ Fe-0.2% C 합금에서 래스 마르텐사이트의 구조(래스들의 평행한 정렬에 주목).
(©ASM International)

그림 9.16 ➤ 미세 변태쌍정을 보이는 판상 마르텐사이트.
(©ASM International)

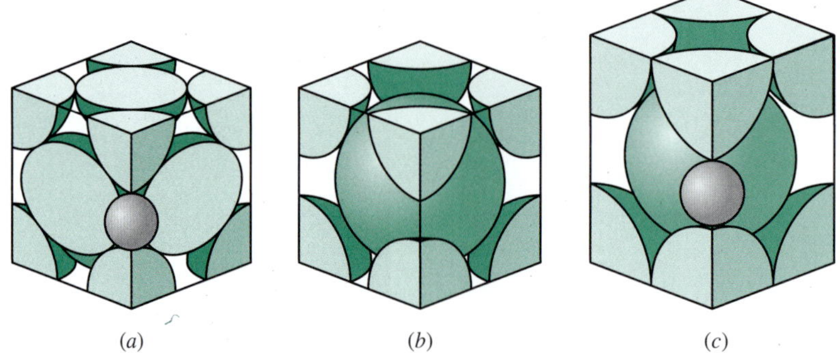

그림 9.17 ➤ (*a*) 변을 따라 커다란 침입공간에 탄소 원자가 자리잡고 있는 FCC γ 철 단위격자 (*b*) 단위격자의 변의 원자들 사이에 작은 침입형 공간을 나타내고 있는 BCC γ 철 단위격자 (*c*) 침입형 탄소 원자로 인한 BCC 단위격자의 뒤틀림에 의해 형성된 BCT 철 단위격자
(출처: E.R. Parker and V.F. Zackay, "Strong and Ductile Steels," *Scientific American*, November 1968, p. 42.)

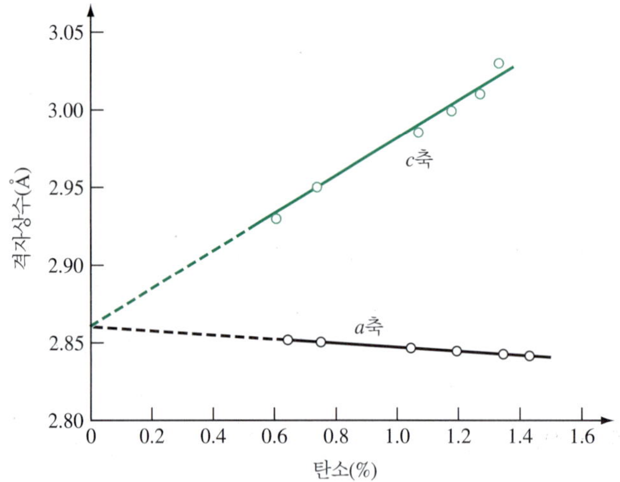

그림 9.18 ➤ 탄소 함량을 함수로 한 Fe-C 마르텐사이트 격자의 *a*축과 *c*축의 변화.
(출처: E.C. Bain and H.W. Paxton, *Alloying Elements in Steel*, 2d ed., American Society for Metals, 1966, p. 36.)

탄소 함량이 증가하면 경도와 강도가 증가한다(그림 9.19). 그러나 연성과 인성은 탄소 함량이 증가함에 따라 감소하므로 대부분의 마르텐사이트화된 보통 탄소강은 변태온도인 727°C 이하의 온도로 재가열하여 템퍼링을 한다.

저탄소 Fe-C 마르텐사이트는 고농도의 전위가 형성(래스 마르텐사이트)되거나 탄소 원자에 의한 침입형 고용체 강화에 의해 강도가 높아진다. 망상의 고농도 전위(래스 마르텐사이트)는 다른 전위의 움직임을 어렵게 한다. 탄소의 향량이 0.2% 이상 증가하면, 침입형 고용체 강화가 더욱 중요하게 되고 BCC 철격자는 뒤틀려져서 정방격자로 된다. 그러나 탄소 함량이 높은 Fe-C 마르텐사이트에서 판상 마르텐사이트 내의 수많은 쌍정계면들도 역시 경도를 증가시키게 된다.

9.3.2 오오스테나이트의 등온분해

공석 보통 탄소강의 등온변태도 앞의 여러 절들에서 공석 보통 탄소강의 서냉과 급랭조건에서 오오스테나이트의 분해로부터 생성되어지는 여러 반응생성물에 대하여 설명하였다. 이 절에서는 공석강의 오오스테나이트가 공석온도 아래까지 급랭된 후 등온*변태*(isothermally transformed)될 때 어떠한 반응생성물이 형성되는지에 관하여 알아보기로 하자.

공석 오오스테나이트의 변태에 나타나는 미세조직의 변화를 조사하기 위한 등온변태 실험에는 여러 개의 동전 정도 크기의 작은 시편을 사용한다. 시편들은 먼저 공석온도 이상의 온도에서 노내에서 오오스테나이트화시킨다

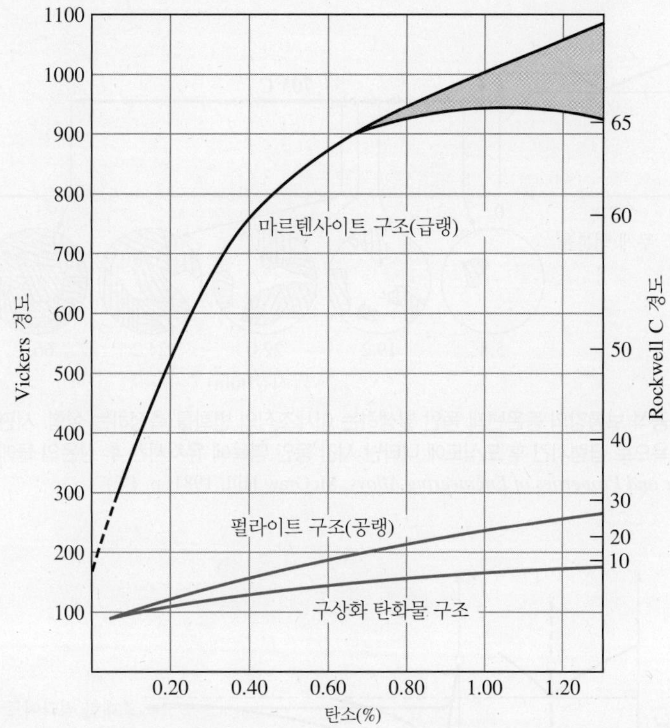

그림 9.19 ➤ 탄소 함량에 따른 완전 경화된 마르텐사이트계 스테인리스강의 대략적인 경도. 어두운 부분은 마르텐사이트보다 잔류 오오스테나이트 형성에 의한 경도의 손실을 나타낸다.
(출처: E.C. Bain and H.W. Paxton, *Alloying Elements in Steel*, 2d ed., American Society for Metals, 1966, p. 37.)

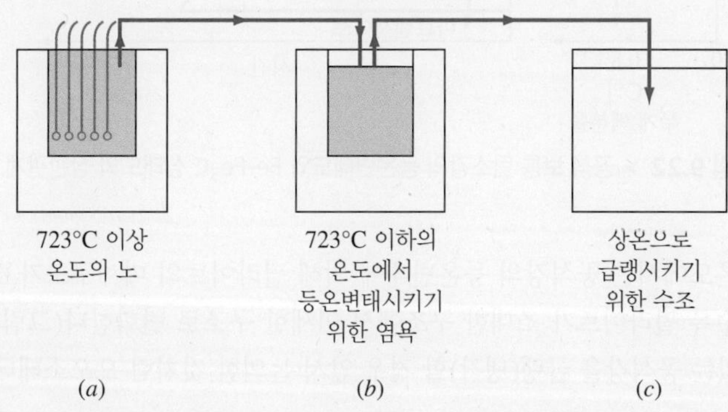

그림 9.20 ➤ 오오스테나이트 공석 보통강의 등온변태 동안 발생하는 미시적 변화를 측정하기 위한 실험도.
(출처: W.F. Smith, *Structure and Properties of Engineering Alloys*, McGraw Hill, 1981, p. 14.)

(그림 9.20*a*). 다음으로 시편들을 공석온도 이하의 원하는 온도로 유지되는 액체 염욕 내로 급랭(quenching)한다(그림 9.20*b*). 여러 시간 간격을 두고 염욕으로부터 시편들을 꺼내 실온의 물에 넣어 급랭한다(그림 9.20*c*). 그러면 각 변태 시간 후의 미세구조는 상온에서 관찰할 수 있다.

그림 9.21에서 도식적으로 나타나 있는 것처럼 705°C에서 공석 보통 탄소강이 등온변태 동안 발생하는 미세조직의 변화를 고려해 보자. 오오스테나이트화한 후에 705°C의 염욕 내로 열간 급랭한다. 약 6분 후에 조대한 펄라이트가 소량 생성된다. 약 67분 후에, 오오스테나이트가 완전히 조대한 펄라이트로 상변화가 일어났다.

점차 낮은 온도에서 공석강의 등온변태를 위해 동일한 과정을 되풀이하면 그림 9.22에서 도식적으로 나타나 있는 것처럼 그림 9.23에서의 실험 데이터를 통해 **등온변태**(isothermal transformation: IT) 상태도를 구성할 수 있다. 온도축에 인접한 S 형태의 곡선은 오오스테나이트가 등온변태를 시작하는 데 필요한 시간을 나타내며 두 번째 S 형태의 곡선은 완전한 등온변태가 이루어지는 데 필요한 시간을 나타낸다.

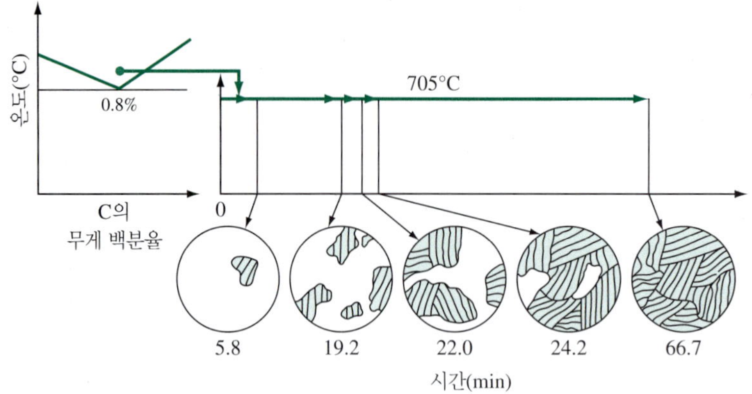

그림 9.21 ➤ 705°C에서 공석 보통강의 등온변태 동안 발생하는 미세조직의 변화를 측정하는 실험. 시편을 오오스테나이트화 처리 후에 705°C로 유지되는 염욕으로 급랭시킨 후 도식도에 나타난 시간 동안 염욕에 유지시킨 후 상온의 물에 급랭시킨다.
(출처: W.F. Smith, *Structure and Properties of Engineering Alloys*, McGraw Hill, 1981, p. 14.)

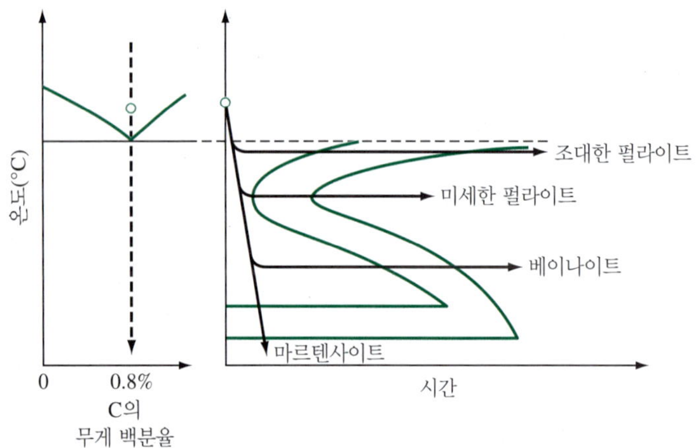

그림 9.22 ➤ 공석 보통 탄소강의 등온변태도와 Fe-Fe_3C 상태도의 상관관계.

727~550°C 사이의 온도에서는 공석강의 등온변태에 의해 펄라이트의 미세구조가 생성된다. 이 온도범위에서는 변태온도가 낮아질수록 펄라이트가 조대한 구조에서 미세한 구조로 변화한다(그림 9.23). 727°C 이상에서 오오스테나이트 조건에 있는 공석강을 급랭(냉각)할 경우 앞서 논의한 것처럼 오오스테나이트에서 마르텐사이트로 변화하게 된다.

오오스테나이트 조건에 있는 공석강을 550~250°C 사이 온도범위로 열간 급랭하고 등온변태시키면 미세조직은 펄라이트와 마르텐사이트의 중간에 해당하는 **베이나이트**(bainite)[5]로 된다. Fe-C 합금에서 베이나이트는 α 페라이트와 시멘타이트(Fe_3C)의 *비층상 공석구조*(nonlamellar eutectoid structure)의 오오스테나이트 분해생성물로 정의될 수 있다. 공석 탄소강의 경우 550~350°C 사이 온도에서 등온변태에 의해 생성되는 *상부 베이나이트*(upper bainite)와 350~250°C 사이 온도에서 생성되는 *하부 베이나이트*(lower bainite)의 미세구조가 전자현미경 사진으로 나타나 있다. 그림 9.24*a*는 공석 탄소강의 상부 베이나이트의 미세조직의 전자현미경(복제형태, replica-type) 사진이며 그림 9.24*b*는 하부 베이나이트의 사진이다. 상부 베이나이트에는 커다란 막대모양의 시멘타이트 영역이 있는 반면, 하부 베이나이트는 더욱 미세한 시멘타이트입자를 가지고 있다.

변태온도가 낮아짐에 따라 탄소 원자는 용이하게 확산하지 못하여 하부 베이나이트 구조는 작은 시멘타이트 입자를 가지게 된다.

5 베이나이트는 강의 등온변태에 대해 처음으로 깊게 연구한 미국 금속학자인 E. C. Bain의 이름으로부터 유래되었다. 참고: E. S. Davenport and E. C. Bain, Trans. AIME, 90:117 (1930)

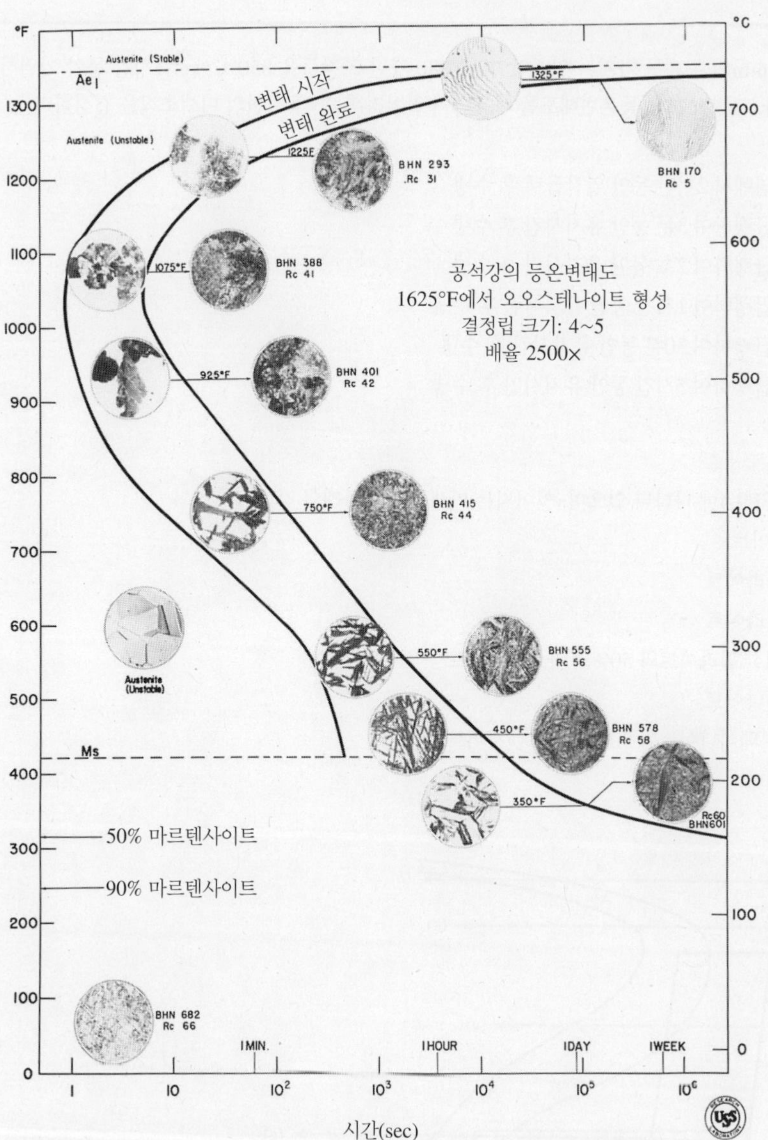

그림 9.23 ➤ 공석강의 등온변태도.
(Courtesy of United States Steel Corporation)

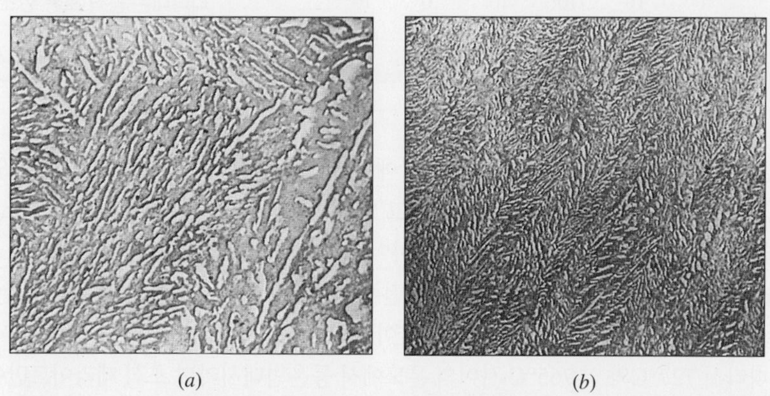

(a) *(b)*

그림 9.24 ➤ *(a)* 450°C에서 공석강의 완전한 변태로 생성된 상부 베이나이트의 미세조직. *(b)* 260°C에서 공석강의 완전한 변태로 생성된 하부 베이나이트의 미세조직. 밝은 입자가 Fe_3C이고 어두운 기지는 페라이트이다(전자현미경조직 사진, 복제형; 배율 15,000×).
((*a-b*) Courtesy of United States Steel Corporation)

예제 9.4

작은 크기의 0.25 mm의 두께를 가지는 열간압연된 1080 강판 조각들을 850°C에서 1시간 동안 가열하고, 아래에 나열한 대로 열처리되었다. 그림 9.23의 등온변태도를 사용하여 열처리 후의 각 시편의 미세조직을 결정하라.

a. 상온으로 수냉
b. 690°C의 용융염에서 2시간 동안 열간급랭 후 수냉
c. 610°C로 열간급랭하여 3분 동안 유지시킨 후 수냉
d. 580°C로 열간급랭하여 2초 동안 유지시킨 후 수냉
e. 450°C로 열간급랭하여 1시간 동안 유지시킨 후 수냉
f. 300°C로 열간급랭하여 30분 동안 유지시킨 후 수냉
g. 300°C로 열간급랭하여 5시간 동안 유지시킨 후 수냉

풀이

냉각경로는 그림 EP9.4에 나타나 있으며, 얻어지는 미세구조는 아래와 같다.

a. 전부 마르텐사이트
b. 전부 조대한 펄라이트
c. 전부 미세한 펄라이트
d. 약 50%의 미세한 펄라이트와 50%의 마르텐사이트
e. 전부 상부 베이나이트
f. 약 50%의 하부 베이나이트와 50%의 마르텐사이트
g. 전부 하부 베이나이트

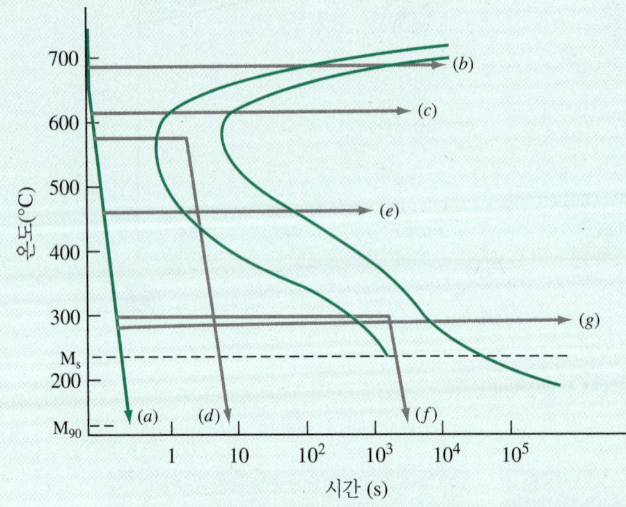

그림 EP9.4 ➤ 여러 냉각경로를 나타내는 공석 보통 탄소강의 등온변태도

비공석 보통 탄소강의 등온변태도 비공석 보통 탄소강에 대한 등온변태도도 제작 되어질 수 있다. 그림 9.25에서 0.47% 아공석 보통 탄소강의 등온 변태도를 보여주고 있다. 여러 가지 차이점이 비공석 탄소강과 공석강(그림 9.23)의 IT도에 명백하게 나타나있다. 첫번째 중요한 차이점은 아공석강의 S 곡선이 왼쪽으로 이동해 있기 때문에, 이 조성의 강을 오오스테나이트 영역에서 급랭하여 전부 마르텐사이트 조직을 만들 수 없다는 것이다.

두 번째로 중요한 차이점은 다른 변태선이 초석 페라이트의 형성 시작을 나타내는 공석강 IT 도의 상부에 위치했다는 사실이다. 따라서 727°C와 약 765°C 사이의 온도에서 등온변태시키면 초석 페라이트만이 생성된다.

과공석 보통 탄소강의 경우에도 유사한 IT도가 만들어진다. 그러나 이 경우는 이들 과공석강의 등온 변태도의 최상부의 선이 초석 시멘타이트가 형성되기 시작하는 선이 된다.

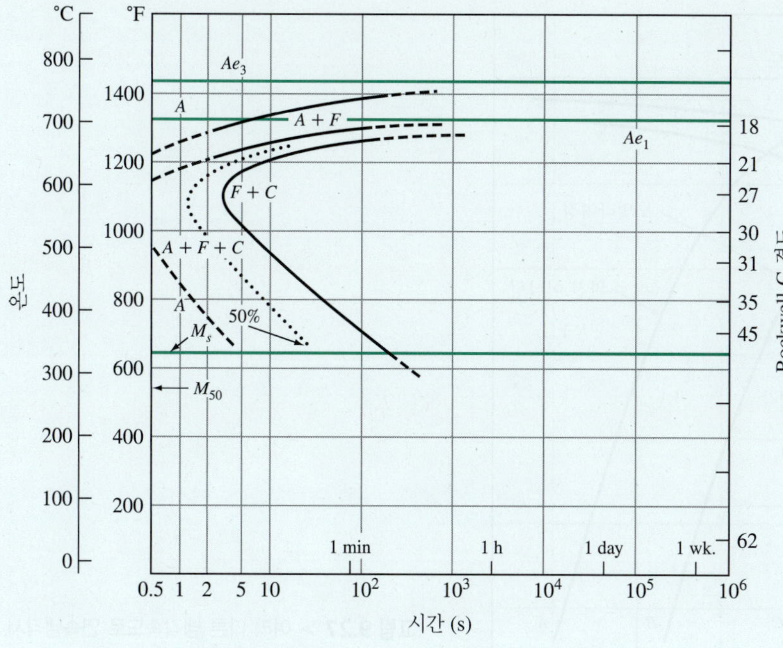

그림 9.25 ➤ 0.47% C와 0.57% Mn을 함유한 아공석강의 등온변태도(오오스테나이트화 온도 843°C). (출처: R.A. Grange and J.K. Kiefer as adapted in E.C. Bain and H.W. Paxton, *Alloying Elements in Steel*, 2d ed., American Society for Metals, 1966.)

9.3.3 공석 보통 탄소강의 연속냉각변태도

실제 산업의 열처리공정에서는 대부분의 경우 강은 마르텐사이트 시작온도 이상에서 등온 변태시키지 않고 오오스테나이트 온도에서 상온으로 연속 냉각시키는 것이 일반적이다. 보통 탄소강의 연속냉각에서는 오오스테나이트에서 펄라이트로의 변태는 어떤 특정 온도에서 일어나는 것이 아니라 여러 온도범위에 걸쳐 일어난다. 결과적으로 연속냉각 후의 최종 미세조직은 변태가 일어나는 온도범위에 걸쳐 변태반응속도가 변하기 때문에 복잡해진다. 그림 9.26에서는 공석 탄소강의 **연속냉각변태**(continuous cooling transformation: CCT)도를 이 강의 IT도와 중

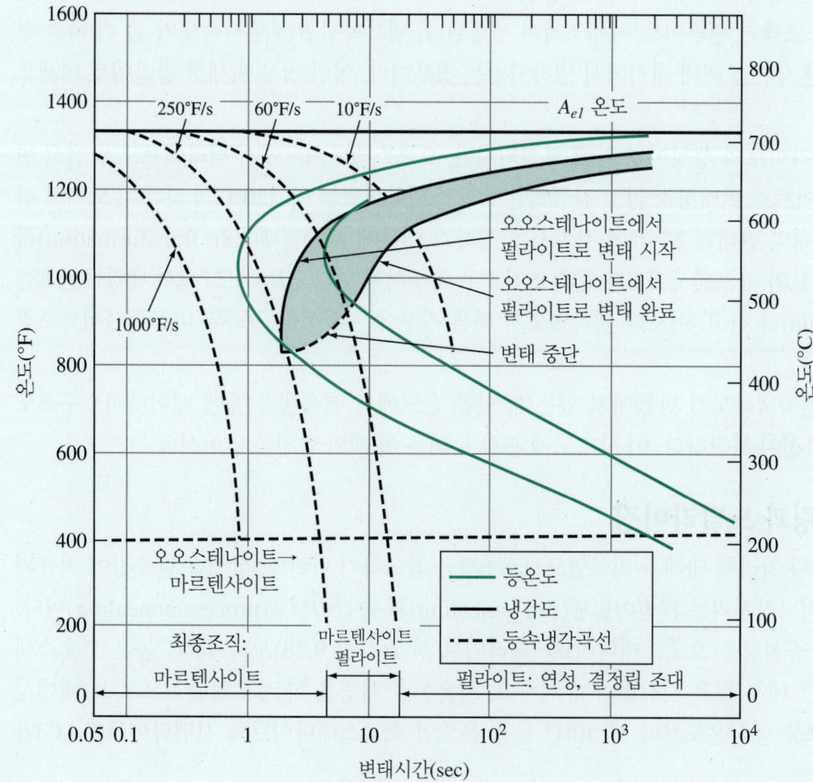

그림 9.26 ➤ 보통 탄소 공석강의 연속냉각도. (출처: R.A. Grange and J.M. Kiefer as adapted in E.C. Bain and H.W. Paxton, *Alloying Elements in Steel*, 2d ed., American Society for Metals, 1966, p. 254.)

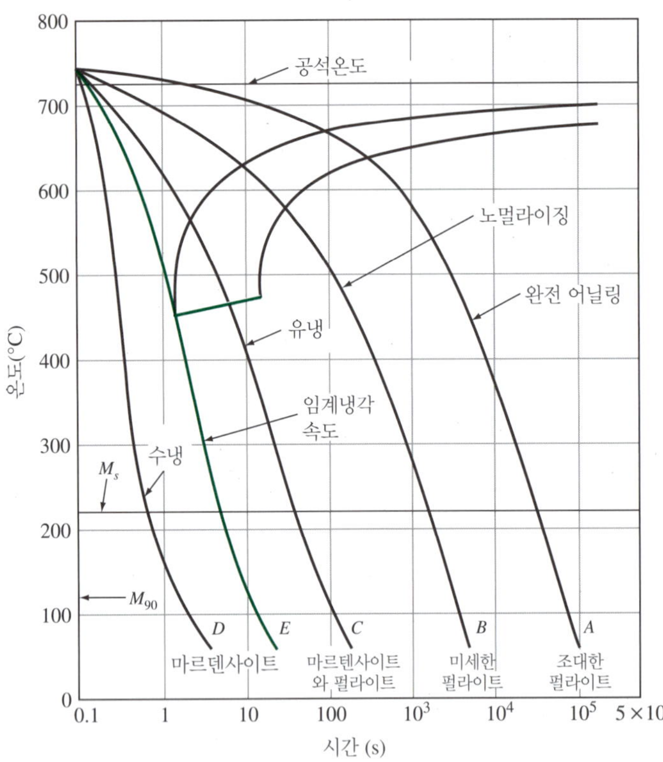

그림 9.27 ➤ 여러 다른 냉각속도로 연속냉각시 공석 보통 탄소강의 미세 조직의 변화.
(출처: R.E. Reed-Hill, *Physical Metallurgy Principles*, 2d ed., D. Van Nostrand Co., 1973 © PWS Publishers.)

첩하여 그린 것이다. 이 연속냉각도의 변태 시작선과 완료선이 등온변태도와 비교하여 볼 때 더 긴 시간과 약간 낮은 온도로 이동되어 있다. 또한 오오스테나이트에서 베이나이트 변태의 경우 약 450°C 이하에서 어떠한 변태선도 없다.

그림 9.27은 오오스테나이트 영역에서 상온까지 연속냉각시킨 얇은 공석 보통 탄소강 시편을 여러 다른 냉각속도로 그린 것이다. 냉각곡선 *A*는 냉각속도가 매우 낮은 경우로서, 전기로의 전원을 *끄고* 노가 냉각함에 따라 시편이 냉각되는 경우이다. 이 경우 조대한 펄라이트 미세조직이 생성된다. 냉각곡선 *B*는 냉각속도가 좀 더 빠른 경우로서, 노에서 오오스테나이트인 시편을 꺼내 대기에서 냉각시키는 경우이다. 이런 경우 미세한 펄라이트 미세조직이 생성된다.

그림 9.27의 냉각곡선 *C*는 펄라이트의 생성이 초기에 형성되지만, 오오스테나이트에서 펄라이트로 완전히 변태할 충분한 시간이 없어서 펄라이트로 변태하지 않고 잔류하는 오오스테나이트는 약 220°C의 낮은 온도에서 마르텐사이트로 변태한다. 이런 형태의 변태는 2단계에 걸쳐서 발생하기 때문에 *분할변태*(split transformation)라 한다. 이 강의 미세조직은 펄라이트와 마르텐사이트의 혼합조직으로 이루어져 있다. 그림 9.27에서 냉각곡선 *E*를 *임계냉각속도*(critical cooling rate)라 하고, 이보다 냉각속도가 빠른 경우에는 완전히 경화된 마르텐사이트조직을 생성하게 된다.

많은 아공석 보통 탄소강의 연속냉각도가 만들어져 있는데, 낮은 온도에서 연속냉각 중에 베이나이트구조도 형성되어 있기 때문에 연속냉각곡선이 복잡하다. 이 상태도에 관한 논의는 이 책의 범위를 넘어선다.

9.3.4 보통 탄소강의 어닐링과 노말라이징

6장에서 금속의 냉간가공과 어닐링 처리에 대해 논의하였으므로 6장을 참고하기 바란다. 상업용 탄소강에 적용되는 가장 일반적인 2가지 형태의 어닐링처리는 *완전어닐링*(full annealing)*과 중간어닐링*(process annealing)이다.

완전어닐링의 경우 아공석과 공석강을 오오스테나이트–페라이트 경계(그림 9.28)보다 40°C 높은 오오스테나이트 영역으로 가열해서 이 온도에서 필요 시간만큼 유지하고, 상온까지 서냉을 하는데 일반적으로 노 내에서 행해진다. 과공석강의 경우는, 보통 공석온도보다 약 40°C 높은 온도인 오오스테나이트와 시멘타이트(Fe_3C)가

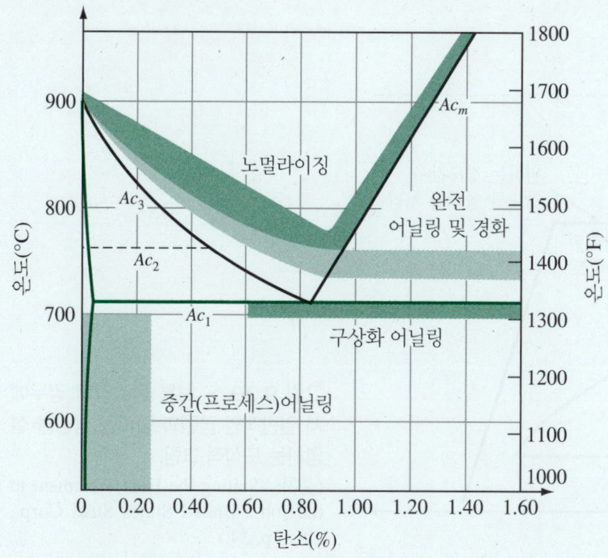

그림 9.28 ➤ 보통 탄소강을 어닐링하는 데 일반적으로 사용하는 온도범위.
(출처: T.G. Digges et al., "Heat Treatment and Properties of Iron and Steel," NBS Monograph 88, 1966, p. 10.)

공존하는 2상 영역에서 오오스테나이트화 시키는 것이 일반적이다. 완전어닐링한 후 아공석강의 미세구조는 초석 페라이트와 펄라이트로 이루어져 있다(그림 9.10).

응력제거(stress relief)를 위하여 언급되는 중간어닐링은 냉간가공 후 발생한 내부 응력을 제거하여 냉간가공된 저탄소강을 부분적으로 연화시킨다. 0.3% C 이하의 아공석강에 보통 적용되는 이 처리는 공석온도 이하의 온도 550~650°C 사이에서 공정이 진행된다(그림 9.28).

노말라이징(normalizing)은 강을 오오스테나이트 영역으로 가열하였다가 대기에서 냉각하는 열처리이다. 노말라이징 처리한 얇은 아공석 보통 탄소강 시편의 미세조직은 초석 페라이트와 미세 펄라이트로 구성된다. 노말라이징을 하는 목적은 다양하며 이들 중 몇 가지는 다음과 같다.

1. 결정립을 미세화하기 위하여
2. 강의 강도를 증가시키기 위하여(어닐링 처리된 강과 비교하여)
3. 주조품 혹은 단조품의 경우 조성적 편석을 줄여서 더욱 균일한 구조를 얻기 위함이다. 탄소강을 노말라이징 처리하는 네 사용되는 오오스테나이트화 처리온도범위는 그림 9.28에 나타나 있다. 노말라이징은 완전어닐링보다 더욱 경제적인데, 이유는 강의 냉각속도를 제어하기 위한 노가 필요하지 않기 때문이다.

9.3.5 보통 탄소강의 템퍼링

템퍼링처리 **템퍼링**(tempering)은 공석변태온도 이하의 온도에서 마르텐사이트강을 가열하여 더욱 연하게 하고 연성을 주는 열처리이다. 그림 9.29에서 도식적으로 **보통 탄소강**의 일반적인 급랭과 템퍼링처리에 관해 설명하고 있다. 그림 9.29에서처럼 강은 먼저 오오스테나이트화되고, 이후 빠른 속도로 급랭되어 마르텐사이트를 생성함으로써 오오스테나이트가 페라이트와 시멘타이트로의 변태를 피하게 된다. 이 강은 계속해서 공석온도 이하의 온도로 재가열하여 페라이트 기지 내의 철탄화물이 존재하는 조직으로 변태시켜 마르텐사이트를 연하게 한다.

템퍼링시 마르텐사이트 내의 미세조직 변화 마르텐사이트는 준안정조직이며 재가열시 분해된다. 저탄소 보통 탄소강의 래스 마르텐사이트의 경우 전위밀도가 높으며, 이 전위들이 탄소 원자에게 정상적인 침입형 위치에서보다 낮은 에너지 위치를 제공한다. 따라서 저탄소 마르텐사이트 강이 20~200°C 범위에서 먼저 템퍼링될 때, 탄소 원자는 서로 편석되어 낮은 에너지 위치로 가게 된다.

0.2% C 이상의 마르텐사이트계 탄소강의 경우 200°C 이하의 템퍼링 온도에서 탄소를 재분배하는 주요방식은 석출응집이다. 이 온도범위에서 *엡실론*(ε) 탄화물이라하는 매우 작은 크기의 석출물이 형성된다. 마르텐사이트강이 200~700°C까지 템퍼링될 때 생성되는 탄화물이 *시멘타이트*(cementite)이다. 이 강이 200~300°C 사이에서

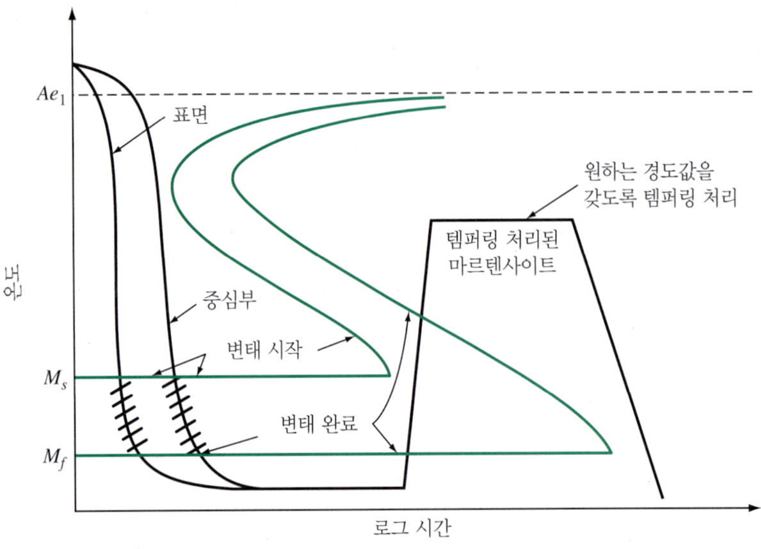

그림 9.29 ➤ 보통 탄소강의 경우에서 일반적인 급랭과 템퍼링 공정을 설명하는 도식적 그림.
(출처: "Suiting the Heat Treatment to the Job," United States Steel Corp., 1968, p. 34.)

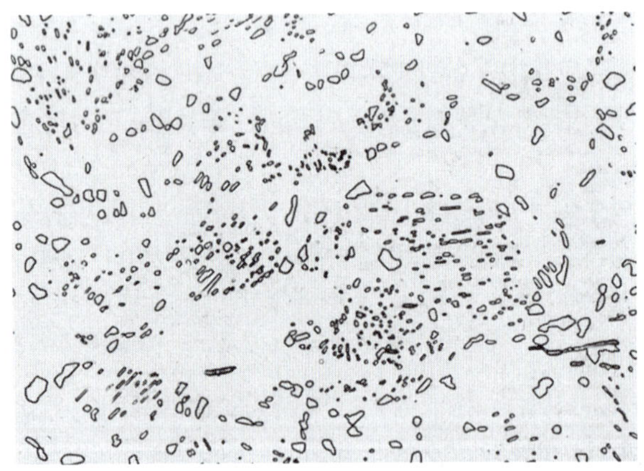

그림 9.30 ➤ 1.1% C 과공석강의 스페로다이트. (배율 1000×)
(©ASM International)

템퍼링될 때, 석출물의 모양은 봉상이다(그림 9.30). 높은 템퍼링 온도인 400~700°C의 경우 봉상인 탄화물은 응집하여 구상의 입자를 형성하게 된다. 광학현미경을 통해 볼 때 응집된 시멘타이트를 나타내는 템퍼링된 마르텐사이트를 스페로다이트(spheroidite, 구상화 조직)라 한다(그림 9.31).

탄소강의 경도에 미치는 템퍼링 온도의 영향 그림 9.31에서 여러 마르텐사이트 탄소강의 경우 템퍼링 온도의 증가가 경도에 미치는 영향을 나타내고 있다. 약 200°C 이상에서 온도가 700°C까지 증가할 때까지 경도는 점차로 감소한다. 온도가 증가함에 따라 마르텐사이트 경도가 점차적으로 낮아지는 이유는 주로 응력을 받은 침입형 격자 위치에서 탄소 원자의 확산에 의해 제2상인 철 탄화물 석출물을 형성하기 때문이다.

마르템퍼링 **마르템퍼링**(martempering) 또는 **마르퀜칭**(marquenching)은 강에 사용되는 변형된 급랭처리공정으로, 이 공정은 열처리된 재료가 균질하지 못한 상태에서 냉각될 때 야기될 수 있는 뒤틀림과 균열을 최소화시킬 수 있다. 마르템퍼링 공정은 (1) 강을 오오스테나이트화 처리하고, (2) *Ms* 온도 바로 이상(혹은 이하)의 온도에서 뜨거운 오일이나 용융염에서 급랭하고, (3) 강을 담금액 내에서 온도가 균일화될 때까지 유지하고 오오스테나이트에서 베이나이트 변태가 시작하기 전에 등온처리를 마치며, (4) 큰 온도 차이를 막기 위해 적절한 속도로 상온까지 냉각한다. 강은 계속하여 일반적인 방식의 템퍼링처리를 받게 된다. 그림 9.32에는 마르템퍼링처리의 냉각경로를 보이고 있다.

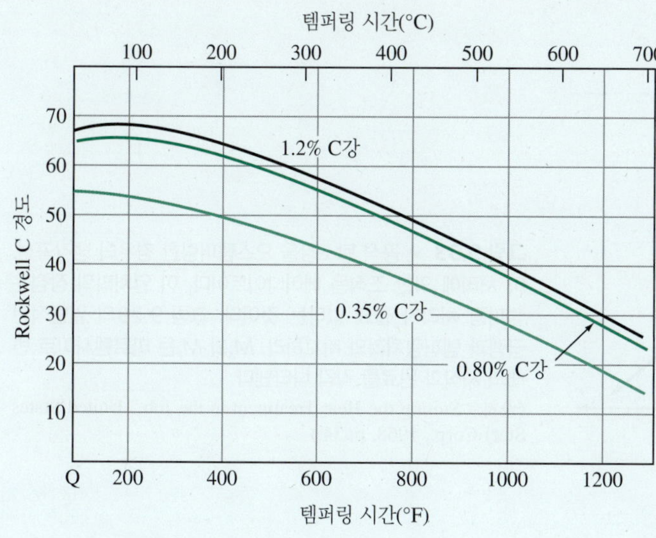

그림 9.31 ➤ 지정된 온도에서 1시간 템퍼링된 Fe-C 마르텐사이트(0.35에서 1.2% C)의 경도.
(출처: E.C. Bain and H.W. Paxton, *Alloying Elements in Steel*, 2d ed., American Society for Metals, 1966, p. 38.)

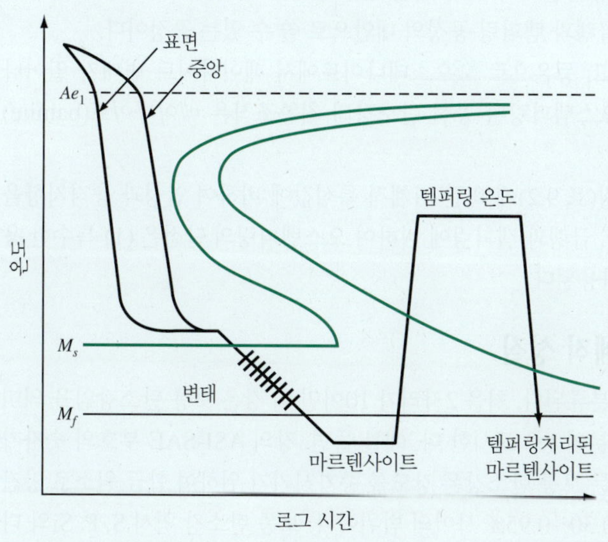

그림 9.32 ➤ 마르템퍼링의 냉각곡선이 공석 탄소강 IT 도에 중첩되어 있다. 단계급랭은 급랭 중에 발생한 응력을 감소시킨다.
(출처: Metals Handbook, vol. 2, 8th ed., *American Society for Metals*, 1964, p. 37.)

마르템퍼링처리된 강의 조직은 마르텐사이트이고 마르템퍼링 후에 템퍼링처리한 강의 조직은 *템퍼링 처리된 마르텐사이트*(tempered martensite)라 한다. 표 9.2에서 일반적인 급랭과 템퍼링 후에 마르템퍼링과 템퍼링을 한 0.95% C 탄소강의 기계적 성질을 보여준다. 이 두 가지 특성에서 주요 차이는 마르템퍼링한 후 템퍼링한 강은 더 높은 충격 에너지값을 가지고 있다는 것이다. *마르템퍼링*이란 용어는 잘못 사용된 것이고, 이 공정의 더 정확한 용

표 9.2 ➤ 오스템퍼링과 다른 열처리한 경우에 의한 1095강의 기계적 특성(20°C) 비교

열처리	Rockwell C 경도	충격 (ft · lb)	연신율, 1 in. 기준(%)
수냉 및 템퍼링	53.0	12	0
수냉 및 템퍼링	52.5	14	0
마르템퍼링 및 템퍼링	53.0	28	0
마르템퍼링 및 템퍼링	52.8	24	0
오스템퍼링	52.0	45	11
오스템퍼링	52.5	40	8

: *Metals Handbook*, vol. 2, 8th ed., American Society for Metals, 1964.

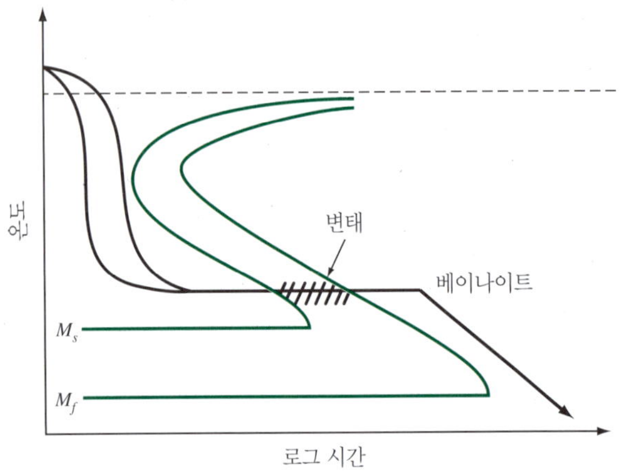

그림 9.33 ➤ 공석 탄소강을 오스템퍼링한 경우의 냉각곡선. 이 처리에 의한 조직은 베이나이트이다. 이 열처리의 장점은 템퍼링 처리가 필요 없다는 것이다. 그림 9.29의 일반적인 급랭과 템퍼링처리와 비교하라. M_s와 M_f는 마르텐사이트 변태의 시작과 완료를 각각 나타낸다.
(출처: "Suiting the Heat Treatment to the Job," United States Steel Corp., 1968, p. 34.)

어는 마르퀜칭이다.

오스템퍼링 **오스템퍼링**(austempering)은 일종의 등온열처리이며, 이는 탄소강에서 베이나이트조직을 생성한다. 이 처리는 강의 인성과 연성을 증가시키기 위한 급랭과 템퍼링 공정의 대안으로 쓸 수 있는 공정이다.

오스템퍼링처리에서는 용융염욕 내에서 급랭되고, 등온으로 오오스테나이트에서 베이나이트 변태가 일어나도록 유지하고, 상온에서 공랭시킨다(그림 9.33). 오스템퍼링된 공석 탄소강의 최종조직은 *베이나이트*(bainite)이다.

오스템퍼링의 이점은 (1) 일반적인 급랭과 템퍼링(표 9.2)에 의한 기계적 특성값에 비하여 연성과 충격저항을 향상시키며, (2) 급랭된 재료의 뒤틀림을 감소시킨다. 급랭과 템퍼링에 비하여 오스템퍼링의 단점은 (1) 특수한 용융염욕이 필요하며, (2) 처리공정은 한정된 강에만 사용된다.

9.3.6 보통 탄소강의 분류와 전형적인 기계적 성질

보통 탄소강은 4 자리의 AISI-SAE[6] 코드에 의하여 분류된다. 처음 2자리가 10이면 이 강은 보통 탄소강임을 의미한다. 마지막 2자리는 강 중의 탄소 함량을 %의 100분의 1로 표시한 다. 예를 들면, 강의 ASI-SAE 부호의 숫자가 1030인 경우, 강은 0.30% 탄소를 함유하고 있다. 모든 보통 탄소강은 강도를 증가시키기 위하여 합금 원소로 망간을 함유하고 있다. 이는 보통 탄소강의 망간 함량은 0.30~0.95% 사이의 범위이다. 보통 탄소강 역시 S, P, Si와 다른 몇 가지 원소들의 불순물을 함유하고 있다.

몇 가지 AISI-SAE 형태의 보통 탄소강의 전형적인 기계적 성질은 표 9.3에 나타내었다. 매우 낮은 탄소 함량의 강은 비교적 낮은 강도를 가지나 매우 높은 연성을 가지게 된다. 이런 강은 자동차의 펜더나 차체의 성형에 응용되는 판재 재료로 사용된다.

보통 탄소강의 탄소 함량이 증가하면 탄소강은 강도는 증가하나 연성이 줄어든다. 중탄소강(1020~1040)은 축이나 기어의 용도에 사용된다. 고탄소강(1060~1095)은 스프링, 다이블록, 절단기, 그리고 절단날 등에 사용된다.

9.4 저합금강

보통 탄소강은 강도나 다른 공업적 요구조건이 크게 까다롭지 않다면 사용에 무리가 없다. 이러한 보통 탄소강들은 대체로 가격이 낮지만 다음과 같은 한계가 있다.

1. 보통 탄소강의 경우 수반되는 연성과 충격저항의 손실 없이는 100,000 psi (690 MPa) 이상의 강도를 넘지 못한다.

6 AISI는 American Iron and Steel Institute를 의미하며, SAE는 Society for Automotive Engineers를 의미한다.

표 9.3 ＞ 보통 탄소강의 전형적인 기계적인 성질과 응용분야

AISI-SAE 합금번호	화학조성 (wt%)	조건	인장강도 (MPa)	항복강도 (MPa)	연신율 (%)	응용분야
1010	0.10 C, 0.40 Mn	열간압연	276~414	179~310	28~47	신선용 판재(sheet, strip), 와이어, 봉, 못, 나사, 콘크리트 강화용 철근
		냉간압연	290~400	159~262	30~45	
1020	0.20 C, 0.45 Mn	압연	448	331	36	강 판재 및 구조용 부품, 샤프트, 기어
		어닐링	393	297	36	
1040	0.40 C, 0.45 Mn	압연	621	414	25	샤프트, 나사, 고인장 강도 튜브, 기어
		어닐링	517	352	30	
		템퍼링*	800	593	20	
1060	0.60 C, 0.65 Mn	압연	814	483	17	스프링 와이어, 단조용 다이, 기차바퀴
		어닐링	628	483	22	
		템퍼링*	110	780	13	
1080	0.80 C, 0.80 Mn	압연	967	586	12	악기용 와이어, 나선형 스프링, 끌, 단조용 다이블록
		어닐링	614	373	25	
		템퍼링*	1304	980	12	
1095	0.95 C, 0.40 Mn	압연	966	573	9	다이, 펀치, 탭, 분쇄기 날, 전단 날, 고인장 강도 와이어
		어닐링	655	379	13	
		템퍼링*	1263	814	10	

* 급랭 후 315°C(600°F)에서 템퍼링

2. 보통 탄소강의 큰 두께 부분은 전체적으로 마르텐사이트조직을 생성할 수 없다. 즉, 경화능이 깊지 못하다.
3. 보통 탄소강은 내부식성과 내산화성이 낮다.
4. 마르텐사이트구조를 얻기 위하여 중탄소강은 급랭시켜야 한다. 급랭은 열처리된 부분을 뒤틀리게 하고 균열을 일으킬 수도 있다.
5. 보통 탄소강은 저온에서 충격저항이 좋지 않다.

이와 같은 보통 탄소강의 부족한 점을 극복하기 위해, 이 성질들을 개선할 수 있는 합금 원소를 함유하는 합금강이 개발되었다. 일반적으로 합금강은 보통 탄소강보다 가격이 높지만, 여러 경우에서 공업용 요구조건을 만족시킬수 있는 유일한 재료들이다. 합금강을 만드는 데 첨가되는 합금 원소로는 망간, 니켈, 크롬, 몰리브덴 그리고 텅스텐이다. 때때로 첨가되는 다른 원소로는 바나듐, 코발트, 붕소, 구리, 알루미늄, 납, 티타늄 그리고 콜럼비윰(니오븀) 등이 있다.

9.4.1 합금강의 분류

합금강은 합금 원소를 50%까지 함유시킬 수 있고 이 같은 조성도 여전히 합금강으로 취급된다. 이 책에서는 약 1~4%의 합금 원소를 함유한 저합금강을 합금강으로 취급할 것이다. 이런 강들은 주로 자동차용 및 건축용 강으로서 단순히 *합금강*(alloy steels)이라 불리어진다.

미국 내에 합금강은 주로 4자리 AISI-SAE 체계로 명명된다. 처음 2자리는 강에서 주요 합금 원소 혹은 원소군을 나타내며, 마지막 2자리는 강 중의 탄소 함량 %의 100분의 1로 나타낸다. 표 9.4에서 표준합금강의 주요 형태의 조성에 관하여 나열하였다.

9.4.2 합금강 내의 합금 원소의 분포

탄소강에서 합금 원소가 서로 분포되는 방식은 주로 각 원소의 화합물과 탄화물 형성의 경향에 달려 있다. 표 9.5에는 합금강에 존재하는 대부분의 합금 원소의 대략적인 분포형태를 요약하고 있다. 니켈은 강 내에서 α 페라이트 내에 고용되는데, 그 이유는 철보다 탄화물을 형성하는 경향이 더 작기 때문이다. 실리콘은 어느 정도까지 강에 존재하는 산소와 결합하여 비금속 개재물을 형성하고, 나머지는 α 페라이트에 고용된다. 탄소강에 첨가되는 망간은 대부분 페라이트에 고용되어진다. 그러나 망간의 일부는 탄화물을 형성하고 대개 $(Fe, Mn)_3C$와 같은 시멘타이트

표 9.4 > 표준합금강의 주요 형태

13xx	망간 1.75
40xx	몰리브덴 0.20 또는 0.25 또는 몰리브덴 0.25, 황 0.042
41xx	크롬 0.50, 0.80 또는 0.95, 몰리브덴 0.12, 0.20, 또는 0.30
43xx	니켈 1.83, 크롬 0.50 또는 0.80, 몰리브덴 0.25
44xx	몰리브덴 0.53
46xx	니켈 0.85 또는 1.83, 몰리브덴 0.20 또는 0.25
47xx	니켈 1.05, 크롬 0.45, 몰리브덴 0.20 또는 0.35
48xx	니켈 3.50, 몰리브덴 0.25
50xx	크롬 0.40
51xx	크롬 0.80, 0.88, 0.93, 0.95 또는 1.00
51xxx	크롬 1.03
52xxx	크롬 1.45
61xx	크롬 0.60 또는 0.95, 바나듐 0.13 또는 최소 0.15
86xx	니켈 0.55, 크롬 0.50, 몰리브덴 0.20
87xx	니켈 0.55, 크롬 0.50, 몰리브덴 0.25
88xx	니켈 0.55, 크롬 0.50, 몰리브덴 0.35
92xx	실리콘 2.00 또는 실리콘 1.40, 크롬 0.70
50Bxx*	크롬 0.28 또는 0.50
51Bxx*	크롬 0.80
81Bxx*	니켈 0.30, 크롬 0.45, 몰리브덴 0.12
94Bxx*	니켈 0.45, 크롬 0.40, 몰리브덴 0.12

*B: 붕소강
출처: "Alloy Steel: Semifinished; Hot-Rolled and Cold-Finished Bars," American Iron and Steel Institute, 1970.

표 9.5 > 합금강 내의 합금 원소의 대략적 분포

원소	페라이트 내 고용	탄화물 내 결합	탄화물로서 결합	화합물	원소
니켈	Ni			Ni_3Al	
실리콘	Si			$SiO_2 \cdot M_xO_y$	
망간	Mn ←→	Mn	$(Fe,Mn)_3C$	MnS; $MnO \cdot SiO_2$	
크롬	Cr ←→	Cr	$(Fe,Cr_3)C$ Cr_7C_3 $Cr_{23}C_6$		
몰리브덴	Mo ←→	Mo	Mo_2C		
텅스텐	W ←→	W	W_2C		
바나듐	V ←→	V	V_4C_3		
티타늄	Ti ←→	Ti	TiC		
콜롬비움	Cb ←→	Cb	CbC		
알루미늄	Al			Al_2O_3; AIN	
구리	Cu (작은양)				
납					Pb

* 화살표는 원소가 페라이트 내에 고용될지 또는 탄화물로 결합될지의 상대적인 경향을 나타낸다.
† Cb = Nb (niobium)
출처: E.C. Bain and H.W. Paxton, *Alloying Elements in Steel,* 2d ed., American Society for Metals, 1966.

에 들어간다.

크롬은 철보다 다소 강한 탄화물을 형성하는 경향이 있고, 페라이트와 탄화물상 사이에서 나타난다. 크롬의 분포형태는 티타늄과 콜로비움과 같은 다른 강력한 탄화물 형성 원소가 없다면 기존의 탄소량에 달려 있다. 텅스텐과 몰리브덴은, 티타늄과 콜로비움과 같은 다른 강력한 탄화물 형성 원소가 없고 탄소의 양이 충분하다면, 탄소와

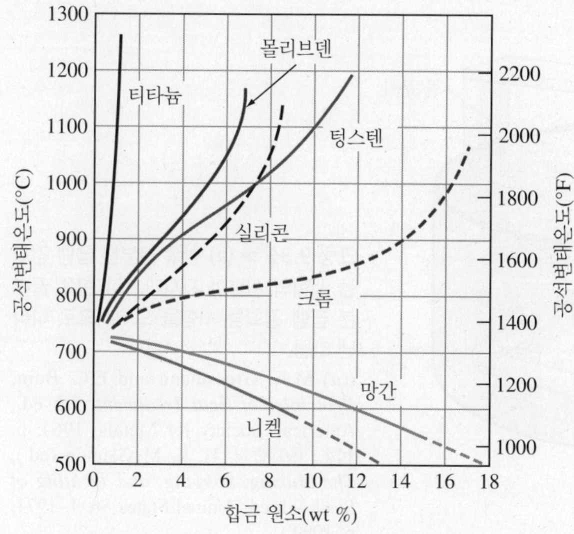

그림 9.34 ➤ Fe-Fe_3C상 다이어그램에서 오스테나이트에서 펄라이트로 변태하는 공석 온도에 대한 합금 원소 비율의 영향. (출처: *Metals Handbook*, vol. 8, 8th ed., American Society for Metals, 1973, p. 191.)

결합하여 탄화물을 형성한다. 바나듐, 티타늄과 콜로비움은 탄화물을 형성하는 강력한 원소이고, 강에서 주로 탄화물로 발견된다. 알루미늄은 산소와 질소와 결합하여 화합물 Al_2O_3와 AlN을 각각 만든다.

9.4.3 합금 원소가 강의 공석온도에 미치는 영향

많은 합금 원소는 Fe-Fe_3C 상태도의 공석온도를 올리거나 내리게 한다(그림 9.34). 망간과 니켈은 모두 공석온도를 낮추게 하고 Fe-Fe_3C 상태도의 오오스테나이트 영역을 확장하면서, *오오스테나이트 안정화 원소*(austenite-stabilizing elements)로 작용한다(그림 9.6). 충분한 양의 니켈 혹은 망간을 함유한 강의 경우에, 오오스테나이트 조직이 상온에서도 얻어질 수 있다. 텅스텐, 몰리브덴 그리고 티타늄과 같은 탄화물 형성 원소는 Fe-Fe_3C 상태도의 공석온도를 더 높이 올릴 수 있고 오오스테나이트상 영역을 줄인다. 이런 원소를 *페라이트 안정화 원소*(ferrite-stabilizing elements)라 부른다.

9.4.4 경화능

강의 **경화능**(hardenability)은 오오스테나이트 조건에서 급랭하였을 때 얻어지는 경도의 깊이와 분포를 결정하는 성질로 정의할 수 있다. 강의 경화능은 주로 (1) 강의 조성, (2) 오오스테나이트 결정립 크기, (3) 급랭 전 강의 조직에 달려 있다. 경화능은 강의 *경도*(hardness)와 혼동해서는 안 되고, 경도는 소성변형에 대한 저항값이고 보통 압입에 의해 측정된다.

산업체에서, 경화능은 대부분 Jominy **경화능시험**(Jominy hardenability test)에 의해 측정된다. Jominy 시험에서 시편은 지름 1인치(25 mm) 길이 4인치(100 mm) 그리고 한쪽 끝이 $\frac{1}{16}$인치(1.5 mm) 플랜지가 달려 있는 실린더형 막대이다(그림 9.35*a*). 이전 조직이 경화능에 강한 영향을 주기 때문에 시편은 항상 시험 전에 노말라이징 처리된다. Jominy 시험에서는 시편을 오오스테나이트화하고 그림 9.36*b*에서처럼 지지대에 고정한 뒤 시편의 한 끝에 신속히 물을 분사한다. 냉각 후에, 시험봉을 연마하여 서로 평행한 두 평면을 만든 후 급랭된 끝부분에서부터 평면으로 2.5″ (63 mm)까지 Rockwell C 경도측정을 행한다.

그림 9.36에서는 1080 공석 탄소강의 Rockwell C 경도 대 급랭된 끝부분에서부터의 거리 경화능 그래프를 나타내고 있다. 이 강은 비교적 낮은 경화능을 보이고 있는데, 그 이유는 경도가 Jominy 막대봉의 급랭된 끝부분에서 RC = 65이지만, 급랭된 끝부분에서는 4.5 mm 지점에 RC = 50으로 감소되었기 때문이다. 따라서 이 강의 두꺼운 부분은 급랭에 의해 완전히 마르텐사이트로 될 수 없다.

그림 9.36은 한쪽 끝부분 급랭 경화능 데이터를 1080강의 연속변태도와 연관시키고 있으며, 급랭된 한쪽 끝에서부터 네 가지 거리인 *A*, *B*, *C*, *D*를 표시하면서 미세조직의 변화를 나타내고 있다.

0.40% C 합금강의 경화능 곡선은 그림 9.37에 나타나 있다.

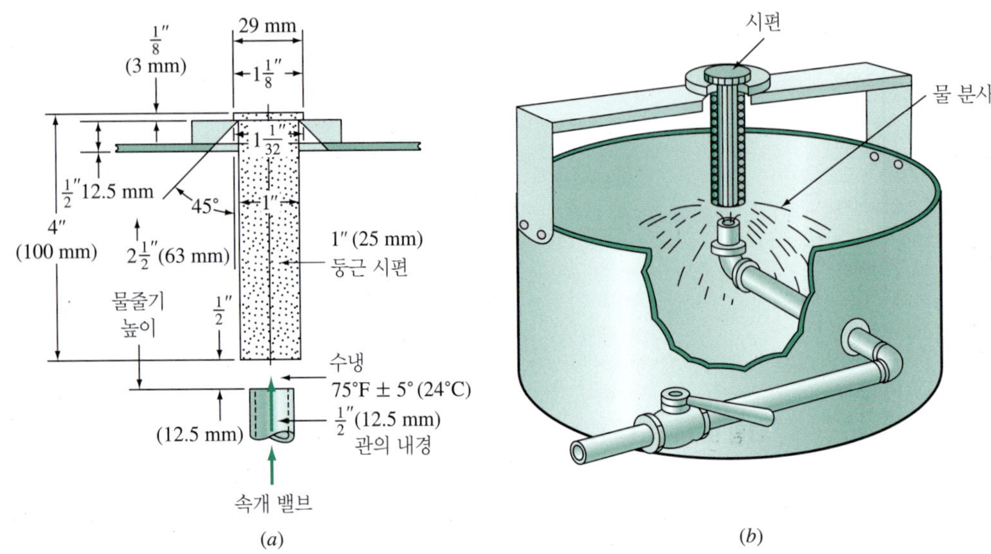

그림 9.35 ➤ (*a*) 한쪽 끝부분 급랭 경화능 시험의 시편과 지지대. (*b*) 한쪽 끝부분 급랭 경화능 시험을 도식적으로 나타낸 그림.
((*a*) M.A. Grossmann and E.C. Bain, *Principles of Heat Treatment*, 5th ed., American Society for Metals, 1964, p. 114.; (*b*) 출처: H. E. McGannon (ed.), *The Making, Shaping, and Treating of Steel*, 9th ed., United States Steel, 1971, p. 1099.)

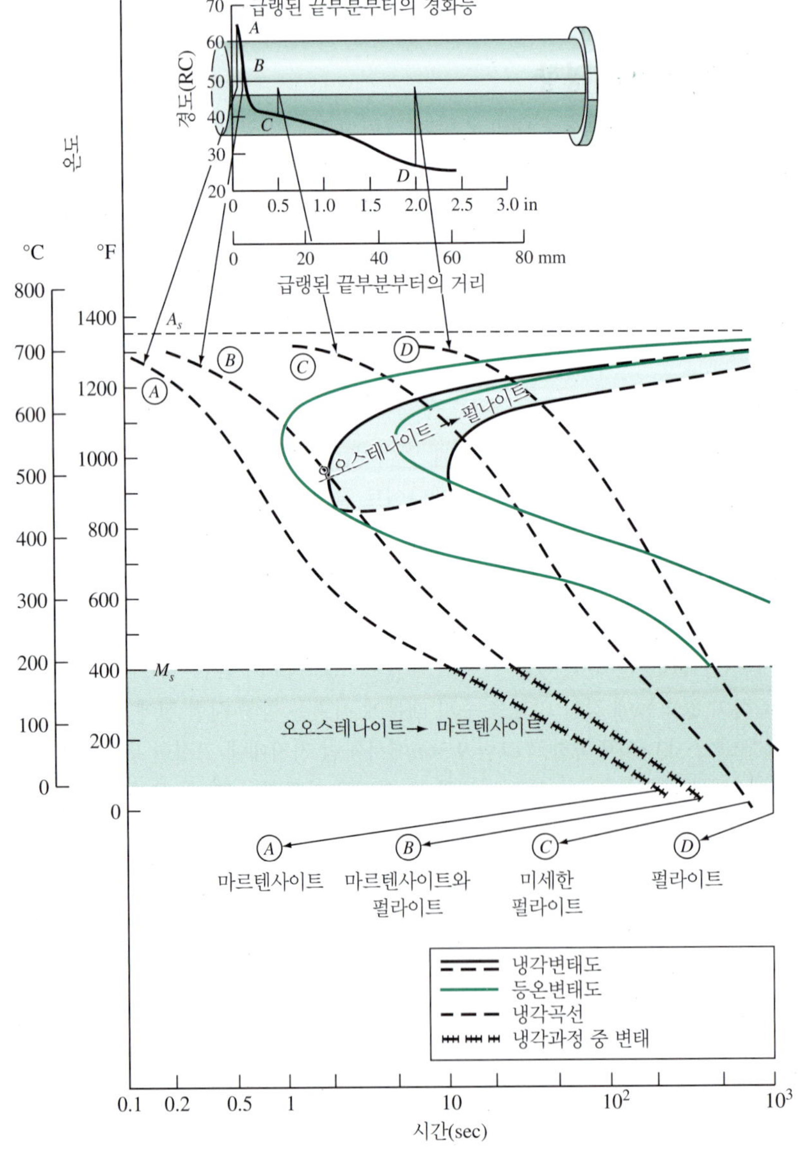

그림 9.36 ➤ 공석 탄소강의 연속냉각변태도와 한쪽 끝부분 냉각경화능 시험 데이터와의 상호관계.
(출처: "Isothermal Transformation Diagrams," United States Steel Corp., 1963, p. 181.)

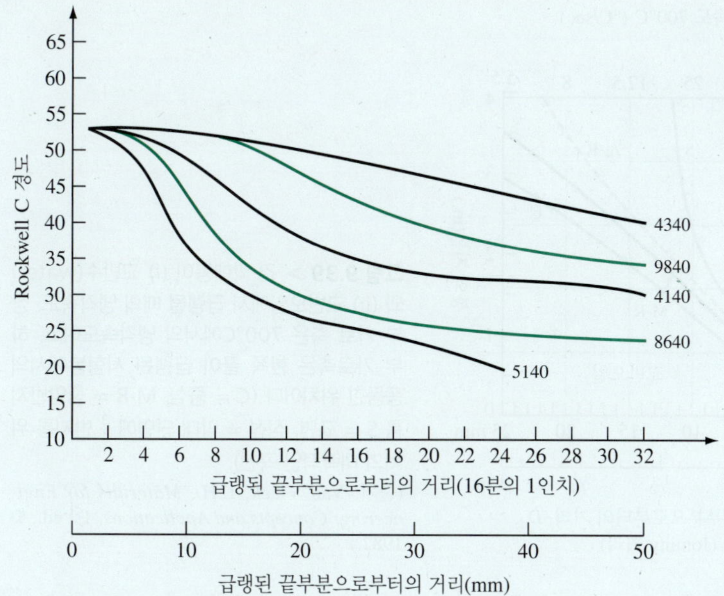

그림 9.37 ➤ 0.40% C합금강들의 경우 경화능 곡선의 비교.
(출처: H.E. McGannon (ed.), *The Making, Shaping, and Treating of Steel*, 9th ed., United States Steel Corp., 1971, p. 1139.)

4340합금강은 대단히 높은 경화능을 가지고 있어서 Jominy 막대의 급랭된 한쪽 끝으로부터 2인치(50 mm) 되는 지점에서 RC = 40의 경도를 갖을 정도로 급랭될 수 있다. 따라서 이러한 합금강은 낮은 속도로도 급랭될 수 있으며 비교적 높은 경도값을 유지할 수 있다.

4340강과 같은 합금강은 경화능이 매우 좋은데, 그 이유는 오오스테나이트 영역에서 냉각 시 오오스테나이트가 페라이트와 베이나이트로의 분해가 지연되고, 오오스테나이트가 마르텐사이트로의 분해가 낮은 속도로도 달성될 수 있기 때문이다. 오오스테나이트가 페라이트와 베이나이트로의 분해 시 이런 지연현상은 정량적으로 그림 9.38의 연속냉각 변태도에 나타나 있다.

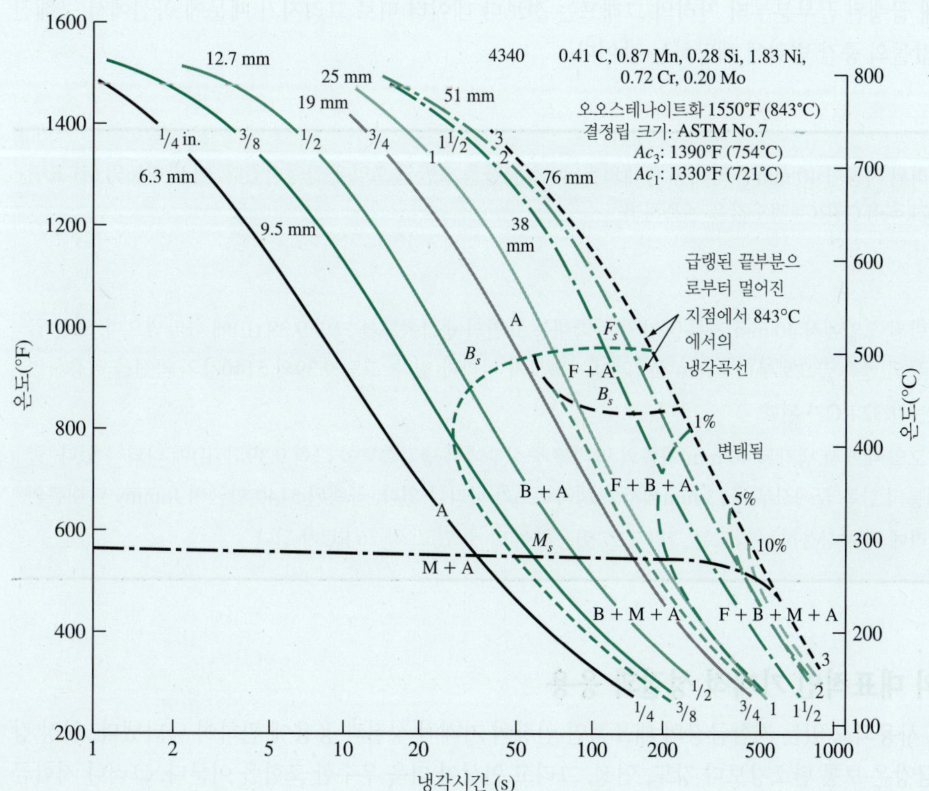

그림 9.38 ➤ AISI 4340 합금강의 연속냉각변태도. A = 오오스테나이트, F = 페라이트, B = 베이나이트, M =마르텐사이트.
(출처: *Metal Progress*, September 1964, p. 106.)

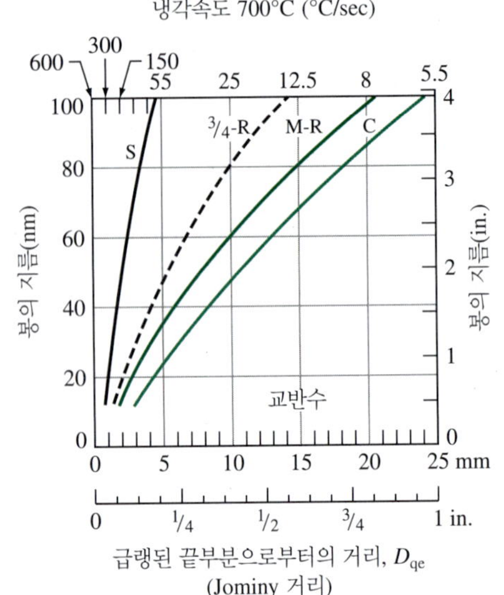

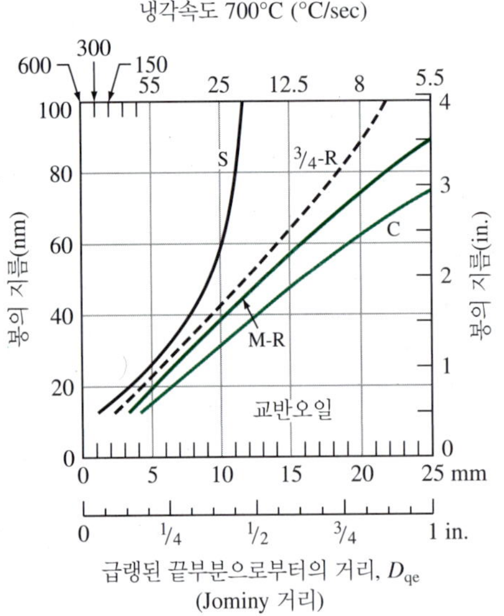

그림 9.39 ➤ 긴 막대봉이 (i) 교반수(water)와 (ii) 교반오일에서 급랭될 때의 냉각속도. 상부 가로 축은 700°C에서의 냉각속도이고, 하부 가로축은 한쪽 끝이 급랭된 시험봉에서의 동등한 위치이다 (C = 중심, M-R = 중앙반지름 S = 표면, 점선 = 막대 단면에 $\frac{3}{4}$ 반지름 위치의 대략적인 곡선).
(출처: Van Vlack, L.H., *Materials for Engineering: Concepts and Applications*, 1st ed., © 1982.)

대부분의 탄소강 그리고 저합금강의 경우 표준 급랭에 의해 동일한 단면위치에서 동일한 지름의 길고 둥그런 강 막대를 따라 냉각속도가 같다. 그러나 냉각속도는 (1) 막대봉의 지름이 다른 경우, (2) 막대봉의 단면에서 다른 위치인 경우, (3) 급랭 매질이 다른 경우에 따라 다르게 된다. 그림 9.39는 교반하는 물과 오일로 급랭하여 강 막대봉 내의 다른 여러 단면 위치에서의 냉각곡선 대 막대봉 지름과의 관계를 나타내고 있다. 이 그래프는 정해진 급랭 매질을 사용하여 막대봉 내의 특정한 단면위치에서 선택된 지름의 봉에 대해 냉각속도와 표준냉각 Jominy 막대봉의 급랭된 끝부분에서부터 연관된 거리를 결정하는 데 사용될 수 있다. 냉각속도와 Jominy 막대봉의 끝부분에서부터 연관된 거리는 표면경도와 강 막대봉의 단면의 특정 위치에서 경도를 결정하기 위해 특정 강의 냉각된 한쪽 끝부분에서부터의 거리에 따른 Jominy 그래프로 사용될 수 있다. 예제 9.5에서 그림 9.39의 그래프가 어떻게 하여 주어진 급랭 매질에서 냉각된 특정한 단면 위치에서 주어진 지름의 막대봉강의 경도를 예측할 수 있는가를 보이고 있다. Jominy 경도 대 급랭된 끝부분부터 거리의 그래프는 선보다 데이터 띠로 그려지기 때문에 곡선에서 구해진 경도는 실제로 여러 값들의 중간 범위에 해당하는 값이다.

예제 9.5

오오스테나이트화 처리된 지름이 40 mm인 막대봉 형태의 5140 합금강을 교반된 오일에 급랭시켰다. 이 막대봉의 (*a*) 표면과 (*b*) 중심부에서 Rockwell C (RC) 경도값을 예측하라.

풀이

a. 막대봉의 표면: 교반된 오일에서 40 mm 지름을 가지는 막대봉 표면의 냉각속도를 그림 9.39 (ii)에 나타냈으며, 표준 급랭된 Jominy 막대봉의 한쪽 끝으로부터 8 mm에서의 냉각속도가 나타나 있다. 그림 9.39와 5140강의 곡선을 이용하면 이 막대봉의 경도는 약 32 RC가 된다.

b. 막대봉의 중심부: 오일 내에서 냉각된 40 mm 지름의 막대봉 중심부에서 냉각속도를 그림 9.39의 (ii)에 나타나 있다. 급랭한 Jominy 막대봉의 한쪽 끝에서부터 13 mm에서의 냉각속도가 나타나 있다. 급랭된 5140 합금의 Jominy 막대봉의 한쪽 끝에서 이 거리에 대해 상응하는 경도는 그림 9.37 이용하여 알 수 있고, 약 26 RC가 된다.

9.4.5 저합금강의 대표적인 기계적 성질과 응용

표 9.6에 일반적으로 사용되고 있는 저합금강의 대표적인 인장의 기계적 성질과 응용에 관하여 나타냈다. 일정 강도면에 있어서 저합금강은 보통 탄소강보다 강도, 인성, 그리고 연성이 더욱 우수한 조합을 이룬다. 그러나 저합금

표 9.6 ➤ 저합금강의 전형적인 기계적 특성과 응용분야

합금 AISI-SAE 번호	화학조성 (wt%)	조건	인장강도 (MPa)	항복강도 (MPa)	연신율 2 in. 기준(%)	응용분야
1340	0.40 C, 1.75 Mn	어닐링 템퍼링*	704 1587	435 1421	20 12	고강도 볼트
			크롬강			
5140	0.40 C, 0.80 Cr, 0.80 Mn	어닐링 템퍼링*	573 1580	297 1449	29 10	자동차 변속기어
5160	0.60 C, 1.80 Cr, 0.90 Mn	어닐링 템퍼링*	725 2000	276 1773	17 9	자동차 코일 및 판 스프링
			크롬-몰리브덴강			
4140	0.40 C, 1.0 Cr, 0.9 Mn 0.20 Mo	어닐링 템퍼링*	655 1550	421 1433	26 9	비행기 가스터빈엔진 기어, 비행기 가스터빈엔진, 변속기 기어
			니켈-몰리브덴강			
4620	0.20 C, 1.83 Ni, 0.55 Mn, 0.25 Mo	어닐링 노말라이징	517 573	373 366	31 29	변속기 기어, 체인핀, 샤프트, 롤러 베어링, 변속샤프트, 기어
4820	0.20 C, 3.50 Ni, 0.60 Mn, 0.25 Mo	어닐링 노말라이징	683 690	462 483	22 60	강철 분쇄기의 기어, 제지기 기어, 광산기계 기어, 흙 운반기계 기어
			니켈(1.83%)-크롬-몰리브덴강			
4340 (E)	0.40 C, 1.83 Ni, 0.90 Mn, 0.80 Cr, 0.20 Mo	어닐링 템퍼링*	745 1725	496 1587	22 10	중장비, 랜딩기어, 트럭 부품
			니켈(0.55%)-크롬-몰리브덴강			
8620	0.20 C, 0.55 Ni, 0.50 Cr, 0.80 Mn, 0.20 Mo	어닐링 노멀라이징	531 635	407 359	31 26	변속기어
8650	0.50 C, 0.55 Ni, 0.50 Cr, 0.80 Mn, 0.20 Mo	어닐링 템퍼링*	710 1725	386 1552	22 10	소형기계축, 샤프트

* 600°F (315°C)에서 템퍼링되었다.

강은 고가이므로 필요한 경우에만 사용된다. 저합금강은 보통 탄소강에서 얻을 수 없는 우수한 강도와 인성을 요구하는 자동차나 트럭의 일부 부품으로 주로 사용된다. 자동차에 저합금강이 사용되는 주요 응용부분으로는 샤프트, 차축, 기어, 그리고 스프링 등이다. 약 0.2% C를 함유한 저합금강의 경우 내부는 인성을 유지하면서 경도가 높고 내마모성이 있는 표면을 갖게 하기 위하여 일반적으로 침탄 또는 표면 열처리를 한다.

9.4.6 강의 성능에 영향을 미치는 합금원소의 효과

9.4절에서 언급한데로 보통탄소강의 성능 한계를 극복하기 위해서 합금원소들이 성능 향상을 위하여 첨가된다. (저합금강에서 1~4 % 성분범위). 합금원소의 종류와 해당원소의 중량비(wt%)가 표 9.4에 나타나 있다. 전반적으로 합금공정의 주요한 목적은 (*i*) 합금이 강화되는 깊이를 증가시킴으로써 기계적 성질을 향상시키고 (*ii*) 강도 및 인성 특성을 떨어뜨리지 않으면서 고온에서 템퍼링이 가능하며 (*iii*) 저온과 고온에서의 기계적 성질을 향상시키고 (*iv*) 부식 및 고온산화에 대한 저항을 높이고 (*v*) 피로강도 및 마모저항을 높이기 위함이다. 아래에 각 합금 원소들이 합금의 성능에 미치는 영향에 대하여 기술한다.

1. 망간(Mn) 강, 13xx 계열: 0.25~1.00 wt% 망간은 강에서 산소를 제거하고 황과 반응하여 MnS를 형성한다. (이방성이 만들어진다.) 1.6~1.9 wt% 망간이 첨가되면 고용강화기구로 강의 강도가 증가하고 결정립를 미세화하고 펄라이트의 양을 증가시킨다. 망간 첨가에 의하여 강의 용접성도 증가하게 된다. 망간은 또한 오오스테나이트에서 펄라이트로의 상변태 속도를(확산속도를 늦춤) 늦추어 경화능을 향상시켜준다. 그러나 망간 함량이 2 wt%를 넘게 되면 연성이 감소하여 취성이 커지게 된다(바람직하지 못함). 전체적으로 1.75 wt% Mn을 갖고 있는 (저가 합금) 13xx 강의 경우 높은 강도, 경화능, 용접성의 이유로 볼트, 차축, 샤프트 그리고 기어(표 9.6) 등에 사용되어진다. 13xx 계열이 아닌 다른 저합금강에서도 일정 수준의 망간을 포함하고 있다.
2. 크롬(Cr) 강, 51xx 계열: 0.8~0.9 wt% 크롬을 강에 첨가하면 강도, 경화능과 내마모 특성을 향상시킨다. 크롬은 (BCC 격자) 페라이트(페라이트 안정화 원소)에 고용될 수 있고 탄소와 결합하여 크롬 탄화물을 형성할 수도 있다. 크롬이 철산화물 중에 철을 대체하여 복잡한 구조의 탄화물을 형성할 수도 있다(표 9.5). 따라서 51xx 계열의 합금들은 열처리를 하였을 때 단순한 형태 혹은 복잡한 구조의 탄화물 형태 등으로 탄화물이 형성되어 단단하고 마모에 강한 특성을 보여주게 된다. 이와 같은 특성들 때문에 크롬 저합금강은 자동차 관련 기어와 스프링 등의 부품에 응용되어진다. 스테인레스강은 부식특성을 향상시키기 위하여 13% 이상의 크롬을 첨가한다.
3. 몰리브덴(Mo), 40xx 계열: 경도, 인성 및 경화능(매우 작은 정도)을 증가시키기 위하여 보통 0.25 wt% 몰리브덴을 강에 첨가한다. 크롬과 유사하게 몰리브덴은 페라이트에 고용되거나 탄화물을 형성하여 강의 강도를 증가시킨다. 몰리브덴은 연속냉각곡선을 우하향의 방향으로 이동시키게 된다. 이것은 결국 보통탄소강의 경우 매우 빠른 냉각속도에서 베이나이트 변태가 가능한 것에 비교하여 베이나이트 변태가 쉽게 일어나게 한다. 몰리브덴은 확산공정을 방해하며 따라서 템퍼링중의 연화되는 속도를 늦춰 준다. 40xx 계열은 뒷 차축 기어, 변속기 부품등의 장동차 부품에 사용되어진다. 오오스테나이트 스테인레스강에서는 피팅(pitting) 부식을 막아주게 된다.
   - 0.5~0.9 wt% 크롬과 0.13~0.2 wt% 몰리브덴을 강에 첨가하면 41xx 계열의 합금을 만들게 된다. 같은 양의 탄소를 포함한 일반 탄소강에 비하여 이 두 원소를 포함한 합금은 이들 두 원소의 조합을 통하여 경화능, 강도 및 내마모 특성이 더욱 향상되게 된다. 이러한 합금들은 증가된 경화능에 의하여 더 낮은 냉각속도로도 급랭이 가능하며, 이것은 급랭 때문에 발생할수 있는 기하학적인 뒤틀림이나 균열의 발생 위험을 줄이게된다.
   - 1.8 wt% 니켈, 0.5~0.8 wt% 크롬 및 0.2 wt% 몰리브덴은 43xx 계열의 합금을 만들고 0.55 wt% 니켈, 0.5~0.85 wt% 크롬 및 0.2 wt% 몰리브덴은 83xx 계열의 합금을 만든다. 모든 경우 니켈은 크롬 및 몰리브덴과 함께 높은 경화능과 내충격 및 내피로강도를 증가시키게 된다. 합금의 탄성한계 역시 증가하게 된다. 니켈은 오오스테나이트 및 페라이트에 고용되어 합금을 강화시킨다.
   - 43xx 계열의 합금에 2 wt%까지 실리콘을 첨가하게 되면 강도와 경도가 증가하고(망간보다는 적게 증가) 잔류 오오스테나이트로부터 시멘타이트의 형성을 실리콘이 억제함으로써 인성 역시 증가하게 된다.
4. 0.05% 이하의 매우 작은 양의 바나듐은 강의 경화능을 향상시켜 준다. 소량의 알루미늄은 산소를 제거하는데 도움을 주고 따라서 결정립미세화를 만들어 준다.

9.5 알루미늄 합금

동영상

알루미늄합금의 주요 항목인 조직, 성질, 그리고 응용에 관해 논의하기 전에, 먼저 여러 종류의 알루미늄합금과 다른 금속합금의 강도를 증가시키는 데 사용되는 석출강화(경화)처리에 대해 고찰하고자 한다.

9.5.1 석출강화(경화)

일반적인 2원계 합금에서의 석출강화 석출강화의 목적은 열처리된 합금에서 변형이 잘 되는 금속 기지 내에 조밀하고 미세하게 분산된 석출입자를 만드는 것이다. 이 석출입자는 전위의 이동에 장애물로 작용하여 열처리된 합금

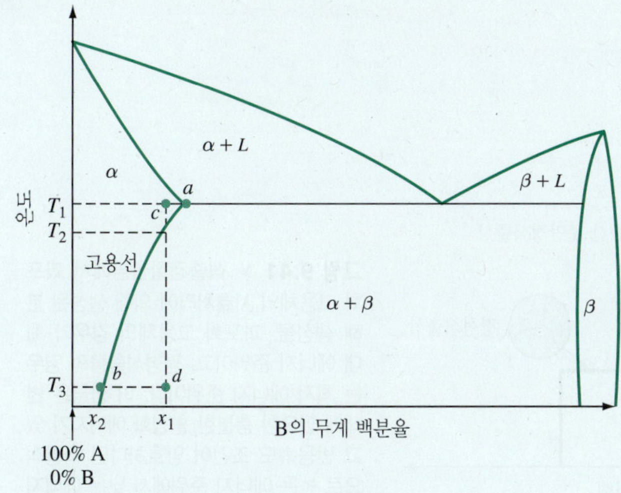

그림 9.40 ➤ 두 금속 A와 B의 2원계상태도이며, 온도 감소에 따라 A 내에 B의 고용도가 감소하는 최종 고용체 α를 나타낸다.

을 강화시킨다.

석출강화공정은 일반적으로 그림 9.40의 금속 A와 B의 2원 상태도를 참고하여 설명할 수 있다. 합금이 어떤 합금조성에서 석출 강화가 되기 위해서는 온도가 내려감에 따라 고상 고용도가 감소하는 고상의 고용체가 존재하여야한다. 그림 9.40의 상태도가 이와 같은 경향을 보여주고 있으며 점 a에서 점 b로 표시된 고상선을 따라 최종 고용체 α의 고용도는 그림과 같은 형태의 감소를 보인다.

그림 9.40의 상태도에서 합금 조성 x_1의 석출강화를 고려해 보자. 합금조성 x_1를 선택하였는데 그 이유는 T_2에서 T_3로 온도가 감소할 때 고용체 α의 고용도는 크게 감소하기 때문이다. 석출강화공정은 다음의 기본적인 세 가지 단계를 거친다.

1. *용체 열처리*(solution heat treatment)는 석출강화 과정의 첫 번째 단계이다. 이 과정은 *용체화*(solutionizing)라고도 한다. 단조 혹은 주조된 합금시편을 고용선과 고상선 온도 사이의 온도로 가열하고, 균일한 고용체가 생성될 때까지 유지한다. 그림 9.40에서 점 c의 온도인 T_1이 합금 x_1을 위해 선택된 것은 고용체 α의 고용선과 고상 경계 사이 중간에 있기 때문이다.

2. *급랭*(quenching)은 석출강화처리의 두 번째 단계이다. 시편은 상온의 낮은 온도까지 급랭되고, 냉각제는 일반적으로 상온의 물을 사용한다. 물에 급랭된 후에 합금시편의 조직은 과포화 고용체로 이루어져 있다. 그림 9.40에서 시편은 온도 T_3로 급랭하여 점 d에서 조성 x_1의 조직은 α 상이 과포화된 고용체가 된다.

3. *시효처리*(aging)는 석출강화 과정의 세 번째 단계이다. 용체화 처리 후 급랭된 합금시편의 시효처리는 미세하게 분산된 석출물을 형성하기 위해 필요하다. 합금 내에 미세하게 분산된 석출물의 형성은 석출강화처리의 목적이다. 합금 내의 미세한 석출물은 시편이 기계적으로 변형될 때, 전위가 석출입자를 절단하여 통과하거나 석출입자를 우회하여 이동함으로써 전위의 움직임이 방해된다. 변형 중에 전위 이동이 제한함으로써 합금은 강화된다.

상온에서 합금의 시효처리를 *자연시효처리*(natural aging)라 하며, 고온에서의 시효처리를 *인공시효처리*(artificial aging)라 한다. 대부분의 합금은 인공시효처리가 필요하며, 시효온도는 상온과 용체화 처리온도 차이의 15~25% 사이이다.

과포화 고용체의 시효처리에 의한 분해 생성물 과포화 고용조건에서 석출강화가 가능한 합금은 그림 9.41에서 도식적으로 나타낸 것과 같이, 4번째 단계의 높은 에너지 상태에 있다. 이 합금의 에너지 상태는 상대적으로 불안전하여, 과포화 고용체의 자발적인 분해에 의해 준안정상이나 평형상의 낮은 에너지 상태를 이루려는 경향이 있다. 준안정 상태나 평형 상태로의 석출 구동력은 이러한 상들이 형성될 때 계의 에너지를 낮추는 것이다.

석출경화합금에서 과포화 고용체가 적은 양의 활성화 에너지만이 공급되는 비교적 낮은 온도에서 시효처리될

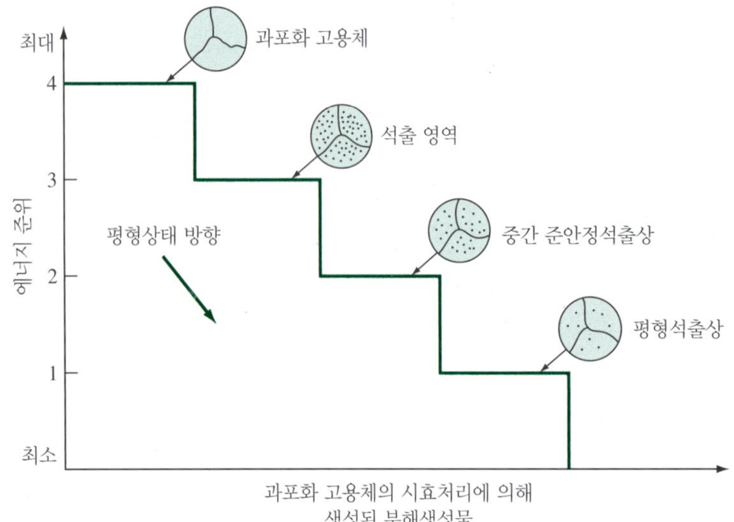

그림 9.41 ➤ 석출경화합금에서 과포화 고용체의 시효처리에 의해 생성된 분해 생성물. 과포화 고용체의 경우가 최대 에너지 준위이고, 평형석출물의 경우는 최저 에너지 준위이다. 이 합금은 변태에 필요한 충분한 활성화 에너지가 있고 반응속도 조건이 양호하다면 자발적으로 높은 에너지 준위에서 낮은 에너지 준위로 간다.

때 *석출 영역*(precipitation zones) 또는 *GP 영역*(GP zones)[7]이라 하는 원자들의 편석된 군집체가 형성된다. 그림 9.40의 합금 A-B의 경우, 석출 영역은 주로 A 원자기지에 B 원자가 많은 영역이다. 과포화 고용체에서 이런 영역의 형성은 그림 9.41의 낮은 에너지 준위 3에서 원형의 그림에 나타나 있다. 시효처리가 계속 진행되고 충분히 높은 시효처리온도에 의해 충분한 활성화 에너지 상태가 가능해진다면(시효처리온도가 높아 나타나는 결과), 그 영역은 더욱 큰 크기의 중간 준안정 석출물로 발전하거나 치환되며 낮은 에너지 준위 2에서 원형의 그림으로 나타나 있다. 마지막으로 시효처리가 계속 진행되고(일반적으로 더 높은 고온이 필요함) 충분한 활성화 에너지가 가능하면 중간 석출물은 그림 9.41의 더욱더 낮은 에너지 준위 1에 표시된 평형석출물로 변하게 된다.

용체화 처리 후 급랭된 석출경화합금의 강도와 경도에 미치는 시효시간의 영향 용체화 처리 후 급랭된 석출경화합금의 강도와 경도에 미치는 시효시간의 영향은 *시효곡선*(aging curves)으로 나타낼 수 있다. 시효곡선은 강도 혹은 경도 대 시효시간(주로 log 눈금)을 특정 온도에서 그래프화한 것이다. 그림 9.42는 개략적인 시효곡선을 나타낸다. 시간이 0일 때, 과포화 고용체의 강도는 그래프의 *y*축상에 있다. 시효시간이 증가함에 따라 석출 영역이 형성되어 그 크기가 증가하여 합금은 강해지고 경해지나 연성이 떨어진다(그림 9.42). 시효온도가 충분히 높으면 궁극적으로 최대 강도(최적의 시효조건)에 이르게 되는데 대개 중간 준안정 석출물의 형성과 관련이 있다. 시효가 계속 되면 중간 석출물이 서로 응집하여 그 크기가 증가하고 합금은 과시효되어 최고 시효조건에서보다 약해진다(그림 9.42).

Al-4% Cu합금의 석출강화(경화) Al-4% Cu합금의 석출 열처리 동안 발생하는 조직과 경도의 변화를 살펴보자. 이 합금의 석출강화 열처리 과정은 다음과 같다.

1. 용체화 열처리: Al-4% Cu합금은 약 515°C에서 용체화 처리한다(그림 9.43의 Al-Cu 상태도 참고).
2. 급랭: 용체화 열처리된 합금은 상온의 물로 급랭한다.
3. 시효처리: 용체화 열처리와 급랭 후 합금을 130°C~190°C 범위 내에서 인공 시효처리한다.

Al-4% Cu합금의 시효 동안 형성된 조직들 Al-4% Cu합금의 석출강화 동안 다섯 가지의 연계된 조직을 확인할 수 있다: (1) 과포화 고용체 α, (2) GP1 영역, (3) GP2 영역(θ''상이라 함), (4) θ'상 및 (5) θ''상, $CuAl_2$. 이상의 모든 상들이 모든 시효온도범위 내에서 생성되는 것은 아니며 GP1과 GP2 영역은 낮은 시효온도에서 생성되고, θ' 및 θ''상은 높은 온도에서 생성된다.

GP1 영역. 이 석출 영역은 저온시효에서 형성되고 과포화 고용체 α에서 편석된 Cu 원자에 의해 생성된다. GP1 영역은 몇 개의 원자 두께(0.4~0.6 nm)와 8~10 nm 지름의 디스크 모양으로 이루어져 있으며 모상의

7 석출 영역은 GP 영역으로 언급되며, 이 조직을 X-선 회절분석을 통해 확인한 두 과학자 Guinier와 Preston의 이름을 딴 것이다.

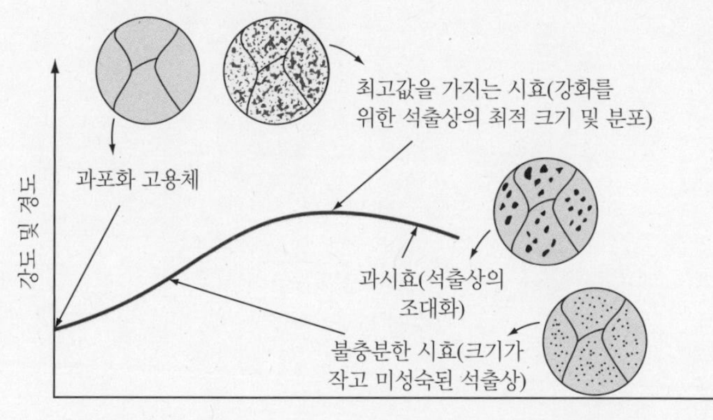

그림 9.42 ➤ 석출강화성합금의 특정온도에서의 개략적인 시효곡선(강도/경도 대 시간).

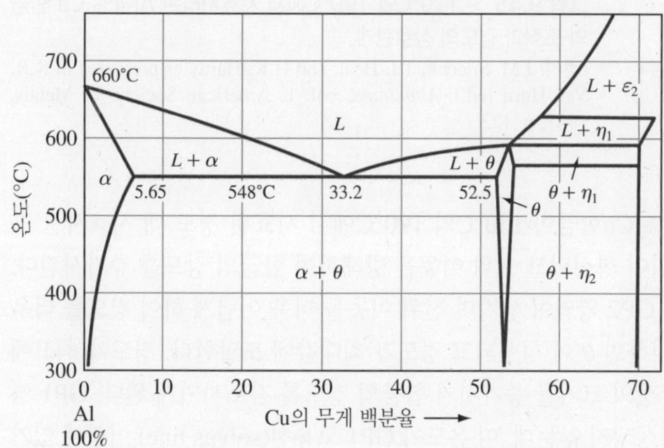

그림 9.43 ➤ Al-Cu 상태도 중 고 Al 조성 부분.
(출처: K.R. Van Horn (ed.), *Aluminum*, vol. 1, American Society for Metals, 1967, p. 372.)

{100} 입방체면에서 형성된다. 구리 원자가 알루미늄 원자의 지름보다 11% 작기 때문에, 그 영역 기지의 격자는 정방형으로 변형된다. GP1 영역은 기지상과 *정합상태*(coherent)에 있다고 하는데, 이유는 Cu 원자가 단지 격자 내에서 Al 원자를 치환하기 때문이다(그림 9.44). 전자현미경내에서 GP1 영역의 변형장을 통하여 GP1 영역을 찾아낼 수 있다(그림 9.46*a*).

GP2 영역(θ''*상*). 이 영역은 정방형구조와 Al-4% Cu합금의 {100} 면과 정합 상태에 있다. 크기는 시효가 진행되면서 1~4 nm 두께와 10~100 nm 지름을 가지게 된다.

Θ'*상*. 이 상은 주로 전위에서 불균일 핵생성되며 기지와 부정합 상태를 이룬다[*부정합 석출물*(incoherent precipitate)은 석출입자가 기지와는 다른 결정구조를 갖는 것을 말한다(그림 9.44*a*)]. θ'상은 정방형 구조를 가지며, 두께는 10~150 nm 정도이다.

Θ *상*. 평형상 θ는 부정합이고 $CuAl_2$ 조성을 갖는다. 이 상은 BCT구조($a = 0.607$ nm와 $c = 0.487$ nm)이고, θ'상 또는 기지로부터 직접 형성된다.

2원계 Al-Cu합금에서 일반적인 석출경로는 다음과 같이 표현된다.

$$\text{과포화 고용체} \rightarrow \text{GP1 영역} \rightarrow \text{GP2 영역 } (\theta''\text{상}) \rightarrow \theta' \rightarrow \theta\ (CuAl_2)$$

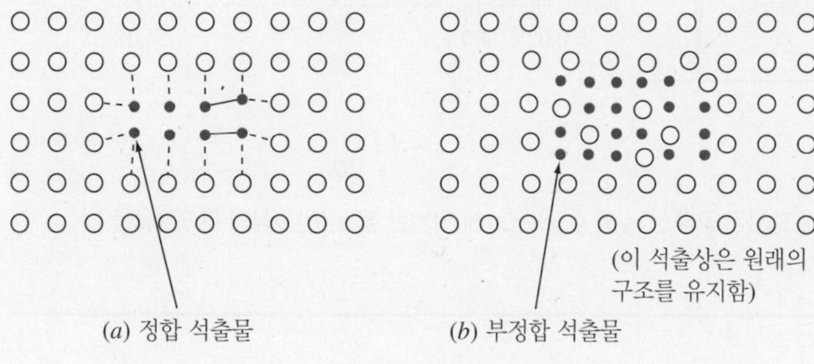

그림 9.44 ➤ (*a*) 정합 석출과 (*b*) 부정합 석출의 비교. 정합 석출은 높은 변형 에너지와 낮은 표면 에너지와 관련이 있고, 부정합 석출은 낮은 변형 에너지와 높은 표면 에너지와 관련이 있다.

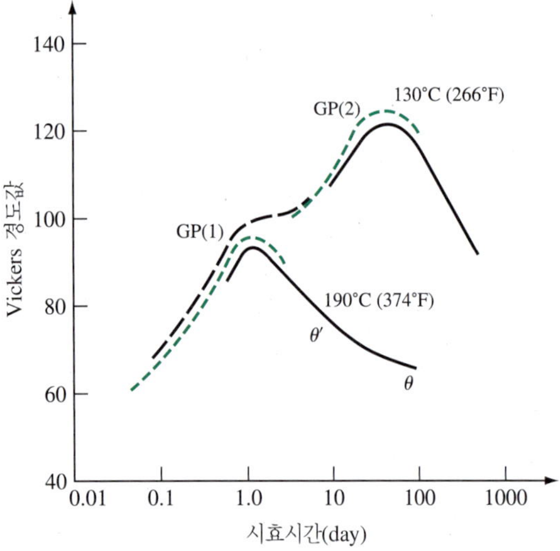

그림 9.45 ➤ 130°C와 190°C에서 시효처리된 Al-4% Cu 합금의 조직과 경도의 상호관계.
(출처: J.M. Silcock, T.J. Heal, and H.K. Hardy as presented in K.R. Van Horn (ed.), *Aluminum*, vol. 1, American Society for Metals, 1967, p. 123.)

Al–4% Cu합금의 조직과 경도의 상호관계 Al-4% Cu합금이 130°C와 190°C에서 시효된 경도 대 시효시간 곡선을 그림 9.45에 나타냈다. 130°C에서 GP1 영역이 형성되고 전위 이동을 방해하여 합금의 강도를 증가시킨다. 130°C에서 더욱 더 많은 시간 동안 시효처리하면 GP2 영역이 생기며 전위 이동을 더욱 어렵게 하여 경도를 더욱 증가시킨다. 130°C에서 더 많은 시간을 시효 처리하면 θ'이 형성되고 경도가 최대값에 도달한다. 경도가 최고에 이른 후에 시효처리는 GP2 영역을 분해시키며 θ'상의 크기를 증가시켜 합금의 경도를 감소시키게 된다. GP1 영역은 Al-4% Cu합금의 190°C의 시효처리 동안 형성되지 않는데, 이 온도가 GP1 고용선(solvus line) 이상에 있기 때문이다. 190°C에서 시효시간을 길게 하면 평형 θ상이 형성된다.

예제 9.6

Al-4.50 wt% Cu합금 시편을 548°C에서 서냉시켜, 27°C(상온)에서 형성될 수 있는 θ 상의 이론상의 무게 백분율을 계산하라. 27°C에서 Al에 Cu의 고용도는 0.02 wt%이고, θ 상은 54.0 wt% Cu를 함유하고 있다.

풀이

먼저 그림 EP9.6*a*에서처럼, Al-Cu 상태도에서 α상과 θ상 사이에 27°C에서 공액선 *xy*를 긋는다. 다음 *z*에 4.5% Cu 조성점을 표시한다. 전체 공액선 *xy*(그림 EP9.6*b*)에 의해 분할된 *xz*의 비는 θ상의 무게 분율을 나타낸다. 따라서

$$\theta \text{ wt\%} = \frac{4.50 - 0.02}{54.0 - 0.02}(100\%) = \frac{4.48}{53.98}(100\%) = 8.3\% \blacktriangleleft$$

그림 EP9.6 ➤ (*a*) Al-Cu 상태도에서 27°C에 표시된 공액선 *xy*와 4.5% Cu에 위치한 점 *z* (*b*) θ상의 무게분율을 나타내는 부분 *xz*를 표시하는 독립된 공액선 *xy*.

9.5.2 알루미늄의 일반적 특징과 알루미늄 제조

알루미늄의 공업적 특성 알루미늄은 유용하게 공업용 재료로 사용할 수 있는 우수한 여러 가지 특성들의 조합을 가지고 있다. 알루미늄은 낮은 밀도(2.70 g/cm^3)를 가지고 있기 때문에 우수한 효율을 갖는 운송수단 제품에 매우 유용하게 활용될 수 있다. 알루미늄은 표면에 생성되는 산화피막에 의해 대부분 자연환경에 대해 우수한 부식저항을 가지고 있다. 순수 알루미늄은 낮은 강도를 가지고 있지만 합금화되면 약 100 ksi (690 MPa)의 강도를 가지게 된다. 알루미늄은 무독성이므로 음식 저장과 포장용으로도 널리 사용된다. 알루미늄의 훌륭한 전기적 특성은 전기산업 분야에 널리 응용되기에 적절하다. Al은 여러 유용한 특성과 함께 알루미늄의 낮은 가격(96 ¢/kg, 1989년 기준)때문에 알루미늄은 산업적으로 매우 중요한 금속이다.

알루미늄의 제조 알루미늄은 지구 표면에서 가장 풍부한 금속 원소이고 항상 철, 산소, 그리고 실리콘과 같은 다른 원소와 결합된 형태로 존재한다. 주로 수화 알루미늄 산화물로 이루어진 보크사이트는 알루미늄 생산에 쓰이는 주요 상업적인 광물이다. Bayer 방식에서는 보크사이트를 고온의 수산화나트륨과 반응시켜, 이 광석 내에 있는 알루미늄을 알루민산 나트륨으로 전환시킨다. 비용해 물질을 분리시키면 알루미늄 수산화물이 알루민산 용액에서 석출된다. 그러면 알루미늄 수산화물은 점점 두꺼워지고, 하소처리되어 알루미늄 산화물, 즉 Al_2O_3로 된다.

산화알루미늄은 클리오라이트(Na_3AlF_6)의 염욕에서 용해되고 전해셀(그림 9.46)에서 양극과 음극으로 탄소봉을 이용하여 전기분해된다. 전기분해 공정에서 금속 알루미늄은 액체상태로 형성되고 전해셀의 바닥에 침전되며 주기적으로 수거해 낸다. 전해셀에서 수거해 낸 알루미늄은 주요 불순물인 철과 실리콘과 함께 99.5~99.9%의 알루미늄을 함유하고 있다.

전해셀에서 나온 알루미늄은 대형의 환원성 노로 옮겨져서 주조되기 전에 정련된다. 합금 원소와 기지합금과도 용융되고 노에서 장입물과 함께 혼합된다. 정련공정에서, 용융금속은 주로 염소가스가 취입되어 용해된 수소가스를 제거하고, 산화금속을 제거하기 위해 액체금속면의 표면 부위를 걷어낸다. 용융금속의 탈가스 처리와 표면을 제거한 후 재용해를 위한 괴 모양으로, 또는 다음 공정을 위해 판이나 압출주괴 같은 주요한 괴형태로 선별 주조된다.

9.5.3 가공용 알루미늄합금

초기 성형 판과 압출주괴 같은 괴형태는 보통 *직접냉각방식*(direct-chill method)에 의해 반연속 주조된다. 그림 4.8에서 어떤 형태로 알루미늄괴가 이 방식으로 주조되는지를 나타내고, 그림 4.1은 주조피트에서 제거된 대형 반연속 주조괴의 사진이다.

판상용 주괴의 경우, 초기 주괴와 열간압연기가 접촉한 약 $\frac{1}{2}$인치(12.5 mm)의 표면을 제거한다. 이 공정을 표피제거작업이라 하고 가공된 박판이나 후판의 면을 깨끗하고 매끄럽게하기 위하여 행한다. 다음으로 원자 확산에 의해 괴의 조성을 균일화하기 위해 주괴를 10~24시간 정도 고온에서 *예열처리*(preheated) 혹은 *균질화 처리*(homogenized)한다. 예열처리는 가장 낮은 용융점 성분이 갖는 용융점 아래 온도에서 행해져야 한다.

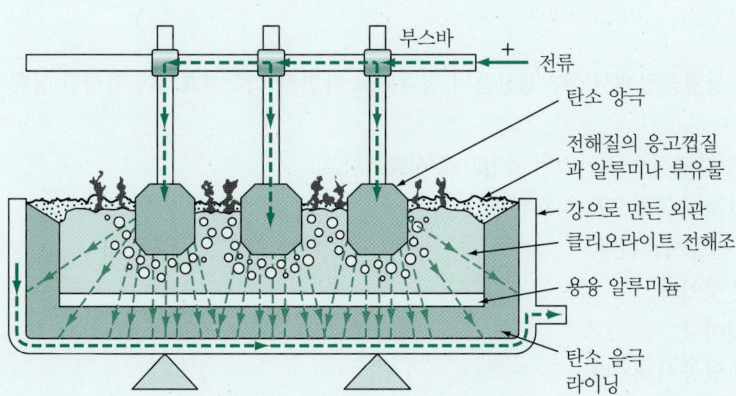

그림 9.46 ➤ Al 생산에 쓰이는 전해조.
(출처: Aluminum Company of America.)

재가열 후에, 괴는 4단 열간압연기를 사용하여 *열간압연*(hot-rolled)된다. 이 괴는 주로 3인치(75 mm) 두께로 열간압연된 후 재가열된 후, $\frac{3}{4}$~1인치(19~25 mm) 두께로 열간압연된다. 다음으로 연속적인 직렬 열간압연기에서 0.1인치(2.5 mm) 두께까지 줄이게 된다. 그림 6.6은 전형적인 냉간압연 공정을 보이고 있다. 박판을 생산할 경우 중간 어닐링은 한 번 이상은 행해져야 한다.

가공용 알루미늄합금의 분류 가공형태(즉, 박판, 후판, 압출품, 봉, 선)로 생산된 알루미늄합금은 함유하고 있는 주요 합금 원소에 의해 분류된다. 4자리 숫자 표시가 알루미늄 가공합금을 분류하기 위해 사용된다. 첫 숫자는 특정 합금 원소를 함유한 합금군을 나타낸다. 마지막 2자리는 알루미늄합금을 표시하거나, 알루미늄 순도를 표시한다. 두 번째 자리는 원래 합금의 개질이나 불순물 한계를 나타낸다. 표 9.7에 가공용 알루미늄합금군을 나열하였다.

표 9.7 > 가공용 알루미늄합금군

알루미늄, 99.00% 이상	1xxx
주요 합금 원소에 따른 알루미늄합금군:	
구리	2xxx
망간	3xxx
실리콘	4xxx
마그네슘	5xxx
마그네슘과 실리콘	6xxx
아연	7xxx
기타	8xxx
비사용 계열	9xxx

템퍼 표시 가공합금강의 템퍼 표시는 합금의 고유 표시 후에 표시되고, -으로 분리된다(예로, 1100-0). 기본 템퍼 표시의 세분은 하나 이상의 숫자로 표시되고 기본 표시 숫자 뒤에 이어진다(예로, 1100-H14).

기본적 템퍼 표시

F—성형을 마친 상태로서 가공경화량을 제어하지 않은 상태이며 기계적 성질의 제한이 없다.

O—어닐링하여 재결정된 상태로서 강도가 최소이고 연성은 최대인 상태이다.

H—가공경화된 상태이다(다음의 세분한 내용 참고).

T—F나 O보다 안정한 성질을 얻기 위해 열처리한 것이다(다음의 세분한 내용 참고).

가공경화의 세분

H1—가공경화만 유도한 것이다. 변형경화도는 두 번째 숫자로 표시되고, 1/4 경화(H12)에서 완전경화(H18)로 분류하고, 약 75%의 단면감소율로 생산된다.

H2—가공경화되고 부분적으로 어닐링처리된다. 1/4 경화에서 완전경화의 템퍼는 초기에 요구됐던 강도보다 더 큰 강도를 냉간가공된 재료의 부분적인 어닐링처리를 통해 얻을 수 있다. 템퍼는 H22, H24, H26, H28이다.

H3—가공경화 후 안정화된 상태이다. 시효연화된 알루미늄-마그네슘합금의 템퍼는 가공경화되고, 낮은 온도로 가열하여 연성을 증가시키고 기계적 특성을 안정화시킨다. 템퍼는 H32, H34, H36, H38이다.

열처리의 세분

T1—자연적으로 시효처리된다. 고온성형공정에서부터 생산품이 냉각되고 자연적으로 시효되어 안정한 상태로 된다.

T3—용체화 열처리 후 냉간가공되고, 자연적으로 안정된 조건으로 시효된다.

T4—용체화 열처리 후 자연적으로 안정된 조건으로 시효된다.

T5—상온의 성형공정에서 냉각되고 인공시효된다.

T6—용체화 열처리 후 인공시효시킨 것이다.

T7—용체화 열처리 후 안정화시킨 것이다.

T8—용체화 열처리 후 냉간가공하고 인공시효된다.

열처리가 어려운 가공용 알루미늄합금 가공용 알루미늄합금은 편의상 *열처리가 어려운 합금*(non-heat-treatable alloy)과 *열처리가 가능한 합금*(heat-treatable alloy)의 2가지 부류로 나눌 수 있다. 열처리가 어려운 가공용 알루미늄합금은 석출경화될 수 없지만 냉간가공으로 강도를 증가시킬수 있다. 열처리가 어려운 가공용 알루미늄합금의 3가지 주요 부류는 1xxx, 3xxx, 그리고 5xxx 부류이다. 표 9.8에 선택된 몇 가지 산업적으로 중요한 가공용 알루미늄합금의 화학조성과 대표적인 기계적 성질, 그리고 응용분야를 나타내었다.

1xxx합금. 이 합금은 최소 99.0%의 순도를 가지는 알루미늄에 주요 불순물(합금 원소)인 철과 실리콘을 함유하고 있으며, 0.12% 구리를 첨가하면 강도를 높일 수 있다. 1100 합금을 어닐링 처리를 하면 약 13 ksi (90 MPa)의 인장강도를 가지게 되고 주로 판재형태 성형응용에 사용된다.

3xxx합금. *망간*은 이 부류의 주요 합금 원소이고, 주로 고용강화에 의해 알루미늄을 강화시킨다. 이 부류의 가장 중요한 합금은 3003이고, 이 합금은 1100합금에 약 1.25% 망간을 첨가한 것이다. 이 3003합금은 어닐링한 조건에서 약 16 ksi (110 MPa)의 인장강도를 가지고, 좋은 가공성이 요구되는 일반 목적의 합금으로 사용된다.

5xxx합금. *마그네슘*은 이 부류의 주요 합금 원소이며 약 5%까지 고용강화를 위해 첨가된다. 이 부류의 산업적으로 가장 중요한 합금의 하나는 5052이고, 이는 약 2.5% 마그네슘과 0.2% 크롬을 함유하고 있다. 어닐링이 된 5052합금은 약 28 ksi (193 MPa)의 인장강도를 가진다. 이 합금 역시 주로 금속 판재로 사용되며, 특히 버스, 트럭, 선박 제조에 사용된다.

열처리가 가능한 가공용 알루미늄합금 일부 알루미늄합금은 열처리에 의해 석출강화가 일어날수있다. 열처리가 가능한 가공용 알루미늄합금인 2xxx, 6xxx, 그리고 7xxx 부류는 9.5.1항의 알루미늄-구리합금에 대해 기술한 것처럼 유사한 기구로 모두 석출강화된다. 표 9.8에는 몇 가지 산업상 중요한 열처리가 가능한 알루미늄합금의 화학조성과 대표적인 기계적 성질, 그리고 응용에 관해 나열하고 있다.

표 9.8 ▸ 전형적인 알루미늄합금의 기계적 성질과 응용분야

합금 AISI-SAE 번호*	화학조성 (wt%)†	조건‡	인장강도 (MPa)	항복강도 (MPa)	연신율 2 in. 기준 (%)	응용분야
1100	최소 99.0 Al, 0.12 Cu	어닐링(−O)	89(평균)	24(평균)	25	판금용, 핀(fin)스톡
		절반정도 경화됨(−H14)	124(평균)	97(평균)	4	
3003	1.2 Mn	어닐링(−O)	117(평균)	34(평균)	23	압력용기, 화학장비, 판금용
		절반정도 경화됨(−H14)	159(평균)	159(평균)	17	
5052	2.5 Mg, 0.25 Cr	어닐링(−O)	193(평균)	65(평균)	18	버스, 트럭, 해양용 유압용 튜브
		절반정도 경화됨(−H34)	262(평균)	179(평균)	4	
2024	4.4 Cu, 1.5 Mg, 0.6 Mn	어닐링(−O)	220(최대)	97(최대)	12	항공구조물
		절반정도 경화됨(−T6)	442(최소)	345(최소)	5	
6061	1.0 Mg, 0.6 Si, 0.27 Cu, 0.2 Cr	어닐링(−O)	152(최대)	82(최대)	16	트럭, 해양구조물, 파이프라인, 레일
		절반정도 경화됨(−T6)	290(최소)	241(최소)	10	
7075	5.6 Zn, 2.5 Mg, 1.6 Cu, 0.23 Cr	어닐링(−O)	276(최대)	145(최대)	10	항공기 및 구조물
		절반정도 경화됨(−T6)	504(최소)	428(최소)	8	
주조합금						
355.0	5 Si, 1.2 Cu, 0.5 Mg	사형주조(−T6)	220(최소)	138(최소)	2.0	펌프 하우징, 항공기 부속, 크랭크케이스
		금형주조(−T6)	285(최소)	. . .	1.5	
356.0	7 Si, 0.3 Mg	금형주조(−T6)	207(최소)	138(최소)	3	변속기 케이스, 트럭 차축틀
		금형주조(−T6)	229(최소)	152(최소)	3	
332.0	9.5 Si, 3 Cu, 1.0 Mg	금형주조(−T5)	214(최소)			자동차 피스톤
413.0	12 Si, 2 Fe	다이캐스팅	297	145(최소)	2.5	대형, 복잡한 주물

* 알루미늄협회 번호
† 알루미늄 모재(나머지 %는 알루미늄)
‡ O = 어닐링과 재결정; H14 = 변형경화; H34 = 변형경화 및 안정화; T5 = 고온성형과정 이후 냉각 및 인공시효; T6 = 고용체 처리 후 인공시효

2xxx합금. 이 그룹의 주요 합금 원소는 *구리*이지만, 마그네슘 또한 이 그룹의 대부분의 합금에 첨가된다. 미량의 다른 원소 역시 첨가된다. 이 부류의 가장 중요한 합금 중 하나는 2024이고 약 4.5%의 구리, 1.5%의 마그네슘과 0.6%의 망간을 함유하고 있다. 이 합금은 주로 고용강화와 석출강화에 의해 주로 강화된다. 금속간 화합물인 Al_2CuMg는 주된 강화용 석출물이다. T6 열처리 조건에서 2024합금은 약 64 ksi (442 MPa)의 인장강도를 가지고 있으며 항공기 구조재에 사용된다.

6xxx합금. 주요 합금 원소로는 *마그네슘과 실리콘*이며 서로 결합하여 중간 혼합물인 Mg_2Si를 형성한다, 중간 혼합물은 석출물 형태로 기지를 강화시킨다. 6061합금은 이 부류의 가장 중요한 합금 중 하나이고, 대략적으로 1.0% Mg, 0.6% Si, 0.3% Cu, 그리고 0.2% Cr의 조성을 가진다. T6 열처리 조건에서 약 42 ksi (290 MPa)의 인장강도를 가지고 있으며 일반 목적의 구조물에 사용된다.

7xxx합금. 주요 합금 원소로는 아연, 마그네슘, 그리고 구리이다. 아연과 마그네슘은 결합하여 금속 간 화합물인 $MgZn_2$을 형성하고 열처리 동안에 석출되어 합금을 강화시키는 기본적인 석출물이다. 알루미늄에 비교적 높은 고용도를 가지는 아연과 마그네슘은 고농도 석출물을 생성하여 강도를 크게 증가시킬 수 있다. 7075합금은 이 부류의 가장 중요한 합금 중 하나이며 5.6% Zn, 2.5% Mg, 1.6% Cu, 그리고 0.25% Cr의 조성을 가진다. 7075합금을 T6 열처리 조건으로 열처리를 할 경우 약 73 ksi (504 MPa)의 인장강도를 얻을 수 있고 항공기 구조물에 주로 사용된다.

9.5.4 주조용 알루미늄합금

주조공정 알루미늄합금은 보통 사형주조, 금형주조, 다이캐스팅의 3가지 주요 공정으로 주조 된다.

사형주조(sand casting)는 알루미늄 주조공정에서 가장 단순하고 널리 쓰이는 공정이다. 그림 9.47는 사형주물을 생산하는 단순한 사형주형을 만드는 방법을 설명한 것이다. 사형주조공정은 주로 (1) 적은 수량의 동일 주물, (2) 내부에 가지는 복잡한 주물, (3) 대형 주물, (4) 구조재 주물 등에 이용된다.

금형주조(permanent-mold casting)의 경우, 용융금속은 중력, 낮은 압력, 또는 원심력만을 이용하여 금형에 주입된다. 그림 6.2*a*에서 개방형 금형을, 그림 6.2*a*에서는 알루미늄합금에 의한 자동차 피스톤의 금형주조를 나타내고 있다. 동일한 합금과 동일한 모양으로 금형에 의해 제조된 주물품은 사형주형에 의해 제조된 것보다 미세한 결정구조와 높은 강도를 가지게 된다.

금형주물을 더 빠른 냉각속도로 제조하면 더욱 미세한 결정구조를 가지게 된다. 또한, 금형주조를 이용하여 제작한 주조물들은 수축률과 기공성이 사형주조보다 우수하다. 그러나 금형주형은 크기에 한계가 있고 복잡한 형태의 금형으로 주조하기가 어렵거나 불가능하다.

다이캐스팅(die casting)에서, 동일한 부품을 제조하기 위해 용융금속을 매우 큰 압력으로 금속주형 안으로 밀어 넣어 최대 생산속도로 주조할 수 있다. 반쪽의 두 금속금형이 안전하게 서로 잠겨 있어 고압을 견뎌낸다. 용융 알루미늄을 금형의 공간으로 밀어 넣어진다. 금속이 응고하면 금형은 풀려서 열리고 뜨거운 주물품을 내놓게 된다. 반쪽의 금형들은 다시 서로 결합되고 주조 과정이 반복되게 된다. 다이캐스팅의 몇 가지 장점은 다음과 같다. (1) 다이캐스팅된 부품은 거의 완벽한 형태의 마무리 상태로 고속으로 생산될 수 있다. (2) 다른 주조법에 비해 주조품들의 치수가 허용범위 내에서 거의 일정하다. (3) 매끄러운 표면의 주물품을 얻을수 있다. (4) 급랭에 의한 미세한 조직이 만들어질수있다. (5) 쉽게 공정 자동화가 가능하다.

주조용 알루미늄합금의 조성 주조용 알루미늄합금은 강도, 연성, 부식 저항과 같은 성질뿐만 아니라 유동성과 주입성과 같은 주조 용이성을 향상시키기 위해 개발되었다. 그 결과, 주조용 합금의 화학조성은 가공용 알루미늄합금의 조성과는 상당한 차이를 가진다. 표 9.8에 주요 주조용 알루미의늄 합금의 화학조성, 기계적 특성, 그리고 응용에 관해 나타냈다. 이 합금들은 미국에서 알루미늄 협회에서 분류하고 있다. 이 체계에서는 주조용 알루미늄합금을 표 9.9에 나타낸 것처럼 마지막 2자리 사이에 구두점을 찍고 4자리 숫자를 사용하여 함유하고 있는 주요 합금 원소에 따라 그룹별로 나눈다.

약 5~12% 범위의 실리콘은 주조용 알루미늄합금의 가장 중요한 합금 원소이며 실리콘은 용융 금속의 유동

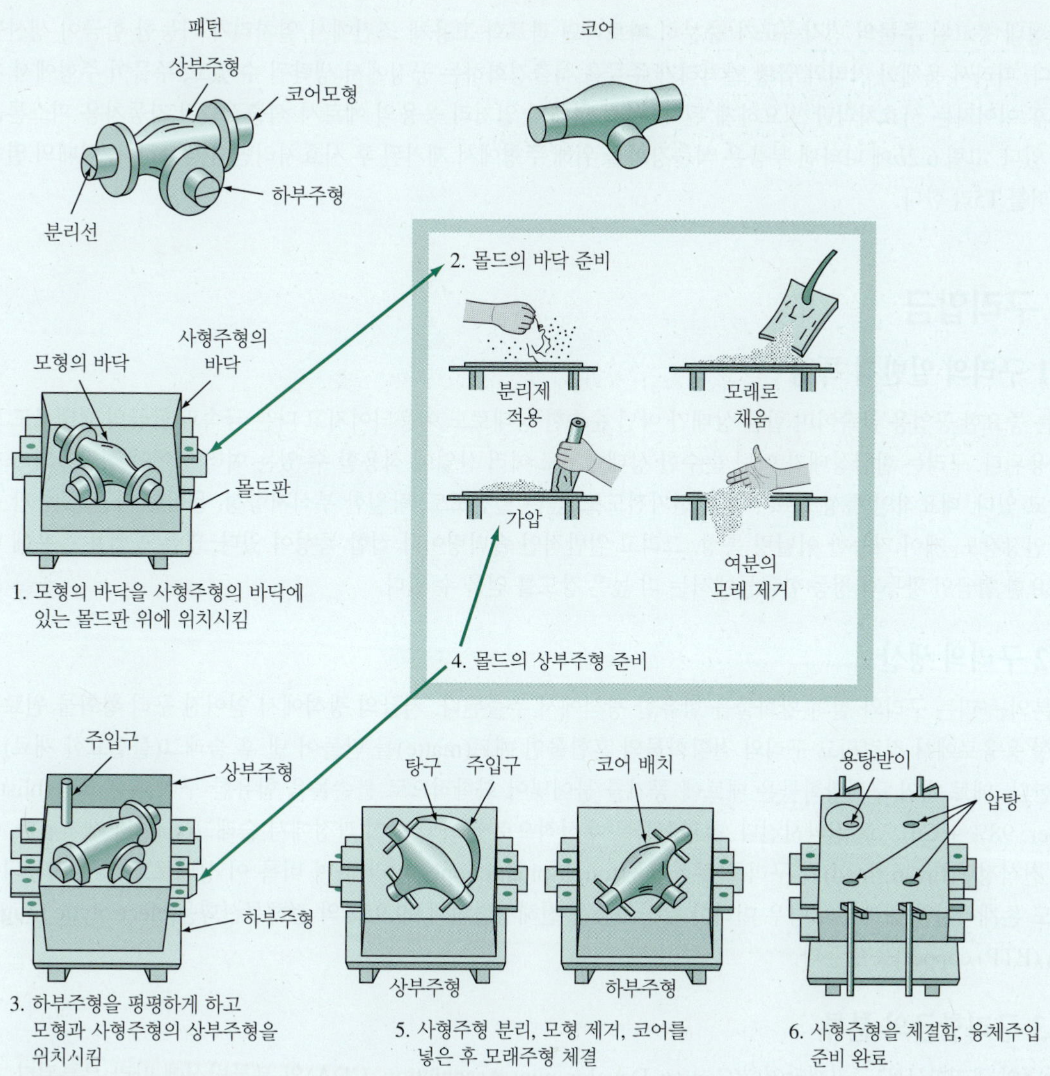

그림 9.47 ➤ 사형주물을 만드는 단순사형주형의 제작단계.
(출처: H.F. Taylor, M.C. Flemings, and J. Wulff, *Foundry Engineering*, Wiley, 1959, p. 20.)

표 9.9 ➤ **주조용 알루미늄합금 그룹군**

알루미늄, 99.00% 이상	1xx.x
주요 합금 원소에 따른 알루미늄합금군:	
구리	2xx.x
구리, 또는 마그네슘과 함께 실리콘 첨가	3xx.x
실리콘	4xx.x
마그네슘	5xx.x
아연	7xx.x
주석	8xx.x
기타	9xx.x
비사용 계열	6xx.x

성을 높이고 주형에서의 주입성을 향상시키며 알루미늄의 강도도 증가시킨다. 마그네슘이 약 0.3~1% 범위로 첨가되어 열처리를 통한 석출강화가 가능하며 이를 통하여 강도가 증가된다. 구리의 경우는 강도 증가를 위하여 약 1~4% 범위로 주조용 알루미늄합금에 첨가되며, 특히 고온에서 강도를 증가시킨다. 또 다른 합금 원소인 아연, 주석, 티타늄, 그리고 크롬 역시 주조용 알루미늄합금에 첨가된다.

주형내 응고된 주물의 냉각속도가 충분히 빠르다면 과포화 고용체 조건에서 열처리가 가능한 합금이 생산될 수 있다. 따라서 용체화 처리와 급랭 열처리가 주물을 석출경화하는 공정에서 생략될 수 있고, 주물이 주형에서 제거된 후 이어지는 시효처리만 필요하게 된다. 이런 형태의 열처리 응용의 예로서 석출강화된 자동차용 피스톤을 들 수 있다. 그림 6.2*b*에 나타낸 부품은 석출강화를 위해 주형에서 제거된 후 시효처리만이 필요하다. 이때의 열처리 템퍼를 T5라 한다.

9.6 구리합금

9.6.1 구리의 일반적 특성

구리는 중요한 공업용 금속이며 합금 상태가 아닌 순수한 상태로도 이용되어지고 다른 금속과 합금의 형태로도 널리 사용된다. 구리는 합금상태가 아닌 순수한 상태에서도 여러 산업에 적용할 수 있는 여러 뛰어난 성질들의 조합을 갖고 있다. 대표적인 특성으로 우수한 전기전도도, 높은 열전도도, 탁월한 부식저항성, 용이한 가공성, 중간 수준의 인장강도, 제어 가능한 어닐링 특성, 그리고 일반적인 솔더링이나 접합 특성이 있다. 많은 공업용 응용에 매우 중요한 합금인 황동과 청동 합금들에서는 더 높은 강도를 얻을 수 있다.

9.6.2 구리의 생산

대부분의 구리는 구리와 철의 황화물을 함유한 광석에서 추출된다. 저급의 광석에서 얻어진 구리 황화물 원료는 반사형 용융로에서 정련되고 구리와 철황화물의 혼합물인 매트(matte)를 만들어 낸 후 슬래그(불필요한 재료)를 분리한다. 매트 내의 구리황화물은 매트에 공기를 불어넣어 화학적으로 불순물을 함유한 구리 혹은 조동(blister copper: 98% + Cu)으로 전환시킨다. 철황화물은 우선적으로 산화되며 이 과정에서 슬래그(slag)가 제거된다. 이렇게 건식정련(fire-refined)된 구리를 *무산화동*(tough-pitch copper)이라 하며 비록 이 상태로도 일부 적용되는 분야도 존재하지만 대부분의 경우 이러한 무산화동은 전해정련되어 99.95%의 *전해무산화동*[electrolytic tough-pitch (ETP) copper]을 만든다.

9.6.3 구리합금의 분류

미국 내의 구리합금은 *구리개발연합*(Copper Development Association, CDA)의 분류방식에 따라 분류된다. 이 방식에서 C10100에서 C79900의 숫자는 가공합금을 명시하며, C80000에서 C99900까지의 숫자는 주조합금을 명시한다. 표 9.10은 주요 합금군을 나타내며, 표 9.11은 화학조성, 대표적인 기계적 특성, 그리고 일부 구리합금의 응용분야에 대해 나타낸다.

표 9.10 > 구리합금의 분류(CDA 방식)

	가공합금
C1xxxx	구리* 고순도 구리합금†
C2xxxx	구리-아연합금(황동)
C3xxxx	구리-아연-납합금(납황동)
C4xxxx	구리-아연-주석합금(주석황동)
C5xxxx	구리-주석 합금(인청동)
C6xxxx	구리-알루미늄합금(알루미늄청동), 구리-실리콘합금(실리콘청동), 기타 구리-아연합금
C7xxxx	구리-니켈합금, 구리-니켈-아연합금(니켈은)
	주조합금
C8xxxx	주조구리, 주조 고순도 구리합금, 다양한 주조황동, 주조 망간-청동합금, 주조 구리-아연-실리콘합금
C9xxxx	주조 구리-주석합금, 구리-주석-납합금, 구리-주석-니켈합금, 구리-알루미늄-철합금, 구리-니켈-철합금, 구리-니켈-아연합금

* '구리'는 99.3% 이상의 구리를 함유한 경우
† 고순도 구리합금은 99.3%~96%의 구리를 함유한 경우, 타 구리합금군에 포함되지 않는다.

9.6.4 가공용 구리합금

순수 구리 순수 구리(unalloyed copper)는 중요한 공업용 금속이며 높은 전기전도도 때문에 전기산업에 널리 사용된다. 전해무산화(Electrolytic Tough-Pitch, ETP)동은 가장 저렴한 산업용 구리이며 선, 봉, 판 그리고 스트립 생산에 사용된다. ETP동은 보통 0.04%의 산소 함량을 가지고 있다. 산소는 ETP동에서 거의 용해되지 않으며, 구리주조시 Cu_2O의 수지상정을 형성한다. 대부분의 응용물의 경우 ETP동의 산소는 중요하지 않은 불순물이다. 그러나 ETP동이 수소를 포함한 대기중에서 400°C 이상의 온도로 가열되면 수소는 고체 Cu 내부로 확산될 수 있고 내부에 확산되어 있는 Cu_2O와 다음 반응에 의해 증기를 형성한다.

$$Cu_2O + H_2(\text{Cu에 용해}) \rightarrow 2Cu + H_2O(\text{증기})$$

이 반응에 의해 형성된 커다란 물분자는 쉽게 확산되지 않으며, 특히 결정립계에서 내부 기공을 만들어 구리가 취성을 갖게 한다(그림 9.48).

Cu_2O에 의한 수소취성을 피하기 위해 산소와 인이 반응하여 인산화물(P_2O_5)을 형성한다(합금 C12200). 수소취성을 피하는 다른 방법은 ETP동을 제어된 환원성 분위기하에서 ETP동을 주조하여 구리에서 산소를 제거하는 것이다. 이 방식에 의해 제조된 구리를 *무산소고전도동*[oxygen- free high-conductivity (OFHC) Copper]이라 하고 C10200합금이라고 한다.

구리–아연합금 구리–아연 황동은 구리와 약 5~40%까지의 아연을 첨가한 일련의 구리합금이다. 구리는 아연과 35% 아연까지 치환형 고용체를 형성하고 이는 Cu-Zn 상태도의 α 상으로 나타낸다(그림 8.27). 아연 함량이 40%에 이를 때 α 상과 β상의 2상을 가진 합금이 형성된다.

단일상 α 황동의 미세조직은 그림 9.49의 70% Cu-30% Zn합금(C26000, 카트리지 황동)의 경우에서 보는 바와 같이 α 고용체로 이루어진다. 60% Cu-40% Zn 황동[C28000, 먼츠금속(Muntz metal)]은 그림 9.50에서 보는 바와 같이 α 상과 β 상의 2상으로 이루어져 있다.

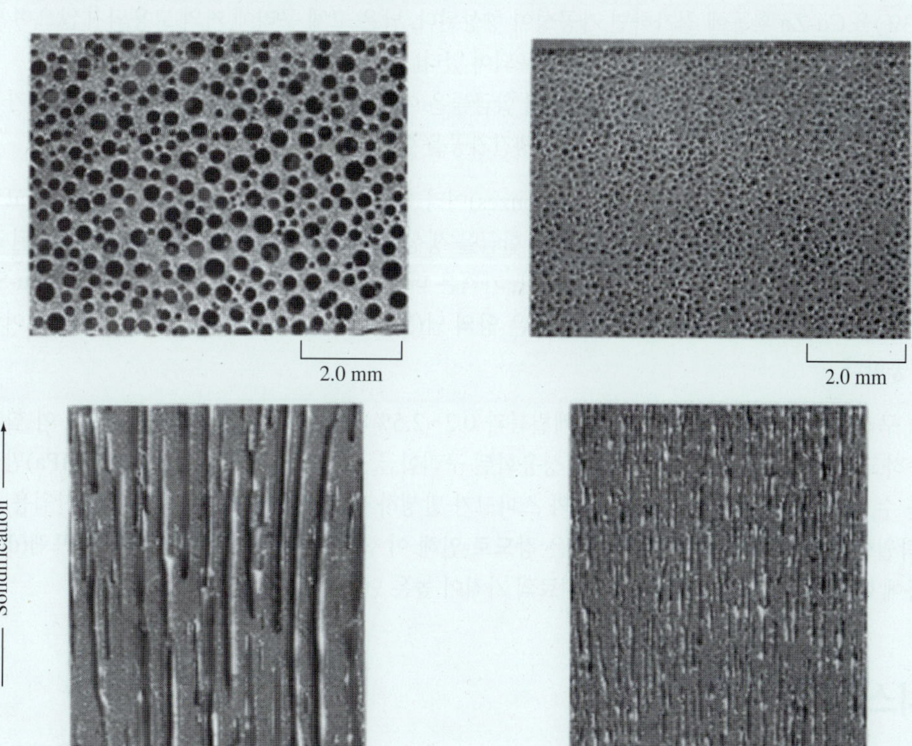

그림 9.48 ➤ 수소에 노출된 전해무산화동; 축에 수직인 방향과 축방향으로 수증기로부터 발생한 내부 기공이 다른 배율로 나타난다. 이러한 기공은 구리에 취성을 발생시킨다. [부식액: 포타시 움 중크롬산염(potassium dichromate); 배율 150×.]
(출처: The Institute of Scientific and Industrial Research, Osaka University, Osaka, Japan)

그림 9.49 ➤ 어닐링된 카트리지 황동(70% Cu-30% Zn)의 미세조직. (부식액: $NH_4OH + H_2O_2$; 배율 75×.)
(McGraw Hill)

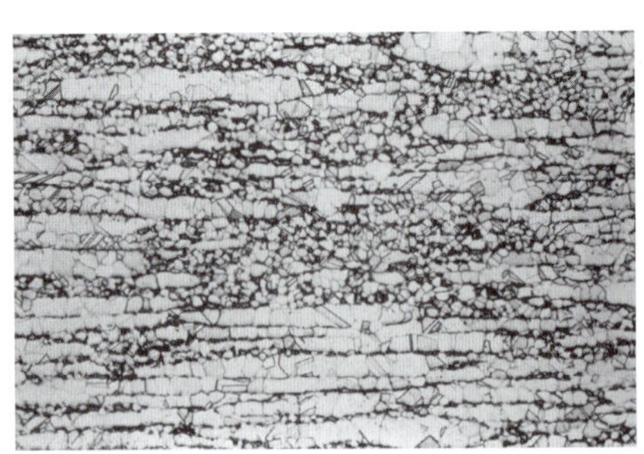

그림 9.50 ➤ 열간압연된 먼츠(Muntz) 금속박판(60% Cu-40% Zn). 조직은 α상(밝은 부분)과 β상(어두운 부분)으로 이루어져 있다. (부식액: $NH_4OH + H_2O_2$; 배율 75×.)
(Brian & Mavis Bousfield/SSPL/Getty Images)

그림 9.51 ➤ 길게 변형된 납을 함유한 황동(부식액: $NH_4OH + H_2O_2$; 배율 62×.)
(Astrid & Hanns-Frieder Michler/Science Source)

미량의 납(0.5~3%)을 Cu-Zn 황동에 첨가하면 가공성이 향상된다. 납은 고체 구리에 거의 고용되지 않으며 납이 첨가된 황동에서는 납이 작은 구상의 형태로 황동에 분포되어 있다(그림 9.51).

주요 황동에 대한 인장강도를 표 9.11에 나타내었다. 이 합금들은 어닐링된 상태에서 중간 정도의 강도를 가지며(34~54 ksi; 234~374 MPa), 강도를 증가시키기 위해 냉간가공을 할 수 있다.

구리-주석 청동 구리-주석합금은 보통 *주석청동*(tin bronzes)이라 하지만 *인청동*(phosphor bronzes)이라고도 불리며, 약 1~10%의 주석을 구리와 합금시켜 고용강화된 합금을 생성한다. 가공 주석청동은 특히 냉간가공된 조건에서 Cu-Zn 황동보다 강도가 더 크고 내식성이 우수하나, 가격은 더 비싸다. 약 16%까지 주석을 함유한 Cu-Sn 주조합금은 고강도 베어링과 기어 블랭크에 사용된다. 많은 양의 납(5~10%)이 이러한 합금에 첨가되면 베어링 표면에 윤활성을 제공한다.

구리-베릴륨 합금 구리-베릴륨합금은 0.6~2%의 베릴륨과 0.2~2.5%의 코발트를 첨가해서 만든다. 이 합금은 석출강화가 가능하고 열처리와 냉간가공을 통하여 상용화된 구리합금 중 가장 높은 212 ksi (1463 MPa)만큼의 인장강도를 얻을 수 있다. Cu-Be합금은 높은 경도와 스파크가 발생하지 않는 성질이 요구되는 화학산업용 도구들로 사용된다. 탁월한 내부식성, 내피로성질 및 높은 강도로 인해 이 합금들은 스프링, 기어, 다이어프램(diaphragm) 및 밸브 등에 이용된다. 그러나 상대적으로 재료의 가격이 높은 단점이 있다.

9.7 스테인리스강

스테인리스강은 다양한 환경조건에서 우수한 내식성 특징을 갖고 있어 많은 공업용 재료로 선택되어 사용되고 있다. 스테인리스강의 내식성은 크롬 함량이 높기 때문에 나타난다. "스테인리스강"을 부식되지 않게 하기 위해 적

표 9.11 ▶ 구리합금의 대표적인 기계적 성질과 응용분야

합금번호	화학조성 (wt%)	조건	인장강도 (MPa)	항복강도 (MPa)	연신율 2in. 기준 (%)	응용분야
			가공합금			
C10100	99.99 Cu	어닐링 냉간가공	220 345	69 310	45 6	버스 전도체, 도파로, 공동(空洞)전도체, 인입선, 진공관의 양극, 진공 밀봉, 트랜지스터 구성물, 유리-금속 밀봉, 동축 케이블 및 관, 클라이스트론(속도변조관), 초단파관, 정류관
C11000 (ETP)	99.9 Cu, 0.04 O	어닐링 냉간가공	220 345	69 310	45 6	지붕의 홈통, 지붕 재료, 개스킷, 자동차 라디에이터, 모선, 못, 리벳, 프리터롤, 라디오 부품
C26000	70 Cu, 30 Zn	어닐링 냉간가공	325 525	105 435	62 8	라디에이터 코어 및 탱크, 회중전등 껍데기, 램프 부속품, 죔쇠, 자물쇠, 돌쩌귀, 탄약 성분, 납땜 부속품, 핀, 리벳
C28000	60 Cu, 40 Zn	어닐링 냉간가공	370 485	145 345	45 10	건축용 대형 너트 및 볼트, 납봉, 축전지 판, 열교환기 및 축전지의 관, 열간단조품
C17000	99.5 Cu, 1.7 Be, 0.20 Co	SHT* SHT, CW, PH*	410 1240	190 1070	60 4	풀무, 파이프 오르간의 저음관, 격판, 퓨즈 클립, 죔쇠, 잠금와셔, 스프링, 스위치 부품, 롤핀, 밸브, 용접장비
C61400	95 Cu, 7 Al, 2 Fe	어닐링 냉간가공	550 615	275 415	40 32	너트, 볼트, 스트링거등, 실꿰는 장치부분, 내식용기, 탱크, 구조물의 구성품, 기계부품, 축전지 튜브 및 파이프, 잠수함 보조덮개 및 부착물
C71500	70 Cu, 30 Ni	어닐링 냉간가공	380 580	125 545	36 3	통신계전기, 축전지, 축전지 기판, 전기 스프링, 증발기 및 열교환기 관, 페룰, 저항기
			주조합금			
C80500	99.75 Cu	주조	172	62	40	전기 및 열 전도체, 내식성 및 내산화성 용도
C82400	96.4 Cu, 1.70 Be, 0.25 Co	주조 열처리	497 1035	255 966	20 1	안전공구, 플라스틱 부품용 금형, 캠, 부싱, 베어링, 밸브, 펌프 부품, 기어
C83600	85 Cu, 5 Sn, 5 Pb, 5 Zn	주조	255	117	30	밸브, 플랜지, 파이프 이음쇠, 납땜 물품, 펌프 주물, 양수기, 임펠러, 하우징, 소형 기어
C87200	89 Cu, 4 Si	주조	379	172	30	베어링, 벨트, 임펠러 펌프, 밸브 부속품, 잠수함 부속품, 내식성 주물
C90300	93 Cu, 8 Sn, 4 Zn	주소	310	145	30	베어링, 부싱, 펌프, 임펠러, 피스톤 링, 밸브 부속품, 봉착링, 증기기관 부속품, 기어
C95400	85 Cu, 4 Fe, 11 Al	주조 열처리	586 725	242 373	18 8	베어링, 기어, 웜, 부싱, 밸브 시트 및 가이드, 피클링 훅밸브,
C96400	69 Cu, 30 Ni, 4 Fe	주조	469	255	28	펌프 몸체, 플랜지, 해수내식성 엘보

*SHT = 용체화 처리; CW = 냉간가공; PH = 석출경화

어도 12%의 크롬이 강에 첨가되어야 한다. 고전적인 이론에 의하면, 크롬은 표면 산화물을 형성하여 부식으로부터 표면 아래에 있는 Fe-Cr합금을 보호한다. 이 보호 산화물을 생성하기 위해 스테인리스강은 산화제에 노출되어야 한다.

일반적으로 4가지 주요한 종류의 스테인리스강이 있는데, 페라이트계, 마르텐사이트계, 오오스테나이트계, 석출경화계가 있다. 이 절에서는 앞의 3가지 유형에 대해서만 간단하게 논의하겠다.

9.7.1 페라이트계 스테인리스강

페라이트계 스테인리스강(ferritic stainless steels)은 약 12~30% 크롬을 함유한 철-크롬 이원계 합금이다. 이것을 페라이트계라고 하는 이유는 그 조직이 일반적 열처리 조건에서 대부분 페라이트(BCC, α-Fe 형태)로 존재하기 때문이다. 크롬은 α 페라이트와 같은 BCC 결정구조를 가지고 있기 때문에 α 상 영역을 확장하고 γ 상 영역을

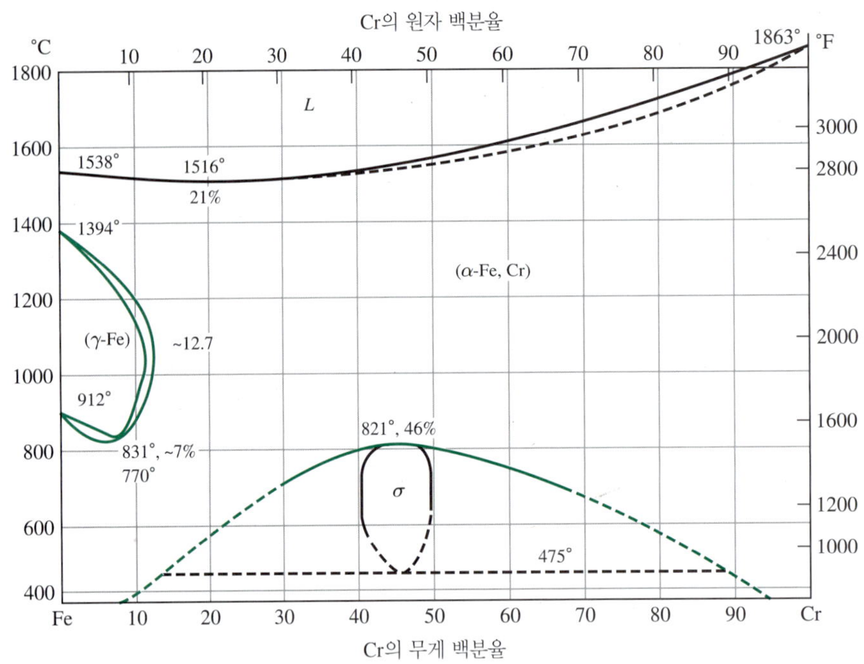

그림 9.52 ➤ Fe-Cr 상태도.
(출처: *Metals Handbook*, vol. 8, 8th ed., American Society for Metals, 1973, p. 291.)

억제한다. 결과적으로 Fe-Cr 상태도에서 "γ 루프(loop)"가 형성되어 FCC와 BCC 영역으로 분리된다(그림 9.52). 페라이트형 스테인리스강은 12% 이상의 크롬을 함유하고 있기 때문에 FCC-BCC 변태를 하지 않으며, γ 철에 크롬이 고용되어 있는 고용체처럼 고온으로부터 냉각된다.

페라이트계 430을 포함한 대표적 스테인리스강의 화학조성, 기계적 성질 및 응용분야를 표 9.12에 나타내었다.

페라이트계 스테인리스강은 니켈을 함유하고 있지 않으므로 값이 비교적 저렴하다. 페라이트 스테인레스강은 주로 특수한 내식성과 내열성이 요구되는 일반적인 건축자재로 이용된다. 그림 9.53은 어닐링된 페라이트 스테인리스강 430형의 미세조직이다. 이 강에서 탄화물의 존재가 어느 정도까지 내식성을 감소시킨다. 최근에는 탄소와 질소의 함량을 매우 낮춘 새로운 페라이트계 스테인리스강이 개발되어 내식성이 향상되었다.

9.7.2 마르텐사이트계 스테인리스강

마르텐사이트계 스테인리스강은 본질적으로 Fe-Cr합금으로 12~17%의 Cr과 충분한 탄소(0.15~1.0% C)를 함유하여 마르텐사이트조직을 오오스테나이트상 영역에서 급랭하여 생성할 수 있다. 이런 합금을 *마르텐사이트계*(martensitic)라고 하는 이유는 오오스테나이트화하고 급랭한 후에 마르텐사이트 조직을 생성할 수 있기 때문이다. 강도와 경도를 적절한 수준으로 조절하기 위해 마르텐사이트계 스테인리스강의 조성을 변화시켰기 때문에 이 계의 합금은 페라이트계나 오오스테나이트계에 비해서 내식성이 비교적 떨어진다.

마르텐사이트계 스테인리스강의 강도와 인성을 증가시키기 위한 열처리는 보통 탄소강과 저합금강의 경우와 기본적으로 같다. 즉, 합금을 오오스테나이트화하고 빠르게 냉각하여 마르텐사이트조직을 생성하고, 잔류응력을 제거하기 위해 템퍼링하고 인성을 증가시킨다. Fe-12~17% Cr합금은 경화능이 우수해서 수냉할 필요가 없으며 느린 냉각속도로도 마르텐사이트조직을 얻을수 있다.

표 9.12에 410형과 440C 마르텐사이트계 스테인리스강의 화학조성, 기계적 성질 및 응용분야를 나타내었다. Cr을 12% 함유한 410 스테인리스강은 강도가 비교적 낮은 마르텐사이트계 스테인리스강으로 기계부품이나 펌프축, 볼트, 부싱(bushing) 등 일반 열처리가 가능한 부품등에 사용되어진다.

Fe-Cr합금의 C 함량이 약 1%까지 증가하면 γ 루프가 확장되어진다. 결과적으로 1% C 함량을 갖는 경우 Cr을 약 16% 함유할 수 있고 오오스테나이트화 처리와 급랭 열처리를 통하여 마르텐사이트조직을 생성할 수 있다.

표 9.12 ➤ 대표적인 스테인리스강의 중요한 기계적 성질과 응용분야

합금번호	화학조성(wt%)*	조건	인장강도 (MPa)	항복강도 (MPa)	연신율 2 in. 기준 (%)	응용분야
			페라이트계 스테인리스강			
430	17 Cr, 0.012 C	어닐링	517	345	25	다목적, 비경화성; 용도: 레인지후드, 식당설비
446	25 Cr, 0.20 C	어닐링	552	345	20	고온 용도; 히터, 연소실
			마르텐사이트계 스테인리스강			
410	12.5 Cr, 0.15 C	어닐링 Q & T†	517	276	30	다목적 열처리 가능 부품; 기계부품, 펌프축, 밸브
440A	17 Cr, 0.70 C	어닐링 Q & T†	724 1828	414 1690	20 5	절단기, 베어링, 외과용 의료기구
440C	17 Cr, 1.1 C	어닐링 Q & T†	759 1966	276 1897	13 2	볼, 베어링, 밸브 부품
			오오스테나이트계 스테인리스강			
301	17 Cr, 7 Ni	어닐링	759	276	60	고경화속도합금; 구조용
304	19 Cr, 10 Ni	어닐링	580	290	55	화학 및 식품제조 설비
304L	19 Cr, 10 Ni, 0.03 C	어닐링	559	269	55	용접용 저탄소; 화학탱크
321	18 Cr, 10 Ni, Ti = 5 × %C 최소	어닐링	621	241	45	용접용 안정화; 공정설비, 고압용기
347	18 Cr, 10 Ni, Cb(Nb) = 10 × C 최소	어닐링	655	276	45	용접 안정화; 화학공업용 탱크차
			석출경화계 스테인리스강			
17-4PH	16 Cr, 4 Ni, 4 Cu, 0.03 Cb (Nb)	석출경화	1311	1207	14	기어, 캠, 샤프트, 항공기 및 터빈 부품

* Fe 모재(나머지 %는 Fe)
† 급랭 및 템퍼링

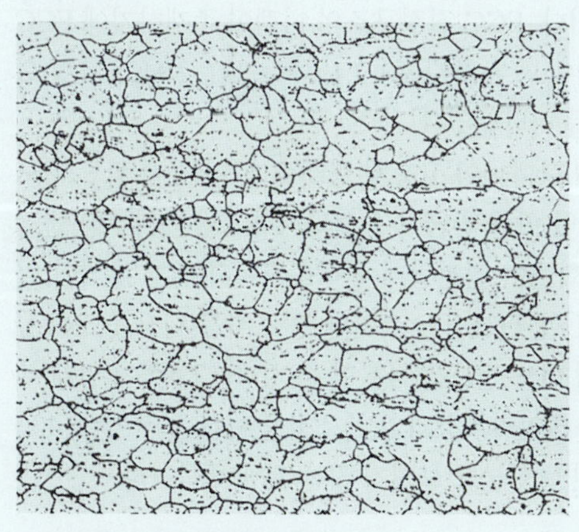

그림 9.53 ➤ 788°C에서 어닐링된 430형(페라이트계) 스테인리스강의 스트립. 이 조직은 등축정과 분산된 탄화물입자를 가진 페라이트 기지로 이루어져 있다. [부식액: 피크럴(picral) + HCl; 배율 100×.]
(Courtesy of United States Steel Corporation)

16% Cr과 1% C를 함유한 440C형 합금은 마르텐사이트계 스테인리스강으로서 다른 내식성 강보다도 경도가 높다. 이렇게 경도가 높은 이유는 그림 9.54의 440C강의 미세조직에서 나타난 바와 같이 단단한 마르텐사이트 기지와 고농도의 주요한 탄화물 때문이다.

9.7.3 오오스테나이트 스테인리스강

오오스테나이트 스테인리스강(austenitic stainless steels)은 본질적으로 약 16~25%의 Cr과 7~20% Ni을 함유한 Fe-Cr-Ni의 3원계합금이다. 이 합금이 *오오스테나이트계*(austenitic)합금이라 불리는 이유는 조직이 보통의 열

그림 9.54 ➤ 1010°C (1850°F)에서 오오스테나이트화 처리 후 공랭 한 440C형(마르텐사이트계) 스테인리스강. 조직은 마르텐사이트 기지 내에 일차적 탄화물로 이루어져 있다. [부식 액: HCl + 피크럴(picral); 배율 500×.]
(Courtesy of Allegheny Ludlum Steel Co.)

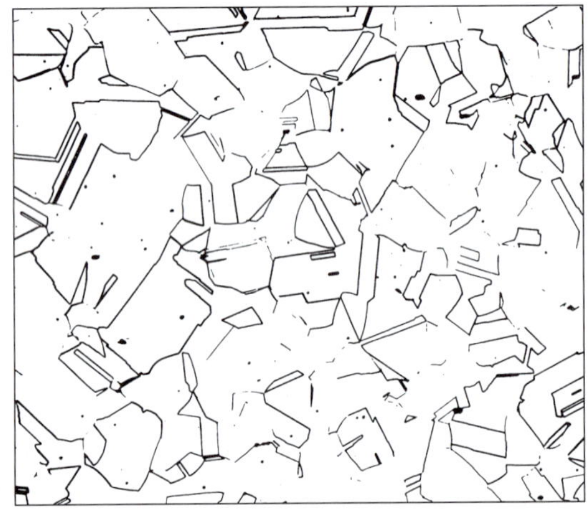

그림 9.55 ➤ 1065°C (1950°F)에서 5분간 어닐링 후 공랭처리 한 304형(오오스테나이트계) 스테인리스강 스트립. 조직은 등축정 오오스테나이트입자로 이루어져 있고 많은 어닐링 쌍정이 형성되었다. (부식액: HNO_3-acetic-HCl-glycerol; 배율 250×.)
(Courtesy of Allegheny Ludlum Steel Co.)

처리온도에서 오오스테나이트(FCC, γ 철 형태)로 남아 있기 때문이다. FCC 결정구조의 니켈이 존재하기에 FCC 구조가 실온에서도 유지되게 하고, 이러한 FCC구조로 인해 가공성이 매우 좋다. 표 9.12에는 301, 304, 347형 오오스테나이트 스테인리스강의 화학조성, 기계적 성질 및 응용분야를 나타내었다.

오오스테나이트 스테인리스강은 고온으로부터의 급랭으로 인해 탄화물이 고용체 형태로 남아 있게 되므로 보통 페라이트계나 마르텐사이트계에 비해 내식성이 좋다. 그러나 만일 이들 합금이 용접되거나 고온에서부터 냉각 시 870~600°C 범위의 영역을 서서히 냉각되면 크롬을 함유한 탄화물이 결정립계에 석출되어서 입계 부식이 일어나기 쉽다. 이런 문제점은 최대 탄소 함량을 약 0.03% C(304L형 합금)까지 낮추거나, 콜로비움(니오븀, 347형 합금) 같은 합금 원소를 첨가해서 합금 내의 탄소와 결합시킴으로써 어느 정도는 극복할 수 있다(12.5절에 입계 부식 참고). 그림 9.55은 1065°C에서 어닐링하고 공랭시킨 304형 스테인리스강의 미세조직을 나타낸 것이다. 430형(그림 9.53)과 440C형(그림 9.54)강의 경우처럼 미세조직에 어떤 탄화물도 보이지 않는 것에 주목하라.

9.8 주철

9.8.1 일반적 성질

주철은 철합금의 일종으로서 다양한 성질을 가지며 그 이름이 의미하는 바와 같이, 고체상태에서 가공하는 대신 원하는 형태로 액상에서 주조하여 제작한다. 강이 일반적으로 약 1% 미만의 탄소를 함유하고 있는 데 반하여 주철은 보통 2~4% 탄소와 1~3% 실리콘을 함유한다. 이외의 다른 합금용 원소 역시 여러 성질을 제어하거나 변화시키기 위해 첨가될 수 있다.

표 9.13 ＞ 다른 합금원소가 포함되지 않은 일반적 주철의 화학조성범위

원소	회주철(%)	백주철(%)	가단주철(백선, %)	구상흑연주철(%)
탄소	2.5~4.0	1.8~3.6	2.00~2.60	3.0~4.0
실리콘	1.0~3.0	0.5~1.9	1.10~1.60	1.8~2.8
망간	0.25~1.0	0.25~0.80	0.20~1.00	0.10~1.00
황	0.02~0.25	0.06~0.20	0.04~0.18	0.03 최대
인	0.05~1.0	0.06~0.18	0.18 최대	0.10 최대

출처: C.F. Walton (ed.), *Iron Castings Handbook*, Iron Castings Society, 1981.

주철은 쉽게 용해되고 액체상태에서 매우 유동적이며, 주입시 원하지 않는 표면막의 형성이 없는 우수한 주조용 합금이다. 또한 주철은 주조와 냉각시 적절한 수축을 하면서 응고한다. 이 주철 합금은 다양한 범위의 강도와 경도를 가지고 있으며, 대부분의 경우 가공하기 쉽다. 주철은 또한 우수한 내마모성, 내마찰성 및 내식성을 갖을 수 있도록 합금화처리가 가능하다. 그러나 주철은 낮은 충격저항과 낮은 연성 때문에 적용되어지는 사용 범위가 제한된다. 주철이 광범위하게 산업용도에 사용되는 이유는 비교적 낮은 가격과 다양한 공업용 특성 때문이다.

9.8.2 주철의 종류

주철은 미세조직에서 나타난 탄소의 분포에 따라 백주철, 회주철, 가단주철 및 구상흑연주철의 네 가지로 분류할 수 있으며, *고합금 주철*(high-alloy cast iron)을 다섯 번째 형태로 포함시키기도 한다. 그러나 주철의 화학조성이 서로 겹치기 때문에 화학조성 분석만으로는 서로 구분되지는 않는다. 표 9.13에는 네 가지 기본주철의 화학조성범위를 나열하고 있고, 표 9.14에 대표적인 기계적 성질과 응용분야를 표시하였다.

표 9.14 ＞ 주철의 대표적인 기계적 성질과 응용분야

합금명 및 번호	화학조성 (wt%)	조건	미세조직	인장강도 (MPa)	항복강도 (MPa)	연신율 (%)	응용분야
				회주철			
페라이트 (G2500)	3.4 C, 2.2 Si, 0.7 Mn	어닐링	페라이트 모재	179		···	소형 실린더 블록, 실린더 헤드, 클러치 판
펄라이드 (G3500)	3.2 C, 2.0 Si, 0.7 Mn	주조상태	펄라이트 모재	252		···	트럭 및 트랙터 실린더블록, 중기어박스
펄라이트 (G4000)	3.3 C, 2.2 Si, 0.7 Mn	주조상태	펄라이트 모재	293		···	디젤 엔진 주물
				가단주철			
페라이트 (32510)	2.2 C, 1.2 Si, 0.04 Mn	어닐링	템퍼링 처리된 탄소와 페라이트	345	224	10	기계가공성이 좋은 다목적공업용
펄라이트 (45008)	2.4 C, 1.4 SI, 0.75 Mn	어닐링	템퍼링 처리된 탄소와 펄라이트	440	310	8	치수오차가 작은 다목적공업용
마르텐사이트 (M7002)	2.4 C, 1.4 Si, 0.75 Mn	급랭 및 템퍼링	템퍼링 처리된 마르텐사이트	621	438	2	고강도 부품, 커넥팅 로드, 유니버셜 조인트 요크
				구상흑연주철			
페라이트 (60-40-18)	3.5 C, 2.2 Si	어닐링	페라이트	414	276	18	압력주물(밸브, 펌프 바디 등)
펄라이트	3.5 C, 2.2 Si	주조상태	페라이트-펄라이트	552	379	6	크랭크 축, 기어 및 롤러
마르텐사이트 (120-90-02)	3.5 C, 2.2 Si	마르텐사이트	급랭 및 템퍼링	828	621	2	피니언, 기어, 롤러 및 슬라이드

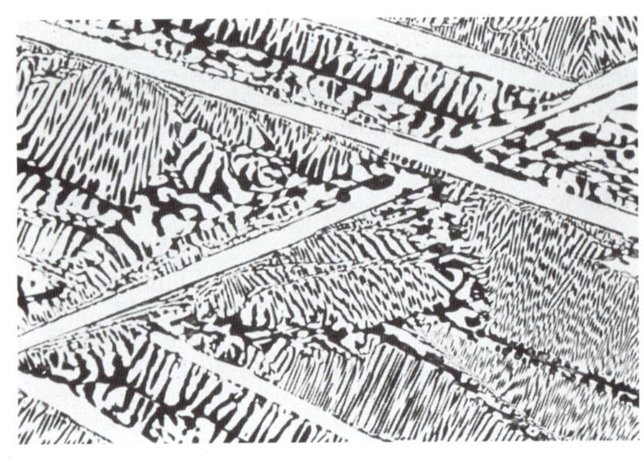

그림 9.56 ➤ 과공정 백주철의 미세조직. 하얀 성분은 철탄화물이다. 층을 이루고 있는 회색영역은 공정조직이다. (부식액: 2% 나이탈; 배율 100×.)
(Brian & Mavis Bousfield/SSPL/Getty Images)

9.8.3 백주철

백주철(white cast iron)은 응고 시 용융된 주철 내에 많은 양의 탄소가 흑연 대신에 철탄화물을 형성한다. 다른 합금원소가 첨가되지 않은 주조상태의 백주철의 미세조직에는 공정조직인 펄라이트 기지에 많은 양의 철탄화물(바늘 모양)을 함유하고 있다(그림 9.56). 백주철이라 불리는 이유는 파괴 시 하얗거나 밝은 결정의 파단면을 보이기 때문이다. 백주철 내에서 탄소가 철탄화물 형태로 유지하기 위해서는 탄소와 실리콘의 함량이 비교적 낮아야 하고(즉, 2.5~3.0% C, 그리고 0.5~1.5% Si) 응고속도가 높아야 한다.

백주철은 내마모와 내마찰성이 훌륭하기 때문에 가장 널리 사용된다. 내마모성이 우수한 이유는 조직 내에 존재하는 많은 철탄화물 때문이다. 백주철은 또한 가단주철의 원료로도 이용되기도 한다.

9.8.4 회주철

회주철(gray cast iron)은 합금 내의 탄소가 오오스테나이트 내에서 용해될 수 있는 양을 넘어 편상 흑연으로 석출될 때 형성된다. 응고된 회주철 조각이 파괴되면, 파괴면은 흑연이 드러나기 때문에 회색으로 나타난다.

회주철은 값이 비교적 저렴하고 우수한 내마모성을 갖는 경도 수준에서도 가공성이 우수하며 제한된 윤활상태에서 찰상(galling)에 대한 저항을 가지며 우수한 진동흡수 능력을 갖는 등 여러 가지 유용한 성질을 갖고 있으므로 중요한 공업용 재료이다.

조성과 미세조직 표 9.13에 나열된 것처럼 비합금 회주철은 보통 2.5~4% C와 1~3% Si을 함유하고 있다. 실리콘은 주철에서 흑연 안정화 원소이기에, 비교적 높은 실리콘 함량이 사용되고 흑연 형성을 증가시킨다. 응고속도 역시 흑연의 형성 정도를 결정해 주는 중요한 인자가 된다. 적절하고 느린 냉각속도가 흑연 형성에 도움을 준다.

응고속도는 회주철에서도 형성되는 기지형태에 영향을 미치게 된다. 적절한 냉각속도에서는 펄라이트 기지 형성에 도움을 주는 반면, 느린 냉각속도는 페라이트 기지 형성에 도움을 준다. 비합금 회주철에서 완전히 페라이트 기지로 생성하기 위해서는 어닐링 처리를 하게 되는데 이때 기지 내의 모든 탄소가 편상의 흑연으로 석출되고 기지는 페라이트로 변하게 된다.

그림 9.57에서는 혼합된 페라이트와 펄라이트 기지 내에 비합금주조 시 회주철의 흑연 편상의 미세조직을 보여주고 있다. 그림 9.58에는 기지 내 과공정 회주철이 부식하여 찍은 주사전자현미경 사진을 보여주고 있다.

9.8.5 연주철 (구상흑연주철)

연주철[가끔 구상흑연주철(spherulitic graphite cast iron)이라 불림]은 회주철의 공정상 장점과 강의 공업용 장점을 결합하고 있다. 구상흑연주철은 양호한 유동성과 주조성, 우수한 가공성 및 우수한 내마모성을 갖는다. 또한 구상흑연주철은 높은 강도, 인성, 연성, 열간가공성, 경화능 등에서 강과 유사한 많은 성질들을 가지고 있다.

조성과 미세조직 구상흑연주철의 뛰어난 공업용 특성은 그림 9.59와 9.60의 미세조직에 나타난 것처럼 내부구조에 있는 구상흑연 때문이다. 구상흑연 사이에 비교적 연성인 기지 영역은 파괴되지 않고 변형이 충분히 일어난다.

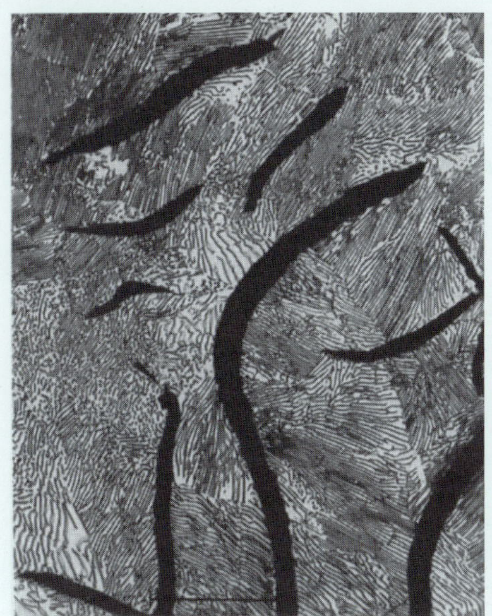

그림 9.57 ➤ 사형 주조된 30계열 주조상태. 회주철 조직은 20%의 페라이트(밝은 부분)와 80% 펄라이트(어두운 부분) 기지 내 A 형태의 흑연 편상이다. (부식액: 3% 나이탈; 배율 100×.) (©ASM International)

그림 9.58 ➤ B형의 흑연 위치를 보이기 위해 기지를 부식시킨 과공정 회주철의 주사전자현미경 조직 사진. (부식액: 3:1 메틸 아세트산–액상 브롬화물; 배율 130×.) (©ASM International)

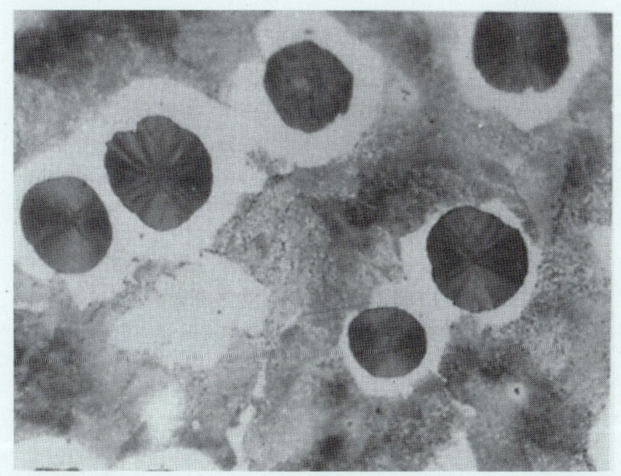

그림 9.59 ➤ 80-55-06의 주조상태 펄라이트 구상흑연주철. 펄라이트 기지 내에 구상흑연이 자유 페라이트로 둘러싸여('황소의 눈'조직) 있다. (부식액: 3% 나이탈; 배율 100×.). (©ASM International)

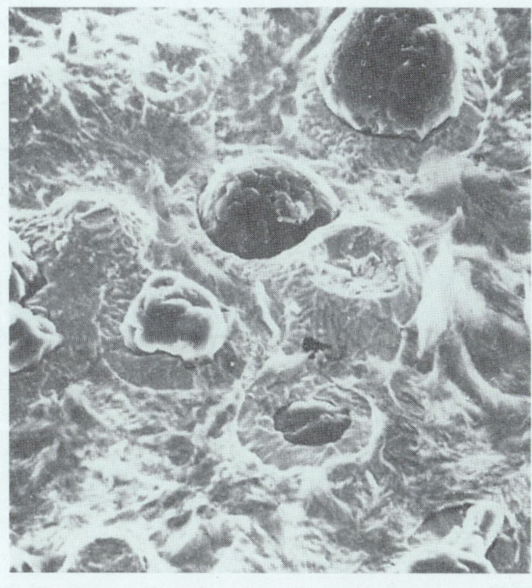

그림 9.60 ➤ 2차 흑연을 보기 위해 기지를 부식시킨 주조상태의 펄라이트 연주철의 주사전자현미경 미세조직 사진. 황소의 눈(bull's-eye) 모양의 페라이트가 구상흑연을 둘러싸고 있다 (부식액: 3:1 메틸 아세트산–액상 브롬화물; 배율 130×.) (©ASM International)

비합금 구상흑연주철의 조성은 탄소와 실리콘의 함량에 관해서 회주철의 조성과 유사하다. 표 9.13에서 나열된 것처럼 비합금 구상흑연주철의 C 함량은 3.0~4.0% 범위이며, Si 함량은 1.8~2.8% 정도이다.

그러나 고급 구상흑연주철의 인과 황의 함량은 낮게 유지되어야 하는데 황의 경우는 최대 0.03% S만큼 낮아야 하며, 인의 경우는 회주철의 최대 함량보다 10배 낮은 0.1% P이어야 한다. 구상흑연주철 내에 구상흑연의 형성을 방해하기 때문에 다른 불순물 원소 역시 낮아야 한다.

구상흑연주철 내의 구상흑연은 용융철이 냉각하는 동안 형성되는데, 이는 주조되기 바로 전에 마그네슘이 첨가되어 철 내의 황과 산소 함량이 매우 낮은 수준으로 감소되기 때문이다. 마그네슘은 황과 산소가 구상흑연의 형성에 영향을 미치지 않도록 이 원소들과 반응한다.

비합금 구상흑연주철의 미세조직은 보통 그림 9.59에서 보는 바와 같이 "황소의 눈"과 비슷한 형태이다. 이 조

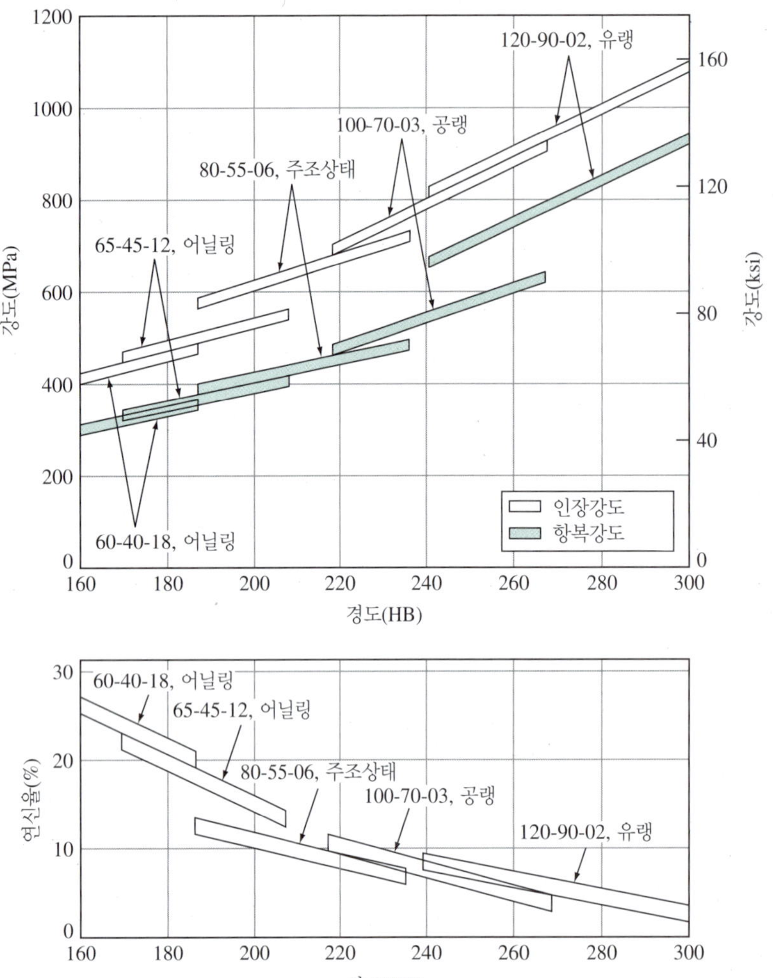

그림 9.61 ➤ 연주철의 경도값 변화에 따른 인장특성 변화.
(출처: *Metals Handbook*, vol. 1. 9th ed., American Society for Metals, 1978, p. 36.)

직은 펄라이트 기지 내에 "구형"의 흑연 괴와 그것을 둘러싼 페라이트로 이루어진다. 기지 전체가 페라이트와 펄라이트의 혼합체인 다른 주조조직은 합금 원소 첨가로 형성될 수 있다. 그림 9.61에 나타난 바와 같이 다음의 열처리로 주조상태의 "황소의 눈"조직을 변화시킬 수 있어서 주조상태의 구상흑연주철의 기계적 성질을 변화시킬 수 있다.

9.8.6 가단주철

조성과 미세조직 가단주철(malleable cast irons)은 많은 양의 철탄화물을 함유하나 흑연은 함유하지 않는 백주철로 먼저 주조된다. 따라서 가단주철의 조성은 백주철을 형성하는 조성으로 제한된다. 표 9.13에 나열된 것처럼 가단주철의 탄소와 실리콘의 함량은 2.0~2.6% C, 1.1~1.6% Si 범위이다.

가단주철조직을 얻기 위해서는 냉각된 백선(white iron) 주물을 가단로에 넣고 가열해서 백주철 내의 철탄화물을 철과 흑연으로 분해시킨다. 가단주철의 흑연은 *템퍼 탄소*(temper carbon)라고 하는 불규칙적인 구상집합체 형태로 존재한다. 그림 9.62에서는 페라이트계 주철의 미세조직으로 페라이트의 기지 내에 템퍼 탄소를 보여주고 있다.

가단주철은 주조성, 가공성, 중간 정도의 강도, 인성, 특정 용도의 내식성 및 모든 주조품을 열처리함에 따른 균일성을 갖고 있어 중요한 공업용 재료로 사용된다.

열처리 가단주철을 제조하기 위한 백주철의 열처리(heat treatment)는 다음의 2단계로 이루어져 있다.

1. *흑연화*. 백주철 주물을 공석온도, 보통 약 940°C (1720°F) 이상으로 가열해서 조성, 조직 및 주조품의 크기에

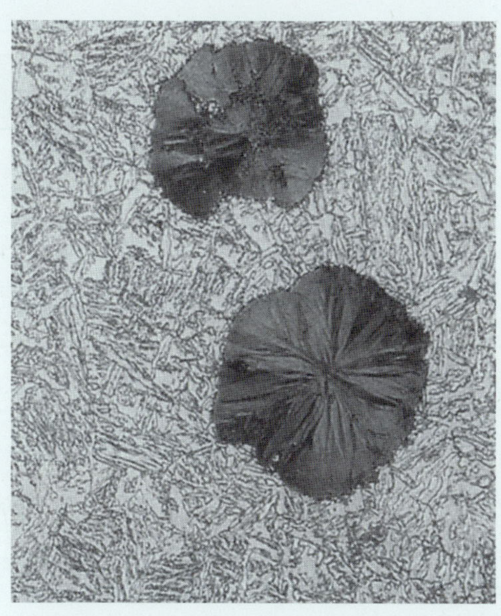

그림 9.62 ➤ 954°C (1750°F)에서 4시간 유지시키고 704°C(1300°F)까지 6시간 공랭시킨 2단계 어닐링된 페라이트계 가단주철(M3210)의 미세조직. 구상의 페라이트 기지 내에 있는 구상의 흑연(템퍼 탄소)이 있다. (부식액: 2% 나이탈; 배율 100×.)
(©ASM International)

따라 약 3~20시간 유지한다. 이 단계에서 백주철의 철탄화물이 변태하여 템퍼 탄소(흑연)와 오오스테나이트로 된다.

2. *냉각*. 이 단계에서 철의 오오스테나이트는 3가지 기본 형태의 기지로 변태될 수 있는데, 이는 페라이트, 펄라이트, 또는 마르텐사이트다.

페라이트계 가단주철. 페라이트 기지를 생성시키기 위해 1차 가열 후에 주물을 740~760°C (1360°F~1400°F)로 급랭하고 시간당 약 3~11°C (5°F to 20°F)의 속도로 서냉한다. 냉각중에 오오스테나이트는 페라이트와 흑연으로 변태되고, 흑연은 기존의 템퍼 탄소입자에 석출하게 된다(그림 9.62).

펄라이트계 가단주철. 이 주철을 제조하기 위해 주물을 약 870°C (1600°F)까지 서냉시킨 후 공랭시킨다. 이 경우 급랭으로 오오스테나이트가 펄라이트로 변태되고, 그 결과 펄라이트 기지 내에 템퍼 탄소괴가 존재하는 펄라이트계 가단주철이 생성된다.

템퍼링한 마르텐사이트계 가단주철. 주물을 845~870°C(1550°F~1600°F)의 급랭 온도로 노 내에서 노냉을 시키고 균질화하기 위해 15~30분 유지시킨 후, 마르텐사이트 기지를 만들기 위해 교반오일에서 급랭한다. 최종적으로 특정한 기계적 성질을 갖도록 하기 위해 590~725°C (1100°F~1340°F)에서 템퍼링하면 미세조직은 템퍼링한 마르텐사이트 기지 내에 템퍼 탄소괴가 존재하는 조직으로 된다.

9.9 마그네슘, 티타늄, 니켈합금

9.9.1 마그네슘합금

마그네슘은 경금속(밀도 = 1.74 g/cm^3)이고, 경량 금속이 요구되는 경우에 알루미늄(밀도 = 2.70 g/cm^3)과 경쟁하고 있다. 그러나 마그네슘과 그 합금은 널리 이용되지 못하는 많은 단점이 있다. 무엇보다도 마그네슘은 알루미늄에 비해 가격이 비싸다(Mg: $7.24/kg, Al: 1.48/kg, 2001 년도 기준; 표 9.1 참고)

마그네슘은 용융상태에서 대기 중 연소되므로 주조 중에 플럭스(flux)로 덮어주어야 하는 점 때문에 주조하기가 어렵다. 또한, 마그네슘합금은 비교적 강도가 낮으며 크리프, 피로, 마모에 대한 저항이 낮다. 그리고 마그네슘은 HCP 결정구조로 단지 3가지 주요 슬립계 만이 작용하므로 상온에서 가공이 어렵다. 반면에 마그네슘합금은 밀도가 매우 낮아서 우주항공 분야 및 재료를 다루는 장비 등에서 유리하게 사용되어진다. 표 9.15에 마그네슘의 주요 물리적 특성과 가격을 다른 공업용 금속과 비교해 놓았다.

표 9.15 > 대표적인 공업용 금속의 주요 물리적 성질과 가격

금속	20°C에서의 밀도 (g/cm³)	용융온도 (°C)	결정구조	가격 ($/lb, 2001)
마그네슘	1.74	651	HCP	3.29
알루미늄	2.70	660	FCC	0.67
티타늄‡	4.54	1675	HCP ⇌ BCC*	3.85
니켈	8.90	1453	FCC	2.74
철	7.87	1535	BCC ⇌ FCC†	0.27
구리	8.96	1083	FCC	0.76

* 883°C에서 상변태가 일어난다.
† 910°C에서 상변태가 일어난다.
‡ 티타늄 스펀지, 약 50톤에 대한 가격

마그네슘합금의 분류 마그네슘합금은 크게 2가지 형태로 나눌 수 있는데, 박판이나 후판, 압출품 및 단조품의 형태로 사용되는 *가공용 합금*(wrought alloy)과 *주조용 합금*(casting alloy)으로 나눌 수 있다. 2가지 형태 모두 열처리가 용이하지 않은 합금과 열처리가 용이한 합금의 등급을 표시할 수 있다.

마그네슘합금은 보통 2개의 대문자와 2~3개의 숫자로 명명한다. 문자는 합금내 2개의 주요 합금 원소를 나타내는데, 첫 번째 문자는 함량이 가장 많은 금속, 두 번째 문자는 함량이 두 번째로 많은 금속을 표시한다. 문자 다음에 나오는 첫 번째 숫자는 첫 번째 문자 원소의 무게 백분을 나타내고(숫자가 2개만 있는 경우), 두 번째 숫자는 두 번째 문자 원소의 무게 백분율을 나타낸다. 만일 숫자 다음에 A, B 등의 문자가 나오면 합금을 A, B 등으로 개량처리를 한다는 것을 의미한다. 다음 문자기호는 마그네슘합금 원소에 이용되는 것이다.

A = 알루미늄	K = 지르코늄	M = 망간
E = 희토류	Q = 은	S = 실리콘
H = 토륨	Z = 아연	T = 주석

Mg합금에 대한 템퍼 표시는 9.5절에 있는 알루미늄합금의 경우와 같다.

예제 9.7

다음 마그네슘합금 표시의 의미를 설명하라. (*a*) HK31A-H24 (*b*) ZH62A-T5

풀이

a. HK31A-H24 표시는 3 wt%의 토륨과 1 wt%의 지르코늄을 함유하고 있는 마그네슘합금으로서 A 개량처리한 것이다. H24 표시는 합금을 냉간압연하고 반만 경화되도록 부분적으로 어닐링한 것을 의미한다.

b. ZH62A-T5 표시는 6 wt%의 아연과 2 wt%의 토륨을 함유하고 있는 마그네슘합금으로서 A 개량처리한 것이다. T5 표시는 주조 후에 인공시효처리한 것을 의미한다.

조직과 특성 마그네슘은 HCP 결정구조로, 따라서 제한된 정도로만 냉간가공이 가능하다. 고온에서는 마그네슘의 경우, 기저면 외에 다른 슬립면도 활성화된다. 따라서 마그네슘합금은 일반적으로 냉간가공보다는 열간가공을 하게 된다. 일반적으로 알루미늄과 아연을 마그네슘과 합금화시켜 가공용 마그네슘 합금을 만들게 된다. 알루미늄과 아연 모두 고용강화기구를 통하여 마그네슘의 강도를 증가시킨다. 또한, 알루미늄은 마그네슘과 결합하여 $Mg_{17}Al_{12}$ 석출물을 형성하므로 Mg-Al합금을 시효경화합금으로 이용할 수 있다. 토륨과 지르코늄도 역시 마그네슘 내에 석출물을 형성시키고 그 합금은 약 427°C(800°F)의 고온에서까지 사용할 수 있다.

주조용 마그네슘합금은 알루미늄과 아연과 함께 만들어지는데 이들 원소가 고용강화 효과를 가져오기 때문이다. 마그네슘에 희토류 금속, 주로 세슘을 합금하여 그림 9.63에서처럼 견고한 결정립계를 형성한다. 표 9.16에 대표적인 마그네슘 가공 및 주조용 합금의 기계적 성질과 응용분야를 정리하였다.

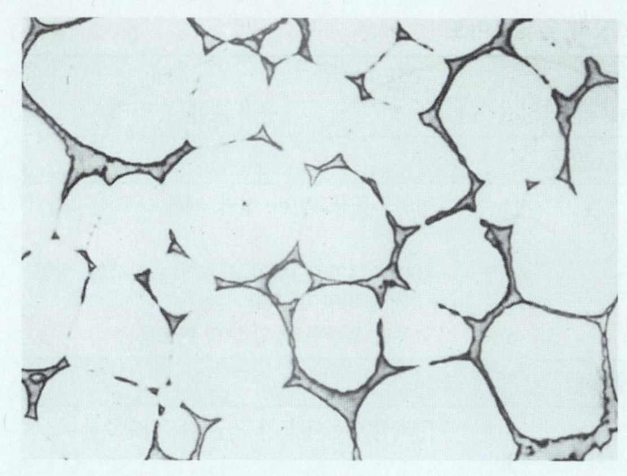

그림 9.63 ➤ EZ33A 마그네슘합금의 주조상태 미세조직. 대량의 Mg_9R(희토류 금속) 화합물이 결정립계 망상으로 존재한다. (부식액: 글리콜; 배율 500×.)
(Courtesy of The Dow Chemical Company)

9.9.2 티타늄합금

티타늄은 상대적으로 경금속(밀도 = 4.54 g/cm^3)이지만, 강도가 높아(99.0% Ti: 662 MPa) 가격이 매우 고가임에도 불구하고(Ti[8]: $8.49/kg, Al: $0.67/lb 2001 기준, 표 9.1 참고), 우주항공 분야에서 알루미늄합금과 경쟁한다.

티타늄은 또한, 내식성이 우수하여 염소 용액 및 무기물의 염화물 용액 등과 같은 화학적 분위기에서도 이용된다. 티타늄 금속은 화합물 상태로부터 순수한 상태의 금속을 추출해 내기 어렵기 때문에 가격이 비싸다. 고온에서 티타늄은 산소, 질소, 수소, 탄소 및 철 등과 결합하기 때문에 티타늄을 주조하고 가공할 때는 특수한 기술이 필요하다.

티타늄은 상온에서 HCP 결정구조(알파)를 하고 있고, 883°C에서 BCC구조(베타)로 변태한다. 알루미늄이나 산소 같은 원소는 α 상을 안정시키고 α 상이 β 상으로 변태시키는 온도를 증가시킨다. 바나듐이나 몰리브덴 같은 다른 원소들은 β 상을 안정시키고 β 상이 안정한 온도를 낮춘다. 또한, 크롬이나 철 같은 원소는 상온에서 2상 영역을 만드는 공석반응을 일으켜 β 상이 안정한 온도를 감소시킨다.

표 9.16은 상업적으로 순수한 티타늄(99.0% Ti)과 여러 티타늄합금의 주요 기계적 성질과 응용분야를 정리한 것이다. Ti-6Al-4V합금은 높은 강도와 양호한 가공성을 겸비한 합금으로서 가장 널리 이용되고 있다. 이 합금의 인장강도는 용체화 처리하고 시효처리시킨 상태에서 170 ksi (1173 MPa)에 이른다.

9.9.3 니켈합금

니켈은 내식성과 고온에서의 내산화성 때문에 공업적으로 중요한 금속 가운데 하나이다. 니켈은 또한 FCC 결정구조를 갖고 있어서 가공성이 높지만 비교적 가격이 상대적으로 비싸고($16.55/kg, 2001) 밀도가 커서(8.9 g/cm^3) 사용에 제한이 있다.

상용 니켈과 모넬합금 상업적으로 순수한 니켈은 우수한 강도와 전기전도도 때문에 전기 및 전자부품에 사용되고, 내식성이 양호하여 식료품 가공설비에 사용된다. 니켈과 구리는 고체상태의 모든 조성에서 서로 완전 고용되므로 니켈과 구리의 여러 고용강화 합금을 제조할 수 있다. 니켈과 약 32% 구리를 합금해서 만든 모넬(Monel) 400합금(표 9.16)은 비교적 강도가 높고 좋은 용접성과 여러 환경에서의 내식성을 가진다. 구리가 32% 첨가되면 제한된 범위 내에서 니켈을 강화시키고 비용을 절감한다. 모넬합금(66% Ni-30% Cu)에 약 3% 알루미늄과 티타늄을 첨가하면 석출강화에 의해 강도가 증가된다. 이 경우의 석출강화물은 Ni_3Al과 Ni_3Ti이다.

니켈기 초합금 다양한 조성의 니켈기 초합금은 고온에서 견디고 고온에서의 내산화 특성이 우수하며 크리프 저항을 가져야 하는 가스터빈용 재료로 주로 개발되어 왔다. 대부분의 가공용 니켈기 초합금은 약 50~60% 니켈과 15~20% 크롬, 15~20% 코발트로 이루어져 있다. 석출강화를 위해 소량의 알루미늄(1~4%)과 티타늄(2~4%)을 첨가한다. 니켈기 초합금은 다음의 3가지 주요한 상으로 이루어져 있는데, 이는 (1) γ 오오스테나이트 기지, (2) γ'

---

8 티타늄 스폰지는 약 50톤의 양으로 되어 있다.

표 9.16 ➤ 마그네슘, 티타늄, 및 니켈 합금의 전형적인 기계적 성질과 응용분야도

합금번호	화학조성(wt%)	조건	인장강도 (MPa)	항복강도 (MPa)	연신율(%)	응용분야
			가공용 마그네슘 합금			
AZ31B	3 Al, Zn, 0.2 Mn	어닐링	228	…	11	항공화물창고설비; 선반, 랙크
		H24	248	159	7	
HM21A	2 Th, 0.8 Mn	T8	228	138	6	800°F (427°C)까지 사용되는 미사일, 항공기용 박판 및 후판
ZK60	6 Zn, 0.5 Zr	T5	310	235	5	고응력 우주선용; 압출 및 단조품
			마그네슘 주철합금			
AZ63A	6 Zn, 3 Al	주조상태	179	76	4	양호한 상온 강도가 요구되는 사형주물
	0.15 Mn	T6	235	110	3	
EZ23A	3 RE, 3 Zn,0.7 Zr	T5	138	971	2	350~500°F (150~260°C)에 사용되는 고압 사형 및 금형 주물
			티타늄합금			
	99.0% Ti(a 조직)	어닐링	662	586	20	화학공업 및 해양용; 항공기체 및 항공기 엔진부품, 단조 및 판금용 · 용접용 합금
	Ti-5 Al-2 Sn (α 조직)	어닐링	862	807	16	
			니켈합금			
니켈 200	99.5 Ni	어닐링	483	152	48	화학 및 식품 제조용, 전자부품
모넬 400	66 Ni, 32 Cu	어닐링	552	262	45	화학 및 오일 공정용; 해양용도
모넬 K500	66 Ni, 30 Cu, 2.7 Al, 0.6 Ti	시효경화	1035	759	25	밸브, 펌프, 스프링, 유전드릴고리

* H24 = 냉간가공 및 부분 어닐링으로 절반정도 경화: T5 = 시효경화: T6 = 용체화 처리 후 시효경화: T8 = 용체화 처리, 냉간가공 후 시효경화

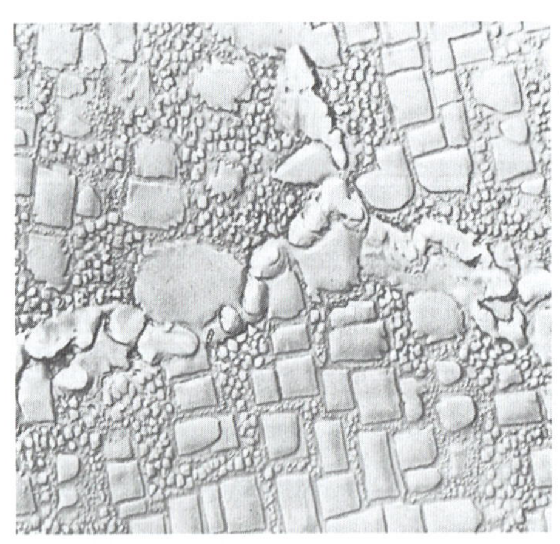

그림 9.64 ➤ 아스트롤로지 단조를 하고 1150°C에서 4시간 용체화 처리, 공랭, 1079°C에서 4시간 시효처리, 유냉, 843°C에서 4시간 시효처리, 공랭, 760°C에서 16시간 시효처리 후 공랭되었다. 입계 γ'이 1079°C에서 석출되었고, 미세한 γ'이 843°C와 760°C에서 석출되었다. 탄화물입자 역시 결정립계에 나타났다. 기지는 γ이다. (전해액: H_2SO_4, H_3PO_4, HNO_3; 배율 10,000×.)
(©ASM international)

이라 하는 Ni_3Al과 Ni_3Ti 석출상, 그리고 (3) 탄화물입자(약 0.01~0.04% 탄소 첨가에 따름)이다. γ'은 고온강도와 안정성을 이 합금에 제공하고, 탄화물은 고온에서 결정립계를 안정시킨다. 그림 9.64은 열처리 후의 니켈기 초합금의 미세조직을 나타내고 있다. 이 사진에서 γ'과 탄화물입자를 선명하게 볼 수 있다.

9.10 특수목적의 합금과 응용

9.10.1 금속 간 화합물

금속 간 화합물(Intermetallics)은 많은 산업부문에서 요구되는 매력적인 성질들의 독특한 조합을 가지는 종류의 금속 재료들로 구성된다(8.11절 참고). 예를 들면, 항공기나 제트엔진 응용분야에서 관심을 받고 있는 고온용 구

조 재료들은 니켈-알루미늄합금(Ni_3Al, NiAl), 철-알루미늄합금(Fe_3Al, FeAl), 티타늄-알루미늄합금(Ti_3Al-TiAl)이 있다. 이러한 금속 간 화합물들은 알루미늄을 포함하고 있는데, 알루미늄은 산화분위기에서 Al_2O_3라는 부동태 피막을 형성하여 부식에 의한 손상으로부터 합금들을 보호할 수 있다. 이들 금속 간 화합물들은 니켈기 초합금과 같은 다른 고온합금재료들에 비해 밀도가 낮기 때문에 항공재료 응용분야에 더욱 적합하다. 또한 상대적으로 높은 용융온도와 고온강도를 가진다. 이 재료의 적용에 제한을 가져오는 인자는 주변온도(ambient temperature)에서의 취성특성이다. 몇몇 알루미늄 금속 간 화합물들, 예를 들면 Fe_3Al은 주변온도에서 환경적 취화(environmental embrittlement) 특성을 보인다. 취화 특성은 알루미늄과 같은 원소가 대기의 수증기와 반응하여 원자상태의 수소 원자를 발생시키고, 수소 원자가 금속 내부로 확산하여 연성을 감소시키고 재료를 쉽게 파괴시킨다(13.5.11항의 수소취성 참고).

알루미늄 화합물인 Ni_3Al은 우수한 고온강도와 고온 내산화 특성 때문에 특히 주목받고 있는 재료이다. 또한, 이 화합물은 니켈기 초합금 내에 미세하게 분산시킴으로써 강도를 향상시키는 용도로도 사용되어 왔다. 25 at.% 이하의 알루미늄을 함유하고 있는 Ni_3Al에 약 0.1 wt%의 붕소를 첨가시키는 경우, 수소취성(hydrogen embrittlement)을 감소시킴으로써 50% 정도 연성이 향상되기 때문에 취성이 제거되는 현상이 나타난다. 이러한 합금들은 온도를 증가시킴에 따라 항복강도가 증가하는 흥미롭고 유용한 특이한 현상을 나타내기도 한다. 붕소와 더불어 고온에서의 환경적 취화 특성을 감소시키기 위해 6~9 at.%의 크롬을 첨가하기도 하며, 지르코늄은 고용강화를 통해 강도를 증가시키고 철을 첨가하면 용접성이 향상되는 특성을 나타낸다. 각각의 불순물 첨가는 상태도를 복잡하게 만들고, 부가적인 상분석을 요구한다. 이러한 금속 간 화합물들은 항공기 엔진의 응용분야 이외에도 노(furnace) 부품, 항공기의 결합구, 피스톤 및 밸브와 공구들에도 응용이 가능하다. 그러나 이들이 구조용 재료로만 응용분야가 제한되는 것은 아니다. 예를 들어, Fe_3Si는 우수한 자기적 특성과 내마모 특성 때문에 자기 응용목적으로도 개발되어 왔고, $MoSi_2$는 우수한 전기전도도와 열전도도 특성 때문에 고온 열처리로의 가열체로도 이용되어 왔다. 또한, NiTi (nitinol)는 의료 응용분야의 형상기억합금으로 사용되어 왔다.

9.10.2 형상기억합금

일반적 성질과 특성 **형상기억합금**(shape-memory alloy: SMA)은 적절한 열처리 과정을 거치면 원래 가지고 있던 특정한 형태로 회복되는 능력을 가지고 있다. 형상기억합금을 원래의 형태로 복원될 때, 이러한 형상기억합금은 외부에 힘을 가할 수도 있다. 이러한 형상기억의 거동을 나타내는 금속합금에는 Au-Cd, Cu-Zn-Al, Cu-Al-Ni, Ni-Ti 등 여러 가지가 있다. 형상기억합금이 가장 실용적으로 응용되고 있는 분야로는 매우 큰 변형으로 회복될 수 있는 능력을 가지는 초탄성(superelasticity)과 원래의 형태로 복원될 때 매우 큰 힘을 외부로 발산할 수 있는 분야가 있다.

형상기억합금의 제조와 거동 역학 형상기억합금은 리본, 튜브, 와이어, 시트 또는 스프링과 같은 형태로 제작하기 위해서 단조, 압연, 압출, 와이어드로잉과 같이 열간 및 냉간가공이 가능하다. 요구되는 형상 기억을 부여하기 위해서는 500~800°C 구간의 온도에서 열처리한다. 열처리공정 동안, 형상기억 합금은 원하는 형태로 재변형된다. 이 구간의 온도에서 형상기억합금 재료는 *모상*(parent phase)인 *오오스테나이트*(austenite)라 불리는 잘 정렬된 입방정구조를 가지며(그림 9.65*a*), 냉각되면 *마르텐사이트*(martensite)라 불리는 고도로 쌍정된 또는 교대로 전단된 작은 판상구조로 변한다(그림 9.65*b*). 교대로 전단된 구조, 즉 연속적으로 반대되는 전단들이 그림 9.66에서와 같이 전체 형상을 유지하게 된다(실제 미세조직은 9.66*c*에 나타나 있다).

형상기억합금의 형상기억효과는 두 가지 재료 사이, 즉 오오스테나이트와 마르텐사이트 간의 고상-고상변태의 결과로 발생된다. 마르텐사이트 상태에서 형상기억합금은 응력 인가시 쌍정경계(그림 9.67)의 전파 때문에 쉽게 변형된다. 만일 이 단계에서 하중을 제거시키면 마르텐사이트 상태에서의 변형이 그대로 유지되고 소성변형된 상태로 존재한다. 그러나 마르텐사이트 상태에서의 변형 후에 열처리를 하면 마르텐사이트에서 오오스테나이트로 변태되면서 원래의 형태로 복원된다(그림 9.68). 이러한 구조의 변화는 특정 온도에서 일어나는 것이 아니라, 그림 9.69에 나타낸 모식도에서와 같이 합금계에 따라 일정한 온도범위에 걸쳐서 발생하게 된다. 냉각할 때 상변태는

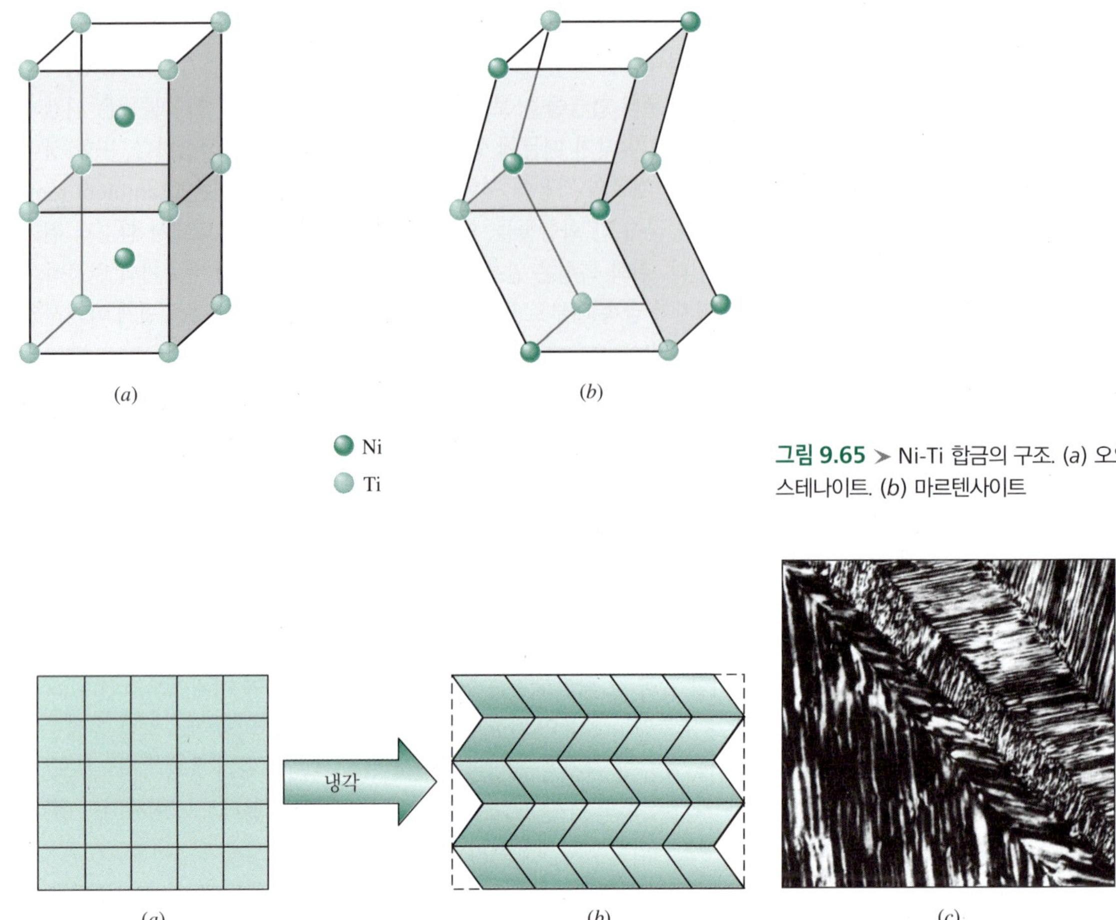

그림 9.65 ➤ Ni-Ti 합금의 구조. (*a*) 오오스테나이트. (*b*) 마르텐사이트

그림 9.66 ➤ 냉각시 결정의 전체 형상을 유지하면서 오오스테나이트에서 마르텐사이트로의 변태. (*a*) 오오스테나이트 결정. (*b*) 고도로 쌍정구조로 만들어진 마르텐사이트, (*c*) 교대하는 전단된 구조를 보여주는 마르텐사이트.
(©ASM international)

M_s (100% 오오스테나이트)에서 시작하여 M_f (0% 마르텐사이트)에서 끝난다. 반대로 가열할 때는 A_s (100% 마르텐사이트)에서 시작하여 A_f (0% 마르텐사이트)에서 끝난다. 또한, 냉각과 가열시의 상변태는 겹쳐서 발생하지 않고 *이력*(hysteresis) 현상을 보인다(그림 9.69).

형상기억합금이 A_f (100% 오오스테나이트) 이상의 온도에 있을 때에 인가된 응력은 형상기억합금을 변형시키고 마르텐사이트 상태로 변태시킨다. 만일 이 온도에서 힘이 제거되면, 마르텐사이트상은 열역학적으로 불안정한 상태가 되기 때문에(고온이기 때문에) 원래의 구조로 다시 회복되고 형태는 탄성거동을 나타낸다. 이것이 형상기억합금에서 초탄성거동의 원리가 된다. 이러한 변태는 일정한 온도와 하중에서 얻어질 수 있기 때문에 *응력유기*(stress-induced)라 부른다.

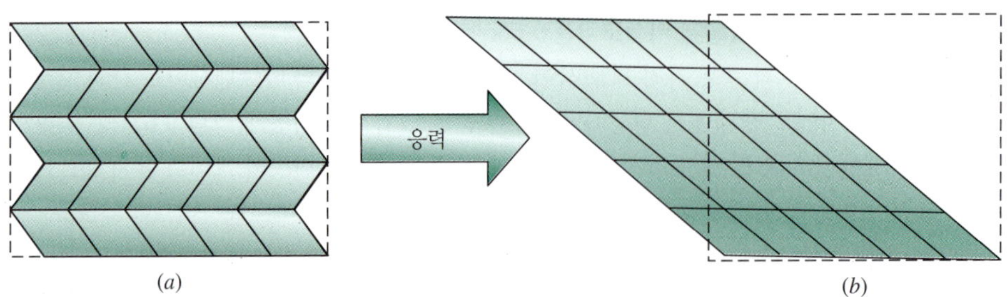

그림 9.67 ➤ 인가응력에 의한 마르텐사이트 구조의 변형. (*a*) 쌍정된 마르텐사이트. (*b*) 변형된 마르텐사이트.

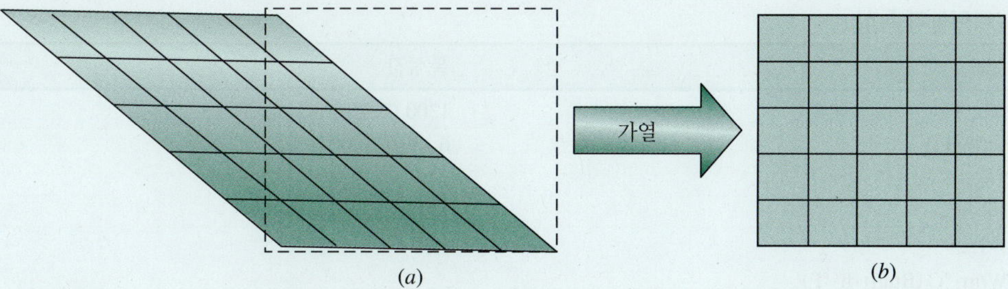

그림 9.68 ➢ 가열에 의해 변형된 마르텐사이트가 오오스테나이트로 변태. (*a*) 변형된 마르텐사이트. (*b*) 오오스테나이트.

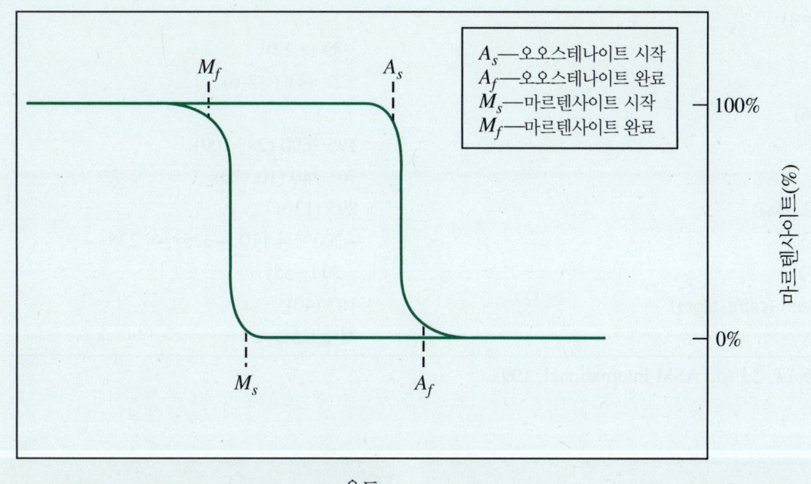

그림 9.69 ➢ 가열과 냉각시 응력유기 시편의 전형적인 변태-온도 곡선.

형상기억합금의 응용 Ni-Ti (nitinol) 금속 간 화합물은 가장 많이 사용되는 금속 간 화합물들 중의 하나로 조성은 Ni-49 at.% Ti에서 Ni-51 at.% Ti 범위이다. 니토놀은 약 8.5%의 형상기억 변형률을 가지고 있으며, 비자성체이면서 매우 우수한 부식저항특성과 다른 형상기억합금들에 비하여 더 큰 연성을 가지고 있다(표 9.17 참고). 니토놀은 액츄에이션 장치(actuation device)로도 응용이 되는데 액츄에이션 장치에서 니토놀은 (1) 원래의 형태로 자유롭게 복원될 수 있는 능력을 가지고 있으며, (2) 완전히 속박되어 형태복원을 위해 구속된 구조에 큰 힘을 가하거나, (3) 변형 가능한 재료를 둘러싸는 형태로 부분적으로 속박되는 경우 형상기억합금은 작동하게 된다. 액츄에이션 장치가 실제로 적용된 예로는 동맥 내 스텐트(vascular stents), 커피포트 온도조절기와 수압파이프 커플링이 있다. 안경테나 치과용 교정 와이어와 같은 다른 응용의 경우는 초탄성 특성이 요구되는 분야이다. 또한, 마르텐사이트상은 마르텐사이트 자체의 쌍정구조 때문에 매우 우수한 에너지 흡수와 피로저항능력을 가진다. 따라서 마르텐사이트 상은 진동감쇠기와 탄력 있는 외과수술용 도구로 사용되어 왔다. 특정한 응용을 위해 이들 재료들을 선택하는 경우에 사용자는 재료의 변태온도를 고려하여 작동온도가 얼마인지 반드시 알아야 한다.

9.10.3 비정질 금속

일반적 성질과 특성 일반적으로, *비정질*(amorphous)과 *금속*(metal)이라는 말은 본질적으로 서로 상반되는 것처럼 보인다. 앞 장들에서 결정구조와 금속에 대한 응고의 개념을 소개할 때 금속은 장범위 규칙배열을 가지는 결정구조로 형성되기가 매우 쉽다는 말을 자주 언급하였다. 그러나 3장에서 간략하게 언급되었듯이, 어떤 특정한 조건에서는 금속일지라도 비결정질이고, 매우 무질서한 배열이며, 비정질 또는 유리질의 구조, 즉 *금속유리*(metallic glass)를 형성할 수 있고, 이때 원자들은 무질서한 방법으로 배열될 수 있다. 그림 9.70*a*는 결정질 고체(규칙적이며 평행한 형태에 주목)의 모식도를 보여주며, 9.70*b*는 비정질 또는 유리질 원자구조를 보여준다. 결정질 합금과

표 9.17 ➤ 니티놀의 특성

성질	특성값
용융온도, °C (°F)	1300 (2370)
밀도, g/cm^3 (lb/in^3)	6.45 (0.233)
비저항, $\mu\Omega\cdot$cm	
오오스테나이트	~100
마르텐사이트	~70
열전도도, W/m·°C (Btu/ft·h·°F)	
오오스테나이트	18 (10)
마르텐사이트	8.5 (4.9)
부식저항	300 시리즈 스테인리스강 또는 Ti합금과 유사
영계수, GPa (10^6 psi)	
오오스테나이트	~83 (~12)
마르텐사이트	~28~41 (~4-6)
항복강도, MPa (ksi)	
오오스테나이트	195~690 (28~100)
마르텐사이트	70~140 (10~20)
최대 인장강도, MPa (ksi)	895 (130)
변태온도, °C (°F)	−200에서 110 (−325에서 230)
이력온도, Δ°C (°F)	~30 (~55)
변태잠열, kJ/kg·atom (cal/g·atom)	167 (40)
형상기억 변형률	최대 8.5%

출처: *Metals Handbook*, 2d ed., ASM International, 1998.

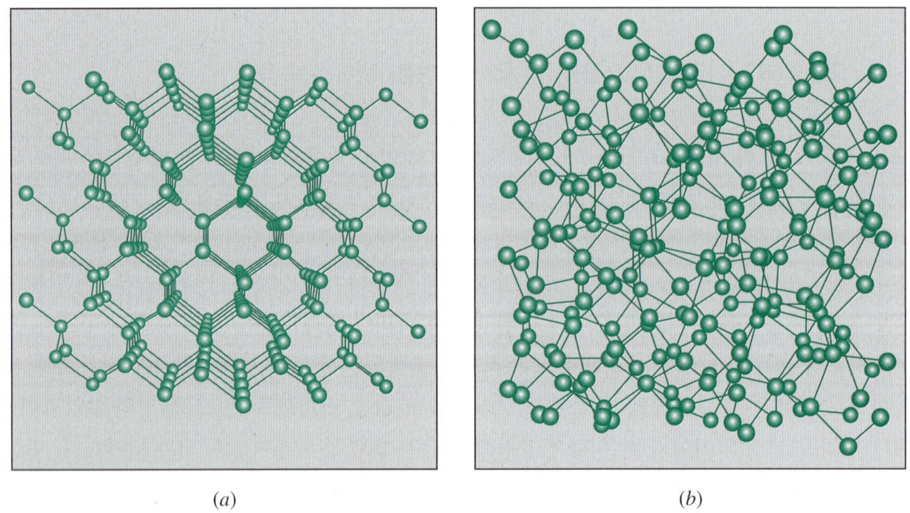

(*a*) (*b*)

그림 9.70 ➤ (*a*) 결정질 지르코늄 기반 합금과 (*b*) 비정질 지르코늄 기반 합금의 원자배열 비교.
(출처: Rutgers University.)

비교하여 유리질 합금의 비정질 특성을 쉽게 알 수 있다.

비정질 금속과 제조와 거동역학 비정질 금속의 개념은 새로운 것이 아니며 연구 시작 시기는 1960년대로 거슬러 올라간다. 비정질 금속은 고속으로 움직이며 냉각되는 금속 표면에 용융금속을 적용하면서 처음으로 개발되었다. 이것은 금속을 10^5 K/s의 속도로 급랭하는 결과를 가져오게 된다. 이와 같은 짧은 시간 동안에는 원자가 확산하여 결정을 형성할 수 있는 기회가 없기 때문에 고체는 비결정질의 상태로 남게 된다. 이러한 매우 빠른 급랭속도를 얻는 것은 쉽지만은 않다. 비정질 금속의 낮은 열전도도 때문에 최근까지도 아주 작은 크기의 박판이나 와이어 또는 분말과 같은 형태로만 비정질 금속을 제조할 수 있다.

비정질 금속에서는 원자들의 배열이 무질서하기 때문에, 전위의 활동도가 작아지고 그 결과 전위 움직임에 의한 변형을 시키기가 매우 어렵다. 또한 이들 금속들은 가공경화되지 않고 탄성거동과 완전 소성 특성을(응력-변형률 곡선에서 소성변형 영역은 수평적임) 나타낸다. 비정질 금속의 소성변형은 매우 불균일하고 심한 전단띠 내에 집중된다. 따라서 그와 같은 비정질 금속의 결정구조, 변형기구, 그리고 특성이 결정질 금속과는 완전히 다르다.

비결정질 금속의 응용 최근에는 훨씬 더 느린 냉각속도에서도 센티미터 정도의 크기 또는 벌크 형태의 비정질합금 제조가 가능해졌으며, 몇몇 비정질 합금은 상업적으로 적용이 가능해졌다. 티타늄, 구리, 지르코늄, 베릴륨 및 니켈과 같은 원자 반지름이 매우 상이한 금속들을 합금화시키는 경우, 결정화가 방해되고 비정질구조를 갖는다는 사실이 알려졌다. 이러한 합금들이 응고될 때는 수축의 정도가 심하지 않고 따라서 매우 정확한 치수 정확도를 맞출 수 있다. 그 결과 일반적인 금속들과 달리 비정질 금속에서는 나이프와 수술용 도구에서 볼 수 있는 날카로운 금속 표면을 부가적으로 날을 세우는 가공이나 마무리 처리 없이도 얻을 수 있다. 비정질 금속의 주요한 단점의 하나는 그 상태가 준안정상태이므로, 온도가 특정 임계값까지 올라가는 경우, 결정질 상태로 회복되어 결정질의 일반적인 특성이 나타나는 것이다.

비정질 금속의 상업적 응용의 예로는 Vit-001(지르코늄 기반) 주조합금이 있으며, 이 합금은 높은 탄성계수와 높은 항복강도(1900 MPa) 및 내식성을 가진다. 이 합금의 밀도는 알루미늄과 티타늄보다는 더 높지만 강보다는 낮다. 또한, 일반적인 금속보다 훨씬 높은 약 2%의 탄성변형률값을 가진다. 이러한 높은 탄성변형한계와 경도 때문에 비정질 금속의 초기 응용은 골프와 같은 스포츠 장비 산업 부분에 적용되어 왔다. 비정질 금속으로 제작되어 더 단단하고 보다 큰 탄성을 가지는 골프 헤드 인서트는 더 긴 거리의 비거리를 가능하게 했다. 벌크 형태의 비정질 금속을 제조하기 위한 공정기술의 발전에 따라 새로운 적용분야의 수는 점점 더 증가할 것이다.

9.11 요약

공업용 합금은 통상적으로 철합금과 비철합금으로 나눌 수 있다. 철합금은 주요한 합금 금속이 철인 반면, 비철합금은 주요한 합금금속이 철이 아닌 금속으로 이루어진 합금이다. 철합금인 강은 비교적 저렴하고 넓은 범위의 기계적 성질을 갖고 있으므로 현재까지 가장 중요한 금속합금이다. 탄소강의 기계적 성질은 냉간가공과 어닐링에 의해 크게 달라질 수 있다. 강의 탄소 함량이 약 0.3% 이상으로 증가되면 급랭과 템퍼링에 의해 일정 수준의 연성을 가지면서 높은 강도를 얻을 수 있다. 니켈, 크롬 및 몰리브덴 같은 합금 원소를 보통 탄소강에 첨가하여 저합금강을 만들 수 있다. 저합금강은 높은 강도와 인성이 잘 조합되어 기어나 샤프트, 차축 등의 용도로 자동차산업에 널리 사용되고 있다.

알루미늄합금은 주로 경량성, 가공성, 내식성 및 상대적으로 저렴한 가격 때문에 비철합금 중 가장 중요한 합금이다. 순수한 구리는 매우 높은 전기전도도와 내식성, 가공성 및 상대적으로 저렴한 가격으로 인해 널리 사용되고 있으며, 구리에 아연을 합금해서 만든 일련의 황동합금은 순수한 구리에 비해 강도가 높다.

스테인리스강은 산화성 분위기에서의 우수한 내식성 때문에 중요한 철합금이다. 스테인리스강을 "녹이 슬지 않게"하기 위해서는 최소한 12% Cr을 함유하고 있어야 한다.

주철은 여전히 산업적 중요성을 갖는 철합금 중의 하나이다. 주철은 가격이 싸고 우수한 주조성과 내마모성 및 내구성 같은 특수한 성질을 갖고 있다. 회주철은 구조 내의 편상흑연으로 인해 우수한 기계적 가공성과 진동흡수능을 갖는다.

이 장에서 다룬 그 외의 비철합금으로는 마그네슘, 티타늄 및 니켈합금들이 있다. 마그네슘합금은 매우 가벼워서 항공기 등에 응용되며 또한 재료를 다루는 장치에도 사용된다. 티타늄합금은 값이 고가이지만 다른 합금계에서는 얻을 수 없는 질량 대비 높은 강도의 특성으로 인해 비행기 구조재로 널리 사용되고 있다. 니켈합금은 내식성과 내산화성이 좋아서 정유나 화학 공정 산업등에 일반적으로 사용되고 있다. 니켈에 크롬 및 코발트가 합금원소로 첨가되면 니켈을 기반으로한 니켈 초합금을 이루며 이러한 합금은 제트 비행기 혹은 전기 발전소 설비의 가스터빈에 사용된다.

이 장에서 우리는 한정된 범위에서 중요한 공업용 합금의 조직과 성질 및 용도에 대해서 알아보았다. 또한 여러 산업분야에서 그 중요성과 응용이 증대되고 있는 특수목적을 가진 합금들에 대해 소개했다. 여러분야에서 응용이 되어지고 있는 금속 간 화합물, 비정질 금속, 초합금들이 특별히 중요하다. 이러한 재료들은 상용화된 일반적인 합금들보다 매우 우수한 특성들을 갖고있다.

9.12 용어 정의

9.2절

시멘타이트(cementite): 금속간 화합물 Fe_3C : 단단하고 취성이 있는 물질.

α 페라이트(α ferrite, Fe-Fe_3C 상태도의 α 상): BCC-철 내 탄소의 침입형 고용체. BCC철 내 탄소의 최대 고용도는 0.02%이다.

공석(보통 탄소강) [eutectoid (plain-carbon steel)]: 0.8% C의 강.

아공석(보통 탄소강) [hypoeutectoid (plain-carbon steel)]: 0.8% C 이하의 강.

과공석(보통 탄소강) [hypereutectoid (plain-carbon steel)]: 0.8~2.0% C의 강.

오오스테나이트(Austenite, Fe-Fe_3C **상태도의** γ**상**): FCC-철 내 탄소의 침입형 고용체; 오오스테나이트 내 탄소의 최대 고용도는 2.0%이다.

오오스테나이트화 처리(austenitizing): 오오스테나이트 온도범위로 가열하여 조직이 오오스테나이트로 되게 한다. 오오스테나이트화 처리 온도는 강의 조성에 따라 변화한다.

펄라이트(pearlite): 오오스테나이트의 공석분해에 의해 생성된 평행판(층상구조) 구조를 갖는 α 페라이트 상과 오오스테나이트상의 혼합물.

초석 α 페라이트(proeutectoid α ferrite): 공석온도 이상의 온도에서 오오스테나이트가 분해되어 형성되는 α 페라이트.

공석 α 페라이트(eutectoid α ferrite): 오오스테나이트의 공석분해 중 생성된 α 페라이트, 펄라이트 내 α 페라이트.

초석 시멘타이트(proeutectoid cementite, Fe_3C): 공석온도 이상의 온도에서 오오스테나이트가 분해되어 형성되는 시멘타이트.

공석 시멘타이트(eutectoid cementite, Fe_3C): 오오스테나이트의 공석분해 중 생성된 시멘타이트, 펄라이트 내 시멘타이트.

9.3절

마르텐사이트(martensite): 체심정방격자 (BCT) 철의 과포화 침입형 고용체.

등온변태(IT) **곡선**[(isothermal transformation (IT) diagram]: 시간-온도-변태 곡선으로 각각의 온도에서 등온상태로 한 상이 다른 상들로 분해되는 시간을 나타내고 있다.

베이나이트(bainite): 오오스테나이트의 분해에 의해 생성된 α 페라이트와 Fe_3C의 미세입자의 혼합물, 오오스테나이트의 비층상 공석분해 생성물.

연속냉각변태(CCT) **상태도**[continuous-cooling transformation (CCT) diagram)]: 시간-온도-변태 상태도로, 다른 냉각속도로 연속하여 한 상이 다른 상들로 분해되는 시간을 나타내고 있다.

템퍼링(강에서)[tempering (of a steel)]: 급랭된 강을 재가열하여 인성과 연성을 향상시키는 처리과정. 이 과정에서 마르텐사이트는 템퍼링된 마르텐사이트로 변태한다.

보통 탄소강(plain-carbon steel): 0.02~2% C의 Fe-C합금. 모든 상업용 보통 탄소강은 0.3~0.9%의 망간과 불순물인 황, 인, 실리콘을 함유하고 있다.

스페로다이트(spheroidite): α 페라이트 기지 내에 시멘타이트(Fe_3C) 입자의 혼합물.

마르템퍼링(마르퀜칭)[martempering (marquenching)]: 급랭 처리과정의 하나로, 오오스테나이트 조건의 강이 M_s 온도 이상에서 액체(염)욕에 열간급랭되고, 오오스테나이트가 변태하는 것을 막기 위해 매우 짧은 시간 유지하였다가 상온으로 서냉한다. 이 처리 후에 강은 마르텐사이트 조건이 되지만, 중단된 급랭에 의해 강 내의 응력이 제거된다.

오스템퍼링(austempering): 급랭 처리과정의 하나로, 오오스테나이트 조건의 강이, 강의 M_s 온도 바로 위의 온도까지 액체(염)욕에서 열간급랭되고 이 강의 오오스테나이트가 완전 변태할 때까지 염욕에 유지하였다가 상온으로 냉각한다. 이 처리에 의해 보통 탄소공석강이 완전 베이나이트 조건으로 생성될 수 있다.

M_s: 강의 오오스테나이트가 마르텐사이트의 변태를 시작하는 온도.

M_f: 강의 오오스테나이트가 마르텐사이트의 변태를 마치는 온도.

9.4절

경화능(hardenability): 오오스테나이트 조건에서 급랭시 강이 마르텐사이트로 형성되는 용이성을 말한다. 경화능이 큰 강은 두께방향 전체 영역에 걸쳐서 마르텐사이트를 형성한다. 경화능과 경도를 혼동해서는 안된다. 경도는 재료의 침투에 대한 저항값이다. 강의 경화능은 주로 조성과 입자 크기와 함수관계를 가진다.

Jominy 경화능시험(Jomminy hardenability test): 1인치(2.54 cm) 지름과 4인치(10.2 cm) 길이의 막대가 오오스테나이트화되고 한쪽 끝이 물로 급랭된다. 급랭된 한쪽 끝에서 약 2.5인치(6.35 cm)까지 막대를 따라 경도를 측정한다. *Jominy* 경화능곡선의 그래프는 급랭된 한쪽 끝에서의 거리로부터 측정된 막대의 경도를 통하여 작성된다.

9.8절

백주철(white cast irons): 철-탄소-실리콘(Fe-C-Si) 합금으로 1.8~3.6% C와 0.5~1.9% Si을 함유하고 있다. 백주철은 많은 양의 철탄화물을 함유하고 있다. 이는 주철을 단단하고 취성을 갖게 한다.

회주철(gray cast irons): 철–탄소–실리콘(Fe-C-Si) 합금으로 2.5~4.0% C와 1.0~3.0% Si을 함유하고 있다. 회주철은 많은 양의 탄소를 편상 흑연의 형태로 함유하고 있다. 회주철은 가공하기 쉽고 양호한 마모저항성을 가지고 있다.

연주철(ductile cast irons): 철–탄소–실리콘(Fe-C-Si) 합금으로 3.0~4.0% C와 1.8~2.8% Si을 함유하고 있다. 회주철의 경우처에는 탄소가 편상 흑연의 형태로 존재하는 데 반하여 연주철에서는 많은 양의 탄소가 구상의 형태로 존재한다. 액체의 상태에서 주조가 되기 전에 마그네슘을 첨가(약 0.05%)하면 구상을 형성하게 된다. 연주철은 일반적으로 회주철보다 연성이 좋다.

가단주철(malleable cast iorns): 철–탄소–실리콘(Fe-C-Si) 합금으로 2.0~2.6% C와 1.1~1.6% Si을 함유하고 있다. 가단주철은 먼저 백주철로 주조되고, 약 940°C (1720°F)로 3~20시간 정도 유지하여 열처리된다. 이 과정에서 백주철 내 철탄화물은 불규칙한 형상의 구상이나 흑연으로 분해된다.

9.10절

금속 간 화합물(intermetallics): 높은 경도와 고온강도를 갖지만 취성 특성을 가지는 금속 원소의 화학양론적 화합물.

형상기억합금(shape-memory alloys): 적절한 열처리공정을 거치면 이전에 정의된 모양으로 회복되는 금속합금.

비정질 금속(amorphous metal): 비결정질의 구조를 갖는 금속으로 비결정질 금속(glassy metal)이라고도 부른다. 이 합금들은 높은 탄성변형률 한계값(elastic strain threshold)을 갖는다.

9.13 연습 문제

*표시를 한 문제는 책 마지막에 답을 제공하였다.

■ 지식과 이해 문제

9.1 (*a*) 철산화물에서 원료 선철은 어떻게 추출하는가?
(*b*) 철을 생산하기 위해 일산화탄소에 의한 철산화물(Fe_2O_3)의 일반적인 화학반응을 써라.
(*c*) 선철을 강으로 전환하는 염기성 산소공정(basic oxygen process)에 대하여 설명하라.

9.2 (*a*) Fe-Fe_3C 상태도는 왜 실제 평형상태도가 아니라 준안정상태도인가?
(*b*) Fe-Fe_3C 상태도에 나타나는 다음 상들을 정의하라.
(*i*) 오오스테나이트, (*ii*) α 페라이트, (*iii*) 시멘타이트, (*iv*) δ 페라이트
(*c*) Fe-Fe_3C 상태도에서 일어나는 3가지 불변반응을 써라.

9.3 (*a*) 펄라이트 구조에 대하여 설명하라.
(*b*) 펄라이트 구조에서 모든 가능한 상이 나타난 구조의 개략도를 그려보라.

9.4 다음의 3가지 형태의 보통탄소강을 구별하라.
(*a*) 공석강, (*b*) 아공석강, (*c*) 과공석강

9.5 초석 페라이트와 공석 페라이트의 차이점은 무엇인가?

9.6 (*a*) Fe-C 마르텐사이트를 정의하라.
(*b*) 보통 탄소강에 존재하는 다음 형태의 Fe-C 마르텐사이트에 관해 기술하라.
(*i*) 래스 마르텐사이트 (*ii*) 판상 마르텐사이트
(*c*) 보통 탄소강에서 나타나는 Fe-C 마르텐사이트 변태의 주요 특성에 관해 기술하라.
(*d*) Fe-C 마르텐사이트의 탄소 함량이 약 0.2%를 초과할 때 BCC (체심입방격자) 철격자에서 정방정계격자 특성을 나타내는 요소는 무엇인가?
(*e*) 보통 탄소강에서 탄소 함량이 높을 때 Fe-C 마르텐사이트의 경도와 강도가 높아지는 이유는 무엇인가?

9.7 (*a*) 고체상태에서 등온변태란 무엇인가? (*b*) 공석 보통 탄소강의 등온변태곡선을 그리고 여러 분해생성물을 표시하라. 일련의 실험을 통하여 어떻게 이 곡선이 구성될 수 있는가?

9.8 아공석 보통 탄소강의 등온변태곡선은 공석강의 경우와 어떻게 다른가?

9.9 공석 보통 탄소강의 연속냉각변태도를 그려라. 그리고 공석 보통 탄소강의 등온변태도와 어떻게 다른가?

9.10 (*a*) 보통 탄소강의 완전어닐링 열처리에 대해 기술하라. (*b*) 어떤 종류의 미세조직이 완전어닐링 열처리된 (*i*) 공석강과 (*ii*) 아공석강에서 생성되는가?

9.11 0.3% C 이하의 함량을 가지는 아공석 보통 탄소강의 부분 어닐링 열처리과정을 기술하라.

9.12 강에서 노멀라이징 열처리란 무엇인가? 이 열처리 목적은 무엇인가?

9.13 보통 탄소강의 템퍼링처리란 무엇인가?

9.14 (*a*) 보통 탄소강의 마르템퍼링을 (마르퀜칭) 기술하라. (*b*) 오오스테나이트 안정화 처리가 된 보통강의 마르템퍼링(마르퀜칭)시킬 때 IT 곡선을 이용하여 냉각곡선을 그려라. (*c*) 위의 보통강을 마르템퍼링 처리를 하게 되면 어떤 종류의 미세구조가 형성되는가? (*d*) 마르템퍼링의 장점은? (*e*) 마르템퍼링한 강을 템퍼링 처리를 하게 되면 어떤 종류의 미세구조가 형성되는가? (*f*) 마르템퍼링이라는 용어가 잘못된 표현인 이유는? 그와 같은 열처리 공정을 보다 정확하게 기술할 수 있는 용어를 제안하라.

9.15 (*a*) 보통강에서 오스템퍼링 열처리를 기술하라. 오스템퍼링된 오오스테나이트화 처리된 공석보통 탄소강의 냉각곡선을 등온변태곡선을 사용하여 그려라. (*b*) 공석 보통 탄소강을 오스

템퍼링하면 어떤 미세 조직이 생성되는가? (*c*) 오스템퍼링된 강은 템퍼링이 필요한지 설명하라. (*d*) 오스템퍼링 처리의 장점은 무엇인가? (*e*) 단점은 무엇인가?

9.16 (*a*) 보통 탄소강의 경우 AISI와 SAE에 의해 사용되는 명명체계를 설명하라. (*b*) 저합금강을 명명하는 AISI-SAE 체계란 무엇인가?

9.17 (*a*) 보통 탄소강의 공업적 설계상 주요 제한사항은 무엇인가? (*b*) 저합금강을 제조하기 위해 보통 탄소강에 첨가되는 주요 합금 원소는 무엇인가? (*c*) 탄소강의 페라이트에는 주로 무슨 원소들이 용해되어 있는가? (*d*) 다음 원소들에서 탄화물 형성을 증가시키는 경향을 순서대로 나열하라. 티타늄, 크롬, 몰리브덴, 바나듐, 텅스텐

9.18 (*a*) 강에서 알루미늄은 어떠한 화합물을 형성하는가? (*b*) 강에서 오오스테나이트를 안정화시키는 원소 두 가지를 예를 들어라. (*c*) 강에서 페라이트를 안정화시키는 원소 네 가지를 예를 들어라.

9.19 Fe-Fe_3C 상태도에서 공석온도를 높이는 원소는? 또한 어떤 원소가 공석온도를 낮추는가?

9.20 (*a*) 강의 경화능을 정의하라. (*b*) 강의 경도를 정의하라. (*c*) Jominy 경화능시험을 설명하라. (*d*) Jominy 경화능 곡선을 구성하는 데이터는 어떻게 얻어지며, 그 곡선이 어떻게 구성되는가를 설명하라. (*d*) Jominy 경화능 곡선은 어떤 산업적 목적에 이용되는가?

9.21 (*a*) 석출경화가 가능한 합금은 열처리에 의해 어떻게 강화되는가를 설명하라. (*b*) 2 원합금이 석출 경화하는 데 어떤 형태의 상태도가 필요한가? (*c*) 석출경화 가능합금을 강화시키는 기본적인 3가지 열처리단계는 무엇인가? (*d*) 2원 석출경화 가능합금이 용체화 열처리 단계를 위해 어떤 온도범위로 가열되어져야 하는가? (*e*) 용체화 열처리와 급랭 후에 석출경화 가능한 합금이 왜 비교적 약해지는가?

9.22 (*a*) 석출강화형 합금에서 자연시효와 인위적인 시효(aging)의 차이점은?
(*b*) 석출경화용 합금에서 과포화된 상태가 분해될 때 구동력은 무엇인가?
(*c*) 석출경화용 합금을 과포화된 상태에서 저온에서 시효시킬 때 먼저 분해되는 물질은 무엇인가?
(*d*) GP zone이란?

9.23 (*a*) 석출경화 가능합금의 시효곡선은 무엇인가? (*b*) 저온에서 상당히 적은 시간 시효된 합금에서 생성되는 석출물의 종류에는 어떤 것들이 있는가? (*c*) 과시효된 경우는 어떤 종류들의 석출물이 있는가?

9.24 정합 석출물과 부정합 석출물의 차이점은 무엇인가?

9.25 Al-4% Cu합금의 과포화 고용체가 시효 되었을 때 생성될 수 있는 네 가지 분해조직을 설명하라.

9.26 (*a*) 알루미늄을 대단히 유용한 공업용 재료로 사용하게 만드는 대표적인 특성은 무엇인가? (*b*) 보크사이트 광석에서 알루미늄 산화물은 어떻게 추출하는가? (*c*) 순 알루미늄 산화물에서 Al은 어떻게 추출하는가? (*d*) 알루미늄 가공합금은 어떻게 분류되는가? (*e*) 알루미늄합금의 기본적인 템퍼 표시란 무엇인가?

9.27 (*a*) 알루미늄 가공합금들 (시리즈 번호) 중 열처리가 용이하지 않은 종류들에는 어떤 것들이 있는가? (*b*) 열처리가 용이한 종류들에는 어떤 것들이 있는가? (*c*) 열처리가 가능한 알루미늄 가공합금의 기본적인 강화 석출물은 무엇인가?

9.28 (*a*) 통상적인 순알루미늄의 조성은? (*b*) 이와 같은 순알루미늄은 열처리가 가능한가? (*c*) 어떠한 불순물이 순알루미늄의 강도를 증가시키는가? (*d*) 순알루미늄의 적용예는?

9.29 (*a*) 2xxx 시리즈의 알루미늄 합금의 조성계는?
(*b*) 강도를 증가시키기 위하여 이러한 합금들은 열처리가 가능한가?
(*c*) 어떠한 원소들이 이러한 합금들의 강도를 증가시키고 그 방법은?
(*d*) 이러한 합금들의 적용예는?

9.30 (*a*) 3xxx 시리즈의 알루미늄 합금의 조성계는?
(*b*) 강도를 증가시키기 위하여 이러한 합금들은 열처리가 가능한가?
(*c*) 어떠한 원소들이 이러한 합금들의 강도를 증가시키고 그 방법은?
(*d*) 이러한 합금들의 적용예는?

9.31 (*a*) 5xxx 시리즈의 알루미늄 합금의 조성계는?
(*b*) 강도를 증가시키기 위하여 이러한 합금들은 열처리가 가능한가?
(*c*) 어떠한 원소들이 이러한 합금들의 강도를 증가시키고 그 방법은?
(*d*) 이러한 합금들의 적용예는?

9.32 (*a*) 6xxx 시리즈의 알루미늄 합금의 조성계는?
(*b*) 강도를 증가시키기 위하여 이러한 합금들은 열처리가 가능한가?
(*c*) 어떠한 원소들이 이러한 합금들의 강도를 증가시키고 그 방법은?
(*d*) 이러한 합금들의 적용예는?

9.33 (*a*) 7xxx 시리즈의 알루미늄 합금의 조성계는?
(*b*) 강도를 증가시키기 위하여 이러한 합금들은 열처리가 가능한가?
(*c*) 어떠한 원소들이 이러한 합금들의 강도를 증가시키고 그 방법은?
(*d*) 이러한 합금들의 적용예는?

9.34 (*a*) 알루미늄합금에 사용되는 3가지 주요 주조공정을 기술하라. (*b*) 알루미늄 주조합금은 어떻게 분류되는가? (*c*) 알루미늄 주조합금의 가장 중요한 합금 원소는 무엇인가? 이유는?

9.35 (*a*) 산업상 주요금속인 순수 구리의 대표적인 주요 특성은

무엇인가? (*b*) 황화구리 광석에서 구리는 어떻게 추출되는가? (*c*) 구리개발협회(Copper Development Association System)에 의해서 구리합금은 어떻게 분류되는가?

9.36 전해 무산화동이 수소분위기 하에서 400°C 이상인 경우에 사용하지 못하는 이유는 무엇인가?

9.37 ETP 동의 수소취성을 피할 수 있는 방법은 무엇인가? 2가지 방법을 제시하라.

9.38 (*a*) 스테인리스강을 "녹이 없는"강으로 만드는 합금 원소의 종류는 무엇이고 무게 백분율은 얼마나 되는가? (*b*) 스테인리스강을 보호하는 표면막의 종류는 무엇인가? (*c*) 스테인리스강의 네 가지 기본 형태는 무엇인가?

9.39 (*a*) Fe-Cr 상태도에서 γ 루프는 무엇인가? (*b*) 크롬은 철의 오오스테나이트 혹은 페라이트를 안정하게 하는 원소인가? 이유를 설명하라.

9.40 (*a*) 페라이트 스테인리스강의 기본 조성은 무엇인가? (*b*) 페라이트 스테인리스강의 열처리가 용이하지 않은 이유는 무엇인가? (*c*) 페라이트강의 대표적인 응용은 무엇인가?

9.41 (*a*) 마르텐사이트 스테인리스강의 기본조성은 무엇인가? (*b*) 이 강들은 열처리가 용이한가? (*c*) 마르텐사이트 스테인리스강의 대표적인 응용은 무엇인가?

9.42 (*a*) 주철이란 무엇인가? (*b*) 기본적인 조성범위는 얼마인가? (*c*) 주철을 주요 공업용 재료로 가능하게하는 주요 성질은 무엇인가? (*d*) 이들의 대표적인 응용은 무엇인가? (*e*) 네 가지 기본적인 형태의 주철은 무엇인가?

9.43 (*a*) 100배로 관찰된 주조상태의 합금원소가 첨가되지 않은 백주철의 미세조직을 설명하라. (*b*) 백주철의 파단면이 백색으로 보이는 이유는 무엇인가?

9.44 (*a*) 100배로 관찰된 주조상태의 30 클래스 회주철의 미세조직을 설명하라. (*b*) 회주철의 파단면이 회색으로 보이는 이유는 무엇인가? (*c*) 회주철의 대표적 응용은 무엇인가?

9.45 (*a*) 회주철의 경우 탄소와 실리콘의 조성범위는 얼마인가? (*b*) 왜 회주철의 경우 더 많은 실리콘 함량을 가지는가? (*c*) 회주철 형성에 적절한 주조조건은 무엇인가?

9.46 주조상태의 회주철에서 완전한 페라이트 기지가 형성되는 방법은 무엇인가?

9.47 (*a*) 연주철의 경우 탄소와 실리콘의 조성범위는 얼마인가? (*b*) 100배로 관찰된 80-55-06 연주철의 미세조직을 설명하라. (*c*) 황소의 눈(bull's eye)조직은 어떻게 하여 생기는가? (*d*) 연주철이 일반적으로 회주철보다 더 큰 연성을 가지는 이유는 무엇인가? (*e*) 연주철의 대표적인 응용은 무엇인가?

9.48 연주철에서 흑연이 회주철에서처럼 흑연 편상 대신에 구상을 형성하는 이유는 무엇인가?

9.49 (*a*)가단주철에서 탄소와 실리콘의 조성범위는 무엇인가? (*b*) 100배로 관찰된 페라이트 가단주철(M3210 등급)의 미세조직을 설명하라. (*c*) 가단주철의 제조방법은 무엇인가? (*d*) 가단주철의 대표적인 특성의 이점은 무엇인가? (*e*) 가단주철의 대표적인 응용은 무엇인가?

9.50 (*a*) 마그네슘합금이 공업용 재료로 어떤 이점이 있는가? (*b*) 마그네슘합금의 표시방법을 설명하라. (*c*) 마그네슘을 고용강화시킬 수 있는 원소는 어떤 것들이 있는가? (*d*) 마그네슘합금을 냉간가공하기 어려운 이유는 무엇인가? (*e*) 마그네슘의 고온강도를 향상시킬 수 있는 원소에는 어떤 것 들이 있는가?

9.51 다음 마그네슘합금이 표시하는 의미를 설명하라. (*a*) ZE63A-T6, (*b*) ZK51A-T5, (*c*) AZ31B-H24.

9.52 (*a*) 우주항공 분야와 같이 특별히 중요한 공업용 재료로 티타늄과 그 합금이 사용되는 이유는 무엇인가? (*b*) 티타늄 금속의 가격이 높은 이유는 무엇인가? (*c*) 883°C에서, 티타늄합금은 어떤 결정구조로 변하는가? (*d*) 티타늄의 α 상을 안정하게 하는 두 원소는 무엇인가? (*e*) 티타늄의 β 상을 안정하게 하는 두 원소는 무엇인가? (*f*) 가장 중요한 티타늄합금은 무엇인가? (*g*) 티타늄과 그 합금의 대표적인 응용은 무엇인가?

9.53 (*a*) 니켈이 공업적으로 중요한 금속인 이유는 무엇인가? (*b*) 이 금속의 장점 및 (*c*) 단점은 무엇인가?

9.54 (*a*) 모넬합금이란 무엇인가? (*b*) 이 합금의 응용에는 어떤 것이 있는가? (*c*) 석출강화 가능합금인 모넬 K500을 강화시키기 위해 사용되는 석출물의 종류에는 어떤 것들이 있는가?

9.55 (*a*) 어떤 관점에서 니켈기 초합금이 "초"인가? (*b*) 대부분의 니켈기 초합금의 기본 조성은 얼마인가? (*c*) 니켈기 초합금에 나타난 세 가지 주요 상은 무엇인가?

9.56 (*a*) 금속 간 화합물이 무엇인가? 예를 들어라. (*b*) 금속 간 화합물의 응용분야를 서술하라. (*c*) 고온용 합금에 대해 금속 간 화합물의 장점과 (*d*) 단점은 무엇인가? (*e*) 니켈 알루미늄 금속 간 화합물이나 티타늄 알루미늄 금속 간 화합물과 같은 금속 간 화합물에서의 알루미늄의 역할은 무엇인가?

9.57 (*a*) 형상기억합금(SMAs)은 무엇인가? (*b*) 형상기억합금의 응용분야와 예를 서술하라. (*c*) 형상기억합금의 제조방법을 설명하라. (*d*) 형상기억합금이 어떻게 작동되는지 대략적인 그림으로 설명하라.

9.58 (*a*) 비정질 재료란 무엇인가? (*b*) 비정질 재료의 제조방법을 설명하라. (*c*) 비정질 재료의 특이한 성질과 응용분야를 서술하라. (*d*) 비정질 재료가 어떻게 작동되는지 대략적인 그림으로 설명하라.

■ 응용과 분석 문제

9.59 보통 탄소 공석강이 공석온도 바로 위의 오오스테나이트 영역에서 서냉될 때 발생되는 조직변화를 설명하라.

9.60 0.4% C 보통 탄소강이 상부 변태온도 바로 위의 오오스테나이트 영역에서 서냉될 때 발생되는 조직변화를 설명하라.

***9.61** 얇은 공석 보통 탄소강 시편이 오오스테나이트 영역에서 열간 급랭되고 변태가 완료될 때까지 700°C에서 유지된다면 어떤 미세조직이 생기는가?

9.62 얇은 공석 보통 탄소강 시편이 오오스테나이트 영역에서 수냉되어 상온에 이르면, 어떤 미세조직이 생기는가?

9.63 (*a*) 0.2% C 이상의 보통 탄소강을 (*i*) 20~250°C, (*ii*) 250~350°C, (*iii*) 400~600°C의 온도범위에서 템퍼링하면 어떤 형태의 미세조직이 생성되는가? (*b*) 어떤 요소가 템퍼링 중 보통 탄소강의 경도를 감소시키는가?

***9.64** 0.65% C 아공석 보통 탄소강이 950°C에서 서냉하여 727°C 바로 위의 온도에 이르렀다. 오오스테나이트의 무게 백분율과 초석 페라이트의 무게 백분율을 계산하라.

9.65 0.25% C 아공석 보통 탄소강이 950°C에서 서냉하여 727°C 바로 아래의 온도에 이르렀다.

a. 이 강의 초석 페라이트의 무게 백분율을 계산하라.
b. 이 강의 공석 페라이트의 무게 백분율과 공석 시멘타이트의 무게 백분율을 계산하라.

9.66 보통 탄소강이 93 wt% 페라이트와 7 wt% Fe_3C를 함유하고 있다. 평균 탄소 무게 백분율은 얼마인가?

9.67 보통 탄소강이 45 wt% 초석 페라이트를 함유하고 있다. 평균 탄소 무게 백분율은 얼마인가?

9.68 보통 탄소강이 5.9 wt% 아공석 페라이트를 함유하고 있다. 평균 탄소 무게 백분율은 얼마인가?

9.69 0.9% C 과공석 보통 탄소강이 900°C에서 727°C의 바로 위의 온도로 서냉되었다. 이 강에 존재하는 초석 시멘타이트와 오오스테나이트의 무게 백분율을 계산하라.

9.70 1.10% C 과공석 보통 탄소강이 900°C에서 727°C의 바로 아래의 온도로 서냉되었다.

a. 이 강에 존재하는 초석 시멘타이트의 무게 백분율을 계산하라.
b. 이 강에 존재하는 공석 시멘타이트의 무게 백분율과 공석 페라이트의 무게 백분율을 계산하라.

***9.71** 과공석 보통 탄소강이 4.7 wt% 초석 시멘타이트를 함유하고 있다면 평균탄소 무게 백분율은 얼마인가?

9.72 과공석 보통 탄소강이 10.7 wt% 공석 Fe_3C를 함유하고 있다. 평균 탄소 무게 백분율은 얼마인가?

9.73 보통 탄소강이 20.0 wt% 초석 페라이트를 함유하고 있다. 평균 탄소 무게 백분율은 얼마인가?

9.74 0.55% C의 아공석 보통 탄소강이 950°C에서 727°C 바로 아래의 온도로 서냉되었다.

a. 이 강의 초석 페라이트의 무게 백분율을 계산하라.
b. 이 강의 공석 페라이트와 공석 시멘타이트의 무게 백분율을 계산하라.

9.75 아공석강이 44.0 wt% 공석 페라이트를 함유하고 있다. 평균 탄소 무게 백분율은 얼마인가?

***9.76** 아공석강이 24.0 wt% 공석 페라이트를 함유하고 있다. 평균 탄소 무게 백분율은 얼마인가?

***9.77** 1.10% C 과공석 보통 탄소강이 900°C에서 727°C 바로 아래의 온도로 서냉되었다.

a. 이 강에 존재하는 초석 시멘타이트의 무게 백분율을 계산하라.
b. 이 강에 존재하는 공석 시멘타이트와 공석 페라이트의 무게 백분율을 계산하라.

9.78 1080강이 다음의 미세조직을 생성하도록 등온변태곡선에서 시간–온도 냉각경로를 그려라. 시간 = 0과 온도 = 850°C의 오오스테나이트 조건에서 시작한다. (*a*) 100% 마르텐사이트, (*b*) 50% 마르텐사이트와 50% 조대한 펄라이트, (*c*) 100% 미세 펄라이트, (*d*) 50% 마르텐사이트와 50% 상부 베이나이트, (*e*) 100% 상부 베이나이트, (*f*) 100% 하부 베이나이트

9.79 1080강이 다음의 미세조직을 생성하도록 연속냉각변태곡선에서 시간–온도 냉각경로를 그려라. 시간 = 0과 온도 = 850°C의 오오스테나이트 조건에서 시작한다. (*a*) 100% 마르텐사이트, (*b*) 50% 마르텐사이트와 50% 조대 펄라이트 (*c*) 100% 미세 펄라이트, (*d*) 50% 마르텐사이트와 50% 상부 베이나이트 (*e*) 100% 상부 베이나이트 (*f*) 100% 하부 베이나이트

9.80 이번 장에 있는 표들을 이용하여 1040, 1340, 4140, 4340 강과 합금강의 어닐링이 된 상태에서의 항복응력을 구하라. 관찰된 성질과 차이점과 그 원인은 무엇인가?

9.81 이 장에 있는 표들을 이용하여 (*a*) 1040, 1340, 4140, 4340 강들을 어닐링 후 급랭과 템퍼링 열처리를 하였을 때 각각의 조건에서의 항복응력은 얼마인가? (*b*) 각 합금들을 급랭 및 템퍼링 처리를 하였을 때 강도는 몇 % 증가하였는가? 관찰된 차이에 대하여 설명하고 그 이유는 무엇인가?

9.82 이번 장에 있는 표들을 이용하여 4340과 8650 합금강의 조성과 성질을 비교하라. 조성에서 차이점은 무엇인가? 항복응력 값 및 인장강도 값의 차이는 얼마인가? 구조재의 적용에서 관찰된 특성을 기반으로 볼 때 어떤 재료를 추천할 것인가?

9.83 다음의 원소들이 강의 성질에 미치는 영향에 대하여 설명하라. (*a*) 탄소 (*b*) 망간 (*c*) 크롬 (*d*) 니켈 (*e*) 몰리브덴 (*f*) 알루미늄 (*g*) 바나듐

9.84 표 9.8을 참고하여 어닐링이 된 상태에서 소성변형에 저항이 가장 큰 알루미늄 합금을 선택하고 그 이유를 설명하라.

9.85 표 9.8을 참고하여 어닐링이 된 상태에서 열처리를 통하여 강도증가가 가장 빨리 일어날수 있는 알루미늄 합금을 선택하고 그 이유를 설명하라.

9.86 표 9.3과 표 9.8을 참고하여 인장강도가 가장 큰 알루미늄 합금은 무엇인가? 어떤 보통 탄소강이 가장 큰 알루미늄 합금의 인장강도 값과의 차이가 ±10% 범위 안의 값을 갖는가? 가장 강도가 큰 탄소강과 알루미늄 합금의 강도를 비교하라.

***9.87** 열간압연된 0.3 mm 두께의 1080강 스트립을 다음과 같이 열처리하였다. 그림 9.23의 등온변태곡선과 아래의 열처리조건들을 미세조직을 결정하는 데 이용하라.

a. 860°C에서 1시간 가열한 후, 물에서 급랭한다.
b. 860°C에서 1시간 가열한 후, 물에서 급랭하고, 350°C에서 1시간 재가열한다. 이 열처리의 명칭은 무엇인가?
c. 860°C에서 1시간 가열한 후, 700°C 용융염욕에서 급랭하고 2시간 유지 후 물에서 급랭한다.
d. 860°C에서 1시간 가열한 후, 260°C 용융염욕에서 급랭하고 1분 유지 후 공랭한다. 이 열처리의 명칭은 무엇인가?
e. 860°C에서 1시간 가열한 후, 350°C 염욕에서 급랭하고, 1시간 유지 후 공랭한다. 이 열처리의 명칭은 무엇인가?
f. 860°C에서 1시간 가열한 후, 물에서 급랭하고 700°C에서 1시간 재가열한다.

***9.88** 오오스테나이트화된 55 mm 지름의 9840 강봉이 교반오일에서 급랭되었다. 막대 중심에서 (*a*) $\frac{3}{4}$R 지점과 (*b*) 중심에서의 Rockwell C 경도를 예측하라.

9.89 오오스테나이트화한 60 mm 지름의 4140 강봉이 교반수에서 급랭되었다. 봉의 (*a*) 표면과 (*b*) 중심의 Rockwell C 경도를 예측하라.

9.90 오오스테나이트화한 50 mm 지름의 5140 강봉이 교반오일에서 급랭되었다. 이 봉의 Rockwell C 경도는 (*a*) 표면과 (*b*) 표면과 중심의 중간부분(반지름의 중간)에서 어떠한가를 예측하라.

9.91 오오스테나이트화한 80 mm 지름의 4340 강봉이 교반수에서 급랭되었다. 이 봉의 Rockwell C 경도는 (*a*) 표면과 (*b*) 중심에서 어떠한가를 예측하라.

9.92 오오스테나이트화한 50 mm 지름의 5140 강봉이 교반오일에서 급랭되었다. 이 봉의 Rockwell C 경도는 (*a*) $\frac{3}{4}$R 지점과 (*b*) 중심에서 어떠한가를 예측하라.

***9.93** 오오스테나이트화되고 급랭된 4140 강봉의 표면 한 지점에서의 Rockwell C 경도가 40이다. 봉의 이 위치에서 냉각속도가 어떠한가?

9.94 오오스테나이트화되고 급랭된 8640 강봉의 표면 한 지점에서의 Rockwell C 경도가 35이다. 봉의 이 위치에서 냉각속도는 어떠한가?

9.95 오오스테나이트화되고 급랭된 5140 강봉의 표면 한 지점에서의 Rockwell C 경도가 35이다. 봉의 이 위치에서 냉각속도는 어떠한가?

9.96 오오스테나이트화된 40 mm 지름의 4340 강봉이 교반수에서 급랭되었다. 이 봉에서 Rockwell C 경도를 봉 표면에서 봉의 지름 방향으로 다른 쪽으로 가로지르는 아래의 여러 위치에서의 경도값을 그려보라. 위치: 표면, $\frac{3}{4}$ R, $\frac{1}{2}$ R(반지름의 중간), 중심. 이렇게 나타내는 방법은 봉의 지름에 대한 경도변화라고도 부른다. 경도의 분포경향은 봉의 중심을 기준으로 대칭이라 가정한다.

9.97 오오스테나이트화된 50 mm 지름의 9840 강봉이 교반오일에서 급랭되었다. 이 강을 문제 9.83의 경도분포경향과 같이 나타내어라.

9.98 오오스테나이트화된 60 mm 지름의 8640 강봉이 교반오일에서 급랭되었다. 이 강을 문제 9.83의 경도분포경향과 같이 나타내어라.

9.99 오오스테나이트화된 60 mm 지름의 8640 강봉이 교반수에서 급랭되었다. 이 강을 문제 9.83의 경도분포경향과 같이 나타내어라.

***9.100** 오오스테나이트화된 4340 표준강봉이 5°C/s 냉각속도로 냉각되었다(Jominy 봉의 급랭된 한쪽 끝에서 51 mm). 200°C에서 이 봉의 미세조직에 어떤 성분이 있겠는가(그림 9.38 참고)?

9.101 오오스테나이트화된 4340 표준강봉이 8°C/s 냉각속도로 냉각되었다(Jominy 봉의 급랭된 한쪽 끝에서 19.0 mm). 200°C에서 이 봉의 미세조직에 어떤 성분이 있겠는가(그림 9.38 참고)?

9.102 오오스테나이트화된 4340 표준강봉이 50°C/s 냉각속도로 냉각되었다[Jominy 봉의 급랭(quenching)된 한쪽 끝에서 9.5 mm]. 200°C에서 이 봉의 미세조직에 어떤 성분이 있겠는가(그림 9.38 참고)?

9.103 다음 Cu-Zn 황동의 75배 미세조직을 설명하라,
a. 어닐링한 조건의 70% Cu-30% Zn(카트리지 황동)
b. 열간압연조건에서 60% Cu-40% Zn(Muntz 금속)

***9.104** Al-5.0% Cu합금이 548°C에서 27°C로 서냉되었을 때 θ 상의 무게 백분율을 계산하라. Al-Cu 합금의 27°C에서의 고용도는 0.02 wt%로, θ 상의 Cu 함량은 54.0 wt% Cu로 가정한다.

9.105 2원계 Al-8.5 wt% Cu합금을 700°C에서 548°C(공정온도) 바로 아래로 서냉하였다.
a. 548°C 바로 위에 나타난 초정 α의 무게 백분율을 계산하라.
b. 548°C 바로 아래에 나타난 공정 α의 무게 백분율을 계산하라.
c. 548°C 바로 아래에 나타난 θ 상의 무게 백분율을 계산하라.

■ 통합과 평가 문제

9.106 (*a*) 900°C에서 1 wt% 탄소를 함유하고 있는 보통 탄소강에서 100개의 격자에는 얼마나 많은 탄소 원자가 있는가? (*b*) 만약 이 합금이 727°C 바로 이하로 냉각된다면, α 페라이트상으로 된 100개의 격자에는 얼마나 많은 탄소 원자가 있는가? (*c*) 만약 상온에서 페라이트 내의 탄소 함량이 0.005 wt%로 감소하였다면, 하나의 탄소 원자를 찾기 위해서는 몇 개의 격자가 필요한가? 세 문제에서의 차이점은?

9.107 그림 9.19에서 1.2 wt%의 탄소 함량을 가지는 보통 탄소강을 고려하자. 이 그림을 참고하여 1.2wt%의 보통탄소강의 마트텐사이트강, 펄라이트강, 구상화된 강에서의 경도값은 얼마인가? 같은 조성을 가지지만 경도값이 크게 차이나는 이유를 자세히 설명하라.

9.108 그림 9.24의 공석강에서 상부 베이나이트 조직(350°C~550°C의 등온 변태 온도에서 형성)이 하부 베이나이트 조직

(250°C~350°C의 등온 변태 온도에서 형성)보다 Fe_3C 지역이 더 큰 이유를 설명하라.

9.109 그림 9.25에 의하면 과공석강(0.47 wt% C)으로부터 100% 마르텐사이트를 형성하기가 불가능하다. 그 이유를 설명하라.

9.110 1.1 wt% C의 보통 탄소강에 대한 등온 변태 상태도의 형태가 그림 9.23에 나타난 공석강 경우와는 일반적으로 다르며, 이러한 차이를 도식적으로 나타내라.

9.111 보통 주철 탄소강(0.4 wt% C) 부품의 미세조직이 매우 조대하고 불균일하고 또한 연하게 관찰되었다. 이 부품의 연성을 크게 감소시키지 않으면서 결정립을 미세하게 만드는 방법은 무엇인가?

9.112 마르텐사이트 보통 탄소강에서 템퍼링 온도가 높아짐에 따라 경도는 점진적으로 감소한다(그림 9.30 참고). 이 이유를 원자적 관점에서 설명하라.

9.113 그림 9.32에서 시편의 중앙부분에 해당하는 냉각곡선이 원래의 위치에서 오른쪽으로 이동하여 S 곡선의 일부 작은 부분과 만나게 된다면, 시편 내의 미세조직은 어떻게 변하는가?

9.114 4340 합금강은 오오스테나이트가 페라이트와 베이나이트로 분해되는 현상이 지연되기 때문에 효과적으로 경화될 수 있다. 이러한 현상이 경화능에 어떤 영향을 미치는지 냉각곡선의 개념에서 그림 9.38을 참고하여 설명하라.

9.115 급랭된 끝 부분에서부터 (*a*) 6.3 mm, (*b*) 19 mm, (*c*) 51 mm 떨어진 지점에서 400°C와 600°C 사이에서의 냉각속도를 구하고 이러한 결과로부터 각각의 값 차이가 의미하는 것은? (그림 9.38 이용)

9.116 표 9.12를 참고하여 오오스테나이트 스테인리스강, 페라이트 스테인리스강, 마르텐사이트 스테인리스강을 비교하라. (*a*) 오오스테나이트 스테인리스강이 페라이트와 마르텐사이트 스테인리스강 보다 부식 저항성이 더 좋은 이유를 설명하라. (*b*) 마르텐사이트 스테인리스강은 페라이트와 오오스테나이트 스테인리스강보다 더 높은 강도값을 갖기 위해서는 왜 열처리를 하여야 하는가?

9.117 4140과 4340 강합금은 인장 강도를 1379 MPa 이상으로 향상시키기 위해 템퍼링처리한다. 항공기용 랜딩기어를 제조하기 위해서는 어떤 합금을 선택하겠는가? 그리고 큰 힘을 받는 기어를 제조하기 위해서는 어떤 합금을 선택할 것인지 설명하라.

9.118 연주철(Q & T)과 7075 (T6) 알루미늄합금은 자동차의 서스펜션 장치 부품으로 사용된다. 이들 부품으로 제조하는 데 있어 이들 재료의 장점은 각각 무엇인가?

9.119 항공기의 연료 탱크는 2024 (T6) 또는 7075 (T6) 알루미늄합금으로 만든다. 이러한 합금은 다른 금속 합금을 사용하는 것보다 어떤 장점을 가지는가? 이러한 합금을 선택하는 데 어떤 점들을 고려해야 하는가?

9.120 최고 강도의 상용 Cu합금은 무엇인가? 이 합금의 강도를 증가시키는 열처리와 가공법의 종류는 무엇인가?

9.121 시효온도가 낮다면 석출경화 가능합금의 과포화 고용체에서 왜 직접 평형석출물이 형성되지 않는가? 과포화 고용체에서 평형석출물이 어떻게 형성되는가?

9.122 오오스테나이트 스테인리스강이 상온에서 오오스테나이트 조직을 갖는 이유는 무엇인가?

9.123 (*a*) 870°C에서 600°C 범위를 통과하여 서냉된 오오스테나이트 스테인리스강이 입계부식에 민감하게 되는 이유는 무엇인가? (*b*) 서냉된 오오스테나이트 스테인리스강의 입계간 민감성을 막을 수 있는 방법은 무엇인가?

9.124 NiAl 금속 간 화합물에서 Ni과 Al의 결합 특성에 대해 설명하고 근거를 제시하라.

9.125 보통 탄소강과 합금강들은 볼트와 나사에 광범위하게 사용된다. 그 가능한 이유를 아는대로 설명하라.

9.126 서로 맞물리는 기어 표면의 피팅(pitting)을(높은 접촉 압력 및 피로) 방지하기 위해 4140강 또는 주철 금속들 중 어느 것을 선택하겠는가? 이유를 설명하라.

9.127 (*a*) 기존에는 합금강으로 제조되다가 현재는 알루미늄합금으로 만들어지고 있는 제품이나 부품의 예를 들어라. (*b*) 각각의 경우 이와 같은 변화가 일어나는 이유를 설명하라.

9.128 보통 탄소강으로 알려진 작은 강 부품의 경도값을 60 HRC로 향상시키도록 지시받았다. 그러나 열처리(급랭)로는 이런 정도의 경도값을 얻을 수 없다면 당신의 결론은?

9.129 탄소강의 등온변태곡선을(그림 9.23을 이용) 바탕으로 열처리공정이 다음과 같은 결과를 갖도록 열처리공정을 설계하라. (*a*) Rockwell C 경도 66 HRC 이상, (*b*) Rockwell C 경도 약 44 HRC, (*c*) Rockwell C 경도 약 5 HRC. (그림 9.23 이용)

9.130 기계 제작자가 어닐링된 1080 강을 이용하여 볼트와 너트를 제작하고 서로 잘 체결되는 것을 확인하였다. 높은 경도를 얻기 위해 이 부품들을 오오스테나이트화 처리와 급랭, 탬퍼링의 열처리를 실시하였다. (*a*) 열처리공정 이후, 나사 간의 간격이 너트의 간격과 맞지 않았다. 이유는 무엇인가? (*b*) 이 문제를 피할 수 있는 방법은 어떤 것이 있는가?

제 10 장

고분자 재료

(Shaun Botterill/Staff/Getty Images)

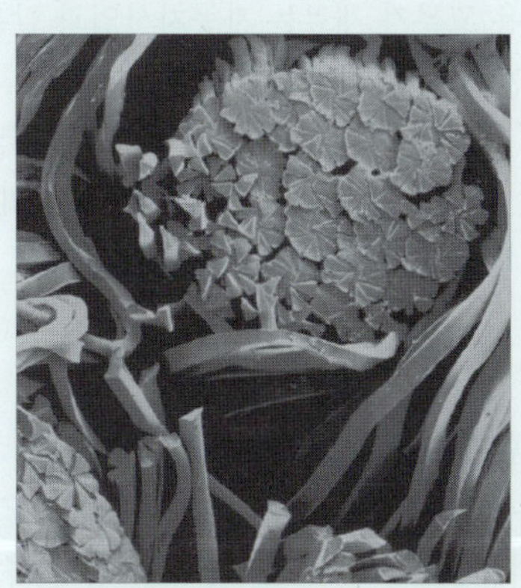

(SPL/Science Source)

(Eye of Science/Science Source)

인간이 만든 미세 섬유(microfibers)는 머리카락과 비교하여 매우 가늘고, 위 중간 사진에서 보듯이 단면이 V 형태인 여러 갈래로 갈라진다. 기존 인조 섬유는 비교적 두껍고 원형의 단면을 갖는다. 미세 섬유는 폴리에스테르(polyester), 나일론(nylon), 아크릴(acrylic)과 같은 다양한 고분자 재료로 만들어진다. 미세섬유로 만들어진 직물은 작은 크기와 V 형태의 갈라진 틈으로 인해 기존 인조 섬유 대비 상대적으로 매우 넓은 표면적을 가지므로 액체나 먼지를 효과적으로 포집할 수 있다. 원형의 기존 인조 섬유와 반대로, 미세 섬유의 V 형태의 갈라진 틈은 물과 먼지를 효과적으로 포집한다. 따라서 미세한 인조섬유로 만들어진 직물은 부드럽고 포근한 느낌을 주며(의류 산업에서 중요함) 동시에 많은 양의 물과 먼지를 흡수한다(청소 산업에서 중요함). 이와 같은 특징들 덕분에 미세 섬유는 스포츠 용품 및 클리닝 산업 분야에서 수요가 높다. 주로 사용되는 미세 섬유로는 문질러 닦는 세정소재로서의 폴리에스테르(polyester)와 흡수소재로서의 폴리아미드(polyamide) 두 종류가 있다. ■

학습 목표

이 장을 마치면, 학생들은 다음을 설명할 수 있을 것이다.

1. 열경화성 수지(thermosets), 열가소성 수지, 탄성 중합체와 같은 고분자 재료를 정의하고 분류할 수 있다.
2. 다양한 중합반응(polymerization)의 반응과 과정을 설명할 수 있다.
3. 작용기성(functionality), 비닐(vinyl), 비닐리덴(vinylidene), 단일중합체(homopolymer), 공중합체(copolymer)와 같은 용어를 정의할 수 있다.
4. 다양한 산업적 중합 반응법을 설명할 수 있다.
5. 고분자 구조를 설명하고 금속 구조와 비교할 수 있다.
6. 유리 전이 온도(glass transition temperature)와 전이 온도에서의 고분자 재료의 구조 및 성질의 변화에 대해서 설명할 수 있다.
7. 열경화성 수지 및 열가소성 수지 기반 부품을 제조하는 데 사용되는 다양한 공정을 기술할 수 있다.
8. 일반적으로 널리 사용되는 열경화성 수지, 열가소성 수지, 탄성중합체의 이름과 용도를 열거할 수 있다.
9. 고분자 재료의 변형, 강화, 응력 이완 및 파손 기구를 설명할 수 있다.
10. 생체 고분자 및 생체 의료 분야의 적용 사례를 설명할 수 있다.

10.1 개요

고분자 또는 *중합체*(polymer)라는 단어는 "많은 부분들"을 의미한다. 고분자 고체 재료는 다양한 화학적 결합을 이룬 부분 또는 각각의 부분들이 서로 결합하여 고체를 이룬 단위를 말한다. 이번 장에서는 산업적으로 중요한 2종류의 고분자 재료인 *플라스틱*(plastics)과 *탄성중합체*(elastomers)의 구조, 특성, 공정 및 응용 등에 대하여 알아보기로 한다. *플라스틱*[1]은 성형이나 주형 공정으로 가공되는 크고 다양한 그룹의 합성 물질이다. 알루미늄, 구리 같은 금속의 종류가 다양하듯이 플라스틱도 폴리에틸렌, 나일론과 같이 여러 종류가 있다. 플라스틱은 화학적, 구조적 결합 방식에 따라서 크게 **열가소성 수지**(thermoplastics)와 **열경화성 수지**(thermosetting plastics), 두 가지로 분류가 가능하다. 탄성중합체 또는 고무는 외력에 의해 많은 변형이 가능하고, 외력이 제거되었을 때 그대로 혹은 거의 본래의 형태로 복원 가능하다.

1장에서 언급하였듯, 고분자 재료는 전기 절연성, 낮은 비용, 경량 부품에 적합한 낮은 밀도, 자가 윤활성, 내부식성, 다양한 색깔 및 광학 물성, 및 설계 및 제조의 용이함과 같은 주요 특성들 덕분에 다양한 공학 분야에서 유용하게 쓰이고 있다. 이러한 장점들 덕분에 공학용 고분자 재료는 자동차산업과 같은 많은 산업 분야에서 기존 재료들을 대체하고 있다. 그러나 구성품의 장기적인 기능이 저하되지 않는 경우에만, 고분자 재료를 사용하도록 주의해야 한다. 예를 들어 구성품이 크리프와 같은 장기적 하중, UV에 대한 노출, 또는 고강성이 요구되는 경우, 고분자 재료의 사용은 권장되지 않는다. 이어지는 내용에서 우리는 다양한 고분자 재료들의 화학적 조성, 핵심 물성, 단점 및 각 적용 분야에 대해 다룰 것이다.

10.1.1 열가소성 수지

열가소성 수지는 열을 가하여 성형하고 냉각 후 성형된 모습을 유지하는 고분자 재료이다. 열가소성 수지는 물성의 큰 변화 없이 재가열 및 재가공을 통해 반복적인 성형이 가능하다. 대부분의 열가소성 수지는 서로 공유결합된 매우 긴 탄소 원자들의 연결고리들로 구성된다. 때로는 질소, 산소, 또는 황 원자가 연결고리에 공유결합되며, 펜던트 원자나 원자단이 연결고리에 공유결합하기도 한다. 열가소성 수지 내의 긴 분자 사슬들은 서로 2차 결합으로 연결된다.

10.1.2 열경화성 수지

열경화성 수지는 화학반응에 의해 경화되어 영구적으로 성형되는 고분자 재료로, 녹는점 가까운 고온으로 가열 시, 열화되거나 분해되기 때문에 재용융을 통한 성형이 불가하며, 따라서 열경화성 수지는 재활용할 수 없다. *열경화성*(thermosetting)이란 용어는 열(열의 그리스어는 *thermē*)이 플라스틱을 영구히 경화시킴을 내포한다. 하지만 상온에서 화학반응에 의해 경화되는 열경화성 수지도 많다. 대부분의 열경화성 수지의 분자구조는 탄소 원자가 상호 공유결합된 망상구조(network structure)로서 매우 단단한 고체이다. 때때로 질소, 산소, 황 또는 일부 다른 원자가 열경화 망상구조에 공유결합되기도 한다.

플라스틱은 다양한 이유에서 중요한 공업용 재료이다. 플라스틱은 매우 다양하여, 다른 재료에서는 나타나지 않는 특성을 가지기도 하며, 대부분 상대적으로 저렴하다. 기계 부품의 설계 관점에서 보면 플라스틱은 최종 처리 단계 감소, 조립의 단순화, 경량화, 저소음 및 자체 윤활을 통한 불필요한 부품의 생략 등 많은 장점을 가지고 있다. 또한 플라스틱은 우수한 절연성을 가지고 있어 전기공업 분야에서 매우 유용하다. 플라스틱 재료의 전기전자 응용 분야로는 커넥터, 스위치, 계전기, TV 동조 부품, 코일, 집적회로판, 및 각종 컴퓨터 부품들이 있다. 그림 10.1은 산업 부품에 적용되는 플라스틱 적용 예를 나타낸다.

산업에 사용되는 플라스틱의 양은 크게 증가되고 있다. 좋은 예로, 자동차산업에서의 플라스틱 사용량 증가를 들 수 있다. 1970년대 미국의 평균 자동차 무게인 1100 kg 중 79%는 강철, 철 및 기타 금속으로 구성되었고, 플라스틱과 고무가 8%, 기타 복합재 및 세라믹이 14%를 차지하였다. 하지만 2010년대 자동차의 평균 무게는 1400

---

1 *플라스틱*(plastics)이란 여러 가지로 해석될 수 있다. 명사로서의 플라스틱은 주형에 의하여 형태를 갖는 재료를 의미한다. 형용사로서의 플라스틱은 주형될 수 있음을 의미하거나 또는 파손되지 않고서 지속적으로 영구변형되는 "금속의 소성변형"을 의미한다.

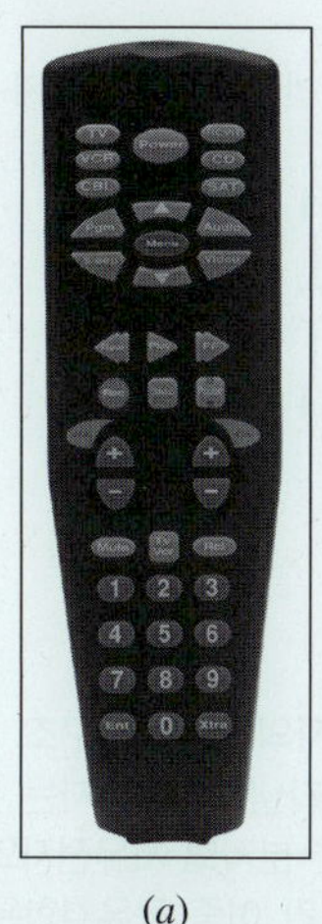
(a)

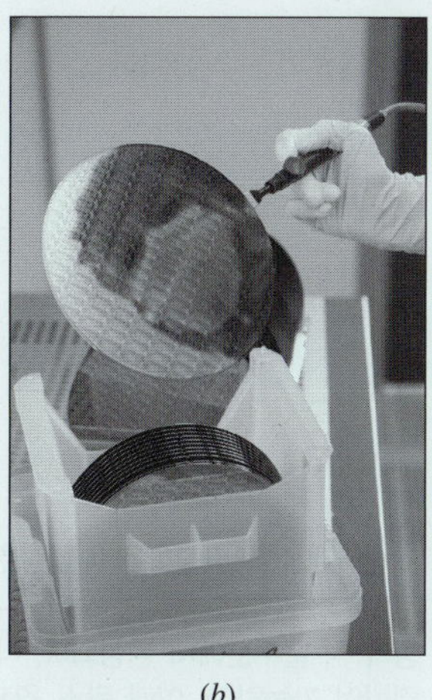
(b)

(c)

그림 10.1 ➤ 공업용 플라스틱의 적용 사례. (a) 스티렌 수지로 만든 광택, 인성과 균열저항성을 보유한 TV 리모트 컨트롤의 덮개. (b) Vitrex PEEK (폴리에테르에테르케톤, polyetheretherketone) 열가소성 수지로 만들어진 반도체 웨이퍼 운반체. (c) Ford Transit의 터보디젤엔진 공기흡입기 알루미늄 소재를 대체한 30%의 유리섬유로 강화된 나일론 열가소성 수지기반 복합재료. (DSM Engineering Plastics, 네덜란드.)
((a) Comstock/PunchStock/Alamy Stock Photo; (b) Agencja Fotograficzna Caro/Alamy Stock Photo; (c) ©Tom Pantages)

kg이고, 이 중 61%가 금속, 22%가 플라스틱 및 고무, 그리고 20%가 기타 재료로 구성되어 있다. 즉, 1970년에서 2010년 사이에 자동차에서 금속의 비중은 감소하였고, 고분자 재료는 증가하였으며, 기타 재료들은 약간 증가하였다. 모든 산업 분야에서 플라스틱의 사용량이 자동차산업과 같이 증가해 온 것은 아니지만, 최근 수십 년간, 산업 분야에서 플라스틱의 전체 사용량은 증가해왔다. 이제부터 플라스틱과 고무의 구조, 물성 및 적용 사례에 대해 좀 더 상세히 알아보도록 하자.

10.2 중합반응

대부분의 열가소성 수지는 *사슬성장 중합*(chain-growth polymerization)공정으로 만들어진다. 이 공정을 통하여 수천 개의 작은 분자들이 서로 공유결합하여 매우 긴 분자사슬이 만들어진다. 공유결합하여 긴 분자사슬을 형성하는 기본 단위 분자를 **단량체**(monomer)라고 한다. 여기서 mono는 그리스어로 "하나"를 의미하고, meros는 "부분"을 의미한다. 단량체들이 결합하여 만들어진 긴 사슬형태의 분자를 **중합체**(polymer)라고 한다. 이때, polys는 그리스어로 "많음"을 의미하고, meros는 "부분"을 의미한다.

10.2.1 에틸렌 분자의 공유결합 구조

에틸렌 분자(C_2H_4)는 탄소 원자 간의 이중 공유결합(double covalent bond)과 4개의 탄소 원자와 수소 원자간 단일 공유결합(single covalent bond)을 통해 화학적으로 결합되어 있다(그림 10.2). 탄소를 포함한 분자는 1개 이상의 탄소-탄소 이중결합을 가지는데, 이를 *불포화 분자*(unstructured molecule)라고 한다. 따라서 에틸렌은 1개의 탄소-탄소 이중결합을 가지므로, 탄소를 포함하는 불포화 분자이다.

10.2.2 활성화된 에틸렌 분자의 공유결합 구조

에틸렌 분자가 활성화되어 2개 탄소 원자 사이의 이중결합이 "개방(opened up)"되면, 그림 10.3에서 보듯이 이중 공유결합은 단일 공유결합으로 치환된다. 활성화가 진행되면 초기 에틸렌 분자 내의 각각의 탄소 원자는 다른 분자와 공유결합을 할 수 있는 1개의 자유전자를 갖는다. 이제부터는 에틸렌 분자가 어떻게 활성화되고 얼마나 많은 단위의 에틸렌 단량체(ethylene monomer)가 서로 공유결합하여 하나의 중합체를 형성하는지를 알아보자. 이와 같은 과정을 **사슬 중합반응**(chain polymerization)이라고 한다. 에틸렌의 중합반응에 의해 생성된 고분자를 *폴리에틸렌*(polyethylene)이라 한다.

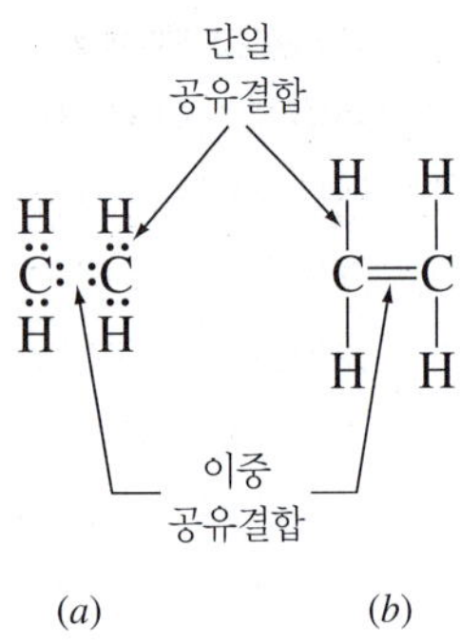

그림 10.2 ➤ (*a*) 전자-점 기호(점은 원자가 전자를 나타냄)와 (*b*) 직선 기호 표기: 에틸렌 분자 내의 공유결합. 에틸렌 분자에는 이중 탄소-탄소 공유결합 1개와 단일 탄소-수소 공유결합 4개가 존재한다. 이중결합은 단일결합보다 화학 반응성이 더 크다.

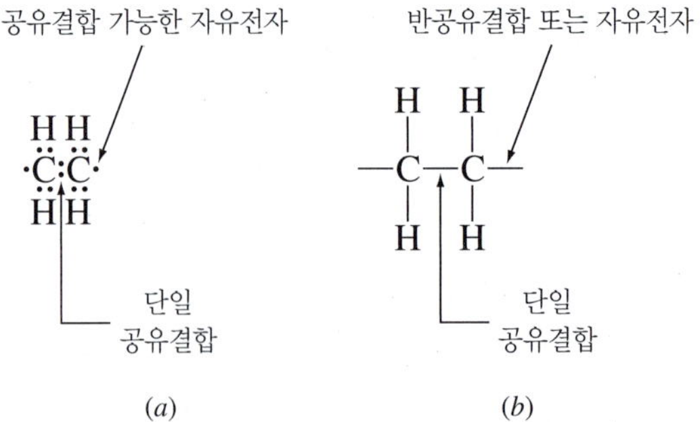

그림 10.3 ➤ 활성화된 에틸렌 분자의 공유결합구조. (*a*) 전자-점 기호(점은 원자가 전자를 나타냄). 자유전자는 분자의 양쪽 각 끝부분에서 생성되며, 다른 분자의 자유전자와 공유결합이 가능하다. 이때 탄소 원자 간 이중 공유결합은 단일 공유결합으로 감소한다. (*b*) 직선 기호 표기: 분자의 양쪽 끝에서 생성된 자유전자는 오직 하나의 탄소 원자와 결합 가능한 반결합(half bond)이다.

10.2.3 폴리에틸렌 중합반응과 중합도

에틸렌 단량체가 폴리에틸렌으로 형성되는 사슬 중합반응은 다음과 같이 표현될 수 있다.

$$n\left[\begin{matrix} H & & H \\ | & & | \\ C & = & C \\ | & & | \\ H & & H \end{matrix}\right] \xrightarrow[\text{압력, 촉매}]{\text{열}} \left[\begin{matrix} H & & H \\ | & & | \\ C & — & C \\ | & & | \\ H & & H \end{matrix}\right]_n$$

에틸렌 단량체 → 폴리에틸렌 (중합체), 단위체

고분자사슬 내에 주기적으로 반복하여 존재하는 아단위(subunit)를 **단위체**(mer)라고 한다. 폴리에틸렌의 단위체는 위의 화학반응식에서와 같이 $\left[CH_2—CH_2\right]$이다. 여기서 n은 고분자 연결사슬의 **중합도**(degree of polymerization: DP)로 고분자사슬 내의 아단위 또는 단위체의 개수를 의미한다. 폴리에틸렌의 DP는 평균적으로 약 3,500~25,000 정도이며, 이는 약 100,000~700,000 g/mol 정도의 평균 분자량에 해당된다.

예제 10.1

150,000 g/mol의 분자량을 갖는 한 특정 폴리에틸렌의 중합도(DP)는 얼마인가?

풀이

폴리에틸렌에서 주기적으로 반복되는 아단위 혹은 단위체는 $\left[CH_2—CH_2\right]$이다. 이 단위체는 4개의 수소 원자의 질량 4 atoms × 1 g = 4 g과 2개의 탄소 원자의 질량 2 atoms × 12 g = 24 g을 더하여, 각 폴리에틸렌 단위체당 28 g의 질량을 가진다.

$$\begin{aligned} DP &= \frac{\text{중합체의 분자량(g/mol)}}{\text{단위체의 질량(g/mer)}} \\ &= \frac{150{,}000\ \text{g/mol}}{28\ \text{g/mer}} = 5357\ \text{mers/mol} \end{aligned} \tag{10.1}$$

10.2.4 사슬 중합반응 단계

에틸렌과 같은 단량체가 폴리에틸렌과 같은 선형 중합체로 되는 사슬 중합반응은 (1) 반응의 개시, (2) 반응의 전파, (3) 반응의 종결 단계로 구성된다.

반응의 개시 에틸렌의 사슬 중합반응을 개시하기 위하여 다양한 종류의 촉매가 이용된다. 자유 라디칼 형성자(free-radical former)로 작용하는 유기 과산화물(organic peroxide)을 촉매로 사용하는 경우를 고려해보자. *자유 라디칼*(free radical)은 짝이 없는 전자(자유전자)를 가지고 있는 원자 또는 분자의 집단으로 짝이 없는 전자(자유전자)를 갖는 다른 원자 또는 분자와 공유결합할 수 있다.

우선 하나의 과산화수소(hydrogen peroxide, H_2O_2) 분자가 어떻게 다음 식과 같이 2개의 자유 라디칼로 분해되는지 생각해 보자. 공유결합에 대하여 전자-점 기호 표기법을 사용하면 다음과 같다.

$$\mathrm{H:\ddot{\underset{..}{O}}:\ddot{\underset{..}{O}}:H} \xrightarrow{\text{열}} \mathrm{H:\ddot{\underset{..}{O}}\cdot + \cdot\ddot{\underset{..}{O}}:H}$$

과산화수소 자유 라디칼

이것을 직선 기호 표기법으로 표시하면 다음과 같다.

$$\mathrm{H{-}O{-}O{-}H} \xrightarrow{\text{열}} \mathrm{2H{-}O\cdot}$$

과산화수소 자유 라디칼 (자유 전자)

에틸렌의 자유 라디칼 사슬 중합반응에서, 다른 유기 과산화물들도 과산화수소와 동일한 방식으로 분해된다. R—O—O—R로 표현되는 유기 과산화물(R은 화학적 원자단)을 가열하면, 과산화수소와 유사하게 다음과 같이 2개의 자유 라디칼로 분해된다.

$$\mathrm{R{-}O{-}O{-}R} \longrightarrow \mathrm{2R{-}O\cdot}$$

유기 과산화물 자유 라디칼 (자유 전자)

과산화 벤조일(benzoyl peroxide)은 사슬 중합반응을 개시하기 위하여 사용되는 유기 과산화물이다. 과산화 벤조일은 다음과 같이 자유 라디칼로 분해된다.[2]

$$\mathrm{C_6H_5{-}\overset{O}{\overset{\|}{C}}{-}O{-}O{-}\overset{O}{\overset{\|}{C}}{-}C_6H_5} \longrightarrow 2\,\mathrm{C_6H_5{-}\overset{O}{\overset{\|}{C}}{-}O\cdot}$$

과산화 벤조일 자유 라디칼 (자유 전자)

유기 과산화물의 분해로 인해 생성된 자유 라디칼 중 하나는 에틸렌 분자와 반응하여, 다음과 같이 새로운 긴 사슬 자유 라디칼(longer-chain free radical)을 생성할 수 있다.

2 육각형 고리는 벤젠으로, 다음과 같은 분자구조이다(2.6절 참고).

$$\text{(H–C 결합을 가진 } C_6H_6 \text{ 고리 구조)} \equiv \text{(육각형)} \equiv \text{(원이 있는 육각형)}$$

$$\underset{\text{자유 라디칼}}{R-\dot{O}}\ (\text{자유 전자}) + \underset{\text{에틸렌}}{\begin{matrix} H & H \\ | & | \\ C & = C \\ | & | \\ H & H \end{matrix}} \longrightarrow \underset{\text{자유 라디칼}}{R-O-\begin{matrix} H & H \\ | & | \\ C- & \dot{C} \\ | & | \\ H & H \end{matrix}}\ (\text{자유 전자})$$

이와 같은 방식으로 유기 자유 라디칼은 폴리에틸렌 중합반응을 개시하는 촉매로 작용한다.

반응의 전파 *반응의 전파*(propagation)는 단량체의 연속적인 연결로 인해 중합체 사슬이 길어지는 과정이다. 에틸렌 단량체의 양 끝에 있는 이중결합은 자유 라디칼에 의해 "개방"되어 공유결합이 가능한 상태가 된다. 따라서 중합체 사슬은 다음 반응을 통해 더욱 길어진다.

$$R-CH_2-\dot{CH_2} + CH_2 = CH_2 \longrightarrow R-CH_2-CH_2-CH_2-\dot{CH_2}$$

사슬 중합반응 시, 내부 계의 자유 에너지가 낮아지므로 중합체 사슬은 자발적이며 지속적으로 성장한다. 즉, 생성된 중합체의 전체 자유 에너지가 중합체를 생성하는 단량체의 전체 자유 에너지보다 적다. 사슬 중합반응 시, 생성되는 중합체의 중합도는 고분자 재료 내에서 다양하다. 또한 평균 DP도 고분자 재료에 따라 다양한데, 상용 폴리에틸렌의 경우 DP는 대개 평균적으로 3,500~25,000 범위로 나타난다.

반응의 종결 *반응의 종결*(termination)은 종결 자유 라디칼(terminator free radical)의 첨가 또는 2개의 사슬이 연결될 때 발생한다. 또는 미량의 불순물이 중합체 사슬에 연결되어 반응을 종결될 수도 있다. 2개 사슬의 결합에 의한 반응 종결은 다음과 같이 나타낼 수 있다.

$$R(CH_2-CH_2)_m^{\cdot} + R'(CH_2-CH_2)_n^{\cdot} \longrightarrow R(CH_2-CH_2)_m-(CH_2-CH_2)_nR'$$

10.2.5 열가소성 수지의 평균 분자량

열가소성 수지는 각각 다른 분자량 및 중합도를 가지는, 길이가 다른 여러 개의 중합체 사슬로 구성되어 있다. 따라서 열가소성 수지의 분자량을 말할 때는 평균 분자량을 뜻한다.

열가소성 수지의 평균 분자량은 독특한 물리-화학적 방법을 이용하여 구할 수 있다. 이 중 널리 사용되는 방법 중 하나는 일정 분자량 범위의 무게 분율을 계산하는 것이다. 열가소성 수지의 평균 분자량은 각각의 특정 범위의 평균 분자량에 무게 분율을 곱한 합을 무게 분율의 합으로 나눈 것으로 식 (10.2)와 같다.

$$\overline{M}_m = \frac{\sum f_i M_i}{\sum f_i} \tag{10.2}$$

여기서 $\overline{M}_m$ = 열가소성 수지의 평균 분자량

M_i = 선택된 각각의 분자량 범위에서의 평균 분자량

f_i = 선택된 분자량 범위의 분자량을 가지는 재료의 무게 분율

예제 10.2

다음 표와 같은 분자량 범위에서 평균 분자량 무게 분율 f_i를 갖는 열가소성 수지의 평균 분자량 $\overline{M}_m$을 계산하라.

분자량 범위, g/mol	M_i	f_i	f_iM_i
5000~10,000	7,500	0.11	825
10,000~15,000	12,500	0.17	2125
15,000~20,000	17,500	0.26	4550
20,000~25,000	22,500	0.22	4950
25,000~30,000	27,500	0.14	3850
30,000~35,000	32,500	0.10	3250
		Σ = 1.00	Σ = 19,550

풀이

우선, 분자량 범위에 대한 평균값을 구하여 표에서와 같이 M_i항에 열거한다. f_i와 M_i을 곱하여 f_iM_i값을 구한다. 주어진 열가소성 수지의 평균 분자량은 다음과 같다.

$$\overline{M}_m = \frac{\sum f_i M_i}{\sum f_i} = \frac{19{,}550}{1.00} = 19{,}550 \text{ g/mol} \blacktriangleleft$$

10.2.6 단량체의 작용기성

단량체가 중합하기 위해서는 적어도 2개의 활성화된 화학 결합이 있어야 한다. 단량체 1개가 2개의 활성화 결합을 가지면 다른 2개의 단량체와 반응할 수 있고, 해당 결합의 반복을 통해 긴 사슬 또는 선형 중합체가 만들어질 수 있다. 단량체가 2개 이상의 활성화 결합을 가지면 중합반응이 두 방향 이상으로 발생 가능하므로 3차원적 구조의 분자망이 형성될 수 있다.

단량체가 보유한 활성화된 결합 수를 단량체의 **작용기성**(functionality)이라고 한다. 긴 사슬 중합반응이 가능한 2개의 활성화된 결합을 갖는 단량체를 *2작용기성*(bifunctional)이라고 하며, 예로 에틸렌이 있다. 3개의 활성화된 결합을 사용하여 중합체 망을 형성하는 단량체를 *3작용기성*(trifunctional)이라고 한다. 3작용기성의 예로 페놀(C_6H_5OH)이 있으며, 페놀과 포름알데히드의 중합반응에 사용되는데 상세한 내용은 다음에 기술하겠다.

10.2.7 비정질 선형 중합체의 구조

현미경으로 짧은 길이의 폴리에틸렌 사슬을 관찰하면 지그재그 형태(그림 10.4)를 관찰할 수 있는데, 이는 탄소-탄소 공유결합 간의 각도가 약 109°이기 때문이다. 그러나 비교적 저배율로 관찰하면 비정질 폴리에틸렌을 구성하고 있는 중합체 사슬구조는 접시에 놓여 있는 스파게티처럼 무질서하게 엉켜져 있다. 그림 10.5는 선형 중합체가 무작위적으로 엉켜 있는 모습을 나타낸다. 폴리에틸렌을 포함한, 일부 중합체들은 결정과 비정질이 공존한다.

그림 10.4 ➤ 짧은 길이를 갖는 폴리에틸렌 사슬의 분자구조. 모든 탄소-탄소 공유결합이 서로 약 109°를 이루기 때문에 지그재그 배열을 하고 있다.
(출처: W.G. Moffatt, G.W. Pearsall, and J. Wulff, *The Structure and Properties of Materials*, vol. 1: Structure, Wiley, 1965, p. 65.)

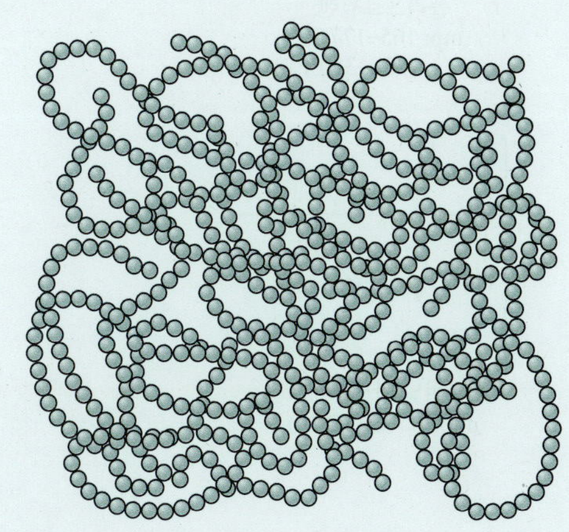

그림 10.5 ➤ 중합체의 모식도. 구형들은 특정 원자가 아닌 중합체 사슬을 구성하는 단위체를 나타낸다.
(출처: W.G. Moffatt, G.W. Pearsall, and J. Wulff, *The Structure and Properties of Materials*, vol. 1: Structure, Wiley, 1965, p. 104.)

이 주제에 대해서는 10.4절에서 상세히 논의할 것이다.

폴리에틸렌의 긴 분자사슬 간의 결합은 약한 영구 쌍극자 2차 결합(permanent dipole secondary bonds)이다. 그러나 고분자 물질의 긴 분자사슬 간 물리적인 엉킴이 어느 정도의 강도를 부여한다. 선형 중합체의 가지(side branch)가 생성되면 사슬 간의 적층(packing)이 느슨해져서 비정질 구조가 되려는 경향이 있다. 따라서 선형 중합체 가지의 생성은 분자사슬 간의 2차 결합을 약화시키고 고분자 재료의 인장강도를 저하시킨다.

10.2.8 비닐과 비닐리덴 중합체

유용하게 사용되는 많은 고분자 물질 중, 폴리에틸렌과 같이 탄소 주요 사슬구조를 가지는 고분자 물질은 에틸렌에 있는 하나 이상의 수소 원자를 다른 종류의 원자나 원자단으로 치환하여 합성하는 것이 가능하다. 에틸렌 단량체의 수소 원자 하나가 다른 원자나 원자단으로 치환된 고분자 물질을 *비닐 중합체*(vinyl polymer)라 한다. 비닐 중합체의 예로, 폴리염화비닐(polyvinyl chloride), 폴리프로필렌(polypropylene), 폴리스티렌(polystyrene), 폴리 비닐 아세테이트(polyvinyl acetate) 등이 있다. 비닐 중합체의 일반적인 중합반응은 다음과 같다.

$$n\left[\begin{array}{cc} H & H \\ | & | \\ C & = C \\ | & | \\ H & R_1 \end{array}\right] \longrightarrow \left[\begin{array}{cc} H & H \\ | & | \\ -C & -C- \\ | & | \\ H & R_1 \end{array}\right]_n$$

여기서 R_1은 다른 종류의 원자나 원자단이다. 그림 10.6은 몇몇 비닐 중합체의 결합구조를 나타낸다.

만일 에틸렌 단량체의 탄소 원자에 결합된 2개의 수소 원자가 모두 다른 종류의 원자나 원자단으로 치환되어 중합반응하면, 이를 *비닐리덴 중합체*(vinylidene polymer)라 한다. 비닐리덴 중합체 중합반응의 일반 반응은 다음과 같다. 여기서 R_2와 R_3는 다른 종류의 원자나 원자단이다. 그림 10.7은 두 종류의 비닐리덴 중합체의 결합구조를 나타낸다.

10.2.9 단일중합체와 공중합체

단일중합체(homopolymer)는 1개 단량체의 반복으로만 구성된 고분자 물질이다. 즉, A가 단량체인 단일중합체는 AAAAAAAA . . . 와 같은 사슬 배열을 가질 것이다. 이와 반대로, **공중합체**(copolymers)는 2종류 이상의 단량체가 서로 다른 순서로 배열되어 구성된 고분자 물질이다.

공중합체의 단량체들은 일반적으로 무질서하게 배열되지만, 이들의 배열양식은 크게 무작위, 교차, 블록, 그리고 그라프트의 4종류로 분류될 수 있다(그림 10.8).

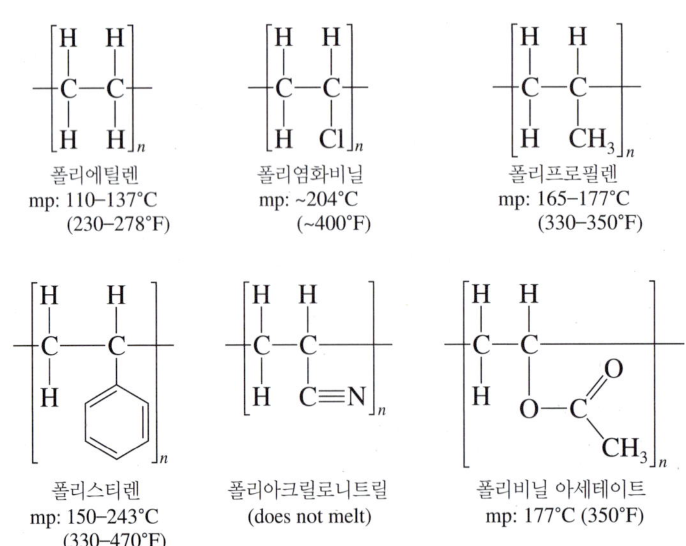

그림 10.6 ➤ 비닐 중합체들의 구조식.

$$\left[\begin{array}{cc} H & Cl \\ | & | \\ -C- & C- \\ | & | \\ H & Cl \end{array}\right]_n$$

폴리염화비닐리덴
mp: 177°C (350°F)

$$\left[\begin{array}{cc} H & CH_3 \\ | & | \\ -C- & C- \\ | & | \\ H & C(=O)OCH_3 \end{array}\right]$$

폴리메틸 메타크릴레이트
mp: 160°C (320°F)

그림 10.7 > 비닐리덴 중합체들의 구조식.

무질서 공중합체(random copolymer). 다른 종류의 단량체가 고분자 사슬 내에서 무질서하게 배열되어 있다. A와 B가 서로 다른 단량체일 경우, 사슬 배열은 다음과 같을 것이다(그림 10.8*a*).

AABABBBBAABABAAB · · ·

교대 공중합체(alternating copolymer). 다른 종류의 단량체가 규칙적으로 교대하며 배열된다(그림 10.8*b*).

ABABABABABAB · · ·

블록 공중합체(block copolymer). 다른 종류의 단량체가 서로 각각 비교적 긴 사슬을 구성하면서 배열된다(그림 10.8*c*).

AAAAA—BBBBB— · · ·

접목 공중합체(graft copolymer). 한 종류의 단량체가 다른 종류의 긴 단량체 사슬에 접목하여 배열된다(그림 10.8*d*).

```
AAAAAAAAAAAAAAAAAAAAA
     B         B
     B         B
     B         B
```

사슬반응 중합반응(chain-reaction polymerization)은 비교적 동일한 크기의 에너지 준위와 성장 속도로 성장하는, 2가지 이상의 다른 종류의 단량체 간에서 발생할 수 있다. 예시로, 폴리염화비닐과 폴리비닐 아세테이트로 구성된 공중합체는 공업적으로 중요한 재료로 전선, 수영장 및 캔의 코팅재료로 사용된다. 해당 공중합체의 일반 중합반응은 그림 10.9에 나타내었다.

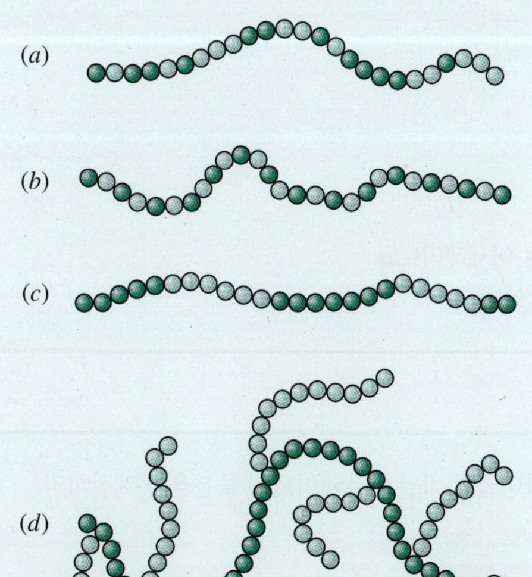

그림 10.8 > 공중합체의 배열. (*a*) 다른 종류의 단량체가 사슬 내에서 무작위로 배열된 공중합체. (*b*) 단량체가 규칙적으로 교차 배열된 공중합체. (*c*) 블록 공중합체. (*d*) 그라프트 공중합체. (출처: W.G. Moffatt, G.W. Pearsall, and J. Wulff, *The Structure and Properties of Materials*, vol. 1: Structure, Wiley, 1965, p. 108.)

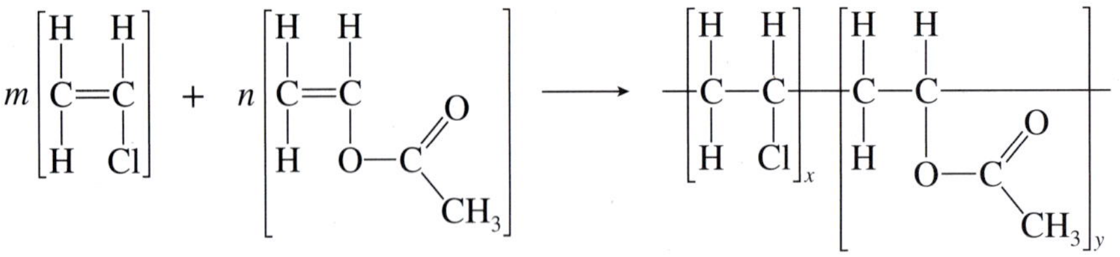

염화비닐 단량체 + 비닐 아세테이트 단량체 → 폴리염화비닐–폴리비닐 아세테이트의 공중합체

그림 10.9 ➤ 폴리염화비닐–폴리 비닐 아세테이트 공중합체 생성을 위한 염화비닐 단량체와 비닐 아세테이트 단량체 간의 일반 중합반응.

예제 10.3

15 wt% 폴리비닐 아세테이트(PVA)와 85 wt%의 폴리염화비닐(PVC)로 구성된 공중합체의 각각 성분의 몰분율을 계산하라.

풀이

편의상 공중합체의 양을 100 g으로 고려하자. 100 g의 공중합체에는 각각 15 g의 PVA와 85 g의 PVC가 존재하므로 각 성분이 차지하는 몰 수를 구하고 몰분율을 계산하면 된다.

폴리비닐 아세테이트의 몰 수. PVA 단위체의 분자량은 PVA 단위체 구조식에서 각 원자들의 원자 질량을 모두 더한 값이다(그림 EP10.3*a*).

$$4\text{ C 원자} \times 12\text{ g/mol} + 6\text{ H 원자} \times 1\text{ g/mol} + 2\text{ O 원자} \times 16\text{ g/mol} = 86\text{ g/mol}$$

$$100\text{ g의 공중합체 내의 PVA의 몰 수} = \frac{15\text{ g}}{86\text{ g/mol}} = 0.174$$

폴리염화비닐의 몰 수. PVC 단위체의 분자량은 그림 EP10.3*b*에서 얻을 수 있다.

$$2\text{ C 원자} \times 12\text{ g/mol} + 3\text{ H 원자} \times 1\text{ g/mol} + 1\text{ Cl 원자} \times 35.5\text{ g/mol} = 62.5\text{ g/mol}$$

$$100\text{ g의 공중합체 내의 PVC의 몰 수} = \frac{85\text{ g}}{62.5\text{ g/mol}} = 1.36$$

$$\text{PVA의 몰분율} = \frac{0.174}{0.174 + 1.36} = 0.113$$

$$\text{PVC의 몰분율} = \frac{1.36}{0.174 + 1.36} = 0.887$$

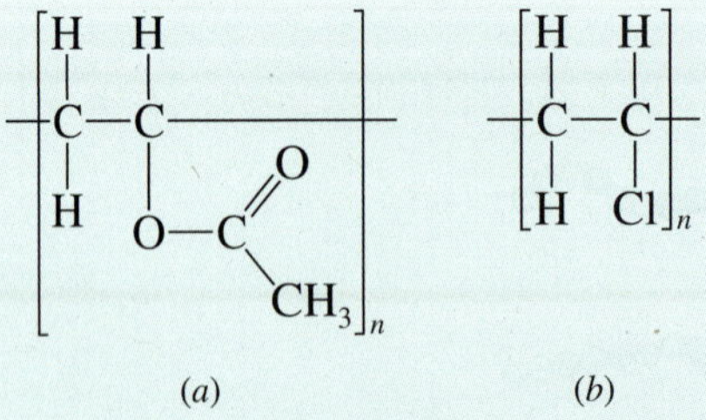

(*a*) (*b*)

그림 EP10.3 ➤ (*a*) 폴리비닐 아세테이트와 (*b*) 폴리염화비닐 단위체의 구조식.

예제 10.4

분자량이 10,520 g/mol이고 중합도(DP)가 160인 공중합체 내의 염화비닐과 비닐 아세테이트의 몰분율을 계산하라.

풀이

예제 10.3으로부터 PVC 단위체의 분자량은 62.5 g/mol이고 PVA 단위체의 분자량은 86 g/mol이다.

폴리염화비닐의 몰분율(f_{vc})과 폴리비닐 아세테이트의 몰분율(f_{va})의 합인 $f_{vc} + f_{va} = 1$이므로 $f_{va} = 1 - f_{vc}$)이다. 따라서 공중합체 단위체의 평균 분자량은 다음과 같다.

$$\mathrm{MW_{av}}(\text{단위체}) = f_{vc}\mathrm{MW_{vc}} + f_{va}\mathrm{MW_{va}} = f_{vc}\mathrm{MW_{vc}} + (1 - f_{vc})\mathrm{MW_{va}}$$

또한 공중합체 단위체의 평균 분자량은,

$$\mathrm{MW_{av}}(\text{단위체}) = \frac{\mathrm{MW_{av}}(\text{중합체})}{\mathrm{DP}} = \frac{10{,}520\ \mathrm{g/mol}}{160\ \mathrm{mers}} = 65.75\ \mathrm{g/(mol \cdot mer)}$$

여기서 f_{vc}의 값은 위와 같은 $\mathrm{MW_{av}}$(단위체)의 두 식을 비교하여 다음과 같이 구할 수 있다.

$$f_{vc}(62.5) + (1 - f_{vc})(86) = 65.75 \quad \text{또는} \quad f_{vc} = 0.86$$
$$f_{va} = (1 - f_{vc}) = 1 - 0.86 = 0.14$$

예제 10.5

염화비닐과 비닐 아세테이트의 비가 10:1인 염화비닐–아세테이트 공중합체의 분자량이 16,000 g/mol이라면 중합도(DP)는 얼마인가?

풀이

$$\mathrm{MW_{av}}(\text{단위체}) = \tfrac{10}{11}\mathrm{MV}_{vc} + \tfrac{1}{11}\mathrm{MW}_{va} = \tfrac{10}{11}(62.5) + \tfrac{1}{11}(86) = 64.6\ \mathrm{g/(mol \cdot mer)}$$

$$\mathrm{DP} = \frac{16{,}000\ \mathrm{g/mol}\ (\text{중합체})}{64.6\ \mathrm{g/(mol \cdot mer)}} = 248\ \mathrm{mers}$$

10.2.10 기타 중합반응법

단계적 중합반응 **단계적 중합반응**(stepwise polymerization)에서는 단량체가 서로 반응하여 선형 중합체를 생성한다. 단계적 중합반응에서는 단량체 끝 단의 작용기의 반응성은 대개 중합체의 크기에 관계없이 동일하다고 가정한다. 따라서 단량체는 서로 반응하거나 또는 다양한 크기의 중합체와 반응할 수도 있다. 대부분의 단계적 중합반응에서 작은 분자가 부산물로 생성되는데, 이러한 종류의 중합반응을 *축합중합반응*(condensation polymerization reaction)이라고 한다. 단계적 중합반응의 예로 나일론 6,6를 생성하고, 부산물로 물을 생성하는 아디프산(adipic acid)와 헥사메틸렌디아민(hexamethylene diamine) 간의 반응이 있으며, 그림 10.10은 헥사메틸렌디아민 분자와 아디프산 분자 간의 중합반응을 나타낸다.

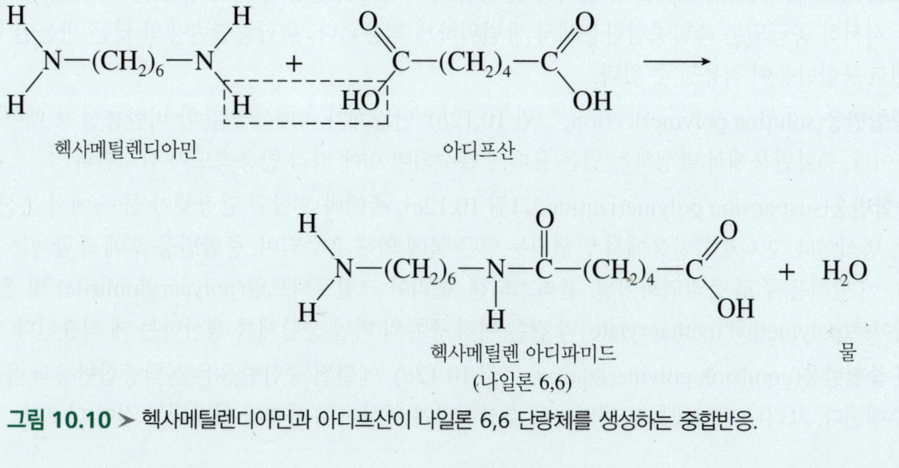

$$\mathrm{H_2N{-}(CH_2)_6{-}NH_2} + \mathrm{HO{-}C({=}O){-}(CH_2)_4{-}C({=}O){-}OH} \longrightarrow$$

헥사메틸렌디아민　　　아디프산

$$\mathrm{H_2N{-}(CH_2)_6{-}NH{-}C({=}O){-}(CH_2)_4{-}C({=}O){-}OH} + \mathrm{H_2O}$$

헥사메틸렌 아디파미드 (나일론 6,6)　　　물

그림 10.10 ➤ 헥사메틸렌디아민과 아디프산이 나일론 6,6 단량체를 생성하는 중합반응.

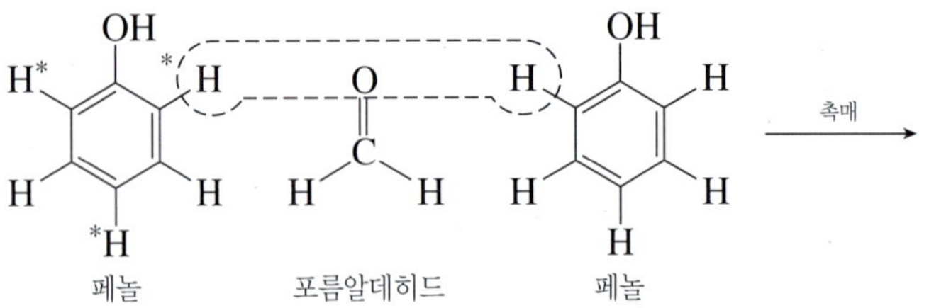

촉매

페놀 포름알데히드 페놀

페놀포름알데히드 물

그림 10.11 ➤ 페놀(*는 반응기를 나타냄)과 포름알데히드가 반응하여 페놀수지(phenolic resin) 단량체를 생성하는 중합반응.

망 중합반응 2개 이상의 반응기를 가지는 화학적 반응물을 포함하는 중합반응에서는 3차원망 구조의 플라스틱 재료가 생성될 수 있다. 이러한 망 중합반응(network polymerization)은 페놀릭(phenolic), 에폭시(epoxy), 그리고 몇몇 폴리에스테르와 같은 열경화성 수지의 경화 과정에서 발생한다. 그림 10.11은 2개의 페놀 분자와 1개의 포름알데히드(formaldehyde) 분자 간의 중합반응을 나타낸다. 1개의 물 분자가 반응의 부산물로 형성된 것에 주목하기 바란다. 페놀 분자는 3작용기성이고, 적당한 촉매와 충분한 열과 압력 하에서, 포름알데히드와 중합반응하여 망상의 열경화성 페놀수지가 되며, 이를 *베이크라이트*(Bakelite)라고 한다.

10.3 산업적 중합반응

이 시점에서, 아마 플라스틱 재료들이 산업적으로 어떻게 생산되는지 궁금할 것이다. 이 질문에 대한 답은 간단하지 않은데, 이는 많은 다양한 공정들이 사용되어 왔고, 또한 새롭게 개발되고 있기 때문이다. 우선, 기초적인 화학 재료들의 중합반응을 위한 기본적인 원재료들로 *천연가스*(natural gas), *석유*(petroleum) 그리고 *석탄*(coal) 등이 있다. 이러한 원재료들을 다양한 중합 공정을 거쳐서 과립(granule), 펠릿(pellet), 분말(powder), 또는 액상(liquids)과 같은, 최종 제품 생산을 위해 추가 처리가 필요한 중간 소재로 가공한다. 플라스틱 재료들을 생산하기 위한 화학적 중합반응공정들은 대단히 복잡하고 다양하며, 화학공학자들은 이를 개발하고 산업화하는 데 주요한 역할을 한다. 다음 절들 및 그림 10.12와 10.13에서 몇몇 가장 중요한 중합반응법들을 설명하였다.

벌크 중합반응(bulk polymerization, 그림 10.12*a*). 가열 및 냉각이 가능한 반응기 내에서 단량체와 활성제(activator)를 혼합하는 방식이다. 이 방식은 한 종류의 단량체가 반응기 내에 공급된 후, 다른 종류의 단량체가 내부로 서서히 공급되는 축합중합반응에서 광범위하게 적용된다. 축합중합반응의 낮은 반응열 덕분에, 많은 경우 벌크 중합반응이 적용될 수 있다.

용액 중합반응(solution polymerization, 그림 10.12*b*). 단량체가 촉매를 함유한 비반응성 용 매에 용해되는 중합반응이다. 중합반응에서 발생하는 열은 용매에 흡수되며 이에 따라 반응속도가 감소한다.

현탁중합반응(suspension polymerization, 그림 10.12*c*). 촉매와 혼합된 단량체가 물 속에서 분산하여 현탁액이 되는 방식이다. 현탁중합반응에서 발생되는 열은 물에 의해 흡수되며, 중합반응 후에 중합체는 분리된 후 건조된다. 이 방식은 주로 폴리염화비닐, 폴리스티렌, 폴리아 크릴로니트릴(polyacrylonitrile) 및 폴리메틸 메타크릴레이트(polymethyl methacrylate)와 같은 여러 종류의 비닐 중합체를 생산하는 데 적용된다.

에멀젼 중합반응(emulsion polymerization, 그림 10.12*d*). 에멀전 중합반응은 현탁중합반응과 유사하게 물 속에서 수행된다. 그러나 단량체를 미세입자로 분산시키기 위하여 유화제가 첨가되는 점이 다르다.

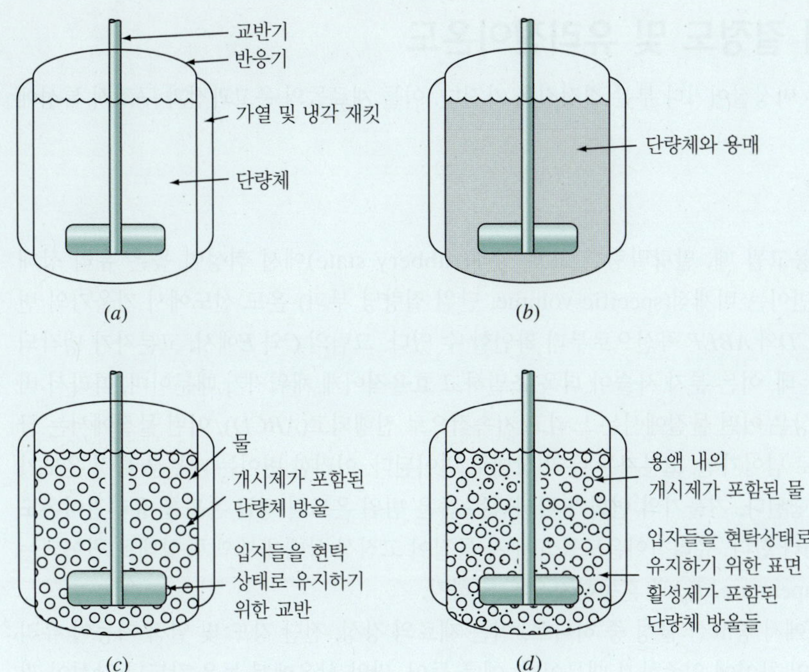

그림 10.12 ➤ 주로 사용되는 산업적 중합반응들의 모식도. (*a*) 벌크, (*b*) 용액, (*c*) 현탁, (*d*) 에멀젼. (출처: W.E. Driver, *Plastics Chemistry and Technology*, Van Nostrand Reinhold, 1979, p. 19.)

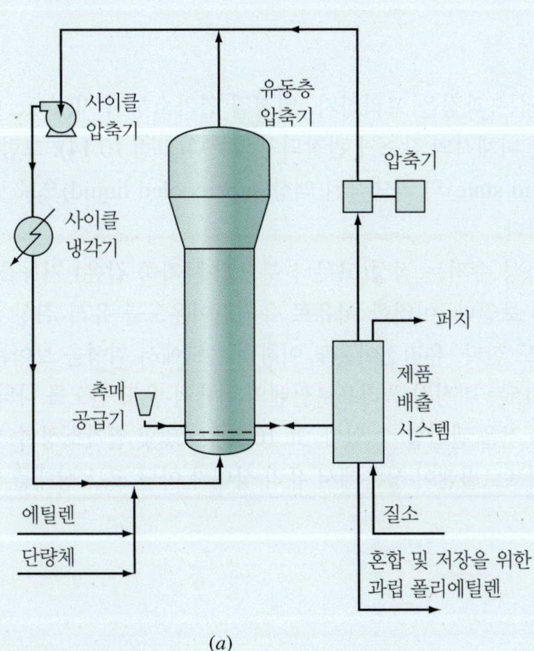

그림 10.13 ➤ 저밀도 폴리에틸렌 생산을 위한 기상 중합반응(gas-phase polymerization) 공정의 흐름도. (출처: *Chemical Engineering*, Dec. 3, 1979, pp. 81, 83.)

앞서 서술한 기본적인 중합반응 공정 이외에도 다양한 대량생산용 연속중합반응 공정이 개발되어 왔고, 지속적으로 연구 개발이 진행되고 있다. 최근에 개발된 매우 중요한 산업적 중합반응 공정[3]으로 Union Carbide사의 저밀도 폴리에틸렌을 생산용 기상 유니폴(gas-phase Unipol) 공정이 있다. 이 공정은 기체상태의 에틸렌 단량체를 다른 단량체와 함께 특수 촉매가 포함된 유동층 반응기에 주입하는 방식이다(그림 10.13). 해당 공정의 장점은 중합반응 온도와 압력이 약 100°C와 0.69 MPa로 기존 공정이 300°C와 2.07 MPa인 것 대비 매우 낮다는 점이며, 이미 많은 산업 공장들에서 기상 유니폴 공정을 적용하고 있다.

3 *Chemical Engineering*, Dec. 3, 1979, p.80.

10.4 열가소성 수지의 결정도 및 유리전이온도

액상에서 응고된 열가소성 수지는 비정질이거나 부분 결정질을 가진다. 이들 재료들의 응고과정과 구조적 특성에 대해 알아보자.

10.4.1 유리전이온도

열가소성 수지가 냉각과정에서 응고될 때, 말랑말랑한 고무 상태(rubbery state)에서 취성이 높은 유리 상태(glassy state)로 변이된다. 해당 변이는 비체적(specific volume, 단위 질량당 부피)-온도 선도에서 기울기의 변화를 동반하며, 그림 10.14의 *ABCD*와 *ABEF* 곡선으로부터 확인할 수 있다. 그림의 *C*와 *E*에서, 고분자가 냉각되며 액상에서 고무 상태로 변이되는데, 이는 분자 사슬이 더욱 조밀하고 효율적이게 채워지기 때문이며, 따라서 비체적은 감소한다. 이러한 감소 현상은 어떤 물질에서는 느리고 지속적으로 진행되고(*ABCD*), 어떤 물질에서는 급격하게 진행된다(*ABDF*). *D*와 *F*로 넘어가면, 고분자는 유리 상태로 변이된다. 이러한 변이는 대부분 특정 온도가 아닌 특정 온도 범위에 걸쳐서 진행된다. 기울기의 변화가 나타나는 좁은 범위 온도의 평균 온도를 **유리전이온도**(glass transition temperature, T_g)라 한다. 유리전이온도를 고분자 물질이 고점성 상태에서 액체 상태로 변이되는 것을 의미하는 용융온도(melt temperature, T_m)과 혼동하지 않도록 하자.

유리 전이 온도는 고분자 재료에서 중요한 물성 중 하나로, 이는 재료의 강성, 전단 강도 및 열적 거동이 유리 전이 온도와 가동 온도 간 상대적인 차이에 의존하기 때문이다. 예를 들어, 만약 상온에서 높은 강도나 강성이 필요하다면, 유리전이온도가 상온과 같거나 높은 고분자 재료를 선택해야 할 것이다(표 10.1 참고).

10.4.2 비정질 열가소성 수지의 응고

비정질 열가소성 수지가 응고된 후 서서히 냉각되는 과정을 고려하자. 비정질 열가소성 수지(noncrystalline thermoplastic)은 응고될 때, 냉각 과정에서 급격한 비체적의 감소가 관찰되지 않는다(그림 10.14). 그림 10.14의 *ABC* 선도와 같이, 응고 과정에서 액상은 고상(solid state)의 과냉각된 액상(supercooled liquid)으로 변화되며, 이후 온도가 낮아짐에 따라 비체적이 서서히 감소한다.

유리전이온도 이상의 온도에서, 비정질 열가소성 수지는 점성(고무나 부드러운 가죽 같은) 거동을 보이며, 유리전이온도 이하에서 유리와 같은 취성 거동을 보인다. 이러한 이유로 유리전이온도를 유리-취성 전이온도(glass-brittle transition temperature)로 취급하기도 한다. 유리전이온도 이하의 온도에서 취성을 보이는 이유는 분자사슬의 움직임이 제한되기 때문이다. 그림 10.15는 비정질 폴리프로필렌의 비체적-온도 선도를 나타내며, 유리전이온도인 −12°C에서 기울기 변화가 나타나는 것을 관찰할 수 있다. 표 10.1에서 몇몇 열가소성 수지의 유리전이온도 값들을 확인할 수 있으며, 이를 통해 폴리프로필렌이 상온에서 유리 상태가 아닌 고무 상태를 가진다는 것을 아는 것이 중요하다.

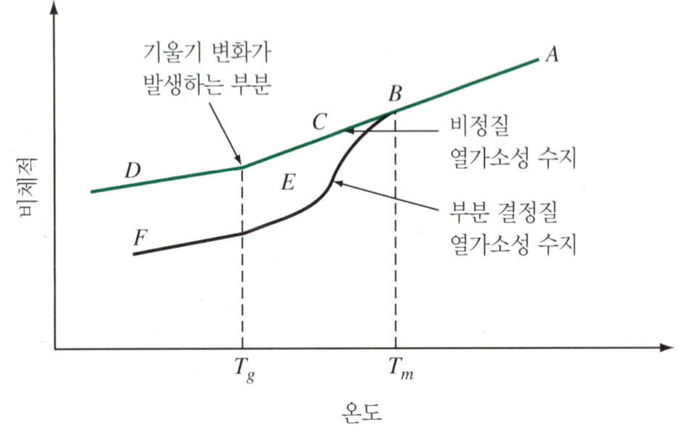

그림 10.14 ➤ 비정질과 부분 결정질 열가소성 수지의 응고와 냉각중의 온도-비체적 변화 모식도로 T_g와 T_m은 각각 유리전이온도와 융점이다. *ABCD* 선도는 비정질 열가소성 수지의 냉각을 나타내며, *A* = 액상, *B* = 고점도의 액상, *C* = 과냉각된 액상(고무상태), *D* = 유리상태의 고체(단단하며 취성)이다. 부분 결정질 열가소성 수지는 *ABEF* 선도를 따라 냉각하며, *E* = 과냉각된 액상 매트릭스의 고체 결정화 구역, *F* = 유리상태 매트릭스의 고체 결정화 구역이다.

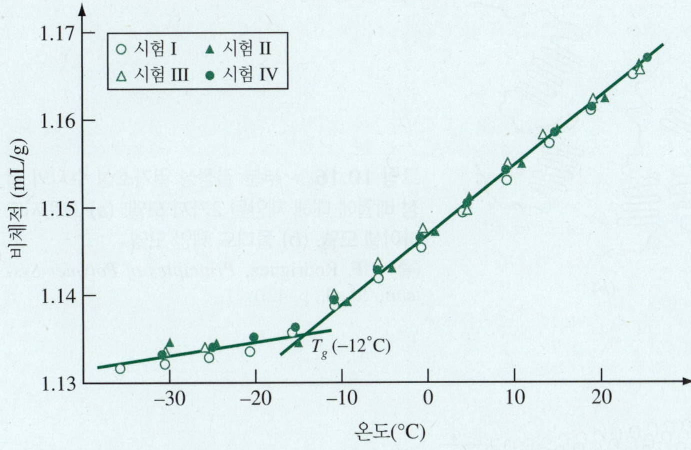

그림 10.15 ➤ 어택틱 폴리프로필렌(atactic polypropylene)의 유리전이온도를 결정하기 위한 비체적-온도 실험 데이터이며, 여기서 유리전이온도는 −12°C이다.
(출처: D.L. Beck, A.A. Hiltz and J.R. Knox, *Soc. Plast. Eng. Trans*, 3:279(1963).)

10.4.3 부분 결정질 열가소성 수지의 응고

이제 부분 결정질 열가소성 수지(partly crystalline thermoplastic)의 응고 및 냉각에 대해 알아보자. 부분 결정질 열가소성 수지가 응고 및 냉각될 때, 그림 10.14의 *BE* 선도에서 나타나있듯이, 비체적이 급속히 감소한다. 이러한 비체적의 감소는 결정화 구역에서 중합체 사슬이 더욱 효율적으로 채워지기 때문이다. 따라서 *E* 부근에서 부분 결정질 열가소성 수지는 과냉각된 비정질 매트릭스 내부에 결정화 구역이 존재하는 구조를 가진다. 냉각이 지속되면, 유리전이온도에 도달하게 되고, 그림 10.14의 *E*와 *F* 사이에서 나타나듯이 비체적-온도 선도의 기울기 변화가 나타난다. 유리전이가 발생함에 따라 과냉각된 액상 매트릭스는 유리 상태로 변이되며, 따라서 *F*에서 열가소성 수지는 유리화된 비정질 매트릭스 내에 결정화 구역이 존재하는 구조를 가진다. 이처럼 부분 결정질 구조를 형성하며 응고되는 열가소성 수지로 폴리에틸렌이 있다.

10.4.4 부분 결정성 열가소성 수지의 구조

고분자 분자들이 결정 구조로 배열되는 정확한 과정에 대해서는 아직 명확히 밝혀진 바가 없으며, 추가적인 연구가 필요한 상황이다. 다결정(polycrystalline) 고분자 재료 내의 결정이나 결정화 구역의 가장 긴 부분은 대개 약 5~50 nm 정도로, 완전히 확장된 고분자 분자 길이가 5000 nm 정도임을 감안할 때, 상대적으로 작은 길이이다. *프린지드 마이셀*(fringed-micelle)이라는 초기 모델로, 약 5000 nm의 긴 고분자 사슬들이 고분자 분자의 길이 방향의 불규칙적이거나 규칙적인 구역들을 따라 연속적으로 이동하며 배열되는 것을 설명하였다(그림 10.16*a*). 새롭게 제안된 *폴디드 체인*(folded-chain) 모델은, 분자사슬들이 서로 접힘으로써 결정 구역에서 비결정 구역으로 천이가 발생하는 구역에 대해 설명한다(그림 10.16*b*).

지난 수년간, 부분 결정성 열가소성 수지, 특히 폴리에틸렌에 관하여 집중적인 연구가 진행되고 있다. 폴리에틸렌은 그림 10.17과 같이 사방정계(orthorhombic) 구조단위를 갖는 폴디드−체인 구조로 결정화되는 것으로 알려져 있다. 폴드들 사이의 각 사슬의 길이는 약 100개의 탄소 원자 크기 정도이며, 폴디드 체인으로 구성된 하나

표 10.1 ➤ 몇몇 열가소성 수지의 유리전이온도 T_g*(°C)

폴리에틸렌	−110	(nominal)
폴리프로필렌	−18	(nominal)
폴리비닐아세테이트	29	
폴리염화비닐	82	
폴리스티렌	75~100	
폴리메틸메타크릴레이트	72	

*열가소성 수지의 T_g는 결정성 고체의 용융온도처럼 물리적 상수가 아니라 **결정도**(crystallinity), 중합체 사슬의 평균 분자량, 냉각 속도와 같은 변수에 따라 어느 정도 변화한다.

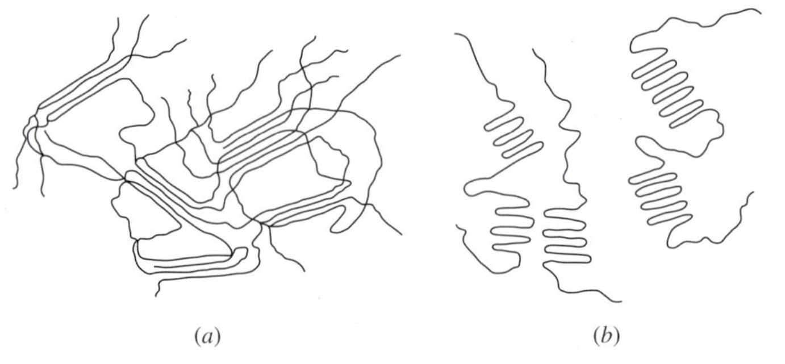

그림 10.16 ➤ 부분 결정성 열가소성 수지의 결정 배열에 대해 제안된 2가지 모델: (*a*) 프린지드 마이셀 모델. (*b*) 폴디드 체인 모델.
(출처: F. Rodriguez, *Principles of Polymer Systems*, 2d ed., p. 42.)

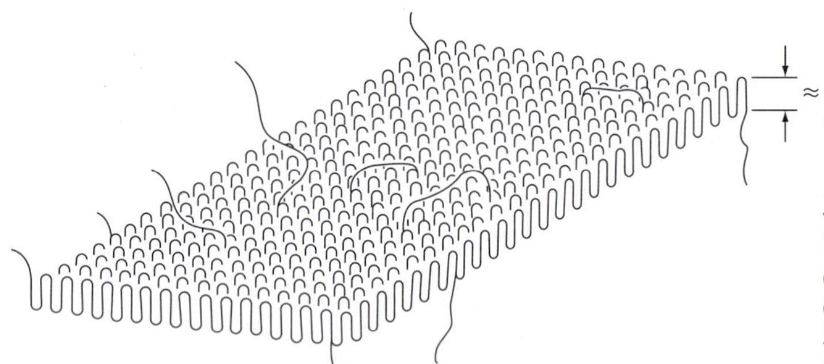

그림 10.17 ➤ 저밀도 폴리에틸렌 라멜라의 폴디드-체인 구조 모식도.
(출처: From R.L. Boysen, "Olefin Polymers (High-Pressure Polyethelene)," in *Kirk-Othmer Encyclopedia of Chemical Technology*, vol. 16, 1981, p. 405.)

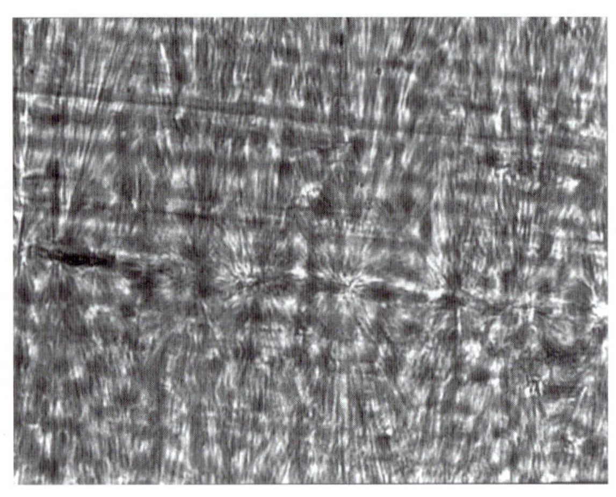

그림 10.18 ➤ 밀도 0.92 g/cm^{3}인 저밀도 폴리에틸렌 캐스트 필름의 구립형 구조.
(출처: Unbound)

의 층구조를 *라멜라*(lamella)이라고 한다. 실험실 환경 하에서 저밀도 폴리에틸렌은 그림 10.18과 같이 구립형(spherulitic)의 구조로 결정화된다. 여기서 어두운 영역은 결정화 라멜라로 구성된 구립형 구역이며, 구립형 구역 사이의 밝은 부분은 비정질 구역이다. 그림 10.18의 구립형 구조는 오직 응력으로부터 자유로운, 엄격하게 제어된 실험실 환경 하에서만 성장시킬 수 있다.

부분 결정성 선형 고분자 재료의 결정도는 전체 체적의 5%에서 95% 범위를 가진다. 결정화되기 쉬운 고분자 재료라도 완전 결정화는 불가능한데, 이는 분자들 간에 엉킴 및 교차가 발생하기 때문이다. 열가소성 재료의 결정화 정도는 인장강도에 영향을 주며, 일반적으로 결정도가 증가하면 열가소성 수지의 강도는 증가한다.

10.4.5 열가소성 수지의 입체이성질체

입체이성질체(stereoisomer)는 동일한 화학적 조성을 갖지만 구조적 배열이 다른 분자화합물이다. 열가소성 수지 중 폴리프로필렌은 3종류의 입체이성질체 구조가 존재한다.

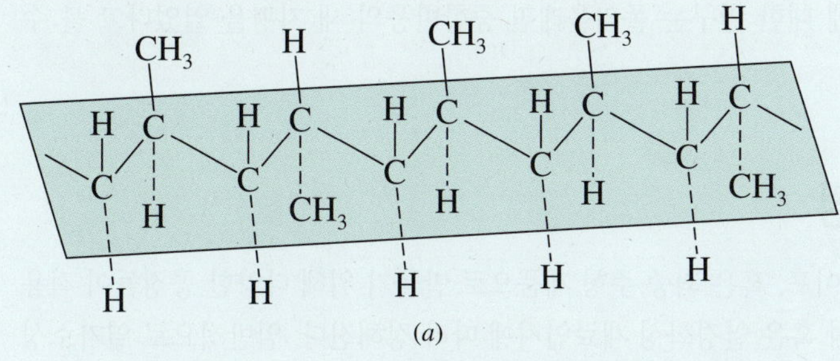

(a)

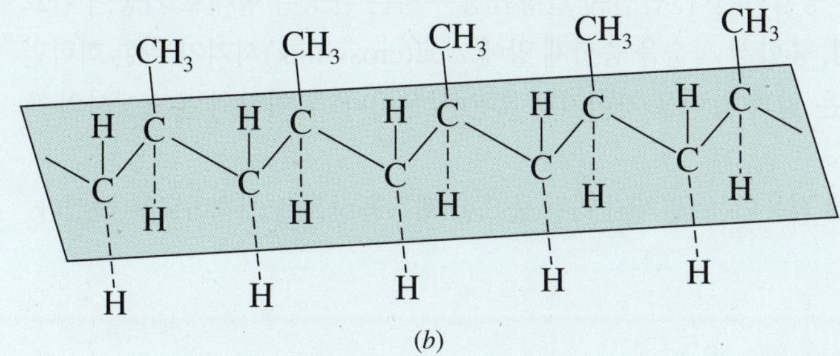

(b)

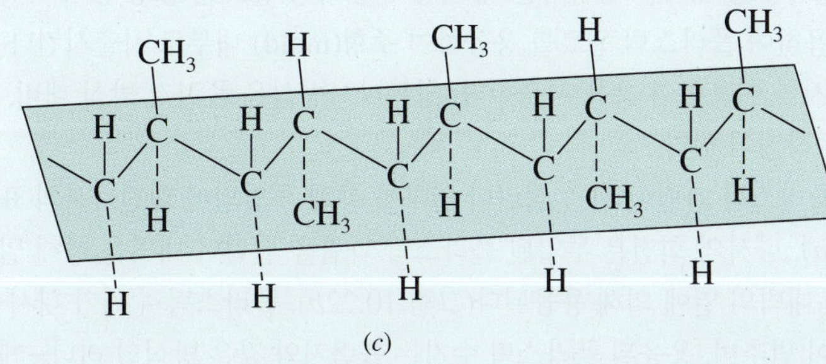

(c)

그림 10.19 ➤ 폴리프로필렌 입체이성질체. (*a*) 어택틱 이성질체는 CH_3기가 주 탄소사슬의 양쪽에 무작위로 배열된다. (*b*) 아이소택틱 이성질체는 CH_3기가 주 탄소사슬의 한쪽에만 배열된다. (*c*) 신디오택틱 이성질체는 CH_3기가 규칙적으로 주 탄소사슬의 양쪽에 교차 배열된다.
(출처: G. Crespi and L. Luciani, "Olefin Polymers (Polyethylene)," in *Kirk-Othmer Encyclopedia of Chemical Technology*, vol. 16, Wiley, 1982, p. 454.)

1. **어택틱(atactic) 입체이성질체.** 폴리프로필렌에 달려 있는 메틸기가 주 탄소사슬의 양쪽 에 무작위로 배열됨(그림 10.19*a*).
2. **아이소택틱(isotactic) 입체이성질체.** 폴리프로필렌에 달려 있는 메틸기가 주 탄소사슬의 동일한 한쪽에만 배열됨(그림 10.19*b*).
3. **신디오택틱(syndiotactic) 입체이성질체.** 프로필렌에 달려 있는 메틸기가 주 탄소사슬의 양 쪽에 규칙적으로 번갈아 배열됨(그림 10.19*c*).

아이소택틱 선형 고분자 재료를 산업적으로 중합반응이 가능하게 하는 촉매의 발견은 플라스틱 재료의 커다란 변혁을 가져왔다. **입체특이성 촉매**(stereospecific catalyst)를 사용하여 아이소택틱 폴리프로필렌을 대량 생산할 수 있게 되었다. 아이소택틱 폴리프로필렌은 고결정성의 고분자 수지로서 용융온도는 165~175°C이다. 비교적 높은 결정도 덕분에 아이소택틱 폴리프로필렌은 어택틱 폴리프로필렌보다 높은 강도와 높은 열변형 온도를 갖는다.

10.4.6 Ziegler형과 Natta형 촉매

Karl Ziegler와 Giulio Natta는 선형 폴리에틸렌과 폴리프로필렌의 입체이성질체에 대한 연구 결과로 1963년 노벨상을 공동 수상하였다.[4]

보다 상세한 내용은 다른 많은 책들에서 다루고 있으므로 참고하길 바란다. 이들의 연구에서는 메탈로센(metallocene) 촉매가 생산 과정에서 사용된다. 여기서 메탈로센은 반응에 참여하여 일부 소모되므로, 엄밀히 말

4 Karl Ziegler와 Giulio Natta는 독특한 유기 촉매를 사용하여 탄화수소의 중합반응을 제어한 공로로 1963년 노벨 화학상을 공동 수상하였다.

하면 진정한 촉매는 아니다. 즉 메탈로센 촉매에 대한 연구는 폴리올레핀 중합반응의 새 지평을 열었다고 볼 수 있다.

10.5 플라스틱 재료의 제조공정

플라스틱 펠릿과 과립을 판, 봉, 압출된 부품, 파이프, 혹은 최종 주형 제품으로 만들기 위해 다양한 공정들이 적용된다. 적용되는 생산공정은 플라스틱이 열가소성 혹은 열경화성 재료인지에 따라 정해진다. 일반적으로 열가소성 수지의 경우, 가열하여 연하게 만들고 성형한 후 냉각시킨다. 반면에 열경화성 수지는 완성된 형태로 가공이 완료되기 이전에 중합반응이 종료되지 않은 상태에서, 중합체 사슬을 중합체 망에 가교(cross-link)시키기 위한 화학반응이 발생하는 공정을 적용한다. 최종 중합반응은 열과 압력을 가하거나 혹은 상온이나 그 이상의 온도에서의 촉매 작용에 의해 수행된다.

이 절에서는 열가소성 수지와 열경화성 수지에 적용되는 몇 가지 가장 중요한 제조공정들을 소개하도록 하겠다.

10.5.1 열가소성 수지의 제조공정

사출성형 **사출성형**(injection molding)은 열가소성 재료를 성형하는 데 사용되는 가장 중요한 공정 중의 하나이다. 최근의 사출성형기는 왕복나사장치를 이용하여 플라스틱 원료를 용융하여 주형(mold) 내부로 사출시킨다(그림 10.20과 10.21). 구형 사출성형기는 플런저를 이용하여 용융 사출한다. 왕복나사방식은 플런저 방식 대비, 사출 시 용융된 원료가 좀 더 균일하게 공급되는 장점이 있다.

사출성형공정에서는 호퍼로부터 공급된 플라스틱 과립이 사출 실린더 입구를 통해 투입되어 회전나사의 표면을 따라 주형 방향으로 이송된다(그림 10.22*a*). 나사의 회전은 투입된 플라스틱 과립을 실린더 내벽을 향해 밀어내며, 이때 발생한 마찰열, 압축열, 및 실린더 내벽의 열에 의해 용융된다(그림 10.22*b*). 플라스틱 수지가 나사 끝단에 도달하여 충분히 용융되면 나사의 회전이 멈추며, 용융된 플라스틱 수지는 플런저와 같은 방식인 러너-게이트의 "샷(shot)" 작동에 의해 밀폐형 주형 공동(cavity) 내부로 주입된다(그림 10.22*c*). 나사축은 주형 내부로 투입된 플라스틱 수지가 응고될 수 있도록 압력을 일정 시간 유지한 후, 원상 복귀된다. 플라스틱 부품의 급랭을 위해 주형은 수랭식 냉각된다. 마지막으로, 주형이 열리고 부품은 공압이나 스프링 사출용 핀에 의해 주형으로부터 분리된다(그림 10.22*d*). 이후 주형은 닫히고, 다음 작업을 위해 준비된다.

사출성형의 주요 장점들은 다음과 같다.

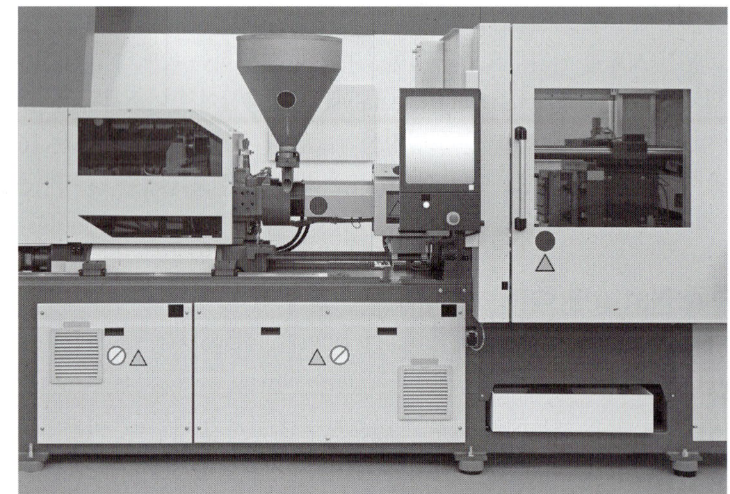

그림 10.20 ➤ 플라스틱 재료 사출을 위한 500톤 규모의 왕복나사 사출성형기의 전면부
(Zoonar GmbH/Alamy Stock Photo)

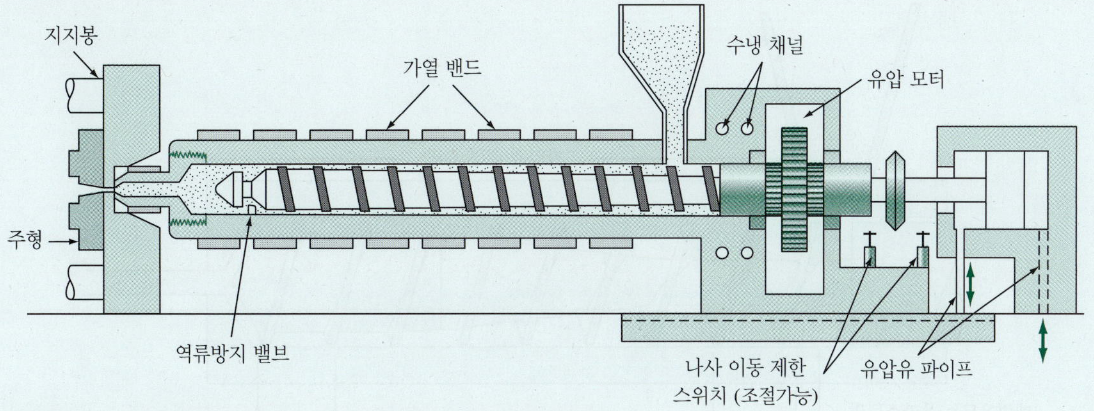

그림 10.21 ➤ 플라스틱 재료 사출을 위한 왕복나사 사출성형기의 단면도
(출처: J. Bown, *Injection Molding of Plastic Components*, McGraw Hill, 1979, p. 28.)

1. 고품질 부품을 높은 속도로 생산이 가능함.
2. 비교적 적은 인건비.
3. 깨끗한 최종 표면의 주형 부품 생산이 가능함.
4. 고도의 공정 자동화가 가능함.
5. 복잡한 형상의 부품 생산이 가능함.

사출성형의 주요 단점들은 다음과 같다.

1. 많은 수의 부품의 생산을 위해 고가의 기계가 필요함.
2. 고품질의 제품 생산을 위하여 세밀한 공정 제어가 요구됨.

압출 압출(extrusion)은 열가소성 수지에 적용되는 또 다른 중요 공정이다. 압출공정으로 생산되는 플라스틱 제품 중에는 관, 봉, 필름, 박판 등 모든 종류의 형상이 있다. 압출기는 펠릿과 같은 원재료 생산 및 폐열가소성 재료의 재생재와 같은 복합재의 제작에도 이용된다.

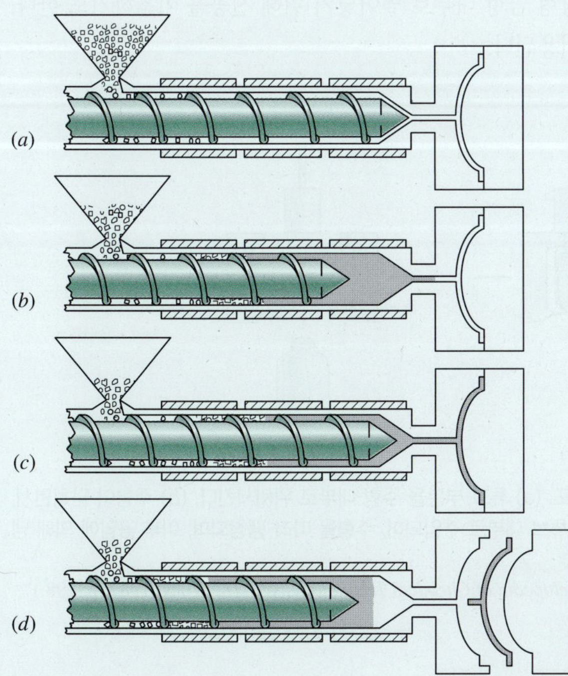

그림 10.22 ➤ 왕복나사형 사출성형을 통한 플라스틱 부품 제조공정 순서도. (*a*) 플라스틱 과립이 회전나사에 의하여 이송된다. (*b*) 플라스틱 과립은 회전나사에 의해 이송되면서 용융 되며, 나사의 끝부분에서 충분한 양이 용융되었을 때 나사는 회전을 멈춘다. (*c*) 나사관은 플런저와 같은 방식의 러너 게이트 시스템을 통해 밀폐형 주형 공동 내부로 용융된 플라스틱을 주입시킨다. (*d*) 나사관이 원래 위치로 돌아가고, 완성된 플라스틱 부품은 분리된다.

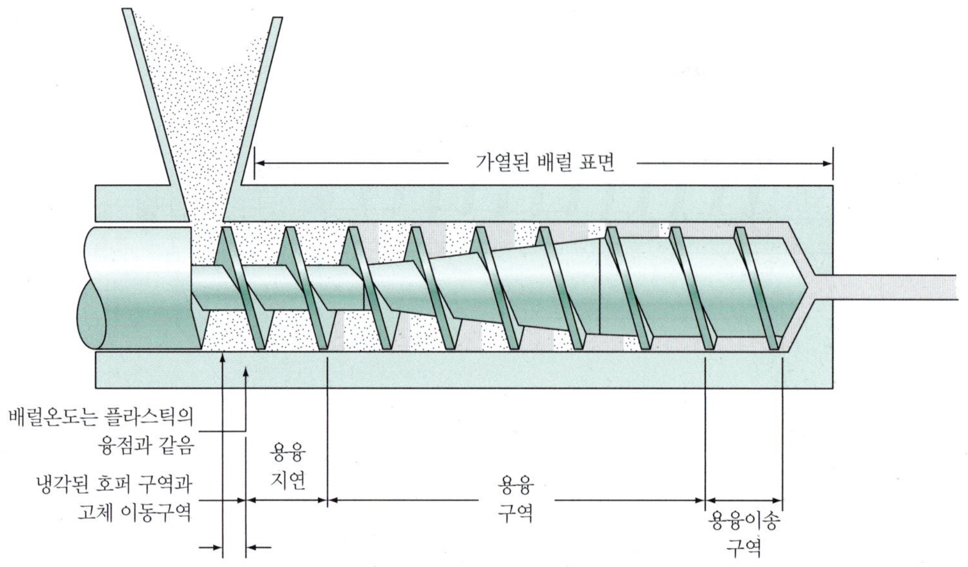

그림 10.23 ➤ 여러 작동구역을 보여주는 압출기의 모식도: 호퍼구역, 고체이동구역, 용융시작구역, 용융구역, 용융펌핑구역.
(출처: H.S. Kaufman and J.J. Falcetta (eds.), "Introduction to Polymer Science and Technology," *Society of Plastic Engineers*, Wiley, 1977, p. 462.)

압출공정에서는 열가소성 수지를 가열된 실린더 안에 투입하여 용융시킨 후, 회전나사를 이용해 정밀 가공된 금형(die) 내부로 이송 및 주입하여 연속적인 형상으로 제조한다(그림 10.23). 금형에서 분리된 부품은 형상 유지를 위해서 반드시 유리전이온도 이하로 냉각되어야 하며, 주로 공랭 또는 수랭식으로 냉각된다.

블로우 성형과 열성형 열가소성 수지의 또다른 중요 공정으로 블로우 성형과 판의 열성형이 있다. **블로우 성형**(blow molding)에서는 *패리슨*(parison)이라고 하는 실린더 또는 튜브 형상의 가열된 플라스틱을 주형의 턱 사이에 위치시킨다(그림 10.24*a*). 실린더 끝부분이 집히도록 주형이 닫히고(그림 10.24*b*), 압축공기를 내부에 주입하여 플라스틱을 주형의 벽을 따라 팽창시킨다(그림 10.24*c*).

열성형(thermoforming)에서는 가압을 통해 가열된 플라스틱 판을 주형의 형상대로 만든다. 접합형 금형의 경우에는 기계적 압력을 적용하기도 하고, 가열된 판을 개방형 금형 내부로 밀어넣기 위해 진공을 이용하기도 한다. 공압 또한 가열된 판을 개방형 금형 내부로 밀어넣는 데 이용된다.

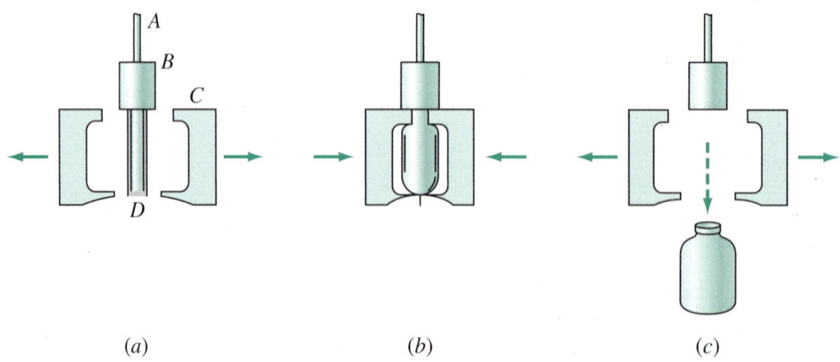

그림 10.24 ➤ 블로우 성형을 통한 플라스틱 병의 제조 공정 순서도. (*a*) 튜브 부분을 주형 내부로 위치시킨다. (*b*) 주형이 닫히면서, 튜브의 바닥 부분이 주형에 의해 집힌다. (*c*) 공압이 주형을 통하여 튜브 내부로 주입되어, 주형을 따라 팽창되며, 이후 공압에 의해 냉각된다. *A* = 공기 주입로, *B* = 금형, *C* = 주형, *D* = 튜브 부분.
(출처: P.N. Richardson, "Plastics Processing," in *Kirk-Othmer Encyclopedia of Chemical Technology*, vol. 18, Wiley, 1982, p. 198.)

10.5.2 열경화성 수지에 적용되는 제조공정

압축성형 페놀 포름알데히드(phenol-formaldehyde), 우레아 포름알데히드(urea-formaldehyde), 멜라민 포름알데히드(melamine-formaldehyde)와 같은 열경화성 수지들은 압축공정에 의해 고체 부품으로 성형된다. **압축성형**(compression molding)에서는 예열된 플라스틱 수지를 하나 이상의 공동을 가진 가열된 주형에 위치시킨다(그림 10.25*a*). 상부 주형은 플라스틱 수지에 열과 압력을 가하여 수지를 용융시키고, 주형 내의 공동들을 채우도록 힘을 가한다(그림 10.25*b*). 열경화성 수지의 가교 결합이 완료되기 위해 보통 1~2분간 지속적으로 가열하며, 이후에 부품은 주형으로부터 분리된다. 이후 성형 시 발생한 덧살(flash)들을 제거한다.

압축성형의 주요 장점은 다음과 같다.

1. 주형의 구조가 간단하여 초기 제작 비용이 저렴함.
2. 상대적으로 짧은 재료 흐름으로 인한 주형의 마모 및 마멸이 감소함
3. 보다 대형의 부품 생산이 가능함.
4. 구조가 간단하므로, 주형의 크기가 더욱 작아질 수 있음.
5. 공정 중, 경화반응에서 발생되는 기체의 배출이 가능함.

압축성형의 주요 단점은 다음과 같다.

1. 복잡한 형상의 부품 생산에 불리함.
2. 부품의 정밀한 허용오차 유지가 어려움.
3. 성형 후 제품의 덧살이 제거되어야 함.

전사성형 **전사성형**(transfer molding)은 페놀수지, 우레아 수지, 멜라민 수지 및 알키드(alkyd) 수지 등과 같은 열경화성 수지의 성형에 사용된다. 전사성형과 압축성형의 차이점은 주형 공동 내부로 재료가 주입되는 방식이다. 전사성형에서는 플라스틱 수지가 직접 주형 공동 내부로 주입되지 않고, 주형 공동의 외부 챔버로 주입된다(그림 10.26*a*). 주형이 닫히면, 러너 게이트 시스템에 의해 작동되는 플런저가 힘을 가하여 외부 챔버로부터 주형 공동 내부로 플라스틱 수지를 밀어넣는다(그림 10.26*b*).

성형된 재료의 견고한 중합체 망 구조가 형성되도록 시간이 충분히 지난 후에, 성형된 부품을 분리한다(그림 10.26*c*).

전사성형의 장점은 다음과 같다.

1. 전사성형은 압축성형과 달리 덧살이 발생하지 않아 추가 마감 작업이 덜 요구됨.
2. 러너 시스템을 이용하여 동시에 여러 개의 부품 생산이 가능함.
3. 압축성형으로 제작이 어려운 작고 복잡한 부품 제작에 특히 유리함.

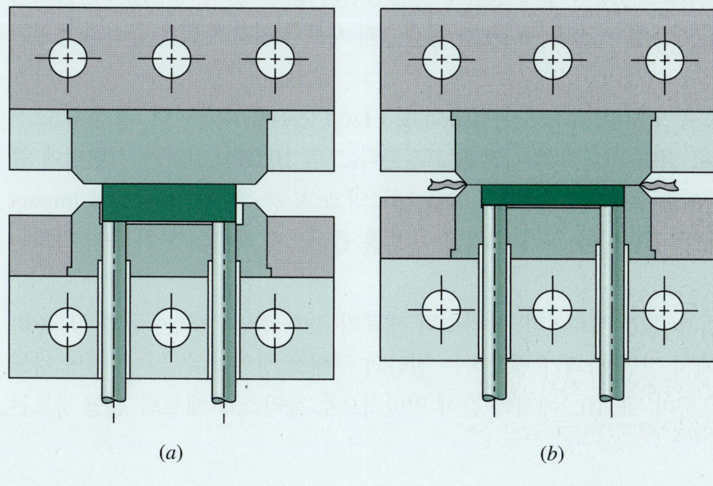

그림 10.25 ➤ 압축성형. (*a*) 주형 공동 내에 예비성형분말 형상을 포함하는 개방형 주형의 단면. (*b*) 성형된 시편과 덧살이 나타난 밀폐형 주형의 단면.
(출처: R.B. Seymour, "Plastics Technology" in *Kirk-Othmer Encyclopedia of Chemical Technology*, vol. 15, Interscience, 1968, p. 802.)

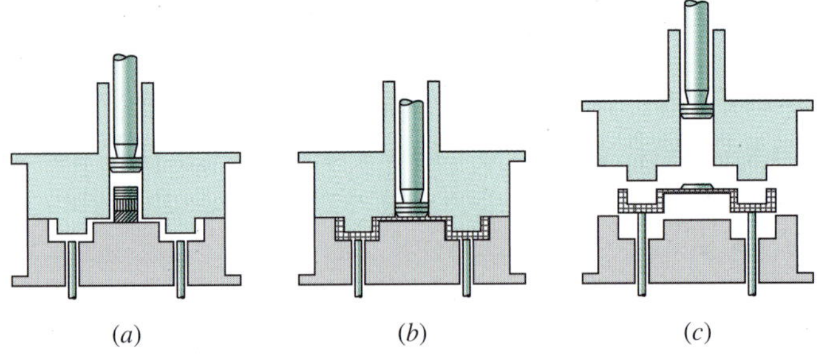

그림 10.26 ➤ 전사성형. (*a*) 예비성형된 플라스틱을 플런저를 이용하여 예비 밀폐형 주형 내부로 주입시킨다. (*b*) 예비성형된 플라스틱에 압력이 가해지면서, 러너 게이트 시스템에 의해 밀폐 주형 내부로 밀어 넣는다. (*c*) 플라스틱이 경화된 후, 플런저를 제거하고 주형 공동을 연다. 그리고 부품을 분리한다.

사출성형 최신 기술을 적용하면 왕복나사 사출성형기를 이용하여 일부 열경화성 수지의 사출성형이 가능하다. 공정 중 수지가 경화될 수 있도록, 특수한 가열 및 냉각 장치가 기존 사출성형기에 추가되었으며, 몇몇 열경화성 수지의 경화 시 발생하는 부산물의 배출을 위해 향상된 배기 성능의 주형 공동이 요구된다. 사출성형의 높은 효율 덕분에, 앞으로 열경화성 수지의 생산에서 사출성형이 더욱 중요해질 것으로 기대된다.

10.6 범용 열가소성 수지

이 절에서는, 폴리에틸렌, 폴리염화비닐, 폴리프로필렌, 폴리스티렌, ABS, 폴리메틸메타크릴레이트, 셀룰로스아세테이트와 관련 물질들 및 폴리테트라플루오로에틸렌과 같은 열가소성 수지들의 구조, 화학 공정, 물성 및 적용에 관한 몇 가지 중요한 내용에 대해 알아볼 것이다.

우선 먼저 주요 범용 열가소성 수지들의 판매량, 가격 및 주요 특성들에 대해 살펴보자.

범용 열가소성 수지의 국제 판매량과 가격 1961년부터 2012년 사이의 국제 판매량에 의하면, 전세계적으로 플라스틱과 고분자 수지의 소비량은 4800% 증가하였으며, 이 중 폴리에틸렌, 폴리염화비닐, 폴리프로필렌 및 폴리스티렌의 4개 주요 플라스틱들이 판매량의 대부분을 차지하였다. 이들의 상대적으로 낮은 가격(폴리에틸렌 파운드당 0.3달러, 폴리염화비닐 kg당 8.1달러, 폴리프로필렌 kg당 1.8달러, 및 폴리스티렌 kg당 2.87달러)은 산업 및 공학 분야에서 이들 재료들이 광범위하게 사용되는 이유를 설명해준다. 그러나 값싼 재료들로 충족되지 않는 특별한 물성이 요구될 경우, 더욱 값비싼 플라스틱 재료가 사용된다. 예를 들어, 폴리테트라플루오로에틸렌(polytetrafluoroethylene), 일명 테프론(Teflon)은 우수한 내열성 및 윤활성을 가지고 있어 2000년도 기준, kg당 약 11~20달러에 거래되고 있다.

범용 열가소성 수지의 기본 물성 표 10.2에는 몇 가지 범용 열가소성 수지의 밀도, 인장 강도, 충격 강도, 절연 강도 및 최대 사용온도를 나열하였다. 많은 공업용 플라스틱 재료들의 가장 중요한 장점 중 하나는 상대적으로 낮은 밀도이다. 철의 밀도가 7.8 g/cm^{3}인 것에 비해, 대부분의 범용 플라스틱의 밀도는 1 g/cm^3 정도이다.

플라스틱 재료의 인장강도는 비교적 낮으므로 공학적 설계 관점에 따라 단점이 될 수 있다. 대부분의 플라스틱 재료들은 10,000 psi (69 MPa) 이하의 인장 강도를 가진다(표 10.2). 플라스틱 재료의 인장 시험은 금속과 동일한 장비를 사용한다(그림 6.18).

플라스틱 재료의 충격 시험은 일반적으로 노치 아이조드 시험(notched Izod test)을 수행한다. 보통 0.32 × 1.25 × 6.4 cm 크기의 시험편이 사용되며, 진자 시험기의 바닥에 고정된다(그림 10.27). 진자가 시험편에 충격을 가할 때 측정된 노치(notch) 단위 길이당 흡수된 에너지의 양을 재료의 *노치 충격 강도*(notched impact strength)라 하며, 단위는 ft·lb/in. 혹은 J/m로 표기한다. 표 10.2와 같이 범용 플라스틱 재료의 노치 충격 강도는 21.4~747.3 J/m 정도이다.

플라스틱 재료는 일반적으로 훌륭한 전기 절연 재료이다. 플라스틱 재료의 전기 절연 강도는 *절연 강도*(dielectric strength)로 나타내며 이는 재료에서 절연 파괴가 발생하는 전압의 구배로 정의될 수 있다. 절연 강도의 단위는 주로 V/mil 혹은 V/mm를 사용하며, 표 10.2에서와 같이 일반적으로 플라스틱 재료의 절연 강도는 15,169~69,935 V/mm 범위이다.

표 10.2 ➤ 주요 범용 열가소성 수지들의 기본 물성

재료	밀도 (g/cm^3)	인장 강도 (MPa)	아이조드 충격 강도 (J/m)	절연 강도 (V/mm)	최대 사용온도 (무부하) °C
폴리에틸렌:					
저밀도	0.92~0.93	6.2~17.3		1.9×10^4	82~100
고밀도	0.95~0.96	20~37.3	21.4~747.3	1.9×10^4	80~120
경질 염화 폴리염화비닐	1.49~1.58	51.8~62.1	53.4~299		110
범용 폴리프로필렌	0.90~0.91	33.1~38.0	21.4~117.4	2.56×10^4	107~150
스티렌-아크릴로니트릴 (SAN)	1.08	69~82.8	21.4~26.7	17×10^4	60~104
범용 ABS	1.05~1.07	40.8	320	1.5×10^4	71~93
범용 아크릴	1.11~1.19	75.9	122.8	$1.8 \sim 2.04 \times 10^4$	54~110
셀룰로오스아세테이트	1.2~1.3	20.7~55.2	58.7~363	$1 \sim 2.4 \times 10^4$	60~104
폴리테트라플루우오로에틸렌	2.1~2.3	6.9~27.6	133.4~213.5	$1.6 \sim 2.0 \times 10^4$	288

출처: *Materials Engineering*, May 1972.

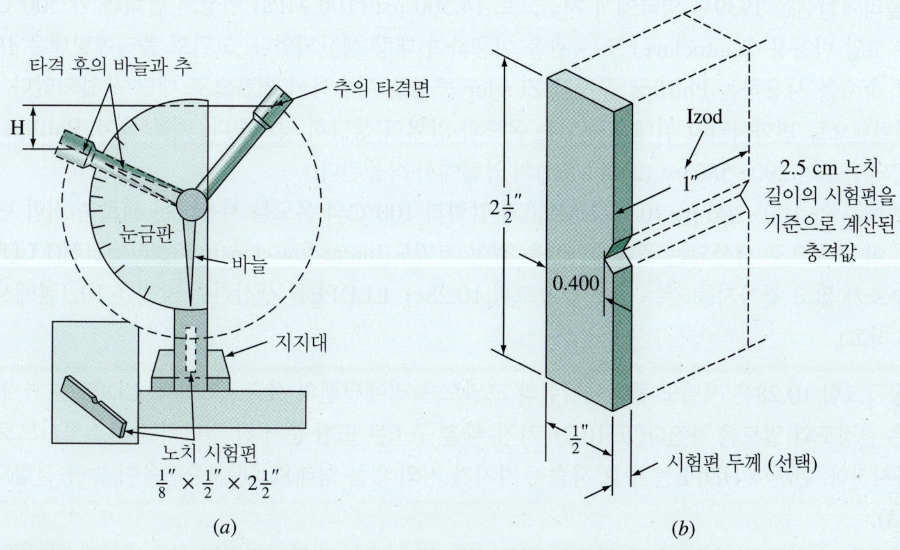

그림 10.27 ➤ (*a*) Izod 충격시험. (*b*) Izod 충격시험에 사용되는 플라스틱 재료용 시험편.
(출처: W.E. Driver, *Plastics Chemistry and Technology*, Van Nostrand Reinhold, 1979, pp. 196-197.)

대부분의 플라스틱은 최대 사용온도가 비교적 낮으며, 대부분 열가소성 수지의 최대 사용 온도는 54~149°C이다. 보다 높은 최대 사용온도를 가지는 열가소성 수지도 있는데, 예를 들어 폴리테트라플루우오로에틸렌은 288°C까지 견딘다.

10.6.1 폴리에틸렌

폴리에틸렌(PE)은 순백색의 반투명한 열가소성 재료로 보통 투명한 얇은 막의 형태로 가공된다. 두꺼운 부분은 반투명하며, 왁스 질감을 띤다. 착색제를 사용하여 다양한 색상의 제품을 생산할 수 있다.

반복 화학구조단위

$$\left[\begin{array}{cc} H & H \\ | & | \\ -C- & C- \\ | & | \\ H & H \end{array}\right]_n$$

폴리에틸렌
녹는점: 110~137°C

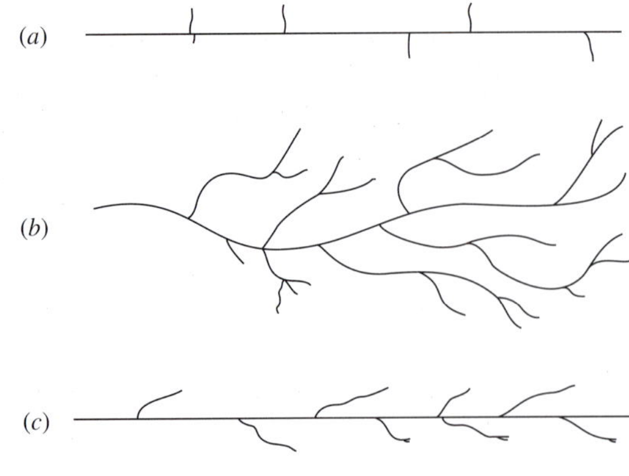

그림 10.28 ➤ 폴리에틸렌 종류에 따른 사슬 구조: (*a*) 고밀도. (*b*) 저밀도. (*c*) 선형 저밀도.

폴리에틸렌의 종류 일반적으로, *저밀도*(low-density) 폴리에틸렌(LDPE)와 *고밀도*(high-density) 폴리에틸렌(HDPE) 두 종류가 있다. 저밀도 폴리에틸렌은 가지-사슬(branched-chain) 구조(그림 10.28*b*)를 가지며, 고밀도 폴리에틸렌은 직선-사슬(straight-chain) 구조(그림 10.28*a*)를 가진다.

저밀도 폴리에틸렌은 1939년 영국에서 처음으로 14,500 psi (100 MPa) 이상의 압력과 약 300°C의 온도에서 작동하는 고압 반응용기(autoclave) 또는 관을 이용하여 대량 생산되었다. 고밀도 폴리에틸렌은 1956~1957년에 특별한 촉매를 사용하는 Phillips 공정과 Ziegler 공정을 이용하여 처음으로 대량 생산되었다. 이때 에틸렌을 폴리에틸렌으로 변화시키기 위해 요구되는 온도와 압력이 상당히 낮아졌다. 예를 들어, Phillips 공정은 약 100~150°C의 온도와 290~580 psi (2~4 MPa)의 압력에서 작동된다.

1976년경에는 약 100~300 psi (0.7~2 MPa)의 압력과 100°C의 온도를 사용하는 새로운 저압 단순 공정이 개발되었다. 이 공정으로 생산되는 폴리에틸렌을 *선형 저밀도*(linear-low-density) 폴리에틸렌(LLDPE)이라고 하며, 분자구조가 짧고 곁가지를 갖는 구조이다(그림 10.28*c*). LLDPE를 생산하는 방법은 10.3절에서 다루었다(그림 10.13 참고).

구조 및 성질 그림 10.28은 저밀도 폴리에틸렌과 고밀도 폴리에틸렌의 사슬구조이다. LDPE는 가지-사슬 구조로 인해 낮은 결정도와 밀도를 가진다(표 10.2). 가지-사슬 구조는 또한 분자 간 결합력을 감소시키므로, LDPE의 강도를 저하시킨다. 반면에 HDPE는 주요 사슬이 가지가 거의 없는 형태로, 내부 충전율이 높아 결정도와 강도가 높다(표 10.3).

폴리에틸렌은 가장 널리 사용되는 플라스틱 재료이다. 그 이유는 저가이면서도 상온에서의 뛰어난 인성, 저온에서의 충분한 강도, −73°C까지도 유지되는 유연성, 우수한 내식성 및 절연성, 무취, 무미, 낮은 물−증기 투과성 등 여러 가지로 공업적인 측면에서 중요한 물성을 가지기 때문이다.

용도 폴리에틸렌은 용기, 전기 절연, 화학용 관, 가정용품, 블로우 성형된 병 등에 사용되며, 폴리에틸렌 필름은 포장, 재료 취급용 및 연못용 라이너(그림 10.29) 등이 있다.

10.6.2 폴리염화비닐과 공중합체

폴리염화비닐(PVC)은 전 세계에서 두 번째로 높은 판매량을 가지는 다양하게 사용되는 합성 플라스틱 재료이다. PVC는 우수한 내화학성을 가지고 있으며, 첨가제와 혼합할시 다양한 물리적, 화학적 성질을 가지는 화합물의 대

표 10.3 ➤ 저밀도 및 고밀도 폴리에틸렌의 특성

물성	저밀도 폴리에틸렌	선형 저밀도 폴리에틸렌	고밀도 폴리에틸렌
밀도(g/cm^3)	0.92~0.93	0.922~0.926	0.95~0.96
인장 강도(MPa)	6.2~17.2	12.4~20	2.0~39.3
연신율(%)	550~600	600~800	20~120
결정도(%)	65	⋯	95

그림 10.29 ➤ 설치 인부를 왜소하게 보이게 하는 고밀도 폴리에틸렌 연못 라이너. 개별 시트의 넓이는 약 2,000 m^2, 무게는 5톤에 이를 수 있다.
(Ashley Cooper/Alamy Stock Photo)

량 생산이 가능하다는 점 덕분에 널리 사용된다.

반복 화학구조단위

$$\left[\begin{array}{cc} H & H \\ | & | \\ -C- & C- \\ | & | \\ H & Cl \end{array}\right]_n$$

폴리염화비닐
녹는점: ~204°C

구조 및 성질 주 사슬의 모든 탄소 원자에 연결된 거대한 염소 원자의 존재로 인해, 폴리염화비닐은 비정질(amorphous)이며 재결정화(recrystallize)되지 않는다. 염소 원자에 의한 강한 쌍극자 모멘트 덕분에 PVC는 고분자 사슬 간에 강한 응집력을 가진다. 그러나 염소 원자의 음성 전하는 간혹 입체 장애 및 정전기적 반발력을 유발하여 중합체 사슬의 유연성을 감소시키기도 한다. 이러한 분자의 부동성 때문에 단일중합체(homopolymer)로의 제작이 어렵고, 다수의 첨가제를 포함하지 않을 시, PVC의 용도는 제한적이다.

PVC 단일중합체는 취성과 비교적 높은 강도(51~62 MPa)를 가진다. PVC는 적당한 열변형 온도(0.5 MPa 압력 하 57~82°C)와 우수한 전기적 성질(절연 강도 16,745~51,220 V/mm) 및 높은 내용제성을 가진다. 또한 PVC에 포함된 다량의 염소로 난연성 및 내화학성을 가진다.

폴리염화비닐 컴파운딩 순수 폴리염화비닐(PVC)는 그 용도가 제한적이므로, 완성품의 제작을 위해 공정 과정에서 여러 가지 화합물이 첨가된다. PVC에 첨가되는 화합물에는 가소제, 열안정제, 윤활제, 충진제, 착색제 등이 있다.

- **가소제**(plasticizer)는 고분자 재료에 유연성을 부여한다. 이들은 일반적으로 기본 재료와 완전히 혼합 및 융합되는 높은 분자량의 화합물이다. PVC에는 보통 프탈레이트 에스테르(phthalate esters)가 가소제로 사용된다. 그림 10.30은 여러 종류의 가소제가 PVC의 인장 강도에 미치는 효과를 나타낸다.
- **열안정제**(heat stabilizer)는 공정 중 발생하는 열적 열화현상을 방지하기 위해 PVC에 첨가되며, 최종 제품의 수명 연장에 도움이 되기도 한다. 유기물과 무기물 모두 안정제로 사용되지만, 대부분 Ti, Pb, Ba-Cd, Ca 및 Zn기의 유기금속 화합물이 사용된다.
- **윤활제**(lubricant)는 공정 중, 용융상태의 PVC 화합물의 흐름을 돕고 금속 표면에 고착되는 것을 방지한다. 윤활제로는 왁스, 지방질 에스테르, 금속기 비누 등이 사용된다.
- 탄산칼슘과 같은 **충진제**(filler)는 주로 PVC 화합물의 단가를 낮추기 위해 첨가된다.
- **착색제**(pigment)는 PVC 화합물에 색, 불투명성 및 내후성를 부여하며, 무기물과 유기물 모두 사용된다.

경질 폴리염화비닐(rigid polyvinyl chloride) 순수 PVC는 가공이 힘들고 충격강도가 낮아 용도가 제한적이다. 고무 수지를 첨가하면 경질 PVC 매트릭스 내에 작고 부드러운 고무입자가 분산되어, 가공 중 용융 재료의 유동성

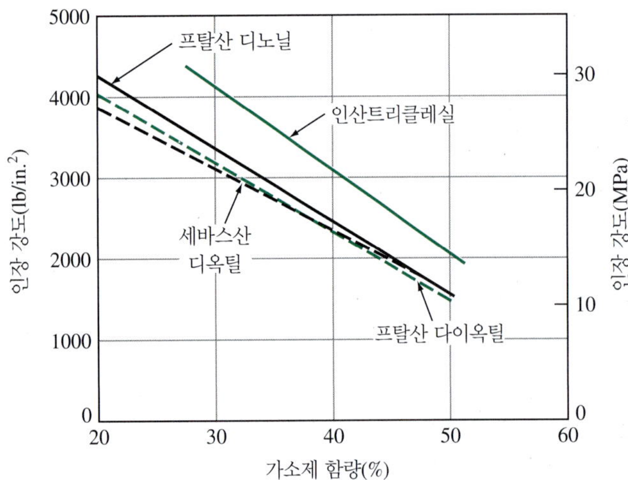

그림 10.30 ➤ 여러 가소제가 폴리염화비닐의 인장 강도에 미치는 영향.
(출처: C.A. Brighton, "Vinyl Chloride Polymers (Compounding)," in *Encyclopedia of Polymer Science and Technology*, vol. 14, Interscience, 1971, p. 398.)

을 향상시킬 수 있다. 첨가된 고무는 충격 에너지를 흡수 및 분산시킬 수 있어 재료의 충격저항성을 향상시킨다. 이러한 충격저항성이 향상된 경질 PVC는 많은 적용 분야를 가진다. 건축용으로 경질 PVC는 관, 창틀, 홈통, 실내 몰딩 및 트림 등에 사용되며, 또한 전기도관에도 사용된다.

연질 폴리염화비닐(plasticized polyvinyl chloride) 가소제가 첨가된 PVC는 연성, 유연성, 및 신축성을 가진다. 해당 성질들은 가소제-중합체 비율에 따라 크게 변화된다. 연질 PVC는 많은 분야에서 고무, 직물, 종이를 대체하여 사용되며, 가구, 차량 내장재, 실내벽지, 비옷, 신발, 가방 및 샤워 커튼 등에 사용된다. 운송 분야에서는 자동차 상단 커버, 전선 절연체, 바닥 매트, 및 실내 및 실외 트림으로 사용된다. 그 밖에 정원용 호스, 냉동기 개스킷, 가전제품의 부품, 가정용품 등에 사용된다.

10.6.3 폴리프로필렌

폴리프로필렌은 판매량이 세 번째로 많은 플라스틱 재료로 Ziegler형 촉매를 사용하여 저가의 석유화학 원료로부터 합성되기 때문에 가격이 가장 저렴한 재료 중 하나이다.

반복 화학구조단위

$$\left[\begin{array}{cc} H & H \\ | & | \\ -C- & -C- \\ | & | \\ H & CH_3 \end{array}\right]_n$$

폴리프로필렌
녹는점: 165~177°C

구조 및 성질 폴리에틸렌이 폴리프로필렌으로 변화할 때, 중합체 주 사슬 내부 매 두 번째 탄소 원자에서 치환된 메틸기는 사슬의 회전을 억제하므로, 재료는 강하고 유연성이 낮은 특성을 가진다. 사슬에 붙어 있는 메틸기는 유리전이온도를 증가시키므로 폴리프로필렌은 폴리에틸렌보다 높은 용융온도 및 열분해온도를 가진다. 입체특이성 촉매를 사용하면 용융온도가 165~177°C인 아이소택틱 폴리프로필렌의 합성이 가능하며, 약 120°C까지 열변형이 발생하지 않는다.

폴리프로필렌은 다양한 제품을 생산하는 데 적합한 균형적인 물성을 가진다. 저밀도(0.900~0.910 g/cm^3)이면서 우수한 내화학성, 내습성, 및 내열성과 우수한 표면경도 및 치수 안정성을 가진다. 또한 폴리프로필렌은 굽힘 수명이 우수하여 내굽힘성이 요구되는 제품에 적용될 수 있다. 단량체의 낮은 단가와 함께, 매우 경쟁력 있는 열가소성 재료이다.

용도 폴리프로필렌의 주요 용도는 가정용품, 가전제품 부품, 포장, 실험실 용품, 및 다양한 형태의 병 등이다. 운송 분야에서는 고충격 폴리프로필렌 공중합체가 기존 경질 고무를 대체하여 배터리 하우징으로 사용되고 있으며, 유사한 수지가 펜더 라이너와 비산방지 덮개로 사용되고 있다. 충진(filled) 폴리프로필렌은 자동차 팬 덮개, 히터

관과 같이 열변형 내성이 요구되는 곳에 사용된다. 또한, 폴리프로필렌 단일중합체는 직물 소재로서 공산품 운송용 자루나 카페트의 뒷면 소재로도 쓰인다. 필름 시장에서는 폴리프로필렌의 광택과 좋은 강성 덕분에 섬유 제품의 가방이나 포장지로 사용된다. 포장 분야에서는 나사형 마개, 케이스, 보관 용기 등에 사용된다.

10.6.4 폴리스티렌

폴리스티렌은 판매량이 네 번째로 많은 열가소성 수지이다. 단일중합체 폴리스티렌은 투명하고 무취, 무미이며 개선 전에는 비교적 취성이 높은 플라스틱 재료이다. 결정 폴리스티렌 외에도, 고무 개량(rubber-modified), 충격 저항 및 신축성 폴리스티렌 등 주요 등급의 폴리스티렌이 있다. 또한 다양한 주요 공중합체의 제작에 스티렌이 사용된다.

반복 화학구조단위

$$\left[\begin{array}{cc} H & H \\ | & | \\ -C- & -C- \\ | & | \\ H & C_6H_5 \end{array}\right]_n$$

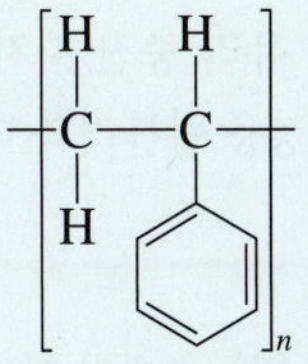

폴리스티렌
녹는점: 150~243°C

구조 및 성질 폴리스티렌의 주 사슬 내 탄소 원자 하나에는 페닐렌(phenylene)고리가 연결되어 있는데, 이는 견고하고 많은 부피를 차지하여 충분한 입체 장애를 발생시켜 상온에서 매우 경직된 구조의 중합체를 만든다. 단일중합체는 단단하고 광택이 있으며 가공이 쉬우나 취성이 강한 경향이 있다. 폴리스티렌의 충격 물성은 다음과 같은 화학구조의 폴리부타디엔 탄성중합체(polybutadiene elastomer)와 공중합하여 향상시킬 수 있다.

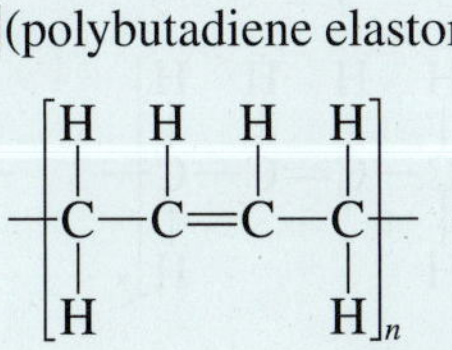

$$\left[\begin{array}{cccc} H & H & H & H \\ | & | & | & | \\ -C- & C= & C- & C- \\ | & & & | \\ H & & & H \end{array}\right]_n$$

폴리부타디엔

스티렌의 공중합체는 약 3~12%의 고무 성분을 가진다. 폴리스티렌에 고무를 첨가하면 단일중합체의 견고성과 열변형 온도가 낮아진다.

일반적으로 폴리스티렌은 좋은 치수 안정성과 낮은 성형 수축성을 가지고 있어 적은 비용으로 쉽게 가공될 수 있다. 그러나 내후성이 낮고 유기용매와 기름에 의한 화학적 침식에 취약하다. 폴리스티렌은 전기 절연성이 우수하고, 사용 온도 범위 내에서 양호한 기계적 물성을 가진다.

용도 폴리스티렌은 주로 자동차 내장품, 가전제품의 하우징, 다이얼과 손잡이, 및 가정용품 등에 사용된다.

10.6.5 폴리아크릴로니트릴

이 아크릴 유형의 고분자 재료는 높은 강도와 화학적 안정성 덕분에 섬유 형태로 많이 사용되며 공업용 열가소성 수지의 공단량체(comonomer)로도 사용된다.

반복 화학구조단위

$$\left[\begin{array}{cc} H & H \\ | & | \\ -C- & C- \\ | & | \\ H & C\equiv N \end{array}\right]_n$$

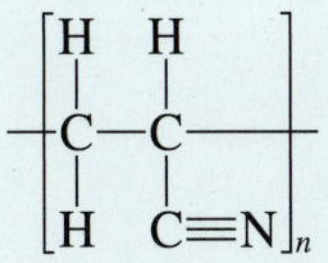

폴리아크릴로니트릴
(용융되지 않음)

구조 및 성질 주 사슬의 탄소 원자 하나에 존재하는 니트릴기의 높은 전기 음성도로 인한 상호 전기적 반발력 때문에 단단하고 확장된 봉형(rodlike)의 분자 사슬 구조를 가진다. 규칙적인 봉형 구조로 인해 고분자 사슬 간 강한 수소결합을 가지도록 자가 배열되므로 단단한 섬유로 형성될 수 있다. 따라서 아크릴로니트릴 섬유는 높은 강도 및 습기와 용매에 대해 우수한 저항성을 가진다.

용도 아크릴로니트릴은 스웨터나 담요 등에 양모와 유사한 섬유형태로 사용된다. 아크릴로니트릴은 또한 스티렌-아크릴로니트릴 공중합체(styrene–acrylonitrile copolymers, SAN 수지)와 아크릴로니트릴–스티렌–부타디엔 삼원 중합체(acrylonitrile–butadiene–styrene terpolymers, ABS 수지)의 공단량체로도 사용된다.

10.6.6 스티렌–아크릴로니트릴(SAN)

스티렌–아크릴로니트릴(styrene-acrylonitrile) 열가소성 수지는 고성능의 스티렌 계열 재료이다.

구조 및 성질 SAN 수지는 스티렌과 아크릴로니트릴 간의 무작위, 비정질 공중합체이다. 이 공중합 과정에서 극성 및 중합체 사슬 간 수소결합 인력이 발생한다. 그로 인해 SAN 수지는 폴리스티렌 대비 더 우수한 내화학성, 열변형 온도, 인성, 그리고 내구성을 가진다. SAN 수지는 견고하고 단단하며, 가공이 용이하고 폴리스티렌의 광택과 투명도를 가진다.

용도 SAN 수지는 주로 자동차 계기판 렌즈, 대시 부품, 유리 충진 지지 패널; 가전제품 손잡이, 블렌더 및 믹서 그릇, 의료용 주사기와 혈액 흡인기, 건축용 안전 유리, 가정용 텀블러와 머그잔에 사용된다.

10.6.7 ABS

ABS는 열가소성 수지의 하나로, ABS를 생산하는데 사용되는 3개의 단량체인 아크릴로니트릴(acrylonitrile), 부타디엔(butadiene), 그리고 스티렌(styrene)의 앞 글자를 딴 것이다. ABS 재료는 가공이 쉬울 뿐 아니라 내충격성과 우수한 기계적 강도와 같은 우수한 공학적 물성으로 인하여 주목받고 있다.

화학구조단위 ABS는 다음의 3가지 화학구조단위를 가진다.

$$\left[-CH_2-CH(C\equiv N)-\right]_x \qquad \left[-CH_2-CH=CH-CH_2-\right]_y \qquad \left[-CH_2-CH(C_6H_5)-\right]_z$$

A: 폴리아크릴로니트릴 B: 폴리부타디엔 S: 폴리스티렌

ABS의 구조 및 성질 ABS를 널리 유용하게 쓰이도록 하는 공학적 물성은 각 구성 성분에서 기인한 것이다. 아크릴로니트릴은 내열성과 내화학성 및 인성에 기여하고, 부타디엔은 내충격성과 저온에서의 물성 유지력을 제공하며, 스티렌은 표면광택, 견고함, 그리고 가공의 용이성을 제공한다. ABS 플라스틱 중의 고무 함량이 증가하면 충격 강도는 증가하지만, 인장 강도와 열변형 온도는 감소한다(그림 10.31). 표는 10.4는 고, 중, 저충격 ABS 플라스틱의 물성을 나타낸 것이다.

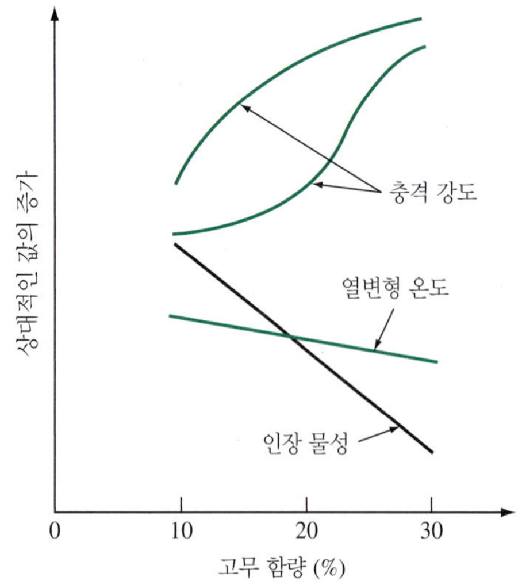

그림 10.31 ➤ 고무 함량(%)에 따른 ABS의 물성.
(출처: G.E. Teer, "ABS and Related Multipolymers," in *Modern Plastics Encyclopedia*, McGraw Hill, 1981-1982.)

표 10.4 ➤ ABS 플라스틱의 주요 물성(23°C)

	고충격	중충격	저충격
충격강도(Izod, J/m)	375~640	215~375	105~320
인장강도(MPa)	33~41	41~48	41~52
연신율(%)	15~70	10~50	5~30

ABS의 구조는 무작위의 삼원 중합체(terpolymer) 구조가 아니다. ABS는 유리성 공중합체(스티렌-아크릴로니트릴)와 고무성 영역(주로 부타디엔 중합체나 공중합체)의 혼합물로 볼 수 있다. 고무와 유리성 공중합체 간의 단순한 혼합만으로 최적의 충격 물성을 가질 수는 없다. 스티렌-아크릴로니트릴 공중합체 모재가 발포(foamed)될 때, 중량 대비 가장 우수한 충격 강도를 가진다.

용도 ABS는 주로 배관과 연결부로 사용되며, 특히 건물의 하수관 및 배기관으로 사용된다. 그 외에도 자동차 부품, 냉장고 문과 내부 라이너와 같은 가전제품 부품, 사무기기, 컴퓨터 본체와 덮개, 전화기 덮개, 전기 도관과 전자기 간섭-무선 주파 차폐용 부품 등에 적용된다.

10.6.8 폴리메틸 메타크릴레이트(PMMA)

폴리메틸 메타크릴레이트(polymethyl methacrylate, PMMA)는 내후성이 우수한 단단하고 투명한 열가소성 수지로, 유리보다 내충격성이 우수하다. 이 소재는 제품명인 Plexiglas 또는 Lucite로 더 잘 알려져 있으며, 아크릴로 알려진 가장 중요한 열가소성 수지 그룹이다.

반복 화학구조단위

$$\left[\begin{array}{cc} H & CH_3 \\ | & | \\ -C- & C- \\ | & | \\ H & C{=}O \\ & | \\ & OCH_3 \end{array}\right]_n$$

폴리메틸 메타크릴레이트
녹는점: 160°C

구조 및 성질 주 탄소사슬의 탄소 원자 하나 건너마다 치환된 메틸기와 메타크릴레이트기로 인한 입체 장애는 PMMA를 견고하고 비교적 강하게 만든다. 비대칭 탄소 원자의 무질서한 배열로 인해 완전한 비정질 구조가 형성되어 가시광선에 대한 높은 투과도를 가진다. 또한, PMMA는 외부 환경에 대해 우수한 내화학성을 가진다.

용도 PMMA는 항공기와 선박용 유리, 천창, 외등, 광고판에 사용된다. 또한 자동차 미등 렌즈, 안전 보호구, 보안경, 손잡이, 핸들 등에 쓰인다.

10.6.9 불소플라스틱

불소플라스틱(fluoroplastic)은 하나 이상의 불소 원자를 포함하는 단량체로 구성된 플라스틱 또는 고분자 재료를 말한다. 불소플라스틱은 공학적 응용에 적합한 특별한 물성들의 조합을 가진다. 이들은 치명적인 화학 물질들에 대한 우수한 저항성 및 뛰어난 전기 절연 특성을 가진다. 불소 함량이 높은 불소플라스틱은 낮은 마찰계수 덕분에, 자체 윤활 및 비접착성 특성을 가진다.

여러 종류의 불소플라스틱이 생산되고 있지만, 이 절에서는 가장 널리 쓰이는 *폴리테트라플루오로에틸렌*(polytetrafluoroethylene, PTFE)(그림 10.33)과 *폴리클로로트리플루오로에틸렌*(polychlorotrifluoroethylene, PCTFE), 두 재료에 관하여 알아보자.

폴리테트라플루오로에틸렌

반복 화학구조단위

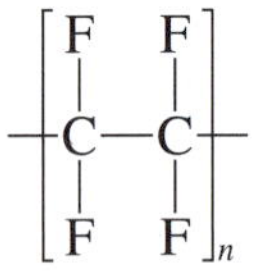

$$\left[\begin{array}{cc} F & F \\ | & | \\ -C- & C- \\ | & | \\ F & F \end{array}\right]_n$$

폴리테트라플루오로에틸렌
370°C에서 연화됨

그림 10.32 > 폴리테트라플루오로에틸렌의 구조.

화학적 제법 PTFE는 $—CF_2—$ 선형사슬 중합체 생성을 위한 테트라플루오로에틸렌 기체의 자유 라디칼 사슬 중합반응을 통해 형성된 완전 불소화된 고분자 재료이다. 테트라플루오로에틸렌 기체를 폴리테트라플루오로에틸렌(테플론, Teflon)으로 제작하는 중합반응은 1938년 Du Pont 실험실에서 R.J. Plunkett에 의해 최초 발견되었다.

구조 및 성질 PTFE는 용융온도가 327°C (620°F)인 결정성 중합체이다. PTFE는 불소 원자의 작은 크기와 불소화된 탄소 사슬 중합체의 규칙적인 배열로 인해 고밀도를 가지며, 밀도는 2.13~2.19 g/cm^3로 플라스틱 재료 중 높은 편이다.

PTFE는 화학물질에 매우 우수한 저항성을 가지며, 극소수의 불소화 용매를 제외하고 모든 유기물에 녹지 않는다. 또한 극저온(−200°C)에서 260°C의 온도 범위에서 유효한 기계적 물성을 가진다. PTFE의 충격 강도는 높으나 인장 강도, 내마모성, 및 내크리프성은 다른 공업용 플라스틱에 비하여 낮은 편이며, 유리섬유와 같은 충진제를 이용하여 강도를 증가시킬 수 있다. PTFE는 표면이 미끈거리고 왁스 같으며, 마찰계수가 낮다.

가공 PTFE는 용융 시, 높은 점성 때문에 기존의 압출과 사출 성형법을 적용할 수 없다. 부품들은 상온에서 14~69 MPa으로 과립 원료를 압축함으로써 성형된다. 압축 후, 예비 성형된 부품은 360~380°C에서 소결하여 완제품으로 만든다.

용도 PTFE는 내화학성 배관과 펌프 부품, 고온용 케이블 절연체, 주형 전기부품, 테이프, 그리고 비접착성 코팅 등에 적용된다. 충진제가 포함된 PTFE 화합물은 부싱(bushing), 포장, 개스킷, 씰, 오링, 베어링 등의 소재로 사용된다.

폴리클로로트리플루오로에틸렌

반복 화학구조단위

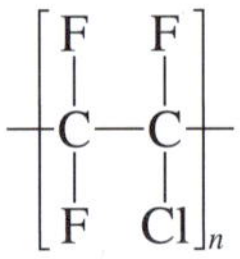

$$\left[\begin{array}{cc} F & F \\ | & | \\ -C- & C- \\ | & | \\ F & Cl \end{array}\right]_n$$

폴리클로로트리플루오로에틸렌
녹는점: 218°C

구조 및 성질 4번째의 불소 원자가 염소 원자로 치환된 형태로, 이로 인해 중합체 사슬의 불규칙성이 증가하여, 소재의 결정성이 낮아지고 성형성이 증가한다. 따라서 PCTFE는 PTFE보다 용융온도가 낮으며(218°C) 기존의 압출과 성형 공정 적용이 가능하다.

용도 압출, 성형, 및 가공된 PCTFE 고분자 제품은 화학 공정 장비와 전기 제품에 사용된다. 또한 개스킷, 오링, 씰, 전기 부품 등에 사용된다.

10.7 공업용 열가소성 수지

이 절에서는 몇가지 중요한 공업용 열가소성 수지들의 구조, 물성 및 적용 분야에 관하여 알아보자. 공업용으로 사용되지 않는다고 볼 수 있는 플라스틱은 존재하지 않으므로, 공업용 플라스틱의 명확한 정의를 내리기는 쉽지 않다. 이 책에서 공업용 플라스틱은 공업적으로 유용한 균형잡힌 물성을 가진 플라스틱을 의미하는 것으로 한다. 이 절에서는 폴리아미드(나일론), 폴리카보네이트, 페닐렌옥사이드 기반 수지, 아세탈, 열가소성 폴리에스테르, 폴리설폰, 폴리페닐렌설파이드, 그리고 폴리에테르이미드 등의 열가소성 수지를 공업용 열가소성 수지로 선정하였다.

나일론의 경우, 그 특수한 성질 덕분에 예외일 수 있으나, 공업용 플라스틱의 판매량은 범용 플라스틱과 비교하

표 10.5 ➤ 주요 공업용 열가소성 수지의 성질(23°C)

재료	밀도 (g/cm^3)	인장 강도 (MPa)	아이조드 충격 강도 (J/m)	절연 강도 (V/mm)	최대 사용온도 (무부하) °C
나일론 6,6	1.13~1.15	62~83	107	1.5×10^4	82~150
폴리아세틸, 단일중합체	1.42	69	75	1.2×10^4	90
폴리카보네이트	1.2	62	640~854	1.5×10^4	120
폴리에스테르:					
PET	1.37	72	43	…	80
PBT	1.31	55~57	64~69	$2.3\text{~}2.8 \times 10^4$	120
폴리페닐렌 옥사이드	1.06~1.10	54~66	267	$1.6\text{~}2.0 \times 10^4$	80~105
폴리설폰	1.24	70	64	1.7×10^4	150
폴리페닐렌 설파이드	1.34	69	16	2.3×10^4	260

* 1000 psi = 6.9 MPa.
† Notched Izod test: 1 ft · lb/in. = 53.38 J/m.
‡ 1V/mil = 39.4 V/mm.

면 상대적으로 적다. 각 소재의 가격만 알려져 있을 뿐 판매량에 대한 정확한 수치는 보고되어 있지 않다.

공업용 열가소성 수지의 기본 물성 표 10.5는 몇 가지 선별된 공업용 열가소성 수지들의 밀도, 인장 강도, 충격 강도, 절연 강도 및 최대 사용온도를 나타낸다. 표 10.5에 기술된 바와 같이 밀도는 1.06~1.42 g/cm^3로 비교적 낮은데, 이는 공학적인 제품 설계시 주요한 장점이 된다.

반대로 대부분 플라스틱의 인장 강도는 55~83 MPa로 낮은데 이는 설계상에서 단점으로 작용한다. 충격 강도는 폴리카보네이트가 640~854 J/m로 뛰어나며, 폴리아세틸과 나일론 6,6의 경우, 균열에 민감한 특성 때문에 노치 Izod 시험에 의해 측정된 충격 강도는 75~107 J/m로 낮지만, 실제로는 "인성이 좋은" 재료이다.

공업용 열가소성 수지의 전기 절연 강도는 대부분의 플라스틱 재료와 같이 1.3×10^4~2.8×10^4 V/mm로 높은 값을 가진다. 표 10.5에서 공업용 열가소성 수지의 최대 사용온도는 82~260°C의 범위를 가지며, 이 중에서 폴리페닐렌 설파이드의 최대 사용온도가 260°C로 가장 높다.

공업용 열가소성 수지는 또한 산업적으로 유용한 많은 다른 특성들을 가지고 있다. 공업용 열가소성 수지는 최종 마감 작업이 거의 필요 없거나, 혹은 필요 없도록 하기 쉽기 때문에, 대부분의 경우 가공 공정 자동화가 가능하다. 공업용 열가소성 수지는 대부분의 환경에 대한 내식성이 좋으며, 특정 공업용 플라스틱은 화학적 침식에 대하여 매우 우수한 저항성을 가진다. 예로 폴리페닐렌 설파이드를 204°C 이하에서 부식시킬 수 있는 용매는 없다.

10.7.1 폴리아미드(나일론)

폴리아미드(polyamide) 또는 *나일론*(nylon)은 주 사슬 구조가 반복 아미드기를 포함하는 용융 가공이 가능한 열가소성 수지이다. 나일론은 공업용 플라스틱의 일종으로 고온에서 우수한 하중지지용량, 좋은 인성, 낮은 마찰력과 좋은 내화학성을 갖고 있다.

화학적 반복 연결부 다양한 종류의 나일론이 있으며, 반복 단위도 서로 다르지만 공통적으로 *아미드결합*(amide linkage)을 가진다.

$$
\begin{array}{cc} \mathrm{O} & \mathrm{H} \\ \| & | \\ -\mathrm{C}- & \mathrm{N}- \end{array} \quad \text{아미드결합}
$$

화학적 공정 및 중합반응 몇 종류의 나일론은 2염기 유기산(dibasic organic acid)과 디아민(diamine)의 단계적 중합에 의해 생산된다. 나일론 중 가장 중요한 나일론 6,6[5]은 헥사메틸렌디아민(hexamethylene diamine)과 아

5 나일론 6,6에서 6,6가 의미하는 것은 반응하는 디아민(헥사메틸렌디아민)의 6개의 탄소 원자와 유기산(아디프산)의 6개의 탄소 원자이다.

디프산(adipic acid)의 중합반응을 통해 폴리헥사멜틸렌디아민(그림 10.10)을 형성함으로써 만들어진다. 나일론 6,6의 반복 화학구조단위는 다음과 같다.

$$\left[-\overset{\displaystyle H}{\underset{}{N}}-(CH_2)_6-\underset{\displaystyle H}{N}-\overset{\displaystyle O}{\overset{\|}{C}}-(CH_2)_4-\overset{\displaystyle O}{\overset{\|}{C}}- \right]_n$$

나일론 6,6
녹는점: 250-266°C

같은 반응을 통해 생산되는 다른 중요 상용 나일론들로는 나일론 6,9, 6,10, 6,12가 있는데, 각각 헥사메틸렌디아민과 아젤라익(azelaic, 탄소 9개), 세바식(sebacic, 탄소 10개), 도데카네디오익(dodecanedioic, 탄소 12개) 산을 반응하여 만들어진다.

나일론은 유기산과 아민기를 모두 함유한 고리화합물의 사슬중합반응으로도 만들 수 있다. 예를 들면, 나일론 6은 ϵ-카프로락탐(ϵ-caprolactam, 탄소 6개)로부터 다음과 같이 중합된다.

(ϵ-카프로락탐: 고리 N(H)–C(=O)–CH_2–CH_2–CH_2–CH_2–H_2C, 고리 개방) $\xrightarrow{\text{열}}$

$$\left[-\overset{\displaystyle H}{N}-CH_2-CH_2-CH_2-CH_2-CH_2-\overset{\displaystyle O}{\overset{\|}{C}}- \right]_n$$

ϵ-카프로락탐

나일론 6
녹는점: 250~266°C

구조 및 성질 나일론은 주 중합체 사슬의 규칙적인 대칭적인 구조 덕분에 높은 결정성을 가진다. 나일론의 높은 결정도는 통제된 응고 조건 하에서 생성되는 구결정(spherulite)들을 통해서 명확하게 확인 가능하다. 그림 10.33은 210°C에서 성장한 나일론 9,6이 복잡한 구결정 구조로 형성된 것을 보여주는 좋은 예시이다.

나일론의 높은 강도는 분자 사슬 간 수소결합 덕분이기도 하다(그림 10.34). 아미드결합으로 인해 사슬 간의 NHO형의 수소결합이 가능하다.

따라서, 나일론 폴리아미드는 높은 강도, 높은 열변형 온도와 좋은 내화학성을 가진다. 주 탄소 사슬의 유연성 덕분에 분자 유연성을 가지므로, 용융 점성도가 낮고 가공성이 좋으며, 높은 윤활성, 낮은 표면 마찰력, 및 양호한 내마모성을 가진다. 그러나 아미드기의 극성과 수소결합은 수분 흡수량을 증가시키며, 이에 따라 형상 변화가 발생할 수 있다. 아미드기 간에 긴 탄소사슬을 가지는 나일론 11과 12는 상대적으로 수분 흡수에 덜 민감하다.

가공 대부분의 나일론은 일반적인 사출성형이나 압출법으로 가공된다.

용도 나일론은 거의 모든 산업분야에서 사용된다. 비윤활기어, 베어링, 마찰방지 부품, 고온작동 기계 부품, 탄화수소 및 용매 방지용, 고온 전기 부품, 내충격 부품 등에 사용된다. 차량용으로는 속도계, 앞 유리 와이퍼의 기어,

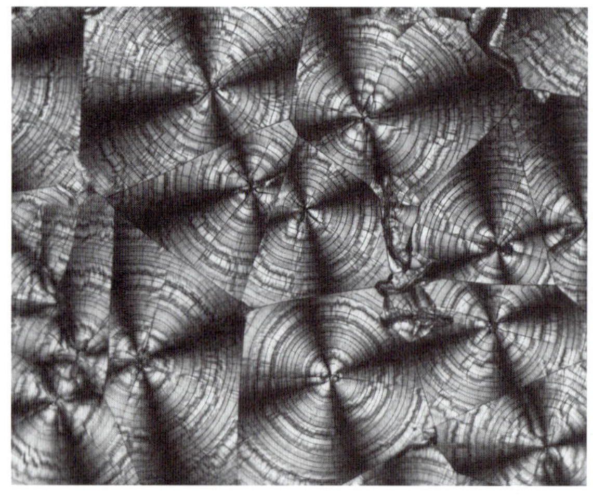

그림 10.33 ➤ 210°C에서 성장한 나일론 9,6의 복잡한 구결정 구조. 구결정 구조가 생성되는 것은 나일론의 결정화 능력을 보여준다.
(David Malin/RGB Ventures/SuperStock/Alamy Stock Photo)

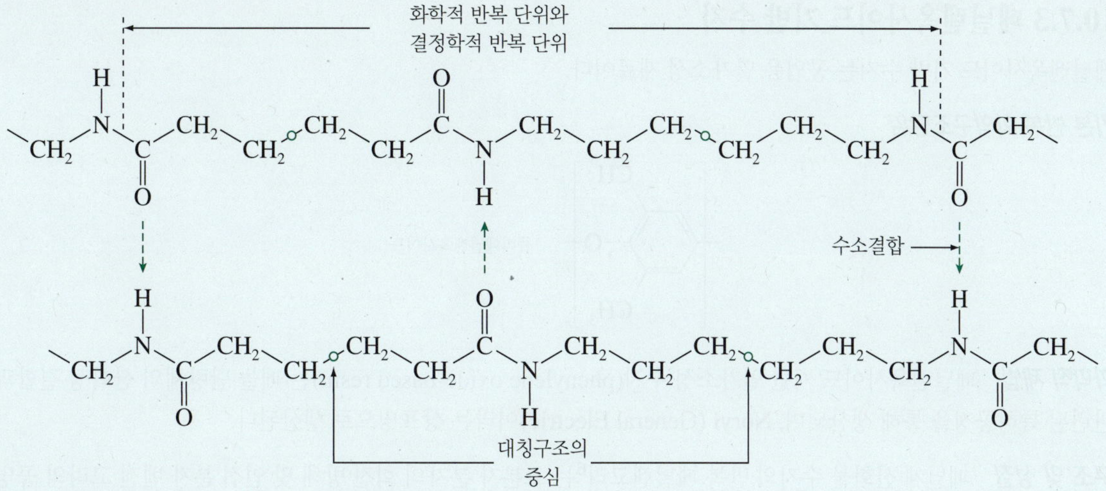

그림 10.34 ➤ 분자 사슬 간 수소결합 모식도.
(출처: M.I. Kohan (ed.), *Nylon Plastics*, Wiley, 1973, p. 274.)

트림 클립 등에 사용된다. 유리섬유강화 나일론은 엔진 팬 날개, 브레이크 및 파워 스티어링의 유압 탱크, 밸브 덮개, 조향축 하우징 등에 쓰인다. 전기 및 전자 장치에서는 커넥터, 플러그, 전선 절연체, 안테나 지지대, 단말기 등에 사용된다. 나일론은 또한 포장용으로도 쓰이고, 그 외에도 많은 범용 제품에 사용된다.

나일론 6,6과 6은 가격, 성질, 가공성을 골고루 갖추고 있어, 미국에서 나일론 판매량의 대부분을 차지한다. 특별한 물성이 요구될 경우에는 비교적 고가인 나일론 6,10, 6,12, 11, 12 등 또한 생산 및 판매가 이루어진다.

10.7.2 폴리카보네이트

폴리카보네이트(polycarbonate)는 높은 강도, 높은 인성 및 우수한 치수 안정성을 가지고 있어 공학적 설계 측면에서 유용한 공업용 플라스틱이다. 폴리카보네이트 수지는 미국의 General Electric사에서 Lexan이란 상표명과 Mobay사의 Merlon 이라는 상표명으로 생산된다.

기본 반복 화학구조단위

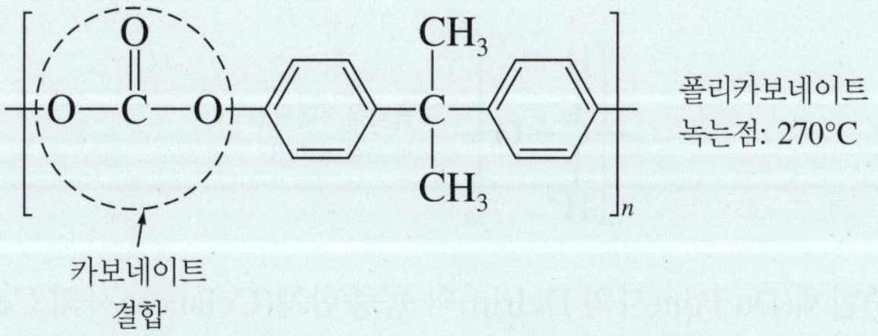

그림 10.35 ➤ 폴리카보네이트 열가소성 수지의 구조.

구조 및 성질 동일한 탄소 원자에 2개의 페닐기와 2개의 메틸기가 달려 있는(그림 10.35) 형태의 반복 구조단위가 상당한 입체 장애를 발생시키므로 매우 견고한 분자구조를 이룬다. 그러나 카보네이트의 결합 내 탄소-산소의 단일결합이 분자적 유연성을 부여하므로 충격 강도도 높다. 상온에서 측정된 인장 강도는 62 MPa로 비교적 높으며, Izod 충격 강도는 640~854 J/m로 매우 높은 편이다. 그 외에도 폴리카보네이트는 높은 열변형 온도, 양호한 전기 절연성, 투명성 및 좋은 크리프 저항 덕분에 공학 설계 측면에서 유용하다. 폴리카보네이트는 용매를 제외한 다양한 화학물질에 대한 저항성을 가지며, 높은 치수 안정성으로 인해 적은 오차범위를 요구하는 정밀 공업용 부품에 사용된다.

용도 폴리카보네이트의 대표적인 용도는 안전 차폐물, 캠과 기어, 헬멧, 계전기 덮개, 항공기 부품, 선박용 프로펠러, 신호등 하우징과 렌즈, 창문용 유약, 태양열 집열판, 전동공구 본체, 소형 가전제품, 컴퓨터 단말기 등이다.

10.7.3 페닐렌옥사이드 기반 수지

페닐렌옥사이드 기반 수지는 공업용 열가소성 재료이다.

기본 반복 화학구조단위

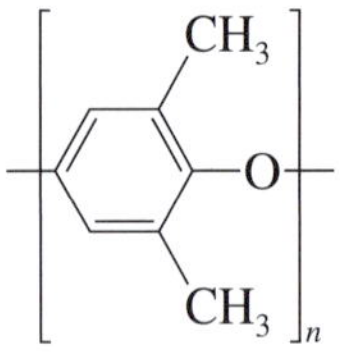

폴리페닐렌옥사이드

화학적 제법 페닐렌옥사이드 기반 열가소성 수지(phenylene oxide-based resin)는 페놀 단량체의 산화성 결합과 관련된 특허공정을 통해 생산되며, Noryl (General Electric)이라는 상표명으로 생산된다.

구조 및 성질 페닐계 산화물 수지의 반복 페닐렌고리[6]는 고분자 분자의 회전 방해 및 인접 분자 벤젠 고리의 공명에 의한 전자기적 인력을 생성한다. 이러한 구조 덕분에 높은 강성, 강도, 내화학성, 치수 안정성 및 열변형 온도를 가진다.

공학적 설계 중 요구되는 다양한 조건에 부합하기 위해, 소재는 다양한 등급으로 분류된다. 폴리페닐렌옥사이드 수지의 설계상 가장 주요한 장점들은 −40~150°C 온도 범위에서의 훌륭한 기계적 물성, 크리프 변형이 적은 치수 안정성, 높은 탄성계수, 낮은 수분흡수율, 좋은 전기 절연성, 훌륭한 충격저항성, 그리고 우수한 수용성 화학물질에 대한 저항성이다.

용도 폴리페닐렌 옥사이드 수지의 대표적인 용도는 전기 커넥터, TV 튜너 및 편향 요크 부품, 소형 가전제품, 사무기기 하우징, 자동차 대시보드, 그릴, 외장 부품 등이다.

10.7.4 아세탈

아세탈(acetals)은 공업용 열가소성 재료의 한 분류이다. 아세탈은 가장 강하고(인장 강도 68.9 MPa), 견고한(굽힘 강성 2820 MPa) 열가소성 수지 중의 하나로, 뛰어난 피로 수명과 치수 안정성을 가진다. 다른 특성으로는 낮은 마찰계수, 양호한 가공성, 양호한 내용제성 및 하중 없이 약 90°C까지 견디는 우수한 내열성을 나타낸다.

반복 화학구조단위

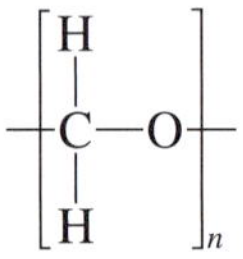

폴리옥시메틸렌
녹는점: 175°C

아세탈의 종류 현재 단일중합체(Du Pont사의 Delrin)와 공중합체(Celanese사의 Celcon) 2종류의 아세탈이 개발되어 있다.

구조 및 성질 아세탈 분자들의 규칙성, 대칭성, 유연성 덕분에 재료는 높은 규칙성, 강도, 및 열변형 온도를 가진다. 아세탈은 우수한 장기 내구성 및 치수 안정성을 가지므로 기어, 베어링, 캠 등 정밀 부품에 사용된다. 단일중합체는 공중합체보다 단단하고 높은 인장 강도와 굽힘 강도를 가지며, 공중합체는 고온에서 장기간 사용하기 적합하며, 연신율이 높다.

순수 아세탈 단일중합체는 수분 흡수성이 낮아 치수 안정성이 뛰어나다. 또한 아세탈은 내 마모성과 낮은 마찰력 덕분에 동작 부품에 적합하다. 모든 동작 부품에서, 아세탈의 뛰어난 내피로성은 매우 중요한 물성이다. 그러나

6 페닐렌고리는 다음과 같이 다른 원자와 화학결합을한 벤젠고리이다. 예를 들어,

아세탈은 가연성이므로 전기 및 전자 부품에 대한 사용은 제한된다.

용도 아세탈은 가격이 매우 저렴하여 아연, 황동, 알루미늄, 강 등 많은 금속 주조품을 대체하여 사용되고 있다. 높은 강도의 금속이 필요하지 않은 경우, 아세탈을 사용하면 마감이나 조립 공정을 줄이거나 생략하는 것이 가능하다.

차량용으로는, 연료장치 부품, 안전벨트, 및 창문 손잡이 등에 사용된다. 기계분야로는 기계연결부, 펌프 임펠러, 기어, 캠, 및 하우징 등에 사용된다. 또한 지퍼, 낚시용 릴, 및 펜 등 다양한 일상용품으로도 사용된다.

10.7.5 열가소성 폴리에스테르

폴리부틸렌 테레프탈레이트와 폴리에틸렌 테레프탈레이트 중요한 공업용 열가소성 폴리에스테르 수지로 *폴리부틸렌 테레프탈레이트*(polybutylene terephthalate, PBT)와 폴리에틸렌 테레프탈레이트(polyethylene terephthalate, PET)가 있다. PET는 음식 포장용기와 직물, 융단, 타이어코드 등에 섬유 형태로 광범위하게 사용된다. 1977년 이후로 PET는 용기용 수지로 사용되고 있다. PET보다 무거운 분자량의 반복단위를 가진 PBT는 1969년 금속 및 열경화성 수지의 대체소재로 개발되었다. PBT는 우수한 물성 및 저렴한 가격 덕분에 그 용도가 점차 확장되고 있다.

반복 화학구조단위

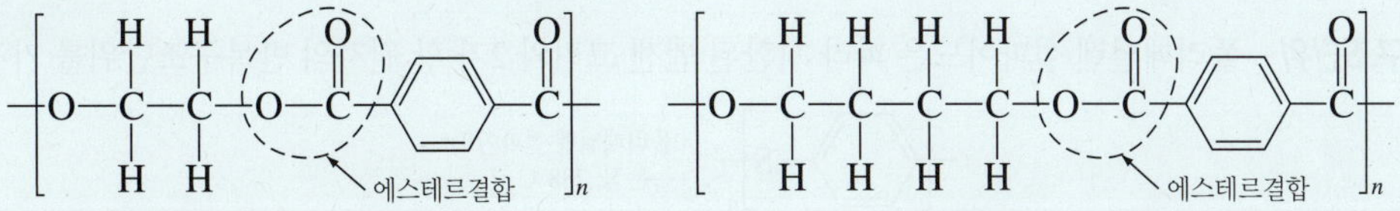

$$\left[-O-\overset{H}{\underset{H}{C}}-\overset{H}{\underset{H}{C}}-O-\overset{O}{\overset{\|}{C}}-C_6H_4-\overset{O}{\overset{\|}{C}}- \right]_n \qquad \left[-O-\overset{H}{\underset{H}{C}}-\overset{H}{\underset{H}{C}}-\overset{H}{\underset{H}{C}}-\overset{H}{\underset{H}{C}}-O-\overset{O}{\overset{\|}{C}}-C_6H_4-\overset{O}{\overset{\|}{C}}- \right]_n$$

에스테르결합 에스테르결합

폴리에틸렌 테레프탈레이트 폴리부틸렌 테레프탈레이트

구조 및 성질 PBT의 카보닐기(C=O)를 가지는 페닐렌 고리는 크고 평평하며 부피가 큰 구조단위를 형성한다. 이 규칙적인 구조는 큰 체적에도 불구하고 꽤나 손쉽게 결정구조를 형성한다. 페닐렌 고리 구조는 재료에 강성을 부여하며, 부틸렌 구조는 향상된 용융 흐름성을 제공한다. PBT는 비 강화시 52 MPa, 40% 유리섬유 강화 시 131 MPa로 양호한 강도를 가진다. 열가소성 폴리에스테르 수지는 또한 낮은 수분 흡수성을 가진다. 결정화된 PBT는 대부분의 화학물질에 대하여 저항성을 가진다. 대부분의 유기용매는 중온구역에서 PBT에 거의 영향을 주지 않는다. 또한 PBT는 온도와 습도에 관계 없이 양호한 절연 특성을 가진다.

용도 PBT는 커넥터, 스위치, 계전기, TV 튜너 부품, 고전압 부품, 단자반, 집적회로판, 모터 브러시 지지대 및 몸체와 같은 전기 및 전자 부품에 사용된다. 펌프 임펠러, 하우징, 브라켓 거치대, 관개용 밸브, 및 수량계 챔버 및 부품 등의 산업 분야에서 사용되며 가전제품의 몸체와 손잡이에도 사용된다. 차량용으로는 대형 외장 부품, 고에너지 점화캡과 로터, 점화코일캡, 코일 보빈, 연료분사기, 속도계 프레임 및 기어 등에 사용된다.

폴리설폰

반복 화학구조단위

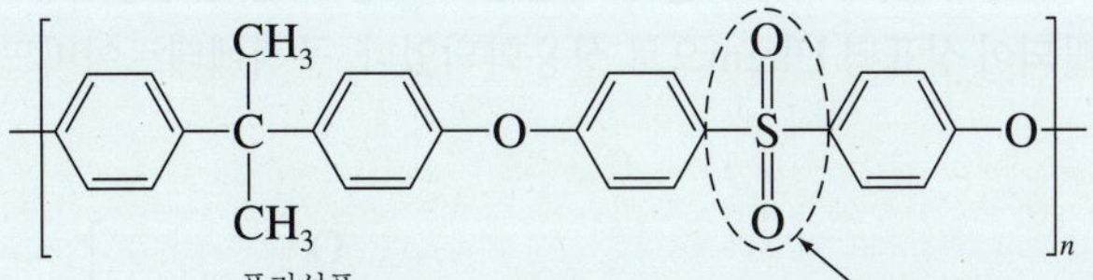

$$\left[-C_6H_4-\overset{CH_3}{\underset{CH_3}{C}}-C_6H_4-O-C_6H_4-\overset{O}{\underset{O}{\overset{\|}{\underset{\|}{S}}}}-C_6H_4-O- \right]_n$$

폴리설폰 설폰결합

녹는점: 315°C

구조 및 성질 폴리설폰 반복 단위의 페닐렌고리는 중합체 사슬의 회전을 제한하고 강한 분자 간 인력을 생성시킴으로써 높은 강도와 강성을 재료에 제공한다. 설폰 그룹 기준으로 페닐렌 링 파라[7] 자리(para position)에 위치한

7 파라 위치는 벤젠고리의 반대 끝이다.

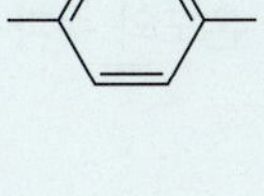

$$-C_6H_4-$$

산소 원자로 인해 재료는 높은 산화 안정성을 가진다. 페닐렌고리(에테르결합) 사이의 산소 원자는 사슬 유연성 및 충격 강도를 제공한다.

폴리설폰은 1.68 MPa에서 174°C로 높은 열변형 온도를 가지고 있어, 150~174°C 온도 범위에서 장시간 사용이 가능하여, 공학적 설계 상 많은 이점을 가진다. 폴리설폰은 70 MPa의 높은 인장 강도와 비교적 낮은 크리프 변형을 가진다. 또한 페닐렌고리 사이 산소 결합의 가수 분해 안정성 덕분에 수용성 산과 알칼리성 환경에 대해 가수분해저항을 가진다.

용도 전기 전자 분야에서는 커넥터, 코일 심지와 보빈, TV 부품, 커패시터 필름 및 구조 회로판 등에 사용된다. 또한 폴리설폰의 고압용기 살균에 대한 저항성 덕분에 의료용 기기 및 쟁반으로 널리 사용된다. 화학 제조 및 오염 제어 장비의 내부식성 배관, 펌프, 타워 패킹, 및 여과장비와 지지판 등에도 사용된다.

10.7.6 폴리페닐렌 설파이드

폴리페닐렌 설파이드[polyphenylene sulfide (폴리페닐렌 황화물), PPS]는 뛰어난 내화학성과 고온에서 우수한 기계적 물성 및 강성으로 대표되는 공업용 열가소성 수지이다. PPS는 1973년에 Phillips Chemical사에서 Ryton 이라는 상표명으로 처음 생산되었다.

반복 화학구조단위 폴리페닐렌 설파이드은 파라 치환된 벤젠 고리와 2가 황 원자의 반복구조단위를 가진다.

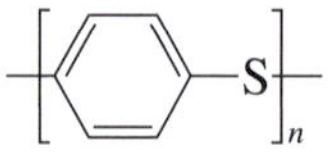

$$\left[-\langle\bigcirc\rangle-S- \right]_n$$

폴리페닐렌 설파이드
녹는점: 288°C

구조 및 성질 황 원자로 인해 격리된 페닐렌 고리들이 구성하는 단순한 대칭구조는 재료를 강하고 튼튼하게 만들며, 또한 이러한 단순한 분자구조로 인해 결정도가 높다. 황 원자의 존재 덕분에 PPS는 화학물질의 침식에 대해 높은 저항성을 가지며, 사실 200°C 미만에서 PPS를 분해시킬 수 있는 물질은 아직까지 발견되지 않았다. 더 높은 온도에서도 극소수의 물질만이 PPS와 화학적인 반응을 일으킨다.

무첨가 PPS의 상온에서의 강도는 65 MPa이며, 40% 유리강화된 경우 강도가 120 MPa로 향상된다. 결정성 구조 덕분에 온도 상승에 따른 강도 저하가 점진적으로 발생하지만 200°C에서도 상당한 강도를 유지한다.

용도 산업용 기계분야에서 수중에서 원심성으로 작동하는 날개(vane)와 기어형 펌프 같은 화학공정장비에 사용된다. PPS 화합물은 가솔린 및 차량용 액체에 의해 발생되는 배기 가스에 의한 부식에 영향을 받지 않으므로, 배기 시스템과 같은 차량 하부용으로도 주로 사용된다. 전기 전자 분야에서는 커넥터, 코일등의 컴퓨터 부품으로 사용된다. PPS 코팅층은 내식성과 열적 안정성 덕분에 기름 수송관, 밸브, 연결부, 이음쇠, 석유화학공업용 장비에 사용된다.

10.7.7 폴리에테르이미드

폴리에테르이미드(polyetherimide)는 비교적 최근에 개발된 고성능 비정질의 공업용 열가소성 수지이다. 1982년 General Electric사에서 개발되어 상표명 Ultem으로 상용화되었다. 폴리에테르이미드는 다음과 같은 화학구조를 갖는다.

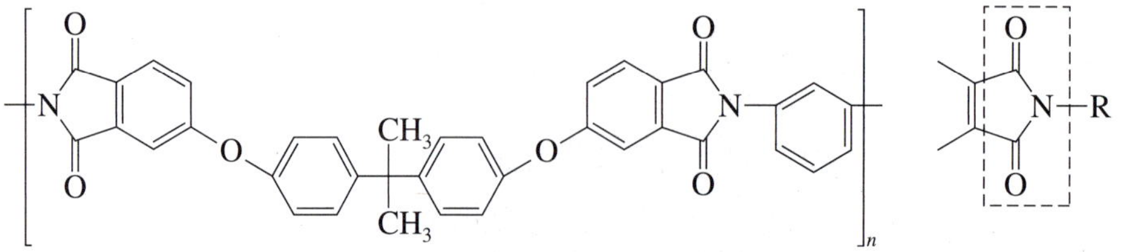

O O CH$_3$ CH$_3$ O O N N O O R

폴리에테르이미드 이미드결합

이미드결합의 안정성은 재료에 높은 내열성, 내크리프성, 및 고강성을 부여한다. 페닐고리 사이에 존재하는 에테르결합은 좋은 용융 가공성 및 유동 특성을 위해 필요한 유연성을 부여한다. 이 재료는 광범위한 온도와 주파수

영역에서 안정적으로 양호한 전기 절연성을 가진다. 폴리에테르이미드는 전기 전자, 자동차, 항공 및 특수 분야에서 사용된다. 전기 전자 분야에서는 고전압 회로차단기 하우징, 핀 커넥터, 고온용 보빈과 코일, 퓨즈 블록 등에 사용된다. 복합 강화 폴리에테르이미드로 만든 인쇄 배선 기판은 기상 납땜 조건에서 치수 안정성을 제공한다.

10.7.8 고분자 합금

고분자 합금은 구조적으로 다른 단일중합체나 공중합체의 혼합물이다. 열가소성 고분자 합금은 다른 유형의 고분자 사슬들이 분자간 2차 쌍극자 힘을 통해 서로 결합한다. 반면에 공 중합체는 구조적으로 다른 2개의 단량체가 분자사슬 안에서 강한 공유결합을 통해 결합한다. 고분자 합금의 성분들은 공정중 상 분리 방지를 위해 서로 간 어느 정도의 화합성과 접합성을 가져야 한다. 고분자 합금은 특수한 물성의 개발 및 단가와 성능 최적화가 가능하므로 점점 중요해지는 추세이다.

초기 고분자 합금들은 폴리염화비닐과 같은 강성 고분자에 ABS와 같은 연성 소재를 첨가하는 방식으로 제조되었다. 연성 고분자는 강성 재료의 인성을 향상시킨다. 최근에는 더욱 새로운 열가소성 수지들이 서로 합금된다. 예를 들어, 폴리부틸렌 테레프탈레이트와 폴리에틸렌 테레프탈레이트을 합금하여 표면광택을 증가시키고 단가를 낮추는 식이며, 표 10.6에 상용 고분자 합금들의 목록을 나타내었다.

표 10.6 ➤ 몇 가지 상용 고분자 합금들

고분자 합금	상표명	공급업체
ABS/폴리카보네이트	Bayblend MC2500	Mobay
ABS/PVC	Cycovin K-29	Borg-Warner Chemicals
아세탈/탄성중합체	Celcon C-400	Celanese
폴리카보네이트/폴리에틸렌	Lexan EM	General Electric
폴리카보네이트/PBT/탄성중합체	Xenoy 1000	General Electric
PBT/PET	Valox 815	General Electric

출처: *Modern Plastics Encyclopedia*, 1984-85, McGraw Hill.

10.8 열경화성 플라스틱(열경화성 수지)

열경화성 플라스틱(thermosetting plastic) 또는 열경화성 수지(thermoset)는 공유결합을 갖는 망 형태의 분자구조이다. 일부 열경화성 수지는 열이나 열과 압력의 조합에 의하여 가교결합을 이루며, 다른 형태인 냉간 열경화성 수지의 경우는 상온에서 화학반응에 의해 가교결합을 이룬다. 경화된 열경화성 수지에 열을 가하면 부드러워질 수는 있으나, 가교결합과 공유결합에 의해 경화 이전의 흐름성이 있는 상태로 복원되지는 않는다. 따라서 열경화성 수지는 열가소성 수지처럼 재가열되고 재용융될 수 없다. 이에 따라 공정 중 발생하는 폐기물을 재활용하여 재사용할 수 없게 되므로 열경화성 수지의 단점으로 작용한다.

열경화성 플라스틱이 공학적 설계 관점에서 가지는 일반적인 장점들은 다음과 같다.

1. 고온 안정성
2. 높은 강성
3. 높은 치수 안정성
4. 하중 하에서 크리프와 변형에 대한 저항성
5. 가벼운 무게
6. 높은 전기적, 열적 절연성

열경화성 플라스틱 제품은 보통 압축이나 전사성형법으로 제조된다. 그러나 제조 단가를 낮추기 위해 개발된 열경화 사출성형법을 사용할 수 있는 경우도 있다.

열경화성 수지는 대부분의 경우, 2가지 주요 성분으로 구성된 성형화합물의 형태로 사용된다. (1) 경화제

표 10.7 ➤ 몇 가지 열경화성 플라스틱의 특성

재료	밀도 (g/cm^3)	인장 강도 (MPa)	아이조드 충격 강도 (J/m)	절연 강도 (V/mm)	최대 사용온도 (무부하) °C
페놀:					
목재가루-충진	1.34~1.45	35~63	11~32	1~1.6 × 10^4	150~177
운모-충진	1.65~1.92	38~49	16~21	1.4~1.6 × 10^4	120~150
유리-충진	1.69~1.95	35~124	16~961	0.5~1.6 × 10^4	177~288
폴리에스테르:					
유리-충진 SMC	1.7~2.1	56~140	427~1174	1.3~1.6 × 10^4	150~177
유리-충진 BMC	1.7~2.3	28~69	801~854	1.2~1.7 × 10^4	150~177
멜라민:					
셀룰로오스-충진	1.45~1.52	35~63	11~21	1.4~1.6 × 10^4	120
플럭-충진	1.50~1.55	49~63	21~27	1.2~1.3 × 10^4	120
유리-충진	1.8~2.0	35~69	32~961	0.7~1.2 × 10^4	150~200
요소, 셀룰로오스-충진	1.47~1.52	39~91	11~21	1.2~1.6 × 10^4	77
알키드:					
유리-충진	2.12~2.15	28~66	32~53	1.4~1.8 × 10^4	230
광물-충진	1.60~2.30	21~63	16~27	1.4~1.8 × 10^4	150~230
에폭시(bis A):					
충진제 없음	1.06~1.40	28~91	11~53	1.6~2.6 × 10^4	120~260
광물-충진	1.6~2.0	35~105	16~21	1.2~1.6 × 10^4	150~260
유리-충진	1.7~2.0	69~210	...	1.2~1.6 × 10^4	150~260

출처: *Materials Engineering*, May 1972.

(hardner), 경화촉진제(curing agent), 및 가소제를 함유한 수지, (2) 유기나 무기 재료로 구성된 충진제로 강화제. 충진제로는 목재가루, 운모, 유리 및 셀룰로오스가 일반적으로 사용된다.

우선 몇 가지 열경화성 재료에 대한 미국 내에서의 판매량과 가격, 중요 성질을 알아보자.

열경화성 플라스틱의 판매가격 열경화성 수지의 가격은 kg당 0.66~11달러로 플라스틱 중에서 평균 이하의 낮은 가격이다. 모든 열경화성 수지 중에서 페놀이 가장 저가이며 최대 판매량을 가진다. 불포화 폴리에스테르도 비교적 저가이며 높은 판매량을 가진다. 공업적으로 활용도가 높은 에폭시 수지는 가격이 상대적으로 고가이다.

몇 가지 열경화성 플라스틱의 기본 성질 표 10.7은 몇 가지 선별된 열경화성 플라스틱들의 밀도, 인장강도, 충격강도, 절연강도, 및 최대 사용온도를 나타낸다. 표 10.7상의 열경화성 플라스틱들의 밀도는 1.34~2.3 g/cm^{3}의 범위로 대부분의 플라스틱 재료보다 약간 높으며, 인장강도는 28~103 MPa로 비교적 낮은 편이다. 그러나 다량의 유리충진제를 적용하면 인장 강도를 207 MPa까지 향상시킬 수 있으며, 표 10.7에서와 같이 유리충진제가 적용된 경우, 충격 강도 또한 훨씬 높아짐을 알 수 있다. 열경화성 수지는 또한 0.5~2.6 × 10^4 V/mm 범위의 양호한 절연강도를 가진다. 그러나 모든 플라스틱 재료와 마찬가지로 최대 사용온도는 제한적이며, 표 10.7과 같이 최대 사용온도는 77~288°C이다.

다음은 페놀 수지, 에폭시 수지, 불포화 폴리에스테르, 및 아미노 수지와 같은 주요 열경화성 수지들의 구조, 성질, 및 적용 분야에 대해 알아보자.

10.8.1 페놀 수지

페놀(phenolic) 열경화성 수지는 산업적으로 사용된 최초의 주요 플라스틱 재료이다. 페놀 수지 베이클라이트(bakelite)를 제조하기 위한 페놀과 포름알데히드 간의 반응에 대한 원형 특허는 1909년 L.H. Baekeland에 의해 발행되었다. 페놀 플라스틱은 저가이면서 우수한 기계적 성질과 전기적, 열적 절연성을 가지므로 현재에도 여전히 사용되고 있다. 페놀은 쉽게 성형되나 색상이 제한적이다(보통 검은색이나 갈색).

화학적 성질 페놀 수지는 페놀과 포름알데히드 간의 축합중합반응(부산물로 물이 생성)에 의해 일반적으로 가장 많이 생산된다. 하지만 거의 모든 반응성 페놀 또는 알데히드가 사용될 수 있다. 2단법(노볼락, novolac) 페놀 수지가 성형의 용이성 덕분에 일반적으로 생산된다. 1단계에서는 용융은 되지만 그물형 고체(network solid)를 형성하기 위한 가교 결합은 할 수 없는, 취성의 열가소성 수지가 생산된다. 해당 재료는 1 몰의 페놀과 1 몰보다 약간 적은 양의 포름알데히드 간 반응에 산성 촉매를 더하여 만들어지며, 중합반응은 그림 10.11에 나와 있다.

기본 촉매인 *헥사메틸렌테트라민*(hexamethylenetetramine, 헥사)의 첨가는 1단계 페놀 수지가 열경화성 수지로 형성되기 위한 메틸렌 가교결합이 가능하도록 한다. 헥사 함유 노볼락 수지에 열과 압력을 가하면, 헥사가 분해되면서 암모니아가 생성되고, 이로 인해 메틸렌 가교결합이 생성되며 그물형 고체로 형성된다.

노볼락 수지의 가교결합(경화)에 필요한 온도는 120~177°C이다. 성형 화합물은 다양한 충진제를 최대 50~80 wt% 가량 혼합하여 제조한다. 충진제는 성형중 발생하는 수축량을 감소시키고, 저가이며, 강도를 향상시킨다. 또한 전기적 열적 절연성도 충진제를 사용하여 향상시킬 수 있다.

구조 및 성질 방향족(aromatic) 구조가 가지는 많은 가교결합(그림 10.36) 덕분에 재료는 높은 경도, 강성 및 강도와 양호한 열적 전기적 절연성 및 내화학성을 가진다.

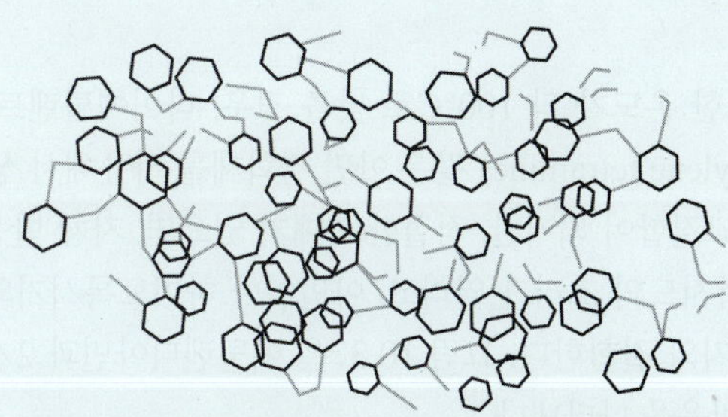

그림 10.36 ➤ 중합된 페놀 수지의 3차원 모델.

다음과 같은 종류의 페놀 성형 화합물들이 생산된다.

1. 범용 화합물(general-purpose compound). 보통 충격 강도를 증가시키고 단가를 낮추기 위해 목재가루를 첨가한다.
2. 고충격 화합물(high-impact-strength compound). 최대 961 J/m의 충격강도를 가지며 이를 위해 셀룰로오스(면 뭉치와 자른 직물), 광물, 및 유리섬유를 첨가한다.
3. 고전기절연 화합물(high electrical insulating compound). 전기 절연성을 증가시키기 위해 광물(예를 들면, 운모)를 첨가한다.
4. 내열성 화합물(heat-resistant compound). 광물(예를 들면, 석면)이 첨가되며, 150~180°C에 장시간 노출되어도 견딘다.

용도 페놀 화합물은 배선 기구, 전기 스위치 기어, 커넥터, 전화 계전기 등에 널리 사용되고 있다. 자동차 공학자들은 페놀 화합물을 파워 보조 브레이크 부품과 변속기 부품에 사용한다. 또한 소형 가전제품의 손잡이, 마감판 등에도 널리 사용된다.

페놀수지의 양호한 고온 및 습기 저항성 덕분에 합판 및 파티클 보드의 적층을 위해서도 사용된다. 다량의 페놀수지는 또한 쉘 주형 및 주물사의 점결제로도 사용된다.

10.8.2 에폭시 수지

에폭시(epoxy) 수지는 경화(가교결합) 시, 반응생성물이 발생하지 않아서 경화수축이 적은 열경화성 고분자 재료이다. 에폭시 수지는 다른 재료에 잘 접착하고 양호한 내화학성 및 내환경성, 양호한 기계적 물성과 전기 절연성을 가진다.

화학적 성질 에폭시 수지는 분자 당 2개 이상의 에폭시 그룹을 가진다. 에폭시드(epoxide) 기의 화학 구조는 다음과 같다.

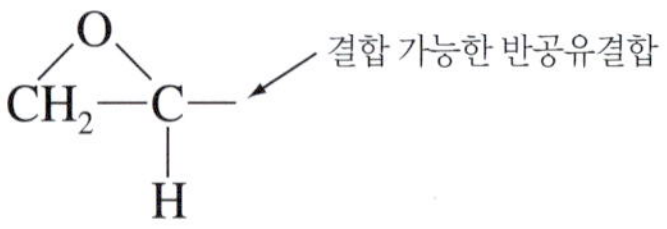

$$\underset{\text{CH}_2-\text{C}(\text{H})-}{\overset{\text{O}}{\triangle}} \quad \leftarrow \text{결합 가능한 반공유결합}$$

대부분 상용 에폭시 수지는 다음과 같은 일반 화학구조를 갖는다.

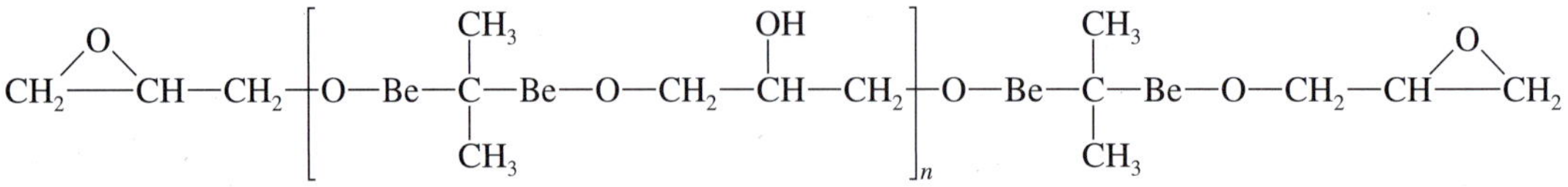

$$\text{CH}_2\overset{\text{O}}{-}\text{CH}-\text{CH}_2-\left[\text{O}-\text{Be}-\overset{\text{CH}_3}{\underset{\text{CH}_3}{\text{C}}}-\text{Be}-\text{O}-\text{CH}_2-\overset{\text{OH}}{\text{CH}}-\text{CH}_2\right]_n-\text{O}-\text{Be}-\overset{\text{CH}_3}{\underset{\text{CH}_3}{\text{C}}}-\text{Be}-\text{O}-\text{CH}_2-\text{CH}\overset{\text{O}}{-}\text{CH}_2$$

여기서 Be는 벤젠고리이다. 액상의 경우, n이 보통 1보다 작다. 고상 수지의 경우, n이 2 또는 그 이상이다. 그리고 앞의 그림과 다른 구조의, 여러 종류의 에폭시 수지가 존재한다.

열경화성 수지를 고상으로 경화시켜 필요한 물성을 얻기 위해서, 에폭시 수지를 가교결합제나 촉매를 사용한다. 에폭시기와 하이드록시기(—OH)는 가교결합을 위한 반응기를 가지고 있다. 가교결합제로는 아민, 무수물, 알데히드 축합 생성물 등이 있다.

에폭시가 경화되기 위해 필요한 온도가 약 100°C로 낮을 경우, 다이에틸렌트라이아민(diethylene triamine)과 트라이에틸렌 테트라민(triethylene tetramine) 같은 아민 경화제를 사용해서 상온 경화가 가능하다. 일부 에폭시 수지는 경화제를 사용해서 가교결합이 되지만, 적절한 촉매가 있으면, 자체 반응기를 통해 스스로 반응하는 것도 있다. 에폭시 반응에서는, 에폭시드의 고리가 열리고, 아민이나 하이드록시기와 같은 결합으로부터 공여된 수소 원자가 에폭시드기의 산소 원자와 결합한다. 그림 10.37은 에틸렌디아민과 2개의 선형 에폭시 분자의 반응에서 끝단에서 발생하는 에폭시드 반응을 나타낸다.

그림 10.37에서 에폭시고리들이 열리고, 추가 가교결합을 위한 —OH기를 형성하기 위한 수소 원자들이 디아민으로부터 나온다. 이 반응의 중요한 특징은 어떠한 부산물도 발생하지 않는다는 것이다. 여러 종류의 아민이 에폭시 수지의 가교결합에 사용될 수 있다.

구조 및 성질 액상의 경화되지 않은 에폭시 수지는 적은 분자량 덕분에 공정 중에 매우 높은 분자 유동성을 가진다. 이러한 특성 때문에 액체 에폭시 수지는 빠르고 완전히 표면을 젖게 만들며, 이 점은 에폭시가 강화제나 접착제로 쓰이는 데 중요하게 작용한다. 또한 최종 형태로 주입 성형 되는 능력은 전기적 포팅(potting) 및 보호(encapsulation)에 중요하다. 에폭시드기가 아민과 같은 경화제와 반응성이 높으므로 고도의 가교결합이 진행되며, 이로

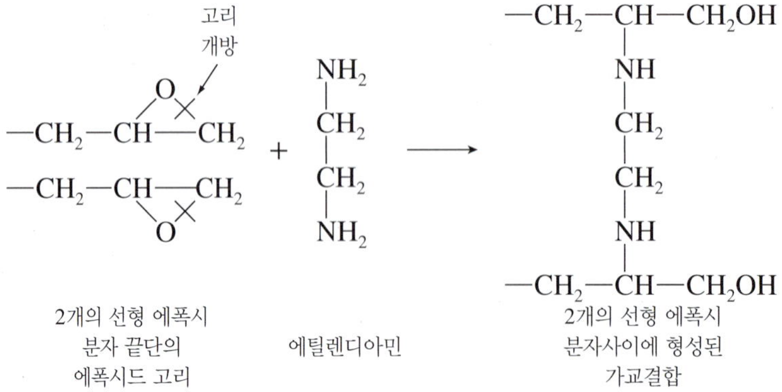

그림 10.37 ➤ 2개의 선형 에폭시 분자의 끝 단에서 에폭시고리와 에틸렌디아민이 반응하여 가교결합을 형성하는 반응. 부산물이 나오지 않는다는 점에 주목하자.

인해 양호한 경도, 강도, 및 내화학성을 가진다. 또한 에폭시 수지는 경화과정에서 부산물이 생성되지 않으므로 경화 중 수축량이 매우 적다.

용도 에폭시 수지는 좋은 접착성과 내구성 및 내화학성 덕분에 다양한 보호, 장식용 코팅재 료로 쓰인다. 일반적으로 캔과 드럼 라이닝, 자동차와 가전제품의 프라이머 및 와이어 코팅 등에 사용된다. 절연 강도, 낮은 경화 수축량, 우수한 접착성, 및 다습 환경에 대한 저항성과 같은 특성들 덕분에, 전기 전자 산업분야에서도 널리 사용된다. 대표적으로 고전압 절연체, 스위치기어, 트랜지스터 밀봉 등에 사용된다. 에폭시 수지는 또한 적층재 및 섬유 강화 재료의 모재로도 사용되며, 높은 기계적 물성을 갖는 고강성 섬유(예를 들면, 흑연) 강화 복합재료의 함침용 모재로도 사용된다.

10.8.3 불포화 폴리에스테르

불포화 폴리에스테르(unsaturated polyester)는 교차결합하여 열경화성 재료로 형성될 수 있는 반응성 이중 탄소-탄소 공유결합을 가진다. 불포화 폴리에스테르는 유리섬유와의 조합을 통해 가교결합되어 고강도 유리섬유 복합재료로 형성될 수 있다.

화학적 성질 에스테르결합은 다음과 같은 알코올과 유기산의 결합을 통해 생성된다.

$$\underset{\text{유기산}}{R-\overset{\overset{\displaystyle O}{\|}}{C}-OH} + \underset{\text{알코올}}{R'OH} \xrightarrow{\text{열}} \underset{\text{에스테르}}{R-\overset{\overset{\displaystyle O}{\|}}{C}-O-R'} + \underset{\text{물}}{H_2O}$$

(에스테르 결합)

R과 $R' = CH_3—, C_2H_5—, \ldots$

불포화 폴리에스테르 수지는 기본적으로 디올(diol, 2개의 —OH기를 가진 알코올)과 이중 탄소-탄소결합을 가진 이중산(diacid, 2개의 —COOH기를 가진 산)의 반응에 의하여 생성된다. 상용 수지는 필요한 물성에 따라 서로 다른 디올과 이중산의 비율로 배합된다. 예를 들어 에틸렌글리콜(ethylene glycol)과 말레익산(maleic acid)이 반응하여 선형 폴리에스테르가 형성될 수 있다.

$$\underset{\substack{\text{에틸렌글리콜}\\(\text{알코올})}}{HO-\overset{H}{\underset{H}{C}}-\overset{H}{\underset{H}{C}}-OH} + \underset{\substack{\text{말레익산}\\(\text{유기산})}}{HO-\overset{O}{\overset{\|}{C}}-\underset{H}{C}=\underset{H}{C}-\overset{O}{\overset{\|}{C}}OH} \longrightarrow$$

$$\underset{\text{선형 폴리에스테르}}{\left[-O-\overset{H}{\underset{H}{C}}-\overset{H}{\underset{H}{C}}-O-\overset{O}{\overset{\|}{C}}-\underset{H}{C}=\underset{H}{C}-\overset{O}{\overset{\|}{C}}-\right]_n} + H_2O$$

(에스테르 결합, 반응성 이중결합)

선형 불포화 폴리에스테르는 자유 라디칼을 가지는 경화제인, 스티렌과 같은 비닐형 분자들과 가교결합한다. 과산화물(peroxide) 경화제가 주로 사용되며, 폴리에스테르의 상온 경화를 위해서는 *메틸에틸케톤*(methyl ethyl ketone, MEK) 과산화물이 주로 쓰인다. 보통 소량의 나프텐산코발트(cobalt naphthenate)가 상온 경화반응 활성화를 위해 쓰인다.

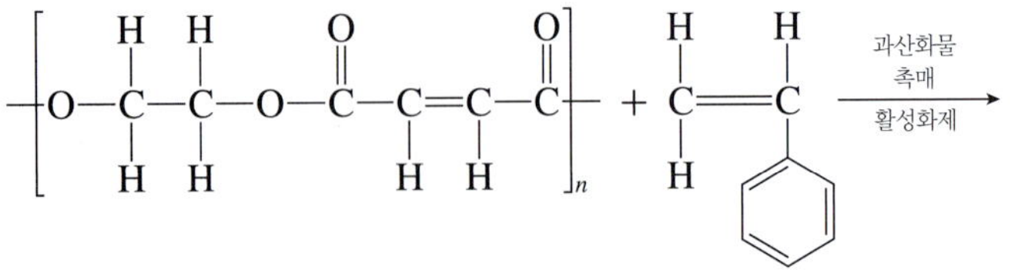

과산화물 촉매 활성화제

선형 폴리에스테르 스티렌

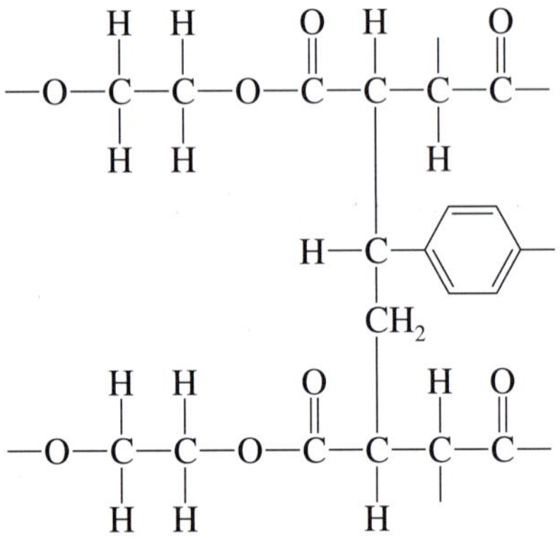

가교결합된 폴리에스테르

구조 및 성질 불포화 폴리에스테르 수지는 다량의 첨가제 및 강화제와 혼합될 수 있는 낮은 점도의 재료이다. 예를 들어, 불포화 폴리에스테르는 80 wt%까지 유리섬유 강화제를 함유할 수 있다. 유리섬유강화 불포화 폴리에스테르는 172~344 MPa의 뛰어난 강도와 양호한 충격 저항 및 내화학성을 가진다.

가공 불포화 폴리에스테르 수지는 여러 방법으로 가공될 수 있지만 대부분의 경우 틀을 이용해 성형된다. 소형 부품은 개방형 적층성형(lay-up) 또는 분무법을 사용한다. 자동차 패널 같은 대형 부품들은 압축성형법을 통해 제작된다. 최근에 수지, 강화제, 기타 첨가제가 결합된 *시트 몰딩 컴파운드*(sheet molding compound: SMC)가 개발되어 일체형 금형을 갖는 주형 압축기에 원료를 원활하게 공급할 수 있게 되었다.

용도 유리강화 불포화 폴리에스테르는 자동차 패널과 차체 부품을 만드는 데 사용되며, 또한 소형 선박의 선체와 건축용 건물 패널, 욕실 내장재로도 쓰인다. 이외에도 내부식성을 요하는 배관이나 탱크, 도관 등에도 사용된다.

10.8.4 아미노 수지(요소와 멜라민)

아미노(amino) 수지는 아민기 $—NH_2$를 함유하는 여러 화합물과 포름알데히드 간의 제어반응에 의하여 형성되는 열경화성 고분자 재료이다. 아미노 수지의 가장 중요한 2가지 종류로 요소(urea)-포름알데히드와 멜라민(melamine)-포름알데히드가 있다.

화학적 성질 요소와 멜라민은 모두 포름알데히드와 축합중합반응을 하며 부산물로 물을 생성한다. 요소와 포름알데히드 간 축합반응은 다음과 같다.

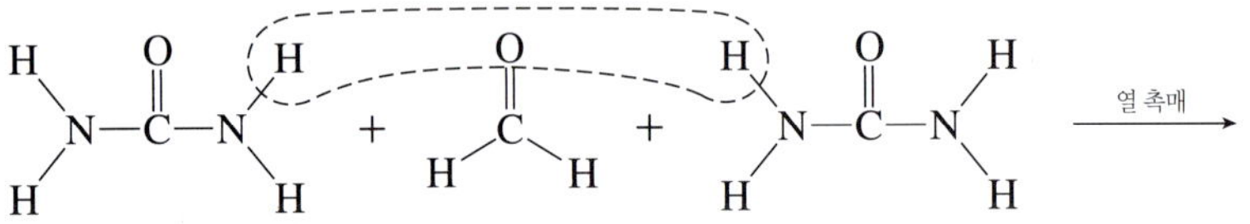

열 촉매

요소 포름알데히드 요소

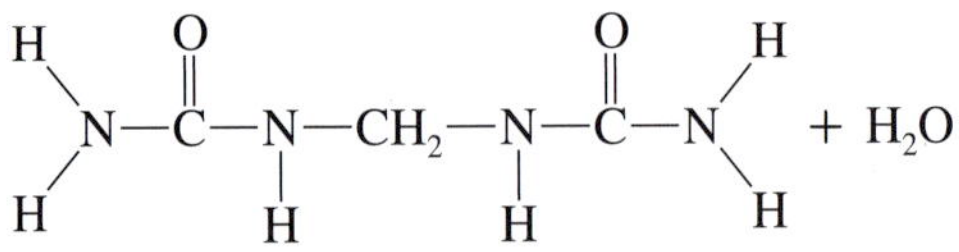

요소-포름알데히드 분자

앞서 보이는 바와 같이, 분자 끝 단의 아민기들은 더욱 많은 포름알데히드 분자와 반응하여 매우 견고한 중합체 망 구조를 형성한다. 페놀 수지의 경우처럼, 요소와 포름알데히드는 우선 부분적으로만 중합되어 분말 형태로 분쇄되고 충진제, 착색제 및 촉매와 화합된 저분자량 고분자를 형성한다. 성형 화합물은 이후 열(127~171°C)과 압력(14~55 MPa) 조건 하에서 압축성형하여 최종 성형된다.

멜라민 역시 다음과 같이 포름알데히드와 축합중합반응하여 물이 부산물로 생성되는 멜라민 포름알데히드 분자로 중합된다.[8]

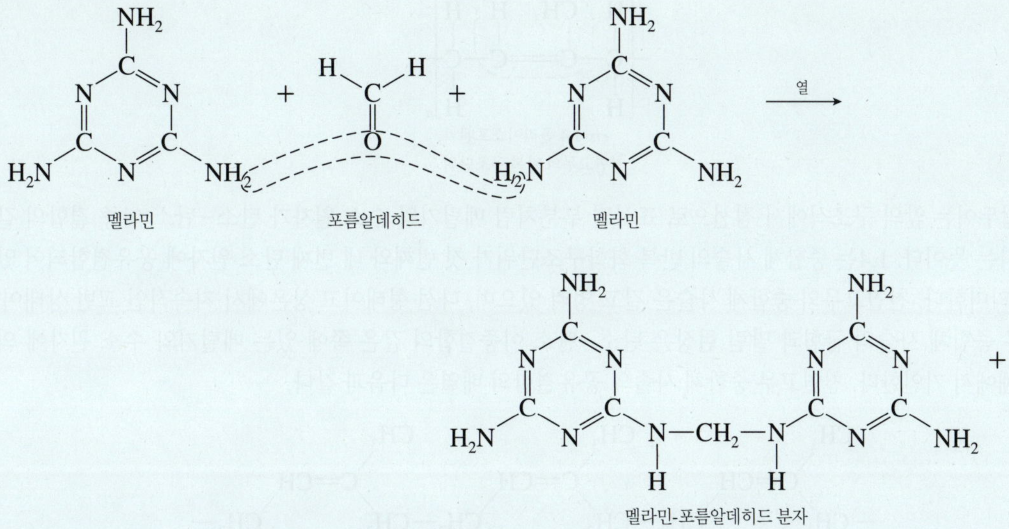

멜라민 + 포름알데히드 ($H_2C=O$) + 멜라민 $\xrightarrow{\text{열}}$ 멜라민-포름알데히드 분자 (두 멜라민 고리가 $-NH-CH_2-NH-$로 연결) + H_2O

구조 및 성질 요소 포름알데히드와 멜라민 포름알데히드 저분자량 예비중합체의 높은 반응성으로 인해 고도로 가교결합된 열경화성 수지가 형성될 수 있다. 이 수지와 셀룰로오스(목재가루) 충진제 간 결합을 통해, 우수한 강성, 강도 및 충격 저항을 가진 저가 재료의 제작이 가능하다. 요소-포름알데히드는 멜라민-포름알데히드보다 저렴하지만, 멜라민 대비 내열성과 표면 경도가 낮다.

용도 요소-포름알데히드에 셀룰로오스가 충진된 성형 화합물은 전기벽판, 리셉터클, 그리고 꼭지 손잡이, 핸들 등에 사용된다. 셀룰로오스가 충진된 멜라민 화합물은 성형된 식기류, 단추, 제어용 버튼 및 손잡이 등에 사용된다. 요소와 멜라민 수용성 수지는 둘 모두 합판, 선체, 마루, 바닥 및 가구 조립용 접착 수지로 사용된다. 아미노 수지는 주조 코어 및 셸 주형의 바인더로도 사용된다.

10.9 탄성중합체(고무)

탄성중합체(elastomer) 또는 고무는 응력을 받으면 그 형태가 크게 변화하고, 응력이 제거되면 처음의(혹은 거의) 형태로 복원되는 고분자 재료이다. 탄성중합체에는 여러 가지 종류가 있지만 여기서는 천연고무, 합성 폴리이소프렌, 스티렌-부타디엔 고무, 니트릴 고무, 폴리클로로프렌 및 실리콘에 대해서 다룰 것이다.

10.9.1 천연고무

생산 천연고무는 주로 동남아시아의 열대지방, 특히 말레이시아와 인도네시아의 농원에서 재배되는 *헤베아 브라실리엔시스*(Hevea brasiliensis) 나무의 라텍스에서 추출된다. 천연고무의 원료는 매우 작은 입자를 함유하는 현탁액인 *라텍스*(latex)라는 우유 같은 액체이다. 액상의 라텍스는 나무로부터 추출된 후, 처리장으로 보내져 15% 정도의 고무 함량을 가지도록 희석된 후, 유기산인 포름산(formic acid)과 함께 응고된다. 이후 응고된 원료를 롤러로 압축하여 수분을 제거하고 시트로 만들며, 이 판을 뜨거운 공기나 연기의 열(고무 훈제판)을 이용하여 건조시

8 각 NH_2에서 이탈된 하나의 수소 원자와 포름알데히드 분자에서 이탈된 하나의 산소 원자가 반응하여 H_2O 분자를 형성한다.

킨다. 압연 시트와 기타 고무 원료들은 압연 공정 중 무거운 롤에 의한 기계적 전단작용에 의해 긴 고분자 사슬이 끊어져 평균 분자량이 감소된다. 1980년도 천연고무 생산량은 전 세계 고무시장의 약 30%를 차지하였다.

구조 천연고무는 주로 ***cis*-1,4 폴리이소프렌**(cis-1,4 polyisoprene)으로 구성되며, 소량의 단백질, 지방질, 무기염 및 다른 성분들이 섞여 있다. *cis*-1,4 폴리이소프렌은 다음의 구조식을 가진 긴 사슬 중합체(평균 분자량 약 5×10^5 g/mol)이다.

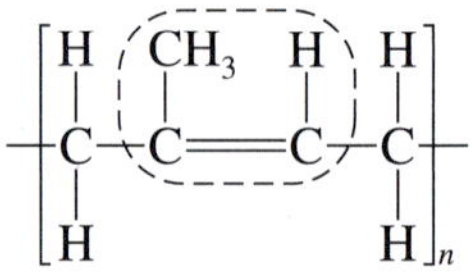

$$\left[-\underset{H}{\overset{H}{\underset{|}{\overset{|}{C}}}}-\overset{CH_3}{\overset{|}{C}}=\overset{H}{\overset{|}{C}}-\underset{H}{\overset{H}{\underset{|}{\overset{|}{C}}}}-\right]_n$$

cis-1,4 폴리이소프렌
천연고무의 반복 구조단위

cis-접두어는 앞의 구조식에서 점선으로 표시된 부분처럼 메틸기와 수소 원자가 탄소-탄소 이중 결합의 같은 쪽에 있다는 뜻이다. 1,4는 중합체 사슬의 반복 화학구조단위가 첫 번째와 네 번째 탄소 원자에 공유결합되어 있다는 것을 의미한다. 천연고무의 중합체 사슬은 길고 엉켜 있으며, 나선 형태이고 상온에서 지속적인 교반 상태이다. 천연고무 중합체 사슬의 굽힘과 말림 현상은 탄소-탄소 이중결합의 같은 쪽에 있는 메틸기와 수소 원자에 의한 입체 방해에서 기인한다. 천연고무 중합체 사슬의 공유결합의 배열은 다음과 같다.

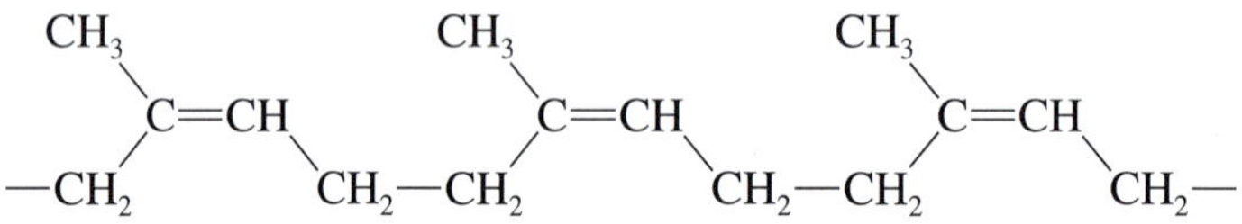

$$-CH_2-\overset{CH_3}{\overset{|}{C}}=CH-CH_2-CH_2-\overset{CH_3}{\overset{|}{C}}=CH-CH_2-CH_2-\overset{CH_3}{\overset{|}{C}}=CH-CH_2-$$

천연고무 중합체 사슬의 분절

폴리이소프렌의 구조 이성질체[9]로서 *구타페르카*(gutta-percha)라 불리는 ***trans*-1,4 폴리이소프렌**(*trans*-1,4 polyisoprene)[10]이 있으며, 이는 탄성중합체가 아니다. 이 구조에는 다음 구조식의 점선으로 표시된 부분처럼 폴리이소프렌 반복 구조단위의 메틸기와 수소 원자가 탄소-탄소 이중결합의 서로 반대쪽에서 공유결합한다.

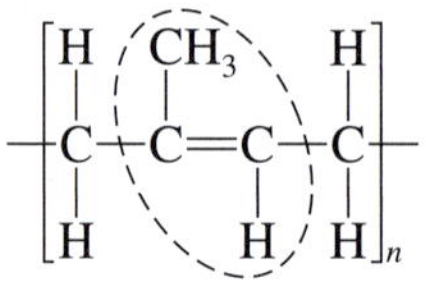

$$\left[-\underset{H}{\overset{H}{\underset{|}{\overset{|}{C}}}}-\overset{CH_3}{\overset{|}{C}}=\underset{H}{\underset{|}{C}}-\underset{H}{\overset{H}{\underset{|}{\overset{|}{C}}}}-\right]_n$$

trans-1,4 폴리이소프렌
구타페르카의 반복 구조단위

이 구조에서는 탄소-탄소 이중결합에 결합된 메틸기와 수소 원자가 서로 간섭하지 않으며, 따라서 *trans*-1,4 폴리이소프렌 분자는 보다 대칭적이 되어, 단단한 재료로 결정화된다.

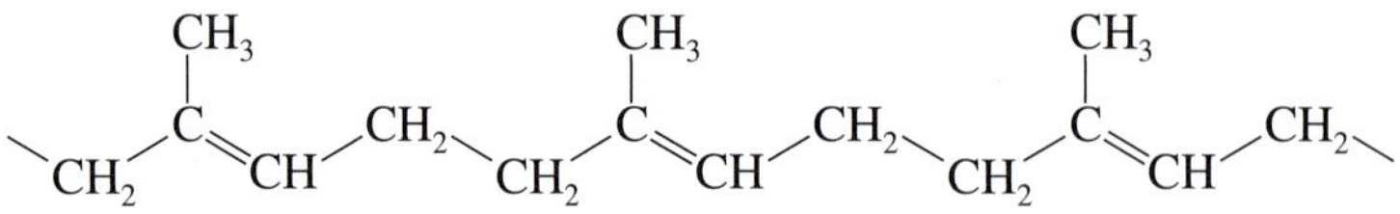

$$-CH_2-\overset{CH_3}{\overset{|}{C}}=CH-CH_2-CH_2-\overset{CH_3}{\overset{|}{C}}=CH-CH_2-CH_2-\overset{CH_3}{\overset{|}{C}}=CH-CH_2-$$

구타페르카 고분자 사슬의 분절

가황작용 **가황작용**(vulcanization)은 중합체가 가교결합에 의해 서로 연결되며 더 큰 분자로 형성되어 분자 운동을 제한하는 화학작용이다. 1839년에 Charles Goodyear[11]는 황과 염기성 탄산납을 사용하는 고무의 가황작용을 발견하였다. Goodyear는 천연고무, 황, 탄산납의 혼합물을 가열하면 고무가 열가소성 수지에서 탄성 중합체로 바

9 구조 이성질체는 분자식은 같지만 원자의 구조적 배열이 다른 분자이다.

10 접두어 *trans*-는 라틴어에서 온 것으로 "across"의 뜻이다.

11 Charles Goodyear (1800~1860). 황과 염기성 탄산납을 화학작용제로 사용하여 천연고무의 가황작용을 발견한 미국의 발명가. 그는 1844년 6월 15일에 "인도 고무섬유의 개선"으로 미국 특허 3633를 등록하였다.

```
 H  CH3  H  H             H  CH3    H  H
 |   |   |  |             |   |     |  |
—C—C═══C—C—            —C—C———C—C—
 |           |             |   |     |  |
 H           H             H   |     |  H
                               S     S
 H           H             H   |     |  H
 |           |             |   |     |  |
—C—C═══C—C—            —C—C———C—C—
 |   |   |  |             |   |     |  |
 H  CH3  H  H             H  CH3    H  H

      (a)                      (b)
```

그림 10.38 ➤ 고무의 가황작용의 모식도. 황 원자는 1,4 폴리이소프렌의 사슬 사이에서 가교결합을 형성한다. (*a*) 황의 가교결합 전의 *cis*-1,4 폴리이소프렌 사슬. (*b*) 활성 이중결합 위치에서 황과 가교결합한 후의 cis-1,4 폴리이소프렌 사슬.

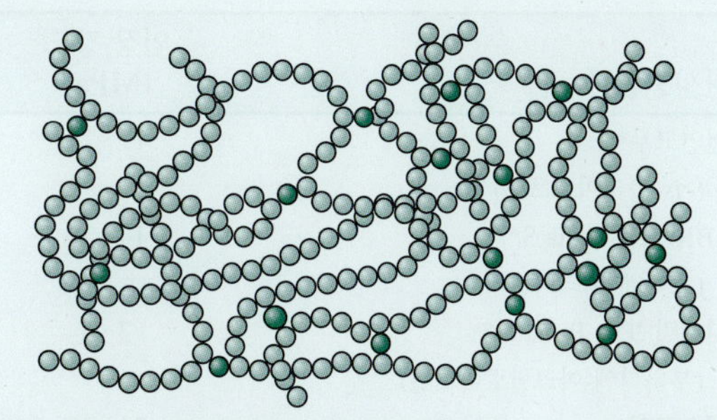

그림 10.39 ➤ 황 원자(어두운 색)에 의한 *cis*-1,4 폴리이소프렌 사슬의 가교결합 모델.

(출처: W.G. Moffatt, G.W. Pearsall, and J. Wulff, *The Structure and Properties of Materials*, vol. 1: Structure, Wiley, 1965, p. 109.)

뀐다는 것을 발견하였다. 황과 고무의 반응은 매우 복잡하여 오늘날까지도 황과 고무 사이의 복잡한 반응이 완전히 밝혀지지는 않았지만, 그림 10.38과 같이 폴리이소프렌 분자의 열린 이중결합 몇 개와 황 원자 간 가교결합 형성을 통하여 최종 결과물이 생성되는 것으로 알려져 있다.

그림 10.39은 황 원자에 의한 가교결합에 의해 고무분자들의 강성이 증가하는 원리를 나타낸 모식도이며, 그림 10.40은 가황작용에 의해 천연고무의 인장강도가 증가하는 원리를 나타낸다. 고무와 황은 고온에서 매우 천천히 반응하므로, 고온에서 경화시간을 줄이기 위하여 충진제, 가소제, 및 산화방지제 등과 같은 첨가물을 통해 반응을 촉진시킨다.

보통 가황 연질 고무는 약 3 wt%의 황을 함유하고 있으며 가황작용이나 경화를 위해 100~200°C 범위에서 가열된다. 황의 함량을 증가시키면 가교결합도가 증가하여 보다 단단하고 유연성이 적은 고무가 된다. 약 45%의 황을 첨가하면 완전한 경질 고무가 생성된다.

산소나 오존 역시 가황반응과 유사한 방식으로 고무 분자의 이중 탄소결합과 반응하지만 이러한 반응은 고무를 취화시킨다. 이와 같은 산화반응은 고무의 화합반응시 산화방지제를 첨가하면 약간 지연시킬 수 있다.

충진제를 사용하면 고무생산품의 단가를 낮추고, 강도를 향상시킬 수 있다. 카본 블랙(carbon black)이 고무의 충진제로 주로 사용되며, 일반적으로 입자 크기가 미세할수록 인장강도가 증가한다. 카본 블랙은 또한 고무의 인열저항과 내마모성을 증가시킨다. 규산 칼슘과 같은 실리카(silica)와 화학적으로 변형된 점토도 고무의 강화를 위한 충진제로 사용된다.

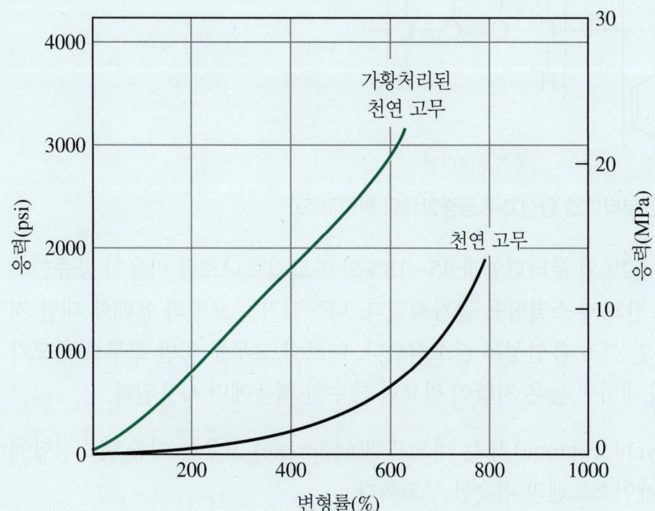

그림 10.40 ➤ 가황처리 유무에 따른 천연고무 응력-변형률 선도. 가황반응으로 *cis*-1,4 폴리이소프렌의 중합체 사슬 사이에 황 원자가 가교결합되어 고무의 강도가 증가한다.

(출처: Eisenstadt, M., *Introduction to Mechanical Properties of Materials: An Ecological Approach*, 1st ed., © 1971.)

표 10.8 ➤ 몇 가지 탄성중합체의 주요 물성

탄성중합체	인장 강도 (MPa)	연신율 (%)	밀도 (g/cm^3)	권장 사용온도 °C
천연고무* (*cis*-폴리이소프렌)	17~24	750~850	0.93	−50~82
SBR 또는 Buna S* (스티렌-부타디엔)	14~24	400~600	0.94	−50~82
니트릴 또는 Buna N* (부타디엔-아크릴로니트릴)	3~6	450~700	1.0	−50~120
네오프렌* (폴리클로로프렌)	21~28	800~900	1.25	−40~115
실리콘 (폴리실록산)	4~9	100~500	1.1~1.6	−115~315

*순수 가황 고무상의 물성

물성 표 10.8은 가황처리된 천연고무와 합성 탄성중합체들의 인장 강도, 연신율, 밀도를 비교한 것이다. 예상했듯이, 이들 소재의 인장 강도는 상대적으로 낮은 반면 연신율은 매우 높다는 것이 유의하라.

10.9.2 합성고무

합성고무는 1980년을 기준으로 전 세계 고무시장의 약 70%를 차지하였다. 중요한 합성고무로는 스티렌-부타디엔 고무, 니트릴 고무, 및 폴리클로로프렌 등이 있다.

스티렌-부타디엔 고무 스티렌-부타디엔 공중합체인, *스티렌-부타디엔 고무*(styrene-butadiene rubber, SBR)은 가장 중요하고 널리 사용되는 합성고무이다. 중합반응 후, 약 20~23%의 스티렌 함량을 가지며, SBR의 기본 구조는 그림 10.41과 같다.

부타디엔 단위체가 이중결합을 포함하므로, 황과 가교결합하여 가황작용을 일으킬 수 있다. 부타디엔 자체가 *cis* isomer을 형성하기 위해 입체 특이성 촉매와 합성될 때 천연고무 대비 월등한 탄성을 가지는데, 이는 부타디엔 단위체에서는 천연 고무의 이중 결합에 부착된 메틸기가 빠져있기 때문이다. 공중합체에 존재하는 스티렌은 고무의 인성 및 내구성 향상에 기여한다. 공중합체 주 사슬을 따라 흩어져 있는 스티렌의 페닐 측기는 높은 응력하에서의 중합체 결정화 경향성을 감소시킨다. SBR 고무는 천연고무 대비 저가이므로 다양한 고무 제품에 활용되고 있다. 예를 들어, 타이어 접지면에 사용된 SBR은 열발생을 증가시키지만 내마모성은 향상된다. SBR과 천연고무는 가솔린, 기름 등 유기용매를 흡수하여 팽창하는 단점이 있다.

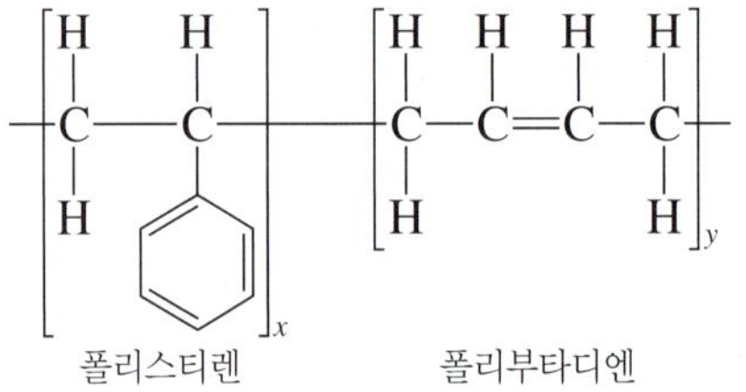

그림 10.41 ➤ 스티렌-부타디엔 합성고무 공중합체의 화학구조.

니트릴 고무 니트릴 고무(nitrile rubber)는 55~82%의 부타디엔과 45~18%의 아크릴로니트릴 비율의 공중합체이다. 니트릴기는 주 사슬의 극성도 및 인접사슬 간의 수소결합을 증가시킨다. 니트릴기는 오일과 용매에 대한 저항성과 내마모성과 열저항성의 향상에 기여하지만 분자 유연성은 감소시킨다. 나트릴 고무는 일반 고무보다 고가이므로 연료호스나 개스킷과 같이 기름과 용매에 대하여 높은 저항이 필요한 특수한 제품에만 사용된다.

폴리클로로프렌(네오프렌) 폴리클로로프렌(polychloroprene) 또는 네오프렌(neoprene) 고무는 이중 탄소결합에 접한 메틸기가 염소 원자로 치환된 것 이외에는 아이소프렌과 비슷한 구조이다.

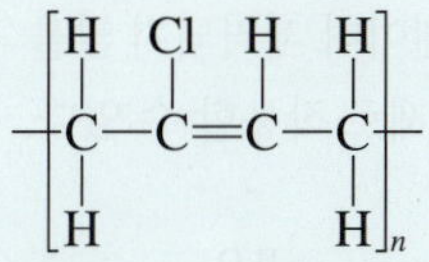

$$\left[\begin{array}{c} \mathrm{H\quad Cl\quad H\quad H} \\ -\mathrm{C}-\mathrm{C}=\mathrm{C}-\mathrm{C}- \\ \mathrm{H\qquad\qquad\quad H} \end{array}\right]_n$$

폴리클로로프렌 (네오프렌)
단위 구조

염소 원자의 존재로 인해 불포화 이중결합의 산소, 오존, 열, 빛, 기상열화(weathering) 등에 대한 저항성이 증가한다. 네오프렌은 또한 연료와 기름에 대하여 어느 정도 저항성을 가지며 일반 고무 대비 강도가 높다. 그러나 저온 유연성이 좋지 않고 가격이 높다. 따라서 네오프렌은 전선과 케이블 덮개, 공업용 호스와 벨트, 자동차 밀봉제와 다이어프램 등 특수 분야에 주로 사용된다.

10.9.3 폴리클로로프렌 탄성중합체의 성질

네오프렌은 합성 고무의 원료 형태로 생산업체에 판매되고 있다. 네오프렌은 특정 화학물질, 충진제, 및 가공보조제를 통하여 원료 형태의 화합물로 만들어지며, 이 화합물은 이후 가황처리 및 성형공정을 통하여 최종 제품으로 가공된다. 최종 제품의 물성은 원료인 네오프렌과 첨가제들간의 상대적인 비율에 따라 달라진다. 표 10.9는 폴리클로로프렌 생고무, 가황 고무 및 카본 블랙 충진 소재의 물성을 나타낸다.

10.9.4 폴리클로로프렌 탄성중합체의 가황반응

폴리클로로프렌 탄성중합체의 가황반응은 대부분의 탄성중합체에서 사용되는 황이 아닌 금속 산화물을 통해 발생한다. 산화아연과 산화마그네슘이 가장 일반적으로 사용된다. 이러한 가황반응은 다음과 같이 발생하는 것으로 알려져 있다.

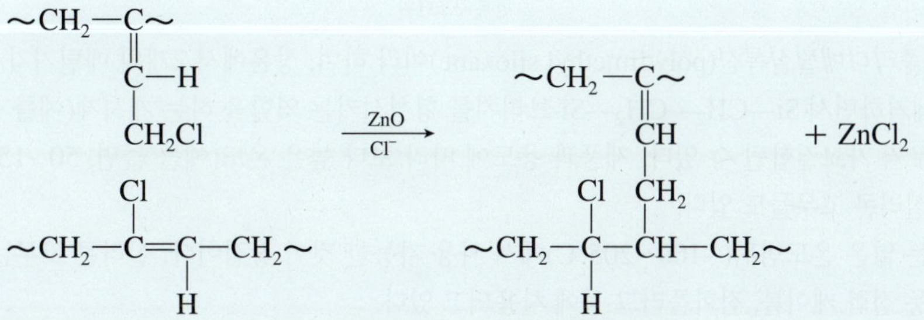

$$\begin{array}{c} \sim\mathrm{CH_2}-\mathrm{C}\sim \\ \| \\ \mathrm{C}-\mathrm{H} \\ | \\ \mathrm{CH_2Cl} \\ \\ \mathrm{Cl} \\ | \\ \sim\mathrm{CH_2}-\mathrm{C}=\mathrm{C}-\mathrm{CH_2}\sim \\ | \\ \mathrm{H} \end{array} \xrightarrow[\mathrm{Cl^-}]{\mathrm{ZnO}} \begin{array}{c} \sim\mathrm{CH_2}-\mathrm{C}\sim \\ \| \\ \mathrm{CH} \\ | \\ \mathrm{Cl}\quad\mathrm{CH_2} \\ |\qquad | \\ \sim\mathrm{CH_2}-\mathrm{C}-\mathrm{CH}-\mathrm{CH_2}\sim \\ | \\ \mathrm{H} \end{array} + \mathrm{ZnCl_2}$$

폴리클로로프렌의 가황반응 중 발생 가능한 화학적 반응

표 10.9 ➤ 폴리클로로프렌의 기본 물성

물성	원재료	가황물	
		가황고무	카본블랙
밀도(g/cm^3)	1.23	1.32	1.42
체적팽창계수		610	
$\beta = 1/v \cdot \delta v/\delta T, \kappa^{-1}$	600×10^{-6}	720×10^{-6}	
열적 성질			
유리전이온도, K(°C)	228 (−45)	228 (−45)	230 (−43)
열용량, Cp[KJ/(kg · K)^b]	2.2	2.2	1.7~1.8
열전도도[W/(m · K)]	0.192	0.192	0.210
전기적 성질			
유전상수(1 kHz)		6.5~8.1	
소산계수(1 kHz)		0.031~0.086	
전도도(pS/m)		3~1400	
기계적 성질			
최대 연신율(%)		800~1000	500~600
인장강도(MPa)		25~38	21~30
영률(MPa)		1.6	3~5
탄성 에너지(%)		60~65	40~50

출처: "Neoprene Synthetic Elastomers," *Ency. Chem. & Tech.*, 3rd ed., vol. 8 (1979), Wiley, p. 516.

생성된 염화아연은 가황반응의 활성화 촉매이며 제거되지 않을 경우, 후속 공정에서 문제를 일으킬 수 있다. 산화마그네슘은 염화아연을 제거하기 위한 안정제로 작용할 수 있다.

$$2\,ZnCl_2 + MgO \xrightarrow{H_2O} 2\,Zn\begin{smallmatrix}/OH \\ \backslash Cl\end{smallmatrix} + MgCl_2$$

실리콘 고무 규소 원자는 탄소처럼 4가의 원자가를 가지고 있어 공유결합을 통하여 중합체 분자를 형성할 수 있다. 그러나 실리콘 중합체는 다음과 같은 규소와 산소로 구성된 반복 구조단위를 가진다.

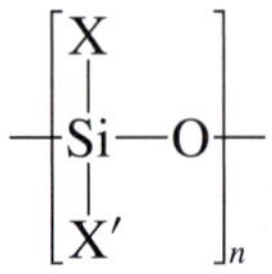

$$\left[\begin{array}{c} X \\ | \\ -Si-O- \\ | \\ X' \end{array}\right]_n$$

실리콘 중합체의
기본 반복 구조단위

여기서 X와 X′은 수소 원자 혹은 메틸(CH_3—)이나 페닐(C_6H_5—)기이다. 주 사슬이 규소와 산소 원자로 구성된 실리콘 중합체를 *실리콘*(silicone)이라고 한다. 다양한 실리콘 탄성중합체에 대하여 가장 일반적인 반복 단위는 X와 X′이 메틸기인 것이다.

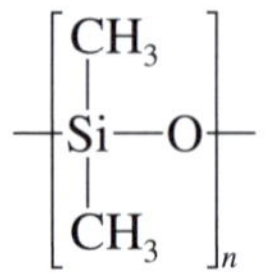

$$\left[\begin{array}{c} CH_3 \\ | \\ -Si-O- \\ | \\ CH_3 \end{array}\right]_n$$

폴리디메틸실록산의
반복 구조단위

이 중합체를 *폴리디메틸실록산*(polydimethyl siloxane)이라 하며, 상온에서 2개의 메틸기가 상호 반응하여 수소 기체(H_2)를 제거하면서 Si—CH_2—CH_2—Si 브리지를 형성시키는 역할을 하는 개시제(예를 들면, 과산화 벤조일)을 첨가함으로써 가교결합될 수 있다. 제품과 용도에 따라 보다 높은 온도(예를 들면, 50~150°C)에서 경화되는 다른 종류의 실리콘 고무들도 있다.

실리콘 고무는 넓은 온도범위(−100~205°C)에서 사용 가능한 것이 장점이다. 실리콘 고무는 밀봉제, 개스킷, 전기 절연체, 자동 점화 케이블, 점화플러그 등에 사용되고 있다.

예제 10.6

5%의 단위체를 가교결합시키기 위해 폴리이소프렌 고무 100 g에 첨가해야 할 황의 양은 얼마인가? 사용 가능한 황은 모두 사용되며, 1개의 가교결합에는 1개의 황 원자가 관여한다고 가정한다.

풀이

그림 10.38*b*에서와 같이 1개의 황 원자와 1개의 폴리이소프렌 단위체가 가교결합한다. 먼저 폴리이소프렌 단위체의 분자량을 계산한다.

$$\text{MW (폴리이소프렌)} = 5\text{ C atoms} \times 12\text{ g/mol} + 8\text{ H atoms} \times 1\text{ g/mol} = 68.0\text{ g/mol}$$

따라서, 100 g의 폴리이소프렌에 100 g/(68.0 g/mol) = 1.47 mol의 폴리이소프렌이 있다. 100% 가교결합을 위해 1.47 mol의 황이 필요하다. 즉

$$1.47\text{ mol} \times 32\text{ g/mol} = \text{황 }47.0\text{ g}$$

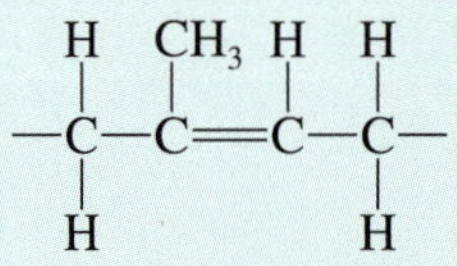

$$\begin{array}{cccc} H & CH_3 & H & H \\ | & | & | & | \\ -C- & C= & =C- & C- \\ | & & & | \\ H & & & H \end{array}$$

폴리이소프렌 단위체

5% 가교결합에 대하여,

$$0.05 \times 47.0 \text{ g S} = 2.35 \text{ g S} ◀$$

예제 10.7

스티렌-부타디엔 고무는 1개의 스티렌 단량체와 8개의 부타디엔 단량체가 중합반응하여 만들어진다. 만일 20%의 가교결합이 황과 결합된다면 필요한 황의 무게 분율은 얼마인가?

풀이

100 g의 공중합체를 고려하자.

공중합체에는 1몰의 스티렌과 8몰의 부타디엔이 혼합되어 있다. 그러므로 무게 분율은 다음과 같다.

8몰의 폴리부타디엔 × 54 g/mol = 432 g
1몰의 폴리스티렌 × 104 g/mol = 104 g
공중합체의 총 무게 = 536 g

공중합체에 대한 폴리부타디엔의 무게 비율 = 432/536 = 0.806

따라서 100 g의 공중합체에는 100 g × 0.806 = 80.6 g의 부타디엔 또는 80.6 g/54 g = 1.493 몰의 폴리부타디엔이 있다.

20% 가교결합에 대한 황의 무게는 = (1.493 몰)(32 g/mol)(0.20) = 9.55 g S

$$\text{Weight \% S} = \left(\frac{9.55 \text{ g}}{100 \text{ g} + 9.55 \text{ g}}\right)100\% = 8.72\% ◀$$

예제 10.8

부타디엔-아크릴로니트릴 고무는 1개의 아크릴로니트릴 단량체와 3개의 부타디엔 단량체가 중합반응하여 만들어진다. 만일 20%의 가교결합이 황과 결합된다면 부타디엔-아크릴로니트릴 고무 100 kg과 반응하기 위하여 필요한 황의 양은 얼마인가?

풀이

100 g의 공중합체를 고려하자.

3몰의 폴리부타디엔 × 54 g/mol = 162 g
1몰의 폴리아크릴로니트릴 × 53 g/mol = 53 g
공중합체의 총 무게 = 215 g

공중합체에 대한 폴리부타디엔의 무게 비율 = 162 g/215 g = 0.7535

그러므로 100 g의 공중합체에는 100 g × 0.7535 = 75.35 g의 폴리부타디엔 또는 75.35 g/54 g/mol = 1.395 몰의 폴리부타디엔이 있다.

20% 가교결합을 위한 황의 무게 = (1.395 mol)(32 g/mol)(0.20) = 8.93 g S 즉, 8.93 kg

10.10 플라스틱 재료의 변형과 강화

10.10.1 열가소성 수지의 변형기구

열가소성 재료의 변형은 주로 탄성, 소성(영구) 혹은 양자의 조합이다. 유리전이온도 이하에서는 그림 10.42의 폴리메틸메타크릴레이트(PMMA)의 −40°C와 68°C에서의 응력−변형률 선도에서와 같이 주로 탄성적으로 변형한다. 유리전이온도 이상에서 열가소성 수지는 그림 10.42의 122°C와 140°C의 응력−변형률 선도와 같이 주로 소

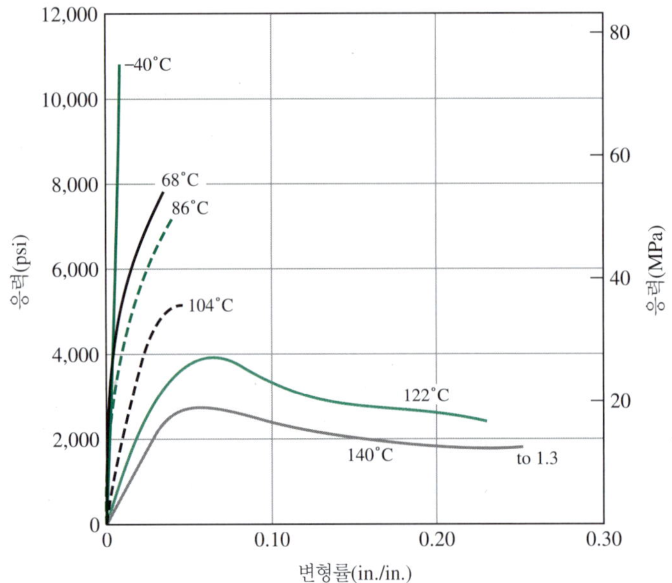

그림 10.42 ➤ 온도에 따른 폴리메틸메타크릴레이트의 응력–변형률 선도. 연성–취성천이는 86~104°C에서 나타난다.
(출처: T. Alfrey, *Mechanical Behavior of High Polymers*, Wiley-Interscience, 1967.)

성변형이 발생한다. 즉, 열가소성 수지는 유리전이온도를 기준으로 취성–연성 천이 현상이 발생한다. PMMA의 T_g는 86~104°C 사이이므로 이 온도 구역에서 연성–취성천이가 발생한다.

그림 10.43은 열가소성 재료의 긴 사슬분자의 기계적 변형 중에 발생하는 주요 원자와 분자의 변형기구를 나타낸다. 그림 10.43*a*에서, 탄성변형은 분자사슬 내 공유결합의 신장으로 나타난다. 그림 10.43*b*에서 탄성이나 소성변형은 선형 중합체의 풀림으로 나타난다. 결국, 그림 10.43*c*에서와 같이, 소성변형은 2차 쌍극자 결합력의 파괴와 재생으로 인한 분자사슬 간의 미끄러짐으로 나타난다.

10.10.2 열가소성 수지의 강화

열가소성 수지의 강도를 결정하는 인자들은 다음과 같다: (1) 중합체 사슬의 평균 분자량, (2) 결정화 정도, (3) 주 사슬에 연결된 측기의 부피 영향, (4) 주 사슬에 연결된 극성이 큰 원자의 영향, (5) 주 탄소 사슬의 산소, 질소, 황 원자의 영향, (6) 주 사슬의 페닐고리의 영향, (7) 유리섬유 강화제의 첨가.

중합체 사슬의 평균 분자량에 의한 강화 열가소성 재료의 안정적인 고체화를 위해 일정 이상 분자 질량의 중합반응이 요구되므로, 중합체의 강도는 평균 분자량에 직접적으로 연관된다. 그러나 대부분의 경우, 임계 분자량 범위에 도달한 후에는 열가소성 재료의 평균 분자량 증가가 많은 강도의 증가를 가져오지 않으므로, 이 방법은 일반적으로 사용되지 않는다. 표 10.10은 몇 가지 열가소성 수지의 분자량 범위와 중합반응 정도를 나타낸다.

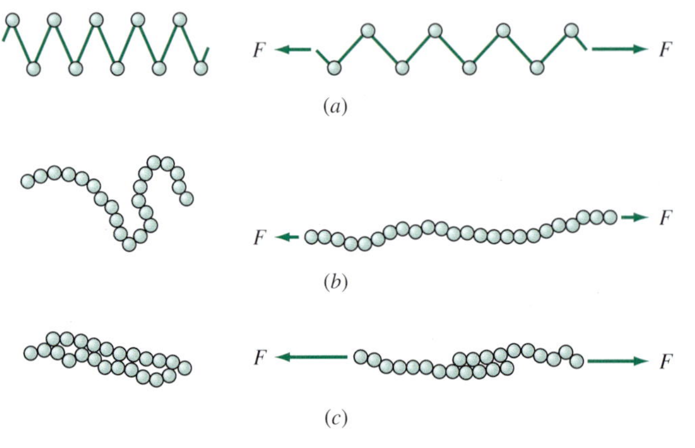

그림 10.43 ➤ 고분자 재료의 변형기구: (*a*) 주 사슬 탄소 공유결합의 신장에 의한 탄성변형, (*b*) 주 사슬의 풀림에 의한 탄성 또는 소성변형, 그리고 (*c*) 사슬 미끄러짐에 의한 소성변형.
(출처: Eisenstadt, M., *Introduction to Mechanical Properties of Materials: An Ecological Approach*, 1st ed, © 1971.)

표 10.10 ➤ 열가소성 수지의 분자량과 중합도

열가소성 수지	분자량 (g/mol)	중합도
폴리에틸렌	28,000~40,000	1000~1500
폴리염화비닐	67,000 (평균값)	1080
폴리스티렌	60,000~500,000	600~6000
폴리헥사메틸렌 아디파미드(나일론 6,6)	16,000~32,000	150~300

결정도 증가에 의한 열가소성 수지의 강화 열가소성 수지의 결정화 정도는 인장 강도에 큰 영향을 미친다. 일반적으로, 열가소성 수지의 결정화 정도가 증가하면 인장 강도, 인장 탄성계수, 및 밀도가 모두 증가한다.

간단한 구조적 대칭성을 가지고 있는 열가소성 수지의 분자사슬은 결정화 과정에서 응고화될 수 있다. 응고 과정에서 상당히 결정도를 나타낼 수 있는 열가소성 수지의 예시로 폴리에틸렌과 나일론이 있다. 그림 10.44는 저밀도와 고밀도 폴리에틸렌의 응력-변형률 선도를 비교한 것이다. 저밀도 폴리에틸렌은 결정화도가 낮아서 고밀도 폴리에틸렌보다 낮은 강도와 탄성계수를 가진다. 저밀도 폴리에틸렌은 가지형 분자 사슬로 인해 서로 더욱 멀리 떨어져 있고, 따라서 사슬 사이의 결합력이 낮아 강도가 낮다. 응력-변형률 곡선에서 항복점은 인장 시험 중 네킹(necking) 현상에 의해 시험편의 단면적이 급격히 감소하여 나타난다.

열가소성 수지의 결정도가 인장강도에 미치는 영향에 대한 또 다른 예시로 그림 10.45의 나일론 6,6이 있다. 고도로 결정화된 열가소성 수지는 분자 사슬들이 서로 더 조밀하게 충진되어 있는 형태이고, 따라서 분자 간 더 강한 결합력을 가지므로 강도가 더 높다.

주 탄소사슬의 펜던트 원자 그룹에 의한 열가소성 수지의 강화 주 탄소사슬에 연결된 측기(side group or pendant group)는 열가소성 수지가 영구 변형될 때 발생하는 분자의 미끄러짐을 더욱 어렵게 만든다. 이러한 강화의 예시로 폴리프로필렌과 폴리스티렌이 있다. 재료의 강성의 척도인 인장 탄성계수의 경우, 고밀도 폴리에틸렌은 $0.4 \sim 1.0 \times 10^3$ MPa이고 주 탄소사슬에 메틸기가 펜던트기로 연결된 폴리프로필렌은 $1.0 \sim 1.5 \times 10^3$ MPa이다. 폴리에틸렌에 체적이 큰 페닐고리가 펜던트기로 도입된 폴리스티렌의 경우, 인장 탄성계수가 $2.8 \sim 3.54 \times 10^3$ MPa로 상당히 증가한다. 그러나 연신율의 경우, 고밀도 폴리에틸렌은 100~600%인 반면, 폴리스티렌은 1~2.5%로 급격히 감소한다. 따라서 열가소성 수지의 주 탄소사슬에 연결된 부피가 큰 측기는 강성과 강도를 증가시키지만, 연성은 감소시킨다.

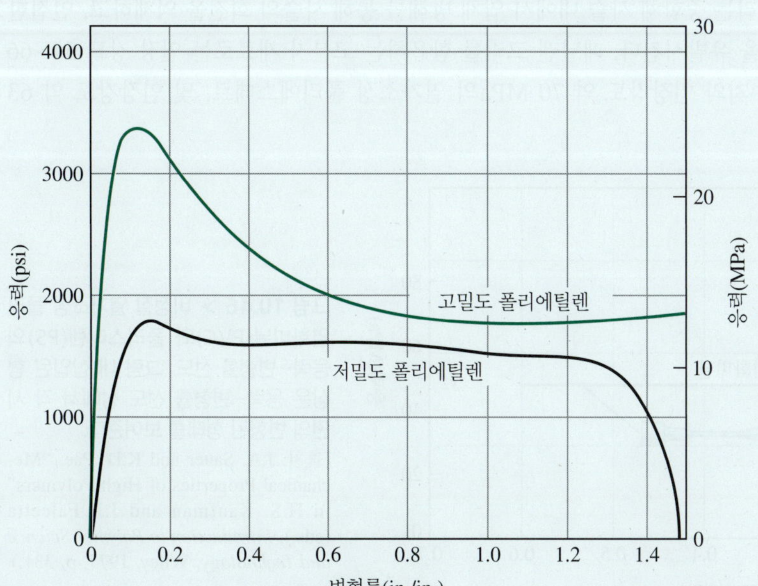

그림 10.44 ➤ 저밀도와 고밀도 폴리에틸렌의 응력-변형률 선도. 결정화도가 더 높은 고밀도 폴리에틸렌의 강성과 강도가 더 높다.
(출처: J.A. Sauer and K.D. Pae, "Mechanical Properties of High Polymers" in H.S. Kaufman and J.J. Falcetta (eds.), *Introduction to Polymer Science and Technology*, Wiley, 1977, p. 397.)

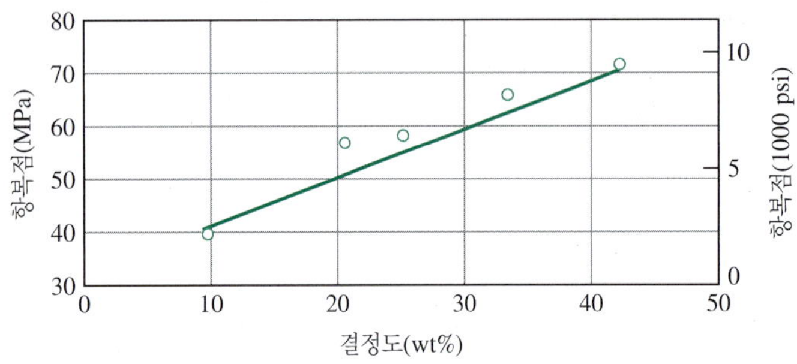

그림 10.45 ➤ 건조된 폴리아미드(나일론 6,6)에서 결정도에 따른 항복점.
(출처: *Kirk/Encyclopedia of Chemical Technology*, vol. 18, Wiley, 1982, p. 331.)

주 탄소사슬에 연결된 고극성 원자에 의한 열가소성 수지의 강화 폴리에틸렌의 주 탄소사슬의 탄소 원자 하나 건너마다 염소 원자가 연결되면, 강도가 훨씬 증가한 형태인 폴리염화비닐(PVC)를 얻을 수 있다. 이와 같이, 크고 극성이 높은 염소 원자는 중합체 사슬 간 분자 결합력을 향상시킨다. 경질 PVC의 인장 강도는 41~76 MPa로 폴리에틸렌의 17~35 MPa보다 훨씬 높다. 그림 10.46은 최대 항복강도가 약 55 MPa인 PVC 인장 시편의 응력-변형률 선도를 나타낸다. 선도의 항복점은 인장 시 발생하는 네킹 현상에 의한 시험편 단면적의 급격한 감소로 인해 나타난다.

주 탄소사슬에 산소 원자와 질소 원자의 도입을 통한 열가소성 수지의 강화 주 탄소 사슬에 에테르 결합 $-\overset{|}{\underset{|}{C}}-O-\overset{|}{\underset{|}{C}}-$을 도입하면 $\left[\begin{array}{c} H \\ | \\ -C-O- \\ | \\ H \end{array}\right]_n$의 반복 구조단위를 가진 폴리옥시메틸렌(polyoxy methylene, acetal, 아세탈)의 경우처럼 열가소성 수지의 강성이 증가한다. 이 소재의 인장 강도는 63~70 MPa로 고밀도 폴리에틸렌의 강도 17~38 MPa보다 상당히 크다. 주 탄소사슬의 산소 원자는 또한 중합체 사슬 간 영구 쌍극자 결합력도 증가시킨다.

열가소성 수지의 주 사슬에 질소 원자를 도입하면 아미드 결합 $\left(\begin{array}{c} O \\ \| \\ -C-N- \end{array}\right)$의 경우와 같이 중합체 사슬 간 영구 쌍극자 결합력이 수소결합(그림 10.34)으로 인해 크게 증가된다. 나일론 6,6은 중합체 사슬의 아미드 결합 사이에 수소결합이 존재하므로 63~84 MPa의 비교적 높은 인장강도를 가진다.

주 사슬에 O, N, S 등의 다른 원소와 함께 페닐렌 고리의 도입을 통한 열가소성 수지의 강화 열가소성 수지를 강화시키는 가장 중요한 방법 중 하나는 주 탄소사슬에 페닐렌 고리를 도입하는 것이다. 이 강화법은 고강도 공업용 플라스틱에 주로 사용된다. 페닐렌 고리는 중합체 사슬 내에서 입체 방해를 통해 사슬의 회전을 억제하고, 인접한 분자 사이에서 공명하는 전자의 인력을 유발시킨다. 페닐렌 고리를 함유하는 고분자 재료로는 인장 강도 54~66 MPa의 폴리페닐렌 옥사이드 기반 수지와 인장강도 약 70 MPa의 열가소성 폴리에스테르, 및 인장강도 약 63

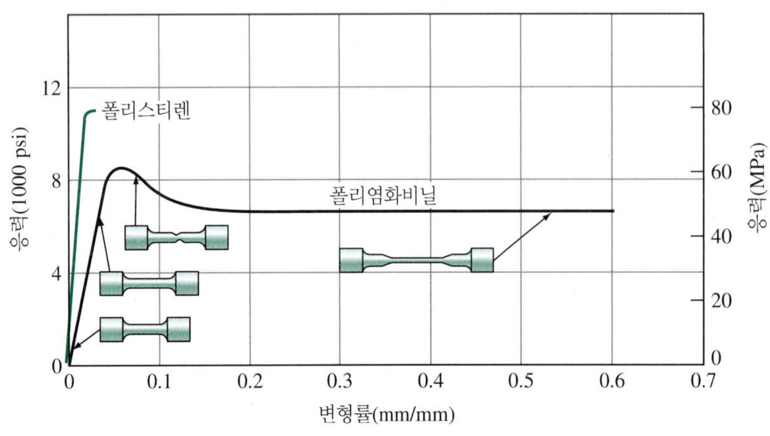

그림 10.46 ➤ 비정질 열가소성 폴리염화비닐(PVC)와 폴리스티렌(PS)의 응력-변형률 선도. 그림 내 삽입된 형상은 응력-변형률 선도 상에서 각 시편의 변형된 형태를 보여준다.
(출처: J.A. Sauer and K.D. Pae, "Mechanical Properties of High Polymers" in H.S. Kaufman and J.J. Falcetta (eds.), *Introduction to Polymer Science and Technology*, Wiley, 1977, p. 331.)

MPa의 폴리카보네이트가 있다.

유리섬유 첨가를 통한 열가소성 수지의 강화 유리섬유의 첨가를 통해 열가소성 수지를 강화하기도 한다. 대부분의 유리섬유 충진 플라스틱은 20~40 wt%의 범위의 유리 함량을 가진다. 최적의 유리 함량은 강도, 비용 및 가공 용이성 등을 비교하여 결정된다. 일반적으로 유리섬유로 강화되는 열가소성 수지로는 나일론, 폴리카보네이트, 폴리페닐렌 옥사이드, 폴리페닐렌 설파이드, 폴리프로필렌, ABS 및 폴리아세탈 등이 있다. 예를 들어, 나일론 6,6의 인장강도는 40%의 유리섬유를 함유를 통해 84 MPa에서 210 MPa까지 증가시킬 수 있으며, 반면 연신율은 약 60%에서 2.5%로 감소한다.

10.10.3 열경화성 플라스틱의 강화

강화제가 없는 열경화성 플라스틱의 경우는 소재 구조 전반에 걸친 공유결합 망을 형성함으로써 강화된다. 공유결합 망은 주조 또는 열과 압력 하에서의 성형이나 압착 이후 열경화성 재료 내에서 발생하는 화학반응에 의해 형성된다.

이 방법으로 강화되는 재료로는 페놀, 에폭시, (불포화)폴리에스테르 등이 있다. 이들 재료는 공유결합 망 구조로 인해 비교적 높은 강도, 탄성계수 및 견고함을 가진다. 예를 들어, 성형된 페놀 수지의 인장강도는 약 63 MPa이고, 주조된 폴리에스테르의 인장강도는 약 70 MPa이며, 주조된 에폭시 수지의 인장강도는 약 84 MPa이다. 이 재료들은 모두 공유결합 망 구조로 인해 낮은 연성을 가진다.

열가소성 수지는 강화제의 첨가를 통해 인장강도를 상당히 증가시킬 수 있다. 예를 들어, 유리 충진 페놀 수지의 인장강도는 126 MPa까지 증가한다. 유리첨가 폴리에스테르 기반 시트 몰딩 컴파운드는 140 MPa의 인장강도를 가질 수 있다. 단방향으로 적층된 탄소섬유강화 에폭시 수지의 경우, 단일 방향에 대해 1750 MPa의 인장강도를 얻을 수 있다. 이 같은 고강도 강화 복합재료는 12장에서 다룰 것이다.

10.10.4 플라스틱 재료의 강도에 대한 온도의 영향

열가소성 수지의 특징은 온도가 증가하면 점차 연화되는 것이다. 그림 10.47은 열가소성 수지들의 거동을 나타낸다. 온도가 증가하면 분자사슬 간의 2차 결합력이 약화되고 그로 인해 열가소성 수지의 강도가 감소한다. 열가소성 재료가 유리전이온도 T_g 이상으로 가열되면, 그 강도는 2차 결합력의 극심한 감소로 인하여 더욱 크게 낮아진다. 그림 10.42는 T_g가 약 100인 폴리메틸 메타크릴레이트(PMMA)에서 이러한 변화가 나타남을 보여준다. 유리

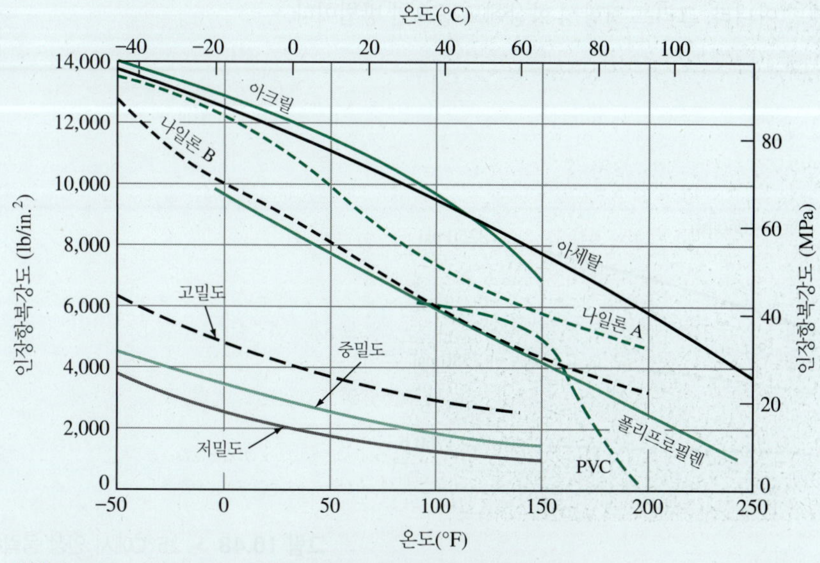

그림 10.47 ➤ 열가소성 수지의 인장 항복강도에 대한 온도의 영향.
(출처: H.E. Barker and A.E. Javitz, "Plastic Molding Materials for Structural and Mechanical Applications," Electr. Manuf., May 1960.)

전이온도 이하의 온도인 86°C에서 PMMA의 인장 강도는 약 48.3 MPa이지만, T_g 이상인 122°C에서는 약 27.6 MPa로 감소한다. 주요 열가소성 수지들의 최대 사용온도는 표 10.2와 10.5에 기술하였다.

열경화성 플라스틱 또한 가열되면 약해지지만 원자들간의 강한 공유결합 망 때문에 온도가 증가하여도 점성이 되지는 않으나 최대 사용온도 이상에서는 분해되거나 탈 수 있다. 일반적으로 열경화성 수지는 고온에서 열가소성 수지보다 안정적이지만 일부 뛰어난 고온 안정성을 보이는 열가소성 수지들도 있다. 주요 열경화성 수지의 최대 사용온도는 표 10.7에 나타내었다.

10.11 고분자 재료의 크리프 및 파괴

10.11.1 고분자 재료의 크리프

고분자 재료에 하중이 가해지면 보통 크리프가 발생한다. 이는 일정 온도 및 일정 하중 하에서 고분자 재료의 변형량이 시간에 따라 증가하는 현상이다. 변형량은 응력 및 온도가 증가함에 따라서 증가한다. 그림 10.48은 인장강도 12.1~30 MPa의 폴리스티렌이 25°C에서 어떻게 크리프 변형이 발생하는지 보여준다.

크리프가 발생하는 온도는 크리프 속도를 결정하는 중요한 인자이다. 유리전이온도 이하의 온도에서 열가소성 수지의 크리프속도는 제한된 분자사슬 이동으로 인하여 비교적 낮다. 유리전이온도 이상의 온도에서 탄성과 소성 변형의 조합에 의해 열가소성 수지는 보다 쉽게 변형되며, 이를 *점탄성 거동*(viscoelastic behavior)라고 한다. 유리전이온도 이상에서, 분자 사슬은 서로 쉽게 미끄러져 보다 쉽게 변형되는데, 이를 *점성유동*(viscous flow)이라고 한다.

산업현장에서는 고분자 재료의 크리프는 일정한 시험온도에서 특정 시간 후의 크리프 변형률 $\boldsymbol{\epsilon}(t)$에 대한 초기 응력 σ_0의 비인 크리프 계수로 측정된다. 즉 어떤 소재의 크리프 계수가 높다는 것은 크리프 변형속도가 낮다는 뜻이다. 표 10.11은 7~35 MPa 범위 내의 다양한 응력범위에서 여러 가지 플라스틱 재료의 크리프 계수를 나타낸 것이다. 이 표는 부피가 큰 측기와 강한 분자 간 인력이 고분자 재료의 크리프 속도 감소에 효과가 있음을 보여준다. 예를 들어, 23°C에서 폴리에틸렌은 7 MPa 응력하에서 10시간 동안 434 MPa의 크리프 계수를 가진다. 반면에 PMMA는 동일한 조건에서 2800 MPa의 높은 크리프 계수를 갖는다.

유리섬유로 강화된 플라스틱은 크리프 계수가 크게 증가하며 크리프속도는 감소한다. 예를 들면, 나일론 6,6은 7 MPa 응력하에서 10시간 유지 시, 860 MPa의 크리프 계수가 측정되지만, 33% 유리섬유로 강화시키면 28 MPa 응력하에서 10시간 유지 시, 크리프 계수가 4900 MPa로 증가한다. 플라스틱 재료에 대한 유리섬유의 첨가는 재료의 강도 향상뿐만 아니라, 크리프 저항성 향상에도 중요한 방법이다.

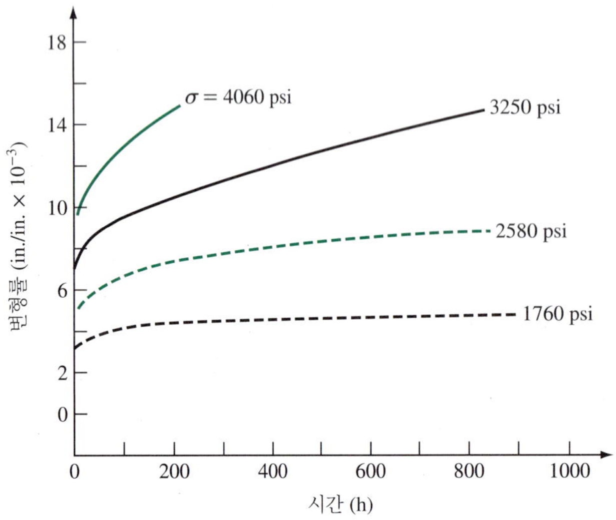

그림 10.48 ➤ 25°C에서 인장 응력에 따른 폴리스티렌의 크리프 곡선.
(출처: J.A. Sauer, J. Marin, and C.C. Hsiao, *J. Appl. Phys.*, 20:507 (1949).)

표 10.11 ➤ 23°C에서 고분자 재료의 크리프 계수

	시험시간(h)			
	10	100	1000	
	크리프 계수(MPa)			응력(MPa)
강화되지 않은 재료:				
폴리에틸렌, Amoco 31-360B1	434	252		7
폴리프로필렌, Profax 6323	539	406	320	10.5
폴리스티렌, FyRid KS1	2170	2030	1470	충격완화
폴리메틸메타크릴레이트, Plexiglas G	2870	2600	2390	17
폴리염화비닐, Bakelite CMDA 2201	...	1750	1280	10.5
폴리카보네이트, Lexan 141-111	2345	2240	2170	21
나일론 6,6, Zytel 101	860	1700	580	17, 50% RH에서 평형
아세탈, Delrin 500	2520	1960	1480	10.5
ABS, Cycolac DFA-R	2350	2320	2100	7
강화된 재료:				
아세탈, Thermocomp KF-1008, 30% 유리섬유	9200	...	8000	35, 24°C
나일론 6,6, Zytel 70G-332, 33% 유리섬유	4900	4480	4090	28, 50% RH에서 평형
폴리에스테르, 열경화성 몰딩 컴파운드, Cyglas 303	9040	7700	6510	14
폴리스티렌, Thermocomp CF-1007	12,420	11,900	11,620	35, 24°C

출처: *Modern Plastics Encyclopedia*, 1984-85, McGraw-Hill.

10.11.2 고분자 재료의 응력 완화

고분자 재료의 응력 완화(stress relaxation)는 응력하의 재료가 일정 변형량을 유지할 때, 시간에 따라서 응력이 감소하는 현상이다. 응력 완화는 고분자 재료 내부 구조의 점성 유동에 의해 나타난다. 점성 유동 현상은 사슬 사이의 2차 결합이 끊어지고 재형성될 때 혹은 사슬들의 기계적인 풀림 및 반동에 의해 사슬들이 서로를 지나 점진적으로 미끄러질 때 발생한다. 응력완화 과정에서 충분한 활성화 에너지가 확보된다면, 재료는 자발적으로 낮은 에너지 상태에 도달한다. 따라서, 고분자 재료의 응력 완화는 온도 의존적이며 활성화 에너지와 관련이 있다.

응력완화속도는 *완화시간*(relaxation time) τ*에* 의존하며, 완화시간은 재료의 고유한 물성으로 응력이 초기 응력 σ_0 대비 0.37 ($1/e$)의 비율로 감소하는 데 필요한 시간으로 정의한다. 시간 t에 따른 응력 감소는 다음과 같다.

$$\sigma = \sigma_0 e^{-t/\tau} \tag{10.3}$$

여기서 σ = 시간 t 이후의 응력, σ_0 = 초기 응력, τ = 완화시간이다.

예제 10.9

일정 변형량 하에서 7.6 MPa의 응력이 탄성중합체 재료에 부하되었다. 20°C에서 40일 후, 응력이 4.8 MPa로 감소하였다면 (*a*) 이 소재의 완화시간 값은 얼마인가? (*b*) 20°C에서 60일 후의 응력은 얼마인가?

풀이

a. $\sigma = \sigma_0 e^{-t/\tau}$ [식 (10.3)] 또는 $\ln(\sigma/\sigma_0) = -t/\tau$ 일때 σ = 4.8 MPa, σ_0 = 7.6 MPa, 및 t = 40일 이므로,

$$\ln\left(\frac{4.8\ \text{MPa}}{7.6\ \text{MPa}}\right) = -\frac{40\text{일}}{\tau} \qquad \tau = \frac{-40\text{일}}{-0.452} = 88.5\text{일} ◀$$

b.

$$\ln\left(\frac{\sigma}{7.6\text{ MPa}}\right) = -\frac{60\text{일}}{88.5\text{일}} = -0.678$$

$$\frac{\sigma}{7.6\text{ MPa}} = 0.508 \quad \text{또는} \quad \sigma = 3.9\text{ MPa} \blacktriangleleft$$

완화시간 τ는 속도의 역수이므로 이것을 아레니우스(Arrhenius) 속도식[식 (5.5)]을 이용하여 절대온도 (K)와의 관계를 구할 수 있다.

$$\frac{1}{\tau} = Ce^{-Q/RT} \tag{10.4}$$

여기서 C = 온도와 무관한 속도상수, Q = 과정에 필요한 활성화 에너지, T = 온도(K), R = 기체 상수 = 8.314 J/(mol · K)이다. 예제 10.10에서는 어떻게 응력완화가 발생한 탄성체의 활성화 에너지를 식 (10.4)를 통하여 계산하는지를 보여준다.

예제 10.10

탄성중합체의 완화시간이 25°C에서 40일이고, 35°C에서 30일이다. 응력완화과정의 활성화 에너지를 계산하라.

풀이

식 (10.4)를 사용하면, $1/\tau = Ce^{-Q/RT}$, τ = 40일에 대하여,

$$T_{25°C} = 25 + 273 = 298\text{ K} \qquad T_{35°C} = 35 + 273 = 308\text{ K}$$

$$\frac{1}{40} = Ce^{-Q/RT_{298}} \tag{10.5}$$

그리고

$$\frac{1}{30} = Ce^{-Q/RT_{308}} \tag{10.6}$$

식 (10.5)를 식 (10.6)으로 나누면,

$$\frac{30}{40} = \exp\left[-\frac{Q}{R}\left(\frac{1}{298} - \frac{1}{308}\right)\right] \quad \text{또는} \quad \ln\left(\frac{30}{40}\right) = -\frac{Q}{R}(0.003356 - 0.003247)$$

$$-0.288 = -\frac{Q}{8.314}(0.000109) \quad \text{또는} \quad Q = 22{,}000\text{ J/mol} = 22.0\text{ kJ/mol} \blacktriangleleft$$

10.11.3 고분자 재료의 파괴

금속의 경우와 마찬가지로 고분자 재료의 파괴 기구도 취성파괴, 연성파괴와 모두를 포함한 중간 형태의 파괴로 분류할 수 있다. 일반적으로 강화되지 않은 열경화성 수지는 주로 취성파괴된다. 반면에 열가소성 수지는 취성파괴 또는 연성파괴될 수 있다. 열가소성 수지의 파괴가 유리전이온도 이하에서 발생하면 주로 취성파괴되며, 유리전이온도 이상에서 발생하면 주로 연성파괴된다. 즉 온도가 열가소성 수지의 파괴 양상에 큰 영향을 준다. 열경화성 수지의 경우, 상온 이상으로 가열되면 연화되어 낮은 응력에서도 파괴되지만, 온도가 상승하더라도 재료 내부 공유결합 망이 유지되므로 여전히 취성파괴된다. 변형률 또한 열가소성 수지의 파괴거동을 결정하는 주요인자이며, 느린 변형률에서는 분자사슬이 재배열이 가능하여 연성파괴가 일어나기 쉽다.

고분자 재료의 취성파괴 폴리스티렌이나 폴리메틸메타크릴레이트(PMMA)와 같은 비정질 취성 유리성(glassy)

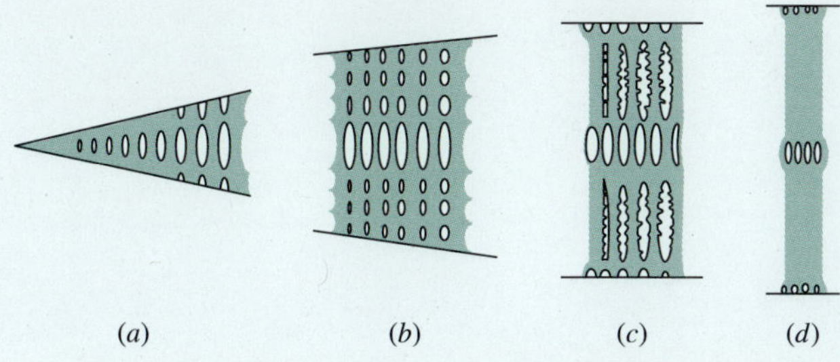

그림 10.49 ➤ 유리성 열가소성 수지의 변형에 따른 크레이즈 미세구조의 변화.
(출처: P. Beahan, M. Bevis, D. Hull, and *J. Mater. Sci.*, 8:162(1972).)

고분자 재료의 파괴는, 단순 탄소–탄소 결합의 파단면의 파괴보다 1000배 이상의 표면 에너지가 요구된다. 따라서 PMMA 같은 유리성 고분자 재료는 무기성의 유리보다 인성이 훨씬 우수하다. 유리 열가소성 수지는 *크레이즈*(craze)라는 국부 왜곡 영역이 균열 발생 이전에 먼저 형성되므로 파괴에 필요한 에너지가 상대적으로 더 크다. 유리성 열가소성 수지의 크레이즈는 고응력 구역에서 형성되며, 고밀도로 내부에 분산된 공극들과 분자 사슬들 간의 배열로 구성된다.

그림 10.49는 PMMA 같은 유리성 열가소성 수지에서 발생한 크레이즈에서의 분자 구조 변화를 개략적으로 나타낸 것이다. 응력이 충분히 집중되면, 그림 10.50 및 10.51과 같이 크레이즈를 통해 균열이 형성된다. 균열이 크레이즈를 따라 전파됨에 따라, 균열선단에서의 응력 집중은 크레이즈 길이 방향에 따라 확장된다. 크레이즈 내의 중합체 분자 배열을 위해 사용된 일로 인하여, 유리성 고분자 재료의 파괴에는 상대적으로 많은 양의 일이 요구된다. 이것은 폴리스티렌과 PMMA의 파괴 에너지가 단지 공유결합을 끊는데 필요한 에너지인 0.1 J/m^2보다 큰 300~1700 J/m^2가 되는 이유를 설명해준다.

고분자 재료의 연성파괴 유리전이온도 이상에서 열가소성 수지는 파괴 이전에 소성항복현상이 나타난다. 소성항복 과정에서, 분자 선형 사슬이 풀리고 서로 미끄러지면서 가해진 응력의 방향을 따라 점진적으로 서로 조밀하게

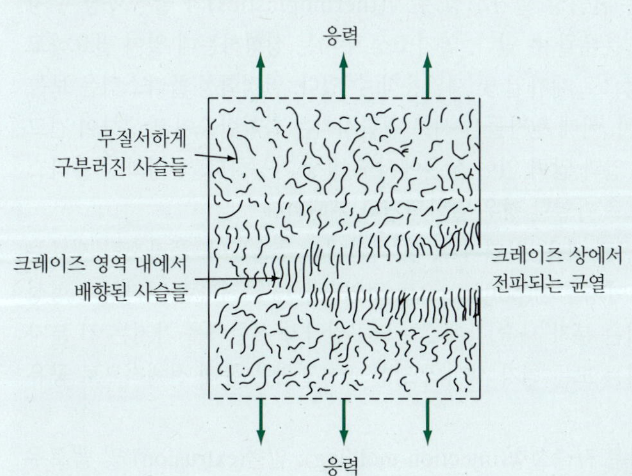

그림 10.50 ➤ 유리성 열가소성 수지의 균열선단에서의 크레이즈 구조 개략도.

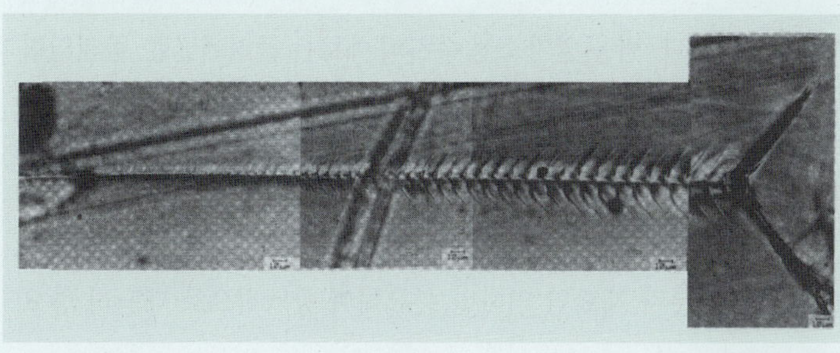

그림 10.51 ➤ 유리성 열가소성 수지의 크레이즈 중앙부를 관통하여 진행하는 균열 사진.
(©ASM International)

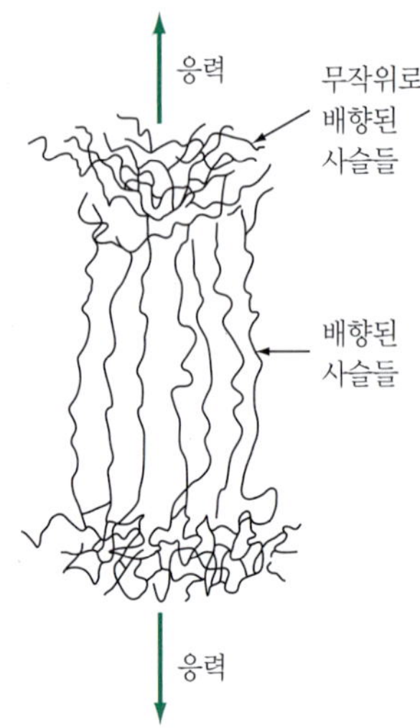

그림 10.52 ➤ 응력하에서 열가소성 고분자의 소성항복현상. 분자사슬이 풀리며 서로 미끄러져 응력 방향으로 배열된다. 응력이 너무 높으면 분자사슬이 끊어지며 재료 파괴가 발생한다.

배열된다(그림 10.52). 사슬에 가해진 응력이 너무 높아지면 주 사슬의 공유결합이 끊어지고 고분자 재료의 파괴가 진행된다. 탄성중합체 고분자 재료의 경우 훨씬 더 많은 사슬 풀림이 발생하는 현상(탄성변형)을 제외하고는 본질적으로 같은 방식으로 변형된다. 재료에 가해지는 응력이 매우 커지고, 분자사슬의 신장이 매우 커지면, 주 사슬들의 공유결합이 끊어지고 고분자 재료의 파괴가 발생한다.

10.12 요약

플라스틱과 탄성중합체는 광범위한 재료 특성, 원하는 형태로의 성형 용이성, 상대적으로 낮은 가격 덕분에 중요한 공업용 재료이다. 플라스틱 재료는 편의상 *열가소성 수지*(thermoplastics)와 *열경화성 수지*(thermosetting plastics (thermosets)) 두 종류로 분류될 수 있다. 열가소성 수지는 성형하는데 열이 필요하고 냉각 후에 성형된 모습을 유지한다. 이들은 반복적으로 재가열 및 재활용할 수 있다. 열경화성 플라스틱은 보통 열과 압력을 사용하여 영구적인 모습으로 성형되며, 이때 원자들을 서로 결합시키는 화학반응이 발생하여 견고한 고체로 형성된다. 다만, 일부 열경화성 반응은 열과 압력 없이 상온에서도 발생 가능하다. 열경화성 플라스틱은 일단 경화되면 다시 용융되지 않으며, 고온으로 가열할 경우 열화되거나 분해된다.

플라스틱을 생산하는 데 필요한 화학물질은 주로 석유, 천연가스, 및 석탄에서 추출된다. 플라스틱 재료는 *단량체*(monomers)로 정의되는 많은 작은 분자들이 *중합체*(polymers)로 정의되는 매우 커다란 분자들로 형성되는 중합반응에 의하여 생성된다. 열가소성 수지는 분자 사슬 간에 2차 영구쌍극자 결합력을 가지는 긴 분자 사슬들의 중합체로 구성되어 있다. 열경화성 수지는 모든 원자 사이의 강한 공유결합을 통해 전체적으로 공유결합되어 있다.

일반적으로 사용되는 열가소성 수지의 가공법은 *사출성형*(injection molding), *압출*(extrusion) 및 *블로우 성형법*(blow molding)이며, 열경화성 수지의 가공법은 *압축*(compression)과 *이송 성형*(transfer molding), *주조*(casting) 등이 있다.

열가소성 수지와 열경화성 수지는 다양한 종류가 있다. 범용 열가소성 수지의 예로는 폴리에틸렌, 폴리염화비닐, 폴리프로필렌과 폴리스티렌 등이 있으며 공업용 수지의 예로는 폴리아미드(나일론), 폴리아세탈, 폴리카보네이트, 포화 폴리에스테르, 폴리페닐렌 옥사이드, 폴리설폰 등이 있다(이 책에서는 열가소성 수지를 범용과 공업용으로 임의로 분류하였다). 열경화성 수지의 예로는 페놀, 불포화 폴리에스테르, 멜라민, 에폭시 등이 있다.

탄성중합체(elastomers) 혹은 *고무*(rubbers)는 고분자 재료의 커다란 분류이며 공업적으로 대단히 중요

하다. 천연고무는 수목 재배로부터 얻어지며, 우수한 탄성 특성 덕분에 아직도 많은 수요(세계 고무 공급의 약 30%)가 있다. 합성고무로는 스티렌-부타디엔이 가장 널리 사용되는 형태이며 세계 고무 공급의 약 70%를 차지하고 있다. 또 다른 합성고무들인 니트릴과 폴리클로로프렌(네오프렌) 같은 경우, 기름이나 용매에 견디는 특수한 성질이 요구되는 곳에 사용된다.

열가소성 수지는 *유리전이온도*(glass transition temperature)를 가지는데, 유리전이온도 이상에서는 점성의 혹은 고무와 같은 고체처럼 거동하고, 유리전이온도 이하에서는 유리와 같은 취성 고체처럼 거동한다. 유리전이온도 이상에서는 분자사슬이 서로 미끄러지며 2차 결합의 단락 및 재생성이 발생하면서 영구적인 변형이 일어난다. 유리전이온도 이상에서 열가소성 수지는 폴리염화비닐의 경우는 염소 원자같은 극성 원자를 펜던트기로 사용하여서, 나일론의 경우는 수소결합을 통해 분자 간 결합력을 생성시킴으로써 재료를 강화시킬 수 있다. 열경화성 수지는 전반적으로 공유결합되어 있으므로 파괴 전까지는 거의 변형하지 않는다.

10.13 용어 정의

➘ 10.1절

열가소성 수지(thermoplastic): 가공하는 데 열이 필요하고, 냉각하면 그 모양이 유지되는 플라스틱 재료. 열가소성 수지는 사슬 간에 2차 영구 쌍극자형으로 결합된 사슬중합체로 구성됨. 열가소성 수지는 가열을 통한 연화와 냉각을 통한 경화를 반복할 수 있음. 대표적인 열가소성 수지로는 폴리에틸렌, 비닐, 아크릴, 셀룰로오스, 나일론 등이 있음.

열경화성 수지(thermosetting plastic or thermoset): 열, 촉매 등에 의한 화학반응을 통해 가교결합망 고분자 구조를 가지는 플라스틱 재료. 열경화성 플라스틱은 가열 시 열화 및 분해되므로 재용융 및 재가공될 수 없음. 대표적인 열경화성 수지로는 페놀, 불포화 폴리에스테르, 에폭시 등이 있음.

➘ 10.2절

단량체(monomer): 상호 공유결합하여 기다란 분자사슬(중합체)을 형성하는 단일분자 화합물. 예시: 에틸렌

사슬 중합반응(chain polymerization): 각 고분자 분자들의 성장이 시작된 후 빠른 속도로 크기가 성장하는 중합 기구. 이런 유형의 반응은 3가지 단계를 거치게 되는데 (1) 반응의 개시, (2) 반응의 전파, (3) 반응의 종결 단계. 이름과 같이 연쇄 반응으로 일반적으로 어떤 외적 인자에 의하여 시작됨. 예시: 에틸렌이 폴리에틸렌으로 되는 사슬 중합반응

단위체(mer): 사슬중합체 분자의 반복 화학구조단위.

중합도(degree of polymerization): 고분자 분자량을 단위체의 분자량으로 나눈 값

작용기성(functionality): 단량체가 가지고 있는 활성화 된 결합 부위 수. 만일 단량체가 두 개의 결합 부위를 가지면, 이를 2*작용기성*(bifunctional)이라고 함.

단일중합체(homopolymer): 오직 한 종류의 단량체 단위로 구성된 중합체.

공중합체(copolymer): 2종류 이상 종류의 단량체 단위로 이루어진 중합체 사슬.

공중합반응(copolymerization): 2개 이상의 단량체가 고분자량의 분자로 형성되는 화학반응.

단계적 중합반응(stepwise polymerization): 중합체 분자의 성장이 단계적인 분자 사이의 반응에 의하여 진행되는 중합반응 기구. 한 가지 유형의 반응만이 수반되며, 단량체 단위는 상호 간에 혹은 다른 크기의 중합체 분자와 반응할 수 있음. 단량체 끝의 작용기는 중합체 길이와 관계없이 같은 반응성을 가진다고 가정함. 때때로 물과 같은 부산물이 중합공정 중에 축합될 수 있음. 예시: 나일론 6,6의 중합을 위한 아디프산과 헥사메틸렌디아민 간의 반응

➘ 10.3절

벌크 중합반응(bulk polymerization): 중합체가 자체 단량체로 용해되기 쉬운 상태로 유지되는 반응 시스템을 통해 액상 단량체가 중합체로 직접 중합되는 것.

용액 중합반응(solution polymerization): 단량체, 중합체, 중합 개시제를 용해하는 용매를 사용함. 단량체를 용매로 희석하면 중합도가 감소하며, 중합반응으로 방출된 열은 용매에 흡수됨.

현탁 중합반응(suspension polymerization): 물을 반응 매개체로 사용하며 단량체는 중간 매개체에 용해되지 않고 분산됨. 중합체 생성물은 성형분말의 형태로 여과, 세척, 건조되는 작은 구슬 형태.

에멀젼 중합반응(emulsion polymerization): 혼합되지 않은 상의 혼합을 다루는 중합 공정의 종류.

➘ 10.4절

유리전이온도(glass transition temperature): 가열된 열가소성 수지가 냉각될 때 가죽, 고무와 같은 상태에서 취성의 유리상태로 변화하는 온도 범위의 중앙 온도.

입체이성질체(stereoisomers): 화학적 조성은 같지만 구조적인 배열이 다른 분자.

어택틱 입체이성질체(atactic stereoisomer): 비닐중합체 사슬을 따라 무작위로 배열된 펜던트 기를 가지는 이성질체. 예시: 어택틱 폴리프로필렌.

아이소택틱 입체이성질체(isotactic stereoisomer): 비닐중합체 사슬의 한 쪽 방향으로만 배열되어있는 펜던트 기를 가지는 이성질체. 예시: 아이소택틱 폴리프로필렌.

신디오택틱 입체이성질체(syndiotactic stereoisomer): 비닐중합체 사슬의 양쪽에 규칙적으로 번갈아서 배열된 펜던트 기를 가지는 이성질체. 예시: 신디오택틱 폴리프로필렌.

입체특이성 촉매(stereospecific catalyst): 중합반응 중에 주로 특정 유형의 입체이성질체를 생성하는 촉매. 예시: 프로필렌을 아이소택틱 폴리프로필렌 이성질체로 중합하는 Ziegler 촉매.

10.5절

사출성형(injection molding): 열적 연화된 플라스틱 재료를 스크류 드라이브 실린더를 통해 상대적으로 냉각된 주형 공동으로 주입하여 성형하는 방법.

압출(extrusion): 연화된 플라스틱 재료를 주형구에 밀어넣어 연속적으로 생산품을 제조하는 방법. 예시: 플라스틱관은 압출로 제조됨.

블로우 성형(blow molding): 속이 빈 튜브를 주형 공동에 위치 시킨 후, 내부 공기압을 주입해 주형 형상대로 플라스틱을 가공하는 방법.

압축성형(compression molding): 성형화합물(보통 가열됨)을 먼저 주형 공동에 위치시킨 후, 주형을 밀폐 후, 재료가 경화될 때까지 열과 압력을 가하는 열경화성 수지 성형법.

전사성형(transfer molding): 성형화합물을 이송챔버 내에 위치시키고 가열하여 연화시킨 후, 고압을 통해 하나 이상의 주형 공동 내부로 밀어넣어 경화시키는 열경화성 수지 성형법.

열성형(thermoforming): 열과 압력을 적용하여 중합체를 판재나 필름 형태의 상용 제품으로 만드는 공정.

10.6절

가소제(plasticizers): 유동성과 가공성을 향상시키고 취성을 감소시키기 위하여 플라스틱 화합물에 첨가하는 화학작용제. 예시: 가소성 폴리염화비닐.

충진제(filler): 플라스틱의 단가를 낮추기 위해 첨가되는 저가의 불활성 물질. 충진제는 또한 인장 강도, 충격 강도, 경도, 마모저항 등의 물리적 물성을 향상시킬 수 있음.

열안정제(heat stabilizer): 화학물질 간의 반응을 방지하는 화학물질.

착색제(pigment): 착색을 위하여 첨가하는 소재.

10.9절

탄성중합체(elastomer): 상온에서 낮은 응력에 의해 적어도 2배 이상 늘어나고, 응력이 제거되면 원래의 길이로 신속하게 복원되는 소재.

***cis*-1,4 폴리이소프렌**(*cis*-1,4 polyisoprene): 단위체 중앙의 이중결합의 같은 쪽에 메틸기와 수소를 가지는 1,4 폴리이소프렌의 이성질체.

***trans*-1,4 폴리이소프렌**(*trans*-1,4 polyisoprene): 단위체 중앙의 이중결합의 메틸기와 수소를 서로 반대쪽에 가지는 1,4 폴리이소프렌의 이성질체.

가황작용(vulcanization): 중합체 사슬의 가교결합을 일으키는 화학반응. 가황은 일반적으로 황과 고무 분자사슬 간의 상호 가교결합을 의미하지만, 실리콘 고무와 같이 다른 중합체에서 발생하는 중합체 가교결합반응을 의미할때도 사용됨.

10.14 연습 문제

*표시를 한 문제는 책 마지막에 답을 제공하였다.

■ 지식과 이해 문제

10.1 중합체, 플라스틱, 그리고 탄성중합체를 정의하고 차이점을 설명하라.

10.2 (*a*) 열가소성 수지의 원자 구조 배열을 설명하라 (*b*) 열가소성 수지의 사슬 분자 내에는 어떤 유형의 원자들이 서로 결합하고 있는가? (*c*) 사슬 분자 내부의 이들 원자들의 원자가는 무엇인가?

10.3 펜던트 원자 또는 원자단이 무엇인가?

10.4 (*a*) 열가소성 수지의 사슬분자 내에는 어떤 형태의 결합이 존재하는가? (*b*) 열가소성 수지의 사슬분자 간에는 어떤 결합이 존재하는가?

10.5 (*a*) 열경화성 수지는 무엇인가? (*b*) 열경화성 수지의 원자 배열을 설명하라.

10.6 해당 용어들을 정의하라: 사슬중합반응, 단량체, 중합체

10.7 에틸렌 분자 내의 결합구조를 (*a*) 전자 점 기호와 (*b*) 직선 기호로 표시하라.

10.8 (*a*) 중합체 사슬 내 반복 화학구조 단위를 무엇이라 하는가? (*b*) 폴리에틸렌의 반복 화학구조단위는 무엇인가? (*c*) 중합체 사슬에 대한 중합도를 정의하라.

10.9 (*a*) 사슬중합반응중에 진행되는 3가지 주요 반응은 무엇인가? (*b*) 사슬중합반응을 위한 개시 촉매의 역할은 무엇인가? (*c*) 선형 사슬중합반응이 종료되는 두 가지 방법은 무엇인가?

10.10 자유 라디칼이 무엇인가? 과산화수소 분자로부터 두 개의 자유 라디칼이 형성되는 과정을 결합전자에 대한 (*a*) 전자 점 기호와 (*b*) 직선 기호로서 화학식을 표시하라.

10.11 (*a*) 열가소성 재료의 평균 분자량과 평균 중합도를 고려해야 하는 이유는 무엇인가? (*b*) 열가소성 수지의 평균 분자량을 정의하라.

10.12 단량체의 작용기성이란 무엇인가? 2작용기성과 3작용기성 단량체를 구분하라.

***10.13** 다음의 비닐계 중합체의 단위체에 대하여 구조식을 표시하라. (*a*) 폴리에틸렌 (*b*) 염화폴리비닐 (*c*) 폴리프로필렌 (*d*) 폴리스티렌 (*e*) 폴리아크릴로니트릴 (*f*) 폴리비닐아세테이트

*10.14 다음의 비닐리덴 중합체의 단위체에 대하여 구조식을 표시하라. (*a*) 폴리염화비닐리덴 (*b*) 폴리메틸메타크릴레이트

10.15 단일중합체와 공중합체를 구분하라.

10.16 서로 다른 단위체를 나타내는 빈 원과 채워진 원 표현을 사용하여 다음 종류의 공중합체 단위체를 그려라: (*a*) 무작위, (*b*) 교차, (*c*) 블록, (*d*) 그라프트

10.17 선형 중합반응의 단계를 정의하라. 선형 중합반응에서 일반적으로 생성되는 부산물은 무엇인가?

10.18 플라스틱 재료의 중합반응에 필요한 기초 화학물질의 생산하기 위해 사용되는 3가지 원료는 무엇인가?

10.19 다음의 중합반응을 서술하고 묘사하라. (*a*) 벌크 (*b*) 용액 (*c*) 현탁 (*d*) 에멀젼

10.20 저밀도 폴리에틸렌을 생산하기 위한 유니폴 공정을 설명하라. 이 공정의 장점은 무엇인가?

10.21 열가소성 수지의 유리전이온도 T_g를 정의하라. 다음 재료에서 측정된 T_g값은 얼마인가? (*a*) 폴리에틸렌, (*b*) 폴리염화비닐, (*c*) 폴리메틸메타크릴레이트. 또한, T_g값은 재료상수인가?

10.22 부분 결정성 열가소성 수지의 구조에 관한 프린지드 마이셀과 폴디드 체인 모델을 기술하고 설명하라.

10.23 일부 부분 결정성 열가소성 수지에서 나타나는 구립형(spherulitic) 구조에 대하여 설명하라.

10.24 (*a*) 화학적 구조 관점에서 입체이성질체는 무엇인가? (*b*) 다음 폴리프로필렌의 입체이성질체들을 설명하고 구조적 모델을 묘사하라: (*i*) 어택틱 (*ii*) 아이소택틱 (*iii*) 신디오택틱

10.25 입체특이성 촉매란 무엇인가? 폴리프로필렌의 입체특이성촉매 개발이 상업용 폴리프로필렌의 유용성에 어떻게 영향을 미쳤는가?

10.26 일반적으로 열가소성 수지와 열경화성 수지의 성형공정은 어떻게 다른가?

10.27 (*a*) 열가소성 수지의 사출성형공정을 설명하라. (*b*) 왕복나사 사출성형기의 작동을 설명하라. (*c*) 열가소성 수지의 성형에서 사출성형의 장점과 단점은 무엇인가? (*d*) 플런저 방식 대비 왕복나사방식의 장점은 무엇인가?

10.28 열가소성 수지의 압출성형공정에 대해 설명하라.

10.29 열가소성 수지의 블로우성형 및 열성형공정에 대해 설명하라.

10.30 (*a*) 열경화성 수지의 압축성형공정을 설명하라. (*b*) 해당 공정의 장단점은 무엇인가?

10.31 (*a*) 열경화성 수지의 전사성형에 대해 설명하라. (*b*) 해당 공정의 장단점은 무엇인가?

10.32 미국 내에서 플라스틱 판매량의 약 60%를 차지하는 4가지 주요 열가소성 재료는 무엇인가? 1988년, 2000년 및 2009년의 각 재료별 kg당 가격은 얼마인가?

10.33 공업용 열가소성 수지를 정의하라. 이 정의가 임의적인 이유는 무엇인가?

10.34 열가소성 수지 내의 아미드기의 결합을 위한 구조식은 무엇인가? 폴리아미드의 상표명은 무엇인가?

10.35 (*a*) 나일론 6,6에서 “6,6”은 무엇을 나타내는가? (*b*) 나일론 6,6의 반복 구조단위는 무엇인가? (*c*) 나일론 6,9, 6,10 및 6,12는 어떻게 합성되는가?

10.36 폴리카보네이트의 기본 반복화학구조 단위는 무엇인가? 카보네이트 결합이란 무엇인가? 폴리카보네이트의 상표명은 무엇인가?

10.37 폴리페닐렌 옥사이드 기반 수지의 기본 반복 화학구조단위는 무엇인가? 이 수지의 상표명은 무엇인가?

10.38 공업용 고성능 아세탈 열가소성 수지의 반복 화학구조단위는 무엇인가? 아세탈의 2가지 주요 종류와 상표명은 무엇인가?

10.39 가장 중요한 두 가지 폴리에스테르 열경화성 수지는 무엇인가? 이들의 반복 화학구조단위는 무엇인가?

10.40 에스테르 결합의 화학적 구조는 무엇인가?

10.41 폴리설폰의 반복 화학구조단위는 무엇인가?

10.42 (*a*) 폴리페닐렌 설파이드의 반복 화학구조단위는 무엇인가? (*b*) 어떤 공업용 열가소성 수지가 비슷한 구조를 가지는가? (*c*) 폴리페닐렌 설파이드의 상표명은 무엇인가?

10.43 (*a*) 폴리에테르이미드의 화학구조는 무엇인가? (*b*) 이 재료의 상표명은 무엇인가?

10.44 (*a*) 고분자 합금이란 무엇인가? (*b*) 그 구조는 공중합체 합금과 어떻게 다른가? (*c*) (*i*) Xenoy 1000, (*ii*) Valox 815, (*iii*) Bayblend MC2500는 어떤 종류의 고분자 합금인가?

10.45 (*a*) 열경화성 수지에 사용되는 주요 제조법은 무엇인가? (*b*) 열경화성 성형화합물의 2가지 주요 성분은 무엇인가?

10.46 탄성중합체란 무엇인가? 탄성중합체 재료로 어떤 것들이 있는가?

10.47 천연고무를 가장 많이 얻을 수 있는 것은 어떤 나무인가? 이 나무들의 가장 큰 농장은 어느 나라들에 있는가?

10.48 천연고무 라텍스가 무엇인가? 천연고무가 벌크형태로 생산되는 과정을 간략하게 설명하라

10.49 천연고무의 주성분은 무엇인가? 그리고 어떤 다른 성분들을 함유하고 있는가?

10.50 어떤 구조적 배열이 천연고무 중합체 사슬의 풀림을 유발하는가? 입체 방해가 무엇인가?

10.51 화학적 구조 이성질체가 무엇인가?

10.52 구타페르카란 무엇인가? 구타페르카의 반복 화학구조단위는 무엇인가?

10.53 *trans*-1,4 폴리이소프렌에서 *trans*-라는 접두어의 뜻은 무엇인가?

10.54 천연고무의 가황작용이란 무엇인가? 이 작용은 누가 언제 발견하였는가? *cis*-1,4 폴리이소프렌과 2가 황 원자의 가교결합을 설명하라.

10.55 고무를 화합물로 만드는 데 이용되는 것은 무엇이며, 각각의 기능은 무엇인가?

10.56 스티렌-부타디엔 고무(SBR)가 무엇인가? 스티렌의 무게 비율은 얼마인가? SBR의 반복 화학구조단위는 무엇인가?

10.57 실리콘이 무엇인가? 실리콘의 일반적인 반복 화학구조단위는 무엇인가?

10.58 실리콘 탄성중합체가 무엇인가? 실리콘 고무의 가장 일반적인 반복 화학구조단위는 무엇인가? 이것의 공업적 명칭은 무엇인가?

10.59 유리전이온도 이상과 이하에서 열가소성 플라스틱의 일반적인 변형거동을 설명하라.

10.60 열가소성 수지의 탄성과 소성 변형기구는 무엇인가?

10.61 플라스틱 재료의 점탄성 거동이 무엇인가?

10.62 플라스틱 재료의 크리프 계수를 설명하라.

10.63 유리성 열가소성 수지의 크레이즈가 무엇인가?

10.64 열가소성 수지의 크레이즈의 구조를 설명하라.

10.65 열가소성 수지의 연성파괴 과정에서 발생하는 분자구조 변화를 설명하라.

■ 응용과 분석 문제

***10.66** 고분자량 폴리에틸렌은 410,000 g/mol의 평균 분자량을 가지고 있다. 평균 중합도는 얼마인가?

10.67 폴리에틸렌이 10,000의 평균 중합도를 가지고 있다면 평균 분자량은 얼마인가?

10.68 나일론 6,6은 12,000 g/mol의 평균 분자량을 가지고 있다. 이 고분자의 중합도를 계산하라(M.W. = 226 g/mol의 단위체 구조는 10.7절 참고).

10.69 압출된 폴리카보네이트의 평균 분자량이 25,000 g/mol이다. 이 고분자의 중합도를 계산하라(M.W. = 254 g/mol의 단위체 구조는 10.7절 참고).

***10.70** 다음의 분자량 범위에 대한 무게 분율 f_i를 가지는 열가소성 수지의 평균 분자량 M_m을 계산하라.

분자량 범위 (g/mol)	f_i	분자량 범위 (g/mol)	f_i
0~5,000	0.01	20,000~25,000	0.19
5000~10,000	0.04	25,000~30,000	0.21
10,000~15,000	0.16	30,000~35,000	0.15
15,000~20,000	0.17	35,000~40,000	0.07

10.71 70 wt% 폴리스티렌과 30 wt% 폴리아크릴로니트릴의 공중합체가 있다. 각각의 성분의 몰분율을 계산하라.

10.72 25 wt% 폴리아크릴로니트릴, 30 wt% 폴리부타디엔, 45 wt% 폴리스티렌으로 구성된 ABS 공중 합체가 있다. 각각의 성분의 몰분율을 계산하라.

***10.73** 11,000 g/mol의 분자량과 150의 중합도를 가지는 폴리염화비닐과 폴리비닐 아세테이트 공중합체의 몰분율을 계산하라.

10.74 70 g의 부타디엔 고무에 3.0%의 단위체를 가교결합시키는데 얼마의 황이 필요한가? (모든 황은 단위체를 가교결합하는데 사용되며 황 원자 하나가 각각의 가교결합에 사용된다고 가정한다.)

10.75 5 g의 황이 90 g의 부타디엔 고무에 더해진다면, 연결 가능한 가교결합 위치의 최대 분율은 얼마인가?

***10.76** 90 g의 폴리이소프렌 고무의 가능한 가교결합위치의 10%를 가교결합시키는데 얼마의 황이 첨가되어야 하는가?

10.77 200 kg의 폴리이소프렌 고무의 15%의 가교결합위치를 가교결합시키는 데 몇 kg의 황이 필요하겠는가?

10.78 만약 300 kg의 부타디엔 고무에 3 kg의 황이 더해진다면, 연결되는 가교결합의 분율은 얼마인가?

10.79 스티렌-부타디엔 고무는 1개의 스티렌 단량체와 7개의 부타디엔 단량체를 중합반응하여 만든다. 만일 20%의 가교결합위치가 황과 결합한다면 몇 중량 퍼센트의 황이 필요한가? (예제 10.7 참고)

10.80 폴리부타디엔의 가능한 가교결합위치의 20%를 가교결합시키는 데 몇 중량 퍼센트의 황이 첨가되어야 하는가?

***10.81** 부타디엔-아크릴로니트릴 고무는 1개의 아크릴로니트릴 단량체와 5개의 부타디엔 단량체를 중합하여 만든다. 가교결합위치의 22%를 가교결합하기 위하여 200 kg의 고무와 반응하는데 필요한 황의 양은 얼마인가? (예제 10.8 참고)

10.82 아이소프렌 고무에서 15%의 가교결합위치가 결합된다면 몇 중량 퍼센트의 황이 고무에 함유되어야 하는가?

***10.83** 20°C에서 9.0 MPa의 일정한 응력이 탄성중합체에 작용하고 있다. 25일 후, 그 응력이 6.0 MPa로 감소하였다. (*a*) 이 재료의 완화시간 τ는 얼마인가? (*b*) 50일 후의 응력은 얼마가 될 것인가?

10.84 임의의 고분자 재료가 27°C에서 7.0 MPa의 응력을 받을 때 60일의 완화시간을 가진다. 응력이 6.0 MPa로 감소하는 데 며칠이 걸리는가?

10.85 27°C에서 6.9 MPa의 응력을 받는 탄성중합체가, 25일 후 응력 완화에 의해 응력이 5.2 MPa로 감소하였다. 온도가 50°C로 상승하면, 응력은 30일 안에 7.6 MPa에서 2.7 MPa로 감소한다. Arrhenius 형태의 속도 방정식을 사용하여 완화과정에 대한 활성화 에너지를 구하라.

10.86 27°C에서 일정 변형 하에서 있는 고무 재료의 응력이 3일 동안에 6.0 MPa에서 4.0 MPa로 감소하였다. (*a*) 이 재료의 완화시간 τ는 얼마인가? (*b*) 응력이 (*i*) 15일 후, (*ii*) 40일 후에는 얼마가 되는가?

***10.87** 6.0 MPa의 하중을 받는 고분자 재료가 27°C에서 100일의 완화시간을 가진다. (*a*) 응력이 4.2 MPa로 감소하는 데 며칠이 걸리겠는가? (*b*) 이 공정의 활성화 에너지가 25 kJ/mol이라면, 40°C 에서 완화시간은 얼마인가?

10.88 포화 및 불포화 탄소를 함유한 분자 간의 차이점은 무엇인가?

10.89 다른 활성화 분자와 공유결합 준비가 되어있는 활성화 에틸렌 분자의 결합 구조를 (*a*) 전자 점 기호와 (*b*) 직선 기호를 사용하여 설명하라.

10.90 에틸렌 단량체가 선형 폴리에틸렌 중합체로 사슬중합화하는 일반 화학반응을 기술하라.

***10.91** 과산화 벤조일 분자의 2개의 자유 라디칼 형성 화학 반응식을 전자 직선 기호를 사용하여 기술하라.

10.92 새로운 긴 사슬 자유 라디칼 형성을 위해 유기 자유 라디칼 (RO)가 에틸렌 분자와 반응하는 식을 기술하라.

10.93 자유 라디칼 R–CH_2–CH_2와 에틸렌 분자가 반응하여 라유 라디칼이 확장하는 반응을 기술하라. 이 반응은 어떤 종류의 반응인가?

10.94 (*a*) 폴리에틸렌 분자 사슬이 지그재그 배열을 가지는 이유는 무엇인가? (*b*) 폴리에틸렌의 중합체 사슬분자 간에는 어떤 종류의 화학결합이 있는가? (*c*) 고체 중합체에서 폴리에틸렌 주 사슬의 가지들이 어떻게 분자 사슬의 충진율에 영향을 주는가? (*d*) 고체 폴리에틸렌의 중합체 사슬의 가지 생성이 인장강도에 미치는 영향은 무엇인가?

10.95 비닐 타입 중합체의 일반 중합반응을 기술하라.

10.96 비닐리덴 중합체의 일반 중합반응을 기술하라.

10.97 염화비닐과 비닐아세테이트 공중합체 형성의 일반 중합반응을 기술하라.

10.98 나일론 6,6 분자를 형성하는 아디프산과 헥사메틸렌디아민 분자 간의 반응식을 기술하라. 이 반응의 부산물은 무엇인가?

10.99 페놀 포름알데히드 분자를 형성하기 위한 2개의 페놀 분자와 1개의 포름알데히드 간의 단계적 중합반응 반응을 기술하라.

10.100 (*a*) 열가소성 수지에서 완전한 결정화가 불가능한 이유는 무엇인가? (*b*) 열가소성 수지의 결정도가 (*i*) 밀도와 (*ii*) 인장강도에 어떻게 영향을 미치는지 설명하라.

10.101 다음 종류의 폴리에틸렌의 분자 사슬 구조는 어떻게 다른가? (*a*) 저밀도, (*b*) 고밀도, (*c*) 선형 저밀도.

10.102 사슬 분자의 가지 생성이 폴리에틸렌의 다음 성질에 어떠한 영향을 주는가? (*a*) 결정도 (*b*) 강도 (*c*) 연신율.

10.103 (*a*) 폴리염화비닐의 일반적인 중합반응을 설명하라. (*b*) 폴리에틸렌에 비교하여 폴리염화비닐의 높은 강도를 어떻게 설명할 수 있는가?

10.104 (*a*) 스티렌에서 폴리스티렌으로 중합화하는 일반 반응을 기술하라. (*b*) 주 사슬의 탄소 원자 하나 건너마다 존재하는 페닐기가 폴리스티렌의 내충격성에 미치는 영향은 무엇인가? (*c*) 충격저항성이 낮은 폴리스티렌이 공중합화에 의하여 어떻게 충격저항성이 개선되는가? (*d*) 폴리스티렌의 용도는 무엇이 있는가?

10.105 (*a*) 폴리클로로트리플루오로에틸렌의 주 중합체 사슬의 탄소 원자 하나 건너마다 존재하는 염소 원자가 폴리테트라플루오로에틸렌의 결정도와 성형성을 어떻게 변화시키는가? (*b*) 폴리클로로트리플루오로에틸렌의 주요 용도는 무엇인가?

10.106 아미드결합을 형성하기 위한 1몰의 이염기산과 디아민 간의 화학반응을 기술하라. 이 반응의 부산물은 무엇인가?

10.107 아미드결합을 형성하기 위한 1몰의 아디프산과 1몰의 헥사메틸렌디아민 간의 화학반응을 기술하라.

10.108 e-카프로락탐으로부터 나일론 6이 형성되는 중합반응을 기술하라.

10.109 나일론 6,6의 중합체 사슬 간의 결합을 그려라. 이 결합이 특히 강한 이유는 무엇인가? (그림 10.34 참고)

10.110 폴리카보네이트구조의 어떤 부분이 분자를 단단하게 만드는가? 폴리카보네이트 분자의 어떤 부분이 유연성을 제공하는가?

10.111 폴리페닐렌 옥사이드 구조의 어떤 부분이 상대적으로 높은 강도에 기여하는가? 그 구조의 어떤 부분이 분자 유연성을 제공하는가?

10.112 아세탈의 구조의 어떤 부분이 높은 강도를 제공하는가?

10.113 열가소성 폴리에스테르 구조의 어떤 부분이 강성을 제공하는가? 어떤 부분이 분자 이동성을 제공하는가?

10.114 폴리설폰 구조의 어느 부분이 높은 강도에 기여하는가? 사슬 유연성과 충격 강도는 어느 부분이 제공하는가? 어떤 부분이 높은 산화 안정성을 제공하는가?

10.115 PPS 구조의 어떤 부분 때문에 단단하고 강하게 되는가? 어떤 부분이 높은 내화학성을 제공하는가?

10.116 폴리에테르이미드에서 에테르결합의 기능은 무엇인가?

10.117 열경화성 수지의 공업적 용도에서 장점들은 무엇인가? 열가소성 수지가 가지고 있지 않은 열경화성 수지의 주요 단점은 무엇인가?

10.118 구조식을 사용하여 페놀 포름알데히드 분자를 형성하는 2개의 페놀 분자와 1개의 포름알데히드 간 반응을 기술하라. 이 반응에서 어떤 종류의 분자가 축합되는가?

10.119 페놀 성형화합물 내부 충진제 비율이 높은 이유는 무엇인가? 어떤 종류의 충진제가 어떤 목적으로 사용되는가?

10.120 에폭시드기의 구조식과 상업용 에폭시 수지의 반복 단위를 기술하라.

10.121 상업용 에폭시 수지의 가교결합에서 활성화된 2종류의 반응 위치는 무엇인가?

10.122 2개의 에폭시 분자와 에틸렌디아민의 가교결합반응을 기술하라.

10.123 불포화 폴리에스테르 수지가 "불포화"된 이유는 무엇인가?

10.124 선형 불포화 폴리에스테르는 어떻게 가교결합되는가? 불포화 폴리에스테르의 가교결합을 나타내는 화학반응의 구조식을 기술하라.

10.125 *cis*-1,4 폴리이소프렌의 식을 기술하라. 접두어 *cis*-의 의미는 무엇인가? 1,4의 의미는 무엇인가?

10.126 폴리이소프렌의 *trans*-이성질체가 *cis*-이성질체보다 높은 결정도를 가지도록 이유는 무엇인가?

10.127 황과의 가교결합은 천연고무의 인장 강도에 어떤 영향을 주는가? 이 때, 약 3 wt% 정도의 황을 사용하는 이유는 무엇인가?

10.128 산소 원자는 고무 분자와 어떻게 가교결합을 하는가? 산소 원자에 의한 고무 분자의 가교결합은 어떻게 지연되는가?

10.129 SBR은 가황될 수 있는지 설명하라.

10.130 니트릴 고무의 조성은 무엇인가? 니트릴기가 니트릴 고무의 주 탄소사슬에 미치는 영향은 무엇인가?

10.131 폴리클로로프렌의 반복 화학구조단위를 기술하라. 폴리클로로프렌 고무의 일반적인 명칭은 무엇인가? 폴리클로로프렌에서 염소 원자가 재료 성질에 미치는 영향은 무엇인가?

10.132 폴리클로로프렌 탄성 재료는 어떻게 가황되는가?

10.133 실리콘 고무는 상온에서 어떻게 가교결합되는가?

10.134 열가소성 수지의 평균 분자량은 강도에 어떻게 영향을 미치는가?

10.135 열가소성 수지의 결정도는 (*a*) 강도 (*b*) 인장 탄성계수 (*c*) 밀도에 어떻게 영향을 미치는가?

10.136 저밀도 폴리에틸렌이 고밀도 폴리에틸렌보다 약한 이유를 설명하라.

10.137 큰 부피의 측기가 열가소성 수지를 강화하는 이유를 설명하라.

10.138 주 탄소사슬에 결합된 높은 극성 원자가 열가소성 수지를 어떻게 강화하는지 설명하고 예를 들어라.

10.139 주 탄소사슬에 공유결합된 산소 원자가 열가소성 수지를 어떻게 강화하는지 설명하고 예를 들어라.

10.140 주 탄소사슬에 공유결합된 페닐렌고리가 열가소성 수지를 어떻게 강화하는지 설명하고 예를 들어라.

10.141 열경화성 수지가 일반적으로 높은 강도와 낮은 연신율을 가지는 이유를 설명하라.

10.142 폴리에틸렌, 폴리염화비닐, 폴리프로필렌과 같은 일반적인 열가소성 수지와 비교하여 공업용 열가소성 수지의 가격은 어떠한가?

10.143 공업용 열가소성 수지의 밀도와 인장강도는 폴리에틸렌과 폴리염화비닐에 비하여 어떠한가?

10.144 온도 증가가 열가소성 수지의 강도에 미치는 영향은 무엇인가? 온도 증가에 따라 열가소성 수지의 결합구조에 발생하는 변화는 무엇인가?

10.145 경화된 열경화성 플라스틱이 고온에서 점성유동 상태가 되지 않는 이유는 무엇인가?

10.146 온도와 응력 증가가 열가소성 수지의 크리프 저항에 어떤 영향을 주는가?

10.147 (*a*) 불소플라스틱이 무엇인가? (*b*) 폴리테트라플루오로에틸렌과 폴리클로로트리플루오로에틸렌의 반복 화학구조단위는 무엇인가? (*c*) 폴리테트라플루오로에틸렌의 중요 특성들과 용도는 무엇인가?

10.148 열가소성 수지의 크리프 계수는 어떻게 증가시킬 수 있는가?

10.149 무기성 유리에 비교하여 유리성 열가소성 수지의 파괴에 추가적인 에너지가 필요한 것은 어떻게 설명할 수 있는가?

10.150 폴리에틸렌 같은 중합체 사슬이 중합반응 중에 자발적으로 계속 성장하는 것이 어떻게 가능한가?

10.151 비결정성과 부분 결정성 열가소성 수지의 응고과정에서 비체적–온도 곡선이 어떻게 다른가?

10.152 (*a*) 폴리에틸렌의 공업적으로 중요한 성질은 무엇인가? (*b*) 폴리에틸렌의 산업적 용도로 어떤 것이 있는가?

10.153 (*a*) 폴리염화비닐의 유연성은 어떻게 증가시킬 수 있는가? (*b*) 폴리염화비닐의 공업적으로 중요한 성질은 무엇인가?

10.154 (*a*) 가소제란 무엇인가? (*b*) 고분자 재료에 가소제가 쓰이는 이유는 무엇인가? (*c*) 가소제는 일반적으로 고분자 재료의 강도와 유연성에 어떠한 영향을 주는가? (*d*) PVC에 흔히 사용되는 가소제의 종류는 무엇인가?

10.155 (*a*) 경질 PVC를 생산하기 위하여 PVC의 가공성은 어떻게 향상되는가? (*b*) 연질 PVC의 용도는 무엇인가?

10.156 (*a*) SAN 수지란 무엇인가? (*b*) SAN 열가소성 수지가 가져야 할 바람직한 성질은 무엇인가? (*c*) SAN 열가소성 수지의 용도는 무엇인가?

10.157 (*a*) ABS 열가소성 수지에서 A, B, S는 무엇인가? (*b*) ABS가 때때로 삼원중합체로 불리는 이유가 무엇인가? (*c*) ABS의 각 성분이 기여하는 주요 이점들은 무엇인가? (*d*) ABS의 구조를 설명하라 (*e*) ABS의 충격 강도는 어떻게 향상시킬 수 있는가? (*f*) ABS 수지의 용도는 무엇인가?

10.158 (*a*) 폴리메틸 메타크릴레이트의 반복 화학구조단위는 무엇인가? (*b*) PMMA의 일반적인 상표명은 무엇인가? (*c*) PMMA의 공업적으로 중요한 성질은 무엇인가?

10.159 나일론의 어떤 성질이 공업적으로 유용한가? 나일론의 중요한 바람직하지 않은 성질은 무엇인가?

10.160 나일론의 공업적 용도에는 어떤 것들이 있는가?

10.161 폴리카보네이트의 공업적 용도에는 어떤 것들이 있는가?

10.162 폴리카보네이트의 공업적으로 유용한 성질은 무엇인가?

10.163 폴리페닐렌 옥사이드의 공업적 용도에는 어떤 것들이 있는가?

10.164 폴리페닐렌 옥사이드의 공업적으로 유용한 성질은 무엇인가?

10.165 아세탈의 공업적으로 유용한 성질은 무엇인가?

10.166 아세탈의 나일론 대비 뛰어난 장점은 무엇인가?

10.167 아세탈의 공업적 용도에는 어떤 것들이 있는가?

10.168 일반적으로 어떤 종류의 재료가 아세탈과 대체될 수 있는가?

10.169 열가소성 폴리에스테르의 공업적으로 유용한 성질은 무엇인가?

10.170 PBT 열가소성 수지의 공업적 용도에는 어떤 것들이 있는가?

10.171 폴리설폰의 공업적으로 유용한 성질은 무엇인가?

10.172 폴리설폰의 공업적 용도에는 어떤 것들이 있는가?

10.173 PPS 열가소성 수지의 공업적으로 유용한 성질은 무엇인가?

10.174 PPS의 공업적 용도에는 어떤 것들이 있는가?

10.175 폴리에테르이미드가 (*a*) 전기공업적 설계와 (*b*) 기계공업적 설계에 관하여 가지는 특별한 성질은 무엇인가?

10.176 폴리에테르이미드의 공업적 용도에는 어떤 것들이 있는가?

10.177 고분자 합금이 공업적으로 매우 중요한 이유가 무엇인가?

10.178 페놀 수지의 산업적 용도로써 주요한 장점은 무엇인가?

10.179 페놀 화합물의 용도에는 어떤 것들이 있는가?

10.180 에폭시 열경화성 수지의 장점은 무엇인가? 그리고 어떤 용도가 있는가?

10.181 대부분의 불포화 폴리에스테르는 어떻게 강화되는가?

10.182 강화 폴리에스테르의 용도에는 어떤 것들이 있는가?

10.183 니트릴 고무의 용도에는 어떤 것들이 있는가?

10.184 네오프렌 고무의 공업적 용도에는 어떤 것들이 있는가?

10.185 실리콘 고무의 공업적 용도에는 어떤 것들이 있는가?

10.186 SBR과 천연고무의 장점과 단점은 무엇인가?

■ 통합과 평가 문제

10.187 차량용 엔진의 전도성 구리선을 피복할 단전용 소재를 선택하라. 반드시 고려해야 할 선택 기준은 무엇인가? 무엇이 가장 좋은 선택인가? 책 뒤의 표와 부록을 참고하라.

10.188 그림 10.44를 사용하여 (*a*) 고밀도와 저밀도 폴리에틸렌의 탄성계수를 평가하고 비교하라. (*b*) 두 소재의 인성을 평가하고 (*c*) 인성이 다른 이유를 설명하라.

10.189 *trans*-폴리아세틸렌과 같은 중합체는 반도체와 유사한 전기전도성을 갖는다. 분자구조는 아래와 같다. 단일 사슬에서 시작될 수 있는 전기전도성이 어떻게 가능한지 이론적으로 제안하라.

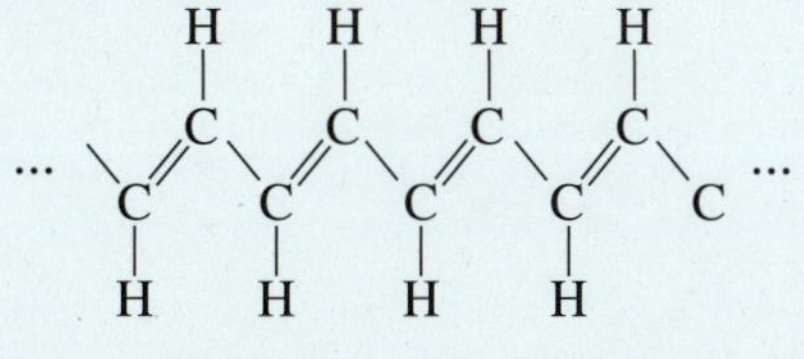

```
          H     H     H     H
          |     |     |     |
          C     C     C     C
 ...  \  //  \ //  \ //  \ //  \   ...
       C     C     C     C     C
       |     |     |     |
       H     H     H     H
```

10.190 (*a*) 대형 여행 가방의 설계 및 제조를 위해 재료에 요구되는 조건을 나열하라. (*b*) 가능한 소재들을 제안하라. (*c*) 최적의 선택을 하고, 그 이유를 장에 제시된 표와 부록을 이용하여 설명하라.

10.191 표준 자체 윤활 중합체를 만드는 방법을 제안하라.

10.192 한 공학자가 습하고 약한 부식성의 특정 환경에서 열경화성 에폭시가 효과적인 재료임을 확인하였다. 그러나 에폭시 재료의 낮은 강성 및 탄성계수가 잠재적인 위험이 될 수 있다. 이에 대해 해결책을 제시할 수 있는가?

10.193 고관절 전치환 수술에서 대퇴골두를 Co–Cr 합금으로, 비구컵은 초고분자량 폴리에틸렌(UHMWPE)로 대체하였다. (*a*) 이 소재에 대해 조사하고, 금속컵과 비교하여 적합한 이유를 설명하라. (*b*) 저밀도 폴리에틸렌 대비 UHMWPE의 장점을 조사하라.

10.194 (*a*) 영아용 젖병 소재의 선택에 있어서, 어떤 요소가 반드시 고려되어야 하는가? (*b*) 폴리스티렌은 적합한 소재인가? (*c*) 당신은 어떤 소재를 선택할 것인가? 책 뒤의 표와 부록을 활용하라.

10.195 보트의 표면 광택용으로 PMMA가 좋은 소재인 이유는 무엇인가? 보트 표면 광택의 이유는 무엇인가?

10.196 PTFE는 주방기구 표면에 비접착 코팅용으로 사용되는 소재이다. 표 10.2에서 물성을 확인하라. 제조업체가 사용자에게 주의를 주어야 하는가?

10.197 (*a*) 콤팩트 디스크 소재를 선정함에 있어서 고려되어야 할 인자는 무엇인가? (*b*) 해당 용도를 위해 어떤 재료를 선택할 것인가? 책 뒤에 제시된 표와 부록을 활용하라.

10.198 (*a*) 수술용 장갑 소재를 선정함에 있어서 고려되어야 할 인자는 무엇인가? (*b*) 해당 용도를 위해 어떤 재료를 선택할 것인가? 장에 제시된 표와 부록을 활용하라.

10.199 (*a*) 키보드, 단말기, 기타 컴퓨터 장비와 같은 전자 부품용 소재를 선정함에 있어서 고려되어야 할 인자는 무엇인가? (*b*) 해당 용도를 위해 어떤 재료를 선택할 것인가? 장에 제시된 표와 부록을 활용하라.

10.200 (*a*) 미식축구용 헬멧소재를 선정함에 있어서 고려되어야 할 인자는 무엇인가? (*b*) 해당 용도를 위해 어떤 재료를 선택할 것인가? 장에 제시된 표와 부록을 활용하라.

10.201 (*a*) 번지코드용 소재를 선정함에 있어서 고려되어야 할 인자는 무엇인가? (*b*) 어떤 재료를 선택할 것인가? (*c*) 선택 후, 고려해야 할 기계적 또는 다른 인자들은 무엇인가? 책 뒤에 제시된 표와 부록을 활용하라.

10.202 안과용 렌즈 제조 분야에서 고분자 재료의 역할을 조사한다. 어떤 고분자 재료를 사용할 것이며, 가져야 할 특성은 무엇인가?

10.203 심장판막교체수술에서 고분자의 중요성에 대해 조사하자. 이 수술에서 고분자의 역할은 무엇인가? 그리고 어떤 고분자 재료가 적합한가?

10.204 무릎 및 골반 교체와 관련된 정형외과 분야에서, 뼈와 인공물 간 접착을 위해 접착제가 주로 사용된다. 이 접착제는 무엇인가?

제 11 장

세라믹스

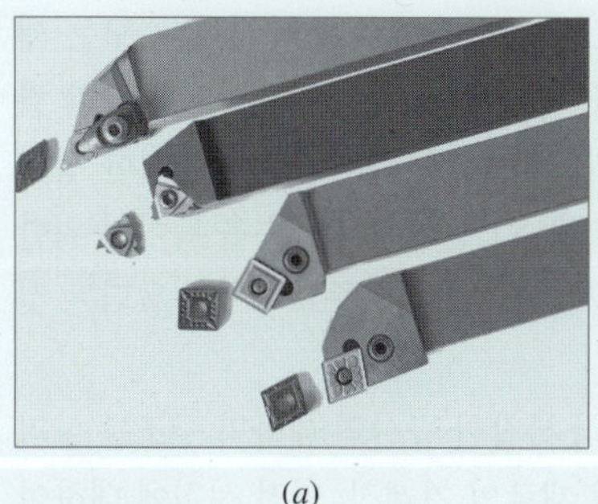

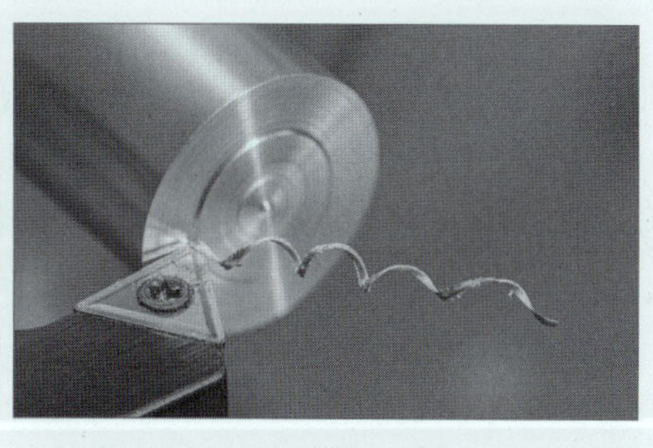

(a) (b) (c)

((a) Abramov Maxim/Shutterstock; (b) K.Kargona/Shutterstock; (c) KPixMining/Shutterstock)

첨단 세라믹스는 고경도, 내마모성, 화학적 안정성, 고온강도 및 낮은 열팽창성과 같은 바람직한 특성으로 인해 많은 응용 분야에서 선호되는 재료로 선택되고 있다. 이러한 응용은 광물 처리공정, 기밀재, 밸브, 열교환기, 금속 성형 다이, 단열 디젤엔진, 가스 터빈, 의학용 재료 및 절삭공구가 포함되지만 이에만 국한되지 않는다.

세라믹 절삭공구는 기존의 대응 금속 재료에 비하여 절삭 공정 중에 화학적 안정성, 높은 내마모성, 높은 고온경도 및 우수한 열 분산성을 포함하여 많은 장점을 갖고 있다. 절삭공구 제조에 사용되는 세라믹 재료의 일부 예로는 금속산화물 복합재료(70% Al_2O_3–30% TiC), 실리콘-알루미늄-산질화물(사이알론) 및 입방정 질화붕소가 있다. 이러한 공구는 세라믹 분말을 성형과 소결을 통해 최종 형태로 치밀화 시키는 분말야금 공정을 통하여 제조된다. 이 장의 도입부에 있는 사진들은 첨단 세라믹스로 만든 여러 종류의 금속 절삭용 제품의 예이다.[1] ■

학습 목표

이 장을 마치면, 학생들은 다음을 설명할 수 있을 것이다.

1. 전통 세라믹스와 엔지니어링 세라믹스를 포함한 세라믹 재료의 정의와 분류를 할 수 있다.
2. 여러 가지 세라믹 결정구조에 대한 설명할 수 있다.
3. 탄소와 이들 동소체에 대한 설명할 수 있다.
4. 세라믹스를 만드는 여러 가지 공정 법에 대한 설명할 수 있다.
5. 세라믹스의 기계적 성질 그리고 세라믹스의 변형, 인성 증진 및 파손에 관련된 기구의 설명할 수 있다.
6. 세라믹스의 열적 성질에 대한 설명할 수 있다.
7. 세라믹 유리의 종류, 유리 전이 온도, 성형법 및 유리의 구조에 대한 설명할 수 있다.
8. 세라믹 코팅의 종류와 응용에 대한 설명할 수 있다.

1 "*Ceramics Engineered Materials Handbook*," vol. 1, ASM International.

11.1 개요

세라믹 재료는 금속과 비금속 원소가 기본적으로 이온 결합 그리고/또는 공유 결합에 의해 함께 결합되어 구성된 무기물, 비금속 재료이다. 세라믹 재료의 화학조성은 단순 화합물에서 여러 복합상이 함께 결합된 혼합물에 이르기까지 상당히 다양하다.

일반적으로 공업적 응용에 사용되는 세라믹 재료는 두 그룹, 즉 전통 세라믹 재료(traditional ceramic materials)와 구조 세라믹 재료(structural ceramic materials)로 분류할 수 있다. 일반적으로 전통 세라믹스는 점토, 실리카(플린트(flint)*), 장석의 3가지 기본 성분으로 제조한다. 전통 세라믹스의 예로는 건설 산업에서 사용되는 유리, 벽돌, 타일과 전기 산업에서 사용되는 전기애자가 있다. 반면 구조 세라믹스는 일반적으로 산화알루미늄(Al_2O_3), 탄화규소(SiC), 질화규소(Si_3N_4)와 같이 순수 혹은 거의 순수한 화합물로 구성되어 있다. 첨단 기술에서 구조 세라믹스를 사용한 예로는 실험 중인 AGT-100 자동차 가스터빈 엔진의 고온부에 쓰이는 탄화규소와 열전도 모듈에서 집적 회로 칩의 기판용으로 쓰이는 산화알루미늄이 있다.

세라믹 재료의 특성 또한 결합의 차이에 의해 크게 변한다. 전통 세라믹 재료는 일반적으로 단단하고 잘 깨지며, 낮은 인성과 연성을 지니고 있다. 구조 세라믹스는 기존 세라믹스보다 훨씬 단단하고 강하고 깨지지 않지만, 이들 세라믹스가 예를 들어 금속과 비교하여 상대적으로 낮은 연성을 지니는 것이 여전히 주요 약점이다. 모든 세라믹스는 일반적으로 전도 전자가 없기 때문에 우수한 전기 및 열 절연체이다. 세라믹 재료는 일반적으로 강한 결합의 안정성으로 인해, 많은 극한 환경에서 비교적 높은 용융 온도와 높은 화학적 안정성을 갖는다. 이러한 성질 때문에 세라믹 재료는 많은 공학 설계에서 없어서는 안 될 중요한 재료이다. 그림 11.1의 예는 금속을 녹이기 위한 도가니와 같은 높은 온도 조건 및 세라믹 베어링과 같은 높은 응력 조건에서 세라믹 재료가 중요하게 응용되는 것을 보여준다.

이 장에서는 먼저 몇 가지 간단한 세라믹 결정구조에 대하여 알아보고 좀 더 복잡한 규산염 세라믹 구조를 살펴보겠다. 그리고 세라믹 재료의 몇 가지 제조 공정을 조사한 후, 다음에 세라믹 재료의 기계적, 열적 성질에 대하여

(*a*)

(*b*)

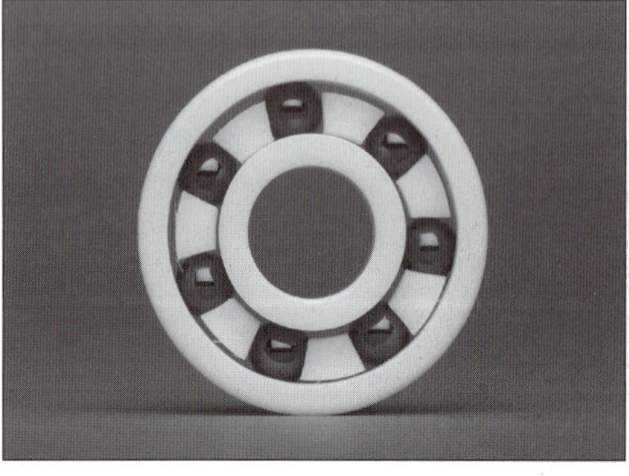

(*c*)

그림 11.1 ➤ (*a*) 특수 합금의 용융에 사용되는 지르코니아(이산화지르코늄) 도가니. (*b*) 알루미나 도가니. (*c*) 탄질화티타늄(TiCN) 원료로부터 분말야금 법으로 만든 고성능 볼베어링과 레이스.
((*a*) Tawin Mukdharakisa/Shutterstock, (*b*) WITSALUN/Shutterstock, (*c*) LLC/Alamy Stock Photo)

* 역주: 석영을 미세하게 분쇄한 미세결정질 원료

살펴볼 것이다. 유리의 구조와 성질, 세라믹 코팅과 표면 공학에 관한 몇 가지 사항을 다룰 것이다. 끝으로 나노기술과 세라믹스를 검토할 것이다.

11.2 단순한 세라믹 결정구조

11.2.1 단순한 세라믹 화합물의 이온 결합과 공유 결합

먼저 몇 가지 단순한 세라믹 결정구조를 살펴보겠다. 비교적 단순한 결정구조를 갖는 일부 세라믹 화합물이 융점과 함께 표 11.1에 나열되어 있다.

열거된 세라믹 화합물에서, 원자 결합은 이온 결합과 공유 결합이 혼합되어 있다. 이들 화합물에서 원자간 결합에 대한 이온성과 공유성 백분율의 근사치는 화합물을 구성하는 다른 종류 원자 사이의 전기음성도(electronegativity) 차이를 고려하고 이온성 퍼센트에 대한 Pauling 방정식(식 (2.12))을 사용하여 구할 수 있다. 표 11.2는 단순 세라믹 화합물에서 이온성 혹은 공유성 백분율이 상당히 차이가 나는 것을 보여준다. 이 화합물을 이루는 원자 사이의 이온 결합 혹은 공유 결합의 양은 벌크 세라믹 화합물이 어떤 결정구조가 형성될지를 어느 정도 결정하기 때문에 중요하다.

표 11.1 ➤ 단순 세라믹 화합물과 융점

세라믹 화합물	화학식	융점(°C)	세라믹 화합물	화학식	융점(°C)
탄화하프늄	HfC	4150	탄화붕소	B_4C_3	2450
탄화티타늄	TiC	3120	산화알루미늄	Al_2O_3	2050
탄화텅스텐	WC	2850	이산화규소†	SiO_2	1715
산화마그네슘	MgO	2798	질화규소	Si_3N_4	1700
이산화지르코늄	ZrO_2*	2750	이산화티타늄	TiO_2	1605
탄화규소	SiC	2500			

*용융 시 단사정계 (뒤틀린) 형석 결정구조를 갖는 것으로 알려져 있음
†크리스토발라이트

표 11.2 ➤ 일부 세라믹 화합물의 이온 및 공유 결합성 백분율

세라믹 화합물	원자 결합	전기음성도 차이	이온성 %	공유성 %
이산화지르코늄, ZrO_2	Zr–O	2.3	73	27
산화마그네슘, MgO	Mg–O	2.2	69	31
산화알루미늄, Al_2O_3	Al–O	2.0	63	37
이산화규소, SiO_2	Si–O	1.7	51	49
질화규소, Si_3N_4	Si–N	1.3	34.5	65.5
탄화규소, SiC	Si–C	0.7	11	89

11.2.2 이온 결합성 고체에서 발견되는 단순한 이온 배열

이온성(세라믹) 고체에서의 이온의 충전은 다음 요인에 의해 주로 결정된다.

1. 이온성 고체에서 이온의 상대적인 크기(이온은 일정한 반지름을 가진 강구(hard sphere)라고 가정)
2. 이온성 고체에서 전기적 중성을 유지하기 위한 정전기적 전하의 균형 맞춤 요구

원자간의 이온 결합이 고체 상태에 있는 원자 사이에서 일어나면, 원자의 에너지는 낮아진다. 이온성 고체는 가능한 한 고체의 전체 에너지를 낮추기 위해 이온의 충전을 가능한 한 조밀하게 하려는 경향이 있다. 조밀 충전의 제한 조건은 이온의 상대적 크기와 전하 중성을 유지하려는 요구이다.

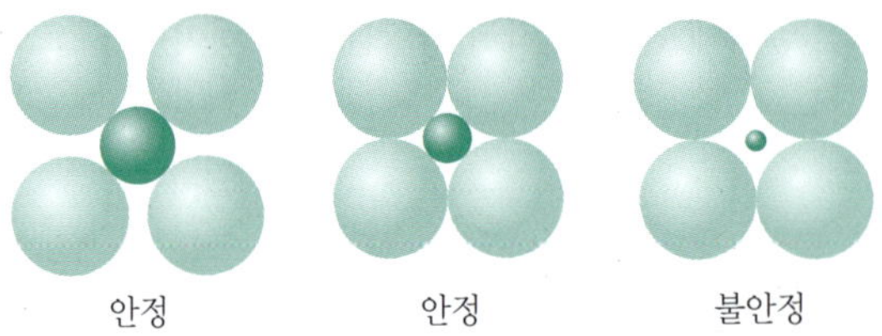

그림 11.2 ➤ 이온성 고체의 안정 및 불안정 배위 배열.
(출처: W.D. Kingery, H.K. Bowen, and D.R. Uhlmann, *Introduction to Ceramics*, 2nd ed., Wiley, 1976.)

이온성 고체에서 이온의 조밀 충전을 위한 크기 제한 조건 이온성 고체는 양이온과 음이온으로 이루어져 있다. 이온 결합에서 어떤 원자는 외부 전자를 잃어 *양이온*(cation)이 되고 다른 원자는 외부 전자를 얻어 *음이온*(anion)이 된다. 따라서 양이온은 보통 그들과 결합하고 있는 음이온보다 작다. 이온성 고체에서 중심 양이온을 둘러싸고 있는 음이온 수를 **배위수**(coordination number: CN)라고 하며 중심 양이온 주위의 최인접 이웃의 수에 해당한다. 안정성을 위해 가능한 한 많은 음이온이 중심 양이온 주위를 둘러싸야 한다. 그러나 음이온은 중심 양이온과 접촉되어야 하며 전하 중성이 유지되어야 한다.

그림 11.2는 이온성 고체에서 중심 양이온 주위의 음이온 배위에 대한 2가지 안정한 배열을 보여준다. 음이온이 중심 양이온과 접촉되지 않으면, 중심 양이온은 "음이온 우리 내에서 덜거덕거릴" 수 있으므로 구조가 불안정해진다(그림 11.2의 세 번째 그림). 주위 음이온 반지름에 대한 중심 양이온 반지름의 비율을 **반경비**(radius ratio, r_{cation}/r_{anion})라고 한다. 음이온이 서로 접촉하고 중심 양이온과도 접촉할 경우의 반경비를 **임계(최소) 반경비**(critical(minimum) radius ratio)라고 한다. 배위수가 3, 4, 6 및 8인 이온성 고체에서 허용 가능한 반경비는 배위를 보여주는 삽화와 함께 그림 11.3에 열거되어 있다.

중심 이온 주위 이온의 위치	CN	음이온 반지름에 대한 양이온 반지름 비율의 범위
육면체의 꼭지점	8	≥0.732
팔면체의 꼭지점	6	≥0.414
사면체의 꼭지점	4	≥0.225
삼각형의 꼭지점	3	≥0.155

CN = 배위수

그림 11.3 ➤ 이온성 고체에서 중심 양이온을 둘러싸는 음이온의 배위수가 8, 6, 4 및 3인 경우의 반경비.
(출처: W.D. Kingery, H.K. Bowen, and D.R. *Uhlmann, Introduction to Ceramics*, 2nd ed., Wiley, 1976.)

예제 11.1

이온성 고체에서 반지름 r인 중심 양이온을 둘러싼 반지름 R인 세 음이온의 삼각형 배위(CN = 3)에 대한 임계(최소) 반경비 r/R을 계산하라.

풀이

그림 EP11.1*a*는 반지름 r인 중심 양이온을 둘러싸며 접촉하고 있는 반지름 R인 3개의 큰 음이온을 보여주고 있다. 삼각형 *ABC*는 정삼각형(각도 = 60°)이고, 선분 *AD*는 각도 *CAB*를 2등분한다. 따라서 각도 *DAE* = 30°이다. R과 r 사이의 관계를 구하기 위해, 삼각형 *ADE*는 그림 EP11.1*b*와 같이 구성된다. 따라서

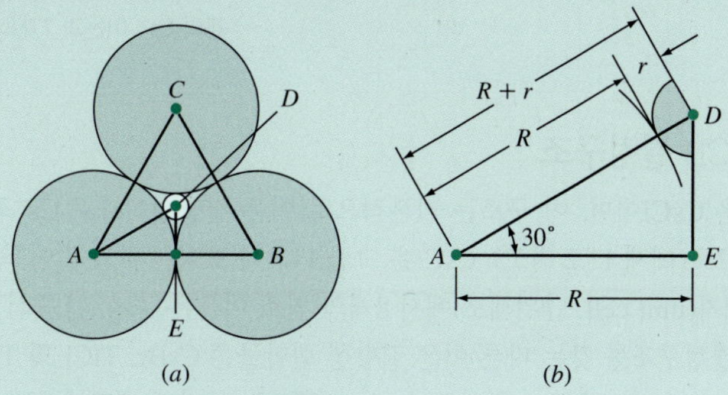

그림 EP11.1 ➤ 삼각형 배위도.

$$AD = R + r$$
$$\cos 30° = \frac{AE}{AD} = \frac{R}{R+r} = 0.866$$
$$R = 0.866\,(R + r) = 0.866R + 0.866r$$
$$0.866r = R - 0.866R = R(0.134)$$
$$\frac{r}{R} = 0.155 \blacktriangleleft$$

예제 11.2

이온성 고체 CsCl과 NaCl의 배위수를 예측하라. 예측을 위해 다음 이온 반경을 사용하라.

$Cs^+ = 0.170$ nm　　$Na^+ = 0.102$ nm　　$Cl^- = 0.181$ nm

풀이

CaCl의 반경비는

$$\frac{r(Cs^+)}{R(Cl^-)} = \frac{0.170 \text{ nm}}{0.181 \text{ nm}} = 0.94$$

이 비는 0.732보다 크므로, CsCl은 육면체 배위(CN = 8)를 나타내야 한다.

NaCl의 반경비는

$$\frac{r(Na^+)}{R(Cl^-)} = \frac{0.102 \text{ nm}}{0.181 \text{ nm}} = 0.56$$

이 비는 0.414보다 크지만 0.732보다 작으므로, NaCl은 팔면체 배위(CN = 6)를 나타내야 한다.

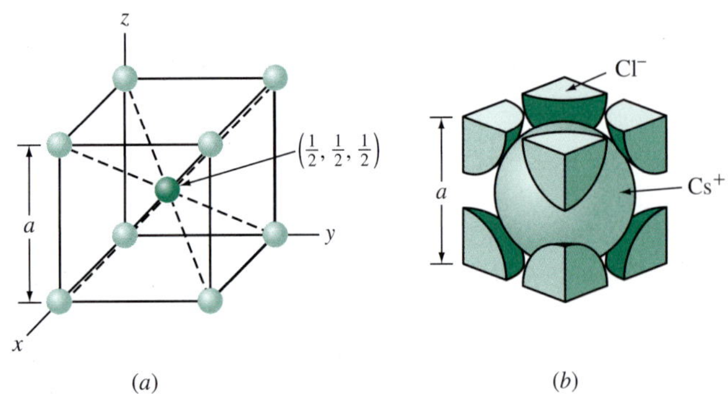

그림 11.4 ➤ 염화세슘(CsCl) 결정구조의 단위격자. (*a*) 이온 위치 단위격자. (*b*) 강구 단위격자. 이 결정구조에서는 8개 염소 이온이 중심 양이온을 육면체 배위(CN = 8)로 둘러쌈. 이러한 단위격자 내에는 1개의 Cs^+ 이온과 1개의 Cl^- 이온이 있음.

11.2.3 염화세슘(CsCl) 결정구조

고체 염화세슘의 화학식은 CsCl이며, 이 구조는 기본적으로 이온 결합성이므로 Cs^+와 Cl^- 이온의 수는 같다. CsCl의 반경비는 0.94이므로(예제 11.2 참고), CsCl은 그림 11.4에 보이는 바와 같이 육면체 배위(CN = 8)를 갖는다. 따라서 CsCl 단위격자(unit cell, 단위세포)에서 8개의 염소 이온은 $\left(\frac{1}{2}, \frac{1}{2}, \frac{1}{2}\right)$ 중심 위치에 있는 세슘 양이온을 둘러싸고 있다. CsCl 결정구조를 갖는 다른 이온 결합성 화합물은 CsBr, TlCl 및 TlBr이다. 금속간화합물인 AgMg, LiMg, AlNi 및 *β*-Cu-Zn도 이 구조를 갖는다. CsCl 구조는 세라믹 재료에서 그다지 중요하지 않지만, 이온성 결정구조에서 반경비가 크면 높은 배위수를 가짐을 보여주는 예이다.

예제 11.3

CsCl의 이온 충전율을 계산하라. 이온 반경은 $Cs^+ = 0.170$ nm이고 $Cl^- = 0.181$ nm이다.

풀이

그림 EP11.3에 보이는 바와 같이 CsCl 단위격자에서 이온은 육면체 대각선을 가로질러 서로 접촉하고 있다. $r = Cs^+$ 이온 반경, $R = Cl^-$ 이온 반경이라 하자. 따라서

$$\sqrt{3a} = 2r + 2R$$
$$= 2(0.170 \text{ nm} + 0.181 \text{ nm})$$
$$a = 0.405 \text{ nm}$$

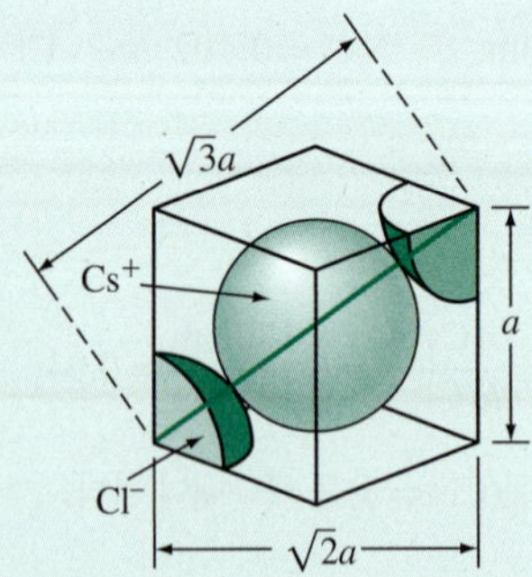

그림 EP11.3 ➤ 육면체 배위도.

$$\text{CsCl 이온 충전율} = \frac{\frac{4}{3}\pi r^3(1\ Cs^+\text{이온}) + \frac{4}{3}\pi R^3(1\ Cl^-\ \text{이온})}{a^3}$$
$$= \frac{\frac{4}{3}\pi(0.170\text{ nm})^3 + \frac{4}{3}\pi(0.181\text{ nm})^3}{(0.405\text{ nm})^3}$$
$$= 0.68 ◀$$

11.2.4 염화나트륨(NaCl) 결정구조

염화나트륨 또는 암염(rock salt) 결정구조는 이온 결합성이 높으며 화학식 NaCl을 갖는다. 따라서 전하 중성을 유지하기 위해서 같은 수의 Na^+ 이온과 Cl^- 이온이 존재한다. 그림 11.5*a*는 NaCl 단위격자의 격자 자리를 보여주고, 그림 2.18*b*는 NaCl 단위격자의 강구 모델이다. 그림 11.5a에서 Cl^- 음이온은 FCC 원자 격자 자리(lattice site)에 위치하고, Na^+ 양이온은 FCC 원자 자리 사이에 있는 격자간 자리(interstitial site)에 있음을 보여준다. Na^+ 이온과 Cl^- 이온의 중심은 그림 11.5*a*에 나타낸 것처럼 다음의 격자 위치를 차지한다.

$$\begin{aligned} Na^+&: \quad \left(\tfrac{1}{2}, 0, 0\right) \ \left(0, \tfrac{1}{2}, 0\right) \ \left(0, 0, \tfrac{1}{2}\right) \ \left(\tfrac{1}{2}, \tfrac{1}{2}, \tfrac{1}{2}\right) \\ Cl^-&: \quad (0, 0, 0) \ \left(\tfrac{1}{2}, \tfrac{1}{2}, 0\right) \ \left(\tfrac{1}{2}, 0, \tfrac{1}{2}\right) \ \left(0, \tfrac{1}{2}, \tfrac{1}{2}\right) \end{aligned}$$

각각의 중심 Na^+ 양이온을 6개의 Cl^- 음이온이 둘러싸고 있으므로, 구조는 그림 11.5*b*에 보이는 바와 같이 팔면체 배위(즉, CN = 6)를 갖는다. 이런 배위 유형은 r_{Na^+}/R_{Cl^-} = 0.102 nm/0.181 nm = 0.563의 반경비 계산 값이 0.414보다 크고 0.732보다 작은 것으로부터 예측된다. NaCl 구조를 갖는 세라믹 화합물의 다른 예로는 MgO, CaO, NiO 및 FeO가 포함된다.

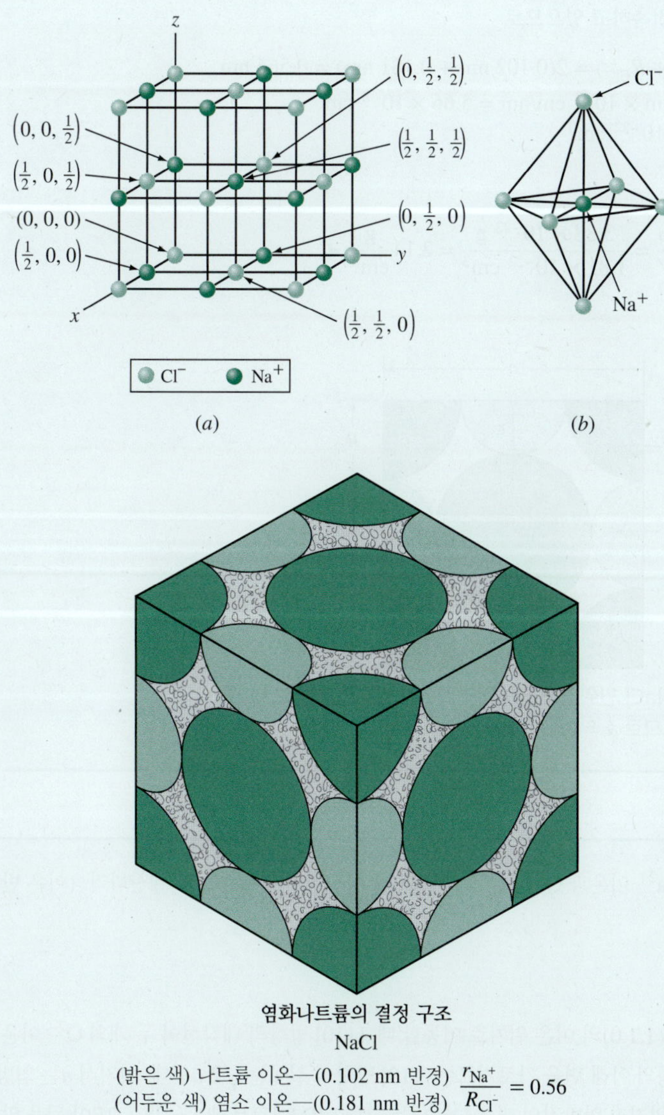

그림 11.5 ➤ (*a*) Na^+ (반경 = 0.102 nm)와 Cl^- (반경 = 0.181 nm)의 위치를 나타내는 NaCl 격자점 단위격자. (*b*) 중심 Na^+ 양이온을 둘러싼 6개의 Cl^- 음이온이 팔면체 배위를 보이는 팔면체. (*c*) 절단된 NaCl 단위격자.

예제 11.4

NaCl의 결정구조(그림 11.5*a*), Na^+와 Cl^- 이온의 반경, Na와 Cl 원자량의 정보로부터 NaCl의 밀도를 계산하라. 이온 반경은 $Na^+ = 0.102$ nm이고 $Cl^- = 0.181$ nm이다. 원자량은 Na = 22.99 g/mol이고 Cl = 35.45 g/mol이다.

풀이

그림 11.5*a*에서처럼 NaCl 단위격자에서 Cl^- 이온은 FCC 형 원자 격자를 형성하고 Na^+ 이온은 Cl^- 이온 사이의 격자간 공간을 차지한다. NaCl 단위격자에서 Cl^- 이온은 8개의 꼭지점과 6개의 면에 존재하므로, 꼭지점에 있는 이온은 8 꼭지점 × $\frac{1}{8}$ 이온 = 1 이온, 면에 있는 이온은 6면 × $\frac{1}{2}$ 이온 = 3 이온이 존재하기 때문에 NaCl 단위격자에는 모두 4개의 Cl^- 이온이 존재한다. NaCl 단위격자의 전하 중성을 유지하기 위해, 단위격자당 같은 수인 4개의 Na^+ 이온이 존재해야만 한다. 따라서 NaCl 단위격자당 4개의 Na^+Cl^- 이온쌍이 있다.

NaCl 단위격자의 밀도를 계산하기 위해서는 NaCl 단위격자의 질량과 부피를 알아야 한다. 이 두 가지 값을 알면 밀도 *m*/*V*를 계산할 수 있다.

NaCl 단위격자의 질량은

$$= \frac{(4\text{Na}^+ \times 22.99\ \text{g/mol}) + (4\text{Cl}^- \times 35.45\ \text{g/mol})}{6.02 \times 10^{23}\ \text{원자(이온)/mol}} = 3.88 \times 10^{-22}\ \text{g}$$

NaCl 단위격자의 부피는 a^3인데, a는 NaCl 단위격자의 격자상수이다. Cl^- 이온과 Na^+ 이온은 그림 EP11.4에 보이는 바와 같이 단위격자 입방정의 모서리를 따라 접촉하고 있으므로

$$\begin{aligned} a &= 2(r_{\text{Na}^+} + R_{\text{Cl}^-}) = 2(0.102\ \text{nm} + 0.181\ \text{nm}) = 0.566\ \text{nm} \\ &= 0.566\ \text{nm} \times 10^{-7}\ \text{cm/nm} = 5.66 \times 10^{-8}\ \text{cm} \\ V = a^3 &= 1.81 \times 10^{-22}\ \text{cm}^3 \end{aligned}$$

NaCl의 밀도는

$$\rho = \frac{m}{V} = \frac{3.88 \times 10^{-22}\ \text{g}}{1.81 \times 10^{-22}\ \text{cm}^3} = 2.14 \frac{\text{g}}{\text{cm}^3} ◀$$

NaCl 밀도의 참고자료 값은 2.16 g/cm³이다.

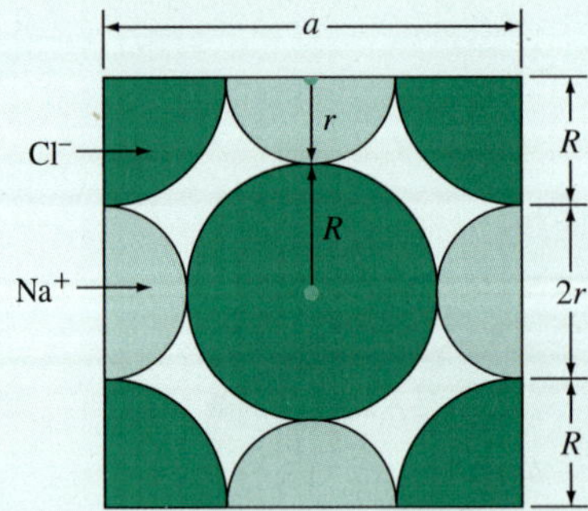

그림 EP11.4 ➤ NaCl 단위격자 입방정의 면. 이온은 입방정 모서리를 따라 접촉하고 있으므로 $a = 2r + 2R = 2(r + R)$.

예제 11.5

NaCl 구조를 갖는 CaO의 [110] 방향에서 Ca^{2+} 이온과 O^{2-} 이온의 선밀도를 나노미터당 이온으로 계산하라. (이온 반경: $Ca^{2+} = 0.106$ nm, $O^{2-} = 132$ nm)

풀이

그림 11.5와 그림 EP11.5로부터 (0,0,0)에서 (1,1,0)의 이온 위치로 이동할 때, [110] 방향의 대각선이 두 개의 O^{2-} 이온 지름을 통과한다는 것을 알 수 있다. 단위 입방정의 아래 면을 가로지르는 [110] 방향의 길이는 $\sqrt{2}\,a$인데, 여기서 a는 입방정의 한 변의 길이 혹은 격자상수이다. NaCl 단위격자 입방정의 면을 나타내는 그림 EP11.4로부터 $a = 2r + 2R$이 됨을 알 수

있다. 따라서 CaO에 대해서는

$$a = 2(r_{Ca^{2+}} + R_{O^{2-}})$$
$$= 2(0.106 \text{ nm} + 0.132 \text{ nm}) = 0.476 \text{ nm}$$

[110] 방향에서 O^{2-}의 선밀도는

$$\rho_L = \frac{2O^{2-}}{\sqrt{2}a} = \frac{2O^{2-}}{\sqrt{2}(0.476 \text{ nm})} = 2.97\, O^{2-}/\text{nm} ◀$$

만일 [110] 방향의 원점을 (0,0,0)으로부터 (0, $\frac{1}{2}$,0)으로 옮긴다면 [110] 방향에서의 Ca^{2+} 이온의 선밀도는 역시 2.97 Ca^{2+}/nm이다. 따라서 문제에 대한 해는 [110] 방향에서 2.97 (Ca^{2+} 또는 O^{2-})/nm이다.

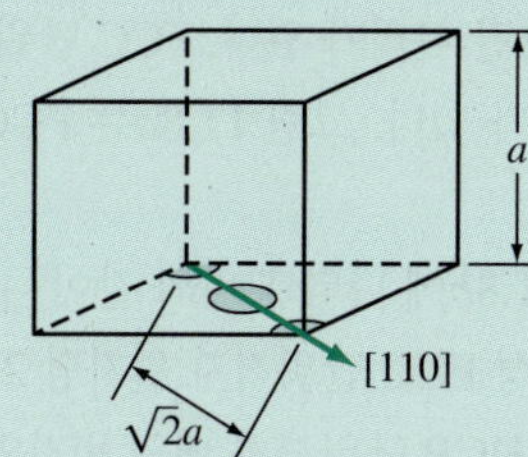

그림 EP11.5 ➤

예제 11.6

NaCl 구조를 갖는 CaO의 (111) 면에서 Ca^{2+} 이온과 O^{2-} 이온의 면밀도를 제곱 나노미터당 이온 단위로 계산하라. (이온 반경: Ca^{2+} = 0.106 nm, O^{2-} = 132 nm.)

풀이

그림 11.5와 그림 EP11.6에서 Cl^- 이온에 대해 보여준 것과 같이 입방정 단위격자의 FCC 위치에 음이온(O^{2-} 이온)이 위치하고 있다고 생각하면, (111) 면에는 동일한 2개의 음이온을 포함한다[$3 \times 60° = 180° = \frac{1}{2}$ 음이온 + 그림 EP11.6의 (111) 삼각면의 변들의 중앙에 위치하는 ($3 \times \frac{1}{2}$) 음이온 = 삼각형 (111) 면 내의 합계는 2개의 음이온]. 단위격자의 격자상수 $a = 2(r + R) = 2(0.106 \text{ nm} + 0.132 \text{ nm}) = 0.476$ nm이다. 삼각면의 면적 $A = \frac{1}{2}bh$인데, 여기서 $h = \frac{\sqrt{3}}{2}a^2$이다. 따라서

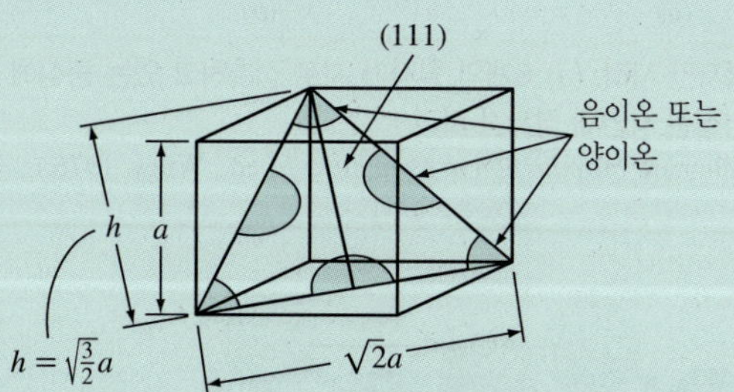

그림 EP11.6 ➤

$$A = \left(\frac{1}{2}\sqrt{2}a\right)\left(\sqrt{\frac{3}{2}}a\right) = \frac{\sqrt{3}}{2}a^2 = \frac{\sqrt{3}}{2}(0.476 \text{ nm})^2 = 0.196 \text{ nm}^2$$

O^{2-} 음이온에 대한 면밀도는

$$\frac{2(O^{2-} \text{ 이온})}{0.196 \text{ nm}^2} = 10.2\ O^{2-} \text{ 이온}/\text{nm}^2 ◀$$

단위격자의 FCC 격자점에 Ca^{2+}가 위치한다면 Ca^{2+} 양이온의 면밀도 또한 같다.

$$\rho_{planar}(\text{CaO}) = 10.2(Ca^{2+} \text{ 혹은 } O^{2-})/\text{nm}^2 ◀$$

11.2.5 FCC와 HCP 결정 격자에서의 격자간 자리

결정구조 격자에 채워진 원자나 이온 사이에는 빈 공간(empty spaces) 혹은 공극(voids)이 있다. 이런 공극은 모격자(parent lattice) 구성 화학종 이외의 원자나 이온이 들어갈 수 있는 *격자간 자리*(interstitial sites)이다. 조밀충전구조인 FCC나 HCP 결정구조에는 **팔면체 자리**(octahedral site)와 **사면체 자리**(tetrahedral site)인 두 가지 유형의 격자간 자리가 있다. 팔면체 자리는 그림 11.6*a*에 보이는 바와 같이 공극의 중심에서 같은 거리에 있는 6개의 최인접 원자 또는 이온이 있다. 이 자리는 이 위치의 중심을 둘러싸고 있는 원자 또는 이온이 팔면체를 형성하므로 팔면체 자리라고 한다. 사면체 자리에는 그림 11.6*b*에 보이는 바와 같이 사면체 위치의 중심에서 같은 거리에 4개의 최인접 원자 또는 이온이 있다. 공극을 둘러싸고 있는 4개의 원자 중심이 연결되면 정사면체가 형성된다.

FCC 결정구조 격자에서 팔면체 격자간 자리는 그림 11.7에 나타낸 바와 같이 단위격자의 중심과 입방정의 모서리에 위치한다. FCC 단위격자당 4개의 팔면체 격자간 자리가 있다. FCC 단위격자에는 4개의 원자가 있기 때문에, FCC 격자에는 원자당 1개의 팔면체 격자간 자리가 있다. 그림 11.8*a*는 FCC 단위격자에서 팔면체 격자간 자리의 격자 위치를 나타낸다.

FCC 격자에서 사면체 자리는 그림 11.7과 그림 11.8*b*에 나타낸 바와 같이 $\left(\frac{1}{4}, \frac{1}{4}, \frac{1}{4}\right)$ 유형 자리에 위치한다. FCC 단위격자에는 단위격자당 8개의 사면체 자리 혹은 모상 FCC 단위격자 원자당 2개의 사면체 자리가 있다. HCP 결정구조는 FCC 구조와 유사한 조밀 충전 구조이므로, HCP 단위격자 내의 원자와 같은 수의 팔면체 격자간 자리가 있으며 원자당 2배 많은 사면체 자리가 있다.

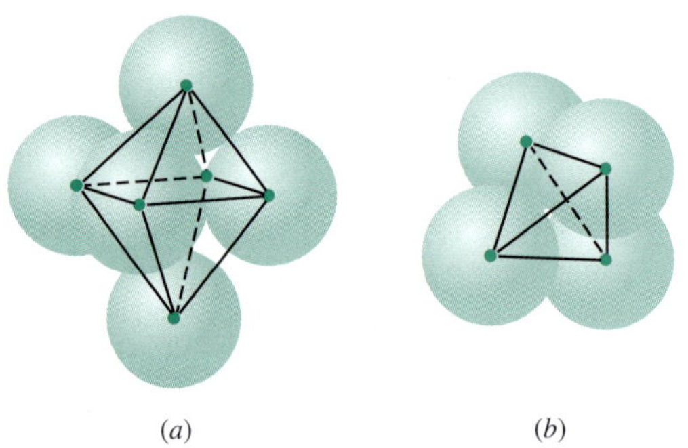

그림 11.6 ➤ FCC와 HCP 결정구조 격자의 격자간 자리. (*a*) 6개의 원자가 서로 접촉하고 있는 중심에 형성된 팔면체 격자간 자리. (*b*) 4개의 원자가 서로 접촉하고 있는 중심에 형성된 사면체 격자간 자리.
(출처: W.D. Kingery, H.K. Bowen, and D.R. Uhlmann, *Introduction to Ceramics*, 2d ed., Wiley, 1976.)

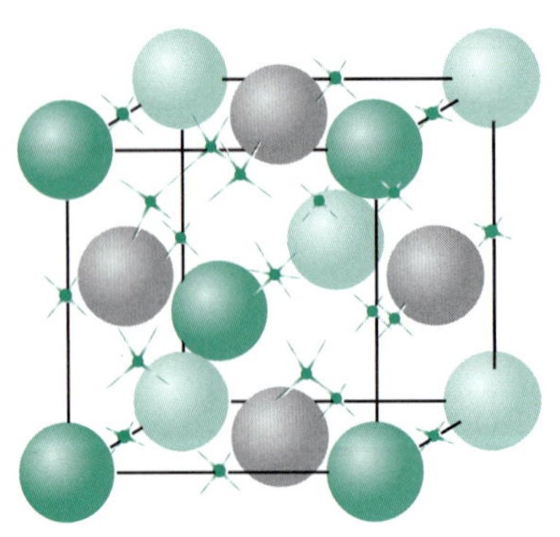

그림 11.7 ➤ FCC 이온성 결정구조 단위격자에 있는 팔면체 및 사면체 격자간 공극 자리의 위치. 팔면체 자리는 단위격자의 중심과 입방정 모서리 중심에 위치해 있음. 입방정은 모서리가 12개이고, 각각의 모서리에 있는 공극에서 입방정 안에는 4분의 1의 공극만 차지함. 따라서 입방정 모서리에 있는 공극에서 FCC 단위격자 내에는 동등한 $12 \times \frac{1}{4} = 3$의 공극이 있음. 그러므로 FCC 단위격자당 동등한 4개의 팔면체 공극이 있음(중심에 하나와 입방정 모서리에 3개 해당). 사면체 공극은 $\left(\frac{1}{4}, \frac{1}{4}, \frac{1}{4}\right)$ 유형 자리에 위치하며, 사방으로 뻗은 선을 갖는 점으로 표시되어 있음. 따라서 FCC 단위격자 안에는 모두 8개의 사면체 공극 자리가 위치하고 있음.
(출처: W.D. Kingery, *Introduction to Ceramics*, Wiley, 1960, p. 104.)

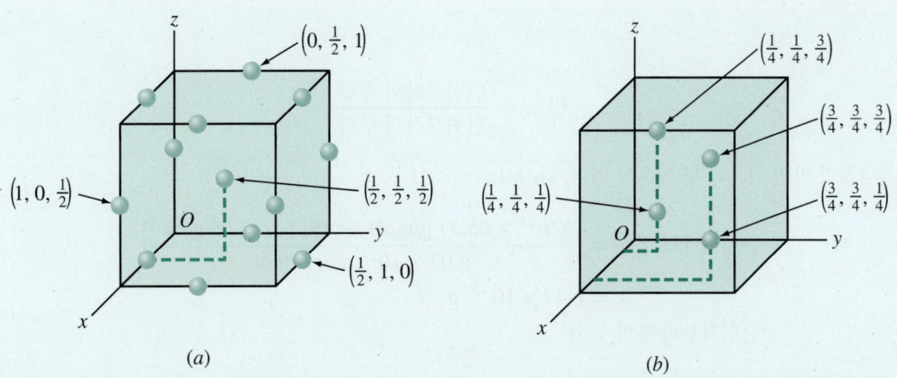

그림 11.8 ➤ FCC 원자 단위격자의 격자간 자리 위치. (*a*) FCC 단위격자의 팔면체 자리는 단위격자의 중심과 입방정 모서리 중심에 위치해 있음. (*b*) FCC 단위격자의 사면체 자리는 단위격자 내의 표시된 위치에 위치함. 대표적인 위치는 그림에 나타나 있음.

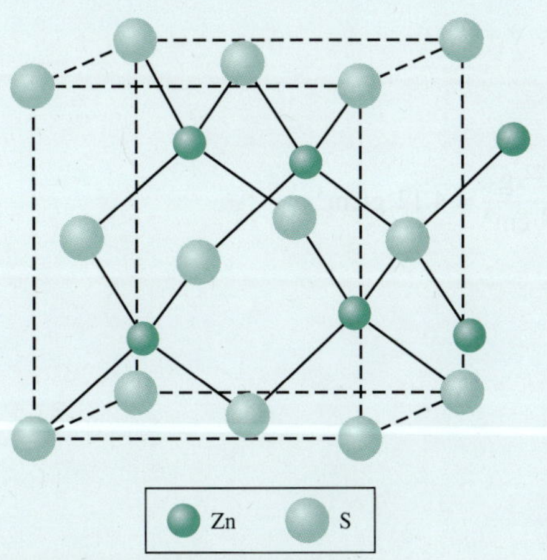

그림 11.9 ➤ 섬아연광(ZnS) 결정구조. 이 단위격자에서 황 원자는 FCC 원자 단위격자 자리를 차지함(4개의 원자에 해당). 아연 원자는 사면체 격자간 자리의 반을 차지함(4개의 원자). 각각의 Zn 원자 혹은 S 원자는 4의 배위수를 가지며 다른 원자와 사면체 공유성 결합을 함.
(출처: W.D. Kingery, H.K. Bowen, and D.R. Uhlmann, *Introduction to Ceramics*, 2d ed., Wiley, 1976.)

11.2.6 섬아연광(ZnS) 결정구조

섬아연광(zinc blende) 구조는 화학식이 ZnS이며, 그림 11.9에 보이는 바와 같이 단위격자에 4개의 아연 원자와 4개의 황 원자를 가지고 있다. 한 종류의 원자(S 혹은 Zn)는 FCC 단위격자의 격자점에 있고, 다른 종류(Zn 혹은 S)는 FCC 단위격자의 사면체 격자간 자리의 절반을 차지한다. 그림 11.9에 표시된 ZnS 결정구조 단위격자에서 황 원자는 밝은 색 원으로 표시한 FCC 단위격자 원자 자리를 차지하고, Zn 원자는 어두운색 원으로 표시한 FCC 단위격자의 사면체 격자간 자리의 절반을 차지한다. 따라서 ZnS 결정구조에서 S와 Zn의 위치 좌표는 다음과 같이 표기할 수 있다.

$$\text{S 원자:}\quad (0,0,0)\ \left(\tfrac{1}{2},\tfrac{1}{2},0\right)\ \left(\tfrac{1}{2},0,\tfrac{1}{2}\right)\ \left(0,\tfrac{1}{2},\tfrac{1}{2}\right)$$
$$\text{Zn 원자:}\quad \left(\tfrac{3}{4},\tfrac{1}{4},\tfrac{1}{4}\right)\ \left(\tfrac{1}{4},\tfrac{1}{4},\tfrac{3}{4}\right)\ \left(\tfrac{1}{4},\tfrac{3}{4},\tfrac{1}{4}\right)\ \left(\tfrac{3}{4},\tfrac{3}{4},\tfrac{3}{4}\right)$$

Pauling의 식 (식 (2.12))에 따르면, Zn-S 결합은 87% 공유 결합성을 가지므로 ZnS 결정구조는 본질적으로 공유 결합하여야 한다. 그 결과, ZnS 구조는 사면체 공유성 결합을 하며 Zn 원자와 S 원자는 4의 배위수를 갖는다. CdS, InAs, InSb 및 ZnSe와 같은 많은 반도체 화합물은 섬아연광 결정구조를 갖는다.

예제 11.7

섬아연광(ZnS)의 밀도를 계산하라. 구조는 이온 반경이 Zn^{2+} = 0.060 nm이고 S^{2-} = 0.174 nm인 이온으로 구성되어 있다고 가정하라.

풀이

$$밀도 = \frac{단위격자의\ 질량}{단위격자의\ 부피}$$

단위격자에는 4개의 아연 이온과 황 이온이 있다. 따라서

$$단위격자의\ 질량 = \frac{(4Zn^{2+} \times 65.37\ g/mol) + (4S^{2-} \times 32.06\ g/mol)}{6.02 \times 10^{23}\ atoms/mol}$$
$$= 6.47 \times 10^{-22}\ g$$
$$단위격자의\ 부피 = a^3$$

그림 EP 11.7로부터

$$\frac{\sqrt{3}}{4}a = r_{Zn^{2+}} + R_{S^{2-}} = 0.060\ nm + 0.174\ nm = 0.234\ nm$$
$$a = 5.40 \times 10^{-8}\ cm$$
$$a^3 = 1.57 \times 10^{-22}\ cm^3$$

따라서

$$밀도 = \frac{질량}{부피} = \frac{6.47 \times 10^{-22}\ g}{1.57 \times 10^{-22}\ cm^3} = 4.12\ g/cm^3$$ ◀

ZnS(입방정) 밀도의 참고자료 값은 4.10 g/cm^3이다.

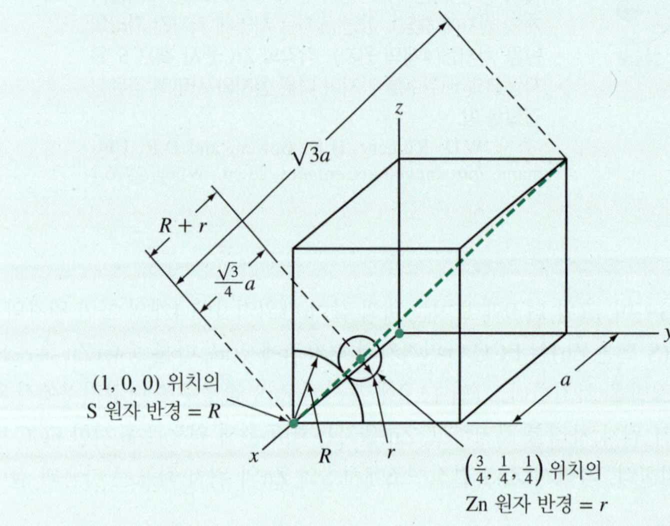

그림 EP11.7 ➤ 단위격자의 격자 상수 a와 황 원자(이온)와 아연 원자(이온) 반경이 다음과 같은 관계를 보여주는 섬아연광 구조:

$$\frac{\sqrt{3}}{4}a = r_{Zn^{2+}} + R_{S^{2-}}$$

또는

$$a = \frac{4}{\sqrt{3}}(r + R)$$

11.2.7 형석(CaF_2) 결정구조

형석(calcium fluoride) 구조는 화학식이 CaF_2이며, 그림 11.10과 같은 단위격자를 갖는다. 이 단위격자에서 Ca^{2+} 이온은 FCC 격자 자리를 차지하며, F^- 이온은 8개의 사면체 자리에 있다. FCC 격자에서 나머지 4개의 팔면체 자리는 비어 있다. 따라서 단위격자당 4개의 Ca^{2+} 이온과 8개의 F^- 이온이 있다. 이런 구조를 갖는 화합물의 예로는 UO_2, BaF_2, $AuAl_2$ 및 $PbMg_2$가 있다. ZrO_2 화합물은 뒤틀린(단사정) CaF_2 구조를 갖는다. UO_2에는 많은 수의 비어 있는 팔면체 격자간 자리가 존재하여 핵분열 생성물이 이러한 빈자리로 들어갈 수 있기 때문에 핵연료로 사용될 수 있다.

예제 11.8

형석, CaF_2의 결정구조를 갖는 UO_2(산화우라늄)의 밀도를 계산하라. (이온 반경은 $U^{4+} = 0.105$ nm이고 $O^{2-} = 0.132$ nm.)

풀이

$$밀도 = \frac{질량/단위격자}{부피/단위격자}$$

단위격자(CaF_2형)당 4개의 우라늄 이온과 8개의 산소 이온이 있다. 따라서

$$단위격자의\ 질량 = \frac{(4U^{4+} \times 238\ g/mol) + (8\,O^{2-} \times 16\ g/mol)}{6.02 \times 10^{23}\ ions/mol}$$
$$= 1.794 \times 10^{-21}\ g$$
$$단위격자의\ 부피 = a^3$$

그림 EP11.7로부터

$$\frac{\sqrt{3}}{4}a = r_{U^{4+}} + R_{O^{2-}}$$
$$a = \frac{4}{\sqrt{3}}(0.105\ nm + 0.132\ nm) = 0.5473\ nm = 0.5473 \times 10^{-7}\ cm$$
$$a^3 = (0.5473 \times 10^{-7}\ cm)^3 = 0.164 \times 10^{-21}\ cm^3$$
$$밀도 = \frac{질량}{부피} = \frac{1.79 \times 10^{-21}\ g}{0.164 \times 10^{-21}\ cm^3} = 10.9\ g/cm^3 ◀$$

UO_2 밀도의 참고자료 값은 10.96 g/cm^3이다.

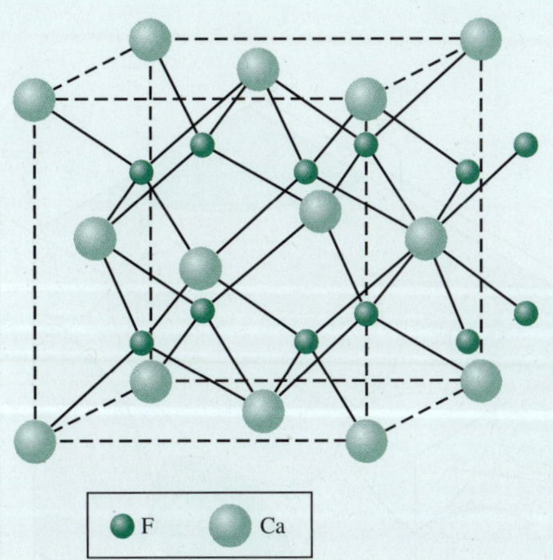

그림 11.10 ➤ 불화칼슘(CaF_2) 결정구조(형석 구조라고도 함). 이 단위격자에서 Ca^{2+} 이온은 FCC 단위격자 자리에 위치하고 있음(4개의 이온). 8개의 불소 이온은 모든 사면체 격자간 자리를 차지함.
(출처: W.D. Kingery, H.K. Bowen, and D.R. Uhlmann, *Introduction to Ceramics*, 2nd ed., Wiley, 1976.)

11.2.8 반형석 결정구조

반형석(antifluorite) 구조는 FCC 격자점을 차지하는 음이온(예를 들어 O^{2-} 이온)이 FCC 단위격자를 구성한다. 양이온(예를 들어 Li^+)은 FCC 격자의 8개의 사면체 자리를 차지한다. 이런 구조를 가진 화합물의 예는 Li_2O, Na_2O, K_2O 및 Mg_2Si이다.

11.2.9 코런덤(Al_2O_3) 결정구조

코런덤(corundum)(Al_2O_3) 구조에서 산소 이온은 그림 11.11에 보이는 바와 같이 조밀 육방정 단위격자의 격자 자리에 위치하고 있다. FCC 구조에서처럼 HCP 결정구조에는 단위격자에 있는 원자 수만큼의 팔면체 격자간 자

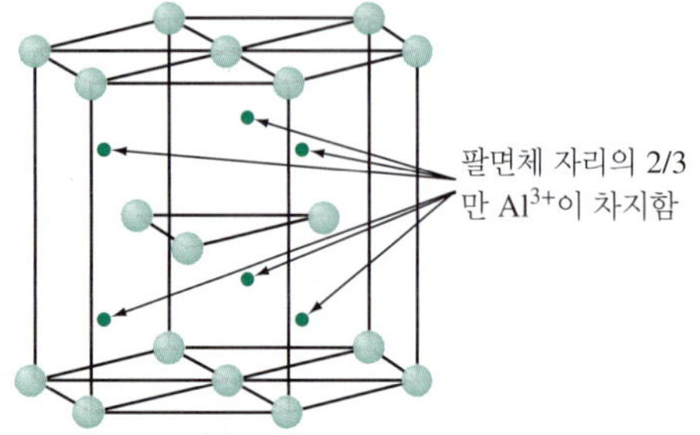

그림 11.11 ➤ 코런덤(Al_2O_3) 결정구조. 산소 이온(O^{2-})은 HCP 단위격자 자리를 차지함. 알루미늄 이온(Al^{3+})은 전기적 중성을 유지하기 위하여 팔면체 격자간 자리의 2/3만 차지함.

리가 있다. 그러나 알루미늄은 +3의 원자가를 가지며, 산소는 −2의 원자가를 가지므로 전기적 중성을 유지하기 위해 3개의 O^{2-} 이온당 2개의 Al^{3+} 이온만 존재할 수 있다. 따라서 알루미늄 이온은 HCP Al_2O_3 격자의 팔면체 자리의 2/3만 차지하게 되어, 이 구조가 약간 뒤틀리게 된다.

11.2.10 스피넬($MgAl_2O_4$) 결정구조

많은 산화물은 $MgAl_2O_4$ 혹은 일반식 AB_2O_4를 갖는 스피넬(spinel) 구조를 가지며, 여기서 A는 +2의 원자가를 갖는 금속 이온이고 B는 +3의 원자가를 갖는 금속 이온이다. 스피넬 구조에서 산소 이온은 FCC 격자를 형성하고, A, B 이온은 스피넬의 종류에 따라 사면체 또는 팔면체 격자간 자리를 차지한다. 스피넬 구조 화합물은 전자 응용 분야의 비금속 자성재료로 널리 사용되며, 16장의 자성재료에서 더 자세히 다루게 될 것이다.

11.2.11 페로브스카이트($CaTiO_3$) 결정구조

페로브스카이트(perovskite)($CaTiO_3$) 구조에서는 Ca^{2+} 이온이 단위격자의 꼭지점에 O^{2-} 이온이 단위격자의 면심에 위치하여 Ca^{2+} 이온과 O^{2-} 이온이 FCC 단위격자를 형성한다(그림 11.12). 높은 전하의 Ti^{4+} 이온은 단위격자 중심의 팔면체 격자간 자리에 위치하며 6개의 O^{2-} 이온으로 배위된다. $BaTiO_3$는 120°C 이상에서 페로브스

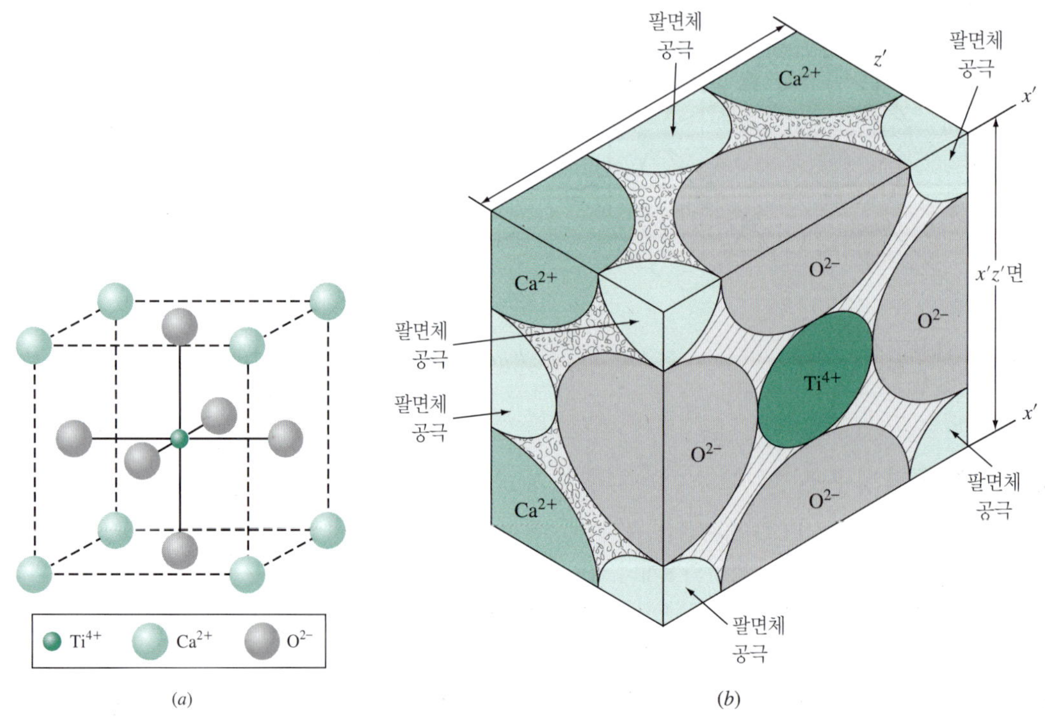

그림 11.12 ➤ 페롭스카이트($CaTiO_3$) 결정구조. (*a*) 칼슘 이온은 FCC 단위격자 꼭지점을 차지하고, 산소 이온은 FCC 단위격자 면심 자리를 차지함. 티타늄 이온은 입방정 중심에 있는 팔면체 격자간 자리를 차지함. (*b*) 반으로 절단한 페롭스카이트($CaTiO_3$) 결정구조. (출처: W.D. Kingery, H.K. Bowen, and D.R. Uhlmann, *Introduction to Ceramics*, 2nd ed., Wiley, 1976.)

카이트 구조를 갖지만, 이 온도 이하에서는 구조가 약간 변한다. 이 구조를 갖는 다른 화합물은 $SrTiO_3$, $CaZrO_3$, $SrZrO_3$, $LaAlO_3$ 등이다. 이 구조는 압전 재료(piezoelectric material)로서 중요하다(14.8절 참고).

11.2.12 탄소와 탄소 동소체

탄소는 많은 동소체(allotropes)가 있다. 즉 많은 결정질 형태로 존재할 수 있다. 이들 동소체는 다른 결정구조를 가지며 근본적으로 다른 성질을 갖는다. 탄소와 탄소 동질이상체(polymorphs)는 직접적으로 기존의 재료 분류에 속하지 않지만, 흑연은 때때로 세라믹 재료로 취급하기 때문에 이 구조뿐만 아니라 이것의 동질이상체에 대한 논의를 이 절에 포함시켰다. 이 절에서는 탄소 동소체인 흑연, 다이아몬드, 버키볼과 **버키튜브**의 구조와 성질을 다룰 것이다.

흑연 **흑연**(graphite)이란 말은 그리스어 *graphein* (쓰다라는 의미)에 근거한다. 흑연은 탄소 원자의 삼각 sp^2 결합으로 인해 형성된다. 혼성화 sp^2 궤도에 대한 논의(2장)를 상기하면, sp^2 혼성화 궤도는 2s 전자 중 하나가 2개의 2p 전자를 자극하여 3개의 sp^2 궤도를 만들어야만 형성된다. 남아 있는 전자는 혼성화되지 않는 자유 p 궤도를 형성한다. 3개의 sp^2 궤도는 같은 평면에 있으며 서로 120°의 동일한 각도를 이룬다. 비국부화된 비혼성화 p 전자에 기인한 궤도는 3개의 sp^2 혼성화 궤도 평면에 수직하고 있다. 따라서 흑연은 그림 11.13에 보이는 바와 같이 층 내의 탄소 원자가(sp^2 궤도를 이루어) 육방 배열로 강한 결합을 하는 층상 구조를 한다. 그러나 층들은 약한 2차 결합으로 결합되어 서로 쉽게 미끄러질 수 있다. 자유 전자는 층 내의 한쪽 면으로부터 다른 면으로 쉽게 이동할 수 있지만, 한 층에서 다른 층으로는 쉽게 이동할 수 없다. 따라서 흑연은 *이방성*(anisotropic, 특성이 방향에 따라 다름)이다. 밀도는 2.26 g/cm³로 낮고, 흑연의 기저면 방향으로는 좋은 열 전도체이지만 층의 수직 방향으로는 그렇지 않고, 좋은 전기 전도체(기저면 방향으로만 그렇고 이에 수직으로는 그렇지 않음)이다. 흑연은 복합재료용 긴 섬유를 만들 수 있으며 윤활제로도 사용할 수 있다.

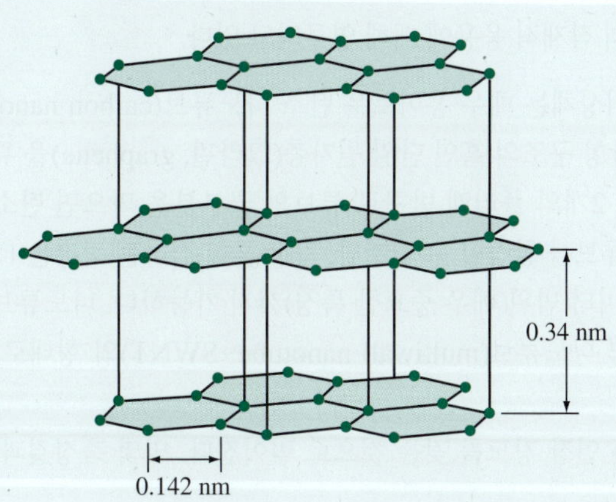

그림 11.13 ➤ 결정질 흑연의 구조. 탄소 원자는 강하게 공유 결합한 육방 배열로 층을 형성함. 층 사이는 약한 2차 결합임.

다이아몬드 다이아몬드(diamond)의 구조는 2장에서 자세하게 설명되어 있다. sp^3 혼성화 궤도의 공유 결합을 기반으로 하는 입방정 구조(그림 2.23)를 가지고 있다. 다이아몬드의 성질은 흑연과는 아주 다르다. 흑연과 달리 등방성(isotropic)이며 밀도가 약 3.51 g/cm³로 더 높다. 다이아몬드는 자연이 만든 재료 중에 강성, 경도가 가장 높고 압축률이 가장 낮은 재료이다. 매우 높은 열 전도도(흑연과 유사)를 갖지만 최소의 전기 전도도 값을 갖는다(원래 우수한 절연체). 그러나 질소와 같은 불순물은 다이아몬드의 성질에 부정적인 영향을 미친다. 천연 다이아몬드는 아주 비싸며 대부분 보석의 가치를 지닌다. 그러나 합성(인공) 다이아몬드는 경도가 대등하고 저렴하며 절삭공구, 코팅 및 연마재로 사용된다.

벅민스터 풀러렌(버키볼) 1985년에 과학자들은 C_{30}에서 C_{100} 분자 범위에 있는 탄소 원자 집합체(cluster)의 존재를 발견하였다. 1990년에 다른 과학자들은 실험실에서 이러한 분자 형태의 탄소를 합성할 수 있었다. 새로운 구조는 세계적으로 유명한 건축가 Buckminster Fuller가 개발한 지오데식 골조(geodesic truss) 구조와 유사한 형태를 하고 있다. 그 결과 새로운 동질이상체를 *풀러렌*(fullerene) 혹은 **버키볼**(buckyball)로 명명하였다. 버키볼은 12개

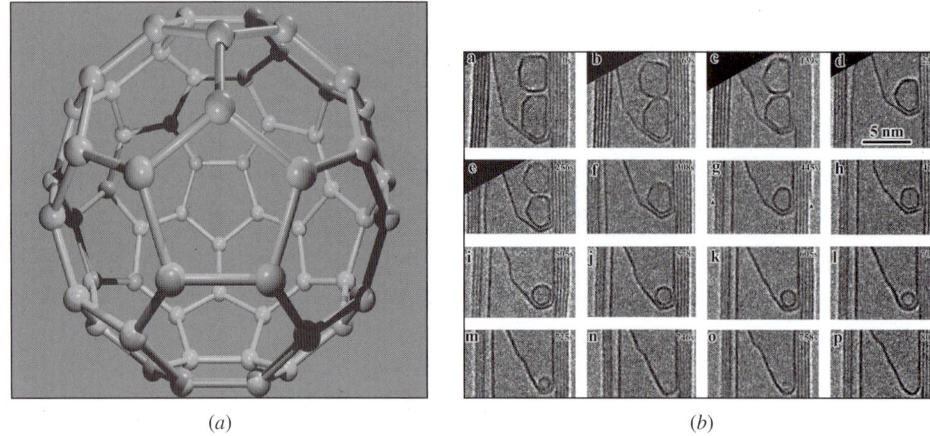

(a) (b)

그림 11.14 > (a) C_{60} 분자의 모식도. (b) 나노튜브 내부에 C_{60} 분자의 형성 및 분산을 보여주는 TEM 영상.
(출처: (a) Tim Evans/Science; (b) Science)

의 오각형과 20개의 육각형으로 이루어진 축구공과 아주 유사하게 보인다. 그림 11.14*a*에 도식적으로 보인 바와 같이 각 접점에서 탄소 원자는 3개의 다른 탄소 원자와 공유성 결합을 하고 있다. 풀러렌의 형성 또는 생성과 C_{60} 분자로의 최종 환원되고 마지막으로 나노튜브 내부에 분산된 TEM 영상이 그림 11.14*b*에 나타나 있다. 구조는 총 60개의 탄소 원자로 구성되어 생성된 분자는 C_{60}이다. 1990년 이후로 C_{70}, C_{76} 및 C_{78}과 같이 이 분자의 다른 형태도 확인되었다. 이러한 다양한 형태를 총칭하여 *풀러렌*이라고 한다. C_{60} 풀러렌의 직경은 0.710 nm이므로 *나노클러스터*(nanoclster)로 분류된다. C_{60} 응집체 형태는 각각의 FCC 격자점에 C_{60} 분자가 있는 FCC 구조를 갖는다. FCC 구조의 분자는 반 데르 발스 힘으로 결합된다. 따라서 C_{60} 응집체와 흑연은 비슷한 윤활제로 이용된다. 풀러렌은 전자 산업과 연료전지, 윤활제, 초전도체로서의 잠재적 응용에 대해 연구되고 있다.

탄소 나노튜브 최근에 확인된 또 다른 탄소 동질이상체는 매우 흥미로운 탄소 나노튜브(carbon nanotube)이다. 육각형의 가장자리가 완벽하게 만나도록, 기존 육각형 구조의 흑연 단일 원자층(그라핀, graphene)을 튜브로 마는 것을 생각해 보라. 그런 다음 오각형으로만 구성된 2개의 풀러렌 반구로 튜브의 끝부분을 막으면 탄소 나노튜브 구조가 얻어진다(그림 11.15). 다양한 직경의 나노튜브를 합성할 수 있지만, 가장 흔히 접하는 직경은 1.4 nm이다. 나노튜브의 길이는 마이크로미터에서 심지어 밀리미터 범위(매우 중요한 특징)까지 가능하다. 나노튜브는 *단일벽 나노튜브*(single-wall nanotube: SWNT)와 *다중벽 나노튜브*(multiwall nanotube: SWNT)의 형태로 합성할 수 있다.

이 나노튜브는 가장 강한 철강보다 20배나 되는 인장 강도를 갖는 것으로 믿어진다. 몇몇 측정결과 튜브 길이

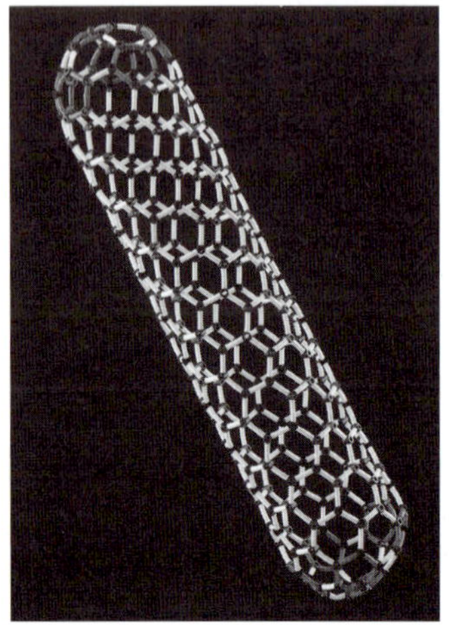

그림 11.15 > 육각형 패턴의 튜브와 오각형 패턴의 양쪽 끝이 보이는 나노튜브의 모식도.
(Science & Society Picture Library/Getty Image)

방향으로 실제로 45 GPa의 인장 강도를 보였다. 이 나노튜브의 탄성계수는 1.3 TPa(T = Tera = 10^{12}) 수준으로 추정된다. 비교로 탄소계 섬유는 상업적으로 얻을 수 있는 가장 강한 강도가 7 GPa이며, 사용 가능한 가장 높은 탄성계수는 800 GPa에 가깝다. 또한 탄소 나노튜브는 낮은 밀도, 높은 열 전도도 및 높은 전기 전도도를 지니고 있다. 훨씬 중요한 점은 이 튜브를 다수 정렬하여 로프, 섬유 및 박막과 같은 구조를 만들 수 있다는 것이다. 많은 과학자들은 이러한 특성과 성질을 조화시키면 탄소 나노튜브가 금세기의 많은 기술 혁신에 연루될 것이라고 확신하고 있다. 몇몇 초기 응용으로는 강성과 가늘기 때문에 STM 팁, 평판 패널 디스플레이(혹은 전자 방출 음극이 필요한 모든 소자)의 전계 방출원, 화학 센서 및 복합재료용 섬유 재료가 있다.

11.3 규산염 구조

많은 세라믹 재료는 규소 원자(이온)와 산소 원자(이온)가 다양한 배열로 결합하여 구성된 규산염 구조를 포함한다. 또한 규소와 산소는 지각에서 가장 풍부한 2가지 원소이기 때문에 점토, 장석 및 운모 등 많은 자연 발생 광물은 규산염이다. 많은 규산염은 저렴한 가격, 유용성, 특수한 성질 때문에 공학 재료로 유용하다. 규산염 구조 재료는 유리, 포틀랜드 시멘트, 벽돌 등 건축자재에 특히 중요하다. 많은 중요한 전기 절연 재료도 역시 규산염으로 만든다.

11.3.1 규산염 구조의 기본 구조단위

규산염의 기본적 구성 형태는 규산염 (SiO_4^{4-}) 사면체이다(그림 11.16). Pauling의 식(식 (2.10))의 계산에 따르면 SiO_4^{4-} 구조에서 Si-O 결합의 약 50%는 공유성이고 50%는 이온성이다. SiO_4^{4-} 사면체 배위는 공유 결합의 방향성 요건과 이온 결합의 반경비 요건을 충족한다. Si-O 결합의 반경비는 0.29로, 안정한 이온 조밀 충전에 필요한 사면체 배위 범위 내에 있다. 작은 크기와 높은 전하를 띤 Si^{4+} 이온 때문에, SiO_4^{4-} 사면체 내에서 강한 결합력이 생성되고, 결과적으로 SiO_4^{4-} 단위는 일반적으로 꼭지점 대 꼭지점으로는 연결되고 모서리 대 모서리로는 거의 연결되지 않는다.

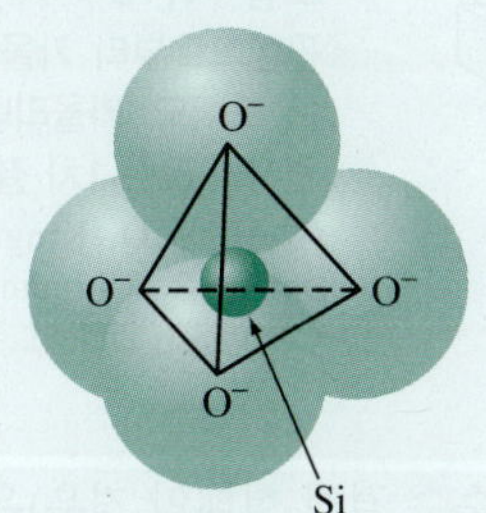

그림 11.16 ➤ SiO_4^{4-} 사면체의 원자(이온) 결합 배열. 이 구조에서 4개의 산소 원자는 중심 규소 원자를 둘러싸고 있음. 각각의 산소 원자가 잉여 전자로 순수 음전하를 갖게 되어 다른 원자와 결합하게 됨.
(출처: Eisenstadt, M., *Introduction to Mechanical Properties of Materials: An Ecological Approach*, 1st ed., 1971.)

11.3.2 규산염의 섬, 사슬, 고리 구조

규산염 사면체에서 각각의 산소는 결합에 사용할 수 있는 전자를 하나 갖고 있기 때문에, 다양한 형태의 규산염 구조가 생성될 수 있다. 섬(island) 규산염 구조는 양이온이 SiO_4^{4-} 사면체의 산소와 결합할 때 생성된다. 예를 들어, Fe^{2+}와 Mg^{2+} 이온이 SiO_4^{4-}와 결합하여 기본 화학식 $(Mg,Fe)_2SiO_4$를 갖는 감람석(olivine)을 형성한다.

각 SiO_4^{4-} 사면체의 두 꼭지점이 다른 사면체의 꼭지점과 결합하면, 단위 화학식 SiO_3^{2-}를 갖는 사슬(chine) 구조(그림 11.17a) 또는 고리(ring) 구조가 생성된다. 광물 엔스테타이트(enstatite)($MgSiO_3$)는 사슬 규산염 구조를 갖고, 광물 녹주석(beryl) $[Be_3Al_2(SiO_3)_6]$는 고리 규산염 구조를 갖는다.

11.3.3 규산염의 판상 구조

규산염 판상(sheet) 구조는 그림 11.17*b*에 보이는 바와 같이 같은 평면에 있는 규산염 사면체의 세 꼭지점이 세 개의 다른 사면체의 꼭지점과 결합될 때 형성된다. 이 구조는 $Si_2O_5^{2-}$의 단위 화학식을 갖는다. 이런 규산염 판은 각 규산염 사면체마다 여전히 결합되지 않은 산소가 하나 있기 때문에 다른 구조 판과 결합할 수 있다(그림 11.17*b*). 예를 들면, 음전하를 띤 규산염 판은 양전하를 띤 $Al_2(OH)_4^{2+}$ 판과 결합하여 그림 11.18에 도식적으로 보인 바와

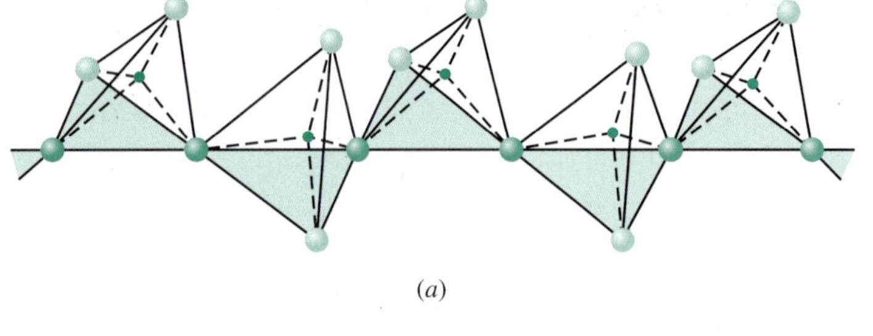

(a)

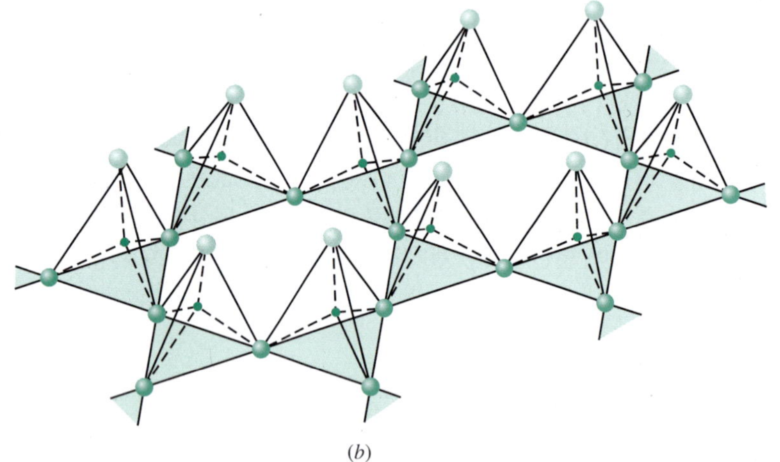

(b)

그림 11.17 ➤ (a) 규산염 사슬 구조. SiO_4^{4-} 사면체의 4개 산소 원자 중 2개가 다른 사면체와 결합하여 규산염 사슬을 형성. (b) 규산염 판상 구조. SiO_4^{4-} 사면체의 4개 산소 원자 중 3개가 다른 사면체와 결합하여 규산염 판상을 형성. 비공유 산소 원자는 밝은 색으로 표시.
(출처: M. Eisenstadt, *Mechanical Properties of Materials*, Macmillan, 1971, p. 82.)

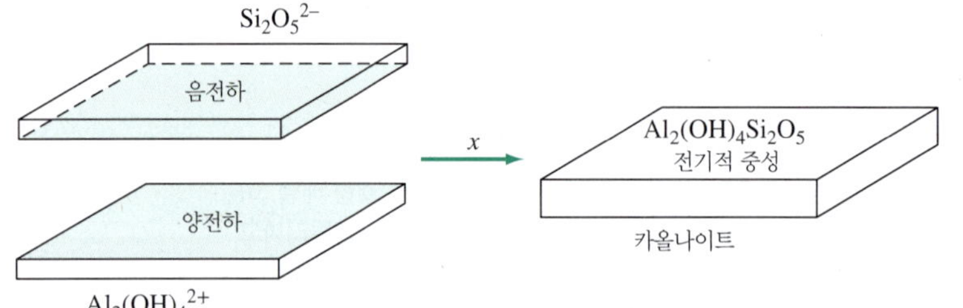

그림 11.18 ➤ $Al_2(OH)_4^{2+}$와 $Si_2O_5^{2-}$ 판상으로부터 카올리나이트가 형성되는 모식도. 카올리나이트 판상에 있는 원자의 모든 1차 결합이 충족됨.
(출처: W.D. Kingery, H.K. Bowen, and D.R. Uhlmann, *Introduction to Ceramics*, 2nd ed., Wiley, 1976.)

같이 카올리나이트(kaolinite) 복합 판상을 만든다. 카올리나이트 광물(순수 결정 형태인 경우)은 대략 육각형인 매우 작고 평평한 판으로 구성되어 있으며, 평균 크기는 지름 약 0.7 μm, 두께 0.05 μm이다(그림 11.19). 결정 판은 약한 2차 결합으로 함께 결합된 일련(최대 약 50개)의 평행한 판을 형성한다. 고품위 점토 대부분은 주로 카올리나이트 광물로 구성된다.

판상 규산염의 또 다른 예는 활석(talc) 광물인데, $Mg_3(OH)_2^{4+}$ 판의 양 외부 층이(각 층에 하나씩) $Si_2O_5^{2-}$ 판과 결합하여 단위 화학식 $Mg_3(OH)_2(Si_2O_5)_2$를 갖는 복합 판을 형성한다. 복합 활석 판은 약한 2차 결합으로 서로 결합되며, 따라서 이러한 구조 배열은 활석 판을 서로 잘 미끄러질 수 있게 한다.

11.3.4 규산염의 망목 구조

규석 SiO_4^{4-} 사면체의 모든 네 꼭지점이 산소 원자를 공유하면 *규석*(silica, 실리카)이라고 하는 SiO_2 망목(network) 구조가 된다(그림 11.20). 결정질 규석은 규산염 사면체의 모든 꼭지점이 공유되도록 여러 형태로 배열된 동질이상체로 존재한다. *석영*(quartz), *트리디마이트*(tridymite) 및 *크리스토발라이트*(cristobalite)의 3가지 기본적인 규석 구조가 있는데, 이들 각각은 2개 또는 3개의 변형(modification)이 있다. 대기압에서 규석의 가장 안정한 형태와 온도 범위는 저온형 석영은 573°C 미만, 고온형 석영은 573°C에서 867°C 사이, 고온형 트리디마이트는 867°C에서 1470°C 사이, 고온형 크리스토발라이트는 1470°C에서 1710°C 사이이다(그림 11.20). 1710°C

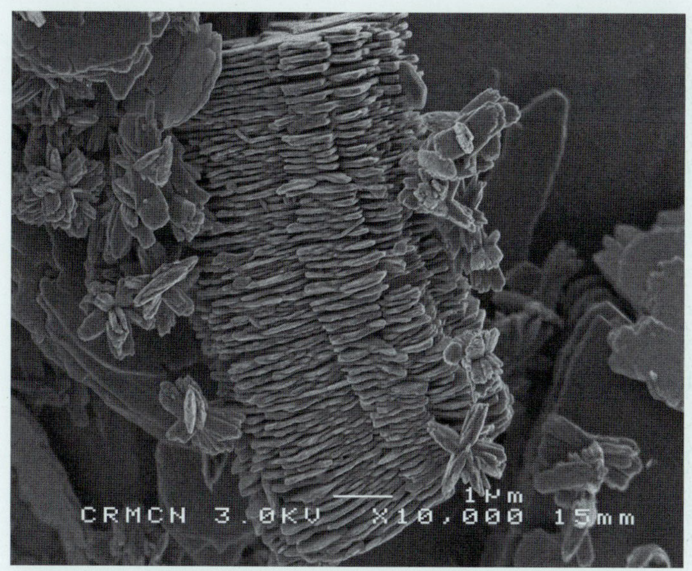

그림 11.19 ➤ 전자현미경으로 관찰 (replica 법)한 카올리나이트 결정.
(출처: Philippe/Science)

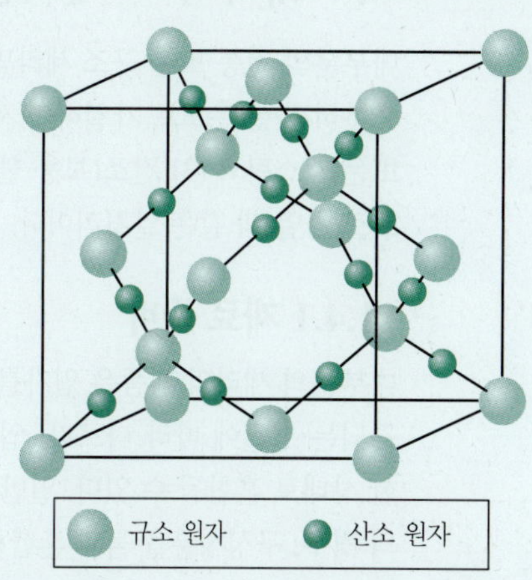

그림 11.20 ➤ 실리카(SiO_2)의 한 형태인 고온형 크리스토발라이트 구조. 각 규소 원자는 4개의 산소 원자에 의해 둘러싸여 있고, 각 산소 원자는 2개의 SiO_4 사면체의 일부분을 이루고 있음에 주목.
(출처: "Treatise in Materials Science and Technology," vol. 9, J.S. Reed and R.B. Rank, *Ceramic Fabrication Processes*, p. 74.)

초과에서 실리카는 액체이다. 실리카는 많은 전통 세라믹스와 다양한 종류의 유리에서 중요한 성분이다.

장석 천연에서 산출되는 규산염에서 무한한 3차원 규산염 망목 구조를 갖고 있는 것은 많다. 산업적으로 중요한 망목 규산염 중에 하나인 장석(feldspar)은 전통 세라믹스에서도 주요한 성분이다. 장석 규산염 구조 망목에서는 Si^{4+} 이온 중 일부가 Al^{3+} 이온으로 대체되어 순 음전하를 띠는 망목을 형성한다. 이 음전하는 틈새 자리에 들어가는 Na^+, K^+, Ca^{2+} 및 Ba^{2+}와 같은 커다란 알칼리 및 알칼리토류 이온과 균형을 이룬다. 표 11.3은 일부 규산염 광물의 이상적인 조성을 요약한 것이다.

표 11.3 ➤ 규산염 광물의 이상적인 조성

광물	조성
규석:	
석영	
트리디마이트	SiO_2의 일반적 결정상
크리스토발라이트	
규산화알루미늄:	
카올리나이트(도자기용 점토)	$Al_2O_3 \cdot 2SiO_2 \cdot 2H_2O$
엽납석	$Al_2O_3 \cdot 4SiO_2 \cdot H_2O$
메타카올리나이트	$Al_2O_3 \cdot 2SiO_2$
실리마나이트	$Al_2O_3 \cdot SiO_2$
뮬라이트	$3Al_2O_3 \cdot 2SiO_2$
규산화알칼리알루미늄:	
칼륨장석	$K_2O \cdot Al_2O_3 \cdot 6SiO_2$
소다장석	$Na_2O \cdot Al_2O_3 \cdot 6SiO_2$
(무스코바이트) 운모	$K_2O \cdot 3Al_2O_3 \cdot 6SiO_2 \cdot 2H_2O$
몬모릴로나이트	$Na_2O \cdot 2MgO \cdot 5Al_2O_3 \cdot 24SiO_2 \cdot (6+n)H_2O$
루사이트	$K_2O \cdot Al_2O_3 \cdot 4SiO_2$
규산화마그네슘:	
코오디어라이트	$2MgO \cdot 5SiO_2 \cdot 2Al_2O_3$
스테어타이트	$3MgO \cdot 4SiO_2$
활석	$3MgO \cdot 4SiO_2 \cdot H_2O$
감람석(석면)	$3MgO \cdot 2SiO_2 \cdot 2H_2O$
포스테라이트	$2MgO \cdot SiO_2$

출처: O.H. Wyatt and D. Dew-Hughes, *Metals, Ceramics and Polymers*, Cambridge, 1974.

11.4 세라믹스 제조공정

대부분의 전통 또는 구조 세라믹 제품은 분말이나 입자를 압축하여 성형하고 입자를 서로 결합시킬 수 있을 만큼 충분히 높은 온도로 가열하여 제조한다. 입자를 응집시켜 세라믹스를 만드는 기본 공정은 (1) 재료 준비, (2) 성형 또는 캐스팅과 (3) 건조(보통 불필요) 및 **소성**(firing)(세라믹 성형체를 입자가 함께 결합시키기에 충분히 높은 온도로 가열)과 같은 열처리이다.

11.4.1 재료 준비

대부분의 세라믹 제품은 입자를 응집시켜 만든다.[2] 이 제품의 원료 물질(raw materials)은 최종 세라믹 부품에 요구되는 성질에 따라 다르다. 입자에 결합제(binder)나 윤활제(lubricant)와 같은 다른 성분이 건조 상태 또는 습한 상태로 혼합될 수 있다. 일반 벽돌, 하수관 및 기타 점토 제품처럼 아주 "특별한" 물성을 갖지 않는 세라믹 제품의 경우, 구성성분을 물과 혼합하는 것이 일반적이다. 일부 다른 세라믹 제품의 경우는 원료 물질에 결합제나 다른 첨가제를 넣고 건조 상태로 분쇄한다. 때로는 원료 물질 처리에 습식 공정(wet processing)과 건식 공정(dry processing)이 조합되기도 한다. 예를 들어, 고알루미나(Al_2O_3) 절연체의 한 종류를 생산하기 위해서 입자형 원료 물질에 왁스 결합제와 물을 섞어 분쇄하여 슬러리(slurry)로 만든 후 분무건조(spray-drying)하여 작은 구형의 과립(granule)으로 만든다(그림 11.21).

11.4.2 성형

입자를 응집시켜 만드는 세라믹 제품은 건식, 가소성, 또는 액상 조건에서 다양한 방법에 의하여 형성될 수 있다. 세라믹 산업에서는 냉간 성형(cold-forming) 공정이 지배적이지만, 열간 성형 공정(hot-forming) 공정도 어느 정도 사용하고 있다. 가압 성형(pressing), 슬립 캐스팅(slip casting) 및 압출(extrusion)이 흔히 쓰이는 세라믹 성형법이다.

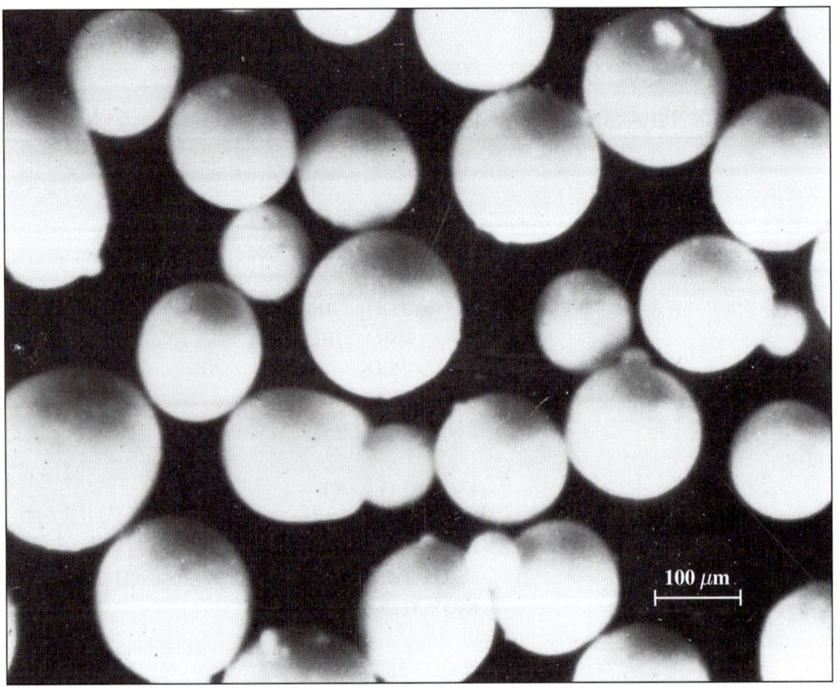

그림 11.21 ➤ 고알루미나 세라믹 소지의 분무건조 과립.
(제공: The American Ceramic Society)

2 유리 제조와 콘크리트 주조가 주요한 2가지 예외이다.

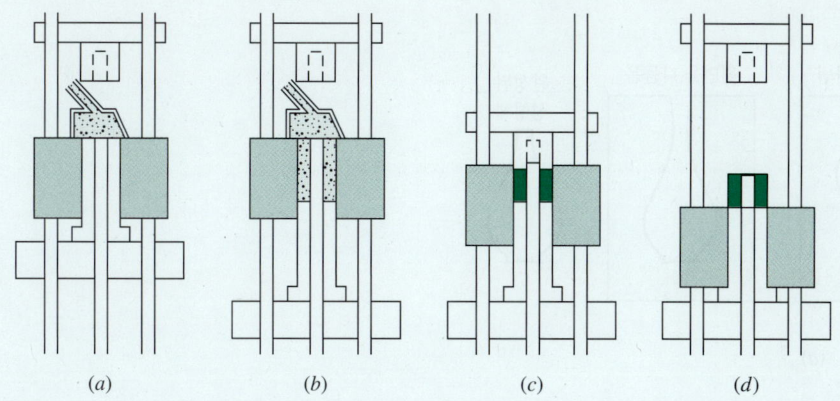

그림 11.22 ➤ 세라믹 입자의 건식 가압 성형: (*a*)와 (*b*) 충진, (*c*) 가압 및 (*d*) 배출.
(출처: "Treatise in Materials Science and Technology," vol. 9, J.S. Reed and R.B. Rank, *Ceramic Fabrication Processes*, p. 74.)

가압 성형 세라믹 입자형 원료 물질을 건식, 가소성† 또는 습식 조건으로 다이(die)에서 가압하여 성형체를 만들 수 있다.

건식 가압 성형 이 방법은 구조 내화물(고온 내열 재료)과 전자 세라믹 부품과 같은 제품에 일반적으로 사용된다. **건식 가압 성형**(dry pressing)은 다이에서 소량의 물 그리고/또는 유기 결합제를 첨가한 과립 분말을 일축 압축(uniaxial compaction)과 성형을 동시에 하는 것으로 정의할 수 있다. 그림 11.22에는 세라믹 분말을 건식 가압 성형하여 간단한 모양으로 만드는 일련의 과정이 나타나 있다. 냉간 압축 후, 부품은 보통 소성(소결)하여 필요한 강도와 미세구조적 특성을 얻는다. 건식 가압 성형은 균일하고 정밀한 공차로 다양한 형상을 빠르게 만들 수 있으므로 널리 사용된다. 예를 들면 알루미나, 티탄산염 및 페라이트는 길이 단위로 수 mm에서 수 cm까지의 크기의 제품을 분당 5000개 정도까지의 속도로 건식 가압으로 생산할 수 있다.

등압 성형 이 공정에서는 압력이 가해지는 유체 챔버 내부에 있는 유연한 용기(보통 고무)나 밀폐 용기(자루(bag)라 부름)에 세라믹 분말을 적재한다. 가해진 압력의 힘은 분말을 모든 방향으로 균일하게 압축시켜 유연한 용기의 형태대로 최종 제품을 만든다. **냉간 정수압 성형**(cold isostatic pressing: CIP) 후에 필요한 성질과 미세구조를 얻기 위해 부품을 소성(소결)해야 한다. 냉간 정수압 성형으로 생산되는 세라믹 부품에는 내화물, 벽돌, 형틀, 점화플러그 절연체, 레이돔(radome), 탄화물 공구, 도가니 및 베어링이 포함된다. 그림 11.23에 정수압 성형으로 제조한 점화 플러그 절연체를 보여준다.

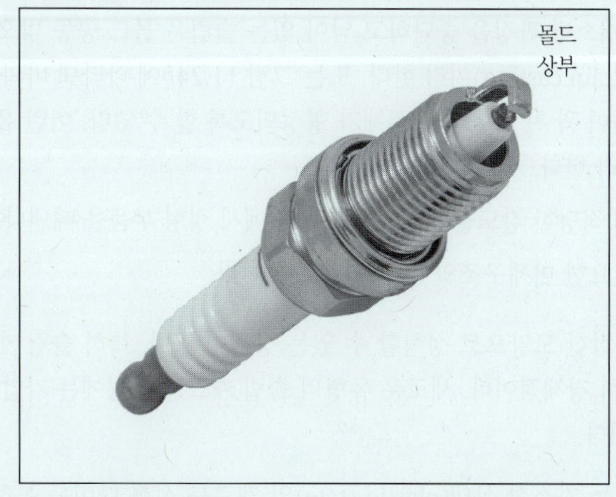

그림 11.23 ➤ 분무 건조한 구형 과립(그림 11.21)을 중력으로 몰드 상부로 투입하고 일반적으로 20~40 MPa 범위의 정수압으로 가압하여 점화 플러그용 세라믹 절연체를 만듦.
(Denis Churin/Shutterstock)

† 역주: 세라믹 원료 입자에 적당한 물을 첨가한 덩어리가 외부의 힘에 의해 형태가 변형되었다가 힘을 제거하면 흐트러지거나 복원되지 않고 변형된 형태를 그대로 유지하는 성질

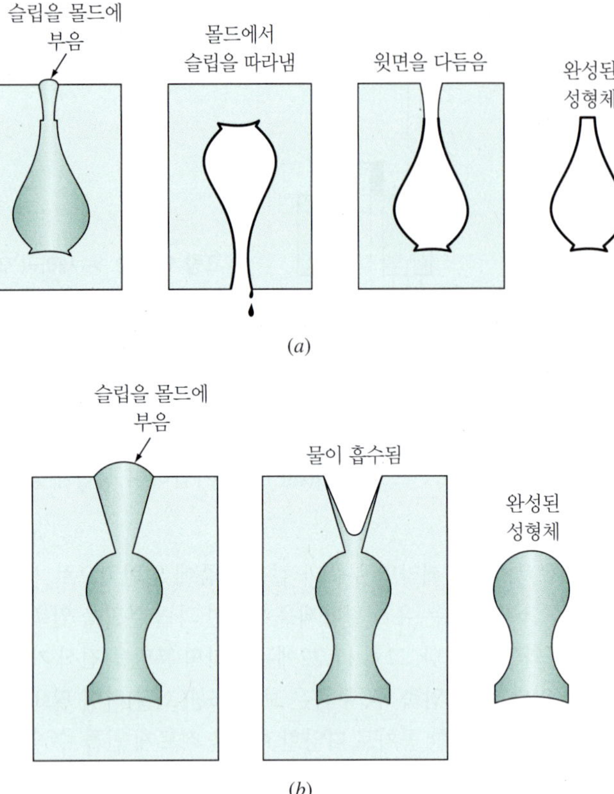

그림 11.24 ➤ 슬립 캐스팅에 의한 세라믹 성형. (*a*) 다공질 석고 몰드에서의 드레인 캐스팅. (*b*) 솔리드 캐스팅
(출처: J.H. Brophy, R.M. Rose and J. Wulff, "The Structure and Properties of Materials," vol. II: *Thermodynamics of Structure*, Wiley, 1964, p. 139.)

고온 가압 소결 고온 가압 소결(hot pressing, HP) 공정에서는 가압과 소성 작업을 조합하여 고밀도 및 개선된 기계적 특징의 세라믹 부품이 생산된다. 일축과 정수압 가압 방법이 모두 사용된다.

슬립 캐스팅 세라믹 성형체가 그림 11.24에 예시한 바와 같이 **슬립 캐스팅**(slip casting)이라고 하는 독특한 방법으로 제조할 수 있다. 슬립 캐스팅의 주요 단계는 다음과 같다.

1. 세라믹 분말 재료와 액체(보통 점토와 물)를 *슬립*(slip)이라는 안정한 현탁액[‡](suspension)으로 준비한다.
2. 일반적으로 석고로 만든 다공성 몰드에 슬립을 붓고 슬립의 액체 부분이 몰드에 의해 부분적으로 흡수되도록 한다. 슬립으로부터 액체가 제거됨에 따라 몰드 벽에 반고상 재료(semihard material)의 층이 형성된다.
3. 충분한 벽 두께의 성형체가 만들어지면, 캐스팅 과정을 중단하고 남아 있는 슬립은 몰드 공동 밖으로 부어낸다(그림 11.24*a*). 이것을 *드레인 캐스팅*(drain casting)이라 한다. 또는 그림 11.24*b*에 나타낸 바와 같이 전체 몰드 공동이 채워질 때까지 계속 캐스팅하여 꽉 찬 모양의 성형체가 형성되도록 할 수 있다. 이런 유형의 슬립 캐스팅을 *솔리드 캐스팅*(solid casting)이라 한다.
4. 몰드 내 재료를 충분히 건조시켜 다루기에 적당한 강도를 갖게 한 후, 몰드에서 성형 부품을 빼낸다.
5. 마지막으로 주입 성형 부품을 소성하여 필요한 미세구조와 특성을 갖도록 한다.

슬립 캐스팅은 균일한 두께를 갖는 얇고 복잡한 모양으로 성형할 수 있는 장점이 있다. 특히 슬립 캐스팅은 부품을 개발할 때나 제조 기간을 빠르게 하여 특히 경제적이다. 새로운 유형의 슬립 캐스팅 공정에는 가압 또는 진공에서 성형하는 가압 캐스팅과 진공 캐스팅이 있다.

압출 단일형 단면이나 중공형의 세라믹 재료는 가소성 상태(plastic state)의 재료를 성형 다이를 통해 압출(ex-

‡ 역주: 유체(액상의 물) 속에 용해되지 않는 고체 입자의 혼합물로 입자(분산질) 크기가 적당히 작아 유체에서 침강되지 않고 유체(분산매) 내부에 3차원적으로 분산되어 있는 상태

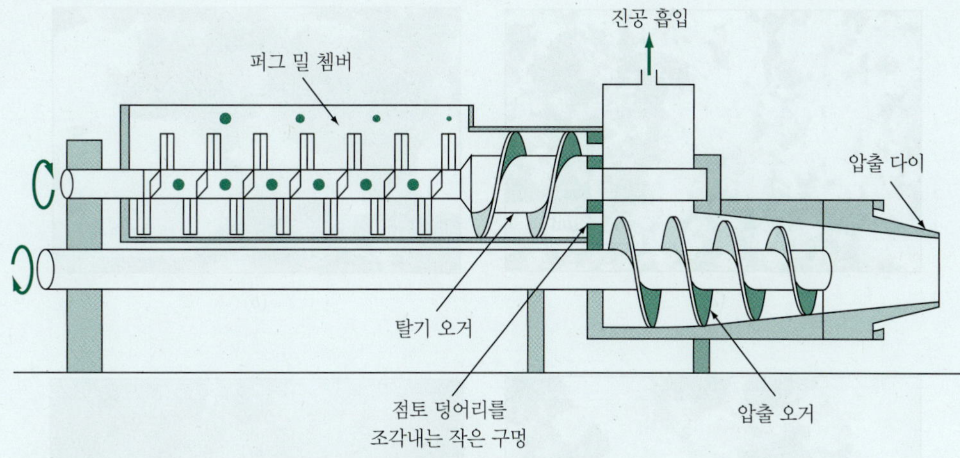

그림 11.25 ➤ 세라믹 재료의 혼합 밀(퍼그 밀)과 진공 오거 압출기의 단면.
(출처: W.D. Kingery, *Introduction to Ceramics*, Wiley, 1960.)

trusion)하여 만들 수 있다. 이 방법은 예를 들어 내화 벽돌, 하수관, 중공 타일, 기능성 세라믹스 및 전기 절연체를 제조하는 데 일반적으로 사용된다. 가장 일반적으로 사용되는 방법은 가소성 세라믹 재료(예를 들어 점토와 물)가 진공-오거에 의해 단단한 강철이나 합금 다이를 통해 압출되는 진공 오거형 압출기이다(그림 11.25). 특수한 기능성 세라믹스는 고압의 피스톤 압출을 사용하여 생산되므로 정밀한 공차를 얻을 수 있다.

11.4.3 열처리

열처리는 대부분 세라믹 제품을 제조하는 데 필수적인 단계이다. 여기에서는 다음과 같은 열처리, 즉 건조(drying), 소결(sintering), 유리화(vitrification)를 다루기로 한다.

건조와 결합제 제거 세라믹스를 건조하는 목적은 고온에서 소성하기 전에 가소성 세라믹 성형체로부터 수분을 제거하기 위함이다. 일반적으로 수분을 제거하기 위한 건조는 100°C 미만에서 수행하며 대형 세라믹 부품의 경우 최대 24시간 정도 걸릴 수도 있다. 유기 결합제 덩어리는 200°C에서 300°C 정도로 가열하여 세라믹 부품으로부터 제거할 수 있지만, 어떤 탄화수소 잔류물은 훨씬 고온의 가열이 필요할 수도 있다.

소결 재료의 작은 입자가 고상 확산에 의해 서로 결합하는 과정을 **소결**(sintering)이라 한다. 세라믹 제조에서는 이러한 열처리를 통하여 다공성 압분체를 고밀도 응집체로 변환시킨다. 소결은 예를 들어 알루미나, 베릴리아, 페라이트 및 티탄산염의 세라믹 제조에 널리 쓰인다.

소결 공정에서 입자들은 융점 미만의 화합물이 소결되는 고온에서 고상 확산에 의해 합체된다. 예를 들어 그림 11.23에 보이는 알루미나 점화 플러그 절연체는 1600°C(알루미나의 융점은 2050°C)에서 소결된다. 소결에서 원자 확산은 입자의 접촉면에서 일어나 서로 화학적으로 결합하게 된다(그림 11.26). 이런 과정이 진행됨에 따라 그림 11.27*a*, *b* 및 *c*에 보이는 MgO 성형체의 소결에서 예시된 바와 같이 작은 입자를 희생시키면서 더 큰 입자가 형

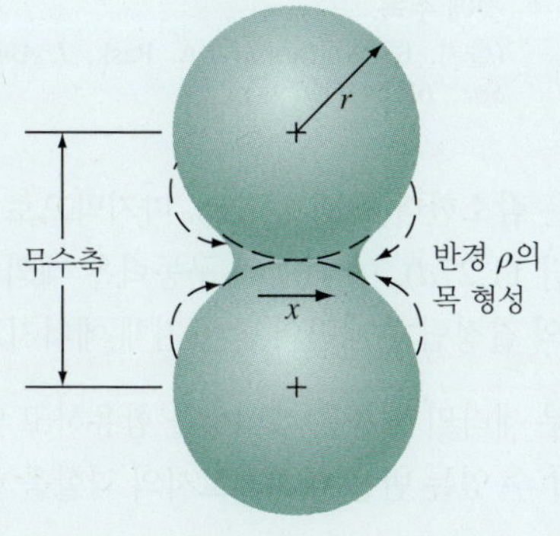

그림 11.26 ➤ 두 미세한 입자의 소결 과정에서의 목 형성. 원자 확산이 접촉면에서 일어나고 접촉 면적이 커짐에 따라 목을 형성.
(출처: B. Wong and J.A. Pask, *J. Am. Ceram. Soc.*, 62:141(1979).)

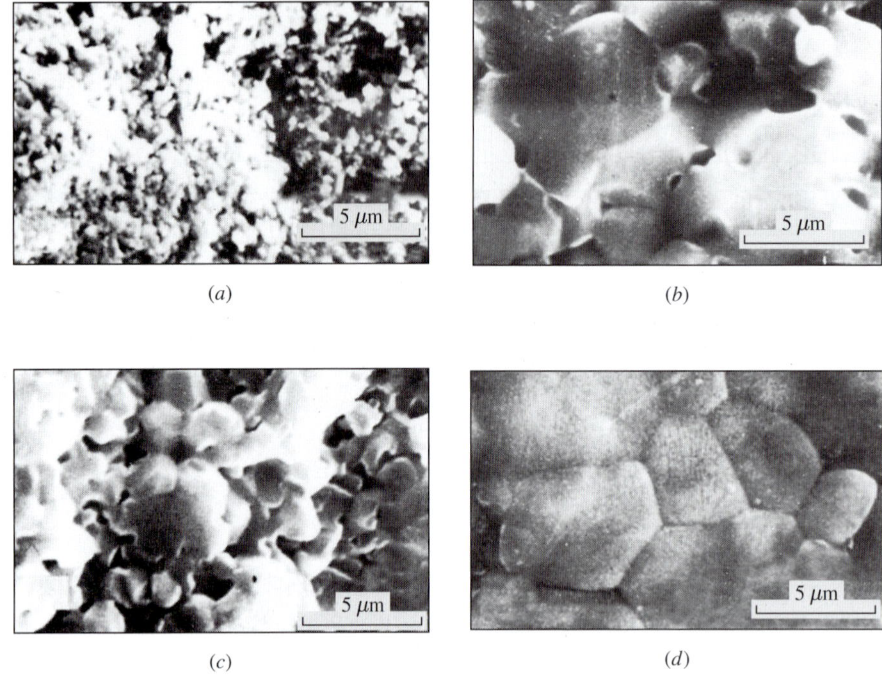

그림 11.27 ➤ MgO 성형체(압분체)를 공기 중 1430°C에서 소결한 파단면의 주사 전자 현미경 사진: (*a*) 30분(파단면 기공률 = 0.39); (*b*) 303분(기공률 = 0.14); (*c*) 1110분(기공률 = 0.09) 동안 유지; (*d*) 1110분 열처리한 표면. ((*a-d*) 제공: The American Ceramic Society)

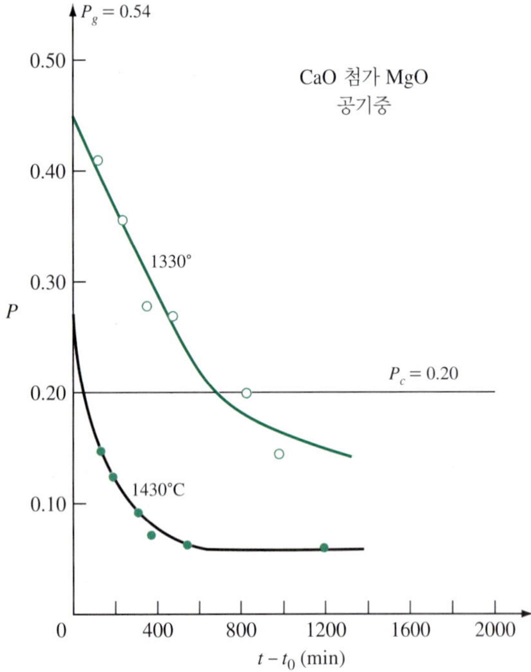

그림 11.28 ➤ 0.2 wt% CaO를 첨가한 MgO 압분체를 공기 중 1330°C 및 1430°C에서 소결 시, 시간에 따른 기공률. 소결 온도가 높을수록 기공이 빠르게 감소되어 낮은 기공률을 갖는 것에 주목.
(출처: B. Wong and J.A. Pask, *J. Am. Ceram. Soc.*, 62:141(1979).)

성된다. 소결의 진행으로 입자가 커질수록 압분체의 기공률은 감소한다(그림 11.28). 마지막으로 공정이 끝나면 "평형 결정립 크기(equilibrium grain size)"가 얻어진다(그림 11.27*d*). 이 과정의 구동력은 계의 에너지 감소이다. 원래 개별 작은 입자와 연관된 높은 표면 에너지는 소결체의 결정립계 계면의 낮은 전체 에너지로 대체된다.

유리화 자기, 구조용 점토 제품 및 일부 전자부품과 같은 일부 세라믹 제품은 유리상을 함유하고 있다. 이 유리상은 나머지 세라믹 고체 물질보다 낮은 온도에서 확산이 일어날 수 있는 반응 매개체로서의 역할을 한다. 이런 유형의 세라믹 재료를 소성하는 동안에는 유리상이 액화되어 재료의 기공 공간을 채우는 **유리화**(vitrification)라는 과정이 일어난다. 이 액체 유리상은 나머지 고체 내화 물질의 일부와도 반응할 수 있다. 냉각 중에 액상은 고화되어 유리질(vitreous) 혹은 유리상(glassy) 기지를 형성하여 녹지 않은 입자들을 서로 결합시킨다.

11.5 전통 세라믹스와 구조 세라믹스

11.5.1 전통 세라믹스

전통 세라믹스(traditional ceramics)는 *점토*(clay), *실리카*(플린트) 및 *장석*(feldspar)의 3가지 기본 성분으로부터 제조된다. 점토는 주로 규산화알루미늄수화물($Al_2O_3 \cdot SiO_2 \cdot H_2O$)과 소량의 TiO_2, Fe_2O_3, MgO, CaO, Na_2O 및 K_2O와 같은 다른 산화물로 구성되어 있다. 표 11.4는 일부 산업용 점토의 화학조성을 나열했다.

전통 세라믹스에서 점토는 소성하기 전에 재료의 작업성(workability)을 제공하여 소지를 굳어지게 하는 소지 재료의 주요 구성 성분이다. 플린트나 석영이라고도 하는 실리카(SiO_2)는 높은 융점을 가지며 전통 세라믹스에서 내화재(refractory) 성분이다. $K_2O \cdot Al_2O_3 \cdot 6SiO_2$의 기본 조성을 갖는 칼륨장석은 낮은 융점을 가지며 세라믹 혼합물이 소성될 때 유리를 만든다. 이렇게 되면 내화재 성분을 함께 결합시킨다.

표 11.4 ➢ 일부 점토의 화학조성

점토 종류	주요 산화물의 무게백분율									강열감량*
	Al_2O_3	SiO_2	Fe_2O_3	TiO_2	CaO	MgO	Na_2O	K_2O	H_2O	
카올린	37.4	45.5	1.68	1.30	0.004	0.03	0.011	0.005	13.9	
테네시산 볼 점토	30.9	54.0	0.74	1.50	0.14	0.20	0.45	0.72	. . .	11.4
켄터키산 볼 점토	32.0	51.7	0.90	1.52	0.21	0.19	0.38	0.89	. . .	12.3

출처: P.W. Lee, Ceramics, Reinhold, 1961.
*역주: 시료를 1000°C 내외로 강열하여 열분해 등으로 휘발성분이 날아가며 나타나는 감량 %

표 11.5 ➢ 일부 3성분계 도자기의 화학조성 백분률

소지 유형	도자기용 점토	볼 점토	장석	플린트	기타
경질 자기	40	10	25	25	
전기 절연체 자기	27	14	26	33	
유리질 위생도기	30	20	34	18	
전기 애자	23	25	34	18	
유리질 타일	26	30	32	12	
반유리질 도자기	23	30	25	21	
본 차이나	25	. . .	15	22	38 뼈 회분
식기용 도자기	31	10	22	35	2 $CaCO_3$
치과용 자기	5	. . .	95		

출처: W.D. Kingery, H.K. Bowen, and D.R. Uhlmann, Introduction to Ceramics, 2d ed., Wiley, 1976, p. 532.

건축용 벽돌, 하수관, 배수 타일, 지붕 타일 및 바닥 타일과 같은 구조용 점토 제품은 3가지 기본 성분을 모두 함유하는 천연 점토로부터 만들어진다. 전기용 자기, 식기용 자기, 위생도기와 같은 도자기 제품은 조성을 조절한 점토, 실리카, 장석의 성분으로 제조한다. 표 11.5에는 일부 3성분계 도자기의 화학 조성을 나열하였다. *3성분계*(triaxial)라는 용어는 소지의 조성에서 필요한 3가지 주요 재료를 말한다.

다양한 종류의 도자기에 대한 일반적인 조성 범위가 그림 11.29의 실리카-루사이트-뮬라이트 3성분계 상태도에 표시되어 있다. 일부 도자기의 조성 범위는 원 부분으로 표시되어 있다.

소성 중 3성분계 소지의 구조에서 일어나는 변화는 복잡하여 완전히 이해되지 않고 있다. 표 11.6에 도자기 소지를 소성하는 동안 일어날 수 있는 현상에 대하여 대략적으로 요약하였다.

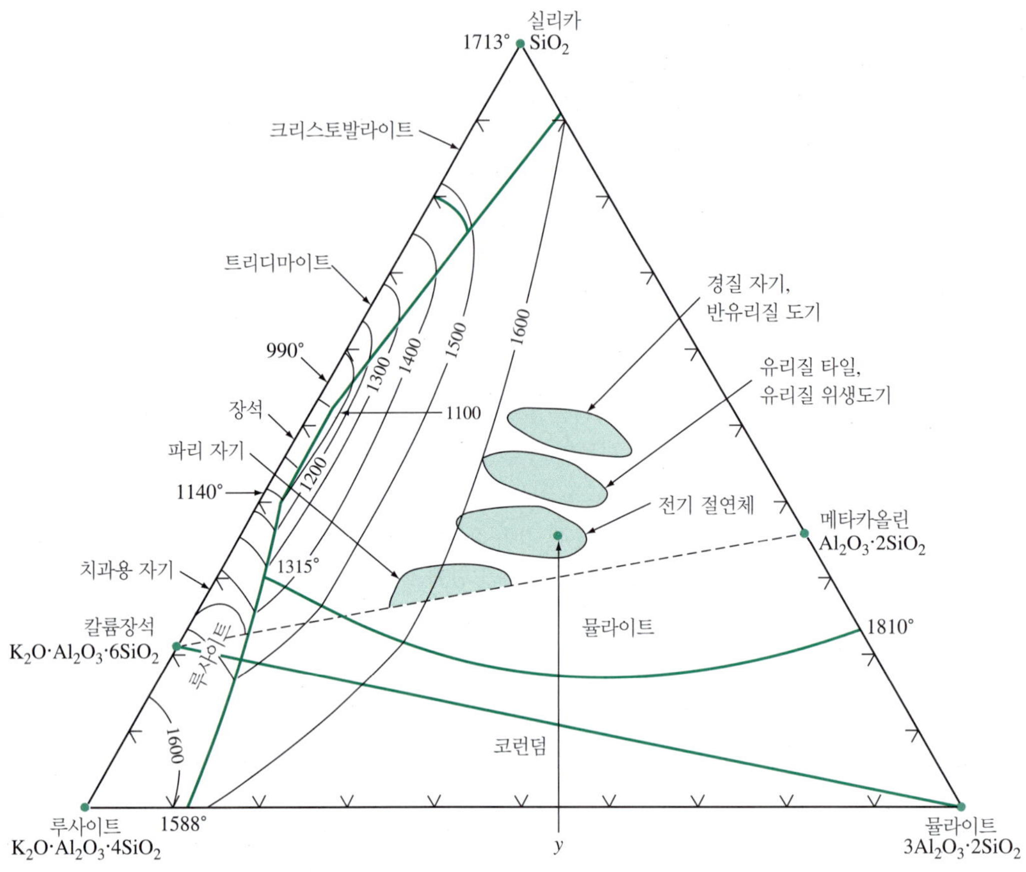

그림 11.29 ➤ 실리카–루사이트–뮬라이트 상평형도에 나타나 있는 3성분계 도자기 조성 영역.
(출처: W.D. Kingery, H.K. Bowen, and D.R. Uhlmann, "*Introduction to Ceramics*, 2d ed., Wiley, 1976, p. 533.)

그림 11.30은 전기 절연체 자기(전기 애자, electrical insulator porcelain)의 미세구조를 나타내는 전자현미경 사진이다. 이 사진에서 보이는 바와 같이 구조는 매우 불균질(heterogeneous)하다. 큰 석영 결정립은 고실리카 유리의 용액 테두리로 둘러싸여 있다. 잔류 장석을 가로지르는 침상 뮬라이트와 미세 뮬라이트–유리 혼합물이 존재한다.

3성분계 자기는 60 주파수용 절연체로는 만족스럽지만, 고주파에서는 유전 손실(dielectric loss)이 너무 크다. 융제(flux)[∮] 로 쓰이는 장석에서 파생되는 상당량의 알칼리는 3성분계 자기의 전기 전도도와 유전 손실을 증가시킨다.

표 11.6 ➤ **3성분계 소지의 가열 변화**

온도 (°C)	반응
100까지	수분의 손실
100~200	흡착수 제거
450	무수화물화
500	유기물의 산화
573	석영의 고온형으로의 상전이, 총 부피 미량 손실
980	점토로부터 스피넬 형성, 수축의 개시
1000	미세 뮬라이트 형성
1050~1100	장석으로부터 유리 형성, 뮬라이트 성장, 수축 계속
1200	유리 양 증대, 뮬라이트 성장, 기공 막힘, 석영의 일부 용융
1250	유리 60%, 뮬라이트 21%, 석영 19%, 기공 최소화

출처: F. Norton, "*Elements of Ceramics*," 2d ed., Addison-Wesley, 1974, p. 140.

∮ 역주: 다성분계 원료조합물 중에서 소지의 융점을 낮추는 역할을 하는 성분 원료

그림 11.30 ➤ 전기 절연체 자기의 전자현미경 사진(0°C에서 40% HF로 10초간 에칭, 실리카 replica 법).
(출처: ELIZABETH WEIDMANN, STRUERS INC./Science)

11.5.2 구조 세라믹스

주로 점토를 기반으로 하는 전통 세라믹스와는 달리 엔지니어링 또는 구조 세라믹스(engineering or structural ceramics)는 주로 산화물, 탄화물, 질화물의 단순 화합물이거나 또는 거의 단순 화합물이다. 주요한 엔지니어링 세라믹스로는 일부 내화 산화물과 결합된 알루미나(Al_2O_3), 질화규소(Si_3N_4), 탄화규소(SiC)와 지르코니아(ZrO_2)가 있다. 일부 엔지니어링 세라믹스의 융점이 표 11.1에 나열되어 있고, 일부 이러한 재료의 기계적 성질이 표 11.7에 주어져 있다. 일부 중요한 엔지니어링 세라믹스의 몇 가지 성질, 제조공정 및 응용에 대해 간략하게 다음에 설명하였다.

알루미나(Al_2O_3) 알루미나는 원래 내화용 튜브와 고온용 고순도 도가니로 개발되었으며 현재 널리 응용되어 사용된다. 알루미나 응용의 전통적인 예는 점화 플러그 절연체 재료이다(그림 11.23). 산화알루미늄은 일반적으로 산화마그네슘을 미량 첨가하고, 냉간 가압 성형 및 소결하여 그림 11.31과 같은 유형의 미세구조를 만든다. 그림 11.30의 전기용 자기의 미세구조와 비교했을 때, 알루미나 결정립 구조의 균일함에 주목하라. 알루미나는 낮은 유전 손실과 높은 저항률이 필요한 고품위 전기 응용분야에 일반적으로 사용된다.

표 11.7 ➤ 주요 엔지니어링 세라믹 재료의 기계적 성질

재료	밀도	압축 강도 MPa	압축 강도 ksi	인장 강도 MPa	인장 강도 ksi	곡 강도 MPa	곡 강도 ksi	파괴 인성 $MPa\sqrt{m}$	파괴 인성 $ksi\sqrt{m}$
Al_2O_3 (99%)	3.85	2585	375	207	30	345	50	4	3.63
Si_3N_4 (고온 가압 소결)	3.19	3450	500	. . .	. . .	690	100	6.6	5.99
Si_3N_4 (반응 결합)	2.8	770	112	. . .	. . .	255	37	3.6	3.27
SiC (소결)	3.1	3860	560	170	25	550	80	4	3.63
ZrO_2, 9% MgO (부분 안정화)	5.5	1860	270	. . .	. . .	690	100	8+	7.26+

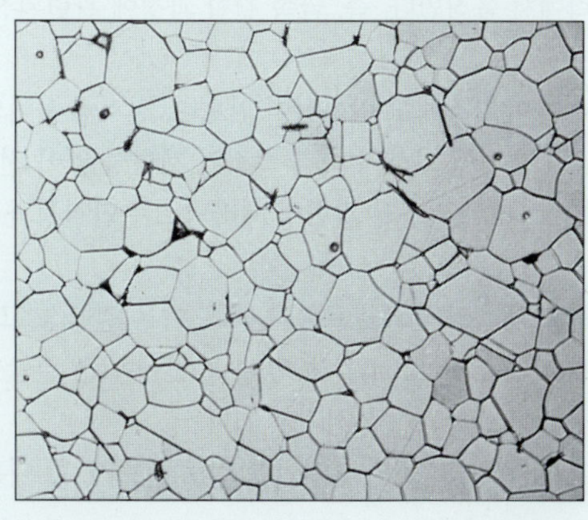

그림 11.31 ➤ 산화마그네슘을 첨가한 알루미나 소결체의 미세구조. 소결 온도는 1700°C. 미세구조는 결정립 내부에 겨우 몇 개의 기공이 존재하는 것을 제외하고는 기공이 거의 없음(배율 500×).
(제공: The American Ceramic Society)

질화규소(Si_3N_4) 엔지니어링 세라믹스 중에서 질화규소(silicon nitride)는 아마도 가장 유용한 공업용 물성의 조합을 지니고 있다. Si_3N_4는 1800°C 이상의 온도에서는 심하게 분해되어 직접 소결할 수 없다. Si_3N_4는 규소 분말 압축체에 질소 기체를 흘려 질화시키는 반응 결합(reaction bonding)으로 제조할 수 있다. 이 공정으로 적절한 강도의 미세기공을 갖는 Si_3N_4가 제조된다(표 11.7). 고강도의 치밀한 Si_3N_4는 1~5%의 MgO를 첨가하고 고온 가압 소결하여 제조한다. Si_3N_4는 고급 엔진 부품으로 사용하기 위해 탐구되고 있다(그림 1.9*a*).

탄화규소(SiC) 탄화규소(silicon carbide)는 고온에서 뛰어난 내산화성을 지닌 고경도 내화 탄화물이다. 비산화물이지만 SiC는 고온에서 SiO_2 피막이 형성되어 재료의 내부 소지를 보호한다. SiC는 소결 조제로 0.5~1%의 B를 첨가하여 2100°C에서 소결시킬 수 있다. SiC는 금속 기지 및 세라믹 기지 복합재료의 섬유 강화재로 일반적으로 사용된다.

지르코니아(ZrO_2) 순수 지르코니아는 동질이상체인데, 약 1170°C에서 정방정에서 단사정 구조로 상전이하며, 이때 수반되는 부피 팽창으로 균열을 일으킨다. 그러나 ZrO_2에 CaO, MgO, Y_2O_3와 같은 다른 내화 산화물과 조화시키면, 상온에서 입방정 구조로 안정화시킬 수 있어 특별한 응용 분야를 발견했다. ZrO_2를 9%의 MgO와 조화시켜 특수 열처리하여 매우 높은 파괴인성의 부분 안정화 지르코니아(partially stabilized zirconia, PSZ)를 만들 수 있으며, 이로부터 새로운 세라믹 응용 분야를 발전시켰다(보다 자세한 내용은 세라믹의 파괴인성에 관한 11.6절 참고).

11.6 세라믹스의 기계적 성질

11.6.1 일반적 성질

재료의 분류에서 세라믹스는 상대적으로 부서지기 쉽다(brittle). 관찰된 세라믹 재료의 인장 강도는 100 psi (0.69 MPa) 미만의 매우 낮은 값에서부터 조심스럽게 조절한 조건으로 제조한 Al_2O_3와 같은 세라믹 휘스커(whisker)에서의 약 10^6 psi(7×10^3 MPa)까지 매우 다양하다. 그러나 재료의 종류에서 인장 강도가 25,000 psi(172 MPa)를 넘는 세라믹스는 거의 없다. 99% Al_2O_3 세라믹 재료에 대해 표 11.7에서 나타낸 것처럼, 세라믹 재료는 인장 강도와 압축 강도 사이에 큰 차이가 있으며, 압축 강도는 일반적으로 인장 강도보다 5에서 10배 정도 높다. 또한, 많은 세라믹 재료는 이온-공유 결합으로 이루어져 있으므로 경도가 높고 충격 저항이 낮다. 그러나 이러한 일반화에는 많은 예외가 있다. 예를 들어, 가소성 점토는 강한 이온-공유 결합된 원자 층 사이가 약한 2차 결합에 의해 결합되어 있어 연성이 크고 쉽게 변형될 수 있는 세라믹 재료이다.

11.6.2 세라믹 재료의 변형 기구

결정질 세라믹스가 잘 변형되지 않는 이유는 이온 및 공유 결합으로 되어 있기 때문이다. 금속에서 소성 유동(plastic flow)은 주로 결정구조 중의 선 결함(전위)(line faults, (dislocation))이 특정 결정 슬립 면을 따라 움직임으로써 일어난다(6.5절 참고). 금속에서는 금속 결합의 비방향성 본성과 결합에 관련된 모든 원자가 원자 면에 균일하게 분포된 음전하를 갖기 때문에 전위가 비교적 작은 응력에서 움직인다. 즉, 금속 결합 과정에 관련된 양 혹은 음으로 하전된 이온은 없다.

공유 결합 결정 및 공유 결합성 세라믹스에서는 원자간의 결합이 특정하고 방향성이 있으며, 전자쌍 사이의 전자 전하 교환을 포함한다. 따라서 공유 결합 결정에 한도 이상의 응력이 가해지면, 후속적인 재형성 없이 전자쌍 결합이 끊어지기 때문에 취성 파괴(brittle fracture)가 일어난다. 그러므로 공유 결합성 세라믹스는 단결정과 다결정 상태 모두에서 부서지기 쉽다.

기본적으로 이온 결합성 세라믹스의 변형은 다르다. 산화마그네슘과 염화나트륨과 같은 이온 결합성 고체의 단결정은 상온에서 압축 응력을 가할 때 상당한 소성 변형(plastic deformation)을 보인다. 반면에 이온 결합성 다결정질 세라믹스(polycrystalline ceramics)는 결정립계에서 균열이 형성되어 부서지기 쉽다.

그림 11.32에 나와 있는 것처럼, 이온성 결정이 변형될 수 있는 몇 가지 조건을 간단히 검토해 보자. 한 이온 면

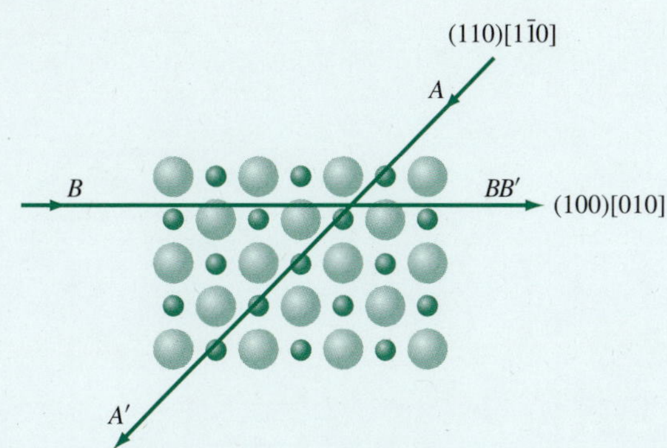

그림 11.32 ➤ 위에서 본 NaCl 결정구조. (*a*) (110) 면에서 [1$\bar{1}$0] 방향으로의 슬립(선 *AA*′). (*b*) (100) 면에서 [010] 방향으로의 슬립(선 *BB*′).

의 이온이 다른 이온 면 위로 미끄러지는 것은 서로 다른 전하를 가진 이온이 접촉하는 것을 포함하므로, 인력과 반발력이 생성될 수 있다. NaCl 형 구조를 갖는 대부분의 이온 결합성 결정은 {110} 슬립 계(slip system)에서 미끄러지는데, 그 이유는 {110} 면족의 슬립은 전하가 다른 이온만을 포함하기 때문에, 슬립 면은 슬립 과정 중에 쿨롱 인력에 의해 서로 끌어당기는 상태를 유지하기 때문이다. {110} 면족의 슬립은 그림 11.32의 *AA*′ 선으로 표시했다. 반면에 {100} 면족에서의 슬립은 같은 전하를 가진 이온이 접촉하게 되기 때문에, 서로 미끄러지는 이온 면을 분리시키려는 경향이 있어 거의 관찰되지 않는다. 이러한 {100} 면족의 슬립은 그림 11.32의 *BB*′ 선으로 표시했다. 단결정 형태의 많은 세라믹 재료는 상당한 소성 변형을 보인다. 그러나 다결정질 세라믹스에서는 인접한 결정립이 변형 중에 모양이 변경되어야만 한다. 이온 결합성 고체에서는 제한된 슬립계가 있기 때문에, 결정립계에서 균열이 발생하고 결과적으로 취성 파괴가 일어난다. 대부분의 산업적으로 중요한 세라믹스는 다결정질이므로 대부분의 세라믹 재료는 부서지기 쉬운 경향이 있다.

11.6.3 세라믹 재료의 강도에 영향을 미치는 인자

세라믹 재료의 기계적 파손은 주로 구조적 결함(defects)으로 인하여 일어난다. 다결정 세라믹스에서 파괴(fracture)의 주원인은 표면 처리 중 발생하는 표면 균열(surface cracks), 제조공정 중에 생성하는 공극(기공)(voids (porosity)), 개재물(inclusions), 조대 결정립(large grains)을 포함한다.[3]

취성 세라믹 재료에서 기공은 응력이 집중되는 부분이며, 기공에 가해지는 응력이 어떤 임계값에 도달하면, 연성 금속에서 변형 중에 작동하는 것과 같은 커다란 에너지를 흡수하는 과정이 없기 때문에 균열이 생성되고 전파된다. 따라서 일단 균열이 전파되기 시작하면 파괴가 일어날 때까지 계속 성장한다. 기공은 또한 하중이 가해지는 단면적을 감소시켜 결과적으로 재료가 지탱할 수 있는 응력을 저하시키기 때문에 세라믹 재료의 강도에 나쁜 영향을 미친다. 따라서 세라믹 재료에서 기공의 크기와 부피 분율은 강도에 영향을 미치는 중요한 인자이다. 그림 11.33은 기공의 부피분율이 증가함에 따라 알루미나의 횡방향 인장 강도가 감소되는 것을 보여주고 있다.

제조한 세라믹스에 있는 흠(flaws)도 세라믹 재료의 파괴 강도를 결정하는 데 중요할 수 있다. 커다란 흠은 세라믹스의 강도에 영향을 미치는 주요 인자가 될 수 있다. 큰 기공이 없는 아주 치밀한 세라믹 재료에서 흠의 크기는 보통 결정립 크기와 관련 된다. 기공이 없는 세라믹스에서 순수 세라믹 재료의 강도는 결정립 크기의 함수인데, 결정립이 미세한 세라믹스일수록 결정립계에 있는 흠의 크기가 더 작게 되어 조대한 결정립 세라믹스보다 강하다.

따라서 다결정질 세라믹 재료의 강도는 주인자가 되는 화학 조성, 미세구조 및 표면 상태를 포함하는 많은 요인에 의해 결정된다. 응력의 유형과 적용 방법뿐만 아니라 온도와 환경도 중요하다. 그러나 상온에서 대부분의 세라믹 재료의 파손은 일반적으로 가장 큰 흠에서 발생한다.

11.6.4 세라믹 재료의 인성

세라믹 재료는 공유-이온 결합의 조합으로 되어 있기 때문에 본질적으로 낮은 인성(toughness)을 갖는다. 세라믹 재료의 인성을 향상시키기 위한 수많은 연구가 수행되어 왔다. 첨가제를 사용한 고온 가압 소결 및 반응 소결과 같

3 A.G. Evans, *J. Am. Ceram. Soc.*, **65**:127(1982).

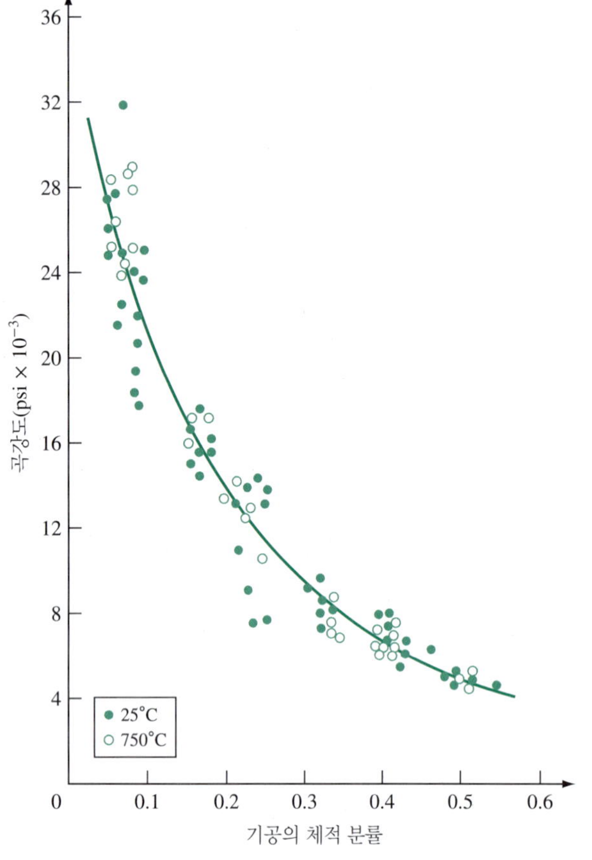

그림 11.33 ➤ 순수 알루미나의 곡강도에 미치는 기공의 영향.
(출처: R.L. Coble and W.D. Kingery, *J. Am. Ceram. Soc.*, 39:377(1956).)

그림 11.34 ➤ 단일 노치를 사용한 세라믹 재료의 4점 파괴인성 시험 설치도.

은 공정을 이용하여 인성이 향상된 엔지니어링 세라믹스가 제조하였다(표 11.7).

금속의 파괴인성 시험과 유사한 방법으로 세라믹 시편에 대해서도 K_{IC} 값을 결정하기 위해 파괴인성 시험을 할 수 있다(7.3절 참고). 세라믹 재료에 대한 K_{IC} 값은 보통 단일면 모서리 또는 chevron 노치 빔 시편으로 4점 굽힘 시험을 사용하여 구한다(그림 11.34). 세라믹 재료에서도 다음의 파괴인성 식을 사용할 수 있는데, 파괴인성 K_{IC} 값은 파괴 응력과 가장 큰 결함 크기와 관련된다.

$$K_{IC} = Y\sigma_f\sqrt{\pi a} \tag{11.1}$$

식 (11.1)에서 K_{IC}는 MPa $\sqrt{\text{m}}$ (ksi $\sqrt{\text{in.}}$)로 측정되는데, 파괴 응력 σ_f는 MPa (ksi), 그리고 a (가장 큰 내부 흠 크기의 반)는 m (in)이다. Y는 무차원 상수로 약 1이다. 예제 11.9는 파괴인성과 강도를 알고 있는 특정한 엔지니어링 세라믹스에서 파괴가 일어나지 않고 견딜 수 있는 가장 큰 흠의 크기를 결정하는데, 이 식을 어떻게 사용할 수 있는가를 보여주고 있다.

예제 11.9

반응 결합 질화규소 세라믹스는 300 MPa의 강도와 3.6 MPa $\sqrt{\text{m}}$의 파괴인성을 가지고 있다. 이 재료가 파괴가 일어나지 않고 지탱할 수 있는 내부 균열의 가장 큰 크기는 얼마인가? 파괴인성 식에서 $Y = 1$을 사용하라.

풀이

$$\sigma_f = 300 \text{ MPa} \qquad K_{IC} = 3.6 \text{ MPa-}\sqrt{\text{m}} \qquad a = ? \qquad Y = 1$$

$$K_{IC} = Y\sigma_f\sqrt{\pi a}$$

혹은

$$a = \frac{K_{IC}^2}{\pi \sigma_f^2} = \frac{(3.6\ \text{MPa-}\sqrt{\text{m}})^2}{\pi (300\ \text{MPa})^2}$$
$$= 4.58 \times 10^{-5}\ \text{m} = 45.8\ \mu\text{m}$$

따라서 가장 큰 내부 균열 = $2a = 2(45.8\ \mu\text{m}) = 91.6\ \mu\text{m}$. ◀

11.6.5 부분 안정화 지르코니아(PSZ)의 상전이 인성 증진

일부 다른 내화 산화물(즉, CaO, MgO, 혹은 Y_2O_3)을 조합한 지르코니아를 상변태시켜 이례적으로 높은 파괴인성을 갖는 세라믹 재료를 제조할 수 있다. 이제 ZrO_2-9 mol% MgO 세라믹 재료의 상변태 인성 증진(transformation toughening)을 일으키는 기구를 살펴보자. 순수 지르코니아 ZrO_2는 상온에서부터 1170°C까지는 *단사정*(monoclinic), 1170°C에서부터 2370°C까지는 *정방정*(tetragonal) 그리고 2370°C 초과에서는 *입방정*(cubic)(그림 11.10의 형석 구조)의 세 가지 다른 결정구조로 존재한다.

순수 ZrO_2가 정방정에서 단사정으로의 상변태는 마르텐사이트 변태(martensitic transformation)이며, 급랭에 의해 막을 수 없다. 또한 이 변태는 약 9%의 부피 증가를 수반하기 때문에 순수 지르코니아로 기물을 만드는 것이 불가능하다. 그러나 CaO, MgO, 혹은 Y_2O_3와 같은 다른 내화 산화물을 약 10 mol% 첨가하면 지르코니아가 입방정 형으로 안정화되어 상온에서 준안정 상태로 존재할 수 있으며, 이 재료로부터 기물을 만들 수 있다. 상온에서 입방정 구조를 유지하도록 안정화 산화물(stabilizing oxides)과 조합된 입방정 ZrO_2를 완전 안정화 *지르코니아*(fully stabilized zirconia)라 한다.

최근 이 재료의 상변태를 이용하여 인성과 강도가 향상된 지르코니아-내화 산화물 세라믹 재료가 개발되어 생산되었다. 더 중요한 지르코니아 화합물 세라믹스 중의 하나는 9 mol% MgO를 포함하는 부분 안정화 지르코니아(partially stabilized zirconia PSZ)이다. ZrO_2-9 mol% MgO 혼합물을 그림 11.35*a*의 ZrO_2-MgO 상평형도에서 나타낸 것 같이, 약 1800°C에서 소결하고 상온으로 급랭시키면, 모두 준안정 입방정 구조가 될 것이다. 그러나 이 재료를 1400°C까지 재가열하여 충분한 시간 동안 유지하면, 그림 11.35*b*에 보이는 바와 같이 정방정 구조의 미세한 준안정한 서브마이크론 크기의 석출물이 석출된다. 이 재료가 부분 안정화 *지르코니아*로 알려져 있다. 세라믹 재료에 작은 균열을 일으키는 응력이 작용되면, 정방정 상은 단사정 상으로 변태되고, 석출물이 부피 팽창을 일으켜 일종의 균열 닫힘 기구(crack-closing mechanism)로 인해 균열의 전파를 지연시킨다. 균열의 진전을 방해함으로써 세라믹스는 "인성 증진된다(그림 11.35*c*)." 부분 안정화 지르코니아는 8 + MPa $\sqrt{\text{m}}$의 파괴인성을 갖는데, 이는 표 11.7에 열거한 모든 다른 엔지니어링 세라믹 재료의 파괴인성보다 높다.

11.6.6 세라믹스의 피로 파손

금속의 피로 파손(fatigue failure)은 반복되는 주기적인 응력 하에서 시편의 가공경화 영역 내의 균열 핵생성 및 성장으로 인하여 일어난다. 세라믹 재료는 원자가 이온-공유 결합을 하고 있기 때문에 주기적인 응력이 가해지는 동안에 세라믹스는 소성 변형이 없다. 결과적으로 세라믹스에서의 피로 파괴는 드물다. 최근에 노치가 있는 다결정질 알루미나에 상온에서 주기적인 압축-압축 응력을 주어 안정한 피로 균열 성장이 일어나는 결과가 보고되었다. 직선의 피로 균열이 79,000 반복 압축 후에 생겼다(그림 11.36*a*). 결정립계를 따라 미세 균열 전파에 의해서 결국 입계 피로 파손이 초래되었다(그림 11.36*b*). 터빈 날개와 같은 응용 분야에서 주기적 응력에도 지탱할 수 있는 고인성 세라믹스를 만들기 위해 많은 연구가 수행되고 있다.

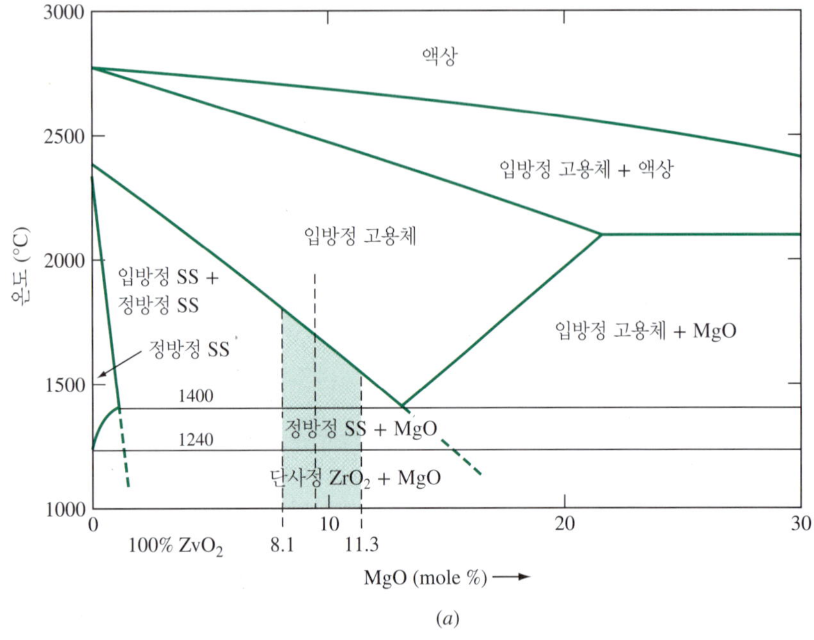

(*a*)

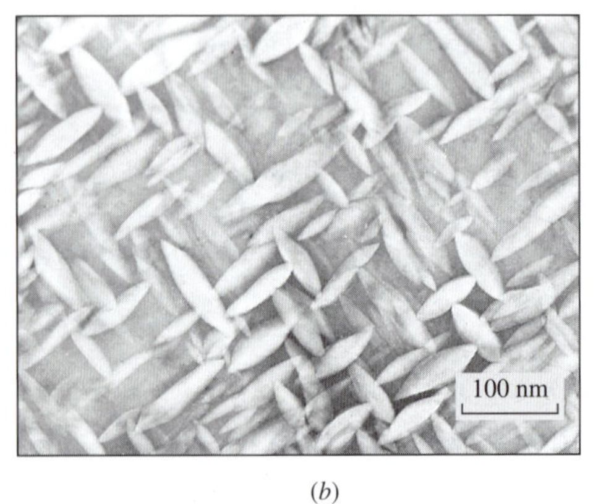

(*b*)

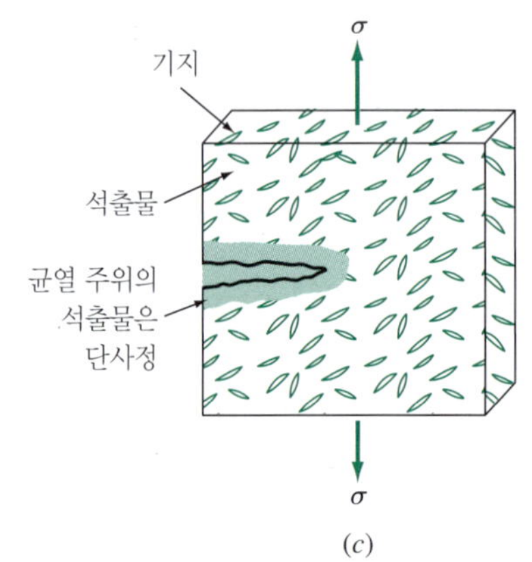

(*c*)

그림 11.35 ➤ (*a*) ZrO_2-MgO 2성분계 상태도에서 ZrO_2가 많은 부분의 상태도. 어두운 부분은 MgO가 ZrO_2와 조합되어 부분 안정화 지르코니아가 형성된 영역. (*b*) 적절히 재가열되어 정방정 상의 타원형 석출물이 보이는 MgO 부분 안정화 ZrO_2의 투과 전자 현미경 사진. 커다란 응력이 작용되면 이들 입자는 부피 팽창을 수반하는 단사정 상으로 전이함. (*c*) 부분 안정화된 ZrO_2-9 mol% MgO 세라믹 시편이 균열 주위에서 정방정 석출물이 단사정 상으로 상전이를 보여주는 모식도.

(출처: (*a*) A.H. Heuer, "Advances in Ceramics," vol. 3, *Science and Technology of Zirconia*, American Ceramic Society, 1981.; (*b*) 제공: The American Ceramic Society)

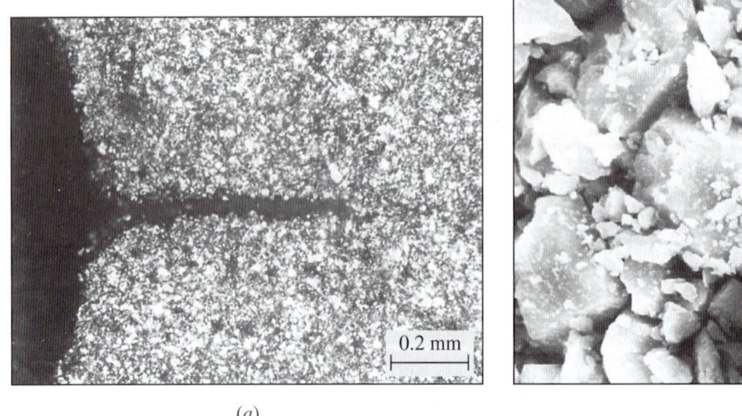

(*a*) (*b*)

그림 11.36 ➤ 반복 압축에 의한 다결정질 알루미나의 피로 균열. (*a*) 피로 균열을 보여주는 광학현미경 사진(압축의 축은 수직 방향). (*b*) 같은 시편의 입계 모드 파손을 입증하는 피로 부분 파단면의 주사 전자현미경 사진.

((*a-b*) 제공: Elservier)

11.6.7 세라믹 연마재

경도가 높은 일부 세라믹 재료는 경도가 낮은 다른 재료를 절삭(cutting), 연삭(grinding) 및 연마(polishing)하는 데 필요한 연마재(abrasive materials)로 유용하다. 용융 알루미나(산화알루미늄)와 탄화규소는 생산되는 세라믹 연마재 중에서 가장 일반적으로 사용되는 2가지이다. 판형이나 원판형 연마재 제품은 개별 세라믹 입자(지립)를 함께 결합하여 만든다. 결합제로서는 소성 세라믹스, 유기수지 및 고무가 포함된다. 세라믹 입자는 날카로운 절삭 모서리를 갖으며 경도가 높아야 한다. 또한 연마재 제품은 공기나 액체가 구조물을 통해 흐를 수 있는 통로의 역할을 하는 일정량의 기공이 있어야 한다. 산화알루미늄 결정립은 탄화규소보다 인성이 높지만 경도가 낮아, 탄화규소가 보통 고경도 재료용으로 사용된다.

산화지르코늄을 산화알루미늄에 조화시켜 산화알루미늄 단독보다 고강도, 고경도 및 보다 날카로운 특성을 지닌 향상된 연마재가 개발되었다.[4] 이러한 세라믹 복합체 중의 하나는 25% ZrO_2와 75% Al_2O_3 조성이고, 다른 하나는 40% ZrO_2와 60% Al_2O_3 조성이다. 또 다른 중요한 세라믹 연마재로 Borazon이라는 상품명의 입방정 질화붕소(cubic boron nitride)가 있다.[5] 이 재료는 다이아몬드와 거의 같은 경도를 갖지만 열적 안정성이 다이아몬드보다 우수하다.

11.7 세라믹스의 열적 성질

일반적으로 대부분의 세라믹 재료는 강한 이온-공유 결합에 기인한 낮은 열 전도도를 가지고 있고 우수한 열 절연체이다. 그림 11.37에는 여러 세라믹 재료에 대해 온도의 함수로 열 전도도를 비교하였다. 세라믹 재료는 열 저항성이 우수하므로, 액체나 기체 상태의 고온 환경 작용에 견디는 재료인 **내화물**(refractories)로 사용된다. 내화물은 금속, 화학, 세라믹 및 유리 산업에 광범위하게 사용된다.

11.7.1 세라믹 내화재료

산화알루미늄이나 산화마그네슘과 같이 융점이 높은 많은 순수 세라믹 화합물은 산업용 내화재료로 사용할 수는 있지만, 가격이 비싸고 성형하기 어렵다. 따라서 대부분의 산업용 내화물은 세라믹 화합물의 혼합물로 만든다. 표 11.8에는 일부 내화 벽돌의 조성과 그 응용 분야의 예를 열거하였다.

세라믹 내화물의 중요한 특성은 저온 및 고온 강도, 부피밀도(bulk density) 및 기공률이다. 대부분의 세라믹 내화물의 부피밀도는 2.1~3.3 g/cm^3 (132~206 lb/ft^3) 범위이다. 기공률이 낮은 치밀한 내화물은 내식성 및 내침식성이 좋고, 액체나 기체가 침투하기 어렵다. 그러나 단열 내화물(insulating refractories)의 경우는 기공이 많은 것이 바람직하다. 단열 내화물은 주로 벽돌이나 혹은 고밀도 고내화도 내화 재료의 지지체로 사용된다.

산업용 세라믹 내화물은 일반적으로 산성과 염기성 유형으로 나눈다. 산성 내화물(acidic refractories)은 주로 SiO_2, Al_2O_3, 염기성 내화물(basic refractories)은 MgO, CaO 및 Cr_2O_3를 기본으로 한다. 표 11.8에는 각종 산업용 내화물의 조성과 응용 범위를 열거하였다.

11.7.2 산성 내화물

실리카 내화물(silica refractories)은 내화성 및 기계적 강도가 높고 거의 융점에 이르기까지 견고성을 유지한다.

내화 점토(fireclays)는 가소성 내화 점토, 고운 점토(flint clay), 거친 점토(clay grog(굵은 입자))의 혼합물을 기반으로 한다. 소성되지 않은(green, 성형) 상태에서 이 내화물은 굵은 것으로부터 아주 미세한 것에 이르기까지 다양한 크기의 입자 혼합물로 구성되어 있다. 소성하면 미세한 입자가 큰 입자 사이에서 세라믹 결합을 형성한다.

고알루미나질 내화물(high-alumina refractories)은 50%~99%의 알루미나를 함유하며 내화 점토 벽돌보다

4 연마제용 ZrO_2-Al_2O_3 세라믹 복합체는 1960년대에 Norton Co.에 의해 개발되었다.

5 Borazon은 1950년대에 General Electric Co.에 의해 개발되었다.

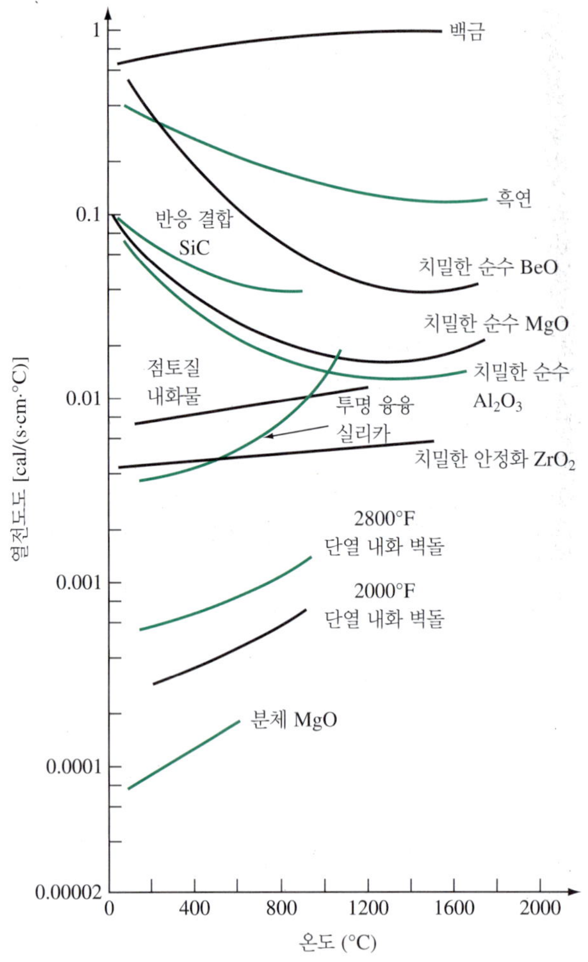

그림 11.37 ➤ 넓은 온도 범위에서 세라믹 재료의 열 전도도(로그 크기).
(출처: NASA.)

융점이 높다. 내화 점토 벽돌보다 가혹한 용광로 분위기나 고온에서도 사용할 수 있지만 가격이 비싸다.

11.7.3 염기성 내화물

*염기성 내화물*은 주로 마그네시아(MgO), 석회(CaO), 크롬 광석 혹은 이들 재료의 둘 또는 그 이상의 혼합물로 구성된다. 염기성 내화물 그룹은 높은 부피밀도, 높은 융점을 가지며 염기성 슬래그와 염기성 산화물에 대한 화학적 침식에 우수한 저항을 갖지만 가격이 비싸다. 높은 비율(92~95%)의 마그네시아를 함유한 염기성 내화물은 염기-산소 제강 공정의 피복재로 광범위하게 사용된다.

11.7.4 우주 왕복선용 세라믹 타일 단열

우주 왕복 궤도선용 열 보호 시스템의 개발은 엔지니어링 설계에 현대 재료 기술을 적용한 훌륭한 예이다. 우주 왕복선이 최소 100번의 임무를 수행할 수 있도록 새로운 단열 세라믹 타일 재료가 개발되었다.

궤도선 표면은 약 70%가 실리카 섬유 화합물로 만들어진 약 24,000개의 세라믹 타일에 의해 열로부터 보호된다. 그림 11.38은 고온 *재사용 가능한 표면 단열*(high-temperature reusable- surface insulation, HRSI) 타일 재료의 미세구조를 보인 것이고, 그림 11.39는 궤도선 본체에 이 재료가 부착된 표면 영역을 나타낸 것이다. 이 재료의 밀도는 단지 141 kg/cm^{3}에 불과하지만 1260°C (2300°F)의 높은 온도에 견딜 수 있다. 이 단열재의 효과는 기술자가 1260°C (2300°F)의 로에서 꺼낸 세라믹 타일 조각을 단 10초 만에 잡을 수 있을 정도이다.

표 11.8 ➤ 일부 내화 벽돌 재료의 조성과 응용

	조성 (wt%)			
	SiO_2	Al_2O_3	MgO	기타
산성 내화물:				
실리카 벽돌	95~99			
초강도 내화 점토 벽돌	53	42		
고강도 내화 점토 벽돌	51~54	37~41		
고알루미나질 벽돌	0~50	45~99+		
염기성 내화물:				
마그네시아질	0.5~5		91~98	0.6~4 CaO
마그-크로질	2~7	6~13	50~82	18~24 Cr_2O_3
소성 돌로마이트			38~50	38~58 CaO
특수 내화물:				
지르콘	32			66 ZrO_2
탄화규소	6	2		91 SiC

내화물의 응용:

초고강도 내화 점토 벽돌: 알루미늄 용해로, 회전로, 고로 및 고온 금속 운반 래들의 피복재
고강도 내화 점토 벽돌: 시멘트 및 석회 가마, 고로 및 소각로의 피복재
고알루미나질 벽돌: 보일러 가마, 산 소모성 재생로, 인산염로, 유리 탱크 청징로의 벽재, 카본블랙로, 연속 주조 턴디쉬의 피복재, 석탄 기화 반응로의 피복재 및 석유 코크 가마
실리카 벽돌: 화학 반응 장치의 피복재, 유리 탱크 부품, 시멘트 가마 및 코크 가마
마그네시아질 벽돌: 제강용 염기성-산소 전로 피복재
지르콘 벽돌: 유리 탱크 바닥 포장재와 연속 주조 노즐

출처: *Harbison-Walker Handbook of Refractory Practice*, Harbison-Walker Refractories, Pittsburgh, 1980.

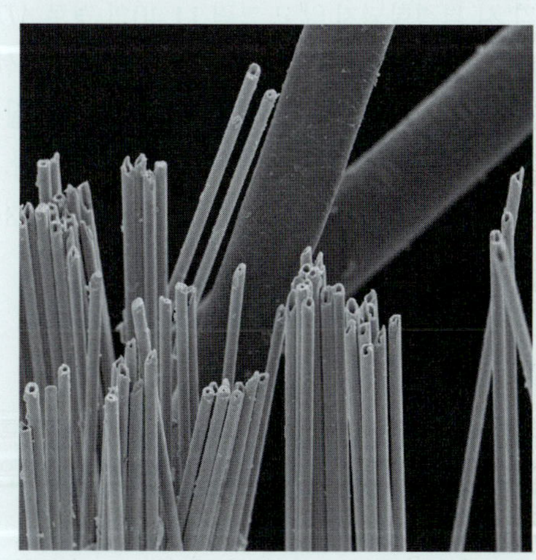

그림 11.38 ➤ 고온 재사용 가능한 표면 단열재 LI900 (우주 왕복선에 사용된 세라믹 타일 재료)의 미세구조; 99.7%의 순수 실리카 섬유로 구성된 구조 (배율 1200×).
(제공: Eye of Science/Science)

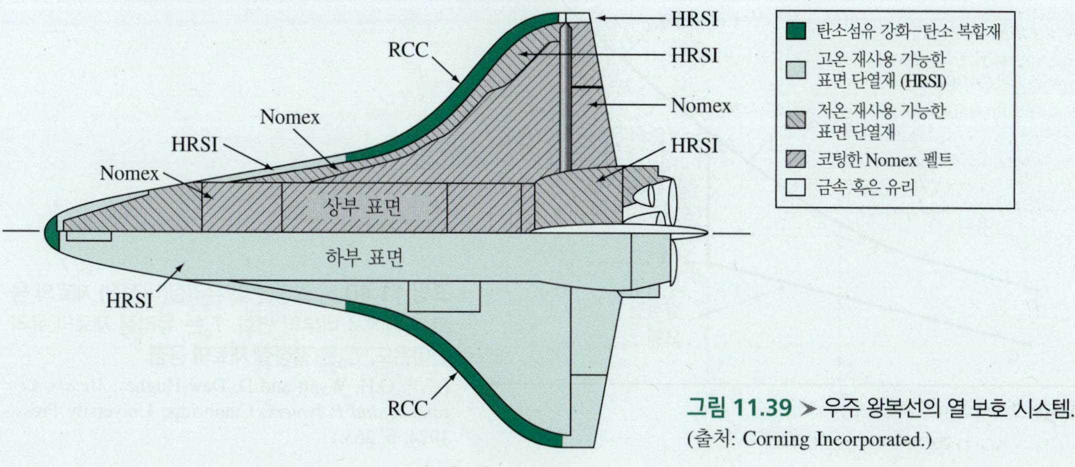

그림 11.39 ➤ 우주 왕복선의 열 보호 시스템.
(출처: Corning Incorporated.)

11.8 유리

유리는 다른 엔지니어링 재료에서 찾아볼 수 없는 특별한 물성을 지니고 있다. 상온에서 투광성과 경도가 조합되어 있으며 대부분의 일반 환경에서 충분한 강도, 우수한 내식성으로 인해 유리는 건축이나, 차량 유리와 같은 많은 엔지니어링 응용 분야에 없어서는 안 될 필수 요소다. 전기 산업에서는 유리의 절연성과 진공 밀봉성 때문에 여러 형태의 전구에 필수적이다. 전자 산업에서는 전자관에 대한 진공 밀봉 요구성과 인입 커넥터(lead-in connector)에 대한 절연성을 유리가 제공한다. 유리의 높은 내화학성 때문에 실험실 기구용으로 그리고 화학 산업에서 파이프와 반응 용기의 내식성 피복재로 유용하게 쓰인다.

11.8.1 유리의 정의

유리는 고온에서 무기재료로 만든다는 점에서 세라믹 재료이다. 그러나 구성성분을 가열하여 용융시킨 후 결정화(crystallization) 없이 단단한 상태로 냉각시킨다는 점에서 다른 세라믹스와는 구별된다. 따라서 **유리**(glass)는 *용융물이 결정화 없이 단단한 상태로 냉각된 무기물*로 정의할 수 있다. 유리의 특징은 비결정질(noncrystalline) 혹은 비정질(amorphous) 구조를 갖는 것이다. 유리에서 분자는 결정질 고체에서 존재하는 규칙적이고 반복적인 장거리 규칙성으로 배열되어 있지 않다. 유리에서 분자는 고체 재료 전체에서 그 배향을 무질서하게 바꾼다.

11.8.2 유리 전이온도

유리의 응고 거동은 그림 11.40과 같이 결정질 고체의 응고 거동과 다르다. 그림 11.40은 두 가지 유형의 재료에 대한 비부피(specific volume, 밀도의 역수) 대 온도 그림이다. 결정질 고체(예를 들어 순금속)를 형성하는 액체는 응고 시 일반적으로 그림 11.40의 경로 *ABC*로 표시된 것처럼 비부피가 상당히 감소하면서 일반적으로 융점에서 결정화될 것이다. 대조적으로, 유리를 형성하는 액체는 냉각 시 결정화되지 않고 그림 11.40의 경로 *AD*와 비슷한 경로를 따른다. 이러한 유형의 액체는 온도가 내려감에 따라 점성이 높아지게 되고, 비부피 대 온도 곡선의 기울기가 급격히 감소하는 좁은 온도 범위에서 고무처럼 연한 소성 상태에서 단단하고 부서지기 쉬운 유리질 상태로 전이한다. 고무 상태에서 단단한 상태로 전이하는 동안 비부피 대 온도 곡선의 기울기는 현저히 감소된다. 이 곡선의 두 기울기가 만나는 교점을 **유리 전이온도**(glass transition temperature, T_g)라 호칭하는 전이점으로 정의한다. 이 점은 구조에 민감하며 냉각 속도가 빠를수록 T_g 값이 높아진다.

11.8.3 유리의 구조

유리 형성 산화물 대부분의 무기물 유리는 **유리 형성 산화물**(glass-forming oxide)인 실리카 SiO_2를 기본으로 한다. 실리카계 유리의 기본 단위는 그림 11.41*a*에 나타낸 것과 같이 사면체 내의 규소(Si^{4+}) 원자(이온)가 4개의

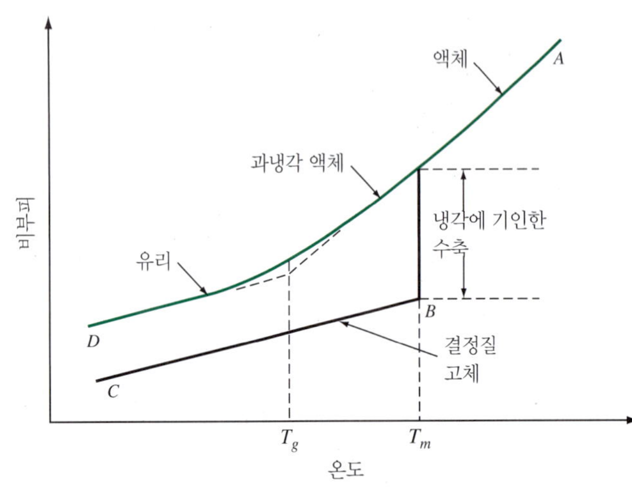

그림 11.40 ➤ 결정질 및 유리질(비정질) 재료의 응고 과정에서 비부피 변화. T_g는 유리질 재료의 유리 전이온도. T_m은 결정질 재료의 융점.
(출처: O.H. Wyatt and D. Dew-Hughes, *Metals, Ceramics, and Polymers*, Cambridge University Press, 1974, p. 263.)

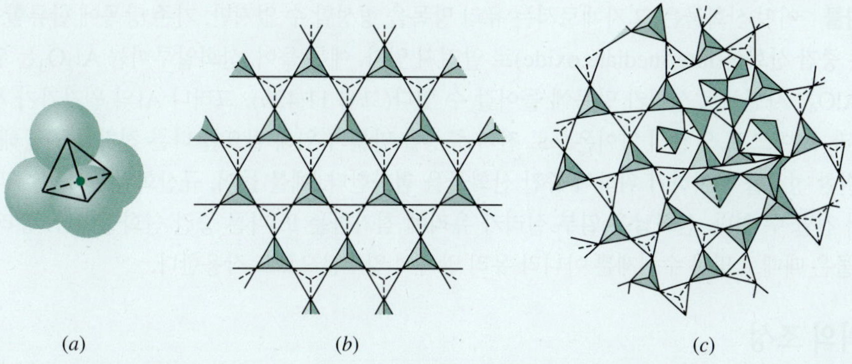

그림 11.41 ➤ (*a*) 규소–산소 사면체, (*b*) 사면체가 장범위 규칙을 갖는 이상적인 결정질 실리카(크리스토발라이트) 및 (*c*) 사면체가 장범위 규칙을 갖지 않는 단순 실리카 유리의 도식적 표현.
(출처: O.H. Wyatt and D. Dew-Hughes, *Metals, Ceramics, and Polymers*, Cambridge University Press, 1974, p. 259.)

산소 원자(이온)와 공유-이온 결합하는 SiO_4^{4-} 사면체이다. 예를 들어 크리스토발라이트(cristobalite)와 같은 결정질 실리카에서는 그림 11.41*b*에서처럼 Si–O 사면체가 규칙적인 배열로 꼭지점과 꼭지점이 연결되어 이상적인 장거리 규칙(long-range order)을 만든다. 단순한 실리카 유리의 경우는 사면체가 장거리 규칙 없이(long-range disorder) 꼭지점과 꼭지점이 *느슨한 망목*(loose network)을 형성하며 연결된다(그림 11.41*c*).

산화붕소 B_2O_3 또한 유리 형성 산화물이고, 그 자체로 붕소 원자가 산소 원자 평면에서 약간 벗어나서 평면 삼각형의 기본 단위를 형성한다. 그러나 알칼리와 알칼리토류 산화물을 첨가한 붕규산염 유리에서는 알칼리와 알칼리토류 양이온에 따른 전기 중성도를 맞추기 위해 BO_3^{3-} 삼각형에서 BO_4^{4-} 사면체로 변환될 수 있다. 산화붕소는 붕규산염 유리와 붕규산화알루미늄 유리 같은 여러 종류의 상업용 유리에서 중요한 첨가물이다.

유리 수식 산화물 유리 망목을 깨뜨리는 산화물은 **망목 수식제**(network modifier)로 알려져 있다. Na_2O와 K_2O 같은 알칼리 산화물과 CaO와 MgO 같은 알칼리토류 산화물을 실리카 유리에 첨가하면 점도를 낮추어 가공과 성형을 용이하게 할 수 있다. 이들 산화물의 산소 원자는 실리카 망목의 사면체가 연결되는 점에 들어가서 망목을 파괴시키고 공유되지 않은 전자를 갖는 산소 원자를 만든다(그림 11.42*a*). Na_2O와 K_2O로부터의 Na^+ 이온과 K^+ 이온은 망목에 들어가지 않고 망목 틈새의 위치에서 이온 결합된 금속 이온으로 남아 있게 된다. 망목 틈새 위치의 일부를 채우면, 이러한 이온은 유리의 결정화를 촉진시킨다.

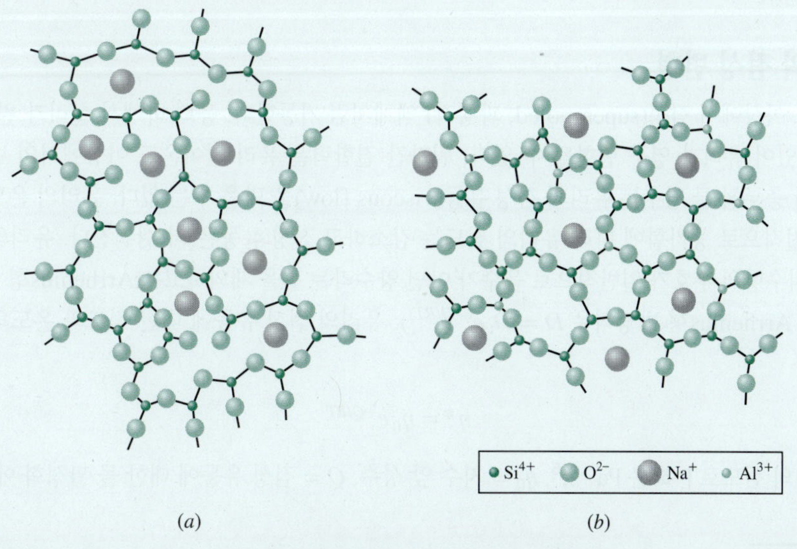

그림 11.42 ➤ (*a*) 망목 수식된 유리(소다–석회 유리); 금속 이온(Na^+)이 망목의 일부분을 이루지 않은 것에 주목. (*b*) 중간 산화물 유리(알루미나–실리카 유리); 작은 금속 이온(Al^{3+})이 망목의 일부분을 이루는 것에 주목.
(출처: O.H. Wyatt and D. Dew-Hughes, *Metals, Ceramics, and Polymers*, Cambridge University Press, 1974, p. 263.)

유리 중간 산화물 어떤 산화물은 그 자체로서는 유리 망목을 형성할 수 없지만, 기존 망목에 합류할 수는 있다. 이러한 산화물은 **중간 산화물**(intermediate oxide)로 알려져 있다. 예를 들어, 산화알루미늄 Al_2O_3는 일부 SiO_4^{4-} 군을 대체하여 AlO_4^{4-} 사면체로 실리카 망목에 들어갈 수 있다(그림 11.42*b*). 그러나 Al의 원자가가 사면체에 필요한 +4가 아니라 +3이므로, 알칼리 양이온으로 전기 중성을 만들기 위해 필요한 다른 전자를 공급해야 한다. 실리카 유리에 특별한 성질을 부여하기 위하여 중간 산화물을 첨가한다. 예를 들어, 규산화알루미늄 유리는 보통 유리보다 고온에서 견딜 수 있다. 산화납은 일부 실리카 유리에 첨가하는 또 다른 중간 산화물이다. 유리의 조성에 따라, 중간 산화물은 때때로 망목 수식제뿐 아니라 유리 망목의 일부분으로도 작용한다.

11.8.4 유리의 조성

주요 유형의 유리 조성이 특별한 성질과 응용 분야에 대한 약간의 설명과 함께 표 11.9에 나열되어 있다. 가장 중요한 단성분 유리인 용융 실리카 유리(fused silica glass)는 분광 투과율이 높고 방사선 손상을 받지 않아, 다른 유리에서 나타나는 갈변 현상(browning)이 발생하지 않는다. 따라서 우주용 차량의 창문, 바람터널 창문 및 분광 광도계 장치의 광학계에 쓰이는 이상적인 유리이다. 그러나 실리카 유리는 만들기가 어렵고 비싸다.

소다-석회 유리 가장 일반적으로 생산되는 유리는 전체 유리 생산의 약 90%를 차지하는 소다-석회 유리(soda-lime glass)이다. 이 유리의 기본 조성은 71~73% SiO_2, 12~14% Na_2O 및 10~12% CaO이다. Na_2O와 CaO는 이 유리의 연화점을 1600°C에서 약 730°C로 낮추어 소다-석회 유리의 성형을 쉽게 한다. 1~4% MgO 첨가는 소다-석회 유리의 실투[‡](devitrification)를 막기 위한 것이며, 0.5~1.5% Al_2O_3의 첨가는 내구성을 증가시키기 위한 것이다. 소다-석회 유리는 높은 화학적 내구성과 내열성이 요구되지 않는 판유리, 용기, 압축 및 취입 식기 및 조명 제품에 사용된다.

붕규산 유리 실리카 유리 망목에서 알칼리 산화물을 산화붕소로 대체하면 저팽창 유리가 생성된다. B_2O_3가 실리카 망목에 들어가면, 실리카 유리의 구조가 약해지고 연화점을 상당히 낮춘다. 약화 효과는 평면 3 배위 붕소의 존재 때문이다. 붕규산 유리(파이렉스 유리)(borosilicate glass(Pyrex glass))는 실험실 장치, 파이프, 오븐 식기 및 밀봉빔 헤드라이트에 사용된다.

납 유리 산화납은 일반적으로 실리카 망목의 수식제이지만 망목 형성제로서도 작용할 수 있다. 산화납 함량이 높은 납유리(lead glass)는 융점이 낮고 납땜 밀봉 유리로 이용된다. 고납유리는 고에너지 방사선 차폐용으로도 이용되며 방사선 창, 형광등 덮개 및 텔레비전 관에 적용된다. 납유리는 굴절률이 높기 때문에 일부 광학 유리와 장식용 유리에 사용된다.

11.8.5 유리의 점성 변형

유리는 전이온도 이상에서 점성(supercooled, 과냉각) 액체처럼 거동한다. 응력 하에서 실리카 원자(이온)단이 상호 미끄러질 수 있어 유리가 영구 변형될 수 있다. 원자간 결합력은 유리 전이온도 이상에서의 변형을 억제하나, 작용하는 응력이 충분히 클 경우는 유리의 점성 유동(viscous flow)을 막을 수는 없다. 유리의 온도가 유리 전이온도 이상으로 점진적으로 증가함에 따라 유리의 점도는 감소하고 점성 유동은 더 쉬워진다. 유리의 점성에 미치는 온도의 영향은 지수항의 부호가 일반적으로 음수가 아닌 양수라는 점을 제외하고는 Arrhenius형 방정식을 따른다(즉, 확산계수의 Arrhenius형 방정식은 $D = D_0e^{(-Q/RT)}$). 유리의 점성 유동에 대한 점도와 온도의 관계식은 다음과 같다.

$$\eta^* = \eta_0 e^{+Q/RT} \tag{11.2}$$

여기서 η = 유리의 점도로 P 혹은 Pa · s;[6], η_0 = 지수 앞 상수, Q = 점성 유동에 대한 몰 활성화 에너지, R = 몰 기

‡ 역주: 유리 용액을 고온에서 냉각하는 도중이나 동결된 유리를 재가열 할 때, 투명한 유리의 일부분이 불투명하게 결정화되는 현상

* η은 그리스 문자 eta, "eight-ah"로 발음.

6 1 P (포아즈) = 1 dyne · s/cm^2, 1 Pa · s (pascal-second) = 1 N · s/m^2, 1 P = 0.1 Pa · s.

표 11.9 ➤ 일부 유리의 조성 백분율

유리	SiO_2	Na_2O	K_2O	CaO	B_2O_3	Al_2O_3	기타	비고
1. (용융) 실리카	99.5+							녹이고 제조하기 어렵지만 1000°C까지 사용할 수 있음. 매우 낮은 팽창창과 높은 열충격 저항성
2. 96% 실리카	96.3	<0.2	<0.2		2.9	0.4		비교적 연한 붕규산 유리로부터 제조; 가열하여 SiO_2와 B_2O_3 상 분리; B_2O_3 상을 산에 녹아 나오게 함; 가열하여 기공을 강화
3. 소다-석회: 판유리	71~73	12~14		10~12		0.5~1.5	MgO, 1~4	쉽게 제조됨. 약간 변화되는 등급에 따라 창문용, 용기 및 전구용으로 다양하게 이용
4. 규산납: 전기용	63	7.6	6	0.3	0.2	0.6	PbO, 21 MgO, 0.2	쉽게 녹고 좋은 전기적 성질로 제조됨.
5. 고 납유리	35		7.2				PbO, 58	고 납유리는 X선을 흡수; 굴절률이 높아 무색 렌즈에 사용. 장식용 크리스탈 유리
6. 붕규산: 저팽창	80.5	3.8	0.4		12.9	2.2		저팽창, 우수한 열충격 저항성 및 화학적 안정성. 화학공업에 널리 사용
7. 낮은 전기 손실	70.0		0.5		28.0	1.1	PbO, 1.2	낮은 유전손실.
8. 붕규산알루미늄: 표준 기구	74.7	6.4	0.5	0.9	9.6	5.6	B_2O, 2.2	알루미나를 증가시키고 붕산을 저하시켜 화학적 내구성 향상
9. 저알칼리(E 유리)	54.5	0.5		22	8.5	14.5		유리섬유-수지 복합체의 섬유로서 널리 사용
10. 규산알루미늄	57	1.0		5.5	4	20.5	MgO, 12	고온강도, 저팽창
11. 결정화유리	40~70					10~35	MgO, 10~30 TiO_2, 7~15	유리의 실투에 의한 결정화유리. (유리처럼) 쉽게 제조, 물성 우수, 다양한 유리와 촉매

출처: O.H. Wyatt and D. Dew-Hughes, "*Metals, Ceramics, and Polymers*," Cambridge, 1974, p. 261.

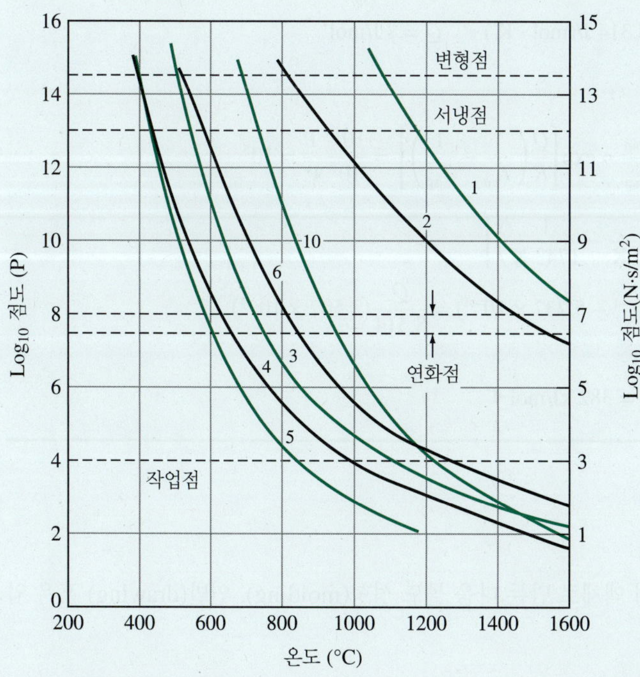

그림 11.43 ➤ 여러 종류 유리의 점도에 미치는 온도의 영향. 곡선에 표기된 수는 표 11.9의 조성을 나타냄.
(출처: O.H. Wyatt and D. Dew-Hughes, *Metals, Ceramics, and Polymers*, Cambridge University Press, 1974, p. 259.)

체상수, T = 절대 온도이다. 예제 11.10은 유리의 점성 유동에 대한 활성화 에너지 값이 점도–온도 데이터를 사용하여 이 방정식에서 어떻게 결정될 수 있는지를 보여준다.

일부 상업용 유리의 점도에 대한 온도의 영향이 그림 11.43에 나타나 있다. 유리 종류별 비교를 위해 그림 11.43에 수평선으로 표시된 여러 점도 기준점이 사용되었다. 이 들은 작업점(working point), 연화점(softening), 서냉점(annealing point) 및 변형점(strain point)이다. 이 들의 정의는 다음과 같다.

1. **작업점**(working point): 점도 = 10^4 포아즈(10^3 Pa · s). 이 온도에서 유리 제조 작업이 수행될 수 있다.
2. **연화점**(softening point): 점도 = 10^8 포아즈(10^7 Pa · s). 이 온도에서 유리는 자체 무게 때문에 아래쪽으로 상당한 속도로 흐를 것이다. 그러나 이 점은 유리의 밀도나 표면장력에 따라 좌우되므로 정확한 점도로 정의할 수 없다.
3. **서냉점**(annealing point): 점도 = 10^{13} 포아즈(10^{12} Pa · s). 내부 응력이 이 온도에서 제거될 수 있다.
4. **변형점**(strain point): 점도 = $10^{14.5}$ 포아즈($10^{13.5}$ Pa · s). 이 온도 아래에서 유리는 단단해지고 응력 이완이 느린 속도로 일어난다. 서냉점과 변형점 사이를 일반적으로 유리의 서냉 범위로 간주한다.

유리는 일반적으로 점도가 약 10^2 포아즈(10 Pa · s)에 해당되는 온도에서 녹는다. 성형 중에 유리의 점도는 정성적으로 비교된다. *경질 유리*(hard glass)는 연화점이 높고, *연질 유리*(soft glass)는 연화점이 낮다. 긴 유리는 연화점과 변형점 사이에 큰 온도차가 있다. 즉, *긴 유리*(long glass)는 온도가 감소함에 따라 *짧은 유리*(short glass)보다 천천히 응고된다.

예제 11.10

96% 규산염 유리는 940°C의 서냉점에서 10^{13} P, 1470°C의 연화점에서는 10^8 P의 점도를 갖는다. 이 온도 범위에서 이 유리의 점성 유동에 대한 활성화 에너지를 kJ/mol로 계산하라.

풀이

$$\text{유리의 서냉점} = T_{ap} = 940°\text{C} + 273 = 1213\ \text{K} \qquad \eta_{ap} = 10^{13}\ \text{P}$$
$$\text{유리의 연화점} = T_{sp} = 1470°\text{C} + 273 = 1743\ \text{K} \qquad \eta_{sp} = 10^{8}\ \text{P}$$
$$R = \text{기체상수} = 8.314\ \text{J/(mol} \cdot \text{K)} \qquad Q = ?\ \text{J/mol}$$

식 (11.2) $\eta = \eta_0 e^{Q/RT}$를 사용하여

$$\begin{aligned}\eta_{ap} &= \eta_0 e^{Q/RT_{ap}} \\ \eta_{sp} &= \eta_0 e^{Q/RT_{sp}}\end{aligned} \quad \text{혹은} \quad \frac{\eta_{ap}}{\eta_{sp}} = \exp\left[\frac{Q}{R}\left(\frac{1}{T_{ap}} - \frac{1}{T_{sp}}\right)\right] = \frac{10^{13}\ \text{P}}{10^8\ \text{P}} = 10^5$$

$$\begin{aligned}10^5 &= \exp\left[\frac{Q}{8.314}\left(\frac{1}{1213\ \text{K}} - \frac{1}{1743\ \text{K}}\right)\right] \\ \ln 10^5 &= \frac{Q}{8.314}(8.244 \times 10^{-4} - 5.737 \times 10^{-4}) = \frac{Q}{8.314}(2.507 \times 10^{-4}) \\ 11.51 &= Q(3.01 \times 10^{-5}) \\ Q &= 3.82 \times 10^5\ \text{J/mol} = 382\ \text{kJ/mol}\ ◀\end{aligned}$$

11.8.6 유리 성형 방법

유리 제품은 먼저 유리를 고온으로 가열하여 점성 액체로 만든 다음 몰드 성형(molding), 인발(drawing) 혹은 압연(rolling)하여 원하는 모양으로 만든다.

박판 및 평판 유리의 성형 미국에서 생산되는 평판 유리의 약 85%는 유리 리본(glass ribbon)을 용해로 밖으로 나오게 하여 용융 주석 욕조의 표면에 뜨게 하는 **부유 성형 유리**(float-glass) 공정에 의해 만든다(그림 11.44). 유

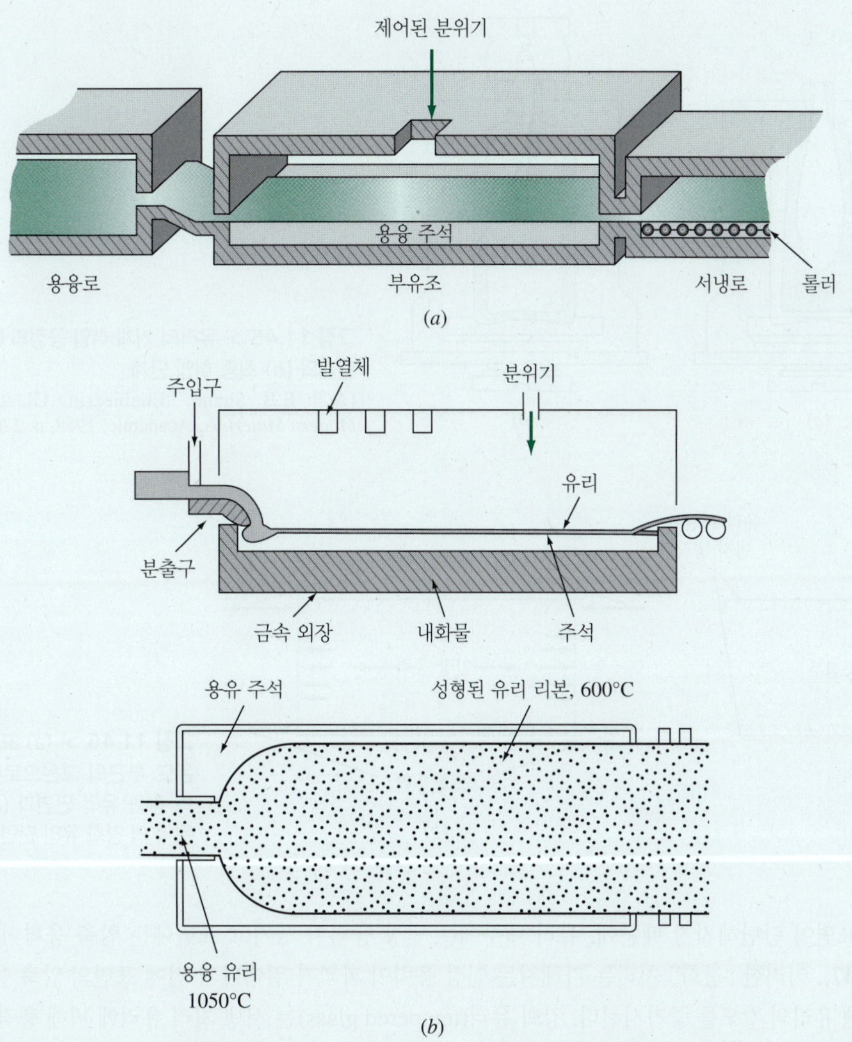

그림 11.44 ➤ (*a*) 부유 성형 유리 공정 모식도. (*b*) 부유 성형 유리 공정의 측면도와 평면도.
((*a*) 출처: D.C. Boyd and D.A. Thompson, "Glass," vol. II: *Kirk-Othmer Encyclopedia of Chemical Technology*, 3rd ed., Wiley, 1980. p. 862.)

리 리본은 용융 주석을 가로질러 움직이며 분위기가 화학적으로 조절되는 동안 냉각된다(그림 11.44). 표면이 충분히 단단해지면, 유리 박판은 자국 나지 않게 롤러에 의해 노에서 옮겨, *레어*(lehr)라 하는 긴 서냉로를 통과하게 되는데 여기서 잔류 응력이 제거된다.

유리의 불기, 가압 및 주조 병, 항아리 및 전구 덮개 같이 속이 깊은 제품은 일반적으로 공기를 불어(blowing) 용융 유리를 몰드에 밀어 넣어 성형한다(그림 11.45). 광학용 렌즈나 밀봉 빔 렌즈와 같은 평평한 제품은 플린저로 몰드에 담긴 용융 유리를 가압하여(pressing) 만든다.

많은 제품들은 유리를 열린 몰드에 주조(casting)하여 만들 수 있다. 지름 6 m인 대형 붕규산 유리 망원경 반사경을 유리 주조에 의해 만들었다. 텔레비전 튜브와 같은 깔때기 모양의 제품은 원심 주조(centrifugal casting)하여 만든다. 공급 장치로부터 나오는 용융 유리 덩어리(molten glass gobs)를 회전 몰드에 떨어뜨려, 유리를 윗 방향으로 흐르게 하여 거의 균일한 두께의 유리벽을 형성시킨다.

11.8.7 강화 유리

이 유형의 유리는 연화점 근처까지 가열한 후에 유리 표면을 급속 공랭하여 강화시킨다. 유리 표면이 먼저 냉각되어 수축되고, 반면에 내부는 따뜻하며 응력이 거의 없이 치수 변화가 재조정된다(그림 11.46*a*). 내부가 냉각되

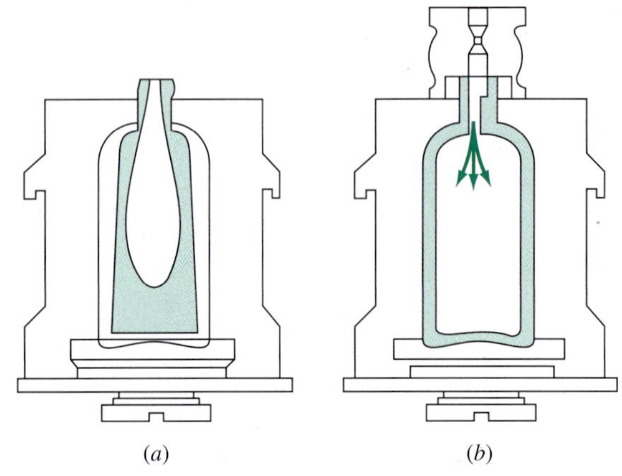

그림 11.45 ➤ 유리의 기계 취입 공정의 (a) 재가열 단계와 (b) 최종 취입 단계.
(출처: E.B. Shand, "Engineering Glass," vol. 6: *Modern Materials*, Academic, 1968, p. 270.)

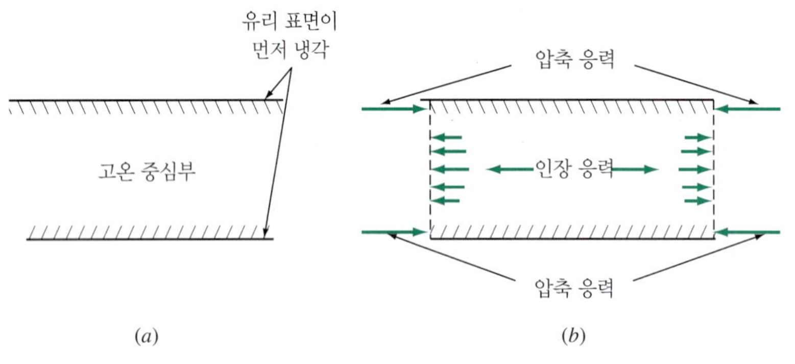

그림 11.46 ➤ (a) 표면이 유리 연화 온도 부근의 고온으로부터 냉각된 후의 강화 유리 단면과 (b) 중심이 냉각된 후의 강화 유리 단면.

어 수축되면 표면이 단단해지기 때문에, 유리 내부에는 인장 응력이 생기고 표면에는 압축 응력이 생긴다(그림 11.46*b*와 11.47). 이러한 "강화" 처리는 가해지는 인장 응력이 파괴가 일어나기 전에 표면의 압축 응력을 극복해야 하기 때문에 유리의 강도를 증가시킨다. 강화 유리(tempered glass)는 서냉 처리 유리에 비해 충격에 대한 저항성이 높고 서냉 처리 유리보다 약 4배나 더 강하다. 자동차의 옆 유리나 문에 쓰이는 안전유리는 열 강화제품이다.

11.8.8 화학 강화 유리

특수 화학적 처리로 유리의 강도를 높일 수 있다. 예를 들면, 규산화나트륨알루미늄 유리를 변형점(~500°C)보다 약 50°C 낮은 온도의 질산칼륨 욕조에 6~10시간 동안 담가 놓으면, 유리 표면 근처의 작은 나트륨 이온이 큰 칼륨 이온으로 대체된다. 유리 표면으로 큰 칼륨 이온이 들어가면 표면에는 압축 응력이 생기고, 중심부에는 상응하

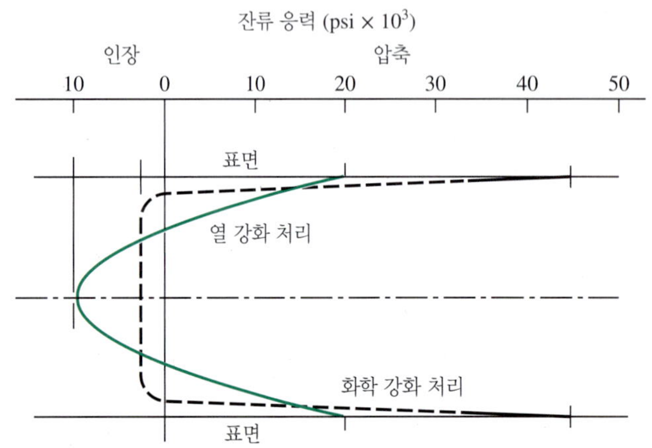

그림 11.47 ➤ 열 강화 유리와 화학 강화 유리 단면의 잔류 응력 분포.
(출처: E.B. Shand, "Engineering Glass," vol. 6: *Modern Materials*, Academic, 1968, p. 270.)

는 인장 응력이 생긴다. 이러한 화학적 강화공정은 그림 11.47에서 보이는 바와 같이 열 강화 공정에서 생길 수 있는 것보다 압축 층이 훨씬 얇기 때문에 얇은 단면 제품에 이용할 수 있다. 화학 강화 유리(chemically strengthened glass)는 초음속 항공기 유리 보강 층이나 안과용 렌즈에 사용된다.

11.9 세라믹 코팅과 표면공학

부품의 표면은 기계적(마찰과 마모), 화학적(부식), 전기적(전도, 절연), 광학적(반사) 및 열적(고온 손상)인 상호 작용에 영향 받기 쉽다. 따라서 모든 공학 분야의 설계자는 표면공학과 같은 주요 설계 기준으로 모든 부품의 표면 품질과 보호를 고려해야만 한다. 부품의 표면을 보호하는 한 가지 가능한 방법은 코팅(coating)을 적용하는 것이다. 코팅 재료는 자동차 외장의 크롬 도금과 같은 금속, 내부식 페인트와 같은 고분자는 물론 세라믹스가 가능하다. 고온 환경에 노출된 곳이나 조기 마모가 우려되는 응용 분야의 코팅으로 다양한 세라믹 재료가 사용된다. 세라믹 코팅은 기지 재료가 본래 가지고 있지 않은 물리적 특성을 제공한다. 이러한 코팅은 기지 표면을 넓은 온도 범위에서 화학적 불활성이고, 내마모성이며, 마찰이 적고, 세척하기 쉬운 표면으로 변화시킬 수 있다. 또한 전기 저항을 제공하고 수소 확산(많은 금속에서 주요 손상 원인)을 방지시킬 수도 있다. 세라믹 코팅 재료의 예로는 유리, 산화물, 탄화물, 규화물, 붕화물 및 질화물이 포함된다.

11.9.1 규산염 유리

규산염 유리 코팅은 산업에서 광범위하게 응용된다. 유리 코팅이 적용되는 곳이 (1) 세라믹 기판이면 **유약**(glaze), (2) 금속 표면이면 **도자기 법랑**(porcelain enamel), (3) 유리 기지이면 **유리 법랑**(glass enamel)이라고 한다. 이러한 코팅은 대개 미학적인 이유로 사용되지만, 침투성을 크게 줄여 환경적 요소로부터의 보호 기능도 제공한다. 특정 응용 분야로는 엔진 배출 분진 필터(예를 들어 diesel particulate filter (DPF)), 공간용 히터 및 방열기이다. 이러한 코팅은 분무(spraying)나 침지(dipping) 코팅 기술을 사용하여 적용한다. 코팅 층이 벗겨지지 않도록 적절하게 부착하려면 반듯이 유약이나 법랑으로 코팅할 부품의 표면을 깨끗하게 해야 하고(입자나 기름을 없앰) 날카로운 모서리는 둥글게 다듬어야 한다.

11.9.2 산화물과 탄화물

산화물 코팅은 고온에서의 산화나 손상을 방지하는 반면, 탄화물 코팅(고경도 특성으로 인해)은 마모 및 밀봉이 중요한 응용 분야에 사용된다. 예를 들어 지르코니아(ZrO_2)는 엔진에서 움직이는 부품을 코팅하는 데 적용한다. 지르코니아는 금속 기지(Al 혹은 Fe 합금)를 고온 손상으로부터 보호한다. 코팅은 일반적으로 화염 용사(flame spraying)나 열적 용사(thermal spraying) 기술을 사용하여 적용한다. 이 기술에서 세라믹 입자(산화물 혹은 탄화물)는 가열되어 기지 표면으로 추진된다. 대략 100 마이크론의 두께를 갖는 코팅의 미세구조가 그림 11.48에 보

그림 11.48 ➤ 기판 위 텅스텐카바이드-코발트크롬 코팅의 미세구조.
(제공: TWI Ltd..)

이고 있다. 제지 공정 산업에서 롤러를 코팅하여 보호하는 것은 펄프가 높은 산성 혹은 염기성 특성을 띠기 때문에 중요하다. 세라믹스는 이러한 가혹한 환경에서 마모나 부식에 대한 저항성을 제공하는 유일한 재료이다. 그러나 취성의 코팅 층에서 성장한 균열이 기지까지 이르게 되면 결국 부품은 손상에 이르게 된다.

11.10 나노기술과 세라믹스

세라믹 재료의 적용 범위와 다양성을 고려할 때, 한 가지 중요한 단점인 쉽게 깨지는 성질과 그에 따른 낮은 인성 때문에 세라믹 재료의 잠재력을 완전히 실현할 수 없다는 것이 여전히 분명하다. 나노결정질 세라믹스(nanocrystalline ceramics)는 이러한 재료의 고유한 약점을 개선할 수 있을 것이다. 다음 토론 내용은 벌크 나노결정질 세라믹스 제조의 기술 현황을 설명한다.

나노결정질 벌크 세라믹스는 11.4절에서 기술한 표준 분말야금 법을 이용하여 제조된다. 차이점은 출발 분말이 100 nm보다 작은 나노 크기 범위를 갖는 것이다. 그러나 나노결정질 세라믹 분말은 화학적으로나 물리적으로 서로 결합하여 *집합 입자*(agglomerate)나 *응집 입자*(aggregate)라고 하는 더 큰 입자를 형성하려는 경향을 갖고 있다. 집합 분말은 크기가 나노 크기 이내 혹은 나노 크기 범위에 가깝다 할지라도 비집합 분말처럼 충진되지 않는다. 비집합 분말을 압축하면, 가능한 기공 크기가 나노결정 크기의 20~50% 사이이다. 이와 같이 기공 크기가 작기 때문에 소결 단계와 치밀화가 저온에서 빨리 진행된다. 예를 들어 비집합 TiO_2 분말(분말 크기 40 nm 미만)의 경우, 압분체를 약 700°C에서 120분 소결하면 이론밀도의 약 98%까지 치밀화된다. 반면 10~20 nm 결정자(crystallite)로 구성된 평균 크기 80 nm 집합 분말의 경우, 압분체를 약 900°C에서 30분 소결해야 이론밀도의 98%로 치밀화 된다. 소결 온도가 차이나는 중요한 이유는 집합 입자 압분체에 상대적으로 커다란 기공이 존재하기 때문이다. 보다 높은 소결 온도가 필요하기 때문에 압분체의 나노결정자가 결국에는 바람직하지 않은 마이크로 크기의 결정질 범위까지 자라게 된다. 결정립 성장은 소결 온도에 의해 아주 크게 영향을 받지만, 소결 시간에 의해서는 약간만 영향을 받는다. 따라서 나노결정질 벌크 세라믹스를 성공적으로 제조하기 위해서 가장 중요한 문제는 비집합 분말을 출발로 하여 소결 공정을 최적화하는 것이다. 그러나 이것은 달성하기가 매우 어렵다.

나노결정질 벌크 세라믹스 생산의 어려움을 해결하기 위하여 엔지니어는 압력 보조 소결 방법을 활용하는데, 외부에서 압력을 가하면서 소결하는 *열간 정수압 소결*(hot isostatic pressing, HIP), 열간 압출(hot extrusion), 소결 단조(sinter forging)와 같은 것이다(11.4절 참고). 이러한 공정에서는 세라믹 압분체가 변형과 동시에 치밀화 된다. 나노결정질 세라믹스를 생산하는 소결 단조의 주요 이점은 기공 수축 기구가 포함되어 있는 것이다. 11.4.3항에서 논의된 바와 같이, 기존의 마이크로 결정질 세라믹스에서 기공 수축 과정은 원자 확산을 기반으로 한다. 소결 단조에서 나노결정질 압분체의 기공 수축은 비확산적이며 결정의 소성 변형을 기반으로 한다. 나노결정질 세라믹스는 마이크로 결정질에 비해 고온(융체가 약 50%)에서 좀 더 연성을 띠고 있다. 나노결정질 세라믹스는 초소성 변형(superplastic deformation)의 결과로 좀 더 연성이 있는 것으로 생각된다. 앞 장에서 논의한 바와 같이 초소성은 높은 하중과 온도에서 결정립의 미끄러짐과 회전 때문에 일어난다. 소성 변형이 가능하기 때문에, 기공은 확산보다는 그림 11.49에 보이는 바와 같이 소성 유동(plastic flow)에 의해서 압착되어 닫힌다.

이와 같이 커다란 기공을 닫히게 하는 능력 때문에 집합 분말조차도 이론밀도에 가깝게 치밀화시킬 수 있다. 또한 압력을 가하면 결정립이 나노크기 범위 이상으로 자라는 것을 방지한다. 예를 들어 TiO_2 집합입자를 60 MPa 압력과 610°C 온도에서 6시간 동안 소결 단조하여 진변형률 0.27(세라믹스에서는 상당히 높은 값)과 이론 값의 91% 밀도 및 평균 결정립 크기 87 nm를 제조하였다. 같은 분말로 압력 없이 소결하면 동일한 밀도를 달성하기 위해 800°C의 소결 온도가 필요로 하며, 그 때의 평균 결정립 크기는 380 nm(나노결정질이 아님)가 생성된다. 나노결정질 세라믹스에서 초소성 변형은 제한된 압력과 온도 범위에서 일어나며, 반듯이 범위를 인식해야 한다는 점에 유의하는 것이 중요하다. 만약 이 범위를 벗어나서 처리하면, 기공 수축에서 확산 기구가 작용할 수 있어서 저밀도의 마이크로 결정질 제품이 만들어진다.

결론적으로 나노기술을 발전시키면 잠재적으로 뛰어난 수준의 강도와 연성을 가진 나노결정질 세라믹스의 생산으로 이어져 인성이 향상될 것이다. 특히 연성을 증진시키면 코팅 기술에서 세라믹스를 금속에 더욱 잘 접합시

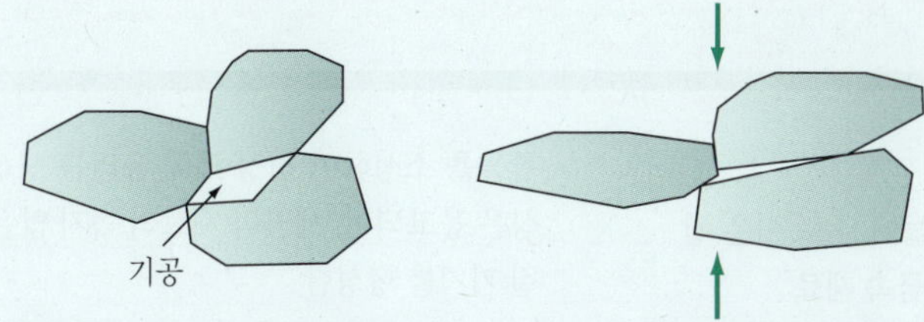

그림 11.49 ➤ 나노결정질 세라믹스의 점성 유동(입계 미끄러짐)에 의한 기공 수축의 모식도.

킬 수 있고, 인성을 증진시키면 내마모성을 더욱 증진시킬 수 있다. 이와 같은 진보는 아주 다양한 응용 분야에서 세라믹 사용에 혁명을 일으킬 수 있다.

11.11 요약

세라믹 재료는 금속과 비금속 원소가 주로 이온 결합 그리고/또는 공유 결합에 의해 결합된 무기, 비금속 재료이다. 그 결과 세라믹 재료의 화학적 조성과 구조는 상당히 다양하다. 이들은 예를 들어 순수 산화알루미늄과 같은 단일 화합물로 구성되거나 절연 애자의 점토, 실리카 및 장석 혼합물처럼 많은 복합 상의 혼합물로 구성될 수 있다.

세라믹 재료의 특성 또한 결합의 차이에 따라 크게 변화한다. 일반적으로 대부분 세라믹 재료는 전형적으로 단단하고 충격 저항과 연성이 낮아 쉽게 깨진다. 결과적으로 대부분의 공학 설계에서 세라믹 재료는 높은 응력, 특히 인장 응력인 경우 일반적으로 피한다. 세라믹 재료는 일반적으로 전도 전자가 없기 때문에 우수한 전기 및 열 절연체이며, 많은 세라믹스가 전기 절연체 및 내화물로 사용된다. 일부 세라믹 재료는 전하가 크게 분극될 수 있으며 축전기용 유전재료(dielectric material)로 사용된다. 일부 세라믹 재료는 영구 분극을 만들어 전기 기계적 변환기로 사용할 수 있는 압전성(piezoelectric property)을 갖고 있다. Fe_3O_4와 같은 또 다른 세라믹 재료는 반도체이며 온도 측정에 사용되는 서미스터(thermistor)에 응용할 수 있다. 흑연, 다이아몬드, 버키볼 및 버키튜브는 모두 탄소의 동소체이며, 흑연이 때때로 세라믹 재료로 간주되므로 이 장에서 논의하였다. 이들 동소체는 원자 구조와 위치의 차이와 직접적으로 관련된 상당히 다른 특성을 갖고 있다. 버키볼과 버키튜브는 나노기술 응용 분야에서 점점 더 중요해지고 있다.

세라믹 재료의 제조공정은 일반적으로 건식 상태, 가소성 또는 액체 상태의 다양한 방법에 의한 작은 입자의 집합 입자화를 포함한다. 세라믹 산업에서는 냉간 성형 공정이 우세하지만, 열간 성형 공정도 이용된다. 가압 성형, 슬립 캐스팅 및 압출 성형은 흔히 이용되는 세라믹 제조공정이다. 성형 후 세라믹 재료는 일반적으로 소결이나 유리화 같은 열처리를 한다. 소결하는 동안 성형체의 작은 입자는 고온에서 고상 확산에 의해 서로 결합된다. 유리화 과정에서 유리상은 녹지 않은 입자를 서로 결합시키는 반응 매개체 역할을 한다.

유리는 융액이 결정화 없이 단단한 고체로 냉각된 무기질 세라믹 제품이다. 대부분의 무기질 유리는 이온-공유 결합된 실리카(SiO_2) 사면체 망목을 기본으로 한다. Na_2O나 CaO 같은 다른 산화물을 첨가하면 실리카 망목이 수식되어 좀 더 가공하기 좋은 유리가 된다. 유리에 다른 물질을 첨가하면 여러 가지 특수한 성질이 생긴다. 유리는 상온에서는 투광성과 경도를 가지고 있으며 대부분 환경에 대한 우수한 저항성과 같은 특수한 성질을 가지고 있어 많은 공학 설계에서 중요하게 취급한다. 세라믹스의 중요한 응용 분야 중의 하나는 부식이나 마모로부터 보호하기 위해 부품의 표면을 코팅하는 것이다. 유리, 산화물 및 탄화물은 모두 다양한 응용 분야의 코팅 재료로 사용된다. 나노기술을 연구하면 세라믹 재료의 주요한 단점인 취성을 개선할 것으로 기대된다. 초기의 연구에 의하면 나노결정질 세라믹스가 보다 높은 연성을 나타내는 것을 보이고 있다. 이를 통해 보다 복잡한 세라믹 부품을 보다 저렴하게 생산할 수 있게 할 것이다.

11.12 용어 정의

11.1절

세라믹 재료(ceramic materials): 금속 및 비금속 원소들이 주로 이온 결합 그리고/또는 공유 결합으로 결합된 무기질의 비금속 재료

11.2절

배위수(coordination number, CN): 결정구조의 단위격자 내에서 한 원자나 이온 주위의 같은 거리에 위치한 최인접 이웃의 수. 예를 들어 NaCl에서 중심의 Na^+ 양이온을 둘러싼 같은 거리의 Cl^- 음이온이 6개 있으므로 CN = 6

반경비(radius ratio, 이온성 고체의 경우): 주위를 둘러싸고 있는 음이온 반경에 대한 중심 양이온 반경의 비

임계(최소) 반경비(critical (minimum) radius ratio): 모든 주위를 둘러싼 음이온과 중심 이온이 서로 접촉되어 있을 때, 주변 음이온 반경에 대한 중심 양이온의 반경의 비

팔면체 격자간 자리(octahedral interstitial site): 6개의 주변 원자(또는 이온)의 핵이 팔면체를 형성할 때 둘러싸인 격자간 공간

사면체 격자간 자리(tetrahedral interstitial site): 4개의 주변 원자(또는 이온)의 핵이 사면체를 형성할 때 둘러싸인 격자간 공간

흑연(graphite): 탄소 원자가 층 내부에서 3개의 다른 탄소 원자로 공유 결합된 층상 구조. 여러 층 사이에는 2차 결합으로 결합

버키볼(buckyball): 벅민스터 풀러렌이라고도 하며, 탄소 원자는 축구공 모양의 분자(C_{60})

버키튜브(buckytube): 탄소 원자가 공유 결합되어 만들어진 튜브 구조

11.4절

소성(firing, 세라믹 재료의 경우): 세라믹 재료를 입자 사이에 화학 결합이 일어날 수 있도록 충분한 고온으로 가열하는 것

건식 가압 성형(dry pressing): 다이에서 세라믹 과립(결합제와 함께)을 일축 가압과 동시에 성형

정수압 성형(isostatic pressing): 세라믹 분말(결합제와 함께)을 모든 방향에서 균일한 가압과 동시에 성형

슬립 캐스팅(slip casting): 세라믹 입자와 물의 현탁액을 다공성 몰드에 부은 다음, 슬립 속의 일부 수분이 몰드 속으로 확산되어 몰드 내에 고체 형상을 남기는 세라믹 성형 공정. 종종 몰드 내의 과잉 액체는 몰드로부터 부어내고 주형 껍질(cast shell)을 남김

소결(sintering, 세라믹 재료의 경우): 세라믹 재료의 미세한 입자가 입자 사이에서 원자 확산이 일어날 수 있도록 충분한 고온에서 가열하여 화학적으로 결합시키는 공정

유리화(vitrification): 유리로의 용융 또는 형성. 유리화 공정은 세라믹 혼합물을 소성하여 점성 액체 유리를 생성하는 데 사용. 냉각 중에 액상은 응고되어, 세라믹 재료의 녹지 않은 입자를 결합시켜 주는 유리질 기지를 형성함

11.7절

내화(세라믹) 재료(refractory (ceramic) material): 고온 분위기의 작용에 견딜 수 있는 재료

11.8절

유리(glass): 고온에서 무기 재료를 원료로 구성 요소를 가열하여 용융시킨 후 결정화 없이 단단한 상태로 냉각된다는 점에서 다른 세라믹스와 구별되는 세라믹 재료

유리 전이온도(glass transition temperature): 비정질 고체가 취성의 유리 상태에서 점성이 큰 상태로 변화하는 온도 범위의 중앙

유리 형성 산화물(glass-forming oxide): 유리를 쉽게 형성하는 산화물. 또한 B_2O_3와 같이 첨가했을 때 실리카 유리의 망목을 형성하는 데 기여하는 산화물

망목 수식제(network modifiers): 실리카 유리에 첨가할 때 실리카 망목을 깨뜨리는 산화물. 수식제는 실리카 유리의 점도를 낮추고 결정화를 촉진함. 예로 Na_2O, K_2O, CaO 및 MgO

중간 산화물(intermediate oxide): 유리의 조성에 따라서 유리 형성제 또는 유리 수식제로 작용할 수 있는 산화물. 예로 Al_2O_3

유리 기준점(온도)

작업점(working point): 유리를 쉽게 가공할 수 있는 온도

연화점(softening point): 유리가 상당한 속도로 유동하는 온도

서냉점(annealing point): 유리에 잔류하는 응력이 제거될 수 있는 온도

변형점(strain point): 유리가 단단해지는 온도

부유 유리(float glass): 용융 유리 리본이 환원 분위기 하에서 용융 주석 욕조 윗부분에 부유해 있는 동안 취성의 유리 상태로 냉각시켜 생산되는 평판 유리

열 강화 유리(thermally tempered glass): 연화 온도 부근으로 재가열하고 공기 중에서 급랭시켜서 표면 근처에 압축 응력이 걸리도록 한 유리

화학 강화 유리(chemically tempered glass): 표면에 큰 이온을 도입하여 유리 표면에 압축 응력이 걸리도록 화학 처리한 유리

11.9절

유약(glaze): 세라믹 기판에 적용한 유리 코팅

도자기 법랑(porcelain enamel): 금속 기판에 적용한 유리 코팅

유리 법랑(glass enamel): 유리 기판에 적용한 유리 코팅

11.13 연습 문제

*표시를 한 문제는 책 마지막에 답을 제공하였다.

■ 지식과 이해 문제

11.1 세라믹 재료를 정의하라.

11.2 대부분 세라믹 재료의 몇 가지 공통적 특성은 무엇인가?

11.3 전통 세라믹스와 엔지니어링 세라믹스의 차이를 설명하고 각각의 예를 들어라.

11.4 이온성 고체에서 이온의 충전에 영향을 미치는 2가지 주요 인자는 무엇인가?

11.5 이온성 고체에서 이온 충전에 대한 (*a*) 배위수와 (*b*) 임계 반경비를 정의하라.

11.6 스피넬 결정구조란 무엇인가?

11.7 형석(CaF_2) 결정구조를 갖는 BaF_2의 단위격자를 그려라. 만약 Ba^{2+} 이온이 FCC 격자자리에 위치하면 F^- 이온은 어디에 위치하겠는가?

11.8 CaF_2 구조에서 팔면체 격자간 자리가 차지하는 분율은 얼마인가?

11.9 반형석 구조란 무엇인가? 이 구조를 갖는 이온화합물은 무엇인가? 양이온이 차지하는 사면체 격자간 자리의 분율은 얼마인가?

11.10 페로브스카이트 구조를 설명하라. 팔면체 격자간 자리에 4가 양이온이 차지하는 분율은 얼마인가?

11.11 흑연 구조의 단면을 그려라. 흑연 층이 서로 쉽게 미끄러질 수 있는 이유는 무엇인가?

11.12 다음 규산염 구조를 그리고 설명하라: (*a*) 섬, (*b*) 사슬. (*c*) 층상

11.13 카올리나이트의 층상 구조를 설명하라.

11.14 크리스토발라이트(실리카) 망목 구조에서 결합 배열을 설명하라.

11.15 장석의 망목 구조를 설명하라.

11.16 입자를 집합시켜 제조하는 세라믹 제품에 대한 제조공정의 기본 단계는 무엇인가?

11.17 세라믹 공정에서 원료물질을 제조할 때 세라믹 입자에 첨가하는 성분에는 어떤 종류가 있는가?

11.18 세라믹 공정에서 원료물질을 준비하기 위한 2가지 방법을 설명하라.

11.19 공업용 세라믹 화합물과 구조용 내화재 같은 세라믹 제품을 생산하기 위한 건식 가압 성형법을 설명하라. 건식 가압 성형 세라믹 재료의 장점은 무엇인가?

11.20 세라믹 제품을 생산하기 위한 정수압 성형법을 설명하라.

11.21 점화 플러그 절연체 제조의 4 단계를 설명하라.

11.22 고온 가압 소결 세라믹 재료의 장점은 무엇인가?

11.23 세라믹 제품을 제조하기 위한 슬립 캐스팅 공정 단계를 설명하라.

11.24 (*a*) 드레인 슬립 캐스팅과 (*b*) 솔리드 슬립 캐스팅의 차이점은 무엇인가?

11.25 슬립 캐스팅의 장점은 무엇인가?

11.26 압출에 의해 생산되는 세라믹 제품은 어떤 종류가 있는가? 이 공정의 장점과 한계는 무엇인가?

11.27 소성 전에 세라믹 제품을 건조시키는 목적은 무엇인가?

11.28 소결 공정이란 무엇인가? 소결 중에 세라믹 입자는 어떻게 되는가?

11.29 유리화 공정은 무엇인가? 어떤 종류의 세라믹 재료에서 유리화가 일어나는가?

11.30 전통 세라믹스에서 3가지 기본 성분은 무엇인가?

11.31 카올린 점토의 대략적인 조성은 무엇인가?

11.32 전통 세라믹스에서 점토의 역할은 무엇인가?

11.33 플린트란 무엇인가? 전통 세라믹스에서 어떤 역할을 하는가?

11.34 장석이란 무엇인가? 전통 세라믹스에서 어떤 역할을 하는가?

11.35 도자기 세라믹 제품의 몇 가지 예를 열거하라.

11.36 일부 도자기를 설명하기 위해 *3성분계*(triaxial)란 용어가 사용되는 이유는?

11.37 가장 중요한 2가지 산업용 연마재는 무엇인가?

11.38 산업용 연마재의 중요한 특성은 무엇인가?

11.39 왜 대부분의 세라믹 재료는 열 전도도가 낮은가?

11.40 내화물이란 무엇인가? 그들의 응용 범위는 무엇인가?

11.41 세라믹 내화재료의 2가지 주요 유형은 무엇인가?

11.42 다음 내화물의 조성과 몇 가지 용도를 제시하라: (*a*) 실리카, (*b*) 내화 점토 및 (*c*) 고알루미나질.

11.43 대부분 염기성 내화물의 조성은 무엇인가? 염기성 내화물의 주요 특성은 무엇인가? 이 재료의 주요 용도는 무엇인가?

11.44 1260°C의 높은 온도에서 견딜 수 있는 재사용 가능한 고온 표면 단열재는 무엇으로 만들어졌는가?

11.45 유리를 정의하라.

11.46 많은 공학 설계에서 없어서는 안 될 유리의 속성은 무엇인가?

11.47 유리는 다른 세라믹 재료와 어떻게 구별되는가?

11.48 유리 전이 온도를 정의하라.

11.49 두 가지 유리 형성 산화물의 이름을 말해라. 이들의 기본적인 소단위(subunit)와 모양은 무엇인가?

11.50 용융 실리카 유리란 무엇인가? 이것의 장점과 단점은 무엇인가?

11.51 소다-석회 유리의 기본 조성은 무엇인가? 이것의 장점과 단점은 무엇인가? 소다-석회 유리의 용도는 무엇인가?

11.52 유리에 대한 다음의 점도 기준점을 정의하라: 작업점, 연화점, 서냉점 및 변형점.

11.53 평판 유리 제품을 생산하기 위한 부유 성형 유리 공정을 설명하라. 이것의 주요 장점은 무엇인가?

11.54 강화 유리란 무엇인가? 어떻게 생산되는가? 강화 유리가 서냉 유리보다 인장에 훨씬 강한 이유는 무엇인가? 강화 유리의 응용 분야는 무엇인가?

11.55 화학 강화 유리란 무엇인가? 화학 강화 유리가 서냉 유리보다 인장에 훨씬 강한 이유는 무엇인가?

11.56 동소체란 무엇인가? 가능한 한 많은 탄소 동소체의 이름을 말하라.

11.57 벅민스터 풀러렌이란 무엇인가? 이것의 성질은 무엇인가? 모식도를 그려라.

11.58 탄소 나노튜브란 무엇인가? 이것의 성질은 무엇인가? 나노튜브에 대한 몇 가지 응용 분야를 말하라.

11.59 탄소 세라믹 코팅 재료의 5가지 종류의 이름을 말하라.

11.60 다음 용어를 정의하라: (*a*) 유약, (*b*) 자기 법랑 및 (*c*) 유리 법랑

11.61 유리 코팅이 여러 가지 부품에 어떻게 적용되는가?

11.62 나노세라믹 제조 시 집합 입자 혹은 응집 입자를 정의하라.

■ 응용과 분석 문제

11.63 Pauling 식 (식 (2.12))을 사용하여 다음 화합물의 공유 결합성 백분율을 비교하라: 탄화하프늄, 탄화티타늄, 탄화탄탈륨, 탄화붕소 및 탄화규소.

***11.64** 그림 P11.64를 이용하여 팔면체 배위에 대한 임계 반경비를 계산하라.

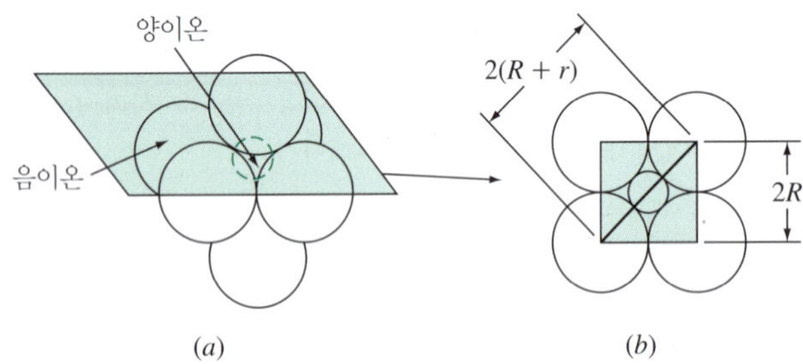

그림 P11.64 ➤ (*a*) 반경 *r*인 중심 양이온을 6개의 음이온 (반경 = *R*)으로 둘러싸는 팔면체 배위. (*b*) (*a*)의 중심을 가로지르는 수평 단면.

11.65 (*a*) BaO와 (*b*) LiF의 배위수를 예측하라. 이온반경은 Ba^{2+} = 0.143 nm, O^{2-} = 0.132 nm, Li^+ = 0.078 nm 및 F^- = 0.133 nm이다.

***11.66** CsCl 구조를 갖는 CsI의 밀도를 g/cm^3 단위로 계산하라. 이온반경은 Cs^+ = 0.165 nm와 I^- = 0.220 nm이다.

11.67 CsCl 구조를 갖는 CsBr의 밀도를 g/cm^3 단위로 계산하라. 이온반경은 Cs^+ = 0.165 nm, Br^- = 0.196 nm이다.

11.68 (*a*) NiO와 (*b*) CdO에 대해 [110] 방향과 [111] 방향의 선밀도를 ions/nm 단위로 계산하라. 이온반경은 Ni^{2+} = 0.078 nm, Cd^{2+} = 0.103 nm 및 O^{2-} = 0.132 nm이다.

***11.69** (*a*) CoO와 (*b*) LiCl에 대해 (111) 면과 (110) 면의 면밀도를 $ions/nm^2$ 단위로 계산하라. 이온반경은 Co^{2+} = 0.082 nm, O^{2-} = 0.132 nm, Li^+ = 0.078 nm 및 Cl^- = 0.181 nm이다.

11.70 (*a*) SrO와 (*b*) VO의 밀도를 g/cm^3 단위로 계산하라. 이온반경은 V^{2+} = 0.065 nm, Co^{2+} = 0.082 nm 및 O^{2-} = 0.132 nm이다.

11.71 (*a*) MnO와 (*b*) SrO의 이온 충전율을 계산하라. 이온반경은 Mn^{2+} = 0.091 nm, Sr^{2+} = 0.127 nm 및 O^{2-} = 0.132 nm이다.

11.72 ZnTe는 섬아연광 결정구조를 갖는다. ZnTe의 밀도를 계산하라. 이온반경은 Zn^{2+} = 0.083 nm와 Te^{2-} = 0.211 nm이다.

11.73 BeO는 섬아연광 결정구조를 갖는다. BeO의 밀도를 계산하라. 이온반경은 Be^{2+} = 0.034 nm와 O^{2-} = 0.132 nm이다.

***11.74** CaF_2 결정구조를 갖는 ZrO_2의 밀도를 g/cm^3 단위로 계산하라. 이온반경은 Zr^{4+} = 0.087 nm와 O^{2-} = 0.132 nm이다.

***11.75** 형석 구조를 갖는 CeO_2에 대해 [111] 방향과 [110] 방향의 선밀도를 ions/nm 단위로 계산하라. 이온반경은 Ce^{4+} = 0.102 nm와 O^{2-} = 0.132 nm이다.

11.76 형석 구조를 갖는 ThO_2에 대해 (111) 면과 (110) 면의 면밀도를 $ions/nm^2$ 단위로 계산하라. 이온반경은 Th^{4+} = 0.110 nm와 O^{2-} = 0.132 nm이다.

11.77 형석 구조를 갖는 SrF_2의 이온 충전율을 계산하라. 이온반경은 Sr^{2+} = 0.127 nm와 F^- = 0.133 nm이다.

11.78 Al_2O_3에서 산소 이온이 HCP 격자 자리를 차지할 때 팔면체 격자간 자리의 2/3만 Al^{3+} 이온으로 채워지는 이유는?

11.79 페로브스카이트 구조를 갖는 $CaTiO_3$의 이온 충전율을 계산하라. 이온반경은 Ca^{2+} = 0.106 nm, Ti^{4+} = 0.064 nm 및 O^{2-} = 0.132 nm이다. 격자상수 $a = 2\,(r_{Ti^{4+}} + r_{O^{2-}})$라고 가정하라.

11.80 페로브스카이트 구조를 갖는 $SrSnO_3$의 밀도를 g/cm^3 단위로 계산하라. 이온반경은 Sr^{2+} = 0.127 nm, Sn^{4+} = 0.074 nm 및 O^{2-} = 0.132 nm이다. $a = 2\,(r_{Sn^{4+}} + r_{O^{2-}})$라고 가정하라.

***11.81** 그림 11.29의 점 *y*에서 3원 화합물의 조성을 결정하라.

11.82 왜 3성분계 자기는 고주파에서 사용하기에 만족스럽지 못한 이유는 무엇인가?

11.83 어떤 종류의 이온이 전기 애자의 전기 전도도를 증가시키는가?

11.84 대부분의 구조 세라믹스의 조성은 무엇인가?

11.85 순수 단일 화합물 구조 세라믹 입자는 어떤 공정에 의해 고체 제품이 되는가? 예를 들어라.

11.86 결정질 세라믹스에서 소성(plasticity)이 부족한 이유는 무엇인가?

11.87 NaCl과 MgO와 같은 일부 단결정 이온성 고체의 소성 변형

기구를 설명하라. 우선 슬립계(preferred slip system)란 무엇인가?

11.88 다결정질 세라믹 재료의 주요 파손 원인은 어떤 구조적 결함 때문인가?

11.89 세라믹 재료의 인장 강도에 미치는 (*a*) 기공률과 (*b*) 결정립 크기의 영향은 어떠한가?

11.90 반응 결합된 질화규소 세라믹스가 250 MPa의 강도와 3.4 MPa · $\sqrt{\text{m}}$의 파괴인성을 갖는다. 이 재료가 파괴가 일어나지 않고 견디는 최대 크기의 내부 흠은 얼마인가? (파괴인성 식에서 $Y = 1$을 사용하라.)

***11.91** 고온 가압 소결된 탄화규소에 존재하는 최대 크기의 내부 흠은 25 μm이다. 만일 이 재료의 3.7 MPa · $\sqrt{\text{m}}$의 파괴인성을 갖는다면, 이 재료가 견딜 수 있는 최대 응력은 얼마인가? ($Y = \sqrt{\pi}$를 사용하라.)

11.92 첨단 세라믹스인 부분 안정화 지르코니아는 352 MPa의 강도와 7.5 MPa · $\sqrt{\text{m}}$의 파괴인성을 갖는다. 이 재료가 견딜 수 있는 최대 크기의 내부 흠은 몇 μm인가? ($Y = \sqrt{\pi}$를 사용하라.)

11.93 완전 안정화된 입방정 다결정질 ZrO_2 시편은 4점 굽힘 시험에서 $K_{IC} = 3.8$ MPa · $\sqrt{\text{m}}$의 파괴인성을 갖는다.

a. 만일 시편이 450 MPa의 응력에서 파손된다면, 최대 표면 흠의 크기는 얼마인가? $Y = \sqrt{\pi}$를 가정하라.

b. 부분 안정화 ZrO_2 시편에도 같은 시험을 행한다. 이 재료는 변태 인화 재료이고 $K_{IC} = 12.5$ MPa · $\sqrt{\text{m}}$의 파괴인성을 갖는다. 이 재료가 완전 안정화 시편과 같은 흠의 분포를 갖는다면 파손을 유발하기 위해 얼마의 응력을 가해야 하는가?

11.94 재료를 액체 상태에서 냉각시킬 때 비부피 대 온도의 그림에서 유리가 결정질 재료와 어떻게 다른가?

11.95 단순 실리카 유리의 실리카 망목이 결정질(크리스토발라이트) 실리카와 어떻게 다른가?

11.96 일부 붕규산 유리에서 BO_3^{3-} 삼각형이 BO_4^{4-} 사면체로 바뀌어도 전기적 중성을 유지할 수 있는 이유는 무엇인가?

11.97 유리 망목 수식제란 무엇인가? 이들은 실리카 유리 망목에 어떤 영향을 주는가? 실리카 유리에 이들이 첨가되는 이유는 무엇인가?

11.98 유리 중간 산화물이란 무엇인가? 이들은 실리카 유리 망목에 어떤 영향을 주는가? 실리카 유리에 이들이 첨가되는 이유는 무엇인가?

11.99 (*a*) MgO와 (*b*) Al_2O_3를 소다-석회 유리에 첨가하는 목적은 무엇인가?

11.100 경질 유리와 연질 유리 그리고 긴 유리와 짧은 유리를 구별하라.

11.101 500°C (변형점)와 700°C (연화점) 사이에서 소다-석회 판유리가 $10^{14.2}$와 $10^{7.5}$ P의 점도를 각각 갖는다. 이 온도 영역에서 활성화 에너지 값을 구하라.

***11.102** 소다-석회 유리가 560°C에서 $10^{14.6}$ P의 점도를 갖는다. 점성 유동에 대한 활성화 에너지가 430 kJ/mol이면 675°C에서의 점도는 얼마인가?

11.103 소다-석회 유리가 570°C에서 $10^{14.3}$ P의 점도를 갖는다. 공정에 대한 활성화 에너지가 430 kJ/mol인 경우 $10^{9.9}$ P의 점도가 되기 위한 온도는 얼마인가?

11.104 600°C (서냉점)와 800°C (연화점) 사이에서 붕규산 유리가 $10^{12.5}$ P와 $10^{7.4}$ P의 점도를 각각 갖는다. $\eta = \eta_0 e^{Q/RT}$ 방정식이 타당하다고 가정하고, 이 영역에서 점성 유동에 대한 활성화 에너지 값을 구하라.

11.105 다이아몬드의 기계적, 전기적, 열적 성질에 관하여 논하라. 각각의 경우 이것의 원자 구조 관점에서 거동을 설명하라.

11.106 나노결정질 벌크 세라믹스를 제조할 때 만나는 도전과제에 대해 논하라.

11.107 나노결정질 세라믹스를 합성하는 데 HIP 공정이 좀 더 적합한 이유는 무엇인가?

■ 통합과 평가 문제

11.108 세라믹 재료의 인장 특성 데이터가 금속에 비해 산란되어 있다. 이유를 설명할 수 있는가?

11.109 (*a*) 내연 기관 구조용으로 첨단 세라믹스를 사용하는 것의 장점과 단점을 설명하라. (*b*) 세라믹스를 여기에 응용할 때 단점을 극복하는 몇 가지 방법을 제시하라.

11.110 전자 산업에 세라믹스가 응용되는 것을 조사하라. (*a*) 응용 분야는 무엇인가? (*b*) 세라믹스가 선정된 이유는 무엇인가?

11.111 절연 목적으로 기지 표면을 아주 얇은 Si_3N_4 층으로 코팅하려 한다. (*a*) 이를 성취할 수 있는 공정을 제시하라. (*b*) 제안한 공정은 복잡한 형상의 대형 기물도 성형할 수 있는지 설명하라.

11.112 원자 구조의 관점에서, 금속은 소성 변형되어 크고 복잡한 형상을 만들 수 있는 반면에 복잡한 세라믹 부품은 이런 방법으로 제조할 수 없는지에 대한 이유를 설명하라.

11.113 알루미나(Al_2O_3)와 산화크롬(Cr_2O_3)은 이질동상의 상태도를 형성하는 세라믹 재료이다. (*a*) 한 성분이 다른 성분으로의 고용한계(solubility limit)가 무엇을 알려주는가? (*b*) 어떤 종류의 고용체가 형성되는가? (*c*) 어떤 치환이 일어나는지 설명하라.

11.114 (*a*) 우주 왕복선의 기체에 부착된 열적 보호 시스템에서 세라믹 타일은 어떻게 사용되는가? (*b*) 우주 왕복선의 열적 보호 시스템에 크고 꼭 끼이는 타일 대신 작은 타일(15~20 cm 너비)로 만든 이유는 무엇인가?

11.115 우주 왕복선의 코 부분이나 날개 선단 모서리는 최대 1650°C의 온도에 도달할 수 있다. (*a*) 실리카 섬유 화합물(HRSI)이 왕복선의 이 부분 재료로 선정되기에 적절한 후보인가? (*b*) 그렇지 않다면, 이 부분에 사용할 적절한 재료를 선정하라. (*c*) 디자인 요구조건을 만족하는 선정 재료의 중요한 특성을 조사하라.

11.116 탄소/탄소 복합체는 초고온에 바람직한 특성을 갖고 있어 많은 우주항공 응용 분야에 적합한 재료이다. 그러나 재료로서의 탄소는 450°C 이상의 온도에서 대기 산소와 반응하여 기체 산화물을 형성할 수 있다. 이 문제의 해결 방안을 도출하라.

11.117 낮은 인성이 많은 구조 세라믹스의 주요한 문제점이다. 많은 절삭공구는 인성이 향상된 세라믹스로 만든다. 예를 들어 탄화텅스텐(WC) 입자를 니켈이나 코발트와 같은 금속 기지에 묻는다. (*a*) 이렇게 하면 공구의 인성이 증진되는지 설명하라. (*b*) 기지 재료의 선택이 어떻게 중요한가(즉, 알루미늄은 기지 재료로서 사용할 수 있는가)?

11.118 세라믹 부품을 원하는 형상으로 가공하는 것은 대단히 어렵다. 이는 세라믹스가 강하고 취성이 있기 때문이다. 절삭력으로 생기는 응력이 표면 균열과 다른 손상을 일으켜 다시 말해 부재를 약화시킬 수 있다. 세라믹스를 가공할 때 절삭 부하와 균열의 가능성을 줄일 수 있는 방법을 제시하라.

11.119 콘크리트는 세라믹 재료(혹은 세라믹 복합 재료)로 분류되는 중요한 건축 재료이다. 압축에는 우수한 강도 특성을 지니지만 인장에는 아주 약하다. (*a*) 콘크리트가 인장에 견디는 특성을 개선하는 방법을 제안하라. (*b*) 제안한 공정에서 예견되는 문제점은 무엇인가?

11.120 그림 11.47에 제시한 것처럼 유리판은 표면에 압축 응력을 부여하여 강화된다. 기계적 수단을 사용하여 콘크리트 슬래브의 표면에 압축 응력을 부여하는 방법을 제시하라. 이 방법이 어떻게 도움이 될 것인지 도식적으로 보여라.

11.121 재래 수도꼭지는 고무 와셔가 마모에 약하고 금속(황동) 몸통은 피팅 부식에 약하기 때문에 물이 새기 쉽다. (*a*) 어떤 종류의 재료가 고무/금속 조합을 대체하여 물이 새는 문제를 감소하기에 적당 하겠는가? (*b*) 이 문제를 해결하기 위한 특정 재료를 선택하라. (*c*) 이러한 부품을 사용하거나 제조할 때 어떤 문제가 예상되는가?

11.122 다양한 응용 분야에서 세라믹 재료를 선택할 때 주요한 문제는 열충격 저항(재진입 또는 파괴 시와 유사한 급격한 온도 변화)이다. (*a*) 재료의 열충격 저항을 조절하는 인자는 무엇인가? (*b*) 어떤 특정 세라믹스가 가장 좋은 열충격 저항을 가지고 있는가?

11.123 세라믹 재료가 금속과 접합되어야만 하는 응용 분야의 예를 들어라. 세라믹스를 금속에 어떻게 접합할 것인가?

11.124 (*a*) 자동차의 바람 차폐용 재료를 선택할 때, 어떤 종류의 유리를 사용하겠는가? (*b*) 유리가 깨질 때 유리 파편이 분산되지 않도록 하는 방법을 제안하라.

11.125 어떤 코팅 응용 분야에서 금속이나 고분자 코팅 대신 세라믹 코팅을 선택하겠는가? 이유는? 구체적인 예를 들어라.

11.126 산화물 코팅은 일반적으로 고온에서 산화나 손상으로부터 보호 하는 데 사용되고, 탄화물 코팅은 마모를 방지하는 용도로 사용된다. 이유를 설명할 수 있는가? 예를 들어라.

11.127 검사 중에 부품의 세라믹 코팅에서 작은 균열이 발견되었다. 이 작은 균열에 대해 걱정하겠는가?

11.128 우박의 충격으로 자동차 바람 차폐창의 표면에 아주 작은 원형 손상을 입었다. (*a*) 이 작은 손상을 무시하면 어떤 일이 일어나겠는가? (*b*) 바람 차폐용 유리를 교체하지 않고 어떻게 수리하겠는가?

11.129 자동차 차폐 창에 2 cm 균열이 있고 이것의 전파를 지연시키고자 한다면 어떻게 하겠는가?

제 12 장

복합 재료

(Glow Images)

탄소–탄소 복합재료는 2800°C의 온도에서도 그 특성이 최고로 유지된다. 예를 들어 표면처리된 고 강성 탄소섬유를 55 vol% 함유한 탄소–탄소 복합재료는 상온에서 180 GPa의 탄성계수을 가지며, 2000°C에서는 175 GPa을 갖는다. 인장강도 또한 변하지 않아서 상온에서 950 MPa이고, 2000°C에서 1100 MPa이다. 더욱이 고강도 및 고탄성 외에 높은 열전도도, 낮은 열팽창계수 때문에 열충격 저항용 재료로도 우수하다. 이러한 성질 때문에 로켓 모터 및 항공기 브레이크 등에 적합한 재료로 다시 인식되고 있다. 이 물질 중 더 상용화된 분야는 경주용 자동차의 브레이크 패드이다.[1] ■

학습 목표

이 장을 마치면, 학생들은 다음을 설명할 수 있을 것이다.

1. 복합재료의 정의 및 주요 구성요소, 그리고 다양한 분류에 대하여 정의를 내릴 수 있다.
2. 섬유와 기지의 역할을 설명할 수 있으며, 각각에 대한 다양한 형태의 이름을 설명할 수 있다.
3. 일방향 복합체에 비하여 우수한 다방향성 적층복합체의 특성을 정의할 수 있다.
4. 재료특성 및 기지재와 섬유의 분율에 기초하여 섬유 강화된 복합재료의 성질을 평가할 수 있다.
5. 복합재료를 만들기 위한 다양한 제조공정을 설명할 수 있다.
6. 구조용 및 건설용으로 널리 이용되는 콘크리트, 아스팔트, 목재 등 복합재료의 특성을 설명할 수 있다.
7. 샌드위치 구조를 정의내릴 수 있다.
8. PMC, MMC, CMC 복합체를 설명할 수 있으며 각각의 장점 및 단점을 정의할 수 있다.

1 *ASM Engineered Materials Handbook, Composites*, vol. 1, ASM International, 1991.

12.1 개요

복합재료란 무엇인가? 아직까지도 복합재료에 대해 널리 알려져 있는 정의는 없다. 사전에 의하면 복합재료는 서로 다른 부분(또는 구성 물질)이 합해진 것으로 정의되어 있고, 원자적 차원에서 볼 때 일부 금속합금과 고분자 재료가 서로 다른 원자의 모임으로 구성되어 있으므로 이 부류에 속한다. 미시적인 조직의 차원에서 보면(약 10^{-4}~10^{-2} cm) 페라이트와 펄라이트를 포함하는 보통 탄소강의 경우, 두 조직이 광학현미경상으로 볼 때 서로 구별되므로 이 부류에 속하고, 거시적인 차원에서 보면(약 10^{-2} cm 이상) 유리섬유강화 플라스틱의 경우 유리섬유가 눈으로도 식별되므로 이 부류에 속한다. 따라서 복합재료를 정의하기가 어려운 것은 재료를 구성하는 물질로 보는 재료 크기의 제한 때문이다. 공업 설계에 있어서 복합재료는 미시영역에서 거시영역의 구성 물질로 된 재료를 말하며 거시적인 영역일 때가 많다. 이 책에서는 복합재료를 다음과 같이 정의하기로 한다.

복합재료(composite materials)는 구조 및/또는 화학 조성이 상이하고, 서로 본질적으로 불용성이며, 이들을 분리하는 명확한 계면을 갖는 둘 이상의 마이크로 또는 매크로 구성 요소의 적절하게 배열된 혼합 또는 조합으로 구성된 재료 시스템이다.

12.1.1 복합재료의 분류

일반적으로 복합재료는 강화상 역할을 하는 하나 이상의 상 또는 구성 요소와 *강화 상*(reinforcement phase)을 수용하고 기지상(matrix phase, 매트릭스상)이라고 하는 다른 구성 요소를 포함한다. 예를 들어, 유리섬유강화 플라스틱의 경우 유리섬유는 강화 상으로 역할을 하고 섬유를 잡아주는 에폭시 폴리머는 기지 상으로 역할을 하게 된다.

복합재료는 여러 가지 방법으로 분류할 수 있다. 한 가지 방법은 강화 상의 유형, 모양 및 크기에 따라 분류하는 것이다. 예를 들어 강화 상은 다음 중 하나일 수 있다.

- 마이크론 규모(10^{-6} m) 크기의 섬유는 이방성(섬유 방향의 높은 강도 및 강성)이며 지름이 매우 짧고 길이가 짧거나(잘라짐) 길거나(연속적)이다. 예로는 유리 섬유, 흑연 섬유 또는 아라미드 섬유가 있다. 개별 섬유는 일반적으로 기존의 벌크 금속 합금보다 더 강하고 뻣뻣하다.
- 미립자(미크론 또는 거시적 크기)는 일반적으로 등방성이며 다양한 크기와 모양을 가지고 있다. 예를 들면 자갈과 모래가 있다.
- 나노 강화재(나노 규모(10^{-9}m) 크기)는 100 nm 미만의 치수를 가지며 금속 또는 세라믹일 수 있다.

사용된 보강재의 유형에 따라 복합재는 **섬유강화복합재**(fiber-reinforced composite), *입자강화복합재*(particle-reinforced composite) 또는 *나노복합재*(nanocomposite)로 불릴 수 있다.

복합재를 분류하는 또 다른 방법은 기지재의 특성을 기반으로 하는 것이다. 강화상을 잡아주는 기지는 폴리머, 금속 또는 세라믹일 수 있으며, 이 결과 재료를 각각 *폴리머 매트릭스*(polymer matrix), *금속 매트릭스*(metal matrix) 또는 *세라믹 매트릭스*(ceramic matrix) 복합재라고 한다.

복합재료는 일반적으로 두 개 이상의 상이 혼합되어 있기 때문에 이질적인 재료이다(순수 금속은 균질한 것으로 간주됨). 또한 보강재(모양 및 크기에 따라 다름)를 사용하기 때문에 많은 경우 기계적 거동이 준등방성 또는 이방성으로 분류된다. 고급 구조용 복합재료의 경우 일반적으로 복합재료의 강도와 강성의 대부분은 보강 상으로부터 얻는 반면 기지(매트릭스)는 보강 상을 잡아주고 보호하는 역할을 한다. 또한, 기지는 모든 보강 구성요소 사이에서 하중을 전달하는 역할을 한다. 대부분의 복합재료에서 기지 상은 밀도가 낮은 재료이다. 예를 들어, 폴리머 에폭시, 금속 알루미늄 또는 세라믹 알루미나는 모두 비교적 낮은 밀도를 가지며 기지 재료로 사용할 수 있다.

12.1.2 기존 재료를 뛰어 넘는 복합재료의 장점과 단점

고급 복합재료의 엔지니어링 중요성은 두 개 이상의 뚜렷하게 다른 재료가 결합하여 개별 구성 요소의 특성보다 우수하거나 다른 방식으로 중요한 특성을 가진 재료를 형성한다는 것이다. 복합재료의 중요성을 이해하는 데 도움이 되도록 복합재료의 주요 장점을 강조한다.

(a)

(b)

그림 12.1 ➤ (a) 경화된 플랜지가 장착된 덕트 테스트 물품. (b) 탄소섬유 부품이 Lockheed-Martin사의 X-35 전투기의 주요 부품으로 장착되었다. 탄소섬유로 제조된 공기흡입구는 재래식 부품보다 조임쇠 수가 적어 4배나 빠른 생산속도를 나타낸다.
((a-b) Gardner Business Media Inc)

1. 고급 복합재료는 사용되는 매트릭스 재료의 밀도가 낮기 때문에 일반적으로 가볍다.
2. 강하고 뻣뻣한 보강재를 사용하기 때문에 복합재료는 강성과 강도가 매우 높다.
3. 저밀도, 고강성 및 고강도의 결과로 대부분의 복합재료는 매우 높은 비탄성률(아래 정의 참고)과 비강도를 갖는다. 종종 복합재료의 특정 계수와 강도는 기존 금속을 훨씬 능가한다. 이것은 기존 금속 합금에 비해 복합재료의 주요 장점이다.

$$\text{비강성} = \frac{E}{\rho}; \quad E\text{는 탄성강성률이고 } \rho\text{는 밀도}$$

$$\text{비강도} = \frac{\sigma_{ut}}{\rho}; \quad \sigma_{ut}\text{는 최대인장강도}$$

4. 보강재의 양과 방향을 조절할 수 있어 강도와 강성도 조절할 수 있다. 이것은 특정 방향, 제어된 이방성에서 향상된 특성이 바람직한 일부 응용 분야에서 중요한 이점이다.

위의 장점을 바탕으로 복합재료의 장점을 쉽게 이해할 수 있다. 그러나 다른 종류의 재료와 마찬가지로 복합재료에도 몇 가지 단점이 있다. 두 가지 주요 단점은 낮은 연성(대부분의 경우)과 낮은 내충격성이다. 많은 복합재료는 손상되기 쉬우므로 강도와 강성을 크게 줄이는 역할을 한다.

콘크리트, 아스팔트 및 목재와 같은 기존 복합 재료의 응용 분야는 건설 산업에서 잘 알려져 있다. 흑연 에폭시, 흑연 알루미늄 또는 유리 에폭시와 같은 고급 구조용 복합재료의 경우 항공우주에서 자동차, 에너지, 생물 의학 및 항공기 산업에 이르기까지 적용 범위가 다양하다. 복합재료의 범주에 맞는 많은 재료가 있으므로 이러한 모든 재료에 대한 논의는 이 책의 범위를 훨씬 벗어난다. 이 장에서는 엔지니어링에 사용되는 가장 중요한 복합재료 중 일부만 논의한다. 이들은 섬유강화 플라스틱, 콘크리트, 아스팔트 및 목재뿐만 아니라 여러 기타 유형의 복합재료이다. 엔지니어링 설계에 복합재료를 사용하는 몇 가지 예가 그림 12.1에 나와 있다.

12.2 강화 플라스틱 복합재료용 섬유

유리, 아라미드[2] 및 탄소의 세 가지 주요 유형의 합성 섬유가 미국에서 플라스틱 재료를 강화하는 데 사용된다. 유

2 아라미드섬유는 매우 딱딱한 분자구조를 갖는 방향족 폴리아미드 고분자섬유임.

리는 지금까지 가장 널리 사용되는 강화 섬유이며 비용이 가장 저렴하다. 아라미드 및 탄소섬유는 높은 강도와 낮은 밀도를 가지므로 높은 비용에도 불구하고 많은 응용 분야, 특히 항공 우주 분야에서 사용된다.

12.2.1 플라스틱 수지의 강화를 위한 유리섬유

유리섬유는 플라스틱 기지의 강화를 위해 사용되는데, 복합구조를 형성하거나 성형에 의해 복합체로 만들어지며, 유리섬유-플라스틱 복합재료는 다음과 같은 장점을 가지고 있다. 즉, 무게에 대한 큰 강도비, 훌륭한 형태 안정성, 열과 냉기, 습기 및 부식에 대한 훌륭한 저항성, 양호한 전기 절연성, 용이한 가공성, 비교적 저렴한 가격 등이다.

유리섬유를 만드는 데 사용되는 유리의 2가지 중요한 유형에는 *E*(*전기*, electrical)와 *S*(*고강도*, high-strength) 유리가 있다.

E 유리(E glass)는 연속 섬유용으로 가장 많이 쓰이는 것인데, 근본적으로 나트륨과 칼륨이 거의 없는 석회-알루미늄-붕규산 유리이며 그 조성은 52~56% SiO_2, 12~16% Al_2O_3, 16~25% CaO 및 8~13% B_2O_3로 되어 있다. 또한, E 유리의 인장강도는 약 500 ksi (3.44 GPa) 정도이며 탄성계수는 10.5 Msi (72.3 GPa)이다.

S 유리(S glass)는 보다 높은 강도-무게비를 가지고 있으며 E 유리보다 더 비싸고 주로 군용과 우주용으로 쓰인다. 인장강도는 650 ksi (4.48 GPa) 이상, 탄성계수는 약 12.4 Msi (85.4 GPa)이다. 조성은 65% SiO_2, 25% Al_2O_3 및 10% MgO 정도이다.

유리섬유의 제조와 섬유유리 강화재료의 유형 유리섬유는 용융유리를 담은 노에서 유리의 필라멘트를 뽑아내고 이것들을 모아 유리섬유의 실을 만드는 과정에 의해 생산된다(그림 12.2). 이것으로 유리섬유의 실과 연속적인 필라멘트의 가닥으로 구성된 조방을 만든다. 유리섬유 강화매트(그림 12.3)는 연속적인 실(그림 12.3*a*)이나 자른 실(그림 12.3*c*)로 만들어진다. 실은 대개 수지성 결합재로 묶여지고 콤비네이션 매트는 자른 실의 매트에 화학적으로 결합되어 짜여진 **조방**(roving)으로 만들어진다(그림 12.3*d*).

유리섬유의 물성 표 12.1에 E 유리섬유의 인장성질과 밀도가 탄소 및 아라미드섬유와 비교되어 나타나 있다. 유리섬유가 인장강도와 계수는 낮지만, 연신율은 크고 밀도도 높다. 그러나 저렴한 가격과 다양성으로 인해 유리섬유가 플라스틱을 강화하는 데 가장 널리 사용되고 있다(표 12.1).

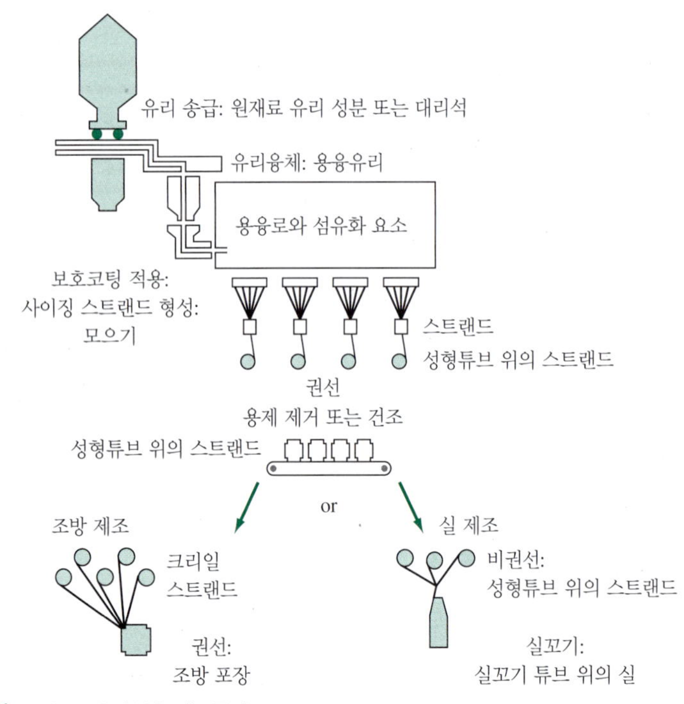

그림 12.2 ➤ 유리섬유 제조공정.
(출처: M.M. Schwartz, *Composite Materials Handbook*, McGraw Hill, 1984, pp. 2-24.)

표 12.1 ➤ 플라스틱용 섬유 강화재의 특징

물성	유리섬유(E)	탄소섬유(HT)	아라미드섬유(Kevlar 49)
인장강도, MPa	3100	3450	3600
탄성계수, GPa	76	228	131
피괴연신율(%)	4.5	1.6	2.8
밀도(g/cm^3)	2.54	1.8	1.44

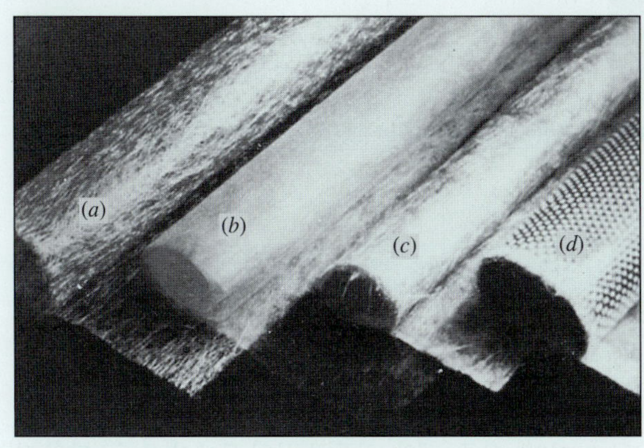

그림 12.3 ➤ 유리섬유 강화매트: (*a*) 연속실로 제조된 매트. (*b*) 표면매트. (*c*) 자른 실로 제조된 매트. (*d*) 자른 실과 조방으로 제조된 콤비네이션 매트.
(Courtesy of Owens/Corning Fiberglass Co.)

12.2.2 플라스틱 강화를 위한 탄소섬유

에폭시와 같이 플라스틱 수지의 기지를 강화하기 위해 탄소섬유를 사용한 복합재료는 가벼운 무게와 매우 큰 강도, 큰 강성도(탄성계수)를 가지며, 이로 인해 특히 우주용으로 많이 쓰인다. 그러나 비싼 가격 때문에 자동차 산업 등에서의 사용은 제한되고 있다. **탄소섬유**(carbon fiber)는 주로 *프리커서*(precursors)라 하는 *폴리아크릴로니트릴*(polyacrylonitrile, PAN, 10.6절 참고)이나 피치(pitch)로부터 생산된다.

일반적으로 탄소섬유는 PAN 프리커서 섬유로부터 3단계 공정을 거쳐 생산된다. 즉 (1) 안정화, (2) 탄화 및 (3) 흑연화단계이다(그림 12.4). 첫 번째 단계인 *안정화단계*(stabilization stage)에서 PAN 섬유는 인장응력이 가해진 상태에서, 각 섬유들이 섬유의 방향으로 배열되면서 망(network)이 형성되도록 늘어난 후 200~220°C (392~428°F)에서 공기 중 산화된다.

두 번째 단계는 *탄화단계*(carbonization stage)로서 고강도 탄소섬유가 제조된다. 이 단계에서는 안정화된 PAN섬유로부터 O, H, N이 제거되어 탄소섬유로 변화될 때까지 가열(열분해)시킨다. 탄화 열처리는 대개 1000~1500°C (1832~2732°F)의 불활성 분위기에서 하는데, 이때 각 섬유 내에 흑연성 미세섬유나 리본(turbostratic graphite-like fibril or ribbon)이 생성되며, 이로 인해 재료의 인장강도가 매우 크게 증가한다.

세 번째 단계, 즉 *흑연화처리*(graphitization treatment)는 높은 인장강도보다는 탄성계수의 증가가 요구될 때 사용된다. 이것은 1800°C (3272°F) 정도에서 열처리되는데 각 섬유 내부에 흑연 결정의 우선방위가 증가된다.

PAN으로부터 제조된 탄소섬유의 인장강도는 450~650 ksi (3.10~4.45 GPa)이고, 탄성계수는 28~35 Msi (193~241 GPa)이다. 일반적으로 고강성 섬유는 낮은 인장강도를 나타내는 반대의 성질을 갖는다. 탄소화 및 흑연화된 PAN섬유의 밀도는 1.7~2.1 g/cm^3 정도이고 최종 지름은 7~10 μm 정도이다. 그림 12.5는 **토우**(tow)라

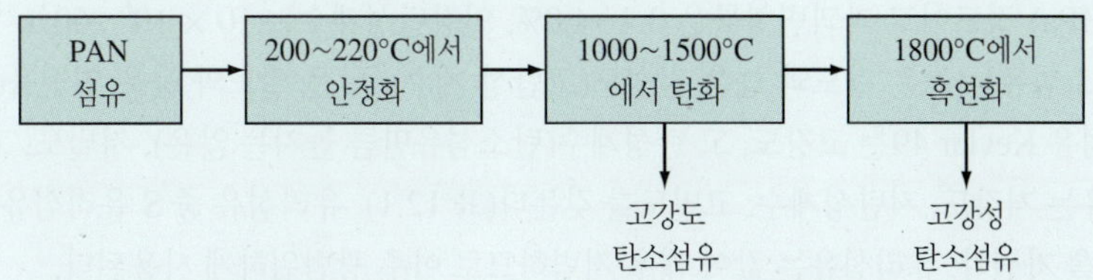

그림 12.4 ➤ PAN 프리커서로부터 고강도, 고강성 탄소섬유를 제조하는 공정 단계.

그림 12.5 ➢ 약 6000가닥의 탄소섬유 필라멘트로 된 토(tow) 사진.
(Bloomberg/Getty Images)

고 불리는 6000개의 탄소섬유 다발을 찍은 사진이다.

12.2.3 플라스틱수지 강화를 위한 아라미드섬유

아라미드섬유(aramid fiber)는 방향족 폴리아미드섬유의 통칭이다. 이것은 케블라(Kevlar)라는 상표명으로 1972년 Du Pont사에 의해 개발되어 현재는 Kevlar 29와 49가 사용되고 있다. Kevlar 29는 유도탄 보호, 로프 및 케이블에 사용되는 저밀도, 고강도의 아라미드 섬유이고, Kevlar 49는 우주, 해양, 자동차 산업 등에서 플라스틱의 강화를 위해 사용되는 저밀도, 고강도, 고강성의 섬유이다.

케블러 중합체 사슬의 화학적 반복단위는 방향족 폴리아미드의 경우와 같다(그림 12.6). 이 중합체 사슬들은 서로 수소결합에 의해 횡방향으로 붙잡혀 있다. 따라서 섬유의 길이방향 강도는 크지만, 횡방향 강도는 매우 작다. 방향족의 고리 구조는 중합체 사슬을 견고하게 해주며, 전체적으로 봉상의 구조를 갖게 한다.

케블라 폴리머 사슬의 화학적 반복 단위는 그림 12.6에 표시된 방향족 폴리아미드의 화학적 반복 단위이다. 수소 결합은 고분자 사슬을 가로 방향으로 함께 고정시킨다. 따라서, 이들 섬유는 전체적으로 세로 방향에서는 강도가 높고 가로 방향에서는 강도가 약하다. 방향족 고리 구조는 고분자 사슬에 높은 강성을 부여하여 막대 구조를 갖게 한다.

케블러 아라미드(Kevlar aramid)는 경량, 고강도 및 강성, 내손상성, 피로 및 스트레스 파열에 대한 내성이 중요한 고성능 복합 용도에 사용된다. 특히 흥미로운 것은 케블라-에폭시 물질이 우주 왕복선의 다양한 부분에 사용된다는 것이다.

그림 12.6 ➢ 케블러 섬유의 반복화학구조단위.

12.2.4 강화플라스틱 복합재료용 유리섬유, 아라미드섬유 및 탄소섬유의 기계적 물성 비교

그림 12.7은 탄소, 아라미드 및 유리섬유의 전형적인 응력-변형률 곡선을 비교한 것인데, 섬유강도는 250~500 ksi (1720~3440 MPa) 정도이고 파괴변형률은 0.4~4.0%, 인장탄성계수는 10×10^6~60×10^6 psi (68.9~413 GPa) 정도이다. 탄소섬유는 높은 강도와 높은 강성도(고탄성 계수), 낮은 밀도와 높은 연신율(즉 충격저항)을 갖고 있다. 아라미드섬유 Kevlar 49는 고강도, 고 탄성계수(탄소섬유만큼 높지는 않은), 저밀도, 고연신율(충격저항)을 가지며, 유리섬유는 저강도, 저탄성계수, 고밀도를 갖는다(표 12.1). 유리섬유 중 S 유리섬유가 E 유리섬유보다 고강도와 고연신율을 가진다. 유리섬유는 값이 매우 저렴하므로 아주 광범위하게 사용된다.

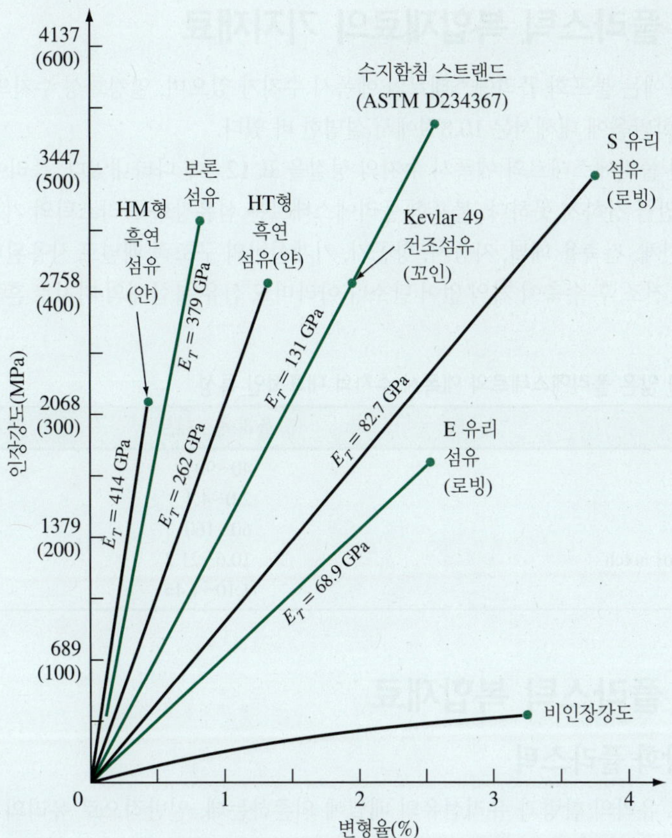

그림 12.7 ➤ 여러 강화섬유의 응력-변형거동.
(출처: *Kevlar 49 Data Manual*, E.I. du Pont de Nemours & Co., 1974.)

그림 12.8은 여러 가지 강화섬유의 강도-밀도, 강성도-밀도를 비교한 것이다. 탄소와 아라미드(Kevlar 49)섬유의 강도-무게, 강성도-무게비가 강과 알루미늄에 비해 현저하게 높으므로 많은 우주용 부품이 이런 복합재료로 대체되고 있다.

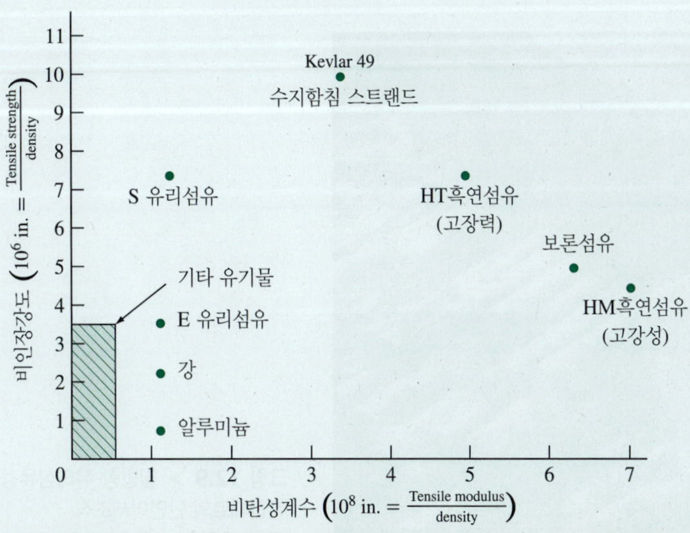

그림 12.8 ➤ 여러 강화섬유의 **비인장강도**(밀도에 대한 인장강도)와 **비탄성계수**(밀도에 대한 탄성계수).
(출처: E.I. du Pont de Nemours & Co., Wilmington, Del.)

12.3 섬유강화 플라스틱 복합재료의 기지재료

2가지 중요한 기지재료에는 불포화 폴리에스테르와 에폭시 수지가 있으며, 열경화성 수지의 가교결합(cross-linking)의 원인이 되는 화학반응에 대해서는 10.8절에서 설명한 바 있다.

덜 조밀하게 성형된 폴리에스테르와 에폭시 수지의 성질을 표 12.2에 나타내었다. 폴리에스테르수지는 가격이 저렴하나 에폭시 수지만큼 강하지 못하다. 불포화 폴리에스테르는 섬유강화 플라스틱의 기지로 널리 사용된다. 이 재료는 보트(boat)의 선체, 건축용 패널, 자동차, 항공기, 기계설비의 구조적 패널로 사용된다. 에폭시 수지는 가격은 비싸나 강도가 좋고 건조 후 수축이 거의 없어 탄소나 아라미드 섬유 복합재의 기지로 흔히 사용된다.

표 12.2 ➤ 조밀주조되지 않은 폴리에스테르와 에폭시 수지의 대표적인 특성

	폴리에스테르	에폭시
인장강도, MPa	40~90	55~130
탄성계수, GPa	2.0~4.4	2.8~4.2
굽힘항복강도, MPa	60~160	125
충격강도(Izod 시험), J/m of notch	10.6~21.2	5.3~53
밀도(g/cm^3)	1.10~1.46	1.2~1.3

12.4 섬유강화 플라스틱 복합재료

12.4.1 유리섬유강화 플라스틱

이 재료의 강도는 주로 유리의 함량과 유리섬유의 배열에 의존하는데, 일반적으로 유리의 함량이 높을수록 강하다. 80 wt% 정도의 유리섬유의 함량에, 유리 섬유 가닥배열을 평행하게 배열하여 필라멘트 와인딩법(filament winding)으로 제조된 복합체는 매우 강도가 높다. 그림 12.9는 일방향성 섬유로 강화된 유리섬유-폴리에스테르 수지 복합재료의 단면사진이다.

유리의 평행한 배열이 조금이라도 어긋나면 강도가 저하된다. 예를 들어 직조된 복합재는 평행한 배열을 하는 것보다 강도가 낮다(표 12.3). 만일 절단된 조방(roving)을 이용하면, 섬유는 무질서하게 배열되므로 특정 방향으로의 강도는 저하되지만 모든 방향의 강도는 같아진다(표 12.3).

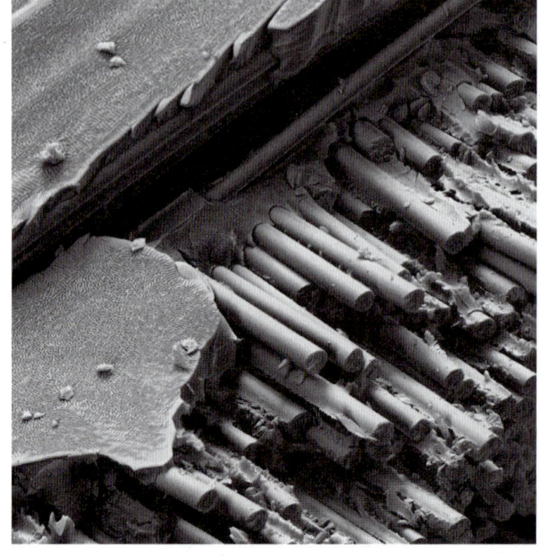

그림 12.9 ➤ 일방향 유리섬유강화 폴리에스테르 복합재료의 단면미세조직.
(Eye of Science/Science Source)

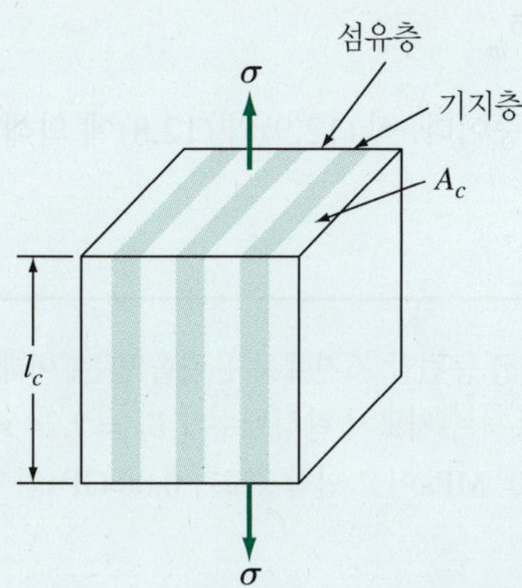

그림 12.12 ➤ 섬유층과 기지층으로 구성된 복합재료의 등변형률조건. V_c = area A_c × length l_c.

든 복합재 층이 균일한 변형을 한다. 이 때 층간의 결합은 계속 유지된다고 가정하며, 이런 형태로 하중을 기하는 것을 *등변형조건*(isostrain condition)이라고 한다.

복합재의 탄성계수를 섬유와 기지의 탄성계수 및 부피 분율과 관련시킨 식을 유도해 보자. 첫 째로 복합재에 걸린 하중이 섬유층에 걸린 하중과 기지층에 걸린 하중의 합과 같다는 것을 이용하면,

$$P_c = P_f + P_m \tag{12.1}$$

따라서 $\sigma = P/A$, 또는 $P = \sigma A$이므로

$$\sigma_c A_c = \sigma_f A_f + \sigma_m A_m \tag{12.2}$$

이때 σ_c, σ_f, σ_m과 A_c, A_f, A_m은 복합재, 섬유, 기지의 응력과 면적 분율을 나타낸다. 기지와 섬유의 층 길이가 같으므로 A_c, A_f, A_m이 V_c, V_f, V_m으로 대체된다.

$$\sigma_c V_c = \sigma_f V_f + \sigma_m V_m \tag{12.3}$$

전체 복합재의 부피 분율이 1이므로, $V_c = 1$, 따라서 식 (12.3)은 다음과 같이 된다.

$$\sigma_c = \sigma_f V_f + \sigma_m V_m \tag{12.4}$$

등변형조건에서 복합재 층간의 결합이 강하다고 가정하면

$$\epsilon_c = \epsilon_f = \epsilon_m \tag{12.5}$$

모든 변형율이 같기 때문에 식 (12.4)를 식 (12.5)로 나누어 주면

$$\frac{\sigma_c}{\epsilon_c} = \frac{\sigma_f V_f}{\epsilon_f} + \frac{\sigma_m V_m}{\epsilon_m} \tag{12.6}$$

σ_c/ε_c 대신에 E_c, σ_f/ε_f 대신에 E_f, σ_m/ε_m대신에 E_m를 쓰면

$$\boxed{E_c = E_f V_f + E_m V_m} \tag{12.7}$$

이 식은 *2원 복합재의 혼합법칙*(rule of mixtures for binary composites)이라 하며 섬유와 기지의 탄성계수와 부피분율이 주어지면 복합재의 탄성계수의 계산이 가능하다.

등변형조건에서 층상 복합구조의 기지와 섬유에 걸리는 하중에 관한 식 등변형조건에서 2원 복합재료의 섬유와 기지에 걸리는 하중의 비는 $P = \sigma A$에 의해 구할 수 있다. $\sigma = E\varepsilon$이고 $\varepsilon_f = \varepsilon_m$이므로,

$$\frac{P_f}{P_m} = \frac{\sigma_f A_f}{\sigma_m A_m} = \frac{E_f \epsilon_f A_f}{E_m \epsilon_m A_m} = \frac{E_f A_f}{E_m A_m} = \frac{E_f V_f}{E_m V_m} \tag{12.8}$$

만일 등변형조건에서 시편에 미치는 총 하중이 알고 있는 값이라면

$$P_c = P_f + P_m \tag{12.9}$$

이때 P_c, P_f, P_m은 각각 복합재 전체와 섬유, 기지에 걸리는 하중이다. 식 (12.9)와 (12.8)에 의해 E_f, E_m, V_f, V_m, P_c가 주어지면 섬유와 기지에 걸리는 하중을 계산할 수 있다.

예제 12.2

등변형조건의 응력에서 다음 복합재의 (*a*) 탄성계수 (*b*) 인장강도 (*c*) 등변압 조건에서 응력을 받는, 아래 복합 재료에 대한 섬유가 전달하는 하중의 비율. 복합재는 연속된 유리-섬유강화 에폭시 수지로서 탄성계수가 $E_f = 7.24 \times 10^4$ MPa, 인장강도가 2.4 GPa인 E-유리섬유 60 vol.%와 탄성계수가 $E_m = 3.1 \times 10^3$ MPa이고 인장강도가 0.06 GPa인 강화에폭시 수지로 구성되어 있다.

풀이

a. 복합재의 탄성계수

$$\begin{aligned} E_c &= E_f V_f + E_m V_m \\ &= (10.5 \times 10^6 \text{ psi})(0.60) + (0.45 \times 10^6 \text{ psi})(0.40) \\ &= 6.30 \times 10^6 \text{ psi} + 0.18 \times 10^6 \text{ psi} \\ &= 6.48 \times 10^6 \text{ psi (44.6 GPa)} \blacktriangleleft \end{aligned} \tag{12.7}$$

b. 복합재의 인장강도

$$\begin{aligned} \sigma_c &= \sigma_f V_f + \sigma_m V_m \\ &= (350{,}000 \text{ psi})(0.60) + (9000 \text{ psi})(0.40) \\ &= 210{,}000 + 3600 \text{ psi} \\ &= 214{,}000 \text{ psi or } 214 \text{ ksi (1.47 GPa)} \blacktriangleleft \end{aligned} \tag{12.4}$$

c. 섬유에 걸리는 하중의 분율

$$\begin{aligned} \frac{P_f}{P_c} &= \frac{E_f V_f}{E_f V_f + E_m V_m} \\ &= \frac{(10.5 \times 10^6 \text{ psi})(0.60)}{(10.5 \times 10^6 \text{ psi})(0.60) + (0.45 \times 10^6 \text{ psi})(0.40)} \\ &= \frac{6.30}{6.30 + 0.18} = 0.97 \blacktriangleleft \end{aligned}$$

12.5.2 등응력 조건

그림 12.13처럼 각 층이 작용하는 응력방향에 수직이며 섬유와 기지의 층으로 구성된 이상적인 층상 복합구조를 생각해 보자. 이 경우 복합재의 모든 층이 같은 응력을 받고 있는 데 이것을 *등응력 조건*(isostress condition)이라고 한다.

탄성 계수식을 유도하기 위해 전체 복합재에 가해지는 응력이 각각의 기지층과 섬유층에 걸리는 응력과 같다는 것을 이용하면 다음과 같다.

$$\sigma_c = \sigma_f = \sigma_m \tag{12.10}$$

응력 방향으로의 복합재의 총 변형률은 섬유층과 기지층의 변형률의 합과 같다. 즉,

$$\epsilon_c = \epsilon_f + \epsilon_m \tag{12.11}$$

응력 방향에 수직인 면적이 변하지 않고, 응력을 가한 후 복합재의 길이가 단위길이라고 가정하면

$$\epsilon_c = \epsilon_f V_f + \epsilon_m V_m \tag{12.12}$$

이때 V_f와 V_m은 섬유층과 기지층의 부피 분율이다. Hooke의 법칙이 적용된다고 가정하면

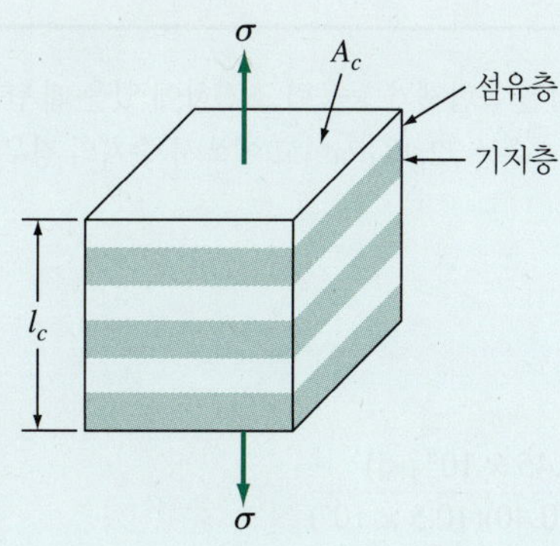

그림 12.13 ➤ 섬유층과 기지층으로 구성된 복합재료의 등응력조건. (Volume of composite V_c = area A_c x length l_c.)

$$\epsilon_c = \frac{\sigma}{E_c} \qquad \epsilon_f = \frac{\sigma}{E_f} \qquad \epsilon_m = \frac{\sigma}{E_m} \tag{12.13}$$

식 (12.13)을 식 (12.12)에 대입하면,

$$\frac{\sigma}{E_c} = \frac{\sigma V_f}{E_f} = \frac{\sigma V_m}{E_m} \tag{12.14}$$

위의 식을 σ로 나누면,

$$\frac{1}{E_c} = \frac{V_f}{E_f} + \frac{V_m}{E_m} \tag{12.15}$$

공통분모를 구하면,

$$\frac{1}{E_c} = \frac{V_f E_m}{E_f E_m} + \frac{V_m E_f}{E_m E_f} \tag{12.16}$$

정리하면,

$$\frac{1}{E_c} = \frac{V_f E_m + V_m E_f}{E_f E_m}$$

또는

$$E_c = \frac{E_f E_m}{V_f E_m + V_m E_f} \tag{12.17}$$

등변형률 조건과 등응력 조건을 비교해 보면(그림 12.14) 같은 부피의 섬유를 사용했을 때 등 변형률 조건에서 높은 계수값이 얻어짐을 알 수 있다.

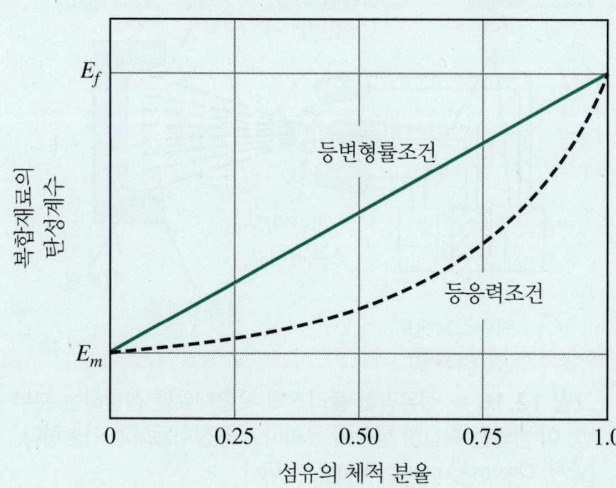

그림 12.14 ➤ 등변형률과 등응력조건에서 강화섬유 플라스틱 기지의 일방향 복합재료의 섬유 체적 분율에 대한 탄성계수. 주어진 섬유의 부피에서 등변형률 탄성계수 값이 더 크다.

예제 12.3

60 vol.%의 연속 E-유리섬유와 40%의 에폭시 수지의 기지로 구성된 복합재가 등응력 조건하에 있을 때 탄성계수를 구하라(즉, 연속 섬유에 수직 방향으로 응력이 가해진다). E-유리의 탄성계수는 72.4 GPa이고 에폭시 수지의 경우는 3.1 GPa이다.

풀이

$$\begin{aligned} E_c &= \frac{E_f E_m}{V_f E_m + V_m E_f} \\ &= \frac{(10.5 \times 10^6 \text{ psi})(0.45 \times 10^6 \text{ psi})}{(0.60)(0.45 \times 10^6) + (0.40)(10.5 \times 10^6)} \\ &= \frac{4.72 \times 10^{12} \text{ psi}^2}{0.27 \times 10^6 \text{ psi} + 4.20 \times 10^6 \text{ psi}} \\ &= 1.06 \times 10^6 \text{ psi (7.30 GPa)} \end{aligned} \tag{12.17}$$

등응력 조건에서 60% E-유리섬유-40% 에폭시 복합재의 탄성계수가 등변형률 조건의 경우에 비해 6배나 감소되었음을 주목하라.

12.6 섬유강화 플라스틱 복합재료의 개방성형법

섬유강화 플라스틱 복합재료의 개방성형법의 중요한 몇 가지를 간략하게 살펴보기로 한다.

12.6.1 핸드레이업

핸드레이업(hand lay-up) 공정은 가장 간단한 방법으로서, 유리섬유와 폴리에스테르로 섬유강화 부품을 만들기 위해 먼저 개방된 주형에 겔을 피복하고(그림 12.15), 대개 직물이나 매트의 형태인 유리섬유 강화재를 주형 위에 놓은 뒤 촉매 및 가속제와 혼합한 수지를 붓거나, 칠하거나, 뿌린다. 강화재를 수지로 완전히 적시고 공기를 제거하기 위하여 롤러나 스퀴지(squeegees)를 사용하며 두께를 증가시키기 위해 유리섬유의 매트나 짜여진 조방, 수지 등을 첨가한다. 이 방법은 보트의 선체, 물탱크, 샤프트덮개, 건축물의 패널 등을 만드는 데 사용된다.

12.6.2 분무법

이 방법은 핸드레이업과 유사하며 보트의 선체나 다른 중간 크기 내지 대형 제품을 만드는 데 사용된다. **분무법**(spray lay-up method)에서 유리섬유가 사용될 때, 연속섬유 조방은 절단기와 분무기를 통해 공급되는데(그림 12.16), 절단된 조방과 활성화된 수지가 주형에 동시에 적층된다. 롤러와 스퀴지를 사용해 공기를 제거하고 수지

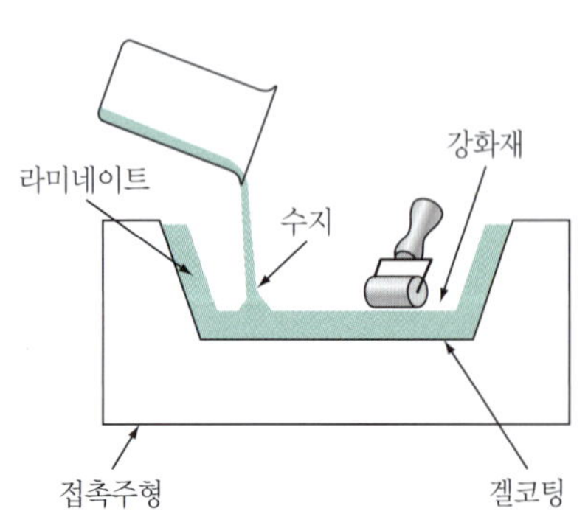

그림 12.15 ➤ 섬유강화 플라스틱 복합재료를 성형하는 수동적층법. 주형 내의 강화재에 수지를 붓는다.
(출처: Owens/Corning Fiberglass Co.)

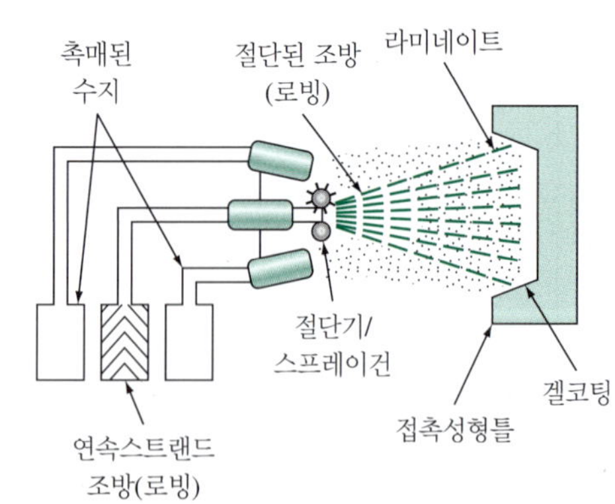

그림 12.16 ➤ 섬유강화 플라스틱 복합재료를 성형하는 분무법. 이 방법은 복잡한 형상에 유리하고 공정자동화가 가능하다.
(출처: Owens/Corning Fiberglass Co.)

의 강화재로의 침투를 확실하게 하여 적층을 조밀화시킨다. 원하는 두께를 얻기 위해서 여러 층을 합하기도 한다. 경화는 보통 실온에서 하며 적당한 열을 가해 촉진시키기도 한다.

12.6.3 진공백 오토클레이브법

진공백성형(vacuum bag molding)법은 대개 섬유강화 에폭시계의 고성능 박층(laminate)을 만들기 위해 사용된다. 특히 이 방법으로 제조된 복합재료는 항공기와 우주선 등의 이용에 중요하다.

완성품을 만드는 과정을 단계별로 살펴보면 먼저 폭 60 인치(152 cm) 정도의 길고 얇은 판이나 탄소섬유-에폭시 **프리프레그**(prepreg)를 대형 테이블 위에 펼쳐 놓고(그림 12.17) 판을 조각으로 잘라내어 성형틀에 층층이 쌓아 박층을 만든다. *플라이*(ply)라 하는 각 층들은 원하는 강도의 유형을 만들기 위해 서로 다른 방향으로 놓여지고, 그것은 각 플라이들의 가장 큰 강도가 섬유와 평행한 방향으로 나타나기 때문이다(그림 12.11). 일반적으로 라미네이트 구조의 원하는 윤곽 모양으로 금형 위에 배치한다. 예를 들어 그림 12.18에 표시된 금형은 777 Boing 날개 패널의 금형이다(그림 12.18).

박층이 완성된 후 성형틀과 박층을 진공백(vacuum-bag)에 넣어 공기를 제거한 후 에폭시 수지의 경화를 위해 진공백을 오토클레이브에 넣는다. 경화조건은 재료에 따라 다르지만 대개 0.69 MPa의 압력에서 190°C 정도로 가열시킨다. 오토클레이브에서 꺼낸 후 복합재 부품을 빼내어 마무리작업에 들어간다.

탄소섬유-에폭시 복합재는 높은 강도와 견고성, 가벼운 무게가 요구되는 우주산업에 많이 사용되는데, 예를 들어 비행기의 날개, 승강기와 방향타, 우주왕복선 화물칸의 문 등에 사용된다. 채산성 때문에 이 재료가 자동차 산업에 널리 사용되지는 못하고 있다.

12.6.4 필라멘트 권선법

고강도의 실린더 생산을 위한 또 다른 개방성형법이 **필라멘트 권선법**(filament-winding process)이다. 이 방법에서는 섬유강화재가 수지조(resin bath)를 통해 공급되어 굴대에 의해 감긴다(그림 12.19). 충분한 층이 형성되면 축을 실온이나 고온에서 오븐경화 후 성형된 부분을 떼어낸다.

그림 12.17 ➤ 탄소섬유-에폭시 프리프레그 판이 멕도넬 더글러스사의 컴퓨터 제어 절단기에 의해 절단되고 있다.
(Stephen Brashear/Getty Images)

그림 12.18 ➤ AV-8B 날개 부분의 탄소섬유-에폭시 라미네이트 및 멕도넬 항공사에서 경화를 위해 오토클레이브에 넣는 중.
(Stephen Brashear/Getty Images)

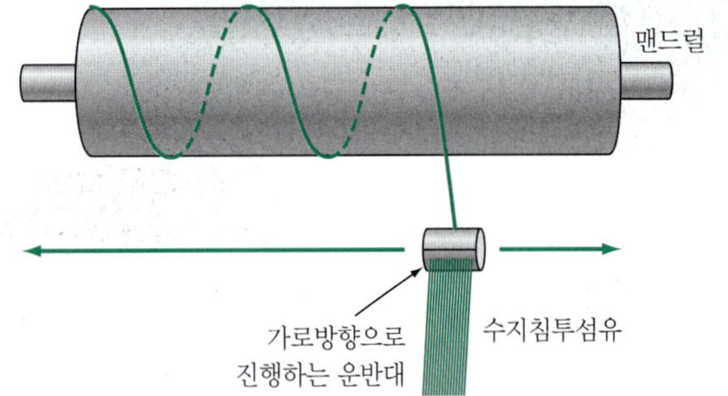

그림 12.19 ➤ 섬유강화 복합재료 제조에 필라멘트 권선법이 이용된다. 먼저 섬유가 플라스틱에 함침되고 회전하는 드럼에 감긴다. 드럼 아래에 위치한 수지침투섬유 운반기가 좌우로 이동하면서 감는다.
(출처: H.G. De Young, "Plastic Composites Fight for Status," *High Technol*, October 1983, p. 63.)

이 방법으로 매우 높은 인장강도의 실린더가 생산되는데 이것을 응용하여 화학약품과 연료의 저장탱크, 압력용기 및 로켓 모터 케이스 등을 만든다.

12.7 섬유강화 플라스틱 복합재료의 폐쇄성형법

섬유강화 플라스틱 재료를 만드는 폐쇄성형법의 중요한 몇 가지를 간략하게 살펴보기로 한다.

12.7.1 압축 및 사출성형

압축(compression)과 사출성형(injection molding)은 폐쇄성형법에서 중요한 2가지 방법으로, 섬유강화재가 공정이 시작되기 전에 수지와 혼합되는 것을 빼면 본질적으로 10.5절의 방법과 동 일하다.

12.7.2 박판성형 화합물(SMC)법

박판성형 화합물 (sheet-molding compound)법은 섬유강화 플라스틱 부품을 만들기 위한 최신 폐쇄성형법 중의 하나로, 특히 자동차 산업에서 많이 사용된다. 이 방법은 크고 균일한 제품을 대량 생산함과 동시에 뛰어난 수지 제어가 가능하며, 우수한 기계적 성질(표 12.3)을 얻을 수 있다.

박판성형 화합물은 대개 자동화된 연속공정에 의해 생산되는데, 연속적인 유리섬유의 조방이 5.0 cm 정도로 잘라져 페이스트상태로 폴리에틸렌 필름에 발라진다(그림 12.20). 또 다른 층의 수지페이스트는 첫 번째 층 위에 발라져 유리섬유와 수지페이스트의 연속적인 샌드위치가 생성된다. 위와 아래를 폴리에틸렌으로 덮은 이 샌드위치는 성형롤을 통과하며 압착되고 포장용 롤에 감긴다(그림 12.20).

포장용 롤에 감긴 SMC는 숙성실에서 1~4일간 보관한 뒤, 절단기에 의해 일정한 크기로 잘라 300°F (149°C) 정도의 가열된 금속금형에 넣는다. 수압프레스를 닫고 6.89 MPa 정도의 압력을 가해 완제품을 만드는데, 종종 SMC의 표면성질을 향상시키기 위해 압력을 가하는 중간에 사출 작업으로 제품에 코팅을 하기도 한다.

SMC법의 장점은, 핸드레이업이나 분무법에 비하여 SMC법은 대형제품 제조, 표면의 질 및 제품의 균일성 향상에 더 효과적이다. SMC는 자동차 산업에서 엔진덮개, 차체나 지붕덮개용으로 특히 유용하다. 예를 들어 1984년형 Chevrolet Corvette는 SMC로 제조된다. 이 화물칸 덮개는 0.080 인치(0.20 cm) 안쪽 판넬과 0.10 인치(0.25 cm)가 코팅된 바깥쪽 몰드 판넬의 접촉결합에 의해 제조된다.

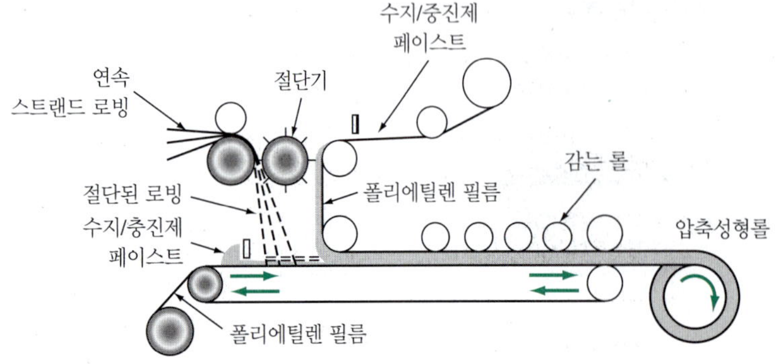

그림 12.20 ➤ 박판성형화합물 제조공정. 이 기계는 2개의 얇은 폴리에틸렌 필름 사이에 유리섬유와 수지반죽의 샌드위치를 제조한다. 제조된 박판성형화합물은 최종제품으로 프레스 성형되기 전에 시효처리된다.
(출처: Owens/Corning Fiberglass Co.)

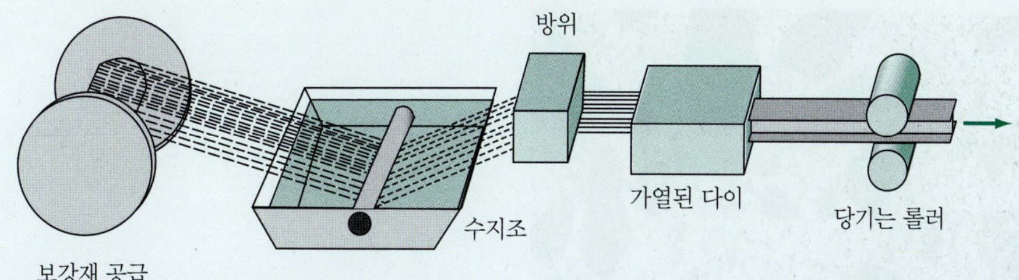

그림 12.21 ➤ 섬유강화 플라스틱 복합재료 제조용 펄트루전 공정. 수지가 함침된 섬유가 가열된 다이에 장입되고, 일정한 단면 모양의 건조된 복합재료로 천천히 사출된다.
(출처: H.G. De Young, "Plastic Composites Fight for Status," *High Technol*, October 1983, p. 63.)

12.7.3 연속 펄트루전법

연속 **펄트루전**(pultrusion, **인발성형**)법은 구조물, 기둥, 도관 등과 같이 일정한 단면적을 가진 섬유강화 플라스틱을 생산하는 방법이다. 이 방법은 연속적인 섬유가 수지조에 담겨진 상태에서 가열되고 있는 금속틀을 통과하며 당겨지고, 롤러와 같은 마무리 작업을 통해 모양이 결정된다(그림 12.21). 이 제품은 높은 섬유밀도와 섬유의 평행한 방향으로 당겨짐으로 인해 매우 높은 강도를 얻을 수 있다.

12.8 콘크리트

콘크리트는 구조물 건설에 사용되는 주요 공업용 재료이다. 토목기사들은 이것을 다리, 건물, 댐, 장벽 및 도로포장 등의 설계와 건설에 이용한다. 1983년 미국에서는 50×10^7 ton의 콘크리트가 생산되었는데, 이것은 6×10^7 ton의 강(steel) 생산량에 비해 많은 양이다. 건축재로서 콘크리트의 장점은 설계의 유연성, 경제성, 내구성, 내화성, 성형성 및 미려한 외관 등이고 공업적인 관점에서의 단점은 낮은 인장강도와 낮은 연성 및 수축성 등이다.

콘크리트(concrete)는 시멘트 반죽(결합재)의 단단한 기지 속에 조대한 입자(골재, aggregate)들이 들어가 있는 세라믹 복합재료이며, 포틀랜드 시멘트[3]와 물로 이루어져 있다. 그 조성은 대개 7~15%의 포틀랜드 시멘트, 14~21%의 물, 0.5~8%의 공기, 24~30%의 미세한 골재 및 31~51%의 조대한 골재로 구성되어 있다. 그림 12.22는 경화된 콘크리트의 연마면을 나타내는데, 시멘트 반죽은 골재입자들을 결합시키는 "접착제" 역할을 한다. 이제 콘크리트의 구성성분의 특성과 그 성질을 살펴보자.

12.8.1 포틀랜드 시멘트

포틀랜드 시멘트의 생산 **포틀랜드 시멘트**(portland cement)의 원료는 석회(CaO), 실리카 (SiO_2), 알루미나(Al_2O_3) 및 철산화물(Fe_2O_3) 등인데 이것들을 적당한 비율로 배합하여 여러 종류의 포틀랜드 시멘트를 만든다. 선택된 재료를 파쇄하여 원하는 조성으로 배합하고 이것을 회전 가마에 넣어 1400~1650°C (2600~3000°F)로 가열한다. 이 공정에서 혼합물이 화학적으로 변화되어 시멘트 클링커로 된 후 냉각되어 분쇄된다. 이때 소량의 석고($CaSO_4 \cdot 2H_2O$)를 첨가하여 경화시간을 조절한다.

포틀랜드 시멘트의 화학조성 실제로 포틀랜드 시멘트는 다음과 같은 4가지 주요 화합물로 구성되어 있다.

화합물	화학식	약어
규산 3칼슘	$3CaO \cdot SiO_2$	C_3S
규산 2칼슘	$2CaO \cdot SiO_2$	C_2S
알루미산 3칼슘	$3CaO \cdot Al_2O_3$	C_3A
철알루미산 4칼슘	$4CaO \cdot Al_2O_3\ Fe_2O_3$	C_4AF

3 포틀랜드 시멘트는 영국 남쪽해안의 자그마한 반도의 이름에서 따온 것으로서, 그 곳의 석회석이 포틀랜드 시멘트와 유사하다.

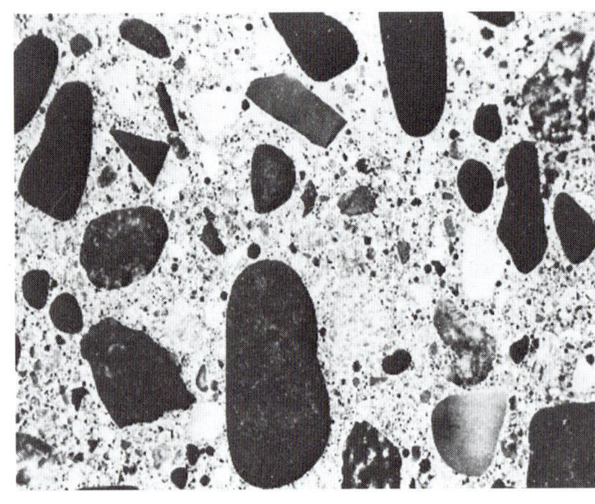

그림 12.22 ➤ 경화된 콘크리트 단면도. 시멘트와 물의 반죽이 각각의 골재입자를 완전히 둘러싸고 입자간 공간을 채워서 하나의 세라믹 복합재료를 만든다. (Courtesy of Portland Cement Association)

포틀랜드 시멘트의 종류 다양한 종류의 포틀랜드 시멘트는 화학 성분을 변화시켜 생산된다. 일반적으로 기본적인 화학 조성을 표 12.5에 열거한 5가지 주요 유형이 있다.

*I형*은 일반적인 목적의 포틀랜드 시멘트로서, 콘크리트가 흙이나 물로부터 황산의 침식을 받지 않거나 시멘트의 수화작용으로 인한 온도의 증가가 심하지 않은 경우에 사용된다. 이 콘크리트의 용도는 보도, 강화된 콘크리트 건물, 다리, 탱크 및 저수지 등에 이용된다.

*II형*은 황산의 농도가 보통 이상인 배수구조 등에 사용되거나, 무더운 기후에서 적당한 수화 작용에 의한 열이 있기 때문에 큰 방파제나 무거운 벽 등의 큰 구조물에 사용된다.

III형 포틀랜드 시멘트는 초기에 높은 강도를 발현할 수 있는 형태로 발전하였다. 이 타입은 즉시 사용해야 하는 구조물에 이용된다.

*IV형*은 열의 발생량과 속도가 최소화되어야 하는 곳에 사용되는 낮은 수화열의 시멘트로서 거대한 댐 등에 사용된다.

*V형*은 콘크리트가 고농도 황산의 지하수나 흙과 접하고 있어야 할 때 사용되는 황산저항용 시멘트이다.

포틀랜드 시멘트의 경화 포틀랜드 시멘트는 물과 반응하여 경화되는데 이것을 **수화반응**(hydration reaction)이라고 한다. 이 반응은 복잡하고 잘 규명되지 않고 있는데 포틀랜드 시멘트 무게의 75% 정도를 차지하는 C_3S (tricalcium silicate)와 C_2S (dicalcium silicate)가 물과 반응하여 $C_3S_2 \cdot 3H_2O$ (*tricalcium silicate hydrate*)를 생성한다. 이 물질은 매우 작은 입자(1 μm 이하)로 형성되며 콜로이드 *겔*(gel) 형태이다. 또한, C_3S와 C_2S의 수화반응에 의해 수산화칼슘 $Ca(OH)_2$가 형성되는데, 이것은 결정체이다. 이 반응은 다음과 같다.

$$2C_3S + 6H_2O \rightarrow C_3S_2 \cdot 3H_2O + 3Ca(OH)_2$$
$$2C_2S + 4H_2O \rightarrow C_3S_2 \cdot 3H_2O + Ca(OH)_2$$

C_3S는 매우 빨리 경화되어 포틀랜드 시멘트의 초기 강도의 주요 원인이 된다(그림 12.23). 대부분의 C_3S의 수

표 12.5 ➤ 포틀랜드 시멘트의 대표적인 화합물 조성

시멘트 유형	ASTM C150 명칭	조성(wt%)*			
		C_3S	C_2S	C_3A	C_4AF
보통	I†	55	20	12	9
수화작용에 의한 적당한 열, 적당한 내황산염	II	45	30	7	12
빠른 경화	III	65	10	12	8
수화작용에 의한 낮은 열	IV	25	50	5	13
내황산염	V	40	35	3	14

*부족한 백분율은 석고와 MgO, 알칼리 황산염 등이다. 이것이 모든 시멘트 유형 중 가장 흔한 것이다.
† 이것은 대부분의 모든 시멘트 타입이다.
출처: J.F. Young, J. *Educ. Module Mater. Sci.*, 3:410 (1981).

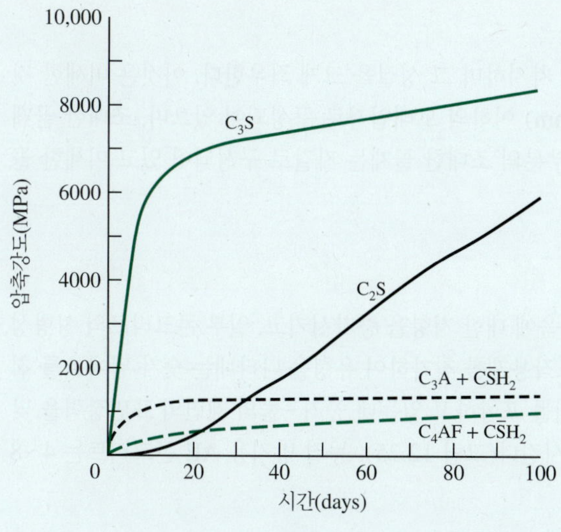

그림 12.23 ➤ 순수시멘트 화합물 반죽의 건조시간에 따른 압축강도. $C\bar{S}H_2$는 $CaSO_4 \cdot 2H_2O$의 약자이다.
(출처: J.F. Young, J. Educ. *Module Mater. Sci.*, 3:410 (1981).)

화는 약 2일 정도의 시간이 소모되므로 초기강화 포틀랜드 시멘트는 다량의 C_3S를 함유한다.

C_2S는 수화반응이 느리므로 1주일 이후 강도가 증가되는 원인이 된다(그림 12.23). C_3A는 수화가 매우 빨리 진행되어 빠른 속도로 열을 방출한다. 이것은 초기강도에 약간 기여하며 황산 저항용 시멘트(V형)에서는 낮은 수준으로 유지된다(그림 12.23). 시멘트를 제조하는 동안 클링커링(clinkering) 온도를 낮추기 위해 C_4AF를 첨가한다.

수화반응의 완료 정도가 콘크리트의 강도와 내구성을 결정하게 되는데, 수화반응은 콘크리트를 바른 후 처음 수일 동안 비교적 빠르게 진행된다. 초기의 경화기간 동안 물이 잔류하게 되고, 그 증발이 억제되거나 감소하는 현상은 매우 중요하다.

그림 12.24는 서로 다른 ASTM형 시멘트로 만든 콘크리트의 경화시간에 따른 압축강도의 증가를 나타내는데, 대부분의 압축강도가 약 28일 이내에 얻어지지만 강도의 증가는 수년 동안 지속된다.

12.8.2 콘크리트 혼합용 물

대부분의 식용 자연수가 콘크리트를 만드는 데 사용된다. 일부 식용으로 부적합한 물도 사용되지만 불순물 함량이 어느 수준 이상이 되면 시험을 거쳐 사용한다.

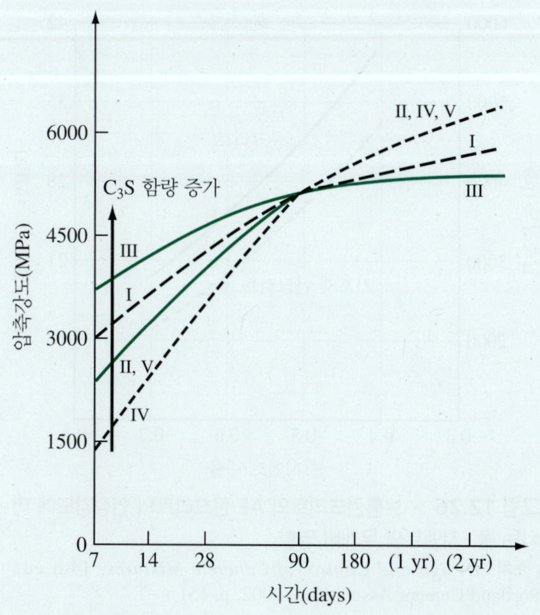

그림 12.24 ➤ 다른 ASTM형 포틀랜드 시멘트로 만들어진 콘크리트의 건조시간에 따른 압축강도.
(출처: J.F. Young, J. Educ. Module Mater. Sci., 3:410 (1981).)

12.8.3 콘크리트의 골재

골재(aggregates)는 대개 콘크리트부피의 60~80% 정도를 차지하며 그 성질을 크게 좌우한다. 이것은 미세한 것과 조대한 것으로 구분되는데, 미세한 골재는 1/4 인치(6 mm) 이하의 모래입자로 구성되어 있으며, 조대한 골재는 16번 체(1.18 mm의 구멍)에 남을 정도의 입자이다. 대부분의 조대한 골재는 자갈로 구성되어 있고 미세한 골재는 모래로 구성되어 있다.

12.8.4 기포재

기포 혼입된(air-entrained) 콘크리트는 콘크리트의 얼고 녹음에 대한 저항을 증가시키고, 일부 콘크리트의 성형성을 향상시키기 위해 사용한다. 일부 포틀랜드 시멘트에 기포작용재를 첨가하여 유형을 나타내는 숫자 뒤에 A를 첨가한다(예를 들면 IA형, IIA형 등). 이 작용제는 계면활성제를 포함하고 있는데 공기-물의 계면의 표면장력을 낮추어 매우 작은 공기의 기포(100 μm 이하가 90%)를 생성시킨다(그림 12.25). 동결 방지용 AE 콘크리트는 4~8 vol.%의 공기를 포함해야 한다.

12.8.5 콘크리트의 압축강도

세라믹 복합재의 일종인 콘크리트는 인장강도에 비해서 우수한 압축강도(compressive strength)를 나타내므로 주로 압축응력이 작용하는 곳에 사용된다. 콘크리트를 철근으로 강화하면 인장성질이 향상되는데, 이것은 다음에 다시 다루기로 한다.

그림 12.24에서 보듯이 콘크리트의 강도는 시간이 소요되는 수화작용에 의해 증가하므로 시간의 함수이다. 콘크리트의 압축강도는 물과 시멘트의 비율에도 크게 좌우되는데 이 비율이 증가할수록 강도가 저하된다(그림 12.26). 그러나 물이 적으면 콘크리트 작업에 지장이 있으므로 이 비율을 낮추는 데 한계가 있으며, 기포재 콘크리트의 경우는 성형성이 좋으므로 이 비율을 더 낮출 수 있다.

콘크리트의 압축강도 시험시편은 지름 6 인치(15 cm), 높이 12 인치(30 cm) 정도의 원통인데 기존 구조물에서 잘라내어 시험하는 경우도 있다.

12.8.6 콘크리트 혼합물의 배합비

콘크리트 혼합물의 배합은 다음 인자들을 고려해서 한다.

1. 콘크리트의 성형성. 콘크리트는 유동성이 좋고 이것이 부어지는 곳의 모양에 맞게 충진될 수 있어야 한다.

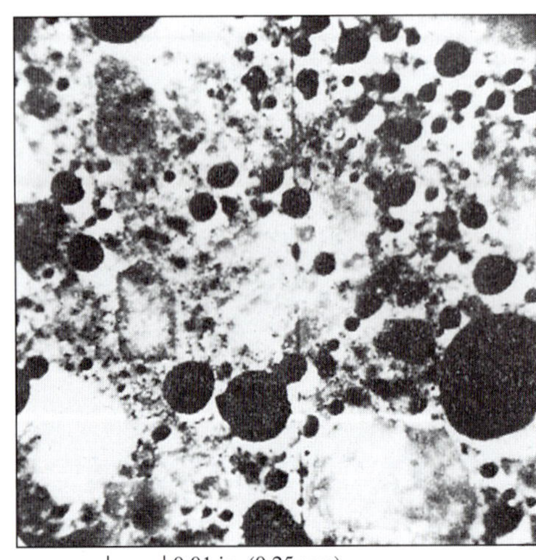

그림 12.25 ➤ 광학현미경으로 관찰한 AE 콘크리트의 연마면. 시편에서 대부분의 기포는 직경이 0.1 mm 정도이다.
(Courtesy of Portland Cement Association)

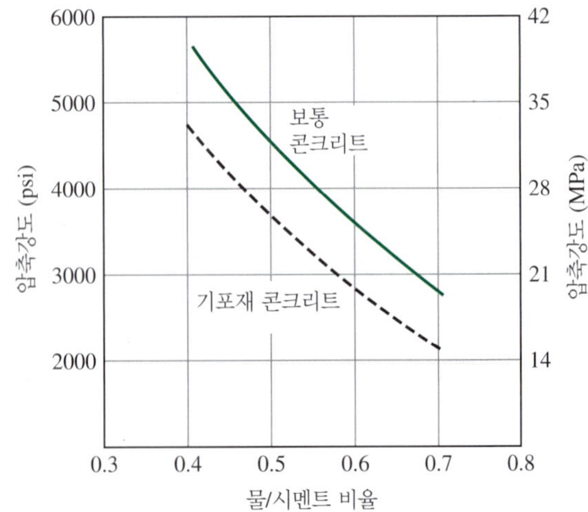

그림 12.26 ➤ 보통콘크리트와 AE 콘크리트의 인장강도에 미치는 물-시멘트의 무게비 영향.
(출처: *Design and Control of Concrete Mixtures*, 14th ed., Portland Cement Association, 2002, p. 151.)

2. 강도와 내구성. 대부분의 경우 콘크리트는 특정 강도와 내구성이 요구된다.
3. 경제성. 대부분의 경우 경제성이 중요한 인자로 고려된다.

최근의 콘크리트 혼합물의 배합은 1900년대 초반에 성립된 1 : 2 : 4, 즉 시멘트 : 미세골재 : 조대골재의 비율을 사용한다. 현재 A.C.I (American Concrete Institute)에 의해 콘크리트 혼합의 무게와 절대부피의 비율이 연구되고 있다. 예제 12.4는 각 성분의 무게비, 비중, 요구되는 단위 무게당 물의 부피가 주어졌을 때 특정 부피의 콘크리트를 얻기 위해 필요한 시멘트, 미세골재 및 조대골재의 양을 결정하는 방법을 나타낸다.

그림 12.27은 절대부피 방법에 의한 콘크리트에 사용되는 재료의 비율 범위를 나타낸다. 일반적인 콘크리트는 7~15%의 시멘트, 25~30%의 미세골재, 31~51%의 조대골재, 16~21%의 물을 포함한다. 공기함량은 0.5~3% 정도이지만 기포재 콘크리트의 경우 4~8%의 범위이다. 앞에서 기술한바와 같이 물-시멘트 비율이 콘크리트의 압축강도를 결정하는 중요한 인자이며 0.4 이상일 때는 압축강도가 현저히 저하된다(그림 12.26).

12.8.7 강화콘크리트

콘크리트의 인장강도가 압축강도에 비해 10~15배 정도 낮으므로 주로 압축하중을 받는 곳에 사용하는데, 빔처럼 인장하중을 받을 경우에는 강화철근을 넣어 사용한다(그림 12.28). 이 경우 인장하중이 콘크리트로부터 강으로 전달된다. 이처럼 콘크리트를 철근, 케이블 등의 강화재로 강화한 것을 **강화콘크리트**(reinforced concrete)라고 한다.

12.8.8 프리스트레스 콘크리트

강화콘크리트의 인장강도는 *텐던*(tendon)이라 불리는 강(steel) 강화재를 사용한 *프리텐션*(pretension) 또는 *포스트텐션*(posttension)에 의해서 압축응력을 도입시키면 더욱 증가된다. 프리스트레스(prestress) 콘크리트의 장점은 텐던에 의해 발생한 압축응력이 콘크리트가 받게 되는 인장응력에 대한 역작용을 하기 때문이다.

프리텐션(프리스트레스) 콘크리트 미국에서는 대부분의 **프리스트레스 콘크리트**(prestressed concrete)가 프리텐션 콘크리트이다. 이 방법은 대개 여러 겹의 줄로 구성된 케이블 형태의 텐던이 텐던 고정용구와 비틀림을 가하는

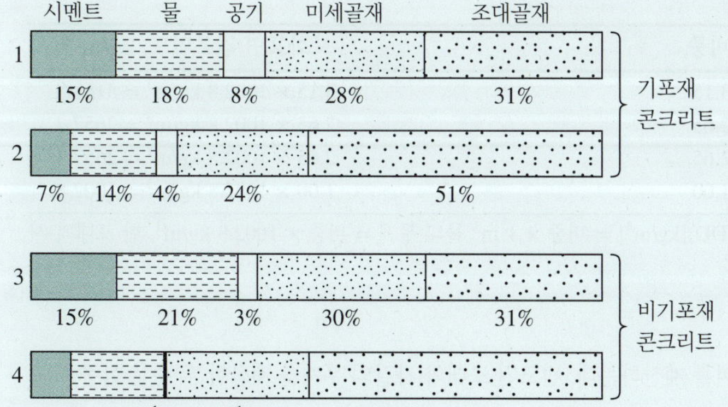

그림 12.27 ➤ 절대부피로 나타낸 콘크리트의 배합범위. 1과 3의 막대 표시는 물과 미세골재 함량이 높지만, 2와 4의 막대 표시는 물 함량이 낮고 커다란 골재의 함량이 높다.
(출처: Design and Control of Concrete Mixtures, 14th ed., Portland Cement Association, 2002, p. 1.)

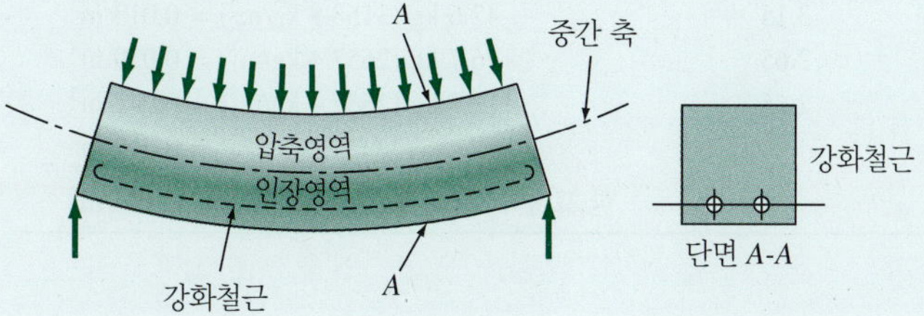

그림 12.28 ➤ 높은 하중이 강화콘크리트 빔에 미치는 영향을 과장되게 보여주는 그림. 강화용 강봉이 인장영역에 위치하여 인장강도를 흡수하고 있음에 주목하라.
(출처: Wynne, George B., *Reinforced Concrete*, 1st ed., © 1981.)

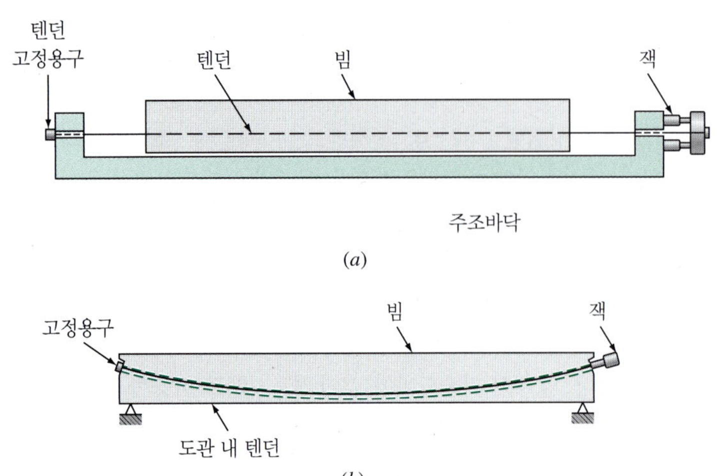

그림 12.29 ➤ (a) 프리텐션 콘크리트 빔과 (b) 포스트텐션 콘크리트 빔을 제조하기 위한 모식도.
(출처: A.H. Nilson, *Design of Prestressed Concrete*, Wiley, 1978, pp. 14 and 17.)

잭 사이에서 당겨지고(그림 12.29*a*) 그 위에 시멘트를 붓는다. 콘크리트의 강도가 충분할 때 잭의 압력을 푼다. 이 때 강의 줄이 탄성적으로 줄어들 것 같지만 콘크리트와 결합된 상태이므로 줄어들지 않는다. 따라서 콘크리트 내부에 압축응력이 발생하게 된다.

포스트텐션(프리스트레스) 콘크리트 이 포스트텐션 콘크리트의 제조방법은 대개 콘크리트를 붓기 전에 강의 텐던을 포함하는 빈 도관을 설치하는데(그림 12.29*b*), 이 때 텐던은 평행한 줄의 다발이나 철근으로 된 케이블의 형태이다. 여기에 콘크리트를 부은 다음, 강도가 충분해지면 텐던의 한쪽을 고정시키고 다른 쪽엔 잭에 의한 비틀림을 가한다. 이때 압력이 충분해지면 비틀림을 유지시키는 잭을 제거하고 이곳을 고정시킨다. 텐던과 도관의 사이에 고압으로 시멘트 반죽을 채워 넣는데 이렇게 하면 콘크리트 빔의 굽힘응력 용량이 증가된다.

예제 12.4

시멘트, 모래(미세골재), 자갈(조대골재)의 비가 1:1.8:2.8(무게 비)인 2.12 m^3의 콘크리트를 만들려고 한다. 한 포대의 시멘트당 0.02 m^3의 물이 필요하다면 각 성분은 얼마나 필요한가? 모래와 자갈의 수분 함량이 각각 5%와 0.5%라고 가정하라. 시멘트는 포대 수, 모래와 자갈은 kg, 물은 m^3의 단위로 답하라. 아래 표의 데이터를 참고하라.

성분	비중	포화표면 건조밀도, kg/m^3*
시멘트	3.15	$3.15 \times 1002.8\ kg/m^3 = 3158.8$
모래	2.65	$2.65 \times 1002.8\ kg/m^3 = 2657.4$
자갈	2.65	$2.65 \times 1002.8\ kg/m^3 = 2657.4$
물	1.00	$1.00 \times 1002.8\ kg/m^3 = 1002.8$

* 포화표면 건조밀도(saturated surface-dry density, SSDD)[kg/m^3] = 비중 × 1 m^3 물의 무게 = 비중 × 1002.8 kg/m^3. 한 포대의 시멘트는 42.6 kg.

풀이

먼저 한 포대의 시멘트 당 콘크리트 성분의 절대부피를 계산하는데, 건조된 모래와 자갈의 무게를 계산한 후 수분 함량을 고려한다.

성분	무게비	무게	SSDD, kg/m^3	1포대의 시멘트당 절대부피
시멘트	1	$1 \times 42.6\ kg = 42.6\ kg$	3.15	$42.6\ kg/(3158.8\ kg/m^3) = 0.013\ m^3$
모래	1.8	$1.8 \times 42.6\ kg = 76.7\ kg$	2.65	$76.7\ kg/(2657.4\ kg/m^3) = 0.029\ m^3$
자갈	2.8	$2.8 \times 42.6\ kg = 119.3\ kg$	2.65	$119.3\ kg/(2657.4\ kg/m^3) = 0.045\ m^3$
물	0.02 m^3			$= 0.019\ m^3$
				한 포대의 시멘트당 절대부피의 총합 0.106 m^3

따라서, 시멘트 한 포대당 건조된 0.106 m^3의 콘크리트가 생성되며 2.12 m^3의 콘크리트를 만들려면 다음과 같은 각 성분들이 필요하다:

1. 요구되는 시멘트의 양 = 2.12 m^3/(0.106 m^3/sack of cement) = 21 sacks ◀
2. 요구되는 모래의 양 = (21 sacks) (42.6 kg/sack) (1.8) = 1610 kg
3. 요구되는 자갈의 양 = (21 sacks) (42.6 kg/sack) (2.8) = 2505 kg
4. 요구되는 물의 양 = (21 sacks) (0.02 m^3/sack) = 0.42 m^3

모래와 자갈을 고려하면

모래 중의 물 = (1610 kg)(1.05)
= 1691 kg; 1691 kg 1610 kg = 81 kg의 물
자갈 중의 물 = (2505 kg)(1.005)
= 2518 kg; 2518 kg 2505 kg = 13 kg의 물

1. 요구되는 젖은 모래의 무게 1610 kg + 81 kg = 1691 kg ◀
2. 요구되는 젖은 자갈의 무게 2505 kg + 13 kg = 2518 kg ◀

요구되는 물의 양은 계산된 물의 양에서 모래와 자갈 중의 물을 뺀 것과 같으므로

$$\text{모래와 자갈 중의 물의 양} = (166\text{ lb} + 26\text{ lb})\left(\frac{7.48\text{ gal}}{\text{ft}^3}\right)\left(\frac{1\text{ ft}^3}{62.4\text{ lb}}\right) = 23.0\text{ gal}$$

따라서 필요한 물의 양은 다음과 같다.

$$107.7\text{ gal} - 23.0\text{ gal} = 84.7\text{ gal} \blacktriangleleft$$

12.9 아스팔트와 아스팔트 혼합물

아스팔트(asphalt)는 역청(bitumen)으로서 근본적으로 산소와 황과 다른 불순물들을 함유하는 탄화수소이며 열가소성의 고분자 재료와 비슷한 기계적 성질을 가지고 있다. 대부분의 아스팔트는 원유를 정제하는 과정에서 생산되지만, 일부는 역청암으로부터 직접 생산되기도 한다. 원유의 아스팔트 함량은 대개 10~60% 정도 된다. 미국에서는 아스팔트의 75% 정도가 도로의 포장에 쓰이며 그 나머지가 지붕과 건축자재로 쓰인다.

아스팔트의 화학조성은 80~85%의 탄소, 9~10%의 수소, 2~8%의 산소, 0.5~7%의 황이며, 그 외에 약간의 질소와 다른 원소들을 포함하고 있다. 아스팔트의 성분은 매우 다양하고 복잡 하며, 작은 분자량에서부터 큰 분자량의 고분자 재료와 탄화수소의 사슬 및 링 구조, 그리고 응축된 링으로 구성된 응축물 등이 있다.

아스팔트는 주로 역청질의 결합재로 쓰이며 골재와 함께 **아스팔트 혼합물**(asphalt mix)을 형성해 도로의 포장에 쓰인다. 미국의 아스팔트 협회는 골재의 배합비에 따른 8종류의 포장용 혼합물을 명명했는데, 가령 IV형 아스팔트 혼합물은 3.0~7.0%의 아스팔트와 35~50%의 골재로 구성되어 있으며 골재는 8번체[4]를 통과하는 크기이다.

가장 안정한 아스팔트 혼합물은 조밀하게 충진된 각형의 골재와 골재의 입자를 피복할 정도의 아스팔트로 되어 있는데, 만일 아스팔트의 양이 너무 많고 날씨가 더워지면 도로표면에 아스팔트가 모여 미끄럼 저항을 감소시킨다. 각형의 골재는 쉽게 다듬어지지 않고 서로 맞물려 있으므로, 연하고 쉽게 닳는 골재에 비해 미끄럼 저항을 향상시킨다. 또한, 골재는 아스팔트와 잘 결합해야 한다.

[4] 8번체는 0.0937 인치(2.36 mm)의 구멍크기를 갖는다.

12.10 나무

나무(wood, 목재)는 미국에서 공업용으로 많이 쓰는 재료이며 연간 생산량도 가장 많다(그림 1.14). 나무는 가옥과 고층 건물, 다리 등의 건설에 필요한 목재로 사용될 뿐만 아니라 합판, 하드보드, 종이 등의 복합재를 만드는 데도 쓰인다.

나무는 천연적으로 생산되는 복합재로서 주로 **리그닌**(lignin)과 다른 유기화합물로 강화된 셀룰로오스 세포층으로 구성되어 있다. 이 장에서는 먼저 나무의 거시적 구조를 설명한 뒤 연목과 견목의 미세구조를 설명하고 이 구조와 나무의 성질을 연관시켜 보기로 한다.

12.10.1 나무의 거시적 구조

나무는 복잡한 구조의 자연물이므로 합금강 막대나 사출성형한 열가소성 재료처럼 균질의 제품을 얻을 수 없고, 강도면에서 매우 심한 이방성을 나타내어 줄기 방향의 인장강도가 가장 크다.

나무의 단면층 나무의 단면을 살펴보면 그림 12.31처럼 *a*에서 *f*까지 중요한 층들이 있는데 이 층들의 이름과 기능은 다음과 같다.

a. *외피*(outer bark)는 마르고 죽은 조직으로 나무의 외부를 보호한다.
b. *내피*(inner bark)는 축축하고 연하며 잎사귀로부터 모든 성장부까지 양분을 공급하는 역할을 한다.
c. **신생조직**(cambium layer)은 표피와 나무 사이의 조직층으로 세포를 형성한다.
d. **변재**(sapwood)는 밝은 부분으로 나무줄기의 바깥 부분을 형성하며 양분을 저장하고 뿌리로부터 잎사귀로 수액을 공급하는 세포를 가지고 있다.
e. **심재**(heartwood)는 나무줄기의 오래된 내부조직으로서 죽은 상태이며 나무의 강도를 제공한다.
f. *심*(pith)은 나무 중심부의 연한 조직으로, 그 주위로 나무가 처음 성장하기 시작한다.

그림 12.30에서 나타낸 바와 같이 나무의 심에서 외피까지 각 층들을 연결하는 물관부 방사 조직이 존재하며 양분의 저장과 수송을 담당한다.

연목과 견목 나무는 연목(나자식물)과 견목(피자식물)의 2종류로 대별되며, 식물학적으로는 씨앗이 노출된 경우를 **연목형**(softwood type), 노출되지 않은 경우를 **견목형**(hardwood type)이라고 한다. 약간의 예외는 있지만 연목은 잎사귀가 항상 달려 있고 견목은 매년 잎사귀를 교체한다. 일반적으로 연목을 *상록수*(evergreen)라 하고 견목을 *낙엽수*(deciduous)라 하며, 대체로 연목이 물리적으로 연한 데 비해 견목은 단단하다. 미국산 연목에는 전나무, 가문비나무, 소나무, 삼목 등이 있고, 견목에는 참나무, 느릅나무, 단풍나무, 자작나무 등이 있다.

나이테 미국과 같은 온대지방에서는 매년 줄기의 주위에 새로운 나무층이 형성되는데 이것을 *나이테*(annual

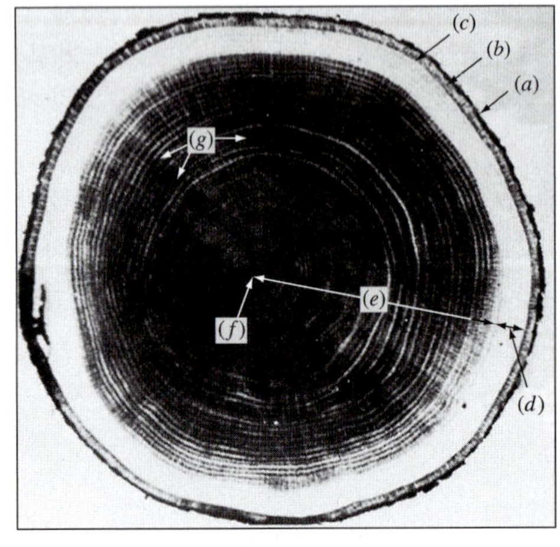

그림 12.30 ➤ 전형적인 나무 단면. (*a*) 외피; (*b*) 내피; (*c*) 형성층; (*d*) 변재; (*e*) 심재; (*f*) 심; (*g*) 물관부 방사조직.
(출처: *"U.S. Department of Agriculture Handbook No.72," revised 1974, p. 2-2.*)

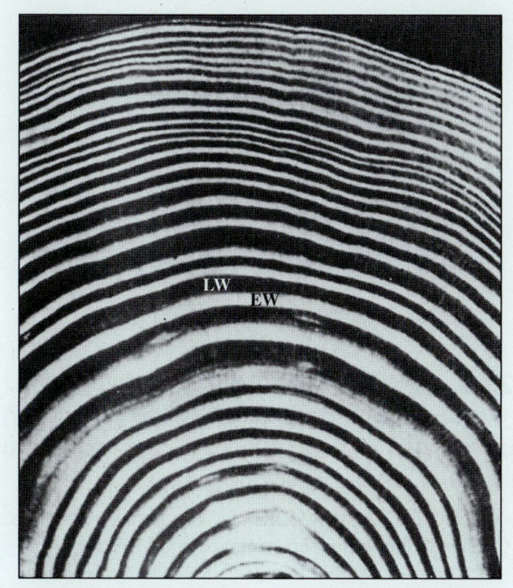

그림 12.31 ➤ 연목의 나이테. 나이테의 춘재(EW) 부분이 추재(LW)부분에 비하여 밝다.
(Courtesy of the Journal of Materials Education, University Park, PA.)

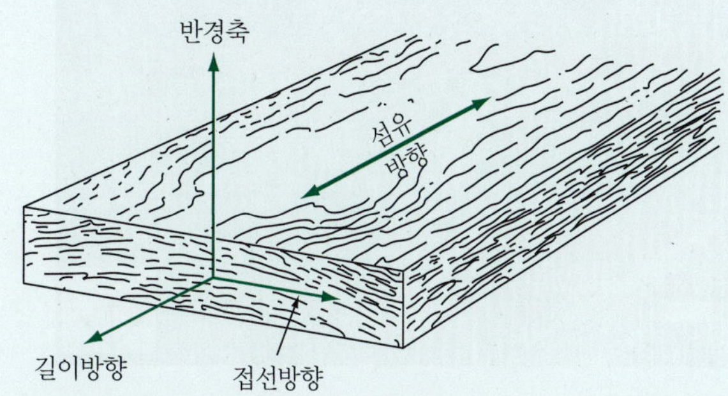

그림 12.32 ➤ 나무의 축. 길이축의 입자와 평행하고, 접선축은 나이테와 평행하고, 반경축은 나이테와 수직이다.
(출처: U.S. Department of Agriculture Handbook No. 72, revised 1974, p. 4-2.)

growth rings)라 하며 특히 연목의 경우 뚜렷하다(그림 12.31). 각 테는 *춘재*(earlywood, 봄)와 *추재*(latewood, 여름)라는 작은 테를 갖고 있으며, 연목의 경우 춘재의 색깔이 더 밝고 세포의 크기가 크다.

나무의 대칭축 나무의 방향과 미세조직을 연관시키는 것이 중요한데, 이를 위해 그림 12.32처럼 일련의 축들을 선택한다. 이때 나무의 줄기와 평행한 축을 *길이축*(longitudinal axis: L)이라 하고, 나이테에 수직인 축을 *반경축*(radial axis: R), 나이테와 평행하고 길이축과 반경축에 각각 수직인 축을 *접선축*(tangential axis: T)이라고 한다.

12.10.2 연목의 미세구조

그림 12.33은 연목의 작은 블록의 미세구조를 75배로 확대하여 본 것인데 3개의 완전히 성장한 테가 나타나 있다. 이 사진에서 춘재의 큰 세포와 **도관**(tracheids)이라 하는 길고 얇은 벽의 관상세포들이 보이는데 **루멘**(lumen)이라고 하는 세포의 중앙부는 물의 이동통로이고 도관의 길이는 3~5 mm 정도, 지름은 20~80 μm 정도이다. 세포의 끝부분에 있는 구멍은 액체가 세포 사이로 이동하는 것을 가능하게 한다. 이러한 긴 도관들이 연목의 전체 부피의 90% 정도를 차지한다. 춘 재의 세포는 비교적 큰 지름과 얇은 벽, 큰 루멘을 가지며 추재의 세포는 작은 지름과 두꺼운 벽, 작은 루멘을 갖고 있다.

나무의 표피에서 중심까지 가로지르는 물관부 *방사조직*(wood ray)은 벽돌 모양의 작은 *유조직세포*(parenchyma cells)로 구성되어 있어, 양분을 저장할 때 사용되며 서로 연결되어 있다.

12.10.3 견목의 미세구조

연목과 달리 견목은 액체의 이동을 위해 큰 지름의 **물관**(vessel)을 가지고 있는데 이것은 *물관성분*(vessel element)이라는 각 성분으로 구성되어 있고, 나무줄기와 평행한 방향으로 형성되어 있는 얇은 벽의 구조이다.

견목의 목재는 도관이 나이테에 어떻게 배열되어 있는가에 따라 *고리다공형*(ring-porous) 또는 *확산다공형*(diffuse-porous)으로 나눌 수 있는데, 고리다공형의 견목의 경우 춘재에 형성된 물관이 추재에 형성된 것보다 크고(그림 12.34), 확산다공형의 경우 물관의 지름이 모든 나이테에 걸쳐 일정하다(그림 12.35).

견목의 줄기를 지탱시키는 긴 세포들은 섬유로서 두꺼운 벽을 가지며 끝부분이 닫혀 있다. 섬유의 길이는 0.7~3 mm 정도이고 지름이 20 μm이다. 이 섬유들로 구성되는 견목의 목재 부피는 매우 심하게 변하는데, 예를 들면 풍향수(sweetgum)의 섬유 부피는 26% 정도인 반면에 히코리(hickory)의 섬유 부피는 67% 정도이다.

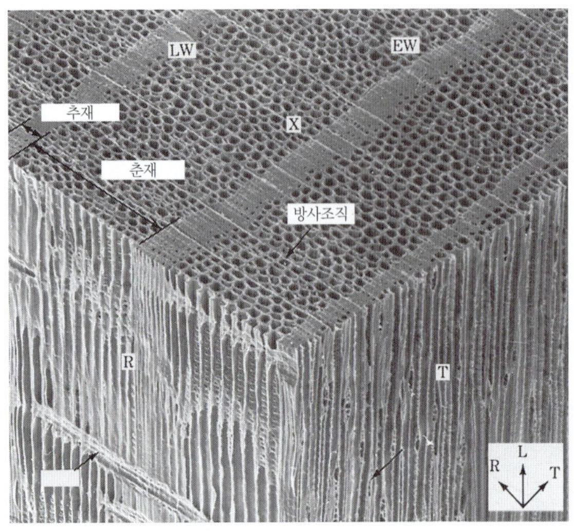

그림 12.33 ➤ 연목(장엽송)조각의 단면에서 3개의 완전한 나이테를 보여주는 주사전자현미경 사진. 세포 크기는 추재(LW)보다 춘재(EW)가 더 크다. 양분저장세포로 이루어진 방사조직은 길이축 방향에 수직으로 지난다. (배율 75×)
(Courtesy of the N.C. Brown Center for Ultrastructure Studies, SUNY College of Environmental Science and Forestry.)

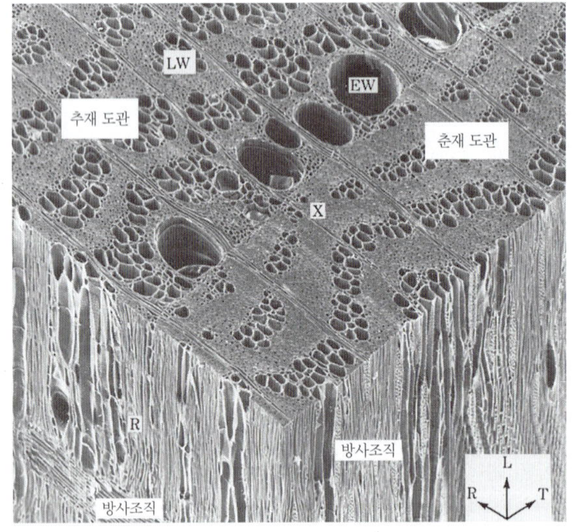

그림 12.34 ➤ 고리다공형 견목(미국산 느릅나무) 조각의 단면에서 춘재와 추재의 도관지름이 변화를 보이는 주사전자현미경사진. (배율 54×.)
(Courtesy of the N.C. Brown Center for Ultrastructure Studies, SUNY College of Environmental Science and Forestry.)

양분을 저장하는 견목의 세포는 가로 방향의 물관부 방사조직과 벽돌 모양의 길이 방향의 **연조직**(parenchyma)이며 견목의 물관부 방사조직은 연목에 비해 훨씬 크며 폭 방향으로 많은 세포가 있다.

12.10.4 세포벽의 초구조

그림 12.36처럼 나무의 세포구조를 고배율로 관찰해 보자. 성장 중의 세포분리기간에 생성된 최초의 세포벽을 *1차 벽*(primary wall)이라 하는데, 성장이 계속되어 이 벽이 가로와 길이 방향으로 확장하다가 완전한 크기에 이르게 되면 동심원의 형태로 세포의 중심으로 성장하는 *2차 벽*(secondary wall)이 생성된다(그림 12.36).

나무세포의 주요 성분은 *셀룰로오스*(cellulose), *헤미셀룰로오스*(hemicellulose) 및 *리그닌*(lignin) 등이다. 셀룰로오스 결정 분자가 나무의 고체 재료의 45~50%를 차지하는데, 이것은 포도당으로 구성된 직선형 고분자 재료(그림 12.37)로서 5,000~10,000 정도의 중합도를 갖고 있다. 셀룰로오스 단위의 내부와 그 사이의 공유결합으로 인해 높은 인장강도의 곧고 강한 분자가 생성되며 포도당 분자들은 수소결합과 영구쌍극자 결합에 의해 연결된다. 헤미셀룰로오스는 나무의 고체 재료의 20~25%를 차지하는데, 여러 형태의 당분을 포함하는 분지형의 비정질분자이며 150~200 정도의 중합도를 가진다. 리그닌은 나무의 고체 재료의 20~30% 정도를 차지하는데, 페놀 단위에서 생성되는 복잡하게 가교된 3차원의 고분자 물질이다.

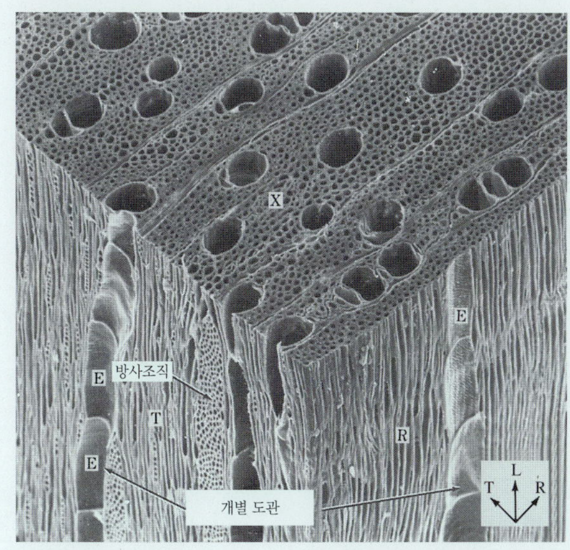

그림 12.35 ➤ 확산다공형 견목(사탕단풍나무)이 나이테를 가로질러 동일한 직경을 보이는 주사전자현미경 사진. 각각의 도관이 분명하게 형성되어 있다. (배율 100×.)
(Courtesy of the N.C. Brown Center for Ultrastructure Studies, SUNY College of Environmental Science and Forestry.)

세포벽은 주로 리그닌 시멘트에 의해 연결된 **미세수근**(microfibril)으로 구성되어 있으며, 미세수근은 헤미셀룰로오스와 리그닌의 비정질에 의해 둘러싸인 셀룰로오스의 결정형 코어로 구성되어 있다. 그림 12.36에 나타난 것처럼 미세수근의 배열과 방향은 세포벽의 각 층에서 변한다. 리그닌은 세포벽을 견고하게 하고 압력에 대한 저항을 제공한다. 고체물질 외에도 나무의 세포가 약 30% 정도의 물을 흡수한다.

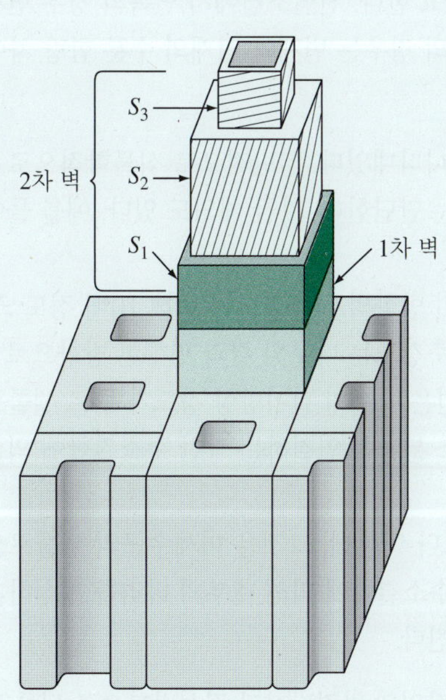

그림 12.36 ➤ 다중나무세포구조의 나무 세포가 1차 및 2차 벽의 상대적인 두께 를 나타내는 모식도. 1차와 2차 벽에 있는 선은 미세발근방위를 표시한다.
(출처: R.J. Thomas, *J. Educ. Module Mater*. Sci., 2:85 (1980).)

그림 12.37 ➤ 셀룰로오스의 분자구조.
(출처: J.D. Wellons, *Adhesive Bonding of Woods and Other Structural Materials*, University Park, PA, Materials Education Council, 1983.)

12.10.5 나무의 성질

수분함량 건조되지 않은 나무는 수분을 일부 포함하는데, 이 수분은 세포의 섬유벽이나 세포섬유 루멘에서 분해된 상태로 흡수된다. 나무의 수분 함량은 일반적으로 다음과 같이 정의된다.

$$\text{수분 함량(wt\%)} = \frac{\text{시료 중의 물의 무게}}{\text{마른 나무시료의 무게}} \times 100\% \tag{12.18}$$

건조 상태를 기초로 수분 함량을 계산하기 때문에 나무의 수분 함량은 200%를 넘는 경우도 있다.

예제 12.5

수분을 함유한 나무 조각의 무게가 165.3 g이고 완전히 건조시킨 후의 무게가 147.5 g일 때 수분 함량은?

풀이

나무 중 수분의 무게는 젖은 나무의 무게에서 마른 나무의 무게를 뺀 것과 같다.

$$\text{수분 함량(\%)} = \text{젖은 나무의 무게} - \frac{\text{마른 나무의 무게}}{\text{마른 나무의 무게}} \times 100\% \tag{12.18}$$

$$= \frac{165.3\text{ g} - 147.5\text{ g}}{147.5\text{ g}} \times 100\% = 12.1\% \blacktriangleleft$$

살아 있는 나무의 수분조건을 *천연조건*(green condition)이라고 한다. 천연조건에서 연목의 경우 변재의 평균 수분 함량은 150% 정도이고 심재의 수분 함량은 60%이다. 견목의 경우는 변재와 심재의 수분 함량 차이는 적어서 평균 80%정도이다.

기계적 강도 미국산 나무의 전형적인 기계적 성질을 표 12.6에 나타내었다. 일반적으로 식물학적으로 연목이라고 분류되는 나무는 물리적으로 연하고, 견목으로 분류되는 나무는 단단한데, 가끔 예외도 있다. 예를 들어 발사나무는 물리적으로 매우 연하나 식물학적으로 경목에 속한다.

나무의 결과 평행한(wood parallel) 방향의 압축강도는 수직인 방향의 압축강도에 비해 10배 정도 크다. 예를 들어, 킬른에서 인공 건조된(12%의 수분) 동부의 흰 소나무의 압축강도는 나무의 결과 평행한 방향으로 4800 psi (33 MPa), 수직인 방향으로 440 psi (3.0 MPa) 정도이다. 그 원인은 나무의 길이방향 강도가 주로 셀룰로오스 미세수근의 강한 공유결합에 의존하고, 수직방향 강도는 셀룰로오스 분자를 연결하는 약한 수소결합에 의존하기 때문이다(그림 12.37).

표 12.6을 보면 천연조건의 나무가 건조실에서 건조된 나무보다 약한데, 그것은 미세수근의 셀룰로오스의 불규칙한 영역에서 수분을 제거하면 세포 분자 구조들이 충진되고 수소결합에 의해 내부의 다리를 형성하기 때문이다. 따라서 수분을 제거하면 나무가 수축되고 조밀하게 되어 강해진다.

수축 수분이 제거됨에 따라 천연목이 수축되고 그림 12.38처럼 단면의 반경방향과 접선방향으로 뒤틀린다. 나무의 수축(shrinkage)은 길이방향(0.1%)보다 가로방향(10~15%)으로 더 심하게 일어난다.

미세수근의 외부인 비정질영역에서 수분이 제거되면 수근들이 서로 근접하고 나무가 조밀하게 되는데, 미세수근이 나무줄기의 길이방향으로 배열되어 있으므로 나무가 주로 가로방향으로 수축한다.

12.11 샌드위치 구조

두 개의 얇은 외부층이 중심부 재료를 둘러싼 복합재료가 공업용 설계에 널리 쓰이며, 2가지로 분류된다. (1) 벌집 샌드위치 구조(honeycomb sandwich structure), (2) 클래드 샌드위치 구조(cladded sandwich structure).

표 12.6 ≫ 미국산 나무의 전형적인 기계적 성질

종류	조건	정적 굽힘 비중	정적 굽힘 파괴계수 (MPa)*	탄성계수 (10^6 MPa)*	방향의 압축; 최대분쇄 강도 (MPa)*	섬유응력 (MPa)*	최대전단강도 (MPa)*
견목:							
미국산	천연	0.46	7,200	1.11	2910	360	1000
느릅나무	건조†	0.50	11,800	1.34	5520	690	1510
히코리,	천연	0.60	9,800	1.37	3990	780	1480
피칸	건조†	0.66	13,700	1.73	7850	1720	2080
붉은 단풍나무	천연	0.49	7,700	1.39	3280	400	1150
	건조†	0.54	13,400	1.64	6540	1000	1850
흰 떡갈나무	천연	0.60	8,300	1.25	3560	670	1250
	건조†	0.68	15,200	1.78	7440	1070	2000
연목:							
연안의,	천연	0.45	7,700	1.56	3780	380	900
더글러스 전나무	건조†	0.48	12,400	1.95	7240	800	1130
서부산	천연	0.31	5,200	0.94	2770	240	770
붉은 삼나무	건조†	0.32	7,500	1.11	4560	460	990
동부산	천연	0.34	4,900	0.99	2440	220	680
흰색 소나무	건조†	0.35	8,600	1.24	4800	440	900
미국산 어린삼나무	천연	0.34	5,900	0.96	3110	270	890
	건조†	0.35	7,900	1.10	5220	520	1110

* To obtain MPa, multiply psi by 6.89×10^{-3}.
† Kiln-dried to 12% moisture.
출처: *The Encyclopedia of Wood*, Sterling Publishing Co., 1980, pp. 68-75.

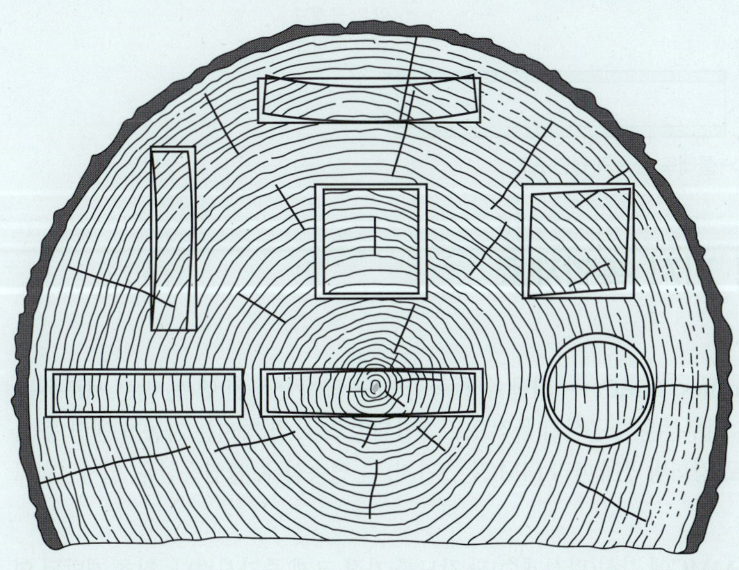

그림 12.38 ≫ 접촉방향, 반경방향, 그리고 나이테 한 부분의 수축과 뒤틀림.
(출처: R.T. Hoyle, *J. of Educ. Modul Mater. Sci*, 4:88 (1982).)

12.11.1 벌집 샌드위치 구조

결합된 벌집 샌드위치 구조는 30여 년 동안 항공산업의 기본 재료로 사용되어 왔다. 현재 대부분의 비행기가 이 재료를 이용하고 있다. 대부분의 벌집 샌드위치 구조는 5052와 2024 같은 알루미늄합금 혹은 유리섬유강화 페놀, 유리섬유강화 폴리에스테르 및 아라미드섬유 강화재 등을 사용한다.

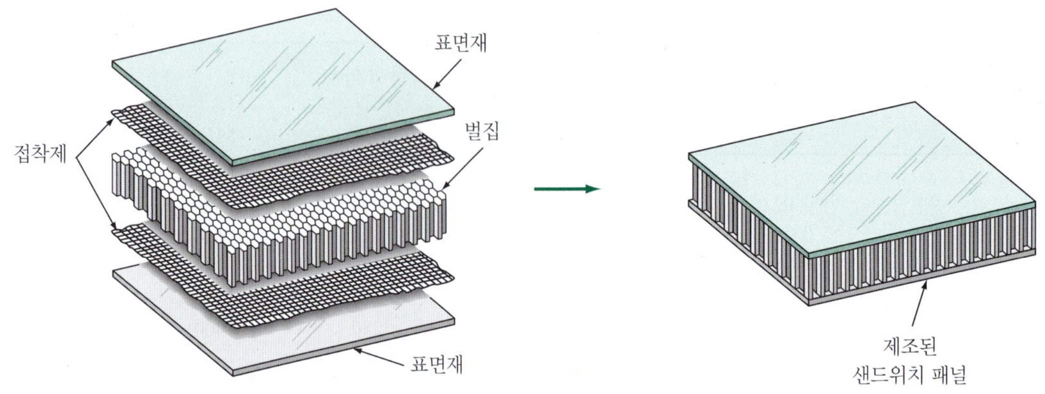

그림 12.39 ➤ 알루미늄판을 알루미늄합금 벌집형 코어에 접합하여 제조된 샌드위치 판넬.
(출처: Hexcel Corporation.)

알루미늄 벌집 패널은 그림 12.39처럼 알루미늄합금의 벌집형 중심부에 알루미늄합금판을 부착시켜 만드는데, 이런 식으로 강하고 견고하며 가벼운 샌드위치판을 만든다.

12.11.2 클래드 금속구조

클래드 구조(cladded structure)는 금속의 중심부에 다른 금속의 얇은 외피층을 부착시킨 복합재(그림 12.40)로서 대개 열간압연에 의해 층들이 서로 금속적(원자 확산) 결합을 한다. 이런 유형의 복합재가 공업적으로 다양하게 사용되는데, 가령 2024나 7075 같은 고강도 알루미늄합금은 비교적 부식저항이 약해서 여기에 연하고 매우 부식저항이 강한 알루미늄판의 클래딩을 함으로써 보호된다. 클래드 금속의 또 다른 용도는 값싼 금속의 중심부를 비교적 비싼 금속으로 보호하는 것인데, 예를 들어 미국의 10센트와 25센트 동전은 덜 비싼 구리 중심부에 Cu-25% Ni 합금을 클래딩한 것이다.

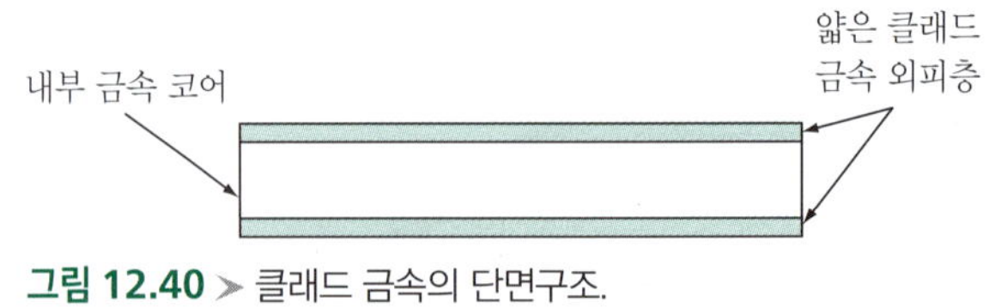

그림 12.40 ➤ 클래드 금속의 단면구조.

12.12 금속기지 및 세라믹 기지 복합재료

12.12.1 금속기지 복합재료

금속기지 복합재료(metal-matrix composites: MMCs)는 지난 수년 동안 심도 있게 연구된 결과, 많은 새로운 고강도 재료로 개발되어 왔다. 이들 재료의 대부분은 항공산업 목적으로 개발되었으나, 몇 가지는 자동차 엔진 등 다른 곳에 응용하여 사용되었다. 일반적으로 강화방법에 따라 MMC는 3가지, 즉 연속섬유, 불연속섬유, 입자강화로 분류된다.

연속섬유강화 MMCs 연속 필라멘트는 MMC에 강성(탄성계수)과 강도를 가장 크게 증가시켰다. 최초 개발된 연속섬유(continuous-fiber) MMC 중 하나는 알루미늄합금 기지-보론섬유 강화재였다. 이 복합재료의 보론섬유는 텅스텐섬유를 기판으로 화학증착법으로 만든다(그림 12.41*a*). Al-B 복합재료는 Al포일(foil) 사이에 보론섬유 등이 고온고압층으로 만들어진다. 그 결과 포일 들은 섬유상 주위에서 변형되고 서로 결합한다. 그림 12.41*b*는 연속 보론섬유-Al합금기지 복합 재료의 단면을 나타낸다. 표 12.7은 몇 가지 보론섬유-Al합금 복합재료의 기계적 성질을 나타낸 다. 51 vol% B(보론) 첨가로 Al 6061의 축방향 인장강도를 310 MPa에서 1417 MPa로 증가시켰고, 탄

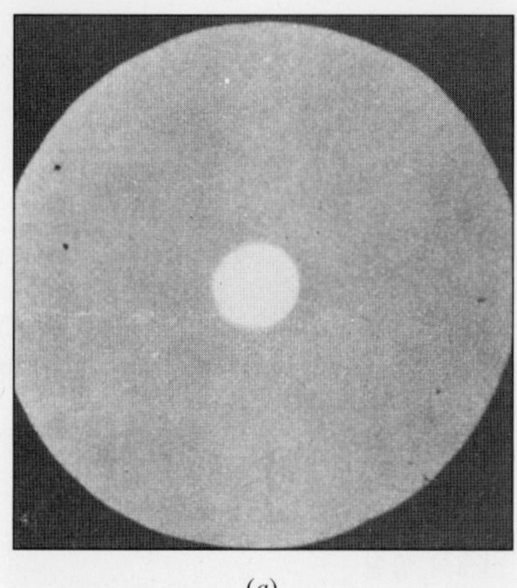
(a)

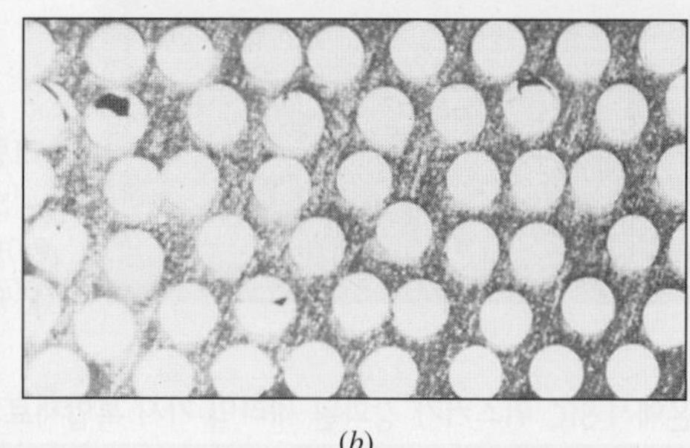
(b)

그림 12.41 ➤ (*a*) 100 μm 직경의 보론 필라멘트는 12.5 μm 직경의 텅스텐 코어를 둘러싸고 있다. (*b*) 알루미늄합금–보론 복합재료의 단면 미세사진(40배 확대).
((*a-b*) ©ASM International)

표 12.7 ➤ 금속기지 복합재료의 기계적 특성

	인장강도 MPa	탄성계수 GPa	파괴 변형률(%)
연속섬유 MMCs:			
Al 2024-T6 (45% B) (axial)	1458	220	0.810
Al 6061-T6 (51% B) (axial)	1417	231	0.735
Al 6061-T6 (47% SiC) (axial)	1462	204	0.89
불연속섬유 MMCs:			
Al 2124-T6 (20% SiC)	650	127	2.4
Al 6061-T6 (20% SiC)	480	115	5
입자 MMCs:			
Al 2124 (20% SiC)	552	103	7.0
Al 6061 (20% SiC)	496	103	5.5
강화되지 않음:			
Al 2124-F	455	71	9
Al 6061-F	310	68.9	12

성계수는 69 GPa에서 231 GPa로 증가시켰다. Al-B 복합재료의 응용은 우주왕복선의 중간 연료판 구조재로 쓰인다.

다른 MMC에 사용되는 연속-섬유 강화재는 SiC, 흑연, 산화알루미늄, 텅스텐 섬유 등이 있다. SiC 연속-섬유로 강화한 Al 6061 복합재료는 최신 전투기 수직꼬리 부분에 사용된다. National Aerospace 계획에 따라 초음속비행기제조에서 티타늄-알루미나이드 기지 내에 SiC 연속섬유 강화재를 계획적으로 사용한 것은 가장 흥미를 끈 일이다(그림 1.1).

불연속섬유 및 입자강화 MMCs 여러 가지 불연속 및 입자강화 MMC가 생산되어 왔다. 이들 재료는 일반금속보다 고강도, 고인성 및 높은 치수안정성 등 여러 가지 이점이 있다. 여기서는 알루미늄 MMC를 중심으로 개괄적으로 다루겠다.

입자강화(particulate reinforced) *MMC*는 지름 3~200 μm의 크기를 갖는 불규칙형상의 알루미나 및 SiC 입자를 이용한 저가의 알루미늄합금 MMC가 대표적이다. 때때로 미리 강화입자를 코팅하여 용융 알루미늄합금과 혼합하여 잉곳으로 주조 또는 압출 빌렛으로 제조된다. 표 12.7에서 20% SiC 첨가 시 Al 6061 인장강도는 310에서 480 MPa로, 탄성계수는 69에서 115 GPa로 증가하였다. 이 재료는 스포츠 장비 및 자동차엔진 부품에 사용된다.

그림 12.42 ➤ 금속기지 복합재료를 강화시키는 데 사용되는 단결정 SiC 휘스커의 미세사진. 휘스커의 직경은 1~3 μm이고 길이는 50~200 μm이다.
(Zagach Design/Shutterstock)

표 12.8 ➤ 상온에서 SiC 휘스커가 강화된 세라믹 기지 복합재료의 기계적 성질

기지	SiC 휘스커 함량 (vol%)	굽힘강도 MPa	파괴인성 MPa $\sqrt{m}$
Si_3N_4	0	400~650	5~7
	10	400~500	6.5~9.5
	30	350~450	7.5~10
Al_2O_3	0	···	4.5
	10	400~510	7.1
	20	520~790	7.5~9.0

출처: *Engineered Materials Handbook*, vol. 1, Composites, ASM International, 1987, p. 942.

불연속섬유강화(discontinuous-fiber reinforced) *MMC*는 분말야금법이나, 용융금속 침투법으로 주로 제조한다. 분말야금법에서, 지름 1~3 μm, 길이 50~200 μm(그림 12.42)의 침상 SiC 휘스커를 금속 분말과 혼합하여 열간 프레스로 소결한 후, 원하는 형태로 압출 또는 단조한다. 표 12.7은 20% SiC 휘스커 첨가로 Al 6061 합금의 인장강도가 310 MPa에서 480 MPa로 증가하였고, 탄성계수도 69 GPa에서 115 GPa로 증가한 것을 보여준다. 강도와 인성의 더 큰 증가를 입자보다도 휘스커의 첨가로 얻을 수 있을지라도, 분말야금법이나 용융금속침투법이 더 경제적이다. 불연속–섬유강화 알루미늄 MMC는 미사일유도부품이나, 고성능 자동차의 피스톤 등에 사용된다.

12.12.2 세라믹기지 복합재료

세라믹 기지 복합재료(ceramic-matrix composites: CMCs)는 비강화 세라믹 기지보다 기계적 성질, 즉 강도와 인성을 개선하기 위해 최근에 개발되었다. 강화방법에 따라 3가지 형으로써 연속섬유, 불연속섬유, 입자강화로 분류할 수 있다.

연속섬유강화 CMCs CMC에 사용되는 2종류의 연속 섬유는 실리콘카바이드와 알루미늄산화 물이 있다. 세라믹기지 복합재료 제조과정의 예는 SiC를 섬유매트로 직조하고, 화학증착법을 이용하여 섬유매트 내로 SiC를 함침하는 것이다. 또 다른 방법으로 유리-세라믹 재료에 SiC가 박힌 것으로 이들 재료는 열교환 튜브, 방열장치, 부식-마모용 환경 재료 등에 사용된다(예제 12.8 참고).

불연속(휘스커) 및 입자강화 CMCs 세라믹 휘스커(그림 12.42)는 모노리스 세라믹(표 12.8)의 파괴인성을 크게 증가시킬 수 있다. 알루미나에 20 vol%의 SiC 휘스커 첨가로 알루미나 세라믹 파괴인성을 4.5에서 8.5 MPa $\sqrt{m}$으로 증가시킨다. 단섬유와 입자강화 세라믹 기지 재료는 보통 세라믹 제조과정, 예를 들면 열간등압성형(*HIP* ing) 방법에 의해 제조가 가능하다는 장점이 있다.

예제 12.6

어떤 금속기지 복합재료는 B섬유강화 Al합금으로 만들어진다(그림 EP12.6). B섬유를 만들기 위해 텅스텐(W)선(r = 10 μm)을 보론(B)으로 피복하여 최종적으로 75 μm의 반지름이 된다. Al합금은 65 vol%를 갖고, B섬유 주위에 결합된다. 2상

혼합법칙[식 (12.7)]을 3상 혼합체에서도 적용 가능하다고 가정한 후 등변형 조건하에서 복합재료의 유효탄성계수를 계산하라. 여기서 $E_W = 410$ GPa, $E_B = 379$ GPa, $E_{Al} = 68.9$ GPa로 계산하라.

풀이

$$E_{comp} = f_W E_W + f_B E_B + f_{Al} E_{Al} \qquad f_{W+B} = 0.35$$

$$f_W = \frac{\text{내선 면적}}{\text{B 섬유 면적}} \times f_{W+B}$$

$$f_W = \frac{\pi(10\ \mu m)^2}{\pi(75\ \mu m)^2} \times 0.35 = 6.22 \times 10^{-3} \qquad f_{Al} = 0.65$$

$$f_B = \frac{\text{B 섬유 면적} - \text{내선 면적}}{\text{B 섬유 면적}} \times f_{W+B}$$

$$= \frac{\pi(75\ \mu m)^2 - \pi(10\ \mu m)^2}{\pi(75\ \mu m)^2} \times 0.35 = 0.344$$

$$E_{comp} = f_W E_W + f_B E_B + f_{Al} E_{Al}$$
$$= (6.22 \times 10^{-3})(410\text{ GPa}) + (0.344)(379\text{ GPa}) + (0.65)(68.9\text{ GPa})$$
$$= 178\text{ GPa}$$ ◀

이 복합재료의 탄성계수(인성)는 비강화 알루미늄합금의 경우보다 2.5배 크다는 것에 주의하라.

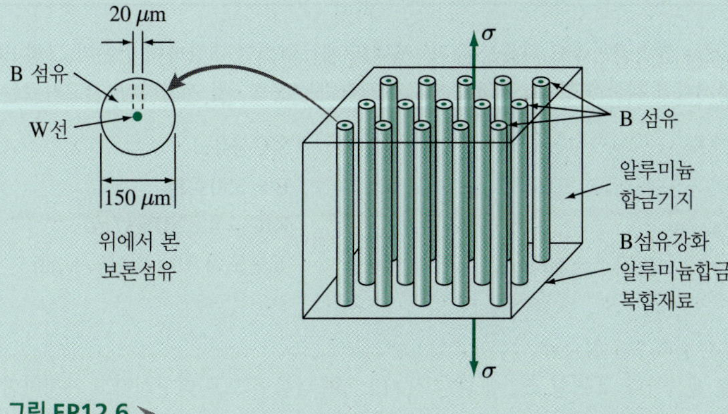

그림 EP12.6 ➤

예제 12.7

어떤 금속기지 복합재료는 80 vol%의 Al합금 2124-T6과 20 vol%의 SiC 휘스커로 만들어진다. 2124-T6의 밀도는 2.77 g/cm^{3}이고, 휘스커는 3.10 g/cm^{3}이다. 복합재료의 평균 밀도를 계산하라.

풀이

합재료가 1 m^{3}이라면, 2124 합금은 0.80 m^{3}이고 SiC 섬유는 0.20 m^{3}이다.

$$1\text{ m}^3 \text{ 중 2124 합금의 질량} = (0.80\text{ m}^3)(2.77\text{ Mg/m}^3) = 2.22\text{ Mg}$$
$$1\text{ m}^3 \text{ 중 SiC 휘스커의 질량} = (0.20\text{ m}^3)(3.10\text{ Mg/m}^3) = 0.62\text{ Mg}$$
$$1\text{ m}^3 \text{ 중 복합재료의 전체 질량} = 2.84\text{ Mg}$$

$$\text{평균 밀도} = \frac{\text{질량}}{\text{단위부피}} = \frac{1\text{ m}^3 \text{ 중 재료의 전체 무게}}{1\text{ m}^3} = 2.84\text{ Mg/m}^3$$ ◀

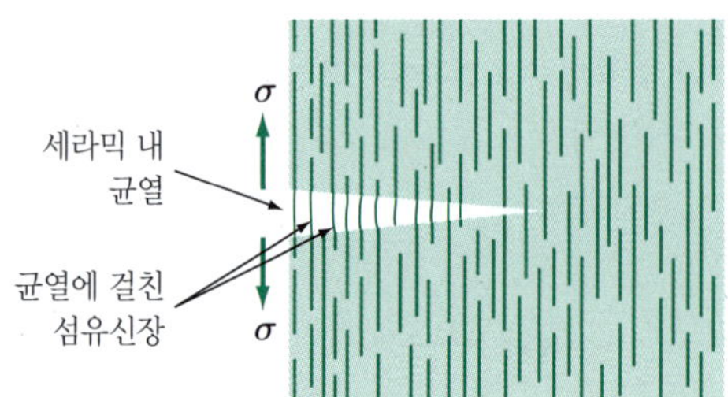

그림 12.43 ➤ 세라믹 기지 내의 강화섬유가 균열 브릿징과 섬유풀아웃에 의한 에너지흡수에 의해 균열 전파를 억제하는 모식도.

세라믹 기지 복합재료는 3가지 중요 기구에 의해 인성이 증가된다고 생각되는데, 이는 섬유강화로 인해 세라믹 내 균열 전파를 저지하기 때문이다. 이런 기구에는,

1. *균열 휨*(Crack deflection). 강화재를 만나면 균열은 휘어지고(crack deflection), 그 결과 전파경로는 구부러진다. 따라서 균열 전파를 위해 더 큰 응력이 필요하다.
2. *균열 브릿징*(Crack bridging). 섬유나 휘스커는 균열을 메꾸고(crack bridging) 재료형태를 유지시키므로 균열 확대를 위해 응력의 증가가 필요하다(그림 12.43).
3. *섬유 풀아웃*(Fiber pullout). 섬유 또는 휘스커의 풀아웃으로 발생하는 마찰은 에너지를 흡수하므로 균열 전파에 더 큰 응력이 필요하다. 그러므로 더 큰 강도를 위해 섬유와 기지 사이에 강한 계면결합이 요구된다. 재료를 더 높은 온도에서 사용하려면 기지와 섬유 사이에 양호한 팽창계수의 조합이 있어야 한다.

예제 12.8

세라믹-매트릭스 복합체는 연속적인 SiC 섬유를 유리-세라믹 매트릭스에 내장하여 만든다(그림 EP12.8). (*a*) 등변압 조건에서 복합재료의 탄성계수를 계산하고, (*b*) 균열이 커지기 시작하는 응력 σ를 계산하라. 참고자료는 다음과 같다.

유리-세라믹 기지:	SiC섬유:
E = 94 GPa	E = 350 GPa
KIC = 2.4 MPa $\sqrt{\text{m}}$	KIC = 4.8 MPa $\sqrt{\text{m}}$
이미 존재중인 최대 균열직경 = 10 μm	표면노치 최대 깊이 = 5 μm

풀이

a. 복합재료에 대한 E를 계산한다. 등변형 조건에 대한 식 (12.7)이 다음 식으로 타당하다고 가정하면

$$E_{\text{comp}} = f_{\text{GC}} E_{\text{GC}} + f_{\text{SiC}} E_{\text{SiC}}$$

섬유길이가 동일하기 때문에 SiC섬유의 부피분율은 섬유의 선단표면에서 섬유상이 차지하는 면적분율로 계산할 수 있다. 그림 EP12.8로부터 한 개의 지름 50 μm의 섬유는 80 μm × 80 μm 면적 내에 있다. 그러므로,

$$f_{\text{SiC}} = \frac{\text{섬유상 면적}}{\text{선택된 전체 면적}} = \frac{\pi(25\ \mu\text{m})^2}{(80\ \mu\text{m})(80\ \mu\text{m})} = 0.307$$

$$f_{\text{GC}} = 1 - 0.307 = 0.693$$

$$E_{\text{comp}} = (0.693)(94\text{ GPa}) + (0.307)(350\text{ GPa}) = 172\text{ GPa} ◀$$

b. 초기 균열이 복합재료 내에 형성하는 데 필요한 응력을 구하면, 등변형 조건에 대하여 $\epsilon_{\text{comp}} = \epsilon_{\text{GC}} = \epsilon_{\text{SiC}}$이다. $\sigma = \text{E}\epsilon$, $\epsilon = \sigma/E$

$$\frac{\sigma_{\text{comp}}}{E_{\text{comp}}} = \frac{\sigma_{\text{GC}}}{E_{\text{GC}}} = \frac{\sigma_{\text{SiC}}}{E_{\text{SiC}}}$$

$Y = 1$로 가정하고, 각 성분이 $\sigma = K_{\text{IC}}/\sqrt{\pi a}$ [식 (11.1)] 때 파괴가 시작한다[식 (11.4)]. 두 재료에서 균열형성에 필요한 최소응력을 계산하고 비교하여야 한다. 더 낮은 응력을 갖는 균열 성분이 복합재료에서 균열이 시작되는 응력으로 결정될 것이다.

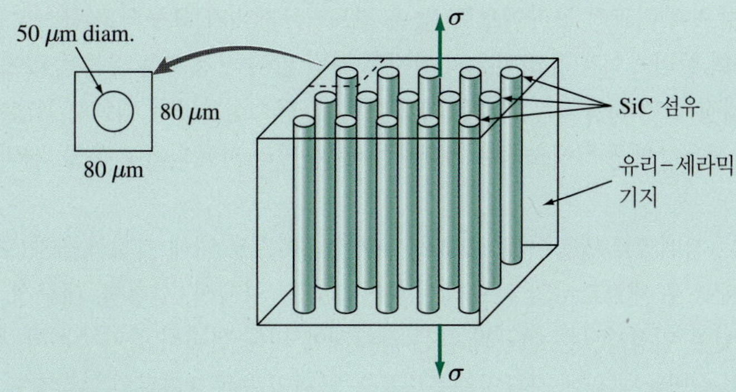

그림 EP12.8 ➤

i. 유리 세라믹. 이 재료에서 이미 존재한 최대 균열직경은 10 μm이다. 이 값은 식 (11.1)에서 $2a$이므로 $a = 5\ \mu$m이다.

$$\frac{\sigma_{comp}}{E_{comp}} = \frac{\sigma_{GC}}{E_{GC}} = \left(\frac{K_{IC,GC}}{\sqrt{\pi a}}\right)\left(\frac{1}{E_{GC}}\right)$$

$$\sigma_{comp} = \left(\frac{E_{comp}}{E_{GC}}\right)\left(\frac{K_{IC,GC}}{\sqrt{\pi a}}\right) = \left(\frac{172\text{ GPa}}{94\text{ GPa}}\right)\left[\frac{2.4\text{ MPa}\sqrt{\text{m}}}{\sqrt{\pi(5\times10^{-6}\text{ m})}}\right] = 1109\text{ MPa}$$

ii. SiC섬유. 이 재료에서 표면균열에 대해 $a = 5\ \mu$m이므로,

$$\sigma_{comp} = \left(\frac{E_{comp}}{E_{SiC}}\right)\left(\frac{K_{IC,SiC}}{\sqrt{\pi a}}\right) = \left(\frac{172\text{ GPa}}{350\text{ GPa}}\right)\left[\frac{4.8\text{ MPa}\sqrt{\text{m}}}{\sqrt{\pi(5\times10^{-6}\text{ m})}}\right] = 596\text{ MPa}$$

따라서, 세라믹기지 복합재료에서 596 MPa의 응력이 작용한다면 SiC 섬유는 최초 균열이 시작될 것이다. ◀

12.12.3 세라믹복합재료 및 나노기술

최근 나노기술 연구자들은 상업화된 알루미나 미세구조에 탄소 나노튜브를 넣음으로써 기계적, 화학적 및 전기적 특성을 개선시킨 세라믹 기지 복합재료를 발달시켜 왔다. 이것은 미래 재료과학분야에서 나노기술의 중요성을 더욱 확대시키는 획기적인 개발이다. 연구자들은 알루미나에 5에서 10퍼센트의 탄소나노튜브와 5퍼센트의 미세한 분말의 Nb을 첨가함으로써 새로운 세라믹 복합체를 제조할 수 있었다. 치밀화가 이루어진 소결체의 파괴인성은 순수한 알루미나에 비하여 다섯 배나 더 큰 값을 갖는다. 또한 이 새로운 재료는 전기 전도가 가능하여 순수 알루미나에 비하여 10조 배 정도 높은 값을 갖는다. 만약 탄소나노튜브가 소결체의 열 이동방향에 평행하게 배열되어 있을 경우에 소결체는 열전도성을 나타내며, 탄소나노튜브가 열 이동방향에 수직으로 배열되어 있을 경우에 소결체는 열차폐 특성을 나타낸다. 이 특성으로 새로운 세라믹 재료는(역자주: 우주왕복선의)열차폐용 코팅 재료로 매우 유력한 후보 재료가 된다.

12.13 요약

재료과학과 공학의 관점에서 복합재료는 형태와 화학조성이 다르고 서로 용해되지 않는, 2개 이상의 미시적 혹은 거시적 구성 물질들의 혼합이나 조합으로 구성된 재료계로 정의된다.

일부 섬유강화 플라스틱 복합재는 인조섬유로 만들어지는데 유리, 탄소 및 아라미드형이 있다. 이 중에서 유리섬유가 비교적 값이 싸고 적당한 강도와 고밀도를 가지며, 탄소섬유는 고강도와 고강성, 저밀도를 가지는데 값이 비싸므로 특히 고강도-무게비가 요구될 경우에만 사용한다. 아라미드 섬유는 고강도와 저밀도를 갖지만

탄소섬유만큼 강하지 않으며 비교적 고가이므로, 높은 강도-무게비가 요구되고 탄소섬유보다 유연성이 요구될 때 사용한다. 섬유강화 플라스틱용 유리섬유의 기지로 가장 많이 사용되는 것은 폴리에스테르이고 탄소섬유강화 플라스틱용으로 가장 널리 사용되는 기지는 에폭시이다. 탄소섬유강화 에폭시 복합재는 항공과 우주산업에 널리 사용되며, 유리섬유강화 폴리에스테르 복합재는 더욱 널리 사용되어 건축물, 선박, 항공산업 등에 응용된다.

콘크리트는 포틀랜드 시멘트로 만들어진 경화된 시멘트 페이스트 내에 기지와 골재(모래와 자갈)로 구성된 세라믹 복합재료이다. 구조용 재료로서의 콘크리트는 압축강도, 경제성, 성형성, 내구성, 내화성 및 외관 등이 우수하다. 콘크리트의 낮은 인장강도는 철근과 같은 강화재에 의해 현저히 증가하는데, 강화재에 의한 프리스트레스로 높은 인장응력을 받는 부위에 잔류압축응력을 도입시키면 콘크리트의 인장강도가 더욱 증가한다.

나무는 기본적으로 셀룰로오스 섬유가 리그닌을 주로 하는 고분자 물질의 기지에 의해 결합된 천연적인 복합재이다. 나무의 거시적 구조는 살아 있는 세포로 이루어져 양분을 이동시키는 변재와 죽은 세포로 이루어진 심재로 되어 있다. 나무를 2가지 유형으로 크게 나누면 연목과 견목이 있다. 연목은 씨가 노출되어 있고 좁은(침상의) 잎을 가지며 견목은 씨가 덮여 있고 넓은 잎을 가진다. 나무의 미세구조를 살펴보면, 주로 줄기 방향으로 배열된 세포로 구성되어 있는데 연목은 헛물관이라고 하는 길고 얇은 벽을 가진 관형의 세포를 가지고 있으며 견목은 액체의 이동이 쉬운 큰 물관들을 가지고 있는 조밀한 세포 구조이다. 나무는 적절히 보호하면 강도, 경제성, 가공성, 내구성 등의 측면에서 유용한 재료이다.

12.14 용어 정의

12.1절

복합재료(composite material): 형태와 화학조성이 다르고 서로 불용성인 2개 이상의 미시적 혹은 거시적 구성성분들의 혼합이나 조합으로 구성된 재료.

섬유강화 플라스틱(fiber-reinforced plastics): 폴리에스테르나 에폭시 같은 플라스틱 재료의 기지를 유리, 탄소 또는 아라미드 등의 섬유로 강화한 복합재료. 섬유는 높은 강도와 견고성을 제공하고 플라스틱 기지는 섬유를 결합시키고 지지하는 역할을 한다.

12.2절

E-유리섬유(E-glass fibers): 유리섬유강화 플라스틱에서 섬유용 유리로 가장 널리 쓰이는 붕규산유리인 E(전기적) 유리로 만든 섬유.

S-유리섬유(S-glass fibers): 마그네시아-알루미나-실리케이트 유리인 S유리로 만든 섬유로 매우 높은 강도의 섬유가 필요할 때 쓰는 섬유.

조방(roving): 꼬이거나 꼬이지 않은 연속된 실의 다발의 모임.

탄소섬유(carbon fibers, 복합재료용): 폴리아크릴로니트릴(PAN)이나 피치로부터 생산되며, 섬유상 네트워크 구조를 만들어 주기 위하여 연신한다. 각 원료물질의 산소, 질소, 수소를 제거하고 탄소만 남기기 위하여 가열시킨다.

토우(tow, 섬유의): 직선의 다발형태인 다수 섬유의 집합으로 일정한 양의 섬유를 나타내는 데 사용한다. 예를 들면, 6000 fibers/tow.

아라미드섬유(aramid fibers): 화학적 합성에 의해 만들어지며 섬유강화 플라스틱에 사용된다. 이것은 방향족(벤젠고리형) 폴리아미드 선형 구조를 가지며 Du Pont 사에서 케블러(Kevlar)라는 상품명으로 생산하고 있다.

비인장강도(specific tensile strength): 재료의 인장강도를 밀도로 나눈 값.

비탄성계수(specific tensile modulus): 재료의 탄성계수를 밀도로 나눈 값.

12.4절

박층(laminate): 재료의 판을 열과 압력을 이용하여 결합시킨 제품.

일방향성 박층(unidirectional, 라미네이트): 같은 방향으로 배열된 연속섬유로 된 섬유강화판의 층들을 결합시켜 만든 섬유강화 플라스틱 라미네이트.

다방향성 박층(multidirectional, 라미네이트): 판의 연속섬유의 방향이 서로 다른 섬유강화판의 층들을 결합시켜 만든 섬유강화 플라스틱 라미네이트.

박층(라미네이트, laminate) **플라이**(ply, 라미나): 다층 라미네이트 중의 한 층.

12.5절

핸드레이업(Hand lay-up): 섬유강화 복합재를 만들기 위해 손으로 연속된 강화재의 층을 주형에 쌓는 공정.

분무법(spray lay-up): 섬유강화재를 만들기 위해 분무기를 사용하는 방법으로 그 중 한 유형으로 자른 섬유를 플라스틱 수지와 혼합하여 주형에 분무시키는 것이 있다.

진공백 성형(vacuum bag molding): 섬유강화 플라스틱 부품을 만드는 공정으로 경화되지 않은 채로 봉합된 라미네이트 위에 투명하고 유연한 재료의 판을 올려놓고 진공을 만들어 내재하는 공기를 제거시킨 뒤 진공백 부품을 경화시킨다.

프리프레그(prepreg): 강화섬유를 가지고 있는 플라스틱 수지 침투가공재로 원하는 형태로 층들을 쌓은 후 열과 압력을 가함으로써 라미네이트를 경화시켜 각 층들을 결합시킨다.

필라멘트 권선(filament winding): 미리 플라스틱 수지를 침투시킨 연속적인 강화재를 축에 감아서 섬유 강화 플라스틱을 만드는 공정으로 충분히 감았을 때 경화시켜 축을 빼낸다.

↘ 12.6절

박판성형 화합물(sheet-molding compound: SMC): 섬유강화 플라스틱 복합재를 만드는 데 사용하는 플라스틱 수지, 첨가제 및 강화 섬유의 화합물로 대개 1 인치(2.54 cm) 길이의 25~30%의 섬유로 만든다. SMC 재료는 대개 어느 정도 미리 시효시켜 일정 크기로 자른 뒤 압축주형에 넣고 열간압축으로 경화시킨다.

펄트루전(pultrusion): 일정한 단면의 섬유강화 플라스틱 재료를 연속적으로 만들기 위한 공정으로 수지에 잠긴 섬유들을 가열다이를 통과시키면서 당김.

↘ 12.7절

콘크리트(concrete, 포틀랜드 시멘트형): 포틀랜드 시멘트, 미세한 골재, 조대한 골재 및 물의 혼합물.

골재(aggregate): 콘크리트를 만들기 위해 포틀랜드 시멘트 및 물과 함께 섞는 안정한 재료. 큰 입자를 조 대골재(예를 들면, 자갈), 작은 입자를 미세골재(예를 들면, 모래)라고 한다.

포틀랜드 시멘트(portland cement): 물과 반응하여 단단한 물질을 형성하는 규산칼슘이 주성분인 시멘트.

수화작용(hydration reaction): 물과 다른 화합물의 반응. 물과 포틀랜드 시멘트와의 반응을 수화작용이라고 한다.

기포재 콘크리트(air-entrained concrete): 작은 공기의 기포가 균일하게 분포된 콘크리트로서 90% 이상의 기포가 100 μm 이하이다.

강화콘크리트(reinforced concrete): 인장력을 지탱하기 위해 강선이나 봉을 넣은 콘크리트.

프리스트레스 콘크리트(prestressed concrete): 인장응력에 대한 저항을 증가시키기 위해 내부 압축응력을 발생시킨 강화콘크리트.

프리텐션 콘크리트[pretensioned (prestressed) concrete]: 인장력을 가하여 늘어난 철근에 콘크리트를 부은 프리스트레스 콘크리트.

↘ 12.8절

아스팔트(asphalt): 주로 탄화수소로 구성된 역청으로 대부분 원유의 정제과정에서 생산된다.

아스팔트 혼합물(asphalt mixes): 아스팔트와 골재를 혼합한 것으로 주로 도로포장에 쓴다.

↘ 12.9절

나무(wood): 리그닌으로 구성된 고분자 재료의 기지에 셀룰로오스 섬유가 복잡하게 배열된 천연 복합재.

리그닌(lignin): 페놀 단위로부터 형성되는 매우 복잡하게 가교된 3차원의 고분자 재료.

신생조직(cambium): 나무와 표피 사이의 조직으로 반복된 세포의 분리가 가능하다.

변재(sapwood): 살아 있는 나무 줄기의 바깥 부분으로 양분을 저장하는 세포를 가지고 있다.

심재(heartwood): 나무 줄기의 가장 안쪽 부분으로 죽은 세포만을 가지고 있다.

연목(softwood trees): 씨가 노출되고 좁은 잎(침상)을 가지는 나무. 예를 들면, 소나무, 전나무, 가문비나무 등이 있다.

견목(hardwood trees): 씨가 덮여 있고 넓은 잎을 가지는 나무. 예를 들면, 참나무, 단풍나무, 양물푸레나무 등이 있다.

헛물관(tracheids, 길이방향): 연목에서 발견되는 지배적인 세포. 이동과 지지의 기능을 갖고 있다.

루멘(lumen): 나무세포의 중심부 기공.

물관(wood vessel): 작은 세포의 원소가 합해져 형성된 관구조.

미세수근(microfibrils): 나무의 세포벽을 형성하는 기본적인 셀룰로오스를 포함하는 구조.

유조직(praenchyma): 나무의 양분저장용 세포로 비교적 얇은 벽을 가진 짧은 모양이다.

12.15 연습 문제

*표시를 한 문제는 책 마지막에 답을 제공하였다.

■ 지식과 이해 문제

12.1 재료계의 관점에서 복합재료를 정의하라.

12.2 섬유강화 플라스틱 복합재를 만드는 데 사용되는 주요한 섬유의 3가지 종류는 무엇인가?

12.3 유리섬유강화 플라스틱의 장점은?

12.4 E 유리와 S 유리의 조성의 차이는? 어느 것이 가장 강하고 가장 비싼가?

12.5 유리섬유는 어떻게 만들어지며 유리섬유 조방은 무엇인가?

12.6 강화 플라스틱에서 탄소섬유가 중요한 이유는?

12.7 탄소섬유의 프리커서로 사용되는 2가지 재료는?

12.8 폴리아크릴로니트릴(PAN)로부터 탄소섬유를 만드는 방법은? 각 단계에서 일어나는 반응은?

12.9 탄소섬유의 토우란 무엇인가?

12.10 매우 높은 강도의 탄소섬유를 만드는 방법은? 고강성 탄소섬유를 만드는 방법은?

12.11 아라미드섬유란 무엇인가? 상업적으로 유용한 아라미드섬유의 2가지 유형은?

12.12 유리섬유 강화부품을 만드는 핸드레이업을 설명하고, 그 장단

점을 기술하라.

12.13 유리섬유 강화부품을 만드는 분무법을 설명하고 그 장단점을 기술하라.

12.14 항공기용 탄소섬유강화 에폭시 부품을 만드는 진공백 오토클레이브법을 설명하라.

12.15 필라멘트 권선법을 설명하라. 공업적인 관점에서 이 방법의 장단점은?

12.16 적층판 성형화합물 제조법을 설명하라. 이 방법의 장단점은?

12.17 섬유강화 플라스틱을 만드는 펄트루전법을 설명하라. 이 방법의 장단점은?

12.18 일반적인 콘크리트의 주요 성분은 무엇인가?

12.19 포틀랜드 시멘트의 기초 재료는 무엇인가? 왜 포틀랜드 시멘트라고 부르는가?

12.20 포틀랜드 시멘트의 4가지 기초 성분의 이름, 화학식 및 약어를 기술하라.

12.21 포틀랜드 시멘트에 대하여 ASTM에서 규정한 5가지의 종류를 적고, 각각의 사용조건과 적용범위를 설명하라.

12.22 아스팔트란 무엇인가? 아스팔트는 어디에서 얻는가?

12.23 아스팔트의 화학조성의 범위는 무엇인가?

12.24 아스팔트 혼합물은 무엇으로 이루어졌는가? 도로포장용 아스팔트(IV형)의 함량은?

12.25 나무줄기의 단면에서 관찰되는 각 층을 설명하라. 또한 각 층의 기능을 기술하라.

12.26 나무의 나이테에서 나타나는 작은 테(subrings)는 무엇인가?

12.27 어떤 축이 나이테와 평행한가? 어떤 축이 나이테와 수직인가?

12.28 연목의 미세구조를 설명하라.

12.29 견목의 미세구조를 설명하고 고리다공형과 확산다공형 나무의 미세구조의 차이를 기술하라.

12.30 나무세포의 세포벽 미세구조를 설명하라.

12.31 나무세포의 구성성분은?

■ 응용과 분석 문제

12.32 아라미드섬유 내부에서 발생하는 화학적 결합의 유형은? 아라미드섬유 사이에서 발생하는 화학적 결합의 유형은?

12.33 아라미드섬유 내부 사이에서 발생하는 화학적 결합이 기계적 성질에 미치는 영향은?

12.34 유리, 탄소 및 아라미드섬유의 인장강도, 탄성계수, 연신율 및 밀도를 비교하라(표 12.1과 그림 12.8).

12.35 일부 탄소섬유-에폭시 복합적층판을 만들 때 서로 다른 층의 탄소섬유를 서로 다른 방향으로 배열시키는 이유는?

12.36 비인장강도와 비인장강성을 정의하라. 그림 12.8의 강화섬유 중 가장 높은 비인장강도와 비탄성 계수를 갖는 것을 골라라.

12.37 섬유강화 플라스틱에서 가장 중요한 기지재로 이용되는 플라스틱 2가지는 무엇인가? 각 플라스틱 기지재의 장점은 무엇인가?

12.38 유리섬유강화 플라스틱에서 유리섬유의 양과 배열이 강도에 미치는 영향은?

12.39 탄소섬유강화 플라스틱에서 탄소섬유의 역할은? 기지 플라스틱 역할은?

***12.40** 일방향성 탄소섬유-에폭시수지 복합재료에서 탄소섬유의 부피는 68%이고, 에폭시 수지는 32%이다. 탄소섬유 밀도는 1.79 g/cm^{3}이고, 에폭시 수지는 1.20 g/cm^{3}이다. 복합재료에서 탄소섬유와 에폭시 수지의 wt%는 각각 얼마인가? 복합재료의 평균 밀도는 얼마인가?

12.41 탄소섬유−에폭시 복합재료의 평균 밀도는 1.615 g/cm^{3}이다. 에폭시 수지의 밀도는 1.21 g/cm^{3}이고, 탄소섬유는 1.74 g/cm^{3}이다. 복합재료에서 탄소섬유의 vol%는 얼마인가? 복합재료에서 에폭시 수지 및 탄소섬유의 wt%는 각각 얼마인가?

12.42 등변형률 조건에서 일방향성 섬유와 플라스틱 기지의 층상 복합재의 탄성계수 관계식을 유도하라.

12.43 64 vol%의 탄소섬유를 함유하고 등변형률 조건하에 있는 일방향성 탄소섬유강화 플라스틱 복합 재료의 탄성계수를 계산하라. 탄소섬유와 에폭시 기지의 탄성계수는 각각 372 GPa와 3.65 GPa이다.

12.44 만일 문제 12.43의 64% 탄소섬유-에폭시 복합재료의 탄소섬유와 에폭시 수지의 인장강도가 각각 2.14 GPa와 63.4 MPa라면 복합재료의 강도는? 하중의 어느 정도가 탄소섬유에 걸리는가?

12.45 63 vol%의 Kevlar 49 섬유를 함유하고 등변형률 조건하에 있는 일방향성 Kevlar 49 섬유−에폭시 복합재료의 탄성계수를 계산하라. Kevlar 49 섬유와 에폭시 기지의 탄성계수는 각각 189.6 GPa와 3.79 GPa이다.

12.46 Kevlar 49 섬유와 에폭시 수지의 인장강도가 각각 3.79 GPa와 75.8 MPa일 때 문제 12.45의 복합재료의 강도를 구하라. 어느 정도의 하중이 Kevlar 49 섬유에 걸리는가?

12.47 등응력 조건에서 일방향성 섬유와 플라스틱 기지의 층상 복합재료의 탄성계수 관계식을 구하라.

***12.48** 등응력 조건에서 62 vol%의 일방향성 탄소섬유와 에폭시 기지로 구성된 층상 복합재의 탄성계수를 계산하라. 탄소섬유와 에폭시의 탄성계수는 각각 340 GPa와 4.50×10^3 MPa이다.

12.49 등응력 조건에서 62 vol%의 일방향성 Kevlar 49 섬유와 에폭시 기지로 구성된 층상 복합재의 탄성계수를 계산하라. Kevlar 49 섬유와 에폭시의 탄성계수는 각각 170 GPa와 3.70×10^3 MPa이다.

12.50 복합재료로서 콘크리트의 장점과 단점은?

12.51 포틀랜드 시멘트는 어떻게 만드는가? 왜 포틀랜드 시멘트에 소량의 석고를 첨가하는가?

12.52 포틀랜드 시멘트의 경화 시 어떤 형태의 화학반응식이 일어나는가?

12.53 C_3S 및 C_2S가 물과 반응할 때의 화학반응을 써라.

12.54 포틀랜드 시멘트의 어떤 성분이 빨리 경화되어 초기 강도의 원인이 되는가?

12.55 포틀랜드 시멘트의 어떤 성분이 느리게 반응하여 1주일 후에 강화되는 원인이 되는가?

12.56 내황산염 포틀랜드 시멘트에서는 어느 화합물이 적은 양으로 유지되어야 하는가?

12.57 왜 포틀랜드 시멘트에 C_4AF가 첨가되는가?

12.58 콘크리트의 경화 시작 후 수일 동안 표면으로부터 물의 증발을 방지 또는 감소시켜야 하는 이유는?

12.59 기포재 콘크리트를 만드는 방법은? 동결을 방지하기 위해 어느 정도의 공기가 사용되는가?

12.60 물-시멘트(중량 기준)가 콘크리트의 압축강도에 어떤 영향을 미치는가? 37.92 MPa의 압축강도를 얻을 수 있는 비율은? 물-시멘트비가 너무 높을 때의 단점과 너무 낮을 때의 단점은?

12.61 콘크리트 혼합물의 설계시 고려해야 하는 주요 인자는?

12.62 일반 콘크리트의 주성분의 절대부피 함량의 범위는?

***12.63** 시멘트, 모래 및 자갈의 비가 1 : 1.9 : 3.8 (무게)인 2.83 m^3의 콘크리트를 만들려고 할 때, 시멘트 1 부대당 20.8 리터의 물을 사용한다면 요구되는 각 성분의 양은? 모래와 자갈의 천연수분이 3%와 0%이고 시멘트, 모래 및 자갈의 비중이 각각 3.15, 2.65, 2.65이다(1부대의 시멘트의 무게는 42.6 kg, 1 ft^3의 물은 28.3 리터). 시멘트는 부대로, 모래와 자갈은 kg으로, 물은 리터로 답하라.

12.64 시멘트, 모래, 자갈의 비가 1 : 1.9 : 3.2 (무게)의 1.42 m^3의 콘크리트를 생산하려고 한다. 1부대의 시멘트당 20.8 리터의 물을 사용한다면 요구되는 각 성분의 양은? 모래와 자갈의 천연수분 함량은 4%와 0.5%이고, 시멘트, 모래 및 자갈의 비중이 각각 3.15, 2.65, 2.65이다(1부대의 시멘트의 무게는 42.6 kg, 1 ft^3의 물은 28.3 리터). 시멘트는 부대로, 모래와 자갈은 kg으로, 물은 리터로 답하라.

12.65 공업용 설계에서 압력을 받는 부분에 콘크리트를 쓰는 이유는?

12.66 강화콘크리트란 무엇이며 어떻게 만드는가?

12.67 프리스트레스 콘크리트의 주요 장점은?

12.68 프리텐션 프리스트레스 콘크리트에 압축응력을 도입하는 방법은?

12.69 포스트텐션 프리스트레스 콘크리트에 압축응력을 도입하는 방법은?

12.70 도로포장용 아스팔트 골재의 요구조건은?

12.71 연목과 견목의 차이는? 각각의 예를 들라. 모든 견목이 물리적으로 단단한가?

12.72 나무의 물관부 방사조직의 기능은?

12.73 수분을 함유하는 나무조각의 무게가 210 g이고, 건조되었을 때 125 g이라면, % 수분함량은?

12.74 수분을 15% 함유하는 나무조각이 건조된 후의 무게가 125 g이라면, 건조되기 전의 무게는 얼마인가?

12.75 수분을 45% 함유하는 나무조각이 건조되기 전의 무게가 165 g이라면, 건조된 후의 무게는 얼마이겠는가?

12.76 나무 줄기의 길이방향이 가로방향에 비해 강도가 큰 이유는?

12.77 나무의 천연조건이란? 건조되었을 때에 비해 천연조건의 나무가 약한 이유는?

12.78 나무가 길이 방향에 비해 가로 방향으로 더 많이 수축하는 이유는?

***12.79** 금속기지 복합재료(MMC)가 6061 Al합금기지와 연속 보론섬유로 만들어졌다. 보론섬유는 최종 지름이 107 μm인 섬유를 만들기 위해 보론 도금된 지름 12.5 μm의 텅스텐 선으로 만든다. 일방향성 복합재료는 Al 2024 기지에 51 vol% 보론섬유로 만들어졌다. 혼합법칙을 등변형 조건에서 적용할 때, 섬유방향에서 복합재료의 탄성계수를 계산하라. 단, $E_B = 370$ GPa, $E_W = 410$ GPa, $E_{Al} = 70.4$ GPa이다.

12.80 새로 개발된 금속기지 복합재료는 금속간 화합물 Ti_3Al 기지에 연속 SiC섬유로 강화된 재료로 항공기에 사용된다. 일방향성 복합재료는 한 방향으로 연속 SiC섬유를 배열하여 만든다. 복합재료의 탄성계수는 220 GPa이고, 등변형일 때, 복합재료에서 SiC섬유의 vol%는 얼마인가? 단, $E_{SiC} = 390$ GPa, $E_{Ti_3Al} = 145$ GPa이다.

12.81 금속기지 복합재료는 6061 Al합금기지에 47 vol%의 일방향성 연속 Al_2O_3섬유로 만들어졌다. 등변형 조건하일 때, 섬유방향에서 복합재료의 탄성계수는 얼마인가? 단, $E_{Al_2O_3} = 395$ GPa, $E_{Al\ 6061} = 68.9$ GPa이다.

12.82 MMC가 2024 Al 합금기지에 20 vol% SiC휘스커로 만들어졌다. 복합재료의 밀도는 2.90 g/cm^3이고, SiC섬유는 3.10 g/cm^3일 때, 2024 Al합금의 밀도는 얼마인가?

***12.83** 세라믹 기지 복합재료(CMC)는 일방향으로 배열된 연속 SiC 강화재와 반응결합된 실리콘 나이트 라이드(RBSN) 기지로 만들어진다. 등변형 조건에서, 복합재료의 탄성계수가 250 GPa일 때 복합 재료에서 SiC섬유의 부피분율은 얼마인가? 단, $E_{SiC} = 395$ GPa, $E_{RBSN} = 155$ GPa이다.

12.84 문제 12.83에서 RBSN 기지에 선재하는 가장 큰 균열은 지름 6.0 μm이고, SiC섬유에서 가장 큰 표면노치는 3.5 μm의 깊이이다. 등변형 조건에서 섬유방향으로 응력을 서서히 가할 때, 복합재료에 처음으로 균열들이 생성되는 응력은 얼마인가? 단, $K_{IC\ RBSN} = 3.5\ \text{MPa}\cdot\sqrt{\text{m}}$, $K_{IC\ SiC} = 4.8\ \text{MPa}\cdot\sqrt{\text{m}}$이다.

12.85 세라믹 기지 복합재료는 알루미늄 산화물(Al_2O_3) 기지에 한 방향으로 30 vol%의 연속 SiC섬유를 강화재로 첨가하여 만든다. 등변형 조건에서, 섬유방향의 복합재료의 탄성계수를 계산하라. 복합재료에 섬유방향으로 8 MN의 하중을 55 cm^2의 표면적에 가할 때, 복합재료의 탄성변형률은 얼마인가? 단,

$E_{Al_2O_3} = 350$ GPa, $E_{SiC} = 340$ GPa이다.

***12.86** 문제 12.85에서 Al_2O_3기지에는 최대 지름 10.0 μm의 균열이 있고, SiC섬유에서의 최대 표면노치는 4.5 μm이다. 기지 또는 섬유상들 중 먼저 균열이 형성되는 곳은? 섬유 방향으로 복합재료에서 최초로 균열이 형성하는 데 필요한 응력은 얼마인가? 단, $K_{IC\ Al_2O_3} = 3.8\ \text{MPa}\cdot\sqrt{\text{m}}$, $K_{IC\ SiC} = 4.6\ \text{MPa}\cdot\sqrt{\text{m}}$이다.

■ 통합과 평가 문제

12.87 그림 12.7을 이용하여 각 섬유의 파괴에 필요한 에너지 양을 계산하고, 인성이 높은 순으로 배열하여 논하라.

12.88 만약 섬유강화복합재료의 강도와 강성이 섬유로뷰터 기인된다면, 기지재의 역할은 무엇인가?

12.89 원래 테니스라켓은 나무로 만들어졌다. 나무 섬유의 방향을 라켓샤프트의 길이방향 또는 수직방향으로 정렬하는 방법이 있다면 설명하라.

12.90 오늘날 탄소섬유강화 에폭시 같은 복합재료는 테니스라켓의 재료로 선택된다. 라켓 프레임을 설계하는 데 재료의 어떤 성질이 중요한지 설명하고, 현재 이용되고 있는 지료의 장점을 설명하라.

12.91 벌크 보로실리케이트의 인장강도는 57 MPa이다. 3~20 μm의 직경을 갖는 유리섬유의 인장강도는 3.4 GPa이다. 왜 이럴까?

12.92 냉간 인발된 1040강 또는 E 유리섬유 중 인장강도가 높은 것은? 그 이유를 증명하고 논하라.

12.93 표 12.4를 이용하여 4340강, Al 2024-T6, 압연된 Ti합금, 탄소섬유강화 에폭시의 비강도 및 비탄성계수를 구하고, 그림 12.9와 같은 그래프로 표기하라. 그리고 그 결과를 분석하라.

12.94 직사각형의 단면($b = 0.76$ cm, $h = 1.52$ cm)을 갖는 1040 어닐링된 철제 빔이 있다. (*a*) 빔의 굴곡강성이라 불리는 *EI*를 계산하라(*E*는 탄성계수, *I*는 단면의 관성모멘트. 직사각형의 단면에 대하여 $I = bh^3/12$). (*b*) 만약 $b = 0.76$ cm인 알루미늄 6061-T6 빔인 경우, *h*는 얼마로 할 때 동일한 *EI*를 갖게 되는가(*b*는 변화 없음)? (*c*) 만약 일축 탄소섬유 복합재료로 이 빔을 만든다면 *h*의 값은 얼마일까(표 12.4를 이용)? (*d*) 이 세 가지 경우의 결과를 이용하여, 빔의 길이가 1.83 m라면 빔의 무게는 얼마나 될지 계산해 보라(계산자의 결과를 기초로 하라).

12.95 (*a*) 문제 12.94에서(동일한 폭 (*b*), 만약 빔이 7143 kg/m의 순수 굴곡상태에 놓여 있고 단면에 작용하는 응력이 206.8 MPa를 초과하지 않는다면, 주어진 하중에 대한 단면을 설계하라($\sigma = 6\ M/bh^2$). (*b*) 각 빔의 무게를 결정하라. (*c*) 각 빔의 간격을 결정하고 계산자의 결과를 스스로 분석하라.

12.96 (*a*) 문제 12.94에서, 만약 세 가지 빔이 단면적이 같을 경우 굴곡강성을 비교하라. (*b*) 어떤 재료가 가장 큰 *EI*를 갖는가?

12.97 2024-T4로 만들어진 베어링 부품이 있다. 제조회사는 이 부품의 크기를 변화시키지 않으면서 일방향 탄소섬유 박층 재료를 이용하여 무게를 감소시키려 한다. (*a*) 알루미늄의 유사한 탄성율을 나타내도록 이 박층의 섬유함량을 결정하라(크기 변화는 없음). (*b*) 무게를 줄이면서 안정성을 확보할 수 있도록 설계하라(등변형 조건이고, 재료 내부는 빈틈이 없다고 가정하라).

12.98 문제 12.97에서, 섬유의 부피분율은 그대로이고, 등응력 상태에서의 탄성계수를 구하고, 문제 12.97의 결과와 비교하여 그 불일치를 설명하라.

12.99 관형의 낚싯대를 설계하려 할 때, 낚싯대가 부러지는 것을 방지할 수 있도록 대의 강도를 설계해야 하고 변형을 방지하기 위하여 대의 축방향 강성을 고려해야 한다. (*a*) 섬유강화 복합재료를 이용하여 이 낚싯대를 설계하라. (*b*) 대의 응력을 우선적으로 확보하는 것을 보장하고(*i*), 충분한 축 방향 강성을 보장하는 공정은 어떤 공정인가(*ii*)? (*c*) 이 제품을 위한 적절한 재료는?

12.100 (*a*) 골프채(드라이버)의 샤프트를 설계함에 있어 고려해야 할 기계적 부하는 무엇인가? (*b*) 이런 상황을 섬유강화 복합체가 어떻게 극복할 수 있는가(공정을 제안하라)? (*c*) 스테인레스 샤프트를 복합체 샤프트로 교체할 때의 장점을 증명하라.

12.101 (*a*) Kevlar 49-에폭시, S 유리섬유−에폭시, SiC-텅스텐, 탄소−탄소 등의 섬유강화 복합재료의 특성을 비교하라. (*b*) 각 재료의 상품 한 가지씩을 제시하라.

12.102 콘크리트와 탄소섬유강화 에폭시는 어떤 점이 유사하고, 무엇이 다른 점인가?

12.103 표 12.4를 고려하면, 복합체의 인장강도와 탄성계수가 길이방향에 비하여 횡방향이 현격하게 낮은지를 설명하라. 이런 현상을 무엇이라 부르는가? 그 이유를 그림으로 설명하라.

12.104 당신은 0도로 적층된 섬유강화된 가벼운 원통형 압력용기를 만들려고 한다. 압력용기가 응역에 견딜 수 있는 0도 적층방법을 고안하라. 또한 두 축에 그리고 원주방향으로의 응력에 견디는 압력 용기를 개발할 수 있다. 이 방법을 그림으로 설명하라.

12.105 대퇴부의 고관절을 교체하는 데 있어, 대부분의 외과 의사들은 고분자 컵 위에 Ti합금을 대는 것보다 고분자 컵 위에 세라믹을 대는 것을 선호한다. 웹 서치를 통하여 그 이유를 설명하라. 그 이유가 놀라운가?

제 13 장

부식

(AP Images)

1988년 4월 28일 미국 알로하항공 보잉 737 기체의 상부패널이 사진과 같이 7300 m[1] 상공에서 날아가 버린 사고가 발생하였으나, 조종사의 노력으로 무사히 착륙하여 가까스로 대참사는 막을 수 있었다. 사건조사 결과, 리벳(rivets)을 이용하여 연결 조립된 동체 상부패널 부분에 부식이 발생하여 최초의 균열이 발생되었고, 기체의 수명(이 기종의 경우 19년)이 다 된 후 계속된 피로균열의 성장으로 패널부분이 떨어져 나간 것으로 밝혀졌다.[1,2]

항공기 동체의 소재로는 Al합금으로 2024-T3와 7075-T6가 대표적인데, 이들 합금은 매우 우수한 피로 강도(fatigue strengths)를 갖고 있지만, 아쉽게도 피팅(pitting)과 박리(exfoliation)와 같은 부식 손상에는 매우 민감한 것으로 알려져 있다. 이와 같은 부식으로 인한 손상을 방지하기 위하여 부식손상에 대한 철저한 이해와 사전에 대처할 수 있는 검사기술을 더욱 발전시켜야 한다. ■

학습 목표

이 장을 마치면, 학생들은 다음을 설명할 수 있을 것이다.

1. 부식현상과 관련된 전기화학반응을 설명할 수 있다.
2. 표준반쪽전지에 근거하여 주요 금속 재료에서의 음극 및 양극 반응을 설명할 수 있다.
3. 갈바닉 전지(galvanic cell)와 주요 구성요소들, 전해액의 역할, 갈바닉 전지의 주변 환경의 영향을 설명할 수 있다.
4. 부식반응속도, 분극현상(polarization), 부동태(passivation)와 갈바닉 계열 등을 설명할 수 있다.
5. 여러 가지 부식형태와 주변과의 연관성을 알 수 있다.
6. 산화 반응(oxidation)을 정의하고 이것이 어떻게 부식을 방지하는지를 설명할 수 있다.
7. 각종 부식 방지법을 설명할 수 있다.

1 http://www.aloha.net/~icarus/

2 http://www.corrosion-doctors.org

13.1 부식과 경제적 효과

부식(corrosion)이란 주변 환경에 따른 화학침식으로 인하여, 재료가 황폐화되는 것으로 정의할 수 있다. 부식은 화학반응에 의하기 때문에 부식이 발생하는 속도는 온도 및 반응물과 생성물의 농도에 어느 정도 의존한다. 기계적 응력과 마식(erosion)과 같은 다른 인자들 역시 부식의 원인이 될 수 있다.

대부분 재료의 부식이란, 금속이 금속 자체 내에 전기화학전지(electrochemical cells)를 형성할 수 있는 자유전자(free electron)를 가지고 있기 때문에, 대부분 전기화학침식(electrochemical attack)에 의해 일어나는 금속의 화학침식이라 할 수 있다. 대부분의 금속은 어느 정도까지 물과 환경에 의해 부식된다. 금속은 화학용액이나 용융 상태의 금속에 의해서도 직접 화학적 침식을 당하여 부식될 수도 있다. 금속 부식의 예로는 은의 변색(tarnish on silver) 및 강철 교량 및 구조물의 녹(rust)이 있다.

금속의 부식은 한편으로는 제련야금(extractive metallurgy)과 상반된다고 볼 수 있다. 대부분의 금속은 결합된 상태(combined state)로 자연에 존재하는데, 예를 들면 산화물, 황화물, 탄산염, 혹은 규산염 등이 있다. 즉, 순수한 형태의 대부분의 금속은 불안정하며 안정화하기 위해 환경과 반응하여 광석(ores)과 광물(minerals)을 형성한다(귀금속 제외: 금, 은, 백금). 이런 결합된 상태에서 이 금속들의 에너지는 낮고 따라서 더욱 안정하다. 순수 금속 상태에 있어서 금속의 에너지는 높고 불안정하다. 따라서 금속이 화학적으로 반응하여 화합물을 형성하려는 자발적인 경향이 있다. 예를 들어, 산화철(iron oxides)은 보통 자연에 존재하고, 열에너지에 의해 철로 환원되며, 더 높은 에너지 상태에 있게 된다. 따라서 금속 철은 부식하여(녹이 슬어) 낮은 에너지 상태로 존재하는 산화철로 자발적으로 되돌아가려는 경향이 있다(그림 13.1).

세라믹 재료와 고분자 재료 같은 비금속 재료는 전기화학 부식에 영향을 받지 않지만 직접적인 화학침식(direct chemical attack)에 의해 열화될 수 있다. 예를 들면, 세라믹 내화재료(refractory materials)는 고온에서 용융염(molten salts)에 의해 화학적으로 침식될 수 있다. 유기고분자 재료는 유기용매의 화학침식에 의해 황폐화될 수 있다. 어떤 유기고분자 재료는 물을 흡수하여 형태나 특성에 변화를 야기하기도 한다. 산소와 자외선의 결합된 역할(combined action)로 인하여 어떤 고분자 재료는 상온에서도 황폐화된다.

부식은 기술자의 견지에서 파괴적인 과정이며 막대한 경제적 손실로 표현될 수 있다. 2002년 NACE(National Association of Corrosion Engineers) 연구에 따르면 부식과 관련된 직접 비용(direct cost)은 2,750억 달러로 추산되며 이는 미국 GDP의 3.1%에 해당된다.[3] 부식은 기반 시설(infrastructure, 16.4%), 생산 및 제조(12.8%), 유틸리티(34.7%), 운송(21.5%)을 포함한 미국 경제의 다양한 부문에서 손상 및 비용의 원인이 될 수 있다. 보고서에 따르면 예방 조치를 취하면 연간 부식 비용을 25%에서 30%까지 줄일 수 있다. 따라서 산업에 종사하는 기술자가 부식의 조절과 방지에 관심을 기울여야 하는 것은 당연하다. 이 장의 목적은 이런 중요한 문제를 소개하는 것이다.

(*a*)

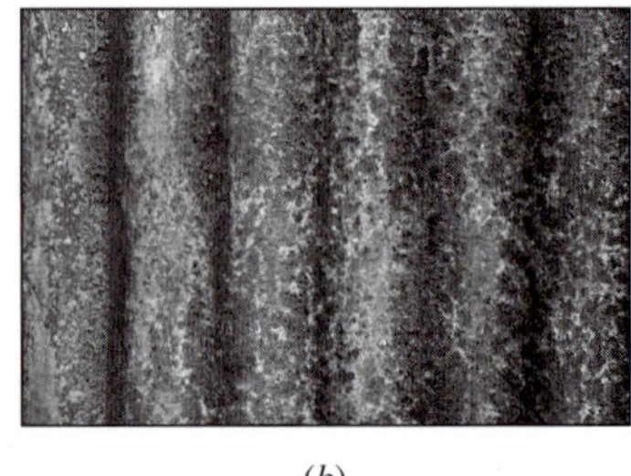

(*b*)

그림 13.1 > (*a*) 철광석(산화철). (*b*) 대기중에 노출된 철강(철)시편에 녹(산화철) 형태의 부식생성물. 녹이 슬어서, 철강 형태의 금속 철은 원래의 낮은 에너지 상태로 되돌아간다.
((*a*) Levent Konuk/Shutterstock; (*b*) Image Source, All rights reserved)

3 https://www.nace.org/Publications/Cost-of-Corrosion-Study/

13.2 금속의 전기화학부식

전기화학적 과정은 전자가 한 물질에서 다른 물질로 이동하는 자발적인 반응이다. 이러한 반응에 의해 방출되는 에너지는 전기로 변환된다. 이러한 전기화학적 과정을 *레독스* 반응(redox reactions) 또는 산화-환원 반응이라고도 한다.

13.2.1 산화-환원반응

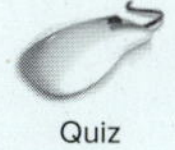
Quiz

대부분의 부식반응은 원래 전기화학적으로, 전기화학반응의 기본 원리를 이해하는 것이 중요하다. 그림 13.2에서와 같이 묽은 염산 용액(dilute hydrochloric acid)의 비커에 Zn 조각이 놓여 있다고 가정하자. Zn은 이 산에서 용해되거나 부식되어, 염화아연(zinc chloride)과 수소기체가 다음 화학반응에서처럼 생성된다.

$$Zn + 2HCl \rightarrow ZnCl_2 + H_2 \tag{13.1}$$

이 반응은 염화이온을 생략하고 간단한 이온형태로 쓸 수 있다.

$$Zn + 2H^+ \rightarrow Zn^{2+} + H_2 \tag{13.2}$$

이 식은 2개의 반쪽반응으로 이루어져 있는데, 한쪽은 Zn이 산화한 경우이고, 다른 한쪽은 수소 이온이 환원하여 수소기체를 형성한 경우이다. 이런 반쪽전지반응은 다음 식과 같이 나타난다.

$$Zn \rightarrow Zn^{2+} + 2e^- \quad \text{(산화 반쪽전지반응)} \tag{13.3a}$$

$$2H^+ + 2e^- \rightarrow H_2 \quad \text{(환원 반쪽전지반응)} \tag{13.3b}$$

산화환원 반쪽전지반응에 관한 몇 가지 중요한 점은 다음과 같다.

1. *산화반응*(Oxidation reaction). 금속이 수용액 안으로 들어가는 이온을 형성하는 산화반응을 *양극*(anodic)반응이라 하고, 산화반응이 발생하는 금속 표면의 국부적인 영역을 *국부***양극**(local anodes)이라 한다. 양극반응에서 금속에 남아 있는 전자가 나오게 되고, 금속 원자는 양이온을 형성한다(예를 들면, $Zn \rightarrow Zn^{2+} + 2e^-$).
2. *환원반응*(Reduction reaction). 금속의 가전하(valence charge)가 감소되는 환원반응을 음극(cathodic)반응이라 한다. 금속 이온 혹은 비금속 이온의 가전하가 줄어드는 금속 표면의 국부적인 영역을 *국부***음극**(local cathodes)이라 한다. 음극반응에서는 *전자의 소비*(consumption of electrons)가 나타난다.
3. 전기화학부식반응에는 전자를 생산하는 산화반응과 전자를 소비하는 환원반응이 포함되어 있다. 산화반응

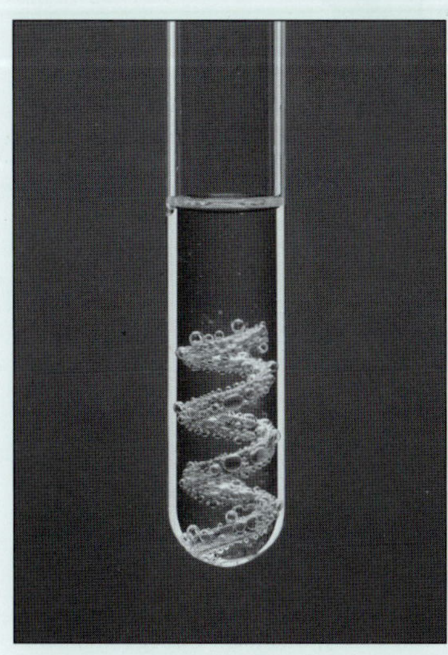

그림 13.2 ➤ 염산과 Zn이 반응하여 수소기체를 발생시킨다. (GIPhotoStock/Science Source)

과 환원반응 모두 동시에 발생하고, 전반적으로 같은 속도로 진행되어 금속 내 전기전하의 집적(buildup of electric charge)을 막는다.

13.2.2 금속의 표준전극 반쪽전지전위

모든 금속은 특별한 환경에서 부식하는 다른 경향이 있다. 예를 들면, Zn은 묽은 염산에 의해 침식되거나 부식되지만 금은 그렇지 않다. 금속이 수용액 내에 이온을 형성하는 경향을 비교하는 한 방법은 반쪽전지 산화 혹은 환원전위(전압)를 표준수소-수소 이온 반쪽전지전위와 비교하는 것이다. 그림 13.3에서 반쪽전지 표준전극전위를 측정하기 위한 실험장치를 볼 수 있다.

이 측정을 위해 수용액의 두 비커가 사용되는데, 이들은 염교(salt bridge)에 의해 분리되어, 용액의 기계적 혼합이 제한된다(그림 13.3). 한 비커에서는 표준전위가 결정되는 금속전극이 25°C에서 이 이온의 1 M 용액에 담겨진다. 그림 13.3에서 Zn전극은 Zn^{2+}이온의 1 M 용액에 담겨진다. 다른 비커에서는 백금 전극을 수소 가스가 기포화된 H^+ 이온의 1 M 용액에 담근다. 스위치와 전압계가 연결된 전선이 두 전극을 연결한다. 스위치가 닫히면 반쪽전지 간에 전압이 측정된다. 수소 반쪽전지 반응인 $H_2 \rightarrow 2H^+ + 2e^-$에 의한 전위는 0볼트로 정한다. 따라서 이 금속(Zn)의 반쪽전지반응 $Zn \rightarrow Zn^{2+} + 2e^-$의 전압이 수소표준 반쪽전지전극에 대하여 직접적으로 측정된다. 그림 13.3에 나타난 것처럼, $Zn \rightarrow Zn^{2+} + 2e^-$ 반응에 대한 표준 반쪽전지 전극전위는 −0.763 V이다.

표 13.1에는 여러 중요한 금속의 표준 반쪽전지전위(half-cell potentials)를 나열하고 있다. 전위는 전압 E로 보고된다. IUPAC(International Union of Practical and Applied Chemistry) 협약에 따르면 표준 반쪽전지 반응은 환원반응이다. 이 표에서 E의 값이 양수일수록 반응에 있는 물질이 환원되기 쉽다. 예를 들어, Au가 기준 수소 전극에 비해 Ag(E° = +0.799)보다 기준 수소 전극에 대해 환원(E° = +1.5)하는 것이 훨씬 쉽다. 기준 수소 전극에 대한 E°의 음수 값은 실제로 산화 반응이 일어날 것임을 보여준다. 따라서 E° = −3.045인 Li(s)는 가장 강력한 환원제(전자를 산화시키고 제공함)이고 E° = +1.5인 Au는 표에서 가장 강력한 산화제(전자를 받아들이고 환원함)라고 결론지을 수 있다. 따라서 E° 값이 더 큰 금속(표준 조건에서)에 전기적으로 연결된 Li는 쉽게 산화되어

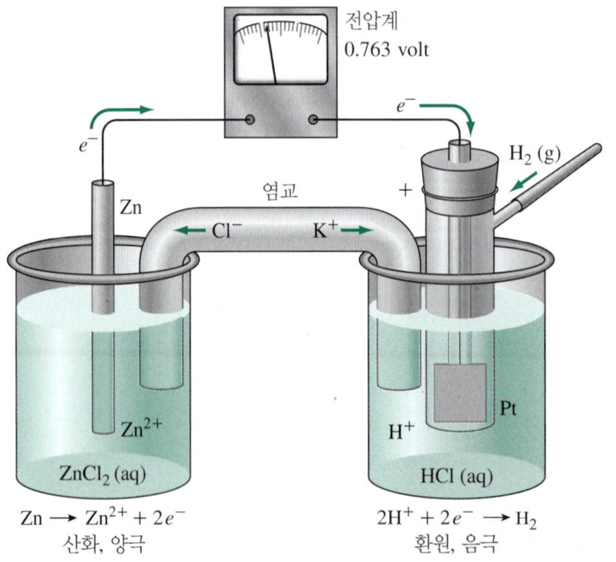

그림 13.3 ➤ Zn의 표준 emf를 측정하기 위한 실험장치. 한 비커 에는 Zn전극이 1 M Zn^{2+}이온의 용액에 있다. 다른 비커에는 1 atm에서 H_2기체를 포함한 1 M H^+이온의 용액에 담겨 있는 Pt전극으로 이루어진 표준수소 기준 전극이 있다. 두 전극이 외부전선에 연결될 때 전반적인 반응은 다음과 같다.

$$Zn(s) + 2H^+(ag) \rightarrow Zn^{2+}(ag) + H_2(g)$$

(출처: R.E. Davis, K.D. Gailey, and K.W. Whitten, *Principles of Chemistry*, Saunders College Publishing, 1984, p. 635.)

표 13.1 > 25℃에서 표준전극전위

	산화(부식)반응	전극전위($E°$) (표준수소전극에 대한 볼트)
음극성 (부식이 잘 안됨) ↑	$Au^{3+} + 3e^- \rightarrow Au$	+1.498
	$O_2 + 4H^+ + 4e^- \rightarrow 2H_2O$	+1.229
	$Pt^{2+} + 2e^- \rightarrow Pt$	+1.200
	$Ag^+ + e^- \rightarrow Ag$	+0.799
	$Hg^{2+} + 2e^- \rightarrow 2Hg$	+0.788
	$Fe^{3+} + e^- \rightarrow Fe^{2+}$	+0.771
	$O_2 + 2H_2O + 4e^- \rightarrow 4(OH)^-$	+0.401
	$Cu^{2+} + 2e^- \rightarrow Cu$	+0.337
	$Sn^{4+} + 2e^- \rightarrow Sn^{2+}$	+0.150
	$2H^+ + 2e^- \rightarrow H_2$	0.000
	$Pb^{2+} + 2e^- \rightarrow Pb$	−0.126
	$Sn^{2+} + 2e^- \rightarrow Sn$	−0.136
	$Ni^{2+} + 2e^- \rightarrow Ni$	−0.250
	$Co^{2+} + 2e^- \rightarrow Co$	−0.277
	$Cd^{2+} + 2e^- \rightarrow Cd$	−0.403
양극성 (부식이 잘 됨) ↓	$Fe^{2+} + 2e^- \rightarrow Fe$	−0.440
	$Cr^{3+} + 3e^- \rightarrow Cr$	−0.744
	$Zn^{2+} + 2e^- \rightarrow Zn$	−0.763
	$Al^{3+} + 3e^- \rightarrow Al$	−1.662
	$Mg^{2+} + 2e^- \rightarrow Mg$	−2.363
	$Na^+ + e^- \rightarrow Na$	−2.714

* IUPAC 규약에 따르면, 반응은 환원 반쪽전지반응으로 기술된다. 반쪽전지반응이 더 큰 음의 값을 가질수록, 양극반응이 더 커지며, 부식이나 산화가 일어나는 경향은 더 커지게 된다.

환원반응에 전자를 제공하고 반대로 E° 값이 더 낮은 금속(표준 조건에서)에 전기적으로 연결된 Au는 전자를 받아들인다. 표준 조건에서 더 작거나 더 많은 음의 E° 값을 갖는 금속은 양수 또는 더 적은 음의 E° 값을 갖는 금속보다 양극이다.

그림 13.3의 표준 실험에서 음의 E° 값을 갖는 금속은 산화되어 이온을 형성하고 수소 이온은 환원되어 수소기체를 형성한다.

$$M \rightarrow M^{n+} + ne^- \quad \text{(이온으로 산화된 금속)} \qquad \textbf{(13.4a)}$$

$$2H^+ + 2e^- \rightarrow H_2 \quad \text{(수소기체로 환원된 수소 이온)} \qquad \textbf{(13.4b)}$$

수소보다 덜 반응적인 금속들은 양전위에 할당되고 *수소에 대해 음극적*(cathodic to hydrogen)이라 한다. 그림 13.3의 표준시험에서 전위가 결정되는 금속의 이온들은 원자상태까지 환원되고(그리고 금속전극에 도금될 수 있다), 수소기체는 수소 이온으로 산화된다. 다음은 이 반응에 관한 식이다.

$$M^{n+} + ne^- \rightarrow M \quad \text{(금속 이온이 원자로 환원)} \qquad \textbf{(13.5a)}$$

$$H_2 \rightarrow 2H^+ + 2e^- \quad \text{(수소기체가 수소 이온으로 산화)} \qquad \textbf{(13.5b)}$$

13.3 갈바니 전지

13.3.1 1 *M* 전해액의 거시적 갈바니 전지

대부분의 금속부식은 전기화학반응이기 때문에, 전기화학 **갈바니 셀[전지**, galvanic couple (cell)]의 작동원리를 이해하는 것이 중요하다. 거시적 갈바니 전지는 각자의 이온의 용액에 각각 잠긴 2개의 유사하지 않은 금속전극으로 구성될 수 있다. 이런 형태의 갈바니 전지가 그림 13.4에 있고, 이 전지는 Zn^{2+}이온의 1 *M* 용액 내에 Zn전극이 잠겨 있고, Cu^{2+}이온의 1 *M* 용액 내에 25°C에서 Cu전극이 잠겨 있다. 두 용액은 다공성의 벽으로 나누어져 있어서 기계적 혼합을 막고, 스위치와 전압계가 연결된 외부전선이 이 두 전극을 연결한다. 스위치가 닫히면, 전자는 Zn전극에서 외부전선을 통해 Cu전극으로 흐르게 되고, +1.10 V의 전압이 전압계에 나타난다.

두 금속이 각 이온의 1 *M* 용액에 잠겨 전기화학 갈바니 쌍(galvanic-couple reaction) 반응을 일으킬 때, 보다 음인 산화 전위의 전극(표 13.1)은 산화되는 전극이며, 보다 양성인 전위의 전극에서는 환원반응이 일어나게 된다. 따라서 그림 13.4에 설명된 Zn-Cu 갈바니 전지의 경우, Zn전극은 Zn^{2+}이온으로 산화될 것이며, Cu^{2+}이온은 Cu 전극에서 Cu로 환원될 것이다.

갈바니 전지의 경우, 산화되는 전극을 *양극*(anode)이라 하고, 환원이 일어나는 전극을 *음극*(cathode)이라 한다. 양극에서 *금속 이온과 전자가 생산되고*, 전자가 금속전극에 남아 있기 때문에, *양극은 음극성으로 할애*된다. 음극에서 *전자*는 *소비*되고 양극성으로 할애된다. 앞에서 기술한 Zn–Cu 전지의 경우에, Cu 이온은 Cu 음극에 도금된다.

두 전극을 연결하는 스위치가 닫혔을 때 Zn–Cu 갈바니 전지의 전기화학전위를 계산해 보자. 먼저 Zn과 Cu의 경우에 표 13.1을 사용하여 산화 반쪽전지반응(oxidation half-cell reactions)을 쓴다. 표 13.1에서 반응은 환원으로 표시된다.

$$Zn^{2+} + 2e^- \rightarrow Zn \qquad E^\circ = -0.763\text{ V}$$
$$Cu^{2+} + 2e^- \rightarrow Cu \qquad E^\circ = +0.337\text{ V}$$

Zn 반쪽전지반응이 더욱 음성적 전위(Zn의 −0.763 V 대 Cu의 +0.337 V)임을 알 수 있다. 따라서 Zn전극이 Zn^{2+}이온으로 산화될 것이고, Cu^{2+}이온은 Cu전극에서 Cu로 환원될 것이다. 전지의 전체 전기화학전위, 즉 **기전력**(electromotive force: emf)은 Cu의 환원 반쪽전지에 Zn의 산화 반쪽전지전위를 더하여 얻을 수 있다.

$$\mathbf{E_{cell} = E_{음극} - E_{양극} = +0.337 - (-0.763) = +1.10}$$

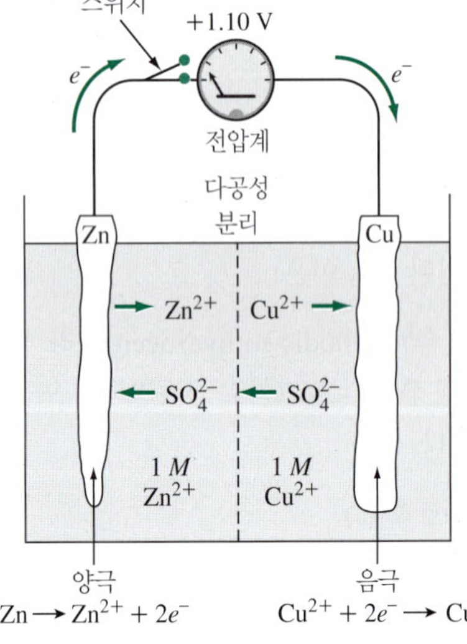

그림 13.4 ➤ Zn전극과 Cu전극의 거시적 갈바니 전지. 스위치가 닫히고 전자가 흐를 때, Zn전극과 Cu전극 사이의 전압 차이는 +1.10 V이다. Zn전극은 전지의 양극이며 부식한다.

예제 13.1

한 갈바니 전지가 1 *M* $ZnSO_4$ 용액 내에 Zn전극과 1 *M* $NiSO_4$ 용액 내에 Ni전극으로 이루어져 있다. 이 두 전극은 다공성의 벽에 의해 나누어지고 용액의 혼합이 제한된다. 스위치가 있는 외부전선은 두 전극에 연결되어 있다. 스위치가 닫힐 때:

a. 어떤 전극에서 산화가 일어나는가?

b. 어떤 전극이 전지의 양극인가?

c. 어떤 전극이 부식하는가?

d. 스위치가 닫혔을 때 갈바니 전지의 emf는 얼마인가?

풀이

이 전지의 반쪽전지반응은,

$$Zn^{2+} + 2e^- \rightarrow Zn \qquad E^\circ = -0.763\ \text{V}$$
$$Ni^{2+} + 2e^- \rightarrow Ni \qquad E^\circ = -0.250\ \text{V}$$

a. 산화는 Zn전극에서 일어나는데, 이유는 Zn 반쪽전지반응이 −0.763 V의 음성의 E° 전위를 가져 −0.250 V의 Ni 반쪽전지반응에 비하여 더욱 음성적이기 때문이다.

b. Zn전극이 양극인데, 이유는 산화가 양극에서 일어나기 때문이다.

c. Zn전극이 부식하는데, 이유는 갈바니 전지에서 양극이 부식하기 때문이다.

d. 전지의 emf는 반쪽전지반응을 서로 더하여 얻어진다.

$$\text{E}_{\text{음극}} = -0.25 \text{ and } \text{E}_{\text{양극}} = -0.763$$
$$\text{E}_{\text{cell}} = \text{E}_{\text{음극}} - \text{E}_{\text{양극}} = -0.25 - (-0.763) = +0.513$$

13.3.2 1 *M*이 아닌 전해액의 갈바니 전지

실제 부식 갈바니 전지에서 대부분의 전해액은 1 *M*이 아니고, 1 *M*보다 훨씬 묽은 용액이다. 양극의 전극을 둘러싸고 있는 전해액의 이온의 농도가 1 *M* 미만이라면, 이 반응이 양극을 용해하거나 부식하는 추진력은 훨씬 큰데, 그 이유는 더 낮은 농도의 이온이 역반응을 야기시키기 때문이다. 따라서 보다 음성의 emf 반쪽전지 양극반응이 되는데, 식으로 나타내보면 다음과 같다.

$$\text{M} \rightarrow \text{M}^{n+} + ne^- \tag{13.6}$$

25°C에서 금속 이온의 농도 *C*ion이 표준 emf E°에 미치는 영향은 *Nernst*[4] 식으로 표시된다. 한 종류의 이온만이 생산되는 반쪽전지 양극반응의 경우, 다음 형태로 Nernst 식을 쓸 수 있다.

$$E = E^\circ + \frac{0.0592}{n}\log\, C_{\text{ion}} \tag{13.7}$$

여기서 E = 반쪽전지의 새로운 emf
E° = 반쪽전지의 표준 emf
n = 이동된 전자의 수(예를 들어, $\text{M} \rightarrow \text{M}^{n+} + ne^-$)
C_{ion} = 이온의 몰농도

음극반응에서 최종 emf의 부호는 뒤바뀐다. 예제 13.2에서는 전해액이 1 *M*이 아닌 거시적 갈바니 전지의 emf가 Nernst 식을 사용하여 어떻게 계산될 수 있는가를 보여주고 있다.

[4] Walter Hermann Nernst (1864~1941). 전해질 수용액과 열역학과 관련된 기초 연구에 크게 기여한 독일 화학자 겸 물리학자이다.

예제 13.2

한 갈바니 전지가 25°C에서 0.10 M $ZnSO_4$ 용액에 Zn전극과 0.05 M $NiSO_4$ 용액에 Ni전극을 포함하고 있다. 두 전극은 다공성의 벽으로 분리되어 있고 외부전선으로 연결되어 있다. 이 두 전극 사이에 스위치가 닫혔을 때 이 전지의 emf는 얼마인가?

풀이

먼저 1 M의 용액에서 희석하여도 표준전극전위에서의 Zn과 Ni의 전위 순서에 어떠한 영향을 미치지 않을 것이다. 따라서 보다 음극의 전극전위인 −0.763V의 Zn은 Zn-Ni 전기화학전지의 양극이 될 것이며, Ni은 음극이 될 것이다. 다음에 Nernst 식을 사용하여 표준 평형전위를 수정한다.

$$E_{cell} = E_{음극} - E_{양극}$$

양극반응: $$E_{anode} = -0.763\text{ V} + \frac{0.0592}{2}\log 0.10$$

$$= -0.763\text{ V} - 0.0296\text{ V} = -0.793\text{ V}$$

음극반응: $$E_{cathode} = -0.250\text{ V} + \frac{0.0592}{2}\log 0.05$$

$$= -0.250\text{ V} - 0.0385\text{ V} = -0.288\text{ V}$$

$$E_{cell} = E_{음극} - E_{양극} = -0.288\text{ V} - (-0.793\text{V}) = +0.505\text{ V}$$ ◀

13.3.3 어떠한 금속 이온도 없는 산성 혹은 알칼리 전해액의 갈바니 전지

이제 Fe전극과 Cu전극이 어떠한 금속 이온이 들어 있지 않은 산성의 전해액에 담겨진 갈바니 전지를 생각해보자. Fe전극과 Cu전극이 그림 13.5에서처럼 외부 전선에 의해 연결되어 있다. 철이 산화하는 표준전극전위는 −0.440 V이고 구리의 경우는 +0.337 V이다. 따라서 이 전지에서 철은 양극이 될 것이고, 보다 음성의 반쪽전지 산화전위이기 때문에 산화될 것이다. Fe 양극에서 반쪽전지 반응은

$$Fe \rightarrow Fe^{2+} + 2e^- \quad \text{(양극 반쪽전지 반응)} \tag{13.8a}$$

음극반응에서는 전해액에 구리 원자로 환원될 어떤 구리 이온도 없기 때문에, 산성용액 내의 수소 이온은 두 원자의 수소(H_2) 기체를 형성하기 위해 결합되는 수소 원자로 환원될 것이다. 음극에서 전체적인 반응을 보자.

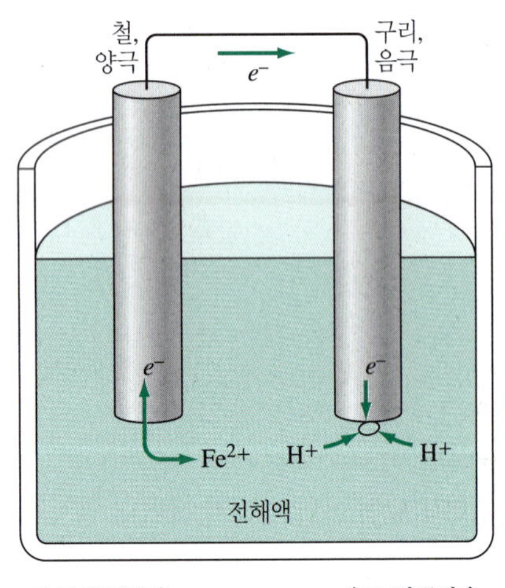

그림 13.5 ➤ 철-구리 갈바니 전지에서의 전해 반응으로, 전해액 내에 초기에는 어떤 금속 이온도 존재하지 않는다.
(출처: J. Wulff et al., *Structure and Properties of Materials*, vol. II, Wiley, 1964, p.164)

표 13.2 ➤ 액상 갈바니 전지의 몇 가지 일반적인 음극반응

음극반응	예
금속 석출: $M^{n+} + ne^- \rightarrow M$	Cu^{2+}이온이 있는 수용액에서 Fe-Cu 갈바니쌍; $Cu^{2+} + 2e^- \rightarrow Cu$
수소 방출: $2H^+ + 2e^- \rightarrow H_2$	Cu이온이 없는 산성용액에서 Fe-Cu 갈바니쌍
산소 환원(산성용액): $O_2 + 4H^+ + 4e^- \rightarrow 2H_2O$	Cu이온이 없는 산화산성용액에서 Fe-Cu 갈바니쌍
산소환원(중성 또는 염기성 용액): $O_2 + 2H_2O + 4e^- \rightarrow 4OH^-$	Cu이온이 없는 중성 또는 알칼리 용액에서 Fe-Cu 갈바니쌍

$$2H^+ + 2e^- \rightarrow H_2 \qquad \text{(음극 반쪽전지반응)} \tag{13.8b}$$

그러나 전해액에 산화제가 들어 있다면, 음극반응은 다음과 같이 된다.

$$O_2 + 4H^+ + 4e^- \rightarrow 2H_2O \tag{13.8c}$$

전해액이 중성이거나 염기성이고 산소가 존재한다면, 산소분자와 물분자는 반응하여 수산기 이온(OH)을 형성하며 음극반응에서 다음과 같이 된다.

$$O_2 + 2H_2O + 4e^- \rightarrow 4OH^- \tag{13.8d}$$

표 13.2에는 액상 갈바니 전지에서 일어나는 4가지 일반적인 반응을 나열하고 있다.

13.3.4 단일 전극의 미시적 갈바니 전지 부식

Zn 단일 전극이 공기가 없는 묽은 염산용액에 담겨 있다면, 전극의 구조와 조성의 비균질성 때문에 미시적 *국부적 양극*(local anodes)과 *국부적 음극*(local cathodes)이 그의 표면에서 발현되어 전기화학적으로 부식될 것이다(그림 13.6*a*). 국부적으로 양극에서 일어나는 산화반응을 보자.

$$Zn \rightarrow Zn^{2+} + 2e^- \qquad \text{(양극반응)} \tag{13.9a}$$

그리고 국부적으로 음극에서 일어나는 환원반응은 다음과 같다.

$$2H^+ + 2e^- \rightarrow H_2 \qquad \text{(음극반응)} \tag{13.9b}$$

이 두 반응은 금속 표면에서 동시에 같은 속도로 일어날 것이다.

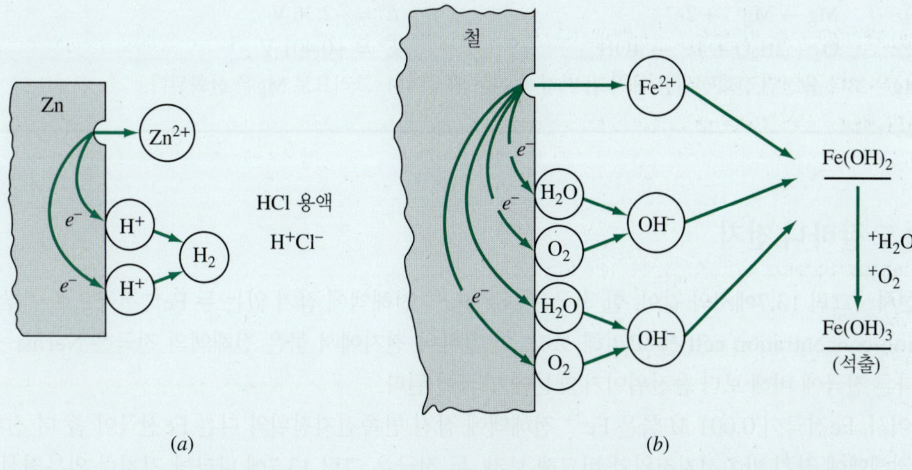

그림 13.6 ➤ (*a*) 묽은 염산에 담겨진 Zn과 (*b*) 산소화된 중성의 수용액에 담겨진 Fe의 전기화학반응.

단일 전극 부식의 다른 예로는 *철의 녹*(rusting of iron)이 있다. 한 조각의 철을 산소화된 수용액에 담그면, 수산화철[$Fe(OH)_3$]이 그림 13.6*b*에서 나타난 것처럼 그 표면에 형성될 것이다. 미시적 국부적으로 양극에서 발생하는 산화반응을 보자.

$$Fe \rightarrow Fe^{2+} + 2e^- \qquad (\text{양극반응}) \tag{13.10a}$$

철이 산소화된 중성의 수용액에 담겨 있기 때문에, 국부적으로 음극에서 일어나는 환원반응은 다음과 같다.

$$O_2 + 2H_2O + 4e \rightarrow 4OH^- \qquad (\text{음극반응}) \tag{13.10b}$$

이 두 반응식 (13.10*a*)와 (13.10*b*)를 더하여 전체 반응을 얻을 수 있다.

$$2Fe + 2H_2O + O_2 \rightarrow 2Fe^{2+} + 4OH^- \rightarrow \underset{\text{석출}}{2Fe(OH)_2} \downarrow \tag{13.10c}$$

수산화철인 $Fe(OH)_2$가 수용액에서 석출되는데, 그 이유는 이 화합물이 산소화된 수용액에서 용해되지 않기 때문이다. 보다 산화되면, $Fe(OH)_3$가 되고 적갈색을 띠게 된다. 이 $Fe(OH)_2$가 $Fe(OH)_3$로 산화하는 반응을 보자.

$$2Fe(OH)_2 + H_2O + \tfrac{1}{2}O_2 \rightarrow \underset{\text{석출}}{2Fe(OH)_3} \underset{(\text{녹})}{\downarrow} \tag{13.10d}$$

예제 13.3

다음의 전극–전해액 조건의 경우에 양극과 음극 반쪽전지 반응을 써라. 표 13.1의 $E°$ 값을 사용하여 답을 구하라.

a. 묽은 $CuSO_4$ 용액에 담겨진 Cu전극과 Zn전극

b. 산소화된 수용액에 담겨진 Cu전극

c. 산소화된 수용액에 담겨진 Fe전극

d. 산소화된 1% NaCl 용액에 담겨져서 외부전선으로 연결된 Mg전극과 Fe전극

풀이

a. 양극반응: $Zn \rightarrow Zn^{2+} + 2e^-$ $E° = -0.763$ V (산화)
음극반응: $Cu^{2+} + 2e^- \rightarrow Cu$ $E° = -0.337$ V (환원)
설명: Zn은 보다 음전위를 가지고, 따라서 이는 양극이다. 그러므로 Zn은 산화된다.

b. 거의 혹은 전혀 부식이 일어나지 않았는데, 그 이유는 Cu의 산화(0.337 V)와 수산화 이온에서 물의 형성(0.401 V) 간의 전위 차이가 아주 작기 때문이다.

c. 양극반응: $Fe \rightarrow Fe^{2+} + 2e^-$ $E° = -0.440$ V (산화)
음극반응: $O_2 + 2H_2O + 4e^- \rightarrow 4OH^-$ $E° = +0.401$ V

d. 양극반응: $Mg \rightarrow Mg^{2+} + 2e^-$ $E° = -2.36$ V
음극반응: $O_2 + 2H_2O + 4e^- \rightarrow 4OH^-$ $E° = +0.401$ V
설명: Mg은 보다 음전위 산화전위를 가지고, 따라서 이는 양극이다. 그러므로 Mg은 산화된다.

13.3.5 농도 갈바니 전지

이온 농도 전지 그림 13.7에서와 같이, 한 전극은 묽은 Fe^{2+} 전해액에 잠겨 있는 두 Fe^{2+}전극으로 이루어진 **이온 농도 전지**(ion-concentration cell)를 고려해 보자. 이 갈바니 전지에서 묽은 전해액의 전극은 Nernst 식에 의해, 이 전극은 다른 전극에 비해 보다 음전위이기 때문에 양극이 된다.

예를 들어서, Fe전극이 0.001 *M* 묽은 Fe^{2+} 전해액에 잠긴 반쪽전지전위와 다른 Fe전극이 좀 더 진한 0.01 *M* 묽은 Fe^{2+} 전해액에 잠긴 반쪽전지전위와 비교해 보자. 두 전극은 그림 13.7에 나타난 것처럼 외부전선으로 연결

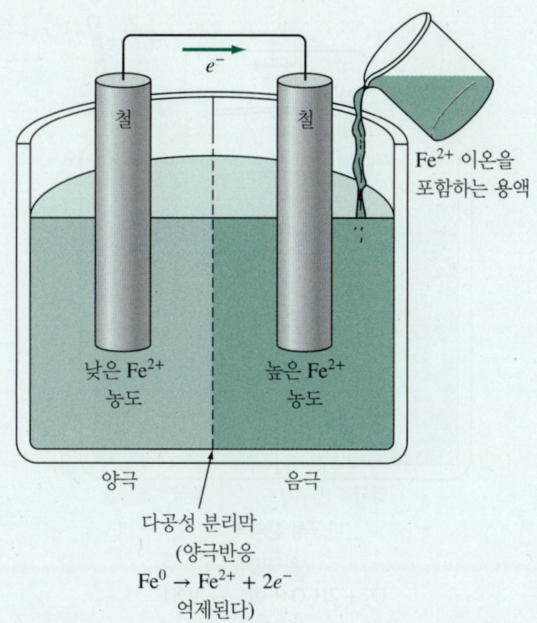

그림 13.7 ➤ 2개의 Fe전극으로 구성된 이온 농도 갈바니 전지. 전해액이 각 전극에서 다른 농도일 때 더 묽은 전해액의 전극이 양극이 된다.
(출처: J. Wulff et al., *Structure and Properties of Materials*, vol. II, Wiley, 1964, p. 163)

되어 있다. $Fe \rightarrow Fe^{2+} + 2e^-$의 반쪽전지 산화반응의 Nernst 식은 $n = 2$이기 때문에 다음과 같은 식으로 나타난다.

$$E_{Fe^{2+}} = E^\circ + 0.0296 \log C_{ion} \quad \textbf{(13.11)}$$

$$0.001\ M \text{ 용액인 경우: } E_{Fe^{2+}} = -0.440\ V + 0.0296 \log 0.001 = -0.529\ V$$

$$0.01\ M \text{ 용액인 경우: } E_{Fe^{2+}} = -0.440\ V + 0.0296 \log 0.01 = -0.499\ V$$

−0.529 V가 −0.499 V보다 보다 음이기 때문에 더 묽은 용액의 Fe전극이 전기화학전지의 양극이고, 따라서 산화되고 부식될 것이다. 그러므로 이온 농도 전지는 보다 묽은 전해액의 영역에서 부식을 초래한다.

예제 13.4

철사의 한쪽 끝이 0.02 M Fe^{2+}이온의 전해액에서 잠겨 있고, 다른쪽 끝이 0.005 M Fe^{2+}이온의 전해액에 잠겨 있다. 이 두 전해액은 다공성 분리막(porous membrane)으로 나누어져 있다.

a. 철사의 어느 쪽 끝이 부식될 것인가?

b. 전해액에 잠길 때 철사의 양끝 사이에 전위 차이는 얼마인가?

풀이

a. 부식하는 철사의 한쪽 끝은 보다 묽은 전해액에 잠긴 것이 될 것이고, 이는 0.005 M의 것이다. 따라서 0.005 M 용액에 철사 끝은 양극이 된다.

b. Nernst 식을 사용하여, $n = 2$ [식 (13.11)]이기에

$$E_{Fe^{2+}} = E^\circ + 0.0296 \log C_{ion} \quad \textbf{(13.11)}$$

$$0.005\ M \text{ 용액인 경우: } E_{\text{양극}} = -0.440\ V + 0.0296 \log 0.005 = -0.508\ V$$

$$0.02\ M \text{ 용액인 경우: } E_{\text{음극}} = -0.440\ V + 0.0296 \log 0.02 = -0.490\ V$$

$$E_{cell} = E_{\text{음극}} - E_{\text{양극}} = -0.490\ V - (-0.508\ V) = +0.018\ V \blacktriangleleft$$

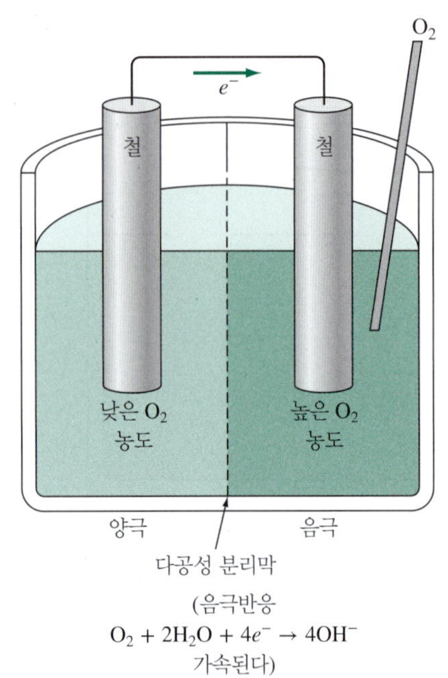

그림 13.8 ➤ 산소 농도 전지. 이 전지의 양극은 낮은 산소 농도가 이를 둘러싼 전극이다.
(출처: J. Wulff et al., *Structure and Properties of Materials*, vol. II, Wiley, 1964, p.165)

산소 농도 전지 **산소 농도 전지**(oxygen-concentration cell)는 산화되는 금속의 젖은 표면에서 산소 농도의 차이가 있을 때 구성된다. 산소 농도 전지는 철과 같이 보호산화막(protective oxide films)을 형성하지 않고, 쉽게 산화하는 금속의 부식에 특히 중요하다.

그림 13.8에서와 같이 두 Fe전극을 포함한 산소 농도 전지로 낮은 산소 농도로 물 전해액의 전극과, 높은 산소 농도의 전해액의 전극으로 이루어져 있다고 생각해 보자. 이 전지의 양극 및 음극반응은 다음과 같이 나타난다.

양극반응: $$Fe \rightarrow Fe^{2+} + 2e^- \qquad \textbf{(13.12a)}$$

음극반응: $$O_2 + 2H_2O + 4e^- \rightarrow 4OH^- \qquad \textbf{(13.12b)}$$

이 전지에서 어떤 양극인가? 음극반응에서 산소와 전자를 필요로 하기 때문에, 산소의 고농도 음극에 있음에 틀림없다. 또한 전자가 음극에서 필요하기 때문에 낮은 산소 농도를 가지는 양극에 의해 생산되어야 한다.

일반적으로 산소 농도 전지의 경우, 산소가 낮은 영역이 산소가 높은 음극 영역에 양극이 된다. 따라서 산소 용량이 비교적 낮은 금속 표면 영역인 균열과 크레비스(crevices)와 표면침전물 아래에서 부식이 가속화된다. 산소 농도 전지의 영향에 관해서 다른 형태의 부식에 대해 취급하며, 13.5절에서 보다 자세히 논의할 것이다.

13.3.6 조성, 구조와 응력의 차이에 의해 생성된 갈바니 전지

미시적인 갈바니 전지가 금속과 합금에서 조성(composition), 구조, 그리고 응력집중(stress concentrations)의 차이에 의해 존재할 수 있다. 이런 금속학적 인자들은 금속 혹은 합금의 부식저항성에 심각한 영향을 미친다. 이들은 갈바니 전지의 부식을 야기할 수 있는 다양한 형태의 양극 영역과 음극 영역을 생성한다. 부식저항성에 영향을 주는 몇 가지의 주요 금속학적 인자들을 알아보자.

1. 결정립계(graingrain boundary) 갈바니 전지
2. 다중상(multiple-phase) 갈바니 전지
3. 불순물(impurity) 갈바니 전지

결정–결정립계 전기화학전지 대부분의 금속과 합금에서 결정립계는 입자기지(grain matrix)보다 훨씬 화학적으

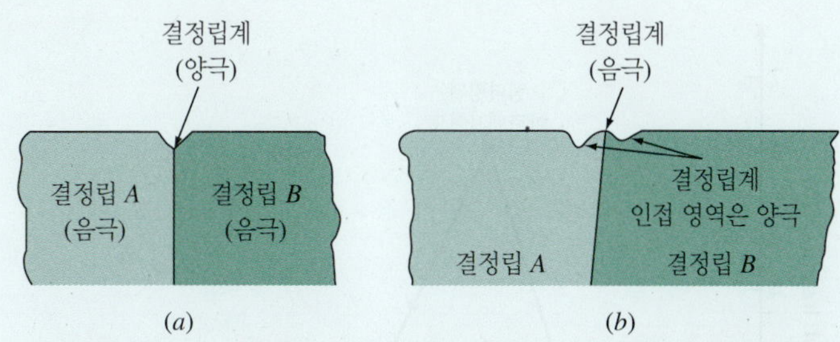

그림 13.9 ➤ 결정립계에서 혹은 부근에서의 부식. (*a*) 결정립계는 갈바니 전지의 양극이고 부식된다. (*b*) 결정립계는 음극이고, 결정립계에 접한 영역은 양극으로 된다.

로 활동적(양극성의)이다. 따라서 결정립계는 그림 13.9*a*에서 설명된 것처럼 부식되거나 화학적으로 침식된다. 결정립계의 양극 거동에 관한 이유는 그 영역에서 원자배열이 어긋나서 더 높은 에너지를 가지고 있고, 또한 용질 편석과 결정립계로 불순물이 이동하기 때문이다. 어떤 합금의 경우 이런 상황은 역전되고, 화학적 편석은 결정립계가 결정립계와 인접한 영역보다 더 귀하거나 음극이 되게 하기도 한다. 이런 조건은 그림 13.9*b*에서 설명된 것처럼 결정립계에 인접한 영역을 우선적으로 부식되게 한다.

다중상 전기화학전지 대부분의 경우 단상합금은 다중상합금보다 부식저항성이 높은데, 그 이유는 전기화학전지가 다중상합금에서 한 상이 양극이 되고 다른 상이 음극의 역할을 하기 때문에 구성된다. 따라서 부식속도는 다중상합금의 경우 더 높다. 다중상의 갈바니 부식의 대표적인 예가 펄라이트형 회주철(pearlitic gray cast iron)에서 일어날 수 있다. 펄라이트형 회주철의 미세구조는 펄라이트 기지에 흑연 편상으로 이루어져 있다(그림 13.10). 흑연은 둘러싼 펄라이트 기지보다 훨씬 더 음극(보다 귀한)이기 때문에, 매우 활동적인 갈바니 전지가 흑연 편상과 양극의 펄라이트 기지 간에 생성된다. 극단적인 경우의 펄라이트형 회주철의 갈바니 부식의 경우에 기지는 상당한 정도까지 부식되어 주철만이 망상의 상호 연결된 흑연 편상으로 남게 된다(그림 13.11).

합금의 부식저항성을 감소시키는 제2상의 효과에 관한 예로는 0.95% 탄소강의 부식저항성에 미치는 템퍼링(tempering)의 영향이다. 이 강이 오스테나이트(austenitic) 조건에서 급랭 후 마르텐사이트(martensitic) 조건에 있을때, 부식속도는 비교적 낮은데(그림 13.12), 그 이유는 마르텐사이트가 철의 체심정방격자(body-centered tetragonal lattice)의 침입형 위치(interstitial positions)에 있는 단상의 과포화 탄소 고용체이기 때문이다. 200~500°C 범위에서 템퍼링 후에, ε 탄화물의 미세 석출물과 시멘타이트(Fe_3C)가 형성된다. 이런 두 상의 구조는 그림 13.12에서 나타난 것처럼 강의 부식속도를 가속시키는 갈바니 전지를 형성한다. 약 500°C 이상의 높은

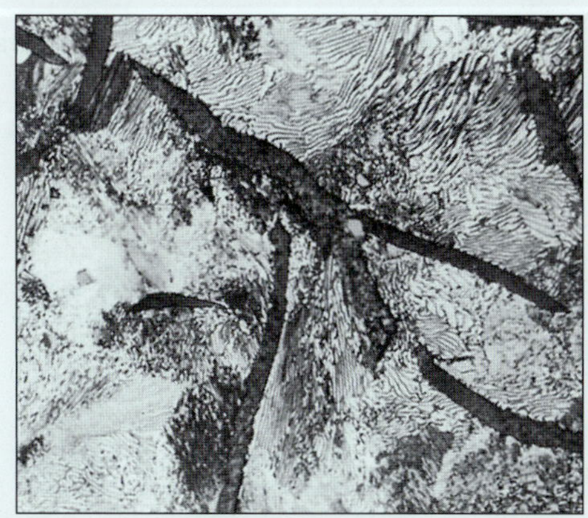

그림 13.10 ➤ 30류 회주철. 구조는 펄라이트 기지에 흑연 편상으로 이루어져 있다(밝게 부식된 펄라이트와 어두운 시멘타이트의 교번층).
(©ASM International)

그림 13.11 ➤ 주철관의 부식의 결과로 남아 있는 흑연 잔류물.
(Photimageon/Alamy Stock Photo)

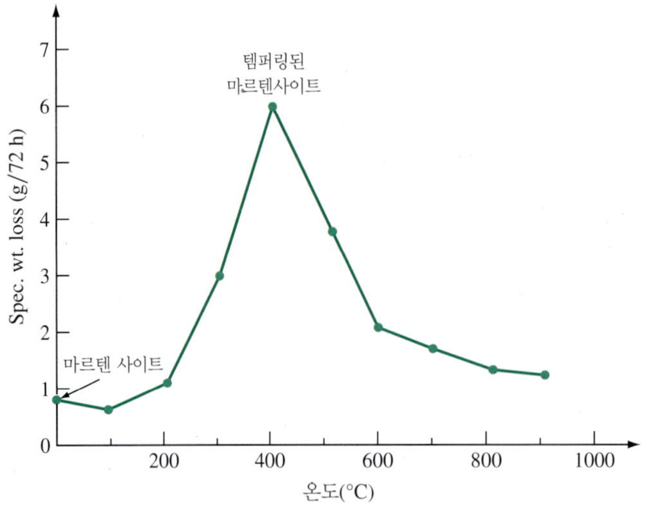

그림 13.12 ➤ 1% H_2SO_4 내에 0.95% 탄소강의 부식에 미치는 열처리의 영향. 연마된 시편 2.5 × 2.5 × 0.6 cm, 템퍼링 시간은 약 2시간이다. (출처: Heyn and Bauer.)

템퍼링 온도에서, 시멘타이트는 커다란 입자로 응집되고 부식속도는 감소한다.

불순물 전기화학전지 금속 혹은 합금 내에 금속불순물은 금속기지보다 다른 산화전위의 금속간 상들을 석출시킬 수 있다. 따라서 아주 작은 양극 혹은 음극의 영역이 생성되고 이는 기지금속과 결합되었을 때 갈바니 부식될 수 있다. 순수한 금속일수록 더 높은 부식저항성을 얻을 수 있다. 그러나 대부분의 공업용 금속과 합금은 불순물을 완전 제거하는 데 경비가 너무 많이 들기 때문에 어느 정도의 불순물을 함유하고 있다.

13.4 부식속도(속도론)

지금까지 금속의 부식에 관한 연구는 평형조건과 금속이 부식하는 *경향*(tendency)에 초점을 맞추었고, 이는 금속의 표준전극전위와 관련이 있었다. 그러나 부식계(corroding systems)는 *평형상태가 아니고*(not at equilibrium), 따라서 열역학적 전위로는 부식반응 속도에 관해 알 수 없다. 부식계의 속도론은 매우 복잡하고, 완전히 이해되지 않고 있다. 이 장에서 몇 가지 부식속도론의 기본 양상에 관해 알아보기로 한다.

13.4.1 균일부식속도 또는 수용액에서 금속의 전기도금

일정 시간 동안에 양극에서 균일하게 부식되거나 수용액 내에서 음극에 도금되는 양은 일반화학의 Faraday[5]의 식을 사용하여 측정할 수 있고, 이는 다음과 같은 식으로 나타낼 수 있다.

$$w = \frac{ItM}{nF} \tag{13.13}$$

여기서 w = 시간 $t(s)$ 동안 수용액 내에서 부식되거나 도금된 금속의 양(g)
I = 전류, A
M = 금속의 원자량, g/mol
n = 과정 중에 생산되거나 소모되는 전자/원자의 수
F = Faraday 상수 = 96,500 C/mol, 또는 96,500 A · s/mol

5 Michael Faraday(1791~1867). 전기와 자성 분야에서 많은 기초 실험을 수행한 영국의 과학자. 그는 특히 화합물 내의 여러 이온들이 외부에서 가해진 전류의 영향을 받아 반대되는 극성을 갖는 전극으로 어떻게 이동하는지를 보여주는 실험들을 수행하였다.

한편, 균일한 금속의 물에 의한 부식은 전류밀도 i항으로 표시되고, 이는 A/cm^{2}로 표시된다. I를 iA로 치환하여 식 (13.13)을 전환해 보자.

$$w = \frac{iAtM}{nF} \tag{13.14}$$

여기에서 i = 전류밀도(A/cm^2), 그리고 cm가 길이에 사용되면 A = 면적(cm^2)이다. 다른 수량은 식 (13.13)에서와 같다.

예제 13.5

Cu 전기도금처리는 화학적으로 Cu 양극을 용해하고(부식하고), Cu 음극을 전기도금하는 데 15 A의전류를 사용한다. 부수적인 반응이 없다고 가정하면 양극에서 8.50 g의 Cu를 부식하는 데 얼마의 시간이 걸리겠는가?

풀이

양극에서 Cu를 부식하는 데 걸리는 시간은 식 (13.13)에서 결정될 수 있다.

$$w = \frac{ItM}{nF} \quad \text{또는} \quad t = \frac{wnF}{IM}$$

이 경우에,

$$w = 8.5\text{ g} \qquad n = 2 \text{ for Cu} \rightarrow \text{Cu}^{2+} + 2e^- \qquad F = 96{,}500\text{ A}\cdot\text{s/mol}$$
$$M = 63.5\text{ g/mol for Cu} \qquad I = 15\text{ A} \qquad t = ?\text{ s}$$

$$t = \frac{(8.5\text{ g})(2)(96{,}500\text{ A}\cdot\text{s/mol})}{(15\text{ A})(63.5\text{ g/mol})} = 1722\text{ s 또는 } 28.7\text{ min} \blacktriangleleft$$

예제 13.6

1 m 높이와 50 cm 지름의 연강으로 된 원통형 수조에 공기가 주입된 물을 60 cm까지 채우고, 6주 후에 304 g의 부식에 의한 무게의 손실을 관찰하였다. (*a*) 부식전류, 그리고 (*b*) 수조의 부식에 관여된 전류농도를 계산하라. 수조의 내부면이 균일하게 부식되고, 강이 순철과 같은 방식으로 부식한다고 가정한다.

풀이

a. 식 (13.13)을 사용하여 부식전류를 얻을 수 있다.

$$I = \frac{wnF}{tM}$$

$$w = 304\text{ g Fe} \qquad \text{Fe}^{2+} + 2e^-\text{에서는 } n = 2 \qquad F = 96{,}500\text{ A}\cdot\text{s/mol}$$
$$M = 55.85\text{ g/mol (Fe의 경우)} \qquad t = 6\text{ wk} \qquad I = ?\text{ A}$$

6주간의 시간을 초(s)로 환산하고, 모든 값을 식 (13.13)에 대입하면,

$$t = 6\text{ wk}\left(\frac{7\text{ days}}{\text{wk}}\right)\left(\frac{24\text{ h}}{\text{day}}\right)\left(\frac{3600\text{ s}}{\text{h}}\right) = 3.63 \times 10^6\text{ s}$$
$$I = \frac{(304\text{ g})(2)(96{,}500\text{ A}\cdot\text{s/mol})}{(3.63 \times 10^6\text{ s})(55.85\text{ g/mol})} = 0.289\text{A} \blacktriangleleft$$

b. 전류밀도는,

$$i(\text{A/cm}^2) = \frac{I(\text{A})}{(\text{area cm}^2)}$$

$$\text{수조의 부식면적} = \text{벽의 면적} + \text{바닥 면적}$$
$$= \pi Dh + \pi r^2$$
$$= \pi(50\text{ cm})(60\text{ cm}) + \pi(25\text{ cm})^2$$
$$= 9420\text{ cm}^2 + 1\,962\text{ cm}^2 = 11{,}380\text{ cm}^2$$

$$i = \frac{0.289\text{ A}}{11{,}380\text{ cm}^2} = 2.53 \times 10^{-5}\text{ A/cm}^2 \blacktriangleleft$$

실험적인 부식연구를 통해, 부식환경에 드러난 금속 표면의 균일한 부식이 여러 방법으로 측정된다. 한 일반적인 방법은 특정 환경에 드러난 시편의 무게손실을 측정하고 얼마의 시간이 지난 후, 단위시간당 드러난 표면의 단위면적당 무게손실로서 부식속도를 표시한다. 예로, 균일한 표면 부식은 *1일당 dm²당 mg 무게손실*(milligram weight loss per square decimeter per day: mdd)로 종종 표시된다. 다른 일반적인 사용방법은 단위시간당 재료의 깊이의 손실에 의하여 부식속도를 표시하는 것이다. 이 계에서 부식속도의 예는 연당 mm (mm/yr), 그리고 연당 mils (mils/yr)[6]이다. 물의 환경에서 균일한 전기화학 부식의 경우, 부식속도는 전류밀도로 표시될 수도 있다(예제 13.8 참고).

예제 13.7

공기를 주입한 물을 포함한 철강수조의 벽이 54.7 mdd의 속도로 부식하고 있다. 벽의 두께가 0.50 mm까지 감소하려면 얼마나 걸리는가?

풀이

부식속도는 54.7 mdd이므로, 54.7 mg의 금속이 1일당 dm^2에서 부식한다.

$$\text{부식속도, g/(cm}^2 \cdot \text{day)} = \frac{54.7 \times 10^{-3}\text{ g}}{100(\text{cm}^2 \cdot \text{day})} = 54.7 \times 10^{-4}\text{ g/(cm}^2 \cdot \text{day)}$$

Fe의 밀도 = 7.87 g/cm^3이므로, 부식속도 $g/(cm^2 \cdot day)$를 밀도로 나누면 다음과 같이 1일당 부식의 깊이를 얻을 수 있는데,

$$\frac{5.47 \times 10^{-4}\text{ g/(cm}^2 \cdot \text{day)}}{7.87\text{ g/cm}^3} = 0.695 \times 10^{-4}\text{ cm/day}$$

0.50 mm로 줄이는 데 필요한 날의 수는 다음의 비로 구할 수 있는데,

$$\frac{x\text{ days}}{0.50\text{ mm}} = \frac{1\text{ day}}{0.695 \times 10^{-3}\text{ mm}}$$
$$x = 719\text{ days} \blacktriangleleft$$

예제 13.8

Zn 시편이 수용액에서 4.27×10^{-7} A/cm^2의 전류밀도로 균일하게 부식한다. 이 Zn의 부식속도는 mdd (milligrams per decimeter per day)로 얼마인가? Zn의 산화반응은 $Zn \rightarrow Zn^{2+} + 2e^-$이다.

풀이

전류밀도에서 mdd로 전환시키기 위해, Faraday의 식[식 (13.14)]을 사용하여 1 dm^2/day (mdd)의 면적에서 부식하는 Zn의 mg을 계산한다.

6 1 mil = 0.001인치

$$w = \frac{iAtM}{nF} \tag{13.14}$$

$$w\ (\text{mg}) = \left[\frac{(4.27 \times 10^{-7}\ \text{A/cm}^2)(100\ \text{cm}^2)(24\ \text{h} \times 3600\ \text{s/h})(65.38\ \text{g/mol})}{(2)(96{,}500\ \text{A} \cdot \text{s/mol})}\right]\left(\frac{1000\ \text{mg}}{\text{g}}\right)$$

= 1.25 mg의 Zn이 1일에 1 dm^2의 면적에서 부식한다.

또는 부식속도는 1.25 mdd이다. ◀

13.4.2 부식반응과 분극

그림 13.13에 나타난 것처럼 염산에 용해된 Zn의 부식반응의 전극속도론을 살펴보자. 이 전기 화학반응에서 양극의 반쪽전지반응은 다음 식과 같이 나타난다.

$$Zn \rightarrow Zn^{2+} + 2e^- \quad (\text{양극반응}) \tag{13.15a}$$

이 반응의 전극속도론은 그림 13.14에서처럼 전기화학전위 E (volts) 대 log 전류밀도 그래프로 나타낼 수 있다. 이온과 평형상태의 Zn전극은 평형전위 $E° = -0.763$ V와 상응하는 교환전류밀도 $i_0 = 10^{-7}$ A/cm^2(그림 13.14의 점 A)를 표시하는 점으로 표현된다. 교환전류밀도 i_0는 전류밀도에 의해 표현된 평형전극에서 산화반응과 환원반응의 속도이다. 교환전류밀도는 총 전류가 없을 때 실험적으로 측정되어야 한다. 특정 전해액에서 각 전극은 각자의 i_0값을 가지게 된다.

염산에 용해된 Zn의 부식반응에 대한 음극의 반쪽전지반응은 다음 식과 같이 나타난다.

$$2H+ + 2e^- \rightarrow H_2 \quad (\text{음극반응}) \tag{13.15b}$$

평형상태하에서 Zn 표면에 발생하는 수소전극반응 역시 가역적인 수소전극전위 $E° = 0.00$ V로 표현이 될 수 있고, Zn 표면에 이 반응에 상응하는 교환전류밀도는 10^{-10} A/cm^2이다(그림 13.14의 점 B).

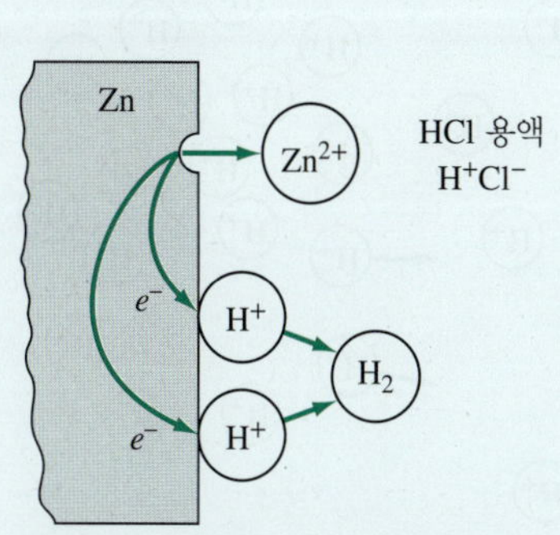

그림 13.13 ➤ 염산 내에서 Zn의 전기화학용해
$Zn \rightarrow Zn^{2+} + 2e^-$ (양극반응)
$2H^+ + 2e^- \rightarrow H_2$ (음극반응)

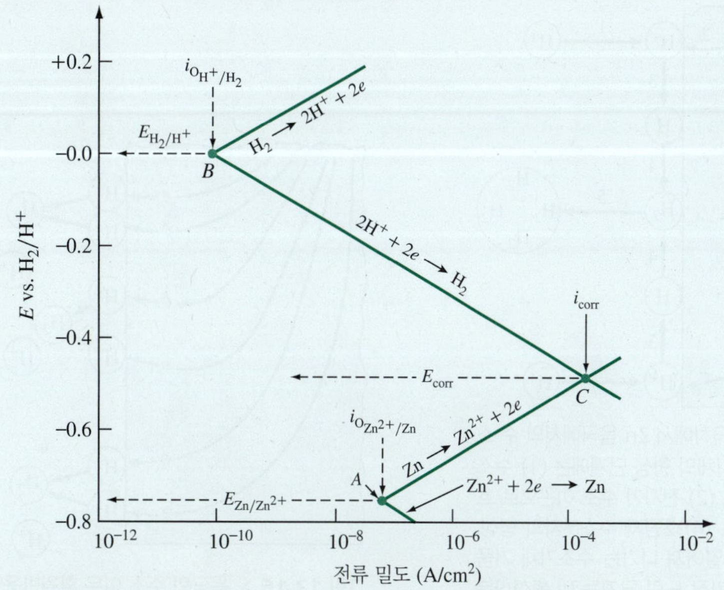

그림 13.14 ➤ 산용액에서 순수 Zn의 전극속도론 거동(도식적).
(출처: M.G. Fontana and N.D. Greene, *Corrosion Engineering*, 2d ed., McGraw Hill, 1978, p. 314.)

Zn이 염산과 반응하기 시작할 때(부식이 시작될 때), Zn은 양호한 전기전도체이기 때문에, Zn 표면은 E_{corr} 그림 13.14, 점 C)이라고 하는 일정한 전위를 이룬다. 그리하여 Zn이 부식하기 시작하면, 음극 영역의 전위는 더욱 음극이 되어, −0.5 V (E_{corr})에 이르게 되고, 양극 영역의 전위는 더욱 양극이 되어 −0.5 V (E_{corr})에 이르게 된다. 그림 13.14의 점 C에서 Zn의 용해속도는 수소의 발생속도와 같다. 반응속도와 상응하는 전류밀도는 i_{corr}이라 하고 Zn의 용해속도 혹은 부식속도와 같다. 예제 13.8에서 균일하게 부식하는 표면의 전류밀도가 단위시간당 그리고 단위면적당 어떤 무게손실(예로, mdd 단위)로 표시될 수 있다.

따라서 금속이 작은 회로인 미시적 갈바니 전지작용에 의해 부식될 때, 총 산화와 환원 반응은 금속 표면에서 일어난다. 국부적 양극 영역과 국부적 음극 영역의 전위는 더 이상 평형상태는 아니지만, 전위를 변화시켜 지속적인 중간값의 E_{corr}에 이르게 한다. 평형값의 전극전위에서 일정한 어떤 중간값의 전위로 변하고, 이런 총 전류흐름을 **분극**(polarization)이라 한다. 전기화학반응의 분극은 2가지 형태로 간편하게 나눌 수 있는데, 이는 *활성화분극*(activation polarization)과 *농도분극*(concentration polarization)이다.

활성화분극 활성화분극(Activation polarization)이란 금속과 전해액 계면에서의 반응 단계에서 느린 단계에 의해 조절되는 전기화학 반응을 말한다. 즉, 가장 느린 단계와 연관된 에너지 벽(energy barrier)을 뛰어넘는 데 필요한 임계 활성화 에너지가 존재한다. 이런 형태의 활성화 에너지는 금속 표면에서 음극의 수소환원 반응인 $2H^+ + 2e^- \rightarrow H_2$를 고려하여 설명할 수 있다. 그림 13.15에는 도식적으로 Zn 표면에서 수소 환원이 일어날 때 가능한 중간단계를 보여주고 있다. 이 과정에서 수소 이온은 Zn 표면으로 이동하고, 전자는 수소 이온과 결합하여 수소 원자를 내놓게 된다. 수소 원자는 결합하여 2원자 수소분자를 형성하며, 이는 차례로 결합하여 수소기체 거품을 내놓는다. 이들 중 가장 느린 단계가 음극의 반쪽전지반응을 조절하게 된다. 금속 표면을 떠나 Zn 이온을 형성하고 전해액으로 들어가는 Zn 원자에 장벽이 되는 양극의 반쪽전지반응의 활성화분극 장벽이 또한 존재한다.

농도분극 농도분극(Concentration polarization)은 전해액 내에서 이온의 확산에 의해 조절되는 전기화학 반응과 관련이 있다. 이런 형태의 분극은 그림 13.16에서처럼 금속 표면으로 수소 이온이 확산되어 수소 기체를 형성하는 음극반응 $2H^+ + 2e^- \rightarrow H_2$에 의해 설명할 수 있다. 이런 경우 수소 이온의 농도는 낮고, 따라서 금속 표면에서 수소 이온의 환원속도는 이 이온들의 금속 표면으로의 확산에 의해 조절될 수 있다.

농도분극의 경우 전해액 내에서 이온의 확산속도를 증가시키는 모든 종류의 변화도 농도분극 효과를 감소시키

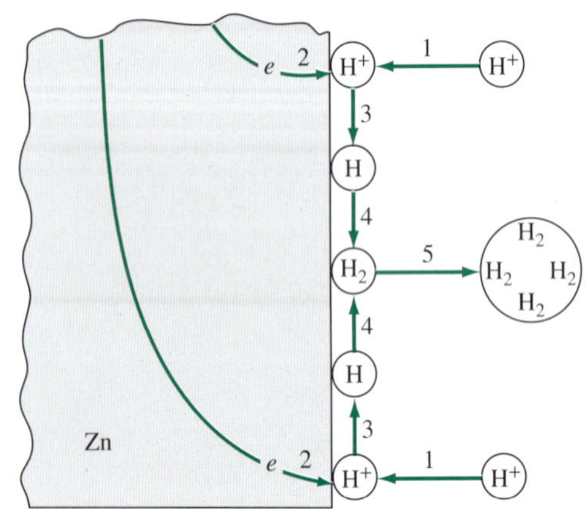

그림 13.15 ➤ 활성화분극하에서 Zn 음극에서의 수소 환원반응. 음극에서 수소기체의 형성 단계에는 (1) 수소 이온이 Zn 표면으로 이동, (2) 전자가 수소 이온으로 흐름, (3) 수소 원자의 형성, (4) 2원자 수소분자의 형성, 그리고 (5) Zn 표면에서 떨어져 나가는 수소기체 거품 형성 등이 있다. 이들 중 가장 느린 단계는 이 활성화분극 과정에서 속도를 제한하는 단계가 될 것이다.
(출처: M.G. Fontana and N.D. Greene, *Corrosion Engineering*, 2d ed., McGraw Hill, 1978, p. 15.)

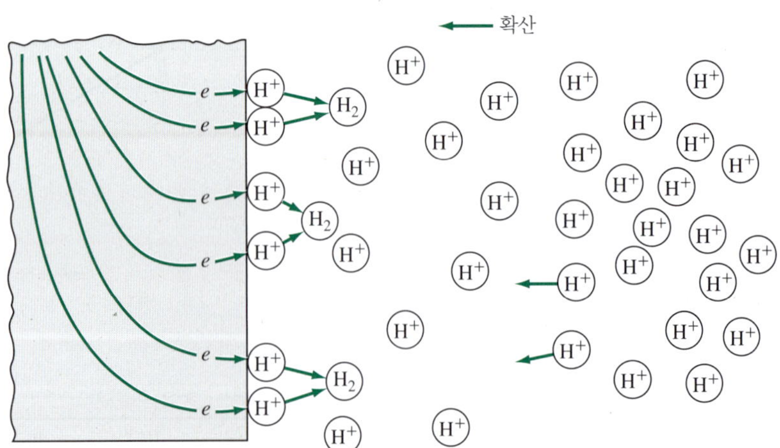

그림 13.16 ➤ 음극의 수소 이온 환원반응인 $2H^+ + 2e^- \rightarrow H_2$ 동안의 농도분극. 금속 표면에서의 반응은 금속 표면에 수소 이온의 확산속도에 의해 조절된다.
(출처: M.G. Fontana and N.D. Greene, *Corrosion Engineering*, 2d ed., McGraw Hill, 1978, p. 15.)

고 반응속도를 증가시킬 것이다. 따라서 전해액을 교반하게 되면 양이온의 농도 구배를 감소시킬 것이고 반응속도를 증가시킬 것이다. 온도를 증가시키면 이온의 확산속도를 증가시키게 되고, 따라서 반응속도를 증가시키는 결과를 가져온다.

전기화학 반응에서 전극의 전체 분극은 활성화분극(activation polarization)과 농도 분극효과(concentration polarization)의 합과 같다. 활성화분극은 언제나 낮은 반응속도에서 조절인자(controlling factor)가 되고, 농도분극은 높은 반응속도에서 조절인자가 된다. 대부분 양극에서 분극이 일어날 때 부식속도는 양극적으로 조절된다고 하고, 대부분 음극에서 분극이 일어날 때 부식속도는 음극적으로 조절된다고 한다.

13.4.3 부동태

부식과 관련한 금속의 **부동태**(passivation)는 더 이상의 반응을 막는 반응산물의 보호표면층(protective surface layer)의 형성이라 할 수 있다. 다른 표현으로, 금속의 부동태가 특별한 환경조건에 처하여 화학반응도를 상실한 것이라고 말할 수 있다. 여러 중요한 공업용 금속과 합금은 부동태화되고, 따라서 강한 산화환경에 부식저항성이 매우 높아지게 된다. 이러한 부동태 현상을 보이는 금속과 합금의 예로는 스테인리스강, 니켈과 여러 니켈합금, 그리고 티타늄 및 알루미늄과 여러 이들과의 합금이 있다.

부동태막의 성격에 관한 2가지 주요 이론이 있는데, (1) 산화막 이론(oxide-film theory)과 (2) 흡착 이론(adsorption theory)이다. 산화막 이론의 경우, 부동태막은 언제나 처해진 환경에서 금속을 격리하고 반응속도를 늦추는 반응생성물의 확산벽층(즉, 금속산화물 혹은 다른 화합물)이라고 여겨진다. 흡착 이론의 경우에 부동태화된 금속은 산소의 화학 흡착막으로 덮여 있다고 여겨진다. 그러한 층은 보통 흡착된 H_2O 분자를 치환하게 되고, 금속이온의 수화현상을 수반하는 양극 용해속도를 낮추게 된다. 이 2가지 이론은 공통적으로 금속면에 산화막이 형성되고 부동태 상태를 형성하여 부식저항성을 향상시키게 된다는 것이다.

부식속도에 의한 금속의 부동태현상은 그림 13.17에 금속의 전위가 전류밀도와 어떻게 변화하는가를 나타내는 분극 곡선(polarization curve)에 의해 설명할 수 있다. 전류농도가 증가될 때 금속 M의 부동태 거동을 살펴보자. 그림 13.17의 점 A에서 이 금속은 평형전위 E와 이의 교환전류밀도 i_0에 있다. 전극 전위가 보다 증가되면 금속이 화성화 금속(active metal)처럼 거동하고, 이의 전극밀도, 즉 용해속도가 지수함수로 증가한다.

전위가 보다 증가되고 전위 E_{pp}, 즉 최초의 부동태 전위에 이르게 되면, 전류밀도와 부식속도는 $i_{passive}$로 표시된 낮은 값으로 감소하게 된다. 전위 E_{pp}에서 금속은 반응성의 감소의 원인이 되는 보호막을 표면에 형성된다. 전위가 계속 증가되면, 전류밀도는 부동태 영역에 걸쳐 $i_{passive}$로 남아 있게 된다. 부동태 영역을 넘어 전위의 증가가 계속되면 금속을 다시 활성화시키고, 전류밀도는 과부동태 영역(transpassive region)에서 증가하게 된다.

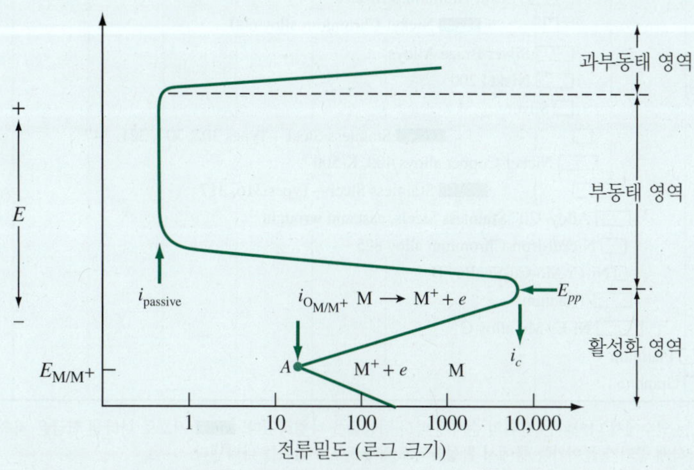

그림 13.17 ➤ 부동태화된 금속의 분극곡선.
(출처: M.G. Fontana and N.D. Greene, *Corrosion Engineering*, 2d ed., McGraw Hill, 1978, p. 321.)

13.4.4 갈바니 계열

여러 중요한 공업용 금속이 부동태막을 형성하기 때문에 갈바니 전지에서 표준전극전위가 나타내는 것처럼 거동하지는 않는다. 따라서 부식이 주요 인자인 실제적인 응용에 있어서, **갈바니 계열**(galvanic series)이라 하는 새로운 형태의 계열이 양극-음극 관계에 대해 개발되었다. 따라서 갈바니 계열은 모든 부식상황에서 실험적으로 결정되어야 한다. 흐르는 염수(flowing seawater)에 노출된 금속과 합금의 갈바니 계열은 표 13.3에 나열되어 있다. 여러 스테인리스강의 활성적 조건과 부동태 조건에 대한 다양한 전위가 나타나 있다. 이 표에서 Zn은 알루미늄합금과 비교해서 보다 활성적으로 나타나 있고, 이런 현상은 표 13.1의 표준전극전위에서 나타난 거동의 역현상이다.

표 13.3 > 흐르는 염수에서 갈바니 계열

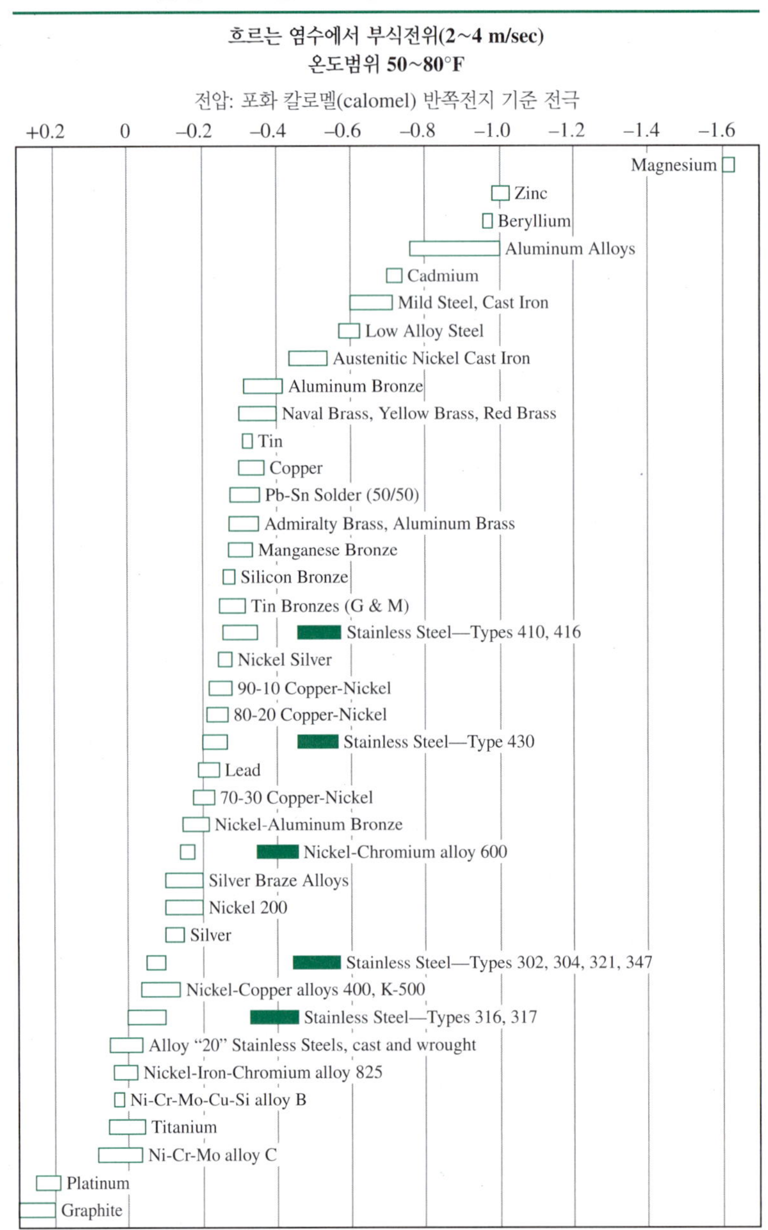

흐르는 염수에서 나타나는 전위의 순서에 따라 합금들을 나열하였다. ■ 기호로 나타낸 합금은 저속 또는 약하게 공기가 들어가는 물에서 활성화되고 약 0.5 V의 전위를 나타낸다.

출처: LaQue Center for Corrosion Technology, Inc.

13.5 부식형태

부식형태는 부식된 금속의 겉 모양(appearance)에 따라 분류될 수 있다. 여러 형태가 확인되었지만, 이 중 모두가 어느 정도 상호 관련이 있다. 이들은 다음과 같이 분류된다.

균일 또는 일반적 침식부식	응력부식(stress corrosion)
갈바니 또는 2금속 부식	마식(erosion corrosion)
소공부식	동공손상(cavitation damage)
균열부식	미동마멸부식(fretting corrosion)
입계부식	선택침출(selective leaching or dealloying)

13.5.1 균일 또는 일반적 침식부식

일반적인 침식부식(corrosion attack)이라 함은 부식환경에 처해진 전체 금속 표면에서 균일하게 진행되는 전기화학 또는 화학반응으로 규정지을 수 있다. 무게를 기준으로, 균일한 침식부식에 의해 금속, 특히 철강의 매우 커다란 파괴현상을 의미한다. 그러나 이런 현상은 (1) 보호코팅, (2) 억제제, (3) 음극보호 등으로 비교적 용이하게 제어할 수 있다. 이런 방법은 13.7절의 부식제어(corrosion control)에서 다루게 될 것이다.

13.5.2 갈바니 또는 2금속 부식

다른 금속 간의 갈바니 부식은 13.2절과 13.3절에서 논의되었다. 다른 금속을 서로 접합시키는 데 있어서 특별한 주의가 필요한데, 이는 전기화학전위 차이로 인해 부식을 진행시킬 수 있기 때문이다.

Zn으로 코팅된 갈바니강의 경우 한 금속(아연)이 희생하여 다른 금속(강)을 보호한다. 강에 열간 코팅처리(hot-dipped)하거나 전기도금(electroplated)된 Zn은 강철에 대해서 양극이 되어 부식되고, 갈바니 전지에서 음극인 강철을 보호한다(그림 13.18*a*). 표 13.4에서는 수용액 내에서 쌍을 이루지 않은 Zn과 강철, 쌍을 이룬 Zn과 강철의 경우에 대표적인 무게손실을 나타내고 있다. 이들이 쌍을 이루면, Zn은 갈바니 전지의 양극에서 부식하여 강철을 보호하게 된다.

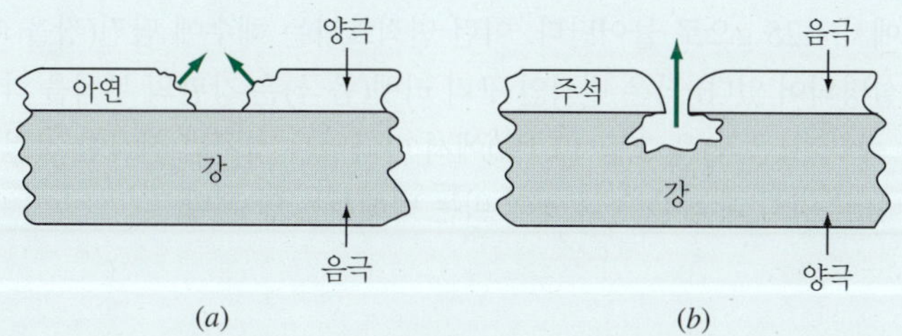

그림 13.18 ➤ 환경에 처한 Zn과 Sn의 외부층으로 덮인 강의 양극-음극 거동. (*a*) Zn은 강에 양극이고 부식한다(Zn = −0.763 V와 Fe = −0.440 V의 표준 emf). (*b*) 강은 Sn에 양극이고 부식한다(Sn층은 부식이 시작되기 전에 구멍이 난다. Fe = −0.440 V와 Sn = −0.136 V의 표준 emf).
(출처: M.G. Fontana and N.D. Greene, *Corrosion Engineering*, 2d ed., McGraw Hill, 1978.)

표 13.4 ➤ 쌍을 이룬 강과 Zn, 쌍을 이루지 않은 강과 Zn의 무게의 변화

환경	쌍을 이루지 않은 경우		쌍을 이룬 경우	
	아연	강	아연	강
0.05 *M* M_gSO_4	0.00	−0.04	−0.05	+0.02
0.05 *M* Na_2SO_4	−0.17	−0.15	−0.48	+0.01
0.05 *M* NaCl	−0.15	−0.15	−0.44	+0.01
0.005 *M* NaCl	−0.06	−0.10	−0.13	+0.02

출처: M.G. Fontana and N.D. Greene, *Corrosion Engineering*, 2d ed., McGraw Hill, 1978.

표 13.5 > 3% 소금물에 Fe이 Cu와 쌍을 이룬 경우 갈바니 부식에 미치는 면적의 영향

면적비		
음극	양극	양극(철) 손실(g)*
1.01	1	0.23
2.97	1	0.57
5.16	1	0.79
8.35	1	0.94
11.6	1	1.09
18.5	1	1.25

*시험 조건: 30℃에서 20시간, 공기가 잘 주입, 용해된 수용액. 이때 양극면적은 14 cm^2.

그림 13.19 > 해수에 담긴 쌍을 이룬 구리-강의 경우에 음극과 양극 사이의 면적관계 영향.
(Besjunior/Shutterstock)

산업제품 중에 2개의 다른 금속을 사용하는 다른 한 경우는 '주석캔(tin can)'에 사용되는 주석판(tin plate)에 있다. 대부분의 주석판은 강판에 얇은 층의 주석을 전기증착하여 생산된다. 주석염은 독성이 없기 때문에 주석판을 음식용기 재료용으로 사용할 수 있다. 주석(−0.136 V의 표준 emf)과 철(−0.441 V의 표준 emf)은 전기화학거동에서 유사점이 있다. 산소가용성(oxygen availability)과 표면에 쌓이는 이온농도에서의 작은 변화는 이들의 상대적 분극을 바꿀 수 있다. 처해진 환경조건하에서 주석은 보통 강철에 음극이다. 따라서 구멍 난 주석판 조각의 외부가 환경에 드러나면, 강철은 부식되고 주석은 부식되지 않는다(그림 13.18*b*). 그러나 공기 중에 산소가 없으면 주석은 강철에 양극이 되고, 이는 주석을 음식과 음료의 유용한 용기재료로 사용 가능하게 한다. 이러한 예에서 나타나듯이 산소가용성은 갈바니 부식에서 주요 인자가 된다.

갈바니 금속부식에서 고려해야 할 또 다른 중요한 사항은 음극 영역과 양극 영역의 비율이다. 이런 효과를 *면적효과*(area effect)라 한다. 부식에 관점에서 바람직하지 않은(unfavorable) 음극-양극 면적비율은 커다란 음극 영역과 작은 양극 영역으로 이루어지고 있다. 일정 양의 전류가 쌍을 이룬 금속에 흐르면, 예를 들면 Cu전극과 Fe전극이 크기가 다른 경우에 전류밀도는 큰 전극보다 작은 전극에서 보다 커지게 된다. 따라서 양극 전극이 작을수록 부식은 보다 빠르게 된다. 표 13.5를 보면, Fe–Cu의 경우 음극 대비 양극 비율이 1에서 18.5로 증가해서, 양극에서 Fe의 무게손실은 0.23 g에서 1.25 g으로 늘어난다. 이런 면적효과는 해수에 담긴(쌍을 이룬) 구리-강의 경우에 대해 그림 13.19에 역시 설명되어 있다. 작은 면적인 구리 리벳(음극)은 강판의 부식을 약간만 증가시켰을 뿐이다(그림 13.19*a*). 한편으로, 구리판(음극)은 그림 13.19*b*에서 나타나는 것처럼 심각한 강철 리벳(양극)의 부식을 야기시켰다. 따라서 커다란 음극 영역 대 작은 양극 영역 비는 택해서는 안 된다.

13.5.3 피팅부식

피팅(pitting, 소공)부식은 금속에 구멍 또는 피트를 야기시키는 국부적 부식형태이다. 이런 형태의 부식은 금속에 동공을 야기하기 때문에 공업구조물에 매우 파괴적이다. 그러나 동공이 발생하지 않는다면 최소한의 피팅은 공업구조물에 허용될 수 있다. 피팅은 발견하기 어려운 경우가 많은데, 이유는 작은 피트가 부식생성물로 덮여 있을 수 있기 때문이다. 또한 피트의 수와 깊이가 매우 다양하고, 피팅 손실의 정도를 평가하기가 매우 어렵기 때문이다. 결과적으로 국부적인 성격 때문에 피팅으로 인해 갑작스럽고 예기치 않은 파괴의 결과를 낳게 된다.

그림 13.20에서는 강력한 부식환경에 처한 스테인리스강의 피팅에 관한 한 예를 보이고 있다. 이런 경우의 피팅은 가속화되지만, 대부분의 조업조건에서 금속부분에 동공을 내는 데 수개월 혹은 수년이 걸릴 수도 있다. 피팅은 초기 생성에 시간이 필요하지만 일단 시작되면 피트는 성장속도가 증가한다. 대부분의 피트는 중력의 방향과 공업용 장비의 바닥 면에서 생성하여 성장한다.

피트는 부식속도가 국부적으로 증가하는 곳에서 시작한다. 금속 표면에 게재물(inclusions), 다른 구조적 비균질물(structural heterogeneities), 그리고 조성이 다른 비균질물 등은 피트가 시작되는 일반적인 장소이다. 이온 농도와 산소 농도의 차이에 의해 농도전지가 구성되고, 이 역시 피트를 생성할 수 있다. 피트는 피트의 바닥에 높은

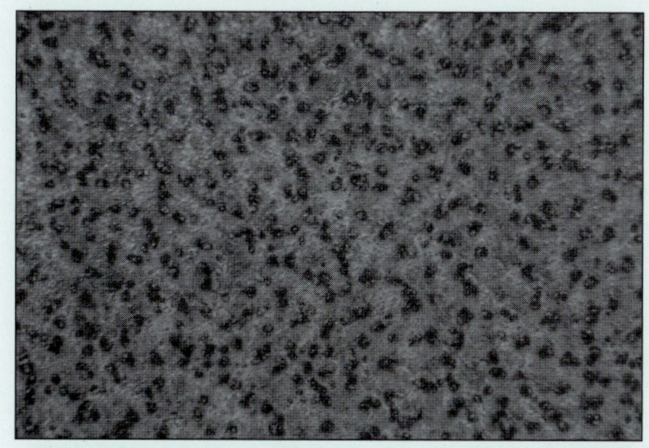

그림 13.20 ➤ 강력한 부식환경에 처한 스테인리스강의 피팅.
(ChalkyWhite/Getty Images)

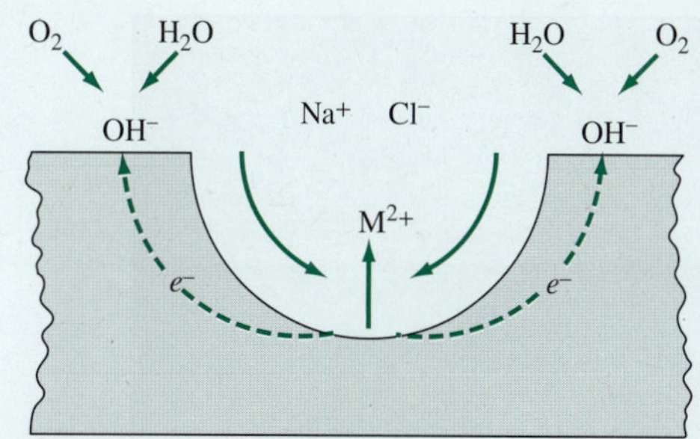

그림 13.21 ➤ 공기를 주입한 염용액 내에 스테인리스강의 피트의 성장에 관한 도식적 그림.
(출처: M.G. Fontana and N.D. Greene, *Corrosion Engineering*, 2d ed., McGraw Hill, 1978.)

표 13.6 ➤ 대표적인 부식저항합금의 상대적인 피팅저항성

합금	
Type 304 스테인리스강	
Type 316 스테인리스강	↓
Hastelloy F, Nionel, 또는 Durimet 20	피팅저항 증가
Hastelloy C 또는 Chlorimet 3	↓
티타늄	

출처: M.G. Fontana and N.D. Greene, *Corrosion Engineering*, 2d ed., McGraw Hill, 1978.

산도를 유지하며 피트 내에서 금속을 용해시키는 경우에 대해 전파된다고 알려져 있다. 공기를 주입한 해수환경에서 피트의 전파 과정이 그림 13.21에 비철금속의 경우에 대해 설명되어 있다. 피트의 바닥에서 금속의 양극반응은 $M \rightarrow M^{n+} + ne^-$이다. 음극반응은 피트를 둘러싸고 있는 금속 표면에서 일어나고, $O_2 + 2H_2O + 4e^- \rightarrow 4OH^-$이다. 따라서 피트를 둘러싸고 있는 금속은 음극적으로 보호된다. 피트 내에 금속 이온의 농도가 증가하면 Cl 이온을 불러들이게 되어 전기적 중성을 유지한다. 그러면 이 금속 Cl이온은 물과 반응하여 금속 수산화물과 자유산(free acid)을 다음과 같이 생성하게 된다.

$$M^+Cl^- + H_2O \rightarrow MOH + H^+Cl^- \quad \textbf{(13.16)}$$

이런 방식으로 고농도의 산이 피트의 바닥에서 형성되고, 양극반응 속도를 증가시켜서 전반적인 과정이 *자가촉매*(autocatalytic)에 의한 부식현상으로 된다.

공업용 장비 설계 시 피팅 부식을 피하기 위해 피팅 부식 경향이 없는 재료가 사용되어야 한다. 그러나 설계과정에서 이것이 불가능하다면 가장 부식 저항성이 큰 재료가 사용되어야 한다. 예를 들어, 스테인리스강이 Cl 이온의 환경에서 사용되어야 한다면, 316형 합금(18% Cr과 8% Ni이 첨가된 2% Mo)이 304형 합금(18% Cr과 8% Ni만을 함유)보다 피팅 저항성에서 보다 좋다. 대표적인 부식저항성 재료의 피팅 저항성 순서에 대한 안내가 표 13.6에 나열되어 있다. 그러나 부식시험은 부식저항 합금을 최종 선택하기 전에 여러 합금에서 행하는 것이 바람직하다.

13.5.4 균열부식

균열부식(Crevice corrosion)은 국부적인 전기화학부식의 한 형태이고, 이는 균열 내에서 정체한 액이 있는, 덮인 표면 아래에서 발생할 수 있다. 균열부식은 개스킷, 리벳, 그리고 볼트 밑, 밸브디스크와 시트, 기공의 침전물 아래에서, 그리고 여러 다른 유사한 상황에서 발생할 때 공업적으로 매우 중요하다. 균열부식은 스테인리스강 그리고 Ti, Al, Cu합금과 같은 많은 합금계에서 일어난다. 아래 그림 13.22는 균열부식을 보여주는 예이다.

균열부식이 일어나는 경우에 균열은 넓어서 액체가 들어가기에 충분해야 하지만, 또한 좁아서 액체를 정체하도록 해야 한다. 그러므로 균열부식은 보통 수 mm (mils)나 그 이하의 폭의 개구에서 일어난다. 전해액을 흡수하

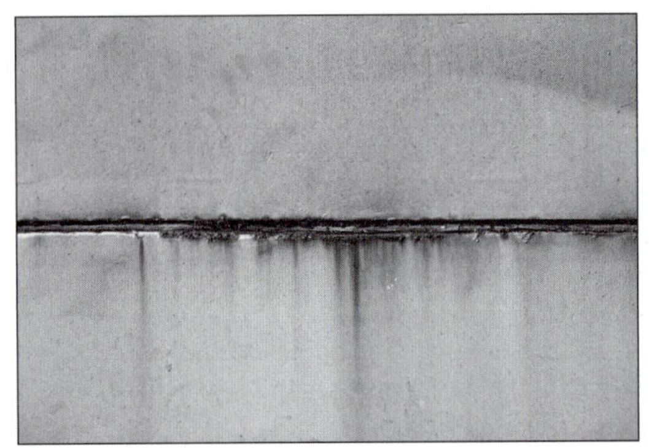

그림 13.22 > 다중 특수케이블에서의 균열부식.
(freakart/Shutterstock)

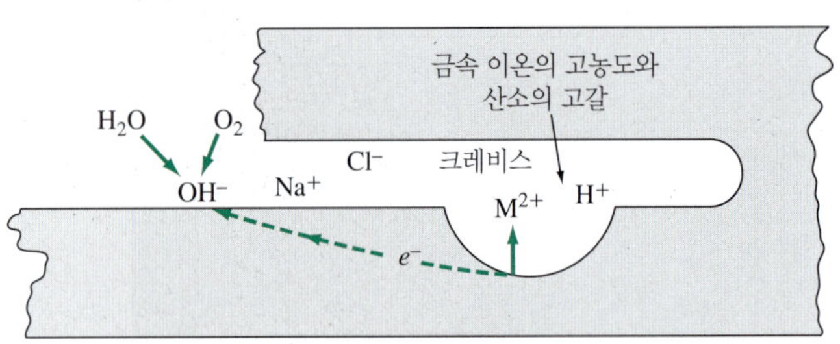

그림 13.23 > 균열부식기구의 도식적 그림.
(출처: M.G. Fontana and N.D. Greene, *Corrosion Engineering*, 2d ed., McGraw Hill, 1978.)

는 심지와 같은 역할을 하고 금속표면과 접하는 섬유 개스킷은 균열부식에 이상적인 장소가 된다.

Fontana와 Greene[7]은 피팅부식의 경우에 제안하였던 것과 유사한 균열부식 기구를 제안하였다. 그림 13.23은 공기가 주입된 소금물에서 스테인리스강의 균열부식 기구를 설명하고 있다. 이런 기구는 초기에 균열 표면에 양극과 음극의 반응을 다음과 같이 가정한다.

$$\text{양극반응:}\quad M \rightarrow M^+ + e^- \qquad \textbf{(13.17a)}$$

$$\text{음극반응:}\quad O_2 + 2H_2O + 4e^- \rightarrow 4OH^- \qquad \textbf{(13.17b)}$$

균열 내에 용액이 정체하여 있기 때문에, 음극반응에 필요한 산소는 사용되어 버리고 치환되지 않는다. 그러나 양극반응인 $M \rightarrow M^+ + e^-$가 계속 작동하고, 고농도의 양전하된 이온을 생성한다. 양전하의 균형을 맞추기 위해 음전하 이온, 주로 Cl 이온은 균열 안으로 이동하여 M^+Cl^-를 형성한다. 이런 Cl이온은 물에 의해 수화되어 다음과 같이 금속수산화물과 자유산을 형성한다.

$$M^+Cl^- + H_2O \rightarrow MOH + H^+Cl^- \qquad \textbf{(13.18)}$$

이런 산이 누적되어 부동태막을 깨뜨리고, 피팅 부식에서 논의되었던 것처럼 자가촉매에 의한 부식을 야기한다.

304형(18% Cr-8% Ni) 스테인리스강의 경우, Peterson 등[8]은 그들의 시험을 통해 균열 내의 산성화는 Cr이온의 수화분해에 의해 주로 일어난다고 결론지었다.

$$Cr^{3+} + 3H_2O \rightarrow Cr(OH)_3 + 3H^+ \qquad \textbf{(13.19)}$$

그 이유는 미량의 Fe^{3+}를 함유하였기 때문이다.

공업 설계시 균열부식을 막거나 최소화하기 위하여, 다음의 방법과 절차가 사용될 수 있다.

1. 공업용 구조물에 리벳이나 볼트 대신에 말끔히 용접된 맞대기 이음(soundly welded butt joints)을 사용한다.
2. 정체용액이 모일 수 있는 곳에 완전방수 처리된 용기를 설정한다.
3. 가능한 한 테프론과 같은 비흡수(nonabsorbent) 개스킷을 사용한다.

13.5.5 입계부식

입계부식(intergranular corrosion)은 합금의 입계에서 혹은 부근에서 일어나는 국부적인 부식이다. 금속이 균일하게 부식한다면 일반 조건하에서, 결정립계(grain boundaries)는 기지보다 약간 더 반응이 잘 일어날 것이다. 그러나 다른 조건하에서는, 입계 영역은 매우 반응성이 커져서 합금의 강도가 저하되거나 심지어 취약한 결정립계를

7 *Corrosion Engineering*, 2nd ed., McGraw-Hill, 1978.

8 M.H. Peterson, T.J. Lennox, and R.E. Groover, *Mater. Prot.*, January 1970, p. 23.

야기하는 입계부식을 만들기도 한다.

예를 들어, 여러 고강도 Al합금과 대표적인 석출강화된 Cu합금은 어떤 특정한 조건에서 입계 부식에 매우 민감해진다. 그러나 입계부식의 가장 중요한 예로서, 오스테나이트(18% Cr-8% Ni) 스테인리스강이 500~800°C 온도범위로 가열되고 서냉(slow cooling)되는 경우에서 쉽게 볼 수 있다. 이 구간의 *민감화 온도범위*(sensitizing temperature range)에서, 탄화크롬($Cr_{23}C_6$)이 그림 13.24*a*에서처럼 입계면을 따라 석출될 수 있다. 탄화크롬이 오스테나이트 스테인리스강의 결정립계에 석출될 때, 이 합금은 *민감화 조건*(sensitized condition)에 있다고 말한다.

만약 18% Cr-8% Ni 오스테나이트 스테인리스강이 약 0.02 wt% 이상의 탄소를 함유하고 500~800°C 범위에서 오랜 시간 동안 가열되면, 이 합금의 결정립계에서 탄화크롬($Cr_{23}C_6$)이 석출될 수 있다. 304형은 오스테나이트 스테인리스강으로 18% Cr-8% Ni과 약 0.06~0.08 wt% C를 함유하고 있다. 따라서 이 합금이 충분한 시간 동안, 500~800°C로 가열되면 민감화 조건에 이르게 되고, 입계부식에 처하게 된다. 결정립계에서 탄화크롬이 형성될 때, Cr의 경계와 인접한 영역을 고갈시키고, 이 지역에 Cr 수준을 부동태 혹은 스테인리스 거동에 필요한 Cr 수준인 12% 이하로 감소시킨다. 따라서 민감화 조건에 있는 304형 스테인리스강이 어떤 부식 환경에 이르면 결정립계 부근의 영역은 극심하게 침식된다. 결과적으로 이런 영역은 음극이 되고 나머지 기지는 양극이 되어, 갈바니쌍을 형성하게 한다. 그림 13.24*b*는 이를 도식적으로 보여주고 있다.

304형 스테인리스강 혹은 유사한 합금의 용접부에서의 붕괴 원인은 앞서 기술한 것처럼 같은 탄화크롬 석출기구가 될 수 있다. 이런 형태의 용접손상은 용접부 **붕괴**(weld decay)라 하고, 그림 13.25에서처럼 용접부의 중앙선에서 얼마간 떨어져 있는 용접부 붕괴영역으로 규정될 수 있다. 용접부 붕괴영역의 금속이 민감화(500~800°C)에 필요한 온도 영역에서 오랜 시간 동안 유지하게 되면, 탄화크롬이 용접부의 열영향부(heat-affected zone: HAZ)

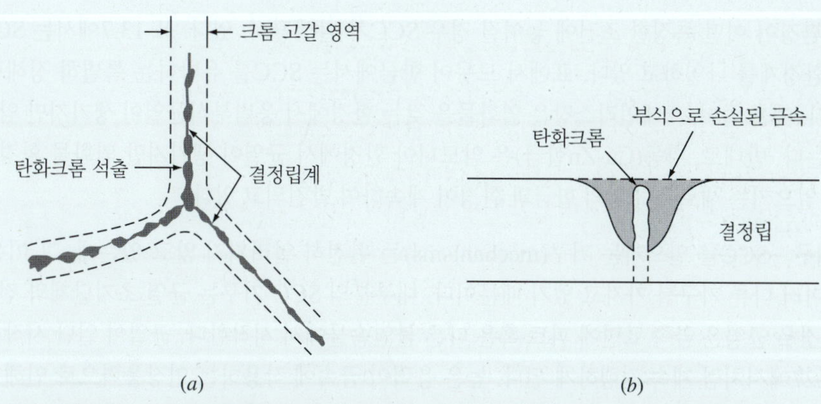

그림 13.24 ➤ (*a*) 민감화된 304형 스테인리스강에서 결정립계에 탄화크롬 석출에 관해 도식적으로 표현하고 있다. (*b*) 결정립계의 단면적으로 인접한 입계부식을 보이고 있다.

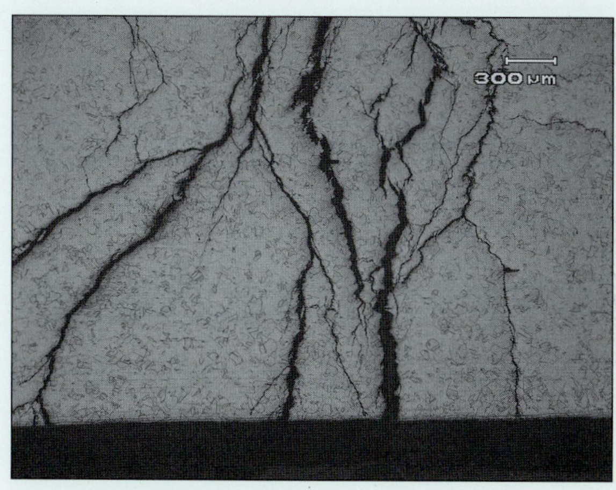

그림 13.25 ➤ 스테인리스강 용접부의 입계부식. 스테인리스강 용접부 붕괴영역이 냉각 중에 탄화크롬의 석출에 필요한 임계온도 범위에 유지되었다.
(High Simple/Shutterstock)

의 결정립계에 석출된다. 만일 민감화 조건의 용접부가 계속적으로 재가열되지 않아 탄화크롬을 재용해하지 않고 부식환경에 처해지면, 입계부식을 당하게 되고 그 용접부는 파괴될 것이다.

오스테나이트 스테인리스강의 입계부식은 다음 방법으로 제어할 수 있다.

1. 용접 후에 고온에서 용제화 열처리(high-temperature solution heat treatment)를 사용한다. 용접부를 약 500~800°C 범위로 가열하고 물로 급랭하면 탄화크롬은 재용해되어 고용체(solid solution)로 다시 돌아온다.
2. 철강 내에 탄소와 결합하는 한 가지 원소를 첨가하여 탄화크롬이 형성되지 못하게 한다. 347형 합금과 321형 합금에 각각 Cb와 Ti을 첨가하여 사용한다. 이 원소들은 크롬보다 탄소에 대한 친화력이 더 크다. Ti 또는 Cb를 첨가한 합금은 *안정화 조건*(stabilized condition)에 있다고 한다.
3. 탄소 함량을 약 0.03 wt% 또는 그 이하로 낮추어 많은 양의 탄화크롬이 석출될 수 없게 한다. 예를 들어, 304L형 스테인리스강은 대단히 낮은 수준(예로, 0.08 wt%)의 탄소를 가지고 있다.

13.5.6 응력부식

금속의 **응력부식균열**(stress-corrosion cracking: SCC)이란 작용하는 인장응력과 특수한 부식 환경의 결합된 효과에 의해 야기된 균열을 말한다. 그림 13.26에서처럼 SCC 동안에 금속의 표면은 거의 침식을 받지 않지만, 매우 국부적인 균열이 속으로 전파된다. SCC를 야기하는 응력은 잔류응력(residual stress)이 될 수도 있고, 외부에서 작용된 경우가 될 수도 있다. SCC를 야기하는 높은 잔류응력은 균일하지 않은 냉각속도에 의해 도입된 열응력, 응력에 대해 잘못된 기계적 설계, 그리고 열처리, 냉간가공(cold working), 용접중 발생한 상변태로 인한 결과일 수도 있다.

합금과 사용환경이 어떤 특정한 조건에 놓여질 경우 SCC가 발생될 수 있다. 표 13.7에서는 SCC가 발생하는 대표적인 합금 환경계를 나열하고 있다. 표에서 보듯이 합금에서는 SCC를 유발하는 특별히 정해진 환경계는 없는 것으로 보인다. 예를 들어, 스테인리스강은 염화물을 갖는 환경에서 응력부식균열이 생기지만 암모니아 환경에서는 생기지 않는다. 반대로, 황동(Cu-Zn합금)은 암모니아 환경에서 균열이 생기지만 염화물 환경에서는 생기지 않는다. SCC를 일으키는 새로운 조합의 합금과 환경이 계속하여 발견되고 있다.

응력부식균열 기구 SCC를 일으키는 기구(mechanisms)는 완전히 알려지지 않고 있는데, 그 이유는 많은 다른 합금 환경계가 여러 다른 기구를 가지고 있기 때문이다. 대부분의 SCC 기구는 균열 초기단계와 전파단계를 수반한다. 대부분의 경우 균열은 금속 표면에 피트 혹은 다른 불연속물에서 시작한다. 균열이 일단 시작하게 되면 선단(tip)이 그림 13.27에서처럼 계속 진행하게 된다. 높은 응력이 금속에 작용하는 인장응력으로 인해 균열의 선단에 쌓이게 된다. 금속의 양극분해 현상은 균열의 앞부분이 계속 진행하며 균열의 선단에서 국부적인 전기화학 부식에 의해 발생한다. 균열은 이 금속이 파괴할 때까지 인장응력에 수직한 면에서 계속 성장한다. 만약 가해지는 인장

그림 13.26 ➤ 파이프의 응력부식균열.
(olaser/Getty Images)

표 13.7 ➤ 금속과 합금의 응력부식을 일으킬 수 있는 환경

금속	환경	금속	환경
알루미늄 합금	$NaCl–H_2O_2$ 용액, NaCl 용액	보통 강	NaOH 용액
	NaCl 용액		$NaOH–Na_2SiO_3$ 용액
	염수		칼슘, 암모늄 및 질산나트륨 용액
	공기, 수증기		혼합된 산($H_2SO_4–HNO_2$)
구리합금	암모니아 수증기와 용액		HCN 용액
	아민		산성 H_2S 용액
	물, 수증기		염수
금합금	$FeCl_2$ 용액		용융 Na–Pb 합금
	아세트산–염 용액	스테인리스강	$MgCl_2$와 $BaCl_2$와 같은 산–염화물 용액
인코넬(Inconel)	가성소다 용액		$NaCl–H_2O_2$ 용액
납	납아세테이트 용액		염수
마그네슘 합금	$NaCl–K_2CrO_4$ 용액		H_2S
	지방과 해안 분위기		$NaOH–H_2S$ 용액
	증류수		염화수로부터 응축증기
모넬(Monel)	용융 가성소다	티타늄합금	붉은색 연기의 질산
	불산		염수, N_2O_4,
	불화규소산		메탄올–HCl
니켈	용융 가성소다		

출처: M.G. Fontana and N.D. Greene, *Corrosion Engineering*, 2nd ed., McGraw-Hill, 1978, p.100.

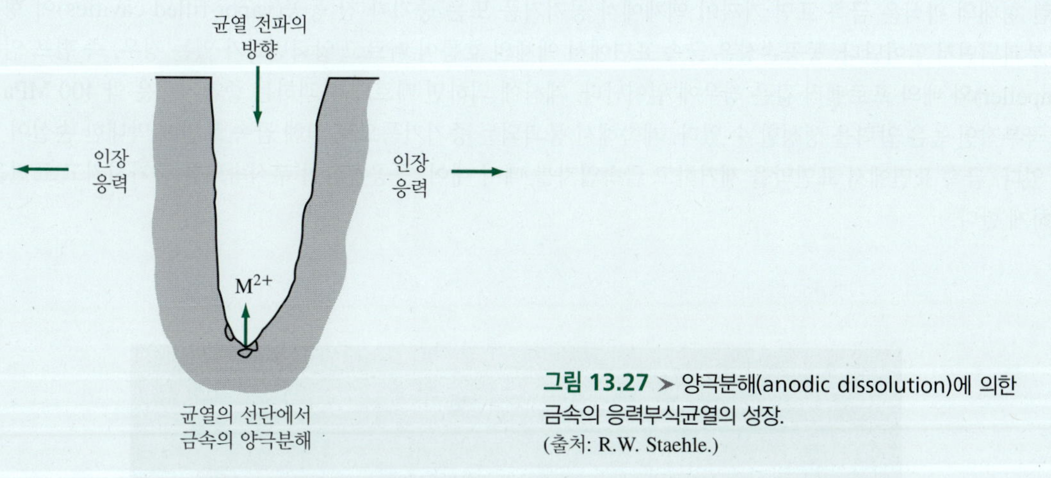

그림 13.27 ➤ 양극분해(anodic dissolution)에 의한 금속의 응력부식균열의 성장. (출처: R.W. Staehle.)

이나 응력 또는 부식이 저지되면 균열은 성장을 멈추게 된다. 전형적인 실험이 Priest 등[9]에 의해 행해졌고, 이들은 균열의 진행을 음극보호법(cathodic protection)에 의해 멈추게 할 수 있음을 보여주었다. 음극보호가 제거되면, 균열은 다시 성장하기 시작한다.

인장응력은 균열의 초기와 전파 모두에 필요하고, 표면막을 깨뜨리는 데 중요하다. 응력기준을 낮추게 되면 균열이 일어나는 데 필요한 시간은 증가한다. 온도와 환경 또한 응력부식균열의 주요 인자가 된다.

응력부식균열의 방지 SCC 기구는 완전히 알려져 있지 않지만, 이를 저지하는 방법은 실험적으로 알려져 있다. 다음 사항들은 금속에서 SCC를 방지하거나 줄일 수 있는 방법들이다.

1. 합금재료의 균열을 초래하는 정도 이하로 응력을 낮춘다. 이 방법은 합금에 가해지는 응력을 낮추거나 응력 제거 어닐링처리(stress-relief anneal)를 하여 행할 수 있다. 보통 탄소강은 600~650°C에서 응력 제거될 수

[9] D.K. Priest, F.H. Beck, and M.G. Fontana, *Trans. ASM*, 47:473(1955).

있고, 오스테나이트 스테인리스강은 815~925°C 범위에서 응력 제거될 수 있다.

2. 치명적인 부식환경을 제거한다.
3. 환경이나 응력기준을 바꿀 수 없다면 합금을 바꾼다. 예로, 해수와 접하는 열교환기(heat exchangers)에 스테인리스강 대신에 티타늄을 사용한다.
4. 소모성 양극이나 외부전원을 이용한 음극보호(cathodic protection)법을 사용한다(13.7절 참고).
5. 가능하면, 부식을 방지하거나 억제할 수 있는 부식방지제를 첨가한다.

13.5.7 마식

마식(erosion corrosion)이란 부식액(corrosive fluid)과 금속 표면의 상대적인 마모현상에 의해, 금속의 부식이 가속되는 현상을 말한다. 부식액의 상대적인 움직임이 빠르면, 기계적인 마찰과 마멸의 효과가 심각해진다. 마식은 금속 표면의 홈, 깊은 홈, 피트, 동공, 그리고 부식액이 흐르는 방향으로 일어나는 다른 금속 표면 손실에 대한 모양으로 규정된다.

연강철 파이프(mild-steel pipe) 내 규사 슬러리의 마식(silica sand slurries)-부식 작용에 관한 연구 결과, 연구자들은 슬러리 작용에 의한 부식속도의 증가 원인을 알아내었다. 다름 아닌 이 슬러리의 규사입자의 마멸작용에 의해 표면의 녹과 염막(salt films)이 제거되어 분해산소가 부식면에 보다 용이하게 접근할 수 있게 되기 때문이었다. 그림 13.28에서는 연강 파이프의 마식에 의한 한 실험을 통해 극심하게 마식된 형태를 보여주고 있다.

13.5.8 동공손상

이런 형태의 마식은 금속 표면 가까이 액체에서 공기거품 또는 증기가 찬 동공(vapor-filled cavities)이 형성되고 붕괴되면서 일어난다. 동공손상은 금속 표면에서 액체의 흐름이 빠르고 압력변화가 있는 경우, 즉 펌프 임펠러(impeller)와 배의 프로펠러 같은 경우에 일어난다. 계산에 의하면 빠르게 붕괴하는 증기거품은 약 400 MPa까지의 국부적인 높은 압력을 생성할 수 있다. 계속해서 붕괴되는 증기거품으로 인해 금속 표면에 막대한 손실이 있을 수 있다. 금속 표면에서 표면막을 제거하고 금속입자를 떼어 내어, 동공손상이 부식속도를 증가시키고 표면을 마멸하게 한다.

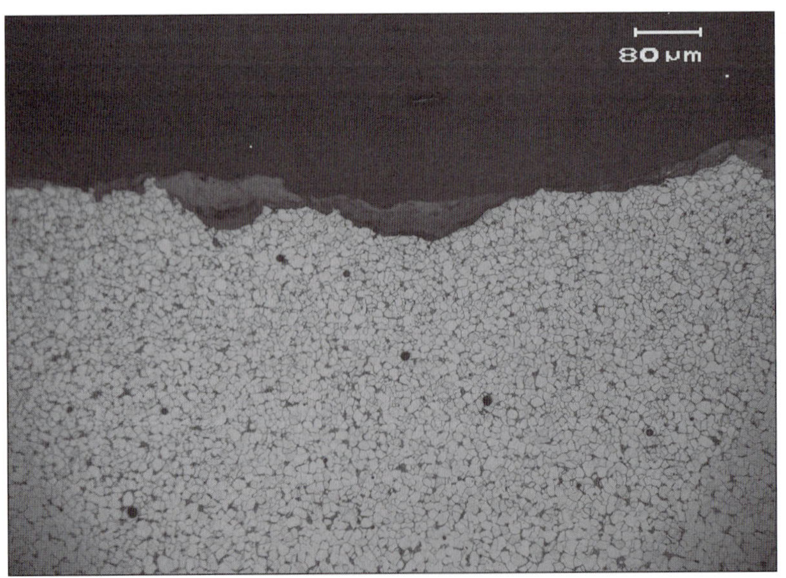

그림 13.28 ➤ 연강 파이프 내 규사슬러리의 마식 형태로 (*a*) 21일 후에 피팅, (*b*) 42일 후에 불균일한 물결 형태. 슬러리 속도는 3.5 m/s이다.
(High Simple/Shutterstock)

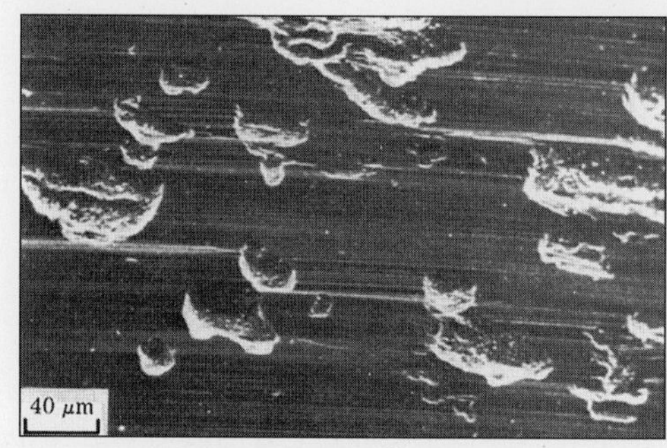

그림 13.29 ➤ 600°C에서 40 μm 진폭의 슬립을 3.5 × 10^6 사이클을 진행했을 때 Ti-6 Al-4 V 합금의 면에 미동마멸부식을 보여주는 주사전자현미경(SEM) 사진.
(Courtesy of Elsevier)

13.5.9 미동마멸 부식

미동마멸 부식(fretting corrosion)은 진동과 슬립에 의한 하중 하에서 재료 간의 계면에서 일어난다. 미동마멸부식은 부식산물로 둘러싸인 홈이나 피트에서 나타난다. 이런 금속 미동마멸 부식의 경우에 마찰면 사이의 금속부분은 산화되고, 얼마의 산화막이 마멸작용에 의해 느슨하게 찢어진다. 결과적으로 마찰면 간에 연마제로서 작용하는 산화물 입자가 누적된다. 미동마멸 부식은 보통 샤프트와 베어링 혹은 슬리브 간에 나타나는 밀착면에서 일어난다. 그림 13.29에서는 Ti-6 Al-4 V 합금면에 미친 미동 마멸부식 효과를 보여주고 있다.

13.5.10 선택침출

선택침출(selective leaching)이란 부식과정에 의해 합금의 한 원소가 우선적으로 제거되는 현상을 말한다. 이런 형태 부식의 가장 평범한 예로는, 황동에서 Zn이 우선적으로 선택침출이 되는 탈 아연현상(dezincification)을 들 수 있다. 이와 유사한 현상이 다른 합금에서도 일어나는데, 구리합금에서 Ni, Sn, Cr의 손실, 주철에서 Fe의 손실, 합금강에서 Ni의 손실, 그리고 스테라이트(stellite)에서 Co의 손실 등이다.

예를 들어, 70% Cu–30% Zn 황동의 탈 아연에서 Zn은 황동에서 우선적으로 제거되고 스폰지 같이 약한 Cu기지를 남겨놓는다. 탈 아연기구는 다음의 3가지 단계를 수반한다.[10]

1. 전해액에 의해 Cu와 Zn이 용해된다.
2. 황동 표면에 Cu이온이 도금침적된다.
3. Zn이온은 전해액 속에 그대로 있다.

잔류 Cu는 남은 황동의 강도에 기여하지 못하기 때문에, 이 합금의 강도는 상당히 낮아진다.

탈 아연을 낮은 함량의 활동(즉, 85% Cu–15% Zn 황동)으로, 혹은 큐프로니켈(cupronickel) (70~90% Cu–10~30% Ni)로 교체하면 최소화시키거나 막을 수 있으며, 또 다른 방지법으로는 부식환경을 바꾸거나 음극 보호법을 사용하는 것을 들 수 있다.

13.5.11 수소손상

수소에 의한 금속 재료의 손상은 수소원자나 분자가 금속 재료와 반응을 하여 재료가 하중을 견딜 수 있는 능력을 감소시키는 것을 의미한다. 특히 금속부품 또는 구조물 내에 잔류응력(residual stress)이 남아 있거나 외부에서 응력이 가해질 때 수소 원자 또는 분자가 이들 금속과 반응하여 일어나게 된다. 수소는 이 지구상에 가장 풍부한 원소로서, 금속 재료의 생산, 가공공정, 사용 중에 수소와 금속은 상호 반응을 일으킬 수 있다. 저탄소강, 합금강, 마르텐사이트계와 석출경화형 스테인리스강(precipitation-hardened stainless steels), Al합금과 Ti합금들은 수소손상에 민감하다. 수소손상의 형태로는, 균열, 블리스터링(blistering), 수소화물 형성을 들 수 있고, 그 외에도 아무런 외형적인 손상 없이 재료의 연성만을 감소시키는 경우도 있다. **수소취성**(hydrogen embrittlement)이라 불려지는 현상은 수소가 직접적으로 손상에 연관되어 재료의 연성이 감소되는 것으로, 대표적인 예로 아래 3가지를 들

10 M.G. Fontana and N.D. Greene, *Corrosion Engineering*, 2nd ed., McGraw-Hill, 1978.

수 있다. (1) 수소분위기 취성화(hydrogen environment brittlement): 수소분자 분위기나 부식환경에서, 탄소강, 스테인리스강, Ti합금들이 소성변형 시 수소와의 반응으로 취성이 급증하는 현상이다. (2) 수소응력균열(hydrogen stress cracking): 탄소강이나 저합금강 등 연성이 좋은 재료가 수소가 함유된 분위기에서 하중을 받는 경우에 나타나는 취성파괴 현상이다. (3) 인장 연성 감소(loss in tensile ductility): 연신율이나 단면 수축률과 같은 연성이 감소하는 것으로, 철강이나 Al합금에서 주로 나타나는 현상이다. 그 외에도 수소와 간접적으로 관련된 손상으로는, (1) 수소침식(hydrogen attack): 수소가 철강 재료 내 고용체나 탄화물 형태로 존재하는 탄소성분과 고온에서 반응하여 메탄가스를 발생시킴으로써, 결과적으로 균열을 형성하거나 탈탄현상을 일으키는 현상이다. (2) **블리스터링**(blistering): 저탄소합금강, 구리나 알루미늄 속으로 원자상태의 수소가 재료 내부 결함 속으로 확신하여 미세한 수소분자 석출물들을 형성하는 현상으로, 이들 수소분자 석출물들은 높은 내부압을 가지고 있어서 국부적으로 소성변형이나 블리스터링을 만들며, 심하면 재료를 파열시킬 수도 있다.

그 외에도, 금속의 부식반응과 음극의 부분 반응에서 수소 이온이 감소되면서 격자 속으로 수소의 확산이 일어나게 된다. 이것은 금속이 연수(fresh water)나 해수 또는 수소를 함유한 황화물(유전, 가스전 채굴시), 산 세척(pickling)이나 전기도금 시에서도 일어날 수 있다. 산세척 과정에서, 철강 재료를 황산과 염산액에 침적하면 표면의 산화 스케일은 제거된다.

수소손상은 금속 재료부품에서 이와 같은 여러 형태의 손상을 일으켜서 심각한 문제들을 발생시킬 수 있으므로 설계기술자들은 수소손상에 민감한 소재를 사용하고자 할 때 매우 조심해야 한다. 따라서, 설계기술자들은 수소손상과 이 손상에 민감한 금속소재에 대하여 반드시 알고 있어야 한다. 그러나, 금속 재료로 침투한 이들 수소들은 '베이킹(bakeout)'이라 불리는 단순한 저온 열처리공정을 통하여 대부분의 수소들이 금속 바깥으로 확산 제거될 수 있는 쉬운 대처방안이 있다.

13.6 금속의 산화

지금까지 전해액을 부식기구의 주요 부문으로 보는 부식환경에 대해 다루었다. 그러나 금속과 합금 역시 공기와 반응하여 외부 산화물(external oxides)을 생성하는 경우가 있다. 그 예로 금속의 고온산화는 가스터빈, 로켓엔진, 그리고 고온용 석유화학장비의 공업 설계상 특히 중요하다.

13.6.1 보호산화막

금속을 보호하는 산화막의 역할에는 여러 인자가 있으며, 다음의 조건들은 중요하다.

1. 산화 후에 산화물 대 금속의 체적비(volume ratio)는 1:1에 근접해야 한다.
2. 산화막과 모재와의 밀착력이 우수해야 한다.
3. 산화물의 융점은 높아야 한다.
4. 산화막은 낮은 증기압을 가져야 한다.
5. 산화막의 열팽창계수는 금속의 값에 근접해야 한다.
6. 고온에서 산화막은 파괴되는 것을 막기 위해서 소성(plasticity)을 가진다.
7. 산화막은 금속 이온과 산소에 대해 낮은 전도도와 낮은 확산계수를 가져야 한다.

산화 후에 산화물 대 금속의 체적비를 계산하면, 금속산화물이 보호가 가능한지(protective)를 알 수 있는 첫 단계가 된다. 이 비는 Pilling-Bedworth (P.B.)[11]**비**라 하고, 다음 식의 형태로 표현될 수 있다.

$$\text{P.B. 비} = \frac{\text{산화에 의해 생성된 산화물의 체적}}{\text{산화에 의해 소비된 금속의 체적}} \tag{13.20}$$

11 N.B. Pilling and R.E. Bedworth, *J. Inst. Met.*, 29:529 (1923).

만약 한 금속의 P.B.비가 1 이하이면, 알칼리 금속의 경우에서처럼(예를 들면, Na은 0.576의 P.B.비를 가지고 있음) 그 금속산화물은 기공성(porous)이고 보호를 받지 못한다. P.B.비가 1 이상이면, Fe 의 경우에서처럼(Fe_2O_3는 2.15의 P.B.비를 가지고 있음) 압축응력이 나타나고 그 산화물은 균열이 되고 벗겨질 것이다. P.B.비가 1에 근접하면, 그 산화물은 보호적이지만 위에 나열한 다른 인자들을 충족시켜야 한다. 따라서 P.B.비만으로는 산화물이 보호적인지 아닌지를 결정하지 못한다. 예제 13.9에서는 Al의 P.B.비가 어떻게 계산되는가를 나타내고 있다.

예제 13.9

Al이 Al_2O_3로 산화하는 경우 산화물 대 금속의 체적비(P.B 비)를 계산하라. Al의 밀도는 2.70 g/cm^{3}이고 Al_2O_3의 밀도는 3.70 g/cm^{3}이다.

풀이

$$\text{P.B.비} = \frac{\text{산화에 의해 생성된 산화물의 체적}}{\text{산화에 의해 소비된 금속의 체적}} \quad \textbf{(13.20)}$$

100 g의 Al이 산화한다고 가정하면,

$$\text{Al의 체적} = \frac{\text{질량}}{\text{밀도}} = \frac{100\ \text{g}}{2.70\ \text{g/cm}^3} = 37.0\ \text{cm}^3$$

100 g의 Al이 산화하는 데 연관된 Al_2O_3의 체적을 알기 위하여, 다음 식을 사용하여 100 g의 Al의 산화에 의해 생성된 Al_2O_3의 질량을 먼저 알아낸다.

$$\begin{array}{ccc} 100\ \text{g} & & X\ \text{g} \\ 4\text{Al} + 3\text{O}_2 & \rightarrow & 2\text{Al}_2\text{O}_3 \\ 4 \times \dfrac{26.98\ \text{g}}{\text{mol}} & & 2 \times \dfrac{102.0\ \text{g}}{\text{mol}} \end{array}$$

혹은

$$\frac{100\ \text{g}}{4 \times 26.98} = \frac{X\ \text{g}}{2 \times 102}$$

$$X = 189.0\ \text{g Al}_2\text{O}_3$$

다음 189.0 g의 Al_2O_3와 연관된 체적을 체적 = 질량/밀도의 관계식을 사용하여 알아낸다. 따라서

$$\text{Al}_2\text{O}_3\text{의 체적} = \frac{\text{Al}_2\text{O}_3\text{의 질량}}{\text{Al}_2\text{O}_3\text{의 밀도}} = \frac{189.0\ \text{g}}{3.70\ \text{g/cm}^3} = 51.1\ \text{cm}^3$$

따라서

$$\text{P.B.비} = \frac{\text{Al}_2\text{O}_3\text{의 체적}}{\text{Al의 체적}} = \frac{51.1\ \text{cm}^3}{37.0\ \text{cm}^3} = 1.38 \blacktriangleleft$$

주석:

P.B.비 1.38은 1에 근접하므로, Al_2O_3는 보호 산화막으로 볼 수 있다. 실제로 Al_2O_3막은 Al 표면에 치밀하고 밀착성이 매우 우수한 보호막이며, Al/Al_2O_3 경계면의 현미경 조직검사에서 Al_2O_3 분자와 Al 금속이 상호 확산 침투한 것이 관찰되기도 한다.

13.6.2 산화기구

산화막은 산소기체에 의한 금속의 산화로 인하여 금속 표면에 형성될 때, 전기화학과정에 의해서 형성되고, M + $\frac{1}{2}O_2 \rightarrow MO$와 같은 금속과 산소의 단순한 화학적인 조합에 의하여 형성되지 않는다. 2가 이온(divalent ions)을 형성하는 데 산화와 환원의 부분적인 반응을 알아보자.

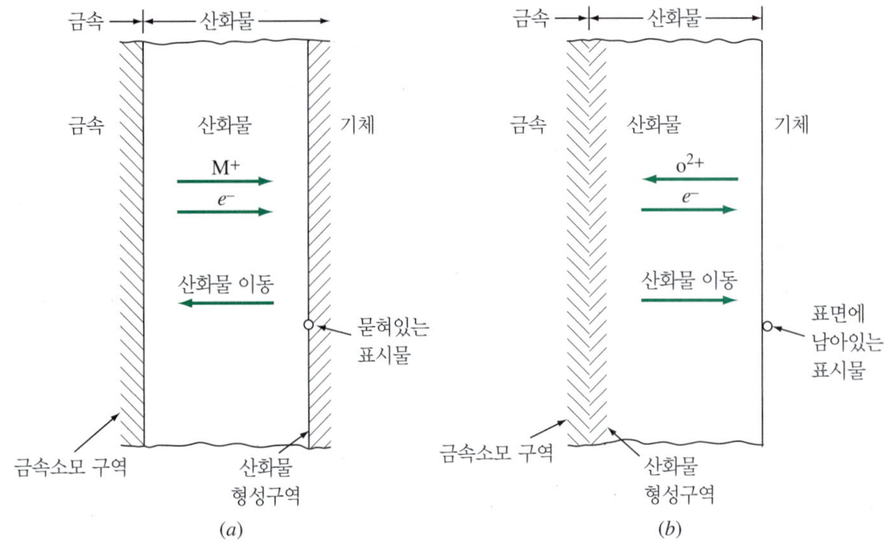

그림 13.30 ➤ 금속의 평평한 표면에서 산화. (*a*) 양이온이 확산할 때, 초기에 형성된 산화물은 금속 쪽으로 진행한다. (*b*) 음이온이 확산할 때, 산화물은 반대방향으로 진행한다.
(출처: L.L. Shreir (ed.), *Corrosion*, vol. 1, 2d ed., Newnes-Butterworth, 1976, p. 1:242.z.)

$$\text{산화 부분 반응:}\quad M \rightarrow M^{2+} + 2e^- \qquad \textbf{(13.21a)}$$

$$\text{환원 부분 반응:}\quad \tfrac{1}{2}O_2 + 2e^- \rightarrow O^{2-} \qquad \textbf{(13.21b)}$$

산화 초기단계에서 산화물층은 비연속적이고 뚜렷한 산화핵이 면확장(lateral extension)하여 시작한다. 핵이 서로 교차한 후, 이온의 질량 이동이 표면에 수직한 방향으로 발생한다(그림 13.30). 대부분의 경우 금속은 양이온과 전자로서, 그림 13.30*a*에서처럼 산화막을 지나 확산한다. 이런 기구에서 산소는 산화물-기체 계면에서 산소이온으로 환원하고 산화물이 형성되는 영역은 이 표면(양이온 확산)에서이다. 다른 경우로 예를 들면, 중금속 산화물인 경우에 그림 13.30*b*에서처럼 산소는 O^{2-} 이온이 금속산화물 계면으로 확산할 수 있고 전자는 산화물-기체 계면으로 확산한다. 이런 경우에 산화물은 금속산화물 계면에서 형성된다(그림 13.30*b*). 이것은 음이온 확산이다. 그림 13.30에 나타난 산화물의 이동은 산화물-기체 계면에서 불활성 표시물의 이동에 의해 주로 결정된다. 양이온 확산의 경우 표시물(markers)은 산화물에 묻혀버리는 반면, 음이온 확산의 경우 표시물이 표면에 남아 있다.

금속과 합금의 산화에 관한 자세한 기구는 매우 복잡하고 특히 다른 조성층과 결합구조가 생성될 때보다 복잡해진다. 예를 들면, Fe는 고온에서 산화할 때 일련의 산화철을 생성하는데, FeO, Fe_3O_4, Fe_2O_3가 있다. 합금의 산화는 합금 원소의 상호 작용에 의하여 보다 복잡해진다.

13.6.3 산화속도(속도론)

공업적인 관점에서 볼 때, 금속과 합금이 산화하는 속도는 매우 중요한데, 그 이유는 많은 금속과 합금의 산화속도가 장비의 수명을 결정하기 때문이다. 금속과 합금의 산화속도는 단위면적당 얻어진 무게로 측정되고 표현된다. 다양한 금속들이 산화하는 동안 여러 실험적인 속도의 법칙이 연구되었고, 그림 13.31에서 몇 가지 중요한 법칙들을 선보이고 있다.

가장 간단한 산화속도는 선형법칙을 따르고 있다.

$$w = k_L t \qquad \textbf{(13.22)}$$

여기서 w = 단위면적당 얻은 무게
t = 시간
k_L = 선형 속도상수

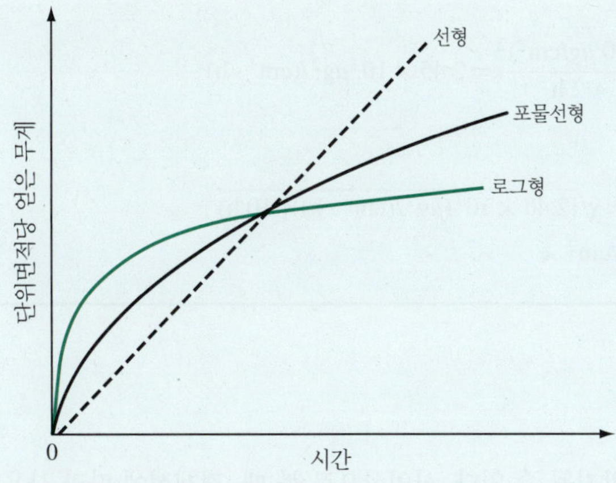

그림 13.31 ➤ 산화속도법칙.

선형 산화거동은 기공이나 균열된 산화막의 금속에서 나타나고, 따라서 반응하는 이온의 이동은 화학반응보다 더 빠른 속도로 진행한다. 선형으로 산화하는 금속의 예로는 칼륨(potassium, K)이 있고, 이는 산화물 대 금속의 체적비가 0.45이고 탄탈륨(tantalum, Ta)의 경우는 2.50이다.

이온 확산이 금속 확산에 제어하는 단계라면, 순금속은 다음의 포물선 관계에 의한다.

$$w^2 = k_p t + C \tag{13.23}$$

여기서 w = 단위면적당 얻은 무게

t = 시간

k_p = 포물선 속도상수

포물선 속도법칙에 따라 많은 금속들이 산화하고, 이들은 두꺼운 고착산화물(thick coherent oxides)과 관련이 있다. Fe, Cu, Co는 포물선 산화거동을 보이는 금속들의 예이다.

Al, Cu, Fe와 같은 금속들은 상온에서 또는 약간 상승하는 온도에서 산화하여 다음의 로그 속도법칙을 따르는 얇은 막을 형성한다.

$$w = k_e \log(Ct + A) \tag{13.24}$$

여기에서 C와 A는 상수이고 k_e는 로그 속도상수이다. 이 금속들이 상온에서 산소에 노출되면 처음에는 급속히 산화하지만 며칠 동안 노출된 후 그 속도는 매우 낮은 값으로 줄어든다.

선형 속도거동을 보이는 금속들은 표면에서의 급속한 발열반응에 의하여 고온에서 파괴적으로 산화하는 경향이 있다. 결과적으로 연속적인 반응이 표면에서 일어나고, 반응의 온도와 속도가 증가하게 된다. 휘발성 산화물을 포함하는 Mo, W, V과 같은 금속들은 파괴적으로 산화할 수 있다. 또한 미량일지라도 Mo과 V을 함유한 합금은 가끔 파괴적인 산화현상을 보이기도 하며, 이는 고온산화 분위기에서의 사용을 제한시킨다. 다량의 Cr과 Ni을 Fe 합금에 첨가하여 산화저항성을 증가시키고 다른 원소에 의한 파괴적인 산화효과를 억제시킨다.

예제 13.10

1 cm^2 그리고 0.75 mm 두께의 99.94 wt% Ni 시편이 600°C에서 1기압으로 산소 내에서 산화되었다. 2시간 후에 이 시편은 70 $\mu g/cm^2$의 무게가 증가하였다. 이 재료가 포물선 산화거동을 보인다면, 10시간 후에 얼마의 무게를 증가시키겠는가? [식 (13.23)에서 $C = 0$으로 사용하라.]

풀이

먼저, 포물선 산화속도식 $y^2 = k_p t$에서 포물선의 속도상수 k_p를 결정해야 하고, 여기에서 y는 시간 t 후에 생성된 산화물의 두께이다. 산화하는 동안 시편의 무게가 증가하는 것은 산화물의 두께가 성장하는 것과 비례하고 보다 세밀히 측정될 수 있고, 산화물 두께 y를 산화하는 동안 시편의 단위면적당 무게의 증가값인 x로 대신한다. 따라서 $x^2 = k'_p t$이고,

$$k'_p = \frac{x^2}{t} = \frac{(70\ \mu g/cm^2)^2}{2\ h} = 2.45 \times 10^3 \mu g^2/(cm^4 \cdot h)$$

$t = 10$ h인 경우, mg/cm^2로 무게 증가는

$$x = \sqrt{k'_p t} = \sqrt{[2.45 \times 10^3 (\mu g^2/(cm^4 \cdot h))](10\ h)}$$
$$= 156\ \mu g/cm^2$$ ◀

13.7 부식의 제어

부식은 여러 다른 방법에 의해 제어되거나 방지될 수 있다. 산업상으로 볼 때, 경제성에 따라 사용방법이 결정된다. 예를 들어, 기술자는 어떤 장비를 주기적으로 교체하는 것이 보다 경제적인가, 혹은 부식저항성이 높지만 가격이 보다 비싸고 오래가는 재료로 제조할 것인가를 결정해야 할 때도 있다. 대표적인 부식제어 혹은 방지법이 그림 13.32에 나타나 있다.

13.7.1 재료 선택

금속 재료 부식을 제어하는 가장 평범한 방법 중 하나는 특정 환경에 적합한 부식저항성의 금속 재료를 잘 선택해서 사용하는 것이다. 재료의 부식저항성이 중요한 경우에 대한 공업 설계시 재료 선택을 할 때, 부식 편람과 자료가 어떤 재료를 사용해야 적당한가에 대해 조언하고 있다. 재료를 생산하는 회사의 부식전문가의 조언을 얻는 것 또한 최상의 선택을 하는 데 도움이 될 것이다.

그러나 합리적이고 정확하게, 부식저항성 금속과 합금을 공업용으로 선택할 때 적용할 수 있는 일반적인 법칙이 있다. 이들은 다음과 같다.[12]

1. 공기가 없는 산 또는 수용액과 같은 환원적 혹은 비산화적인 조건에서 Ni합금과 Cu합금을 자주 사용한다.
2. 산화조건의 경우, Cr을 함유한 합금을 사용한다.
3. 매우 강한 산화조건의 경우, Ti과 그 합금을 일반적으로 사용한다.

낮은 가격으로 양호한 부식저항성을 제공하는 천연의 금속부식 환경 조합(metalcorrosive environment combinations)이 표 13.8에 나열되어 있다.

금속의 부식특성을 잘 모르는 시공자가 잘못 사용하는 대표적인 재료로는 스테인리스 강(stainless steel)이 있다. 스테인리스 강은 특정된 합금은 아니지만 약 12% 이상의 Cr을 함유한 광범위하게 사용되는 철강의 일반 용어이다. 스테인리스 강은 적절히 산화하는, 즉 질산과 같은 부식환경에서 보통 사용된다. 그러나 스테인리스 강은 염

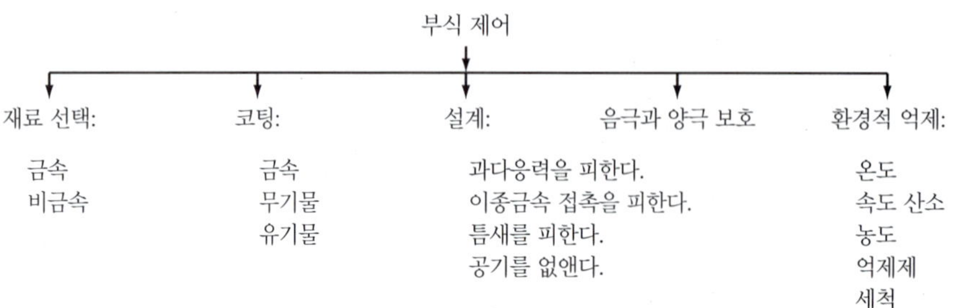

그림 13.32 ➤ 부식을 제어하는 일반적인 방법.

12 출처: M.G. Fontana and N.D. Greene, Corrosion Engineering, 2nd ed., McGraw-Hill, 1978.

표 13.8 ＞ 가격에 비해 양호한 부식저항성을 제공하는 금속과 환경의 조합

1. 스테인리스강-질산
2. 니켈과 니켈합금-가성
3. 불화수소산
4. 고온 염화수소산
5. 납-묽은 황산
6. 알루미늄-비지속적 대기 노출
7. 주석-증류수
8. 티타늄-고온 강산 용액
9. 탄탈륨-최대 저항
10. 강-농도 있는 황산

출처: M.G. Fontana and N.D. Greene, *Corrosion Engineering*, 2nd ed., McGraw-Hill, 1978.

소(Cl)를 함유한 용액에는 덜 저항적이고 일반 구조강보다 응력부식균열이 보다 잘 발생한다. 따라서 스테인리스강이 적절하지 않은 응용처에 사용되지 않도록 특별한 주의를 기울여야 한다.

비금속 재료 플라스틱, 고무와 같은 *고분자 재료*(polymeric materials)는 금속과 합금보다 약하고, 부드러우며, 일반적으로 강한 무기산에 덜 저항적이다. 따라서 부식저항용 주재료로 사용하는 데 제한이 따른다. 그러나 새로운 고강도의 플라스틱 재료가 사용 가능해짐에 따라 이 재료들은 보다 중요해질 것이다. *세라믹 재료*(ceramic materials)는 탁월한 부식성과 고온저항성을 가지고 있지만, 인장강도가 낮고 잘 부서서는(brittle) 단점이 있다. 그러므로 비금속 재료는 라이너, 개스킷, 코팅의 형태로 부식제어에 주로 사용되고 있다.

13.7.2 코팅

부식을 억제하거나 막기 위해 금속에 금속, 무기물 코팅막, 또는 유기물 코팅막을 입힌다.

금속 코팅 금속과 부식환경을 격리시키기 위해 보호되는 금속과 다른 종류의 얇은 금속 코팅을 입히는 것이다. 금속 코팅이 본체의 금속 대신에 부식되는 희생양극으로 작용하도록 입혀질 때도 있다. 예를 들어, 철강에 Zn을 코팅한 갈바니는 Zn 코팅이 철강에 양극이 되고 희생적으로 부식된다.

많은 금속부품이 전기도금을 통해 금속의 얇은 층을 생성시켜 보호되고 있다. 이런 공정에서 도금되는 부분은 전해전지의 음극이 된다. 전해액은 도금되는 금속의 염용액이고, 도금되는 부분에 직류가 가해지며, 다른 쪽은 전극이 된다. 철강에 주석(tin, Sn)의 얇은 층을 도금하여 만든 캔용 주석판은 이러한 응용방법의 한 예이다. 어떤 도금은 여러 층도 가능한데, 자동차에 사용되는 Cr판이 이런 경우이다. 이 도금은 3층으로 이루어져 있는데, (1) 철강에 도금의 흡착성을 강화시키기 위한 내부 프레싱, (2) 양호한 부식저항성을 위한 Ni의 중간층, (3) 주로 외관을 좋게 하기 위한 Cr의 얇은 층이 그것이다.

얇은 층의 금속이 보호되는 금속 표면에 압연접합(roll-bonded)되는 경우도 있다. 금속 외부의 얇은 층은 내부 금속에 부식저항성을 제공한다. 예로, 어떤 철강들은 스테인리스강의 얇은 층으로 "클래드(clad)"되어 있다. 이런 *Al 클래드* 합금은 이름 그대로 비교적 순수 Al의 얇은 층이 고강도 본합금의 외부면에 압연 접합된다.

무기물 코팅(세라믹과 유리) 어떤 응용의 경우로는 철강에 세라믹 코팅을 하여 부드러운 내구성 마무리를 하게 된다. 철강은 주로 도자기(porcelain) 코팅이 이루어지는데, 철강에 얇은 층의 용융된 유리가 잘 흡착되어서 본금속에 맞게 열팽창계수가 조절된다. 유리로 라이닝된 용기(glass-lined steel vessels)는 화학산업에서 세척이 용이하고 부식저항성이 있기 때문에 많이 사용된다.

유기물 코팅 페인트, 니스, 라커, 그리고 여러 다른 유기 복합재료가 부식 환경에서 금속을 보호하기 위하여 보통 사용된다. 이런 재료는 얇고, 질기며, 내구성을 가진 벽을 만들어서 부식 환경으로부터 본금속을 보호한다. 유기물 코팅을 사용하면, 어떤 다른 방법보다 부식에 대해서 무게대비 금속을 보호하는 성능이 우수하다. 그러나 알맞은 코팅이 선택되어야 하고 적절히 잘 처리된 표면에 적용되어야 한다. 여러 경우에서 페인트의 적합하지 못한 응용과 표면처리 때문에 페인트가 부식 방지 성능을 발휘하지 못한다. 코팅막이 균열되어 본금속이 급격히 침식되지 않도록 유기물 코팅을 입히는 데 세심한 주의가 요망된다.

13.7.3 설계

장비에 대해 적절하게 공업 설계를 할 때 적절한 재료를 선택하는 것이 부식방지에 중요할 수 있다. 설계 엔지니어는 필요한 기계적, 전기적, 그리고 열적 특성 요구조건에 맞게 재료를 고려하여 선택해야 한다. 이런 모든 고려가 경제적 여건에 따라 균형을 이루어야 한다. 한 시스템을 설계할 때, 부식문제는 부식전문가의 조언을 필요로 할 수도 있다. 그러나 중요한 일반적인 설계법칙은 다음과 같다.[13]

1. 사용되는 금속의 두께를 고려하여 요구되는 기계적 강도에 맞추어 부식 침투작용에 관해 여유를 둔다. 이런 경우는 특히 액체를 수용하는 파이프나 탱크에 중요하다.
2. 균열부식을 줄이기 위해 용기에 리벳을 사용하기보다는 용접한다. 리벳을 사용하게 된다면 결합되는 재료에 음극인 리벳을 사용한다.
3. 가능하면 전체 구조물에 갈바니 계열로 유사한 금속을 사용한다. 갈바니 부식을 야기하는 유사하지 않은 금속은 피한다. 갈바니 계열로 유사하지 않은 금속이 함께 결합되어야 한다면, 비금속 개스킷과 워셔(washers)를 사용하여 두 금속 간에 전기접촉을 막는다.
4. 부식환경에서 과도한 응력과 응력집중을 피하여 응력부식균열을 막는다. 부식환경에서 응력부식균열에 민감한 스테인리스강, 황동, 그리고 다른 재료를 사용할 때 특히 중요하다.
5. 흐름이 있는 파이프 시스템에 갑작스러운 굽힘은 피한다. 흐르는 방향이 급하게 바뀌는 지역은 마식이 발생하기 쉽다.
6. 탱크 같은 용기들은 배수와 청소가 용이하게 설계한다. 부식용액이 정체하게 되면 부식을 촉진하는 농도전지를 구성하게 된다.
7. 사용 후 바로 붕괴되는 부품은 쉽게 제거하고 교환할 수 있는 시스템으로 설계한다. 예를 들어, 화학 공장의 펌프는 쉽게 제거할 수 있어야 한다.
8. 열이 집중되는 부분이 발생하지 않도록 열 시스템으로 설계한다. 예를 들어, 열교환기는 일정한 온도 구배(temperature gradients)로 설계되어야 한다.

요약하면, 가능하면 균일한 조건으로 시스템을 설계하고 비균일한 조건을 피한다.

13.7.4 환경의 개선

환경조건은 부식의 심각한 정도를 결정하는 데 있어서 매우 중요하다. 환경변화에 의한 부식을 줄이는 중요한 방법은 다음과 같은데, (1) 온도를 낮추고, (2) 액체의 속도를 줄이고, (3) 액체에서 산소를 제거하고, (4) 이온의 농도를 줄이고, (5) 전해액에 억제제(inhibitors)를 첨가한다.

1. 시스템의 온도를 낮춘다는 것은, 낮은 온도에서 낮은 반응속도를 유지하기 때문에 부식을 줄인다. 그러나, 이와 반대되는 예외도 있다. 예를 들면 끓는 해수가 따뜻한 해수에서 보다 부식이 작게 일어나는 경우에 해당되는데, 이는 온도가 증가함에 따라 해수 속의 용존산소가 감소하기 때문이다.
2. 부식액의 속도를 줄이는 것은 마식을 줄이는 것이다. 그러나 부동태화되는 금속과 합금의 경우 정체된 용액을 피해야 한다.
3. 수용액에서 산소를 제거하는 것은 부식을 줄이는 데 도움이 될 수도 있다. 예를 들어, 끓인 물을 공급하는 것은 산소가 제거되어 부식을 감소시킨다. 그러나 부동태를 위해 산소에 의존하는 시스템의 경우 탈산소는 바람직하지 않다.

---

13 출처: M.G. Fontana and N.D. Greene, *Corrosion Engineering*, 2nd ed., McGraw-Hill, 1978.

4. 금속을 부식하는 용액에서 부식이온의 농도를 줄임으로써 금속의 부식속도를 줄일 수 있다. 예를 들어, 수용액 내에서 염소(Cl)이온의 농도를 줄이면, 스테인리스 강에 부식성 침투(corrosive attack)를 줄일 수 있을 것이다.

5. 시스템에 *억제제*(inhibitors)를 첨가하여 부식을 줄일 수 있다. 억제제는 본질적으로 억제촉매이다. 대부분의 억제제는 실험에 의해 개발되었고, 특허를 가지고 있으며, 작용이 매우 다양하다. 예로 *흡수형* 억제제(absorption-type inhibitors)는 표면에서 흡수되고 보호막을 형성한다. *제거형* 억제제(scavenger-type inhibitors)는 용액 내에 산소와 같은 부식 작용제(corrosion agents)를 제거하도록 반응한다.

13.7.5 음극 및 양극 보호법

음극보호법 부식을 방지하기 위한 방법으로 보호해야 할 금속 구조물에 전자를 제공하는 **음극보호법**(cathodic protection)[14]이 있다. 예로, 산에 의한 환경에서 철강 구조물의 부식은 다음의 전기화학 반응식을 따르게 된다.

$$Fe \rightarrow Fe^{2+} + 2e^-$$
$$2H^+ + 2e^- \rightarrow H_2$$

전자가 철강구조물에 전달되면, 금속분해(부식)는 억제되고 수소의 발생속도가 증가한다. 따라서 전자가 금속구조물에 계속적으로 전달되면 부식은 억제될 것이다. 음극보호법에서 전자는 (1) 그림 13.33에서처럼 외부용 DC 전원에 의해 공급되거나 (2) 보호되는 금속보다 보다 양극인 금속과 갈바니 계열로 결합된 경우에 공급된다. 마그네슘(Mg) 양극에 갈바니 계열로 결합하여 철강 파이프를 음극적으로 보호하는 것이 그림 13.34에 도식화되어 있다. 보호되는 금속을 대신하여 부식하는 Mg 양극은 음극보호법에 가장 보편적으로 사용되는데, 그 이유는 높은 음성 전위(negative potential)와 전류밀도를 가지고 있기 때문이다.

양극보호법 **양극보호법**(anodic protection)은 비교적 새로운 방식이고, 외부에 걸어주는 양극의 전류를 사용하여 금속과 합금 표면에 보호적인 부동태 막(protective passive films)을 형성하는 방법이다. *전위 조정기*(potentiostat)라고 하는 기구를 사용하여 신중하게 억제된 양극전류를 적용시켜서 오스테나이트 스테인리스 강처럼 부동태화시키고 부식환경에서 부식속도를 낮추어 부동태화된 금속을 보호한다.[15] 양극보호법의 장점은 약한 부식환경에서부터 매우 심한 부식환경에 이르기까지 모두 적용이 가능하고 매우 작은 양의 전류를 사용한다는 것이다. 양극보호법의 단점은 복잡한 장비가 필요하고 설치비용이 많이 든다는 점이다.

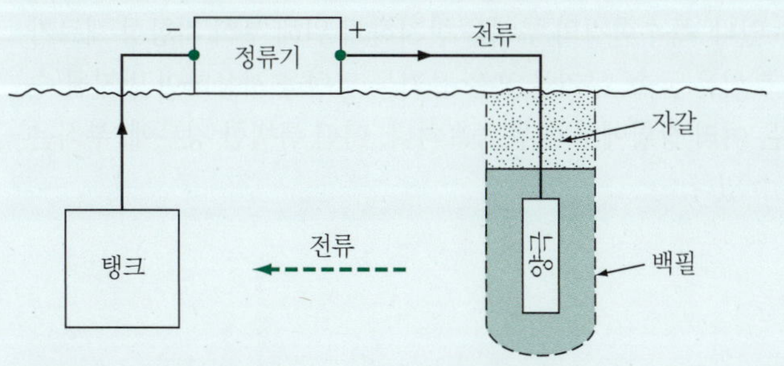

그림 13.33 ➤ 전류를 이용한 지하탱크의 음극보호법.
(출처: M.G. Fontana and N.D. Greene, *Corrosion Engineering*, 2d ed., McGraw Hill, 1978, p. 207.)

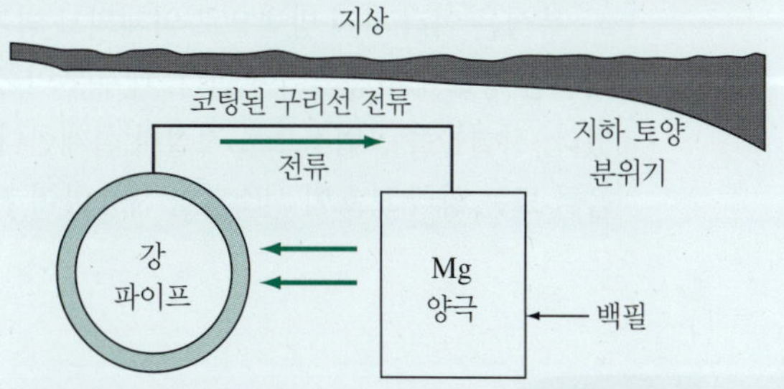

그림 13.34 ➤ Mg 양극으로 지하 파이프라인 부식방지.
(출처: M.G. Fontana and N.D. Greene, *Corrosion Engineering*, 2d ed., McGraw Hill, 1978, p. 207.)

14 양극보호법에 의한 해양 철강 구조물의 부식방지 성공 사례: R.N. Duncan and G.A. Haines, Forty Years of Successful Cathodic Protection in the Arabian Gulf, *Mater. Perform.*, 21:9 (1982).

15 S.J. Acello and N.D. Greene, *Corrosion*, 18:286 (1962).

예제 13.11

희생양극인 2.2 kg의 Mg이 배의 철강 몸체에 부착되어 있다. 이 양극이 100일 내에 완전히 부식되었다면, 이 기간 중에 양극에 의해 생산된 평균 전류는 얼마인가?

풀이

Mg은 $Mg \rightarrow Mg^{2+} + 2e^-$ 의 반응에 의해 부식한다. 식 (13.13)을 사용하여 I를 구하고, 따라서 암페어 평균 부식전류는,

$$w = \frac{ItM}{nF} \qquad \text{또는} \qquad I = \frac{wnF}{tM}$$

$$w = 2.2\ \text{kg}\left(\frac{1000\ \text{g}}{\text{kg}}\right) = 2200\ \text{g} \qquad n = 2 \qquad F = 96{,}500\ \text{A} \cdot \text{s/mol}$$

$$t = 100\ \text{days}\left(\frac{24\ \text{h}}{\text{day}}\right)\left(\frac{3600\ \text{s}}{\text{h}}\right) = 8.64 \times 10^6\ \text{s} \qquad M = 24.31\ \text{g/mol} \qquad I = ?\text{A}$$

$$I = \frac{(2200\ \text{g})(2)(96{,}500\ \text{A} \cdot \text{s/mol})}{(8.46 \times 10^6\,\text{s})\,(24.31\ /\text{g mol})} = 2.02\ \text{A}$$ ◀

13.8 요약

부식이란 환경에 따른 화학침식으로 인한 재료의 열화로 정의될 수 있다. 대부분 재료의 부식은 전기화학적 전지에 의한 금속의 화학부식을 수반한다. 평형상태 조건을 연구하여, 표준으로 물에 의한 환경에서 부식하는 순금속의 경향은 금속의 표준전극전위와 관련이 있다. 그러나 부식 시스템은 항상 평형상태가 아니기 때문에, 부식반응의 속도론은 연구되어야 한다. 부식반응속도에 영향을 주는 속도론적 인자들의 예로는 부식반응의 분극화와 금속 표면에 부동태막의 형성이 있다.

여러 형태의 부식이 발생할 수 있다. 논의된 몇 가지 주요 형태는 균일 또는 일반적 침식부식, 갈바니 또는 2 금속 부식, 피팅 부식, 균열부식, 입계부식, 응력부식, 마식, 동공손상, 미동마멸부식, 선택침출 등이 있다.

금속과 합금의 산화는 가스터빈, 로켓엔진, 그리고 고온용 석유화학 설비와 같은 공업용 설계물에서도 역시 중요하다. 어떤 경우의 응용물에서 금속산화속도에 관한 연구는 매우 중요하다. 특히 고온에서 재앙적인 산화를 피하기 위해 세심한 주의가 요망된다.

부식은 여러 가지 방법으로 억제되고 방지될 수 있다. 특수환경의 부식을 방지하기 위해 부식 저항성 재료가 적절한 장소에 사용되어야 한다. 대부분의 경우에 부식은 금속, 무기물 혹은 유기물 코팅을 사용하여 방지될 수 있다. 시설물을 공업적으로 적절히 설계한다는 것은 여러 상황에서 매우 중요하다. 어떤 특별한 경우에, 부식은 음극 또는 양극 보호법 시스템을 사용하여 제어될 수 있다.

13.9 용어 정의

13.1절

부식(corrosion): 환경에 따른 화학침식으로 인한 재료의 열화

13.2절

양극(anode): 이온 형태로 용해되어 외부 회로에 전자를 공급하는 전해조의 금속 전극

음극(cathode): 전자를 받아들이는 전해조의 금속 전극

13.3절

갈바니 전지(galvanic cell): 전해액에서 전기적으로 접촉하고 있는 2개의 상이한 금속

기전력 계열(electromotive force series): 각 금속원소의 표준 전기화학전위에 따른 금속원소의 배열

이온 농도 전지(ion-concentration cell): 동일한 두 금속이 전기적으로 전

해액에 의해 연결되어 있지만, 이온농도가 다른 두 개의 용액에 담겨 있을 때 형성되는 갈바니 전지

산소 농도 전지(oxygen-concentration cell): 동일한 두 조각의 금속이 전기적으로 전해액에 의해 연결되어 있지만, 다른 산소 농도의 용액에 담겨 있을 때 형성되는 갈바니 전지

13.4절

분극(polarization): 전기화학전지의 음극에서 음극반응을 늦추거나 저지하는데, 이유는 (1) 금속과 전해액 계면(활성화분극)에서 반응단계의 느린 단계, 혹은 (2) 금속과 전해액 계면에서 반응 물의 부족 혹은 반응생성물의 집적(농도분극) 때문이다.

부동태(passivation): 양극 표면에 원자 혹은 분자의 막이 형성되어 부식이 늦어지거나 저지됨

갈바니 계열(galvanic series): 표준전극을 기준으로 해수에서 전기화학전위에 따른 금속원소의 배열

13.5절

피팅부식(pitting corrosion): 금속 표면에 작은 전극들의 형성으로 인한 국부적 부식

입계부식(intergranular corrosion): 결정립계 혹은 결정립계에 인접한 영역에서 발생하는 우선적 부식 용접부

붕괴(weld decay): 용접에서 구조적 차이로부터 기인한 갈바니 작용의 결과로, 용접물에서 또는 인접한 곳에서 일어나는 부식

응력부식(stress corrosion): 부식환경에서 응력하에 금속의 우선적 부식

선택침출(selective leaching): 부식과정에 의해 한 종류의 고체합금에서 한 원소가 우선적으로 제거되는 현상

수소취성(hydrogen embrittlement): 금속 내 합금원소가 수소 원자나 수소분자와 반응하여 금속의 연성을 감소시키는 현상

블리스터링(blistering): 금속 내부의 기공 결함으로 수소 원자가 확산되어 높은 압력을 갖게 되어 파열을 일으키는 수소손상의 한 가지

13.6절

P.B.비(Pilling-Bedworth ratio): 산화에 의해 소비된 금속과 생성된 산화물의 체적비

13.7절

음극보호법(cathodic protection): 희생양극에 연결하거나 직류전압을 걸어 음극으로 만들어서 금속을 보호

양극보호법(anodic protection): 외부적으로 양극전류를 걸리게 하는 응용법으로 부동태막을 형성시켜 금속을 보호

13.10 연습 문제

*표시를 한 문제는 책 마지막에 답을 제공하였다.

■ 지식과 이해문제

13.1 재료와 관련된 부식을 정의하라.

13.2 금속의 부식에 영향을 미치는 요인에는 어떤 것이 있나?

13.3 낮은 에너지 상태에 있는 것은 어떤 것인가? (*a*) Fe원소 혹은 (*b*) 산화철(Fe_2O_3)

13.4 (*a*) 세라믹 재료와 (*b*) 고분자 재료가 환경에 의해 저급화(environmental deterioration)되는 몇 가지 예를 들어라.

13.5 표준 반쪽 전지 산화-환원 전위는 무엇인가?

13.6 수소반쪽전지를 사용하여 금속의 표준반쪽전지 산화환원전위를 결정하는 데 사용되는 방법을 기술하라.

13.7 수소에 음극인 5가지 금속을 나열하고, 표준산화전위를 보여라. 수소에 양극인 5가지 금속을 나열하고, 표준산화전위를 보여라.

13.8 교환전류밀도란 무엇인가? 전류밀도 i_{corr}란 무엇인가?

13.9 (*a*) 활성화 분극과 (*b*) 농도 분극을 정의하고 예를 들어라.

13.10 금속 또는 합금의 부동태를 정의하라. 부동태현상을 보이는 금속과 합금의 예를 들어라.

13.11 금속의 부동태에 대한 다음 이론을 설명하라. (*a*) 산화막 이론, (*b*) 흡착 이론

13.12 부동태화된 금속의 분극곡선을 그리고, (*a*) 최초의 부동태전위 E_{pp}와 (*b*) 부동태전류 i_p를 표시하라.

13.13 부동태화된 금속의 부식거동에 관해 다음의 경우에 대하여 기술하라. (*a*) 활성화 영역에서, (*b*) 부동태 영역에서, (*c*) 분극곡선의 천이부동태 영역에서. 각 영역에서 다른 거동을 보이는 이유를 설명하라.

13.14 틈새 부식이란 무엇인가? 폭기된(aerated) 염화나트륨 용액에서 스테인리스강의 틈새 부식에 대한 전기화학적 메커니즘을 설명하라.

13.15 입계부식이란 무엇인가? 오스테나이트 스테인리스 강에서 입계부식에 이르게 하는 금속학적 조건에 관해 기술하라.

13.16 오스테나이트 스테인리스강의 경우, (*a*) 민감화 조건과 (*b*) 안정화 조건을 구별하라.

13.17 오스테나이트 스테인리스강에서 입계부식을 피하기 위한 3가지 방법을 기술하라.

13.18 응력부식균열(SCC)이란 무엇인가? SCC 기구를 설명하라.

13.19 침식 부식이란 무엇인가? 캐비테이션 손상이란 무엇인가?

13.20 미동마멸부식을 설명하라.

13.21 합금의 선택침출이란 무엇인가? 어떤 형태의 합금이 이런 형태의 부식에 민감한가?

13.22 70-30황동에서 탈아연기구를 설명하라.

13.23 금속에 산화물이 형성될 때, 음이온과 양이온 확산기구에 관해 기술하라.

13.24 부식저항성에 대한 적절한 산화조건을 위해 어떤 형태의 합금이 사용되는가?

13.25 매우 산화적인 조건에서 부식저항성을 위해 어떤 형태의 합금이 사용되는가?

13.26 양호한 부식저항성을 보이는 6가지의 금속과 환경의 조합을 나열하라.

13.27 부식제어를 위해 대표적인 비금속 재료의 응용을 나열하라.

13.28 Alclad 합금이란 무엇인가?

■ 응용과 분석 문제

13.29 전기화학 부식 반응에서 금속이 이온을 형성하여 수용액으로 들어가는 산화 반응을 무엇이라고 하나? 이 반응에 의해 어떤 종류의 이온이 생성되나? 수용액에서 순수한 아연 금속의 산화에 대한 산화 반쪽 전지 반응을 써라.

13.30 전기화학부식반응에서 금속 또는 비금속의 가전자가 감소되는 데 발생하는 환원반응을 무엇이라 하는가? 이 반응에서 전자가 생성되는가, 소비되는가?

13.31 1 *M* $MgSO_4$ 용액 내에 Mg전극과 1 *M* $FeSO_4$ 용액 내에 Fe 전극으로 이루어진 Mg-Fe 갈바니 전지를 고려해 보자. 각 전극과 그 전해액은 다공성의 벽으로 분리되어 있고, 전체 전지는 약 25°C이다. 두 전극은 Cu 전선으로 연결되어 있다. (*a*) 어떤 전극이 양극인가? (*b*) 어떤 전극이 부식하는가? (*c*) 어느 방향으로 전자가 흐르는가? (*d*) 어느 방향으로 음이온이 용액 내에서 이동하는가? (*e*) 어느 방향으로 양이온이 용액 내에서 이동하는가? (*f*) 양극에서 반쪽전지반응의 식을 써라. (*g*) 음극에서 반쪽전지반응의 식을 써라.

13.32 표준 갈바니 전지는 Zn과 Sn의 전극으로 이루어져 있다. 어느 전극이 양극인가? 어느 전극이 부식하는가? 전지의 emf는 얼마인가?

13.33 표준 갈바니 전지는 Fe와 Pb의 전극으로 이루어져 있다. 어떤 전극이 양극인가? 어떤 전극이 부식하는가? 전지의 emf는 얼마인가?

***13.34** 표준 Ni-Cd 갈바니 전지의 emf는 −0.153 V이다. Ni 산화의 반쪽전지 emf가 −0.250 V라면, Cd의 표준반쪽전지 emf는 얼마인가?

13.35 0.04 *M* $CdCl_2$의 전해액에 잠겨 있는 Cd 전극의 표준수소전극에 관한 emf는 얼마인가? 반쪽전지 반응이 $Cd \rightarrow Cd^{2+} + 2e^-$로 가정한다.

13.36 갈바니 전지가 25°C에서 $NiSO_4$의 0.04 *M* 용액에서 Ni전극과 $CuSO_4$의 0.08 *M* 용액에서 Cu전극으로 이루어져 있다. 두 전극은 다공성의 벽으로 분리되어 있다. 이 전지의 emf는 얼마인가?

13.37 갈바니 전지가 0.03 *M* $ZnSO_4$ 용액에 담긴 아연 전극과 25°C에서 0.06 *M* $CuSO_4$ 용액에 담긴 구리 전극으로 이루어져 있다. 셀의 EMF는 얼마인가?

***13.38** Ni전극이 25°C에서 $NiSO_4$ 용액에 잠겨 있다. 표준수소전극에 대해 한 전극이 −0.2842 V의 전위를 나타내면 용액의 몰농도는 얼마인가?

13.39 Cu전극이 25°C에서 $CuSO_4$ 용액에 잠겨 있다. 표준수소전극에 대해 한 전극이 +0.2985 V의 전위를 나타내면 용액의 몰농도는 얼마인가?

13.40 Zn 전선의 한쪽 끝이 0.07 *M* Zn^{2+}이온의 전해액에 잠겨 있고, 다른 한쪽은 0.002 *M* Zn^{2+} 이온의 전해액에 잠겨 있다. 그리고 두 전해액은 다공성 분리막에 의해 분리되어 있다. (*a*) 전선의 어느 쪽 끝이 부식할 것인가? (*b*) 전해액에 잠겼을 때 이 전선의 양쪽 끝 사이의 전위 차이는 얼마인가?

13.41 0.04 *M*과 0.007 *M*의 Mg(Mg^{2+}) 농도들이 25°C에서 Mg 전선의 반대쪽 끝에서 전해액 내에서 발생한다. (*a*) 어느 전선 끝이 부식하는가? (*b*) 양쪽 전선 끝 사이의 전위 차이는 얼마인가?

13.42 두 Zn전극으로 이루어진 산소 농도 전지를 생각해 보라. 한쪽은 낮은 산소 농도의 수용액에 잠겨 있고 다른 쪽은 높은 산소 농도의 수용액에 잠겨 있다. Zn전극들은 외부 Cu 전선으로 연결되어 있다. (*a*) 어느 전극이 부식하는가? (*b*) 양극반응과 음극반응의 반쪽전지반응을 써라.

13.43 금속에서 결정립 매트릭스 또는 결정립 경계 영역 중 어느 영역이 더 화학적으로 반응성이 클까(양극성)? 그 이유는?

13.44 0.95% 탄소강을 고려하라. 다음 중 어느 조건에서 이 강은 보다 부식저항성을 가지는가? (*a*) 마르텐사이트 혹은 (*b*) 200~500°C 범위에서 형성된 탄화물과 Fe_3C의 템퍼링한 마르텐사이트? 그 이유를 설명하라.

13.45 일반적으로 순금속이 순수하지 않은 금속보다 부식저항성인 이유는 무엇인가?

13.46 전기도금처리에서 화학적으로 Cu전극을 부식하면서(용해하면서) 15 A의 전류를 사용한다. 양극의 부식 속도는 g/h로 얼마인가?

***13.47** Cd 전기도금공정에서 10 A의 전류를 사용하고 화학적으로 Cd 양극을 부식한다. 양극에서 8.2 g의 Cd을 부식하는 데 얼마나 시간이 걸리는가?

13.48 연강으로 만든 탱크가 60 cm 높이에 30 cm × 30 cm의 바닥으로 45 cm까지 공기가 주입된 물로 차있고, 4주 기간에 걸쳐 350 g의 부식손실을 나타내었다. (*a*) 부식전류와 (*b*) 부식전류와 연관한 부식밀도를 계산하라. 부식은 모든 표면에 균일하고 연강은 순철과 같은 방식으로 부식한다고 가 정한다.

13.49 한 원통형의 철강탱크가 내부면에 두꺼운 Zn층으로 코팅되어 있다. 이 탱크는 지름이 50 cm이고, 높이가 70 cm이고, 공기가 주입된 물로 45 cm까지 채워져 있다. 부식전류가 5.8 ×

10^{-5} A/cm^2 라면, 얼마만큼의 Zn이 g/min로 부식될 것인가?

13.50 물을 수용하고 있는 가열된 연강탱크가 90 mdd의 속도로 부식한다. 이 부식이 균일하다면, 이 탱크의 벽을 0.40 mm까지 부식시키는 데 얼마나 걸리는가?

***13.51** 연강으로 만든 탱크가 질화암모늄 용액을 수용하고 있고, 6000 mdd의 속도로 부식한다. 내부면 의 부식이 균일하다면, 이 탱크의 벽을 1.05 mm까지 부식시키는 데 얼마나 걸리는가?

13.52 Sn 표면이 2.40 mdd의 속도로 균일하게 부식하고 있다. 이 부식속도에 대해 연관된 전류밀도는 얼마인가?

13.53 Cu 표면이 해수에서 2.30×10^{-6} A/cm^{2}의 전류밀도로 부식하고 있다. 부식속도(mdd)가 얼마인가?

13.54 3.45×10^{-7} A/cm^{2}의 전류밀도에서 아연 표면이 부식된다면 210일 동안 부식되는 금속의 두께는?

13.55 갈바니(Zn 코팅된) 강판이 12.5×10^{-3} mm/year의 속도로 균일하게 부식된다고 알려졌다. 이 재료의 부식과 연관된 평균 전류밀도는 얼마인가?

13.56 갈바니(Zn 코팅된) 강판이 1.32×10^{-7} A/cm^{2}의 평균 전류밀도로 균일하게 부식된다고 알려졌다. Zn 코팅의 0.030 mm의 두께를 균일하게 부식하는 데는 몇 년이 걸릴 것인가?

***13.57** 새로운 Al 용기가 350일 만에 피팅부식에 의해 벽에 피트가 만들어졌다. 평균 피트의 지름이 0.170 mm이고 용기벽의 두께가 1.00 mm라면 1개의 피트를 형성시키는 것과 관련한 평균 전류는 얼마인가? 피트는 원통형을 하고 있다고 가정한다.

13.58 새로운 Al 용기가 벽에 1.30×10^{-4} A/cm^{2}의 평균 전류밀도로 피트가 생성되었다. 평균 피트의 지름은 0.70 mm이고 Al의 벽의 두께는 0.90 mm이면, 피트가 벽을 통해 부식하는 데 며칠이 걸리겠는가? 피트는 원통형을 하고 있고 부식전류는 피트의 전 표면에 걸쳐 균일하게 작용한다고 가정한다.

13.59 다음의 경우에 부식거동의 차이를 설명하라. (*a*) 큰 음극과 작은 양극, 그리고 (*b*) 큰 양극과 작은 음극. 두 조건 중 어느 것이 부식방지 견해에서 보다 유리한가, 그 이유는 무엇인가?

13.60 음식용기로 사용되는 Sn판 외부와 내부의 전기화학거동에 관해 설명하라.

13.61 피팅부식이란 무엇인가? 피트는 어디에서 주로 시작하는가? 공기가 주입된 염용액에 잠긴 스테인리스강에서 피트의 성장에 대한 전기화학기구에 관해 기술하라.

13.62 금속이 보호산화막을 형성한다면 어떤 인자가 중요한가?

13.63 식을 사용하여 다음의 금속 산화거동을 기술하라: (*a*) 선형, (*b*) 포물선형, (*c*) 로그형. 예를 들어라.

***13.64** 1 cm^2, 0.75 mm 두께의 99.9 wt% Ni 시편이 500°C에서 1기압으로 산소 내에서 산화되었다. 7시간 후에 이 시편은 60 μg/cm^{2}의 무게가 증가하였다. 이 산화공정이 포물선형 산화거동을 따른다면 20시간의 산화 후에 얼마만큼의 무게의 증가가 있겠는가?

13.65 순철시편이 선형 산화속도법칙에 따라 산화한다. 720°C에서 3시간 후에 1 cm^{2}의 시편이 7 μg/cm^{2}의 무게 증가를 보였다. 이 시편이 55 μg/cm^{2}의 무게 증가를 보이려면 얼마의 산화시간이 필요한가?

13.66 급작스런 산화란 무엇인가? 어떤 금속이 이런 거동을 따르는가? 철합금에 어떤 금속이 가해졌을 때 이런 거동을 늦추는가?

13.67 3층의 Cr판의 각각의 기능은 무엇인가?

13.68 부식을 줄이거나 방지하는 데 중요시될 수 있는 8가지 공업설계법칙을 기술하라.

13.69 부식을 방지하거나 줄이기 위해 환경을 바꿀 수 있는 4가지 방법을 기술하라.

13.70 부식에서 강파이프를 보호하기 위해 음극보호가 사용될 수 있는 2가지 방법을 기술하라.

13.71 희생적인 Zn 양극이 55일 동안에 1.05 kg의 부식 손실을 보인다면 이 기간 동안 부식과정에 의해 생성된 평균 전류는 얼마인가?

13.72 희생적인 Mg 양극이 100일 동안에 0.80 A 평균 전류로 부식된다면 이 기간 동안 양극에 의한 금속의 손실은 얼마가 되겠는가?

13.73 양극 보호란 무엇인가? 어떤 금속과 합금에 사용할 수 있나? 장점과 단점은 무엇인가?

13.74 수소취성이란 무엇이며, 어떤 경우에 발생하는지 설명하라. 또, 수소취성에 민감한 금속들을 적어라.

13.75 금속의 수소취성 현상의 원인이 되는 공정과 재료들에 대하여 설명하라. 어떻게 하면 수소 손상을 방지할 수 있는지를 설명하라.

■ 통합과 평가 문제

13.76 공업적 설계견지에서 균열부식을 방지하거나 최소화할 수 있는 방안을 제시하라.

13.77 공업적 설계견지에서 균열부식을 저지하거나 최소화시키기 위해 어떻게 해야 하는가?

13.78 공업적 견지에서, 피팅저항성이 중요한 곳에 어떤 금속이 사용될 것인가?

13.79 다음 표에 나열된 금속산화에 대한 산화물 대 금속의 체적(Pilling-Bedworth)비를 계산하고, 이들의 산화물이 보호적인지 아닌지에 관해 언급하라.

금속	산화물	금속의 밀도 (g/cm^3)	산화물의 밀도 (g/cm^3)
Tungsten, W	WO_3	19.35	12.11
Sodium, Na	Na_2O	0.967	2.27
Hafnium, Hf	HfO_2	13.31	9.68
Copper, Cu	CuO	8.92	6.43
Manganese, Mn	MnO	7.20	5.46
Tin, Sn	SnO	6.56	6.45

13.80 열간단조된 강철로 된 물탱크에서 물에 잠긴 안쪽 벽에 작은 균열이 생겼다. 초음파검사로 이 균열이 시간이 지나면서 커지는 것을 알 수 있었는데, 작용하는 응력이 작다는 것을 고려했을 때 균열이 성장하는 이유는 무엇인지 설명하라.

13.81 황동판은 볼트로 함께 고정되어 해양환경에서 사용된다. 볼트의 재료를 강철로 할 것인가, Ni로 할 것인가? 그 이유는?

13.82 물이 있는 곳에서 사용할 막대 재료의 선택에서 부식이 가장 우려된다고 한다면, (1) 어닐링된 Cu-20 wt% Zn, (2) 30% 냉간가공된 Cu-20 wt% Zn, (3) Cu-50 wt% Zn 가운데 어떤 금속을 선택하겠는가? 또, 이유는 무엇인가(그림 8.26 참고)?

13.83 콘크리트의 질에 따라, 보강재로 쓰이는 강철막대는 콘크리트의 작은 구멍을 통하여 주변에서 침투하는 물에 의해 부식되기도 한다. 보강재를 부식되지 않게 하는 방법을 제안하라.

13.84 마식은 물속의 미네랄처럼 딱딱한 알갱이들이 액체 속에서 흘러가는 파이프에서 발생한다. 특히, 갑자기 구부러지는 부분일 경우 난류가 발생하기 쉬워 마식이 잘 일어난다. 파이프 안에서 마식을 줄이기 위한 방법에는 어떠한 것들이 있는가?

13.85 부식은 볼트에서 나사산의 밑동과 다른 뾰족한 모서리를 가진 부분에서 관찰된다. 이유는?

13.86 부품의 피로수명은 부식환경에서 확연히 줄어든다. 이것을 부식피로라고 부르는데, (*a*) 이런 상황의 예를 들어보라. (*b*) 부식피로 균열전파에 영향을 끼치는 요인들을 나열하라.

13.87 (*a*) 자동차배기 시스템은 왜 부식에 특히 민감한지 설명하라. (*b*) 배기 시스템을 만들 때 어떤 재료를 선택할 것인가?

13.88 자동차산업에서는 어떻게 강철차체패널을 부식에서 보호하는가? 몇 가지 구체적인 예를 들어보라.

13.89 페라이트계 스테인리스강은 입계부식을 일으키기 쉬운 탄소나 질소를 소량 함유한다. 탄소나 질소가 입계부식을 어떻게 일으키는지 설명하라(*힌트*: 크롬이 입계부식을 방지할 수 있는 원소라는 점을 상기하라).

13.90 페라이트계 스테인리스강은 소량의 Ti이나 Nb를 첨가하여 입계부식을 줄일 수 있는데 이를 *안정화*(stabilizing)라고 한다. 이런 첨가 원소들이 어떻게 부식을 감소시키는지 설명하라.

13.91 다음 합금들을 강한 산성 환경에서 내식성이 큰 순서대로 나열하고, 그 근거를 말하라. (*i*) 알루미늄합금, (ii) 탄소강, (iii) 니켈합금, (iv) 스테인리스강.

13.92 강산성 환경(높음에서 낮음)에서 다음 재료의 내식성이 큰 순서대로 나열하고, 그 근거를 말하라. (*i*) 알루미나 Al_2O_3, (ii) 나일론, (iii) PVC 및 (iv) 주철.

13.93 다음 합금들을 자외선에 노출된 환경에서 내식성이 큰 순서대로 나열하고, 그 근거를 설명하라. (*i*) 세라믹스, (ii) 고분자 재료, (iii) 금속

13.94 재료의 용접시에 부식을 줄이기 위해 고려해야 하는 일반적인 인자에는 무엇이 있는가?

13.95 일반적으로 설계에서 응력 집중 영역이나 지점은 부식에 더 취약하므로 피하는 것이 좋다. 스트레스 요인을 피하기 위해 할 수 있는 일의 예를 들어 보라.

13.96 소금이 담겨있는 알루미늄 그릇이 습도가 높은 장소에서 반복적으로 사용될 때, (*a*) 음극반응 또는 양극반응이 일어날 수 있는가? (*b*) 일어난다면, 그 반응을 설명하라.

13.97 뉴욕 해상에 세워진 자유의 여신상의 구조물에 사용된 금속은 어떤 종류인가? 외형 색상이 녹색인 이유는 무엇일까?

13.98 저탄소강 압력 용기(비부식성 액체 저장)가 사용 중 갑자기 파손되었다. 야외에 있는 용기는 정기적으로 빗물에 노출되었다. 손상의 원인을 조사한 결과 강철의 연성이 수년에 걸쳐 현저하게 감소한 것으로 확인되었다. 연성의 감소 원인이 무엇인지 추측할 수 있는가?

제 14 장

재료의 전기적 특성

(a)

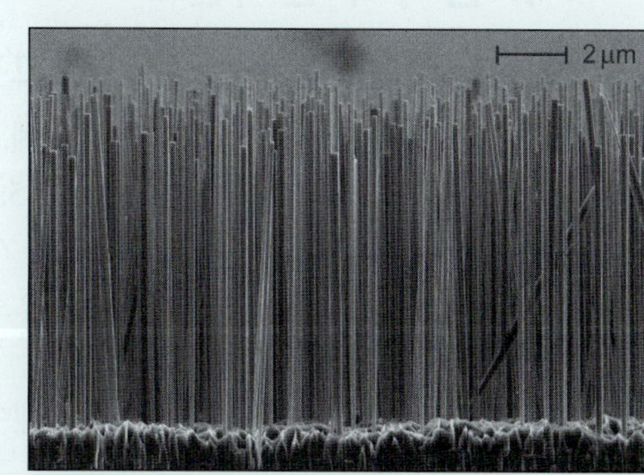

(b)

((a) Gainew Gallery/Alamy Stock Photo; (b) Photo Researchers/Science History Images/Alamy Stock Photo)

연구자들은 더 작고 더 많은 소자를 갖춘 컴퓨터 칩을 제조하기 위한 방법을 찾고자 꾸준히 노력하고 있다. 최근의 산업에서는 약 100 nm 직경의 나노선 상에 전자소자들을 제조하기 위해 필요한 나노기술의 개발에 초점을 맞추고 있다.

본 장을 여는 사진은 어두운(실리콘/게르마늄) 영역과 밝은(실리콘) 영역 층들이 교차되는 비균질(heterogeneous) 두 나노선들의 전자현미경 이미지이다.[1]

이 장에서는 우선 금속의 전기전도를 고찰하였다. 금속의 전기전도도에 미치는 불순물, 합금 첨가, 온도의 영향을 논의하고 금속의 전기전도에 대한 에너지띠 모델을 다루었다. 그 다음, 반도체 재료의 전기전도도에 미치는 불순물과 온도의 영향을 고찰하였다. 추가로 발광다이오드(LED)나 트랜지스터와 같은 몇 가지 기본적인 반도체소자(접합소자)의 작동원리에 대해 설명하였다. 마지막으로 집적회로와 마이크로프로세서(microprocessor) 산업에서 접합소자와 그 제조방법의 중요성을 제시하였다. 반도체재료와 전자공학의 발전에 밀접하게 의존하는 마이크로프로세서 기술은 지난 수십 년간 엄청난 혁신을 이루었다. 그림 14.1에 인텔이 1974년에 제조한 최초의 4비트 마이트로프로세서를 그림 14.1*a*에 나타내었다. 이 740 kHz 마이크로프로세서는 초당 92,000개의 명령을 실행할 수 있고, 다이 크기는 12 mm^{2}이고 최소 배선폭이 10 마이크로미터다. 2016년 인텔은 초당 3,170억 개의 연산이 가능한 최소 배선폭 32 나노미터인 3.0 GHz, 64비트 코어 i7 프로세서를 출시하였다(그림 14.1*b*). ■

1 http://www.berkeley.edu/news/media/releases/2002/02/05_wires.html

학습 목표

이 장을 마치면, 학생들은 다음을 설명할 수 있을 것이다.

1. 재료의 전도성, 반도성, 절연성에 대한 정의를 내리고, 금속, 세라믹, 고분자와 같은 재료들이 전기적 특성에 따라 어떻게 평가되는지를 분류할 수 있다.
2. 금속의 전기전도도, 비저항, 유동속도, 평균 자유경로의 개념을 설명하고, 이들에 대한 온도의 증가나 감소 영향을 기술할 수 있다.
3. 에너지띠 모델을 기술하고, 이 모델에 근거하여 금속, 고분자, 세라믹 및 전자재료들의 전기적 특성을 정의할 수 있다.
4. 진성 및 외인성 반도체에 대한 정의를 내리고, 이들 재료 내에서 운반자 이동에 대해 기술할 수 있다.
5. n형 및 p형 반도체에 대한 정의를 내리고, 이들의 전기적 성질에 미치는 온도의 영향을 이해할 수 있다.
6. LED, 정류기, 트랜지스터 등 많은 반도체 소자들의 명칭을 익히고, 각 소자의 작동원리를 설명할 수 있다.
7. 마이크로전자 기술에 대한 정의를 내리고, 집적회로를 제작하기 위한 여러 단계를 설명할 수 있다.
8. 유전체, 절연체, 축전기, 강유전성, 압전효과 등 세라믹의 전기적 특성에 대해 상세히 설명 할 수 있다.
9. 칩과 컴퓨터 제조 영역에서의 향후 동향에 대해 예측할 수 있다.

14.1 금속의 전기전도

14.1.1 금속의 전기전도에 대한 고전모델

금속 고체 내의 원자들은 특정 결정구조(예, FCC, BCC, HCP)로 배열되어 있고, 이들 원자들은 외각 가전자들에 의해 금속결합으로 서로 결합되어 있다(2.5.3항 참고). 고체 금속의 금속결합에서는 가전자들이 어떤 특정 원자에 구속되지 않고 여러 원자들에 공유되므로 가전자들의 움직임이 자유롭다. 이들 가전자들을 그림 14.2*a*에 나타낸 바와 같이 전자 전하구름을 형성하는 것으로 보거나, 그림 14.2*b*에서와 같이 어떤 특정 원자와도 연계되지 않은 개별적인 자유전자로 간주하기도 한다.

금속 고체의 전기전도에 대한 고전모델에서는 외각 가전자들이 금속 격자 내 양이온 중심부(가전자들이 없는

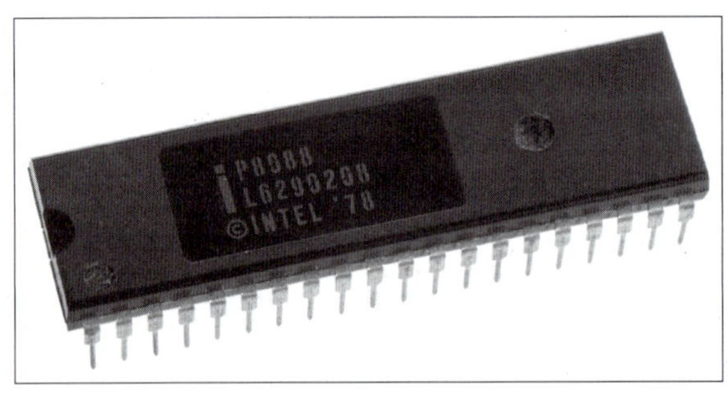

(*a*)

(*b*)

그림 14.1 ➤ (*a*) 인텔이 1974년 제조한 최초 마이크로프로세서, Intel 4004. (*b*) 인텔이 2016년 제조한 최신 마이크로프로세서, Intel Core i7.

((*a*) Editorial Image, LLC/Alamy Stock Photo; (*b*) Ok/Alamy Stock Photo)

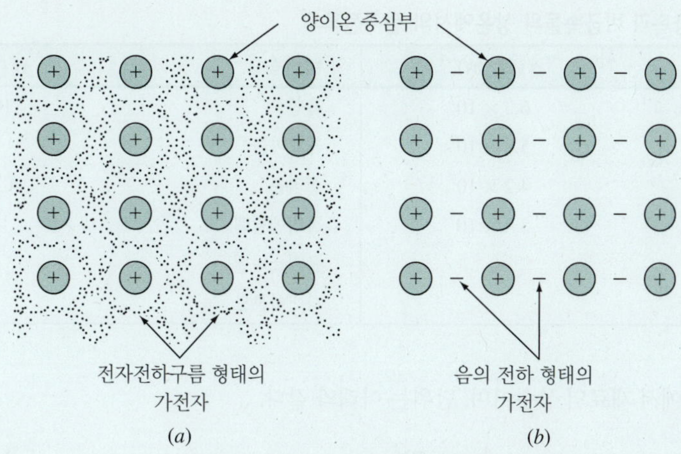

그림 14.2 ➤ 구리, 은, 나트륨과 같은 1가 금속의 한 면상에서 원자들의 도식적 배열. (*a*) 가전자들이 "전자가스"로 그려져 있고, (*b*) 가전자들이 단위 전하의 자유전자들로 그려져 있다.

원자)들 사이에서 완전히 자유롭게 움직이는 것으로 가정한다. 상온에서 양이온 중심부들은 운동에너지를 갖고 그들의 격자위치 주위에서 진동하며, 온도가 증가함에 따라 이들 이온들은 보다 증가된 진폭으로 진동하고, 이온 중심부들과 가전자들 간에는 지속적으로 에너지의 상호교환이 이루어진다. 전기전위(electric potential)가 인가되지 않은 경우에는 가전자들의 움직임이 임의적이고 제한적이기 때문에 어떤 방향으로도 순전자의 흐름은 없으며, 따라서 전류의 흐름도 없다. 한편, 전기전위가 인가되면 전자들은 인가 전기장의 크기에 비례하고 전기장의 방향과 정반대의 방향성을 띤 *유동속도*(drift velocity)를 갖게 된다.

14.1.2 Ohm의 법칙

그림 14.3에서와 같이 양끝이 전지와 연결된 일정 길이의 구리선을 고려해 보자. 전위차 V가 이 구리선에 인가되면 선의 저항 R에 비례하여 전류 i가 흐른다. *Ohm의 법칙*에 의하면, **전류**(electric current) 흐름 i는 인가전압 V에 비례하고 선의 저항 R에 반비례한다. 즉,

$$i = \frac{V}{R} \tag{14.1}$$

여기서, i = 전류, A (amperes)
V = 전위차, V (volts)
R = 선의 저항, Ω (ohms)

그림 14.3의 금속선 시편과 같은 전기전도체의 **전기저항**(electrical resistance) R은 길이 l에 비례하고 단면적 A에 반비례한다. 이 양들은 **전기비저항**(electrical resistivity) ρ라는 재료상수와 아래와 같은 관계가 있다.

$$R = \rho\frac{l}{A} \quad \text{또는} \quad \rho = R\frac{A}{l} \tag{14.2}$$

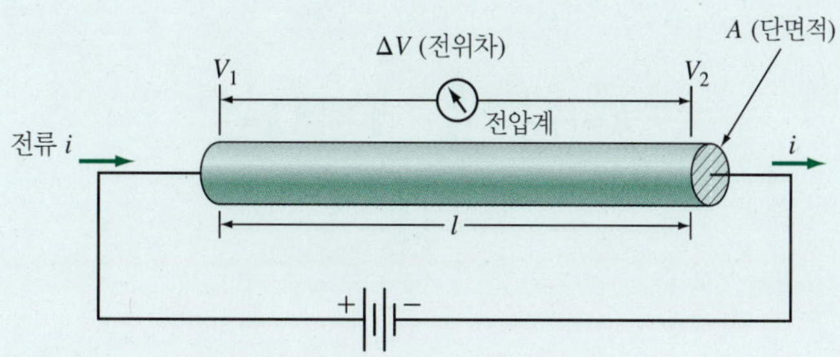

그림 14.3 ➤ 단면적이 A인 금속선 시편에 전위차 ΔV가 인가되어 있다.

표 14.1 > 몇 가지 금속과 비금속들의 상온에서의 전기전도도

금속과 합금	$\sigma\ (\Omega \cdot m)^{-1}$	비금속	$\sigma\ (\Omega \cdot m)^{-1}$
은	6.3×10^7	흑연	10^5(평균)
구리(상용 순도)	5.8×10^7	게르마늄	2.2
금	4.2×10^7	실리콘	4.3×10^{-4}
알루미늄(상용 순도)	3.4×10^7	폴리에틸렌	10^{-14}
		폴리스티렌	10^{-14}
		다이아몬드	10^{-14}

전기비저항은 특정 온도에서 재료의 상수이며, 단위는 아래와 같다.

$$\rho = R\frac{A}{l} = \Omega\frac{m^2}{m} = \text{ohm-meter} = \Omega \cdot m$$

통상적으로 저항 대신에 전류 통과의 관점으로 생각하는 것이 보다 편리한데, 그 양은 **전기전도도**(electrical conductivity) σ*라 하며, 전기비저항의 역수로 정의된다.

$$\sigma = \frac{1}{\rho} \qquad \textbf{(14.3)}$$

전기전도도의 단위는 $(\text{ohm-meter})^{-1} = (\Omega \cdot m)^{-1}$이다. Ohm의 역수인 지멘스(siemens, S)가 SI 단위이나, 이 단위는 거의 사용되지 않으므로 이 책에서는 사용하지 않기로 한다.

표 14.1은 몇 가지 금속과 비금속의 전기전도도를 나타내고 있다. 이 표로부터 은, 구리, 금과 같은 순금속 전기전도체는 약 $10^7\ (\Omega \cdot m)^{-1}$의 가장 높은 전기전도도를 가지고 있음을 알 수 있다. 반면에 폴리에틸렌(polyethylene)이나 폴리스티렌(polystyrene)과 같은 전기절연체는 약 $10^{-14}\ (\Omega \cdot m)^{-1}$의 매우 낮은 전기전도도를 가지며, 이는 고전도성 금속의 전기전도도보다 약 10^{20}배 작은 값이다. 실리콘(silicon)이나 게르마늄(germanium)은 금속과 절연체의 중간범위의 전도도를 갖기 때문에 이들 재료들은 **반도체**(semiconductors)로 분류된다.

예제 14.1

직경 0.20 cm의 선으로 20 A의 전류를 전송해야 한다. 이 선을 따라 소모할 수 있는 최대 전력은 4 W/m(와트/미터)이다. 이 경우, 선의 최소 허용 전도도를 $(\Omega \cdot m)^{-1}$의 단위로 계산하라.

풀이

전력 $P = iV = i^2R$ 　여기서, i = 전류, A 　R = 저항, Ω
　V = 전압, V 　P = 전력, W (watts)

$R = \rho\frac{l}{A}$ 　여기서, ρ = 비저항, Ω·m
　l = 길이, m
　A = 선의 단면적, m^2

위의 두 식을 결합하면,

$$P = i^2\rho\frac{l}{A} = \frac{i^2 l}{\sigma A} \qquad \text{왜냐하면 } \rho = \frac{1}{\sigma}$$

재배열하면,

$$\sigma = \frac{i^2 l}{PA}$$

* σ = 그리스 문자 시그마

주어진 값들이 다음과 같고,

$$P = 4\ \text{W (1 m에서)} \quad i = 20\ \text{A} \quad l = 1\ \text{m}$$

또한,

$$A = \frac{\pi}{4}(0.0020\ \text{m})^2 = 3.14 \times 10^{-6}\ \text{m}^2$$

그러므로

$$\sigma = \frac{i^2 l}{PA} = \frac{(20\ \text{A})^2(1\ \text{m})}{(4\ \text{W})(3.14 \times 10^{-6}\ \text{m}^2)} = 3.18 \times 10^7\,(\Omega \cdot \text{m})^{-1} \blacktriangleleft$$

따라서 사용될 선의 전도도 σ는 $3.18 \times 10^7\ (\Omega \cdot \text{m})^{-1}$ 이상이어야 한다.

예제 14.2

상용 순도의 구리선에 최대 전압강하 0.4 V/m에서 10 A의 전류를 전도하려 한다면, 이 구리선의 최소 직경은 얼마이어야 하나? [σ(상용 순도의 구리) = $5.85 \times 10^7\ (\Omega \cdot \text{m})^{-1}$]

풀이

Ohm의 법칙: $V = iR$ 그리고 $R = \rho \dfrac{l}{A}$

이 두 식을 결합하면,

$$V = i\rho \frac{l}{A}$$

재배열하면,

$$A = i\rho \frac{l}{V}$$

$(\pi/4)d^2 = A$와 $\rho = 1/\sigma$을 대입하면,

$$\frac{\pi}{4}d^2 = \frac{il}{\sigma V}$$

그리므로 d를 풀기 위한 식은

$$d = \sqrt{\frac{4il}{\pi\sigma V}}$$

$i = 10$ A, 1 m의 선에 대해 $V = 0.4$ V, $l = 1.0$ m (선택된 선의 길이), 구리선의 전도도 $\sigma = 5.85 \times 10^7\ (\Omega \cdot \text{m})^{-1}$로 주어졌으므로,

$$d = \sqrt{\frac{4il}{\pi\sigma V}} = \sqrt{\frac{4(10\ \text{A})(1.0\ \text{m})}{\pi[5.85 \times 10^7(\Omega \cdot \text{m})^{-1}](0.4\ \text{V})}} = 7.37 \times 10^{-4}\ \text{m} \blacktriangleleft$$

그러므로 사용할 구리선의 직경은 7.37×10^{-4} m 이상이어야 한다.

식 (14.1)은 i, V, R 값들이 특정 전기전도체의 기하학적 모양에 의존하기 때문에 Ohm의 법칙의 *거시적 형태*(macroscopic form)라 한다. Ohm의 법칙은 전기전도체의 모양에 무관한 *미시적 형태*(microscopic form)로도 표현할 수 있으며, 아래와 같다.

표 14.2 > Ohm의 법칙의 거시적과 미시적 형태의 비교

Ohm 법칙의 거시적 형태	Ohm 법칙의 미시적 형태
$i = \frac{V}{R}$	$\mathbf{J} = \frac{\mathbf{E}}{\rho}$
여기서 i = 전류, A	여기서 $\mathbf{J}$ = 전류밀도, A/m^2
V = 전압, V	$\mathbf{E}$ = 전기장, V/m
R = 저항, Ω	ρ = 전기비저항, Ω·m

$$\mathbf{J} = \frac{\mathbf{E}}{\rho} \quad \text{또는} \quad \mathbf{J} = \sigma\mathbf{E} \tag{14.4}$$

여기서, $\mathbf{J}$ = 전류밀도, A/m^2
$\mathbf{E}$ = 전기장, V/m
ρ = 전기비저항, Ω·m
σ = 전기전도도, $(\Omega \cdot \text{m})^{-1}$

전류밀도(electric current density) **J**와 전기장 **E**는 크기와 방향을 가진 벡터양이다. Ohm의 법칙의 거시적 및 미시적 두 형태를 표 14.2에서 비교하였다.

14.1.3 전도성 금속내 전자의 유동속도

상온에서 금속 전도체 결정격자 내의 양이온 중심부들은 중립위치 주위에서 진동하며, 이에 따라 이들은 운동에너지를 갖는다. 자유전자들은 탄성 및 비탄성 충돌에 의해 격자 이온들과 에너지를 지속적으로 교환한다. 외부 전기장이 없으면, 전자의 움직임은 임의적이기에 어떤 방향으로도 전자의 순 움직임이 없는 것이므로, 순 전류흐름은 없다.

한편, 강도 E의 균일한 전기장이 전도체에 인가되면, 전자들은 인가 전기장의 반대방향으로 특정 속도로 가속된다. 전자들은 격자 내의 이온 중심부와 주기적으로 충돌하고 운동에너지를 잃게 된다. 충돌 후, 전자들은 인가 전기장 하에서 다시 자유롭게 가속되므로, 결과적으로 전자의 속도는 그림 14.4에서와 같이 시간에 따라 "톱니 모양"으로 변한다. 충돌 간의 평균시간은 2τ이며, 여기서 τ는 *완화시간*(relaxation time)이다.

따라서 전자들은 인가 전기장 E에 정비례하는 평균 유동속도 $\mathbf{v}_d$를 갖게 된다. 유동속도와 인가 전기장 간의 관계식은 다음과 같다.

$$\mathbf{v}_d = \mu\mathbf{E} \tag{14.5}$$

여기서, μ (mu), 전자이동도 [m^2/(V·s)]는 비례상수이다.

그림 14.5에서와 같이 전류밀도 **J**가 그림에 나타낸 방향으로 흐르는 전선을 고려하자. 전류밀도의 정의는 **J**에 수직한 특정면을 통과하는 전하들의 속도로써, 즉, 그 면을 지나는 m^{2}당 암페어 또는 초당 m^{2}당 쿨롱(coulomb)이다. 전위차 하에 있는 금속선 내의 전자흐름은 단위부피당 전자들의 수, 전자의 전하 $-e(-1.60 \times 10^{-19}$ C), 전자들의 유동속도 $\mathbf{v}_d$에 의존한다. 단위면적당 전하흐름의 속도는 $-ne\mathbf{v}_d$이다. 그러나, 관례적으로 전류는 양전하의

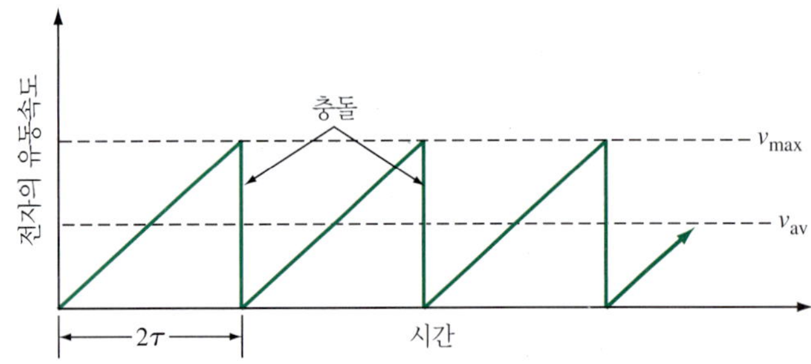

그림 14.4 > 금속에서 자유전자의 전기전도도에 관한 고전적 모델에서 전자의 유동속도 대 시간.

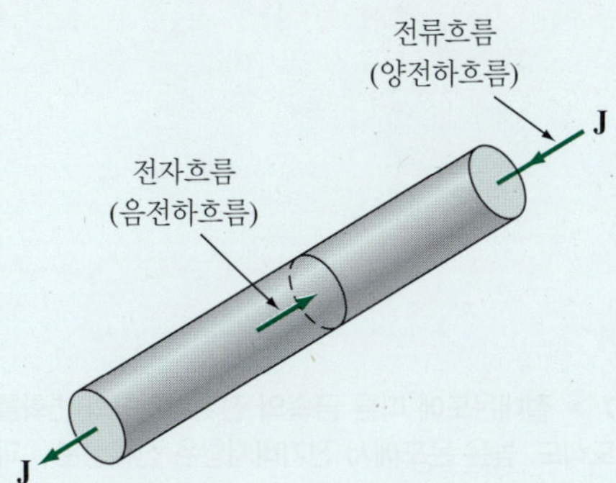

그림 14.5 ➤ 구리선 방향으로의 전위차는 그림에 나타낸 바와 같이 전자의 흐름을 야기한다. 전자가 음전하이기 때문에, 전자흐름의 방향은 전류흐름의 방향과 반대이다. 그 이유는 관례적으로 양전하의 흐름을 전류흐름으로 간주하였기 때문이다.

흐름으로 간주하기 때문에 전류밀도 **J**는 양의 부호로 주어진다. 수식 형태로는,

$$\mathbf{J} = ne\,\mathbf{v}_d \tag{14.6}$$

14.1.4 금속의 전기비저항

순금속의 전기비저항은 다음 두 항의 합에 의해 근사값이 구해진다. 즉, 열적성분 ρ_T와 잔류성분 ρ_r이다.

$$\rho_{\text{total}} = \rho_T + \rho_r \tag{14.7}$$

열적성분은 금속 결정격자내 양이온 중심부들이 그들의 평형위치 주위에서 진동하는 것에 의해 형성된다. 온도가 상승함에 따라, 이온 중심부들은 보다 더 진동을 하고, 다수의 열적 여기된 *탄성파*[포논(phonon)이라 함]들은 전도전자들을 산란시켜, 충돌 간의 평균 자유경로와 완화시간을 감소시킨다. 그러므로 온도가 증가함에 따라 순금속의 전기비저항은 그림 14.6에서와 같이 증가한다. 순금속 전기비저항의 잔류성분은 적은데, 이 잔류성분은 전위, 결정립계, 불순물 원자와 같이 전자를 산란시키는 구조적 결함에 의해 발생한다. 잔류성분은 온도에는 거의 무관하며, 다만 낮은 온도에서는 그 중요도가 커지게 된다(그림 14.7).

대부분의 금속의 경우, 약 −200°C 이상의 온도에서 전기비저항은 그림 14.6에서와 같이 온도에 따라 거의 선

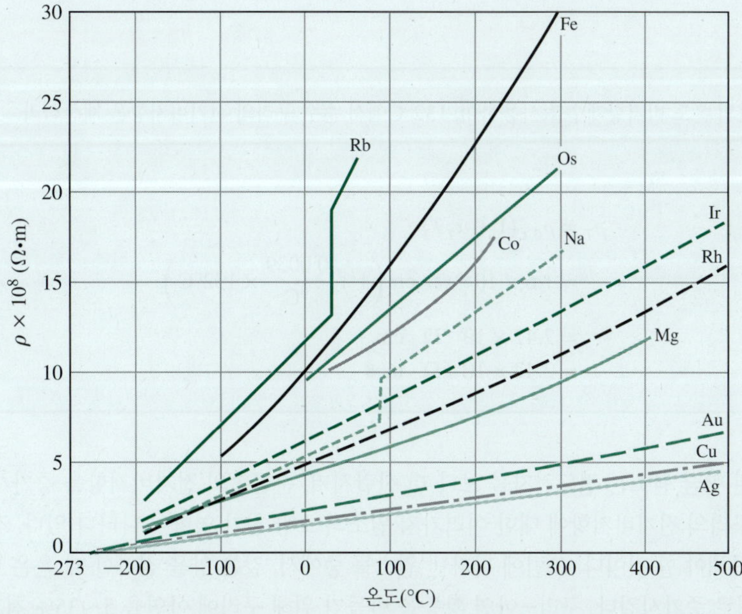

그림 14.6 ➤ 몇 가지 금속들의 경우, 전기비저항에 미치는 온도의 효과. 비저항과 온도(°C) 간에 거의 선형적인 관계가 있는 것에 주목하라.
(출처: Zwikker, *Physical Properties of Solid Materials*, Pergamon, 1954, pp. 247, 249.)

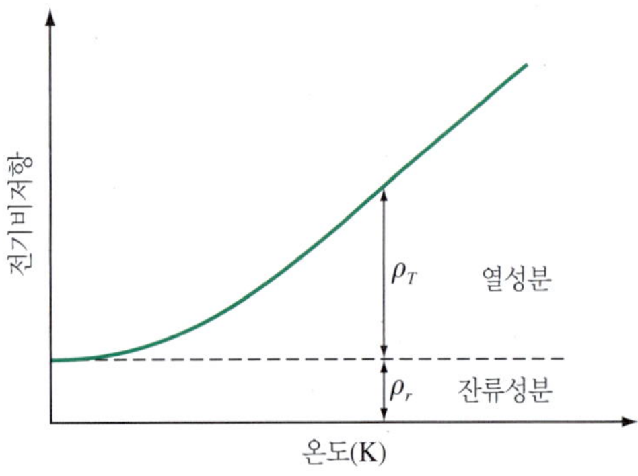

그림 14.7 ➤ 절대온도에 따른 금속의 전기비저항의 변화를 나타내는 도식도. 높은 온도에서 전기비저항은 잔류성분 ρ_r과 열적성분 ρ_T의 합인 것에 주목하라.

표 14.3 ➤ 온도 비저항계수

금속	0°C에서의 전기비저항($\mu\Omega \cdot$cm)	온도 비저항계수 α_T (°C^{-1})
알루미늄	2.7	0.0039
구리	1.6	0.0039
금	2.3	0.0034
철	9	0.0045
은	1.47	0.0038

형적으로 변한다. 그러므로 많은 금속들의 전기비저항은 다음의 식에 의해 근사값을 구할 수 있다.

$$\rho_T = \rho_{0°C}(1 + \alpha_T T) \tag{14.8}$$

여기서, $\rho_{0°C}$ = 0°C에서의 전기비저항
α_T = 온도 비저항계수, °C^{-1}
T = 금속의 온도, °C

표 14.3에 몇 가지 금속의 온도 비저항계수를 나열하였다. 이들 금속들의 α_T는 0.0034에서 0.0045 (°C^{-1})의 범위에 있다.

예제 14.3

표 14.3에 있는 구리의 온도 비저항계수를 사용하여, 132°C에서 순수 구리의 전기비저항을 계산하라.

풀이

$$\begin{aligned}\rho_T &= \rho_{0°C}(1 + \alpha_T T) \\ &= 1.6 \times 10^{-6}\,\Omega \cdot \text{cm}\left(1 + \frac{0.0039}{°\text{C}} \times 132°\text{C}\right) \quad (14.8) \\ &= 2.42 \times 10^{-6}\,\Omega \cdot \text{cm} \\ &= 2.42 \times 10^{-8}\,\Omega \cdot \text{m} ◀\end{aligned}$$

순금속에 첨가된 합금 원소는 전도전자를 보다 더 산란시켜, 순금속의 전기비저항을 증가시킨다. 그림 14.8에는 상온에서 순수 구리의 전기비저항에 대한 여러가지 원소의 소량 첨가 영향이 나타나 있다. 각 원소의 영향이 상당히 다른 점에 주목해야 할 것이다. 그림에 나타낸 원소들 중에서, 같은 양을 첨가할 때 은은 비저항을 최소로 증가시키고 인은 최대로 증가시킨다. 구리-아연 황동을 만들기 위해 구리에 아연을 5~35% 첨가하는 경우와 같이 많은 양의 합금원소를 첨가하면, 순수 구리의 전기비저항을 증가시킨다. 즉, 그림 14.9에서와 같이 전기전도도를 상당히 감소시킨다.

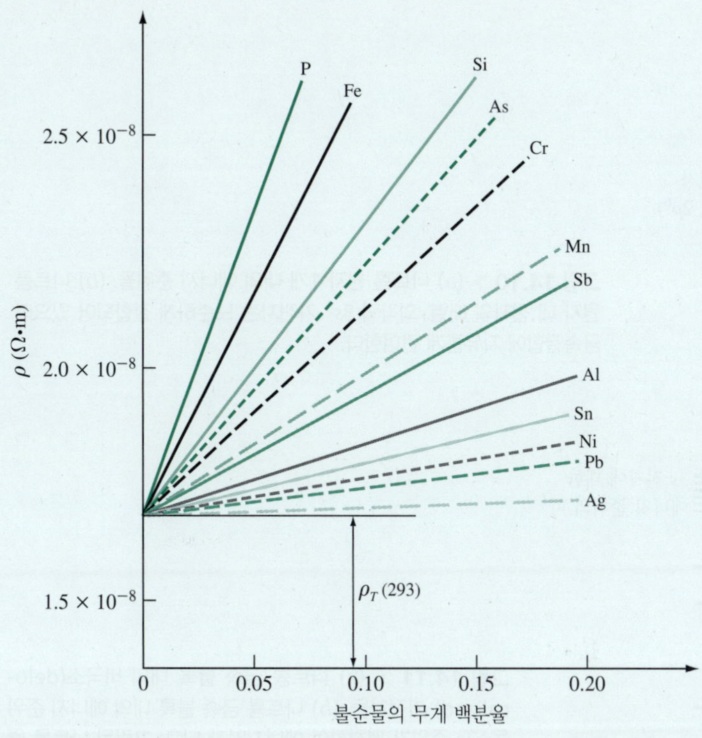

그림 14.8 ➤ 상온에서 구리의 전기비저항에 미치는 소량의 여러 원소별 첨가 영향.
(출처: F. Pawlek and K. Reichel, Z. *Metallkd.*, 47:347 (1956).)

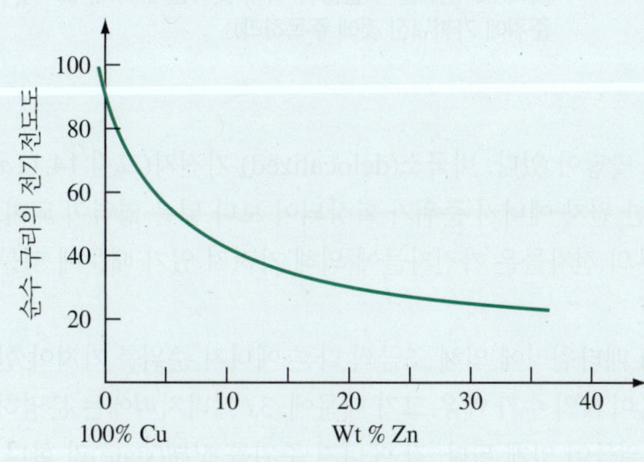

그림 14.9 ➤ 아연의 첨가가 순수 구리의 전기전도도 감소에 미치는 영향.
(출처: ASM International.)

14.2 전기전도에 관한 에너지띠 모델

14.2.1 금속의 에너지띠 모델

이제 금속의 전기전도 기구를 이해하는 데 도움이 되는 고체 금속 내 전자에 대한 **에너지띠 모델**(energy-band model)을 고려하자. 나트륨 원자가 상대적으로 간단한 전자구조를 가지고 있기 때문에, 에너지띠 모형을 설명하기 위해서 금속 나트륨을 사용한다.

고립된 원자들의 전자들은 핵에 결합되어 있으며, 이들은 Pauli 법칙에 의해 필연적으로 $1s^1$, $1s^2$, $2s^1$, $2s^2$, . . . 상태들과 같이 *명확하게 규정된*(sharply defined) 에너지 준위만을 가질 수 있다. 그렇지 않다면 원자 내의 모든 전자들이 가장 낮은 에너지 상태인 $1s^1$로 내려가는 것이 가능하게 된다! 그러므로 중성 나트륨 원자내 11개의 전자들은 그림 14.10*a*에 나타낸 바와 같이 2개의 $1s$ 상태, 2개의 $2s$ 상태, 6개의 $2p$ 상태, 1개의 $3s$ 상태를 점유한다. 상대적으로 낮은 준위($1s^2$, $2s^2$, $2p^6$)의 전자들은 강하게 결합되어 있으며, 나트륨 원자의 *중심전자들*(core electrons)을 이루고 있다(그림 14.10*b*). 외각의 $3s^1$ 전자는 다른 원자들과의 결합에 관여할 수 있으며, *가전자*(valence electron)라 한다.

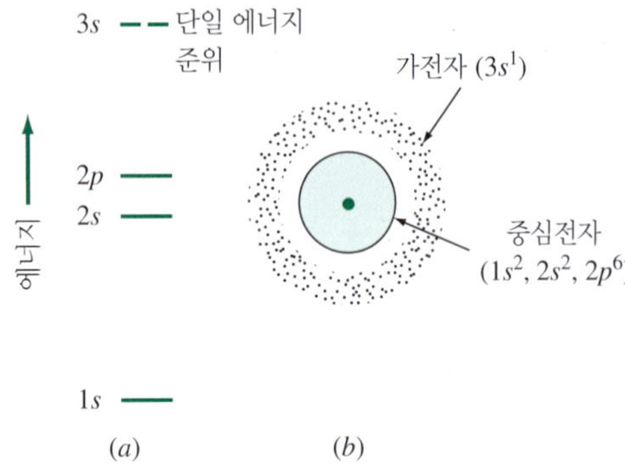

그림 14.10 ➤ (*a*) 나트륨 원자 1개 내의 에너지 준위들. (*b*) 나트륨 원자 내 전자의 배열. 외각의 $3s^1$ 가전자는 느슨하게 결합되어 있으며 금속결합에 자유롭게 관여한다.

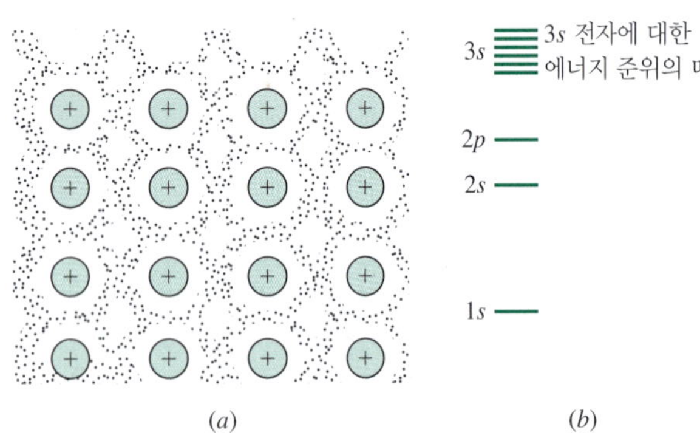

그림 14.11 ➤ (*a*) 나트륨 금속 블록 내의 비국소(delocalized) 가전자들. (*b*) 나트륨 금속 블록 내의 에너지 준위들; 3*s* 준위가 팽창하여 에너지띠가 되고, 고립된 나트륨 원자의 3*s* 준위들이 결합에 의해 낮아짐에 따라, 3*s* 띠가 2*p* 준위에 가까워진 것에 주목하라.

고체블록의 금속에서 원자들은 밀집된 상태로 서로 맞닿아 있다. 비국소(delocalized) 가전자(그림 14.11*a*)들은 상호 작용 및 상호 침투를 하기 때문에 원래의 분명한 원자 에너지 준위가 확장되어 보다 넓은 영역이 되며, 이를 *에너지띠*(energy bands)라 한다(그림 14.11*b*). 내부의 전자들은 가전자들에 의해 가려져 있기 때문에 띠를 형성하지 않는다.

예를 들면 나트륨 금속 블록 내의 각 전자들은 Pauli 배타원리에 의해 조금씩 다른 에너지 준위를 가져야 한다. 그러므로 나트륨 블록 내에 N개의 나트륨 원자가 있고, 이 N의 수가 매우 크기 때문에, 3*s* 에너지*띠*에는 분명히 구분은 되지만 그 차이가 매우 작은 N개의 $3s^1$ 에너지 준위들이 있게 된다. 각 에너지 준위를 *상태*(state)라 한다. 가전자 에너지띠에서의 에너지 준위들은 매우 근접해 있어 연속적인 에너지띠를 형성한다.

그림 14.12는 금속 나트륨의 경우 원자간 거리의 함수에 따른 에너지띠 다이어그램의 일부를 나타내고 있다. 고체 금속 나트륨의 경우 3*s*와 3*p* 에너지띠는 겹쳐져 있다(그림 14.12). 그러나 나트륨 원자에는 단지 1개의 3*s* 전자만 있기 때문에 3*s* 띠는 반만 채워진다(그림 14.13*a*). 결과적으로, 나트륨의 전자를 채워진 상태 중의 최상위로부터 비어 있는 상태 중의 최하위로 여기시키는 데 에너지가 거의 필요하지 않다. 즉, 내부에서 전자흐름이 형성되기 위한 에너지가 거의 필요하지 않기 때문에 나트륨은 좋은 전도체이다. 구리, 은 및 금 역시 반만 채워진 외각 *s* 띠를 갖는다.

금속 마그네슘의 경우 두 3*s* 상태가 모두 채워져 있다. 그러나 3*s* 띠가 3*p* 띠와 겹쳐 있고, 그 안으로 일부 전자들을 허용함으로써, 부분적으로만 채워진 3*sp* 결합띠를 생성한다(그림 14.13*b*). 그러므로 채워진 3*s* 띠임에도 불구하고 마그네슘은 좋은 전도체이다. 이와 유사하게 두 3*s* 상태와 한 개의 3*p* 상태가 채워진 알루미늄 또한 좋은 전도체인데, 이는 부분적으로 채워진 3*p* 띠가 채워진 3*s* 띠와 겹치기 때문이다(그림 14.13*c*).

14.2.2 절연체의 에너지띠 모델

절연체의 경우 전자들은 이온 또는 공유결합에 의해 결합 원자에 단단하게 결합되어 있어, 높은 에너지를 받지 않

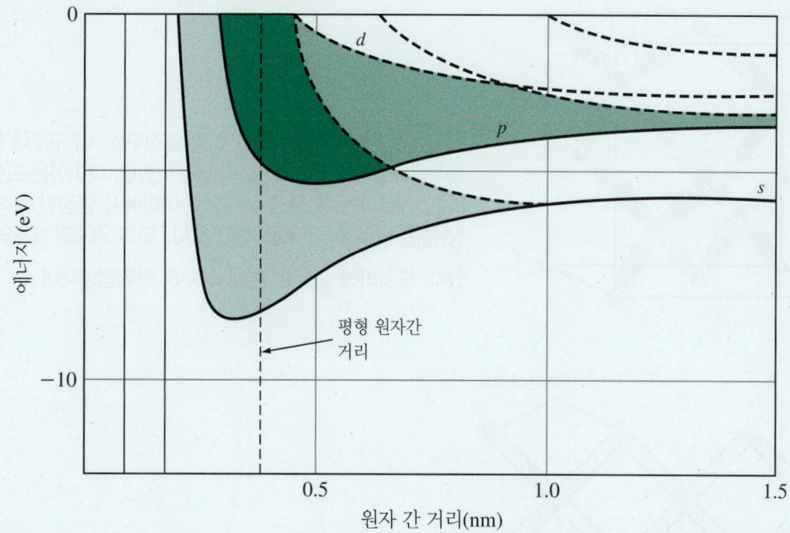

그림 14.12 ➤ 나트륨 금속 내의 가전자 에너지띠. *s*, *p*, *d* 준위들이 분할되는 것에 주목하라.
(출처: J.C. Slater, *Phys. Rev*., 45:794 (1934). Copyright 1934 by the American Physical Society.)

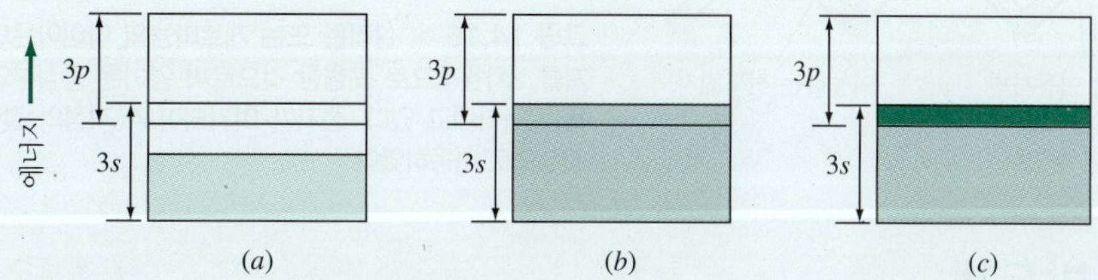

그림 14.13 ➤ 몇 가지 금속 전도체들의 도식적인 에너지띠 다이어그램. (*a*) 나트륨, $3s^1$: 1개의 $3s^1$ 전자만 있으므로 3*s* 띠는 반만 채워져 있다. (*b*) 마그네슘, $3s^2$: 3*s* 띠는 채워져 있고, 비어 있는 3*p* 띠와 겹쳐 있다. (*c*) 알루미늄, $3s^23p^1$: 3*s* 띠는 채워져 있고, 부분적으로만 채워진 3*p* 띠와 겹쳐 있다.

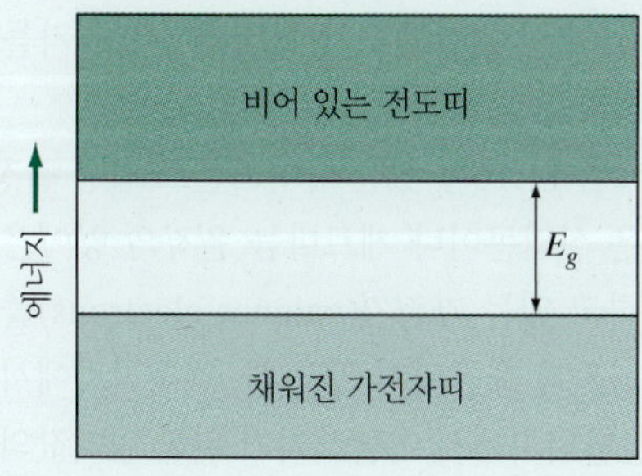

그림 14.14 ➤ 절연체의 에너지띠 다이어그램. 가전자띠가 완전히 채워져 있고, 이 띠는 비어 있는 전도띠와 큰 에너지 갭 E_g에 의해 분리되어 있다.

는 한 전기를 전도하는 것이 "자유"롭지 않다. 절연체의 에너지띠 모델은 하부의 채워진 **가전자띠**(valence band)와 상부의 비어 있는 **전도띠**(conduction band)로 구성되어 있다. 이 띠들은 비교적 큰 에너지 갭(gap) E_g으로 분리되어 있다(그림 14.14). 전자가 전도되기에 자유로운 상태가 되기 위해서 전자는 갭을 "도약"하기 위한 에너지를 받아야 하는데, 예를 들어 순수 다이아몬드의 경우 갭이 6~7 eV나 된다. 다이아몬드에서 전자들은 sp^3 4면체 공유결합에 의해 단단히 결합되어 있다(그림 14.15).

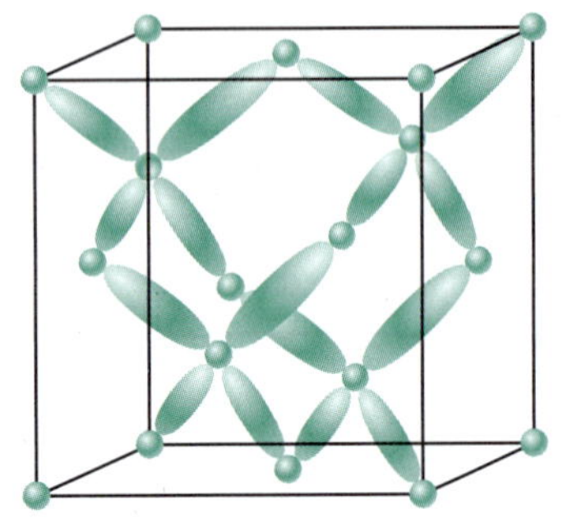

그림 14.15 ➤ 다이아몬드 입방 결정구조. 이 구조내 원자들은 sp^3 공유결합에 의해 서로 결합되어 있다. 다이아몬드(탄소), 실리콘, 게르마늄, 회색 주석(13°C 이하에서 안정한 주석 동질이상)들은 모두 이 구조를 하고 있다. 단위 격자당 8개의 원자가 있다: 모서리에 $\frac{1}{8} \times 8$, 면에 $\frac{1}{2} \times 6$, 단위입방체내 4.

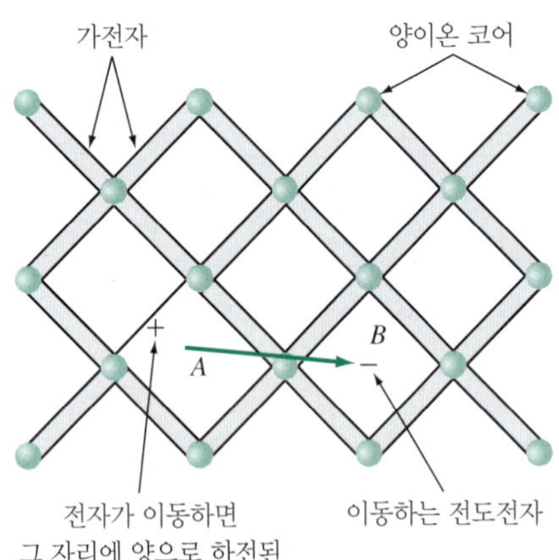

그림 14.16 ➤ 실리콘 또는 게르마늄의 다이아몬드 입방격자를 2차원적으로 표현한 것으로써 양이온 중심부와 가전자들을 나타내고 있다. 전자가 여기되어 *A* 지점의 결합에서 *B* 지점으로 이동하였다.

14.3 진성 반도체

14.3.1 진성 반도체의 전기전도기구

반도체(semiconductor)는 전기전도도가 매우 높은 금속과 낮은 절연체의 중간인 재료이다. **진성 반도체**(intrinsic semiconductor)는 순수 반도체로서 이들의 전기전도도는 이들 고유의 전도특성에 의해 결정된다. 순수 원소 실리콘과 게르마늄은 진성 반도체 재료이다. 주기율표의 IVA족에 속한 이 원소들은 방향성이 큰 공유결합의 다이아몬드 입방구조로 되어 있다(그림 14.15). 전자쌍으로 구성된 4면체 sp^3 혼성 결합궤도가 결정격자내 원자들을 서로 결합한다. 이 구조에서 실리콘이나 게르마늄 원자 각각은 4개의 가전자를 내놓는다.

실리콘(Si)과 게르마늄(Ge) 같은 순수 반도체의 전기전도도는 그림 14.16에 있는 다이아몬드 입방 결정격자의 2차원적 그림에 의해 정성적으로 기술할 수 있다. 이 도해에서 원은 실리콘이나 게르마늄 *원자의 양이온 중심부*(positive-ion cores)를 나타내며, 짝을 이루고 있는 연결선은 결합하고 있는 *가전자*(valence electrons)를 가리킨다. 결합전자들은 결합위치로부터 그들을 여기시키기에 충분한 에너지가 제공되지 않는 한, 결정격자에서 움직이는 것이 불가능하므로 전기를 전도할 수 없다. 가전자를 여기시켜 결합위치에서 이탈시키기 위한 임계값의 에너지가 공급되면, 가전자들은 자유 전도전자가 되고 결정격자 내 기존 자리에 양으로 하전된 “정공(hole)”을 남긴다(그림 14.16).

14.3.2 순수 실리콘의 결정격자내 전기전하 이동

순수 실리콘이나 게르마늄 같은 반도체의 전기전도 과정에서, 전자와 정공 모두가 전하운반자이며 이들은 인가된 전기장 하에서 움직인다. 전도**전자**(electrons)는 음전하를 갖고 있으며 전기회로의 양극으로 끌린다(그림 14.17). 반면에 정공은 양전하처럼 거동하여 전기회로의 음극으로 끌린다(그림 14.17). **정공**(holes)은 양전하를 가지며, 크기는 전자전하와 동일하다.

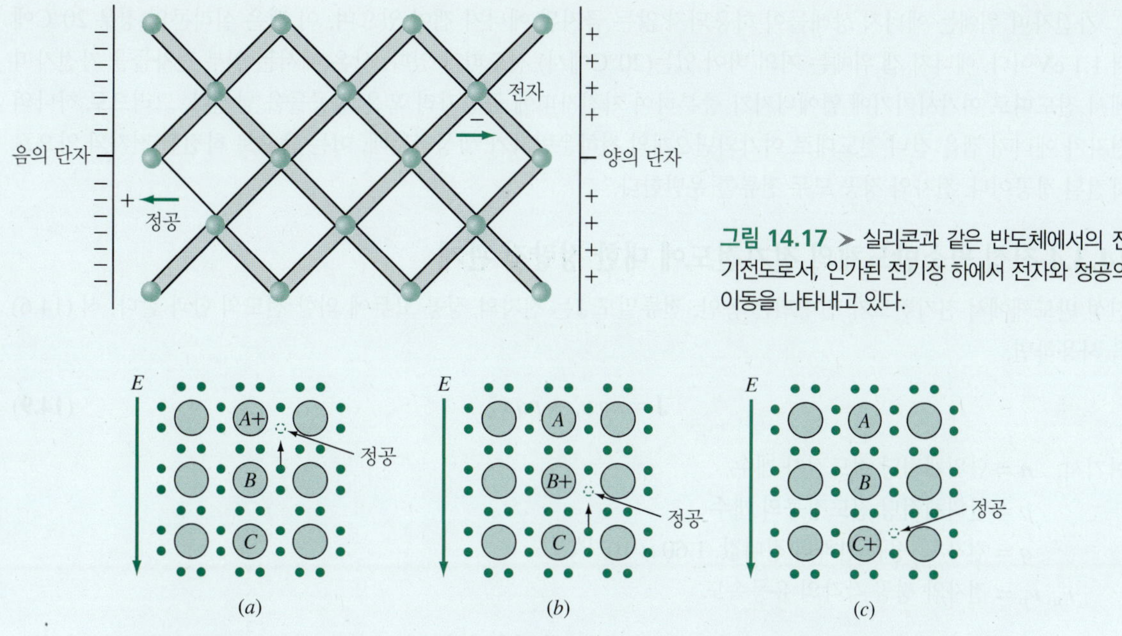

그림 14.17 ➤ 실리콘과 같은 반도체에서의 전기전도로서, 인가된 전기장 하에서 전자와 정공의 이동을 나타내고 있다.

그림 14.18 ➤ 순수 실리콘 반도체에서 인가된 전기장의 작용에 의한 전기전도 동안에 정공과 전자들 움직임의 도식도.
(출처: S.N. Levine, *Principles of Solid State Microelectronics*, Holt, 1963.)

전기장에서 "정공"의 움직임은 그림 14.18과 같이 상상해볼 수 있다. 그림 14.18에서와 같이 하나의 가전자를 잃은 원자 *A*에 정공 하나가 존재한다고 하자. 전기장이 그림 14.18*a*에 나타낸 방향으로 인가되면, 원자 *B*의 가전자들에 힘이 가해지고 원자 *B*에 있던 전자 중의 하나가 결합궤도로부터 이탈하여 원자 *A*의 결합궤도내 공공으로 움직인다. 정공은 이제 원자 *B*에 나타나게 되고, 사실상 인가 전기장 방향인 *A*에서 *B*로 움직이는 것이 된다(그림 14.18*b*). 이와 유사한 기구에 의하여 *C*에서 *B*로 움직이는 전자에 의해서 정공은 *B*에서 *C*로 이동한다(그림 14.18*c*). 이 과정의 순 결과는 전자가 인가 전기장의 반대방향인 *C*에서 *A*로 운반되고, 정공은 인가 전기장의 방향인 *A*에서 *C*로 운반된 것이다. 그러므로 실리콘과 같은 순수한 반도체에서 전기전도가 일어나는 동안 음으로 하전된 전자들은 인가 전기장 방향(관례적인 전류흐름)의 반대로 움직여서 양극으로 향하고, 양으로 하전된 정공은 음극을 향하고 있는 인가 전기장의 방향으로 움직인다.

14.3.3 진성 원소반도체의 에너지띠 다이어그램

에너지띠 다이어그램은 반도체 내에서 가전자가 여기되어 전도전자로 되는 것을 설명하기 위한 또 다른 방법이다. 이 표현방법에서는 이 과정에 수반되는 에너지만이 필요할 뿐이지 결정격자 내에서 움직이는 전자의 물리적 묘사는 주어지지 않는다. 진성 원소반도체(예, Si 혹은 Ge)의 에너지띠 다이어그램에서, 공유결합된 결정의 결합 가전자는 하부의 가전자띠내 에너지 준위를 차지하며, 이 띠는 20°C에서 거의 채워져 있다(그림 14.19).

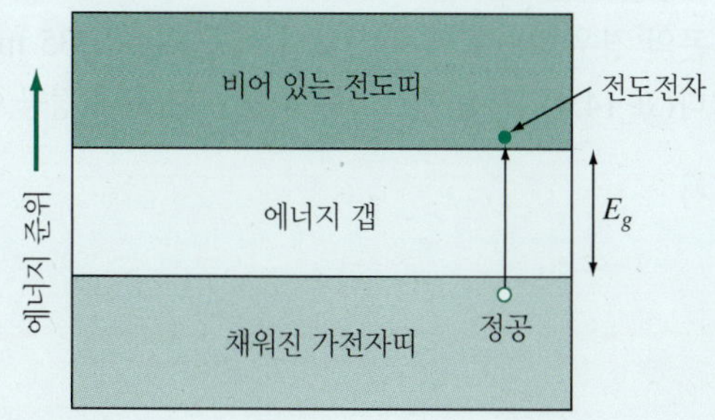

그림 14.19 ➤ 순수 실리콘과 같은 진성 원소반도체의 에너지띠 다이어그램. 하나의 전자가 여기되어 에너지 갭을 건너게 되면 하나의 전자-정공 쌍이 만들어진다. 따라서 갭을 뛰어 넘는 각 전자에 의해 하나의 전자와 하나의 정공, 즉 두 개의 전하운반자가 생성된다.

가전자띠 위에는 에너지 상태들이 허용되지 않는 금지된 에너지 갭이 있으며, 이 갭은 실리콘의 경우 20°C에서 1.1 eV이다. 에너지 갭 위에는 거의 비어 있는(20°C에서) 전도띠가 있다. 상온 에서는 일부 전자들을 가전자띠에서 전도띠로 여기시키기에 열에너지가 충분하여 가전자띠에 공공자리 혹은 정공들을 남긴다. 그러므로 하나의 전자가 에너지 갭을 건너 전도대로 여기되면 2개의 전하운반자가 생성되는데, 이는 음으로 하전된 전자와 양으로 하전된 정공이다. 전자와 정공 모두 전류를 운반한다.

14.3.4 진성 원소반도체의 전기전도에 대한 정량적 관계

진성 반도체에서 전기전도가 진행되는 동안, 전류밀도 **J**는 전자와 정공 *모두*에 의한 전도의 합과 같다. 식 (14.6)을 사용하면,

$$\mathbf{J} = nq\boldsymbol{v}_n^* + pq\boldsymbol{v}_p^* \tag{14.9}$$

여기서, n = 단위체적당 전도전자 개수
p = 단위체적당 전도정공의 개수
q = 전자 및 정공 전하의 절대값, 1.60×10^{-19}C
$\boldsymbol{v}_n, \boldsymbol{v}_p$ = 전자와 정공 각각의 유동속도

식 (14.9)의 양변을 전기장 **E**로 나누고, 식 (14.4), $\mathbf{J} = \sigma\mathbf{E}$를 사용하면,

$$\sigma = \frac{\mathbf{J}}{\mathbf{E}} = \frac{nq\boldsymbol{v}_n}{\mathbf{E}} + \frac{pq\boldsymbol{v}_p}{\mathbf{E}} \tag{14.10}$$

$\boldsymbol{v}_n/\mathbf{E}$와 $\boldsymbol{v}_p/\mathbf{E}$ 양들은 각각 *전자*(electron)와 *정공*(hole) *이동도*(mobility)라 하는데, 이는 이 값들이 반도체 내에서 전자와 정공들이 인가된 전기장 하에서 얼마나 빠르게 유동하는지의 척도가 되기 때문이다. 기호 μ_n과 μ_p가 각각 전자와 정공의 이동도로 사용된다. 전자와 정공의 이동도를 식 (14.10)의 $\boldsymbol{v}_n/\mathbf{E}$와 $\boldsymbol{v}_p/\mathbf{E}$에 치환하면, 반도체의 전기전도도는 다음과 같이 표현된다.

$$\sigma = nq\mu_n + pq\mu_p \tag{14.11}$$

이동도 μ의 단위는

$$\frac{\boldsymbol{v}}{\mathbf{E}} = \frac{\text{m/s}}{\text{V/m}} = \frac{\text{m}^2}{\text{V} \cdot \text{s}}$$

진성 원소반도체에서 전자와 정공은 쌍으로 만들어지므로, 전도전자의 수는 생성된 정공의 수와 같다. 따라서

$$n = p = n_i \tag{14.12}$$

여기서, n = 진성 운반자 농도, 운반자 개수/단위체적이다.

따라서 식 (14.11)은 다음과 같이 된다.

$$\sigma = n_i q(\mu_n + \mu_p) \tag{14.13}$$

표 14.4에 300 K에서 진성 실리콘과 게르마늄의 몇 가지 주요 특성을 나열하였다.

전자의 이동도는 정공의 이동도보다 항상 크다. 진성 실리콘의 경우 300 K에서 전자의 이동도는 0.135 $\text{m}^2/(\text{V} \cdot \text{s})$로써 정공의 이동도인 0.048 $\text{m}^2/(\text{V} \cdot \text{s})$보다 2.81배 더 크다(표 14.4). 진성 게르마늄의 경우 전자 대 정공 이동도의 비는 300 K에서 2.05이다.

* 아래첨자 n (negative를 의미)은 전자를 나타내고, 아래첨자 p (positive를 의미)는 정공을 나타낸다.

표 14.4 ➤ 300 K에서 실리콘과 게르마늄의 몇 가지 물리적 특성

	실리콘	게르마늄
에너지 갭, eV	1.1	0.67
전자 이동도 μ_n, $m^2/(V \cdot s)$	0.135	0.39
정공 이동도 μ_p, $m^2/(V \cdot s)$	0.048	0.19
진성 운반자 농도 n_i, 운반자 개수/m^3	1.5×10^{16}	2.4×10^{19}
진성 비저항 ρ, $\Omega \cdot m$	2300	0.46
밀도, g/m^3	2.33×10^6	5.32×10^6

출처: E.M. Conwell, "Properties of Silicon and Germanium II," *Proc. IRE*, June 1958, p. 1281.

예제 14.4

입방미터당 실리콘 원자의 개수를 계산하라. 실리콘의 밀도는 2.33 Mg/m^3 (2.33 g/cm^3)이며, 원자량은 28.08 g/mol이다.

풀이

$$\frac{\text{Si 원자}}{m^3} = \left(\frac{6.023 \times 10^{23} \text{ 원자}}{\text{mol}}\right)\left(\frac{1}{28.08 \text{ g/mol}}\right)\left(\frac{2.33 \times 10^6 \text{ g}}{m^3}\right)$$
$$= 5.00 \times 10^{28} \text{ 원자}/m^3 ◂$$

예제 14.5

300 K에서 진성 실리콘의 전기비저항을 계산하라. 300 K에서 실리콘의 $n_i = 1.5 \times 10^{16}$ 운반자/m^3, $q = 1.60 \times 10^{-19}$ C, $\mu_n = 0.135\ m^2/(V \cdot s)$, $\mu_p = 0.048\ m^2/(V \cdot s)$이다.

풀이

$$\rho = \frac{1}{\sigma} = \frac{1}{n_i q(\mu_n + \mu_p)} \quad [\text{식 (14.13)의 역수}]$$
$$= \frac{1}{\left(\frac{1.5 \times 10^{16}}{m^3}\right)(1.60 \times 10^{-19}\text{ C})\left(\frac{0.135\ m^2}{V \cdot s} + \frac{0.048\ m^2}{V \cdot s}\right)}$$
$$= 2.28 \times 10^3\,\Omega \cdot m ◂$$

식 (14.13) 역수의 단위는 아래의 단위변환에서 보여지는 바와 같이 ohm-meter이다.

$$\rho = \frac{1}{n_i q(\mu_n + \mu_p)} = \frac{1}{\left(\frac{1}{m^3}\right)(C)\left(\frac{1\ A \cdot s}{1\ C}\right)\left(\frac{m^2}{V \cdot s}\right)\left(\frac{1\ V}{1\ A \cdot \Omega}\right)} = \Omega \cdot m$$

14.3.5 진성 반도체의 전기전도도에 미치는 온도의 영향

0 K에서 실리콘과 게르마늄과 같은 진성 반도체의 가전자띠는 완전히 채워져 있고 그들의 전도띠는 완전히 비어 있다. 0 K 이상의 온도에서는 일부 가전자들이 열적으로 활성화되고 에너지 갭을 지나 전도띠로 여기되어, 전자–정공 쌍이 생성된다. 그러므로 온도가 증가함에 따라 전도도가 감소하는 금속과는 정반대로, 이러한 과정이 지배적인 온도범위에서 온도 증가에 따라 반도체의 전도도는 *증가한다.*

전자가 열적으로 활성화되어 반도체의 전도띠로 들어가는 것이기 때문에, 반도체내 열적 활성화된 전자의 농도는 많은 다른 열적 활성화 공정과 유사한 온도의존성을 보인다. 식 (5.1)과 유사하게, 전도띠로 들어가기에 충분한 열적 에너지를 갖는 전자의 농도(그래서 동일한 농도의 정공을 가전자대에 생성) n_i는 아래 식에 따라서 변화한다.

$$n_i \propto e^{-(E_g - E_{av})/kT} \tag{14.14}$$

여기서, E_g = 에너지띠 갭
E_{av} = 띠 갭의 평균에너지
k = 볼츠만 상수(Boltzmann's constant)
T = 온도, K

순수 실리콘과 게르마늄과 같은 진성 반도체의 경우, E_{av}는 갭의 중간, 즉 $E_g/2$이 된다. 그러므로 식 (14.14)는 다음과 같이 된다.

$$n_i \propto e^{-(E_g - E_g/2)/kT} \tag{14.15a}$$

또는

$$n_i \propto e^{-E_g/2kT} \tag{14.15b}$$

진성 반도체의 전기전도도 σ는 전기전하운반자의 농도 n_i에 비례하기 때문에 식 (14.15b)는 다음과 같이 표현될 수 있고,

$$\sigma = \sigma_0 e^{-E_g/2kT} \tag{14.16a}$$

또는 자연로그 형태로 표현하면,

$$\ln \sigma = \ln \sigma_0 - \frac{E_g}{2kT} \tag{14.16b}$$

여기서, σ_0는 종합적인 상수로써 주로 전자와 정공의 이동도에 의존한다. σ_0의 온도에 대한 약간의 의존성은 이 책에서 무시한다.

식 (14.16b)는 직선의 식이므로 $E_g/2k$ 값과 이에 따른 E_g는 $\ln \sigma$ 대 $1/T(\mathrm{K}^{-1})$ 그래프의 기울기로부터 결정할 수 있다. 그림 (14.20)은 진성 실리콘의 $\ln \sigma$ 대 $1/T(\mathrm{K}^{-1})$의 실험결과 그래프이다.

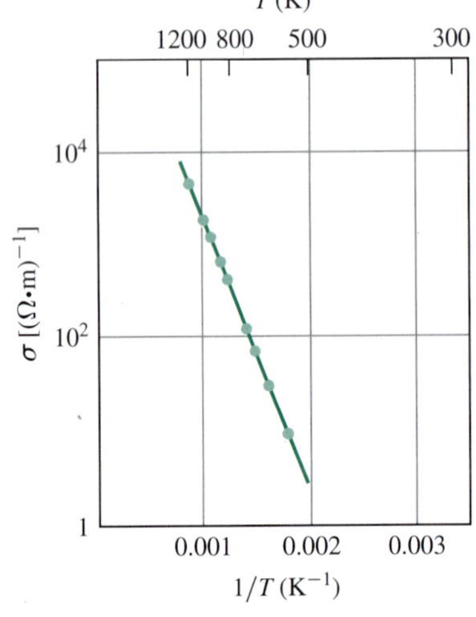

그림 14.20 ➤ 진성 실리콘의 경우, 절대온도 역수의 함수에 대한 전기전도도.
(출처: C.A. Wert and R.M. Thomson, *Physics of Solids*, 2d ed., McGraw-Hill, 1970, p. 282.)

예제 14.6

순수 실리콘의 전기비저항은 상온인 27°C (300 K)에서 $2.3 \times 10^3\ \Omega \cdot$m이다. 200°C (473 K)에서 이것의 전기전도도를 계산하라. 실리콘의 E_g는 1.1 eV이고, $k = 8.62 \times 10^{-5}$ eV/K로 가정하라.

풀이

이 문제를 풀기 위해 식 (14.16*a*)를 사용하여, 2개의 연립방정식을 세운다. 그 다음 첫 번째 식을 두 번째 식으로 나누어서 σ_0를 제거한다.

$$\sigma = \sigma_0 \exp\frac{-E_g}{2kT} \qquad \textbf{(14.16}\textbf{\textit{a}}\textbf{)}$$

$$\sigma_{473} = \sigma_0 \exp\frac{-E_g}{2kT_{473}}$$

$$\sigma_{300} = \sigma_0 \exp\frac{-E_g}{2kT_{300}}$$

첫 번째 식을 두 번째 식으로 나누어 σ_0를 제거하면,

$$\frac{\sigma_{473}}{\sigma_{300}} = \exp\left(\frac{-E_g}{2kT_{473}} + \frac{E_g}{2kT_{300}}\right)$$

$$\frac{\sigma_{473}}{\sigma_{300}} = \exp\left[\frac{-1.1\text{ eV}}{2(8.62 \times 10^{-5}\text{ eV/K})}\left(\frac{1}{473\text{ K}} - \frac{1}{300\text{ K}}\right)\right]$$

$$\ln\frac{\sigma_{473}}{\sigma_{300}} = 7.777$$

$$\sigma_{473} = \sigma_{300}(2385)$$

$$= \frac{1}{2.3 \times 10^3\,\Omega \cdot \text{m}}(2385) = 1.04\,(\Omega \cdot \text{m})^{-1} \blacktriangleleft$$

온도가 27°C에서 200°C로 올라가면 실리콘의 전기전도도는 약 2400배 증가한다.

14.4 외인성 반도체

외인성 반도체(extrinsic semiconductor)는 용매 원자격자와 다른 가전자 특성을 갖는 용질 불순물 원자가 매우 낮은(dilute) 농도로 치환된 치환형 고용체이다. 이러한 반도체에 첨가된 불순물 원자의 농도는 보통 100~1000 ppm 정도의 범위에 있다.

14.4.1 n형(음성형) 외인성 반도체

그림 14.21*a*에 나타낸 실리콘 결정격자의 2차원 공유결합 모델을 고려해 보자. 만약 인(P)과 같은 VA족 원소의 불순물 원자가 IVA족 원소인 실리콘 원자를 치환하면, 실리콘 격자의 4면체 공유결합에 필요한 4개 외에 1개의 잉여전자가 존재할 것이다. 이 여분의 전자는 양으로 하전된 인의 핵에 느슨하게 결합되어 있으며, 27°C에서 0.044 eV의 결합에너지를 갖는다. 이 에너지는 순수 실리콘에서 전도전자가 도약하기에 필요한 에너지 갭인 1.1 eV의 약 5% 정도이다. 즉, 모핵으로부터 잉여 전자를 제거해서 이것이 전도전기전도에 참여할 수 있게 하는데, 오직 0.044 eV의 에너지만 필요하다. 전기장의 작용 하에서는 잉여전자는 전도가 가능한 자유전자가 되며, 잔류하는 인 원자는 이온화되어 양전하를 띠게 된다(그림 14.21*b*).

P, As, Sb와 같은 VA족 불순물 원자들이 실리콘 또는 게르마늄에 첨가되면, 쉽게 이온화되는 전자가 제공되어 전기전도에 사용된다. 이들 VA족 불순물 원자들은 실리콘 또는 게르마늄 결정에 존재할 때 전도전자를 내놓기 때문에 *도너 불순물 원자*(donor impurity atoms)라 한다. V족 불순물 원자를 함유한 실리콘 또는 게르마늄 반도

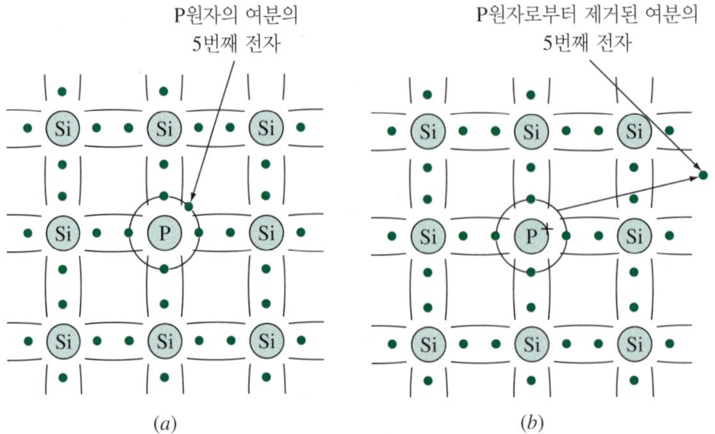

그림 14.21 ➤ (a) 5가의 인(P) 불순물 원자가 4가의 실리콘 격자에 첨가되면 모(parent) 원자에 약하게 연결된 5번째 전자를 제공한다. 작은 에너지(0.044 eV)에 의해 이 전자는 이동이 용이(mobile)하고 전도성을 갖게 된다. (b) 인가된 전기장 하에서 잉여 전자들은 전도성을 가지게 되며, 전기회로의 양극 쪽으로 끌리게 된다. 여분의 전자를 잃게 됨에 따라, 인 원자는 이온화되고 +1 전하를 얻게 된다.

체는 다수 전하운반자가 전자이기 때문에 **n형(음성형) 외인성 반도체**(n-type (negative-type) extrinsic semiconductors)라 한다.

실리콘의 에너지띠 다이어그램에서 VA족 불순물 원자의 잉여전자는 그림 14.22에서와 같이 비어 있는 전도띠 바로 아래의 금지된 에너지 갭에 위치한 에너지 준위를 점유한다. 이러한 에너지 준위를 **도너 준위**(donor level)라 하는데, 이는 이 준위가 도너 불순물 원자에 의해 만들어지기 때문이다. VA족 도너 불순물 원자는 잉여전자를 잃어버림에 따라, 이온화되어 양전하를 얻는다. 실리콘 내의 VA족 도너 불순물 원자인 Sb, P, As에 대한 에너지 준위가 그림 14.23에 나타나 있다.

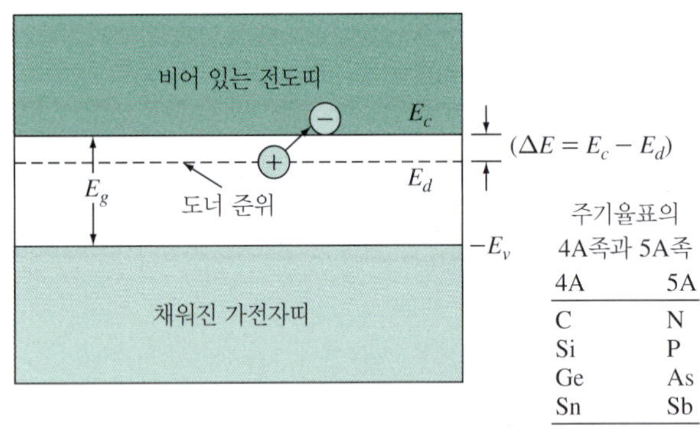

4A	5A
C	N
Si	P
Ge	As
Sn	Sb

그림 14.22 ➤ n형 외인성 반도체의 에너지띠 다이어그램으로써, 실리콘 결정격자(그림 14.21a)에 포함된 P, As, Sb와 같은 VA족 원소 잉여전자의 도너 준위 위치를 나타내고 있다. 도너 에너지 준위에 위치한 전자는 전도대로 여기되기 위해 매우 적은 양의 에너지($\Delta E = E_c - E_d$)만 필요하다. 도너 준위의 잉여전자가 전도띠로 도약할 때, 움직임이 어려운(immobile) 양이온은 그 자리에 남게 된다.

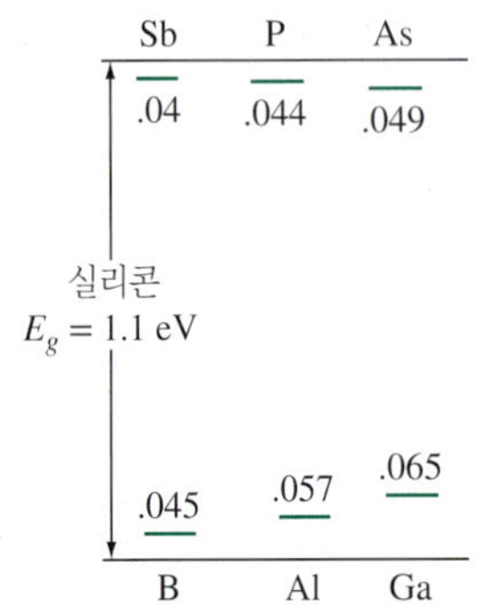

그림 14.23 ➤ 실리콘 내 여러 불순물들의 이온화 에너지(단위는 eV).

14.4.2 p형(양성형) 외인성 반도체

4면체로 결합된 격자인 실리콘에 붕소와 같은 3가의 IIIA족 원소가 치환되어 도입되면, 결합궤도 중 하나가 없게 되어 실리콘 결합구조 내에 하나의 정공이 존재하게 된다(그림 14.24*a*). 외부 전기장이 실리콘 결정에 인가되면 다른 4면체 결합에 있는 이웃한 전자 중의 하나가 결합을 끊고, 붕소 원자의 소실된 결합(정공)으로 움직이기에 충분한 에너지를 얻게 된다(그림 14.24*b*). 붕소 원자와 결합된 정공이 이웃한 실리콘 원자로부터의 전자에 의해 채워지면, 붕소 원자는 이온화되어 −1의 음전하를 얻게 된다. 실리콘 원자에서 전자를 제거하여 정공을 형성시키고, 그것에 의해 붕소 원자로 전자를 전달하는 것들에 관련된 결합에너지는 0.045 eV에 불과하다. 이 에너지의 양은 전자를 가전자띠에서 전도띠로 이동시키는 데 필요한 1.1 eV에 비해 적은 것이다. 인가 전기장 하에서, 그림 14.17에 나타낸 바와 같이 붕소 원자의 이온화에 의해 생성된 정공은 양전하운반자로 거동하고, 실리콘 격자 내에서 음극 쪽으로 이동한다.

에너지띠 다이어그램에서 붕소 원자는 실리콘의 채워진 가전자띠의 가장 윗부분 준위보다 약간 더 높은(= 0.045 eV) **억셉터 준위**(acceptor level)라 하는 에너지 준위를 제공한다(그림 14.25). 붕소 원자 근처에 있는 실리콘 원자의 가전자가 붕소−실리콘 가전자 결합 내의 소실된 전자인 정공을 채우면(그림 14.24*b*), 이 전자는 억셉터 준위로 상승하여 음의 붕소 이온을 생성하는 것이다. 이 과정에서 정공이 실리콘 격자내에 생성되며, 이것이 양전하의 운반자로써 거동한다. B, Al 및 Ga과 같은 IIIA족 원소의 원자들은 실리콘 반도체에 억셉터 준위를 제공하며,

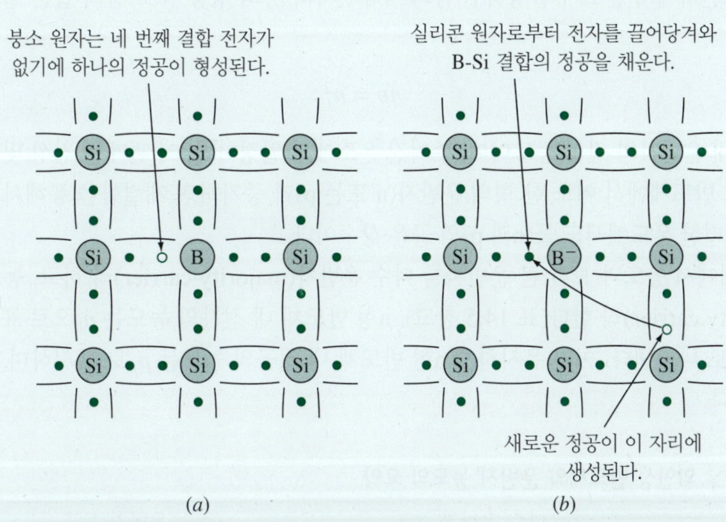

그림 14.24 ➤ (*a*) 3가의 붕소(B) 불순물 원자가 4가의 격자에 첨가되면, 1개의 전자가 부족하여 붕소−실리콘 결합 중의 하나에 정공이 생성된다. (*b*) 인가된 전기장 하에서 적은 양의 에너지(0.045 eV)만으로 근처의 실리콘 원자의 전자를 끌어와 이 정공을 채우며, 이에 따라 −1 전하의 움직임이 어려운(immobile) 붕소 이온을 생성하게 된다. 실리콘 격자 내에 생성된 새로운 정공은 양의 전하운반자처럼 거동하며, 전기회로의 음극 쪽으로 끌리게 된다.

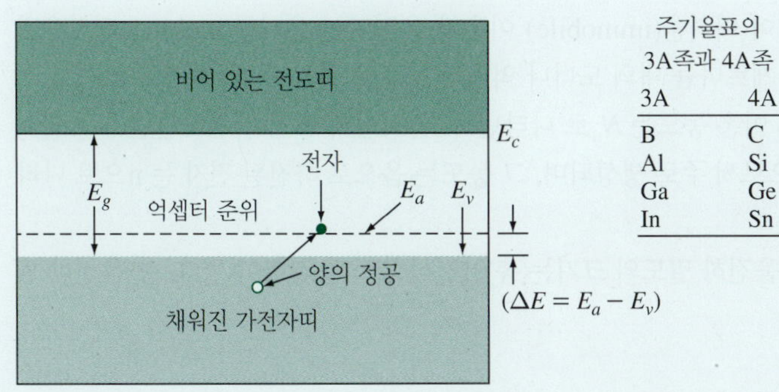

주기율표의
3A족과 4A족

3A	4A
B	C
Al	Si
Ga	Ge
In	Sn

그림 14.25 ➤ p형 외인성 반도체의 에너지띠 다이어그램으로써, 실리콘 격자내 실리콘 원자를 대체하는 Al, B, Ga과 같은 ⅢA족 원소의 원자를 첨가함으로써 형성된 억셉터 준위의 위치를 나타내고 있다(그림 14.24). 가전자띠로부터 억셉터 준위로 전자를 여기시켜 가전자띠에 정공(전하운반자)을 생성시키는데, 매우 적은 양의 에너지($\Delta E = E_a - E_v$)만 필요하다.

이들은 *억셉터 원자*(acceptor atom)라 불린다. 이 외인성 반도체내 다수 운반자는 가전자 결합구조 내의 정공이므로, 이를 **p형(양성 운반자형) 외인성 반도체**(p-type (positive-carrier-type) extrinsic semiconductors)라 한다.

14.4.3 외인성 실리콘 반도체 재료의 도핑

외인성 실리콘 반도체 재료를 만들기 위해 실리콘에 소량의 치환형 불순물 원자를 첨가하는 공정을 *도핑*(doping)이라 하고, 불순물 원자는 *도펀트*(dopant)라 한다. 실리콘 반도체의 도핑에 가장 널리 사용되는 방법으로 *평면 공정*(planar process)이 있다. 이 공정에서는 p 혹은 n형 재료의 영역을 형성하기 위해서 실리콘 한쪽 면의 선정된 영역에 도펀트 원자가 유입된다. 이런 웨이퍼는 일반적으로 지름이 4 in (10 cm) 정도이고 두께는 수백 마이크로미터[2] 정도이다.

실리콘 웨이퍼를 도핑하기 위한 확산공정에서 도펀트 원자는 일반적으로 기체증착 방법에 의해 웨이퍼의 표면 위나 그 근처에 증착된 후, 이 도펀트 원자들을 웨이퍼 내부로 이동시키는 주입(drive-in) 확산을 행한다. 이러한 확산공정에는 약 1100°C의 고온이 필요하다. 이 공정에 대한 보다 자세한 내용은 14.6절의 마이크로전자(microelectronics) 편에서 설명할 것이다.

14.4.4 외인성 반도체의 운반자 농도에 미치는 도핑의 영향

질량작용 법칙 실리콘과 게르마늄과 같은 반도체 내에서, 움직이기 용이한 전자와 정공은 지속적으로 생성되고 재결합한다. 평형 조건하에서 온도가 일정하면 음의 자유전자와 양의 정공 농도 간의 곱은 일정하다. 일반적 관계식은

$$np = n_i^2 \tag{14.17}$$

여기서 n_i는 반도체내 운반자의 진성 농도이며, 주어진 온도에서 일정하다. 이 관계는 진성 및 외인성 반도체 모두에 유효하다. 외인성 반도체에서 어느 한 형의 운반자(n 또는 p)가 증가하면 재결합을 통해서 다른 하나의 농도가 감소하기 때문에, 어떠한 온도에서도 둘(n과 p)의 곱은 상수이다.

외인성 반도체 내에서 농도가 보다 큰 운반자를 **다수 운반자**(majority carrier)라 하고, 농도가 보다 작은 것을 **소수 운반자**(minority carrier)라 한다(표 14.5 참고). n형 반도체 내 전자의 농도는 n_n으로 표시하며, n형 재료 내 정공의 농도는 p_n으로 나타낸다. 이와 유사하게 p형 반도체 내 정공의 농도는 p_p로 표시하며, p형 재료 내 전자의 농도는 n_p로 나타낸다.

표 14.5 > 외인성 반도체의 운반자 농도의 요약

반도체	다수 운반자 농도	소수 운반자 농도
n형	n_n(n형 재료 내 전자 농도)	p_n(n형 재료 내 정공 농도)
p형	p_p(p형 재료 내 정공 농도)	n_p(p형 재료 내 전자 농도)

외인성 반도체의 전하밀도 외인성 반도체의 두 번째 관계는 결정 전체는 전기적으로 중성이어야 한다는 사실로부터 얻어진다. 이것은 각 단위체적 내의 전하밀도가 0이어야 함을 의미한다. 실리콘과 게르마늄 같은 외인성 반도체에는 2가지 형태의 하전된 입자, 즉 움직임이 어려운(immobile) 이온과 움직임이 용이한(mobile) 전하운반자가 있다. 움직임이 어려운 이온은 실리콘이나 게르마늄 내의 도너나 억셉터 불순물 원자가 이온화됨으로써 생성된다. 양의 도너 이온 농도는 N_d로, 음의 억셉터 이온 농도는 N_a로 나타낸다. 움직임이 용이한 전하운반자는 실리콘이나 게르마늄 내의 불순물 원자가 이온화됨으로써 주로 생성되며, 그 농도는 음으로 하전된 전자 는 n으로 나타내고, 양으로 하전된 정공은 p로 나타낸다.

반도체는 전기적으로 중성이어야 하므로 총 음전하 밀도의 크기는 총 양전하 밀도와 같아야 한다. 총 음전하 밀

2 1 micrometer (μm) = 10^{-4} cm = 10^4 Å.

도는 음의 억셉터 이온 N_a와 전자의 합, 즉 $N_a + n$과 같다. 총 양전하 밀도는 양의 도너 이온 N_d와 정공의 합, 즉 $N_d + p$와 같다. 따라서

$$N_a + n = N_d + p \tag{14.18}$$

진성 실리콘에 도너 불순물 원자를 첨가하여 만든 n형 반도체의 경우는 $N_a = 0$이다. n형 반도체에서는 전자의 수가 정공의 수보다 훨씬 크기 때문에(즉, $n \gg p$), 식 (14.18)은 아래 식과 같이 간소화된다.

$$n_n \approx N_d \tag{14.19}$$

그러므로 n형 반도체에서 자유전자의 농도는 도너 원자의 농도와 거의 동일하다. n형 반도체 내 정공의 농도는 식 (14.17)로부터 얻어진다. 즉,

$$p_n = \frac{n_i^2}{n_n} \approx \frac{n_i^2}{N_d} \tag{14.20}$$

실리콘과 게르마늄의 p형 반도체에 대해 상응하는 식은 다음과 같다.

$$p_p \approx N_a \tag{14.21}$$

그리고,

$$n_p = \frac{n_i^2}{p_p} \approx \frac{n_i^2}{N_a} \tag{14.22}$$

진성 및 외인성 반도체의 일반적인 운반자 농도 300 K에서 실리콘의 진성 운반자 농도 n_i는 1.5×10^{16} 운반자/m^3이다. 비소(As)가 10^{21} 불순물 원자/m^3의 일반적 농도로 도핑된 외인성 실리콘의 경우,

$$\text{다수 운반자 농도 } n_n = 10^{21} \text{ 전자/m}^3$$

$$\text{소수 운반자 농도 } p_n = 2.25 \times 10^{11} \text{ 정공/m}^3$$

따라서 외인성 반도체의 다수 운반자 농도는 소수 운반자 농도보다 일반적으로 훨씬 크다. 예제 14.7은 외인성 실리콘 반도체들의 다수와 소수 운반자 농도를 계산하는 방법을 보여준다.

예제 14.7

실리콘 웨이퍼가 10^{21}인(P) 원자/m^3으로 도핑되어 있다. 상온(300 K)에서 이렇게 도핑된 실리콘의 (*a*) 다수 운반자 농도, (*b*) 소수 운반자 농도, (*c*) 전기비저항을 계산하라. 도펀트 원자가 완전히 이온화되었다고 가정한다. $n_i(\text{Si}) = 1.5 \times 10^{16}\ \text{m}^{-3}$, $\mu_n = 0.135\ \text{m}^2/(\text{V}\cdot\text{s})$, $\mu_p = 0.048\ \text{m}^2/(\text{V}\cdot\text{s})$.

풀이

실리콘이 V족 원소인 인(P)으로 도핑되었으므로, 도핑된 실리콘은 n형이다.

a. $$n_n = N_d = 10^{21} \text{ 전자/m}^3 ◀$$

b. $$p_n = \frac{n_i^2}{N_d} = \frac{(1.5 \times 10^{16}\text{m}^{-3})^2}{10^{21}\ \text{m}^{-3}} = 2.25 \times 10^{11} \text{ 정공/m}^3 ◀$$

c. $$\rho = \frac{1}{q\mu_n n_n} = \frac{1}{(1.60 \times 10^{-19}\ \text{C})\left(0.135 \frac{\text{m}^2}{\text{V}\cdot\text{s}}\right)\left(\frac{10^{21}}{\text{m}^3}\right)}$$
$$= 0.0463\ \Omega \cdot \text{m}^* ◀$$

* 단위환산은 예제 14.5를 참고하라.

예제 14.8

인(P)으로 도핑된 실리콘 웨이퍼의 전기비저항이 27°C에서 $8.33 \times 10^{-5}\ \Omega \cdot m$이다. 전하운반자의 이동도는 각각 전자는 $0.135\ m^2/(V \cdot s)$, 정공은 $0.048\ m^2/(V \cdot s)$인 상수로 가정한다.

a. 완전히 이온화된다고 가정하면, 다수 운반자 농도(운반자/m^3)는 얼마인가?

b. 이 재료에서 인 대 실리콘 원자의 비는 얼마인가?

풀이

a. 인(P)은 n형 실리콘 반도체를 형성한다. 그러므로 전하운반자의 이동도는 300 K에서 실리콘 내 전자의 이동도인 $0.135\ m^2/(V \cdot s)$라고 가정한다. 따라서

$$\rho = \frac{1}{n_n q \mu_n}$$

또는

$$n_n = \frac{1}{\rho q \mu_n} = \frac{1}{(8.33 \times 10^{-5}\ \Omega \cdot m)(1.60 \times 10^{-19}\ C)[0.1350\ m^2/(V \cdot s)]}$$
$$= 5.56 \times 10^{23}\ \text{전자}/m^3 \blacktriangleleft$$

b. 각각의 인 원자가 하나의 전자 전하운반자를 제공한다고 가정하면, 이 재료에는 5.56×10^{23}인 원자/m^3이 있다. 순수 실리콘은 5.00×10^{28} 원자/m^3을 포함하고 있다(예제 14.4). 따라서 인 대 실리콘 원자의 비는 다음과 같다.

$$\frac{5.56 \times 10^{23}\ \text{원자}/m^3}{5.00 \times 10^{28}\ \text{Si 원자}/m^3} = 1.11 \times 10^{-5}\ \text{P 대 Si 원자} \blacktriangleleft$$

14.4.5 상온에서 실리콘 내 전하운반자의 이동도에 미치는 이온화된 불순물 총 농도의 영향

그림 14.26은 상온에서 실리콘 내 전자와 정공의 이동도는 낮은 불순물 농도에서 최대가 되고, 불순물 농도가 증가함에 따라 감소하여, 고농도에서 최저값에 이르는 것을 나타내고 있다. 예제 14.9는 어느 한 형의 전하운반자가 다른 형의 전하운반자에 의해 중화될 때, 다수운반자의 이동도가 낮아지는 것을 나타내고 있다.

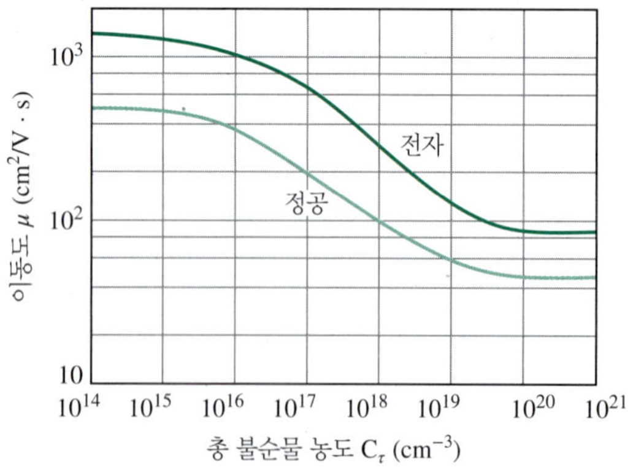

그림 14.26 ➤ 상온에서 실리콘 내 전하운반자의 이동도에 미치는 이온화된 불순물 총 농도의 영향.
(출처: A.S. Grove, *Physics and Technology of Semiconductor Devices*, Wiley, 1967, p. 110.)

예제 14.9

실리콘 반도체가 27°C에서 1.4×10^{16} 붕소(B) 원자/cm^3 + 1.0×10^{16} 인(P) 원자/cm^3로 도핑되었다. (*a*) 전자와 정공의 평형 농도, (*b*) 전자와 정공의 이동도, (*c*) 전기비저항을 계산하라. 도펀트 원자가 완전히 이온화된다고 가정하라. $n_i\,(\text{Si}) = 1.50 \times 10^{10}\ \text{cm}^{-3}$.

풀이

a. *다수 운반자* 농도: 움직임이 용이하지 않은 이온의 순농도는 억셉터 이온 농도에서 도너 이온 농도를 뺀 것과 같다. 즉,

$$p_p \simeq N_a - N_d = 1.4 \times 10^{16}\ \text{B 원자/cm}^3 - 1.0 \times 10^{16}\ \text{P 원자/cm}^3$$
$$\simeq N_a \simeq 4.0 \times 10^{15}\ \text{정공/cm}^3 \blacktriangleleft$$

소수 운반자 농도: 전자가 소수 운반자이다. 따라서

$$n_p = \frac{n_i^2}{N_a} = \frac{(1.50 \times 10^{10}\ \text{cm}^{-3})^2}{4 \times 10^{15}\ \text{cm}^{-3}} = 5.6 \times 10^4\ \text{전자/cm}^3 \blacktriangleleft$$

b. *전자와 정공의 이동도*: 전자의 경우, 총 불순물 농도 $C_T = 2.4 \times 10^{16}$ 이온/cm^3과 그림 14.26을 이용하여,

$$\mu_n = 900\ \text{cm}^2/(\text{V} \cdot \text{s}) \blacktriangleleft$$

정공의 경우, $C_T = 2.4 \times 10^{16}$ 이온/cm^3과 그림 14.26을 이용하여,

$$\mu_p = 300\ \text{cm}^2/(\text{V} \cdot \text{s}) \blacktriangleleft$$

c. *전기비저항*: 도핑된 반도체는 p형이다.

$$\rho = \frac{1}{q\mu_p p_p}$$
$$= \frac{1}{(1.60 \times 10^{-19}\ \text{C})[300\ \text{cm}^2/(\text{V} \cdot \text{s})](4.0 \times 10^{15}/\text{cm}^3)}$$
$$= 5.2\ \Omega \cdot \text{m} \blacktriangleleft$$

14.4.6 외인성 반도체의 전기전도도에 미치는 온도의 영향

도핑된 불순물 원자를 포함하는 실리콘과 같은 외인성 반도체의 전기전도도는 그림 14.27에 도식적으로 나타낸 것처럼 온도에 의해 영향을 받는다. 낮은 온도에서는 단위체적당 활성화(이온화)된 불순물 원자의 수가 실리콘의 전기전도도를 결정한다. 온도가 증가함에 따라 보다 많은 불순물 원자들이 이온화되고, 이에 따라 외인성 실리콘의 전기전도도는 외인성 범위에서 온도가 올라감에 따라 증가한다(그림 14.27).

외인성범위에서는 불순물 원자를 이온화시키는 데 비교적으로 적은 양의 에너지(≈ 0.04 eV)만 필요하다. n형 실리콘에서 전도띠로 도너 전자를 여기시키기 위해 필요한 에너지의 양은 $E_c - E_d$이다(그림 14.22). 따라서 n형 실리콘의 경우, ln σ 대 $1/T(\text{K}^{-1})$의 기울기는 $-(E_c - E_d)/k$이다. 마찬가지로 p형 실리콘의 경우, 억셉터 준위로 전자를 여기시켜 가전자띠에 정공을 생성시키는 데 필요한 에너지의 양은 $E_a - E_v$이다. 따라서 p형 실리콘의 경우, ln σ 대 $1/T(\text{K}^{-1})$의 기울기는 $-(E_a - E_v)/k$이다(그림 14.27).

완전한 이온화가 일어나는 데 요구되는 온도 이상의 특정 온도범위에서는 온도의 증가에 의해 외인성 반도체의 전기전도도가 크게 변화하지 않는다. n형 반도체의 경우, 이 온도범위를 *고갈범위*(exhaustion range)라 하는데, 이는 도너 원자들이 그들의 도너 전자들을 잃은 후 완전히 이온화되기 때문이다(그림 14.27). p형 반도체의 경우, 이 범위를 *포화범위*(saturation range)라 하는데, 이는 억셉터 원자가 억셉터 전자를 얻음으로써 완전히 이온화되기 때문이다. 상온(300 K) 정도에서 고갈범위를 만들기 위해서는 비소로 도핑된 실리콘은 약 10^{21} 운반자/m^3이 필요하다(그림 14.28*a*). 반도체 소자에서 도너 고갈 및 억셉터 포화 온도범위는 중요한데, 그 이유는 이 온도범위

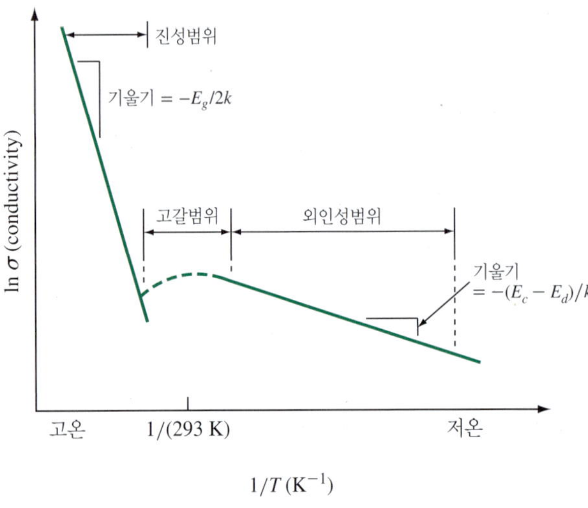

그림 14.27 ➤ n형 외인성 반도체의 ln σ(전도도) 대 $1/T$ (K^{-1})의 도식도.

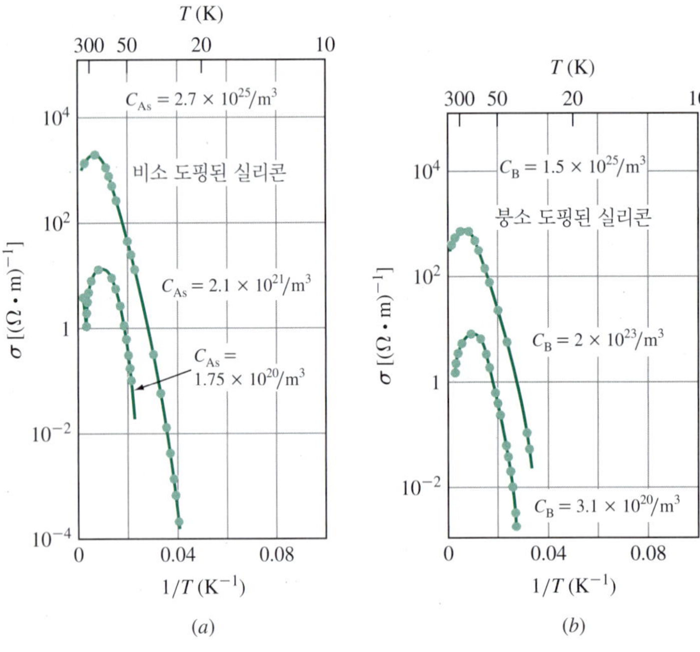

그림 14.28 ➤ (*a*) 비소(As)가 도핑된 Si의 ln σ 대 $1/T$ (K^{-1}) 그래프. 불순물이 최저일 때, 높은 온도에서 진성 기여도가 다소 보인다. 40 K에서의 선의 기울기로부터 E_i = 0.048 eV임을 알 수 있다. (*b*) 붕소(B)가 도핑된 Si의 ln s 대 $1/T$ (K^{-1}) 그래프. 50 K 미만에서의 선의 기울기로부터 E_i = 0.043 eV임을 알 수 있다.
((*a-b*) 출처: C.A. Wert and R.M. Thomson, *Physics of Solids*, 2d ed., McGraw Hill, 1970, p. 282.)

가 소자의 작동에 있어서 본질적으로 일정한 전기전도도를 갖는 온도범위를 규정하기 때문이다.

온도가 고갈범위 이상으로 증가함에 따라 진성범위(intrinsic range)로 들어가게 된다. 높은 온도는 전자들이 반도체 갭(실리콘의 경우 1.1 eV)을 뛰어넘기에 충분한 활성화 에너지를 공급하기 때문에, 진성 전도가 지배적이 된다. σ 대 $1/T$ (K^{-1}) 그래프의 기울기는 매우 가파르게 되며 이는 $-E_g/2k$이다. 에너지 갭이 1.1 eV인 실리콘기(silicon-based) 반도체의 경우, 외인성 전도는 약 200°C까지 사용될 수 있다. 외인성 전도를 사용할 수 있는 상한은 진성 전도도가 중요하게 되는 온도에 의해 결정된다.

14.5 반도체 소자

전자산업에서 반도체의 사용은 점차 중요성을 더해가고 있다. 약 1 cm^2 이하의 크기와 약 200 μm 두께의 실리콘 단일 칩(chip) 위에 매우 복잡한 전기회로를 설치할 수 있게 된 반도체 제조사의 능력에 의해 무수히 많은 제품의 설계와 제조에 혁신이 일어났다. 실리콘 칩 위에 복잡한 전자회로를 설치할 수 있게 된 한 가지 예로 그림 14.1에서와 같은 고급 마이크로프로세서 또는 "칩상의 컴퓨터(computer on a chip)"가 있다. 마이크로프로세서는 실리콘기(silicon-based) 반도체기술의 점진적 소형화를 이용한 최근의 많은 생산품들의 기본이다.

이 절에서는 pn 접합에서 전자－정공 상호작용을 우선 학습하고, pn 접합 다이오드의 작동을 알아보기로 한다. 그리고 pn 접합 다이오드의 몇 가지 응용분야를 살펴본다. 마지막으로 간략하게 쌍극접합 트랜지스터의 작동을 다루기로 한다.

14.5.1 pn 접합

대부분의 반도체 소자들은 p형과 n형 재료 간 경계의 특성에 의존하므로, 이러한 경계의 몇 가지 특성을 알아보기로 한다. pn 접합 다이오드는 진성 실리콘의 단결정을 성장시키고, n형 재료를 먼저 도핑한 다음에 p형 재료를 도핑하여 제조할 수 있다(그림 14.29*a*). 그러나 보다 통상적으로 pn 접합은 어떤 한 형의 불순물(예, p형)을 기존의 n형 재료에 고상 확산시켜 만든다(그림 14.29*b*).

평형에서 pn 접합 다이오드 p형과 n형 실리콘 반도체가 서로 연결되어 접합을 형성한 이상적인 경우를 생각해 보자. 결합 전에는 두 반도체 모두 전기적으로 중성이다. p형 재료에서는 정공이 다수 운반자이고 전자는 소수 운반자이다. n형 재료에서는 전자가 다수 운반자이며 정공은 소수 운반자이다.

p형과 n형 재료를 연결하면(즉, 실제 제조에 의해 **pn 접합**(pn junction)이 형성되면), 접합지점 또는 그 근처의 다수 운반자는 확산에 의해 접합을 건너가 재결합을 한다(그림 14.30*a*). 접합지점 또는 그 근처에 잔류한 이온들은 전자나 정공보다 물리적으로 더 크고 무겁기 때문에, 이들은 실리콘 격자 내의 그들의 위치에 남아 있다(그림 14.30*b*). 접합에서 다수 운반자의 일부가 재결합한 후, 재결합이 멈추게 되는데, 이는 접합을 건너 p형 재료 속으로 들어가는 전자들이 큰 음이온들에 의해 반발되기 때문이다. 마찬가지로, 접합을 지나는 정공은 n형 재료의 큰 양이온들에 의해 반발된다. 접합지점에서 움직임이 어려운 이온들은 다수 운반자가 소진된 영역이 생성되며, 이를

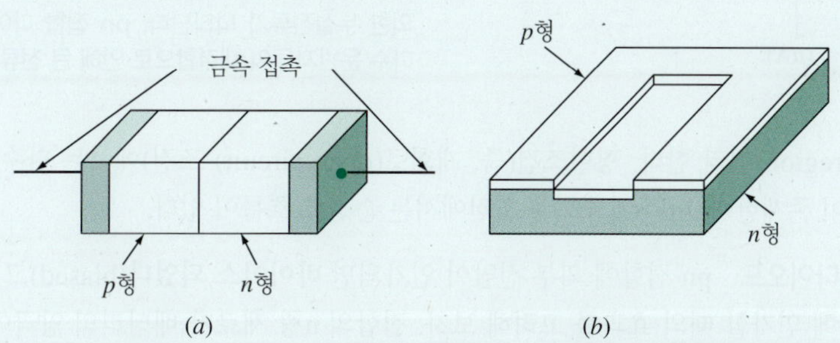

그림 14.29 ➤ (*a*) 단결정 막대 형태로 성장시킨 pn 접합 다이오드. (*b*) n형 반도체 결정에 선택적으로 p형 불순물을 확산시켜 제작한 평면(planar) pn 접합.

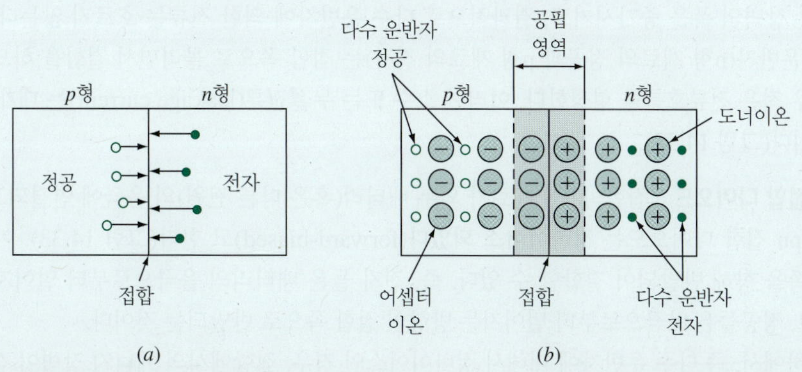

그림 14.30 ➤ (*a*) 다수 운반자(p형 재료내 정공 그리고 n형 재료내 전자)들이 접합 쪽으로 확산해 가는 것을 보이고 있는 pn 접합 다이오드. (*b*) pn 접합지점이나 그 근처에서 재결합에 의해 다수 운반자들이 소멸되어 공핍영역이 형성됨. 오직 이온들만이 이 영역 내 결정구조의 그들의 위치에 잔류한다.

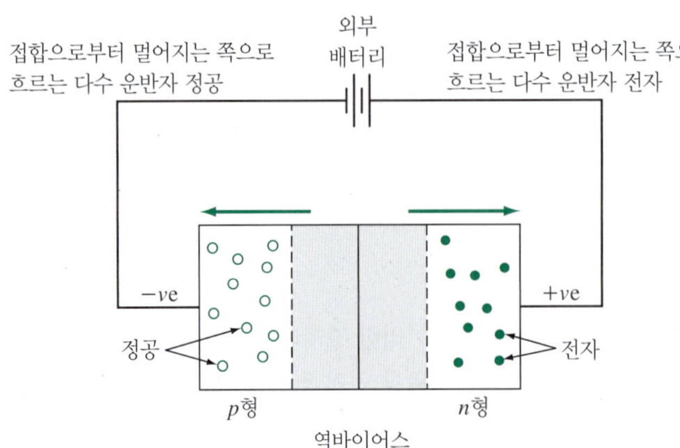

그림 14.31 ➤ 역바이어스 pn 접합 다이오드. 다수 운반자들이 접합으로부터 멀어지는 쪽으로 끌리므로, 접합이 평형상태에 있는 경우에 비해 더 넓은 고갈영역을 형성한다. 다수 운반자들에 의한 전류흐름은 거의 0으로 줄어들게 된다. 그러나 소수 운반자들은 정바이어스된 것이기에, 그림 14.32에 나타낸 바와 같이 작은 누설전류를 형성한다.

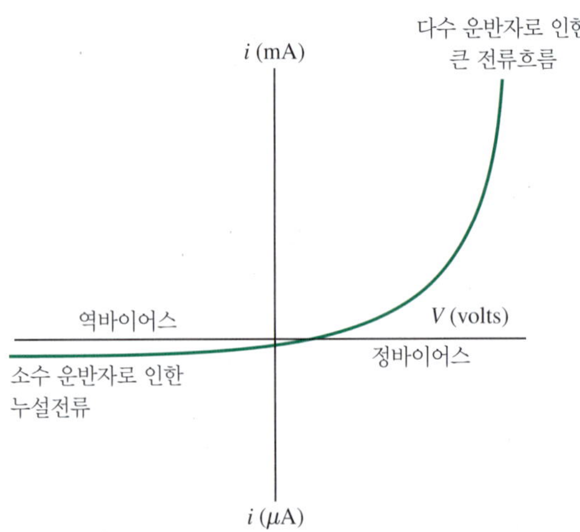

그림 14.32 ➤ pn 접합 다이오드의 전류−전압 특성의 도식도. pn 접합 다이오드가 역바이어스 되면 소수 운반자들 간의 결합에 의한 누설전류가 나타난다. pn 접합 다이오드가 정바이어스되면 다수 운반자들의 재결합으로 인해 큰 전류가 흐른다.

공핍영역(depletion region)이라 한다. 평형조건(즉, 개회로(open-circuit) 조건)에서는 다수 운반자의 흐름에 대한 전위차 또는 장벽이 존재한다. 따라서 개회로 조건에서는 순전류 흐름이 없다.

역바이어스 pn 접합 다이오드 pn 접합에 외부 전압이 인가되면 **바이어스 되었다**(biased)고 한다. 배터리에 의해 외부 전압을 pn 접합에 인가할 때의 효과를 고려해 보자. 접합의 n형 재료가 배터리의 양극에 연결되고 p형 재료가 음극에 연결되면, pn 접합은 **역바이어스** 되었다(reverse-biased)고 한다(그림 14.31). 이 배열에서, n형 재료의 전자(다수 운반자)들은 접합으로부터 멀어지며 배터리의 양극으로 끌리고, p형 재료의 정공(다수 운반자)들은 접합으로부터 멀어지며 배터리의 음극으로 끌리게 된다(그림 14.31). 접합으로부터 멀어지는 다수 운반자인 전자와 정공의 움직임은 장벽의 폭을 증가시키고, 결과적으로 다수 운반자에 의한 전류는 흐르지 않는다. 그러나 열적으로 생성된 소수 운반자(n형 재료의 정공과 p형 재료의 전자)는 접합 쪽으로 몰리면서 결합을 하므로, 역바이어스 조건 하에서 매우 적은 전류흐름을 형성한다. 이러한 소수 또는 *누설전류*(leakage current)는 대개 몇 마이크로 암페어(μA) 정도이다(그림 14.32).

정바이어스 pn 접합 다이오드 접합의 n형 재료가 외부 배터리(혹은 다른 전원)의 음극에 연결되고 p형 재료가 양극에 연결되면, pn 접합 다이오드는 **정바이어스 되었다**(forward-biased)고 한다(그림 14.33). 이 배열에서 다수 운반자는 접합 쪽을 향해 반발되어 결합할 수 있다. 즉, 전자 들은 배터리의 음극으로부터 멀어지는 방향인 접합 쪽으로 반발되고, 정공들은 양극으로부터 멀어지는 방향인 접합 쪽으로 반발되는 것이다.

정바이어스 하에서, 즉 다수 운반자에 대해서 정바이어스인 경우, 접합에서의 에너지 장벽이 감소하여 일부 전자와 정공이 접합을 건너 결과적으로 재결합할 수 있다. pn 접합에 정바이어스가 걸려 있는 동안, 배터리로부터의 전자들은 다이오드의 음성 재료로 들어간다(그림 14.33). 한 전자가 접합을 건너서 한 정공과 재결합할 때마다, 다

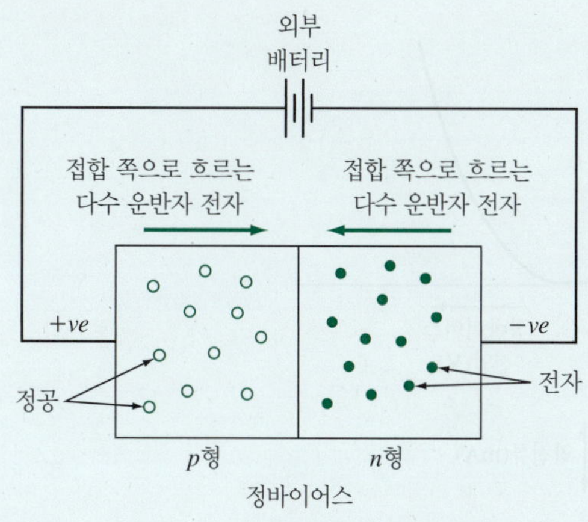

그림 14.33 ➤ 정바이어스 pn 접합 다이오드. 다수 운반자들이 접합 쪽으로 반발되며, 접합을 넘어가 재결합을 하여 큰 전류가 흐르게 된다.

른 하나의 전자가 배터리로부터 들어간다. 또한, 한 정공이 n형 재료의 한 전자와 재결합할 때마다 한 전자가 p형 재료를 떠나 배터리의 양극 쪽으 로 흐르게 되어 새로운 정공이 형성된다. pn 접합이 정바이어스일 때 전자흐름에 대한 에너지 장벽이 감소하므로, 그림 14.32에서 나타내는 바와 같이 상당한 양의 전류가 흐를 수 있다. pn 접합이 정바이어스되고 배터리가 전자 공급을 하는 한 전자흐름(즉, 전류흐름)은 지속된다.

14.5.2 pn 접합 다이오드의 응용

정류 다이오드 pn 접합 다이오드의 가장 중요한 응용 분야 중의 하나가 교류전압을 직류전압으로 변환하는 것이며, 이 공정은 *정류*(rectification)라 한다. 이 공정에 사용되는 다이오드는 **정류 다이오드**(rectifier diode)라 한다. AC 신호가 pn 접합 다이오드에 가해질 때, p영역이 n영역에 비해 양의 전압으로 인가될 경우만 다이오드는 전도를 한다. 그 결과, 그림 14.34에서와 같은 반파(half-wave) 정류가 생성된다. 이 출력신호는 다른 전자 소자와 회로에 의해 순화되어서 정상 DC 신호가 생성된다. 고상 실리콘 정류기는 수십 분의 일의 암페어에서 수백 암페어 또는 그 이상이 요구되는 넓은 응용 분야에 사용된다. 전압 역시 1000 V 또는 그 이상으로 할 수 있다.

항복 다이오드 *제너 다이오드*(Zener diode)라 일컬어지기도 하는 항복 다이오드(breakdown diode)는 역전류(누설전류)가 적으며, 약간 더 큰 역바이어스 전압에서 역전류가 매우 빠르게 증가하며 항복 전압에 도달하는 실리콘 정류기이다(그림 14.35). 이른바 제너 항복에서는 공유결합한 결정격자 밖으로 전자를 직접 끌어당기기에 충분할 정도로 다이오드 내 전기장이 강하게 된다. 이때 생성된 전자−정공 쌍들은 높은 역전류를 발생시킨다. 제너 항복 전압보다 더 높은 역 바이어스 전압에서는 눈사태(avalanche) 효과가 발생하며, 역전류가 매우 크다. 눈사태 효과를 설명하는 한 가지 이론은 전자들이 충돌 간에 충분한 에너지를 얻어서 공유결합으로부터 보다 많은 전자들

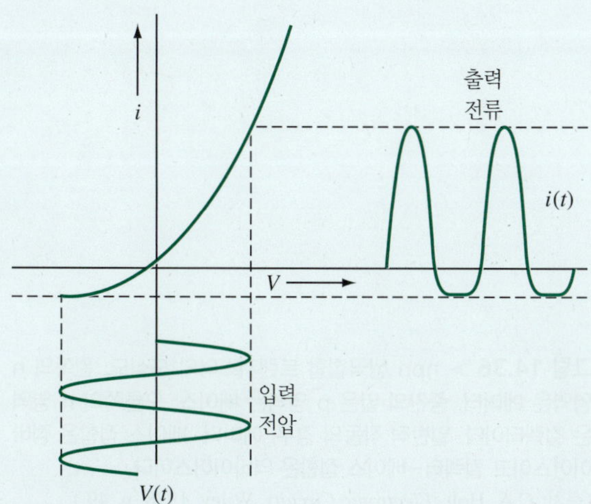

그림 14.34 ➤ 전압−전류 다이어그램으로써 교류(ac)를 직류(dc)로 변환하는 pn 접합 다이오드의 정류작용을 설명하고 있다. 출력 전류는 완전히 직류는 아니지만, 대부분 양성이다. 이 dc 신호는 다른 전자소자에 의해 순화된다.

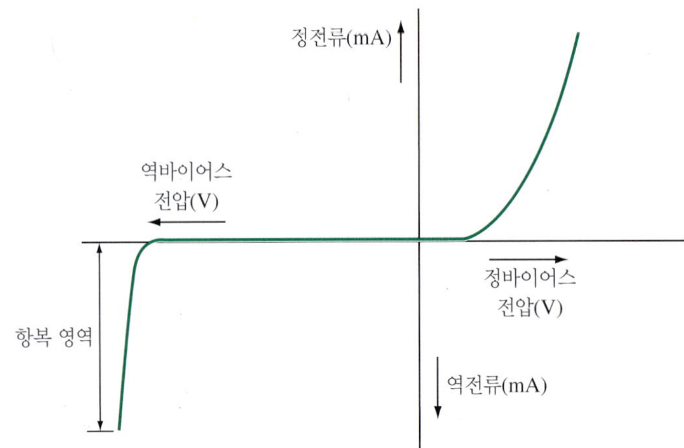

그림 14.35 ➤ 제너(눈사태) 다이오드 특성 곡선. 항복전압 영역에서 큰 역전류가 형성된다.

을 떼어내고, 이들 전자들이 전기를 전도하기에 충분히 높은 에너지에 도달하게 된다는 것이다. 항복 다이오드는 수 볼트에서 수백 볼트의 항복 전압을 갖도록 만들 수 있으며, 전압 제한용이나 크게 변하는 전류조건하에서 전압 안정화에 사용한다.

14.5.3 쌍극접합 트랜지스터

쌍극접합 트랜지스터(bipolar junction transistor: BJT)는 전류증폭기로 사용되는 전자소자이다. 이 장치는 실리콘 같은 반도체 재료의 단결정에 연속적으로 배열된 2개의 pn 접합으로 구성 되어있다. 그림 14.36은 npn형 쌍극접합 트랜지스터를 도식적으로 보여주며, 트랜지스터의 세 주요 부분, 즉 *에미터*(emitter), *베이스*(base) 및 *컬렉터*(collector)를 나타내고 있다. 트랜지스터의 에미터는 전하운반자를 방출한다. npn 트랜지스터의 에미터는 n형이기 때문에 전자를 내보낸다. 트랜지스터의 베이스는 전하운반자의 흐름을 조절하며, npn 트랜지스터에서는 p형이다. 베이스는 매우 얇게(약 10^{-3} cm 두께) 만들어지며, 적게 도핑되어서 에미터로부터의 전하운반자 중 아주 소량만이 베이스에 있는 상반되게 하전된 다수 운반자와 재결합한다. BJT의 컬렉터는 주로 에미터로부터 나온 전하운반자를 수집한다. npn 트랜지스터의 컬렉터 부분은 n형이기 때문에, 에미터로부터의 전자를 주로 수집한다.

통상적인 npn 트랜지스터의 가동의 경우, 에미터-베이스 접합은 정바이어스이고 컬렉터-베이스 접합은 역바이어스이다(그림 14.36). 에미터-베이스 접합에의 정바이어스는 에미터로부터 베이스로 전자의 주입을 초래한다(그림 14.37). 베이스 속으로 주입된 전자들의 일부는 p형 베이스의 정공과 재결합함으로써 사라진다. 그러나, 에미터로부터의 대부분의 전자들은 얇은 베이스를 곧바로 통과하여 컬렉터 속으로 들어가며, 여기서 컬렉터의

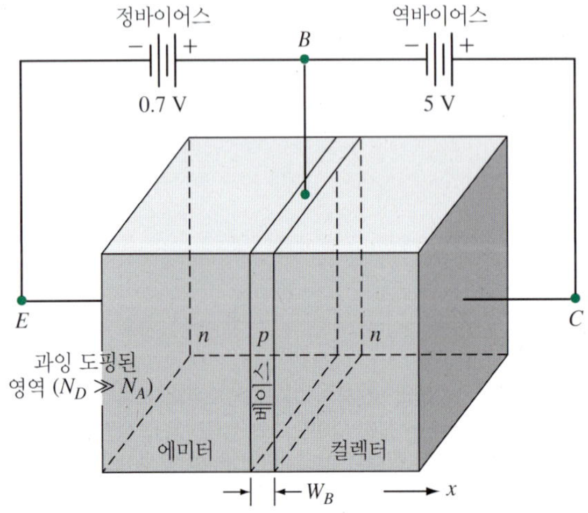

그림 14.36 ➤ npn 쌍극접합 트랜지스터의 도식도. 왼쪽의 n 영역은 에미터, 중간의 얇은 p 영역은 베이스, 오른쪽의 n 영역은 컬렉터이다. 일반적 작동의 경우, 에미터- 베이스 접합은 정바이어스이고 컬렉터-베이스 접합은 역바이어스이다.
(출처: C.A. Holt, *Electronic Circuits*, Wiley, 1978, p. 49.)

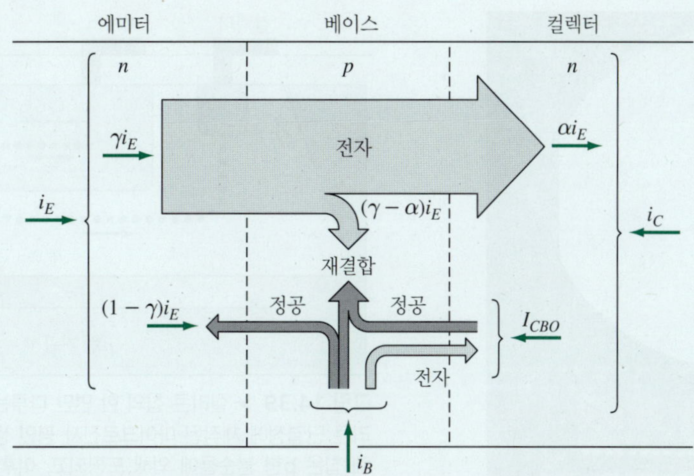

그림 14.37 ➤ 정상 동작 중인 npn 쌍극접합 트랜지스터의 전하운반자의 움직임. 에미터로부터 베이스를 곧바로 통과해서 컬렉터로 가는 전자들이 대부분의 전류를 이룬다. 약 1~5% 정도의 전자들은 베이스 전류흐름으로부터의 정공과 재결합한다. 나타낸 바와 같이 열적으로 생성된 운반자들에 기인한 적은 역전류도 역시 존재한다.
(출처: R.J. Smith, "*Circuits, Devices and Systems*," 3rd ed., Wiley, 1976, p. 343.)

양극에 끌리게 된다. 다량의 전자로 에미터를 도핑하는 것, 소량의 정공로 베이스를 도핑하는 것, 그리고 매우 얇은 베이스, 이 모든 것들이 에미터 전자의 대부분(약 95~99%)이 컬렉터로 바로 지나서 들어가도록 하게 하는 인자들이다. 극히 소수의 정공만이 베이스에서 에미터로 흐른다. 베이스 극에서 베이스 영역으로 전류흐름의 대부분은 전자와의 재결합에 의해 잃어버린 정공을 대체하기 위한 정공의 흐름이다. 베이스로의 전류흐름은 적으며, 이는 에미터로부터 컬렉터로 흐르는 전자전류의 약 1~5%이다. 어떤 관점에서는 베이스로의 전류흐름은 조절밸브라고 생각될 수 있는데, 이는 작은 베이스 전류가 훨씬 큰 컬렉터 전류를 조절하는 데 사용될 수 있기 때문이다. 2종류의 전하운반자(전자와 정공) 모두가 작동에 관여되기 때문에 쌍극 트랜지스터라 명명되었다.

14.6 마이크로전자 기술

최근의 반도체 기술에 의해 약 455 mm^2 크기, 0.2 mm 두께의 실리콘 단일 "칩(chip)"상에 수십억 개의 트랜지스터를 장착하는 것이 가능하게 되었다. 실리콘 칩 상에 매우 많은 수의 전자소자들을 탑재할 수 있게 됨에 따라, 전자소자 시스템의 성능을 크게 향상시켰다(그림 14.1).

(출처: "Broadwell U arrives: Faster laptop CPUs and GPUs from Core i7 to Celeron." *ArsTechnica*.)

고밀도집적(large-scale integrated: LSI) 마이크로전자 회로는 지름 약 100~125 mm, 두께 0.2 mm인 실리콘 단결정 웨이퍼(n형 또는 p형)로부터 제작된다. 웨이퍼의 표면은 고도로 연마되어야 하며 한쪽 면에는 결함이 없어야 하는데, 이는 반도체 소자가 웨이퍼의 연마된 표면상에 제작되기 때문이다. 그림 14.38은 마이크로전자 회로가 표면 위에 제작되어 있는 실리콘 웨이퍼를 보이고 있다. 한 웨이퍼로부터 약 100~1000개의 칩(크기에 의존)을 만들 수 있다.

우선 실리콘 웨이퍼의 표면상에 제작된 평면형(planar-type) 쌍극 트랜지스터의 구조를 살펴보자. 그 다음, 현대 반도체소자 시스템에 널리 사용되고 있는 MOSFET, 즉 금속산화물 반도체 전계효과 트랜지스터(metal oxide semiconductor field-effect transistor)라 불리는 보다 조밀한 형태의 트랜지스터의 구조를 간단히 살펴볼 것이다. 마지막으로, 최신 마이크로전자 회로의 제작에 사용되는 기본 공정 몇 가지의 개요를 알아볼 것이다.

14.6.1 마이크로전자 평면 쌍극 트랜지스터

마이크로전자 평면 쌍극 트랜지스터(microelectronic planar bipolar transistor)는 실리콘 웨이퍼의 한 면만 다루는 일련의 공정에 의해 실리콘 단결정 웨이퍼의 표면상에 제작된다. 그림 14.39는 npn 평면 쌍극 트랜지스터 단면

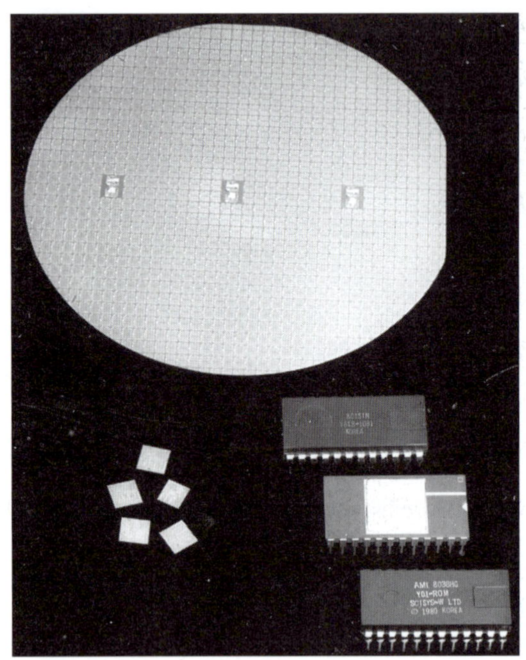

그림 14.38 ➤ 이 사진은 웨이퍼, 집적회로, 3개의 칩 패키지(중간의 패키지는 세라믹이고 다른 둘은 플라스틱임)를 보이고 있음. 이 웨이퍼의 중심부에 있는 3개의 큰 소자들은 웨이퍼 위 다이스(dice)의 기술적인 질을 모니터하는 공정제어 모니터(process control monitors, PCMs)이다.
(Courtesy of ON Semiconductor)

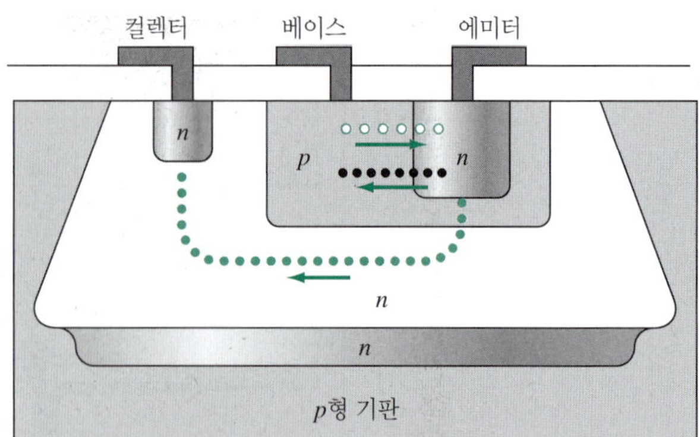

그림 14.39 ➤ 실리콘 칩의 한 면만 다루는 일련의 공정에 의해 실리콘 단결정에 제작된 마이크로전자 평면 쌍극 npn 트랜지스터. 전체 칩은 p형 불순물에 의해 도핑되고, 이후에 n형 실리콘의 섬들이 형성된다. 그 다음 트랜지스터의 3개의 기본적인 요소인 에미터, 베이스, 컬렉터의 경계를 정하기 위해 보다 작은 p와 n형 영역이 이 섬들 안에 형성된다. 그림 14.36의 독립된 npn 트랜지스터의 경우에서와 같이 이러한 마이크로전자 쌍극 트랜지스터에서 에미터-베이스 접합은 정바이어스이고 베이스-컬렉터 접합은 역바이어스이다. 베이스에 인가된 작은 신호가 켈렉터에서의 큰 신호를 제어할 수 있기 때문에 이 소자는 이득(gain)이 있다.
(출처: J.D. Meindl, "Microelectronic Circuit Elements," *Scientific American*, September 1977, p. 75.)

의 도식도를 보이고 있다. 우선 비교적 큰 n형 실리콘 섬 (island)을 p형 실리콘 베이스 또는 기판(substrate)에 우선 형성되는 방법으로 제작한다. 그 후 보다 작은 섬의 p형과 n형 실리콘을 상대적으로 큰 n형 섬 내에 생성한다(그림 14.39). 이 방법에 의해 npn 쌍극 트랜지스터의 3가지 기본적 요소, 즉 에미터, 베이스, 컬렉터가 평면 배열로 형성된다. 14.5절에서 기술한 독립 npn 쌍극 트랜지스터의 경우와 같이(그림 14.36 참고), 에미터-베이스 접합은 정바이어스이고 베이스-컬렉터 접합은 역바이어스이다. 따라서 에미터로부터의 전자들이 베이스로 주입될 때, 대부분이 컬렉터로 들어가고 매우 적은 양(~1에서 5%)만이 베이스 극으로부터의 정공과 재결합을 한다(그림 14.37 참고). 그러므로 마이크로전자 평면 쌍극 트랜지스터는 독립 매크로전자 쌍극 트랜지스터(macroelectronic bipolar transistor)와 동일하게 전류증폭기 기능을 한다.

14.6.2 마이크로전자 평면 전계효과 트랜지스터

비용 절감과 소형화를 이유로 많은 현대 마이크로전자 시스템에 *전계효과 트랜지스터*(field-effect transistor)라 하는 또 다른 형의 트랜지스터가 사용된다. 미국에서 가장 흔하게 사용되는 전계효과 트랜지스터는 n형 금속산화물 반도체 전계효과 트랜지스터(n-type metal oxide semiconductor field-effect transistor)이다. n형 MOSFET 또는 NMOS에서 n형 실리콘의 두 섬(island)이 그림 14.40에서와 같이 p형 실리콘의 기판에 생성된다. NMOS 소자에서 전자가 들어가는 접촉부위를 소스(source)라 하고 전자가 나가는 접촉부위를 *드레인*(drain)이라 한다. 소스와 드레인의 n형 실리콘 사이에는 p형 영역이 있으며, 그 표면 위에는 절연체 역할을 하는 이산화규소의 얇은 층이 형성되어 있다. 이산화규소 위에 다결정실리콘(polysilicon, 또는 금속)의 또 다른 층이 트랜지스터의 세 번째 접촉부를 형성하기 위해 증착되며, 이는 *게이트*(gate)라 한다. 이산화규소는 뛰어난 절연체이기 때문에, 게이트 접속부는 산화물 아래에 있는 p형 재료와 직접적인 전기적 접촉을 하지 않는다.

간단한 형태의 NMOS의 경우 게이트에 전압이 인가되지 않으면, 게이트 아래의 p형 재료는 다수 운반자인 정공을 함유하고 있고, 단지 소수의 전자만이 드레인으로 이끌린다. 그러나 양의 전압이 게이트에 인가되면, 전기장

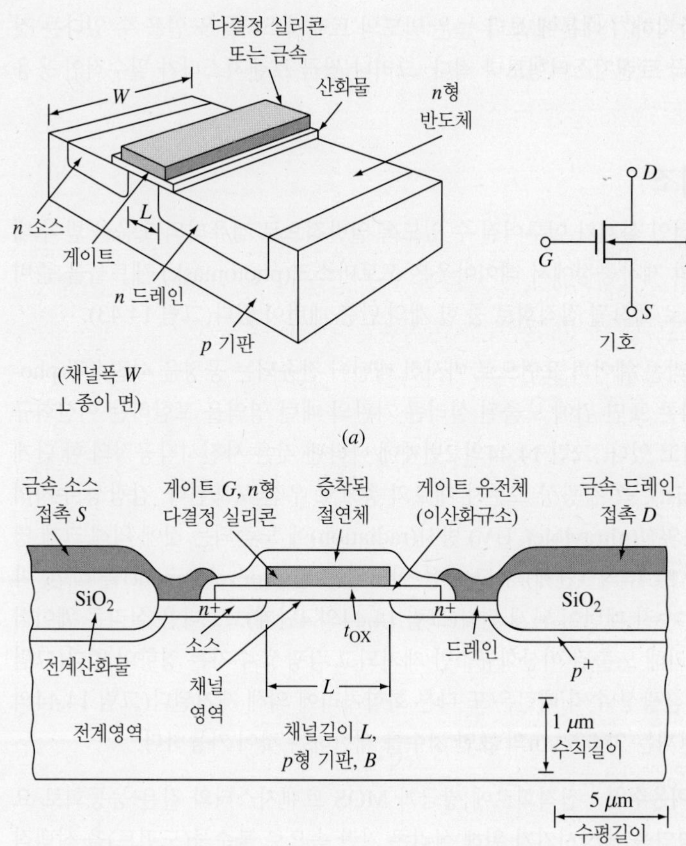

그림 14.40 ➤ NMOS 전계효과 트랜지스터의 도식도: (*a*) 전체구조. (*b*) 단면구조.
(출처: D.A. Hodges and H.G. Jackson, *Analysis and Design of Digital Integrated Circuits*, McGraw-Hill, 1983, p. 40.)

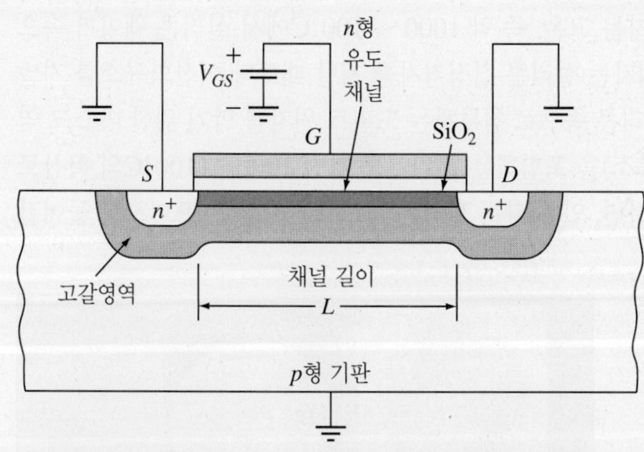

그림 14.41 ➤ 양의 게이트-소스 전압(VGS)이 인가된 경우의 이상적인 NMOS 소자의 단면으로서, 공핍영역과 유도된 채널을 보이고 있다.
(출처: D.A. Hodges and H.G. Jackson, *Analysis and Design of Digital Integrated Circuits*, McGraw-Hill, 1983, p. 43.)

은 근처의 n^+ 소스와 드레인 영역으로부터 게이트 바로 아래의 이산화규소 표면 밑의 얇은 층으로 전자를 끌어와서 이 영역은 전자가 다수운반자인 n형 실리콘이 된다(그림 14.41). 전자가 이 채널(chan$_n$el)에 있으면 소스와 드레인 사이에 전도성 통로(conducting path)가 존재하게 된다. 따라서 소스와 드레인 사이에 양 전압차가 있으면 전자는 이들 사이에서 흐르게 된다.

쌍극 트랜지스터와 같이 MOSFET도 전류를 증폭할 수 있다. 일반적으로 MOSFET 소자의 이득은 쌍극 트랜지스터에서의 전류비 대신에 전압비로 측정된다. 다수 운반자가 정공인 p형 MOSFET은 n형 기판에 소스와 드레인으로 p형 섬을 사용하여, 유사한 방법으로 만들 수 있다. 전류 운반자가 NMOS 소자에서는 전자이며 PMOS 소자에서는 정공이기 때문에, 그들은 *다수 운반자 소자*(majority-carrier devices)로 알려져 있다.

MOSFET 기술은 대부분의 고밀도집적 디지털 기억회로의 근간을 이루는데, 그 주된 이유는 각 MOSFET가

쌍극 트랜지스터보다 실리콘 칩 면적을 덜 차지하기 때문에 보다 높은 밀도의 트랜지스터들을 얻을 수 있다는 것이다. 또한, MOSFET LSI의 제작비용은 쌍극 트랜지스터형보다 적다. 그러나 쌍극 트랜지스터가 필수적인 응용 분야도 있다.

14.6.3 마이크로전자 집적회로의 제조

마이크로전자 집적회로의 설계는 가장 공간적인 설계가 이루어질 수 있도록 일반적으로 컴퓨터의 도움을 받아 대규모로 먼저 설계된다(그림 14.42). 대부분의 제작공정에서 레이아웃은 포토마스크(photomask) 세트들을 준비하는데 사용되며, 이 세트들 각각에는 다층으로 제작될 집적회로 중 한 개의 단층 패턴이 있다(그림 14.43).

사진식각 포토마스크로부터 집적회로의 실리콘 웨이퍼 표면으로 미시적 패턴이 전송되는 공정을 *사진식각*(photolithography)이라 한다. 그림 14.44는 실리콘 표면 위에 노출된 실리콘 기판의 패턴 영역을 포함하는 이산화규소 절연층을 형성하는 데 필요한 단계를 보이고 있다. 그림 14.44의 2번째에 나타낸 것은 사진시각공정의 한 단계로서 산화된 웨이퍼가 *감광성 수지*(photoresist), 즉 감광성 고분자 재료의 층으로 우선 도포된다. 감광성 수지의 중요한 특성은 특정 용매에 대한 용해도가 *자외선*(ultraviolet, UV) 방사(radiation)에 노출되는 것에 의해 크게 영향을 받는 것이다. 자외선 방사에 노출(그림 14.44의 3단계)과 그 다음 이어지는 현상(development)을 하면, 마스크가 자외선 방사를 투과시킨 곳만 감광성 수지 패턴이 남게 된다(그림 14.44의 4단계). 그 다음 실리콘 웨이퍼는 불산 용액에 담겨지게 되는데, 이 불산에 의해 노출된 이산화규소만 제거되고 감광성 수지는 영향이 없다(그림 14.44의 5단계). 이 공정의 마지막 단계에서 감광성 수지 패턴은 또 다른 화학처리에 의해 제거된다(그림 14.44의 6단계). 사진식각 공정은 개선되고 있으며, 현재는 약 0.5 μm의 표면 치수를 재현하는 것이 가능하다.

실리콘 웨이퍼의 표면으로 도펀트의 확산과 이온주입 집적회로에 쌍극과 MOS 트랜지스터와 같은 능동회로 요소를 형성하기 위해서는 국부적 n형과 p형 영역을 생성시키기 위해 실리콘 기판 속으로 불순물(도펀트)을 선택적으로 집어넣을 필요가 있다. 실리콘 웨이퍼 속으로 도펀트를 집어넣는 2개의 주요 기술이 있는데, (1) *확산*(diffusion)과 (2) *이온주입*(ion *i*mplantation)이 그것이다.

확산기술 5.3절에서 이미 설명한 바와 같이 불순물 원자는 고온, 즉 약 1000~1100°C에서 실리콘 웨이퍼 속으로 확산해 들어간다. 붕소나 인과 같은 중요한 도펀트 원자는 실리콘 결정격자를 지날 때보다 이산화규소를 지날 때 훨씬 더 느리게 움직인다. 얇은 이산화규소 패턴은 실리콘 속으로 침투하는 도펀트 원자를 막기 위한 마스크 역할을 한다(그림 14.45*a*). 그러므로 예를 들어 인(또는 붕소)을 포함하는 분위기를 가진 1000~1100°C의 확산로(diffusion furnace) 내에 일련의 실리콘 웨이퍼를 장입하면, 인 원자는 실리콘의 보호되지 않은 표면으로 들어갈

그림 14.42 ➤ 엔지니어가 집적회로 네트워크를 설계한다.
(MITO images/Alamy Stock Photo)

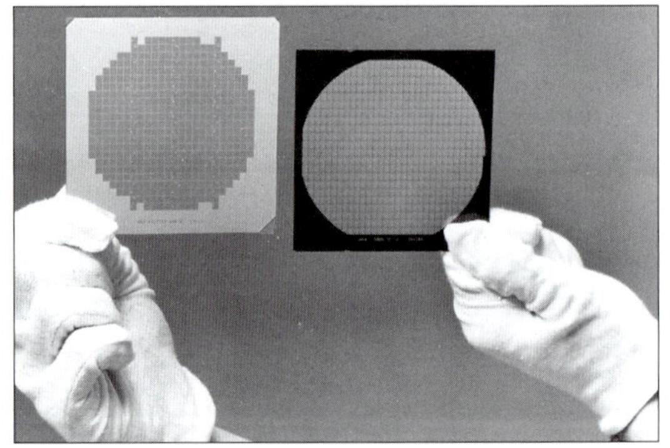

그림 14.43 ➤ 이 사진은 집적회로의 제작에 사용되는 두 가지 형태의 사진식각 마스크를 보이고 있다. 왼쪽은 내구성이 더 좋은 크롬 마스크로서 장기간의 생산조업에 사용되며, 오른쪽에 보이는 유제(emulsion) 마스크를 생산하는 데 사용될 수 있다. 유제 마스크는 덜 비싸며, 조형물(prototype) 제작과 같은 단기간의 생산에 사용되는 경향이 있다.
(Courtesy of ON Semiconductor)

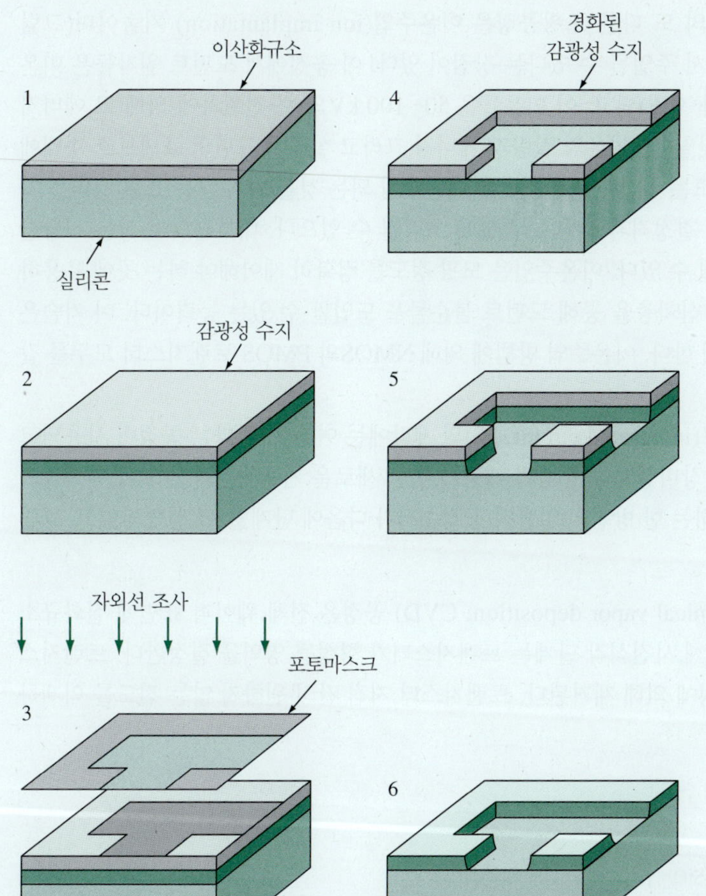

그림 14.44 ➤ 사진식각 공정 단계. 이 공정에서 미시적 패턴이 포토마스크로부터 실제 회로 내 재료 층으로 전사된다. 이 도해에서 실리콘 웨이퍼의 표면 위 이산화규소 층에 패턴이 에칭되는 것이 보인다. 산화 된 웨이퍼는 (1) 먼저 감광성 수지라 하는 감광물질 층으로 도포되고, (2) 그 다음 포토마스크를 통해 자외선에 노출시킨다. (3) 이 노출에 의해 포토마스크가 현상액에 불용성이 되며, (4) 이에 따라 마스크가 투명한 곳은 감광성 수지 패턴이 잔류하게 된다. (5) 그 다음 웨이퍼는 불산 용액에 담겨지게 되며, 이 불산은 이산화규소만 선택적으로 제거하며 감광성 수지 패턴과 실리콘 기판은 영향을 받지 않는다. (6) 마지막 단계에서 감광성 수지는 또 다른 화학처리에 의해 제거된다.
(출처: George V. Kelvin.)

것이며, 그림 14.45*a*에 보이는 바와 같이 웨이퍼 몸체 내로 천천히 확산된다.

침투 농도와 깊이를 조절하는 중요한 변수는 *온도*와 *시간*이다. 농도 조절의 극대화를 위해 대부분의 확산공정은 두 단계로 진행한다. 첫 번째 *예비증착*(predeposit) 단계에서는 상대적으로 높은 농도의 도펀트 원자가 웨이퍼 표면 근처에 증착된다. 예비증착 단계 후, 웨이퍼는 *드라이브인 확산*(drive-in diffusion) 단계를 위해 보다 높은 온도의 또 다른 로에 놓여지며, 이에 의해 실리콘 웨이퍼 표면 아래 특정 깊이에서 필요한 도펀트 원자 농도가 달성된다.

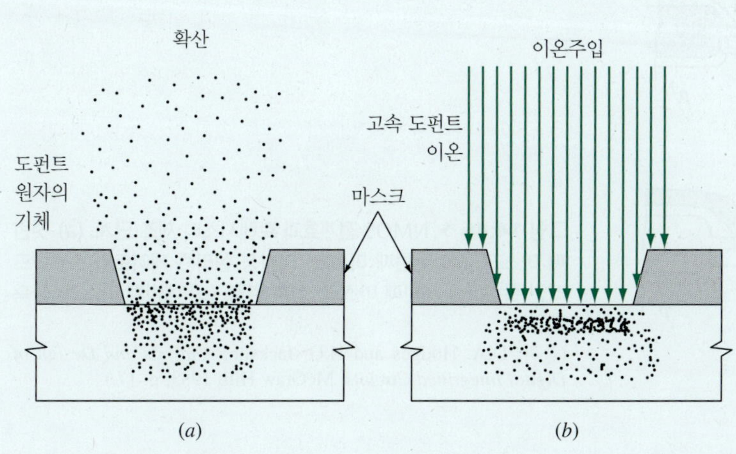

그림 14.45 ➤ 노출된 실리콘 면에 대한 선택적 도핑 공정. (*a*) 불순물 원자의 고온 확산과 (*b*) 이온주입.
(출처: S. Triebwasser, "Today and Tomorrow in Microelectronics," from the Proceedings of an NSF workshop held at Arlie, VA., Nov. 19 – 22, 1978.)

이온주입 기술 집적회로용 실리콘 웨이퍼의 또 다른 도핑공정은 이온수입(ion implantation) 기술이며(그림 14.45*b*), 이 기술은 도펀트 불순물이 상온에서 주입될 수 있다는 장점이 있다. 이 공정에서 도펀트 원자들은 이온화(이온을 형성하기 위해 원자로부터 전자가 제거)되고, 이 이온들은 50~100 kV의 큰 전위차에 의해 고 에너지로 가속된다. 이온들이 실리콘 웨이퍼에 부딪칠 때, 이온의 질량과 에너지 그리고 실리콘 표면의 표면보호 형태에 따라 다양한 깊이로 주입된다. 감광성 수지 또는 이산화규소 패턴은 이온주입 되는 것을 원치 않는 표면 영역을 차단할 수 있다. 가속된 이온에 의하여 실리콘 결정격자에 다소 손상이 초래될 수 있으나, 대부분의 손상은 적당한 온도에서 열처리(annealing)함으로써 복구될 수 있다. 이온주입은 도핑 정도를 정확히 제어해야 하는 곳에 유용하다. 이온주입의 또 다른 중요한 장점은 얇은 산화층을 통해 도펀트 불순물을 도입할 수 있는 능력이다. 이 기술은 MOS 트랜지스터 임계전압의 조정을 가능케 한다. 이온주입 방법에 의해 NMOS와 PMOS 트랜지스터 모두를 같은 웨이퍼에 제작할 수 있다.

MOS 집적회로 제작기술 MOS 집적회로(integrated circuit, IC)의 제작에는 여러 가지 다른 공정이 사용되고 있다. 급속하게 진보하는 기술 속에서 IC의 장비설계와 공정의 개량을 위한 새로운 기술혁신과 발견이 지속적으로 행해지고 있다. NMOS 집적회로를 생산하는 한 방법의 일반적 공정순서가 다음에 단계별로[3] 설명되었고, 그림 14.46과 14.47에 나타나 있다.

1. (그림 14.46*a* 참고) *화학기상증착*(chemical vapor deposition: CVD) 공정은 전체 웨이퍼 표면에 질화규소(Si_3N_4)의 얇은 층을 증착시킨다. 첫 번째 사진식각 단계는 트랜지스터가 형성될 영역을 결정한다. 트랜지스터 영역 이외의 질화규소는 화학적 에칭에 의해 제거된다. 트랜지스터 지점 간의 원하지 않는 전도를 억제하

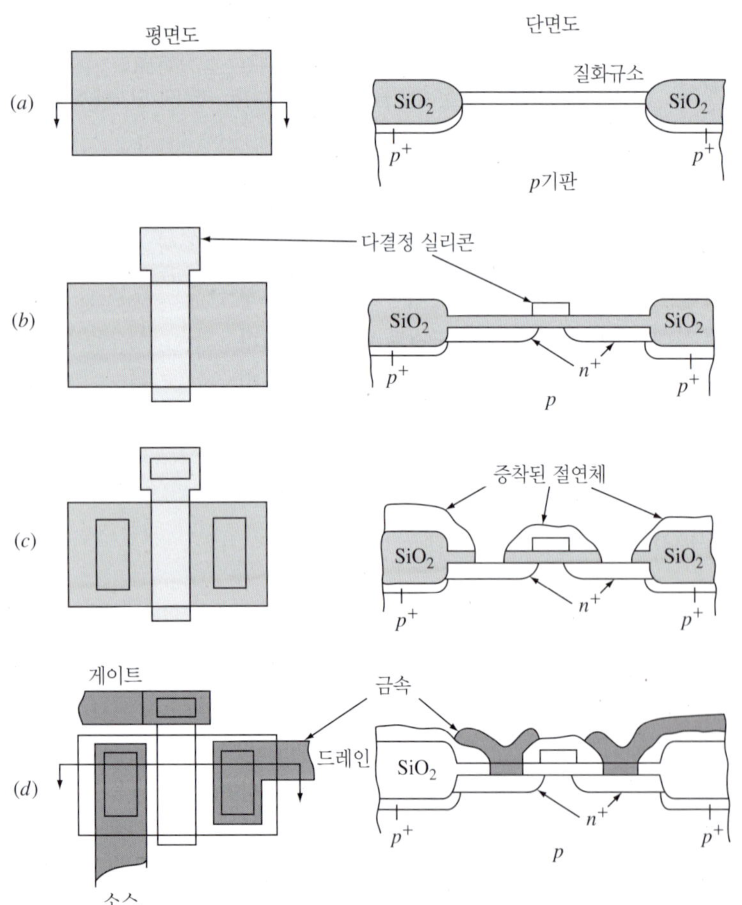

그림 14.46 ➤ NMOS 전계효과 트랜지스터 제조 단계. (*a*) 첫번째 마스크. (*b*) 두번째 마스크: 다결정 실리콘 게이트와 소스-드레인 확산. (*c*) 세번째 마스크: 접촉 영역. (*d*) 네번째 마스크: 금속 패턴.
(출처: D.A. Hodges and H.G. Jackson, *Analysis and Design of Digital Integrated Circuits*, McGraw Hill, 1983, p. 17.)

3 D. A. Hodges and H. G. Jackson, "*Analysis and Design of Digital Integrated Circuits*", McGraw-Hill, 1983, pp. 16-18.

기 위해 붕소(p형) 이온들이 노출된 영역에 주입된다. 다음으로, 약 1 μm 두께의 이산화규소(SiO_2) 층이 이들 비활성 또는 장(field) 영역에서 웨이퍼를 전기로의 산소에 노출시킴으로써 열적으로 성장한다. 이는 *선택적*(selective) 또는 *국부적*(local) 산화공정으로 알려져 있다. 이 질화규소는 산소를 차단하기 때문에 트랜지스터 영역에 두꺼운 산화물의 성장을 억제한다.

2. (그림 14.46*b* 참고) 다음으로 이산화규소는 손상하지 않는 부식제에 의해 질화규소가 제거된다. 이를 다시 로에서 산소에 노출시킴으로써 트랜지스터 영역에 약 0.1 μm 두께의 새로운 열적 산화물이 성장된다. 또 다른 CVD 공정에 의해 전 웨이퍼에 걸쳐 다결정 실리콘(폴리) 층을 증착한다. 두 번째 사진시각 단계는 게이트 전극에 원하는 패턴을 결정하게 된다. 불필요한 폴리(poly)는 화학적 또는 플라즈마(반응성 기체) 에칭에 의해 제거된다. n형 도펀트(인 또는 비소)가 트랜지스터의 소스와 드레인이 될 영역 속으로 주입된다. 열적확산 또는 이온주입 중의 하나가 이 도핑공정에 사용될 수 있다. 두꺼운 장(field) 산화물과 폴리 게이트는 도펀트의 장벽이나, 이 공정에서 폴리는 과도핑된 n형이 된다.

3. (그림 14.46*c* 참고) 또 다른 CVD 공정은 전 웨이퍼에 걸쳐 절연층(흔히 SiO_2)을 증착시킨다. 세 번째 마스크 단계는 그림 14.46*c*에서와 같이 트랜지스터와의 접촉이 만들어지는 영역을 규정한다. 화학 또는 플라즈마 에칭은 선택적으로 접촉면적 내 실리콘 또는 폴리를 그대로 노출시킨다.

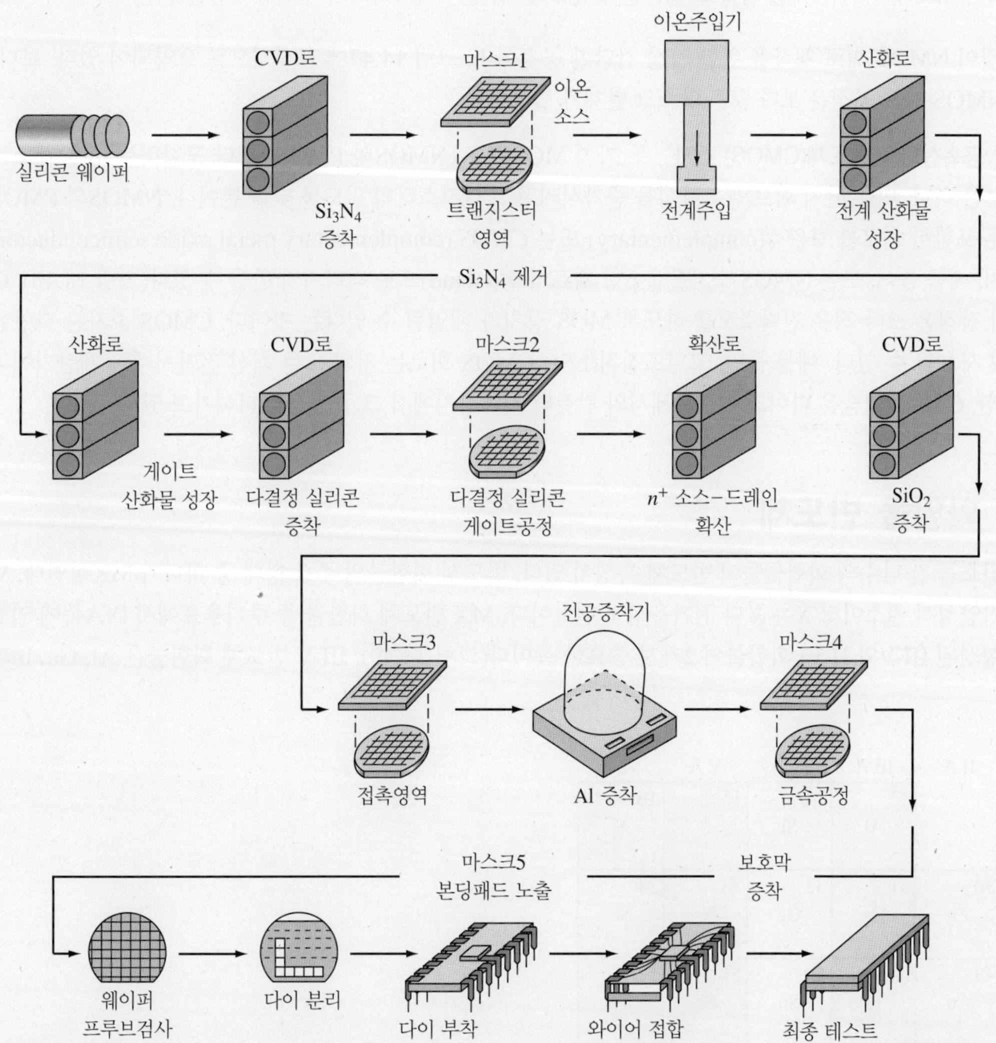

그림 14.47 ➤ NMOS 실리콘–게이트 집적회로 제조 공정(NMOS 집적회로를 만드는 데 사용되는 공정은 회사별로 매우 상이하다. 여기서의 순서는 개요로 나타낸 것이다.
(출처: Chipworks.)

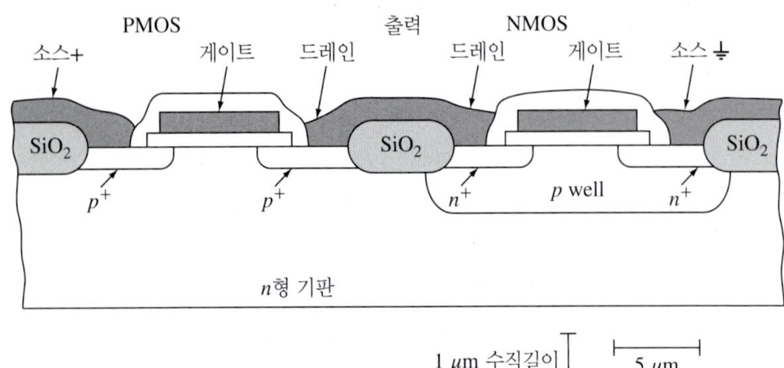

그림 14.48 ➤ 보완적 MOS 전계효과 트랜지스터(CMOS). n형과 p형 트랜지스터 모두 같은 실리콘 기판 위에 제작된다. (출처: D.A. Hodges and H.G. Jackson, *Analysis and Design of Digital Integrated Circuits*, McGraw-Hill, 1983, p. 42.)

4. 알루미늄(Al)은 진공증착기 내 고온의 도가니로부터의 증발에 의해 전 웨이퍼에 걸쳐 증착된다. 네 번째 마스크 단계는 그림 14.46*d*에서와 같이 회로 연결에 필요한 대로 알루미늄 패턴을 한다.
5. 보호막 층이 전 표면에 걸쳐 증착된다. 마지막 마스크 단계는 접촉 부위가 만들어지는 패드(pads) 위의 이 절연층을 제거한다. 회로는 접촉 패드 상에 바늘 모양의 탐침(probe)을 이용하여 시험한다. 결함이 있는 부분은 표시되고, 웨이퍼는 개별 칩들로 절단된다. 양호한 칩들은 패키지화되어 최종시험을 받는다.

이것이 NMOS 회로 제작을 위한 가장 간단한 공정이며, 그림 14.47에 도식적으로 요약되어 있다. 보다 더 진보된 NMOS 회로 공정은 보다 많은 마스크 단계가 필요하다.

보완적 금속산화물 반도체(CMOS) 소자 두 가지 MOSFET (NMOS와 PMOS)을 다 포함하는 칩을 제조하는 것은 가능은 하나, 이는 단지 회로의 복잡성을 증가시키고 트랜지스터의 밀도를 낮출 뿐이다. NMOS와 PMOS 소자를 모두 포함한 회로를 *보완적*(complementary) 또는 *CMOS* (complementary metal oxide semiconductor) 회로라 하며, 예를 들어, 모든 NMOS 소자들을 p형 재료의 섬(island)으로 격리시켜 만들 수 있다(그림 14.48). CMOS 회로의 장점은 보다 적은 전력소모를 하도록 MOS 장치가 배열될 수 있다는 것이다. CMOS 소자는 다양한 응용분야에 사용될 수 있다. 예를 들면, 고밀도집적(LSI) CMOS 회로는 거의 모든 최신 전자시계와 계산기에 사용된다. 또한, CMOS 기술은 마이크로 프로세서와 컴퓨터 기억장치에서 그 중요성을 더해가고 있다.

14.7 화합물 반도체

이종 원소들 간 다수의 화합물들이 반도체 특성이 있다. 반도성 화합물의 주요 형태 중 하나가 MX형인데, M은 보다 전기양성적 원소이고 X는 보다 전기음성적 원소이다. MX 반도체 화합물 중 주기율표에서 IVA족에 인접한 원소로 형성된 III-V와 II-VI 화합물이 2가지 중요한 족이다(그림 14.49). III-V 반도체 화합물은 Al, Ga, In과 같은

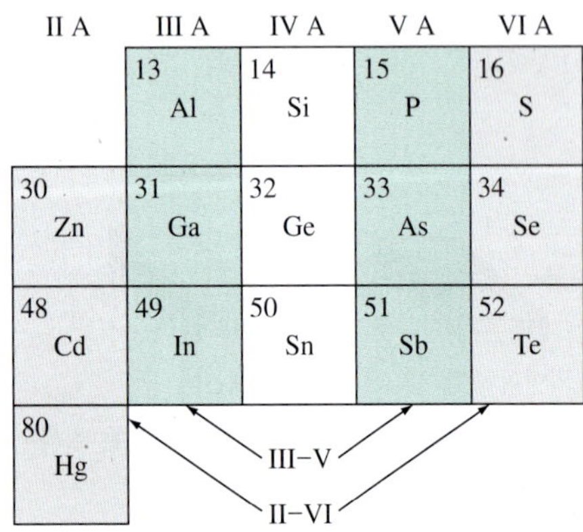

그림 14.49 ➤ MX형 III-V와 II-VI 반도체 화합물의 형성에 사용되는 원소들을 포함한 주기율표의 일부분.

표 14.6 ➤ 상온(300 K)에서 진성반도체 화합물의 전기적 특성

족	재료	E_g eV	μ_n $m^2/(V \cdot s)$	μ_p $m^2/(V \cdot s)$	격자 상수	n_i carriers/m^3
IVA	Si	1.10	0.135	0.048	5.4307	1.50×10^{16}
	Ge	0.67	0.390	0.190	5.257	2.4×10^{19}
IIIA – VA	GaP	2.25	0.030	0.015	5.450	
	GaAs	1.47	0.720	0.020	5.653	1.4×10^{12}
	GaSb	0.68	0.500	0.100	6.096	
	InP	1.27	0.460	0.010	5.869	
	InAs	0.36	3.300	0.045	6.058	
	InSb	0.17	8.000	0.045	6.479	1.35×10^{22}
IIA – VIA	ZnSe	2.67	0.053	0.002	5.669	
	ZnTe	2.26	0.053	0.090	6.104	
	CdSe	2.59	0.034	0.002	5.820	
	CdTe	1.50	0.070	0.007	6.481	

출처: W.R. Runyun and S.B. Watelski, in C.A. Harper (ed.), *Handbook of Materials and Processes for Electronics*, Mc-Graw Hill, New York, 1970.

III족 원소인 M과 P, As, Sb와 같은 V족 원소인 X가 결합하여 이루어져 있다. II-VI 화합물은 Zn, Cd, Hg와 같은 II족 원소인 M과 S, Se, Te와 같은 *VI*족 원소인 X가 결합하여 이루어져 있다.

표 14.6은 선별된 화합물 반도체의 몇 가지 전기적 특성을 나열하고 있다. 이 표에서 다음과 같은 경향을 볼 수 있다.

1. 주기율표의 칸 아래로 이동함에 따라 특정 족 화합물의 분자량이 증가할 때 에너지띠의 갭은 감소하고, 전자이동도는 증가하며(GaAs와 GaSb은 예외), 격자상수는 증가한다. 크고 무거운 원자의 전자들은 일반적으로 움직임이 보다 자유로우며 핵에 상대적으로 덜 강하게 결합되어 있기 때문에, 보다 작은 띠 갭과 보다 높은 전자이동도를 갖는다.
2. 주기율표에서 IVA족 원소로부터 III-V와 II-VI 재료로 이동하면, 증가된 이온결합 특성에 의해 에너지띠 갭은 증가하고 전자이동도는 감소한다. 증가된 이온결합은 전자들이 그들의 양이온 중심에 더욱 단단하게 결합하게 하므로, II-VI 화합물은 유사한 III-V 화합물보다 더 큰 띠 갭을 갖는다.

GaAs는 모든 화합물 반도체 중에서 가장 중요하며, 많은 전자소자에 사용된다. GaAs는 마이크로파 회로 내 개별 부품(discrete components)으로 오랫동안 사용되어 왔다. 오늘날 많은 디지털 집적회로는 GaAs로 만들어진다. GaAs *금속–반도체 전계효과 트랜지스터*(metal-semiconductor field-effect transistors: MESFETs)는 가장 널리 사용되는 GaAs 트랜지스터이다(그림 14.50).

GaAs MESFETs은 고속 디지털 집적회로에 소자로 사용되는 데 있어 실리콘에 비해 몇 가지 이점을 제공한다.

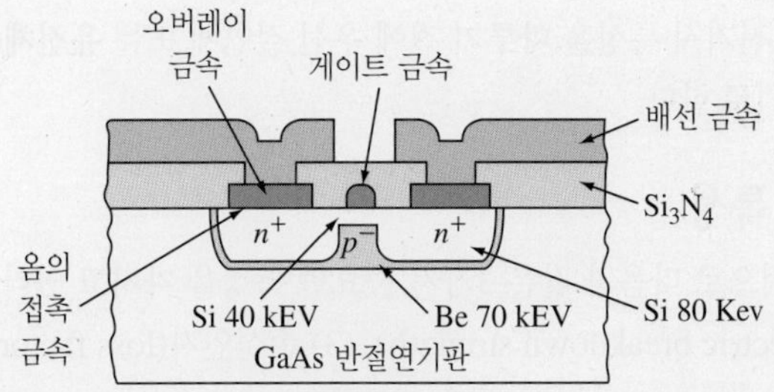

그림 14.50 ➤ GaAs MESFET의 단면 모양.
(출처: A.N. Sato et al., *IEEE Electron. Devices Lett.*, 9(5):238 (1988). Copyright 1988.)

이 점들은:

1. Si보다 GaAs에서의 더 높은 이동도가 시사하는 바와 같이 전자는 n-GaAs에서 더 빠르게 이동한다[GaAs의 $\mu_n = 0.720\ m^2/(V \cdot s)$ 대 Si의 $\mu_n = 0.1350\ m^2/(V \cdot s)$].
2. 1.47 eV라는 큰 띠 갭과 임계 게이트 산화물이 없는 것 때문에 GaAs 소자는 보다 좋은 방사 저항(radiation resistance)을 갖고 있다고 한다. 이 점은 우주와 군사적 응용에 중요하다.

유감스럽게도 GaAs기술의 큰 취약점은 복잡한 IC 회로의 수율이 실리콘보다 훨씬 낮다는 것인데, 이는 GaAs가 실리콘에 비해 기본 재료 내에 보다 많은 결함을 포함하고 있기 때문이다. 기본 재료의 생산 비용도 실리콘보다 GaAs가 더 높다. 그렇지만 GaAs의 사용은 늘어나고 있으며, 이 분야에 많은 연구가 진행 중에 있다.

예제 14.10

a. GaAs의 진성 전기전도도를 (1) 상온(27°C)과 (2) 70°C에서 계산하라.

b. 27°C에서 진성 GaAs 내 전자에 의해 전송되는 전류의 비율은 얼마인가?

풀이

a. (1) 27°C에서의 σ

$$\sigma = n_i q(\mu_n + \mu_p)$$
$$= (1.4 \times 10^{12}\ m^{-3})(1.60 \times 10^{-19}\ C)[0.720\ m^2/(V \cdot s) + 0.020\ m^2/(V \cdot s)]$$
$$= 1.66 \times 10^{-7} (\Omega \cdot m)^{-1} ◀$$

(2) 70°C에서의 σ

$$\sigma = \sigma_0 e^{-Eg/2kT}$$
$$\frac{\sigma_{343}}{\sigma_{300}} = \frac{\exp\{-1.47\ eV/[(2)(8.62 \times 10^{-5}\ eV/K)(343\ K)]\}}{\exp\{-1.47\ eV/[(2)(8.62 \times 10^{-5}\ eV/K)(300\ K)]\}} \quad (14.16a)$$
$$\sigma_{343} = \sigma_{300} e^{3.56} = 1.66 \times 10^{-7} (\Omega \cdot m)^{-1}(35.2)$$
$$= 5.84 \times 10^{-6} (\Omega \cdot m)^{-1} ◀$$

b. $$\frac{\sigma_n}{\sigma_n + \sigma_p} = \frac{n_i q \mu_n}{n_i q(\mu_n + \mu_p)} = \frac{0.720\ m^2/(V \cdot s)}{0.720\ m^2/(V \cdot s) + 0.020\ m^2(V \cdot s)} = 0.973 ◀$$

14.8 세라믹의 전기적 특성

세라믹 재료는 많은 전기·전자 분야에 응용된다. 많은 유형의 세라믹들이 저전압과 고전압 전류의 절연체로 사용된다. 세라믹 재료는 또한 여러 형태의 축전기(capacitor)에 응용되는데, 특히 소형화가 요구되는 곳에 사용된다. *압전체*(piezoelectrics)라 불리는 다른 유형의 세라믹은 약한 압력신호를 전기신호로 변환하거나 그 반대의 경우가 가능하다.

여러 유형의 세라믹 재료의 전기적 특성을 다루기 전에 우선 절연체 또는 **유전체**(dielectrics)의 몇 가지 기본적인 특성에 대해 간략히 알아보기로 한다.

14.8.1 유전체의 기본적 특성

모든 절연체와 유전체는 공통적으로 다음과 같은 3가지 중요한 특성을 가지고 있다: (1) *유전상수*(dielectric constant), (2) *유전항복 강도*(dielectric breakdown strength), (3) 손실인자(loss factor).

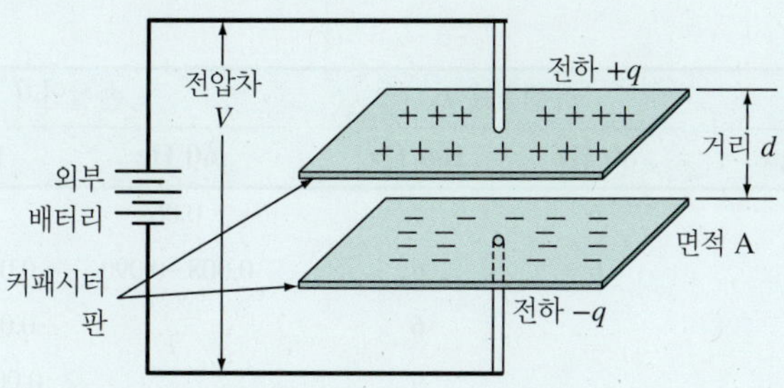

그림 14.51 ➤ 간단한 평행판 축전기.

유전상수 그림 14.51에 나타낸 바와 같이 면적 A인 금속판이 거리 d만큼 떨어진 간단한 평행판 **축전기**[4]를 생각해 보자. 먼저 판 사이의 공간이 진공인 경우를 생각하자. 판 사이에 전압 V가 인가되면, 한쪽 판은 순전하 $+q$를 다른 쪽 판은 순전하 $-q$를 갖게 될 것이다. 이 전하 q는 다음과 같이 인가된 전압 V에 정비례한다.

$$q = CV \quad \text{또는} \quad C = \frac{q}{V} \tag{14.23}$$

여기서 C는 비례상수로서 축전기의 **정전용량**(capacitance)이라 한다. 정전용량의 SI 단위는 볼트(volt)당 쿨롱(coulomb)(C/V) 또는 *패러드*(farad: F)이다. 즉,

$$1 \text{ farad} = \frac{1 \text{ coulomb}}{\text{volt}}$$

패러드는 전기회로에서 일반적으로 사용되는 경우보다 훨씬 큰 정전용량 단위이기 때문에, 일반적으로 사용되는 단위는 *피코패러드*(picofarad, 1 pF = 10^{-12} F)와 *마이크로패러드*(microfarad, 1 μF = 10^{-6} F)이다.

축전기의 정전용량은 전하를 저장할 수 있는 능력의 척도이다. 축전기의 상·하 판에 전하가 더 많이 저장될 수록 정전용량이 더 큰 것이다.

판의 면적 치수가 두 판 사이의 거리에 비해서 훨씬 큰 평행판 축전기의 정전용량 C는 다음과 같이 주어진다.

$$C = \epsilon_0 \frac{A}{d} \tag{14.24}$$

여기서, ϵ_0 = 자유공간의 유전율(permittivity) = 8.854×10^{-12} F/m.

두 판 사이의 공간을 유전체(전기절연체)로 채우면(그림 14.52), 축전기의 정전용량이 κ 인자만큼 증가되며, 이를 유전 재료의 **유전상수**(dielectric constant)라 한다. 축전기의 판 사이에 유전체가 삽입된 평행판 축전기의 경우,

$$C = \frac{\kappa \epsilon_0 A}{d} \tag{14.25}$$

표 14.7에 몇 가지 세라믹 절연재료의 유전상수를 나열하였다.

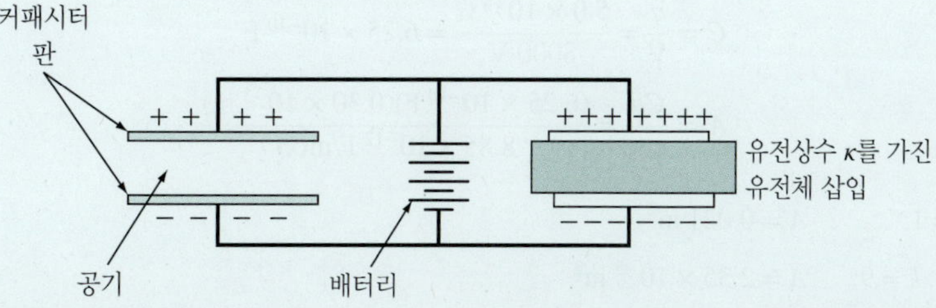

그림 14.52 ➤ 동일하게 인가된 전압 하에서의 두 평행판 축전기. 오른쪽의 축전기는 유전체(판 사이에 삽입된 절연체)가 있어, 결과적으로 유전체가 없는 축전기보다 판 위의 전하가 κ를 곱한 만큼 증가한다.

4 **콘덴서**는 전기 에너지를 저장하는 장치이다.

표 14.7 > 몇 가지 세라믹 절연 재료의 전기적 특성

재료	체적비저항 (Ω·m)	유전강도		유전상수 κ		손실인자	
		V/mil	kV/mm	60 Hz	106 Hz	60 Hz	10_6 Hz
전기 자기 절연체	10^{11}~10^{13}	55~300	2~12	6	. . .	0.06	
동석 절연체	$>10^{12}$	145~280	6~11	6	6	0.008~0.090	0.007~0.025
포스테라이트 절연체	$>10^{12}$	250	9.8	. . .	6	. . .	0.001~0.002
알루미나 절연체	$>10^{12}$	250	9.8	. . .	9	. . .	0.0008~0.009
소다-석회 절연체	. . .	. . .	. . .	. . .	7.2	. . .	0.009
용융 실리카	. . .	8	. . .	. . .	3.8	. . .	0.00004

출처: Materials Selector, *Mater. Eng.*, December 1982.

주어진 전압에서 주어진 부피의 축전기에 저장되는 에너지는 유전 재료가 있을 경우 유전상수를 곱한 만큼 증가한다. 유전상수가 매우 큰 재료를 사용함으로써 크기는 아주 작지만 정전용량이 큰 축전기를 만들 수 있다.

유전강도 유전체를 평가할 때, 유전상수 외에 중요한 또 하나의 특성으로 **유전강도**(dielectric strength)가 있다. 이 양은 그 재료가 고전압하에서 에너지를 보존할 수 있는 능력의 척도이다. 유전강도는 파괴(failure)가 일어날 때의 단위 길이당 전압(전기장 또는 전압구배)으로 정의되며, 이는 유전체가 전기적 항복(electrical breakdown) 없이 지탱할 수 있는 최대 전기장에 해당된다.

유전강도는 대개 V/mil(1 mil = 0.001 인치)이나 kV/mm로 측정된다. 유전체가 너무 강한 전압구배에 놓이면, 유전체를 통과하고자 하는 전자나 이온들의 압박(strain)이 유전강도를 초과하게 된다. 유전강도가 초과되면 유전 재료는 파괴되기 시작되고 전류(전자)의 흐름이 일어난다. 표 14.7에 몇 가지 세라믹 절연 재료의 유전강도를 나타내었다.

유전손실인자 축전기에 전하를 유지하는 데 사용되는 전압이 교류전류에 의해 발생되는 경우와 같이 사인곡선이라면, 축전기 판들 사이에 손실이 없는 유전체가 있는 경우에는 전류가 전압을 90°C 앞서간다. 그러나 축전기에 실제 유전체를 사용하면 전류는 전압에 $90° - \delta$ 앞서가며, 여기서 각도 δ는 *유전손실각*(dielectric loss angle)이라고 한다. $\kappa \tan \delta$는 *손실인자*(loss factor)를 나타내며, 교류회로 내 축전기에 의해 손실된 전기에너지(열에너지로)의 척도이다. 표 14.7에 몇 가지 세라믹 절연 재료의 손실인자를 나타내었다.

예제 14.11

간단한 평행판 축전기가 8000 V의 전위에서 5.0×10^{-6} C를 저장할 수 있게 만들어졌다. 판 사이의 간격은 0.30 mm이다. 판 사이의 유전체가 (*a*) 진공($\kappa = 1$) 그리고 (*b*) 알루미나($\kappa = 9$)라면, 그 판의 면적(m^2의 단위로)은 얼마가 되어야 하는지 계산하라. ($\epsilon_0 = 8.85 \times 10^{-12}$ F/m)

풀이

$$C = \frac{q}{V} = \frac{5.0 \times 10^{-6}\ \mathrm{C}}{8000\ \mathrm{V}} = 6.25 \times 10^{-10}\ \mathrm{F}$$

$$A = \frac{Cd}{\epsilon_0 \kappa} = \frac{(6.25 \times 10^{-10}\ \mathrm{F})(0.30 \times 10^{-3}\ \mathrm{m})}{8.85 \times 10^{-12}\ \mathrm{F/m}(\kappa)}$$

a. 진공인 경우, $k = 1$: $A = 0.021\ \mathrm{m}^2$

b. 알루미나인 경우, $k = 9$: $A = 2.35 \times 10^{-3}\ \mathrm{m}^2$

이 계산에서 볼 수 있는 바와 같이, 높은 유전상수의 재료를 삽입함으로써 요구되는 판의 면적을 상당히 줄일 수 있다.

14.8.2 세라믹 절연 재료

세라믹 재료는 전기·전자 산업의 여러 절연분야 응용에 매우 적합한 전기적, 기계적 특성을 갖고 있다. 세라믹 재료들의 이온결합과 공유결합은 전자와 이온의 이동도를 제한하므로, 이 재료는 좋은 전기절연체가 된다. 이러한 결합으로 인하여 대부분의 세라믹 재료들은 강한 반면에 깨지기는 쉽다. 전기·전자 등급 세라믹의 화학조성과 미세조직은 벽돌이나 타일용의 구조용 세라믹보다 더욱 정밀하게 제어해야 한다. 이제부터 몇 가지 절연 세라믹 재료의 구조와 특성에 대해 검토한다.

전기적 자기 일반적인 전기적 자기(electrical porcelain)는 대략 50%의 점토(clay, $Al_2O_3 \cdot 2SiO_2 \cdot 2H_2O$), 25%의 실리카($SiO_2$), 25%의 장석(feldspar, $K_2O \cdot Al_2O_3 \cdot 6SiO_2$)으로 이루어져 있다. 이 조성은 비교적 저비용에서도 좋은 그린 성형체 가소성(green-body plasticity)과 넓은 소성온도(firing temperature) 범위의 특성을 갖는다. 이 재료의 주요 단점은 쉽게 이동할 수 있는 알칼리(alkali) 이온들로 인하여 다른 전기절연 재료에 비하여 출력 손실 인자가 크다는 것이다(표 14.7). 그림 11.33에 전기적 자기 재료의 미세조직을 나타내었다.

동석 동석(steatite) 자기는 출력손실률과 수분 흡수가 낮고 충격강도가 좋기 때문에 좋은 전기절연체이며, 전기·전자 제품 산업에서 널리 이용되고 있다. 공업용 동석의 성분은 약 90%의 활석(talc, $3MgO \cdot 4SiO_2 \cdot H_2O$)과 10%의 점토로 되어 있다. 소성된 동석은 완화휘석(enstatite, $MgSiO_3$) 결정들이 유리질의 기지(matrix)에 의해 서로 결합 되어있는 미세조직을 갖는다.

포스테라이트 포스테라이트(fosterite)의 화학식은 Mg_2SiO_4이므로 유리상에서 알칼리 이온이 없어서, 온도가 상승함에 따라 동석 절연체에 비해 비저항이 크고 전기적 손실이 적다. 또한 포스테라이트는 고주파에서도 저손실 유전특성을 나타낸다(표 14.7).

알루미나 알루미나(alumina) 세라믹은 결정상으로서의 산화알루미늄(Al_2O_3)이 유리질의 기지와 결합되어 있다. 유리상은 일반적으로 알칼리가 없으며, 점토, 활석 및 알칼라인 토용제(alkaline earth flux) 무알칼리 혼합물의 화합물이다. 알루미나 세라믹은 비교적 강도가 크면서 유전강도도 크며 유전손실이 적다. 소결된 알루미나(99% Al_2O_3)는 유전손실이 적고 표면이 매끄러워서 전자 소자용 기판으로 널리 사용된다. 알루미나는 항공기 레이더 안테나의 보호용 덮개(radome)와 같이 세라믹 창문을 통해서 큰 에너지의 전달이 필요한 초저손실용으로도 사용된다.

14.8.3 축전기용 세라믹 재료

세라믹 재료는 흔히 축전기용 유전 재료로 사용되며, 이때 디스크형 세라믹 축전기가 가장 일반적인 유형의 세라믹 축전기이다(그림 14.53). 매우 작고 납작한 이들 디스크형 세라믹 축전기는 주성분인 티탄산바륨($BaTiO_3$)과 첨가물들로 이루어져 있다(표 14.8). $BaTiO_3$를 사용하는 이유는 유전상수가 1200~1500으로 매우 높기 때문이

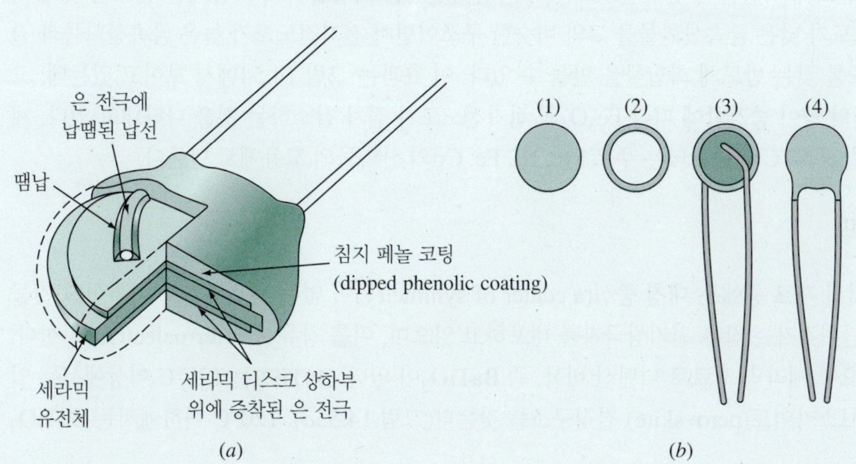

그림 14.53 ➤ 세라믹 축전기. (*a*) 구조를 보이고 있는 단면. (*b*) 제조 단계: (1) 세라믹 디스크 소성 후; (2) 은 전극 도포 후; (3) 리드선 납땜 후; (4) 페놀 코팅 침지 후.
((*a*) 출처: Sprague Products Co.; (*b*) 출처: Radio Materials Corporation.)

표 14.8 > 몇 가지 축전기용 세라믹 유전 재료의 대표 조성

유전상수 K	조성
325	$BaTiO_3 + CaTiO_3$ + low % $Bi2Sn_3O_9$
2100	$BaTiO_3$ + low % $CaZrO_3$ 그리고 Nb_2O_5
6500	$BaTiO_3$ + low % $CaZrO_3$ 또는 $CaTiO_3 + BaZrO_3$

출처: C.A. Harper (ed.), *Handbook of Materials and Processes for Electronics*, McGraw-Hill, 1970, pp. 6–61.

며, 첨가물에 의해 이 재료의 유전상수를 수천까지 올릴 수 있다. 그림 14.53*b*는 디스크형 세라믹 축전기 한 형태의 제조 단계를 나타내고 있다. 이런 형태의 축전기에서는 디스크의 위·아래에 은 층(silver layer)이 축전기의 금속 "판"이 된다. 최소 크기의 소자로 매우 큰 정전용량을 얻기 위하여 작고 다층으로 된 세라믹 축전기도 개발되었다.

세라믹 칩(chip) 축전기는 몇 가지 세라믹 기반의 후막 하이브리드 전자회로(thick-film hybrid electronic circuit)에 사용한다. 칩 축전기는 단위면적당 상당히 큰 정전용량값을 나타내며, 간단한 납땜이나 접합 작업에 의해 후막회로에 추가될 수 있다.

14.8.4 세라믹 반도체

몇 가지 세라믹 화합물들은 각종 전기소자를 작동시키는 데 중요한 반도체적 성질을 갖고 있다. 이러한 소자 중의 하나로 온도 측정과 조절에 사용하는 **써미스터**(thermistor), 즉 열감지 저항기(thermally sensitive resistor)가 있다. 여기서는 온도 증가에 따라 저항이 감소하는 *부온도계수*(negative temperature coefficient: NTC)형 써미스터에 대해 다룬다. 즉, 온도가 올라가면 써미스터는 실리콘 반도체의 경우에서와 같이 전도성이 보다 커지게 된다.

NTC 써미스터로서 가장 널리 사용하는 세라믹 반도성 재료는 Mn, Ni, Fe, Co, Cu 원소들의 소결 산화물이다. 온도변화에 따른 필요한 범위의 전기전도도를 얻기 위해서 이들 원소의 산화물들을 조합한 고용체가 사용된다.

먼저 세라믹 화합물 자철석(magnetite), 즉 Fe_3O_4를 생각해 보자. 대부분의 천이금속 산화물들이 대략 108 $\Omega \cdot m$의 비저항을 갖는 데 비하여 이것은 비교적 낮은 약 10^{-5} $\Omega \cdot m$의 비저항을 갖는다. Fe_3O_4는 역스피넬(inverse spinel) 구조를 갖고 있으며, 조성은 $FeO \cdot Fe_2O_3$로서 다음과 같이 쓸 수 있다.

$$Fe^{2+}(Fe^{3+}, Fe^{3+})O_4$$

이 구조에서 산소 이온은 FCC 격자자리를 점거하고 있으며, Fe^{2+} 이온은 8면체 자리, Fe^{3+} 이온의 절반은 8면체 자리, 나머지 절반은 4면체 자리에 존재한다. Fe_3O_4의 전기전도도가 좋은 이유는 8면체 자리 내 Fe^{2+} 이온과 Fe^{3+} 이온의 위치가 무질서하여, 전하의 중성을 유지하면서 전자들이 Fe^{2+} 이온과 Fe^{3+} 이온 사이를 "건너뜀(hopping)"(이동할(transfer)) 수 있기 때문이다. Fe_3O_4의 구조에 대해서는 16.10절에서 보다 자세히 다루기로 한다.

써미스터용 금속산화물 반도체 화합물의 전기전도도는 다른 금속산화물 화합물과의 고용체를 만드는 것에 의해 조절할 수 있다. 전기전도도가 낮은 금속산화물을 그와 비슷한 구조이면서 전기전도도가 높은 금속산화물과 결합시켜서 중간의 전기전도도를 갖는 반도체 화합물을 만들 수 있다. 이 효과는 그림 14.54에서 보이고 있는데, 고용체 내 첨가되는 $MgCr_2O_4$의 양이 증가함에 따라 Fe_3O_4의 전기전도도가 점차 감소하는 것을 나타내고 있다. 제어된 비저항의 온도계수를 가진 NTC 써미스터는 주로 Mn, Ni, Fe, Co의 산화물의 고용체로 만든다.

14.8.5 강유전성 세라믹

강유전 구역 세라믹 이온결정 재료 중에는 대칭 중심(a center of symmetry)이 없는 단위격자로 이루어진 것들이 있고, 이에 따라 이들의 단위격자는 작은 전기쌍극자를 내포하고 있으며, 이를 강유전체(ferroelectric)라 한다. 이 부류에서 공업적으로 중요한 세라믹 재료로 티탄산 바륨, 즉 $BaTiO_3$이 있다. $BaTiO_3$는 120°C 이상에서는 일반적인 입방정 대칭의 페로브스카이트(perovskite) 결정구조를 갖는다(그림 14.55*a*). 120°C 이하에서는 $BaTiO_3$

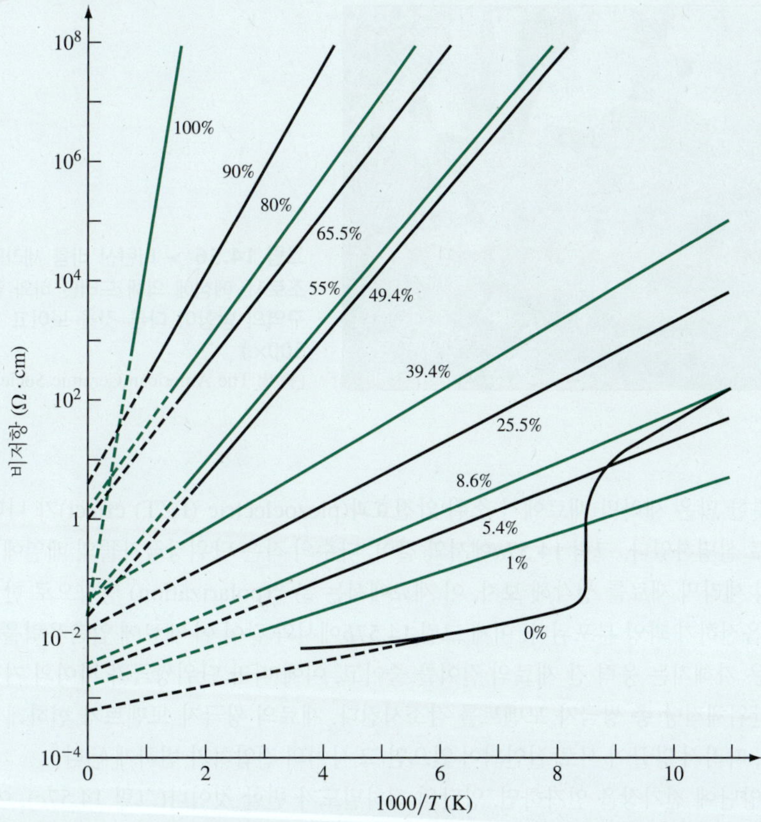

그림 14.54 ➤ Fe_3O_4와 $MgCr_2O_4$ 고용체의 비저항. $MgCr_2O_4$의몰 %가 곡선에 표시됨.
(출처: E.J. Verwey, P.W. Haagman, and F.C. Romeijn, *J. Chem. Phys.*, 15:18(1947).)

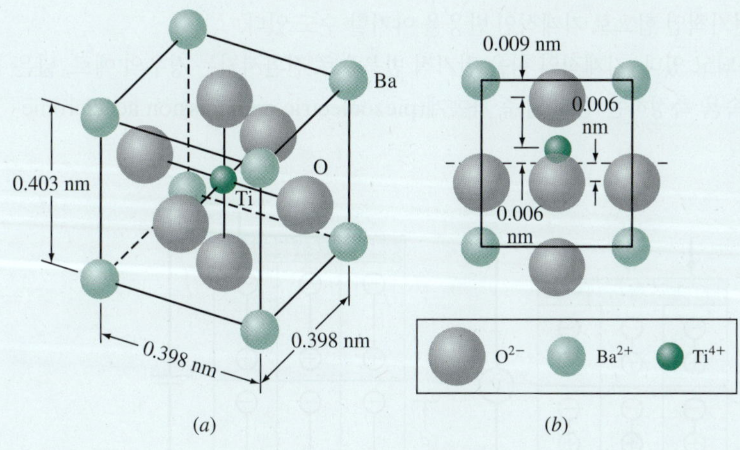

그림 14.55 ➤ (*a*) 120°C(큐리 온도) 이상에서 $BaTiO_3$의 구조는 입방정임. (*b*) 120°C 이하에서는 단위격자의 Ti^{4+} 중심 이온이 그 주위의 O^{2-} 이온에 대해서 약간 이동하기 때문에 $BaTiO_3$의 구조는 약간 정방정임. 이 비대칭성 단위격자 내에 작은 전기쌍극자 모멘트가 존재함.
((*a*-*b*) 출처: K.M. Ralls, T.H. Courtney and J. Wulff, An Introduction to Materials Science and Engineering, Wiley, 1976, p. 610.)

단위격자 내 중심에 위치한 Ti^{4+} 이온과 그 주위의 O^{2-} 이온들이 서로 반대 방향으로 약간씩 이동하여 작은 전기쌍극자 모멘트를 형성한다(그림 14.55*b*). **큐리 온도**(Curie temperature)라고 하는 임계온도 120°C에서 이와 같이 이온들의 위치가 이동함으로써 $BaTiO_3$의 결정구조는 입방정에서 약간의 정방정으로 변한다.

보다 큰 치수에서 보면, 고상의 티탄산바륨 세라믹 재료는 구역 구조(domain structure)(그림 14.56)를 갖고 있는데, 이 구역에서는 단위격자의 작은 전기쌍극자들이 한 방향으로 배열되어 있다. 그에 따른 이 재료의 단위체적당 쌍극자 모멘트는 각 단위격자들의 작은 쌍극자 모멘트의 합이 된다. 다결정의 티탄산바륨을 강한 전기장하에서 큐리 온도 이하로 서냉시키면, 모든 구역의 쌍극자들은 전기장 방향으로 배열되어 재료의 단위체적당 강한 쌍극자 모멘트를 형성하게 된다.

그림 14.56 ➤ 티탄산 바륨 세라믹의 미세구조로서, 에칭에 의해 드러난 바와 같이 강유전 구역의 방향이 다른 것을 보이고 있다. (배율 500×.)
(출처: The American Ceramic Society)

압전효과[5]

티탄산 바륨을 비롯한 많은 세라믹 재료에서 소위 **압전효과**(piezoelectric (PZT) effect)가 나타나며, 이를 그림 14.57에 도식적으로 설명하였다. 그림 14.57*a*에서와 같이, 다수의 작은 단위쌍극자들의 배열에 의해 쌍극자 모멘트를 갖는 강유전성 세라믹 재료를 생각해 보자. 이 재료에서는 분극(polarization) 방향으로 한 쪽 끝에는 양전하가 다른 쪽 끝에는 음전하가 과잉 분포된다. 이제 그림 14.57*b*에서와 같이 이 재료에 압축응력을 가한 경우를 생각해 보자. 압축응력은 가해지는 응력 간 재료의 길이를 줄이고, 이에 따라 단위쌍극자 사이의 거리를 감소시켜, 결과적으로 재료의 단위체적당 총 쌍극자 모멘트를 감소시킨다. 재료의 쌍극자 모멘트가 변하게 되면 재료 양단의 전하밀도가 변하고, 따라서 양끝이 서로 절연되어 있으면 그 사이의 전압차가 변하게 된다.

반면에 재료의 양단에 전기장을 인가하면, 양단의 전하밀도가 변할 것이다(그림 14.57*c*). 이러한 전하밀도의 변화는 전기장 방향으로의 치수의 변화를 초래한다. 그림 14.57*c*의 경우, 한쪽에서 양전하의 양이 증가하여 쌍극자의 음극을 잡아당기고, 아래쪽에서는 반대 현상이 일어남에 따라 재료가 약간 늘어나게 된다. 따라서 압전효과는 전기기계적(electromechan$_i$cal) 효과이다. 즉, **강유전 재료**(ferroelectric material)에 가해지는 기계적인 힘은 전기적 반응을 일으킬 수 있고, 반대로 전기적인 힘으로 기계적인 반응을 야기할 수도 있다.

압전세라믹은 산업 전반에 널리 응용되고 있다. 기계적인 힘을 전기적 반응으로 전환시키는 경우의 예로, 넓은 범위의 주파수에 걸쳐 발생하는 진동가속을 측정하는 압전 압축 가속계(piezoelectric compression accelerome-

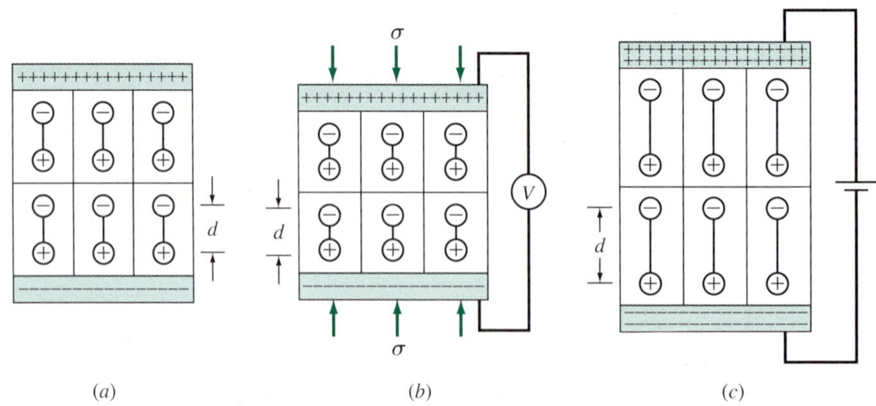

그림 14.57 ➤ (*a*) 압전 재료 내 전기쌍극자의 도식도.
(*b*) 재료에 가해지는 압축응력은 전기쌍극자를 변화시키기 때문에 전압차가 발생하게 한다.
(*c*) 재료의 양단에 인가된 전압은 치수의 변화를 초래하고 전기쌍극자 모멘트를 변화시킨다.
((*a-b-c*) 출처: L.H. Van Vlack, *Elements of Materials Science and Engineering*, 4th ed., Addison- Wesley, 1980, Fig. 8-6.3, p. 305.)

5 접두사 piezo-는 "압력(pressure)"을 의미하며, 그리스어로 "압력을 가하다(to press)"는 뜻의 piezein에서 기원함.

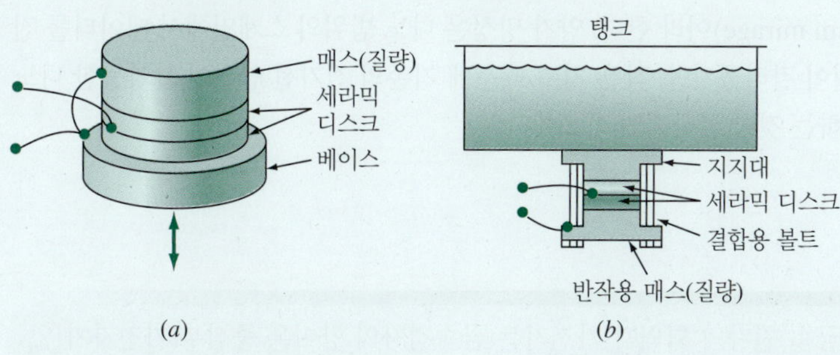

그림 14.58 ➤ (*a*) 압전 압축 가속계. (*b*) 초음파 세정기 내 압전 세라믹 요소.
((*a-b*) 출처: Morgan Electric Ceramics (formerly Vernitron), Bedford, Ohio, USA.)

ter, 그림 14.58*a*)와 음반의 홈(groove)에서 진동하는 바늘(stylus)로부터 전기적 반응을 "픽업(pick up)"하는 전축의 카트리지(cartridge)가 있다. 전기적 힘을 기계적 반응으로 변환하는 경우의 예로, 교류전원에 의해 진동을 일으켜 용기 내의 액체를 심하게 교반시켜 줄 수 있는 초음파 세정기용 **변환기**(transducer)가 있다(그림 14.58*b*). 이 유형의 다른 예로는 전력 공급에 의해 변환기가 진동하여 음파를 전송하는 수중 음향 변환기가 있다.

압전재료 일반적으로 $BaTiO_3$가 압전재료로 사용되나, 다른 압전세라믹 재료들로 많이 대체되고 있다. $PbZrO_3$와 $PbTiO_3$의 고용체로 만든 세라믹 재료가 특히 중요하며, 이는 *PZT 세라믹*이라고 한다. PZT 재료는 $BaTiO_3$보다 큐리 온도가 높으며 보다 광범위한 압전성을 갖고 있다.

14.9 나노전자

나노재료와 나노소자를 특징짓고 연구하는 역량은 *주사 탐침 현미경*(scanning probe microscope: SPM) 기술의 출현에 의해 크게 향상되었다. 연구자들은 STM 팁(tip)과 표면 간에 걸린 전위차를 변화시키는 방법에 의해 원자(또는 원자군)를 집어내고 표면 위에서의 위치를 조작하는 것이 가능하다는 것을 보인 바 있다. 예로 과학자들은 STM을 사용하여 실리콘 표면 위의 특정 위치에 매달린(dangling)(불완전) 결합을 형성하였다. 그 다음, 재료의 표면을 관심있는 분자가 포함된 가스에 노출시켜서, 이 매달린 결합들이 분자 흡수의 자리가 되게 하였다. 매달린 결합, 즉 표면 위 특점지점에 흡수되는 분자의 위치를 정하는 방법에 의해서 나노 스케일의 분자 전자기기를 설계할 수 있다. 나노기술에 STM 사용의 또 다른 예로 *양자 우리*(quantum corral)의 형성이 있다. STM이 표면 위에 금속원자들을 원이나 타원형으로 위치시키는 데 사용된다. 전자들이 금속 원자들의 통로에만 국한되어 있기 때문에, 전자 파동의 "핫 존(hot zone)"을 의미하는 양자 우리가 형성된다. 이것은 접시형 안테나의 전자기파 핫존과 유사하다. 우리의 크기는 수십 나노미터다. 코발트 원자와 같은 자성 원자가 2개의 초점이 있는 타원형 우리 내의 한 초점에 위치하게 되면, 몇 가지 특성(코발트의 자성에 의한 표면 전자들의 변화와 같은)이 다른 초점에 나타난다(그림 14.59). 반면에 단원자가 비초점 위치에 놓이면 이런 특성은 우리의 어떤 곳에서도 나타나지 않는다. 양자

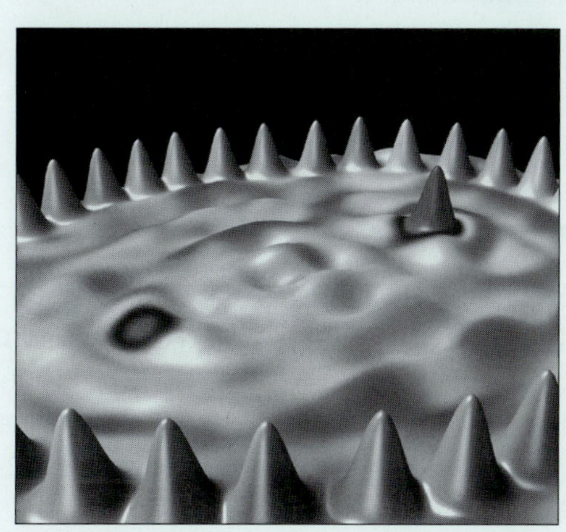

그림 14.59 ➤ 이 그림에서 한 개의 코발트 원자가 36 코발트 원자의 타원형 우리의 초점 중의 하나에 놓여 있다. 이들 특성 몇 가지가 원자가 존재하지 않는 다른 초점에 나타난다.
(IBM Research/Science Source)

우리가 형성되는 지점을 *양자 망상*(quantum mirage)이라 한다. 양자 망상은 나노 범위의 스케일에서 데이터를 전송하기 위한 매개물로 간주된다. 많은 기일이 걸리겠지만, 작은 치수 때문에 기존의 전기선 연결이 불가능한 나노소자에 전류를 공급하여 주는 기술을 개발하는 것이 궁극적인 목표이다.

14.10 요약

금속의 전기전도에 대한 고전 모델에서 금속 원자의 최외각 가전자는 금속격자의 양이온 중심부(가전자가 없는 원자) 사이에서 자유로이 움직인다고 가정하고 있다. 인가된 전기전위 하에서 자유전자는 방향성을 띤 유동속도를 갖게 된다. 금속에서 전자들의 움직임과 그들이 갖는 전기전하에 의해 전류가 형성된다. 관습적으로 전류는 양전하의 흐름으로 간주되며, 이는 전자흐름의 반대 방향이다.

금속의 전기전도에 대한 에너지띠 모델에서 금속 원자의 가전자들은 상호 작용을 하고 상호 침투를 해서 에너지띠를 형성한다. 금속 원자 가전자의 에너지띠들은 겹쳐져서 부분적으로만 채워진 복합 에너지띠를 형성하기 때문에 가장 높은 에너지의 전자를 여기시키는 데 매우 작은 에너지가 필요하여, 전자가 전도되기에 자유롭게 된다. 절연체에서 가전자는 이온 및 공유결합으로 원자에 단단히 결합되어 있으며, 높은 에너지를 받지 않는 한 전기를 전도하는 것이 자유롭지 않다. 절연체의 에너지띠 모델은 하부의 채워진 가전자띠와 상부의 비어 있는 전도띠로 구성되어 있다. 가전자띠는 전도띠로부터 큰 에너지 갭(예로, 약 6~7 eV)에 의해 분리되어 있다. 그러므로 절연체가 전도를 할 수 있기 위해서는 가전자가 갭을 "도약(jump)"하기 위한 상당한 양의 에너지가 가해져야만 한다. 진성 반도체는 가전자띠와 전도띠 사이에 상대적으로 작은 에너지갭(즉, 약 0.7~1.1 eV)을 가진다. 진성 반도체에 불순물 원자를 도핑하여 외인성으로 만들면, 반도체가 전도성을 띠게 하는 데 필요한 에너지의 양을 크게 감소시킨다.

외인성 반도체는 n형 또는 p형일 수 있다. n형(음성형) 반도체는 다수 운반자로 전자를 가지며, p형 (양성형) 반도체는 다수 전하운반자로 정공(전자들을 잃은)을 갖는다. 실리콘과 같은 반도체의 단결정에 pn 접합을 제조하여 여러 형태의 반도체 소자를 만들 수 있다. 예를 들어, pn 접합 다이오드와 npn 트랜지스터는 이러한 접합들을 사용하여 만들 수 있다. 최근의 반도체 기술에 의해 약 0.5 cm^2 크기, 0.2 mm 두께의 반도체 실리콘 "칩(chip)"상에 수천 개의 트랜지스터를 설치하는 것이 가능하게 되었다. 복합 마이크로전자(complex microelectronics) 기술에 의해 고도로 정교한 마이크로프로세서와 컴퓨터 기억장치가 구현되었다.

세라믹 재료는 전도전자가 없기 때문에 대체로 좋은 전기적, 열적 절연체이므로, 많은 세라믹들은 전기적 절연과 내화재로 사용된다. 몇 가지 세라믹 재료는 전기전하가 크게 분극될 수 있어 축전기용 유전 재료로 사용된다. 어떤 세라믹 재료의 영구분극은 압전특성을 형성하며, 이에 따라 이 재료들은 전기-기계적 변환기(electromechanical transducer)로 사용된다. Fe_3O_4와 같은 세라믹 재료는 반도체이며 온도 측정에 사용되는 써미스터(thermistor)에 응용된다.

나노기술 연구는 나노미터 치수의 전자소자를 제조할 수 있을 정도로 진보를 하고 있다. 양자 우리는 전기선 연결이 불가능한 나노소자에 전류를 공급하여 줄 수 있을 것으로 기대된다.

14.11 용어 정의

14.1절

전기 전류(electric current): 재료에서 전하의 통과 속도; 전기 전류 i는 재료의 한 점을 지나는 초당 쿨롱의 수. 전기 전류의 SI 단위는 암페어이다(1 A = 1 C/s).

전기저항 R(electrical resistance R): 전기 전류가 임의 체적의 재료를 통과하기 어려운 정도의 척도. 저항은 전류가 통과하는 재료의 길이에 따라 증가하고, 단면적이 작을수록 증가한다. SI 단위: ohm (Ω).

전기비저항 ρ_e(electrical resistivity ρ_e): 전기 전류가 단위 체적의 재료를 통과하기 어려운 정도의 척도. 주어진 체적의 재료에 대하여, ρ_e = RA/l, 여기서 R = 재료의 저항, Ω; l = 길이, m; A = 단면적, m^2. SI 단위로 ρ_e = ohm-meters (Ω · m).

전기전도도 σ_e(electrical conductivity σ_e): 전기 전류가 단위 체적의 재료를 통과하기 쉬운 정도의 척도. 단위: $(\Omega \cdot m)^{-1}$. σ_e는 ρ_e의 역수.

전기전도체(electrical conductor): 전기전도도가 높은 재료. 은은 좋은 도체로서 $\sigma_e = 6.3 \times 10^7\ (\Omega \cdot m)^{-1}$.

전기절연체(electrical insulator): 전기전도도가 낮은 재료. 폴리에틸렌은 매우 낮은 전도도를 가지며, $\sigma_e = 10^{-15} \sim 10^{-17}\ (\Omega \cdot m)^{-1}$.

반도체(semiconductor): 좋은 도체와 절연체의 중간 정도의 전기전도도를 갖는 재료. 예를 들면, 순수한 실리콘은 반도성 원소로서 300 K에서 $\sigma_e = 4.3 \times 10^{-4}\ (\Omega \cdot m)^{-1}$.

전류밀도 J(electric current density J): 단위 면적당 전기 전류. SI 단위: amperes/meter^2 (A/m^2).

↘ 14.2절

에너지띠 모델(energy-band model): 이 모델에서 고체 원자 내 결합에 사용되는 가전자의 에너지는 에너지띠를 형성한다. 예를 들면, 나트륨 조각의 3*s* 가전자들은 3*s* 에너지띠를 형성한다. 한 개의 3*s* 전자(3*s* 궤도는 2개의 전자를 가질 수 있다)만이 있기 때문에 나트륨 금속의 3*s* 에너지띠는 반만 채워져 있다.

가전자띠(valence band): 가전자를 포함하는 에너지띠. 도체의 가전자띠는 또한 전도띠이기도 하다. 전도성 금속의 가전자띠는 채워져 있지 않아서, 일부 전자가 가전자띠 내에서 에너지를 얻어 전도성 전자가 된다.

전도띠(conduction band): 채워지지 않은 에너지 준위들로서 전자가 전도성 전자가 되기 위해 여기될 수 있다. 반도체와 절연체에서는 하부의 채워진 가전자띠와 상부의 빈 전도띠 사이에 에너지 갭이 존재한다.

↘ 14.3절

진성 반도체(intrinsic semiconductor): 본질적으로 순수한 반도성 재료로서, 열적 여기에 의해 극복되기에 충분히 작은 에너지 갭(약 1 eV)을 갖고 있다; 전류 운반자는 전도띠에서는 전자이고, 가전자띠에서는 정공이다.

전자(electron): 1.60×10^{-19} C의 전하를 갖는 음의 전하운반자.

정공(hole): 1.60×10^{-19} C의 전하를 갖는 양의 전하운반자.

↘ 14.4절

n형 외인성 반도체(n-type extrinsic semiconductor): n형 원소로 도핑된 반도성 재료(예를 들면, 인으로 도핑된 실리콘). n형 불순물은 전도띠에 근접한 에너지를 갖는 전자를 제공한다.

도너 준위(donor levels): 띠이론에서 전도띠 근처의 국부적 에너지 준위.

억셉터 준위(acceptor levels): 띠이론에서 가전자띠에 근접한 국부에너지 준위.

p형 외인성 반도체(p-type extrinsic semiconductor): p형 원소로 도핑된 반도성 재료(예를 들면, 알루미늄으로 도핑된 실리콘). p형 불순물은 가전자띠에 근접한 에너지를 갖는 전자정공을 제공한다.

다수 운반자(majority carriers): 반도체내 가장 흔한 전하운반자 형태. n형 반도체의 다수 운반자는 전도전자이고, p형 반도체의 다수 운반자는 전도정공이다.

소수 운반자(minority carriers): 반도체에서 가장 낮은 농도의 전하운반자 형태. n형 반도체의 소수 운반자는 정공이고, p형 반도체 경우의 소수 운반자는 전자이다.

↘ 14.5절

pn 접합(pn junction): 반도성 재료의 단결정 내 p형과 n형 영역 사이의 계단 접합(abrupt junction) 또는 경계.

바이어스(bias): 전자소자의 두 전극에 인가되는 전압.

정바이어스(forward bias): 전도 방향으로 pn 접합에 걸리는 바이어스. 정바이어스 하의 pn 접합에서 다수 운반자 전자와 정공은 접합을 향해 흐르고, 그 결과 큰 전류가 흐른다.

역바이어스(reverse bias): 전류가 거의 흐르지 않게 pn 접합에 걸린 바이어스. 역바이어스 하의 pn 접합에서 다수 운반자 전자와 정공은 접합에서 멀어지는 쪽으로 흐른다.

정류 다이오드(rectifier diode): 교류를 직류로(AC에서 DC로) 변환시키는 pn 접합 다이오드.

쌍극 접합 트랜지스터(bipolar junction transistor): 3개의 요소와 2개의 접합으로 된 반도체 소자. 트랜지스터의 3기본요소는 에미터(emitter), 베이스(base), 컬렉터(collector)이다. 쌍극접합 트랜지스터는 npn이나 pnp형 일 수 있다. 에미터–베이스 접합은 정바이어스이고 컬렉터–베이스 접합은 역바이어스이기 때문에, 트랜지스터가 전류증폭 소자로 작용할 수 있다.

↘ 14.8절

유전체(dielectric): 전기절연 재료.

축전기(capacitor): 전기전도 판이나 호일(foil) 사이에 유전 재료 층을 삽입하여 전기 전하를 저장할 수 있도록 한 전자 소자.

정전용량(capacitance): 축전기가 전기 전하를 축적할 수 있는 능력의 척도. 정전용량은 패러드(farad) 단위로 측정. 전기회로에서 일반적으로 사용되는 단위는 피코 패러드(1 pF = 10^{-12} F)나 마이크로 패러드(1 μF= 10^{-6} F).

유전상수(dielectric constant): 축전기의 두 판 사이에 유전체를 삽입했을 때와 진공으로 유지했을 때의 정전용량의 비.

유전강도(dielectric strength): 유전재료가 전도하게 될 때의 단위 길이당 전압(전기장), 즉 유전체가 전기적 항복(breakdown)이 되지 않고 지탱할 수 있는 최대 전기장.

써미스터(thermistor): 온도 변화에 따라 비저항이 변하는 세라믹 반도체 소자로서, 온도 측정과 조절에 사용한다.

강유전성 재료(ferroelectric material): 전기장 인가에 의해 분극될 수 있는 재료.

(강유전성 재료의) 큐리 온도(Curie temperature (of a ferroelectric material)): 강유전성 재료가 냉각과정 중 결정구조의 변화를 일으켜서 재료 내에 자발적인 분극을 형성하는 온도. 예로 $BaTiO_3$의 큐리온도는 120°C이다.

압전효과(piezoelectric effect): 강유전성 재료에 기계적 힘을 가하면 전기적 반응이, 전기적 힘을 가하면 기계적 반응이 나타나는 전기기계적 효과(electromechanical effect).

변환기(transducer): 한 에너지원으로부터의 출력의해 작동되어 이 출력을 다른 형태로 다른 계에 보내는 장치. 예를 들어 변환기는 음향에너지 입력을 전기반응 출력으로 변환할 수 있다.

14.12 연습 문제

*표시를 한 문제는 책 마지막에 답을 제공하였다.

■ 지식과 이해 문제

14.1 금속의 전기전도에 대한 고전적 모델을 설명하라.

14.2 나트륨과 같은 금속 결정격자 내의 (*a*) 양이온 중심부와 (*b*) 가전자를 구분하라.

14.3 Ohm의 법칙에 대해 (*a*) 거시적 형태와 (*b*) 미시적 형태의 수식을 써라. 각 수식의 부호들을 정의하고, SI 단위를 표시하라.

14.4 전기전도도는 수치적으로 전기비저항과 어떤 관계를 갖는가?

14.5 전기전도도의 두 가지 SI 단위를 써라.

14.6 금속도체에서 전자의 흐름에 관련된 다음 양들을 정의하라. (*a*) 유동속도, (*b*) 완화시간, (*c*) 전자 이동도

14.7 금속의 전기비저항이 온도가 증가함에 따라 증가하는 이유는? 포논(phonon)이란 무엇인가?

14.8 어떠한 구조 결함(structural defect)이 순수 금속의 전기비저항의 잔류요소(residual component)에 영향을 미치는가?

14.9 고용체를 형성하는 원소가 순수 금속의 전기비저항에 미치는 영향은 무엇인가?

14.10 나트륨과 같이 좋은 전도성 금속의 고체 블록 내에서 가전자 에너지 준위들이 넓어져서 띠가 되는 이유가 무엇인가?

14.11 나트륨 금속 블록의 내부 중심 전자의 에너지 준위는 에너지띠를 형성하지 않는 이유가 무엇인가?

14.12 나트륨 블록의 3*s* 전자 에너지띠가 단지 반만 채워지는 이유는 무엇인가?

14.13 마그네슘과 알루미늄 금속은 채워진 최외각 3*s* 에너지띠를 가지지만, 좋은 전기전도도를 갖는 이유를 설명하라.

14.14 에너지띠 모델은 순수 다이아몬드와 같은 절연체의 낮은 전기전도도를 어떻게 설명하는가?

14.15 진성 반도체를 정의하라. 가장 중요한 원소 반도체 2개는 무엇인가?

14.16 다이아몬드 입방체 구조는 어떤 결합형태를 가지는가? 실리콘 격자 내에서의 결합을 2차원적 그림으로 나타내고, 전자–정공 쌍이 전기장이 인가 시 어떻게 만들어지는가를 보여라.

14.17 정공이 가상입자라 불리는 이유는? 그림을 사용하여 전자정공이 실리콘 결정격자에서 어떻게 움직이는가를 보여라.

14.18 실리콘 격자 내 전하운동에 관련된 전자와 전자정공의 이동도를 정의하라. 이 양은 어떻게 측정되며, SI 단위는 무엇인가?

14.19 에너지띠 다이어그램을 사용하여 진성 실리콘에서 전자들과 전자정공들이 어떻게 쌍으로 생성되는가를 설명하라.

14.20 진성 실리콘과 게르마늄의 전기전도도가 온도 증가에 따라 증가하는 이유를 설명하라.

14.21 n형과 p형 외인성 실리콘 반도체를 정의하라.

14.22 다음에 대해 도너 또는 억셉터 준위를 나타내는 에너지띠 다이어그램을 그려라.

(*a*) P 불순물 원자를 갖는 n형 실리콘, (*b*) B 불순물 원자를 갖는 p형 실리콘

14.23 (*a*) P 원자가 n형 실리콘 격자에서 이온화될 때, 이온화되는 원자가 얻는 전하는 무엇인가?

(*b*) B 원자가 p형 실리콘 격자에서 이온화될 때, 이온화되는 원자가 얻는 전하는 무엇인가?

14.24 반도체에서 도펀트는 무엇인가? 확산에 의한 도핑 공정을 설명하라.

14.25 n형 실리콘 반도체에서 다수 및 소수 운반자는 무엇인가? p형 반도체에서는?

14.26 용어 마이크로프로세서를 정의하라.

14.27 평형에서 pn 접합 다이오드 내 다수 운반자의 이동을 설명하라. pn 접합의 공핍영역은 무엇인가?

14.28 역바이어스 하에서 pn 접합 다이오드 내 다수 운반자와 소수 운반자의 움직임을 설명하라.

14.29 정바이어스 하에서 pn 접합 다이오드 내 다수 운반자의 움직임을 설명하라.

14.30 pn 접합 다이오드가 어떻게 전류 정류기 기능을 하는지 설명하라.

14.31 제너 다이오드(zener diode)가 무엇인가? 이 소자의 작동 원리는? 이 소자의 동작 관련 기구를 설명하라.

14.32 쌍극접합 트랜지스터의 3개의 기본 요소는 무엇인가?

14.33 npn 쌍극접합 트랜지스터가 전류 증폭기로 쓰일 때 전자와 정공의 흐름을 설명하라.

14.34 쌍극접합 트랜지스터에서 쌍극이라 부르는 이유는?

14.35 평면 npn 쌍극 트랜지스터의 구조를 설명하라.

14.36 평면 쌍극 트랜지스터가 어떻게 전류증폭기로서 기능을 하는지 설명하라.

14.37 n형 금속산화물 반도체 전계효과 트랜지스터(NMOS)의 구조를 설명하라.

14.38 실리콘 표면상에 이산화규소 절연층의 패턴을 만드는 사진식각법의 각 단계를 설명하라.

14.39 실리콘 웨이퍼의 표면 속으로 도펀트를 도입시키기 위한 확산공정을 설명하라.

14.40 실리콘 웨이퍼의 표면 속으로 도펀트를 도입시키기 위한 이온주입공정을 설명하라.

14.41 실리콘 웨이퍼상에 NMOS 집적회로를 제작하기 위한 일반적인 공정을 설명하라.

14.42 보완적 금속산화물 반도체(CMOS) 소자란 무엇인가? NMOS나 PMOS 소자에 비해서 CMOS 소자의 장점은 무엇인가?

14.43 전기·전자 산업에서 세라믹 재료의 3가지 주요 응용분야는?

14.44 유전성(dielectric), 축전기(capacitor), 정전용량(capacitance)의 정의를 설명하라. 정전용량의 SI 단위는 무엇인가? 전자산업에서는 정전용량으로 어떤 단위가 주로 사용되는가?

14.45 유전 재료의 유전상수란 무엇인가? 정전용량, 유전상수, 축전기 판의 면적 및 축전기판 사이의 거리 간의 관계는 무엇인가?

14.46 유전 재료의 유전강도란 무엇인가? 유전강도에 어떤 단위가 사용되는가? 유전항복이란 무엇인가?

14.47 유전 재료의 유전손실각과 유전손실인자는 무엇인가? 고 유전손실인자는 왜 바람직하지 못한가?

14.48 전기적 자기(porcelain)의 대략적 조성은 무엇인가? 전기절연체로서 전기적 자기의 주요 단점은 무엇인가?

14.49 동석(steatite)의 대략적 조성은 무엇인가? 동석은 절연 재료로서 어떤 바람직한 전기적 특성을 갖고 있나?

14.50 포스테라이트(fosterite)의 조성은 무엇인가? 포스테라이트가 우수한 절연재료인 이유는?

14.51 써미스터(thermister)는 무엇인가? NTC 써미스터는 무엇인가?

14.52 NTC 써미스터 제조에 어떤 재료가 사용되는가?

14.53 Fe_3O_4의 전기전도기구는 무엇인가?

14.54 강유전 구역은 무엇인가? 이것들은 어떻게 한 방향으로 배열될 수 있는가?

14.55 강유전성 재료에 압력을 가하여 전기적 반응을 일으킬 때의 압전효과를 설명하라. 전기적 힘을 가하여 기계적 반응을 일으킬 때의 압전효과도 설명하라.

14.56 압전효과를 이용한 몇 가지 소자를 설명하라.

14.57 PZT 압전 재료가 무엇인가? 어떤 이유로 이것이 $BaTiO_3$ 압전 재료보다 우수한가?

■ 응용과 분석 문제

***14.58** 지름이 0.720 cm이고, 길이가 0.850 m인 철선의 20°C에서 저항을 계산하라[ρ_e(20°C) = 10.0 × 10^{-6} Ω· cm].

14.59 니크롬선이 120 Ω의 저항을 가져야만 한다. 만약 이것이 0.0381 mm의 지름을 갖는다면 길이는 얼마나 되어야 하는가(m 로)? [σ_e(니크롬) = 9.3 × 10^5 (Ω · m)$^{-1}$]

14.60 지름이 0.40 cm인 선에 25 *A*의 전류를 보내야 한다. (*a*) 선을 따라서의 최대 전력방출이 0.025 W/cm라면, 선의 최소 허용 전기전도도는 얼마인가? (SI 단위로 답을 구하라) (*b*) 전선의 전류밀도는 얼마인가?

14.61 길이가 15 m이고 지름이 0.030 m인 은(silver) 선의 160°C에서 전기비저항을 Ω · cm로 계산하라[ρ_e(0°C에서의 Ag) = 9.0 × 10^{-6} Ω · cm].

***14.62** 어떤 온도에서 철선이 35°C에서의 알루미늄선과 같은 전기비저항을 가지는가?

14.63 어떤 온도에서 철선의 전기비저항이 25.0 × 10^{-8} Ω · m가 될까?

14.64 철선에 최대 전압강하 0.005 V/cm로 6.5 *A*의 전류를 전도하려 한다. 20°C에서 선의 최소 지름은 m로 얼마이어야 하나?

14.65 실리콘과 게르마늄의 전자 대 정공의 이동도 비는 얼마인가?

14.66 단위체적(m^3)당 게르마늄의 원자수를 계산하라.

14.67 300 K에서 게르마늄의 전기비저항을 계산하라.

14.68 순수 게르마늄의 전기비저항이 300 K에서 0.46 Ω · m이다. 425°C에서의 전기전도도를 계산하라.

14.69 순수 실리콘의 전기비저항이 300 K에서 2.3 × 10^3 Ω · m이다. 325°C에서의 전기전도도를 계산 하라.

***14.70** 실리콘 웨이퍼가 7.0 × 10^{21} P 원자/m^3로 도핑되어 있다. 다음을 계산하라.

(*a*) 도핑 후 전자와 정공의 농도, (*b*) 도핑 후 300 K에서의 전기비저항.[n_i = 1.5 × 10^{16}/m^3과 μ_n = 0.1350 m^2/(V · s)로 가정하라.]

14.71 P를 첨가하여 전기전도도가 250 (Ω · m)$^{-1}$인 n형 실리콘 반도체를 제조하였다. 필요한 전하운반자의 수를 계산하라.

14.72 실리콘에 붕소(B)를 첨가하여 전기비저항이 1.9 Ω · m인 반도체를 제조하였다. 이 재료의 단위체적(m^3)당 운반자 농도를 계산하라[μ_p = 0.048 m^2/(V · s)로 가정하라].

14.73 실리콘 웨이퍼가 27°C에서 2.50 × 10^{16} B 원자/cm^3 + 1.60 × 10^{16} P 원자/cm^3으로 도핑되었다. 다음을 계산하라.

(*a*) 전자와 정공의 농도(운반자/cm^3 단위로), (*b*) 전자와 정공의 이동도(그림 14.26을 사용), (*c*) 전기비저항

14.74 실리콘 웨이퍼가 2.50 × 10^{15} P 원자/cm^3, 3.00 × 10^{17} B 원자/cm^3, 3.00 × 10^{17} As 원자/cm^3으로 도핑되었다. 다음을 계산하라.

(*a*) 전자와 정공의 농도(운반자/cm^3 단위로), (*b*) 전자와 정공의 이동도(그림 14.26을 사용), (*c*) 전기비저항

***14.75** As로 도핑된 실리콘 웨이퍼는 27°C에서 전기비저항이 7.50 × 10 Ω · 4 cm이다. 진성 운반자 이동도와 완전 이온화로 가정하고 다음을 구하라.

(*a*) 다수 운반자 농도(운반자/cm^3 단위로), (*b*) 이 재료 내 As와 Si 원자비

14.76 B로 도핑된 실리콘 웨이퍼는 27°C에서 전기비저항이 5.00 × 10^{-4} Ω · cm이다. 진성 운반자 이동도와 완전 이온화로 가정하고 다음을 구하라.

(*a*) 다수 운반자 농도(운반자/cm^3 단위로), (*b*) 이 재료 내 B와 Si 원자비

14.77 외인성 실리콘 반도체에 대한 ln σ 대 1/*T* 도표(저온에서 고온으로)에 나타나는 3단계의 근원을 설명하라. 진성 전도도에 의

해 전도도가 급속히 증가하기 바로 직전에 감소하는 이유는 무엇인가?

14.78 npn 쌍극 트랜지스터의 에미터로부터의 전자가 컬렉터로 바로 통과하는 것을 부추키는 데 사용되는 제작기술은 무엇인가?

14.79 NMOS가 어떤 원리로 전류증폭기로서의 기능을 하는가?

14.80 실리콘 웨이퍼 상에 NMOS 집적회로를 만드는 데 질화규소(Si_3N_4)를 사용하는 이유는 무엇인가?

***14.81** 125°C에서 GaAs의 진성 전기전도도를 계산하라[$E_g = 1.47$ eV; $\mu_n = 0.720$ m^2/(V · s); $\mu_p = 0.020$ m^2/(V · s); $n_i = 1.4 \times 10^{12}$ m^{-3}].

14.82 60°C와 70°C에서 InSb의 진성 전기전도도를 계산하라[$E_g = 0.17$ eV; $\mu_n = 8.00$ m^2/(V · s); $\mu_p = 0.045$ m^2/(V · s); $n_i = 1.35 \times 10^{22}$ m^{-3}].

14.83 75°C에서 (*a*) GaAs와 (*b*) InSb의 진성 전기전도도를 계산하라.

14.84 27°C에서 (*i*) InSb와 (*ii*) InP 내 흐르는 전류에서 (*a*) 전자와 (*b*) 정공의 비율은 얼마인가?

14.85 27°C에서 (*i*) GaSb와 (*ii*) GaP 내 흐르는 전류에서 (*a*) 전자와 (*b*) 정공의 비율은 얼마인가?

14.86 단순 평판 축전기가 12,000 V의 전위에서 7.0×10^{-5} C을 저장할 수 있다. $k = 2100$의 $BaTiO_3$ 유전 재료가 5.0×10^{-5} m^2 면적의 평판 사이에 사용된다면, 이 평판 사이의 거리는 얼마로 해야 하는가?

14.87 단순 평판 축전기가 12,000 V의 전위에서 6.5×10^{-5} C을 저장할 수 있다. 평판의 면적이 3.0×10^{-5} m^{2}이고, 평판 사이의 거리가 0.18 mm 이라면, 평판 사이 재료의 유전상수는 얼마여야 하는가?

14.88 소성 알루미나가 전자소자 응용분야의 기판으로 널리 사용되는 이유는?

14.89 $BaTiO_3$가 고가의 소형 납작한 디스크형 축전기에 사용되는 이유는? $BaTiO_3$ 축전기의 정전용량은 어떻게 변하는가? 납작한 디스크형 세라믹 축전기의 제조에 사용되는 주요 4단계는 무엇인가?

14.90 써미스터(thermistor)용 금속산화물 반도체의 전기전도도는 어떻게 변하는 것인가?

14.91 120°C 이하로 냉각시켰을 때, $BaTiO_3$ 단위격자에서 일어나는 변화는? 이러한 변태 온도를 무엇이라 하는가?

■ 통합과 평가문제

14.92 20 A의 전류를 전송하는 직경 20 mm의 전도선의 재료를 선정하라. 최대 전력방출은 4 W/m이다(표 14.1을 사용하고, 선정기준으로 비용을 고려하라).

14.93 상온에서 25 $(\Omega \cdot m)^{-1}$의 일정한 전도도를 갖는 Si 기반의 n형 반도체를 설계하라.

14.94 상온에서 25 $(\Omega \cdot m)^{-1}$의 일정한 전도도를 갖는 Si 기반의 p형 반도체를 설계하라.

14.95 다음의 구리 고용체들을 전도도가 내려가는 순서로 순위를 정하라. 선정한 이유를 설명하라. (*i*) Cu-1 wt% Zn, (*ii*) Cu-1 wt% Ga, (*iii*) Cu-1 wt% Cr.

14.96 Cu-Ni 이질동상의 상계(isomorphous phase system)를 고려해 보자. 전도도 대 합금 조성의 개략적 다이어그램을 그려라.

14.97 SiC는 반도성($E_g = 3.02$ eV)의 세라믹이다. Si 대신에 SiC를 반도성 재료로 사용하는 경우의 이점을 조사하라.

14.98 GaN은 반도성($E_g = 3.45$ eV)의 세라믹이다. Si 대신에 GaN을 반도성 재료로 사용하는 경우의 이점을 조사하라.

14.99 InN는띠 갭(E_g)이 0.65 eV이고, GaN는 띠 갭(E_g)이 3.45 eV이다. 한편, In (x)과 Ga (1−x)의 비를 변화하며 GaN과 InN의 혼합물을 만드는 것이 가능한데, 이러한 유연성의 장점은 무엇인가?

14.100 광전소자(photovoltaics)는 무엇이며 응용분야는? 광전소자의 응용분야에 가장 적합한 반도성 재료 들은 어떤 것들이 있나?

제 15 장

광학적 성질과 초전도 재료

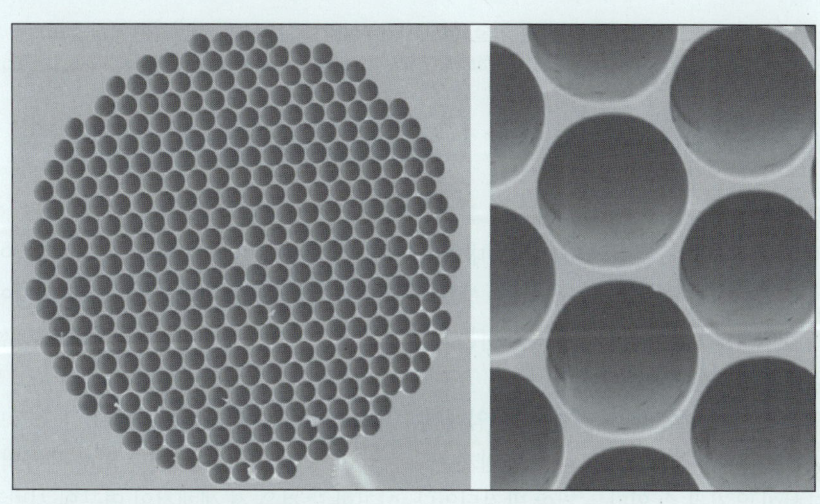

(PJF Military Collection/Alamy Stock Photo 제공)

광결정섬유(photonic crystal fiber)는 구조적 관점에서 일반 결정과 비슷하다. 단 차이점은 반복 패턴이 매우 큰 스케일(마이크론 범위)로 존재하고 섬유의 길이에 횡방향으로만 존재한다는 것이다. 섬유는 많은 실리카 유리 튜브를 적층하여 원통형 모양을 형성하여 제조된다. 원통형 모양을 고온에서 인발하여 지름이 수십 마이크론 정도 되는 얇은 섬유를 제조한다. 제조 공정을 마친 후 섬유는 벌집 모양과 비슷하다. 이러한 구조 때문에 섬유를 통과하는 빛은 완전히 이해되지 않은 방법으로 거동할 수도 있다. 예를 들면, 특정한 진동수의 빛은 섬유를 따라 전파하게 되지만 다른 진동수의 빛은 전파되지 않는다. 이러한 특성은 파장을 조절할 수 있는 광원과 광학 스위치와 같은 소자들을 제조하는 데 이용될 수 있다. 이 장을 여는 사진은 광결정 섬유의 구조를 보여준다. 왼쪽 사진에는 광섬유 예비 성형체를 보여주며, 오른쪽 그림에는 선택된 섬유의 단면을 보여준다.[1] ■

학습 목표

이 장을 마치면, 학생들은 다음을 설명할 수 있을 것이다.

1. 빛이 한 매질에서 다른 매질로 통과할 때 어떤 현상이 일어나는지 설명할 수 있다.
2. 왜 금속 재료는 가시광선에 대해 불투명한지 논할 수 있다.
3. 무엇이 금속 재료의 색을 결정하는지 논할 수 있다.
4. 초전도 현상을 간단하게 설명할 수 있다.
5. 비정질 재료는 왜 투명한지 설명할 수 있다.
6. 루비(ruby) 레이저의 구조를 간단하게 설명할 수 있다.
7. 전기적으로 활성인 결함들을 포함하고 있는 반도체의 광 흡수 기구를 설명할 수 있다.
8. 레이저가 무엇을 의미하는지 설명할 수 있다.
9. 고온 산화물 초전도체의 장점을 간단히 설명할 수 있다.
10. 불투명성, 반투명성, 투명성에 대한 차이점을 서술할 수 있다.

[1] http://www.rikei.co.jp/dbdata/products/producte249.html

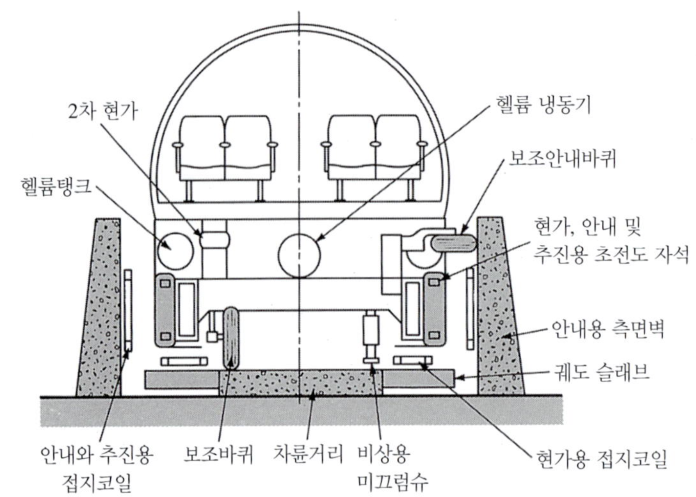

그림 15.1 ➤ 새로운 기술. 첨단 자기부상열차 설계도의 단면(일본 국립 철도).
(출처: *Encyclopedia of Materials Science and Technology*, MIT Press, 1986, p.4766.)

15.1 개요

재료의 광학적 성질들은 오늘날 첨단 기술 분야에서 중요한 역할을 한다(그림 15.1). 이 장에서는 먼저 재료 구분에 따라 빛의 굴절, 반사, 흡수의 기본적인 내용에 대해 살펴볼 것이다. 그리고 어떤 재료들이 발광(luminescence)을 위해 어떻게 광 복사(light radiation)와 상호작용하는지 알아볼 것이다. 그 다음 레이저에 의한 복사 유도 방출을 알아볼 것이다. 이 장의 광섬유 부분에서는 저광손실 광섬유의 개발이 어떻게 새로운 광섬유통신시스템을 개발하게 되었는지 살펴볼 것이다.

마지막으로, 임계온도, 임계자기장 및 임계전류밀도 이하에서 전기 비저항이 0인 초전도 재료에 대해 알아볼 것이다. 1987년까지 초전도 재료의 최고 임계온도는 약 25 K이었다. 1987년에 일부 세라믹 재료에서 약 100 K까지 초전도성이 유지될 수 있다는 것이 발견되었다. 이러한 발견은 전 세계적인 연구의 시발점이 되었고 미래 공학 발전에 대한 큰 기대감을 만들어냈다. 이 장에서 새로운 세라믹 초전도체뿐만 아니라 금속 초전도체 I형과 II형의 구조와 성질에 대해 살펴볼 것이다.

15.2 빛과 전자기 스펙트럼

가시광선은 전자기 복사의 한 형태이며, 약 0.40 μm에서 0.75 μm 사이의 파장을 가진다(그림 15.2). 그림 15.2의 확대된 영역에서 보는 바와 같이 가시광선은 보라색에서 적색까지의 영역을 가지고 있다. 자외선 영역은 약 0.01 μm에서 0.40 μm까지의 범위를 나타내고, 적외선 영역은 약 0.75 μm에서 1000 μm까지의 범위를 나타낸다.

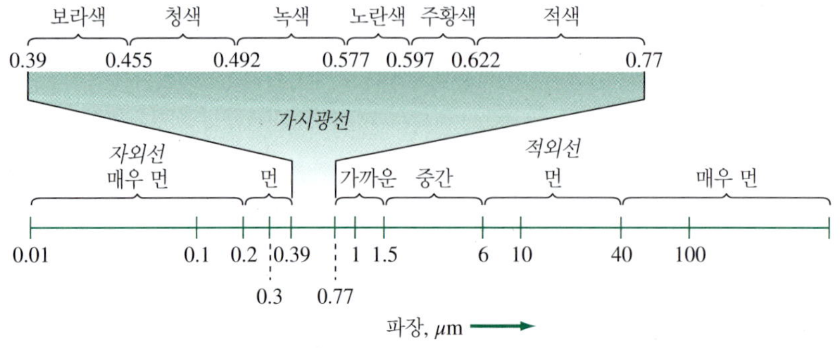

그림 15.2 ➤ 자외선에서 적외선 영역까지 전자기 스펙트럼.

빛의 본질적 성질은 결코 알 수 없을 것이다. 그러나 빛은 파(wave)를 형성하고 *광자*(photon)라 불리는 입자로 구성된다. 광자의 에너지 ΔE, 파장 λ, 진동수 v는 다음 식과 관계가 있다.

$$\Delta E = hv = \frac{hc}{\lambda} \tag{15.1}$$

여기서 h는 프랭크 상수(6.62×10^{-34} J · s)이고, c는 진공에서의 빛의 속도(3.00×10^{8} m/s)이다. 이들 식들은 광자를 에너지가 E인 입자로, 혹은 특정한 파장과 진동수를 가진 파로 취급할 수 있게 한다.

예제 15.1

ZnS 반도체에서 광자가 전도대 아래 1.38 eV에 있는 불순물 준위에서 가전자대로 천이한다. 천이 중 광자가 방출하는 복사 파장은 얼마인가? 가시광선이라면 복사 색은 무엇인가? ZnS는 3.54 eV의 에너지 밴드 갭(energy band gap)을 가진다.

풀이

전도대 아래 1.38 eV에서 가전자대로 천이하는 광자의 에너지 차이는 3.54 eV − 1.38 eV = 2.16 eV이다.

$$\lambda = \frac{hc}{\Delta E} \tag{15.1}$$

여기서 $h = 6.62 \times 10^{-34}$ J · s
$c = 3.00 \times 10^{8}$ m/s
$1\text{ eV} = 1.60 \times 10^{-19}$ J

따라서

$$\lambda = \frac{(6.62 \times 10^{-34}\text{ J} \cdot \text{s})(3.00 \times 10^{8}\text{ m/s})}{(2.16\text{ eV})(1.60 \times 10^{-19}\text{ J/eV})(10^{-9}\text{ m/nm})} = 574.7\text{ nm} ◂$$

이 광자의 파장은 574.7 nm이고, 전자기 스펙트럼 중 가시광선의 노란색 영역에 해당한다.

15.3 빛의 굴절

15.3.1 굴절지수

빛 광자가 투명한 재료를 투과할 때, 광자는 에너지의 일부를 잃어버린다. 그래서 빛의 속도는 줄어들게 되고 빛은 방향을 바꾼다. 그림 15.3은 공기 중에서 일반 창문 유리와 같이 밀도가 높은 매질로 빛을 입사시키면, 입사된 빛이 어떻게 느려지는지를 보여준다. 이 경우에는 빛의 입사각이 굴절각보다 크다.

매질을 통과하는 빛의 상대적인 속도는 굴절지수 n으로 불리는 광학적 성질로 표현된다. 매질의 **굴절지수** n은 진공에서 빛의 속도 c와 매질에서의 빛의 속도 v의 비로 정의된다.

$$\text{굴절지수 } n = \frac{c\text{ (진공에서 빛의 속도)}}{v\text{ (매질에서 빛의 속도)}} \tag{15.2}$$

일부 유리와 결정질 고체에 대한 대표적인 평균 굴절지수를 표 15.1에 나타내었다. 이들 값들은 약 1.4에서 2.6 사이의 범위에 있다. 규산(silicate) 유리의 대부분은 약 1.5에서 1.7 사이의 값을 보인다. 굴절지수가 매우 높은 다면체 다이아몬드(n = 2.41) 보석은 다중 내부 반사로 반짝인다(sparkle). n = 2.61인 산화납(일산화물, litharge)을 규산 유리에 첨가해 규산 유리의 굴절지수를 높여 장식용으로 이용한다. 재료의 굴절지수는 파장과 진동수의 함수라는 것에도 유의해야 한다. 예를 들면, 저밀도 플린트 유리(light flint glass)의 굴절지수는 0.40 μm에서는 1.60, 1.0 μm에서는 1.57로 다양하다.

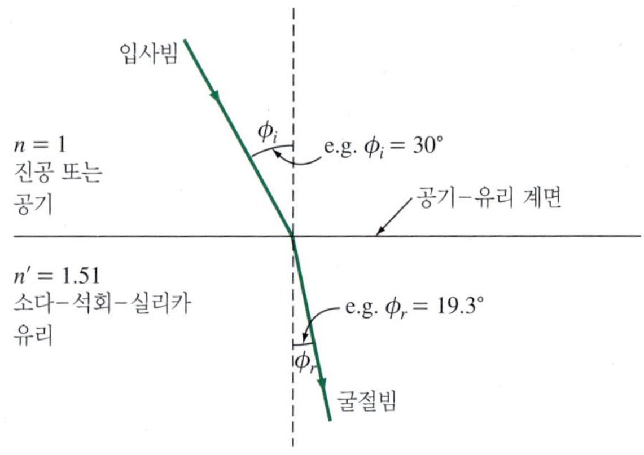

그림 15.3 ➤ 진공(공기)에서 소다-석회-실리카 유리를 통과하는 입사빔의 굴절.

표 15.1 ➤ 선정된 재료의 굴절지수

재료	평균 굴절지수
유리조성:	
실리카 유리	1.458
소다-석회-실리카 유리	1.51~1.52
붕규산 유리(파이렉스)	1.47
중밀도 플린트 유리	1.6~1.7
결정질 조성:	
코런덤, Al_2O_3	1.76
석영, SiO_2	1.555
산화납, PbO	2.61
다이아몬드, C	2.41
광학 플라스틱:	
폴리에틸렌	1.50~1.54
폴리스티렌	1.59~1.60
폴리메틸 메타크릴레이트	1.48~1.50
폴리테트라플루오로에틸렌	1.30~1.40

15.3.2 빛의 굴절에 대한 스넬의 법칙(Snell's law)

굴절지수가 n인 매질에서 굴절지수가 n'인 매질로 빛이 통과할 때 굴절지수는 입사각 ϕ와 굴절각 ϕ'의 관계에서 다음 식으로 표현할 수 있다.

$$\frac{n}{n'} = \frac{\sin \phi'}{\sin \phi} \quad \text{(스넬의 법칙)} \tag{15.3}$$

빛이 높은 굴절지수를 가진 매질에서 낮은 굴절지수를 가진 매질로 통과할 때, 입사각이 증가하면 빛이 전반사를 하게 되는 임계입사각 ϕ_c가 존재한다(그림 15.4). 굴절각 ϕ'이 90°일 때 입사각을 임계입사각 ϕ_c로 정의된다.

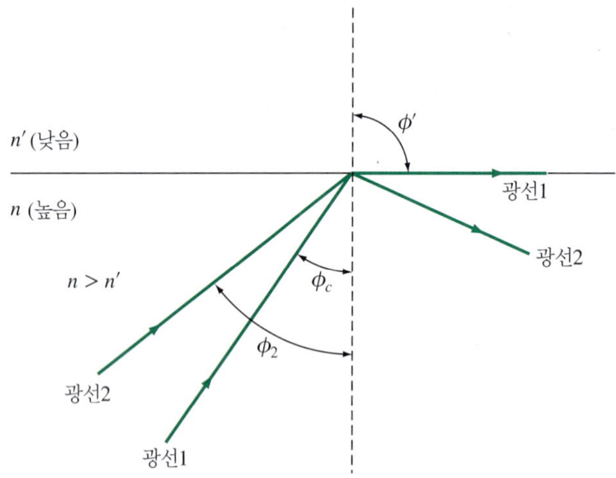

그림 15.4 ➤ 굴절지수가 높은 매질(n)에서 굴절지수가 낮은 매질(n')로 통과하는 빛의 전반사에 대한 임계각 ϕ_c을 나타내는 다이어그램. ϕ_c보다 큰 입사각 ϕ_2를 가진 광선 2는 높은 굴절지수를 가진 매질로 전반사가 되어 되돌아온다.

예제 15.2

소다-석회-실리카 유리($n = 1.51$)에서 공기($n = 1$)로 빛이 입사될 때, 빛이 전반사가 일어나는 데 필요한 임계각 ϕ_c는 얼마인가?

풀이

스넬의 법칙(식 (15.3))을 이용하면

$$\frac{n}{n'} = \frac{\sin \phi'}{\sin \phi_c}$$

$$\frac{1.51}{1} = \frac{\sin 90°}{\sin \phi_c}$$

여기서 n은 유리의 굴절지수

n'은 공기의 굴절지수

ϕ'은 전반사가 되는 90°

ϕ_c는 전반사에 대한 임계각(미지수)

$$\sin \phi_c = \frac{1}{1.51}(\sin 90°) = 0.662$$

$$\phi_c = 41.5° \blacktriangleleft$$

주의: 광섬유에 관한 15.7절에서 높은 굴절지수를 가진 중심부 물질을 낮은 굴절지수 유리로 피복(cladding)하면, 빛은 계속 내부로 반사되기 때문에 광섬유가 먼 거리까지 빛을 전송할 수 있다는 것을 알게 될 것이다.

15.4 빛의 흡수, 투과 및 반사

재료를 구성하는 원자, 이온, 분자의 전자 구조 및 결합 구조와 광자는 상호작용하기 때문에 모든 재료는 어느 정도 빛을 흡수하는데, 이것을 **흡수율**(absorptivity)라 한다. 따라서 특정 재료에 의한 빛의 투과 분율은 재료가 반사한 빛의 양과 흡수한 빛의 양에 의존한다. 어떤 파장 λ에 대해, 입사광의 반사, 흡수, 투과되는 분율을 합하면 1이 된다.

$$(\text{반사 분율})_\lambda + (\text{흡수 분율})_\lambda + (\text{투과 분율})_\lambda = 1 \tag{15.4}$$

재료의 종류에 따라 이들 분율들이 어떻게 달라지는지 살펴보자.

15.4.1 금속

매우 얇은 박판을 제외하고 금속은 장파장(라디오 파장)에서 자외선의 중간 영역까지 입사된 빛을 강하게 흡수하고 반사한다. 금속에서 전도대(conduction band)는 가전자대(valence band)와 중첩되어 있기 때문에 입사 광선은 전자를 높은 에너지 준위로 쉽게 이동시킬 수 있다. 낮은 에너지 준위로 떨어질 때 광자 에너지는 낮아지고 광자의 파장은 길어진다. 금이나 은과 같은 많은 금속에서 관찰되는 것처럼 이런 종류의 상호작용은 매끄러운 표면에서 빛을 강하게 반사시킨다. 금속이 흡수한 에너지의 양은 각 금속의 전자구조에 의존한다. 예를 들어, 구리나 금은 파란색과 녹색의 짧은 파장을 크게 흡수하고, 노란색, 주황색 및 적색 파장을 크게 반사한다. 따라서 이들 금속의 매끄러운 표면은 반사되는 색을 보여준다. 은과 알루미늄과 같은 다른 금속은 모든 가시광선 스펙트럼을 강하게 반사한다. 따라서 하얀 "은"색을 보여준다.

15.4.2 규산 유리

유리판의 한쪽 면에서 빛의 반사 연마된 유리판의 한쪽 면에서 반사되는 입사광의 비율은 매우 작다. 이 양은 주로 유리의 굴절지수 n과 유리에 부딪히는 빛의 입사각에 의존한다. 수직 입사광($\phi_i = 90°$)에 대해 한 면에서 반사되는 빛의 반사 분율 R(**반사율**)은 다음 관계식으로 결정될 수 있다.

$$R = \left(\frac{n-1}{n+1}\right)^2 \tag{15.5}$$

여기서 n은 반사하는 광학 매질의 굴절지수이다. 이 공식은 입사각이 약 20°에 이를 때까지 잘 맞는다. 식 (15.5)를 이용해서 $n = 1.46$인 규산 유리의 R값을 계산하면 0.035가 된다. 3.5%의 %반사율을 보인다(예제 15.3 참고).

예제 15.3

굴절지수가 1.46인 규산 유리의 연마된 평평한 면에서 일반 입사광의 반사율을 계산하라.

풀이

식 (15.5)와 유리의 굴절지수 $n = 1.46$을 이용하면 다음과 같은 결과를 얻는다.

$$\text{반사율} = \left(\frac{n-1}{n+1}\right)^2 = \left(\frac{1.46 - 1.00}{1.46 + 1.00}\right)^2 = 0.035$$

$$\%\text{반사율} = R(100\%) = 0.035 \times 100\% = 3.5\% ◀$$

유리판에 의한 빛의 흡수 유리는 투과하는 빛에서 에너지를 흡수한다. 따라서 빛의 경로가 증가함에 따라 빛의 강도는 감소한다. 입사하는 빛의 분율, I_0과 산란 중심이 없고 두께가 t인 유리판 혹은 플레이트에서 나가는 빛의 분율, I 사이의 관계는 다음과 같다.

$$\frac{I}{I_0} = e^{-\alpha t} \tag{15.6}$$

이 관계식에서 α는 **선형흡수계수**(linear absorption coefficient)이다. 두께를 cm로 측정한다면 단위는 cm^{-1}이다. 예제 15.4에서 보는 바와 같이 투명한 규산 유리판을 통과할 때 흡수에 의한 빛의 손실은 매우 작다.

예제 15.4

일반 빛이 두께 0.50 cm인 연마 유리판에 입사한다. 유리의 굴절지수는 1.50이다. 빛이 유리판의 두 표면 사이를 통과할 때 유리가 흡수한 빛의 분율은 얼마인가? ($\alpha = 0.03\ \text{cm}^{-1}$)

풀이

$$\frac{I}{I_0} = e^{-\alpha t} \qquad I_0 = 1.00 \qquad \alpha = 0.03\ \text{cm}^{-1}$$

$$I = ? \qquad t = 0.50\ \text{cm}$$

$$\frac{I}{1.00} = e^{-(0.03\ \text{cm}^{-1})(0.50\ \text{cm})}$$

$$I = (1.00)e^{-(0.015)} = 0.985$$

따라서 유리의 흡수에 의해 손실된 빛의 분율은 다음과 같다. $1 - 0.985 = 0.015$ 또는 1.5% ◀

유리판에 의한 빛의 반사, 흡수, 투과 유리판을 통과하는 입사광의 양은 유리판 내에서 흡수된 양뿐만 아니라 유리판 위쪽 표면과 아래쪽 표면에서 반사된 빛의 양에 의해 결정된다. 그림 15.5와 같이 유리판을 통과하는 빛의 투과를 생각해보자. 유리의 아래쪽 표면에 도달하는 입사광의 분율은 $(1 - R)(I_0 e^{-\alpha t})$이다. 아래쪽 표면에서 반사되는 입사광의 분율은 $R(1 - R)(I_0 e^{-\alpha t})$이 된다. 따라서 유리판의 아래쪽 표면에 도달하는 빛과 아래쪽 표면에서 반사되는 빛 사이의 차이는 투과된 빛의 분율 I가 된다.

$$\begin{aligned} I &= [(1 - R)(I_0 e^{-\alpha t})] - [(R)(1 - R)(I_0 e^{-\alpha t})] \\ &= (1 - R)(I_0 e^{-\alpha t})(1 - R) = (1 - R)^2 (I_0 e^{-\alpha t}) \end{aligned} \tag{15.7}$$

그림 15.6에 의하면 입사하는 빛의 파장이 약 300 nm 이상이라면 입사된 빛의 약 90%가 규산 유리를 투과한다. 짧은 파장의 자외선 빛에서는 훨씬 많은 흡수가 일어나고, 투과는 매우 적어진다.

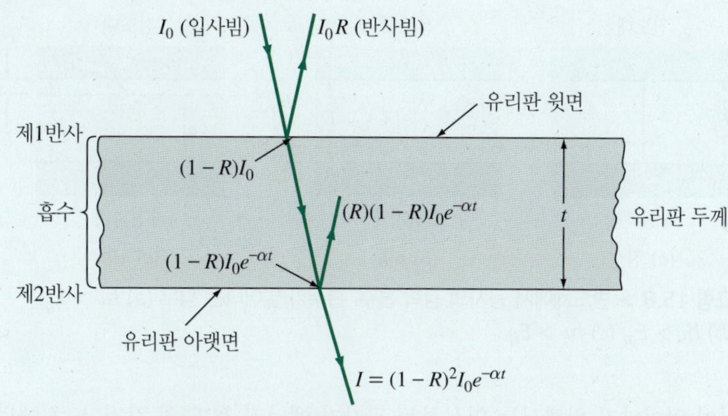

그림 15.5 ➤ 유리판의 윗면과 아랫면에서 반사가 일어나고, 유리판 내부에서는 흡수가 일어나는 유리판을 통과하는 빛의 투과.

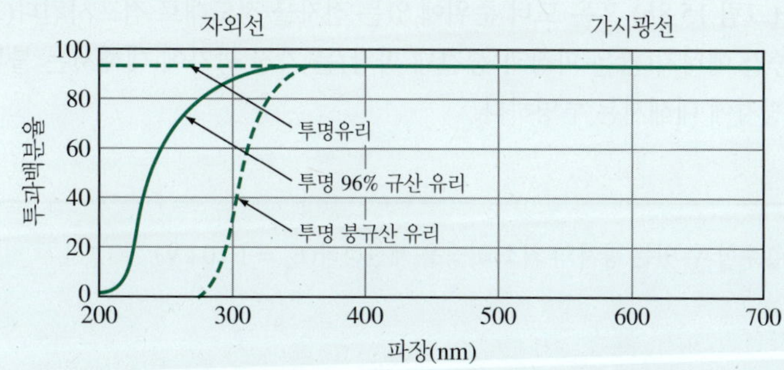

그림 15.6 ➤ 세 종류의 투명유리에 대한 파장에 따른 투과 백분율.

15.4.3 플라스틱

폴리스티렌, 폴리메틸메타크레이트, 폴리카보나이트와 같은 많은 비정질 플라스틱은 매우 투명하다. 그러나 일부 플라스틱 재료에는 비정질 기지보다 큰 굴절지수를 가진 결정질 영역이 존재한다. 만약 이들 영역들이 입사하는 빛의 파장보다 크다면 광파는 반사와 굴절에 의해 산란된다. 결과적으로 재료의 투명성은 감소한다(그림 15.7). 예를 들면, 가지 모양의 사슬구조를 가지며 결정성이 낮은 박판 폴리에틸렌은 고밀도의 결정질 선형 사슬구조인 폴리에틸렌보다 투명성이 더 높다. 부분적으로 결정질인 플라스틱의 투명성은 결정성, 불순물의 함량, 충진물 함량 등에 따라 탁한 것에서부터 불투명한 것까지 다양하다.

15.4.4 반도체

반도체에서 광자는 여러 가지 방법으로 흡수될 수 있다(그림 15.8). Si, Ge, GaAs와 같은 진성(순수) 반도체는 광자를 흡수해 가전자대에 있는 전자를 에너지 밴드 갭을 넘어 전도대로 점프시킴으로써 전자-정공 쌍을 생성한다

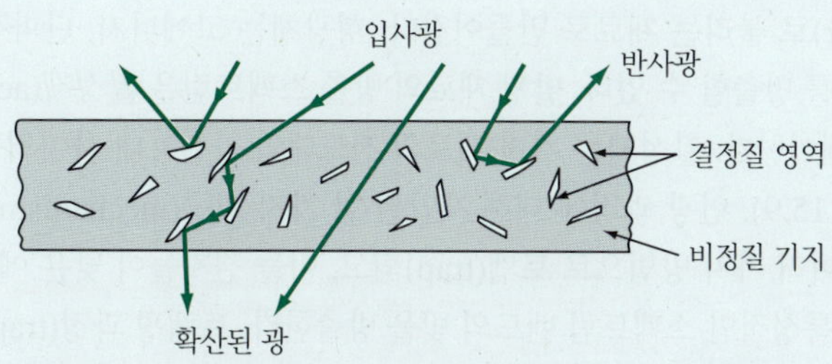

그림 15.7 ➤ 결정질 영역 계면에서 다중 내부 반사는 부분적으로 결정질인 열가소성 플라스틱의 투명성을 떨어뜨린다.

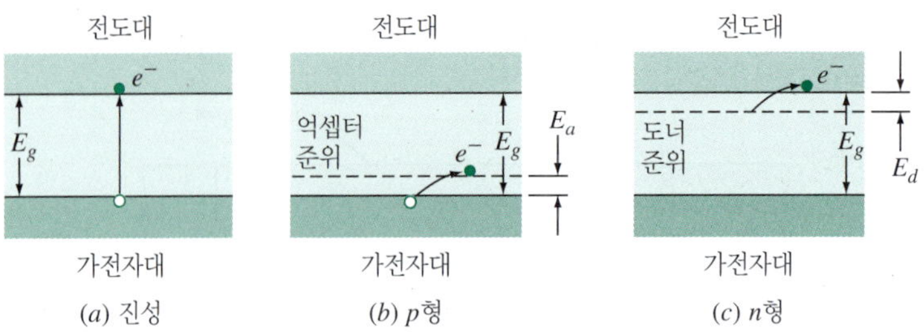

그림 15.8 ➤ 반도체에서 광자의 광학 흡수. 흡수가 일어나는 경우 (a) $h\nu > E_g$, (b) $h\nu > E_a$, (c) $h\nu > E_d$.

(그림 15.8*a*). 이런 일이 일어나기 위해서는 입사하는 광자가 에너지 갭 E_g와 같거나 큰 에너지 값을 가지고 있어야 한다. 만약 광자의 에너지가 E_g보다 크다면 잉여 에너지는 열로 소모된다. 도너(donor)와 억셉터(acceptor) 불순물을 포함하는 반도체에서 훨씬 낮은 에너지(훨씬 긴 파장)를 가진 광자를 흡수해 가전자대에 있는 전자를 억셉터 준위로 점프시키거나(그림 15.8*b*) 혹은 도너 준위에 있는 전자를 전도대로 점프시킨다(그림 15.8*c*). 따라서 반도체는 높은 에너지와 중간 에너지(짧은 파장과 중간대 파장)를 가진 광자에 대해서는 불투명하고, 낮은 에너지, 즉 매우 긴 파장을 갖는 광자에 대해서는 투명하다.

예제 15.5

상온에서 진성 실리콘이 흡수할 수 있는 광자의 최소 파장을 계산하라(E_g = 1.10 eV).

풀이

반도체에서 흡수에 필요한 최소 파장은 식 (15.1)로 계산된다.

$$\lambda_c = \frac{hc}{E_g} = \frac{(6.62 \times 10^{-34}\ \text{J}\cdot\text{s})(3.00 \times 10^{8}\ \text{m/s})}{(1.10\ \text{eV})(1.60 \times 10^{-19}\ \text{J/eV})}$$
$$= 1.13 \times 10^{-6}\ \text{m or } 1.13\ \mu\text{m} \blacktriangleleft$$

따라서 흡수시 광자는 적어도 1.13 μm의 짧은 파장을 가져야 전자가 1.10 eV의 에너지 밴드갭을 뛰어넘을 수 있다.

15.5 발광

발광(luminescence)은 물질이 에너지를 흡수하고 그 다음 자발적으로 가시광(visible) 혹은 근가시광(near-visible) 복사를 방출하는 과정으로 정의된다. 이 과정에서 인가 에너지는 발광 재료의 전자를 가전자대에서 전도대로 여기시킨다. 예를 들어, 인가 에너지원은 고에너지 전자 혹은 광자가 될 수 있다. 발광 중에 여기된 전자는 낮은 에너지 준위로 떨어진다. 어떤 경우에는 전자가 정공과 재결합할 수도 있다. 여기된 후 에너지 방출이 10^{-8}초 이내에 일어난다면 이 발광을 **형광**(fluorescence)이라 부른다. 10^{-8}초 이후에 에너지 방출이 일어난다면 이 발광을 **인광**(phosphorescence)이라 한다.

발광은 *형광체*(phosphor)로 불리는 재료로 만들어진다. 형광체는 고에너지, 단파장 복사를 흡수하고, 자발적으로 저에너지, 장파장 복사를 방출할 수 있다. 발광 재료의 방출 스펙트럼은 *활성제*(activator)로 불리는 불순물을 첨가함으로써 공업적으로 제어한다. 활성제는 기지 재료의 전도대와 가전자대 사이의 에너지 갭내에 이산적인 에너지 준위를 제공한다(그림 15.9). 인광 과정에 대해 제안된 한 가지 기구(mechanism)는 다음과 같다. 여기된 전자들이 고에너지 준위에서 여러 가지 방법으로 트랩(trap)되고, 이들 전자들이 낮은 에너지 준위로 떨어지기 전에 트랩에서 빠져나와야 하고, 특성적인 스펙트럼 밴드의 빛을 방출한다. 트랩핑 과정(trapping process)은 여기된 형광체에 의한 빛의 방출이 늦어지는 이유를 설명하는 데 이용된다.

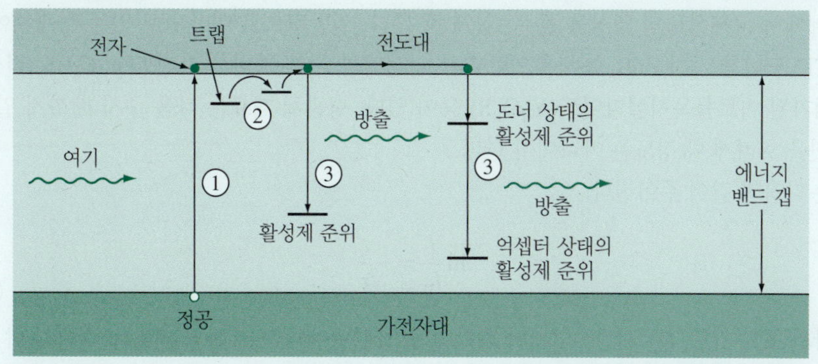

그림 15.9 ➤ 발광중 에너지 변화. ① 전자를 전도대 혹은 트랩으로 여기시켜 전자–정공 쌍이 생성된다. ② 전자들은 한 트랩에서 다른 트랩으로 혹은 전도대로 열적으로 여기될 수 있다. ③ 전자들은 상위 활성제(도너) 준위로 떨어질 수 있고 그 후에 억셉터 준위로 떨어지면서 가시광선을 방출할 수 있다.

발광 과정은 전자를 여기시키는 데 필요한 에너지원에 따라 분류된다. 공업적으로 중요한 두 가지는 빛에 의한 *광발광*(photoluminescence)과 고에너지 전자에 의한 *음극선발광*(cathodoluminescence)이다.

15.5.1 광발광

보통 형광 램프에서 광발광은 저압의 수은방전에서 나오는 자외선을 인산염(halophosphate) 형광체를 이용해 가시광선으로 바꾸어준다. 약 20%의 불소 이온(F^-)이 염소 이온(Cl^-)으로 대체된 칼슘인산염($Ca_{10}F_2P_6O_{24}$)을 대부분의 램프에서 주요 형광체 재료로 사용한다. 안티몬 이온(Sb^{3+})은 청색을 방출한다. 망간 이온(Mn^{2+})은 주황색–적색 방출 밴드를 제공한다. Mn^{2+} 농도를 변화시킴으로써 청색, 주황색, 백색 등을 얻을 수 있다. 여기된 수은 원자로부터 나오는 고에너지 자외선 빛은 형광 램프관의 안쪽 벽에 코팅된 형광체가 더 낮은 에너지의 장파장 가시광선을 방출하게 한다(그림 15.10).

15.5.2 음극선발광

음극선발광은 고에너지 전자빔 충돌에 의해 발생하는 에너지화된 음극선에 의해 만들어진다. 음극선발광의 응용분야에는 전자현미경, 음극선 오실로스코프, 디지털 TV가 도래하기 이전에 사용된 컬러 TV 화면 등이 있다. 컬러 TV 화면의 형광체는 특히 주목할 만하다. 음극선 튜브 컬러 TV 세트에는 매우 좁은(폭이 약 0.25 mm) 수직 막대띠 모양의 적색, 녹색, 청색을 방출하는 형광체가 TV 화면의 유리판 내부 표면에 증착되어 있다(그림 15.11). 작고 늘어진 구멍(폭이 약 0.15 mm)이 있는 강새도우마스크(steel shadow mask)를 통해 입력 TV 신호를 전화면에 초당 30회 주사(scan)한다. 작은 크기, 많은 수의 형광체 영역은 연속적으로 초당 15,750개 수평선의 빠른 주사에 노출되

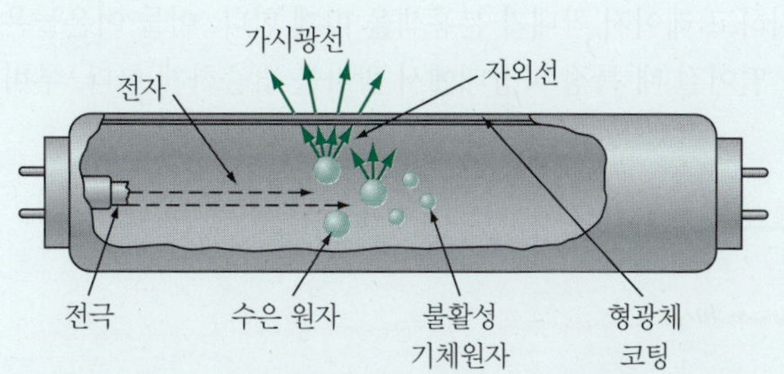

그림 15.10 ➤ 형광 램프관의 내부에 코팅된 형광체를 여기시키기 위해 전극에서 전자의 생성과 UV 빛을 제공하는 수은 원자의 여기를 보여주는 형광 램프의 단면도.

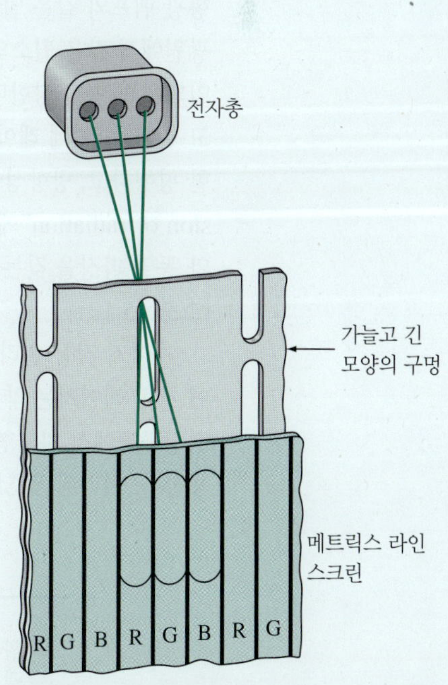

그림 15.11 ➤ 음극선 컬러 TV 화면에 있는 적색(R), 녹색(G), 청색(B)의 수직 막대띠 모양의 형광체 배열을 보여주는 그림. 길게 늘어진 구멍을 가진 강새도우마스크의 조리개도 몇 개 보여준다.

고 사람의 시각계에서 고해상도의 영상을 볼 수 있게 해 준다. 일반적으로 이용되고 있는 형광체에는 청색용으로 Ag^+ 억셉터와 Cl^- 도너를 가진 ZnS, 녹색용으로 Cu^+ 억셉터와 Al^{3+} 도너를 가진 (Zn, Cd)S, 적색용으로 3% 유로피움(Eu)이 첨가된 이트륨옥시설파이드(Y_2O_2S) 등이 있다. 형광체 재료는 다음 주사 때까지 일부 잔상이 남아 있어야 하나 화면을 흐리게 할 정도는 아니어야 한다.

발광 강도 I는 다음과 같이 주어진다.

$$\ln\frac{I}{I_0} = -\frac{t}{\tau} \quad (15.8)$$

여기서 I_0은 발광의 초기 강도, I는 시간 t가 지난 후의 발광의 분율이다. τ는 특정 재료에 대한 완화시간상수(relaxation time constant)이다.

예제 15.6

컬러 TV 형광체는 3.9×10^{-3} s의 완화시간을 갖는다. 이 형광체 재료의 강도가 초기 강도의 10%로 감소하는 데에는 얼마나 걸릴까?

풀이

식 (15.8)을 이용하면

$$\ln(I/I_0) = -t/\tau, \text{ 또는}$$

$$\ln\frac{1}{10} = -\frac{t}{3.9 \times 10^{-3}\text{ s}}$$

$$t = (-2.3)(-3.9 \times 10^{-3}\text{ s}) = 9.0 \times 10^{-3}\text{ s} \blacktriangleleft$$

15.6 유도 방출과 레이저

형광 램프와 같은 일반 광원에서 나오는 빛은 여기된 전자들이 낮은 에너지 준위로 천이함으로써 생성된다. 이들 광원에서 같은 원소의 원자들은 독립적으로 비슷한 파장의 광자를 무작위로 방출한다. 결과적으로 방출되는 빛은 임의의 방향을 향한다. 파동은 서로 위상이 일치하지 않는다. 이러한 형태의 복사선을 *비간섭적*(incoherent)이라고 한다. 반면에 **레이저**라고 불리는 광원은 광자 **빔** 방출시 위상이 *일치*(in phase)하고 *간섭적*(coherent)이다. 또한 평행하고, 방향성이 있으며 단색광이다. "레이저(laser)"라는 용어는 "*l*ight *a*mplification by *s*timulated *e*mission of *r*adiation"에서 머리글자를 딴 약어이다. 레이저에서 활성적(active)으로 방출되는 광자들은 동일 진동수와 동일 파장을 갖는 많은 다른 광자들을 자극하여 간섭적이고 강렬한 광선과 같이 동일 위상으로 방출하게 한다(그림 15.12).

레이저 작동 원리를 이해하기 위해 고체 상태 루비(ruby) 레이저를 생각해 보자. 그림 15.13에 나타낸 바와 같이 루비 레이저는 약 0.05%의 크롬 이온(Cr^{3+})을 함유하는 단결정 산화알루미늄(Al_2O_3)이다. Cr^{3+} 이온은 Al_2O_3 결정구조에서 치환형 격자 위치를 차지하고 레이저 막대가 분홍색을 띠게 한다. 이들 이온들은 형광 중심으로 작용한다. 여기된 후 낮은 에너지 준위로 떨어질 때 특정 파장대에서 광자를 방출하게 한다. 루비 막대 결정의 끝은

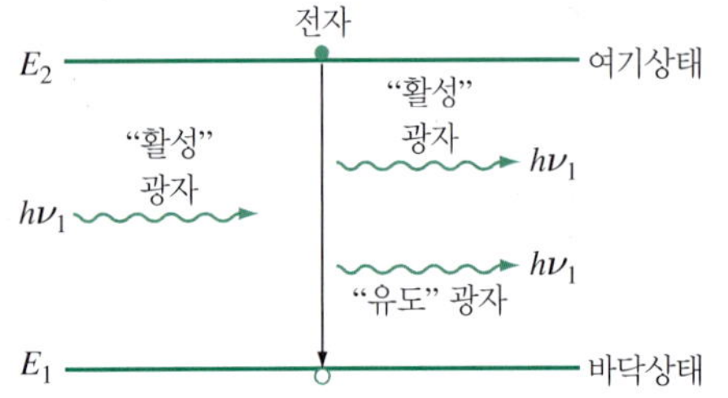

그림 15.12 ➤ 동일 진동수와 파장을 가진 "활성(active)" 광자에 의한 "유도(stimulated)" 광자의 방출을 나타낸 개략도.

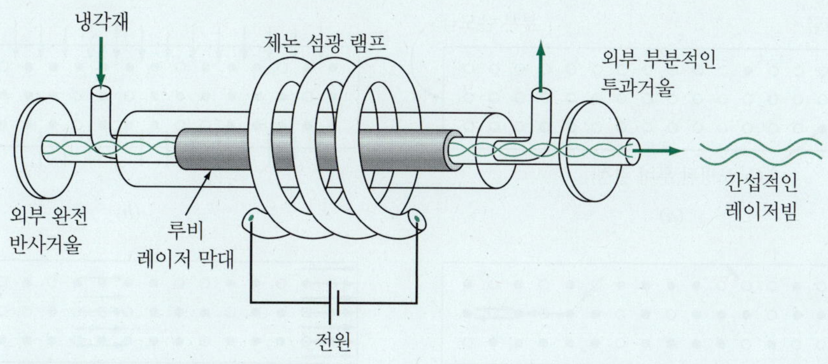

그림 15.13 ➤ 루비 레이저의 개략도.

광방출을 위해 평행하게 연마한다. 완전 반사를 하는 거울을 결정 막대의 뒤쪽 끝에 평행하게 위치시키고, 레이저의 앞쪽 끝에는 부분적으로 통과하는 거울을 위치시킨다. 이 부분적으로 통과되는 거울을 통해 간섭적인 레이저 빔이 나가게 된다.

고강도의 제논(Xenon) 섬광 램프를 이용하면 Cr^{3+} 이온 전자를 바닥상태에서 높은 에너지 준위인 E_3 밴드 준위로 여기시키는 데 필요한 에너지를 제공할 수 있다(그림 15.14). 레이저 용어로 이러한 작용을 레이저 *펌핑*(pumping)이라고 한다. Cr^{3+} 이온들의 여기된 전자들은 바닥 상태로 되돌아가거나 그림 15.14의 준안정한 에너지 준위 E_2로 떨어질 수 있다. 그러나 레이저에서 광자의 자극 방출이 일어나기 전에 바닥 상태 E_1에 존재하는 전자들보다 더 많은 전자들이 높은 비평형 준안정 에너지 준위 E_2로 펌핑되어야 한다. 이러한 레이저의 조건을 그림 15.15*b*에 표시된 것처럼 전자 에너지 상태의 **반전분포**(population inversion)라 한다. 이 조건을 그림 15.15*a*의 평형 에너지 준위 조건과 비교해 볼 수 있다.

전자들이 바닥상태로 되돌아오면서 자발 방출이 일어나기 전에 여기된 Cr^{3+} 이온들은 준안정한 상태에서 수천분의 1초 동안 머무를 수 있다. 그림 15.14의 준안정한 E_2 준위에서 바닥 준위 E_1으로 전자가 떨어지면서 만들어진 첫 몇 개의 광자들은 자극 방출 연쇄반응을 시작한다. 이는 많은 전자들이 E_2에서 E_1으로 동일한 점프를 하게 만든다. 이러한 작용은 동일 위상을 갖고 평행한 방향으로 움직이는 많은 광자들을 만들어낸다(그림 15.15*c*). E_2에서 E_1으로 점프하는 일부 광자들은 막대 밖으로 손실되기도 한다. 그러나 많은 광자들은 양끝 거울에 의해 루비 막대를 따라 앞뒤로 되반사된다. 이러한 작용은 점점 더 많은 전자들로 하여금 E_2에서 E_1으로 점프하게끔 자극한다. 이는 더 강한 간섭성 복사빔을 만드는 데 도움을 준다(15.15*d*). 최종적으로 충분히 강한 간섭성 빔이 막대 내에 형성되었을 때, 레이저 앞쪽 끝부분에서 부분적으로 통과시키는 거울을 통해 빔은 매우 강한 에너지 펄스($\approx$ 0.6 ms)로 투과된다(그림 15.15*e*, 15.13). Cr^{3+}가 도핑된 산화알루미늄(루비) 결정 막대에 의해 만들어지는 레이저 빔은 694.3 nm의 파장을 가진다. 이는 적색 가시광선에 해당한다. 간헐적으로 갑자기 작동되는 이런 종류의 레이저를 *펄스*(pulsed) 형태라고 한다. 반면에 대부분의 레이저는 연속적인 빔으로 작동하는데 이러한 레이저를 *연속파*(continuous-wave, CW) 레이저라 한다.

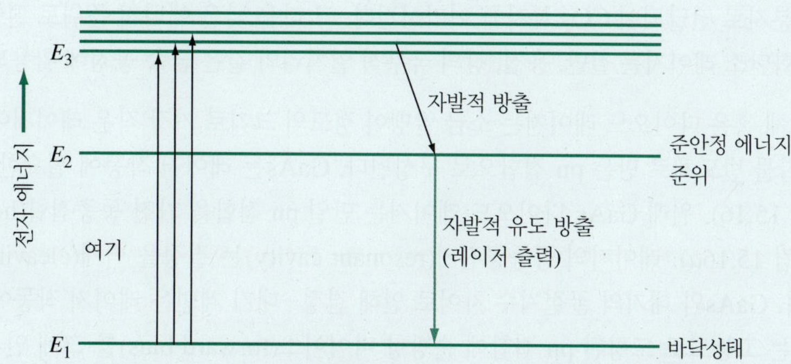

그림 15.14 ➤ 세 가지 준위 레이징계에 대한 단순화된 에너지 준위 상태도.

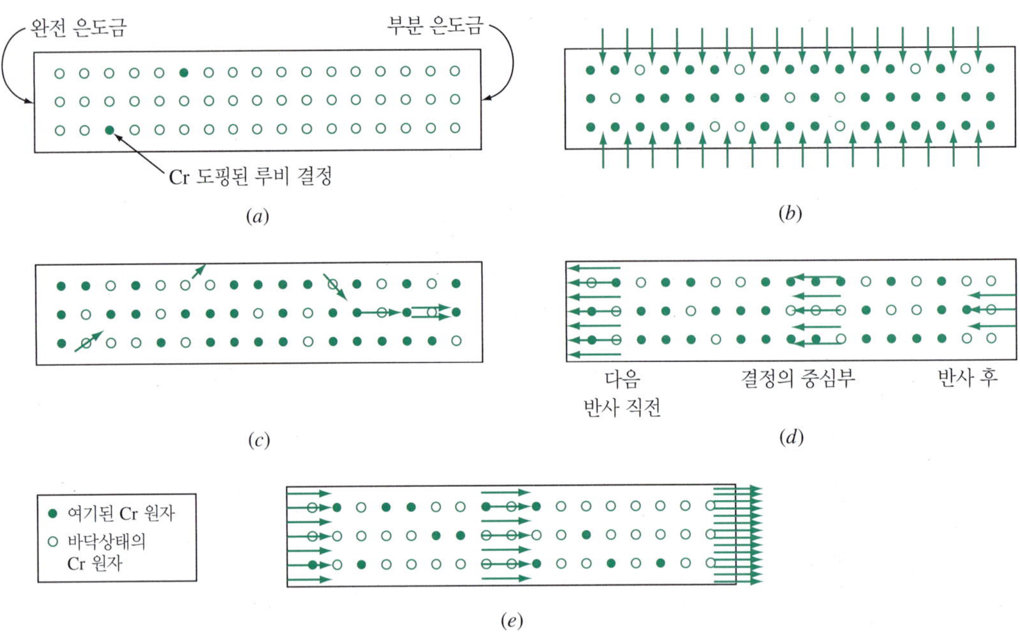

그림 15.15 ➤ 펄스 루비 레이저의 작동 단계를 나타내는 모식도. (*a*) 평형 상태. (*b*) 제논 섬광 램프에 의한 여기. (*c*) 몇 개의 자발적 방출 광자가 자극된 광자 방출을 시작한다. (*d*) 되돌아온 광자들은 계속적으로 더 많은 광자들의 방출을 자극한다. (e) 마침내 레이저 빔이 방출된다.
(출처: *R.M. Rose, L.A. Shepard, and J. Wulff, Structure and Properties of Materials, vol. IV, Wiley, 1965.*)

15.6.1 레이저의 종류

많은 종류의 기체, 액체, 고체 레이저들이 현대 기술에 이용되고 있다. 이들 중 몇 가지 중요한 것만 간단히 서술한다.

루비 레이저 루비 레이저의 구조와 기능은 이미 서술했다. 최근에 이 레이저는 많이 사용되지는 않는다. 왜냐하면 네오디뮴(Nd) 레이저의 제작과 비교해서 루비 결정 막대를 성장시키는 것이 매우 어렵기 때문이다.

네오디뮴–YAG 레이저 *네오디뮴–이트륨–알루미늄–가넷*(garnet) (Nd: YAG) 레이저는 YAG 결정내 Nd 원자를 100개당 1개씩 결합함으로써 만들어진다. 이 레이저는 250 W의 연속출력하에서 1.06 μm 파장의 근적외선을 방출한다. 펄스 파워인 경우 수 메가와트(MW)까지 방출한다. YAG 재료는 높은 열전도도를 가져 잉여 열을 제거하는데 이점을 가지고 있다. 재료 가공에서 Nd:YAG 레이저는 접합, 드릴링, 스크라이빙(scribing), 절단 등에 이용된다(표 15.2).

이산화탄소(CO_2) 레이저 이산화탄소 레이저는 가장 강력한 레이저 중 하나이다. 이 레이저는 10.6 μm의 중적외선에서 작동한다. 수 밀리와트(mW) 연속 출력에서 10,000 J의 고에너지 펄스까지 다양하다. 이 레이저는 다음과 같은 원리로 작동한다. 전자 충돌로 질소 분자를 준안정한 에너지 준위로 여기시키고, 그 후 준안정한 준위의 질소 분자 에너지는 CO_2 분자로 전달되어 CO_2 분자를 여기시킨다. 그 다음 낮은 에너지 준위로 떨어지면서 레이저 복사를 방출한다. 이산화탄소 레이저는 절단, 용접, 강의 국부적 열처리와 같은 금속 공정에 활용되고 있다(표 15.2).

반도체 레이저 반도체 혹은 다이오드 레이저는 소금 알맹이 정도의 크기로 가장 작은 레이저이다. 반도체 레이저는 GaAs와 같은 화합물 반도체로 만든 pn 접합으로 구성된다. GaAs는 레이저 작동에 필요한 충분히 큰 밴드 갭을 가지고 있다(그림 15.16). 원래 GaAs 다이오드 레이저는 단일 pn 접합을 가진 동종접합(homojunction) 레이저로 만들어졌다(그림 15.16*a*). 레이저의 공동공진기(resonant cavity)는 결정을 벽개(cleaving)하여 두 개의 양 끝면으로 만들어졌다. GaAs와 대기의 굴절지수 차이로 인해 결정–대기 계면은 레이저 작동에 필요한 반사를 한다. 다이오드 레이저는 고농도로 도핑된 pn 접합에 순방향 바이어스(forward bias)를 크게 인가해 반전분포를 이룬다. 수많은 전자–정공 쌍이 만들어지고, 이들 대부분은 차례대로 재결합해 광자를 방출한다.

표 15.2 ➤ 재료 가공에 응용되는 레이저들

응용분야	레이저의 종류	내용
1. 용접	YAG*	깊은 침투와 대용량 용접을 위한 고-평균-출력 레이저
2. 드릴링	YAG $CWCO_2$†	최소한의 열영향부(HAZ), 작은 테이퍼, 최대 깊이의 정밀한 구멍을 뚫기 위한 고정점 출력 밀도
3. 절단	YAG $CWCO_2$	금속, 플라스틱, 세라믹에서 2차원 및 3차원의 복잡한 모양의 정밀 고속 절단
4. 표면처리	$CWCO_2$	탈초점 주사빔으로 오스테나이트 온도 이상으로 가열하고 금속의 자기 급냉을 이용하는 강 표면의 변태 경화
5. 스크라이빙	YAG $CWCO_2$	개별 회로 기판을 제공하기 위해 완전히 소성된 세라믹 및 실리콘 표면의 대면적 스크라이빙
6. 사진식각	엑시머	반도체 제작에서 선이 좁고 스펙트럼이 안정화된 엑시머 사진식각 공정

*YAG = Yttrium-aluminum-garnet은 고체상태 네오디뮴 레이저에 이용되는 주 결정
†$CWCO^2$ = Continuous-wave (펄스와 반대) 이산화탄소 레이저

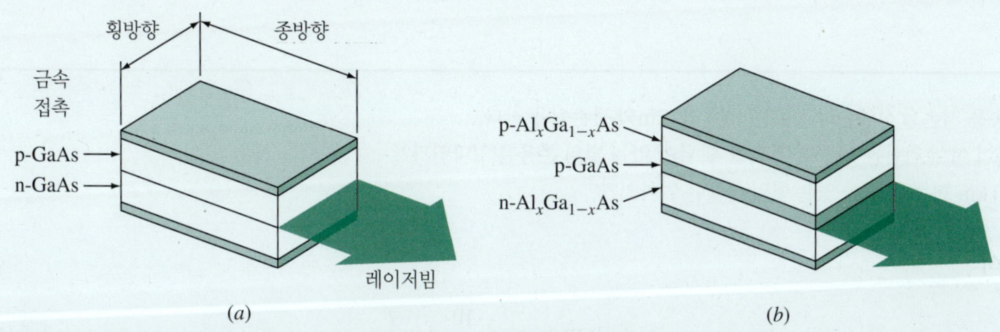

그림 15.16 ➤ (*a*) 단순 동종접합 GaAs 레이저. (*b*) 이중이종접합 GaAs 레이저. p-형과 n-형 $Al_xGa_{1-x}As$ 층들은 넓은 밴드 갭과 낮은 굴절지수를 가져 전자와 정공을 활성층 p-GaAs 층에 가두어 둔다.

효율 향상을 위해 *이중이종접합*(double heterojunction laser: DH laser) 레이저가 개발되었다(그림 15.16*b*). GaAs DH 레이저에서 얇은 층의 p-GaAs는 p-$Al_xGa_{1-x}As$와 n-$Al_xGa_{1-x}As$ 층 사이에 샌드위치되어 전자와 정공을 활성층 p-GaAs 층에 가두어 둔다. AlGaAs 층들은 넓은 밴드 갭과 낮은 굴절지수를 가져 레이저 빛이 작은 도파관(waveguide)내에서 움직이도록 제한한다. GaAs 다이오드 레이저가 가장 폭넓게 응용되는 분야는 콤팩트디스크이다.

15.7 광섬유

머리카락 두께(지름 ≈ 1.25 μm)의 광섬유는 주로 석영유리(SiO_2)로 만들어지는데 최신 **광섬유통신**(optical-fiber communication) 시스템에 이용된다. 이들 시스템은 전기신호를 광신호로 바꾸어주는 송신기(반도체 레이저)와 광신호를 전송하는 광섬유, 광신호를 전기신호로 바꾸어주는 광다이오드(photodiode)로 구성된다(그림 15.17).

15.7.1 광섬유에서의 광손실

통신시스템에 이용되는 광섬유는 입력되는 광신호가 먼 거리[40 km (25 mi)]까지 전송될 수 있고 또한 만족스럽게 검출될 수 있도록 매우 낮은 **광손실**(attenuation)을 가져야 한다. 광섬유용 매우 작은 광손실 유리를 만들기 위해 SiO_2 유리에 불순물들(특히 Fe^{2+} 이온)의 농도는 매우 낮아야 한다. 광섬유 유리의 **광손실**는 음수로 표현되며, 보통 *킬로미터당 데시벨*(dB/km)로 측정된다. 길이 l 이상으로 광전송을 할 때, 광전송 재료에서 광손실(dB/km)은 입력광도 I_0와 출력광도 I와 다음과 같은 관계식을 가진다.

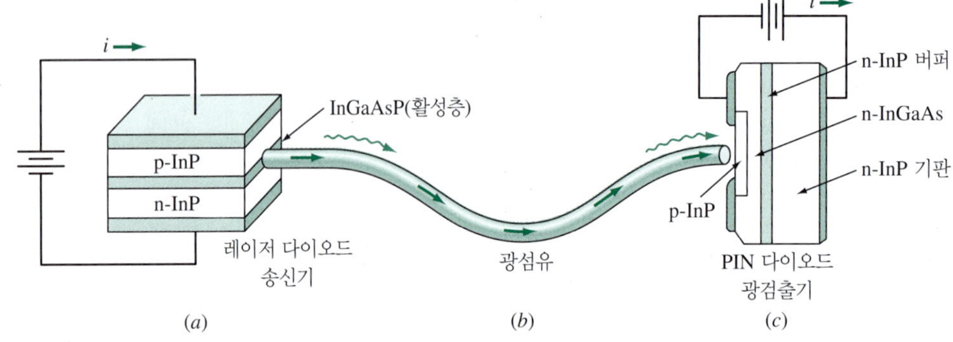

그림 15.17 ➤ 광섬유통신시스템의 기본 요소.
(*a*) InGaAsP 레이저 송신기. (*b*) 광자를 전송하는 광섬유. (*c*) PIN 다이오드 광검출기.

$$\text{광손실(dB/km)} = \frac{10}{l(\text{km})}\log\frac{I}{I_0} \tag{15.9}$$

예제 15.7

광전송용 저손실 석영유리 섬유는 0.20 dB/km의 광손실을 한다.
(*a*) 빛이 이 유리섬유 1 km를 통과한 후 남아 있는 빛의 분율은 얼마인가?
(*b*) 40 km 전송 후 남아 있는 빛의 분율은 얼마인가?

풀이

$$\text{광손실(dB/km)} = \frac{10}{l(\text{km})}\log\frac{I}{I_0} \tag{15.9}$$

여기서 I_0는 광원에서 광도
I는 검출기에서 광도

a. $-0.20\ \text{dB/km} = \frac{10}{1\ \text{km}}\log\frac{I}{I_0}$ 혹은 $\log\frac{I}{I_0} = -0.02$ 혹은 $\frac{I}{I_0} = 0.95$ ◀

b. $-0.20\ \text{dB/km} = \frac{10}{40\ \text{km}}\log\frac{I}{I_0}$ 혹은 $\log\frac{I}{I_0} = -0.80$ 혹은 $\frac{I}{I_0} = 0.16$ ◀

주: 현재 단일모드 광섬유는 신호를 반복할 필요 없이 약 40 km까지 광통신 자료를 전송할 수 있다.

15.7.2 단일모드와 다중모드 광섬유

광전송용 광섬유는 광통신에서 광신호용 **광도파관**(optical waveguide)으로 이용된다. 광섬유내 광의 보유는 빛이 중심부 유리를 통과하도록 하면 가능하다. 중심부 유리는 외부 피복유리보다 큰 굴절지수를 가진다(그림 15.18). 중심부 지름이 약 8 μm이고 외부 피복부 지름이 약 125 μm인 단일모드 형태에는 오직 하나의 유도광선통로가 있다(그림 15.18*a*). 다중모드 광섬유 유리는 다단 굴절지수를 갖는 중심부가 있어 많은 광파가 섬유를 동시에 통과할 수 있다. 이는 단일모드 섬유에서 만들어지는 것보다 더 많이 분산된 출력신호를 만들어낼 수 있다(15.18b). 대부분의 새로운 광섬유통신시스템은 단일모드 섬유를 이용한다. 왜냐하면 이들은 낮은 광손실을 보이고, 값이 저렴하고 제조하기 쉽기 때문이다.

15.7.3 광섬유 제작

통신시스템용 광유리섬유를 생산하는 가장 중요한 방법 중 하나는 *개량화학기상증착*(modified chemical vapor

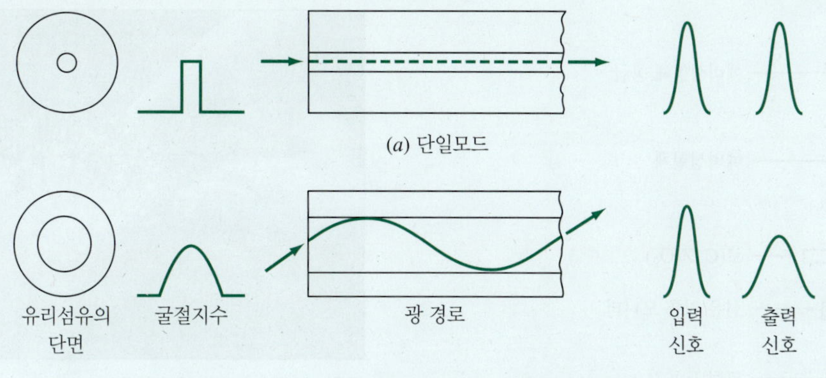

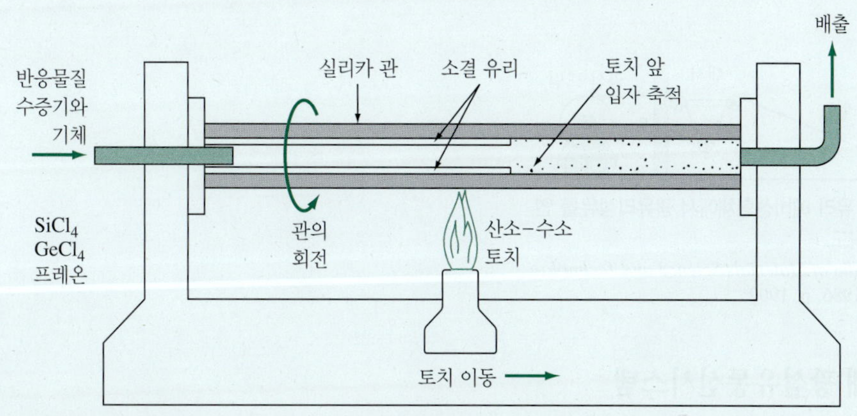

그림 15.18 ➤ (*a*) 단일모드 광섬유. (*b*) 다중모드 광섬유. 단면적, 굴절지수, 광로, 신호 입력과 출력의 비교. 단일모드 섬유는 더 날카로운 출력신호를 가져 장거리 광통신시스템에 더 유리하다.

그림 15.19 ➤ 광유리섬유 제작을 위한 예비성형품의 생산에 이용되는 개량화학기상증착 공정 개략도.
출처: AT&T Archives.

deposition: MCVD) 공정이다(그림 15.19). 이 공정에서 고순도의 건조한 $SiCl_4$ 증기와 다량의 $GeCl_4$, 불소화 처리된 탄화수소 증기를 순수한 산소와 함께 회전하는 순수 실리카 관으로 통과시킨다. 외부에서 산소-수소 토치가 회전하는 관의 외부 지름을 따라 움직인다. 그러면 반응물들이 Ge과 F가 적절하게 조합되어 도핑된 실리카 유리 입자들을 형성한다. GeO_2는 SiO_2의 굴절지수를 높이고, 불소는 SiO_2의 굴절지수를 낮춘다. 반응 영역 하단에서 유리입자들은 관벽으로 이동하고, 그곳에서 그들은 증착된다. 반응이 유리입자들을 형성하도록 하는 이동식 토치는 유리입자들 위로 지나가면서 그들을 도핑된 얇은 유리층으로 소결한다. 도핑된 층의 두께는 반복되는 토치의 통과에 따라 증착되는 층의 수에 따라 달라진다. 통과할 때마다 증기의 조성은 조정되어 선정된 조성 분포를 만들어낸다. 따라서 이후에 만들어지는 유리섬유는 선정된 굴절지수 분포를 가지게 된다.

다음 단계에서 실리카 관은 고온으로 충분히 가열하여 유리가 연화점(softening temperature)에 도달하도록 한다. 그러면 유리의 표면 장력이 증착된 유리층이 있는 관을 *예비성형체*(preform)라 불리는 고체 막대로 균일하게 만들어낸다. MCVD 공정으로 만든 유리 예비성형체를 고온 로에 장입한다. 그리고 그곳에서 지름이 약 125 μm인 유리섬유를 인발(draw)한다(그림 15.20). 유리섬유 표면을 손상으로부터 보호하기 위해 60 μm 두께의 폴리머 코팅을 인라인(in-line) 공정에 적용한다. 최종 유리섬유 다발(spool)이 그림 15.21에 도시되어 있다. 큰 광손실이 없이 잘 결합될 수 있도록 섬유의 중심부 지름과 외부 지름에 대한 허용오차가 매우 작아야 한다.

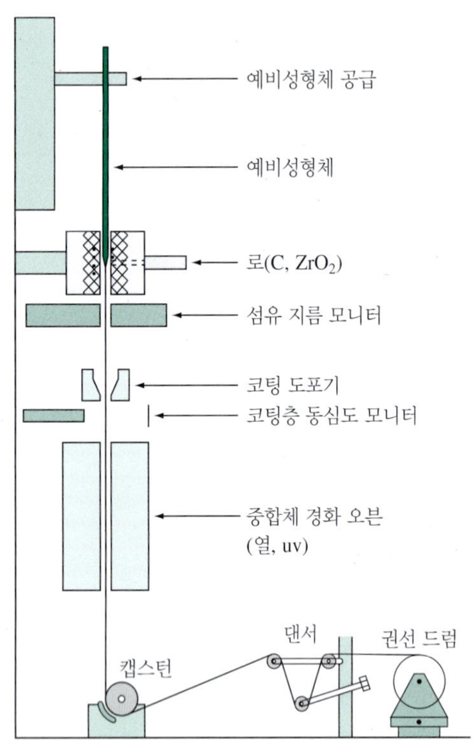

그림 15.20 ➢ 유리 예비성형체에서 광유리섬유를 인발하는 장비 개략도.
출처: *Encyclopedia of Materials Science and Technology*, MIT Press, 1986, p. 1992.

그림 15.21 ➢ 광섬유 다발.
(Glow Images)

15.7.4 현대 광섬유통신시스템

대부분의 현대 광섬유통신시스템은 광손실이 최소인 1.3 μm 원적외선 파장에서 작동되는 InGaAsP 이중이종구조 레이저 다이오드 전송기를 가진 단일모드 섬유를 사용한다(그림 15.22*a*). InGaAs/InP PIN 광다이오드는 보통 검출기로 이용된다(그림 15.22*b*). 이 시스템으로 신호를 증폭없이 광신호를 약 40 km(25 mi)까지 보낼 수 있다. 1988년 12월에 40,000 회선의 전화를 동시에 사용할 수 있는 능력을 갖춘 광섬유통신시스템이 처음으로 사용되었다. 1993년까지 289개의 해저 광섬유 케이블이 연결되었다.

광섬유통신시스템에서 또 다른 진보는 *에르븀(Er)이 도핑된 광섬유 증폭기*(Erbium-doped optical- fiber am-

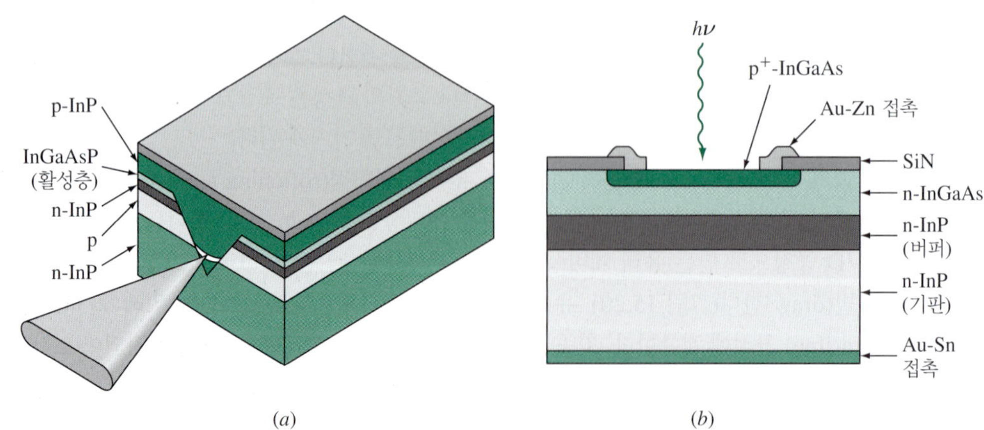

그림 15.22 ➢ (*a*) 장거리 광섬유통신시스템에 이용되는 이종구조 InGaAsP 레이저 다이오드. V 채널에 의한 레이저 빔의 초점에 유의하라. (*b*) 광통신시스템용 PIN 광검출기.
((*a-b*) 출처: AT&T Archives.)

plifiers: EDFAs)의 도입에 있다. EDFA는 길이가 약 20~30 m인 광실리카섬유로 섬유의 성능을 개선시키기 위해 희토류 원소인 에르븀이 도핑되어 있다. 외부 반도체 레이저 빛을 이용해 광학적으로 펌핑할 때 Er이 도핑된 섬유는 1.55 μm에 중심을 둔 파장으로 섬유를 통과하는 모든 광신호의 출력을 증폭시킨다. 따라서 Er이 도핑된 광섬유는 레이저 매질과 광도파관으로서의 역할을 한다. EDFAs는 광원(파워증폭기), 수신기(전치증폭기), 광통신 연결부(in-line repeater)에서 광신호 파워를 증폭시키는 광전달시스템에도 이용될 수 있다. 1993년 캘리포니아 샌프란시스코와 포인트 아레나 사이를 연결하는 AT & T 네트워크에서 처음으로 EDFAs가 사용되었다.

15.8 초전도 재료

15.8.1 초전도 상태

구리와 같은 일반 금속의 전기 비저항은 온도가 내려가면 천천히 감소한다. 그리고 0 K 근처에서 낮은 잔류 값을 나타낸다(그림 15.23). 반면에 순수 수은의 전기 비저항은 온도가 감소함에 따라 감소하다가 4.2 K에서 거의 측정할 수 없는 매우 작은 값으로 갑자기 떨어진다. 이러한 현상을 *초전도성*(superconductivity)라고 하고, 이러한 거동을 보이는 재료를 *초전도 재료*(superconductive material)라 한다. 약 26개의 금속과 수많은 합금 및 화합물이 초전도 현상을 보인다.

재료의 전기 비저항이 0으로 접근하는 온도를 **임계온도**(critical temperature, T_c)라 한다. 이 온도 이상에서 재료는 *정상상태*(normal)이고, T_c 이하에서는 *초전도*(superconducting) 혹은 *초전도상태*(superconductive)라 한다. **초전도상태**(superconducting state)는 온도 이외의 많은 변수들에도 의존한다. 그 중 가장 중요한 것은 자기장 B와 전류 밀도 J이다. 따라서 재료가 초전도상태에 있으려면 재료의 임계온도, 임계자기장과 임계전류밀도를 초과하지 않아야 한다. 초전도 재료에는 T, B, J 공간에서 임계 표면이 존재한다.

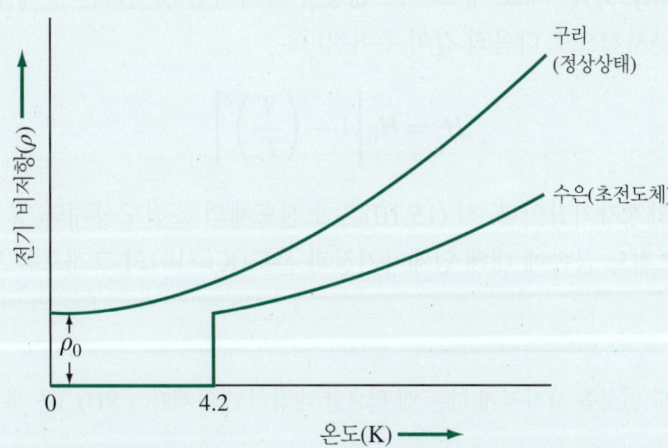

그림 15.23 ➤ 0 K 근처에서 온도에 따른 일반 금속(Cu)의 전기 비저항과 초전도 금속(Hg)의 전기 비저항 비교. 초전도 금속의 비저항은 측정할 수 없는 작은 값으로 갑자기 떨어진다.

표 15.3 ➤ 선정된 금속, 금속간화합물, 세라믹화합물 초전도체의 임계 초전도 온도 T_c

금속	T_c (K)	H_0* (T)	금속간 화합물	T_c (K)	세라믹 화합물	T_c (K)
니오븀, Nb	9.15	0.1960	Nb_3Ge	23.2	$Tl_2Ba_2Ca_2Cu_3O_x$	122
바나듐, V	5.30	0.1020	Nb_3Sn	21	$YBa_2Cu_3O_{7-x}$	90
탄탈륨, Ta	4.48	0.0830	Nb_3Al	17.5	$Ba_{1-x}K_xBiO_{3-y}$	30
타이타늄, Ti	0.39	0.0100	NbTi	9.5		
주석, Sn	3.72	0.0306				

*H_0 = 0 K에서 임계 자기장(단위: teslas (T))

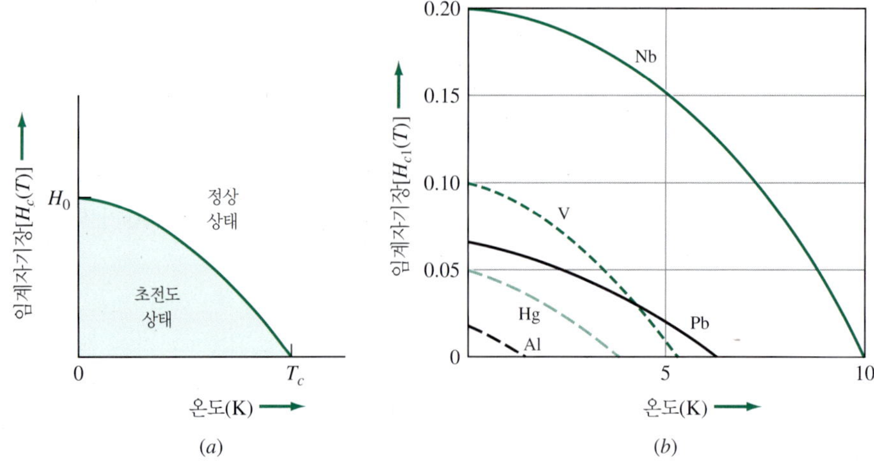

그림 15.24 ➤ 임계자기장 대 온도 그래프. (*a*) 일반적인 경우. (*b*) 여러 초전도체에 대한 곡선들.

일부 선정된 금속, 금속간화합물, 세라믹 화합물의 임계초전도 온도가 표 15.3에 수록되어 있다. 1987년에 새롭게 발견된 세라믹 화합물의 매우 높은 임계온도(90~122 K)는 과학계를 깜짝 놀라게 했다. 이들 구조와 성질들은 이 장의 뒷부분에서 서술할 것이다.

15.8.2 초전도체의 자기적 성질

임계온도(T_c) 이하의 온도에서 초전도체에 충분히 강한 자기장을 인가하면 초전도체는 정상 상태로 되돌아온다. 초전도체에서 정상 전기 전도도를 회복하는 데 필요한 인가 자기장을 **임계자기장**(critical field, H_c)라 한다. 그림 15.24*a*는 전류가 0일 때 임계자기장 H_c와 임계온도 T_c 사이의 관계를 도식적으로 보여준다. 충분히 큰 **(임계)전류 밀도**((critical) current density, J_c)는 재료 내 초전도 현상을 파괴시킬 것이라는 것에 유의해야 한다. 임계자기장 H_c 대 온도 T(K)의 곡선은 근사적으로 다음과 같이 주어진다.

$$H_c = H_0\left[1 - \left(\frac{T}{T_c}\right)^2\right] \qquad \textbf{(15.10)}$$

여기서 H_0는 $T = 0$ K에서 임계자기장이다. 식 (15.10)은 초전도체의 초전도상태와 정상상태 사이의 경계를 나타낸다. 그림 15.24*b*는 여러 초전도 금속에 대해 임계자기장과 온도(K) 사이의 그래프를 보여준다.

예제 15.8

6 K에서 순수 니오븀의 초전도 현상을 사라지게 하는 데 필요한 대략적인 임계자기장(H_c)을 계산하라.

풀이

표 15.3에 의하면, Nb에 대한 T_c는 9.15 K, 0 K에서 $H_0 = 0.1960$ T이다. 식 (15.10)에 의하면

$$H_c = H_0\left[1 - \left(\frac{T}{T_c}\right)^2\right] = 0.1960\left[1 - \left(\frac{6}{9.15}\right)^2\right] = 0.112 \text{ T} \blacktriangleleft$$

금속 및 금속간화합물 초전도체는 인가한 자기장에서 초전도체의 거동에 따라 I형과 II형 초전도체로 분류할 수 있다. Pb와 Sn과 같은 **I형 초전도체**의 원통형 시편을 상온에서 자기장 속에 두면, 자기장은 정상적으로 금속 내부를 침투할 것이다(그림 15.25*a*). 그러나 I형 초전도체의 온도를 T_c(Pb의 경우 7.19 K) 이하로 낮추고, 또한 자기장을 H_c 이하로 낮추면, 표면에서 약 10^{-5} cm의 매우 얇은 침투층을 제외하면 자기장은 시편으로부터 배척된다(그림 15.26*b*). 초전도 상태에서 이러한 자기장 배척(exclusion) 성질을 **마이스너 효과**(Meissner effect)라 한다.

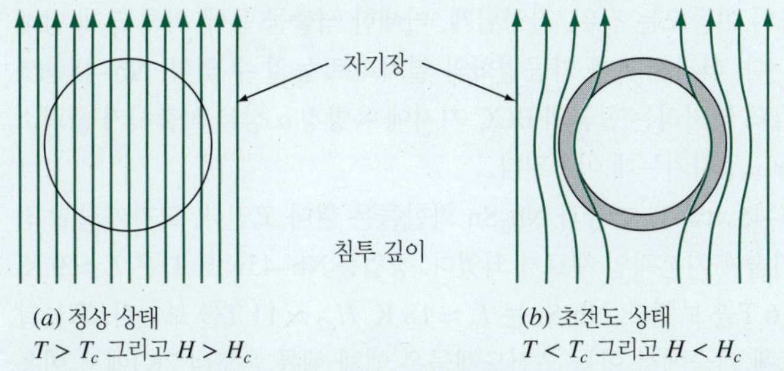

그림 15.25 ➤ 마이스너 효과. I형 초전도체의 온도를 T_c 이하로 낮추고, 자기장을 H_c 이하로 했을 때, 자기장은 얇은 표면층을 제외하고 샘플에서 완전히 배척된다.

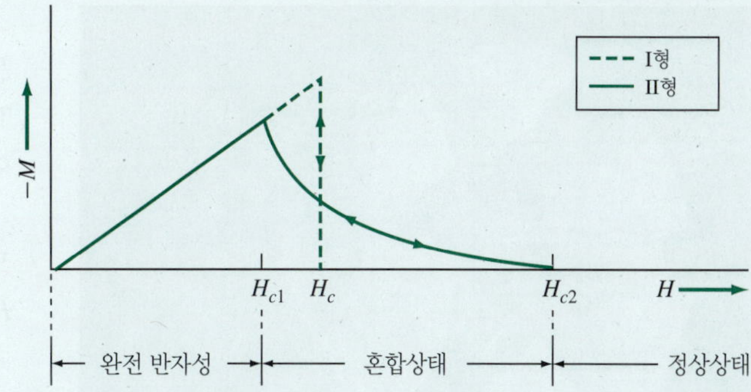

그림 15.26 ➤ 이상적인 I형과 II형 초전도체에 대한 자화 곡선. II형 초전도체는 H_{c1}과 H_{c2} 사이에서 자기장에 의해 침투된다.

II형 초전도체는 T_c 이하의 온도에서 자기장 내에서 I형과는 다르게 거동한다. 이들은 **하부 임계자기장**(lower critical field) H_{c1}으로 불리는 임계 인가 자기장까지 I형 초전도체처럼 강한 반자성(diamagnetic)이다(그림 15.26). 따라서 자속(magnetic flux)은 초전도 재료로부터 배척된다. H_{c1} 이상에서 자기장은 II형 초전도 재료를 침투하기 시작한다. **상부 임계자기장**(upper critical field, H_{c2})에 도달할 때까지 계속된다. H_{c1}과 H_{c2} 사이에서 초전도체는 혼합 상태에 있다. H_{c2} 이상에서 정상상태로 되돌아간다. 영역 H_{c1}과 H_{c2} 사이에서 초전도체는 벌크 재료에서 전류가 흐를 수 있다. 따라서 이 자기장 영역에서 NiTi과 Ni_3Sb와 같은 II형 초전도체를 고전류, 고자기장 초전도체로 사용할 수 있다.

15.8.3 초전도체에서 전류와 자기장

I형 초전도체는 전류가 전도성 시편의 외부 표면층에서만 흐를 수 있기 때문에 낮은 전류 전도체이다(그림 15.27*a*). 이러한 거동에 대한 이유는 자기장은 표면층만을 침투할 수 있고 전류는 이 층에서만 흐를 수 있기 때문이다. H_{c1} 이하에서 II형 초전도체에서 자기장은 같은 방식으로 거동한다. 그러나 그림 15.27*b*에 보인 바와 같이 자기장이 H_{c1}과 H_{c2} 사이(혼합된 상태)에 있다면 전류는 필라멘트망에 의해서 초전도체 내부로 흐를 수 있다. H_{c1}과 H_{c2}사이의 자기장을 II형 초전도체에 인가할 때 자기장은 **플럭소이드**(fluxoid)라 불리는 개별 양자화된 자속다발의 형태로 초전도체 벌크 내부를 침투할 수 있다(그림 15.28). 원통형 초전류 소용돌이(vortex)가 각각의 플럭소이드 주위로 흐른다. 자기장의 강도를 증가시킴에 따라 점점 더 많은 플럭소이드가 초전도체 안으로 들어가고 주기적인 배열을 형성한다. H_{c2}에서 초전류 소용돌이 구조는 붕괴되고, 초전도 재료는 정상 도체 상태로 되돌아간다.

15.8.4 고전류, 고자기장 초전도체

이상적인 II형 초전도체는 H_{c1}과 H_{c2} 사이의 인가 자기장에 의해 침투될 수 있지만, 이들은 T_c 이하에서 작은 전류가 흐를 수 있다. 왜냐하면 플럭소이드는 결정격자에 약하게 묶여 있어 상대적으로 움직일 수 있기 때문이다. 플럭

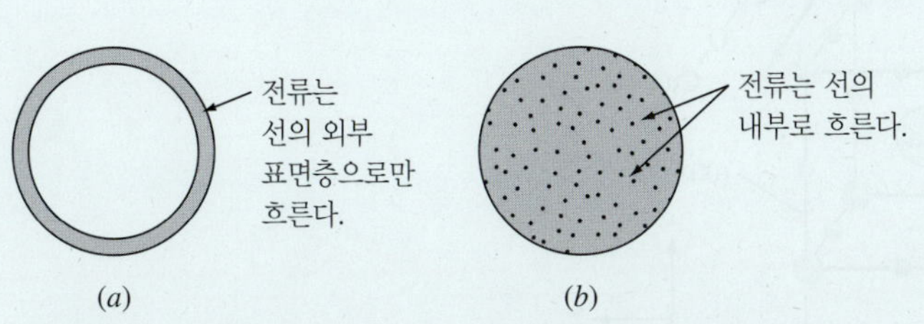

그림 15.27 ➤ 전류가 흐르는 초전도체 선의 단면. (*a*) 낮은 자기장($H < H_{c1}$)하에서 I형 초전도체 혹은 II형 초 전도체. (*b*) 높은 자기장하에서 II형 초전도체($H_{c1} < H < H_{c2}$). 전류가 필라멘트망에 의해 흐른다.

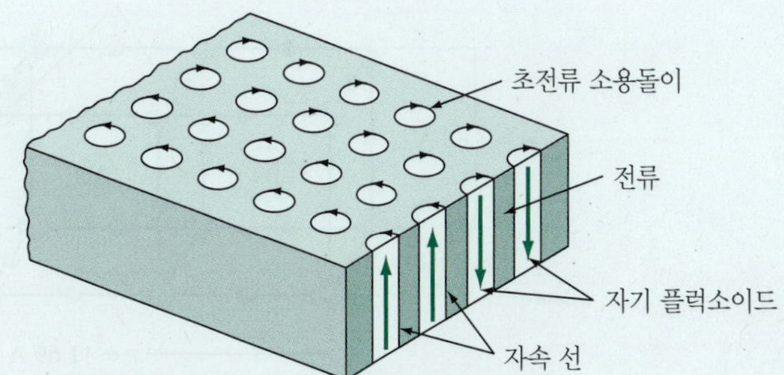

그림 15.28 ➤ H_{c1}과 H_{c2} 사이의 자기장으로 인가된 II형 초전도체에서 자기 플럭소이드(fluxoid)를 보여주는 개략도.

그림 15.29 ➤ 초전도체 초대형입자가속기(supercollider)용으로 만들어진 Nb–46.5wt% Ti–Cu 복합체 선의 단면. 선의 지름은 0.0808 cm (0.0318 in), Cu:NbTi 부피 비는 1.5, 지름이 6 μm인 7250개의 필라멘트. 5 T에서 J_c = 2990 A/mm^2, 8 T에서 J_c = 1256 A/mm^{2}이다(배율은 200×).
(Manfred Kage/Science Source)

소이드의 이동도는 전위, 결정립계, 미세한 석출물 등에 의해 크게 방해를 받는다. 따라서 J_c를 가공경화와 열처리로 높일 수 있다. Nb–45wt% Ti 합금의 열처리는 합금의 BCC 기지에 육방정 α 상을 석출시켜 플럭소이드를 고정시키는데 이용된다.

Nb–45wt% Ti 합금과 Nb_3Sn 화합물은 현대 고전류, 고자기장 초전도체 기술에 기본적인 재료가 되었다. 상업용 Nb–45wt% Ti은 $T_c \approx 9$ K, $H_{c2} \approx 6$ T를 보인다. Nb_3Sn는 $T_c \approx 18$ K, $H_{c2} \approx 11$ T를 보인다. 오늘날 초전도체 기술에서 이들 초전도체들은 액체 헬륨 온도(4.2K)에서 이용된다. Nb–45wt% Ti 합금은 Nb_3Sn보다 연성이 훨씬 좋고 제조하기 쉽다. 비록 더 낮은 T_c와 H_{c2}를 보이지만 Nb–45wt% Ti 합금이 많은 응용분야에서 이용되고 있다. 상업용 초전도 선은 구리 기지에 지름이 약 25 μm인 수많은 NbTi 필라멘트를 고정시켜 제조한다(그림 15.29). 구리 기지의 목적은 초전도 재료가 정상상태로 되돌아가는 열점(hot spot)이 형성되지 않도록 작동 중 초전도체 선을 안정화하는 데 있다.

NbTi와 Nb_3Sn 초전도체의 응용분야에는 의학진단용 핵자기영상시스템과 고속열차와 같은 자기부상 교통장치 등이 있다(그림 15.1). 고자기장 초전도 자석은 고에너지 물리학 분야에서 입자 가속기로 이용된다.

15.8.5 높은 임계온도(T_c) 초전도 산화물

1987년 임계온도가 90 K인 초전도체가 발견되었다. 그 당시까지 초전도체에 대한 최고 T_c는 약 23 K이었기 때문에 이는 과학계를 깜짝 놀라게 했다. 가장 많이 연구된 높은 T_c를 가진 재료는 $YBa_2Cu_3O_y$ 화합물이다. 이 재료의 구조와 성질들에 대해 알아보자. 결정구조 관점에서 볼 때 이 화합물은 3개의 페로브스카이트 입방정 단위포가 서로의 위에 적층되어 결함이 있는 페로브스카이트 구조를 가진다(그림 15.30). ($CaTiO_3$에 대한 페로브스카이트 구조는 그림 11.12에 도시되어 있다.) 3개의 페로브스카이트 입방정 단위포의 이상적인 적층을 위해 $YBa_2Cu_3O_y$ 화합물은 $y = 9$인 $YBa_2Cu_3O_9$ 조성을 가져야 한다. 그러나 분석에 의하면 이 재료가 초전도체가 되기 위해서는 y가 6.65에서 6.90까지의 범위에 있어야 한다. $y = 6.90$에서 T_c가 가장 높다(~90 K). $y = 6.65$에서 초전도성은 사라진다. 따라서 산소 공공들은 $YBa_2Cu_3O_y$의 초전도 거동에서 중요한 역할을 한다.

$YBa_2Cu_3O_y$ 화합물을 산소 분위기, 750°C에서 천천히 냉각하면, 정방정에서 사방정 결정구조로 변태를 한다(그림 15.31*a*). 산소 함량이 $y = 7$에 가까울 때, T_c는 약 90 K(그림 15.31*b*)이고, 단위포의 격자상수는 $a = 3.82$ Å, $b = 3.88$ Å, $c = 11.7$ Å이다(그림 15.30). T_c를 높이기 위해, 산소 공공들이 a 방향으로 존재하도록 (001) 면상에 산소 원자들이 규칙 배열되어야 한다. 초전도성은 CuO_2 면들 사이에 전자 결합(electron coupling)을 제공하는 산소 공공과 함께 CuO_2 면에 한정되는 것으로 생각된다(그림 15.30).

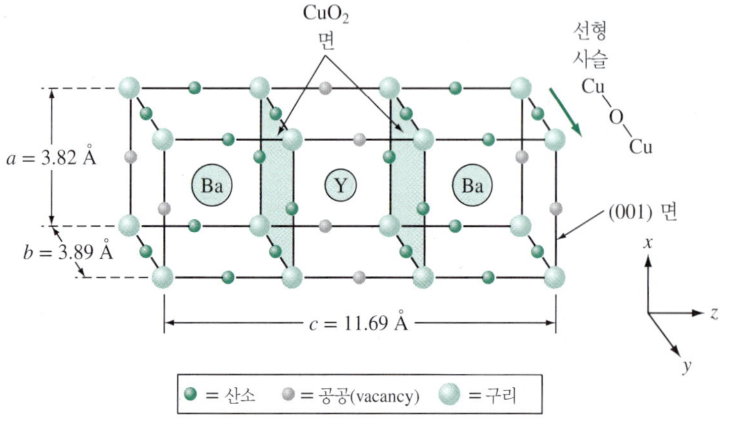

그림 15.30 ➤ 이상적인 $YBa_2Cu_3O_7$ 사방정 결정구조. CuO_2 면의 위치에 주목하라.

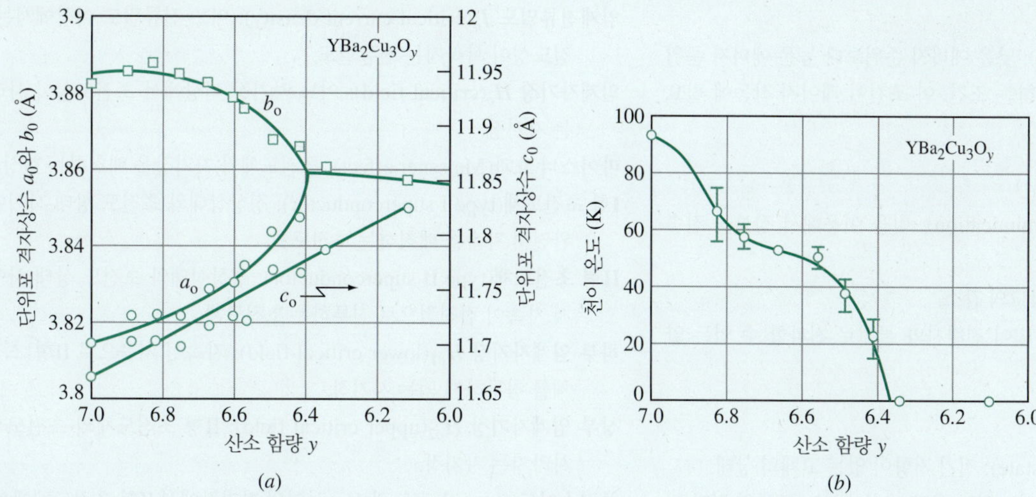

그림 15.31 ➤ (*a*) $YBa_2Cu_3O_y$에 대한 단위포의 격자상수와 산소 함량의 관계. (*b*) $YBa_2Cu_3O_y$의 T_c와 산소함량의 관계.
(*a*) 출처: J.M. Tarascon and B.G. Bagley, "Oxygen Stoichiometry and the High T_C Superconducting Oxides," *MRS Bulletin* Vol. XIV, No. 1 (1989), p. 55.)

공학적인 관점에서 볼 때, 비스무스-스트론튬-칼슘-구리-산화물(BSCCO)과 같은 새로운 높은 T_c 초전도체는 기술 발전의 전망을 밝게 한다(그림 15.32). 90 K의 T_c 도래는 비싼 액체 헬륨을 대신해 저렴한 액체 질소를 냉매로 사용할 수 있게 한다. 불행히도 고온 초전도체들은 필연적으로 세라믹이다. 이들은 깨지기 쉽고 벌크 형태에서 낮은 전류밀도를 보인다. 이들 재료의 첫 응용분야는 고속 컴퓨터와 같은 전자기기 응용을 위한 박막 기술에서 나타날 가능성이 크다.

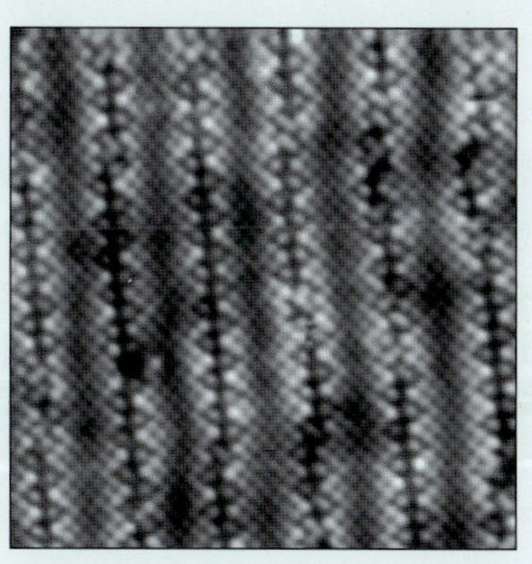

그림 15.32 ➤ 비스무스-스트론튬-칼슘-구리-산화물(BSCCO)의 STM 이미지.
(Drs. Ali Yazdani & Daniel J. Hombaker/ Science Source)

15.9 용어 정의

15.3절

굴절지수(index of refraction): 진공에서 빛의 속도 대 매질에서 빛의 속도 비.

15.4절

흡수성(absorptivity): 재료에 의해 흡수되는 입사광의 분율.

15.5절

발광(luminescence): 재료가 빛이나 다른 에너지를 흡수하고 그 후 장파장의 빛을 방출하는 것.

형광(fluorescence): 재료가 빛이나 다른 에너지를 흡수하여 여기된 후 10^{-8}초 이내에 빛을 방출하는 것.

인광(phosphorescence): 형광체가 빛을 흡수하고 발광할 때 10^{-8}초 이상에서 빛을 방출하는 것.

15.6절

레이저(laser): light amplification by stimulated emission of radiation의 약어.

레이저 빔(laser beam): 자극 받은 광자 방출에 의해 생성되는 단색의 간섭적인 복사빔.

반전분포(population inversion): 낮은 에너지 준위보다 높은 에너지 준위에 더 많은 원자들이 존재하는 조건. 이 조건이 레이저 작동에 필요하다.

15.7절

광섬유통신(optical-fiber communication): 빛을 이용해서 정보를 전송하는 방법.

광손실(light attenuation): 빛 강도의 감소.

광도파관(optical waveguide): 빛이 전반사와 굴절로 전파할 수 있는 얇게 피복된 섬유.

15.8절

초전도 상태(superconducting state): 전기 저항이 없는 고체의 상태.

임계온도 T_c(critical temperature): 어느 온도 이하에서는 고체의 전기 저항이 없어지는 온도.

임계전류밀도 J_c(critical current density): 어느 전류밀도 이상에서는 초전도성이 사라지는 전류밀도.

임계자기장 H_c(critical field): 어느 자기장 이상에서 초전도성이 사라지는 자기장.

마이스너 효과(Meissner effect): 초전도체가 자기장을 배척하는 현상.

I형 초전도체(type I superconductor): 정상상태와 초전도 상태 사이에서 완전히 자속을 배척하는 초전도체.

II형 초전도체(type II superconductor): 정상상태와 초전도 상태 사이에서 자속이 점진적으로 침투하는 초전도체.

하부 임계자기장 H_{c1}(lower critical field): 자속이 처음으로 II형 초전도체를 침투하게 되는 자기장.

상부 임계자기장 H_{c2}(upper critical field): II형 초전도체의 초전도성이 사라지는 자기장.

플럭소이드(fluxoid): H_{c1}과 H_{c2} 사이의 자기장에서 II형 초전도체에서 회전하는 초전류에 의해 둘러싸인 미시적인 영역.

15.10 연습 문제

*표시를 한 문제는 책의 마지막에 답을 제공하였다.

■ 지식과 이해 문제

15.1 복사 에너지를 파장과 진동수에 관련된 식으로 쓰고, 각각의 양에 대해 SI 단위를 써라.

15.2 (*a*) 가시광선, (*b*) 자외선, (*c*) 적외선에 대한 근사적인 파장과 진동수 범위는 얼마인가?

15.3 일반 빛을 대기에서 1 cm 두께의 폴리메타크릴레이트(polymethacrylate) 안으로 투과시킨다면, 플라스틱 안으로 들어가자마자 빛은 가속되겠는가 아니면 감속되겠는가? 설명하라.

15.4 절단된 다이아몬드는 왜 반짝이는지 설명하라. PbO는 장식용 유리를 만드는 데 왜 첨가되는가?

15.5 빛의 굴절에 대한 스넬의 법칙은 무엇인가? 그림을 그려 설명하라.

15.6 금속은 왜 자외선 영역의 중간까지 입사광을 흡수하고 반사하는지 설명하라.

15.7 왜 금은 노란색을, 은은 "은"색을 나타내는지 설명하라.

15.8 발광 과정을 설명하라.

15.9 형광과 인광의 차이점을 설명하라.

15.10 형광램프에서 작동하는 발광 효과를 설명하라.

15.11 비간섭성과 간섭성 복사의 차이를 설명하라.

15.12 약어 *laser*에서 각 문자는 무엇을 나타내는가?

15.13 루비 레이저의 작동 원리를 설명하라.

15.14 레이저 관련 용어에서 *반전분포*(population inversion)는 무엇을 의미하는가?

15.15 다음 레이저의 작동원리와 응용분야를 서술하라.

(*a*) Nd-YAG 레이저. (*b*) 이산화탄소 레이저. (*c*) 이중이종접합 GaAs 레이저.

15.16 광섬유란 무엇인가?

15.17 광섬유통신시스템의 기본 구성요소에는 무엇이 있는가?

15.18 광섬유에서 어떤 종류의 불순물들이 광손실에 해로운가?

15.19 광섬유가 어떻게 광도파관으로 작용하는지 설명하라.

15.20 광섬유의 단일모드(single-mode type)와 다중모드(multi-mode type) 사이의 차이점을 설명하라. 현대 장거리통신시스템에 어떤 종류가 이용되는가? 그 이유는 무엇인가?

15.21 어떤 종류의 레이저가 현대 장거리 광섬유시스템에 이용되는가? 그 이유는 무엇인가?

15.22 재료에서 초전도 상태는 무엇인가?

15.23 초전도체에서 T_c, H_c, J_c의 중요성은 무엇인가?

15.24 I형과 II형 초전도체의 차이점을 서술하라.

15.25 마이스너 효과(Meissner effect)란 무엇인가?

15.26 I형 초전도체는 왜 낮은 전류 전도체인가?

15.27 펄럭소이드(fluxoids)란 무엇인가? 이들은 혼합 상태에서 II형 초전도체의 초전도성에 어떤 역할을 하는가?

15.28 II형 초전도체에서 펄럭소이드는 어떻게 고정될 수 있는가? II형 초전도체에서 펄럭소이드를 고정시킨 결과는 무엇인가?

15.29 $YBa_2Cu_3O_7$의 결정구조를 그림을 그려 설명하라.

15.30 $YBa_2Cu_3O_y$ 화합물이 초전도상태에 있으려면 750°C에서 천

천히 냉각시켜야 하는 이유는 무엇인가?

15.31 새로운 고온 산화물 초전도체의 장점과 단점은 무엇인가?

■ 응용과 분석 문제

***15.32** ZnO 반도체에서 전자는 2.30 eV에 있는 불순물 준위에서 가전자대로 떨어진다. 천이에 의해서 어떤 파장의 빛이 방출되는가? 만약 빛이 가시광선이라면 그 색깔은 무엇인가?

15.33 어떤 반도체는 파장이 0.520 μm인 녹색 가시광선을 방출한다. 이러한 빛을 방출하기 위해서 전자들은 어떤 에너지 준위에서 가전자대로 떨어져야 하는가?

15.34 빛이 폴리스티렌(polystyrene) 평판에서 대기중으로 들어갈 때 빛이 전반사가 일어나기 위한 임계각은 몇 도인가?

***15.35** (*a*) 붕규산 유리(n = 1.47)와 (*b*) 폴리에틸렌(n = 1.53)의 매끄럽고 평평한 위쪽 표면에서 반사되는 일반 빛의 반사도를 계산하라.

15.36 일반 입사광이 선형흡수계수가 0.04 cm^{-1}인 투명한 재료의 평평한 표면에 부딪힌다. 재료 평판의 두께가 0.80 cm이라면 평판이 흡수하는 빛의 분율을 계산하라.

15.37 일반 입사광이 투명한 재료의 평판 표면에 부딪힌다. 평판의 두께가 0.75 mm이고 입사광의 5.0%를 흡수한다면, 이 재료의 선형흡수계수는 얼마인가?

***15.38** 굴절지수가 1.51, 선형흡수계수가 0.03 cm^{-1}, 두께가 6.0 mm인 평판 유리의 투과도를 계산하라.

15.39 두께가 2.0 mm인 폴리에틸렌(polyethylene) 시트는 동일 두께의 폴리카보네이트(polycarbonate) 플라스틱 시트보다 투명도가 낮은 이유가 무엇인가?

15.40 다음 재료들이 흡수할 수 있는 빛의 최소 파장을 계산하라. (*a*) GaP, (*b*) GaSb, (*c*) InP.

15.41 파장이 500 nm인 가시광선은 다음 재료를 투과하겠는가 아니면 흡수되겠는가? (*a*) CdSe, (*b*) ZnSe, (*c*) 다이아몬드(E_g = 5.40 eV).

15.42 컬러 TV 스크린에서 컬러 그림은 어떻게 만들어지는가?

15.43 Cr로 활성화되는 Al_2O_3 형광체의 강도는 5.6×10^{-3} s 안에 원래 강도의 15%까지 감소한다. (*a*) 완화 시간과 (*b*) 5.0×10^{-2} s 후 강도의 몇 %가 남아 있는지 결정하라.

***15.44** Mn으로 활성화되는 Zn_2SiO_4 형광체는 0.015 s의 완화시간을 가진다. 이 재료의 강도가 원래 강도 값의 8%까지 감소하는 데 필요한 시간을 계산하라.

15.45 원래 빛의 강도가 광섬유를 통과해 300 m 전송된 후 6.5%로 감소했다면 이런 종류의 광섬유에 대해 빛의 손실(dB/km)은 얼마인가?

15.46 빛은 1.55 μm인 파장에서 작동하는 광섬유에서 광손실이 −0.25 dB/km이다. 빛의 4.2%가 중계소(repeater station)에 남아 있다면 중계기(repeater) 사이의 거리는 얼마인가?

15.47 광섬유해저케이블에서 1.3 μm 파장의 광손실은 −0.31 dB/km이다. 이 시스템에서 중계기 사이의 거리는 40.2 km이다. 중계기 시작점에서 100%라고 가정하면 중계기에는 몇 %의 빛이 남아 있는가?

15.48 통신시스템용 광섬유는 어떻게 제작되는가? (*a*) GeO_2와 (*b*) F는 실리카 유리의 굴절지수에 어떻게 영향을 주는가?

***15.49** 통신시스템용 단일모드 광섬유는 내부심에 굴절지수가 1.4597인 SiO_2–GeO_2 유리를. 피복재로 굴절지수가 1.4580인 순수 SiO_2 유리로 되어 있다. 내부심을 떠나는 빛이 내부심에서 전반사가 일어나려면 임계각은 몇 도이어야 하는가?

15.50 8 K에서 Nb에 대해 테슬라(T) 단위로 임계자기장 H_{c1}을 계산하라. 식 (15.10)과 표 (15.3)의 자료를 이용하라.

***15.51** 바나듐(V)이 0.06 T의 H_c 값을 가지고 초전도성을 보인다면 V의 온도는 몇 도이어야 하는가?

■ 통합과 평가 문제

15.52 녹색광의 파장에 대응하는 파장을 가진 광자를 생산할 수 있는 반도체를 설계하라. 어떤 반도체 재료가 이 응용 분야에 적합한지 찾아보라.

15.53 ZnS에서 불순물 에너지 준위가 전도대 아래 1.4 eV에 있다고 가정하자. 어떤 종류의 빛이 전하 캐리어에게 충분한 에너지를 주어 전도대로 점프할 수 있게 하겠는가?

15.54 빛이 평판을 떠나 대기로 들어갈 때 전반사가 일어나는 데 필요한 임계각이 45°인 광학 플라스틱을 골라라(표 15.1을 이용하라).

15.55 (*a*) 표 15.1에서 일반 입사광의 반사도가 약 5%인 재료를 골라라. (*b*) 가장 높은 반사도를 가진 재료를 골라라. (*c*) 가장 낮은 반사도를 가진 재료를 골라라. (모든 표면은 연마되어 있다고 가정하라.)

15.56 (*a*) 흡수 때문에 생긴 광손실이 단지 2%인 연마된 규산 유리의 두께를 설계하라. (*b*) 흡수 때문에 생긴 광손실이 단지 4%인 연마된 규산 유리의 두께도 설계하라. 여러분의 결론은 무엇인가? ($\alpha = 0.03\ cm^{-1}$)

제 16 장

자기적 성질

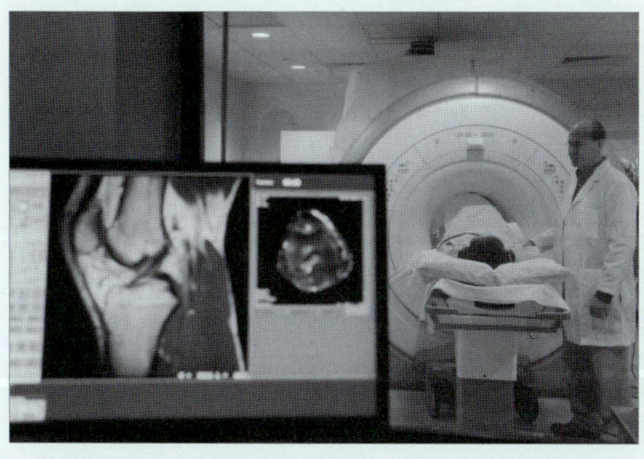

(a)

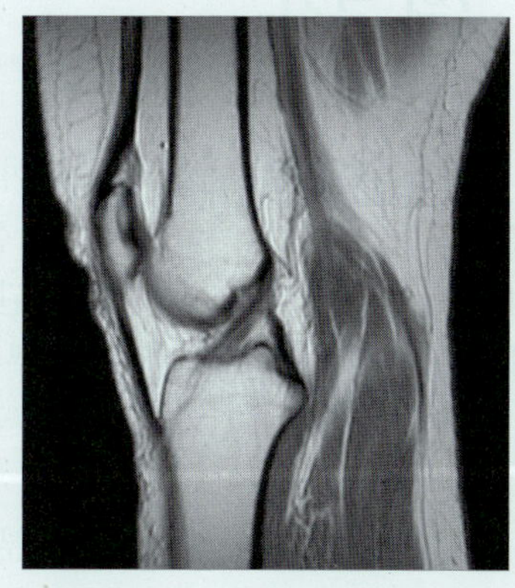

(b)

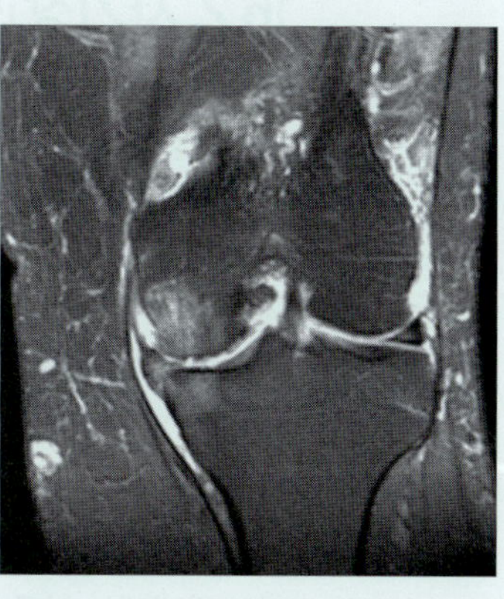

(c)

((a) PhotoAlto/Frederic Cirou/Getty Images; (b) & (c) Courtesy of Zimmer, Inc.)

자기공명 단층촬영장치(MRI)는 인체 내부의 고화질 이미지를 얻는 데 사용된다. 이 장치는 의사나 연구자들이 심장, 두뇌, 척추 및 그 외 기관들에 관한 질병들을 안전하게 연구할 수 있게 해준다. MRI의 영상은 주로 수소로 이루어져 있는 지방과 물 분자에 기인한다. 간단히 말하면 수소에서 작은 자기신호가 나오고, 그 자기신호를 장비가 감지하여 조직을 mapping하게 된다.

자기공명 단층촬영장치(MRI) 장비의 그림을 위에 나타내었다. 이 장비는 자기장을 형성하는 큰 자석, 자기장의 구배를 생성시키는 구배 코일(gradient coil), 그리고 사람의 몸 내부의 분자들로부터 신호를 탐지하는 RF코일로 이루어져 있다. 자석이 가장 비싼 부품이며, 일반적으로 초전도형(수 마일의 코일을 가진)이다. 전반적으로 자기공명 단층촬영장치(MRI)는 수학, 물리학, 화학과 재료과학자들의 전문지식이 요구되는 복잡한 시스템이다. 안전하며 효율적인 MRI 기계를 디자인하고 실행시키기 위하여, 생물공학자, 이미징 과학자, 설계자의 전문지식도 필요하다.

자기공명 단층촬영장치(MRI)기술이 사용되는 예는 정형외과 분야 연한 조직의 손상을 정확하게 영상화하는 것이다. 위의 MRI이미지는 건강한 전방십자인대(왼쪽)와 찢어진 십자인대(오른쪽)를 나타낸다. 외과의사는 손상의 정도에 따라 부상당한 십자인대를 교체하기 위해 관절경 수술을 해야하는지 결정한다. ■

학습 목표

이 장을 마치면, 학생들은 다음을 설명할 수 있을 것이다.

1. 자기모멘트(magnetic moments)의 두 가지 원천을 간단하게 묘사할 수 있다.
2. 재료의 자기이력(magnetic hysteresis) 묘사할 수 있다.
3. 경자성(hard magnetic materials) 및 연자성 재료(soft magnetic materials)의 자기 특성을 이해할 수 있다.
4. 온도가 어떻게 강자성체(ferromagnetic materials)의 자기 쌍극자의 정렬에 영향을 미치는지 설명할 수 있다.
5. 상자성(paramagnetism)의 본성을 설명할 수 있다.
6. 알니코(alnico, 알루미늄 니켈 및 코발트로 주로 구성되는 철 합금 제품군으로, 높은 보자력을 지닌 강자성체)가 의미하는 바를 설명할 수 있다.
7. 연페라이트(soft ferrite)의 산업에 적용하는 경우 이해할 수 있다.
8. 반강자성(antiferromagnetism)의 본성을 간단히 묘사할 수 있다.

9. 강자성체(ferromagnetic materials)의 이력곡선(hysteresis loop) 그릴 수 있다.

10. 상대투자율(relative magnetic permeability) 및 투자율(magnetic permeability)을 설명할 수 있다.

16.1 개요

자성재료는 많은 공업 설계물, 특히 전기공학 분야에 필요하다. 일반적으로 두 가지 유형: *연자성 및 경자성 재료*가 있다. 연자성 재료는 배전 변압기용 코어(그림 16.1*a*와 *b*), 소형 전자 변환기, 모터나 발전기의 고정자와 회전자 소재와 같이 쉽게 자화 및 탈자화되는 소재의 물성을 응용하는 곳에 사용된다. 반면에 경자성재료는, 쉽게 탈자화되지 않는 영구자석이 적용되는 스피커, 전화수화기, 부러시 없는 모터, 자동차 시동 모터 등에 사용된다.

16.2 자기장과 그의 크기

16.2.1 자기장

자성과 자기장에 대한 기본 물성중 일부를 먼저 검토하여 자성재료에 대한 공부를 시작해 보자. 금속 *철*, *코발트*, 그리고 *니켈*은 상온에서 자화될 때, 그 금속들 주위에 강한 자기장을 생성할 수 있는 유일한 세 가지 기본 금속이다. 그 금속들은 **강자성체**(ferromagnetic)라 한다. 자화된 철 막대를 둘러싸고 있는 **자기장**(magnetic field)의 존재는, 철 막대 바로위에 놓인 종이 위에 작은 철 입자를 뿌려서 알 수 있다(그림 16.2). 그림 16.2에 나타낸 바와 같이, 막대자석은 두 개의 자극을 가지며, 자기력선은 한 쪽 극에서 나와 다른 극으로 들어가는 것처럼 보인다.

일반적으로 자성은 근원적으로 2극성이고, 이제까지 자기의 단극성은 발견된 적이 없다. 언제나 두 개의 자극(magnetic poles) 또는 자기장의 중심이 일정한 거리로 분리되어 있으며, 그리고 이러한 쌍극자 거동은 일부 원자에서 발견되는 아주 작은 자기 쌍극자로 확장된다.

자기장은 또한 전류가 통하는 도체에 의해 발생하기도 한다. 그림 16.3에서 보는 바와 같이, 반지름에 비해 길이가 긴 *솔레노이드*라고 하는 구리 코일선 주위에 자기장이 형성되는 것을 나타낸다. n회 회전하고 길이가 l인 솔레노이드 코일에서, 자기장의 세기 H는,

$$H = \frac{0.4\,\pi\, ni}{l} \tag{16.1}$$

(*a*)

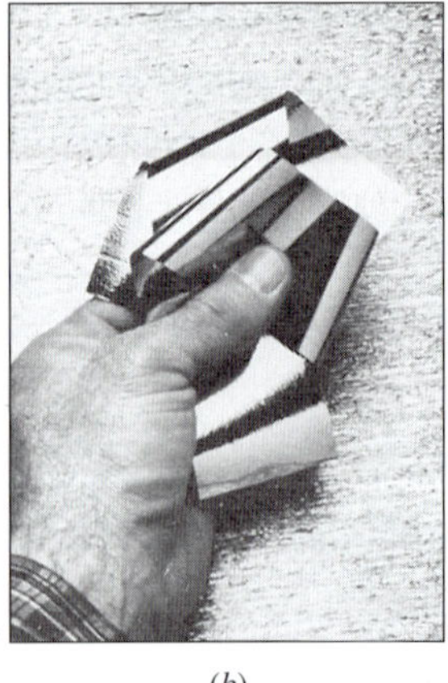

(*b*)

그림 16.1 ➢ (*a*) 공업설계물의 새로운 자성재료: 비정질 금속 재료가 배전변압기의 자기코어로 사용되고 있다. 변압기의 코어에 사용되는 고자기 연성의 비정질 금속합금은 종래의 철-규소합금 코어와 비교하여 약 70% 정도의 에너지 손실을 감소시킨다. (*b*) 비정질 금속 리본의 조각.

((*a*) Pongasn68/Getty Images; (*b*) Courtesy of Metglas, Inc.)

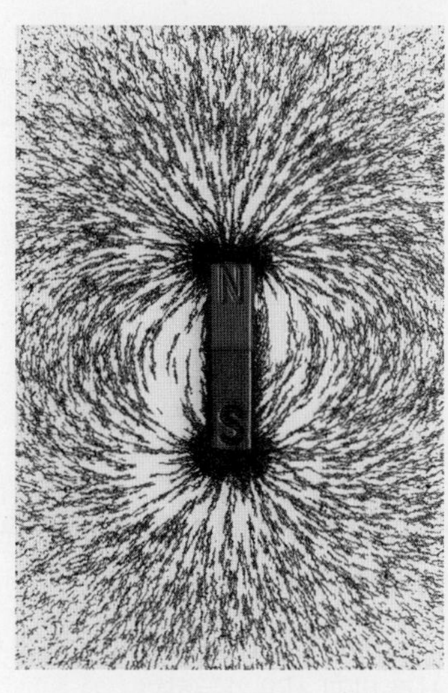

그림 16.2 ➤ 막대자석 근방의 자력선을 자석위의 종이에 철가루를 뿌려서 나타낸 것. 막대자석 이 이(二)극성을 띠고 있으며, 자력선은 한 극에서 나와 다른 극으로 들어가는 것처럼 보임에 주목하라.
(Alchemy/Alamy Stock Photo)

여기서 i는 전류이다. 자기장 세기 H의 SI단위는 A/m (암페어/미터)이고 cgs단위는 Oe (외르스테드)이다. 자기장 세기 H의 SI단위와 cgs단위의 변환등식은 $1\ \text{A/m} = 4\pi \times 10^{-3}$ Oe 이다.

16.2.2 자기유도

그림 16.3*b*와 같이 탈자화된 철 막대를 솔레노이드 코일 안에 넣고 솔레노이드에 자화 전류를 인가한다. 솔레노이드 외부의 자기장은 이제 솔레노이드 내부의 자화된 막대로 인해 더 강해졌다. 솔레노이드의 외부의 자기장이 강화된 이유는 솔레노이드의 자체 자기장과 자화된 막대의 외부자기장이 서로 합해졌기 때문이다. 이 새로운 추가적인 자기장을 **자기유도**(magnetic induction), 또는 *자속밀도*(flux density), 또는 간단히 *유도*(induction)라 하고, 기호 B를 사용한다.

자기유도 B는 인가된 자기장 H와, 솔레노이드 내부 막대의 자화에 의해 생기는 외부 자기장의 합이다. 막대로 인한 단위 부피당 유도된 자기모멘트를 *자화의 세기* 또는 단순히 **자화**(magnetization)라 칭하고, 기호 M을 사용한다. SI 단위로,

$$B = \mu_0 H + \mu_0 M = \mu_0 (H + M) \tag{16.2}$$

여기서 μ_0 = *자유공간의 투자율*(permeability of free space) = $4\pi \times 10^{-7}$ tesla-meters per ampere (T · m/A)[1] 이다. μ_0는 물리적 의미는 없으며, SI단위를 사용하므로 식 (16.2)에 필요하다. 자화 B의 SI단위는 Wb/m^2,(단위

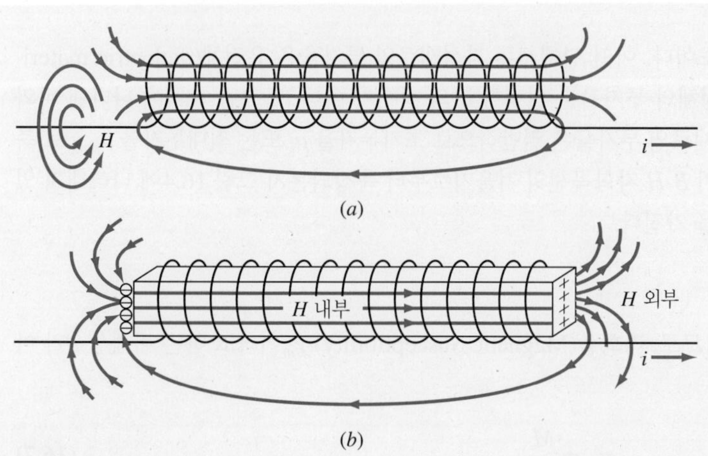

그림 16.3 ➤ (*a*) 솔레노이드라 불리는 구리 코일근방에 전류를 흘렸을 때 생성된 자기장 모식도 설명. (*b*) 철 막대를 솔레노이드 안에 넣고 전류를 흘렸을 때 자기장의 증가 모식도 설명.
((*a-b*) 출처: C.R. Barrett, A.S. Tetelman, and W.D. Nix, *The Principles of Engineering Materials*, 1st ed., ©1973.)

1 니콜라 테슬라(1856~1943). 부분적으로 다상 유도 모터를 개발하고 테슬라 코일(공기 변압기)을 발명한 유고슬라비아 태생의 미국 발명가. 1 T = 1Wb/m^2 = 1V · s/m^2.

표 16.1 > 자기량의 단위 요약

자성의 물리적 양	SI 단위	cgs 단위
B (자기유도)	weber/meter^2 (Wb/m^2) 또는 tesla (T)	gauss (G)
H (가해진 자장)	ampere/meter (A/m)	oersted (Oe)
M (자화)	ampere/meter (A/m)	
변환인자:		
1 A/m = $4\pi \times 10^{-3}$ Oe		
1 Wb/m^2 = 1.0×10^4 G		
투자율		
$\mu_0 = 4\pi \times 10^{-7}$ T · m/A		

제곱미터당 웨버[2]) 또는 T(테슬라), 그리고 H와 M의 SI단위는 A/m(미터당 암페어)이다. B의 cgs단위는 G(가우스)이고, H의 단위는 Oe(외르스테드)이다. 자기에 대한 단위가 표 16.1에 요약되어 있다.

강자성 재료의 경우, 대부분 자화 $\mu_0 M$의 크기가 인가된 자기장에 의한 $\mu_0 H$보다 훨씬 크기 때문에 $B \approx \mu_0 M$로 사용할 수 있다. 때에 따라서는 자기유도 B의 양과 자화 M의 정도가 서로 바꿔 사용가능하다.

16.2.3 투자율

이미 언급한 바와 같이, 강자성체에 자기장을 인가했을 때 자기장의 세기가 증가한다. 자화의 증가 정도는 **투자율**(magnetic permeability) μ이라는 양으로 측정한다, 투자율은 자기유도 B와 인가된 자기장 H의 비로 정의된다.

$$\mu = \frac{B}{H} \tag{16.3}$$

진공 하에서 자기장이 인가되면,

$$\mu_0 = \frac{B}{H} \tag{16.4}$$

전술한 바와 같이, 이때 $\mu_0 = 4\pi \times 10^{-7}$ T · m/A =자유공간의 투자율이다.

투자율을 정의하는 다른 방법은 **상대투자율**(relative permeability) μ_r의 양이고, 이는 μ/μ_0이다.

$$\mu_r = \frac{\mu}{\mu_0} \tag{16.5}$$

그리고

$$B = \mu_0 \mu_r H \tag{16.6}$$

상대 투자율은 무차원의 양이다.

상대투자율은 유도된 자기장세기의 척도이다. 어떤 면에서는 자성재료의 투자율은 유전체(dielectric materials)의 유전상수와 유사하다. 그런데 강자성체의 투자율은 일정한 값의 상수가 아니고, 그림 16.4에 나타낸 바와 같이 재료가 자화됨에 따라 변화한다. 자성재료의 투자율은 일반적으로 초기투자율 μ_i 또는 최대투자율 μ_{max}로 측정된다. μ_i와 μ_{max}가 어떻게 자성재료의 초기 B-H 자화곡선의 기울기로부터 측정되는지 그림 16.4에 나타내져 있다. 쉽게 자화되는 자성재료가 높은 투자율을 가진다.

16.2.4 자화율

자성재료의 자화는 인가된 자기장에 비례하므로, **자화율**(Magnetic Susceptibility) χ_m이라고 하는 비례상수가 아래와 같이 정의되었다.

$$\chi_m = \frac{M}{H} \tag{16.7}$$

---

2 1 Wb = 1V · s

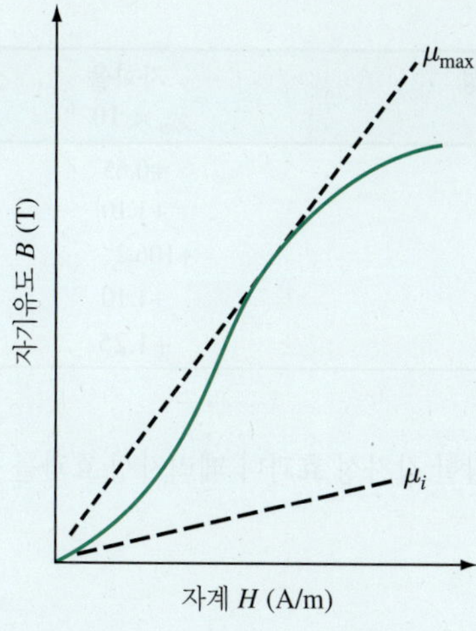

그림 16.4 ➤ 강자성체의 초기 B-H 자화곡선. 기울기 μ_i는 초기 투자율이고, 기울기 μ_{max}는 최대 투자율이다.

이는 무차원 양이다. 재료의 약한 자기반응은 주로 자화율로 측정된다.

16.3 자성의 종류

자기장과 자기력은 기본 전하인 전자의 운동에 의해 생긴다. 그림 16.3에 나타낸 바와 같이 전자가 도선을 따라 움직일 때, 와이어 주위에 자기장이 발생한다. 재료의 자성도 전자의 운동에 의해 발생하나, 자기장과 자기력은 전자의 본질적인 스핀과 핵에 대한 전자의 궤도 운동으로 인해 발생한다(그림 16.5).

16.3.1 반자성

재료의 원자에 작용하는 외부자기장은 궤도를 선회하는 전자의 균형을 약간 불균형하게 만들고, 원자내에 인가된 자기장에 반대로 작용하는 작은 자기쌍극자를 생성한다. 이러한 작용은 인가된 자기장에 반대의 자기 영향을 생성하고, 이를 **반자성**(diamagnetism)이라 한다. 이러한 반자성은 아주 작은 음의 자화율 $\chi_m \approx -10^{-6}$ 정도를 생성한다. 반자성은 모든 재료에 발생하지만 대부분의 경우 음의 자기 영향이 양의 자기영향에 의해 상쇄된다. 반자성 거동은 공업적으로 그리 중요하지 않다.

16.3.2 상자성

자기장하에서 작은 크기의 양의 자화율을 보이는 재료를 *상자성체*라 하고, 그런 자기효과는 **상자성**(paramagnetism)이라한다. 인가된 자기장을 제거하면 재료의 상자성 효과는 사라진다. 상자성은 약 10^{-6}에서 10^{-2} 값의 자화율을 가지고 있고, 많은 재료가 상자성을 보이고 있다. 표 16.2에 20°C에서 상자성체 재료들의 자화율을 나타내었다. 개개 원자의 자기쌍극자 모멘트가 인가된 자기장 방향으로 정렬함으로써 상자성이 생긴다. 열교란에 의해 자기쌍극자의 방향이 무작위로 변해가므로, 온도를 올리면 상자성 효과가 감소한다.

일부의 전이 및 희토류 원소의 원자는 짝을 이루지 않은 전자(unpaired electron)를 가지고 불완전하게 채워진 내부 껍질(inner shell)을 가지고 있다. 원자의 이러한 짝을 아루지 않은 내부전자는 고체 내의 다른 결합전자에 의

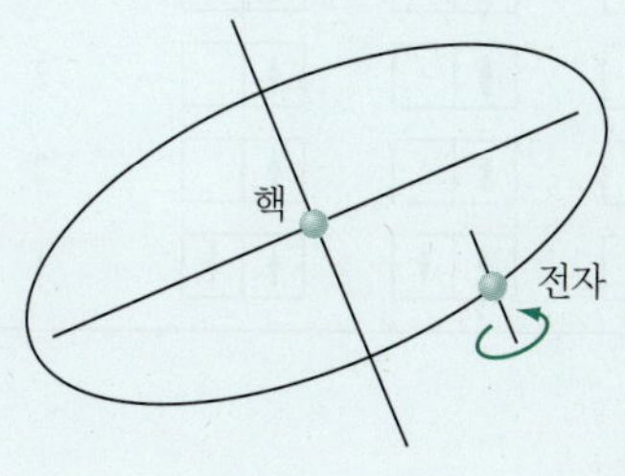

그림 16.5 ➤ 핵을 중심으로 도는 전자의 스핀과 축을 나타내는 Bohr 원자(Bohr atom)의 모식도. 전자의 축 스핀과 핵을 중심으로 하는 궤도운동이 재료 자성의 근원이다.

표 16.2 ＞ 일부 반자성체와 상자성체의 자화율

반자성 원소	자화율 $\chi_m \times 10^{-6}$	상자성 원소	자화율 $\chi_m \times 10^{-6}$
Cd	−0.18	Al	+0.65
Cu	−0.086	Ca	+1.10
Ag	−0.20	O	+106.2
Sn	−0.25	Pt	+1.10
Zn	−0.157	Ti	+1.25

해 상쇄되지 않고 강한 상자성 효과를 일으키며, 어떤 경우에는 더 강한 강자성 효과나 페리자성 효과를 생성한다. 이는 추후 논의하기로 한다.

16.3.3 강자성

반자성과 상자성은 인가된 자기장에 의해 생기고, 자기장이 유지되는 동안만 자화된 상태로 남아 있게 된다. 공업적으로 매우 중요한 세 번째 자성은 **강자성**(ferromagnetism)이다. 강자성 재료에는 원하는 대로 강한 자기장을 보유하게 하거나 없애거나 할 수 있다. 산업적 관점에서 가장 중요한 강자성 원소들은 철, 코발트, 니켈이다. 가돌리움(Gd)과 희토류 원소 들도 16°C 이하에서 강자성을 나타내지만, 산업적으로 많이 사용되지 않는다.

전이원소 Fe, Co, Ni의 내부 비공유 전자의 스핀이 그들의 결정격자에 정렬된 방식에 의해 강자성 물성이 나타난다. 각 원자의 내부 껍질은 스핀이 반대인 전자쌍으로 채워져 있으므로 결과적으로 자기쌍극자 모멘트에 기여하지 못한다. 고체에서는 원자의 외부 가전자들은 서로 결합하여 화학결합을 형성하므로 그러한 전자들에 의하여 크게 자기 모멘트가 생기지는 않는다. Fe, Co, Ni에서 짝짓지 못한 내부 $3d$ 전자(unpaired inner $3d$ electrons)가 이러한 원소들의 강자성의 원인이다. 철 원자의 경우 4개의 짝짓지 못한 $3d$ 전자가 있고, 코발트는 3개, 니켈의 경우는 2개가 있다(그림 16.6).

상온에서 Fe, Co 또는 Ni 고체 시료에서 인접한 원자의 3d 전자 스핀은 *자발 자화*(spontaneous magnetization)라는 현상에 의해 평행방향으로 정렬한다. 이와 같이 원자 자기쌍극자가 평행하게 정렬하는 것은 *자구*(magnetic domain)라고 하는 미세한 영역에서만 발생한다. 만약 자구의 방향이 무작위의 방향성을 가지면, 벌크 샘플에서 순자화가 없다. Fe, Co, Ni 원자의 자기쌍극자가 평행 정렬하는 것은 그들 간에 양의 교환에너지가 생성되기 때문이다. 이러한 평행정렬이 일어나려면 3d 궤도의 직경에 대한 원자 간격의 비율이 약 1.4에서 2.7 사이에 있어야 한다(그림 16.7). 따라서 Fe, Co, Ni는 강자성이지만, Mn과 Cr은 강자성이 아니다.

3d 짝을 이루지 않은 전자	원자	전자의 수	3d 궤도의 전자 배열					4s 전자
3	V	23	↑	↑	↑			2
5	Cr	24	↑	↑	↑	↑	↑	1
5	Mn	25	↑	↑	↑	↑	↑	2
4	Fe	26	↑↓	↑	↑	↑	↑	2
3	Co	27	↑↓	↑↓	↑	↑	↑	2
2	Ni	28	↑↓	↑↓	↑↓	↑	↑	2
0	Cu	29	↑↓	↑↓	↑↓	↑↓	↑↓	1

그림 16.6 ＞ 3d 전이원소 중성 원자의 자기모멘트

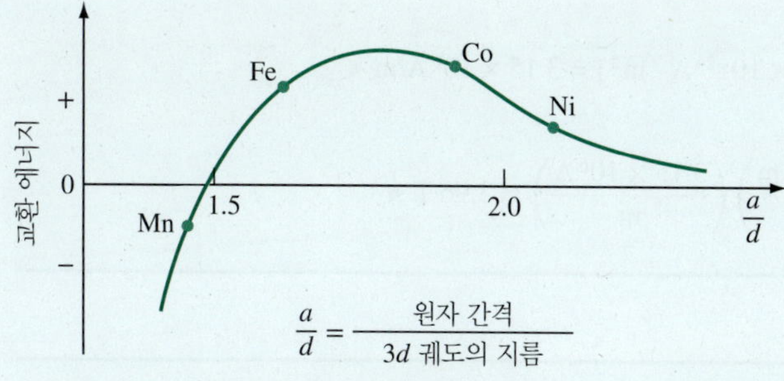

그림 16.7 ➤ 원자 간격과 $3d$ 궤도의 직경 비의 함수로 나타낸 일부 $3d$ 전이원소의 자기교환 상호작용에너지. 양의 교환에너지를 가진 원소는 강자성. 음의 교환 에너지를 가지는 원소는 반강자성(antiferromagnetic).

16.3.4 단독 홀 전자(쌍을 이루지 않은 전자)의 자기모멘트

자체 축에서 회전하는 각 전자는 자기쌍극자처럼 거동하며(그림 16.5), **Bohr 자기자**(Bohr magneton) μ_B이라 불리는 쌍극자모멘트를 가진다. 이 쌍극자모멘트는 아래의 값을 가지며,

$$\mu_B = \frac{eh}{4\pi m} \tag{16.8}$$

여기서 e는 전자의 전하, h는 플랑크상수, 그리고 m은 전자의 질량이다. SI단위로 $\mu_B = 9.27 \times 10^{-24}\ \text{A} \cdot \text{m}^2$ 이다. 대부분의 경우 원자내의 전자들은 쌍을 이루고 그러므로 양과 음의 자기모멘트는 서로 상쇄된다. 그러나 내부 전자껍질의 짝을 이루지 않은 전자들은 Fe, Co, Ni의 $3d$ 전자의 경우와 같이 작은 양의 쌍극자모멘트를 가질 수 있다.

예제 16.1

$\mu_B = eh/4\pi m$의 관계를 이용하여 Bohr 자기자의 값이 $9.27 \times 10^{-24}\ \text{A} \cdot \text{m}^2$ 임을 보여라.

풀이

$$\begin{aligned}\mu B = \frac{eh}{4\pi m} &= \frac{(1.60 \times 10^{-19}\ \text{C})(6.63 \times 10^{-34}\ \text{J} \cdot \text{s})}{4\pi(9.11 \times 10^{-31}\ \text{kg})} \\ &= 9.27 \times 10^{-24}\ \text{C} \cdot \text{J} \cdot \text{s/kg} \\ &= 9.27 \times 10^{-24}\ \text{A} \cdot \text{m}^2 \blacktriangleleft\end{aligned}$$

아래에 보는 바와 같이 단위는 일치한다.

$$\frac{\text{C} \cdot \text{J} \cdot \text{s}}{\text{kg}} = \frac{(\text{A} \cdot \text{s})(\text{N} \cdot \text{m})(\text{s})}{\text{kg}} = \frac{\text{A} \cdot \cancel{\text{s}}}{\cancel{\text{kg}}}\left(\frac{\cancel{\text{kg}} \cdot \text{m} \cdot \text{m}}{\cancel{\text{s}^2}}\right)(\cancel{\text{s}}) = \text{A} \cdot \text{m}^2$$

예제 16.2

순수 철(Fe)의 짝짓지 못한 4개의 $3d$ 전자에 의한 모두 자기장 하에서 정렬되었다고 가정하고, 포화 자화 M_s의 이론값을 A/m 단위로, 포화 자기유도 B_s의 이론값을 T(테슬라)의 단위로 계산하라. $\mu_0 H$를 무시할 수 있으므로 $B_s \approx \mu_0 M_s$ 관계식을 사용하라. 순수 철은 BCC구조를 가지고, 단위격자의 격자상수는 $a = 0.287$ mm 이다.

풀이

철 원자의 자기모멘트는 4개의 Bohr 자기자라고 생각한다. 따라서,

$$M_s = \left[\frac{\dfrac{2\ \text{원자}}{\text{단위격자}}}{\dfrac{(2.87 \times 10^{-10}\text{m})^3}{\text{단위격자}}}\right]\left(\frac{4\ \text{Bohr 마그네톤}}{\text{원자}}\right)\left(\frac{9.27 \times 10^{-24}\,\text{A} \cdot \text{m}^2}{\text{Bohr 마그네톤}}\right)$$

$$= \left(\frac{0.085 \times 10^{30}}{m^3}\right)(4)(9.27 \times 10^{-24}\,A \cdot m^2) = 3.15 \times 10^6\,A/m ◂$$

$$B_s \approx \mu_0 M_s \approx \left(\frac{4\pi \times 10^{-7}\,T \cdot m}{A}\right)\left(\frac{3.15 \times 10^6\,A}{m}\right) \approx 3.96\,T ◂$$

예제 16.3

철은 1.71×10^6 A/m의 포화 자화값을 가진다. 자화에 기여하는 원자당 Bohr 자기자의 평균 개수는 얼마인가? 철은 BCC 결정구조를 가지고, 격자상수는 $a = 0.287$ mm 이다.

풀이

포화 자화 M_s는 식 (16.9)로부터 A/m 단위로 계산할 수 있다.

$$M_s = \left(\frac{\text{원자}}{m^3}\right)\left(\frac{\text{Bohr 마그네톤의 } N\mu_B}{\text{원자}}\right)\left(\frac{9.27 \times 10^{-24}\,A \cdot m^2}{\text{Bohr 마그네톤}}\right)$$
$$= \text{ans} \cdot \text{in A/m}$$

$$\text{원자밀도 (no. of atoms/m}^3) = \frac{2\text{ 원자/BCC 단위격자}}{(2.87 \times 10^{-10}\,m)^3/\text{단위격자}} = 8.46 \times 10^{28}\text{ 원자/m}^3 \quad \textbf{(16.9)}$$

식 (16.9)를 재배열하고 $N\mu_B$에 대해 풀이한다. M_s, 원자 밀도 및 μ_B 값을 대입하면 $N\mu_B$ 값을 계산할 수 있다.

$$N_{\mu_B} = \frac{Ms}{(\text{원자/m}^3)(\mu_B)}$$
$$= \frac{1.71 \times 10^6\,A/m}{(8.46 \times 10^{28}\text{ 원자/m}^3)(9.27 \times 10^{-24}\,A \cdot m^2)} = 2.18\ \mu_B/\text{원자} ◂$$

16.3.5 반강자성

일부 재료에서 나타나는 또 다른 유형의 자성은 **반강자성**(antiferromagnetism)이다. 자기장이 존재하면 반강자성 물질 원자의 자기쌍극자는 반대방향으로 정렬한다(그림 16.18*b*). 상온에서 고체상태인 망간과 크롬 원소는 반강자성을 나타내며, *3d* 궤도의 직경에 대한 원자간 격의 비율이 약 1.4보다 작기 때문에 음의 교환에너지를 가진다(그림 16.17).

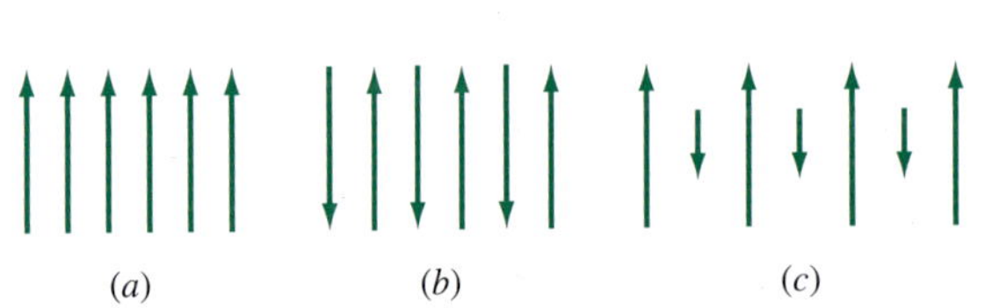

그림 16.8 ➤ 다른 유형의 자성에 대해 자기쌍극자의 정렬: (*a*)강자성, (*b*) 반강자성, (*c*) 페리자성.

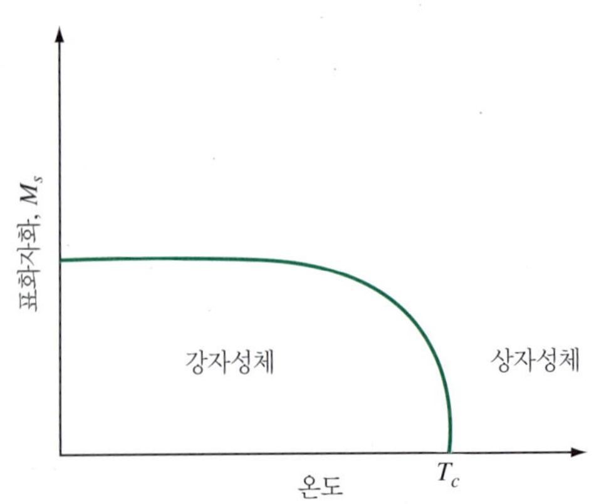

그림 16.9 ➤ 큐리온도 T_c 이하에서 강자성 재료의 포화 자화 M_s에 대한 온도의 영향.

16.3.6 페리자성

일부 세라믹 재료에서 서로 다른 이온들은 자기 모멘트에 대해 서로 다른 크기를 가지며, 자기모멘트가 반평행 형태로 정렬할 때, 한방향으로 순 자기모멘트가 존재한다(**페리자성**)(그림 16.8*c*). 그룹으로 페리자성 재료는 페라이트(ferrite)라고 한다. 한 그룹은 자철광(magnetite) Fe_3O_4를 기반으로 하는데, 이는 고대인들의 자기 자철석(lodestone)이다. 페라이트는 전도성이 낮아 여러 전자 응용분야에 유용하다.

16.4 강자성에 대한 온도의 영향

0 K이상의 어떤 온도에서 열에너지에 의하여 강자성체의 자기쌍극자는 완벽한 평형정렬에서 벗어나게 된다. 따라서 강자성 재료의 자기쌍극자의 평행정렬을 유발하는 교환 에너지는 열에너지의 무작위 효과에 의해 상쇄된다(그림 16.9). 결과적으로, 온도가 상승함에 따라 강자성 물질의 강자성이 완전하게 사라지는 어떤 온도에 도달하게 된다. 이 온도를 **큐리 온도**(Curie Temperature)라 한다. 강자성 재료가 큐리온도 이상의 온도에서 냉각되면, 강자성 자구가 재형성되고 물질은 다시 강자성이 된다. Fe, Co, Ni의 큐리 온도는 각각 770°C, 1123°C, 358°C이다.

16.5 강자성 자구

큐리 온도 이하에서는, 강자성 재료 원자의 자기쌍극자 모멘트는 **자구**(magnetic domains)라 불리는 작은 부피영역에서 평행방향으로 정렬하는 경향이 있다. 철이나 니켈과 같은 강자성 재료가 큐리온도 이상에서 서서히 냉각되어 자구가 소거되면, 자구는 임의적으로 정렬되어 벌크 시편에는 순(net) 자기모멘트가 없다(그림 16.10).

탈자화된 강자성 재료에 외부자기장이 인가되었을 때, 처음에 인가된 자기장 방향과 평행한 자구들이 자기장 방향과 덜 평행한 자구들을 희생시키면서 성장한다(그림 16.11). 그림 16.11과 같이 자구는 자구 벽(domain wall)을 이동시켜가면서 성장하고, B와 M은 H 장(field)이 증가함에 따라 빠른 속도로 증가한다. 자구 벽의 이동에 소모되는 에너지는 자구 회전보다 적으므로, 자구 벽의 움직임에 의한 자구 성장이 먼저 발생한다. 자구 성장이 멈췄을 때, 인가된 자기장이 상당히 증가한다면, 자구 회전이 일어난다. 자구 성장보다 자구 회전에 훨씬 많은 에너지가 필요하므로, 자구 회전에 필요한 고자기장 하에서 B 또는 M 대 H 곡선의 기울기는 감소한다(그림 16.11). 인가된 필드가 제거되면, 자구가 원래의 정렬방향으로 회전해 되돌아가려는 경향으로 인해 자화의 일부가 손실되더라도 자기장을 제거하면 자화된 시편은 자화된 상태를 유지한다.

그림 16.12에 철의 단결정 휘스커의 자구 벽이 인가된 자기장하에서 어떻게 움직이는지를 보여준다. 자구 벽이 비터 방법(Bitter technique)에 의해 나타내었는데, 이는 철산화물의 콜로이드 용액을 연마된 철의 표면에 도포

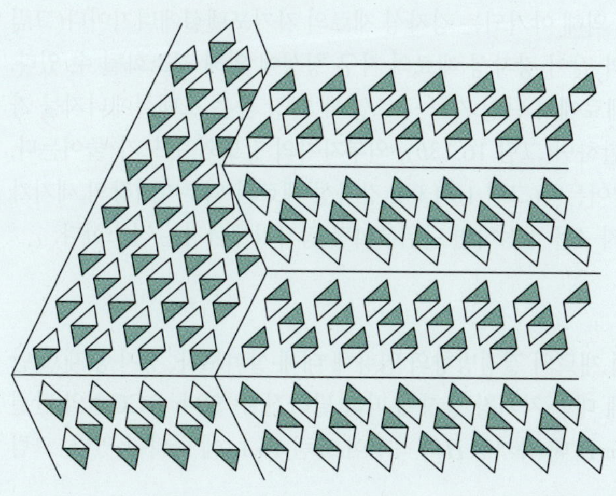

그림 16.10 ➤ 강자성 금속의 자구 모식도. 각 자구 내의 모든 자기쌍극자는 정렬되어 있지만, 각 자구들은 임의적 방향으로 정렬되어 있어, 전체적으로 순 자화가 없다.
(출처: R.M. Rose, L.A. Shepard, and J. Wulff, "Structure and Properties of Materials," vol. IV: *Electronic Properties*, Wiley, 1966, p. 193.)

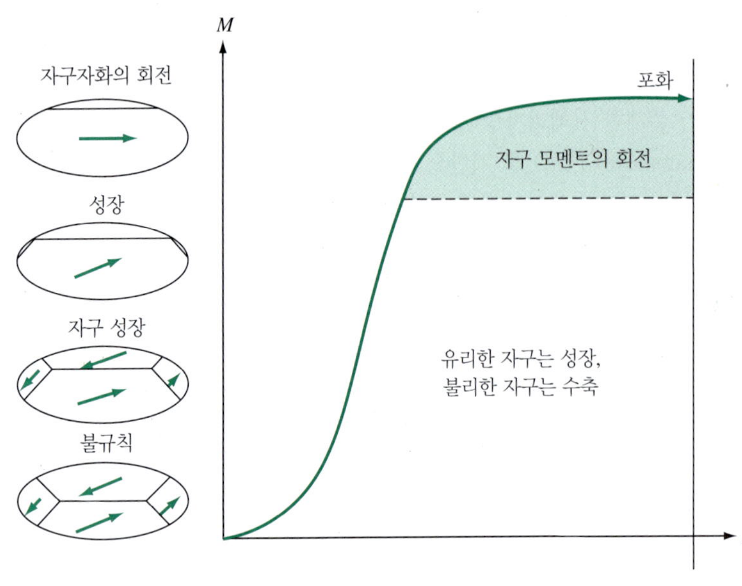

그림 16.11 ➤ 탈자화된 강자성 재료가 인가된 자기장에 의해 포화자화될 때 자구의 성장과 회전
(출처: R.M. Rose, L.A. Shepard, and J. Wulff, "Structure and Properties of Materials," vol. IV: *Electronic Properties*, Wiley, 1966, p. 193.)

하여 관찰하는 방법이다. 광학현미경으로 자구 벽의 움직임을 관찰하였다. 이 방법으로 인가된 자기장하에서 자구 벽의 움직임에 대한 많은 정보를 얻었다.

16.6 강자성 자구의 구조를 결정하는 에너지 유형

강자성 재료의 자구 구조는 많은 유형의 에너지에 의해 결정되며, 전반적인 포텐셜에너지가 최소값을 가질 때 가장 안정한 구조가 얻어진다. 강자성 재료의 전체 자기에너지는 다음 에너지들의 기여도의 총합이다: (1) 교환에너지(exchange energy), (2) 정자기에너지(magnetostatic energy), (3) 자기결정 이방성 에너지(mignetocrystalline anisotropy energy), (4) 자구 벽 에너지, (5) 자왜에너지(magnetostrictive energy) 등이다. 각 에너지들을 간략하게 살펴보자.

16.6.1 교환에너지

모든 원자 쌍극자들이 한방향으로 정렬되어 있을 때, 강자성 고체의 자구 내의 포텐셜에너지가 최소화된다(**교환에너지**). 이러한 정렬은 양의 교환에너지와 관련되어 있다. 그러나 자구 내의 포텐셜에너지가 최소화되어 있음에도 불구하고, 외부자기장의 형성으로 인해 외부 포텐셜에너지는 증가한다(그림 16.13*a*).

16.6.2 정자기에너지

정자기에너지(magnetostatic energy)는 외부자기장에 의해 야기되는 강자성 재료의 자기포텐셜에너지이다(그림 16.13*a*). 이 포텐셜에너지는 그림 16.13에 나타난 바와 같이 강자성 재료의 자구 형성에 의해 최소화될 수 있다. 그림 16.13*a*에서 보는 바와 같이 단위부피의 강자성 재료에서 단일 자구 구조일 때 가장 높은 포텐셜에너지를 가진다. 그림 16.13*a*의 하나의 자구를 2개의 자구로 분할하면(그림 16.13*b*), 외부자기의 강도와 규모가 줄어든다. 하나의 자구를 4개로 더 분할하면, 외부자기장은 더 줄어든다(그림 16.13*c*). 강자성 재료의 외부자기장의 세기가 정자기에너지와 직접적으로 관련되어 있으므로, 여러 자구를 형성하면 단위부피당 정자기에너지는 감소한다.

16.6.3 자기결정 이방성 에너지

자구 벽 에너지를 고려하기 전에 자화에 미치는 강자성 재료의 결정방향의 영향에 대해 살펴보자. 강자성 재료 단결정에 대한 자화 대 인가된 자기장 곡선은 결정방향에 대한 자기장 방향에 따라 달라질 수 있다. BCC철의 단결정에 대한 ⟨100⟩ 및 ⟨111⟩ 방향의 자화에 대한 자기유도 *B* 대 자기장 *H*의 곡선이 그림 16.14에 나타나 있다. 그림

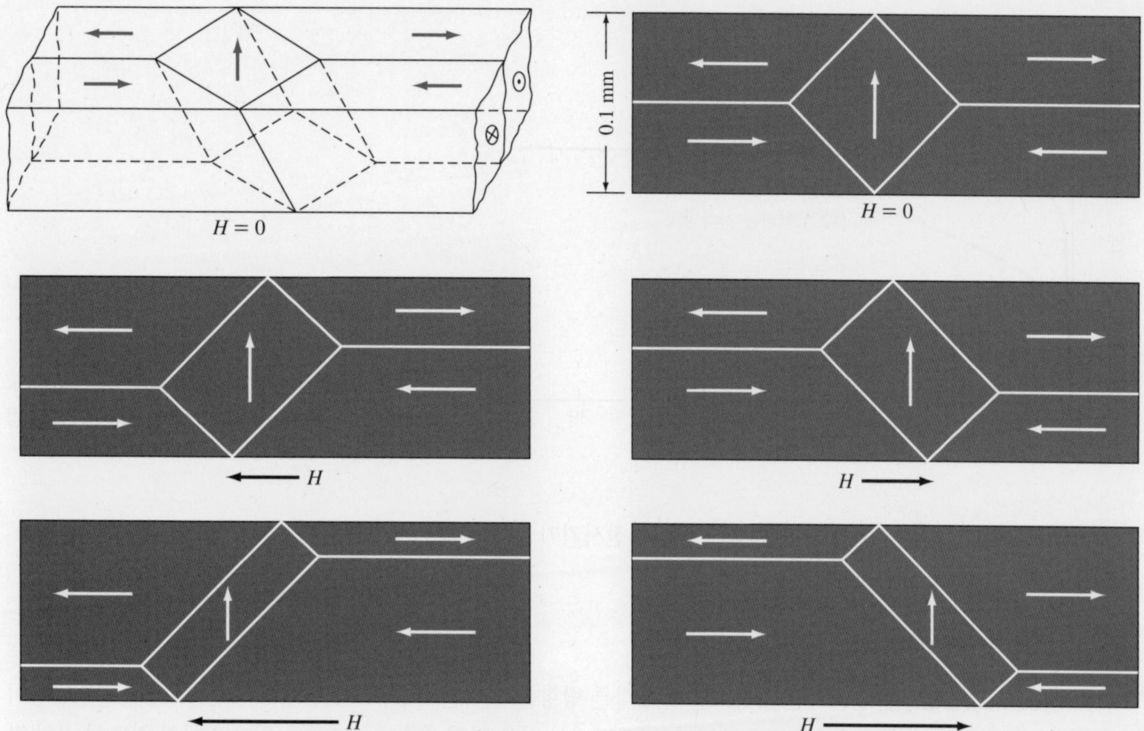

그림 16.12 ➤ 자기장 인가시 철 결정의 자구 경계의 움직임. 인가된 자기장의 세기가 증가함에 따라 자기장 방향으로 정렬된 쌍극자를 가진 자구가 커지고 반대 방향의 쌍극자를 가진 자구는 작아짐을 주목하라. (왼쪽 및 오른쪽 그림에 적용된 자기장은 위에서 아래로 증가한다.)
(출처: R.W. DeBlois, The General Electric Co., and C.D. Graham, the University of Pennsylvania.)

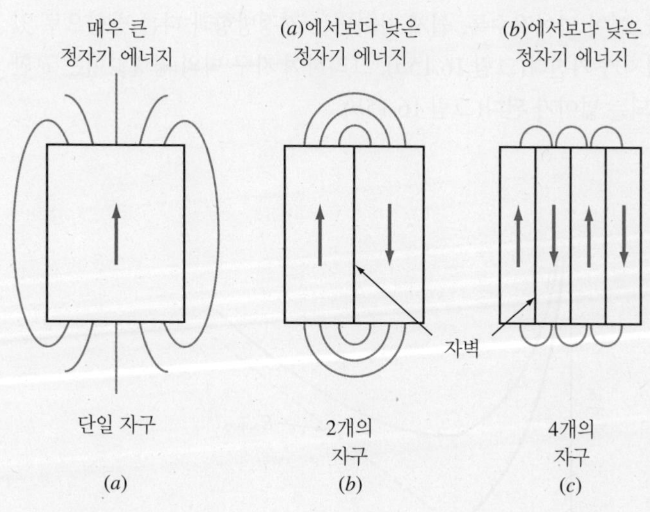

그림 16.13 ➤ 외부 자기장을 감소시킴에 따라 자기재료의 자구 크기가 어떻게 정자기에너지(magnetostatic energy)를 감소시키는지를 보여주는 모식도. (*a*) 하나의 자구 (*b*) 두 개의 자구 (*c*) 네 개의 자구.

16.14에서 보는 바와 같이 ⟨100⟩ 방향으로 포화자화가 가장 쉽게 일어나고(또는 가장 낮은 자기장에서), ⟨111⟩ 방향에서 가장 높은 자기장에서 포화자화가 일어난다. ⟨111⟩ 방향은 BCC철에서 자화하기 가장 어려운 방향이라고 할 수 있다. FCC 니켈의 경우 ⟨111⟩ 방향이 쉽게 자화가 일어나고, ⟨100⟩ 방향으로 자화하기가 어렵다. FCC 니켈에서 자화가 어려운 방향은 BCC 철의 자화 방향과 정반대이다.

철 및 니켈과 같은 다결정 강자성 재료에서 다른 결정방향을 가진 결정립은 서로 다른 자기장세기에서 포화자화가 일어난다. 자화가 쉬운 결정방향을 가진 결정립들은 낮은 인가 자기장하에서 포화가 일어나고, 자화가 어려운 결정방향을 가진 결정립들은 인가된 자기장 방향으로 모멘트를 회전시켜야 하므로 매우 높은 자가장에서 포화

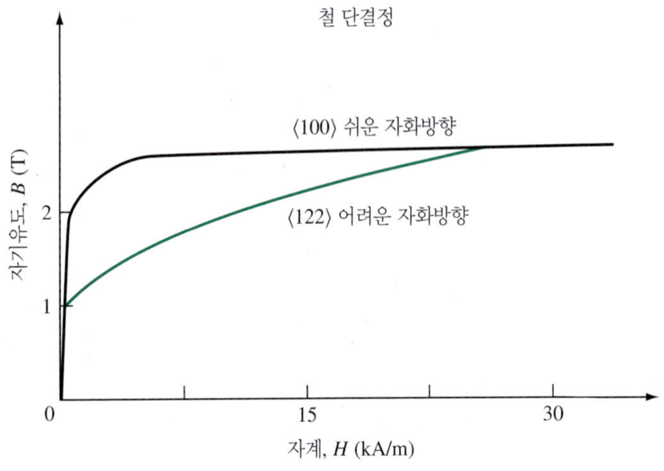

그림 16.14 ➤ BCC철의 자기결정 이방성(magnetocrystalline anisotropy). 철은 ⟨100⟩ 방향으로 ⟨111⟩ 방향보다 더 쉽게 자화된다.

상태에 도달한다. 결정의 이방성 때문에 자구를 회전시키기 위해 수행된 작업을 **자기결정 이방성 에너지**(magnetocrystalline anisotropy energy)라 한다.

16.6.4 자구 벽 에너지

자구-벽(domain wall)은 전반적인 자기모멘트가 다른 방향을 가지는 두 자구의 경계를 말한다. 이는 결정방향이 결정립마다 다른 경계인 결정립계와 유사하다. 결정립계의 경우 결정방향이 약 3개의 원자간 거리 정도에 걸쳐 갑자기 변하는 반면, 자구는 약 300개의 원자간 거리를 가지는 자구 경계를 지나 서서히 방향이 바뀐다. 그림 16.15*a* 는 자구 경계를 따라 자기모멘트 방향이 서서히 180도 변하는 모식도이다.

자구 벽이 두꺼운 이유는 변환에너지와 자기결정 이방성 에너지 사이의 균형에 기인한다. 쌍극자 간에 방향의 차이가 작을 때는(그림 16.15*a*), 쌍극자사이의 교환에너지가 최소화되고 교환에너지는 작아진다(그림 16.15*b*). 그리하여 교환에너지에 의해 자구 벽이 넓어진다. 벽이 널어질수록, 쉽게 자화되는 결정방향과 다른 방향으로 있게 되는 쌍극자가 늘어나고, 자기결정 이방성에너지가 커진다(그림 16.15*b*). 그리하여 자구 벽의 평형넓이는 교환에너지와 자기결정 이방성에너지의 합이 최소가 되는 넓이가 된다(그림 16.15*b*).

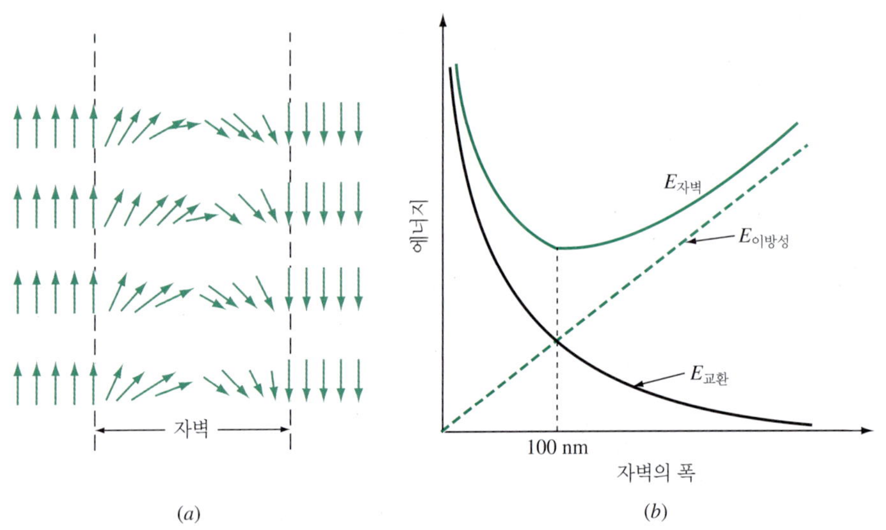

그림 16.15 ➤ (*a*) 자구 벽에 자기쌍극자 배열, (*b*) 자기교환에너지, 자기결정 이방성 에너지(magnetocrystalline anisotropy energy)와 자구 벽의 넓이 간의 관계 모식도
(출처: C.R. Barrett, A.S. Tetelman, and W.D. Nix, *The Principles of Engineering Materials*, 1st ed., ©1973.)

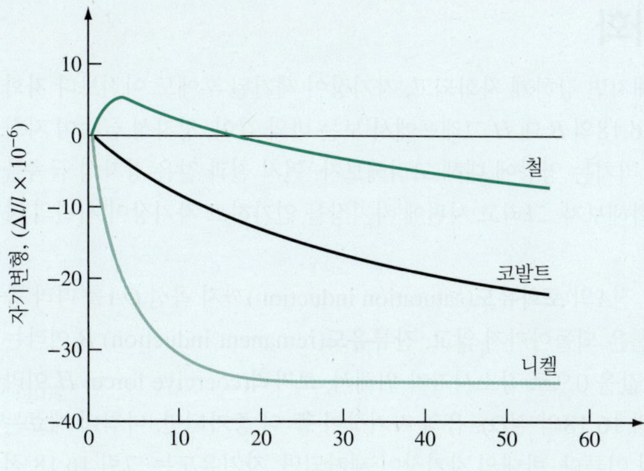

그림 16.16 ➤ 강자성 원소 Fe, Co 및 Ni의 자왜거동. 자왜는 아주 작은 연신(또는 수축)이고, 이 그림에서는 미터당 마이크론이다.

16.6.5 자왜(자기변형) 에너지

강자성 재료가 자화될 때, 재료의 치수가 약간 변하며, 자화되는 중에 시편이 자화 방향에 따라 신장되거나 축소된다(그림 16.16). 자기적으로 유도된 되돌릴 수 있는 탄성변형률 ($\Delta l/l$)을 **자왜**(magnetostriction)라 하고, 대략 10^{-6} 정도이다. 자왜 응력으로부터 야기된 에너지를 **자왜에너지**(magnetostrictive energy)라 한다. 철의 경우 자왜는 낮은 자기장에서는 양의 값이고, 높은 자기장에서는 음의 값이다(그림 16.16).

전자스핀 쌍극자모멘트가 자화 중 정렬을 위해 회전할 때, 강자성 재료내의 원자들 간의 결합길이가 변화하면서 자왜가 생긴다. 쌍극자의 장이 서로 당기거나 밀어내면서, 자화 중에 금속이 신장되거나 축소된다. 그림 16.17*a*와 16.17*b*에서 보는 바와 같이, 입방정 결정물질의 자구 구조의 평형형태에 대한 자왜의 영향을 고려해보자. 결정의 입방정 대칭 때문에 결정의 끝에 폐쇄자구(domains of closure)라 불리는 삼각형 모양의 자구가 형성되어 외부자기장과 관련된 자왜에너지를 없애고, 그리하여 재료의 에너지를 낮춘다. 그림 16.17*a*와 *b*에 나타낸 매우 큰 자구들이 최소의 자구 벽 에너지를 가지므로, 가장 낮은 에너지와 가장 안정적인 구성이 될 수 있다. 그러나 큰 자구에게는 자화중에 야기된 자왜에 의한 응력이 더 커지는 경향이 있으므로 이런 경우가 아니다. 그림 16.17*c*에 나타낸 바와 같이 작은 자구들은 자왜 응력은 낮추나 자구 벽 영역과 자구 에너지는 증가한다. 따라서 자왜에너지와 **자구 벽 에너지**의 합이 최소값일 때, 평형 자구 형태에 도달한다.

요약하면 강자성 재료에 형성된 자구 구조는 총 자기에너지에 대한 교환, 정자기, 자기결정 이방성, 자구 벽, 그리고 자왜 에너지 등이 기여하는 총 자기에너지에 의해 결정된다. 총 자기에너지가 가장 낮을 때 평형 또는 가장 안정한 형태가 나타난다.

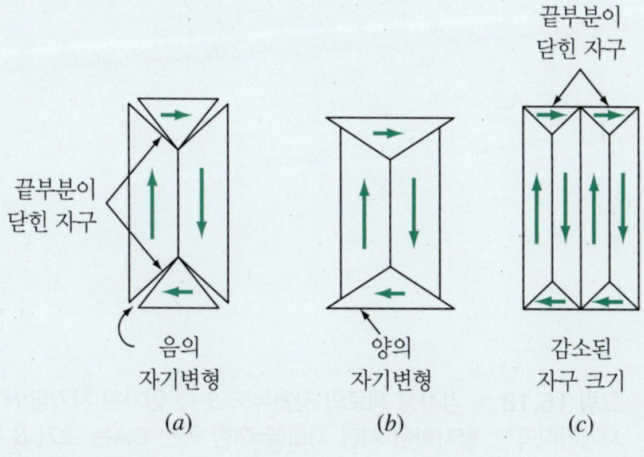

그림 16.17 ➤ 입방체 자성재료의 자왜. 자성재료의 자구 경계를 떼어내는 (*a*) 음의 자왜와 (*b*) 양의 자왜의 도식적인 과정. (*c*) 작은 자구 크기를 만들어서 자왜응력을 낮춤.

16.7 강자성 재료의 자화와 탈자화

Fe, Co 및 Ni과 같은 강자성 금속은 자기장이 가해지면 강하게 자화되고, 자기장이 제거된 후에도 이전보다 자화의 정도가 적기는 하지만 자화를 유지한다. 그림 16.18의 *B* 대 *H* 그래프에서 보는 바와 같이, 강자성 금속이 자화 및 탈자화 중에 인가된 자기장 *H*가 자기유도 *B*에 미치는 영향에 대해 고려해보자. 먼저 철과 같은 강자성 금속을 큐리온도 이상에서 천천히 냉각시킴에 따라 탈자화해보자. 그리고 시편에 자기장을 인가하고 자기장이 시편의 자기유도에 미치는 영향을 따라가 보자.

자기장이 0에서 증가함에 따라, *B*는 0에서부터 점*A*의 **포화유도**(saturation induction)까지 곡선 *OA*를 따라 증가한다. 자기장이 0으로 감소하면 원래의 자화곡선은 되돌아가지 않고, **잔류유도**(remanent induction) B_r이라는 자속밀도로 남는다(그림 16.18의 점*C*). 자기유도 값을 0으로 감소시키기 위해서, **보자력**(coercive force) H_c이라 불리는 반대(음)의 자기장이 인가되어야 한다(그림 16.18의 점*D*). 음의 자기장이 좀 더 증가되면, 마침내 재료는 반대 자기장하에서 그림 16.18 점 *E*의 포화유도에 이른다. 반대의 자기장이 제거되면, 자기유도는 그림 16.18 점 *F*의 잔류유도로 돌아가고, 양의 자기장을 가하면 *B-H* 곡선 *FGA*를 따라가면서 루프를 완성한다. 추가적으로 포화유도까지 반대방향과 정방향으로 자기장을 가하면 자기이력곡선 *ACDEFGA*이 반복적으로 나타난다. 이 자기곡선을 **이력곡선**(hysteresis loop)이라하고, 그 곡선의 내부면적은 손실된 에너지 또는 자화 및 자화소거 싸이클에 의해 수행된 일의 척도이다.

16.8 연자성 재료

연자성재료(soft magnetic material)는 쉽게 자화 또는 탈자화가 되는 반면 *경자성재료*는 자화 또는 탈자화가 어렵다. 오래전에는 연자성재료와 경자성재료는 각각 물리적으로 부드럽고 단단했다. 그러나 오늘날 자성재료의 물리적 경도는 반드시 자기적으로 연자성 및 경자성을 나타내는 것은 아니다.

변압기, 전동기, 발전기의 코어에 사용되는 3~4%의 실리콘을 함유한 철합금과 같은 연자성재료는 낮은 보자력을 가진 폭이 좁은 자기이력곡선을 가지고 있다(그림 16.19*a*). 다른 한편으로는 영구자석에 사용되는 경자성재료는 높은 보자력을 가진 폭이 넓은 자기이력곡선을 가지고 있다(그림 16.19*b*).

16.8.1 연자성 재료의 바람직한 물성

강자성 재료가 연자성을 가지려면, 이력곡선이 가능한 한 낮은 보자력을 가져야 한다. 이는 이력곡선이 가능한 한 좁아서, 재료가 쉽게 자화되고, 높은 투자율을 가져야 한다. 대부분 산업적인 적용에서 높은 포화 유도값은 연자성 재료의 중요한 특성이기도 하다. 그러므로 대부분의 연자성 재료는 아주 폭이 좁고, 높이가 높은 이력곡선을 가지

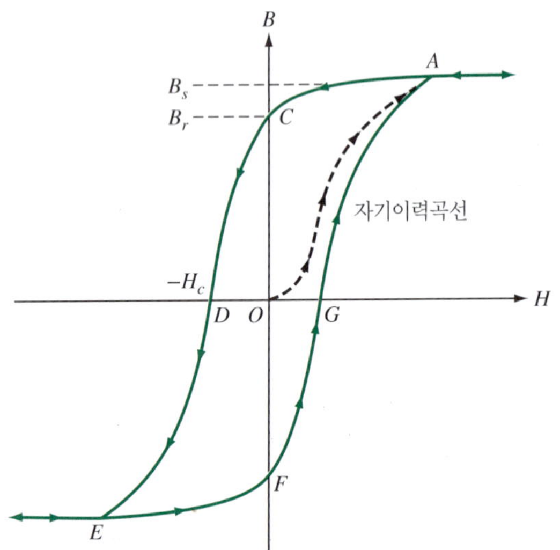

그림 16.18 ➤ 강자성 재료의 자기유도 *B* 대 인가된 자기장 *H*의 자기이력곡선. 탈자화된 시편 자화에 대한 곡선 *OA*는 초기 *B* 대 *H* 관계식을 그린 것이다. 포화유도까지 주기적인 자화 및 탈자화는 자기이력곡선 *ACDEFGA*를 그린다.

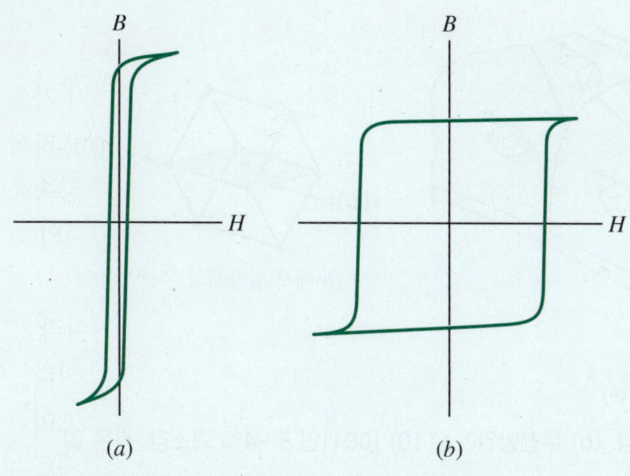

그림 16.19 ➤ (*a*) 연자성 재료 및 (*b*) 경자성 재료의 자기이력곡선. 연자성 재료는 좁은 이력곡선을 가져 쉽게 자화 및 탈자화가 되고, 반면에 경자성 재료는 넓은 자기이력곡선을 가져 자화 및 탈자화가 어렵다.

는 것이 바람직하다(그림 16.19*a*).

16.8.2 연자성 재료의 에너지 손실

에너지손실 이력곡선 **에너지손실 이력곡선**(hysteresis energy losses)은 자기재료가 자화 또는 탈자화될 때 자구벽을 앞뒤로 움직일 때 필요한 소산에너지(dissipated energy)에 기인한다. 연자성 재료에서 불순물, 결정결함 및 석출물 등이 자화중에 모두 자구의 이동에 방해를 하는 장애물 역할을 하고, 따라서 이력 에너지손실을 높이게 한다. 소성변형률을 증가시키면, 즉 자성 재료의 전위밀도가 증가하면 이력손실도 증가시킨다. 보통 이력곡선의 내부 면적이 이력손실 측정의 척도가 된다.

60 cycle/초를 사용하는 교류(AC)변압기의 자성코어는 전류가 이력곡선 전체에 초당 60회가 흐르는데, 매회마다 자성코어 재료의 자구벽의 이동에 의한 에너지 손실이 있다. 따라서 전자기 제품에서 교류의 입력 주파수를 높이면 이력손실도 그만큼 증가하게 된다.

맴돌이 전류 에너지 손실 입력 교류전류를 전도성 자기 코어에 흘리면 변동성 자기장이 생성되고, 그것은 표류전류를 생성하는 일시적인 전압구배를 생성한다. 이러한 유도전류를 맴돌이 전류(eddy-current)라고 하며 이 전류에 의한 전기저항 가열이 에너지 손실의 원인이 된다. 변압기에서는 맴돌이 전류 에너지 손실은 자성 코어를 적층 또는 시트구조로 함으로써 손실을 줄인다. 전도성 자성재료 사이에 각 층간의 절연층은 맴돌이 전류가 한 층에서 다른 층으로 이동하는 것을 방지한다. 특히 더 높은 주파수에서 **맴돌이 전류 에너지 손실**(eddy-current energy losses)을 줄이는 또 다른 방법은 절연체인 연자성 재료를 사용하는 것이다. 페리자성 산화물 및 기타 유사한 유형의 자성 재료들은 일부 고주파 전자기 부품에 사용되며, 16.9절에서 다시 논의하게 될 것이다.

16.8.3 철-규소 합금

가장 널리 쓰이는 연자성 재료는 철에 규소를 3~4% 함유한 철-규소합금이다. 약 1900년 이전에는 저탄소 판재강을 변압기, 모터, 그리고 발전기용 저주파(60 Hz)용 응용부품에 사용하였다. 그러나 이러한 재료에서 자성코어 손실은 비교적 높은 편이었다.

철-규소합금(iron-silicon alloys)을 만들기 위해 규소를 철에 약 3~4% 정도 첨가하는 것은 자성 재료에서 코어손실을 줄이는 데 여러 긍정적인 효과가 있다.

1. 규소가 저탄소강의 전기 저항률을 증가시켜서 맴돌이 전류 손실을 줄인다.
2. 규소가 철의 자기이방성 에너지를 감소시키고, 자기투자율이 증가하며, 따라서 자기이력 손실을 줄인다.
3. 규소를 첨가(3~4%)하면 또한 자왜(magnetostriction)를 줄이고 자기이력 에너지손실을 낮추어 변압기의 소음(hum)을 줄일 수 있다.

그러나 부작용 면에서 규소는 철의 연성을 감소시키므로, 철에 4% 정도까지만 첨가할 수 있다. 또, 규소를 첨가하면 철의 포화자화 및 큐리 온도도 감소한다.

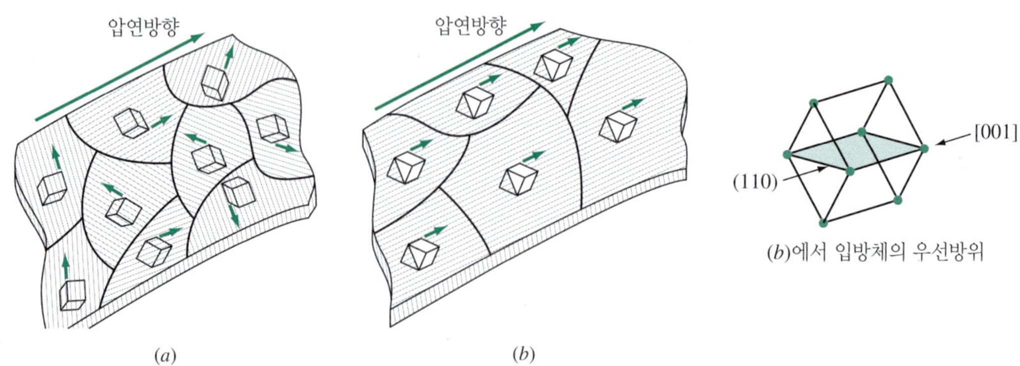

그림 16.20 ➤ (*a*) 무질서한 결정립 구조의 3~4% 규소강. (*b*) 우선방위가 (110) [001]인 3~4% 규소강. 작은 입방체는 결정립의 방위를 표시한다.
((*a-b*) 출처: R.M. Rose, L.A. Shepard, and J. Wulff, "Structure and Properties of Materials," vol. IV: *Electronic Properties*, Wiley, 1966, p. 211.)

변압기 코어에 층상(적층-판) 구조의 규소강판을 사용하면 맴돌이 전류 에너지손실을 좀 더 줄일 수 있다. 최근의 고변압기 코어는 철-규소합금 강판을 0.025~0.035 cm (0.010~0.014 in) 두께로 다층화하여 제작하고 절연층을 사이에 끼워 쌓아서 사용한다. 절연 재료는 철-규소합금의 양면에 모두 피복되어 맴돌이 전류가 박판에 수직인 방향으로 흐르는 것을 방지한다.

1940년대에 변압기-코어 에너지 손실을 줄이는 또 다른 방법으로 철-규소강판의 배향성(grain-oriented) 결정립을 가지게 하였다. 냉간가공과 재결정화 처리를 조합하여, Fe-3% Si 판재용 *cube-on-edge* (COE) {110} ⟨001⟩ 결정립 우선방위의 재료를 산업 규모로 생산하였다(그림 16.20). Fe-3% Si합금에서는 [001] 방향이 자화 용이축이기 때문에 COE 재료에서 자구들은 판재의 압연 방향과 평행한 방향으로 외부 자장을 인가하면 쉽게 배향되어 자화된다. 그러므로 COE 재료들은 불규칙한 집합조직을 갖는 Fe-Si합금보다 높은 투자율과 낮은 이력손실을 보이게 된다(표 16.3).

16.8.4 비정질 금속

비정질 금속은 보통의 금속합금이 결정구조를 갖는 것과 달리 주된 구조가 비결정질 구조의 특성을 갖는 새로운 종류의 금속 재료들이다. 보통 금속과 합금의 원자들은 용융상태에서 냉각될 때 규칙적인 결정격자로 스스로 배열된다. 표 16.4에서는 공업용으로 중요한 8개의 비정질금속의 원자조성을 나타내었다. 이러한 재료들은 중요한 연자성 물성을 가지며, 준금속(metalloid) B와 Si를 가진 강자성체 Fe, Co, Ni의 다양한 조합으로 이루어져 있다. 이런 특별한 연자성 재료들은 저에너지 코어-전력손실 변압기(low-energy core-loss power transformers), 자기센서, 그리고 기록용 헤드 등에 응용된다.

표 16.3 ➤ **연자성 재료의 자기적 성질**

재료와 조성	포화유도 B_s (T)	보자력 H_c (A/cm)	초기 상대투자율 μ_i
자성철, 0.2 cm 박판	2.15	0.88	250
M36 cold-rolled Si–Fe (불규칙)	2.04	0.36	500
M6 (110) [001], 3.2% Si–Fe (방위된)	2.03	0.06	1,500
45 Ni–55 Fe (45 퍼멀로이)	1.6	0.024	2,700
75 Ni–5 Cu–2 Cr–18 Fe (뮤우메탈)	0.8	0.012	30,000
79 Ni–5 Mo–15 Fe–0.5 Mn (슈우퍼멀로이)	0.78	0.004	100,000
48% MnO–Fe_2O_3, 52% ZnO–Fe_2O_3 (연페라이트)	0.36		1,000
36% NiO–Fe_2O_3, 64% ZnO–Fe_2O_3 (연페라이트)	0.29		650

출처: G.Y. Chin and J.H. Wernick, "Magnetic Materials, Bulk," vol. 14: *Kirk-Othmer Encyclopedia of Chemical Technology*, 3rd ed., Wiley, 1981, p. 686.

표 16.4 ➤ 금속성 유리의 원자조성

합금 (at%)	포화유도 B_s (T)	최대 투자율	응용
$Fe_{78}B_{13}Si_9$	1.56	600,000	전력변압기, 저코어손실
$Fe_{81}B_{13.5}Si_{3.5}C_2$	1.61	300,000	펄스 변성기, 자기 스위치
$Fe_{67}Co_{18}B_{14}Si_1$	1.80	4,000,000	펄스 변성기, 자기 스위치
$Fe_{77}Cr_2B_{16}Si_5$	1.41	35,000	변류기, 센싱코어
$Fe_{74}Ni_4Mo_3B_{17}Si_2$	1.28	100,000	고주파에서, 저코어손실
$Co_{69}Fe_4Ni_1Mo_2B_{12}Si_{12}$	0.70	600,000	자기센서, 기록용 헤드
$Co_{66}Fe_4Ni_1B_{14}Si_{15}$	0.55	1,000,000	자기센서, 기록용 헤드
$Fe_{40}Ni_{38}Mo_4B_{18}$	0.88	800,000	자기센서, 기록용 헤드

출처: Metglas Magnetic Alloys, Allied Metglas Products.

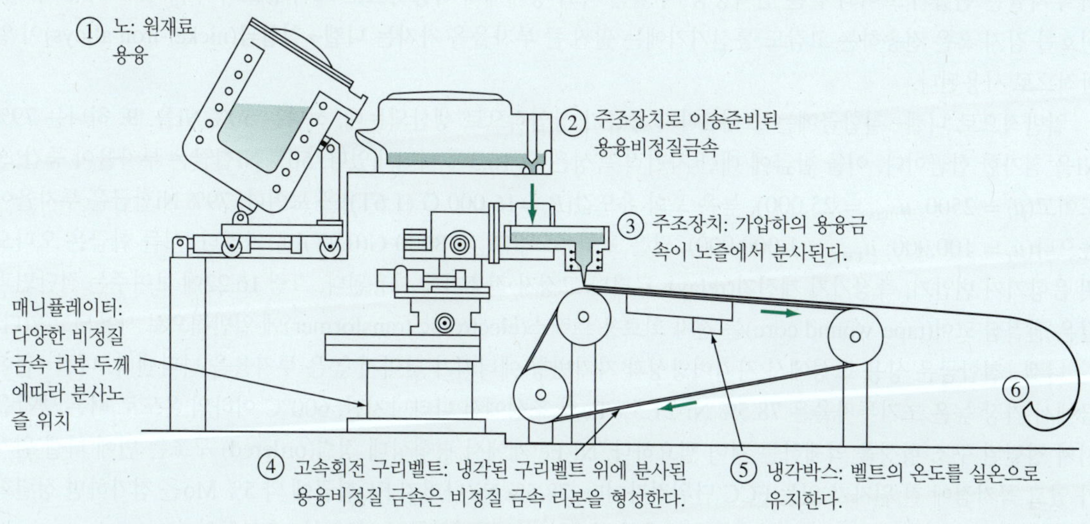

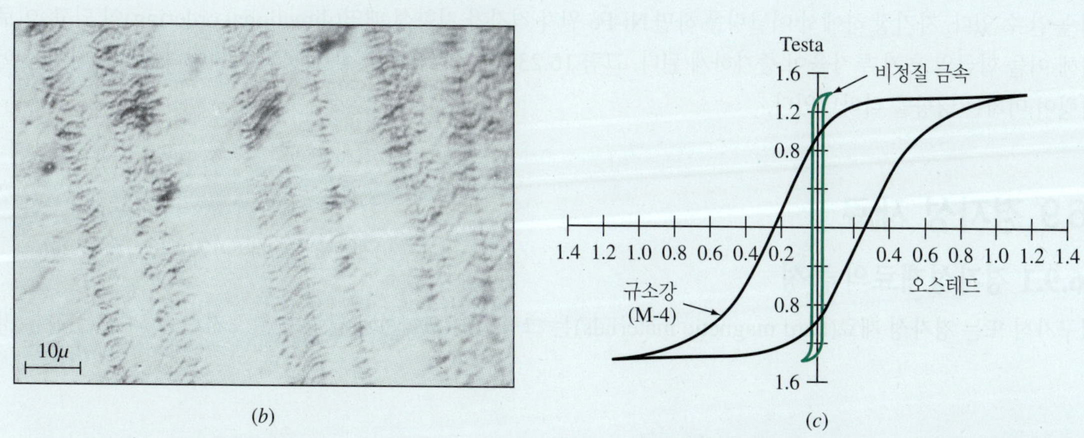

그림 16.21 ➤ (*a*) 금속 유리 리본의 생산에 대한 급속응고의 모식도. (*b*) 비정질 금속의 유도된 자구. (*c*) 강자성 금속 유리와 M-4 Fe-Si 강자성합금판의 자기이력곡선의 비교.
((*a*) 출처: *New York Times*, Jan. 11, 1989, p. D7.; (*b*) Courtesy of Elsevier; (*c*) 출처: *Electric World*, September 1985.)

비정질 금속은 용융된 금속유리가 회전하는 표면이 구리로 된 금형(그림 16.21*a*)에서 얇은 막 형태로 매우 빠르게 냉각되는(약 10^6°C/s) 급속응고 공정에 의해 제조된다. 이 과정에서 두께가 약 0.001 인치(0.0025 cm)이고 너비가 약 6 인치(15 cm)인 연속적인 비정질 금속 리본이 만들어진다.

비정질 금속들은 몇 가지의 뛰어난 성질을 갖고 있다. 매우 강하며[650 ksi (4500 MPa) 이상], 다소의 유연성을 가지면서도 매우 경하고, 내부식성이 매우 좋다. 표 16.4에 나타낸 비정질금속들은 최대 투자율에서 알 수 있는 바와 같이 자기적으로는 매우 연자성을 띠고 있다. 따라서 자화와 자화소거가 매우 쉽다. 이러한 재료들의 자구 벽들은 매우 쉽게 움직일 수 있으며, 그 주된 이유는 결정립계가 없고 장범위 결정이방성을 갖고 있지 않기 때문이다. 그림 16.21*b*는 비정질 금속 리본을 구부려서 생성된 비정질 금속의 자구를 보여주고 있다. 자기적으로 연자성인 금속 유리들은 그림 16.21*c*에 보여준 것 같이 매우 좁은 자기이력곡선를 가지고 있으므로 매우 낮은 에너지 손실을 갖는다. 이러한 성질은 기존의 철-규소 코어의 코어 이력손실의 70%를 갖는 다층 금속 비정질 변압기 코어로의 발전을 가능하게 했다(그림 16.1). 저 손실 전력 변압기용 비정질 금속의 응용에 대한 많은 연구와 개발 작업이 진행 중이다.

16.8.5 니켈-철 합금

상용의 순수한 철이나 철-규소합금의 자기 투자율은 낮은 인가 자기장하에서 비교적 낮은 값을 가진다. 낮은 초기 투자율은 변압기 코어와 같은 전력응용 시 높은 자화 상태에서 작동하므로 그리 중요하지 않다. 그러나 미소한 신호를 감지 혹은 전송하는 고감도 통신기기에는 훨씬 큰 투자율을 가지는 **니켈-철합금**(nickel-iron alloys)이 일반적으로 사용된다.

일반적으로 니켈-철합금에는 크게 2가지 종류가 상업적으로 생산되는데, 하나는 50% Ni을, 또 하나는 79% Ni을 첨가한 합금이다. 이들 합금에 대한 자기적 특성은 표 16.3에 나타내었다. 50% Ni합금은 투자율이 중간 정도이고(μ_i = 2500, $\mu_{\max}$ = 25,000), 높은 포화 유도값[B_s =16,000 G (1.6T)]을 보인다. 79% Ni합금은 투자율이 높으나(μ_i = 100,000; $\mu_{\max}$ = 1,000,000), 낮은 포화유도값[B_s = 8000 G(0.8T)]을 가진다. 이들 합금은 오디오 및 음향기기 변압기, 측정기기 계전기(relay), 로터나 고정자 적층기에 사용된다. 그림 16.22에 보여주는 절단면과 같은 권철심 코어(tape-wound core)는 전자 회로용 트랜스(electronic transformer)에 일반적으로 사용되고 있다.

니켈-철합금은 상용 조성에서 자기이방성과 자기변형 에너지가 낮아서 높은 투자율을 나타낸다. 니켈-철합금에서 가장 높은 초기투자율은 78.5% Ni-21.5% Fe의 조성에서 나타나지만, 600°C 이하의 온도로 빠른 냉각을 시켜 정렬된 구조 형성을 억제하는 것이 필요하다. Ni-Fe 계에서 평형상태 정렬(ordered) 구조는 면에 니켈 원자가 있고 꼭지점에 철 원자가 있는 FCC 단위격자이다. 78.5% Ni(나머지 Fe)합금에 약 5% Mo을 첨가하면 정렬화 반응을 억제하며, 따라서 600°C 이상에서 적당히 냉각하여도 정렬화를 방지하기는 충분하다.

니켈을 56~58% 함유하고 있는 니켈-철합금을 고온 어닐링 후 자기장하에서 어닐링하면 초기 투자율을 3~4배 높일 수 있다. 자기장 하에서 어닐링을 하면 Ni-Fe 원자 격자가 지향성 배열(directional ordering)이 되고, 이로 인해 이들 합금의 초기 투자율이 증가하게 된다. 그림 16.23에 65% Ni-35% Fe합금의 자기이력곡선에 자기장 어닐링이 미치는 영향을 나타내었다.

16.9 경자성 재료

16.9.1 경자성재료의 물성

영구자석 또는 **경자성 재료**(hard magnetic materials)는 그림 16.19*b*에서와 같이 높은 보자력 H_c와 높은 잔류 자

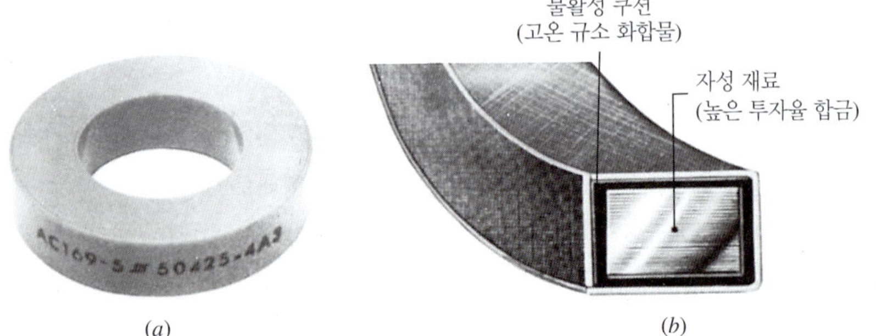

그림 16.22 ➤ 테이프 형태로 감은 자기코어의 모양. (*a*) 피막으로 덮인 자기코어. (*b*) 페놀 수지로 둘러싸인 자기코어의 단면. 페놀 수지로 만든 외피와 철-니켈 철심 사이의 규소 고무가 쿠션 역할을 하고 있다. 어닐링 처리한 테이프 형태로 감은 고 니켈-철합금의 자기적 성질은 변형손상에 무척 민감하다.

((*a*-*b*) Courtesy of Magnetics, a division of Spang & Company)

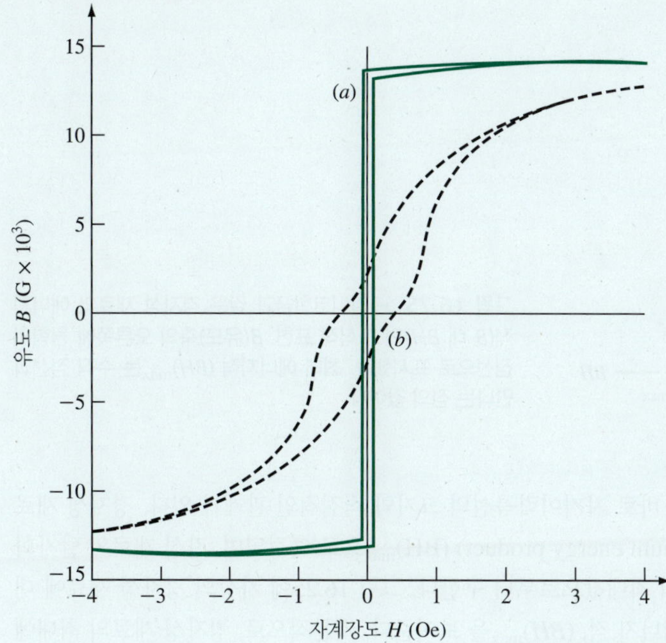

그림 16.23 ➤ 65% Ni-35% Fe합금에서 자기이력 곡선에 미치는 자기장 어닐링의 영향. (*a*) 65 퍼멀로이(permalloy)를 자장 하에서 어닐링한 경우. (*b*) 65 퍼멀로이를 자기장없이 어닐링한 경우.

(출처: K.M. Bozorth, *Ferromagnetism*, Van Nostrand, 1951, p. 121.)

기유도 B_r의 특성을 갖는다. 따라서 경자성 재료의 자기이력곡선 폭이 넓고 높이도 높다. 이 재료는 충분히 강한 자기장을 인가하여야 자구를 인가된 자기장 방향으로 배열시켜 자화시킬 수 있다. 인가한 자기장 에너지의 일부는 영구자석이 될 수 있는 포텐셜 에너지로 변환되어 자석에 저장된다. 따라서 완전히 자화된 상태의 영구자석은 탈자화된 자성체와 비교할 때 상대적으로 높은 에너지 상태가 된다.

경자성 재료는 한 번 자화되면 자기를 소거하기가 어렵다. 경자성 재료의 자기소거 곡선은 자기이력곡선의 두 번째 사분면으로 선택되며, 영구자석의 강도를 비교하는 데 쓰인다. 그림 16.24에 여러 가지 경자성 재료의 탈자화 곡선을 비교하였다.

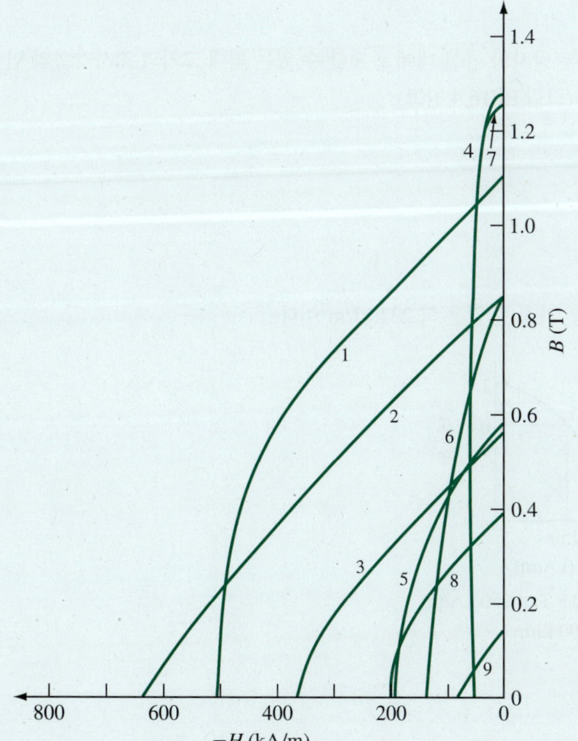

그림 16.24 ➤ 경자성 재료의 탈자화 곡선. 1: Sm(Co,-Cu)$_{7.4}$; 2: $SmCo_5$; 3: 결합된 $SmCo_5$; 4: 알니코 5; 5: Mn-Al-C; 6: 알니코 8; 7: Cr-Co-Fe; 8: 페라이트; 9: 본디드 페라이트.

(출처: G.Y. Chin and J.H. Wernick, "Magnetic Materials, Bulk," vol. 14, *Kirk-Othmer Encyclopedia of Chemical Technology*, 3d ed., Wiley, 1981, p. 673.)

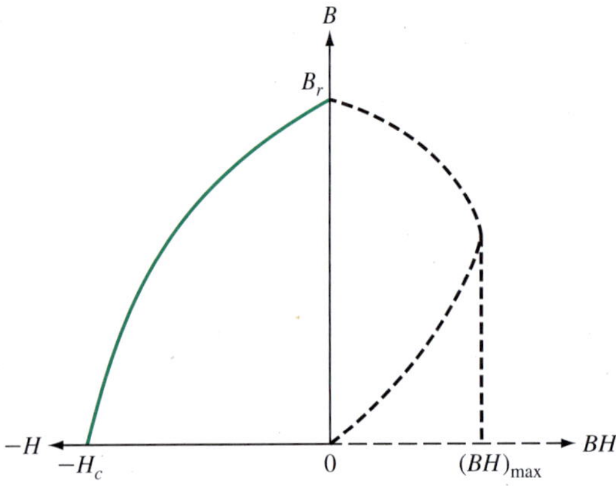

그림 16.25 ➤ 알니코합금과 같은 경자성 재료의 에너지적(B 대 BH)의 도식적 표현. B(유도)축의 오른쪽에 원형의 점선으로 표시했다. 최대 에너지적 $(BH)_{max}$는 수직 점선과 만나는 점의 값이다.

영구(경)자성 재료의 힘 혹은 외부 에너지는 바로 자기이력곡선의 크기와 직접적인 관계가 있다. 경자성 재료의 자기포텐셜 에너지는 **최대 에너지 적**(maximum energy product) $(BH)_{max}$으로 측정되며, 자성 재료의 탈자화 곡선의 자기유도 B와 탈자화 자장 H의 곱(적)의 최대값으로부터 구한다. 그림 16.25에 가상의 경자성 재료에 대한 외부에너지(BH) 곡선과 이들 재료의 최대 에너지 적, $(BH)_{max}$을 보여준다. 기본적으로, 경자성 재료의 최대에너지적$(BH)_{max}$은 자기이력곡선의 이사분면에 내접하는 가장 큰 직사각형의 면적이 된다. 에너지적 BH에 대한 SI 단위는 kJ/m^{3}이며, cgs 단위로는 G · Oe이다. 입방미터당 줄(J)의 에너지적$(BH)_{max}$에 대한 SI 단위는 다음과 같이 미터당 암페어(A)의 H와 테스라(T) 단위의 B 단위의 곱(적)과 동일한 단위이다.

$$\left[B\left(\cancel{T}\cdot\frac{\cancel{Wb}}{m^2}\cdot\frac{1}{\cancel{T}}\cdot\frac{\cancel{V\cdot s}}{\cancel{Wb}}\right)\right]\left[H\left(\frac{\cancel{A}}{m}\cdot\frac{J}{\cancel{V\cdot A\cdot s}}\right)\right] = BH\left(\frac{J}{m^3}\right)$$

예제 16.4

그림 16.24의 Sm(Co, Cu)$_{7.4}$ 합금에 대하여 최대 에너지적$(BH)_{max}$을 계산하라.

풀이

그림 16.24에 보여준 2사분면(second quadrant)에 위치하는 탈자화 곡선 내에 존재할 수 있는 최대 크기의 직사각형의 면적을 찾을 필요가 있다. 4가지 면적의 경우를 아래에 적는다(그림 EP16.4 참고).

Trial 1 ~ (0.8 T × 250 kA/m) = 200 kJ/m^3
Trial 2 ~ (0.6 T × 380 kA/m) = 228 kJ/m^3
Trial 3 ~ (0.55 T × 420 kA/m) = 231 kJ/m^3
Trial 4 ~ (0.50 T × 440 kA/m) = 220 kJ/m^3

표 16.5에 나타낸 Sm(Cu, Co)합금의 240 kJ/m^{3}과 비교하면 가장 큰 값은 약 231 kJ/m^{3}이다.

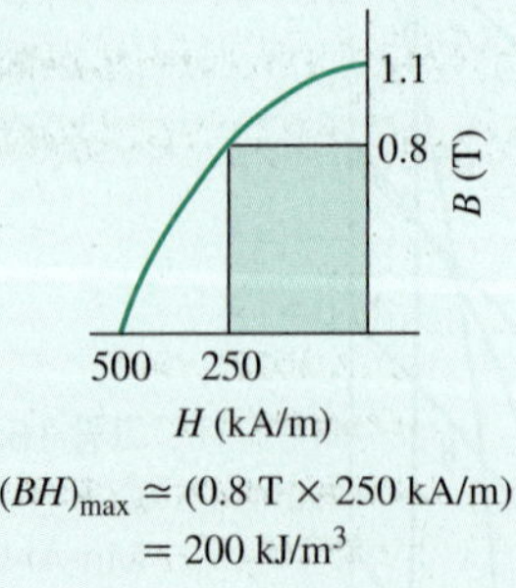

그림 EP16.4 ➤ Trial 1.

표 16.5 ➤ 경자성 재료의 자기적 특성

원재료와 조성	잔류유도 B_r (T)	보자력 H_c (kA/m)	최대 에너지적 $(BH)_{max}$ (kJ/m^3)
알니코 1, 12 Al, 21 Ni, 5 Co, 2 Cu, 나머지 Fe	0.72	37	11.0
알니코 5, 8 Al, 14 Ni, 25 Co, 3 Cu, 나머지 Fe	1.28	51	44.0
알니코 8, 7 Al, 15 Ni, 24 Co, 3 Cu, 나머지 Fe	0.72	150	40.0
희토류–Co, 35 Sm, 65 Co	0.90	675–1200	160
희토류–Co, 25.5 Sm, 8 Cu, 15 Fe, 1.5 Zr, 50 Co	1.10	510–520	240
Fe–Cr–Co, 30 Cr, 10 Co, 1 Si, 59 Fe	1.17	46	34.0
MO · Fe2O3 (M = Ba, Sr) (경페라이트)	0.38	235–240	28.0

출처: G.Y. Chin and J.H. Wernick, "Magnetic Materials, Bulk," vol. 14: *Kirk-Othmer Encyclopedia of Chemical Technology*, 3rd ed., Wiley, 1981, p. 686.

16.9.2 알니코 합금

특성 및 조성 **알니코(Alnico, 알루미늄–니켈–코발트)합금**은 오늘날 상업적으로 사용되는 가장 중요한 경자성 재료이다. 이들은 미국 경자성 재료 시장의 35%를 차지하고 있다. 이들 합금은 높은 에너지 적 $[(BH)_{max} = 40\sim70$ kJ/m^3 (5~9 MG · Oe)]을 가지고, 높은 잔류자기유도$[B_r = 0.7\sim1.35$ T (7~13.5 kG)]를 나타내며, 적당한 보자력$[H_c = 40\sim160$ kA/m (500~2010 Oe)]을 갖는다. 표 16.5에 몇몇 알니코의 특성과 다른 영구자석합금의 특성을 나타내었다.

알니코 합금은 철(Fe)계 합금을 기본으로 Al, Ni 및 Co 및 약 3% Cu를 첨가한 것이다. 고보자력 합금인 알니코 6~9에 수%의 Ti을 첨가한다. 그림 16.26은 몇 가지 알니코의 화학조성을 보여주는 막대그래프이다. 알니코 1에서 4까지는 등방성 물질이지만, 5에서 9까지는 자기장 내에서 석출물이 형성되는 열처리를 했기 때문에 이방성을 띤다. 알니코합금은 취성이 있어서 주조나 분말야금을 이용해서 제조한다. 알니코 분말은 주로 복잡한 형상을 한 소형 제품의 대량 생산에 우선적으로 쓰이고 있다.

구조 약 1250°C의 용체화 열처리온도 이상으로 열처리하면, 알니코합금은 체심입방정(BCC)의 단 상구조를 갖는다. 약 750~850°C로 냉각하는 동안에 이들 합금은 α, α'의 두 개의 다른 BCC상으로 분해한다. 기지상인 α상은 니켈과 알루미늄이 많으며 약한 자성을 띤다. α'인 석출상은 철과 코발트가 풍부하여 니켈–알루미늄이 많은 α

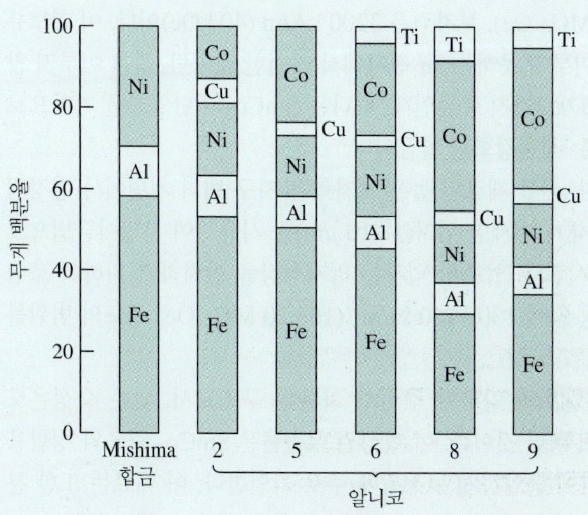

그림 16.26 ➤ 알니코합금의 화학조성. 최초의 합금은 1931년에 일본에서 Mishima에 의해 개발되었다. (출처: B.D. Cullity, *Introduction to Magnetic Materials*, Addison-Wesley, 1972, p. 566.)

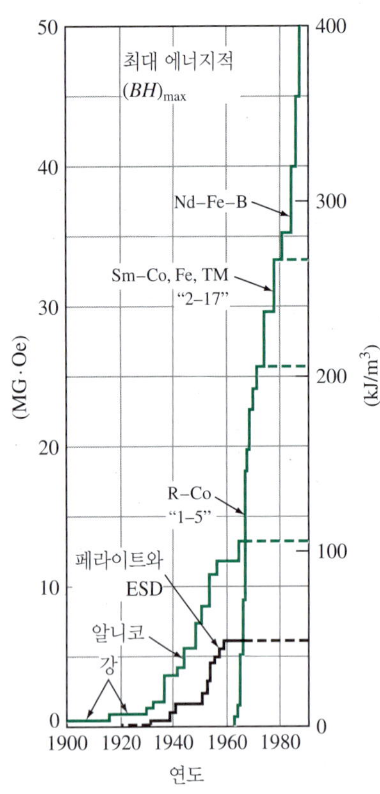

그림 16.27 ➤ 최대 에너지적 $(BH)_{max}$값으로 측정한 20세기 영구자석 품질의 진보.
(출처: K.J. Strnat, "Soft and Hard Magnetic Materials with Applications," *ASM Inter*. 1986, p. 64.)

상보다 높은 자화를 갖는다. α'상은 막대형으로 되려는 경향이 있고 ⟨100⟩ 방향으로 배열되어 있으며, 직경이 약 10 nm 정도이고 길이는 약 100 nm 정도이다.

800°C의 열처리가 자기장하에서 이루어지면, α' 석출상은 α상의 기지내에서 자기장 방향으로(그림 16.27) 미세한 가늘고 긴(elongated) 입자를 형성한다(**자성열처리**, magnetic anneal). 알니코가 높은 보자력을 갖는 것은 형상 이방성에 기인하는 α'상의 단일 자구 입자를 회전시키는 것이 어렵기 때문이다. 막대형 입자의 종횡비(aspect ratio, 길이 대 폭의 비) 비율이 클수록, 표면이 매끄러울수록 합금의 보자력은 커진다. 따라서 자기장하에서 석출물을 형성시키면 석출물을 더욱 길고 가늘게 하여 알니코 자성 재료의 보자력을 더욱 크게 한다. 최고의 알니코에 약간의 티타늄의 첨가하면 α' 막대형 석출물의 종횡비를 증가시켜 더 높은 보자력을 갖는 것으로 알려져 있다.

16.9.3 희토류 합금

희토류 합금(rare earth alloy) 자석은 미국에서 대규모로 생산되고, 상용된 다른 재료보다 월등한 자기적 특성을 가지고 있다. 최대 에너지적 $(BH)_{max}$는 240 kJ/m^3 (30 MG · Oe), 보자력은 3200 kA/m (40 kOe)이다. 이 희토류 전이 원소의 자성은 철, 코발트 및 니켈의 자성이 쌍을 이루지 못하는 $3d$ 전자에서 기인한 것처럼, 짝을 이루지 않은 $4f$ 전자에 전적으로 기인한다. 상용 희토류 자석은 크게 2가지 종류인데, 하나는 $SmCo_5$의 단일상을 기반으로 하고, 다른 하나는 $Sm(Co,Cu)_{7.5}$의 대략적 조성을 가지는 석출강화형 합금이다.

$SmCo_5$ 단일상 자석은 가장 널리 사용되는 유형이다. 이들 재료의 높은 보자력은 자구 벽이 계면이나 결정립계에서 핵생성되거나 고정되기 때문이다. 이들 재료는 대개 미세한 입자(1~10 μm)를 사용하여 분말야금법으로 만들어진다. 압착하는 동안 분말은 자기장하에서 배열시킨다. 압축된 입자는 입자성장을 방지하기 위하여 조심스럽게 소결된다. 이 재료의 자기강도는 높아서 $(BH)_{max}$ 값이 130~160 kJ/m^3 (16~20 MG · Oe) 정도의 범위를 가진다.

석출강화된 $Sm(Co,Cu)_{7.5}$ 합금은 $SmCo_5$에서 코발트의 일부가 구리로 치환된 구조로서, 낮은 숙성온도(400~500°C)에서 약 10 nm의 미세한 석출물이 생기도록 한 것이다. 이 형성된 석출물은 $SmCo_5$ 구조와 정합을 이룬다. 여기서 정합기구는 주로 자구 벽이 석출된 입자에 균일하게 고정됨에 주로 기인한다. 이 재료는 또한 분말들의 자기배열을 이용한 분말야금법으로 상용화되어 있다. 소량의 철과 지르코늄을 첨가하면 보다 높은 보자력을 갖게 된다. Sm $(Co_{0.68}Cu_{0.10}Fe_{0.21}Zr_{0.01})_{7.4}$의 $(BH)_{max}$는 240 kJ/m^3 (30MG · Oe), 잔류 자기유도 B_r는 1.1 T (11,000 G)이다. 그림 16.24와 16.27은 현저하게 자기강도가 향상된 희토류 자성합금을 보여준다.

Sm-Co 자석(희토류 자석)은 인체 내에 이식이 가능한 펌프나 밸브의 얇은 모터와 같은 의료기기 및 눈꺼풀 움직임을 돕는데 사용된다. 또한 희토류 자석은 전자손목시계, 진행파관(traveling-wave tube)에도 사용된다. 직류 및 동기식 모터와 발전기도 희토류 자석을 사용하여 작은 크기로 만들 수 있다.

16.9.4 네오디움-철-붕소 자성합금

$(BH)_{max}$ 값 300 kJ/m^3(45 MG · Oe)을 가지는 경 Nd-Fe-B 자성 재료가 약 1984년 발견되이, 오늘날 이 재료는 분말야금법과 급속응고 용융방사 리본공정에 의해 생산되고 있다. 그림 16. 28*a*는 급속응고된 리본 $Nd_2Fe_{14}B$의 미세조직을 보여주고 있다. 이 조직에서는 높은 강자성체(ferromagnetic) $Nd_2Fe_{14}B$ 기지결정이 비강자성체인 Nd가 주성분인 얇은 입계상에 의해 둘러싸여 있다. 이 재료의 높은 보자력과 $(BH)_{max}$ 에너지적은, 주로 기지 결정립의 입계에 핵생성하는 반대의 자구가 핵생성되기 어렵기 때문이다(그림 16.28*b*). 결정립 사이에 Nd가 풍부한 비강자성체 상은 $Nd_2Fe_{14}B$ 기지입자가 재료의 자화를 반대로 하기 위하여 역자구(reverse domain)를 생성시키도록 강제한다. 이 과정은 재료 전체 응집체의 H_c와 $(BH)_{max}$가 최대값을 가지게 한다. Nd-Fe-B 영구자석은, 특히 무게 감소와 소형화가 필요한 자동차의 구동모터 같은 모든 형태의 전기모터에 적용가능하다.

16.9.5 철-크롬-코발트 자성합금

Fe-Cr-Co**합금**계열 자석은 1971년에 개발되었는데, 금속학적 구조와 영구자석으로서의 특성은 알니코합금과 유사하지만, Fe-Cr-Co계 합금은 상온에서 냉간성형이 가능하다. 이 합금의 전형적인 화학조성은 61% Fe-28% Cr-

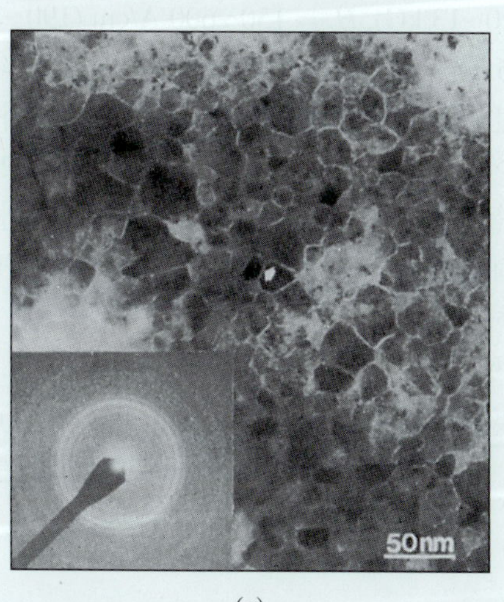

(*a*)

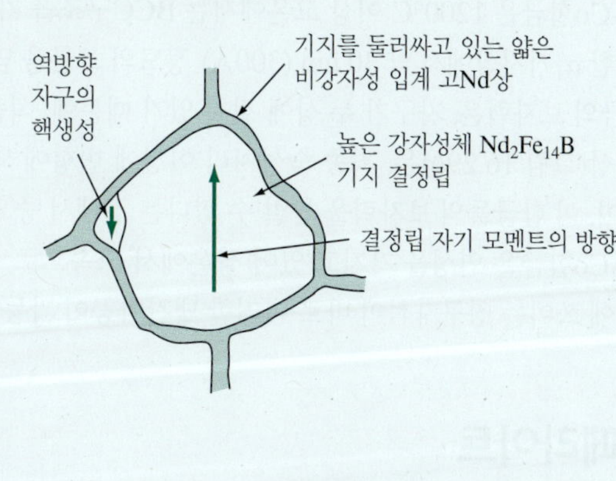

(*b*)

그림 16.28 ➤ (*a*) 최적 급냉된 Nd-Fe-B 리본에서, 화살표에 표시된 얇은 결정립계 상에 의해 둘러싸인 방위가 일정하지 않은 결정의 명시야상(bright-field) 전자현미경 사진. (출처: MRS Bulletin) (*b*) 역방향 자구의 핵생성을 보여주는 $Nd_2Fe_{14}B$의 단일 결정립.

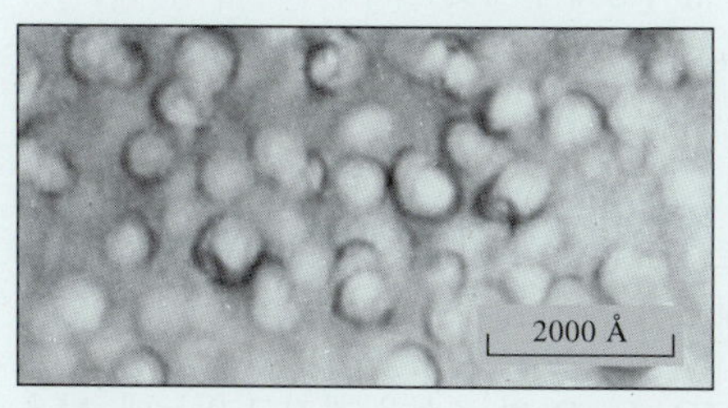

(*a*)

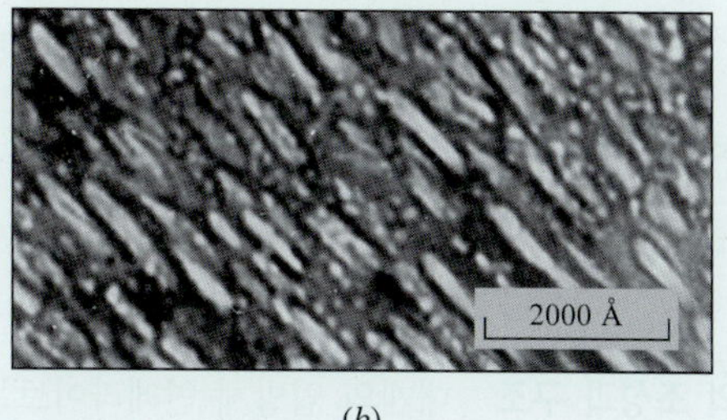

(*b*)

그림 16.29 ➤ Fe-34% Cr-12% Co합금의 투과전자현미경 사진. (*a*) 변형 전의 구형 석출물. (*b*) 변형 후에 늘어나고 배열된 입자 및 최종 열처리에 의한 배열.
((*a*)-(*b*) Courtesy of AIP Publishing, Journal of Applied Physics)

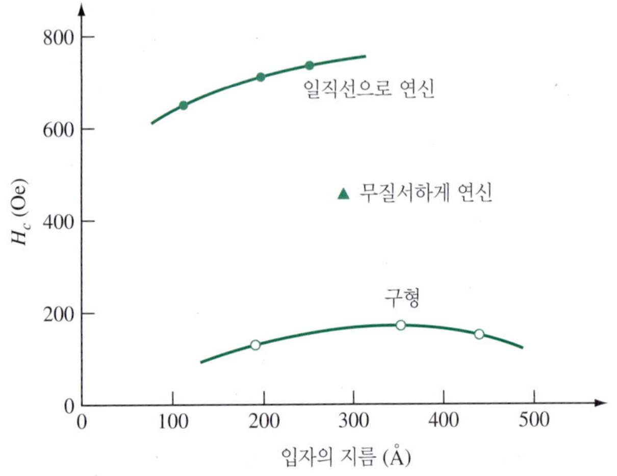

그림 16.30 ➤ Fe-34% Cr-12% Co합금에서 보자력 대 입자의 지름을 여러 가지 입자 모양에 대해 그린 곡선. 구형에서 늘어난 모양으로 변함에 따라 보자력이 크게 향상되었다.
(출처: S. Jin et al., *J. Appl. Phys.*, 53:4300(1982).)

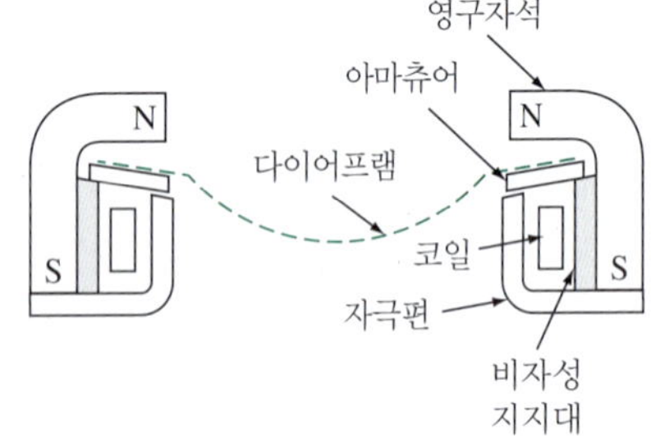

그림 16.31 ➤ 연성이 좋은 Fe-Cr-Co 합금을 사용한 전화 수화기. (*a*) 분해된 수화기의 고리형 영구자석. (*b*) 영구자석의 위치를 나타내는 U자형 전화 수화기의 단면도.
(출처: S. Jin et al., *IEEE Trans*. Magn., 17:2935(1981).)

11% Co이다. Fe-Cr-Co계의 자기적 성질은 B_r = 1.0~1.3 T (10~13 kG), H_c = 150~600 A/cm (190~753 Oe) 및 $(BH)_{max}$ = 10~45 kJ/m^3(1.3~1.5MG · Oe)을 가진다. 표 16.5에 몇 가지 Fe-Cr-Co합금의 특성을 나타내었다.

Fe-Cr-Co합금은 1200°C 이상 고온에서는 BCC구조를 가진다. 650°C 이상으로부터 서냉(15°C/h)하면, 철을 많이 함유한 α_1기지상에서 약 30 nm (300Å) 정도의 크롬을 많이 함유한 α_2 석출물이 석출한다(그림 16.29*a*). Fe-Cr-Co합금의 보자력은, 자구가 두 상에 걸쳐 있기 때문에, 석출물에 의해 자구 벽이 속박되기 때문에 기인한다. 석출물의 형상(그림 16.29*b*)은, 최종 숙성처리 이전에 변형에 의해 입자의 신장이 일어났음을 그림 16.30에 분명히 나타났듯이, 이 합금들의 보자력을 높일 수 있다는 점에서 중요하다.

Fe-Cr-Co합금은 연성을 가지고 있어 상온에서 고속으로 성형이 가능하여 특히 공업적으로 중요하다. 최근 전화 수화기에 쓰이는 영구자석이 바로 이러한 냉간가공이 가능한 영구자석합금의 사용 예이다(그림 16.31).

16.10 페라이트

페라이트란 분말 형태로 Fe_2O_3를 다른 산화물과 탄산염 등을 분말 형태로 혼합하여 만들어진 자성세라믹 재료를 말한다. 이들 분말은 압축 성형되고, 이후 고온에서 소결과정을 거치게 된다. 또 원하는 부품 모양으로 만들기 위해 마무리 가공이 필요할 때도 있다. 이런 재료의 포화자화값은, 강자성 재료의 포화자화값에 비해서는 크지는 않지만, 상업적으로 사용되는 재료로서는 충분히 큰 값이다. 페라이트는 강자성체와 비슷한 자구구조와 자기이력곡선을 가지고 있다. 또 강자성체의 경우와 같이 *연 페라이트*(soft ferrites)와 *경 페라이트*(hard ferrites)가 있다.

16.10.1 자기적 연페라이트

연 페라이트(Soft ferrite) 재료는 페리자성 거동을 보인다. 연페라이트 재료는 2개의 내부 쌍을 이루지 못한 내부 전자스핀 모멘트가 방향은 반대이나 크기에 차이가 있어서 순자기 모멘트가 '0'이 아니다(그림 16.8*c*).

입방구조 연페라이트의 조성과 구조 대개의 입방체 연페라이트는 MO · Fe_2O_3의 조성을 가지고 있는데, M은

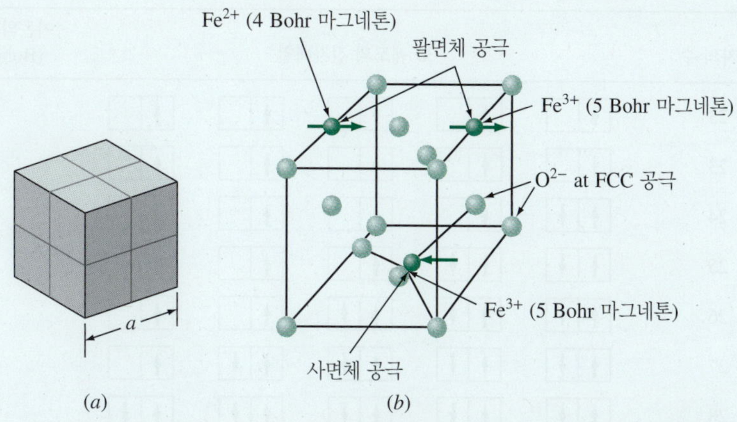

그림 16.32 ➤ (*a*) $MO \cdot Fe_2O_3$형의 연페라이트의 단위격자. 이 단위격자는 8개의 아격자로 이루어져 있다. (*b*) $FeO \cdot Fe_2O_3$ 페라이트의 아격자. 팔면체 공극에 들어 있는 이온의 자기 모멘트는 인가한 자기장에 의해 한 방향으로 배열되어 있고, 사면체 공극에 채워진 이온의 자기 모멘트는 반대방향으로 배열되어 있다. 그 결과 전체적인 순자기 모멘트는 '0'이 아닌 값을 갖게 된다.

Fe^{2+}, Mn^{2+}, Ni^{2+} 또는 Zn^{2+} 등과 같은 2가 이온이다. 연페라이트 구조는 광물질 스피넬($MgO \cdot Al_2O_3$) 구조의 변형인 역스피넬 구조를 기본으로 한다. 스피넬과 역스피넬 구조 양쪽 모두 그림 16.32*a*에 나타낸 바와 같이 8개의 아격자(subcell)로 이루어진 입방 단위격자를 갖는다. 각 아격자는 $MO \cdot Fe_2O_3$ 한 분자로 이루어져 있다. 각 단위격자는 7이온 × 8아격자 = 56이온을 포함한다. 각 아격자는 $MO \cdot Fe_2O_3$ 분자의 4개의 이온으로 이루어진 FCC 결정구조를 갖는다(그림 16.32*b*). 훨씬 작은 약 0.07~0.08 nm의 이온 반지름을 가진 금속 이온(M^{2+}와 Fe^{3+})은 큰 산소이온들(이온 반지름 = 0.14 nm) 사이의 침입형 공극을 차지한다.

이전에 논의된 바와 같이, FCC 단위격자에는 등가인 4개의 8면체 공극과 8개의 4면체 공극이 있다. 보통 스피넬 구조에서는 8면체 공극의 반만 채워져 있으므로 $\frac{1}{2}$(8아격자 × 4공극/아격자) = *16개의 8면체 공극만이 채워져 있다*(표 16.6). 보통 스피넬 구조에서는 8 × 8(아격자당 4면체 공극) = 64공극/아격자가 있지만, 그 *1/8*인 *4*면체 공극 중 *8개만이 채워져 있다*(표 16.6).

보통 스피넬 구조(normal spinel-structure) 단위격자에 $MO \cdot Fe_2O_3$ 분자 8개가 있다. 이들 구조에서 8개 M^{2+} 이온은 8개의 4면체 공극에 들어가고 16개의 Fe^{3+} 이온은 16개의 8면체 공극에 들어간다. 그러나, **역스피넬**(inverse spinel structure) 구조에서는 8개의 M^{2+} 이온이 그 중 8개의 8면체 공극을 채우고, 16개의 Fe^{3+} 이온이 그 중 8개는 8면체 공극에, 8개는 4면체 공극에 들어간다(표 16.6).

역스피넬 페라이트의 순자기 모멘트 $MO \cdot Fe_2O_3$ 페라이트 분자의 순자기 모멘트를 구하려면 페라이트 이온의 3*d* 내부 전자배열을 알아야 한다. 그림 16.33에 나타난 대로 Fe 원자가 이온화하여 Fe^{2+} 이온을 형성할 때, 2개의 4*s*전자를 잃은 후에 3*d* 준위에는 짝을 이루지 않은 *4*개의 3*d*전자가 남게 된다. 또, Fe^{3+} 이온을 형성하는 경우에는 4*s*전자 2개, 3*d*전자 1개를 잃어서 *5*개의 짝을 이루지 않은 전자가 존재하게 된다.

각각의 짝을 이루지 않은 3*d*전자는 1 Bohr 마그네톤의 자기 모멘트를 가지고 있으므로 Fe^{2+} 이온은 4 Bohr 마그네톤, Fe^{3+} 이온은 5 Bohr 마그네톤의 모멘트를 갖는다. 인가 자기장하에서, 4면체 공극에 있는 이온과 8면체 공극에 있는 이온의 자기 모멘트는 서로 반대 방향을 갖게 된다(그림 16.32*b*). 따라서 페라이트 $FeO \cdot Fe_2O_3$ 의 경우에는, 8면체 자리에 있는 8개의 Fe^{3+} 이온의 자기 모멘트가 4면체 공극에 있는 8개의 Fe^{2+} 이온의 자기 모멘트

표 16.6 ➤ MO, Fe_2O_3형 조성의 스피넬 페라이트 단위격자에서 금속 이온배열

침입형 공극의 종류	총 개수	채워진 수	보통 스피넬	역스피넬
사면체	64	8	8 M^{2+}	8 Fe^{3+} ←
팔면체	32	16	16 Fe^{3+}	8 Fe^{3+}, 8 M^{2+} → →

이론	전자의 수	3*d* 궤도의 전자배열					이온의 자기 모멘트 (Bohr 마그네톤)
Fe^{3+}	23	↑	↑	↑	↑	↑	5
Mn^{2+}	23	↑	↑	↑	↑	↑	5
Fe^{2+}	24	↑↓	↑	↑	↑	↑	4
Co^{2+}	25	↑↓	↑↓	↑	↑	↑	3
Ni^{2+}	26	↑↓	↑↓	↑↓	↑	↑	2
Cu^{2+}	27	↑↓	↑↓	↑↓	↑↓	↑	1
Zn^{2+}	28	↑↓	↑↓	↑↓	↑↓	↑↓	0

그림 16.33 ➤ 3*d* 천이 원소 이온의 전자배열과 이온의 자기 모멘트.

표 16.7 ➤ **보통 스피넬과 역스피넬 페라이트에서의 이온배열과 분자당 순자기 모멘트**

페라이트	구조	채워진 사면체 공극	채워진 팔면체 공극		순자기 모멘트 (μ_s/molecule)
$FeO \cdot Fe_2O_3$	역스피넬	Fe^{3+} 5 ←	Fe^{2+} 4 →	Fe^{3+} 5 →	4
$ZnO \cdot Fe_2O_3$	보통 스피넬	Zn^{2+} 0	Fe^{3+} 5 ←	Fe^{3+} 5 →	0

를 완전히 상쇄한다. 그러므로 순자기 모멘트는 8면체 공극에 있는 8개의 Fe^{2+} 이온의 자기 모멘트에 의한 것으로 각각 4 Bohr 마그네톤의 모멘트를 갖는다(표 16.7). $FeO \cdot Fe_2O_3$ 페라이트에 대한 포화자화의 이론값이 Fe^{2+} 이온의 Bohr 마크네톤의 세기에 기반하여 예제 16.5에 계산되어 있다.

예제 16.5

$FeO \cdot Fe_2O_3$ 페라이트에 대해 이론적인 포화자화 M과 포화유도 B_s를 각각 A/m, T 단위로 계산하라. B_s의 계산에서 $\mu_0 H$는 무시한다. $FeO \cdot Fe_2O_3$ 단위격자의 격자상수는 0.839 nm이다.

풀이

$FeO \cdot Fe_2O_3$ 한 분자의 자기 모멘트는 모두 4 Bohr 마그네톤의 Fe^{2+} 이온에 의한 것인데, 이는 Fe^{3+} 이온은 서로 방향이 달라서 완전히 상쇄되기 때문이다. $FeO \cdot Fe_2O_3$ 분자 8개가 단위격자를 이루고 있으므로 단위격자당 총 자기 모멘트는

(4 Bohr 마그네톤/아격자)(8아격자/단위정) × 32 Bohr 마그네톤/단위정

따라서

$$M = \left[\frac{32\ \text{Bohr 마그네톤/단위격자}}{(8.39 \times 10^{-10}\ \text{m})^3/\text{단위격자}}\right]\left(\frac{9.27 \times 10^{-24}\ \text{A} \cdot \text{m}^2}{\text{Bohr 마그네톤}}\right)$$
$$= 5.0 \times 10^5\ \text{A/m}\varphi \blacktriangleleft$$

포화상태의 B_s는, 모든 자기 모멘트가 한 방향으로 배열되고 H항을 무시한다고 가정하면 식 $B_s = \mu_0 M$로 표시된다.

$$B_s \approx \mu_0 M \approx \left(\frac{4\pi \times 10^{-7}\ \text{T} \cdot \text{m}}{\text{A}}\right)\left(\frac{5.0 \times 10^5\ \text{A}}{\text{m}}\right)$$
$$= 3.96\ \text{T} \blacktriangleleft$$

철, 코발트 및 니켈 페라이트는 모두 역스피넬 구조를 가지고 있으며, 모든 그 이온의 순자기 모멘트 구조 때문에 페리자성을 나타낸다. 산업용 연페라이트는 대개 여러 가지 페라이트의 혼합물로 구성되어 있는데, 이는 몇 가지 페라이트를 혼합함으로써 포화자화를 증가시킬 수 있기 때문이다. 대표적인 2개의 공업용 페라이트는 니켈-아연 페라이트($Ni_{1-x}Zn_xFe_{2-y}O_4$)와 망간-아연 페라이트($Mn_{1-x}Zn_xFe_{2+y}O_4$)이다.

연페라이트의 성질 및 응용

자성 재료의 맴돌이 전류 손실 연페라이트는 우수한 자기적 성질뿐 아니라 전기적으로 높은 저항을 가지는 절연 특성이 있는 중요한 자성 재료이다. 즉, 만약 자성 재료가 전도성을 가지면 고주파에서 맴돌이 전류 에너지 손실이 크게 발생하기 때문에, 높은 전기비저항 특성은 고주파에 응용할 때 요구되는 매우 중요한 특성이다. 맴돌이 전류 손실은 유도전압구배의 원인이 되고, 따라서 주파수가 높을수록 맴돌이 전류 손실은 더욱 커지게 된다. 연페라이트는 절연체이므로, 고주파에서 사용되는 변압기 철심 등에 사용된다.

연페라이트의 응용 연페라이트의 가장 중요한 응용분야는 저신호, 메모리코어, 시청각 및 화상기록용 헤드 등이다. 신호의 크기가 작은 경우, 연페라이트 코어는 변압기와 저에너지 유도자에 사용할 수 있다. 연페라이트가 대량 사용되는 곳은 편향코어(deflection york core), 고압변압기(flyback transformer) 및 TV 수상기의 접속코일 등이다.

망간-아연, 니켈-아연 스피넬 페라이트는 여러 종류의 자기테이프의 기록용 헤드 재료로 쓰인다. 자기기록용 헤드는 다결정 니켈-아연 페라이트로 만들어 지는데 그것은 금속합금 재료로 제조할 경우 작동주파수 범위(100 kHz~2.5 GHz)에서 맴돌이 전류 손실이 너무 크기 때문이다.

2진수 ‘0’과 ‘1’을 기본으로 하는 자기코어-기억소자는 여러 종류의 컴퓨터에 사용된다. 자기 코어는 전원 손실에 의해 정보의 손실을 유발하지 않는 곳에 유용하다. 자기-코어 기억소자는 움직이는 부품이 없으므로, 내충격 저항이 필요한 군사용 기기 등에 사용되고 있다.

16.10.2 자성적 경페라이트

영구자석으로 사용되는 **경페라이트**(hard ferrites)군은 일반식 $MO \cdot 6Fe_2O_3$와 육방정 결정구조를 갖는다. 이 중에서 가장 중요한 재료는 *바륨페라이트*($BaO \cdot 6Fe_2O_3$)로서 1952년에 네덜란드의 Philips사에서 상표명 페록스듀어(Feroxdure)로 처음 개발되었다. 최근에 이 바륨페라이트는 일반 화학식이 $SrO \cdot 6Fe_2O_3$인 스트론튬 페라이트로 어느정도 대체되었으며, 이는 바륨 페라이트에 비하여 더 우수한 자기적 특성을 나타낸다. 이 페라이트는 연페라이트와 거의 비슷한 방법으로 생산되는데, 보통 자기장 내에서는 입자들이 쉽게 자화축 방향으로 배열되므로, 자기장 내에서 습식 가압법을 이용한다.

이런 육방정 페라이트는 가격이 싸고, 밀도가 낮으며 그림 16.24처럼 보자력도 크다. 이들 재료의 자기력이 높은 이유는 주로 자기결정 이방성이 크기 때문이다. 이들 페라이트의 자화는 결정립의 크기가 너무 크므로 단일 자구의 이동으로 보기보다는, 자구 벽의 핵생성과 이동으로 인해 일어나는 것으로 생각하는 것이 타당하다. 이들 재료의 최대 에너지적 $(BH)_{max}$은 14에서 28 kJ/m^{3}까지 다양하다.

이런 경페라이트 세라믹 영구자석은 발전기, 계전기, 전동기 등에 널리 쓰이고 있다. 전자 부품으로는 대형스피커용 자석, 전화기 벨, 수화기에 쓰이고 있다. 문닫개, 밀폐기, 잠금장치에 사용되고 있으며, 어린이용 장난감에도 쓰인다.

16.11 요약

자성 재료는 공업적으로 매우 중요하다. 대개의 공업적 자성 재료는 *강자성 및 페리자성*재료이고, 이들은 큰 자화를 나타내는 것들이다. 이 중에서도 철, 코발트, 니켈을 주로 하는 강자성체는 최근에 Sm과 같은 희토류원소를 첨가하여 높은 자화를 얻고 있다. 철과 같은 강자성체에는 원자의 자기쌍극자 모멘트가 한 방향으로 배열되어있는 *자구*라는 것이 존재한다. 이 강자성 재료의 자구 구조는 양자역학적 교환 에너지, 정자기 에너지, 자기결정 이방성 에너지, 자구 벽 에너지 및 자기변형(자왜) 에너지 등에 의해서 결정된다. 시편내 강자성 자구가 무질서한 방위를 가질 때 시편은 탈자화 상태에 있다고 하며, 자장을 강자성체에 가했을 때 시편의 자구는 자기장 방향으로 정렬하여 자화되고 자기장을 제거한 후에도 어느 정도 자화된 채로 남아 있다. 강자성물질의 자화거동은 자기이력곡선라고 하는 자기유도 대 자기장 강도 곡선으로 나타낸다. 탈자화되어 있던 강자성 믈질이 자기장 H에 의해 자화되면 자기유도 B는 결국 포화유도 B_s라고 하는 포화 수준에 이르게 된다. 인가자기장을 제거하면 자기유도는 잔류유도 B_r이라는 값으로 감소 한다. 이 잔류유도를 0으로 완전히 제거하는 데 필요한 자기소거 자기장을 보자력 H_c라고 한다.

*연자성 재료*란 쉽게 자화되고 탈자화되는 물질로서, 고투자율, 높은 포화자화 및 낮은 보자력을 가지는 것이 특징이다. 연성 강자기 재료를 반복해서 자화 및 탈자화시키면 매회 이력에 의한 맴돌이 전류 에너지 손실이 생긴다. Fe-3~4% Si합금을 전동기와 전력용 변압기 및 발전기의 철심으로 사용하며, 높은 감도가 요구되는 통신용 장비에는 Ni-20~50% Fe합금을 사용한다.

*경자성 재료*란 자화되기가 어려우며, 자화되면 외부자장을 제거해도 상당한 자화가 남아 있다. 경자성 재료의 가장 중요한 특성은 높은 보자력과 높은 포화 자화값을 가지는 것이다. 경자성 재료의 능력은 B-H 곡선의 자화 상한선에서 B와 H의 곱이 최대가 되는 값을 가지는 최대 에너지적으로 나타낸다. 대표적인 경자성 재료에는 전기기기의 영구자석용 알니코합금과 $SmCo_5$와 $Sm(Co,Cu)_{7.5}$ 조성의 희토류 합금이 있다. 희토류 합금은 작은 전동기 등의 아주 높은 에너지적을 필요로 하는 곳에 사용한다.

세라믹 화합물인 *페라이트*는 공업용으로 중요한 또 하나의 자성 재료로서 특수한 이온구조 때문에 준강자성을 나타낸다. 대부분의 자기적 연페라이트는 $MO \cdot Fe_2O_3$를 기본 조성으로 하는데, M은 Fe^{2+}, Mn^{2+}, Ni^{2+} 등과 같은 2가 금속 이온이다. 이 재료는 *역스피넬 구조*를 가지며 작은 신호, 메모리 코어, 시청각, 및 기록용 헤드재료 등으로 쓰인다. 또, 페라이트는 절연체이기 때문에, 교류 사용시 맴돌이 전류 손실이 문제가 되는 고주파용으로 사용된다. 일반식 $MO \cdot 6Fe_2O_3$을 가지는 경페라이트는, M에 바륨이나 스트론튬 이온을 넣은 재료로서 저가의 저밀도 영구자석 재료로 쓰이고 있다. 이 재료는 스피커의 영구자석, 전화기 벨과 수화기, 문닫개, 밀폐기, 잠금기 장치에 사용된다.

16.12 용어 정의

16.2절

강자성 재료(ferromagnetic material): 높은 자화를 가질 수 있는 재료. 철, 코발트, 니켈 등이 강자성 재료이다.

자기장(magnetic filed, H): 외부 자장 또는 도선이나 솔레노이드 등 코일에 전류가 흘러서 생기는 자장.

자화(magnetization, M): 자장강도 H인 곳에 넣었을 때 물체 내에 형성되는 자속 증가의 척도. SI 단위로 자화는 진공투자율(μ_0)과의 곱, 즉 $\mu_0 M$과 같다($\mu_0 = 4\pi \times 10^{-4}$ T · m/A).

자기유도(magnetic induction, B): 걸어준 자장 H에 의해 생기는 자화 M과 외부 자장강도 H의 합. SI 단위로 $B = \mu_0(H + M)$.

자기투자율(magnetic permeability, μ): 걸어준 자장 H에 자기유도 B의 비; $\mu = B/H$. 상대투자율(relative permeability, μ_r): 진공의 투자율에 대한 재료의 투자율의 비; $\mu_r = \mu/\mu_0$.

자화율(magnetic susceptibility, χ_m): 걸어준 자장 H에 대한 자화 M의 비. $\chi_m = M/H$.

16.3절

반자성(diamagnetism): 재료에 인가된 자장에 대하여 약하게 음(−)의 방향으로 밀어내는 반응; 반자성 재료는 작은 크기의 음(−)의 자화율을 갖는다.

상자성(paramagnetism): 재료에 인가된 자장에 대하여 약하게 양(+)의 방향으로 잡아당기는 반응. 상자성 재료는 작은 크기의 양(+)의 자화율을 갖는다.

강자성(ferromagnetism): 재료에 인가된 자장에 의하여 매우 큰 자화가 생성. 자장 제거 후에도 상당량의 자화가 남아 있다.

Bohr 마그네톤(Bohr magneton): 자성 또는 페리자성 재료에서 상호작용하지 않는 하나의 짝짓지 않은 전자에 의한 자기 모멘트. Bohr 마그네톤은 기본 단위이다. 1 Bohr 마그네톤 = 9.27×10^{-24} A · m^2.

반강자성(antiferromagnetism): 원자의 자기쌍극자가 자장에 의해 모두 반대 방향으로 배열되어 순자기 모멘트가 없는 유형의 자성.

페리자성(ferrimagnetism): 이온결합성 고체에서 다른 이온의 자기쌍극자 모멘트가 방향은 반대이나 크기에 차이가 있어서 약간의 순자기 모멘트를 갖는 유형의 자성.

16.4절

큐리 온도(curie temperature): 가열할 때 강자성 재료가 강자성을 잃고 상자성체로 바뀌는 온도.

16.5절

자구(magnetic domain): 강자성 또는 페리자성 재료에 있는 모든 자기쌍극자 모멘트가 한방향으로 정렬되어 있는 영역.

16.6절

교환 에너지(exchange energy): 개별 자기쌍극자가 짝을 지어 단일 자구를 이루는 에너지. 교환 에너지는 양 또는 음이다. 교환에너지는 양(+) 또는 음(−)의 값을 가질 수 있다.

정자기 에너지(magnetostatic energy): 강자성체 주위의 외부 자장에 의한 자기포텐셜 에너지.

자기결정 이방성 에너지(magnetocrystalline anisotropy energy): 강자성체에서 결정이방성으로 인한 자화 중 자구를 회전시키는 데 필요한 에너지. 예를 들면, 철에서 [111]방향에 대한 자화와 좀 더 쉬운 [100]방향의 자화간의 에너지 차이가 약 1.4×10^4 J/m^{3}이다.

자구 벽 에너지(domain wall energy): **자구**사이의 자구 벽에서 불규칙한 쌍극자 모멘트에 의한 포텐셜 에너지.

16.7절

자기이력곡선(hysteresis loop): 강자성 또는 페리자성 재료의 자화 및 탈자화에 의한 B 대 H 또는 M 대 H 그래프.

포화유도(saturation induction, B_s): 강자성체에서 최대 자기유도값 B_s 또는 최대 자화값 M_s

잔류자기유도 B_r(remanent induction, B_r): 강자성 재료에서 자기장 H을 제거하였을 때 남는 자기유도 B 또는 자화 M의 값.

보자력 H_e(coercive force, H_e): 강자성 또는 페리자성 재료의 자기유도를 감소시켜 0으로 만들기 위해 필요한 역방향 자장.

16.8절

연자성 재료(soft magnetic material): 높은 투자율과 낮은 보자력을 갖는 자성 재료.

자기이력 손실(hysteresis loss): B-H 이력루프를 따라 생기는 일 또는 에너지 손실. 대부분의 에너지는 자화 중 자구의 계면이동에 사용된다.

맴돌이 전류 손실(eddy-current losses): 자성 재료에서 교류를 사용하는 경우 에너지 손실; 에너지 손실은 유도전류에 의해 발생한다.

철-규소 자성합금(iron-silicon alloys): 높은 포화유도를 가진 연자성 재료로 철-3~4% 규소 합금. 이 합금은 전동기 및 저주파 전력 변압기와 발전기 등에 사용한다.

니켈-철 자성합금(nickel-iron alloys): 고투자율의 연자성 합금으로, 음성신호처리 및 계측기용 변압기 등의 높은 민감도가 요구되는 전기분야에 적용된다. 자주 사용되는 2가지 기본 조성으로 50% Ni-50% Fe과 79% Ni-21% Fe이 있다.

16.9절

경자성 재료(hard magnetic material): 높은 보자력과 높은 포화유도를 갖는 자성 재료.

최대에너지적$(BH)_{max}$[maximum energy product, $(BH)_{max}$]: 경 자기재료의 탈자화 곡선에서 B와 H의 곱의 최대값. $(BH)_{max}$의 SI 단위는 J/m^3.

알니코 자성합금[alnico (aluminum-nickel-cobalt) alloys]: 기본 조성으로 알루미늄, 니켈, 코발트 및 약 25~50% 철 이루어진 영구자석합금군. 이 합금 군에 소량의 구리와 티타늄을 첨가하기도 한다.

자기장 어닐링(magnetic anneal): 자장을 가한 상태에서 열처리하여 합금의 일부가 자장 방향으로 배열된다. 예를 들어, 알니코 5합금을 자장 어닐링하면 α' 석출상이 자장 방향으로 늘어나고 정렬된다.

희토류 자성합금(rare earth alloys): 특히 에너지적이 매우 큰 영구자석 합금 군. $SmCo_5$, $Sm(Co,Cu)_{7.4}$ 등의 합금이 상업적으로 매우 중요하다.

철-크롬-코발트 자성합금(iron-chromium-cobalt alloys): 30% Cr, 10~23% Co와 나머지 Fe의 조성을 가진 영구자석용 합금. 이들은 실온에서 냉간성형이 가능하다는 장점을 가지고 있다.

16.10절

연페라이트(soft ferrites): 일반식 $MO \cdot Fe_2O_3$의 M에 Fe^{2+}, Mn^{2+}, Zn^{2+}, Ni^{2+}와 같은 2가 이온이 치환되어 있는 세라믹 화합물로 페리자성을 나타내며, 절연체이므로 고주파용 변압기 철심으로 사용된다.

보통 스피넬 구조(normal spinel structure): $MO \cdot Fe_2O_3$의 일반식을 갖는 세라믹 화합물. 이 화합물에서 산소 이온은 FCC격자를 형성하고 M^{2+} 이온은 4면체 공극을 채우며 M^{3+}이온은 8면체 공극을 채운다.

역스피넬 구조(inverse spinel structure): 일반식 $MO \cdot Fe_2O_3$로 산소 이온이 FCC격자를 이루며 2가금속 이온이 8면체 공극을 차지하고, 3가 금속 이온이 4면체 공극과 8면체 공극을 반씩 차지하는 세라믹 화합물.

경페라이트(hard ferrites): 세라믹 영구자석 재료. 기본적으로 $MO \cdot Fe_2O_3$의 조성을 가지고 있으며, M은 바륨이나 스트론튬 이온이다. 이 재료는 육방정 구조를 가지며 값이 싸고 밀도가 낮다.

16.13 연습 문제

*표시를 한 문제는 책 마지막에 답을 제공하였다.

■ 지식과 이해 문제

16.1 상온에서 강한 강자성을 보이는 원소는 무엇인가?

16.2 자화된 철 막대 근처의 자기장은 어떤 모습인가?

16.3 자장강도 H의 SI 단위와 cgs 단위는 무엇인가?

16.4 자기유도 B와 자화 M을 정의하라.

16.5 자기유도 B와 자기장 H 사이의 관계식은?

16.6 자유공간에서 투자율 μ_0을 정의하라.

16.7 B와 M의 SI 단위는 무엇인가?

16.8 B, H 및 M의 관계식을 SI 단위로 써라.

16.9 왜 자기물성을 계산할 때, $B \approx \mu_0 M$의 관계를 자주 사용하는가?

16.10 투자율과 상대투자율을 정의하라.

16.11 강자성체의 투자율은 상수인가? 이를 설명하라.

16.12 어떤 투자율의 양이 자주 사용되는가?

16.13 자화율을 정의하라. 어느 경우에 흔히 사용되는가?

16.14 전자에 의해 자기장이 생기는 기구 2가지를 설명하라.

16.15 반자성을 정의하라. 20°C에서 반자성 재료의 자화율은 어느 정도 크기인가?

16.16 상자성을 정의하라. 20°C에서 상자성 재료의 자화율은 어느 정도 크기인가?

16.17 강자성을 정의하라. 어떤 원소가 강자성을 나타내는가?

16.18 무엇이 Fe, Co, Ni에 강자성을 띄게 하는가?

16.19 Cr, Mn, Fe, Co, Ni과 Cu에 원자당 얼마나 많은 짝짓지 않은 *3d*전자가 있는가?

16.20 자기 자구는 무엇인가?

16.21 양(+)의 교환에너지가 강자성체의 자기쌍극자 정렬에 어떻게 영향을 미치는가?

16.22 Fe, Co, Ni, Cr, Mn 모두 짝짓지 않은 *3d* 전자가 있음에도 불구하고 Fe, Co, Ni은 강자성을 띠고, Cr, Mn은 그렇지 않은데 그 이유는?

16.23 반강자성체을 정의하라. 어떤 원소가 이런 성질을 가지는가?

16.24 강자성을 정의하라. 페라이트는 무엇인가? 강자성 화합물의 예를 들라.

16.25 큐리온도는 무엇인가?

16.26 광학현미경으로 강자성 재료를 살펴보면 얼마나 많은 자구 구조가 관찰되는가?

16.27 강자성 재료의 자구 구조를 정하는 다섯 가지 형태의 에너지는 무엇인가?

16.28 자기교환 에너지를 정의하라. 자기쌍극자의 정렬에 의한 강자성 재료의 교환에너지는 어떻게 최소화되는가?

16.29 정자기 에너지를 정의하라. 어떻게 강자성체의 정자기 에너지를 최소화할 수 있는가?

16.30 자기결정 이방성 에너지를 정의하라. (*a*) 철과 (*b*) 니켈에서 자화가 잘 되는 결정방향은?

16.31 자구 벽 에너지를 정의하라. 강자성 자구 벽의 평균 폭을 원자의 수로 표시하라.

16.32 자구 벽의 폭을 정하는 2가지 에너지는 무엇인가? 자구 벽이 넓어질 때 어떤 에너지가 최소화되는가? 또한 자구 벽이 좁아질 때 어떤 에너지는 최소화되는가?

16.33 자기변형(자왜)과 자기변형 에너지를 정의하라. 강자성체의 경우 이 에너지의 원인을 써라.

16.34 연자성 재료와 경자성 재료를 정의하라.

16.35 연강자성 재료는 어떤 형태의 자기 이력곡선을 가지는가?

16.36 맴돌이 전류란 무엇인가? 강자성체에서 맴돌이 전류가 생기는 이유는?

16.37 비정질 금속의 구조는 어떠한가? 자성 비정질 금속 리본은 어떻게 만들어지는가?

16.38 비정질 금속의 특별한 물성은 무엇인가?

16.39 변압기용 비정질 금속의 장점과 단점은 무엇인가?

16.40 니켈-철합금이 전기적 응용에 유리한 공학적인 이유는?

16.41 어느 합금조성의 철-니켈합금이 전기적 응용에 특별히 중요한가?

16.42 경자성 재료의 최대 에너지 적은 무엇인가? 어떻게 계산하는가? 에너지 적의 SI와 cgs단위는 무엇인가?

16.43 알니코 자성 재료는 어떤 원소들이 포함되어 있는가?

16.44 알니코 자성재료를 생산하는데 사용되는 두 가지 공정은 무엇인가?

16.45 알니코 8 자성 재료의 기본 구조는 무엇인가?

16.46 희토류 합금이 강자성을 보이는 원인은 무엇인가?

16.47 희토류 자성합금의 대표적인 두 그룹은 무엇인가?

16.48 희토류 자성합금의 대표적인 응용분야는 무엇인가?

16.49 Fe-Cr-Co 자성합금을 영구자성 재료 부품으로 만드는 데 있어 제조상의 장점은?

16.50 Fe-Cr-Co 자성합금의 대표적인 화학조성은?

16.51 Fe-Cr-Co 자성합금의 기본 결정구조는? Fe-Cr-Co 자성합금의 보자력 기구(mechanism)는?

16.52 Fe-Cr-Co합금의 특수한 용도는 무엇인가?

16.53 페라이트는 무엇인가? 그들이 어떻게 제조되는가?

16.54 이방정 연페라이트의 기본 조성은?

16.55 $MgO \cdot Al_2O_3$ 스피넬 구조의 단위격자를 기술하고, 어떤 이온이 4면체 및 8면체 침입형 자리로 들어가는지 설명하라.

16.56 역스피넬 구조의 단위격자와 어떤 이온이 4면체 및 8면체 침입형 자리로 들어가는지 설명하라.

16.57 가장 널리 쓰이는 2가지 페라이트의 화학조성은? 단일의 순수한 페라이트보다 페라이트의 혼합물 이 사용되는 이유는?

16.58 연페라이트 재료의 산업적 응용 예는 무엇인가?

16.59 육방정 경페라이트의 기본 화학조성은 무엇인가?

16.60 산업용으로 사용시 경페라이트가 갖는 장점은?

16.61 경페라이트 자성 재료가 산업적으로 사용되는 예는?

■ 응용과 분석 문제

***16.62** 이론적인 니켈의 포화 자화값을 계산하라. 모든 짝짓지 않은 3*d*전자가 자화에 기여한다고 가정하라(니켈은 FCC이고, 격자상수는 0.352 nm이다).

16.63 순수한 코발트 금속의 3*d* 전자궤도에서 짝을 이루지 않은 모든 전자가 자화에 기여한다고 가정할 때, 포화자화의 이론적인 값을 계산하라(코발트는 HCP 구조를 가지며, $a = 0.25071$ nm이고, $c = 0.40686$ nm이다).

16.64 16°C 이하의 순수한 가돌리늄(Gd) 금속의 4*f* 전자궤도에서 짝을 이루지 않은 모든 전자가 자화에 기여한다고 가정할 때 포화자화의 이론적인 값을 계산하라[가돌리늄(Gd)은 HCP 구조를 가지 며, $a = 0.364$ nm, 그리고 $c = 0.578$ nm이다].

***16.65** 코발트는 1.42×10^6A/m의 포화자화를 가진다. 원자 하나당 Bohr 마그네톤으로 나타낼 때 평균 자기 모멘트는?

16.66 니켈은 평균 0.604 Bohr 마그네톤/원자를 가진다. 포화유도(saturation induction)는 얼마인가?

16.67 매우 낮은 온도에서는 가돌리늄(Gd)은 평균 7.1 Bohr 마그네톤/원자를 가진다. 포화자화는 얼마인가?

16.68 강자성체에서 0 K 이상의 온도 증가에 따른 자기쌍극자의 배열에 미치는 영향은?

16.69 강자성체는 어떻게 탈자화되는가? 탈자화 상태의 강자성체에서 자구의 배열은 어떻게 되어 있는가?

16.70 강자성체의 자화로 인해 자구가 성장한 후 그 이상의 자장에 의해서 자구 구조에 어떤 변화가 일어나는가?

16.71 탈자화되어 있던 강자성체의 자화로 인해 자구가 성장한 후, 그 이상의 상당한 자장을 인가하면 자구 구조에 어떤 변화가 일어나는가?

16.72 포화자화 상태에서 자장을 제거하면 강자성체의 자구 구조에 어떤 변화가 일어나는가?

16.73 자구 닫힘이란 무엇이냐? 자구 닫힘에 의해 어떻게 자기변형(자왜) 응력이 발생하는가?

16.74 자구 크기가 자화된 강자성 재료시편의 자기변형(자왜) 에너지에 어떠한 영향을 미치는가?

16.75 자구 크기가 어떻게 자구 벽 에너지의 양에 영향을 미치는가?

16.76 강자성체의 경우 자기이력 *B-H* 곡선을 그리고, (*a*) 포화자기유도 *B*, (*b*) 잔류자기유도 B_r, (*c*) 보자력 H_c를 표시하라.

16.77 강자성체가 자장에 의해 자화, 탈자화 및 다시 자화되면서 일어나는 자기유도의 변화를 설명하라.

16.78 강자성체의 자화 및 탈자화 과정에서 자구 구조의 변화를 기술하라.

16.79 연자성 재료의 바람직한 자기물성은 무엇인가?

16.80 자화이력 에너지 손실이 무엇인가? 자화이력 에너지 손실에 미치는 인자는 무엇인가?

16.81 AC(교류)의 주파수가 어떻게 연성 강자성 재료의 자기이력 손실에 영향을 주는가?

16.82 금속 자성재료 변압기 철심에서 어떻게 맴돌이 전류를 감소시킬 수 있는가?

16.83 왜 철에 3~4%의 규소를 첨가하면 변압기코어 에너지손실이 줄어드는가?

16.84 변압기코어용 철심에 규소를 첨가하면 생기는 불이익은 무엇인가?

16.85 왜 변압기의 층상구조가 전기적 효율을 높이는가?

16.86 변압기 코어 규소-철 강판에서 결정립을 정렬시키면, 왜 효율이 증가하는가?

16.87 왜 비정질 금속은 쉽게 자화 및 탈자화되는가?

16.88 원자 비 조성 $Fe_{78}B_{13}Si_9$의 비정질 금속 내의 원소들의 중량%를 계산하라.

16.89 Ni-Fe합금에서 규칙화가 78.5% Ni-21.5% Fe합금의 자성에 어떤 영향을 미치는가? 어떻게 규칙화를 방지할 수 있는가?

16.90 자장어닐링에 의하여 어떻게 65% Ni-35% Fe합금의 자기적 물성을 증가시키는가?

16.91 경자성 재료의 중요한 자기적 성질은?

16.92 그림 16.24의 곡선 2에서 희토류 경자성 합금 $SmCo_5$에 대한 최대 에너지적을 구하라.

***16.93** 그림 16.24의 곡선 4에서 알니코 5합금에 대한 최대 에너지적을 구하라.

16.94 완전 자화된 2 cm^3의 알니코 8합금을 탈자화시키는 데 필요한 에너지를 kJ/m^3으로 얼마나 되는가?

16.95 알니코 8합금의 경우 자장 내의 석출물이 어떻게 석출물 형상에 영향을 미치는가? 석출물형상이 이 재료의 보자력에 미치는 효과를 논하라.

16.96 알니코의 최대 에너지적과 희토류 합금의 최대 에너지적을 비교하라.

16.97 경자성 합금 $SmCo_5$의 보자력에 대한 기본메커니즘은?

16.98 최종 시효처리 전의 소성변형이 석출입자의 모양이 Fe-Cr-Co

자성합금의 보자력에 어떻게 영향을 미치는가?

16.99 다음 페라이트 분자당 자기 모멘트는 얼마인가? (*a*) $FeO \cdot Fe_2O_3$, (*b*) $NiO \cdot Fe_2O_3$, (*c*) $MnO \cdot Fe_2O_3$

***16.100** $NiO \cdot Fe_2O_3$ 페라이트에 대해 이론적 포화 자화값을 A/m로, 포화 유도값을 테슬라(T)로 각각 계산해 보라($NiO \cdot Fe_2O_3$ 격자상수 $a = 0.834$ nm).

16.101 왜 고주파를 쓰는 변압기에는 저항률이 큰 재료를 철심으로 써야 하는가?

16.102 왜 자석식 기억소자가 내충격성이 요구되는 곳에 특히 사용되는가?

■ 통합과 평가 문제

16.103 자기공명 단층촬영장치(MRI)에 어떤 종류의 자석이 이용되는지 알아보라. 각 자석들의 자성강도는 어떠한가? 그들을 지구자장과 비교하라.

16.104 자기공명 단층촬영장치(MRI)에서 자석들의 역할에 대해 설명하라.

16.105 자기공명 단층촬영장치(MRI)를 이용할 때, MRI 촬영실에 금속제품을 가지고 갈 수 없고, 심지어는 MRI 장치가 작동하지 않기도 한다. 그 이유는?

16.106 자기공명 단층촬영장치(MRI)로 영상화 처리할 수 없는 제품들을 알아보고, 그 이유를 설명하라.

제 17 장

생물학적 재료와 생체재료

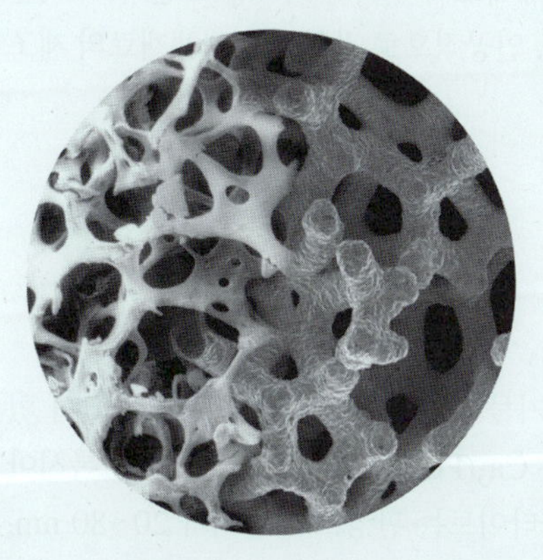

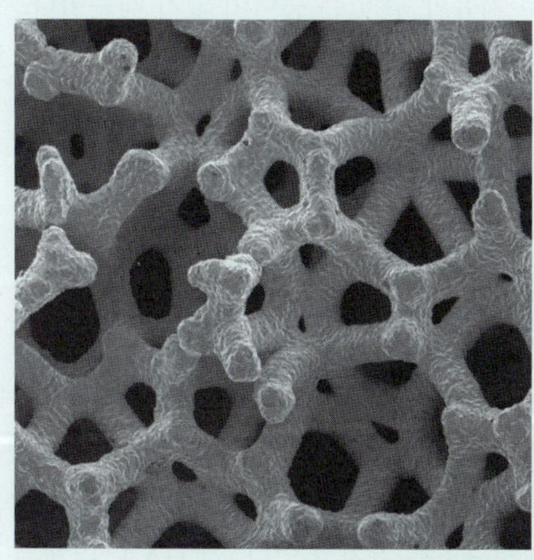

(Courtesy of Zimmer, Inc.)

다양한 생체재료가 우리 신체 연결부위의 일부분 또는 표면을 대체하고 있다. 이러한 인공 이식물이 연결부위에서 성공적으로 일체화되기 위해서는 이식물과 뼈의 표면들 사이에서 강력한 결합이 요구된다. 종종 이식물 표면에 세라믹과 같은 다공성 물질이 코팅되는데 이는 해면조직 뼈(trabecular bone)가 코팅 표면으로 성장하여 안정한 결합이 가능하게 하기 위함이다. 그러나 이러한 코팅은 뼈에 비하여 기공수가 적고 마찰 특성이 떨어져 결과적으로 초기 안정성이 낮다. 새로운 다공성 구조 생체재료들이 이러한 결함을 극복하기 위하여 개발되고 있다. 해면조직 금속(*다공성 탄탈륨*, porous tantalum)은 해면조직 뼈의 물리적 및 기계적 특성을 복제한 생체재료이다. 이 장의 표지 사진에서 보듯이 이 재료는 해면조직 뼈과 유사한 미세구조를 가지고 있고 뼈 형성에도 기여한다. 이것이 조직을 빠르게 안쪽으로 성장시켜 고관절 치환술(hip implant)에서와 같이 비구(acetabular) 부분이 뼈에 안정하게 부착되도록 한다. 흔히 이 생체재료는 지지되는 기본 몸체 없이도 사용되고 복잡한 형상의 이식물 제조에도 사용될 수 있다. ■

학습 목표

이 장을 마치면, 학생들은 다음을 설명할 수 있을 것이다.

1. 생물학적 재료와 생체재료를 정의하고 구별할 수 있다.
2. 뼈와 인대를 포함한 여러 생물학적 재료의 미세구조와 기계적 성질을 설명할 수 있다.
3. 생물학적 재료가 생체재료와 어떻게 다른지를 이해할 수 있다.
4. 생체의학에 적용이 가능한 생체재료들의 특성을 설명할 수 있다.
5. 여러 가지 특정 조직 대체용으로 적합한 생체재료를 식별할 수 있다.
6. 생체재료에서 부식의 영향과 부식을 방지할 수 있는 기법을 설명할 수 있다.
7. 생체재료에서 마모의 영향과 마모를 방지할 수 있는 기법을 설명할 수 있다.
8. 조직 공학의 원리를 이해할 수 있다.

17.1 개요

생화학과 생물리학 등의 학문분야에서 접두어"바이오(bio)"를 사용하는 관습은 생물학적 현상의 연구와 관련이 있다. 유사하게 "생체재료" 란 말은 자연에서 발생하는 나무, 뼈, 그리고 연성조직 등의 생물학적 재료인 것들을 언급하여야 한다. 그러나 과학계에서는 **생체재료**(biomaterial)를 "생체계 내부에 이식 또는 생체계와 일체화하기 위해 설계된 체계적이고 약리학적으로 불활성인 물질"로 정의하는 데 일반적으로 동의하고 있다. 반면에, **생물학적 재료**(biological materials)란 뼈, 인대와 연골조직과 같이 생물학적 시스템에 의해 생산되는 물질들이다.

생체재료는 우리의 몸체 내의 골격조직과 비골격 조직을 치료하고 대체하는 데 사용되지만 대부분의 생체의학 소자들은 정형외과와 관련이 있다. 따라서 골격조직을 이해하는 것이 매우 중요하다. 이에 따라 먼저 골격 체계와 관련된 생물학적 재료의 구조와 역학을 설명한다. 이어서 일반적인 의학 용도로 사용되고 있는 생체금속과 생체고분자 등의 생체재료를 살펴본다.

아무리 과학이 발전하여도 생체재료는 생물학적 재료가 갖는 내구성을 가질 수가 없다. 이것은 생체재료가 마모되고 찢어지면 이것을 스스로 치유할 수 있는 능력이 없기 때문이다. 생체재료의 부식과 마모를 고찰하고, 이들을 측정하고 방지하는 기법에 대해서도 자세히 살펴볼 것이다. 마지막으로, 인공적으로 자연적인 생체재료의 제조를 다루는 조직 공학(tissue engineering)을 소개한다.

17.2 생물학적 재료: 뼈

17.2.1 조성

뼈는 인체의 구조재료로서 일종의 복잡한 천연 복합재료이다. 이것은 유기물과 무기물의 혼합물로 구성되어 있다. 무기물 성분은 칼슘 이온과 인산염 이온으로 구성되어 있는데 이것은 $Ca_5(PO_4)_3(OH)$ 조성의 하이드록시아파타이트(hydroxyapatite: HA)의 합성 결정과 유사하다. 하이드록시아파타이트는 판상으로 길이가 20~80 nm, 두께 2~5 nm이고 육방정계 결정규조를 가지고 있다. 각 HA 단위체는 두 개 분자를 가지므로 HA는 일반적으로 $Ca_{10}(PO_4)_6(OH)_2$로 표시한다. 이들 무기 미네랄 물질들이 뼈를 지속적으로 치밀하고 단단하게 하는데 건조한 뼈의 60~70% 무게를 차지한다. 뼈의 유기물 성분은 대부분이 **콜라겐**(collagen, 유형 I)이라고 하는 단백질이고 소량의 *지질*(lipids)로 불리우는 비콜라겐 물질로 구성되어 있다. 콜라겐은 섬유질, 인성이 있고 유연하고 비탄성적이며, 뼈에 유연성과 회복력을 주게 된다. 콜라겐은 건조한 뼈 무게의 25~30%를 차지한다. 건조한 뼈의 나머지 부분은 물 때문에 기인하고 약 5%의 양을 차지한다. 뼈에 대한 설명은 앞의 장들에서 설명된 섬유질 복합재료와 거의 유사하다. 상당히 다른 조성과 성질을 가진 두 가지 이상의 물질을 혼합하면 독특한 성질을 가진 하나의 새로운 재료가 만들어질 수 있다.

17.2.2 거시구조

뼈의 미세구조는 복잡하며 마이크로와 나노스케일의 구성물을 포함한다. 그러나 뼈의 거시구조는 기계적 성질에 영향을 미치기 때문에 이러한 거시구조를 살펴보는 것이 중요하다. 체내에 있는 다양한 뼈들은 다른 성질과 구조를 가짐에도 불구하고 모든 뼈의 구조는 거시구조 관점에서 두 가지 형태의 뼈 조직 즉, (1) **피질조직**(cortical) **혹은 치밀골과** (2) **해면조직**(trabecula)으로 나눌 수 있다(그림 17.1). 피질조직 뼈는 조밀(상아질과 유사)하고 그림 17.2*b*에서 나타낸 것과 같이 외부구조 또는 뼈의 피질을 구성하고 있다. 뼈의 내부 부분은 얇은 판재로 구성된 해면조직 뼈 또는 그림 17.2*a*에서 나타난 것과 같이 느슨한 그물눈의 기공성의 해면조직 뼈로 구성된다. 해면조직 뼈 영역에서 기공들은 적색 골수로 채워진다. 뼈들은 그 기능적 요구에 따라 해면조직 대비 피질조직 구조의 상대 구성비가 다르기 때문에 각 뼈들의 성질이 다르다.

17.2.3 기계적 성질

뼈는 유기물질과 무기물질로 구성된 2상 복합재료이다. 다른 재료와 마찬가지로 뼈의 기계적 성질은 뼈를 일축 인

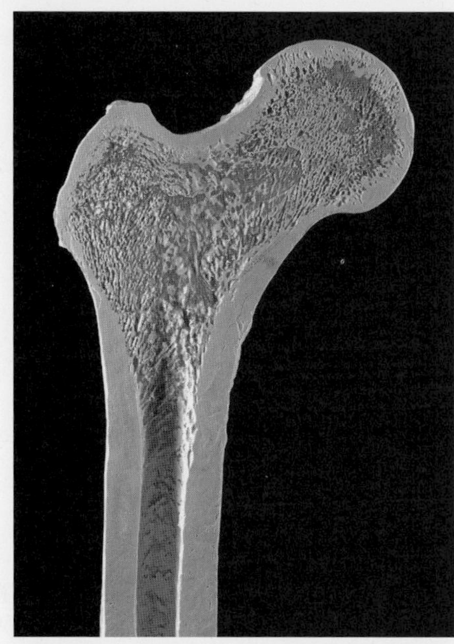

그림 17.1 ➤ 성인 대퇴골의 길이방향 단면.
(ALFRED PASIEKA/SCIENCE PHOTO LIBRARY/Getty Images)

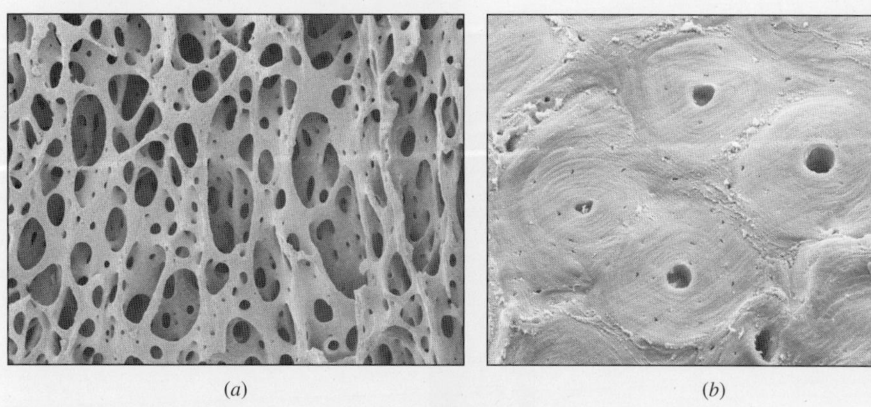

(*a*) (*b*)

그림 17.2 ➤ (*a*) 해면 뼈의 미세사진. (*b*) 인간 경골(정강이뼈) 피질의 SEM 사진.
((*a*) Susumu Nishinaga/Science Source; (*b*) Andrew Syred/Science Source)

장시험을 수행하여 결정된다. 다른 재료에서와 같이 응력-변형률 곡선에서 탄성영역, 항복점, 소성영역, 그리고 파단점이 나타난다. 피질조직과 해면조직 뼈들은 완전히 다른 기계적 성질을 가진다. 피질조직 뼈는 해면조직 뼈보다 밀도가 높고, 더 강하고 더 큰 인성을 갖지만 취성이 강하다. 따라서 이것은 항복되어 변형률이 2.0% 이상이 되면 파괴된다. 그러나 해면조직 뼈는 덜 조밀하지만 골절(파괴)까지 50% 변형률을 지탱할 수 있는데 이는 파괴되기 전에 상당한 양의 에너지를 흡수할 수 있는 다공성 조직 때문이다. 그림 17.3은 두 가지 다른 밀도를 가진 피질조직과 해면조직 뼈에 대한 전형적인 응력–변형률 곡선을 보여주고 있다. 그림 17.3에 나타난 바와 같이 여러 뼈들의 탄성계수, 항복점, 연성, 인성과 파괴 강도가 다름을 분명하게 알 수 있다.

복합재료를 다루는 장에서 이미 섬유강화 복합재의 이방성 거동을 고찰하였다. 예를 들어 탄소 섬유–에폭시 복합재의 종방향과 횡방향에서 기계적 성질 차이를 설명하였다. 동일한 이방성 거동이 뼈에서도 관찰된다. 인간 대퇴골체(femoral shaft)에서 피질조직 뼈를 다양한 방향에서 절개하여 단일 축방향으로 인장시험하여 이에 해당하는 응력–변형률 곡선은 그림 17.4에서 나타낸 것과 같이 서로 완전히 다르다. 종방향 축(L)으로 배열된 시편은 최고 강성, 강도와 연성을 나타내었지만 종방향 축과 수직방향(T)으로 배열한 시편은 가장 낮은 탄성계수, 강도와 연성을 보였다. 이것이 뼈의 이방성 거동을 분명히 보여 주는 것이다. 뼈는 정상적인 일과 활동 중 받게 되는 일상적인 하중의 방향에서 가장 강하고 가장 견고하다고 대체로 말할 수 있다. 뼈들은 대개 인장에서보다 압축에서 훨

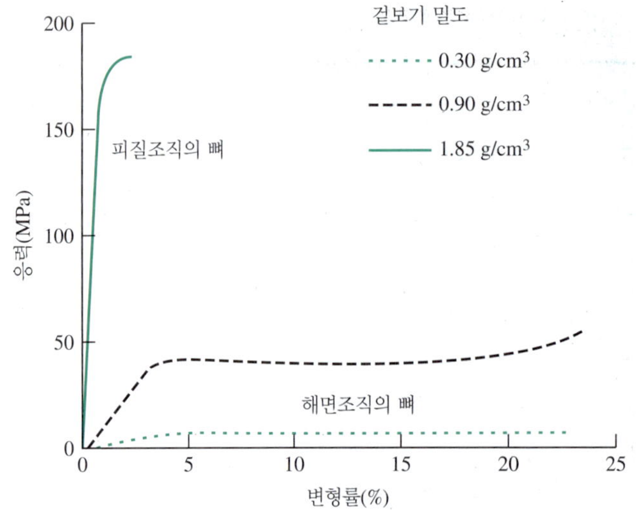

그림 17.3 ➤ 피질조직 및 해면조직 뼈의 응력-변형률 곡선

(출처: Figure adopted from M. Nordin and V.H. Frankel, *Basic Biomechanics of the Musculoskeletal System*, 3rd ed., Lippincot, Williams, and Wilkins. However, the authors of the above source adopted the figure from Keavney, T.M., & Hayes. W.C. (1993) Mechanical properties of cortical & trabecular bone. *Bone*, 7, 285-344.)

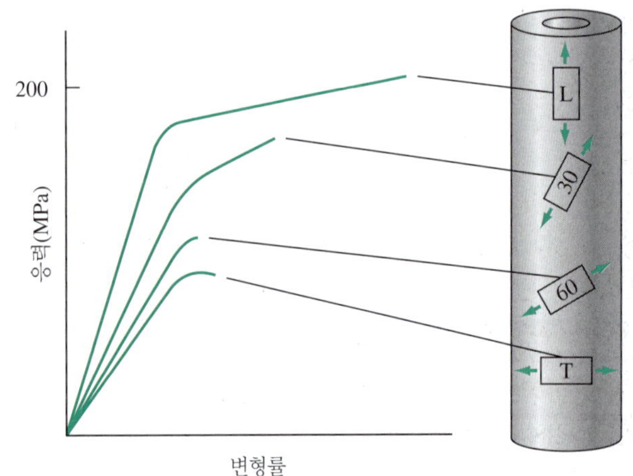

그림 17.4 ➤ 뼈의 이방성을 보여주고 있는 뼈의 다양한 방향에서의 피질조직 뼈의 응력-변형률 곡선

씬 강하다는 것을 인식하는 것은 매우 중요하다. 예를 들면 피질조직 뼈의 인장강도는 130 MPa이고 압축강도는 190 MPa이다. 유사하게 해면조직 뼈도 인장과 압축하에서 비슷한 거동을 한다.

17.2.4 골절의 생체역학

정상적인 일상 활동하에서 인간의 뼈는 인장, 압축, 굽힘, 비틀림, 전단 그리고 이들의 복합 조건을 포함한 다양한 하중 모드를 지탱한다. 아킬레스건(Achilles tendon) 근처의 뼈와 같이 해면 조직이 많은 뼈에서는 인장 파괴가 발생한다. 이것은 장단지 근육이 뼈에 가하는 큰 인장력 때문이다. 전단파괴 또한 해면조직이 많은 뼈에서 더욱 자주 발생한다. 압축하중 하에서 파괴는 대개 척추에서 일어나고 골다공증(증가된 뼈 다공성)을 앓고 있는 노인 환자에서 더 흔하게 일어난다. 굽힘은 뼈에 압축과 인장 응력 모두 발생시킨다. 대개 **대퇴골**(femur) 또는 **경골**(tibia, 정강이 뼈)과 같이 몸에서 긴 뼈들은 이러한 하중 형태에 취약하다. 스키어(skier)가 부츠를 신고 넘어지면 이런 형태의 골절("부츠 탑(boot top)" 골절)에 취약하다. 즉 경골 근위부(경골의 상부)가 앞쪽으로 굽혀지면 부츠 내에서 고정된 상태의 발과 발목의 연결상태 때문에 경골 원위부(경골의 하부)도 같이 앞쪽으로 굽혀지게 된다. 이와 같은 상태에서 부츠와의 접촉(3점 굽힘) 부분은 경골의 움직임이 제약을 받고 이 부츠의 상부에서 경골이 골절된다. 뼈는 인장에 더 약하기 때문에 골절은 인장하에 있는 대퇴골의 측면에서 항상 시작된다. 비틀림에 의한 골절 역시 인체의 긴 뼈에서 발생한다. 이러한 골절은 뼈의 종방향 축에 거의 평행하게 시작되고 종방향 축과 30° 방향으로 진행된다. 대부분의 골절은 위에서 언급한 두 가지 이상의 하중 형태가 존재하여 이들이 서로 조합된 상태에서 발생한다.

17.2.5 뼈의 점탄성

뼈의 또 다른 중요한 생체역학 거동은 하중속도나 변형률에 다양한 반응을 보이는 것이다. 예를 들면, 정상 보행 시 대퇴골의 변형률은 약 0.001/s이나, 천천히 달릴 경우는 대퇴골의 변형률은 약 0.03/s이다. 충격 외상 시 변형률은 1/s 정도까지 나타날 수 있다. 뼈는 하중속도가 다르면 다르게 반응한다. 변형률이 증가하면 뼈는 더욱 딱딱해지고 강해진다(더 높은 하중에서는 부서짐). 작용 변형률 전체 범위에서 피질조직 뼈는 3배 강해지고 탄성계수는 2배 증가한다. 매우 빠른 변형률(충격 외상)에서는 뼈는 또한 더욱 부서지기 쉽다. 뼈도 부서지기 전까지는 상당량의 에너지를 흡수할 수 있다. 이것은 외상에서 중요한 이슈이다. 저에너지 파괴 조건하에서 에너지는 뼈가 부서지는 데에만 소모되므로 주위 조직에 큰 손상을 초래하지 않는다. 그러나 고에너지 파괴 조건 하에서는 여분의 많은 에너지가 주변 조직에 큰 손상을 초래한다. 뼈의 기계적 거동의 시간에 따른 변형률에의 의존성을 *점탄성*(viscoelasticity)라고 한다. 참고로 고분자 재료도 유사한 하중속도 하에서 점탄성 거동을 한다.

마지막으로 뼈도 피로파괴를 한다. 다른 재료처럼 주기적 반복하중이 가해지면 피로파괴가 일어난다. 이것은 웨이트 트레이닝을 하는 운동선수의 경우에서 발생하는 경우의 예에서 볼 수 있다. 여러 반복 하중 후 근육은 피로상태가 되고 결국 뼈는 더욱 큰 하중을 지지해야 된다. 뼈가 지지해야 할 응력이 더욱 커지기 때문에 많은 반복 주기 후에는 피로파괴가 일어날 수 있다.

17.2.6 뼈의 재구성

제1장에서 스마트 재료의 개념을 소개하였다. 이 재료는 환경적 자극을 감지하고 그것에 따라 반응하는 능력이 있다. 뼈는 일종의 복잡한 생물학적 스마트 재료이다. 뼈는 뼈에 부하되는 기계적 부하에 따라 그 크기, 형상과 구조를 변화시킬 수 있는 능력을 갖고 있다. 부하 응력수준이 증가되면 피질조직 또는 해면조직 뼈 무게가 증가하는 뼈의 능력을 **뼈의 재구성**(bone remodeling)이라고 하고 이것은 **울프 법칙**(Wolff's law)으로 알려져 있다. 이것이 육체적 활동이 감소된 노인들과 우주의 무중력 환경에서 오랫동안 활동한 우주 비행사가 뼈손실을 겪는 이유이다. 노인들도 가벼운 무게를 이용하여 적당한 운동을 하면 뼈손실 현상을 감소할 수 있다고 알려져 있다.

17.2.7 뼈의 복합 모델

뼈는 복합재료이므로 구성하는 상의 구성비와 성질을 알면 여러 복합재료 모델을 이용하여 뼈의 기계적 거동을 예측할 수 있다. 따라서 등변형률과 등응력 모델(복합재료 장에서 고찰됨)을 사용하여 피질조직 뼈의 탄성계수를 예측할 수 있다.

$$E_b = V_o E_o + V_m E_m \quad \textbf{(17.1)}$$

$$\frac{1}{E_b} = \frac{V_o}{E_o} + \frac{V_m}{E_m} \quad \textbf{(17.2)}$$

아래첨자 b, o, m은 각각 뼈(bone), 유기물(organic)과 미네랄(mineral)이다. 여기서 유기물상은 콜라겐이고 미네랄상은 하이드록시아파타이트이다. 등변형률 모델은 탄성계수의 상부한계를 나타내고 등응력 모델은 하부한계를 나타낸다는 것을 잘 알고 있다. 등응력과 등변형률 조건의 조합을 사용하는 모델이 개발되었으며 다음과 같이 나타낼 수 있다.

$$\frac{1}{E_b} = x.\left(\frac{1}{V_o E_o + V_m E_m}\right) + (1 - x)\left(\frac{V_o}{E_o} + \frac{V_m}{E_m}\right) \quad \textbf{(17.3)}$$

여기서 x는 등변형률 조건에 따라 거동하는 재료의 비율을 나타낸다.

예제 17.1

식 (17.1)과 (17.2)에서 변수들의 전형적인 값들은 다음과 같다.

$$E_o = 1.2 \times 10^3 \text{ MPa}$$
$$E_m = 1.14 \times 10^5 \text{ MPa}$$
$$V_o = V_m = 0.5$$

a. 뼈의 탄성계수에 대한 상부한계와 하부한계를 구하라.

b. 뼈의 탄성계수 실험값을 17 GPa이라고 하면 등변형률 조건에 따라 거동하는 뼈의 비율을 구하라.

풀이

a. 등변형률 모델

$$\begin{aligned} E_b &= E_0 V_0 + E_m V_m \\ &= (0.5 \times 1.2 \times 10^3 \text{ MPa}) + (0.5 \times 114 \times 10^3 \text{ MPa}) \\ &= 57.6 \times 10^3 \text{ MPa } (57.6 \text{ GPa}) \end{aligned}$$

등응력 모델

$$\begin{aligned} \frac{1}{E_b} &= \frac{V_0}{E_0} + \frac{V_m}{E_m} \\ &= \left(\frac{0.5}{1.2 \times 10^3 \text{ MPa}}\right) + \left(\frac{0.5}{114 \times 10^3 \text{ MPa}}\right) \\ &= \frac{0.421}{10^3 \text{ MPa}} \\ E_b &= 2.37 \times 10^3 \text{ MPa } (2.37 \text{ GPa}) \end{aligned}$$

탄성계수의 상부한계는 57.6 GPa이고 하부한계는 2.37 GPa이다.

b. 이들 값과 주어진 값 Eb (17 GPa)를 식 (17.3)에 대입하면

$$\frac{1}{E_b} = x\left(\frac{1}{E_o V_o + E_m V_m}\right) + (1-x)\left(\frac{V_o}{E_o} + \frac{V_m}{E_m}\right)$$

$$\frac{1}{(17 \times 10^3 \text{ MPa})} = x\left(\frac{1}{57.6 \times 10^3 \text{ MPa}}\right) + (1-x)\left(\frac{0.421}{10^3 \text{ MPa}}\right)$$

x에 대하여 풀면 $x = 0.897$을 얻을 수 있다. 이것은 뼈의 89.7%가 등변형률 조건에 따라 거동한다는 것을 의미한다.

17.3 생물학적 재료: 힘줄과 인대

17.3.1 거시구조와 조성

힘줄과 인대는 우리의 근골격계에서 볼 수 있는 연성 조직이다. **힘줄**(tendons)은 근육과 뼈에 있는 삽입 위치를 연결하는 조직이다(그림 17.5*a*). **인대**(ligaments)는 뼈와 뼈 사이를 연결하는 조직이다(그림 17.5*b*). 이들 조직의 물리적 크기는 수 mm에서 수 cm 정도이다. 힘줄은 근육 수축으로 발생된 힘을 뼈에 전달하는 데 도움을 준다. 인대는 관절의 수동적 안정제로서 역할을 한다. 힘줄의 기능적 하중은 인대보다 더 높다. 이러한 조직들은 천연 복합재료들이다. 이들 조직들의 총 무게의 약 60%가 물이다. 건조된 조직들의 무게의 약 80%가 인체 총 단백질의 약 1/3을 구성하는 섬유질 단백질인 콜라겐(유형 1)으로 구성된다.

17.3.2 미세구조

콜라겐 분자는 인대와 힘줄 내에서 **섬유아세포**(fibroblasts)라고 하는 특수 세포에 의해 분비된다. 이 콜라겐 분자

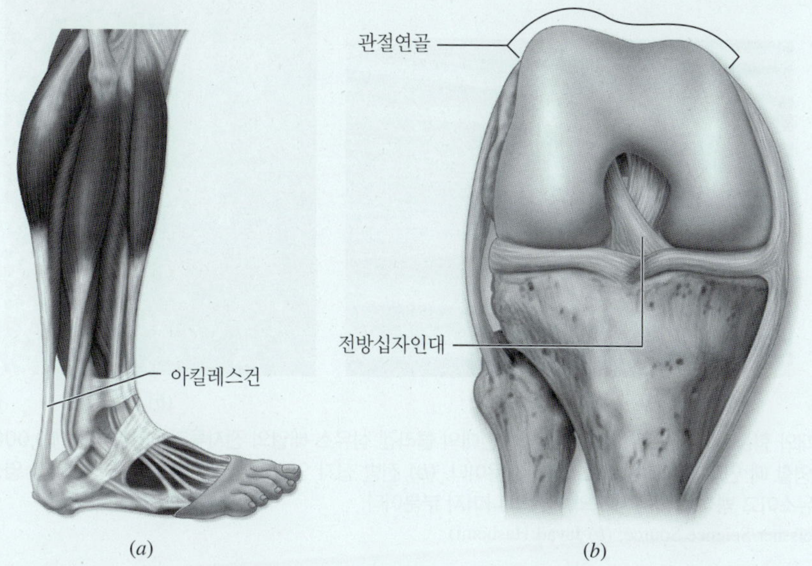

그림 17.5 ➤ 거시적 그림으로 (*a*) 장단지 근육과 발꿈치 뼈를 연결하는 아킬레스건과 (*b*) 넓적다리 뼈와 정강이 뼈를 연결하는 전방 십자 인대.

들은 평행 배열로 **세포외 기질**(extracellular matrix)에 모여 미세섬유소를 형성한다. 여러 다른 미세섬유소의 콜라겐 분자들은 교차결합을 하기 때문에 미세섬유소들이 모여 **섬유소**(fibrils)를 생성한다(그림 17.6). 콜라겐 섬유소가 인대와 힘줄의 중요한 하중을 지지하는 구성요소이다. 이 섬유소는 하중방향으로 배열되었다가 하중을 제거하면 굽혀지게 된다(그림 17.7). 여러 개의 콜라겐 섬유소가 모이면 이 연질조직(soft tissue)의 기능 단위인 하나의 *다발*(bundle)을 형성한다.

연성조직의 미세구조를 관찰하기 위하여 주사전자현미경(SEM)과 투과전자현미경(TEM)이 이용된다(그림 17.7). 주사전자현미경(SEM) 기법을 사용하여 섬유소의 파괴와 상태를 조사하는 데 사용하고, 투과전자현미경(TEM)을 사용하여 콜라겐 섬유소의 직경, 섬유소의 밀도와 분포 등의 초구조적 인자들을 측정한다. 이를 위해 마이크로톰(microtome)이라고 부르는 특수 장치를 사용하여 조직을 아주 얇은 조각(1~10 μm)으로 절단한다. 이 조각은 주사전자현미경으로 조사하기 전에 다시 여러 단계를 거쳐 탈수하고 염색처리된다. 최근의 이미지 분석 알고리즘의 발전으로 특수 소프트웨어가 개발되어 평균 섬유소 직경 등의 초구조적 인자를 측정할 수 있게 되었다.

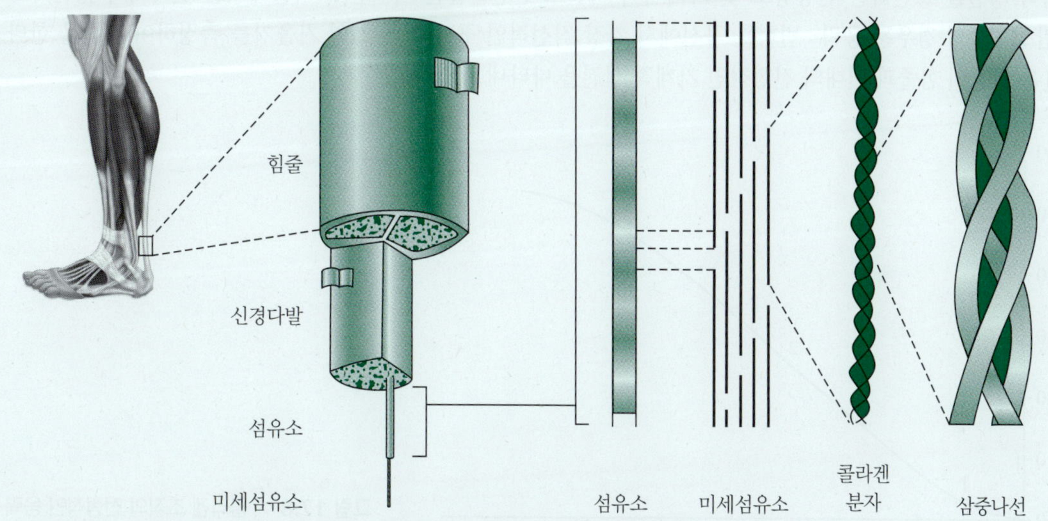

그림 17.6 ➤ 힘줄과 인대의 기능 단위를 형성하는 콜라겐 분자들의 계층적 배열.
(출처: *Standard Handbook of Biomedical Engineering and Design*, Fig. 6.5, p. 66, McGraw Hill.)

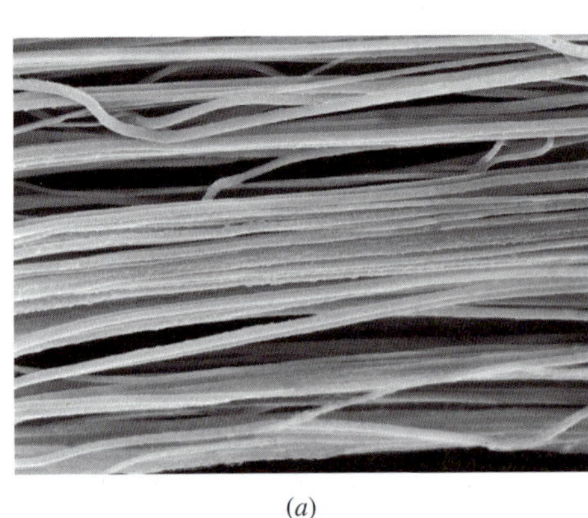
(a)

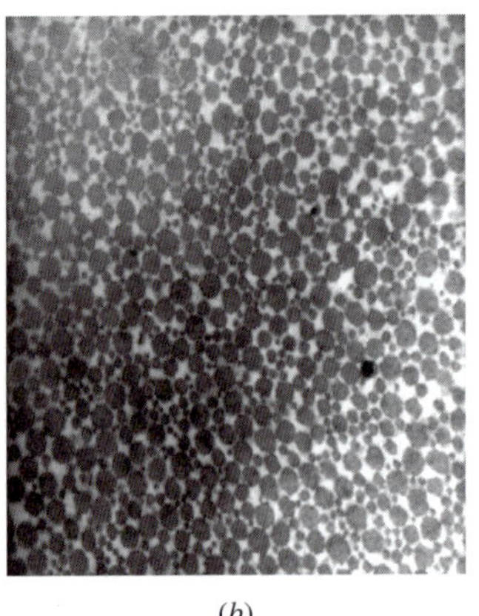
(b)

그림 17.7 ➤ 인대와 힘줄의 미세구조. (*a*) 전방 십자 인대의 콜라겐 섬유소 배열의 전자투과현미경 영상(10,000×). 섬유소의 파형 형상은 영상을 촬영할 때 인대에 부과된 최소 하중 때문이다. (*b*) 전방 십자 인대의 횡단면의 전자투과현미경 영상(30,000×). 검은 형상은 콜라겐 섬유소이고 백색 물질은 세포외 기질의 나머지 부분이다.
((*a*) Steve Gschmeissner/Science Source; (*b*) Javad Hashemi)

대부분의 연질조직에서의 콜라겐 섬유소의 직경은 20~150 nm 범위이다.

17.3.3. 기계적 성질

콜라겐 섬유소의 굽혀지는 본성 때문에 힘줄과 인대의 기계적 거동은 금속과 뼈와는 크게 다르다. 이들 조직의 기계적 성질은 일축 인장시험으로 얻을 수 있다. 이들 조직에 부과되는 기능적 하중은 항상 축방향에 따라 인장 형태로 힘이 가해지기 때문에 다른 방향에서의 기계적 성질은 중요하지 않다.

그림 17.8은 힘줄의 전형적인 응력-변형률 곡선을 보여주고 있다. 이 그림에서 볼 수 있듯이 3개의 뚜렷한 영역이 있다. 영역 1과 3은 비선형적이나 영역 2는 비교적 직선적이다. 조직이 하중을 받게 되면 섬유소는 펴지기 시작한다. 그러나 모든 섬유소가 똑같이 굽혀지지는 않지만 하중이 증가하면 섬유소가 더욱 많이 펴져서 하중을 지탱하게 된다. 하중 초기 단계에서는 응력-변형률 곡선의 초기와 같이 비선형 영역(영역 1)으로 콜라겐 섬유소의 연속적인 회복 때문이다. 곡선에서 이 부분은 **토우 영역**(toe-region)이라고 한다. 일단 섬유소의 원상회복이 끝나면 모든 섬유소는 하중을 지지하고 탄성변형을 한다. 이 때문에 이 곡선의 중간 부분에서 선형 영역(영역 2)이 발생한다. 하중이 점점 증가하여 개별적인 섬유소들의 최대 강도에 도달하게 되면 섬유소들이 파괴가 일어나게 된다. 콜라겐 섬유소의 연속적인 파괴가 곡선의 끝부분에 해당하는 비선형구간을 만들게 된다(영역 3). 통상적으로 기계적 성질을 표현하는 인장강도 및 파괴시의 퍼센트 연신률들은 이러한 조직들에서는 변하지가 않는다. 그러나 탄성계수의 경우는 응력-변형률 곡선에서 가장 직선적인 구간(영역 2)의 기울기를 측정하여 계산을 한다. 표 17.1은 인간의 힘줄과 인대의 전형적인 기계적 성질을 나타내고 있다.

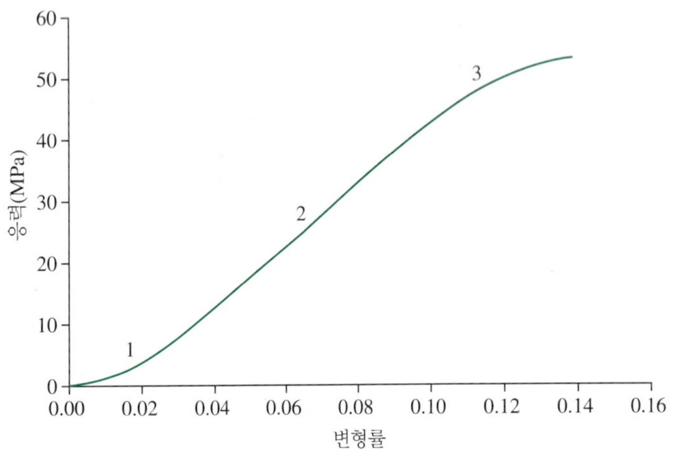

그림 17.8 ➤ 콜라겐 조직의 전형적인 응력-변형률 곡선으로 분명한 비선형(영역 1과 3)과 선형(영역 2) 영역.

표 17.1 ➤ 인체의 인대와 힘줄의 전형적인 기계적 성질; 여기 값들은 평균 ± 표준편차로 나타낸다.

조직	최대 응력(MPa)	최대 변형률	탄성계수(MPa)
전방 십자인대(무릎)	22 ± 11	0.37 ± 0.12	105 ± 48
후방 십자인대(무릎)	27 ± 9	0.28 ± 0.09	109 ± 50
무릎 힘줄(무릎)	61 ± 20	0.16 ± 0.03	565 ± 180
내측 측부 인대(무릎)	39 ± 5	0.17 ± 0.02	332 ± 58
아킬레스건(무릎)	79 ± 22	0.09 ± 0.02	819 ± 208
사두근(무릎)	38 ± 5	0.15 ± 0.04	304 ± 70
요추 전종인대(척추)	27 ± 6	0.05 ± 0.02	759 ± 336

17.3.4 구조–성질 관계

표 17.1을 참고하면 연질조직의 기계적 성질에 대한 값들에서 큰 차이가 있음을 알 수 있다. 기계적 성질을 결정하기 위한 연구를 수행하다 보면 평균값의 50% 표준편차가 흔히 발생하기도 한다. 이것은 인대와 힘줄의 기계적 성질을 조절하고 영향을 미치는 여러 인자들 때문이다. 조직에서 콜라겐의 양, 콜라겐 섬유소 밀도, 그리고 콜라겐 교차결합 정도가 콜라겐 조직의 기계적 성질에 직접 영향을 미친다. 연령과 같은 인자는 조직 내의 콜라겐 섬유소의 수를 감소시킨다. 조직의 단위 면적당 콜라겐이 차지하는 총 면적이 감소하면 조직의 하중지지능력이 감소하고 또 최대 강도도 감소한다. 단위 면적당 콜라겐 섬유소의 수가 감소하면 인성도 감소하며 탄성계수 역시 감소하게 된다. 성별과 개인별 활동 수준(조직에 부하되는 기능적 하중) 등의 추가적 인자들이 인대와 힘줄의 콜라겐 섬유소수에 영향을 미치므로 기계적 성질에도 영향을 미친다. 그림 17.9는 콜라겐 양과 인간 **전방 십자 인대**(anterior cruciate ligament: ACL) 최대 강도 사이의 실험적 관계를 나타내고 있다.

17.3.5 구성 모델과 점탄성

인대와 힘줄의 응력–변형률 관계는 조직들 본래의 복잡한 특성 때문에 탄성계수와 같은 단순한 탄성 인자만으로는 연질조직의 탄성거동의 특성을 적절히 설명하기란 어렵다. 이 목적으로 응력과 변형률의 관계에 대한 복잡한 비선형적 구성 모델이 개발되었다. 이것의 한 관계식은 다음과 같다.

$$\sigma = C\epsilon e^{(a\epsilon + b\epsilon^2)} \tag{17.4}$$

여기서 σ는 공칭 응력이고, ε은 공칭 변형률이다. 상수 C, a와 b는 실험을 통하여 정해지는 값들이다.

금속의 기계적 성질을 다룬 장에서 금속은 탄성 영역에서 선형적으로 기계적 거동을 한다는 것을 공부하였다. 금속시편에 인장응력 σ를 작용하면 금속은 늘어난다. 변형률 ε은 부하응력과 탄성 계수 E의 기울기를 갖는 직선적인 관계를 갖는다. 이 거동은 선형 스프링의 거동과 유사하다. 따라서 금속의 탄성거동은 선형 스프링을 모델로 사

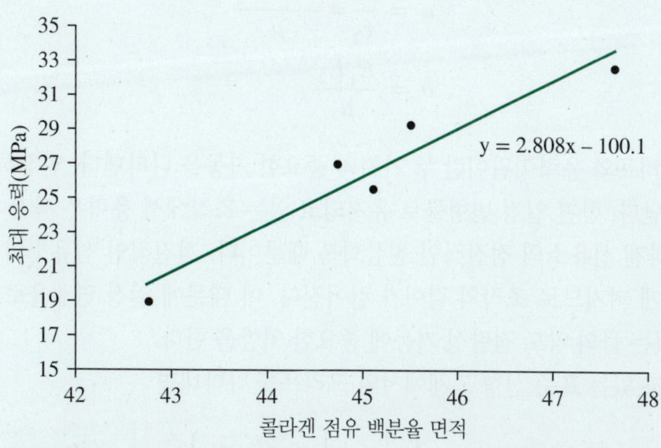

그림 17.9 ➤ 전방 십자 인대(ACL)의 최대 인장강도와 콜라겐 점유 단면적 백분율과의 실험적 관계. 회귀식을 그림에 나타내었음.

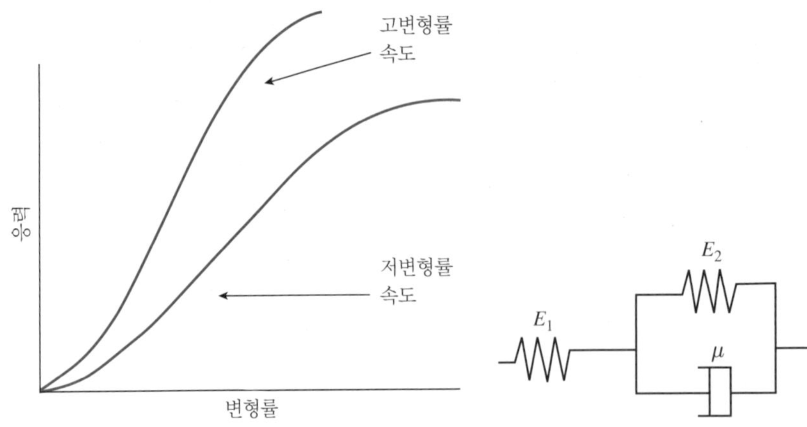

그림 17.10 ➤ (*a*) 두 개의 다른 변형률 속도에서 연질조직의 응력–변형률 거동의 모식도. (*b*) 점탄성 조직의 응력–변형률 반응을 모델링하는 데 사용되는 표준 선형 고체 모델.

용할 수 있다. 힘줄과 인대 조직은 상당히 점탄성적 이어서 후크 법칙(Hooke's law)과 식 (17.4)와 같은 특수한 구성식은 인대와 힘줄의 단지 준안정적 거동만을 나타낼 수 있다. 이들의 기계적 거동은 하중속도에 달려 있다. 하중속도가 증가하면 탄성계수와 최대 인장 강도도 증가한다(그림 17.10*a*). 그러나 탄성 스프링은 속도 의존적인 점탄성 재료의 기계적 거동을 나타낼 수 없다. 점탄성 거동을 표현하기 위하여 뉴톤 점성 대시포트와 선형 스프링을 결합한 모델을 사용한다. 스프링과 대시포트가 어떻게 연결되는지에 따라 여러 가지 점탄성 모델들이 있다. 그림 17.10 (*b*)는 표준 선형 고체 모델을 보여주고 있다. 이 모델에서는 하나의 스프링과 하나의 대시포트가 병렬로 연결되어 있고 다시 이것이 두 번째 스프링에 직렬로 연결되어 있다.

그림 17.10*b*에서 나타낸 표준 선형 고체 모델의 응력–변형률 거동은 다음과 같이 나타낸다.

$$\dot{\sigma} + \frac{1}{\mu}[E_1 + E_2]\sigma = E_1\dot{\epsilon} + \frac{E_1E_2}{\mu}\dot{\epsilon} \tag{17.5}$$

여기서 E는 탄성계수(N/m^2), μ는 점성계수(Ns/m^2)이고 $\dot{\sigma}$과 $\dot{\epsilon}$은 시간에 따른 응력 및 변형률의 변화율이다. 식 (17.5)는 일정 변형률 속도 C에서 인장응력을 받고 있는 점탄성 재료의 응력–변형률 반응을 아는 데 사용될 수 있다. 초기 조건[시간 $t = 0$에서 $\sigma(t)$와 $\varepsilon(t)$]를 적용하면

$$\sigma(t) = C\left[\frac{aE_1 - b}{a^2}\right](1 - e^{\frac{-t}{\tau_2}}) + \frac{b}{a}Ct \tag{17.6}$$

여기서

$$a = \frac{1}{\tau_2} = \frac{E_1 + E_2}{\mu}$$
$$b = \frac{E_1E_2}{\mu}$$

이러한 연질조직은 크리프와 응력이완이란 두 가지의 중요한 거동을 나타낸다. 인장하중이 일정하게 유지되면 조직은 시간에 따라 늘어난다. 한편 일정 변형률로 유지되고 있는 조직에서 응력은 시간에 따라 감소한다. 조직의 크리프와 응력이완은 콜라겐 섬유소의 점진적인 원상회복 때문이다. 점진적인 섬유소의 원상회복 때문에 추가적인 섬유소는 하중하에 곧게 펴지므로 조직의 길이가 길어진다. 이 때문에 일정 연신율로 유지되면 조직응력이 감소될 것이다. 조직 내에 있는 물의 양도 점탄성 거동에 중요한 역할을 한다.

일정 응력 σ로 유지되고 있는 표준 선형 고체에서의 크리프를 나타내면

$$\epsilon(t) = \left\{\frac{1}{E_1} + \frac{1}{E_2}\left(1 + e^{\frac{-t}{\tau_1}}\right)\right\}\sigma \tag{17.7}$$

여기서

$$\tau_1 = \mu / E_2$$

일정 변형률 ε에서 유지되고 있는 표준 선형 고체의 응력이완은 다음과 같이 나타낸다.

$$\sigma(t) = \left\{ \frac{E_1 E_2}{E_1 + E_2} \left[1 + \frac{E_1}{E_2} e^{\frac{-t}{\tau_2}} \right] \right\} \epsilon \quad \textbf{(17.8)}$$

여기서

$$\tau_2 = \mu / (E_1 + E_2)$$

식 (17.7)과 (17.8)에서 괄호 속의 표현들을 각각 *크리프*(creep)와 *응력이완 함수*(stress relaxation functions)라고 부른다.

작용 하중에 적응하는 고유 능력과 함께 조직의 크리프와 응력이완 거동은 진료 용도에 사용된다. 이를테면 뼈의 변형은 특수 의료장치를 사용하여 뼈에 일정 하중을 작용시켜 교정될 수 있다. 또 다른 예는 운동선수들의 스트레칭 훈련이다. 관절의 유연성은 스트레칭 훈련으로 증대되기 때문에 스포츠 활동에서 부상의 위험성을 줄여준다. 그러나 이 성질은 임상 적용시 바람직하지 않는 결과를 초래할 수도 있다. 예를 들면 ACL이 부상되면 **슬개골 힘줄**(patellar tendon) 이식은 찢어진 ACL을 재구성하는 데 사용된다. 이 이식조직(graft)은 크리프와 응력이완 때문에 시간이 지남에 따라 느슨해진다. 이와 같이 인장응력이 떨어지는 것은 무릎 관절에서의 접촉응력을 변화시켜 무릎 퇴화를 초래한다.

17.3.6 인대와 힘줄 부상

인대와 힘줄이 찢어지는 것은 활발한 스포츠 활동을 하는 사람들에게는 일반적이다. 관절의 능동적 안정화 구조물인 근육이 적절한 시간에 수축하지 못하면 인대가 주된 외력을 지지하게 되고 때로는 찢어진다. 예를 들면 사람이 점프하고 바닥에 착지할 때 착지 과정에서 무릎 주위 근육이 적절한 힘으로 수축하지 못하면 지면으로부터의 반작용 힘이 넓적다리뼈에 대하여 정강이뼈를 지나치게 앞 방향으로 이동하게 한다. 이것이 전방 십자인대를 찢는 결과를 초래한다. 힘줄 부상은 외력에 저항하는 근육의 지나친 수축 때문에 일어난다. 예를 들면 스노보드를 타는 사람이 만약 회전 중 넘어지지 않도록 팔을 사용하는 경우 이두박근과 앞 팔을 연결하는 힘줄이 파열될 수 있다. 인대 및 힘줄 조직들에서의 미시적 찢어짐은 일상생활에서 발생할 수 있으나 시간이 경과하면 치유가 되고 인대는 하중을 지탱하기 위해 재형성된다. 힘줄 부상은 치유가 되는 데 반하여 인대 부상의 경우 인대 주위의 **윤활액**(synovial fluid)의 존재 때문에 치유되지 않는다. 인대 파열은 이식조직을 이용하여 찢어진 인대를 대체하여 치료된다.

예제 17.2

슬개골 힘줄에 대한 식 (17.4)에서 C, a와 b 값(응력은 MPa로 계산)들은 각각 142, 20과 −90이다. 파괴 변형률이 15%라고 하면 조직의 최대 인장강도를 계산하라 (주: 연질조직 시험에서 파괴는 조직이 완전히 찢어지는 점에서 발생하지 않고, 최대 응력점에서 파괴가 일어난다고 가정한다).

풀이

식 (17.4)에 파괴 변형률의 값 C, a와 b를 대입하여 응력을 구한다.

$$\begin{aligned}\sigma &= C\epsilon e^{(a\epsilon + b\epsilon^2)} \\ &= 142 \cdot 0.15 \cdot e^{(20 \cdot 0.15 + (-90) \cdot 0.15^2)} = 56.5 \text{ MPa}\end{aligned}$$

식 (17.3)을 사용하여 0에서 0.15 범위의 변형률에서 응력값들을 구하면 다음 곡선을 얻을 수 있다.

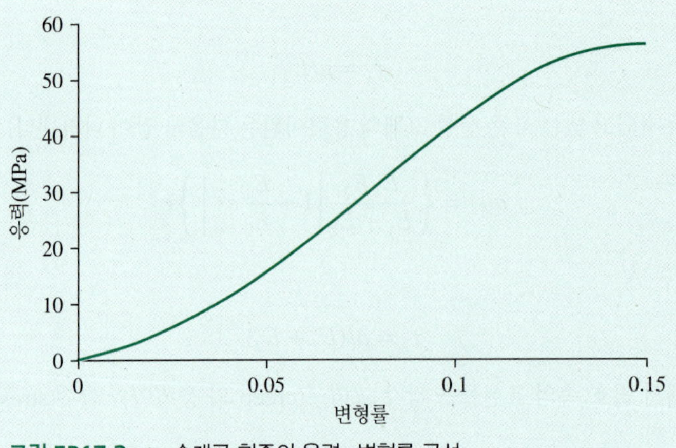

그림 EP17.2*a* ➤ 슬개골 힘줄의 응력–변형률 곡선.

곡선의 직선부분만(그림 EP17.2*a*에서 변형률값 0.05에서 0.12 사이)을 그림 EP17.2*b*에 도시하였다. 선형 회귀선을 곡선에 맞추면 그 선분의 식이 얻어진다. 이 선의 기울기가 탄성계수를 나타낸다.

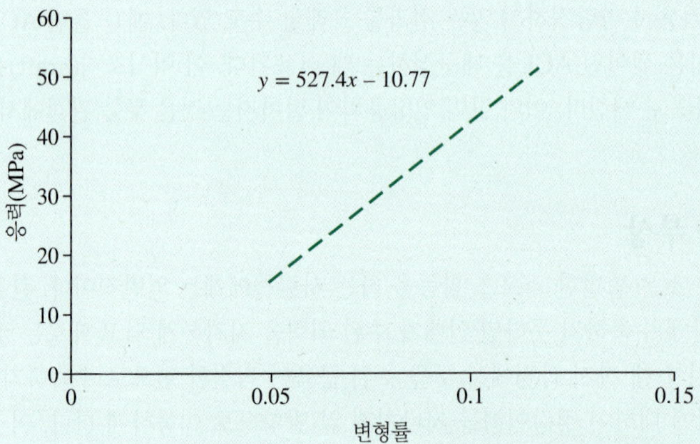

그림 EP17.2*b* ➤ 그림 EP17.2*a*의 응력–변형률 곡선의 직선 부분. 점선은 이 부분의 최소제곱적합을 나타낸다. 회귀식도 나타내었다.

그림 EP17.2*b*와 같이 탄성계수는 527 MPa이다.

17.4 생물학적 재료: 관절연골

17.4.1 조성과 거시구조

인체는 종종 큰 하중을 받는다. 많은 관절 부위는 높은 운동도를 갖는다. 공학도로서 우리는 두 부분 사이에 상대적인 운동이 있을 때마다 마찰과 마모가 있다는 것을 잘 알고 있다. 우리의 관절에서 마모와 마찰을 최소화하고 넓은 면적으로 하중을 분산시키기 위하여 뼈의 관절 끝은 관절연골이라고 부르는 특수화된 조직으로 덮혀 있다. 관절연골은 혈관이 없으므로 어떤 피의 공급도 신경도 없다. 조직은 옅은 흰색으로 두께 1~6 mm이고 관절 끝 형상에 부합하여야 한다. 관절연골은 다공성 기질, 물과 이온으로 구성된다. 물은 관절연골 습식 무게의 70~90% 정도를 차지한다. 습식 무게의 약 10~20%는 II형 콜라겐이다. 습식 무게의 약 4~7%가 **프로테오글리칸**(proteoglycans)이라고 불리는 복잡한 거시 분자로 구성된다. 프로테오글리칸은 물이 존재하는 연골에서 COO^-와 SO^{-3} 이온을 유도한다.

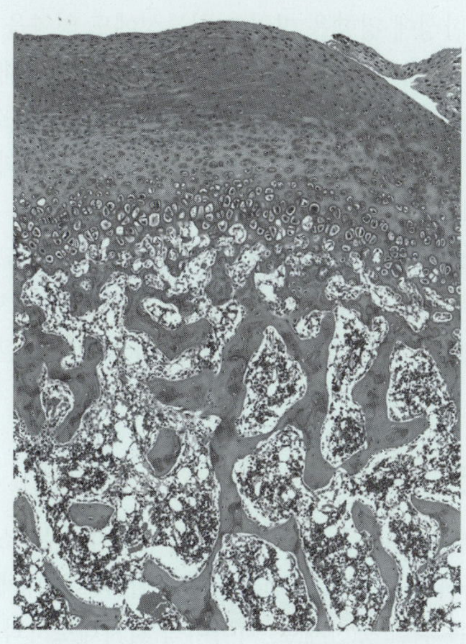

그림 17.11 ➤ 관절연골의 미세구조. 그림은 여러 층에서 콜라겐 섬유소 배열을 보여준다. (MicroScape/Science Source)

17.4.2 미세구조

연골은 그 두께를 따라 4개의 영역으로 구성된다. 관절 표면 가까이에는 콜라겐 섬유소가 관절 표면에 접선방향으로 배열되어 있다. 이 영역 아래는 중간 영역으로 콜라겐 섬유소가 무질서하게 배열되어 있다. 중간 영역 아래는 내부 영역으로 콜라겐 섬유소가 가장 두껍고 방사상으로 위치되어 있다. 접선방향 영역에는 콜라겐 양이 가장 많으나 프로테오글리칸 양은 가장 낮다. 내부 영역에서는 프로테오글리칸 양이 가장 많으나 물의 양은 가장 낮다. 내부 영역 아래는 연골과 칼슘 광물질을 포함하는 석회화 연골층이다. 이 층이 연골을 연골밑뼈(subchondral bone)로 고정시킨다. 그림 17.11은 관절연골의 도식도와 사진을 보여주고 있다. 척추 디스크는 *섬유연골*(fibrocartilage)이라 고 부르는 또 다른 형태의 연골로 구성됨을 주목하여야 한다.

17.4.3 기계적 성질

관절연골은 높은 수분량을 포함하고 있기 때문에 매우 점탄성적이다. 관절연골에는 콜라겐 섬유소가 여러 층에서 서로 다른 방위로 배열하고 있어 이방성과 불균일성이 매우 크다. 관절연골의 기계적 거동은 기질의 고유 성질, 기질 내에서의 물의 흐름과 기질 내에 존재하는 이온들의 영향등에 의해 의존하게 된다. 관절연골의 전형적인 인장 거동은 인대와 힘줄과는 다르지 않다. 탄성계수는 시험의 종류(정적 또는 동적)와 콜라겐 섬유소 배열에 대한 하중 방향에 따라 4~400 MPa 범위이다.

관절연골은 생체 내에서 보통 압축과 전단 하중을 받는다. 조직에서 콜라겐 구조는 압축력을 견디지 못한다. 그러나 프로테오글리칸 분자는 음전하의 존재 때문에 강한 분자 내 그리고 분자 간 반발력을 형성한다. 이 분자들은 팽창을 저항하는 콜라겐 망에 의해 구속되고 연골에 작용된 압축응력에 저항하는 내부 인장응력을 형성한다. 부가적으로 주변의 유체로부터 전기적 중성을 맞추기 위하여 이온들이 갇혀 있는 프로테글리칸 쪽으로 이동하게 되고 조직을 더욱 팽창시키게 된다.

가해진 압축 응력에 대한 연골 기질의 저항은 구속 압축시험으로 측정된다. 이 시험에서는 연골 시편을 다공성 평판을 사용하여 원통형 챔버에서 주어진 하중에서 평형에 도달할 때까지 압축한다. 다른 응력값에 대하여 이러한 테스트를 반복적으로 실시한다. 그리고 평형 집합체 계수(탄성계수와 유사함)를 계산하기 위하여 응력-변형률 반응을 측정한다.

17.4.4 연골 퇴화

연골에는 피가 공급되지 않으므로 제한된 범위의 자가 치유 능력을 갖고 있다. 생리적 및 기계적 요인들이 관절 연골 조직의 퇴화를 유도할 수 있다. 반복되는 높은 응력 하중과 콜라겐-프로테오글리칸 기질의 분해가 연골 퇴화를 일으킨다고 알려져 있다. 연골 퇴화는 기질의 기계적 통합성에 영향을 미치고 침투성에도 영향을 미쳐 조직의 기계적 거동에 영향을 미친다. 장시간의 비정상적인 관절에서의 응력분포(인대 부상과 같은 인자 때문)와 연골에서의 단일 외상 하중 또한 연골퇴화의 원인이 된다. 관절연골의 퇴화는 관절 공간(그림 17.12)을 축소하고 연골밑뼈가 접촉력에 직접 노출되어 관절 통증을 초래하게 된다. 이러한 연골 퇴화는 일상생활 중에 통증과 부종을 수반하며 이러한 연골퇴화를 골관절염(osteoarthritis)이라고 한다.

골관절염은 치료하기가 어렵다. 종종 골관절염에 의해 영향을 받는 관절 표면 전체를 도려내고 금속 이식물로 대체한다. 경우에 따라서는 관절을 구성하는 뼈의 주요 부분들을 치환하여 대체함으로써 관절 전체를 대체하기도 한다. 이러한 수술을 관절대체수술이라고 부른다. 생체재료는 그와 같은 임상적용에서 중요한 역할을 한다.

17.5 생체재료: 생체의학에 응용되는 금속

금속은 생체의학에서 넓고 다양하게 응용되고 있다. 일부 응용은 손상된 또는 기능장애가 있는 조직의 대체와 같이 기능회복을 위한 특수한 것으로 한 적용 예로 뼈나 관절의 일부 또는 전부를 금속합금으로 대체 또는 보강하는 정형외과 응용이 있다. 치과 응용에서 금속은 썩은 치아를 위한 충전재료, 치아이식 지지대로서의 나사 그리고 치아 재료 대체에 사용되고 있다. 손상된 생물학적 조직의 대체, 기능 회복을 위하여 그리고 인체 체액과 항상 또는 간헐적으로 접촉하는 부분에 사용되는 재료를 총괄하여 생체재료라고 불리우는데 이러한 재료중 금속만을 한정할 경우 이를 **생체금속**(biometals)이라고 한다. 외부 보철로 사용되는 금속 이외에 의학용, 치과용과 외과용 장치에 사용되는 금속들은 계속적 또는 간헐적으로도 체액에 노출되지 않기 때문에 분명히 생체재료로 분류되지 않는다. 이 절에서는 임프란트와 여러 관절에의 고정장치[예, 고관절(히프), 무릎, 어깨, 손목과 발목]와 인체 뼈와 같이 구조적으로 중요한 응용에 가장 많이 사용되는 생체금속을 고찰한다.

생체금속들은 인체에 가장 적합하게 적용이 될 수 있는 특정한 특성을 가지고 있다. 체내의 환경은 매우 부식적이므로 이식 재료(정형외과 또는 치과)를 열화시켜 유해한 이온 또는 분자들이 방출될 수 있다. 따라서 생체금속이 갖추어야 할 가장 중요한 성질은 **생체친화성**(biocompatibility)이다. 생체친화성이란 인체에 사용될 때 재료의 화학적 안정성, 내식성, 비발암성(noncarcinogenicity)과 비독성으로 정의된다. 만약 금속이 생체친화성이 만족되면 다음으로 중요한 성질은 인체의 고도의 부식적 환경에서 크고 변화하는 (반복적) 응력을 견뎌야 한다는 점이다. 보통 사람들은 정상적인 일상 활동으로 고관절이 일 년에 1백만에서 250만 사이클의 응력을 받는다는 것을 알면 금속의 하중지지능력의 중요성을 인식하게 될 것이다. 이것은 50년 이상 동안 5천만에서 1억의 응력 사이클에 해당

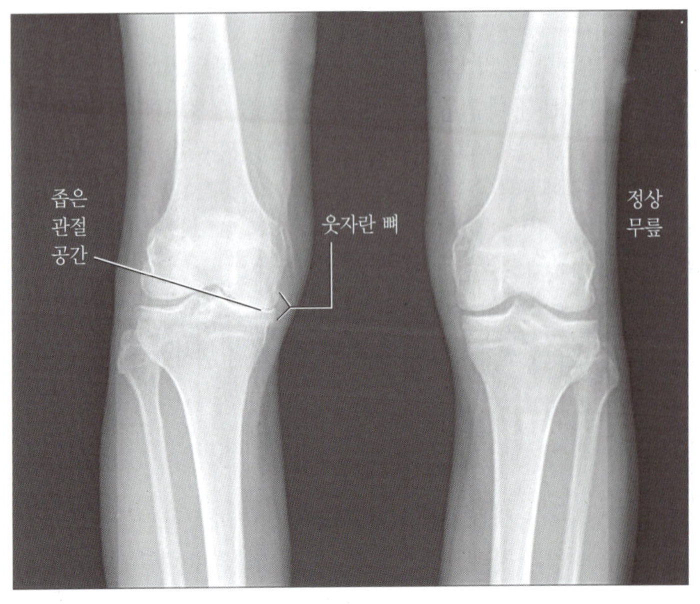

그림 17.12 ➤ 골관절염의 방사선 투과사진 (*a*)와 (*b*) 정상 무릎.
((*a-b*) 출처: National Human Genome Research Institute)

하는 것으로 계산될 수 있다. 그러므로 생체재료는 심한 부식환경에서 강해야 하고 피로 저항성과 마모 저항성을 반드시 가져야 한다. 어떤 금속이 이 조건들을 만족할 수 있을까?

순금속 Co, Cu, Ni 등은 인체에 독성이 있다. 반면에, 순금속 Pt, Ti, Zr은 아주 높은 수준의 생체친화성을 가진다. 금속 Fe, Al, Au, Ag는 보통 수준의 생체친화성이 있다. 일부 스테인리스강과 Co-Cr합금 역시 보통 수준의 적합성을 가진다. 실제로 인체에서 하중지지용으로 가장 많이 사용되는 금속은 스테인리스강, Co 기지합금과 티타늄합금이다. 이들 금속들은 받아들일 수 있는 수준의 생체친화성과 하중지지 특성을 가지고 있으나 어떠한 금속도 특정 분야 응용에 필요한 모든 특성들을 가질 수는 없다.

17.5.1 스테인리스강

페라이트계, 마르텐사이트계와 오스테나이트계를 포함한 스테인리스강의 분류는 이미 앞 장 등에서 공부하였다. 정형외과 응용에서는 오스테나이트계 스테인리스강 316L (18 Cr-14 Ni-2.5 Mo-ASTM F138)이 가장 자주 사용된다. 이 금속은 비교적 저렴하고 기존의 금속성형 기술로 쉽게 성형될 수 있기 때문에 많이 사용된다. 적당한 ASTM 결정립 크기 번호는 5번 또는 더 미세하여야 한다. 이 금속은 30% 냉간가공 상태로 사용되는데 이것은 어닐링 상태와 비교하여 항복, 인장과 피로강도가 증가되기 때문이다. 이 금속의 주요 결점은 인체 내에서 제한된 내식성 때문에 장기간 사용에 부적합하다는 것이다. 독성이 있는 Ni은 부식될 경우 인체로 방출될 수 있다. 결론적으로 가장 효과적인 용도로는 뼈 나사, 핀, 판재(그림 17.13), 골수내의 뼈 못과 다른 임시 고정 장치들이다. 최근에는 Ni 성분이 없는 오스테나이트계 스테인리스강이 개발되어 더욱 생체친화성이 향상되었다. 그림 17.14는 골절이 발생한 뼈에 안정화를 위하여 사용된 뼈 판재 및 여러 가지 나사의 예를 보여주고 있다. 이러한 부품들은 충분히 치료가 된 후에는 제거될 수 있다.

17.5.2 코발트(Co) 기지합금

Co 기지합금은 하중지지 용도로 많이 사용된다. 스테인리스강과 같이 Co 합금에 함유된 높은 함량의 Cr은 부동층을 형성하여 내식성을 향상시킨다. 이 합금의 장기간 내식성은 스테인리스강보다 훨씬 우수하고 결과적으로 독성

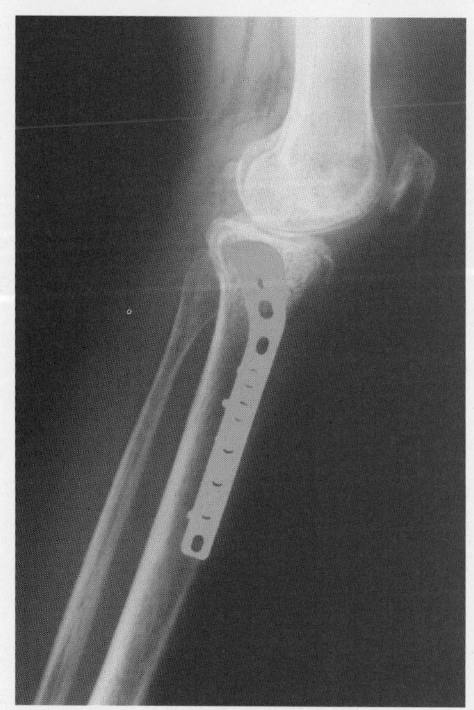

그림 17.13 ➤ 긴뼈에 사용되는 뼈 판재.
(Science Photo Library/Science Source)

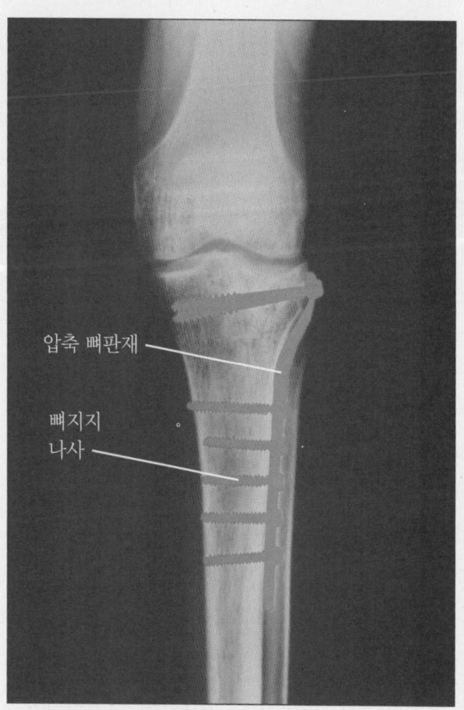

그림 17.14 ➤ **압축뼈판재**(compression bone plate)와 나사의 사용으로 골절 감소.
(Science Photo Library/Science Source)

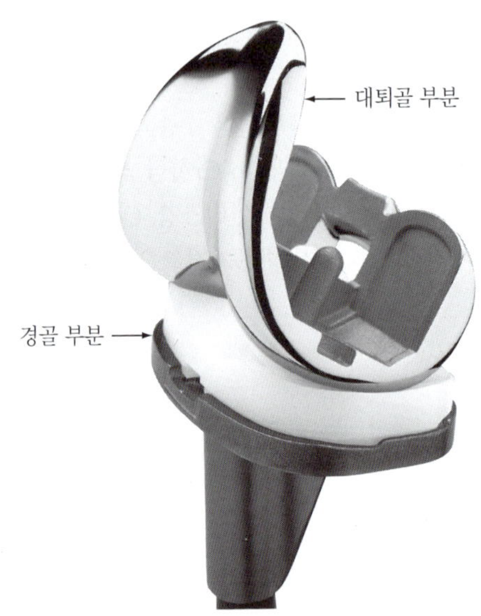

그림 17.15 ➤ 코발트-크롬 무릎관절 대체 보철. 경골 부분 위에 놓여 있는 대퇴골 부분에 주목하라. 폴리에틸렌을 포함한 표면은 대퇴골 부분과 경골 트레이를 분리하여 마찰을 감소시킨다.
(Courtesy of Zimmer, Inc)

의 코발트 이온을 인체로 거의 방출하지 않는다. 따라서 이 합금은 스테인리스강보다 훨씬 더 생체친화성이 있다. 다음과 같은 정형외과 이식물로 사용되고 있는 4가지 주요 Co 기지합금이 있다.

1. Co–28 Cr–6 Mo 주조합금(ASTM F75): F75 합금은 주조합금으로 결정립 크기가 조대하고 유핵 미세구조(8장의 비평형 구조에서 고찰)를 생성하는 경향이 있다. 이들 두 구조적인 문제 모두 구성 부품을 취약하게 하므로 이와 같은 미세 구조적인 문제들은 정형외과 응용에서는 바람직하지 않다.
2. Co–20 Cr–15 W–10 Ni 가공합금(ASTM F90): F90합금은 기계가공성과 제조 특성을 개선하기 위하여 상당량의 Ni과 W을 포함하고 있다. 어닐링 처리된 상태에서 F75 합금과 유사한 특징을 보이지만 44% 냉간가공하면 항복강도, 인장강도와 피로강도는 F75의 약 두 배나 된다. 그러나 구성부품의 두께 방향으로 균일한 성질을 얻기 위해서는 매우 주의가 필요하며 그렇지 않을 경우 예상하지 못한 파괴가 일어나기가 쉬워진다.
3. Co–28 Cr–6 Mo 열처리 주조합금(ASTM F799): F799 합금은 F75 합금과 성분이 같으나 최종 형상을 얻기 위해서는 여러 단계를 거쳐 단조를 한다. 초기 단조 단계는 상당한 유동이 일어나도록 열간가공을 하고 최종 단계에서 강화시키기 위하여 냉간가공을 실시한다. F75와 비교하여 이러한 공정들이 재료의 강도특성을 향상시킨다.
4. Co–35 Ni–20 Cr–10 Mo 가공합금(ASTM F562): F562합금은 강도, 연성과 내식성 등의 성질들을 가장 효과적으로 조합하고 있다. 이 재료는 냉간가공과 시효 경화되어 연성을 약 8% 유지하면서 1795 MPa 이상의 항복강도를 갖는다. 이 합금은 장기간 내식성과 강도의 조합으로 영구 고정 장치와 관절 대체 부품 등으로 사용된다(그림 17.15).

17.5.3 티타늄합금

상용 순금속, 알파(α), 베타(β)와 알파-베타(α-β)를 포함한 티타늄합금은 합금에 대한 장에서 다루었다. 각 합금은 응용에 따라 매력적인 기계적 그리고 성형 특성을 가지고 있다. 이들 합금에서 매우 중요한 사실은 인체와 같이 가혹한 부식환경에서 탁월한 내식성이다. 이들 합금의 내식성은 스테인리스강과 Co-Cr합금보다 더 우수하다. 이들의 우수한 내식성은 535°C 이하에서 TiO_2의 보호 산화층을 형성하는 능력 때문이다(부식에 대한 13장 참고). 정형외과의 관점에서 티타늄의 탁월한 생체친화성, 내식성과 낮은 탄성계수가 매우 바람직하다. 상용 순수 티타늄(CP–F67)은 비교적 저강도 합금으로, 척추 수술에 요구되는 나사와 스테이플과 같이 고강도가 요구되지 않는 정형외과 응용에 사용된다. 알루미늄(알파 안정화제), 주석 또는 지르코늄을 포함하는 알파 합금은 열처리로 크게 강화할 수 없고 결과적으로 정형외과 응용에서는 CP합금보다 큰 장점을 갖고 있지 않다. 알파-베타합금은 알파(알루미늄)와 베타(바나듐 또는 몰리브덴) 안정화제를 함유하고 있다. 결과적으로 상온에서 알파와 베타상이 함께 존

표 17.2 ≻ 정형외과에 응용되고 있는 금속합금의 성질

재료	ASTM 명칭	조건	탄성계수 (GPa)	항복강도 (MPa)	최대강도 (MPa)	내구한 (MPa)
스테인리스강	*F55, F56, F138, F139	어닐링 처리	190	331	586	241~276
		30% 냉간가공	190	792	930	310~448
		냉간단조	190	1213	1351	820
코발트합금	F75, Co-27~30 Cr-5~7 Mo	주조 상태, 어닐링 처리	210	448~517	655~889	207~310
		고온등압처리	253	841	1277	725~950
	F799, Co-26~30 Cr-5~7 Mo	열간단조	210	896~1200	1399~1586	600~896
	F90, Co-19~21 Cr-14~16 W -9~11 Ni	어닐링 처리	210	448~648		951~1220
		44% 냉간가공	210	1606	1896	586
	F562, Co-19~21 Cr-9~11 Mo -33~37 Ni	열간단조	232	965~1000	1206	500
		냉간단조, 시효 처리	232	1500	1795	689~793
티타늄합금	F67 (공업적으로순수)	30% 냉간가공	110	485	760	300
	F136, Ti-6Al-4V	단조, 어닐링 처리	116	896	965	620
		단조, 열처리	116	1034	1103	620~689

*이러한 ASTM 명칭은 AISI 316L 명칭과 일치한다.
출처: *Orthopedic Basic Science*, American Academy of Orthopedic Science, 1999.

재한다. 이들 합금을 고용화 처리하면 어닐링 상태와 비교하여 강도를 30~50% 증가시킬 수 있다. 정형외과 용도로 사용되는 알파-베타 합금들로는 Ti–6 Al–4 V (F1472), Ti–6 Al–7 Nb와 Ti–5 Al–2.5 Fe이다. 합금 F1472는 전체 관절 치환과 같은 정형외과 치료에 가장 많이 사용되고 있다. 다른 두 가지 합금들은 대퇴골 고관절 줄기, 판, 나사, 봉과 못에 사용된다. 베타합금(대부분 베타 안정화 원소를 포함)은 가공 경화되지 않기 때문에 탁월한 단조 능력을 가진다. 그러나 이 합금은 고용화 처리 및 시효를 하면 알파-베타합금보다 강도가 높다. 베타합금은 정형외과-이식물 제조에 사용되는 합금 및 다른 티타늄합금 중 탄성계수가 최저이다(의학적 장점, 17.5.4항 참고). 비교로 많이 사용되고 있는 정형외과 합금의 기계적 성질을 표 7.12에 정리되어 있다. 정형외과 응용시 티타늄합금의 주요 단점은 (1) 낮은 내마모성과 (2) 노치에 매우 민감한 점(스크래치나 노치는 피로 수명을 단축시킴)이다. 이 합금의 낮은 내마모성 때문에 표면이 이온-임프란테이션(implantation) 공정으로 표면 처리가 되지 않았을 경우 고관절(히프)과 무릎 관절에서 관절 표면에 사용되어서는 안된다.

17.5.4 금속의 정형외과 응용에서의 쟁점

정형외과에서 이식물(임플란트)을 응용할 때 높은 항복강도(하중하에서 소성변형에 대한 저항), 피로강도(반복하중에 대한 저항), 경도(관절부의 마모 저항) 그리고 흥미롭게도 저탄성계수(뼈–금속 하중부하에 비례) 등의 성질들이 모두 매우 중요하다. 이 부분을 분명히 이해하기 위해서, 골절되기 전에는 모든 작용력(근육, 힘줄과 뼈)이 힘의 균형을 이루었다고 생각하자. 골절 후에는 이 균형이 깨어지게 되고 골절 부분(모든 깨어진 조각을 포함)을 정형외과적 이식물에 붙이거나 골절 부위를 안정화시키기 위한 수술이 요구된다. 만약 골절부가 완전히 다시 재건되면 뼈는 무게의 상당 부분을 지탱하게 되고 이식물은 재건된 골절부위(매우 약한 하중을 지탱) 주변의 구조물로서의 역할을 한다. 그러나 많은 상황에서 골절의 복잡성(일부 파편은 사라짐) 또는 부적당한 고정 또는 안정화 때문에 이식물은 불균형적인 양의 하중을 지탱할 뿐만 아니라, 탄성 (어떤 상황에서는 영구적인) 뒤틀림과 굽힘을 받게 된다. 이들 모두가 이식물의 피로 관련 파괴를 일으킨다. 이러한 이유들 때문에 생체금속의 항복강도, 인장강도, 피로강도는 매우 중요하며 가장 좋은 값들을 가져야 한다.

그러나 생체금속의 탄성계수는 또 다른 이슈이다. 많은 골절고정 상태에서 금속이식물의 높은 탄성계수(탄성변형에 대한 저항의 척도)는 주의를 해야 할 부분이다. 이를 이해하기 위해서는 뼈의 탄성계수(하중지지 방향에

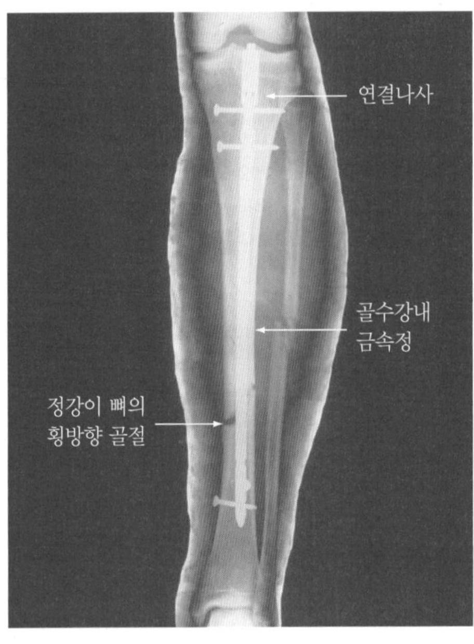

그림 17.16 ➤ 부서진 정강이뼈를 안정화시키기 위한 골수강내 금속정과 연결나사. (Science Photo Library/Science Source)

서)가 약 17 GPa임을 주목하기 바란다. 이와 비교하여, 티타늄, 스테인리스강과 코발트 기지 합금의 탄성계수는 각각 110(베타합금의 경우는 80), 190, 240 GPa이다. 그림 17.16과 같이 정강이뼈가 단순 횡방향으로 부서진 상황을 고려해보자(그림에서 화살표 방향). 골절부의 고정과 안정화를 위하여 못 형상의 금속 기구가 연결나사와 함께 이용하게 된다. 연결나사는 항상 필요하지는 않지만 안정화를 돕고 뼈의 짧아짐 또는 골절 조각의 회전을 방지한다. 금속은 뼈보다 탄성계수가 훨씬 크기 때문에 불균형적으로 더 큰 하중을 지탱한다. 바꾸어 말하면 금속이식은 뼈가 정상 조건하에서 지지해야 할 하중을 지탱하지 못하게 차폐한다. 이 현상을 **응력차폐**(stress shielding)라고 한다. 공학적 관점에서 이것은 바람직하고 논리적이라 할 수 있으나 생물학적 관점에서는 이것은 바람직하지 않다. 뼈 재료는 재생 기구에 의하여 외부에서 가해진 응력 수준에 맞추어 반응을 하게 된다. 응력차폐 때문에 뼈는 더 낮은 수준의 하중에 반응하여 재생하고 뼈의 질이 나빠지게 된다. 이것이 3가지 주요 합금 중 가장 낮은 탄성계수를 갖는 티타늄 합금이 이런 응용에 가장 적합한 이유이다. 이 예가 정형외과 응용을 위해 재료를 선택할 때의 과제를 잘 설명한다.

17.6 생체의학에서 사용되는 고분자재료

고분자 재료는 생체재료로서 가장 많은 다양성을 제공한다. 고분자 재료는 영구 이식물 구성재료로 심혈관, 안과 및 정형외과 병리학을 포함한 다양한 병리학에 적용되고 있다. 이들은 또한 관상동맥 성형술, 혈액투석과 상처치료 병리학 등의 분야에서 일시적 치료에도 사용되고 있다. 치과분야에서 임프란트, 치과 접합제와 의치상(denture bases) 등과 같은 고분자 재료의 적용은 매우 중요하다. 고분자 재료는 금속과 세라믹 재료와 비교하여 강도는 떨어지지만 저밀도, 용이한 성형, 최대 생체친화성을 갖도록 개량 가능성을 포함하고 있어 생체의학 응용에서는 아주 매력적인 특징들을 가지고 있다. 대다수의 고분자 생체재료는 열가소성으로 기계적 성질은 비록 금속과 세라믹과 비교하여 떨어지지만 많은 응용에 적용할 수준이다. 최근에는 **생체분해성 고분자**(biodegradable polymers)가 개발되었다. 생체분해성 고분자는 기능을 수행하고 결국 생물학적 기관에 흡수, 통합되도록 설계된다. 따라서 생체분해성 고분자는 외과 수술로 제거할 필요가 없다.

넓은 범위의 생체친화성 고분자가 있지만 이들 모든 고분자의 변종과 화합물이 생체친화적인 것은 아니다. 많이 사용되고 있는 생체친화적인 고분자로는 폴리에틸렌테레프탈레이트(PET), 폴리우레탄, 폴리카보네이트, 폴리에테레테케톤(PEEK), 폴리부틸렌 테레프탈레이트(PBT), 폴리메틸 메타크릴레이트(PMMA), 폴리테트라플루오로에틸렌(PTFE), 폴리술폰과 폴리프로필렌이 있다. 비생체친화성 고분자는 혈액응고, 혈액붕괴와 뼈의 재

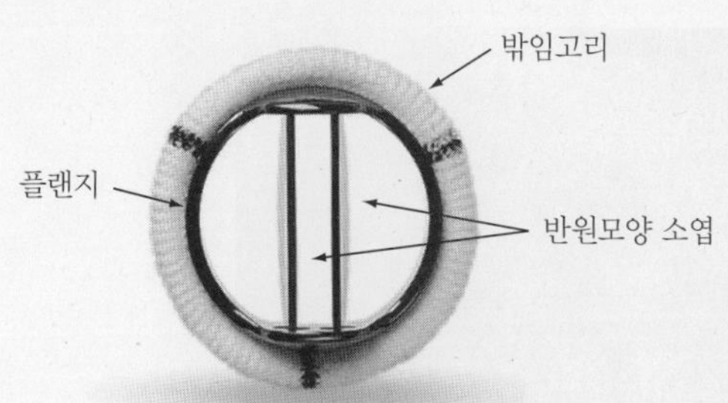

그림 17.17 ➤ 인공 심장막.
(Courtesy of Zimmer, Inc.)

흡수를 유도하고 또한 암을 유발할 수도 있다. 다음 절에서는 생체고분자의 많은 의료분야에서 활용에 대하여 고찰한다.

17.6.1 고분자 재료의 심혈관 응용

생체 고분자는 심장판막 개발에 성공적으로 응용되고 있다. 인간의 심장판막은 협착과 부전증과 같은 질병에 걸리기 쉽다. **협착**(stenosis)은 심장판막이 굳어져서 완전히 열리지 못하기 때문에 일어난다. 부전증은 심장판막이 일부 혈액의 역류가 발생하는 상태이다. 두 조건 모두 위험하므로 동물 또는 시신의 조직판막 또는 인공판막을 사용하여 손상된 심장판막을 대체하여 치료되어야 한다. 그림 17.17은 인공심장판막의 최신 설계모양이다. 이 보철은 플렌지, 두 개의 반원형 소엽과 밖임고리로 구성된다. 플랜지와 소엽은 티타늄 또는 Co–Cr합금과 같은 생체금속으로 만든다. 밖임고리는 확장형 폴리테트라플루오로에틸렌(Teflon, 테플론) 또는 폴리에틸렌 테레프탈레이트(Dacron, 대크론)와 같은 생체고분자로 만들어진다. 이 밖임고리는 봉합으로 판과 심장조직을 연결하는 데 중요한 기능을 한다. 고분자 재료만이 이러한 연결을 가능케 한다. 소엽은 비록 완전하지는 않지만 그림에서 나타낸 위치로 혈액의 유동과 닫혀진 상태에서 역 유동을 막아주게 된다. 혈액응고는 바람직하지 않은 부작용이지만 적혈세포와 인공판막 간의 반응에 의하여 혈액응고 현상이 발생하게 된다. 인공 심장판막을 가진 환자들은 혈액응고를 방지하기 위하여 반드시 항응고제를 사용하여야 한다.

혈관이식은 심하게 막힌 동맥을 우회(바이패스)하기 위하여 관상동맥 우회 수술에 사용된다. 이 혈관이식은 조직이식 또는 인공혈관이식이다. 인공이식물은 반드시 높은 인장강도를 가져야 하고 혈액응고에 의한 동맥의 막힘에 견뎌야 한다. 테플론이나 대크론이 이러한 용도에 사용된다. 테플론은 혈세포에 작용하는 전단응력을 최소화하기 때문에 혈막힘에 우수한 성능을 가진다.

혈액 산소발생기는 혈액의 이산화탄소를 여과하고 혈액에 산소를 공급하기 위하여 설계되었다. 외과의사는 혈액의 체외순환이 필요한 심장 수술의 경우 심장의 오른쪽(무산소)에서 펌핑되는 혈액을 우회시켜(심폐동맥을 우회 : 심폐동맥은 심장에서 허파로 직접 가는 동맥) 산소발생기를 통하여 신체에 필요한 산소가 첨가된 혈액을 만들게 된다. 산소발생기는 폴리프로필렌과 같은 재료로 만든 미소기공 소수성(즉 물을 배척) 멤브레인이다. 폴리프로필렌은 소수성이므로 기공들은 물 대신에 산소와 같은 기체로 채워진다. 수술 중 공기가 멤브레인의 한쪽으로 흘러 미소기공을 채우면 혈액은 다른 쪽으로 흘러 멤브레인을 통한 확산으로 혈액의 CO_2는 상실되고 산소는 기공을 통하여 흡수된다.

고분자 재료는 인공 심장과 심장 보조 장치로도 사용된다. 이들 장치는 기증된 심장이 나타날 때까지 단기간 동안 환자의 건강유지에 아주 중요하다. 고분자 재료가 없다면 이들 장치도 효율적으로 동작할 수 없다.

17.6.2 안과 분야에서 응용

고분자 재료는 안과 응용에서 매우 중요하며 다른 것과 대체가 될 수 없다. 눈의 광학적 기능은 안경, 콘택트렌즈(연질, 경질)와 인공 수정체 등을 통하여 교정되는데 이들 모두 고분자 재료로 만들어진다. 연질 콘텍트 렌즈는 하이드로겔로 만들어진다. **하이드로겔**(hydrogel)은 연질의 친수성 (물과 친화력이 있음) 고분자 물질로서 물을 흡수하고 일정 수준까지 팽창이 가능하다. 연질 하이드로겔 렌즈는 교차 결합된 고분자와 공중합체로 만들어진다. 이들의 연성 성질이 하이드로겔을 각막에 정확한 형상으로 꼭 맞게 만들어준다. 그러나 각막은 산소를 필요로 하는

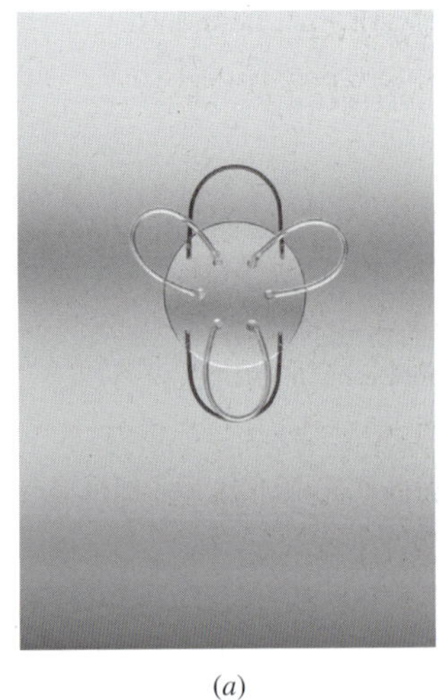

(*a*)

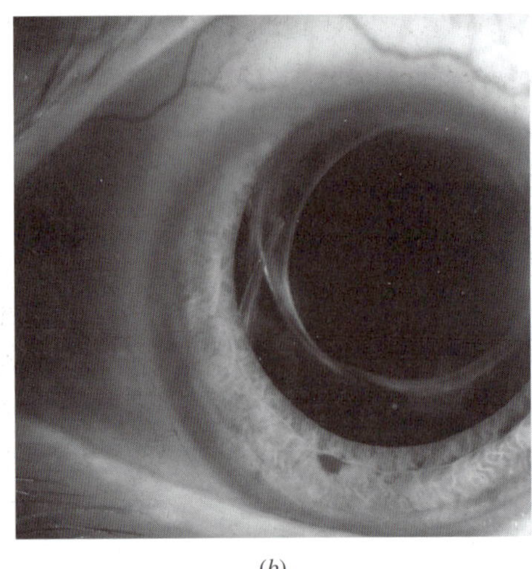

(*b*)

그림 17.18 ➤ 안구 내 렌즈.
((*a*) Steve Allen/Science Source; (*b*) Paul Whitten/Science Source)

데 그 산소는 결국 렌즈를 통과한 산소만이 각막에 산소를 공급할 수 있다. 하이드로겔은 산소에 대하여 큰 투과율을 갖고 있다. 이 용도로 사용된 초기 재료가 폴리-HEMA (2-하이드록시에틸 메타크릴레이트)이다. 생산기술의 발전과 새로운 고분자 재료의 출현으로 더욱 얇은 연질 콘택트렌즈가 생산되고 있다.

경질 렌즈는 각막에서 느슨하게 위치된다. 렌즈는 눈을 깜박이면 구부러져야 하므로 렌즈 재료의 조건은 신속한 회복 능력이다. 경질 렌즈는 초기에는 PMMA로 만들었다. PMMA는 우수한 광학적 성질을 가지나 산소에 대하여 낮은 투과율을 갖고 있다. 산소에 대한 투과율을 높이기 위하여, 즉 경질의 기체 투과가 가능한 렌즈를(rigid gas-permeable: RGP) 만들기 위하여 실록산이랄킬 메타크릴레이트를(siloxanlyallkyl methacrylate) 이용한 메틸메타크릴레이트의 공중합체가 생산되었다. 그러나 실록산은 소수성이므로 이를 수정하기 위하여 메타크릴산과 같은 친수성 공단량체가 혼합물에 첨가가 이루어졌다. 현재는 여러 종류의 상용 가능한 RGP가 있으며, 이들 재료를 더욱 개량하기 위한 연구가 진행 중이다.

백내장(많은 죽은 세포로 인하여 수정체가 혼탁하게 됨)의 치료는 수술로 혼탁한 수정체를 제거하고 인공수정체로 대체하는 것이다. 인공수정체는 렌즈와 지지대(즉, 사이드 암)로 구성된다(그림 17.18). 사이드 암(side arm)은 인공수정체를 지지인대에 부착하여 제 위치를 유지하는 데 필요하다. 명백하게 인공수정체 재료의 요구조건은 적절한 광학적 성질과 생체친화성이다. 경질 렌즈에서와 같이 대부분의 인공수정체의 광학적 부분과 사이드 암(arms)은 PMMA로 제작된다. 그림 17.19*a*는 백내장 환자의 시야를 모사하고 있고, 그림 17.19*b*는 수술후 시야

(*a*)

(*b*)

그림 17.19 ➤ 백내장 환자의 (*a*) 수술 전과 (*b*) 수술 후의 가상 시력.
((*a-b*) Dave and Les Jacobs/Blend Images/Getty Images)

를 모사한 것이다. 이 사진은 삶의 질을 개선함에 있어서 재료과학과 공학의 중요성을 보여주고 있다.

17.6.3 약물 투여기

폴리락틱산(PLA)과 폴리글리콜산(PGA)과 이들의 공중합체와 같은 생체분해성 고분자가 약물 투여기로 사용되고 있다. 약물을 담고 있는 고분자 기질(고분자 컨테이너)이 인체 내부의 관심 위치에 이식된다. 생체분해성 고분자가 분해되면서 약의 방출이 이루어지게 된다. 약이 신체의 장기 또는 조직에 부작용을 미치기 때문에 환약 또는 주사에 의한 약물 투여가 가능하지 않는 경우에는 이와 같은 약물 투여기는 매우 중요하다.

17.6.4 봉합 재료

봉합 재료는 상처와 절개를 봉합하는 데 사용된다. 분명히 봉합 재료는 (1) 상처를 봉합하도록 충분히 높은 인장강도를 가져야 하고 (2) 봉합 후 봉합 재료가 하중을 지탱할 수 있게 높은 매듭 강도를 가져야 한다. 봉합 재료는 흡수성이거나 비흡수성이다. 비흡수성 봉합재는 대개 폴리프로필렌, 나일론, 폴리에틸렌 테트라프텔에이트 또는 폴리에틸렌으로 제조된다. 이러한 봉합재는 인체에 있을 때 상당히 오랜 시간 동안 손상되지 않는 상태로 남아 있어야 한다. 흡수성 봉합재는 생체친화적인 PGA로 제조된다.

17.6.5 정형외과 분야에서의 응용

정형외과에서 고분자의 가장 많은 응용은 뼈접합제와 관절 보철이다. 뼈접합제(bone cement)는 아주 균일한 하중조건을 만들어주기 위하여 이식물과 뼈사이 공간을 채우는 구조재료이다. 따라서 뼈접합제는 접착제로 생각해서는 안된다. 가장 효과적으로 사용되기 위해서는 경화 후 뼈접합제에 미소기공을 최소로 유지하는 것이다. 이것은 접합제를 준비하는 과정에서 원심분리와 진공기법을 이용하여 얻어진다. 뼈접합제는 또한 뼈의 여러 가지 결함을 고치는 데도 사용된다. 뼈접합제로 사용되는 주요 고분자 재료는 PMMA이다. PMMA의 인장과 피로성질이 중요한데 다른 첨가물을 첨가하여 개선될 수 있다. 응용시 조건은 경화 후 최소 압축강도로 70 MPa가 요구된다. 관절보철에서 고분자 재료는 지지표면으로 사용된다. 예를 들면 그림 17.15에서 무릎 보철은 금속 부분들과 분리하기 위하여 폴리에틸렌 지지표면을 사용한다. 폴리에틸렌의 고인성, 저마찰과 우수한 내식성이 이러한 용도에 매력적인 후보이다. 그러나 고분자 지지표면의 저강도는 긁힘 마모에 민감하다.

제1장에서 고찰한 바와 같이 고분자 재료의 장점은 목적과 요구조건을 손쉽게 만족시키기 위하여 다양한 혼합물을 설계하고 합성할 수 있다는 것이다. 이것은 앞의 응용에서 예시된 바와 같이 매우 강력한 장점이다. 생체재료로서 고분자 재료의 미래는 조직공학에 있다. 예를 들면 연구자들은 새로운 조직을 배양하기 위한 골격으로 생체분해성 고분자 사용을 연구하고 있다. PGA와 같은 생체분해성 고분자는 조직배양을 위하여 성장한 단백질과 세포와 함께 세포 지지대로 이식될 수 있다. 미래에는 손상된 조직을 재생하는 데 연골 치료와 같이 체내에서 재생하거나 피부 치료와 대체와 같이 체외에서 재생하는 것이 가능할 것이다. 이것은 이 장에서 나중에 고찰된다.

17.7 세라믹의 생체의학에서의 응용

앞 절에서 금속과 고분자 재료의 의료 소자와 장비에의 적용을 고찰하였다. 세라믹은 정형외과 이식물, 안경, 실험실 용기, 온도계 그리고 가장 중요한 치아 응용을 포함하여 생체의학 분야에 널리 사용되고 있다. 세라믹 생체재료를 생체의학 응용에 탁월한 후보로 만든 인자는 생체친화성, 내식성, 고인성, 표면 관절이 존재하는 곳(틀니 재료, 고관절과 무릎 이식)에 응용시 내마모성과 저마찰이다. 또한 정형외과와 치과에 응용시 일부 세라믹 생체재료의 주요 장점은 이들이 뼈와 잘 접합되는 것이다(이식물-조직 부착). 대퇴골 줄기(인공 고관절 대치술에서) 또는 경골 부분(무릎 대치술에서)이 해면조직 뼈와 직접 접촉하는 경우를 생각해보자. 뼈조직-이식물 접착의 문제는 관절부의 안정성을 유지하는 데 중요한 쟁점이 있다(즉 보철이 느슨하지 않음). 그러나 이식물의 잦은 느슨해짐 발생으로 통증이 있고, 많은 경우에 이 문제를 교정하기 위하여 비싼 2차 수술이 요구된다. 이것은 건강관리 비용과 환자의 삶의 질 관점에서 큰 부담이다. 다음 절에서 생체의학 분야에서 적용되는 다양한 세라믹의 응용들에 대하여

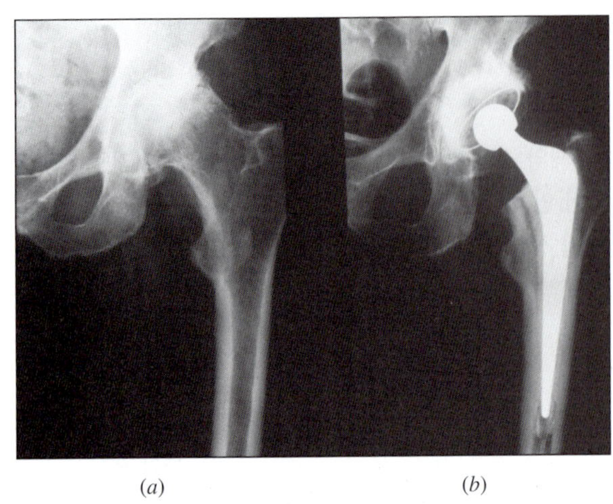

그림 17.20 ➤ (*a*) 큰 관절염 손상을 보이는 고관절(hip). (*b*) 인공 고관절 대체술 후의 같은 고관절.
((*a*-*b*) Princess Margaret Rose Orthopaedic Hospital/Science Source)

논의될 것이다. 또한 세라믹 재료들의 이식물/조직 부착 상황에서 유용성의 변화에 대해서도 살펴볼 것이다.

17.7.1 정형외과 이식물에 응용되는 알루미나

고순도 알루미나는 우수한 내식성, 고내마모성, 고강도를 가지며 생체 친화적이다. 이러한 특징 때문에 고관절(히프) 대체 재료로서 선택이 증가하고 있다. 전체 인공 고관절 대치술에서 병에 걸린 또는 손상된 대퇴 골두와 이것이 움직이는 컵, 비구컵(acetabular cup, AC컵)은 인공 보철로 대체 된다. 그림 17.20*a*는 진행된 관절염 때문에 손상된 환자의 고관절을 보여주고 있다. 관절염에 의한 손상은 비정상적 대퇴골두 형상과 변형된 컵으로 나타나는데 이들 모두 그림 17.20*b*에서 보듯이 인공 보철로 대체된다. 인공 AC컵은 금속 기지와 대퇴골 접합이 일어나는 곳에 삽입되는 컵으로 구성된다(그림 17.21). 컵 삽입을 포함한 금속 기지는 나사로 골절뼈에 고정된다. 대퇴 골두는 대개 Co–Cr합금으로 만들어지고 AC컵은 초고분자 중량 폴리에틸렌으로 만들어진다(금속 대 고분자). 불행히도 이러한 재료들의 조합은 폴리에틸렌 표면의 마모를 초래하여 결국 보철을 느슨하게 만든다. 마모입자들의 형성과 물론 보철의 느슨함을 피하기 위해서 제조회사들은 그림 17.21에서와 같이 알루미나를 사용하여 대퇴 골두와 AC컵을 만들고 있다. 이것은 알루미나의 고내마모성과 표면경도의 우수한 마찰성질 때문이다(세라믹 대 세라믹). 알루미나의 우수한 성질은 결정립 크기와 순도에 달려 있다. 정형외과 이식 응용에서는 순도가 반드시 99.8% 이상이고 결정립 크기는 3~6 μm 범위여야 한다. 부가적으로 관절 표면(컵 위에 볼)은 고도의 대칭성과 아주 작은 허용오차를 가져야 한다. 이것은 서로 짝을 이루고 있는 헤드와 컵 부분을 연삭 및 연마하여 그와 같은 조건을 만족시키게 된다. 세라믹 대 세라믹 고관절의 마찰계수는 정상 고관절에서의 마찰계수와 비슷한 값을 맞출 수 있고 그 결과 금속-고분자 형태의 조합에 의하여 만들어지는 마모 생성물을 10배 이상으로 줄어들 수 있게 되었다. 세라믹 대 세라믹 고관절의 부정적인 효과는 세라믹의 높은 탄성계수 때문에 발생하는 응력차폐이다. 응력차폐는 노령의 환

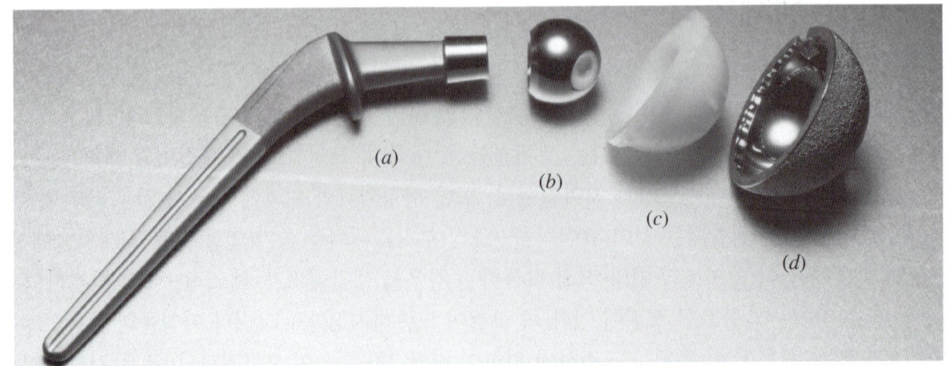

그림 17.21 ➤ 고관절 보철의 다양한 구성부분. (*a*) 줄기, (*b*) 대퇴골두, (*c*) 알루미나 AC컵과 (*d*) AC 컵을 위한 금속기지.
(PhotoDisc/Getty Images)

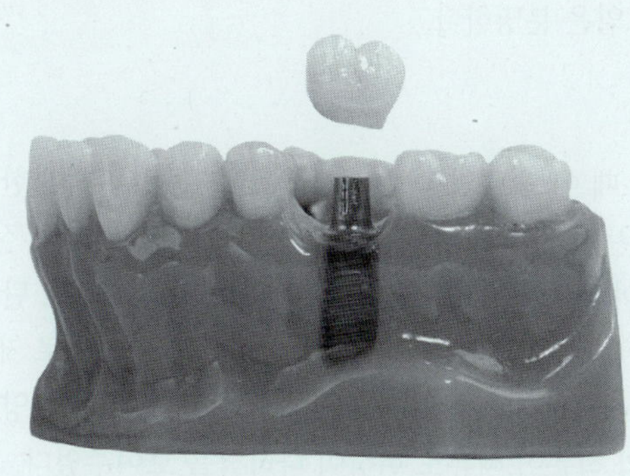

그림 17.22 ➤ 치아 임플란트 구성부분.
(Dreamaquare/Shutterstock)

자에게는 뼈 무게 상실과 뼈용해를 초래한다. 따라서 노령의 환자에게는 금속 대 중합체가 낮은 응력차폐 때문에 더 나은 선택이 될 수 있다.

17.7.2 치과용 임플란트로서의 알루미나

치과용 임플란트는 수술에 의해 인공 치근을 턱뼈에 고정된다. 인공 치근은 그림 17.22에서와 같이 대체 치아나 치관을 지지할 수 있다. 티타늄이 생체친화성과 저탄성계수 때문에 치과용 임플란트로 선택되어 왔지만 이 용도로 알루미나도 점차 사용되고 있다. 치관은 은과 금과 같은 금속으로 만들어질 수 있지만 일반적으로 세라믹 재료인 자기로 만든다.

17.7.3 세라믹 임플란트와 조직 연결성

그림 17.20*b* 또는 17.22에서와 같이 임플란트가 직접 뼈와 접촉하는 치과 수술에서 임프란트의 안정성은 임프란트와 주위를 둘러싸고 있는 조직과의 반응에 달려 있다. 일반적으로 4가지 유형의 반응이 임플란트 주위 조직에서 관찰된다. (1) 임플란트 주위의 조직이 죽는 독성 반응, (2) 임플란트 주위에 얇은 섬유조직이 형성되는 생물학적 비활성 반응, (3) 뼈와 보철 사이의 계면 결합을 형성하는 생체활성적 반응, (4) 주변 조직이 임플란트 재료 또는 그 일부분을 대체하는 재흡수(용해) 반응이다. 이런 점에서 세라믹 임플란트(성형외과와 치과 응용)는 거의 *불활성*(유형 1), *다공성*(유형 2), *생체 활성적*(유형 3), *재흡수성*(유형 4)으로 분류된다. 알루미나는 거의 불활성 특성으로 유형 1의 생체 세라믹으로 분류된다. 따라서 알루미나 임플란트는 얇은 섬유상 조직을 형성하는데 이와 같은 경우는 치과용 임플란트 처럼 치수가 잘 맞고 압축응력을 받는 상황에서 적용할 수 있다. 그러나 정형외과용 임플란트 처럼 이식물과 조직의 계면에 하중이 가해져 계면에서 움직임이 발생할 수 있는 경우에는 섬유상 영역이 자라 두꺼워지고 임플란트 부위는 헐거워지게 된다. 다공성 알루미나와 인산화칼슘과 같은 유형 2의 생체세라믹은 뼈 형성을 위한 지지대 혹은 연결 부위의 역할을 할 수 있다. 뼈 물질이 세라믹의 기공들 안으로 성장하고(골전도성) 어느 정도 하중을 지지하게 된다. 이러한 재료들에서 혈관조직이 기공 내에서 성장하려면 기공 크기가 100 μm보다 커서 새로 형성된 세포로 혈액이 공급될 수 있도록 하여야 한다. 다공성 세라믹 믈질에서는 기공으로 인하여 강도가 감소하지만 하중에 견디는 것이 주요한 요구조건이 아닌 경우에는 미세다공질 생체세라믹이 특별히 적용된다. 유형 3의 생체세라믹 또는 생체활성 세라믹은 이식 재료와 주변의 조직 사이가 결합되도록 촉진하고 조장한다. 이들 재료는 매우 결합이 강한 계면을 형성하는데 이 계면은 매우 강하고 하중을 견딜 수 있다. SiO_2, Na_2O, CaO, P_2O_5를 함유한 유리가 생체활성을 보이는 첫 번째 재료이다. 이러한 유리는 일반적인 소다-석회 유리와는 조성비가 달라, 실리카가 60 mol% 미만이고 Na_2O와 CaO 함량이 높으며 P_2O_5에 대한 CaO의 비율이 높다. 이러한 특수 조성으로 인해 임플란트 표면 반응성이 높아져 수용성 매질에서 뼈와 결합한다. 마지막으로, 유형 4의 생체세라믹 또는 재흡수 세라믹은 일정 시간이 경과하면 분해되어 뼈 재료에 의해 교체된다. 인산화삼칼슘[$Ca_3(PO_4)_2$]이 재흡수 세라믹의 예이다. 이들 재료를 사용할 때 극복해야 할 과제는 (1) 임플란트-뼈 계면이 분해-보수 과정 동안 강하고 안정하게 유지되는지 그리고 (2) 재흡수율과 회복률이 서로 조화가 되도록 만들어주는 것이다. 이들 재료가 최적의 성능으로 적용되기에는 아직까지 많은 연구와 개발이 요구된다. 하지만 임플란트와 인체

조직이 직접 접촉되는 경우 세라믹 재료가 강력한 후보임은 분명하다.

17.7.4 나노결정 세라믹

세라믹 재료의 잠재적 응용의 범위와 다양성을 고려할 때 이 재료의 적용에 제한을 줄 수 있는 중요한 단점이 있는데 이것은 응용과는 상관없이 깨지기 쉬운 본성과 낮은 인성이다. 나노결정 세라믹이 이 재료의 본질적인 단점을 개선할 수 있다. 현재 연구는 인산화칼슘, 하이드록시아파타이트(HA)와 같은 인산화칼슘 유도체, 탄산칼슘 및 생체활성 유리 등의 나노상 세라믹의 개발에 집중되고 있다. 이미 다량의 뼈들이 나노크기의 HA로 제조되고 있음은 이미 설명되었기 때문에 이 분야에서 **나노기술**(nanotechnology)의 중요성은 이해될 것이다. 다양한 동물 연구에서 100 nm 이하의 결정립 크기를 갖는 인산칼슘염의 적용이 뼈유도 현상이 나타남을 보여주었다. 그러나 "새로 생성된 뼈가 원래 뼈와 같은 성질을 가지는가?" 또는 "나노세라믹을 합성하여 합성한 재료가 재흡수를 통하여 뼈의 성질을 갖는 재료를 제작할수 있는 방법이 있는가?"라는 의문으로 남는다. 이들 질문에 대한 답은 여전히 분명하지 않지만 이 나노세라믹의 거동을 이해하기 위해서는 앞으로 오랫동안 연구가 필요하다. 다음에 서술할 내용은 벌크 나노결정 세라믹 제조의 현재 기술현황이다.

벌크 나노결정 세라믹은 일반적인 분말야금기술로 생산된다. 차이점은 출발 분말의 크기가 100 nm보다 작은 나노크기 범위를 갖는 것이다. 그러나 나노결정 세라믹 분말은 화학적으로나 물리적으로 서로 결합하여 *집합입자*(agglomerates) 또는 *응집입자*(aggregates)라고 하는 커다란 입자를 형성하려는 경향을 갖고 있다. 집합 분말이 나노크기나 나노크기 범위에 가깝다고 할지라도 비집합 분말만큼 충전되지 않는다. 응집되지 않은 분말을 압축하면 가능한 기공크기가 나노 결정 크기의 20~50% 사이이다. 이와 같이 작은 기공크기 때문에 소결단계와 치밀화가 저온에서 빨리 진행된다. 예를 들면 응집되지 않은 TiO_2 분말(분말 크기 40 nm 미만)의 경우, 압분체를 약 700°C에서 120분 소결하면 이론밀도의 약 98%로 치밀화 된다. 반면 10~20 nm 결정자로 구성된 평균 크기 80 nm 집합분말의 경우, 압분체는 약 900°C에서 약 30분 소결해야 이론밀도의 98%로 치밀화 된다. 소결온도 차이에 대한 가장 중요한 이유는 집합분말에는 상대적으로 커다란 기공이 존재하기 때문이다. 소결온도가 높기 때문에 압분체 나노결정입자는 결국에는 바람직하지 않는 마이크로 단위의 결정립 범위까지 성장한다. 결정립 성장은 소결온도에 의해 아주 크게 영향을 받고 소결시간에는 적당한 수준으로 영향을 받는다. 따라서 벌크 나노결정립 세라믹을 성공적으로 제조하기 위해서 가장 중요한 요인은 응집되지 않는 분말을 시작으로 하여 소결공정을 최적화하는 것이다. 그러나 이러한 목적을 달성하는 것은 매우 어렵다.

벌크 나노결정 세라믹 제조의 어려움을 극복하기 위하여 가압 소결법을 활용하고 있는데, 이것에는 외부에서 압력을 가하면서 소결하는 열간 등압성형(hot isostatic pressing: HIP), 고온압축과 소결단조 등이 있다. 이들 공정에서는 세라믹 압분체가 변형과 동시에 치밀화 된다. 나노결정 세라믹을 제조하는 데 소결단조의 주요 장점은 기공수축 기구에 기반을 둔 공정이라는 점이다. 고분자를 다룬 장에서 고찰한 바와 같이 전통적인 마이크로결정립 세라믹에서 기공수축 과정은 원자 확산과 관계된다. 소결단조에서는 나노결정 압분체의 기공수축은 비확산 과정이며 결정의 소성변형과 관계된다. 나노결정 세라믹은 마이크로 결정성에 비하여 고온에서 좀 더 연성을 갖는다(유체의 약 50%). 나노결정 세라믹이 좀 더 연성을 갖는 것은 초소성 변형 때문이다. 앞 장에서 고찰한 바와 같이 초소성은 높은 하중과 온도하에서 결정립의 미끄러짐과 회전 때문에 일어난다. 나노결정 세라믹은 소성변형될 수 있기 때문에 그림 17.23과 같이 기공은 확산보다 소성유동에 의해 압착 폐쇄된다.

이와 같이 커다란 기공을 닫을 수 있는 능력 때문에 집합분말도 이론밀도에 가깝게 치밀화 될 수 있다. 또한 압

그림 17.23 ➤ 나노결정립 세라믹에서 점성유동(입계 미끄러짐)에 의한 기공 수축 모식도.

력을 적용하면 결정립이 나노크기 범위 이상으로 성장하는 것을 방지할 수 있다. 예를 들면 TiO_2 집합입자를 60 MPa 압력과 610°C의 온도에서 6시간 소결단조하면 진변형률 0.27(세라믹에서 상당히 높은 값)과 이론밀도의 91% 및 평균 결정립 크기 87 nm의 소결체 제조가 가능하다. 같은 분말로 압력 없이 소결하면 같은 밀도가 되도록 소결하는 데 800°C의 온도가 요구되고, 평균 결정립 크기는 380 nm가 되어 나노결정이 아닌 것이 제조된다. 나노결정 세라믹에서 초소성 변형은 제한된 압력과 온도 범위에서 일어나기 때문에 그 범위를 아는 것이 매우 중요하다. 만약 이 범위 밖에서 처리하면, 기공수축을 위해 확산기구가 작용할 수 있어 저밀도의 마이크로 결정성 제품이 제조된다.

결론적으로, 나노기술이 발전되면 예외적인 수준의 강도와 연성 및 개선된 인성의 나노결정 세라믹의 제조가 가능하다. 특히 연성이 증가하면 코팅기술에서 세라믹이 금속에 더욱 잘 접합될 수 있다. 증가된 인성은 내마모성을 향상시킬 수 있다. 이러한 발전은 세라믹을 더욱 광범위한 범위에서 혁신적으로 적용이 될 수 있다.

17.8 복합재료의 생체의학에서 응용

복합재료는 생체의학 응용의 요구에 부합할 수 있는 성질들을 조합할 수 있는 장점이 있다. 인체 조직은 복합재료이므로 인조 복합재료가 천연 복합재료의 성질을 모방하도록 설계되고 재단할 수 있다는 것은 설득력 있는 생각이다. 결과적으로 광범위한 복합재료들이 생체의학에 응용하기 위하여 설계되고 시험되고 있다.

17.8.1 정형외과 응용

뼈는 부상을 당하면 시간이 경과하면서 자연적으로 재생된다. 그러나 심하게 부상을 당하면 뼈의 상당 부분을 잃을 수 있다. 이 경우 치유가 완전히 이루어지지 않으므로 기계적 기능성을 회복하기 위하여 뼈 이식(bone graft)이 요구된다. 이런 이식은 자신의 것으로부터 되거나(자가이식), 기증(동종이식) 받을 수 있다. 그러나 자가이식은 기증 부위 이환율(donor site morbidity)을 일으키고 동종이식은 질병 전염의 위험이 있다. 최근 연구자들은 천연 뼈를 대체하기 위하여 HA와 고밀도 PE (HDPE)를 조합해 신소재를 개발하였다. 이 재료는 상업용도로 HAPEX라고 하고 진료에 효과가 있음이 알려져 있다. 이 복합재료에서 HA(부피 분율 20~40%)는 재료에 생체활성을 부여하고 고분자는 파괴인성을 부여한다. 최근 결과는 HDPE 대신 폴리프로필렌을 사용하여 복합재료의 피로성질을 개선하였다. 이 유형의 이식재료는 대개 하중을 지지하지 않는 용도로 사용된다.

골절고정 장치는 응력차폐를 피하기 위하여 같은 강성을 가져야 한다는 점은 이미 언급하였다. 이것은 또한 파괴되는 것을 피하기 위하여 물론 강해야 한다. 탄소섬유강화 PMMA, PBT, PEEK와 같은 열가소성 복합재료가 고유연성과 적당한 강도를 가지므로 골절고정 장치에 사용된다. 생체분해성 중합체로 제작된 복합재료 골절고정 판재가 의료장비 설계 분야의 최신 경향이다. 원재료 u-HA 입자 강화 폴리-L-락티드(PLLA)로 제조된 이 장치들은 피질조직 뼈와 유사한 아주 높은 강도와 탄성계수를 갖고 있다. 복합재료는 또한 최적의 분해속도를 가져 하중을 치료 중인 골절위치로 점차적으로 전달하게한다.

복합재료는 관절 보철에 많이 사용된다. 고관절(히프)과 무릎은 많은 사람들이 재구성 치료를 받는 두 관절이다. 응력차폐, 마모와 부식이 재구성 외과수술의 실패의 주된 이유이다. 초고분자 무게 폴리에틸렌(UHMWPE)이 관절 보철에 널리 사용되고 있으나 기계적 성질 때문에 이 부분이 약한 연결이 되고 있다. 마모 저항성을 개선하기 위하여 UHMWPE를 탄소섬유로 강화된 PEEK로 대체하기 위한 노력이 진행 중이다. 30 wt% 탄소 섬유로 보강된 PEEK는 UHMWPE와 비교하여 마모속도가 수십 배나 크게 감소되는 결과를 가져왔다. 이 복합재를 이용하여 고관절 이식용 대퇴골 줄기를 생산하기 위한 노력이 또한 진행 중에 있다. 생체활성 복합재 코팅이 생체유리와 Ti–6 Al–4V를 조합하여 생산되고 있다. 부가적으로 뼈 접합제도 뼈 접합을 개선하기 위하여 미세한 입자 HA로 강화된다.

17.8.2 치과용 응용

우리의 치아(에나멜과 상아질)는 복합재료이다. 따라서 고분자 복합재료가 치과용 회복 재료로 많이 사용되고 있다. 이들 재료는 고치수 안정성, 내마모성과 기계적 성질이 요구된다. 대개 치아 회복에 사용되는 복합재료는 고분자 아크릴 또는 세라믹입자로 강화된 메타크릴 기지이다. 유리 섬유보강 PMMA와 PC가 고정된 브리지와 제거가능 치과 보철로 사용된다. 최근 새로운 개발은 SiC와 탄소섬유강화 탄소의 복합재료를 사용하는 의치 임플란트이다. 이 복합재료는 고강도, 고피로 성질과 천연 치아에 가까운 강성 등의 장점을 조합하여 기질조직의 응력장에 최소의 영향을 미친다.

17.9 생체재료의 부식

인체내부 환경은 아주 부식적이다. 생체재료의 화학적 안정성은 생체친화성의 관점에서 아주 중요하다. 생체금속, 생체세라믹과 생체고분자들은 체내에서 오랫동안 또는 평생 있어야 하기 때문에 상당한 부식이 일어날 수 있다.

피팅(pitting)부식과 틈새(crevice)부식이 생체금속에서 가장 흔하게 발생하는 부식의 유형이다. 피팅부식은 일반적으로 이식물을 단단하게 고정하는 나사헤드 아래쪽에서 발생한다. 틈새부식은 금속표면이 주위환경으로부터 부분적으로 보호될 때 발생한다. 의료소자의 두 부분 사이 계면에 존재하는 틈새가 이 유형의 부식이 발생하는 장소이다. 예를 들면, 그림 17.24에서와 같이 틈새 부식은 금속몸체와 고관절치환술(hip implant)의 머리 부분의 접합부에서 일어난다. 뼈 판재의 파여진 원추 부분에서의 틈새 부식은 스테인리스강 이식물에서 아주 흔하다. 이 식물에서는 종류가 다른 두 금속의 접촉이 흔하기 때문에 금속들의 전기음성도의 차이 때문에 갈바닉부식도 발생한다. 일상생활의 활동 중 신체 부분들의 반복적인 하중 때문에 미동 마모부식 역시 흔하게 일어난다.

생체금속 중 티타늄은 매우 우수한 내식성을 가진다. 티타늄으로 만든 이식물은 표면에 견고한 부동층을 형성하며 생리학적 조건하에서도 부동태로 남는다. Co–Cr 합금도 유사한 거동을 한다. 그러나 이 합금은 틈새부식에 일반적으로 민감하다. 모든 스테인리스강에서 형성된 부동태층은 아주 견고하다고 할 수 없다. 따라서 일부 스테인리스강(오스테나이트계 316, 316L과 317)만이 일정한 범위 내에서 생체재료로서 적합하다. 금, 은과 같은 귀금속은 부식이 일어나지 않는다. 이들이 의치의 치관으로 사용되고 이식 가능한 생체장비에서 전극으로 사용된다.

부식은 두 가지 중요한 효과를 갖는다. 첫째, 이식물의 기계적 일체성이 부식에 의하여 열화되면서 일찍 파괴된다. 둘째, 부식 생성물은 조직에 나쁜 영향을 미치는 반응을 초래한다. 인체의 체액은 생리학적 조건하에서 이온들의 특정한 균형을 이룬다. 외부 재료의 이식은 조직 주위에서 여러 이온들의 농도를 증가시킨다. 때로는, 이식물 주위의 조직에서 부종과 통증을 경험하게 된다. 부식 부산물 조각은 신체의 다른 부분으로 이동할 수 있다. 우리 신체의 면역계는 이러한 파편과 이 주위의 조직을 공격하게 될 것이다. 이것이 인공삽입물 주위의 뼈 상실을 초래하여 이식물을 느슨하게 만들게 된다. 이 조건이 **골용해**(osteolysis)로 알려져 있다. 부식 부산물 조각들은 또한 인공장구를 지탱하는 표면으로 이동하여 3 몸체(three-body) 마모를 초래한다. 이식물 재료로 생체 친화성 시험을 할 때 부식은 아주 느린 속도로 일어나므로 그 영향은 오랜 시간이 흐른 후에 느껴질 수 있다.

합금, 표면처리와 적절한 이식물의 설계를 통하여 정형외과용 이식물의 부식을 최소화할 수 있다. Ti–6Al–4V 이식물의 표면을 질화처리하면 미동 마모부식(fretting corrosion)을 감소시킬 수 있다. 피팅부식에 대한 저항은 이식물 재료에 몰리브덴을 2.5~3.5% 첨가하면 증가시킬 수 있다. 틈새를 최소화하기 위하여 이식물을 적절하게 설계하면 틈새부식을 없앨 수 있다. 이식물의 표면도 다양한 화학처리를 하면 이식하기에 앞서 부동태화 될 수 있

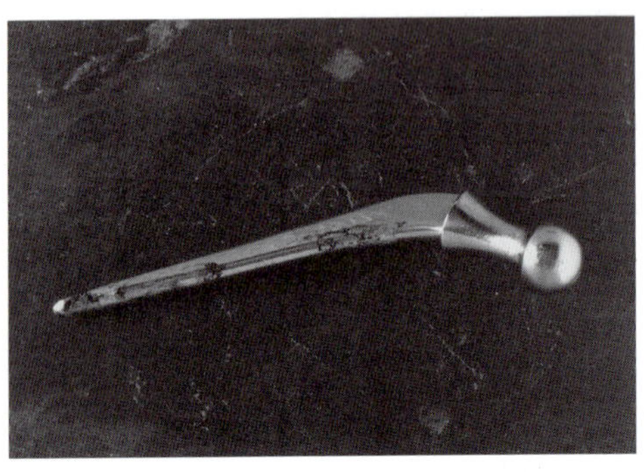

그림 17.24 ➤ Co-Cr 합금으로 만든 모듈러 고관절 이식물에서 틈새부식. 줄기부분의 어두운 영역이 부식된 영역
(Mike Devlin/Science Source)

다. 주어진 조성의 합금을 동일한 조건에서 제작한 같은 재료를 이용하여 모듈러(modular) 이식물의 서로 짝을 이루는 부품들을 사용하면 갈바닉부식의 위험성을 줄일 수 있다.

17.10 생체의학 이식물에서의 마모

정형외과용 이식물, 특히 관절 보철은 대체하는 관절이 정상적인 운동범위를 보장할 수 있도록 설계된다. 그 결과 관절 보철은 상대적으로 이동하는 여러 부분을 갖는다. 이동 부분들을 가진 결과로 마찰과 마모가 발생한다. 마모는 생물학적으로 활성화된 파편을 생성하여 염증성 반응을 일으키고 또 골용해를 일으킨다(그림 17.25). 마모 때문에 보철 힘을 지탱하는 표면의 형상이 변하고 이것은 정상적인 기능에도 영향을 미치게 된다. 부가적으로, 심한 마찰은 열을 발생시키고 관절이 움직이는 동안 원치 않는 삐걱 소리를 낸다. 이식물 마모는 관절 보철을 한 사람들에게는 심각한 문제이고 생체의학공학의 한 학문 분야인 **생체마찰학**(biotribology)에서 생체의학 이식물의 마찰과 마모를 다루고 있다.

마찰과 마모는 상대적인 이동을 하는 표면의 미세 거칠기에서 기인한 결과이다. 잘 마무리 가공된 세라믹 인공관절 표면의 요철은 0.005 마이크로론이나 금속표면은 0.01 마이크로론이다. 이와 같은 미세구조적인 불규칙성 때문

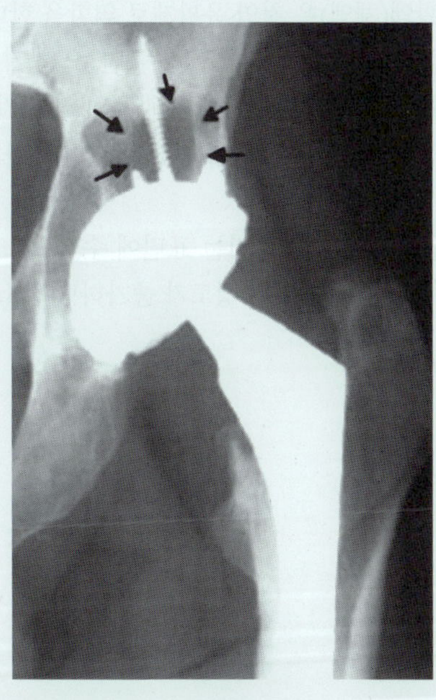

그림 17.25 ➤ 고관절 대체의 보철 비구 구성부분 위에서 마모 파편으로 인하여 유발된 골용해. (Courtesy of Elsevier)

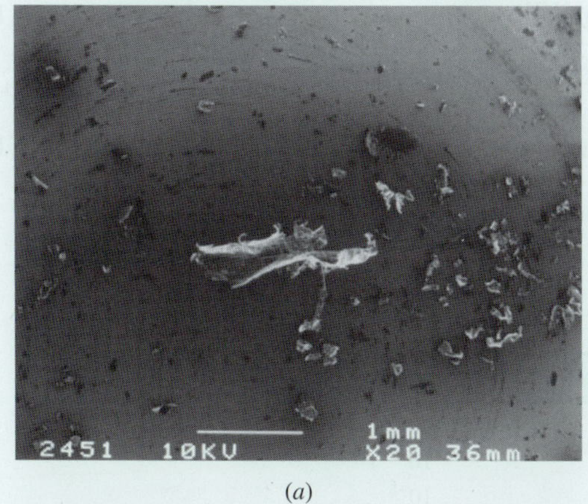

(*a*)

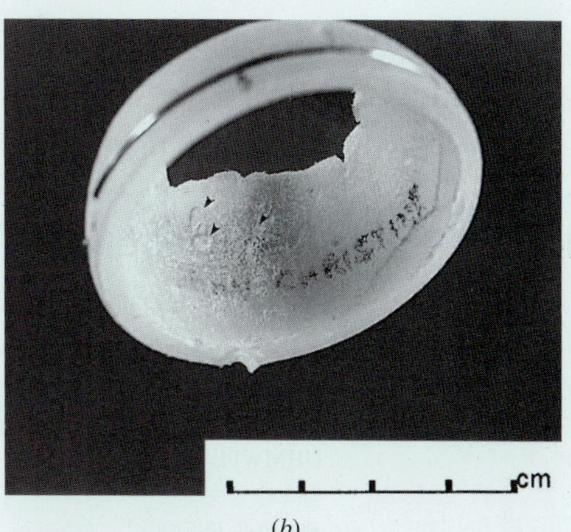

(*b*)

그림 17.26 ➤ (*a*) 금속 대퇴골 두에 부착된 응착 마모 파편. (*b*) 고관절 이식의 폴리에틸렌 컵에서의 심한 마멸 마모. ((*a-b*) Courtesy of Elsevier)

에 이들 표면이 만나는 접촉면은 기하학적 계면 면적의 1% 정도로 작다. 결과적으로 국부적 접촉응력은 그 재료의 항복강도 이상이 되어 결국 표면이 접합된다. 표면들이 상대적으로 이동하면 이러한 접합된 점들은 파괴되어 마찰저항과 마모를 초래하게 된다. 그림 17.26*a*는 금속 대퇴골두의 표면에 접합된 응착 마모 파면을 보여주고 있다. 이러한 유형의 마모를 응착마모라고 하고 생체의학 응용에서 가장 흔한 마모이다. 마모 파면은 이 과정의 부산물이다.

단단한 표면이 연성표면을 문지르게 되면 연성표면의 마모가 발생하는데 단단한 표면의 **돌출부**(asperities)에 의해 표면에 "골"을 형성하게 된다. 이것을 마찰 마모라고 하고 금속 대퇴골두와 폴리에틸렌 컵의 선택적으로 사용될 수 있는 고관절전치환술과 같은 정형외과 이식물을 한 경우에 많다. 폴리에틸렌 컵의 마찰 마모를 그림 17.26*b*에 보여주고 있다. 때로는 연성재료의 성질에 따라 연성 재료 입자가 단단한 표면에 부착하여 박막을 형성하고 단단한 표면의 돌출부 사이를 연결한다. 이 막을 **이동막**(transfer film)이라고 하며 이 막은 접촉면적을 넓힘으로써 마모속도를 감소시킨다.

마찰과 마모는 지지하는 표면사이에 윤활제를 첨가하면 감소한다. 윤활 메커니즘에는 유체막윤활, 혼합윤활과 경계윤활의 3가지 유형이 있다. **경계윤활**(boundary lubrication)에서 윤활제 막은 지지하는 표면에 접착하여 마찰을 감소한다. 이런 유형의 윤활에는 많은 돌출부 접촉이 존재한다. **유체막윤활**(fluid film lubrication)에서 유체막이 지지하는 표면 사이에서 형성되고 완전히 두 표면을 분리한다. *혼합윤활*은 유체막과 경계 윤활의 특성을 모두 가진다. 유체막 윤활은 최소 마모를 초래한다. 우리 몸에서 활액(체액)은 천연 윤활제로 역할을 한다. 유체막 윤활과 경계윤활은 관절에 걸리는 하중이력에 따라 관절에서 다른 시간에 발생한다. 예를 들면, 오랜 기간 동안의 유지된 무게 하중은 접촉부분에서 유체막을 눌러서 빠져나오게 할 수 있으나 경계윤활은 관절의 정상 기능을 유지한다. 활액은 관절의 마찰계수를 0.001 정도 감소시킨다. 생리적 장애에 의해 활액의 점성 성질이 변화되면 연골 마모를 초래한다.

생산된 마모입자의 부피는 마모 정도를 결정하는 중요한 인자이다. 미끄러지는 표면에 수직으로 작용하는 힘과 미끄러지는 거리가 증가하면 마모 부피는 증가한다. 마모 부피는 연성표면의 경도가 증가하면 감소한다.

$$V = Wx/H \tag{17.9}$$

여기서

V = 마모 파편의 부피
W = 수직방향의 힘
H = 표면 경도
x = 총 미끄러진 거리

마모계수가 식 (17.9)에 도입되면 다음 식을 얻을 수 있다.

$$K_1 = \mathrm{V}H/Wx \tag{17.10}$$

고분자에서는 경도 측정이 어렵기 때문에 이 식으로부터 경도를 소거하기 위하여 일차원적 마모인자가 도입된다.

$$K = V/Wx \tag{17.11}$$

K의 단위는 mm^3/Nm이다. 중요한 재료의 K값은 표 17.3에 나타내었다.

표 17.3 ➤ 정형외과 이식에 사용되고 있는 재료 조합의 마모인자

재료 조합	마모인자 K (mm^3/Nm)
UHMWPE와 금속	10^{-7}
금속과 금속	10^{-7}
세라믹과 세라믹	10^{-8}

출처: Jin, Z.M., Stone, M., Ingham, E., and Fisher, J., "Biotribology," *Current Orthopaedics*, 20:32-40, 2006.

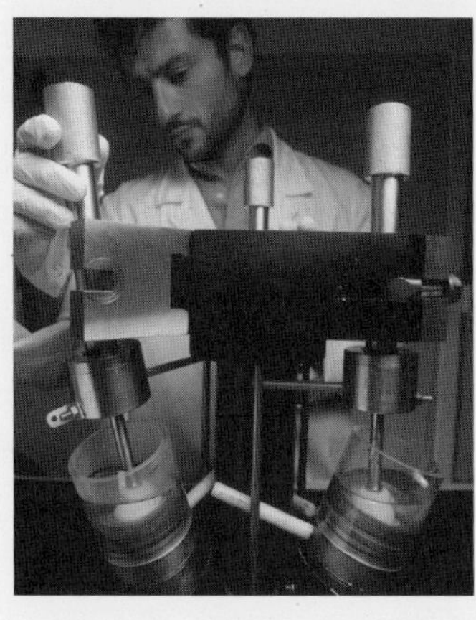

그림 17.27 ➤ 여러 다른 이식의 설계에서 마모를 측정하고 비교하는 데 사용되는 멀티스테이션 고관절 시뮬레이터. (Mauro Fermariello/Science Source)

마찰과 마모의 측정에 많이 사용되고 있는 실험기법은 하나의 재료를 다른 재료의 첨단과 맞닿게 하여 만든 플랫폼을 왕복 운동 또는 회전시키는 것이다. 그러나 이러한 실험으로 만들어진 데이터는 정형외과 이식물 설계에는 제한적으로 사용되는데 이는 관절 보철의 형상이 복잡하고, 보행에 따라 하중이 심하게 변화되기 때문이다. **관절 시뮬레이터**(joint simulator, 그림 17.27)는 관절보철의 마모 측정에 많이 사용되고 있는 장치이다. 관절 시뮬레이터에서 여러 관절 보철의 설계는 우리 신체가 수백만 주기로 하중을 받는 것과 같은 방법으로 하중이 부하된다. 소장단지 혈청은 물리적 및 화학적 성질이 윤활액과 가깝기 때문에 이 시험의 윤활제로 사용된다. 마모 부피는 시험 전과 후의 보철의 무게를 측정하여 측정된다.

마모입자의 크기 또한 중요하다. 마모입자가 작을수록 신체의 다른 부분으로 쉽게 이동하여 면역 반응을 일으킨다. 응착 마모에 대하여 마모입자의 직경은 다음 식을 사용하여 예측할 수 있다.

$$d = 6 \times 10^4 \ W_{12}/H \tag{17.12}$$

여기서

d = 마모입자의 직경
W_{12} = 재료 1과 2 사이 응착 표면 에너지
H = 마모되는 표면의 경도

고분자 재료는 가장 큰 마모입자를 생성하는 데 반하여 세라믹 재료는 가장 작은 마모입자를 생산한다. 금속에 의해 생산되는 마모입자는 중간 크기이다.

정형외과 이식에서는 마모를 최소화하기 위한 여러 단계를 거친다. 맞닿는 표면사이 간격과 같은 설계인자들을 최적화하여 유체막 윤활을 조장한다. 이식물의 표면은 처리되어 그 표면을 더 강하게 만든다. 예를 들면, 티타늄 이식물은 특정시간 동안 질소가스 분위기에서 약 593°C (1100°F) 온도로 가열된다. 이 처리에 의해 이식물 표면의 티타늄에 질소가 고용되고 표면 경도가 증가한다. 아주 경한 재료를 이식물 표면에 코팅처리 하는 것도 이식물의 마모를 감소하는 또 다른 방법이다. 최근에는 아주 높은 경도와 낮은 마찰을 갖는 비정질 탄소로 표면을 코팅하는 연구진전이 있다. 플라즈마 보조-화학 증착법과 같은 특수 코팅 기술이 이 목적에 사용된다.

17.11 조직 공학

생체재료는 생물학적 재료와는 같지 않고 오랜 시간 사용시 생체의학 소자로서의 효용성에 영향을 미치는 여러 단점들을 갖고 있다. 이와 같은 생체재료의 성능을 향상하기 위한 연구들이 진행되고 있는 반면에 손상된 조직 또는 장기의 재생 또는 보수를 위해 완전히 다른 방향에서의 노력도 진행되고 있다. 이러한 접근방법을 *조직 공학*(tissue engineering)이라고 한다.

조직 공학은 기증 조직의 세포를 추출하는 것을 포함한다. 이들 세포는 직접 이식되거나 또는 조직 배양용액에

서 유기화된 패턴으로 번식이 가능하다. 세포의 번식을 지원하고 어떤 방향으로 인도하는 3차원 구조물은 세포지지대(scaffold)로 알려져 있다. 이 세포지지대는 생체분해성이 있고 바람직한 방향으로 세포 번식을 지원하는 것이 필수적이다. 세포지지대는 생체적합성의 특징을 만족해야 한다. 폴리락틱 산(acid)은 조직 공학에 많이 사용되고 있는 세포지지대 재료이다. 이들 세포지지대에 기증세포가 씨앗이 되어 심어지고 생체 반응기에 놓여지게 되는데 그 반응기에서 자극되고 번식을 크게 만들어주는 성장인자들을 공급받는다.

조직 공학은 급속히 발전하고 있는 분야이다. 새로운 효율적인 세포지지대 패턴 생산과 새로운 세포지지대 재료의 개발과 관련하여 연구가 진행되고 있다. 신속조형기술(rapid prototyping, 3-D 인쇄로 알려짐)을 하나의 최신 기술로 활용하여 복잡한 세포지지대 패턴을 생산하는 연구가 진행 중에 있다. 세포지지대 없이 연속 재구성을 조장하는 기계적 자극으로 조직을 성장시키는 연구도 진행되고 있다.

17.12 요약

생물학적 재료는 생물학 시스템에 의해 생산되는 재료이다. 이들 재료는 스스로 보수하고 재구성하는 능력을 가지고 있다. 뼈는 신체에서 천연 복합재료이다. 이것은 유기물(콜라겐)과 무기물(하이드록시아파타이트) 재료의 혼합물이다. 뼈의 거시구조는 두 가지 분명한 유형의 뼈조직인 피질조직 뼈와 해면조직의 뼈로 구성된다. 뼈는 복합재료처럼 이방성으로 거동한다. 뼈는 압축에서 더 강하다는 것을 주목하는 것은 중요하다. 인대와 힘줄은 콜라겐 섬유소로 구성되고, 섬유소는 평행하게 배열되지만 세포외 기질은 미네랄성분을 가지지 않는다. 결과적으로 인대는 연성이고 그 미세구조는 인장하중을 받는 데 아주 적합하다. 인대와 힘줄은 점탄성이고, 기계적 거동은 콜라겐 섬유소의 수와 콜라겐 양과 같은 미세구조적 인자에 달려 있다. 연골은 상당히 다공성 조직으로 뼈의 연결부 끝을 덮는다. 연골은 인대와 뼈보다 더 많은 수분을 포함하고있다. 이것은 매우 점탄성적으로 주로 압축과 전단의 형태로 힘을 받는다.

생체재료는 생체내부에 이식되도록 설계된 의료용 소자를 제작하는 데 사용되는 재료이다. 특정 유형의 금속, 세라믹과 고분자 재료가 생체재료로 사용될 수 있다. 생체친화성은 모든 생체재료에서 요구되는 성질이며 이것은 생체재료가 인체에 독성이 없고 신체 내부의 조건에서 불활성적인 것을 의미한다. 생체금속은 생체의학 이식물에 사용되는 금속이다. 스테인리스강, Co–20 Cr–15 W–10 Ni과 같은 Co 기지합금과 Ti–6 Al–4 V과 같은 티타늄합금이 정형외과 이식물에 사용되고 있는 생체금속들 중의 하나이다. 뼈의 탄성계수가 금속보다 훨씬 낮기 때문에 생체금속은 뼈의 탄성계수와 거의 같을 것이 요구된다. 그렇지 않으면 이식물이 대부분의 생리적 하중을 지지하게 되고 이것은 뼈의 응력차폐와 뼈의 퇴화를 초래한다.

생체의학 분야에서 고분자 재료의 응용은 크게 증가되고 있다. 고분자 재료는 심장혈관 질환, 안과, 약물 투여와 정형외과 응용에 사용된다. 고분자 재료는 조직 공학 분야에서 생체분해성 세포지지대로 사용되는 주요한 재료이다. 세라믹 또한 이식물 재료로서 생체의학 분야에서 사용되고 있다. 이들의 화학적 안정성과 생체친화성이 인체의 가혹한 환경에 완벽하게 적합하므로 관절 대체와 기타 정형외과 응용에 사용되고 있다.

나노기술연구가 세라믹 재료의 주요 결함인 취성을 개선하는 데 긍정적이다. 초기 연구에 의하면 나노결정 세라믹이 기존의 전통 세라믹 재료에 비하여 높은 연성을 가질 수 있음을 보였다. 이것은 보다 복잡한 세라믹 부품들을 저렴하게 생산할 수 있도록 할 것이다. 새로운 복합재료 설계를 통하여 여러 생체재료의 장점들을 결합시킬 수 있다. 생체 의학 응용에서 복합재료의 사용은 현재 연구 중에 있다. 탄소섬유강화 고분자는 다양한 정형외과 응용에서 강도와 연성을 부여한다. 생체재료에서 부식과 마모는 중요한 문제이다. 부식은 이식물 재료를 취약하게 할 뿐 아니라 신체에서 이온 불균형을 초래할 수 있다. 마모는 유해한 마모 조각을 발생하여 이식물의 기능에 영향을 미친다. 이러한 생체재료의 다양한 결점들이 조직 공학으로 알려진 새로운 분야의 개발에 이르게 되었다. 조직 공학은 제어 반응을 통하여 조직을 성장하는 것을 다루기 때문에 상실 혹은 손상된 조직을 재생시킬 수 있다. 생체재료는 세포지지대 재료로서 이 분야에서 역할을 하게 된다.

17.13 용어 정의

↘ 17.1절

생체재료(biomaterial): 생명체 내에 이식시키거나 또는 생명체와 통합시키기 위해 설계된 조직적, 약리학적으로 불활성인 물질.

생물학적 재료(biological material): 생물학적 시스템에 의해 생산된 재료.

↘ 17.2절

뼈의 재구성(bone remolding): 응력상태의 변화에 반응하여 뼈 내부에서의 구조적인 수정.

콜라겐(collagen): 섬유질구조를 가진 단백질.

피질조직 뼈(cortical bone): 인체 긴뼈의 외피를 덮고 있는 조밀한 뼈.

대퇴골(femur): 넓적다리 뼈.

경골(tibia): 정강이 뼈.

해면조직 뼈(trabecular bone): 뼈골수를 담고 있는 다공성 뼈 조직.

↘ 17.3절

힘줄(tendons): 뼈와 근육을 연결하는 연질조직.

인대(ligaments): 뼈와 뼈를 연결하는 연질조직.

섬유 아세포(fibroblast): 인대와 힘줄에 있는 특수 세포로 세포외 기질에서 분비물의 원인이 됨.

세포외 기질(extracellular matrix): 탄수화물과 단백질의 복잡한 비생물적인 혼합물.

섬유소(fibril): 인대와 힘줄의 기능성 하중지지부분.

토우 영역(toe-region): 연질조직의 응력-변형률 곡선에서 초기 비선형 영역.

전방 십자 인대(anterior cruciate ligament, ACL): 경골과 대퇴골을 연결하는 인대.

슬개골 힘줄(patellar tendon): 슬개골(종지뼈)과 경골을 연결하는 조직.

윤활액(synovial fluid): 대부분의 관절의 접합부분 관절강(joint cavity)에 있는 점성 유체.

↘ 17.4절

프로테오글리칸(proteoglycans): 단백질 핵과 핵에 부착된 많은 설탕사슬을 가진 거대분자.

연골밑뼈(subchondral bone): 관절연골 바로 밑에 있는 뼈.

골관절염(osteoarthritis): 관절부에서 관절연골의 퇴화에 의해 발생되는 고통과 부종.

↘ 17.5절

생체금속(biometals): 생체의학 응용에 사용되는 금속.

생체 친화성(biocompatibility): 재료를 인체 내에 사용할 때 재료의 화학적 안정성, 내식성, 암을 유발하지 않는 성질과 비독성.

압축판재(compression plate): 골절부위에 압축응력을 가하도록 설계된 골절-고정판재.

응력차폐(stress shielding): 이식물이 대부분의 작용 응력을 지탱하여 뼈를 응력으로부터 차폐하는 조건.

↘ 17.6절

생체분해성 중합체(biodegradable polymers): 분해되어 생물학적 시스템에 흡수되는 중합체.

협착(stenosis): 심장판이 굳어짐.

하이드로겔(hydrogel): 물을 흡수하고 팽창하는 친수성 고분자 물질.

뼈 접합제(bone cement): 이식물과 뼈 사이의 공간을 채우는 데 사용되는 구조 재료(주로 PMMA).

↘ 17.7절

나노기술(nanotechnology): 크기가 100 nm 이하의 물질의 제어를 다루는 기술.

↘ 17.9절

뼈용해(osteolysis): 이식물 마모와 부식 부스러기 주변의 죽은 뼈조직.

↘ 17.10절

생체마찰학(biotribology): 생체의학 이식물과 연골관절에서 마찰과 마모를 다루는 학문의 분야.

표면 거칠기(asperity): 지지표면의 불규칙성 또는 거칠기.

이동막(transfer film): 마찰 경화 재료 위에 형성되어 표면 거칠기를 연결하는 연질 재료의 얇은막.

경계윤활(boundary lubrication): 지지표면에 윤활제막이 점착되는 조건으로 마찰을 감소시킨다.

유체막 윤활(fluid film lubrication): 지지표면 사이에 유체막이 형성되어 이들 표면을 완전히 분리하는 조건.

관절 시뮬레이터(joint simulator): 관절 인공 보철의 마모를 측정하기 위하여 생리적으로 하중을 부하하는 데 사용되는 장치.

17.14 연습 문제

*표시를 한 문제는 책 마지막에 답을 제공하였다.

■ 지식과 이해 문제

17.1 생체재료와 생물학적 재료의 차이를 설명하라.

17.2 뼈가 복합재료로 분류되는 이유를 설명하라.

17.3 해면조직 뼈의 기능에 대하여 설명하라.

17.4 뼈 파괴 모드를 설명하라.

17.5 생체친화성이 무엇이고 왜 중요한지 설명하라.

17.6 응력차폐란 무엇인가? 어떻게 피할 수 있을까?

17.7 생체고분자는 무엇인가?

17.8 생체고분자는 무슨 성질 때문에 생체의학 응용에 가장 적합한가?

17.9 고분자(중합체)가 어떻게 심장혈관에 적용되고 있는가?

17.10 고분자가 어떻게 안과에 적용되고 있는가?

17.11 어떤 고분자 재료가 약물투여 시스템에 사용되고 있는가?

17.12 정형외과에 적용되는 고분자의 적용에 대하여 논하라.

17.13 생체세라믹의 유용한 성질은 무엇인가?

17.14 알루미나를 생체의학 용도로 사용할 수 있게 매력적으로 만든 중요한 성질은 무엇인가?

17.15 티타늄합금의 생체의학 응용에서 장점은 무엇인가?

17.16 나노결정 세라믹은 전통세라믹과 어떻게 다른가?

17.17 복합재료의 생체의학 응용에서 장점은 무엇인가?

17.18 복합재료가 골절을 고정하는 데 어떻게 사용되는지 설명하라.

17.19 생체금속에서 주요 부식 유형은 무엇인가?

17.20 인체에 이식된 생체의학적 이식물의 부식에 의한 부작용은 무엇인가?

17.21 생체의학적 이식물의 마모를 막는 방법은?

17.22 인체 내에서 정형외과 이식 마모가 미치는 부정적인 영향은 무엇인가?

17.23 이동막이란 무엇인가? 이 이동막이 마모에 미치는 영향은?

17.24 뼈용해란 무엇인가? 뼈용해는 어떻게 생기나? 뼈용해의 결과는?

17.25 마모는 어떻게 측정되는가?

17.26 이식물 마모를 줄이기 위한 처치법들은 무엇인가?

17.27 조직 공학이란 무엇인가? 조직 공학의 원리는 무엇인가?

17.28 재료의 탄성계수와 마모와의 관계를 설명하라.

17.29 뼈와 인대의 미세구조를 비교하고 차이를 설명하라.

■ 응용과 분석 문제

17.30 스테인리스강, 코발트합금과 티타늄합금의 생체친화성 관련 사항을 비교 설명하라.

***17.31** 피질조직 뼈의 미네랄상의 탄성계수가 1.15×10^5 MPa이고 유기물상의 탄성계수가 1.10×10^3 MPa이다. 뼈의 탄성계수와 미네랄 양의 체적분율과의 관계를 그림으로 나타내어라. 이 재료의 90%가 등변형률 조건으로 거동하고 실험적으로 측정된 탄성계수가 20 GPa라고 한다면, 이 뼈의 미네랄성분과 유기물상의 체적 분율을 구하라.

***17.32** 그림 P17.32에 나타낸 것과 같이 뼈 판재가 부서진 뼈에 견고하게 부착되었다. 이 뼈의 단면적이 400 mm^{2}이고 이식 재료의 단면적은 30 mm^{2}이다. 뼈의 탄성계수는 20 GPa이다. 뼈 이식 시스템에 적용된 압축 하중 P는 1000 N이다. 이식 재료가 티타늄(E = 100 GPa)이라면 골절 장소에서의 응력은 얼마인가? 사용 재료가 스테인리스강(E =200 GPa)이라면 응력은 얼마인가? 등변형률 조건이라고 가정한다.

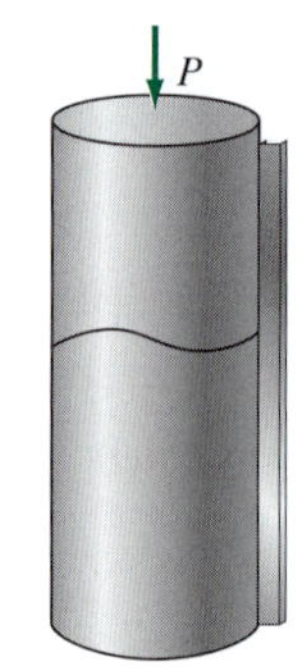

그림 P17.32 ➤ 뼈와 임플란트 시스템.

***17.33** 경골의 피질조직 뼈의 파괴인성은 4.2 MPa $\sqrt{m}$이다. 인장강도가 130 MPa일 때 뼈가 지탱할수 있는 내부 최대 결함길이는 얼마인가? (Y = 1).

***17.34** 다음의 응력-변형률 데이터는 인대의 인장시험으로 얻었다(표 17.4). 계수 C, a와 b 및 이 조직의 탄성계수의 값들을 구하라.

표 17.4 ➤ **인대의 인장시험으로 구한 응력-변형률 데이터**

변형률	응력(MPa)
0.00	0
0.04	1
0.07	5
0.08	7
0.08	6
0.08	7
0.10	10
0.12	15
0.15	21
0.18	25
0.18	26

***17.35** 우리 척추는 16개 등뼈 디스크로 구성된다. 목에 가까운 디스크는 척추 하부에 있는 디스크와 비교하여 단면적과 두께가 더 작다. 디스크의 두께가 5 mm에서 15 mm(즉, 모든 디스크는 바로 위의 디스크보다 0.66 mm 더 두껍다)로 선형적으로 변한다고 가정하자. 모든 디스크는 서있을 때는 0.5 MPa의 일정 응력을 받는다. 척추 디스크가 E_1 = 4.9 MPa, E_2 = 8 MPa 그리고 μ = 20 GPa · s를 갖는 표준 선형 고체로 모델링이 될 수 있다면, 정상 상태에 도달하였을 때 디스크 압축 때문에 사람의 키가 축소되는 정도를 구하라.

***17.36** 무릎의 전방 십자 인대(ACL)가 부상당하면 이식조직이 손상된 ACL을 대체하기 위하여 사용된다. 이러한 이식조직 중의 하나가 슬개골 힘줄의 중앙 세 번째 구역이다. 길이 50 mm의 슬개골 힘줄이식이 ACL을 대체하기 위하여 사용되었다고 가정하자. 이식이 손상된 위치에서 안정되게 자리잡기 전에 2.5 mm만큼 당겨졌다. 이식이 표준 선형 고체(E_1 = 25 MPa, E_2 = 30 MPa 그리고 μ = 100 GPa · s)로 모델링이 된다면 (*i*) 수술하자마자 이식체에 (시간 = 0)에 걸리는 응력 (*ii*) 정상상태

응력 (*iii*) 정상상태 응력으로 접근하는 데 필요한 시간을 계산하라. 이식체에 걸리는 응력 이완의 결과는?

17.37 식 (17.5)에서 시작하여 식 (17.6)을 유도하라.

17.38 식 (17.5)에서 시작하여 식 (17.7)과 (17.8)을 유도하라.

■ 통합과 평가 문제

17.39 고관절치환술(hip implant)을 받은 무게 100 kg인 사람이 매년 일백만 보를 걷는다. 고관절 이식물은 금속 헤드와 UHMWPE 컵으로 구성되어 있다. 반원 컵의 내부 반경은 25 mm이다. 한 발자국 걸을 때마다 미끄러지는 거리가 컵 원주의 1/4이라고 하면 10년 동안 발생된 마모 파편의 체적을 계산하라(*힌트*: 걷는 도중 이식물에 가해지는 힘의 변화는 이식물에 가해지는 최대 및 최소 힘의 평균으로 고려할 것).

17.40 전방 십자 인대(ACL) 재건을 위해 슬개골 힘줄 이식이 사용된다. 이 장에서 주어진 성질들을 토대로 ACL의 강도와 강성에 적합한 슬개골 힘줄 이식의 크기를 구하라.

***17.41** 뼈 판재가 골절된 뼈를 고정하기 위해 사용된다(그림 17.13). 뼈의 탄성계수가 20 GPa이고 티타늄 재료가 뼈 판재로 사용된다면 뼈 판재와 뼈가 같은 양의 하중을 공유하도록 하기 위한 뼈 판재의 단면적을 구하라. 뼈의 단면적은 300 mm^2이다. 등변형률 조건이고 $P = 1000$ N이라고 가정한다.

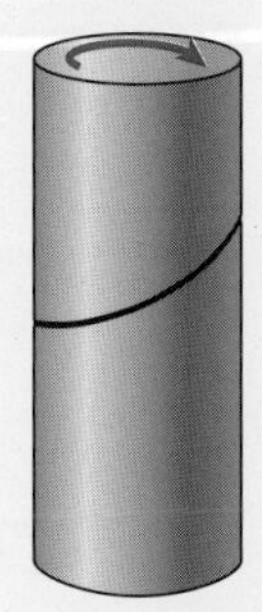

그림 P17.41 ➤ 비틀림 하중 하에서 경사 파괴된 뼈.

17.42 문제 17.41과 같은 조건에서 판재의 재료가 탄소섬유강화 폴리카보네이트일 경우 필요한 단면적은 얼마인가?

17.43 외과의사는 내식성이 우수하고 선수의 예상 수명이 길기 때문에 세라믹 표면을 가진 재료를 고관절치환술(hip implant)에 사용하기를 원한다. 외과의사의 이 세라믹 재료의 선택에 대하여 어떤 충고를 할 수 있을까?

17.44 여러분이 외과의사로부터 작게 골절된 뼈를 일시적으로 고정하기 위한 이식될 재료로 가장 저렴한 뼈판재에 대하여 조언을 요청받았다면 어떤 재료를 선택할 것인가?

17.45 뼈가 그림 P17.41에서와 같이 경사면을 따라 부서졌다. 이 뼈와 뼈 판재를 부착하기 위해 4개의 나사가 주어져 있다. 비틀림 하중이 부하된다면 뼈에 최대 안정성을 부여하기 위하여 어디에 이들을 부착해야 할까?

17.46 왜 관절 근처 긴뼈의 끝단이 중간부분보다 더 넓은지 설명하라.

17.47 왜 장기간 무중력 환경이 왜 뼈상실을 유도하는가?

17.48 뼈–인대–뼈 복합물을 당길 때 변형 속도가 높았을 때 인대에서 파괴가 관찰되었다. 변형 속도가 낮으면 인대 삽입에 가까운 뼈에서 파괴가 관찰되었다. 이러한 거동을 보인 이유는 무엇인가?

17.49 인대는 왜 평행한 콜라겐 섬유들을 갖는가?

17.50 수분량이 힘줄의 기계적 거동에서 하는 역할은?

17.51 높은 엘라스틴 양은 연질조직의 기계적 성질에 어떤 영향을 미칠까?

17.52 인대와 힘줄에 콜라겐 양이 높으면 인장강도가 더 높은 이유는?

17.53 여러분은 아침에 기상할 때는 몇 시간 후보다 키가 더 크다. 왜 이럴까?

17.54 관절연골의 탄성계수의 변화가 큰 이유를 설명하라.

17.55 관절의 바로 밑 부분의 콜라겐 섬유소가 관절과 평행하게 정렬되는 이유를 설명하라.

부록 I

공업재료의 성질

1. 밀도(상온)

		Density	
		g/cc	lb/in^3
	Plain-Carbon and Low-Alloy Steels		
Alloy 1006			
	Cold drawn	7.872	0.284
	Hot rolled	7.872	0.284
Alloy 1020			
	Cold rolled	7.87	0.284
	Annealed	7.87	0.284
Alloy 1040			
	Cold drawn	7.845	0.283
	Annealed	7.845	0.283
Alloy 1090			
	Annealed	7.85	0.284
	Hot rolled	7.87	0.284
Alloy 4027			
	Annealed	7.85	0.284
	Normalized	7.85	0.284
Alloy 4140			
	Annealed	7.85	0.284
	Normalized	7.85	0.284
Alloy 4340			
	Annealed	7.85	0.284
	Normalized	7.85	0.284

(continued)

Alloy 5140			
	Annealed	7.85	0.284
	Normalized	7.85	0.284
	Stainless Steels		
Alloy 302			
	Annealed	7.86	0.284
	Cold rolled	7.86	0.284
Alloy 316			
	Annealed	8	0.289
	Soft tempered	8	0.289
Alloy 405			
	Cold rolled	7.8	0.282
	Annealed	7.8	0.282
Alloy 434			
	Annealed	7.8	0.282
Alloy 660			
	Cold rolled	7.92	0.286
Alloy 17-7PH			
	Cold rolled	7.8	0.282
	Cast Irons		
Gray cast irons (as cast)			
	ASTM class 20	7.15	0.258
	ASTM class 35	7.15	0.258
Ductile cast irons			
	Grade 60-40-18	7.15	0.258
	Grade 120-90-02	7.15	0.258
	Aluminum Alloys		
Alloy 2024			
	Annealed	2.78	0.1
	T3 temper	2.78	0.1
	T6 temper	2.78	0.1
Alloy 6061			
	Annealed	2.7	0.0975
	T4 temper	2.7	0.0975
	T6 temper	2.7	0.0975
Alloy 7075			
	Annealed	2.81	0.102
	T6 temper	2.81	0.102
	Copper Alloys		
Electrolytic tough pitch copper (C11000)			
	Cold worked	8.89	0.321
Beryllium copper (C17000)			
	TH04 temper	8.26	0.298
	TH01 temper	8.26	0.298
Cartridge brass (C26000)			
	H00 temper	8.53	0.308
	H04 temper	8.53	0.308

(*continued*)

Muntz metal (C28000)			
	H00 temper	8.39	0.303
	H02 temper	8.39	0.303
Free-cutting brass (C36000)			
	H01 temper	8.5	0.307
	H02 temper	8.5	0.307
Chromium copper (C18500)			
	TH04 temper	8.89	0.321
	TH04 temper	8.89	0.321
90-10 bronze (C22000)			
	H01 temper	8.8	0.318
	H04 temper	8.8	0.318
	Magnesium Alloys		
Alloy AZ31B			
	Annealed	1.77	0.0639
	Hard rolled	1.77	0.0639
Alloy AZ63			
	F temper	1.83	0.0661
	T6 temper	1.83	0.0661
Alloy AZ91E			
	F temper	1.81	0.0654
	T4 temper	1.81	0.0654
	Nickel Alloys		
Nickel, commercially pure			
	As cast	8.88	0.321
	Annealed	8.88	0.321
Nickel silver 65-18 (752)			
	Annealed	8.7	0.314
	Hardened	8.7	0.314
Cupronickel 30 (715)			
	Annealed	8.92	0.322
	Hardened	8.92	0.322
	Titanium Alloys		
Titanium, commercially pure			
	As cast	4.5	0.163
Alloy Ti-6Al-2Nb-1Ta-0.8Mo			
	As rolled	4.48	0.162
	Annealed	4.48	0.162
	Miscellaneous Alloys		
	Kovar alloy	8.36	0.302
Invar			
	Alloy 32-5 (cold drawn)	8.14	0.294
	Alloy 36 (cold drawn)	8.05	0.291
Haynes 25			
	Cold rolled and annealed	9.13	0.33
	Hot rolled and annealed	9.13	0.33

(continued)

Biodur			
	Hot worked	8.28	0.299
	Annealed	8.287	0.299
	Co-Cr-Ni alloy	8.3	0.3
	INCONEL (cold rolled)	8.05	0.291
	INCOLOY 903	8.25	0.298
	INCONEL 725 (annealed)	8.3	0.3
	Beryllium S-200	1.844	0.0666
	Tungsten	19.3	0.697
	Tantalum	16.6	0.6
	Zinc	7.1	0.257
Noble Metals			
	Gold	19.32	0.698
	Iridium	22.65	0.818
	Silver	10.491	0.379
	Platinum, annealed	21.45	0.775
Polymers			
Elastomers			
	Styrene butadiene rubber (SBR)	0.93	0.0336
	Natural rubber (not vulcanized)	0.93	0.0336
	Nitrile rubber	1.25	0.0452
Epoxies			
	Epoxy (unreinforced)	1.2	0.0434
	Nylon 66 unreinforced	1.095	0.0396
	Phenolic (unreinforced)	1.705	0.0695
	Polybutylene terepthalate (PBT)	1.355	0.049
Polycarbonate (PC)			
	Molded	1.31	0.0474
	Conductive	1.31	0.0474
	Polyester (rigid)	1.65	0.0597
Polyetheretherketone (PEEK)			
	Glass fiber filled	1.475	0.0533
	Carbon fiber filled	1.436	0.0519
Polyethylene terephthalate (PET)			
	Unreinforced	1.315	0.0475
	30% glass reinforced	1.595	0.0577
Polyethylene (molded)			
	Low density	0.925	0.0345
	Medium density	0.938	0.0339
	High density	1.159	0.0419
Acrylonitrile butadiene styrene (ABS)			
	Molded	1.115	0.0403
	40% glass fiber filled	1.4275	0.0516
	40% carbon fiber filled	1.305	0.0472
Polymethyl methacrylate (PMMA)			
	Unreinforced	1.17	0.0423
	Glass fiber reinforced	1.445	0.0522
Polypropylene (PP)			
	Unreinforced	1.07	0.0387
	10% glass fiber filled	1.18	0.0427

(continued)

	10% carbon fiber filled	0.95	0.0343
	Polystyrene	1.06	0.0381
	Polytetrafluoroethylene (PTFE)	2.225	0.0804
Polyvinyl chloride (PVC)			
	Unreinforced	1.305	0.0472
	30% glass fiber reinforced	1.58	0.0571
	Styrene acrylonitrile	1.16	0.042
	Cellulose acetate	1.28	0.0463
	Acrylonitrile	1.3	0.047
	Polyacetal	1.39	0.0502
	Polyphenylene sulfide molded	1.57	0.0567
	Polysulfone	1.245	0.045
	Ceramics, Graphite, and Semiconducting Materials		
Aluminum oxide			
	99.9% alumina	3.96	0.143
	95% alumina	3.68	0.1325
	Concrete	1.28	0.0463
Diamond			
	Natural	3.515	0.127
	Synthetic	3.36	0.1215
	Gallium arsenide	5.316	0.192
Glass			
	Borosilicate glass	2.4	0.0867
	Silica glass	2.18	0.0788
	Graphite carbon	2.25	0.0813
	Fused silica	1.855	0.067
Silicon carbide			
	Sintered	3.1	0.112
	Sublimed	3.186	0.115
	Silicon nitride	3.2	0.116
	Zirconia	5.68	0.205
	Titanium carbide	4.94	0.178
	Tungsten carbide	15.7	0.567
	Zirconium carbide	6.56	0.237
	Alumina 96%	3.8	0.137
	Boron nitride	3.48	0.125
	Sodium chloride	2.17	0.0784
	Calcium flouride	3.18	0.115
	Fibers		
	E-glass fiber generic	2.57	0.0929
	C-glass fiber generic	2.54	0.0918
	Carbon fiber precursor	1.81	0.0654
	Composite Materials		
	Epoxy/glass SMC	1.635	0.0591
	Epoxy/carbon fiber composite	1.53	0.0553
	Polycarbonate, aramid fiber reinforced	1.27	0.0459
	Aramid fiber reinforced nylon 6/6	1.22	0.0441
	Polycarbonate, carbon fiber reinforced	1.3	0.047

(*continued*)

	Polycarbonate, carbon +glass fiber reinforced	1.377	0.0498
	30% glass fiber reinforced clear polycarbonate	1.43	0.0517
Wood			
	American red maple	0.801	0.0289
	American red gum	0.801	0.0289
	American Alaska cedar	0.6	0.0216
	American redwood	0.4	0.0145
	American red oak	0.21	0.0076
	White oak	0.993	0.0359

2. 재료의 경도(상온)

Materials		Hardness (Brinell unless specified)
Plain-Carbon and Low-Alloy Steels		
Alloy 1006		
	Cold drawn	95
	Hot rolled	86
Alloy 1020		
	Cold rolled	121
	Annealed	111
Alloy 1040		
	Cold drawn	170
	Annealed	149
Alloy 1090		
	Annealed	197
	Hot rolled	248
Alloy 4027		
	Annealed	143
	Normalized	179
Alloy 4140		
	Annealed	197
	Normalized	302
Alloy 4340		
	Annealed	217
	Normalized	363
Alloy 5140		
	Annealed	167
	Normalized	229
Stainless Steels		
Alloy 302		
	Annealed	147
Alloy 316		
	Annealed	143
Alloy 405		
	Annealed	150

(*continued*)

Alloy 434		
	Annealed	164
Alloy 17-7PH		
	Cold rolled	378
	Cast Irons	
Gray cast irons (as cast)		
	ASTM class 20	156
	ASTM class 35	212
Ductile cast irons		
	Grade 60-40-18	167
	Grade 120-90-02	331
	Aluminum Alloys	
Alloy 2024		
	T3 temper	120
	T6 temper	125
Alloy 6061		
	Annealed	30
	T4 temper	65
	T6 temper	95
Alloy 7075		
	Annealed	60
	T6 temper	150
	Copper Alloys	
Electrolytic tough pitch copper (C11000)		
	Cold worked	95
Beryllium copper (C17000)		
	TH04 temper	353
	TH01 temper	320
Cartridge brass (C26000)		
	H00 temper	109
	H04 temper	154
Muntz metal (C28000)		
	H00 temper	102
	H02 temper	135
Free-cutting brass (C36000)		
	H01 temper	112
	H02 temper	143
Chromium copper (C18500)		
	TH04 temper	154
	TH04 temper	160
90-10 bronze (C22000)		
	H01 temper	86
	H04 temper	125
	Magnesium Alloys	
Alloy AZ31B		
	Annealed	56
	Hard rolled	73

(continued)

Alloy AZ63		
	F temper	50
	T6 temper	73
Alloy AZ91E		
	F temper	63
	T4 temper	55
	Nickel Alloys	
Nickel, commercially pure		
	Annealed	79
Nickel silver 65-18 (752)		
	Annealed	75
	Hardened	151
Cupronickel 30 (715)		
	Annealed	83
	Hardened	147
	Titanium Alloys	
Titanium, commercially pure		
	As cast	70
Alloy Ti-6Al-2Nb-1Ta-0.8Mo		
	As rolled	290
	Annealed	290
	Miscellaneous Alloys	
	Kovar alloy	120
Invar		
	Alloy 32-5 (cold drawn)	135
	Alloy 36 (cold drawn)	184
Biodur		
	Hot worked	400
	Annealed	290
	Co-Cr-Ni alloy	192
	INCONEL 725 (annealed)	170
	Tungsten	294
	Noble Metals	
	Gold	25(Vickers)
	Iridium	565
	Silver	25(Vickers)
	Platinum, annealed	40(Vickers)
	Polymers	
Elastomers		
	Styrene butadiene rubber (SBR)	71(Shore-A)
	Natural rubber (not vulcanized)	60(Shore-A)
	Nitrile rubber	65(Shore-A)
Epoxies		
	Epoxy (unreinforced)	95R(Rockwell-M)
	Nylon 66 unreinforced	76R(Rockwell-M)

(continued)

	Phenolic (unreinforced)	110
	Polybutylene terepthalate (PBT)	81(Rockwell-M)
Polycarbonate (PC)		
	Molded	70(Rockwell-M)
	Conductive	110(Rockwell-R)
	Polyester (rigid)	90(Rockwell-M)
Polyetheretherketone (PEEK)		
	Glass fiber filled	101(Rockwell-M)
	Carbon fiber filled	96(Rockwell-M)
Polyethylene terephthalate (PET)		
	Unreinforced	95(Rockwell-M)
	30% glass reinforced	87(Rockwell-M)
Polyethylene (molded)		
	Low density	60(Rockwell-R)
	Medium density	59(Shore-D)
	High density	62(Rockwell-R)
Acrylonitrile butadiene styrene (ABS)		
	Molded	103(Rockwell-R)
	40% glass fiber filled	110(Rockwell-R)
	40% carbon fiber filled	110(Rockwell-R)
Polymethyl methacrylate (PMMA)		
	Unreinforced	85(Rockwell-M)
	Glass fiber reinforced	110(Rockwell-R)
Polypropylene (PP)		
	Unreinforced	92(Rockwell-R)
	10% glass fiber filled	96(Rockwell-R)
	Polystyrene	72(Rockwell-m)
	Polytetrafluoroethylene (PTFE)	58(Rockwell-R)
Polyvinyl chloride (PVC)		
	Unreinforced	99(Rockwell-R)
	30% glass fiber feinforced	108(Rockwell-R)
	Styrene acrylonitrile	84(Rockwell-M)
	Cellulose acetate	70(Rockwell-R)
	Acrylonitrile	60(Rockwell-M)
	Polyacetal	78(Rockwell-M)
	Polyphenylene sulfide molded	90(Rockwell-M)
	Polysulfone	81(Rockwell-M)
Ceramics, Graphite, and Semiconducting Materials		
Aluminum oxide		
	99.9% alumina	1365(Vickers)
	95% alumina	1720(Vickers)
Diamond		
	Natural	10(Mohs)
	Synthetic	10(Mohs)
	Gallium arsenide	7500(Knoop)
Glass		
	Borosilicate glass	2(Knoop)
	Silica glass	443
	Silicon nitride	1600(Vickers)

(continued)

Titanium carbide	3200(Vickers)
Tungsten carbide	800
Zirconium carbide	2600(Vickers)
Boron nitride	279
Calcium flouride	154
Composite Materials	
Polycarbonate, aramid fiber reinforced	120(Rockwell-R)
Polycarbonate, carbon fiber reinforced	119(Rockwell-R)
30% glass fiber reinforced clear polycarbonate	121(Rockwell-R)
Wood	
American red maple	3(Wood indentation)
American red gum	2.5(Wood indentation)
American Alaska cedar	2(Wood indentation)
American redwood	2.1(Wood indentation)
American red oak	4.3(Wood indentation)
White oak	4.8(Wood indentation)

3. 최대인장강도(상온)

Materials		Tensile Strength ultimate	
		MPa	ksi
	Plain-Carbon and Low-Alloy Steels		
Alloy 1006			
	Cold drawn	330	47.85
	Hot rolled	295	42.775
Alloy 1020			
	Cold rolled	420	60.9
	Annealed	395	57.275
Alloy 1040			
	Cold drawn	585	84.825
	Annealed	515	74.675
Alloy 1090			
	Annealed	696	100.92
	Hot rolled	841	121.945
Alloy 4027			
	Annealed	515	74.675
	Normalized	640	92.8
Alloy 4140			
	Annealed	655	94.975
	Normalized	1020	147.9
Alloy 4340			
	Annealed	745	108.025
	Normalized	1282	185.89

(*continued*)

Alloy 5140			
	Annealed	570	82.65
	Normalized	793	114.985
Stainless Steels			
Alloy 302			
	Annealed	620	89.9
	Cold rolled	585	84.825
Alloy 316			
	Annealed	580	84.1
	Soft tempered	689	99.905
Alloy 405			
	Cold rolled	469	68.005
	Annealed	448	64.96
Alloy 434			
	Annealed	517	74.965
Alloy 660			
	Cold rolled	1007	146.015
Alloy 17-7PH			
	Cold rolled	1380	200.1
Cast Irons			
Gray cast irons (as cast)			
	ASTM class 20	152	22.04
	ASTM class 35	252	36.54
Ductile cast irons			
	Grade 60-40-18	461	66.845
	Grade 120-90-02	974	141.23
Aluminum Alloys			
Alloy 2024			
	T3 temper	483	70.035
	T6 temper	427	61.915
Alloy 6061			
	Annealed	124	17.98
	T4 temper	241	34.945
	T6 temper	310	44.95
Alloy 7075			
	Annealed	228	33.06
	T6 temper	572	82.94
Copper Alloys			
Electrolytic tough pitch copper (C11000)			
	Cold worked	345	50.025
Beryllium copper (C17000)			
	TH04 temper	1310	189.95
	TH01 temper	1190	172.55

(continued)

Cartridge brass (C26000)			
	H00 temper	400	58
	H04 temper	525	76.125
Muntz metal (C28000)			
	H00 temper	415	60.175
	H02 temper	485	70.325
Free-cutting brass (C36000)			
	H01 temper	385	55.825
	H02 temper	400	58
Chromium copper (C18500)			
	TH04 temper	530	76.85
	TH04 temper	475	68.875
90-10 bronze (C22000)			
	H01 temper	310	44.95
	H04 temper	420	60.9
	Magnesium Alloys		
Alloy AZ31B			
	Annealed	255	36.975
	Hard rolled	290	42.05
Alloy AZ63			
	F temper	200	29
	T6 temper	275	39.875
Alloy AZ91E			
	F temper	165	23.925
	T4 temper	275	39.875
	Nickel Alloys		
Nickel, commercially pure			
	As cast	317	45.965
	Annealed	45	6.525
Nickel silver 65-18 (752)			
	Annealed	386	55.97
	Hardened	586	84.97
Cupronickel 30 (715)			
	Annealed	379	54.955
	hardened	517	74.965
	Titanium Alloys		
Titanium, commercially pure			
	As cast	220	31.9
Alloy Ti-6Al-2Nb-1Ta-0.8Mo			
	As rolled	830	120.35
	Annealed	830	120.35
	Miscellaneous Alloys		
	Kovar alloy	517	74.965
Invar			
	Alloy 32-5 (cold drawn)	483	70.035
	Alloy 36 (cold drawn)	621	90.045

(*continued*)

Haynes 25			
	Cold rolled and annealed	1005	145.725
	Hot rolled and annealed	1015	147.175
Biodur			
	Hot worked	1365	197.925
	Annealed	1035	150.075
	Co-Cr-Ni alloy	860	124.7
	INCONEL (cold rolled)	757	109.765
	INCOLOY 903	1310	189.95
	INCONEL 725 (annealed)	855	123.975
	Beryllium S-200	765	110.925
	Tungsten	980	142.1
	Tantalum	689	99.905
	Zinc	37	5.365
Noble Metals			
	Gold	120	17.4
	Iridium	2000	290
	Silver	140	20.3
	Platinum, annealed	145	21.025
Polymers			
Elastomers			
	Styrene butadiene rubber (SBR)	30	4.35
	Natural rubber (not vulcanized)	28	4.06
	Nitrile rubber	17	2.465
Epoxies			
	Epoxy (unreinforced)	70	10.15
	Nylon 66 unreinforced	62	8.99
	Phenolic (unreinforced)	56	8.12
	Polybutylene terepthalate (PBT)	55	7.975
Polycarbonate (PC)			
	Molded	65	9.425
	Conductive	86	12.47
	Polyester (rigid)	58	8.41
Polyetheretherketone (PEEK)			
	Glass fiber filled	140	20.3
	Carbon fiber filled	176	25.52
Polyethylene terephthalate (PET)			
	Unreinforced	55	7.975
	30% Glass reinforced	137	19.865
Polyethylene (molded)			
	Low density	16	2.32
	Medium density	25	3.625
	High density	30	4.35
Acrylonitrile butadiene styrene (ABS)			
	Molded	47	6.815
	40% Glass fiber filled	80	11.6
	40% Carbon fiber filled	115	16.675

(continued)

Polymethyl methacrylate (PMMA)			
	Unreinforced	62	8.99
	Glass fiber reinforced	107	15.515
Polypropylene (PP)			
	Unreinforced	50	7.25
	10% Glass fiber filled	36	5.22
	10% Carbon fiber filled	26	3.77
	Polystyrene	45	6.525
	Polytetrafluoroethylene (PTFE)	25	3.625
Polyvinyl chloride (PVC)			
	Unreinforced	47	6.815
	30% Glass fiber reinforced	90	13.05
	Styrene acrylonitrile	65	9.425
	Cellulose acetate	33	4.785
	Acrylonitrile	66	9.57
	Polyacetal	60	8.7
	Polyphenylene sulfide molded	95	13.775
	Polysulfone	73	10.585
Ceramics, Graphite, and Semiconducting Materials			
Aluminum oxide			
	99.9% Alumina	300	43.5
	95% Alumina	205	29.725
Diamond			
	Natural	1050	152.25
	Synthetic	1200	174
	Gallium arsenide	66	9.57
Glass			
	Borosilicate glass	57	8.265
	Silica glass	69	10.005
	Fused silica	104	15.08
Silicon carbide			
	Sintered	300	43.5
	Silicon nitride	800	116
	Titanium carbide	258	37.41
	Tungsten carbide	344	49.88
	Zirconium carbide	89	12.905
	Alumina 96%	200	29
	Boron nitride	47	6.815
Fibers			
	E-glass fiber generic	3448	499.96
	C-glass fiber generic	3310	479.95
	Carbon fiber precursor	5650	819.25
Composite Materials			
	Epoxy/glass SMC	243	35.235
	Epoxy/carbon fiber composite	1.6	0.232
	Polycarbonate, aramid fiber reinforced	67	9.715

(*continued*)

Aramid fiber reinforced nylon 6/6	119	17.255
Polycarbonate, carbon fiber reinforced	150	21.75
Polycarbonate, carbon + glass fiber reinforced	135	19.575
Wood		
American red maple	4	0.58
American red gum	4	0.58
American alaska cedar	2	0.29
American redwood	2	0.29
American red oak	5.5	0.7975
White oak	6	0.87

4. 항복강도(상온)

Materials		Yield Strength	
		MPa	ksi
Plain-Carbon and Low-Alloy Steels			
Alloy 1006			
	Cold drawn	285	41.325
	Hot rolled	165	23.925
Alloy 1020			
	Cold rolled	350	50.75
	Annealed	295	42.775
Alloy 1040			
	Cold drawn	515	74.675
	Annealed	350	50.75
Alloy 1090			
	Annealed	540	78.3
	Hot rolled	460	66.7
Alloy 4027			
	Annealed	325	47.125
	Normalized	420	60.9
Alloy 4140			
	Annealed	415	60.175
	Normalized	655	94.975
Alloy 4340			
	Annealed	470	68.15
	Normalized	862	124.99
Alloy 5140			
	Annealed	295	42.775
	Normalized	470	68.15
Stainless Steels			
Alloy 302			
	Annealed	275	39.875
	Cold rolled	255	36.975

(*continued*)

Alloy 316			
	Annealed	290	42.05
	Soft tempered	515	74.675
Alloy 405			
	Cold rolled	276	40.02
	Annealed	276	40.02
Alloy 434			
	Annealed	345	50.025
Alloy 660			
	Cold rolled	703	101.935
Alloy 17-7PH			
	Cold rolled	1210	175.45
	Cast Irons		
Ductile cast irons			
	Grade 60-40-18	329	47.705
	Grade 120-90-02	864	125.28
	Aluminum Alloys		
Alloy 2024			
	T3 temper	345	50.025
	T6 temper	345	50.025
Alloy 6061			
	Annealed	55	7.975
	T4 temper	145	21.025
	T6 temper	276	40.02
Alloy 7075			
	Annealed	103	14.935
	T6 temper	503	72.935
	Copper Alloys		
Electrolytic tough pitch copper (C11000)			
	Cold worked	310	44.95
Beryllium copper (C17000)			
	TH04 temper	1150	166.75
	TH01 temper	1110	160.95
Cartridge brass (C26000)			
	H00 temper	315	45.675
	H04 temper	435	63.075
Muntz metal (C28000)			
	H00 temper	240	34.8
	H02 temper	345	50.025
Free-cutting brass (C36000)			
	H01 temper	310	44.95
	H02 temper	310	44.95
Chromium copper (C18500)			
	TH04 temper	450	65.25
	TH04 temper	435	63.075

(continued)

90-10 Bronze (C22000)			
	H01 temper	240	34.8
	H04 temper	370	53.65
	Magnesium Alloys		
Alloy AZ31B			
	Annealed	150	21.75
	Hard rolled	220	31.9
Alloy AZ63			
	F temper	97	14.065
	T6 temper	130	18.85
Alloy AZ91E			
	F temper	97	14.065
	T4 temper	90	13.05
	Nickel Alloys		
Nickel, commercially pure			
	As cast	59	8.555
	Titanium Alloys		
Titanium, commercially pure			
	As cast	140	20.3
Alloy Ti-6Al-2Nb-1Ta-0.8Mo			
	As rolled	760	110.2
	Annealed	710	102.95
	Miscellaneous Alloys		
	Kovar alloy	345	50.025
Invar			
	Alloy 32-5 (cold drawn)	276	40.02
	Alloy 36 (cold drawn)	483	70.035
Haynes 25			
	Cold rolled and annealed	475	68.875
	Hot rolled and annealed	505	73.225
Biodur			
	Hot worked	930	134.85
	Annealed	585	84.825
	Co-Cr-Ni alloy	520	75.4
	INCONEL (cold rolled)	383	55.535
	INCOLOY 903	1100	159.5
	INCONEL 725 (annealed)	427	61.915
	Beryllium S-200	414	60.03
	Tungsten	750	108.75
	Polymers		
Epoxies			
	Epoxy (unreinforced)	60	8.7
	Nylon 66 unreinforced	63	9.135
	Phenolic (unreinforced)	52	7.54
	Polybutylene terepthalate (PBT)	67	9.715

(*continued*)

Polycarbonate (PC)			
	Molded	65	9.425
	Polyester (rigid)	70	10.15
Polyetheretherketone (PEEK)			
	Glass fiber filled	98	14.21
Polyethylene terephthalate (PET)			
	Unreinforced	54	7.83
	30% Glass reinforced	141	20.445
Polyethylene (molded)			
	Low density	16	2.32
	Medium density	15	2.175
	High density	16	2.32
Acrylonitrile butadiene styrene (ABS)			
	Molded	46	6.67
	40% Glass fiber filled	110	15.95
	40% Carbon fiber filled	120	17.4
Polymethyl methacrylate (PMMA)			
	Unreinforced	69	10.005
Polypropylene (PP)			
	Unreinforced	28	4.06
	10% Glass fiber filled	41	5.945
	Polystyrene	46	6.67
	Polytetrafluoroethylene (PTFE)	19	2.755
Polyvinyl chloride (PVC)			
	Unreinforced	38	5.51
	Styrene acrylonitrile	65	9.425
	Cellulose acetate	26	3.77
	Polyacetal	69	10.005
	Polyphenylene sulfide molded	6809	987.305
	Polysulfone	74	10.73
Ceramics, Graphite, and Semiconducting Materials			
	Polycarbonate, carbon fiber reinforced	110	15.95
	30% Glass fiber reinforced clear polycarbonate	124	17.98

5. 탄성계수(상온)

Materials		Modulus of Elasticity	
		GPa	10^6 psi
Plain-Carbon and Low-Alloy Steels			
Alloy 1006			
	Cold drawn	205	29.71
	Hot rolled	200	28.99
Alloy 1020			
	Cold rolled	205	29.71
	Annealed	200	28.99

(continued)

Alloy 1040			
	Cold drawn	200	28.99
	Annealed	200	28.99
Alloy 1090			
	Annealed	205	29.71
	Hot rolled	200	28.99
Alloy 4027			
	Annealed	205	29.71
	Normalized	205	29.71
Alloy 4140			
	Annealed	205	29.71
	Normalized	205	29.71
Alloy 4340			
	Annealed	205	29.71
	Normalized	205	29.71
Alloy 5140			
	Annealed	205	29.71
	Normalized	205	29.71
Stainless Steels			
Alloy 302			
	Annealed	193	27.97
	Cold rolled	193	27.97
Alloy 316			
	Annealed	193	27.97
	Soft tempered	193	27.97
Alloy 405			
	Cold rolled	200	28.99
	Annealed	200	28.99
Alloy 434			
	Annealed	200	28.99
Alloy 660			
	Cold rolled	200	28.99
Alloy 17-7PH			
	Cold rolled	204	29.57
Cast Irons			
Gray cast irons (as cast)			
	ASTM class 20	83	12.03
	ASTM class 35	114	16.52
Ductile cast irons			
	Grade 60-40-18	169	24.49
	Grade 120-90-02	164	23.77
Aluminum Alloys			
Alloy 2024			
	Annealed	73	10.58
	T3 temper	73	10.58
	T6 temper	72	10.43

(continued)

Alloy 6061			
	Annealed	69	10.00
	T4 temper	69	10.00
	T6 temper	69	10.00
Alloy 7075			
	Annealed	72	10.43
	T6 temper	72	10.43
	Copper Alloys		
Electrolytic tough pitch copper (C11000)			
	Cold worked	122	17.68
Beryllium copper (C17000)			
	TH04 temper	115	16.67
	TH01 temper	115	16.67
Cartridge brass (C26000)			
	H00 temper	110	15.94
	H04 temper	110	15.94
Muntz metal (C28000)			
	H00 temper	105	15.22
	H02 temper	105	15.22
Free-cutting brass (C36000)			
	H01 temper	97	14.06
	H02 temper	97	14.06
Chromium copper (C18500)			
	TH04 temper	130	18.84
	TH04 temper	130	18.84
90-10 Bronze (C22000)			
	H01 temper	115	16.67
	H04 temper	115	16.67
	Magnesium Alloys		
Alloy AZ31B			
	Annealed	45	6.52
	Hard rolled	45	6.52
Alloy AZ63			
	F temper	45	6.52
	T6 temper	45	6.52
Alloy AZ91E			
	F temper	45	6.52
	T4 temper	45	6.52
	Nickel Alloys		
Nickel, commercially pure			
	As cast	207	30.00
	Annealed	207	30.00
Nickel silver 65-18 (752)			
	Annealed	124	17.97
	Hardened	124	17.97

(continued)

Cupronickel 30 (715)			
	Annealed	152	22.03
	Hardened	152	22.03
	Titanium Alloys		
Titanium, commercially pure			
	As cast	116	16.81
Alloy Ti-6Al-2Nb-1Ta-0.8Mo			
	As rolled	117	16.96
	Annealed	115	16.67
	Miscellaneous Alloys		
	Kovar alloy	138	20.00
Invar			
	Alloy 32-5 (cold drawn)	145	21.01
	Alloy 36 (cold drawn)	148	21.45
Haynes 25			
	Cold rolled and annealed	225	32.61
	Hot rolled and annealed	225	32.61
	Co-Cr-Ni alloy	190	27.54
	INCONEL (cold rolled)	210	30.43
	INCOLOY 903	147	21.30
	INCONEL 725 (annealed)	204	29.57
	Beryllium S-200	303	43.91
	Tungsten	400	57.97
	Tantalum	186	26.96
	Zinc	97	14.06
	Noble Metals		
	Gold	77	11.16
	Iridium	524	75.94
	Silver	76	11.01
	Platinum, annealed	1711	247.97
	Polymers		
Epoxies			
	Epoxy (unreinforced)	2.25	0.33
	Nylon 66 unreinforced	2.1	0.30
	Phenolic (unreinforced)	7	1.01
	Polybutylene terepthalate (PBT)	12	1.74
Polycarbonate (PC)			
	Molded	2.3	0.33
	Conductive	5	0.72
	Polyester (rigid)	3.5	0.51
Polyetheretherketone (PEEK)			
	Glass fiber filled	21	3.04
	Carbon fiber filled	11	1.59

(continued)

Polyethylene terephthalate (PET)			
	Unreinforced	2.7	0.39
	30% Glass reinforced	10	1.45
Polyethylene (molded)			
	Low density	0.25	0.04
	Medium density	0.5	0.07
	High density	0.9	0.13
Acrylonitrile butadiene styrene (ABS)			
	Molded	2.4	0.35
	40% Glass fiber filled	9	1.30
	40% Carbon fiber filled	22	3.19
Polymethyl methacrylate (PMMA)			
	Unreinforced	2.9	0.42
	Glass fiber reinforced	9.2	1.33
			0.00
Polypropylene (PP)			
	Unreinforced	2.25	0.33
	10% Glass fiber filled	3.75	0.54
	10% Carbon fiber filled	4.75	0.69
	Polystyrene	3.25	0.47
	Polytetrafluoroethylene (PTFE)	0.6	0.09
Polyvinyl chloride (PVC)			
	Unreinforced	3.1	0.45
	30% Glass fiber reinforced	5	0.72
	Styrene acrylonitrile	3.7	0.54
	Cellulose acetate	1.7	0.25
	Acrylonitrile	3.6	0.52
	Polyacetal	2.4	0.35
	Polyphenylene sulfide molded	3.5	0.51
	Polysulfone	2.6	0.38
Ceramics, Graphite, and Semiconducting Materials			
Aluminum oxide			
	99.9% Alumina	370	53.62
	95% Alumina	282	40.87
Diamond			
	Natural	950	137.68
	Synthetic	865	125.36
	Gallium arsenide	85.5	12.39
Glass			
	Borosilicate glass	62	8.99
	Silica glass	68	9.86
Silicon carbide			
	Sintered	410	59.42
	Sublimed	467	67.68
	Silicon nitride	290	42.03
	Titanium carbide	450	65.22
	Tungsten carbide	682	98.84
	Zirconium carbide	395	57.25
	Alumina 96%	300	43.48
	Boron nitride	69	10.00

(continued)

Fibers			
	E-glass fiber generic	72	10.43
	C-glass fiber generic	69	10.00
	Carbon fiber precursor	290	42.03
Composite Materials			
	Epoxy/glass SMC	55	7.97
	Epoxy/carbon fiber composite	225	32.61
	Polycarbonate, aramid fiber reinforced	3.5	0.51
	Aramid fiber reinforced nylon 6/6	9	1.30
	Polycarbonate, carbon fiber reinforced	13	1.88
	Polycarbonate, carbon + glass fiber reinforced	10	1.45
Wood			
	American red maple	11.3	1.64
	American red gum	11.31	1.64
	American alaska cedar	7.89	1.14
	American redwood	9.24	1.34
	American red oak	12.5	1.81
	White oak	12.6	1.83

6. 포아송비(상온)

Materials		Poisson's Ratio
Plain-Carbon and Low-Alloy Steels		
Alloy 1006		
	Cold drawn	0.29
	Hot rolled	0.29
Alloy 1020		
	Cold rolled	0.29
	Annealed	0.29
Alloy 1040		
	Cold drawn	0.29
	Annealed	0.29
Alloy 1090		
	Annealed	0.29
	Hot rolled	0.29
Alloy 4027		
	Annealed	0.29
	Normalized	0.29
Alloy 4140		
	Annealed	0.29
	Normalized	0.29
Alloy 4340		
	Annealed	0.29
	Normalized	0.29

(continued)

Alloy 5140		
	Annealed	0.29
	Normalized	0.29
	Stainless Steels	
Alloy 302		
	Annealed	0.25
	Cold rolled	0.25
Alloy 316		
	Annealed	0.27
	Soft tempered	0.27
Alloy 405		
	Cold rolled	0.27
	Annealed	0.27
Alloy 434		
	Annealed	0.27
Alloy 660		
	Cold rolled	0.27
Alloy 17-7PH		
	Cold rolled	0.27
	Cast Irons	
Gray cast irons (as cast)		
	ASTM class 20	0.29
	ASTM class 35	0.29
Ductile cast irons		
	Grade 60-40-18	0.29
	Grade 120-90-02	0.28
	Aluminum Alloys	
Alloy 2024		
	Annealed	0.33
	T3 temper	0.33
	T6 temper	0.33
Alloy 6061		
	Annealed	0.33
	T4 temper	0.33
	T6 temper	0.33
Alloy 7075		
	Annealed	0.33
	T6 temper	0.33
	Copper Alloys	
Electrolytic tough pitch copper (C11000)		
	Cold worked	0.33
Beryllium copper (C17000)		
	TH04 temper	0.3
	TH01 temper	0.3

(*continued*)

Cartridge brass (C26000)		
	H00 temper	0.375
	H04 temper	0.375
Muntz metal (C28000)		
	H00 temper	0.346
	H02 temper	0.346
Free-cutting brass (C36000)		
	H01 temper	0.311
	H02 temper	0.311
Chromium copper (C18500)		
	TH04 temper	0.3
	TH04 temper	0.3
90-10 Bronze (C22000)		
	H01 temper	0.307
	H04 temper	0.307
	Magnesium Alloys	
Alloy AZ31B		
	Annealed	0.35
	Hard rolled	0.35
Alloy AZ63		
	F temper	0.35
	T6 temper	0.35
Alloy AZ91E		
	F temper	0.35
	T4 temper	0.35
	Nickel Alloys	
Nickel, commercially pure		
	As cast	0.31
	Annealed	0.31
Nickel silver 65-18 (752)		
	Annealed	0.33
	Hardened	0.33
Cupronickel 30 (715)		
	Annealed	0.33
	Hardened	0.33
	Titanium Alloys	
Titanium, commercially pure		
	As cast	0.34
Alloy Ti-6Al-2Nb-1Ta-0.8Mo		
	As rolled	0.31
	Annealed	0.31
	Miscellaneous Alloys	
	Kovar alloy	0.317
Invar		
	Alloy 32-5 (cold drawn)	0.23
	Alloy 36 (cold drawn)	0.23

(*continued*)

Haynes 25		
	Cold rolled and annealed	0.24
	Hot rolled and annealed	0.24
	Co-Cr-Ni alloy	0.226
	INCONEL (cold rolled)	0.382
	INCOLOY 903	0.239
	INCONEL 725 (annealed)	0.31
	Beryllium S-200	0.14
	Tungsten	0.28
	Tantalum	0.35
	Zinc	0.25
	Noble Metals	
	Gold	0.42
	Iridium	0.26
	Silver	0.39
	Platinum, annealed	0.39
	Polymers	
	Nylon 66 unreinforced	0.39
Polycarbonate (PC)		
	Molded	0.36
Polyetheretherketone (PEEK)		
	Glass fiber filled	0.45
	Carbon fiber filled	0.44
Polyethylene terephthalate (PET)		
	30% Glass reinforced	0.4
Polyethylene (molded)		
	Low density	0.38
	Polystyrene	0.33
	Polytetrafluoroethylene (PTFE)	0.46
Polyvinyl chloride (PVC)		
	Unreinforced	0.38
	30% Glass fiber reinforced	0.41
	Polyacetal	0.35
	Ceramics, Graphite, and Semiconducting Materials	
Aluminum oxide		
	99.9% Alumina	0.22
Diamond		
	Natural	0.18
	Synthetic	0.2
Glass		
	Silica glass	0.19
Silicon carbide		
	Sintered	0.14
	Silicon nitride	0.25
	Titanium carbide	0.18
	Zirconium carbide	0.19
	Alumina 96%	0.22

(continued)

Fibers		
	E-glass fiber generic	0.2
	C-glass fiber generic	0.276
Composite Materials		
	Epoxy/glass SMC	0.36
	Epoxy/carbon fiber composite	0.34
Wood		
	American red maple	0.04
	American redwood	0.36
	American red oak	0.33
	White oak	0.036

7. 연신율(상온)

Materials		% Elongation at Break
Plain-Carbon and Low-Alloy Steels		
Alloy 1006		
	Cold drawn	20
	Hot rolled	30
Alloy 1020		
	Cold rolled	15
	Annealed	36.5
Alloy 1040		
	Cold drawn	12
	Annealed	30
Alloy 1090		
	Annealed	10
	Hot rolled	10
Alloy 4027		
	Annealed	30
	Normalized	25.8
Alloy 4140		
	Annealed	25.7
	Normalized	17.7
Alloy 4340		
	Annealed	22
	Normalized	12.2
Alloy 5140		
	Annealed	28.6
	Normalized	22.7
Stainless Steels		
Alloy 302		
	Annealed	55
	Cold rolled	57

(continued)

Alloy 316		
	Annealed	50
	Soft tempered	50
Alloy 405		
	Cold rolled	30
	Annealed	30
Alloy 434		
	Annealed	25
Alloy 660		
	Cold rolled	25
Alloy 17-7PH		
	Cold rolled	1
	Cast Irons	
Ductile Cast Irons		
	Grade 60-40-18	15
	Grade 120-90-02	1.5
	Aluminum Alloys	
Alloy 2024		
	T3 temper	18
	T6 temper	5
Alloy 6061		
	Annealed	25
	T4 temper	22
	T6 temper	12
Alloy 7075		
	Annealed	16
	T6 temper	11
	Copper Alloys	
Electrolytic tough pitch copper (C11000)		
	Cold worked	12
Beryllium copper (C17000)		
	TH04 temper	2.5
	TH01 temper	4.5
Cartridge brass (C26000)		
	H00 temper	35
	H04 temper	8
Muntz metal (C28000)		
	H00 temper	30
	H02 temper	10
Free-cutting brass (C36000)		
	H01 temper	20
	H02 temper	25
Chromium copper (C18500)		
	TH04 temper	16
	TH04 temper	26

(*continued*)

90-10 Bronze (C22000)		
	H01 temper	25
	H04 temper	5
	Magnesium Alloys	
Alloy AZ31B		
	Annealed	21
	Hard rolled	15
Alloy AZ63		
	F temper	6
	T6 temper	5
Alloy AZ91E		
	F temper	2.5
	T4 temper	15
	Nickel Alloys	
Nickel, commercially pure		
	As cast	30
Nickel silver 65-18 (752)		
	Annealed	35
	Hardened	3
Cupronickel 30 (715)		
	Annealed	45
	Hardened	15
	Titanium Alloys	
Titanium, commercially pure		
	As cast	54
Alloy Ti-6Al-2Nb-1Ta-0.8Mo		
	As rolled	10
	Annealed	11
	Miscellaneous Alloys	
Invar		
	Alloy 32-5 (cold drawn)	40
	Alloy 36 (cold drawn)	20
Haynes 25		
	Cold rolled and annealed	51
	Hot rolled and annealed	60
Biodur		
	Hot worked	22
	Annealed	25
	Co-Cr-Ni alloy	38
	INCONEL (cold rolled)	47
	INCOLOY 903	14
	INCONEL 725 (annealed)	57
	Beryllium S-200	10

(*continued*)

Noble Metals		
	Gold	30
	Iridium	20
	Silver	46
	Platinum, annealed	35
Polymers		
Elastomers		
	Styrene butadiene rubber (SBR)	500
	Natural rubber (not vulcanized)	500
	Nitrile rubber	320
Epoxies		
	Epoxy (unreinforced)	5
	Nylon 66 unreinforced	152
	Phenolic (unreinforced)	1.3
	Polybutylene terepthalate (PBT)	148
Polycarbonate (PC)		
	Molded	62
	Conductive	6
	Polyester (rigid)	2.4
Polyetheretherketone (PEEK)		
	Glass fiber filled	3
	Carbon fiber filled	2
Polyethylene terephthalate (PET)		
	Unreinforced	200
	30% Glass reinforced	3.8
Polyethylene (molded)		
	Low density	350
	Medium density	550
	High density	750
Acrylonitrile butadiene styrene (ABS)		
	Molded	55
	40% Glass fiber filled	1.5
	40% Carbon fiber filled	1.25
Polymethyl methacrylate (PMMA)		
	Unreinforced	15
	Glass fiber reinforced	7.8
Polypropylene (PP)		
	Unreinforced	427
	10% Glass fiber filled	250
	10% Carbon fiber filled	9
	Polystyrene	22.5
	Polytetrafluoroethylene (PTFE)	325
Polyvinyl chloride (PVC)		
	Unreinforced	62
	30% Glass fiber reinforced	2.5
	Styrene acrylonitrile	3.8
	Cellulose acetate	35
	Acrylonitrile	3.5

(*continued*)

Polyacetal	105
Polyphenylene sulfide molded	3
Polysulfone	42.5
Fibers	
E-glass fiber generic	4.8
C-glass fiber generic	4.8
Carbon fiber precursor	1.8
Composite Materials	
Epoxy/glass SMC	0.49
Polycarbonate, aramid fiber reinforced	6.2
Aramid fiber reinforced nylon 6/6	1.6
Polycarbonate, carbon fiber reinforced	4.5
Polycarbonate, carbon + glass fiber reinforced	2.75

8. 단면축소율(상온)

Materials		% Reduction of Area
Plain-Carbon and Low-Alloy Steels		
Alloy 1006		
	Cold drawn	45
	Hot rolled	55
Alloy 1020		
	Cold rolled	40
	Annealed	66
Alloy 1040		
	Cold dawn	35
	Annealed	57
Alloy 1090		
	Annealed	40
	Hot rolled	25
Alloy 4027		
	Annealed	52.9
	Normalized	60.2
Alloy 4140		
	Annealed	56.9
	Normalized	46.8
Alloy 4340		
	Annealed	50
	Normalized	36.3
Alloy 5140		
	Annealed	59.2
	Normalized	57.3
Stainless Steels		
Alloy 660		
	Cold rolled	36.8

(*continued*)

	Copper Alloys	
Free-cutting brass (C36000)		50
	Titanium Alloys	
Alloy Ti-6Al-2Nb-1Ta-0.8Mo	As rolled	28
	Annealed	30
	Miscellaneous Alloys	
	Alloy 36 (cold drawn)	60
Biodur		
	Hot worked	68
	Annealed	23

9. 아이조드 충격강도(상온)

Materials		**Izod Impact**	
		J	**ft-lb**
	Plain-Carbon and Low-Alloy Steels		
	Annealed	125	92.225
Alloy 1040			
	Cold drawn	49	36.1522
	Annealed	45	33.201
Alloy 1090			
	Hot rolled	4	2.9512
Alloy 4140			
	Annealed	62	45.7436
	Normalized	87	64.1886
Alloy 4340			
	Annealed	51	37.6278
	Normalized	16	11.8048
Alloy 5140			
	Annealed	41	30.2498
	Stainless Steels		
Alloy 302			
	Annealed	136	100.3408
Alloy 316			
	Annealed	129	95.1762
Alloy 405			
	Cold rolled	41	30.2498
	Annealed	41	30.2498
	Polymers		
Epoxies			
	Epoxy (unreinforced)	0.3	0.22134
	Nylon 66 unreinforced	7	5.1646

(continued)

	Phenolic (unreinforced)	0.18	0.132804
	Polybutylene terepthalate (PBT)	0.27	0.199206
Polycarbonate (PC)			
	Molded	4.78	3.526684
	Conductive	0.52	0.383656
	Polyester (rigid)	0.22	0.162316
Polyetheretherketone (PEEK)			
	Glass fiber filled	1.1	0.81158
	Carbon fiber filled	0.12	0.088536
Polyethylene terephthalate (PET)			
	Unreinforced	1.4	1.03292
	30% Glass reinforced	1.1	0.81158
Polyethylene (molded)			
	Low density	1.068	0.7879704
	Medium density	4.8	3.54144
	High density	4.01	2.958578
Acrylonitrile butadiene styrene (ABS)			
	Molded	3.2	2.36096
	40% Glass fiber filled	0.63	0.464814
	40% Carbon fiber filled	0.5	0.3689
Polymethyl methacrylate (PMMA)			
	Unreinforced	0.16	0.118048
	Glass fiber reinforced	0.45	0.33201
Polypropylene (PP)			
	Unreinforced	0.16	0.118048
	10% Glass fiber filled	1.12	0.826336
	10% Carbon fiber filled	0.8	0.59024
	Polystyrene	0.18	0.132804
	Polytetrafluoroethylene (PTFE)	1.6	1.18048
Polyvinyl chloride (PVC)			
	Unreinforced	5.3	3.91034
	30% Glass fiber reinforced	0.8	0.59024
	Styrene acrylonitrile	0.17	0.125426
	Cellulose acetate	2.42	1.785476
	Acrylonitrile	2.7	1.99206
	Polyacetal	5.2	3.83656
	Polyphenylene sulfide Molded	1.25	0.92225
	Polysulfone	0.8	0.59024
Composite Materials			
	Epoxy/glass SMC	14.1	10.40298
	Polycarbonate, aramid fiber reinforced	0.6	0.44268
	Aramid fiber reinforced nylon 6/6	1.44	1.062432
	Polycarbonate, carbon fiber reinforced	1.26	0.929628
	Polycarbonate, carbon + glass fiber reinforced	1.22	0.900116
	30% Glass fiber reinforced clear polycarbonate	1.6	1.18048

(continued)

10. 파괴인성(상온)

Materials		Fracture Toughness	
		MPa (m)$^{0.5}$	ksi (in)$^{0.5}$
Plain-Carbon and Low-Alloy Steels			
Alloy 1040			
	Cold drawn	54	48.6
Alloy 4140			
	Normalized	60	54
Alloy 4340			
	Normalized	55	49.5
Aluminum Alloys			
Alloy 2024			
	T3 temper	44	39.6
Alloy 6061			
	T6 temper	29	26.1
Alloy 7075			
	T6 temper	25	22.5
Polymers			
Epoxies			
	Epoxy (unreinforced)	0.6	0.54
	Nylon 66 unreinforced	2.8	2.52
Polycarbonate (PC)			
	Molded	3.1	2.79
	Polyester (rigid)	0.6	0.54
Polyethylene terephthalate (PET)			
	Unreinforced	5	4.5
Polymethyl methacrylate (PMMA)			
	Unreinforced	1.2	1.08
Polypropylene (PP)			
	Unreinforced	3.7	3.33
Polyvinyl chloride (PVC)			
	Unreinforced	2.3	2.07
Ceramics, Graphite, and Semiconducting Materials			
Aluminum oxide			
	99.9% Alumina	4.5	4.05
	95% Alumina	3.6	3.24
	Concrete	0.9	0.81
Diamond			
	Natural	6.5	5.85
	Synthetic	8	7.2
Glass			
	Borosilicate glass	0.8	0.72
	Silica glass	0.7	0.63
	Fused silica	0.8	0.72

(continued)

Silicon carbide			
	Sintered	3.4	3.06
	Sublimed	4	3.6
	Silicon nitride	4.5	4.05
	Zirconia	10	9
	Tungsten carbide	6	5.4

11. 전기비저항(상온)

Materials		Electrical Resistivity Ohm-cm
Plain-Carbon and Low-Alloy Steels		
Alloy 1006		
	Cold drawn	1.74E–05
	Hot rolled	1.74E–05
Alloy 1020		
	Cold rolled	1.59E–05
	Annealed	1.59E–05
Alloy 1040		
	Cold drawn	1.71E–05
	Annealed	1.71E–05
Alloy 1090		
	Annealed	1.74E–05
	Hot rolled	1.74E–05
Alloy 4027		
	Annealed	2.45E–05
	Normalized	2.45E–05
Alloy 4140		
	Annealed	2.20E–05
	Normalized	2.20E–05
Alloy 4340		
	Annealed	2.48E–05
	Normalized	2.48E–05
Alloy 5140		
	Annealed	2.28E–05
	Normalized	2.28E–05
Stainless Steels		
Alloy 302		
	Annealed	7.20E–05
	Cold rolled	7.20E–05
Alloy 316		
	Annealed	7.40E–05
	Soft tempered	7.40E–05

(continued)

Alloy 405		
	Cold rolled	6.00E–05
	Annealed	6.00E–05
Alloy 434		
	Annealed	6.00E–05
Alloy 17-7PH		
	Cold rolled	8.30E–05
	Cast Irons	
Gray cast irons (as cast)		
	ASTM class 20	8.00E–05
	ASTM class 35	8.00E–05
Ductile cast irons		
	Grade 60-40-18	6.00E–05
	Grade 120-90-02	6.00E–05
	Aluminum Alloys	
Alloy 2024		
	Annealed	3.49E–06
	T3 temper	5.82E–06
	T6 temper	4.49E–06
Alloy 6061		
	Annealed	3.66E–06
	T4 temper	4.32E–06
	T6 temper	3.99E–06
Alloy 7075		
	Annealed	3.80E–06
	T6 temper	5.50E–06
	Copper Alloys	
Electrolytic tough pitch copper (C11000)		
	Cold worked	1.70E–06
Beryllium copper (C17000)		
	TH04 temper	6.90E–06
	TH01 temper	6.90E–06
Cartridge brass (C26000)		
	H00 temper	6.20E–06
	H04 temper	6.20E–06
Muntz metal (C28000)		
	H00 temper	6.16E–06
	H02 temper	6.16E–06
Free-cutting brass (C36000)		
	H01 temper	6.60E–06
	H02 temper	6.60E–06
Chromium copper (C18500)		
	TH04 temper	2.16E–06
	TH04 temper	2.16E–06
90-10 Bronze (C22000)		
	H01 temper	2.72E–06
	H04 temper	2.72E–06

(continued)

Magnesium Alloys		
Alloy AZ31B		
	Annealed	9.20E–06
	Hard rolled	9.20E–06
Alloy AZ63		
	F temper	1.15E–05
	T6 temper	1.18E–05
Alloy AZ91E		
	F temper	1.43E–05
	T4 temper	1.70E–05
Nickel Alloys		
Nickel, commercially pure		
	As cast	6.40E–06
	Annealed	6.40E–06
Nickel silver 65-18 (752)		
	Annealed	2.90E–05
	Hardened	2.90E–05
Cupronickel 30 (715)		
	Annealed	3.75E–05
	Hardened	3.75E–05
Titanium Alloys		
Titanium, commercially pure		
	As cast	5.54E–05
Alloy Ti-6Al-2Nb-1Ta-0.8Mo		
	As rolled	0.00016
	Annealed	0.00016
Miscellaneous Alloys		
	Kovar alloy	4.90E–05
Invar		
	Alloy 32-5 (cold drawn)	8.00E–05
	Alloy 36 (cold drawn)	8.20E–05
Haynes 25		
	Cold rolled and annealed	8.86E–05
	Hot rolled and annealed	8.86E–05
Biodur		
	Hot worked	7.40E–05
	Annealed	7.40E–05
	Co-Cr-Ni alloy	9.96E–05
	INCONEL (cold rolled)	9.85E–05
	INCOLOY 903	6.10E–05
	INCONEL 725 (annealed)	1.30E–04
	Beryllium S-200	4.30E–06
	Tungsten	5.65E–06
	Tantalum	1.24E–05
	Zinc	5.92E–06

(*continued*)

	Noble Metals	
	Gold	2.20E–06
	Iridium	4.70E–06
	Silver	1.55E–06
	Platinum, annealed	1.06E–05
	Polymers	
Elastomers		
	Styrene butadiene rubber (SBR)	1.00E+15
	Natural rubber (not vulcanized)	1.00E+15
	Nitrile rubber	1.00E+16
Epoxies		
	Epoxy (unreinforced)	1.00E+15
	Nylon 66 unreinforced	1.00E+12
	Phenolic (unreinforced)	3.42E+11
	Polybutylene terepthalate (PBT)	1.00E+14
Polycarbonate (PC)		
	Molded	1.00E+15
	Conductive	1.00E+14
	Polyester (rigid)	1.00E+14
Polyetheretherketone (PEEK)		
	Glass fiber filled	1.00E+15
	Carbon fiber filled	1.00E+09
Polyethylene terephthalate (PET)		
	Unreinforced	2.00E+15
	30% Glass reinforced	1.00E+15
Polyethylene (Molded)		
	Low density	1.00E+15
	Medium density	1.00E+15
	High density	1.00E+06
Acrylonitrile butadiene styrene (ABS)		
	Molded	1.00E+14
	40% Glass fiber filled	1.00E+15
	40% Carbon fiber filled	5.00E+04
Polymethyl methacrylate (PMMA)		
	Unreinforced	1.00E+14
	Glass fiber reinforced	1.00E+16
Polypropylene (PP)		
	Unreinforced	1.00E+14
	10% Glass fiber filled	1.00E+15
	10% Carbon fiber filled	5.00E+04
	Polystyrene	1.00E+15
	Polytetrafluoroethylene (PTFE)	1.00E+11
Polyvinyl chloride (PVC)		
	Unreinforced	6.00E+14
	Styrene acrylonitrile	1.00E+15
	Cellulose acetate	1.00E+12
	Polyacetal	1.00E+14
	Polyphenylene sulfide molded	1.00E+15
	Polysulfone	1.00E+15

(continued)

	Ceramics, Graphite, and Semiconducting Materials	
Aluminum oxide		
	99.9% Alumina	1.00E+14
	95% Alumina	1.00E+16
Diamond		
	Natural	1.00E+15
	Gallium arsenide	1.00E+07
Glass		
	Borosilicate glass	1.00E+16
	Silica glass	5.00E+09
	Graphite carbon	6.00E–03
	Fused silica	2.00E+14
Silicon carbide		
	Sintered	1.00E+00
	Silicon nitride	1.00E+11
	Zirconia	1.00E+09
	Titanium carbide	0.00018
	Tungsten carbide	5.30E–04
	Zirconium carbide	5.00E–05
	Alumina 96%	1.00E+14
	Boron nitride	1.00E+13
	Fibers	
	E-glass fiber generic	4.02E+12
	C-glass fiber generic	4.00E+10
	Carbon fiber precursor	1.45E–03
	Composite Materials	
	Epoxy/glass SMC	3.00E+14
	Polycarbonate, aramid fiber reinforced	1.00E+16
	Polycarbonate, carbon fiber reinforced	1.00E+10
	Polycarbonate, carbon + glass fiber reinforced	1.00E+06
	30% Glass fiber reinforced clear polycarbonate	1.00E+16

12. 열전도율(상온)

Materials		**Thermal conductivity**	
		W/m-K	**Btu/ft-h-F**
	Plain-Carbon and Low-Alloy Steels		
Alloy 1006			
	Cold drawn	51.9	30.00
	Hot rolled	51.9	30.00
Alloy 1020			
	Cold rolled	51.9	30.00
	Annealed	51.9	30.00

(*continued*)

Alloy 1040			
	Cold drawn	51.9	30.00
	Annealed	51.9	30.00
Alloy 1090			
	Annealed	49.8	28.79
	Hot rolled	51.9	30.00
Alloy 4027			
	Normalized	44.5	25.72
Alloy 4140			
	Annealed	42.6	24.62
	Normalized	42.6	24.62
Alloy 4340			
	Annealed	44.5	25.72
	Normalized	44.5	25.72
Alloy 5140			
	Annealed	44.6	25.78
	Normalized	44.6	25.78
Stainless Steels			
Alloy 302			
	Annealed	16.2	9.36
	Cold rolled	16.2	9.36
Alloy 316			
	Annealed	16.3	9.42
	Soft tempered	16.3	9.42
Alloy 405			
	Cold rolled	27	15.61
	Annealed	27	15.61
Alloy 434			
	Annealed	26.1	15.09
Alloy 660			
	Cold rolled	12.6	7.28
Alloy 17-7PH			
	Cold rolled	16.4	9.48
Cast Irons			
Gray cast irons (as cast)			
	ASTM class 20	50	28.90
	ASTM class 35	50	28.90
Ductile cast irons			
	Grade 60-40-18	36	20.81
	Grade 120-90-02	36	20.81
Aluminum Alloys			
Alloy 2024			
	Annealed	193	111.56
	T3 temper	121	69.94
	T6 temper	151	87.28

(continued)

Alloy 6061			
	Annealed	180	104.05
	T4 temper	154	89.02
	T6 temper	167	96.53
Alloy 7075			
	Annealed	173	100.00
	T6 temper	130	75.14
	Copper Alloys		
Electrolytic tough pitch copper (C11000)			
	Cold worked	388	224.28
Beryllium copper (C17000)			
	TH04 temper	118	68.21
	TH01 temper	118	68.21
Cartridge brass (C26000)			
	H00 temper	120	69.36
	H04 temper	120	69.36
Muntz metal (C28000)			
	H00 temper	123	71.10
	H02 temper	123	71.10
Free-cutting brass (C36000)			
	H01 temper	115	66.47
	H02 temper	115	66.47
90-10 Bronze (C22000)			
	H01 temper	189	109.25
	H04 temper	189	109.25
	Magnesium Alloys		
Alloy AZ31B			
	Annealed	96	55.49
	Hard rolled	96	55.49
Alloy AZ63			
	F temper	59.2	34.22
	T6 temper	61	35.26
Alloy AZ91E			
	F temper	72.7	42.02
	T4 temper	72.7	42.02
	Nickel Alloys		
Nickel, commercially pure			
	As cast	60.7	35.09
	Annealed	60.7	35.09
	Titanium Alloys		
Titanium, commercially pure			
	As cast	17	9.83
Alloy Ti-6Al-2Nb-1Ta-0.8Mo			
	As rolled	6.4	3.70
	Annealed	6.4	3.70

(*continued*)

Miscellaneous Alloys			
	Kovar alloy	17.3	10.00
Invar			
	Alloy 36 (cold drawn)	10.15	5.87
Haynes 25			
	Cold rolled and annealed	9.4	5.43
	Hot rolled and annealed	9.4	5.43
Biodur			
	Hot worked	12.766	7.38
	Annealed	12.66	7.32
	Co-Cr-Ni alloy	12.5	7.23
	INCONEL (cold rolled)	12.5	7.23
	INCOLOY 903	16.7	9.65
	Beryllium S-200	216	124.86
	Tungsten	163.3	94.39
	Tantalum	59.4	34.34
	Zinc	112.2	64.86
Noble Metals			
	Gold	301	173.99
	Iridium	147	84.97
	Silver	419	242.20
	Platinum, annealed	69.1	39.94
Polymers			
Elastomers			
	Natural rubber (not vulcanized)	0.14	0.08
Epoxies			
	Epoxy (unreinforced)	0.2	0.12
	Nylon 66 unreinforced	0.26	0.15
	Phenolic (unreinforced)	0.56	0.32
	Polybutylene terepthalate (PBT)	0.2	0.12
Polycarbonate (PC)			
	Molded	0.2	0.12
	Polyester (rigid)	0.17	0.10
Polyetheretherketone (PEEK)			
	Glass fiber filled	0.33	0.19
	Carbon fiber filled	0.6	0.35
Polyethylene terephthalate (PET)			
	Unreinforced	0.2	0.11
	30% Glass reinforced	0.29	0.17
Polyethylene (molded) 0.00			
	Low density	0.3	0.17
	Medium density	0.35	0.20
	High density	0.35	0.20

(continued)

Acrylonitrile butadiene styrene (ABS)			
	Molded	0.158	0.09
	40% Glass fiber filled	0.23	0.13
	40% Carbon fiber filled	0.55	0.32
Polymethyl methacrylate (PMMA)			
	Unreinforced	0.22	0.13
Polypropylene (PP)			
	Unreinforced	0.12	0.07
	10% Glass fiber filled	0.24	0.14
	Polystyrene	0.16	0.09
	Polytetrafluoroethylene (PTFE)	0.3	0.17
	Styrene acrylonitrile	0.163	0.09
	Cellulose acetate	0.25	0.14
	Acrylonitrile	0.225	0.13
	Polyacetal	0.31	0.18
	Polyphenylene sulfide molded	0.31	0.18
	Polysulfone	0.18	0.10
Ceramics, Graphite, and Semiconducting Materials			
Aluminum oxide			
	99.9% Alumina	30	17.34
	95% Alumina	20	11.56
	Concrete	0.51	0.29
Diamond			
	Natural	2000	1156.07
	Synthetic	2000	1156.07
	Gallium arsenide	50	28.90
Glass			
	Borosilicate glass	1.1	0.64
	Silica glass	1.38	0.80
	Graphite carbon	24	13.87
	Fused silica	0.8	0.46
Silicon carbide			
	Sintered	125.6	72.60
	Sublimed	110	63.58
	Zirconia	1.675	0.97
	Alumina 96%	25	14.45
Fibers			
	E-glass fiber generic	1.3	0.75
	C-glass fiber generic	1.1	0.64
	Carbon fiber precursor	15	8.67
Composite Materials			
	Epoxy/glass SMC	0.47	0.27
	Epoxy/carbon fiber composite	200	115.61
	Polycarbonate, aramid fiber reinforced	0.22	0.13
	Polycarbonate, carbon fiber reinforced	0.62	0.36

(*continued*)

13. 열팽창계수(상온)

Materials		Coefficient of Thermal Expansion 1E−6/K	1E−6/F
	Plain-Carbon and Low-Alloy Steels		
Alloy 1006			
	Cold drawn	12.6	7.01
	Hot rolled	12.6	7.01
Alloy 1020			
	Cold rolled	11.7	6.51
	Annealed	11.7	6.51
Alloy 1040			
	Cold drawn	11.3	6.29
	Annealed	11.3	6.29
Alloy 1090			
	Hot rolled	11.5	6.40
Alloy 4140			
	Annealed	12.2	6.79
	Normalized	12.2	6.79
Alloy 4340			
	Annealed	12.3	6.84
	Normalized	12.3	6.84
Alloy 5140			
	Annealed	12.6	7.01
	Normalized	12.6	7.01
	Stainless Steels		
Alloy 302			
	Annealed	17.2	9.57
	Cold rolled	17.2	9.57
Alloy 316			
	Annealed	16	8.90
	Soft tempered	16	8.90
Alloy 405			
	Cold rolled	10.8	6.01
	Annealed	10.8	6.01
Alloy 434			
	Annealed	10.4	5.79
Alloy 660			
	Cold rolled	16.9	9.40
Alloy 17-7PH			
	Cold rolled	11	6.12
	Cast Irons		
Gray cast irons (as cast)			
	ASTM class 20	13.5	7.51
	ASTM class 35	13.5	7.51

(continued)

Ductile cast irons			
	Grade 60-40-18	13	7.23
	Grade 120-90-02	13	7.23
Aluminum Alloys			
Alloy 2024			
	Annealed	23.2	12.91
	T3 temper	23.2	12.91
	T6 temper	23.2	12.91
Alloy 6061			
	Annealed	23.6	13.13
	T4 temper	23.6	13.13
	T6 temper	23.6	13.13
Alloy 7075			
	Annealed	23.6	13.13
	T6 temper	23.6	13.13
Copper Alloys			
Electrolytic tough pitch copper (C11000)			
	Cold worked	17	9.46
Beryllium copper (C17000)			
	TH04 temper	16.7	9.29
	TH01 temper	16.7	9.29
Cartridge brass (C26000)			
	H00 temper	19.9	11.07
	H04 temper	19.9	11.07
Muntz metal (C28000)			
	H00 temper	20.8	11.57
	H02 temper	20.8	11.57
Free-cutting brass (C36000)			
	H01 temper	20.5	11.41
	H02 temper	20.5	11.41
Chromium copper (C18500)			
	TH04 temper	17.6	9.79
	TH04 temper	17.6	9.79
90-10 Bronze (C22000)			
	H01 temper	18.4	10.24
	H04 temper	18.4	10.24
Magnesium Alloys			
Alloy AZ31B			
	Annealed	26	14.47
	Hard rolled	26	14.47
Alloy AZ63			
	F temper	26.1	14.52
	T6 temper	26.1	14.52
Alloy AZ91E			
	F temper	26	14.47
	T4 temper	26	14.47

(*continued*)

	Nickel Alloys		
Nickel, commercially pure			
	As cast	13.1	7.29
	Annealed	13.1	7.29
Nickel silver 65-18 (752)			
	Annealed	17	9.46
	Hardened	17	9.46
Cupronickel 30 (715)			
	Annealed	15.5	8.62
	Hardened	15.5	8.62
	Titanium Alloys		
Titanium, commercially pure			
	As cast	8.9	4.95
Alloy Ti-6Al-2Nb-1Ta-0.8Mo		0.00	
	As rolled	9.2	5.12
	Annealed	9.2	5.12
	Miscellaneous Alloys		
	Kovar alloy	5.86	3.26
Invar			
	Alloy 32-5 (cold drawn)	0.194	0.11
	Alloy 36 (cold drawn)	1.3	0.72
Haynes 25			
	Cold rolled and annealed	12.3	6.84
	Hot rolled and annealed	12.3	6.84
Biodur			
	Hot worked	12.791	7.12
	Annealed	13.18	7.33
	Co-Cr-Ni alloy	15.17	8.44
	INCONEL (cold rolled)	13.46	7.49
	INCOLOY 903	7.65	4.26
	INCONEL 725 (annealed)	13	7.23
	Beryllium S-200	11.5	6.40
	Tungsten	4.4	2.45
	Tantalum	6.5	3.62
	Zinc	31.2	17.36
	Noble Metals		
	Gold	14.4	8.01
	Iridium	6.8	3.78
	Silver	19.6	10.91
	Platinum, annealed	9.1	5.06
	Polymers		
Elastomers			
	Natural rubber (not vulcanized)	666	370.56
	Nitrile rubber	702	390.59

(continued)

Epoxies			
	Epoxy (unreinforced)	100	55.64
	Nylon 66 unreinforced	105	58.42
	Phenolic (unreinforced)	77	42.84
	Polybutylene terepthalate (PBT)	97	53.97
Polycarbonate (PC)			
	Molded	77	42.84
	Conductive	59	32.83
	Polyester (rigid)	135	75.11
Polyetheretherketone (PEEK)			
	Glass fiber filled	25	13.91
	Carbon fiber filled	21	11.68
Polyethylene terephthalate (PET)			
	Unreinforced	83	46.18
	30% Glass reinforced	25	13.91
Polyethylene (molded)			
	Low density	130	72.33
	Medium density	27	15.02
	High density	112	62.32
Acrylonitrile butadiene styrene (ABS)			
	Molded	107	59.53
	40% Glass fiber filled	23	12.80
	40% Carbon fiber filled	22	12.24
Polymethyl methacrylate (PMMA)			
	Unreinforced	95	52.86
Polypropylene (PP)			
	Unreinforced	105	58.42
	10% Glass fiber filled	51	28.38
	Polystyrene	87	48.41
	Polytetrafluoroethylene (PTFE)	119	66.21
Polyvinyl chloride (PVC)			
	Unreinforced	50	27.82
	30% Glass fiber reinforced	21	11.68
	Styrene acrylonitrile	65	36.17
	Cellulose acetate	159	88.47
	Acrylonitrile	66	36.72
	Polyacetal	135	75.11
	Polyphenylene sulfide molded	32	17.80
	Polysulfone	77	42.84
Ceramics, Graphite, and Semiconducting Materials			
Aluminum oxide			
	99.9% Alumina	7.4	4.12
	95% Alumina	6.2	3.45
Diamond			
	Natural	1.18	0.66
	Gallium arsenide	5.4	3.00

(*continued*)

Glass			
	Borosilicate glass	4	2.23
	Silica glass	0.75	0.42
	Graphite carbon	2.4	1.34
	Fused silica	0.6	0.33
Silicon carbide			
	Sublimed	4.62	2.57
	Silicon nitride	2.8	1.56
	Zirconia	12	6.68
	Titanium carbide	7.7	4.28
	Tungsten carbide	5.2	2.89
	Alumina 96%	6.4	3.56
	Fibers		
	E-glass fiber generic	5	2.78
	C-glass fiber generic	6.3	3.51
	Carbon fiber precursor	−0.75	−0.42
	Composite Materials		
	Epoxy/glass SMC	3.6	2.00
	Epoxy/carbon fiber composite	12	6.68
	Polycarbonate, aramid fiber reinforced	38	21.14
	Polycarbonate, carbon fiber reinforced	22	12.24
	Polycarbonate, carbon + glass fiber reinforced	36	20.03
	Wood		
	American red oak	11.1	6.18
	White oak	11.1	6.18

14. 비열용량(상온)

Materials		Specific Heat Capacity	
		J/g-K	Btu/lb-F
	Plain-Carbon and Low-Alloy Steels		
Alloy 1006			
	Cold drawn	0.481	0.11544
	Hot rolled	0.481	0.11544
Alloy 1020			
	Cold rolled	0.486	0.11664
	Annealed	0.486	0.11664
Alloy 1040			
	Cold drawn	0.486	0.11664
	Annealed	0.486	0.11664
Alloy 1090			
	Annealed	0.472	0.11328
	Hot rolled	0.472	0.11328
Alloy 4027			
	Normalized	0.475	0.114

(continued)

Alloy 4140			
	Annealed	0.473	0.11352
	Normalized	0.473	0.11352
Alloy 4340			
	Annealed	0.475	0.114
	Normalized	0.475	0.114
Alloy 5140			
	Annealed	0.452	0.10848
	Normalized	0.452	0.10848
Stainless Steels			
Alloy 302			
	Annealed	0.5	0.12
	Cold rolled	0.5	0.12
Alloy 316			
	Annealed	0.5	0.12
	Soft tempered	0.5	0.12
Alloy 405			
	Cold rolled	0.46	0.1104
	Annealed	0.46	0.1104
Alloy 434			
	Annealed	0.46	0.1104
Alloy 660			
	Cold rolled	0.46	0.1104
Alloy 17-7PH			
	Cold rolled	0.46	0.1104
Aluminum Alloys			
Alloy 2024			
	Annealed	0.875	0.21
	T3 temper	0.875	0.21
	T6 temper	0.875	0.21
Alloy 6061			
	Annealed	0.896	0.21504
	T4 temper	0.896	0.21504
	T6 temper	0.896	0.21504
Alloy 7075			
	Annealed	0.96	0.2304
	T6 temper	0.96	0.2304
Copper Alloys			
Electrolytic tough pitch copper (C11000)			
	Cold worked	0.385	0.0924
Beryllium copper (C17000)			
	TH04 temper	0.42	0.1008
	TH01 temper	0.42	0.1008
Cartridge Brass (C26000)			
	H00 temper	0.375	0.09
	H04 temper	0.375	0.09

(continued)

Muntz metal (C28000)			
	H00 temper	0.375	0.09
	H02 temper	0.375	0.09
Free-cutting brass, (C36000)			
	H01 temper	0.38	0.0912
	H02 temper	0.38	0.0912
Chromium copper (C18500)			
	TH04 temper	0.385	0.0924
	TH04 temper	0.385	0.0924
90-10 Bronze (C22000)			
	H01 temper	0.376	0.09024
	H04 temper	0.376	0.09024
	Magnesium Alloys		
Alloy AZ31B			
	Annealed	1	0.24
	Hard rolled	1	0.24
Alloy AZ63			
	F temper	1.05	0.252
	T6 temper	1.05	0.252
Alloy AZ91E			
	F temper	0.8	0.192
	T4 temper	1.047	0.25128
	Nickel Alloys		
Nickel, commercially pure			
	As cast	0.46	0.1104
	Annealed	0.46	0.1104
	Titanium Alloys		
Titanium, commercially pure			
	As cast	0.528	0.12672
Alloy Ti-6Al-2Nb-1Ta-0.8Mo			
	As rolled	0.552	0.13248
	Annealed	0.552	0.13248
	Miscellaneous Alloys		
	Kovar alloy	0.439	0.10536
Invar			
	Alloy 36 (cold drawn)	0.515	0.1236
Biodur			
	Hot worked	0.452	0.10848
	Annealed	0.47	0.1128
	Co-Cr-Ni alloy	0.43	0.1032
	INCONEL (cold rolled)	0.444	0.10656
	INCOLOY 903	0.435	0.1044
	Beryllium S-200	1.925	0.462
	Tungsten	0.134	0.03216
	Tantalum	0.138	0.03312
	Zinc	0.3898	0.093552

(continued)

Noble Metals			
	Gold	0.1323	0.031752
	Iridium	0.135	0.0324
	Silver	0.234	0.05616
	Platinum, annealed	0.134	0.03216
Polymers			
Elastomers			
	Natural rubber (not vulcanized)	0.45	0.108
Epoxies			
	Epoxy (unreinforced)	1	0.24
	Nylon 66 unreinforced	2.1	0.504
	Phenolic (unreinforced)	1.6	0.384
	Polybutylene terepthalate (PBT)	2	0.48
Polycarbonate (PC)			
	Molded	1.1	0.264
Polyetheretherketone (PEEK)			
	Glass fiber filled	1.9	0.456
	Carbon fiber filled	1.9	0.456
Polyethylene Terephthalate (PET)			
	30% Glass reinforced	2.3	0.552
Polyethylene (molded)			
	Low density	2.2	0.528
	Medium density	2.2	0.528
	High density	2.2	0.528
Acrylonitrile butadiene styrene (ABS)			
	Molded	2	0.48
Polymethyl methacrylate (PMMA)			
	Unreinforced	1.46	0.3504
Polypropylene (PP)			
	Unreinforced	2	0.48
	Polystyrene	1.7	0.408
	Polytetrafluoroethylene (PTFE)	1.3	0.312
Polyvinyl chloride (PVC)			
	Styrene acrylonitrile	1.7	0.408
	Cellulose acetate	1.4	0.336
	Polysulfone	1.2	0.288
Ceramics, Graphite, and Semiconducting Materials			
Aluminum oxide			
	99.9% Alumina	0.85	0.204
	95% Alumina	0.439	0.10536
Diamond			
	Natural	0.4715	0.11316
	Gallium arsenide	0.325	0.078
Glass			
	Silica glass	0.75	0.18
	Graphite carbon	0.69	0.1656

(continued)

Silicon carbide			
	Sintered	0.67	0.1608
	Alumina 96%	0.88	0.2112
	Fibers		
	E-glass fiber generic	0.81	0.1944
	C-glass fiber generic	0.787	0.18888
	Composite Materials		
	Epoxy/carbon fiber composite	1.1	0.264

15. 합금조성

Materials	Composition
	Plain-Carbon and Low-Alloy Steels
Alloy 1006	Fe-99.43 (min), C-0.08 (max), Mn-0.45 (max), P-0.04 (max), S-0.05 (max)
Alloy 1020	Fe-99.08 (min), C-0.17 (min), Mn-0.3 (min), P-0.04 (max), S-0.05 (max)
Alloy 1040	Fe-98.6 (min), C-0.37 (min), Mn-0.6 (min), P-0.04 (max), S-0.05 (max)
Alloy 1090	Fe-0.85 (min), C-0.85 (min), Mn-0.6 (min), P-0.04 (max), S-0.05 (max)
Alloy 4027	Fe-98.08 (min), C-0.25 (min), Mn-0.7 (min), Mo-0.2 (min), P-0.035 (max), S-0.04 (max), Si-0.15 (min)
Alloy 4140	Fe-96.785 (min), C-0.38 (min), Cr-0.8 (min), Mn-0.7 (min), Mo-0.15 (min), P-0.035 (max), S-0.04 (max), Si-0.15 (min)
Alloy 4340	Fe-96, C-0.37 (min), Cr-0.7 (min), Mn-0.7, Mo-0.2, Ni-1.83, P-0.035 (max), S-0.04 (max), Si-0.23
Alloy 5140	Fe-98, C-0.38 (min), Cr-0.8, Mn-0.8, P-0.035 (max), S-0.04 (max), Si-0.23
	Stainless Steels
Alloy 302	Fe-70, C-0.15 (max), Cr-18, Mn-2 (max), Ni-9, P-0.045 (max), S-0.03 (max), Si-1 (max)
Alloy 316	Fe-62, C-0.08, Cr-18 (max), Mn-2, Mo-2 (max), Ni-14 (max), P-0.045, S-0.03, Si-1
Alloy 405	Fe-85, Al-0.2, C-0.08 (max), Cr-13, Mn-1 (max), P-0.04 (max), S-0.03 (max), Si-1 (max)
Alloy 434	Fe-81, C-0.12 (max), Cr-16, Mn-1 (max), Mo-1, P-0.04 (max), S-0.03 (max), Si-1 (max)

(continued)

Alloy 660

Fe-56, Al-0.035 (max), B-0.001 (min), C-0.08 (max), Cr-13.5 (min), Cu-0.25 (max), Mn-2 (max), Ni-24 (min), P-0.04 (max), S-0.03 (max), Si-1 (max), Ti-1.9 (min), V-0.1 (min)

Alloy 17-7PH

Al-0.75 (min), C-0.09 (max), Cr-16 (min), Mn-1 (max), Ni-6.5 (min), P-0.04 (max), S-0.04 (max), Si-1 (max)

Cast Irons

Gray cast irons (as cast)

C-3.25 (min), Cr-0.05 (min), Cu-0.15 (min), Mn-0.5 (min), Mo-0.05 (min), Ni-0.05 (min), P-0.12 (max), S-0.15 (max), Si-2.3 (max)

Ductile cast irons

Fe-90.68 (min), C-3 (min), Ce-0.005 (min), Cr-0.03 (min), Cu-0.15 (min), Mg-0.03 (min), Mn-0.15 (min), Mo-0.01 (min), Ni-0.05 (min), P-0.08 (max), S-0.002 (max), Si-2.8 (max)

Aluminum Alloys

Alloy 2024

Fe-0.5 (max), Al-90.7 (min), Cr-0.1 (max), Cu-3.8 (min), Mg-1.2 (max), Mn-0.3 (max), Other, each -0.05 (max), Other, total-0.15 (max), Si-0.5 (max), Ti-0.15 (max), Zn-0.25 (max)

Alloy 6061

Fe-0.7 (max), Al-95.8 (min), Cr-0.35 (max), Cu-0.15 (min), Mg-1.2 (max), Mn-0.15 (max), Other, each -0.05 (max), Other, total-0.15 (max), Si-0.8 (max), Ti-0.15 (max), Zn-0.25 (max)

Alloy 7075

Fe-0.5 (max), Al-87.1 (min), Cr-0.18 (max), Cu-1.2 (min), Mg-2.9 (max), Mn-0.3 (max), Other, each -0.05 (max), Other, total-0.15 (max), Si-0.4 (max), Ti-0.2 (max), Zn-6.1 (max)

Copper Alloys

Electrolytic tough pitch copper (C11000)

Cu-99.9, O-0.04

Beryllium copper, (C17000)

Be-1.6 (min), Co + Ni-0.2 (min), Co + Ni + Fe-0.6 (max), Cu-98.1

Cartridge brass, (C26000)

Cu-68.5, Fe-0.05 (max), Other-0.15 (max), Pb-0.07 (max), Zn-28.5 (min)

Muntz metal, (C28000)

Cu-59 (min), Fe-0.07 (max), Pb-0.3 (max), Zn-40

Free-cutting brass, (C36000)

Cu-60 (min), Fe-0.35 (max), Other-0.5 (max), Pb-3.7 (max), Zn-35.5 (min)

Chromium copper, (C18500)

Ag-0.08 (min), Cr-0.4 (min), Cu-99.3, Li-0.04 (max), P-0.04 (max), Pb-0.015 (max)

90-10 Bronze, (C22000)

Cu-89 (min), Fe-0.05 (max), Pb-0.05 (max), Zn-10

Magnesium Alloys

Alloy AZ31B

Al-2.5 (min), Ca-0.04 (max), Cu-0.05 (max), Fe-0.005 (max), Mg-97, Mn-0.2 (min), Ni-0.005 (max), Si-0.1 (max), Zn-0.6 (min)

(*continued*)

Alloy AZ63	Al-5.3 (min), Ca-0.25 (max), Mg-91, Mn-0.15 (min), Ni-0.01 (max), Si-0.3 (max), Zn-2.5 (min)
Alloy AZ91E	Al-8.3 (min), Cu-0.03 (max), Fe-0.005 (max), Mg-90, Mn-0.13 (min), Ni-0.002 (max), Si-0.1 (max), Zn-0.35 (min)
Nickel Alloys	
Nickel-commercially pure	Ni-99.9%
Nickel silver 65-18 (752)	Cu-53.5 (min), Fe-0.25 (max), Mn-0.5, Ni-16.5 (min), Other-0.5, Pb-0.1, Zn-22.65 (min)
Cupronickel 30 (715)	Cu-70, Ni-30
Titanium Alloys	
Titanium, commercially pure alloy Ti-6Al-2Nb-1Ta-0.8Mo	Al-6, Mo-0.8, Nb-2, Ta-1, Ti-90
Miscellaneous Alloys	
Kovar alloy	C-0.02 (max), Co-17, Fe-53, Mn-0.3, Ni-29, Si-0.2
Invar alloy 32-5	C-0.02, Co-5.5, Fe-62, Mn-0.4, Ni-32, Si-0.25
Alloy 36	C-0.02, Fe-63, Mn-0.35, Ni-36, Si-0.2
Haynes 25	C-0.1, Co-51, Cr-20, Fe-3 (max), Mn-1.5, Ni-10, Si-0.4 (max), W-15
Biodur	C-0.02 (min), Co-66, Cr-26 (min), Mo-5 (min), N-0.15 (min)
Co-Cr-Ni alloy	Be-0.1 (max), C-0.15 (max), Co-39 (min), Cr-19 (min), Fe-16, Mn-1.5 (min), Mo-6 (min), Ni-14 (min)
INCONEL (cold rolled)	Al-0.6 (max), B-0.006 (max), C-0.3 (max), Co-0.1 (max), Cr-17.5 (max), Cu-0.35 (max), Fe-38, Mn-0.35 (max), Nb-2.5 (min), Ni-44 (max), P-0.02, S-0.015 (max), Si-0.35 (max), Ti-0.4 (max)
INCOLOY 903	Al-0.9, Co-15, Fe-42, Nb-3, ni-38, Ti-1.4
INCONEL 725 (annealed)	Al-0.5 (max), C-0.03 (max), Cr-22.5 (max), Fe-9, Mn-0.35 (max), Mo-7 (min), Nb-2.75 (min), Ni-59 (max), P-0.015 (max), S-0.01 (max), Si-0.2 (max), Ti-1.7 (max)

(*continued*)

16. 재료의 가격 및 비교가격

Materials		Cost US$/lb	Relative Cost (based on 1020 steel)
	Plain-Carbon and Low-Alloy Steels		
Alloy 1006	Cold drawn	2.91	0.43
Alloy 1020	Annealed	6.74	1.00
Alloy 1040	Cold drawn	2.14	0.32
Alloy 1090	Annealed	7.77	1.15
Alloy 4140	Normalized	3.36	0.50
	Stainless Steels		
Alloy 302	Cold rolled	9	1.34
Alloy 316	Soft tempered	17.87	2.65
Alloy 405	Cold rolled Annealed	394.79	58.57
Alloy 17-7PH	Cold rolled	16.39	2.43
	Cast Irons		
Gray cast irons (as cast)	ASTM class 35	7.42	1.10
	Aluminum Alloys		
Alloy 2024	T3 temper	17.5	2.60
Alloy 6061	T4 temper	10.25	1.52
Alloy 7075	T6 temper	19.06	2.83
	Copper Alloys		
Electrolytic tough pitch copper (C11000)	Cold worked	6.6	0.98
Cartridge brass (C26000)	H00 temper	29.59	4.39
Muntz metal (C28000)	H00 temper	8.68	1.29

(*continued*)

Free-cutting brass (C36000)			
	H02 temper	6.24	0.93
90-10 Bronze (C22000)			
	H01 temper	13.53	2.01
	Magnesium Alloys		
Alloy AZ31B			
	Hard rolled	11.06	1.64
	Nickel Alloys		
Nickel, commercially pure			
	As cast	39.02	5.79
	Titanium Alloys		
Titanium, commercially pure			
	As cast	57.77	8.57
	Miscellaneous Alloys		
Invar			
	Alloy 32-5 (cold drawn)	15	2.23
Haynes 25			
	Cold rolled and Annealed	40	5.93
Biodur			
	INCONEL (cold rolled)	38	5.64
	INCONEL 725 (annealed)	14	2.08
	Beryllium S-200	400	59.35
	Tungsten	4	0.59
	Tantalum	37	5.49
	Zinc	0.5	0.07
	Noble Metals		
	Gold	7105	1054.15
	Iridium	2684	398.22
	Silver	102	15.13
	Platinum, annealed	13531	2007.57
	Polymers		
Elastomers			
	Styrene butadiene rubber (SBR)	6.4	0.95
	Natural rubber (not vulcanized)	31	4.60
	Nitrile rubber	5.07	0.75
Epoxies			
	Epoxy (unreinforced)	5	0.74
	Nylon 66 unreinforced	14.2	2.11
	Phenolic (unreinforced)	10	1.48
	Polybutylene terepthalate (PBT)	5	0.74
Polycarbonate (PC)			
	Molded	7.47	1.11
	Polyester (rigid)	7.25	1.08

(continued)

Polyethylene (molded)			
	Medium density	11.3	1.68
Acrylonitrile butadiene styrene (ABS)			
	Molded	13.84	2.05
Polymethyl methacrylate (PMMA)			
	Unreinforced	3.25	0.48
Polypropylene (PP)			
	Unreinforced	2.58	0.38
	Polystyrene	15.05	2.23
	Polytetrafluoroethylene (PTFE)	22	3.26
Polyvinyl chloride (PVC)			
	Unreinforced	15.12	2.24
	Polysulfone	24.75	3.67
Ceramics, Graphite, and Semiconducting Materials			
Aluminum oxide			
	99.9% Alumina	129.57	19.22
Diamond			
	Natural	40000	5934.72
	Gallium arsenide	1500	222.55
Glass			
	Borosilicate glass	10	1.48
	Silica glass	2.25	0.33
	Graphite carbon	8	1.19
	Fused silica	189	28.04
Silicon carbide			
	Sintered	20	2.97
Fibers			
	E-glass fiber generic	2.2	0.33
	Carbon fiber precursor	30	4.45
Composite Materials			
	Epoxy/glass SMC	18	2.67
	Epoxy/carbon fiber composite	34	5.04
	Polycarbonate, aramid fiber reinforced	51	7.57

Notes:
1. 재료의 기계적인 특성은 일반적인 값을 나타내었다. 이것은 제조과정과 시험조건에 따라 크게 변할 수 있다.
2. 재료의 가격은 소량(약 4.5 kg) 구입시를 기준으로 한 것이다. 이 가격은 단일 소매회사의 가격을 토대로 한 것이다. 재료를 대량구입시에는 가격이 상당히 감소할 것이다(최대 80%까지).

부록 II

원소의 성질

Element	Symbol	Melting Point, °C	Density,* g/cm³	Atomic Radius, nm	Crystal Structure† (20°C)	Lattice Constants 20°C, nm	
						a	c
Aluminum	Al	660	2.70	0.143	FCC	0.40496	
Antimony	Sb	630	6.70	0.138	Rhombohedral	0.45067	
Arsenic	As	817	5.72	0.125	Rhombohedral‡	0.4131	
Barium	Ba	714	3.5	0.217	BCC‡	0.5019	
Beryllium	Be	1278	1.85	0.113	HCP‡	0.22856	0.35832
Boron	B	2030	2.34	0.097	Orthorhombic		
Bromine	Br	−7.2	3.12	0.119	Orthorhombic		
Cadmium	Cd	321	8.65	0.148	HCP‡	0.29788	0.561667
Calcium	Ca	846	1.55	0.197	FCC‡	0.5582	
Carbon (graphite)	C	3550	2.25	0.077	Hexagonal	0.24612	0.67078
Cesium	Cs	28.7	1.87	0.190	BCC		
Chlorine	Cl	−101	1.9	0.099	Tetragonal		
Chromium	Cr	1875	7.19	0.128	BCC‡	0.28846	
Cobalt	Co	1498	8.85	0.125	HCP‡	0.2506	0.4069
Copper	Cu	1083	8.96	0.128	FCC	0.36147	
Fluorine	F	−220	1.3	0.071			
Gallium	Ga	29.8	5.91	0.135	Orthorhombic		
Germanium	Ge	937	5.32	0.139	Diamond cubic	0.56576	
Gold	Au	1063	19.3	0.144	FCC	0.40788	
Helium	He	−270			HCP		
Hydrogen	H	−259		0.046	Hexagonal		
Indium	In	157	7.31	0.162	FC tetragonal	0.45979	0.49467
Iodine	I	114	4.94	0.136	Orthorhombic		
Iridium	Ir	2454	22.4	0.135	FCC	0.38389	
Iron	Fe	1536	7.87	0.124	BCC‡	0.28664	
Lead	Pb	327	11.34	0.175	FCC	0.49502	
Lithium	Li	180	0.53	0.157	BCC	0.35092	

(continued)

Element	Symbol	Melting Point, °C	Density,* g/cm³	Atomic Radius, nm	Crystal Structure† (20°C)	Lattice Constants 20°C, nm	
						a	c
Magnesium	Mg	650	1.74	0.160	HCP	0.32094	0.52105
Manganese	Mn	1245	7.43	0.118	Cubic‡	0.89139	
Mercury	Hg	−38.4	14.19	0.155	Rhombohedral		
Molybdenum	Mo	2610	10.2	0.140	BCC	0.31468	
Neon	Ne	−248.7	1.45	0.160	FCC		
Nickel	Ni	1453	8.9	0.125	FCC	0.35236	
Niobium	Nb	2415	8.6	0.143	BCC	0.33007	
Nitrogen	N	−240	1.03	0.071	Hexagonal‡		
Osmium	Os	2700	22.57	0.135	HCP	0.27353	0.43191
Oxygen	O	−218	1.43	0.060	Cubic‡		
Palladium	Pd	1552	12.0	0.137	FCC	0.38907	
Phosphorus (white)	P	44.2	1.83	0.110	Cubic‡		
Platinum	Pt	1769	21.4	0.139	FCC	0.39239	
Potassium	K	63.9	0.86	0.238	BCC	0.5344	
Rhenium	Re	3180	21.0	0.138	HCP	0.27609	0.44583
Rhodium	Rh	1966	12.4	0.134	FCC	0.38044	
Ruthenium	Ru	2500	12.2	0.125	HCP	0.27038	0.42816
Scandium	Sc	1539	2.99	0.160	FCC	0.4541	
Silicon	Si	1410	2.34	0.117	Diamond cubic	0.54282	
Silver	Ag	961	10.5	0.144	FCC	0.40856	
Sodium	Na	97.8	0.97	0.192	BCC	0.42906	
Strontium	Sr	76.8	2.60	0.215	FCC‡	0.6087	
Sulfur (yellow)	S	119	2.07	0.104	Orthorhombic		
Tantalum	Ta	2996	16.6	0.143	BCC	0.33026	
Tin	Sn	232	7.30	0.158	Tetragonal‡	0.58311	0.31817
Titanium	Ti	1668	4.51	0.147	HCP‡	0.29504	0.46833
Tungsten	W	3410	19.3	0.141	BCC	0.31648	
Uranium	U	1132	19.0	0.138	Orthorhombic‡	0.2858	0.4955
Vanadium	V	1900	6.1	0.136	BCC	0.3039	
Zinc	Zn	419.5	7.13	0.137	HCP	0.26649	0.49470
Zirconium	Zr	1852	6.49	0.160	HCP‡	0.32312	0.51477

* 고체의 밀도(20°C)

† b = 0.5877 nm.

‡ 기타 결정구조는 다른 온도에서 존재함.

원소의 이온반경

Atomic Number	Element (symbol)	Ion	Ionic Radius, nm
1	H	H^-	0.154
2	He		
3	Li	Li^+	0.078
4	Be	Be^{2+}	0.034
5	B	B^{3+}	0.02
6	C	C^{4+}	<0.02
7	N	N^{5+}	0.01–0.02
8	O	O^{2-}	0.132
9	F	F^-	0.133
10	Ne		
11	Na	Na^+	0.098
12	Mg	Mg^{2+}	0.078
13	Al	Al^{3+}	0.057
14	Si	Si^{4-}	0.198
		Si^{4+}	0.039
15	P	P^{5+}	0.03–0.04
16	S	S^{2-}	0.174
		S^{6+}	0.034
17	Cl	Cl^-	0.181
18	Ar		
19	K	K^+	0.133
20	Ca	Ca^{2+}	0.106
21	Sc	Sc^{2+}	0.083
22	Ti	Ti^{2+}	0.076
		Ti^{3+}	0.069
		Ti^{4+}	0.064
23	V	V^{3+}	0.065
		V^{4+}	0.061
		V^{5+}	~0.04
24	Cr	Cr^{3+}	0.064
		Cr^{6+}	0.03–0.04
25	Mn	Mn^{2+}	0.091
		Mn^{3+}	0.070
		Mn^{4+}	0.052
26	Fe	Fe^{2+}	0.087
		Fe^{3+}	0.067
27	Co	Co^{2+}	0.082
		Co^{3+}	0.065
28	Ni	Ni^{2+}	0.078
29	Cu	Cu+	0.096
30	Zn	Zn^{2+}	0.083
31	Ga	Ga^{3+}	0.062
32	Ge	Ge^{4+}	0.044
33	As	As^{3+}	0.069
		As^{5+}	~0.04
34	Se	Se^{2-}	0.191
		Se^{6+}	0.03–0.04
35	Br	Br^-	0.196
36	Kr		
37	Rb	Rb^+	0.149
38	Sr	Sr^{2+}	0.127
39	Y	Y^{3+}	0.106
40	Zr	Zr^{4+}	0.087
41	Nb	Nb^{4+}	0.069
		Nb^{5+}	0.069
42	Mo	Mo^{4+}	0.068
		Mo^{6+}	0.065
44	Ru	Ru^{4+}	0.065

(continued)

Atomic Number	Element (symbol)	Ion	Ionic Radius, nm	Atomic Number	Element (symbol)	Ion	Ionic Radius, nm
45	Rh	Rh^{3+}	0.068	68	Er	Er^{3+}	0.104
		Rh^{4+}	0.065	69	Tm	Tm^{3+}	0.104
46	Pd	Pd^{2+}	0.050	70	Yb	Yb^{3+}	0.100
47	Ag	Ag^{+}	0.113	71	Lu	Lu^{3+}	0.099
48	Cd	Cd^{2+}	0.103	72	Hf	Hf^{4+}	0.084
49	In	In^{3+}	0.092	73	Ta	Ta^{5+}	0.068
50	Sn	Sn^{4-}	0.215	74	W	W^{4+}	0.068
		Sn^{4+}	0.074			W^{6+}	0.065
51	Sb	Sb^{3+}	0.090	75	Re	Re^{4+}	0.072
52	Te	Te^{2-}	0.211	76	Os	Os^{4+}	0.067
		Te^{4+}	0.089	77	Ir	Ir^{4+}	0.066
53	I	I^{-}	0.220	78	Pt	Pt^{4+}	0.052
		I^{5+}	0.094			Pt^{4+}	0.055
54	Xe			79	Au	Au^{+}	0.137
55	Cs	Cs^{+}	0.165	80	Hg	Hg^{2+}	0.112
56	Ba	Ba^{2+}	0.143	81	Tl	Tl^{+}	0.149
57	La	La^{3+}	0.122			Tl^{3+}	0.106
58	Ce	Ce^{3+}	0.118	82	Pb	Pb^{4-}	0.215
		Ce^{4+}	0.102			Pb^{2+}	0.132
59	Pr	Pr^{3+}	0.116			Pb^{4+}	0.084
		Pr^{4+}	0.100	83	Bi	Bi^{3+}	0.120
60	Nd	Nd^{3+}	0.115	84	Po		
61	Pm	Pm^{3+}	0.106	85	At		
62	Sm	Sm^{3+}	0.113	86	Rn		
63	Eu	Eu^{3+}	0.113	87	Fr		
64	Gd	Gd^{3+}	0.111	88	Ra	Ra^{+}	0.152
65	Tb	Tb^{3+}	0.109	89	Ac		
		Tb^{4+}	0.089	90	Th	Th^{4+}	0.110
66	Dy	Dy^{3+}	0.107	91	Pa		
67	Ho	Ho^{3+}	0.105	92	U	U^{4+}	0.105

Source: C. J. Smithells (ed.), *Metals Reference Book,* 5th ed., Butterworth, 1976.

부록 IV

고분자의 유리천이온도와 융점

Polymer	Glass Transition Temperature (°C)	Melting Temperature (°C)
Nylon 66	50	265
Nylon 12	42	179
Polybutylene terepthalate (PBT)	22	225
Polycarbonate	150	265
Polyetheretherketone (PEEK)	157	374
Polyethylene terephthalate (PET)	69	265
Polyethylene	−78	100
Acrylonitrile butadiene styrene (ABS)	110	105
Polymethyl methacrylate (PMMA)	38	160
Polypropylene (PP)	−8	176
Polystyrene	100	240
Polytetrafluoroethylene (PTFE)	−20	327
Polyvinyl chloride (PVC)	87	227
Polyvinyl ethyl ether	−43	86
Polyvinyl fluoride	40	200
Styrene acrylonitrile	120	120
Cellulose acetate	190	230
Acrylonitrile	100	317
Polyacetal	−30	183
Polyphenylene sulfide molded	118	275
Polysulfone	185	190
Polychloroprene	−50	80
Polydimethyl siloxane	−123	−40
Polyvinyl pyrrolidone	86	375
Polyvinylidene chloride	−18	198

부록 V

물리적 양과 단위

Quantity	Symbol	Unit	Abbreviation
Length	l	inch	in
		meter	m
Wavelength	λ	meter	m
Mass	m	kilogram	kg
Time	t	second	s
Temperature	T	degree Celsius	°C
		degree Fahrenheit	°F
		Kelvin	K
Frequency	v	hertz	Hz [s^{-1}]
Force	F	newton	N [$kg \cdot m \cdot s^{-2}$]
Stress:			
Tensile	σ	pascal	Pa [$N \cdot m^{-2}$]
Shear	τ	pounds per square inch	lb/in^2 or psi
Energy, work, quantity of heat		joule	J [$N \cdot m$]
Power		watt	W [$J \cdot s^{-1}$]
Current flow	i	ampere	A
Electric charge	q	coulomb	C [$A \cdot s$]
Potential difference, electromotive force	V, E	volt	V
Electric resistance	R	ohm	Ω [$V \cdot A^{-1}$]
Magnetic induction	B	tesla	T [$V \cdot s \cdot m^{-2}$]

그리스 알파벳

Name	Lowercase	Capital	Name	Lowercase	Capital
Alpha	α	A	Nu	ν	N
Beta	β	B	Xi	ξ	Ξ
Gamma	γ	Γ	Omicron	o	O
Delta	δ	Δ	Pi	π	Π
Epsilon	ϵ	E	Rho	ρ	P
Zeta	ζ	Z	Sigma	σ	Σ
Eta	η	H	Tau	τ	T
Theta	θ	Θ	Upsilon	υ	Υ
Iota	ι	I	Phi	ϕ	Φ
Kappa	κ	K	Chi	χ	X
Lambda	λ	Λ	Psi	ψ	Ψ
Mu	μ	M	Omega	ω	Ω

SI 단위 접두어

Multiple	Prefix	Symbol
10^{-12}	pico	p
10^{-9}	nano	n
10^{-6}	micro	μ
10^{-3}	milli	m
10^{-2}	centi	c
10^{-1}	deci	d
10^{1}	deca	da
10^{2}	hecto	h
10^{3}	kilo	k
10^{6}	mega	M
10^{9}	giga	G
10^{12}	tera	T

예: 1 kilometer = 1 km = 10^3 meters.

부록 VI

단위 약어

A	ampere
C	Coulomb
°C	degrees Celsius
cm	centimeter
eV	electronic volts
°F	degrees Fahrenheit
ft	foot
g	gram
GPa	gigapascal
in	inch
J	Joule
K	degrees Kelvin
kcal	kilocalorie
kg	kilogram
kJ	kilojoule
ksi	thousands of pounds per square inch
lb	pound
m	meter
min	minute
mm	millimeter
mol	mole
N	Newton
nm	nanometer
MPa	megapascal
P	poise
Pa	Pascal
psi	pounds per square inch
s	second
u	atomic mass unit
V	electronic volts

원소 주기율표

- Metals (main-group)
- Metals (transition)
- Metals (inner transition)
- Metalloids
- Nonmetals

Period	IA (1)	IIA (2)	IIIB (3)	IVB (4)	VB (5)	VIB (6)	VIIB (7)	VIIIB (8)	VIIIB (9)	VIIIB (10)	IB (11)	IIB (12)	IIIA (13)	IVA (14)	VA (15)	VIA (16)	VIIA (17)	VIIIA (18)
1	1 H 1.008																	2 He 4.003
2	3 Li 6.941	4 Be 9.012											5 B 10.81	6 C 12.01	7 N 14.01	8 O 16.00	9 F 19.00	10 Ne 20.18
3	11 Na 22.99	12 Mg 24.31											13 Al 26.98	14 Si 28.09	15 P 30.97	16 S 32.07	17 Cl 35.45	18 Ar 39.95
4	19 K 39.10	20 Ca 40.08	21 Sc 44.96	22 Ti 47.88	23 V 50.94	24 Cr 52.00	25 Mn 54.94	26 Fe 55.85	27 Co 58.93	28 Ni 58.69	29 Cu 63.55	30 Zn 65.39	31 Ga 69.72	32 Ge 72.61	33 As 74.92	34 Se 78.96	35 Br 79.90	36 Kr 83.80
5	37 Rb 85.47	38 Sr 87.62	39 Y 88.91	40 Zr 91.22	41 Nb 92.91	42 Mo 95.94	43 Tc (98)	44 Ru 101.1	45 Rh 102.9	46 Pd 106.4	47 Ag 107.9	48 Cd 112.4	49 In 114.8	50 Sn 118.7	51 Sb 121.8	52 Te 127.6	53 I 126.9	54 Xe 131.3
6	55 Cs 132.9	56 Ba 137.3	57 La 138.9	72 Hf 178.5	73 Ta 180.9	74 W 183.9	75 Re 186.2	76 Os 190.2	77 Ir 192.2	78 Pt 195.1	79 Au 197.0	80 Hg 200.6	81 Tl 204.4	82 Pb 207.2	83 Bi 209.0	84 Po (209)	85 At (210)	86 Rn (222)
7	87 Fr (223)	88 Ra (226)	89 Ac (227)	104 Rf (261)	105 Db (262)	106 Sg (266)	107 Bh (262)	108 Hs (265)	109 Mt (266)	110 Uun (269)	111 Uuu (272)	112 Uub (277)	113	114 Uug (285)	115	116 Uuh (289)	117	118 Uuo

INNER TRANSITION ELEMENTS

Period																
6	Lanthanides	58 Ce 140.1	59 Pr 140.9	60 Nd 144.2	61 Pm (145)	62 Sm 150.4	63 Eu 152.0	64 Gd 157.3	65 Tb 158.9	66 Dy 162.5	67 Ho 164.9	68 Er 167.3	69 Tm 168.9	70 Yb 173.0	71 Lu 175.0
7	Actinides	90 Th 232.0	91 Pa (231)	92 U 238.0	93 Np (237)	94 Pu (242)	95 Am (243)	96 Cm (247)	97 Bk (247)	98 Cf (251)	99 Es (252)	100 Fm (257)	101 Md (258)	102 No (259)	103 Lr (260)

Source: Davis, M., and Davis, R., *Fundamentals of Chemical Reaction Engineering,* McGraw-Hill, 2003.

부록 VII

상수와 변환 인자

상수

Constant	Symbol	Value
Avogadro's number	N_0	6.023×10^{23} mol^{-1}
Atomic mass unit	u	1.661×10^{-24} g
Electron mass	m_e	9.110×10^{-28} g
Electronic charge (magnitude)	e	1.602×10^{-19} C
Planck's constant	h	6.626×10^{-34} J·s
Velocity of light	c	2.998×10^{8} m/s
Gas constant	R	1.987 cal/(mol·K); 8.314 J/(mol·K)
Boltzmanns constant	k	8.620×10^{-5} eV/K
Permittivity constant	ϵ_0	8.854×10^{-12} C^2/(N·m^2)
Permeability constant	μ_0	$4\pi \times 10^{-7}$ T·m/A
Bohr magneton	μ_B	9.274×10^{-24} A·m^2
Faraday	F	9.6485×10^{4} C/mol
Gravitational acceleration	g	9.806 m/s
Density of water		1 g/cm^3 = 1 Mg/m^3

변환 인자

Length:	1 in = 2.54 cm = 25.4 mm
	1 m = 39.37 in
	1 Å = 10^{-10} m
Mass:	1 lbm (pound-mass) = 453.6 = g = 0.4536 kg
	1 kg = 2.204 lbm
Force:	1 N = 0.2248 lbf (pound-force)
	1 lbf = 4.44 N
Stress:	1 Pa = 1 N/m^2
	1 Pa = 0.145×10^{-3} lbf/in^2
	1 lbf/in^2 = 6.89×10^3 Pa
Energy:	1 J = 1 N · m
	1 cal = 4.18 J
	1 eV = 1.60×10^{-19} J
Power:	1 W = 1 J/s
Temperature:	°C = K − 273
	K = °C + 273
	°C = (°F − 32)/1.8
Current:	1 A = 1 C/s
Density:	1 g/cm^3 = 62.4 lbm/ft^3
$\ln x = 2.303 \log_{10} x$	

원소 질량과 원소 기호*

Element	Symbol	Atomic Number	Atomic Mass†	Element	Symbol	Atomic Number	Atomic Mass†
Actinium	Ac	89	(227)	Mendelevium	Md	101	(256)
Aluminum	Al	13	26.98	Mercury	Hg	80	200.6
Americium	Am	95	(243)	Molybdenum	Mo	42	95.94
Antimony	Sb	51	121.8	Neodymium	Nd	60	144.2
Argon	Ar	18	39.95	Neon	Ne	10	20.18
Arsenic	As	33	74.92	Neptunium	Np	93	(237)
Astatine	At	85	(210)	Nickel	Ni	28	58.69
Barium	Ba	56	137.3	Niobium	Nb	41	92.91
Berkelium	Bk	97	(247)	Nitrogen	N	7	14.01
Beryllium	Be	4	9.012	Nobelium	No	102	(253)
Bismuth	Bi	83	209.0	Osmium	Os	76	190.2
Bohrium	Bh	107	(262)	Oxygen	O	8	16.00
Boron	B	5	10.81	Palladium	Pd	46	106.4
Bromine	Br	35	79.90	Phosphorus	P	15	30.97
Cadmium	Cd	48	112.4	Platinum	Pt	78	195.1
Calcium	Ca	20	40.08	Plutonium	Pu	94	(242)
Californium	Cf	98	(249)	Polonium	Po	84	(210)
Carbon	C	6	12.01	Potassium	K	19	39.10
Cerium	Ce	58	140.1	Praseodymium	Pr	59	140.9
Cesium	Cs	55	132.9	Promethium	Pm	61	(147)
Chlorine	Cl	17	35.45	Protactinium	Pa	91	(231)
Chromium	Cr	24	52.00	Radium	Ra	88	(226)
Cobalt	Co	27	58.93	Radon	Rn	86	(222)
Copper	Cu	29	63.55	Rhenium	Re	75	186.2
Curium	Cm	96	(247)	Rhodium	Rh	45	102.9
Dubnium	Db	105	(260)	Rubidium	Rb	37	85.47
Dysprosium	Dy	66	162.5	Ruthenium	Ru	44	101.1
Einsteinium	Es	99	(254)	Rutherfordium	Rf	104	(257)
Erbium	Er	68	167.3	Samarium	Sm	62	150.4
Europium	Eu	63	152.0	Scandium	Sc	21	44.96
Fermium	Fm	100	(253)	Seaborgium	Sg	106	(263)
Fluorine	F	9	19.00	Selenium	Se	34	78.96
Francium	Fr	87	(223)	Silicon	Si	14	28.09
Gadolinium	Gd	64	157.3	Silver	Ag	47	107.9
Gallium	Ga	31	69.72	Sodium	Na	11	22.99
Germanium	Ge	32	72.59	Strontium	Sr	38	87.62
Gold	Au	79	197.0	Sulfur	S	16	32.07
Hafnium	Hf	72	178.5	Tantalum	Ta	73	180.9
Hassium	Hs	108	(265)	Technetium	Tc	43	(99)
Helium	He	2	4.003	Tellurium	Te	52	127.6
Holmium	Ho	67	164.9	Terbium	Tb	65	158.9
Hydrogen	H	1	1.008	Thallium	Tl	81	204.4
Indium	In	49	114.8	Thorium	Th	90	232.0
Iodine	I	53	126.9	Thulium	Tm	69	168.9
Iridium	Ir	77	192.2	Tin	Sn	50	118.7
Iron	Fe	26	55.85	Titanium	Ti	22	47.88
Krypton	Kr	36	83.80	Tungsten	W	74	183.9
Lanthanum	La	57	138.9	Uranium	U	92	238.0
Lawrencium	Lr	103	(257)	Vanadium	V	23	50.94
Lead	Pb	82	207.2	Xenon	Xe	54	131.3
Lithium	Li	3	6.941	Ytterbium	Yb	70	173.0
Lutetium	Lu	71	175.0	Yttrium	Y	39	88.91
Magnesium	Mg	12	24.31	Zinc	Zn	30	65.39
Manganese	Mn	25	54.94	Zirconium	Zr	40	91.22
Meitnerium	Mt	109	(266)				

* 모든 원자 질량에는 4개의 유효 숫자가 있다. 이 값은 국제 순수 및 응용 화학 연합의 화학 교육 위원회에서 권장하고 있다.
† 방사성 원소의 대략적인 원자 질량 값은 괄호 안에 표시해 놓았다.
Source: Chang, R., *Chemistry*, McGraw-Hill, 2002.

참고문헌

References

제1장

Annual Review of Materials Science. Annual Reviews, Inc. Palo Alto, CA.

Bever, M. B. (ed.) *Encyclopedia of Materials Science and Engineering*. MIT Press-Pergamon, Cambridge, 1986.

Canby, T. Y. "Advanced Materials—Reshaping Our Lives." Nat. Geog., 176(6), 1989, p. 746.

Engineering Materials Handbook. Vol. 1: *Composites*, ASM International, 1988.

Engineering Materials Handbook. Vol. 2: *Engineering Plastics*, ASM International, 1988.

Engineering Materials Handbook. Vol. 4: *Ceramics and Glasses*, ASM International, 1991.

Fiksel, J. *Design for Environment, A Guide to Sustainable Production*. McGrawHill, 2009.

Jackie Y. Ying, *Nanostructured Materials*. Academic Press, 2001. "Materials Engineering 2000 and Beyond: Strategies for Competitiveness." *Advanced Materials and Processes* 145(1), 1994.

"Materials Issue." *Sci. Am.*, 255(4), 1986.

Metals Handbook, 2nd Edition, ASM International, 1998.

M. F. Ashby, *Materials Selection in Mechanical Design*. Butterworth-Heinemann, 1996.

M. Madou, *Fundamentals of Microfabrication*. CRC Press, 1997.

Nanomaterials: Synthesis, Properties, and Application. Editors: A. S. Edelstein and R. C. Cammarata, Institute of Physics Publishing, 2002.

National Geographic magazine, 2000–2001.

Wang, Y., et al., *High Tensile Ductility in a Nanostructured Metal, Letters to Nature*. 2002.

Internet Sources:

www.nasa.gov

www.designinsite.dk/htmsider/inspmat.htm

https://news.mit.edu/topic/materials-science

https://www.tms.org/pubs/journals/jom/9607/alvarado-9607.html

https://www.tms.org/pubs/journals/jom/0003/martin-0003.html

https://www.nist.gov/materials

https://auto.howstuffworks.com/under-the-hood/auto-manufacturing/5-materials-used-in-auto-manufacturing.htm#pt6

https://pubs.usgs.gov/annrev/ar-23-107/aerdocnew.pdf

https://agmetalminer.com/2013/04/09/aluminum-or-steel-which-metal-will-win-automotive-crown/

https://www.pnnl.gov/main/publications/external/technical_reports/PNNL-17764.pdf

https://www.nap.edu/read/758/chapter/4

http://www.ing.unitn.it/~pugno/NP_PDF/95-MT08.pdf

https://www.innovationservices.philips.com/news/life-cycle-assessment-finding-best-approach-company/

https://7506gbs.wordpress.com/2014/10/31/practical-solutions-to-environmental-problems-how-pencils-are-made-module-6/

제2장

Binnig, G., H. Rohrer, et al. in *Physical Review Letters*, v 50 pp. 120–24 (1983).

Brown, T. L., H. E. LeMay, and B. E. Bursten. *Chemistry*. 8th ed. Prentice-Hall, 2000.

Chang, R. *Chemistry*. 5th ed., McGraw-Hill, 1994.

Dai, H., J. H. Hairier, A. G. Rinzler, D. T. Colbert, and R. E. Smalley, *Nature* 384, 147–150, 1996.

Chang, R. *General Chemistry*. 4th ed. McGraw-Hill, 1990.

Ebbing, D. D. *General Chemistry*. 5th ed. Houghton Mifflin, 1996.

McWeeny, R. *Coulson's Valence*. 3d ed. Oxford University Press, 1979.

Pauling, L. *The Nature of the Chemical Bond*. 3d ed. Cornell University Press, 1960.

Silberberg, M. S. *Chemistry, The Molecular Nature of Matter and Change*. 3d ed. McGrawHill, 2003.

Smith, W. F. *T. M. S. Fall Meeting*. October 11, 2000. Abstract only.

Internet Sources:

http://ufrphy.lbhp.jussieu.fr/nano/

http://www.molec.com/products_consumables. html#STM

http://www.omicron.de/index2.html?/results/stm_image_of_chromium_decorated_steps_of_cu_111/~Omicron

http://www.almaden.ibm.com/almaden/media/image_mirage.html

제3장

ASM Handbook: Materials Characterization, Volume 10, 1986.

Barrett, C. S. and T. Massalski. *Structure of Metals*. 3d ed. Pergamon Press, 1980.

borchardt-Ott, W. *Crystallography, An Introduction*. 3d ed. Springer, 2011.

Cullity, B. D. *Elements of X-Ray Diffraction*. 2d ed. Addison-Wesley, 1978.

Hibbard, M. J. *Mineralogy: A Geologist's Point of View*. McGrawHill, 2002.

Hoffman, F. *Introduction to Crystallography*. Springer, 2020.

Wilson, A. J. C. *Elements of X-Ray Cystallography*. Addison-Wesley, 1970.

제4, 5장

ASM Handbook: Casting, 1998.

ASM *Handbook: Metallography and Microstructures*, Volume 9, 2004.

Flemings, M. *Solidification Processing*. McGraw-Hill, 1974.

Glicksman, M. E. *An Introduction to Modern Casting and Crystal Growth. Springer*, 2011.

Hirth, J. P., and J. Lothe. *Theory of Dislocations*. 2d ed. Wiley, 1982.

Krauss, G. (ed.) *Carburizing: Processing and Performance*. ASM International, 1989.

Minkoff, I. *Solidification and Cast Structures*. Wiley, 1986.

Shewmon, P. G. *Diffusion in Solids*. 2d ed. Minerals, Mining and Materials Society, 1989.

제6, 7장

ASM Handbook of Failure Analysis and Prevention. Vol. 11. 1992.

ASM Handbook of Materials Selection and Design. Vol. 20. 1997.

Courtney, T. H. *Mechanical Behavior of Materials*. McGraw-Hill, 1989.

Courtney, T. H. *Mechanical Behavior of Materials*. 2d ed. 2000.

Dieter, G. E. *Mechanical Metallurgy*. 3d ed. McGraw-Hill, 1986.

Hertzberg, R. W. *Deformation and Fracture Mechanics of Engineering Materials*. 3d ed. Wiley, 1989.

Hertzberg, R. W. *Deformation and Fracture Mechanics of Materials*. 4th ed. 1972.

K. S. Kumar, H. Van Swygenhoven, and S. Suresh. "Mechanical behavior of nanocrystalline metals and alloys." Acta Materialia, 51, 5743–5774, 2003.

Schaffer et al. *The Science and Design of Engineering Materials*. McGraw-Hill, 1999.

T. Hanlon, Y. N. Kwon, and S. Suresh. "Grain size effects on the fatigue response of nanocrystalline metals." Scripta Materialia, 49, 675–680, 2003.

Wang et al., "*High Tensile Ductility in a Nanostructured Metal*." Nature, 419, 2002.

Wulpi, J. D., "*Understanding How Components Fail*," ASM, 2000.

Internet Sources:

http://www.wtec.org/loyola/nano/06_02.htm

제8장

ASM Handbook: Properties and Selection, Irons, Steels and other High Performance Alloys, Volume 1, 1990.

ASM Handbook: Properties and Selection: Nonferrous Alloys and Special-Purpose Materials, Volume 2, 1990.

ASM Handbook: Alloy Phase Diagrams, 1992.

ASM Handbook: Heat Treating, 1991.

Massalski, T. B. *Binary Alloy Phase Diagrams*. ASM International, 1986.

Massalski, T. B. *Binary Alloy Phase Diagrams*. 3d ed. ASM International.

Rhines, F. *Phase Diagrams in Metallurgy*. McGraw-Hill, 1956.

제9장

ASM Handbook: Properties and Selection, Irons, Steels and other High Performance Alloys, Volume 1, 1990.

ASM Handbook: Properties and Selection: Nonferrous Alloys and Special-Purpose Materials, Volume 2, 1990.

ASM Handbook: Alloy Phase Diagrams, 1992.

ASM Handbook: Heat Treating, 1991.

Krauss, G. Steels: Heat Treatment and Processing Principles. ASM International, 1990.

The Making, Shaping and Heat Treatment of Steel. 11th ed. Vols. 1–3. The AISE Steel Foundation, 1999–2001.

Smith, W. F. Structure and Properties of Engineering Alloys. 2d ed. McGraw-Hill, 1993.

Steel, *Annual Statistical Report*. American Iron and Steel Institute, 2001.

Walker, J. L., et al. (ed.) *Alloying*. ASM International, 1988.

제10장

Benedict, G. M., and B. L. Goodall. *Metallocene-Catalyzed Polymers*. Plastics Design Library, 1998.

"Engineering Plastics." Vol. 2, *Engineered Materials Handbook*. ASM International, 1988.

Kaufman, H. S., and J. J. Falcetta (eds.) *Introduction to Polymer Science and Technology*. Wiley, 1977.

Kohen, M. *Nylon Handbook*. Hanser, 1998.

Moore, E. P. *Polypropylene Handbook*. Hanser, 1996.

Moore, G. R., and D. E. Kline, *Properties and Processing of Polymers for Engineers*. Prentice-Hall, 1984.

Salamone, J. C. (ed.) *Polymeric Materials Encyclopedia*. Vols. 1 through 10. CRC Press, 1996.

제11장

ASM Handbook: Ceramics and Glasses, 1991.

Barsoum, M. *Fundamentals of Ceramics*. McGraw-Hill, 1997.

Bhusan, B. (ed.) *Handbook of Nanotechnology*. Springer, 2004.

Chiang, Y., D. P. Birnie, and W. D. Kingery. *Physical Ceramics*. Wiley, 1997.

Davis, J. R. (ed.) *Handbook of Materials for Medical Devices*. ASM International, 2003.

Edelstein, A. S., and Cammarata, R. C. (eds.) *Nanomaterials: Synthesis, Properties, and Application,* Institute of Physics Publishing, 2002.

Handbook of Nanotechnology. Editor: B. Bhusan, Springer, 2004.

Jacobs, J. A., and Kilduf, T. F. *Engineering Materials Technology*. 5th ed. Prentice Hall, 2004.

Kingery, W. D., H. K. Bowen, and D. R. Uhlmann. *Introduction to Ceramics*. 2d ed. Wiley, 1976.

Medical Device Materials, Proceedings of the Materials and Processes for Medical Devices Conference, S. Shrivastava, Editor, ASM international, 2003.

Mobley, J. (ed.). *The American Ceramic Society, 100 Years*. American Ceramic Society, 1998.

Nanomaterials: Synthesis, Properties, and Application, Editors: A. S. Edelstein and R. C. Cammarata, Institute of Physics Publishing, 2002.

Nanostructured Materials, Editor: Jackie Y. Ying, Academic Press, 2001.

Shrivastava, S. (ed.) *Medical Device Materials*, Proceedings of the Materials and Processes for Medical Devices Conference, ASM International, 2003.

Wachtman, J. B. (ed.) *Ceramic Innovations in the Twenthieth Century*. The American Ceramic Society, 1999.

Wachtman, J. B. (ed.) *Structural Ceramics*. Academic, 1989.
Ying, J. Y. (ed.) *Nanostructured Materials*, Academic Press, 2001.

제12장

ASM Handbook: Composite Materials, 2001.
Chawla, K. K. *Composite Materials*. Springer-Verlag, 1987.
Handbook of Materials for Medical Devices, J. R. Davis, (ed.), ASM International, 2003.
Harris, B. *Engineering Composite Materials*. Institute of Metals (London), 1986.
Metals Handbook. Vol. 21: *Composites*. ASM International, 2001.
Nordin, M., and V. H. Frankel. *Basic Biomechanics of the Musculoskeletal System*. 3rd Ed., Lippincot, Williams, and Wilkins, 2001.
Ying, J. Y. (ed.) *Nanostructured Materials*, Academic Press, 2001.
http://silver.neep.wisc.edu/-Jakes/BoneTrab.html

제13장

ASM *Handbook: Corrosion Fundamentals, Testing, and Protection*, Volume 13A, 2001.
Jones, D. A. *Corrosion*. 2d ed. Prentice-Hall, 1996.
Uhlig, H. H. *Corrosion and Corrosion Control*. 3d ed. Wiley, 1985.

제14장

Binnig, G., H. Rohrer, et al. in *Physical Review Letters*, v 50 pp. 120–24 (1983).
Dai, H., J. H. Hafner, A. G. Rinzler, D. T. Colbert, and R. E. Smalley, Nature 384, 147–150, 1996.
Hodges, D. A., and H. G. Jackson. *Analysis and Design of Digital Integrated Circuits*. 2d ed. McGraw-Hill, 1988.
Mahajan, S., and K. S. Sree Harsha. *Principles of Growth and Processing of Semiconductors*. McGraw-Hill, 1999.
Nalwa, H. S. (ed.) *Handbook of Advanced Electronic and Photonic Materials and Devices*. Vol. 1: Semiconductors. Academic Press, 2001.
Sze, S. M. (ed.) *VLSI Technology*. 2d ed. McGraw-Hill, 1988.
Sze, S. M. *Semiconductor Devices*. Wiley, 1985.
Wolf, S. *Silicon Processing for the VLSI Era*. 2d ed. Lattice Press, 2000.

Internet Sources:
http://ufrphy.lbhp.jussieu.fr/nano/
http://www.omicron.de/index2.html?/results/stm_image_of_chromium_decorated_steps_of_cu_111/~Omicron
http://www.almaden.ibm.com/almaden/media/image_mirage.html
http://www.molec.eom/products_consumables.html#STM

제15장

Chafee, C. D. *The Rewiring of America*. Academic, 1988.
Hatfield, W. H., and J. H. Miller, *High Temperature Superconducting Materials*. Marcel Dekker, 1988.
Miller, S. E., and I. P. Kaminow. *Optical Fiber Communications II*. Academic, 1988.
Nalwa, H. S. (ed.) *Handbook of Advanced Electronic and Photonic Materials and Devices*. Vols. 3–8. Academic Press, 2001.

제16장

Chin, G. Y., and J. H. Wernick. "Magnetic Materials, Bulk." Vol. 14, *Kirk-Othmer Encyclopedia of Chemical Technology*. 3d ed. Wiley, 1981, p. 686.
Coey, M., et al. (eds.) *Advanced Hard and Soft Magnetic Materials*. Vol. 577. Materials Research Society, 1999.
Cullity, B. D. *Introduction to Magnetic Materials*. Addison- Wesley, 1972.
Livingston, J. *Electronic Properties of Engineering Materials*. Chapter 5. Wiley, 1999.
McGee, Margaret A., Howie, Donald W., Costi, Kerry, Haynes, David R., Wildenauer, Corinna I., Pearcy, Mark J., and McLean, Jean D. *Implant retrieval studies of the wear and loosening of prosthetic joints: a review*. Wear 241, 158–165, 2000.
Salsgiver, J. A., et al. (ed.) *Hard and Soft Magnetic Materials*. ASM International, 1987.
Urban, RM, Jacobs , JJ, Gilbert , JL, and Galante , JO. *Migration of corrosion products from modular hip prostheses*. J Bone Joint Surg Am. 76: 1345–1359, 1994.
Watters, E.P.J. , Spedding , P.L., Grimshawa , J., Duffy, J.M., and Spedding, R.L.. *Wear of artificial hip joint material*. Chemical Engineering Journal 112, 137–144, 2005.

The material property data and the glass transition temperature data were obtained from the following list of references:

1. *ASM Handbooks*. Vol. 1, *Properties and Selection: Irons, Steels, and High Performance Alloys*. ASM International.
2. *ASM Handbooks*. Vol. 8, *Mechanical Testing and Evaluation*. ASM international, Materials Park, OH.
3. *ASM Handbooks*. Vol. 19, *Fatigue and Fracture*. ASM International.
4. *ASM Metals Handbook Desk Edition*, ASM International.
5. *ASM Ready Reference: Electrical and Magnetic Properties of Materials*. ASM International.
6. *ASM Engineered Materials Reference Book*. ASM International.
7. *Mechanical Properties and Testing of Polymers: An A-Z Reference (1999)* Edited by G. M. Swallowe. Kluwer Academic Publishers, Dordrecht, Netherlands.
8. Nielsen, Lawrence E., Landel, Robert F., *Mechanical Properties of Polymers and Composites*. Marcel Dekker, 1994.
9. Seymour, R.B. Engineering Polymer Sourcebook. McGraw Hill, Inc., 1990.
10. Watchman, J. B. Mechanical Properties of Ceramics. Wiley, 1996.
11. *Guide to Engineered Materials (A Special Issue to Advanced Materials and Processes)*. Vol. 1 (1986). ASM International.
12. *Guide to Engineered Materials (A Special Issue to Advanced Materials and Processes)*. Vol. 2 (1987). ASM International.
13. *Guide to Engineered Materials (A Special Issue to Advanced Materials and Processes)*. Vol. 3 (1988). ASM International.
14. *ASM Ready Reference: Thermal Properties of Materials*.
15. Wangaard, F. F. The Mechanical Properties of Wood. Wiley, 1950.
16. Manufacturer data sheets.

용어해설

Glossary

ㄱ

가단주철(malleable cast irons): Fe-C-Si합금으로 2.0~2.6% C와 1.1~1.6% Si을 함유하고 있다. 가단주철은 먼저 백주 철로 주조되고, 약 940°C (1720°F)에서 열처리되고, 3~20시간 정도 유지된다. 백주철 내 철탄화물은 비정상적인 모양의 구상이나 흑연으로 분해된다.

가소제(plasticizers): 유동성과 가공성을 향상시키고 취성을 감소시키기 위하여 플라스틱 화합물에 첨가하는 화학작용제. 예로, 가소성 PVC가 있다.

가전자(valence electrons): 결합 시 가장 자주 수반되는 최외각전자.

가전자띠(valence band): 가전자를 포함하는 에너지띠. 도체의 가전자띠는 또한 전도띠이기도 하다. 전도성 금속의 가전자띠는 채워져 있지 않아서, 일부 전자가 가전자띠 내의 준위로 에너지화되어 전도성 전자가 된다.

가황작용(vulcanization): 중합체 사슬의 교차결합을 일으키는 화학반응. 가황은 황과 고무 분자사슬의 상호 연결결합을 말하지만, 규소 고무에서 발생하는 반응과 같은 중합체의 교차연결반응에도 사용된다.

갈바니 계열(galvanic series): 표준전극을 기준으로 해수에서 전기화학 전위에 따른 금속원소의 배열.

갈바니 전지(galvanic cell): 전해액에서 전기적으로 접촉하고 있는 2개의 유사하지 않은 금속.

강유전성 재료(ferroelectric material): 전기장을 가함으로써 분극될 수 있는 재료.

강자성 재료(ferromagnetic material): 높은 자화를 가질 수 있는 재료. 철, 코발트, 니켈 등이 강자성 재료이다.

강자성(ferromagnetism): 자장에 의해 큰 자화를 갖는 물질. 자장 제거 후에도 상당량의 자화가 남아 있다.

강화 콘크리트(reinforced concrete): 인장력을 지탱하기 위해 강선이나 봉을 넣은 콘크리트.

건식 가압성형(dry pressing): 세라믹 과립입자(와 결합제)가 다이에서 일축 가압과 동시에 성형.

격자점(lattice point): 모든 점들이 동일한 주변 환경을 갖는 배열에서의 한 점.

견목(hardwood trees): 씨가 덮여 있고 넓은 잎을 가지는 나무. 예를 들면, 참나무, 단풍나무, 양물푸레나무 등이 있다.

결정(crystal): 원자, 이온, 또는 분자가 3차원적으로 반복되는 형태로 배열되어 이루어진 고체.

결정구조(crystal structure): 공간에서 원자나 이온의 규칙적인 3차원 형태.

결정도(crystallinity, 중합체에서): 분자사슬을 고밀도의 입체 배열로 충전. 고분자 재료에서 결정도는 그 중합체고리가 대칭인 것이 보통이며 100%가 될 수는 없다. 예로, 고밀도 폴리에틸렌은 95%의 결정도를 가지고 있다.

결정립(grain): 다결정 집합체 내에서 하나의 단결정.

결정립계(grain boundary): 다결정 집합체에서 다른 방위의 결정(결정립)들을 분리하는 면결함.

결정립 성장(grain growth): 새로운 결정립들이 등축 형태로 성장하기 시작하는 세 번째 단계.

결정립크기 번호(grain-size number): 특정 배율에서 단위면 적당 결정립들의 공칭(평균) 수.

경계윤활(boundary lubrication): 지지표면에 윤활제막이 점착되는 조건으로 마찰을 감소시킨다.

경골(tibia): 정강이 뼈.

경도(hardness): 영구변형에 대한 재료저항의 척도.

경자성 재료(hard magnetic material): 높은 보자력과 높은 포화유도를 갖는 자성 재료.

경페라이트(hard ferrites): 세라믹 영구자석 재료. 기본적으로 $MO \cdot Fe_2O_3$의 조성을 가지고 있으며, M은 바륨이나 스트론튬 이온이다. 이 재료는 육방정 구조를 가지며 값이 싸고 밀도가 낮다.

경화능(hardenability): 오오스테나이트 조건에서 급랭(quenching)시 강이 마르텐사이트를 형성하는 용이성을 말한다. 경화능이 큰 강은 두께 방향 전체 영역에 걸쳐서 마르텐사이트를 형성한다. 경화능과 경도를 혼동해서는 안 된다. 경도는 재료의 침투에 대한 저항값이다. 강의 경화능은 주로 조성과 입자 크기와 함수관계를 가진다.

계(system): 성질을 연구하기 위해 분리시킨 영역의 일부.

고분자 재료(polymeric materials): 탄소, 수소, 산소, 질소와 같은 경량 원소의 긴 분자사슬 또는 망상구조로 이루어진 재료. 대부분의 고분자 재료는 전기전도도가 낮다. 예를 들면, 폴리에틸렌과 폴리염화비닐(PVC)이 있다.

고분해능 투과전자현미경(high-resolution transmission electron microscopy: HRTEM): TEM을 이용한 기술이지만 매우 얇은 시편

을 사용하여 대단히 높은 해상도를 갖는다.

고상선(solidus): 합금의 응고과정 중 마지막 액상이 응고되는 온도.

고용경화(강화)[solid-solution hardening(strengthening)]: 고용체를 형성하는 원소의 첨가에 의한 금속의 강화. 고용체에서 원자들의 크기와 전기적 특성이 다르면 금속격자를 통한 전위의 이동이 어렵다.

고용체(solid solution): 둘 이상의 금속 또는 금속(들)과 비금속(들)의 단일상 원자혼합물인 합금.

고체에서 Fick의 확산 제1법칙: 확산종의 유속은 일정한 온도에서 농도 기울기에 비례한다.

고체에서 Fick의 확산 제2법칙: 조성의 변화속도는 일정한 온도에서 농도 기울기의 변화 속도에 확산계수를 곱한 것과 같다.

골관절염(osteoarthritis): 관절부에서 관절연골의 퇴화에 의해 발생되는 고통과 부종.

골용해(osteolysis): 마모와 부식 부스러기 주변의 죽은 뼈 조직.

골재(aggregate): 콘크리트를 만들기 위해 포틀랜드 시멘트 및 물과 함께 섞는 안정한 재료. 큰 입자를 조대골재(예를 들면, 자갈), 작은 입자를 미세골재(예를 들면, 모래)라고 한다.

공간격자(space lattice): 동일한 주변 환경을 갖는 점들의 3차원적 배열.

공공(vacancy): 결정격자에서 어떤 원자 위치의 원자가 비어 있는 점결함.

공석 시멘타이트(eutectoid cementite, Fe_3C): 오오스테나이트의 공석분해중 생성된 시멘타이트, 펄라이트 내 시멘타이트.

공석(보통 탄소강)[eutectoid(plain-carbon steel)]: 0.8% C의 강.

공석 α 페라이트(eutectoid α ferrite): 오오스테나이트의 공석분해 중 생성된 α 페라이트, 펄라이트 내 α 페라이트.

공액선(tie line): 2원계 상태도에서, 두 상 사이의 특정 온도에서 그어진 수평선으로써 지렛대 원리를 적용하는 데 이용된다. 수평 조성선이 상경계와 만나는 공액선의 교점으로부터 수직선이 그려지며, 지렛대 원리에 이용된다.

공유결합(covalent bonding): 전자를 공유하여 구성되는 1차 결합이며, 대부분의 경우 공유결합은 2원자의 반쯤 채워진 궤도의 중첩을 수반한다. 방향성 결합이며, 예로 다이아몬드를 들 수 있다.

공정반응(eutectic reaction, 2원계 상태도에서): 냉각 도중 모든 액상이 고상으로 등온적으로 변태되는 상변태.

공정온도(eutectic temperature): 공정반응이 일어나는 온도. 공정점(eutectic point): 공정조성과 공정온도로 정의되는 점.

공정조성(eutectic composition): 공정온도에서 2개의 새로운 고상을 형성하는 액상의 조성.

공중합반응(copolymerization): 2개 이상의 단량체로부터 고분자량 분자로 형성되는 화학반응. 혼성중합반응.

공중합체(copolymer): 2종류 이상의 형태의 단량체 단위로 이루어진 중합체 사슬. 혼성중합체.

공칭변형률(engineering strain, ϵ): 시편의 길이 변화를 시편의 초기 길이로 나눈 값($\epsilon = \Delta l/l_0$).

공칭응력(engineering stress, σ): 평균 단축 방향의 힘을 초기단면적으로 나눈 값($\sigma = F/A_0$).

공칭응력-변형률 다이어그램(engineering stress-strain diagram): 공칭응력 대 공칭변형률의 실험적 그림. σ는 보통 y축에, ϵ은 x축에 그린다.

과공석(보통 탄소강)[hypereutectoid(plain-carbon steel)]: 0.8~2.0% C의 강.

과공정 조성(hypereutectic composition): 공정점의 오른쪽에 해당하는 조성.

관절 시뮬레이터(joint simulator): 관절 인공보철의 마모를 측정하기 위하여 생리적으로 하중을 부여하는 데 사용되는 장치.

광손실(light attenuation): 빛의 강도가 감소함.

광자(photon): 파장과 진동수를 가지는 복사입자, 복사양자라고도 칭한다.

광통신(optical-fiber communication): 빛을 사용하여 정보를 전달하는 방법.

광파유도관(optical waveguide): 전반사 및 굴절에 의해 빛이 전파되는 얇게 코팅된 섬유.

교차결합(cross-linking): 중합체 사슬분자 사이에 1차적인 결합 형성. 열경화성 수지의 경우에서와 같이 전반적인 교차 결합이 발생할 때는 교차결합은 모든 원자의 초분자를 이룬다.

교환 에너지(exchange energy): 개별 자기쌍극자가 짝을 지어 단일 자구를 이루는 에너지. 교환 에너지는 양 또는 음이다.

굴절지수(index of refraction): 진공에서의 광속 대 주어진 매질에서의 광속의 비.

궤도 양자수(orbital quantum number): 전자구름의 형상 또는 궤도의 경계 공간은 이 수에 의해 결정된다.

균질 핵생성(homogeneous nucleation, 금속의 응고 관련): 순수한 금속에서 응고가 완료될 때까지 성장할 수 있는 매우 작은 영역의 새로운 고상(핵이라 함)의 형성. 순수한 균질 금속에서는 그 자체의 원자들이 핵을 만든다.

균질화(homogenization): 원하지 않는 유핵조직을 제거하기 위한 열처리 방법.

극한인장강도(ultimate tensile strength: UTS): 공칭응력-변형률 선도에서의 최대 응력.

금속 간 화합물(intermetallics): 높은 경도와 고온강도를 갖지만 취성 특성을 가지는 금속원소의 화학양론적 화합물.

금속결합(metallic bonding): 금속 원자들의 집합체로 전자전 하구름을 구성하며, 외각전자를 공유하여 결합된 1차 결합으로 비방향성 결합이다. 금속결합 재료의 예로 나트륨이 있다.

금속 유리(metallic glass): 비정질 원자배열 구조를 가진 금속.

금속 재료(metallic materials, 금속과 금속합금): 높은 열적 및 전기 전도도가 특징인 무기 재료. 예로 철, 강, 알루미늄과 구리 등이 있다.

금속의 냉간가공(cold working of metals): 변형률이 없이 새로운 미세조직이 생성되는 온도(재결정 온도) 이하에서 금속과 합금의 영구변형. 냉간가공을 하면 금속은 가공경화된다.

금속의 열간가공(hot working of metals): 변형률(strain)이 없는 새로운 미세조직이 생성되는 온도(재결정온도) 이상에서 금속과 합금의 영구변형.

기전력 계열(electromotive force series): 각 금속원소의 표준 전기화학전위에 따른 금속원소의 배열.

기포재 콘크리트(air-entrained concrete): 작은 공기의 기포가 균일하게 분포된 콘크리트로서 90% 이상의 기포가 100 μm 이하이다.

ㄴ

나노결정성 금속(nanocrystalline metals): 결정립 크기가 100 nm보다 작은 금속.

나노 재료(nanomaterials): 특정 길이 스케일이 100 nm 이하인 재료.

나무(wood): 리그닌으로 구성된 고분자 재료의 기지에 셀룰로스 섬유가 복잡하게 배열된 천연 복합재.

나무도관(wood vessel): 작은 세포의 원소가 합해져 형성된 관 구조.

내화(세라믹) 재료[refractory (ceramic) material]: 고온 분위기의 작용에 견딜 수 있는 재료.

냉각곡선(cooling curve): 금속의 응고 과정 중에 얻어지는 온도-조성의 도표. 이것은 온도가 하강할 때 상변화 정보를 제공해 준다.

니켈-철 자성합금(nickel-iron alloys): 높은 투자율의 연자성 합금으로 높은 강도가 요구되는 음성신호 처리 및 계측기용 변압기에 사용된다. 2가지 기본 조성으로 50% Ni-50% Fe과 79% Ni-21% Fe이 있다.

ㄷ

다결정질 구조(polycrystalline structure): 많은 결정립들로 이루어진 결정질 조직.

다방향성 박층(multidirectional laminate): 판의 연속섬유의 방향이 서로 다른 섬유강화판의 층들을 결합시켜 만든 섬유강화 플라스틱 라미네이트.

다수 운반자(majority carriers): 반도체의 가장 우세한 전하 운반자 형태. n형 반도체의 다수 운반자는 전도전자이고, p형 반도체의 다수 운반자는 전도정공이다.

단계적 중합반응(stepwise polymerization): 중합체 분자의 성장이 단계적인 분자 사이의 반응에 의하여 진행되는 중합화하는 반응기구. 한 형태의 반응만이 수반된다. 단량체 단위는 상호 반응하거나 다른 크기의 중합체 분자와 반응한다. 단량체 끝에 작용하는 기는 그 중합체의 길이가 얼마이든 간에 같은 반응성을 가지고 있다고 가정한다. 때때로 물과 같은 부산물이 중합화공정에서 응축되어 버린다. 예로, 아디프산과 헥사메틸렌디아민으로부터 나일론 6,6의 중합화가 있다.

단량체(monomer): 상호 공유결합하여 기다란 분자사슬(중합체)을 형성하는 단일분자 화합물. 예로, 에틸렌이 있다. 단위체.

단위격자(unit cell): 공간격자의 간단한 반복 단위, 축 길이와 축간 각은 단위격자의 격자상수이다.

단일중합체(homopolymer): 오직 한 형태의 단량체 단위로 이루어진 중합체.

단조(forging): 금속을 해머나 압축기를 사용하여 유용한 형상으로 만드는 가공법.

도너 준위(donor levels): 띠이론에서 전도띠에 근접한 국부적 에너지 준위.

동질이형(polymorphism, 금속 관련): 2가지 이상의 결정구조로 존재할 수 있는 금속의 특성. 예를 들어, 철은 온도에 따라 BCC 또는 FCC 결정구조를 가질 수 있다.

등압성형(isostatic pressing): 세라믹 분말(과 결합제)이 모든 방향에서 균일한 가압과 동시에 성형.

등온변태(IT)도 [isothermal transformation (IT) diagram]: 시간-온도-변태 곡선으로 다른 온도에서 등온으로 한 상이 다른 상들로 분해되는 시간을 나타내고 있다.

등축정(equiaxed grains): 모든 방향의 크기가 거의 같고 임의의 결정방위를 가진 결정립.

디프 드로잉(deep drawing): 평평한 금속 시트를 컵 모양으로 성형하는 금속 가공법.

ㄹ

레이저(laser): 유도복사에 의한 광증폭(light amplification by stimulated emission of radiation)에 대한 약어.

레이저빔(laser beam): 광자가 자극되어 생성되는 단색의 간섭적인 복사빔.

루멘(lumen): 나무세포의 중심부 기공.

리그닌(lignin): 페놀 단위로부터 형성되는 매우 복잡하게 가교된 3차원의 고분자 재료.

ㅁ

마르텐사이트(martensite): BCT 철의 과포화 침입고용체.

마르템퍼링(마르퀜칭)[martempering (marquenching)]: 급랭(quenching)처리 과정의 하나로, 오오스테나이트 조건의 강이 M_s 온도 이상에서 액체(염)욕에 열간급랭되고, 오오스테나이트가 변태하는 것을 막기 위해 매우 짧은 시간 유지하였다가 상온으로 서냉한다. 이 처리 후에 강은 마르텐사이트 조건이 되지만, 중단된 급랭에 의해 강 내의 응력이 제거된다.

마이크로머신(micromachine): 특수한 기능과 일을 수행하는 MEMs.

마이크로전자기계시스템(microelectromechanical systems: MEMs): 센싱 그리고/또는 액츄에이팅 기능을 이행하는 초소형화 디바이스.

망 공유 고체(network covalent solids): 완전히 공유결합으로 구성되는 재료.

망목 수식제(network modifiers): 실리카 유리에 첨가했을 때 실리카 망목을 붕괴시키는 산화물. 수식제는 실리카 유리의 점도를 저하시키고 결정화를 촉진한다. 예로서 Na_2O, K_2O, CaO 및 MgO가 있다.

메르(mer): 사슬중합체 분자로 된 반복 단위.

면밀도(planar density, Rp): 특정 면에 의해서 중심이 잘리는 원자들의 수를 그 면적으로 나눈 값.

면심 입방정(FCC) 단위격자(face-centered cubic unit cell): 중심원자를 12개의 원자가 둘러싸는 원자충전배열을 갖는 단위격자. FCC 결정구조에서 조밀충진면의 적층순서는 *ABCABC*이다.

모티프(motif): 각각의 고체에 따라 특정한 배열을 하고 격자 점에 위치하는 원자군.

물관부 방사조직(wood ray): 나무줄기에서 반지름방향으로 확장된 리본 형태의 세포의 집합. 이 층의 조직은 주로 양분 저장용 유조직 세포로 구성되어 있다.

미세섬유소(microfibrils): 나무의 세포벽을 형성하는 기본적인 셀룰로스를 포함하는 구조.

ㅂ

바닥상태(ground state): 최저의 에너지 값을 가지는 양자(量子)상태.

바이어스(bias): 전자소자의 두 전극에 인가되는 전압.

박층(라미네이트, laminate): 재료의 판을 열과 압력을 이용하여 결합시킨 제품.

박층(라미네이트) 플라이(라미나)[laminate ply (lamina)]: 다층 라미네이트 중의 한 층.

박판성형 화합물(sheet-molding compound: SMC): 섬유강화 플라스틱 복합재를 만드는 데 사용하는 플라스틱 수지, 첨가제 및 강화섬유의 화합물로 대개 1 in.(2.54 cm) 길이의 25~30%의 섬유로 만든다. SMC 재료는 대개 어느 정도 미리 시효시켜 일정 크기로 자른 뒤 압축주형에 넣고 열 간 압축으로 경화시킨다.

반강자성(antiferromagnetism): 원자의 자기쌍극자가 자장에 의해 모두 반대 방향으로 배열되어 순자기 모멘트가 없는 유형의 자성.

반결정(semicrystalline): 비정질 영역으로 주위가 둘러싸인 결정질 영역을 가진 재료.

반경비(radius ratio, 이온성 고체의 경우): 주위를 둘러싸고 있는 음이온 반지름에 대한 중심 양이온 반지름의 비.

반도체(semiconductor): 양호한 도체와 절연체의 중간 정도의 전기전도도를 갖는 재료. 예를 들면, 순수한 실리콘은 반도성 원소로서 300 K에서 $\sigma_e = 4.3 \times 10^{-4} (\Omega \cdot m)^{-1}$.

반응성 금속(reactive metals): 낮은 이온화 에너지를 가지며 거의 전자 친화성이 없는 금속.

반자성(diamagnetism): 자장을 가해 주면 약하게 밀어내는 성질. 반자성체는 작은 음의 자화율을 갖는다.

반전분포(population inversion): 저에너지 상태보다 고에너지 상태에서 더 많은 원자가 존재하는 조건. 이것이 레이저 발생에 필수적이다.

발광(luminescence): 어떤 재료에 광 또는 다른 에너지가 흡수되어 보다 긴 파장의 빛을 방사하는 것.

배위수(coordination number: CN): 결정구조의 단위격자 내에서 한 원자나 이온 주위의 등거리에 위치한 최인접 이웃의 수. 예를 들어 NaCl에서 중심의 Na^+ 양이온을 둘러싼 등거리의 Cl^- 음이온이 6개 있으므로 CN = 6이다.

백주철(white cast irons): Fe-C-Si 합금으로 1.8~3.6% C와 0.5~1.9% Si을 함유하고 있다. 백주철은 많은 양의 철탄화물을 함유하고 있다. 이는 주철을 가볍고 취약하게 한다.

버키볼(buckyball): 벅민스터풀러런이라고도 하며, 탄소 원자는 축구공 모양의 분자(C_{60})이다.

버키튜브(buckytube): 서로 공유결합된 탄소 원자로 만들어진 튜브구조.

벌크중합(bulk polymerization): 중합체가 그 단량체로 용해하는 반응계에서 액체 단량체의 직접 중합.

베이나이트(bainite): 오오스테나이트의 분해에 의해 생성된 α 페라이트와 Fe_3C의 미세입자의 혼합물, 오오스테나이트의 비층상 공석분해 생성물.

뼈 접합제(bone cement): 이 식물과 뼈 사이의 공간을 채우는 데 사용되는 구조재료(주로 PMMA).

변재(sapwood): 살아 있는 나무줄기의 바깥 부분으로 양분을 저장하는 세포를 가지고 있다.

변형경화(강화)[strain hardening (strengthening)]: 냉간가공에 의한 금속 또는 합금의 경화. 냉간가공 중에 전위의 증식과 상호작용으로 금속의 강도가 증가한다.

변형쌍정(deformation twinning): 일부 금속에서 어떤 조건 하에서 일어나는 소성변형 과정. 이 과정에서 많은 원자들이 함께 변위되어 쌍정면을 경계로 거울상을 이루는 금속 결정격자의 영역을 형성한다.

변형점(strain point): 이 온도에서 유리가 단단하게 된다.

변환기(transducer): 한 에너지원으로부터의 출력에 의해 작동되어 이 출력을 다른 형태로 다른 시스템에 보내는 장치. 예를 들어, 변환기는 입력되는 음향 에너지를 출력되는 전기반응으로 변환할 수 있다.

보자력 H_c(coercive force, H_c): 강자성 또는 준강자성 재료의 자기유도를 감소시켜 0으로 만들기 위해 필요한 역방향 자장.

보통 스피넬 구조(normal spinel structure): $MO \cdot M_2O_3$의 일반식을 갖는 세라믹 화합물. 이 화합물에서 산소 이온은 FCC 격자를 형성하고 M^{2+} 이온은 사면체 공극을 채우며 M^{3+} 이온은 팔면체 공극을 채운다.

보통 탄소강(plain-carbon steel): 0.02~2% C의 Fe-C합금. 모든 상업용 보통 탄소강은 0.3~0.9%의 Mn과 불순물인 S, P, Si을 함유하고 있다.

복합재료(composite material): 형태와 화학조성이 다르고 서로 불용성인 2개 이상의 미시적 혹은 거시적 구성성분들의 혼합이나 조합으로 구성된 재료.

부동태(passivation): 양극 표면에 원자 혹은 분자의 막이 형성되어 부식이 늦어지거나 저지된다.

부식(corrosion): 환경에 따른 화학침식으로 인한 재료의 열화.

부유유리(float-glass): 판유리는 용융유리띠가 환원성 분위기하에서 용융주석욕조 윗부분에 부유해 있는 동안 취성의 유리상태로 냉각되어 만들어진다.

분극(polarization): 유전재료에서 작은 전기쌍극자들이 배열하여 재료 내에 순 쌍극자 모멘트를 형성하는 것이다.

분무법(spray lay-up): 섬유강화재를 만들기 위해 분무기를 사용하는 방법으로 그 중 한 유형으로 자른 섬유를 플라스틱 수지와 혼합하여 주형에 분무시키는 것이 있다.

불균질 핵생성(heterogeneous nucleation, 금속의 응고 관련): 고체 불순물과의 계면에서 매우 작은 영역의 새로운 고상(핵이라 함)의 형성. 이들 불순물은 특정 온도에서 안정된 고상 핵의 임계크기를 더 작게 한다.

불변계 반응(invariant reactions): 고정된 온도와 조성에서 일어나는 반응으로서 자유도는 0이다.

블렌드(blends): 둘 또는 그 이상의 중합체의 혼합물로 중합체 합금(알로이)라고도 한다.

블로우 성형(blow molding): 속이 빈 튜브를 주형 공동에 위치 시킨 후, 내부 공기압을 주입해 주형 형상대로 플라스틱을 가공하는 방법.

블리스터링(blistering): 금속 내부의 기공 결함으로 수소 원자가 확산되어 높은 압력을 갖게 되어 파열을 일으키는 수소 손상의 한 가지.

비인장강도(specific tensile strength): 재료의 인장강도를 밀도로 나눈 값.

비인장계수(specific tensile modulus): 재료의 인장계수를 밀도로 나눈 값.

비정상상태 조건(non-steady-state conditions): 확산계에서 계의 서로 다른 장소에서 시간에 따라 확산종의 농도가 변화한다.

비정질(amorphous): 원자배열의 장범위 규칙성이 없는 것.

비정질 금속(amorphous metal): 비결정질의 구조를 갖는 금속으로 비결정질금속(glassy metal)이라고도 부른다. 이 합금들은 높은 탄성변형률값을 갖는다.

비철금속과 합금(nonferrous metals and alloys): 철을 함유하지 않거나 철을 비교적 소량 함유하는 금속과 합금. 비철 금속의 예로는 알루미늄, 구리, 아연, 티타늄과 니켈 등이 있다.

비틀림 경계(twist boundary): 나선전위들이 배열되어 결정 내에 불일치한 영역을 형성하는 것.

뼈(bone): 인체의 구조 재료.

뼈의 재구성(bone remodelling): 외부 하중에 의해 뼈의 크기 및 구조가 변할 수 있는 능력.

ㅅ

사면체 격자 간 자리(tetrahedral interstitial site): 사면체를 이루는 4개의 원자(또는 이온)들로 둘러싸인 공간.

사슬중합반응(chain polymerization): 각 중합체 분자가 일단 성장하기 시작하여, 빠른 속도로 자라는 중합기구. 이런 형태의 반응은 3가지 단계를 거치게 되는데 (1) 반응의 개시, (2) 반응의 전파, (3) 반응의 종결 단계이다. 사슬반응으로 언제나 어떤 외적 근원에 의하여 시작된다. 예로, 에틸렌이 폴리에틸렌으로 사슬중합반응이 있다.

사슬중합체(chain polymer): 고분자량 화합물로서 구조는 '메르(mer)'라 하는 많은 작은 반복 단위로 이루어져 있다. 탄소 원자가 대부분의 중합체에서 주사슬원자의 대부분을 차지하고 있다.

사출성형(injection molding): 열연화된 플라스틱 재료를 스크루드라이브 실린더를 통해 원하는 모양을 주형구로 추출해 내는 성형법.

산소농도 전지(oxygen-concentration cell): 동일한 두 조각의 금속이 전기적으로 전해액에 의해 연결되어 있지만, 다른 산소 농도의 용액의 경우에 형성되는 갈바니 전지.

상(phase): 물리적으로 균질한 물질계의 구별되는 부분.

상대투자율(relative permeability, μ_r): 자유공간에서의 투자율에 대한 재료의 투자율의 비. $\mu_r = \mu/\mu_0$.

상부 임계자장(upper critical field, H_{c2}): II형 초전도 재료에서 초전도 현상이 사라지는 자장의 세기.

상자성(paramagnetism): 자장를 가해 주면 약하게 당기는 성질.

상태도의 성분 수(number of components of a phase diagram): 상태도 계를 이루는 원소 혹은 화합물의 수. 예를 들어, Fe-Fe_3C계는 2성분계이고, Fe-Ni계도 역시 2성분계이다.

생체고분자(biopolymer): 다양한 수술의 목적으로 신체 내부에서 사용되는 중합체.

생물학적 재료(biological material): 생물학적 시스템에 의해 생산된 재료.

생체분해성 중합체(biodegradable polymer): 목적을 달성한 후에 신체에 흡수되는 일종의 중합체. 예로, 흡수성 봉합 재료가 있다.

생체재료(biomaterials): 이식을 생명체 내에 또는 생명체와 통합시키기 위해 설계된 조직적으로 그리고 약리학적으로 불활성 물질.

생체 친화성(biocompatibility): 재료를 인체내에 사용할 때 화학적 안정성, 내식성, 비발암과 비독성.

서냉점(annealing point): 이 온도에서 유리에 잔류하고 있던 응력이 제거될 수 있다.

서미스터(thermistor): 온도 변화에 따라 비저항이 변하는 세라믹 반도체 소자로서, 온도 측정과 조절에 사용한다.

선밀도(linear density, ρ_l): 단위입방체 내 특정한 방향의 특정 길이의 선 위에 중심이 놓이는 원자의 수.

선택침출(selective leaching): 부식과정에 의해 한 고체합금의 한 원소가 우선적으로 제거되는 현상.

섬유강화 플라스틱(fiber-reinforced plastics): 폴리에스테르나 에폭시 같은 플라스틱 재료의 기지를 유리, 탄소, 또는 아라미드 등의 섬유로 강화한 복합재료. 섬유는 높은 강도 와 견고성을 제공하고 플라스틱 기지는 섬유를 결합시키고 지지하는 역할을 한다.

섬유소(fibril): 인대와 힘줄의 기능성 하중지지부분.

섬유 아세포(fibroblast): 인대와 힘줄에 있는 특수 세포로 세포외 기질에서 분비물의 원인이 됨.

세라믹 재료(ceramic materials): 금속 원소 및 비금속 원소들이 주로 이온결합 그리고/또는 공유결합에 의해 결합된 무기질의 비금속 재료.

소각경계(경사)[low-angle boundary (tilt)]: 몇 개의 칼날전위들이 배열되어 결정 내에서 결정립들의 각도가 서로 일치하지 않은 영역을 형성하는 것.

소결(sintering, 세라믹 재료의): 미세한 세라믹 입자들을 입자 간의 원자 확산이 일어날 수 있도록 충분한 고온에서 가열하여 화학적으로 결합시키는 공정.

소성(firing, 세라믹 재료의): 입자 간에 화학결합이 일어날 수 있는 충분한 고온으로 세라믹 재료를 가열하는 것.

소수 운반자(minority carriers): 반도체에서 가장 낮은 농도 의 전하 운반자 형태. n형 반도체의 소수 운반자는 정공이고, p형 반도체의 소수 운반자는 전자이다.

수소결합(hydrogen bond): 강한 음전하인 원소(F, O, N이나 Cl)에 결합된 수소 원자와 강하게 음전하된 원소의 원자 사이에 발생하는 특별한 형태의 분자 간 영구쌍극자 인력에 의한 결합.

수소취성(hydrogen embrittlement): 금속 내 합금 원소가 수소 원자나 수소 분자와 반응하여 금속의 연성을 감소시키는 현상.

수화반응(hydration reaction): 물과 다른 화합물의 반응. 물과 포틀랜드 시멘트와의 반응을 수화반응이라 한다.

스마트 재료(smart materials): 외부 자극을 감지하고 반응하는 능력을 가진 재료.

스페로다이트(spheroidite): α 페라이트 기지 내에 시멘타이트(Fe_3C) 입자의 혼합물.

슬립 캐스팅(slip casting): 세라믹 입자와 물의 현탁액을 다공성 몰드에 부은 다음, 슬립 속의 일부 수분이 몰드 속으로 확산되어 몰드에 고체 형상이 남게 된다. 종종 슬립 고체 내의 과잉의 액체를 주형으로부터 부어내어 주형 껍질을 남긴다.

슬립(slip): 금속이 영구변형하는 도중의 원자들 사이의 상대적 이동.

슬립계(slip system): 슬립면과 슬립 방향의 조합.

슬립띠(slipbands): 영구변형에 따른 슬립에 의해 금속 표면에 나타나는 줄무늬.

시멘타이트(cementite): 금속 간 화합물 Fe_3C, 경하고 취성의 물질.

신디오택틱 입체이성질체(syndiotactic isomer): 비닐중합체 사슬의 양쪽을 규칙적으로 번갈아서 원자단이 달린 이성질체. 예로, 신디오택틱 폴리프로필렌이 있다.

신선(wire drawing): 선재를 한 개 혹은 여러 개의 경사진 다이를 통해 원하는 단면적으로 뽑아내는 가공법.

심재(heartwood): 나무줄기의 가장 안쪽 부분으로 죽은 세포만을 가지고 있다.

쌍극 트랜지스터(bipolar junction transistor): 3개의 요소와 2개의 접합으로 된 반도체 장치. 트랜지스터의 3가지 기본 요소는 이미터, 베이스, 컬렉터이다. 쌍극접합 트랜지스터는 npn형이나 pnp형일 수 있다. 이미터-베이스 접합은 정바이어스이고 컬렉터-베이스 접합은 역바이어스여서, 트랜지스터가 전류증폭소자로 작용할 수 있다.

쌍정경계(twin bound): 결정구조가 거울에 비추어져 방위가 맞지 않는 상과 같은 면결함.

씨눈(embryo): 상변화(예를 들면, 응고)에 의해 형성된 새로운 상의 작은 입자들로서 임계크기가 아니며 재용해할 수 있다.

ㅇ

아공석(보통 탄소강)[hypoeutectoid (plain-carbon steel)]: 0.8% C 이하의 강.

아공정 조성(hypoeutectic composition): 공정점의 왼쪽에 해당하는 조성.

아라미드섬유(aramid fibers): 화학적 합성에 의해 형성되며 섬유강화 플라스틱에 사용된다. 이것은 방향족(벤젠고리형) 폴리아미드 선형구조로 Du Pont사에서 케블라(Kevlar)라는 상품명으로 생산하고 있다.

아스팔트(asphalt): 주로 탄화수소로 구성된 역청으로 대부분 원유의 정제과정에서 생산된다.

아스팔트 혼합물(asphalt mixes): 아스팔트와 골재를 혼합한 것으로 주로 도로 포장에 사용한다.

아이소택틱 입체이성질체(isotactic isomer): 비닐중합체 사슬의 같은 쪽에 모든 원자단이 달린 이성질체. 예로, 아이소택틱 폴리프로필렌이 있다.

알니코 자성합금[Alnico (aluminum-nickel-cobalt) alloys]: 기본 조성이 알루미늄, 니켈, 코발트 및 약 25~50% 철로 여기에 소량의 구리와 티타늄을 첨가한 영구자석 합금.

압전 세라믹(piezoelectric ceramics): 기계적 힘을 받으면 전기장을 형성하는 재료.

압전효과(piezoelectric effect): 강유전성 재료에 기계적 힘을 가하면 전기적 반응이, 전기적 힘을 가하면 기계적 반응이 나타나는 전기기계적 효과.

압축성형(compression molding): 성형화합물(보통 가열시킴)을 먼저 주형구에 넣고, 주형을 닫고 재료가 경화될 때까지 열과 압력을 가하는 열경화 성형법.

압출(extrusion): 재료를 고압으로 다이(die) 구멍을 통해 밀어 넣어 단면을 축소시키는 소성성형법.

액상선(liquidus): 평형조건에서 액상이 응고되기 시작하는 온도.

양극반응(anode): 금속이 수용액에서 이온을 형성하는 산화반응.

양극보호법(anodic protection): 외부적으로 양극전류를 걸리게 하는 응용법으로 부동태막을 형성시켜 금속을 보호.

양산화수(positive oxidation number): 한 원자가 이온화 과정에서 내놓을 수 있는 외각 전자의 수.

양이온(cation): 양전하를 띠는 이온.

양이온 중심체(positive-ion core): 가전자가 제외된 나머지 원자.

양자(quanta): 원자 및 분자가 방출할 수 있는 특정 에너지의 양.

양자수(quantum number): 원자 내에 각 전자를 규정짓는 데 필요한 4가지 수의 집합. 주양자수 n, 부양자수 l, 자기양자 수 m_l, 그리고 전자스핀 양자수 m_s이다.

양자역학(quantum mechanics): 금지된 영역으로 구분되어 허용된 에너지값만을 갖는 체계를 연구하는 물리학의 한 분야.

어닐링(annealing): 냉간가공된 금속을 연화시키기 위한 열처리공정.

어택틱 입체이성질체(atactic stereoisomer): 비닐중합체 사슬을 따라 무질서하게 배열된 원자단이 달린 이성질체. 예로, 어택틱 폴리프로필렌이 있다.

억셉터 준위(acceptor levels): 띠이론에서 가전자띠에 근접한 국부적 에너지 준위.

에너지띠 모형(energy-band model): 이 모형에서 고체원자 내 결합에 사용되는 가전자의 에너지는 에너지띠를 형성한다. 예를 들면, 나트륨 조각의 3s 가전자들은 3s 에너지띠를 형성한다. 1개의 3s 전자(3s 궤도는 2개의 전자를 가질 수 있다)만이 있기 때문에 나트륨 금속의 3s 에너지띠는 반만 채워져 있다.

에멀젼 중합 반응(emulsion polymerization): 섞여 있지 않는 상들의 혼합을 다루는 중합 처리의 한 방법.

역바이어스(reverse bias): 전류가 거의 흐르지 않게 pn 접합에 걸린 바이어스. 역바이어스하의 pn 접합에서 다수 운반자 전자와 정공은 접합에서 멀어지는 쪽으로 흐른다.

역스피넬 구조(inverse spinal structure): $MO \cdot M_2O_3$의 일반식을 갖는 세라믹 화합물. 이 화합물에서 산소 이온은 FCC 격자를 형성하고 M^{2+} 이온은 팔면체 공극을 채우며 M^{3+} 이온은 사면체 공극과 팔면체 공극을 반씩 채운다.

연목(softwood trees): 씨가 노출되고 좁은 잎(침상)을 가지는 나무. 예를 들면, 소나무, 전나무, 가문비나무 등이 있다.

연성취성천이(ductile-to-brittle transition: DBT): 온도가 낮을 때 재료의 연성 및 파괴저항이 감소되는 것.

연성파괴(ductile fracture): 느린 균열 전파의 특성을 갖는 파괴 형식. 금속의 연성파괴 표면은 섬유질 형상이며 흐릿하다.

연속냉각변태(CCT)도[continuous-cooling trans-forma- tion (CCT) diagram]: 시간-온도-변태 상태도로, 다른 냉각속도로 연속하여 한 상이 다른 상들로 분해되는 시간을 나타내고 있다.

연자성 재료(soft magnetic material): 높은 투자율과 낮은 보자력을 갖는 자성 재료.

연주철(ductile cast irons): Fe-C-Si 합금으로 3.0~4.0% C와 1.8~2.8% Si을 함유하고 있다. 연주철은 많은 양의 탄소를 회주철의 경우처럼 편상 대신에 흑연구상(구) 형태로 함유하고 있다. 액체 주철이 부어지기 전에 Mg을 첨가(약 0.05%)하면 구상을 형성하게 된다. 연주철은 일반적으로 회주철보다 연성이 좋다.

연페라이트(soft ferrites): 일반식 $MO \cdot Fe_2O_3$의 M에 Fe^{2+}, Mn^{2+}, Zn^{2+}, Ni^{2+}와 같은 2가 이온이 치환되어 있는 세라믹 화합물로 준강자성을 나타내며, 절연체이므로 고주파용 변압기 철심으로 사용된다.

열가소성 수지(thermoplastic): 가공하는 데 열이 필요하고, 냉각하면 그 모양이 유지되는 플라스틱 재료. 열가소성 수지는 2차 영구쌍극자 형태로 사슬 간의 결합인 사슬중합체로 이루어져 있다. 열가소성 수지는 가열되면 계속적으로 유연해지고 냉각되면 단단해진다. 대표적인 열가소성 수지로는 비닐, 아크릴, 셀룰로스, 나일론 등이 있다.

열강화 유리(thermally tempered glass): 연화온도 부근으로 재가열하고 공기 중에서 급랭시켜서 표면 근처에 압축응력이 걸리도록 한 유리.

열경화성 플라스틱(thermosetting plastic): 열, 촉매 등의 작 용으로 화학반응을 하여 교차결합망상의 조대한 분자구조를 가지게 되는 플라스틱 재료. 열경화성 플라스틱은 가열되면 분해되어 버리기 때문에 재용해될 수 없다. 대표적인 열경화성 플라스틱 재료로는 페놀, 불포화 폴리에스테르, 에폭시 등이 있다.

열 정지구역(thermal arrest): 순금속의 냉각곡선에서 시간이 변하여도 온도가 변화하지 않는(수평선) 구역이며, 이는 응고온도를 나타낸다.

영구쌍극자 결합(permanent dipoles bond): 영구쌍극자를 가진 분자들의 인력에 의해 발생하는 2차 결합으로, 각분자는 양과 음으로 간격을 두고 대전된 중심이 있다.

오스템퍼링(austempering): 급랭(quenching) 처리과정의 하나로, 오오스테나이트 조건의 강이, 강의 M_s 온도 바로 위에서 액체(염)욕에서 열간급랭되고 이 강의 오오스테나이트가 완전변태할 때까지 염욕에 유지하였다가 상온으로 냉각한다. 이 처리에 의해 보통 탄소공석강이 완전 베이나이트 조건으로 생성될 수 있다.

오오스테나이트(austenite, $Fe\text{-}Fe_3C$ 상태도의 γ상): FCC 철 내 탄소의 침입형 고용체. 오오스테나이트 내 탄소의 최대 고용도는 2.0%이다.

오오스테나이트화 처리(austenitizing): 오오스테나이트 온도 범위로 가열하여 조직이 오오스테나이트로 되게 한다. 오오스테나이트 온도는 강의 조성에 따라 변화한다.

와전류 에너지 손실(eddy-current energy losses): 자성 재료에서 교류를 사용하는 경우, 유도전류에 의한 에너지 손실.

용액중합(solution polymerization): 단량체, 중합체, 중합기폭제를 녹이는 용매를 사용한다. 단량체를 용매로 희석하면 중합도가 감소하고 중합반응으로 방출된 열은 용매에 흡수된다.

용접부 붕괴(weld decay): 용접에서 구조적 차이로부터 기인한 갈바니 작용의 결과로, 용접물에서 또는 인접한 곳에서 일어나는 부식.

원자(atom): 화학변화를 할 수 있는 원소의 기본 단위.

원자궤도(atomic orbital): 주어진 조합의 양자수를 가지는 전자가 발견될 확률이 매우 높은 공간영역으로, 원자의 핵 주변에 있다. 또한 원자궤도는 어떤 에너지 준위와도 관련이 있다.

원자량 단위(atomic mass unit, 0): 탄소원자 질량의 1/12을 기준으로 한 질량 단위.

원자번호(atomic number): 원소의 원자핵의 양성자수.

원자충전율(atomic packing factor: APF): 특정한 단위격자 내 원자의 체적을 단위격자의 체적으로 나눈 값.

유리(glass): 고온에서 무기재료로 제조한 세라믹 재료로서, 구성원료가 가열되어 용융된 후 결정화가 일어나지 않고 딱딱한 상태로 냉각된다는 점에서 다른 세라믹스와 구별된다.

연화점(softening point): 이 온도에서 유리가 상당한 속도로 유동한다.

유리 에나멜(glass enamel): 유리 기판에 적용한 유리 코팅.

유리천이온도(glass transition temperature): 비정질 고체가 취성의 유리상태에서 점성이 큰 상태로 변화하는 온도범위의 중앙.

유리화(vitrification): 유리로의 용융이나 성형. 유리화 공정은 세라믹 혼합물을 소성하여 점성 액체 유리로 만드는 데 사용한다. 냉각 중에 액상이 응고하여, 녹지 않은 세라믹 재료의 입자들을 결합시켜 주는 유리질 기지를 형성한다.

유리 형성 산화물(glass-forming oxides): 쉽게 유리를 형성하는 산화물. 또는 B_2O_3와 같이, 첨가했을 때 실리카 유리의 망목을 형성하는 데 기여하는 산화물.

유약(glaze): 세라믹 기판에 적용한 유리 코팅.

유전강도(dielectric strength): 유전재료가 전도하게 될 때의 단위길이당 전압(전기장), 즉 유전체가 전기적 파손이 되지 않고 지탱할 수 있는 최대 전기장.

유전상수(dielectric constant): 커패시터의 두 판 사이에 유전체를 삽입했을 때와 진공으로 유지했을 때의 커패시턴스의 비.

유전체(dielectric): 전기절연 재료.

유조직(parenchyma): 나무의 양분저장용 세포로 비교적 얇은 벽을 가진 짧은 모양이다.

유핵조직(cored structure): 금속의 빠른 냉각속도 또는 비평형 응고로 만들어진 미세구조의 일종.

윤활액(synovial fluid): 관절의 접합부분 관절강(joint cavity)에 있는 점성 유체.

음극반응(cathode): 금속의 기전자가 감소되는 환원반응.

음극보호법(cathodic protection): 희생양극에 연결하거나 직류전압을 걸어 음극으로 만들어서 금속을 보호.

음극의 분극(cathodic polarization): 전기화학전지의 음극에서 음극반응을 늦추거나 저지하는데, 이유는 (1) 금속과 전해액 계면(활성화분극)에서 반응단계의 느린 단계, 혹은 (2) 금속과 전해액 계면에서 반응물의 부족 혹은 반응생성물의 집적(농도분극) 때문이다.

음산화수(negative oxidation number): 원자가 얻을 수 있는 전자의 수.

음이온(anion): 음전하를 띠는 이온.

응력부식(stress corrosion): 부식환경에서 응력하에 금속의 우선적 부식.

응력차폐(stress shielding): 골절된 뼈에 의해 지탱된 상당 부분의 하중이 이식한 임플란트에 의해 지탱되는 상태로서 부작용 효과도 갖고 있다.

이온결합(ionic bond): 반대로 대전된 이온 간에 정전기의 인력에 의해 구성되는 1차 결합으로 비방향성이며, 이온결합 재료의 예로는 NaCl 결정이 있다.

이온농도 전지(ion-concentration cell): 동일한 두 조각의 금속이 전기적으로 전해액에 의해 연결되어 있지만, 다른 이 온농도의 용액의 경우에 형성되는 갈바니 전지.

이온화 에너지(ionization energy): 원자 내의 바닥상태에서 한 전자를 떼어낸 무한대의 상태로 보내는 데 필요한 에너지.

인광(phosphorescence): 형광체에 의한 빛의 흡수(여기) 및 10^{-8}초 이후의 후속 빛 방출.

인대(ligaments): 뼈와 뼈를 연결하는 연질조직.

일방향성 박층(unidirectional laminate): 같은 방향으로 배열된 연속섬유로 된 섬유강화판의 층들을 결합시켜 만든 섬유강화 플라스틱 라미네이트.

임계(최소)반경비[critical (minimum) radius ratio]: 주위를 둘러싼 음이온들이 서로서로 및 중심이온과 모두 접촉되어 있을 때의 음이온에 대한 중심 양이온의 반경비.

임계온도(critical temperature, T_c): 어느 온도 이하에서는 전기저항이 없어지는 온도.

임계자장(critical field, H_c): 어느 자장 이상에서는 초전도성을 나타내지 않는 자장의 세기.

임계전류밀도(critical current density, J_c): 어느 전류밀도 이상에서는 초전도성을 나타내지 않는 전류밀도.

입계부식(intergranular corrosion): 결정립계 혹은 결정립계에 인접한 영역에서 발생하는 우선적 부식.

입방 결정에서의 면 지수(Miller 지수, indices for cubic crystal planes): 결정면과 단위입방체의 x, y, z축과의 교점의 역수(분수를 없앤)를 그 면의 Miller 지수라고 한다. x, y, z축에 대한 값을 각각 h, k, l로 표시하고 (hkl)과 같이 둥근 괄호를 사용하여 표시한다. 선택한 결정면이 x, y, z축의 원점을 지나지 않아야 한다.

입방 결정에서의 방향지수(indices of direction in a cubic crystal): 입방 단위격자에서의 방향은 단위격자의 한 점을 원점으로 해서 그 단위격자의 표면을 통과하는 벡터로 나타낸다. 벡터가 단위격자의 면을 통과해 나가는 지점의 분수를 없앤 위치좌표(x, y, z)를 방향지수라 한다. 이 지수들은 u, v, w로 표시하고, [uvw]와 같이 각괄호를 사용하여 표시한다. 음의 지수는 지수 위에 막대(bar) 표시를 하여 나 타낸다.

입체이성질체(stereoisomers): 화학적 조성은 같지만 구조적인 배열이 다른 분자.

입체특성 촉매(stereospecific catalyst): 중합 중에 주로 특정한 형태의 입체이성질체를 만드는 촉매. 예로, 프로필렌을 주로 아이소택틱 폴리프로필렌 동질 이성질체로 중합시키는 Ziegler 촉매가 있다.

ㅈ

자장(material filed, H): 외부 자장 또는 도선이나 솔레노이드 등 코일에 전류가 흘러서 생기는 자장.

자장 어닐링(magnetic anneal): 자장를 가한 상태에서 열처리하여 합금의 일부가 자장 방향으로 배열된다. 예를 들어, 알니코 5 합금을 자장 어닐링하면 α석출상이 자장 방향으로 늘어난다.

자구(magnetic domain): 강자성체 또는 준강자성체에 있는 자기쌍극자 모멘트가 모두 한 방향인 영역.

자기결정 이방성 에너지(magnetocrystalline anisotropy energy): 강자성체에서 결정이방성으로 인한 자화 중 자구를 회전시키는 데 필요한 에너지. 예를 들면, 철에서 [111] 방향에 대한 자화 에너지가 [100] 방향보다 약 1.4×10^4 J/m^{3}나 크다.

자기 에나멜(porcelain enamel): 금속 기판에 적용한 유리 코팅.

자기유도(magnetic induction, B): 인가자장 H에 의해 생기는 자화 M과 외부자장강도 H의 합. SI 단위로 $B = \mu_0(H + M)$.

자기이력루프(hysteresis loop): 강자성 또는 준강자성 재료의 자화 및 탈자화에 의한 B 대 H 또는 M 대 H 그래프.

자기이력 에너지 손실(hysteresis energy loss): B-H 자기이력루프를 따라 돌

때 생기는 일 또는 에너지 손실. 대개 자화중 자구 계면이동에 사용된다.

자기투자율(magnetic permeability, μ): 인가자장 H에 자기 유도 B의 $\mu = B/H$.

자기확산(self-diffusion): 순수한 재료에서 원자의 이동.

자벽 에너지(domain wall energy): 자구 간의 경계에서 불규칙한 쌍극자 모멘트에 의한 위치 에너지.

자속 양자선(fluxoid): H_{c2}와 H_{c1} 사이의 자장에서 II형 초전도 체 내에 흐르는 초전류에 의해서 둘러싸인 미시적인 구역.

자유도(degrees of freedom, F): 계의 상을 변화시키지 않고 독립적으로 변화시킬 수 있는 변수(온도, 압력 및 조성)의 수.

자화(magnetization, M): 자장강도 H인 곳에 넣었을 때 물체 내에 형성되는 자속 증가의 척도. SI 단위로 자화는 진공 투자율(μ_0)과의 곱, 즉 $\mu_0 M$과 같다($\mu_0 = 4\pi \times 10^{-4}$ T · m/A).

자화율(magnetic susceptibility, χ_m): 인가자장 H에 대한 자화 M의 비. $\chi_m = M/H$.

작업점(working point): 이 온도에서 유리를 쉽게 가공할 수 있다.

작용기성(functionality): 단량체에서 작용하는 결합위치의 수. 만일 단량체가 2개의 결합위치를 가지게 되면 2작용기성(bifunctional)이라 한다.

잔류자기유도 B_r(remanent induction, B_r): 자장를 제거하였을 때 남는 자기유도 B 또는 자화 M의 값.

재결정(recrystallization): 새로운 결정들이 성장하기 시작하고 전위밀도는 현저히 감소되는 어닐링 공정의 두 번째 단계.

재료(materials): 무엇을 구성하거나 만드는 물질. 공업 재료는 공업제품 생산에 사용되는 재료를 지칭한다. 이 두 용어 사이에는 뚜렷한 경계선이 없고 호환하여 사용된다.

재료공학(materials engineering): 재료에 대한 기초지식과 응용지식을 사용하여 재료를 사회의 요구 또는 필요에 따라 제품으로 전환하는 것과 관련된 하나의 공학 학문 분야.

재료과학(materials science): 재료의 내부구조, 성질과 가공 처리에 대한 기초지식의 탐구와 관련된 과학적인 학문의 한 분야.

적층결함(stacking fault): 원자면의 잘못된 적층으로 인한 면 결함.

전기비저항(electrical resistivity, ρ_e): 전류가 단위체적의 재료를 통과하기 어려운 정도의 척도. 주어진 체적의 재료에 대하여, $\rho_e = RA/l$, 여기서 R = 재료의 저항, Ω. l = 재료의 길이, m. A = 단면적, m^2. SI 단위: $\rho_e = \Omega \cdot$ m.

전기저항(electrical resistance, R): 전류가 임의 체적의 재료를 통과하기 어려운 정도의 척도. 저항은 전류가 통과하는 재료의 길이에 따라 증가하고, 단면적이 작을수록 증가한다. SI 단위: 오옴(Ω).

전기전도도(electrical conductivity, σ_e): 전류가 단위체적의 재료를 통과하기 쉬운 정도의 척도. 단위: $(\Omega \cdot \text{m})^{-1}$. σ_e는 ρ_e의 역수.

전기전도체(electrical conductor): 전기전도도가 높은 재료. 은은 좋은 도체로서 $\sigma_e = 6.3 \times 10^7\ (\Omega \cdot \text{m})^{-1}$.

전기절연체(electrical insulator): 전기전도도가 낮은 재료. 폴리에틸렌은 매우 낮은 전도도를 가지며, $\sigma_e = 10^{-15} \sim 10^{-17}\ (\Omega \cdot \text{m})^{-1}$.

전단변형률(shear strain, γ): 전단변위 a를 전단력이 작용하는 거리 h로 나눈 값($\gamma = a/h$).

전단응력(shear stress, τ): 전단력 S를 전단력이 작용하는 면적 A로 나눈 값($\tau = S/A$).

전도띠(conduction band): 전자가 전도성 전자가 되기 위해서 여기되어질 수 있는 채워지지 않은 에너지 준위. 반도체와 절연체에서는 하부의 채워진 가전자띠와 상부의 빈 전도띠 사이에 에너지 갭이 존재한다.

전방 십자 인대(anterior cruciate ligament: ACL): 경골과 대퇴골을 연결하는 인대.

전류(electric current): 재료에서 전하의 통과속도. 전류 i는 재료의 한 점을 지나는 초당 쿨롱의 수. SI 단위: 암페어(1 A = 1 C/s).

전류밀도(electric current density, J): 단위면적당 전류. SI단위: A/m^2.

전사성형(transfer molding): 성형화합물은 우선 전사실 내에서 열을 가하여 연화시킨 후, 고압하에서 하나 이상의 주형 구로 밀어 넣어 경화시키는 열경화성형법.

전위(dislocation): 어떤 선을 중심으로 격자변형이 일어나는 결정결함. 전위 주위의 원자들의 변형거리를 슬립 또는 *Burgers 벡터* **b**라 한다. 칼날전위에서의 슬립벡터는 전위선에 수직인 반면에 나선전위에서의 슬립벡터는 전위선에 평행하다. 혼합전위는 칼날형과 나선형 성분 모두를 가진다.

전율고용체계(isomorphous system): 하나의 고상만이 존재하는 상태도, 즉 고상조직이 하나뿐인 경우이다.

전자(electron): 1.60×10^{-19} C의 전하를 갖는 음의 전하운반자.

전자껍질(electron shell): 동일한 주양자수 n을 가지는 전자의 모임.

전자밀도(electron density): 주어진 공간에서 어떤 에너지 준위를 갖는 전자를 발견할 수 있는 확률.

전자배열(electron configuration): 원자궤도에 따른 원자 내 모든 전자들의 분포.

전자복사(electromagnetic radiation): 전자파 형태로 방출 및 투과된 에너지.

전자 재료(electronic materials): 전자공학, 특히 마이크로일 렉트로닉스에 사용되는 재료. 예를 들면, 실리콘과 갈륨 비화물이 있다.

전자 친화력(electron affinity): 원자가 전자를 받아들이거나 방출하는 경향.

점탄성(viscoelasticity): 하중속도 또는 변형속도에 의존하는 기계적 성질 응답 형태.

정공(hole): 1.60×10^{-19} C의 전하를 갖는 양의 전하운반자.

정류 다이오드(rectifier diode): 교류를 직류로(AC에서 DC로) 변환시키는 pn 접합 다이오드.

정바이어스(forward bias): 전도방향으로 pn 접합에 걸리는 바이어스. 정바이어스하의 pn 접합에서 다수 운반자 전자와 정공은 접합을 향해 흐르고, 그 결과 큰 전류가 흐른다.

정상상태 조건(steady-state conditions): 확산계에서 계의 서로 다른 장소에서 시간에 따라 확산종의 농도가 변화하지 않는다.

정자기 에너지(magnetostatic energy): 강자성체 주위의 외부 자장에 의한 자기 위치 에너지.

조밀 육방(HCP) **단위격자**(hexagonal close-packed unit cell): 중심원자를 12개의 동일한 원자가 둘러싸는 원자충 전배열을 갖는 단위격자. HCP 결정구조에서 조밀충진면의 적층순서는 *ABABAB*이다.

조방(roving): 꼬이거나 꼬이지 않은 연속된 실의 다발의 모임.

주사전자현미경(scanning electron microscopy: SEM): 전자 충돌에 의해서 재료의 표면을 매우 높은 배율로 관찰하는 데 이용되는 기기.

주사프로브현미경(scanning probe microscopy: SPM): STM이나 AFM과 같이 재료의 표면형상을 원자 수준으로 관찰할 수 있는 현미경 기술.

주상정(columnar grains): 응고된 다결정 구조에서 길고 얇은 결정립. 이들 결정립은 응고중에 열유동이 느리고 단일 축 방향일 때 응고된 금속주괴의 내부에 형성된다.

준강자성(ferrimagnetism): 이온결합성 고체에서 다른 이온의 자기쌍극자 모멘트가 방향은 반대이나 크기에 차이가 있어서 약간의 순자기 모멘트를 갖는 유형의 자성.

중간 산화물(intermediate oxides): 유리의 조성에 따라서 유리 형성제로도, 유리 수식제로도 작용할 수 있는 산화물. 예를 들어 Al_2O_3가 있다.

중간상(intermediate phase): 최종상의 사이에서 조성범위를 갖는 상.

중합도(degree of polymerization): 중합체 사슬의 분자량을 그 메르의 분자량으로 나눈 것.

중합반응(polymerization): 단량체로부터 고분자량 분자로 형성되는 화학반응.

지렛대 원리(lever rule): 평형상태가 잘 유지되었다면, 이 법칙으로 2원계 상태도의 2상 영역에서각 상의 무게 분율을 계산할 수 있다.

진공백성형(vacuum bag molding): 섬유강화 플라스틱 부품을 만드는 공정으로 경화되지 않은 채로 봉합된 라미네이트 위에 투명하고 유연한 재료의 판을 올려놓고 진공을 만들어 내재하는 공기를 제거시킨 뒤 진공백 부품을 경화시킨다.

진성반도체(intrinsic semiconductor): 열적 여기에 의해 극복되기에 충분히 작은 에너지 갭(약 1 eV)을 갖는 본질적으로 순수한 반도성 재료. 전류운반자는 전도띠에서는 전자이고 가전자띠에서는 정공이다.

ㅊ

차폐 효과(shielding effect): 같은 에너지 준위에 있는 두 전자가 핵의 인력에 대응하여 서로 배척하는 것.

철계 금속과 합금(ferrous metals and alloys): 강과 주철처럼 철을 다량 함유하는 금속과 합금.

철-규소 자성합금(iron-silicon alloys): 높은 포화유도를 가진 연자성 재료인 Fe-3~4% Si 합금. 발전기, 저주파 전력변압기 및 전동기에 사용한다.

철-크롬-코발트 자성합금(iron-chromium-cobalt alloys): 30% Cr-10~23% Co와 Fe의 영구자석 합금. 이들은 실온에서 냉간성형이 가능하다는 장점을 가지고 있다.

첨단 세라믹(advanced ceramics): 강도, 내식성과 열충격 성질이 개선된 신세대 세라믹으로서, 공업용 또는 구조용 세라믹이라고도 한다.

체심 입방정(BCC) **단위격자**(body-centered cubic unit cell): 한 원자가 가상적인 입방정의 꼭지점에 위치한 8개의 동일한 원자와 접촉하는 원자충전 배열을 갖는 단위격자.

체적밀도(volume density, ρ_v): 단위체적당 질량으로서 보통 단위는 Mg/m^3를 사용한다.

초기상(primary phase): 불변계 반응이 일어나는 온도 이상에서 형성된 고상으로 불변계 반응이 완료된 후에도 존재하는 상.

초석 시멘타이트(proeutectoid cementite, Fe_3C): 공석온도 이상의 온도에서 오오스테나이트 분해에 의해 생성된 시멘타이트.

초석 α 페라이트(proeutectoid α ferrite): 공석온도 이상의 온도에서 오오스테나이트의 분해에 의해 생성된 α 페라이트.

초소성(superplasticity): 어떤 금속이 고온 및 느린 하중속도에서 1000~2000%까지 소성변형되는 능력.

초전도 상태(superconducting state): 전기저항이 없는 고체의 상태.

초정상(proeutectic phase): 공정온도 이상에서 형성된 상.

초합금(superalloys): 승온과 고응력에서 개선된 성능을 가진 금속합금.

최대 에너지적[maximum energy product, $(BH)_{max}$]: 경자성 재료의 탈자화 곡선에서 B와 H의 곱의 최대값. SI 단위로는 J/m^3.

최종상(terminal phase): 한 성분이 다른 성분에 고용된 고용 체로서 상영역의 한쪽 경계는 순수한 성분인 고용체.

충진제(filler): 플라스틱의 가격을 낮추기 위하여 첨가되는 저가의 불활성 물질. 충진제는 인장강도, 충격강도, 마모저항 같은 물리적 성질을 향상시킨다.

취성파괴(brittle fracture): 빠른 균열 전파의 특성을 갖는 파괴 형식. 금속의 취성파괴 표면은 결정립 형상이며 빛이 난다.

치환형 고용체(substitutional solid solution): 한 원소의 용질원자들이 다른 원소의 용매원자들을 치환할 수 있는 고용체. 예를 들면, Cu-Ni 고용체에서, 구리 원자들은 고용체 결정격자의 니켈 원자들을 치환할 수 있다.

치환형 확산(substitutional diffusion): 용질원자와 용매원자가 거의 같은 크기인 용매격자에서 용질원자의 이동. 공공이 존재하여 확산을 가능하게 한다.

친수성 고분자(hydrophilic polymer): 수분을 흡수하는 중합체.

침입형 고용체(interstitial solid solution): 용질원자들이 용매원자들의 틈새나 빈 자리로 들어가서 형성되는 고용체.

침입형 확산(interstitial diffusion): 기지격자에서 침입형 원자의 이동.

침입형[interstitialcy, **자기침입형**(self-interstitial)]: 결정격자에서 모체 격자의 원자와 같은 종류의 원자가 모체 원자들 사이의 틈새 위치에 존재하는 점결함.

ㅋ

커패시터(capacitor): 전기전도판이나 포일 사이에 유전재료 층을 삽입하여 전기전하를 저장할 수 있도록 한 전자소자.

커패시턴스(capacitance): 커패시터가 전기전하를 축적할 수 있는 능력의 척도. 커패시턴스는 패러드 단위로 측정. 전기 회로에서 일반적으로 사용되는 단위는 피코패러드($1\ pF = 10^{-12}\ F$)나 마이크로패러드($1\mu F = 10^{-6}\ F$)이다.

콘크리트(concrete, 포틀랜드 시멘트형): 포틀랜드 시멘트, 미세골재, 조대골재 및 물의 혼합물.

콜라겐(collagen): 뼈의 유기성분.

큐리 온도(curie temperature, 강유전성 재료의): 강유전성 재료가 냉각과정중 결정구조의 변화를 일으켜서 재료 내에 자발적인 분극을 형성하는 온도. 예로, $BaTiO_3$의 큐리온도는 120°C이다.

크리프(creep): 일정한 하중 또는 응력을 받고 있는 재료의 시간 의존성 변형.

크리프 속도(creep rate): 주어진 시간에서의 크리프-시간 곡선상의 경사도.

크리프(응력) **파단강도**[creep (stress) rupture strength]: 특정 환경, 온도 및 주어진 시간에서의 크리프(응력 파단) 시험중에 파단을 일으키게 하는 응력.

ㅌ

탄성계수(modulus of elasticity, E): 금속에 대한 공칭응력-변형률 선도의 탄성영역에서 응력을 변형률로 나눈 값($E = \sigma/\epsilon$).

탄성변형(elastic deformation): 금속이 힘을 가한 상태에서는 변형되었다가 그 힘이 제거되면 원래 상태로 회복하는 경우에 그 금속은 탄성변형되었다고 한다.

탄성중합체(elastomer): 상온과 저응력하에서 적어도 2배 이상 늘어나고, 응력이 제거되었을 때 원래의 길이로 신속하게 돌아가는 재료.

탄소섬유(carbon fibers, 복합재료용): 폴리아크릴로니트릴(PAN)이나 피치로부터 생산되는 탄소섬유로 프리커서(precursor) 섬유로부터 산소와 질소, 수소를 제거하기 위해 가열시킨다.

템퍼링(강에서)[tempering (of a steel)]: 급랭된 강을 재가열하여 인성과 연성을 향상시키는 처리 과정. 이 과정에서 마르텐사이트는 템퍼링된 마르텐사이트로 변태한다.

토우(tow, 섬유의): 직선의 다발 형태인 다수 섬유의 집합으로 일정한 양의 섬유를 나타내는 데 사용한다. 예를 들면, 6000 fibers/tow.

토우 영역(toe-region): 연질조직의 응력-변형률 곡선에서 초기 비선형 영역.

투과전자현미경(transmission electron microscopy: TEM): 재료의 박편을 투과한 전자에 의해 내부의 결함구조를 연구하는 데 사용되는 기기.

ㅍ

팔면체 격자 간 자리(octahedral interstitial site): 팔면체를 이루는 6개의 원자(또는 이온)들로 둘러싸인 공간.

펄라이트(pearlite): α페라이트 상과 오오스테나이트 상의 공 석분해에 의해 생성된 평행판(층상구조)내 시멘타이트(Fe_3C) 상의 혼합물.

펄트루전(pultrusion): 일정한 단면의 섬유강화 플라스틱 재료를 연속적으로 만들기 위한 공정으로 수지에 잠긴 섬유들을 가열된 판 위에서 당긴다(drawing).

편정반응(monotectic reaction, 2원계 상태도에서): 냉각 중 한 액상이 고상과 새로운 액상(처음 액상과는 조성이 다른)으로 변태하는 상변태.

평형(equilibrium): 시간에 따른 거시적 변화가 나타나지 않을 때 그 계는 평형 상태에 있다고 한다.

평형상태도(equilibrium phase diagram): 여러 상이 평형상태로 안정하게 존재하는 온도, 압력 및 조성을 도식적으로 나타낸 것으로서, 재료과학에서 가장 흔한 상태도는 온도-조성을 포함하는 상태도이다.

포정반응(peritectic reaction, 2원계 상태도에서): 냉각 중 액상이 고상과 결합하여 새로운 상을 생성하는 상변태.

포틀랜드 시멘트(portland cement): 물과 반응하여 단단한 물질을 형성하는 규산칼슘이 주성분인 시멘트.

포화유도(saturation induction, B_s): 강자성체에서 자기유도 B_s 및 자화 M_s의 최대값.

표면 거칠기(asperity): 지지표면의 불규칙성 또는 거칠음.

프리스트레스 콘크리트(prestressed concrete): 인장응력에 대한 저항을 증가시키기 위해 내부 압축응력을 발생시킨 강화 콘크리트.

프리텐션 콘크리트[pretensioned (prestressed) concrete]: 인장력을 가하여 늘어난 철근에 콘크리트를 부은 프리스트레스 콘크리트.

프리프레그(prepreg): 강화섬유를 가지고 있는 플라스틱수지 침투가공재로 원하는 형태로 층들을 쌓은 후 열과 압력을 가함으로써 라미네이트를 경화시켜 각 층들을 결합시킨다.

피로(fatigue): 재료의 인장강도보다 낮은 응력상태에서 반복되는 응력에 의해 파괴되는 현상.

피로균열성장속도(fatigue crack growth rate, da/dN): 일정 진폭의 피로하중에 의한 피로균열성장속도.

피로수명(fatigue life): 특정값의 응력이나 변형률에서 어떤 시료가 파손되지 않고 견딜 수 있는 사이클 수.

피로파괴(fatigue failure): 피로현상에 의해 2개의 부분으로 파괴되거나 강성도가 현저히 감소되는 손상.

피질조직 뼈[cortical (compact) bone]: 치밀하며 뼈의 표면구조를 구성한다.

피팅부식(pitting corrosion): 금속 표면에 작은 전극들의 형성으로 인한 국부적 부식.

필라멘트 권선(filament winding): 미리 플라스틱 수지를 침투시킨 연속적인 강화재를 축에 감아서 섬유강화 플라스틱을 만드는 공정으로 충분히 감았을 때 경화시켜 축을 빼낸다.

ㅎ

하부 임계자장(lower critical field, H_{c1}): II형 초전도 재료에서 자속이 재료에 침투하기 시작하는 자장의 세기.

하이드로겔(hydrogel): 수분을 흡수하여 어느 정도 팽창하는 연한 고분자 재료.

하이드록시아파타이트(hydroxyapatite): 뼈의 무기물 재료.

합금(alloy): 둘 이상의 금속 또는 금속(들)과 비금속(들)의 혼합.

항복강도(yield strength): 공업적 인장시험의 경우, 특정한 변형률에서의 응력. 미국에서는 0.2% 변형률에서의 응력을 항복강도로 한다.

해면조직 뼈[cancellous (trabecular) bone]: 다공성이고 연하며 뼈의 내부구조를 구성한다.

핵(nuclei): 상변화(예를 들면, 응고)에 의해 형성된 새로운 상의 작은 입자들로서 상변화가 완료될 때까지 성장할 수 있는 것.

핵의 임계반지름(critical radius of nucleus) r: 핵생성에 의해 형성된 새로운 상의 입자가 안정된 핵으로 되기 위해서 가져야 하는 최소 반지름.

핸드레이업(hand lay-up): 섬유강화 복합재를 만들기 위해 손으로 연속된 강화재의 층을 주형에 쌓는 공정.

헛물관(tracheids, 길이 방향): 연목에서 발견되는 지배적인 세포. 이동과 지대(支待)의 기능을 갖고 있다.

헤스 법칙(Hess law): 총 생성 에너지는 이온 고체 형성 5단계에서의 합과 같다.

현탁중합(suspension polymerization): 물을 반응매체로 사용하며 단량체는 중간 매체에 용해되기보다는 분산된다. 중합체 생성물은 성형분말의 형태로 여과, 세척, 건조된 작은 구슬 형태이다.

협착(stenosis): 심장판이 굳어짐.

형광(fluorescence): 빛 또는 기타 에너지가 재료에 흡수(여기)된 후 10^{-8}초 이내에 빛의 후속 방출.

형상기억합금(shape-memory alloys): 변형된 재료에 열처리 공정을 통해 재료를 가열하면 원래 형상으로 되돌아 갈 수 있는 합금.

형성층(cambium): 나무와 표피 사이의 조직으로 반복된 세포의 분리가 가능하다.

혼성궤도(hybrid orbital): 2개 이상의 동등하지 않은 궤도가 합쳐져서 구성된 원자궤도. 궤도재배치의 과정을 혼성화라 말한다.

화학강화 유리(chemically tempered glass): 큰 이온을 유리 표면으로 유도하여 표면에 압축응력이 걸리도록 화학 처리한 유리.

확산도(diffusivity): 일정한 온도에서 고체 내의 확산속도 크기. 확산계수 D는 식 $D = D_0e^{-Q/RT}$로 표현할 수 있으며, 여기서 Q는 활성화 에너지이고, T는 절대온도이며, D_0와 R은 상수이다.

활성화 에너지(activation energy): 열적 활성화 반응이 일어나기 위해서 평균 에너지 이상 요구되는 부가적 에너지.

회복(recovery): 잔류응력이 제거되고 낮은 에너지 전위배열을 형성하는 어닐링 공정의 첫 번째 단계.

회주철(gray cast irons): Fe-C-Si합금으로 2.5~4.0% C와 1.0~3.0% Si을 함유하고 있다. 회주철은 많은 양의 탄소를 흑연 편상의 형태로 함유하고 있다. 회주철은 가공하기 쉽고 양호한 마모저항성을 가지고 있다.

흑연(graphite): 탄소 원자가 층 내부에서 3개의 탄소 원자로 공유결합된 층상 구조. 여러 층 사이에는 2차 결합으로 결합되어 있다.

흡수성(absorptivity): 입사광이 재료에 의해 흡수되는 비율.

희토류 자성합금(rare earth alloys): 특히 에너지적이 큰 $SmCo_5$, Sm (Co,-Cu)$_{7.4}$ 등의 합금으로서 영구자석 재료로 쓰인다.

힘줄(tendons): 뼈와 근육을 연결하는 연질조직.

기타

α 페라이트(α ferrite): BCC 철 내 탄소의 침입형 고용체. BCC 철 내 탄소의 최대 고용도는 0.02%이다.

Arrhenius 속도방정식: 온도와 활성화 에너지 장벽의 함수로서 반응속도를 나타내는 경험식(Fe-Fe_3C 상태도의 α상).

Avogadro 수(Avogadro's number): 6.023×10^{23} atoms/mol: 원소의 1그램-몰 중의 원자수, 또는 1몰 중의 원자수.

Bohr 마그네톤(Bohr magneton): 강자성 또는 준강자성 재료에서 상호작용을 하지 않는 하나의 짝짓지 않은 전자에 의한 자기 모멘트. 보어 마그네톤은 기본 단위이다. 1 Bohr 마그네톤 $= 9.27 \times 10^{-24}$ A · m^2.

***cis*-1,4 폴리이소프렌**(*cis*-1,4 polyisoprene): 메르의 중앙이중결합의 같은 쪽에 메틸기와 수소를 가지는 1,4 폴리이소프렌의 이성질체.

E 유리섬유(E-glass fibers): 유리섬유강화 플라스틱에서 섬유용 유리로 가장 널리 쓰이는 붕규산 유리인 E(전기적) 유리로 만든 섬유.

Frenkel 결함(Frenkel imperfection): 이온결정에서 양이온 빈 자리와 침입형 양이온이 동시에 형성되는 점결함.

Gibbs의 상률(Gibbs phase rule): 평형상태에서 상의 수와 자유도의 합이 성분의 수 더하기 2와 같다는 식, 즉 $P + F = C + 2$이다.

Hall-Petch 관계식(Hall-Petch relationship): 금속의 강도와 결정립 크기의 관계를 표시하는 경험식.

Heisenberg의 불확정성 원리(Heisenberg' uncertainty principle): 전자와 같은 작은 입자의 위치와 모멘트를 동시에 정확히 결정할 수 없다는 이론.

Jominy 경화능시험(jominy hardenability test): 1 in.(2.54 cm) 지름과 4 in.(10.2 cm) 길이의 막대가 오오스테나이트화되고 한쪽 끝이 물로 급랭된다. 급랭된 한쪽 끝에서 약 2.5 in.(6.35 cm)까지 막대를 따라 경도를 측정한다. Jominy 경화능곡선의 그래프는 막대의 경도와 급랭된 한쪽 끝에서의 거리에 대해 작성된다.

Larsen-Miller 파라미터(Larsen-Miller parameter): 크리프에 의한 응력 파손을 예측하는 데 사용되는 일종의 시 간-온도 계수.

Meissner 효과(meissner effect): 초전도 재료에 의해 자장가 배척되는 현상.

n형 외인성 반도체(n-type extrinsic semiconductor): n형 원소로 도핑된 반도성 재료(예를 들면, 인으로 도핑된 실리 콘). n형 불순물은 전도띠에 근접한 에너지를 갖는 전자를 제공한다.

P.B.비(Pilling-Bedworth ratio): 산화에 의해 소비된 금속과 생성된 산화물의 체적비.

p형 외인성 반도체(p-type extrinsic semiconductor): p형 원소로 도핑된 반도성 재료(예를 들면, 알루미늄으로 도핑된 실리콘). p형 불순물은 가전자띠에 근접한 에너지를 갖는 전자정공을 제공한다.

Pauli의 배타원리(Pauli exclusion principle): 어떤 두 전자가 동일한 형태의 4가지 양자수를 가질 수 없다는 이론.

pn 접합(pn junction): 반도성 재료의 단결정 내 p형과 n형 영역 사이의 가파른 접합 또는 경계.

S 유리섬유(S-glass fibers): 마그네시아-알루미나-실리케이트 유리인 S 유리로 만든 섬유로 매우 높은 강도의 섬유가 필요할 때 쓰는 섬유.

Schottky 결함(Schottky imperfection): 이온결정에서 양이온 빈 자리와 음이온 빈 자리가 동시에 형성되는 점결함.

***trans*-1,4 폴리이소프렌**(trans-1,4 polyisoprene): 메르의 중앙이중결합의 반대쪽에 메틸기와 수소를 가지는 1,4 폴리이소프렌의 이성질체.

I형 초전도 재료(type I superconductor): 정상상태와 초전도 상태 사이에서 완전히 자속이 배척되는 재료.

II형 초전도 재료(type II superconductor): 정상상태와 초전도 상태 사이에서 점차적으로 자속이 침투하는 재료.

선택된 문제의 답

Answers to Selected Problems

제2장

2.31 6.22×10^{14} soccer balls

2.32 (*a*) 6.06gr (*b*) 92.9% Cu and 7.16% Ni

2.34 (*a*) 10.81 amu (*b*) 10.81 (*c*) match

2.36 $MgAl_5$

2.39 (*a*) 70.4 photons (*b*) fewer photons of higher-energy blue light

2.40 Dental X-ray: l (100 times the diameter of an atom)

Micro wave: l (thickness of 10 sheets of paper to the length of a baseball bat)

Heat lamp: l (a bacterial cell to thickness of 10 sheets of paper) (Infrared)

Sun lamp: l (size of a virus) (UV)

FM radio: l (baseball bat to a flagpole) (radio wave)

2.44 (*a*) $Z_{eff} = 1.95$ (*b*) $Z_{eff} = 13.75$ (*c*) $Z_{eff} = 8.2$

2.47 (*a*) 3.02 ev (*b*) 7.3×10^{14} Hz (*c*) 410 nm

2.50 $l = 0$ ($m_l = 0$); $l = 1$ ($m_l = -1,0,+1$), $l = 2$ ($m_l = -2, -1, 0, +1, +2$), $l = 3$ ($m_l = -3, -2, -1, 0, +1, +2, +3$)

2.54 (*a*) $n = 2, l = 0, m_l = 0$ $m_s = +1/2$

(*b*) $n = 3, l = 1, m_l = +1$ $m_s = +1/2$

(*c*) $n = 3, l = 1, m_l = 0$ $m_s = -1/2$

2.63 $F_{att} = 9.16 \times 10^{-9}$ N

2.66 (*a*) LiCl (since Li^+ has a smaller radius than Cs^+)

(*b*) RbCl (since Rb^+ has a smaller radius than Cs^+)

(*c*) MgO (since Mg^{2+} and O^{2-} have higher ionic charge than Li^+ and F^-)

(*d*) MgO (since Mg^{2+} has a smaller radius than Ca^{2+})

Overall MgO will have the highest lattice energy and therefore melting point.

2.67 (*a*) $\Delta H^5 = -910$ kJ (*b*) As solid NaF is formed, energy is released

2.75 They have the same percentage ionic character.

2.77 (*a*) Ni, Cr, Fe (*b*) These are the primary constituents of stainless steel

2.80 The outer electrons in K are farther from the nucleus and easier to remove, thus lower melt temperature.

2.81 The attraction force between the nucleus and valence electrons in Be is larger since Be has more protons. Thus Be has a higher melt temperature.

2.86 The bonds between Al and O are mostly ionic, a much stronger bond than those between Al, which are mostly metallic.

2.94 Argon is a noble gas, and it is inert. A hot tungsten filament could react with impurities in air.

제3장

3.12 (0, 0, 0), (1, 0, 0), (1, 1, 0), (0, 1, 0), (0, 0, 1), (1, 0, 1), (1, 1, 1), (0, 1, 1)

3.33 0.066 nm^3

3.34 (*a*) number of cells = (~2000 times smaller than Avogadro's number)

(*b*) $m = 1.8 \times 10^{-22}$ gr

3.39 $[\bar{1}4\bar{1}]$

3.42 $[111]$ $[\overline{111}]$ $[1\bar{1}1]$ $[\bar{1}1\bar{1}]$ $[\bar{1}11]$ $[1\overline{11}]$ $[11\bar{1}]$ $[\overline{11}1]$

3.46 P3.42a: Plane *a* (014); *b* (5120); *c* $(0\bar{1}3)$; *d* (223)

P3.42b: Plane *a* $(\bar{1}0\bar{3})$; *b* $(2\overline{23})$; *c* $(5\,\overline{12}0)$; *d* $(1\overline{12})$

3.55 (*a*) 0.224 nm (*b*) 0.112 nm (*c*) 0.100 nm

3.57 (*a*) 0.409 nm (*b*) 0.177 nm (*c*) Pb

3.59 P3.63a: plane *a* $(0\bar{1}10)$; *b* $(10\bar{1}2)$; *c* $(\bar{2}200)$

P3.63b: plane *a* $(01\bar{1}0)$; *b* $(\bar{1}10\bar{1})$; *c* $(1\bar{1}01)$

3.63 P3.57a: $[\bar{2}111]$ and $[11\bar{2}1]$
P3.57b: $[\bar{1}101]$ and $[10\bar{1}1]$

3.65 21.45 g/cm^3

3.67 (*a*) 1.20×10^{13} atoms/mm^2
(*b*) 8.50×10^{12} atoms/mm^2
(*c*) 1.96×10^{13} atoms/mm^2

3.68 2.21×10^{13} atoms/mm^2
The plane is close packed.

3.70 (*a*) 2.60×10^6 atoms/mm with a 0.384 nm repeat distance
(*b*) 3.68×10^6 atoms/mm with a 0.271 nm repeat distance
(*c*) 1.50×10^6 atoms/mm with a 0.665 nm repeat distance

3.71 −3.55%

3.74 0.3303 nm

3.76 (*a*) FCC (*b*) 0.38034 nm (*c*) rhodium

3.77 (*a*) BCC (*b*) 0.3296 nm (*c*) Nb

3.81 [121]

3.82 (*a*) 63.4° (*b*) 71.4°

3.93 (121)

3.105 (*a*) c = 1.856 a = 0.4947 nm
(*b*) a = 2R or R = a/2 = 0.1333 nm
(*c*) R_{Zn} = 0.137 nm from table 2.11 which is close to our calculated value of 0.133nm.

3.106 (*a*) c = 1.587 a = 0.443 nm
(*b*) a = 2R or R = a/2 = 0.221 nm
(*c*) R_{Ti} = 0.1470 nm. No, the R doesn't match.

3.111 35.9% increase in volume

3.112 (*a*) *a* (*b*) 1.14 *a* (*c*) (1.73/2) *a* (*d*) 2.23 *a*
The most efficient direction for slip is [111] due having the to smallest interatomic distance.

제4장

4.32 1.11×10^{-7} cm

4.33 641 atoms

4.36 (*a*) Ag in medal = (235g) (0.945) = 239g
Cu in medal = (235g) (0.0457) = 11.5g
Au in medal = (235g) (0.0940) = 2.38g
(*b*) Ag in medal = 241g
Cu in medal = 11.6g
(*c*) Cu in medal = (253)(0.891) = 225g
Cu in medal = (253)(0.109) = 27.5g

4.38 (*a*) 0.036 cm, (*b*) 4

4.40 Theoretical density = 2.83 g/cm^3
The actual density is lower due to vacancies.

4.41 9.23

4.42 10.97

4.45 0.0018 in

4.56 (*a*) 1.011×10^{-7} cm
(*b*) 2.618×10^{-18} J

4.60 Yes, 0.0596 nm

4.74 (*a*) high (*b*) very high (*c*) moderate
(*d*) low (*e*) moderate

4.77 (*a*) 8.94 gr/cm^3 (*b*) FCC (*c*) 4.13×10^{-22} g
(*d*) 0.358 nm

4.81 decreases by a factor of 4

제5장

5.11 (*a*) 2.77×10^{24} vacancies/m^3
(*b*) 2.02×10^{-5} vacancies/atom

5.13 1.98×10^{13} atoms/m^3 from B to A

5.15 56.6 minutes

5.18 0.394 wt%

5.19 5.67 hours

5.22 1.98×10^{-4} cm

5.25 0.707 μm

5.29 3.29×10^{21} m^2/s

5.31 139.3 kJ/mol

5.35 (*a*) 3.66×10^{13} vacancies/m^3
(*b*) 8.31×10^{23} vacancies/m^3
As the temperature increases, the number of vacancies increases exponentially.

5.38 T = 2731.197 K (higher than melt temperature)
It is practically impossible to create that many vacancies.

5.43 7×10^5 atoms/m^2.s

5.48 (*a*) 159 s (*b*) 1.59×10^8 s (*c*) As distance increases by a small amount, time for diffusion increases by far more significant amount.

제6장

6.39 0.0669 cm

6.41 80.8%

6.44 engineering ε = 0.175

6.47 SAE-134 has an estimated toughness of 33.6 psi
N-155 has an estimated toughness of 24.6 psi
SAE-1340 has a higher slope in the linear elastic region thus is stiffer or has a higher modulus of elasticity

6.50 (*a*) engineering stress of 125,000 psi and strain of 0.060 (*b*) true stress of 132,600 psi and strain of 0.0587

6.52 (*a*) 30.6 MPa
(*b*) 0.0
(*c*) the material in part a will undergo slip but not the material in part b

6.56 (*a*) 148 MPa (*b*) 414 MPa

6.60 (*a*) 42.9% (*b*) tensile strength of 40 ksi, yield strength of 33 ksi, elongation of 8%.

6.62 169.3 kJ/mol

6.71 load at yield = 190,000 lb
slope of linear region = 1,354,400 lb/in
ultimate load = 230,000 lb
elongation at failure = 0.23 in
modulus of toughness = 127.6 lb.in
materials is elastoplastic

6.73 2.064 in

6.78 (*a*) $\varepsilon_t = \ln(\varepsilon + 1)$ (*b*) $\sigma_t = \sigma(\varepsilon + 1)$

6.79 (*a*) 0.001 (*b*) 0.001

6.88 (*a*) Metal 2 is the hardest, and Metal 3 is the least hard. (*b*) tool steel (heat treated)

6.100 2.08 MPa

제7장

7.26 (*a*) theoretical strength is 2.61 GPa the bulk strength from Appendix I is 0.069 GPa. Fiber is stronger because it has a small diameter and therefore less existing flaws.

7.27 4.23 nm

7.28 0.015 in.

7.32 568.0 MPa if internal through crack is 1.9 mm, and 803 MPa if internal through crack is 0.95 mm

7.34 (*a*) 3.90 mm (*b*) 15.62 mm
at lower stress levels the structure can withstand larger cracks

7.35 (*a*) 29 ksi (*b*) 14.5 ksi (*c*) 10.5 ksi
(*d*) −0.16

7.38 149 MPa

7.40 0.176 in

7.42 1419 hours

7.44 96 MPa

7.49 (*a*) 89.1 J (*b*) 31.6 J (*c*) 57.5 J

7.51 (a) 186.4 MPa
(b) much lower than the theoretical strength
(c) The theoretical strength does not consider existing flaws.

7.57 (*a*) 0.0022 in. (*b*) 0.024 in, so the 17-7 alloy steel tolerates larger cracks.

7.59 (*a*) Either Ti or steel would be fine.
(*b*) Ti for both safety and low weight.

제8장

8.22 (*a*) (i) solid and liquid present
(ii) the chemical composition of liquid is 62% Ni, and the chemical composition of solid is 74% Ni
(iii) wt% liquid is 33.3wt% and wt% solid is 66.67%
(*b*) 100% liquid

8.27 (*a*) alloy is hypereutectic
(*b*) solid solution β containing 98% Sn
(*c*) wt % liquid is 77.2% and wt % β 22.8%
(*d*) 19.2% α and 97.5% β.
(*e*) wt% α = 30.6% and wt% β = 69.4%

8.31 (*a*) wt% α = 47.4%; wt% L1 = 52.6%
(*b*) wt% α 5 72.2%; wt% L1 = 27.8%
(*c*) wt% α 5 88.5%; wt% L2 = 11.5%
(*d*) wt% α 5 90%; wt% β = 10%

8.35 36.4%

8.39 (*a*) The maximum solid solubility in weight percent of zinc in copper in the solid solution α is 39%.
(*b*) The intermediate phases are β, γ, δ, and θ.
(*c*) The three-phase invariant reactions are:

1. Peritectic reaction at 903°C, 36.8% Zn
α(32.5% Zn) + L(37.5% Zn) → β(38.8% Zn)
2. Peritectic reaction at 835°C, 59.8% Zn
β(56.5% Zn) + L(59.8% Zn) → γ(59.8% Zn)
3. Peritectic reaction at 700°C, 73% Zn
γ(69.8% Zn) + L(80.5% Zn) → δ(73% Zn)
4. Peritectic reaction at 598°C, 78.6% Zn
δ(76.5% Zn) + L(89% Zn) → ὸ(78.6% Zn)
5. Peritectic reaction at 424°C, 97.3% Zn
ὸ(87.5% Zn) + L(98.3% Zn) → η(97.3% Zn)
6. Eutectoid reaction at 558°C, 73% Zn
δ(73% Zn) → γ(69.8% Zn) + ὸ(78.6% Zn)
7. Eutectoid reaction at 250°C, 47% Zn
β'(47% Zn) → α(37% Zn) + γ(59% Zn)

8.44 (*a*) 0, (*b*) 2, (*c*) 1, (*d*) 1, (*e*) 0

8.57 (*a*) ~65% (*b*) ~77% (*c*) the solubility limit curve

8.62 At 20°C, salt water solution exists. At –1°C, the first evidence of ice appears. Below –1°C, ice content increases (no solid salt). Below –21°C, the remaining salt water will be transformed to ice and rock salt.

제9장

9.61 Coarse pearlite

9.64 wt% austenite = 80.8. wt% proeutectoid ferrite = 19.2.

9.71 1.08% C

9.76 0.232 wt% C

9.77 (*a*) proeutectoid cementite 15.3wt% (*b*) eutectoid ferrite 74.7wt% and eutectoid cementite 15.3wt%.

9.87 (*a*) martensite
(*b*) tempered martensite, quenching, and tempering process
(*c*) coarse pearlite
(*d*) martensite, marquenching process
(*e*) bainite, austempering
(*f*) spheroidite

9.88 (*a*) 52RC (*b*) 49RC
9.93 10°C/s
9.100 ferrite, bainite, martensite, and austenite
9.104 9.2%

제10장

10.13

PE PVC Polypropylene PS Polyacrylonitrile Polyvinyl acetate

10.14 (*a*) Polyvinylidene Chloride (*b*) Polymethyl Methacrylate

10.66 14,643 mers
10.70 22,850 g/mol
10.73 0.461
10.76 4.24 g S
10.91

10.81 9.83 wt %
10.83 (*a*) 61.7 days (*b*) 4 MPa
10.87 (*a*) 35.7 days (*b*) 65.96 days

Free electron

제11장

11.64 0.414
11.66 4.9 g/cm^3
11.69 (*a*) on (111), 12.6 O^{2-} ions/nm^2 and on (110) 15.4 O^{2-} ions/nm^2 (*b*) on (111), 8.6 Cl^- ions/nm^2 and on (110) 10.5 Cl^- ions/nm^2 (the answers are the same for cations).

11.74 6.32 g/cm^3
11.75 in [111], 1.07 Ce^{4+}/nm and in [110] 2.62 Ce^{4+}/nm
11.81 27% leucite, 36% silica, and 37% mullite
11.91 236 MPa
11.102 $10^{11.33}$ P

제12장

12.40 (*a*) Wt% Carbon fiber = 76%, Wt% Epoxy resin = 24%, (*b*) ρ = 1.60 g/cm^3
12.48 E = 11.59 GPa
12.63 22.43 sacks of cement, 4006 lb of sand, 8012 lb of gravel and 123.4 gal water.

12.79 E = 223.4 GPa
12.83 0.396
12.86 (*a*) The matrix will crack first (*b*) 951 MPa

제13장

13.34 –0.403 V
13.38 0.07 M
13.47 23.5 min
13.51 13.8 days
13.57 9.58×10^{-5} A/cm^2
13.64 101.4 μg/cm^2

제14장

14.58 $2.09 \times 10^{-3}\ \Omega$
14.62 –146.5 °C
14.70 (*a*) $n_n = 7.0 \times 10^{21}$ electrons/m^3 $p_n = 3.21 \times 10^{10}$ holes/m^3 (*b*) $n_i = 6.61 \times 10^{-3}\ \Omega$.m
14.75 (*a*) 6.17×10^{18} electrons/m^3 (*b*) 1.24×10^{-4}
14.81 $1.82 \times 10^{-4}\ (\Omega.\text{m})^{-1}$

제15장

15.32 539.7 nm (green visible radiation)
15.35 (*a*) 3.6% (*b*) 4.4%
15.38 0.903
15.44 3.79×10^{-2} s
15.49 87.2°
15.51 3.40 K

제16장

16.62 $M_s = 1.70 \times 10^6$ A/m $B_s = 2.14$ T
16.65 1.7 Bohr magnetons/atom
16.93 57.5 kJ/m^3.
16.100 $M = 2.56 \times 10^5$ A/m, Bs = 0.32 T

제17장

17.31 $V_o = 0.4$ and $V_m = 0.6$
17.32 $P_b = 727$ N (titanium) and $P_b = 363$ N (stainless steel)
17.33 0.664 mm
17.34 $C = 17$, $a = 25.75$, $b = -78.28$, $E = 207$ MPa.
17.35 25 mm
17.36 (*i*) 25 MPa (*ii*) 13.63 MPa (*iii*) 15,000 s
17.41 54 mm^2

찾아보기

Index

ㄹ

ㅁ

ㅂ

ㅅ

ㅇ

ㅈ

ㅊ

ㅋ

ㅌ

ㅍ

ㅎ

기타

지은이 소개

김영만 • 전남대학교 신소재공학부
김태희 • 안동대학교 전기 · 신소재공학부
노재승 • 금오공과대학교 신소재공학부
문제도 • 한국공학대학교 신소재공학과
방재철 • 순천향대학교 디스플레이신소재공학과
이제욱 • 경희대학교 정보전자신소재공학과
이준형* • 경북대학교 신소재공학부
이호성 • 경북대학교 신소재공학부
전용호 • 아주대학교 기계공학과
조경식 • 금오공과대학교 신소재공학부
최병호 • 고려대학교 기계공학부

*(가나다 순, *옮긴이 대표)*

스미스의
재료과학과 공학
제7판

| 발행일 2023년 3월 1일 7판 1쇄 발행
| 지은이 William F. Smith · Javad Hashemi
| 옮긴이 김영만 · 김태희 · 노재승 · 문제도 · 방재철 · 이제욱 · 이준형 · 이호성 · 전용호 · 조경식 · 최병호
| 발행인 박 종 성
| 발행처 사이플러스 Science plus
| 주 소 (우) 07202 서울시 영등포구 양평로 30길 14 세종앤까뮤스퀘어 1106호
| 전 화 02-332-6171
| 팩 스 02-332-6185
| 등 록 2005.10.20. 제2022-000100호

| ISBN 979-11-88731-38-1 93570 값 45,000원

스미스의 제7판
재료과학과 공학